Dictionary of
Electrical Engineering, Power
Engineering and Automation
Part 2, English – German

Fachwörterbuch
industrielle Elektrotechnik, Energie-
und Automatisierungstechnik
Teil 2, Englisch – Deutsch

Dictionary of Electrical Engineering, Power Engineering and Automation

Fachwörterbuch industrielle Elektrotechnik, Energie- und Automatisierungstechnik

Part 2 / Teil 2
English – German / Englisch – Deutsch

Edited by / Herausgegeben von
Siemens A&D Translation Services

5th revised and enlarged edition, 2003
5., überarbeitete und wesentlich erweiterte Auflage, 2003

Publicis Corporate Publishing

Bibliografische Information Der Deutschen Bibliothek

Die Deutsche Bibliothek verzeichnet diese Publikation in der Deutschen Nationalbibliografie; detaillierte bibliografische Daten sind im Internet über http://dnb.ddb.de abrufbar.

Compilers and publisher have taken a great deal of care over the checking and preparation of all the contents in this publication. Even so, errors cannot be excluded. Therefore, any liability by the publishers or the author(s), for whatever legal consideration, must be excluded. Designations and terms quoted in this publication may be names of trademarked articles, the use of which by third parties for their own purposes may violate proprietary rights.

Bearbeiter und Verlag haben alle Inhalte in diesem Buch mit großer Sorgfalt erarbeitet. Dennoch können Fehler nicht ausgeschlossen werden. Eine Haftung des Verlags oder der Autoren, gleich aus welchem Rechtsgrund, ist ausgeschlossen. Die in diesem Buch wiedergegebenen Bezeichnungen können Warenzeichen sein, deren Benutzung durch Dritte für deren Zwecke die Rechte der Inhaber verletzen kann.

ISBN 3-89578-193-2

Editor: A&D Translation Services, Siemens Aktiengesellschaft, Berlin and Munich
Publisher: Publicis Corporate Publishing, Erlangen
© 2003 by Publicis KommunikationsAgentur GmbH, GWA, Erlangen
This publication and all parts thereof are protected by copyright. All rights reserved.
Any use of it outside the strict provisions of the copyright law without the consent of the publisher is forbidden and will incur penalties. This applies particularly to reproduction, translation, microfilming or other processing, and to storage or processing in electronic systems. It also applies to the use of extracts from the text.

Printed in Germany

Foreword

This dictionary, now in its 5th edition, essentially covers the following subjects:
Basic electrotechnical terms and standards
Electrical machines (including transformers)
Drives
Switchgear
Electrical systems and networks
Electrical installation practice (including lighting)
Power cables
Power electronics
Protective devices and relays
Electrical measuring and analysis technology
Telecontrol
Automotive electronics
Semiconductor devices, integrated circuits
Automation technology (control engineering, programmable
and numerical controls, process control)
Bus systems, communication networks, data transmission and communication
Test engineering
Quality assurance and reliability

Further subjects, included in the list of abbreviations on the following pages, have also been taken into account.

Technical literature, national and international regulations and standards and the database of the Translation Department of Siemens AG in Erlangen were an important source for generating this dictionary. For the the 5th edition, the database of the 4th edition has been compared with terminology that has been collected or changed by Siemens A&D Translation Services between 1998 and December, 2001. In this way, 18,000 new entries have been added to the English-German Volume of the dictionary. It now contains about 72,000 entries with 109,000 translations. In particular, most of the new entries come from the fields of general electrical engineering, power engineering, electrical installation technology, drives, automation technology, automotive electronics and quality assurance and reliability.

While editing both volumes of the dictionary it became very clear, how language lives and how it permanently changes. This especially concerns the writing of technical terms in one or two words, with or without a hyphen. If different spellings are familiar for a term with only one meaning, the dictionary usually contains only one spelling of this term in the source language. As the entries in the source language are sorted in alphabetical order, different possible spellings have no influence on the way how to look up individual entries. Even in the target language, we often indicated only one spelling, if it is more modern or if it definitely better hits the meaning.

All entries have been proofread according to the new German spelling. A particularly high number of changes arose in the case of terms previously spelt with "ß" which are now correctly written with "ss".

Both volumes of the book had to be revised individually. For that, a considerable number of work processes were necessary which could only be carried out by hand. As the number of usable new entries was a lot larger than expected, we were not able to keep the originally planned publishing dates of the book. We are sure that we failed to notice quite a number of spelling mistakes, and probably there are still entries in the wrong alphabetical order, but the usability of the book for translations should not be noticeably reduced by that. As many interested persons were waiting for publication, we decided to publish this volume without making another proofreading cycle.

Any corrections or suggestions for improvement will be gratefully received. Please address them to publishing-distribution@publicis-erlangen.de or send a fax to Publicis Erlangen, CPB, Fax +49 9131 91 92-598, referring to the "A&D Dictionary".

Erlangen, August 2003   Siemens A&D Translation Services

Vorwort

Das Fachwörterbuch, das nunmehr in der 5. Auflage vorliegt, behandelt im Wesentlichen die folgenden Sachgebiete:

Elektrotechnische Grundbegriffe und Normen
Elektrische Maschinen (mit Transformatoren)
Antriebstechnik
Schaltgeräte
Elektrische Netze
Installationstechnik (mit Licht- und Beleuchtungstechnik)
Kabeltechnik
Leistungselektronik
Schutzeinrichtungen und Relais
Elektrische Mess- und Analysentechnik
Fernwirktechnik (einschl. Rundsteueranlagen)
Kraftfahrzeugelektronik
Halbleiterbauelemente, integrierte Schaltungen
Automatisierungstechnik (Regelungstechnik, programmierbare und numerische Steuerungen, Prozessführung)
Bussysteme, Kommunikationsnetze, Datenübertragung und -übermittlung
Prüftechnik
Qualitätssicherung und Zuverlässigkeit

Weitere Gebiete, die im Sachgebietsschlüssel auf den folgenden Seiten aufgeführt sind, wurden ebenfalls berücksichtigt.

Wichtige Quellen für das Erstellen dieses Fachwörterbuchs waren aktuelle Fachliteratur, nationale und internationale Bestimmungen und Regelwerke sowie der Datenbestand des Sprachendienstes der Siemens AG in Erlangen. Für die 5. Auflage wurde der bisherige Datenbestand mit neuer Terminologie verglichen, die bei A&D Translation Services zwischen 1998 und Dezember 2001 gesammelt oder geändert wurde. Insgesamt resultierten daraus ca. 18.000 Neueinträge, so dass der englischdeutsche Teil damit etwa 72.000 Einträge mit ca. 109.000 Übersetzungen enthält. Die Neueinträge stammen inbesondere aus den Bereichen allgemeine Elektrotechnik, Energietechnik, elektrische Installationstechnik, Antriebstechnik, Automatisierungstechnik, Kraftfahrzeugelektronik und Qualitätssicherung.

Bei der Bearbeitung der beiden Bände des Wörterbuchs wurde deutlich, wie Sprache lebt und sich verändert. Insbesondere betrifft das die Schreibweisen von Fachbegriffen mit oder ohne Bindestrich, in einem oder in zwei Wörtern. Sind für einen Begriff unterschiedliche Schreibweisen geläufig, so wurde der Suchbegriff in der Ausgangssprache in der Regel im Wörterbuch nur in einer Schreibweise angegeben, da bei alphabetischer Sortierung die Schreibweise für den Suchprozess und den Zielbegriff keine Rolle spielt. Auch bei der Zielsprache haben wir manchmal nur eine Schreibweise angegeben, wenn sie eindeutig moderner oder sinngemäß die richtigere ist.

Alle Einträge wurden auch im Hinblick auf die neuen deutschen Rechtschreibregeln Korrektur gelesen. Besonders viele Veränderungen ergaben sich dabei insbesondere bei Begriffen, die bisher mit „ß" und nun mit „ss" geschrieben werden.

Die Überarbeitung der beiden Bände des Wörterbuchs erforderte eine Vielzahl nicht elektronisch durchführbarer Arbeitsprozesse, und da die Zahl der verwendbaren Neueinträge unsere Erwartungen weit übertroffen hat, war leider der ursprüngliche Zeitplan für die Bearbeitung nicht einzuhalten. Sicher wurde mancher Rechtschreibfehler übersehen und wahrscheinlich sind noch Einträge alphabetisch falsch eingeordnet, die eigentliche Übersetzungsqualität des Wörterbuchs sollte darunter allerdings kaum leiden. Um den vielen Interessenten, die schon seit etlichen Monaten auf das Buch warten, endlich ein fertiges Wörerbuch präsentieren zu können, haben wir auf einen weiteren Überarbeitungsgang verzichtet.

Für Verbesserungs- und Ergänzungsvorschläge, die bei einer Neuauflage des Buches berücksichtigt werden können, sind wir dankbar. Bitte richten Sie Hinweise und Anregungen unter dem Betreff „A&D Dictionary" per E-Mail an publishing-distribution@publicis-erlangen.de oder per Fax an Publicis Erlangen, CPB, Fax +49 9131 91 92-598.

Erlangen, August 2003   Siemens A&D Translation Services

Subjects and Abbreviations
Sachgebietsschlüssel

Abl.	Ableiter	Surge arrester
Akust.	Akustik, Schallmessung	Acoustics, sound measurement
Ausl.	Auslöser	Release tripping device
Batt.	Batterie	Storage battery
BGT	Baugruppenträger	Subrack
Blechp.	Blechpaket elektrischer Maschinen	Laminated core of electrical machines
BSG	Bildschirmgerät, Bildschirmanzeige	Visual display unit, screen display
BT	Beleuchtungstechnik	Illumination engineering, lighting
DL	Druckluft, Druckluftanlage	Compressed air, compressed-air system
DT	Drucktaster	Pushbutton
DÜ	Datenübertragung	Data transmission
DV	Datenverarbeitung	Data processing
el.	elektrisch	Electrical
elST	elektronische Steuerung	Electronic control
EMB	Elektromagnetische Beeinflussung	Electromagnetic interference
EMV	Elektromagnetische Verträglichkeit	Electromagnetic compatibility
ESR	Elektronenstrahlröhre	Electron-beam tube
ET	Einbautechnik, Einbausystem (für elektronische Ausrüstung)	Packaging system (for electronic assemblies)
EZ	Elektrizitätszähler	Electricity meter
FLA	Freiluftanlage	Outdoor installation
Flp.	Flugplatz	Airport
Freiltg.	Freileitung	Overhead line
FWT	Fernwirktechnik	Telecontrol
Gen.	Generator	Generator, alternator
GLAZ	Gleitende Arbeitszeit	Flexible working time
GM	Gleichstrommaschine	D.C. machine
gS	gedruckte Schaltung	Printed circuit
GR	Gleichrichter	Rectifier
Hebez.	Hebezeug	Crane, hoisting gear
HG	Haushaltsgerät	Household appliance
HL	Halbleiter, Halbleiterbauelement	Semiconductor, semiconductor component
HSS	Hilfsstromschalter	Control switch
I	Installationstechnik, -material, Gebäudeinstallation	Electrical installation, wiring practice, Wiring accessories
IK	Installationskanal (einschl. Schienenverteiler)	Trunking and duct system (incl. busways)
IR	Installationsrohr	Electric wiring conduit
IRA	Innenraumanlage	Indoor installation
Isol.	Isolierung, Isolation	Insulation
IV	Installationsverteiler	Distribution board
Kfz	Kraftfahrzeug	Motor vehicle, automobile
KKS	Kathodischer Korrosionsschutz	Cathodic protection
KL	Käfigläufer	Squirrel-cage motor
KN	Kommunikationsnetz	Communication network
Komm.	Kommutator	Commutator
KT	Klimatechnik	Air conditioning
KU	Kurzunterbrechung	Automatic reclosing
Kuppl.	Kupplung (mechanisch)	Coupling (mechanical)
KW	Kraftwerk	Power station

LE	Leistungselektronik	Power electronics
Leitt.	Leittechnik, Prozessleittechnik	Control engineering, process control technology
Lg.	Lager	Bearing
LM	Linearmotor	Linear motor
LS	Leistungsschalter	Circuit-breaker
LSS	Leistungsschutzschalter	Circuit-breaker, miniature circuit-breaker
LT	Lichttechnik	Lighting engineering
LWL	Lichtwellenleiter	Optical fibre
magn.	magnetisch	Magnetic
Masch.	Maschine, rotierende Maschine	Machine, rotating machine
Math.	Mathematik	Mathematics
mech.	mechanisch	Mechanical
MG	Messgerät	Measuring instrument
Mot.	Elektromotor	Electric motor
MSB	Magnetschwebebahn	Magnetic levitation system
NS	Näherungsschalter	Proximity switch
Osz.	Oszilloskop	Oscilloscope
PLT	Prozessleittechnik	Process control and instrumentation
PMG	programmierbares Meßgerät	Programmable measuring apparatus
Prüf.	Prüfung	Testing
PS	Positionsschalter, Endschalter	Position switch, limit switch
Reg.	Regelung	Automatic control
Rel.	Relais	Relay
RöA	Röntgenanalyse	X-ray analysis
Rob.	Roboter	Robot
RSA	Rundsteueranlage	Ripple control system
SA	Schaltanlage	Switching station, switchgear
SG	Schaltgerät	Switching device, switchgear
Sich.	Sicherung, Schmelzsicherung	Fuse
SK	Schaltgerätekombination	Switchgear assembly
SL	Schleifringläufer	Slipring motor
SPS	Speicherprogrammierbare Steuerung	Programmable controller
SR	Stromrichter	Static converter
SS	Sammelschiene	Busbar
ST	Schalttafel	Switchboard
StT	Stromtarif	Electricity tariff
StV	Steckvorrichtung	Plug-and-socket device, connector
SuL	Supraleitung, Supraleiter	Superconductivity, superconductor
Thyr.	Thyristor	Thyristor, SCR
Trafo	Transformator	Transformer
TS	Trennschalter	Disconnector
USV	Unterbrechungsfreie Stromversorgung	Uninterruptible power system (UPS)
VS	Vakuumschalter	Vacuum switch or circuit-breaker
Wickl.	Wicklungen elektrischer Maschinen	Windings of electrical machines
WKW	Wasserkraftwerk, Wasserkraftgenerator	Hydroelectric power station, water-wheel generator
WZ	Werkzeug	Tool
WZM	Werkzeugmaschine	Machine tool
ZKS	Zugangskontrollsystem	Access control system
₀	großer Anfangsbuchstabe	Capital letter

Further abbreviations and acronyms that are commonly used are to be found in the dictionary with a cross reference.
The notation of the abbreviations corresponds to that of the respective sources.

Weitere qualifizierende Abkürzungen und Akronyme, die auch in Texten anstelle der sie bezeichnenden Begriffe verwendet werden, sind im Buch mit dem Hinweis auf den vollen Wortlaut des Haupteintrags enthalten.
Die Schreibweise der Abkürzungen entspricht derjenigen in den ausgewerteten Quellen.

Abbreviations used in this dictionary
Liste der allgemeinen Abkürzungen

A.	Abkürzung, Akronym	abbreviation, acronym
a.	auch	also
adj.	Adjektiv	adjective
adv.	Adverb	adverb
f.	Femininum	feminine noun
f.	für	for
GB	britischer Sprachgebrauch	British usage
m.	Maskulinum	masculine noun
m.	mit	with
n.	(Deutsch:) Neutrum	(German:) neuter noun
	(Englisch:) Substantiv	(English:) noun
o.	oder	or
pl.	Plural	plural
plt.	Pluraletantum	plural noun
s.	siehe	see
s.a.	siehe auch	see also, confer
US	US-amerikanischer Sprachgebrauch	American usage
v.	Verb	verb

A

AA (air-air cooling, self-cooling by natural circulation of air) / AA (air-air cooling, Luft-Selbstkühlung)
AAAC s. all-aluminium-alloy conductor
AAC s. all-aluminium conductor
AACSR conductor s. steel-reinforced aluminium-alloy conductor
AA/FA s. air-air/forced-air cooling / AA/FA (air-air/forced-air cooling, Luft-Selbstkühlung mit zusätzlicher erzwungener Luftkühlung)
AB s. arbitration bus
abandon v / verwerfen v
abbreviated T-VASIS (AT-VASIS) / vereinfachte T-VASIS (AT-VASIS)
abbreviation n / Abkürzung f, Kürzel n
a-b component transformation / Clark-Transformation f
ABD technique s. alloy bulk diffusion technique || $\stackrel{\circ}{-}$ **transistor** s. alloy bulk diffused-base transistor
Abel closed-cup flash point n / Flammpunkt nach Abel m || $\stackrel{\circ}{-}$ **flash-point test** / Abel-Test m
ability of working / Funktionstüchtigkeit f || ~ **to operate** / Funktionsfähigkeit f (Fähigkeit einer Einheit, eine geforderte Funktion unter gegebenen Anwendungsbedingungen für ein gegebenes Zeitintervall zu erfüllen) || ~ **to radiate sound (o. noise)** / Schallabstrahlungsvermögen n || ~ **to transfer** / Transferleistung f || ~ **to withstand motor switching overload currents** / Überlastfestigkeit beim Schalten von Motoren f || ~ **to withstand overload currents** / Überlastfestigkeit f || ~ **to withstand short circuits** / Kurzschlussfestigkeit f (Trafo)
ABM s. asynchronous balanced mode
abnormal conditions of use / anomale Gebrauchsbedingungen $f pl$ || ~ **termination** / Abbruch m, Programmabbruch m, vorzeitige Programmunterbrechung f (Unterbrechung eines laufenden Programmes durch den Bediener)
abode time / Aufenthaltszeit f (QS)
abort v / abbrechen v (Programm), Versuch abbrechen || **abort** n / Abbruch m (DV-Programm), Blockabbruch m (FWT), vorzeitige Programmunterbrechung f (Unterbrechung eines laufenden Programmes durch den Bediener), Programmabbruch m || ~ **criterion** / Abbruchkriterium n || ~ **program** / Programm abbrechen
About n / Info f
above-resonance balancing machine / hochabgestimmte Auswuchtmaschine f
abrading n / mechanisches Abschleifen n
abrasion n / Abrieb m, Abnutzung f, Verschleiß durch Abreibung, Abtrieb m || ~ **by chattering** / Scheuerstelle f || ~ **proof** / abriebfest adj || ~ **resistance** / Abriebwiderstand m, Abriebfestigkeit f || ~ **resistant** / abriebfest adj
abrasive product / Schleifkörper m || ~ **stone** / Putzstein m || ~ **wheel** / Schleifkörper m
abrupt change / plötzliche Änderung, sprunghafte Änderung
abrupt-characteristic thermal detector / Temperaturfühler mit Sprungverhalten VDE 0660, T.302

abrupt junction / abrupter Übergang (HL) || ~ **stopping** / hartes Stillsetzen
ABS (absolute) / ABS (absolut)
abscissa n / waagerechte Achse f, Abszisse f
absence of electrical interaction (or of feedback) / elektrische Rückwirkungsfreiheit || ~ **of feedback** / Rückwirkungsfreiheit f || ~ **of interaction** / Rückwirkungsfreiheit f || ~ **of logic interaction (or of feedback)** / logische Rückwirkungsfreiheit || ~ **of offset** / Kennliniensteigung gleich Null (Reg.), P-Grad gleich Null || ~ **of physical interaction (or of feedback)** / physikalische Rückwirkungsfreiheit || ~ **of sticking** / Klebfreiheit f (Kontakte)
absolute, average ~ / mittlerer Absolutwert m DIN IEC 469, T.1 || ~ **accuracy** / absolute Genauigkeit f || ~ **accuracy error** / absoluter Genauigkeitsfehler m (a. ADU, DAU) || ~ **air humidity** / absolute Feuchte f || ~ **alarm** / Gefahrmeldung bei Grenzwertüberschreitung || ~ **area** / Absolutbereich m || ~ **capacitivity** / absolute Dielektrizitätskonstante f, Verschiebungskonstante f || ~ **chronology** IEC 50(371) / Absolutzeiterfassung f (FWT) || ~ **control system** / Bezugsmaßsteuerungssystem n (NC) || ~ **coordinate** (Dimension that refers to a defined zero. - Cf.: incremental dimension) / absoluter Koordinatenwert n || ~ **coordinates** pl / Bezugsmaßkoordinaten $f pl$ (NC) || ~ **dielectric constant** / absolute Dielektrizitätskonstante f, Verschiebungskonstante f || ~ **dimension** / Bezugsmaß n (NC), Absolutmaß n (Maßangabe, die sich auf einen festgelegten Nullpunkt bezieht. - Vgl.: Kettenmaß) || ~ **dimension data** / Maßangaben $f pl$ (NC) || ~ **dimension programming** (o. input) / Absolutmaßprogrammierung f (NC), Bezugsmaßprogrammierung f (NC) || ~ **dimensioning** / Absolutmaßeingabe f, Absolutmaßangabe f || ~ **expansion** / Absolutdehnung f, Bezugsmaßsystem n (NC) || ~ **dimensions** pl (preparatory function) ISO 1056 / absolute Maßangaben $f pl$ (NC) || ~ **encoder submodule** / Absolutmodul n
absolute error / absoluter Fehler m (MG), absolute Abweichung f (Rel.) || ~ **frequency** / absolute Häufigkeit f DIN 55350,T.23 || ~ **glare** / absolute Blendung f || ~ **humidity** / absolute Feuchte f || ~ **identifier** / Absolutbezeichner m || ~ **input** / Bezugsmaßeingabe f (NC), Bezugsmaßprogrammierung f (NC) || ~ **jump** / absoluter Sprung m, unbedingter Sprung m || ~ **limiting value** / absoluter Grenzwert m DIN 41848 || ~ **machine stop** / unbedingter Maschinenhalt m (NC) || ~ **machine zero** / absoluter Maschinennullpunkt m || ~ **measuring head** / Absolutmesskopf m || ~ **measuring system** / Absolut-Messwertverfahren n (NC), Absolut-Messwertverfahren n, Absolutwertmesssystem n, absolute Messwerterfassung f (Messverfahren, bei dem sich alle Messwerte auf einen festgelegten Nullpunkt beziehen und ohne Bezug auf den vorangegangenen Messwert erfasst werden), absolutes Messverfahren n || ~ **measuring technique** / absolute Messwerterfassung f (Messverfahren, bei dem sich alle Messwerte auf einen festgelegten Nullpunkt beziehen und ohne

Bezug auf den vorangegangenen Messwert erfasst werden), absolutes Messverfahren *n*, Absolutmessverfahren *n*, Absolutwertmesssystem *m* || ~ **number** / Betragszahl *f* || ~ **parameter** / Absolutparameter *m* || ~ **permeability** / absolute Permeabilität *f*, spezifischer magnetischer Leitwert *m* || ~ **permittivity** / absolute Permittivität *f*, Permittivität *f* IEC 50(212) || ~ **permittivity of free space** / absolute Dielektrizitätskonstante des leeren Raums || ~ **point** / absoluter Punkt *m* || ~ **position data input** / Bezugsmaßeingabe *f* (NC), Bezugsmaßprogrammierung *f* (NC) || ~ **position sensing** / Absolutlageerfassung *f*
absolute-pressure gauge / Absolutdruckmesser *m* || ~ **pickup** / Absolutdruckaufnehmer *m*
absolute programming *n* / Absolutmaßprogrammierung *f* (NC), Bezugsmaßprogrammierung *f* (NC) || ~ **reference** / Absolutbezug *m* || ~ **scale factor** / absoluter Maßstabsfaktor *m* || ~ **scale transformation** / absolute Maßstabstransformation *f* || ~ **sensor ssi** / Absolutgeber SSI *m* || ~ **shaft angle encoder** / Absolut-Winkelcodierer *m* || ~ **shaft-angle encoder** / Winkelkodierer *m* || ~ **shaft encoder** / Winkelcodierer *m* (Absolutwertgeber), Winkelstellungsgeber *m* || ~ **spectral sensitivity** / absolute spektrale Empfindlichkeit *f*
absolute-spectral-sensitivity characteristic / Kennlinie der absoluten spektralen Empfindlichkeit
absolute threshold of luminance / absolute Wahrnehmungsschwelle *f* (LT) || ~ **time** / Absolutzeit *f*, Zeitnormale *f*, absolute Zeit *f*, Normalzeit *f* || ~ **track** / Absolutspur *f* || ~ **value** / absoluter Wert *m* (einer komplexen Zahl), Absolutwert *m*, Betrag *m*, Betragszahl *f* || ~ **value display** / Betragsanzeige *f* || ~ **value encoder** / Absolutwertgeber *m*, Codegeber *m*, Absolutgeber *m*, absoluter Wegmessgeber *n*, absoluter Geber *m*, absolutes Lagemessgerät *n* (Wegmessgerät, das die tatsächliche Lage eines Maschinenschlittens oder Maschinenelements misst, bezogen auf einen festgelegten Nullpunkt) || ~ **value generation** / Betragsbildung *f* || ~ **value generator** / Betragsbildner *m* || ~ **value optimum** / Betragsoptimum *n* || ~ **zero** / absoluter Nullpunkt *m*, absoluter Maschinennullpunkt *m* (NC)
absorbance *n* / Absorptionsmaß *n* || **infrared** ~ / Infrarotextinktion *f* || **spectral** ~ / spektrales dekadisches Absorptionsmaß
absorbed voltage / aufgenommene Spannung *f*
absorber *n* / Absorber *m*, Dämpfer *m*
absorbing clamp / Absorberzange *f* || ~ **of moisture** / Feuchtigkeitsaufnahme *f*
absorptance *n* / Absorptionsmaß *n* (LT), Absorptionsgrad *m*
absorption *n* / Absorption *f* || **dielectric** ~ / dielektrische Absorption *f*, dielektrische Nachwirkung *f* || ~ **attenuation** / Absorptionsverluste *f pl* (LWL) || ~ **coefficient** / Absorptionsbeiwert *m*, Schluckgrad *m* || ~**current** / Nachladestrom *m*, Ladestrom *m* || ~**dynamometer** / Bremsdynamometer *n*, Bremszaun *m* || ~ **factor** / Absorptionsmaß *n* (LT), Absorptionsgrad *m* || ~ **isolator** / Resonanz-Richtungsleitung *f* || ~ **loss** / Absorptionsverluste *f pl* (LWL) || ~ **resistance** / Schluckwiderstand *m* || ~ **train** / Absorptionsstrecke *f*

absorptive capacity / Absorptionsvermögen *n*, Saugfähigkeit *f*
absorptivity *n* / Absorptionsvermögen *n*, Absorptivität *f*, Absorptionsgrad *m* || ~ / Saugfähigkeit *f*
abstract syntax / darstellungsunabhängige Syntax *f*
abundance, mass ~ / Massenkonzentration *f*
abutting *adj* / aneinanderstoßend *adj*
A-bus *n* / A-Bus *m*, Primärbus *m*
AC / Akkumulator *m*, Druckspeicher *m*
a.c. s. alternating current
AC / adaptive Steuerung *f* (Regelungssystem, das variable Parameter während des Bearbeitungsvorganges erfasst und automatisch beeinflusst mit dem Ziel, den Fertigungsprozess zu optimieren), adaptive Regelung *f*, adaptives Regelsystem *n*, anpassungsfähiges Steuerungssystem *n*, Anpassungsregelung *f*
AC / AC, WS (Wechselstrom) || ~ **combination system** / Drehstrom-Kombinationssystem *n* || ~ **commutating logic** / Steuereinheit *f*, Steuerwerk *n* || ~ **converter** / Drehstromumrichter *m*
AC/DC / Allstrom *m* || ~ **model** / Allstromausführung *f* || ~ **operation** / Betätigung mit AC/DC *f* || ~ **sensitive** / allstromsensitiv *adj*
AC feed drive / Drehstrom-Vorschubantrieb *m* || ~ **feed drive system** / AC Vorschubantrieb *m* || ~ **induction motor** / Drehstromasynchronmotor *m* || ~ **insulation rating** / Nennisolationswechselspannung *f* || ~ **load** / Drehstromverbraucher *m* || ~ **meter** / Wechselstromzähler *m* || ~ **model** / Wechselstromausführung *f* || ~ **motor** / Drehstrommotor *m* || ~ **power supply** / Wechselstromversorgung *f* || ~ **supply** / Wechselstromquelle *f* || ~ **voltage** / Wechselspannung *f* || ~ **waveform** / Wechselstromkurve *f*
ACAR s. alloy-reinforced aluminium conductor
a.c. arc / Wechselstrombogen *m*, Wechselstromlichtbogen *m*,
ACB s. auxiliary controller bus
a.c. balancer / Ausgleichstransformator *m*, Ausgleichsdrosselspule *f* || ~ **ballast** / Wechselstrom-Vorschaltgerät *n*
ACC s. adaptive control with constraints || ⁰ s. adaptive cruise control || ⁰ s. automatic cruise control || **ACC** (Simplified adaptive control used to obtain maximum machine productivity by using limiting values for certain machine parameters such as cutting force, torque or spindle deflection. - Cf.: adaptive control) / ACC (Analog Current Control) || **ACC** / ACC (Adaptive Control Constraint)
a.c. capacitor / Wechselspannungskondensator *m*
accelerate *v* / beschleunigen *v*, hochlaufen *v*, hochfahren *v* || ~ **distance available** (ASDA) / verfügbare Startlaufabbruchstrecke (ASDA) || **accelerate-stop distance** / Startlaufabbruchstrecke *f* (Flp.), Startabbruchstrecke *f*
accelerated ageing / beschleunigtes Altern, künstliche Alterung, beschleunigte Alterung *f* || ~ **distance protection system** IEC 50(448) / Distanzschutzsystem mit Staffelzeitverkürzung
Accelerated Graphics Port (AGP) / AGP, AGP-Steckplatz
accelerated test / beschleunigte Prüfung *f*, zeitraffende Prüfung *f*, Kurzversuch *m* || ~

underreach protection (AUP) / Selektivschutz mit Unterreichweite und Staffelzeitverkürzung IEC 50(448) || ~ **weathering resistance** / Beständigkeit gegen Schnellbewitterung || ~ **weathering test** / Bewitterungskurzprüfung *f*
accelerating *n* (cf. acceleration) / Beschleunigen *n*, Hochlaufen *n*, Hochfahren *n* || ~ **electrode** / Beschleunigungselektrode *f* || ~ **relay** / Beschleunigungsrelais *n*, Fortschaltrelais *n* || ~ **time** / Anlaufzeit *f*, Beschleunigungszeit *f*, Hochlaufzeit *f* || ~ **torque** / Beschleunigungsmoment *n*, Anfahrmoment *n* || ~ **voltage** / Beschleunigungsspannung *f*
acceleration *n* / Beschleunigung *f*, Geschwindigkeitszunahme *f* (NC-Wegbedingung) DIN 66025, T.2, Hochlauf *m*, Hochfahren *n*, Schwingbeschleunigung *f*, Zeitraffung *f* || **longitudinal** ~ / Längsbeschleunigung *f* (Kfz) || **side** ~ / Querbeschleunigung *f* (Kfz) || **transverse** ~ / Querbeschleunigung *f* (Kfz) || ~ **and deceleration** / Beschleunigung und Bremswert || ~ **and deceleration distances** *pl* / Beschleunigungs- und Bremswege *m pl* || ~ **angle** / Beschleunigungswinkel *m* || ~ **boost** / Beschleunigungsanhebung *f*, Beschleunigungs-Spannungsanhebung || ~ **characteristic** / Beschleunigungskennlinie *f* (a. NC), Beschleunigungsverlauf *m* || ~ **constant** / Anlaufzeitkonstante *f* (Mot.) || ~ **control unit** / Hochlaufregler *m* || ~ **curve** / Hochlaufcharakteristik *f*, Beschleunigungskennlinie *f*, Beschleunigungsverlauf *m* || ~ **distance** / Beschleunigungsweg *m* (WZM, NC), Einlaufweg *m* || ~ **due to gravitiy** / Fallbeschleunigung *f* || ~ **error** / Beschleunigungsfehler *m* (Messumformer) || ~ **factor** / Raffungsfaktor *m*, Zeitraffungsfaktor *n* (a. QS), Raffungsfaktor *m* (Statistik, QS)
acceleration limit / Beschleunigungsgrenze *f* || ~ **limitation** / Beschleunigungsbegrenzung *f* || ~ **lockout** / Hochlaufsperre *f* || ~ **margin** / Beschleunigungsreserve *f* || ~ **of free fall** / Fallbeschleunigung *f*, Erdbeschleunigung *f* || ~ **of gravity** / Erdbeschleunigung *f*, Fallbeschleunigung *f* || ~ **overshoot** / Beschleunigungsüberschwinger *m* || ~ **pattern** / Beschleunigungsverhalten *n* || ~ **profile** / Beschleunigungsprofil *n* || ~ **ramp** / Beschleunigungsrampe *f*, Beschleunigungskonstante *f*
acceleration-rate controller / Beschleunigungsregler *m*, Sanftanlaufeinrichtung *f* || ~ **limiter** / Beschleunigungsbegrenzer *m*, Hochlaufintegrator *m*
acceleration test / Hochlaufversuch *m* || ~ **time constant** / Beschleunigungszeitkonstante *f* || ~ **torque** / Beschleunigungsmoment *n*, Beschleunigungsdrehmoment *n* || ~ **warning threshold** / Beschleunigungswarnschwelle *f* || ~ **work** / Beschleunigungsarbeit *f* || ~ **relay** / Beschleunigungsbegrenzungsrelais *n*, Beschleunigungsbegrenzer *m*
accelerator *n* / Beschleuniger *m*, Beschleunigungselektrode *f*, Fahrpedal *n* (Kfz.), Gaspedal *n* || ~ **pedal** / Fahrpedal *n* (Kfz), Gaspedal *n* || ~ **pedal sensor** / Fahrpedalgeber *m* (Kfz)
accelogram *n* / Beschleunigungsoszillogramm *n* (Erdbeben)

accept *v* / annehmen *v*, abnehmen *v*, quittieren *v*, übernehmen *v* || **accept** *n* / Übernahme *f* || **to ~ data** / Daten übernehmen *v* || ~ **dialog** / Dialog-Übernahme *f* || ~ **element** / Übernahme Element *f* || ~ **switch** / Quittungsschalter *m* || ~ **viewport** / Ausschnitt übernehmen *v*
acceptability *n* (QA) / Annahmetauglichkeit *f* (QS) || ~ **limit** / Zulässigkeitsgrenze *f*
acceptable *adj* (QA) / annahmetauglich *adj* (QS) || ~ **quality level (AQL)** / annehmbare Qualitätslage (AQL), annehmbare Qualitätsgrenzlage || ~ **quality limits (AQL)** / Annahmegrenzen *pl* (QS)
acceptance *n* / Abnahme *f*, Aufnahme *f*, Übernahme *f*, Quittierung *f*, Akzeptanz *f*, Verifikation *f*, Abnahmetest *m*, Annahmeprüfung *f* (Qualitätsprüfung zur Feststellung, ob ein Produkt wie bereitgestellt oder geliefert annehmbar ist), Abnahmeprüfung *f* (Annahmeprüfung auf Veranlassung und unter Beteiligung des Kunden bzw. des Auftraggebers oder seines Beauftragten) || **charge** ~ / Ladungsaufnahme *f* (Batt.) || **data** ~ / Datenübernahme *f* || **power** ~ / Leistungsaufnahme *f* (Sich.) || ~ **and rejection criteria** / Annahme- und Rückweisungskriterien || ~ **angle** / Öffnungswinkel *m* (LWL), Akzeptanzwinkel *m* (LWL) || ~ **authority** / Abnahmeinstitut *n* || ~ **batch** / Abnahmemenge *f* VDE 0715 || ~ **by an authorized inspector** / Sachverständigenabnahme *f* || ~ **certificate** / Abnahmezertifikat *n*, Abnahmeprotokoll *n* || ~ **cone** / Öffnungskegel *m* (LWL) || ~ **drawing** / Abnahmezeichnung *f* || ~ **gauge** / Abnahmelehre *f* || ~ **inspection** / Abnahmeprüfung *f*, Eingangsprüfung *f*, Ablieferungsprüfung *f*, Abnahme *f*, Verifikation *f*, Annahmeprüfung *f* (Qualitätsprüfung zur Feststellung, ob ein Produkt wie bereitgestellt oder geliefert annehmbar ist), Abnahmetest *m*, Abnahmeprüfung *f* (Annahmeprüfung auf Veranlassung und unter Beteiligung des Kunden bzw. des Auftraggebers oder seines Beauftragten) || ²**Jurisdiction** / Abnahmebehörde *f* (im Sinne der CSA-Vorschriften) || ~ **level** / Zulässigkeitsgrenze *f* || ~ **limits IEC 64** / Abnahmegrenzen *f pl* VDE 0715 || ~ **measurements** / Abnahmemessungen *f pl* || ~ **number** / Annahmezahl *f* (QS) || ~ **procedure** / Annahmeverfahren *n*, Abnahmeverfahren *n* || ~ **report** / Abnahmeprotokoll *n*, Abnahmeprotokoll *n*, Abnahmezertifikat *n* || ~ **sampling** / Stichprobenentnahme für Abnahmeprüfung, Annahmestichprobenprüfung *f* (statistische Qualitätsprüfung anhand einer oder mehrerer Stichproben zur Feststellung der Annehmbarkeit eines Prüfloses nach einer Stichprobenanweisung) || ~ **sampling inspection** / Annahme-Stichprobenprüfung *f*, Stichprobenentnahme für Abnahmeprüfung || ~ **sampling plan** / Annahme-Stichprobenplan *m* || ~ **test** / Abnahmeprüfung *f*, Abnahmeprüfung *f*, Abnahme *f*, Verifikation *f*, Abnahmetest *m* || ~ **test certificate** / Abnahmeprüfzeugnis *n* || ~ **-test workpiece** / Abnahmewerkstück *n*
accept data state (ACDS) / Datenübernahmezustand *m* (der Senke (PMG)) DIN IEC 625
accepted badge / zugelassener Ausweis (ZKS) || ~ **power** / Leistungsaufnahme *f* (Sich.) || ~ **well** / ankommen *v*
acceptor *n* / Akzeptor *m* (HL), Senke *f* ||

handshake function / Handshake-Senkenfunktion f (PMG) DIN IEC 625 || ~ **idle state (AIDS)** / Ruhezustand der Senke (PMG) DIN IEC 625 || ~ **level** / Akzeptorniveau n (HL) || ~ **not ready state (ANRS)** / Nichtbereitzustand der Senke (PMG) DIN IEC 625 || ~ **ready state (ACRS)** / Bereitzustand der Senke (PMG) DIN IEC 625 || ~ **wait for new cycle state (AWNS)** / Wartezustand der Senke (PMG) DIN IEC 625
accept switch / Quittierschalter m
access n / Zugang m, Zutritt m, Zufahrt f, Zugriff m, ansprechen v, zugreifen v || ~ **authorization** / Zugangsberechtigung f, Zugriffsrecht n || ~ **code** / Softwareschlüssel m || ~ **control** / Zugriffsverfahren n, Zugangskontrolle f || ~ **control unit** / Zutrittskontrolleinheit f (ZKS) || ~ **control system** / Zutrittskontrollsystem n || ~ **delay** / Verbindungsaufbauverzug m (Anrufer) || ~ **enable (ACEN)** / Zugriffsfreigabe f || ~ **enable program** / Zugriffsschutz m || ~ **error** / Zugriffsfehler m || ~ **grid** / Zutrittsraster n (ZKS) || ~ **group** / Zutrittsgruppe f (ZKS) || ~ **hole** / Zugangsloch n (gS)
access level EN 50133-1 / Zutrittsberechtigung (ZKS) f, Zugriffsstufe f || ~ **level expert** / Zugriffslevel - Fachkraft || ~ **level extended** / Zugriffslevel - erweitert || ~ **level service** / Zugriffslevel - Service || ~ **level standard** / Zugriffslevel - Standard || ~ **method** / Zugriffsverfahren n
accessibility n / Zugänglichkeit f, Berührbarkeit f
accessible *adj* / zugriffsfähig *adj*, adressierbar *adj*, ansprechbar *adj*, zugänglich *adj* || ~ **accessible conductive part** / zugängliches leitendes Teil || ~ **emission limit (AEL)** / Grenzwerte der zugänglichen Strahlung (GZS) || ~ **nodes** / Erreichbare Teilnehmer || ~ **part** IEC 335-1 / berührbares Teil VDE 0700, T.1 || ~ **surface** IEC 335-1 / berührbare Oberfläche VDE 0700, T.1
accessing drive / Zusatzantrieb m (Schiff)
accessories *pl* / Zubehör n, Armaturen fpl (Kabel) || ~ **pack** / Beipack m
accessory n / Zubehör n || **accessory box** / Einbaudose f (f. Installationsgeräte) || ~ **of limited interchangeability** / Zubehör mit begrenzter Austauschbarkeit
access panel IEC 825 / Abdeckung f (abnehmbares Teil des Schutzgehäuses eines Lasergerätes) VDE 0837 || ~ **parameter** / Parameterzugriff m || ~ **path** / Zugriffspfad m (SPS-Programm) || ~ **permission** / Zutrittsfreigabe f || ~ **point** / Zutrittspunkt m (ZKS) || ~ **point actuator and sensor (APAS)** / Zutrittspunkt-Stellglied und Sensor (ZKS) || ~ **point interface** / Zutrittspunktschnittstelle f || ~ **point reader** / Zutrittspunktleser m || ~ **request (ACRQ)** / Zugriffsanforderung f, Zutrittsanforderung f || ~ **right** / Zugriffsberechtigung f || ~ **rights** / Zugriffsrechte n pl, Zugangsberechtigung f || ~ **route** / Zugangsweg m || ~ **time** / Zugriffzeit f || ~ **type** / Zugriffsart f || ~ **zone** / Zugangsbereich m
accidental arc / Störlichtbogen m, Fehlerlichtbogen m || ~ **arc test** / Störlichtbogenprüfung f || ~ **contact** / zufälliges Berühren || ~ **energization** / zufällige (o. unerwünschte) Erregung, Spannungsverschleppung f || ~ **error** / Zufallsfehler m || ~ **loosening** / Selbstlockern n

accidentally dangerous part IEC 158-1 / gefährdendes Teil VDE 0660,T.102
accidental operation / unbeabsichtigte Betätigung, ungewolltes Schalten || ~ **sampling** / Zufallsstichprobenuntersuchung f || ~ **voltage transfer** / fehlerbedingter Spannungsübertritt
accident commission / Havariekommissar m || ~ **prevention regulations** / Unfallverhütungsvorschriften $f pl$
a.c. circuit / Wechselstromkreis m || ~ **circuit-breaker** / Wechselstrom-Leistungsschalter m, Wechselstromschalter m (LS)
accommodate v / aufnehmen v
accommodation n / Unterbringung f, Akkommodation f, Anpassung f (des Auges)
accompanying business / Mitnahmegeschäft n || ~ **documents** / Begleitpapiere n pl || ~ **note** / Beipackzettel m
a.c. commutator machine / Wechselstrom-Kommutatormaschine f, Diasynchronmaschine f || ~ **commutator series motor** / Kommutator-Reihenschlussmotor m || ~ **commutator shunt motor** / Kommutator-Nebenschlussmotor m || ~ **commutator shunt motor with double set of brushes** / läufergespeister Nebenschluss-Kommutatormotor m || ~ **component** / Wechselstromanteil m, Wechselstromglied n || ~ **contactor** / Wechselstromschütz n || ~ **conversion** / Wechselstromumrichten n || ~ **conversion factor** / Wechselstrom-Umrichtgrad m || ~ **converter** / Wechselstromumrichter m || ~ **crosstalk** / Wechselspannungsübersprechen n
accordance n / Übereinstimmung f
according to costs / nach Aufwand || ~ **to Siemens specifications** / nach Siemens Vorgaben
account n / Aufrechner n
accounting n pl / Kostenregelungen $f pl$
account level / Aufrechnerebene f
accrued overtime / aufgelaufene Überstunden
accumulated down time / addierte Unklardauer IEC 50(191), akkumulierte Unklardauer (akkumulierte Dauer innerhalb eines gegebenen Zeitintervalls, während der eine Einheit im nicht verfügbaren Zustand wegen interner Ursachen ist) || ~ **number of failures** IEC 319 / Summe aller Ausfälle || ~ **time** / addierte Zeit IEC 50(191), akkumulierte Dauer (Summe der durch gegebene Bedingungen charakterisierten Dauern während eines gegebenen Zeitintervalls)
accumulating counter / Additionszähler m
accumulation stop gate / Stauregulierung f || ~ **with reset** / Zählervorlauf m
accumulative latching mechanical system / Rastmechanismus mit Fremdauslösung (DT)
accumulator n / Akkumulator m, Druckspeicher m || ~ **(AC) (register)** / Akkumulator m (Register) || ~ **(ACCU)** n / Akkumulator (AKKU) || ~ **hydraulic** / hydraulischer Speicher, Hydraulikspeicher m
Accupin position measuring device / Accupin-Wegmessgerät n
accuracy n / Genauigkeit f (MG u. QA), Maßhaltigkeit f, Maßgenauigkeit f || ~ **chart speed** ~ / Gleichlauffehler des Registrierpapiers || ~ **class** / Genauigkeitsklasse f, Klasse f (Messwandler) || ~ **class index** / Klassenzeichen n (MG, EZ, Rel.) || ~ **class rating** / Klassengenauigkeit f || ~ **class related to the measured quantity** /

Genauigkeitsklasse der Messgrößenaufzeichnung ||
~ **class related to time-keeping** /
Genauigkeitsklasse für die Zeitaufzeichnung
(Schreiber) || ~ **grade** / Genauigkeitsgrad m (MG) ||
~ **limit current** / Fehlergrenzstromstärke f || ~ **limit
factor** / Grenzgenauigkeitsfaktor m (Wandler),
Fehlergrenzfaktor m (Wandler) || ~ **limit primary
current** / primäre Fehlergrenzstromstärke || ~ **limit
secondary current** / sekundäre
Fehlergrenzstromstärke || ~ **long-term instability** /
Langzeitinstabilität der Genauigkeit || ~ **of output
voltage** / Genauigkeit der Ausgangsspannung || ~ **of
position** / Lagegenauigkeit f (NC),
Positioniergenauigkeit f || ~ **of measurements** /
Messgenauigkeit f || ~ **of the mean** / Richtigkeit f
DIN 55350, T.13 - Ausmaß der Übereinstimmung
zwischen dem Erwartungswert u. dem wahren
Wert, Treffgenauigkeit f || ~ **rating** /
Genauigkeitsklasse f, Genauigkeitsgrad m || ~ **test** /
Genauigkeitsprüfung f, Richtigkeitsprüfung f (a.
EZ), Richtigkeitsmessung f || ~ **to shape** /
Formgenauigkeit f || ~ **to size** / Maßgenauigkeit f,
Maßhaltigkeit f
accurate enough to be used for calibration /
eichwürdig *adj*
a.c.-d.c. apparatus / Allstromgerät n || ~ **converter** /
Drehstrom-Gleichstrom-Umformer m,
Wechselstrom-Gleichstrom-Umrichter m || ~ **motor**
/ Universalmotor m, Allstrommotor m || ~ **motor-
generator** / Drehstrom-Gleichstrom-Umformer m ||
~ **relay** / Allstromrelais n
a.c. disconnector IEC 129 / Wechselstrom-
Trennschalter m VDE 0670, T.2
ACDS s. accept data state
a.c. earthing switch IEC 129 / Wechselstrom-
Erdungsschalter m VDE 0670, T.2 || ~ **electrical
quantity** / Wechselstromgröße f || ~ **electrolytic
capacitor** / Wechselstrom-Elektrolytkondensator m
ACEN s. access enable
a.c. exciter / Wechselstromerreger m || ~ **exciter with
rotating rectifiers** / Wechselstromerreger mit
rotierenden Gleichrichtern, bürstenloser Erreger m
a.c. exciter with stationary rectifiers /
Wechselstromerreger mit ruhenden Gleichrichtern
a.c. fail driver / Netzausfall-Meldeleitung f (Treiber,
MPSB) || ~ **filter** / Wechselstromfilter n,
Drehstromfilter n, wechselstromseitiges Filter || ~
generator / Wechselstromgenerator m || ~ **high-
voltage circuit-breaker** / Wechselstrom-
Hochspannungs-Leistungsschalter m
achieve v / realisieren v
achromatic *adj* / unbunt *adj*, farblos *adj*,
achromatisch *adj* || ~ **colour** / unbunte Farbe,
unbunte Farbvalenz || ~ **light stimulus** / weißes
Licht, unbuntes Licht || ~ **locus** / Unbunt-Bereich m
|| ~ **stimulus** / unbunter Farbreiz
acid-catalyzed varnish / säurehärtender Lack
acid-cured varnish / säurehärtender Lack
acid-free *adj* / säurefrei *adj*
acid n / Säure f || **acid fumes** / Säuredämpfe m pl
acidity n / Säuregrad m, Säuregehalt m,
Neutralisationszahl f
acidless *adj* / säurefrei *adj*
acid number / Säurezahl f, Neutralisationszahl f
acid-proof *adj* / säurefest *adj*
acid rain / saurer Regen
acid-resistant *adj* / säurebeständig *adj*

acid treatment / Säurebehandlung f
a.c. input / Wechselstromeingang m,
Wechselstromversorgung f (USV) || ~ **input failure
test** / Netzausfallprüfung f (USV) || ~ **input voltage**
/ Eingangswechselspannung f || ~ **keying** /
Wechselstromtastung f
ACK n / positive Rückmeldung
acknowledge v / anerkennen v, quittieren v || ~ **alarm**
/ Alarm quittieren
acknowledged *adj* / quittiert *adj*
acknowledgement n / Quittung f, Quittungssignal n,
Bestätigung f DIN ISO 7498-1,
Empfangsbestätigung f (Rückinformation über
fehlerfrei oder fehlerhaft empfangene Information
ACK, NAK, Rückmeldung), Quittierung f,
Quittieren n, Rückmelden n, Rückmeldung f || ~
command / Quittierbefehl m || ~ **delay** /
Quittierungsverzug m || ~ **flag** / Quittierungsmerker m
(SPS) || ~ **group** / Quittiergruppe f || ~ **query** /
Quittungsabfrage f || ~ **scan** / Quittungsabfrage f || ~
signal / Quittungssignal n, Rückmelden n,
Rückmeldung f || ~ **status** / Quittungsstatus m || ~
time / Quittungsverzugszeit f, Quittierzeit f
acknowledge time / Antwortzeit f (Datennetz)
ACL curve s. automatic current limiting curve
a.c. line / Wechselstromleitung f || ~ **line** (IEC
50(466)) / Drehstromleitung f (Freiltg.),
Wechselstromleitung f || ~ **link** / Wechselstrom-
Zwischenkreis m (LE)
a.c.-link d.c. converter / Gleichstromumrichter mit
Wechselstrom-Zwischenkreis m, Zwischenkreis-
Gleichstromumrichter m
a.c. machine / Wechselstrommaschine f || ~ **meter** /
Wechselstromzähler m
acme thread / Trapezgewinde n
a.c. motor / Wechselstrommotor m || ~ **motor starter**
IEC 292-2 / Wechselstrom-Motorstarter m VDE
0660, T.106
ACN (absolute coordinates for negative direction) /
ACN (absolute Koordinaten für negative
Achsdrehrichtung)
ACO (adaptive control optimization) / adaptive
Regelung, adaptive Steuerung (Regelungssystem,
das variable Parameter während des
Bearbeitungsvorganges erfasst und automatisch
beeinflusst mit dem Ziel, den Fertigungsprozess zu
optimieren), adaptives Regelsystem,
Anpassungsregelung, anpassungsfähiges
Steuerungssystem
a-contact n / Schließer m (VDE 0660, T.200),
Einschaltglied n, Arbeitskontakt m, a-Kontakt m,
Schlüsselschließer (S) m
ACOP (advanced coprocessor) / ACOP (Advanced
Coprocessor)
a.c.-operated *adj* / wechselstrombetätigt *adj*
a.c. operation / Wechselstrombetätigung f
acoustic absorption coefficient /
Schalldämpfungskonstante f, Schallschluckgrad m
|| ~ **admittance** / akustischer Leitwert
acoustical absorption / Schallabsorption f || ~
transmission factor / Schalltransmissionsgrad m
acoustic axis / akustische Achse || ~ **compliance** /
akustische Federung || ~ **coupler** / akustischer
Koppler, Akustikkoppler m || ~ **damper** /
Schalldämpfer m || ~ **damping** / akustische
Dämpfung || ~ **dissipation factor** /
Schalldissipationsgrad m || ~ **enclosure** /

acousto-optic

Lärmschutzhülle f || **~ impedance** / akustische Impedanz, Schallimpedanz f, Schallwiderstand m || **~ noise** / Geräusch n, Lärm m || **~ oscillation** / Schallschwingung f || **~ power** / Schallleistung f || **~ power level** / Schallleistungspegel m || **~ pulse** / Schallimpuls m || **~ radiation** / Schallstrahlung f || **~ radiation pressure** / Schallstrahlungsdruck m || **~ radiator** / Schallstrahler m || **~ reactance** / Schallreaktanz f || **~ resistance** / Schallwiderstand m, Schallresistanz f || **~ shadow** / Schallschatten m || **~ signal device** / akustischer Melder || **~ signal transformer** / Schallwandler m || **~ test** / Schallprüfung f, Durchschallung f
acousto-optic effect / akusto-optischer Effekt
a.c. output voltage / Ausgangswechselspannung f (SR) || **~ permeability** / Wechselstrompermeabilität f, Überlagerungspermeabilität f || **~ power controller** / Wechselstromsteller m, Wechselstrom-Stellschalter m || **~ power conversion** / Wechselstromumrichten n || **~ power converter** / Wechselstromumrichter m
a.c.-powered adj / wechselstrombetätigt adj
acquisition n / Zählwerterfassung f, Erfassung f || **~ cycle** / Erfassungszyklus m || **~ time** / Erfassungszeit f (DV)
a.c. resistance / Wechselstromwiderstand m, Scheinwiderstand m
acronym n / zusammenfassender Begriff, Überbegriff m
across-flats dimensions n pl / Schlüsselweite (SW) f
across-the-line starter / Starter (o. Motorstarter) zum direkten Einschalten, Anlasser für direktes Einschalten, Direktstarter m, Direktanlasser m || **~ starting** / direktes Einschalten (Mot.)
ACRQ s. access request
ACRS s. acceptor ready state
ACS s. l.v. switchgear and controlgear assembly for construction sites
a.c. semiconductor motor controllers and starters pl / Halbleiter-Motorsteuergeräte und -starter für Wechselspannung pl
a.c.-side current / Anschlussstrom m (SR) || **~ voltage** / Anschlussspannung f (SR)
ACSR s. aluminium cable, steel-reinforced || ᵒ s. steel-reinforced aluminium conductor
ACSR / AC s. aluminium-clad steel-reinforced aluminium conductor
a.c. stabilization / Wechselstromstabilisierung f DIN 41745 || **~ starting voltage** / Anfangs-Anschlussspannung f (GR) DIN 41760 || **~ supply voltage** / Netz-Wechselspannung f || **~ switchgear** IEC 129 || **~ Wechselstrom-Schaltgeräte** n pl VDE 0670,T.2 || **~ system** / Wechselstromnetz n, Wechselstromanlage f
ACT s. air-cooled triode
a.c. test IEC 70 / Spannungsprüfung mit Netzfrequenz f, Wechselspannungsprüfung f, Prüfung mit Wechselspannung || **~ test voltage** / Prüfwechselspannung f || **~ thyristor controller** / Thyristor-Wechselstromsteller m
acting-area lighting / Spielflächenbeleuchtung f (Theater) || **~ luminaire** / Spielflächenleuchte f (Theater)
actinic action spectrum / aktinische Wirkungsfunktion
actinity n / Aktinität f, fotochemische Wirksamkeit
action n / Aktion f, Tätigkeit f, Wirkung f, Wirkungsweise f (Reg.), Handlung f || **direct ~** / direktes Verhalten (Reg.), direkte Wirkungsrichtung (Reg.) || **~ block** / Aktionsblock m (SPS-Programm), Aktionssatz m || **~ branch** / Aktionszweig m || **~ chart** / Funktionsdiagramm n (NC) || **~ code** / Funktionscode m || **~ interface** / Wirkfuge f DIN 8580 || **~ interstice** / Wirkspalt m DIN 8580 || **~ limits** / Eingriffsgrenzen f pl (QS) || **~ line** / Funktionslinie f (NC) || **~ log** / Fahrtenschreiber m || **~ medium** / Wirkmedium n DIN 8580 || **~ pair** / Wirkpaar n DIN 8580 || **~ period** / Funktionszeit f (NC), Operationszeit f (NC) || **~ qualifier** / Aktionsbestimmungszeichen n (SPS-Programm) || **~ report** / Wartungsbericht m, Einsatzbericht m || **~ spectrum** (for an actinic phenomenon) / Wirkungsfunktion f || **~ window** / Arbeitsfenster n, Projektfenster n || **~ zoom** / Aktionslupe f
actions n pl (QA procedure) / Maßnahmen f pl (QS-Verfahrensanweisung)
activate v / aktivieren v, in Betrieb setzen, betätigen v, an Spannung legen, einschalten v, anstoßen v, anregen v, freigeben v, auslösen v, wirksam setzen v, aktiv setzen v
activated carbon / Aktivkohle f || **~ carbon canister** / Aktivkohlebehälter m (Kfz) || **~ carbon filter** / Aktivkohlefilter n || **~ sludge tank** / Belebungsbecken n || **be ~** / ansprechen v, zugreifen v
activation n / Wirksamwerden n, Freischaltung f, Inbetriebnehmen n, Inbetriebsetzung (IBS) f, Ansteuerung f, Aktivierung f || **~ energy** / Aktivierungsenergie f (HL) || **~ of function** / Funktionsanstoß m || **~ point** / Einsatzpunkt m || **~ polarization** / Aktivierungspolarisation f (Batt.) || **~ position** / Einschaltposition f
active adj / wirksam adj, aktiv adj, eingeschaltet adj || **~ alumina** / aktives Aluminium, Tonerde f || **~ bounding** / aktive Begrenzung (Verstärker) || **~ bus node** / aktiver Busteilnehmer, aktiver Teilnehmer || **~ bus terminator** / aktiver Busabschluss || **~ circuit element** / aktives Stromkreiselement || **~ component** / Wirkanteil m, Wirkkomponente f || **~ corrective maintenance time** (That part of the active maintenance time during which actions of corrective maintenance are performed on an item.) / aktive Instandsetzungszeit (Teil der aktiven Instandhaltungszeit, während dessen Instandsetzungstätigkeiten an einer Einheit durchgeführt werden), Dauer der aktiven Instandsetzung IEC 50(191) || **~ cross section of core** / wirksamer Eisenquerschnitt || **~ current** / Wirkstrom m || **~ end-of-line unit** / aktives Endglied (DÜ) || **~ energy** / Wirkenergie f, Wirkarbeit f
active-energy meter / Wirkleistungszähler m, Wirkverbrauchszähler m, Wattstundenzähler m
active failure mode / aktives Ausfallverhalten || **~ false value** / aktiver falscher Wert (PMG) || **~ high** / P-lesend adj || **~ ingredients** / Wirkstoffe m pl || **~ iron** / wirksames Eisen || **~ laser medium** / aktives Lasermedium || **~ limiting function** / wirksame Begrenzung (NC) || **~ load** / Wirklast f || **~ low** / M-lesend adj || **~ maintenance time** / aktive Instandhaltungsdauer, aktive Instandhaltungszeit (Teil der Instandhaltungszeit, während dessen eine Instandhaltungstätigkeit an einer Einheit

automatisch oder manuell durchgeführt wird, ohne Berücksichtigung von logistischen Verzugsdauern) || ~ **mass** / aktive Masse (Magnetkörper) || ~ **mass factor** / Faktor der aktiven Masse IEC 50(221) || ~ **material** / aktive Masse (Batt.) || ~ **material mix** / Aktivmaterial-Mischung *f* (Batt.) || ~ **node** (In each case, one active node (master) is granted access to the bus with the right to send (token). After a given time, this node passes on the token to the next active node on the bus system.) / aktiver Teilnehmer, aktiver Busteilnehmer || ~ **operational reliability** / aktive Betriebssicherheit || ~ **operational safety** / aktive Betriebssicherheit || ~ **output register (AOR)** / Active Output Register (AOR) || ~ **override switch** / aktiver Korrekturschalter || ~ **part** / aktives (o. aktiver) Teil *adj*, stromführender Teil || ~ **part of conductor** / induzierte Seite des Leiters || ~ **part of the motor** / Motoraktivteil *n* || ~ **portion of path of contact** / Eingriffsstrecke *f* || ~ **power** / Wirkleistung *f* **active-power consumption** / Wirkleistungsverbrauch *m*, Wirkverbrauch *m* || ~ **control band** / Wirkleistungs-Regelbereich *m* (Generatorsatz) || ~ **factor** / Wirkleistungsfaktor *m* || ~ **flow** / Wirkleistungsfluss *m* || ~ **input** / Wirkleistungsaufnahme *f* || ~ **load** / Wirklast *f*, Wirkstromlast *f*, Wirkstromverbraucher *m* || ~ **loss** / Wirkleistungsverlust *m*, Wirkverlust *m* **active power of the fundamental wave** / Grundschwingungswirkleistung *f* **active-power output** / Wirkleistungsabgabe *f* || ~ **relay** / Wirkleistungsrelais *n* || ~ **remedial action** / schnelle Überlastkorrektur || ~ **transducer** / Wirkleistungsmessumformer *m* **active preventive maintenance time** / Dauer der aktiven Wartung IEC 50(191), aktive Wartungszeit (Teil der aktiven Instandhaltungszeit, während dessen eine Wartung an einer Einheit durchgeführt wird), Wartungsdauer *f* || ~ **program** / aktuelles Programm || ~ **pull-down** / aktiver Basisableitwiderstand (TTL-Schaltung) || ~ **redundancy** / funktionsbeteiligte Redundanz DIN 40042, heiße Redundanz, aktive Redundanz || ~ **repair time** / Instandsetzungsdauer *f*, Reparaturdauer *f* || ~ **safety** / aktive Sicherheit || ~ **sections** / gebildete Strecken || ~ **standby operation** / (aktiver) Bereitschaftsbetrieb *m* (USV) || ~ **star coupler** / aktiver Sternkoppler || ~ **station** / aktiver Teilnehmer (PROFIBUS) || ~ **store** / Arbeitsspeicher *m* (ASP) || ~ **tile** / Aktivbaustein *m* (Mosaikbaustein) || ~ **transfer** / aktive Übertragung DIN IEC 625 || ~ **true value** / aktiver wahrer Wert (PMG) || ~ **voltage** / Wirkspannung *f* **activity** *n* / Tätigkeit *f* || ~ **category** / Tätigkeitskategorie *f* || ~ **schedule** / Maßnahmenplan *m* **actual air gap** / tatsächlicher Luftspalt || ~ **absolute current** / Strombetragsistwert *m* || ~ **accuracy limiting factor** / Betriebsüberstromkennziffer *f* || ~ **clearance** / Istspiel *n* || ~ **controller** / nichtidealer Regler || ~ **costs** / Istkosten *pl* || ~ **current** / Iststrom *m* || ~ **current smoothing** / Stromistwertglättung *f* || ~ **daily working hours** / Tages-Istarbeitszeit *f* || ~ **data** / Istdaten *pl* || ~ **data feedback** / Istdaten-Rückmeldung *f* || ~ **deviation** / Istabmaß *n* || ~ **dimension** / Istmaß *n* || ~ **energy** / Istarbeit *f* || ~ **frequency** / Istfrequenz *f* || ~ **gear stage** /

Istgetriebestufe *f* || ~ **generated contour** / Istkontur *f* (WZM, NC) || ~ **interference** / Istübermaß *n* || ~ **motor speed** / Motoristdrehzahl *f* || ~ **operand** / Aktualoperand *m*, Aktualparameter *m* || ~ **output current** / Ausgangs-Iststrom *m* || ~ **output voltage** / Ausgangs-Istspannung *f*
Actual = Setpoint / Ist als Soll
actual parameter / aktueller Parameter, aktueller Prozedurparameter DIN 44300, Aktualparameter *m*, Aktualoperand *m* || ~ **parameter declaration** / Aktual-Parameter-Deklaration *f* || ~ **position** / Istlage *f*, Lage-Istwert *m*, Istposition *f*, Weg-Istwert *m* (NC) || ~ **position display** / Istwertanzeige *f* (NC), Lage-Istwertanzeige *f*, Ist-Lage-Anzeige *f* || ~ **position generation** / Lageistwertbildung *f* || ~ **position sensor** / Lagegeber *m*, Lageistwertgeber *m* || ~ **position value** / Wegistwert *m*, Positionsistwert *m*, Lageistwert *m* || ~ **power stack code number** / Ist-Leistungsteil Codenummer || ~ **residual resistance** IEC 477 / aktueller Nullwiderstand DIN 43783, T.1 || ~ **short-circuit current** / kurzschlussgetreue Spannung || ~ **short-circuit tripping current** / kurzschlussgetreue Spannung || ~ **size** / Istmaß *n* || ~ **speed** / Istdrehzahl *f*, tatsächliche Drehzahl || ~ **speed value** / Drehzahlistwert *m* || ~ **surface** / Istoberfläche *f* || ~ **transformation ratio** IEC50(321) / Übersetzung *f* (Strom- u. Spannungswandler)
actual-value based master axis / Istwertführung *f* || ~ **conditioner** / Istwertanpassung *f* || ~ **display** / Istwertanzeige *f* || ~ **linkage** / Istwertkopplung *f* || ~ **memory** / Istwertspeicher *m* || ~ **sensing** / Istwerterfassung *f* || ~ **sensor** / Istwertgeber *m* || ~ **actual-value store** / Istwertspeicher *m* || ~ **system for workpiece** (Actual value system allowing for tool and zero offsets.) / werkstücknahes Istwertsystem
actual value / Istwert *m*, aktueller Wert DIN 43783, T.1, tatsächlicher Wert, momentaner Wert, Aktualwert *m* || ~ **value acquisition** / Istwerterfassung *f* || ~ **value adjustment** / Istwertabgleich *m* || ~ **value cable** / Istwertleitung *f* || ~ **value control** / Augenblickswertregelung *f* || ~ **value counter** / Istwertzähler *m* || ~ **value distributor** / Istwertverteiler *m* || ~ **value matching circuit** / Istwertanpassung *f*, Drehzahlistwertanpassung *f* || ~ **value of specified time** (relay) IEC 50(446) / Istwert der Zeitverzögerung || ~ **value system** / Istwertsystem *n* || ~ **value tolerance** / Istwerttoleranz *f* || ~ **value weighting factor** / Istwertbewertungsfaktor (IBF) *m* || ~ **voltage** / Istspannung *f* || ~ **working hours** / Istarbeitszeit *f* || ~ **workpiece dimension** / Werkstückistmaß *n*
actual-value-linked *adj* / istwertgekoppelt *adj*
actuate *v* / betätigen *v*, antreiben *v*, steuern *v*, schalten *v*, in Betrieb setzen, erregen *v*, auslösen *v*
actuating angle / Schaltwinkel *m* (PS, Betätigungselement) || ~ **cam** / Betätigungsnocken *f* *pl* || ~ **cycle** (of an actuator) IEC 337-1 / Betätigungszyklus *n* (eines Bedienteils) VDE 0660, T.200 || ~ **direction** / Betätigungsrichtung *f* (a. PS), Schaltrichtung *f*, Betätigungssinn *m* || ~ **element** / Stellglied *n*, Bedienungselement *n*, Betätigungsorgan *n*, Bedienelement *n*, Betätiger *m* || ~ **force** IEC 337-1 / Schaltkraft *f*, Betätigungskraft *f* VDE 0660, T.200, Schalt-

Betätigungskraft *f* || **~ insulator** /
Betätigungsisolator *m* || **~ lever** / Schalthebel *m*,
Handhabe *f*, Kipphebel *m*, Betätigungshebel *m* || **~
moment** IEC 337-1 / Betätigungsmoment *n* (SG)
VDE 0660, T.200 || **~ motion** / Stellbewegung *f* || **~
motor** / Betätigungsmotor *m*, Stellmotor *m* || **~
openings** / Betätigungsöffnungen *f pl* || **~ operating
motion** / Stellbewegung *f* || **~ operation** IEC 337-1
/ Betätigung des Bedienteils VDE 0660, T.200
actuating pulse / Stellimpuls *m* || **~ quantity** IEC
137-2B / Wirkungsgröße *f* VDE 0660, T.204 || **~
series** IEC 337-2A / Betätigungsreihe *f* VDE 0660,
T.202 || **~ shaft** / Betätigungswelle *f*, Antriebswelle
f, Schaltwelle *f* || **~ signal** ANSI C 81.5 / Stellsignal
n, Stellsignal zum Stellantrieb, Stellsignal vom
Stellantrieb || **~ solenoid** / Stellmagnet *m* || **~ system**
(of a control switch) / Betätigungssystem *n* (HSS),
Antriebssystem *n* || **~ time** / Betätigungszeit *f*,
Stellzeit *f*, Stellglied-Laufzeit *f* || **~ variable** /
Stellgröße *f* || **~ velocity** /
Betätigungsgeschwindigkeit *f*
actuation distance Sa / Arbeitsabstand Sa (NS)
actuator *n* / Betätigungselement *n*, Auslöser *m*,
Steller *m*, Stellgerät *n*, Signalempfänger *m*,
Schaltaktor *m*, Aktorik *f*, Stellmotor *m*, Betätiger *m*,
Aktor *m*, Stellantrieb *m*, Stellglied *n*, Bedienteil *n*,
Betätigungsorgan, Bedienungselement *n* || **~
activation** / Stellgliederansteuerung || **~ clutch** /
Antriebskupplung *f* || **~ cylinder** / Arbeitszylinder
m || **~ diaphragm** / Betätigungsmembrane *f* || **~
driver** / Steuerbaustein *m* (SPS, f. Stellglied) || **~
head** / Antriebskopf *m* || **~ load** /
Stellantriebsleistung *f* || **~ operating time** /
Stellgliedlaufzeit *f* || **~ power unit** / Antriebs-
Krafteinheit *f* (Ventil) || **~ sensor interface** /
Aktuator-Sensor-Interface (AS-Interface)
(Vernetzungssystem für binäre Sensoren und
Aktoren im untersten Feldbereich) || **~ speed** /
Stellantriebsgeschwindigkeit *f*, Geschwindigkeit
des Stellglieds, Stellgeschwindigkeit *f* || **~ stem** /
Antriebsspindel *f* (Ventil), Spindel *f* || **~ stem
connection** / Verbindung mit der Spindel || **~ travel**
/ Schaltweg des Betätigungselements,
Betätigungsweg *m*
actuators non selfblocking ~ / nicht selbsthemmende
Antriebe
ACU s. automatic control unit
a.c. voltage / Wechselspannung *f* (WS (el.)) || **~
voltage converter** / Wechselspannungsumrichter *m*
acyclic *adj* / azyklisch *adj* || **~ data communication** /
azyklischer Datenverkehr || **~ machine** /
Unipolarmaschine *f*, azyklische Maschine || **~
priority** (preferential tripping) / azyklische
Bevorzugung (Schutzauslösung)
acyclical *adj* / azyklisch *adj*
ADAC s. analog-digital-analog converter
adapt *v* / abgleichen *v*, anpassen *v*
adaptability *n* / Anpassungsfähigkeit *f*
adaptable *adj* / anpassungsfähig *adj*, anpassbar *adj*
adaptation *n* / Adaption *f*, Adaptation *f*, Anpassung *f*
|| **~ range** / Adaptionsbereich *m* || **~ speed** /
Adaptionsdrehzahl *f* || **~ to the machine** /
Maschinenanpassung *f* || **~ value** / Adaptionswert *m*
adapted *adj* / angepasst *adj*
adapter *n* / Anschlussträger *m*, Zwischenstecker *n*,
Anpassungsglied *n*, Montageadapter *m*,
Übergangsstutzen *m*, Anpasser *m*,

Anschlusselement *n*, Verbindungsstück *n*, Adapter
m, Ansatz *m*, Verlängerungsstück *n*, Reduzierstück
n, Übergangssteckvorrichtung *f*, Vorschaltgerät *n*,
Zwischenstück *n* || **channel ~** / Kanalanschaltgerät
n || **~ line ~** / Leitungsanpassglied *n*, Leitungsvorsatz
m || **~ block** / Anpassungsglied *n*, Zwischenstecker
m, Montageadapter *m*, Adapter *m* || **~ casing** /
Adaptionskapsel *f* || **~ connector** / Übergabestecker
m, Übergabe-Messerleiste *f*, Adaptersteckverbinder
m || **~ coupling** / Reduzierverschraubung *f*,
Reduziermuffe *f*
adapter flange / Zwischenflansch *m* || **~ for rail
mounting** / Hutschienenadapter *m* || **~ part** /
Anpassteil *n* || **~ plate** / Zwischenblech *n* || **~ plug** /
Zwischenstecker *m*, Übergangsstecker *m*,
Passpfropfen *m* (Sich.) || **~ ring** (fuse) / Passring *m*
(Sich.) || **~ screw** (fuse) / Passschraube *f* (Sich.) || **~
screw fitter** / Passschraubenschlüssel *m* (Sich.) || **~
sleeve** / Reduzierhülse *f*, Spannhülse *f*,
Hülsenpasseinsatz *m*, Klemmhülse *f* || **~ sleeve
fitter** / Hülsenpasseinsatzschlüssel *m* || **~ socket
connector** / Übergangsfederleiste *f* || **~
transformer** / Zwischentransformator *m*
adaption *n* / Adaption *f*, Adaptation *f* || **~ board** /
Trägerbord *n* || **~ range** / Adaptionsbereich *m*
adaptive / Adaptation *f*, Adaption *f* || **~ colorimetric
shift** / Farbumstimmungstransformation *f* || **~
colour shift** / Farbwandlung *f* || **~ control (AC)** /
adaptive Regelung, adaptive Steuerung,
anpassungsfähige Steuerung, adaptives
Regelsystem, Anpassungsfähiges
Steuerungssystem || **~ control constraint (ACC)** /
Adaptive Control Constraint (ACC) || **~ control
optimization (ACO)** / adaptives Regelsystem,
Anpassungsregelung *f*, Anpassungsfähiges
Steuerungssystem, adaptive Steuerung
(Regelungssystem, das variable Parameter während
des Bearbeitungsvorgangs erfasst und automatisch
beeinflusst mit dem Ziel, den Fertigungsprozess zu
optimieren), adaptive Regelung || **~ control system
with closed-loop adaptation** / adaptives
Regelsystem mit geregelter Adaption VDI/VDE
3685 || **~ control system with open-loop
adaptation** / adaptives Regelsystem mit
gesteuerter Adaption VDI/VDE 3685 || **~ control
with constraints (ACC)** / adaptive Regelung mit
Zwangsbedingungen, Grenzwertregelung *f* || **~
cruise control (ACC)** / adaptive
Fahrgeschwindigkeitsregelung (Kfz) || **~
differential pulse code modulation (ADPCM)** /
adaptive differentielle Pulscodemodulation || **~
system** / adaptives System, lernfähiges System || **~
voltage model** / adaptives Spannungsmodell (LE)
adaptor *n* / Zwischenstecker *n*, Anpassungsglied *n*,
Montageadapter *m*, Zwischenstück *n*,
Verlängerungsstück *n*, Adapter *m*, Anpasser *m*,
Vorschaltgerät *n*, Verbindungsstück *n*, Ansatz *m*,
Übergangssteckvorrichtung *f*, Anschlusselement *n*,
Reduzierstück *n* || **~ board** / Adapterplatine *f* || **~
cable** / Adapterkabel *f* || **~ module** /
Ankopplungsbaugruppe *f* || **~ set** / Adaptersatz *m*
ADB s. address bus f / [2] ~ s. aerodrome beacon ||
[2]**buffer** / ADB-Entkopplung *f*
ADC s. analog-to-digital converter || **~ parameter** /
Analogeingangsparameter *m* || **~ value** /
Analogeingangswert *m*
ADC (analog-digital converter) / Analog-Digital-

Wandler *m*, ADU (Analog-Digital-Umsetzer), ADU (A/D-Umsetzer), A/D-Wandler *m*
ADC-characteristic / Analogeingangsskalierung *f*
A/D conversion s. analog-to-digital conversion || ~ **converter** / A/D-Umsetzer (ADU) *m*, A/D-Wandler *m*, Analog-Digital-Umsetzer (ADU) *m*, Analog-Digital-Wandler *m*
add *v* / hinzufügen *v*
added output power / hinzugefügte Ausgangsleistung (Diode)
added-value process / Wertschöpfungsprozess *m*
addend *n* / Summand *m*, Addend *m*
addendum *n* / Zahnkopfhöhe *f*, Zusatz *m*, Nachtrag *m* || ~ **angle** / Kopfwinkel *m* (Zahnrad) || ~ **circle** / Kopfkreis *m* (Zahnrad), größter Kreis am Kegelrand
adder *n* / Addierer *m*, Addierstelle *f*, Addierstufe *f*
adding machine / Addiermaschine *f*
addition of a chamfer/radius / Anfügen einer Fase/Radius || ~ **of materials** / Schüttvorgänge *m pl* || ~ **instruction** / Additionsbefehl *m*
additional ampere turns / zusätzliche Ampèrewindungen || ~ **axes** / Achsergänzung *f* || ~ **compartment** / Zusatzraum *m* || ~ **compensation** / Zusatzkompensation || ~ **component** / Zusatz-Baustein *m* || ~ **data** / Zusatzdaten *pl* || ~ **equipment** / Zusatzbestückung *f*, Zusatzausrüstung *f* || ~ **I²R losses** / stromabhängige Zusatzverluste || ~ **lighting** / Zusatzbeleuchtung *f* || ~ **load loss(es)** / lastabhängige Zusatzverluste, Nebenverluste *m pl*, zusätzliche Kurzschlussverluste || ~ **load module** / Zusatzverbraucherbaustein || ~ **module** / Zusatzkarte *f* || ~ **number** / ergänzte Nr. || ~ **pcb** / Zusatzkarte *f* || ~ **price** / Mehrpreis *m* || ~ **setpoint** / Zusatzsollwert *m* || ~ **sign** / Beizeichen *n* || ~ **test** / Zusatzprüfung *f* || ~ **unit** / Zusatzeinheit *f* || ~ **voltage** / Zusatzspannung *f* (des einstellbaren Transformators) || ~ **zone of indecision** / zusätzlicher Unschärfebereich
additive *adj* / additiv *adj*, Zusatzmittel *n*, Additiv *n* (a. Isoliermat.), Wirkstoff *m* || ~ **complementary colour** / Komplementärfarbe *f*, Kompensationsfarbe *f*, kompensative Farbe || ~ **input** / additive Eingabe (NC) || ~ **mixture of colour stimuli** / additive Farbmischung || ~ **offset** / Summenkorrektur *f*, additive Verschiebung || ~ **ON-delay** / additiv ansprechverzögert || ~ **process** / Additivverfahren *n* (gS) || ~ **tool length compensation** / additive Werkzeuglängenkorrektur || ~ **zero offset** / additive Nullpunktverschiebung
additivity *n* / Addierbarkeit *f*
add-on block / Zusatzeinheit *f*, Anbauelement *n* || ~ **housing** / Erweiterungsmodul (EM) *n* || ~ **kit** / Nachrüstsatz *m*, Anbausatz *m* || ~ **operation** / Zuschaltbetrieb *m* DIN 41745 || ~ **unit** / Anbaugerät *n*
address *n* / Operand *m*, ansprechen *v*, zugreifen *v*, Anschrift *f*, Adresse *f* || ~ **absolute** ~ / effektive Adresse, Maschinenadresse *f*, absolute Adresse, Absolutoperand *m* || ~ **foreign** ~ / Auslandsanschrift *f* || ~ **forwarding** ~ / Versandanschrift *f* || ~ **pseudo** ~ / Pseudoadresse *f* || ~ **access time** / Adressenzugriffszeit *f* || ~ **actual** / Maschinenadresse *f*, effektive Adresse, absolute Adresse || ~ **area** / Adressbereich *m*, Adressraum *m*, Operandenbereich *m* || ~ **assignment** / Adresszuordnung *f*, Adressenzuordnung *f*,

Adressenbelegung *f*, Adressenvergabe *f*, Adressenzuordnung *f*, Adressbelegung *f* || ~ **block** / Adressblock *m*, Adressenblock *m* || ~ **block format** / Adressenschreibweise *f* (Programmaufbau für NC-Maschinen, bei dem jedes Wort in einem Satz mit einem Adreßzeichen beginnt, das die Bedeutung des Wortes kennzeichnet), Adressschreibweise *f*, Adress-Schreibweise *f* (NC) || ~ **book** / Adressbuch *n* || ~ **bus** / Adressbus *m* || ~ **bus (ADB)** / Adressbus (ADB) *m*, Adressleitung *f* || ~ **bus driver** / Adressbustreiber *m*
address/numeric ~ **keyboard** / Adressen-/Zehnertastatur
addressable *adj* / adressierbar *adj*, ansprechbar *adj* || ~ **area** / Adressierbereich *m* (im Speicher) || **freely** ~ / frei adressierbar
address capacity / Adressiervolumen *n* || ~ **character** / Adresszeichen *n*, Adressbuchstabe *m* (NC) || ~ **comment** / Operandenkommentar *m* || ~ **comparator** / Adresskomparator *m* || ~ **computation** / Adressberechnung *f* || ~ **counter** / Adressenzähler *m* || ~ **counter status** / Adresszählerstand *m* || ~ **decoder** / Adressendecodierer *m* || ~ **decoding** / Adressendekodierung *f*, Adressrangierung *f* || ~ **dependency** / Adressen-Abhängigkeit *f*, A-Abhängigkeit *f* || ~ **detail** / Adressendetail *n* || ~ **directory** / Adressenverzeichnis *n* || ~ **displacement** / Adressdistanz *f*
addressee *n* / Adressat *m*
addressees *n pl* / Verteilerkreis *m*
address entry / Adresseintrag *m*
addresses module / Adressen Baugruppe
address extension / Adressenerweiterung *f*, Adresserweiterung *f* || ~ **field** / Adressfeld *n*, Adressenfeld *n* || ~ **field width** / Operandenfeldbreite *f*
address gap / Adresslücke *f* || ~ **generator** / Adressengenerator *m* || ~ **handling** / Adressbearbeitung *f* || ~ **identification** / Operandenkennzeichnung *f*, Operandenkennzeichen (OPKZ) *n*, Adresskennung *f*,
addressing *n* / Adressierung *f* (die Möglichkeit, den Teilnehmern für einen gezielten Infomationsaustausch Adressen zu geben) || ~ **cable** / Adressierleitung *f* || ~ **input** / Adresseneingang *m* || ~ **line** / Adressierleitung *f* || ~ **parameter** / Adressierungsschema *n*, Adressierungsparameter *m* || ~ **range** / Adressierbereich *m*, Adressenbereich *m* || ~ **socket** / Adressiersockel *m* (SPS) || ~ **unit** / Adressiergerät *n* || ~ **window** / Adressierfenster *n*
address jack / Adressierbuchse *f* || ~ **latch** / Adressenspeicher *m*, Adressen-Signalspeicher *m* || ~ **latch enable (ALE)** / Adressenspeicherfreigabe *f*
addressless *adj* / adressenfrei *adj*
address level indicator / Adressen-Füllstandsanzeiger *m* || ~ **list** / Adressenliste *f*, Adressliste *f*
address map / Adressbelegung *f*, Adressenbelegung *f*, Adressliste *f* (SPS), Adressverzeichnis *n* || ~ **mapping** / Adressabbildung *f* || ~ **mapping table** / Adressenübersetzungstafel *f* || ~ **negotiation** / Adressenverhandlung *f* || ~ **notation** / Adressschreibweise *f*, Adressenschreibweise *f* (Programmaufbau für NC-Maschinen, bei dem jedes Wort in einem Satz mit einem Adreßzeichen

add to   10

beginnt, das die Bedeutung des Wortes kennzeichnet) || ~ **overview** / Adressübersicht f || ~ **paging table** / Übersetzungstafel f (f. Adressenseiten) || ~ **parameter** / Adressparameter m || ~ **part** / Adressteil m || ~ **priority** / Operandenvorrang m || ~ **range** / Adressbereich m, Adressraum m || ~ **register (AR)** / Adressenregister n (AR), Adressregister n, Adressregister n || ~ **selection** / Adressenanwahl f, Adressenansteuerung f || ~ **setup time** / Adress-Vorbereitungszeit f || ~ **signal** / Rufnummer f (DÜ, Datenetz) || ~ **space** / Adressraum m, Adressbereich m || ~ **type** / Operandentyp m || ~ **volume** / Adressiervolumen n || ~ **window** / Adressenfenster n, Adressentabelle f
add to v / anfügen v, anhängen v
ADE s. automatic design engineering
A-dependency n / Adressen-Abhängigkeit f, A-Abhängigkeit f
adequacy n / Gebrauchstauglichkeit f DIN 55350,T.11
adhere to v / haften v
adherence n / Haften n, Kleben n, Haftvermögen n, Haftfähigkeit f
adhesion n / Adhäsion f, Haftvermögen n, Klebvermögen n, Kraftschluss m (Rad-Fahrbahn) || ~ **allowance** / Haftmaß n || ~ **coefficient** / Haftreibungsbeiwert m, Adhäsionsbeiwert m, Kraftschlussbeiwert m (Kfz) || ~ **drive** / Haftreibungsantrieb m
adhesive n / Kleber m, Klebemittel n, Haftmittel n || **2-component Araldit** ~ / Zweikomponentenkleber Araldit || ~ **coating** / Klebeschicht f || ~ **control** / Klebesteuerung f || ~ **dot** / Klebepunkt m || ~ **film** / Haftfolie f, Klebefolie f || ~ **force** / Haftkraft f, Adhäsionskraft f || ~ **label** / Klebeschild n, Aufkleber m, Haftbild n
adhesiveness n / Haftvermögen n, Klebvermögen n
adhesive shear strength / Haft-Scherfestigkeit f || ~ **strength** / Haftfestigkeit f, Lagenbindung f || ~ **strength under tension** / Haft-Zugfestigkeit f || ~ **symbol** / Klebesymbol n || ~ **tape** / Klebeband n
adhesivity n / Haftvermögen n, Klebvermögen n
adiathermic adj / wärmeundurchlässig adj
adjacency table / Zustands-Nachbardiagramm n
adjacent adj / anliegend adj || ~ **channel selectivity** / Nahkanalselektion f || ~ **location** / Nachbarplatz m, Nebenplatz m
adjust v / anpassen v, abgleichen v, umstecken v (PS-Betätigungsglied), verstellen v, justieren v, nachstellen v, einstellen v
adjustability n / Einstellbarkeit f, Verstellbarkeit f, Regelbarkeit f
adjustable adj / einstellbar adj || ~ **ADU** / abgleichbarer ADU || ~ **bearing** / nachstellbares Lager || ~ **capacitor** / einstellbarer Kondensator, Schubkondensator m || ~ **delay** / einstellbare Verzögerung || ~ **gear** / einstellbares Getriebe
adjustable-constant-speed motor / Motor mit stellbaren konstanten Drehzahlen
adjustable-gap inductor / Drossel mit veränderlichem Luftspalt
adjustable higher measuring-range limit / einstellbares Messende || ~ **in steps** / stufenweise einstellbar || ~ **lower measuring-range limit** / einstellbarer Messanfang || ~ **luminaire** / verstellbare Leuchte || ~ **overcurrent release** / einstellbarer Überstromauslöser || ~ **parameter** /

veränderbarer Parameter || ~ **push rod** / verstellbare Druckstange || ~ **release** / einstellbarer Auslöser || ~ **roller lever** / umsteckbarer Schwenkhebel (PS) || ~ **signal duration** / variable Laufzeit (Signal) || ~ **speed** / einstellbare Drehzahl, veränderliche Drehzahl || ~ **speed drive** / Antrieb mit Drehzahleinstellung
adjustable-speed drive / Antrieb mit Drehzahleinstellung || ~ **motor** / Motor mit stellbarer Drehzahl, Motor mit Drehzahleinstellung, Motor mit veränderlicher Drehzahl
adjustable spot lamp (o. light) / Suchscheinwerfer m || ~ **thermostatic switch** / einstellbarer Thermoschalter || ~ **trip** / einstellbarer Auslöser
adjustable-varying-speed motor / Motor mit stellbaren veränderlichen Drehzahlen
adjusted adj / eingestellt adj, abgeglichen adj || ~ **sales** / bereinigtes Volumen
adjuster n / Einsteller m (MG, NS), Einstellvorrichtung f, Einstellgerät n || ~ **ratio** ~ / Verhältniseinsteller m, Umsteller m (Trafo), Stufenschalter m (Trafo, f. spannungslose Schaltung)
adjusting and drilling fixture / Einstell- und Bohrvorrichtung || ~ **block** / Justierkörper m || ~ **bolt** / Einstellschraube f, Stellbolzen m || ~ **command** / Stellbefehl m (FWT) || ~ **gauge** / Einstellehre f, Passlehre f || ~ **gear** / Einstellgetriebe n (EZ) || ~ **mechanism** / Versteller m || ~ **nut** / Stellmutter f || ~ **of guide vanes or blades of the rotor** / Leit- oder Laufschaufelverstellung f pl (QS) || ~ **operations** / Abgleicharbeiten f pl (QS) || ~ **screw** / Stellschraube f, Justierschraube f, Verstellschraube f, Einstellschraube f || ~ **spindle** / Verstellspindel f, Nivellierspindel f
adjustment n / Verstellzylinder m, Justierung f, Einstellen n n, kalibrieren v, eichen v, Eichung f, Anpassung f, Stellantriebe m pl, Abgleich m, Nachstellung f, Justieren n (MG), Einstellung f, Justage f, Nachführen n, Abgleichen n (MG) || ~ **lamp** / Justierlampe f || ~ **mark** / Einstellmarke f || ~ **menu** / Justierbild n || ~ **module** / Einstellbaugruppe f || ~ **range** / Einstellbereich m || ~ **speed** / Verstellgeschwindigkeit f || ~ **spindle** / Einstellachse f (EZ) || ~ **template** / Einstellschablone f || ~ **test** / Einstellungsprüfung f
adjustments n pl / Einstellungen f pl
ADM s. asynchronous disconnected mode
administration n / Abwicklung f || ~ **overheads** / Verwaltungsgemeinkosten pl || ~ **right** / Verwalterrecht n
administrative activities / Verwaltungstätigkeit f || ~ **control** IEC 825 / organisatorische Sicherheitsmaßnahmen VDE 0837 || ~ **costs** / Abwicklungskosten pl, Abwicklungsaufwand m || ~ **data block** / Verwaltungsdatenbaustein m || ~ **delay** / administrative Verzugsdauer (Instandhaltung) IEC 50(191) || ~ **task** / Verwaltungsaufgabe f
administrator n / Verwalter m
admissibility for verification / Eichfähigkeit f
admissible range of disturbances / Störbereich m (Reg. zulässiger Bereich der Störgrößen)
admission n / Einlass m, Eintritt m, Zutritt m, Zufuhr f, Beaufschlagung f
admittance n / Scheinleitwert m, Admittanz f ||

~**matrix** / Knotenadmittanzmatrix *f*,
Admittanzmatrix *f* || ~ **relay** / Admittanzrelais *n*
admitted be ~ / beaufschlagt werden
ADP s. automatic data processing
ADPCM s. adaptive differential pulse code
modulation
adsorption chromatogram / Adsorptions-
Chromatogramm *n* || ~ **chromatograph** /
Adsorptions-Chromatograph *m*
adsorptive precipitation of harmful substances /
adsorptive Schadstoffabscheidung
advance *n* / vorrücken *v*, vorfahren *v*, Weiterschalten
n, Vorlauf *m* (WZM), Vorgehen *n*, Voreilung *f* ||
program ~ / Programmvorlauf *m* (NC) || **spark** ~ /
Zündzeitpunktverstellung *f* (Kfz) || ~ **angle** /
Voreilwinkel *f* (LE), Vorgabewinkel *m*
(Parallelschalten), Weiterschaltwinkel *m* || ~
calculation / Vorausberechnung *f* || ~ **information** /
Vorabinformation *f*
advanced *adj* / zukunftweisend *adj* || ~ **coprocessor**
(ACOP) / Advanced Coprocessor (ACOP) || ~
diagnostics concept / Sicherheitskonzept *n* || ~
Multicard PROFIBUS Analyzer / Advanced
Multicard PROFIBUS Analyzer (AMPROLYZER)
|| ~ **operator panel** / Komfortbedienfeld *n*, AOP,
Advanced Operator Panel || ≙ **Operator Panel**
(AOP) / AOP || ≙ **Power Management (APM)** /
APM || ~ **trades** / Aufbauberufe *m pl*
advance interval / Voreildauer *f* (Impuls) || ~ **version**
/ Vorabstand *m*
advancing pawl / Schaltklinke *f* (EZ),
Transportklinke *f* (EZ) || ~ **wheel** / Transportrad *n*
(EZ)
adverse-weather lamp / Nebelscheinwerfer *m*
advertisements *n pl* / Anzeigenwerbung *f*
advertising efforts / Werbemaßnahmen *f pl* || ~
lighting / Reklamebeleuchtung *f*
advisable *adj* / sinnvoll *adj*
advisory service / Beratungs-Service *m*
ADX s. automatic data exchange
AEC s. automatic electrical controls
AEL s. accessible emission limit
aeolian vibration / winderregte Schwingung
aerial *n* / Antenne *f*, Luftleiter *m* || ~ **cable** / Luftkabel
n || ~ **conductor** / Luftleiter *m* || ~ **lift device** /
Hubarbeitsbühne *f*, Arbeitshebebühne *f* || ~
receptacle / Antennensteckdose *f* || ~ **socket** /
Antennensteckdose *f*
aerodrome *n* / Flughafen *m*, Flugplatz *m* || ~ **beacon**
(ADB) / Flugplatz-Leuchtfeuer *n* (ADB) ||
~**elevation** / Flugplatzhöhe *f* || ~ **identification sign**
/ Flugplatz-Erkennungszeichen *n* || ~ **lighting**
system / Flugplatzbefeuerungsanlage *f*, Flughafen-
Befeuerungsanlage *f* || ~ **location light** / Flugplatz-
Ansteuerungsfeuer *m* || ~ **reference point** /
Flugplatz-Bezugspunkt *m* || ~ **rotation beacon**
(ROB) / Flughafen-Drehfeuer *n* (ROB)
aerodynamic noise / Luftgeräusch *n*,
aerodynamisches Geräusch *n*
aerometer *n* / Aräometer *n*
aeronautical beacon / Luftfahrtleuchtfeuer *n* || ~
ground light / Luftfahrtbodenfeuer *n*
aerostatic bearing / aerostatisches Lager, Luftlager *n*
AET ~ **transformer** / AET-Wandler
AF (audio frequency) s. audio frequency / NF
(Niederfrequenz) || ≙ (forced-air cooling) / AF
(forced-air cooling, erzwungene Luftkühlung)

AFA (air-forced-air cooling) / AFA (air-forced-air
cooling, Kühlung durch erzwungene
Luftumwälzung)
AFC s. automatic frequency control
AFE (Active Front End) / AFE
AFFF s. aqueous film forming foam
affirmative poll response state (APRS) / abgehörter
Zustand der Ruffunktion (PMG) DIN IEC 625
AFG s. analog frequency generator
AF generator / Tonfrequenzgenerator *m* || ≙ **level** /
Tonfrequenzpegel *m* || ≙ **level meter** / NF-
Pegelmesser *m* || ≙ **level oscillator** / NF-
Pegelsender *m* || ≙ **level recorder** /
Tonfrequenzpegelschreiber *m*
AFLS s. approach flashlighting system
AF power / Tonfrequenzleistung *f* (TF-Leistung)
AFR s. AF reactor
A frame / A-Mast *m* (Freiltg.), Lagerbrücke *f*
(el.Masch.)
AF range / NF-Bereich *m* (Tonfrequenzbereich) || ≙
reactor (AFR) / Tonfrequenz-Drosselspule *f*
(AFR) || ≙ **remote control** s. audio-frequency
remote control system || ≙ **signal** /
Tonfrequenzsignal *n* || ≙ **signal level** /
Tonfrequenzpegel *m*
AFT s. audio-frequency transformer
after -cooler *n* / Nachkühler *m* || ~**curing** *n* /
Nachhärtung *f* || ~**drying** *n* / Nachtrocknung *f* || ~
effect *n* / Nachwirkung *f* || ~**glow** *n* / Nachglühen
n, Nachglimmen *n*, Nachleuchten *n* || ~ **running** /
Überfahren *n* || ~ **sales business** / After-Sales-
Geschäft *n* || ~ **sales service** / Kundenbetreuung *f* ||
~**shrinkage** *n* / Nachschrumpfung *f*,
Nachschwindung *f* || ~ **treatment** / Nacharbeit *f*,
Nachbearbeitung *f*
afterburning plant / Nachverbrennungsanlage *f*
A/f *n* / Schlüsselweite (SW) *f*
AF transmitter / Tonfrequenzsender *m*
a fuse link / a-Sicherungseinsatz *m* (f.
Kurzschlussschutz)
AGC s. automatic gain control
age *v* / altern *v*, auslagern *v* || ~ **coating** /
Zerstäubungsniederschlag *m* (Lampen) || ~
hardening / Auslagern *n* (künstl. Altern),
Aushärtung *f*
ageing *n* / Alterung *f*, Auslagerung *f* || ~ **coefficient** /
Alterungszahl *f* DIN 17405 || ~ **factor** IEC 505 /
Alterungsfaktor *m* VDE 0302, T.1 || ~ **failure** IEC
50(191) / alterungsbedingter Ausfall,
Abnutzungsausfall *m* || ~ **fault** IEC 50(191) /
abnutzungsbedingter Fehlzustand,
alterungsbedingter Fehlzustand (Fehlzustand
aufgrund eines Ausfalls, dessen
Auftretenswahrscheinlichkeit im Zeitverlauf
aufgrund von inhärenten in der Einheit ablaufende
Vorgängen zunimmt) || ~ **phenomena** /
Alterungserscheinungen *f pl* || ~ **test** /
Alterungsprüfung *f*
agent *n* / Mittel *n*, Medium *n*, Wirkstoff *m*
AGFC s. automatic gain and frequency control
aggregate *n* (a structured collection of data objects,
forming a data type. (ISO)) / Datenmenge *f*,
Summe *f*, Anhäufung *f*, Zuschlagstoff *m*, Masse *f*,
Menge *f* || ~ **baud rate** / Gesamtbaudrate *f* || ~
current / Summenstrom *m* || ~ **load** /
Gesamtbelastung *f* || ~ **signal** / Sammelmeldung *f*,
Sammelsignal *n*, Summensignal *n*

aging *n* / Alterung *f*
agitator *n* / Rührwerk *n* || ~ **reactor** / Rührwerkreaktor *m*
agitator-type washing machine / Drehkreuzwaschmaschine *f*
AGP (Accelerated Graphics Port) / AGP-Steckplatz *m*
AGVS (automatic guided vehicle system) / fahrerloses Transportsystem, führerloses Transportsystem
Ah s. ampere-hour || ~ **capacity** / Kapazität in Ah
AH function state diagram (AH = acceptor-handshake) / AH-Zustandsdiagramm *n* DIN IEC 625 || ~ **interface function** (acceptor handshake function) / AH-Schnittstellenfunktion *f* (Handshake-Senkenfunktion) DIN IEC 625
AHM s. ampere-hour meter
Ah meter / Ampèrestundenzähler *m*
AI s. artificial intelligence
AID s. autointeractive / interactive design
AIDS s. acceptor idle state
aids *n pl* / Hilfsmittel *n pl* || ~ **to location** / Ortungshilfen *f pl*
aigrette *n* / Strahlenbüschel *n* (Entladung)
AIM / durch Lawineneffekt ausgelöste Materialwanderung
aiming circle / Richtsymbol *n* (auf Darstellungsfläche), Zielsymbol *n* || ~ **field** / Richtsymbol *n* (auf Darstellungsfläche), Zielsymbol *n* || ~ **symbol** / Richtsymbol *n* (auf Darstellungsfläche), Zielsymbol *n*
air-and-solid insulation / Luft-Feststoff-Isolierung *f*
air baffle plate / Luftleitblech *n*, Luftführungsblech *n* || ~ **baffle ring** / Luftführungsring *m*
airbag *n* / Luftsack *m* (Kfz.), Airbag *m* || ~ **collision safety system** / Luftsacksteuergerät *n*
air bar / Luftleiste *f*
air-blast circuit-breaker / Druckluft-Leistungsschalter *m*, Druckluftschalter *m* (LS) || ~ **cooling** / Anblasekühlung *f*, Fremdkühlung mit Luft || ~ **resistor interrupter** / Druckluft-Widerstandsschalter *m* || ~ **transformer** / Transformator mit Anblasekühlung
air bleeder / Entlüfter *m*
air-borne acoustic noise emission / Luftschallemission *f* || ~ **dust** / Flugstaub *m* || ~ **noise** / Luftschall *m* || ~ **sand** / Flugsand *m*
air brake / Luftdruckbremse *f*
air-break *adj* / in Luft unterbrechend, in Luft schaltend || ~ **circuit-breaker** / Luft-Leistungsschalter *m*, Luftschalter *m* (LS) || ~ **contactor** / Luftschütz *n* || ~ **contacts** BS 4752 / Schaltstücke in Luft || ~ **disconnector** / Luft-Trennschalter *m*, Trennschalter in Luft || ~ **starter** / Motorstarter mit Lichtbogenlöschung in Luft || ~ **switch-disconnector** / Luft-Lasttrenner *m*, Luft-Lasttrennschalter *m*, Lasttrenner in Luft
air calometry / Luftkalometrie *f*
air-calorimetric method / luftkalorimetrisches Verfahren
air capacitor / Luftkondensator *m*, luftisolierter Kondensator *m* || ~ **channel** (lightning) / Blitzkanal *m* || ~ **circuit** / Luftkreislauf *m*, Luftführung *f*, Kühlkreislauf *m* || ~ **circuit-breaker** / Luft-Leistungsschalter *m*, Luftschalter *m* (LS)
air-circuit enclosure / Luftführungsmantel *m* (el.Masch.)

air circulation / Luftumwälzung *f* || ~ **collector** / Luftsammelkammer *f* || ~ **column** / Luftsäule *f* || ~ **compressor** / Luftverdichter *m*, Luftpresser *m*, Drucklufterzeuger *m*
air-condition *v* / klimatisieren *v* || ~**er** / Kühlgerät *n*
air conditioner / Klimagerät *n*, Klimaaggregat *n* || ~ **conditioning** / Klimatisierung *f*, Klimatechnik *f*, Klimaregelung *f* || ~ **conditioning system** / Klimaanlage *f* || ~ **coolant** / Kühlluft *f*
air-cooled *adj* / luftgekühlt *adj*, ventiliert *adj* || ~ **condensator** / luftgekühlter Kondensator || ~ **transformer** / Lufttransformator *m* (luftgekühlt) || ~ **triode (ACT)** / luftgekühlte Triode
air cooler / Luftkühler *m* || ~ **cooling** / Luftkühlung *f*
air-core(d) reactor / Luftkernspule *f*, eisenlose Drosselspule, Luftdrosselspule *f*
air-core transformer / Luftwandler *m*, Lufttransformator *m*
aircraft *n* / Luftfahrzeug *n*, Flugzeug *n* || ~ **generator** / Flugzeug-Bordgenerator *m* || ~ **industry** / Luftfahrtindustrie *f* || ~ **navigation light** / Flugzeugpositionslicht *n*, Stellungslicht *n* || ~ **operations** / Flugbetrieb *m* || ~ **parking position** / Luftfahrzeug-Abstellplatz *m* || ~ **stand** / Luftfahrzeug-Standplatz *m* || ~ **warning marker** / Flugwarnmarker *m* (Freiltg.)
air cushion / Luftkissen *n*
air-cushion bearing / Luftlager *n*, aerostatisches Lager
air damper / Luftklappe *f* || ~ **delivery rate** / geförderte Luftmenge || ~ **density** / Luftdichte *f*
air-density correction factor / Luftdichte-Korrekturfaktor *m*
air-dried *adj* / luftgetrocknet *adj*
air discharge / Luftaustritt *m*, Luftaustrittsöffnung *f* || ~ **discharged** / Abluft *f*, Fortluft *f* || ~ **discharge opening** / Entlüftungsöffnung *f* || ~ **discharge rate** / Luftförderleistung *f*, Luftfördermenge *f* || ~ **distribution receiver** / Druckluft-Zwischenbehälter *m* || ~ **drier** / Lufttrockner *m*, Luftentfeuchter *m* || ~ **duct** / Luftkanal *m*, Luftschlitz *m*, Luftschacht *m* || ~ **extraction** / Luftabzug *m* || ~ **extraction ventilator** / Abluft-Ventilator *m* || ~ **flow rate** / Luftdurchsatz *m*
air-duct adaptor / Luftstutzen *m*, Lufthose *f*
air-ducting *n* / Kühlluftführung *f*
air exhaust / Luftaustritt *m*, Ausblasöffnung *f* || ~ **extraction hood** / Luftabzugshaube *f*
airfield *n* / Flugfeld *n*, Flugplatz *m*
air-filled machine / luftgefüllte Maschine
air filter / Luftfilter *n*
air-flow indicator / Luftströmungsmelder *m*, Luftströmungswächter *m* || ~ **monitor** / Luftströmungswächter *m* || ~ **proving switch** / Luftströmungswächter *m* || ~ **rate** / Luftdurchflussmenge *f*, Luftdurchsatz *m*
air fluctations / Luftschwingungen *f pl* || ~ **fractionation** / Luftzerlegung *f* || ~ **freight** / Luftfracht *f*
air-fuel mixture / Luft-Kraftstoff-Gemisch *n*
air gap / Luftstrecke *f*, Stirnflächenabstand *m*, Luftspalt *m*
air-gap ampere turns / Luft-Ampèrewindungen *f pl* || **air-gap area** / Luftquerschnitt *m*, Luftspaltquerschnitt *m* || ~ **characteristic** / Luftspaltkennlinie *f* || ~ **clearance** / Luftspaltbreite *f* || ~ **contactor** / Trennschütz *n* || ~ **factor** /

Luftspaltfaktor *m* || **~ field** / Luftspaltfeld *n* || **~ field current** / Luftspalt-Erregerstrom *m* (el.Masch.) || **~ field voltage** / Luftspalt-Erregerspannung *f* (el. Masch.) || **~ flux** / Luftspaltfluss *m* || **~ flux-density** / Luftspaltflussdichte *f* || **~ flux-density distribution** / Luftspalt-Flussdichteverteilung *f* || **~ gauge** / Luftspaltlehre *f* || **~ grading** / Luftspaltabstufung *f* || **~ induction** / Luftspaltinduktion *f* || **~ leakage flux** / Luftspaltstreufluss *m* || **~ line** / Luftspaltgerade *f*, Luftspalt-Kennlinie *f* || **~ m.m.f.** / Luftspaltdurchflutung *f* || **~ permeance** / Luftspaltleitwert *m* || **~ power** / Luftspaltleistung *f*, Drehfeldleistung *f* || **~ reactance** / Luftspaltreaktanz *f*, Hauptreaktanz *f* || **~ reactor** / Luftspaltdrossel *f* || **~ relay** / Trennrelais *n* || **~ reluctance** / magnetischer Luftspaltwiderstand
air guide / Luftführung *f*, Luftführungsblech *n*, Luftleitblech *n*, Luftleitfläche *f* || **~ guide ring** / Luftführungsring *m* || **~ guide wall** / Luftführungswand *f*, Belüftungswand *f* || **~ holes** *pl* / Luftbohrungen *f pl*
air-handling ceiling / Klimadecke *f* || **~ luminaire** / Klimaleuchte *f*
air-hardened *adj* / luftgehärtet *adj*
air housing / Luftführungsmantel *m* (el. Masch.) || **~ humidity** / Luftfeuchtigkeit *f*, Luftfeuchte *f* || **~ inclusion** / Lufteinschluss *m* || **~ inlet** / Luftzuführung *f*, Lufteinlass *m*, Lufteintritt *m* || **~ inlet end** / Lufteintrittsseite *f*, Ansaugseite *f*
air-insulated *adj* / luftisoliert *adj* || **~ bar** / Schiene in Luft || **~ breaker** / luftisolierter Schalter (LS) || **~ switchpanels with vacuum circuit-breakers** / luftisolierte Schaltanlage mit Vakuum-Leistungsschaltern || **~ terminal box** / Klemmenkasten mit Luftisolierung || **~ transformer** / Lufttransformator *m*, Luftwandler *m* || **~ vacuum-breaker switchgear** / luftisolierte Schaltanlage mit Vakuum-Leistungsschaltern
air intake / Lufteintritt *m*, Lufteinlass *m* || **~ intake duct** / Zuluftkanal *m* || **~ intake opening** / Lufteintrittsöffnung *f*, Zuluftöffnung *f*, Ansaugöffnung *f* || **~ intake side** / Lufteintrittsseite *f*, Ansaugseite *f* || **~ intake jacket** / Luftführungsmantel *m* (el. Masch.) || **~ intake temperature** / Zulufttemperatur *f* || **~ intake leakage test** / Prüfung der Gasdichtheit || **~ intake level** / Libelle *f* (Wasserwaage)
air-lift bero / Bero Luftpolster
airline *n n* / Luftlinie *f*, Verbindungslinie *f* (CAD)
air line / Luftspaltgerade *f*, Luftspalt-Kennlinie *f* || **~ lock** / Luftschleuse *f*
air-lubricated bearing / aerostatisches Lager, Luftlager *n*
air magnetic circuit-breaker / Magnetblasschalter *m*
air-metal battery / Luft-Metall-Batterie *f*
air natural cooling / Luft-Selbstkühlung *f* || **~ noise** / Luftgeräusch *m*, Luftrauschen *n* || **~ outlet** / Luftaustritt *m*, Luftaustrittsöffnung *f*, Abluft *f* || **~ outlet end** / Luftaustrittseite *f*, Ausblaseseite *f* || **~ outlet opening** / Luftaustrittsöffnung *f* || **~ outlet point** / Luftaustrittsöffnung *f* || **~ pipe** / Luft(führungs)rohr *n*
air-pipe connector / Luftstutzen *m* (IPR 44)
air pocket / Luftblase *f*, Lufteinschluss *m* || **~ pollutant** / luftverunreinigender Stoff || **~ pollution** / Luftverschmutzung *f*, Luftverunreinigung *f* || **~ pollution control** / Luftreinhaltung *f* || **~ pollution instrumentation** / Messeinrichtungen zur Luftüberwachung || **~ pollution monitoring** / Luftüberwachung *f* (Umweltschutz) || **~ pollution monitoring system** / Luftmessnetz *n* || **~ pressure** / Luftdruck *m*
airport *n* / Flughafen *m*, Flugplatz *m*
air port / Luftschlitz *m*, Luftöffnung *f*
airport beacon / Flugplatz-Leuchtfeuer *n* (ADB) || **~ lighting system** / Flughafen-Befeuerungsanlage *f*, Flugplatzbefeuerungsanlage *f* || **~ surveillance radar (ASR)** / Flughafen-Rundsichtradar *m* (ASR)
air rate / Luftdurchflussmenge *f*, Luftdurchsatz *m* || **~ relief valve** / Entlüftungsventil *n*, Entlüftungshahn *m* || **~ reservoir** / Luftbehälter *m* || **~ resistance** / Luftwiderstand *m* || **~ route** / Flugstrecke *f*
air-route beacon / Flugstreckenfeuer *n* || **~ surveillance radar (ARSR)** / Flugstrecken-Rundsichtradar *m* (ARSR)
air separation / Luftzerlegung *f* || **~ shield** / Luftführungsschild *m* || **~ supply diaphragm** / Druckluftzuleitung *f* || **~ supply diffuser** / Zuluftverteiler *m* || **~ supply duct** / Zuluftkanal *m*, Lufteintrittskanal *m* || **~ supply equipment** / Luftversorgungsanlage *f* || **~ supply failure** / Druckausfall *m* || **~ terminal(s)** / Fangeinrichtung *f* (Blitzschutz)
air-termination network / Fangleitungs-Maschennetz *n* (Blitzschutz) || **~ rod** / Fangstange *f* (Blitzschutz), Blitzschutzstange *f*
air terminations / Fangeinrichtung *f* (Blitzschutz)
air-tight *adj* / luftdicht *adj* || **~ machine** / luftdichte Maschine, gasdichte Maschine
air-to-air-cooled machine / Maschine mit Luft-Luft-Kühlung, Maschine mit Umlaufkühlung und Luft-Luft-Kühler
air-to-air cooling / Luft-Luft-Kühlung *f* (el. Masch.) || **~ heat exchanger** / Luft-Luft-Wärmetauscher *m*
air-to-water-cooled machine / Maschine mit Luft-Wasser-Kühlung, Maschine mit Umlaufkühlung und Wasserkühler, Maschine mit geschlossenem Luftkreislauf und Rückkühlung durch Wasser
air-to-water cooling / Luft-Wasser-Kühlung *f* (el. Masch.) || **~ heat exchanger** / Luft-Wasser-Wärmetauscher *m*
air traffic / Flugverkehr *m*, Luftverkehr *m* || **~ traffic services (ATS)** / Flugverkehrsdienste *m pl* (ATS)
air-trunking adaptor / Luftstutzen *m* (IPR 44)
air tube / Luftrohr *n*
air-turbo lamp / Druckleuchte *f*
air valve / Luftventil *n*
air-vane relay / Windfahnenrelais *m*, Luftklappenschalter *m*
air velocity / Luftgeschwindigkeit *f* || **~ vent** / Entlüftungsöffnung *f* || **~ void** / Lufteinschluss *m*
airway beacon / Flugstreckenfeuer *n*
aisle *n* / Gang *m*, Korridor *m*, Bedienungsgang *m*, Gasse *f* (Lagerhaus)
akrit edge / Akritkante *f*
AKS / Amplitudenumtastung *f*
aladin-desk *n* / Aladin-Pult *n*
alarm *n* / Alarm *m*, Gefahrmeldung *f*, Warnmeldung *f*, Störungsmeldung *f* || **absolute ~** / Gefahrmeldung bei Grenzwertüberschreitung || **concealable ~** / ausblendbarer Alarm || **deviation ~** / Gefahrmeldung bei unzulässiger Regelabweichung || **fire ~** / Brandmeldung *f*, Feuermeldung *f*,

alarming

Feueralarm *m* || ~ **acquisition** / Meldungserfassung *f*, Erfassung *f* || ~ **annunciation** / Gefahrmeldung *f*, Warnmeldung *f*, Störmeldung *f* || ~ **annunciation and logging system** / Melde- und Protokolliersystem || ~ **annunciation panel** / Gefahrmeldetableau *n* || ~ **annunciator** / Störmeldetableau *n* || ~ **bell** / Wecker *m* || ~ **bus** / Alarmschiene *f* || ~ **contact** / Warnkontakt *m*, Meldekontakt *m* || ~ **float** / Warnschwimmer *m* || ~ **horn** / Alarmhupe *f* || ~ **indication** / Störmeldung *f*, Störungsmeldung *f*, Alarmmeldung *f* || ~ **level** / Warnstufe *f* || ~ **line** / Alarmzeile *f* || ~ **list** / Warnmeldeliste *f* || ~ **log** / Protokoll *n*, Alarmprotokoll *n*, Meldeprotokoll *n* || ~ **message** / Störungsmeldung *f*, Alarmmeldung *f*, Störmeldung *f* || ~ **number selection** / Auswahl Alarmnummer || ~ **printer** / Störwertdrucker *m* || ~ **processing** / Meldungsverarbeitung *f* || ~ **relay** / Alarmrelais *n*, Störungsmelderelais *n*, Melderelais *n*, Störmelderelais *n* || ~ **relay 220 V AC operating current** / Melderelais 220V AC Arbeitsstrom || ~ **relaying** / Alarmweiterleitung *f* || ~ **response** / Alarmreaktion *f* || ~ **s/sq** / ALARM_S/SQ || ~ **scan** (See alarm for translation note.) || ~ **Alarmabfrage** *f* || ~ **sequence memory** / Warnungsfolgespeicher *m* || ~ **signal** / Warnmeldung *f*, Gefahrensignal *n*, Gefahrmeldung *f*, Alarmsignal *n*, Warnsignal *n* || ~ **signaling block** / Meldebaustein *m* || ~ **signaling system** / Alarmmeldesystem *n* || ~ **signalling** / Warnmeldung *f* || ~ **signalling device** / Alarmgeber *m* || ~ **signalling frame** / Signalrahmen *m* (FWT) || ~ **sounder** / Alarmhupe *f* || ~ **suppression** / Alarmunterdrückung *f* || ~ **switch** / Fehlermeldeschalter *m* E DIN VDE 0660,T.101, Alarmschalter *m*, Gefahrenschalter *m*, Meldeschalter *m* || ~ **threshold** / Warnschwelle *f* || ~ **unit** / Gefahrmeldeeinrichtung *f*
alarming *n* / Alarmverarbeitung *f*, Alarmbearbeitung *f*
ALE s. address latch enable
alert *n* EN 50133-1 / Alarm *m* (ZKS), Alarmierung *f* ||
alert *adj* / scharf *adj* (Stromkreis) || **alert** *v* / alarmieren *v* (den Bediener)
A-level calibration facility / A-Prüfstelle *f*
algebraic entry / algebraische Eingabe
algorithm *n* / Algorithmus *m*
ALI s. apron lighting || **(Application Layer Interface)** / ALI (Application Layer Interface)
alias frequency / Faltungfrequenz *f*
aliasing *n* / Faltungfrequenz *f* || ~ *n* / Überlappungsverzerrung *f*
alight *adj* / erleuchtet *adj*, brennend *adj* (Lampe)
align *v* / geraderichten *v*, justieren *v* (IS), zum Fluchten bringen, ausrichten *v*, ausfluchten *v* || ~ **menu** / Menü Ausrichten
aligned-grid tube / Röhre mit Gitterabschaltung
aligning *n* / Ausrichten *n* || **aligning** *adj* / fluchtend *adj* || ~ **unit** / Justiervorrichtung *f*
aligning fixture / Richtvorrichtung *f* || ~ **for closing lever** / Richtvorrichtung Einschalthebel || ~ **x arcing contact dimensions** / Richtvorrichtung x, Lichtbogenkontakt Maß \x\
alignment *n* / Ausrichten *n*, Fluchtung *f*, Abgleich *m* (zeitlicher A. in Systemen), Justieren *n* (IS) || **program ~ search** / Hauptsatz-Suche *f* (NC) || **to be in ~** / fluchten *v* || ~ **bracket** / Ausrichtungswinkel *m* || ~ **character** NC, ISO/DIS

6983/1 / Hauptsatz-Zeichen *n* NC, DIN 66025, T.1 || ~ **chart** / Nomogramm *n* || ~ **clearance** / Ausrichtabstand *m* || ~ **curve** / Ausrichtkurve *f*, Biegelinie der Welle || ~ **function** / Hauptsatz *m* (NC), Hauptsatzsuchfunktion *f* (NC), Abschnittstrennung *f* (DÜ) || ~ **function character** ISO 2806-1980 / Hauptsatz-Zeichen *n* (NC) DIN 66025, T.1 || ~ **guidance** / Richtungsführung *f* (Flp.) || ~ **indicator** / Richtungsanzeiger *m* (Flp.) || ~ **laser** / Vermessungslaser *m* VDE 0837 || ~ **laser product** IEC 825 / Vermessungslaser *m* VDE 0837 || ~ **possibility** / Ausrichtungsmöglichkeit *f* || ~ **test** / Fluchtungsprüfung *f* || ~ **type** / Ausrichtungsart *f*
alive *adj* / spannungsführend *adj*, unter Spannung stehend, stromführend *adj*, erregt *adj*, berührungsgefährlich *adj*
alkali *n* / Lauge *f*
alkaline *adj* / alkalisch *adj*, basisch *adj* || ~ **air-zinc battery** / alkalische Luft-Zink-Batterie || ~ **battery** / alkalische Batterie || ~ **manganese dioxide-zinc battery** / alkalische Mangandioxid-Zink-Batterie
alkaline-metal-vapour lamp / Alkali-Metalldampf-Lampe *f*
alkaline storage battery / alkalischer Akkumulator
alkali resistance / Alkalibeständigkeit *f*
alkyd-resin varnish / Alkydharzlack *m*
all-aluminium-alloy conductor (AAAC) / Aldrey-Leiter *m* (E-AlMgSi-Leiter)
all-aluminium conductor (AAC) / Aluminiumleiter *m*, Aluminiumseil *n*
all-glass fibre / Glasfaser *f* || ~ **luminaire** / Allglasleuchte *f*, Nurglasleuchte *f*
alligator clip / Krokodilklemme *f*
all-insulated *adj* / vollisoliert *adj*, rundum isoliert, schutzisoliert *adj* || ~ **switchgear** / vollisolierte Schaltanlage
all-in package solution / Komplettlösung *f* || ~ **tariff** / Einheitstarif *m*, Zählertarif *m*
all-metal *adj* / Ganzmetall-
allocate *v* / beschalten *v* || **to ~ numbers** / benummern *v*
allocated channel number / Ersatzkanalzahl (EKZ) *f*
allocating *n* / Rangierung *f*, Rangieren *n*
allocation *n* / Zuordnung *f*, Zuweisung *f*, Schutzbeschaltung *f*, Beschaltung *f* || **cost ~** / Kostenverteilung *f* (StT) || **I/O ~ table** (controls input and output data relative to channel number and address index position) / E/A-Zuweisungsliste *f*, E/A-Rangierliste *f* || ~ **system** / Zuteilungsverfahren *n*, Zuteilungssystem *n*
all-or-nothing relay / Schaltrelais *n*, Ja-Nein-Relais *n*
allowable *adj* / vertretbar *adj* || **is ~** / ist verwertbar *adj* || ~ **speed** / zulässige Geschwindigkeit || ~ **temperature limits** / zulässiger Temperaturbereich || ~ **variation from rated voltage** (ASA C37.1) / zulässige Spannungsabweichung (Rel.) || ~ **pressure limits** / zulässiger Druckbereich
allowance *n* / Zugabe *f*, Bearbeitungszugabe *f*, Aufmaß *n*, Verteilzeitzuschlag *m* (Refa), Auslösung *f* (Abfindung), Zuschlag *m*
allowed to bear the test mark / zeichenfähig *adj*
alloy *n* / Werkstofflegierung *f* || ~ **bulk diffused-base transistor (ABD-transistor)** / ABD-Transistor *m* || ~ **bulk diffusion technique (ABD technique)** / ABD-Technik *f* (ABD = alloy bulk diffusion)
alloyed junction / legierter Zonenübergang (HL) || ~ **steel** / legierter Stahl || ~ **transistor** / legierter

Transistor
alloy-reinforced aluminium conductor (ACAR) / Aluminium-Aldrey-Verbundseil *n* (E-AlMgSi-Seil)
alloy technique / Legierungstechnik *f* (HL)
all-pass filter / Allpassfilter *m*, Allwellensperre *f*, Allpass *m* || ~ **network** / Allpass *m*, Allpassfilter *m*
all-plastic luminaire / Kunststoffleuchte *f* || ~ **optical fibre** / Kunststoff-Lichtwellenleiter *m* (KWL)
all-pole disconnection IEC 335-1 / allpoliges Abschalten || ~ **fusing** / allpolig absichern || ~ **mains disconnect switch** / allpoliger Netztrennschalter || ~ **mains switch** IEC 65 / allpoliger Netzschalter VDE 0860
all-purpose road / öffentliche Straße
all-range fuse / Ganzbereichsicherung *f*
all-round insulation / Rundumisolation *f*
all-rubber plug / Vollgummistecker *m*
all-side *adj* / allseitig *adj*
all-silica fibre / AS-Faser *f*
all-station address / Generaladresse *f* (DÜ) DIN ISO 3309
all-Watt motor / phasenkompensierter Asynchronmotor
all-weld-metal *n* / reines Schweißgut || ~ **test specimen** / Schweißgutprobe *f*
all-wheel drive / Allradantrieb *m* || ~ **steering** / Allradlenkung *f* (Kfz)
alphanumber *n* / Alphanummer *f* DIN 6763,T.1
alphanumeric (AN) *adj* / alphanumerisch *adj* (AN)
alphanumerical number / alphanumerische Nummer
alter *v* / ändern *v*, verändern *v*
alphanumeric characters / Buchstaben und Zahlen, Buchstaben und Ziffern || ~ **conversion** / alphanumerische Umwandlung || ~ **display unit** / Zeichen-Bildschirmeinheit *f* || ~ **keyboard (ANKB)** / alphanumerische Tastatur || ~ **location** IEC 113-2 / alphanumerische Ortskennzeichnung DIN 40719,T.2 || ~ **VDU** / alphanumerisches Sichtgerät, Zeichenbildschirmeinheit *f*
alterable ROM (AROM) / änderbares ROM (AROM)
alternate *adj* / abwechselnd *adj* || ~ **mark inversion signal (AMI signal)** / alternierendes Signal || ~ **mark inversion code (AMI code)** / alternierendes Flanken- Pulsverfahren (AFP), alternierender Code IEC 50(704)
alternating *adj* / wechselnd *adj*, abwechselnd *adj*, Wechsel... || ~ **bending stress** / Wechselbiegebeanspruchung *f* || ~ **buffer mode** / Wechselpufferbetrieb *m* || ~ **change** / Wechselgröße *f* || ~ **component** / Wechselanteil *m* || ~ **control** / Abloseregelung *f* || ~ **current (a.c.)** (for composite terms, see under a.c.) / Wechselstrom (terms, see under a.c.) / Wechselstrom
alternating-current condenser motor / Wechselstrom-Kondensatmotor *m*
alternating cyclic stress / Dauerschwingbeanspruchung *f* || ~ **e.m.f.** / Wechsel-EMK *f* || ~ **field** / Wechselfeld *n*, Wechselstromfeld *n* || ~ **flux** / Wechselfluss *m*
alternating-flux machine / Wechselfeldmaschine *f*
alternating function / Wechselfunktion *f* || ~ **light** / Wechselfeuer *n*, Wechselfarben-Taktfeuer *n* || ~ **load** / wechselnde Belastung (Beanspruchung), Wechsellast *f* || ~ **m.m.f.** / Wechseldurchflutung *f* || ~ **magnetization** / Wechselmagnetisierung *f* || ~ **stress** / Wechselspannung *f* (mech.), wechselnde Beanspruchung, Wechselbeanspruchung *f* || ~ **tension and compression** / Wechselspannung *f*, Zug-Druck-Beanspruchung *f* || ~ **voltage** / Wechselspannung *f* (WS (el.)) || ~ **voltage stabilization** / Wechselspannungsstabilisierung *f* DIN 41745
alternative *adj* / alternativ *adj* || ~ **branch** / Alternativzweig *m* || ~ **equipment** / Bestückungsvariante *f* || ~ **location** / Ausweichplatz *m* || ~ **of design** / Konstruktionsvariante *f* || ~ **position** / Ausweichstellung *f* (Hauptkontakte eines Netzumschaltgerätes) || ~ **possibility** / Alternativmöglichkeit *f* || ~ **supply** / Ausweichversorgung *f* || ~ **test method (ATM)** / Alternativ-Testmethode *f* (LWL)
alternatively *adv* / wahlweise *adv*
alternator *n* / Synchrongenerator *m*, Drehstromgenerator *m*, Wechselstromgenerator *m*
Alterning Current / Wechselstrom (WS) *m*, AC
altitude *n* / Höhe *f* (geograph.), Höhenlage *f*, Aufstellungshöhe *f*, Höhenkote *f*, Aufstellhöhe *f* || ~ **above sea level** / Meereshöhe *f* || ~ **rating** / Höhenbeanspruchung *f* DIN 40040
ALU s. arithmetic logic unit / ALU || **ALU (arithmetic logic unit)** / Rechenwerk *n*, Rechneinheit *f*, Logikwerk *n*, arithmetisch-logische Einheit, Steuer- und Rechenwerk
alumina *n* / Tonerde *f*, Aluminiumoxid *n* || **sintered** ~ / Sinterkorund *m*
aluminium alloy / Aluminiumlegierung *f* || ~ **arrester** / Aluminiumableiter *m*
aluminium-base grease / Aluminiumfett *n*
aluminium bronze / Aluminiumbronze *f* || ~ **cable, steel-reinforced (ACSR)** / Stahl-Aluminium-Leiter *m*
aluminium-clad steel-reinforced aluminium conductor (ACSR/AC) / Aluminium/Stalum-Seil *n* || ~ **steel wire** / aluminiumummantelter Stahldraht (Stalum-Draht)
aluminium coating / Aluminiumüberzug *m* || ~ **conductor** s. all-aluminium conductor || ~ **conductor for overhead transmission lines** / Freileitungsseil mit Aluminiumleiter || ~ **deposit** / Aluminiumniederschlag *m*, Aluminiumüberzug *m* || ~ **foil** / Aluminiumfolie *f* || ~ **foil winding** / Aluminiumfolienwicklung *f* || ~ **oxide** / Aluminiumoxid *n*, Tonerde *f* || ~ **plating** / Aluminiumüberzug *m* || ~ **sheath** / Aluminiummantel *m* (Alu-Mantel)
aluminium-sheathed cable / Aluminiummantelkabel *n*
aluminium specular reflector / Aluminiumspiegel *m* (Leuchte) || ~ **strap winding** / Aluminiumbandwicklung *f* || ~ **strip** / Aluminiumband *n* || ~ **strip winding** / Aluminiumbandwicklung *f*
aluminize *v* / aluminieren *v*, mit Aluminium überziehen, mit Aluminium verspiegeln
aluminized *adj* / alufarben *adj*
aluminothermic welding / aluminothermisches Schweißen
AM s. amplitude modulation / AM (Amplitudenmodulation)
amalgam decomposer / Amalgamzersetzer *m* || ~ **factor** / Amalgamfaktor *m* || ~ **fluorescent lamp** / Amalgam-Leuchtstofflampe *f* || ~ **process** / Amalgamverfahren *n*

ambient air / Umgebungsluft f || ~ **air quality standard** / Immissionsgrenzwert m || ~ **air temperature** / Umgebungstemperatur f || ~ **conditions** / Umgebungsbedingungen $f pl$ || ~ **illumination** / Umgebungslicht n, Umfeldbeleuchtung f || ~ **light** / Umgebungslicht n, Raumlicht n, Nebenlicht n, Fremdlicht n || ~ **lighting** / Umgebungslicht n, Umfeldbeleuchtung f || ~ **luminosity** / Umgebungshelligkeit f || ~ **medium** / umgebendes Medium (el. Masch.) || ~ **operating condition** / Betriebsumgebungsbedingung f, Umgebungsbedingung für den Betrieb || ~ **operating temperature** / Betriebsumgebungstemperatur f || ~ **pressure** / Umgebungsdruck m
ambient-rated *adj* / umgebungsbezogen *adj* (Bemessung von Bauelementen)
ambient temperature / Umgebungstemperatur f, Raumtemperatur f || ~ **temperature dependence** / Umgebungstemperaturabhängigkeit f || ~ **temperature sensitivity** / Temperatureinfluss m (Rel.) || ~ **thermostatic switch** / umgebungstemperaturgesteuerter Thermoschalter
amendment n / Verbesserung f, Berichtigung f, Ergänzung f
American Wire Gauge (AWG) / amerikanische Drahtlehre
AMI code s. alternate mark inversion code
ammeter n / Strommesser m, Stromanzeiger m, Amperemeter m, Ampèremesser m || **min.-max.** ~ / Mi-Max-Strommesser || ~ **changeover switch** / Strommesserumschalter m || ~ **selector switch** / Strommesser-Umschalter m
ammeter-voltmeter test / Prüfung durch Strom-Spannungs-Messung f
AM noise / AM-Rauschen n, Amplitudenmodulationsrauschen n
A/M station s. AUTOMATIC/MANUAL station
amorphous semiconductor / amorpher Halbleiter, Glashalbleiter m
amortisseur n / Dämpfer m, Dämpferwicklung f || **starting** ~ / Anlaufwicklung mit Dämpferfunktion, Anlaufwicklung f, Anlaufkäfig m || ~ **bar** / Dämpferstab m (Dämpferwickl.) || ~ **cage winding** / Dämpferkäfig m, geschlossene Dämpferwicklung || ~ **segment** / Dämpfersegment n (Dämpferwickl.) || ~ **winding** / Dämpferwicklung f, Amortisseur m
amount n / Absolutwert m, Betrag m || ~ **of degression** / Degressionsbetrag m || ~ **to** v / ergeben v || ~ **of energy** / Energiebetrag m, Energiemenge f || ~ **of infeed** / Zustellmaß n || ~ **of inspection** / Prüfumfang m || ~ **of offset** (NC) / Korrekturbetrag m (NC) || ~ **of oversize** / Übermaß n || ~ **of substance** / Stoffmenge f, Menge f || ~ **of unbalance** / Unwuchtbetrag m || ~ **of wear** / Verschleißbetrag m
ampacity n / Stromtragfähigkeit f, Strombelastbarkeit f (Kabel) VDE 0298, T.2
amperage n / Ampèrezahl f, Stromstärke in Ampère, Stromstärke f
ampere-conductors $n\ pl$ / Ampèreleiter $m\ pl$, Ampèrestäbe $m\ pl$, Strombelag m, Durchflutung f || ~ **per slot** / Nutstrombelag m, Stromvolumen pro Nut
ampere-hour (Ah) n / Ampèrestunde f (Ah) || ~ **capacity** / Kapazität in Ah || ~ **efficiency** / Lade-Wirkungsgrad m (Batt.) || ~ **meter (AHM)** / Ampèrestundenzähler m
amperemeter n / Strommesser m, Ampèremesser m
Ampère's law / Durchflutungsgesetz n
amperes per square inch (APSI) / Ampère pro Quadratzoll, Stromdichte f
ampere-square-hour meter / Ampèrequadrat-Stundenzähler m
ampere-turns (AT) $n\ pl$ / Ampèrewindungen $f pl$, Durchflutung f, Ampèrewindungszahl f || **back** ~ / Gegenampèrewindungen $f pl$, gegenmagnetisierende Windungen, Gegendurchflutung f || ~ **across air gap** / Luftspaltdurchflutung f || ~ **of exciting magnet** / Erregerdurchflutung f || ~ **per metre** / Ampèrewindungen pro Meter, Ampère-Windungsbelag m || ~ **per unit length** / Ampèrewindungen pro Längeneinheit, Ampère-Windungsbelag m, Durchflutung pro Längeneinheit
ampere wires / Ampèreleiter $m\ pl$, Ampèrestäbe $m\ pl$, Strombelag m, Durchflutung f
amplidyne n / Amplidyne f, Querfeldmaschine f, kompensierte Verstärkermaschine, Zwischenbürsten-Verstärkermaschine f, Querfeld-Verstärkermaschine f
amplification factor / Verstärkungsfaktor m, Leerlaufverstärkung f (ESR)
amplified signal output / verstärkter Signalausgang || ~ **error signal** / Stellsignal n, Stellsignal zum Stellantrieb, Stellsignal vom Stellantrieb
amplifier n / Verstärker m (el.), Sendeverstärker m || ~ **motor** / Verstärkermotor m, Kraftverstärkermotor m || ~ **tube** / Verstärkerröhre f || ~ **with negation indicator** IEC 117-15 / negierender Verstärker DIN 40700, T.14
amplify v / verstärken v (el.)
amplifying air relay / Verstärkerventil n (f. Stellantrieb) || ~ **exciter** / Erreger-Verstärkermaschine f, Regelverstärkermaschine f, Verstärkermaschine f || ~ **winding** / Verstärkerwicklung f
amplitude n / Amplitude f, Schwingamplitude f, Schwingwegamplitude f, Impulshöhe f, Schwingungsweite f, Amplitudenauslenkung f || **ripple** ~ / Scheitelwert der Überlagerung (überlagerte Wechselspannung) || ~ **analyzer** / Impulshöhenanalysator m || ~ **change signalling** / Amplitudentastung f || ~ **characteristics** / Amplitudengang m || ~ **compression** / Amplitudenpressung f || ~ **discriminator** / Impulshöhendiskriminator m || ~ **distortion** / Amplitudenverzerrung f, Klirrverzerrung f || ~ **excursion** / Amplitudenauslenkung f || ~ **factor** / Amplitudenfaktor m, Überschwingfaktor m (Schwingung), Scheitelfaktor m, Verstärkungsfaktor m || ~ **frequency response** / Amplitudenfrequenzgang m, Frequenzgang der Amplitude, Frequenzgang G (f) m VDE 0432, T.3 || ~ **grid** / Amplitudenraster m || ~ **jitter** / Amplitudenzittern n || ~ **key shift (AKS)** / Amplitudenumtastung f || ~ **log frequency curve** / Amplitudengang m || ~ **modulated** / amplitudenmoduliert *adj*
amplitude-log frequency curve / Amplitudengang m (Reg.) DIN 19229
amplitude-modulated *adj* / amplitudenmoduliert *adj* || ~ **three-phase synchronous induction motor** /

Schwebe-Drehstrommotor *m*
amplitude modulation (AM) /
Amplitudenmodulation *f* || **~ modulation
distortion** / Amplitudenmodulations-Verzerrung *f* ||
~ modulation factor /
Amplitudenmodulationsgrad *m* || **~ modulation
noise** / Amplitudenmodulationsrauschen *n*, AM-
Rauschen *n* || **~ of control** / Regelamplitude *f* || **~ of
controlled variable** / Regelamplitude *f* || **~ of flow** /
Stellamplitude *f* || **~ of fluctuation of luminous
intensity** / Welligkeit *f* (LT) || **~ of m.m.f. wave** /
Amplitude des Strombelags || **~ of velocity** /
Geschwindigkeitsamplitude *f* || **~ of vibration** /
Schwingungsamplitude *f*, Schwingungsausschlag
m, Schwingungsweite *f* || **~ permeability** /
Amplitudenpermeabilität *f* || **~ reference line** /
Amplitudenvergleichslinie *f* (Osz.) || **~ resonance** /
Amplitudenresonanz *f* || **~ response** /
Amplitudengang *m*, Rechteck-Modulationsgrad *m* ||
~ scale / Amplitudenmaßstab *m*
amplitude-sensitive characteristic /
amplitudenmäßiges Verhalten
amplitude shift keying (ASK) /
Amplitudenumtastung *f*
amps drawn / Stromaufnahme *f*
AMT s. automated manufacturing technology
AN s. alphanumeric || ᵒ (air-natural cooling) / AN
(air-natural cooling, natürliche Luftkühlung o.
Selbstkühlung durch Luft)
ANA s. automatic network analyzer / ANA
analog-absolute measuring system / analog-
absolutes Messverfahren (NC)
analog *adj* / analog *adj* || **~ channel** / Analogkanal *m*
|| **~ computer** / Analogrechner *m* || **~ computing
unit** / Analogrecheneinheit *f* || **~ control** / analoge
Steuerung, Analogsteuerung *f*, analoge Regelung ||
~ devices / ADI
analog-digital-analog converter (ADAC) / Analog-
Digital-Analog-Umsetzer *m* (ADAC)
analog-digital converter s. analog-to-digital
converter / Analog-Digital-Wandler *m* || **~
converter (ADC)** / Analog-Digital-Umsetzer
(ADU), A/D-Umsetzer (ADU) *m*, A/D-Wandler *m*
analog/digital hybrid technology / gemischte
Analog/Digitaltechnik
analog direct voltage signal / analoges
Gleichspannungssignal DIN IEC 381 || **~ display** /
Analoganzeige *f* || **~ drive** / Analog-Antrieb *m* || **~
frequency generator (AFG)** (AFG) / analoger
Frequenzgeber (AFG) || **~ I/O's** / Analogperipherie
f (SPS) || **~ indicator** / Analoganzeiger *m* || **~ input**
/ Analogeingang *m*, Analogeingabe *f* || **~ input
channel** / analoger Eingabekanal || **~ input error** /
Analog-Messfehler *m* || **~ input in V** /
Analogeingangsspannung *f* || **~ input module** /
Analogeingabebaugruppe *f* || **~ input supply** /
Analogeingangsversorgung *f* || **~ input unit** /
Analogeingabeeinheit *f* || **~ measuring instrument**
/ Analogmessgerät *n*, Messgerät mit analoger
Ausgabe || **~ method of measurement** / analoges
Messverfahren || **~ module** / Analogbaugruppe *f*,
Analogmodul *m* || **~ of busbar** / Sammelschienen-
Nachbildung *f* || **~ output** / Sollwert *m*,
Analogausgabewert *m*, analoger Ausgang (AA),
Analogausgabebaugruppe *f*, Analogwertausgabe
(AA) *f*, Analogausgang (AA) *m*, Analogausgabe
(AA) *f* || **~ output channel** / analoger

Ausgabekanal || **~ output module** / analoger
Ausgang (AA), Analogwertausgabe (AA) *f*,
Analogausgang (AA) *m*, Analogausgabe (AA) *f*,
AA (Analogausgang), AA (Analogwertausgabe),
Analogausgabebaugruppe *f* || **~ output point** /
analoger Ausgang (AA), Analogwertausgabe (AA)
f, Analogausgang (AA) *m*, Analogausgabe (AA) *f*,
Analogausgabebaugruppe *f* || **~ output unit** /
Analogausgabeeinheit *f* || **~ output value** /
Analogausgangswert *m* || **~ peripherals** /
Analogperipherie *f* (SPS) || **~ position feedback
transmitter** / analoger Istwertgeber (NC) || **~
recorder** / Analogschreiber *m* || **~ scaling block** /
Analogskalierungsblock *m* || **~ scaling function** /
Analogskalierungsfunktion *f* || **~ setpoint** /
Analogsollwert *m* || **~ system** / Analogsystem *n* || **~
telemetring and processing (ATP)** / analoge
Fernmessung und Messwertverarbeitung (AFM) ||
~ timer module / Analog-Zeitbaugruppe *f* || **~
value** / Analogwert *m* (ein Analogwert kann
zwischen einem Minimum und Maximum
unendlich viele Zwischenwerte annehmen.) || **~
value acquisition** / Messwerterfassung *f* || **~ value
preprocessing** / Messwertvorverarbeitung *f*,
Vorverarbeitung *f*, Zählwertvorverarbeitung *f*,
Meldungsvorverarbeitung *f* || **~ value snapshot** /
Messwertschnappschuss *m* || **~ voltage** /
Analogspannung *f*
analog I/O module / Analog-Ein/Ausgabegruppe,
Analogein-/ausgabebaugruppe
analog-to-analog converter / Analog-Analog-
Umsetzer *m*
analog-to-digital conversion (A/D conversion) /
Analog-Digital-Umsetzung *f* || **~ converter (ADC)**
/ Analog-Digital-Umsetzer *m* (ADU), Analog-
Digital-Wandler *m*, A/D-Wandler *m*, A/D-
Umsetzer (ADU) *m*, Analog-Digital-Wandler *m*,
Analog-Digital-Umsetzer (ADU) *m* || **~ processor** /
Analog-Digital-Prozessor *m*
analog-value processing / Analogwertverarbeitung *f*
analog variable / Analoggröße *f*
analogue *adj* / analog *adj* || **analogue I/O** / Analog-
E/A || **~ output** / analoger Ausgang (AA) *m*,
Analogwertausgabe (AA) *f*, Analogausgang (AA)
m, Analogausgabe (AA) *f*, AA (Analogausgabe),
Analogausgabebaugruppe *f* || **~ setpoint generator**
/ Analogsollwert *m* || **~ value generator** /
Analogwertgeber *m*
analysis *n* / Bewertung *f*, Auswertung *f* || **analysis,
probability ~** / Wahrscheinlichkeitsberechnung *f* ||
reliability ~ / Zuverlässigkeitsbewertung *f* || **stress
~** / statische Berechnung, Festigkeitsberechnung *f* ||
~ program / Auswerteprogramm *n*
(Bildauswertung), Auswertungsprogramm *n* || **~
sample** / Analysenprobe *f*
analytical buildings / Analysenhäuser *n pl* || **~
container** / Analysencontainer *m* || **~ statistics** /
analytische Statistik, schließende Statistik DIN
55350,T.24
analyze *v* / analysieren *v*, zerlegen *v*, auswerten *v*,
bewerten *v*
analyzer *n* / Analysator *m*, Analysengerät *n*,
Analysatorteil *n* || **circuit ~** / Vielfach-Messgerät *n*,
Vielfachmesser *m* || **harmonic ~** /
Oberschwingungs-Messgerät *n* || **~ crystal** /
Analysatorkristall *m* (RöA)
analyzers *n pl* / Analysengeräte *n pl*

analyzing 18

analyzing systems / Analysensysteme *n pl*
ANAN (air-natural, air-natural cooling; for dry-type transformers in a non-ventilated protective enclosure with natural air cooling inside and outside the enclosure) / ANAN (air-natural cooling; für Trockentransformatoren in unbelüftetem Schutzgehäuse mit natürlicher Luftkühlung innerhalb und außerhalb des Gehäuses)
anchor *n* IEC 50(466) / Anker *m* (Mastfundament), Festpunkt *m*, Ankerschiene *f*
anchorage, cord ~ / Zugentlastungsvorrichtung *f* (Kabel)
anchor bolt / Ankerschraube *f*, Ankerbolzen *m*, Fundamentanker *m* || ~ **clamp** / Abspannklemme *f* (Freiltg.)
anchoring *n* / Verankern *n*, Befestigen *n*
ancillary system / Nebenanlage *f*
anchor rod / Ankerstab *m* (Fundament) || ~ **support** / Abspannmast *m* (Freiltg.)
AND *v* / nach UND verknüpfen || ≗ / UND-Glied *n*, UND-Tor *n*
AND-before-OR logic / UND-vor-ODER-Verknüpfung *f* || ~ **operation** / UND-vor-ODER-Verknüpfung *f*
AND binary gating operation / UND Verknüpfungsfunktion *f* || ≗ **branch** / UND-Aufspaltung *f* DIN 19237, UND-Verzweigung *f* || ≗ **dependency** / UND-Abhängigkeit *f*, G-Abhängigkeit *f*
ANDED, be ~ **with** *v* / durch UND-Gatter logisch verknüpft sein, mit UND-Gatter verknüpft sein
ANDed *adj* / UND verknüpft, geundet *adj*
AND element / UND-Glied *n*, UND-Tor *n* || ≗ **function** / UND-Verknüpfung *f*, Konjunktion *f* || ≗ **gate** / UND-Tor *n*, UND-Torschaltung *f*, UND-Glied *n*
AND-gate *v* / nach UND verknüpfen
AND-gated *adj* / geundet *adj*, UND verknüpft
ANDing *n* / UND-Verknüpfung *f*
AND input converter / UND-Eingangsstufe *f* || ~ **logic operation** / UND-Verknüpfung *f* || ≗ **operation** / UND-Verknüpfung *f* DIN 44300, Konjunktion *f* || ≗ **operator** / UND-Operator *m*
AND/OR progression matrix / UND-/ODER-Weiterschaltmatrix *f*
AND relation / UND-Verknüpfung *f* || ≗ **with negated output** / UND-Glied mit negiertem Ausgang
anechoic room / hallfreier Raum, reflexionsfreier Raum, nachhallfreier Raum, Freifeld-Raum *m*, schalltoter Raum, Schallmessraum *m*
angle *n* / Winkelstellung *f*, Bogenwinkel *m* || **beam** ~ / Strahlöffnungswinkel *m* || **polyhedral** ~ / Polyederecke *f* || **with** ~ **seat** / anschlagend *adj*
angle-beam probe / Winkelprüfkopf *m*
angle between crank and connecting rod / Anlenkungswinkel *m* || ~ **box** / Winkeldose *f*, Winkel-Abzweigdose *f* || ~ **bracket** / spitze Klammer, Fußwinkel *m* || ~ **cable plug** / Winkel-Kabelstecker *m* || ~ **connector** / Anschlusswinkel *m* || ~ **control valve** / Eckstellventil *n* || ~ **cutter** / Winkelfräser *m* || ~ **encoder** / Winkelcodierer *m* || ~ **feeler 0.8 mm** / Fühlerwinkel *m* || ~ **grinding wheel** / schrägstehende Schleifscheibe, schräge Schleifscheibe || ~ **head counter with corner rounding** / Winkelkopffräser mit Eckenverrundung || ~ **head cutter** / Winkelkopffräser *m*

angled-stem thermocouple / winkelförmiges Thermoelement
angle-entry plug / Stecker mit seitlicher Einführung, Winkelstecker *m*
angle gauge / Winkellehre *f* || ~ **louvre** / Schrägraster *m* (Leuchte) || ~ **luminaire** / Schrägstrahler *m* || ~ **measurement** / Winkelmessung *f* || ~ **of advance** IEC 633 / Voreilwinkel *m* (LE)
angle of aperture / Öffnungswinkel *m* || ~ **of aperture for programmed circle** / Kreisöffnungswinkel *m* || ~ **of aperture of a groove** / Öffnungswinkel einer Nut
angle-of-approach lights / Anflugwinkelfeuer *n*
angle of attack / Angriffswinkel *m*, Anstellwinkel *m* || ~ **of bend** / Biegewinkel *m* || ~ **of brush displacement** / Bürstenverschiebungswinkel *m*, Bürstenverstellwinkel *m* || ~ **of brush lag** / Bürstenrückschubwinkel *m* || ~ **of brush lead** / Bürstenvorschubwinkel *m* || ~ **of brush shift** / Bürstenverstellwinkel *m*, Bürstenverschiebungswinkel *m* || ~ **of contact** / Umschlingungswinkel *m*, Berührungswinkel *m* || ~ **of deviation between two e.m.f.'s** IEC 50(603) / Gesamtpolradwinkel zwischen zwei Spannungsquellen || ~ **of diffusion** / Streuwinkel *m* (LT) || ~ **of divergence** / Streuwinkel *m* (LT) || ~ **of effective direction** / Wirkrichtungswinkel *m* DIN 6580 || ~ **of elevation** / Erhebungswinkel *m* (Flp.) || ~ **feed direction** / Vorschubrichtungswinkel *m* || ~ **of flow** / Flusswinkel *m* (Wechselspannungsperiode - ausgedrückt als Winkel - in der Strom fließt) || ~ **of grip** / Umschlingungswinkel *m* (Riementrieb) || ~ **of illumination** / Einfallwinkel *m* (BT) || ~ **of impact** / Aufschlagwinkel *m*, Stoßwinkel *m* || ~ **of incidence** / Einfallwinkel *m*, Auftreffwinkel *m*, Einschallwinkel *m*, Einstrahlwinkel *m* || ~ **of inclination** / Neigungswinkel *m*, Schrägungswinkel *m* || ~ **of inclined axis** / Schrägungswinkel *m*, Winkel der Schrägachse || ~ **of infeed** / Zustellwinkel *m* || ~ **of lag** / Nacheilwinkel *m* || ~ **of lead** / Voreilwinkel *m*, Steigungswinkel *m* || ~ **of light emission** / Lichtausstrahlungswinkel *m* || ~ **of light incidence** / Lichteinfallwinkel *m* || ~ **of opening** / Öffnungswinkel *m* || ~ **of operation** / Schaltwinkel *m* || ~ **of overlap** / Überlappungswinkel *m* (a. LE) || ~ **of projection** / Projektionswinkel *m* || ~ **of reflection** / Reflexionswinkel *m*, Ausfallwinkel *m* || ~ **of refraction** / Brechungswinkel *m* || ~ **of rotation** / Drehwinkel *m*, Rotationswinkel *m* || ~ **of shade** (earth wire) / Schutzwinkel *m*, Erdseilschutzwinkel *m* || ~ **of shear** / Scherungswinkel *m*, Schiebung *f* || ~ **of skew** / Schrägungswinkel *m* (Wickl.) || ~ **of skew of teeth** / Zahnschrägungswinkel *m* || ~ **of the bezel** / Fasenwinkel *m* || ~ **of thread** / Gewindeflankenwinkel *m* || ~ **of twist** / Verdrehungswinkel *m*, Drallwinkel *m* || ~ **of unbalance** / Unwuchtwinkel *m* || ~ **of vision** / Sehwinkel *m* (a. BSG) || ~ **of wrap** / Umschlingungswinkel *m* (Riementrieb) || ~ **on circular arc** / Kreisbogenwinkel *m* || ~ **outlet** / Winkeldose *f* || ~ **pivot** / Winkeldrehpunkt *m* || ~ **plate** / Winkelblech *n* || ~ **plug** / Winkel-Kabelstecker *m* || ~ **probe** / Winkelprüfkopf *m* || ~ **rail** / Winkelschiene *f* || ~ **resolver** / Drehwinkel-

Messumformer *m*, Winkelschrittgeber *m* || ~ section / Winkel *m* || ~ socket / Winkelkabelschuh *m* || ~ support / Winkelstützpunkt *m* (Freiltg.), Abspannstützpunkt *m*, Winkelmast *m*, Winkelstutzen *m* || ~ tapping box / Winkel-Abzweigdose *f* || ~ to preceding element / Winkel zum Vorgängerelement || ~ tower / Winkelmast *m* (Freiltg.)
angle-type non-return valve / Eck-Rückschlagventil *n* || ~ valve / Eckventil *n*, Winkelsperrventil *n*
angle unit / Winkelstück *n* (IK), Winkelkasten *m* (IK) || ~ valve / Eckventil *n*, Winkelsperrventil *n* || ~ welding / Gehrungsschweißen *n*
angular *adj* / knickförmig *adj* || ~ acceleration / Winkelbeschleunigung *f*, Drehbeschleunigung *f* || ~ cable socket / Winkelkabeldose *f*
angular-contact ball bearing / Schrägkugellager *n*, Ringschräglager *n*
angular coordinate / Winkelkoordinate *f* || ~ coupler plug / Winkel-Kupplungsstecker *m* || ~ degree / Winkelgrad *m* || ~ dimension / Winkelmaß *n* (a. NC), Winkelbereich *m* (BT), Maßangabe in Winkelgraden || ~ dispersion / Winkeldispersion *f*
angular-dispersion diffractometry / winkeldispersive Diffraktometrie
angular displacement IEC 50(411) / Polradwinkel *m* (Synchrongen.), Winkelverschiebung *f*, Winkelabweichung *f*, Phasenverschiebungswinkel *m* || ~ displacement under static load / statischer Lastwinkel (Schrittmot.) || ~ distance / Winkelabstand *m* || ~ drive / Winkeltrieb *m* || ~ encoder / inkrementeller Winkelschrittgeber, WSG (Winkelschrittgeber), Winkelschrittgeber (WSG) *m* || ~ frequency / Kreisfrequenz *f*, Winkelfrequenz *f* || ~ increment / Winkelschritt *m*
angularity *n* / Winkligkeit *f* || ~ tolerance / Neigungstoleranz *f*
angularity compensation / Winkligkeitskompensation *f*
angular load / Schrägbelastung *f* || ~ milling cutter / Winkelkopffräser *m* || ~ minute / Winkelminute *f* || ~ misalignment / Winkelverlagerung *f* (der Wellen) || ~ momentum / Drehimpuls *m*, Drehmoment *n*, Drall *m*, Scherung *f* || ~ offset / Winkelversatz *m* || ~ optical system / Winkeloptik *f* || ~ outgoing cable / schräger Kabelabgang || ~ plant / Winkelanlage *f* || ~ position / Winkellage *f*, Winkelposition *f* || ~ position measuring system / Winkelmesssystem *n* (NC) || ~ position transducer / Winkelstellungsgeber *m*, Winkelmessgerät *n* (WZM, NC) || ~ pulsation / Winkelpendelung *f*, Polradwinkelpendelung *f* || ~ range / Winkelbereich *m* (a. Diffraktometer) || ~ resolution / Winkelauflösung *f* || ~ resolver / Drehwinkel-Messumformer *m*, Winkelschrittgeber *m* || ~ roller lever / Winkelrollen-Hebel *m* || ~ screwdriver / Winkelschraubendreher *m* || ~ second / Winkelsekunde *f* || ~ shaft misalignment / winkliger Wellenversatz *m* || ~ size / Winkelgröße *f* || ~ synchronization / Winkelgleichlauf *m* || ~ twist / Drillung *f*, Drallwinkel *m* || ~ variation / Winkelabweichung *f*, Winkelpendelung *f*, Polradwinkeländerung *f* || ~ velocity / Winkelgeschwindigkeit *f* || ~ velocity of rotation / mechanische Winkelgeschwindigkeit || ~ workpiece shift ISO 1056 / rotatorische Werkstückverschiebung (a. NC-Zusatzfunktion) DIN 66025,T.2
anharmonic *adj* / nichtharmonisch *adj*
anhysteretic curve / anhysteretische Kurve, ideale Magnetisierungskurve || ~ state / anhysteretischer Zustand, idealisierter Zustand (magnet.)
aniline point / Anilinpunkt *m*
anisochronous *adj* / anisochron *adj*
animated graphics / Radiergrafik *f*
animation *n* / Animation *f*
anisotrope *n* / anisotropischer Körper
anisotropic *adj* / anisotrop *adj*, nicht isotrop
anisotropy *n* / Anisotropie *f*
ANKB s. alphanumeric keyboard
anneal *v* / glühen *v*, ausglühen *v*, spannungsfrei glühen, entspannen *v*, tempern *v*, entspröden *v*
annealed glass / entspanntes Glas
annealer *n* / Glühe *f*
annealing lear / Rollenkühlofen *m* || annealing, magnetic ~ / Magnetfeldglühen *n*
annual maximum demand / Jahreshöchstleistung *f* (StT), Jahresmaximum *n* (StT) || ~ price changing / Jahrestarifumschaltung *f*
annul *v* / aufheben *v*, löschen *v*
annular area / Ringfläche *f* || ~ ball bearing / Ringkugellager *n*, Radial-Kugellager *n* || ~ cathode / Ringkathode *f* || ~ clearance / Ringspalt *m* || ~ core / Ringkern *m* || ~ fluorescent lamp / Ringleuchtstofflampe *f*
annular-gap arcing chamber / Ringspalt-Löschkammer *f*
annular gear / Zahnkranz *m* || ~ groove / Ringnut *f* || ~ slit / Ringspalt *m* || ~ slit gap / Ringspalt *m* || ~ slot / Ringnut *f*, Ringkammer *f* (Messblende) || ~ space type valve / Ringspaltarmatur *f* || ~ spring / Ringspannfeder *f* || ~ width / Lötrandbreite *f* (gS)
annulus *n* / Kreisring *m*, Ringspalt *m*
annunciation *n* / Meldung *f*, Anzeige *f*
annunciator *n* / Anzeigetableau *n*, Meldetableau *n*, Fallklappentafel *f*, Meldeeinrichtung *f*, Signaltafel *f* || ~ block / Meldebaustein *m* (SPS) || ~ board / Meldetafel *f*, Anzeigetafel *f* || ~ element / Anzeigeelement *n* || ~ panel / Meldefeld *n*, Meldetafel *f*, Anzeigefeld *n* || ~ relay / Melderelaisfunktion *f*, Melderelais *n*
anode arc / Anodenbogen *m* || ~ efficiency / Anodenwirkungsgrad *m* || ~ fall / Anodenfall *m* || ~ half-bridge / Anoden-Halbbrücke *f* || ~ ignition voltage / Anodenzündspannung *f*
anode-potential-stabilized camera tube / Bildaufnahmeröhre mit schnellen Elektronen
anode reactor / Anodendrossel *f* || ~ region / Anodengebiet *n*
anode-side d.c. terminal / anodenseitiger Gleichstromanschluss (LE)
anode space / Anodengebiet *n* || ~ spot / Anodenfleck *m* || ~ terminal / Anodenanschluss *m*
anode-to-cathode distance / Elektrodenabstand *m*
anode turret / Anodenturm *m* (RöA)
anodic area / Stromaustrittszone *f* (Streustrom) || ~ brush / anodische Bürste || ~ erosion / anodische Abtragung *f* || ~ hydrocoating / elektrophoretische Beschichtung || ~ partial current / anodischer Teilstrom || ~ pickling / anodisches Beizen || ~ polarization / Anodenpolarisation *f* (Batt.) || ~ reaction / Anodenreaktion *f* (Batt.) || ~ treatment / anodisches Behandeln, Eloxieren *n*
anodize *v* / anodisch behandeln, eloxieren *v*

anodized *adj* / eloxiert *adj* || ~ **silicon** / anodisiertes Silizium
anodizing *n* / Anodisieren *n*, Eloxieren *n*
anomalous colour vision / Farbenfehlsichtigkeit *f* || ~ **magnetic moment** / anomales magnetisches Moment
ANRS s. acceptor not ready state
answering *n* / Antworten *n*, Anrufbeantwortung *f* (FWT)
ante-filter *n* / Vorfilter *n*, Grobfilter *n*
anthropotechnical *adj* / anthropotechnisch *adj*
anti-ageing dope / Alterungsschutzmittel *n*, Oxidationsinhibitor *m*
antialiasing filter / Anti-Aliasing-Filter *m* (zur Verhinderung von Faltungsfrequenzen)
anti-capacitance *adj* / kapazitätsarm *adj*
anticipation, command point ~ / Vorhaltepunkt-Steuerung *f* (NC) || ~ **control** / Vorumschaltung *f* (NC, zum Schutz gegen Überfahren) || ~ **point** / Vorhaltepunkt *m* (NC)
anticorrosion *adj* / anticorodal *adj* || ~ **serving** / Korrosionsschutz *m*, Korrosionschutzhülle *f*
anti-clash key / Entwirrungstaste *f*
anti-climbing guard / Kletterschutz *m* (Freileitungsmast)
anti-clockwise *adj* / entgegen dem Uhrzeigersinn, linksgängig *adj*, linksdrehend *adj* || ~ **direction** / Gegenuhrzeigersinn *m*, Linksrichtung *f* || ~ **phase sequence** / linksgängige Phasenfolge, linksdrehendes Feld || ~ **rotating system** / Linkssystem *n* || ~ **rotation** / Drehung im Gegenuhrzeigersinn, Linksdrehung *f*, Linkslauf *m*
anti-collision light / Zusammenstoßwarnlicht *n* || ~ **radar** / Radar-Abstandswarnsystem *n* (Kfz)
anti-condensation heater / Stillstandsheizung *f*, Kondenswasserheizung *f*
anti-corrosion agent / Korrosionsschutzmittel *n*, Rostschutzmittel *n* || ~ **coating** / Korrosionsschutzanstrich *m* || ~ **paint** / Korrosionsschutzfarbe *f*, Rostschutzfarbe *f* || ~ **priming coat** / Rostschutzgrundierung *f*
anti-corrosive *adj* / korrosionsgeschützt *adj*, rostfest *adj*
anti-creep device / Kriechschutz *m*, Anlaufhemmung *f* (EZ) || ~ **tongue** / Haltezunge *f* (EZ) || ~ **yoke** / Haltefahne *f* (EZ)
anti-dazzle device / Blendschutz *m*, Abblendkappe *f* (Autolampe)
anti-dazzling screen / Blendschutzscheibe *f*
anti-displacement terminal set / Verschiebeschutz-Klemmensatz *m*
anti-drift term / Zentrierungsterm *m*
antifall guard / Absturzsicherung *f*
anti-fatigue bolt / Dehnschraube *f*
anti-ferromagnetic Curie point / antiferromagnetische Übergangstemperatur, Néel-Temperatur *f* || ~ **material** / antiferromagnetischer Werkstoff
anti-ferromagnetism *n* / Antiferromagnetismus *m*
anti-foam additive / Schaumdämpfungsmittel *n*
anti-freeze lubricant / Frostschutz-Schmierstoff *m*, Frostschutzfett *n* || ~ **pin** / Klebestift *m* (Rel.) || ~ **plate** / Klebeblech *n* (Rel.) || ~ **protection** / Frostschutz *m*
anti-freezing transformer / Frostschutztransformator *m*
antifreezing mechanism / Frostschutzeinrichtung *f*

anti-friction bearing / Wälzlager *n* || ~ **bearing grease** / Wälzlagerfett *n* || ~ **metal** / Lagermetall *n* || ~ **performance** / Gleiteigenschaft *f*, Laufeigenschaft *f* || ~ **properties** / Gleiteigenschaften *f pl* (Lg.) || ~ **thrust bearing** / Axial-Wälzlager *n*, Längs-Wälzlager *n*
anti-glare *adj* / entspiegelt *adj* || ~ **cylinder** / Abblendzylinder *m* || ~ **device** / Blendschutz *m*, Abblendkappe *f* (Autolampe) || ~ **illumination** / reflexfreie Beleuchtung || ~ **screen** / entspiegelter Bildschirm
anti-hole storage / Ausraumlogik *f* || ~ **circuit** / Trägerspeichereffekt-Beschaltung *f*, Trägerstaueffekt-Beschaltung *f*, TSE-Beschaltung *f* || ~ **module** / Beschaltungsbaugruppe *f*
anti-hunt *n* / Pendelzusatz *m* || **anti-hunt device** / Pendelsperre *f*
anti-interference capacitor / Störschutzkondensator *m*
anti-kink sleeve / Knickschutztülle *f*
anti-knock regulator / Klopfregler *m* (Kfz)
antilogous poles / ungleichnamige Pole
antimagnetic *adj* / antimagnetisch *adj*
anti-magnetic *adj* / antimagnetisch *adj*, nichtmagnetisch *adj*, unmagnetisch *adj*, amagnetisch *adj*
antimonial lead / Hartblei *n*
antinode *n* / Schwingungsbauch *m*, Wellenbauch *m*
anti-overshoot device / Überschwingsperre *f*
anti-oxydant *n* / Antioxidans *n*, Oxidationsinhibitor *m*, Alterungsschutzmittel *n*
anti-parallax lens / parallaxefreie Linse (o. Lupe)
anti-parallel circuit / Gegenparallelschaltung || ~ **connection** / Gegenparallelschaltung *f* (LE), Antiparallelschaltung *f* || ~ **LED** / antiparallele LED
anti-plugging protection / Konterschutz *m*
anti-polarizing winding / gegenmagnetisierende Wicklung
anti-pump contactor / Antipumpschütz *n*
anti-pumping device IEC 157-1 / Antipumpeinrichtung *f* VDE 0660,T.101, Wiedereinschaltsperre *f*, Wiedereinschaltsperre *f*, Pumpverhinderung *f*
anti-reflecting coat / Antireflexschicht *f*
antireflection coating / Antireflexionsschicht *f* (LWL)
anti-repeat circuit / Wiederholungssperre *f*, Spielunterbrechungsschaltung *f*
anti-resonance *n* / Antiresonanz *f*
anti-resonant circuit / Parallelschwingkreis *m*
anti-reversing device / Rücklaufsperre *f*, Rückdrehsperre *f*
anti-rotation element / Verdrehschutz *m*, Verdrehsicherung *f*
anti-rust agent / Rostschutzmittel *n* || ~ **paint** / Rostschutzfarbe *f*, Korrosionsschutzfarbe *f*
anti-seize *n* / Gleitmittel *n*
anti-sever device / Abquetschschutz *m*
anti-skid system / Anti-Blockier-System *n* (ABS) (Kfz)
anti-slag gas / Formiergas *n*
anti-slip brake / Schleuderschutzbremse *f* (Bahn) || ~ **device** / Schleuderschutzeinrichtung *f* (Bahn)
anti-spin control / Antischlupfregelung *f* (Kfz)
anti-spread device / Antiabspleißvorrichtung *f* (Klemme), Führungsnase *f* (Klemme)
antistatic *adj* / antistatisch *adj* || ~ **agent** /

Antistatikmittel *n*, Antistatikum *n*
anti-Stokes luminescence / Anti-Stokes-Lumineszenz *f*
anti-surge diode / Löschdiode *f*
anti-theft *n* / Diebstahlsicherung *f* || **anti-theft alarm system** / Diebstahl-Warnanlage *f* (Kfz)
anti-tracking *adj* / kriechstrombeständig *adj*, kriechstromfest *adj*
anti-transmit/receive tube (AT/R tube) / Sendersperrröhre *f*
anti-twist ring / Verdrehschutzring *m*
anti-vibration compound / Antidröhnmittel *n*, Antivibriermasse *f* || **~ jumper** / Schwingungsdämpfer *m* (Freiltg.) || **~ mounting** / erschütterungsfreie Befestigung, Schwingungsdämpfer *m*, schwingungsfreie Befestigung
ANV (air, non-ventilated, self-cooling by air at zero gauge pressure) / ANV (drucklose Luft-Selbstkühlung)
AO (analog output) / Analogausgabebaugruppe, AA (Analogausgang), AA (analoger Ausgang), AA (Analogwertausgabe), AA (Analogausgabe)
AOP (Advanced Operator Panel) / AOP || $\hat{=}$ **Manual** / AOP-Handbuch *n* || $\hat{=}$ **real time clock** / AOP Echtzeituhr
AOQ s. average outgoing quality
AOQL s. average outgoing quality limit
APAS s. access point actuator and sensor || $\hat{=}$ **violation** / ZSS-Verletzung *f*
APC s. automatic performance control || $\hat{=}$ s. automatic phase control || $\hat{=}$ s. application controller
APD / Lawinenfotodiode *f* (APD)
aperature *n* / Anfasser *m* || **~ angle** / Öffnungswinkel *m* || **~ port angle** / Öffnungswinkel *m*
aperiodic *adj* / aperiodisch *adj* IEC 50(101)
aperiodically sampled real-time format / aperiodisch abgetastete Echtzeitdarstellung (Impulsmessung) DIN IEC 469, T.2
aperiodic component / aperiodische Komponente, Gleichstromanteil *m*, Gleichstromglied *n* || **~ component of flux** / Gleichinduktion *f* || **~ motion** / aperiodische Schwingung || **~ phenomenon** / schwingungsfreier Vorgang || **~ quantity** / aperiodische Größe, Gleichstromgröße *f* || **~ time constant** / aperiodische Zeitkonstante, Zeitkonstante des Gleichstromglieds, Gleichstrom-Zeitkonstante *f*
aperture *n* / Öffnung *f*, Austrittsöffnung *f* (Lasergerät), Apertur *f* || **~ colour** / freie Farbe
apertured-diaphragm camera / Lochblendenkammer *f*
aperture delay time / Öffnungsverzögerungszeit *f* (IS) || **~ jitter** / Öffnungszittern *n*, Öffnungsunsicherheit *f* || **~ plate** / Lochblende *f* (LT) || **~ slide** / Blendenschieber *m* || **~ stop** / Messapertur *f* (Lasergerät) || **~ time** / Öffnungszeit *f* (IS), Abtastzeit *f* || **~ uncertainty** / Öffnungsunsicherheit *f* (IS)
APH s. high-intensity approach lighting
API (applications program interface) / Softwareschiene *f*
APL s. low-intensity approach lighting
APM s. medium-intensity approach lighting
A pole / A-Mast *m* (Freiltg.)
apparatus *n* / Apparat *m*, Gerät *n*, Betriebsmittel *n*, Einrichtung *f* || **~ group** / Betriebsmittelgruppe *f*

(Geräte in Zündschutzart) || **~ of category ia** / Betriebsmittel der Kategorie ia IEC 50(426) || **~ of category ib** / Betriebsmittel der Kategorie ib IEC 50(426) || **~ rack** / Gerätegestell *n*, Geräteträger *m* (IV)
apparent amount of electric energy / elektrische Scheinarbeit || **~ brightness** / scheinbare Helligkeit || **~ capacitance** / scheinbare Kapazität || **~ charge** / scheinbare Ladung || **~ conductivity** / Scheinleitfähigkeit *f* || **~ core width** / scheinbare Ankereisenweite || **~ current** / Scheinstrom *m* || **~ density** / Rohdichte *f*, Schüttdichte *f* || **~ energy** / Scheinarbeit *f*
apparent-energy meter / Volt-Ampère-Stundenzähler *m*, VAh-Zähler *m*, Scheinverbrauchszähler *m*
appear *v* / zugreifen *v*, ansprechen *v*
apparent internal resistance / scheinbarer Innenwiderstand (Batt.) || **~ magnitude** / scheinbare Größe || **~ mass** / scheinbare Masse || **~ permeability** / scheinbare Permeabilität, Scheinpermeabilität *f* || **~ phase angle** / Scheinphasenwinkel *m* || **~ power** / Scheinleistung *f* || **~ power demand** / Scheinarbeit *f* (VAh) || **~ power density** / Scheinleistungsdichte *f* || **~ power factor** / Scheinleistungsfaktor *m* || **~ power loss** / Scheinleistungsverlust *m* || **~ power mass density** / massebezogene Scheinleistungsdichte || **~ power of the fundamental wave** / Grundschwingungsscheinleistung *f* || **~ power volume density** / volumenbezogene Scheinleistungsdichte || **~ short-circuit power** / Kurzschluss-Scheinleistung *f* || **~ signal delay** / sichtbare Signalverzögerung (Osz.) || **~ volume** / Schüttvolumen *n* || **~ work** / Scheinarbeit *f*
appearance *n* (insulating liquid) / Aussehen *n* || **~ colour** / Farbart *f* (Lampe) || **~ flaw** / Schönheitsfehler *m*
append *v* / anfügen *v*, anhängen *v*
appendice *n* / Anhang *m*
appliance *n* / Gerät *n*, Haushaltgerät *n*, Apparat *m*, Vorrichtung *f* || **~ circuit-breaker** / Geräteschutzschalter *m* (GSS) || **~ connector** / Gerätesteckverbinder *m* || **~ cord** / Gerätezuleitung *f* || **~ coupler** / Gerätesteckvorrichtung *f*, Geräteanschlussleitung *f* || **~ for building in** IEC 335-1 / Einbaugerät *n* (HG) VDE 0700,T.1 || **~ impedance** / Geräteimpedanz *f* VDE 0838,T.1 || **~ inlet** / Gerätestecker *m* || **~ outlet** / Steckdose *f* (z.B. an einem Elektroherd zum Anschluss von Küchengeräten) || **~ protective and control switch** / Geräteschutz- und Betätigungsschalter (GSB-Schalter) || **~ switch (CEE 24)** / Geräteschalter *m* VDE 0630 || **~ terminal** / Geräteklemme *f*, Apparateklemme *f*
applicability *n* / Anwendbarkeit *f*, Anwendungsbereich *m* || **~ of normal, tightened or reduced inspection** / Auswahl der Prüfschärfe
applicate *n* / Applicate *f*, vertikale Achse
applicable *adj* / einschlägig *adj*, gültig *adj*, anwendbar *adj*
application *n* / Anwendungsgebiet *n*, Anwendungsfeld *n*, Anwendungsbereich *m*, Einsatz *m*, Einsatzbereich *m*, Auftrag *m*, Einsatzgebiet *n*, Verwendungszweck *m*, Anwendung *f*, Antrag *m*, Applikation *f* || **~ characteristic** / Verwendbarkeitsmerkmal *n* DIN 4000,T.1 || **~**

application-oriented 22

controller (APC) / Anwendungs-Kontroller *m*, Application-Controller *m* (an den Bus angeschlossenes Steuergerät für anwendungsspezifische Verknüpfungen und Abläufe) || **~ data block** / Anwenderdatenbaustein (DB-A) *m*, DB-A (Anwenderdatenbaustein) || **~ entity** / Anwendungsinstanz *f* DIN ISO 7498 || **~ example** / Anwendungsbeispiel *n* || **~ form** / Antragsformular *n* || **~ guide** / Anwendungsrichtlinien *f pl* || **~ laboratory** / Anwenderlabor *n* || **~ layer** / Anwendungsschicht *f* DIN ISO 7498, Verarbeitungsschicht *f* || **~ layers** / Applikationsschicht *f* || **~ management** / Anwendungsmanagement *n* DIN ISO 7498 || **~ module** / Anwendermodul *n*, Anwender-Technologie-Baugruppe (ATB) *f*
application-oriented *adj* / anwendungsorientiert *adj*, betriebsspezifisch *adj* || **~ multi-function unit** / anwendungsorientiertes Kombinationsglied DIN 19237
application process / Anwendungsprozess *m* EN 50090-2-1 || **~ program** / Anwendungsprogramm *n*, Anwenderprogramm *n* (für den Anwender f. spezifische Aufgaben geschrieben) || **~ Program Interface (API)** / API || **~ programmer interface** / Programmierschnittstelle *f* || **~ protocol** / Verarbeitungsprotokoll *n*, Anwendungsprotokoll *n* DIN ISO 7498 || **~ service** / Anwendungsdienst *m* DIN ISO 7498 || **~ service element (ASE)** / Anwendungsdienstelement (ADE) *n* EN 50090-2-1 || **~ Service Provider** / ASP || **~ software** / Anwendersoftware *f* (vom Gerätehersteller geliefert), AW-Software *f* || **~ specific integrated circuit (ASIC)** / ASIC
application-specific IC (ASIC) / anwendungsspezifische integrierte Schaltung
applications *n pl* / Anwenderfunktionen *f pl* || **Applications Productivity Tool (APT)** / APT || **~ program interface** / Softwareschiene *f*
application time (brake) / Einfallzeit *f* || **~ unit** / Anwendereinheit *f* (Prozessleitsystem) || **~ use** / Einsatzzweck *m* || **~ working space** / Nutzarbeitsraum *m* (Roboter)
applied brake / angelegte Bremse, geschlossene Bremse || **~ rectifier** / eingesetzter Gleichrichter
applied-overvoltage withstand test / Prüfung mit angelegter Spannung (Trafo), Prüfung mit Fremdspannung, Wicklungsprüfung *f* (mit Fremdspannung)
applied-potential test / Prüfung mit angelegter Spannung (o. Fremdspannung), Wicklungsprüfung *f* (mit angelegter Spannung)
applied torque / zugeführtes Drehmoment || **~ voltage** / angelegte Spannung, zugeführte Spannung, anstehende Spannung
applied-voltage test / Prüfung mit angelegter Spannung (o. Fremdspannung), Wicklungsprüfung *f* (mit angelegter Spannung) || **~ test with rotor in adjustable position** / Messung mit einstellbarem Läufer || **~ test with rotor locked** / Messung mit nicht einstellbarem Läufer || **~ test with rotor removed** / Messung bei ausgebautem Läufer, Streuprobe *f*
apply *v* / anwenden *v*, anlegen *v* (Spannung, Bremse), aufschalten *v*, auftragen *v*, aufbringen *v*, einspeisen *v*, beaufschlagen *v*, gelten *v*, übernehmen *v* || **glue ~** *n* / Leimangabe *f*

applying plastic coating / Kunststoffumspritzung *f*
appointed *adj* / genehmigt *adj* || **appointed to** *adj* (QA) / beauftragt *adj* (QS, berufen)
apportionment, reliability ~ / Zuverlässigkeitsaufteilung *f*
appraisal, vendor ~ / Lieferantenbeurteilung *f* (Qualitätsfähigkeit des Lieferanten vor Auftragserteilung) DIN 5535O, T.11 || **~ drawing** / Gutachtenzeichnung *f*
approach *n* / Annäherung *f*, Nahekommen *n*, Einfahren *n* (WZM), Anfahren *n* (WZM), Anflug *m*, Einfahrt *f*, Näherung *f* || **approach** *v* / anstellen *v*, annähern *v*, anfahren *v* || **gentle end position ~** / sanftes Anfahren der Endlagen || **~ angle** / Anlaufwinkel *m* (PS) || **~ area** / Anflugsektor *m* || **~ base line** / Anflug-Grundlinie *f* || **~ behavior** / Anfahrverhalten *n* || **~ behaviour** / Einfahrverhalten *n* || **~ block** / Anfahrsatz *m* || **~ circle** / Anschnittkreis *m*, Anfahrkreis *m* || **~ direction** / Anfahrrichtung *f* (WZM, NC) || **~ distance** / Anfahrabstand *m* || **~ flashlight** / Anflug-Blitzfeuer *n* || **~ flashlighting system (AFLS)** / Anflug-Blitzbefeuerung *f* || **~ in straight line** / Gerade anfahren || **~ light** / Anflugfeuer *n* || **~ light beacon** / Anflug-Leuchtfeuer *n* || **~ lighting system** / Anflug-Befeuerungssystem *n* || **~ line** / Anschnittlinie *f* (NC)
approach macro / Anfahrmakro *n* || **~ motion** / Anstellbewegung *f* (WZM, NC), Anfahrbewegung *f* || **~ movement without overshoot** / überschwingfreies Einfahren || **~ path** / Anflugweg *m*, Anstellweg *m* || **~ plane** / Anfahrebene *f* || **~ point** / Anfahrpunkt *m* || **~ radius** / Anfahrradius *m* || **~ sequence flashlights (SF)** / Anflug-Blitzbefeuerung *f* || **~ side-row lighting (APS)** / Anflug-Seitenreihe-Befeuerung *f* (APS) || **~ slope** / Anfluggleitweg *n* || **~ slope guidance** / Gleitwinkelführung *f* (Flp.) || **~ speed** / Näherungsgeschwindigkeit *f*, Annäherungsgeschwindigkeit *f*, Einfahrgeschwindigkeit *f* (WZM), Anfahrgeschwindigkeit *f* (PS, WZM) || **~ strategy** / Anfahrstrategie *f* || **~ time** / Einfahrzeit *f* || **~ to reference point** / Referenzpunkt-Anfahren *n* (NC), Referenzpunktfahren *n* (WZM, NC)
appropriate *adj* (QA, competent) / zuständig *adj* (QS, maßgebend)
approval *n* / Genehmigung *f*, Zulassung *f*, Freigabe *f*, Anerkennung *f* (Konformitätszertifizierung) || **~ certificates** / Ex-Zulassungen *f pl* || **~ drawing** / Genehmigungszeichnung *f* || **~ list** / Freigabeliste *f* || **~ procedure** / Genehmigungsverfahren *n*, Zulassungsverfahren *n* || **approvals** *n pl* / Approbation *f* || **~ status** / Zulassungsstatus *m* || **~ symbol** / Zulassungszeichen *n*
approve *v* / genehmigen *v*, zulassen *v*, freigeben *v*
approved bidder / zugelassener Anbieter || **~ by the German Technical Inspectorate** / TÜV-geprüft *adj*
approving authority / Zulassungsbehörde *f*
approximate distance / Überschleifabstand *m* || **~ positioning** / Verschleifen *n*, Überschleifen *n* || **positioning block** / Überschleifsatz *m* || **value** / Näherungswert *m*, ungefährer Wert, Richtwert *m*, Annäherungswert *m*
approximately *adj* / näherungsweise *adj*
approximation *n* / Näherung *f*, Annäherung *f* || **~**

function / Näherungsfunktion f || ~ **method** / Approximationsverfahren n || ~ **register** / Annäherungsregister n || ~ **run** / Approximationslauf m
APR s. precision approach radar
apron n / Schürze f, Schutzblech n, Sturzbett n, Vorfeld n (Flp.) || ~ **conveyor** (o. **feeder**) / Plattenbandförderer m || ~ **lighting (ALI)** / Vorfeldbeleuchtung o. -befeuerung f (ALI)
APRS s. affirmative poll response state
APS s. approach side-row lighting
APSI s. amperes per square inch
APT system (automatically programmed tool system) / APT-System n
AQL s. acceptable quality level || ~ s. acceptable quality limits
aqueous film forming foam (AFFF) / wässeriger filmbildender Schaum || ~ **phase** / wässerige Phase || ~ **solution** / wässrige Lösung
AR s. address register
Arago's disc / Wirbelstromscheibe f
araldite n / Araldit n, Epoxydharz-Klebstoff m
arbiter n / Zuteiler m (Bussystem), Verwalter m || **DTB** ~ / DTB-Verwalter m
arbitrary parameter / freier Parameter || ~ **phase-angle power relay** / Mischleistungsrelais n || ~ **unit** / willkürliche Einheit
arbitration n / Zuteilungsverfahren n (Bussystem) || ~ **bus (AB)** / Zuteilungsbus m || ~ **system** / Zuteilungsverfahren n, Zuteilungssystem n || ~ **time** / Zuteilungszeit f (Bus)
arbor n / Dorn m, Aufsteckhalter m, Welle f, Stab m (Lampenfuß)
arc n / Bogen m, Kreisbogen m, Lichtbogen m
ARC s. automatic remote control || ~ **(automatic recloser)** / AWE (automatische Wiedereinschaltung), WEA (Wiedereinschaltautomatik), WE (Wiedereinschaltautomatik), Wiederanlauf automatisch, automatische Wiederanlauf
arc-back n / Lichtbogenrückzündung f, Rückzündung f (Ionenventil)
arc barrier / Lichtbogen-Trennwand f, Lichtbogenschutz m, Rundfeuerschutz m, Lichtbogenbarriere f || ~ **chute** / Lichtbogenkammer f, Löschkammer f (LS), Schaltkammer f || ~ **chute extension** / Lichtbogenkammeraufsatz m || ~ **conductivity** / Lichtbogen-Leitfähigkeit f || ~ **control capability** / Lichtbogen-Löschvermögen m || ~ **control characteristics** / Löscheigenschaften f pl (Lichtbogenlöschung) || ~ **control device** / Lichtbogen-Löscheinrichtung f || ~ **control pot** / Lichtbogen-Löschtopf m || ~ **control system** / Lichtbogen-Löscheinrichtung f || ~ **current** / Bogenstrom m, Lichtbogenstrom m || ~ **cutout** / Bogenausschnitt m || ~ **cutting machine** / Lichtbogen-Schneidemaschine f || ~ **discharge** / Lichtbogenentladung f, Bogenentladung f || ~ **discharge tube** / Bogenentladungsröhre f || ~ **drop** / Lichtbogenabfall m
arc-drop losses / Lichtbogenverluste m pl, Bogenverluste m pl || ~ **voltage** / Lichtbogenspannung f, Bogenspannung f, Brennspannung f (Lampe)
arc-fault tested / störlichtbogengeprüft adj
arc duration / Bogenbrenndauer f || ~ **energy** /

Lichtbogenarbeit f || ~ **erosion** / Abbrand m (Kontakte) || ~ **extinction** / Lichtbogenlöschung f, Bogenlöschung f || ~ **extinction coil** / Löschspule f, Erdschluss-Löschspule f || ~ **extinction time** / Lichtbogen-Löschzeit f || ~ **extinguishing medium** / Lichtbogen-Löschmittel n, Löschmittel n || ~ **extinguishing properties** / Löscheigenschaften f pl (Lichtbogenlöschung) || ~ **flame** / Lichtbogenaureole f || ~ **flashover** / Lichtbogenüberschlag m || ~ **flue** / Lichtbogenkamin m || ~ **furnace transformer** / Ofentransformator m || ~ **gap** / Lichtbogenstrecke f, Bogenstrecke f || ~ **guide plate** / Lichtbogenleitblech n
arch-bound commutator / Gewölbekommutator m, Schwalbenschwanzkommutator m
arched adj / bogenförmig adj
arch dam / Bogenmauer f (WKW)
arc heat / Lichtbogenwärme f
architectural diagram IEC 113-1 / Installationsplan m DIN 40719, Bauzeichnung f
architrave trunking / Türrahmenkanal m
architrave-type socket-outlet / Türrahmensteckdose f || ~ **switch** / Türrahmenschalter m
archive n / Archivieren n, Archiv n, Ablage f || ~ v / archivieren v (DV) || ~ **access** / Archivzugriff m || ~ **file** / Archivierungsfile n, Archivfile n || ~ **functions** / Archivfunktionen f || ~ **list** / Archivierungsliste f, Archivliste f || ~ **archiver** n / Archivar m || ~ **server** / Archiv-Server m || ~ **that goes across the diskettes** / Disketten-übergreifendes Archiv
archives directory / Archivverzeichnis n || ~ **management** / Archivverwaltung f
archiving n / Archivierung f (DV) || ~ **cycle** / Archivierungszyklus m || ~ **medium** / Archivdatenträger m
arc in contour / Bogen in der Kontur (NC)
arcing n / Lichtbogenbildung f, Überschläge m pl (Mikrowellenröhre) || **period of** ~ / Lichtbogenintervall n || ~ **between electrodes** / Elektrodenüberschlag m || ~ **blade** / Lichtbogenmesser n, Abreißmesser n || ~ **chamber** / Lichtbogenkammer f, Löschkammer f (LS), Schaltkammer f || ~ **contact** / Abbrennschaltstück n, Abbrennkontakt m, Lichtbogenschaltstück n, Lichtbogenkontakt m, Vorkontakt m || ~ **current** / Bogenstrom m, Lichtbogenstrom m || ~ **distance** / Schlagweite f || ~ **fault** / Störlichtbogen m, Fehlerlichtbogen m || ~ **gas** / Schaltgas n || ~ **ground fault** / Lichtbogen-Erdschluss m, aussetzender Erdschluss m || ~ **horn** / Lichtbogenhorn m, Funkenhorn n || ~ **reserve** / Lichtbogenreserve f
arcing-resistant adj / lichtbogenbeständig adj, lichtbogenfest adj, abbrandfest adj
arcing ring / Lichtbogenring m, Abbrennring m || ~ **short circuit** / Kurzschluss mit Lichtbogenbildung || ~ **space** / Lichtbogen-Ausblasraum n, Lichtbogenausblasraum m || ~ **test** / Lichtbogenprüfung f, Störlichtbogenprüfung f || ~ **time** / Lichtbogenzeit f, Lichtbogendauer f, Lichtbogen-Stehzeit f, Löschzeit f
arc initiation / Lichtbogenzündung f
arc-in section / Gewindebearbeitung f, Einlaufweg m, Einlaufstrecke f
arc-out section / Auslaufstrecke f, Ausfahrweg m, Auslaufweg m

arc 24

arc interrupting slide / Löschschieber m (LS) || ~ **lamp** / Bogenlampe f || ~ **length** / Lichtbogenlänge f, Schlagweite f, Bogenlänge f || ~ **loss** / Lichtbogenverlust m, Bogendämpfung f DIN IEC 235,T.1 || ~ **of a circle** / Kreisbogen m || ~ **of contact** / Umschlingungswinkel m (Riementrieb) || ~ **of holes** / Lochkreisbogen m
arc-over n / Lichtbogenüberschlag m, Überschlag m || ~ **earth fault** / Lichtbogen-Erdschluss m, aussetzender Erdschluss || ~ **voltage** / Überschlagspannung f
arc plasma / Lichtbogenplasma n, Bogenplasma n || ~ **quencher** / Lichtbogenlöscher m || ~ **quenching** / Lichtbogenlöschung f, Bogenlöschung f || ~ **quenching capability** / Lichtbogen-Löschvermögen n || ~ **quenching device** / Lichtbogenlöscheinrichtung f || ~ **quenching medium** / Lichtbogen-Löschmittel n, Löschmittel n || ~ **quenching nozzle** / Lichtbogen-Löschdüse f || ~ **quenching peak of breaker** / Löschspitze des Schalters || ~ **quenching phase** / Löschphase f (Lichtbogen) || ~ **quenching sleeve** / Lichtbogen-Löschmantel m || ~ **quenching system** / Lichtbogen-Löscheinrichtung f || ~ **radius programming** (A facility to simplify arc programming. Instead of using the interpolation parameters I, J and K, the arc is programmed directly by its radius and endpoints.) / Kreisradiusprogrammierung f, Radiusprogrammierung f (eine Programmiervereinfachung bei der Kreisinterpolation) || ~ **resistance** / Lichtbogenwiderstand m, Lichtbogenbeständigkeit f
arc-resistant adj / lichtbogenbeständig adj, abbrandfest adj, lichtbogenfest adj
arc restriking / Lichtbogen-Wiederzündung f || ~ **revolution** / Lichtbogenumlauf m || ~ **runner** / Lichtbogen-Leitblech n || ~ **sine** / Arcus-Sinus m || ~ **splitter** / Lichtbogen-Löschblech n
arc-splitter assembly / Löschkammereinsatz m
arc splitter chamber / Lichtbogen-Löschblechkammer f || ~ **spot** / Brennfleck m (Lichtbogen)
arc-stator motor / Sektormotor m
arc-straight line / Kreisbogengerade f
arc-suppression diode / Löschdiode f
arc suppression coil IEC 289 / Erdschlusslöschspule f (ESp) VDE 0532, T.20, Löschspule f, Erdschlusslöscher m
arc-suppression-coil-earthed system / Netz mit Erdschlusskompensation, gelöschtes Netz
arc suppression module / Kontaktschutzmodul n || ~ **tangent** / Arcustangens m || ~ **tangent function** / Arc-Tangensfunktion f || ~ **test** / Lichtbogenprüfung f, Störlichtbogenprüfung f
arc-through n / Durchzündung f (ESR)
arc trace / Lichtbogenspur f || ~ **tracking** / Kriechwegbildung durch Lichtbogen || ~ **voltage** / Lichtbogenspannung f, Bogenspannung f, Brennspannung f (Lampe) || ~ **welding** / Lichtbogenschweißen n, LBG-Schweißen n
arc-welding generator / Lichtbogen-Schweißgenerator m || ~ **set** / Lichtbogen-Schweißumformer m || ~ **transformer** / Lichtbogen-Schweißtransformator m
arc window / Lichtbogenfenster n

ardous conditions / schwere Bedingungen
area n / Fläche f, Flächeninhalt m, Grundfläche f, Bereich m (Fabrikanlage), Gebiet n || ~ **flow** ~ / Durchflussquerschnitt m || ~ **memory** ~ / Speicherbereich m || ~ **adaptation** / Flächenanpassung f || ~ **alarm display field** / Bereichsmeldefeld n (Prozessmonitor) || ~ **centre of gravity** / Flächenschwerpunkt m || ~ **characteristic** / Öffnungscharakteristik f, Öffnungskennlinie f || ~ **control** / Bereichskontrolle f || ~ **control level** / Führungsebene f, Systemebene f || ~ **coverage** / Flächendeckung f (LAN), Flächenabdeckung f || ~ **display** / Bereichsbild n || ~ **identifier** / Bereichskennung f || ~ **of application** / Anwendungsbereich n, Anwendungsbereich m, Einsatzbereich m, Einsatzgebiet n, Anwendungsfeld m || ~ **of equivalent hemisphere** / Inhalt der messflächengleichen Halbkugelfläche || ~ **of measuring surface** / Messflächeninhalt m (Akustik) || ~ **of mechanical wear** / Fläche der mechanischen Abnutzung || ~ **of protection** / Schutzbereich m, Schutzzone f || ~ **of response** / Ansprechfläche f (Fotometer) || ~ **of responsibility** / Zuständigkeitsbereich m, Zuständigkeit f || ~ **overview** / Bereichsübersicht f (PLT) || ~ **overview display** / Bereichsübersichtsbild n (PLT) || ~ **potentially endangered by explosive materials** / explosivstoffgefährdeter Bereich VDE 0166 || ~ **switchover** / Bereichsumschaltung f || ~ **switchover key** / Bereichsumschalttaste f || ~ **turns** / Windungsfläche f || ~ **with danger of explosion** / explosionsgefährdeter Bereich, Ex-Bereich m
arithmetic and control unit / Rechen- und Steuereinheit f || ~ **and logic unit** / Rechenwerk n DIN 44300, Logikwerk n, Recheneinheit f, ALU, arithmetisch-logische Einheit || ~ **average deviation** / arithmetische Durchschnittsabweichung || ~ **block** / Rechensatz f || ~ **capability** / Rechenkapazität f || ~ **data** / Rechendaten pl || ~ **function** / arithmetische Funktion f, Rechenfunktion f || ~ **instruction** / Rechenanweisung f, Arithmetik-Anweisung f || ~ **logic unit (ALU)** / arithmetisch-logische Einheit (ALU), Rechenwerk n, Recheneinheit f, Logikwerk n, ALU || ~ **mean** / arithmetischer Mittelwert, arithmetisches Mittel || ~ **module** / Rechenbaugruppe f || ~ **operation** / Rechenoperation f || ~ **parameters** / Rechenparameter m || ~ **unit (AU)** / Rechenwerk n DIN 44300, Logikwerk n, Recheneinheit f, arithmetisch-logische Einheit, ALU
arithmetic-logic unit (ALU) / Steuer- und Rechenwerk
arm n / Zweig m (LE), Arm m, Nabenarm m, Speiche f, Querträger m, Zeiger m
ARM s. asynchronous response mode || ARM (Asynchron-Rotationsmotor)
ann, smart ~ / intelligenter Roboter
armature n / Anker m, Läufer m, Magnetanker m || ~ **ampere conductors** / Ankerstrombelag m || ~ **ampere-turns** / Ankerdurchflutung f || ~ **band** / Ankerbandage f || ~ **bounce** / Ankerprellen n (Rel.) || ~ **circuit** / Ankerkreis m, Ankerstromkreis m, Ankerkreisinduktivität f || ~ **circuit resistance** / Ankerkreiswiderstand m
armature-circuit converter / Ankerstromrichter m || ~ **reversal** / Ankerkreisumschaltung f

armature coil / Ankerspule f || ~ **contact** / Ankerkontakt m, bewegliches Schaltstück (Rel.), unmittelbar gesteuerter Kontakt (Rel.) || ~ **control range** / Ankersteuerbereich m || ~ **core** / Ankereisen n, Läufereisen n, Läuferblechpaket n || ~ **core loss** / Ankereisenverlust m || ~ **current** / Ankerstrom m || ~ **current controller** / Ankerstromregler m || ~ **drum** / Ankertrommel f || ~ **end connector** / Ankerfahne f || ~ **end-turn banding** / Läuferbandage f || ~ **envelope** / Ankermantel m || ~ **field** / Ankerfeld n || ~ **flux** / Ankerfluss m, Ankerkraftfluss m || ~ **inductance** / Ankerinduktivität f || ~ **induction** / Ankerinduktion f, Ankerflussdichte f, Kerninduktion f || ~ **iron** / Ankereisen n || ~ **lamination** / Ankerblech n || ~ **leakage** / Ankerstreuung f || ~ **leakage flux** / Ankerstreufluss m || ~ **leakage inductance** / Ankerstreuinduktivität f || ~ **leakage reactance** / Ankerstreureaktanz f || ~ **line of force** / Ankerkraftlinie f || ~ **pull** / Ankerzugkraft f || ~ **punching** / Ankerblech n || ~ **ratio** / Ankerverhältnis n || ~ **reaction** / Ankerrückwirkung f, Ankergegenwirkung f
armature-reaction-excited machine / Querfeldmaschine f, Zwischenbürstenmaschine f
armature-reaction reactance / Hauptreaktanz f, Magnetisierungsreaktanz f, Hauptfeldreaktanz f, Nutzblindwiderstand m
armature rebound / Ankerprellen n (Rel.) || ~ **resistance** / Ankerwiderstand m, Synchronwiderstand m || ~ **reversal** / Ankerkreisumschaltung f || ~ **slot ripple** / Ankernutwellen $f pl$ || ~ **spider** / Ankerstern m || ~ **stamping** / Ankerblech n || ~ **stroke** / Ankerhub m (Rel.) || ~ **time constant** / Gleichstrom Zeitkonstante des Ankers, Ankerzeitkonstante f, Kurzschluss-Zeitkonstante der Ankerwicklung || ~ **voltage** / Ankerspannung f || ~ **voltage point** / Ankerspannungsablösepunkt m || ~ **winder** / Ankerwickler m || ~ **winding** / Ankerwicklung f
arm fuse / Zweigsicherung f (LE)
arming n / Triggersperre f (digitales Messgerät)
armored conduit / Panzerrohr n
armoring machine / Bandagiermaschine f
armour n / Bewehrung f, Armierung f, Hülse f, Isolierhülse f, Panzerung f, Nuthülse f
armoured cable / bewehrtes Kabel, armiertes Kabel || ~ **motor** / gepanzerter Motor, Mill-Motor m || ~ **wire** / Rohrdraht m
armouring n / Bewehrung f, Panzerung f, Armierung f
armour rods / Schutzspirale f (Freiltg.)
arm reactor / Zweigdrossel f (LE) || ~ **rest** / Armauflage f
arm's reach / Handbereich m VDE 0100,T.200
arm-type brush holder / Schenkelbürstenhalter m, Hebelbürstenhalter m
AROM s. alterable ROM
aromatic carbon content / Gehalt an aromatisch gebundenem Kohlenstoff (Isolierflüssigk.) || ~ **hydrocarbon** / aromatischer Kohlenwasserstoff || ~ **hydrocarbon content** / Gehalt an aromatisch gebundenem Kohlenwasserstoff (Isolierflüssigk.)
Aron meter / Aronzähler m, Pendelzähler m
ARQ s. automatic request for repeat
arrange v / anordnen v
arrangement n / Schaltung f, Anordnung f ||

arrangement diagram / Anordnungsplan m ||
arrangement drawing / Anordnungszeichnung f, Aufbauzeichnung f || ~ **in series** / Hintereinanderschaltung f || ~ **of the power modules** / Anordnung der Leistungsbaugruppen
array n / Array, Feld n (Rechnerprogramm), Anordnung von Zeichen in geometrischer Form), Reihe f (CAD), Gruppierung f, Anordnung f, Matrix f (Sensor), Schaltung f, Aufmachung f, Kombination f, Schema n || **cell** ~ / Zellmatrix f (Darstellungselement) || **membrane switch** ~ / Folientastfeld n E DIN 42115 || **memory** ~ / Speicherblock m || **register** ~ / Speicherwerk n (Register, interner Speicher eines MPU) || **uncommitted logic** ~ (ULA) / unspezifische logische Schaltung (ULA) || ~ **computer** / Vektorrechner m || ~ **declaration** / Feldvereinbarung f (Programm) || **index** / Feldindex m || ~ **of elements** (graphical symbol) / Schaltzeichenkombination f || ~ **variable** / Feldvariable f
array-type probe / Gruppenstrahler m (Prüfkopf mit mehreren Wandlerelementen) DIN 54119
arrest v / arretieren v, feststellen v, sperren v
arrester n / Ableiter m || ~ **disconnector** / Ableiter-Abtrennvorrichtung f || ~ **section** / Teilableiter m || ~ **spark gap** / Ableiter-Funkenstrecke f || ~ **unit** / Ableiter-Bauglied n
arresting device / Feststellvorrichtung f, Sperrvorrichtung f || ~ **hook** / Fanghaken m || ~ **lever** / Arretierhebel m, Feststellhebel m || ~ **mechanism** / Haltevorrichtung f
Arrhenius graph / Arrhenius-Diagramm n, thermisches Langzeitverhaltensdiagramm
arrival entry / Kommen-Buchung f
arrow key / Pfeiltaste f || ~ **pointing left** / Pfeil nach links
ARSR s. air-route surveillance radar
arterial highway / Hauptverkehrsstraße f
article n / Artikel m, Gegenstand m DIN 4000,T.1, Objekt n DIN 4000,T.1, Sache f || ~ **characteristic** / Sachmerkmal n DIN 4000,T.1 || ~ **characteristic list** / Sachmerkmal-Verzeichnis n || ~ **characteristic value** / Sachmerkmal-Ausprägung f DIN 4000,T.1, Sachmerkmalwert m
articulated-arm robot / Gelenkarmroboter m
articulated arm / Gelenkarm m || ~ **coupling** / Gelenkkupplung f || ~ **joint** / Gelenkverbindung f, Gelenk n (Welle) || ~ **secondary unit substation** / mehrteilige Ortsnetzstation || ~ **shaft** / Gelenkwelle f, Gliederwelle f
articulated-shaft mechanism / Umlenkantrieb m (SG)
articulation n / Gelenk n, Scharnier n, Gelenkbefestigung f
artificial ageing / künstliche Alterung, beschleunigtes Altern, Auslagerung f || ~ **cooling** / künstliche Kühlung, Fremdkühlung f, forcierte Kühlung || ~ **dielectric** / künstliches Dielektrikum || ~ **hand** / Handnachbildung f || ~ **intelligence (AI)** / künstliche Intelligenz (KI) || ~ **light** / künstliches Licht, Kunstlicht n, Fremdlicht n || ~ **lighting** / künstliche Beleuchtung || ~ **lighting of interiors** / künstliche Innenraumbeleuchtung
artificially induced actinic effect / künstlich erzeugter aktinischer Effekt
artificial magnet / künstlicher Magnet || ~ **mains**

artwork 26

network / Netznachbildung f || ~ **network** / Netznachbildung f || ~ **neutral** / künstlicher Sternpunkt || ~ **neutral point** / künstlicher Nullpunkt || ~ **pollution** / künstliche Verschmutzung || ~ **pollution layer** / Fremdschicht f || ~ **pollution test** / Prüfung unter künstlicher Verschmutzung, Fremdschichtprüfung f || ~ **pollution withstand voltage** / Fremdschicht-Stehspannung f, Schicht-Stehspannung f || ~ **ventilation** / technische Belüftung (Explosionsschutz)
artwork n / Druckvorlage f (gS), Unterlagen $f pl$ (gS), Ätzvorlage f, Kopiervorlage f, Entflechtung f || ~ **design** / Schaltplanentflechtung f
artworking n / Schaltplanentflechtung f
artwork master / Druckvorlage f (gS), Entflechtungsmaske f
asbestos n / Asbest n || ~ **sealing material in plates** / It-Platten $f pl$ || ~ **web** / Asbestgewebe n || ~ **yarn** / Asbestschur f
as-built drawing / Ausführungszeichnung f, Bestandszeichnung f
ASC s. automatic sensitivity control
A scan / A-Bild n (Ultraschallprüfung)
ASCD s. automatic single-crystal diffractometer
ascend v / aufsteigen v
ascender n / Oberlänge f (Buchstabe)
ascending adj / aufsteigend adj || ~ **branch** / aufsteigender Ast || ~ **curve** / steigende Kurve, steigende Kennlinie
ASCII-Code n (American Standard Code for Information Interchange) / ASCII-Code m (amerikanischer Standardcode für Informationsaustausch)
ASCII keyboard / ASCII-Tastatur f || ~ **mode** / ASCII Mode
ASCR s. asymmetric silicon-controlled rectifier
ASDA / verfügbare Startlaufabbruchstrecke (ASDA)
as-delivered condition / Anlieferungszustand m || ~ **drawing** / Lieferzeichnung f, Ablieferungszeichnung f
ASE s. application service element
aseismic adj / erdbebenfest adj || ~ **aseismic design** / erdbebensichere Ausführung || ~ **capacity** / Erdbebenfestigkeit f || ~ **installation** / erdbebensicherer Einbau
AS (automation system) / AS (Automatisierungssystem) || ~ **fibre** (all-silica fibre) / AS-Faser f || ~ **link data transfer** / AS Verbindungsdaten Übertragung
as-found test / Eingangsprüfung f (EZ), Befundprüfung f
AS-Interface ~ cable / AS-Interface-Leitung f || ~ **line** / AS-Interface-Leitung f
ASIC s. application-specific IC
ASK s. amplitude shift keying
askarel n / Askarel n, Askarel-Isolierflüssigkeit f
askarel-filled transformer / Askareltransformator m
as-left test / Ausgangsprüfung f (EZ)
as-made drawing / Lieferzeichnung f, Ablieferungszeichnung f
ASN s. average sample number
ASNC s. average sample number curve
ASP (Application Service Provider) / ASP
aspect n / Gesichtspunkt m || **aspect ratio** / Seitenverhältnis n, Aspektverhältnis n
asperity n / Rauheit f, Unebenheit f (Kontakte),

Strenge f (des Klimas)
asphalt varnishing / Asphalt-Anstrich m
aspherical center / Asphärencenter n
ASR s. airport surveillance radar || $\overset{\circ}{\sim}$ s. automatic send and receive
as-received condition / Anlieferungszustand m
ASRS s. automated storage and retrieval system
assemble v / zusammenbauen v, zusammensetzen v, montieren v, zusammenfügen v, aufbauen v, fügen v, assemblieren v
assembled adj / montiert adj || ~ **coil and core assembly** / fertiger Aktivteil || ~ **core** / fertiger Kern || ~ **representation** / zusammenhängende Darstellung (Stromlaufplan) DIN 40719,T.3, zusammengefasste Darstellung || ~ **side** / Bestückungsseite f || ~ **state** / zusammengebauter Zustand
assembler n / Assemblierer m, Assemblierprogramm n, Monteur m, Montagebetrieb m || ~ **code** / Assemblercode m
assembling n / Zusammenbauen n, Montieren n, Montage f, Zusammenfügen n, Zusammenstellen n, Zusammenlegen n || ~ **drawing** / Zusammenbau-Zeichnung f || ~ **force** / Einpresskraft f DIN 7182,T.3
assembling disassembling / Montage und Demontage
assembly n / Zusammenbau m, Montage f, Einbau m, Zusammenstellung f, Baugruppe f, Baueinheit f, Bauteilgruppe f, Kombination f, Bestückung f, Vorsatz m, Montagesatz m, Einbausatz m, Bauteilesatz m, Montagekit n, Karte f, Aggregat n, Modul m (Funktionseinheit), Montagehilfe f || ~ **appliance** / Montagevorrichtung f, Einbauvorrichtung f, Einlegevorrichtung f || ~ **area** / Montagefläche f, Montageplatz m || ~ **bay** / Montageplatz m || ~ **control** / Montagesteuerung f (in der Fabrik) || ~ **conveyor** / Montageband n || ~ **for indoor installation** IEC 439-1 / Schaltgerätekombination für Innenraumaufstellung VDE 0660,T.500 || ~ **for outdoor installation** IEC 439-1 / Schaltgerätekombination für Freiluftaufstellung VDE 0660,T.500 || ~ **inspection** / Montagerevision f (MRV) || ~ **instructions** / Zusammenbauanleitung f, Montageanleitung f, Montagehinweise $m pl$ || ~ **kit** / Bausatz m, Montagebausatz m || ~ **line** / Montageband n, Fließband n, Montagelinie f || ~ **line production** / Fließbfertigung f || ~ **machine** / Montagemaschine f
assembly/mounting instructions / Montageanleitung f
assembly of perforated disks / Lochscheibenpaket n || ~ **plan** / Bestückungsplan m || ~ **robot** / Montageroboter m || ~ **set** / Montagesatz m, Einbausatz m, Montagekit n, Bauteilesatz m || ~ **shop** / Montagewerkstatt f || ~ **stand** / Montagegestell n, Montagebock m || ~ **station** / Auflegestation f || ~ **system** / Montagesystem n, Einbausystem (ES) n, Aufbausystem n || ~ **technology** / Montagetechnik f || ~ **tool** / Montagewerkzeug n || ~ **tools for connectors** / Montagewerkzeug für Stecker || ~ **work** / Montagearbeit f (für Zusammenbau)
assertion failed / Assertionsfehler m
assess v / bewerten v, auswerten v
assessed failure rate / berechnete Ausfallrate, Ausfallraten-Vertrauensgrenze f || ~ **mean active**

maintenance time / vorausberechnete mittlere Instandhaltungsdauer (QS einer komplexen Betrachtungseinheit) || **~ mean life** / Vertrauensgrenze der mittleren Lebensdauer || **~ mean time between failures** / mittlere veranschlagte Zeit zwischen zwei Ausfällen, Vertrauensgrenze des mittleren Ausfallabstandes || **~ Q-percentile life** / Vertrauensgrenze eines Lebensdauer-Perzentils Q || **~ reliability** / Vertrauensgrenze der Erfolgswahrscheinlichkeit
assessment n / Beurteilung f || **assessment level** / Gütebestätigungsstufe f
assign v / zuordnen v, zuweisen v, zuteilen v, belegen v (Klemmen, Steckplätze), abordnen v || **to ~ parameters** / Parameter zuweisen, parametrieren v || **to ~ priorities** / Prioritäten zuweisen, priorisieren v || **assign a signal** / Signal legen || **~ parameters** / parametrieren v
assignable *adj* / belegbar *adj* (Klemme, Merker) || **~ cause** / zuordenbare Ursache, bestimmbare Ursache || **~ terminal** / Wahlklemme
assigned *adj* / belegt *adj* || **is assigned to** *adj* / zugeordnet *adj* || **assigned conditional short-circuit current** / angegebener bedingter Kurzschlussstrom E VDE 0660,T.60 || **~ current** / Nennbetriebsstrom m (der vom Hersteller angegebene Wert) || **~ error** (relay) IEC 50(446) / Bemessungs-Grenzabweichung f || **~ frequency** / zugeteilte Frequenz, Verfügungsfrequenz f || **~ length** / belegte Länge || **~ maximum capacitor bank overvoltage** IEC 265 A / höchstzulässige Überspannung einer Kondensatorbatterie VDE 0670,T.3 || **~ maximum overvoltage** / höchste zulässige Überspannung VDE 0670,T.3
assigning n / Zuweisung f, Zuordnung f
assignment n / Rangieren n, Zuordnung f, Zuweisung f, Belegung f (v. Klemmen), Rangierung f, Rangierbefehl m, Abordnung f || **setpoint ~s** / Sollwertvorgaben $f pl$ (SPS) || **~ command** / Einsatzsteuerung f || **~ data block** / Zuordnungsdatenbaustein m || **~ display** / Versorgungsbild n || **~ form** / Belegungsmaske f || **~ ID** / Zuordnungskennziffer (ZK) f || **~ list** IEC 1131-1 / Adresszuordnungsliste f (SPS) DIN EN 61131-1, Zuordnungsliste f, Zuweisungsliste f, Rangierliste f || **~ of function** / Funktionszuordnung f || **~ of locations** / Platzbelegung f || **~ operator** / Zuweisungsoperator m (SPS-Programm) || **~ parameters** / Zuweisungsparameter m || **~ planning** / Einsatzplanung f || **~ pointer** / Zuweisungszeiger m (SPS) || **~ report** / Wartungsbericht m, Einsatzbericht m || **~ starting address** (PC) / Zuweisungs-Anfangsadresse f (SPS) || **~ statement** / Zuweisungsbefehl m || **~ table** / Zuordnungstabelle f
assistance n / Hilfe f
assisted drying / zusätzliche Trocknung DIN IEC 68
associated *adj* / zugehörig *adj* || **associated electrical apparatus** EN 50020 / zugehöriges elektrisches Betriebsmittel || **~ phase layout** / Anordnung nach Stromkreisen (Station) || **~ transformer** / Gerätetransformator m (EN 60742) || **~ value** / Begleitwert m
association n / Kommunikationsbeziehung || **~ with steps** EN 61131-3 / Verknüpfung mit Schritten, Zugehörigkeitsfunktion f || **association of actions** EN 61131-3 / Verknüpfung von Aktionen (SPS),

Aktionsverknüpfung f (SPS) || **~ of electrical wholesalers VEG** / Verband der Elektrogroßhändler VEG || **~ of German Engineers (VDI)** / Verein Deutscher Ingenieure (VDI) || **~ of installation companies (UNETO)** / Verband der Installationsunternehmen (UNETO)
associative dimensioning / assoziative Bemaßung (CAD) || **~ storage** / Assoziativspeicher m, inhaltsadressierbarer Speicher (CAM)
associativity n / Wechselwirksamkeit f
as-sold calculation / Auftragseingangskalkulation f
assure v / zusichern v
as-supplied pressure / Lieferdruck m (Trafo) || **~ state** / Lieferzustand m
assured discharge-free voltage / gesicherte entladungsfreie Spannung || **~ operating distance** / gesicherter Schaltabstand (NS)
AST/PEI / Anwendernahtstelle f
astable circuit / astabile Schaltung || **~ element** IEC 117-15 / astabiles Kippglied DIN 40700
astatic control / astatische Regelung, Regelung mit P-Grad gleich Null || **~ instrument** / Messgerät mit magnetischer Schirmung, astatisches Messgerät
astigmatism n / Astigmatismus m, Stabsichtigkeit f, Zweischalenfehler m
ASUB (asynchronous subroutine) / ASUP (Asynchrones Unterprogramm)
asymmetrical beam / asymmetrischer Lichtkegel (Kfz) || **~ breaking capacity** / asymmetrisches Ausschaltvermögen, asymmetrisches Schaltvermögen || **~ centre of gravity** / Schwerpunktverlagerung f || **~ control** / unsymmetrische Steuerung VDE 0838,T.1 || **~ input** / unsymmetrischer Eingang || **~ intensity distribution** / unsymmetrische Lichtstärkeverteilung || **~ lighting fitting** (s. asymmetrical luminaire) || **~ load** / unsymmetrische Belastung, Schieflast f || **~ luminaire** / asymmetrische Leuchte
asymmetrically directed radiation (o. **light distribution**) / asymmetrisch gerichtete Ausstrahlung
asymmetrical output / unsymmetrischer Ausgang || **~ pennant cycle** IEC 214 / unsymmetrische Wimpelschaltung, einseitige Wimpelschaltung || **~ phase control** / unsymmetrische Zündeinsetzsteuerung || **~ rupturing capacity** / asymmetrisches Ausschaltvermögen, asymmetrisches Schaltvermögen || **~ short circuit** / ss || **~ short-circuit current** / verlagerter Kurzschlussstrom || **~ terminal interference voltage** / asymmetrische Funkstörspannung || **~ terminal voltage** / asymmetrische Klemmenspannung (EMV) || **~ voltage** / asymmetrische Spannung (EMV) || **~ wide-angle radiation** / asymmetrische Breitstrahlung || **~ wide-beam radiation** / asymmetrische Breitstrahlung || **~ winding** / unsymmetrische Wicklung
asymmetric bridge with forced turn-off commutation / asymmetrische löschbare Brückenschaltung
asymmetric-characteristic circuit element / asymmetrisches Element, stromrichtungsabhängiges Element
asymmetric distribution / unsymmetrische Verteilung, Schrägstrahlung f (LT) || **~ element** /

asymmetrisches Element,
stromrichtungsabhängiges Element || ~ **half-controlled bridge** / asymmetrisch *adj*,
halbgesteuerte Brückenschaltung || ~ **message transfer** / asymmetrische Nachrichtenübertragung
|| ~ **short-circuit current** / asymmetrischer Kurzschlussstrom || ~ **silicon-controlled rectifier (ASCR)** / asymmetrischer SCR (o. Thyristor), rückwärts leitender Thyristor || ~ **specular reflector** / asymmetrisch strahlender Spiegel (Leuchte)
asymmetry, complete ~ (of fault) / Vollverlagerung *f* (Kurzschluss) || ~ **factor** / Asymmetriegrad *m*
asymptotic availability / asymptotische Verfügbarkeit || ~ **mean availability** / asymptotische mittlere Verfügbarkeit || ~ **mean unavailability** / asymptotische mittlere Nichtverfügbarkeit || ~ **unavailability** / asymptotische Nichtverfügbarkeit
asynchronous *adj* / asynchron *adj* || ~ **balanced mode (ABM)** / gleichberechtigter Spontanbetrieb (DÜ), Mischbetrieb *m* (DÜ) || ~ **capacitor** / Asynchron-Blindleistungsmaschine *f*, Asynchron-Phasenschieber *m* || ~ **compensator** / Asynchron-Blindleistungsmaschine *f*, Asynchron-Phasenschieber *m* || ~ **condenser** / Asynchron-Blindleistungsmaschine *f*, Asynchron-Phasenschieber *m* || ~ **counter** / asynchroner Zähler, Asynchronzähler *m*, Ripple-Zähler *m* || ~ **data transmission** / asynchrone Datenübertragung || ~ **disconnected mode (ADM)** / unabhängiger Wartebetrieb || ~ **error interrupt** / Asynchronfehleralarm *m* || ~ **generator** / Asynchrongenerator *m*, Induktionsgenerator *m* || ~ **impedance** / Asynchronimpedanz *f* || ~ **link** / asynchrone Verbindung (Netz) || ~ **machine** / Asynchronmaschine *f* || ~ **mode** / asynchroner Betrieb (Signalverarbeitung) || ~ **motor** / Asynchronmotor *m* || ~ **operation** / asynchroner Lauf, asynchroner Betrieb, Asynchronbetrieb *m* || ~ **phase modifier** / Asynchron-Blindleistungsmaschine *f*, Asynchron-Phasenschieber *m* || ~ **reactance** / Asynchronreaktanz *f* || ~ **resistance** / Asynchronwiderstand *m* || ~ **response mode (ARM)** / Spontanbetrieb *m* (DÜ) DIN 44302 || ~ **rotating motor (ARM)** / Asynchron-Rotationsmotor (ARM) || ~ **scan** / freilaufende Abfrage (SPS) || ~ **self-starting** / asynchroner Selbstanlauf || ~ **speed** / Asynchrondrehzahl *f*, Schlupfdrehzahl *f* || ~ **telecontrol transmission** / asynchrone Fernwirkübertragung, Start-Stop-Fernwirkübertragung *f* || ~ **starting** / asynchroner Anlauf || ~ **subprogram (ASUB)** / Asynchrones Unterprogramm (ASUP) || ~ **transmission** / asynchrone Übertragung || ~ **subroutine (ASUB)** / Asynchrones Unterprogramm (ASUP)
AT s. ampere-turns
ATE s. automatic test equipment
ATI s. average total inspection
ATM s. alternative test method
atmospheric conditions / atmosphärische Bedingungen || ~ **corrosion** / atmosphärische Korrosion, Luftkorrosion *f* || ~ **humidity** / Luftfeuchtigkeit *f* || ~ **nitrogen** / Luftstickstoff *m* || ~ **overvoltage** / Gewitterüberspannung *f* || ~ **pressure** / Atmosphärendruck *m*, Luftdruck *m* || ~ **transmissivity** / atmosphärischer Durchlassgrad, Sichtwert *m*, Transmissionsfaktor *m*
atom absorption spectrometry / Atomabsorptionsspektrometrie *f*
atomic charge / Kernladungszahl *f*, Ordungszahl *f* || ~ **number** / Ordnungszahl *f* (Chem.), Atomnummer *f* || ~ **propulsion** / Atomantrieb *m*, Kernkraftantrieb *m*
ATP (analog telemetring and processing) / AFM (analoge Fernmessung und Messwertverarbeitung)
AT/R tube s. anti-transmit/receive tube
ATS s. air traffic services
ATSD s. automatic transfer switching device
attach *v* / anbringen *v*, befestigen *v*, anhängen *v*, auflegen *v*, anfügen *v*
attachable *adj* / anfügbar *adj*, aufsteckbar *adj*, einhängbar *adj*, anbaubar *adj*, aufsetzbar *adj* || ~ **contact** *n* / Aufsatzblock *m* || ~ **handle** / Steckgriff *m*
attached *adj* / angebracht *adj*
attachment *n* / Anbaugerät *n*, Aufsatz *m*, Befestigung *f* || ~ **drawing** / Anbauzeichnung *f* DIN 199 || ~ **flange** / Befestigungsflansch *m*, Anschlussflansch *m* || ~ **lug** / Anbaulasche *f* || ~ **pitches** / Befestigungsabstände *m pl* || ~ **plate** / Aufhängeblech *n* || ~ **plug** / Anschlussstecker *m*, angeformter (o. angespritzter) Stecker *adj*, nichtabklemmbarer Stecker, nichtwiederanschließbarer Stecker || ~ **to DIN rail** / Hutschienenmontage *f* || ~ **unit interface (AUI)** / AUI-Anschluss *m*, DEE-Schnittstelle *f* (LAN) || ~ **zero** / Aggregatenullpunkt *m*
attack *n* (corrosion) / Angriff *m* (Korrosion) || ~ **by fungi** / Pilzbefall *m*, Einwirkung von Pilzen || ~ **by small creatures** / Einwirkung von Kleintieren
attempted terminal entry / Buchungsversuch *m* (GLAZ)
attend *v* / bedienen *v*, warten *v*
attendance *n* / Bedienung *f*, Anwesenheit *f*, Arbeitszeit *f* || ~ **printout** / Anwesenheitsprotokoll *n* || ~ **recording** / Arbeitszeiterfassung *f* || ~ **time** *f* / Anwesenheitszeit *f* (GLAZ), Arbeitszeit *f*, Aufenthaltszeit *f*
attendant *n* / Bedienungsmann *m*, Wärter *m*
attended substation / zeitweise besetzte Station
attention *n* / Achtung *f* || **Attention signal** / Achtung-Signal *n*
attenuating impedance / Abschwächungsimpedanz *f*
attenuation *n* / Dämpfung *f*, Abschwächung *f*, Schwächung *f* || ~ **at outputs** / Verteildämpfung *f* || ~ **coefficient** / Dämpfungskoeffizient *m* (LWL) || ~ **constant** / Dämpfungskonstante *f* (in Neper o. dB), Verlustkonstante *f* (Dämpfung), spezifische Dämpfung, Dämpfungsfaktor *m* (in Neper) || ~ **distortion** / Dämpfungsverzerrung *f* || ~ **equalizer** / Dämpfungsausgleicher *m*
attenuation-limited operation / dämpfungsbegrenzter Betrieb (LWL) IEC 50(731)
attenuation per unit length / Dämpfungsbelag *m*
attenuator *n* / Abschwächer *m*, Dämpfungsglied *n*, Wellendämpfer *m* || ~ **tube** / Dämpfungsröhre *f*
attitude *n* (controller) / Lagefehler *m* (Regler)
attracted-armature relay / Klappankerrelais *n*
attraction *n* / Anziehung *f* (magn., elektrostatisch)
attraction-type linear levitation machine / lineare Schwebemaschine nach dem Prinzip der magnetischen Anziehung

attractive force / Anziehungskraft f ‖ ~ **power** / Anziehungskraft f
attractively priced / wirtschaftlich *adj*
attribute *n* / Attribut *n*, Attributmerkmal *n*, qualitatives Merkmal ‖ ~ **field** / Attributefeld *n* ‖ ~ **identifier** / Attribut-Kennung f ‖ ~ **sampling system for a finite batch** / Stichprobensystem nach einem quantitativen Merkmal für eine endliche Partie
AT-VASIS s. abbreviated T-VASIS
AU s. arithmetic unit
auctioneering circuit / Auswahlkreis *m*
audibility *n* / Hörbarkeit f ‖ **limit of** ~ / Hörgrenze f
audible *adj* / hörbar *adj* ‖ ~ **alarm** / akustische Störmeldung, Hörmeldung f, akustisches Signal ‖ ~ **frequency spectrum** / Hörfrequenzspektrum *n* ‖ ~ **indicator** / Hörmelder *m*, akustischer Melder ‖ ~ **noise** / Geräusch *n*, Lärm *m* ‖ ~ **signal** / akustische Meldung, Hörmeldung f, akustisches Signal ‖ ~ **signal device** (IEEE Dict.) / Hörmelder *m*, akustischer Melder ‖ ~ **sound** / Hörschall *m*
audio-alarm *n* / akustische Störmeldung, Hörmeldung f
audio-frequency / tonfrequent *adj*
audio frequency (AF) / Tonfrequenz f (TF (15 - 20000 Hz)), Hörfrequenz f, Audiofrequenz f (AF), Niederfrequenz f
audio-frequency band / Tonfrequenzbereich *m*, wahrnehmbarer Frequenzbereich ‖ ~ **channel** / Niederfrequenzkanal *m* (NF-Kanal) ‖ ~ **range** / Tonfrequenzbereich *m*, Niederfrequenzbereich *m* (Audiofrequenz), NF-Bereich *m* ‖ ~ **remote control system (AF remote control)** / Tonfrequenz-Rundsteueranlage f (TRA) ‖ ~ **ripple control system** s. audio-frequency remote control system ‖ ~ **transformer (AFT)** / Tonfrequenztransformator *m* (AFT)
audio-visual media / AV-Medien (Audiovisuelle Medien), Audiovisuelle Medien (AV-Medien)
audio oscillator / Tongenerator *m* ‖ ~ **pen** / Lautstift *m*
audit *v* (QA) / auditieren *v* (QS) ‖ ~ *n* (QA) / Audit *n* (QS), Buchprüfung f, Rechnungsprüfung f
auditable data / überprüfbare Angaben
audit plan / Auditplan *m* ‖ ~ **procedure** / Auditanweisung f
augend *n* / (erster) Summand *m*, Augend *m*
augered pile / Bohrpfahl *m*
AUI s. attachment unit interface / AUI-Anschluss
Auinger three-phase single-winding multispeed motor / polumschaltbarer Dreiphasenmotor nach Auinger
AUP s. accelerated underreach protection
Austin system / Austin-System *n*, Konstantstromsystem *n*
AUT (AUTOMATIC) / Automatikbetriebsart f, automatischer Betrieb, Automatikbetrieb *m*
autarkic house / autarkes Haus
authentication *n* ISO 8348 / Echtheitsnachweis *n* (DÜ)
author *n* / Autor *m*, Ersteller *m*
authoritative guidance / maßgebliche Richtlinien ‖ ~ **guideline** / übergeordnete Richtlinie
authority *n* ISO 8348 / Zuteilungsstelle f
authorization *n* / Berechtigung f, Autorisierung f, Genehmigung f, Ermächtigung f, Bedienberechtigung f (ZKS), Bevollmächtigung f ‖ ~ **diskette** / Autorisierungsdiskette f ‖ ~ **level** / Berechtigungsstufe f ‖ ~ **period** / Berechtigungszeitraum *m* (ZKS) ‖ ~ **profile** / Berechtigungsprofil *n*
authorize *v* / zulassen *v*
authorized *adj* / zugelassen *adj*, beauftragt *adj* (ermächtigt), bevollmächtigt *adj*, befugt *adj*, zutrittsberechtigt *adj*, verantwortlich *adj* (weisungsbefugt), berechtigt *adj* ‖ ~ **absence** / Dienstgang *m* (ZKS)
authorized-absence entry / Dienstgangbuchung f (ZKS)
authorized-access period / Zugangsberechtigungszeitraum *m* (ZKS)
authorized access time / Zeitberechtigung f (ZKS) ‖ ~ **inspector** / Prüf-Sachverständiger *m* ‖ ~ **jurisdictional inspector** (QA, CSA Z 299) / bevollmächtigter gesetzlicher Vertreter ‖ ~ **maximum demand** / bereitgestellte Leistung ‖ ~ **personnel** / Fachleute *plt* ‖ ~ **representative** / bevollmächtigter Vertreter ‖ ~ **spare parts** / zugelassene Ersatzteile ‖ ~ **working hours** / Berechtigungszeitraum *m* (ZKS)
auto-addressing *n* / Autoadressierung f
auto-blast interrupter switch / Hartgasschalter *m*
autoclave *n* / Druckkessel *m*
autocoder *n* / Programmumwandler *m* (NC), Autocoder *m*
auto-compound current transformer / Stromwandler mit Selbstkompensation
auto-connected regulating transformer / Sparregeltransformator *m*, Regeltransformator in Sparschaltung
auto-control device / Selbstprüfschaltung f
autocorrelation function / Autokorrelationsfunktion f
auto-design *n* / Nachprojektieren *n* (PLT, automatischer Ablauf früher gespeicherter Eingaben)
autoelectronic emission / Feldelektronenemission f, Feldemission f, Kaltemission f
auto-ignition *n* / Selbstentzündung f ‖ **temperature** / Selbstentzündungstemperatur f
auto-insertion *n* / automatisches Bestücken (o. Einlegen)
autointeractive/interactive design (AID) / autointeraktive/interaktive Konstruktion (AID)
auto-interrupt *n* / Auto-Unterbrechung f
auto-load *n* / automatisches Laden (Speicher)
automata theory / Automatentheorie f
automate *v* / automatisieren *v*
automated guided vehicle system (AGVS) / fahrerloses Transportsystem, automatisierte Flurförderung ‖ ~ **manufacturing technology (AMT)** / Fertigungsautomatisierungstechnik f ‖ ~ **storage and retrieval system (ASRS)** / automatisiertes Einlagerungs- und Lagerentnahmesystem
automatic *adj* / selbsttätig *adj*, automatisch *adj*, Automatik f ‖ ~ **adjustment** / Selbstjustage f
automatically controlled / selbsttätig (o. automatisch) geregelt ‖ **sets (parameters) automatically** / selbsttätig einstellen ‖ ~ **controlled correction** / geregeltes Nachführen ‖ ~ **controlled plant** / automatisch betätigte Anlage ‖ ~ **derived command** / abgeleiteter Befehl, Automatikbefehl *m*, selbsttätig geregelte Maschine

automatic analyzer / automatisches Analysegerät, Analyseautomat *m* || **~ assembly machine** / Montageautomat *m* || **~ batchmeter** / Dosierautomat *m* (f. Flüssigkeiten u. Mineralöle) || **~ belt tensioner** / Gurtstrammer (GS) *m*, Gurtstraffer (GS) *m* || **~ block search** (See: block search) / Satzsuchlauf mit Berechnung ab dem letzten Hauptsatz (Siehe: Satzsuchlauf), automatischer Satzsuchlauf || **~ changeover** IEC 292-3 / automatisches Umschalten VDE 0660,T.301 || **~ circuit- breaker** / Selbstschalter *m*, Sicherungsautomat *m* || **~ clutch control** / Kupplungsautomatik *f* (Kfz) || **~ cold restart** / automatischer Neustart || **~ come-along clamp** / Froschklemme *f* (f. Leiterseil) || **~ command** / abgeleiteter Befehl, Automatikbefehl *m* || **~ control** / selbsttätige Regelung, Selbststeuerung *f*, Regelung *f*, Regelungstechnik *f*, automatisches RS, automatische Steuerung || **~ control engineering** / Regelungstechnik *f*, Automatisierungstechnik *f* || **~ control equipment** (USA) / Schaltautomatik *f* (Schutzsystem) || **~ control level** / Automatik-Ebene *f*, Automatikebene *f* || **~ control science and technology** / Regelungs- und Steuerungstechnik || **~ control switch** / automatischer Hilfsstromschalter, Regler *m*, Wächter *m*, Hilfsstromschalter als Begrenzer || **~ control system** / selbsttätiges Regelungssystem (o. Steuerungssystem), Regelanlage *f*, Regelstrecke *f*, Regeleinrichtung *f*, automatisches Regelsystem || **~ control unit (ACU)** / automatisches Steuergerät, Regeleinheit *f* || **~ controller setting** / automatische Reglereinstellung || **~ coupler** / Parallelschaltgerät *n* || **~ cruise control (ACC)** / Geschwindigkeitsregelung *f* (Kfz) || **~ current limiting curve (ACL curve)** / WU-Kennlinie *f* DIN 41745 || **~ data exchange (ADX)** / automatischer Datenaustausch || **~ data processing (ADP)** / automatische Datenverarbeitung (ADV) || **~ demand matching unit** / Lastanforderungsautomat *f* || **~ derivation of commands** / Ableitung *f*, Befehlsableitung *f* || **~ design engineering (ADE)** / automatische Konstruktionsforschung || **~ determination of cutting data** / automatische Schnittdatenermittlung, Schnittdatenermittlung *f* || **~ dimensioning** / automatische Bemaßung (CAD) || **~ dosing unit** / Dosierautomat *m* || **~ drift compensation** / automatischer Driftabgleich || **~ electrical controls (AEC)** / Regel- und Steuergeräte (RS (HG)) || **~ feedback control system** / automatisches Regelsystem mit Rückführung || **~ field rheostat** / selbsttätiger Feldregler || **~ fire detection system** / automatische Brandmeldeanlage || **~ fire protection equipment** / automatisch auslösbare Brandschutzeinrichtung || **~ frequency control (AFC)** / automatische Frequenzregelung (AFC) || **~ gain and frequency control (AGFC)** / automatische Verstärkungs- und Frequenzregelung || **~ gain control (AGC)** / automatische Verstärkungsregelung || **~ generation control (AGC)** / Kraftwerksführung *f* || **~ guided vehicle system (AGVS)** / fahrerloses Transportsystem, führerloses Transportsystem || **~ identification of direction** / automatische Richtungserkennung, Prüfautomat *m* || **~ lathe** / Drehautomat *m* || **~ load restoration equipment** /

Einrichtung zur automatischen Wiederherstellung der Lastbedingungen || **~ load-shedding control equipment** / Lastabwurfautomatik *f* || **~ locking element** / selbstklemmendes Element || **~ locking retractor** / Gurtstraffer (GS) *m*, Gurtstrammer (GS) *m* || **~ loss-of-voltage tripping equipment** IEC 50(448) / Abschaltautomatik bei Spannungsausfall || **~ machine** / Automat *m* || **~ maintenance** (Maintenance accomplished without human intervention.) / automatische Instandhaltung (Instandhaltung ohne unmittelbares Eingreifen von Menschen)
AUTOMATIC/MANUAL station (A/M station) / Leitgerät *n* (Automatik-/Handbetrieb)
automatic miller / Fräsautomat *m* || **~ mode** ISO 2806-1980 / Satzfolgebetrieb *m* (NC) DIN 66257, AUTOMATIC-Betrieb *m*, automatischer Betrieb, Automatikbetrieb *m*, AUTOMATIK (AUT) *f*, Automatikbetriebsart *f* || **~ monitor function** / automatische Kontrolle (Schutzsystem) IEC 50(448) || **~ network analyzer (ANA)** / automatisches Netzmodell || **~ operation** / automatischer Betrieb || **~ pallet changer** (A device which automatically loads/unloads pallet-mounted workpieces to/from NC machines according to program commands.) / Palettenwechsler *m* (Einrichtung zum automatischen Beschicken von NC-Maschinen, d.h. zum Be- und Entladen von auf Paletten montierten Werkstücken nach im Programm vorgegebenen Steueranweisungen), automatischer Palettenwechsler (Einrichtung zum automatischen Beschicken von NC-Maschinen, d.h. zum Be- und Entladen von auf Paletten montierten Werkstücken nach im Programm vorgegebenen Steueranweisungen) || **~ performance control (APC)** / automatische Leistungssteuerung (Kfz) || **~ phase control (APC)** / automatische Phasenregelung || **~ placement machine** / Bestückungsautomat *m*, Handlingsmaschine *f* || **~ production machine** / Produktionsautomat *m* || **~ pull-in machine** / Einziehautomat *m* || **~ punching machine** / Stanzautomat *m* || **~ pushbutton lift** / Fahrstuhl mit automatischer Druckknopfsteuerung || **~ recloser** / Kurzunterbrechungseinrichtung *f*, Wiedereinschaltautomatik *f*, Wiedereinschaltautomatik (WE) *f*, Wiedereinschaltautomatik (WEA) *f*, automatische Wiedereinschaltautomatik (AWE) *f*, Wiederanlauf, Wiederanlauf automatisch || **~ reclosing** / selbsttätiges Wiederschließen VDE 0670,T.101, Kurzunterbrechung *f* (KU), automatisches Wiedereinschalten, automatische Wiedereinschaltung, automatische Wiedereinschaltautomatik (WEA) *f*, automatische Wiedereinschaltung (AWE) *f* || **~ reclosing circuit-breaker** / Leistungsschalter mit selbsttätiger Wiedereinschaltung, Leistungsschalter mit Wiedereinschaltvorrichtung || **~ reclosing function** / Kurzunterbrechungsfunktion *f* || **~ remote control (ARC)** / automatische Fernsteuerung || **~ request for repeat (ARQ)** / automatische Wiederholungsaufforderung || **~reset thermal protector** / Wärmeschutzgerät mit automatischer Rückstellung || **~ resistance connection** / Widerstandseinschaltautomatik *f*
automatic restart / selbsttätiger Wiederanlauf, unbeabsichtigter Wiederanlauf, automatische

Wiedereinschaltung (AWE),
Wiedereinschaltautomatik (WEA) *f*, automatischer
Wiederanlauf, Wiedereinschaltautomatik (WE) *f* ||
~ **restoration equipment** / Einrichtung zur
automatischen Wiederherstellung von
Netzverbindungen IEC 50(448) || ~ **return** /
selbsttätige Rückstellung (PS) || ~ **rheostat** /
selbsttätiger Regelwiderstand, selbsttätiger
Feldregler || ~ **screwdriver** / Schraubautomat *m* || ~
seat belt tightening / Gurtstraffer (GS) *m*,
Gurtstrammer (GS) *m* || ~ **self-service lift (o.
elevator)** / Fahrstuhl mit Selbststeuerung || ~ **send
and receive (ASR)** / automatisches Senden und
Empfangen, automatische Sende- und
Empfangseinrichtung || ~ **sensitivity control
(ASC)** / automatische Empfindlichkeitsregelung ||
~ **shutter** / Klappenverschluss *m*
(Schaltwageneinheit), Verschlussschieber *m*,
selbsttätiger Berührungsschutz (Klappenverschluss
einer Schaltwageneinheit) || ~ **single-crystal
diffractometer (ASCD)** / automatisches
Einkristalldiffraktometer (AED) || ~ **speed control** /
Drehzahlregelung *f*, Antriebsregelung *f* || ~ **star-
delta starter** / Stern-Dreieck-Schaltautomat *m* || ~
start / Selbstanlauf *m* || ~ **start-stop control** / Start-
Stopp-Automatik *f* (Kfz), Start- und
Abstellautomatik || ~ **start-up and shut-down
control** / Start- und Abstellautomatik || ~ **starter**
IEC 292-1 / automatischer Motorstarter VDE
0660,T.104, Selbstanlasser *m*, Regelanlasser *m*,
Anlassregelschalter *m* || ~ **submode** / Automatik-
Unterbetriebsart *f* (NC), Automatikunterbetriebsart
f || ~ **supervision function** / automatische
Überwachung (Schutzsystem) IEC 50(448) || ~
switching control equipment / Schaltautomatik *f*
(zur Steuerung eines Schaltprogramms in einer
Schaltanlage) || ~ **switching equipment** IEC
50(448) / Schaltautomatik *f* (Schutzsystem) || ~
switching off / selbsttätige Ausschaltung (LE-
Gerät) || ~ **switching on** / selbsttätige Einschaltung
(LE-Gerät) || ~ **synchronizer** / Parallelschaltgerät
n, Synchronisierrelais *n*, Synchromat *m* || ~ **test
equipment (ATE)** / automatische Prüfeinrichtung ||
~ **test function** / automatische Prüfung
(Schutzsystem) IEC 50(448) || ~ **test unit** /
Prüfautomat *m* || ~ **tester** / Prüfautomat *m* || ~
testing system / automatische Prüfanlage || ~
threshold setting / automatische
Schwellwertanpassung || ~ **time-dependent switch
off** / uhrzeitabhängiges Zwangsabschalten || ~
timing / Zeitautomatik *f* || ~ **tool changer (ATC)** /
Werkzeugwechselautomat *m*, Werkzeugwechsler *m*
(Einrichtung mit Werkzeugmagazin und
Wechselmechanismus zum automatischen
Austausch von Werkzeugen nach den im NC-
Programm vorgegebenen Anweisungen),
Werkzeugwechseleinrichtung *f*, Wechsler (W) *m*,
automatischer Werkzeugwechsler,
Wechseleinrichtung *f* || ~ **tool recovery** / abheben *v*,
herausfahren *v*, freifahren *v*
automatic-to-hand transfer / Automatik-Hand-
Umschaltung *f*
automatic traction control equipment /
Fahrzeugsteuerungseinrichtung *f* (Bahn) || ~
transfer / Umschaltung *f* || ~ **transfer gear** /
Umschaltautomatik *f* || ~ **transfer switching device
(ATSD)** / automatisches Netzumschaltgerät || ~

transmission / Automatikgetriebe *n* (Kfz) || ~
transmission control / Getriebesteuerung *f* (Kfz) ||
~ **tuning method** / automatisches Einstellverfahren
(Regler) || ~ **variable-voltage transformer** /
selbstregelnder Transformator || ~ **voltage
regulator (AVR)** / automatischer Spannungsregler
|| ~ **warm restart** / automatischer Wiederanlauf (a.
elST), Wiedereinschaltautomatik (WE) *f*,
Wiederanlauf automatisch,
Wiedereinschaltautomatik (WEA) *f*, automatische
Wiedereinschaltung (AWE) || ~ **wash/wipe control**
/ Wisch-Wasch-Automatik *f* (Kfz) || ~ **winding
machine** / Wickelautomat *m* || ~ **wiring test unit** /
Verdrahtungsprüfautomat *m* || ~ **work changer** /
Werkstück-Wechseleinrichtung *f* || ~ **workpiece
change** (The automatic loading/unloading of
workpieces to/from NC machines with the aid of a
pallet changer.) / Werkstückwechsel *m*,
automatischer Werkstückwechsel (das
automatische Be- und Entladen von Werkstücken
bei NC-Maschinen mit Hilfe einer
Palettenwechseleinrichtung)
automation *n* / Automatisierung *f*,
Automatisierungstechnik *f* || ~ **level of** ~ /
Automatisierungsgrad *m* || ~ **computer** /
Automatisierungsrechner *m* || ~ **configuration** /
Automatisierungsstruktur *f* || ~ **engineering** /
Automatisierungstechnik *f* || ~ **environment** /
Automatisierungslandschaft *f* || ~ **equipment** /
Automatisierungseinrichtung *f* || ~ **hierarchy** /
Automatisierungspyramide *f* || ~ **island** /
Automatisierungsinsel *f* || ~ **level** /
Automatisierungsebene *f* || ~ **network** /
Automatisierungsverbund *m* || ~ **of buildings
management** / Automatisierungstechnik für
Gebäude, Gebäude-Automatisierungstechnik *f*,
Gebäudeautomatisierung *f* || ~ **platform** /
Automatisierungsplattform *f* || ~ **problem** /
Automatisierungsaufgabe *f* || ~ **product** /
Automatisierungsprodukt *n* || ~ **resources** /
Automatisierungsmittel *n* || ~ **solution** /
Automatisierungslösung *f* || ~ **structure** /
Automatisierungsstruktur *f* || ~ **subsystem** /
Automatisierungssystem *n* (Teilsystem o. Insel in
einer dezentralen Anlage) || ~ **system** /
Automatisierungssystem *n*,
Automatisierungsschnittstelle *f* || ~ **task** /
Automatisierungsaufgabe *f* || ~ **technology** /
Automatisierungstechnik *f* || ~ **unit** /
Automatisierungseinheit *f*
automaton *n* / Automat *m*
automobile exhaust-gas analyzer / Autoabgastester
m || ~ **lighting** / Kraftfahrzeugbeleuchtung *f* ||
~**performance tester** / Kraftfahrzeugprüfstand *m*
automotive electronic system /
Kraftfahrzeugelektronik *f*, Autoelektronik *f* || ~
industry / Automobilindustrie *f*
autonomous *adj* / autark *adj* || **autonomous bus
subsystem** / autarkes Bussystem (in einer
dezentralen Anlage) || ~ **unit** / autonome Einheit
(MC)
autoplacement *n* / automatisches Plazieren
auto-polarity *n* / Eigenpolarität *f*
auto-reclose interruption time / Wiedereinschalt-
Unterbrechungsdauer *f* IEC 50(448) || ~ **lockout** /
Wiedereinschaltsperre *f*, Kurzunterbrechersperre *f*
(KU-Sperre) || ~ **open time** / Unterbrechungsdauer

auto-recloser 32

f (Schutzsystem, bei Wiedereinschaltung) IEC 50(448)
auto-recloser *n* / Kurzunterbrecher *m*, automatische Wiedereinschaltvorrichtung
auto-reclose relay / selbsttätiges Wiedereinschaltrelais *n*, Kurzunterbrecherrelais *n*
auto-reclosing *n* / selbsttätiges Wiederschließen VDE 0670,T.101, Kurzunterbrechung *f* (KU), automatisches Wiedereinschalten || ~ **circuit-breaker** / Leistungsschalter für Kurzunterbrechung || ~ **relay** / selbsttätiges Wiedereinschaltrelais *n*, Kurzunterbrecherrelais *n* || ~ **test** / Kurzunterbrechungsprüfung *f*
auto-reclosure *n* / Kurzunterbrechung (KU) *f*
auto-repeat key / repetierende Taste
auto-reset relay / Relais ohne Selbstsperrung
auto-resistor *n* / Sparwiderstand *m*
auto-reversing module / Kommandostufe *f* (f. Umkehrschaltungen)
autorouting *n* / automatisches Entflechten (CAD, Leiterplatten)
autortransformer motor starter / Anlassspartransformator *m*
AUTO-SCOUT computer / AUTO-SCOUT-Zeitrechner *m* || ~ **system** / AUTO-SCOUT-System *n*
autosegmentation *n* / Autosegmentierung *f*
auto-self-excitation *n* (transductor) / direkte Selbsterregung, innere Mitkopplung || ~ **valve** / Selbstsättigungsgleichrichter *m*, Sättigungsgleichrichter *m*
auto-self-excited transductor / Transduktor mit direkter Selbsterregung
autosequential commutation / Phasenfolgelöschung *f*, Phasenfolge-Kommutierung (Verfahren der Kondensator-Kommutierung, bei dem derjenige Hauptzweig, der in der Reihenfolge als nächster leiten soll, beim Einschalten den die Kommutierungsspannung liefernden Kondensator mit dem vorhergehenden Hauptzweig verbindet)
auto-starter *n* / Selbstanlasser *m*, Anlasstransformator-Schalter *m*
auto-store *n* / automatisches Speichern (Osz.)
auto-synchronous motor / selbstanlaufender Synchronmotor, Synchronmotor mit asynchronem Anlauf
auto-transformer starter / Anlasstransformatorstarter
autotransductor *n* / Transduktor in Sparschaltung
autotransformer *n* / Spartransformator *m*, Einwicklungstransformator *m* || ~ **motor starter** / Anlassspartransformator *m* || ~ **starter** / Anlasser mit Spartransformator, Anlasstransformator-Schalter *m* || ~ **starting** / Anlauf über Spartransformator
autovalve arrester / Ventilableiter *m*
AuxF (auxiliary function) / HIFU (Hilfsfunktion) (alle Funktionen einer Maschine mit Ausnahme der Bahnsteuerung bzw. Positionierung der Werkstück- und Werzeugschlitten, z.B. Spindelhalt, Kühlmittel ein/aus, programmierter Halt usw.)
auxiliaries *n pl* / Hilfseinrichtungen *f pl*, Hilfsbetriebe *m pl*, Eigenbedarfsanlage *f* || ~ **system** / Hilfsbetriebe *m pl*, Eigenbedarfsanlage *f*
auxiliary actuator / Zusatzbetätiger *m* || ~ **additives** / Hilfsstoffe *m pl* || ~ **alignment chart** / Hilfsmonogram *n* || ~ **arm** / Hilfszweig *m* (LE) || ~

assembly / Hilfsbaugruppe *f* || ~ **axis** (An external axis (e.g. a loading/unloading robot) which can be controlled by the NC system.) / Hilfsachse *f* (eine externe Achse (z.B. ein Lade-/Entladeroboter), die vom NC-System gesteuert werden kann) || ~ **axis group** / Hilfsachsenmodul *n* || ~ **axis program** / Hilfsachsenprogramm *n* || ~ **block** / Hilfssatz *m* || ~ **brush** / Hilfsbürste *f*, Messbürste *f* || ~ **busbar** / Hilfssammelschiene *f*, Reservesammelschiene *f* || ~ **carry** / Hilfsübertrag *m* || ~ **catenary** / Hilfstragseil *n* (Fahrleitung) || ~ **cathode** / Hilfskathode *f* (Thyr) || ~ **circuit** / Hilfsstromkreis *m*, Hilfsstrompfad *m*, Hilfsstrombahn *f*, Betriebsstromkreis *m* (MG), Hilfskreis *m* (Rel.) || ~ **circuit height** / Hilfsstromkreishöhe *f* || ~ **circuit plug** / Hilfsstromkreisstecker *m*, Hilfsstromstecker *m* || ~ **clock** / Hilfstaktgeber *m* || ~ **command** / Hilfsbefehl *m* || ~ **compressor** / Hilfsverdichter *m*, Hilfsluftpresser *m* || ~ **conducting path** / Hilfsstrombahn *f* || ~ **conductor** / Hilfsleiter *m* || ~ **contact** / Hilfsschaltglied *n*, Hilfsschaltstück *n*, Hilfskontakt *m*, Hilfsstromschaltglied *n* || ~ **contact block** / Hilfsschaltblock *m* || ~ **contactor** / Hilfsschütz *m* || ~ **control gap** / Kontrollfunkenstrecke *f*, Abbildfunkenstrecke *f* || ~ **controller bus (ACB)** / Hilfssteuerbus *m* || ~ **current plug-in connector** / Hilfsstromsteckverbinder *m*
auxiliary device / Zusatzeinrichtung *f* || ~ **disconnector** / Hilfstrennschalter *m* || ~ **drive** / Hilfsantrieb *m*, Fremdantrieb *m* || ~ **earth electrode** / Hilfserder *m* || ~ **energizing quantity** (relay) IEC 50(446) / Hilfserregungsgröße *f*, Hilfsgröße *f* || ~ **equipment** IEC 129 / Hilfseinrichtungen *f pl* (SG) VDE 0670,2 || ~ **equipment installation** / Hilfsgeräteeinbau *m* || ~ **equipment wiring** / Hilfsgeräteverdrahtung *f* || ~ **exciter** / Hilfserregermaschine *f* || ~ **field winding** / Hilfsfeldwicklung *f*, Querfeldwicklung *f* || ~ **filament** / Nebenwendel *f*, Nebenleuchtkörper *m* || ~ **flag** / Hilfsmerker *m* (SPS) || ~ **function** / Hilfsfunktion *f* (a. NC) || ~ **function (AuxF)** (All functions of the machine other than contouring or positioning of the workpiece and tool slides, e.g. spindle stop, coolant on/off, program stop etc.) / Hilfsfunktion (HIFU) *f* (alle Funktionen einer Maschine mit Ausnahme der Bahnsteuerung bzw. Positionierung der Werkstück- und Werzeugschlitten, z.B. Spindelhalt, Kühlmittel ein/aus, programmierter Halt usw.) || ~ **function block** / Hilfsfunktionssatz *m* || ~ **function output** / Hilfsfunktionsausgabe *f* || ~ **generator** / Hilfsgenerator *m*, Eigenbedarfsgenerator *m*, Hausgenerator *m*, Bordnetzgenerator *m* || ~ **generator set** / Hilfsaggregat *n*, Eigenbedarfsaggregat *n*, Hilfsbetriebsumformer *m* || ~ **ignition electrode** / Zündhilfselektrode *f* || ~ **indication** / Nebenanzeige *f*
auxiliary isolating contact / Hilfstrennkontakt *m* || ~ **lens** / Vorsatzlinse *f* || ~ **machine** / Hilfsmaschine *f* || ~ **manual operating mechanism** / Behelfshandantrieb *m* || ~ **measuring and test equipment** / Prüfhilfsmittel *n* || ~ **memory** / Hilfsspeicher *m* || ~ **NC contact** / Hilfs-Öffnungskontakt *m*, Hilfs-Ruhekontakt *m*, Hilfs-Schließkontakt *m* || ~ **operating mechanism** / Hilfsantrieb *m* (SG), Behelfsantrieb *m* (SG) || ~

phase / Hilfsphase *f*, Kunstphase *f*, Anlaufwicklung *f* || ~ **pole** / Hilfspol *m*, Wendepol *m* || ~ **pole shunt** / Wendepolnebenschluss *m*, Wendepolshunt *m* || ~ **pole shunting** / Wendepolbeschaltung *f* (m. Nebenwiderstand) || ~ **power** / Hilfsenergie *f* || ~ **power supply** / Hilfsstromversorgung *f*, Betriebsstromversorgung *f*, Eigenbedarfsversorgung *f* || ~ **program** / Hilfsprogramm *n* || ~ **register** / Hilfsregister *n* || ~ **relay** ANSI C37.100 / Hilfsrelais *n*, Hilfsschütz *n* || ~ **relay module** / Hilfsrelaisbaugruppe *f* || ~ **release** / Hilfsauslöser *m*, Hilfsentriegelung *f* || ~ **ruler** / Hilfslineal *n* || ~ **service** / Eigenbedarf *m* || ~ **slipring** / Messschleifring *m* || ~ **source** / Hilfsspannungsquelle *f* || ~ **spindle** / Hilfsspindel *f* || ~ **stabilizing series winding** / Hilfs-Reihenschlusswicklung *f* || ~ **starting winding** / Anlauf-Hilfswicklung *f*, Widerstands-Hilfswicklung *f*, Widerstands-Hilfsphase *f* || ~ **storage** / Ergänzungsspeicher *m*, Hilfsspeicher *m*, Hintergrundspeicher *m* || ~ **supplies board** / Eigenbedarfsschalttafel *f*, Eigenbedarfsverteilung *f* || ~ **supply** / Hilfsstromversorgung *f*, Hilfsspannung *f* || ~ **supply connector** / Hilfsstromstecker *m*, Hilfsstromkreisstecker *m* || ~ **switch** / Hilfsschalter *m*, Hilfsstromschalter (HS) *m* || ~ **switch block** / Hilfsschalterblock *m* || ~ **switchboard** / Hilfstafel *f*, Eigenbedarfsverteilung *f*, Eigenbedarfsschalttafel *f* || ~ **tangent** / Hilfstangente *f* || ~ **terminal box** / Hilfsklemmenkasten *m*, Zwischenklemmenkasten *m* || ~ **transformer control** / Regelung mit Hilfstransformator, Regelung mit Zusatztransformator || ~ **variable** / Hilfsvariable *f* || ~ **voltage** / Hilfsspannung *f* || ~ **winding** / Hilfswicklung *f*, Hilfsbetriebewicklung *f*, Anlauf-Hilfswicklung *f*, Anlaufwicklung *f*, Hilfsphasenwicklung *f*, Zusatzwicklung *f* || ~ **word** / Hilfswort *n*
availability *n* / Verfügbarkeit *f*, Betriebsbereitschaft *f*, stationäre Verfügbarkeit (Mittelwert der momentanen Verfügbarkeit unter stationären Bedingungen während eines gegebenen Zeitintervalls), Erreichbarkeit *f* || **time delay before** ~ / Bereitschaftsverzögerung t,, *f* || ~ **analysis** / Verfügbarkeitsanalyse *f* || ~ **concept** / Verfügbarkeitskonzept *n* || ~ **factor** / Verfügbarkeitsgrad *m*, Zeitverfügbarkeit *f* (Verhältnis Verfügbarkeitsdauer/Betrachtungsdauer) || ~ **performance** / Erreichbarkeit *f*, Verfügbarkeit *f* (Fähigkeit einer Einheit, zu einem gegebenen Zeitpunkt oder während eines gegebenen Zeitintervalls eine geforderte Funktion unter gegebenen Bedingungen erfüllen zu können, vorausgesetzt, dass die erforderlichen äußeren Hilfsmittel bereitgestellt sind) || ~ **rate** / Grad der Verfügbarkeit || ~ **time** / Verfügbarkeitszeit *f* (KW) || ~ **time ratio** / Zeitverfügbarkeit *f* (Verhältnis Verfügbarkeitsdauer/Betrachtungsdauer)
available *adj* / vorgesehen *adj*, verfügbar *adj*, lieferbar *adj* || ~ **address assignment** / freie Adressvergabe || ~ **capacity** / verfügbare Leistung (KW) || ~ **configurations** / Ausbaumöglichkeit *f* || ~ **current** / unbeeinflusster Strom (eines Stromkreises), zu erwartender Strom, prospektiver Strom, nicht begrenzter Strom || ~ **driving power** / verfügbare Steuerleistung DIN IEC 235,T.1 || ~

factory-fitted / eingebaut lieferbar || ~ **fault current** / unbeeinflusster Fehlerstrom, unbeeinflusster Kurzschlussstrom || ~ **fields** / freie Felder || ~ **from lists** / listenmäßig verfügbar || ~ **length** / nutzbare Länge || ~ **power** / verfügbare Leistung (KW) || ~ **power gain** / verfügbare Leistungsverstärkung || ~ **reducing values** / ausgeführte Reduzierventile || ~ **soon** (A note indicating that a feature is not available at the time of printing.) / in Vorbereitung (i.V) || ~ **symbols** / vorhandene Symbole
avalanche breakdown / Lawinendurchbruch *m* (HL)
avalanche-induced migration (AIM) / durch Lawineneffekt ausgelöste Materialwanderung
avalanche photodiode (APD) / Lawinenfotodiode *f* (APD) || ~ **rectifier diode** / Lawinen-Gleichrichterdiode *f* || ~ **voltage** / Lawinendurchbruchsspannung *f*
average *v* / mitteln *v* || ~ *adj* / durchschnittlich *adj* || ~ *n* / Durchschnitt *m*, Mittelwert *m*, Mittel *n* || ~ **absolute** / mittlerer Absolutwert DIN IEC 469,T.1 || ~ **amount of inspection** / mittlerer Prüfumfang || ~ **ampere conductors per unit length** / Strombelag pro Längeneinheit || ~ **bias current** / Mittelwert des Eingangsruhestroms || ~ **charge-transfer efficiency** / mittlerer Ladungsverschiebe-Wirkungsgrad || ~ **cupping value** / Tiefungsmittelwert *m*
averaged *adj* / gemittelt *adj*
average demand (value) / Leistungsmittelwert *m* (StT)
average-demand printer / Mittelwertdrucker *m*
average detector / Mittelwertdetektor *m* IEC 50(161) || ~ **deviation** (from the mean) / durchschnittliche Abweichung (vom Mittelwert) || ~ **leakage-current density** / mittlere Leckstromdichte || ~ **life** IEC 64 / mittlere Lebensdauer DIN 40042, durchschnittliche Nutzungsdauer || ~ **lightning impulse sparkover voltage** / 50%-Ansprech-Blitzstoßspannung *f* || ~ **load** / mittlere Belastung, || ~ **machining time** / mittlere Bearbeitungszeit (WZM, NC) || ~ **maintained road-surface luminance** / mittlere Fahrbahnleuchtdichte || ~ **noise factor** / mittlerer Rauschfaktor || ~ **noise figure** / mittlere Rauschzahl || ~ **outcome** / Durchschnittsergebnis *n* || ~ **outgoing quality** (AOQ) / Durchschlupf *m* (QS) DIN 55350, T.31 || ~ **outgoing quality limit** (AOQL) / maximaler Durchschlupf DIN 55350,T.31 || ~ **overall dimensions** / mittlere Außenabmessungen (Leitungen) VDE 0281 || ~ **peak-to-valley height** / mittlere Rauhtiefe || ~ **power** / mittlere Leistung || ~ **power demand** / Leistungsmittelwert *m* (StT) || ~ **precipitation rate** / durchschnittliche Regenmenge || ~ **price per kWh** / Durchschnittspreis pro kWh, Durchschnittserlös pro kWh || ~ **processing time** / mittlere Bearbeitszeit || ~ **quality protection** / Sicherung der mittleren Qualität || ~ **rate of change of output voltage** / mittlere Flankensteilheit der Ausgangsspannung (Verstärker) || ~ **register** / Mittelwertregister *n* || ~ **result** / Durchschnittsergebnis *n* || ~ **roughness** / Mittenrauhwert *m* || ~ **sample** / Durchschnittsprobe *f* DIN 51750 || ~ **sample number** (ASN) / mittlerer (o. durchschnittlicher) Stichprobenumfang *adj* || ~ **sample number curve** (ASNC) / Kurve für den mittleren Stichprobenumfang, Kurve für den

mittleren Stichprobenumfang je Los || **~ total inspection (ATI)** / durchschnittlicher Gesamtprüfumfang, durchschnittliche Anzahl der geprüften Einheiten je Los || **~ transfer time** / mittlere Übermittlungszeit || **~ value** / Mittelwert (MW) m, Durchschnittswert m
averaging n / Mittelwertbildung f, Mittelung || **~ circuit** / Mittelungsschaltung f, Stromkreis für Mittelwertbildung || **~ time** / Mittelungszeit f, Integrationszeit f (Zeit über die eine veränderl. Größe gemittelt wird)
aviation ground lighting / Flugplatz-Befeuerungsanlage f || **~ red** / signalrot adj
avoidable costs / vermeidbare Kosten (StT)
avoidance v / ausweichen v
AVR s. automatic voltage regulator
awareness, quality ~ / Qualitätsbewusstsein n
A-weighted adj / A-bewertet adj || $\stackrel{\circ}{=}$ **impulse sound pressure level** / A-Impulsschalldruckpegel m || $\stackrel{\circ}{=}$ **mean sound-pressure level** / A-bewerteter Schalldruckpegel m, A-Schalldruckpegel m || $\stackrel{\circ}{=}$ **sound-power level** / A-bewerteter Schallleistungspegel m, A-Schallleistungspegel m
A-weighting n / A-Bewertung f || $\stackrel{\circ}{=}$ **network** / A-Bewertungsnetzwerk n
AWG (American Wire Gauge) s. American Wire Gauge || **~ conductor connections** / AWG-Leitungen $f\,pl$
AWNS s. acceptor wait for new cycle state
axes not in position / Position noch nicht erreicht || **axes to be retrofitted** / nachzurüstende Achsen
axial adj / axial adj || **~ aligning** / axial fluchtend || **~ approach** / axiale Annäherung (NS) || **~ axis** / Axialachse f || **~ clearance** / Axialabstand m, Axialspiel n, Axialluft f, axiales Lagerspiel || **~ compression** / axialer Druck || **~ contraction** / Längsschrumpfung f || **~ core duct** / axialer Kühlmittelkanal (el. Masch.) || **~ dimension** / Axialmaß n (Bürste) || **~ drive** / Zentralantrieb m, Achsantrieb m || **~ eccentricity** / Planlaufabweichung f (Maschinenwelle) || **~ force** / Axialkraft f
axial-field contact / Axialfeldkontakt m (V-Schalter)
axial-flow fan / Axiallüfter m || **axial-flow turbine** / Axialturbine
axial interference microscopy / axiale Interferenzmikroskopie || **~ internal clearance** / axiales Innenspiel, inneres Lagerspiel, Lose f, Axialluft f || **~ load** / Axialbelastung f, Axialdruck m || **~ location of shaft** / axiale Wellenführung
axially flexible coupling / axial nachgiebige Kupplung || **~ parabolic reflector** / rotationsparabolischer Spiegel || **~ parallel** / achsparallel adj
axial moment of inertia / axiales Trägheitsmoment, äquatoriales Trägheitsmoment || **~ offset** / Axialversatz m || **~ operation** / stirnseitige Betätigung || **~ play** / Axialspiel n, Axialluft f, axiales Kupplungsspiel, axialer Wellenvergang || **~ propagation coefficient** / axiale Fortpflanzungsgeschwindigkeit (LWL) || **~ restraint of shaft** / axiale Wellenführung || **~ roller bearing** / Axialrollenlager n || **~ runout** / Planlaufabweichung f (Maschinenwelle) || **~ section** / Axialschnitt m || **~ slab interferometry** / axiale Scheibeninterferometrie || **~ stagger** / Versetzung f (Bürsten) || **~ thrust** / Axialschub m,

Axialdruck m, axiale Verschiebekraft || **~ vector** / Pseudovektor m || **~ ventilation** / Axialbelüftung f, Durchzugsbelüftung f
axis n / Achse f (geom.) || **axis of ~** / Drehachse f || **~ assignment** / Achszuweisung f, Achszuordnung f || **~ calibration** (NC) / Messfehlerkompensation der Achsen (NC) || **~ command** / Achsenbefehl m (NC), Achsbefehl m || **~ container rotation** / Achs-Container-Drehung f || **~ control** / Achssteuerung f (NC) || **~ control in mirror-image mode** / spiegelbildliche Achssteuerung (NC), Achssteuerung im Spiegelbild (NC), Spiegeln n, Achsenspiegeln n, spiegelbildliche Bearbeitung || **~ converter** / Achsumsetzer m
axis-dependent adj / achsabhängig adj
axis disable / Achsensperre f || **~ drag** / Achse mitziehen || **~ drive** / Achsantrieb m || **~ exchange** / Achsentausch m || **~ expansion plug-in unit** / Achserweiterungseinschub m || **~ feedrate** / Achsenvorschub m, Achsvorschub m || **~ functions** / Achsfunktionen $f\,pl$ || **~ grouping** / Achsverbund m || **~ identifier** / Achsbezeichner m || **~ interchange** / Achsentausch m (NC) || **~ interface** / Achsschnittstelle f || **~ intersection** / Achsenkreuz n || **~ keys** / Achstaste f || **~ module** / Achsmodul n || **~ monitoring** / Achsüberwachung f || **~ motion** / Achsbewegung f || **~ of chart** / Diagrammachse f || **~ of commutation** / Kommutierungsachse f || **~ of coordinate** / Koordinatenachse f || **~ of gravity** / Schwerpunktachse f || **~ of gyration** / Drehachse f || **~ of motion** / Bewegungsachse f (WZM) || **~ of oscillation** / Schwingungsachse f || **~ of rotation** / Drehachse f, Rundachse f, rotatorische Bewegungsachse, rotatorische Achse, Rotationsachse f
axis-oriented adj / achsbezogen adj
axis overtravel / Achsenendlage überfahren, Überfahren der Achsenendlage (NC) || **~ quantity** / Achsengröße f (el. Masch.) || **~ release** / Achsfreigabe f || **~ replacement** / Achsentausch m || **~ selector switch** / Achswahlschalter m
axis-specific adj / achsspezifisch adj || **~ resolution** / achsspezifische Feinheit
axis/spindle position / Achs/Spindelposition
axis standstill / Achsenstillstand m || **~ switching** / achsumschaltbar adj || **~ synchronization** / Achsverdopplung f || **~ traversing velocity** / Achsverfahrgeschwindigkeit f || **~ under coupled motion** / mitgeschleppte Achse (WZM) || **~ unit** / Achsgerät n || **~ unit vector** / Einheitsvektor in Achsenrichtung (NC) || **~ velocitiy** / Achsgeschwindigkeit f
axle n / Achse f (mech.) || **independent ~ drive** / Einzelachsantrieb m || **~ drive** / Achsantrieb m
axle-driven generator / Achsgenerator m
axle generator / Achsgenerator m
axle-hung motor / Achsmotor m, Motor für Achsaufhängung, Tatzenlagermotor m
axle journal / Achslagerstelle f, Stummel m || **~ load** / Achsbelastung f
azimuth n / Azimut m (n)
azimuthal field / Azimutalfeld n
azimuth rotation / Armdrehen n (Manipulator)

B

B (letter symbol for air-blast cooling) / B (Buchstabensymbol für air-blast cooling - Anblasekühlung) || ~ **end** / B-seitig *adj* || ~ **spline** / Bezier-Spline *m*
BA / Bedienungsanleitung (BA) *f*, Bedienanleitung (BA) *f*
Baader copper test / Alterungsprüfung nach Baader, Baadertest *m*
babbitt *v* / mit Weißmetall ausgießen || ~ **lining** / Weißmetallausguss *m*, Weißmetallauskleidung *f* || ~ **metal** / Babbittmetall *n*, Lagerweißmetall *n*, Weißmetall *n*
baby spot / Kleinanstrahler *m*
back *n* / Rücken *m*, Rückseite *f*, Antriebsseite *f*, Gegenschaltseite *f*, Nichtschaltseite *f*, Zahnrücken *m*, hintere Stirnseite || **back** *adv* / zurück *adv* || ~ **ampere-turns** / Gegenampèrewindungen *f pl*, gegenmagnetisierende Windungen, Gegendurchflutung *f* || ~ **and front pitch of winding** / Teilwicklungsschritt *m*
backbone *n* / Bus-Hauptstrang *m* || ~ **coupler** / Bereichskoppler *m* (Backbone-Bus-System) || ~ **line** / Bereichslinie *f* (Backbone-Bus-System) || ~ **ring** / Rückgrat-Ring *m* (zur Verbindung heterogener Datennetze), Hintergrundring *m* || ~ **wideband network (BWN)** / Breitband-Hintergrund-Netz *n*
back cone / Rückenkegel *m* || ~ **connection** / rückseitiger Anschluss || ~ **cover** / Umschlagsseite *f* || ~ **echo** / Rückwandecho *n* || ~ **lash** / Getriebumfangsspiel *n*
backed, battery-~ / batteriegepuffert *adj* || ~ **paper** / Trägerpapier *n*
back electromotive force / gegenelektromotorische Kraft, Gegenspannung *f*
back-e.m.f. *n* / Gegen-EMK *f*
back-end computer / Nachrechner *m*
back face / hintere Stirnfläche
backfill *n* / Hinterfüllung *f*, Verfüllung *f*, Bettungsmasse *f*, Wiederverfüllmaterial *n*
backfire *n* / Rückzündung *f*, Folgezündung *f*
backflash *n* / Spiel *n*, Luft *f*, Lose *f* (die relative Bewegung von ineinandergreifenden mechanischen Teilen, die durch unerwünschtes Spiel hervorgerufen wird)
back flashover / rückwärtiger Überschlag
backflushing *n* / Rückspülen *n* (Chromatograph)
back gear / Vorgelege *n*, Zahnradvorgelege *n*
back-geared motor / Motor mit Untersetzungsgetriebe
background *n* / Hintergrund *m*, Nulleffekt *m* (Zählrohr) || ~ **blanking** / Hintergrundausblendung *f* || ~ **brightness** / Hintergrundhelligkeit *f*, Grundhelligkeit *f* || ~ **characteristic** / Untergrundkennzahl *f* (RöA) || ~ **charge** / Hintergrundladung *f*, Grundladung *f* || ~ **coefficient** / Untergrundkennzahl *f* (RöA) || ~ **colour** / Hintergrundfarbe *f* || ~ **image** / Hintergrundbild *n* (BSG) || ~ **level** / Grundstörpegel *m*, Fremdgeräuschpegel *m*, Rauschpegel *m* || ~ **luminance** / Hintergrundleuchtdichte *f*, Leuchtdichte des Leuchtschirm-Hintergrundes (Osz.) || ~ **magazine** / Hintergrundmagazin (HG) *n* || ~ **memory** / Hintergrundspeicher (HG-Speicher) *m* || ~ **noise** / Grundgeräusch *n*, Hintergrundrauschen *n*, Ruhegeräusch *n*, Eigenrauschen *n*, Hintergrundgeräusch *n* || ~ **noise level** / Grundstörpegel *m*, Fremdgeräuschpegel *m*, Rauschpegel *m* || ~ **radiation** / Untergrundstrahlung *f* || ~ **suppression** / Hintergrundausblendung *f*
backing *n* (carrying the adhesive of adhesive tape) / Träger der Klebeschicht || ~ **out of tool** / Zurückziehen (o. Wegfahren) des Werkzeugs *n* || ~ **plate** / Aufspannplatte *f*, Ankerplatte *f*, Abstützblech *n*, Unterlegscheibe *f*, Scheibe *f* || ~ **pump** / Vorpumpe *f*
backing off *n* / Freischneiden *n*
back-iron *n* / magnetischer Rückschluss, Magnetschlussstück *n*
backlash *n* / toter Gang, Lose *f*, Flankenspiel *n*, Luft *f*, Spiel *n* (im Getriebe) || **tuner** ~ / toter Gang der Abstimmeinrichtung, Loseausgleich *m* (NC) / Spielausgleich *m*, Losekompensation *f* || ~ **on reversal** / Umkehrspanne *f* (NC, Lose bei Umkehr), Umkehrlose *f*, Umkehrspiel *n*
back light / Gegenlicht *n* || ~ **lighting** / Gegenlichtbeleuchtung *f*
backlighting *n* / Hinterlicht(beleuchtung) *n(f)*, Durchlicht(beleuchtung) *n(f)*, Hinterleuchtung *f*
backlit *adj* / hinterleuchtet *adj*, hintergrundbeleuchtet *adj*
backlog *n* / Rückstand *m* (Aufträge, Arbeit)
back-mounted *adj* / rückseitig befestigt
back off *v* / hinterdrehen *v*, hinterschleifen *v*, Versuch abbrechen, abbrechen *v* || **back off and abandon** *v* / Versuch abbrechen, abbrechen *v*
backoff *n* / ermittelte Verzichtszeit (LAN) || ~ **ISO 8802** / Verzichtsdauer *f* (LAN)
backpaging *n* / Rückwärtsblättern *n*
back-outlet box / Dose mit Auslass im Boden
backplane *n* / Rückplatte *f*, Rückwandplatine *f*, Verdrahtungsplatte (o. -feld) *f* || ~ **bus** / Rückwandbus *m* || ~ **bus supply** / Rückwandbus-Versorgung *f* || ~ **bus system** / Rückwand-Bussystem *n* || ~ **connection** / Rückwandanschluss *m* || ~ **connector** / Basisstecker *m* || ~ **interconnect system** / Rückwandkarten-Verbindungssystem *n* || ~ **p.c.b.** / Rückwandkarte *f*, Rückwandplatine *f*, Grundleiterplatte *f*, Busrückwand *f* || ~ **wiring assembly** / Rückwandverdrahtung *f*
backplate *n* / Grundblech *n*, Sockel *m* (Lampenfassung), Grundplatte *n* (Leuchte), Feinstblech *n* || ~ **lampholder** / Sockelfassung *f* (Lampe)
backpointer *n* / Rückwärtszeiger *m*
backpressure *n* / Gegendruck *m*, Rückdruck *m*, Rückstau *m*, Staudruck *m* || ~ **set** / Gegendrucksatz *m*
back reflection / Rückstrahlung *f*, Rückwanderecho *n*
back-reflection method / Rückstrahlverfahren *n* (RöA) || ~ **pattern** / Rückstrahldiagramm *n*, Rückstrahlaufnahme *f* || ~ **photogram** / Rückstrahlaufnahme *f*
backscatter attenuation / Rückstreudämpfung *f*
backscattering *n* / Rückstreuung *f* (LT, LWL)
backsight *n* / Kimme *f*
back-slash *n* / umgekehrter Schrägstrich
backspace *n* / Rückwärtsschritt *m*, Rücksetzen *n* (magn. Aufzeichnung) || ~ **key** / Rückwärtstaste *f*,

backspacer 36

Rücktaste *f*, Rücksprungtaste *f* || **Backspace** *n* / Backspace
backspacer *n* / Rückwärtstaste *f*, Rücktaste *f*
back span / Wicklungsschritt *m* (Gegen-Schaltseite)
backstop *n* / Rücklaufsperre *f*
backstopping clutch / Kupplung mit Rücklaufsperre
back swing / Zurückpendeln *n*, Nachpendeln *n*, Durchschwingen *n* (Impuls) || **back up** *v* / retten *v*, sichern *v*
back-to-back arrangement / O-Anordnung *f* (Lg., paarweiser Einbau), Rücken-Rücken-Aufstellung *f* || **~ capacitor bank breaking capacity** / Kondensator-Parallelausschaltvermögen *n* E VDE 0670,T.302 || **~ capacitor bank breaking current** / Kondensator-Parallelausschaltstrom *m* || **~ capacitor bank switch** IEC 265-2 / Lastschalter für Mehrfach-Kondensatorbatterien || **~ connection** / Gegenschaltung *f*, Schaltung für das Rückarbeitsverfahren, Gegenparallelschaltung *f* || **~ link** (HVDCT) / Kurzkupplung *f* (HGÜ) || **~ loading** / Belastung nach dem Rückarbeitsverfahren || **~ method** / Rückarbeitsverfahren || **~ station** / Kurzkupplung *f* (HGÜ) || **~ switchboard** / Doppelfront-Schalttafel *f*, Zweifrontschalttafel *f*, Schalttafel für Rücken-an-Rückenaufstellung, Schalttafel für Doppelfrontbedienung || **~ test** / Prüfung nach dem Rückarbeitsverfahren
back-to-front-connected multi-layer winding / Lagenwicklung in Einzellagenschaltung (Trafo)
back-to-front connection / äußere Verbindung (Trafowickl.), Umleitung *f* (Trafowickl.), Einzellagenschaltung *f* (Trafo) || **~ intercoil connection** / Einzelspulenschaltung *f* (Trafo)
back-to-normal message / gehende Meldung
back-turn *n* / Gegenwindung *f*
back-up *n* / Sicherung *f* || **back-up, voltage ~** / Spannungsstützung *f* || **zone of ~ protection** / Schutzbereich des vorgeordneten Schutzes, Back-up-Schutzzone *f* || **~ battery** / Pufferbatterie *f* (Stromversorgung), Stützbatterie *f* || **~ capacitor** / Stützkondensator *m* || **~ combination units** / Schützsicherheitskombination *f* || **~ computer** / Vorrechner *m* || **~ controller** / Reserveregler *m*, Back-up-Regler *m* || **~ copy** / Sicherungskopie *f* || **~ earth-fault protection** / Erdfehlerreserveschutz *m* || **~ file** / Sicherungsdatei *f* || **~ fuse** / Teilbereichsicherung *f*, Vorsicherung *f*, vorgeschaltete Sicherung, Kurzschlusssicherung *f* || **~ limit** / Back-up-Grenze *f* || **~ path** / Sicherungspfad *m* || **~ protection** / überlagerter Schutz, ergänzende Kurzschlussschutz, Schutz durch Vorsicherungen, vorgeordneter Schutz, Back-up-Schutz *m*, Reserveschutz *m* || **~ protection zone** / Reserveschutzzone *f* || **~ stopper** / Stauvereinzelung *f*
back upright (test bench) / Tischaufsatz *m*
backup battery / Pufferbatterie *f* || **~ capacitor** / Stützkondensator *m* || **~ control center** / Reserveleitstelle *f* || **~ memory** / Hintergrundspeicher (HG-Speicher) *m* || **~ supply** / Pufferung *f*, Batteriepufferung *f* || **~ time** / Pufferzeit *f*, Pufferungszeit *f* || **~ backup storage** / Reservespeicher *m*, Hintergrundspeicher *m*
back-up supply / Reserveversorgung *f* || **~ switch** / Vorschalter *m* || **~ system** / Reservesystem *n*, Ersatzsystem *n* || **~ time** / Pufferzeit *f* (Batterie- o.

Kondensatorspeicher), Sicherstellungszeit *f* (Datenträger) || **~ voltage** / Pufferspannung *f*
back-wall echo / Rückwandecho *n*
backward *adj* / rückwärts *adj* || **backward chaining** / Rückwärtsverkettung *f* (vom Ziel ausgehende V.) || **~ channel** / Hilfskanal *m* (DÜ) DIN 44302, Rückwärtskanal *m* || **~ channel signal quality** (detector) / Hilfskanal-Empfangsgüte *f* DIN 66020,T.1 || **~ creep** / Rücktrieb *m* (EZ) || **~ diode** / Rückwärtsdiode *f*, Unitunneldiode *f*, Backwarddiode *f* || **~ linking** / Rückwärtsverkettung *f* || **~ pitch** / Rückwärtsschritt *m* (Wickl.) || **~ running** / rückwärtslaufend *adj*
backwards *adv* (movement) / nach hinten
backward search / Suchlauf rückwärts, Rückwärts-Suchlauf *m* || **~ shift** / Bürstenrückschub *m*, Bürstenverschiebung entgegen der Drehrichtung || **~ step** / Rückwärtsstufe *f* || **~ supervision** / Rückwärtssteuerung *f* (DÜ) DIN 44302 || **~ tape wind** / Bandrücklauf *m* (Lochstreifen) || **~ wave** / Rückwärtswelle *f*
backward-wave amplifier (BWA) / Rückwärtswellenverstärker *m* || **~ amplifier tube** / Rückwärtswellen-Verstärkerröhre *f* || **~ oscillator (BWO)** / Rückwärtswellenoszillator *m* || **~ oscillator tube** / Rückwärtswellen-Oszillatorröhre *f* || **~ tube (BWT)** / Rückwärtswellenröhre *f*
backward whirl / Gegenlauf *m* (der kinetischen Wellenbahn)
backward tone / Bestätigungston *m* (DÜ)
bactericidal lamp / Entkeimungslampe *f* || **~ radiation** / bakterientötende Strahlung
bad connection / schlechte Verbindung || **~ connection test** / Prüfung mit einer schlechtenVerbindung || **~ contact test** (CEE 14) / Glühkontaktprüfung *f* VDE 0632 || **~ investment** / Fehlinvestition *f*
badge *n* / Abzeichen *n*, Ausweiskarte *f*, Marke *f*, Kartenlesesystem *n*, Kennzeichen *n* || **~ reader** / Ausweiskartenleser *m*, Ausweisleser *m* || **~ reader terminal** / Ausweiseleseterminal *n*, Ausweisleser *m*, Ausweiskartenleser *m*
baffle *n* / Prallplatte *f*, Schottblech *n*, Trennwand *f*, Schottwand *f*, Blende *f*, Schutzschirm *m*, Schwappschutz *m* (Batt.), Schallwand *f*, Führungswand *f*, Luftleitblech *n*, Prallblech *n* || **~ plate** / Prallplatte *f*, Leitblech *n*, Prallblech *n*
bag filter / Taschenfilter *n*, Sackfilter *n*
bake *v* / im Ofen härten, einbrennen *v*, verbacken *v*, ausheizen *v* (Lampe), aushärten *v*
baked enamel / Backlack *m* || **~ enamelling** / Einbrennlackierung *f*
bakelized paper / Bakelitpapier *n*, Hartpapier *n*
baking oven / Trockenofen *m* || **~ varnish** / ofentrocknender Lack
balance *v* / auswuchten *v*, wuchten *v*, tarieren *v*, ins Gleichgewicht bringen, abgleichen *v*, ausgleichen *v*, abstimmen *v*, symmetrieren *v* || **~ n** / Entlastung *f* || **~ n** / Gleichgewicht *n*, Symmetrie *f*, Abgleichzustand *m*, Nullabgleich *m*, Gleichgewichtszustand *m*, Wuchtzustand *m*, Waage *f*, Unruh *f* (Uhr), Auswuchtung *f* || **~ electrical** / (measuring instrument) / elektrischer Abgleich (MG) DIN 43782, elektrischer Nullabgleich || **~ output** / stationärer Zustand (Regler) || **~ axis** / Trägheitsachse *f*, Hauptträgheitsachse *f* || **~ beam** / Waagebalken *m* || **~ calculation** / Bilanzierung *f* ||

coil / Ausgleichsdrossel(spule) *f*, Saugdrossel *f* || ~ **ID** / Bilanzkennziffer *f* || ~ **of heat** / Wärmebilanz *f* || ~ **of money** / Geldsaldo *n* || ~ **of trade** / Handelsbilanz *f*
balanced-beam relay / Waagebalkenrelais *n*, Kipprelais *n*
balanced *adj* / kompensiert *adj* || ~ **bridge** / abgeglichene Brücke || ~ **bridge transition** / Brückenumschaltung im abgeglichenen Zustand (Fahrmotoren), Ausgleichsbrückenschaltung *f* || ~ **busbar protection** / Sammelschienen-Differentialschutz *m* || ~ **circuit** / symmetrische Schaltung, abgeglichener Stromkreis, symmetrischer Stromkreis || ~ **code** / symmetrischer Code || ~ **condition** / Gleichgewichtszustand *m*, symmetrischer Zustand || ~ **current relay** / Stromdifferentialrelais *n* || ~ **data link** / Übermittlungsabschnitt mit gleichberechtigter Steuerung DIN ISO 3309 || ~ **double-current interchange circuit** / symmetrische Doppelstrom-Schnittstellenleitung || ~ **earth fault protection** / symmetrischer Erdschlussschutz || ~ **earth-fault test** / symmetrische Erdschlussprüfung
balanced-flow servo-motor / Stellmotor mit Ölausgleich
balanced line / erdsymmetrische Leitung || ~ **link access procedure** / gleichberechtigtes Übermittlungsverfahren DIN ISO 7776 || ~ **load** / symmetrische Belastung, gleichseitige (o. gleichförmige) Belastung
balanced-load polyphase instrument / mehrphasiges Messgerät für symmetrisches Netz
balanced metallic circuit / abgeglichener metallischer Stromkreis || ~ **operation** / symmetrischer Betrieb || ~ **periodic quantity** / reine Wechselstromgröße || ~ **polyphase source** / symmetrisch betriebene Mehrphasenquelle || ~ **polyphase system** IEC 50(131A) / symmetrisch gebaut und betriebenes Mehrphasensystem || ~ **protection** / Differentialschutz *m*, Vergleichsschutz *m*, Stromvergleichsschutz *m* || ~ **protection relay** / Differentialschutzrelais *n* || ~ **state** / symmetrischer Zustand (eines mehrphasigen Netzes) || ~ **station** / Hybridstation *f* DIN 44302 || ~ **system** / symmetrisches System || ~ **telephone influence factor** / ausgeglichener Fernsprech-Störfaktor || ~ **three-phase equipment** / symmetrisches dreiphasiges Gerät EN 61000-3-2 || ~ **to earth** / symmetrisch gegen Erde, erdsymmetrisch *adj*
balanced-to-earth current / erdsymmetrischer Strom || ~ **voltage** / erdsymmetrische Spannung
balanced to ground / symmetrisch gegen Erde, erdsymmetrisch *adj* || ~ **two terminal-pair network** / erdsymmetrischer Vierpol, quersymmetrischer Vierpol || ~ **voltage** / symmetrische Spannung, abgeglichene Spannung, erdsymmetrische Spannung
balanced-voltage protection / Spannungsdifferentialschutz *m*
balance escapement / Unruhhemmung *f* || ~ **point impedance** / Kippimpedanz *f* || ~ **quality** / Auswuchtgüte *f*, Auswuchtgrad *m*, Schwinggüte *f*, Laufruhe *f* || ~ **quality grade** / Auswuchtgütestufe *f*, Schwinggütegrad *m*
balancer shaft / Ausgleichswelle *f*, Ausgleichwelle *f* || ~ **transformer** / Ausgleichstransformator *m*,

Ausgleichsdrosselspule *f*
balance test / Prüfung des Wuchtzustands, Laufruheprüfung *f*, Rundlaufprüfung *f*, Auswuchtprüfung *f*, Wuchtprüfung *f* || ~ **weight** / Tariergewicht *n*, Ausgleichsgewicht *n* || ~ **wheel** / Hemmrad *n*, Steigrad *n*, Gangrad *n* (Uhr)
balancing *n* (of a distribution network) / Symmetrierung *f*, Wuchtung *f*, Drehzahlabgleich *m*, Abgleich *m* || **frequency** ~ / Frequenzabgleich *m* || ~ **arbour** / Auswuchtdorn *m* || ~ **bridge** / Abgleichbrücke *f* || ~ **bus** / Bilanzknoten *m* (Netz) || ~ **capability** / Symmetriermöglichkeit *f* || ~ **circuit** / Ausgleichsschaltung *f*, Abgleichschaltung *f* || ~ **device** / Auswuchtvorrichtung *f*, Tariervorrichtung *f* || ~ **filter** / Symmetrierfilter *m* || ~ **groove** / Auswuchtnut *f*, Tariernut *f* || ~ **lug** / Wuchtnocken *m* || ~ **machine** / Auswuchtmaschine *f*, Tariermaschine *f* || ~ **mandrel** / Auswuchtdorn *m* || ~ **motor** / Abgleichmotor *m* || ~ **pit** / Schleudergrube *f* || ~ **plane** / Auswuchtebene *f* || ~ **platform** / Wuchtbank *f* || ~ **potentiometer** / Abgleichpotentiometer *n* || ~ **resistor** / Symmetrierwiderstand *m*, Abgleichwiderstand *m* || ~ **ring** / Auswuchtring *m* || ~ **run** / Wuchtlauf *m* || ~ **speed** / Wuchtdrehzahl *f*, Beharrungsgeschwindigkeit *f* || ~ **table** / Wuchtbank *f* || ~ **tunnel** / Schleuderhalle *f*, Schleuderbunker *m* || ~ **weight** / Tariergewicht *n*, Ausgleichsgewicht *n*
balked landing surface / Durchstartfläche *f* (Flp.)
ball-and-screw spindle drive / Kugelgewindetrieb *m*
ball-and-socket joint / Kugelgelenk *n*
ballast *n* / Ballast *m*, Vorschaltgerät(e) *n* (*pl*) (Leuchte), Vorschaltglied *n* || ~ **compartment** / Vorschaltgeräteraum *m* (Leuchte)
ballasted *adj* / mit Vorschaltgerät (Leuchte), kompensiert *adj* (Leuchte) || ~ **luminaire** / Leuchte mit Vorschaltgerät
ballast element / Vorschaltglied *n* (Leuchte) || ~ **enclosure** / Gerätekasten *m* (Leuchte, f. Vorschaltgeräte) || ~ **frame (o. support)** / Geräteträger *m* (Leuchte) || ~ **hum** / Brummen des Vorschaltgerätes || ~ **resistor** / Vorschaltwiderstand *m* (Leuchte), Vorwiderstand *m* || ~ **tube** / Stromregelröhre *f* (Leuchte)
ball *n* / Kugel *f* || ~ **bearing** / Kugellager *n*
ball-bearing pillow block / Kugelstehlager *n*
ball cage / Kugelkäfig *m* || ~ **cup** / Kugelpfanne *f* || ~ **end mill** / Kugelkopffräser *m* || ~ **grinding** / kugelschleifen *v* || ~ **grip** / Kugelgriff *m* || ~ **groove thread** / Kugelgewinde *n* || ~ **handle** / Kugelgriff *m*, Maschinengriff *m* || ~ **handle mechanism** / Kugelgriffantrieb *m*
ballhead cutter / Kugelkopffräser *m*
ball impression test / Kugeldruckprüfung *f* || ~ **indentation** / Kugeleindruck *m* || ~ **indentation hardness** / Kugeldruckhärte *f*
ballistic galvanometer / ballistisches Galvanometer
ball joint / Kugelgelenk *n* || ~ **key** / Kugelpassfeder *f* || ~ **mill** / Kugelfräser *m*
ball-lever handle / Kugelgriff *m*, Maschinengriff *m*
ball-pin-type guidance arm / Kugelbolzenlenker *m*
ball oiler / Kugelschmierkopf *m* || ~ **pin** / Kugelbolzen *m*
ball-pressure apparatus / Kugeldruck-Prüfgerät *n*
ball-prover flowmeter / Hubkolben-

ball 38

Durchflussmesser *m*
ball race / Kugellaufbahn *f* (Lg.) || **~ screw** / Kugelumlaufspindel *f* (WZM), Kugelrollspindel *f* || **~ screw drives** / Kugelgewindetriebe *m pl* || **~ thrust bearing** / Axialkugellager *n*, Scheibenkugellager *n*, Längskugellager *n* || **~ thrust test** / Kugeldruckprüfung *f* || **~ valve** / Kugelhahn *n*, Kugelventil *n*
ball-valve oiler / Kugelöler *m*
balun *n* / Symmetrierglied *n* IEC 50(161)
banana plug / Bananenstecker *m*
band *n* / Band *n*, Bereich *m*, Frequenzband *n*, Bande *f* || **control ~** / Regelbereich *m*
bandage *n* / Spannband *n*, Bandage *f*
band brake / Bandbremse *f* || **~ chart** / Banddiagramm *n* || **~ clutch** / Bandkupplung *f* || **~ coupling** / Bandkupplung *f*
band-edge energy / Bandkantenenergie *f*
band elimination filter / Bandsperre *f*, Sperrfilter *n*
banding *n* / Bandage *f* (Maschinenwickl.), Bänderbildung *f* || **~ clip** / Bandagenschloss *f*, Bandagenschnalle *f* || **~ end fixing strap** / Bandagenschlussblech *n*, Bandagenisolierung *f*, Wickelkopf-Bandagenisolierung *f* || **~ underlay** / Bandagenunterlage *f* || **~ wire** / Bandagendraht *m*
band losses / Bandagenverluste *m pl* (el. Masch., Kabel) || **~ overlap** / Bandüberlappung *f* (Frequenzb.)
bandpass *n* / Bandpass *m*, Bandbreite *f*, Durchschaltfilter *n* || **~ filter** / Bandpassfilter *n* || **~ noise** / Bandpassrauschen *n* || **~ pyrometer** / Bandstrahlungspyrometer *n*
band pressure level / Banddruckpegel *m* || **~ sound-pressure level** / Schalldruck-Bandpegel *m* || **~ spacing** / Bandabstand *m*
band-stop *n* / Bandsperre (BSP) *f*, BSP (Bandsperre) || **band-stop filter (BSF)** / Bandsperre *f*
bandwidth (BW) *n* / Bandbreite *f*, Frequenzbereich *m*, Durchlassbereich *m* || **~ concatenation factor** / Bandbreite-Verkettungsfaktor *m* (LWL)
bandwidth-limited operation / bandbreitenbegrenzter Betrieb (LWL)
bang-bang control / Zweipunktregelung *f*, Ein-Aus-Regelung *f*, Alles-oder-Nichts-Regelung *f*
bank *n* / Batterie *f* (z.B. Kondensatoren), Gruppe *f*, Bank *f* || **~ charges** / Bankspesen *pl* || **~ control** / Sammelsteuerung *f* (Aufzug) || **~ guarantee** / Bankgarantie *f* || **~ of capacitors** / Kondensatorbatterie *f* || **resistor ~** / Widerstandsgruppe *f*, Widerstandsgerät *n* || **three-phase transformer ~** / Transformatorgruppe *f*
bar *v* / durchdrehen *v* (Maschinenläufer) || **~** *n* / Holm *m* || **ground ~** / 0-V-Schiene *f*, Erdungsschiene *f*, Erdschiene *f*, M-Schiene *f* || **high ~** / vorstehende Lamelle (Komm.), überstehende Lamelle || **low ~** / zurückstehende Lamelle (Komm.) || **to ~ for further use** / sperren *v* (QS) || **~** *n* / Stab *m*, Wicklungsstab *m*, Schiene *f*, Stange *f*, Segment *n* (Komm.), Steg *m* (Komm.), Lamelle *f* (Komm.), Balken *m* (Flp.), Balken *m* (graf.Anzeigemittel)
bar-cable lug / Schiene-Kabelschuhlasche *f*
barchart *n* / Balkendiagramm *n*, Bargraph *m*, Balkenanzeige *f*
bar chart / Balkendiagramm *n*, Bargraph *m*, Balkenanzeige *f* || **~ code** / Strichcode *m*, Balkencode *m*, Barcode *m*
bar-code label / Strichcodeschild *n*, Strichcodeetikett

n || **~ push-through reader** / Strichcode-Durchzugleser *m* || **~ reader** / Strichcodeleser *m* || **~ reading wand** / Strichcode-Lesestift *m* || **~ scanner** / Strichcodeleser *m*
bar connection / Schienenanschlussstück *n*
bar diagram / Stabdiagramm *n*, Balkendiagramm *n*, Säulendiagramm *n* || **~ feed** / Stangenvorschub *m*
bare *v* / blank machen, abisolieren *v* || **~ adj** / blank *adj*, unisoliert *adj*, abisoliert *adj*, unbestückt *adj* (Leiterplatte)
bare-hand method *v* / Arbeiten mit direkter Berührung
bared *adj* / abisoliert *adj*
bare wire / blanker Draht, Blankdraht *m* || **~ wire end** *adj* / blankes (o. abisoliertes) Leiterende *adj*
bar graph / Balken *m*, Balkendiagramm *n*, Balkenanzeige *f* || **~ holder** / Schienenhalter *m* || **~ in tension** / Zugstab *m* || **~ insulation** / Stabisolierung *f* || **~ loader** / Stangenlader *m*
barium-base grease / Bariumfett *n*
barium-ferrite magnet / Bariumferritmagnet *m*
Barkhausen effect / Barkhausen-Effekt *m* || **~ jump** / Barkhausen-Sprung *m*
bar marking / Lamellenzeichnung *f* (Komm.) || **~ number** / Geberstrichzahl (GSTR) *f*, Strichzahl *f* || **~ reinforcement** / Schienenversteifung *f*
bar-mounting fuse base / Reitersicherungssockel *m*, Reitersicherungsunterteil *n*, Reiter-Sicherungssockel *m*
bar of damper winding / Dämpferstab *m* (Dämpferwickl.)
barometric column / Quecksilbersäule *f* || **~ pressure** / Atmosphärendruck *m*
bar-primary current transformer / Schienenstromwandler *m* || **~ transformer** / Stabwandler *m*, Schienenwandler *m*
barrel *n* / Tonne *f*, Walze *f*, Zylinder *m*, Tragzylinder *m*, Rohr *n*, Hülse *f* (StV, lötfreie Verbindung) || **~ bearing** / Tonnenlager *n* || **~ connector** / Koaxial-Doppelkupplung *f* || **~ coupler** / Durchführungskupplung *f* (LWL) || **~ distortion** / Tonnenverzeichnung *f* || **~ lock** / Zylinderschloss *n* || **~ lug** / Rohrkabelschuh *m* || **~ thread** / Mantelgewinde *n*
barrel-type shot-blasting machine / Strahltrommel *f* || **~ tap changer** / Rohrumsteller *m* (Trafo)
barrel winding / Fasswicklung *f*, Tonnenwicklung *f*, Gewölbewicklung *f*
barrette *n* / Kurzbalken *m* (Flp.), Barrette *f*
barretter *n* / Eisen-Wasserstoff-Widerstand *m*
barrier *n* / Schutzeinrichtung *f*, Schottwand *f*, Schutzvorrichtung *f*, Schottblech *n*, Prallplatte *f*, Barriere *f*, Schranke *f*, Zwischenplatte *f*, Schutzschild *m*, Sperre *f*, Schottplatte *f*, Schutzabdeckung *f*, Abschrankung *f*, Trennwand *f* || **~ IEC 50(826), Amend. 1** / Abdeckung *f* (zum Schutz gegen direktes Berühren), Umhüllung *f* || **end ~** (modular terminal block) / Endplatte *f* (Reihenklemme) || **photoelectric ~** / Lichtschranke *f* || **control** *n* / Schrankensteuerung *f*
barriered section IEC 439 / geschütztes Feld (SK) || **~ subsection** IEC 439 / geschütztes Fach (SK)
barrier grid / Sperrgitter *n* || **~ junction** / Sperrschicht *f* (HL) || **~ layer** / Trennschicht (LWL) *f*, Sperrschicht *f*, Grenzschicht *f* || **~ plate** / Abschirmplatte-Phasentrennplatte *f*, Schottblech *n* || **~ rail** / Schutzschiene *f* (Barriere), Schutzleiste *f* ||

~ **seal** / Barrierendichtung *f*
barring gear / Drehvorrichtung *f* (f.
Maschinenläufer), Törnvorrichtung *f*,
Durchdrehvorrichtung *f*, Läuferdrehvorrichtung *f* ||
~ **motor** / Durchdrehmotor *m*
bar scale / Maßstableiste *f*, Linearmaßstab *m*
Barth key / Trapezpassfeder *f*
bar-to-bar resistance / Querwiderstand *m* (KL) || ~
test / Prüfung zwischen Kommutatorstegen || ~
voltage / Stegspannung *f*, Lamellenspannung *f*,
Querspannung *f*
bar-type conductor / Stableiter *m*, stabförmiger
Leiter || ~ **current transformer** /
Durchsteckstromwandler *m* || ~ **lap winding** / Stab-
Schleifenwicklung *f*
bar wave / Stabwelle *f* || ~ **winding** / Stabwicklung *f* ||
~ **work** / Stangenbearbeitung *f* || **0 volts** ~ / 0-V-
Schiene *f*
base *n* / Grundfläche *f*, Grundlage *f*, Sicherungssockel
m, Boden *m*, Grundzahl *f*, Untergestell *m*, Körper *m*
(Rob.), Unterlage *f*, Fußpunkt *m*, Unterteil *n*,
Trägermaterial *n*, Basis *f*, Standfläche *f*, Sockel *m*,
Unterbau *m*, Auflage *f*, Grundmaterial *n*,
Adressenspeicher *m* (MPU), Fundament *n* || ~ *n*
IEC 1036 / Gehäuseunterteil *n* (EZ) VDE 0418 || ~
(carrying the adhesive of adhesive tape) / Träger
der Klebeschicht || **interrupt** ~ **(INTBASE)** (MPU
register) / Unterbrechungsadressenspeicher *m* ||
time ~ **(TB)** / Zeitbasis *f*, Zeitachse *f*,
Zeitablenkung *f* (Osz.), Zeitablenkeinrichtung *f*,
Zeitraster *m*, Zeitvorgabe *f* || ~ **address** /
Basisadresse *f*, Grundadresse *f* || ~ **address register
(BR)** / Basisadressregister (BR) *n*,
Basisadressenregister (BR) *n* || ~ **box** / Grundkasten
m
baseband *n* / Basisband *n* || **baseband LAN** /
Basisband-LAN || ~ **response (function)** IEC
50(731) / Basisband-Antwort *f* (LWL) || ~ **transfer
function** / Basisband-Übertragungsfunktion *f*
(LWL) || ~ **transmission** / Basisbandübertragung *f*
(Signalübertragung ohne Trägerfrequenz,
beansprucht die gesamte Breite des
Übertragungsmediums)
baseboard *n* / Fußleiste *f* (Bau)
base centre line / Basis-Mittellinie *f* (Impulse,
Zeitreferenzlinie) || ~ **centre point** / Basis-
Mittelpunkt *m* (Impuls) || ~ **circle** / Grundkreis *m* ||
~ **contact** / Fußkontakt *m* (Sich.) || ~ **contact stud** /
Fußkontaktzapfen *m*
base-coupled logic (BCL) / basisgekoppelte Logik
(BCL)
base current / Basisstrom *m* (Transistor) || ~ **data** /
Stammdaten *pl*, Basisdaten *pl* || ~ **diffusion** /
Basisdiffusion *f*
based number / basisbezogene Zahl
base down position / stehende Brennstellung
(Lampe) || ~ **electrode** / Basiselektrode *f*
(Transistor) || ~ **eyelet** / Kontaktplättchen *n*
(Lampenfassung) || ~ **frame** / Sockelrahmen *m*,
Grundrahmen *m* || ~ **function** / Basisfunktion *f*
baseframe *n* / Grundrahmen *m*, Unterrahmen *m*,
Untergestell *n*, Fundamentrahmen *m*, Grundgestell
n
base insulator / Sockelstein *m* (Lampensockel) || ~
lighting / Grundbeleuchtung *f* || ~ **line** / Grundlinie
f
baseline *n* / Basislinie *f* (Impuls, Diagramm),

Schriftlinie *f* (GKS), Schriftgrundlinie *f* || ~
correction / Basislinienkorrektur *f* || ~
dimensioning / Bezugskantenbemaßung *f* (CAD) ||
~ **dimensioning** / Bezugsmaßsystem *n* (NC)
basement *n* / Keller *m* || ~ **substation** / Kellerstation *f*
base load / Grundlast *f*, Grundbelastung *f*, Tiefstlast *f*,
Niedrigstlast *f*, Vorbelastung *f*
base-load duty / Grundlastbetrieb *m* || ~ **duty with
additional short-time loading** / Grundlastbetrieb
mit zusätzlicher Kurzzeitbelastung GKB, VDE
0160 || ~ **duty with temporarily reduced load** /
Grundlastbetrieb mit zeitweise abgesenkter
Belastung (GAB) VDE 0160 || ~ **machine** /
Grundlastmaschine *f* || ~ **power station** /
Grundlastkraftwerk *n* || ~ **rating PB** /
Grundlastleistung PG || ~ **set** /
Grundlastgeneratorsatz *m*
base magnitude / Basisgrößenwert *m* (Impuls) || ~
material / Grundmaterial *n*, Ausgangsmaterial *n*,
Basismaterial *n*
base-mounting m.c.b. / Sockelautomat *m*
(Kleinselbstschalter)
base of hole / Lochgrund *m* || ~ **of notch** / Kerbgrund
m || ~ **orienting lug** / Führungsrippe *f*
(Lampensockel) || ~ **or top-fixed stay** / Endholm *m*
|| ~ **period** / Basisperiode *f* (Impulse) || ~ **pin** /
Sockelstift *m* (Lampe) || ~ **plate** / Bodenblech *n*,
Bodenabdeckung *f*, Bodenplatte *f* || ~ **plate
installation** / Bodenwandeinbau *m*
baseplate *n* / Grundplatte *f*, Fundamentplatte *f*,
Bodenplatte *f*, Bodenabdeckung *f*, Bodenblech *n*,
Grundplatine *f*
base quantity IEC 50(111) / Basisgröße *f* || ~ **region** /
Basiszone *f* (Transistor) || ~ **rim** / Sockelrand *m*
(Lampe) || ~ **shell** / Sockelhülse *f* (Lampe) || ~
space / Sockelraum *m* || ~ **speed** / Grunddrehzahl *f*
|| ~ **terminal** / Basisanschluss *m* || ~ **unit** /
Basiseinheit *f* || ~ **up position** / hängende
Brennstellung (Lampe) || ~ **value** / Nennwert *m*
(Bezugsgröße im per-Unit-System), Bezugswert *m*
|| ~ **with external contacts** / Außenkontaktsockel *m*
BASF Penystrol granule plant / BASF Anlage
Penystrol-Granulat
basic *adj* / grundlegend *adj*, basisch *adj* || ~ **assembly**
/ Grundbaugruppe *f* || ~ **board** / Basismodul *n*,
Grundbaugruppe *f* || ~ **breaker** / Grundschalter *m*
(LS), Schaltereinsatz *m* (LS) || ~ **cell** (pushbutton
switch) / Schalteinheit *f*, Schaltereinsatz *m*,
Grundzelle *f* || ~ **chemical products** /
Grundstoffchemie-Produkte || ~ **circuit** /
Grundschaltung *f* || ~ **circuit diagram** /
Grundschaltung *f*, Prinzipschaltbild *n*,
Übersichtsschaltplan *m* || ~ **clock rate** / Grundtakt
m || ~ **command** / BASIC-Schlüsselwort *n* || ~
complement / Grundbestückung *f* (elST-Geräte),
Grundausstattung *f* || ~ **component** /
Basiskomponente *f* || ~ **configuration** /
Grundausbau *m* (elST), Grundumfang *m*,
Grundausstattung *f* || ~ **connection** /
Grundschaltung *f* (LE) || ~ **control element** (a.c.
power controller) / Stellerelement *n*
(Wechselstromsteller) || ~ **controller** /
Grundsteuerung *f* (G-Steuerung) || ~ **converter
connection** / Stromrichter-Grundschaltung *f* || ~
Coordinate System (BCS) /
Basiskoordinatensystem (BKS) *n* || ~ **current** /
Basisstrom *m* (Rel.), Nennstrom *m* (EZ) || ~ **cycle** /

basic-frequency 40

Grundzyklus *m* ‖ ~ **cycle list** / Grundzyklusliste *f* ‖
~ **data** / Grunddaten *pl/t*, Globaldaten (GD) *pl*,
globale Daten *pl* ‖ ~ **data processing** /
Grunddatenverarbeitung *f* ‖ ~ **device** / Basisgerät *n*
‖ ~ **dimension** / Bezugsmaß *n* ‖ ~ **disk operating
system (BDOS)** / Platten-Grundbetriebssystem *n* ‖
~ **display** / Meldeebene *f*, Grundbild *n*,
Grunddarstellung *f* ‖ ~ **dynamic load rating** /
dynamische Tragzahl (Lg.) ‖ ~ **equipment** /
Grundausrüstung *f* ‖ ~ **error** / Grundfehler *m* ‖ ~
error limit / Grundfehlergrenze *f* ‖ ~ **error
recovery class** / einfache Fehlerbehebungsklasse
(Datennetz) ‖ ~ **excitation** / Grunderregung *f* ‖ ~
expansion / Grundumfang *m*, Grundausbau *m*,
Grundausstattung *f* ‖ ~ **flag** / Grundmerker *m* ‖ ~
frame / Basisframe
basic-frequency component / Grundfrequenzanteil
m, drehfrequenter Anteil
basic function / Grundfunktion *f* ‖ ~ **function
module** / Grundfunktionseinheit *f* ‖ ~ **grid
dimension (BGD)** / Rasterteilung *f* (RT),
Grundrastermaß *n* ‖ ~ **hole** / Einheitsbohrung *f* ‖ ~
idea / Leitgedanke *m*
basic-hole system / System der Einheitsbohrung
basic impedance / Grund-Scheinwiderstand *m*,
Grund-Impedanz *f* ‖ ~ **impulse insulation level
(BIL)** / unterer Stoßpegel ‖ ~ **impulse level** s. basic
impulse insulation level ‖ ~ **industries** /
Grundstoffindustrie *f* ‖ ~ **information** /
Basisinformation *f* ‖ ~ **instruction** / Grundbefehl *m*
‖ ~ **insulation** / Basisisolierung *f* VDE 0100,T.200,
Grundisolierung *f* DIN IEC 536 ‖ ~ **interpreter** /
BASIC-Interpreter *m* ‖ ~ **key group** / Grundblock
m ‖ ~ **level of automation** / Basisautomatisierung
mf ‖ ~ **lighting** / Grundbeleuchtung *f* ‖ ~ **lightning
impulse insulation level** / unterer Stoßpegel ‖ ~
load rating / Tragzahl *f* ‖ ~ **logic element** /
Grundfunktionsglied *n* (Logik) ‖ ~ **logic function** /
logische Grundfunktion *f*, Grundfunktion *f* DIN
19317 ‖ ~ **luminaire** / Grundmodell einer Leuchte ‖
~ **machine** / Grundmaschine *f* ‖ ~ **material
surcharge** / Rohstoffzuschlag *m* ‖ ~ **module** /
Grundbaustein *m*, Grundbaugruppe *f*, Basismodul *n*
‖ ~ **motion** / Grundbewegung *f*, Grundschwingung
f ‖ ~ **operating system (BOS)** /
Grundbetriebssystem *n* (GBS) ‖ ~ **operation** /
Grundoperation *f*, Grundbedienung *f* ‖ ~ **operation
set** / Grundoperationsvorrat *m* ‖ ~ **operator panel
(BOP)** / Standardbedienfeld *n*, Basis-Bedienfeld *n*,
Basic Operator Panel (BOP) ‖ ~ **operator station
(BOS)** / Bedieneinheit *f* (Leitt., Monitor, Tastatur,
Drucker) ‖ ~ **option** / Grundoption *f* ‖ ~ **origin
system (BOS)** / Basis-Nullpunktsystem (BNS) *n*,
Basisnullpunktsystem (BSN) *n* ‖ ~ **package** /
Basispaket *n* ‖ ~ **parameter** / Grundparameter *m* ‖
~ **plane** / Grundebene *f* ‖ ~ **PLC program** / PLC-
Grundprogramm *n* ‖ ~ **position** / Grundstellung
(GST) *f*, Grundzustand *m*, Löschstellung *f*,
Steuerungsgrundstellung *f* ‖ ~ **position switch** /
Referenzschalter *m* ‖ ~ **positioner** /
Einfachpositionierer *m* ‖ ~ **processing** /
Basisverarbeitung *f*, Grundverarbeitung *f* ‖ ~
profile / Grundprofil *n* (Gewinde) ‖ ~ **program
(BP)** / Grundprogramm (GP) *n* ‖ ~ **program
package** / Grundprogrammpaket *n* ‖ ~ **pulse rate** /
Grundtakt *m* ‖ ~ **range** / Grundspanne *f* ‖ ~
reference standard / Hauptnormal *n*,

Hauptnormalgerät *n* ‖ ~ **repair service** /
Grundreparaturservice *m* ‖ ~ **repertoire** /
Grundvorrat *m* (v. Befehlen, Zeichen) ‖ ~ **research**
/ Grundlagenforschung *f* ‖ ~ **safety insulation** /
Betriebsisolierung *f*, Grundisolierung *f* ‖ ~ **screen** /
Grundmaske *f* ‖ ~ **selector** / Basiswähler *m* ‖ ~ **set** /
Grundgerät *n* ‖ ~ **setting** / Grundeinstellung *f* ‖ ~
shaft / Einheitswelle *f* ISO-Paßsystem ‖ ~ **shaft
system** / System der Einheitswelle ‖ ~ **shape** /
Grundform *f* ‖ ~ **size** / Grundmaß *n*,
Passungsgrundmaß *n*, Nennmaß *n*, Bezugsmenge *f*
(QS) ‖ ~ **software** / Basissoftware *f* ‖ ~
specification IEC 512-1 / Fachgrundnorm *f* DIN
41640, Grundnorm *f* ‖ ~ **speed** / Nenndrehzahl *f*
(EZ), Richtdrehzahl *f* ‖ ~ **speed adjustment** /
Nenndrehzahleinstellung *f* (EZ) ‖ ~ **static load
rating** / statische Tragzahl ‖ ~ **stimulus** /
Mittelpunktsvalenz *f* ‖ ~ **structure** / Grobstruktur *f*
‖ ~ **submodule** / Grundmodul *n* ‖ ~ **switch** /
Grundschalter *m* (HSS), Schaltereinsatz *m* (HSS) ‖
~ **switch connection** / Schalter-Grundschaltung *f*
(LE) ‖ ~ **switching impulse insulation level (BSL)**
/ Steh-Schaltstoßspannungspegel *m* ‖ ~ **symbol** /
Grundbildzeichen *n* ‖ ~ **system clock frequency** /
System-Grundtakt *m* ‖ ~ **tenninal marking** /
Grundkennzeichnung *f* (SR-Anschlüsse) ‖ ~ **term** /
Grundbegriff *m* ‖ ~ **test** / Grundprüfung *f* DIN
51554 ‖ ~ **time** (protective relay) / Grundzeit *f*
(Schutzrelais), Schnellzeit *f* ‖ ~ **torque** / Nenn-
Drehmoment *n* (EZ) ‖ ~ **type** / Grundtyp *m* ‖ ~ **unit**
/ Basiseinheit *f*, Grundeinheit *f*, Grundgerät *n*,
Schaltereinsatz *m* ‖ ~ **utility** / Basisdienst *m* ‖ ~
value / Basiswert *m* (Rel., der charakteristischen
Größe) VDE 0435,T.110 ‖ ~ **version** /
Grundausführung (GA) *f*, Grundvariante *f* ‖ ~
wiring / Grundverdrahtung *f* ‖ ~ **zero point** / Basis-
Nullpunkt ‖ ~ **zero system (BZS)** / Basis-
Nullpunktsystem (BNS) *n*
basis / Grundlage *f* ‖ ~ **for calculation** /
Kalkulationsgrundlage *f* ‖ ~ **for quotation and cost
calculation** / Angebots- und
Kalkulationsgrundlage *f* ‖ ~ **spline** / Basiskurve *f*
(CAD) ‖ ~ **weight** / Flächengewicht *n* (Papier)
basket guard / Schutzkorb *m* (Leuchte) ‖ ~ **winding** /
Korbwicklung *f*, Kettenwicklung *f*
BASP *v* / Befehlsausgabe sperren (BASP) ‖ **BASP** *n* /
Befehlsausgabesperre (BASP) *f*
batch *n* / Menge *f*, Partie *f*, Satz *m*, Lieferposten *m*,
Liefermenge *f*, Annahmemenge *f*, diskontinuierlich
adj, Charge *f* ‖ ~ **acquisition** /
Chargendatenerfassung *f* ‖ ~ **composition** /
Mengenverhältnisse *n pl* ‖ ~ **control** / Batch-
flexible-Chargensteuerung, Chargensteuerung *f* ‖ ~
file / Stapeldatei *f* ‖ ~ **flexible batch control** /
Batch-flexible-Chargensteuerung,
Chargensteuerung *f* ‖ ~ **ID** / Batch-Kennung *f* ‖ ~
inspection by samples / Partiekontrolle durch
Stichproben ‖ ~ **log** / Chargenprotokoll *n* ‖ ~
logging / Chargenprotokollierung *f*,
Chargenprotokollieren *n*
batchmeter, automatic ~ / Dosierautomat *m* (f.
Flüssigkeiten u. Mineralöle)
batch mode / Stapelbetrieb *m* ‖ ~ **operation** /
Batchfahrweise *f*, diskontinuierlicher Betrieb *f* ‖ ~
planning / Chargenplanung *f* ‖ ~ **plant** /
Mischanlage *f*, Gemengehaus *n*, Gemengeanlage *f* ‖
~ **process** / Chargenprozess *m*, diskontinuierlicher

Prozess ‖ ~ **processing** / Stapelverarbeitung *f*, Stapelbetrieb *m*, Chargenverarbeitung *f* ‖ ~ **production** / Serienfertigung *f* ‖ ~ **programming** / Stapelprogrammierung *f* ‖ ~ **quantity** / Losmenge *f* ‖ ~ **recipe** / Chargenrezept *n* ‖ ~ **size** / Chargenumfang *m* (QS), Losgröße *f*, Umfang der Charge ‖ ~ **test** / Stichprobenprüfung *f* DIN 43782, Serienprüfung *f* ‖ ~ **variation** / Chargenstreuung *f*
batch-oriented *adj* / diskontinuierlich *adj*
batch-related *adj* / chargenbezogen *adj*
bath lubrication / Badschmierung *f*, Sumpfschmierung *f*
bath-carburized *adj* / badaufgekohlt *adj*
bath-nitrided *adj* / badnitriert *adj*
bath-tub curve / Badewannenkurve *f*
Bati-Bus (Bbus) *n* / BBus ‖ **Bati-Bus Club International (BCI)** / BCI
BATT LOW LED (battery low LED) / Batterieausfall-Anzeige *f*
batten luminaire / Lichtleiste *f*
Battenfeld machine / Battenfeldmaschine *f*
batter boards / Schnurgerüst *n*
battery *n* / Batterie *f*, Akkumulator *m*
battery-backed *adj* / batteriegepuffert *adj*, gepuffert *adj*
battery back-up / batteriegestützte Stromversorgung, Batteriepufferung *f*, Pufferung *f* ‖ ~ **battery backup unit** / Puffereinheit *f* ‖ ~ **base** / Batteriestand *m* ‖ ~ **booster** / Ausgleichslademaschine *f* ‖ ~ **box** / Batteriekasten *m*, Batteriefach *n*, Batterieeinschub *m* ‖ ~ **charge warning light** / Batterieladungswarnlicht *n* ‖ ~ **charger** / Batterieladegerät *n* ‖ ~ **compartment** / Batteriefach *n* (HG), Batteriekasten *m*, Batterieeinschub *m* ‖ ~ **cover** / Batteriehaube *f* ‖ ~ **cradle** / Batteriekäfig *m* ‖ ~ **crate** / Batterieträger *m* ‖ ~ **eliminator** IEC 65 / Netzanschlussteil für batteriebetriebene Geräte VDE 0860 ‖ ~ **failure** / Batterieausfall (BAU) *m* ‖ ~ **lamp** / Batterielampe *f*, Taschenlampe *f* ‖ ~ **low Batterieausfall** (BAU) *m* ‖ ~ **low LED (BATT LOW LED)** / Batterieausfall-Anzeige *f* ‖ ~ **low signal** / Batterieausfall (BAU) *m* ‖ ~ **module** / Batteriemodul *n* ‖ ~ **monitoring** / Batterieüberwachung *f*
battery-maintained *adj* / batteriegepuffert *adj*
battery-operated electric fence controller / Elektrozaungerät mit Batteriebetrieb ‖ ~ **emergency luminaire** / Sicherheitsleuchte mit Einzelbatterie ‖ ~ **vehicle** / Batteriefahrzeug *n*
battery-powered appliance / batteriegespeistes Gerät, batteriebetriebenes Gerät
battery rack / Batteriegestell *n* ‖ ~ **stand** / Batteriegestell *n* ‖ ~ **stand-by supply** / batteriegestützte Stromversorgung, Batteriepufferung *f* ‖ ~ **stillage** / Batteriegestell *n* ‖ ~ **tray** / Batterietrog *m* ‖ ~ **warning indicator** / Batteriewarnanzeiger *m*, Tiefentladeanzeiger *m*
Bauch transformer / Bauch-Transformator *m*
baud *n* / Baud *n* (Bd (Einheit f. Datenübertragungsrate)) ‖ ~ **rate** / Baudrate *f*, Übertragungsrate *f*, Übertragungsgeschwindigkeit *f*
bay *n* / Bucht *f*, Feld *n* (FLA), Schaltanlagenfeld *n*, Fach *n*, Einbauraum *m*, Einbaurahmen *m*, Gestell *n*, Fabrikhalle *f*, Einbauplatz *m*, Schaltfeld *n* ‖ **hinged** ~ / Schwenkrahmen *m* DIN 43 350 ‖ **transformer** ~ / Transformatorfeld (FLA) ‖ ~ **component** / feldbezogener Komponent *n* ‖ ~ **controller** /

Feldleitgerät *n* ‖ ~ **control level** / Feldleitebene *f* ‖ ~ **disable** / Feldsperre *f* ‖ ~ **housing** / Einbaugehäuse *n* ‖ ~ **interlocking** / Feldverriegelung *f*
bayonet automobile cap / Bajonettsockel für Automobillampen (BA 15) ‖ ~ **base** s. bayonet cap ‖ ~ **cap (B.C. lamp cap)** / Bajonettsockel *m*, Swan-Sockel *m* ‖ ~ **coupling** / Bajonettkupplung *f* ‖ **bayonet fiber optic connector (BFOC)** / BFOC ‖ ~ **fuse carrier** / Renkkappe *f* (Sich.) ‖ ~ **holder** / Bajonettfassung *f*, Renkfassung *f* ‖ ~ **lock** / Bajonettverschluss *m*, Renkverschluss *m* ‖ **bayonet nut connector (BNC)** / BNC, Steckerverbindung mit Bajonettarretierung ‖ ~ **pin** / Bajonettstift *m*, Führungsstift *m* (Lampensockel)
bay unit / Abzweiggerät *n* ‖ ~ **width** / Feldbreite *f*, Feldteilung *f* (FLA)
BBC / Eimerkettenschaltung *f* (BBD)
BBSY s. bus busy
Bbus (Bati-Bus) / BBus
BC s. business computer
BCC / Blockprüfzeichen *n*, Blockprüfungszeichen *n*
BCD (binary coded decimal) / im Binärcode verschlüsselte Dezimalen, DBC (Dezimal-Binärcode) ‖ **BCD** / binär codierter Dezimalcode (BCD), Binär-Dezimalcode *m* ‖ ~ **coded** / BCD-codiert *adj* ‖ ~ **number** / BCD-Zahl *f*
BCD/binary conversion / BCD-Binär-Wandelung *f*
BCF (block conversion file) / BCF (Block Conversion File)
BCD code (binary-coded decimal code) / BCD Code *m* (binär codierter Dezimalcode)
BCL s. base-coupled logic
B.C. lamp cap s. bayonet cap
BCLR s. bus clear
b-contact *n* / Öffner *m* VDE 0660,T.200), Öffnungskontakt *m*, Trennkontakt *m*, Ruhekontakt *m*, b-Kontakt *m*, Ausschaltglied *m*
BCR s. byte count register
BCU s. bus coupling unit
BCS (Basic Coordinate System) / BKS (Basiskoordinatensystem)
BD (basic data) / globale Daten
BDOS s. basic disk operating system
beacon *n* / Leuchtfeuer *n*, Signalfeuer *n*, Feuer *f*, Bake *f* ‖ ~ **lamp** / Seezeichenlampe *f* ‖ ~ **light** / Leuchtfeuer *n*
bead *v* / bördeln *v*, wulsten *v*, falzen *v* ‖ ~ *n* / Bördelrand *m*, Falz *m*, Wulst *m*, Randwulst *m*, Isolierperle *f*, Perle *f*, Schweißraupe *f*, Sicke *f* ‖ ~ **chain** / Knotenkette *f*
beaded *adj* / gesickt *adj* ‖ **beaded screen** / Perlwand *f*
beading *n* / Bördeln *n*, Falzen *n*, Faltenbildung *f* ‖ ~ **die** / Sickenwerkzeug *n*
bead-patterned *adj* / perlgemustert *adj*
bead-to-bend distance / Abstand vom unteren Rand der Perle bis zum Einschmelzknick (Perlfußlampen)
beam *n* / Balken *m*, Träger *m*, Traverse *f*, Querträger *m* (Freileitungsmast), Strahl *m*, Kettbaum *m* ‖ **gaussian** ~ / Gaußsches Strahlenbündel, Gaußscher Strahl *m* ‖ **triangular** ~ / dreieckförmiger Ausleger (f. Leitungsmontage) ‖ ~ **alignment** / Strahlausrichtung *f* ‖ ~ **angle** / Strahlöffnungswinkel *m* ‖ ~ **attenuator** / Strahlabschwächer *m* ‖ ~ **axis** / Hauptstrahl *m* (Schallstrahl) ‖ ~ **blanking** / Strahlverdunkelung *f* (Osz.) ‖ ~ **compression factor** /

Strahlverdichtungsfaktor m (Osz.) || ~ **current** / Strahlstrom m || ~ **deflection tube** / Ablenkverstärkerröhre f, Elektronenstrahl-Schaltröhre f || ~ **direction** / Strahlrichtung f, Ausstrahlungsrichtung f || ~ **divergence** / Strahldivergenz f, Feldweite der Strahldivergenz || ~ **expander** / Strahlaufweiter m || ~ **finder** / Strahlsucher m, Leuchtpunkt-Suchvorrichtung f (Osz.) || ~ **focussing** / Strahlenbündelung f || ~ **gantry** / Riegel m (eines Einsystemmastes) || ~ **index** / Schalleintrittspunkt m DIN 54119 || ~ **lead** / Balkenleiter m || ~ **modulation percentage** / Strahlungsmodulationsgrad m, Kontrastübertragung f || ~ **of incidence** / Einfallstrahl m || ~ **of light** / Lichtstrahl m, Lichtbündel n || ~ **orientation** / Strahlorientierung f || ~ **path** / Strahlweg m, Strahlengang m
beam-power tube / Strahltetrode f
beam rotation / Strahldrehung f (Osz.) || ~ **splitter** / Strahlteiler m (LWL), Strahlzerleger m || ~ **spread** / Anstrahlungswinkel m || ~ **stop** / Strahlfänger m (Lasergerät) || ~ **switching** / Strahlumschaltung f (Osz.) || ~ **weighing machine** / Hebelwaage f || ~ **width** / Strahlweite f
PIMS (plant information management system) / PIMS
bearer wire / Tragseil n (f. Luftkabel), Tragdraht m, Tragorgan n
bearing n / Lager n, Lagerstelle f, Lagereinsatz m, Auflager n, Kalotte f, Abfangung f || ~ **area** / Auflagefläche f || ~ **arrangement** / Lageranordnung f, Lagerung f || ~ **block** / Lagerbock m, Lagerkörper m, Lager-Transportverspannung f, Lagerrumpf m || ~ **bolt** / Lagerbolzen m || ~ **bolt of detent lever** / Rasthebel-Lagerbolzen m || ~ **box** / Lagerkörper m (Schale + Lagermetall) || ~ **bracket** / Lagerarmstern m, Lagerträger m, Lagerstern m, Lagerbrücke f, Tragstern m (WKW), Lagerbock m, Lagerschild n, Armstern m || ~ **brass** / Lagermetall n, Lager-Weißmetall n || ~ **bush** / Lagerbuchse f, Lagerschalenkörper m || ~ **cap** / Lagerkappe f, Lagerdeckel m || ~ **capacity of soil** / Bodenbelastbarkeit f || ~ **cartridge** / Lagereinsatz m, Lagergehäuse n, Lagerkörper m || ~ **clearance** / innere Lagerluft, Lagerspiel n || ~ **collar** / Lagerbund m, Lagerschulter f, Lagerdeckel m || ~ **current** / Lagerstrom m, Wellenstrom m || ~ **design** / Lagerkonzept n || ~ **end pressure** / Kantenpressung f || ~ **extractor** / Lager-Abziehwerkzeug n || ~ **friction** / Lagerreibung f || ~ **friction loss** / Lagerreibungsverluste m pl || ~ **gland** / Lagerdichtung f || ~ **hole** / Lagerbohrung f || ~ **hole for arc chute carrier** / Lagerbohrung für Träger Lichtbogenkammer || ~ **hole for bearing piece** / Lagerbohrung Lagerstück || ~ **housing** / Lagergehäuse n, Lagerdeckel m, Lagerkörper m || ~ **hub** / Lagernabe f || ~ **insulation** / Lagerisolierung f || ~ **jewel** / Lagerstein m (EZ), Lochstein m (EZ) || ~ **journal** / Wellenzapfen m, Lagerzapfen m, Lagerzapfen m, Gleitzapfen m, Tragzapfen m, Wellengleitlagersitz m || ~ **liner** / Lagerkörper m (Schale + Lagermetall) || ~ **lining** / Lagerausleidung f, Lagerfutter m, Lagermetallausguss m || ~ **load** / Lagerbelastung f || ~ **metal** / Lagermetall n, Lager-Weißmetall n || ~ **neck** / Lagerhals m

bearing-oil cooler / Lagerölkühler m || ~ **pump** / Lagerölpumpe f
bearing pad / Lagerstein m, Traglagersegment n || ~ **pedestal** / Stehlagerbock m, Lagersockel m, Lagerfuß m || ~ **pedestal cap** / Stehlagerdeckel m || ~ **piece** / Lagerstück n || ~ **piece soldering** / Lötung Lagerstück || ~ **plate** / Lagerplatte f (EZ) || ~ **play** / Lagerspiel n, Lagerluft f || ~ **pressure** / Lagerdruck m, Auflagedruck m, Leibungsdruck m, Lochleibungsdruck m, Flächendruck m || ~ **puller** / Lager-Abziehwerkzeug n || ~ **rail** / Lagersohlplatte f || ~ **retainer** / Klemmbrille f || ~ **ring** / Lagerring m, Lagerkranz m || ~ **ring seal** / Gleitringdichtung f || ~ **rivet pin** / Lagernietbolzen m || ~ **runner** / Lagerlaufring m, Traglagerlaufring m || ~ **scraper** / Lagerschaber m, Löffelschaber m || ~ **seal** / Lagerdichtung f || ~ **seat** / Lagersitz m || ~ **segment** / (Trag-)Lagersegment n || ~ **shell** / Lagerschale f, Lagerbuchse f, Lagerschalenkörper m || ~ **shoe** / Lagerstein m, Traglagersegment n || ~ **sleeve** / Lagerschale f, Lagerschalenkörper m, Lagerbuchse f || ~ **socket** / Lagerbuchse f || ~ **spacer** / Lagerdistanzstück n, Distanzbuchse f || ~ **span** / Lagerabstand m
bearing-strength n / Auflagekraft f
bearing stress / Lagerbeanspruchung f, Lagerbelastung f, Lochleibungsdruck m, Druckspannung f, Leibungsdruck m || ~ **surface** / Lauffläche f (Lg.), tragende Fläche, Auflagefläche f, Lagerlauffläche f || ~ **thrust face** / Lageranlauffläche f, Anlaufbund m, Lagerbund m || ~ **wear** / Lagerabnutzung f
beat n / Schwebung f, Anlaufschwingung f, Überlagerung f || ~ **sine** ~ / Sinusschwebung f, Schwingungspaket n (sinusförmig, amplitudenmodulierte Sinusschwingung) || ~ **antinode** / Schwebungsbauch m || ~ **curve** / Schwebungskurve f || ~ **cycle** / Schwebungsperiode f || ~ **frequency (BF)** / Schwebungsfrequenz f, Überlagerungsfrequenz f
beat-frequency oscillator (BFO) / Schwebungsfrequenzoszillator m
beat voltage / Schwebespannung f
bed n / Grundplatte f, Bett n, Sohle f || **to ~ in brushes** / Bürsten einschleifen
bedding n (cable) / Polster n (Kabel), Zwischenschicht f || ~ **area** (bearing) / Tragspiegel m, Lagerspiegel m
bedplate n / Grundplatte f, Fundamentplatte f
bee line n / Luftlinie f
begin of shift / Schichtbeginn m
beginning n / Anfang m || **beginning of stress** / Beanspruchungsbeginn m (QS)
behaviour n / Verhalten n, Betriebsverhalten n || ~ **in fire** / Brandverhalten n || ~ **under alternating load** / Wechsellastverhalten n || ~ **under exposure to heat** / Wärmeverhalten n || ~ **under long-time test conditions** / Langzeitverhalten n
behind adv (viewing system) / hinten adv (im Betrachtungssystem) || ~ **tape reader system (BTR system)** ISO 2806-1980 / BTR-Schnittstelle f
bell n / Glocke f, Klingel f, Haube f, Kappe f, Zentrierbund m, Unterschneidung f (Fundamentgrube), Läuferkappe f || ~ **button** / Glockentaster m, Klingeltaster m || ~ **counter tube** / Glockenzählrohr n
bell-crank lever / Winkelhebel m (BK-Schalter)

bell out *v* / aufweiten *v*, ausbauchen *v*
bellows *n pl* / Balg *m*, Faltenbalg *m*, Balgenmembran *f* || **expansion** ~ / Dehnungsbalg *m* || ~ **element** / Balg-Messglied *n* || ~ **gauge** / Balgmanometer *n*, Faltenbalgmanometer *n* || ~ **pressure gauge** / Balgmanometer *n*, Faltenbalgmanometer *n* || ~ **seal** / packungslose Ventilspindel-Durchführung, Faltenbalgdurchführung *f*
bellows-type indicator / Faltenbalganzeiger *m*
below *adv* / nachstehend *adv*, unter *adv*
bell pushbutton / Glockentaster *m*, Klingeltaster *m*
bell-ringing transformer / Klingeltransformator *m*
bell system / Klingelanlage *f* || ~ **transformer** / Klingeltransformator *m* || ~ **wire** / Klingeldraht *m*
below-resonance balancing machine / tiefabgestimmte Auswuchtmaschine
belt *n* / Riemen *m*, Treibriemen *m*, Band *n*, Gurt *m*, Zone *f* (Wickl.), Zonenbreite *f*, Förderband *n* || ~ **adjuster** / Riemenspannrolle *f*, Spannrolle *f* || ~ **claw** / Riemenkralle *f* || ~ **conveyor** / Gurtförderer *m* || ~ **conveyor scale** / Bandwaage *f* || ~ **creep** / Riemenschlupf *m* || ~ **differential factor** / Zonenfaktor *m* (Wickl.) || ~ **dressing** / Riemenwachs *n* || ~ **drive** / Riemenantrieb *m*, Gurtantrieb *m*, Riemengetriebe *n*, Riementrieb *m*
belt-driven *adj* / mit Riemenantrieb
belted cable / Gürtelkabel *n*
belt factor / Zonenfaktor *m* (Wickl.) || ~ **failure detection mode** / Lastmomentüberwachung *f* || ~ **fastener** / Riemenverbinder *m*, Riemenschloss *n* || ~ **fork** / Riemenleitgabel *f*, Riemengabel *f*, Riemenführung *f* || ~ **grease** / Riemenfett *n* || ~ **grip** / Riemenhaftung *f* || ~ **guard** / Riemenschutz *m* || ~ **guide** / Riemenführung *f*, Riemenleitgabel *f* || ~ **highway** / Ringstraße *f*, Ortsumgehungsstraße *f* || ~ **insulation** / Wickelkopf-Zwischenisolierung *f* IEC 50(411) || ~ **joint** / Riemenverbinder *m*, Riemenschloss *n* || ~ **leakage** / Zonenstreuung *f*, doppelt verkettete Streuung || ~ **leakage flux** / Zonenstreufluss *m* (Wickl.) || ~ **lens** / Gürtellinse *f* || ~ **linked** / gegurtet *adj* || ~ **pitch** / Zonensprung *m* (Wickl.) || ~ **plotter** / Bandplotter *m* || ~ **pulley** / Riemenscheibe *f*, Riemenrolle *f* || ~ **sander** / Bandschleifmaschine *f* || ~ **saw** / Bandsäge *f* || ~ **scale** / Bandwaage *f* || ~ **shifter** / Riemenausrücker *m* || ~ **skewing monitor** / Schieflaufwächter *m* (Förderband) || ~ **skewing switch** / Schieflaufschalter *m* (Förderband) || ~ **slipping** / Riemenschlupf *m* || ~ **spread** / Zonenbreite *f* || ~ **striker** / Riemenausrücker *m* || ~ **tightener** / Riemenspannrolle *f*, Spannrolle *f* || ~ **transmission** / Riemenantrieb *m*, Riementrieb *m*, Gurtantrieb *m*
bench, meter ~ / Zähler-Prüfplatz *m*, Zähler-Prüfeinrichtung *f* || **test** ~ / Prüftisch *m*, Prüfplatz *m*, Messplatz *m*
benchboard *n* / Schalttafel mit Pult, Steuertafel mit Pultvorsatz
benchmark *n* / Nivellementfestpunkt *m*, Vergleichspunkt *m*, Festpunkt *m*, Höhenmarke *f*, Bezugspunkt *m* (f. Messungen) || ~ **program** / Bewertungsprogramm *n*
benchmarks *n pl* / Ausgangswerte *m pl* (Statistik)
bench plate / Anreißplatte *f*
bench-type adjustable luminaire / Werkplatz-Gelenkleuchte *f*
bench unit (o. model) / Tischgerät *n*
bend *n* / Durchbiegung *f*, Bogen *m*, Bogenstück *m*,

Krümmer *m*, Knick *m*, Krümmung *f*, Biegung *f*, Rohrbogen *n* || ~ *v* / krümmen *v*, biegen *v*, abwinkeln *v*
bending actuator / Biegewandler *m* || ~ **arm robot** / Knickarmroboter *m* || ~ **beam** / Biegerbalken *m*, Biegewange *f* || ~ **cheek** / Biegewange *f* || ~ **crack** / Biegeriss *m* || ~ **die** / Biegestanze *f* || ~ **edge** / Biegekante *f* || ~ **fatigue strength** / Dauerbiegewechselfestigkeit *f* || ~ **head** / Biegekopf *m* || ~ **impact test** / Biegeschlagversuch *m* || ~ **jig** / Biegevorrichtung *f* || ~ **limit** / Biegegrenze *f*, Biegezahl *f* || ~ **load** / Biegelast *f*, Biegebeanspruchung *f* || ~ **machine** / Biegemaschine *f*, Biegebank *f* || ~ **moment** / Biegemoment *m* || ~ **press** / Biegepresse *f*, Abkantmaschine *f*, Abkantpresse *f* || ~ **radius** / Biegeradius *m* || ~ **ring** / Biegering *m* || ~ **stiffness** / Biegesteifigkeit *f*, Biegefestigkeit *f* || ~ **strain** / Biegedehnung *f* || ~ **strength** / Biegefestigkeit *f* || ~ **stress** / Biegespannung *f*, Biegebeanspruchung *f* || ~ **test** / Biegeprüfung *f*, Wickelprüfung *f* (Kabel) || ~ **test over a rod** / Dornbiegeprüfung *f* || ~ **vibration** / Biegeschwingung *f*, Spreizschwingung *f*, Knickschwingung *f*
bend lap joined / biegeverlappt *adj* || ~ **loss** / Biegeverlust *m* (LWL) || ~ **number** / Biegezahl *f*, Biegeziffer *f* || ~ **radius** / Biegeradius *m*, Krümmungsradius *m* || ~ **test** / Biegeprüfung *f*, Wickelprüfung *f* (Kabel) || ~ **test jig** / Biegevorrichtung *f* (Prüf.) || ~ **test of surface-deposited bead** / Aufschweißbiegeprobe *f* || ~ **the connecting line** / Verbiegen der Verbindungslinie
benefit *n* / Nutzen *m*
bent *adj* / gebogen *adj* || **bent coil** / Schlupfspule *f*, gekröpfte Spule || ~ **edgewise** / hochkant gebogen, um die hohe Kante gebogen
BER s. bit error rate / BER (Bitfehlerrate)
BERO / BERO (Näherungsschalter) || ~ **inductive proximity switch** / induktiver Näherungsschalter BERO || ≙ **pickup** / BERO-Aufnehmer *m*
BERR s. bus error
Bessel function / Zylinderfunktion *f*
best straight line / beste Gerade
best-straight-line linearity error / Linearitätsfehler bezogen auf eine beste Gerade
beta battery / Beta-Batterie *f*, Natrium-Schwefel-Batterie *f* || ~ **distribution** / Betaverteilung *f* DIN 55350,T.22
BEU (unconditional block end) / BEA (Bausteinende absolut)
bevel *v* / abschrägen *v*, abfasen *v*, gehren *v*, Kanten brechen, abflächen *v* || ~ *n* / Abschrägung *f*, Fase *f*, Schräge *f*, Schrägungswinkel *m*, Kantenbruch *m*, Gehrung *f* || ~ **cutter** / Kegelstumpffräser *m* || ~ **gear** / Kegelrad *n*, Wälzkegelrad *n*, Winkelgetriebe *n* || ~ **gearing** / Kegelgetriebe *n*, Winkelgetriebe *n*
bevelled bar edge / gebrochene Lamellenkante (Komm.) || ~ **contact surface** / schräge Lauffläche || ~ **corner** / geschrägte Ecke (Bürste) || ~ **edge** / abgeschrägt (o. gebrochene) Kante *adj* || ~ **hand with elbow** / Winkelschrägband (WSH) *f* || ~ **top** / geschrägte Kopffläche (Bürste)
bevel weld / halbe V-Schweißnaht, HV-Naht *f*
bezel *n* / Frontblende *f*, Blende *f*, Linsenhalterung *f* (DT), Frontrahmen *m* (Instrument), Frontring *m* (DT)
Bezier curve / Bezierkurve *f* || ≙ **spline** / Bezier-

Spline *n* || ≙ **surface** / Bezier-Fläche *f*
BF s. beat frequency
BFO s. beat-frequency oscillator
BFOC (bayonet fiber optic connector) / BFOC
BG s. bus grant
BGD s. basic grid dimension
BGIN s. bus grant in line
BGOUT s. bus grant out line
B(H) curve / B(H)-Kurve *f* || ≙ **loop** / B(H)-Schleife *f*
b.h.p . s. brake horsepower
BH product / BH-Produkt *n*, Energieprodukt BH
BI s. bus idle
bias *n* / Vorspannung *f*, Vormagnetisierung *f*, Grundmagnetisierung *f* || ~ (relay) / Haltewirkung *f* (Rel.), Stabilisierungswirkung *f* (Rel.) || ~ (statistics, QA) / Verzerrung *f*, Bias *n*, verzerrender systematischer Fehler || **current** ~ / Strombeeinflussung *f*, Stromstabilisierung *f* (Differentialschutz) || **spring** ~ / Federvorspannung *f* || ~ **charge** / Grundladung *f* (Ladungsverschiebeschaltung), Hintergrundladung *f* || ~ **coil** / Stabilisierungsspule *f* (Differentialrelais), Haltespule *f*, Haltewicklung *f* || ~ **current** / Vorstrom *m*, Vormagnetierungsstrom *m*, Stabilisierungsstrom *m* (Schutzrel.), Ruhestrom *m*
bias-cut fabric / Diagonalschnittgewebe *f*
bias distortion / einseitige Verzerrung
biased balance protection / stabilisierter Differentialschutz, Prozentvergleichsschutz *m* || ~ **current differential protection** / stabilisierter Stromdifferentialschutz || ~ **differential protection** / stabilisierter Differentialschutz, Prozentvergleichsschutz *m* || ~ **differential relay** / Differentialrelais mit Haltewirkung, stabilisiertes Differentialrelais || ~ **longitudinal differential protection** / stabilisierter Längs-Differentialschutz, stabilisierter Längs-Stromvergleichsschutz || ~ **position** / Endtaststellung *f* (HSS) EN 60947-5-1 || ~ **reactor** / vormagnetisierte Drossel || ~ **relay** / stabilisiertes Relais (Differentialschutzrelais), einseitig eingestelltes Relais, Relais mit Haltewirkung, Sperrelais || ~ **sample** / verzerrte Stichprobe || ~ **test** / verzerrte Prüfung
biasing, reverse ~ / Sperren *n* (HL, Stromfluss in Vorwärtsrichtung) || ~ **current** / Vormagnetisierungsstrom *m*, Vorstrom *m* (SR), Bremsstrom *m*, Stabilisierungsstrom *m* (Differentialschutz), Sperrstrom *m* (Differentialschutz) || ~ **potential** / Stabilisierungsspannung *f* (Differentialschutz), Sperrspannung *f*, Vorspannung *f* || ~ **quantity** / Stabilisierungsgröße *f* (Differentialschutz) || ~ **transformer** / Stabilisierungswandler *m* (Differentialschutz), Differentialschutzwandler *m* || ~ **voltage** / Stabilisierungsspannung *f* (Differentialschutz), Vorspannung *f*, Sperrspannung *f*
bias of estimator / systematische Abweichung der Schätzfunktion DIN 55350,T.24, Verzerrung der Schätzfunktion || ~ **of result** / systematische Ergebnisabweichung (Statistik, QS) || ~ **winding** / Vorstromwicklung *f* (Transduktor)
biaxial testing / zweiachsige Prüfung (Erdbebenprüf.)
Bibby coupling / Bibby-Kupplung *f*
BICO (Binary Connector) / BICO || ≙ **connector** / BICO-Stecker *m* || ≙ **parametrization** / BICO-Parametrierung || ≙ **source** / BICO-Quelle *f* || ≙ **technique** / BICO-Technik *f*
BiCo (Binector-Connector) / BICO
bicycle dynamo / Fahrradlichtmaschine *f* || ~ **headlight lamp** / Fahrradscheinwerferlampe *f* || ~ **path** / Radweg *m*
bid *n* IEC 50(715) / Belegungsversuch *m* (KN) || **bid review** / Angebotsüberprüfung *f*
bidirectional *adj* / bidirektional *adj*, doppelgerichtet *adj* (a. KN) || ~ **approach** / Einfahren aus beiden Richtungen (WZM, NC) || ~ **bus** / Zweirichtungsbus *m*, bidirektionaler Bus DIN IEC 625 || ~ **chopper** / Gleichspannungssteller für 2 Energierichtungen || ~ **command** / Zweirichtungsbefehl *m* || ~ **connection** / Wechselwegschaltung *f* (LE) || ~ **control** / Steuerung in beiden Richtungen (LE, Stellerelement) || ~ **counter** / Zweirichtungszähler *m*, Vorwärts-Rückwärts-Zähler *m* || ~ **current pulse** / Doppelstromimpuls *m*, bipolarer Impuls || ~ **diode thyristor** / Zweirichtungs-Thyristordiode *f*, Diac *m* || ~ **fan** / drehrichtungsunabhängiger Lüfter, Lüfter für zwei Drehrichtungen || ~ **impulse** / Impuls mit zwei Richtungen || ~ **light** / zweistrahliges Feuer || ~ **lockout (o. blocking) device** (o. blocking device) / Sperre in beiden Richtungen (SG) || ~ **message transfer** / bidirektionale Nachrichtenübertragung || ~ **readout** / Zweirichtungsanzeige *f*, Plus-Minus-Anzeige *f* || ~ **shift register** / Vorwärts-Rückwärts-Schieberegister *n*, Rechts-Links-Schieberegister *n* || ~ **thyristor** / Zweirichtungsthyristor *m*, Doppelwegthyristor *m* || ~ **traffic** / Zweirichtungsverkehr *m* (FWT) || ~ **transistor** / Zweirichtungstransistor *m*, bidirektionaler Transistor *m* || ~ **triode thyristor** / Zweirichtungsthyristortriode *f*, Triac *m* || ~ **valve** / Zweirichtungsventil *n* (LE) || ~ **wheel** / Rolle für zwei Fahrtrichtungen, schwenkbares Rad
bifilar winding / bifilare Wicklung, Doppelfadenwicklung *f*
bifurcated contact / geschlitzter Kontakt || ~ **winding** / geteilte (gespaltene o. unterteilte o.aufgeschnittene) Wicklung *adj*
bifurcating box / Doppelabzweigmuffe *f*
BIL s. basic impulse insulation level
bilateral control / zweiseitige Steuerung || ~ **drive** / doppelseitiger (o. zweiseitiger o.beiderseitiger) Antrieb *adj* || ~ **gear(ing)** / zweiseitiges Getriebe || ~ **tolerance** / zweiseitiges Abmaß
billing data / Verrechnungsdaten *pl* || ~ **error probability** / Wahrscheinlichkeit für fehlerhafte Gebührenabrechnung IEC 50(179) || ~ **management** / Abrechnungsmanagement *n* || ~ **measuring** / Verrechnungsmessung *f* || ~ **meter** / Verrechnungszähler *m* || ~ **metering** / Verrechnungszählung *f* || ~ **period** / Abrechnungsperiode *f* (StT), Verrechnungsperiode *f* (StT) || ~ **point** / Verrechnungsstelle *f* (Zählstelle für Stromlieferung)
bill of materials / Materialliste *f*, Stückliste *f*
bimetal *n* / Bimetall *n* || **bimetal contact** / Zweimetallkontakt *m*, Bimetallkontakt *m*
bimetallic element / Bimetallelement *n*
bimetallic-element switch / Bimetallschalter *m* DIN 41639
bimetallic instrument / Bimetall-Messgerät *n*, Bimetallinstrument *n*

bimetal(lic) relay / Bimetallrelais *n* ‖ ~ **relay for heavy starting** / Bimetallrelais für Schweranlauf
bimetallic thermometer / Bimetallthermometer *n*
bimetal rocker / Bimetallwippe *f* ‖ ~ **strips** / Bimetallstreifen *m pl* ‖ ~ **thermostat** / Bimetall-Temperaturwächter *m* ‖ ~ **value** / Bimetallwert *m* ‖ ~ **wire** / Bimetalldraht *m*
bimodal probability distribution / bimodale Wahrscheinlichkeitsverteilung, zweigipflige Wahrscheinlichkeitsverteilung
bin *n* / Überrahmen *m*, Behälter *m*, Silo *m*, Bunker *m* ‖ ~ **weighing equipment** / Bunkerwaage *f*
binary *adj* / binär *adj*, dual *adj* ‖ **binary adder** / Dualaddierer *m*
binary/ASCII display / Dual-ASCII-Ausgabe *f*
binary/BCD conversion / Binär/BDC-Umsetzung *f* (o. -Wandlung)
binary character / Binärzeichen *n* DIN 44300 ‖ ~ **code** / Binärcode *m*, Dualcode *m*, Dual-Code *m* ‖ ~ **coded** / dualcodiert *adj* ‖ ~ **coded decimal (BCD)** / binär codierter Dezimalcode (BCD), Binary Coded Decimal (Binär codierte Dezimalzahlen), im Binärcode verschlüsselte Dezimalen, Dezimal-Binärcode (DBC) *m*
binary-coded *adj* / binärkodiert *adj* ‖ ~ **decimal code (BCD)** / binär codierter Dezimalcode (BCD), Binär-Dezimalcode *m* ‖ ~ **scale** / binärcodierter Maßstab
binary combinational element / binäres Verknüpfungsglied, binäres Schaltelement ‖ ~ **control** / binäre Steuerung ‖ ~ **counter** / Binärzähler *m*, Dualzähler *m* ‖ ~ **de-energizing circuit** / binärer Abschaltkreis DIN19226 ‖ ~ **decimal code** / binär codierter Dezimalcode (BCD), im Binärcode verschlüsselte Dezimalen, Binary Coded Decimal ‖ ~ **delay circuit** / binäre Verzögerungsschaltung ‖ ~ **digit** / Binärziffer *f*, Binärstelle *f* ‖ ~ **divider** / Dualdividierer *m*, T-Kippglied *n*, Binärteiler *m* ‖ ~ **error correcting code** / binärer Fehlerkorrekturcode ‖ ~ **error detecting code** / binärer Fehlererkennungscode ‖ ~ **exponential** / binär-exponentiell *adj* ‖ ~ **exponential backoff** / binär-exponentiell ermittelte Verzichtsdauer (LAN) ‖ ~ **fraction** / Dualbruch *m* ‖ ~ **function** / binäre Funktion, Dual-Funktion *f*, binäre Verknüpfung, Verknüpfungsfunktion *f*, Verknüpfungsoperation *f* ‖ ~ **hue** / Zwischenton *m* (Farbton) ‖ ~ **image** / Binärbild *n* ‖ ~ **image** / Binärbild *n*, digitalisiertes Bild ‖ ~ **logic** / binäre Verknüpfung ‖ ~ **logic function** / Verknüpfungsfunktion *f*, binäre Verknüpfung, Verknüpfungsfunktion *f*, binäre Funktion ‖ ~ **logic operation** / binäre Verknüpfung, binäre Funktion, Verknüpfungsfunktion *f*, Verknüpfungsoperation *f*
Binary Connector (BICO) / BICO push-pull-button *n* / Druck-Zug-Schalter *m*
binary-logic element / binäres Verknüpfungsglied, binäres Schaltelement ‖ ~ **operation** / binäre Verknüpfung ‖ ~ **system** / binäres Schaltsystem
binary multiplier / Dualmultiplizierer *m* ‖ ~ **notation** / Binärschreibweise *f* ‖ ~ **number** / Dualzahl *f*, Binärzahl *f* ‖ ~ **number system** / Binärsystem *n*, Dualsystem *n*, Zweiersystem *n* ‖ ~ **operation** / binäre Operation, Binäroperation *f*, binäre Funktion (o. Verknüpfung) ‖ ~ **output** / binärer Ausgang *m*, Binärausgabe *f* ‖ ~ **pattern** / Binärmuster (BM) *n* ‖ ~ **result** / Binärergebnis (BIE) *n* ‖ ~ **ripple counter**

/ binärer Asynchronzähler ‖ ~ **root extractor** / Dualradizierer *m* ‖ ~ **scaler** / Binäruntersetzer *m*, binärer Untersetzer ‖ ~ **signal** / binäres Signal, Zweipunktsignal *n*, Binärsignal *n* ‖ ~ **state information** / binäre Zustandsinformation, binär dargestellte Zustandsinformation ‖ ~ **statement** / Binäranweisung *f* ‖ ~ **subtractor** / Dualsubtrahierer *m* ‖ ~ **synchronous communication (BSC)** / binärsynchrone Übertragung (BSC)
binary-to-decimal conversion / Binär-Dezimalumsetzung *f*
binary value / Binärwert *m* ‖ ~ **variable** / binäre Variable ‖ ~ **word** / Binärwort *n*
binaural sensation / zweiohriges Hören
bind *v* / binden *v*, zusammenhalten *v*, klemmen *v*, an eine Klemme anschließen, fressen *v*, festfressen *v*
binder *n* / Bindemittel *n*
binding, language ~ / Sprachschale *f* (GKS) ‖ ~ **band** / Bandage *f* (el. Masch.) ‖ ~ **energy** / Bindungsenergie *f*
binding-head screw / Hemmkopfschraube *f*
binector converter / Binektorwandler *m*
Binector-Connector (BiCo) / BICO
binding post / Klemmenbolzen *m*, Anschlussbolzen *m* ‖ ~ **process** / Bindevorgang *m* ‖ ~ **screw** / Klemmschraube *f*, Klemmenschraube *f*, Anschlussschraube *f* ‖ ~ **wire** / Bindedraht *m*
binominal coefficient / Binominalkoeffizient *m* ‖ ~ **distribution** / Binominalverteilung *f* DIN 55350,T.22 ‖ ~ **population** / binominale Grundgesamtheit ‖ ~ **probability** / Binominalwahrscheinlichkeit *f*
bio-chip *n* / organischer Chip, Bio-Chip *m*
bioconversion *n* / Biomasse *f*
bioluminescence *n* / Biolumineszenz *f*
biometry *n* / Biometrie *f* (ZKS)
bi-pin cap / Zweistiftsockel *m*
biplane filament / zweibeiniger Leuchtkörper
bipolar *adj* / bipolar *adj*, zweipolig *adj*, Doppelstrom-... ‖ ~ **circuit** / Bipolarschaltung *f* ‖ ~ **d.c. signal** / Doppelstrom-Gleichstromsignal *n* ‖ ~ **HVDC link** / zweipolige HGÜ-Verbindung ‖ ~ **HVDC system** / bipolares (o. zweipoliges) HGÜ-System *adj* ‖ ~ **junction transistor** / bipolarer Sperrschichttransistor ‖ ~ **line** / zweipolige Leitung, bipolare Leitung ‖ ~ **machine** / Zweipolmaschine *f*, Zweiphasenmaschine *f* ‖ ~ **mode** / bipolar Betriebsart (A-D-Umsetzer) ‖ ~ **operational amplifier (BOP)** / bipolarer Operationsverstärker (BOP) ‖ ~ **pulse** / bipolarer Impuls, Doppelstromimpuls *m* ‖ ~ **transistor** / bipolarer Transistor, Bipolartransistor *m*
bipost cap / Zweistiftsockel *m*
biquinary counter / Biquinärzähler *m*
bird hazard / Vogelschlaggefahr *f* ‖ ~ **hazard reduction** / Verhütung von Vogelschäden ‖ ~ **screen** / Vogelschutzgitter *n*
birefractive *adj* / doppelbrechend *adj*
birefringence *n* / Doppelbrechung *f*
birefringent *adj* (optical fibre) / doppelbrechend *adj*
bisect *v* / halbieren *v*
bisecting line / Halbierungslinie *f*, Winkelhalbierende *f* ‖ ~ **point** / Halbierungspunkt *m* (einer Strecke)
bisector *n* / Halbierungspunkt *m*, Halbierungsebene *f*, Winkelhalbierende *f*, Halbierungslinie *f*
bistable amplifier / Kippverstärker *m* ‖ ~ **characteristic** / bistabiles Verhalten, Kippverhalten

bit 46

n || ~ circuit / bistabiles Kippglied DIN 44300 || **~ element** IEC 117-15 / bistabiles Kippglied DIN 40700, bistabile Kippstufe, T-Kippglied n || **~ element of master-slave type** / JK-Kippglied mit Zweiflankensteuerung || **~ fluidic device** / bistabiles Strömungselement || **~ relay** / bistabiles Relais || **~ storage tube** / bistabile Speicherröhre || **~ system** / bistabiles System, System mit zwei stabilen Zuständen
bit n / Bit n || **~ address** / Bitadresse f || **~ array** / Bitfeld n || **~ array type** / Bitfeldtyp m || **~ bar** / Bitleiste f || **~ by bit** / bitweise adv, bitseriell adj || **~ combination** / Bitverknüpfung f || **~ condition code** / Bitanzeige f (SPS) || **~ condition-code field** / Bit-Anzeigefeld n (Indikatorfeld) || **~ density** / Bitdichte f, Aufzeichnungsdichte f || **~ display** / Bit-Anzeige f || **~ error** / Bitfehler m || **~ error probability** / Bitfehlerwahrscheinlichkeit f || **~ error rate (BER)** / Bitfehlerquote f, Bitfehlerrate (BER) f (Verhältnis von fehlerhaften Bits zu der Gesamtzahl der Bits bei einer Übertragung) || **~ field** / Bitfeld n || **~ format** / Bit-Format n
bi-threshold detector / Schwellwertdetektor m (binäres Schaltelement) || **~ input** / Eingang mit zwei Schwellwerten
bit indicator field / Bit-Anzeigefeld n (Indikatorfeld) || **~ information** / Bitinformation f || **~ mask** / Ausblendmaske f, Bitmaske f || **~ memory** / Markierungszeichen (M) n, Flagge f, Merker (M) m || **~ modular** / feinmodular adj || **~ operation** / Bitbefehl m
bit-oriented organization / bitorientierte Organisation
bit pattern / Bitmuster n, Binärmuster n || **~ rate** / Bitrate f, Bitfolgefrequenz f, Bitgeschwindigkeit f, Übertragungsgeschwindigkeit f (in Bit/s) || **~ scaler** / Bitteiler m
bit-serial adj / bit-seriell adj, bitweise adj || **~ process data highway interface system** / bitserielles Prozessbus-Schnittstellensystem
bit significance / Bitwertigkeit f || **~ position** / Bitposition f || **~ processor** / Bitprozessor m || **~ reset command** / Bitrücksetzkommando n || **~ set command** / Bitsetzkommando n || **~ size** / Bitgröße f || **~ skew** / Bitversatz m || **~ test operation** / Bittestoperation f || **~ time** / Bitzeit f
bit-slice processor / Bitscheiben-Prozessor m, Bitslice-Prozessor m
biting of the sliding surface / Fressen der Gleitfläche
bits per second (BPS) / Bits pro Sekunde (BPS)
bit string / Bitfolge f, Bitreihung f, Bitleiste f, Bitkette f
bivariate normal distribution / bivariate Normalverteilung DIN 55350,T.22 || **~ point distribution** / zweidimensionale Häufigkeitsverteilung, Punktwolke f || **~ probability distribution** / bivariate Wahrscheinlichkeitsverteilung DIN 55350,T.21
bivector n / Ebenengröße f
black-and-white monitor / Schwarz-Weiß-Monitor m (SW-Monitor), Schwarz-Weiß-Sichtgerät n || **~ picture tube** / Schwarz-Weiß-Bildröhre f || **~ TV** / Schwarz-Weiß-Fernsehen n
black band / Kommutierungsgrenzkurvenbereich m (el.Masch.)
black-band test / Aufnahme der Kommutierungsgrenzkurven, Black-band-Versuch m
blackboard model / Wandtafelmodell n
blackbody n / schwarzer Strahler, schwarzer Temperaturstrahler || **~ radiator** / schwarzer Strahler, schwarzer Temperaturstrahler
black box / schwarzer Kasten, Black-box f || **~ commutation** / funkenfreie Kommutierung
blackening n / Schwärzung f
black halo / schwarzer Halo || **~ ice alarm (device)** / Glatteiswarner m (Kfz) || **~ light lamp** / Schwarzlichtlampe f, Schwarzglaslampe f, Ultraviolett-Dunkelstrahler m || **~ noise** / schwarzes Rauschen || **~ out** v / abdunkeln v, verdunkeln v || **~ pickled** / schwarzgebeizt
blackout n / Vollausfall m, Totalausfall m, Systemzusammenbruch m, Netzzusammenbruch m
black start / Schwarzstart m (nach blackout)
blade n / Schaufel f, Klinge f, Messer n || **~ connector** / Flachsteckverbinder m || **~ contact** / Messerkontakt m (a. an Steckverbinder), Messerkontaktstück n || **~ terminal** / Flachklemme f
bladed shutter / Lamellenverschluss m
blade-type fuse / Flachsicherung f
blank v / austasten v, dunkeltasten v, ausblenden v (CAD, eines Elements), verschließen v, ausstanzen v, blindverflanschen v, ausschneiden v, Rohling m, Schnittteil n / ISO 3592 / Zwischenraumzeichen n (NC, CLDATA-Wort), Rohteil n, Ausgangsteil n, Stanzteil n, Leerstelle f, Leerzeichen n || **~ area** / Rohteilbereich m || **~ character** / Leerzeichen n || **~ compartment** / Leerfach n || **~ component drawing** / Rohteilzeichnung f || **~ cubicle** / Leerfeld n || **~ cubicle cover** / Leerfeldabdeckung f || **~ dimensions** / Rohteilabmessungen f pl, Abmessungen des Rohteils
blanked off / mit Blindstopfen verschließen ||
blanked picture signal / Bildaustastsignal n (BA-Signal)
blanket authorization / Pauschalgenehmigung f || **~ coverage sales organization** / flächendeckende Vertriebsorganisation || **~ order** / Rahmenauftrag m || **~ switch** / Heizdeckenschalter m
blank flange / Blindscheibe f, Blindflansch m || **~ form** / Blankett n || **~ keytop** / Blindkappe f || **~ legend plate** / Leerschild n || **~ location cover** / Leerplatzabdeckung f || **~ material** / Rohmaterial n || **~ measurement** / Rohteilerfassung f
blanking n / Bildschirmdunkelsteuern n, Bildschirmdunkelschaltung f, Dunkelschaltung f, Ausstanzung f, unsichtbar machen (graf. DV), Austasten n (eines Kanals), Unterdrücken n (der Darstellung von Teilbildern o. Elementen), Dunkelsteuerung f, Dunkeltasten n || **~ cap** / Abdeckkappe f, Blindabdeckkappe f || **~ cover** / Blinddeckel m (Software-Version:), Blindplatte f, Abdecksteg m, Abdeckplatte f, Blindabdeckung f (a. Leuchte) || **~ cover frame** / Blindabdeckrahmen m || **~ cut** / Umgrenzungsschnitt m || **~ die** / Ausschneidwerkzeug n, Blechschnitt m, Stanzwerkzeug n, Platinenschnitt m || **~ flange** / Vorschweißflansch m, Blindflansch m || **~ frame** / Blindabdeckrahmen m || **~ layout** / Schnitteilanordnung f || **~ out of noise** / Ausblenden von Störungen f || **~ plate** / Blindplatte f, Verschlussplatte f, Abdeckblech n, Blindabdeckblech n, Blindabdeckung f,

Abdecksteg *m*, Blinddeckel *f* (Software-Version:), Abdeckplatte *f*, Abschlussplatte *f* || ~ **plug** / Blindstopfen *m*, Blindstecker *m*, Blindverschluss *m* || ~ **signal** / Dunkelsteuerungssignal *n*, Austastsignal *n* || ~ **strip** / Blindabdeckstreifen *m*, Abdeckstreifen *m* || ~ **tool** / Ausschneidwerkzeug *n*, Blechschnitt *m*, Platinenschnitt *m*, Blechlocher *m*
blanks optimization / Leerzeichenoptimierung *f*
blank instruction / Überspringbefehl *m*, Nulloperationsbefehl *m* || ~ **overlay** / Leerfolie *f* (Tastatur) || ~ **part dimensions** / Rohteilabmessungen *f pl*, Abmessungen des Rohteils || ~ **plug** / Blindverschlussstopfen *m* || ~ **scale** / Blankoskale *f* || ~ **solution** / Blindprobe *f* (Lösung) || ~ **space** / Leerstelle *f* || ~ **step** / Leerschritt *m* || ~ **suppression** / Leerstellenunterdrückung *f* || ~ **tape** / ungelochter Lochstreifen *m* || ~ **test** / Blindversuch *m* (Kunststoff) || ~ **test label** / Blanko-Prüfmarke *f* || ~ **tile** / Leerbaustein *m* (Mosaikbaustein)
blast cylinder / Blaszylinder *m* || ~ **piston** / Blaskolben *m* || ~ **valve** / Blasventil *m*, Blasschieber *m*
bleeder/condensing turbine / Entnahme-Kondensationsturbine *f*
blasted *adj* / gestrahlt *adj*
bleed resistor / Ableitwiderstand *m* (Gerät)
blemish, picture ~ / Störfleck *m* (ESR)
blended braking / überlagerte Bremsung (Bahn) || ~ **lamp** / Mischlichtlampe *f*, Verbundlampe *f*
blending control / Mischungsregelung *f* || ~ **weighing machine** / Gattierwaage *f*
B-level calibration facility / B-Prüfstelle *f*
blind conductor / Ausgleichsfläche *f* (gS) || ~ **hole** / Sackloch *n*, Sackbohrung *f*, Blindloch *n*, Grundloch *n* || ~ **zone** / Blindzone *f* (NS)
blink *v* / blinken *v*
blinker *n* / Blinker *m*, Blinklicht *n* (Kfz)
blinking *n* / Blinken *n* || ~ **cursor** / blinkende Schreibmarke || ~ **frequency** / Blinkfrequenz *f*, Blinktakt *m* || ~ **light** / Blinklicht *n*, Blinkfeuer *n*, Unterbrechungsfeuer *n* || ~ **on a change of state** / Änderungsblinken *n* || ~ **signal** / Blinksignal *n*
blister *n* / Blase *f* (a. gS)
blistering, bulb ~ / Aufblasen des Kolbens (Lampe)
blister packing / Blasenpackung *f*, Blisterpackung *f*
blob *n* / Fleck *m*, Klumpen *m*, Bildelementgruppe *f*, Bildpunktfleck *m*
Bloch band / Bloch-Band *n* (HL), Energieband *n* || ~ **wall** / Bloch-Wand *f*
block *v* / sperren *v*, feststellen *v*, arretieren *v*, verriegeln *v* || **block** *n* / Quader *m*, Parallelepiped || ~ *n* (NC, PC, I&C) / Satz *m* (NC), Baustein *m* (SPS, Leitt.), Programmbaustein *m*, Bedingungsbaustein *m* || ~ (string of records, words or characters) / Block *m* (Folge von Sätzen, Worten o. Zeichen, FWT) || ~ (continuous range of memory addresses) / Block *m* (zusammenhängender Bereich von Speicheradressen) || **calibration** ~ / Kontrollkörper *m* || **connection** ~ / Klemmenleiste *f*, Klemmenblock *m*, Anschlussleiste *f* || **contact** ~ / Kontaktblock *m* (o. -einheit), Schaltereinsatz *m*, Schaltelement *n*, Schaltpaket *n* || **reference** ~ / Vergleichskörper *m* || **snatch** ~ / Klapprolle *f* || ~ **abort** / Satzabbruch *m* || ~ **address** / Blockadresse *f*, Satzadresse *f* (SPS), Bausteinadresse *f* || ~ **address format** / Adressenschreibweise *f*,

Adressschreibweise *f* || ~ **address list** (PC) / Baustein-Adressliste *f* (SPS) || ~ **advance** / Satzweiterschaltung *f* || ~ **attribute** / Bausteinattribut *n* || ~ **bearing** / Fußlager *n* || ~ **body** (PC) / Bausteinrumpf *m* (SPS) || ~ **boundary** / Satzgrenze *f*, Bausteingrenze *f* || ~ **brake** / Klotzbremse *f*, Backenbremse *f* || ~ **by block** / blockweise *adj*
block-by-block input / satzweise Eingabe, satzweises Einlesen || ~ **processing** / blockweise Verarbeitung
block call / Bausteinaufruf *m*, Satzaufruf *m* (NC), Baustein-Aufruf *m* (SPS) || ~ **call, conditional** / Bausteinaufruf, bedingt DIN 19239 || ~ **call instruction** / Bausteinaufruf *f* || ~ **call operation** / Bausteinaufrufoperation *f* || ~ **change** / Satzwechsel *m*, Bausteinwechsel *m* (SPS) || ~ **change behaviour** / Verhalten am Satzwechsel || ~ **change position** / Satzwechselpunkt *m* (NC) || ~ **change time** / Satzwechselzeit *f* || ~ **check** / Blockprüfung *f* (DÜ) DIN 44302 || ~ **check character (BCC)** / Blockprüfzeichen *n*, Blockprüfungszeichen *n* || ~ **check sequence** / Blockprüfzeichenfolge *f* || ~ **coincidence** / Satzkoinzidenz *f* (NC) || ~ **contactor** / Blockschütz *n* || ~ **contents** / Satzinhalt *m* || ~ **continuation** / Satzweiterschaltung *f* || ~ **conversion buffer (BCB)** / Block Conversion Buffer (BCB) || ~ **conversion file (BCF)** / Block Conversion File (BCF) || ~ **count readout** / Satznummernanzeige *f* (NC), Satzanzeige *f* (NC) || ~ **counter** / Satzzähler *m* (NC) || ~ **created** / Block mitgeöffnet || ~ **current transformer** / Blockstromwandler *m* || ~ **delete function** / Satzunterdrückung *f* (Das wahlweise Weglassen bzw. Überlesen von Sätzen durch die Steuerung), Satzausblenden *n* || ~ **delimiter** / Blockendezeichen *n* (PMG) || ~ **design** / Blockbauform *f* (PC-Geräte) || ~ **diagram** / Signalflussplan *m*, Blockschaltplan *m*, Blockschaltbild *n*, Übersichtsschaltbild *n*, Blockschaltung *f* (IS) || ~ **display** / Satzanzeige *f* || ~ **drawing** / Druckstock-Zeichnung *f*
blocked *adj* / blockiert *adj*, gesperrt *adj* || **blocked rotor** / blockierter Läufer, festgebremster Läufer
blocked-rotor torque / Anzugsmoment *n* VDE 0530,T.1, Drehmoment bei festgebremstem Läufer
block end (BE) / Bausteinende (BE) *n*, Satzendpunkt *m*, Baustein-Ende *n* (BE), Satzende *n*, EOB || ~ **end operation** / Bausteinendeoperation *f* || ~ **end point coordination** / Satzendpunktkoordination *f* || ~ **error probability** / Blockfehlerwahrscheinlichkeit *f* || ~ **error rate** / Blockfehlerrate *f* || ~ **exclusion list** / Baustein-Ausschlussliste *f* || ~ **execution** / Satzausführung *f*
block-external flag / bausteinexterner Merker
block format / Satzaufbau *m* (NC), Satzformat *n*, Blockformat *n* || ~ **foundation** / Einblockgründung *f* (Freileitungsmast) || ~ **grease** / Blockfett *n* || ~ **header** / Bausteinkopf *m* (SPS) || ~ **I/O** / Blockperipherie *f* || ~ **information** / Satzinformation *f*
blocking *n* / Sperren *n*, Blockierung *f*, Blocken *n* (OSI-System), Blockung *f* || ~ **ability** / Sperrfähigkeit *f* (Thyr, Diode) || ~ **cam** / Sperrnocken *m* || ~ **circuit** / Sperrschaltung *f*, Einschaltverriegelung *f* || ~ **diode** / Sperrdiode *f* || ~ **directional comparison protection** (USA) /

blocking-state 48

Selektivschutz mit Überreichweite und Sperrung || ~ **element** / Sperrglied n (Schutz) || ~ **frequency** / Sperrfrequenz f || ~ **input** / Blockiereingang m || ~ **interval** / Sperrzeit f (Thyr, Diode) || ~ **mechanical system** / blockierende Mechanik (SG) || ~ **oscillator** / Sperrschwinger m || ~ **overreach protection (BOP)** / Selektivschutz mit Überreichweite und Sperrung || ~ **point** / Anschlagpunkt m || ~ **pressure** / Sperrdruck m || ~ **protection** / Selektivschutz mit Sperrung IEC 50(448) || ~ **relay** / Sperrelais n || ~ **state** / Sperrzustand m (Diode) DIN 41781
blocking-state characteristic / Sperrkennlinie f (Thyr) DIN 41786 || ~ **current** / Sperrstrom m (Diode) DIN 41781 || ~ **power loss** / Sperrverlustleistung f (Diode) DIN 41781 || ~ **region** / Sperrbereich m (HL) || ~ **voltage-current characteristic** / Sperrkennlinie f (Diode) DIN 41781
blocking time / Sperrzeit f, Blockierzeit f || ~ **tube** / Sperröhre f || ~ **voltage** / Sperrspannung f || ~ **zone** / Nichtauslösebereich m, Sperrbereich m (Schutz), Ruhebereich m
block-internal flag / bausteininterner Merker
block length / Blocklänge f (Anzahl von Sätzen, Worten o. Zeichen in einem Block), Satzlänge f (NC), Bausteinlänge f (SPS) || ~ **limit** / Satzgrenze f || ~ **list** / Bausteinliste f (Leitt., SPS, NC) || ~ **mica** / Blockglimmer m || ~ **mode** / Satz fahren (NC) || ~ **number** / Satznummer f || ~ **number display** / Satznummernanzeige f (NC), Satzanzeige f (NC), Blocknummernanzeige f || ~ **number search** / Satznummernsuche f (NC) || ~ **of designation** IEC 113-2 / Kennzeichnungsblock m DIN 40719,T.2 || ~ **of flats** / Wohnblock m || ~ **of plates** / Plattenblock m (Batt.) || ~ **of stock** / Blocklager n || ~ **of text** / Textblock m || ~ **overview** / Bausteinliste f, Bausteinübersicht f
block-oriented organization / blockorientierte Organisation
block parameter / Satzparameter m (NC), Bausteinparameter m (SPS) || ~ **parity** / Blockparität f, Satzparität f || ~ **preparation** / Satzaufbereitung f || ~ **property** / Bausteineigenschaft f || ~ **reader** / Satzleser m (NC), Blockleser m || ~ **relay** / Blockrelais n || ~ **relaying** / Satzweiterschaltung f (NC) || ~ **search** / Satzsuchlauf n (NC), Satzsuchen n, Satzvorlauf m, Spindeldrehzahl für Satzsuchlauf (SSL), Satzsuchlauf mit Berechnung, Satzsuche f, Programmwiederstart nach Unterbrechung, Satzvorlauf auf beliebigen Satz || ~ **search element** / Satzsuchlauf-Element n || ~ **search with calculation** / Satzvorlauf auf beliebigen Satz, Satzvorlauf m, Satzsuchlauf mit Berechnung, Programmwiederstart nach Unterbrechung || ~ **search without calculation** (See: block search) / Satzsuchlauf ohne Berechnung (Siehe: Satzsuchlauf) || ~ **securing** / Blocksicherung f (FWT) || ~ **selection** / Baustein Auswahl || ~ **sequence** / Bausteinkette f, Satzfolge f || ~ **sequence number** / Satzfolgenummer f (NC), Satzfolgekennung f (SFK)
block-serial input adj / blockweise (o. satzweise) Eingabe adj
block shell / Bausteinhülse f || ~ **shift** / Bausteinschieben n (SPS) || ~ **size** / Blockgröße f

(Daten) || ~ **skip** / Satzüberlesen f, Satzunterdrückung f, Satzausblenden n, Satzausblendung f || ~ **skip level** / Satzausblendebene f || ~ **splitting** / Satzsplitting n || ~ **stack** / Bausteinstapelspeicher m || ~ **stack (B stack)** / Bausteinstack n (B-Stack (PC)), Baustein-Stack m || ~ **stack contents** / Bausteinstack-Inhalt m (SPS) || ~ **stack overflow** / Bausteinstack-Überlauf m (SPS), Bausteinstacküberlauf (STUEB) m || ~ **stack pointer** / Bausteinstack-Pointer m (SPS), Bausteinstackpointer m || ~ **start** / Blockanfang m, Satzanfang m (NC), Bausteinanfang m (SPS) || ~ **start signal** / Blockanfangssignal n || ~ **starting address register** / Bausteinanfangsregister n || ~ **step enable** / Satzweiterschaltung f || ~ **synchronisation** / Blocksynchronisierung f (FWT) || ~ **tariff** / Zonentarif m, Blocktarif m || ~ **template** / Bausteinvorlage f || ~ **text diagram** / Textblock-Schaltplan m || ~ **transfer** / Blocktransfer m, blockweises Nachladen (BTR) || ~ **transition** / Satzübergang m (NC) || ~ **type** / Bausteintyp m, Bausteinart f
block-type construction / Blockbauweise f, Rechteckbauform f, Kastenbauform f || ~ **current transformer** / Blockstromwandler m
block up v / blockieren v, verstopfen v || ~ **version** / Bausteinausgabe f, Bausteinversion f || ~ **wait time** / Blockwartezeit f
Blondel leakage coefficient / Blondelsche Streuziffer f || ~ **two-reaction theory** / Blondelsche Zweiachsentheorie f
blotting paper / Löschpapier n
blow v / blasen v, ausblasen v, durchbrennen v (Sich.), schießen v (z.B. EPROM), einbrennen v
blowby measurement / Blowby-Messung f (Kfz)
blower n / Gebläse n
blow field n / Blasfeld n || ~ **molding machine** / Blasformmaschine f || ~ **hole** / ausgasendes Loch (gS)
blow-impact test / Fallgewichtsprüfung f, Schlagfestigkeitsprüfung f, Fallprüfung f
blowing n / Blasen n, Durchbrennen n (Sich.), Anblasung f || ~ **magnet** / Blasmagnet m || ~ **resistance** / Durchbrennschutz m || ~ **off** / Abblasen n
blown adj / geblasen adj
blow-off pressure / Abblasdruck m
blow out v / ausblasen v
blowout n / Ausblasen n, Blasung f (magn.), || **magnetic** ~ / magnetische Beblasung, magnetische Lichtbogenblasung || ~ **coil** / Blasspule f || ~ **field** / Blasfeld n || ~ **fuse** / Blassicherung f || ~ **jacket** / Blasmantel m || ~ **magnet** / Blasmagnet m || ~ **plate** / Blasblech n
blue boundary / Blaulinie f (LT)
blueing mark(s) / Tuschierabdruck m (Passflächenkontrolle) || ~ **paste** / Tuschierpaste f
blue phase / Phase T
blueprint n / Blaupause f, Lichtpause f, Pause f
blueprinting lamp / Lichtpauslampe f
blueprint programming / Kontur-Kurzbeschreibung f (NC), Konturzugprogrammierung f (die Möglichkeit, die Kontur eines Werkstücks direkt nach der Werkstückzeichnung zu programmieren), Konturkurzprogrammierung f
blurred adj / unscharf adj (Bild)

rope-operated switch / Seilzugschalter *m*
BMC s. bubble memory controller
ROSCTR (Remote Operating Service Control) /
ROSCTR (Remote Operating Service Control)
BN / Benutzerhandbuch (BN) *n*, Benutzeranleitung
(BN) *f*
BNC (bayonet nut connector) / Steckerverbindung
mit Bajonettarretierung
board *n* / Brett *n*, Tafel *f*, Schalttafel *f*, Leiterplatte *f*,
Karte *f* (Leiterplatte), Schaltungskarte *f*,
Papierpappe *f*, Baugruppe (BG) *f*, Modul *n*
(Funktionseinheit), Flachbaugruppe (FBG) *f*, Pappe
f, Platine *f* || **expansion** ~ / Erweiterungsplatte *f*,
Erweiterungsplatine *f*, Erweiterungsbaugruppe *f*
(Leiterplatte) || **mother** ~ / Trägerleiterplatte *f*,
Grundplatine *f*, Grundplatte *f* || ~
compartmentalization / Schrankaufteilung *f* || ~
component / Schrankbauteil *n* || ~ **defective** /
Baugruppe defekt || ~ **exchange** /
Baugruppentausch *m* || ~ **landing light** /
Landescheinwerfer *m* || ~ **machining** /
Plattenbearbeitung *f* || ~ **sectionizing saw** /
Plattenaufteilssäge *f*
board-high *adj* / schrankhoch *adj*
board-mounted connector / Steckverbinder für
Leiterplattenmontage
Board-of-Trade ohm (GB) / gesetzliches Ohm
board thickness / Plattendicke *f* (gS) || ~ **varnish** /
Baugruppenlackierung *f* || ~ **working** /
Plattenbearbeitung *f*
bobbin coil / Reihenspule *f*, Runddrahtspule *f* (für
Reihenschaltung), Schablonenspule *f* || ~ **core** /
Bandkern *m* || ~ **winding** / Reihenspulenwicklung *f*
BOD s. breakover diode
Bode diagramm / Bode-Diagramm *n*
bodied oil / Dicköl *n*
body *n* / Körper *m* (a. Leuchtmelder), Karosserie *f*
(Kfz.), Klemmkörper *m* (einer Tragklemme),
Körperschaft *f*, Gehäuse *n*, Rumpf *m* || **block** ~ (PC)
/ Bausteinrumpf *m* (SPS) || **cable entry** ~ / Buchse *f*
(Leitungseinführung) EN 50014 || **certification** ~ /
Zertifizierungsstelle *f* || **socket** ~ / Isolierkörper
einer Fassung || **tower** ~ / Mastschaft *m*
(Gittermast) || ~ **and plug design** / Gehäuse- und
Drosselkörperkonstruktion
body belt / Sicherheitsgurt *m* (f. Monteure)
body-centered *adj* / raumzentriert *adj*
body design concerning flow / strömungstechnisch
Gehäusegestaltung || ~ **electronics** /
Karosserieelektronik *f* (Kfz) || ~ **extension** (tower) /
Mastverlängerung *f* || ~ **in white** / Rohbau *m*,
Karosserierohbau *m* || ~ **of a message** / Hauptteil
einer Nachricht (PMG) || ~ **of revolution** /
Drehkörper *m*, Rotationskörper *m* || ~ **text** / Rumpf-
Text *m* || ~ **type** / Gehäuseform *f*
bogie *n* / Drehgestell *n*, Triebgestell *n*
bogie-mounted motor / am Drehgestell befestigter
Motor
bogie swivel bearing / Drehpfannenlager *n*
Bohr magnetron / Bohrsches Magnetron
boiler *n* / Dampferzeuger *m*, Kessel *m* || ~ **burner** /
Brennerbefeuerung *f* || ~ **feedwater** /
Kesselspeisewasser *n* || ~ **room** / Kesselhaus *n* || ~
plate tubular tank / Blechrohrharfenkessel *m*
boiling-oil penetrant inspection / Ölkochprobe *f*,
Eindringverfahren *n*
bold *n* / Fett *n*

boiling range / Siedebereich *m*
bold-face, in ~ **type** / fettgedruckt *adj*
bollard, illuminated ~ / Leuchtsäule *f* || **traffic** ~ /
Verkehrsbake *f*, Verkehrssäule *f*
bolometer *n* / Bolometer *n*
bolt *v* / verschrauben *v* (mit Mutter),
zusammenschrauben *v*, Pendelbolzen *m* || ~ *n* /
Schraube *f*, Bolzen *m*, Mutterschraube *f*,
Durchsteckschraube *f*, Dorn *m*, Riegel *m* || ~
bearing pressure / Lochleibungsdruck *m* || ~
bushing / Durchführung Bolzen || ~ **circle** /
Schraubenlochkreis *m* || ~ **connector** /
Bolzenverbinder *m* || ~ **guide** / Bolzenlenker *m* || ~
hole circle (A point pattern with equally spaced
holes on a circle.) / Bohrkreis *m*, Bohrbild *n*,
Lochkreis *m* (ein Punktmuster auf einem Kreis, das
aus Punkten mit gleichem Abstand untereinander
besteht), Bohrmuster *m*
bolted coupling / Schraubkupplung *f* || ~ **flange joint**
/ Flanschverschraubung *f* || ~ **joint** /
Schraubverbindung *f* (mit Schraube und Mutter),
Verschraubung *f*, Schraubstelle *f* || ~ **short circuit** /
metallischer (o. satter) Kurzschluss *adj*
bolt leakage / Zonenstreuung *f*, doppelt verkettete
Streuung
boltless core / bolzenloser Kern
bolt lock / Riegelschloß *n*
bolt-on circuit-breaker / Anschraub-LS-Schalter *m* ||
~ **fixing** / Anschraubbefestigung *f*,
Schraubbefestigung *f* || ~ **pole** / Schraubpol *m* || ~
type / Anschraubtyp *m* (LSS)
bolt-type screw terminal / Bolzenklemme *f*
bolt pitch circle / Schraubenlochkreis *m* || ~ **spacing** /
Bolzenabstand *m*, Schraubenabstand *m*,
Bolzenteilung *f* || ~ **tightening scheme** /
Schraubenanziehschema *n*
bond *v* / verbinden *v*, kleben *v*, verkleben *v* || ~ *n* /
Verbindung *f*, Bindung *f*, Verklebung *f*, Brücke *f*,
Verbindungsstück *f*, Lasche *f*, Verbindungsstelle *f*,
Strombrücke *f*, Schienenverbinder *m* || **solid** ~ /
feste Schirmverbindung (Kabel) || **unintentional** ~
/ Fremdkontakt *m* (unbeabsichtige metallene
Berührung)
bonded *adj* / gebondet *adj*, verbunden *adj*, geklebt
adj, elektrischleitend verbunden, (an eine
Klemme)angeschlossen *adj*, mit Potentialausgleich
|| ~ **storage** / unter Verschluss (o. Zollverschluß)
gehaltenes Lager
bonderize *v* / bondern *v*, phosphatieren *v*
bonding *n* / Potentialausgleichsverbindung *f*,
Kontaktieren *n* (IS), Verklebung *f*, elektrisch
leitende Verbindung, Erdverbindung *f*,
Überbrückung *f*, Bonden *n*, Potentialausgleich *m*,
Verbindung *f*, Verbinden *n*, Binden *n* || **protective** ~
/ Schutzverbindung *f* (el. Verbindung von Körpern
zum Anschluss an den äußeren Schutzleiter) VDE
0106,T.1 || ~ **shield** ~ / Schirmverbindung *f* (Kabel) ||
~ **agent** / Bindemittel *n*, Kleber *m* || ~ **cement** /
Klebekitt *m* || ~ **conductor** IEE WR /
Potentialausgleichsleiter *m* (PL)
bonding-conductor test / Potentialausgleichsprüfung
f
bonding gland / Stopfbuchsverschraubung *f* || ~
island / Kontaktfleck *m* (IS) || ~ **jumper** /
Potentialausgleichsleiter *m* (PL) || ~ **lead** /
Potentialausgleichsleiter *m*, Potentialanschluss *m* ||
~ **pad** / Kontaktfleck *m* (IS) || ~ **problem** /

bond 50

Kleberproblem *n* || ~ **screw** / Klemmenschraube *f*, Erdungsschraube *f* || ~ **sheet** / Klebefolie *f* (gS) || ~ **strength** / Haftfestigkeit *f*, Schichtfestigkeit *f*, Kontaktfestigkeit *f* (gS), Lagenbindung *f* || ~ **surface** / Klebstelle *f* || ~ **to frame** / Masseanschluss *m*
bond strength / Haftfestigkeit *f*, Schichtfestigkeit *f*, Kontaktfestigkeit *f* (gS), Lagenbindung *f*
Bonetti machine / Bonnetti-Maschine *f*, sektorlose Influenzmaschine
bonnet *n* / Oberteil *n* (Ventil), Deckelflansch *m*, Gehäuseoberteil *n*
book of circuit diagrams / Schaltbuch *n*, Schaltungsbuch *n*
booking data / Buchungsdaten *pl*
bookmark / Lesezeichen *n*
boolean *adj* / boolesch *adj* || ~ **algebra** / Boolesche Algebra, Schaltungsalgebra *f* || ~ **function** / Boolesche Funktion, Verknüpfungsfunktion *f* || ~ **lattice** / Boolescher Verband || ~ **logic** / Boolesche Logik || ~ **operation** / boolesche Verknüpfung, Boolesche Verknüpfung || ~ **operation table** / boolesche Verknüpfungstafel || ~ **processor** / Steuerungsprozessor *m* || ~ **result** / Verknüpfungsergebnis *n* || ~ **value** / Wahrheitswert *m*
boost *n* / Anhebung *f*, verstärken *v*, erhöhen *v*, stützen *v* || ~ **and buck connection** EN 60146-1-1 / steuerbare Reihenschaltung (SR, LE)
boost-and-buck circuit / Zu- und Absetzschaltung || ~ **connection** / Zu- und Gegenschaltung, Zu und Absetzschaltung || ~ **machine** / Zusetz- und Absetzmaschine, Zusatzmaschine für Zu- und Gegenschaltung, Survolteur-Devolteur *m*
boost charge / Starkladung *f* (Batt.) || ~ **control** / Zusatzregelung *f* || ~ **convertor** / Hochsetzsteller *m* || ~ **end frequency** / Endfrequenz Spannungsanhebung
booster *n* / Leistungszusatz *m*, Zusatzmaschine *f*, Verstärker *m*, Zusatztransformator *m*, Querregler *m*, Längsregler *m*, Druckerhöhungspumpe *f*, Zusatzverstärker *m*, Kennlinienmaschine *f* || **transformer** ~ / Transformator-Zusatzregler *m*, Längsregler *m*, Querregler *m* || ~ **amplifier** / Zusatzverstärker *m* || ~ **capacitor** / Schubkondensator *m* || ~ **motor** / Verstärkungsmotor *m*, Empfangsmotor *m* (EZ) || ~ **pump** / Druckerhöhungspumpe *f* || ~ **set** / Zusatzaggregat *n*, Multiplikatoraggregat *n* || ~ **transformer** / Zusatztransformator *m*, Saugtransformator *m* || ~ **winding** / Zusatzwicklung *f*
boost level / Schnellladestufe *f* || ~ **parameter** / Anhebungsparameter *m* || ~ **pressure** / Ladedruck *m* (Turbo-Lader) || ~ **relay** / Leistungsverstärker *m* || ~ **value** / Anhebungswert *m*
boot *n* / Kofferraum *n* (Kfz), Luftkasten *m*, Muffe *f* (StV), Stiefel *m*, schwerer Schuh || ~ *v* / booten *v* || ~ **file** / Bootfile *n*, Bootdatei *f*
booting *n* / Hochlauf *m*, Anlauf *m*, Urladen *n*
boot screen / Hochlaufbild *n*
bootstrap *v* / durch Ureingabe laden, neu laden *v* (Programm) || ~ **(loader) program** / Urladeprogramm *n* || ~ **loading** / Urladen *n*
bootstrapping *n* / Urladen *n*
BOP s. bipolar operational amplifier || ⁰ s. blocking overreach protection || ⁰ **(Basic Operator Panel)** /

Standardbedienfeld *n*, Basis-Bedienfeld *n* || ⁰ **control** / BOP-Steuerung *f* || ⁰-**link** *n* / BOP-Leitung *f*
Borda weighing method / Bordasches Wägeverfahren
border *n* / Rahmen *m* || **border light** / Oberlicht *n* (Bühne)
Bordoni transformer / Bordoni-Transformator *m*
bore *v* / bohren *v*, ausdrehen *v*, ausbohren *v*, aufbohren *v* || ~ *n* / Bohrung *f*, Bohrloch *n*, Bohrlochdurchmesser *m*, Ständerbohrung *f* (el. Masch.) || ~ **(insulating sleeving)** / Kaliber *n* (Nenndurchmesser von Schlauchmaterial) || ~ **diameter** / Bohrungsdurchmesser *m*, Lochdurchmesser *m* || ~ **hole** / Bohrung *f*
bored pile / Bohrpfahl *m*
bore-hole lead insulation / Wellenbohrungsisolation *f*
boring *n* / Bohrung *f* || ~ **attachment** / Bohraggregat *n* || ~ **axis** / Bohrachse *f* || ~ **bar** / Bohrstange *f* || ~ **beam** / Bohrbalken *m*, Bohrspindelgruppe *f* || ~ **cycle** / Ausbohrzyklus *m* || ~ **fixture** / Bohrvorrichtung *f* || ~ **jig** / gabarit de perçage, Bohrschablone *f*, Bohrlehre *f*, Bohrvorrichtung *f* || ~ **machine** / Bohrwerk *n* || ~ **mill** / Bohrwerk *n* || ~ **module** / Bohrmodul *n* || ~ **spindle combination** / Bohrspindelkombination *f* || ~ **tool** / Innendrehmeißel *m*
borings *n* / Bohrspäne *pl*
boron treated / boriert *adj*
boring stroke / Bohrhub *m*
BOS s. basic operator station / BNS (Basis-Nullpunktsystem) || s. basic operating system / BSN (Basisnullpunktsystem) || **BOS (basic origin system)** / BSN (Basisnullpunktsystem), BNS (Basis-Nullpunktsystem)
boss *n* / Vorsprung *m*, Nocken *m*, Warze *f* || ~ **hammer** / Punzhammer *m*
both-way *n* / Zweiweg..., beidseitig gerichtet (KN) || ~ **communication** / gleichzeitige Zweiwegkommunikation, beidseitige Datenübertragung DIN ISO 7498
bottleneck *n* / Engpass *m*, Engstelle *f* || ~ **component** / Engpassteil *n* || ~ **detection** / Flaschenhalserkennung
bottling machine / Getränkeabfüllmaschine
bottom bar / Unterstab *m* (Stabwickl.) || ~ **dead center (BDC)** / unterer Totpunkt (UT) || ~ **die** / Stanzmatrize *f* || ~ **edge** / Unterkante *f* || ~ **flange** / Bodenflansch *m* (Abl.), Flansch am Gehäuseboden, Bodenflansch *m* || ~ **flap** / Bodenverschluss *m* || ~ **front, top rear arrangement** / Untermotor vorn, Obermotor hinten angeordnet || ~ **half bearing** / untere Lagerhälfte || ~ **half-shell** / untere Lagerschalenhälfte
bottoming *n* / Konstanthaltung der Ausgangsspannung
bottom land / Zahngrund *m* || ~ **layer** / Unterschicht *f* || ~ **lug** / Plattenfüßchen *n* (Batt.) || ~ **magnet bearing** / Magnetunterlager *m* (EZ) || ~ **of notch** / Kerbgrund *m* || ~ **oil** / unterste Ölschicht (Trafo) || ~ **pan** / Bodenwanne *f* || ~ **panel** / Bodenplatte *f*, Bodenabdeckung *f*, Bodenblech *n*
bottom-roll motor / Untermotor *m* (Walzwerk)
bottom shell / untere Lagerschalenhälfte, Unterschale *f*
bottom-to-top shifting input / Rückwärts-

braided

Schiebeeingang *m*
bottom view / Unteransicht *f*
Boucherot squirrel-cage motor / Boucherot-Käfigläufermotor *m*, Doppel-Käfigläufermotor *m* || ≏ **transformer** / Boucherot-Transformator *m*, Konstantstromtransformator *m*
bounce *n* / Prellen *n* (Kontakte), prellen *v* || **pantograph** ~ / Abspringen des Scherenstromabnehmers
bounce-free *adj* / prellfrei *adj*
bought-out parts / Zukaufteile *n pl*
bounce suppression / Prellunterdrückung *f* || ~ **test** / Prellprüfung *f*, Prelldauer *f* || ~ **time** / Prellzeit *f*
bouncing *n* / Prellen *n* (Kontakte) || **bouncing time** / Prellzeit *f*, Prelldauer *f*
bound *n* / Begrenzung *f* (Leiterplatte) || **I/O-~** *adj* / E/A-intensiv *adj*
boundary, pn ~ / pn-Grenzfläche *f* (HL) || **process** ~ / Anschlussebene zum Prozess || ~ **condition** / Grenzbedingung *f*, Rahmenbedingung *ff*, Randbedingung *f* || ~ **data** / Grenz-Wertepaare *n pl* || ~ **day marking** / Umgrenzungstagesmarkierung *f* (Flp.) || ~ **dimension** / Baumaß *n* (Lg.) || ~ **friction** / Grenzreibung *f*, halbflüssige Reibung || ~ **item** / Berandungselement *n* (CAD) || ~ **layer** / Grenzschicht *f*, Grenzfläche *f* || ~ **lights** / Umgrenzungsfeuer *n* (Flp.), Randfeuer *n* || ~ **lubrication** / Grenzschmierung *f* || ~ **marker** / Umgrenzungsmarker *m* (Flp.) || ~ **marking** / Umgrenzungsmarkierung *f* (Flp.) || ~ **pattern** / Trennungsmuster *n* (SPS) || ~ **value** / Randwert *m*, Grenzwert *m*
bound connection / gebundene Verbindung
bounded quantification / beschränkte Quantifizierung
bounding, active ~ / aktive Begrenzung (Verstärker) || ~ **error** / Kopierfehler *m* (Verstärker)
bound mode / geführte Mode (LWL) || ~ **twin-post connection** / gebundene Zwillingsstift-Verbindung
Bourdon pressure gauge / Rohrfeder-Druckmesser *m* || ≏ **pressure sensor** / Rohrfeder-Druckaufnehmer *m* || ≏ **spring** / Rohrfeder *f*, Bourdon-Feder *f*
Bourdon-spring element / Rohrfeder-Messwerk *n*
Bourdon tube / Bourdon-Rohr *n*, Rohrfeder *f*
Bourdon-tube element / Rohrfeder-Messwerk *n*
bow *n* / Bogen *m*, Bügel *m*, Bügelstromabnehmer *m* || ~ **(printed circuit)** / Wölbung *f* || ~ **contact** / Bügelkontakt *m*
Bowden cable / Bowdenzug *m* || **Bowden wire** / Seilzug *m*
bowing *n* / Bogigkeit *f*
bowl *n* / Kugel *f*, Leuchtenschale *f* || **enclosing** ~ / Abschlusswanne *f* (Leuchte) || **luminaire** ~ / Leuchtenschale *f*
bow-stator motor / Sektormotor *m*
bow-type collector / Bügelstromabnehmer *m*
box *n* / Kasten *m*, Gehäuse *n*, Klemmenkasten *m*, Quader *m* (CAD-Befehl), Kiste *f* || **dialog** ~ / Dialogfenster *n* || **gain** ~ / Verstärkungsfeld *n* (Verstärkerröhre) || **volt** ~ / Mess-Spannungsteiler *m*, Gleichspannungsteiler *m* || ~ **coupling** / Schalenkupplung *f* || ~ **frame** / Blockgehäuse *n*, Kastengehäuse *n*
box-frame construction / Kastenkonstruktion *f*, Blockgehäuseausführung *f* || ~ **motor** / Blockmotor *m*

box girder / Kastenträger *m* || ~ **magazine** (cf. THYER 1988, pp 39.) / Flächenmagazin *n* (Oberbegriff: Werkzeugmagazin, Werkzeugspeicher) || ~ **negative plate** / Kastenplatte *f* (Batt.) || ~ **nut** / Überwurfmutter *f*, Blindmutter *f* || ~ **plate** / Kastenplatte *f* (Batt.) || ~ **terminal** / Rahmenklemme *f*, Kastenklemme *f* || ~ **terminal block** / Rahmenklemmenbausatz *m*, Rahmenklemmenblock *m*
box-type ACS / BV in Kastenbauform || ~ **assembly** IEC 439-1 / Kastenbauform *f* (SK) VDE 0660,T.500 || ~ **brush holder** / Kastenbürstenhalter *m*, Taschenbürstenhalter *m* || ~ **construction** / Blockbauform *f*, Kastenbauform *f*, Rechteckbauform *f*, Hohlkastenbauweise *f* || ~ **distribution board** / Kastenverteiler *m* || ~ **frame** / Kastenrahmen *m* || ~ **magazine** / Flächenmagazin *n* (Oberbegriff: Werkzeugmagazin, Werkzeugspeicher) || ~ **motor** / Blockmotor *m* || ~ **reflector** / Kastenreflektor *m* || ~ **stator** / Blockständer *m*, Rechteckständer *m*
bps / Bit/s
BPS s. bits per second
BRA s. branch go to
brace *v* / versteifen *v*, verstreben *v*, verspannen *v*, Versteifungsstrebe *f* || ~ *n* / Strebe *f*, Stütze *f*, Holm *m*, Brustleier *f* || **shipping** ~ / Transportverspannung *f*, Transportversteifung *f*, Läuferhaltevorrichtung *f*, Transportsicherung *f*
bracing *n* / Versteifung *f*, Verstrebung *f*, Aussteifung *f*, Abspannung / || **main** ~ / Hauptdiagonale *f* (Gittermast) || **plan** ~ / Querverband *m* (Gittermast) || ~ **block** / Versteifungsklotz *m*, Abstandsstück *n* || ~ **clamp** / Versteifungslasche *f* (Wickl.) || ~ **element** / Versteifungsstück *n*, Abstützelement *f*, Wickelkopfversteifung *f*, Distanzstück *n* || ~ **system** / Versteifungen *f pl*, Diagonalausfachung *f* (Gittermast)
bracket *n* / runde Klammer, Klammer *f*, Bock *m*, Halterung *f*, Spannpratze *f*, Pratze *f*, Winkel *m*, Tragarm *m*, Lagerstern *m*, Konsole *f*, Stütze *f*, eckige Klammer, Ausleger *m*, Armstern *m*, Wandarm *m*, Bügel *m*, Abstützbock *m* || **built over** ~ / Überbaubügel *m* || ~ **arm** / Auslegerarm *m* || ~ **contact edge** / Anschlagkante Bock
bracketed logic operation / Verknüpfung mit Klammerung || **bracketed operation** / Klammerbefehl *m* || ~ **term (o. expression)** / Klammerausdruck *m*
bracket fixing EN 40 / Auslegeranschluss *m* (Lichtmast) || ~ **level** / Klammerebene *f*
bracketing *n* / Klammerbildung *f*, Klammerung *f*
bracket projection / Auslader *m* (Ausleger eines Lichtmasts)
bracket-type magnet / Hakenmagnet *m*
Bragg's reflection conditions / Braggsche Reflexionsbedingungen *f pl*
braid *v* / umflechten *v*, bespinnen *v*, beflechten *v* || ~ *n* / Umflechtung *f* (Kabel)
braided conductor / umflochtener Leiter || ~ **cotton hose** / Bindfadenschlauch *m* || ~ **electrode** / umflochtene Elektrode || ~ **fiber yarn** / geflochtene Faserstoff-Schnur || ~ **flexible cord** / Gummiader *f* || ~ **lead** / Litze *f* || ~ **ROM** / Fädel-ROM *n*, Fädelspeicher *m* || ~ **screen** / Schirmgeflecht *n* || ~ **shield** / Geflechtschirm *m* (Kabel), Kabelschirm *m*, Schirmgeflecht *n*,

braiding 52

Abschirmung *f*, Schirmung *f* (leitende Schutzummantelung), Schirm *m*
braiding *n* / Umspinnung *f* (Kabel), Umflechtung *f* (Kabel), Überspinnung *f*
brake *v* / bremsen *v*, abbremsen *v*, herabbremsen *v* || ~ *n* / Bremse *f* || ~ **band** / Bremsband *n* || ~ **band tension** / Bandspannung *f* || ~ **booster** / Bremskraftverstärker *m* (Kfz) || ~ **box** / Bremsbock *m* || ~ **contact** / Bremskontakt *m* || ~ **control module** / Bremsregelmodul *n*, Bremssteuermodul *n* || ~ **cylinder** / Bremszylinder *m*, Bremstrommel *f* || ~ **disc** / Bremsscheibe *f* (a. EZ) || ~ **drum** / Bremstrommel *f* || ~ **force** / Bremskraft *f*
braked weight / Bremsgewicht *n*
brake dynamometer / Bremsdynamometer *m*, Bremszaum *m*
brake-flux system / Bremsflusssystem *n* (MSB)
brake friction surface / Bremsfläche *f* || ~ **horsepower (b.h.p.)** / Bremsleistung *f*, Brems-PS *f*, Nutzleistung *f*, Nettoleistung *f* || ~ **lifting magnet** / Bremslüfter *m* || ~ **light** / Bremsleuchte *f* (Kfz), Bremslicht *n*, Stopplicht *n* || ~ **lining** / Bremsbelag *m* || ~ **lining meat indicator** / Bremsbelagverschleißanzeige *f* (BVA) || ~ **lining wear indicator** / Bremsbelagverschleißanzeige *f* (BVA) || ~ **magnet** / Bremsmagnet *m*, Bremslüftmagnet *m* || ~ **motor** / Bremsmotor *m*, Stoppmotor *m* || ~ **pad** / Bremsklotz *m*, Bremsbacke *f*, Bremsschuh *m* || ~ **pad wear indicator** / Bremsbelagverschleißanzeige *f* (BVA) || ~ **piston** / Bremskolben *m* || ~ **port** / Bremsöffnung *f* || ~ **power** / Bremskraft *f* || ~ **pressure regulator** / Bremsdruckregler *m* || ~ **regulator** / Bremsregler *m* || ~ **relay** / Bremsrelais *n* || ~ **release** / Bremsöffnung *f* || ~ **release time** / Bremsöffnungszeit *f* || ~ **releasing magnet** / Bremslüftmagnet *m*, Magnetbremslüfter *m* || ~ **releasing thrustor** / Bremslüfter *m* || ~ **resistance** / Bremswiderstand *m* || ~ **resistor** / Bremswiderstand *m*
brake-rod linkage / Bremsgestänge *n*
brake shoe / Bremsschuh *m*, Bremsklotz *m*
brake-shoe clearance / Bremsbackenspiel *n* || ~ **lining** / Bremsbackenbelag *m*
brake switchgroup / Bremsschalter *n* (Bahn), Bremsschaltwerk *n* || ~ **test** / Bremsversuch *m* || ~ **testing bench** / Bremsstand *n* || ~ **thrustor** / Bremslüfter *m* || ~ **to rest** / Abbremsen auf Stillstand || ~ **track** / Bremsring *m* (WKW) || ~ **wear sensor** / Bremsverschleißsensor *m* || ~ **wear warning** / Bremsbelagverschleißanzeige *f* (BVA)
braking *v* / abbremsen *v*, bremsen *v* || **braking and jacking system** / Brems- und Hubanlage (WKW) || ~ **and jacking unit** / Brems-und Hebebock (WKW) || ~ **area** / Bremsfläche *f* || ~ **by armature short circuiting** / Ankerkurzschlussbremsung *f* || ~ **by plugging** / Bremsen durch Gegendrehfeld, Gegenstrombremsung *f* (durch Umpolen), Inversionsbremsung *f* || ~ **by reversal** / Bremsen durch Gegendrehfeld, Gegenstrombremsung *f* (durch Umpolen), Inversionsbremsung *f* || ~ **circuit** / Bremsstromkreis *m* || ~ **contactor** / Bremsschütz *n* || ~ **controller** / Bremsregler *m*, Bremssteller *m*, Bremsschaltwerk *n* || ~ **current** / Bremsstrom *m* || ~ **dependent on line supply** / fahrdrahtabhängige Bremsung || ~ **distance** / Bremsweg *m* || ~ **effect** / Bremswirkung *f* || ~ **effort** / Bremskraft *f* || ~

element / Bremseinrichtung *f* (EZ) || ~ **energy** / Bremsarbeit *f* || ~ **force** / Bremskraft *f* || ~ **force control(system)** / Bremskraftregelung *f* || ~ **function** / Bremsfunktion *f* || ~ **generator** / Bremsgenerator *m* || ~ **independent of line supply** / fahrdrahtunabhängige Bremsung || ~ **magnet** / Bremsmagnet *m* (a. EZ) || ~ **notch** / Bremsstufe *f* (Fahrschalter), Bremsstellung *f* || ~ **parabola** / Bremsparabel *f* || ~ **power** / Bremsleistung *f*, Bremskraft *f* || ~ **ramp** / Bremsrampe *f* || ~ **rate** / Bremsverzögerung *f* || ~ **reactor** / Bremsdrossel *f* || ~ **resistor** / Bremswiderstand *m* || ~ **step** / Bremsstufe *f* (Fahrschalter), Bremsstellung *f* || ~ **switchgroup** / Bremsschaltwerk *n* || ~ **system** / Bremseinrichtung *f* || ~ **test** / Bremsversuch *m* || ~ **torque** / Bremsmoment *n* || ~ **unit** / Bremseinheit *f* || ~ **vane** / Hemmfahne *f* (EZ)
branch *v* / verzweigen *v*, springen *v* (DV-Programm), Abzweigung *f*, Zweigniederlassung *f* || ~ / Zweig für die Zustandsestimation, Stichkanal *m*, Sprungleiste *f*, Sprungverteiler *m*, Sprung *m* (DV), (Befehl:) Springe *m*, Sprungverzweigung *f*, Ast *m*, Verzweigung *f*, Abzweigleitung *f*, Zweigstelle *f*, Abzweig *m*, Programmverzweigung *f*, Strang *m*, Zweig *m* (a. Datensatz) || **AND** ~ / UND-Aufspaltung *f* DIN 19237, UND-Verzweigung *f* || **conditional** ~ / bedingter Sprung || **program** ~ / Programmsprung *m* || ~ **address** / Sprungadresse *f* || ~ **circuit** / Abzweigstromkreis *m*, Endstromkreis *m*, Stromzweig *m* || ~ **circuit- breaker** / Abzweigschalter *m*
branch-circuit panel / Abzweigfeld *n* || ~ **switch** / Abzweigschalter *m* || ~ **terminal** / Abzweigklemme *f*
branch crack / abzweigender Riss || ~ **destination** / Sprungziel *n* || ~ **distributor** / Sprungverteiler *m* || ~ **feeder** / Abzweig-Speiseleitung *f*, Zweigleitung *f*, Abgangsleitung *f*
branch-feeder unit / Abzweigeinheit *f*, Abzweig *m*, Abgang *m*
branch go to (BRA) / Verzweigung nach (MPU)
branching *n* / Sprungverzweigung *f*, Programmverzweigung *f* || **branching box** / Abzweigkasten *m*, Abzweigbox *f* || ~ **device** IEC 50(731) / Verzweiger *m* (LWL-Verbindung) || ~ **off** / Abzweigen *n* || ~ **technique** / Verzweigungstechnik *f*
branch instruction / Verzweigungsbefehl *m*, Sprungbefehl *m*, Sprunganweisung *f* DIN 19237 || ~ **joint** / Abzweigverbindung *f* || ~ **label** / Label *n*, Sprungmarke *f* || ~ **line** / Abzweigleitung *f* (Netz) || ~ **of external model** / Zweig des externen Netzes || ~ **office** / Zweigniederlassung *f* || ~ **office works** / Zweigniederlassungs-Werkstätte *f* || ~ **switch** / Abzweigschalter *m* || ~ **terminal** / Abzweigklemme *f*
brand *n* / Marke *f*
brass-plate *v* / vermessingen *v*
brass-plated *adj* / vermessingt *adj*
brass *n* / Messing *n* || ~ **sealing strip** / Messingbanddichtung *f* || ~ **solder** / Messinglot *n*, Hartlot *n* || ~ **washer** / Messingscheibe *f*
braze *v* / messinglöten *v*, hartlöten *v* || ~ **welding** / Schweißlöten *n*
brazed *adj* / hartgelötet *adj* || **brazed open joints** / Spaltlöten *n*
brazing alloy / Messinglot *n*, Hartlot *n*, Schlaglot *n* ||

~ **filler metal** / Lot *n* ‖ ~ **solder** / Messinglot *n*,
Hartlot *n*, Schlaglot *n* ‖ ~ **speller** / Messinglot *n*,
Hartlot *n*, Schlaglot *n* ‖ ~ **temperature** /
Löttemperatur *f*
breadboard (circuit) / Brettschaltung *f*
breadth factor / Zonenfaktor *m* (Wickl.)
break *n* / Pause *f*, Schaltstrecke *f*, Drahtbruch *m*,
Bruch *m*, Gesamtschaltstrecke *f*, Trennstrecke *f*,
Trennstelle *f*, Unterbrechung *f*, Riss *m*, Knick *m* ‖
break *v* / brechen *v* ‖ ~ IEC 50(191) / Pause *f* (in
einem Dienst) ‖ ~ ISO 3592 / Unterbrechung *f* (NC,
Lochstreifen, CLDATA-Wort), Unterbrechung *f*
breakage *n* (cf. break) / Bruch *m*, Riss *m* ‖ ~ **location**
/ Bruchstelle *f* ‖ ~ **plate** / Bruchscheibe *f*
breakaway *n* / Losbrechen *n*, Losreißen *n* ‖ ~
connector / Steckverbinder mit
Notzugentriegelung ‖ ~ **friction** / Losbrechreibung
f ‖ ~ **pulse** / Losbrechimpuls *m* ‖ ~ **starting current**
/ Anzugsstrom *m* (Mot.) ‖ ~ **starting voltage** /
Anzugsspannung *f* (Mot.) ‖ ~ **torque** /
Losbrechmoment *n*, Anzugsmoment *n*,
Anfahrmoment *n*, Losbrechdrehmoment *n* ‖ ~
voltage / Losbrechspannung *f*
break-before-make arrangement (o. feature) /
Überlappung *f* (Kontakte, Öffner-vor-Schließer) ‖ ~
changeover contact (element) / Wechsler ohne
Überlappung, Wechsler mit Unterbrechung ‖ ~
contact / Öffner-vor-Schließer *m*
break-before-make-feature / mit Unterbrechung
break circuit / Öffnungskreis *m*, Ruhestromschaltung
f, Öffnungsschaltung *f* (EZ) ‖ ~ **contact** / Öffner
(Ö) *m* VDE 0660,T.200, Öffnungskontakt *m*,
Ausschaltglied *n*, Trennkontakt *m*, Ruhekontakt *m* ‖
~ **contact (\b\ contact)** / \b\ Kontakt *m* ‖ ~ **contact
delayed on closing** / verzögert schließender Öffner,
Öffner mit zeitverzögerter Schließung ‖ ~ **contact
delayed when operating** / verzögert öffnender
Öffner ‖ ~ **contact element** IEC 3371 / Öffner *m*
VDE 0660,T.200, Öffnungskontakt *m*,
Ausschaltglied *n*, Trennkontakt *m*, Ruhekontakt *m* ‖
~ **distance** (ICS 2-225) / Schaltstrecke *f* (HSS, PS)
VDE 0660,T.200 ‖ ~ **down** *v* / ausfallen *v*, versagen
v, zusammenbrechen *v*, durchschlagen *v*, kippen *v*,
aufgliedern *v*, zergliedern *v*, aufschlüsseln *v*
breakdown *n* / Zusammenbruch *m*, Ausfall *m*,
Störungsfall *m*, Durchbruch *m* (Isol., HL), Versagen
n, Panne *f*, Kippen *n*, Aufgliederung *f*,
Aufschlüsselung *f* ‖ ~ (in a gas) / Durchschlag *m* (in
einem Gas) ‖ **electric** ~ / elektrischer Durchschlag
IEC 50(212) ‖ **electrical** ~ **of insulation** / Versagen
der Isolation unter elektrischer Beanspruchung ‖
thermal ~ / Wärmedurchschlag *m*, thermischer
Durchbruch (HL) ‖ ~ **characteristic** /
Kippverhalten *n*, einziehende Kennlinie ‖ ~ **diode** /
Begrenzerdiode *f* ‖ ~ **due to thermal instability** /
Wärmedurchschlag *m*, thermischer Durchbruch
(HL) ‖ ~ **factor** / relatives Kippmoment (el.
Masch.) ‖ ~ **field strength** / Durchschlagfeldstärke
f ‖ ~ **fuse** / Überspannungssicherung *f* ‖ ~ **of
barrier junction** / Durchlegieren der Sperrschicht
‖ ~ **region** / Durchbruchsbereich *m* (HL) ‖ ~ **slip** /
Kippschlupf *m* ‖ ~ **strength** / Durchschlagfestigkeit
f, Durchbruchfestigkeit *f* ‖ ~ **of the target market** /
Zielmarktaufteilung *f* ‖ ~ **test** / Kippversuch *m*,
Durchschlagprüfung *f* ‖ ~ **time** / Ausfallzeit *f* ‖ ~
torque / Kippmoment *n* (Asynchronmot.) VDE
0530,T.1

breakdown-torque speed / Kippdrehzahl *f*
breakdown voltage (BV) / Durchschlagsspannung *f*,
Durchbruchspannung *f*
breaker *n* / Schalter *m* (LS), Leistungsschalter *m*,
Brecher *m*, Unterbrecher *m* ‖ **contact** ~ /
Unterbrecher *m* (Kfz), Zündunterbrecher *m* (Kfz) ‖
~ **arc-back** / Schalterrückzündung *f* ‖ ~ **bolt** /
Brechbolzen *m*, Scherbolzen *m* ‖ ~ **failure** /
Schalterversager *m* ‖ ~ **failure protection** (USA) /
Schaltversager-Selektivschutz *m*,
Schalterversagerschutz *m* ‖ ~ **frame** /
Schaltergerüst *n* (LS) ‖ ~ **gap** / Schaltstrecke *f* VDE
0670,T.3 ‖ ~ **head** / Schaltkopf *m* ‖ ~ **intertripping**
/ Schaltermitnahme *f* ‖ ~ **latching mechanism** /
Schaltschloss *n* ‖ ~ **latching mechanism side** /
Schaltschlossseite *f* ‖ ~ **mechanism** / Schaltschloss
n, Schaltermechanik *f* ‖ ~ **oil** / Schalteröl *n* ‖ ~
points / Unterbrecherkontakte *m pl* (Kfz) ‖ ~ **pole** /
Schalterpol *m* (LS) ‖ ~ **position indication** /
Schalterstellungsmeldung *f* ‖ ~ **restrike** /
Schalterrückzündung *f* ‖ ~ **shaft** / Betätigungswelle
f, Schaltwelle *f* ‖ ~ **shaft angle** /
Schaltwellenwinkel *m* ‖ ~ **shaft angle gauge** /
Schaltwellenwinkelmesser *m* ‖ ~ **shaft bushing** /
Durchführung Schaltwelle ‖ ~ **shaft center** /
Schaltwellenmitte *f* ‖ ~ **shaft insulation** /
Schaltwellenisolierung *f* ‖ ~ **shaft stud** /
Schaltwellenzapfen *m* ‖ ~ **size** / Schalterbaugröße *f*
(LS) ‖ ~ **tank** / Schalterkessel *m* (LS) ‖ ~ **terminal** /
Schalterklemme *f* ‖ ~ **truck** / Schalterwagen *m* (m.
Leistungsschalter) ‖ ~ **unit** /
Leistungsschaltereinheit *f*, Schaltereinheit *f*,
Schalteinheit *f* (Schaltereinheit einer dreipol.
Kombination)
break function / Öffnerfunktion *f*, Ausschaltfunktion
f
break-glass call point / Einschlag-Brandmelder *m*
break in *v* / einlaufen *v*, einfahren *v* ‖ ~ **in curve** /
Kurvenknick *m*
breaking *n* / Ausschalten *n*, Ausschaltvorgang *m*,
Abschalten *n*, Brechen *n*, Unterbrechen *n*,
Aufreißen *n* (Kurzschluss) ‖ ~ **arc** /
Ausschaltlichtbogen *m* ‖ ~ **capacity** /
Ausschaltvermögen *n*, Ausschaltleistung *f*,
Abschaltleistung *f*, Schaltleistung *f*,
Schaltvermögen *n* ‖ ~ **capacity test** IEC 214 /
Prüfung des Ausschaltvermögens, Prüfung des
Schaltvermögens VDE 0531 ‖ ~ **circuit** /
Ausschaltstromkreis *m* ‖ ~ **conditions** /
Ausschaltbedingungen *f pl* (SG) ‖ ~ **current** IEC
265 / Ausschaltstrom *m* VDE 0670,T.3 ‖ ~ **energy** /
Abschaltenergie *f* ‖ ~ **force** / Bruchkraft *f*
breaking-in period / Einlaufzeit *f*, Einfahrzeit *f*,
Einarbeitungszeit *f*
breaking length / Reißlänge *f* (Papier) ‖ ~ **load** /
Bruchlast *f* ‖ ~ **of rated operational current** /
Ausschalten des Nennbetriebsstroms ‖ ~ **operation**
/ Ausschalten (SG, Vorgang), Ausschaltung *f* ‖ ~
pattern / Brechmuster *m* ‖ ~ **power** /
Ausschaltleistung *f* (LS,TS), Abschaltleistung *f* ‖ ~
range / Ausschaltbereich *m* (Sich.) ‖ ~ **strength** /
Bruchfestigkeit *f* ‖ ~ **table** / Brechtisch *m* ‖ ~ **test** /
Ausschaltprüfung *f*, Abschaltprüfung *f* ‖ ~ **unit** /
Ausschaltelement *n* (LS)
break mode / Pausenbetrieb *m*
break-out point / Aussprungstelle *f*
break output operation / Öffnerfunktion *f* (NS)

breakover 54

breakover current / Kippstrom *m* (HL) ‖ **~ diode (BOD)** / Kippdiode *f*, Break-over-Diode *f* (BOD) ‖ **~ point** / Kipppunkt *m* (HL) ‖ **~ thyristor** / über Kopf zündender Thyristor ‖ **~ voltage** / Kippspannung *f* (HL), Spannung im Kippunkt ‖ **~ voltage asymmetry** / Unsymmetrie der Kippspannung (HL)
break point / Knickstelle *f*
breakpoint *n* / Haltepunkt *m* (Programmunterbrechungspunkt), Unterbrechungspunkt *m* (Steuerprogramm), Knickpunkt *m*, Anhaltepunkt *m*, Knick *m*, Programmhaltepunkt *m* ‖ **~ bar** / Haltepunktleiste *f*
break position / Pausenstellung *f* ‖ **~ signal** / Pausensignal *n* ‖ **~ spark** / Ausschaltfunken *m*, Abreißfunken *m* ‖ **~ station** / Brechstation *f* ‖ **~ temperature** / Pausentemperatur *f* ‖ **~ test** / Ausschaltprüfung *f*, Abschaltprüfung *f* ‖ **~ time** / Ausschaltzeit *f* (Die Ausschaltzeit ist die Zeitspanne zwischen dem Anfang der Öffnungszeit und dem Ende der Lichtbogenzeit)
break-time *n* IEC 157-1 / Ausschaltzeit *f* (LS) VDE 0660,T.101, Abschaltzeit *f*
break-through voltage / Durchbruchspannung *f*
breather *n* / Atmungsventil *n*, Atmungseinrichtung *f* (explosionsgeschützte Betriebsmittel), Entlüftungsöffnung *f*, Luftentfeuchter *m*, Entfeuchter *m*, Klimastutzen *m*
breeches joint / Gabelmuffe *f* (Kabel), Y-Muffe *f* ‖ **~ piece** / Hosenrohr *n*, Rohrverzweigung *f*
bridge *n* / Brücke *f*, Messbrücke *f*, Buskoppler *m* (f. gleichartige Systeme), Übergangseinheit *f* (LAN), Riegel *m* (eines Einsystemmastes), Bridge *f*, Koppelelement *n* ‖ **~ arrester** / Brückenableiter *m* ‖ **~ circuit** / Brückenschaltung *f* (Messtechnik)
bridge-connected *adj* / in Brückenschaltung ‖ **~ rectifier** / Gleichrichter in Brückenschaltung
bridge connection / Brückenschaltung *f* (LE) ‖ **~ contact** / Brückenkontakt *m* ‖ **~ converter connection** / Stromrichterbrückenschaltung *f*
bridged-T network / Zweitor in überbrückter T-Schaltung
bridger amplifier / Abzweigverstärker *m*
bridge instrument / Brückenmessgerät *n*
bridges in cascade / Kaskadenbrückenschaltung *f*
bridge support / Lagerbrücke *f* (f. Zwischenwelle) ‖ **~ transition** / Brückenumschaltung *f* (Fahrmotoren), Brückenschaltung *f*
bridge-type off-load tap changer / Mittenumsteller *m* (Trafo)
bridging *n* / Brücke *f*, Überbrückung *f* ‖ **~ contact** / Wechsler ohne Unterbrechung, ohne Unterbrechung schaltender Kontakt, Folgewechsler *m* ‖ **~ impedance** / Überbrückungsimpedanz *f*, Überbrückungswiderstand *m*, Überschaltimpedanz *f* ‖ **~ inductor** / Überschalt-Drosselspule *f* (Trafo), Überbrückungs-Drosselspule *f* ‖ **~ operation** (contacts) / ohne Unterbrechung (o. Überlappung) schaltend ‖ **~ reactor** / Überschalt-Drosselspule *f* (Trafo), Überbrückungs-Drosselspule *f* ‖ **~ resistance** / Überbrückungswiderstand *m*, Überschaltwiderstand *m* ‖ **~ time** / Überlappungszeit *f* (Wechsler eines Relais)
brief description / Stichwort *n* ‖ **~ instructions** / Kurzeinweisung *f*
briefcase computer / Taschenrechner *m*, Handrechner *m*

bright *adj* / blank *adj*, hell *adj*, glänzend *adj*, metallisch blank ‖ **~ area for contacts** / kontaktblank *adj* ‖ **~ dip** / Glanzbrenne *f*
brighten *v* / aufhellen *v*, blank machen
brightening *n* / Aufhellung *f*
bright-galvanize *v* / glanzverzinken *v*
brightness *n* / Helligkeit *f* ‖ **~ amplification** / Helligkeitsverstärkung *f* ‖ **~ control** / Helligkeitssteuerung *f* (BT), Helligkeitseinsteller *m* (BSG) ‖ **~ controller** / Helligkeitssensor *m* ‖ **~ dependent** / helligkeitsabhängig *adj* ‖ **~ flicker** / Helligkeitsflimmern *n* ‖ **~ level** / Helligkeitsstufe *f* ‖ **~ variation** / Helligkeitsänderung *f*
bright-up, spot ~ / Leuchtfleckaustastung *f*, Helltastung *f* (Osz.) ‖ **trace ~** / Strahlenaufhellung *f* (Osz.)
bright white / hellweiß *adj*
bright-zinc-coat *v* / glanzverzinken *v*
brine *n* / Kochsalzsole *f*, Sole *f*
Brinell hardness number / Brinell-Härtezahl *f* ‖ ≙ **hardness test** / Brinell-Härteprüfung *f*, Kugeldruckprüfung nach Brinell
brinelling *n* / Standriefen *f pl*, Riefenbildung *f*
bring, to ~ down to a round figure / abrunden *v* (Zahl, Summe nach unten a.) ‖ **to ~ into circuit** / zuschalten *v*, einschalten *v* ‖ **to ~ into engagement** / in Eingriff bringen, einrücken *v* ‖ **to ~ into synchronism** / Gleichlauf herstellen, synchronisieren *v* ‖ **to ~ onto load** / belasten *v*, zuschalten *v* ‖ **to ~ out of mesh** / außer Eingriff bringen ‖ **to ~ to a stop** / stillsetzen *v*, anhalten *v*, herunterfahren *v* ‖ **to ~ up to a round figure** / aufrunden *v* (Zahl, Summe)
brittle *adj* / spröde *adj*, brüchig *adj* ‖ **~ fracture** / Sprödbruch *m*, Trennbruch *m*, Versprödungsbruch *m*
brittleness *n* / Sprödigkeit *f*, Brüchigkeit *f*
brittle temperature / Versprödungstemperatur *f*, Sprödigkeitspunkt *m*
broadband *n* / Breitband *n* ‖ **~ cable** / Breitbandkabel *n* ‖ **~ device** / Breitband-Betriebsmittel *n* ‖ **~ feedback amplifier** / Breitband-Rückkopplungsverstärker *m* ‖ **~ grinding machine** / Breitbandschleifmaschine *f* ‖ **~ LAN** / Breitband-LAN *n*, Breitbandkommunikationsnetz *n* ‖ **~ LAN for distributed services** / Breitbandverteilernetz *n* ‖ **~ transmission** / Breitbandübertragung *f*
broad-beam reflector (o. spotlight) / Breitstrahler *m*
broadcast *n* / Sammelaufruf *m* (LAN), Nachricht an alle, Rundfunksendung *f*, Rundfunk... ‖ **~ bus signal** / unabhängiges Bussignal ‖ **~ command** / Rundbefehl *m* (FWT), Sammelbefehl *m*, Broadcastbefehl *m*, Parallelbefehl *m*, Mehrfachbefehl *m* ‖ **~ command step** / Parallelbefehlsschritt *m* ‖ **~ message** / allgemeine Meldung (Prozessleitsystem) ‖ **~ videotex** / Videotext *m*
brochure *n* / Druckschrift *f*, Werbebroschüre *f*
broken line / gestrichelte Linie
broken-line graphics / Strichgrafik *f*
broken surface / Bruchfläche *f*
broken-wire interlock / Drahtbruchsicherung *f* (elST), Leiterbruchsicherung *f* ‖ **broken-wire signal** / Drahtbruchmeldung *f*
bromine lamp / Bromlampe *f*
brought out *adj* / herausgeführt *adj* (Leiter)
brought-out neutral (point) / herausgeführter

Sternpunkt
brow leakage / Stirnstreuung *f* (el. Masch.)
Brown-Boveri voltage regulator / Brown- Boveri Spannungsregler *m*, Wälzregler *m*
browned *adj* / brüniert *adj*
browse *v* / durchsuchen *v*
browser *n* / Browser *m*
browsing *n* / Durchsuchen (am Bildschirm) *n*, Durchblättern *n*
BRQ s. bus request
Brunswick / Braunschweig
brush *n* / Bürste *f*, Pinsel *m* || **~ actuator** / Bürstenaufsetzvorrichtung *f* || **~ arc** / Bürstenbogen *m*
brush-arc-to-pole-pitch ratio / Bürstenbedeckungsfaktor *m*
brush-arm actuator / Bürstenaufsetzvorrichtung *f*
brush box / Bürstenkasten *m*, Bürstentasche *f* || **~ cartridge** / Pinselpatrone *f* || **~ chatter** / Bürstenrattern *n*, Bürstenzwitschern *n* || **~ circumferential stagger** / Bürstenstaffelung *f* || **~ complement** / Bürstenbesetzung *f* || **~ contact face** / Bürstenschleiffläche *f*, Bürstenauflagefläche *f* || **~ contact loss** / Bürstenübergangsverluste *m pl*, Stromübergangsverluste an den Bürsten || **~ contact resistance** / Bürstenübergangswiderstand *m*, Übergangswiderstand *m* || **~ contact voltage** / Bürstenübergangsspannung *f* || **~ corner** / Bürstenkante *f* || **~ displacement** / Bürstenverstellung *f*, Bürstenverschiebung *f* || **~ dust** / Bürstenstaub *m*, Kohlestaub *m* || **~ edge** / Bürstenkante *f*
brushes in permanent contact / dauernd aufliegende Bürsten
brush face / Bürstenschleiffläche *f*, Bürstenauflagefläche *f* || **~ friction** / Bürstenreibung *f* || **~ friction loss** / Bürstenreibungsverluste *m pl*
brushgear *n* / Bürstenapparat *m*, Bürstengestell *m*, Bürstenstern *m*, Bürstenträger *m*
brushgear unit / Bürsteneinheit *f*, Bürstenblock *m*
brush grade / Bürstenqualität *f* || **~ hammer** / Bürstenhalterdruckgeber *m*, Druckfinger *m* (Bürste) || **~ holder** / Bürstenhalter *m*
brush-holder arm / Bürstenhalterspindel *f*, Bürstenhalterbolzen *m*, Bürstenbolzen *m* || **~ clamp** / Bürstenhalterklemmstück *n* || **~ finger** / Bürstenhalterdruckgeber *m*, Druckfinger *m* (Bürste) || **~ fixing device** / Bürstenträger *m* || **~ hinge** / Bürstenhaltergelenk *n* || **~ spacing** / Bürstenhalterteilung *f* || **~ spring** / Bürstenhalterfeder *f* || **~ staggering** / Bürstenhalterstaffelung *f* || **~ stud** / Bürstenhalterbolzen *m*, Bürstenbolzen *m*, Bürstenlineal *n*, Bürstenhalterspindel *f* || **~ support** / Bürstenhalterträger *m*, Bürstenträger *m*, Bürstenlagerstuhl *m*, Bürstenlagerbock *m* || **~ yoke** / Bürstenjoch *f*, Bürstenbrücke *f*, Bürstenträger-Haltevorrichtung *f*
brush-lag angle / Bürstenrückschubwinkel *m*
brush lead / Bürstenvoreilung *f*, Bürstenlitze *f*
brush-lead angle / Bürstenvorschubwinkel *m*
brush leakage current / Bürstenstreustrom *m*
brushless *adj* / bürstenlos *adj*, kommutatorlos *adj*, schleifringlos *adj* || **~ a.c. tachogenerator** / bürstenloser Wechselstrom-Tachogenerator, Gleichrichter-Tachogenerator *m* || **~ d.c. motor** /

bürstenloser Gleichstrommotor || **~ detection** / bürstenlose Erfassung || **~ excitation** / bürstenlose Erregung, RG-Erregung *f* || **~ exciter** / bürstenloser Erreger, bürstenlose Erregermaschine, RG-Erregermaschine *f* || **~ machine** / bürstenlose Maschine, BL-Maschine *f*, kollektorlose Maschine || **~ resolver** / schleifringloser Drehmelder || **~ wound-rotor induction motor** / bürstenloser Induktionsmotor mit gewickeltem Läufer
brush life / Bürstenstandzeit *f* || **~ lifter** / Bürstenabhebevorrichtung *f* || **~ lifter with short-circuiter** / Bürstenabhebe- und Kurzschließvorrichtung || **~ lifting gear** / Bürstenabhebevorrichtung *f* || **~ pair** / zwei Bürsten in Reihe || **~ pitch** / Bürstenteilung *f* || **~ potential** / Bürstenpotential *n*, Bürstenspannung *f* || **~ potential curve** / Bürstenpotentialkurve *f* || **~ pressure** / Bürstenauflagedruck *m* || **~ pressure device** / Bürsten-Andruckeinrichtung *f* || **~ rigging** / Bürstenapparat *m*, Bürstengestell *n*, Bürstenträger *m* || **~ ring** / Bürstenträgerring *m* || **~ riser** / Bürstenfahne *f* || **~ rocker** / Bürstenbrücke *f*, Bürstenträgerring *m*, Bürstenbrille *f*, Bürstenjoch *n* || **~ roll** / Bürstenwalze *f*
brush-rocker gear / Bürstenträger-Versteileinrichtung *f* || **~ ring** / Bürstenträgerring *m*
brush service life / Bürstenstandzeit *f* || **~ shifting** / Bürstenverschiebung *f* || **~ shifting device** / Bürstenverstelleinrichtung *f* || **~ shifting motor** / Bürstenverstellmotor *m* || **~ shunt** / Bürstenlitze *f* || **~ spacing** / Bürstenteilung *f* || **~ sparking** / Bürstenfeuer *n* || **~ spindle** / Bürstenhalterspindel *f*, Bürstenhalterbolzen *m* || **~ spring** / Bürstenfeder *f*, Bürstendruckfeder *f* || **~ staggering** / Bürstenstaffelung *f* || **~ stud** / Bürstenbolzen *m*, Bürstenlineal *n*, Bürstenhalterbolzen *m*
brush-stud carrier / Bürstenbolzenträger *m*, Bürstenträgersichel *f*, Stromsichel *f*, Bürstenträger *m*
brush terminal / Bürstenfahne *f* || **~ top** / Bürstenkopf *m* || **~ top bevel** / Bürstenkopfschräge *f* || **~ track** / Bürstenlaufbahn *f*
brush-track grooving / Rillenbildung auf dem Kommutator, Laufrillen *f pl*
brush type / Bürstentyp *m*, Bürstenmarke *f* || **~ wear** / Bürstenverschleiß *m* || **~ yoke** / Bürstenjoch *n*
brush-yoke gear / Bürstenjoch-Verstelleinrichtung *f*
BSC s. binary synchronous communication
BSF (bandstop filter) / BSP (Bandsperre) || **~ (British Standard Fine)** / BSF (British Standard Fine)
B scan / B-Bild *n* (Ultraschallprüfung)
BSL s. basic switching impulse insulation level
BSTACK (block stack) / Baustein-Stack *m*
B-spline *n* / Basiskurve *f* (CAD)
B stack s. block stack
B-stage resin / Harz im B-Zustand
BTO s. bus time-out
BTR (block trnsfer) / BTR (blockweises Nachladen) || **BTR system** s. behind tape reader system
bubble *n* / Blase *f* (Flüssigk.) || **~ chamber** / Blasenkammer *f* || **~ luminaire** / Kugelleuchte *f* || **~ memory** / Blasenspeicher *m*, Magnetblasenspeicher *m*, Bubblespeicher *m* || **~ memory controller (BMC)** / Magnetblasenspeichersteuerung *f*
Buchholz protector / Buchholzrelais *n* || **~ relay** /

buck

Buchholzrelais *n*
buck *v* / absetzen *v* (Spannung), ruckeln *v* || **~ and boost connection** / Absetz- und Zuschaltung, Zu- und Gegenschaltung
buck-and-boost winding arrangement / Wicklungsanordnung für Zu- und Gegenschaltung (Trafo)
buck control / Absetzregelung *f* || **~ convertor** *n* (A convertor providing an output voltage which is lower than the input voltage.) / Chopper *m*, Tiefsetzsteller *m* (Stromrichter, der eine Ausgangsspannung liefert, die niedriger ist als die Eingangsspannung)
bucket *n* / Eimer *m*, Korb *m* (einer Arbeitsbühne)
bucket-brigade device (BBC) / Eimerkettenschaltung *f* (BBD)
bucking circuit / Absetzkreis *m*, Kompensationskreis *m* || **~ connection** / Absetzschaltung *f*, Gegenschaltung *f* || **~ transformer** / Absetztransformator *m*
buckle *v* / beulen *v*, knicken *v*, sich verziehen *v*
buckling *n* / Beulung *f*, Ausbeulung *f*, Knicken *n*, Ausknicken *n*, Verziehen *n*, Verwerfung *f* || **~ arm robot** / Knickarmroboter *m* || **~ factor** / Knickzahl *f* || **~ in combined bending and torsion** / Biegedrillknickung *f* || **~ load** / Knicklast *f* || **~ strain** / Knickspannung *f* || **~ strength** / Beulfestigkeit *f*, Knickfestigkeit *f*, Knicksteifigkeit *f* || **~ stress** / Beulspannung *f*, Knickspannung *f*, Knickbeanspruchung *f* || **~ test** / Beulversuch *m*, Knickversuch *m*
buddled *adj* / geschlämmt *adj*
buck position / Absetzstellung *f* (Trafo)
budget, error ~ / Fehleretat *m* (zur Bestimmung des ungünstigsten Fehlers)
budgeted hour factors / Sollstundenfaktoren *m pl* || **~ time** / Vorgabezeit *f*
buffer *v* / puffern *v*, abpuffern *v*, zwischenspeichern *v*, im Pufferspeicher ablegen || **~ n** / Puffer *m*, Pufferspeicher *m*, Werkstückspeicher *m*, Trennstufe *f*, Trenner *m* (Trennverstärker), Entkoppler *m*, Ablageplatz *m* (FFS), Faserhülle *f* (LWL) || **~ fibre ~** / Faserhülle *f* (LWL) || **~ NAND ~** / NAND-Leistungselement *n*, Leistungs-NAND-Glied *n* || **~ amplifier** / Trennverstärker *m*, Isolierverstärker *m*, Entkopplungsverstärker *m*, Gleichspannungstrenner *m* || **~ battery** / Pufferbatterie *f* (in Gleichstromversorgungskreis zur Verminderung der Schwankungen der Entnahme aus der Stromquelle) || **~ content** / Pufferinhalt *m* || **~ data block** / Pufferdatenbaustein *m* || **~ info** / Pufferinfo *f*
buffered *adj* / gepuffert *adj* || **buffered fibre** / Bündelader *f* (LWL) || **~ memory** / gepufferter Speicher || **~ RAM** / gepuffertes RAM
buffer inventory / Pufferbestand *n* (Fabrik), Pufferlager *n* || **~ location** / Zwischenspeicherplatz (ZWSP) *m*, Zwischenspeicher (ZWSP) *m* || **~ locations** / Zwischenspeicher *m* || **~ machine** / Puffermaschine *f*, Ilgner-Maschine *f* || **~ magazine** / Zwischenmagazin *n*, Zwischenspeichermagazin *n* (vgl. Zwischenspeicher) || **~ management** / Pufferverwaltung *f* (Speicher) || **~ memory** / Pufferspeicher *m*, Zwischenspeicher (ZWSP) *m* || **~ overflow** / Pufferüberlauf *m* || **~ register** / Pufferregister *n*, Fallregister *n* || **~ set** / Puffersatz *m*

|| **~ solution** / Pufferlösung *f* || **~ stage** / Trennstufe *f* (zur rückwirkungsfreien Verbindung zweier Schaltkreise) || **~ stop** / Prellbock *m* || **~ storage** (o. memory) / Pufferspeicher *m*, Zwischenspeicher *m*, Puffer *m* || **~ store** / Pufferlager *n* (Fabrik), Auffangspeicher *m* || **~ time** / Pufferungszeit *f*, Pufferzeit *f*, Überbrückungszeit *f*
buffing *v* / schwabbeln *v*
bug *n* / Wanze *f*, Fehler *m*, Programmierfehler *m*
build *v* / bauen *v*, aufbauen *v*, errichten *v*, schichten *v* || **~ to ~ up a magnetic field** / ein Magnetfeld aufbauen
build-as-you-go bus / selbstaufbauender Bus
builder *n* / Errichter *m*, Hersteller *m*
building *n* / Gebäude *n*, Schichten *n* (Blechp.), Stapeln *n*, Packen *n* || **~ automation** / Gebäudeautomatisierung *f*, Gebäude-Automatisierungstechnik *f*, Automatisierungstechnik für Gebäude || **~ automation control centre** / Hausleitzentrale *f* || **~ automation system** / SICLIMAT || **~ bar** / Packdorn *m* (f. Blechp.), Schichtdorn *m* || **~ block** / Baustein *m* || **~ block system** / Baukastensystem *n*
building-block system / Bausteinsystem *n*, Baukastensystem *n*
building bolt / Spannschraube *f*, Ausrichtdorn *m*, Schichtdorn *m*, Packbolzen *m* || **~ energy management system** / Hausleitsystem *n* || **~ engineering** / Gebäudetechnik *f* || **~ factor** (core) / Stapelfaktor *m*, Eisenfüllfaktor *m*, Füllfaktor *m* || **~ frame** / Packvorrichtung *f* (Blechp.), Stapelvorrichtung *f* (Blechp.), || **~ installation** / Gebäudeinstallation *f* || **~ jig** / Packvorrichtung *f* (Blechp.), Stapelvorrichtung *f* (Blechp.) || **~ management system** / Gebäudesystemtechnik *f*, Gebäudemanagementsystem *n*, elektrotechnische Gebäudeverwaltung || **~ scheme** / Schichtplan *m* (Blechp.), Blechschichtplan *m* || **~ services** / Versorgungsanlagen in Gebäuden, Gebäudeinstallation *f*, Gebäudetechnik *f* || **~ services automation** / Automatisierungstechnik für Gebäude || **~ services control (system)** / Hausleitsystem *n* || **~ services management** / Gebäudemanagement *n* || **~ services management system** / Hausleittechnikanlage *f*, Gebäudebetriebstechnik *f*, Gebäudeleittechnik *f*, Hausleittechnik *f*, Gebäudeautomatisierung *f*
building-site distribution board / Baustromverteiler *m*
buildings automation technology / Gebäudeautomatisierung *f*, Gebäude-Automatisierungstechnik *f*, Automatisierungstechnik für Gebäude
buildup attempt / Aufbauversuch *m* || **buildup time** / Ausgleichszeit *f*
building site installation / Anlage auf Baustellen VDE 0100,T.200, Baustellenanlage *f*, Baustelleneinrichtung *f* || **~ stand** / Schichtbock *m* (f. Blechp.) || **~ system automation** / Gebäudeautomatisierung *f*, Automatisierungstechnik für Gebäude, Gebäude-Automatisierungstechnik *f* || **~ system engineering** / Gebäudesystemtechnik (GST) *f* || **~ technologies** / Gebäudetechnik *f* || **~ up** / Aufbauen *n*, Anstieg *m*, Auferregen *n*, Anklingen *n*, Einschwingen *n*, Auftragschweißung *f* || **~ void** / baulicher Hohlraum IEC 50(826), Amend. 2 || **~ wall** / Gebäudewand *f* || **~ wires and cables** / Installationsleitungen *f pl*

build-up, screen ~ / Anstiegszeit des Leuchtschirms ‖ **tolerance** ~ / Summentoleranzfehler *m* ‖ ~ **constant** / Anklingkonstante *f*, Wuchskonstante *f* ‖ ~ **of excitation** / Auferregung *f* ‖ ~ **of luminance** / Anstieg der Leuchtdichte ‖ ~ **of self-excited field** / Aufbau der Selbsterregung ‖ ~ **of voltage** / Aufbau der Spannung, Auferregung *f* ‖ ~ **resistance** / Selbsterregungswiderstand *m* ‖ ~ **speed** / Auferregungsdrehzahl *f*, Selbsterregungsdrehzahl *f* ‖ ~ **time** / Anstiegszeit *f*, Auferregungszeit *f*, Anschwingzeit *f* (Reg.), Entwicklungszeit *f* (Bremse)
built-in *adj* / eingebaut *adj* ‖ ~ **apparatus** / Einbaugeräte *n pl* (FSK) ‖ ~ **ballast** IEC 598 / Einbau-Vorschaltgerät *n* ‖ ~ **components** / Einbauten *pl* ‖ ~ **dc injection brake** / integrierte Gleichstrombremse ‖ ~ **device** / Einbaugerät *n* EN 50017 ‖ ~ **encoder** / Einbaugeber *m* ‖ ~ **holiday program** / integriertes Ferienprogramm ‖ ~ **motor** / Einbaumotor *m* ‖ ~ **part** / Einbauteil *n*
built-in quality (AQAP) / eingebaute Qualität ‖ ~ **resistors** / Widerstandsbestückung *f*
built-in thermal protection / eingebauter Wärmeschutz (el. Masch.) ‖ ~ **transfomer** / eingebauter Transformator VDE 0713,T.6, Einbautransformator *m* (Gerätetransformator, EN 60742) ‖ ~ **type** / Einbauform *f* ‖ ~ **unit** / Eingebaugerät *n*
built-on block / Aufsetzblock *m* ‖ ~ **encoder** / externer Geber, Maschinengeber *m*, Anbaugeber *m* ‖ ~ **part** / Anbauteil *n*
built-up area / bebaute Fläche, bebautes (o. dicht bebautes) Gebiet *adj*, Ballungszentrum *n* ‖ ~ **mica** / Spaltglimmererzeugnisse *n pl*
bulb *n* / Kolben *m*, Birne *f*, Glühlampe *f*, Ballon *m* (Lampe), Gefäß *n*, (Thermometer-)Kugel *f* ‖ ~ **bead** / Absprengwulst *f* (Lampe) ‖ ~ **blistering** / Aufblasen des Kolbens (Lampe) ‖ ~ **bowl** / Kolbenkuppe *f* (Lampe) ‖ ~ **coating** / Kolbenüberzug *m* (Lampe) ‖ ~ **neck** / Kolbenhals *m* (Lampe) ‖ ~ **pile** / Pfahl mit Birne (Bohrpfahl), erweiterter Pfahl
bulb-type generator / Rohrgenerator *m*, Innenrohrgenerator *m* ‖ ~ **unit** / Rohrturbinensatz *m*
bulk concentration / Volumenkonzentration *f* ‖ ~ **conductivity** / Volumenleitfähigkeit *f* ‖ ~ **current** / Volumenstrom *n* ‖ ~ **density** / Rohdichte *f*, Schüttdichte *f* ‖ ~ **discount** / Mengenrabatt *m* ‖ ~ **factor** / Volumenfaktor *m*
bulkhead bushing / Schottdurchführung *f* ‖ ~ **cable gland** IEC 117-5 / Kabeldurchführung *f*, Leitungsdurchführung *f* ‖ ~ **gland** / Schottverschraubung *f* ‖ ~ **unit** / Ovalleuchte *f* (Wandleuchte)
bulk lifetime / Volumenlebensdauer *f* (HL)
bulk-oil circuit-breaker / Kessel-Ölschalter *m*
bulk power line / Energieleitung mit hoher Übertragungsleistung, Übertragungsleitung mit mehreren parallelen Leitungen ‖ ~ **processing** / blockweise (o. satzweise) Verarbeitung *adj* ‖ ~ **resistance** / Bahnwiderstand *m* ‖ ~ **sampling** / Stichprobenentnahme aus Massengütern, Sammelstichprobenentnahme *f* ‖ ~ **storage** / Massenspeicher *m* ‖ ~ **transport and handling** / Massengütertransport *m* ‖ ~ **volume factor** / Volumenfaktor *m*
bulky *adj* / sperrig *adj*

bump *n* / Bums *m*, Höcker *m*, Erhebung *f* (gS), Dauerschocken *n* DIN IEC 68
bumpless *adj* / stoßfrei *adj* ‖ **bumpless reversal** / stoßfreie Umsteuerung ‖ **bumpless transfer (o. changeover)** / stoßfreie Umschaltung
bump test / Dauerschockprüfung *f*, Fallprüfung *f*
bunch *n* / Bündel *n*
bunched *adj* / gebündelt *adj* ‖ **bunched conductor** / verwürgter Leiter *f*, Würgelitze *f* ‖ ~ **frame alignment signal** / gebündeltes Rastergleichlaufsignal IEC 50(704)
bunch filament / Zickzackwendel *f*
bunching *n* / Bündelung *f*, Phasenfokussierung *f*
bundle *n* IEC 50(731) / Bündel *n* (LWL)
bundle-assembled aerial cable IEC 50(461) / isolierte Freileitungsleiter, verdrillte Leitung
bundle conductor / Bündelleiter *m*, Leiterbündel *n* ‖ ~ **conductor** / Bündelleiter *m*
bundle-conductor line / Bündelleitung *f*
bundle index / Bündelindex *m* (GKS) ‖ ~ **table** / Bündeltabelle *f* (GKS)
bundling *n* / Häufung *f*, Bündelung *f*, Bündelverseilung *f*, Kabelhäufung *f* ‖ ~ **of cables** / Häufung von Kabeln ‖ ~ **saddle** / Bündelschelle *f*
bunker *n* / Bunker *m*
buoy *n* / Boje *f*, Tonne *f*
buoyancy *n* / Schwimmvermögen *n*, statischer Auftrieb, Tragvermögen *n*, Auftrieb *m*, Auftriebskraft *f* ‖ ~ **of the air** / Luftauftrieb *m* ‖ ~ **level measuring device** / Auftriebs-Standmessgerät *n*
buoyant force / Auftriebskraft *f*
BUR (BackUpRight) / BUR
burden *n* / Bürde *f*, Eigenbürde *f*, Last *f*, Eigenverbrauch *m*, Impedanz des Messkreises ‖ **rated** ~ / Bemessungsbürde *f* ‖ ~ **power factor** / Bürdenleistungsfaktor *m*, Leistungsfaktor der Last ‖ ~ **resistor** / Bürdewiderstand *m*
burglar alarm / Einbruchalarm *m* ‖ ~ **alarm system** / Einbruchmeldeanlage *f*, Einbruchsicherung *f*
burial, direct ~ / Verlegung in Erde
buried cable ~ / Kabel für Erdverlegung, Erdkabel *n*, Erdverlegungskabel *n* ‖ ~ **channel** / vergrabener Kanal (IS) ‖ ~ **earth electrode** / Tiefenerder *m* ‖ ~ **layer** / vergrabene Schicht (Transistor), Kollektorleitschicht *f*, Subkollektor *m* ‖ ~ **transformer** / eingrabbarer Transformator ‖ ~ **via** / inneres Verbindungsloch (gS)
burn *n* / Verbrennung *f*, Brandstelle *f*, Brandfleck *m* ‖ **electric** ~ / elektrische Verbrennung ‖ **screen** ~ / Schirmeinbrand *m*, Einbrennen des Leuchtschirms, Einbrennfleck *m* (BSG) ‖ **target** ~ (oscillograph) / Einbrennen der Trägerplatte (o. Speicherschicht) ‖ **to** ~ **low** / schwach brennen
burned-in *adj* / eingebrannt *adj*
burner management system / Feuerungstechnik *f*
burn in *v* / Einbrennen *v* (IS, Lampe), vorbehandeln *v* (Probe), Einbrennen *n* (Verfahren zur Verbesserung der Hardware-Funktionsfähigkeit während der Frühausfallphase)
burn-in *n* / Einbrennen *n*, Vorbehandlung *f* (Probe), zeitraffende Voralterung ‖ ~ / einbrennen *v*
burning *n* / Brennen *n*, Verbrennen *n*, Anbrennung *f*, Abbrand *m*, Brandstelle *f* ‖ ~ **behaviour** / Brennverhalten *n* ‖ ~ **heat** / Verbrennungswärme *f* ‖ ~ **hour** / Brennstunde *f* ‖ ~ **life** / Brenndauer *f* (Lampe), Lebensdauer *f* (Lampe) ‖ ~ **out** (cable

burn-in 58

faults) / Niederbrennen *n* (Kabelfehler), Brennen *n* || ~ **position** / Brennstellung *f* (Lampe) || ~ **rate** / Brenngeschwindigkeit *f* || ~ **test** / Brennbarkeitsprobe *f*
burn-in test / Einbrennprüfung *f* (IS) || ~ **time** / Einbrennzeit *f* (IS)
burnish *v* / prägepolieren *v*, brünieren *v*
burnished *adj* / prägepoliert *adj*
burnishing stick / Putzholz *n* (a. f. EZ)
burn mark / Brandstelle *f*, Brandfleck *m*, Verbrennung *f*
burn-off *n* / Abbrand *m*
burn out *v* / ausbrennen *v* (Lampe), durchbrennen *v* (Lampe) || **burn up** *v* / abbrennen *v*
burn-out *n* / Ausbrenner *m* (Lampe), durchgebrannte Lampe || **cable ~ unit** / Kabel-Brenngerät *n*
burnt-out lamp / ausgebrannte Lampe, durchgebrannte Lampe
Burrus diode (s. surface emitting LED) / Burrus-Diode *f*
burst *n* / Bersten *n*, Platzen *n*, Stoß *m*, Entladungsstoß *m*, Rauschimpuls *m*, Bündelstörung *f*, Bündelknoten *m* (Elektronenstrahl), impulsartiges Rauschen, Meldungsschauer *m*, schnelle transiente Störgröße, Burst *m* || **burst** *v* / bersten *v* || ~ **IEC 50(161)** / schnelle transiente Störgröße || **error ~** / Fehlerhäufung *f* || **pulse ~** / Pulsburst *m* || **tone ~** / Tonimpulsfolge *f* || ~ **device** / Bersteinrichtung *f* || ~ **firing control** / Schwingungspaketsteuerung *f*, Impulspaketsteuerung *f* || ~ **of alarms** / Meldeschauer *m* || ~ **of messages** / Meldeschauer *m*
bursting disc / Berstscheibe *f* || **bursting protection device** / Berstsicherung *f*
burst pressure / Berstdruck *m* || ~ **strength** / Berstfestigkeit *f* || ~ **test** / Berstprobe *f*, Abdrückprüfung *f* || ~ **transmission** / stoßweise Übertragung, Bitbündel-Übertragung *f*, Burstübertragung *f*
burying in the ground / Verlegung in Erde
bus *n* / Bus *m*, Sammelschiene *f*, lokales Netzwerk, Local Area Network (LAN) || ~ / Sammelschiene *f*, Stromschiene *f*, Sammelschienenleiter *m* ||
balancing ~ / Bilanzknoten *m* (Netz) || **earth ~** / Erdungssammelleitung *f* VDE 0100,T.200, Erdungssammelschiene *f*, Haupterdungsschiene *f*, Sammelerder *m* || **generator ~** / Generator(sammel)schiene *f*, Generatorableitung *f* || **shield ~** / Schirmschiene *f* (zum Anschließen v. Kabelschirmen)
busable *adj* / busfähig *adj* || **busable interface** / busfähige Schnittstelle
bus access / Bus-Zugriff *m* || ~ **access control** / Buszugriffsverfahren *n* (CSMA/CA, CSMA/CD) || ~ **access procedure** / Buszugriffsverfahren *n* || ~ **access protocol** / Buszugriffsprotokoll *n* || ~ **access right** / Buszugriffsrecht *n* || ~ **acquisition** / Busbelegung *f* (Vorgang) || ~ **address** / Busadresse *f* || ~ **admittance matrix** / Knotenadmittanzmatrix *f* (Netz) || ~ **arbiter** / Buszuteiler *m*, Busverwalter *m*, Bussteuerstation *f*, Busarbiter *m* || ~ **arbitration** / Buszuteilungsverfahren *n*, Busrichtung *f* || ~ **arbitration subsystem** / Buszuteilungs-Untersystem *n* || ~ **backplane** / Busrückwand *f*, Rückwandbus *m* || ~ **bar** / Busschiene *f* (Hutschiene nach DIN EN 50022, einschließlich Datenschiene)
busbar *n* / Sammelschiene *f*, Stromschiene *f*, Sammelschienenleiter *m*, Schiene *f* || ~ **adapter** /

Sammelschienen-Adapter *m* || ~ **arc barrier** / Sammelschienen-Lichtbogenbarriere *f* || ~ **arrangement** / Sammelschienenführung *f* || ~ **branch** / Sammelschienenabzweig *m* || ~ **center-line spacing** / Sammelschienenmittenabstand *m*, Sammelschienenmittenabstand *m* || ~ **center-to-center clearance** / Schienenmittenabstand *m*, Schienenmittenabstand *m* || ~ **charging breaking capacity** / Sammelschienenausschaltvermögen *n* || ~ **compartment** / Sammelschienenraum *m*, Sammelschienenraum *m* || ~ **component** / Sammelschienenteil *n* || ~ **conductor** / Sammelschienenleiter *f* || ~ **connecting set** / Sammenschienenverbindungssatz *m* || ~ **connection** / Schienenanschluss *m*, Sammelschienenanschluss *m* || ~ **connection M10** / Schienenanschluss M10 || ~ **connection panel** / Sammelschienenanschlussfeld *n* || ~ **connection piece** / Schienenanschlussstück *n* || ~ **contact** / Sammelschienenkontakt *m* || ~ **cover** / Sammelschienenabdeckung *f* || ~ **crossover** / Sammelschienen-Überführung *f* || ~ **crossunder** / Sammelschienen-Unterführung *f* || ~ **current transformer** / Sammelschienen-Stromwandler *m* || ~ **differential protection** / Sammelschienen-Differentialschutz *m*, Sammelschienendifferentialschutz *m* || ~ **distance** / Sammelschienenabstand *m* || ~ **earthing switch** / Sammelschienen-Erdungsschalter *m*, Sammelschienenerder *m* || ~ **fault** / Sammelschienenfehler *m*, Sammelschienenkurzschluss *m* || ~ **fitting** / Sammelschienenanbau *m* || ~ **holder** / Sammelschienenhalter *m* || ~ **housing** / Sammelschienengehäuse *n* || ~ **interconnection** / Sammelschienen-Überleitung *f* || ~ **joint** / Sammelschienenverbindung *f* || ~ **layout** / Schienenführung *f* || ~ **link** / Sammelschienenverbinder *m* || ~ **link support** / Sammelschienenverbinderträger *m* || ~ **linking bracket** / Sammelschienenüberbrückungsbügel *m* || ~ **metering compartment** / Sammelschienen-Messraum *m* || ~ **metering panel** / ss *n*, Messfeld *n* || ~ **module** / Sammelschienenmodul *n* || ~ **protection** / Stationsschutz *m* || ~ **rising main** / Haupt-Steigleitungssammelschiene *f* || ~ **run** / Sammelschienenleitungszug *m*, Sammelschienenzug *m* || ~ **section** / Sammelschienenabschnitt *m* || ~ **section disconnector** / Sammelschienen-Längstrennschalter *m*, Sammelschienen-Längstrenner *m* || ~ **selection** / Sammelschienenumschaltung *f* || ~ **selector disconnector** / Sammelschienen-Umschalttrenner *m* || ~ **selector switch** / Sammelschienen-Umschalter *m* || ~ **spacing** / Schienenabstand *m* || ~ **spacing time** / Sammelschienenbinder *m* || ~ **support** / Sammelschienenhalter *m* || ~ **system** / Sammelschienenanlage *f*, Sammelschienensystem *n* || ~ **thickness** / Sammelschienenstärke *f*, Schienendicke *f* || ~ **transverse partition** / Sammelschienenquerschottung *f* || ~ **trunking** / Sammelschienenkanal *m*, Schienenkanal *m*, Stromschienenkanal *m* || ~ **trunking system** IEC 439-2 / Schienenverteiler *m* VDE 0660,T.502, Stromschienensystem *f* || ~ **trunking system with trolley-type tap-off facilities** IEC 439-2 /

Schienenverteiler mit Stromabnehmerwagen VDE 0660,T.502, Schienenverteiler mit fahrbarem Stromabnehmer
busbar-type screw terminal / Flachklemme für Schienenanschluss
busbar unit / Sammelschienen-Teilstück n || ~ **voltage simulation** / Sammelschienen-Spannungsnachbildung f || ~ **voltage transformer** / Sammelschienen-Spannungswandler m
bus board / Busleiterplatte f, Busplatine f
bus busy (BBSY) / Bus belegt || ~ **button** / Bustaster m || ~ **cable** / Sammelschienenkabel n, Buskabel n, Busleitung f, Sammelkabel n || ~ **capability** / Busfähigkeit f || ~ **card rack** / Bus-Baugruppenträger m || ~ **circulating list** / Busumlaufliste f || ~ **clear (BCLR)** / Bus frei || ~ **connection** / Busanschluss m || ~ **connection block** / Busklemme f || ~ **connector** / Transceiver m, Buskoppler m, Busverbinder m, Busstecker m, Busanschlussstecker m, BUS-Steuerung f || ~ **controller** / Bussteuerung f || ~ **converter** / Busumsetzer m || ~ **coordinator** / Buskoordinator m || ~ **coupler** / Buskoppler m (BK), Sammelschienen-Kuppelschalter m, Kuppelschalter m, Querkuppelschalter m || ~ **coupler circuit-breaker** / Sammelschienen-Kuppelschalter m (LS) || ~ **coupler disconnector** / Kuppeltrenner m || ~ **coupler module** / Buskopplungsbaugruppe f || ~ **coupler panel** / Sammelschienen-Kuppelfeld n, Sammelschienen-Querkupplung f || ~ **coupler unit** / Sammelschienen-Querkupplung f (Einheit) || ~ **coupling** / Busankopplung f || ~ **coupling** / Sammelschienenkupplung f, Sammelschienen-Querkupplung f || ~ **coupling module** / Buskoppelmodule n pl || ~ **coupling unit (BCU)** / Busankoppler (BK) m || ~ **cycle time** / Busumlaufzeit f, Umlaufzeit f || ~ **data rate** / Busdatenübertragungsrate f || ~ **data transfer rate** / Busdatenübertragungsrate f || ~ **device (BD)** / Busgerät n, Busteilnehmer m (Gerät) || ~ **differential protection** / Sammelschienen-Differentialschutz m || ~ **disconnector** / Sammelschienen-Trennschalter m, Sammelschienentrenner m || ~ **driver** / Bustreiber m || ~ **duct** / Sammelschienenkanal m. Schienenkanal m, Stromschienenkanal m
bus-duct housing / Schienenkasten m (IK)
bused adj / busgekoppelt adj, zu einem Bus zusammengefasst
BUSEN s. bus enable
bus enable (BUSEN) / Busfreigabe f, Busfreigabesignal n || ~ **error (BERR)** / Busfehler m || ~ **expansion** / Buserweiterung f || ~ **for state estimator** / Knoten für die Zustandsestimation || ~ **grant (BG)** / Busbewilligung f, Buszuteilung f, Busfreigabe f || ~ **grant in line (BGIN)** / Buszuteilungs-Eingangsleitung f || ~ **grant out line (BGOUT)** / Buszuteilungs-Ausgangsleitung f || ~ **grounding switch** / Sammelschienen-Erdungsschalter m, Sammelschienenerder m
bush n / Buchse f, Büchse f, Tülle f, Hülse f, Laufbuchse f, Lagerschale f, Muffe f
bushing n / Durchführung f, Durchführungshülse f, Stromdurchführung f, Einführungsisolator m, Geräteanschlussteil n (steckbarer Kabelanschluss), Buchse f || ~ **capacitor** /

Durchführungskondensator m || ~ **conductor stud** / Durchführungsbolzen m || ~ **dome** / Durchführungsdom m || ~ **for clamping bolt** / Durchführung für Spannbolzen || ~ **for mechanism push rod** / Durchführung Druckstange Antrieb || ~ **for solenoid valve lead** / Durchführung Leitung Magnetventil || ~ **gap** / Durchführungsfunkenstrecke f || ~ **insulator** / Durchführungsisolator m, Einführungsisolator m || ~ **plate** / Durchführungsplatte f || ~ **pocket** / Durchführungsbuchse f || ~ **stem** EN 50014 / Durchführungsbolzen m || ~ **terminal** / Durchführungsklemme f || ~ **tube** / Durchführung f || ~ **type current transformer** / Aufsteckstromwandler m
bushing-type current transformer / Durchführungsstromwandler m || ~ **post insulator** / Durchführungsstützer m
bushing with anti-fog sheds / Durchführung aus Nebelporzellan
bus idle (BI) / Bus-Ruhezustand m || ~ **impedance matrix** / Knotenimpedanzmatrix f
business, slackening ~ / abflauendes Geschäft || ~ **activity** / Geschäftsvorfall m || ~ **administration** / kaufmännisch adj || ≙ **Application Interface (BAPI)** / BAPI || ~ **computer (BC)** / kommerzieller Rechner m, Bürocomputer m (BC) || ~ **field** / Geschäftsfeld (GF) n || ~ **machine** (CEE 10, IIP) / Büromaschine f || ~ **partner** / Geschäftspartner m || ~ **partner no.** / Geschäftspartner Nr., Geschäftspartnernummer (G-Part Nr.) f || ~ **partner number** / Geschäftspartner-Nummer f || ~ **process** / Geschäftsprozess m || ~ **result** / Geschäftsergebnis n || ~ **sector** / Geschäftsfeld (GF) n || ~ **segment** / Geschäftssegment n || ~ **service** / Dienst m, Dienstleistung f || ~ **unit (BU)** / Geschäftsfeld (GF) n || ~ **volume** / Geschäftsvolumen n || ~ **volumes** / Geschäftszahlen f pl || ~ **year** / Geschäftsjahreszeitraum m
busing terminal / Hauptanschlussklemme f (IV, MCC), Haupteinspeiseklemme f
bus interface / Busanschaltung f, Busschnittstelle f, Buskopplung f || ≙ **interface Module (BIM)** / Bus Interface Module (BIM), Busanschaltbaugruppe f || ~ **isolator** / Sammelschienen-Trennschalter m, Sammelschienentrenner m || ~ **line** / Busleitung f, Busstrang m, Sammelleitung f, durchgehende Leitung (zur Verbindung v. Kupplungspunkten eines Zuges), Buslinie f || ~ **link** / Busstecker m, Buskoppler m, Busverbinder m, Transceiver m, Buskopplung f || ~ **module** / Busmodul n || ~ **monitoring module** / Busüberwachungsbaugruppe f
bus-mounting fuse base / Reitersicherungssockel m, Reitersicherungsunterteil n, Reiter-Sicherungsunterteil n || ~ **terminal** / Sammelschienenklemme f, Reiterklemme f
bus-strip assembly / Streifenleiter m
bus network / Busnetz n (LAN), busförmiges Netz, Fernbus m, Bus-Netz n (Netz) || ~ **node** / Bus-Teilnehmer m || ~ **of external model** / Knoten des externen Netzes || ~ **organisation** / Bus-Organisation f (Dezentrales System, Zentrales System) || ~ **p.c.b.** / Busplatine f || ~ **parameter** / Busparameter m || ~ **parameters** / Busparametersatz m (Parameterwerte für Layer 2 Protokoll) || ~ **PCB** / Busplatine f, Busleiterplatte f ||

~ **polling list** / Busumlaufliste f || ~ **protocol** / Busprotokoll n || ~ **rail** / Busschiene f || ~ **reactor** / Strombegrenzungs-Drosselspule f (f. Sammelschienen) || ~ **receiver** / Busempfänger m || ~ **request (BRQ)** / Busanforderung f || ~ **ring** / Sammelring m (Wickl.) || ~ **riser** / Sammelschienen-Hochführung f || ~ **run** / Sammelschienenleitungszug m, Sammelschienenzug m || ~ **scheduler** / Knotenlastanpassung und -zuweisung || ~ **section** / Busabschnitt m, Sammelschienenabschnitt m || ~ **section circuit-breaker** / Sammelschienen-Längskuppelschalter m (LS) || ~ **section disconnector** / Sammelschienen-Längskuppelschalter m (TS) || ~ **section panel** BS 4727, G.06 / Sammelschienen-Längskuppelfeld n, Längskuppelfeld n, Längstrennfeld n || ~ **section switch** / Sammelschienen-Längstrenner m, Sammelschienen-Längskuppelschalter m || ~ **sectionalizer** / Sammelschienen-Längstrenner m || ~ **sectionalizer cubicle** / Sammelschienen-Längskuppelschrank m (o. -feld) || ~ **sectionalizer panel** / Längskupplungsfeld n || ~ **sectionalizing** / Sammelschienen-Längstrennung f || ~ **sectionalizing circuit-breaker** / Sammelschienen-Längskuppelschalter m (LS) || ~ **sectionalizing switch** / Sammelschienen-Längstrenner m, Sammelschienen-Längskuppelschalter m || ~ **segment** / Teilabschnitt m, Busabschnitt m, Bussegment n || ~ **selector switch-disconnector** / Sammelschienen-Trennschalter m (bei Mehrfachsammelschienen) || ~ **size** / Busbreite f || ~ **strip** / Streifenleiter m (ET, eIST, Sammelschienenleiter) || ~ **subrack** / Bus-Baugruppenträger m || ~ **subsystem** / BusTeilsystem n, Bus-Subsystem n, Bussystem n (in einer dezentralen Leittechnik-Anlage) || ~ **switch** / Busweiche f || ~ **system** / Bussystem n DIN 19237, Sammelschienensystem n, Sammelschienenanlage f || ~ **terminal (BT)** / Busklemme f || ~ **terminal** / Busterminal n || ~ **terminal compartment** / Sammelschienen-Anschlußraum m || ~ **terminating resistor** / Busabschlusswiderstand m || ~ **termination** / Busabschluss m || ~ **terminator** / Busabschluss m || ~ **tie** / Sammelschienenkupplung f
bus-tie breaker / Sammelschienen-Kuppelschalter m (LS), Querkuppelschalter m (LS) || ~ **circuitbreaker** / Sammelschienen-Kuppelschalter m (LS), Querkuppelschalter m (LS) || ~ **cubicle** / Sammelschienen-Kuppelschrank m, Sammelschienen-Kuppelfeld n || ~ **disconnector** / Sammelschienen-Kuppelschalter m, Sammelschienen-Quertrenner m || ~ **panel** / Sammelschienen-Kuppelfeld n, Kuppelfeld n, Querkuppelfeld n
bus time-out (BTO) / Bus-Zeitüberschreitung f, Bus-Zeitüberwachung f || ~ **topology** / Bustopologie f (LAN), Busstruktur f, Linienstruktur f || ~ **traffic** / Busverkehr m || ~ **traffic load** / Busauslastung f || ~ **transceiver** / Busverstärker m, Buskoppler m || ~ **transfer** / Sammelschienenumschaltung f || ~ **type current transformer** / vollisolierter Aufsteckstromwandler || ~ **unit** / Busmodul n
bus-type breaker panel / Kuppelschalterfeld n || ~ **current transformer** / Schienenstromwandler m || ~ **local area network** / Datenbus m, Bus m, Local Area Network (LAN), lokales Netzwerk || ~ **network** / Local Area Network (LAN), Bus m, lokales Netzwerk, Bussystem n
bus usage / Busbelegung f || ~ **usage time** / Busbelegungszeit f || ~ **utilization** / Busauslastung f || ~ **voltage replicator** / Sammelschienen-Spannungs-Nachbildung f, Sammelschienen-Nachbildung f, Sammelschienenspannungsnachbildung f || ~ **voltage simulator** / Sammelschienen-Spannungs-Nachbildung f, Sammelschienen-Nachbildung f, Sammelschienenspannungsnachbildung f || ~ **voter** / Busvoter m
busway n / Schienenverteiler m || ~ **adapter** / Übergangskasten m (IK) || ~ **connector** / Schienenkastenverbinder m || ~ **hanger** / Stromschienenaufhängung f VDE 0711,3 || ~ **section** / Schienenkasten m (IK) || ~ **system** / Schienenverteiler m VDE 0660,T.502, Stromschienensystem n, Linienverteiler m
bus width / Busbreite f || ~ **wire** / Ringleitung f, Schleifenleitung f
busy adj / belegt adj, besetzt adj, beschäftigt adj, läuft adj || **bus ~ (BBSY)** / Bus belegt || ~ **function** / Besetztzustand m (PMG) || ~ **signal** / Besetztsignal n (a. PMG), Belegtmeldung f || ~ **state** / Besetztzustand m IEC 50(191), Besetztstatus m (Datenkommunikationsstation)
butt v / anstoßen v, stumpf aneinanderfügen
buttability n / Aneinanderreihbarkeit f
buttable end to end / stirnseitig aneinanderreihbar || ~ **side to side** / seitlich aneinanderreihbar
butt contact / Druckkontakt m
butted taping / anstoßende Bewicklung
butterfly (actuating) linkage / Klappengestänge n || ~ **connection** / Gabelverbindung f, Froschbeinverbindung f || ~ **control valve** / Stellklappe f, Drosselklappe f || ~ **nut** / Flügelmutter f || ~ **valve** / Stellklappe f, Drosselklappe f, Wechselklappe f, Absperrklappe f, Regelklappe f || ~ **valve with fixed segments in the body** / Segmentdrosselklappe f || ~ **valve with disk vane (damper blade)** / Scheiben-Drosselklappe f || ~ **valve with tight closing** / dichtschließende Drosselklappe
butt flange / Gegenflansch m
butting connector / Stirnkontakt-Steckverbinder m
butt joint / stumpfe Verbindung, Stoßfuge f, stumpfe Stoßstelle, Stumpfstoß m, Stoß m, Stirnflächenkopplung f (LWL), Laschenverbindung f, Kontaktverbindung f
butt-jointed adj / aneinanderstoßend adj (gefügt), stumpfgestoßen adj, stumpf geschweißt
butt-joint riveting / Laschennietung f || ~ **technique** / Verfahren der stumpfen Rohrverbindung
butt mounting / Montage nebeneinander (o. hintereinander), Anreihmontage f, Aneinanderreihung f
butt-mounting / Dicht-an-Dicht-Bauweise, dicht-an-dicht Montage || **butt-mounting, suitability for** ~ / Aneinanderreihbarkeit f
button n IEC 337-2 / Druckknopf m VDE 0660,T.201, Taster m, Tastenbeschreibung f, Knopf m || ~ **(dialog box)** / Schaltfläche f || **up** / **down** ~ / Auf-Ab-Taste f || ~ **cell** / Knopfzelle f || ~ **key** / Knopfdreher m || ~ **light** / Schildkröte f (Straßenleuchte) || ~ **menue** / Knopfmenü n ||

surface / Tasteroberfläche f || **~ test** / Abrollprobe f, Aufknöpfversuch m, Abscherprobe f
butt weld / Stumpfschweißnaht f, Stumpfnaht f || **~ welding** / Stumpfschweißen n || **~ welding ends** / Einschweißausführung f
butyl rubber / Butylgummi n
buzz n / Summen n, Krachstörung f
buzzer element / Summerelement n
BV s. breakdown voltage
BW s. bandwidth
BWA s. backward-wave amplifier
BWN s. backbone wideband network
BWO s. backward-wave oscillator
BWT s. backward-wave tube
BY s. byte address || **~ jerks** adj / rückweise adj || **~ measurement** adj / messtechnisch adj
by-pass v / vorbeiführen v
bypass n / Umgehung f, Bypass m, Nebenweg m, Umführung f, Umleitung f, Überbrückung f, Abhilfe f, umfahren v, Durchgriff m, Nebenschluss m, Umlenkung f || **feedrate ~** / Vorschubkorrektur f (NC) || **interlock ~** ISO 1056 / Aufhebung einer Verriegelung (NC-Zusatzfunktion) DIN 66025,T.2 || **~ arm** (an auxiliary arm providing a conductive path to circulate current wihout an interchange of power between source and load.) / Nebenwegzweig m (LE) || **~ bus** / Umgehungssammelschiene f, Umgehungsschiene f, Umfahrungskreis m || **~ circuit-breaker** / Umgehungsschalter m (LS), Nebenwegschalter m (LS) || **~ disconnector** / Umgehungstrennschalter m
by-passing n / Vorbeiführen n
bypass jumper / Überbrückungsleiter m || **~ pair** / Nebenwegpaar n (LE) || **~ path** / Nebenweg m (LE) || **~ power** / Umgehungsversorgung f (USV) VDE 0558,T.5 || **~ strategy** / Umfahrungsstrategie f || **~ switch** / Umgehungsschalter m, Nebenwegschalter m, Bypass-Schalter m || **~ tube** / Umgehungsrohr n || **~ valve** / Nebenwegventil n (LE), Umgehungsventil n, Umlaufventil n, Entlastungsventil n, Bypassventil n || **~ voltage** / Umgehungsspannung f (USV)
by potentiometer n / Widerstandsabgriff m
byte / Byte n || **~ address (BY)** / Byteadresse f (BY) || **~ by byte** / byteweise adv || **~ count register (BCR)** / Bytezähler-Register n (BCR) || **~ oriented** / byteweise organisiert, byteweise adj || **~ processor** / Byteprozessor m, Wortprozessor m || **~ register** / Byteregister n || **~ timing** / Bytetakt m, Zeichentakt m (DÜ)
By Time of Backing Up / nach Sicherungszeitpunkten || **~ Time of Comparison** / nach Vergleichszeitpunkten || **~ Time of Loading** / nach Ladezeitpunkten

C

C s. command
C axis mode (A spindle mode in which the spindle is used as a rotary axis under position control.) / C-Achsbetrieb m (eine Spindelbetriebsart, bei der die Spindel lagegeregelt als Rundachse arbeitet)
C, reading factor ϱ / Faktor C (Maximumwert)

CA s. collision avoidance || ϱ s. cellulose acetate
CAA s. computer-aided assembly
cab cable / Steuerkabel n (Lokomotive) || **~ equipment** / Fahrerraum-Bedienteile $n(m)$, pl
cabin n / Kabine f, Fahrkorb m
cabinet n / Unterschrank m, Schrank m, Gehäuse n || **cabinet acceptance test** / Schrankabnahme f || **~ and installation tools** / Schrank und Montageplanung || **~ bus** / Nahbus m (20 - 100 m) || **~ frame** / Schrankgerüst n || **~ group** / Schrankgruppe f || **~ mounting** / Schrankeinbau m || **~ radiation** / Gehäuseabstrahlung f (EMV) IEC 50(161) || **~ system** / Schranksystem n || **~ type** IEC 439-3 / Schrankbauform f || **~ unit** / Schrankgerät n
cabinet-type distribution board / Schrankverteiler m, Verteiler in Schrankbauform
cabin lighting / Kabinenbeleuchtung f || **~ taxi system** / H-Bahn f
cable / Kabel n, Leitung f, Leitungskabel n, Seil n || **~ accessories** / Kabelzubehörteile n pl, Kabelgarnituren f pl || **~ acting as an earth electrode** / Kabel mit Erderwirkung
cable-and-bar winding / verschränkte Stabwicklung
cable and line charging breaking capacity under earth-fault conditions / Kabel- und Freileitungsausschaltvermögen unter Erdschlussbedingungen || **~ armour** / Kabelbewehrung f, Kabelarmierung f, Armierung f, Bewehrung f, Panzerung f || **~ assembly** / Kabelsatz m, konfektioniertes Kabel, Formkabel n, Kabelbaum m || **~ basement** / Kabelkeller m || **~ bedding** / Kabelbett n || **~ bending facility** / Kabelbiegevorrichtung f || **~ box** / Kabelanschlusskasten m, Kabelendverschluss m || **~ box** / Kabelverbindungsmuffe f, Kabelmuffe f || **~ bracket** IEC 50(826), Amend.1 / Ausleger m (horizontaler Kabelträger), Kabeltrageisen n || **~ break** / Kabelbruch n || **~ bundling** / Kabelhäufung f, Leitungshäufung f || **~ burn-out unit** / Kabel-Brenngerät n || **~ bushing** / Kabeldurchführung f, Leitungsdurchführung f || **~ channel** / Kabelkanal m IEC 50(826), Amend. 2, Leitungskanal m
cable and pipework materials / Leitungsmaterial n
cable-charging breaking capacity IEC 56-1 / Ausschaltvermögen für ein unbelastetes Kabel VDE 0670,T. 101, Kabelausschaltvermögen n VDE 0670,T.3 || **~ breaking current** IEC 265 / Kabelausschaltstrom m VDE 0670,T.3
cable charging current / Kabelladestrom m || **~ clamp** / Kabelklemme f (f. Zugentlastung), Zugentlastungsklemme f, Kabelschelle f, Kabelabfangung f (StV) || **~ clamping** / Kabelklemmung f || **~ clamping rail** / Ankerschiene zur Kabelbefestigung || **~ clip** / Kabelschelle f || **~ clutter** / Kabelwirrwarr m, Kabelsalat m || **~ coating removed** / abgemantelt adj || **~ compartment** / Kabelraum m, ss m || **~ compartment cover** / Kabelraumabdeckung f || **~ conduit** / Kabelschutzrohr n, Kabelkanal m, Kabelinstallationskanal m || **~ connected** / Kabel an Anschlussstelle || **~ connection** / Kabelverbindung f, Kabelanschluss m, Steckverbindung f, Steckverbinder m, Leitungsstecker m, Steckleitungsanschluss m || **~ connection box** / Kabelanschlusskasten m || **~ connection bus** / Kabelanschlussschiene f || **~ connection material** /

cabled

Leiterverbindungsmaterial *n* || ~ **connection panel** / Kabelanschlussfeld *n* || ~ **connector** / Kabelverbindungsstück *m*, Kabelverbinder *m*, Leitungsstecker *m*, Kabelsteckverbinder, Steckverbindung *f*, Steckverbinder *m* || ~ **core** / Kabelseele *f*, Kabelkern *m*, Kabelader *f* || ~ **coupler** / Kabelkupplung *f*, Leitungskupplung *f*, Kupplungssteckvorrichtung *f*, Kabelmuffe *f*, Kabelverbinder *m* || ~ **cross-sectional area** / Kabelquerschnittsfläche *f*, Kabelquerschnitt *m* || ~ **cutter** / Ablängzange *f* (f. Kabel)
cabled distribution system / Kabel-Verteilungsanlage *f* || ~ **distribution TV system** / Kabelfernsehanlage *f*
cable dereeler / Kabelabwickelgerät *n* || ~ **detecting device** (o. unit) / Kabelsuchgerät *n* || ~ **disconnector** / Kabeltrenner *m*, Kabeltrennschalter *m* || ~ **distribution cabinet** / Kabelverteilerschrank *m*, Kabelverteiler *m* || ~ **distributor** / Kabelverteiler *m* || ~ **drum** / Kabeltrommel *f* || ~ **duct** / Leitungsdurchführung *f*, Leitungskanal *m*, Kabelkanal *m* || ~ **duct block** / Kabelkanal-Formstein *m* || ~ **end** / Kabelschwanz *m* || ~ **entrance fitting** / Kabeleinführungsarmatur *f*, Kabelendverschluss *m* || ~ **entry** / Kabeleinführung *f*, Kabeleinführungsöffnung *f*, Einführungsöffnung *f*, Leitungseinführung *f* || ~ **entry body** / Buchse *f* (Leitungseinführung, EN 50014) || ~ **entry box** / Kabeleinführungskasten *m* || ~ **entry fitting** / Kabeleinführungsarmatur *f* || ~ **entry gland** / Kabeleinführungsstutzen *m* || ~ **entry into building** / Hauseinführung *f* (Kabel) || ~ **entry plate** / Kabeleinführungsplatte *f* || ~ **entry port** / Kabeleinführung *f* || ~ **equalizer** / Kabelentzerrer *m* || ~ **eye** / Kabelschuh *m* || ~ **fault locating** / Kabelfehlerortung *f* || ~ **feeder** / Kabelspeiseleitung *f*, Kabeleinspeisung *f*, Kabelabgang *m*, Kabelabzweig *m* || ~ **fittings** / Kabelgarnituren *f pl* || ~ **fixing** / Kabelbefestigung *f* || ~ **for high tensile stresses** / zugfestes Kabel || ~ **gallery** / Kabelboden *m*, begehbarer Kabelkanal || ~ **gland** / Kabelverschraubung *f*, PG-Verschraubung *f*, Kabeldurchführung *f*, Verschraubung *f*, Kabelendverschraubung *f*, Kabelstutzen *m*, Schraubstutzen *m*, Einführungsbuchse *f*, Anschlussstutzen *m* (zum Abdichten einer Kabeleinführung), Kabelanschlussstutzen *m* || ~ **gland blanking plate** / Abdeckung der Kabeleinführung || ~ **gland for compound filling** / vergießbarer Kabelstutzen || ~ **glands** / Verschraubung *f* || ~ **grip** / Kabelzugentlastung *f*, Kabelziehstrumpf *m*, Zugentlastung *f* || ~ **grommet** / Kabeltülle *f*, Leitungstülle *f*, Schlauchtülle *f* || ~ **guide** / Leitungskammer *f* || ~ **gutter** / Kabelrinne *f*, Kabelwanne *f* || ~ **harness** / Kabelbaum *m*, Leitungssatz *m*, (vorgefertigter)Kabelsatz *m*, Formkabel *n* || ~ **identification** / Kabelkennzeichen *n* || ~ **inlet** / Kabeleinführung *f*, Leitungseinführung *f*, Kabeleinführungsöffnung *f* || ~ **installation** / Kabellegung *f*, Kabelverlegung *f* || ~ **insulation** / Kabelisolierung *f*, Isolierung *f*, Dielektrikum *n* || ~ **isolator** / Kabeltrenner *m*, Kabeltrennschalter *m* || ~ **jacket** / Kabelmantel *m* || ~ **joint** / Kabelverbindung *f*, Kabelmuffe *f* || ~ **jointing manhole** / Kabelschacht *m*, Muffenbunker *m* || ~ **junction box** / Kabelverbindungsmuffe *f*, Kabelmuffe *f* || ~ **knife** / Kabelmesser *n* || ~ **ladder** /

Kabelpritsche *f* || ~ **laid in free air** / frei in Luft verlegtes Kabel || ~ **latch** / Stecker-Haltebügel *m* || ~ **lay** / Kabelschlag *m* || ~ **laying** / Kabelverlegung *f* || ~ **lead-in** / Kabeleinführung *f*, Kabeleinführungsöffnung *f*, Leitungseinführung *f* || ~ **lifter** / Seilfensterheber *m* (Kfz) || ~ **locator** / Kabelsuchgerät *n* || ~ **loop** / Kabelschlaufe *f*, Kabelschlinge *f*, Seilschlaufe *f* (Kabel) || ~ **lug** / Kabelschuh *m* || ~ **lug connection** / Kabelschuhanschluss *m* || ~ **mounting plate** / Stecker-Montageplatte *f*
cable-lug-type screw terminal / Flachklemme für Kabelschuh
cable marker / Kabelmerkstein *m* || ~ **network** / Kabelnetz *n* || ~ **off-load breaking capacity** / Ausschaltvermögen für ein unbelastetes Kabel VDE 0670,T. 101, Kabelausschaltvermögen *n* VDE 0670,T.3
cable-operated emergency switch / Seilzug-Notschalter *m* || ~ **mechanism** / Seilzugantrieb *m* || ~ **switch** / Seilzugschalter *m*
cable outlet / Kabelausgang *m* (StV), Kabelabgang *m* || ~ **penetration** / Kabeldurchführung *f*, Leitungsdurchführung *f* || ~ **pit** / Kabelschacht *m*, Muffenbunker *m* || ~ **plug** / Kabeldose *f* || ~ **pothead** / Kabelendverschluss *m* || ~ **propping bar** / Kabelabfangschiene *f* || ~ **pull** / Seilzug *m* (Freiltg.) || ~ **rack** / Kabelpritsche *f*, Kabelgerüst *n*, Kabelbahn *f* || ~ **reel** / Kabelrolle *f*, Kabeltrommel *f*, Leitungsroller *m* || ~ **release** / Drahtauslöser *m* || ~ **resistance** / Kabelwiderstand *m* || ~ **route** / Leitungsführung *f*, Kabeltrasse *f*, Kabelweg *m* || ~ **routing** / Kabelführung *f*, Leitungsführung *f* || ~ **run** / Kabelstrecke *f*, Leitungszug *m* || **cables and wiring** / Leitungsgut *n* || **cable seal** / Kabeldichtung *f* || ~ **sealing box** / Kabelendverschluss *m* || ~ **sealing end** / Kabelendverschluss *m* || ~ **separator** / Kabeltrennwand *f*, Schottwand, Trennwand *f*, Prallplatte *f*, Schottblech *n* || ~ **service box** / Kabel-Hausanschlusskasten *m* || ~ **set** / Kabelsatz *m*, Leitungssatz *m*, Kabelgarnitur *f* || ~ **sheath** / Kabelmantel *m* || ~ **sheathing removed** / abgemantelt *adj* || ~ **shield** / Kabelschirm *m*, Schirmleitung *f*, Schirm *m*, Schirmung *f* (leitende Schutzummantelung), Abschirmung *f*, Schirmgeflecht *n* || ~ **shielding** / Kabelschirm *m*, Abschirmung *f*, Schirmung *f* (leitende Schutzummantelung), Schirmgeflecht *n*, Schirm *m* || ~ **sniffer** / Gasspürgerät *n* (f. Kabel) || ~ **space cover** / Kabelraumverkleidung *f* || ~ **spacing** / Kabelabstand *m* || ~ **splice** / Kabelspleißung *f*, Kabelspleißstelle *f*, Kabelverbindung *f* || ~ **spreading room** / Kabelverteilerraum *m* || ~ **stain relief** / Zugentlastung *f* || ~ **stay** / Kabelhalter *m*, Leitungshalter *m* || ~ **storage** / Kabelanlage *f* || ~ **stranding machine** / Kabelverseilmaschine *f* || ~ **stripper** / Abisolierzange *f* || ~ **stripping knife** / Kabelmesser *n* || ~ **support** / Stecker-Kabelzuführung *f* || ~ **support rail** / Kabeltragschiene *f* || ~ **switching test** / Kabel-Schaltprüfung *f* || ~ **system** / Kabelnetz *n* || ~ **tapping block** / Kabelabzweigklemme *f* || ~ **television (CATV)** / Kabelfernsehen *n* || ~ **terminal box** / Kabelanschlusskasten *m*, Klemmenkasten *m* || ~ **terminal compartment** / Kabelanschlussraum *m* || ~ **terminal fittings** / Kabelabschlussgarnituren *f pl* || ~ **termination** /

Endenabschluss *m* || **~ testing** / Kabelprüfung *f* || **~ tie** / Schellenband *n*, Kabelbinder *m*
cabletex *n* / Kabeltext *m* (KT)
cable tile / Kabelabdeckstein *m* || **~ trailing device** / Kabelschlepp *m* || **~ transformer** / Kabeltransformator *m* || **~ tray system** / Kabelträgersystem *n* (IK) || **~ trench** / Kabelgraben *m* || **~ trunking** / Kabelkanal *m*, Installationskanal *m*, Kabelinstallationskanal *m* || **~ trunking system** IEC 50(826), Amend. 2 / zu öffnender Elektro-Installationskanal || **~ truss** / Kabelbinder *m* || **~ tunnel** / Kabelstollen *m*, Kabelboden *m*, begehbarer Kabelkanal || **~ type** / Kabeltyp *m*
cable-type bus / Seilsammelschiene *f* || **~ current transformer** / Kabelumbauwandler *m* || **~ transformer** / Kabelaufsteckwandler *m*
cable vault / Kabelschacht *m*, Muffenbunker *m* || **~ winch** / Seilwinde *f* || **~ window lifter** / Seilfensterheber *m* (Kfz) || **~ with connector** / Kabeldose *f* || **~ with connectors** / konfektioniertes Kabel, angeschlagenes Kabel || **~ with coupler connector** / Kabelstecker *m* || **~ with right-angle connector** / Winkelkabeldose *f*
cabling *n* / Verkabelung *f*, Kabelsystem *f*, Verdrahtung *f*, Verschlauchung *f*, Verseilung *f* || **~ inside buildings** / Leitungsführung innerhalb von Gebäuden || **~ outside buildings** / Leitungsführung außerhalb von Gebäuden
cache *n* / schneller Pufferspeicher, Cache *n*
CACS s. controller active state
CAD (computer-aided design) / rechnerunterstützte Zeichnungserstellung, rechnerunterstütztes Zeichnen, rechnerunterstütztes Konstruieren, rechnerunterstützte Konstruktion, computerunterstütztes Zeichnen und Konstruieren
CADD s. computer-aided design and drafting
CADEM s. computer-aided design, engineering and manufacturing
CADIS s. computer-aided design interactive system
cadmium-bearing *adj* / kadmiumhaltig *adj*
cadmium-plated *adj* / cadmiert *adj*
CAD plotting program / CAD Zeichnungsprogramm *n*
CADS s. controller addressed state
CAD workstation / CAD-Arbeitsplatz *m*
CAE s. computer-aided engineering || ≃ s. customer application engineering
cage *n* / Käfig *m*, Käfigwicklung *f*, Kurzschlusswicklung *f* || **spring ~** / Federkäfig *m*, Federhaus *n* || **~ clamp** / Cage-Clamp-Anschlusstechnik *f* || **~ clamp connection** / Cage-Clamp-Anschluss *m*
cageless *adj* / käfiglos *adj*, vollkugelig *adj* (Lg.), vollrollig *adj* (Lg.)
cage motor / Kurzschlussläufermotor *m*, Käfigläufermotor *m* (KL) || **~ ring** / Kurzschlussring *m*, Endring *m* || **~ rotor** / Käfigläufer *m* (KL), Käfiganker *m*, Kurzschlussläufer *m*, Kurzschlussanker *m* || **~ synchronous motor** / Synchronmotor mit Käfigwicklung || **~ winding** / Käfigwicklung *f*, Kurzschlusswicklung *f*
CAL s. computer-aided learning
calandria *n* / Heizkammer *f* (Zuckerkochapparat)
calcium-base grease / Kalkseifenfett *n*
calcium tungstate / Kalziumwolframat *n*
calculate *v* / hochrechnen *v* || **~ corner** / Ecke berechnen
calculated *adj* / rechnerisch *adj*, berechnet *adj* || **~ analog and status data** / gerechnete Werte || **~ demand value** / Bimetallwert *m* || **~ exchange rate** / Kalkulationskurs *m* || **~ value processing** / Verarbeitung berechneter Werte
calculate length / Länge berechnen || **~ position** / Position berechnen || **~ radius** / Radius berechnen || **~ zero pt.** / Nullpkt berechnen
calculating machine / Rechenmaschine *f*
calculation *n* / Berechnung *f*, Ermittlung *f* || **~ accuracy** / Rechenfeinheit *f* || **~ block** / Rechensatz *m* || **~ factors** / Kalkulationsfaktoren *m pl* || **~ figures** / Berechnungsdaten *pl* || **~ of efficiency from summation of losses** (cf. under efficiency) / Ermittlung des Wirkungsgrades aus den Einzelverlusten || **~ of efficiency from total loss** / Ermittlung des Wirkungsgrades aus den Gesamtverlusten || **~ of forces to operate** / Stellkraftrechnung *f* || **~ of intersection** / Schnittpunktberechnung *f* || **~ of motor parameters** / Berechnung der Motorparameter || **~ run** / Rechenlauf *m*
calculator *n* / Rechner *m*, Rechengerät *f*, Rechenmaschine *f*
calendar *n* / Terminkalender *m* || **~ week (CW)** *n* / Kalenderwoche (KW) *f*
calender clock / Kalenderuhr *f*
calibrate *v* / kalibrieren *v*, eichen *v*, abgleichen *v*, einmessen *v*, Eichung *f* || **~ signal** / Signal anpassen
calibrated *adj* / kalibriert *adj* || **~ driving machine test** / Prüfung mit geeichter Hilfsmaschine, Prüfung nach dem Belastungsverfahren || **~ instrument leads** / abgeglichene Zuleitungen (MG)
calibrating instrument / Eichinstrument *n*, Normalinstrument *n* || **~ matrix** / Kalibriermatrix *f* || **~ pulse** / Eichimpuls *m* || **~ quantity** / Kalibriergröße *f* || **~ screwdriver** / Abgleichschraubenzieher *m* || **~ shot** / Einstellstoß *m*
calibration *n* / Kalibrierung *f*, Kalibrieren *n*, Eichung *f*, Einmessen *n*, Abgleichen *n*, Eichen *v*, Parameterversorgung *f*, Versorgung *f*, Parameterzuweisung *f* (Versorgung von Parametern mit Werten), Parametrierung *f* || **~ A-level ~ facility** / A-Prüfstelle *f* || **~ block** / Kontrollkörper *m* || **~ cable** / Eichkabel *n* || **~ capability** / Eichfähigkeit *f* || **~ circuit** / Kontrollstromkreis *m* || **~ current** / Kalibrierstrom *m* || **~ current excitation** / Speisung mit Kalibrierstrom (Messwertumformer) || **~ curve** / Eichkurve *f*, Kalibrierungskurve *f* || **~ cycle** / Kalibrierzyklus *m*, Eichzyklus *m*, Kalibrierungszyklus *m* || **~ device** / Kalibrator *m* || **~ error** / Eichfehler *m* || **~ facility** / Eichstelle *f*, Kalibrierstelle *f* || **~ gas** / Eichgas *n*, Prüfgas *n*, Ausschlaggas *n*, Kalibrierungsgas *n* || **~ groove** / Kalibriernut *f* || **~ instructions** / Kalibrieranweisungen *f pl* || **~ interval** / Kalibrierintervall *n* || **~ label** / Eichplakette *f*, Kalibrierplakette *f* || **~ line** / Eichgerade *f* || **~ mark** / Kalibriermarkierung *f* || **~ of overcurrent release** / Kalibrierung des Überstromauslösers, Kalibrierung des Auslösers || **~ of release** / Justierung des Auslösers (LS) || **~ plot** / Eichdiagramm *n* || **~ probe** / Abgleich Taster *m* || **~ pulse generator** / Eichgenerator *m* || **~ reflector** / Justierreflektor *m* || **~ regulations** / Eichordnung *f* || **~ report** /

calibrator 64

Eichprotokoll *n*, Kalibrierprotokoll *n*, Prüfprotokoll *n* (EZ) || **~ room** / Kalibrierraum *m*, Eichraum *m* || **~ service** / Kalibrierdienst *m* || **~ software** / Parametriersoftware *f* || **~ specifications** / Kalibriervorschrift *f* || **~ standard** / Kalibriernormal *n*, Vergleichsnormale *f* || **~ status** / Kalibrierzustand *m* || **~ sticker** / Kalibrierplakette *f*, Eichplakette *f* || **~ test** / Einstellprüfung *f* || **~ tool** / Kalibrierwerkzeug *n* || **~ traceability** / Nachvollziehbarkeit der Eichung (o. Kalibrierung) || **~ voltage** / Eichspannung *f*
calibrator *n* / Eichgerät *n*, Kalibriergerät *n*, Kalibrator *m*, Eichwertgeber *m*
caliper *v* / messen *v* (mittels Taster), ablehren *v*, abtasten *v* || **caliper gauge** / Messschieber *m* || **calipers** *n* / Messzange *f* || **calipers control** / Messzangensteuerung *f*
call *v* / aufrufen *v*, Ruf *m*, Aufruf *m* || **~ abandonment probability** / Verzichtswahrscheinlichkeit *f* (auf eine Belegung) IEC 50(191) || **~ accepted** / Rufannahme *f* DIN 44302 || **~ accepted** ISO 8208 / Verbindungsbestätigung der DEE || **~ attempt** / Anrufversuch *m* (KN) || **~ button** / Ruftaste *f*, Aufruftaste *f* || **~ collision** / Rufzusammenstoß *m* || **~ connected** / Verbindungsbestätigung der DÜE || **~ control procedure** / Verbindungssteuerungsverfahren *n* (DÜ) || **called address** ISO 8208 / Zieladresse *f* || **~ line identification** / Anschlusskennung Gerufene Station || **~ station** / gerufene Station
call header length / Aufruflänge *f* (SPS)
calling *v* / Rufen *n*, Anruf *m* (DÜ) || **~ address** ISO8208 / Herkunftsadresse *f* (DÜ) || **~ block** (the block containing the call statement for another block) / übergeordneter Baustein || **~ lamp** / Ruflampe *f*, Telefonlampe *f* || **~ line identification** / Anschlusskennung Rufende Station || **~ program** / aufrufendes Programm || **~ station** / rufende Station || **~ up the M19 block** / Aufruf des Satzes M19
call instruction / Rufanweisung *f*, Anrufanweisung *f* || **~ interface** / Aufrufschnittstelle *f*, Aufrufgranularität *f*
calliper *v* / messen *v* (mittels Taster), ablehren *v*, abtasten *v* || **~ gauge** / Flachlehre *f*, Rachenlehre *f* || **~ profiler** / Dickenlehre *f* (f. Papier o.Kunststoffolien)
callipers *n* / Tastzirkel *m*, Taster *m*, Greifzirkel *m*, Messzange *f*
call lamp / Ruflampe *f*, Telefonlampe *f* || **~ length** / Aufruflänge *f* (SPS) || **~ level** / Aufrufebene *f* || **~ not accepted** / Rufabweisung *f* DIN 44302 || **~ on customers** / Kundenbesuch *m* || **~ parameter** / Aufrufparameter *m* || **~ point** / Brandmelder *m*, rufpflichtiger Punkt (QS) || **~ progress signal** / Dienstsignal *n* (DÜ) DIN 44302 || **~ redirection** / Rufumleitung *f* || **~ request** / abgehender Ruf DIN 44302,T.13 || **~ sequence** / Aufrufreihenfolge *f* (SPS) || **~ statement** / Rufanweisung *f*, Anrufanweisung *f* || **~ station** / Sprechstelle *f* || **~ string** / Anruffolge *f* (KN) || **~ system** / Rufanlage *f* || **~ up** / aufrufen *v* || **~ waiting** / anklopfen *v*
calorimeter *n* / Wärmemesser *m*
calorimetric meter / Wärmemengenzähler *m*, Wärmeverbrauchszähler *m* || **~ test** / kalorimetrische Verlustmessung
calorimetry *n* / Wärmemessung *f*
calotte *n* / Kugelkalotte *f*

cam *n* / Nocken *m*, Nockenleiste *f*, Steuerscheibe *f*, Kurvenscheibe *f*
CAM (computer aided manufacturing) s. computer-aided manufacturing / Produktsteuerung || **⁰** s. contents-addressable memory / Fertigungssteuerung *f*, CAM, rechnerunterstützte Fertigung
CAMAC s. computer-automated measurement and control
cam angle / Betätigungswinkel *m* (Schaltnocken), Betriebswinkel *m* (Schaltnocken), Nockenweg *m* (Betätigungsweg), Schließwinkel *m* (Kfz)
camber *n* / Wölbung *f*, Bombierung *f* || **edge ~** / Geradheit der Längskante (Blech)
cambered *adj* / gewölbt *adj*, ballig *adj*
cambric *n* / Batist *m*, Kambrik *m*
cam contactor / Nockenschütz *n*
cam-contactor group / Nockenschaltwerk *n*
cam control / Nockensteuerung *n* || **cam controller** / Nockensteuerschalter *m*, Nocken-Fahrschalter *m*, Kopierwerkschalter *m*, Nockenschaltwerk *n* (schaltet digitale Ausgänge bei Erreichen von parametrierbaren Positionen ein und aus), Nockensteuerwerk *n*, Befehlsnockenschalter *m*, Nockenschalter *m* || **~ disc** / Nockenscheibe *f*, Kurvenscheibe *f*, Steuerscheibe *f* || **~ drive** (assembly) / Nockentrieb *m* (Kfz) || **~ drum** / Kurvenwalze *f*, Kurventrommel *f*
camera *n* / Kamera *f* || **camera multiplexer** / Kameramultiplexer *m* || **~ point** / Augpunkt *m* (CAD) || **~ tube** / Kameraröhre *f*, Bildaufnahmeröhre *f*
cam forming machine / Kurvenfräsmaschine *f* || **~ gear** / Kurvengetriebe *n*, mechanisches Getriebe || **~ group** / Nockenschaltwerk *n* || **~ limit switch** / Nocken-Endschalter *m* || **~ mechanism** / Kurvengetriebe *n* || **~ pair** / Nockenpaar *n* || **~ parameter block** / Nockenparameterblock *m* || **~ plate** / Kurvenscheibe *f* || **~ range** / Nockenbereich *m*
cam-operated limit switch / Nocken-Endschalter *m* || **~ master controller** / Nocken-Meisterschalter *m*, Nocken-Fahr-Steuerschalter *m* || **~ mechanism** / Nockenantrieb *m* || **~ switch** / Nockenschalter *m*, Nockenschaltelement *n* || **~ switchgroup** / Nockenschaltwerk *n* || **~ switching element** / Nockenschaltelement *n*
camping-site distribution board / Camping-Verteiler *m*, Camping-Stromverteiler *m*
cam segment / Nocken *m*, Kurvensegment *n*, Kurvenstück *n* || **~ signal** / Nockensignal *n* || **~ synchronisation** / Nockensynchronisation *f* || **~ switch** / Nockenschalter *m*
camshaft *n* / Nockenwelle *f*, Steuerwelle *f* || **~ actuator** / Nockenwellensteller *m* (Kfz) || **~ contactor** / Nockenwellenschütz *n*, nockenbetätigtes Schütz *n* || **~ controller** / Nockensteuerschalter *m*, Nockenschalter *m*, Befehlsnockenschalter *m*, Kopierwerkschalter *m*, Nocken-Fahrschalter *m* || **~ gear** / Nockenschaltwerk *n* (schaltet digitale Ausgänge bei Erreichen von parametrierbaren Positionen ein und aus), Nockensteuerwerk *n* || **~ sensor** / Nockenwellengeber *m* (Kfz)
cam track / Nockenbahn *f*
can *n* IEC 40(481) / Becher *m* (Batt.)
can be defeated / überlistbar *adj* || **~ be hinged right**

or left / rechts/links anschlagbar || **~ be implemented** / realisierbar *adj* || **~ be passed through** / durchsteckbar *adj* || **~ be retrofitted** / nachträglich *adj* || **~ be tolerated** / ist verwertbar
cancel *v* / wegnehmen *v*, aufheben *v*, verwerfen *v*, Versuch abbrechen, abbrechen *v*, abwählen *v*, zurücknehmen *v*, streichen *v*, löschen *v*, annullieren *v* || **cancel** *n* / vorzeitige Programmunterbrechung (Unterbrechung eines laufenden Programmes durch den Bediener), Programmabbruch *m*, Abbruch *m* || **~ command** / Aufhebebefehl *m*, Löschbefehl *m*, Rücknahmebefehl *m* || **~ criterion** / Löschkriterium *n* || **~ key** / Löschtaste *f*
cancelation *n* / Wegnahme *f*
canceled *adj* / aufgehoben *adj* || **~ type** *n* / Typstreichung *f*
can cell / Druckkraft *f* || **~ compression cell** / Druckkraft *f*
cancellation XX, harmonics ~ / Oberwellenunterdrückung *f*, Oberschwingungsunterdrückung *f* || **cancellation by customer** / Kundenstorno *n*
cancelled *adj* / eingezogen *adj*
cancelling key / Löschtaste *f* || **~ release mechanical system** / Mechanik mit Aufhebung des Auslösemechanismus (DT)
candela *n* / Candela *f*
candidate *n* / Kandidat *m* (eine Funktionsausführung wünschende Station)
candle lamp / Kerzenlampe *f* || **~ lampholder** / Kerzenschaftfassung *f*
candlepower (CP) *n* / Lichtstärke *f* (in Candela)
canister, activated carbon ~ / Aktivkohlebehälter *m* (Kfz) || **starter ~** / Starterhülse *f* (Lampenstarter) || **~ purge solenoid** / Aktivkohlefilterventil *n* (Kfz.)
can loss / Mantelverluste *m pl*, Oberflächenverluste *m pl*
canned cycle / fester Zyklus, fester Arbeitszyklus (NC) || **~ machine** / abgedichtete Maschine
Cannon connector / Cannon-Stecker *m*
canonical form of input geometry / kanonische Form der Eingabegeometrie (NC, CLDATA)
canopy *n* / Schutzdach *n*, Tropfdach *n*, Regenhaube *f*, Leuchtendach *n*
cant *n* / Kanten *n*
can stability / Lagerbeständigkeit in Dosen, Haltbarkeit *f*, Lagerfähigkeit *f*
cantilever *n* / Ausleger *m*, Überhang *m*, Kragarm *m*, Schnabel *m*, Freiträger *m* || **~ brush** / Bürste mit überstehendem Metallwinkel || **~ brush holder** / Hebelbürstenhalter *m*, Schenkelbürstenhalter *m* || **~ force** / Umbruchkraft *f*, Riemenzugkraft *f* || **~ forces** / Querkräfte *f pl* || **~ load** / einseitige Belastung am auskragenden oder fliegend angeordneten Teil, Biegekraft *f* (Durchführung, Isolator), Belastung durch Riemenzug, Umbruchlast *f* || **~ mast** / Auslegermast *m* (Lichtmast) || **~ strength** / Umbruchfestigkeit *f* || **~ terminal** / Schnabelklemme *f* || **~ test load** / Prüf-Biegekraft *f* (Isolator, Durchführung) || **~ top** / überstehender Metallwinkel (Bürste)
cantilever-force curve / Querkraft-Diagramm *n*
canting *n* / Verkanten *n*
cap *n* / Kappe *f*, Schutzkappe *f*, Verschlusskappe *f*, Stecker *m*, Lampensockel *m*, Anschlusskappe *f* (ESR), Deckschieber *m* (Wickl.), Haube *f*, Einlegekappe *f*, Abdeckkappe *f*, Deckscheibe *f*,

Kondensor *m*, Kondensator *m*
CAP s. computer-aided planning
cap, end ~ / Endkappe *f* (a. Sich.), Kontakt des Sicherungseinsatzes, Schildkappe *f*
capability *n* / Fähigkeit *f*, Vermögen *f*, Leistungsfähigkeit *f* || **~ approval** / Tauglichkeitsanerkennung *f* || **arithmetic ~** / Rechenkapazität *f* || **class F ~** / Ausnutzbarkeit nach Isolationsklasse F || **continuous operating voltage ~** (arrester) / Dauerspannung *f* (Abl.) || **load ~** / Belastbarkeit *f*, Belastungsvermögen *f*, Beanspruchbarkeit *f*, Kennlast *f* || **mean energy ~** / mittleres Arbeitsvermögen (KW) || **net ~** / Nettoleistung *f* (KW, Netz bei optimalen Betriebsbedingungen) || **overcurrent ~** / Überstrombelastbarkeit *f* || **short-circuit ~** / Kurzschlussfestigkeit *f* (f. ein Bauelement für eine bestimmte Dauer zulässiger Teilkurzschlussstrom) || **total ~ for load** / mögliche Gesamtbelastung (KW) || **with batch ~** / batchfähig *adj* || **with bus ~** / busfähig *adj* || **with calibration ~** / eichfähig *adj* || **with expansion ~** / erweiterbar *adj*, ausbaufähig *adj*, ausbaubar *adj* || **with interrupt ~** / alarmfähig *adj* || **with multiprocessor ~** / mehrprozessorfähig *adj*, multiprozessorfähig *adj* || **with networking ~** / netzfähig *adj* || **with no networking ~** / nicht netzfähig
capable of carrying power current / fernspeisetauglich *adj* || **capable of energy regeneration** / Rückspeisefähigkeit *f* || **capable of withstanding short-circuits** / kurzschlussfest *adj*
capacitance *n* / Kapazitanz *f*, Kapazität *f* || **~ between conductors** / Leiter-Leiter-Kapazität *f* || **~ bridge** / Kapazitätsmessbrücke *f* || **~ coupling** / kapazitive Kopplung || **~ current** / kapazitiver Strom, Ladestrom *m* || **~ current injection** / Einspeisen eines kapazitiven Stroms || **~ earthing** / kapazitive Erdung
capacitance-graded bushing / kapazitiv gesteuerte Durchführung
capacitance grounding / kapazitive Erdung || **~ measurement** / Kapazitätsmessung *f* || **~ meter** / Kapazitätsmesser *m* || **~ per unit length** / Kapazitätsbelag *m* || **~ switching rating** / Kondensator-Ausschaltvermögen *f* VDE 0670,T.3 || **~ test** / Kapazitätsprüfung *f*, Prüfung der Kapazitäten || **~ to earth** / Kapazität gegen Erde, Erdkapazität *f* || **~ to frame** / Gehäusekapazität *f* DIN 41745 || **~ to ground** (s. capacitance to earth) || **~ tolerance** / Kapazitätstoleranz *f* (Kondensator) || **~ to source terminals** / Eingangs-Kopplungskapazität *f* || **~ tracking error** / Kapazitäts-Gleichlauftoleranz *f* || **~ voltage divider** / kapazitiver Spannungsteiler, Spannungsteilerkondensator *m*
capacitive *adj* / kapazitiv *adj*, voreilend *adj* || **~ ballast** / kapazitives Vorschaltgerät || **~ breaking** / kapazitives Schalten || **~ breaking capacity** / kapazitives Schaltvermögen || **~ breaking current** / kapazitiver Ausschaltstrom || **~ call button** / kapazitive Ruftaste || **~ charging current** / kapazitiver Ladestrom, Nachladestrom *m* || **~ charging step** / kapazitiver Ladesprung || **~ circuit** / kapazitiver Stromkreis || **~ control** / Kapazitätssteuerung *f* || **~ control gear** / kapazitives Vorschaltgerät || **~ coupling** / kapazitive Kopplung || **~ current** / kapazitiver Strom, Ladestrom *m* || **~

capacitivity

earth-fault sensing (o. measurement) / kapazitive Erdschlusserfassung || ~ **line condition** / kapazitives Leitungsverhältnis || ~ **position sensing device** / kapazitives Wegmessgerät || ~ **proximity switch** / kapazitiver Näherungsschalter || ~ **reactance** / kapazitiver Blindwiderstand, Kapazitanz f || ~ **residual current** / kapazitiver Reststrom || ~ **suppressor** / Entstörkondensator m, Funk-Entstörkondensator m || ~ **voltage divider** / kapazitiver Spannungsteiler, Spannungsteilerkondensator m
capacitivity n / Dielektrizitätskonstante f || ~ **of free space** / Dielektrizitätskonstante des leeren Raums, Dielektrizitätskonstante des Vakuums, elektrische Feldkonstante
capacitor n / Kondensor m, Kondensator m, Phasenschieber m, Blindleistungsmaschine f || ~ **adaption** / Kondensatoranpassung f || ~ **back-up power supply** / kondensatorgestützte Stromversorgung || ~ **back-up unit** / Kondensatorleistungspufferung f || ~ **bank** / Kondensatorbatterie f, Kondensatorbank f || ~ **bank breaking capacity** IEC 56-1 / Ausschaltvermögen für Kondensatorbatterien VDE 0670, T.101, Einzelkondensatorbatterie-Ausschaltvermögen n || ~ **bank inrush making current** / Kondensatorparalleleinschaltstrom m E VDE 0670, T.302 || ~ **bank overvoltage** IEC 265 / Überspannung einer Kondensatorbatterie VDE 0670,T.3 || ~ **bank overvoltage between lines** IEC 265 / Überspannung zwischen den Leitern einer Kondensatorbatterie VDE 0670,T.3 || ~ **bank overvoltage to neutral point** IEC 265 / Überspannung zum Sternpunkt einer Kondensatorbatterie VDE 0670,T.3 || ~ **braking** / Kondensatorbremsung f || ~ **bushing** / Kondensatordurchführung f, gesteuerte Durchführung || ~ **chain** / Kondensatorkette f || ~ **circuit-breaker** / Kondensator-Leistungsschalter m, Kondensatorschalter m (LS) || ~ **column** / Kondensatorsäule f, Kondensatorstapel m || ~ **commutation** / Kondensator-Kommutierung f (Verfahren der selbstgeführten Kommutierung, bei dem die Kommutierungsspannung durch Kondensatoren geliefert wird, die in den Kommutierungskreis eingeführt sind) || ~ **control unit** / Kondensator-Regeleinheit f || ~ **coupling** / Kondensatorankopplung f || ~ **divider** / kapazitiver Teiler || ~ **element** / Kondensatorelement n, Kondensatorwickel m, Kondensatorteilkapazität f || ~ **energy store** / Kondensator-Energiespeicher m, Puffer m || ~ **equipment** IEC 70 / Kondensatoranlage f VDE 0560,T.4 || ~ **excitation** / Kondensatorerregung f || ~ **foil** / Kondensatorfolie f, Kondensatorbelag m || ~ **installation** / Kondensatoranlage f
capacitor-introduced delay / Kondensatorverzögerung f
capacitor losses IEC 70 / Verlustleistung f (Kondensator) VDE 0560,T.4, Kondensatorverluste m pl || ~ **module** / Kondensatorbaugruppe f, Kondensatormodul n || ~ **motor** / Kondensatormotor m || ~ **of Class X** IEC 161 / Kondensator der Klasse X VDE 0565,T.1
capacitor-operated emergency tripping device (o. mechanism) / Kondensator-Notausschaltgerät n
capacitor panel / Kondensatorfeld n, C-Feld n || ~

recharging principle / Kondensator-Rückladeprinzip n || ~ **release** / Kondensatorauslöser m, Kondensatorstromauslöser m, Kondensatorspeicher-Auslösegerät n || ~ **stack** / Kondensatorsäule f, Kondensatorstapel m
capacitor-start-and-run motor / Motor mit Betriebskondensator IEC 50(411), Einphasenmotor mit Kondensator für Anlauf und Betrieb
capacitor starting / Kondensatoranlauf m, Anlauf durch Hilfsphase
capacitor-start motor / Einphasenmotor mit Anlaufkondensator, Einphasenmotor mit abschaltbarem Kondensator in der Hilfsphase
capacitor store / Kondensatorspeicher m (Rechner), Kondensator-Speichergerät n || ~ **switching** / Schalten von Kondensatoren, kapazitives Schalten || ~ **switching capacity** / kapazitives Schaltvermögen || ~ **switching contactor** / Kondensatorschütz m || ~ **transformer** / kapazitiver Wandler || ~ **unit** / Kondensatoreinheit f VDE 0560,T.4, Kondensatorbaugruppe f, kapazitiver Teil (Wandler) || ~ **voltage divider** / kapazitiver Spannungsteiler, Spannungsteilerkondensator m || ~ **voltage transformer** / kapazitiver Spannungswandler
capacity n / Kapazität f, Leistung f, Leistungsfähigkeit f, Fassungsvermögen f, Ausbringung f, Fördermenge f, Leistungsvermögen n, Inhalt m, Mengengerüst n || ~ **lifting** ~ / Hebevermögen n, Tragfähigkeit am Lasthaken || ~ **storage** ~ / Speicherkapazität f, Speichervermögen n, Speichervolumen n (Druckluft) || ~ **alignment** / Kapazitätsabgleich m (Produktion) || ~ **cost** / Kapitaldienst der Anlagekosten || ~ **density** / Kapazitätsdichte f (Batt.) || ~ **levelling** / Kapazitätsabgleich m (Produktion) || ~ **load** / Kapazitätsauslastung f (Fabrik) || ~ **of terminals** / Klemmbereich der Anschlüsse || ~ **requirements planning (CRP)** / Kapazitätsbedarfsplanung f (Fabrik) || ~ **resolver** / Stellungsmelder mit kapazitivem Ferngeber || ~ **retention** / Ladungserhaltung f (Batt.) || ~ **test** / Kapazitätsprüfung f (Batt.) || ~ **utilization display** / Auslastungsanzeige f
capacity-to-weight ratio / Leistung-Gewicht-Verhältnis n, Leistungsgewicht n, Ausnutzungsverhältnis n
capacity utilization / Auslastung f
cap-and-pin insulator / Kappenisolator m
cap edge / Sockelrand m (Lampe) || ~ **gauge** / Sockellehre f (f. Lampensockel)
capillary n / Kapillarrohr n || ~ **column** / Kapillarsäule f (Chromatograph) || ~ **separating column** / Kapillartrennsäule f || ~ **tube** / Kappillarrohr n, Haarröhrchen n
capital contribution to connection costs / Anschlusskostenbeitrag m (StT), einmaliger Anschlusskostenbeitrag (StT) || ~ **contribution to network costs** / Netzkostenbeitrag m (StT), einmaliger Netzkostenbeitrag (StT)
capital-goods industry / Investitionsgüterindustrie f
capital letter / Großbuchstabe m
cap lamp / Kopflampe f, Kopfleuchte f
capless lamp / sockellose Lampe, Glassockellampe f
cap mill / Kappenfräser m || ~ **nut** / Überwurfmutter f, Hutmutter f
capline n / Versalhöhe f (Schrift)

CAPP s. computer-aided process planning
capping cement / Sockelkitt *m* (Lampe)
cap plug / Verschlusskappe *f* || ~ **rear** /
  Kappenrückseite *f* || ~ **shell** / Sockelhülse *f* (Lampe)
  || ~ **side** / Kappenseite *f* || ~ **skirt** / Sockelwulst *m*
  (Lampe)
capstan motor / Bandantriebsmotor *m*
  (Magnetband), Tonmotor *m* || **capstan screw** /
  Kreuzlochschraube *f*
cap temperature rise / Temperaturerhöhung am
  Sockel (Lampe)
caption *n* / Bildunterschrift *f*
captive *adj* / unverlierbar *adj* || **captive lock** /
  unverlierbarer Verschluss || ~ **nut** / Käfigmutter *f* ||
  captive power plant / betriebseigenes Kraftwerk,
  Industriekraftwerk *n* || ~ **screw** / unverlierbare
  Schraube
capturing and processing / Erfassung und
  Verarbeitung
capture radius / Fangradius *m*
CAQ (computer aided quality assurance) /
  rechnerunterstützte Qualitätskontrolle,
  rechnerunterstützte Qualitätssicherung
CAQA s. computer-aided quality assurance
car *n* / Wagen *m*, Kraftwagen *m*, Eisenbahnwagen *m*,
  Aufzugkabine *f*, Fahrkorb *m*
CAR s. computer-aided repair
carbon *n* / Kohlenstoff *m* || ~ **arc lamp** /
  Kohlebogenlampe *f*, Reinkohlebogenlampe *f* || ~
  black / Kohlenschwarz *n*, Gasruß *m*, Ruß *m*
carbon-black content / Rußgehalt *m* (PE-
  Kabelmantel)
carbon brush / Kohlebürste *f* || ~ **deposit** /
  Kohlestaubniederschlag *m*, Schmierölrückstand *m* ||
  ~ **dioxide lamp** / Kohlensäurelampe *f* || ~ **dust** /
  Kohlebürstenstaub *m*, Bürstenabrieb *m*
carbon-fibre brush / Kohlefaserbürste *f*
carbon-filament lamp / Kohlefadenlampe *f*
carbon-film resistor / Kohleschichtwiderstand *m*
carbon-graphite brush / Kohlegraphitbürste *f*
carbonize *v* / verkohlen *v*
carbonized-oil formation / Öl-Kohlebildung *f*
carbon lamp / Kohlefadenlampe *f* || ~ **monofluoride-
  lithium battery** / Kohlenstoffmonofluorid-
  Lithium-Batterie *f* || ~ **monoxide** / Kohlenmonoxid
  n
carbon-pile regulator / Kohlesäulenregler *m*,
  Kohledruckregler *m*
carbon steel / Kohlenstoffstahl *m*, unlegierter Stahl ||
  ~ **tetrachloride** / Tetrachlorkohlenstoff *m*
carbon-type analysis / Kohlenstoffanalyse *f*
  (Isolieröl)
carbon-zinc battery / Kohlenstoff-Zink-Batterie *f*
carbonitrided *adj* / karbonitriert *adj*
carburized *adj* / aufgekohlt *adj*
carcase *n* / Karkasse *f*, Ständergehäuse *n*,
  Maschinengehäuse *n*
car computer / Bordrechner *m* (Kfz), Bordcomputer
  m
card *n* / Karte *f*, (Hardware-)Baugruppe *f*, Platine *f*,
  Flachbaugruppe (FBG) *f*, Baugruppe (BG) *f*, BGR,
  Modul *n* (Funktionseinheit) || **card box** /
  Karteikasten *m*
cardan *n* / Kardan *m* || **cardan joint** / Kardangelenk
  n, Universalgelenk *n*, Hookescher Schlüssel,
  Kreuzgelenk *n* || ~ **shaft** / Kardanwelle *f*,
  Gelenkwelle *f*

cardan-shaft drive / Kardanantrieb *m*
cardboard box / Pappkarton *m*
card file / Kartei *f*
cardinal light / kardinales Feuer || ~ **mark** /
  kardinales Zeichen || ~ **stimuli** /
  Definitionsvalenzen *f pl*
carding machine / Kratzmaschine *f*
card punch / Kartenlocher *m* || ~ **rack** /
  Baugruppenträger *m*, Kartenträger *m* || ~ **reader**
  (CR) / Kartenleser *m*, Lochkartenleser *m*
car electronics / Kraftfahrzeugelektronik *f*,
  Autoelektronik *f*
carousel-type shelf / Umlaufregal *n*
car-park routing system / Parkleitsystem *n*
carbide metal / Hartmetall *n*
carriage *n* / Werkzeugschlitten *m* || ~ **and insurance
  paid to (CIP)** / frachtfrei versichert, CIP
  (Kreisinterpolation) || ~ **bolt** / Schlossschraube *f*,
  Flachrundschraube mit Vierkantansatz || ~
  mechanism / Antriebstraverse *f* || ~ **paid to** / CPT
  frachtfrei || ~ **return (CR)** / CR, Wagenrücklauf *m*
carriageway *n* / Fahrbahn *f*
carried-forward error / Schleppfehlerkorrektur *f*
carrier *n* / Träger *m*, Trägermaterial *m*,
  Trägerschwingung *f*, Halterung *f*, Ladungsträger *m*,
  Spediteur *m*, Transportunternehmer *m* || ~
  amplifier / Trägerfrequenzverstärker *m* || ~ **band** /
  Trägerband *n*
carrierband *n* / Trägerband *n* || ~ **LAN** /
  Trägerfrequenz-LAN *n*
carrier board / Trägerboard *n* || ~ **channel** /
  Trägerfrequenzkanal *m* (TF-Kanal)
carrier-current line trap / TFH-Sperre *f*,
  Trägerfrequenzsperre *f* || ~ **protection** / Schutz mit
  Trägerfrequenzverbindung
carrier diffusion / Trägerdiffusion *f* || ~ **foil** /
  Trägerfolie *f* || ~ **frequency (CF)** / Trägerfrequenz *f*
  (TF)
carrier-frequency coupling device / Trägerfrequenz-
  Kopplungseinrichtung *f* || ~ **level test set** / TF-
  Pegelmessplatz *m* || ~ **section (CF-Section)** /
  Trägerfrequenz-Teil (TF-Teil) *n* || ~ **shift** /
  Trägerfrequenzverschiebung *f* || ~ **system** /
  Trägerfrequenzsystem *n* (TF-System)
carrier gas / Trägergas *n*, Grundgas *n* || ~ **gas
  pressure** / Trägergasdruck *m* || ~ **injection** /
  Trägerinjektion *f* || ~ **material** / Trägermaterial *n*
carrier-pilot protection (USA) / Schutzsystem mit
  TFH IEC 50(448)
carrier protection system / Schutzsystem mit TFH ||
  ~ **ring** / Fassungsring *m* (Messblende) || ~ **sense
  (CS)** / Trägerabfrage *f* (in einem LAN),
  Leitungsabfrage *f*, Aktivitätsüberwachung *f*,
  Mithören *n* || ~ **storage** / Ladungsträgerspeicherung
  f || ~ **storage time** / Speicherzeit *f* (Transistor),
  Entladeverzug *m* (Transistor) || ~ **system** /
  Trägerfrequenzsystem *n* (TF-System) || ~
  telegraphy / Trägerfrequenztelegraphie *f*
carrier-to-noise ratio (CNR) / Träger-Rausch-
  Abstand *m*, Träger-Rausch-Verhältnis *n*
carrier wave (CW) / Trägerwelle *f*
carry (CY) *n* (counter) / Übertrag *m* || **to ~ a current**
  / einen Strom führen || ~ **down** / Übertrag rückwärts
  || ~ **electrode** / Übergabeelektrode *f* (ESB)
carrying capacity / Tragfähigkeit *f*, Belastbarkeit *f*,
  Strombelastbarkeit *f* || ~ **case** / Transportkoffer *m* ||
  ~ **contour** / tragende Höhenlinie || ~ **handle** /

carry-in 68

Transportgriff *m* || ~ **piece** / Druckstück *n*
carry-in input / Übertrageingang *m*
carry look-ahead / Parallelübertrag *m*
carry-out output / Übertragausgang *m*
carry-over hours / Stundenübertrag *m*, übertragbare Zeit (GLAZ) || ~ **of (time) credits and debits** / Zeitübertrag *m* (GLAZ)
carry up / Übertrag vorwärts
Carter's coefficient / Carterscher Faktor, Nutungsfaktor *m*
Cartesian coordinate / kartesische Koordinate || **Cartesian coordinates** / rechtwinklige Koordinaten || ~ **protected zone** / kartesischer Schutzraum || ~ **PTP travel** / kartesisches PTP-Fahren
cartoning system / Kartonierer *m*
cartridge *n* / Patrone *f* (Sich.), Kassette *f*, Bandkassette *f* || ~ **disconnector** / Sprengtrenner *m* || ~ **disk** / Wechselplatte *f* (Speicher) || ~ **filter** / Kerzenfilter *n* || ~ **fuse** / Patronensicherung *f* || ~ **fuse-link** / Sicherungspatrone *f* || ~ **magazine** / Kassettenmagazin *n* (WZM) || ~ **starter** / Patronenanlasser *m* || ~ **tape drive** / Magnetbandkassettenlaufwerk *n*, Kassettenlaufwerk *n*
cartridge-type bearing / Einsatzlager *m*, Wälzlagerkopf *m*, Lagereinsatz *m* || ~ **brush holder** / Köcher-Bürstenhalter *m*
car washing plant / Autowaschanlage *f*
CAS s. column address select || ≗ s. column address strobe
cascadability *n* / Kaskadierbarkeit *f*
cascade *v* / in Kaskade schalten, hintereinander schalten, Kette *f*, überlappend *adj* || ~ **connection** / Kaskadenschaltung *f* || ~ **control** / Nachlaufsteuerung *f*, Folgeregelung *f*, Kaskadenregelung *f* || ~ **control system** / Kaskadenregelung *f*
cascade(d) control / Kaskadenregelung *f*
cascade converter / Kaskadenumformer *m*, Kaskadenstromrichter *m*
cascaded arrangement / Durchschleifbetrieb *m* (Monitore) || ~ **bridges** / Kaskadenbrückenschaltung *f* || ~ **carry** / kaskadierter Übertrag || ~ **commutator machine** / Kommutator-Hintermaschine *f*, Scherbius-Maschine *f* || ~ **exciter** / hauptstromerregte Erregermaschine
cascade diagram / Wasserfalldiagramm *n* || ~ **element** / Kettenelement *n* || ~ **interface** / Kaskadierschnittstelle *f*
cascaded induction motor and commutator machine / Drehstrom-Kommutatorkaskade *f* || ~ **induction motor and d.c. machine** / Drehstrom-Gleichstrom-Kaskade *f* || ~ **machine set** / Kaskadensatz *m*, Kaskade *f*, Regelkaskade *f*, Regelsatz *m* || ~ **speed-regulating set** / Regelkaskade *f*
cascade lubrication / Spülölschmierung *f*, Schmierung durch Ölberieselung || ~ **method of heterochromatic comparison** / Kleinstufenverfahren *n* (LT) || ~ **motor** / Kaskadenmotor *m* || ~ **organization** / Kettenverwaltung *f* (SPS) || ~ **set** / Kaskadensatz *m*, Kaskade *f*, Regelkaskade *f*, Regelsatz *m* || ~ **starter** / Kaskadenanlasser *m* || ~ **synchronism** / Kaskaden-Synchrondrehzahl *f*

cascade-type converter / Kaskadenumsetzer *m*
cascade voltage transformer / Kaskaden-Spannungswandler *m*, induktiver Spannungswandler
cascading *n* / Kaskadierung *f*, Kaskadenschaltung *f*
cascode amplifier / Kaskode-Verstärker *m*
case *n* / Gehäuse *n* (a. Is), Kasten *m*, Kiste *f*, Behälter *m*, Kapsel *f*, Mantel *m*
CASE s. computer-aided software engineering
case back / Grundplatte *f* (Zählergehäuse) || ~ **capacitance** / Rest-Querkapazität *f* HL, DIN 41856, Querkapazität *f* HL,DIN 41856 || ~ **front** / Gehäusekappe *f* (EZ) || ~ **ground fault** / Gestellerdschluss *m* || ~ **ground protection** / Gestell-Erdschlussschutz *m* || ~ **hardening** / Einsatzhärtung *f*, Zementation *f* || ~ **listing** / Kofferverzeichnis *n* || ~ **management** / Verwaltung von Studienfällen || ~ **master data** / Kofferstammdaten *pl* || ~ **of application** / Einsatzfall *m* || ~ **of warranty** / gewährleistet *adj*, Gewährleistungsfall *m* || ~ **operating temperature** / Gehäuse-Betriebstemperatur *f* (HL) || ~ **size** / Gehäusegröße *f* || ~ **study** / Fallstudie *f*, Fallbeispiel *n* || ~ **temperature** (IEC 68) / Gehäusetemperatur *f*, Oberflächentemperatur *f*
cash register / Registrierkasse *f*
cash-and-carry service / Mitnahmegeschäft *n*
casing *n* / Gehäuse *n*, Kasten *m*, Mantel *m*, Zylinder *m* || **casing screw** / Gehäuseschraube *f* || ~ **sizes** / Gehäusegrößen *f pl*
cassette *n* / Kassette *f* || **cassette drive** / Kassettenlaufwerk *n* || ~ **recorder** / Kassettengerät *n* || ~ **reader** / Kassettenleser *n*
cast *adj* / gegossen *adj*, Guss *m* || **cast, to** ~ **shadows** / Schatten werfen || ~ **aluminium housing** / Alu-Gussgehäuse *n* || ~ **aluminium silicon alloy** / Siluminguss *m* || ~ **body with flange end** / angegossener Flansch || ~ **housing** / Gussgehäuse *n*
cast-aluminium housing / Alu-Gussgehäuse *n*
castellation *n* / Zinnen *n*
cast-in *adj* / eingegossen *adj*
caster *n* / Rolle *f*, Schwenkrolle *f*, Laufrolle *f*, Fahrrolle *f*
casting *n* / Gießen *n* (a. Kunststoff), Gussstück *m*, Guss *m*, Gussteil *n*, Anguss *m* || ~ **compound** EN 50020 / Vergussmasse *f* || ~ **mold** / Gussform *f* || ~ **plastic** / Gießharzmasse *f* || ~ **resin** / Gießharzmasse *f*, Gießharz *n*
cast insulation bushing / Gießharzdurchführung *f*, Durchführung mit Gießharzisolation || ~ **iron** / Gusseisen *n*
cast-iron bed / Gussbett *n* || ~ **box-type distribution board** / gussgekapselter Verteiler, Gussverteiler *m* || ~ **junction box** / Guss-Abzweigdose *f* || ~ **multi box distribution board** / gussgekapselter Verteiler, Gussverteiler *m* || ~ **multi-box distribution board system** / gussgekapseltes Verteilersystem, Gussverteilersystem *n* || ~ **resistor** (unit) / Gusseisenwiderstand *m*
cast light alloy / Leichtmetallguss *m*
cast-metal-clad *adj* / gussgekapselt *adj*
cast-metal enclosed / gussgekapselt *adj* || **cast-metal front plate** / Gussfrontplatte *f*
cast-on *adj* / angegossen *adj*
castor *n* / Rolle *f*, Schwenkrolle *f*, Laufrolle *f*, Fahrrolle *f*
cast resin / Gießharz *n*

cast-resin *n* / Gießharz *n* || ~ **block-type current transformer** / Gießharz-Blockstromwandler *m* || ~ **bushing** / Gießharzdurchführung *f*, Durchführung mit Gießharzisolation || ~ **dry-type transformer** / Gießharz-Trockentransformator *m* || ~ **insulation** / Gießharz-Isolierung *f*
cast-resin-filler mixture / Gießharz-Füllstoff-Gemisch *n*
cast-resin-insulated *adj* / gießharzisoliert *adj* (a. rafo)
cast-resin post insulator / Gießharzstützer *m* || ~ **transformer** / Gießharztransformator *m*
cast silumin / Siluminguss *m* || ~ **steel** / Stahlguss *m*
CAT s. computer-aided testing / CAT
cataleptic failure / Sprungvollausfall *m*, sprunghaft auftretender Vollausfall
catalog *n* / Katalog (KG) *m* || **catalog mailing agents** / Katalogversender *m* || ~ **profile** / Katalogprofil *n*
catalogued device / listenmäßiges Gerät (z.B. in DIN EN 61131-1)
catalytic combustion / katalytische Verbrennung || ~ **converter** (CC) / Katalysator *m* (Kfz) || ~ **gas analyzer** / katalytisches Gasanalysegerät
catastrophic failure / Sprungvollausfall *m*, sprunghaft auftretender Vollausfall
catch *n* / Verschluss *m*, Sperre *f*, Klinke *f*, Sperrklinke *f*, Anschlag *m*, Arretierstift *m*, Arretierung *f* || ~ **hook** / Fanghaken || ~ **lock** / Schnappschloss *m*, Schnappverschluss *m* || ~ **spring** / Schnappfeder *f*
catch-up *n* / Aufschliesser *m* (Beschleunigen eines Druckmaschinenantriebs auf eine laufende Maschine)
category *n* / Kategorie *f* || ~ **temperature** ~ / Temperaturklasse *f* || ~ **II or III holding position sign** / Gebots- und Verbotszeichen (Flp.) || ~ **of regulation** / Art der Regulation (Trafo) || ~ **Zone 0** / Ex-Zone 0
catenary *n* / Kettenlinie *f*, Spanndraht *m* || ~ **constant** IEC 50(466) / Kettenlinienparameter *m* (Freiltg.) || ~ **curve** / Kettenlinie *f* (Freileitungsseil) || ~ **hanger** / Seilaufhänger *m* || ~ **lighting** / Kettenbeleuchtung *f*
catenary-suspended luminaire / Spanndraht-Hängeleuchte *f*
catenary suspension / Seilaufhängung *f* (f. Oberleitung)
catenary-type overhead traction wire / Kettenoberleitung *f*, Kettenfahrleitungssystem *n*
catenary wire / Tragseil *n* (f. Luftkabel), Tragdraht *m*, Tragorgan *n*
catenary-wire luminaire / Spanndraht-Hängeleuchte *f*
catering tariff / Preisregelung für Sonderzwecke (StT)
cathode arc / Kathodenbogen *m* || ~ **copper** / Kathodenkupfer *n* || ~ **drop** / Kathodenfall *m* || ~ **emission** / Kathodenemission *f* || ~ **fall** / Kathodenfall *m* || ~ **follower** / Kathodenfolger *m*, Impedanzwandler *m*, Kathodenverstärker *m* || ~ **half-bridge** / Kathodenhalbbrücke *f* || ~ **heating rate** / Kathodenanheizgeschwindigkeit *f* || ~ **heating time** / Kathodenanheizzeit *f* || ~ **interface layer** / Kathodenzwischenschicht *f* || ~ **oscilloscope** / Kathodenoszilloskop (KO) *n*, Oszillograf *m* || ~ **preheating** / Kathodenvorheizung *f* || ~ **preheating time** / Kathodenvorheizzeit *f*
cathode-ray charge-storage tube / Kathodenstrahl-Ladungsspeicherröhre *f*, Ladungsspeicherröhre mit Schreibstrahl || ~ **oscillograph** (CRO) / Kathodenstrahl Oszillograph *m* || ~ **oscilloscope** / Kathodenstrahl-Oszilloskop *n*, Elektronenstrahl-Oszilloskop *n*, Oszillograf *m*, Kathodenoszilloskop (KO) *n*
cathode-ray-stabilized camera tube / Bildaufnahmeröhre mit langsamen Elektronen
cathode-ray storage tube / Kathodenstrahl-Speicherröhre *f*, Speicherröhre mit Schreibstrahl || ~ **tube** (CRT) / Kathodenstrahlröhre *f*, Elektronenstrahlröhre *f*
cathode-ray-tube controller (CRTC) / Steuereinheit für Kathodenstrahlröhre o.Bildschirm, Bildschirm-Steuerung *f*
cathode-ray tube size IEC 351-1 / Nennmaß der Oszilloskop-Röhre DIN IEC 351,T.1
cathode reactor / Kathodendrossel *f* || ~ **region** / Kathodengebiet *n* || ~ **sheath** / Kathodenglimmschicht *f*
cathode-side d.c. terminal / kathodenseitiger Gleichstromanschluss (LE)
cathode sputtering / Kathodenzerstäubung *f* || ~ **terminal** / Kathodenanschluss *m* (HL)
cathodic brush / kathodische Bürste || ~ **cleaning** / kathodische Reinigung || ~ **glow** / Kathodenglimmlicht *n* || ~ **partial current** / kathodischer Teilstrom || ~ **polarization** / Kathodenpolarisation *f* (Batt.) || ~ **protection** (CP) / kathodischer Schutz, kathodischer Korrosionsschutz
cathodoluminescence *n* / Kathodenlumineszenz *f*
CATV s. cable television
caulked *adj* / verstemmt *adj*
caulking mark / Stemmabdruck *m*
cause *v* / verursachen *v*, bewirken *v*
cause-of-error code / Verursachungskennung *f*
cause of malfunction / Störungsursache *f* (FWT)
caustic *adj* / ätzend *adj*, beißend *adj*
caution *n* / Achtung, Vorsicht || **Caution signal** / Vorsicht-Signal *n*
cavitation *n* / Kavitation *f*, Hohlsog *m* || ~ **erosion** / Kavitationsangriff *m* || ~ **protection** / Kavitationsschutz
cavity *n* / Höhlung *f*, Hohlraum *m*, Mulde *f*, Einbauraum *m*, Lunker *m*, Hohlraumresonator *m*, Vertiefung *f*, Kopfmulde *f* (Bürste) || ~ **contact** ~ / Kontaktkammer *f* (StV) || ~ **block** / Hohlblockstein *m* || ~ **frequency meter** / Hohlraum-Frequenzmesser *m* || ~ **mounting** / Hohlraummontage
cavity-mounting *adj* / für Einbau in Nische, für Hohlwandeinbau
CAW s. closed-circuit air-water cooling
CAWS s. controller active wait state
C-axis feed control / Vorschubregelung für C-Achse
CB s. central battery || ⁻ **(communication board)** / Kommunikationsbaugruppe *f* || ⁻ **bus address** / PROFIBUS-Adresse *f* || ⁻ **communication error** / CB-Kommunikationsfehler *m* || ⁻ **diagnosis** / CB Diagnose || ⁻ **telegram off time** / Telegramm Ausfallzeit CB
c.b. . s. circuit-breaker
CBA (A. f. custom-built assembly of (low-voltage switchgear and controlgear, 'IEC 439) / CSK (A. f. nach Bedarf gebaute Schaltgerätekombination, VDE 0660, T.61)

CBC (communication board CAN) / Kommunikationsbaugruppe-CAN-Bus *m*
CBE s. circuit-breaker for equipment
CBP (communication board PROFIBUS) / CBP (Kommunikationsbaugruppe PROFIBUS)
C bus s. communications bus / K-Bus (Kommunikationsbus) *m*
CC / Katalysator *m* (Kfz) || ≙ s. central controller || ≙ s. central control || ≙ s. crystal-controlled
CCD s. charge-coupled device / Ladungsgekoppelter Bildwandler || ≙ **image sensor** / CCD-Bildwandler *m*
C-cell *n* / Babyzelle *f*
CCFL (cold cathode fluorescent lamp) / CCFL
CCG s. central clock generator
CCI s. charge-coupled imager
CC interface module / ZG-Anschaltung *f* (ZG =Zentralgerät (PC))
CCL s. collector-coupled logic
CCP s. central control panel || ≙ s. console command processor
CCS s. constant-current source
CCSL s. compatible current-sinking logic
CCSR s. copper cable, steel-reinforced
CCTL s. collector-coupled transistor logic
CCTV s. closed-circuit TV
CCU box / CCU-Box *f* || ~ **module** / CCU-Baugruppe *f*
CCW s. counter-clockwise
ccw (counterclockwise) / Drehrichtung links, Gegenuhrzeigersinn *m*, ccw (counterclockwise) || ~ **phase sequence** / Linksdrehfeld *n* || ~ **rotation** / Linksdrehung *f*, Linkslauf *m*, Drehung im Gegenuhrzeigersinn
CD s. clock distributor || ≙ s. collision detect || ~ **track** / CD-Spur *f*
C-DAC s. correction DAC
C-dependency *n* / Steuer-Abhängigkeit *f*, C-Abhängigkeit *f*
c.d.f . s. cyclic duration factor
CD drive controller / Transistor-Gleichstromsteller *m* || **CD memory** s. compact-disk memory || ≙ **message** (CD = common data) / CD-Telegramm *n*
CDS bit (Local / Remote) / CDS Bit (local / remote)
CE s. clear entry || ≙ s. chip enable || **CE mark** / CE-Zeichen *n* || ~ **mark of conformity** / CE-Kennzeichen *n* || ~ **marking** / CE-Kennzeichen *n*
CEE-mounting socket outlet / CEE-Anbausteckdose *f*
ceiling brightening / Deckenaufhellung *f* || ~ **cap** / Deckenkappe *f*, Deckenstrom *f* (Erregersystem, e. Masch.) || ~ **fitting** / Deckenleuchte *f*, Aufbauleuchte *f* || ~ **floodlight** / Deckenfluter *m*, Deckenaufbaufluter *m* || ~ **grid dimension** / Deckenrastermaß *n* || ~ **hook** / Deckenhaken *m* (f. Leuchte) || ~ **luminaire** / Deckenleuchte *f*, Aufbauleuchte *f* || ~ **luminance** / Deckenleuchtdichte *f*
ceiling-mounted ducting / Deckenkanalsystem *n*
ceiling outlet box / Decken-Auslassdose *f* || ~ **plenum** / Deckenhohlraum *m* || ~ **reflectance** / Deckenreflexionsgrad *m*, Reflexionsgrad der Decke
ceiling-rose receiver / Baldachinempfänger *m* (IR-Fernbedienung)
ceiling spotlight / Deckenstrahler *m*
ceiling-suspended pull switch / Deckenzugschalter *m*
ceiling tapping box / Decken-Abzweigdose *f* || ~ **voltage** / Deckenspannung *f*, Erregerdeckenspannung *f*
ceilometer, meteorological ~ (MCO) / meteorologisches Wolkenhöhen-Messgerät (MCO)
cell *n* / Zelle *f*, Schaltzelle *f*, Hülse *f* (Wicklungsisolation), Isolierhülse *f*, Schaltereinsatz *m* (HSS, DT), Gruppenführungsebene *f*, Systemebene *f*, Nuthülse *f* || ~ **corrosion** ~ / Korrosionselement *n* || **memory** ~ / Speicherelement *n* || ~ **array** / Zellmatrix *f* (Darstellungselement)
cell-based IC / Zellenkonzeptbaustein *m*
cell bus / Zellbus *m* || ~ **computer** / Zellenrechner *m* (einer Fertigungszelle) || ~ **container** / Zellengefäß *n* (Batt.) || ~ **controller** / Zellenrechner *m* || ~ **level** / Bereichsebene *f* (Fertigungssteuerung, CAM-System), Zellenebene *f* (PROFIBUS) || ~ **library** / Zellenkatalog *m* || ~ **network** / Zellennetzwerk *n*
cellular caoutchouc / Zellkautschuk *m*
cellular-floor raceway (system) / Hohlboden-Kanalsystem *n*, Hohlboden-Installationssystem *n*
cellular-layout integrated-circuit MOS (CLICMOS) / zellenorientiertes IC-MOS
cellular plastic / Schaumstoff *m*
cellular rubber / Moosgummi *n*
cellular-rubber seal / Moosgummidichtung *f*
celluloid *n* / Zelluloid *n*, Zellhorn *n*
cellulose *n* / Zellstoffe *m pl* || **cellulose acetate (CA)** / Zelluloseacetat *n* (CA) || ~ **lacquer** / Zaponlack *m*
cellulose-oil dielectric / Zellulose-Öl-Dielektrikum *n*
cellulose triacetate (CTA) / Zellulosetriacetat *n* (CTA)
cellulosic paper / Zellulosepapier *n*
cell valve / Zellenventil *n* || ~ **winding** IEC 146 / ventilseitige Wicklung (SR-Trafo) VDE 0558,T.1
cement *v* / kleben *v*, kitten *v*, einkitten *v*, auskitten *v*, verkitten *v* || ~ *n* / Zement *m*, Bindemittel *n*, Kitt *m*, Einsatzhärtepulver *n*, Klebemittel *n* || **cement mill** / Zementmühle *f*
cemented joint / verklebter Spalt
cementing *n* / Zementieren *n*, Verkitten *n*, Einkleben *n*, Sintern *n*, Verkleben *n*, Einsatzhärtung *f*
cementless insulator / kittloser Isolator
CEMF s. counter-electromotive force
center *n* / Kern *m* (Kabel), mittig *adj* || ~ **alignment** / Mittenausrichtung *f* || ~ **drill** / Zentrierbohrer *m* || ~ **drilling** / Anbohren *n*
centered *adj* / zentriert *adj*, mittelbündig *adj*
center hole / Achse *f*, Straßenachse *f*
centering *n* / Einmitten *n*, Zentrieren *f*, Zentrieren *n* || ~ **collar** / Zentrierbund *m* || ~ **cycle** / Einmittzyklus *m* (WZM) || ~ **cylinder** / Mittelstellzylinder *m* || ~ **flange** / Zentrierrand *m* || ~ **flank** / Einmittflanke *f* || ~ **machine** / Zentriermaschine *f* || ~ **pin** / Zentrierstift *m* || ~ **spigot** / Zentrieransatz *m* || ~ **tool** / Zentrierer *m*
centerless *adj* / spitzenlos *adj* || ~ **cylindrical grinding machine** / Spitzenlos-Rundschleifmaschine *f* || ~ **grinding** / Spitzenlosschleifen *n*, centerless-Schleifen *n*
center line / Mittellinie *f*
centerline stamp / Achsstempel *m*
center of circle / Kreismittelpunkt *m* || ~ **of curvature** / Krümmungsmittelpunkt *m* || ~ **offset** / Mittenversatz *m* || ~ **of the zoomed area** /

Zoomzentrum n || ~ **operating mechanism** / Mittelantrieb m || ~ **point** / Mittelpunkt (MP) m || ~ **position** / Mittelposition f, Mittelstellung f || ~ **punch** / Körner n pl
center-point hole / Mittelpunkt-Bohrung f || ~ **path** / Mittelpunktbahn f, Mittelpunktsbahn f
centiradiant n / Centiradiant n
central adj / zentral adj || ~ **amplifier** / Zentralverstärker m || ~ **battery (CB)** / Zentralbatterie f || ~ **building-services control station** / Hausleitzentrale f || ~ **bus** / Zentralbus m || ~ **carrier wire** / Innenleiter m (Koaxialkabel) || ~ **clock generator (CCG)** / zentraler Taktgeber || ~ **clocking pulse** / zentraler Takt || ~ **contact** (lampholder) / Mittelkontakt m (Fassung) || ~ **contact point** / zentrale Anlaufstelle || ~ **control (CC)** / zentrale Steuerung f (a. DÜ) || ~ **controller (CC)** / Leittechnik-Zentralgerät (LZG) n, Zentralgerät n (ZG (elST, Steuergerät)) || ~ **controller interface module (cc interface module)** / ZG-Anschaltung f || ~ **controller module** / Zentralbaugruppe f || ~ **control panel (CCP)** / zentrale Steuertafel (o. zentrales Bedienfeld) || ~ **control room** / zentrale Leitwarte || ~ **control unit** / Baugruppe ZST (Baugruppe Zentrale Steuerung) || ~ **evaluation of status messages** / zentrale Auswertung der Statusmeldungen || ~ **evaluation station** / zentraler Auswerteplatz || ~ **fuel injection** / Zentraleinspritzung f (Kfz) || ~ **hand** / Zentralhand (ZEH) f
centralized absolute chronology IEC 50(371) / Zeiterfassung mit zentral geführter Absolutzeit (FWT) || ~ **alarm** / Sammelstörmeldung f, Sammelmeldung f || ~ **configuration** / zentraler Aufbau (PLT, PC) || ~ **control** / zentrale Steuerung f (a. DÜ) || ~ **I/O** / zentrale Peripherie || ~ **local control (system)** / Nahsteuerung f || ~ **local control equipment** / Nahsteuereinrichtungen f pl || ~ **multi-endpoint connection** / Mehrpunktverbindung mit zentraler Steuerung DIN ISO 7498
central(ized) p.f. correction / Zentralkompensation f
centralized ripple control / Rundsteuerung f || ~ **ripple control system** / Rundsteueranlage f || ~ **system** / Zentrales System (ein System, in dem der gesamte Informationsfluss durch eine Zentrale gesteuert wird.) || ~ **telecontrol of loads** / zentrale Laststeuerung || ~ **telecontrol signal** / Rundsteuersignal m || ~ **telecontrol signal injection** / Rundsteuersignaleinspeisung f || ~ **traffic control room** / Verkehrssteuerzentrale f
centrally n / Zentralsteuergerät mit eingebauten Sensoren
central level / Zentralebene f (Fertigungssteuerung, CAM-System) || ~ **location** / zentrale Anlaufstelle || ~ **locking system** / Zentralverriegelung f (Kfz) || ~ **locking system with IR remote control** / Infrarot-Zentralverriegelung f (Kfz), Infrarot-Schließsystem f || ~ **lubrication** / Zentralschmierung f, Gruppenschmierung f || ~ **module** / zentrale Baugruppe (SPS), Zentralbaugruppe f || ~ **moment of order q** / zentrales Moment der Ordnung q DIN 55350,T.23 || ~ **piece** / Mittelstück n || ~ **position** / Mittelstellung f, Mittelposition f || ~ **positioner** / Mittelpositionierer m || ~ **principal inertia axis** / zentrale Hauptträgheitsachse || ~ **principal moment of inertia** / zentrales

Hauptträgheitsmoment || ~ **processing element (CPE)** / Zentral-Prozesselement n (CPE), Zentralelement n (MPU) || ~ **processing unit (CPU)** / zentrale Baugruppe, Zentralbaugruppe f, Prozessorbaugruppe f, Zentraleinheit f (CPU) / zentrale Recheneinheit || ~ **processor (CP)** / Zentralprozessor (CP) m, zentrale Recheneinheit, Zentraleinheit f || ~ **production computer** / Fertigungsleitrechner (FLR) m || ~ **reservation** / Mittelstreifen m (Autobahn) || ~ **service truck** / Zentralwagen m || ~ **spare parts service** / zentraler Ersatzteildienst || ~ **storage** / Zentralspeicher m DIN 44300 || ~ **tendency** / mittlere Tendenz || ~ **training office** / zentrales Kursbüro || ~ **value** / Zentralwert m
centre v / zentrieren v, einmitten v || ~ n (cable) / Kern m (Kabel) || **control** ~ / Leitstand m, Warte f, Schaltwarte f, Schaltzentrale f, Steuerwarte f, Motorsteuer- und Verteilertafel, Zentralsteuertafel f, Zentralverteilung f || **l.v. distribution** ~ / Niederspannungs-Hauptverteilung f || **off** ~ / außermittig adj || **strain-bearing** ~ / zugentlasteter Kernienlauf (Kabel) || **volt** ~ / Mittelspannung einer Gruppenspannung || ~ **bearing** / Mittellager n
centre-break disconnector / Zweistützer-Trennschalter m, Drehtrenner m || ~ **rotary disconnector** / Zweistützer-Drehtrenner m
centre conductor rail / Mittelstromschiene f || ~ **drill** / Zentrierbohrer m || ~ **drive** / Zentralantrieb m, Achsantrieb m
centred variate / zentrierte Zufallsgröße DIN 55350,T.21
centre earthing contact / Mittenschutzkontakt m || ~ **feed unit** / Zentraleinspeisung f (IK), Zentralanschlusskasten m (IK) || ~ **frequency** / Mittenfrequenz f, Abstimmfrequenz f || ~ **indicator** / Mittenkennmelder m || ~ **infeed** / Mitteneinspeisung f
centre-justified adj / zentriert adj (DV, Text)
centre leg / Mittelschenkel m (Trafo-Kern) || ~ **limb** / Mittelschenkel m (Trafo-Kern) || ~ **line** / Mittellinie f, Hauptachse f
centre-line average (c.l.a.) / Mittelrauhtiefe f, Mittenrauhigkeit f || ~ **barrette** / Mittellinien-Kurzbalken m (Flp.) || ~ **distance between conductors** / Leitermittenabstand m || ~ **flush-marker lighting** / Mittellinien-Unterflurbefeuerung f || ~ **guidance** / Mittellinienführung f (Flp.) || ~ **light** / Mittellinienfeuer n (Flp.) || ~ **marking** / Mittellinienmarke f (Flp.) || ~ **spacing** / Mittenabstand m DIN 43601
centre of distribution / Verteilungsschwerpunkt m, Lastschwerpunkt m || ~ **offset** / Außermittigkeit f, Mittigkeitsabweichung f, Mittenversatz m || ~ **of gravity** / Schwerpunkt m, Massenmittelpunkt m, Trägheitsmittelpunkt m || ~ **of gravity offset from centre line** / verlagerter Schwerpunkt
centre-of-gravity displacement / Schwerpunktfehler m
centre of gyration / Drehpunkt m, Drehpol m || ~ **of mass** / Trägheitsmittelpunkt m, Schwerpunkt m || ~ **of rotation** / Drehzentrum n, Drehpunkt m || ~ **of the tooth gap** / Zahnlückenmitte f
centre-point path / Mittelpunktbahn f (WZM-Werkzeug)
centre position / Mittelstellung f, Grundstellung f || ~

punched / gekörnt *adj*
centre-position contact / Mittelstellungskontakt *m*
centres *n pl* / Mittenabstand *m*, Befestigungsabstand *m* || **fixing** ~ / Befestigungsabstand *m*, Befestigungsmaße *m pl*, Lochabstand *m*
centre shield / Zentralabschirmung *f* (StV), j *f* (StV) || ~ **spacing** / Mittelabstand *m* || ~ **square** / Zentrierwinkel *m*
centre-stable relay / Mittelstellungsrelais *n*, symmetrisch gepoltes Relais
centre tap / Mittelanzapfung *f* (Trafo), Mittelabgriff *m*, Mittelstellung *f* (Trafo)
centre-tap connection / Mittelpunktschaltung *f* (LE, ein- o. zweipulsig)
centre-tapped reactor / Drosselspule mit Mittelanzapfung, Überschalt-Drosselspule *f*
centre terminal / Mittelanschluss *m* (LE eines Zweigpaares)
centre-to-centre distance / Mittenabstand *m* DIN 43634
centre-type off-load tap changer / Mittenumsteller *m*, Anzapfumsteller *m*
centre-zero relay / Wechselrelais *n*
centric *adj* / zentrisch *adj*, mittig *adj*, seitensymmetrisch *adj*
centricity *n* / Mittigkeit *f*
centrifugal acceleration / Fliehkraftbeschleunigung *f* || ~ **action** / Schleuderwirkung *f* || ~ **advance mechanism** / Fliehkraftversteller *m* (Kfz-Zündsystem) || ~ **balancing machine** / rotierende Auswuchtmaschine || ~ **brake** / Fliehkraftbremse *f* || ~ **brake operator** / Bremslüfter *m*, Motordrücker *m* || ~ **clutch** / Fliehkraftkupplung *f*, drehzahlgeschaltete Kupplung, Sanftanlaufkupplung *f*, Anlaufkupplung *f* || ~ **disc** / Schwungscheibe *f* (EZ) || ~ **fan** / Fliehkraftlüfter *m*, Querstromlüfter *m* || ~ **force** / Fliehkraft *f*, Schleuderkraft *f*, Schwungkraft *f*, Beschleunigungskraft *f*, Zentrifugalkraft *f* || ~ **governor** / Fliehkraftregler *m* || ~ **load** / Schwungmassenlast *f*, schweranlaufende Maschine
centrifugal-load drive / Schwungmassenantrieb *m*
centrifugal lubrication / Fliehkraftschmierung *f*
centrifugally cast bronze / Schleudergussbronze *f*
centrifugal mass / Schwungmasse *f* || ~ **mechanism** / Fliehkrafteinrichtung *f*, Fliehkraftschalteinrichtung *f* || ~ **mill** / Zentrifugalmühle *f* || ~ **pump** / Kreiselpumpe *f* || ~ **pumps and water turbines** / Strömungsmaschine *f* || ~ **starter** / Fliehkraftanlasser *m*, Kreiselanlasser *m* || ~ **starting switch** / Fliehkraft-Anlassschalter *m*, Zentrifugalanlasser *m*, Anwerfschalter *m* || ~ **switch** / Fliehkraftschalter *m* || ~ **thrustor** / Motordrücker *m*, Bremslüfter *m* || ~ **weight** / Fliehkraftgewicht *n*
centring *n* / Zentrieren *n*, Zentrierung *f* || **centring of bonnet** / Deckelzentrierung *f*
centripetal acceleration / Zentripetalbeschleunigung *f*, Normalbeschleunigung *f* || ~ **force** / Zentripetalkraft *f*
centroid axis / Schwerpunktachse *f*
centrosymmetric *adj* / zentralsymmetrisch *adj*, punktsymmetrisch *adj*
centrosymmetry *n* / zentrische Symmetrie
CEO / Vorstandsvorsitzende *m/f pl*
ceramic *n* / Keramik *f* || **ceramic actuator** / Piezoaktor *m* || ~ **base** / Keramiksockel *m* (Sich.) || ~ **bushing** / Keramikdurchführung *f* || ~ **capacitor**

(CERAPAC) / Keramikkondensator *m* || ~ **cartridge** / Keramikkörper *m* (Sich.) || ~ **case** / Keramikgehäuse *n* (IS) || ~ **DIP (CERDIP)** / Keramik-DIP-Gehäuse *n* (CERDIP) || ~ **fuse base** / Keramiksockel *m* (Sich.) || ~ **glass** / Glaskeramik *f* || ~ **glazing** / keramische Glasur || ~ **insulating material** / keramischer Isolierstoff
ceramic-metal material (CERMET) / Keramik-Metall-Werkstoff *m* (CERMET)
ceramics processing / Keramikbearbeitung *f*
ceramic motor / Motor mit Keramikisolation || ~ **package** / Keramikgehäuse *n* (IS) || ~ **pin insulator** / Keramikstützer *m* || ~ **post insulator** / keramischer Stützisolator || ~ **terminal support** / Keramikklemmenträger *m*
CERAPAC s. ceramic capacitor
CERDIP s. ceramic DIP
CERMET s. ceramic-metal material
certainty factor / Sicherheitsfaktor *m* (Expertensystem)
certifiable *adj* / beglaubigungsfähig *adj*
certificate *n* / Bescheinigung *f*, Beglaubigung *f*, Beglaubigungsschein *m* || ~ **of acceptance** / Abnahmeprüfprotokoll *n* || ~ **of approval** / Beglaubigungsschein *m* || ~ **of calibration** / Eichbeglaubigung *f* || ~ **of compliance with order** / Werksbescheinigung *f* || ~ **of conformity** / Konformitätszertifikat *n*, Konformitätsbescheinigung *f* || ~ **of damage** / Schadensprotokoll *n*
certification *n* / Beglaubigung *f*, Zulassung *f*, Bescheinigung *f*, Zertifizierung *f* || ~ **(QA)** / Bestätigung *f* (QS), Zertifizierung *f* || ~ **body** / Zertifizierungsstelle *f* || ~ **mark** / Zulassungszeichen *n*, Beglaubigungszeichen *n*
certified dimension drawing / verbindliches Maßbild || ~ **drawing** / verbindliche Zeichnung || ~ **value** IEC 477 / bescheinigter Wert DIN43783,T.1
CEU s. controller expansion unit / Zentralerweiterungsgerät
c.f. s. creepage factor
CF s. carrier frequency
CFC (Continuous Function Chart) s. chlorofluorhydrocarbon / CFC
CFC-free *adj* / FCKW-frei *adj*
CFG file / CFG-File *m*
c.f.r. (constant-flux regulation) / KF-Einstellung *f* (Einstellung bei konstantem Fluss)
CFT s. charge-flow transistor
C function s. controller interface function
CFVV (constant-flux voltage variation) / CF-Einstellung *f* (Trafo, Einstellung bei konstantem Fluss)
CG s. clock generator
CH ~AQ (check analog output module) / PR-AA (Prüf-Analogausgabe) || ~**DQ (check digital output module)** / PR-DA (Prüf-Digitalausgabe) || **CH Rel DQ (check relay output module)** / P-Rel-DA (Prüf-Relaisausgabe)
chafing *n* / Scheuern *n*, Abreiben *n*, Reibkorrosion *f* || ~ **fatigue** / Reibkorrosion *f* || ~ **marks** / Reibspuren *f pl*, Streifspuren *f pl* || ~ **strip** / Rutschstreifen *m* (Wickl.), Deckschieber *m*
chain-dotted line / strichpunktierte Linie
chain *n* / Kette *f*, Strang *m* || ~ **conveyor** / Kettenförderer *m* || ~ **drive** / Kettentrieb *m*,

Kettengetriebe *n*
chain-driven lift (o. elevator) / Kettenaufzug *m*
chained list / Fädelliste *f* || **~ mode** / geketteter Betrieb (MMC) || **~ magazine** / verkettetes Magazin, gekettetes Magazin || **~ program blocks** / verkettete Programmsätze
chamber *n* / Schräge an einer Körperkante
chain guard / Kettenschutz *m*
chain-guided cable / Kabelraupe *f*
chain hanger / Kettenaufhänger *m* || **~ locker** / Kettenkasten *m* || **~ magazine** (cf. THYER 1988, pp 39.) / Kettenmagazin *n* || **~ of PTC thermistors** / Kaltleiterkette *f*
chaining *n* / Kettung *f*, Verkettung *f*, Aneinanderkettung || **~ of threads** / Ketten von Gewinden
chain-operated switch / Kettenzugschalter *m*
chain pendant / Kettenpendel *n* || **~ printing** / Kettendruck *m* || **~ pulley** / Kettenrolle *f* || **~ pulley block** / Kettenzug *m*, Kettenflaschenzug *m* || **~ rule** / Verkettungsvorschrift *f*
chain-rim rotor / Blechkettenläufer *m*, Schichtpolrad *n*
chain sampling plan / Kettenstichprobenplan *m* || **~ suspension** / Kettenaufhängung *f* || **~ tackle** / Kettenzug *m*, Kettenflaschenzug *m* || **~ transmission** / Kettentrieb *m* || **~ winding** / Kettenwicklung *f*, Korbwicklung *f*
chamfer *n* / Abschrägung *f*, Fase *f*, Anfasung *f*, Gehrung *f*, Schräge *f*, abrunden *v*, Kantenbruch *m* || **~ angle** / Fasenwinkel *m* || **~ between two contour elements** / Fase bei Konturzug (NC) || **~ diameter** / Fasendurchmesser *m* || **~ transition** / Fasenübergang *m* || **~ value** / Fasenwert *m*
chamfered *adj* / geschrägt *adj* || **chamfered segment edge** / gebrochene Lamellenkante (Komm.) || **~ tool nose** / Schneidenabrundung *f* || **~ top** / geschrägte Kopfkante
chance causes / Zufallseinflüsse *m pl* (Statistik, QS), Zufallsursachen *f pl*, zufällige Ursachen || **~ variation** / Zufallsvariation *f*, Zufallsstreuung *f*
chandelier *n* / Kronleuchter *m*
change *n* (QA) / Änderung *f* (QS), Wechsel *m*, Veränderung *f* (Zusammenwirken aller technischen und administrativen Maßnahmen in der Absicht, eine Einheit zu ändern) || **change** *v* / verändern *v*, ändern *v*, wechseln *v* || **to ~ numbers** / umnummern *v*, umbenummern *v*, umschlüsseln *v*, umcodieren *v* || **~ acknowledgement** / Wechselquittung *f* || **~ block** / Wechselsatz *m*
changeable site / wechselnder Einsatzort
changed by / geändert durch
change-coil instrument / Wechselspulinstrument *n*
change-face unit / Profilübergangskasten *m* (IK), Übergangskasten *m* (IK)
change gear / Wechselrad *n*, Umsteckrad *n*, Aufsteck-Wechselrad *n* || **~ in colour** / Farbumschlag *m* || **~ in pressure depending on flow** / mengenabhängige Druckänderung || **~ index** / Änderungsindex *m* || **~ language** / Sprachumschaltung *f*, Sprachumschaltung *f* || **~ note** / Änderungsmitteilung *f* (QS) || **~ of flow area** / Querschnittsänderung *f* || **~ of position** / Stellungsveränderung *f* || **~ of pressure independent of flow** / mengenunabhängige Druckänderung || **~ of sign** / Vorzeichenwechsel *m*, Vorzeichenänderung *f*

change-of-state announcement / Meldeanreiz *m* (FWT)
change of temperature / Temperaturwechsel *m* || **~ of volume** / Volumenänderung *f* || **~ position** / Wechselstelle *f* || **~ selection** / Auswahl ändern || **~ type** / Wechselart *f*
change-on-ones recording / Wechselschrift *f*
change over *v* / umschalten *v* || **~ over** (relay) IEC 50(466) / die Schaltstellung ändern
changeover *n* / Umschaltung *f*, Umschalten *n*, Wechsel *m*, Schaltstellungswechsel *m*, Übergang *m*, Umschlagen *n*, Umstellung *f*, Umrüstung *f*, Überblenden *n*, Umsetzung *f*, Umschalter *m* || **~ break-before-make contact** / Wechsler ohne Überlappung, Wechsler mit Unterbrechung || **~ contact** / Umschalter *m*, Wischer *m*, Wechsler *m* VDE 0660,T.200, Umschaltglied *n*, Umschaltkontakt *m* || **~ contact delayed in both directions** / in beiden Richtungen zeitverzögerter Wechsler || **~ contact element** IEC 337-1 / Wechsler *m* VDE 0660,T.200, Umschaltglied *n*, Umschaltkontakt *m* || **~ contact with neutral position** / Wechsler mit mittlerer Ruhestellung, Schließer-Öffner-Funktion *f* || **~ function** / Wechslerfunktion *f* (NS) || **~ make-before-break contact** / Wechsler mit Überlappung, Wechsler ohne Unterbrechung, Folgewechsler *m* || **~ operating mechanism** / Umschalterantrieb *m* || **~ operation** / Umschaltbetrieb *m* (Batt.) || **~ period** / Umrüstzeit *f* || **~ selector** / Vorwähler *m* (Trafo), Grobwähler *m* (Trafo) || **~ selector gearing** / Vorwählgetriebe *n* (Trafo) || **~ speed** / Schaltgeschwindigkeit *f* || **~ supervising unit** / Umschaltüberwachungseinrichtung *f* || **~ switch** / Umschalter *m*, Gruppenschalter *m* || **~ switch with zero position** / Umschalter mit Nullstellung || **~ switch without zero position** / Umschalter ohne Nullstellung || **~ table** / Wechseltisch *m* || **~ time** / Umschaltzeit *f* (bistabiles Rel.), Betätigungszeit *f* || **~ to** / Umstellung auf || **~ valve** / Umschaltschieber *m*
change-pole controller / Polwechsler *m* || **~ motor** / polumschaltbarer Motor || **~ switch** / Polumschalter *m*, Polwechsler *m*, Polwahlschalter *m*, Polumschalter *m* || **~ winding** / polumschaltbare Wicklung
changer *n* / Umformer *m*, Umsetzer *m*
changing *n* / Veränderung *f* (Zusammenwirken aller technischen und administrativen Maßnahmen in der Absicht, eine Einheit zu ändern), Änderung *f* || **~ polarity** / Polaritätsumkehr *f* || **~ the (drive system) parameters** / Veränderung der Antriebsparameter || **~ the access authorization** / Wechseln des Zugriffsrechts
change-speed gearbox / Schaltgetriebe *n* || **change-speed motor** / Motor mit mehreren Drehzahlstufen, drehzahlumschaltbarer Motor, polumschaltbarer Motor || **~ winding** / drehzahlumschaltbare Wicklung, polumschaltbare Wicklung
change wheel / Wechselrad *n*, Umsteckrad *n*, Aufsteck-Wechselrad *n*
channel *n* / Kanal *m*, Rinne *f*, Montageschiene *f*, Riefe *f*, U-Profil *n*, Übertragungskanal *m* || **~ mounting** / Tragschiene *f*, Montageschiene *f*, Montageprofil *n*, Aufreihschiene *f*, Tragprofil *f* || **type of ~** / Kanalart *f* (FWT) || **channel 1** *n* / K1 || **channel access** / Buszugriff *m* ||

channelled 74

~ **adapter** / Kanalanschaltgerät *n* || ~ **block** / Kanalsperrung *f* || ~ **capacity** / Kanalkapazität *f* (FWT) || ~ **characteristics** / Kanaleigenschaften *f pl* (FWT) || ~ **entry** / Kanaleintrag *m* (SPS) || ~ **gap** / Kanallücke *f* || ~ **gate** / Kanaltor *n* || ~ **header** / Kanalkopf *m* (SPS)
channelled reflector / Rinnenspiegel *m* (Leuchte)
channel light / Fahrwasserfeuer *n*, Wasserlandebahnfeuer *n* || ~ **monitoring** / Kanalüberwachung *f* (FWT) || ~ **n**. / Kanal *n* || ~ **no**. / Kanal Nr. || ~ **processor** / Kanalprozessor *m*
channel-mounted terminal block / Aufreih-Klemmenleiste *f*
channel-mounting luminaire / Schienenleuchte *f* || ~ **terminal** / Aufreihklemme *f*
channel register / Eingangsregister *n*, Summandenzählwerk *n* || ~ **resistance** / Kanalwiderstand *m* (Transistor) DIN 41858 || ~ **selecting system** / Kanalwählersystem *n* (FWT) || ~ **selector (CS)** / Kanalwähler *m* (o. -wähleinrichtung) || ~ **separation** / Kanalabstand *m* || ~ **spacing** / Kanalabstand *m*
channel-specific *adj* / kanalspezifisch *adj* || **channel-specific diagnostics** / kanalbezogene Diagnose *f* || ~ **signal** / kanalspezifisches Signal || ~ **value** / kanalspezifischer Wert
channel status / Kanalzustand *m* || ~ **structure** / Kanalstruktur *f* || ~ **switchover** / Kanalumschaltung *f* || ~ **synchronization** / Kanalsynchronisation *f* || ~ **time slot** / Kanalzeitschlitz *m* || ~ **translating** / Kanalumsetzung *f* (FWT) || ~ **translator** / Kanalumsetzer *m*
character *n* / Zeichen *n*, Kennzeichen *n*, Merkmal *n*, Buchstabe *m*, Zahlzeichen *f* (eines Leuchtfeuers o. Signals), Kennung *f*, Schriftzeichen *n* || **stop with** ~ **accuracy** / zeichengenauer Stopp || ~ **body** / Zeichenkörper *m* || ~ **boundary** / Zeichenbegrenzung *f* (Bildelement) || ~ **code** / Zeichencode *m* || ~ **contrast to background** / Zeichenkontrast *m* (BSG) || ~ **delay** / Zeichenverzugszeit (ZVZ) *f*, Zeichenverzug *m* || ~ **delay time** / Zeichenverzugszeit (ZVZ) *f*, Zeichenverzug *m* || ~ **density** / Zeichendichte *f* || ~ **distance** / Zeichenzwischenraum *m* || ~ **encoder** / Klarschriftkodierer *m* || ~ **expansion factor** / Zeichenvergrößerungsfaktor *m* (GKS), Zeichenbreitenfaktor *m* || ~ **frame** / Zeichenrahmen *m* || ~ **frame error** / Zeichenrahmenfehler *m* || ~ **generator** / Zeichengenerator *m* || ~ **graphics** / Zeichengrafik *f*, Halbgrafik *f*, Semigrafik *f* || ~ **highlighting** / Zeichenhervorhebung *f* || ~ **indicator tube** / Zeichenanzeigeröhre *f*
character-graphic representation / semigraphische Darstellung
characteristic *n* / Kurve *f*, Attribut *n*, Kennung *f*, Kenngröße *f*, Merkmal *n*, Verhalten *n*, Kurvenverlauf *m*, Kennlinie *f*, Charakteristik *f*, Kennwert *m*, Eigenschaft *f* || **article** ~ / Sachmerkmal *n* DIN 4000,T.1 || **article ~ value** / Sachmerkmal-Ausprägung *f* DIN 4000,T.1, Sachmerkmalwert *m* || ~ **angle** / charakteristischer Winkel (Rel.) || ~ **angle of output load** / Phasenwinkel der Last (Wechselstromsteller) || ~ **block** / Kennlinienbaustein *m* || ~ **correction** / Kennlinienkorrektur *f* || ~ **curve** / Kennlinie *f*, Strom-Spannungs-Kennlinie *f* (LE) || ~ **curve of a converter** / Kennlinie *f* || ~ **curve of spring** /

Federkennlinie *f*
characteristic-curve tracer / Kennlinien-Oszilloskop *n*
characteristic forward values / Durchlasskennwerte *m pl* DIN 41760 || ~ **frequency** / Kennfrequenz *f* || ~ **impedance** / Wellenwiderstand *m*, Kennimpedanz *f*, Schallwellenwiderstand *m* || ~ **noise value** / Geräuschkennwert *m* || ~ **number** / Kennziffer *f*, Kennzahl *f* || ~ **numeral** / Kennziffer *f* (f. Schutzarten) || ~ **of linkage** / Übertragungseigenschaft *f*, Übertragungsverhältnis *n* || ~ **of state** / Beschaffenheitsmerkmal *n* DIN 4000,T.1 || ~ **quantity** / charakteristische Größe *f* (Messrel.), Kenngröße *f* || ~ **radiation** / Eigenstrahlung *f* || ~ **rotor resistance** / Läuferkennzahl k *f* || ~ **selection** / Kennlinienauswahl *f*
characteristics *n pl* / Kennwerte *m pl* || ~ **(display) field** / Kennlinienfeld *n* (BSG) || ~ **code** / Kennziffer *f*, Kennzahl *f* || ~ **switchover** / Kennlinienumschaltung *f*
characteristic speed / Kenndrehzahl *f* || ~ **surface** / Kennlinienfläche *f* || ~ **temperature** / Eigentemperatur *f* || ~ **terminal** / charakteristischer Anschluss (LE) || ~ **value** / Kennwert *m*, Merkmalswert *m*
characteristic-variation thermal detector / Temperaturfühler mit veränderlichem Verhalten VDE 0660,T. 302
character item ISO 3592 / Stelle *f* (im CLDATA-Wort), Wortstelle *f*
characterizer, signal ~ / Funktionsbildner *m* (Ausgangsgröße durch eine vorgegebene Funktion mit der Eingangsgröße verknüpft), Funktionsgenerator *m*
characterizing values / kennzeichnende Werte, Kennwerte *m pl*
character light / Kennfeuer *n*, Kennungsfeuer *n* || ~ **parity** / Zeichenparität *f* || ~ **parity check** / Zeichenparitätsprüfung *f*, Zeichen-Parity-Prüfung *f* || ~ **parity error** / Zeichenparitätsfehler *m*, Zeichenparityfehler *m* || ~ **path** / Schreibrichtung *f* || ~ **pointer** / Zeichenzeiger *m* || ~ **position** / Zeichenstelle *f* || ~ **recognition** / Zeichenerkennung *f* || ~ **set** / Zeichenvorrat *m*, Zeichensatz *m* || ~ **set of control** / Zeichenvorrat der Steuerung || ~ **size** / Zeichengröße *f*, Schrifthöhe *f* || ~ **spacing** / Zeichenmittenabstand *m*, Zeichenabstand *m*
characters per line / Zeichen pro Zeile, Zeilenformat *n* (Drucker) || ~ **per second (CPS)** / Zeichen pro Sekunde, Lesegeschwindigkeit *f*
character string (an aggregate that consists of an ordered sequence of characters.) / String *m*, Zeichenfolge *f*, Zeichenreihung *f*, Zeichenkette *f*
character-tagged alarm / zeichenmarkierte Meldung
character up vector / Zeichenaufwärtsrichtung *f* || ~ **width** / Zeichenbreite *f*
charge *v* / laden *v*, aufladen *v*, beladen *v*, belasten *v*, beschicken *v*, füllen *v* || ~ *n* / Ladung *f*, Aufladung *f*, Elektrizitätsmenge *f*, Last *f*, Füllung *f*, Charge *f*, Laden *n*, Aufgabegut *n*, Belastung *f*, Gebühr *f*, Ladungsmenge *f*
chargeable demand / Verrechnungsleistung *f*
charge acceptance / Ladungsaufnahme *f* (Batt.) || ~ **amplifier** / Ladungsverstärker *m* || ~ **balancing (method)** / Ladungsausgleichsverfahren *n* || ~

balancing converter / Ladungsausgleichsumsetzer *m* || ~ **bleeder** / Ladungsableiter *m* || ~ **carrier** / Ladungsträger *m* || ~ **carrier diffusion** / Ladungsträgerdiffusion *f* || ~ **carrier injection** / Ladungsträgerinjektion *f* || ~ **carrier mobility** / Ladungsträgerbeweglichkeit *f* || ~ **carrier storage** / Ladungsträgerspeicherung *f* || ~ **centre** / Ladungszentrum *n* || ~ **compensation method** / Ladungskompensationsverfahren *n* || ~ **controller** / Ladesteuergerät *n*
charge-coupled device (CCD) / ladungsgekoppeltes Bauelement, ladungsgekoppelter Bildwandler || ~ **imager (CCI)** / CCD-Bildwandler *m*
charged *adj* / geladen *adj*, entleerte, geladene Batterie
charge-density modulation / Ladungsdichtemodulation *f*, Dichtemodulation *f*
charge dispenser / Entladungsschaltung *f* (A-D-Wandler) || ~ **efficiency** / Lade-Wirkungsgrad *m* (Batt.) || ~ **factor** / Ladefaktor *m* (Batt.) || ~ **identification** / Chargenkennzeichnung *f*
charge-flow transistor (CFT) / Ladungsflusstransistor *m*
charge measurement / Ladungsmessung *f*, Strommengenmessung *f* || ~ **packet** / Ladungspaket *n*
charger *n* / Ladegerät *n*
charge rate / Laderate *f* (Batt.) || ~ **regeneration stage** / Ladungsauffrischstufe *f*
charge-replacement conversion / Ladungsaustauschumsetzung *f*
charge-reversal current / Umladestrom *m*
charge retention / Ladungserhaltung *f* (Batt.) || ~ **reversal diode module** / Rückladediodenmodul *n* || ~ **speed** / Füllgewicht *n*
charge-storage tube / Ladungsspeicherröhre *f*
charge time constant / Ladezeit-Konstante *f* || ~ **transfer** / Ladungsübertragung *f*, Ladungsverschiebung *f*, Ladungstransport *m* || ~ **transfer device (CTD)** / Ladungsverschiebungsschaltung *n*, Ladungstransportelement *n* || ~ **transfer efficiency (CTE)** / Ladungsverschiebe-Wirkungsgrad *m* || ~ **transfer image sensor** / Ladungsverschiebe-Bildabtaster *m* || ~ **transfer loss** / Ladungsverschiebeverlust *m* || ~ **transit time** / Ladungsträgerlaufzeit *f*
charging *n* / Laden *n* (Batt.), Aufladen *n*, Füllen *n* || **charging afterwards** / nachträgliche Belastung || ~ **capacity** / Ladeleistung *f* || ~ **characteristic** / Ladekennlinie *f* || ~ **condition** / Ladezustand *m* || ~ **condition of backup battery** / Ladezustand der Pufferbatterie || ~ **current** / Ladungsstrom *m*, Ladestrom *m* || ~ **generator** / Lademaschine *f* || ~ **in intervals** / Intervall-Laden *n* (Batt.) || ~ **kVAr** / Lade-Blindleistung *f* || ~ **limit** / Ladegrenze *f* || ~ **mechanism** / Spanngetriebe *n* || ~ **method** / Ladeart *f* (Batt.) || ~ **motor** / Spannmotor *m* || ~ **plug** / Ladestecker *m* || ~ **power** / Ladeleistung *f* || ~ **resistor** / Ladewiderstand *m* || ~ **set** / Ladeaggregat *n* || ~ **socket-outlet** / Ladesteckdose *f* || ~ **step** / Ladesprung *n* || ~ **system control** / Zylinderfüllungssteuerung *f* (Kfz) || ~ **the storage spring** / Federspeicher spannen || ~ **time** / Ladezeit *f*, Aufladezeit *f*, Füllzeit *f*, Beschickungszeit *f* || ~ **voltage** / Ladespannung *f*
Charles gun / Charles-Strahlerzeuger *m*

Charpy test / Charpy-Prüfung *f*, Kerbschlagprüfung *f*, Kerbschlagbiegeversuch *m*
charring, insulation ~ / Isolationsverkohlung *f*
chart *n* / Diagramm *n* DIN 40719,T.2, Schaubild *n*, Diagrammblatt *n*, graphische Darstellung, Tafel *f*, Registrierpapier *n*, Aufzeichnungsträger *m*, Schreibstreifen *m* || ~ **advancing roll** / Papiertransportwalze *f* (Schreiber, EZ) || ~ **clip** / Papierklemmfeder *f* (Schreiber, EZ) || ~ **diagram** / Nomogramm *n* || ~ **division** / Teilungseinheit *f* (Registrierpapier) || ~ **driving mechanism** / Antrieb des Aufzeichnungsträgers (Schreiber), Diagrammantrieb *m* (Schreiber), Papierantrieb *m* (Schreiber) || ~ **feed roll** / Papiertransportwalze *f* (Schreiber, EZ) || ~ **holding spring** / Papierklemmfeder *f* (Schreiber, EZ) || ~ **lines** / Linienaufdruck *m* (Registrierpapier) || ~ **numbering** / Linienbezifferung *f* (Registrierpapier) || ~ **paper** / Registrierpapier *n* || ~ **recorder** / Bandschreiber *m*, registrierender Schreiber, Zeitmarkenschreiber *m* || ~ **scale length** / Schreibbreite *f* (Registrierpapier) || ~ **scare lines** / Messwertlinien *f pl* || ~ **speed** / Papiergeschwindigkeit *f* (Schreiber), Papier-Vorschubgeschwindigkeit *f* (Schreiber) || ~ **speed accuracy** / Gleichlauffehler des Registrierpapiers || ~ **take-up** / Papieraufwickelwerk *n* (Schreiber) || ~ **tightening roll** / Papierspannbügel *m* (Schreiber, EZ) || ~ **time lines** / Zeitlinien *f pl* || ~ **width** / Papierbreite *f* (Schreiber)
chase *v* / punzieren *v* (ziselieren), Schlitze schlagen (f. Installationsleitungen) || ~ **thread** / strehlen *v*
chased *adj* / punziert *adj*
chaser *n* / Strehler *m*, Gewindestrehler *m*
chasing *n* / Strehlen *n*, Gewindestrehlen *n*, Punzen *n*, Schlagen von Schlitzen (f. Installationsleitungen)
chassis *n* / Chassis *n*, Karosserie *f*, Fahrgestell *n*, Masse *f* (im Sinne von Erdungsanschluss), Gestellerde *f*, Fahrwerk *n* || ~ **dynamometer** / Rollenprüfstand *m*, Fahrzeugprüfstand *m* || ~ **ground** / Gestellerde *f*, Masse *f* || ~ **unit** / Einbaugerät *n*
chat *n* / Dialog *n*, Dialogfenster *n*, Dialogfeld *n*
chatter *v* / rasseln *v*, rattern *v*, flattern *v* (Rel.), prellen *v* || ~ *n* / Flattern *n* || ~ **disable** / Flattersperre *f* || ~ **mark** / Rattermarke *f* (Bürste) || ~ **time** (relay) / Prellzeit *f* || ~ **vibration** / Ratterschwingung *f*, Prellschwingung *f*
check *n* / Kontroll-, Check *m*, Prüfung *f*, Überprüfung *f*, Kontrolle *f* || ~ *v* / kontrollieren *v*, hemmen *v*, durchprüfen *v*, prüfen *v*, kontern *v*, nachmessen *v*, nachprüfen *v* || **to** ~ **for easy movement** / auf Leichtgängigkeit prüfen || **to** ~ **for specified limits** / auf Einhaltung der Toleranzen prüfen || **1-out-of-n** ~ / 1 aus n-Kontrolle || ~ **analog output module (CH-AQ)** *n* / Prüf-Analogausgabe (PR-AA) *f*
check-back *n* / Rückmeldung *f*, Überprüfung *f* || ~ **frequency** / Kontrollfrequenz *f* || ~ **input** / Rückmeldeeingang *m*, Rückführungseingang *m* (SPS) || ~ **module** / Rückmeldeeinheit *f* || ~ **receiver** / Kontrollempfänger *m* (RSA) || ~ **signal** / Rückmeldesignal *n*, Kontrollsignal *f*, Rückmeldung *f*
checkback signal / Rückmeldesignal *n*, Rückführung *f*, Rückspeisung *f*, Rückkopplung *f*, Rückmelden *b*, Rückmeldung *f*
check bit / Prüfbit *n*

checkbox *n* / Kontrollkästchen *n*
check by repositioning / Umschlagprüfung *f* (el. Masch., Läufer) || ~ **command** / Prüfbefehl *m*, Kontrollbefehl *m* || ~ **crack** / Schrumpfriss *m*, Schwindriss *m* || ~ **digit** / Prüfziffer (PZ) *f* || ~ **digital output module (CH-DQ)** / Prüf-Digitalausgabe (PR-DA) *f*
checkered *adj* / kariert *adj*
check for completeness / Vollständigkeitsüberprüfung *f*, Überprüfung der Komplettierung || ~ **for leaks** / Dichtigkeitsprüfung *f* || ~ **function** / Überprüfungsfunktion *f* || ~ **gauge** / Prüflehre *f* (f. Lehren) || ~ **in** / ablegen *v*, abspeichern *v*, einlagern *v* || ~ **indicator** / Prüfanzeigeeinrichtung *f* (NC), Prüfanzeiger *m* (NC) || ~ **information** / Prüfinformation *f* (FWT)
checking *n* / Prüfen *n*, Überprüfen *n*, Kontrollieren *n*, Netzaderbildung *f*, oberflächliche Rissbildung, Eichen *n* (allg.) || ~ **and resetting** / Abprüfen und Rücksetzen || ~ **angle** / Kontrollwinkel *m* || ~ **line** / Kontrollinie *f* || ~ **of operation** / Funktionskontrolle *f*
checklist / Kontrollspur *f*
check list / Prüfliste *f*, Kontrollplan *m*, Check-Liste *f*
checkmark function / Häkchenfunktion *f*
check measurement / Kontrollmessung *f* || ~ **message** / Prüfmeldung *f* || ~ **metering** / Kontrollzählung *f* (Stromlieferung) || ~ **of use** / Verwendungsprüfung *f* || ~ **off** *v* / abhaken *v* || ~ **on power up** / Netzeinschalttest *m* || ~ **on results** / Erfolgskontrolle *f* (QS) || ~ **polygon** / Kontrollpolygon *m*
checkout *n* / Gesamtüberprüfung *f*, Durchprüfung *f*, Ausgangskontrolle *f*, Endprüfung *f* (letzte der Qualitätsprüfungen vor Übergabe der Einheit an den Kunden bzw. an den Auftraggeber), Anlagentest *m*, Endkontrolle *f*
check-out time / Dauer der Funktionsprüfung IEC50(191), Funktionsprüfungszeit *f* (Teil der aktiven Instandsetzungszeit, während dessen die Funktionsprüfung durchgeführt wird)
checkpoint *n* / Kontrollpunkt *m* || ~ **marking** / Kontrollpunktmarke *f* (Flp.) || ~ **sign** / Kontrollpunktzeichen *n* (Flp.)
check register / Kontrollzählwerk *n* || ~ **relay output module (CH Rel DQ)** / Prüf-Relaisausgabe (P-Rel-DA) *f* || ~ **safe isolation from supply** / Spannungsfreiheit feststellen
checksum *n* / Kontrollsumme *f*, Quersumme *f*, Prüfsumme *f*, Checksumme *f*, Summenkontrolle *f* || ~ **error** / Summenfehler *m*, Checksummenfehler *m* || ~ **test** / Quersummenprüfung *f*
check surface / Grenzfläche *f* (NC) || ~ **synchronizer** / Parallelschaltgerät *n*, Synchromat *m*, Synchronisierrelais *n* || ~ **test** / Kontrollprüfung *f*, Nachprüfung *f*, Überprüfung *f*, Kontrollversuch *m* || ~ **time** / Überwachungszeit *f* (elST) DIN 19237 || ~ **valve** / Rückschlagventil *f*, Rückschlagklappe *f* || ~ **zone of (multi-part) busbar protection** / anlagenbezogene Sammelschienenschutz-Messschaltung IEC 50(448)
chemical attack / chemischer Angriff
chemically inert / chemisch träge || ~ **resistant** / chemisch beständig
chemical resistance / Widerstandsfähigkeit gegen Chemikalien, Chemikalienfestigkeit *f* || ~ **resistance test** / Prüfung der Widerstandsfähigkeit gegen Chemikalien || ~ **plant** / Chemie Anlage || ~ **production process** / chemischer Produktionsablauf || ~ **property** / chemische Eigenschaften
chemicals-resistant *adj* / chemikalienfest *adj*
chemiluminescence *n* / Chemilumineszenz *f*
cheque card format / Scheckkartenformat *n*
chequered *adj* / geriffelt *adj*
chief symbol / Hauptzeichen *n* (Schaltz.)
child-proof device / Gerät mit Kinderschutzsicherung
child seat/occupant detection / Kindersitzbelegungserkennung *f* (Kfz)
chilled cast iron / Hartguss *m*
chimney *n* IEC 50(466) / Schaft *m* (Mastgründung)
Chinese (Simplified) *n* / Chinesisch (Vereinfacht) *n*, Chinesisch (Standard) *n* || ~ **lantern** / Lampion *m*
chip *v* / meißeln *v*, abblättern *v*, abplatzen *v* || ~ *n* / Plättchen *n*, Chip *m*, Baustein *n* (HL, IC), Span *m*, Splitter *m*, Schuppe *f*, Halbleiterplättchen *n*, Schnitzel *n* || ~ **board** / Spanplatte *f* || ~ **break** / Spänebrechen *n*, Spanbruch *m* || ~ **breakage** / Spänebrechen *n*, Spanbruch *m* || ~ **breakage area** / Spanbrechbereich *m* || ~ **breaking** / Spänebrechen *n*, Spanbruch *m*, Späne brechen (WZM) || ~ **card** / Chipkarte *f* || ~ **clearance** / Spanabfluss *m* || ~ **conveyance** / Späneabfuhr *f* || ~ **conveyor** / Späneförderer *m* || ~ **enable (CE)** / Bausteinfreigabe *f* (Chip), Chip-Freigabe *f* || ~ **inhibit** / Bausteinsperre *f* || ~ **mix** / Mischbestückung *f* (Chips) || ~ **production** / Spanleistung *f* || ~ **select (CS)** / Baustein-Anwahl *f*, Baustein-Auswahl *f* DIN 44476,T.2, Chip-Anwahl *f* || ~ **select access time** / Zugriffszeit ab Bausteinauswahl || ~ **select input** / Bausteinauswahl-Eingang *m* || ~ **thickness** / Spanungsdicke *f* DIN 6580
chirping *n* / Zirpen *n* (Laser)
chipping machine line / Spanerlinie *f*
chloric gas *n* / Chlorgas *n*
chi-squared distribution (X^2 distribution) / Chi-Quadrat-Verteilung *f* DIN 55350,T.22, X^2-Verteilung *f* DIN 55350,T.22
chlorinated rubber / Chlorkautschuk *m*
chlorofluorhydrocarbon (CFC) / Fluorchlorkohlenwasserstoff (FCKW) *m*
chlorine *n* / Chlorgas *n*
chlorine-free *adj* / chlorfrei *adj*
chock *v* / verkeilen *v*, festkeilen *v* || ~ *n* / Keil *m*, Zapfenlager *n*, Klotz *m*
choice device / Auswähler *m* (GKS)
choke *v* / drosseln *v*, verstopfen *v* || ~ *n* / Drossel *f*, Vorschaltdrossel *f*, Drosselventil *n*, Luftklappe *f*, Choke, Drosselbeschaltung *f*, Drosselspule *f* || ~ **filter** ~ / Filterdrossel *f*, Glättungsdrossel *f* || ~ **coupling** / Drosselkopplung *f*
choked flow / Durchflussbegrenzung *f* (Ventil)
chokes are required / Netzdrossel erforderlich
choking *n* / Verdrosselung *f*
chopped current / Abkippstrom *m*, Abreißstrom *m* || ~ **impulse** / abgeschnittener Stoß (Stoßwelle), abgeschnittene Stoßspannung || ~ **impulse wave** / abgeschnittene Stoßwelle || ~ **lightning impulse** / abgeschnittene Blitzstoßspannung
chopped-strands mat / Wirrfasermatte *f* || ~ **mat filter** / Wirrmattenfilter *n*
chopped two-channel mode / getasteter

Zweikanalbetrieb (Osz.)
chopped-wave impulse / abgeschnittener Stoß (Stoßwelle), aufgeschnittene Stoßspannung || ~ **impulse insulation level** / Isolationspegel bei abgeschnittener Welle, oberer Stoßpegel || ~ **impulse level** / Isolationspegel bei abgeschnittener Welle, oberer Stoßpegel || ~ **impulse test** / Prüfung mit abgeschnittener Stoßwelle (o. abgeschnittener Steh-Blitzstoßspannung) || ~ **impulse voltage** / abgeschnittene Stoßspannung || ~ **impulse voltage withstand test** / Prüfung mit abgeschnittener Stoßspannung || ~ **lightning impulse** / abgeschnittene Blitzstoßspannung || ~ **lightning impulse test** / Blitzstoßspannungsprüfung mit abgeschnittener Welle || ~ **withstand voltage** / Steh-Stoßspannung bei abgeschnittener Welle
chopper *n* / Zerhacker *m*, Unterbrecher *m*, elektromechanischer Modulator, Tiefsetzsteller *m* (Stromrichter, der eine Ausgangsspannung liefert, die niedriger ist als die Eingangsspannung), Chopper *m*, Gleichstromsteller *m* || ~ **amplifier** / Zerhackerverstärker *m*, Chopper-Verstärker *m*
chopper-bar relay / Fallbügelrelais *n*
chopper control / Regelung mit Gleichstromsteller || ~ **controller** / Chopper Regler || ~ **resistor** / Pulswiderstand *m*, pulsgesteuerter Widerstand
chopper-resistor module / Pulswiderstandsmodul *n*
chopper-type regulator / Schaltregler *m*
chopping *n* / Zerhacken *n*, Abschneiden *n* (Stoßwelle), Abreißen *n* (Strom) || **current** ~ / Stromabriss *m*, Abkippen des Stroms || **virtual time to** ~ / Abschneidezeit *f* (Stoßwelle) || ~ **current** / Abkippstrom *m*, Abreißstrom *m* || ~ **gap** / Abschneidefunkenstrecke *f* || ~ **operation** / Taktbetrieb *m* (Osz., Chopped-Betrieb) || ~ **rate** / Taktfrequenz *f* (Osz., Chopping-Frequenz), Taktrate *f* || ~ **time** / Abschneidezeit *f* (Stoßwelle)
chord *n* / Sehne *f*, geometrische Sehne, Saite *f*, Kurvenstrecke *f*
chorded winding / gesehnte Wicklung, Sehnenwicklung *f*
chording *n* / Sehnung *f* (Wickl.), Schrittverkürzung *f* (Wickl.), Rillenbildung *f* || ~ **factor** / Sehnungsfaktor *m* (Wickl.)
CHP (combined heat and power generation) / Kraft-Wärme-Kopplung *f*
CHR (chamfer) / CHR (Fase)
chord line / Sehne *f*, Profilsehne *f*
chordal law / Sehnensatz *m*
c.h.p . s. combined heat and power
Christmas tree candle chain / Weihnachtskette *f*
chroma *n* / Buntheit *f*, Chroma *n*
chromatic aberration / chromatische Aberration || ~ **colour** / bunte Farbe, bunte Farbvalenz || ~ **dispersion** / chromatische Dispersion || ~ **distortion** / chromatische Verzerrung
chromaticity *n* / Farbart *f*, Farbwert *m* || ~ **coordinates** / Farbwertanteile *m pl* || ~ **diagram** / Farbtafel *f* || ~ **discrimination** / Farbunterscheidung *f* || ~ **scale diagram** / Farbtafel *f*
chromaticness *n* / Farbfülle *f*
chromatic stimulus / bunter Farbreiz
chromatogram *n* / Chromatogramm *n*
chromatograph *n* / Chromatograph *m*
chromatographic separation / chromatographisches Trennen
chrome mask / Chrommaske *f*

chrome-plated *adj* / verchromt *adj* || **chrome-plated brass** / verchromtes Messing
chromic acid *n* / Chromsäure *f*
chrominance *n* / Chrominanz *f*
chromium oxide-lithium battery / Chromoxid-Lithium-Batterie *f*
chromium-plated *adj* / verchromt *adj*
chromized *adj* / chromiert *adj*, inchromiert *adj*
chronological processing / chronologische o. zeitfolgerichtige Verarbeitung *adj* || ~ **study** / Arbeitsablaufstudie *f*
chronology, absolute ~ IEC 50(371) / Absolutzeiterfassung *f* (FWT) || **centralized absolute** ~ IEC 50(371) / Zeiterfassung mit zentral geführter Absolutzeit (FWT)
chuck *n* / Spannvorrichtung *f* (WZM), Aufspannvorrichtung *f* (WZM), Spannfutter *n* || ~ **diameter** / Spanndurchmesser *m* || ~ **dimension** / Futtermaß *n* || ~ **scene** / Spannszene *f*
chucking data / Spannmitteldaten *pl* || ~ **device** / Aufspannvorrichtung *f* (WZM), Spannvorrichtung *f* (WZM), Spannzeug *n* || ~ **scenario** / Spannszene *f* || ~ **scene** / Spannszene *f* || ~ **side** / Aufspannseite *f*
churning loss / Walkarbeitsverlust *m* || ~ **work** / Walkarbeit *f*
CIDS s. controller idle state
CIE standard photometric observer / Leuchtdichtemessgerät nach CIE (IEC) DIN IEC 351,T.2 || ~ **standard source** / CIE-Normlichtquelle *f*
CIF (cost, insurance and freight) / Kosten, Versicherung und Fracht
CIM s. computer-integrated manufacturing
cinema lamp / Kinolampe *f* || ~ **screen** / Kinoleinwand *f*
C input / C-Eingang *m*, Takt-Eingang *m* || **C input (clock input)** / Takteingang *m*
CIP (carriage und insurance paid to) (circular interpolation) / frachtfrei versichert, CIP (Kreisinterpolation)
CIP system (Clean In Place system) / CIP-Anlage (Clean-In-Place-Anlage)
circlarc fluorescent lamp / Leuchtstoff-Halbringlampe *f* || ~ **lamp** / Halbringlampe *f*
circle *n* / Kreis *m* || **circle arc** / Bogen *m*, Kreisbogen *m* || ~ **center** / Kreismittelpunkt *m* || ~ **data** / Kreisdaten *pl* || **circle diagram** / Kreisdiagramm *n*, Admittanzdiagramm *n* || ~ **end position** / Kreisendpunkt *m* || ~ **equation** / Kreisgleichung *f* || ~ **error compensation** / CEC || ~ **of holes** / Lochkreis *m* (ein Punktmuster auf einem Kreis, das aus Punkten mit gleichem Abstand untereinander besteht), Bohrbild *n*, Bohrkreis *m*, Bohrmuster *n* || ~ **of light** / Lichtkreis *m* || ~ **of points** / Punktkreis *m* || ~ **of throwout** / Taumelkreis *m* || ~ **parameter** / Kreisparameter *m* (NC) || ~ **radius** / Kreisradius *m* || ~ **radius programming** / Radiusprogrammierung *f*, Kreisradiusprogrammierung *f* || ~ **segment** / Kreissegment *n*, Kreisabschnitt *m*
circline lampholder / Ringlampenfassung *f*
circling guidance lights / Platzrunden-Führungsfeuer *n*
circlip *n* / Sprengring *m*, Sicherungsring *m*, Arretierungsring *m*, Benzingscheibe *f*
circonium lamp / Zirkonlampe *f*
circuit *n* / elektrisches System, Schaltkreis *m*, Kreis *m* (Stromkreis einer Freileitung), Stromkreis *m*,

circuital 78

Kreislauf m, Strompfad m, Pfad m, Strombahn f,
Schaltung f || in ~ adj / eingeschaltet adj,
spannungsführend adj || to bring into ~ /
zuschalten v, einschalten v || to complete a ~ / einen
Stromkreis schließen, durchschalten v || ~ algebra /
Schaltungsalgebra f
circuital laws / magnetische Grundgesetze || ~
magnetization / Längsmagnetisierung f (Blech) || ~
vector field / Wirbelstromfeld n, Wirbelfeld n
circuit analyzer / Vielfach-Messgerät n,
Vielfachmesser m || ~ **angle** / Schaltungswinkel m ||
~ **arrangement** / Schaltungsanordnung f,
Schaltungsaufbau m, Schaltung f || ~ **board
conductor** / entflochtene Leiterbahn, Leiterbahn f
circuit-board conductor / Leiterbahn f (gedruckte
Schaltung) EN 50020
circuit-breaker (c.b.) n (IEC 157-1) /
Leistungsschalter m VDE 0660,T.101,
Leitungsschutzschalter m, Schutzschalter m,
Leistungsselbstschalter m, Selbstschalter m ||
circuit-breaker n / Lastschalter m,
Leistungsschalter m, Schalter m || ~ **compartment** /
Leistungsschalterraum m || ~ **contactor
combination** / Leistungsschalter-Schütz-
Kombination f || ~ **failure protection** IEC 50(448) /
Schalterversager-Selektivschutz m || ~ **failure
protection system** / Schalterversagerschutzsystem
m, Schalterausfallschutz m || ~ **for equipment
(CBE)** / Geräteschutzschalter m (GSS) || ~ **for
mesh connected systems** / Maschennetzschalter m
|| ~ **frame** / Leistungsschalterträger m || ~ **housing** /
Leistungsschalter-Gehäuse m || ~ **module** /
Leistungsschaltermodul m || ~ **module panel** /
Leistungsschaltermodulfeld n || ~ **operating
mechanism** / Leistungsschalterantrieb m || ~ **panel**
/ Leistungsschalterfeld n || ~ **pole** / Schalterpol m
(LS) || ~ **rated operating pressure** /
Schalterbemessungsbetriebsdruck m || ~ **testing
facility** / Leistungsschalterprüfstand m || ~ **unit** /
Leistungsschaltereinheit f, Selbstschaltereinheit f,
Schaltereinheit f (LS), Schalteinheit f
(Schaltereinheit einer dreipol. Kombination),
Selbstschalterabgang m,
Leistungsschalter(abgangs)feld n || ~ **with lock-out
device preventing closing** IEC 157-1 /
Leistungsschalter mit Einschaltverriegelung VDE
0660,T.101
circuit breaking capacity /
Schlussausschaltvermögen n || ~ **burden** /
Messkreisbelastung f || ~ **characteristics** /
Stromkreiskenngrößen f pl || ~ **cheater** / Ersatzlast
f, Prüflast f || ~ **closing connection** /
Arbeitsstromschaltung f
circuit-commutated recovery time / Freiwerdezeit f
(Thyr) DIN 41786 || ~ **turn-off time** /
Freiwerdezeit f (Thyr) DIN 41786
circuit configuration / Schaltungsanordnung f,
Grundschaltung f, Schaltungsstruktur f || ~
connection / Schaltverbindung f || ~ **constant** /
Stromkreiskonstante f, Leitungskonstante f || ~
continuity / elektrischer Durchgang || ~ **crest peak
off-stage voltage** / periodische Rückwärts-
Spitzensperrspannung, schaltungsbedingte
periodische Rückwärts-Spitzensperrspannung,
schaltungsbedingte Vorwärts-
Scheitelsperrschaltung f || ~ **crest working off-
state voltage** / Vorwärts-Scheitelsperrspannung am
Zweig, schaltungsbedingte Vorwärts-
Scheitelsperrspannung || ~ **crest working reverse
voltage** / Rückwärts-Scheitelsperrspannung am
Zweig, schaltungsbedingte Rückwärts-
Scheitelsperrspannung || ~ **design** /
Schaltungsentwurf m, Schaltungsaufbau m || ~
diagram / Schaltplan m, Schaltbild n,
Stromlaufplan m, Anschlussbild n,
Prinzipschaltbild n || ~**diagram pocket** /
Schaltplantasche || ~ **documentation** /
Schaltungsunterlagen f pl || ~ **element** /
Stromkreiselement n, Schaltungsglied n || ~
element in terms of components / transformiertes
Stromkreiselement || ~ **engineering** /
Schaltungstechnik f || ~ **impedance** /
Kreisimpedanz f || ~ **insulation voltage** /
Isolationsspannung f (Spannung zwischen
Messgerätekreis u. Gehäuse, für welche der Kreis
ausgelegt ist), Nenn-Isolationsspannung f || ~
interrupter / Leistungstrenner m,
Leistungstrennschalter m || ~ **interruption time** /
Unterbrechungszeit f (Stromkreis) || ~ **length** /
Stromkreislänge f || ~ **local back-up protection**
IEC 50(448) / örtlicher Reserveschutz (im Feld) || ~
logic / Schaltungslogik f, Schaltkreislogik f,
Schaltungstechnik f || ~ **manual** / Schaltbuch n,
Schaltungsbuch m || ~ **modification** /
Beschaltungsänderung f || ~ **noise** /
Stromkreisrauschen n, Kreisrauschen n,
Leitungsrauschen n, Widerstandsrauschen n || ~
non-repetitive peak off-stage voltage /
nichtperiodische Vorwärts-Scheitelsperrspannung,
schaltungsbedingte nichtperiodische Vorwärts-
Scheitelsperrspannung || ~ **non-repetitive peak
off-state voltage** / Vorwärts-Spitzenspannung am
Zweig, nichtperiodische Vorwärts-
Scheitelsperrspannung || ~ **non-repetitive peak
reverse voltage** / Rückwärts-Stoßspitzenspannung
des Stromkreises, schaltungsbedingte
nichtperiodische Rückwärts-Spitzensperrspannung,
nichtperiodische Rückwärts-Spitzensperrspannung
|| ~ **offstate interval** / Vorwärts-Sperrzeit f || ~ **on
standby** / Stromkreis in Bereitschaft,
Ruhestromschaltung f || ~ **opening connection** /
Ruhestromschaltung f || ~ **parameter** /
Stromkreisparameter m || ~ **power factor** /
Schaltkreis-Leistungsfaktor m || ~ **programmer** /
Schaltungsprogrammierer m || ~ **quality (factor)** /
Kreisgüte f || ~ **repetitive peak off-stage voltage** /
periodische Vorwärts-Scheitelsperrspannung,
schaltungsbedingte periodische Vorwärts-
Scheitelsperrspannung || ~ **repetitive peak off-
state voltage** / periodische Vorwärts-
Spitzenspannung des Stromkreises,
schaltungsbedingte periodische Vorwärts-
Scheitelsperrspannung || ~ **repetitive peak reverse
voltage** / schaltungbedingte periodische
Rückwärts-Spitzensperrspannung, periodische
Rückwärts-Spitzensperrspannung || ~ **reverse
blocking interval** / Rückwärts-Sperrzeit des
Stromkreises
circuitry n / Schaltung f, Schaltungsanordnung f,
Schaltungsaufbau m || ~ **parts** / Schaltungsteile n pl
circuit sever / Trennstrecke f (Elektronenstrahl) || ~
state / Schaltzustand m
circuit-switched connection / leitungsvermittelnde

Verbindung (DÜ), im Kreis geschaltete Verbindung
circuit switching / Leitungsvermittlung *f* (DÜ Netz) DIN 44302, Leitungsschaltung *f*, Kreisschaltung *f* (Datenkreis), Schalten von Stromkreisen, Stromkreisvermittlung *f* || ~ **technology** / Schaltkreistechnik *f* || ~ **theory** / Schaltungslehre *f* || ~ **topology** / Schaltungstopologie *f* || ~ **type** / Schaltungsart *f*
circuit-switching transmission / leitungsvermittelte Übertragung
circuit valve EN 60146-1-1 / Zweigelement *n* (SR) || ~ **voltage class** (phase-to-phase reference voltage used in the selection of insulation class designation) / Spannungsreihe *f* (Leiter- Leiter-Bezugsspannung *f*. die Wahl der Isolationsklassenbezeichnung)
circular *adj* / kreisförmig *adj* || ~ **arc** / Kreisbogen *m*, Bogen *m* || ~ **arc-straight combination** / Kreisbogen-Gerade-Kombination *f* (NC) || ~ **area of crosscut** / Kreisquerschnitt *m* || ~ **blanking die** / Rundschnitt *m* (Stanzwerkzeug) || ~ **block** / Kreissatz *m* || ~ **box** / Runddose *f* (I) || ~ **buffer** / Ringspeicher *m*, Umlaufspeicher *m*, Ringpuffer *m* || ~ **buffer management** / Ringspeicherverwaltung *f* || ~ **cable** / Rundkabel *n* || ~ **conductor** / Rundleiter *m* || ~ **connector** / runder Steckverbinder, Rundsteckverbinder *m*, Rundstecker *m* || ~ **core** / Rundkern *m* (Trafo) || ~ **cutout** / Rundausschnitt *m* || ~ **disk** / Strichscheibe *f*, Kreisscheibe *f* || ~ **drive surface** / kreisförmige Leitfläche (NC) || ~ **feed** / Kreisvorschub *m* || ~ **feedrate** / Kreisvorschub *m* || ~ **flow** / Drall *m* || ~ **flow pattern** / Spiralgehäuse *n* || ~ **interpolation** / Kreis-Interpolation *f* (NC), zirkulare Interpolation (NC), Zirkularinterpolation *f* (Berechnung von Zwischenpunkten eines Kreisbogens in einer Ebene durch den Interpolator der Bahnsteuerung) || ~ **interpolation arc CW** ISO 1056 / Kreisinterpolation im Uhrzeigersinn (NC-Wegbedingung) DIN 66025,T.2, Kreisinterpolation im Gegenuhrzeigersinn (NC-Wegbedingung) DIN 66025, T.2 || ~ **interpolator** / Kreisinterpolator *m* (NC), Zirkularinterpolator *m* || ~ **knitting** / rundstricken *v* || ~ **knitting machine** / Rundstrickmaschine *f*
circularity *n* / Rundheit *f* || ~ **test** / Kreisformtest *m* || ~ **tolerance** / Rundheitstoleranz *f*
circular lamination / Ronde *f*, einteiliger Blechring, Blechronde *f* || ~ **lamp** / Ringlampe *f* || ~ **magazine** (cf.THYER 1988, pp 39.) / Rundmagazin *n*, Revolvermagazin *n*
circularly polarized / zirkular polarisiert
circular movement / Kreisbewegung *f* || ~ **path** / Kreisbahn *f* (WZM, NC) || ~ **plane** / Kreisebene *f*
circular-path programming / Kreisbahnprogrammierung *f*
circular plug / Rundstecker *m* || ~ **pocket** / Kreistasche *f* || ~ **punching** / einteiliger Blechring, Blechronde *f* || ~ **relay** / Rundrelais *n* || ~ **saw** / Kreissäge *f* || ~ **scale** / Kreisskale *f* || ~ **span** / Kreisbahn *f* (WZM, NC) || ~ **spigot** / Kreiszapfen *m* || ~ **table** / Drehtisch *m*, Rundtisch *m* || ~ **tensile test specimen** / Rundzugprobe *f* || ~ **tool** / Rundwerkzeug *m* || ~ **tool magazine** / Scheibenmagazin *n* || ~ **vibration** / kreisförmige Schwingung
circulate *v* / umlaufen *v*, umwälzen *v*, umpumpen *v*
circulating air / Umluft *f* (a. KT) DIN 1946 || ~ **buffer** / Umlaufpuffer *m*, Umlaufspeicher *m*, Ringspeicher *m*, Ringpuffer *m*
circulating-circuit component / Kühlvorrichtung *f* (el. Masch.)
circulating current / Kreisstrom *m*, Lagerstrom *m*, Ausgleichsstrom *m*
circulating-current-free connection / kreisstromfreie Schaltung (LE) || **circulating-current-free inverse-parallel connection** / kreisstromfreie Gegenparallelschaltung
circulating-current protection / Stromdifferentialschutz *m* || ~ **reactor** / Kreisstromdrossel *f*
circulating memory / Umlaufspeicher *m*, Ringspeicher *m* || ~ **oil** / Umlauföl *n*, Spülöl *n*
circulating-oil filter / Ölumlauffilter *n* || ~ **lubrication** / Ölumlaufschmierung *f*, Umlaufschmierung *f*
circulating pump / Umwälzpumpe *f* || ~ **stack** / Ringspeicher *m*, Umlaufspeicher *m* || ~ **storage** / Umlaufspeicher *m*
circulation *n* / Zirkulation *f*, Umlauf *m*, Umlaufintegral *n*, Kühlmittelbewegung *f* || ~ **time** / Umlaufzeit *f*
circulator *n* / Zirkulator *m*, Richtungsgabel *f*
circulatory lubrication / Umlaufschmierung *f*
circumcircle *n* / Umkreis *m* (Vieleck), umschriebener Kreis
circumference *n* / Kreisumfang *m*, Umfangslinie *f*, Umfang *m*
circumferential backlash / Verdrehspiel *n* || ~ **force** / Umfangskraft *f* || ~ **gap leakage** / Luftspaltstreuung *f* || ~ **groove** / umlaufende Nut (Lg.), Kreisnut *f* || ~ **milling** / Umfangsfräsen *n*, Umfangfräsen *n* || ~ **play** / Umfangspiel *n* (Kuppl.) || ~ **releasing force** / Umfanglösekraft *f* DIN 7182 || ~ **slot** / Kreisnut *f* || ~ **speed** / Umfangsgeschwindigkeit *f* || ~ **stagger** / Staffelung in Umfangsrichtung || ~ **velocity** / Umfangsgeschwindigkeit *f*
circumradius *n* / Umkreisradius *m*
circumscribed polygon / umschriebenes Polygon
city call / City-Ruf || ~ **luminaire** / City-Leuchte *f*
CL (copy license) / Kopierlizenz *f*
CL (computer link) / Rechnerschnittstelle *f*, Rechneranschaltung *f*
CL (cycle language) / Zyklenprogrammiersprache *f*, Zyklensprache *f*
CL 800 cycle language / Zyklensprache CL 800
c.l.a. s. centre-line average
cladded *adj* / plattiert *adj*
cladding *n* / Mantel *m* (LWL), Brennstoffhülle *f*, Auftragsschweißen *n*, Fasermantel *m*, Plattieren *n*, Schweißplattieren *n* || ~ **cubicle** ~ / Schrankverkleidung *f* || ~ **centre** / Mantelmitte *f* (LWL), Mantelmittelpunkt *m* (LWL) || ~ **diameter** / Manteldurchmesser *m* (LWL) || ~ **mode** / Mantelmode *f* (LWL)
cladding-mode stripper / Mantelmoden-Abstreifer *m* (LWL)
claims agent / Havariekommissar *m*
clamp *n* / Unterklemmen *n*, Koppelzange *f*, Klemmschelle *f*, Pratze *f*, Spannpratze *f*, Befestigungsschelle *f*, Antriebsklemme *f*, Anschlussklemme *f*, Spannanker *m*, Busanschluss-Stück *n* || ~ *v* / klemmen *v*, festklemmen *v*, anklemmen *v*, aufspannen *v*, einspannen *v*, klammern *v* || ~ *n* / Klammer *f*, Klemmen *n* (NC-

clamped

Zusatzfunktion) DIN 66025,T.2, Klemmstück *n*, Klemmschaltung *f*, Rohrschelle *f*, Spanneisen *n*, Zwinge *f*, Kabelschelle *f*, Klemme *f*, Spannbügel *m* || ~ ISO 3592 / Einspannung *f* (NC, CLDATA-Wort) || d.c. ~ **diode** / Klemmdiode *f* || ~ **avoidance** / Pratzenumfahren *n* || ~ **avoidance movement** / Pratzenausweichbewegung *f* || ~ **circuit** / Klemmschaltung *f* || ~ **connection** / Klemmanschluss *m* || ~ **coupling** / Klemmschalenkupplung *f* || ~ **cube** / Spannwürfel *m*
clamped *adj* / aufgespannt *adj* || ~ **laminated core** / geklammertes Blechpaket || ~ **thyristor assembly** / Thyristorspannverband *m* || ~ **voltage** / geklemmte Spannung, begrenzte Spannung
clamping *n* / Klemmen *n*, Festklemmen *n*, Pressung *f*, Aufspannung *f*, Einspannstelle *f* || ~ **(pulses)** / Klemmung *f* (Impulse) || **test of** ~ / Prüfung der Klemmwirkung (Leitungseinführung) || **voltage** ~ / Spannungsklemmung *f*, Spannungsbegrenzung *f* (Klemmschaltung) || **workpiece** ~ / Werkstückeinspannung *f* || ~ **arrangement** / Verspannung *f* || ~ **bar** / Spannleiste *f* || ~ **block** / Spannblock *m* || ~ **bolt** / Spannbolzen *m*, Klemmschraube *f*, Pressbolzen *m*, Druckschraube *f* || ~ **clip** / Spannlasche *f* || ~ **cylinder** / Spannzylinder *m* || ~ **device** / Spannvorrichtung *f* || ~ **devices** / Spannzeuge *n pl* || ~ **diode** / Klemmdiode *f*, Klammerdiode *f*, Abfangdiode *f* || ~ **fixture** / Spannvorrichtung *f* || ~ **frame** / Pressrahmen *m* (Trafo), Pressgestell *n* (Trafo) || ~ **heigth** / Aufspannhöhe *f* || ~ **jaw** / Klemmbacke *f*, Spannbacke *f* || ~ **length** / Aufspannlänge *f* || ~ **lug** / Klemmlasche *f* (Anschlussklemme) || ~ **member** / Druckstück *n* (Klemme), Druckübertragungsteil *n* || ~ **nut** / Spannmutter *f*, Klemmutter *f* || ~ **on vise** / Aufspannung auf Schraubstock || ~ **part** / Klemmkörper *m* (Anschlussklemme), Spannteil *n* || ~ **piece** (terminal) / Anschlussscheibe *f*, Deckscheibe *f*, Spannstück *n* || ~ **plan** / Spannplan *m* (WZM) || ~ **plate** / Druckplatte *f*, Klemmplatte *f* (Anschlussklemme), Spannplatte *f*, Pressplatte *f* (Trafo-Kern), Aufspannplatte *f* || ~ **point** / Klemmstelle *f* (Schraubklemme) VDE 0609,T.1 || ~ **pressure** / Spanndruck *m* || ~ **range** / Klemmbereich *m* || ~ **ring** / Klemmring *m*, Druckring *m*, Profilband *n* || ~ **screw** / Klemmschraube *f*, Spannschraube *f*, Druckschraube *f* || ~ **shell** / Klemmschale *f* || ~ **shoe** / Spannpratze *f*, Pratze *f* || ~ **spring** / Klemmfeder *f* || ~ **structure** / Presskonstruktion *m* (Trafo), Pressrahmen *m* || ~ **surface** / Aufspannfläche *f* || ~ **tolerance** / Aufspanntoleranz *f*, Klemmungstoleranz *f*, Einspanntoleranz *f* || ~ **torque** / Klemmoment *n* || ~ **unit** IEC 685-2-1 / Klemmstelle *f* (Schraubklemme) VDE 0609,T.1, Klemmstück *n*
clamp ring / Klemmring *m*, Druckring *m* || ~ **protection** / Pratzenschutz *m* || ~ **protection area** / Pratzenschutzbereich (PSB) *m* || ~ **saw** / Kappsäge *f* || ~ **sleeve** / Spannhülse *f* || ~ **tailstock** / Gegenlager klemmen
clamp-roller clutch / Klemmrollenkupplung *f*
clamp-type brush holder / Klemmbürstenhalter *m* || ~ **cable lug** / Klemmkabelschuh *m* || ~ **coupler** / Klemmuffe *f* (IR) || ~ **coupling bend** / Bogen mit Klemmuffe (IR) || ~ **terminal** / Schellenklemme *f*, Steckklemme *f*, Steckanschlußklemme *f*,

Laschenklemme *f* || ~ **test probe** / Klemmprüfspitze *f*
clapper armature system / Klappanker-Magnetsystem *n*
clapper-type armature / Klappanker *m* || ~ **contactor** / Klappankerschütz *n* || ~ **relay** / Klappankerrelais *n*
Clark transformation / Clark-Transformation *f*
clasp lock / Überfallschloss *n*
class *n* / Klasse *f*, Schutzklasse *f*, Anforderungsklasse *f*, Betriebsklasse *f*, Momentenklasse *f* || ~ (statistics) / Klasse *f* (Statistik) DIN 55350,T.23 || ~ **AB operation** / AB-Betrieb *m* (ESR) || ~ **A operation** / A-Betrieb *m* (ESR) || ~ **B amplifier** / B-Verstärker *m* || ~ **B operation** / B-Betrieb *m* (ESR) || ~ **boundary** / Klassengrenze *f* DIN 55350,T.23 || ~ **C operation** / C-Betrieb *m* (ESR) || ≙ **0 equipment** / Betriebsmittel der Klasse 0 DIN IEC 536, Betriebsklasse 0 || ~ **F capability** / Ausnutzbarkeit nach Isolationsklasse F || ~ **I appliance** / Gerät der Schutzklasse I || ~ **I control** / RS der Schutzklasse I (RS = Regel- u.Steuergerät) **classification** *f* / Klassifikation *f*, Klassifizierung *f*, Klassenbildung *f* DIN 55350,T. 23, Gliederung *f*, Einordnung *f*, Einstufung *f*, Ordnung *f*, Klassenbezeichnung *f*, Einteilung *f* || ~ **code** / Kennzeichenschema *n* || ~ **figure** / Kennzahl *f* DIN 6763,T.1 || ~ **letter** / Kennbuchstabe *m* || ~ **number** / Klassifizierungsnummer *f* DIN 6763,T.1, Ordnungsnummer *f* || ~ **of defects** IEC 512 / Fehlerklassifizierung *f* DIN 41640 || ~ **of failures by effects** / Ausfallgliederung nach Schwere der Auswirkung DIN 40042 || ~ **of failures by failure rate** / Ausfallgliederung nach Verlauf der Ausfallrate DIN 40042 || ~ **of failures by technical gravity** / Ausfallgliederung nach technischem Umfang DIN 40042 || ~ **of failures by time function** / Ausfallgliederung nach Ablauf der Änderung DIN 40042 || ~ **of non conformance** / Fehlerklassifizierung *f* (QS) DIN 55350,T.31 || ~ **rules** / Klassifikationsvorschrift *f* || ~ **society** / Klassifikationsgesellschaft *f* || ~ **system** / Klassifizierungssystem *n* DIN 6763,T.1) Kennzeichensystem *n* (KS
classify *v* / klassifizieren *v*, ordnen *v*, gliedern *v*, klassieren *v*, unterteilen *v*, einordnen *v*, sortieren *v*
class II equipment IEC REPORT 536, BS 2754 / Betriebsmittel der Schutzklasse II, Geräte der Schutzklasse II, schutzisolierte Geräte || ≙ **I laser product** / Laser-Einrichtung der Klasse I VDE 0837 || ~ **index** IEC 1036 / Klassenzeichen *n* (MG, EZ, Rel.), Genauigkeitsklasse *f* (EZ) VDE 0418 || ~ **interval** / Klassenbreite *f* DIN 55350,T.23 || ≙ **I transformer** / Transformator der Schutzklasse I || ~ **limit** / Klassengrenze *f* DIN 55350,T.23 || ≙ **0 luminaire** / Leuchte der Schutzklasse 0 || ~ **of compound** / Mischungstyp *m* (Kabel) VDE 0281 || ~ **of error limits** / Fehlergrenzenklasse *f* || ~ **of fit** / Passungsklasse *f*, Passungs-Güteklasse *f*, Isolierstoffklasse *f* || ~ **of insulation system** / Isolierstoffklasse *f*, Isolationsklasse *f* || ~ **of protection** / Schutzklasse *f* || ~ **of rating** / Klasse des Nennbetriebes (el.Masch.), Klassenleistung *f*
classroom *n* / Unterrichtsraum *m*, Klassenzimmer *n*
clause *n* / Klausel *f*, Paragraph *n*, Satz *m*, Satzteil *m*
claw-field generator / Klauenpolgenerator *f*
claw contact / Maulkontakt *m* || ~ **fixing** /

Krallenbefestigung *f*, Spreizkrallenbefestigung *f* || ~ **screw** / Krallenschraube *f*
claw-pole generator / Klauenpolgenerator *m*
claw-type belt fastener / Riemenkralle *f* || ~ **branch terminal** / Tatzenabzweigklemme *f* || ~ **terminal** / Maulklemme *f*
CLB s. **clearance bar**
CLC (clearance control) / Abstandsregelung *f*
CLDATA (cutter location data) / Werkzeugpositionsdaten *pl*
CLE (CLEARED) / GEH (GEHEN) || ~ / geht *adj*
clean *adj* / sauber *adj*, rein *adj*, fremdspannungsfrei *adj*, rauschfrei *adj*, reinigen *v* || ~ **break** / funkenfreie Abschaltung || ~ **by suction removal** / absaugen *v* || ~ **earth** / fremdspannungsfreie Erde, geräuschfreie Erde
cleaned *adj* / gereinigt *adj*
clean gas duct / Reingaskanal *m*
cleaning agent / Reinigungsmittel *n* || ~ **cloth** / Putztuch *n* || ~ **fluid** / Reinigungsflüssigkeit *f* || ~ **head** / Düse *f* (Staubsauger) || ~ **of castings** / Gussputzen *n* || ~ **opening** / Reinigungsöffnung *f* || ~ **solvent Rivolta B.M.R. 210** / Reinigungsmittel Rivolta B.W.R. 210
cleanliness *n* / Sauberkeit *f*
cleansing solution / Reinigungslösung *f*
clean room / Reinraum *m*, staubfreier Raum || ~ **room condition** / Reinraumbedingungen *f pl* || ~ **situation** / saubere Umgebung
clear *v* / klären *v*, abschalten *v* (einen Kurzschluss), wegschalten *v* (Kurzschluss), freimachen *v*, freilegen *v*, freikommen *v*, vorbeikommen *v*, rücksetzen *v*, entstören *v*, nullstellen *v*, reinigen *v*, leeren *v*, säubern *v*, aufheben *v*, schalten *v*, (Fehler) beseitigen *v*, abbauen *v*, beseitigen *v*, verrechnen *v*, freigeben *v*, löschen *v* (Speicher, Bildschirmanzeige), trennen *v*, zurücksetzen *v*, klarmachen *v* || ~ *adj* / eindeutig *adj* || **to ~ a connection** / eine Verbindung abbauen (o. abtrennen (DÜ) || **bus ~ (BCLR)** / Bus frei
clear-all key / Gesamtlöschtaste *f*
clearance *n* / Zwischenraum *m*, Schlagweite *f*, Luftstrecke *f*, Abstand *m*, lichter Abstand, Sicherheitsabstand *m*, Montagefreiraum *m*, Spiel *n*, Luft *f*, Schwebehöhe *f* (MSB), Abstandsmaß *n*, Freiraum *m*, Luftabstand *m* || **connection ~** / Verbindungsabbau *m* (DÜ) || **fault ~** / Störungsbeseitigung *f* (Netz), Fehlerabschaltung *f* || **phase-to-earth ~** / Mindestabstand gegen Erde (Außenleiter - Erde), Schlagweite gegen Erde || **untanking ~** / lichte Höhe (zum Herausheben des aktiven Trafo-Teils), Kranhakenhöhe *f* || **working ~** IEC 50(605) / Schutzabstand *m* (Mindestabstand zwischen stromführenden Teilen und einer in der Anlage arbeitenden Person), Arbeitsabstand *m*, Montageabstand *m* || ~ **angle** / Freiwinkel *m* (WZM) DIN 6581, Freischneidewinkel *m*, Freischneidwinkel *m* || ~ **angle monitoring** / Freischneidewinkelüberwachung *f* || ~ **area** / Restquerschnitt *m* || ~ **bar (CLB)** / Freigabebalken *m* (Flp.), Freigabebarren *m* (Flp.) || ~ **bar light** / Freigabebalkenfeuer *n* (Flp.) || ~ **between open contacts** IEC 157-1 / Luftstrecke zwischen offenen Schaltstücken VDE 0660,T.101, Schlagweite zwischen offenen Schaltstücken VDE 0670,T.2 || ~ **between phases** / Phasenabstand *m* || ~ **between poles** IEC 157-1 / Luftstrecke zwischen den Polen VDE 0660,T.101, Schlagweite zwischen den Polen || ~ **between rows** / Reihenabstand *m* || ~ **between terminals** / Klemmenabstand *m* || ~ **control (CLC)** / Abstandsregelung *f* || ~ **distance** / Sicherheitsabstand *m* (NC), Freifahrabstand *m* || ~ **envelope** / Sicherheitsumhüllende *f* (NC) || ~ **fit** / Spielpassung *f*, Bewegungssitz *m*, Laufsitz *m* || ~ **flow** / Spaltströmung *f* || ~ **flow area** / Rest-Durchlassquerschnitt *m* || ~ **for....** / Schwenkabstand *m* || ~ **hole** / Freiätzung *f* (gS), Durchgangsloch *n*, Durchgangsbohrung *f* || ~ **in air** / Luftstrecke *f*, Luftabstand *m* || ~ **plane** ISO 3592 / Sicherheitsebene *f* (NC) DIN 66215,T.1 || ~ **surface** ISO 3592 / Sicherheitsfläche *f* (NC) DIN 66215,T.1 || ~ **time** / Abschaltzeit *f*, Fehlerbeseitigungsdauer *f*, Fehlerabschaltzeit *f* || ~ **to barrier** / Schutzvorrichtungsabstand *m* || ~ **to dimension 1** / Abstandsmaß zum Maß 1 || ~ **to earth** IEC 157-1 / Luftstrecke zur Erde VDE 0660,T.101, Schlagweite zur Erde || ~ **to obstacles** / minimaler Abstand zu Objekten (Freiltg.) || ~ **underneath gear case** / Bodenfreiheit *f* (unter dem Getriebe)
clear bulb / Klarglaskolben *m* || ~ **confirmation** / Auslösebestätigung *f* (DÜ) DIN 44302 || ~ **entry (CE)** / Eingabe löschen || ~ **file (CLF)** / Löschanweisung *f* || ~ **glass bulb** / Klarglaskolben *m* || ~ **glass pane** / Klarsichtscheibe *f* || ~ **heigth** / lichte Höhe || ~ **idle state** / Rücksetz-Ruhezustand *m* (PMG) DIN IEC 625
clearing, fault ~ / Fehlerabschaltung *f*; Fehlerbeseitigung *f* || ~ **I²t** / Lösch-I²t-Wert *m*, Abschalt-I²t || ~ **of connection** / Verbindungsabbau *m* (DÜ) || ~ **of faults** / Fehlerbeseitigung *f* || ~ **of obstructions** / Hindernisbeseitigung *f* (Flugsicherung) || ~ **time** / Ausschaltzeit *f* (Sich.), Gesamtausschaltzeit *f* (Sich.), Fehlerabschaltzeit *f*, Schaltzeit *f*
clear input / Löscheingang *m*, Rücksetzeingang *m* || ~ **key** / Löschtaste *f* || ~ **lamp** / Klarglaslampe *f* || ~ **lens** / klare Linse
clearly varnished / zaponiert *adj*
clear not active state IEC 625 / Nichtrücksetzzustand *m* (PMG, Systemsteuerung) || ~ **routine** / Löschroutine *f* || ~ **text** / Klartext *m* || ~ **text display** / Klartextanzeige *f* || ~ **text output** / Klartextausgabe *f*, Sendebereitschaft *f* || ~ **to send (CTS)** / sendebereit *adj*
clearway *n* / Freifläche *f* (Flp.)
clear width / lichte Weite, lichte Breite
cleat *n* IEC 50(466) / Knagge *f* (Mastfundament), Bügelschelle *f* || ~ **conduit** / Rohrschelle *f* (IR) || ~ **wiring** / offene Leitungsverlegung mit Schellenbefestigung
cleavage *n* / Schichtspaltung *f*, Delaminierung *f*
cleaving device / Trenngerät *n* (LWL)
C-level calibration facility / C-Prüfstelle *f*
clevis *n* / Schäkel *m*, U-förmige Lasche, Bügel *m* ||
clevis pin with head / Bolzen mit Kopf
CLF (clear file) / Löschanweisung *f*
click *v* / klicken *v*, anklicken *v* || ~ *n* / Knacken *n*, Knackstörung *f*, Spannklinke *f* (Uhr) || ~ **limit** / Grenzwert für Knackstörungen || ~ **rate** / Knackrate *f* (EMV) || ~ **wheel** / Spannrad *n* (Uhr)
click-and-pawl system / Sperrklinkensystem *n*
CLICMOS s. **cellular-layout integrated-circuit MOS**
client *n* / Anfragender *m*
climate-proof *adj* / klimabeständig *adj*, klimafest *adj*

climate-proofness *n* / Klimabeständigkeit *f*
climate testing laboratory / Klimalaboratorium *n*
climatic category / Klimaklasse *f*, klimatische Prüfklasse || ~ **independence** / Klimaunabhängigkeit *f* || ~ **range** / Klimabereich *m* || ~ **robustness test** / klimatische Prüfung, Klimaprüfung *f* || ~ **sequence** / Klimafolge *f* || ~ **stress** / klimatische Beanspruchung || ~ **test** / klimatische Prüfung *f*, Klimaprüfung *f*
climbing ability / Steigfähigkeit *f* (Bahn)
clinching *v* / clinchen *v* || ~ **closure** / Bügelverschluss *m* || ~ **unit** / Clinchgerät *n*
clip *n* / Schelle *f*, Klammer *f*, Klemmschelle *f*, Clip *m*, Lasche *f*, Bügel *m*, Federhülse *f*, Federkontakt *m*, Abgreifzange *f* || ~ **end** ~ / Endbügel *m* (Reihenklemme), Endwinkel *m*, Endschild *m* || **fuse** ~ / Sicherungsclip *m* (Schmelzsich.), Sicherungskontakt *m*, Sicherungsklemme *f*
clip-connected terminal / Klammerverbinder *m*
clip-on *adj* / aufsteckbar *adj*, aufklemmbar *adj*, schnappbar *adj*, für Aufsteckmontage, für Schnappbefestigung, aufschnappbar *adj* || ~ **ammeter** / Strommesszange *f*, Stromzange *f*, Zangenstrommesser *m* || ~ **coupling device** / Koppelzange *f* || ~ **current transformer** / Zangenstromwandler *m*, Anlegestromwandler *m* || ~ **device** / aufsteckbares Gerät, aufschnappbares Gerät || ~ **fixing** / Aufsteckmontage *f*, Schnappbefestigung *f* || ~ **measuring instrument** / Zangenmessgerät *n* || ~ **mounting-channel system** / Schnellmontage-Schienensystem *n* || ~ **rail** / Schnappschiene *f* || ~ **transformer** / Anlegewandler *m* || ~ **trigger sensor** / Triggerzange *f* (Kfz-Prüf.)
clipboard *n* / Zwischenablage *f*
clipper *n* / Spitzenbegrenzer *m*, Klipper *m*
clipper-limiter *n* / Doppelbegrenzer *m* (Eingangsbegrenzer f. zwei Amplitudengrenzwerte)
clipping *n* / Abkappen *n* (Impuls), Abschneiden *n* (Impuls), Abschneiden (o. Kappen) *n* (v. Teilen einer Bildschirmdarstellung), Spitzenbegrenzung *f*, Clippen *n* || **reverse** ~ / Ausblenden *n* (graf. DV)
clip post / Klammerstift *m*
clock *v* / Zeit messen, takten *v* || ~ *n* / Großuhr *f*, Uhr *f*, Taktgeber *m*, Taktgenerator *m*, Zeitgeber *m*, Standardimpulsgeber *m*, Schrittpuls *m*, Takt *m*, Zyklus *m*, Timer *m*, Taktsignal *n*, Zählwerk *n*, Uhrzeitgeber *m* || ~ **bit memory** / Taktmerker *m* || ~ **board** / Uhrentafel *f* || ~ **case** / Uhrengehäuse *n* || ~ **control** / Uhrzeitführung *f* || ~ **distributor (CD)** / Zeittaktverteiler *m* (ZTV) || ~ **driver** / Takttreiber *m*
clocked *adj* / taktgesteuert *adj*, getaktet *adj* || ~ **circuit** / getaktete Schaltung, taktsynchrone Schaltung || ~ **control** / getaktete Steuerung, taktsynchrone Steuerung, synchrone Steuerung || ~ **counter** / taktsynchroner Zähler || ~ **flipflop** / taktgesteuertes Flipflop
clock edge / Taktflanke *f* || ~ **flag** / Taktmerker *m* || ~ **for input circuitry** / Eingangsschaltung Takt || ~ **frequency** / Taktfrequenz *f* (elST) DIN 19237 || ~ **gauge** / Messuhr *f*, Skalenlehre *f* || ~ **gears** / Uhrengetriebe *n* || ~ **generator (CG)** / Taktgeber *m*, Taktgenerator *m*
clock-hour position / Uhrzeigerstellung *f* (StV)
clock hours / Ist-Zeit *f* (Arbeitszeit)
clocking *n* / Taktung
clock input (C-input) / Takteingang *m*

clockline *n* / Taktleitung *f*, Taktversorgung *f* (IS)
clock prompt / Weckzeit *f* || ~ **pulse (CP)** / Taktimpuls *m*, Schrittimpuls *m* DIN 44302, Takt *m* DIN 19237, Zyklus *m*
clock-pulse amplifier / Taktverstärker *m*
clock pulse diagram / Taktdiagramm *n*
clock-pulse duration / Taktimpulsdauer *f* || ~ **frequency** / Taktfrequenz *f* || ~ **generator (CPG)** / Taktimpulsgenerator *m*, Taktgeber *m*, Zeitgeber *m* || ~ **rate** / Taktrate *f*, Taktfrequenz *f* || ~ **space** / Taktpause *f* || ~ **supply** / Taktversorgung *f*
clock qualifier / Taktkennzeichen *n* || ~ **relay** / Schaltuhr *f* || ~ **scan** / Zeittaktabfrage *f* || ~ **setting** / Uhrzeiteinstellung *f* || ~ **signal** / Taktsignal *n* || ~ **signal edges** / Taktflanken *f pl* || ~ **skew** / Taktsignalverzögerung *f* (zum Ausgleich von Laufzeiten)
clock-skewed flipflop / zweiflankengesteuertes Flipflop
clock synchronization / Uhrzeitsynchronisierung *f*, Uhrzeitsynchronisation *f* || ~ **synchronization error** / Synchronisationsfehler der Uhr
clock-synchronized *adj* / taktsynchron *adj*
clock system / Uhrenanlage *f*, Takteinrichtung *f* || ~ **time** / Taktzeit *f* || ~ **timer** / Schaltuhr *f* || ~ **winding motor** / Aufzugmotor *m* (Uhr)
clockwise (CW) *adj* / im Uhrzeigersinn, rechtsdrehend *adj*, rechtsgängig *adj*, Drehrichtung rechts || **in the ~ direction of rotation** / im Uhrzeigersinn || ~ **arc (cw)** ISO 2806-1980 / Kreisbogen im Uhrzeigersinn (NC) || ~ **direction** / Uhrzeigersinn *m*, Rechtssinn *m* || ~ **rotating** / rechtsdrehend *adj* || ~ **phase sequence** / Rechtsdrehfeld *n* || ~ **rotation** / Drehung im Uhrzeigersinn, Rechtsdrehung *f*, Rechtslauf *m*
clockwork *n* / Uhrwerk *n*, Laufwerk *n* (Schaltuhr) || ~ **with pendulum escapement** / Uhrwerk mit Pendelhemmung
clone *n* / Kopie *f*, Nachahmung *f*
Clophen *n* (chlorinated diphenyl) / Clophen *n* (Chlordiphenyl)
Clophen-filled transformer / Clophentransformator *m*
close *v* / schließen *v*, einschalten *v*, einlegen *v* (Schalter), abschließen *v*, beenden *v* (Archiv), ZU *adj* || ~ **button** / Schließfeld *n* || ~ **contour** / Kontur schließen
close-coupled *adj* / direktgekuppelt *adj*, motornah *adj*
closed-air-circuit air-to-air-cooled machine / Maschine mit Umlaufkühlung und Luft-Luft-Kühler
closed-air-circuit cooled machine / Maschine mit Umlaufkühlung
closed-air-circuit fan-ventilated air-cooled machine / Maschine mit Eigenkühlung durch Luft in geschlossenem Kreislauf || ~ **machine** / Maschine mit geschlossenem Luftkreislauf || ~ **separately fan-ventilated air-cooled machine** / Maschine mit Fremdkühlung durch Luft in geschlossenem Kreislauf || ~ **water-cooled machine** / Maschine mit Umlaufkühlung und Wasserkühler, Maschine mit geschlossenem Luftkreislauf und Rückkühlung durch Wasser
closed air cooling / Luft-Umlaufkühlung *f*, Kreislaufbelüftung *f* || ~ **bore** / Grundlochbohrung *f*, Sackloch *n* || ~ **branch** / abgeschlossener Zweig (Programmablauf)

closed-cell *adj* / geschlossenzellig *adj*, geschlossenporig *adj*
closed cell / geschlossene Zelle (Batt.)
closed-cell plastic / geschlossenzelliger Schaumstoff
closed circuit / geschlossener Stromkreis, geschlossener Kreislauf, Ruhestromkreis *m*
closed-circuit air cooling / Luft-Umlaufkühlung *f*, Kreislaufbelüftung *f* || **~ air-water cooling (CAW)** / Umluft-Wasserkühlung *f* (LWU-Kühlung) || **~ alarm device** / Ruhestrom-Alarmgerät *n* || **~ connection (o. arrangement)** / Ruhestromschaltung *f*
closed-circuit-cooled machine / kreislaufgekühlte Maschine
closed-circuit cooling / Kühlung im geschlossenen Kreislauf, Kreislaufkühlung *f*, Umlaufkühlung *f* || **~ cooling system** / geschlossener Kühlkreislauf, geschlossenes Kühlsystem || **~ current** / Ruhestrom *m* || **~ lubrication** / Umlaufschmierung *f* || **~ oil-water cooling (COW)** / Ölumlauf-Wasserkühlung (OUW-Kühlung) || **~ principle** / Ruhestromprinzip *n* || **~ protection** / Ruhestromüberwachung *f* || **~ shunt release** / Ruhestromauslöser *m* || **~ system** / Ruhestromsystem *n*, Ruhespannungssystem *n* || **~ transition autotransformer starting (US)** / Anlauf über Spartransformator ohne Stromunterbrechung || **~ trip circuit** / Ruhestrom-Auslösekreis *m* || **~ TV (CCTV)** / kabelgebundenes Fernsehen, Industriefernsehen *n* || **~ TV monitoring system** / Fernsehüberwachungsanlage *f* || **~ ventilation** / Luft-Umlaufkühlung *f*, Kreislaufbelüftung *f* || **~ voltage (battery)** / Lastspannung *f* || **~ water-water cooling (CWW)** / Wasserumlauf-Wasserkühlung *f* (WUW-Kühlung) || **~ winding** / geschlossene Wicklung, unaufgeschnittene Wicklung || **~ working** / Ruhestrombetrieb *m* (FWT)
closed-coil winding / geschlossene Wicklung, unaufgeschnittene Wicklung
closed control loop / geschlossene Regelschleife, geschlossener Wirkungsweg || **~ cooling circuit** / geschlossener Kühlkreislauf
closed-core transformer / Transformator mit geschlossenem Kern, eisengeschlossener Wandler
closed cup / geschlossener Tiegel || **~ current loop** / Ruhestromschleife *f* || **~ cycle** / geschlossener Kreislauf || **~ electrical operating area** / abgeschlossene elektrische Betriebsstätte || **~ flash tester** / Flammpunktprüfgerät mit geschlossenem Tiegel
closed-fuse link / gekapselter Sicherungseinsatz (o. Schmelzeinsatz)
closed gas circuit / geschlossener Gaskreislauf || **~ joint** / spaltlose Fuge, Schweißung ohne Spalt || **~ loop** / geschlossener Wirkungsweg || **~ loop control** / Regelung mit Rückführung || **~ loop control engineering** / Regelungstechnik *f*
closed-loop adaptation / geregelte Adaption (adaptive Reg.) || **~ breaking capacity** IEC 265 / Ring-Ausschaltvermögen *n* VDE 0670,T.3 || **~ breaking-capacity test** / Prüfung der Ring-Ein- und -Ausschaltlast || **~ breaking current** IEC265 / Ring-Ausschaltstrom *m* VDE 0670,T.3 || **~ circuit** / Regelkreis *m* || **~ control** / Regelung im geschlossenen Kreis (o. Rückkopplung), automatische Steuerung, Regelungsbetrieb *m*, selbsttätige Regelung, Regelung *f*, Regelung mit Rückführung, Regeln *n*, Regelungstechnik *f* || **~ control function** / Regelungsfunktion *f*
closed-loop-controlled drive / geregelter Antrieb, Regelantrieb *m* || **~ machine** / Maschine mit Regelung, geregelte Maschine
closed-loop control module / Regelungseinschub *m*, Reglerbaugruppe *f*, Regelungsbaugruppe *f*
closed-loop function block / Regelungsbaustein *m* (SPS) || **~ gain** / Verstärkung des geschlossenen Regelkreises, Kreisverstärkung *f*, Rundumverstärkung *f*, Kurzschlussverstärkung *f* || **~ load** / Ringlast *f* VDE 0670,T.3 || **~ position control** / Lageregelung *f* (NC) || **~ position-controlled axis** / lagegeregelte Achse || **~ speed control** / Drehzahlregelung *f* || **~ speed control with inner current control loop** / Drehzahlregelung mit unterlagerter Stromregelung, Stromleitverfahren *n* || **~ stabilization** / Stabilisierung durch Regelung DIN 41745 || **~ system** / geschlossenes Regelsystem, Regelsystem mit geschlossenem Kreis, Regelungssystem *n*, geschlossenes Rückkopplungssystem, Regelkreis *m* || **~ vector control** / Vektorregelung *f* || **~ voltage control** / Spannungsregelung *f*
closed machine / geschlossene Maschine || **~ magnetic circuit** / geschlossener magnetischer Kreis, luftspaltloser Magnetkreis || **~ marking** / Sperrungsmarke *f* (Flp.)
close down *v* / stillsetzen *v*, abschalten *v*
closed position / geschlossene Stellung (SG), Schließstellung *f* (SG), Einschaltstellung *f*, EIN-Stellung *f*, geschlossener Zustand || **~ slot** / geschlossene Nut (Blech.) || **~ tapped bore** / Sackloch mit Gewinde, Gewindegrundbohrung *f*, Gewindesackloch *n* || **~ time** / Schließzeit *f* (Einschaltzeit) VDE 0712,101
closed-transition autotransformer starting (GB) / Anlauf über Spartransformator ohne Stromunterbrechung
closed-type heating system / geschlossene Heizungsanlage
close fit / Feinpassung *f*, Edelpassung *f* || **~ picture** / Bildabwahl *f* || **~ range** / Blindzone *f*, Nahbereich *m*
close-joint soldering / Spaltlöten *n*
close-open operation (CO) / Einschalt-Ausschalt-Spiel *n* (ohne Verzögerung), verzögerungsloses Schließen-Öffnen || **~ time** / Ein-Ausschalt-Eigenzeit *f*, Ein-Aus-Kontaktzeit *f*
close-range modem / Nah-Modem *m*
close sliding fit / enger Schiebesitz || **~ tight** / dichtschließen *v*
close-time delay-open operation (CTO) / Schließen mit verzögertem Öffnen
close-tolerance *adj* / engtoleriert *adj*
close tolerance / enge Toleranz
close-up *n* / Nahaufnahme *f*, Nahansicht *f*, Lupendarstellung *f* || **~ fault** / Nahkurzschluss *m*, generatornaher Kurzschluss || **~ strike** / Naheinschlag *m* (Blitz) || **~ view** / Nahansicht *f*
close work luminaire (o. fitting) / Arbeitsplatzleuchte *f*
closing aid / Einschalthilfe *f* || **closing, ring** ~ / Ringbildung *f* (Netz) || **~ axis** / Schließachse *f* || **~ brackets** / schließende Klammer || **~ by snap action** / Sprung- Einschaltung *f*, Sprungeinschaltung *f* || **~ circuit** / Einschaltstromkreis *m* || **~ coil** / Einschaltspule *f*,

closure 84

Einschaltwicklung f (Spule) || ~ **delay** / Schließerverzug m, Zeiten des Einverzugs || ~ **delay device (o. element)** / Einschaltverzögerer m || ~ **device** IEC 129 / Einschaltvorrichtung f VDE 0670,T.2 || ~ **head** / Schließkopf m || ~ **latch** / Einschaltverklinkung f || ~ **lever** / Einschalthebel m || ~ **lock-out** / Einschaltverriegelung f (SG), Einschaltsperre f (SG) || ~ **lockout** / Mindestdrucksperre f, Pumpverhinderung f, Wiedereinschaltsperre f || ~ **mechanism** / Einschaltantrieb m (LS) || ~ **operating time** / Schließzeit f VDE 0660, LS,LSS, Schließverzug m, Einschalt-Eigenzeit f || ~ **operation** / Schließen n (SG) VDE 0660,T.101, Einschaltung f, Einschalten n, Einschaltvorgang m, Schließvorgang m || ~ **overvoltage** / Einschaltüberspannung f || ~ **preconditions** / Voraussetzungen zum Einschalten || ~ **pressure** / Schließdruck m, Einschaltdruck m || ~ **relay** / Einschaltrelais n || ~ **release** / Einschaltauslöser m, Einschaltstromauslöser m || ~ **release shaft** / Einschalt-Auslösewelle f || ~ **resistor** / Einschaltwiderstand m (SG) || ~ **shape** / Formschluss m || ~ **solenoid** / Einschaltmagnet m, Einschaltspule f, Speicherabrufmagnet m || ~ **speed** / Einschaltgeschwindigkeit f (SG) || ~ **spring** / Einschaltfeder f, EIN-Feder f || ~ **surge** / Einschaltüberspannung f || ~ **temperature** / Einschalttemperatur f || ~ **time** / Schließzeit f VDE 0660, LS,LSS, Schließverzug m, Einschalt-Eigenzeit f, Einschalteigenzeit f (die Einschalteigenzeit (Schließzeit) ist die Zeitspanne zwischen dem Einleiten der Einschaltbewegung und dem Augenblick der Kontaktberührung in allen Polen) || ~ **time of a break contact** / Rückfallzeit eines Öffners (Relais) VDE 0435,T.110 || ~ **time of a make contact** / Ansprechzeit eines Schließers (Relais) VDE 0435,T.110 || ~ **valve** / Einschaltventil n || ~ **winding** / Einschaltwicklung f (SG, Rel.) || ~ **with compressed air** / Einschalten mit Druckluft || ~ **with ON hand lever** / Einschalten mit EIN-Handhebel
closure member / Drosselkörper m (Ventil)
cloth n / Stofftuch n
cloud and pour test / Bestimmung des Trüb- und Erstarrungspunkts
cloudiness n / Trübung f
cloud point / Trübungspunkt m, Cloudpoint m IEC 50(212) || ~ **test** / Trübungsversuch m (Öl)
cluster / Gerätegruppe f (Textverarbeitungsanlage), Häufungsstelle f || **contact** ~ / Tulpenschaltstück n || ~ **controller** / Gruppensteuerung f (Mehrplatzsystem), Konzentrator m || ~ **echo** / Echoschar f
clutch v / einkuppeln v, einrücken v, schalten v || ~ n / Schaltkupplung f, ausrückbare Kupplung, fremdgeschaltete Kupplung, Kupplung f || ~ **box** / Kupplungshülse f, Kupplungsmuffe f || ~ **disk** / Kupplungsscheibe f || ~ **facing** / Kupplungsbelag m || ~ **guard** / Kupplungsverschalung f || ~ **half** / Kupplungshälfte f || ~ **lining** / Kupplungsbelag m || ~ **management** / Kupplungsautomatik f (Kfz)
clutter, cable ~ / Kabelwirrwarr m, Kabelsalat m
CM / Leitstellenkopplung (LK) f, Leitstellenkopplungsbaugruppe || **CM (capacitor module)** / Kondensatormodul n
CMD s. conductivity-modulated device
CML s. current-mode logic

CMOS s. complementary metal-oxide semiconductor circuit || ~ ≙ / komplementärer Metall-Oxid-Halbleiter || ~ ≙ **memory** / CMOS-Speicher m || ~ **memory chip** / CMOS-Speicherbaustein m || ~ **microcontroller** / C-MOS-Mikrocontroller m || ~ **RAM** / CMOS-RAM
CMPM s. computer-managed parts manufacture
CMR s. common-mode rejection
CMRF s. common-mode rejection factor
CMRR s. common-mode rejection ratio
CMTL s. current-mode transistor logic
CMV s. common-mode voltage
CNC s. communications network coupler || ~ ≙ s. computerized numerical control / CNC-gesteuert adj || ~ ≙ (Computer Numerical Control) / CNC (Computerized Numerical Control), CNC-Steuerung f || ~ ≙ **continuous path control** / CNC-Bahnsteuerung f || ~ ≙ **continuous-path control** / CNC-Bahnsteuerung f || ~ ≙ **continuous-path control with manual input** / CNC-Handeingabebahnsteuerung f || ~ ≙ **continuous path control with manual input** / CNC-Handeingabe-Bahnsteuerung f || ~ ≙ **contouring control** / CNC-Bahnsteuerung f || ~ ≙ **component system** / CNC-Komponenten-System n || ~ ≙ **component system control** / CNC-Komponentensteuerung f || ~ ≙ **executive program** / CNC-Systemprogramm n || ~ **ISO** / CNC ISO || ~ **kernel** / CNC-Kern m || ~ **machine tool** / CNC-gesteuerte Bearbeitungsmaschine || ~ **system program** / CNC-Systemprogramm n || ~ **technology** / CNC-Technik f || ~ **unit** / CNC-Steuerungseinheit f
CNC-linked / CNC-gekoppelt adj
CNC-produced / CNC-gefertigt adj
CNMA s. communications network for manufacturing applications
CNR s. carrier-to-noise ratio
CO s. close-open operation || ~ **(Connector Output)** / Steckerausgang m
coach lighting / Eisenbahnwagenbeleuchtung f, Wagenbeleuchtung f (Bahn)
coal tar / Kohlenteer m
coal-face lighting / Abbaubeleuchtung f (Bergwerk), Strebbeleuchtung f, Streckenbeleuchtung f
coal-fired power station / Kohlekraftwerk n
coarse adjustment / Grobeinstellung f, Voranpassung f, Grobabgleich m || ~ **balance** / Grobabgleich m || ~ **change-over selector** IEC 214 / Vorwähler für die Grob-Feinstufenschaltung (Trafo, HD 367) || ~ **exact stop limit** / grobe Genauhaltgrenze || ~ **feed** / Grobstrom m || ~ **filter** / Grobfilter n, Vorfilter n
coarse-fine tapping arrangement / Grob-Feinschaltung f (Trafo)
coarse fit / Grobpassung f || ~ **form error** / Grobpassfehler m || ~ **grid** / grobes Raster || ~ **position** / Groblage f
coarse-grained adj / grobkörnig adj
coarse positioning / Grobpositionieren n (NC) || ~ **step** / Grobstufe f (Trafo)
coarse-step connection / Grobschaltung f (Trafo) || ~ **winding** / Grobstufenwicklung f (Trafo)
coarse synchronization / Grobsynchronisation f || ~ **synchronizing** / Grobsynchronisieren n || ~ **taps** / grobe Stufen (Trafo) || ~ **thread** / Gewinde mit grober Steigung
coast v / auslaufen v, austrudeln v || ~ **down** / austrudeln b || ~ **to a standstill** / austrudeln v

coastal searchlight / Küstenscheinwerfer *m*
coasting *n* / Auslauf *m*, natürlicher Auslauf
coat *v* / überziehen *v*, mit einem Anstrich versehen, beschichten *v*, anstreichen *v*, umhüllen *v*, auftragen *v* || ~ *n* / Überzug *m*, Belag *m*, Auftrag *m*, Anstrich *m*, Lage *f*, Beschichtung *f*, Umhüllung *f*, Mantel *m* || **to ~ with mica** / verglimmern *v*
coated *adj* / beschichtet *adj* || **coated electrode** / umhüllte Elektrode, Mantelelektrode *f* || **~ textile-fibre sleeving** / beschichteter Gewebeschlauch
coating / Auftragen *n*, Anstrich *m*, Überzug *m*, Schicht *f*, Schutzschicht *f*, Ummantelung *f* (optische Faser) || **protective ~** / Schutzanstrich *m* (isolierende o. schützende Beschichtung), Umhüllung *f* || **bituminous ~** / Bitumen-Anstrich *m* || **~ material** / Beschichtungsmaterial *n* || **~ powder** / Beschichtungspulver *n* || **with outer conductive ~** / abgesteuert *adj*
coaxial cable / Koaxialkabel *n*, Koaxialleitung *f* || **~ cable connector** / N-Koaxialstecker *m* || **~ cable tap** / Verbindungsstück *n* || **~ connector** / Koaxialstecker *m*
coaxial-entry plug / Koaxialstecker *m*, Stecker mit zentraler Einführung
coaxial jack / Koaxialbuchse *f* || **~ pair** / Koaxialpaar *n*
coaxial-tube heat exchanger / Doppelrohrkühler *m*
cobwebbing *n* / Kokonisierung *f*, Spinnwebverfahren *n*
cocking knob / Spannkopf *m* (Federhammer)
cocoonization *n* / Kokonisierung *f*, Spinnwebverfahren *n*
code *v* / codieren *v*, verschlüsseln *v* || ~ *n* / Code *m*, Nummernschlüssel *m* DIN 6763, Bl.1, Regel *f*, Bestimmungen *f pl*, Schlüssel *m*, Vorschriftensammlung *f* || **numeric ~** / numerischer Code, Zahlencode *m*, Zifferncode *m* || **rating ~** / Leistungskennzeichen *n* (SR) || **~ binary** / Codieren dual/dezimal DIN 19230
codec *n* (coder/decoder) / Codec *m* (Codierer-Decodierer)
code carrier / Codeträger *m* (Befindet sich am Werkzeug, enthält Werkzeugdaten und wird vom Codeträgersystem der Maschine gelesen (automatisches Werkzeugidentifikationssystem).) || **~ carrier variable** / Codeträgervariable *f* || **~ change** / Codewechsel *m* || **~ conversion** / Codeumsetzung *f*, Umcodierung *f*, Umschlüsselung *f*, Umkodierung *f*, Codewandlung *f*, Codewandeln *n* || **~ converter** / Codeumsetzer *m*, Codewandler *m*, Signalumsetzer *m* || **~ decimal** / Codieren dezimal/dual DIN19230 || **~ diskette** / Schlüsseldiskette *f*
coded image / codiertes Bild
code division multiplex (CDM) / Codemultiplex (CDM) *n*
coded plug / codierter Stecker, polarisierter Stecker, Stecker mit Verpolschutz, Programmstecker *m* || **~ transmitter** / Schlüsselsender *m* (IR-Schließsystem)
code element / Codeelement *n* || **~ error** / Codeverfälschung *f* || **~ extension character** / Codesteuerzeichen *n* || **~ feedback** / Coderückmeldung *f*
code-independent data communication / codeunabhängige Datenübermittlung
code letter / Kennbuchstabe *m* || **~ letter of article**

characteristic / Sachmerkmal-Kennbuchstabe *m* DIN 4000,T.1 || **~ notch** / Codiernase *f* || **~ number** / Kennziffer *f* (Code), Schlüsselkennung *f*, Schlüsselzahl *f* || **~ of design practice and procedures** (AQAP) / Vorschrift über Konstruktionsgrundsätze || **~ operation** / Codeoperation *f* || **~ parameter** / Schlüsselparameter *m* || **~ printer** / Codedrucker *m*
coder *n* / Codierer *m*
code recognition / Codeerkennung *f* || **~ reference** / Code-Referenz *f* || **~ space** / Codeumfang *m* || **~ tape punch** / Codelocher *m*
code-transparent data communication / codetransparente Datenübermittlung
code violation / Codeverletzung *f* || **~ word** / Codewort *n*
codeword *n* / Schlüsselwort *n*, Codewort *n*, Kennwort *n*
coding *n* / Codierung *f*, Verschlüsselung *f*, Kodierung *f* (Darstellung einer Information in einer für das System verständlichen Form, z.B. in der Gebäudesystemtechnik: Einstellung der Adresse) || **~ element** / Kodierschalter *m*, DIL-Schalter *m* (Dual-in-line-Schalter), Codierschalter *m* || **~ jumper** / Codierbrücke *f* || **~ key** / Kodierelement *n*, Codierzapfen *m* || **~ of modules** / Baugruppencodierung *f* || **~ pin** / Codierbolzen *m* (Leiterplatte), Codierstift *m*, Kodierstift *m* || **~ plug** / Codierstecker *m*, Kopierschutzstecker *m*, Kodierstecker *m* || **~ slider** / Kodierreiter *m*, Codierreiter *m* || **~ switch** / Codierschalter *m*, DIL-Schalter *m* (Dual-in-line-Schalter), Kodierschalter *m* || **~ terminal** / Codierstation *f* (Terminal) || **~ time** / Verschlüsselungszeit *f* || **~ unit** / Codiereinheit *f*
coefficient *n* / Koeffizient *m*, Beiwert *m*, Beizahl *f*, Kennwert *m* || **~ of convection** / Konvektionszahl *f* || **~ of correlation** / Korrelationskoeffizient *m* DIN 55350,T.23 || **~ of dispersion** / Streuziffer *f* (magn.), Streugrad *m*, Streuzahl *f* || **~ of drag** / Luftwiderstandsbeiwert *m* (Kfz) || **~ of earthing** / Erdungszahl *f* || **~ of friction** / Reibungszahl *f*, Reibungskoeffizient *m*, Reibwert *m*, Reibungskoeffizient *m* || **~ of heat conductivity** / Wärmeleitzahl *f* || **~ of heat transmission** / Wärmedurchgangszahl *f* (k-Zahl) || **~ of inductive coupling** / Kopplungsfaktor *m*, Kopplungsgrad *m*, Koppelfaktor *m* || **~ of linear expansion** / Längen-Ausdehnungskoeffizient *m* || **~ of linear thermal expansion** / lineare Wärmedehnzahl || **~ of residual induction** / Nachwirkungsbeiwert *m* (der Restinduktion) || **~ of retro-reflection** / spezifischer Rückstrahlwert || **~ of retroreflective luminous intensity** / Rückstrahlwert *m* || **~ of retroreflective luminance** / Leuchtdichtekoeffizient bei Retroreflexion || **~ of self-induction** / Selbstinduktionskoeffizient *m*, Selbstinduktivität *f*, Induktionskoeffizient *m* || **~ of sliding friction** / Gleitreibungszahl *f* || **~ of thermal conductivity** / Wärmeleitzahl *f*, Wärmeleitwert *m* || **~ of thermal expansion** / Wärmeausdehnungskoeffizient *m*, Wärmedehnungszahl *f* || **~ of utilization** (lighting) / Beleuchtungswirkungsgrad *m*, Wirkungsgrad *m* (BT) || **~ of variation** / Variationskoeffizient *m* DIN 55350,T.21, relative Standardabweichung || **~ of viscosity** / Viskositätskoeffizient *m*, Konstante der inneren Reibung, innerer Reibungskoeffizient, Zähigkeitsbeiwert *m*

coercive field strength / Koerzitivfeldstärke f ‖ ~ **force** / Koerzitivkraft f
coercivity n / Koerzitivfeldstärke f, Koerzitivfeldstärke bei Sättigung
COG ceramic capacitor / COG-Keramikkondensator m
cogeneration n (of power and heat) / Kraft-Wärme-Kopplung f (KWK)
cogging n / Hängenbleiben beim Hochlaufen, Kleben n ‖ ~ **torque** / Hakmoment n
cogwheel n / Zahnrad n, Kammrad n
coherence n / Kohärenz f
coherent area / Kohärenzbereich m (optische Strahlung) ‖ ~ **(fibre) bundle** / kohärentes Faserbündel ‖ ~ **radiation** / kohärente Strahlung ‖ ~ **system of units** / kohärentes Einheitensystem
coil n / Spule f, Einzelspule f, Wicklungselement n, Wickel m, Wicklung f, Wendel m, Magnetspule f, Spirale f ‖ ~ **armature** / Spulenanker m ‖ ~ **assembly** / Spulenverband m ‖ ~ **connector** / Schaltverbindung f (Wickl.), Stirnverbinder m ‖ ~ **core** / Spulenkern m
coiled cable / Spiralkabel n
coiled-coil filament / Doppelwendel f ‖ ~ **lamp** / Doppelwendellampe f, D-Lampe f
coil edge / Spulenkante f ‖ ~ **end** / Spulenende n ‖ ~ **for interlocking electromagnet** / Spule für Verriegelungsmagnet
coiled-strip spring / Rollbandfeder f
coiler n / Wickelmaschine f, Haspel f ‖ ~ **drive** / Haspelantrieb m ‖ ~ **unit** / Haspelpult n
coiling direction / Windungsrichtung f
coiled torsion spring / Torsionsfeder f, gewundene Biegefeder
coil-end bracing / Wickelkopfabstützung f ‖ ~ **leakage** / Spulenkopfstreuung f, Wickelkopfstreuung f, Stirnstreuung f ‖ ~ **leakage inductance** / Stirnstreuinduktivität f
coil form / Wicklungsschablone f, Wickelform f, Spulenrahmen m, Spulenkörper m ‖ ~ **former** / Wicklungsschablone f, Wickelform f, Spulenrahmen m, Spulenkörper m ‖ ~ **for shunt release** / Spule für Spannungsauslöse ‖ ~ **group** / Spulengruppe f ‖ ~ **grouping** / Spulengruppierung f ‖ ~ **holder** / Spulenhalter m ‖ ~ **ignition** / Zündspulenzündung f ‖ ~ **insulating frame** / Erregerspulenkasten m, Spulenkasten m, Polspulenträger m ‖ ~ **leg** / Wendelende n (Lampe)
coil-loaded line / pupinisierte Leitung
coil pitch / Wicklungsschritt m, Spulenweite f ‖ ~ **platform** / Spulentisch m (Trafo) ‖ ~ **puller** / Spulenzieher m ‖ ~ **reconnection** / Spulenumschaltung f ‖ ~ **section** / Spulenabschnitt m, Teilspule f, Wicklungselement n ‖ ~ **side** / Spulenseite f, Nutschenkel m, Spulenhälfte f, Spulenschenkel m, Nutseite f
coil-side corona shielding / Außenglimmschutz m (Wickl.) ‖ ~ **separator** / Spulenseiten-Zwischenlage f
coil sides per slot / Spulenseiten je Nut ‖ ~ **space factor** / Nutfüllfaktor m ‖ ~ **spacing** / Spulenabstand m ‖ ~ **span** / Spulenweite f, Wicklungsschritt m ‖ ~ **start** / Spulenanfang m
coil-spring brush holder / Rollfeder-Bürstenhalter m
coil support / Spulenabstützung f / Coilanlage f, Antriebssystem n, Antrieb m ‖ ~ **terminal** / Spulenklemme f, Spulenanschluss m ‖ ~

voltage / Spulenspannung f, Betätigungsspannung f (Schütz, LS) ‖ ~ **winder** / Spulenwickler m, Spulenwickelmaschine f ‖ ~ **winding** / Spulenwicklung f ‖ ~ **winding machine** / Spulenwickelmaschine f
coincidence check / Koinzidenzprüfung f ‖ ~ **factor** / Gleichzeitigkeitsfaktor m ‖ ~ **gate** / Koinzidenz-Gatter n, Äquivalenzelement n (binäres Schaltelement)
coincident adj / deckungsgleich adj, übereinanderliegend adj, zusammenfallend adj
coin-slot actuator (o. operator) / Münz-Betätigungselement n
coke furnace undergrate firing / Koksofenunterfeuerungen f pl
cold (testing) IEC 68 / Kälte f (Prüf.) DIN IEC 68 ‖ ~ **and dry heat test** / Prüfung bei Kälte und trockener Wärme ‖ ~ **bending** / kaltbiegen v ‖ ~ **bending test** / Kälte-Wickelprüfung f (Kabel) ‖ ~ **booting** / lauffähig machen (Rechner, Prozessor)
cold-brittle adj / kaltspröde adj
cold cathode / Kaltkathode f
cold-cathode counting tube / Kaltkathoden-Zählröhre f, Glimmzählröhre f ‖ ~ **discharge** / Kaltkathodenentladung f ‖ ~ **gauge** / Kaltkathoden-Messgerät m ‖ ~ **lamp** / Kaltkathodenlampe f ‖ ~ **tube** / Kaltkathodenröhre f
cold check test / Kälterisseprüfung f ‖ ~ **crack** / Kaltriss m, Härteriss m
cold-crushing strength / Kaltdruckfestigkeit f
cold curing / Kalthärtung f (Isolierstoff) ‖ ~ **curve** IEC 255-8 / Auslösekennlinie ohne Vorlast (Überlastrelais) ‖ ~ **elongation test** / Kälte-Dehnungsprüfung f VDE 0281 ‖ ~ **emission** / Kaltemission f ‖ ~ **filling compound** / Kaltvergussmasse f, Kaltfüllmasse f ‖ ~ **flow** / Kaltfluss m, Fließen n, Fließvermögen in der Kälte ‖ ~ **impact test** / Kälte-Schlagprüfung f (Kabel), Kälte-Schlagbeständigkeitsprüfung f ‖ ~ **insertion loss** / Kaltdämpfung (o.Einfügungsdämpfung) ohne Vorionisierung f ‖ ~ **junction** / kalte Verbindungsstelle (Thermoelement), kalte Lötstelle (Thermoelement) ‖ ~ **light** / kaltes Licht
cold-light mirror / Kaltlichtspiegel f
cold loss / Kaltdämpfung f (Mikrowellenröhre) ‖ ~ **mirror** / Kaltlichtspiegel m ‖ ~ **model** / Kaltaufbau m ‖ ~ **moulding** / Kaltpressen n (Kunststoff) ‖ ~ **pouring compound** / Kaltvergussmasse f, Kaltfüllmasse f ‖ ~ **pressing** / Kaltpressen n (Metall), Kaltpressstück n ‖ ~ **pressure** / Kaltdruck m ‖ ~ **reflection coefficient** / Kalt-Reflexionskoeffizient m DIN IEC 235,T.1, Kalt-Welligkeitsfaktor m ‖ ~ **reserve** / kalte Reserve (KW) ‖ ~ **resistance** / Kältebeständigkeit f, Kaltwiderstand m ‖ ~ **restart** / Kaltstart (SPS) m, Wiederanlauf m (von vorne beginnen), Anlauf m, Neuanlauf m, Neustart (NST) m (von vorne beginnen) ‖ ~ **restart branch (CRB)** / Neustartzweig (NZ) m ‖ ~ **rolled strip** / Kaltband n
cold-rolled adj / kaltgewalzt adj ‖ **cold-rolled, grain-oriented sheet (steel)** / kaltgewalztes adj, kornorientiertes Blech
cold-setting n / Kaltverfestigen n (Kunststoff), Kalthärten n
cold setting / Kalthärtung f (Isolierstoff)
cold-short adj / kaltspröde adj
cold soldering / Kaltlöten n ‖ ~ **start** / Erstlauf m

(SPS), Kaltstart m || ~ **start flag** / Neustartmerker m || ~ **working** / Kaltbearbeitung f
cold-starting fluorescent lamp / starterlose Leuchtstofflampe
cold-storage room / Kühlraum m
cold-start lamp / Kaltstartlampe f, Sofortstartlampe f || **cold-start test** / Erstteilprüfung f
cold-strained adj / kaltgereckt adj
cold-upset adj / kaltgestaucht adj
cold welding / Kaltschweißen n, Kaltverschweißen n
colinear adj / flüchtend adj
collapsable adj / zusammenklappbar adj
collapse, voltage ~ / Spannungszusammenbruch m || ~ **of field** / Zusammenbruch des Feldes || ~ **test** / Kollapsprüfung f (IR) VDE 0615,1
collar n / Kragen m, Bund m, Schulter f, Kalotte f (DT), Führungsbund m, Wellenschulter f, Kappe f, Rosette f, Druckring m || **insulating** ~ / Isoliermanschette f || ~ **formation** / Kragenbildung f || ~ **of adapter washer** / Bund am Druckstück || ~ **oiler** / fester Schmierring, Schmierbund m
collate / Kopien sortieren, mischen v (Daten, mit gleichzeitigem Trennen)
collateral radiation IEC 825 / Begleitstrahlung f VDE 0837
collating summator / Summandenzählwerk n
collect v / erfassen v || ~ **data** / Daten ermitteln
collecting unit / Abzugsaggregat n
collection commission expenses / Inkassoprovision f || ~ **efficiency** / Abscheidegrad m, Entstaubungsgrad m
collective control / Sammelsteuerung f (Aufzug) || ~ **drawing** / Sammelzeichnung f
collectively shielded cable IEC 50(461) / gemeinsam geschirmtes Kabel
collector n / Kollektor m, Sammler m, Kommutator m, Sammelstraße f, Stromabnehmer m, Schleifringkörper m
collector-base cut-off current / Kollektor-Basis-Reststrom m, Kollektor-Reststrom m || ~ **voltage** / Kollektor-Basis-Spannung f
collector bush / Schleifringnabe f
collector-coupled logic (CCL) / kollektorgekoppelte Logik (CCL) || ~ **transistor logic (CCTL)** / kollektorgekoppelte Transistorlogik (CCTL)
collector current / Kollektorstrom m || ~ **depletion layer** / Kollektorsperrschicht f || ~ **depletion layer capacitance** / Kollektorsperrschichtkapazität f || ~ **electrode** / Kollektorelektrode f
collector-emitter cut-off current / Kollektor-Emitter-Reststrom m || ~ **sustaining voltage** / Kollektor-Emitter-Haltespannung f || ~ **voltage** / Kollektor-Emitter-Spannung f
collector junction / Kollektorübergang m, Kollektor-Basis-Zonenübergang m, Kollektorsperrschicht f || ~ **mesh electrode** / Kollektor-Netz-Elektrode f (Osz.) || ~ **process** / Sammler-Prozess m || ~ **region** / Kollektorzone f || ~ **ring** (see also under slipring) / Schleifring m, Stromsammelring m
collector-ring, rated ~ **voltage** / Bemessungswert der Erregerspannung || ~ **cover** / Schleifringkapsel f || ~ **hub** / Schleifringnabe f, Schleifring-Tragkörper m || ~ **leads** / Schleifringzuleitung f, Erregerstromleitung f || ~ **voltage** / Schleifringspannung f, Erregerspannung f
collector road / Sammelstraße f, Verbindungsstraße f || ~ **series resistance** / Kollektorbahnwiderstand m

|| ~ **sink diffusion** / Kollektortiefdiffusion f || ~ **terminal** / Kollektoranschluss m || ~ **wire** / Schleifleitung f, Fahrdraht m, Fahrleitung f
collet n / Spannzange f
collimated beam IEC 825 / gebündelter Strahl VDE 0837
collimation n / Kollimation f, Bündelung f
collimator n / Kollimator m, Spaltrohr n || ~ **lens** / Kollimatorlinse f, Kollimator m || ~ **ray** / Kollimatorstrahl m, Zielstrahl m, Sehstrahl m
collision n / Kollision f (LAN), Gleichzeitigkeit f, Korrektur f, Überlagern n, Überlagerung f, Überspeichern n || ~ **avoidance** / Kollisionsvermeidung f || ~ **avoidance (CA)** / Kollisionsverhinderung f (LAN) || ~ **avoidance system** / Abstandswarnsystem n (Kfz) || ~ **check** / Kollisionsprüfung f (CAD/CAM) || ~ **detect (CD)** / Kollisionserkennung f (in einem LAN), Überlagerungserkennung f || ~ **detection** / Kollisionsüberwachung f || ~ **detection module** / Kollisionserkennungsbaugruppe f || ~ **domain** / Kollisionsdomäne f || ~ **enforcement** / Kollisionsbekräftigung f (LAN) || ~ **enforcement** / Kollisionsausweitung f || ~ **of two time interrupts** / Weckfehler m, Unterbrechungskollision f (SPS) || ~ **protection** / Kollisionsschutz m || ~ **sensor** / Crash-Sensor m (Kfz)
colonnade lighting / Säulenbeleuchtung f
colophony n / Kolophonium n
color n / Farbe f || ~ **assignment list** / Farbzuordnungsliste f || ~ **coding** / Aderkennzeichnung f
color-coding plate / Farbkodierschild n
color correlation / farbliche Zuordnung || ~ **CRT unit** / Farbdatensichtgerät n, mehrfarbiges Sichtgerät || ~ **film** / Farbfolie f || ~ **graphics** / Farbgrafik f || ~ **graphics memory** / Farbgrafikspeicher m || ~ **monitor** / Farbbildschirm m, Farbmonitor m, Farbbildschirmgerät n, Farb-Sichtgerät n || ~ **printout** / Farbprotokollierung f || ~ **screen** / Farbbildschirm m || ~ **strength** / Farbtiefe f || ~ **table** / Farbtabelle f || ~ **triad spacing** / Farbtripelabstand m
coloration n / Farbgebung f
colored lense / Farbscheibe f
colorimeter n / Farbmessgerät n, Kolorimeter n
colorimetric equivalent / Farbgleichheit f || ~ **purity** / spektraler Leuchtdichteanteil, spektrale Farbdichte || ~ **pyrometer** / Farbpyrometer m || ~ **shift** / farbmetrische Verzerrung || ~ **standard illuminant** / Normlichtart f, Normallichtart f || ~ **system** / Farbmaßsystem n, trichromatisches System, Farbvalenz-System n
colorimetry n / Farbmessung f, Colorimetrie f
colour n / Farbe f, Farbton m || ~ **adaptation** / Farbanpassung f || ~ **appearance** / Farbart f (Lampe) || ~ **atlas** / Farbatlas m, Farbenkarte f || ~ **axes** / Primärvalenzachsen f pl || ~ **balance** / Farbgleichheit f || ~ **change** / Farbwechsel m || ~ **changer** / Farbwechselvorsatz m || ~ **characteristics** / Farbeigenschaften f pl (Lampe) || ~ **chart** / Farbtafel f || ~ **coding** / Farbkodierung f, Farbkennzeichnung f
colour-corrected high-pressure mercury-vapour lamp / Quecksilberdampf-Hochdrucklampe mit Leuchtstoff || ~ **illumination** / farbverbesserte Beleuchtung, farbkorrigierte Beleuchtung

colour correction factor / Farb-Korrekturfaktor *m* ||
~ **CRT unit** / Farbmonitor *m*, Farbsichtgerät *n* || ~
difference / Farbunterschied *m*, Farbabstand *m* || ~
discrimination / Farbunterscheidung *f*
coloured body / farbiger Körper || ~ **coating** /
Farbüberzug *m* (Lampe) || ~ **flashing light** /
Blinklicht *n* (Verkehrsampel) || ~ **foil sheet** /
Farbfolie *f*
colour equation / Farbgleichung *f* || ~ **fastness** /
Farbbeständigkeit *f* || ~ **fidelity** / Farbtreue *f* || ~
filter / Farbfilter *n*, Farbscheibe *f*
colourfulness *n* / Farbfülle *f*
colour gamut / Farbbereich *m* || ~ **graphics** /
Farbgrafik *f* || ~ **graphics printer** /
Farbgrafikdrucker *m* || ~ **mark** / Farbkennzeichen *n*
colour-improving phosphor / farbkorrigierender
Leuchtstoff
colourless *adj* / farblos *adj*
colour map / Farbtabelle *f* (CAD) || ~ **marking** /
Farbkennzeichnung *f* || ~ **matching** / Farbabgleich
m, Farbabmusterung *f*, Farbprüfung *f*, Farbkontrolle
f
colour-matching curve / Spektralwertkurve *f* || ~
function / Spektralwertfunktion *f* || ~ **unit**
(o.luminaire) / Farbprüfleuchte *f*
colour monitor / Farbmonitor *m*, Farbsichtgerät *n* || ~
of conductor / Aderfarbe *f* || ~ **of light** / Lichtfarbe
f || ~ **palette** / Farbpalette *f* || ~ **perception** /
Farbeindruck *m* || ~ **picture tube** / Farbbildröhre *f* ||
~ **radiation pyrometer** / Farbpyrometer *n* || ~
rendering / Farbwiedergabe *f* || ~ **rendering grade**
/ Farbwiedergabestufe *f* || ~ **rendering index** /
Farbwiedergabe-Index *m* || ~ **rendering properties**
/ Farbwiedergabeeigenschaften *f pl* || ~
reproduction / Farbwiedergabe *f* (BSG),
Farbenanordnung *f* || ~ **scheme** /
Farbenzusammenstellung *f* || ~ **solid** / Farbkörper *m*
|| ~ **space** / Farbenraum *m*, Vektorraum der Farben ||
~ **specifications** / Farbfestlegungen *f pl* || ~
stimulus / Farbreiz *m* || ~ **stimulus function** /
Farbreizfunktion *f* || ~ **temperature** /
Farbtemperatur *f* || ~ **tester** / Farbprüfgerät *n* || ~
theory / Farbenlehre *f* || ~ **triad** / Farbtripel *n*
(Farbbildröhre) || ~ **triad spacing** /
Farbtripelabstand *m* || ~ **triangle** / Farbdreieck *n*,
Farbtafel *f* || ~ **vision** / Farbensehen *n*
column *n* / Säule *f*, (einstieliger) Mast *m*, Trennsäule *f*
(Chromatograph), Spalte *f* DIN 40719 u.
Leiterplatte || ~ **flow** ~ / Durchflusskolonne *f* || ~
address select (CAS) / Spaltenadressauswahl *f*
column-address-select access time / Zugriffszeit ab
Spaltenadress-Auswahl
column address strobe (CAS) / Spaltenadresse-
Übernahmesignal *n* || ~ **circuit** / Spaltenleitung *f*
(MPU) || ~ **heading** / Spaltenkopf *m* || ~ **oven** /
Säulenofen *m* (Chromatograph) || ~ **packing** /
Säulenfüllung *f* (Chromatograph) || ~ **shaft** /
Mastschaft *m* (einstieliger Mast) || ~ **skip** /
Kolonnenübersprung *m* || ~ **socket** /
Mastaufsatzstück *m* || ~ **spigot** / Mastzopf *m* || ~
switching / Trennsäulenumschaltung *f*
(Chromatograph) || ~ **title** / Spaltenbeschriftung *f* ||
~ **vector** / Spaltenvektor *m* || ~ **width** /
Spaltenbreite *f* || ~ **with bracket** EN 40 /
Auslegermast *m* (Lichtmast)
COM interface / COM-Schnittstelle *f* || ~ **options** /
COM Optionen

coma *n* / Koma *n* (Leuchtfleckverzerrung)
comb *n* IEC 50(411) / Stützkamm *m* (Wickelkopf
einer el. Masch.)
combination *n* / Paarung *f* || ~ **fundamental** ~ /
Grundverknüpfung *f* || ~ **motor** ~ / Fahrmotoren-
Gruppenschaltung *f* (Bahn)
combinational circuit / Schaltnetz *n* DIN 44300,
kombinatorische Schaltung || ~ **logic** /
Verknüpfungslogik *f*
combination fault / kombinierter Fehlzustand IEC
50(448) || ~ **luminaire** / Kombinationsleuchte *f*,
Kombileuchte *f* || ~ **motor control unit** /
Motorsteuerungs-Geräteeinheit *f*,
Motorabgang(seinheit) *m(f)* || ~ **of material
properties** / Werkstoffpaarung *f* || ~ **of property of
materials** / Werkstoffpaarung *f* || ~ **oscillation** /
Kombinationsschwingung *f* || ~ **pliers** /
Kombizange *f* || ~ **starter** / Starterkombination *f*,
Anlassschützkombination *f* || ~ **unit** /
Kombinationsgerät *n*
combinative element / Verknüpfungsglied *n* || ~
preselection / Kombinationsvorwahl *f*
combinatorial circuit / Schaltnetz *n* DIN 44300),
kombinatorische Schaltung
combine *v* / verknüpfen *v*, zusammenfassen *v*,
bündeln *v* || ~ **for logic AND** / nach UND
verknüpfen || ~ **for logic OR** / nach ODER
verknüpfen
combined *adj* / kombiniert *adj*, zusammengesetzt *adj*
|| ~ **axial and radial ventilation** / vierseitige
Belüftung || ~ **brake and jack unit** / Brems- und
Hebebock (WKW) || ~ **braking system** /
gemischtes Bremssystem (Bahn) || ~ **critical speed**
/ kopplungskritische Drehzahl || ~ **cycle power
plant** / Gas- und Dampfturbinen-Kraftwerk || ~
effect band / Bereich der kombinierten
Störabweichung DIN 41745 || ~ **field weakening**
/ gemischte Feldschwächung || ~ **flexible insulating
material** / flexibler Mehrschicht-Isolierstoff || ~ **for
logic AND** / UND verknüpft, geundet *adj* || ~ **for
logic OR** / geodert *adj* || ~ **ground resistance** /
Gesamterdungswiderstand *m* VDE 0100,T.200 || ~
heat and power (c.h.p.) / Kraft-Wärme-Kopplung
f (KWK) || ~ **heat and power generation (CHP)** /
Kraft-Wärme-Kopplung || ~ **indicator** /
Kombikennmelder *m* || ~ **instrument transformer**
/ kombinierter Strom- und Spannungswandler,
Kombi-Wandler *m* || ~ **insulating material** /
Mehrschicht-Isolierstoff *m* || ~ **interface module** /
Kombi-Anschaltung *f* (MC-System, zwei
Flachbaugruppen zum Anschluss von
Speicherlaufwerken) || ~ **load** / zusammengesetzte
Belastung || ~ **nut** / Kombimutter *f* || ~ **operation of
power supplies** / gemeinsamer Betrieb von
Stromversorgungsgeräten DIN 41785 || ~
overcurrent and reverse-power protection (unit
o. equipment) / kombinierter Überstrom-
Rückleistungsschutz || ~ **phase and cage winding** /
vereinigte Phasen- und Käfigwicklung || ~ **point-
to-point and straight-cut control** / Punkt und
Streckensteuerung (NC) || ~ **power and lighting
socket-outlets** / Kraft-Licht-Steckdose *f* || ~
protection / Kombischutz *m* || ~ **protective and
functional earthing** / kombinierte Sicherheits- und
Funktionserdung || ~ **protective and neutral
conductor** / kombinierter Schutz- und
Neutralleiter, PEN-Leiter *m* || ~ **rack and adhesion**

drive / kombinierter Zahnrad- und Haftreibungsantrieb || ~ **right-angle disconnector and earthing switch** / Winkeltrennerder *m* || ~ **star-delta connection** / vereinigte Stern-Dreieck-Schaltung || ~ **station** / Hybridstation *f* DIN 44302 || ~ **storage/direct heating** / Teilspeicherheizung *f* || ~ **stress** / zusammengesetzte Beanspruchung || ~ **tensile and shear strength** / Zugscherfestigkeit *f* || ~ **tests** IEC 512 / kombinierte Prüfungen DIN 41640 || ~ **thrust and guide bearing** / kombiniertes Trag- und Führungslager, Quer-Längslager *n*, Trag-Stützlager *n* || ~ **torsion and shear test** / Torsions-Scherversuch *m* || ~ **two-dimensional movement** / kombinierte zweidimensionale Bewegung || ~ **variation in voltage and frequency** / gleichzeitige Spannungs- und Frequenzabweichung || ~ **ventilation** / (kombinierte) Eigen- und Fremdbelüftung, Fremd- und Eigenbelüftung || ~ **wall and joint box** / Geräte-Verbindungsdose *f* (I) || ~ **wiring** / Mischverdrahtung *f*
combiner *n* / Verknüpfungsglied *n*, Kombinierer *m* (LWL), Weiche *f* || **optical** ~ / LWL-Kombinator *m*
combobox *n* / Kombinationsfeld *n*
comb-shaped link / Überbrückungskamm *m* (Reihenklemme) || ~ **pole** / Kammpol *m*
combimaster *n* / Kombimaster *m*
combustibility *n* / Brennbarkeit *f*
combustible *adj* / brennbar *adj* (Feststoffe)
combustion air / Brennluft *f* || ~ **chamber** / Brennraum *m* (Kfz), Feuerraum *m*, Brennkammer *f* || ~ **chamber geometries** / Brennraumgeometrien *f pl* || ~ **chamber temperature** / Brennraumtemperatur *f* || ~ **gas** / Verbrennungsgas *n*, Brandgas *n*, Brenngas *n* || ~ **lamp** / Verbrennungslampe *f* || ~ **product** / Verbrennungsprodukt *n*
COMCLS (command class) / Funktionsklasse *f*
COMCOD (command code) / Funktionscode *m*
come, to ~ **into contact with** / in Berührung kommen mit, auflaufen *v*
come-along, automatic ~ **clamp** / Froschklemme *f* (f. Leiterseil)
COMFET s. conductivity-modulated field-effect transistor
comfort of maintenance / Wartungskomfort *m* || ~ **ramp-function generator** / Komfort-Hochlaufgeber *m*
coming (terminal) entry / Kommen-Buchung *f*
commissioning *n* / Inbetriebsetzung (IBS) *f*, Inbetriebnahme (IBN) *f*, Inbetriebnehmen *n*
command (C) *n* / Befehl *m* (B (Steuerungsbefehl)) DIN 19237, FWT, Kommando *n*, Steuerungsbefehl *m* || ~ **area** / Kommandobereich *m* || ~ **behaviour** / Führungsverhalten *n* || ~ **block** / Kommandobaustein *m* || ~ **button** / Befehlsdruckknopf *m*, Befehlsschaltfläche *f* || ~ **channel** / KK (Kommandokanal), Kommandokanal (KK) *m* || ~ **class (COMCLS)** / Funktionsklasse *f* || ~ **code** / Befehlscode *m*, Funktionscode *m* || ~ **conversion** / Befehlsumsetzung *f* || ~ **data set** / Befehlsdatensatz *m* || ~ **device** / Befehlsgerät *n* || ~ **direction** / Befehlsrichtung *f* || ~ **disconnection** / Befehlsabsteuerung *f* (FWT) || ~ **duration** / Befehlsdauer *f*, Kommandodauer *f* || ~ **enable module** / BF (Befehlsfreigabebaugruppe), Befehlsfreigabebaugruppe (BF) *f*

commanded position / Soll-Lage *f* (NC)
command enabling / Befehlsfreigabe *f*, Kommandofreigabe *f* || ~ **ending** / Befehlsabsteuerung *f* (elSt) || ~ **execution** / Befehlsausführung *f*, Kommandoausführung *f*, Kommandovollstreckung *f* || ~ **execution mode** / Befehlsausführungsmodus *m* || ~ **execution time** / Befehlsausführungszeit *f* || ~ **field** / Kommandofeld *n* || ~ **file** / Befehlsdatei *f* || ~ **frame** / Befehlsblock *m* (DÜ) || ~ **group** / Befehlsgruppe *f* (PMG) || ~ **indexing** / Indizierung von Befehlen || ~ **initiation** / Befehlsauslösung *f*, Befehlsausgabe *f*, Befehlsinitiierung *f* || ~ **initiator** / Befehlsgeber *m*, Kommandogeber *m* || ~ **input** / Befehlseingabe *f*, Befehlseingang *m*, Kommandoeingang *m* || ~ **input disable** / Befehlseingabesperre *f* || ~ **instruction format** / Kommandoformat *n* || ~ **interposing relay** / Steuerzwischenrelais *n* (FWT) || ~ **language** / Kommandosprache *f* DIN 44300 || ~ **list** / Kommandoliste *f* || ~ **logic** / Befehlsverknüpfung *f* || ~ **mode** / Kommandomodus *m* DIN 44300 || ~ **monitoring and termination** / Überwachung/Absteuerung || ~ **output** / Befehlsausgang *m*, Befehlsausgabe *f*, Befehlsgabe *f*, Ausgabe *f*, Stellausgang *m* || ~ **output block** / Befehlsausgabebaustein *m* || ~ **output disable** / Befehlsausgabe sperren (BASP), Befehlsausgabesperre (BASP) *f* || ~ **output inhibit** / Befehlsausgabesperre (BASP (PC)) || ~ **output step** / Befehlsschritt *m*, Befehlsausgabeschritt *m* || ~ **point** / Befehlsstelle *f* || ~ **point anticipation** / Vorhaltepunkt-Steuerung *f* (NC) || ~ **register** / Kommandoregister *n* || ~ **release** / Befehlsfreigabe *f*, Befehlsabsteuerung *f* (FWT), Kommandofreigabe *f* || ~ **release module** / Befehlsfreigabe *f* (BFG (FWT, Baugruppe)) || ~ **sequences** / Sammelbefehle *m pl*, ausgewählte Befehle || ~ **source** / Befehlsquelle *f* || ~ **status indication** / Befehlsmeldung *f* || ~ **structure** / Befehlsaufbau *m* (FWT) || ~ **switch** / Befehlsschalter *m* || ~ **syntax** / Befehlssyntax *m* (SPS) || ~ **termination** / Befehlsabsteuerung *f* || ~ **text** / Befehlstext *m* || ~ **time** / Befehlsdauer *f*, Kommandodauer *f* || ~ **value** / Führungswert *m*, Sollwertvorgabe *f* || ~ **variable** / Führungsgröße *f*, Leitsollwert *m*, Leitwert *m* || ~ **variable control** / Führungssteuerung *f* DIN 19226
comment *n* / Kommentar *m* || ~ **block** / Kommentarbaustein *m* || ~ **line** / Kommentarzeile *f*, Zeilenkommentar *m*
comments text / Anmerkungstext *m*
commercial *adj* / kommerziell *adj*, handelsüblich *adj* || ~ **building** / gewerblich genutztes Gebäude || ~ **lighting** / Beleuchtung von Geschäftsräumen || ~ **staff** / Kaufmann *m* || ~ **street** / Industriestraße *f* || ~ **tariff** / Gewerbetarif *m* (StT) || ~ **terms of reference** / betriebliche Aufgabenstellungen || ~ **user** / kaufmännischer Bearbeiter || ~ **vehicle** / Nutzfahrzeug *n*
commission *n* / Provision *f* || ~ **for allocation** / Reservierungsprovision *f* || **commission, out of** ~ / außer Betrieb
commissioning *n* / Inbetriebsetzung *f*, Inbetriebnehmen *n*, Inbetriebnahme (IBN) *f*, Inbetriebsetzung (IBS) *f* || ~ **engineer** / Inbetriebsetzungsingenieur *m*, Inbetriebsetzer *m* || ~ **engineers** / Inbetriebsetzungspersonal *n* || ~ **instructions** / Inbetriebnahmeanleitung *f* || ~ **menu**

/ Inbetriebnahme-Menü n || ~ **mode** / Inbetriebsetzungsmodus m, Inbetriebsetzungsmode (IBS-Mode) m, Inbetriebnahmemodus m || ~ **parameter filter** / Inbetriebnahmeparameterfilter m || ~ **personnel** / Inbetriebsetzungspersonal n || ~ **tests** / Prüfungen bei Inbetriebnahme (el. Masch.), Inbetriebnahmeprüfungen f pl || ~ **training** / IBS Kurs
Comm-link n / Comm-Leitung f
commodity n (QA) / Gut n (QS), Ware f, Erzeugnis n
common adj / gebräuchlich adj, Bezugsleiter m, gemeinsam adj || **reference** ~ / Bezugsleiter m || **signal** ~ / gemeinsames Bezugspotential DIN IEC 381 || ~ **account** / Sammelaufrechner m || ~ **alarm** / Summenwarnmeldung f (FWT) || ~ **annunciation for all phases** / phasengemeinsame Anzeige || ~ **auxiliaries** / Hilfsaggregate n pl (KW) || ~ **base** / Basisschaltung f (Transistor) || ~ **battery** / Zentralbatterie f || ~ **branch** / gemeinsamer Zweig (Netzwerk) || ~ **carrier** / Frachtführer m || ~ **collector** / Kollektorschaltung f (Transistor) || ~ **control block** / Steuerblock m DIN 40700,T.14 || ~ **coupling** / kritischer Anschlusspunkt (EMV) || ~ **d.c. terminal** / gemeinsamer Gleichstromanschluss (LE) || ~ **diagram control** / Gruppenanwahlsteuerung f || ~ **diagram system** (telecontrol) / Kanalwählersystem n (FWT) || ~ **drain** / Drain-Schaltung f (Transistor) DIN 41858 || ~ **earthing system** / gemeinsame Erdungsanlage || ~ **electrical connection** / galvanische Verbindung || ~ **emitter** / Emitterschaltung f (Transistor)
common-emitter forward current transfer ratio / Kollektor-Basis-Gleichstromverhältnis n || ~ **short-circuit input admittance** / Kurzschluss-Eingangsadmittanz in Emitterschaltung || **short-circuit output admittance** / Kurzschluss-Ausgangsadmittanz in Emitterschaltung || ~ **short-circuit transfer admittance** / Kurzschluss-Übertragungsadmittanz in Emitterschaltung
common gate / Gate-Schaltung f (Transistor) DIN 41858
common-header power plant / Sammelschienen-Kraftwerk n
common-impedance coupling / Impedanzkopplung f, Widerstandskopplung f
common lead sheath / gemeinsamer Bleimantel || ~ **logarithm** / Zehnerlogarithmus m, dekadischer Logarithmus
commonly used / praxisüblich adj
common marking / gemeinsam vereinbarte Kennzeichnung (Kabel) VDE 0281
common-mode crosstalk / Gleichtaktübersprechen n
common mode error / Gleichtaktfehler m
common-mode failure / Mehrfach-Primärausfall m || ~ **gain** / Gleichtaktverstärkung f || ~ **input impedance** / Gleichtakt-Eingangsimpedanz f || ~ **input triggering voltage** / Gleichtakt-Eingangsumschaltspannung f || ~ **input voltage** / Gleichtaktsignal-Eingangsspannung f, Gleichtakteingangsspannung f || ~ **input voltage range** / Gleichtakt-Eingangsspannungsbereich m || ~ **interference** / Gleichtakt-Störspannungseinfluss m, Gleichtaktstörung f || ~ **interference voltage** / Gleichtakt-Störspannung f || ~ **noise** / Gleichtaktstörung f || ~ **output** / Gleichtaktenergie f || ~ **overvoltage** / Gleichtaktüberspannung f || ~ **parasitic voltage** / Gleichtakt-Störspannung f || ~ **range** / Gleichtaktbereich m || ~ **rejection (CMR)** / Gleichtaktunterdrückung f || ~ **rejection factor (CMRF)** / Gleichtaktunterdrückungsfaktor m || ~ **rejection ratio (CMRR)** / Gleichtaktunterdrückungsverhältnis n, Gleichtaktunterdrückungsmaß n || ~ **signal** / Gleichtaktsignal n || ~ **triggering voltage** / Umschalt-Gleichtaktspannung f || ~ **voltage** / Gleichtaktspannung f, asymmetrische Spannung (EMV) IEC 50(161) || ~ **voltage amplification** / Gleichtakt-Spannungsverstärkung f
common-reference measurement / massebezogene Messung
common output block / Ausgangsblock m DIN 40700,T.14 || ~ **part** / Wiederholteil m || ~ **parts bill** / Wiederholliste f || ~ **power bus** / Hauptsammelschiene f (MCC) || ~ **reference terminal** / Bezugsanschluss m (IS) || ~ **return** / gemeinsamer Rückleiter, Rückleiter m (Dü-Systeme) DIN 66020,T.1 || ~ **signal** / Summenmeldung f (a. FWT), Sammelmeldung f || ~ **source** / Source-Schaltung f (Transistor, DIN 41858) || ~ **status** / Sammelzustand m (Prozessleitt.), Sammelstatus m
common-status display / Sammelzustandsanzeige f (Leitt.), Sammelstatusanzeige f, Sammelanzeige f, Anzeigewiederholung f
common trunk line / gemeinsame Abnehmerleitung || ~ **turn-off** / Summenlöschung f (LE) || ~ **winding** IEC 76-1 / Parallelwicklung f (Spartransformator) VDE 0532,T.1
comms port / Kommunikationsschnittstelle
communicate v / übermitteln v, übertragen v, in Verbindung stehen, verkehren v, mitteilen v
communication-aided distance protection system / Distanzschutzsystem mit Signalverbindungen || ~ **protection (system)** / Schutz über Signalverbindungen
communication-capable adj / kommunikationsfähig adj
communication n / Kommunikation f || ~ **area** / Koppelbereich m || ~ **board** / Kommunikationsplatte f, Kommunikationsbaugruppe f || ~ **board CAN (CBC)** / Kommunikationsbaugruppe-CAN-Bus m || ~ **board PROFIBUS (CBP)** / Kommunikationsbaugruppe PROFIBUS (CBP) || ~ **capability** / Kommunikationsfähigkeit f || ~ **channel** / Kommunikationskanal m, Bedienkanal m (Leitt.), Fernmeldekanal m || ~ **computer** / Kommunikationsrechner m, Datenkommunikationsrechner m || ~ **control** / Kommunikationsüberwachung f, Kommunikationskontrolle f, Informationsflussüberwachung f || ~ **control unit** / Fernbetriebseinheit f (FBE) DIN 44302 || ~ **direction** / Kommunikationsrichtung f || ~ **equipment electrical fitter** / Nachrichtengerätemechaniker m || ~ **error** / Kommunikationsfehler m || ~ **flag** / Koppelmerker m || ~ **interface** / Kommunikations-Schnittstelle f || ~ **interface service** / Kommunikations-Schnittstellendienst m || ~ **interrupt** / Kommunikationsalarm m || ~ **link** / Kommunikationsverbindung f, Kommunikationsnetz n, Nachrichtenverbindung f, Übermittlungsabschnitt m,

Datenübermittlungsabschnitt m || ~ **memory** / Kommunikationsspeicher m || ~ **module** / Kommunikationsbaugruppe f || ~ **NC** / Kommunikations-NC || ~ **of data** / Übermitteln von Daten || ~ **path** IEC 625 / Übertragungsweg m (PMG) || ~ **processor (CP)** / Communication Processor (CP), Kommunikationsprozessor m || ~ **program** / Kopplungsprogramm n || ~ **protocol** / Übertragungsprotokoll n || ~ **relationship list (CRL)** / Kommunikationsbeziehungsliste f (KBL) || ~ **resource** / Kommunikationsressource f || ~ **satellite** / Nachrichtensatellit m || ~ **software** / Koppelsoftware f
communications buffer / Koppelspeicher m ||
communications bus (C bus) / Kommunikationsbus m (C-Bus) || ~ **chip** / Kommunikationsbaustein m || ~ **controller** / Kommunikationssteuerung f, Datenübertragungssteuerung f, Übertragungssteuerung f || ~ **driver** / Kommunikationstreiber m, Koppeltreiber m || ~ **file** / Kommunikationsdatei f, Verständigungsdatei f || ~ **input flag** / Koppelmerkereingang m || ~ **link** / Kommunikationsverbindung f || ~ **memory** / Kommunikationsspeicher m || ~ **mode** / Koppelmodus m || ~ **module (o. card)** / Kopplungsbaugruppe f (Tischrechner-Automatisierungsgerät) || ~ **network** / Kommunikationsnetz n, Datenverbund m, Übertragungsnetz n || ~ **network coupler (CNC)** / Kommunikationsnetzkoppler m || ~ **network for manufacturing applications (CNMA)** / Kommunikationsnetz für Fertigungsautomatisierung || ~ **processor (CP)** / Kommunikationsprozessor m, Anschaltungsprozessor m || ~ **protocol** / Kopplungsprotokoll n || ~ **software** / Kommunikationssoftware f, Anschaltungssoftware f, Kopplungsprogramm n || ~ **system** / Datenverbund m || ~ **technology** / Kommunikationstechnik f || ~ **testing unit** / Nachrichtenmessgerät n
communications-type relay / Schwachstromrelais n
communication system / Übermittlungssystem n, Nachrichtensystem n, Fernmeldesystem n || ~ **unit** / Kommunikationsgerät n
commutate v / kommutieren v, Strom wenden, weiterschalten v
commutating ampere-turns / Wende-Ampèrewindungen f pl || ~ **angle offset** / Kommutierungswinkeloffset n || ~ **capacitor** (capacitor included in the commutation circuit to supply commutating voltage) / Kommutierungskondensator m || ~ **choke** / Kommutierungsdrossel f || ~ **chokes** / Kommutierungsdrosseln n || ~ **coil resistor** / Wendepolwiderstand m || ~ **field** / Wendefeld n, Kommutierungsfeld n
commutating-field winding / Wendepolwicklung f, Wendefeldwicklung f
commutating group / Kommutierungsgruppe f (LE) || ~ **period** / Kommutierungszeit f (el. Masch.) || ~ **pole** / Wendepol m
commutating-pole ampere turns / Wendepoldurchflutung f || ~ **field** / Wendefeld n, Kommutierungsfeld n
commutating reactance / Kommutierungsreaktanz f

|| ~ **reactor** / Kommutierungsdrossel f (LE), Löschdrossel f || ~ **tooth** / Wendezahn m, Wendepolzahn m || ~ **winding** / Wendepolwicklung f || ~ **zone** / Wendezone f, Kommutierungszone f
commutation n / Kommutieren n, Kommutierung f, periodisches automatisches Umschalten, Führung f (SR), Stromübernahme f (LE, Gasentladung), Stromwendung f || **self** ~ / selbstgeführte Kommutierung || ~ **angle** / Kommutierungswinkel m (LE), Überlappungswinkel m || ~ **circuit** / Kommutierungskreis m || ~ **coefficient** / Kommutierungskennwert m || ~ **curve** / Kommutierungskurve f (Hystereseschleife), normale Magnetisierungskurve, Übergangskurve f || ~ **failure** / Kommutierungsversager m (LE), Wechselrichterkippen m || ~ **failure range** / Kippschutzbereich m || ~ **in an electric power convertor** / Kommutierung in einem elektronischen Leistungsstromrichter || ~ **inductance** / Kommutierungsinduktivität f (LE) || ~ **interval** IEC 146 / Kommutierungszeit f (LE), Kommutierungsintervall m, Überlappungszeit f || ~ **mechanism** / Schaltwerk n (Zeitschalter) || ~ **notch** / Kommutierungseinbruch m (LE), Umschalt-Spannungseinbruch m || ~ **number** / Kommutierungszahl f (LE) || ~ **reactive power** / Kommutierungsblindleistung f (LE) || ~ **reactor** / Kommutierungsdrossel f || ~ **repetitive transient** EN 60146-1-1 / Kommutierungsschwingung f (LE, SR) || ~ **test** / Kommutierungsprüfung f || ~ **voltage** / Kommutierungsspannung f, Führungsspannung f (LE)
commutator n / Kommutator m, Stromwender m || ~ **bar** / Kommutatorsteg m, Kommutatorsegment n, Kommutatorlamelle f || ~ **bar pitch** / Lamellenteilung f (Komm.), Kommutatorschritt m || ~ **brush** / Kommutatorbürste f || ~ **brush holder** / Kommutatorbürstenhalter m
commutator-brush potential / Kommutator-Bürstenpotential n
commutator brush-track diameter / Kommutatorlaufbahn f, Kommutatorlauffläche f || ~ **bush** / Kommutatorbuchse f, Kommutatorhülse f || ~ **clamping bolt** / Kommutator-Spannbolzen m || ~ **collar** / Kommutatormanschette f, Kommutatorkappe f || ~ **compartment** / Kommutatorraum m || ~ **connector** / Kommutatorfahne f || ~ **contact surface** / Kommutatorlaufbahn f, Kommutatorlauffläche f || ~ **core** / Kommutator-Tragkörper m || ~ **cover** / Kommutatorhaube f || ~ **dressing** / Kommutator-Schmiermittel n || ~ **enclosure** / Kommutatorhaube f || ~ **end** / Kommutatorseite f (el. Masch.), Nichtantriebseite f, Gegenantriebseite f || ~ **flashing** / Kommutatorrundfeuer n || ~ **grinder** / Kommutatorschleifer m || ~ **grinding rig** / Kommutator-Abschleifvorrichtung f || ~ **hub** / Kommutatornabe f, Kommutatorbuchse f, Kommutator-Tragkörper m || ~ **insulating segment** / Kommutator-Isolierlamelle f
commutatorless machine / kommutatorlose Maschine, bürstenlose Maschine
commutator lug / Kommutatorfahne f || ~ **machine** / Kommutatormaschine f, Stromwendermaschine f, Wendermaschine f || ~ **machine with inherent self-excitation** / läufererregte Kommutatormaschine || ~

mica material / Kommutatormikanit n || ~ **motor** / Kommutatormotor m, Stromwendermotor m || ~ **motor meter** / Magnetmotorzähler m || ~ **oxide film** / Kommutatorpatina f, Kommutatorfilm m, Oxydpatina f || ~ **pitch** / Kommutatorschritt m, Kommutatorteilung f, Lamellenteilung f || ~ **resurfacing device** / Kommutator-Abdrehvorrichtung f || ~ **ring** / Kommutatorring m || ~ **ripple** / Kommutatortöne m pl || ~ **riser** / Kommutatorfahnenverbinder m || ~ **segment** / Kommutatorsegment n, Kommutatorsteg m, Kommutatorlamelle f || ~ **segment assembly** / Kommutatorbelag m || ~ **series motor** s. a.c. commutator series motor || ~ **shell** / Kommutator-Tragkörper m, Kommutatorhülse f || ~ **short-circuit period** / Kommutierungszeit f (el. Masch.) || ~ **shrink ring** / Kommutator-Schrumpfring m, Kommutator-Spannring m || ~ **skimming and grinding rig** / Kommutator-Dreh- und Schleifvorrichtung, || ~ **skimming rig** / Kommutator-Abdrehvorrichtung f || ~ **skin** / Kommutatorpatina f, Kommutatorfilm m, Oxydpatina f || ~ **sleeve** / Kommutatorhülse f, Kommutatorbuchse f || ~ **sparking** / Kommutatorfeuer n || ~ **spider** / Kommutator-Tragkörper m, Kommutatornabe f || ~ **tan film** / Kommutatorpatina f || ~ **tube** / Kommutatorhülse f
commutator-type encoder / Kontaktcodierer m || ~ **frequency converter** / Kommutator-Frequenzwandler m || ~ **phase advancer** / Kommutator-Drehstromerregermaschine f || ~ **starter** / Kommutator-Anlassschalter m
commutator V-ring / Schwalbenschwanzring m || ~ **with spring-loaded fixing bolts** / Federringkommutator m
compact adj / gedrungen adj, kompakt adj, dicht adj, komprimiert adj (DV-Speicher), gedrängt adj, mit kleinen Abmessungen || ~ **circuit-breaker station (o. assembly)** / Leistungsschalter-Kompaktstation f || ~ **controllers** / Kompaktregler m || ~ **design** / Kompaktausführung f, Kompaktbauform f || ~ **device** / Fernwirk-Kompaktgerät n, Kompaktgerät n || ~ **digital controller** / digitaler Kompaktregler
compact-disk memory (CD memory) / Kompaktplattenspeicher m
compact drawing machine / Kompaktziehmaschine f
compacted conductor / verdichteter Leiter
compact input/output unit / kompaktes Ein-/Ausgabegerät (KEAG) || ~ **I/O devices** / Kompaktperipherie f || ~ **luminaire** / Kompaktleuchte f || ~ **model** / Kompaktausführung f
compactness n / Kompaktheit f
compact operator panel / Kompaktbedienfeld n || ~ **PLUS type of construction** / Bauform Kompakt PLUS || ~ **PLUS type unit** / Bauform Kompakt PLUS || ~ **plus unit** / Kompakt Plus Gerät || ~ **range** / Kompaktreihe f
compact-source lamp / Kurzbogenlampe f
compact starter / Kompaktstarter m || ~ **subassembly** / Kompaktbaugruppe f || ~ **substation** / Niedrigstation f
compact-type reversing contactor / Kompaktwendeschütz m
compact unit / Komplettgerät n, Fernwirk-Kompaktgerät n, Kompaktgerät n || ~ **version** /

Kompaktausführung f, Kompaktbauform f
companding DAC / kompandierender DAU
companion flange / Gegenflansch m
company n / Unternehmen n || ~ **badge** / Firmenausweiskarte f || ~ **identification card** / Firmenausweiskarte f || ~ **name** / Firmenname m || ~ **sign** / Firmenzeichen n || ~ **specification(s)** / Werksvorschrift f, unternehmensinterne Vorschrift
company-specific subsystems / firmenspezifische Teilsysteme
company value / Geschäftswert m
company-wide adj / durchgängig adj || ~ **communications system** / durchgängiger Datenverbund
comparability test / Vergleichsprüfung f
comparative impulse / Vergleichsimpuls m, Vergleichsstoß m || ~ **method** / vergleichende Methode || ~ **tracking index (CTI)** / Vergleichszahl der Kriechwegbildung f VDE 0303,T.1, Kriechstromzahl f (KZ) || ~ **value** / Vergleichszahl f
comparator n / Vergleicherglied n, Vergleicher m DIN 19237, Komparator m, Grenzwertmelder m, Grenzwertglied n
comparator-counter n / Gleichheitszähler m
comparator module / Vergleicherbaugruppe f, Grenzwertbaugruppe f || ~ **relay** / Vergleichsrelais n
compare function / Vergleichsfunktion f || ~ **mode** / Vergleichsbetrieb m || ~ **output** / Vergleichsausgang m
compared version / Verglichene Version
comparing element / Vergleichsglied n, Grenzwertmelder m || ~ **operation** / Vergleichsoperation f
comparison (of AC drive systems) n / Mitbewerbsvergleich m || ~ **electrode** / Vergleichselektrode f, Bezugselektrode f || ~ **frequency** / Vergleichsfrequenz f || ~ **function** / Vergleichsfunktion f || ~ **lamp** / Vergleichslampe f || ~ **measurement** / Vergleichsmessung f || ~ **of actual and commanded position** / Ist-Sollwert-Vergleich der Wegmessung (NC) || ~ **of actual and setpoint values** / Ist-Sollwert-Vergleich m || ~ **operation** / Vergleichsoperation f || ~ **point** / Vergleichsstelle f || ~ **standard** / Vergleichsnormal n || ~ **surface** / Vergleichsfeld n (LT) || ~ **value** / Vergleichswert m (MG)
compartment v / in Teilräume unterteilen, abschotten v || ~ n / Abteil n (SK) VDE 0660,T.500, Schottraum m VDE 0670,T.6, Schottfach n, Teilraum m, Einbauraum m, Fach f, Zelle f, Teilkammer f
compartmentalization n / Unterteilung in Teilräume (o. Einbauräume), Schottung f (gekapselte Schaltanlage)
compartmentalized switchgear / geschottete Schaltanlage VDE 0670,T.6
compartment door / Fachtür f, Schranktür f
compartmented switchgear IEC 298 / geschottete Schaltanlage VDE 0670,T.6
compartment expansion / Fachausbau m
compartment-type switchgear / geschottete Schaltanlage VDE 0670,T.6
compatibility n / Verträglichkeit f, Kompatibilität f, Systemverträglichkeit f, Vereinbarkeit f, Reaktionsverhalten n (Isoliergas); || ~ **between fuse-holder and fuse-link** IEC 257 / Austauschbarkeit zwischen Sicherungshalter und Sicherungseinsatz

VDE 0820 || ~ **level** / Verträglichkeitspegel *m*
(EMV, EMI) || ~ **margin** / Verträglichkeitsbereich
m (EMV) || ~ **rule** / Kompatibilitätsregel *f*
compatible *adj* / verträglich *adj*, kompatibel *adj*,
zusammenpassend *adj*, austauschbar *adj*,
systemgerecht *adj* || **series of** ~ **assemblies** /
Baureihe aufeinander abgestimmter
Kombinationen || ~ **connector** / kompatibler
Steckverbinder || ~ **current-sinking logic (CCSL)** /
stromziehende austauschbare Logik || ~ **current-
sourcing logic** / stromliefernde *adj*, austauschbare
Logik || ~ **logic** / austauschbare Logik
compensate *v* / ausgleichen *v*, kompensieren *v*,
neutralisieren *v*
compensated instrument transformer /
kompensierter Messwandler || ~ **motor** /
kompensierter Motor, Motor mit
Kompensationswicklung || ~ **network** /
kompensiertes Netz, gelöschtes Netz || ~ **regulated**
/ konpensiert geregelt (el. Masch.) || ~ **regulated
machine** / Maschine mit Fremderregung und
Selbststeuerung || ~ **repulsion motor with fixed
double set of brushes** / kompensierter
Repulsionsmotor mit feststehendem
Doppelbürstensatz, Latour-Motor *m* || ~ **repulsion
motor with fixed single set of brushes** /
kompensierter Repulsionsmotor mit feststehendem
Einfachbürstensatz, Eichberg-Motor *m* || ~ **self-
regulating machine** / Maschine mit
Fremderregung und Selbststeuerung || ~
semiconductor / Kompensationshalbleiter *m* || ~
series-wound motor / kompensierter
Reihenschlusston
compensating ampere-turns / Kompensations-
Ampèrewindungen *f pl* || ~ **box** /
Kompensationsdose *f* || ~ **chuck** / Ausgleichsfutter
n || ~ **circuit** / Kompensationsschaltung *f*,
Ausgleichskreis *m*, Korrekturschaltung *f*,
Abgleichschaltung *f* (NC) || ~ **coil** /
Kompensationsspule *f* || ~ **control** /
Korrektursteuerung *f* || ~ **controller** /
Nachführregler *m* || ~ **cover** / Ausgleichsblende *f* ||
~ **current** / Ausgleichsstrom *m*, Ausgleichsstrom *m*
|| ~ **current injection** / Kompensationsaufschaltung
f (Schutz) || ~ **element** / Kompensationselement *n* ||
~ **feedback** / abgleichende Rückkopplung
compensating-field winding /
Kompensationswicklung *f*
compensating input / Korrektureingabe *f* (NC) || ~
lead / Kompensationsleitung *f* || ~ **magnet** /
Kompensationsmagnet *m* || ~ **movement** /
Ausgleichsbewegung *f* (WZM, NC) || ~ **register** /
Kompensationsregister *n*, Leerwegregister *n* || ~
terminal / Abgleichklemme *f* || ~ **weight** /
Ausgleichsgewicht *n* || ~ **winding** /
Kompensationswicklung *f*, Ausgleichswicklung *f*
compensation *n* / Ausgleich *m*, Kompensation *f*,
Korrektur *f* (NC) || **cutter** ~ / Werkzeugkorrektur *f*,
Werkzeugkompensation *f*, Fräserradius-
Bahnkorrektur *f* || **tool** ~ / Werkzeugkorrektur *f*
(NC) || ~ **block** / Ausgleichssatz *m*, Korrektursatz *m*
|| ~ **charging** / Erhaltungsladen *n* (Batt.) || ~ **cubicle**
/ Kompensationsschrank *m* || ~ **currents** /
Ausgleichströme *m pl* || ~ **data** / Korrekturdaten *plt*
(NC) || ~ **flag** / Kompensationsflag *n* || ~ **parameter**
/ Korrekturparameter *m* || ~ **position** /
Korrekturposition *f* (NC)

compensations and overrides / Korrekturen *f pl*
(NC)
compensation store / Korrekturspeicher *m* (NC) || ~
thread / Kompensationsgewinde *n* || ~ **value** /
Ausgleichswert *m*, Korrekturwert *m* (NC)
compensator *n* / Kompensator *m*, Ausgleicher *m*,
Spartransformator *m*, Öldruck-Ausgleichsgefäß *n*
(Kabel), Ausgleichsgefäß *n* (Kabelendverschluss),
Ausgleichsabdeckung *f*, Wärmeausgleicher *m*,
Phasenschieber *m* || **load** ~ / Lastausgleichsgerät *n*
(o. -glied), Lastaufschaltungsglied *n*,
Lastwechseleinrichtung *f* (Zugbremse),
Funktionsbildner für Lastaufschaltung || **neutral** ~ /
Löschtransformator *m*, Sternpunktbildner *m* ||
setpoint ~ / Funktionsbildner für
Sollwertaufschaltung, Sollwertaufschaltungsglied *n*
|| **starting** ~ / Anlasstransformator *m*,
Anfahrtransformator *m*, Anlassumspanner *m* || ~
motor / Stellmotor *n*, Verstellmotor *m*
compensatory control / Ausgleichsregelung *f* ||
compensatory controller / Ausgleichsregler *m*
competing axis / konkurrierende Achse || ~
capability / Wettbewerbsfähigkeit *f*
competition *n* / Wettbewerb *m*
competitive *adj* / wettbewerbsfähig *adj*
competitor *n* / Mitbewerber *m* || ~ **comparison** /
Wettbewerbsvergleich *m*
compilation *n* / Kompilation *f*, Übersetzung *f*
compile *v* / kompilieren *v* DIN 44300, übersetzen *v*
(DV), zusammenstellen *v*
Compile Cycle / Compilezyklus *m* || **compile into
loadable blocks** / in ladbare Bausteine übersetzen
compiler *n* / Kompilierer *m*, kompilierendes
Programm, Übersetzer *m*, Kompilator *m*,
Übersetzungsprogramm *m* || ~ **language** /
Compilersprache *f*
complaint *n* / Beanstandung *f*
complement *n* / Ergänzung *f*, Vervollständigung *f*,
Satz *m*, Besetzung *f*, Bestückung *f*, Komplement *n*
complementary accessory / Gegenstück *n* (StV) || ~
colour / Komplementärfarbe *f*, kompensative
Farbe, Kompensationsfarbe *f* || ~ **colour stimuli** /
komplementäre Farbreize || ~ **connector** /
Gegenstecker *m* || ~ **metal-oxide semiconductor
circuit (CMOS)** / komplementärer Metalloxid-
Schaltkreis (CMOS) || ~ **metal-oxide
semiconductor (CMOS)** / komplementärer Metall-
Oxid-Halbleiter, CMOS || ~ **method of
measurement** / Komplementärmessverfahren *n* || ~
MOS (CMOS) / Komplementär-MOS *m* (CMOS) ||
~ **output** / komplementärer Ausgang, Ausgang mit
Öffner- und Schließerfunktion || ~ **state** IEC117-15
/ komplementärer Zustand DIN 40700,T.14 || ~ **unit**
/ Gegenstück *n*
complementary-symmetry MOS (COSMOS) /
MOS mit komplementär-symmetrischem Aufbau
complementary wavelength / komplementäre
Wellenlänge, kompensative Wellenlänge
complementation *n* / Komplementbildung *f*
complement on two / Zweier-Komplement *n* || **with
module** ~ / bestückt *adj*
complete *adj* / vollkommen *adj*, komplett *adj*,
vollständig *adj* || ~ *v* / komplettieren *v* || **to** ~ **a
circuit** / einen Stromkreis schließen, durchschalten
v || ~ **assembly** / Komplett-Einbausatz *m* || ~
asymmetry (of fault) / Vollverlagerung *f*
(Kurzschluss) || ~ **backup** / Gesamtsicherung *f* || ~

bridge connection / vollständige Brückenschaltung
completed message / Fertigmeldung f
complete enclosure / vollständiger Abschluss (durch Gehäuse) || ~ **failure** / Vollausfall m, Totalausfall m || ~ **fault** / vollständiger Fehlzustand IEC50(191), funktionsverhindernder Fehlzustand || ~ **lubrication** / Vollschmierung f, reine Flüssigkeitsreibung
completely cyclic mode / vollzyklischer Betrieb (FWT) || ~ **immersed bushing** / vollständig eingetauchte Durchführung, Kessel-Kessel-Durchführung f
complete machining / Gesamtbearbeitung f, Komplettbearbeitung f || ~ **material stock list** / Materialbestandssummenliste f
completeness, check for ~ / Vollständigkeitsüberprüfung f, Überprüfung der Komplettierung || ~ **condition** / Vollständigkeitsbedingung f
complete protection / vollständiger Schutz || ~ **substation** / Gesamtanlage f || ~ **traverse grinding** / Pendelschleifen n || ~ **unit** / Komplettgerät n
completion n / Beendigung f || ~ **report** / Fertigmeldung f
complex n / Komplex m || ~ **admittance** / komplexer Scheinleitwert, komplexe Admittanz || ~ **angular frequency** / komplexer Kreisfrequenz || ~ **article characteristic** / komplexes Sachmerkmal DIN 4000,T.1 || ~ **binary logic** / komplexe binäreVerknüpfung || ~ **chemical plant** / komplexe Chemieanlage || ≗ **Devices** / Komplexe Geräte, Applikationsschicht f || ~ **element** / komplexes Glied || ~ **function** / Komplexfunktion f || ~ **impedance** / komplexer Scheinwiderstand, Widerstandsoperator m, komplexer Widerstand
complexor n / komplexer Koeffizient, Operator m, Vektor m
complex oscillation / zusammengesetzte Schwingung || ~ **permeability** / komplexe Permeabilität || ~ **permittivity** / komplexe Permittivität || ~ **power** / komplexe Leistung, Scheinleistung f || ~ **quantity** / komplexe Größe, Vektorgröße f || ~ **radiation** / zusammengesetzte Strahlung, Mischstrahlung f || ~ **refractive index** / komplexe Brechungszahl || ~ **sound** / Tongemisch n, Schallgemisch n || ~ **synchronizing torque coefficient** / komplexe Synchronisierziffer || ~ **waveform** / komplexes Schwingungsabbild
complexity n / Komplexität f
compliance n / Nachgiebigkeit f, Durchbiegung f, Federung f, Einhaltung f, Beachtung f, Erfüllung f, Kehrwert der Steifigkeit || ~ **voltage** ~ / Spannungsbereich m (DAU) || ~ **level** / Eigenschaftsschlüssel m || ~ **motion** / Kraftsteuerung f (Rob.), in dauerndem Kontakt mit umliegenden Teilen || ~ **table** / Einhaltungstabelle f || ~ **test** IEC 50(191) / Nachweisprüfung f || ~ **voltage** IEC 85(CO)4 / Bürdenspannung f (der festgelegten Anforderungen entsprechende Spannungsbereich von Messumformern mit veränderlicher Ausgangsbürde)
compliant adj / nachgiebig adj, weichelastisch adj, weichfedernd adj || ~ **supply** / schwaches Netz
complicated adj / aufwändig adj
comply, to ~ **with a standard** / basieren auf einer Norm

compole n / Wendepol m || ~ **field** / Wendefeld n, Kommutierungsfeld n || ~ **voltage** / Wendefeldspannung f || ~ **winding** / Wendepolwicklung f, Wendefeldwicklung f
component n / Bestandteil m, Bauelement n, Bauteil n, Komponente f, Element n, Betriebsmittel n, Anteil m || ~ IEC 298 / Bauteil n VDE 0670,T.6 || ~ (QA) / Element n (QS) DIN 40042 || **harmonic** ~ / harmonische Teilschwingung, Oberschwingung f VDE 0838,T.1 || ~ **circuit diagram** / Teilschaltplan m || ~ **conductor** / Teilleiter m || ~ **density** (IC) / Packungsdichte f (IS) || ~ **drawing** / Teilzeichnung f, Einzelteilzeichnung f || ~ **durability** / Bauteilhaltbarkeit f || ~ **file** / Komponentendatei f || ~ **files** / Dateien der Komponente || ~ **function** / Bausteinfunktion f || ~ **handling** / Bauteilehandling n || ~ **hole** / Anschlussloch n (gS) || ~ **insertion machine** / Bestückungsmaschine f (f. Leiterplatten) || ~ **inspection** / Bauteilkontrolle f || ~ **losses** / Einzelverluste m pl (Leerlauf bzw. Kurzschlussverluste) || ~ **mounting diagram** / Bestückungsplan m || ~ **of a vector quantity** / Koordinate einer vektoriellen Größe || ~ **of compressive force** / Druckkomponente f
components m pl / Betriebsmittel m pl, Prozessebene f
component sensitive to electrostatic charge / elektrostatisch gefährdete Bauteile (EGB), elektrostatisch gefährdetes Bauelement (EGB), ladungsgefährdetes Bauelement
component side / Bestückungsseite (gS) f
components of the transistor unit / Komponenten des Transistorgeräts || ~ **scheme** / Aufbauübersicht f DIN 6789 || ~ **side** / Bauteileseite f
component supply / Komponentenlieferung f
component test pressure / Probedruck m || ~ **tolerance** / Bauteiltoleranz f
compose-edit processor / Textaufbereitungsprozessor m
composite action / zusammengesetztes Verhalten (Reg.) || ~ **assembly drawing** / Verbundgruppen-Zeichnung f || ~ **braking** / kombinierte Bremsung (Bahn) || ~ **bushing** / zusammengesetzte Durchführung || ~ **characteristic** / zusammengesetzte Kennlinie || ~ **conductor** / zusammengesetzter Leiter, Kunststab m, Gitterstab m || ~ **conduit** / kombiniertes Metall-Nichtmetall-Rohr (IR) || ~ **configuration** / zusammengesetzte Konfiguration (FWT) || ~ **error** (instrument transformer) / Gesamtfehler m, Gesamtmessunsicherheit f || ~ **excitation** / zusammengesetzte Erregung || ~ **fleece material** / Vlies-Verbundmaterial n || ~ **hypothesis** / zusammengesetzte Hypothese DIN 55350,T.24 || ~ **insulation** / zusammengesetzte Isolation || ~ **loss** / Betriebsdämpfung f
compositely excited machine / Maschine mit zusammengesetzter Erregung, Doppelschlussmaschine f
composite machine / Maschinensatz m, Umformersatz m || ~ **material** / Verbundwerkstoff m || ~ **mechanical movement** / zusammengesetzte mechanische Bewegung || ~ **picture signal** / Bildaustast-Synchronsignal n (BAS-Signal) || ~ **sample** / Sammelprobe f DIN 51750 || ~ **test** / zusammengesetzte Prüfung DIN IEC 68 || ~ **test pattern** / Universal-Prüfbild n (Leiterplatte), kombiniertes Prüfbild || ~ **video** / Bild-Austast-

Synchron-Signal (BAS) *n* || ~ **video signal** / Bildaustast-Synchronsignal *n* (BAS-Signal) || ~ **waveform** / zusammengesetztes Schwingungsabbild DIN IEC 469,T.1
composition deviation transmitter / Einheits-Messumformer für Mischungsabweichungen
compound *v* / kompoundieren *v*, in Verbundschaltung anordnen || ~ *n* / Masse *f*, Vergussmasse *f*, Verbindung *f* (chem.) || ~ (cable coverings) / Mischung *f* (f. Kabelmäntel u. Isolierhüllen) || **h.v.** ~ / Hochspannungs-Schaltanlage *f* (Freiluftanl.) || **Compound braking current** / Überlagerte Gleichstrombremse || ~ **brush** / Metallkohlebürste *f* || ~ **centrifugal force** / zusammengesetzte Zentrifugalkraft, Coriolis-Kraft *f*
compound-characteristic machine / Maschine mit Doppelschlussverhalten
compound coil / Verbundspule *f*, Doppelspule *f* || ~ **die** / Verbundwerkzeug *n* (Stanzen), Gesamtschnitt *m* || ~ **excitation** / Kompounderregung *f*, Verbunderregung *f* || ~ **excited** / verbunderregt *adj* || ~ **lever arrangement** / Hebelwerk *n*
compounding *n* / Kompoundierung *f* || **current** ~ / Stromkompoundierung *f*, Stromstützung *f* || ~ **characteristics** / Kompoundierungskennlinien *f pl* || ~ **setter** / Kompoundierungseinsteller *m*
compound machine / Verbundmaschine *f*, Kompoundmaschine *f*, Maschine mit Verbunderregung, Maschine mit Doppelschlussverhalten || ~ **numbering system** / Verbund-Nummernsystem *n* DIN 6763,T.1 || ~ **opration** / Verbundbetrieb *m* || ~ **preparation** / Masseaufbereitung *f* || ~ **semiconductor** / Verbindungshalbleiter *m*
compound-source static exciter / kompoundiert gespeister statischer Erreger
compound statement / Mehrfachanweisung *f* || ~ **winding** / Verbundwicklung *f*, Doppelschlusswicklung *f*, Kompoundwicklung *f*
compound-wound current transformer / Stromwandler mit Verbundwicklung, Stromwandler mit Zusatzmagnetisierung || ~ **machine** / Verbundmaschine *f*, Kompoundmaschine *f*, Maschine mit Verbunderregung, Maschine mit Doppelschlussverhalten
compreg *n* / Schichtpressholz *n*
compregnated laminated wood / Schichtpressholz *n*
comprehensive *adj* / umfassend *adj*, umfangreich *adj*
compress *v* / verdichten *v* (a. Daten), komprimieren *v*, zusammendrücken *v*, stauchen *v*
compressed air / Druckluft *f*
compressed-air circuit-breaker / Druckluft-Leistungsschalter *m*, Druckluftschalter *m* (LS)
compressed air connection hole / Druckluftanschlussbohrung *f* || ~ **air cylinder** / Druckluftzylinder *m*
compressed-air distribution system / Druckluft-Verteilungsnetz *n* || ~ **drive** / Druckluftantrieb *m* (SG) || ~ **duct** / Druckluftkanal *m* || ~ **gun** / Pressluftpistole *f* || ~ **operating mechanism** / Druckluftantrieb *m* (SG) || ~ **power station** / Luftspeicherkraftwerk *n* || ~ **receiver** / Druckluftbehälter *m* || ~ **storage** / Druckluftspeicherung *f* || ~ **supply system** / Druckluft-Versorgungsnetz *n* || ~ **system** / Druckluftnetz *n*, Druckluftanlage *f*

compressed archive / Verdichtungsarchiv *n*
compressed-arc lamp / Kurzbogenlampe *f*
compressed-gas arc quenching system / Druckgas-Löschsystem *n*
compressed gas-blast circuit-breaker / Druckgas-Leistungsschalter *m*, Druckgasschalter *m*
compressed-gas operating mechanism / Druckgasantrieb *m* (SG) || ~ **supply** / Druckgasversorgung *f* (SG)
compressed print / Schmalschrift *f* || ~ **strand** / Formlitze *f* || ~ **tag** / Verdichtungsvariable *f*
compressibility factor / Kompressibilitätszahl *f*, Realgasfaktor *m*
compressible gasket / zusammendrückbare Dichtung || ~ **packing** / Weichstoffpackung *f* || ~ **packing material** / Dichtungsweichstoff *m* || ~ **seal** / Weichdichtung *f*
compression *n* / Verdichtung *f*, Zusammendrücken *n*, Kompression *f* (Kfz), Pressung *f*, Druck *m*, Stauchung *f*, Druckbelastung *f* || ~ **side under** ~ / Druckseite *f* || **spring** ~ / Zusammenpressung der Feder
compressional force / Kompressionskraft *f* || ~ **wave** / Verdichtungswelle *f*, Kompressionswelle *f*
compression archive / Verdichtungsarchiv *n* || ~ **cable** / Außendruckkabel *n*, Gasaußendruckkabel *n* || ~ **clutch** / Presskupplung *f* || ~ **connection** / Pressverbindung *f* (Leiterverb.) || ~ **connector** / Kerbverbinder *m* || ~ **coupling** / Flanschkupplung *f*, Scheibenkupplung *f*, Druckkupplung *f* || ~ **cylinder** / Verdichtungszylinder *m*, Blaszylinder *m* || ~ **gland** / Stopfbuchsenverschraubung *f*, Stopfbuchse *f* || ~ **load** / Druckbelastung *f* || ~ **mold** / Presswerkzeug *n* || ~ **moulding** / Warmpressen *n* (Kunststoff) || ~ **options** / Verdichtungsoptionen *f pl* || ~ **ratio** / Verdichtungsverhältnis *n*, Kompression *f*
compression-shear spring / Druckschubfeder *f*
compression shock / Verdichtungsstoß *m* || ~ **spring** / Druckfeder *f* || ~ **spring assembly** / Druckfedersatz *m* || ~ **test** / Druckprüfung *n* IR; DIN IEC 23A.16, Druckversuch *m* || ~ **time period** / Verdichtungszeitraum: *m* || ~ **volume** / komprimiertes Volumen
compressive force / Druckkraft *f*, Stauchkraft *f* || ~ **load** / Druckbelastung *f* || ~ **load per unit area** / Flächenpressung *f* || ~ **offset strength** / Stauchfestigkeit *f* || ~ **offset stress** / Stauchspannung *f* || ~ **oscillation** / Druckschwingung *f* || ~ **stress** / Druckspannung *f*, Stauchung *f*, Druckbeanspruchung *f* || ~ **test** / Druckprüfung *m* IR; DIN IEC 23A.16, Druckversuch *m* || ~ **yield point** / Stauchgrenze *f*
compressor *n* / Kompressor *m*, Verdichter *m*, Luftpresser *m*, Luftverdichter *m* || ~ **factor** / Kompressorfaktor *m* || ~ **function** / Kompressorfunktion *f* || ~ **rating** / Verdichterleistung *f* || ~ **station** / Verdichterstation *f* || ~ **unit** / Verdichtersatz *m*, Luftpressersatz *m*
compulsory signal / Zwangssignal *n*
computational check / rechnerische Kontrolle || ~ **resolution** / Rechenfeinheit *f*
computer *n* / Rechner *m*, Rechenanlage *f* DIN 44300, Datenverarbeitungsanlage *m* DIN 44300, Computer *m*
computer-aided *adj* / rechnergestützt *adj*, rechnerunterstützt *adj* || ~ **assembly (CAA)** / rechnergestützte Montage || ~ **design (CAD)** /

rechnergestütztes Konstruieren (CAD), rechnerunterstütztes Zeichnen, rechnerunterstützte Zeichnungserstellung, rechnerunterstützte Konstruktion || ~ **design, engineering and manufacturing (CADEM)** / rechnergestützte Konstruktion (CADEM), Engineering und Fertigung || ~ **design and drafting (CADD)** / rechnergestütztes Konstruieren und technisches Zeichnen (CADD) || ~ **design interactive system (CADIS)** / dialogfähiges rechnergestütztes Konstruktionssystem || ~ **engineering (CAE)** / rechnergestütztes Engineering (CAE) || ~ **learning (CAL)** / rechnergestütztes Lernen (CAL) || ~ **manufacturing (CAM)** / rechnergestützte Fertigungssteuerung (CAM) || ~ **manufacturing (CAM)** / Fertigungssteuerung (CAM) f, Produktsteuerung f, rechnerunterstützte Fertigung || ~ **part programmer** / rechnergestützter Programmierplatz (NC) || ~ **planning (CAP)** / rechnergestützte Fertigungs- und Prüfplanung (CAP) || ~ **process planning (CAPP)** / rechnergestützte Fertigungsplanung || ~ **production** / rechnergestützte Fertigung
Computer Aided Production Engineering (CAPE) / CAPE
computer-aided programming / rechnergestützte Programmierung, rechnerunterstützte Programmierung || ~ **protective grading** / rechnerunterstützte Schutzstaffelung (CUSS) || ~ **quality assurance (CAQ)** / CAQ, schritthaltende Qualitätssicherung durch Rechnerunterstützung (CAQA), rechnerunterstützte Qualitätskontrolle || ~ **repair (CAR)** / rechnergestützter Reparaturdienst
Computer Aided Software Engineering (CASE) / CASE || **computer-aided software engineering (CASE)** / rechnergestütztes Software-Engineering || ~ **solution packages** / computerunterstütze Problemlösungspakete || ~ **testing (CAT)** / rechnergestütztes Prüfen (CAT)
computer-assisted adj / rechnergestützt adj || **computer-assisted program** / rechnergestütztes Programm
computer auto-manual station / Leitgerät n (Rechner-/Automatik-/Handbetrieb) || ~ **capacity** / Rechnerleistung f || ~ **center** / Rechenzentrum n
computer-automated measurement and control (CAMAC) / rechnerautomatisiertes Mess- und Steuersystem (CAMAC)
computer-based control system / rechnergeführte Steuerung || ~ **process control** / rechnergeführte Prozessregelung
computer centre / Rechenzentrum n
computer-controlled adj / rechnergesteuert adj, rechnergeführt adj
computer graphics / grafische Datenverarbeitung, Computergrafik f || ~ **interface** / Rechnerschnittstelle f, Rechneranschaltung f, Rechnerkopplung (RK) f
computer-integrated manufacturing (CIM) / Fertigungssteuerung im Datenverbund || ~ **system** / durchgängige Verfahrenskette
computer interfacing / Rechneranschaltung f, Rechner(an)kopplung f
computerized adj / rechnergesteuert adj || ~ **evaluation** / DV-mäßige Datenerfassung || ~ **numerical control (CNC)** / rechnergeführte numerische Steuerung (CNC), rechnergesteuerte

NC, CNC-Steuerung f, CNC-Steuerungssystem n
computer-managed parts manufacture (CMPM) / rechnergeführte Teilefertigung
computer message / Rechnertelegramm n || ~ **language** / Maschinensprache f (MC-Sprache) || ~ **link** / Rechneranschluss m, Rechnerkopplung f, Rechnerschnittstelle f, Rechneranschaltung f
computer of other manufacture / Fremdrechner m || ~ **operation** / Rechnerbetrieb m
computer-oriented language / maschinenorientierte Programmiersprache
computer programming / Rechnerprogrammierung f, maschinelle Programmierung, Computerprogrammierung f || ~ **system** / Rechensystem n DIN 44300 || ~ **time** / Rechnerzeit f, Durchlaufzeit f, Maschinenzeit f || ~ **word** / Maschinenwort n
computing n / Rechnen n || ~ **capacity** / Rechenleistung f || ~ **element** / Rechengerät n || ~ **power** / Rechenleistung f || ~ **process** / Rechenschema n
CON (contour definition) / Konturzug m
concatenate v / verketten v, ketten v
concatenated motor / Kaskadenmotor m || ~ **protocol** n / Kettenprotokoll n
concatenation n / Kettenschaltung f, Kaskadierung f, Kettung f, Verketten n (Kommunikationsnetz), Aneinanderkettung f, Aneinanderreihung f || ~ **factor** / Verkettungsfaktor m (LWL)
concave adj / innengekrümmt adj, konkav adj || **concave contact face** / ausgerundete Lauffläche (Bürste) || ~ **curve** / Innenkrümmung f
concealed adj / verdeckt adj, verborgen adj, unter Putz || ~ **contours** / verdeckte Kontur || ~ **installation** / Verlegung unter Putz || ~ **wiring** / Unterputzinstallation f, Leitungen unter Putz
concentrated light / konzentriertes Licht, gebündeltes Licht || ~ **load** / Punktlast f || ~ **resistive suppressor** / konzentrierter Entstörwiderstand || ~ **sulfuric acid** / konzentrierte Schwefelsäure || ~ **winding** / konzentrierte Wicklung
concentrating light distribution / bündelnde Lichtverteilung, bündelnde Lichtausstrahlung || ~ **louvered high-bay luminaire (o. down-lighter)** / Rastertiefstrahler m
concentration n / Anhäufung f, Konzentration f, Bündelung f, Stau m, Anreicherung f || ~ (of beams) / Bündelung f (Strahlen) || ~ **by mass** / Massenkonzentration f || ~ **by volume** / Volumenkonzentration f || ~ **of luminous flux** / Lichtstromlenkung f || ~ **per volume unit** / Konzentration pro Volumeneinheit || ~ **polarization** / Konzentrationspolarisation f (Batt.)
concentrator n / Konzentrator m (DÜ), Datenkonzentrator m || ~ **wiring** ~ || Ringleitungsverteiler m (zum sternförmigen Anschluss von Stationen eines Kommunikationsnetzes) || ~ **station** / Konzentrator-Station f (FWT)
concentric adj / mittig adj, konzentrisch adj, koaxial adj, seitensymmetrisch adj, schlagfrei adj, rundlaufend adj, zentriert adj
concentrically stranded circular conductor IEC 50(561) / lagenverseilter Rundleiter
concentric coil / konzentrische Spule, Röhrenspule f, Zylinderspule f || ~ **conductor** / konzentrischer Leiter, konzentrischer Außenleiter || ~ **contact** /

konzentrischer Kontakt
concentricity *n* / Mittigkeit *f*, Koaxialität *f*, Rundlauf *m*
concentric louvre / Ringraster *m* (Leuchte)
concentric-neutral cable / Kabel mit konzentrischem Neutralleiter
concentric neutral (conductor) / konzentrischer Neutralleiter (Kabel) || **~ outer conductor** / konzentrischer Außenleiter || **~ PE conductor** / konzentrischer Schutzleiter || **~ winding** / konzentrische Wicklung, Zylinderwicklung *f*, Röhrenwicklung *f*, Mantelwicklung *f* || **~ windings IEC 50(421)** / konzentrische Wicklungsanordnung (Trafo)
concept phase / Konzeptphase *f*
concession *n* / Sonderfreigabe *f* (QS, geprüfte Einheiten) DIN 55350,T.11
concrete *n* / Estrich *m*, Beton *m* || **~ column** / Betonmast *m* (Lichtmast) || **~ filling** / Betonausguss *m* || **~ footing** / Beton-Streifenfundament *n* || **~ foundation** / Betonfundament *n*, Betongründung *f* || **~ girder** / Betonunterzug *m*, Betonträger *m* (Unterzug) || **~ grouting** / Vergießen mit Beton || **~ lining** / Betonauskleidung *f* || **~ packing** / Betonausguss *m* || **~ slab** / Betonplatte *f* || **~ syntax** / darstellungsabhängiger Syntax || **~ topping** / Aufbeton *m*
concrete-type packaged substation / Beton-Kleinstation *f*
concretized *adj* / konkret *adj*
concurrence *n* / Gleichzeitigkeit *f*, Kollision *f* ||
concurrence of messages / Zusammentreffen von Nachrichten (PMG)
concurrent *adj* / gleichzeitig *adj*, konkurrierend *adj*, nebenlaufend *adj* || **~ motion** / gleichzeitige Bewegung (WZM), Simultanbewegung *f* (WZM) || **~ positioning axes** / konkurrierende Positionierachsen || **~ processing** / nebenlaufende Verarbeitung, überlappende Verarbeitung
condensate *n* / Kondensat *n*, Kondenswasser *n*, Tauwasser *n*, Niederschlag *m*, Schwitzwasser *n* || **~ drain** / Kondenswasserablauf *m* || **~ remover** / Kondensatvorabscheider *m*
condensation / Betauung *f*, Kondensation *f* || **no ~** / ohne Betauung, keine Betauung || **~ cycle** / Betauungszyklus *m* || **~ pressure** / Kondensationsdruck *m* || **~ soldering** / Dampfphasenlötung *f*, Kondensationslötung *f*
condense *v* / kondensieren *v*, verdichten *v* (Daten)
condensed minitype / Raumsparschrift *f*
condenser *n* / Kondensator *m*, Phasenschieber *m*, Verflüssiger *m*, Blindleistungsmaschine *f* || **~ discharge light** / Kondensatorentladungsfeuer *n* || **~ lens** / Kondensatorlinse *f*
condensing set / Kondensationssatz *m* || **set with reheat** / Kondensationssatz mit Zwischenüberhitzung
condition *v* / aufbereiten *v*, verarbeiten *v* (Eingangssignale), konditionieren *v*, vorverarbeiten *v* (Signale), klimatisieren *v* || **~ n** / Bedingung *f*, Zustand *m* || **~ (bistable relay)** / Stellung *f* (bistabiles Relais) || **in operating ~** / in betriebsfähigem Zustand
conditional alarms / bedingte Alarme || **~ branch** / bedingter Sprung, relativer Sprung (SPB) (siehe Sprung) || **~ branching** / bedingte Programmverzweigung || **~ block call** / bedingter

Bausteinaufruf, Bausteinaufruf bedingt || **~ block end (BEC)** / Bausteinende bedingt (BEB) || **~ call** / bedingter Aufruf || **~ distribution** / bedingte Verteilung DIN 55350,T.21 || **~ fused short circuit current** / bedingter Kurzschlussstrom bei Schutz durch Sicherungen VDE 0660,T.200 || **~ instruction** / bedingte Anweisung || **~ jump** / bedingter Sprung, relativer Sprung (SPB) (siehe Sprung) || **~ jump instruction** / bedingte Sprunganweisung, IF-Anweisung *f* || **~ jump step** / bedingter Sprungschritt
conditionally short-circuit-proof / bedingt kurzschlussfest || **~ trip-free c.b.** / Leistungsschalter mit bedingter Freiauslösung || **~ tropic-proof** / bedingt tropenfest
conditional probability of failure / bedingte Ausfallwahrscheinlichkeit DIN 40042), temporäre Ausfallwahrscheinlichkeit || **~ program branch** / bedingte Programmverzweigung || **~ program end** / Programmende *n*, bedingt *adj* || **~ release** / bedingte Freigabe, Freigabe mit Beanstandung || **~ repetition** / bedingte Wiederholung (NC) || **~ reset (CR)** / konditioniertes Rücksetzen || **~ residual short-circuit current** / Differenz-Kurzschlussstrom *m* (bei Verwendung einer Kurzschlussschutzeinrichtung) || **~ set (CS)** / CS, konditioniertes Setzen || **~ short-circuit current IEC 337-1** / bedingter Kurzschlussstrom VDE 0660,T.200, Kurzschlussstrom bei Verwendung eines Kurzschlußschutzes || **~ stability of power system** / bedingte (o. künstliche) Netzstabilität *adj* || **~ stop** / bedingter Halt || **~ trip free feature** / bedingte Freiauslösung (SG)
condition analysis / Kriterienanalyse *f* (SPS) || **~ at delivery from the plant** / Auslieferzustand *m* || **~ branch** / Bedingungszweig *m* || **~ code** / Bedingungscode *m*, Indikator... || **~ code bit** / Indikatorbit *n*, Anzeigebit *n* || **~ code byte** / Anzeigebyte *n* || **~ code (CC)** / Anzeigenbit (ANZ) *n*, Anzeigebit (ANZ) *n*
condition-code register (contains the indicators resulting from operation of the ALU) / Indikatorregister *n*
condition code word / ANZW (Anzeigewort)
condition-code word / Indikatorwort *n*, Anzeigewort *n*
conditioned air / (klimatisierte) Raumluft *f* || **~ test atmosphere** / Prüfklima *n*
conditioner, sample ~ / Probenaufbereitungseinrichtung *f* || **signal ~** / Signalaufbereitungsglied *n*, Signalformer *m*, Eingabeglied *n*
conditioning *n* / Aufbereitung *f*, Konditionierung *f*, Anpassung *f* (Signale), Klimatisierung *f* || **~ /** Konditionierung *f* (Prüfling) IEC 50(212) || **~ IEC 512-1** / Beanspruchung *f* DIN 41640,Prüfling || **~ IEC 469-1** / Konditionieren *n* (Impulse) DIN IEC 469,T.1 || **magnetic ~** / magnetische Konditionierung, Einstellung eines eindeutigen, magnetischen Ausgangszustands || **signal ~** / Signalkonditionierung *f*, Signalaufbereitung *f*, Signalanpassung *f*
condition of inspection / Gutachtenbedingung *f* ||
condition of motion / Bewegungszustand *m* || **~ of operation** / Einsatzbedingung *f*
condition output / Kriterienausgang *m* (SPS)
conditions, calculatable flow ~ / definierte

conduct 98

Strömungsverhältnisse || ~ **of adequate heat discharge** IEC 335-1 / angemessene Wärmeableitungsbedingungen VDE 0700,T.1 || ~ **of application** / Einsatzbedingungen $f\,pl$ || ~ **of installation** / Aufstellungsarten $f\,pl$ || ~ **of storage and transport** / Lager- und Transportbedingungen || ~ **of use** / Betriebsbedingungen $f\,pl$, Gebrauchsbedingungen $f\,pl$
conduct v / leiten v, ausführen v
conductance n / Wirkleitwert m, Konduktanz f, Leitwert m, Leitfähigkeit f || **thermal** ~ / Wärmeleitzahl f, Wärmeleitwert m || ~ **circle** / Konduktanzkreis m || ~ **protection** / Konduktanzschutz m || ~ **relay** / Konduktanzrelais n
conducted *adj* / leitungsgebunden *adj* || ~ **disturbance** / leitungsgeführte Störgröße IEC 60050(161) || ~ **heat** / Transmissionswärme f || ~ **interference** / leitungsgeführte Störung, Rückwirkung f DIN41745, leitungsgebundene Störeinkopplung, leitungsgebundene Störung || ~ **noise** / leitungsgebundene Störung
conducting *adj* / leitend *adj*, stromführend *adj*, durchgeschaltet *adj* || ~ **bar** / Leitschiene f || ~ **direction** / Durchlassrichtung f (HL, LE) || ~ **interval** / Stromführungszeit f (LE), Stromflusszeit f (LE) || ~ **path** / Segment n, Strombahn f, Strompfad m, Stromweg m || ~ **state** / leitender Zustand, Durchlasszustand m (Thyr)
conducting-state current / Durchlassstrom m (Diode) DIN 41781 || ~ **power loss** / Durchlassverlustleistung f (Diode) DIN 41781 || ~ **region** / Durchlassbereich m (HL) || ~ **voltage** / Durchlassspannung f (Diode) DIN 41781 || ~ **voltage-current characteristic** / Durchlasskennlinie f (Diode) DIN 41781
conduction n / Leitung f, Stromleitung f, Fortleitung f || **gas** ~ / Leitung in Gas, Stromleitung in Gas || ~ **band** / Leitungsband n (HL) || ~ **current** / Leitungsstrom m || ~ **current density** / Leitungsstromdichte f || ~ **direction** / Stromflussrichtung f (LE) || ~ **electron** / Leitungselektron n || ~ **interval** / Stromführungszeit f (LE), Stromflusszeit f (LE) || ~ **loss** / Leitungsverlust m (Stromdurchleitung) || ~ **monitoring** / Stromflussüberwachung f || ~ **motor** / Konduktionsmotor m || ~ **ratio** / Stromflussverhältnis n (LE)
conduction-through n IEC 733 / Durchzündung f (LE), Wechselrichterkippen n
conductive cement / Leitkitt m || ~ **clothing** / leitfähige Schutzbekleidung || ~ **coating** / elektrisch leitender Anstrich || ~ **continuity** / Stromdurchgang m, Durchgang m || ~ **coupling** / ohmsche Beeinflussung, galvanische Kopplung || ~ **foil** / leitende Folie || ~ **ink** / Leitlack m || ~ **mass of soil** / leitendes Erdreich || ~ **part** / leitfähigesTeil || ~ **pattern** / Leiterbild n (gS) || ~ **plastic potentiometer** / Leitplastikpotentiometer m || ~ **plastic track poti** / Leitplastikpoti (LPP) m || ~ **strip** / Zündstreifen m (Lampe), Zündstrich m || ~ **tape** / leitendes Band (Kabel), Leitband n, halbleitendes Band || ~ **varnish** / Leitlack m || ~ **voltage drop** / durchgeschalteter Spannungsabfall
conductivity n / Leitfähigkeit f, Leitvermögen n, spezifischer Leitwert || ~ **measurement methods** / Leitfähigkeitsmessverfahren || ~ **measuring system** / Leitfähigkeits-Messeinrichtung f || ~ **meter** / Leitfähigkeits-Messgerät n
conductivity-modulated device (CMD) / leitfähigkeitsmodulierte Schaltung || ~ **field effect transistor (COMFET)** / leitfähigkeitsmodulierter Feldeffekttransistor
conductivity modulation / Leitfähigkeitsmodulation f (HL) || ~ **sensor** / Leitfähigkeits-Aufnehmer m
conduct of test / Durchführung der Prüfung
conductor n / Leiter m (el.), Draht m (einer Leitung), Kabel n, Leitung f, Ader f || ~ **area** / Leiterquerschnittsfläche f, Leiterquerschnitt m || ~ **assembly** / Leiterverband m, Leiterbündel n || ~ **bar** / Stromschiene f || ~ **bar package** / Stromschienenpaket n || ~ **bundle** / Bündelleiter m, Leiterbündel n || ~ **configuration** / Leiteranordnung f (Freiltg.), Mastkopfbild n || ~ **connection** / Leiterverbindung f || ~ **cross section** / Leiterquerschnitt m, Leiteranschluss m, Anschlussquerschnitt m || ~ **cross-sectional area** / Leiterquerschnittsfläche f, Leiterquerschnitt m || ~ **earth electrode** / Seilerder m, Oberflächenerder m || ~ **electrode** / Oberflächenerder m || ~ **element** / Teilleiter m || ~ **fault** (bridging of live conductors in a faulted circuit incorporating a resistance device, e.g. an incandescent lamp) / Leiterschluss m VDE 0100,T.200 || ~ **for overhead transmission lines** / Freileitungsseil n || ~ **galloping** / Leitertanzen n || ~ **gauge** / Leiterlehre f, Leiterseillehre f || ~ **insulation** / Leiterisolierung f || ~ **layout** / Leiterbild n (Leiterplatte, CAD) || ~ **loop** / Leiterschleife f || ~ **of a line** / Draht einer Leitung || ~ **protection** / Leitungsschutz m || ~ **pull-out force** / Leiter-Zugfestigkeitskraft f DIN 41639, Leiter-Ausziehkraft f || ~ **rail** / Leiterschiene f, Stromschiene f, Stromabnehmerschiene f || ~ **rail gauge** / Lichtraumprofil für Stromschienen || ~ **run** / Leitungszug m || ~ **sag** / Leiterdurchhang m, Seildurchhang m (Freiltg.) || ~ **screen** / innere Leitschicht (Kabel) || ~ **size** / Anschlussquerschnitt m || ~ **space** / Leiterraum m (Anschlussklemme) || ~ **spacing** / Leiterabstand m (a. gS) || ~ **splitting** / Leiterteilung f || ~ **support** / Leitungsträger m (Freil.), Tragwerk n || ~ **tensile force** / Leiter-Zugfestigkeitskraft f DIN 41639, Leiter-Ausziehkraft f, Seilzugkraft f || ~ **terminal** / Leiteranschluss m || ~ **vibration** / Leiterschwingungen $f\,pl$ (Freiltg.), Seilschwingungen $f\,pl$ || ~ **width** / Leiterbreite f (a. gS) || ~ **with counter-e.m.f.** / gegeninduzierte Seite
conduit n / Installationsrohr n, Leitungsschutzrohr n, Schutzrohr n (f. Kabel), Leitungsrohr n, Kabelschutzrohr n, Kabelrohr n || ~ IEC 50(826), Amend. 2 / Elektro-Installationsrohr n || ~ **accessories** / Installationsrohr-Zubehör n, Rohrzubehör n (IR), Rohrarmaturen $f\,pl$ || ~ **adapter** / Rohradapter m (IR) || ~ **bend** / Rohrbogen m || ~ **bender** / Rohrbiegegerät n (IR) || ~ **box** / Rohrdose f (I), Abzweigdose f, Verbindungsdose f, Klemmenkasten f für Rohranschluss || ~ **cleat** / Rohrschelle f (IR) || ~ **coupling** / Rohrmuffe f (IR) || ~ **entry** / Rohreinführung f (IR), Rohrleitungseinführung f (IR) || ~ **fittings** / Installationsrohr-Zubehör n, Rohrzubehör n (IR), Rohrarmaturen $f\,pl$ || ~ **for electrical purposes** / Elektroinstallationsrohr n,

Elektrorohr *n* || ~ **for heavy mechanical stresses** IEC 614-1 / Installationsrohr für schwere Druckbeanspruchung, Panzerrohr *n* || ~ **for light mechanical stresses** IEC 614-1 / Installationsrohr für leichte Druckbeanspruchung || ~ **for medium mechanical stresses** IEC 614-1 / Installationsrohr für mittlere Druckbeanspruchung || ~ **for very heavy mechanical stresses** / Installationsrohr für sehr schwere Druckbeanspruchung (IR) || ~ **for very light mechanical stresses** / Installationsrohr für sehr leichte Druckbeanspruchung (IR) || ~ **hanger** / (Rohr-)Hängeschelle *f*, Abstandschelle *f* || ~ **nipple** / Rohrnippel *m* (IR) || ~ **saddle** / Rohrschelle *f* (IR) || ~ **union** / Rohrverschraubung *f* (IR) || ~ **with electrical continuity** / Metallrohr mit beständigen elektrischen Leiteigenschaften || ~ **with heavy protection** (CEE 23) / Installationsrohr für schwere Druckbeanspruchung, Panzerrohr *n* || ~ **with high protection** / Installationsrohr mit hohem Schutz (IR), Rohr für schwere Druckbeanspruchungen || ~ **with light protection** (CEE 23) / Installationsrohr für leichte Druckbeanspruchung || ~ **with medium protection** (CEE 23) / Installationsrohr für mittlere Druckbeanspruchung || ~ **without electrical continuity** / Metallrohr ohne beständige elektrische Leiteigenschaften
condulet *n* / Einführungstülle *f*
cone *n* / Kegel *m*, Konus *m* || **oil** ~ / Ölsenke *f* (EZ) || **stress** ~ / Wickelkeule *f*, Kondensatorwickel *m* || **traffic** ~ / Pylon *m* (Vekehrsmarkierung) || ~ **apex to crown** / Kegelscheitel bis zur äußeren Kante des Kopfkegels || ~ **brake** / Kegelbremse *f* || ~ **clutch** / Kegelkupplung *f*, Konuskupplung *f*
coned sleeve / kugelige Muffe
cone friction clutch / Kegel-Reibungskupplung *f*, Reibkegel-Sicherheitskupplung *f*, Kegel-Rutschkupplung *f* || ~ **of gears** / Stufenräder *n pl* || ~ **of light** / Lichtkegel *m* || ~ **of protection** / Schutzkegel *m* (Blitzschutz), Schutzbereich *m* || ~ **pulley** / Stufenscheibe *f* || ~ **pulley drive** / Stufenscheibentrieb *m* || ~ **spray** / Kegelstrahl *m* (Kfz-Einspritzventil)
conference traffic / Konferenzverkehr *m* (FWT)
confidence interval / Vertrauensbereich *m* DIN 55350,T.24, Vertrauensintervall *n*, Konfidenzintervall *n*, Konfidenzbereich *m* || ~ **level** / Vertrauensniveau *n* DIN 55350,T.24, statistische Sicherheit, Aussagewahrscheinlichkeit für Vertrauensbereich || ~ **limit** / Vertrauensgrenze *f* DIN 55350,T.24 || ~ **test** / Selbsttest *m*
configurability *n* / Projektierbarkeit *f*
configurable *adj* / projektierbar *adj*, parametrierbar *adj*, verschaltbar *adj* || ~ **graphics** / projektierbare Graphik || ~ **import/export interface** / konfigurierbare Import-/Export-Schnittstelle || ~ **message frame** / projektierbares Telegramm
configuration *n* / (gerätetechnische) Anordnung *f*, Strukturierung *n* (Verschaltung u. Parametrierung von Programmbausteinen), Projektieren *n*, Ausbau *m* (gerätetechn. Anordnung), Aufbau *m*, Konfiguration *f*, Erweiterung *f*, Ausbaustufe *f*, Schutzbeschaltung *f*, Beschaltung *f*, Feldaufbau *m*, Projektierung *f*, Ausbaugrad *m*, Bestückungsausbau *m*, Konfigurierung *f* || **basic** ~ / Grundausbau *m* (elSt) || **contact** ~ / Kontaktanordnung *f*, Kontaktabwicklung *f* || **network** ~ / Netzform *f*, Netzstruktur *f*, Netzkonfiguration *f*, Netzgebilde *n* || **pin** ~ / Stiftanordnung *f* (StV), Anschlussbelegung *f* (IS), Anschlussanordnung *f* (IS) || ~ **console** / Konfigurations-Konsole *f* || ~ **data** / Strukturierdaten *plt*, Projektierungsdaten *pl* || ~ **device** / Projektierungsgerät *n* (PLT, Bussystem) || ~ **drawing** / Projektierungszeichnung *f* || ~ **error** / Konfigurationsfehler *m*, Projektierungsfehler *m* || ~ **error display** / Strukturierfehlanzeige *f* || ~ **factor** / Himmelslichtquotient *m*, gegenseitiger Austauschfaktor (BT) || ~ **form** / Projektierungsformular *n* || ~ **frame** / Konfigurationstelegramm *n* || ~ **instruction** / Strukturieranweisung *f* || ~ **interface** / Konfigurationsschnittstelle *f* || ~ **keyboard** / Strukturiertastatur *f*, Konfiguriertastatur *f* || ~ **kit** / Projektierungspaket *n* || ~ **language** / Projektierungssprache *f* || ~ **list** / Projektierungsliste *f* || ~ **logic** / Projektierungslogik *f* || ~ **mode** / Projektiermodus *m* || ~ **of speed control** / Konfig. Drehzahlregelung || ~ **of Vdc controller** / Konfiguration des Vdc-Reglers || ~ **program** / Projektierungsprogramm *n* (SPS) || ~ **result** / Projektierungsergebnis *n* || ~ **schematic** / Projektierungsschema *n* || ~ **service** / PS (Projektierungsservice), Projektierungsservice (PS) *m* || ~ **software** / Projektierungssoftware *f* || ~ **tool** / Konfigurator *m*, Projektierungswerkzeug *n*, Projektiertool *n*, Projektierungstool *n* || ~ **tools** / Konfigurierungswerkzeuge *n pl* || ~ **with triple redundancy** / Dreifach redundanter Aufbau
configurator *n* / Konfigurator *m*
configure *v* / strukturieren *v* (verschalten u. parametrieren von Datenbausteinen), projektieren *v* (gerätetechnische Anordnung), konfigurieren *v* || ~ **state** / Einstellzustand *m* (PMG)
configured graphic display / projektiertes Grafikbild
configuring *n* / Projektierung *f*, Projektieren *n*, Konfigurierung *f* || ~ **aid** / Projektierungshilfe *f* || ~ **aids** / Projektierungshinweise *m pl* (SPS) || ~ **error** / Projektierfehler *m* || ~ **form** / Projektierungshilfe *f*, Projektierungshinweis *m* || ~ **guide** / Projektierungsanleitung (PJ) *f* || ~ **level** / Strukturierebene *f* || ~ **package** / Projektierpaket *n* || ~ **range** / Projektierbereich *m* || ~ **software** / Projektiersoftware *f*, Projektierungssoftware *f* || ~ **statement** / Strukturieranweisung *f* || ~ **station** / Projektierplatz *m* || ~ **syntax** / Projektiersyntax *f* || ~ **tool** / Projektierungswerkzeug *n*, Projektierungstool *n*, Projektiertool *n* || ~ **work** / Projektierarbeit *f*
confinement *n* / Einschluss *m* (Plasma)
confirmation *n* / Bestätigung *f* || ~ **enquiry** / Sicherheitsabfrage *f*
confirmatory test / Bestätigungsprüfung *f*
confirmed date / Isttermin *m*
conflicting (terminal) entry / Konfliktbuchung *f* (GLAZ)
conform, to ~ **to a standard** / basieren auf einer Norm
conformal coating / Umhüllung *f* (gS)
conformance *n* / Übereinstimmung *f*, Entsprechung *f*, Konformität *f* || ~ **ISO 3309** / Übereinstimmung *f* (DÜ) || ~ **test** / Prüfung auf Normeneinhaltung
conformity *n* / Übereinstimmung *f*, Konformität *f*, Kennlinienübereinstimmung *f* (MG) || **mark of** ~ / Konformitätszeichen *n*, Gütezeichen *n*, Prüfzeichen

confusing *n* ‖ ~ **assessment procedure** / Konformitätsbewertungsverfahren *f* ‖ ~ **certificate** / Konformitätsbescheinigung *f*, Prüfbescheinigung *f*, Zulassungsbescheinigung *f* ‖ ~ **certification** / Verfahren zur Konformitätszertifizierung ‖ ~ **symbol** / Zulassungszeichen *n*, Beglaubigungszeichen *n* ‖ ~ **test** / Konformitätsprüfung *f*, Bestätigungsprüfung *f*
confusing light / irreführendes Licht
congealing *n* / Auskristallisation *f* ‖ **congealing point** / Gerinnungspunkt *m*, Erstarrungspunkt *m*
congestion *n* / Stau *m*, Verkehrsstau *m*, Rückstau *m*, Blockierung *f* (Kommunikationsnetz)
conic *n* / Kegelschnitt *m*
conical *adj* / schräg *adj*, kegelförmige Stirnfläche
conical friction clutch / Kegel-Reibungskupplung *f*, Reibkegel-Sicherheitskupplung *f*, Kegel-Rutschkupplung *f* ‖ ~ **gear with curved teeth** / Bogenzahn-Kegelrad *n* ‖ ~ **nut** / Kegelmutter *f*
conical-rotor machine / Maschine mit konischem Läufer
conical safety coupling / Kegel-Reibungskupplung *f*, Reibkegel-Sicherheitskupplung *f*, Kegel-Rutschkupplung *f* ‖ ~ **socket** / Kegelpfanne *f* ‖ ~ **terminal** / Kegelklemme *f*, Konusklemme *f*, Klemmenkegel *m*
conjugate poles / konjugierte Pole
connect *v* / anschalten *v*, koppeln *v*, einkoppeln *v*, auflegen *v*, beschalten *v*, anmelden *v*, verknüpfen *v*, zuschalten *v*, einschalten *v*, verbinden *v*, anschließen *v*, anklemmen *v* ‖ **to ~ back to back** / gegeneinander schalten ‖ **to ~ in correct phase sequence** (o. **phase relation**) / phasenrichtig anschließen ‖ **to ~ in incoming circuit** / vorschalten *v* ‖ **to ~ in outgoing circuit** / nachschalten *v* ‖ **to ~ in parallel** / parallelschalten *v*, nebeneinander schalten ‖ **to ~ in series** / in Reihe schalten, hintereinander schalten, vorschalten *v*, nachschalten *v* ‖ **to ~ on line side** / vorschalten *v* ‖ **to ~ on load side** / nachschalten *v* ‖ **to ~ the load** / Last zuschalten ‖ **to ~ to earth** / mit Erde verbinden, an Erde legen, erden *v* ‖ **to ~ to frame** / mit Masse verbinden, an Masse legen ‖ **to ~ together** / zusammenschalten *v* ‖ **to ~ to the supply** / an das Netz schalten, an Spannung legen, aufschalten *v*, zuschalten *v*
connectable *adj* / anbindbar *adj*, anschließbar *adj*, beschaltbar *adj* ‖ ~ **conductor cross-sections** / anschließbare Leiterquerschnitte ‖ ~ **measuring systems** / anschließbare Messsysteme
connected *adj* / gesteckt *adj*, angeschlossen *adj*, aufgesteckt *adj*, aufgebaut *adj*, beschaltet *adj* ‖ ~ **connected in delta** / in Dreieck geschaltet ‖ ~ **in opposition** / gegensinnig geschaltet, in Gegenphase geschaltet ‖ ~ **in parallel** / parallelgeschaltet *adj*, nebeneinander geschaltet ‖ ~ **in series** / in Reihe geschaltet, in Serie geschaltet, vorgeschaltet *adj*, nachgeschaltet *adj* ‖ ~ **in star** / in Stern geschaltet ‖ ~ **load** / Anschlussleistung *f*, Anschlusswert *m*, Flächenbelastung *f* (BT) ‖ ~ **network** / zusammenhängendes Netzwerk ‖ ~ **position** IEC 439-1 / Betriebsstellung *f* (Schalteinheit) VDE 0660,T.500 ‖ ~ **to common potential** / gewurzelt *adj* ‖ ~ **to common 0V potential** / M-Wurzelung *f* ‖ ~ **to common P potential** / P-Wurzelung *f*
connecting bar / Verbindungsschiene *f*, Anschlussschiene *f* ‖ ~ **cable** / Anschlusskabel *n*, Steckleitung *f*, Verbindungskabel *n* ‖ ~ **cable with connector and coupler connector** / Verbindungsleitung mit Dose und Stecker ‖ ~ **clip** / Verbindungsklips *m pl* ‖ ~ **command** / Zuschaltkommando *n* ‖ ~ **compartment** / Verbindungsraum *m* ‖ ~ **devices** IEC 23F.3 / Verbindungsmaterial *n* VDE 0613 ‖ ~ **dimension** / Anschlussmaß *n* ‖ ~ **flange** / Anschlussflansch *m* ‖ ~ **lead** / Anschlussleitung *f*, Verbindungsleitung *f*, Zuleitung *f*, Linie *f* ‖ ~ **line** / Verbindungsleitung *f*, Verbindungslinie *f*, Linie *f* ‖ ~ **link** / Verbindungsglied *n*, Zugspindel *f*, Zugstange *f*, Verbundleiste *f* ‖ ~ **lug** / Anschlussfahne *f*, Anschlusslasche *f*, Verbindungslasche *f* ‖ ~ **module** / Verbindungsbaustein *m* ‖ ~ **piece** / Verbindungsstück *n* ‖ ~ **plate** / Anschlussplatte *f* ‖ ~ **point** / Anschlusspunkt *m* ‖ ~ **rod** / Kolbenstange *f*, Pleuelstange *f*, Koppelstange *f*, Koppel *f*, Schubstange *f*, Kurbelstange *f* ‖ ~ **rod joint** / Gestängegelenk *n* ‖ ~ **rods** / Verbindungsgestänge *n* ‖ ~ **set** / Verbindungssatz *m* ‖ ~ **sleeve** / Verbindungsmuffe *f*, Rohrstutzen *m* ‖ ~ **terminal plate** IEC 23F.3 / Klemmenbrett *n*, Klemmenplatte *f*, Anschlussplatte *f* ‖ ~ **terminal unit** IEC 23F.3 / Verbindungsklemme *f* VDE 0613 ‖ ~ **the load** / Lastzuschaltung *f* ‖ ~ **to common potential in groups** / Wurzelung *f* ‖ ~ **to ground** / Erdung *f* ‖ ~ **tube** / Verbindungsschlauch *m*
connection *n* / Anschluss *m*, Verbindung *f* (a. Kommunikationsnetz) DIN ISO 7498, Schaltung *f* (SR), Schaltverbindung *f*, Verknüpfung *f*, Netzstromversorgung *f*, Schutzbeschaltung *f*, Beschaltung *f* ‖ ~ **through** / Durchgangsverbindung *f*, Anschlusszubehör *n* ‖ ~ **angle** IEC 255-12 / Einschaltphasenlage *f* (Rel.) ‖ ~ **assembly kit** / Verbindungsbausatz *m* ‖ ~ **bar** / Zubringerschiene *f*, Anschlussschiene *ff* ‖ ~ **block** / Klemmleiste *f*, Klemmenblock *m*, Anschlussleiste *f* ‖ ~ **bolt** / Kugelanschlussbolzen *m* ‖ ~ **bolts** / ‖ ~ **box** / Klemmenkasten *m*, Anschlusskasten *m*, Abschlusskasten *m* (f. Kabelanschlüsse), Enddose *f* ‖ ~ **buildup** / Verbindungsaufbau *m* ‖ ~ **by welding only** / tragende Schweißverbindung ‖ ~ **cables** / Linie *f*, Verbindungsleitung *f* ‖ ~ **carrying circulating current** / kreisstromführende Schaltung (LE) ‖ ~ **charge** / Anschluss- und Netzkostenbeitrag (StT), laufender Anschluss- und Netzkostenbeitrag (StT) ‖ ~ **check** IEC 700 / Kontrolle der Hauptstromverbindungen (LE) ‖ ~ **clearance** / Verbindungsabbau *m* (DÜ) ‖ ~ **cleardown** / Verbindungsabbau *m* ‖ ~ **comb** / Verbindungskamm *m* ‖ ~ **conditions** / Anschlussbedingungen *f pl* ‖ ~ **cover** / Anschlussdeckel *m* ‖ ~ **descriptor** / Verbindungsbezeichner *m* ‖ ~ **design** / Anschlussausführung *f* ‖ ~ **designation** / Anschlussbezeichnung *f* ‖ ~ **diagram** (US) / Verdrahtungsplan *m* DIN 40719, Anschlussplan *m* ‖ ~ **drop** / Spannungsabfall zwischen Litze und Bürste *f* ‖ ~ **duct** / Verbindungskanal *m* ‖ ~ **endpoint** / Verbindungsendpunkt *m* (Kommunikationsnetz) ‖ ~ **endpoint identifier** / Verbindungsendpunkt-Kennung *f* ‖ ~ **facilities** / Anschlussteile *n pl* EN 50014 ‖ ~ **facility** / Anschlussmöglichkeit *f* ‖ ~ **for the brake** / Bremsenanschluss *m* ‖ ~ **height** / Anschlusshöhe *f* ‖ ~ **in air** / Luftanschluss *m* ‖ ~ **in parallel** / Parallelschaltung *f*,

Nebenschlussschaltung $f \parallel$ ~ **in series** / Reihenschaltung f, Serienschaltung f, Kaskadenschaltung f (SR-Schaltungen) $\parallel$ ~ **key** / Verbindungskeil $m \parallel$ ~ **lead** / Anschlussleitung f
connectionless *adj* / verbindungslos *adj* (Kommunikationssystem) $\parallel$ ~ **mode** / verbindungsloser Betrieb
connectionless-mode communication *adj* / verbindungslose Kommunikation
connection lever / Verbindungshebel $m \parallel$ ~ **line** / Linie f, Verbindungsleitung $f \parallel$ ~ **lug** / Verbindungslasche $f \parallel$ ~ **method** / Anschlusstechnik f
connection-mode *adj* / verbindungsorientiert *adj* $\parallel$ ~ **communication** / verbindungsorientierte Kommunikation
connection module / Anschlussmodul $n \parallel$ ~ **monitoring** / Verbindungsüberwachung f (PROFIBUS)
connection-oriented *adj* ISO 8602 / verbindungsorientiert *adj*
connection panel / Anschlussträger $m \parallel$ ~ **path** / Verbindungsweg $m \parallel$ ~ **phases** / Anschlussphasen f $pl \parallel$ ~ **piece** / Anschlussstück $n \parallel$ ~ **plate** / Verbindungsplatte f, Verbundblech n, Anschlussblech $n \parallel$ ~ **plug** / Anschlussstecker m
connection point / Anschlussstelle f, Schaltstelle $f \parallel$ ~ **refusal** / Verbindungsrückweisung f (Datennetz) $\parallel$ ~ **release** / Verbindungsabbau $m \parallel$ ~ **request** / Verbindungsanforderung f (Datennetz) $\parallel$ ~ **resource** / Verbindungs-Ressource $f \parallel$ ~ **retainability** / Bestandswahrscheinlichkeit IEC 50(191), bestehender Verbindungen $\parallel$ ~ **screw** / Anschlussschraube f, Polschraube und Polmutter (Batt.), Klemmenschraube $f \parallel$ ~ **setup** / Verbindungsaufbau $m \parallel$ ~ **slot** / Anschlusslitze $f \parallel$ ~ **socket** / Anschlussbuchse $f \parallel$ ~ **status** / Verbindungszustand m, Verbindungsstatus $m \parallel$ ~ **symbol** IEC 50(421) / Schaltgruppe f (Trafo) $\parallel$ ~ **tag** / Anschlussfahne $f \parallel$ ~ **terminal** / Antriebsklemme f, Klemme (KL) f, Anschlussklemme $f \parallel$ ~ **to earth** / Erdanschluss m, Erdung $f \parallel$ ~ **to earth for functional purposes** / Erdanschluss zu Betriebszwecken $\parallel$ ~ **to earth for protective purposes** / Erdanschluss zu Schutzwecken $\parallel$ ~ **to frame** / Massung $f \parallel$ ~ **to power supply** / Netzanschluss $m \parallel$ ~ **unit (CU)** / Zentralgeräteanschaltung $f \parallel$ ~ **voltage** / Anschlussplan $m \parallel$ ~ **wires** / Anschlussleitungen f pl
connectivity n / (hohe) Anschlussflexibilität f, Konnektivität f, Anwendungsflexibilität f
connector n / Verbinder m, Verbindungsstück m, Kupplungssteckdose f, Anschlussstecker m, Steckklemme f, Schaltverbindung f, Schaltstab m (Wickl.), Verbindungshülse f, Anschalter m (Bildschirmdarstellung), Übergangsstelle f (Bildzeichen), Steckanschluss m, Anschlussstück n, Kupplungsstecker m, Verbindungslasche f, Stecker m, Anschluss m, Konnektor m (Diagramm), Steckverbinder m, Anschlussstelle f, Verbindungsklemme f, Endverbinder f, Gerätesteckdose $f \parallel$ **Cannon** ~ / Cannon-Stecker m $\parallel$ **commutator** ~ / Kommutatorfahne $f \parallel$ ~ **attribute** / Konnektorattribut $n \parallel$ ~ **body** / Steckverbinderkörper $m \parallel$ ~ **coding** / Steckerkodierung $f \parallel$ ~ **converter** /

Konnektorwandler $m \parallel$ ~ **cover** / Steckerhaube $f \parallel$ ~ **element** / Anschlusselement $n \parallel$ ~ **female** / Buchsenstecker $m \parallel$ ~ **for terminating resistance** / Abschlussstecker $m \parallel$ ~ **for the rotor position encoder/ shift encoder** / Rotorlagegeberstecker m $\parallel$ ~ **front** / Steckverbinder-Vorderseite $f \parallel$ ~ **housing** / Steckverbindergehäuse n, Steckergehäuse n, Steckverbinder-Gehäuse $n \parallel$ ~ **identifier** / Steckerkennung f (SPS) $\parallel$ ~ **input** / Steckereingang m, Connector Input (CI), CI (Connector Input) $\parallel$ ~ **insert** / Steckverbinder-Einsatz m, Isolierkörper des Steckverbinders $\parallel$ ~ **interface** / Steckverbinder-Stirnflächen f $pl \parallel$ ~ **jack** / Steckverbinderbuchse $f \parallel$ ~ **jacket** / Steckergehäuse $n \parallel$ ~ **location** / Steckplatz $m \parallel$ ~ **mated set** / Steckverbindersatz m $\parallel$ ~ **mating and unmating force** / Kupplungskraft f (Steckverbinder) $\parallel$ ~ **output** / Steckerausgang $m \parallel$ ~ **pair** / Steckverbindersatz $m \parallel$ ~ **pin** / Anschlussstift m, Kontaktstift m, Steckverbinderstift $m \parallel$ ~ **pin assignment** / Steckerstiftbelegung f, Steckerbelegung f, Belegung f, Anschlussbelegung $f \parallel$ ~ **plug** / Anschlussstecker $m \parallel$ ~ **receptable** / Verriegelungsklemme $f \parallel$ ~ **route** / Konnektorverlauf $m \parallel$ ~ **set** / Steckersatz $m \parallel$ ~ **shell** / Steckverbindergehäuse $n \parallel$ ~ **shield** / Steckverbinder-Abschirmung $f \parallel$ ~ **sleeve** / Aderendhülse $f \parallel$ ~ **socket** / Steckverbinderdose f, Gerätesteckdose $f \parallel$ ~ **style** / Steckverbinder-Bauform $f \parallel$ ~ **system** / Stecksystem n, Steckverbindersystem $n \parallel$ ~ **type** / Steckverbinder-Bauart $f \parallel$ ~ **variant** / Steckverbinder-Variante $f \parallel$ ~ **with delayed switch off** / abfallverzögertes Schütz
connect request / Verbindungsaufbauanforderung f (Datennetz) $\parallel$ ~ **response** / Verbindungsaufbauantwort $f \parallel$ ~ **through** v / durchschalten v, durchschleifen $v \parallel$ ~ **up** / anschließen v, verschalten v
Conrad bearing / Rillenkugellager n, Hochschulter-Kugellager n
consecutive delivery time / Anschlusslieferzeit $f \parallel$ ~ **processing** / fortlaufendeVerarbeitung $f \parallel$ ~ **number** / Zählnummer einer Störung
consequential arc-back / Folgerückzündung $f \parallel$ ~ **cost** / Folgekosten $pl \parallel$ ~ **damage** / Folgeschäden m $pl \parallel$ ~ **fault** / Folgefehlzustand m IEC 50(448)
consequent-pole machine / Folgepolmaschine f
conservation law / (Energie-)Erhaltungssatz $m \parallel$ ~ **of radiance** / Radianzgesetz n
conservative force / Potentialkraft f
conservator, oil ~ / Ölausdehnungsgefäß n
conserved-charge battery / entleerte, geladene Batterie
consider adjacent location / Nebenplatzbetrachtung f
consideration n / Berücksichtigung $f \parallel$ ~ **of valve characteristic** / Kennlinienbetrachtung f
consignment n (QA) / Lieferung f (QS) $\parallel$ ~ **appraisal** (QA) / Lieferungsbeurteilung f (QS)
consistency n / Konsistenz f, Stoffdichte f, Übereinstimmung f, Reproduzierbarkeit f, Wiederholgenauigkeit f, Beständigkeit $f \parallel$ ~ (relay) IEC 50(446) / Vertrauensbereich der Abweichung, statistische Wiederholbarkeit DIN IEC 255,T.1-00 $\parallel$ ~ **(QA)** / Widerspruchsfreiheit $f \parallel$ ~ **transmitter** / Einheits-Messumformer für Konsistenz
consisting *adj* / bestehend *adj*
console n / Pult n, Steuerpult n, Schaltpult f,

Bedienungsplatz *m*, Stellwarte *f* (BT), Konsole *f* ||
programmer's ~ / Programmierstand *m*, Rechner-
Bedienungspult *n* || ~ **command processor (CCP)** /
Bedienungsbefehlsprozessor *m*
console-mounted version / Pultausführung *f*
console typewriter / Bedienungsblattschreiber *m*,
Blattschreiber *m*
conspicuousness *n* / Auffälligkeit *f* (Objekt o.
Lichtquelle)
constancy, gain ~ / Linearität der Verstärkung
constant *n* / Konstante *f*, gleichbleibend *adj* || ~
availability / Dauerverfügbarkeit *f* || ~ **bus cycle
time** / Äquidistanz *f*
constant-charge generator /
Konstantladungsgenerator *m*
constant-current charge / Konstantstromladung *f* || ~
d.c.-link converter / Stromzwischenkreis *m*,
Zwischenkreisstromrichter mit eingeprägtem
Strom, Stromrichter *m* || ~ **excitation** / Speisung mit
Konstantstrom (Messwertumformer) || ~ **generator**
/ Konstantstromgenerator *m* || ~ **power supply** (A
power supply that stabilizes output current with
respect to changes of influence quantities.) /
Konstantstrom-Stromversorgungsgerät *n*
(Stromversorgungsgerät, das die
Ausgangsstromstärke in Bezug auf Änderungen der
Einflussgrößen stabilisiert.) || ~ **source (CCS)** /
Konstantstromquelle *f* || ~ **system** /
Konstantstromsystem *n* || ~ **transformer** /
Konstantstromtransformator *m*,
Drosseltransformator *m* || ~ **tube** / Stromregelröhre
f (Leuchte)
constant cutting rate / konstante
Schnittgeschwindigkeit || ~ **cutting speed** (NC
preparatory function) ISO 1056 /
Schnittgeschwindigkeit *f* (NC-Wegbedingung) DIN
66025,T.2 || ~ **failure intensity period** / Phase
konstanter Ausfalldichte IEC 50(191) || ~ **failure
rate period** / Phase konstanter Ausfallrate IEC
50(191) || ~ **flow pump** / Konstantpumpe *f*
constant-flux voltage variation (CFVV) /
Einstellung bei konstantem Fluss (Trafo, CF-
Einstellung)
constant-frequency control /
Konstantfrequenzregelung *f*
constant-horsepower motor / Motor mit konstanter
Leistung
constant K of maximum-demand indicator /
Maximumkonstante K || ~ **lead** / gleichbleibende
Steigung (NC, Gewindeschneiden)
constant-lead thread cutting / Gewindeschneiden
mit konstanter Steigung
constant-light control / Konstantlichtregelung *f*
constant load / gleichbleibende Belastung,
Dauerbelastung *f* || ~ **losses** / konstante Verluste,
lastunabhängige Verluste, stromunabhängige
Verluste, Leerlaufverluste *m pl*
constantly under pressure / Dauerbeaufschlagung
constant non-availability / Dauerunverfügbarkeit *f* ||
~ **of controlled system** / Regeltreckenwert *m* || ~ **of
measuring instrument** / Messkonstante *f* || ~
operating sequence / feste Schaltfolge
constant-pitch thread cutting / Gewindeschneiden
mit konstanter Steigung
constant-power motor / Motor mit konstanter
Leistung
constant range / Konstantbereich *m*

constants, distributed ~ / gleichmäßig verteilte
Leitungskonstante, verteilte Parameter (o.
Elemente)
constant saturation curve / dynamische Kennlinie ||
~ **speed** / gleichbleibende Drehzahl
constant-speed control / Regelung auf
gleichbleibender Drehzahl, Drehzahlstabilisierung *f*
|| ~ **drive (CSD)** / Gleichdrehzahlgetriebe *n*,
Konstantdrehzahlantrieb *m* || ~ **motor** / Motor mit
konstanter Drehzahl, eintouriger Motor
constant speed range / V-const. Bereich || ~ **surface
speed** ISO 1056 / Schnittgeschwindigkeit *f* (NC-
Wegbedingung) DIN 66025,T.2 || ~ **velocity phase**
/ Konstantfahrphase *f*
constant-voltage, constant-frequency generator /
starrer Generator || ~, **constant-frequency system** /
starres Netz, starkes Netz || ~ **charge** /
Konstantspannungsladung *f*
constant voltage/constant current crossover /
Konstantspannungs-Konstantstrom-
Kennlinienumschaltung, Übergang von
Konstantspannungs- zu Konstantstrombetrieb || ~
voltage/constant current curve (CVCC curve) /
IU-Kennlinie *f* DIN 41745 || ~ **voltage/constant
current power supply** / Konstantspannungs-
Konstantstrom-Stromversorgungsgerät *n* || ~
voltage/constant power supply /
Konstantspannungs-Konstantstrom-
Stromversorgungsgerät *n*
constant-voltage d.c. link / Gleichstrom-
Zwischenkreis mit konstanter Spannung (LE) || ~
d.c.-link converter / Spannungszwischenkreis-
Stromrichter *m*, Zwischenkreisstromrichter mit
eingeprägter Spannung || ~ **generator** /
Konstantspannungsgenerator *m* || ~ **link** /
Konstantspannungs-Zwischenkreis *m* (LE) || ~
power supply (A power supply that stabilizes
output voltage with respect to changes of influence
quantities.) / Konstantspannungs-
Stromversorgungsgerät (Stromversorgungsgerät,
das die Ausgangsspannung in Bezug auf
Änderungen der Einflussgrößen stabilisiert.) || ~
source / Konstantspannungsquelle *f*,
Konstantspannungsgeber *m* || ~ **transformer**
(CVT) / Konstantspannungstransformator *m*,
Spannungsregler *m*, Konstantspannungsregler *m*
constant-weight code / gleichgewichtiger Code
constituent *n* / Bestandteil *m*, Komponente *f*
constrained-current operation / erzwungene
Ausbildung der Ströme (Transduktor), erzwungene
Magnetisierung (Transduktor)
constraint *n* / Zwangsbedingung *f*, Zwangsläufigkeit
f, Nebenbedingung *f*, kinematischer Zwang,
Einschränkung *f*
constraints on flow rates /
Strömungsbeschränkungen *f pl*
constrict *v* / einschnüren *v*, zusammenziehen *v*,
verengen *v*
constricted discharge / eingeschnürte Entladung || ~
vacuum arc / kontrahierter Vakuumlichtbogen
constriction resistance / Energiewiderstand *m*
construct *n* / Konstruktion *f*, Konstrukt *n*
construction *n* / Bau *m*, Bauen *n*, Errichten *f*, Aufbau
m, Bauart *f*, Konstruktion *f*, Feldaufbau *m*,
Bauweise *f*, Montage *f*, Bauausführung *f* || ~ **(QA)** /
Montage *f* (QS) || **standard requirements for** ~ /
Bauanforderungen *f pl* (SG, z.B. in VDE

0660,T.200) VDE 0660,T.200
constructional element IEC 408 / Bauteil *n* (SG) VDE 0660,T. 107 || ~ **framework** / Abstütz- und Presskonstruktion (Trafo) || ~ **gap** / konstruktive Spaltweite (Ex-, Sch-Geräte) || ~ **hardware** / mechanische Aufbauten (MSR-Geräte) || ~ **requirements** / Baubestimmungen *f pl* (Geräte), Bauanforderungen *f pl* || ~ **unit** IEC 439-1 / Baueinheit *f* (SK) VDE 0660,T.500
construction data / Bauangaben *f pl* || ~ **element** / hilfsgeometrisches Element || ~ **file** / Konstruktionsakte *f* || ~ **geometry** / Hilfsgeometrie *f*
consultation *n* / Rückmeldung *f*
construction industry / Bauindustrie *f* || ~ **machine** / Baumaschine *f* || ~ **material machine** / Baustoffmaschine *f* || ~ **point** / Hilfspunkt *m* || ~ **site** / Baustelle *f* || ~ **site installation** / Anlage auf Baustellen VDE 0100,T.200, Baustelleneinrichtung *f*, Baustellenanlage *f* || ~ **site supply** / Baustromversorgung *f* || ~ **width** / Baubreite *f*
consulting engineers / beratende Ingenieure
consumable electrode / selbstverzehrende Elektrode
consumables *n* / Verbrauchsmaterial *n*
consum chart (QA) / Kontrollkarte für kumulierteWerte (QS)
consumer *n* / Verbraucher *m*, Kunde *m* (Anwender el. Energie), Abnehmer *m*, Konsument *m* || ~ **control unit** / Installations-Kleinverteiler *m*, Wohnungsverteiler *m*, Kleinverteiler *m* || ~ **electronics** / Unterhaltungselektronik *f* || ~ **load control** / Verbrauchersteuerung *f*
consumer-related cost / abnehmerabhängige Kosten
consumer's compartment / Abnehmerteil *m* (im Zählerschrank), Konsumentenraum *m* (im Zählerschrank) || ~ **electricity control unit** / Installations-Kleinverteiler *m*, Wohnungsverteiler *m*, Kleinverteiler *m* || ~ **installation** / Verbraucheranlage *f*, Abnehmeranlage *f* || ~ **main fuse** / Wohnungsvorsicherung *f* || ~ **receiver** / Aufbau-Empfänger *m* (RSA) VDE 0420 || ~ **risk** / Bestellerrisiko *n*, Abnehmerrisiko *n* || ~ **terminal** / Verbraucherklemme *f*, Abnehmeranschluss *m*, Konsumentenanschluss *m*
consumer unit / Installations-Kleinverteiler *m*, Wohnungsverteiler *m*, Kleinverteiler *m*
consumption *n* / Verbrauch *m*, Leistungsaufnahme *f* || ~ **material** ~ (by corrosion) / Masseverlust *m* || ~ **behaviour** / Abnahmeverhalten *n* || ~ **levelling** / Verbrauchsnivellierung *f*
contact *n* / Berühren *n*, Kontakt *m*, Kontaktelement *n*, Schaltstück *n*, Anschluss *m*, Ineinandergreifen *n*, Kontaktstück *n*, Schaltglied *n*, Ansprechpartner *m*, Umschlingen *n* (Riemen) || **intentional** ~ / absichtliches Berühren || **tripped signaling** ~ / Ausgelöst-Meldekontakt || ~ **address** / Kontaktanschrift *f* || ~ **adhesive** / Kontaktkleber *m* || ~ **angle** / Berührungswinkel *m*, Umschlingungswinkel *m*, Benetzungswinkel *m* (Lötung) || ~ **area** / Kontaktfläche *f*, Auflagefläche *f*, Traganteil *m*, Kontakthammer *m*, Berührungsfläche *f* || ~ **arrangement** / Kontaktanordnung *f* (a. StV), Abwicklung *f*, Schaltprogramm *n* || ~ **assembly** / Kontaktsatz *m* (Rel.) VDE 0435,T.110, Relaiskontakt *m* DIN IEC 255 || ~ **assembly with moving arcing contact** / Strombahn mit bewegtem Lichtbogenkontakt ||

~ **assembly with spring-loaded arcing contact** / Strombahn mit federndem Lichtbogenkontakt || ~ **assignment(s)** / Kontaktbelegung *f* || ~ **axis** / Kontaktachse *f* || ~ **bank** / Kontaktbank *f*, Kontaktsatz *m* || ~ **bar** / Kontaktschiene *f* || ~ **barrier seal** s. interfacial seal || ~ **behaviour** / Kontaktverhalten *n* || ~ **bevel angle** / Neigungswinkel *m* (Bürste) || ~ **blade** / Kontaktmesser *n* || ~ **block** / Kontaktblock o. - einheit *m(f)*, Schaltereinsatz *m*, Schaltpaket *n*, Tastereinsatz *m*, Geräteeinsatz *m*, Schaltelement *n* || ~ **board** / Auflagebrett *n* || ~ **bounce** / Schaltstückprellen *n*, Kontaktprellen *n* || ~ **bounce time** / Kontaktprellzeit *f* || ~ **boy** / Kontaktkörper *m* || ~ **breaker** / Unterbrecher *m* (Kfz), Zündunterbrecher *m* (Kfz)
contact-breaker points / Unterbrecherkontakte *m pl* (Kfz)
contact-breaking spark / Ausschaltfunken *m*, Abreißfunken *m*
contact bridge / Kontaktbrücke *f* (Rel.), Kontaktbügel *m* (Rel.) || ~ **burnisher** / Kontaktreinigungsblech *n* || ~ **cage** / Kontaktkorb *m* || ~ **carrier** / Kontaktträger *m*, Schaltstückträger *m*, Kontakthalter *m* || ~ **cavity** / Kontaktkammer *f* (StV) || ~ **chatter** / Schaltstückprellen *n*, Kontaktprellen *n* || ~ **circuit** / Kontaktkreis *m* (Rel.) || ~ **cleaner** / Kontaktreiniger *m*, Kontaktpflegemittel *n* || ~ **clip** / Kontaktklemme *f*, Lyra-Kontakt *m* || ~ **cluster** / Tulpenschaltstück *n* || ~ **complement** / Kontaktbestückung *f*, Kontaktsatz *m* || ~ **conductor** / Schleifleitung *f*, Fahrleitung *f*, Schleifleiter *m*, Fahrdraht *m* || ~ **configuration** / Kontaktanordnung *f*, Kontaktabwicklung *f* || ~ **corrosion** / Berührungskorrosion *f*, Kontaktabbrand *m*, Schaltstückanfressung *f* || ~ **cross-bar** / Kontaktbrücke *f* (Rel.), Kontaktbügel *m* (Rel.) || ~ **current-closing rating** (ASA C37.1) / Einschaltleistung *f* (Rel.) || ~ **deck** / Kontaktbahn *f* || ~ **diffusion** (IC) / Kontaktdiffusion *f* (IS) || ~ **direction** / Antastrichtung *f* || ~ **disc** / Kontaktscheibe *f* || ~ **disturbance** IEC 512 / Kontaktstörung *f* DIN 41760, Kontaktunterbrechung *f* || ~ **e.m.f.** / Kontakt-EMK *f* || ~ **element** / Kontaktglied *n*, Schaltglied *n*, Kontaktteil *m*, Schaltblock *m*, Schaltelement *n*, Einsatzschalter *m* || ~ **element 1 NO** / Schaltelement 1S || ~ **endurance** / Schaltstücklebensdauer *f* || ~ **erosion** / Schaltstückabbrand *m*, Kontaktabbrand *m* || ~ **erosion indicator** / Abbrandanzeiger *m* (Kontakte) || ~ **extraction force** / Kontakt-Ausziehkraft *f*, Kontaktlösekraft *f* (StV) || ~ **face** / Kontaktfläche *f*, Laufffläche *f*, Auflagefläche *f*, Berührungsfläche *f*, Anlagefläche *f* || ~ **facing** / Schaltstückauflage *f*, Kontaktauflage *f* || ~ **fault** / Kontaktfehler *m* || ~ **film** / Kontaktfolie *f* || ~ **finger** / Kontaktfinger *m* || ~ **finger tip** / Kontaktfingerkopf *m* || ~ **float** / Kontaktspiel *n* || ~ **follow** / Kontaktmitgang *m* || ~ **follow-through travel** / Kontaktdurchfederung *f*, Kontaktmitgang *m* || ~ **force** / Kontaktkraft *f* || ~ **frame** / Kontaktrahmen *m* (Klemme) DIN IEC 23F.5
contact-free *adj* / berührungslos *adj*
contact gap / Schaltstückabstand *m*, Kontaktöffnung *f*, Kontaktspalt *m*, Schaltstrecke *f* (HSS, PS) VDE 0660,T.200, Kontaktabstand *m* || ~ **gauging** /

contacting

Schaltstückeinstellung *f*, Kontakteinstellung *f* || ~ **geometry** / Kontaktgeometrie *f* || ~ **hole** (IC) / Kontaktöffnung *f* (IS), Kontaktloch *n* (IS)
contacting *n* / Kontaktieren *n*, Kontaktgabe *f*, Berühren *n* || ~ *adj* / kontaktgebend *adj*, berührend *adj* || ~ **device** / Kontaktvorrichtung *f* || ~ **measurement** / berührende Messung
contacting-type encoder / Kontaktcodierer *m*
contact insert / Kontakteinsatz *m* (StV) || ~ **insertion force** / Kontakteinsetzkraft *f* (StV) || ~ **inspection hole** / Crimp-Prüfbohrung *f*, Crimp-Prüfloch *n* || ~ **interrogation** / Kontaktabfrage *f* || ~ **interrupting rating** (ASA C37.1) / Ausschaltleistung *f* (Rel.) || ~ **lamination** / Kontaktlamelle *f* || ~ **layer** / Kontaktierungsschicht *f* || ~ **lead-in** / Kontakteinführung *f*
contactless *adj* / kontaktlos *adj*, berührungslos *adj* || ~ **control** / kontaktlose Steuerung, elektronische Steuerung || ~ **servo-system** / kontaktloses Servosystem (Schreiber)
contact level / Kontaktbank *f*, Kontaktsatz *m* || ~ **life** / Schaltstücklebensdauer *f*, elektrische Lebensdauer (Kontakte) || ~ **line** / Fahrleitung *f*, Schleifleitung *f* || ~ **load(ing)** / Kontaktbelastung *f*, Kontaktlast *f* || ~ **loss** / Übergangsverluste *m pl* || ~ **maker** / Kontaktmacher *m*, Kontaktgeber *m*, Kontaktgabewerk *n* || ~ **making** / Kontaktgabe *f*
contact-making clock / Kontaktgabewerk *n* (EZ), Kontaktgeber *m*
contact making device / Kontaktmacher *m*, Kontaktvorrichtung *f*, Kontaktgeber *m*
contact-making dial thermometer / Kontaktzeigerthermometer *n* || ~ **dial-type thermometer** / Kontakt-Zeigerthermometer *n* || ~ **thermometer** / Kontaktthermometer *n*
contact manometer / Kontaktmanometer *n* || ~ **material** / Schaltstückwerkstoff *m*, Kontaktmaterial *n* || ~ **mechanism** / Schaltwerk *n* (Gerätsschalter) VDE 0630, Kontaktgeber *m*, Schaltvorrichtung *f*, Kontaktgabewerk *n* || ~ **member** / Schaltstück *n*, Kontaktstück *n* || ~ **module** / Kontaktmodul *n* || ~ **movement** / Anpressbewegung *f* || ~ **multiplication** / Kontaktvervielfachung *f* || ~ **multiplier** / Kontaktvervielfacher *m* || ~ **noise** / Kontaktrauschen *n*
contactor *n* / Schütz *n*, Schaltschütz *m*, Magnetschalter *m*, Schützkontakt *m*, Kontaktgeber *m* || ~ **(mechanical)** IEC 158-1 / Schütz *n* (mechanisch) VDE 0660,T.102 || ~ **assembly** / Schützbaugruppe *f*, Schützkombination *f* || ~ **base** / Schützsockel *m* || ~ **checkback signal** / Schützmeldung *f* || ~ **coil** / Schützspule *f* || ~ **combination** / Schützkombination *f*, Schütz-Sicherheitskombination *f* || ~ **control** / Schützsteuerung *f* || ~ **control circuit** / Schütz-Steuerstromkreis *m* || ~ **disconnector** / Trennschütz *n* || ~ **equipment** / Schützsteuerung *f* (Geräte) || ~ **function** / Schützfunktion *f* || ~ **group** / Schützgruppe *f*, Schützkombination *f* || ~ **output** / Schützausgang *m* || ~ **relay** IEC 337-1 / Hilfsschütz *n* VDE 0660,T.200 || ~ **reverser** / Schütz-Wendeschalter *m* || ~ **reverser with integral short-circuit protection (o. overcurrent protection)** / Schütz-Wendeschalter mit Motorschutz, Schützwendekombination *f* || ~ **safety combination** / Schutzsicherheitskombination *f* || ~ **starter** /

Schützanlasser *m* || ~ **suppressor circuit** / Schützbeschaltung *f* || ~ **type star-delta starter** / Luftschütz-Sterndreieckschalter *m*
contactor-type pole-changer / Schütz-Polumschalter *m* || ~ **reverser** / Schütz-Wendeschalter *m* || ~ **reversing controller** / Schütz-Umkehrsteller *m* || ~ **reversing starter** / Wendestarter *m* || ~ **star-delta starter** / Schütz-Sterndreieckanlasser *m*, Schütz-Sterndreieckschalter *m*, Schütz-Stern-Dreieckkombination *f* || ~ **starter** / Schützanlasser *m* || ~ **starting control** / Anlassschützensteuerung *f*
contactor with coil-operated cam mechanism / Magnetnockenschütz *n* || ~ **with integral short-circuit protection** / Schütz mit Kurzschlussschutz, Schütz mit Motorschutz || ~ **without motor overload protection** / Schütz ohne Motorschutz
contact output / Kontaktausgang *m* || ~ **overlap** / Kontaktüberlappung *f*, Kontaktüberschneidung *f* || ~ **parting** / Kontakttrennung *f*, Kontaktunterbrechung *f* || ~ **parting time** / Kontakttrennzeit *f*, Öffnungsverzug *m* || ~ **parting travel** / Kontaktöffnungsweg *m*, Schaltgliedöffnungsweg *m* || ~ **performance** / Kontaktverhalten *n* || ~ **person** / Ansprechpartner *m* || ~ **piece** / Schaltstück *n*, Kontaktstück *n* || ~ **pieces in air** / Schaltstücke in Luft || ~ **pin** / Kontaktstift *m*, Schaltstift *m* (Schaltstück), Steckerstift *m*, Kontaktmesser *m* (Steckverbinder), Stift *m*
contact-pin tip / Schaltstiftkopf *m*
contact pitting / Schaltstückanfressung *f*, Kontaktanfressung *f*, Kontaktabbrand *m* || ~ **plate** / Bodenkontakt *m* (Lampenfassung), Kontaktplättchen *n* || ~ **point** / Antastpunkt *m*, Kontaktstelle *f* || ~ **position indicator** ANSI 37,13 / Schaltstellungsanzeiger *m*, Schaltstellungsmelder *m* || ~ **position-driven** / schaltstellungsabhängig || ~ **potential** / Kontaktpotential *n*, Berührungsspannung *f*, Volta-Spannung *f* || ~ **potential difference** / Kontaktpotentialdifferenz *f*, Kontaktpotential *n*, Kontaktspannung *f* (zwischen zwei Materialien) || ~ **pressure** / Kontaktdruck *m* || ~ **pressure gauge** / Kontaktdruckmesser *m* || ~ **pressure spring** / Kontaktdruckfeder *f* || ~ **printing** / Kontaktdruckverfahren *m* || ~ **rail** / Stromabnehmerschiene *f*, Stromschiene *f* || ~ **rating** / Kontaktbelastbarkeit *f*, Schaltvermögen *n*, Schaltleistung *f* || ~ **ratio** / Überdeckungsgrad *m* (Zahnrad) || ~ **releasing force** / Kontaktfreigabekraft *f* || ~ **reliability** / Kontaktzuverlässigkeit *f* || ~ **repulsion** / kontaktabhebende Kraft || ~ **resilience** / Kontaktdurchfederung *f*, Schaltstückdurchdruck *m* || ~ **resistance** / Übergangswiderstand *m* (Kontakte, Bürsten), Kontaktwiderstand *m*, Durchgangswiderstand *m*, Kontaktübergangswiderstand *m* || ~ **resistance test** / Durchgangswiderstandsprüfung *f* DIN 41640 || ~ **retainer** / Kontakthalterung *f* || ~ **retention force** / Kontakthaltekraft *f* || ~ **retention system** / Kontakthaltesystem *n* || ~ **rivet** / Kontaktniet *m* || ~ **rod** / Kontaktstab *m*, Schaltstift *m* || ~ **roll** / Kontaktrollen *n* || ~ **roller** / Kontaktrolle *f*, Kontaktwalze *f*, Stromführungsrolle *f* || ~ **roller stop** / Anschlag Kontaktrolle || ~ **roller unit** / Kontaktrolleneinheit *f*
contacts *n* / Kontaktgeber *m*
contact separation / Kontakttrennung *f*,

Schaltstücktrennung *f*, Kontaktunterbrechung *f*
contact-separator-type arcing (o. quenching) chamber / Trennschieber- Löschkammer *f*
contact shell / Kontaktschale *f* || **~ shunt** / Kontaktüberbrückung *f* || **~ side** / Kontaktseite *f* || **~ sleeve** / Kontakthülse *f*
contacts in air IEC 129 / Schaltstücke in Luft || **~ in oil** / Schaltstücke in Öl
contact slide / Kontaktschieber *m* || **~ slipper** / Schleifschuh *m* (Stromabnehmer) || **~ softening** / Kontaktentfestigung *f* || **~ spacing** / Rastermaß *n* || **~ spring** / Kontaktfeder *f* || **~ stability** IEC 257 / Kontaktsicherheit *f* || **~ sticking** / Kontaktkleben *n* || **~ strip** / Kontaktleiste *f* || **~ stud** / Kontaktbolzen *m*, Kontaktzapfen *m* || **~ surface** / Kontaktoberfläche *f*, Kontaktfläche *f*, Berührungsfläche *f*, Auflagefläche *f*, Anlagefläche *f*, Druckfläche *f*, Lauffläche *f*, Grenzschicht *f*, Aufstandsfläche *f*, Anschlagfläche *f* || **~ symbol** / Kontaktsymbol *n* || **~ system** / Kontaktsystem *n* || **~ thermometer** / Kontaktthermometer *n* || **~ time** / Schaltgliederzeit *f*, Kontaktzeit *f* (Rel.) || **~ time difference** / Kontaktzeitdifferenz *f* (Rel.), Streuung der Kontaktzeiten || **~ tip** / Kontaktspitze *f*, Kontaktstück *n* (Rel.) || **~ touch** / Kontaktberührung *f* || **~ transfer time** / Kontaktumschaltzeit *f* (Netzumschaltgerät) || **~ travel** / Schaltstückweg *m*, Kontaktweg *m*, Schaltweg *m*, Kontakthub *m* || **~ tube** / Kontakthülse *f*, Kontaktbuchse *f* || **~ type** / Kontaktart *f* || **~ unit** / Kontakteinheit *f* (m (o. - block)), Schalteinheit *f* (Drehschalter) VDE 0660,T.202, Schaltelement *n*, Schaltereinsatz *m*, Schaltblock *m* (HSS), Schaltpaket *n*, Schalteinsatz *m* || **~ vibration** / Kontaktbeben *n* || **~ voltage** / Kontaktspannung *f*, Berührungsspannung *f*, Übergangsspannung *f* || **~ wafer** / Schaltplatine *f* (Vielfachschalter) || **~ washer** / Kontaktscheibe *f* || **~ wear** / Kontaktabnutzung *f*, Kontaktabbrand *m* || **~ welding** / Kontaktverschweißen *n* || **~ wipe** / Kontakttreiben *n* || **~ wire** / Kontaktdraht *m*, Fahrdraht *m*, Schleifleitung *f*, Fahrleitung *f* || **~ wire range** / Drahtbereich des Kontaktes || **~ with two breaks** IEC 117-3 / Zwillingsöffner *m* DIN 40713 || **~ with two makes** IEC 117-3 / Zwillingsschließer *m* DIN40713 || **~ zone** IEC129 / Kontaktbereich *m*
contained fluid / Durchflussmedium, Strömungsmedium
container *n* / Behälter *m*, Gebinde *n*, Zellengefäß *n* (Batt.), Kleinschrank *m* (f. 19-Zoll-Einschübe) || **~ IEC 70** / Gehäuse *n* (Kondensator) VDE 0560,4 || **~ connection** / Gehäuseanschluss *m* (Kondensator) || **~ dome** / Behälterdom *m* || **~ enclosure** / Behälterhülle *f* || **~ temperature rise** IEC 70 / Übertemperatur des Gehäuses (Kondensator) VDE 0560,4 || **~ wall** / Behälterwand *f*
contaminant *n* / verunreinigender Stoff, Schmutzstoff *m*, Schadstoff *m* || **~ IEC 50**(212) / Verunreinigung *f* (in Isolierflüssigk.)
contaminating field / Störfeld *n*
contamination *n* / Verunreinigung *f*, Verschmutzung *f*, Kontamination *f* || **~ layer** / Fremdschicht *f* (Isolierung) || **~ signal** / Verschmutzungssignal *n*
contend for bus / Sendewunsch haben || **~ for channel** / Sendewunsch haben
contention *n* / Konkurrenz *f*, Konkurrenzsituation *f*, Überlappung *f* (beim Versuch mehrerer Datenstationen, über einen gemeinsamen Kanal zu senden), Konflikt *m* || **~ control** / Konfliktauflösung *f* (LAN) || **~ mode** / Konkurrenzbetrieb *m* (DÜ-Netz) DIN 44302 || **~ situation** / Konkurrenzsituation *f* (LAN) || **~ system** / Wettbewerbssystem *n* (LAN)
content of counter / Zählerstand *m* || **~ of gas compartment** / Gasrauminhalt *m*
contents-addressable memory (CAM) / inhaltsadressierbarer Speicher, Assoziativspeicher *m*
contents of a data register / Speicherwert || **~ of display** / Bildinhalt *m* (Bildschirm) || **~ of document** / Unterlageninhalt *m* || **~ window** / Inhaltsfenster *n*
context-sensitive *adj* / kontextsensitiv *adj*
contiguous *adj* / lückenlos *adj*, zusammenhängend *adj*
contingency analysis / Ausfallsimulationsrechnung *f* || **~ selection** / Ausfallvariantenauswahl *f* || **~ table** / Kontingenztafel *f* DIN55350,T.23
continous light / Dauerlicht *n* || **~ printing** / Analogdruck *m*
continuation / Fortsetzung *f* || **~ message** / Folgetelegramm *n* || **~ start** / Start für Weiterverarbeitung (NC)
continue machining / wiederaufsetzen *v* || **~ on sheet** / Fortsetzung siehe Blatt || **~ program** / Programmfortsetzung *f*
continued short circuit EN 50020 / Dauerkurzschluss *m*
continuity *n* / durchgehende *adj* (elektrische Verbindung), Stromdurchgang *m*, Durchgang *m*, Kontinuität *f*, Durchgängigkeit *f* || **conduit with electrical ~** / Metallrohr mit beständigen elektrischen Leiteigenschaften || **conduit without electrical ~** / Metallrohr ohne beständige elektrische Leiteigenschaften || **earthing ~** / Durchgang der Erderdnung, Durchverbindung des Schutzleiters || **electrical ~** / durchgehende elektrische Verbindung, elektrischer Durchgang || **~ criterion** / Kontinuitätskriterium *n* (Versorgungsnetz) || **~ of load power** / beständigeVersorgung (USV) VDE 0558,T.5 || **~ of protective circuit** / Durchgang des Schutzleiterkreises, durchgehendes Schutzleitersystem || **~ of supply** / Versorgungskontinuität *f* || **~ test** / Durchgangsprüfung *f*, Nachweis der durchgehenden Verbindung || **~ tester** / Durchgangsprüfer *m*
continuous *adj* / stetig *adj*, kontinuierlich *adj*, fortlaufend *adj*, ununterbrochen *adj*, durchlaufend *adj* || **~ acting control system** / stetige Regelanlagen || **~ action** IEC 50(351) / kontinuierliches Verhalten (Reg.), stetiges Verhalten (Reg.)
continuous-action actuator / stetiges Stellglied || **~ controller** / kontinuierlicher Prozessregler, stetiger Regler, K-Regler *m*, kontinuierlicher Regler || **~ final controlling device** / stetiges Stellgerät
continuous archive / Endlosarchiv *n* || **~ base current** / Basis-Gleichstrom *m* (Transistor) || **~ battery power supply** / Bereitschaftsparallelbetrieb *m* DIN 40729 || **~ boost** / Konstante Spannungsanhebung || **~ characteristic** / kontinuierliches Merkmal (QS) DIN 55350,T.12 ||

continuous-contact 106

~ **coil** / fortlaufend gewickelte Spule || ~ **collector current** / Kollektorgleichstrom *m* || ~ **command** / Dauerbefehl *m*
continuous-contact signal / Dauerkontaktsignal *n*
continuous control / zeitkontinuierliche Regelung, stetige Regelung || ~ **controller** / stetiger (o. kontinuierlicher) Regler || ~ **cross-bonding** (IEV 50(461)) / kontinuierliches Auskreuzen (Kabel) || ~ **current (rating)** / Dauerstrom *m* || ~ **current carrying capacity** / dauernde Strombelastbarkeit || ~ **current rating** / Bemessungs-Dauerstrom *m* || ~ **current-carrying capacity** / Dauerstrombelastbarkeit *f* (eines Leiters) VDE 0100, T.200, Dauerstromtragfähigkeit *f* || ~ **curvature** / Krümmungssteifigkeit *f*
continuous-curve distance-time protection / Distanzschutz mit stetiger Auslösekennlinie || ~ **tripping characteristic** / stetige Auslösekennlinie
continuous.c. forward current / Dauergleichstrom *m* (Diode) DIN 41781 || ~ **differentiation of travel over time** / laufende Differentiation des Weges über die Zeit || ~ **direct forward off-state voltage** / Vorwärts-Gleichsperrspannung *f* (Thyr) DIN 41786 || ~ **direct off-state voltage** / Gleichsperrspannung *f* (Thyr) DIN 41786 || ~ **direct on-state current** / Dauergleichstrom *m* (Thyr) DIN 41786 || ~ **direct reverse voltage** / Rückwärts-Gleichspannung *f* (Diode) DIN 41781 || ~ **disturbance** / Dauerstörung *f* || ~ **dressing** / kontinuierliches Abrichten || ~ **drive** / stetiger Antrieb || ~ **duty** / Dauerbetrieb *m*, Durchlaufbetrieb *m*, ununterbrochener Betrieb || ~ **duty with intermittent loading** / Durchlaufbetrieb mit Aussetzbelastung (DAB) || ~ **earth fault** / Dauererdschluss *m* || ~ **earth fault signalling** / Dauererdschlussmeldung *f* || ~ **earthing** / durchgängige Erdung || ~ **electrophorous** / Influenzmaschine *f*, Elektrisiermaschine *f* || ~ **fillet weld** / durchlaufende Kehlnaht || ~ **floating action** / integrierendes Verhalten *n* (Reg.), Integralverhalten *n* || ~ **flow** (d.c.) / nichtlückender Betrieb (Gleichstrom)
continuous-flow heater / Durchlauferhitzer *m*
continuous form / Endlosvordruck *m*, Endlosformular *n* || ~ **forward current** / Dauerdurchlassstrom *m*, Dauergleichstrom *m* (Diode) DIN 41781 || ~ **gas analyzer** / kontinuierliches Gasanalysegerät || ~ **heat-run test** / Wärmedurchlauf *m* || ~ **impregnating** / Durchlauftränkung *f* || ~ **indication** / Analoganzeige *f* || ~ **input** / Eingangsdauerleistung *f* || ~ **input current** / Eingangsdauerstrom *m* || ~ **input rating** / Eingangsdauerleistung *f* || ~ **inverted winding** / verstürzte Wicklung, gestürzte Wicklung, Sturzwicklung *f* || ~ **light** / Dauerlicht *n* || ~ **line** / Vollinie *f*
continuous-line recorder / Linienschreiber *m*
continuous load / Dauerbelastung *f*, Dauerlast *f*, Dauerbeanspruchung *f* || ~ **machining** / Durchlaufbearbeitung *f* || ~ **motor current** / Motordauerstrom *m*
continuously acting voltage regulator / stetiger Spannungsregler || ~ **controllable** / stufenlos regelbar || ~ **operated valve** / Stetigventil *n* || ~ **operating drive** / stetiger Antrieb || ~ **rated** / für Dauerbetrieb (ausgelegt), für unbegrenzte Dauereinschaltung (ausgelegt) || ~ **rated coil** /

Spule für Daueranregung (o. Dauereinschaltung) || ~ **variable** / stetig einstellbar, stufenlos regelbar || ~ **wound coil** / fortlaufend gewickelte Spule || ~ **wound turned over coil** / verstürzte Spule
continuous multi-cycle duty / Durchlaufschaltbetrieb *m* || ~ **noise** / Dauerrauschen *n* || ~ **off-state voltage** / Gleichsperrspannung *f* (Thyr) DIN 41786 || ~ **on state current** / Dauergleichstrom *m* (Thyr) DIN41786 || ~ **operating voltage** / Dauerspannung *f* (Abl.) || ~ **operating voltage capability of a surge arrester** / Ableiter-Dauerspannung *f* || ~ **operation** / Dauerbetrieb *m*, Durchlaufbetrieb *m*, Dauerlauf *m*, durchlaufender Betrieb || ~ **operation duty** / Dauerbetrieb *m* || ~**operation periodic duty** S6, IEC 34-1 / ununterbrochener Betrieb mit Aussetzbelastung S6, EN 60034-1, ununterbrochener periodischer Betrieb mit Aussetzbelastung S6, IEC 50(411)
continuous operation with intermittent loading / Durchlaufbetrieb mit Aussetzbelastung (DAB) || ~ **operation with short-time loading** / Durchlaufbetrieb mit Kurzzeitbelastung (DKB) || ~ **operation with soil desiccation** / Dauerbetrieb mit Bodenaustrocknung (Kabel) || ~ **output** / Dauerleistung *f*, Leistung im Dauerbetrieb, kontinuierlicher Ausgang || ~ **overload** / Dauerüberlast *f*, Dauerausgangsstrom *m* || ~ **overload capacity** / Dauerüberlastbarkeit *f* || ~ **path (CP)** / Bahn *f* (CP (NC)) || ~ **path approximation** / Annäherung einer Bahn durch Polygonzüge
continuous-path control / Bahngeschwindigkeitssteuerung *f*, Bahnführung *f*, numerische Bahnsteuerung || ~ **continuous-path control (CP control)** / Bahnsteuerung *f* (NC), Stetigbahnsteuerung *f* (NC) || ~ **control system** / Bahnführung *f*, numerische Bahnsteuerung, Bahngeschwindigkeitssteuerung *f*, Stetigbahnsteuerung *f* (NC) || ~ **mode** / Bahnsteuerbetrieb *m*, bahngesteuerter Betrieb, Bahnsteuerungsbetrieb *m* || ~ **operation** / bahngesteuerter Betrieb
continuous periodic duty / Durchlaufschaltbetrieb *m*, ununterbrochener periodischer Betrieb mit elektrischer Bremsung (S7) VDE 0530, T.1 || ~ **periodic duty with related load-speed changes** (S8) IEC 34-1 / ununterbrochener periodischer Betrieb mit Last-/Drehzahländerung (S8) EN 60034-1, ununterbrochener periodischer Betrieb mit Aussetzbelastung und Drehzahländerung (S8) IEC 50(411) || ~ **power** / Dauerleistung *f* || ~ **process** / kontinuierlicher Prozess || ~ **quality inspection** / laufende Qualitätsprüfung || ~ **radii transitions** / Radienübergänge ineinander verlaufend || ~ **random variable** / kontinuierliche Zufallsvariable || ~ **rated current** / Bemessungs-Dauerstrom *m* || ~ **rating** / Bemessungs-Dauerbetrieb *m*, Bemessungsdaten für Dauerbetrieb, Leistung im Dauerbetrieb, Dauerleistung *f* || ~ **reverse voltage** / Rückwärts-Gleichspannung *f* (Diode) DIN 41781 || ~ **rollpaper** / Rollenpapier *n* (Drucker) || ~ **row of luminaires** / Lichtband *n*, Leuchtband *n*, Leuchtenband *n* || ~ **running duty** (S1) IEC 34-1 / Dauerbetrieb *m* (S1) VDE 0530,T.1 || ~ **sampling plan** / Prüfplan für kontinuierliche Stichprobenentnahme || ~ **saw** / Durchlaufsäge *f* || ~

screen / durchverbundener Schirm (StV.) || ~
service / Dauerbetrieb *m*, Durchlaufbetrieb *m*,
durchlaufender Betrieb || ~ **service test** /
Dauerentladeprüfung *f* (Batt.) || ~ **servo drive** /
stetiger Servoantrieb || ~ **signal** / Dauersignal *n* || ~
spectrum / kontinuierliches Spektrum, Kontinuum
n || ~ **stationary** / Endlospapier *n* (Schreiber,
Drucker) || ~ **stroke** / Dauerhub *m* || ~ **thermal
current** / thermischer Dauerstrom || ~ **thermal
current rating** / thermischer Bemessungs-
Dauerstrom || ~ **tone** / Dauerton *m* || ~ **torque boost
(SLVC)** / Konst. Drehmomentanhebung (SLVC) ||
~ **tractive effort** / Dauerzugkraft *f* (Bahn) || ~
turned-over winding / verstürzte Wicklung,
gestürzte Wicklung, Sturzwicklung *f* || ~ **valve** /
Stetigventil *n* || ~ **variate** / stetige Zufallsgröße DIN
55350,T.22 || ~ **voltage** / Gleichspannung *f* (GS),
Dauerspannung *f* || ~ **voltage indicator** /
Dauerspannungsanzeiger *m* || ~ **wave laser (CWL)**
(IEC 825) / Dauerstrich-Laser *m* VDE 0837
continuous-wave magnetron (c.w. magnetron) /
Dauerstrich-Magnetron *n*
continuous welded seam / umlaufende Naht || ~
welding / Bahnschweißen *n* || ~ **winding** /
fortlaufende Wicklung, durchlaufende Wicklung,
zusammenhängende Wicklung
continuum *n* / Kontinuum *n* (Math.) || ~ **of values** /
Wertkontinuum *n*
contour *n* / Kontur *f*, Umriss *m*, Form *f*, umfahren *v*,
Umrisslinie *f* || **contour accuracy** /
Konturgenauigkeit *f*, Konturtreue *f* || ~ **angle** /
Konturzugwinkel *m* || ~ **calculator** / Konturrechner
m || ~ **Calculator for NC Geometry Programs** /
Konturrechner für NC-Geometrieprogramme || ~
chain / Konturkette *f* || ~ **compensation** /
Bahnkorrektur *f* (NC) || ~ **corner** / Konturecke *f* || ~
curvature / Konturkrümmung *f* || ~ **definition** /
Konturbeschreibung *f*, Konturdefinition *f*,
Konturzug *m* || ~ **definition programming** /
Konturzugprogrammierung *f* (die Möglichkeit, die
Kontur eines Werkstücks direkt nach der
Werkstückzeichnung zu programmieren),
Konturkurzbeschreibung *f*,
Konturzugkurzbeschreibung *f* || ~ **deviation** /
Konturabweichung *f* || ~ **direction** / Konturrichtung
f || ~ **edge** / Konturkante *f* || ~ **edge-glue machine** /
Konturkantenanleimmaschine *f* || ~ **element** /
Konturenelement *n*
contour-etching *n* / Formätzen *n*
contour-edge machining / Konturkantenbearbeitung
f
contoured damper / profilierte Klappe || ~ **plug** /
profilierter Drosselkörper, Parabolkegel *m*
contour finishing cycle / Endkonturzyklus *m* (NC) ||
~ **format shorthand** / Kontur-Kurzbeschreibung *f*
(NC) || ~ **generation** / Konturerstellung *f*,
Konturerzeugung *f* || ~ **handwheel** / Konturhandrad
n || ~ **identifier** / Konturname *m* (NC, CLDATA-
Satz)
contouring *n* (NC) / Umrissbearbeitung *f*,
Konturdrehen *n*, Stetigbahnsteuerung *f*,
Bahnsteuerbetrieb *m*, Umrissfräsen *n* || ~ **control
system** / Bahnsteuerung *f* (NC),
Stetigbahnsteuerung *f* (NC),
Bahngeschwindigkeitssteuerung *f*, numerische
Bahnsteuerung, Bahnführung *f* || ~ **machine** /
bahngesteuerte Maschine || ~ **system with velocity**

vector control / Vektorbahnsteuerung *f* (NC),
zweiphasige Bahnsteuerung (NC)
contour line / Umrisslinie *f*, Höhenlinie *f* || ~
machining / Konturbearbeitung *f* || ~ **macro** /
Konturmakro *n* || ~ **milling** / Umrissfräsen *n*,
Konturfräsen *n* || ~ **milling machine** /
Konturfräsmaschine *f* || ~ **monitoring** /
Konturüberwachung *f* || ~ **normal** / Konturnormale
f || ~ **of rotation** / Drehkontur *f* || ~ **piece** /
Konturteilstück *n*, Konturstück *n* || ~ **plane** /
Konturebene *f* || ~ **pocket** / Konturtasche *f* || ~
pocket cycle / Konturtaschenzyklus *m* || ~
precission / Konturgenauigkeit *f*, Konturtreue *f* || ~
radius / Konturradius *m* || ~ **range** / Konturbereich
m || ~ **roughing** / Konturschruppen *n* || ~
segmentation / Konturzerlegung *f* (NC),
Bahnzerlegung *f* (NC) || ~ **shift** /
Konturverschiebung *f* (NC) || ~ **simulation** /
Kontursimulation *f* || ~ **start** / Konturanfang *m*
(NC) || ~ **tangent** / Konturtangente *f* || ~ **transfer** /
Konturverschiebung *f* (NC) || ~ **transition** /
Konturenübergang *m*, Konturübergangselement *n* ||
~ **tunnel monitoring** / Konturtunnelüberwachung *f*
|| ~ **turning** / Umrissdrehen *n*, Konturdrehen *n* || ~
violation / Konturverletzung *f*, Konturfehler *m*
contract administration / Vertragswesen || ~ **gross
margin** / Auftragsergebnis *n* || ~ **ID** /
Vertragskennung (VK) *f* || ~ **partner** /
Vertragspartner *m* || ~ **price** / Vertragspreis *m* (StT)
|| ~ **review** / Auftragsüberprüfung *f*,
Auftragsdurchsicht *f*, Angebots-
/Auftragsüberprüfung *f* || ~ **review process** / Ablauf
der Auftragsüberprüfung
contracting scale IEC 51 / gedrängte Skale (MG)
contraction *n* / Zusammenziehen *n*, Kontraktion *f*,
Schrumpfen *n*, Schwinden *n*, Verschwächung *f* || ~
degree of ~ / Schwindmaß *n*, Schrumpfmaß *n*,
Verschwächungsgrad *m* || ~ **at the anode** /
anodische Kontraktion || ~ **cavity** / Lunker *m*, Tüte *f*
|| ~ **coefficient** / Kontraktionsziffer *f*, Nutzungsfaktor
m || ~ **connection** / Schrumpfverbindung *f* || ~
crack / Schrumpfriss *m*, Schwindriss *m* || ~ **factor** /
Verkürzungsfaktor *m* || ~ **strain** /
Schrumpfspannung *f*
contractor's quality control (o. inspection) /
Gütesicherung *f* (VG 95)
Contracts *n pl* / Vertragswesen *n*
contractual basis / Vertragsbasis *f* || ~ **contractual
energy exchange** / vertraglich geregelter
Energieaustausch
contradicting check / widersprechende Abprüfung
contra-rotating *adj* / gegenläufig *adj* || ~ **contra-
rotating brush shifting** / gegenläufige
Bürstenverstellung || ~ **field** / gegenläufiges
Drehfeld
contrast *n* / Kontrast *m* || ~ **control** /
Kontrasteinsteller *m* (BSG) || ~ **frame** /
Effektrahmen *m* (Leuchte) || **contrast red No. 2** /
Kontrastrot Nr. 2 || ~ **rendering** /
Kontrastwiedergabe *f* || ~ **rendering factor (CRF)** /
Kontrastwiedergabefaktor *m* || ~ **sensitivity** /
Kontrastempfindlichkeit *f*,
Unterschiedsempfindlichkeit *f* || ~ **to background** /
Zeichenkontrast *m* (BSG)
contrast gear / Planrad *n*
contra-transaction *n* / Gegengeschäft *n*
contribution *n* / Abgabe *f* || ~ **margin** /

control 108

Deckungsbeitragsanteil *m*
control *v* / steuern *v*, regeln *v*, stellen *v*, ansteuern *v*, schalten *v*, kontrollieren *v*, beeinflussen *v*, zwangssetzen *v*, betätigen *v*, überwachen *v* || ~ *n* / Steuerung *f*, Leiten *f*, Regelung *f*, Ansteuerung *f*, Betätigung *f*, Kontrolle *f*, Bedienungselement *n*, Befehlsgerät *n*, Kontroll-, Bedienknopf *m*, Führung *f* || **administrative** ~ IEC 825 / organisatorische Sicherheitsmaßnahmen VDE 0837 || **harmonic** ~ / Oberschwingungsunterdrückung *f*, Oberwellenunterdrückung *f* || **jabber** ~ / Behebung der Dauerbelegung (LAN), Sendezeitüberwachung *f* || **preset** ~ IEC 65 / Einstellorgan *n* VDE 0860 || **two and three state device** ~ / zwei- und dreipolige Befehle || **2 wire** ~ / Zweileitersteuerung *f* || **within the** ~ / steuerungsintern *adj* || ~ **accuracy** / Regelergebnis *n*, Regelgenauigkeit *f* || ~ **action** / Steuervorgang *m*, Regelungsvorgang *m* (Reg.), Eingriff *m*, wirkungsmäßiges Verhalten, Wirkungsrichtung *f*
control-action result / Regelergebnis *n*
control address / Steueradresse *f* || ~ **air (valve manufacture)** / Steuerluft *f* || ~ **aisle** / Bedienungsgang *m* VDE 0660,T.500, Bediengang *m* || ~ **algorithm** / Regelungsalgorithmus *m*, Regelalgorithmus *m*, Steuerungsalgorithmus *m* || ~ **amplifier** / Steuerverstärker *m*, Steuerungsverstärker *m* || ~ **and archiving centre** / Steuer- und Datenzentrale || ~ **and indicating equipment** EN 54 / Brandmelderzentrale *f*, Nebenmelderzentrale *f* || ~ **and instrumentation** / Steuern, Regeln, Messen || ~ **and instrumentation (system)** / Leittechnik *f* || ~ **and monitoring image** / Bedien- und Beobachtungsbild || ~ **and protection system** / Leittechnik *f*, Sekundärtechnik *f* || ~ **and protective switching device (CPS)** / Steuer- und Schutz-Einrichtung, Steuer- und Schutz-Schaltgerät (CPS) *n* EN 60947-6-2 || ~ **and protective switching equipment (CPS)** / Steuer- und Schutz-Einrichtung || ~ **and station auxiliaries** / Eigenbedarf *m* || ~ **angle generator** / Steuerwinkelbildung *f* || ~ **area** / Regelfläche *f*, Bedienbereich *m*, Steuerungsbereich *m* || ~ **as a dependent variable** / nachführen *v* || ~ **ball** / Steuerkugel *f* (Bildschirm-Eingabegerät), Rollkugel *f* (Bildschirm-Eingabegerät) || ~ **band** / Regelbereich *m* || ~ **bit** / Steuerbit *n* || ~ **board** (BS 4727) / Steuertafel *f*, Wartentafel *f*, Bedienpanel *n* || ~ **board test** / Regelungsbaugruppen-Test *m* || ~ **bore** / Steuerbohrung *f* || ~ **box** / Steuerkasten *m*, Schaltkasten *m* || ~ **bus** / Steuerbus *m*, Leitschiene *f*, Steuerspannungsschiene *f* || ~ **by sequential program** / Programmsteuern *m* DIN 41745 || ~ **cabinet** / Steuerschrank *m*, Steuerungsschrank *m*, Schrank *m*, Schaltschrank *m*, Bedienungsschrank *m* || ~ **cabinet group** / Schaltschrankgruppe *f* || ~ **cable** / Steuerkabel *n*, Hilfskabel *n*, Impulsleitung *f*, Steuerleitung *f* || ~ **cable harness** / Steuerkabelbaum *m* || ~ **cable holder** / Steuerungshalter *m* || ~ **category** / Steuerungskategorie *f* || ~ **center** / Netzleitwarte *f*, Lastverteiler *m*, Kontrollzentrum *n* || ~ **centre** / Zentralverteilung *f*, Schaltwarte *f*, Leitstelle *f* (FWT), Steuerwarte *f*, Warte *f*, Motorsteuer- und Verteilertafel, Leitstand *m*, Schaltzentrale *f*, Zentralsteuertafel *f* || ~ **centre coupling** / Leitstellenkopplung (LK) *f*,

Leitstellenkopplungsbaugruppe *f* || ~ **centre coupling module** / Leitstellen-Koppelbaugruppe *f* || ~ **chain** / offene Steuerkette, Steuerung im offenen Regelkreis (Steuerung ohne Rückführung von Signalen zum Ist-Sollwert-Vergleich), Steuerkette *f*, rückführungslose Steuerung || ~ **channel** / Steuerkanal *m* || ~ **character** / Steuerzeichen *n* || ~ **character string** / Steuerzeichenfolge *f* || ~ **characteristic** (electron tube) / Zündkennlinie *f* (Gasentladungsröhre), Kennlinie eines Regelungssystems, Steuerkennlinie *f* || ~ **circuit** / Steuerkreis *m*, Regelkreis *m*, Steuerstromkreis *m*, Regelstromkreis *m*, Betätigungskreis *m*, Befehlsstromkreis *m*, Steuerstrombahn *f*, Ansteuerkreis *m*, Ansteuerung *f*
control-circuit device / Steuergerät *n* (zur Steuerung, Signalausgabe, Verriegelung) VDE 0660,T.200 || ~ **fuse** / Steuersicherung *f*, Steuerleitungssicherung *f* || ~ **interlock** / Steuerstromverriegelung *f*
control circuit jumper / Jumper für den Steuerstromkreis, Brücke für den Steuerstromkreis
control-circuit terminal / Steuerleiterklemme *f* || ~ **voltage** / Steuerkreisspannung *f*, Steuerspannung *f*
control circuitry / Steuerschaltung *f*
control coefficient IEC 478-1 / Führungskoeffizient *m* DIN 41745 || ~ **command** / Steuerbefehl *m*, Bedienungsbefehl *m* || ~ **command acceptance** / Bedienhoheit *f* || ~ **concept** / Regelkonzept *n* || ~ **console** / Steuerkonsole *f*, Steuerpult *n*, Bedienungspult *n* || ~ **contact** / Steuerschaltglied *n*, Steuerkontakt *m*, Hilfskontakt *m* || ~ **contactor** / Steuerschütz *m* || ~ **core** / Steuerader *f*, Steuerkern *m* (Wandler) || ~ **cubicle** / Steuerschrank *m*, Steuerungsschrank *m*, Bedienungsschrank *m*, Schrank *m*, Schaltschrank *m* || ~ **current** / Steuerstrom *m* || ~ **current sensitivity** IEC 147-0C / Steuerstromempfindlichkeit *f* (Halleffekt-Bauelement) DIN 41863 || ~ **current terminals** / Steueranschlüsse *m pl* (Hall-Generator) || ~ **data** / Leitdaten *plt*, Steuerdaten *plt* || ~ **data block** / Steuerdatenbaustein *m* || ~ **data processing** / Leitdatenverarbeitung *f* || ~ **dependency** / Steuer-Abhängigkeit *f*, C-Abhängigkeit *f* || ~ **design** / Steuerungsaufbau *m*, Steuerungsstruktur *f* (der Aufbau der Hardware und Software einer numerischen Steuerung) || ~ **desk** / Schaltpult *n*, Steuerpult *m*, Bedienungspult *m*, Leitstand *m*, Leitwarte *f*, Warte *f* || ~ **deviation** IEC 478-1 / Regelabweichung *f*, Regeldifferenz *f*, Abweichung *f*, Führungsabweichung *f* DIN 41745 || ~ **deviation band** IEC 478-1 / Führungsabweichungsbereich *m* DIN 41745 || ~ **device** IEC 204 / Steuergerät *n* VDE 0113, Befehlsgerät *n* || ~ **direction** / Steuerungsrichtung *f* (a. FWT), Regelsinn *m*, Befehlsrichtung *f*
control-discrepancy switch / Steuerquittierschalter *m*
control earth electrode / Steuererder *m* || ~ **edge** / Steuerkante *f* || ~ **electrode** / Steuerelektrode *f*, Steuererder *m* || ~ **electrode figure of merit** / Gütefaktor der Steuerelektrode || ~ **electro-magnet** IEC 292-1 / Betätigungsmagnet *m* || ~ **electronics** / Steuerungselektronik *f*, Steuerelektronik *f*, Regelelektronik *f* || ~ **element** / Steuerglied *n*, Regeleinrichtung *f*, Betätigungselement *n*, Bedienungsorgan *n*, Bedienungselement *n*, Bedienelement *n*, Steuerelement *n* || ~ **enclosure** /

Gehäuse *n* (f. WZ-Maschinensteuerung) VDE 0113, Einbauraum *m* || ~ **engineering** / Steuerungstechnik *f*, Regelungstechnik *f*, Steuerungs- und Regelungstechnik *f*, Leittechnik *f*, Automatisierungstechnik *f* || ~ **equipment** / Regeleinrichtung *f* || ~ **exciter** / Regelverstärkermaschine *f*, Erreger-Verstärkermaschine *f* || ~ **factor** / Aussteuerungsgrad *m* (LE) || ~ **feedforward** / in Abhängigkeit verstellen || ~ **field** / Steuerfeld *n* (Steuerbitstellen in einem Rahmen), Leitfeld *n* (BSG, zur Bildkonstruktion), Kontrollfeld (Teil eines Telegramms) *n* || ~ **field winding** / Steuerwicklung *f* (Mot.), Stellwicklung *f* (Mot.) || ~ **float** / Schaltschwimmer *m* || ~ **for automatic fire protection equipment** EN 54 / Steuereinrichtung für automatische Brandschutzeinrichtungen || ~ **frame** / Steuerungsrahmen *m* || ~ **function** / Steuerfunktion *f*
controlgear *n* / Steuergeräte *n pl*, Regelgeräte *n pl*, Steuergerät *n* VDE 0660,T.102, Schaltgeräte *n pl*, Schaltgeräte für Energieverbrauch, Schaltgerät für Verbraucherabzeige, Vorschaltgerät *n* (Leuchte) || ~ **assembly** / Schaltgeräte-Kombination *f* (f. Energieverbrauch, z.B.) VDE 0113 || ~ **compartment** / Steuergeräteraum *m*, Vorschaltgeräteraum *m* (Leuchte) || ~ **support** (luminaire) / Geräteträger *m* (Leuchte)
control gate valve / Stellschieber *m* || ~ **grid** / Steuergitter *n* || ~ **hierarchy** / Hierarchie einer Regelung (o. Steuerung)
control-in character ISO DIS 6983/1 / Anmerkungsbeginn-Zeichen *n* (NC) DIN 66025,T.1
control input / Steuereingang *m*, Aussteuerungseingang *m* || ~ **control input address** / Kontrolleingangsadresse *f* || ~ **input circuit** / Eingangssteuerkreis *m* || ~ **control inputs** / Bedieneingaben *f pl* || ~ **insensitivity** / Unempfindlichkeit der Ventilsteuerung (LE) || ~ **job** / Steuerungsaufgabe *f* || ~ **key** / Steuertaste *f*, Funktionstaste *f*, Bedientaste *f* || ~ **keyboard** / Funktionstastatur *f*
controllability *n* / Steuerbarkeit *f*, Regelbarkeit *f*
controllable *adj* / steuerbar *adj*, regelbar *adj* || ~ **arm** / steuerbarer Zweig (LE), gesteuerter Zweig (LE) || ~ **load** / steuerbare (o. regelbare) Last, beeinflußbare Last || ~ **set** IEC 50(603) / Mittelleistungs-Generatorsatz *m* || ~ **unit** / steuerbarer Generator || ~ **valve device** (An electronic valve device the current path of which is bistably controlled in its conducting direction.) / steuerbares Ventilbauelement, Ventilbauelement *n*
control language / Steuerungssprache *f* || ~ **layer** / Steuerbelag *m* || ~ **lead** / Steuerleitung *f*
controlled acceleration / gesteuertes Beschleunigen || **laser** ~ **area** / Laser-Überwachungsbereich *m* || ~ **area** / Kontrollbereich *m*
controlled-avalanche rectifier diode / Lawinen-Gleichrichterdiode mit eingegrenztem Durchbruchsbereich
controlled bridge / gesteuerte Brückenschaltung (LE) || ~ **chopping** / gesteuertes Abschneiden (Stoßwelle) || ~ **chopping gap** / gesteuerte Abschneidefunkenstrecke || ~ **condition** / Steuergröße *f*, Regelgröße *f*
controlled-conductivity semiconductor /

steuerbarer Halbleiter
controlled conventional no-load direct voltage / gesteuerte konventionelle Leerlaufgleichspannung (LE), konventionelle Leerlauf-Gleichschaltung, gesteuerte konventionelle Leerlauf-Gleichspannung (Gleichspannungs-Mittelwert, der sich bei einem angegebenen Steuerwinkel durch Extrapolieren der Stromstärke-Spannungs-Kennlinie im Bereich nicht lückenden Gleichstrom zur Stromstärke null ergibt)
controlled-current rectifier ballast / steuerbares Gleichrichter-Vorschaltgerät
controlled deceleration / gesteuerter Auslauf, geführtes Stillsetzen || ~ **environment** / kontrollierte Umgebungsbedingungen || ~ **flow** / Stellstrom *m* || ~ **for inverter operation** / in Wechselrichterbetrieb ausgesteuert || ~ **ideal no-load direct voltage** (The theoretical no-load direct voltage of an a.c./d.c. convertor corresponding to a specified trigger delay angle assuming no threshold voltages of electronic valve devices and no voltage rise at small loads.) / gesteuerte ideelle Gleichspannung, ideelle Gleichspannung || ~ **line-side converter** / netzseitig gesteuerter Umrichter || ~ **maintenance** / gelenkte Instandhaltung || ~ **no-load direct voltage** / gesteuerte Leerlaufgleichspannung (LE) || ~ **overvoltage situation** / Einbauort (o. Anlage) mit Überspannungsbegrenzung *m* || ~ **overvoltage test** / Prüfung mit einstellbarer Überspannung || ~ **pole generator** / Steuerpolgenerator *m* || ~ **process** / beherrschter Prozess DIN 55350, T.11), **production methods** / prozesssichere Fertigungsverfahren || ~ **quality** / Regelgüte *f* || ~ **recovery conditions** / eingeengtes Klima für die Nachbehandlung DIN IEC 68 || ~ **restart** / gesteuerter Wiederanlauf (SPS) || ~ **running** / gesteuerter Betrieb || ~ **speed relationship** / relativer Gleichlauf || ~ **station** (telecontrol) / Unterstation *f* (FWT), gesteuerte Station (FWT), Fernwirk-Unterstation *f* || ~ **system** IEC 50(351) / Regelstrecke *f*, Steuerstrecke *f* || ~ **system behaviour** / Streckenverhalten *n* || ~ **system gain** / Streckenverstärkung *f* || ~ **system without inherent regulation** / Regelstrecke ohne Ausgleich || ~ **travel movement** / kontrollierte Verfahrbewegung || ~ **300V constant DC link** / geregelter 300V Zwischenkreis || ~ **variable** / Regelgröße *f*, Steuergröße *f*, Stellgröße *f* || ~ **voltage source** / gesteuerte Spannungsquelle
controller *n* / Regler *m*, Steller *m*, Steuerung *f* (Funktionseinheit), Steuerschalter *m* (Bahn), Stellgerät *n*, Steuergerät *n*, Anlasser *m*, Anlassregler *m*, Zentrale *f* (Einheit, die in einem System Informationen erhält, überwacht, sortiert und den Informationsfluss abhandelt), Regelanlasser *m*, Wächter *m*, Anlassregelschalter *m*, Anlassteller *m*, Fahrschalter *m*, Steuerwerk *n*, automatischer Hilfsstromschalter, Hilfsstromschalter als Begrenzer || ~ IEC 625 / Steuereinheit *f* (PMG) DIN IEC 625 || **program** ~ / Programmschaltgerät *n*, Programmschaltwerk *n* (a. HG) || **wall-mounted** ~ / Wandsender *m* (IR-Fernbedienung) || ~ **active state (CACS)** / aktiver Zustand der Steuerfunktion (PMG) DIN IEC 625 || ~ **active wait state (CAWS)** / aktiver Wartezustand der Steuerfunktion (PMG) DIN IEC 625 || ~

control

addressed state (CADS) / adressierter Zustand der Steuerfunktion (PMG) DIN IEC 265 || ~ **adjustment** / Reglereinstellung f || ~ **area network (CAN)** / CAN || ~ **assembly (a.c. power controller)** / Wechselstromstellersatz m || ~ **current (a.c. power controller)** / Wechselstromstellerstrom m || ~ **cycle** / Reglertakt m || ~ **data** / Reglerdaten pl || ~ **enable** / Reglerfreigabe (RFG) f || ~ **equipment (a.c. power controller)** / Wechselstromstellergerät f, Wechselstromstelleranlage f || ~ **expansion unit (CEU)** / Zentralerweiterungsgerät (ZE (PC)) || ~ **fault** / Reglerstörung f || ~ **function** (PMG) IEC 625 / Steuerfunktion f (PMG) || ~ **function state diagram** / C-Zustandsdiagramm n (PMG) || ~ **ID** / Steuerungskennung f || ~ **idle state (CIDS)** / Ruhezustand der Steuerfunktion (PMG) DIN IEC 625 || ~ **in charge** / Steuerfunktion im Einsatz (PMG) DIN IEC 625 || ~ **inhibit** / Reglersperre f || ~ **interface function (C function)** / Steuerfunktion f (PMG, C-Schnittstellenfunktion) || ~ **lag** / Reglerverzögerungszeit f || ~ **memory** / Speicher einer Steuerung || ~ **module** / Reglerbaugruppe f, Regelungsbaugruppe f, Stellgröße f || ~ **output** / Reglerausgang(sgröße) $m(f)$, Regelungsausgangsgröße f || ~ **output balance** / stationärer Zustand des Reglers || ~ **parameter** / Reglerparameter m || ~ **parallel poll state (CPPS)** / Parallelabfragezustand der Steuerfunktion (PMG) DIN IEC 625 || ~ **parallel poll wait state (CPWS)** / Parallelabfrage-Wartezustand der Steuerfunktion (PMG) DIN IEC 625 || ~ **power supply** / Reglerstromversorgung f || ~ **produces excessive values** / Stromregler steuert zu weit auf || ~ **program** / Steuerprogramm n, Programm einer Steuerung || ~ **rack (CR)** / Zentral-Baugruppenträger m || ~ **resolution** / Reglerauflösung f, Regelfeinheit f || ~ **response** / Reglerverhalten n || ~ **service not requested state (CSNS)** / bedienungsaufrufloser Zustand der Steuerfunktion (PMG) DIN IEC 625 || ~ **service requested state (CSRS)** / Bedienungsruf-Empfangszustand der Steuerfunktion (PMG) DIN IEC 625 || ~ **standby state (CSBS)** / Bereitschaftszustand der Steuerfunktion (PMG) DIN IEC 625 || ~ **station** / Fahrschalteranlage f || ~ **subsystem** / Steuerungs-Subsystem n (MPSB) || ~ **synchronous wait state (CSWS)** / Synchronisier-Wartezustand der Steuerfunktion (PMG) DIN IEC 625 || ~ **transfer state (CTRS)** / Übergabezustand der Steuerfunktion DIN IEC 625 || ~ **with continuous output** / Regler mit kontinuierlichem Ausgang || ~ **with integral action component** / Regler mit I-Anteil
control level / Steuerungsebene f, Leitebene f, Führungsebene f || ~ **lever** / Exzenterhebel m || ~ **line** / Steuerleitung f (Fahrschalter o. Steuerschalter verbindend)
controlling n / Steuern n, Regeln n, Stellen n, Überwachen n, Kontrollieren n || **project** ~ / Projektwirtschaft f (E) DIN 69902 || ~ **diagram** / steuernder Graph || ~ **element** / Regelglied n || ~ **means** / Hilfsstromschalter als Begrenzer, Regler m, Wächter m, automatischer Hilfsstromschalter || ~ **power range** / Regelleistung f (KW) || ~ **procedure** / Regelkonzept n || ~ **process** / Regelkonzept n || ~ **summary** / Controllingübersicht f || ~ **system** ANSI

C85.1 / Steuereinrichtung f DIN 19226, Regeleinrichtung f DIN 19226, Regelsystem n, Leiteinrichtung f, Steuersystem n || ~ **torque** / Einstellmoment n
control logic / Ansteuerlogik f || ~ **loop** / Regelkreis m, Rückkopplungsschleife f || ~ **loop block** / Regelungsbaustein m
control-loop level / Kreisebene f (Leitt.), Einzelsteuerungsebene f
control magnet / Betätigungsmagnet m (o. spule), Richtmagnet m || ~ **margin** / Regelreserve f || ~ **matrix** / Regelungsmatrix f || ~ **method** / Steuerungsverfahren n || ~ **mode** / Regelungsart f, Regelungsverfahren n (LE), Betriebsart f (Leitt.), Steuerungsbetrieb m, Regelverhalten n || ~ **mode (a.c. power controller)** / Stellerbetrieb m (Wechselstromsteller) || ~ **module** / Bedienbaustein m, Regelungsbaugruppe f, Reglerbaugruppe f, Steuerbaustein m || ~ **motion** / Regelbewegung f
control-motor actuator / motorischer Stellantrieb
control of inspection, measuring and test equipment / Prüfmittelüberwachung f (QS, E) DIN 55360,T.16 || ~ **of interchangeability** / Prüfung der Austauschbarkeit || ~ **of non conforming items** / Lenkung fehlerhafter Einheiten (QS) || ~ **of quality measures** / Überwachung von Qualitätsmaßnahmen || ~ **of the punch** / Stößelsteuerung f || ~ **operation** / Umsteuervorgang m || ~ **optimization** / Regleroptimierung f
control-out character ISO DIS 6983/1 / Anmerkungsende-Zeichen n (NC) DIN 66025,T.1
control-power transformer / Steuertransformator
control output / Steuerausgang m, Befehl m (Im Telegramm enthaltene Information, die z.B. einen Aktor zur Ausführung veranlasst.Beispiele: EIN/AUS, AUF/AB, KALT/WARM, DIMMEN), Kommando n (Befehl), Stellwert m || ~ **panel (CP)** / Pult n, Steuertafel f, Bedienungstafel f (o. -feld), Leitfeld n, Bedienungsfläche f, Bedientafel f, Bedientableau n, Bedienfeld n, Messwarte f || ~ **parameter** / Regelparameter m || ~ **passing** / Übergabe der Steuerung || ~ **pedestal** / Steuersäule f || ~ **pin** / Kontrolldorn m || ~ **point** / Bezugspunkt m (WZM-Werkzeug) || ~ **point (NC)** / Bezugspunkt m || ~ **post** / Steuerpult n, Leitwarte f, Warte f, Leitstand m || ~ **potentiometer** / Regelpotentiometer m || ~ **power** / Steuerleistung f || ~ **power bus** / Steuerspannungsschiene f || ~ **power supply** / Steuerspannungsversorgung f || ~ **power transformer** / Steuertransformator m || ~ **power winding** / Steuerwicklung f (Trafo f. Steuerkreise.) || ~ **precision** / Regelgenauigkeit f, Regelungsgenauigkeit f || ~ **pressure** / Steuerdruck m || ~ **process** / Regelvorgang m, Steuerungsvorgang m || ~ **processor** / Steuerungsprozessor m || ~ **processor interface** / Grundgeräteschnittstelle f || ~ **program** / Steuerprogramm m, Leitprogramm n, Schaltprogramm n
control-pulse clock / Steuertaktgenerator m || ~ **train** / Steuerimpulsfolge f
control quality / Regelgüte f || ~ **range** / Steuerbereich m, Regelbereich m, Nenn-Einstellbereich m DIN 41745, Aussteuerung f || ~ **range** IEC50(603) / Wirkleistungs-Regelbereich m (Generatorsatz) || ~ **rate** / Regelgeschwindigkeit f DIN 41745, Führungsgeschwindigkeit f || ~ **ratio** /

Steuerfaktor *m* (Elektronenröhre, Steilheit der Zündkennlinie in einem gegebenen Punkt), Durchgriff *m* || ~ **read-only memory (CROM)** / Nur-Lese-Speicher für Steuerungsdaten, Mikroprogrammspeicher *m* || ~ **register** / Steuerregister *n* (SPS) || ~ **relay** / Steuerrelais *n*, Hilfsschütz *n*, Reglerfreigabestation *f*, Regelreserve *f* || ~ **resistor** / Steuerwiderstand *m* (Trafo), Anlenkwiderstand *m* || ~ **resistor contact** / Anlenkkontakt *m* (Trafo) || ~ **resistor switch** / Schalter für Steuerwiderstand, Anlenkschalter *m* (Trafo) || ~ **response** / Regelverhalten *n* || ~ **result** / Regelergebnis *n* || ~ **rider** / Schaltreiter *m* || ~ **ROM (CROM)** / Steuer-ROM *m* (CROM) || ~ **room** / Wartenraum *m*, Leitstand *m*, Steuerpult *n*, Schaltwarte *f*, Warte *f*, Leitwarte *f*, Steuerwarte *f*, Schaltzentrale *f*, Kommandoraum *m* || ~ **room equipment** / Wartenausstattung *f* **control-room attendant** / Schaltwärter *m*, Leitstandfahrer *m* || ~ **console** / Wartenpult *n* || ~ **equipment** / Wartenausrüstung *f*, Wartenperipherie *f*
controls *pl* / Steuerungen *f pl*, Steuergeräte *n pl*, Bedienungselemente *n pl* || ~ **and displays** / Bedien- und Anzeigeelemente *n pl*
control section (PEE) / Steuerteil *m* (BLE) VDE 0160, Ansteuerteil *n*, Steuerungsteil *n* || ~ **signal (CS)** / Steuersignal *n*, Stellsignal *n*, Stellsignal zum Stellantrieb, Stellsignal vom Stellantrieb, Steuerbefehl *m* || ~ **spool** / Steuerschieber *m* || ~ **state** / Schaltzustand *m* || ~ **statement** / Steuerungsanweisung *f* || ~ **station** / Befehlsgerät *n*, Leitwerk *n* DIN 44300, Leitstation *f* (DÜ), Steuereinheit *f* (ein o. mehrere Hilfsstromschalter in einer Schalttafel o. in einem Gehäuse), Ansteuergerät *n*, Betätigungsorgan *n*, Bedienungselement *n*, Befehlsgeber *m*, Leitgerät *n* || ~ **step** / Steuerungsschritt *m* || ~ **stick** / Steuerknüppel *m*, Kreuzschalthebel *m* || ~ **subsystem** / Teilsteuerung *f* || ~ **supply voltage** / Steuerspeisespannung *f*, Steuerspannung *f* || ~ **surface** / Betätigungsfläche *f* || ~ **switch** / Steuerschalter *m*, Hilfsstromschalter *m*, Hilfssteuerschalter *m*, Hilfsschalter *m*, Knebelschalter *m*, Bedienungsschalter *m*, Befehlsschalter *m* || ~ **switch** IEC 337-1 / Hilfsstromschalter *m* VDE 0660, T.200 || ~ **switch suitable for isolation** / Hilfsstromtrennschalter *m* EN 60947-5-1 || ~ **switchboard** ANSI C37.100 / Steuertafel *f*, Wartentafel *f* || ~ **switchgroup** / Steuerschalter *m* (Bahn) || ~ **system** / Steuerungssystem *n*, Regelungssystem *n*, Leitanlage *f*, leittechnische Anlage, Komplettgerät *n*, Regeleinrichtung *f*, Steueranlage *f*, Regelanlage *f*, Leitsystem *n* || ~ **system architecture** (The hardware and software of a numerical control system.) / Steuerungsaufbau *m*, Steuerungsstruktur *f* || ~ **system earth (o. ground)** / Regelsystemerde *f* || ~ **system equipment** / Regeleinrichtung *f* || ~ **system flowchart (CSF)** / Funktionsplan *m* (FUP), Funktionsschema *n*, Funktionsbausteinplan *m* || ~ **system function chart** / Funktionsbausteinplan *m*, Funktionsschema *n*, Funktionsplan (FUP) *m* || ~ **system function diagram** (Rev.) IEC 113-1 / Funktionsplan einer Steuerung || ~ **system malfunction** / Funktionsstörung des Regelungssystems, Leittechnik-Funktionsstörung *f*

|| ~ **system response** / Steuerungsverhalten *n* || ~ **system structure** / Steuerungsaufbau *m*, Steuerungsstruktur *f* (der Aufbau der Hardware und Software einer numerischen Steuerung) || ~ **tape** / Steuerlochstreifen *m* || ~ **technology** / Steuerungstechnik *f*, Steuerungs- und Regelungstechnik *f*, Leittechnik *f*, Regelungstechnik *f* || ~ **terminal** / Steuerklemme *f* || ~ **terminal connection** / Steuerklemmenanschluss *m* || ~ **terminals** / Steueranschlüsse *m pl* || ~ **tile** / Schalterbaustein *m* (Mosaikbaustein) || ~ **time constant** / Führungszeitkonstante *f* DIN 41745 || ~ **to 0** / abwärtssteuerbar *adj* **control-to-load isolation** / Potentialtrennung der Steuerkreise, Entkopplung der Steuerkreise **control transfer** / Steuerungsübergabe *f* || ~ **transformer** / Steuertrafo *m* || ~ **type** / Steuerungstyp *m*, Steuerungsart *f* || ~ **unit** / Steuereinheit *f* VDE 0660, T.200, Steuergerät *n*, Steuerwerk *n*, Leitwerk *n*, Befehlsgerät *n*, Auslösegerät *n*, Regelungseinschub *m*, Regelungsbaugruppe *f*, Bedieneinheit *f*, Steuerteil *n*, Regelgerät *n* DIN 44300, Bedienungsgerät *n* || ~ **unit for engine management** / Motorsteuerungsgerät *n* (Kfz) || ~ **value** / Leitgröße *f* || ~ **valve** / Stellventil *n*, Regelventil *n*, Steuerventil *n*, Durchflussstellglied *n*, Betätigungsventil *n*, Regelarmatur *f*, Stellarmatur *f* || ~ **valve body** / Ventilkörper *m* || ~ **valve stem** / Stellventilspindel *f* || ~ **valve stem plug** / Stellventilspindel *f* || ~ **voltage** / Steuerspannung *f*, Betätigungsspannung *f* || ~ **voltage bar** / Steuerspannungsschiene *f* || ~ **voltage stabilizer** / Steuerspannungshalter *m* || ~ **when empty** / Leerkontrolle *f* || ~ **winding** / Steuerwicklung *f* || ~ **wire** / Steuerleiter *m*, Hilfsader *f*, Auslöseader *m*, Steuerleitung *f*, Überwachungsleiter *m* || ~ **wire connections** / Hilfsleitungsanschlüsse *m pl* || ~ **with constant desired value** / Festwertregelung *f* || ~ **wizard** / Schaltflächenassistent *m* (Hilfsprogramm) || ~ **word** / Steuerwort *n*, Steuerwort *n* || ~ **zero** / Steuerungs-Nullpunkt *m*
conurbation *n* / Ballungsgebiet *n*, Ballungszentrum *n*
convection *n* / Konvektion *f*, Wärmeübertragung *f*, Eigenthermik *f*, Wärmeübergang *m* || **coefficient of** ~ / Konvektionszahl *f* || ~ **current** / Konvektionsstrom *m*
convenience *n* / Bedienungskomfort *m*, Komfort *m*, Bedienkomfort *m*, Bedienerfreundlichkeit *f*, Anwenderfreundlichkeit *f* || ~ **board** / Komfortbaugruppe *f* || ~ **design** / Komfortausführung *f* || ~ **electronics** / Komfortelektronik *f* (Kfz) || ~ **model** / Komfortausführung *f* || ~ **outlet** / Steckdose *f* || ~ **switch** / Komfortschalter *m* || ~ **version** / Komfortausführung *f*
convenient *adj* / bedienerfreundlich *adj*, komfortabel *adj*, benutzerfreundlich *adj*, anwenderfreundlich *adj* || ~ **digital operating procedure** / komfortables digitales Bedienkonzept
convention, signal ~ / Signalsprache *f*
conventional *adj* / konventionell *adj* || ~ **efficiency measurement** / Wirkungsgradbestimmung aus den Einzelverlusten || ~ **enclosed thermal current** / Dauerstrom von Geräten im Gehäuse, konventioneller thermischer Strom von gekapselten Geräten || ~ **error** (relay) IEC50(446) / auf den

conventionally

Bezugswert (o. den konventionellen Wert) bezogene Abweichung || ~ **force** / gewöhnliche Kraft || ~ **free-air thermal current** / konventioneller thermischer Strom in Luft I_{th}, konventioneller thermischer Strom in freier Luft I_{th}, thermischer Strom I_{th} || ~ **fusing current** / großer Prüfstrom (Sich.) || ~ **impulse withstand voltage** / konventionelle Steh-Stoßspannung || ~ **keyboard** / Tastenfeld *n*, Tastatur *f*, Hubtastatur *f* || ~ **lightning impulse withstand voltage** / konventionelle Steh-Blitzstoßspannung
conventionally true value / vereinbarter wahrer Wert
conventional mass / konventioneller Wägewert || ~ **maximum lightning overvoltage** / konventionelle maximale Blitzüberspannung || ~ **maximum switching overvoltage** / konventionelle maximale Schaltüberspannung || ~ **motor** / Fußmotor *m* || ~ **no-load direct voltage** / konventionelle Leerlauf-Gleichspannung (Gleichrichter o. Wechselrichter), gesteuerte konventionelle Leerlauf-Gleichspannung (Gleichspannungs-Mittelwert, der sich bei einem angegebenen Steuerwinkel durch Extrapolieren der Stromstärke-Spannungs-Kennlinie im Bereich nicht lückenden Gleichstrom zur Stromstärke null ergibt) || ~ **non-fusing current** / kleiner Prüfstrom (Sich.) || ~ **non-tripping current** / kleiner Prüfstrom (LSS) VDE 0641, festgelegter Nichtauslösestrom, Nichtauslösestrom *m* || ~ **operating current** / vereinbarter Auslösestrom (einer Schutzeinrichtung) VDE 0100,T.200 || ~ **quantities** / festgelegte Werte, konventionelle Größen || ~ **rotor thermal current** / konventioneller thermischer Läuferstrom || ~ **safety factor** / konventioneller Pegelfaktor VDE 0111,T.1, A1 || ~ **stator thermal current** / konventioneller thermischer Ständerstrom I_{thr} || ~ **switching impulse withstand voltage** / konventionelle Steh-Schaltstoßspannung || ~ **test current** / konventioneller Prüfstrom || ~ **thermal current** / konventioneller thermischer Strom, Dauerstrom I_{th} || ~ **thermal power station** / konventionelles thermisches Kraftwerk || ~ **time** / konventionelle Zeit (GSS, LSS) || ~ **touch voltage limit** U_L IEC 364-4-41 / vereinbarte Grenze der Berührungsspannung VDE 0100,T.200 || ~ **tripping current** / großer Prüfstrom (LSS) VDE 0641, Auslösestrom *m* (Überlastauslöser) VDE 0660,T.101, festgelegter Auslösestrom || ~ **true value** / bestimmungsgemäß richtiger Wert (Messgröße), richtiger Wert (Statistik, QS) || ~ **voltage limit** / Grenzspannung *f*
conventions, message transfer ~ / Nachrichten-Übertragungsvorschriften *f pl*
converge *v* / annähern *v*
convergence *n* / Konvergenz *f*, Zusammenführung *f*, Synchronisation *f* || ~ **correction** / Konvergenzkorrektur *f* (Bildröhre), Konvergenzabgleich *m* || ~ **electrode** / Konvergenzelektrode *f* || ~ **magnet** / Konvergenzmagnet *m* || ~ **protocol** / Anpassungsprokoll *n* DIN ISO 8473 || ~ **surface** / Konvergenzfläche *f*
conversational language / Dialogsprache *f* || **in** ~ **mode** / im Dialog, dialoggeführt *adj* || ~ **mode** / Dialogbetrieb *m*, Dialogverarbeitung *f* DIN 44300, interaktive Verarbeitung DIN 44300
conversion *n* / Umwandlung *f*, Umformung *f*,

Wandelung *f*, Umsetzung *f*, Umstellung *f*, Umrüstung *f*, Umrechnung *f*, Wandlung *f*, Umformen *n*, Umkodierung *f*, Umcodierung *f*, Abwandlung *f* || ~ **adapter** / Übergangssteckvorrichtung *f* || ~ **code** / Umsetzungscode *m* (ADU, DAU) || ~ **error** / Wandlungsfehler *m* || ~ **factor** IEC 146 / Stromrichtgrad *m*, Umrichtgrad *m* (LE) || ~ **factor** / Umrechnungsfaktor *m*, Umrechnungskonstante *f* || ~ **file** / Konvertierungsdatei *f* || ~ **function** / Umwandlungsfunktion *f* || ~ **insertion loss** / Mischeinfügungsdämpfung *f*, Mischrestdämpfung *f* || ~ **instruction** / Umwandlungsoperation *f* || ~ **kit** / Umrüstsatz *m* || ~ **loss** (diode) / Mischdämpfung *f* (Diode) DIN 41853 || ~ **of electrical energy** / Umformung elektrischer Energie || ~ **of fill level** / Umformen von Füllstand || ~ **of flow rate** / Umformen von Durchfluss || ~ **of pressure** / Umformen von Druck || ~ **of temperature** / Umformen von Temperatur || ~ **operation** / Umwandlungsoperation *f* || ~ **package** / Umrüstsatz *m*, Umbausatz *m* || ~ **principle** / Umsetzprinzip *n* || ~ **rate** / Umsetzungsgeschwindigkeit *f*, Umwandlungsrate *f*, Umsetzungsrate *f*, Wandlungsrate *f* || ~ **rates** / Konvertierungsraten *f pl* || ~ **ratio** / Umwandlungsverhältnis *n* || ~ **set** / Umbausatz *m* || ~ **specification** / Konvertierungsvorschrift *f*, Umsetzvorschrift *f* || ~ **time** (ADC, DAC) / Umsetzzeit *f*, Wandlungszeit *f* || ~ **transconductance** / Mischsteilheit *f*
convert *v* / umbauen *v*, wandeln *v*
converted axis / Umsetzachse *f*
converter *n* / Umformer *m*, Umsetzer *m*, Umrichter *m*, Messumsetzer *m*, Katalysator *m*, Umrichtergerät *n*, Umrichtereinheit *f*, Inverter *m*, Wandler *m*, Stromrichter *m*, Konverter *m* || ~ **apparent current** IU / Umrichterscheinstrom IU || ~ **arm** / Stromrichterzweig *m*, Stromrichter-Hauptzweig *m* || ~ **blocking** / Sperren der Stromrichtergruppe || ~ **bridge** / Stromrichterbrücke *f* || ~ **cascade** / Stromrichterkaskade *f* || ~ **circuit** / Stromrichterkreis *m* || ~ **circuit-breaker** / Stromrichterschalter *m* (LS) || ~ **clutch** / Wandlerkupplung *f* (Kfz) || ~ **connection** / Stromrichterschaltung *f*, Umrichterschaltung *f* || ~ **cubicle** / Stromrichterschrank *m* || ~ **deblocking** / Entsperren der Stromrichtergruppe || ~ **drive** / Stromrichterantrieb *m*, Thyristorantrieb *m* || ~ **fault** / Stromrichtfehler *m*
converter-fed drive / stromrichtergespeister Antrieb, Stromrichterantrieb *m*
converting *n* / Umformung *f*, Umformen *n* || ~ **the toggle motion into a rotary motion** / Kipphebelumlegung *f*
converter for slip-power recovery / Rückspeiseumformer *m* (f. Schlupfleistung) || ~ **installation** / Stromrichteranlage *f* || ~ **section** (of a double converter) / Teilstromrichter *m* || ~ **substation** / Umformerstation *f* || ~ **transformer** / Stromrichtertransformator *m* || ~ **unit** IEC 633 / Stromrichtergruppe *f* || ~ **unit control** / Stromrichtergruppenregelung *f*, Gruppenregelung *f* || ~ **unit firing control** / Ansteuerung der Stromrichtergruppe || ~ **unit sequence control** / Stromrichtergruppen-Ablaufsteuerung *f* || ~ **unit tap changer control** / Stufenschalterregelung der Stromrichtergruppe

convertor, resonant (A convertor using a resonant link.) / Resonanzumrichter *m* (Stromrichter mit einem Resonanzkreis)
convex *adj* / konvex *adj*, ballig *adj*, gebaucht *adj*, außengekrümmt *adj*, wulstig *adj* || ~ **grinding** / Balligschleifen *n* || ~ **side** / Bauchseite *f*
convexity *n* / Konvexität *f*, Wölbung *f*, Balligkeit *f*
convex top / abgerundeter Kopf (Bürste) || ~ **weld** / Wulstnaht *f*
conveyer system / Förderanlage *f*, Fördereinrichtung *f*
conveying and handling systems / Fördertechnik *f* || ~ **direction** / Förderrichtung *f* || ~ **route** / Förderweg *m*
conveyor *n* / Förderband *n*, Fördereinrichtung *f*, Förderer *m* || ~ **belt** / Transportband *n* || ~ **capacity** / Förderleistung *f* (Fördereinrichtung) || ~ **end** / Bandende *n*
conveyorized line / Bandstraße *f* (Fabrik)
conveyor loop / Bandschlaufe *f* || ~ **motor** / Fördermotor *m* (f. Förderer) || ~ **section** / Förderstrecke *f* || ~ **system** / Fördertechnik *f*, Förderanlage *f*, Bandstraßensystem *n*, Fördereinrichtung *f* || ~ **trip switch** / Seilzug-Notschalter *m* || ~ **tube (o. tubing)** / Fahrrohr *n* (Rohrpost)
convolution *n* / Umlauf *m* (Wickl.), Umgang *m*, Gang *m* || ~ **algorithm** / Faltungsalgorithmus *m* || ~ **(rolling) diaphragm (Bellofram)** / Rollmembran *f* || ~ **integral** / Faltungsintegral *n* || ~ **theorem** / Faltungssatz *m*
cooker control unit / Herdanschlussgerät *n*
coolant *n* / Kühlmittel *n*, Kühlmedium *n*, Kühlschmiermittel *n*, Kühlschmierstoff (KSS) *m* || ~ **circulation** / Kühlmittelumlauf *m*, Kühlmittelbewegung *f*, Kühlmittelumwälzung *f* || ~ **flow rate** / Kühlmittel-Durchflussmenge *f*, Kühlmittelstrom *m* || ~ **guide** / Kühlmittelführung *f* (el. Masch.) || ~ **jacket** / Kühlmantel *m* || ~ **pump** / Kühlmittelpumpe *f*, Strömungsmaschinen *f pl* || ~ **rate** / Kühlmittel-Durchflussmenge *f*, Kühlmittelstrom *m* || ~ **supply** / Kühlmittelzufuhr *f* || ~ **supply temperature** / Kühlmitteleintrittstemperatur *f* || ~ **temperature** / Kühlmitteltemperatur *f*
cooler *n* / Kühler *m*, Kühlaggregat *n* || ~ **element** / Kühlerelement *n*
cooling *n* / Kühlung *f*, Entwärmung *f* || **cooling agent** / Kühlmittel *n*, Kühlmedium *n* || ~ **air** / Kühlluft *f* || ~ **air circulation** / Kühlluftkreislauf *m*
cooling-air duct / Kühlluftkanal *m*, Kühlschlitz *m* || ~ **passage** / Kühlluftweg *m*
cooling by relative displacement / Verdrängungskühlung *f* || ~ **chamber** / Kühldose *f* || ~ **circuit** / Kühlkreis *m*, Kühlkreislauf *m* || ~ **coefficient** / Kühlzahl *f* || ~ **coil** / Kühlschlange *f* || ~ **crack** / Schrumpfriss *m*, Schwindriss *m* || ~ **duct** / Kühlkanal *m* (Trafo), Kühlschlitz *m* || ~ **effect** / Kühlwirkung *f* || ~ **emulsion** / Kühleemulsion *f* || ~ **fan** / Kühlgebläse *n* || ~ **filter** / Kühlsieb *n* || ~ **fin** / Kühlrippe *f*, Kühlfahne *f* || ~ **jacket** / Kühlmantel *m* || ~ **liquid** / Kühlflüssigkeit *f* || ~ **load** / Kühllast *f* || ~ **medium** / Kühlmedium *n*, Kühlmittel *n* || ~ **method** / Kühlungsart *f*, Kühlart *f* || ~ **rate** / Abkühlungsgeschwindigkeit *f* || ~ **rib** / Kühlrippe *f* || ~ **system** / Kühlanlage *f*, Kühlsystem *n*, Kühlungsart *f*, Kühleinrichtung *f* || ~ **time** /

Abkühldauer *f* || ~ **water** / Einspritzwasser *n*, Kühlwasser *n*
cooling-water circulating pump / Kühlwasserumwälzpumpe *f* || ~ **discharge** / Kühlwasseraustritt *m*, Kühlwasserabfluss *m* || ~ **flow rate** / Kühlwasserstrom *m*, Kühlwasser-Durchflussmenge *f* || ~ **inlet** / Kühlwassereintritt *m*, Kühlwasserzufluss *m* || ~ **inlet temperature** / Kühlwasser-Eintrittstemperatur *f* || ~ **jacket** / Kühlwassermantel *m* || ~ **outlet** / Kühlwasseraustritt *m*, Kühlwasserabfluss *m* || ~ **outlet temperature** / Kühlwasser-Austrittstemperatur *f* || ~ **pipe systems in thermal power station** / Kühlwasserleitung vom Wärmekraftwerk || ~ **rate** / Kühlwasser-Durchflussmenge *f*, Kühlwasserstrom *m*
cool white / tageslichtweiß *adj*, Lichtfarbe Weiß
coordinate *n* / Koordinate *f* || ~ **axis** / Koordinatenachse *f* || ~ **basic origin** / Koordinaten-Nullpunkt *m* (NC) || ~ **datum** / Koordinatenursprung *m* (KU), Koordinatenanfangspunkt *m* || ~ **dimension** / Koordinatenmaß *n* || ~ **dimensioning** / Koordinatenbemaßung *f* (CAD) || ~ **dimensioning system** / Bezugsmaßsystem *n* (NC) || ~ **dimensions** / Koordinatenmaße *n pl* (NC), Koordinatenwerte *m pl*, Bezugsmaße *n pl* || ~ **dimension word** / Koordinatenmaß-Befehl *m* (NC, Wort)
coordinated two-user system / koordiniertes Zweiplatzsystem
coordinate field / Achsenfeld *n* (GKS) || ~ **graphics** / Koordinatengrafik *f* || ~ **grid** / Koordinatengitter *n*, Koordinatennetz *n* || ~ **inspection machine** / Koordinaten-Messmaschine *f* (NC) || ~ **origin** / Koordinatenursprung *m* (KU), Koordinatenanfangspunkt *m* || ~ **positioning control** / Punktsteuerung *f* (NC) || ~ **reference point** / Koordinatenbezugspunkt *m* || ~ **representation** / Koordinatendarstellung *f*, Achsendarstellung *f* || ~ **rotation** / Koordinatendrehung *f* || ~ **rotation and scale factor (COA)** / Koordinatendrehung und Maßstabfaktor || ~ **system** / Koordinatensystem (KS) *n* || ~ **system rotation** / Koordinatensystemdrehung *f* || ~ **table** / Koordinatentisch *m* (WZM, NC), Positioniertisch *m* || ~ **transformation** (The conversion of one coordinate system into another. Mostly Cartesian coordinates to polar coordinates and vice versa.) / Koordinatentransformation *f* || ~ **trimming system** / Trimmschaltung *f* (NC) || ~ **values** / Koordinatenwerte *m pl* (NC)
coordinating and process control level / Dispositions- und Prozessleitebene *f*, Fertigungsleitebene *f*, Produktionsleitebene *f* || ~ **control** / Leitsteuerung *f* DIN 19237 || ~ **level** / Leitebene *f* || ~ **production control** / Fertigungsleitsteuerung *f* || ~ **program** / Leitprogramm *n* || ~ **spark gap** / abgestimmte Schutzfunkenstrecke, Pegelfunkenstrecke *f* || ~ **withstand voltage of insulation level** / koordinierende Stehspannung des Isolationspegels
coordination *n* / Koordinierung *f*, Staffelung *f* || **coordination, overcurrent protective** ~ / Überstrom-Schutz-Staffelung *f* || ~ **byte** / Koordinierungsbyte *n* || ~ **flag** / Koordinierungsmerker *m* (SPS) || ~ **line**

Koordinationsgerade *f* DIN 30798,T.1 || ~ **of insulation** / Isolationskoordination *f*, Isolationszuordnung *f* || ~ **plane** / Koordinationsebene *f* DIN 30798,T.1 || ~ **point** / Koordinationspunkt *m* DIN 30798,T.1 || ~ **processor** / Koordinierungsprozessor *m* || ~ **with short-circuit protective devices** / Zuordnung von Kurzschlussschutzeinrichtungen
coordinator *n* / Koordinator *m* (Mehrprozessorsystem), Zuordner *m*, Regieleiter *m*
COP (coprocessor) / Koprozessor *m*
coplanarity *n* / Oberflächengleichheit *f*, Ebenheit *f*
co-phasal *adj* / gleichphasig *adj*, phasengleich *adj*, phasenrichtig *adj*, in gleicher Phasenlage
co-phase component / Wirkanteil *m*, Wirkkomponente *f*
copper bar / Kupferschiene *f*
copper-base alloy / Kupferlegierung *f*
copper braiding / Kupferumspinnung *f* || ~ **cable** / Kupferkabel *n*, Kupferseil *n* || ~ **cable, steel-reinforced (CCSR)** / Kupfer-Stahl-Kabel *n*
copper-clad *adj* / kupferkaschiert *adj*
copper cladding / Kupferkaschierung *f*
copper-clad wire / Kupfermanteldraht *m*, Bimetalldraht *m*
copper conductor / Cu-Leiter *m*
copper-constantan thermocouple / Kupfer-Konstantan-Thermoelement *n* (Cu-Ko-Thermoelement)
copper contact piece / Kupferschaltstück *n*
copper-cored carbon / Kupferdochtkohle *f*
copper dragging / Kupferschieben *n* (Komm.) || ~ **flats** / Flachkupfer *n* || ~ **link** / Kupferbrücke *f*
copper-laminated plastic / kupferkaschierter Schichtpressstoff
copper loss / Kupferverluste *m pl*, I²R-Verluste *m pl*, Stromwärmeverluste *m pl* || ~ **lug** / Kupferlasche *f* || ~ **oxide-lithium battery** / Kupferoxid-Lithium-Batterie *f* || ~ **oxide-zinc battery** / Kupferoxid-Zink-Batterie *f* || ~ **picking** / Kupferaufnahme *f* (Komm.) || ~ **plate** / Kupferplatte *f*
copper-plate *v* / verkupfern *v*
copper-plated *adj* / verkupfert *adj*
copper-plated aluminium sheet / CUPAL-Blech *n*
copper plating by immersion / Tauchverkupferung *f* || ~ **quotation** / Kupfernotierung *f* (CU-Notierung) || ~ **shapes** / Profilkupfer *n*, Formatekupfer *n* || ~ **space factor** / Kupferfüllfaktor *m* || ~ **sponge** / Kupferschwamm *n* || ~ **spray plating** / Spritzverkupfern *n* || ~ **strip** / Kupferband *m*, Flachdrahtkupfer *n*, Flachkupfer *n*, Bandkupfer *n*, Kupferstreifen *m*
copper-strip field coil / Blankpolspule *f*
copper strip test / Kupferstreifenprüfung *f* || ~ **sulphate** / Kupfersulfat *n* || ~ **surcharge** / Kupferzuschlag *m*, CU-Zuschlag *m* || ~ **wire braiding** / Kupferdrahtumflechtung *f*
coprocessor *n* / Coprozessor *m*, Koprozessor *m*
copy *v* / kopieren *v* (a. DV) DIN 44300, vervielfältigen *v* || ~ *n* / Kopie *f*, Exemplar *n* || **Copy Command Data Set** / Befehlsdatensatz kopieren || **Copy Drive Data Set** / Antriebsdatensatz kopieren
copying control / Kopiersteuerung *f* (WZM, NC), Nachformsteuerung *f* || ~ **lamp** / Kopierlampe *f*, Lichtpauslampe *f* || ~ **lathe** / Kopierdrehmaschine *f*, Kopierdrehbank *f* || ~ **system** / Kopiersystem *n* || ~ **tool** / Kopierdrehmeißel *m* || ~ **tracer** /

Kopierfühler *m* (WZM)
copy licence (CL) / Kopierlizenz *f* || ~ **milling** / Kopierfräsen *n*, Nachformfräsen *n* || ~ **project** / Projekt kopieren
Corbino disc / Corbino-Scheibe *f*
cord *n* / Schnur *f*, Anschlussschnur *f*, Leitungsschnur *f*, Anschlussleitung *f*, flexible Leitung, Seil *f*, Leine *f*, Kordel *f* || ~ **anchorage** / Zugentlastungsvorrichtung *f* (Kabel)
cord-connected equipment / Geräte mit (flexibler) Anschlussleistung
cord connector / Leitungsstecker *m* || ~ **grip** / Zugentlastungsschelle *f* (Kabel), Zugentlastungsklemme *f* || ~ **guard** / Biegeschutztülle *f* (f. Anschlussschnur)
cording *n* / Verschnürung *f*
cord lashing / Schnurbandage *f*, Umschnürung *f*
cordless *adj* / schnurlos *adj* (ohne Anschlusskabel)
cord-operated ceiling switch / Deckenzugschalter *m* || ~ **switch (CEE 24)** / Zugschalter *m* VDE 0632, Deckenschalter *m*
cord packing / Rundschnurdichtung *f*, Zopfpackung *f* || ~ **reel(er)** / Leitungsroller *n* || ~ **set IEC 320** / Geräteanschlussleitung *f* (m. Wandstecker u. Gerätesteckdose), Leitungssatz *m*, Anschlussleitung mit unlösbar verbundenem Stecker und Gerätesteckdose || ~ **switch** / Schnurschalter *m* VDE 0630
core *n* / Kern *m*, Magnetkern *m*, Eisen *n*, Blechpaket *n*, Leiter *m*, Seele *f* (Verbundleiter), Strunk *m* (Isolator), Messkern *m*, Ader *f*, Draht *m* || ~**core** / adrig *adj*, polig *adj*
core-and-coil assembly / aktiver Teil (Trafo)
core area / Kernbereich *m* (LWL) || ~ **argument** / Kernargument *n* || ~ **argumentation** / Kernargumentation *f* || ~ **assembly** / Blechpaket *n*, lammellierter Kern, Kernmontage *f*, Schichtkern *m* || ~ **back** / Blechpaketrücken *m*
core-balance transformer / Summenstromwandler *m* (Schutz)
core bandage / Kernbandage *f*
coreboard *n* / Holzspanplatte *f*, Tischlerplatte *f*
core burning / Eisenbrand *m* || ~ **business** / Breitengeschäft *n* || ~ **centre** / Kernmitte *f* (LWL), Kernmittelpunkt *m* (LWL) || ~ **circle** / Kernkreis *m*
core-circle space factor / Kernkreis-Füllfaktor *m*
core/cladding concentricity error / Kern/Mantel-Konzentrizitätsfehler *m* (LWL), Konzentrizitätsfehler zwischen Kern und Mantel (LWL)
core clamping / Kernpressung *f* || ~ **clamps** / Kernpresselemente *n pl* (Trafo) || ~ **covering** / Aderumhüllung *f* || ~ **cross-section** / Aderquerschnitt *m*, Kernquerschnitt *m*, Eisenquerschnitt *m* || ~ **cross-sectional area** / Aderquerschnittsfläche *f*, Kernquerschnittsfläche *f*
cored brush / Bürste mit Dochten || ~ **carbon** / Dochtkohle *f*
core definition / Kernfestlegung *f* || ~ **depth** / radiale Blechpakettiefe, Eisentiefe *f* || ~ **diameter** / Kerndurchmesser *m* || ~ **drill** / Senker *m* || ~ **duct** / Kühlkanal *m* (el. Masch.), Luftschlitz *m*
cored electrode / Dochtelektrode *f*
core end designation / Aderendbezeichnung *f* || ~ **end plate** / Endplatte *f* (el. Masch.), Pressplatte *f* || ~ **factor C₁** / Kernfaktor C₁, Kern-Induktivitätsparameter *m* || ~ **factor C₂** / Kernfaktor

C₂, Kern-Hystereseparameter *m* || ~ **flux** / Kernfluss *m* || ~ **flux density** / Kernflussdichte *f*, Kerninduktion *f* || ~ **form** / Kernbauform *f* (Trafo)
core-form transformer / Kerntransformator *m*
core hysteresis parameter / Kern-Hystereseparameter *m*, Kernfaktor C₂ || ~ **identification** / Aderkennnzeichnung *f* || ~ **inductance parameter** / Kern-Induktivitätsparameter *m*, Kernfaktor C₁ || ~ **induction** / Kerninduktion *f* (Trafo) || ~ **iron** / Kerneisen *n* || ~ **lamination** / Kernblech *f*, Blechlamelle *f*
coreless armature / eisenloser Anker
core-limb lamination / Schenkelblech *n* (Trafo-Kern)
core loss / Eisenverluste *m pl*, Leerlaufverluste *m pl* || ~ **magnet** / Kernmagnet *m* || ~ **of a coil** / Spulenkern *m* || ~ **package** / Kernpaket *n* || ~ **packet** / Teilpaket *n* (Blechp.) || ~ **pair** / Aderpaar *n* || ~ **piece** / Kernstück *n* || ~ **portion** (of a coil) / eingebettete Spulenseite || ~ **punching** / Kernblech *n*, Blechlamelle *f* || ~ **radius** / Kernradius *m* || ~ **saturation** / Kernsättigung *f* || ~ **screen** / äußere Leitschicht (Kabel) || ~ **section** / Teilpaket *n* (Blechp.) || ~ **sheet** / Kernblech *n* (Rohmaterial, ungestanzt) || ~ **size** / Kerngröße *f* || ~ **space factor** / Kernfüllfaktor *m* || ~ **specimen** / Hohlbohrprobe *f* || ~ **stack** / Kernpaket *n*, Blechpaket *n*, lamellierter Kern, Schichtkern *m* || ~ **test** / Kernprüfung *f*, Eisenschlussprobe *f*, Eisenprobe *f* || ~ **time** / Kernzeit *f*, Kernarbeitszeit *f* || ~ **tooth** / Blechpaketzahn *m*, Eisenzahn *m* || ~ **type** / Kernbauform *f* (Trafo)
core-type magnet / Kernmagnet *m* || ~ **reactor** / Kerndrosselspule *f*, Kerndrossel *f* || ~ **transformer** / Kerntransformator *m*
core window / Kernfenster *n*
Coriolis force / Coriolis-Kraft *f*, zusammengesetzte Zentrifugalkraft
corkscrew rule / Korkenzieherregel *f*
corner *n* / Ecke *f* (a. CAD), Eckpunkt *m*, Kante *f* (a. Wickelverb.), Winkel *m*, Rundung *f* (Hinweis: Eine Rundung ist keine Fase. In CAD-Texten heißt Rundung fillet oder blend), Raumecke *f* || **45°** ~ **cut** / 45°-Schnitt *m* (Kernbleche), 45°-Schrägung *f* || **pulse** ~ / Impulsecke *f* || ~ **angle** / Eckenwinkel *m* || ~ **behaviour** / Eckenverhalten || ~ **chamfer** / Eckenfase *f* || ~ **connector** / Eckverbinder *m* || ~ **coupling** / Eckverbindung *f* (a. IK) || ~ **deceleration** / Eckenverzögerung *f* || ~ **deceleration velocity** / Eckenverzögerungsgeschwindigkeit || ~ **distribution board** / Eckschrank *m*
cornered *adj* / kantig *adj*
corner effect / Winkelspiegeleffekt *m* || ~ **frequency** / Eckfrequenz *f* (Bode-Diagramm) || ~ **gears** / Umlenkgetriebe *n* || ~ **height** / Eckhöhe *f* || ~ **joint** / Eckstoß *m* || ~ **joints** / Eckverbinder *m* || ~ **panel** / Eckfeld *n* || ~ **point** / Eckpunkt *m* || ~ **radius** / Eckenrundung *f*, Abrundungsradius *m* (NC), Eckenradius *m* || ~ **reflector** / Winkelreflektor *m*, Winkelspiegel *m* || ~ **rounding** / Überschleifen *n*, Verschleifen *n* || ~ **stamp** / Eckstempel *m* || ~ **tap** / Eckenentnahme *f* (Messblende)
cornice lighting / Eckbeleuchtung *f*, verdecktes Lichtband, Voutenbeleuchtung *f* || ~ **luminaire** / Eckleuchte *f* || ~ **trunking** / Brüstungskanal *m* (IK),

Fensterbankkanal *m*
corona *n* (cf. partial discharge) / Korona *f*, Glimmen *n*, Glimmentladung *f*, Sprühen *n*, Teilentladung *f*, Koronaentladung *f* || ~ **attenuation** / Koronadämpfung *f* || ~ **cloud** / Ionenwolke *f* || ~ **conduction** / Koronaentladung *f* || ~ **damping** / Koronadämpfung *f* || ~ **discharge** / Koronaentladung *f*, Glimmentladung *f*, Sprühentladung *f* || ~ **discharge power** / Koronaleistung *f* || ~ **discharge tube** / Koronaentladungsröhre *f* || ~ **effect** / Koronaerscheinung *f* || ~ **extinction voltage** / Korona-Aussetzspannung *f*
corona-free *adj* / koronafrei *adj*, glimmfrei *adj*
corona grading / Koronapotentialsteuerung *f*, Glimmschutz *m*, Glimmpotentialsteuerung *f* || ~ **harmonics** / Koronaoberwellen *f pl* || ~ **inception field strength** / Korona-Einsetzfeldstärke *f* || ~ **inception field strength** / Teilentladungs-Einsetzfeldstärke *f* || ~ **inception voltage** / Korona-Einsatzspannung *f*, Glimm-Einsatzspannung *f* || ~ **interference voltage** / Koronastörspannung *f* || ~ **loss** / Koronaverlust *m*, Sprühverlust *m* || ~ **shielding** / Schirmung *f* (gegen Korona), Glimmschutz *m*, Potentialsteuerung *f*, Sprühschutz *m* || ~ **sphere** / Sprühkugel *f*
corporate *adj* / firmenintern *adj* || **corporate management level** / Unternehmensleitebene *f*, Führungs- und Dispositionsebene *f*, Betriebsebene *f* || ~ **planning** / Unternehmensplanung *f*
correct *v* / berichtigen *v*, nacharbeiten *v*, ausregeln *v*, entzerren *v*, nachführen *v*, ausgleichen *v*, beseitigen *v* || ~ *adj* / einwandfrei *adj*, fehlerfrei *adj*, fachgerecht *adj*, korrekt *adj*, richtig *adj*, sachgemäß *adj* || **to ~ deficiencies** / Mängel beheben (QS) || **to ~ the setpoint** / den Sollwert nachführen
corrected effective output / korrigierte nutzbare Leistung (Verbrennungsmot.) || ~ **luminaire** / kompensierte Leuchte
correcting increment / Stellinkrement *n* || ~ **motor** / Stellmotor *m*, Verstellmotor *m* || ~ **quantity** / Korrekturgröße *f*, Stellgröße *f* || ~ **range** IEC 50(351) / Stellbereich *m* (Reg.) || ~ **setpoint** / Korrektursollwert *m*, Hilfssollwert *m* || ~ **time** / Regelzeit *f* || ~ **variable** / Korrekturgröße *f*, Stellgröße *f*
correction *n* / Berichtigung *f*, Nacharbeit *f*, Entzerrung *f*, Nachführung *f*, Korrektur *f*, Ausgleich *m* || ~ (pulse measurement) / Korrektion *f* || ~ **cost transfer** / Korrekturbuchung *f* || ~ **DAC (C-DAC)** / Korrektur-DAU *m* || ~ **data** / Korrekturdaten *plt* (NC) || ~ **factor** / Korrekturfaktor *m* || ~ **factor for atmospheric conditions** / ~atmosphärischer Korrekturfaktor || ~ **increment** / Stellinkrement *n* || ~ **method** / Ausgleichsverfahren *n* (Auswuchten) || ~ **of faults** / Fehlerbereinigung *f* || ~ **plane** / Auswuchtebene *f* || ~ **rate** / Ausregelgeschwindigkeit *f*, Regelgeschwindigkeit *f* || ~ **status** / Korrekturstand *m* || ~ **value** / Korrekturwert *m*, Nachführwert *m*
corrective action / Korrekturmaßnahmen *f pl*, Eingriff *m*, Abhilfemaßnahme *f* || ~ **calculation** / Korrekturrechnung *f* || ~ **maintenance** / Instandsetzung *f*, korrektive Instandhaltung || **maintenance time** (That part of the maintenance time, during which corrective maintenance is performed on an item, including technical delays

and logistic delays inherent in corrective maintenance) / Instandsetzungszeit (Teil der Instandhaltungszeit, während dessen Instandsetzung an einer Einheit durchgeführt wird, eingeschlossen zugehörige technische Verzugsdauern und logistischen Verzugsdauern) || ~ **motion** / Nachstellbewegung f (WZM.) DIN 6580
correct operation / richtiges Arbeiten, fehlerfreier Betrieb || ~ **operation of protection** / fehlerfreie Funktion des Selektivschutzes IEC 50(448) || ~ **operation of relay system** (USA) / fehlerfreie Funktion des Selektivschutzes IEC 50(448) || ~ **phase relation for clockwise rotating field** / phasenrichtige Zuordnung für Rechtsdrehfeld || ~ **program** / Programmkorrektur f || ~ **selection of components** / richtige Bestückung von Bauelementen
correlated colour temperature / ähnlichste Farbtemperatur
correlation n / Zusammenhang m || **correlation function** / Korrelationsfunktion f || ~ **of amounts** / Zuordnung von Betragswerten
correspondence n / Schriftverkehr m
corresponding terminals IEC 76-1 / entsprechende Anschlüsse (Trafo) VDE 0532,T.1
corridor-type benchboard / begehbare Zweifront-Schalttafel mit Pult, begehbare, doppelseitige Schalttafel mit Pultvorsatz || ~ **switchboard** / begehbare Zweifrontschalttafel, begehbare, doppelseitige Schalttafel
corrode v / korrodieren v, anfressen v, rosten v, abätzen v, ätzen v
corrosion n / Korrosion f, Anfressung f, Rosten n, Abnutzung f, Verschleiß m, chemischer Angriff || ~ **by condensed water** / Kondenswasserkorrosion f, Schwitzwasserkorrosion f || ~ **cell** / Korrosionselement n || ~ **control** / Korrosionsschutz m || ~ **current** / Korrosionsstrom m
corrosion-erosion n / Erosionskorrosion f
corrosion fatigue / Korrosionsermüdung f
corrosion-inhibiting adj / korrosionshemmend adj
corrosion inhibitor / Korrosionsschutzwirkstoff m || ~ **preventive** / Korrosionsschutzmittel n, Rostschutzmittel n || ~ **product** / Korrosionsprodukt n || ~ **protection** / Korrosionsschutz m || ~ **rate** / Abtragungsrate f (Korrosion) || ~ **resistance** / Korrosionsbeständigkeit f || ~ **resistant bellow** / korrosionsfestes Wellrohr || ~ **resistant cover** / korrosionsschützende Überzüge || ~ **resistant protecting cover** / korrosionsschützende Überzüge
corrosion-resistant adj / korrosionsbeständig adj, rostsicher adj || **corrosion-resitant covering** (a layer of insulationg material applied outside the metallic sheath, screen or armouring to protect against corrosion) / Korrosionschutzhülle f, Korrosionsschutz m
corrosive adj / korrosiv adj, aggressiv adj, beißend adj, korrodierend adj, ätzend adj || ~ **atmosphere** / (chemisch) aggressive Atmosphäre || ~ **fumes** / ätzende Dämpfe || ~ **property** / chemische Eigenschaften
corrosivity n / Korrosivität f
corrugated adj / riffelplaniert adj || **corrugated conduit** / gewelltes Rohr (IR), gerilltes Rohr (IR), Wellmantelrohr m (IR) || ~ **coupler** / Rillenmuffe f

(IR) || ~ **plastic conduit** / gewelltes Kunststoffrohr (IR) || ~ **sheath** / Wellmantel m (Kabel) || ~ **sheet steel** / Wellblech n || ~ **steel case** / Wellblechkasten m || ~ **steel conduit** / gewelltes Stahlpanzerrohr (IR) || ~ **steel sheath** / Stahlwellmantel m (Kabel) || ~ **tank** / Wellblechkessel m (Trafo), Faltwellenkessel m (Trafo) || ~ **tube** / Wellschlauch m, gewelltes Rohr
corrugation n / Wellung f, Riffelung f, Riffelbildung f
corrupt v / verfälschen v (Daten), verstümmeln v (Informationen)
corundum n / Korund n || ~ **blasted** / korundgestrahlt adj
cosine function / Cosinusfunktion f
COSMOS s. complementary-symmetry MOS
cost accounting / Kostenrechnung f || ~ **allocation** / Kostenzuordnung f, Kostenverteilung f (StT) || ~ **and freight** / CFR Kosten und Fracht || ~ **array** / Kostenmatrix f || ~ **center** / Kostenstelle f || ~ **clarification** / Kostenklärung f || ~ **effectiveness** / Wirtschaftlichkeit f || ~ **formula** / Kostenformel f (StT) || ~ **function** / Kostenfunktion f (QS) || ~ **invoicing** / Kostenweitergabe f || ~ **of generation** / Erzeugungskosten f || ~ **of kWh lost** / Kosten der nicht gelieferten Energie || ~ **of losses** / Verlustkosten plt || ~ **of materials** / Materialaufwendungen f pl || ~ **position** / Kostenposition f || ~ **regulation** / Kostenregelung f || ~ **unit** / Kostenträger m
cost-directed adj / kostenorientiert adj
cost-effective adj / kostengünstig adj
costing n / Kalkulation f || ~ **arrangement** / Kostenregelung f
costs n pl / Aufwand m || ~ **of RI supression measures** / Entstörungsaufwand m
cotter pin / Splint m (gebogener, zweischenkliger Stift zur Sicherung von Schraubenmuttern u. Bolzen)
co-tree n / komplementärer Baum, Ko-Baum m
COA (coordinate rotation and scale factor) / COA, Koordinatendrehung und Maßstabfaktor
cotton fabric / Baumwollgewebe n || ~ **paper** / Baumwollpapier n || ~ **tape** / Baumwollband n
Coulomb-Lorentz force (F) / Coulomb-Lorentz-Kraft f (F)
coulometer n / Ladungs-Messgerät n
Council n (CENELEC) / Lenkungsausschuss m (CENELEC)
count n / Zählung f, Zählerstand m, Zählwert m, Zähleranzeige f, Zählimpuls m (registrierender Ausgangsimpuls), Stückzahl f, Counterwert m, Registrierwert m || **pulse run** ~ / Impulsgruppenanzahl f || ~ **spurious** ~ / Störzählimpuls m || ~ **constant** / Zählkonstante f
countdown n / Rückwärtszählen n, Countdown m
count down / Abwärtszählen n || ~ **down** / rückzählen v, rückwärtszählen v || ~ **mode** / Zählmodus m || ~ **pulse** / Zählimpuls m
counted measurand / Zählwert m (DÜ)
counter n / Zähler m (nicht integrierend)
counteract v / entgegenwirken v
counterbalance n / Gegengewicht n
counter-acting piston / Gegenlaufkolben m
counter advance / Zählerfortschaltung f || ~ **cell** / Gegenzelle f || ~ **characteristic value** / Zählerkennwert m
counterbore v / ansenken v, zylindrisch senken,

aufbohren v ‖ ~ / Zapfensenker m, Senker m, Plansenken n, Plansenker m, Flachsenker m
counterbored hole / Einsenkung f
counterboring n / Plansenken n
counterclamp v / gegenspannen v
counterclockwise adj / linksgängig adj ‖ ~ / Gegenuhrzeigersinn, Drehrichtung links ‖ **in the** ~ **direction of rotation** / im Gegenuhrzeigersinn ‖ ~ **arc** / Kreisbogen im Gegenuhrzeigersinn ‖ ~ **rotation (CCW rotation)** / Drehung im Gegenuhrzeigersinn, Linksdrehung f, Linkslauf m
countercurrent adj / gegenläufig adj
counterpart n / Gegenstück n
counter-cell n / Gegenzelle f (Batt.)
counter-check n / Gegenprüfung f
counter-clockwise (CCW) adj / entgegen dem Uhrzeigersinn, linksdrehend adj, linksgängig adj, gegen den Uhrzeigersinn ‖ ~ **arc (ccw)** ISO 2806-1980 / Kreisbogen im Gegenuhrzeigersinn (NC) ‖ ~ **rotation** / Drehung im Gegenuhrzeigersinn, Linksdrehung f, Linkslauf m ‖ ~ **phase sequence (ccw phase sequence)** / Linksdrehfeld n
counter-compounding n / Gegenkompoundierung f, Differentialerregung f, gegensinnige Kompoundierung, feldschwächende Verbunderregung
counter-compound winding / Gegenverbundwicklung f, Gegenwicklung f, Antikompoundwicklung f
counter-contact / Gegenkontakt m, Gegenschaltstück n
counter content / Zählerstand m
counter-current n / Gegenstrom m, Rückstrom m ‖ ~ **braking** / Gegenstrombremsung f (Gleichstrommasch.) ‖ ~ **heat exchanger** / Gegenstromwärmetauscher m
counter down-lighting / Verkaufstisch-Beleuchtung f
counter-electrode n / Gegenelektrode f
counter-electromotive force (CEMF) / gegenelektromotorische Kraft, Gegenspannung f
counter-e.m.f. n / Gegen-EMK f ‖ **conductor with** ~ / gegeninduzierte Seite ‖ ~ **cell** / Gegenzelle f (Batt.)
counter evaluation system / Zählauswertsystem n
counter-excitation n / Gegenerregung f
counter-flow cooling / Gegenstromkühlung f
counter for revolutions / Umdrehungsgeber m ‖ ~ **function** / Zählfunktion f ‖ **counter function block** / Zähler-Baustein m (SPS) ‖ ~ **input** / Zähleingang m ‖ ~ **light** / Gegenlicht n ‖ ~ **lighting** / Ladentischbeleuchtung f ‖ ~ **location** / Zählzelle f (SPS) ‖ ~ **locking weight** / Kontersperrgewicht n ‖ ~ **module** / Zählerbaugruppe f, Zählerblock m, Zählbaugruppe f, Zählermodul m ‖ ~ **overflow** / Zählerüberlauf m
counterpoise n IEC 50(466) / Erdungsleiter m (mit der Gründung eines Freileitungsmastes verbunden), Erdungsseil n (unter einem Freileitungsmast), Erder m
counter position / Zählerstelle f ‖ ~ **relay** / Zählrelais n ‖ ~ **reset** / Zählerrückstellung f, Nullstellen des Zählers, Zählerlöschung f
counterrotational operation / entgegengesetzter Drehsinn, gegenläufige Drehbewegung
countersink n / Senker (WZM) m, Spitzsenker m, Ansenken, Senken n, Kegelsenker m
counterspindle n / Gegenspindel f

countersunk adj / gesenkt adj ‖ ~ **handle** / versenkt angeordneter Griff ‖ ~ **stamping** / Senkprägung f
countersunk-head n / Senkkopfschraube f
counterweight n / Gegengewicht n, Gewichtsausgleich m
counter-torque / Gegendrehmoment n, Rückdrehmoment n, Gegenmoment n ‖ ~ **control circuit** / Konterschaltung f ‖ ~ **hoisting control** / Konterhubschaltung f ‖ ~ **travelling control** / Konterfahrschaltung f
counter tube / Zählrohr n ‖ ~ **value** / Counterwert m ‖ ~ **weight** / Gewichtsausgleich m
counter-weight n / Gegengewicht n, Belastungsgewicht n (z.b. Tragkette einer Freileitung)
counter word (PC) / Zähl-Wort n (SPS), Zählwort n
counting n / Zählen n (nicht integrierend), Zählung f ‖ ~ **chain** / Zählkette f, Abzählkette f ‖ ~ **down** / Rückwärtszählen n ‖ ~ **efficiency** / Zählwirkungsgrad m ‖ ~ **event** / Zählereignis n ‖ ~ **in clockwise direction** / Zählsinn rechts ‖ ~ **index** / Zahlindex m ‖ ~ **input** / Zähleingang m ‖ ~ **mechanism** / Zählwerk n (EZ) ‖ ~ **pulse** / Zählimpuls m, Zähltakt m ‖ ~ **range** / Zählbereich m ‖ ~ **rate** / Zählrate f, Zählgeschwindigkeit f, Zählfrequenz f, Zählreihe f ‖ ~ **ratemeter** / Zählratenmesser m ‖ ~ **signal** / Zählsignal n
countries newly industrializing / Schwellenländer n pl
country code / Länderkennzeichen n ‖ ~ **group** / Ländergruppe f ‖ ~ **grouping** / Ländergruppeneinteilung f ‖ ~ **number** / Landnummer f ‖ ~ **of destination** / Bestimmungsland n ‖ ~ **profile** / Länderpass m
count up v / vorwärtszählen v
count-up n / Vorwärtszählen n
count value / Zählwert n
coup de fouet IEC 50(486) / Spannungssack m (Batt.)
couple v / kuppeln v, koppeln v, einkoppeln v, ankuppeln v, verbinden v, zusammenschalten v ‖ ~ n / Paar n, Moment n, Kräftepaar n ‖ ~ ISO 3592 / Koppeln n (CLDATA-Wort) ‖ **magnetic** ~ / magnetisches Moment ‖ **to** ~ **into a circuit** / an einen Stromkreis ankoppeln
coupled axes / Achskopplung f ‖ ~ **axis** / mitgeschleppte Achse (WZM) ‖ ~ **axis combination** / Mitschleppverband m ‖ ~ **axis grouping** / Mitschleppverband m ‖ ~ **axle drive** / Mehrachsantrieb m (Bahn)
coupled-in noise / Einkoppelung f
coupled mode / Koppelschwingung f, gekoppelte Schwingungsform, gekoppelte Mode (LWL) ‖ ~ **motion** / Mitschleppen n (WZM, NC), gekoppelte Bewegung, Mitführen (WZM, NC) n, synchrones Mitfahren (WZM, NC), Mitfahren n
coupled-motion axis / mitgeschleppte Achse, mitgeführte Achse, Mitführachse f, Mitschleppachse f ‖ ~ **combination** / Mitschleppkombination
coupler n / Verbinder m VDE 0711,3, Koppler m, (Sammelschienen-) Kuppler m, Muffe f (IR), Anschlussdose f, Hülse f, Steckvorrichtung f ‖ **automatic** ~ / Parallelschaltgerät n ‖ **bus** ~ / Buskoppler (BK) m, Sammelschienen-Kuppelschalter m, Querkuppelschalter m ‖ **cable** ~ / Kabelkupplung f, Leitungskupplung f, Kabelverbinder m, Kupplungssteckvorrichtung f ‖

couple 118

linear ~ / linearer Koppler, Linearwandler m || ~ **bay** / Kuppelfeld n (FLA) || ~ **connector** / Kupplungssteckverbinder m || ~ **frame** / Koppelrahmen m (Prozessleitsystem) || ~ **interface** / Koppler-Schnittstelle f|| ~ **loss** / Koppeldämpfung (LWL) f|| ~ **panel** / Kuppelfeld n (IRA) || ~ **plug** / Kupplungsstecker m || ~ **unit** / Kupplung f (Verteiler)
couple unbalance / Unwuchtpaar f, Taumelfehler m, Momentenunwucht f
coupling n / Kupplung f, Kopplung f, Verbindungsstück f, Einkopplung f, Kupplungsstück n, Mitnehmer m, Störeinstreuung f, Verschraubung f, nichtschaltbare Kupplung || **common** ~ / kritischer Anschlusspunkt (EMV) || **conductive** ~ / ohmsche Beeinflussung, galvanische Kopplung || **magnetic** ~ / magnetische Kopplung, magnetische Mitnahme, Magnetkupplung f|| **mode of** ~ / Kopplungsart f, Kopplungsfaktor m || **pipe** ~ / Rohrverschraubung f, Rohrmuffe f, Rohrverbinder m || **power at** ~ / Kupplungsleistung f|| **transducer fault limiting** ~ / Transduktor-Strombegrenzer m || ~ **bolt** / Kupplungsbolzen m, Kupplungszapfen m, Koppelbolzen m || ~ **bush** / Kupplungsmuffe f, Kupplungshülse f|| ~ **capacitance** / Koppelkapazität f|| ~ **capacitor** / Kopplungskondensator m, Ankopplungskondensator m || ~ **coefficient** / Kopplungsbeiwert m || ~ **contact** / Kuppelkontakt m, Kopplungskontakt m || ~ **device** / Kopplungsvorrichtung f, Koppelglied n, Anpassglied n || ~ **drive** / Kupplungsantrieb m || ~ **driver** / Kupplungstreffer m, Kupplungsmitnehmer m || ~ **efficiency** / Ankoppelwirkungsgrad m (LWL), Koppelwirkungsgrad m || ~ **electrode** / Koppelelektrode f|| ~ **element** / Koppelglied n, Anpassglied n || ~ **end** / Kupplungsseite f, Antriebsseite f|| ~ **face** / Kupplungsplanfläche f|| ~ **factor** / Kopplungsfaktor m, Koppelfaktor m, Kopplungsgrad m || ~ **flange** / Kupplungsflansch m, Anschlussflansch m || ~ **frame** / Zwischenrahmen m || ~ **half** / Kupplungshälfte f|| ~ **impedance** / Koppelimpedanz f|| ~ **insert** / Kupplungseinsatz m || ~ **link** / Koppelglied n || ~ **loss** / Ankoppeldämpfung f(LWL), Kopplungsverluste m pl, Koppeldämpfung f, Koppelverluste m pl || ~ **module** (base section of an AS-Interface application module) / Koppelmodul n (Dient der Verbindung des DC-Schienensystems der Geräte der Bauform Kompakt PLUS (MC) mit der Gleichspannungsversorgung der Kompakt- oder Einbaugeräte), Ankoppelbaugruppe f|| ~ **of materials** / Werkstoffkombination f, Werkstoffpaarung f|| ~ **path** / Kopplungspfad m (EMV) || ~ **pin** / Kupplungsbolzen m, Kupplungszapfen m || ~ **plug** / Kupplungsdose f|| ~ **relay** / Koppelrelais n, Koppelschütz m || ~ **resistor** / Ankopplungswiderstand m || ~ **ring** / Kupplungsring m (a. StV) || ~ **rod** / Kupplungsstange f|| ~ **section** / Koppelteil n || ~ **shaft** / Koppelwelle f|| ~ **sleeve** / Kupplungshülse f, Kupplungsmuffe f|| ~ **socket** / Kupplungsbuchse f|| ~ **time** / Kupplungszeit f|| ~ **torque** / Kupplungsdrehmoment n || ~ **transformer** / Kopplungstransformator m, Kuppeltransformator m || ~ **unit** / Kuppelstück n

coupon n / Prüfmuster n, Materialprobe f|| **test** ~ / Prüfmuster n, Materialprobe f, Prüfabschnitt m (gS)
couprous chloride-magnesium battery / Kupferchlorid-Magnesium-Batterie f
courbe n / Kurve f
courier service surcharge / Schnelldienstzuschlag m
courtesy light delay / Lichtverzögerung f(Kfz-Innenbeleuchtung) || ~ **light(s)** / Innenbeleuchtung f (Kfz)
covariance n / Kovarianz fDIN 55350, T.231
cove lighting / Voutenbeleuchtung f
cover n / Abdeckung f, Deckel m, Abdeckplatte f, Verkleidung f, Kappe f(Rel.), Abdeckhaube f, Abdeckkappe f, Anschlussabdeckung f, Abdeckprofil n, erfasst v, Verschlusskappe f, abdecken v, Haube f|| ~ IEC 1036 / Gehäusedeckel m (EZ) VDE 0418 || ~ IEC 439-1 / Verkleidung f (SK) VDE 0660,T.500 || ~ IEC 298 / Abdeckung f (Teil der äußeren Kapselung einer metallgekapselten Schaltanlage) || **insulating** ~ / isolierende Abdeckung (f. Arbeiten unter Spannung), Isolierstoffabdeckung f|| **meter** ~ / Zählerkappe f
coverage n / Überdeckung f|| **fault** ~ / erkennbarer Fehleranteil IEC 50(191) || **repair** ~ / reparierbarer Fehleranteil IEC 50(191)
cover band / Deckband n || ~ **disc** / Abdeckscheibe f
covered car park / überdachter Parkplatz || ~ **electrode** / umhüllte Elektrode, Mantelelektrode f|| ~ **pushbutton** IEC 337-2 / abgedeckter Druckknopf VDE 0660,T.201 || ~ **with ice** / Eispunkt m || ~ **with leather** / beledert adj
cover flange plate / Verschlussflansch m || ~ **foil** / Schutzfolie f|| ~ **for shock protection** / Berührungsschutzabdeckung f|| ~ **frame** / Abdeckrahmen m
covering n / Abdeckung f, Verkleidung f, Überzug m, Umhüllung f(Kabel), Deckschicht f, Verschalung f || **inner** ~ / gemeinsame Aderumhüllung (Kabel) || ~ **cap** / Kappe f, Schutzkappe f|| ~ **capacity** / Deckfähigkeit f|| ~ **hood** / Abdeckhaube f|| ~ **wall housing** / Abdeck-Wandgehäuse n || ~ **with ice** / Vereisen n, Vereisung f|| ~ **with stronger material** / Werkstoffpanzerung f
coverlayer n / Decklage f(Leiterplatte)
cover letter / Anschreiben n || ~ **note for return deliveries** / Retourenbegleitschein m, Rücklieferschein m || ~ **panel** / Decktafel f
cover plate IEC 439-1 / Abschlussplatte f(SK) VDE 0660,T.500, Abdeckplatte f, Abdeckblech n, Blindplatte f, Abdecksteg m, Blinddeckel m (Software-Version:), Blindabdeckung f|| ~ **profile** / Abdeckprofil n || ~ **remover** / Deckelabstreifer m || ~ **sheet** / Deckblatt n, Verkleidungsblech n || ~ **strip** / Abdeckstreifen m, Abschlussleiste f
COW s. closed-circuit oil-water cooling
cowl, fan ~ / Lüfter-Abdeckhaube f, Lüfterhaube f, Lüfterstutzen m, Lüfterkragen m
CP s. communications processor || $\stackrel{\circ}{\sim}$ s. candle power || $\stackrel{\circ}{\sim}$ s. central processor || $\stackrel{\circ}{\sim}$ s. clock pulse || $\stackrel{\circ}{\sim}$ s. continuous path || $\stackrel{\circ}{\sim}$ s. control panel || $\stackrel{\circ}{\sim}$ **control** s. continuous-path control || **CP (communication processor)** / Kommunikationsprozessor m, Kommunikationsprozessor m || **CP (Copy Program)** / CP (Copy Program) || ~ **acknowledgement** / CP-Quittung f
CPE s. central processing element

CPG s. clock-pulse generator
CP/M (control program, microcomputer) / CP/M (Mikrocomputer-Steuerprogramm o. - Betriebssystem)
CPM s. critical-path method
CPPS s. controller parallel poll state
C profile / C-Profil *n*, C-Schiene *f* EN 50024
CPS s. characters per second || ≙ s. control and protective switching device || ~ **for motor control and protection** / CPS für die Steuerung und den Schutz von Motoren EN 60947-6-2 || ~ **suitable for isolation** / CPS mit Trennfunktion EN 60947-6-2, Steuer- und Schutz-Schaltgerät mit Trennfunktion || **CPS (control and protective switching device)** / Steuer- und Schutz-Schaltgerät, Steuer- und Schutz-Einrichtung
cps s. cycles per second
CPU s. central processing unit || **CPU (central processing unit)** / Zentralbaugruppe *f* || **cpu assignment** / CPU-Zuordnung *f* || ~ **failure** / CPU-Ausfall *m* || ~ **malfunction** / Gerätefehler *m* || ~ **module** / CPU-Baugruppe *f*
CPWS s. controller parallel poll wait state
CR s. card reader || **CR** / Eichordnung (EO) *f* || ≙ s. carriage return || **CR (carriage return)** / Wagenrücklauf *m* || **CR (conditional reset)** / konditioniertes Rücksetzen || **CR (controller rack)** / Zentral-Baugruppenträger *m*
crab *n* / Laufkatze *f*, Katze *f*
crack *n* / Riss *m*, Sprung *m*, Knack *m* || ~ **detector** / Rissdetektor *m* || ~ **due to internal stress** / Spannungsriss *m*
cracked length / Risslänge *f* || ~ **zone** / Risszone *f*
crack growth rate / Rissfortpflanzungsgeschwindigkeit *f*, Rissgeschwindigkeit *f*
cracking *n f*, Einreißen *n*
crackle *n* / Spratzer *m* || **crackle test** / Spratzprobe *f*
crackling *n* (electron current) / Krachen *n* (Elektronenstrom)
crack propagation rate / Rissfortpflanzungsgeschwindigkeit *f*, Rissgeschwindigkeit *f*
crack-to-fracture length ratio / Risslängenverhältnis *n*
cradle, insulator / Traggestell *n* (f. Isolatorketten) || ~ **base** / Untergestell *n* (B3/D5 m.Lagerhalterung), Grundgestell *n*, Außengehäuse *n* (B3/D5 ohne Abdeckhaube) || ~ **dynamometer** / Pendeldynamometer *n*, Pendelgenerator *m*, Wiegedynamometer *n*, Pendelbremse *f* || ~ **motor** / Einhängermotor *m*
cradle-mounted frame / pendelnd aufgehängtes Gehäuse (Pendelmasch.)
cradle relay / Kammrelais *n*
craft training centre / Lehrwerkstatt *f*
C-rail *n* / C-Schiene *f*, C-Profilschiene *f*
crane *n* / Kran *m* || ~ **cross** / Krankreuz *n* || ~ **hook** / Kranhaken *m* || ~ **scale** / Kranwaage *f*
crane-hook clearance / Kranhakenhöhe *f*
crane-type motor / Hebezeugmotor *m*
crank *n* / Kurbel *f*, Kröpfung *f* || ~ *v* / kurbeln *v* || ~ **angle** / Kurbelwinkel *m*, Kurbelstellung *f*, Stellwinkel *m*
crankcase *n* / Kurbelgehäuse *n*
crank drive / Kurbeltrieb *m*, Kurbelantrieb *m*
cranked coil / gekröpfte Spule, Schlupfspule *f* || ~

strand / gekröpfter Leiter (Spule), Übersteiger *m*
crank handle / Handkurbel *f*, Kurbel *f*, Kurbel für Einfahrspindel || ~ **mechanism** / Kurbelgetriebe *n*, Kurbelkette *f*
crank-operated mechanism / Kurbelantrieb *m*
crank radius / Kurbelhalbmesser *m*
crankshaft *n* / Kurbelwelle *f*
crank shaft operator / Kurbelzylinder *m*
crankshaft sensor / Kurbelwellengeber *m* (Kfz)
crank-web deflection / Kurbelwangenatmung *f*
crash sensor / Crash-Sensor *m* (Kfz)
crate *n* / Lattenverschlag *m*, Verschlag *m* || ~ / Baugruppenträger (BGT) *m* DIN 43350 || ~ **controller** (CAMAC) / Rahmensteuerung *f*
crater *n* / Krater *m*, Mulde *f*
cratering *n* / Kraterbildung *f*, Muldenbildung *f*, Auskolkung *f*
crate system IEC 552 / Rahmensystem *n* (CAMAC)
crating *n* / Lattenverschlag *m*, Verschlag *m*
crawling *n* / Schleichen *n* (Asynchronmot.) || ~**torque** / Schleichdrehmoment *n*
crawl speed / Schleichdrehzahl *f*, Kriechgeschwindigkeit *f*, Kriechgang *m*
crazing *n* / Gewebeabtrennung *f* (Leiterplatte)
CRC s. cyclic redundancy check || **CRC (cutter radius compensation)** / FRK (Fräserradiuskorrektur), FRK (Fräserradiuskompensation), FRK (Fräserradiuskorrektur) || **CRC (cyclic redundancy check)** / CRC (cyclic redundancy check), zyklische Blockprüfung
create *v* / erzeugen *v* (a. CAD), erstellen *v*, anlegen *v* || ~ **block exclusion list** / Baustein-Ausschlussliste erstellen || ~ **tool offset block for tool edge 1/2** / Werkzeugkorrektursatz für Schneide 1/2
created by / Autor *m*, Ersteller *m*, Anleg-Bearbeiter *m*
creating recipes / Rezepterstellung *f*
creation *n* / Erstellung *f* || ~ **date** / Erstellungsdatum *n* || ~ **of serial numbers** / Nummernvergabe *f* || ~ **type** / Erstelltyp *m*
creative forming / Urformen *n* DIN 8580
credit *n* / Rückkauf *m*, Rückkaufpreis *m*, Gutschrift (GUT) *f* || ~ **amounts** / Gutschriftsbeträge *m pl* || **credit card format** / Kreditkartenformat *n* || ~ **value** / Gutschriftswert *m*
credit/debit, time ~ information / Saldoauskunft *f* (GLAZ) || ~ **balance** (working time) / Saldo *m* (GLAZ) || ~ **information terminal** / Saldoauskunftsterminal *n* (GLAZ) || ~ **readout** / Saldoanzeige *f* (GLAZ)
creep *n* / kriechen *v*, leerlaufen *v* (EZ), fließen *v*, sich dehnen, wandern *v* || ~ *n* / Kriechen (EZ), Vortrieb *m* (EZ), Fließen *n*, Dehnwert *m*, Leerlauf *m*, Materialwanderung *f*, Riemenschlupf *m* || ~ **backward** ~ / Rücktrieb *m* (EZ) || **magnetic** ~ / magnetische Nachwirkung *f* || ~ **acceleration** / Reduzierbeschleunigung *f*
creepage *n* / Kriechen *n*, Kriechstrom *m*, Gleitfunkenbildung *f* || ~ IEC 50(481) / Hinauskriechen *n* (Batterieelektrolyt) || ~ **current** / Kriechstrom *m*, Leckstrom *m* || ~ **distance** / Kriechstrecke *f*, Kriechweg *m*, Kriechweglänge *f* || ~ **distances and clearances** / Kriech- und Luftstrecken || ~ **distance under the coating** / Kriechstrecke unter der Schutzschicht || ~ **factor (c.f.)** / Kriechwegfaktor *m* (KF) || ~ **path** /

creepage-proof

Kriechweg *m*, Kriechspur *f* || ~ **resistance** / Kriechstromfestigkeit
creepage-proof *adj* / kriechstrombeständig *adj*, kriechstromfest *adj*
creepage spark / Gleitfunken *m* || ~ **surface** / Gleitfunkenoberfläche *f*
creep error / Kriechfehler *m* || ~ **feed** / Schleichgang *m* (WZM), Kriechgang *m* (WZM)
creep-flashover *n* / Gleitfunkendurchschlag *m*
creeping *n* / Kriechen *n*, Schleichen *n*, Wandern *n*, Leerlauf *m* (EZ) || ~ **discharge** / Gleitentladung *f*, Gleitfunkenentladung *f* || ~ **spark** / Gleitfunken *m*
creeping-spark inception voltage / Gleitfunkeneinsatzspannung *f*
creeping stress / langsam anwachsende Spannung || ~ **winding** / schleichende Wicklung
creep limit / Kriechgrenze *f*, Zeitdehngrenze *f*, Dauerdehngrenze *f* || ~ **rate** / Kriechgeschwindigkeit *f* (Material) || ~ **recovery** / elastische Nachwirkung || ~ **rupture strength** / Dauerstandfestigkeit *f*, Zeitstandfestigkeit *f* || ~ **rupture strength at elevated temperature** / Warmzerstand-Bruchfestigkeit *f* || ~ **rupture test** / Zeitstandversuch *m*, Standversuch *m* || ~ **section** / Kriechstrecke *f* || ~ **speed** / Kriechgeschwindigkeit *f*, Kriechdrehzahl *f* (WZM), Anfahrgeschwindigkeit *f*, Kriechgang *m*, Abschaltdrehzahl *f*, Einfahrgeschwindigkeit *f*, Abschaltgeschwindigkeit *f*, Schleichgang *m* || ~ **stop** / Haltezunge *f* (EZ) || ~ **strength** / Kriechfestigkeit *f*, Dauerstandfestigkeit *f*, Zeitstandfestigkeit *f* || ~ **test** / Leerlaufprüfung *f* (EZ), Kriechversuch *m*, Dauerstandversuch *m* || ~ **value** / Kriechwert *m* || ~ **velocity** / Abschaltdrehzahl *f*, Abschaltgeschwindigkeit *f*, Reduziergeschwindigkeit *f*
crepe paper / Krepppapier *n*
creping *n* / Kreppen *n*
crest *n* / Scheitel *m*, Spitze *f*, Kuppe *f*, Wellenberg *m*, Spitzenwert *m* || ~ **clearance** / Scheitelspiel *n*, Kopfspiel *n*, Spitzenspiel *n* || ~ **factor** / Scheitelfaktor *m* (einer Wechselgröße) || ~ **value** / Scheitelwert *m*, Spitzenwert *m*, Gipfelwert *m*, Höchstwert *m* || ~ **voltage** / Scheitelspannung *f* || ~ **working forward voltage** / Vorwärts-Scheitelsperrspannung *f* (Thyr) DIN 41786, Scheitelsperrspannung in Vorwärtsrichtung || ~ **working line voltage** / Scheitelwert der Netzspannung || ~ **working off state voltage** / Scheitelsperrspannung *f* (Thyr) DIN 41786 || ~ **working reverse voltage** / Rückwärts-Scheitelsperrspannung *f* (Thyr) DIN 41786, Scheitelsperrspannung *f* (Thyr) || ~ **working reverse voltage** / Nenn-Sperrspannung *f* (Diode) DIN 41781
crevice *n* / Spalt *m*, Riss *m*
CRF s. contrast rendering factor
crimp *n* / Quetschanschluss *m*, Crimpverbindung *f* || ~ **anvil** / Crimpamboss *m* || ~ **barrel** / Crimphülse *f* || ~ **connection** / Quetschverbindung *f*, Crimpanschluss *m*, Crimpverbindung *f*, Kerbverbindung *f* || ~ **connector** / Quetschverbinder *m*, Crimpverbinder *m*, Crimpstecker *m* || ~ **contact** / Crimpkontakt *m*, Quetschkontakt *m*, Crimp-snap-in *f*
crimped cable connection / Leitungsverbindung in Crimptechnik ausgeführt

crimped connection / Quetschverbindung *f*, Crimpanschluss *m*, Crimpverbindung *f*, Kerbverbindung *f*
crimp indentor / Crimpstempel *m*
crimping *n* / Crimpen *n* || ~ **cable lug** / Quetschkabelschuh *m*, Presskabelschuh *m*, Kerbkabelschuh *m* || ~ **method** / Crimptechnik *f* || ~ **pliers** / Handzange *f*, Ancrimpzange *f*, Crimpzange *f* || ~ **tool** / Crimpwerkzeug *n*, Crimpzange *f*, Kerbzange *f*, Handzange *f*, Ancrimpzange *f*
crimping-tool mechanism / Crimpwerkzeug-Mechanismus *m*
crimp inspection hole / Crimp-Prüfbohrung *f*, Crimp-Prüfloch *n* || ~ **mark** / Quetschmarke *f* || ~ **on** *v* / anquetschen *v* || ~ **plug-in socket** / Crimp-Stecksockel *m* || ~ **snap-in connection** / Crimpanschluss *m*, Quetschanschluss *m*, Crimp-snap-in-Anschluss *m* || ~ **snap-in contact** / Crimpkontakt *m*, Quetschkontakt *m*, Crimp-snap-in *f* || ~ **snap-in wiring method** / Crimp-snap-in Verdrahtungstechnik *f* || ~ **termination** IEC 6031 / Crimpanschluss *m*, Quetschanschluss *m*
crippling test / Beulversuch *m*, Knickversuch *m*
crisis management / Krisenmanagement *n* || **crisis manager** / Zuordner *m*, Regieleiter *m* || **report** / Krisenmeldung *f*
cristallize *v* / auskristallisieren *v*
cristallizing *n* / Auskristallisation *n*
criteria analysis / Kriterienanalyse *f* || ~ **base table** / Kriterienbanktabelle *f* || **criteria display** / Kriterienanzeige *f* (SPS) || ~ **text display** / Kriterientextausgabe *f* (SPS)
criterion *n* / Kriterium *n*
critical angle / Grenzwinkel *m* (der Reflexion) || ~ **anode voltage** / kritische Anodenzündspannung || ~ **breaking current** IEC 157-1 / kritischer Ausschaltstrom VDE 0660,T.101 || ~ **build-up resistance** / kritischer Selbsterregungswiderstand, kritischer Widerstand für die Auferregung || ~ **build-up speed** / kritische Selbsterregungsdrehzahl, kritische Drehzahl für die Selbsterregung, Grenzgeschwindigkeit der Selbsterregung || ~ **defect** / kritischer Fehler (QS) || ~ **defective** / kritische fehlerhafte Einheit (QS), überkritisch fehlerhafte Einheit || ~ **failure** / kritischer Ausfall || ~ **fault** / kritischer Fehler, kritischer Fehlzustand IEC 50(191) || ~ **flicker frequency** / Verschmelzungsfrequenz *f* (LT) || ~ **frequency** / Grenzfrequenz *f* || ~ **hold-off interval** / Freiwerdezeit *f* (Thyr) DIN 41786 || ~ **load** / Grenzbelastung *f* || ~ **load current** / kritischer Laststrom
critically damped / kritisch gedämpft
critical non-conformance / kritischer Fehler (QS) || ~ **point** / Gefahrenstelle *f* || ~ **pressure** / kritischer Druck, Laval-Druck *m*
critical-path method (CPM) / Verfahren des kritischen Wegs (Netzplantechnik)
critical rate of rise of current / kritische Stromsteilheit || ~ **rate of rise of off-state voltage** / kritische Spannungssteilheit (Thyr) DIN 41786 || ~ **rate of rise of on-state current** / kritische Stromsteilheit (Thyr) DIN 41786 || ~ **rate of rise of voltage** / kritische Spannungssteilheit || ~ **region** / kritischer Bereich (a. Statistik) DIN 55350,T.24 || ~ **resistance** / Grenzwiderstand *m* || ~ **self-excitation** / kritische Selbsterregung (el. Masch.), kritische

Mitkopplung (Transduktor) || ~ **short-circuit current** / kritischer Kurzschlussstrom || ~ **speed** / kritische Drehzahl, Resonanzdrehzahl *f*, Grenzgeschwindigkeit *f* || ~ **state** IEC 50(191) / gefährlicher Zustand || ~ **temperature** / kritische Temperatur, Ansprechtemperatur *f*, Sprungtemperatur *f*, Umschlagtemperatur *f* || ~ **torsional speed** / drehkritische Drehzahl, torsionskritische Drehzahl || ~ **value** / kritischer Wert, Schwellenwert *m* DIN 55350,T.24 || ~ **welding current** / Schweißgrenzstromstärke *f* || ~ **whirling speed** / biegekritische Drehzahl || ~ **with regard to safety** / sicherheitskritisch *adj*
CRL s. communication relationship list
CRO / Kathodenstrahl-Oszillograf *m* || **CRO (cathode-ray oscilloscope)** / Oszillograf *m*
CROM s. control read-only memory || ≙ s. control ROM
crop *v* / abschneiden *v* (z.B. Kurve)
cropping shear / Schopfschere *f*
cross adapter / Kreuzadapter *m* || ~ **ampère-turns** / Quer-Ampèrewindungen *f pl*, Querfeld-Ampèrewindungen *f pl*, Querdurchflutung *f*
cross-area *adj* / bereichsübergreifend *adj*
crossarm *n* / Querträger *m* (a. Freileitungsmast), Traverse *f*
cross-arm / Ausleger *m*
cross-bar *n* / Kreuzschiene *f*, Traverse *f*, Riegel *m*, Knebel *m*, Querbalken *m* (Flp.), Sprosse *f* || **contact** ~ / Kontaktbrücke *f* (Rel.), Kontaktbügel *m* (Rel.)
crossbar distributor / Kreuzschienenverteiler *m*
cross-bar grid / Kreuzschienenraster *n*
cross-block *n* / Querriegel *m* (Freileitungsmast)
cross-bonding *n* / Auskreuzen *n* (Kabelschirm)
cross brush / Querbürste *f*, Hilfsbürste *f*
cross-check *v* / querschicken *v* || ~ **cycle** / kreuzweiser Vergleichstakt, Vergleichstakt *m*
cross-checking *n* / kreuzweiser Datenvergleich (KDV)
cross-check sum / Quersumme *f*
cross-circuit *n* / Querschluss *m* || ~ **proof** / querschlusssicher *adj*
cross compiling / Kreuzkompilierung *f*, Querübersetzung (DV) *f*
cross-connect / Quertrennklemme *f*
cross-connected winding / ausgekreuzte Wicklung
cross connection / Kreuzschaltung *f* || ~ **connection link** / Querverbinder *m* (Reihenklemme) || ~ **connection of layers** / Lagenauskreuzung *f* (Wickl.) || ~ **conveyor** / Querförderer *m* || ~ **core** / Kreuzkern *m*, X-Kern *m*
cross-correlation function / Kreuzkorrelationsfunktion *f*
cross-country fault / Mehrfacherdschluss *m* || ~ **fault** (USA) s. IEC 50(448) / Mehrfach-Fehlzustand *m*
cross coupling / gegenseitige Beeinflussung (Kopplung), Kreuzkopplung *f*, Querkopplung *f* || ~ **current** / Querstrom *m*
cross-current compensation / Blindstromkompensation *f*, Statisierung *f*, Blindstromaufschaltung *f* || ~ **compensator** / Blindstromkompensator *m*, Statikeinrichtung *f*, Statisierungseinrichtung *f*
cross cutter / Querschneider *m*, fliegende Schere || ~ **cutter gantry** / Querschneidbrücke *f* || ~ **cutting line** / Querschneidanlage *f*
cross-data exchange / Querdatenverkehr *m*

cross dimension / Quermaß *n* || ~ **drill** / querbohren *v*
crossed-axis gear / Hyperbelrad *n*
crossed bar / Kreuzstab *m*
crossed-coil instrument / Kreuzspulinstrument *n*
crossed coils / gekreuzte Spulen, Kreuzspulen *f pl*, übergreifende Spulen
crossed-field amplifier tube / Kreuzfeld-Verstärkerröhre *f* || ~ **tube** / Kreuzfeldröhre *f*, M-Typ-Röhre *f*
crossed helical gear / Schraub-Stirnrad *n* || ~ **position** / gekreuzte Schaltstellung
crossed-ring-core transformer / Kreuzringwandler *m*
cross-fader *n* / Überblender *m*, Überblendsteller *m*
cross-fading *n* / Überblenden *n* (BT), Überblendung *f*, Überblendbetrieb *m*
cross feed / Quervorschub *m* (WZM), Planvorschub *m* (WZM)
cross-feed *n* / Planzug *m* || ~ **motor** / Planzugmotor *m*
cross field / Querfeld *n*
cross-field generator / Querfeldgenerator *m*, Zwischenbürstengenerator *m* || ~ **machine** / Querfeldmaschine *f*, Zwischenbürstenmaschine *f* || ~ **motor** / Querfeldmotor *m* || ~ **winding** / Querfeldwicklung *f*
cross-flow heat exchanger / Kreuzstrom-Wärmetauscher *m*
cross fluxing / Querflussbildung *f*
cross-flux machine / Querfeldmaschine *f*, Zwischenbürstenmaschine *f*
cross-hair *n* / Fadenkreuz *n* || ~ **pointer** / Fadenkreuz-Cursor *m*
crosshair(s) *n pl* / Fadenkreuz *n*
crosshatch *n* / Schraffur *f*
cross-hatch *v* / kreuzweise schraffieren, kreuzschraffieren *v*
cross-hatching *n* / Kreuzschraffur *f*, Flächenauflockerung *f*
cross hole / Querloch *n*, Querbohrung *f*
crossing *n* (of conductors without electrical connections) / Kreuzung *f*
cross knurling / Kreuzrändel *n* || ~ **lay** / Gegenschlag *m* (Kabel) || ~ **leakage flux** / Querstreufluss *m*
cross-linked polyethylene (XLPE) / vernetztes Polyäthylen (VPE)
cross-linking *n* / Vernetzung *f* || ~ **agent** / Vernetzungsmittel *n*
cross-load *n* / Querlast *f*
cross-location / gegenseitiges Verspannen (Lg.)
cross louvre / Querlamellenraster *m* (Leuchte) || ~ **magnetization** / Quermagnetisierung *f*
cross-magnetize *v* / quermagnetisieren *v*
cross member / Querholm *m*
cross-member *n* / Verbindungsschiene *f*
crossover *n* / Überkreuzung *f*, Kreuzungspunkt *m*, Auskreuzungsstelle *f* (Wickl.), Verschränkungsstelle *f* (Wickl.), Übergang *m* (Kennlinie), Querschluss *m*, Lagenauskreuzung *f*, Kröpfstelle *f* (Gitterstab) || **able to withstand** ~ / querschlusssicher *adj* || **busbar** ~ / Sammelschienen-Überführung *f* || **with two ducts to prevent** ~ / zweikanalig querschlusssicher || ~ **area** IEC 478-1 / Übergangsbereich *m* DIN 41745 || ~ **coil** / Reihenspule *f*, Runddrahtspule *f* (für Reihenschaltung), Schablonenspule *f* || ~ **coil winding** / Reihenspulenwicklung *f* || ~ **current** / Querstrom *m* (Schutz) || ~ **point** /

crosspiece 122

Überlappungspunkt *m* (Akust.), Bündelknoten *m* (Elektronenstahl), Kennlinien-Umschaltpunkt *m* (Bei Geräten zur stabilisierten Stromversorgung ist der Schnittpunkt der Linien, welche die Nennware der beiden stabilisierten Ausgangsgrößen wiedergeben, üblicherweise die Mitte des Kennlinien-Umschaltbereichs.) || ~ **winding** / ausgekreuzte Wicklung
crosspiece *n* / Querverbinder *m*, Querbinder *m*
cross piece / Kreuzstück *n*
crosspoint relay / Koppelrelais *n*
cross process control system / prozessübergreifendes Leittechniksystem
cross-profile cylinder / Kreuzprofilzylinder *m* || ~ **tumbler arrangement** / Kreuzprofilschließung *f*
cross reference / Querverweis *m*
cross-reference *n* / Querverweis (QV) *m* || ~ **list** / Querverweisliste *f*, Zuordnungsliste *f* || ~ **table** / Querverweistabelle *f*
cross-resistance *n* / Querwiderstand *m*
crossroad *n* / Querstraße *f*
crossroads *n pl* / Straßenkreuzung *f*
cross-sealing station / Quersiegelstation *f*
cross section / maximale Stromstärke in Abhängigkeit vom Leiterquerschnitt
cross-section *n* / Querschnitt *m*
cross-sectional area / Querschnittsfläche *f* || ~ **area of conductor** / Leiterquerschnitt *m* || ~ **area of core** / Kernquerschnitt *m*, Aderquerschnitt *m* || ~ **area of cut** / Spanungsquerschnitt *m* DIN 6580, Spanquerschnitt *m* || ~ **area of winding** / Wicklungsquerschnitt *m* || ~ **construction** / Querschnittsverengung *f* || ~ **drawing** / Schnittzeichnung *f*, Querschnittzeichnung *f*
cross-section bar / Kreuzstabstahl *m*, Kreuzprofilstab *m* || ~ **of cut** / Spanquerschnitt *m*, Spanungsquerschnitt *m*
cross-sector *adj* / branchenübergreifend *adj*
cross sensitivity / Querempfindlichkeit *f* (Gasanalysegerät)
cross-shaped radiation / kreuzförmige Ausstrahlung
cross slide / Planschlitten *m* (WZM), Querschlitten *m* (WZM), Planschieber *m* (WZM), Querschieber *m* (WZM) || ~ **slide axis** / Planschieberachse *f*
crosstalk *n* / Übersprechen *n*, Nebensprechen *n* || ~ **figure of merit** / Übersprech-Güteziffer *f* || ~ **interference** / Beeinflussung durch Übersprechen, Übersprechstörung *f*, Nebensprechstörung *f*
cross-type turret / Sternrevolver *m*
cross traverse / Querbewegung *f* (WZM), Planbewegung *f*
crossunder, busbar ~ / Sammelschienen-Unterführung *f*
cross-vendor *adj* / herstellerübergreifend *adj* || ~ **voltage** *n* / Querspannung *f*
cross wiring / Querverdrahtung *f*
crowbar firing / schlagartiges Durchzünden (LE)
crowded *adj* / gedrängt *adj*, verstopft *adj*, vollrollig *adj* (Lg.), vollkugelig *adj* (Lg.)
crowding *n* / Materialverdrängung *f* (Stanzen)
crow-foot earth electrode / Strahlenerder *m*
crown *v* / wölben *v*, ballig drehen || ~ **circle** / Kopfkreis *m* (Zahnrad), größter Kreis am Kegelrand
crowned *adj* / außengekrümmt *adj*, konvex *adj*, ballig *adj*, gewölbt *adj*
crown-face pulley / ballige Riemenscheibe

crowning *n* / Wölbung *f*, Balligkeit *f*, Balligschleifen *n*
crown to crossing point distance / Abstand der äußeren Kopfkegelkante bis zum Schnittpunkt der Achsen
CRP s. capacity requirements planning
CRT / Kathodenstrahlröhre *f*, Elektronenstrahlröhre *f*
CRT-based process control / bildschirmgesteuerte Prozessregelung, Bildschirmleittechnik *f* || <u>o</u> **programmer** / Bildschirmprogrammiergerät *n*
CRTC / Steuereinheit für Kathodenstrahlröhre o.Bildschirm, Bildschirm-Steuerung *f*
CRT unit / Anzeigegerät mit Kathodenstrahlröhre, Sichtgerät *n*, Bildschirmgerät *n*
crucial subject / Schwerpunktthema *n*
crucible cast steel / Gussstahl *m* || **crucible steel works** / Gussstahlwerk *n*
cruciform core / kreuzförmiger Kern
crude colour / grelle Farbe || ~ **energy** / Rohenergie *f* || ~ **gas** / Rohgas *n*
cruise control / Fahrgeschwindigkeitsregelung *f* (Kfz) || ~ **controller** / Geschwindigkeitsregler *m* (Kfz), Tempomat *m*
crumpled paper / Knüllpapier *n*
crush *n* / Lagerschalen-Übermaß *n*
crushing strength / Berstfestigkeit *f*
cryoalternator *n* / Kryogenerator *m*, Generator mit supraleitender Wicklung
cryocable *n* / Kryokabel *n*
cryochemistry *n* / Kryochemie *f*
cryocoil *n* / Kryospule *f*
cryoconcentration *n* / Tiefkühlkonzentrierung *f*
cryoconductor *n* / Kryoleiter *m*, tiefgekühlter Leiter
cryoengineering *n* / Tiefkühltechnik *f*, Kryotechnik *f*
cryogen *n* / Kältemittel *n*, Kryoflüssigkeit *f*
cryogenic bath / Kältebad *n* || ~ **fluid** / Kältemittel *n*, Kryoflüssigkeit *f* || ~ **generator** s. cryoalternator || ~ **propellant** / Kryotreibstoff *m* || ~ **winding** / Kryowicklung *f*
cryoliquefier *n* / Gasverflüssiger *m*
cryomachine *n* / Kryomaschine *f*
cryomachining *n* / Kryobearbeitung *f*
cryomotor *n* / Kryomotor *m*
cryoprobe *n* / Kryosonde *f*
cryoprotective agent / Kryoschutzmittel *n*
cryosolenoid *n* / Kryomagnetspule *f*
cryotrap *n* / Kühlfalle *f*
cryoturbogenerator *n* / Kryo-Turbogenerator *m*
cryowinding *n* / Kryowicklung *f*
cryptobox *n* / Verschlüsselungsgerät *n*, Kryptobox *f*
crypton-filled lamp / Kryptonlampe *f*
crypton lamp / Kryptonlampe *f*
crystal-controlled (CC) *adj* / quarzgesteuert *adj* || ~ **clock** / Quarzuhr *f*
crystal glass / Kristallglas *n* || ~ **grating** / Kristallgitter *n* || ~ **lattice** / Kristallgitter *n*
crystalline fracture / Trennbruch *m*, Sprödbruch *m*
crystal orientation / Kristallorientierung *f* || ~ **oscillator** / Quarzoszillator *m*, Quarzschwinger *m*, Quarzgenerator *m* || ~ **spectrometer** / Kristallspektrometer *n* || ~ **structure** / Kristallstruktur *f*, Kristallgefüge *n*, Feinstruktur *f*
CS s. carrier sense || <u>o</u> s. channel selector || <u>o</u> s. chip select || <u>o</u> s. control signal
CS (conditional set) / konditioniertes Setzen
CSA (Canadian Standards Association) / CSA
CSB (Control Service Board) / CSB (Central

Service Board) || ~ **board** / CSB-Bord
CSBS s. controller standby state
C spline (cubic spline) / C-Spline *m* (kubischer Spline) || **C scan** / C-Bild *n* (Ultraschallprüfung)
CSD s. constant-speed drive
C-section rail / C-Profilschiene *f*
CSF (control system flowchart) (With ladder diagram (LAD) and statement list (STL), one of the methods of representation of the STEP 5 programming language.) / Funktionsbausteinplan *m*, Funktionsschema *n* || ~ **generator** / Funktionsplangenerator *m*
CSL s. current-sinking logic || ≏ s. current sourcing logic
CSM s. charge simulation method
CSMA s. carrier sense multiple-access collision detect
CSNS s. controller service not requested state
CSRD / CSRD
CSRS s. controller service requested state
C state diagram / C-Zustandsdiagramm *n* (PMG)
CSWS s. controller synchronous wait state
CTA s. cellulose triacetate
C-tan-δ measuring bridge / C-tan-δ-Messbrücke *f*
CTD s. charge transfer device
CTE s. charge transfer efficiency
CTI (comparative tracking index) / Vergleichszahl der Kriechwegbildung
C-tick / C-tick *m*
CTO s. close-time delay-open operation
CTRS s. controller transfer state
CTS (Clear To Send) / Sendebereitschaft *f*
CU s. control unit
CU (compact unit) / Kompaktgerät *n*, Fernwirk-Kompaktgerät *n*
CU (connection unit) / Zentralgeräteanschaltung *f*
cu bar / Cu-Schiene *f* || **Cu strip** / Cu-Band *n*
cube *n* / Würfel *m*, Kubus *m*, dritte Potenz || ~ **tap** / Mehrfachstecker *m*
cube-shaped *adj* / Form eines Würfels
cubex orientation / Würfelflächenorientierung *f*
cubic *adj* / kubisch *adj* || ~ **curve** / Kubik *f* || ~ **dilatation** / Raumausdehnung *f*, Volumenausdehnung *f*
cubicle *n* / Schrank *m*, Zelle *f*, Schaltzelle *f*, Feld *n*, Schaltschrank *m* || ~ **busbar** / Feldschiene *f* || ~ **busbar duct** / Feldschienenkanal *m* || ~ **cladding** / Schrankverkleidung *f* || ~ **covers** / Schrankverkleidung *f* || ~ **expansion** / Feldausbau *m* || ~ **frame (work)** / Schrankgerüst *n*, Zellengerüst *n* (Schaltzelle) || ~ **height** / Feldhöhe *f* || ~ **level** / Zellebene *f* || ~ **mounting** / Schaltschrankeinbau *f* || ~ **suite** / Schrankreihe *f* || ~ **switchgear** / Schrankschaltanlage *f*, Schrankanlage *f* || ~ **switchgear and controlgear** IEC 298 / teilgeschottete Schaltanlagen *f* VDE 0670,T.6, Schaltschrankanlage *f* || ~ **ventilation** / Feldbelüftung *f* || ~ **width** / Feldbreite *f* || ~ **with baseplate** / Schrank mit Bodenblech
cubicle-height plate / feldhohe Platte
cubicle-type *adj* / Teilschottung *f*, teilgeschottet *adj* || **cubicle-type assembly** IEC 439-1 / Schrankbauform *f* (SK) VDE 0660,T.500 || ~ **distribution board** / Schrankverteiler *m*, Verteiler in Schrankbauform || ~ **switchboard** / Schrankschalttafel *f*
cubic measure / Raummaß *n*, Festmaß *n* || ~ **natural spline** / kubische natürliche Spline l || ~ **orientation** / Würfelflächenorientierung *f* || ~ **spline** / kubische Spline
cuboid *n* / Quader *m* || ~ **to be removed** / Abzugsquader *m*
cuboidal *adj* / quaderförmig *adj*
cue, lighting ~ / Lichtstimmung *f*
cueing, depth ~ / Bildtiefensimulation *f*
cullet silo / Fertigsilo *n*
cumulated downward flux proportion / unterer Zonenlichtstromanteil || ~ **luminous flux** / Zonenlichtstrom *m* || ~ **observation time** / kumulierte Beobachtungszeit
cumulative absolute frequency / absolute Häufigkeitssumme DIN 55350,T.23 || ~ **bar** / Summenstange *f* || ~ **compound excitation** / feldverstärkende Verbunderregung, Mitverbunderregung *f* || ~ **compounding** / feldverstärkende Kompoundierung, Mitkompoundierung *f*, Aufkompoundierung *f*, gleichsinnige Kompoundierung, Aufwärtskompoundierung *f* || ~ **compound winding** / mitkompoundierende Wicklung || ~ **delay-on-operate time-delay relay** / ansprechverzögertes additives Zeitrelais VDE 0435,T.110 || ~ **delay-on-release time-delay relay** / rückfallverzögertes additives Zeitrelais VDE 0435,T.110 || ~ **demand indicator** / Kumulativ-Anzeigevorrichtung *f* (EZ) || ~ **demand meter** / Maximumzähler mit Kumulativzählwerk || ~ **demand register** / Kumulativzählwerk *n* (EZ) || ~ **distribution** / Summenverteilung *f* || ~ **error** / Gesamtfehler *m* (NC), Kettenmaßfehler *m* || ~ **failure frequency** / Ausfallsummenhäufigkeit *f*, Ausfallsatz *m* DIN 40042 || ~ **force-density distribution** / Summenkraftverteilung *f* || ~ **frequency** / Häufigkeitssumme *f* DIN 55350,T.23 || ~ **frequency curve** / Häufigkeitssummenkurve *f* DIN 55350,T.23, Summenkurve *f* || ~ **frequency distribution** / Häufigkeitssummenverteilung *f* DIN 55350,T.23 || ~ **frequency polygon** / Häufigkeitssummenpolygon *f* DIN 55350,T.23, Summenhäufigkeitslinie *f* || ~ **normal distribution** / normale Summenverteilung, Verteilungsfunktion der Normalverteilung || ~ **probability** / Summenwahrscheinlichkeit *f*, kumulative Wahrscheinlichkeit || ~ **probability function** / kumulative Wahrscheinlichkeitsfunktion || ~ **tolerance** / Summentoleranz *f* || ~ **relative frequency** / relative Häufigkeitssumme DIN 55350,T.23
cup flow figure / Becherfließzahl *f*, Becherschließzahl *f* || ~ **fracture** / Tiefungsbruch *m* || ~ **grease** / Starrschmiere *f*, Staufferfett *n* || ~ **packing** / Manschettendichtung *f*, Stulpdichtung *f*
cupping ductility value / Tiefungswert *m* || ~ **test** / Tiefungsversuch *m* || ~ **test of surface-deposited bead** / Aufschmelztiefungsversuch *m* || ~ **value** / Tiefungswert *m*
cup-shaped contact / Topfkontakt *m*
cup shaped wheels of planetary gearing / Topfräder des Planetengetriebes || ~ **stamping** / Topfprägung *f*
cup test / Tiefungsversuch *m*
cup-type core / Topfkern *m* || ~ **bushing** / Becherdurchführung *f*
cup wheel / Topfrad *n*
curable flexible mica material / härtbare flexible

Glimmererzeugnisse
cure v / härten v, aushärten v
Curie point / Curie-Punkt m, Curie-Temperatur f
curing n / Härten n, Aushärten n || ~ **agent** / Härter m, Härtungsmittel n || ~ **shrinkage** / Schwindung f || ~ **temperature** / Härtungstemperatur f (Isolierstoff) || ~ **time** / Härtungszeit f
curl v / rollen v (stanzen), einrollen v, kräuseln v || ~ n / Rotor m (Vektorfeld), Rotation f, vektorielle Rotation, Quirl m || ~ **field** / Wirbelfeld n, Drehfeld n
currency abbreviation / Währungskürzel n || **selling** ~ / Abgabewährung f || ~ **calculation code** / Währungsumrechnungsfaktor m || ~ **code** / Währungskennzeichen n || ~ **factor** / Währungsfaktor m || ~ **name** / Währungsbezeichnung f || ~ **table** / Währungstabelle f
current n / Strom m (el.), Stromstärke f, Strömung f || **absolute** ~ **value** / Strombetrag m || **bar primary bushing type** ~ **transformer** / Durchführungsstromwandler m || **bar primary type** ~ **transformer** / Schienenstromwandler m || ~ **adj** / laufend adj, gegenwärtig adj, aktuell adj, Strom... || ~ **flow direction reversal** / Stromumkehrung f || /**voltage converter hybrid (I/V hybrid)** / Strom-/Spannungswandlerhybrid (I/U-Hybrid) || ~ **actual value** / aktueller Istwert || ~ **alarm** / Stromwarnmeldung f || ~ **amplification** / Stromverstärkung f || ~ **amplification factor** / Stromverstärkungsfaktor m || ~ **amplification with output short-circuited** / Kurzschlussstromverstärkung f (bei kurzgeschlossenem Ausgang) || ~ **and voltage transformation ratios** / Strom- und Spannungswandler-Übersetzung || ~ **arrester** / Überstromableiter m || ~ **at make** / Einschaltstrom m || ~ **balance protection** / Stromdifferentialschutz m, Stromvergleichsschutz m || ~ **balance relay** / Stromdifferentialrelais n, Stromvergleichsrelais n || ~ **balancer** / Stromausgleicher m, Stromteiler m
current-balancing reactor / stromausgleichende Drosselspule
current bias / Strombeeinflussung f, Stromstabilisierung f (Differentialschutz) || ~ **block** / aktueller Satz || ~ **bridge** / Strombrücke f (Messbrücke)
current-carrying adj / stromführend adj, stromdurchflossen adj
current carrying capacity / Stromfestigkeit f
current-carrying capacity / Stromtragfähigkeit f, Strombelastbarkeit f (Kabel) VDE 0298,T.2 || ~ **lug** / Stromfahne f (Batt.), Plattenfahne f (Batt.)
current chopping / i m, Abkippen des Stroms || ~ **circuit** / Strompfad m, Stromschaltung f, Segment n, Stromweg m, Strombahn f || ~ **coil** / Stromspule f
current-coil winding / Stromwicklung f (EZ)
current collecting brush / Stromabnehmerbürste f || ~ **collection** / Stromabnahme f, Stromsammlung f || ~ **collector** / Stromabnehmer m || ~ **command value** / Stromsollwert m || ~ **comparator** / Stromvergleicher m, Stromkompensator m || ~ **comparator relay** / Stromvergleichsrelais n || ~ **comparison protection** / Stromvergleichsschutz m || ~ **compliance** / Strombereich m (DAU)
current-compounded self-excitation / Erregerstromkompoundierung f

current compounding / Stromkompoundierung f, Stromstützung f
current-conducting adj / stromführend adj
current conduction / Stromleitung f || ~ **connector** / Stromstecker m || ~ **consumption** / Stromverbrauch m, Stromaufnahme f || ~ **contact** / Stromkontakt m || ~ **control** / Stromregelung f || ~ **control circuit** / Stromsteuerkreis m
current-controlled adj / stromgesteuert adj, stromabhängig adj || ~ **basis** / stromgeregelt unterlagert || ~ **converter** / Stromzwischenkreis-Stromrichter m || ~ **speed limiting system** / Stromleitverfahren n, Drehzahlregelung mit unterlagerter Stromregelung
current controller / Stromregler m || **current controller adjustment** / Stromreglereinstellung f || **current controller cycle** / Stromreglertakt m || **current controller hybrid** / Stromreglerhybrid m || **current controller output** / Stromreglerausgang m || ~ **controlling transductor** / stromsteuernder Transduktor || ~ **control loop** / Stromregelkreis m || ~ **core** / Stromeisen n (EZ), Stromtriebeisen n (EZ) || ~ **criteria** / aktuelle Kriterien (SPS) || ~ **data** / aktuelle Daten || ~ **data not present** / Aktualdaten nicht vorhanden || ~ **data project** / Aktualdatenprojekt n || ~ **decay** / Stromzerfall m, Strombabbau m || ~ **density** / Stromdichte f
current-density modulation / Stromdichtemodulation f
current-dependent control circuit / stromabhängiger Steuerkreis || ~ **stray-load losses** / stromabhängige Zusatzverluste
current depth of cut / aktuelle Spantiefe
current differential protection / Stromdifferentialschutz m, Stromvergleichsschutz m || ~ **differential relay** / Stromdifferentialrelais n || ~ **discrimination** / Stromselektivität f || ~ **displacement** / Stromverdrängung f || ~ **displacement loss** / Stromverdrängungsverlust m || ~ **displacement motor** / Stromverdrängungsläufermotor m, Stromdämpfungsläufer m || ~ **distribution** / Stromverteilung f || ~ **divider** / Stromteiler m || ~ **dividing reactor** / Stromteilerdrossel f || ~ **drain** / Entladestrom (Batt.) m, Stromsenke f || ~ **electromagnet** / Stromeisen n (EZ), Stromtriebeisen n (EZ) || ~ **element** / Stromelement n (für einen zylindrischen Leiter kleinen Querschnitts), Stromschleife f || ~ **error** / Stromfehler m (Trafo, Wandler) || ~ **filtering** / Stromglättung f || ~ **flow** / Stromfluss m || ~ **flowing inwards** / abwärts fließender Strom (Wickl.) || ~ **flowing outwards** / aufwärts fließender Strom (Wickl.) || ~ **forcing** / Stromstützung f (el. Masch.) || ~ **gain** / Stromverstärkung f || ~ **grading** / Stromstaffelung f || ~ **harmonic** / Stromoberschwingung f || ~ **impulse** / Stromimpuls m, Stromstoß m || ~ **impulse withstand test** / Steh-Stoßstromprüfung f || ~ **in arc** / Bogenstrom m, Lichtbogenstrom m || ~ **injection** / Stromüberlagerung f (synthet. Prüfung), Stromeinprägung f, Stromaufschaltung f || ~ **input** / Stromaufnahme f, aufgenommener Strom, Eingangsstrom m || ~ **inrush** / Stromstoß m, Einschalt-Stromstoß m, Einschaltstrom m || ~ **intensity** / Stromstärke f || ~ **in the fault** IEC 50(603) / Fehlerstrom m (Strom, der durch die

Fehlerstelle fließt) || ~ **in the short circuit** IEC 50(603) / Kurzschlussstrom *m* (Strom über die Kurzschlussstelle) || ~ **lamination pack** / Stromeisenpaket *n* (EZ) || ~ **lead** / Stromleitung *f* (Letter) || ~ **limit** / Stromgrenze *f*, Stromgrenzwert *m*
current-limit acceleration / Hochlauf an der Strombegrenzung, Beschleunigungsausgleich *m*
current limited / kurzschlussfest *adj*, kurzschlusssicher *adj* || ~ **limiter** / Strombegrenzer *m*
current-limit function / Strom-Begrenzungs-Funktion
current limiting / Strombegrenzung *f*, strombegrenzend *adj* || ~ **limiting characteristic** / Strombegrenzungskennlinie *f* || ~**limiting circuit-breaker** / strombegrenzender Leistungsschalter || ~ **limiting controller** / Strombegrenzungsregler *m*
current-limiting fuse / strombegrenzende Sicherung || ~ m.c.c.b. / strombegrenzender Kompaktschalter || ~ **power** / Strombegrenzungsleistung *f* || ~ **rating** / Strombegrenzungsleistung *f* || ~ **reactor** / Strombegrenzungsdrossel *f*, Kurzschluss-Begrenzungsdrossel *f*, Kurzschluss-Drosselspule *f* || ~ **resistor** / Strombegrenzungswiderstand *m* || ~ **threshold** / Einsatzwert der Strombegrenzung DIN 41745 || ~ **voltage** / Strombegrenzungsspannung *f*
current limit switching / Stromgrenzenumschaltung *f*
current linkage (with a closed path(IEC 50(121))) / elektrische Durchflutung (eines geschlossenen Pfades) || ~ **linkage** IEC 50(411) / Durchflutung *f* (verteilte Wicklung) || ~ **load** / Belastungsstrom *m*, Strombelastung *f* || ~ **log data** / Aktuelle Logdaten || ~ **loop** / Stromschleife *f* || ~ **loop** (peripherals) / Linienstrom *m* (Peripheriegeräte)
current-loop interface / Linienstrom-Schnittstelle *f*, Linienstromschnittstelle *f*, TTY-Schnittstelle *f*
current loop receive / Empfangsstromschleife *f* || ~ **loop transmit** / Sendestromschleife *f* || ~ **magnet** / Stromeisen *n* (EZ), Stromtriebeisen *n* (EZ) || ~ **matching transformer** / Zwischenstromwandler *m* || ~ **maximum value** / Stromkuppe *f* || ~ **measuring element** / Strommesswerk *n* || ~ **metering** / Strommessung *f* || ~ **monitoring device** / Stromwächter *m*
current-mode logic (CML) / Stromflusslogik *f* (CML), Logik mit Stromsteuerung || ~ **transistor logic (CMTL)** / stromschaltende Transistorlogik
current monitoring relay / Stromüberwachungsrelais *n* || ~ **of an arm** / Zweigstrom *m* (SR) || ~ **of negative phasesequence system** / Strom des gegenläufigen Systems, Gegenstrom *m* || ~ **on breaking** / Abschaltstromstärke *f*
current-operated earth-leakage circuit breaker with overcurrent release / Fehlerstrom-Schutzschalter mit Überstromauslöser (FI/LS-Schalter(VDE 0664,T.2)) || ~ **e.l.c.b.** / Fehlerstrom-Schutzschalter *m* (FI-Schalter) || ~ **e.l.c.b. system** / Fehlerstrom-Schutzschaltung *f*, FI-Schutzschaltung *f* || ~ **g.f.c.i. system** / Fehlerstrom-Schutzschaltung *f*, FI-Schutzschaltung *f* || ~ **neutral monitoring e.l.c.b.** / Nullleiter-Fehlerstromschutzschalter *m* (NFI-Schalter) || ~ **protective device** / Fehlerstrom-Schutzeinrichtung *f*
current oscillation diagram / Flimmerkurve *f*

(Stromschwingungen) || ~ **oscillations** / Stromschwingungen *f pl* || ~ **path** / Strompfad *m*, Strombahn *f*, Stromweg *m*, Segment *n* || ~ **peak** / Stromspitze *f* || ~ **per winding** / Wicklungsstrom *m* || ~ **polarization** / Strompolung *f* || ~ **probe** / Stromzange *f*, Zangenstrommesser *m* || ~ **program** / aktuelles Programm || ~ **protection** / Stromschutz *m* || ~ **pulsation** / Strompendelung *f*, Strom-Ungleichförmigkeit *f* IEC 50(411) || ~ **pulsation command** / Stromlückbefehl *m* || ~ **pulse** / Stromimpuls *m* || ~ **range** / Strombereich *m* || ~ **ratio** / Stromverhältnis *n*, Stromübersetzungsverhältnis *n*, Stromverstärkungsfaktor *m* || ~ **regulator** / Stromregler *m* || ~ **relay** / Stromrelais *n*, Stromrelay *n* || ~ **release** / Stromauslöser *m*
current-responsive *adj* / stromempfindlich *adj*, stromabhängig *adj*
current restraint / Stromstabilisierung *f*, Einschaltstromstabilisierung *f* || ~ **reversal** / Stromrichtungsumkehr *f* || ~ **ripple** / Stromwelligkeit *f* || ~ **ripple factor** IEC 34-1 / Strom-Schwankungsfaktor *m* (el. Masch.) VDE 0530, T.1 || ~ **rise** / Stromanstieg *m* || ~ **rush** / Stromstoß *m*
currents circulating in earthing system / Ausgleichsströme im Erdungsnetz
current sensor / Stromgeber *m*, Strommessgeber *m*
current-sensor module / Stromgeber-Baugruppe *f*
current setpoint / Stromsollwert *m* || ~ **setpoint blocking time** / Stromsollwert-Wegsperrzeit *f* || ~ **setting** / Strom-Einstellwert *m*, Einstellstrom *m*, Stromeinstellwert *m* || ~ **setting range** IEC 157-1 / Strom-Einstellbereich *m* VDE 0660,T.101 || ~ **set value** / Gegensollwert *m* || ~ **sheet** / Stromschicht *f* || ~ **sink** / Stromsenke *f*, stromziehende Schaltung
current-sinking (The act of receiving current.) / nach M schaltend, M-schaltend *adj*, stromziehend *adj* || ~ **logic (CSL)** / stromziehende Logik, stromziehende Schaltungstechnik, nach M schaltende Logik
current smoothing / Stromglättung *f* || ~ **source** / Stromquelle *f*, Stromversorgungsgerät *n*
current-source DC-link converter / Stromzwischenkreis-Stromrichter *m* || ~ **DC-link inverter** / Stromzwischenkreis-Wechselrichter *m* || ~ **inverter** / Stromzwischenkreisumrichter *m*
current-sourcing (The act of supplying current) / nach P schaltend, P-schaltend *adj*, stromliefernd *adj* || ~ **logic** / stromliefernde Schaltungslogik || ~ **logic (CSL)** / stromliefernde Logik, stromliefernde Schaltungstechnik, nach P schaltende Logik || ~ **output** / Bestromungsausgang *m*
current space vector / Stromraumzeiger *m* || ~ **speed value smoothing** / Stromsollwertglättung *f* || ~ **spike** / Stromspitze *f* (HL) || ~ **stabilizer** / Stromstabilisator *m*, Konstantstromregler *m* || ~ **starting** / Stromanregung *f* (Rel.) || ~ **state** / aktueller Zustand || ~ **status** / aktueller Zustand || ~ **step** / Stromsprung *m*, Stromstufe *f* || ~ **step change** / Stromsprung *m* || ~ **stiff a.c./d.c. convertor** (An a.c./d.c. convertor having an essentially smooth current on the d.c. side.) / Wechselstrom-Gleichstrom-Umrichter mit eingeprägtem Strom (Wechselstrom-Gleichstrom-Umrichter mit nahezu reinem Gleichstrom auf der Gleichstromseite) || ~ **stress** / Strombeanspruchung *f* || ~ **suppression** / Stromunterdrückung *f*, Strombabbau *m* || ~ **switch** /

Stromschalter m || ~ **switched** / Schaltstrom m || ~ **system** / laufendes System || ~ **tap** / Stromabgriff m || ~ **terminal** / Stromklemme f || ~ **through meter** / Zählerstrom m || ~ **time balance** / Zeitsaldo m, Gleitzeitsaldo m
current-time characteristics / Strom-Zeit-Kennlinien f pl || ~ **response** / Strom-Zeit-Verhalten n || ~ **sensor** / Strom-Zeit-Geber m
current-to-voltage converter (CVC) / Strom-Spannungs-Umsetzer m
current transducer / Strommessumformer m || ~ **transfer** / Stromübertragung f, Stromübernahme f, Stromübergang m || ~ **transfer roller** / Stromrolle f || ~ **transformation** / Stromübersetzung f || ~ **transformation ratio** / Stromübersetzungsverhältnis n || ~ **transformer** / Stromwandler m, Stromtransformator m, Stromkompensator m || ~ **transformer core** / Stromwandlerkern m || ~ **transformer for quadrature droop circuit** / Statikwandler m || ~ **transformer mounting plate** / Stromwandlertragblech n || ~ **transformer supply** / Wandlerstromversorgung f || ~ **transformer wire** / Stromwandlerleitung f || ~ **unbalance** / Stromunsymmetrie f || ~ **value** / aktueller Wert
current-using equipment / elektrische Verbrauchsmittel VDE 0100,T.200, Stromverbrauchsmittel n pl
current value of measure / aktueller Maßwert (logischer Eingabewert) || ~ **versus time** / Strom über Zeit
current-voltage characteristic / Strom-Spannungs-Kennlinie f
current weigher / Stromwaage f || ~ **zero** / Nullstrom m, Strom-Nulldurchgang m
current-zero cut-off circuit-breaker / nullpunktlöschender Leistungsschalter
cursor n / Schreibmarke f, Zeiger m, Schreibzeiger m, Vorlaufzeiger m, Korrekturzeiger m, Reiter m (Induktosyn), Stellring m, Feldmarke f, Lesezeiger m, Positionsanzeiger m, Cursor m, Cursor fein || ~ **control** / Schreibmarkensteuerung f || ~ **control key** / Cursorsteuertaste f, Positioniertaste f || ~ **fine** / Schreibmarke f, Schreibzeiger m, Positionsanzeiger m, Lesezeiger m, Cursor fein, Cursor m || ~ **key** / Cursortaste f, Korrekturzeigertaste f || ~ **memory** / Cursorspeicher m || ~ **pointer** / Cursorzeiger m || ~ **position** / Cursorposition f
curtailed inspection / abgebrochene Prüfung (QS)
curtain, light-beam ~ / Lichtschranke f
curvature n / Krümmung f, Wölbung f || **with constant** ~ / krümmungsstetig adj
curve n / Kurve f, Krümmung f, Biegung f, Kurvenlineal n, krümmen v || ~ **archive** / Kurvenarchiv n || ~ **bend** / Kurvenknick m || ~ **characteristic** / Kurvenverlauf m || ~ **display** / Kurvendarstellung f, Kurvenbild n (am Bildschirm) || ~ **display unit** / Kurvensichtgerät n, Kurven-Bildschirmeinheit f || ~ **(display) field** / Kurvenfeld n (BSG)
curved or wave spring lock washer / Federring, gewölbt oder gewellt || ~ **washer** / Scheibenfeder f
curved-tooth bevel gear / Bogenzahn-Kegelrad n || ~ **coupling** / Bogenzahnkupplung f
curve entity / Kurvenelement n (CAD) || ~ **file** / Kurvenarchiv n || ~ **follower** / Kurvenleger m, Kurvenschreiber m, Nachlaufgerät n (NC) || ~

generator / Kurvengenerator m || ~ **group** / Kurvengruppe f || ~ **infill** / Füllmuster n || ~ **inflection** / Kurvenknick m || ~ **memory** / Kurvenspeicher m || ~ **milling** / Kurvenfräsen n || ~ **negotiability** / Kurvengängigkeit f, Bogenläufigkeit f || ~ **plotter** / Kurvenschreiber m || ~ **shape** / Kurvenform f, Kurvenverlauf m || ~ **table** / Kurventabelle f || ~ **table interpolation** / Kurventabelleninterpolation f || ~ **table polynomials** / Kurventabellenpolynome n pl || ~ **trace** / Kurvenzug m (Osz.) || ~ **window** / Kurvenfenster n
curvilinear ordinate / bogenförmige Ordinate
cushion v / dämpfen v, abfedern v
cushioned start / Sanftanlauf m || ~ **stop** / weiches Stillsetzen
cusp, height of ~ / Rauhtiefe f (NC)
custom-built assembly of l.v. switchgear and controlgear (CBA(IEC 431)) / nach Bedarf gebaute Schaltgerätekombination für Niederspannung (CSK) || ~ **design** / bedarfsgerechter Aufbau || ~ **distribution board** / nach Kundenspezifikation gebaute Verteilertafel, nicht fabrikfertiger Verteiler
custom definition / frei definiert || ~ **made** / kundenspeziell adj, kundenspezifisch adj || ~ **software** / kundenspezifische Software
customer n / Kunde m || **to be produced by** ~ / vom Kunden anzufertigen || **to be provided by** ~ / kundenseitige Beistellung || **Customer Advisory Service** / Kundenberatung f || **customer application engineering (CAE)** / kundenspezifisches Engineering (CAE) || ~ **assembly** / Selbstzusammenbau m, Kundenblock m || ~ **benefit** / Kundennutzen m || ~ **code** / Kundenkennzeichen n || ~ **delivery note** / Kundenlieferschein n || ~ **display** / Kundendisplay n || ~ **ID** / Kundenkennung f || ~ **key module** / Kundentastenmodul m || ~ **key strip** / Kundentastenstreifen m || ~ **keyboard** / Kundentastatur (KT) f || ~ **machine control panel** / Kundenmaschinensteuertafel f || ~ **note** / Kundenbegleitschein m || ~ **operator panel** / Kundenbedientafel f || ~ **price** / Kundenpreis m || ~ **reference** / Kundenzeichen n || ~ **report sheet** / Kundenbuchblatt n || ~ **returned goods note** / Kunden-Rückwaren-Begleitschein m || ~ **service** / Kundendienst m || ~ **specification** / Kundenvorgabe f || ~ **terminals** / Kundenklemmen f pl || ~ **wish** / Anwenderwunsch m
customer-oriented sales organization / kundenorientierte Vertriebsorganisation
customer-specific design / Kundenkonstruktion f
customised / Maßzuschnitt m
customize v / anpassen v, abgleichen v
customized adj / nach Kundenwunsch, anwenderspezifisch adj, nach Wunsch, anwendungsorientiert adj, kundenspeziell adj, kundenspezifisch adj || ~ **cycle** / maschinenbezogener Zyklus || ~ **electronics** / Betriebselektronik f || ~ **form letter** / Serienbrief m
custom-made adj / nach Kundenspezifikation hergestellt
cusum chart / Qualitätsregelkarte für kumulierte Werte
cut v / schneiden v, einschneiden v, abschneiden v, auftrennen v, längen v, ausschneiden v || ~ **adj** /

geschnitten *adj* || ~ / Abspanen *n*, Schnitt *m* || **to ~ and paste** / montieren *v* (Text) || **~ across center** / über Mitte schneiden
customs formalities / Zollabwicklung *f* || **~ processing time** / Zolldurchlaufzeit *f*
cutaway diagram / Schnittdiagramm *n* || **~ view** / Schnittbild *n*, Schnittansicht *f*
cutback technique / Abschneideverfahren *n* IEC 50(731)
cut E core / E-Schnittkern *m* || **~ generation** / Schnittgenerierung *f* (CAD) || **~ in** / einschalten *v*, zuschalten *v*
cut-in pressure / Einschaltdruck *m* || **~ temperature** / Einschalttemperatur *f*
cut off *v* / abschalten *v*, ausschalten *v*, abschneiden *v* || **~** / Vollstechen *n*, Abstechen *n* || **~** / ausgeschaltet *adj*, abgeschaltet *adj*
cut-off *n* / Abschaltung *f*, Ausschaltung *f*, Trennung *f*, Unterbrechung *f*, Abschirmung *f* (BT), Abschneiden *n*, Begrenzung *f*, Abstich *m* || **collector-emitter ~ current** / Kollektor-Emitter-Reststrom *m* || **~ angle** / Abschirmwinkel *m* (Leuchte) || **~ current** / Abschaltstrom *m*, Durchlassstrom *m* (SG, Sich.), Ausschaltspitzenstrom *m* || **~ current** (transistor) / Emitter-Basis-Reststrom *m*, Emitter-Reststrom *m* || **~ current characteristic** / Durchlassstrom-Kennlinie *f* (SG, Sich.), Durchlasskennlinie *f* (Sich.) || **~ end** / Abstechseite *f* || **~ frequency** IEC 50(151) / Grenzfrequenz *f*, Eckfrequenz *f* || **~ grinding** / abstechschleifen *v* || **~ load** / Ecklast *f* || **~ louvre** / Schrägraster *m* (Leuchte) || **~ part** / Abstechteil *n* || **~ point** / Grenzpunkt *m* (Rel.) || **~ power** / ausgeschaltete Leistung (unmittelbar vor dem Ausschalten von den Verbrauchern aufgenommene Leistung) || **~ signal** / Abschaltsignal *n* || **~ slide** / Abstechschlitten *m* || **~ speed** / Abschaltdrehzahl *f*, Abschaltgeschwindigkeit *f*, Ausklinkdrehzahl *f*
cut off the drive torque / drehmomentfrei schalten
cutoff tool / Abstecher *m*, Abstechstahl *m*, Abstechmeißel *m*
cut-off torque / Abschaltdrehmoment *n*, Ausschaltmoment *n*, Abschaltmoment *n* || **~ voltage** / Abschaltspannung *f*, Abschnürspannung *f* (FET) DIN 41858, Sperrspannung *f* (ESR), Einsatzspannung *f*, Entladeschlussspannung *f* (Batt.) || **~ wavelength** / Grenzwellenlänge *f*
cut optimization / Zuschnittoptimierung *f*
cut out *v* / abschalten *v*, ausschalten *v*, abstellen *v*, ausschneiden *v*
cutout *n* / Abschaltung *f*, Ausschalter *m*, Ausschaltvorrichtung *f*, Trennsicherung *f*, nicht selbsttätig zurücksetzende Temperaturbegrenzer, Begrenzer *m*, Sicherungsautomat *m*, Leistungssicherung *f*, Ausschnitt *m*, Durchbruch *m* (Wand, Decke), Öffnung *f*, Schalttafelausschnitt *m*, Einbauöffnung *f*, Nische *f*, Ausbruch *m*, Vertiefung *f*, Aussparung *f* || **fusible link** / Bleisicherung *f* || **magnetic ~** / magnetischer Auslöser, Magnetschütz *n* || **thermal ~** IEC 380, IEC 335-1 / thermischer Unterbrecher VDE 0806, Schutz-Temperaturbegrenzer *m* VDE 0700,T.1, Temperaturbegrenzer *m*
cut-out command / Abschaltbefehl *m*
cutout delay / Abschaltverzögerung *f* || **~ for bearing piece** / Aussparung für Lagerstück
cut-out power / Ausschaltleistung *f* (Mot.) || **~**

pressure / Ausschaltdruck *m*, Abschaltdruck *m*
cutout switch / Abstellschalter *m*
cut-out temperature / Ausschalttemperatur *f*, Abschalttemperatur *f* || **~ torque** / Abschaltdrehmoment *n*, Ausschaltmoment *n*, Abschaltmoment *n*
cut sectionalization / Schnittaufteilung *f* (NC), Schnittzerlegung *f* (NC) || **~ segmentation** / Schnittaufteilung *f* (NC), Schnittzerlegung *f* (NC), Stanzaufteilung *f*, Schnittunterteilung *f*
cut-set *n* / Schnittmenge *f* DIN IEC 50,T.131, Trennbündel *n*
cut square / Klinkung *f*
cut strip-wound core / Schnittbandkern *m* || **~ surface** / Schnittfläche *f* DIN 6580 || **~ thread** / Gewindefräsen *n* || **~ to length** / ablängen *v*
cutter *n* / Schneidwerkzeug *n*, Drehmeißel *m*, Fräser *m*, Fräswerkzeug *n* || **diagonal ~** / Seitenschneider *m* || **~ arbor** / Fräsdorn *m* || **~ axis of rotation** / Fräserdrehachse *f* || **~ center path** / Fräsermittelpunktbahn *f* || **~ center-line** / Fräserradiusmittelpunktsbahn *f* || **~ centre path** / Fräsermittelpunktbahn *f* || **~ chain station** / Schrämstation *f* || **~ compensation** / Werkzeugkorrektur *f*, Werkzeugkompensation *f*, Fräserradius-Bahnkorrektur *f* || **~ diameter compensation** / Fräserdurchmesserkorrektur *f*, Werkzeugdurchmesserkorrektur *f* || **~ information** / Werkzeugangaben *f pl* (CLDATA) || **~ location data** (CLDATA) / Werkzeugpositionsdaten *plt* (CLDATA) || **~ material** / Werkzeugmaterial *n*, Schneidstoff *m*, Schneidwerkstoff *m* || **~ nose radius compensation** / Schneidenradiuskompensation *f* (NC) || **~ offset** / Werkzeugkorrektur *f* (NC, Korrekturbetrag, Wegbedingung nach DIN 66025, T.2), Werkzeugkorrekturwert *m* || **~ path** / Werkzeugweg *m*, Werkzeugbahn *f* || **~ path compensation** / Werkzeugbahnkorrektur *f* (NC) || **~ radius** / Schneidenradius *m* || **~ radius center** / Schneidenradiusmittelpunkt *m* || **~ radius compensation** / Fräserradiuskorrektur *f* (NC), Schneidenradiusbahnkorrektur *f*, Schneidenradiuskompensation (SRK) *f*, Schneidenradiuskorrektur (SRK) *f* || **~ radius compensation (CRC)** / Fräserradiuskompensation (FRK) *f*, Fräserradiusbahnkorrektur (FRK) *f* || **~ radius compensation on contour** / Fräserradiuskorrektur *f* (NC) || **~ spindle** / Fräsdorn *m*, Frässpindel *f*
cut-through test / Prüfung der Erweichungstemperatur (Lackdraht)
cut-to-length *n* / Meterware *f* || **~ line** / Querteiler *m*
cutting *n* / Schneiden *n*, spanabhebende Bearbeitung, Spanabhebung *f*, Zerspanen *n*, spanende Bearbeitung, Zerspanung *f* || **~ base** / Fräsgrund *m* || **~ capability** / Schneidbarkeit *f* || **~ cross-section** / Spanquerschnitt *m*, Spanungsquerschnitt *m* || **~ depth** / Schnittiefe *f* (WZM), Abspantiefe *f*, Spantiefe *f* || **~ die** / Schneidstanze *f*, Schneideisen *n*, Gewindeschneideisen *n* || **~ direction** / Schnittrichtung *f* (WZM) || **~ edge** / Schneide *f*, Schnittkante *f* || **~ edge angle** / Schneidenwinkel *m* (WZM), Schneidenradiusmittelpunkt *m*, Schneidenmittelpunkt *m* || **~ edge centre** / Schneidenmittelpunkt *m* (WZM) || **~ edge corner** / Schneidenecke *f* DIN 6581 || **~ edge data** /

cutting-fluid-tight

Schneidendaten *pl*, Werkzeugschneidendaten *pl* || ~ **edge dialog data** / Schneidendialogdaten *pl* || ~ **edge geometry** / Schneidengeometrie *f* (WZM) || ~ **edge monitoring** / Schneidenüberwachung *f* || ~ **edge plane** / Schneidenebene *f* DIN 6581 || ~ **edge selection** / Schneidenanwahl *f* || ~ **edge side rake** / Spanwinkel *m*, Abspanwinkel *m* || ~ **efficiency** / Zerspanungsleistung *f* || ~ **feed** / Schnittvorschub *m* (WZM) || ~ **fluid** / Schneidflüssigkeit *f*
cutting-fluid-tight pushbutton IEC 337-2 / schneidflüssigkeitsdichter Drucktaster VDE 0660,T.201
cutting force / Schneidkraft *f*, Schnittkraft *f* || ~ **head** / Schneidkopf *m* || ~ **installation** / Schneidanlage *f* || ~ **line** / Schneidlinie *f*
cutting-off machine / Abstechmaschine *f* || **cutting(-off) tool** / Abstechstahl *m*, Abstecher *m*, Abstechmeißel *m*
cutting oil / Bohröl *n*, Schneidöl *n*
cutting operation / Schnittvorgang *m*, Zerspanungsvorgang *m* || ~ **parameter** / Schnittparameter *m* || ~ **parameters** / Schnittwerte *m pl* (NC) || ~ **path** / Schnittbahn *f* (WZM) || ~ **pattern** / Schnittmuster *n* || ~ **plan** / Schneidplan *m* || ~ **plane** / Schnittebene *f* (CAD) || ~ **precision** / Schnittgenauigkeit *f* || ~ **press** / Schnittpresse *f* || ~ **process** / Schnittvorgang *m*, Zerspanungsvorgang *m* || ~ **property** / Zerspanungseigenschaft *f* || ~ **rate** / Schnittgeschwindigkeit *f* (WZM, NC) || ~ **sequence** / Schnittverlauf *m* (WZM, NC) || ~ **speed** / Schnittgeschwindigkeit *f* (WZM, NC), Zerspanungsgeschwindigkeit *f* || ~ **table** / Schneidtisch *m* || ~ **time** / Schnittzeit *f* (WZM) || ~ **tip** / Schneidplatte *f*, Platte *f* (Die (Schneid-)Platte wird vom Werkzeughalter gehalten und bildet mit ihm zusammen das Werkzeug.) || ~ **to length machine** / Ablängautomat *m* || ~ **tool** / Schneidwerkzeug *n*, Meißel *m*, Drehmeißel *m*, Trennvorrichtung *f*, Trennwerkzeug *n* || ~ **tool angle** / Schneidenwinkel *m* (WZM) || ~ **tool for plastic fibers** / Schneidwerkzeug *n* || ~ **tool grade material** / Werkzeugmaterial *n*, Schneidstoff *m*, Schneidwerkstoff *m* || ~ **travel** / Schnittweg *m* (WZM) || ~ **value** / Schnittwert *m* || ~ **variable** / Schnittgröße *f* DIN 6580 || ~ **velocity** / Schnittgeschwindigkeit *f* || ~ **wheel** / Schneidrad *n* || ~ **width** / Schnittbreite *f*
cut vector / Schnittvektor *m* (NC)
Cv coefficient / Durchflusskennwert *m*
CVC s. current-to-voltage converter
CVCC curve s. constant voltage/constant current curve
CVT s. constant-voltage transformer
CW (calender week) / KW (Kalenderwoche) || ≙ s. carrier wave
CW (clockwise) / Drehrichtung rechts, Uhrzeigersinn *m* || **CW rotation (clockwise rotation)** / Rechtslauf *m*, Rechtsdrehung *f*, Drehung im Uhrzeigersinn
CWA (compensation with absolute values) / KMA (Kompensation mit Absolutwerten)
C-washer *n* / Splintscheibe *f*
CWL s. continuous wave laser
c.w. magnetron s. continuous-wave magnetron
CWW s. closed-circuit water-water cooling
CY s. carry
cybernetics *plt* / Kybernetik *f*
cycle *v* / periodisch wiederkehren, ein Schaltspiel ausführen (Rel.), schwingen *v* (Reg.) || ~ (NC preparatory function) ISO 1056 / Arbeitszyklus *m* (NC-Wegbedingung) DIN 66025,T.2, Arbeitsgang *m*, Arbeitsspiel *n*, Spiel *n*, Betriebsspiel *n*, Takt *m*, Periode *f*, Schaltspiel *n*, Einzelschwingung *f*, Zyklus *m*, Umlauf *m*, Durchlauf *m* || ~ **accurate within one** ~ / periodengenau *adj* || ~ **chain** / Zyklenkette *f* || ~ **checkpoint** / Zykluskontrollpunkt *m* || ~ **compiler** / Zyklencompiler *m* || ~ **control point** / Zykluskontrollpunkt *m* || ~ **counter** / Periodenzähler *m* || ~ **disable** / Zyklussperre (ZSP) *f*, Zyklensperre (ZSP) *f* || ~ **duration** / Spieldauer *f*, Spielzeit *f*, Punktzykluszeit *f* (Schreiber), Zykluszeit *f*, Zyklenzeit *f*, Zyklusdauer *f*, Taktzeit *f*, Gangzeit *f*, Einschaltverhältnis *n* || ~ **grid** / Zyklusraster *n* || ~ **inhibit** / Zyklussperre (ZSP) *f*, Zyklensperre (ZSP) *f* || ~ **language (CL)** / Zyklenprogrammiersprache *f*, Zyklensprache *f* || ~ **machine data (MDC)** / Zyklenmaschinendatum *n* || ~ **machine data memory** / Zyklenmaschinendatenspeicher *m* || ~ **memory** / Zyklenspeicher *m* || ~ **number** / Durchlaufnummer *f* || ~ **of operation** / Betriebszyklus *m* VDE 0838,T.1, Arbeitsspiel *m*, Arbeitszyklus *m*, Schaltzyklus *m* (Trafo) VDE 0532,T.30 || ~ **operation** (battery) / Lade-Entladebetrieb *m*, Batteriebetrieb *m* || ~ **overload** / Zyklusüberlastung *f* || ~ **program** / Zyklenprogramm *n* || ~ **programming** / Zyklusprogrammierung *f* || ~ **ratio** / Lastspielzahl-Verhältnis *n* || ~ **select** / Zyklenanwahl *f* || ~ **series** / Zyklenreihe *f* || ~ **setting data** / Zyklensettingdatum *n* || ~ **setting data memory** / Zyklensettingdatenspeicher *m* || ~ **signal** / Zyklensignal *n*
cycles of limit-load stressing / Dauerhaltbarkeit *f*, Grenzlastspielzahl *f*, Zeitschwingfestigkeit *f*, Bruchlastspielzahl *f* || ~ **per second (cps)** / Schwingungen pro Sekunde, Hertz *n*, Frequenz *f* || ~ **to failure** / Bruchlastwechsel *m pl*
cycle-synchronous *adj* / zyklussynchron *adj*
cycle time / Dauer *f* (Differenz zwischen Anfangs- und Endpunkte eines Zeitintervalls), Zyklusdauer *f*, Zykluszeit *f*, Zyklenzeit *f*, Durchlaufzeit *f*, Spielzeit *f*, Wiederholtaktzeit *f*, Gangzeit *f* || ~ **time acquisition** / Taktzeiterfassung *f* || ~ **time measurement** / Zykluszeitmessung *f* || ~ **time monitor** / Zykluszeitüberwachung *f* (SPS) || ~ **time monitoring** / Zykluszeitüberwachung *f* || ~ **time triggering** / Zykluszeittriggerung *f* || ~ **time-out** / Zykluszeitüberschreitung *f* (SPS) || ~ **track** / Radweg *m* || ~ **trigger** / Zyklustrigger *m* || ~ **watchdog** / Zykluskontrollgerät *n*
cyclic *adj* / periodisch *adj*, schwingend *adj*, zyklisch wechselnd, freilaufend *adj*
cyclic/absolute measuring system / zyklisch/absolutes Messverfahren
cyclic-absolute procedure / Zyklisch-Absolutverfahren
cyclic actuation / periodische Betätigung (HSS) || ~ **admittance** *f* / Drehfeldadmittanz *f* || ~ **asynchronous scan** / zyklisch freilaufende Abfrage || ~ **binary code** / Gray-Code *m* || ~ **buffer** (memory) / Umlaufpuffer *m* || ~ **code** / zyklischer Code || ~ **coercivity** / Wechselfeld-Koerzitivfeldstärke *f* || ~ **converter** / zyklischer Umsetzer *m* || ~ **current rating** / Belastbarkeit bei

zyklischem Betrieb (Kabel) || ~ **data communication** / zyklischer Datenverkehr || ~ **data transfer** / zyklischer Datenverkehr || ~ **duration factor (c.d.f.)** / relative Einschaltdauer (ED (el. Masch.)) VDE 0530,.1, ED-Prozent *n* || ~ **I/O** / zyklische Peripherie (ZP) || ~ **impedance** / Drehfeldimpedanz *f* || ~ **interrupt** / Weckalarm *m* || ~ **interrupt time** / Weckalarmzeit *f* || ~ **irregularity** / Ungleichförmigkeit *f*, Ungleichförmigkeitsgrad *m* || ~ **load** / zyklisch wechselnde Belastung, schwelende Belastung, Schwingbelastung *f* || ~ **magnetic condition** / stabilisierter magnetischer Zustand || ~ **on/off switching control** / periodische Ein-Aus-Steuerung VDE 0838,T.1 || ~ **operating frequency** / Frequenz der Vielperiodensteuerung || ~ **operating frequency line current** / Komponente des Netzstroms mit Frequenz der Vielperiodensteuerung || ~ **operating frequency load voltage** / Komponente der Lastspannung mit Frequenz der Vielperiodensteuerung || ~ **operating period** / Periodendauer der Vielperiodensteuerung || ~ **pitch** / Messperiode *f* (NC, Drehmelder, Induktosyn), Messschritt *m* || ~ **program processing** / zyklische Programmbearbeitung || ~ **program scanning** / zyklische Programmbearbeitung || ~ **rating factor** / Belastungsfaktor für zyklischen Betrieb (Kabel) || ~ **reactance** / Drehfeldreaktanz *f* || ~ **redundancy check (CRC)** / zyklische Blockprüfung (CRC), Polynomsicherung *f* || ~ **sampling** / zyklisches Abtasten, zyklische Abtastung || ~ **storage** / Umlaufspeicher *m* || ~ **stress** / Schwingspannung *f*, zyklischer Betrieb || ~ **transmission** / zyklische Übertragung (FWT) || ~ **update** / zyklische Aktualisierung, zyklische Spannungsänderung (langsame, quasiperiodische Änderungen in einem Netzpunkt im Tages-, Wochen- oder Jahresrhythmus)
cycling *n* / Pendeln *n*, Oszillieren *n*, Taktablauf *m* || ~ **trip-free CBE** / GS mit pendelnder Freiauslösung EN 60934 || ~ **trip-free operation** / pendelnde Freiauslösung (SG)
cyclocontrol *n* (mains signalling) / netzgebundene Übertragung (von Steuersignalen)
cycloconverter *n* / direkter Frequenzumrichter, Steuerumrichter *m*, Hüllkurvenumrichter *m*, Direktumrichter *m*, Frequenzumrichter || ~ **drive** / Antrieb mit Direkt-Frequenzumrichter, Direktumrichterantrieb *m*
cycloidal gearing / Zykloidenverzahnung *f*
cyclometer *n* / Rollenzählwerk *n* || ~ **index** / Rollenzählwerk *n* || ~ **register** / Rollenzählwerk *n*
cyclometry *n* / Kreismessung *f*
cyclorama floodlight / Horizont-Flutleuchte *f* || ~ **luminaire** / Horizontleuchte *f*
cylinder *n* / Zylinder *m* a. in DIN 44300, Flasche *f*, Stahlflasche *f* || **pantograph** ~ / Hub- und Senkantrieb des Scherenstromabnehmers || ~ **actuator** / Kolbenstellantrieb *m*, Membrankolben *m* || ~ **charge actuator** / Zylinderfüllungssteller *m* (Kfz) || ~ **charge control** / Zylinderfüllungssteuerung *f* (Kfz) || ~ **core** / Zylinderkern *m* || ~ **dead volume** / Zylindertotvolumen *n* || ~ **envelope** / Zylindermantel *m* || ~ **force** / Zylinderkraft *f* || ~ **head screw** / Zylinderkopfschraube *f* || ~ **internal jacket surface** / Zylinder-Innenmantelfläche *f* || ~ **jacket** / Zylindermantel *m* || ~ **lock** / Zylinderschloss *n*
cylinder-lock actuator (o. operator) / Schlüsselantrieb mit Zylinderschloss (HSS)
cylinder-operated mechanism / Kolbenantrieb *m* (SG)
cylinder path / Zylinderbahn *f* || ~ **pipe** / Zylinderleitung *f* || ~ **piston rod diameter** / Zylinder Kolbenstangendurchmesser || ~ **seal** / Zylinderdichtung *f* || ~ **speed** / Zylindergeschwindigkeit *f* || ~ **surface** / Zylindermantel *m* || ~ **surface transformation** / Zylindermanteltransformation *f*
cylindrical *adj* / zylindrisch *adj* || ~ **armature** (cf. cylindrical rotor) / Vollanker *m*, glatter Anker || ~ **cell** / Rundzelle *f* (Batt.) || ~ **coil** / zylindrische Spule, Röhrenspule *f*, konzentrische Spule, Zylinderspule *f*
cylindrical-contact fuse-link / Sicherungseinsatz (o. Schmelzeinsatz) mit zylindrischen Kontaktflächen
cylindrical coordinate / Zylinderkoordinate *f* || ~ **fit** / Rundpassung *f*
cylindrical-frame type / zylindrische Bauform (el.Masch.)
cylindrical fuse / Rundsicherung *f* (Schmelzsich.) || ~ **grinder** / Rundschleifmaschine *f*, Rundschleifen *n* || ~ **grinding machine** / Rundschleifmaschine *f* || ~ **head** / zylindrischer Kopfansatz (Bürste) || ~ **helical spring** / zylindrische Schraubenfeder || ~ **hole** / Bohrung *f* DIN 7182,T.1 || ~ **illuminance** / zylindrische Beleuchtungsstärke || ~ **interpolation** (The combination of linear interpolation in one axis and circular interpolation in a rotary axis.) / Zylinderinterpolation *f*, Zylinderbahninterpolation *f* (Geradeninterpolation und Kreisinterpolation zwischen einer linearen Achse und einer Rundachse) || ~ **irradiance** / zylindrische Bestrahlungsstärke || ~ **joint** (EN 50018) / zylindrischer Spalt || ~ **length of seat ring** / zylindrischer Teil des Sitzringes || ~ **pin** / Zylinderstift *m*
cylindrically symmetric / zylindersymmetrisch *adj*
cylindrical-piston meter / Ringkolbenzähler *m*
cylindrical post insulator / zylindrischer Stützisolator
cylindrical-roller bearing / Zylinder-Rollenlager *n*, Ring-Zylinderlager *n* || ~ **thrust bearing** / Axial-Zylinderrollenlager *n*
cylindrical rotor / Zylinderläufer *m*, Vollpolläufer *m*, Trommelläufer *m*, Walzenläufer *m*, Turboläufer *m*
cylindrical-rotor machine / Maschine mit Vollpolläufer, Vollpolmaschine *f*
cylindrical shaft / Welle *f* DIN 7182,T.1 || ~ **thread** / zylindrisches Gewinde, Zylindergewinde *n* || ~ **threaded joint** (EN 50018) / zylindrischer Gewindespalt EN 50018 || ~ **turning** / Langdrehen *n* || ~ **winding** / Zylinderwicklung *f*, konzentrische Wicklung, Mantelwicklung *f* || ~ **worm gears** / Zylinder-Schneckengetriebe *n*
cylindricity *n* / Zylinderform *f* || ~ **tolerance** / Zylinderformtoleranz *f*

D

D (destination memory-unit) / Z (Ziel), Z (Zielspeicher) || ~ **action with delayed decay (direvative action with delayed decay)** / Differentialverhalten *n*, nachgebendes Verhalten || ~ **function** / D-Funktion *f* || ~ **gain** (differential gain) / D-Verstärkung *f*
d (classification letter for flameproof enclosure) EN 50018 / d (Kennbuchstabe für druckfeste Kapselung)
D / Daten *plt*, Angaben *f pl*
DA s. design automation
DAC / Analogausgabe (AA) *f*, Analogwertausgabe (AA) *f*, Analogausgang (AA) *m*, analoger Ausgang (AA), Analogausgabebaugruppe *f* || **DAC (digital-analog converter)** (digital-to-analog converter//Digital-to-Analog Converter) / DAU (Digital-Analog-Umwandler) (Digital-Analog-Umsetzer), D/A-Wandler (Digital-Analog-Wandler) *m*, D/A-Umsetzer (Digital-Analog-Umsetzer) *m* || **DAC-characteristic** *n* / Analogausgangskennwert *m* || **DAC limitation** / DAU-Begrenzung *f* || **DAC standardization** / Normierung DAU
D/A conversion s. digital-to-analog conversion || ⁓ **converter** s. digital-analog converter
D-action *n* / D-Verhalten *n* (Reg.), differenzierendes Verhalten, Differentialverhalten *n*
D₂ action / D₂-Verhalten *n* (Reg.), differenzierendes Verhalten zweiter Ordnung
D-action controller / D-Regler *m*, Vorhaltregler *m*, Differentialregler *m*
dado trunking / Wandsockelkanal *m* (IK), Brüstungskanal *m* (IK)
Dahlander change-pole winding / Dahlander-Wicklung *f* || ~ **circuit** / Dahlanderschaltung *f* || ~ **mode** / Dahlanderbetrieb *m* || ⁓ **pole-changing circuit** / Dahlander-Schaltung *f*
daily cutting schedule / Tagesschnittplan *m* || ~ **log** / Tagesprotokoll *n* || ~ **maximum demand** / Tageshöchstleistung *f* (StT), Tagesmaximum *n* || ~ **mean temperature** / mittlere Tagestemperatur || ~ **price** / Tagespreis *m* || ~ **rate** / Tagessatz *m* || ~ **workpiece count** / Tagesstückzahl *f*
daisy chain / Prioritätskette *f*, Kettenpriorisierung *f* || ~ **chaining** / Prioritätsverkettung *f*
daisy-wheel printer / Typenraddrucker *m*
dam *n* / Damm *m*, Stauwerk *n*
damage *n* / Zerstörung *f*, Schädigung *f* || ~ **by vibration** / ausschlagen *v*
damaged *adj* / beschädigt *adj*
damage fault / Fehler mit Schadenfolge || ~ **further down the line** / Nachfolgerschaden *m* || ~ **incurred during transit** / Transportschäden *m pl* || ~ **report document** / Tatbestandsaufnahme *f*
damp *n* / Bedampfen *n*, dämpfen *v* || ~ **and wet locations** / feuchte und nasse Räume VDE 0100,T.200
damped *adj* / gedämpft *adj* || ~ **capacitive voltage divider** / gedämpfter kapazitiver Spannungsteiler || ~ **frequency** / Eigenfrequenz des gedämpften Systems || ~ **oscillation** / gedämpfte Schwingung || ~ **oscillatory wave test** / 1-MHz-Schwingungsprüfung || ~ **periodic instrument** / gedämpft schwingendes Gerät (MG)

dampen *v* / dämpfen *v*, befeuchten *v*, anfeuchten *v*
damper *n* / Dämpfer *m*, Dämpferwicklung *f*, Klappe *f*, Drosselklappe *f*, Absorber *m*, Ventil-Beschaltung *f* (zur Dämpfung hochfrequenter transienter Spannungen, die während des Stromrichterbetriebs auftreten) || ~ **bar** / Dämpferstab *m* (Dämpferwickl.) || ~ **cage** / Dämpferkäfig *m*, geschlossene Dämpferwicklung || ~ **contoured like an Archimedes spiral** / Archimedes-Klappe *f* || ~ **leakage reactance** / Streureaktanz der Dämpferwicklung || ~ **leakage time constant** / Streufeld-Zeitkonstante der Dämpferwicklung || ~ **segment** / Dämpfersegment *n* (Dämpferwickl.) || ~ **winding** / Dämpferwicklung *f*, Amortisseur *m*
damp heat / feuchte Wärme DIN IEC 68 || ~ **heat, cyclic** / feuchte Wärme, zyklisch *adj* DIN IEC 68 || ~ **heat, steady state** / feuchte Wärme, konstant *adj* DIN IEC 68 || ~ **heat test** / Feuchte-Hitze-Prüfung *f*
damping *n* / Dämpfung *f*, Bedämpfung *f* || ~ **capacity of materials** / *j f* || ~ **circuit** / Dämpfungskreis *m* || ~ **coefficient** / Dämpfungsziffer *f* || ~ **compound** / Antidröhnmittel *n* || ~ **element** / Abschwächer *m*, Dämpfungselement *n*, Dämpfungsglied *n* || ~ **factor** / Dämpfungsfaktor *m*, Dämpfungsziffer *f*, Dämpfungsmaß *n* || ~ **inductor** / Dämpfungsinduktivität *f* || ~ **material** / Bedämpfungsmaterial *n*, Dämpfungsmaterial *n*, dämpfender Werkstoff || ~ **power** / Dämpfungsleistung *f* || ~ **ratio** / Dämpfungsgrad *m*, relative Dämpfung || ~ **reactor** / Dämpfungsdrossel *f* || ~ **resistor** / Dämpfungswiderstand *m* || ~ **ring** / Dämpfungsring *m* || ~ **spring** / Dämpfungsfeder *f* || ~ **time** / Einstellzeit *f* (MG, Beruhigungszeit) VDI/VDE 2600, VDE 0410,T.3, Beruhigungszeit *f* (MG) || ~ **torque** / Dämpfungsmoment *n* || ~ **torque coefficient** / Dämpfungskonstante *f* (Synchronmasch.) || ~ **valve** / Dämpfungsventil *n* || ~ **winding** / Dämpfungswicklung *f*
damp location / feuchter Raum, Feuchtraum *m* || ~ **rooms** / feuchte Räume
damp-proof *adj* / feuchtigkeitsbeständig *adj*, feuchtesicher *adj* || ~ **cable** / Feuchtraumkabel *n* || ~ **lampholder** / Feuchtraumfassung *f* || ~ **luminaire** / Feuchtraumleuchte *f* (FR-Leuchte)
dampproofness *n* / Feuchtigkeitsbeständigkeit *f*
damp-proof transformer / Feuchtraumtransformator *m* (FR-Transformator)
damp situation / feuchter Raum, Feuchtraum *m*
dancer roll(er) *n* / Tänzerwalze *f*
danger alarm / Gefahrmeldung *f*, Warnmeldung *f*, Störmeldung *f* || ~ **arrow** / Warnungspfeil *m*, Hochspannungspfeil *m* || ~ **class** / Gefahrenklasse *f*, Explosionsklasse *f* || ~ **classification** / Gefahrenklassifizierung *f* || ~ **light** / Gefahrenfeuer *n* || ~ **notice** / Gefahrenschild *n*, Warnschild *n* || ⁓ **Notices** / Gefahrenhinweise *m pl* || ~ **of dopping up** / Verkrustungsgefahr *f* || ~ **of gumming** / Verkrustungsgefahr *f* || ~ **of incrustation** / Verkrustungsgefahr *f*
dangerous contact voltage / berührungsgefährliche Spannung || ~ **fault** / gefährlicher Fehler
danger signal / Alarmsignal *n* (rotes Gefahrensignal) || ~ **zone** / Gefahrenbereich *m*
DAR (delayed auto-reclosure) / LU (Langunterbrechung)
dark *adj* / dunkel *adj* (Körperfarbe) || ~ **adaptation** / Dunkelanpassung *f*, Dunkeladaptation *f* || ~ **current**

(DC) / Dunkelstrom m
darkening diaphragm / Abdunkelungsblende f
dark glass / Kontrastglas n
dark-lamp synchronizing / Synchronisier-Dunkelschaltung f
dark-ON adj / dunkel-schaltend adj
darkroom lamp / Dunkelkammerlampe f
DAS (dual attachment station) / DAS
dashboard n / Instrumentenbrett n (Kfz), Armaturenbrett n || ~ **lamp** / Armaturenbrettleuchte f, Armaturenleuchte f
dashed adj / gestrichelt adj || **dashed line** / gestrichelte Linie, Strichlinie f
dash-line v / stricheln v
dash-point line / Strichpunktlinie f
dashpot n / Stoßdämpfer m, Bremszylinder m, Puffer m, Ölbremse f
data plt / Daten plt, Angaben f pl || **non telemetered ~** / Pseudodaten pl || **pseudo ~** / Pseudodaten pl || **~ (D) (PC)** / Datum (D (PC)) || **~ acceptance** / Datenübernahme f || **~ acknowledge (DTACK)** / Datenquittung f || **~ acquisition** / Datenerfassung f, Datensteuerung f, Datenüberwachung f || **~ acquisition terminal** / Datenerfassungsstation f || **~ acquisition with distributed front-end preprocessing** / Datenerfassung mit dezentraler Datenvorverarbeitung || **~ address** / Datenadresse f || **~ aerial** / Datenantenne f || **~ and time** / Datum und Uhrzeit || **~ archive** / Datenarchiv n || **~ area** / Datenbereich m || **~ backup** / Datensicherung f || **~ bit** / Datenbit m, Daten Bit
database n / Datenbank f, Datenbasis f, Datenbestand m || **~ administration** / Datenbankverwaltung und -änderung || **~ attribute processing** / statistische Auswertung des Datenbestands || **~ file** / Datenbasis-Datei f || **~ management** / Datenbankverwaltung f || **~ management system** / Datenbankverwaltungssystem n || **~ management system (DBMS)** / Datenbank-Verwaltungssystem n || **~ organization** / Datenhaltung f || **~ system** / Datenbanksystem n
data block / Datenblock m || **~ block (DB)** / Datenbaustein m (DB (PC)) || **~ block bit** / DBX || **~ block length** / Datenbausteinlänge f || **~ block length register (DBL)** / Data Block Length Register (DBL-Register) || **~ block number** / Datenblocknummer f || **~ block starting address register (DBS)** / DBA-Register n
Data Block Word (DBW) / DBW
data box / Datendose f || **~ buffer** / Datenpuffer m || **~ bus** / Datenverbindungsschiene f (Leiterplatte für den in der Gebäudesystemtechnik benutzten Bus mit 2 Leiterbahnen für die Daten einschließlich Spannungs-Versorgung und 2 Leiterbahnen für zusätzliche Spannungs-Versorgung), Datenkabel n, Datenleitung f || **~ bus (DB)** / Datenbus m (DB), Datensammelschiene f, Datenschiene f || **~ bus driver** / Datenbus-Treiber m || **~ bus system** / Datenbussystem n || **~ bus width** / Datenbusbreite f || **~ byte** / Datenbyte n || **~ byte left (DL)** / Datenbyte links (DL), Datum Links (DL) || **~ byte right (DR)** / Datenbyte rechts (DR), Datum Rechts (DR) || **~ cable** / Datenkabel n, Datenleitung f || **~ call unit** / Datenaufrufeinheit f || **~ capture** / Datenüberwachung f, Datensteuerung f || **~ capture form** / Erfassungsformular n (Fertigungssteuerung) || **~ carrier** / Datenträger m || **~ carrier detect (DCD)** / Datenträgerbestimmung f, Empfangssignalpegel m || **~ carrier label** / Datenträgerbeschriftung f || **~ channel** / Datenkanal m || **~ circuit** / Datenkreis m, Datenleitung f, Datenverbindung f || **~ collection** / Datenerfassung f, Datenüberwachung f, Datensteuerung f || **~ collector** / Datensammler m || **~ communication** / Datenübermittlung f, Datenverkehr m, Datentransfer m, Datenübertragung (DÜ) f || **~ communication equipment (DCE)** / Datenübertragungseinrichtung f || **~ communication link** / Datenübermittlungsabschnitt m, Koppelstrecke f || **~ communication system** / Datenübermittlungssystem n || **~ communications** / Datenaustausch m, Datenverkehr m || **~ communications equipment** / Datenübertragungseinrichtung (DÜE) f || **~ compaction** / Datenverdichtung f || **~ concentrator** / Datenkonzentrator m || **~ consistency** / Datenintegrität f, Datendurchgängigkeit f, Datenkonsistenz f || **~ control unit (DCU)** / Datensteuereinheit f || **~ conversion** / Datenumwandlung f, Datenumsetzung f, Datenwandlung f || **~ converter** / Datenwandler m, Datenumsetzer m
data coupler / Datenkoppler m || **~ cycle** / Datenzyklus m || **~ cycle time** / Datenzykluszeit f || **~ decoupling circuit** / Datenentkopplung f || **~ description** / Datenbeschreibung f || **~ description block** / Datenbeschreibungsbaustein m || **~ destination** / Datenziel n || **~ direction** / Datenrichtung f || **~ direction register (DDR)** / Datenrichtungsregister n || **~ display terminal** / Datensichtgerät n, Datensichtstation f, Bildschirmstation f || **~ distributor** / Datenverteiler m || **~ double word** / Datum-Doppelwort n || **~ double word (DD)** / Datendoppelwort (DD) n || **~ element** / Datenelement n DIN 44300 || **~ exchange** / Datenaustausch m, Datenverkehr m || **~ feedback** / Datenrückmeldung f || **~ field** / Datenfeld n, Datenblock m, Telegramm n (eine Bitfolge, die alle Angaben für eine Übertragung von Information von einem Teilnehmer zum anderen erhält) || **~ field content** / Inhalt des Datenfeldes || **~ file** / Datei f, Dateispeicher m (E) DIN 44300/1 0.85 || **~ file structure** / Dateistruktur f || **~ flow** / Datenfluss m || **~ flowchart** / Datenflussplan m || **~ flow diagram** / Datenflussplan m || **~ for blank** / Rohteildaten pl || **~ for specific manufacturer** / herstellerspezifische Daten || **~ format** / Datenformat n, Zeichen n (Zusammenfassung mehrerer Bits zu einer systemverständlichen Einheit, z.B. 11 Bit: 8 Datenbits, Paritybit, Stopbit) || **~ ground** / Datenbezugserde f, Datenbezugspotential n || **~ handling block** / Hantierungsbaustein m (SPS), Organisationsbaustein m || **~ highway (DH)** / Datenbus m, Datensammelschiene f, Prozessatenbus m, Fernbus m || **~ identifier** / Datenkennung f, Datenbezeichner m
data-in n / Daten-Ein-/Ausgabe f, Daten-Ein-/Ausgang m
data in/out s. data input/output || **~ input** / Dateneingabe f, Dateneingang m, Daten-Ein-/Ausgabe f, Daten-Ein-/Ausgang m || **~ input bus (DIB)** / Dateneingabebus m || **~ input device** / Dateneingabegerät n || **~ input/output (DIO)** /

Datenübertragungsanzeige f || ~ **instance** / Dateninstanz f || ~ **integrity** / Datensicherheit f, Datenkonsistenz f, Datenintegrität f || ~ **interchange** / Datenaustausch m, Datenverkehr m || ~ **interface** / Datenschnittstelle f, Datennahtstelle f || ~ **length (DATLG)** / Datenlänge (DATLG) f || ~ **line** / Datenleitung f, Datenübertragungsleitung f, Datenkabel n || ~ **link** / Datenkopplung f || ~ **link (DL)** / Datenübermittlungsabschnitt m DIN 44302, Übermittlungsstrecke f || ~ **link connection** / gesicherte Systemverbindung DIN ISO 7498 || ~ **link control (DLC)** / Datenleitungssteuerung f || ~ **link escape (DLE)** / Datenübertragungsumschaltung f || ~ **link layer** / Sicherungsschicht f ISO- Referenzmodell || ~ **link protocol** / Sicherungsprotokoll n DIN ISO 7498 || ~ **link service** / Sicherungsdienst m DIN ISO 7498 || ~ **link service data unit** / Sicherungsdienst-Dateneinheit f EN 50090-2-1 || ~ **location** / Datumzelle f || ~ **lock-out JK bistable element** / zweiflankengesteuertes JK-bistabiles Element, Datenverwaltung f, Datenhaltung f, Datenorganisation f || ~ **management system** / Datenverwaltungssystem m || ~ **manager** / Datenmanager m || ~ **medium** / Datenträger m || ~ **memory** / Datenspeicher m || ~ **module** / Datenbaustein (DB) m || ~ **network** / Datennetz n || ~ **object** / Datenobjekt n || ~ **of partial load** / Teillastwerte m pl || ~ **of subject characteristics** / Sachmerkmal-Daten plt DIN 4000,T.1
data-out n / Datenausgabe f, Datenausgang m
data output / Datenausgabe f, Datenausgang m, Datensenke f (Empfänger von übertragenen Daten/Bestimmungsort von Daten. Beispielsweise in einem Netz derjenige Teil einer Endeinrichtung (DEE), der Daten aufnimmt) || ~ **overflow** / Datenüberlauf m || ~ **overrun** / Datenüberlauf m || ~ **packet** / Datenpaket n || ~ **path** / Datenweg m, Vorpfad m || ~ **phone** / Datentelefon n || ~ **pointer** / Datenzeiger m || ~ **port** / Datenkanal m (MPU) || ~ **position** / Datenstelle f DIN 6763,Bl.1 || ~ **preparation** / Informationsvorbereitung f || ~ **preprocessing** / Daten-Vorverarbeitung f || ~ **processing (DP)** / Datenverarbeitung f (DV), Informationsverarbeitung f || ~ **processing capacity** / Datendurchsatz m || ~ **processing circuit** / Datenverarbeitungs-Stromkreis m || ~ **processing environment** / DV- Landschaft f || ~ **processing equipment** / Datenverarbeitungsanlage f || ~ **production** / Datenerzeugung f || ~ **protection** / Datenschutz m || ~ **rail** / Datenschiene f (zum Einlegen in die Hutprofilschiene), Datenverbindungsschiene f (Leiterplatte für den in der Gebäudesystemtechnik benutzten Bus mit 2 Leiterbahnen für die Daten einschließlich Spannungs-Versorgung und 2 Leiterbahnen für zusätzliche Spannungs-Versorgung) || ~ **rate** / Daten-Übertragungsgeschwindigkeit f, Datenrate f || ~ **record** / Datensatz m || ~ **record structure** / Datensatzaufbau m || ~ **recording** / Datenaufzeichnung f || ~ **reduction** / Datenreduktion f, Datenverdichtung f || ~ **reference** / Datenreferenz f || ~ **register (DR)** / Datenregister n, Datenspeicher m || ~ **representation** / Datendarstellung f, Informationsdarstellung f || ~ **request** / Datenanforderung f || ~ **resolution** / Datenauflösung f || ~ **save** / Datensicherung f || ~

save program / Sicherungsprogramm n, Rettroutine f, Rettprogramm n || ~ **saving** / Datenrettung f || ~ **search** / Datensuche f, Datensuchlauf m, Datensicherheit f || ~ **selector** / Datenselektor m
data-sensitive fault / datenbedingter Fehlzustand IEC 50(191)
data set / Datei f, Übermittlungseinheit f, Datensatz (DS) m, Kenndatensatz m || ~ **set ready** / Betriebsbereitschaft f (DÜE) DIN 66020,T.1 || ~ **sharing** / Datenverbund m || ~ **sheet** / Datenblatt n, Erfassungsblatt n || ~ **shift technique** / Datenumschaltverfahren n || ~ **signal** / Datensignal n || ~ **signal concentrator** / Datensignalkonzentrator m || ~ **signalling rate** / Datensignalrate f, Datenrate f, Datenübertragungsgeschwindigkeit f || ~ **signal quality** / Empfangsgüte f (DÜ) || ~ **sink** / Datensenke f || ~ **source** / Datenquelle f || ~ **station** / Datenstation f || ~ **storage** / Datenspeicher m, Datenablage f, Datenhaltung f, Datenverwaltung f, Datenorganisation f || ~ **storage area** / Datenbereich m || ~ **storage device** / Datengerät n || ~ **store voltmeter** / Spannungsmesser mit Datenspeicher, Datastore-Voltmeter m || ~ **stream** / Datenstrom m || ~ **string** / Datenkette f || ~ **strobe** / Datenstrobe n || ~ **structure** / Datenaufbau m, Datenstruktur f || ~ **support time** / Pufferungszeit f (Batteriepufferung), Pufferzeit f || ~ **tablet** / Digitalisiertablett n, Digitalisiertableau n || ~ **teleprocessing** / Datenfernverarbeitung f, Daten-Fernverarbeitung f || ~ **terminal** / Datenendeinrichtung (DEE) f, Terminal n, Datenendgerät n, Endgerät n || ~ **terminal equipment (DTE)** / Datenendeinrichtung f (DEE), Endgerät n, Datenendgerät m, Terminal n || ~ **terminal ready (DTR)** / Endgerät betriebsbereit || ~ **throughput** / Datendurchsatz m || ~ **traffic** / Datenverkehr m, Datenaustausch m || ~ **transfer** / Datenübertragung f (zwischen Zentraleinheit und Peripherie), Datenübergabe f, Datentransfer m, Datenaustausch m, Datenverkehr m || ~ **transfer acknowledge (DTACK)** / Datenübertragungsquittung f, Datenübertragungsbestätigung f || ~ **transfer bus (DTB)** / Datenübertragungsbus m, Datentransferbus m (DTB) || ~ **transfer cannot be executed** / Datenstrecke lässt sich nicht aufbauen || ~ **transfer rate** / Datenübertragungsrate f, Transfergeschwindigkeit f (DÜ) || ~ **transfer request (DTR)** / Datenübertragungsaufforderung f || ~ **transmission** / Datenübergabe (DUE) f, Datentransfer m || ~ **transmission block** / Datenübertragungsblock m (DÜ-Block) || ~ **transmission circuit** / Datenübertragungsstrecke f || ~ **transmission controller** / Datenübertragungssteuerung f (Gerät) || ~ **transmission line** / Datenübertragungsleitung f || ~ **transmission link** / Übertragungsstrecke f || ~ **transmission path** / Datenübertragungsweg m || ~ **transmission protocol** / Datenübertragungsprotokoll n || ~ **transparency** / Datentransparenz f || ~ **type** / Datentyp m || ~ **type (DTY)** / Dateityp (DTY) m, Datenart f || ~ **type table** / Datentypentabelle f || ~ **unit** / Dateneinheit f DIN ISO 7498 || ~ **updating** / Datenaktualisierung f, Datennachführung f || ~ **view** / Datensicht f || ~

volume / Datenumfang *m*, Datenmenge *f*, Datengerüst *n*, Datenempfang *m* || ~ **word (DW)** / Datenwort *n* (DW), Datenwert (DW) *m* || ~ **word address** / Datenwortadresse *f* || ~ **word area** / Datenwortbereich *m*
date and time / Datum und Uhrzeit || ~ **code** / Datumschlüssel *m*
dated message / Echtzeittelegramm *n*
date of build / Fertigungsdatum *n* || ~ **of change** / Änderungsdatum *n* || ~ **of creation** / Erstelldatum *n* || ~ **of incoming order** / Auftragseingangsdatum *n* || ~ **of inquiry** / Anfragedatum *n* || ~ **of installation** / Verbaudatum *n* || ~ **of issue** / Ausgabedatum *n* || ~ **of last change** / Datum letzte Änderung || ~ **of manufacture** / Herstellungsdatum *n* || ~ **of order** / Auftragsdatum *n* || ~ **of order confirmation** / Auftragsbestätigungsdatum *n*
dates of delivery / Liefertermine *m pl*
datex *n* / Datex
Datex-L / Datex-L-Netz (Datenübertragungsnetz mit Leitungsvermittlung, das ins integrierte Netz- und Datennetz (IDN) eingebettet ist), Datex-L
Datex-P / Datex-P, Datex-P-Netz (Datenübertragungsnetz mit Datenpaket-Vermittlung, das von der DBP betrieben wird)
DATLG (data length) / DATLG (Datenlänge)
datum *n* / gegebene Größe, Bezugsgröße *f*, Bezugspunkt *m*, Bezugslinie *f*, Nullpunkt *m* (Koordinatensystem), Ursprung *m* || **coordinate** ~ / Koordinatenursprung *m* (KU), Koordinatenanfangspunkt *m* || **machine** ~ / Maschinen-Nullpunkt *m* (NC) || ~ **level** / Nullebene *f*, Bezugsebene *f* || ~ **line** / Nullinie *f*, Bezugslinie *f*, Ausgangslinie *f* || ~ **lines** / Teilungslinien *pl* (ET) || ~ **offset** / Nullpunktverschiebung *f* (NC), Nullpunktversatz *m*, ZOF || ~ **point** / Bezugspunkt *m*, Nullpunkt m.Vermaßungsnullpunkt *m*, Normalhöhenpunkt *m* || ~ **reference** / Bezugspunkt *m* (gS), Bezugslinie *f* (gS), Bezugsebene *f* (gS) || ~ **surface** / Bezugsfläche *f*
daughter board / Zusatzleiterplatte *f*
davit *n* / Ausleger *m* (Leuchtenmast, Leitungsmontage) || ~ **arm** / Peitschenausleger *m* || ~ **arm column** / Peitschenmast *m*
Davy lamp / Davysche Sicherheitslampe
d-axis *n* / Längsachse *f* (el.)
day counter / Tageszähler *m* || ~ **disc** / Tagesscheibe *f*
daylight *n* / Tageslicht *n* || ~ **component** / Tageslichtanteil *m* || ~ **de luxe** / Lichtfarbe Tageslicht de Luxe || ~ **factor** / Tageslichtquotient *m* || ~ **fluorescent colour** / Tageslichtfluoreszenzfarbe *f* || ~ **illuminant** / Tageslichtart *f*
daylighting / Tageslichtbeleuchtung *f*
daylight lamp / Tageslichtlampe *f*
daylight-loading cassette / Tageslichtkassette *f*
daylight opening / Tageslichtöffnung *f* || ~ **plot** / Tageslichtkurvenzug *m* || ~ **projector** / Tageslichtprojektor *m*
daylight-sensitive lighting control / helligkeitsabhängige Beleuchtungssteuerung
day marking / Tagesmarkierung *f* (Flp.)
day-night tariff / Zweifachtarif *m* (StT), Doppeltarif *m* (StT)
dazzle *v* / blenden *v*
dB s. decibel || ⌐ / Datenblock *m* || ⌐ s. **data bus** || ⌐ s. **double break**

DBE s. **design basis events**
D bistable element / D-Kippglied *n*
DBI state / Störstellung (STÖR) *f*
DBL (decode single block) / DBL (Einzelsatzdecodierung)
DBMS s. **database management system**
DBS (data block starting address register) / DBA-Register *n*
DBSP / DB Zwischenspeicher (DBSP)
DBTL / DB Tauschliste (DBTL)
DC / Gleichstromzwischenkreis *m*, Gleichspannung *f* || **DC** s. **dark current** || ⌐ s. **device control** || ⌐ **(direct current)** / DC || **DC**⌐ / DB (Doppelbefehl) || ⌐**-actuated contactor** / gleichstrombetätigter Schütz || ⌐ **brake** / gleichstromerregte Bremse || ⌐ **braking (direct current braking)** / DC-Bremsung *f*, Gleichstrombremsung (GS-Bremsung) *f* || ⌐ **braking signal** / Gleichstrombremssignal *n* || ⌐ **braking start frequency** / Startfrequenz der DC-Bremsung || ⌐ **circuit** / Gleichstromkreis *m* || ⌐ **component** / Gleichstromkomponente *f* || ⌐ **contactor** / Gleichstromschütz *m* || ⌐ **control** / Gleichstromregelung *f* || ⌐**-DC converter** / Gleichspannungswandler *m* || ⌐**/DC converter** / Gleichspannungswandler *m* || ⌐ **diode** / Gleichstromdiode *f* || ⌐ **drive** / Gleichstromantrieb *m*
DC flipflop / taktzustandgesteuertes Flipflop, DC-Flipflop *n* || ⌐ **input terminal** / Gleichstromanschluss *m* || ⌐ **line** / Gleichspannungsanschluss *m*, Zwischenkreis *m* || ⌐ **link bus module** / Zwischenkreisverschienung *f* || ⌐ **link busbar** / Gleichstromschiene *f*, Zwischenkreisschiene *f* || ⌐ **link controller module** / DLC-Baugruppe *f* || ⌐ **link current** / Zwischenkreisstrom *m* || ⌐ **link fuse** / Zwischenkreissicherung *f* || ⌐ **link message** / ZKS-Meldung *f* || ⌐ **link module** / Koppelmodul *n* (Dient der Verbindung des DC-Schienensystems der Geräte der Bauform Kompakt PLUS (MC) mit der Gleichspannungsversorgung der Kompakt- oder Einbaugeräte) || ⌐ **link overvoltage** / Zwischenkreisüberspannung *f* || ⌐ **link power** / Zwischenkreisleistung *f* || ⌐**-link pluging module** / Zwischenkreistaktung *f* || ⌐ **link rapid discharge option** / Zwischenkreisschnellentladung *f* || ⌐ **link sensing** / Zwischenkreiserfassung *f* || ⌐ **link solution** / Zwischenkreislösung *f* || ⌐ **link terminal** / Zwischenkreisanschluss *m* || ⌐ **link voltage** / UZK (Zwischenkreisspannung) || ⌐**-link voltage** / Zwischenkreis-Gleichspannung *f* || ⌐**-link voltage limiter** / Zwischenkreis-Spannungsbegrenzung *f* || ⌐ **long-distance transmission** / Gleichstrom-Fernübertragung *f* || ⌐ **output** / Ausgangsgleichstrom *m* || ⌐ **part of the unit** / Gleichstromseite des Gerätes || ⌐ **power supply** / Gleichstromversorgung *f* || ⌐ **PWM** / Transistor-Gleichstromsteller *m* || ⌐ **steady-state recovery voltage** / Wiederkehrende Dauergleichspannung || ⌐ **tacho signal** / Gleichspannungstachosignal *n* || ⌐ **tacho-generator** / Gleichstromtachodynamo *m* || ⌐ **terminal** / Gleichspannungsklemme *f* || ⌐ **voltage element** / Gleichspannungsvorsatz *m* || ⌐ **voltage monitor** / Gleichspannungswächter *m*
d.c. s. **direct current**
d.c.-a.c. s. **direct current/alternating current**
d.c.-a.c. rotary converter / Gleichstrom-

Wechselstrom-Einankerumformer *m*
d.c. armature winding resistance / Gleichstromwiderstand der Drehstromwicklung
DCAS s. device clear active state
d.c. balancer / Gleichstrom-Ausgleichsmaschinensatz *m*, Ausgleichsmaschine *f*, Ausgleichsaggregat *n* || ~ **bias control** / Gleichstrom-Überlagerungssteuerung *f* || ~ **biasing** / Gleichstrom-Vormagnetisierung *f* || ~ **brake chopper** / Gleichstrom-Bremsregler *m*, Gleichstromsteller *m* || ~ **braking** / Gleichstrombremsung *f*, dynamisches Bremsen || ~ **breaker** / Gleichstrom-Leistungsschalter *m* (LS), Gleichstromschalter *m* || ~ **bus arrester** IEC 633 / Gleichstromanschluss-Erde-Ableiter *m*
DCC s. direct computer control
d.c. chopper / Gleichstromsteller, Gleichstromdirektumrichter (Gleichstromumrichter ohne Wechselstromzwischenkreis)
d.c. chopper controller / Gleichstromsteller *m* || ~ **chopper converter** / Gleichstromsteller *m* || ~ **circuit** / Gleichstromkreis *m*, Gleichstrompfad *m* || ~ **circuit-breaker** / Gleichstrom-Leistungsschalter *m*, Gleichstromschalter *m* (LS) || ~ **clamp diode** / Klemmdiode *f* || ~ **coil** / Gleichstromspule *f*, Gleichstrom-Magnetspule *f* || ~ **commutator machine** / Gleichstrom-Kommutatormaschine *f* || ~ **commutator motor** / Gleichstrom-Kommutatormotor *m* || ~ **component** / Gleichstromglied *n*, Gleichstromkomponente *f*, Gleichstromanteil *m* || ~ **component of initial short-circuit current** / Gleichstromanteil des Stoßkurzschlussstroms, Stoßkurzschluss-Gleichstrom *m* || ~ **component of sudden short-circuit current** s. d.c. component of initial short-circuit current || ~ **compound-wound machine** / Gleichstrom-Doppelschlussmaschine *f* || ~ **contactor** / Gleichstromschütz *n* || ~ **control** / Gleichstromsteuerung *f*, Gleichstrombetätigung *f* || ~ **conversion** / Gleichstromumrichten *n* || ~ **conversion factor** / Gleichstrom-Umrichtgrad *m* || ~ **converter** / Gleichstromumrichter *m*, Gleichstromwandler *m*, Gleichspannungswandler *m* || ~ **converter equipment** / Gleichstrom-Umrichtergerät *n*
d.c.-coupled *adj* / galvanisch durchgeschaltet (Standleitung)
d.c. crosstalk / Gleichspannungsübersprechen *n* || ~ **current signal** IEC 381 / Gleichstromsignal *n* DIN 19230
DCD (data carrier detected) / DCD (Data Carrier Detected) (Datenträgerbestimmung) || **DCD (data carrier detect)** / Empfangssignalpegel *m*
d.c. damping circuit IEC 633 / Gleichspannungs-Dämpfungsglied *n*
d.c.-d.c. converter / Gleichspannungswandler *m*
d.c.-d.c. voltage converter / Gleichspannungsumrichter *m*, Gleichspannungsumformer *m*
d.c. disconnector / Gleichstromtrenner *m*, Gleichstrom-Trennschalter *m* || ~ **dynamometer** / Gleichstrom-Pendelmaschine *f*
DCE s. data circuit-terminating equipment || **DCE** (data communication equipment) / DÜE (Datenübertragungseinrichtung) || ~ s. data communication equipment || ² **clear indication** /

Auslösemeldung *f* (DÜ) DIN 44302 || ² **common return** / DÜE-Rückleiter *m* (DÜE = Datenübertragungseinrichtung)
d.c. electrical quantity / Gleichstromgröße *f* || ~ **electricity meter** / Gleichstromzähler *m*
DCE-provided information / DÜE-Information *f*
d.c.-excited *adj* / gleichstromerregt *adj*
d.c. exciter / Gleichstrom-Erregermaschine *f* || ~ **fault current** / Gleichfehlerstrom *m* || ~ **fieldwinding resistance** / Gleichstromwiderstand der Erregerwicklung || ~ **filter** / Gleichstromfilter *n*, gleichstromseitiges Filter (LE)
d.c. form factor / Gleichstrom-Formfaktor *m*, halbe relative Schwingungsweite || ~ **generator** / Gleichstromgenerator *m* || ~ **injection braking** / Gleichstrombremsung *f*, dynamisches Bremsen
DCIS s. device clear idle state
d.c. line / Gleichstromleitung *f* || ~ **linear motor** (**DCLM**) / Gleichstrom-Linearmotor *m* || ~ **line arrester** IEC 633 / Gleichstromleitungsableiter *m* || ~ **link** / Gleichspannungs-Zwischenkreis *m* (LE) || ~ **link converter** / Stromrichter (o. Umrichter) mit Gleichstrom-Zwischenkreis *m*, indirekter Wechselstromumrichter, Zwischenkreisumrichter *m*
DCLM s. d.c. linear motor
d.c. machine / Gleichstrommaschine *f* (GM) || ~ **magnetic field** / magnetisches Gleichfeld || ~ **magnetic properties** / magnetische Eigenschaften im Gleichfeld || ~ **magnetic system** / Gleichstrom-Magnetsystem *n* || ~ **measurement voltage divider** / Gleichspannungsteiler *m* || ~ **measuring generator** / Gleichstrommessgenerator *m* || ~ **measuring transductor** / Gleichstromwandler *m* (Transduktor) || ~ **meter** / Gleichstromzähler *m* || ~ **motor** / Gleichstrommotor *m* || ~ **motor meter** / Gleichstrom-Motorzähler *m*
D component / D-Anteil *m* (Reg.), Differentialanteil *m*
D-controller *n* / D-Regler *m*, Vorhaltregler *m*, Differentialregler *m*
d.c.-operated *adj* / gleichstrombetätigt *adj*
d.c. operation / Gleichstrombetrieb *m*, Gleichstrombetätigung *f*, Betrieb *m*, Gleichstromantrieb
D-core *n* / geblechter Kern mit 45°-Schnitt
d.c. power / Gleichstromleistung *f* || ~ **power controller** / Gleichstrom-Stellschalter *m* || ~ **power conversion** / Gleichstromumrichten *n* || ~ **power voltage ripple** / Spannungswelligkeit der Gleichspannungs-Stromversorgung || ~ **premagnetization** / Gleichstrom-Vormagnetisierung *f* || ~ **primary-winding resistance** / Gleichstromwiderstand der Drehstromwicklung || ~ **reactor** / Gleichstromdrossel *f* || ~ **resistance** / Gleichstromwiderstand *m* || ~ **resistive volt ratio box** / Gleichspannungs-Widerstandsteiler *m*, Gleichspannungsteiler *m* || ~ **restorer diode** / Klemmdiode *f* || ~ **reverse voltage** / Gleich-Sperrspannung *f* (GR) || ~ **ripple factor** / Schwingungsweitenverhältnis *m* (Mischstrom) || ~ **series machine** / Gleichstrom-Reihenschlussmaschine *f*, Gleichstrom-Hauptschlussmaschine *f* || ~ **series-woundmachine** / Gleichstrom-Reihenschlussmaschine *f*, Gleichstrom-Hauptschlussmaschine *f* ||~

servomotor / Gleichstrom-Servomotor *m*, proportional gesteuerter Gleichstrommotor || ~ **shunt-wound machine** / Gleichstrom-Nebenschlussmaschine *f*
d.c.-side operating range / Arbeitsbereich *m* (SR) VDE 0558,T.1
d.c. solenoid / Gleichstromspule *f*, Gleichstrom-Magnetspule *f* || ~ **sparkover voltage** / Ansprech-Gleichspannung *f* (Abl.) || ~ **starter** / Gleichstromanlasser *m* || ~ **stationary-field machine** / Gleichstrom-Außenpolmaschine *f* || ~ **steady-state recovery voltage** / wiederkehrende Dauergleichspannung || ~ **steady-state voltage** / Dauergleichspannung *f* || ~ **supply voltage** IEC 411-3 / Eingangsgleichspannung *f* (SR), Gleichstrom-Versorgungsspannung *f* (o. Speisespannung) || ~ **surge capacitor** / Gleichspannungs-Blitzschutzkondensator *m* || ~ **system** / Gleichstromnetz *n*, Gleichstromanlage *f* || ~ **terminal** / Gleichstromanschluss *m* (LE) || ~ **time-delay relay** / Gleichstrom-Zeitrelais *n*
DCTL s. direct-coupled transistor logic
d.c. traction / Gleichstrom-Zugförderung *f* || ~ **transformer** / Gleichstromtransformator *m*, Gleichstromwandler *m* || ~ **two-wire meter** / Zweileiter-Gleichstromzähler *m*
DCU s. data control unit
d.c. voltage range / Gleichspannungsbereich *m*, Gleichspannungshub *m* || ~ **voltage test** / Gleichspannungsprüfung *f* || ~ **volt box** / Gleichspannungsteiler *m* || ~ **watthour meter** / Gleichstrom-Wattstundenzähler *m*, Gleichstromzähler *m* || ~ **welding generator** / Gleichstrom-Schweißgenerator *m*, Schweißdynamo *m* || ~ **winding-resistance measurement** / Messung des Wicklungswiderstands mit Gleichstrom || ~**withstand voltage** / Steh-Gleichspannung *f*
DD s. direct drive || ⁰ s. digital display
DDA s. digital differential analyzer
DDB s. domestic digital bus
DDBF s. device data base file
DDC s. digital dynamic control || ⁰ s. direct digitalcontrol || ⁰ **controller** / DDC-Regler *m*, Digitalregler *m*, digitalgesteuerter Regler
DDE (dynamic data exchange) / DDE (dynamischer Datenaustausch)
d-delay *n* IEC 337-2B / Verzögerung d (Schaltglied) VDE 0660,T.203
DDP s. distributed data processing
DDR s. data direction register
DDS bit / Antriebsdatensatz (DDS) Bit
DDTG (delete distance-to-go) / RWL (Restweg löschen)
DE (drive end) / AS (Antriebseite)
deactivate *v* / inaktivieren *v*, wirkungslos (o. stromlos) machen, abschalten *v*, unwirksam setzen, inaktiv setzen, abblenden *v*, deaktivieren *v*, ausblenden *v* (Siehe: Satzausblenden) || **to ~ an interlock** / entriegeln *v* (SG) || **to ~ the burglar alarm** / Einbruchalarm ausschalten || ~ **user management** / Benutzerverwaltung deaktivieren
deactivated lamp / deaktivierte Lampe
deactivating, interlock ~ means / Entriegelungsvorrichtung *f*
deactivation, interlock ~ / Entriegeln *f* (SG), Entriegelung *f*

deactivation position / Ausschaltposition *f*
deactivator *n* / Deaktivator *m* (zur Erhöhung der Alterungsbeständigkeit), Passivator *m*
dead *adj* / stromlos *adj*, spannungslos *adj*, abgeschaltet *adj* || ~ **angle** / toter Winkel (SG-Betätigungselement), Anfangs-Drehwinkel *m* || ~ **band** / Totzone *f*, tote Zone, Unempfindlichkeitsbereich *m*, Totband *n*
dead-band block / Totbandbaustein *m* || ~ **error** / Unempfindlichkeitsfehler *m* (MG)
deadband voltage / Unempfindlichkeitsbereich-Spannung
dead band width / Totzonenbreite *f*
dead-beat *adj* / überschwingungsfrei *adj* (MG), aperiodisch gedämpft (MG) || ~ **oscillation** / endliche Schwingung, aperiodische Schwingung || ~ **response** / endliche Ausregelzeit
dead-beat-response controller / Abtastregler mit endlicher Ausregelzeit
dead branch / Nullzweig *m*
dead-break disconnector / Leerleistungs-Steckverbinder *m*
dead centre / Totpunkt *m* (mech.) || ~ **centre of connection rods** / Totpunkt des Gestänges || ~ **centre to operate** / Totpunkt *m*
dead-centre position / Totpunktlage *f*
dead coil / Blindspule *f*
dead-coil connection / Blindanzapfung *f*
dead earth fault / satter Erdschluss, vollkommener Erdschluss
deaden *v* / dämpfen *v*, schalldicht machen, entdröhnen *v*
dead end / stromloses Ende, Nichtantriebsseite *f* (el.Masch.)
dead-end angle tower / Winkel-Abspannmast *m* || ~ **clamp** / Abspannklemme *f* (Freiltg.) || ~ **feeder** / Netzausläufer *m*, Ausläuferleitung *f*, Stichleitung *f* || ~ **insulator assembly** / Abspannisolatorkette *f*, Abspannkette *f* || ~ **portal structure** / Abspannportal *n* || ~ **tension joint** / Endabspannklemme *m* (Freiltg.) || ~ **tower** / Endmast *m* (Gittermast), Abspannmast *m*
deadened room / schalltoter Raum, Schallmessraum *m*
dead fault to exposed conductive part / vollkommener Körperschluss, satter Körperschluss || ~ **fault to ground** / satter Erdschluss, vollkommener Erdschluss
dead-front assembly IEC 439-1 / Tafelbauform *f* (SK, FSK) VDE 0660,T.500
dead ground fault / satter Erdschluss, vollkommener Erdschluss || ~ **interval** / stromlose Zeit (spannungsfreie o. momentenfreie Pause), Totzeit *f*, Pausenzeit *f* || ~ **interval on reversing** / Umschaltpause *f*
deadline *n* / Termin *m* || ~ **monitoring** / Terminüberwachung *f*
dead load / Totlast *f*, Eigenlast *f*, Dauerlast *f*
deadlock *n* / Riegelschloss *n*
dead man's button / Totmannknopf *m*, SIFA-Knopf *m* || ~ **man's circuit** / Sicherheits-Fahrschaltung *f* (SIFA), Totmannschaltung *f* || ~ **monkey key** / Zustimmtaste *f*, Zustimmschalter *m*, Zustimmungsschalter *m* || ~ **neutral position** / Nullstellung *f* (Bürsten) || ~ **reckoning** / Koppelnavigation *f* (Kfz-Navigationsgerät) || ~ **room** / reflexionsarmer Raum || ~ **short circuit** /

dead-tank

satter (o. vollkommener o. metallischer o. widerstandsloser) Kurzschluß || ~ **short circuit to earth** / satter Erdschluss, vollkommener Erdschluss || ~ **short circuit to exposed conductive part** / vollkommener Körperschluss, satter Körperschluss || ~ **stop** / Anschlag *m* (WZM, NC), Festanschlag *m*, Endanschlag *m*
dead-tank circuit-breaker / Kessel-Leistungsschalter *m*, Kesselschalter *m*, Leistungsschalter mit Kessel an Erdpotential || ~ **oil circuit-breaker** / Kessel-Ölschalter *m*
dead three-phase fault / satter 3-poliger Kurzschluss, satter dreipoliger Kurzschluss, vollkommener, dreiphasiger Kurzschluss || ~ **time** / Totzeit *f*, Pausenzeit *f*, stromlose (spannungslose o. momentenfreie) Pause, spannungslose Pause, Laufzeit *f*, Verzugszeit *f* (Reg.) || ~ **time** IEC 56-1 / Pausenzeit *f* VDE 0670,T.101 || ~ **time** IEC 50(448) / resultierende Unterbrechungsdauer (Schutzsystem, bei Wiedereinschaltung) || ~ **time** (automatic recloser) / Unterbrechungszeit *f*
dead-time block / Totzeitbaustein *m* || ~ **element** / Totzeitglied *n*
dead timer / Pausenzeitglied *n* (KU), Unterbrechungszeitglied *n* || ~ **weight** / Totgewicht *n*, Eigenmasse *f*
dead-weight load / Ruhelast *f*, Dauerlast *f* || ~ **micrometer** / Füllhebelmesslehre *f*
deadweight tester / Kolbenmanometer *n*, Druckwaage *f*
dearchive *v* / Dearchivieren *v*
dead zone / Totbereich *m*, Totzone *f*, Totband *n*, Unempfindlichkeitsbereich *m* || ~ **zone after echo** / Echoimpuls-Einflusszone *f* (tote Zone nach einem Echo) DIN 541 19
deathnium centre / Haftstelle *f* (HL)
deblocking *n* ISO 7498 / Entblocken *n* (OSI-System) || **valve** ~ / Entsperren des Ventils (LE), Impulsfreigabe *f*
debounce *v* / entprellen *v* (Kontakte) || ~ **time** / Entprellzeit *f* || ~ **timer** / Entprelltimer *m* || ~ **time for digital inputs** / Entprellzeit für Digitaleingänge
debouncing *n* / Entprellen *n*, Entprellung *f*
debug *v* / testen *v* || ~ *n* / Ablaufkontrolle *f*, Bearbeitungskontrolle *f*
debugger *n* / Fehlersuchgerät *n*, Testprogramm *n*, Testhilfe *f*, Testhilfsmittel *n*
debugging *n* / Fehlerbeseitigung *f* (vorwiegend Elektronik), Störbeseitigung *f*, Entstörung *f*, Abhörgeräte *n pl* (Wanzen entfernen), Austesten *n*, Fehlersuche *f*, Störungsbeseitigung *f*, Störungsbehebung *f*, Fehlerbehebung *f* || **program** ~ / Programmtest *m*, Programmkorrektur *f* || ~ **aid** / Entstörungshilfe *f*, Testhilfe *f*
debunching *n* / Phasendefokussierung *f*
deburr *v* / entgraten *v*, abgraten *v*
deburring *v* / entgraten *v* || **deburring tool** / Gratabnehmer *m*
Debye-Scherrer camera / Debye-Scherrer-Kammer *f*, Zylinderkammer *f*, Pulverkammer *f* || ~ **method** / Debye-Scherrer-Verfahren *n*, Pulverbeugungsverfahren *n*
DEC (decoding) / Ausdecodierung *f*, Dekodierung *f*
decade capacitor / Kapazitätsdekade *f* || ~ **counter** / Zähldekade *f*, Dekadenzähler *m*, dekadischer Zähler || ~ **counter tube** / Dekadenzählrohr *n* || ~ **inductor** / Induktivitätsdekade *f* || ~ **resistor** /

Widerstandsdekade *f* DIN 43783,T. 1 || ~ **scaler** / Dekadenteiler *m* || ~ **switch** / Dekadenschalter *m* || ~ **switching** / Dekadenschaltung *f*
decay *v* / abklingen *v*, zerfallen *v*, ausschwingen *v* || ~ **characteristic** / Nachleuchtkennlinie *f* (Osz.) || ~ **coefficient** / Abklingkoeffizient *m* || ~ **factor** / Abklingkonstante *f*, Zerfallskonstante *f* || ~ **rate** / Abklinggeschwindigkeit *f*, Zerfallsrate *f* (Schalldruck), Pegelabnahme *f* || ~ **time** / Abklingzeit *f*, Abfallzeit *f* (Impuls)
decelerate *v* / verzögern *v*, verlangsamen *v*, auslaufen *v*, abbremsen *v*, bremsen *v*, herunterfahren *v* || ~ / Verzögern *n* || ~ **rapidly** / schnellbremsen *v*
deceleration *n* / Verzögerung *f*, Geschwindigkeitsabnahme *f* (NC-Wegbedingung) DIN 66025,T.2, Rücklauf *m* || ~ **angle** / Bremswinkel *m* || ~ **at corners** (A control function in closed-loop NC systems which minimizes following errors of the servo system to avoid unwanted corner roundoff when machining sharp corners.) / Eckenverzögerung *f* (Steuerungsfunktion bei NC-Systemen mit Regelkreisen, die Nachlauffehler des Servosystems minimiert, um unerwünschtes Eckenrunden bei der Bearbeitung von scharfen Kanten zu vermeiden) || ~ **distance** / Bremsweg *m* || ~ **force** / Verzögerungskraft *f* || ~ **instruction** / Verzögerungsanweisung *f* (NC) || ~ **method** / Auslaufverfahren *n* (el. Masch.), Motorauslaufverfahren *n* || ~ **ramp** / Rücklauframpe *f*, Bremsrampe *f* || ~ **rate** / Verzögerungsgeschwindigkeit *f*, Bremsverzögerung *f* || ~ **speed** / Auslaufdrehzahl *f* || ~ **test** / Auslaufversuch *m* (el. Masch.) || ~ **time** / Auslaufzeit *f*, Rücklaufzeit *f*, Bremszeit *f* || ~ **torque** / Verzögerungsmoment *n*, Bremsmoment *n*
decelerator *n* / Bremsregler *m*
decentralized control / dezentrale Steuerung, verteilte Steuerung || ~ **multi-endpoint connection** / Mehrpunktverbindung ohne zentrale Steuerung DIN ISO 7498 || ~ **periphery (DP)** / dezentrale Peripherie || ~ **system** / dezentrales System (z.B. Bussystem)
decibel (dB) *n* / Dezibel *n* (dB) || ~ **meter** / Dezibel-Messgerät *n*
decidability *n* / Entscheidbarkeit *f*
decimal counter / Dezimalzähler *m* || ~ **digit** / Dezimalziffer *f* || ~ **format** / Dezimalschreibweise *f* (NC) || ~ **fraction** / Dezimalbruch *m*
decimal-fraction component / dezimalgebrochener Anteil
decimal notation / Dezimalschreibweise *f* || ~ **number** / Dezimalzahl *f* || ~ **number system** / Dezimalsystem *n* || ~ **numeration system** / Dezimalsystem *n* || ~ **place** / Nachkommastelle *f* || ~ **point** / Dezimalpunkt (DP) *m*
decimal-point notation / Dezimalpunktschreibweise *f*, Dezimalpunkteingabe *f*
decimal position / Nachkommastelle *f* || ~ **scaler** / dezimaler Teiler || ~ **system** / Zehnersystem *n*
decimal-to-binary converter / Dezimal-Binär-Umsetzer *m*
decision circuit / Entscheiderschaltung *f* || ~ **feedback** / Empfangsbestätigung *f* (FWT) || ~ **function** / Entscheidungsfunktion *f*
decision-maker *n* / Entscheidungsträger *m*
decision of acceptability /

Annehmbarkeitsentscheidung *f* || **~ procedure** / Entscheidungsverfahren *n* || **~ process** / Entscheidungsprozeß *m* (a. adaptive Reg.) || **~ table** / Entscheidungstabelle *f*
decking *n* / Bündigfahren *n*
deckwater-proof *adj* / deckwassergeschützt *adj*, schwallwassergeschützt *adj*, überflutbar *adj*
deckwater-tight *adj* / deckwassergeschützt *adj*, überflutbar *adj*, schwallwassergeschützt *adj*
declaration *n* / Vereinbarung *f* (DV), Deklaration *f* EN 61131-3, Bezeichner *m*, Deklarierung *f* || **~ line** / Deklarationszeile *f* || **~ list** / Deklarationsliste *f* || **~ name** / Deklarationsname *m* || **~ of duty** IEC 34-1 / Angabe des Betriebs (el. Masch.) VDE 0530,T.1 || **~ of incorporation** / Einbeziehungserklärung *f* || **~ table** / Deklarationstabelle *f* || **~ view** / Deklarationssicht *f*
declared efficiency / angegebener Wirkungsgrad || **~ light output** / angegebener Lichtstromfaktor || **~ power** / indizierte Leistung
decline *n* / Rückgang
declutch *v* / auskuppeln *v*, ausrücken *v*, entkuppeln *v*
decluttering *n* / Decluttern *n*
decode *v* / decodieren *v*, entschlüsseln *v*, bewerten *v*, auswerten *v*, ausdecodieren *v* || **~ single block (DBL)** / Einzelsatzdekodierung *f*, Einzelsatzdecodierung *f*
decoded *adj* / auskodiert *adj*
decoder *n* / Decodierer *m*, Entschlüssler *m* || **~ matrix** / Dekodiermatrix *f*, Decodierraster *m*
decoding (DEC) *n* / Ausdecodierung *f*, Decodierung (DEC) *f*, Dekodierung *f* || **~ address ~** / Adressrangierung *f* || **~ circuitry** / Auswertschaltung *f* || **~ electronics** / Auswerteelektronik *f* || **~ element** / Decodierglied *n*, Entschlüssler *m*, Auswerteteil *m* (RSA-Empfänger) || **~ single block (DSB)** / Decodiereinzelsatz *m*, Dekodiereinzelsatz *m*, Decodierungseinzelsatz *m*, Dekodierungseinzelsatz *m* || **~ spike** / Decodierspitze *f*
decompile *v* / rückübersetzen *v*
decomposition *n* / Zersetzung *f*, Zerfall *m*, Abbau *m* (chem.) || **~ products** / Zersetzungsprodukte *n pl*
decompounded machine / abwärtskompoundierte Maschine, Maschine mit feldschwächender Verbunderregung
decompounding *n* / Abwärtskompoundierung *f* || **~ winding** / abwärtskompoundierende Wicklung, Gegenreihenschlusswicklung *f*
decontaminable *adj* / dekontaminierbar *adj*
decopperized *adj* / entkupfert *adj*
decoration foil / Dekorfolie *f*
decorative bowl diffuser / Dekorwanne *f* (Leuchte) || **~ chain** / Illuminationskette *f* || **~ lamp** / Zierlampe *f*, Illuminationslampe *f* || **~ string** / Illuminationskette *f* || **~ trim** / Zierbekleidung *f*
decouple *v* / entkoppeln *v*, auskoppeln *v*
decoupled job / freilaufender Auftrag || **~ output** / entkoppelter Ausgang, potentialfreier Ausgang || **~ rotary operating mechanism** / ausgekuppelter Drehantrieb
decoupler *n* / Schleifenentkoppler *m*
de-coupling *n* / Entkopplung *f*
decoupling *n* / Entkopplung *f*, Trennung *f*, Auskopplung *f* || **~ amplifier** / Entkopplungsverstärker *m*, Auskoppelverstärker *m*, Trennverstärker *m* || **~ between outputs** /

Entkopplungsdämpfung *f* || **~ capacitor** / Entkopplungskondensator *m* || **~ circuit** / Entkopplung *f* || **~ diode** / Entkopplungsdiode *f* || **~ factor** / Entkopplungsfaktor *m*, Auskoppelgrad *m* || **~ module** / ABR-DE, Abriegelbaugruppe *f* || **~ network** / Entkopplungsschaltung *f* || **~ resistor** / Entkopplungswiderstand *m*
decrease *v* / herabsetzen *v* || **~ n** / Abnahme *f* || **~ in brightness** / Helligkeitsabfall *m* || **~ in performance** / Leistungsrückgang *m*, Leistungsabfall *m* || **~ of pressure** / Drucksenkung *f* || **~ of pressure due to increase of velocity** / dynamisch bedingte Drucksenkung
decreasing counting input / Rückwärts-Zähleingang *m* || **~ lead** ISO 1056 / konstant abnehmende Steigung (NC, Gewindeschneiden) DIN 66025,T.2
decrement *v* / dekrementieren *v*, vermindern *v*, verringern *v* || **~ n** / Dekrement *n*
decrementer *n* / Abwärtszähler *m*, Rückwärtszähler *m*
decrementing *n* / Dekrementieren *n*, Abnehmen *n*, Verringern *n*, Vermindern *n* || **~ timer** / Rückwärts-Zeitglied *n*
decurve *v* / Kurve löschen (CAD)
dedendum *n* / Zahnfußhöhe *f*, Fußtiefe *f* || **~ angle** / Fußwinkel *m* (Zahnrad)
dedicated *adj* / dediziert *adj*, zweckgebunden *adj*, reserviert *adj*, aufgabenbezogen *adj*, zugeordnet *adj* || **~ area** / reservierter Bereich (Speicher) || **~ battery** / Teilbereichsbatterie *f* || **~ circuit** / Standverbindung *f* || **~ line** / Standleitung *f*, fest durchgeschalteteLeitung, festgeschaltete Leitung || **~ processor** / eigener Prozessor, Feldverdrahtung *f* (Unterstationsverdrahtung v. Sekundärgeräten, die bestimmten Primärkreisen zugeordnet sind) || **~ protocol** / Einfachprotokoll *n* || **~ telephone line** / Standleitung *f* || **~ transmission line** / zugewiesene Übertragungsleitung
de-emphasis *n* / Deemphasis *f*
de-energize *v* / entregen *v*, aberregen *v*, stromlos (o. spannungsfrei) machen *adj*, ausschalten *v* (Schütz, Rel.), abschalten *v*, absteuern *v*, herunterfahren *v*
de-energized *adj* / entreat *adj*, spannungsfrei *adj*, abgeschaltet *adj*, spannungslos *adj* || **~ at rest and ~** / im Stillstand und abgeschaltet, Pause *f* (el.Masch.) VDE 0530,T.1 || **~ state** / stromloser Zustand
deep-bar / Keilstabläufer *m* || **~ cage motor** / Tiefnutläufer *m*, Wirbelstromläufer *m*, Hochstabläufer *m*, Stromverdrängungsläufer *m* || **~ squirrel-cage motor** / Tiefnutläufer *m*, Hochstabläufer *m*, Stromverdrängungsläufer *m*, Wirbelstromläufer *m*
deep draw / tiefziehen *v* || **~ groove ball bearing** / Rillenkugellager *n* || **~ hole** / Tiefloch *n* || **~ hole drilling cycle** / Tiefbohrzyklus *m*, Tieflochbohrzyklus *m*
deep-drawing *n* / Tiefziehprozess *m* || **~ packaging machine** / Tiefzieh-Verpackungsmaschine
deep-drawn *adj* / tiefgezogen *adj*
deep-groove ball bearing / Rillenkugellager *n*, Hochschulter- Kugellager *n* || **~ ball bearing with sideplate** / Rillenkugellager mit Deckscheibe, Z-Lager *n*
deep-hole drilling / Tiefbohren *n*, Tiefaufbohren *n*, Tieflochbohren *n*
de-excitation *n* / Entregung *f* (Schütz, Rel.)
default *n* / Vorgabe(wert) *f(m)*, Vorzugsbelegung *f*,

Standardannahme *f*, Voreinstellung *f*, Vorbesetzung *f*, Vorbelegung *f*, Vorbelegungswert *m*, voreingestellter Wert, Standardwert *m*, Standard *m*, Default *m*, Sollwert *m* || ~ **adj** / vorgegeben *adj*, voreingestellt *adj*, standardmäßig *adj*, vorbesetzt *adj* || ~ **data** / Vorgabedaten *pl* || ~ **font** / Standardfont *m* || ~ **input** / Vorbesetzung *f*, Vorbelegung *f* || ~ **length** / Ersatzlänge *f* (DÜ) DIN ISO 8208 || ~ **operation** / Standardbetrieb *m* || ~ **parameter** / Vorschlagsparameter *m* || ~ **parameter value** / Parameter-Voreinstellwert *m* || ~ **plotfile** / Standard-Plotdatei *f* || ~ **printer** / Standarddrucker *m* || ~ **program number** / Programmnummernvorgabe *f* || ~ **selection** / Vorbelegung mit Anfangswerten (o. Standardwerten), Vorbesetzung *f*, Vorbelegung *f* || ~ **selection of a new component** / Vorbelegung einer neuen Komponente || ~ **setting** / Standardeinstellung *f*, Grundeinstellung *f* || ~ **size** / Ersatzgröße *f* (DÜ) DIN ISO 8208 || ~ **status** / Standardstatus *m* || ~ **value** / Ausgangswert *m* (DV, vorgegebener Wert, der anstelle nichtdefinierter Werte o. Parameter verwendet wird), Vorbelegungswert *m*, Standardwert *m*, Vorgabewert *m*, Ersatzwert *m*, voreingestellter Wert, Defaultwert *m*
defeat, to ~ an interlock / eine Verriegelung aufheben (o. umgehen), entriegeln *v* (SG)
defeater *n* / Entriegelungsvorrichtung *f* || ~ **key** / Entriegelungsschlüssel *m*
defeating *n* / Entriegeln *n* (SG), Entriegelung *f*
defect *n* / Fehler *m*, Fehlstelle *f*, Mangel *m* || ~ (QA) / Fehler *m* (QS) DIN 55350,T.11, Merkmalsfehler *m* || **quality** ~ / Qualitätsmangel *m* || ~ **documentation** / Fehlerdokumentation *f* || ~ **information** / Fehlermeldung *f* (FWT)
defective *adj* / fehlerhaft *adj*, mangelhaft *adj*, gestört *adj*, schadhaft *adj*, defekt *adj* || ~ / fehlerhafte Einheit (QS) || ~ **part** / Defektteil *n* || ~ **unit** / fehlerhafte Einheit (QS)
defect note / Fehlerbericht *m*, Fehlermeldebogen *m*, Fehlermeldung *f*, Mängelbericht *m* || ~ **notification** / Mängelmeldung *f* || ~ **report** / Fehlerbericht *m*, Fehlermeldebogen *m*, Mängelbericht *m*, Fehlermeldung *f*
defects per unit / Fehleranzahl pro Einheit
deference *n* / Zurückstellung *f* (LAN)
deferrable load / zeitlich verlagerbare Last
deferral state / Aktualisierungsstand *m* (graf. DV) DIN 66252
deferred maintenance / aufgeschobene Instandhaltung
deficiency *n* (QA) / Mangel *m* (QS) DIN 55350,T.11
definability *n* / Definierbarkeit *f*
define *v* / festlegen *v*, definieren *v*
defined *adj* / definiert *adj* || ~ **initial state** / definierter Initialzustand || ~ **position** / definierte Stellung || ~ **reference pulse** / vorgegebener Referenzimpuls
defining parameter / Versorgungsparameter *m*
definite *adj* / eindeutig *adj* || ~ **integral** / bestimmtes Integral *f* || ~ **time-delay** / unabhängig verzögert
definite-purpose circuit-breaker ANSI C37.073 / Leistungsschalter für kapazitive Ströme, Kondensator-Leistungsschalter *m* || ~ **motor** / Motor für bestimmte Anwendungen || ~ **switch** / Einzwecklastschalter *m*
definite-time and non-adjustable instantaneous overcurrent releases / stromunabhängig verzögerte und festeingestellte unverzögerte Überstromauslöser (zn-Auslöser) || ~ **delay** / unabhängige Verzögerung, stromunabhängige Verzögerung
definite-time-delay operation IEC 157-1 / stromunabhängig verzögerte Auslösung VDE 0660,T.101 || ~ **overcurrent release** IEC 157-1 / unabhängig verzögerter Überstromauslöser VDE 0660,T.101, stromunabhängig verzögerter Überstromauslöser, kurzverzögerter Überstromauslöser
definite-time grading / starre Zeitstaffelung (Schutz) || ~ **lag** / unabhängige Verzögerung, stromunabhängige Verzögerung || ~ **overcurrent protection** / UMZ || ~ **overcurrent relay** / unabhängiges Überstromrelais, unabhängiges Maximalstrom-Zeitrelais (UMZ-Relais) || ~ **overcurrent-time protection** / UMZ-Schutz *m* || ~ **overcurrent-time protection (system o. relay)** / unabhängiger Überstrom-Zeitschutz || ~ **overcurrent-time relay** / unabhängiges Überstrom-Zeitrelais, unabhängiges Maximalstrom-Zeitrelais (UMZ-Relais) || ~ **release (o. trip)** / unabhängiger Auslöser, stromunabhängiger Auslöser || ~ **tripping** / unabhängige (o. stromunabhängige) Auslösung
definition *n* / Definition *f*, Bildschärfe *f*, Tonschärfe *f*, Auflösungsvermögen *n*, Konturentreue *f*, Festlegung *f*, Zug *m*, Begriffsdefinition *f*, Aussage *f* || **system** ~ / Auflösungsvermögen *n* (Fernkopierer) || ~ **of machining operation for roughing and finishing** / Artenbestimmung für Schruppen und Schlichten || ~ **of position** / Positionsbestimmung *f* || ~ **of reference point** / Festlegung des Referenzpunktes (NC) || ~ **of terms** / Begriffserklärungen *f pl* || ~ **range** / Definitionsbereich *m*
deflagration *n* / Verpuffung *f*, Ausbrennung *f* || ~ **rate** / Verpuffungsgeschwindigkeit *f*
deflash *v* / entgraten *v*, abgraten *v*
deflashing tool / Gratabnehmer *m*
deflect *v* / ablenken *v*, auslenken *v*, ausschlagen *v*, durchbiegen *v*, abdrängen *v*
deflecting electrode / Ablenkelektrode *f*, Ablenkplatte *f* || ~ **force** / Ablenkkraft *f*, Störanregungskraft *f*
deflection *n* / Ablenkung *f*, Auslenkung *f*, Ausschlag *m*, Durchbiegung *f*, Abdrängung *f*, Durchfederung *f*, Schwingweg *m*, Umlenkung *f*, Umleitung *f* || ~ **angle** / Ablenkungswinkel *m* || ~ **coefficient** (oscilloscope) IEC 351-1 / Ablenkkoeffizient *m* || ~ **current** / Ablenkstrom *m* || ~ **defocusing** / Ablenkdefokussierung *f* || ~ **factor** / Ablenkkoeffizient *m* || ~ **frequency** / Ablenkfrequenz *f* || ~ **line** / Biegelinie *f* || ~ **method** / Ausschlagverfahren *m* (MG) || ~ **of flow** / Strömungsumlenkung *f* || ~ **of light** / Lichtablenkung *f* || ~ **sensitivity** / Ablenkungsempfindlichkeit *f* || ~ **uniformity factor** / Ablenklinearität *f* (Osz.) DIN IEC 151,T.14 || ~ **voltage** / Ablenkspannung *f*
deflector *n* / Umlenkreflektor *m* || ~ **coil** / Ablenkspule *f* || ~ **plate** / Ablenkplatte *f* (Osz.), Ablenkelektrode *f* || ~ **sheave** / Ablenkrolle *f* (Riementrieb)
defluxing *n* / Flußmittelentfernung *f*, Neutralisieren

n, Entmagnetisieren n
defoamant n / Entschäumungszusatz m
defocusing n / Defokussierung f
deform v / deformieren v, verformen v
deformability n / Verformbarkeit f, Verformungsvermögen n
deformation n / Verformung f, Formänderung f, Gestaltsänderung f, Verwerfung f, Verbiegung f, Umformung f || **degree of** ~ / Verformungsgrad m, bezogene Formänderung || **maximum** ~ / höchstzulässige Formänderung || ~ **factor** EN 60146-1-1 / Verzerrungsfaktor (LE) m || ~ **rate** / Formänderungsgeschwindigkeit f || ~ **ratio** / Formänderungsverhältnis n || ~ **test** / Verformungsprüfung f || ~ **under heat** / Wärmeformänderung f
defroster n / Entfroster m, Defroster m, Scheibenheizung f
defrosting n / Abtauen n, Auftauen n, Entfrosten n || ~ **transformer** / Auftautransformator m
degass v / entgasen v
degassing n / Entgasung f || ~ **tank** / Entgasungskessel m
de-gauss v / entmagnetisieren v
degaussing key / Entmagnetisierungstaster m (BSG)
degenerate semiconductor / entarteter Halbleiter
degenerative feedback / negative Rückkopplung, Gegenkopplung f || ~ **voltage** / Gegenkoppelspannung f
degradation n / Funktionsminderung f, Abbau m (chem.), Zersetzung f (chem.), Entwertung f, Degradation f || ~ **graceful** ~ / herabgesetzte Arbeitsweise (einen Systemausfall bei einem fehlerhaften Gerät verhindernd) || ~ **failure** / Driftausfall m (Ausfall aufgrund einer langsamen Änderung von Merkmalswerten), driftend auftretender Teilausfall, Driftteilausfall m || ~ **of quality** / Güteminderung f
degrease v / entfetten v
degreaser n / Entfettungsmittel n
degree, 180 ~s out of phase / in Phasenopposition, in Gegenphase, um 180° phasenverschoben, gegenphasig adj || ~ **centigrade** / Grad Celsius || ~ **change** / Gradwechsel m || ~ **Engler** / Engler-Grad m || ~ **of accuracy** / Genauigkeitsgrad m || ~ **of arc** / Bogenmaß m || ~ **of complexity** / Komplexitätsgrad m || ~ **of contraction** / Schwindmaß n, Schrumpfmaß n, Verschwächungsgrad m || ~ **of curing** / Aushärtungsgrad m || ~ **of deformation** / Verformungsgrad m, bezogene Formänderung || ~ **of expansion** / Ausbau m, Bestückungsausbau m, Ausbaugrad m, Ausbau m || ~ **of extension** / Bestückungsausbau m || ~ **of freedom** / Freiheitsgrad m || ~ **of fullfillment** / Erfüllungsgrad (EFG) m || ~ **of hardening** / Aushärtungsgrad m || ~ **of hardness** / Härtegrad m || ~ **of humidity** / Feuchtigkeitsgrad m || ~ **of hysteresis** / Grad der Hysterese || ~ **of inspection** / Prüfungsgrad m, Prüfschärfe f || ~ **of noise suppression** / Funkentstörgrad m || ~ **of overlapping** / Überlappungsgrad m || ~ **of polymerization** / Polymerisationsgrad m || ~ **of protection** / Schutzgrad m, Schutzart f || ~ **of protection against moisture (o. humid conditions)** / Feuchtigkeitsschutzart f, Feuchtigkeits-Schutzgrad m || ~ **of protection provided by enclosure** / Schutzart des Gehäuses IEC 50(426) || ~ **of ramp**

rounding / Verrundungsgrad m || ~ **of re-entrancy** / Wiedereintrittsgrad m || ~ **of severity** / Schärfegrad m || ~ **of smoothness** / Glättegrad m || ~ **of variation** / Größe des Einflusseffekts, Einflusseffekt m || ~ **of weakening** / Verschwächungsgrad m
degressive adj / degressiv adj, abnehmend adj || ~ **lead** / abnehmende Steigung (Gewinde) || ~ **pitch** / abnehmende Steigung (Gewinde)
dehumidification n / Entfeuchtung f (KT)
dehumidifier n / Entfeuchtungsgerät n
dehydrating breather / Luftentfeuchter m
dehydrator n / Entfeuchter m
de-icing n / Enteisung f
de-ion circuit breaker / Magnetblasschalter m
de-ionize v / entionisieren v, deionisieren v
de-ionized water / entionisiertes Wasser, Feinwasser n
de-ionizing grid / Entionisierungselektrode f || ~ **time of arc** / Entionisierungszeit der Lichtbogenstrecke
de-ion plate / Löschkammerblech n
de-iteration n / De-Iteration f
delamination n / Schichtspaltung f, Delaminierung f || ~ **force** / Spaltkraft f || ~ **resistance** / Spaltfestigkeit f, Schichtfestigkeit f || ~ **test** / Spaltversuch m
delay v / verzögern v || ~ n / Verzögerung f, Verzug m, zeitliche Verschiebung, Wartezeit f, Laufzeit f (FWT), Verzugsdauer f, Verzögerungszeit f || **pair** ~ / Paarlaufzeit f || **transmit** ~ / Übertragungszeit f (DÜ) || ~ **adjustability** / Zeiteinstellbarkeit f (Zeitrel.) || ~ **angle** / Stromverzögerungswinkel m (LE) VDE 0838,T.1, Steuerwinkel m (LE), Ansteuerwinkel m, Verzögerungswinkel m || ~ **device** / Verzögerungseinrichtung f (Zeitschalter), Verzögerer m
delayed-action pushbutton IEC 337-2 / Drucktaster mit verzögerter Befehlsgabe VDE 0660,T.201
delayed adj / verzögert adj || ~ **automatic reclosing** / automatisch verzögerte Wiedereinschaltung (Netz) || ~ **auto-reclosure (DAR)** / Langunterbrechung (LU) f
delayed-break make contact / verzögert öffnender Schließer || ~ **NC contact** / verzögert öffnender Öffner
delayed changeover contact / verzögerter Wechsler || ~ **compensation** / verzögerter Ausgleichswert || ~ **displacement** / verzögerte Verdrängung || ~ **dropout contactor** / abfallverzögertes Schütz
delayed-discharge device / Nachströmeinrichtung f
delayed-make contact / verzögert schließender Schließer
delayed monostable element / verzögertes monostabiles Kippglied || ~ **operating contact** / verzögertes Schaltglied || ~ **output** / Verzögerungsausgang m || ~ **protection** / verzögerter Selektivschutz IEC 50(448) || ~ **reclosing** / verzögerte Wiedereinschaltung || ~ **relay** / verzögertes Relais || ~ **release** / verzögerter Auslöser || ~ **single shot** / verzögertes monostabiles Kippglied || ~ **sweep** / verzögerte Zeitablenkung (Osz.) || ~ **sweep operation** / verzögerte Zeitablenkung (Osz.) in Betrieb mit verzögerter Zeitablenkung (Osz.) || ~ **switching-on** / einschaltverzögert adj || ~ **test** IEC 50(481) / Lagerfähigkeitsprüfung f (Batt.) || ~ **trip** / verzögerter Auslöser || ~ **write mode** / verzögertes Schreiben
delay element / Verzögerungsglied n, verzögertes

Glied || ~ **element of second order** / Verzögerungsglied zweiter Ordnung (P-T$_2$-Glied) || ~ **flipflop** / Verzögerungs-Flipflop *n*, D-Flipflop *n*, D-Speicherglied *n* || ~ **for loss of signal action** / Verzögerung ADC-Signalverlust
delaying NTC thermistor / Anlass-Heißleiter *m* || ~ **sweep** / verzögernde Zeitablenkung (Osz.)
delay interval (pulse) / Verzögerungsdauer *f* || ~ **line (DL)** / Verzögerungsleitung *f*, Laufzeitkette *f* || ~ **monoflop with adjustable switch-on delay** / Verzögerungsglied mit einstellbarer Einschaltverzögerung || ~ **monoflop with switch off delay** / Verzögerungsglied mit Ausschaltverzögerung || ~ **monoflop with switch-on and switch-off delay** / Verzögerungsglied mit Einschalt- und Ausschaltverzögerung || ~ **monoflop with switch-on delay** / Verzögerungsglied mit Einschaltverzögerung
delay-off timer / Rückfallverzögerungs-Zeitschalter
delay-on-operate relay / anzugsverzögertes (o. ansprechverzögertes) Relais, Relais mit Anzugsverzögerung
delay path / Vorlaufstrecke *f* (Schallweg zur Prüfstrecke) || ~ **range** / Zeitbereich *m* (Zeitrel.) || ~ **range relay** / Zeitrahmen *m*, Zeitbereich *m* || ~ **relay** s. time-delay relay || ~ **step** / Warteschritt *m*
delay-release time-delay relay / rückfallverzögertes Zeitrelais
delay time / Verzögerungszeit *f*, Verzugszeit *f*, Verzögerung *f* || ~ **timer** / Verzögerungs-Zeitschalter *m*
delay-time cycle / Verzögerungszyklus *m* (Zeitschalter)
deletabe block / löschbarer (o. ausblendbarer) Satz, Ausblendsatz *m*
delete *v* / tilgen *v*, streichen *v*, löschen *v*, abbauen *v* (eine Verbindung), austragen *v*, ausfügen *v*, aufheben *v* || ~ **block** / Löschblock *m* || ~ **character** ISO 2806-1980 / Löschzeichen *n* || ~ **distance-to-go (DDTG)** / Restweg löschen (RWL) || ~ **key** / Löschtaste *f*
deletion *n* / ausfügen *v* || ~ **block** / Löschsatz *m* (DV)
deliberate *adj* / willkürlich *adj*
delicate *adj* / empfindlich *adj*, zerbrechlich *adj*
delimitation *n* / Abgrenzung *f*
delimiter *n* / Begrenzungssymbol *n*, Endezeichen *n* (PMG-Nachricht) || ~ *n* EN 61131-3 / Begrenzungszeichen *n* (SPS-Programm) || ~ **field** / Begrenzerfeld *n* (Prozessdatenübertragung)
delineator *n* / Leitpfosten *n*
delivered & initiated projects / belieferte und eingeleitete Projekte || ~ **at frontier** / DAF gelieferte Grenze || ~ **duty paid** / DDP geliefert verzollt || ~ **duty unpaid** / DDU geliefert unverzollt || ~ **ex quay** / DEQ geliefert ab Kai || ~ **ex ship** / DES geliefert ab Schiff || ~ **version** / Liefervariante *f* || ~ **with the control as a separate item** / als Beipack
delivery *n* / Lieferung *f* || ~ **address** / Lieferadresse *f* || ~ **approval** / Lieferfreigabe (LF) *f* || ~ **arrival date** / Liefereingangsdatum *n* || ~ **as of...** / Liefereinsatz: ... || ~ **backlog** / Lieferrückstand *m* || ~ **batch** / lieferlos *n* || ~ **date** / Liefertermin *m* || ~ **dependability** / Liefertreue *f* || ~ **drawing** / Lieferzeichnung *f* || ~ **elbow** / Druckkrümmer *m* (Pumpe) || ~ **ex works** / Auslieferung *f* || ~ **from the plant** / Auslieferung *f* || ~ **head** / Förderhöhe *f* || ~ **method** / Lieferweg *m* || ~ **note** / Lieferschein *m*,

Warenbegleitschein *m* || ~ **period** / Lieferfrist *f* || ~ **quality** / Lieferqualität *f* (QS) || ~ **rate** / Förderleistung *f*, Fördermenge *f* || ~ **reliability** / Liefertreue *f* || ~ **situation** / Stand vom ... || ~ **specification** / Liefervorschrift *f* || ~ **spectrum** / Lieferspektrum *n* || ~ **time** / Lieferzeit *f*, Lieferfrist *f* || ~ **verification certificate** / Wareneingangsbescheinigung *f* || ~ **worm** / Austragsschnecke *f*
Del key / Entf-Taste *f*
delta, connected in ~ / in Dreieck geschaltet || ~ **configuration** / Delta-Anordnung *f* (der Leiter einer Freiltg.), Dreieckkonfiguration *f*
delta-connected *adj* / in Dreieck geschaltet || ~ **device** / Betriebsmittel in Dreieckschaltung
delta connection / Dreieckschaltung *f* || ~ **contactor** / Dreieckschütz *n* || ~ **dimensioning** / Kettenmaßsystem *n* (NC) || ~ **kinematics** / Stabkinematiken *f pl*
delta-load *v* / nachladen *v*
delta light pulse / Delta-Lichtimpuls *m* || ~ **list** / Delta-Liste *f* || ~ **modulation (DM)** / Deltamodulation (DM) *f* || ~ **network** / Delta-Netznachbildung *f*
delta-parallel-star circuit / Dahlander-Schaltung *f*
delta planar mask / Delta-Schattenmaske *f* || ~ **stabilizing winding** / Dreiecksausgleichswicklung
delta-star connection / Dreieck-Sternschaltung *f*
delta step / Delta-Stufe *f* || ~ **terminal connection** / Dreieckschaltungs-Klemmenanschluss *m*
delta tertiary winding / Dreiecksausgleichswicklung *f* || ~ **tube** / Delta-Röhre *f* || ~ **voltage** / Dreieckspannung *f*, verkettete Spannung || ~ **winding** / Dreieckswicklung *f*
delta-wye connection / Dreieck-Sternschaltung *f* || ~ **conversion** / Dreieck-Stern-Umwandlung *f*
de luxe cool white / Lichtfarbe Weiß de Luxe || ~ **luxe fluorescent lamp** / De-Luxe Leuchtstofflampe *f*
demagnetization curve / Entmagnetisierungskurve *f* || ~ **time** / Entmagnetisierungszeit *f*
demagnetize *v* / entmagnetisieren *v*, neutralisieren *v*, abmagnetisieren *v*
demagnetizing factor / Entmagnetisierungsfaktor *m* || ~ **field** / Entmagnetisierungsfeld *n*, Gegenfeld *n* || ~ **reactance** / Gegenreaktanz *f* || ~ **turns** / Gegenampèrewindungen *f pl*, gegenmagnetisierende Windungen, Gegendurchflutung *f*
demand *n* / Bedarf *m*, Anforderung *f*, Leistung *f*, Anfrage *f*, Nachfrage *f*, Abfrage *f*, Anspruch *m*, angeforderte Leistung || ~ IEC 50(25) / kurzzeitig gemittelte Leistung || ~ **assessment period** / Verrechnungszeitraum (StT), Ableseintervall *n*, Ablesezeitraum *m* (EZ) || ~ **billing meter** / Verrechnungszähler *m* || ~ **charge** / Leistungspreissumme *f*, Leistungspreis *m* (StT) || ~ **curve** / Leistungsganglinie *f*, Bedarfsermittlung *f* || ~ **factor** / Bedarfsfaktor *m*, Gleichzeitigkeitsfaktor *m*, Verbrauchsfaktor *m* || ~ **forecast** / Nachfrageprognose *f* || ~ **integration period** / Registrierperiode *f*, Zeit für Leistungsmittelung, Maximum-Messperiode *f* || ~ **interval clock signal** / Messperiodentakt *m* || ~ **matching unit** / Lastanforderungsregler *m* || ~ **meter** / Leistungszähler *m* || ~ **of efficiency** / wärmewirtschaftliche Gesichtspunkt || ~ **of**

maintenance / Wartungsbedarf m || ~ **rate** / Leistungspreis m (StT)
demand-related cost / leistungsabhängige Kosten (StT)
demand reliability / Anforderungszuverlässigkeit f (QS)
demand side management (DSM) / Lastbeeinflussung f, Lastmanagement n
demands of efficiency / wärmewirtschaftliche Gesichtspunkte
demand tariff / Leistungspreistarif m, Leistungstarif m
demarcation line / Begrenzungslinie f, Umrisslinie f
demister n / Scheibenheizung f
democratic system / gleichberechtigtes System (Zugriffsberechtigung)
demodulator n / Demodulator m
demonstration, maintainability ~ / Instandhaltbarkeitsnachweisprüfung f ||
demonstration console / Vorführpult n || ~ **mode** / Demonstrationsbetrieb m
demountable luminaire (o. fitting) / zerlegbare Leuchte
demultiplexer n / Demultiplexer m
D-end n / A-Seite f (el. Masch.), Antriebsseite f
denominator n / Nenner m || ~ **bandwidth** / Nennerbandbreite f
dense adj / dicht adj, blasenfrei adj
densitometer n / Densitometer m, Schwärzungsmesser m
density n / Dichte f, spezifisches Gewicht || ~ **modulation** / Dichtemodulation f || ~ **of electromagnetic energy** / elektromagnetische Energiedichte || ~ **of lines of force** / Kraftliniendichte f, Feldliniendichte f || ~ **of magnetic energy** / magnetische Energiedichte || ~ **of source distribution** / Quellendichte f || ~ **value** / Dichtewert m, Schwärzungswert m
dent n / Kerbe f, Delle f, Beule f, Schlagmarke f
dented adj / eingebeult adj, verbeult adj, eingedrückt adj
denumerable adj / abzählbar adj
deoiled adj / entölt adj
deoxidized copper / desoxidiertes Kupfer
depalletizing n / Depalettieren n
department n / Abteilung (Abt.) f, Dienststelle f ||
department store / Warenhaus n
departure n / Abweichung f, Auslenkung f || ~ **entry** / Gehen-Buchung f || ~ **from contour** / Wegfahren von der Kontur (NC) || ~ **from reference point** / Rückkehr vom Referenzpunkt (NC) || ~ **from sine-wave** / Abweichung von der Sinusform
dependability n / Zuverlässigkeit f IEC 50(191), Betriebssicherheit f || ~ **of protection** / Selektivschutz-Zuverlässigkeit f IEC 50(448)
dependence on load / Lastabhängigkeit f
dependency n / Abhängigkeit f || **dependency notation** IEC 117-15 / Abhängigkeitsnotation f DIN 40700 || ~ **tree** / Abhängigkeitsbaum n
dependent adj / ausschlaggebend adj, abhängig adj || ~ **action contact element** / betätigungsabhängiges Schleich-Schaltglied (Geschwindigkeit der Kontaktbewegung von der Betätigungsgeschwindigkeit abhängig) || ~ **circulating-circuit component** / abhängige Kühlvorrichtung || ~ **manual initiation** / Schaltanlage mit abhängiger Handbetätigung || ~

manual operation IEC 157-1 / abhängige Handbetätigung VDE 0660,T. 101, bedienungsabhängige Schaltung || ~ **manually operated switchgear (DMOS)** (The equipment is not spring assisted and is thus reliant on the force and speed of the operator's arm and hand.) / Schaltanlage mit abhängiger Handbetätigung || ~ **on the absolute value** / betragsabhängig adj || ~ **power closing** / Schließen durch abhängigen Kraftantrieb || ~ **power mechanism** / abhängiger Kraftantrieb || ~ **power operation** IEC 157-1 / Betätigung durch abhängigen Kraftantrieb VDE 0660,T.101, abhängige Kraftbetätigung || ~ **upon torque** / drehmomentabhängig adj
dependent-time delay / abhängige Verzögerung || ~ **overcurrent relay** / AMZ-Relais n
dependent-time-delay relay / abhängiges Zeitrelais, abhängig verzögertes Relais (Messrelais), Relaiszeit von Wirkungsgröße abhängig
dependent-time-lag relay s. dependent-time delay relay
dependent-time measuring relay / Messrelais mit abhängiger Zeitkennlinie, abhängiges Messrelais, abhängig verzögertes Messrelais
depending on flow / stellstromabhängig adj || ~ **on operating mode** / betriebsbedingt adj || ~ **on sign** / vorzeichenabhängig adj || ~ **on stroke** / hubabhängig adj || ~ **on variant** / modellabhängig adj, ausführungsabhängig adj
deperm / entmagnetisieren v
depletion layer / Verarmungsschicht f, Sperrschicht f (HL) || ~ **mode** / Verarmungsbetrieb m (HL) || ~ **mode transistor** / Verarmungstyp-Transistor m, Ausschöpfungstyp-Transistor m
depletion-type field-effect transistor / Verarmungs-Isolierschicht- Feldeffekttransistor m, Verarmungs-IG-FET m || ~ **IG FET** / Verarmungs-Isolierschicht- Feldeffekttransistor m, Verarmungs-IG-FET m
depolarization current / Depolarisationsstrom m
depolished glass / Mattglas n
deposit n / Ablagerung f, Niederschlag m, Auftrag m, hinterlegen v || **to** ~ **signals** / Signale hinterlegen
deposited metal / Auftragsmetall n, Schweißgut n
deposition-welded adj / auftraggeschweißt adj
depreciation, light ~ / Lichtverlust m, Lichtstromabnahme f || ~ **factor** / Planungsfaktor m (BT), Kehrwert des Verminderungsfaktors (BT)
depressed cladding / abgesenkter Mantel (LWL)
depressed-collector operation / Betrieb mit abgesenktem Kollektor
depressed platform / geköpfte Ladebrücke
depressed-platform car / Tiefladewagen m
depression n / Absenkung f, Spannungseinbruch m, Einsattelung f, Vertiefung f, Aussparung f, Spannungsabfall m || **voltage** ~ / Spannungsabsenkung f, Spannungszusammenbruch m, Spannungsabfall m
depressor, pour point ~ / Pourpoint-Erniedriger m IEC 50(212)
depressurized startup / druckloser Anlauf
Dept. / Dienststelle f, Abteilung (Abt.) f
depth-adjustable adj / tiefenverstellbar adj
depth, modulation ~ / Modulationsgrad m || ~ **allowance** / Tiefenzuschlag m || ~ **cueing** / Bildtiefensimulation f || ~ **gauge** / Tiefenmaß n || ~ **increase** / Tiefenzuwachs m || ~ **increment** /

depths

Tiefenzuwachs *m* (NC) || ~ **infeed** /
Tiefenzustellung *f* || ~ **micrometer** /
Tiefenmikrometer *n* || ~ **module** / Tiefeneinheit *f* ||
~ **of color** / Farbtiefe *f* || ~ **of core** / radiale
Blechpakettiefe || ~ **of cut** / Schnittiefe *f* (WZM),
Abspantiefe *f*, Spantiefe *f* || ~ **of engagement** /
Einschraubtiefe *f* || ~ **of focus** / Schärfentiefe *f*
(Optik) || ~ **of immersion** / Eintauchtiefe *f* || ~ **of
impression** / bleibende Eindringtiefe || ~ **of
indentation** / Eindrucktiefe *f*, Härteprofil *n* || ~ **of
local corrosion attack** / Angriffstiefe *f* (Korrosion)
|| ~ **of penetration** / Eindringtiefe *f*,
Durchstrahlungsdicke *f* || ~ **of roughing cut** /
Schruppspantiefe *f* || ~ **of surface smoothness** /
Glättungstiefe *f* DIN 4762,T.1 || ~ **of thread** /
Gewindetiefe *f* || ~ **of tooth** / Zahntiefe *f*, Zahnhöhe
f, Zahnlänge *f* || ~ **per revolution** / Tiefe pro
Umdrehung || ~ **position** / Tiefenlage *f*
(Ultraschallprüfung)
depths of cut / Ausräumschalen *f pl*
dequeue *v* / austragen (aus der Warteschlange) *v*
derated loading / Gesamtbelastbarkeit *f*
derating *n* / Leistungsverminderung *f* (durch
Reduktionsfaktor), Leistungsminderung *f*,
Leistungsherabsetzung *f*, Leistungsreduktion *f*,
Leistungsreduzierung *f*, Belastungsreduzierung *f*,
Leistungsabzug *m*, Unterlastung *f* || ~ **curve** /
Leistungsverminderungskurve *f*,
Strombelastbarkeitskurve *f* || ~ **factor** /
Minderungsfaktor *m*, Reduktionsfaktor *m*,
Verkleinerungsfaktor *m*, Unterlastungsgrad *m* DIN
40042
dereeler, cable ~ / Kabelabwickelgerät *n*
derelativize *v* / entrelativieren *v*
Déri motor / Déri-Motor *m*, Repulsionsmotor mit
Doppelbürstensatz
derivate *v* / ableiten *v*
derivative, second ~ **action** /
differenzierendes Verhalten zweiter Ordnung, DI$_2$t-
Verhalten *n* || ~ **time** ~ (dx/dt) / Differentialquotient
nach der Zeit, Änderungsgeschwindigkeit *f* || ~
action / Differentialverhalten *n* (Reg.),
differenzierendes Verhalten (Reg.), D-Verhalten *n*,
Vorhaltverhalten *n*, Vorhalt *m*, Differentialanteil *m*,
nachgebendes Verhalten
derivative-action coefficient (o. factor) /
Differenzierbeiwert *m* (Reg.) DIN 19226, D-
Beiwert *m* || ~ **component** / Differentialanteil *m*
(Reg.), D-Anteil *m* || ~ **control** /
Differentialregelung *f*, Vorhaltregelung *f* || ~
element / Vorhaltglied *n* || ~ **gain** /
Differenzierverstärkung *f*, Vorhaltverstärkung *f*,
Differentialverstärkung *f* || ~ **time** / Differenzierzeit
f (Reg.), Differentialzeit *f*, D-Zeit *f*, Vorhaltezeit *f* ||
~ **time constant** / Differentialzeitkonstante *f*
derivative controller s. derivative-action controller ||
~ **gain** / Differenzierverstärkung *f*,
Vorhaltverstärkung *f*, Differentialverstärkung *f* || ~
time / TV, Vorhaltezeit *f*, Differenzierzeit *f* || ~ **time
constant** / Differentialzeitkonstante *f*,
Differenzierer *m* (Glied, dessen Ausgangsgröße
proportional zur Änderungsgeschwindigkeit der
Eingangsgröße ist)
derive *v* / ableiten *v*, herleiten *v*
derived data type / abgeleiteter Datentyp || ~ **energy**
/ Sekundärenergie *f* || ~ **function** / abgeleitete
Funktion || ~ **quantity** / abgeleitete Größe || ~

142

reference pulse waveform / abgeleiteter
Referenzimpuls
Derozier's zig-zag winding / Deroziers
Zickzackwicklung
derusted *adj* / entrostet *adj*
descaled *adj* / entzundert *adj*
descender *n* / Unterlänge *f* (Buchstabe)
descending *adj* / degressiv *adj*, abnehmend *adj* ||
descending branch / absteigender Ast
describing function / Beschreibungsfunktion *f*
description *n* / Beschreibung *f*, Darstellung-
Bezeichnung *f* || ~ **editor field** / Editierfeld
Beschreibung || ~ **file** / Beschreibungsdatei *f* || ~ **of
control interface** / Nahtstellenbeschreibung *f* (NC)
|| ~ **of differences** / Differenzbeschreibung *f* || ~ **of
fault** / Fehlerbeschreibung *f* || ~ **of functions** /
Funktionsbeschreibung *f* || ~ **of work** /
Arbeitsbeschreibung *f* || ~ **tool** /
Beschreibungsmittel *n*
descriptive statistics / beschreibende Statistik
descriptor *n* / Beschreiber *m*, Schlagwort *n*,
Suchbegriff *m*, Bezeichner *m*
deselect *v* / abwählen *v*
deselection *n* / Abwahl *f*
de-sealing *n* / Aufheben der Selbsthaltung
desensitization *n* / Desensibilisierung *f* (Empfänger,
EMV)
deserializer *n* / Entserialisierer *m*, Seriell-Parallel-
Umsetzer *m*, Parallelumsetzer *m*
desiccant *n* / Trocknungsmittel *n* || ~ **breather** /
Luftentfeuchter *m* (m. Trocknungsmittel) || ~
cartridge / Trockenpatrone *f* || ~ **tube** /
Absorptionsrohr *n* (m. Trockenmittel)
design *v* / konstruieren *v*, auslegen *v*, entwerfen *v*,
formgestalten *v*, bemessen *v* || ~ (at the planning
stage) / projektieren *v* (PC-System) || ~ *n* /
Konstruktion *f*, Auslegung *f*, Entwurf *m*, Aufbau *m*,
Bemessung *f*, Modell *n*, Gestaltung *f*,
Gestaltgebung *f*, Bauform *f*, Ausführung *f*,
Erläuterung *f*, Erklärung *f*, Dimensionierung *f*,
Variante *f*, Technik *f*, Feldaufbau *m*, Bauart *f*,
Kontur *f*, Bauweise *f*, Umriss *m*, Aufbautechnik *f*,
Konzept *n*, konstruktiver Ausbau || **external** ~ IEC
439 / äußere Bauform (a. SK) || ~ **assurance** (CSA
Z 299) / Qualitätssicherung in Entwurf und
Konstruktion
designate *v* / bezeichnen *v*, kennzeichnen *v*
designation *n* / Bezeichnung *f*, Kennzeichnung *f* DIN
40719,T.2 || ~ **and application** / Benennung und
Verwendung || ~ **block** / Kennzeichnungsblock *m*
DIN 40719,T.2 || ~ **code** / Bezeichnungscode *m* || ~
group IEC 1132 / Kennzeichnungsgruppe *f* || ~
kind / Artkennzeichen *n* DIN 40719 || ~ **of article
characteristic** / Sachmerkmal-Benennung *f* DIN
4000,T.1 || ~ **system** / Bezeichnungssystem *n*
design automation (DA) /
Konstruktionsautomatisierung *f* (DA) || ~ **basis
conditions** / Auslegungsbedingungen *f pl* || ~ **basis
events (DBE)** / Auslegungsereignisse *n pl* || ~
control / Konstruktionsüberwachung *f* (QS) || ~
current / Nennstrom *m* (eines Stromkreises) IEC
50(826), Amend. 1 || ~ **department** /
Konstruktionsabteilung *f* || ~ **draft** /
Konstruktionsentwurf *m* || ~ **drawing** /
Konstruktionszeichnung *f*, Entwurfszeichnung *f*
designed *adj* / ausgelegt *adj* || **be** ~ **for** / ausgelegt
sein für

designed-in quality (AQAP) / hineinentworfene Qualität
designed to modular principles / modular aufgebaut
design engineer / Konstrukteur *m* || **~ factor** / Baufaktor *m* || **~ failure** / konstruktionsbedingter Ausfall, entwurfsbedingter Ausfall (Ausfall wegen ungeeigneter Konstruktion einer Einheit) || **~ fault** / konstruktionsbedingter Fehlzustand, entwurfsbedingter Fehlzustand (Fehlzustand wegen ungeeigneter Konstruktion einer Einheit) || **~ feature** / Ausführungsmerkmal *n* || **~ flux density** / Auslegungsinduktion *f* || **~ form** / Sollform *f* || **~ form of surface** / Solloberfläche *f* || **~ illuminance** / Planungswert der Beleuchtungsstärke || **~ life** / Auslegungslebensdauer *f*, Lebensdauer-Richtwert *m* || **~ load** / rechnerische Belastung, Regelbelastung *f*, Bemessungslast *f* (Leiterseil), Lastannahme *f* || **~ of duct** / Strömungsführung *f* || **~ office** / Konstruktionsbüro *n*, Berechnungsbüro *n* || **~ output** / Designergebnis *n* (QS-Begriff) || **~ overload** / Entwurfsüberlast *f*, Auslegungsüberlast *f* || **~ period** / Planungszeitraum *m* || **~ power** / geplante Leistung, Entwurfsleistung *f* || **~ pressure** / Berechnungsdruck *m* PR DIN 2401,T.1, Konstruktionsdruck *m*, Auslegungsdruck *m*, Konzessionsdruck *m* || **~ pressure of enclosure** / zulässiger Betriebsüberdruck der Kapselung (gasisolierte SA) || **~ rating** / geplante Leistung, Bauleistung *f*, Entwurfsleistung *f* || **~ review** / Entwurfsprüfung *f* (QS, E DIN 55350, T.16), Entwicklungsüberprüfung *f*, Entwurfüberprüfung *f*, Entwurfsreview *n*, Design-Review *n*, Designprüfung *f* (dokumentierte, umfassende und systematische Untersuchung eines Designs, um seine Fähigkeit zu beurteilen, die Qualitätsforderung zu erfüllen, um Probleme festzustellen, falls vorhanden, und um das Erarbeiten von Lösungen zu veranlassen.), Konstruktionsüberprüfung *f* || **~ satisfying safety requirements** / sicherheitstechnisches Gestalten || **~ size** / Sollmaß *n* DIN 7182,T.1 || **~ specifications** / Auslegungsbestimmungen *f pl* || **~ study** / Vorentwurf *m* || **~ surface** / Solloberfläche *f* || **~ temperature** / Berechnungstemperatur *f* TR DIN 2401,T.1, Konstruktionstemperatur *f* || **~ thrust** / Führungskraft *f* (Lg.) || **~ voltage** IEC 458 / Bauspannung *f* VDE 0712,102 || **~ width of conductor** / Nennbreite eines Leiters (gS) || **~ zero** / Konstruktionsnullpunkt *m*
desired *adj* / Soll *n* || **~ configuration** / Sollkonfiguration *f* || **~ size** / Sollmaß *n* DIN 7182,T.1 || **~ value** / Sollwert *m*, Aufgabenwert *m*, Führungsgröße *f* (ein Signal an einer Größe, die der Steuerung von außen und unabhängig von ihr zugeführt wird, und die den Wert der Ausgangsgröße bestimmt)
desk *n* / Pult *n*, Steuerpult *n* || **~ calculator** / Tischrechner *m* || **~ enclosure** / Pultverkleidung *f* || **~ fitting** / Schreibtischleuchte *f* || **~ frame** / Pultgerüst *n* || **~ luminaire** / Schreibtischleuchte *f* || **~ plotter** / Tischplotter *m*
desk-top calculator / Tischrechner *m* || **~ casing** / Tischgehäuse *n* (MC) || **~ facsimile unit** / Tischfernkopierer *m* || **~ model** / Tischgerät *n* || **~ plotter** / Tischplotter *m* || **~ unit** / Tischgerät *n*
desk-type assembly IEC 439-1 / Pultbauform *f* (SK) VDE 0660,T.500 || **~ FBA** / FSK in Pultbauform

desorption *n* / Desorption *f* || **~ method of cooling** / Desorptionskühlung *f*
dessicant agent / Trockenmittel *n* || **~ bag** / Trockenbeutel *m*
destack *n* / Abstapeln *n*
destination *n* / Bestimmungsort *m*, Zielort *m* DIN 40719, Reiseziel *n*, Adresse *f* || **~** (station which is the data sink of a message) / Nachrichtenziel *n* || **~ address** / Zieladresse *f* || **~ check** / Zielkontrolle *f* || **~ code** / Zielcode *m* || **~ data block** / Ziel-Datenbaustein *m* (SPS), Ziel-DB *m*, Zieldatenbaustein *m* || **~ data range** / Zieldatenbereich *m* || **~ drive** / Ziellaufwerk *n* || **~ frame** / Zieldatenblock *m* || **~ language generation** / Zielsprachen-Erzeugung *f* || **~ machine-dependent** *adj* / zielmaschinenabhängig *adj* || **~ memory-unit (D)** / Ziel (Z) *n*, Zielspeicher (Z) *m* || **~ PLC** / Ziel-AS *n* || **~ PLC properties** / Ziel-AS-Charakteristika *n pl* || **~ project** / Zielprojekt *n* || **~ reached and stationary (DRS)** / Position erreicht und Halt (PEH) || **~ service access point (DSAP)** / Ziel-Dienstzugangspunkt *m* || **~ slave** / Zielstation *f*, Ziel-Slave *m*
destination/source data block / Ziel-/Quell-Datenblock *m*
destination symbol / Zielzeichen *n* DIN 40719
destruction limit / Zerstörgrenze *f*, Zerstörungsgrenze *f* || **~ range** / Zerstörungsbereich *m* || **~ test** / Zerstörungsprüfung *f*
destructive readout (DRO) / löschendes Lesen, zerstörendes Auslesen || **~ test** / zerstörende Prüfung
detach *v* / abnehmen *v*, abbauen *v*, lösen *v*, (Probe) entnehmen *v*
detachable *adj* / abnehmbar *adj*, lösbar *adj*, auswechselbar *adj*, ausbaubar *adj* || **~ assembly** / lösbare Verbindung || **~ ball-lever handle** / Kugelsteckgriff *m* || **~ cord** IEC 380 / Geräteanschlussleitung *f* (Büromaschine) VDE 0806 || **~ detector** / abnehmbarer Melder (Brandmelder) || **~ door** / aufgesetzte Tür || **~ flexible cable (o. cord)** IEC335-1 / Geräteanschlussleitung *f* (HG) VDE 0700,T.1 || **~ knob** / Steckknebel *m* || **~ lever** / Steckhebel *m* || **~ lever mechanism** / Steckhebelantrieb *m* || **~ panel** / abnehmbare Abdeckung (ST), Stecktür *f* || **~ specular reflector** / Einsatzspiegel *m* (Leuchte)
detached *adj* / abgelöst *adj* || **~ busbar support** / freistehender Sammenschienhalter || **~ representation** / aufgelöste Darstellung (Stromlaufplan) DIN 40719,T.3 || **~ rotary operating mechanism** / ausgekuppelter Drehantrieb
detail *n* / Einzelheit *f* || **~ display** / Detailbild *n*
detailed analysis / Detailanalyse *f* || **~ detail(ed) drawing** / Detailzeichnung *f*, Teilzeichnung *f* || **~ display** / Detailbild *n* || **~ error identifier** / Feinfehlerkennung *f* || **~ procedure** / Einzelverfahren (QS) || **~ symbol** / ausführliches Sinnbild *n* || **~ view** / Detailanzeige *f*, Detailansicht *f*
detail function / Lupe *f*, Lupenfunktion *f* || **~ information** / Detailinformation *f* || **~ planning tools** / Feinplanungswerkzeuge *n pl* || **~ scheduling (of manufacture)** / Fertigungsfeinplanung *f* || **~ specification** IEC512-1 / Bauartnorm *f* DIN 41640, Einzelbestimmung *f*
details of stockists / Bezugsquellen-Hinweis *m* || **~**

detail 144

view / Detailanzeige *f*, Detailansicht *f*
detail view / Detailanzeige *f*, Detailansicht *f*
detect *v* / erfassen *v*, auswerten *v*, bewerten *v*, erkennen *v*
detectability *n* / Nachweisbarkeit *f* (durch Analyse), Erkennbarkeit *f*, Nachweisgrenze *f*, Erfassbarkeit *f*
detectable *adj* / erfassbar *adj*, erkennbar *adj*, messbar *adj*, nachweisbar *adj*
detecting code / Erkennungskode *m* || ~ **device** / Erfassungsgerät *n*, Messfühler *m*, Meldegerät *n* || ~ **element** / Messwertgeber *m*, Messtaster *m* (Gerät zum automatischen Erfassen von Messwerten an Werstücken oder Werkzeugen während des NC-Programmablaufs), schaltender Messtaster, schaltender Taster, Messfühler, Fühler *m*, schaltender Messfühler || ~ **instrument** / Indikator-Messgerät *n* (zur annähernden Messung einer Größe und/oder des Vorzeichens der Größe)
detection *n* / Erfassung *f*, Nachweis *m*, Erkennung *f*, Zählwerterfassung *f* || **overcurrent** ~ / Überstromerfassung *f*, Überstromüberwachung *f* || ~ **efficiency** / Nachweiswirkungsgrad *m* || ~ **limit** / Nachweisgrenze *f* || ~ **of incipient faults** / Störfallfrüherkennung *f* || ~ **of number** / Erfassung der Anzahl || ~ **of the actual value** / Stromistwerterfassung *f* || ~ **of the position** / Wegerfassung *f*, Positionserfassung *f*, Lageerfassung *f* || ~ **sensitivity** / Nachweisempfindlichkeit *f* || ~ **threshold** / Empfindlichkeitsschwelle *f* (LWL)
detectivity *n* / Detektivität *f* (Strahlungsempfänger) || ~ *n* IEC 50(731) / Rauschempfindlichkeit *f*
detector *n* / Fühler *m*, Messwertgeber *m*, Aufnehmer *m*, Detektor *m*, Suchgerät *n*, Signalgeber *m*, Taster *m*, Melder *m*, Gleichrichter *m* || ~ (sound level meter) / Gleichrichter *m* || **earth-leakage** ~ / Ableitstromanzeiger *m* || **live voltage** ~ IEC50(302) / Anzeiger einer berührungsgefährlichen Spannung || **peak** ~ / Spitzenwertdetektor *m* || **primary** ~ ANSI C37.10 / Aufnehmer *m* (erstes Element eines Messkreises), Messfühler *m*, Signalgeber *m* || **r.m.s.** ~ / Effektivwert-Detektor *m* || **selective** ~ / selektiver Empfänger (f. optischeStrahlung) || ~ **adaption module** / Geberanpassmodul *n* || ~ **diode** / Detektordiode f- || ~ **efficiency** IEC 147-1 / Richtwirkungsgrad *m* (Diode) DIN 41853
detector-indicator system (sound level meter) / Gleichrichtungs- und Anzeigeteil (Schallpegelmesser)
detector of radiation / Strahlungsempfänger *m* || ~ **operating temperature** / Fühleransprechtemperatur *f* || ~ **power efficiency** IEC 147-1 / Leistungs-Richtwirkungsgrad *m* (Diode) || ~ **system** / Meldersystem *n* (Brandmeldeanl.) || ~ **voltage efficiency** / Spannungsrichtverhältnis *n* (Diode) DIN 41853 || ~ **zone** / Melderlinie *f* (Brandmeldeanl.)
detent *n* / Arretierung *f*, Raste *f*, Rastung *f*, Sperre *f*, Klinke *f*, Sperrklinke *f*, Anschlag *m*, Auslöser *m*, Rastnase *f* || ~ **cam** / Rastscheibe *f* || ~ **disk** / Rastscheibe *f* || ~ **element** / Entkupplungseinrichtung *f* (EZ) || ~ **lever** / Fangarm *m* (EZ), Rasthebel *m* || ~ **pawl** / Sperrklinke *f* || ~ **position** / Raststellung *f* || ~ **time** / Entkupplungszeit *f* (EZ) || ~ **torque** / Selbsthaltemoment *n*
deterioration *n* / Verschlechterung *f* (QS),

Güteminderung *f* || ~ **product** / Alterungsprodukt *n*
determinate fault / eindeutiger Fehlzustand IEC 50(191)
determination *n* / Ermittlung *f* || **determination of efficiency** (cf. under efficiency) / Wirkungsgradbestimmung *f* || ~ **of earth-fault direction** / Erdschlussrichtungsbestimmung *f* || ~ **test** (A test used to establish the value of a characteristic or a property of an item.) / Bestimmungsprüfung *f* (Prüfung zur Feststellung des Wertes eines Merkmals oder einer Eigenschaft einer Einheit)
determine *v* / bestimmen *v*, feststellen *v* || ~ **assembly with control modules** / Festlegung Bestückung mit Regelungsbaugruppen || ~ **data** / Daten ermitteln || ~ **feed motors** / Festlegung der Vorschubmotoren
determined state / definierter Zustand (Meldung)
deterministic adaptive control system / deterministisches adaptives Regelsystem || ~ **features** / Deterministik *f* (festgelegte Zeit, in der System auf Prozesssignal reagieren muss.; Harte Echtzeitanforderung)
detuning *n* / Verstimmung *f*
deuteron beam / Deuteronenstrahl *m*
develop *v* / erstellen *v*, erzeugen *v*
developed length / abgewickelte Länge, gestreckte Länge, Abwicklungslänge *f* || ~ **winding diagram** / abgerolltes Wicklungsschema
developing fault / sich ausweitender Kurzschluss
development *n* / Entwicklung *f*, Abwicklung *f*, Verlauf *m*, Erschließung *f*, Erstellung *f* || ~ **computer** / Entwicklungsrechner *m* || ~ **department** / Entwicklungsabteilung *f* || ~ **order** / Entwicklungsauftrag *m* || ~ **overheads** / Entwicklungsgemeinkosten *pl* || ~ **sample** / Entwicklungsmuster *n*, Entwurfsmuster (EM) *n* || ~ **schedule** / Entwicklungstermlnplan *m* || ~ **system** / Erstellsystem *n* || ~ **test bed** / Entwicklungsprüfstand *m* || ~ **time** / Entwicklungszeit *f*, Laufzeit *f* (Chromatograph) || ~ **tool** / Entwicklungswerkzeug *n* || ~ **type test** / entwicklungsbegleitende Typprüfung, begleitende Typprüfung
deviation *n* / Abweichung *f*, Sollwertabweichung *f*, Abmaß *n*, Hub *m*, Auslenkung *f* || **magnetic** ~ / magnetische Missweisung || **mean** ~ / mittlere Abweichung, mittlerer Abweichungsbetrag DIN 55350,T.23 || **synchronous periodic** ~**s** / synchrone periodische Überlagerungen DIN 41745 || ~ **alarm** / Gefahrmeldung bei unzulässiger Regelabweichung || ~ **curve of a balance** / Fehlerkurve bei Waagen || ~ **factor** / prozentuale Abweichung von der Sinusform || ~ **from contour** / Konturabweichung *f* (NC) || ~ **from setpoint** (o. desired value) / Sollwertabweichung *f* || ~ **from shearing line** / Schnittlinienabweichung *f* || ~ **from sinoid** / Abweichung von der Sinusform || ~ **of synchronous time** / Synchronzeitabweichung *f*, Uhrzeitabweichung *f* || ~ **permit** / Sonderfreigabe *f* (QS, vor der Realisierung von Einheiten; DIN 55350, T.1)
device *n* / Vorrichtung *f*, Einrichtung *f*, Gerät *n*, Gleichrichterdiode *f*, nicht steuerbares Ventilbauelement, rückwärts sperrendes Ventilbauelement || ~ **application process** / Anwendungsprozess im Gerät EN 50090-2-1, Gerätezuordnung *f* || ~ **assignment list** /

Gerätezuordnungsliste *f* (SPS) || ~ **block** /
Geräteblock *m* || ~ **box** / Gerätedose *f* (I),
Geräteeinbaudose *f* (I), Apparatedose *f* || ~ **clear
active state (DCAS)** / aktiver Zustand der
Rücksetzfunktion (PMG) DIN IEC 625 || ~ **clear
function** / Rücksetzfunktion *f* (PMG) DIN IEC 625
|| ~ **clear idle state (DCIS)** / Ruhezustand der
Rücksetzfunktion (PMG) DIN IEC 625 || ~
clear(ing) / Gerät rücksetzen (PMG) || ~ **code** /
Gerätekennung *f* || ~ **combination** /
Gerätekombination *f* || ~ **commutation** EN 60146-
1-1 / Ventilbauelement-Kommutierung *f* (LE) || ~
compartment / Gerätefach *n* || ~ **condition code** /
Geräteanzeige *f* (SPS) || ~ **configuration** /
Geräteprojektierung *f* || ~ **control (DC)** /
Gerätesteuerung *f* (DV) || ~ **control character** /
Gerätesteuerzeichen *n* DIN 44300 || ~ **coordinate** /
Gerätekoordinate *f* (GK (GKS)) || ~ **data** /
Gerätestammdaten (GSD) *pl*, Gerätestammdatei
(GSD) *f* || ~ **data base file (DDBF)** /
Gerätestammdatendatei *f* (GSD)
device-dependent message / Gerätenachricht *f*
(PMG) DIN IEC 625
device designation / Gerätekennzeichnung *f*
(vorwiegend kleine Geräte, I-Material) || ~ **driver** /
Gerätetreiber *m* || ~ **error** / Gerätefehler *m* || ~ **error
message** / Gerätefehlermeldung *f* || ~ **for DIN rail
mounting** / Reiheneinbaugerät *n* (Installationsbus)
|| ~ **function** / Gerätefunktion *f* || ~ **function
interaction** / Wechselwirkung mit der
Gerätefunktion (PMG) || ~ **ID** / Gerätekennung *f* || ~
identifier / Gerätekennzeichen *f* (SPS) || ~
installation / Geräteeinbau *m* || ~ **interface** /
Geräteschnittstelle *f* (SPS) || ~ **interfacing** /
Geräteanschaltung *f* (SPS), Gerätekopplung *f* || ~
management / Geräteverwaltung (GV) *f* || ~
master file / Gerätestammdatei (GSD) *f*,
Gerätestammdaten (GSD) *pl*, GSD-Datei *f*, Geräte-
Stammdatendatei *f* || ~ **of other manufacture** /
fremdes Gerät || ~ **quenching** EN 60146-1-1 /
Ventilbauelement-Verlöschung *f* (LE) || ~ **relative** /
gerätebezogen *adj* || ~ **settings** /
Geräteeinstellungen *f pl*
devices for isolation and switching / Trenn- und
Schaltgeräte
device shield / Geräteschirm *m* || ~ **space** /
Gerätebereich *m* (GKS)
device-specific diagnostics / gerätebezogene
Diagnose
device to prevent incorrect closing /
Fehlschließsicherung *f* || ~ **trigger active state
(DTAS)** / aktiver Zustand der Auslösefunktion
(PMG) DIN IEC 625 || ~ **trigger function** /
Auslösefunktion *f* (PMG) DIN IEC 625 || ~ **trigger
idle state (DTIS)** / Ruhezustand der
Auslösefunktion (PMG) DIN IEC 625 || ~ **type** /
Gerätereihe *f* || ~ **version** / Geräteausführung *f*
devitrification *n* / Entglasung *f*
dew *n* / Tau *m*, Betauung *f*
Dewar vessel / Dewar-Gefäß *n*
de-wetting *n* / Entnetzen *n*
dew point / Taupunkt *m*
dew-point corrosion / Taupunktkorrosion *f* || ~
temperature / Taupunkttemperatur *f*
D flipflop / Verzögerungs-Flipflop *n*, D-
Speicherglied *n*
DH s. data highway

DHB (data handling block) / HTB
(Hantierungsbaustein), Organisationsbaustein *m*
DI (double indication) / DM (Doppelmeldung)
Diac *n* / Diac *m*, Zweirichtungs-Thyristordiode *f*
dia. / Durchmesser *m*
diagnose *v* / diagnostizieren *v*
diagnosis *n* / Diagnose *f* || ~ **counter** / Diagnosezähler
m || ~ **module** / Diagnosebaugruppe *f*
diagnostic address / Diagnoseadresse *f* || ~ **aid** /
Diagnosehilfe *f*, Diagnosehilfsmittel *n* || ~ **alarm** /
Diagnosealarm *m* || ~ **block** / Diagnose-Baustein *m*
|| ~ **buffer** / Diagnosepuffer *m* || ~ **capability** /
Diagnosemöglichkeit *f* || ~ **circuit** /
Fehlerfangschaltung *f*
diagnostic connector / Diagnosestecker *m* (Kfz-
Motorprüfung) || ~ **data** / Diagnosedaten *pl* || ~
display / Prüfanzeige *f* || ~ **event** / Diagnoseereignis
n || ~ **factor** IEC 505 / diagnostische
Beanspruchung (Isolationsprüf.) VDE 0302,T.1 || ~
function / Diagnosefunktion *f* || ~ **indication** /
Prüfanzeige *f* || ~ **interrupt** / Diagnosealarm *m* || ~
message / Diagnosemeldung *f*, Fehlermeldung
(FM) *f*, Fehlertext *m* || ~ **module** /
Diagnosebaugruppe *f* || ~ **part** / Diagnoseteil *n* || ~
parts case / Diagnosekoffer *m* || ~ **part set** /
Diagnoseteilsatz *m* || ~ **program** /
Diagnoseprogramm *n*, Fehlersuchprogramm *n* || ~
purpose / Diagnosezweck *m* || ~ **recorder** /
Diagnoseschreiber *m* || ~ **routine** /
Diagnoseprogramm *n*, Fehlersuchprogramm *n*
diagnostics *n pl* / Diagnose *f* || ~ **address** /
Diagnoseadresse *f* || ~ **and installation key** /
Augentaste *f* || ~ **buffer** / Diagnosepuffer *m* || ~
capability / diagnosefähig *adj*, Diagnosefähigkeit *f*
|| ~ **data store** / Diagnosedatenablage *f* || ~ **function**
/ Diagnosefunktion *f* || ~ **guide** / Diagnoseanleitung
f || ~ **indication** / Diagnoseanzeige *f* || ~ **message** /
Fehlermeldung (FM) *f*, Diagnosemeldung *f*,
Fehlertext *m* || ~ **module** / Diagnosebaugruppe *f* || ~
processor / Diagnoseprozessor *m* || ~ **requirement**
/ Diagnoseanforderung *f*
diagnostic software / Diagnosesoftware *f* || ~
subsystem / Diagnoseteilsystem *n* || ~ **support** /
Diagnoseunterstützung *f* || ~ **system** /
Diagnosesystem *n* || ~ **terminal** / Diagnosestation *f*
|| ~ **tool** / Diagnosehilfsmittel *n*, Diagnosehilfe *f* || ~
unit / Diagnosegerät *n*
diagonal leg profile / Diagonalprofil am Mastfuß
(Freiltg.)
diagram *n* / Diagramm *n*, graphische Darstellung,
Kurvenbild *n*, Schaubild *n* || ~ **IEC 113-2** /
Schaltplan *m* DIN 40719,T.2 || ~ **logic** / logischer
Schaltplan || ~ **generator** / Plangenerator *m* || ~
group-level terms / Begriffe zur
Graphengruppenebene || ~ **processing** /
Graphbearbeitung *f* || ~ **records** /
Diagrammbuchführung *f*
diagrammatic representation / graphische
Darstellung, schematische Darstellung, Schema *n* ||
~ **view** / schematische Ansicht
diagram of connections / Anschlussschaltbild *n*
dial *v* / (eine Nummer) wählen *v*, anwählen *v* (DÜ) || ~
n / Zifferblatt *n*, Skala *f*, Skalenscheibe *f*,
Ziffernscheibe *f*, Wählscheibe *f*, Zeitscheibe *f* || ~
circuit / Uhrenlinie *f*
dialect *n* / Dialekt *m*
dial gauge / Messuhr *f*, Skalenlehre *f*

dial-gauge mounting adaptor / Messuhrständer *m*
dial indicator / Messuhr *f*, Skalenlehre *f*
dialing channel / Wahlkanal *m*
dial lamp / Skalenlampe *f*
dialled input / Wählscheibeneingabe *f*, Ziffernscheibeneingabe *f*
dial line / Wählleitung *f* (DÜ)
dialling mistake probability / Falschwahlwahrscheinlichkeit *f* IEC 50(191) || ~ **procedure** / Anwahlverfahren *n*
dialog *n* / Dialog *m* (DV) || ~ **box** / Dialogfenster *n*, Dialogfeld *n*, Dialogbox *f* || ~ **data** / Dialogdaten *pl* || ~ **display** / Dialogbild *n* || ~ **field** / Dialogfeld *n* (BSG) || ~ **form** / Dialogformular *n* || ~ **line** / Dialogzeile *f* || ~ **sequence** / Dialogfolge *f* || ~ **variable** / Dialogvariable *f* || ~ **window** / Dialogfenster *n*
dial plate / Zifferblatt *n* || ~ **telethermometer** / Zeigerfernthermometer *n* || ~ **thermometer** / Zeigerthermometer *n* || ~ **up network** / DFÜ Netzwerk
DIAL / Deutsches Institut für Angewandte Lichttechnik (DIAL)
dial-type register / Zeigerzählwerk *n* || ~ **thermometer** / Zeigerthermometer *n*
dial-up line / Wählleitung *f*
dialup line / Wählleitung *f* (DÜ)
diamagnetic material / diamagnetischer Werkstoff
diamagnetism *n* / Diamagnetismus *m*
diameter *n* / Durchmesser *m* || ~ **across floats** / Schlüsselweite (SW) *f* || ~ **compensation** / Durchmesserkorrektur *f* (NC) || ~ **drilled** / Bohrdurchmesser *m*, Bohrungsdurchmesser *m* || ~ **of connection end** / Anschlussnennweite *f* || ~ **of gyration** / Trägheitsdurchmesser *m* || ~ **offset** / Durchmesserkorrektur *f* (NC, Korrekturwert) || ~ **wear** / Durchmesserabnützung *f*
diametral brush / Durchmesserbürste *f* || ~**clearance** / Durchmesserspiel *n*, Scheitelspiel *n*, Durchmesserunterschied *m*, Radialspiel *n* || ~ **connection** / Durchmesserschaltung *f* || ~ **pitch** / Durchmesserteilung *f* || ~ **winding** / Durchmesserwicklung *f*, ungesehnte Wicklung
diametrically opposed / diametral entgegenliegend, in Durchmesserstellung, diagonal gegenüberliegend
diametric voltage / Durchmesserspannung *f*, verkettete Spannung im 6-Phasen-System
diamond coil / Fassspule *f*, Korbspule *f*, Schablonenspule *f*
diamond-planish *v* / rauhplanieren *v* (stanzen)
diamond-planishing die / Rauhplanierstanze *f*
diamond pyramid hardness (DPH) / Diamantpyramidenhärte *f*, Vickershärte *f* || ~ **pyramid hardness test** / Härteprüfung nach Vickers || ~ **winding** / Gleichspulwicklung *f*, Fasswicklung *f*, Schablonenwicklung *f*, Korbwicklung *f*
diaphragm *n* / Membrane *f*, Federplatte *f*, Zwischenwand *f*, Querverband *m* (Gittermast), Membrandichtung *f*, Membran *f* || ~ **actuator** / Membranantrieb *m*, Plattenfederantrieb *m* || ~ **element** / Plattenfedermesswerk *n*, Membranmesswerk *n* || ~ **housing** / Membrangehäuse *n* || ~ **motor** / Membranmotor *m* || ~ **operated valve** / Membranstellventil *n* || ~ **plate** / Membranteller *m* || ~ **pressure gauge** /

Plattenfedermanometer *n*, Membranmanometer *n* || ~ **pump** / Membranpumpe *f*, Diaphragmapumpe *f*, Federplattenpumpe *f* || ~ **seal** / Membrandichtung *f* || ~ **strain gauge** / Membran-DMS *m*
diaphragm-type turbine / Kammerturbine *f*
diaphragm valve / Membranventil *n* || ~ **vibration damper** / Membranschwingungsdämpfer *m*
diathermal *adj* / wärmedurchlässig *adj*
diatomaceous earth / Kieselgur *m*
DIAZED fuse base / DIAZED-Sicherungssockel
DIB s. data input bus
dichroic mirror / Kaltlichtspiegel *m*, Spektralspiegel *m* || ~ **filter** / Spektralfilter *m*
die *n* / Stanzwerkzeug *n*, Matrize (WZM) *f*, Schneidwerkzeug *n*, Kokille *f*, Druckgießform *f*
die-cast *adj* / druckgegossen *adj* || ~ **aluminium** / Aluminium-Druckguss *m* || ~ **aluminium alloy** / Aluminium-Spritzgusslegierung *f* || ~ **cage** / Druckgusskäfig *m* (KL) || ~ **copper-base alloy** / Kupfer-Spritzgusslegierung *f* || ~ **housing** / Druckgussgehäuse *n*
die-casting *n* / Spritzgießen *n*, Druckgießen *n*, Druckgussstück *n*
die-cast light alloy / Leichtmetall-Druckguss *m* || ~ **reflector** / Druckgussspiegel *m* || ~ **rotor cage** / Druckguss-Läuferkäfig *m*, gespritzter Läuferkäfig
die cushion / Ziehkissen *n* || ~ **head** / Setzkopf *m*
dielectric *n* / Dielektrikum *n*, Nichtleiter *m*, Kabelisolierung *f*, Isolierung *f* || ~ *adj* / dielektrisch *adj*, nichtleitend *adj*, Isolations... || ~ **absorption** / dielektrische Absorption, dielektrische Nachwirkung || ~ **absorption characteristic** / dielektrische Ladecharakteristik || ~ **absorption current** / dielektrischer Ladestrom || ~ **breakdown** / dielektrischer Durchschlag || ~ **breakdown strength** / dielektrische Durchschlagsfestigkeit || ~ **circuit** / dielektrischer Kreis, Isolationssystem *n* || ~ **coating** / dielektrische Beschichtung || ~ **coefficient** / Dielektrizitätskonstante *f* || ~ **constant** / Dielektrizitätskonstante *f* || ~ **displacement** / dielektrische Verschiebung || ~ **displacement density** / dielektrische Verschiebungsdichte || ~ **dissipation factor** / Permittivitätsverlustfaktor *m* IEC 50(212), dielektrischer Verlustfaktor || ~ **dry test** / dielektrische Trockenprüfung || ~ **fatigue** / dielektrische Absorption, dielektrische Nachwirkung || ~ **flux** / Verschiebungsfluss *m* || ~ **flux density** / dielektrische Verschiebungsdichte || ~ **heating** / dielektrische Erwärmung, kapazitive Erwärmung || ~ **leakage** / dielektrische Ableitung || ~ **liquid** / Isolierflüssigkeit *f* || ~ **loss** / dielektrischer Verlust, Verluste im Dielektrikum || ~ **loss angle** / dielektrischer Verlustwinkel || ~ **loss index** / dielektrische Verlustzahl || ~ **phase angle** / dielektrische Phasenverschiebung || ~ **power factor** / dielektrischer Leistungsfaktor (cos δ), dielektrischer Verlustfaktor || ~ **properties** / Isolationseigenschaften *f pl*, Isoliervermögen *n* || ~ **recovery** / Wiederherstellung des Isoliervermögens *f*, Wiederverfestigung der Schaltstrecke || ~ **remanence** / dielektrische Absorption, dielektrische Nachwirkung || ~ **residual loss** / dielektrischer Nachwirkungsverlust || ~ **resistance** / dielektrischer Widerstand, Isolationswiderstand *m* || ~ **resistivity** / spezifischer Isolationswiderstand *m* || ~ **rigidity** / dielektrische Festigkeit, Durchschlagfestigkeit *f*, Isolationswiderstand *m*,

Überschlagfestigkeit f || ~ **strength** / dielektrische Festigkeit, Durchschlagfestigkeit f, Spannungsfestigkeit f, Isolationswiderstand m, Überschlagfestigkeit f || ~ **strength of break** / Spannungsfestigkeit der Schaltstrecke || ~ **susceptibility** / dielektrische Aufnahmefähigkeit || ~ **test** / Isolationsprüfung f, dielektrische Prüfung, Prüfung der Isolierfestigkeit, Prüfung des Isoliervermögens || ~ **test** (relay) IEC 255 / Hochspannungsprüfung f(Rel.), Isolationsprüfung f (Rel.) || ~ **test** IEC 214 / Spannungsprüfung f (Trafo) VDE 0532,T.30 || ~ **test** IEC 50(411) / Spannungsprüfung f (el. Masch.) || ~ **test level** / Isolationsprüfpegel m || ~ **wet test** / dielektrische Regenprüfung || ~ **withstand capability** / dielektrische Zerstörfestigkeit
die manufacture / Presswerkzeugbau m || ~ **milling** / gesenkfräsen v || ~ **milling machine** / Gesenkfräsmaschine f
die out v / abklingen v, ausschwingen v
diesel-driven flywheel generator / Diesel-Schwungradgenerator m || ~ **generator** / Diesel-Generator m
diesel-electric drive / Diesel-elektrischer Antrieb
diesel engine / Dieselmotor m
diesel-generator set / Diesel-Aggregat n
dieseling n / Nachlauf m (Dieselmotor)
diesel power plant / Diesel-Kraftanlage f || ~ **substation** / Dieselstation f
die stock chaser / Strehlbacke f (WZM)
difference, colour ~ / Farbunterschied m, Farbabstand m || ~ **amplifier** / Differenzverstärker m || ~ **documentation** / Differenzdokumentation f
difference-flux principle / Differenzflussprinzip n
difference in levels / Höhenunterschied m (Freiltg., senkrechter Abstand zwischen zwei horizontalen Ebenen durch die Leiterbefestigungspunkte) || ~ **in position** / Differenzlage f || ~ **of head** / Differenz der Förderhöhe || ~ **of hue** / Farbtonunterschied m || ~ **of phase** / Phasenungleichheit f, Phasenunterschied m || ~ **signal** / Differenzsignal n || ~ **test** / Differenzwägung f || ~ **threshold** / Unterschiedsschwelle f || ~ **time constant** / Differenzzeitkonstante f
different adj / unterschiedlich adj
differential n / Differential n, Schaltdifferenz f, Schalthysterese f, Ausgleichsgetriebe n, differentiell adj || ~ **action** / Differentialverhalten f (Reg.), Differentialwirkung f
differential-action control / Differentialregelung f, Vorhaltregelung f || ~ **controller** / Differentialregler m || ~ **time constant** / Differentialzeitkonstante f
differential amplification / Differentialverstärkung f || ~ **amplifier** / Differentialverstärker m || ~ **arc regulator** / Differenzialregelwerk n (Lampe) || ~ **balance** / Differentialabgleich m || ~ **block skip** (See: block skip) / gefächertes Satzausblenden (Siehe: Satzausblenden) || ~ **booster** / Zusatzmaschine mit Differentialerregung || ~ **component** / Differentialanteil m (Reg.), D-Anteil m || ~ **compounded** / feldschwächend kompoundiert || ~ **compounding** / Gegenkompoundierung f, gegensinnige Kompoundierung, feldschwächende Verbunderregung, Differentialerregung f || ~ **compound machine** / Gegenverbundmaschine f, Maschine mit feldschwächender Verbunderregung,

Gegenkompoundmaschine f || ~ **compound winding** / Gegenverbundwicklung f, Gegenwicklung f, Antikompoundwicklung f || ~ **connection** / Vergleichsschaltung f, Differenzschaltung f || ~ **control** / Differentialregelung f, Vorhaltregelung f || ~ **controller** / Differentialregler m || ~ **current** / Differentialstrom m (Differentialschutz), Differenzstrom m || ~ **current mode transmission** / Gegenstromübertragung f || ~ **cylinder** / Differentialzylinder m || ~ **current protection** / Differenzstromschutz m
differential-current trip / Differenzstromauslöser m
differential detector / Differenzmelder m (Brandmelder) || ~ **dimension** / Differenzmaß n || ~ **discriminator** / Differentialdiskriminator m || ~ **etching** / Differenzätzung f || ~ **excitation** / Differentialerregung f, Gegenverbunderregung f || ~ **force** / Differenzkraft f (a. PS) DIN 41635 || ~ **forward resistance** / differentieller Durchlasswiderstand DIN 41 760 || ~ **gap** / Schaltdifferenz f (Reg.), Differenz zwischen dem oberen und unteren Umschaltwert, Hysterese f, Hysterese Ansprechwert, Meldungshysterese f || ~ **gear shaft** / Ausgleichwelle f || ~ **gearing** / Ausgleichsgetriebe n || ~ **hysteresis** / Schalthysterese f || ~ **impulse rate meter** / Differenz-Impulsratenmeter n || ~ **indicator** / Differenzanzeigegerät n || ~ **input** / Differenzeingang m (Verstärker, MG) || ~ **input threshold voltage** / Differenz-Eingangsschwellenspannung f || ~ **input voltage** / Differenz-Signal-Eingangsspannung f || ~ **leakage** / doppelt verkettete Streuung || ~ **limit switch** / Differential-Endschalter m || ~ **linearity error** / differentieller Linearitätsfehler DIN 44472 || ~ **lock** / Differentialsperre f (Kfz)
differentially wound / differential gewickelt, mit Gegenverbundwicklung
differentially-wound machine / Gegenverbundmaschine f, Maschine mit feldschwächender Verbunderregung, Gegenkompoundmaschine f
differential measurement / differentielle Messung, Differenzmessung f || ~ **measuring bridge** / Differentialmessbrücke f || ~ **measuring instrument** / Differenzmessgerät n || ~ **method of measurement** / Differenzmessverfahren n || ~ **mode attenuation** / Moden-Dämpfungsunterschied m (LWL) || ~ **mode delay** / Multimoden-Laufzeitunterschied m (LWL)
differential-mode output impedance / Differenz-Ausgangsimpedanz f || ~ **voltage** / Differenzspannung f (SPS) DIN EN 61131-1 || ~ **voltage** IEC 50(161) / symmetrische Spannung (EMV) || ~ **voltage amplification** / Differenz-Spannungsverstärkung f (Verstärker m. Differenzeingang)
differential non-linearity / Differential-Linearitätsfehler m || ~ **operator** / Differentialoperator m || ~ **output** / Differenzausgang m (Verstärker) || ~ **permeability** / differentielle Permeabilität || ~ **phase shift** / Phasenverschiebungsdifferenz f, differentielle Phasenverschiebung || ~ **pilot** / Differentialader f || ~ **pressure** / Differenzdruck m, Wirkdruck m, Druckunterschied m

differential-pressure flowmeter / Differenzdruck-Durchflussmesser *m*, Wirkdruck-Durchflussmesser *m* || ~ **manometer** / Differenzdruckmanometer *n* || ~ **method** / Wirkdruckverfahren *n*, Differenzdruckverfahren *n* || ~ **operated** / differenzdruckgeführt *adj* || ~ **transducer** / Differenzdruck-Messumformer *m*, Wirkdruckgeber *m* || ~ **transmitter** / Differenzdruckgeber *m*, Wirkdruckgeber *m*
differential protection / Differentialschutz *m*, Vergleichsschutz *m*, Messwertvergleichsschutz *m* || ~ **protection relay** / Differentialschutzrelais *n* || ~ **protection transformer** / Differentialschutzwandler *m* || ~ **pulse code modulation (DPCM)** / differenzielle Pulscodemodulation (DPCM) || ~ **quantity** / Differenzgröße *f* || ~ **quantum efficiency** / differentielle Quantenausbeute || ~ **refractometer** / Differential-Refraktometer *n* || ~ **relay** / Differentialrelais *n* || ~ **resistance** / differentieller Widerstand (a. Diode) DIN 41853 || ~ **resolver** / Differential-Drehmelder *m*, Differentialresolver *m*, Differentialdrehmelder *m*, differentialer Drehmelder || ~ **selsyn** / elektrische Ausgleichswelle || ~ **series compensating winding** / Gegenreihenschluss-Kompensationswicklung *f* || ~ **series winding** / Gegenreihenschlusswicklung *f*, Gegenhauptstromwicklung *f* || ~ **series-wound machine** / Gegenreihenschlussmaschine *f* || ~ **shunt motor** / Motor mit Gegennebenschlusserregung || ~ **shunt winding** / Gegennebenschlusswicklung *f* || ~ **threshold** / Unterschiedsschwelle *f* || ~ **transformer** / Differentialtransformator *m*, Differentialübertrager *m*
differential-transformer transducer / Differentialtransformator *m* (Messumformer)
differential travel / Differenzweg *m*, Hysterese *f* (NS, VDE 0660, T.288), Schaltumkehrspannung *f*, Schaltdifferenz *f* (Differenz zw. oberem und unterem Umschaltwert) || ~ **travel H** / Schalthysterese H *f* (NS) || ~ **value** / Differenzwert *m* || ~ **voltage blocking unit (o. device)** / Spannungsdifferenzsperre *f* || ~ **winding** / Gegenverbundwicklung *f*, Gegenwicklung *f*, Antikompoundwicklung *f*
differentiate *v* / differenzieren *v*, ableiten *v*, unterscheiden *v*
differentiating circuit / Differenzierschaltung *f*
differentiation *n* (pulse shaping process) / Differentiation *f* || ~ **criteria** / Differenzierungkriterien *n pl*
differentiator *n* / Differenzierer *m*
differently configured / unterschiedlich geführt
diffracted wave / gebeugte Welle
diffraction *n* / Beugung *f*, Diffraktion *f* || ~ **analysis** / Beugungsanalyse *f* || ~ **analyzer** / Diffraktometer *n* || ~ **fringes** / Beugungsstreifen *m pl* || ~ **grating** / Beugungsgitter *n*, optisches Gitter || ~ **grid** / optisches Gitter || ~ **image** / Beugungsbild *n*, Beugungsdiagramm *n* || ~ **pattern** / Beugungsdiagramm *n*, Beugungsbild *n*, Beugungsmuster *n* (LWL) || ~ **photograph** / Beugungsaufnahme *f*, Beugungsbild *n*
diffractometer *n* / Diffraktometer *n*
diffractometry *n* / Diffraktometrie *f*, Beugungsanalyse *f*
diffuse *v* / zerstreuen *v*, ausstreuen *v*, diffundieren *v*, eindiffundieren *v*
diffused junction / diffundierter Übergang (HL), diffundierter Zonenübergang || ~ **lighting** / Beleuchtung durch gestreutes (o. diffuses) Licht || ~ **transistor** / diffundierter Transistor
diffuse field / diffuses Feld, Hallraum *m*
diffuse-field sensitivity / Übertragungsfaktor im diffusen Feld DIN IEC 651
diffuse lighting / gestreute (o. diffuse) Beleuchtung || ~ **metal-vapour arc** / diffuser Metalldampfbogen
diffuseness of lines / Unschärfe der Spektrallinien
diffuser *n* / Diffusor *m*, lichtstreuender Körper, streuendes Medium, Streuoptik *f*, Streuschirm *m*, (streuendes)Leuchtenglas *n*, Leuchtenwanne *f*, Zerstäuber *m*, Streuscheibe *f*, Streukörper *m* || ~ **perfect** ~ / vollkommen mattweiße Fläche || ~ **bowl** / Abschlusswanne *f* (Leuchte) || ~ **cone** / Abströmkegel *m* (Lüfter)
diffuse reflectance / Grad der gestreuten Reflexion || ~ **reflection** / gestreute Reflexion, diffuse Reflexion
diffuser luminaire / lichtstreuende Leuchte
diffuse sensor / Reflex-Taster *m*, Reflexions-Lichtaster *m* || ~ **sky radiation** / diffuse Himmelsstrahlung || ~ **transmission** / gestreute Transmission, gestreute Durchlassung, diffuse Transmission || ~ **transmission factor** / Grad der gestreuten Transmission || ~ **transmittance** / Grad der gestreuten Transmission || ~ **vacuum arc** / diffuser Vakuumlichtbogen
diffusing coating / lichtstreuender Überzug || ~ **fitting** / lichtstreuende Leuchte || ~ **glass cover** / Streuglas *n* (Leuchte) || ~ **light distribution** / streuende Lichtverteilung || ~ **panel** / Streuscheibe *f* (BT), Streuschirm *m* || ~ **screen** / Streuschirm m. Streuscheibe *f*
diffusion *n* / Streuung *f* (LT), Diffusion *f*, Zerstreuung *f*, Verbreitung *f*, Diffundierung *f*, Ausbreitung *f* || ~ **annealing** / Diffusionsglühen *n* || ~ **barrier** / Diffusionssperre *f* || ~ **coefficient** / Streukoeffizient *m* (LT), Streumodul (LT) || ~ **constant** / Diffusionskonstante *m* (HL), Diffusionskoeffizient *m* || ~ **half-time test** / Diffusions-Halbwertzeitprüfung *f* || ~ **length** / Diffusionslänge *f* (HL) || ~ **of light** / Lichtstreuung *f* || ~ **potential** / Diffusionsspannung *f* (HL) || ~ **power** / Streuvermögen *n* (LT) || ~ **pump** / Diffusionspumpe *f* || ~ **screen** / Weichzeichner *m* (Vergrößerungsgerät) || ~ **technique** / Diffusionstechnik *f* (HL) || ~ **zinc plating** / Diffusionsverzinken *n*
diffusivity, thermal ~ / thermische Diffusivität, Temperaturleitzahl *f*
diffusor *n* / Diffusor *m*, lichtstreuender Körper, streuendes Medium, Streuoptik *f*, Streuschirm *m*, (streuendes)Leuchtenglas *n*, Leuchtenwanne *f*, Zerstäuber *m*, Streukörper *m*, Streuscheibe *f*
digit *n* / Ziffer *f*, einstellige Zahl, Stelle *f*, Ordnungsziffer *f* || **n~** *adj* / n-stellig *adj* || ~ **combination** / Ziffernfolge *f*
digital *adj* / digital *adj* || ~ **actuator** / digitaler Stellantrieb
digital-analog converter (DAC) / Digital-Analog-Umsetzer *m* (DAU), D-A-Wandler *m*, Digital-Analog-Wandler (D/A-Wandler) *m*, Digital-Analog-Umwandler (DAU) *m*
digital/analog input module / Digital-

/Analogeingabe f (Baugruppe) || ~ **output module** / Digital-/Analogausgabe f (Baugruppe)
digital computer / Digitalrechner m, digitale Rechenanlage DIN 44300, digitale Datenverarbeitungsanlage DIN 44300 || ~ **computer system** / digitales Rechensystem DIN 44300 || ~ **control** / digitale Steuerung, Digitalregelung f || ~ **control computer** / Prozessrechner m || ~ **controller** (DDC controller) / Digitalregler m (DDC-Regler) || ~ **counter** / Digitalzähler m || ~ **data** / digitale Daten || ~ **data processing system** / digitales Datenverarbeitungssystem || ~ **differential analyzer (DDA)** / digitaler Differenzensummator (DDA) || ~ **display (DD)** / Digitalanzeige f, Ziffernanzeige f || ~ **dynamic control (DDC)** / digitale dynamische Regelung (DDC) || ~ **electrical quantity** / digitale elektrische Größe f || ~ **electropneumatic positioner** / digital arbeitender elektro-pneumatischer Stellungsregler || ~ **function** / Digitalfunktion f || ~ **grouping** / Zifferngruppierung f, Digital-E/A, digitale Ein-/Ausgabe || ~ **I/O** / Digitalein-/ausgabe f || ~ **incremental measuring system** / digitalinkrementales Messsystem || ~ **incremental plotter** / Digitalplotter m || ~ **indicating instrument** / digitalanzeigendes Messgerät, Digitalanzeiger m || ~ **indicator** / Digitalanzeiger m || ~ **input** / Digitaleingang m (DE), Digitaleingabe f, Binäreingang m || ~ **input control** / Digitaleingangssteuerung f || ~ **input module** / Digitaleingabebaugruppe f || ~ **input parameter** / Digitaleingangsparameter m || ~ **input/output module** / Digital- Ein-/Ausgabebaugruppe || ~ **input/timer module** / Digitaleingabe-Zeitbaugruppe f (SPS) || ~ **integrated circuit** / integrierte Digitalschaltung
digitalization error / Umsetzungsfehler m DIN 44472
digital keyboard / Zifferntastatur f || ~ **linear measuring system** / Linearmesssystem n, Längenmesssystem n, Längenmaßsystem n, digital-lineares Messsystem, lineares Messsystem, digitales lineares Messsystem || ~ **link** / Digitalverbindung f, digitale Kopplung || ~ **logic** / digitale Logik || ~ **logic function** / digitale Verknüpfungsfunktion || ~ **logic operation** / Digitalverknüpfung f
digitally programmed machine tool / digital (o. numerisch) programmierte Werkzeugmaschine
digital meter / digital anzeigendes Messgerät, Messgerät mit Ziffernanzeige, Digitalzähler m || ~ **method of measurement** / digitales Messverfahren || ~ **multimeter (DMM)** / Digitalmultimeter n (DMM) || ~ **operation** / digitale Funktion || ~ **output** / Digitalausgang m (DA), Digitalausgabe f || ~ **output address** / digitale Ausgangsadresse f || ~ **output module** / Digital-Ausgabe-Baugruppe f, Digitalausgabebaugruppe f || ~ **position decoder** / digitale Wegerfassung || ~ **pulse duration modulation (DPDM)** / digitale Impulslängenmodulation (DPDM), digitale Schrittdauermodulation || ~ **readout** / Digitalanzeige f || ~ **reference** / Leitzahl f (Stadtplan) || ~ **signal** / digitales Signal || ~ **signal processor (DSP)** / Digital-Signal-Prozessor (DSP), Digitaler Signalprozessor (DSP) || ~ **statement** /

Digitalanweisung f || ~ **stuffing** / Stopfen n (zur Erhöhung der Digitalrate) || ~ **system** / Digitalsystem n || ~ **tacho** / Impulstacho m || ~ **tacho-generator** / digitaler Drehzahlgeber || ~ **thumbwheel switch** / Zahlenrollensteller m || ~ **time switch** / digitale Zeitschaltuhr || ~ **timer-counter module** / Digital-Zeit-Zählerbaugruppe f || ~ **video interface (DVI)** / Digitale Videoschnittstelle
digital-to-analog conversion (D/A conversion) / Digital-Analog-Umsetzung f || ~ **converter (DAC)** / Digital-Analog-Umsetzer m (DAU), DA-Wandler m, Digital-Analog-Umwandler (DAU) m
digital voltmeter (DVM) / Digitalspannungsmesser m, Digitalvoltmeter n (DVM)
digit drum / Ziffernrolle f (EZ), Zahlenrolle f (EZ) || ~ **position** / Stelle f
digitization error / Umsetzungsfehler m DIN 44472
digitize v / digitalisieren v, digital darstellen, in Digitalwerte umwandeln, quantisieren v, Digitalisierung f
digitizer n / Digitalisierer m, Digitalwandler m, Quantisierer m, Analog-Digital-Umsetzer m, Digitalisiertableau n, Digitalisiertablett n, Digitalisiergerät n || **shaft-angle** ~ / (digitalisierender) Drehwinkel-Messumformer m, Winkelschrittgeber m || ~ **module** / Digitalisiermodul n || ~ **tablet** / Digitalisiertablett n, Digitalisiertableau n
digitizing n / Digitalisierung f || ~ v / digitalisieren v || ~ **control** n / Digitalisiersteuerung f || ~ **tablet** / Digitalisiertablett n
digit rate / Schrittgeschwindigkeit f (DÜ) DIN 44302, Telegrafiergeschwindigkeit f, Digitalrate f, digitale Übertragungsgeschwindigkeit || ~ **sequence** / Ziffernfolge f
digits to the left of the decimal point / Vorkommastelle f
digit string / Ziffernfolge f || ~ **time slot** / digitaler Zeitschlitz || ~ **tube** / Ziffernröhre f
dilational wave / Dehnwelle f
DIL switch (dual-in-line switch) / Kodierschalter m, Codierschalter m, DIL-Schalter m (Dual-in-line-Schalter)
diluent n / Verdünnungsmittel n
dilution cryostat / Entmischungskryostat m
dim v / abdunkeln v, verdunkeln v, abblenden v (a. Kfz), Licht regeln, sich verdunkeln, trübe werden, verblassen v, dimmen v || ~ adj / schwach adj (Licht), trüb adj (Licht), dunkel adj (Selbstleuchter) || **to** ~ **the sight** / die Sicht trüben
dimension v / bemaßen v, bemessen v, Dimension f || ~ n / Maß n, Maßzahl f, Ausmaß n, Abmessung f
dimensional accuracy / Maßgenauigkeit f, Maßhaltigkeit f || ~ **allowance** / Maßzugabe f || ~ **analysis** / Maßanalyse f, Dimensionsanalyse f || ~ **check** / Maßprüfung f, Maßkontrolle f || ~ **control** / Messsteuerung f (NC) || ~ **coordination** / Maßordnung f || ~ **data** (The information, consisting of dimension words, which defines the relative motion between tool and workpiece in one or more axes.) / Weginformation f, Positionsangabe f, Wegangabe f || ~ **details** / Maßangaben f pl || ~ **deviation** / Maßabweichung f || ~ **difference** / Maßdifferenz f || ~ **information** / Größenangabe f || ~ **inspection** / Maßprüfung f, Maßkontrolle f
dimensionally stable / maßhaltig adj, formbeständig

dimensional 150

adj || ~ **true** / maßhaltig *adj*, maßgerecht *adj*
dimensional notation / Maßangabe f (NC) || ~ **stability** / Maßhaltigkeit f, Formbeständigkeit f, Maßbeständigkeit f || ~ **tolerance** / Maßtoleranz f
dimension arrow head / Maßpfeil m || ~ **certificate** / Maßprotokoll n || ~ **drawing** / bemaßte Zeichnung, Maßbild n
dimension(ed) diagramm / Maßbild n || ~ **drawing** / Maßzeichnung f, Maßbild n, Maßblatt n || ~ **sketch** / Maßskizze f
dimensioning n / Bemaßung f, Bemessung f, Vermaßung f || ~ **parameter** / Vermaßungsparameter m || ~ **system** / Bemaßungssystem n
dimensionless group / Ähnlichkeitskennzahl f
dimension line / Maßlinie f
dimension-line arrow / Maßpfeil m
dimensions $n\,pl$ / Maße $f\,pl$, Vermaßung f, Bemaßung f, Maßangaben $f\,pl$ || ~ **according to DIN standard** / Abmaße n. DIN || ~ **in metric and inch systems** / Maßangabe metrisch und inch
dimension series / Maßreihe f (Lg.) || ~ **system grid (DSG)** / Maßsystemraster (MSR) m || ~ **table** / Maßtabelle f || ~ **text** / Bemaßungstext m || ~ **variable** / Bemaßungsvariable f || ~ **word** / Maß-Befehl m (NC, Wort), Koordinatenwort n
dimethyl imidazole / Dimethylimidazol n || ~ **phtalate** / Dimethylphtalat n
diminished radix complement / Stellenkomplement n (Numerale) DIN 44280
dimmable sodium lamp / Natriumlampe mit Lichtstärkesteuerung
dimmed light / gedämpftes Licht, Dämmerlicht n
dimmer n / Lichtsteller m, Lichtsteuergerät m, Dimmer m, Abblendschalter m, Helligkeitsregler m, Beleuchtungsregler m || ~ **group** / Stellersatz m (BT) || ~ **switching** / Sparschaltung f (BT)
dimming switch / Abblendschalter m, Dimmer m
dim up v / aufdimmen v
DIN / Deutsches Institut für Normung (DIN) || **to DIN** / gemäß DIN || **to DIN VDE** / gemäß DIN VDE || ~ **isometry** / DIN-Isometrie f || **DIN rail** / DIN-Schiene f, Hutschiene f, Normprofilschiene f, Hutprofilschiene f, Profilschiene f || ~ **rail mounted device** / Reiheneinbaugerät n (Installationbus, REG (Reiheneinbaugruppe) (Einheiten, die konstruktiv so ausgebildet sind, dass sie auf die Hutschiene passen)
dint n / DINT
DIO (data input/output) / Datenübertragungsanzeige f, DIO
diode n / Diode f || ~ **assembly** / Diodenkombination f || ~ **characteristic** / Diodenkennlinie f, Emissionskennlinie f (ESR) || ~ **circuit** / Diodenbeschaltung f || ~ **laser** IEC 50(731) / Halbleiterlaser m || ~ **limit frequency** / Diodengrenzfrequenz f || ~ **logic (DL)** / Diodenlogik f (DL) || ~ **perveance** / Diodenperveanz f || ~ **photodetector** / Fotodetektor m || ~ **rectifier** / Diodengleichrichter m || ~ **safety barrier** / Sicherheitsbarriere mit Dioden || ~ **stack** / Diodenbaugruppe f (Säule) || ~ **thyristor** / Thyristordiode f || ~ **transistor logic (DTL)** / Dioden-Transistor-Logik f (DTL) || ~ **valve** / Diodenventil n
dioxin n / Dioxin n
dip v / eintauchen v, tauchen v, (plötzlich) abfallen v,

durchsacken v, absenken v || ~ n / Eintauchen n, (Spannungs-)Abfall m, (magnetische) Inklination f, Einsattelung f, Senkung f, Tauchen n, (Spannungs-)Einbruch m
DIP s. **dual-in-line package**
dip degreasing / Tauchentfettung f || ~ **encapsulation** / Tauchisolierung f
DIP-Fix jumper / Dip-Fix-Brücke f || $\stackrel{\circ}{=}$ **switch** / Fädelschalter m
dipole n / Dipol m, Dipolantenne f || ~ **aerial** / Dipolantenne f
dipped beam / Abblendlicht n (Kfz), Stadtlicht n (Kfz) || ~ **electrode** / getauchte Elektrode
dip-solder v / tauchlöten v || ~ **contact** / Tauchlötkontakt m, Schwall-Lötkontakt m
dip-soldered *adj* / tauchgelötet *adj*
dipstick n / Messstab m, Ölmessstab m
DIP switch n / DIP-Schalter m, Fädelschalter m, Kodierschalter m, DIL-Schalter m (Dual-in-line-Schalter), DIP-FIX-Schalter m, Codierschalter m
dip switch / Abblendschalter m
Dirac function / Dirac-Funktion f
direct *adj* / ohne Nachlauf || ~ **access** / Direktzugriff m
direct-access storage / Direktzugriffsspeicher m DIN 44300
direct a.c. converter / Wechselstrom-Direktumrichter m, direkter Wechselstromumrichter, Wechselstromumrichter ohne Zwischenkreis || **direct a.c./d.c. converter** (An a.c./d.c. convertor without an intermediate d.c. or a.c. link.) / Wechselstrom-Gleichstrom-Direktumrichter (Wechselstrom-Glechstrom-Umrichter ohne Gleichstrom- oder Wechselstrom-Zwischenkreis)
direct-acting controller / direkt wirkender Regler, Regler mit direkter Wirkungsrichtung || ~ **indicating measuring instrument** IEC 51 / direkt wirkendes anzeigendes Messgerät || ~ **manual operating mechanism** / unmittelbarer Handantrieb (SG) || ~ **measuring instrument** / direkt wirkendes Messgerät || ~ **pneumatic operating mechanism** / unmittelbarer Druckluftantrieb (SG) || ~ **release** / direktwirkender Auslöser, Direktauslöser m, Primärauslöser m || ~ **voltage regulator** / direkter Spannungsregler
direct actinic effect / direkter aktinischer Effekt || ~ **action** / direktes Verhalten (Reg.), direkte Wirkungsrichtung (Reg.) || ~ **adaptive control system** / direktes adaptives Regelsystem || ~ **advertising** / Direktwerbung f
direct- and quadrature-axis theory / Zweiachsentheorie f (el. Masch.)
direct at the machine / lokal *adj*, maschinennah *adj*
direct axis / Längsachse f (el.)
direct-axis ampere turns / Längsfeld-Amperewindungen $f\,pl$, Längsdurchflutung f || ~ **armature reactance** / Hauptfeld-Längsreaktanz f, Haupt-Längsreaktanz f || ~ **brush** / Längsbürste f || ~ **component** / Längsanteil m, Längskomponente f, Längsfeldkomponente || ~ **component of current** / Längskomponente des Stroms, Längsstrom m || ~ **component of e.m.f.** / Längs-EMK f (el. Masch.) || ~ **component of m.m.f.** / Längsdurchflutung f || ~ **component of synchronous generated voltage** / Hauptfeld-Längsspannung f || ~ **component of damper voltage** / Längsspannung f (el. Masch.) || ~ **damper**

leakage reactance / Streureaktanz der Längsdämpferwicklung, Streureaktanz der Dämpferwicklung in der Längsachse || ~ **damper leakage time constant** / Streufeld-Zeitkonstante der Längsdämpferwicklung || ~ **damper resistance** / Widerstand der Längsdämpferwicklung || ~ **field** / Längsfeld n (el. Masch.) || ~ **field damping** / Längsfelddämpfung f || ~ **flux** / Längsfluss m || ~ **inductance** / Längsfeldinduktivität f || ~ **leakage field** / Längsstreufeld n || ~ **magnet** / Polmagnet m || ~ **magnetic flux** / Längsfluss m || ~ **magnetization** / Längsmagnetisierung f (el. Masch.) || ~ **magnetizing reactance** / Hauptfeld-Längsreaktanz f, Haupt-Längsreaktanz f || ~ m.m.f. / Längsdurchflutung f || ~ **open-circuit damper-circuit time constant** / Leerlauf-Zeitkonstante der Dämpferwicklung in der Längsachse || ~ **open-circuit excitation-winding time constant** / Leerlauf-Zeitkonstante der Erregerwicklung || ~ **quantity** / Längsgröße f || ~ **reactance** / Längsreaktanz f, Längsfeldreaktanz f || ~ **short-circuit damper-winding time constant** / Kurzschluss-Zeitkonstante der Dämpferwicklung in der Längsachse || ~ **short-circuit excitation-winding time constant** / Kurzschluss-Zeitkonstante der Erregerwicklung || ~ **stray field** / Längsstreufeld n || ~ **subtransient e.m.f.** / Subtransient-Längs-EMK f || ~ **subtransient impedance** / Subtransient-Längsimpedanz f || ~ **subtransient open-circuit time constant** / Subtransient-Leerlauf-Zeitkonstante der Längsachse || ~ **subtransient reactance** / Subtransient-Längsreaktanz f, Anfangsreaktanz f, Stoß-Längsreaktanz f || ~ **subtransient short-circuit time constant** / Subtransient-Kurzschluß-Zeitkonstante der Längsachse, Anfangszeitkonstante f || ~ **subtransient voltage** / Subtransient-Längsspannung f || ~ **synchronous impedance** / Synchron-Längsimpedanz f || ~ **synchronous reactance** / Synchron-Längsreaktanz f || ~ **transient e.m.f.** / Transient-Längs-EMK f || ~ **transient impedance** / Transient-Längsimpedanz f || ~ **transient inductance** / transiente Längsfeldinduktivität || ~ **transient open-circuit time constant** / Transient-Leerlauf-Zeitkonstante der Längsachse, Leerlauf-Zeitkonstante der Erregerwicklung || ~ **transient reactance** / Transient-Längsreaktanz f || ~ **transient short-circuit time constant** / Transient-Kurzschluss-Zeitkonstante der Längsachse, Kurzschluss-Zeitkonstante der Erregerwicklung
direct burial / Verlegung in Erde
direct-buried cable / Kabel für Erdverlegung, Erdkabel n
direct calculation of efficiency / direkte Wirkungsgradbestimmung || ~ **call** / Direktruf m || ~ **commutation** / direktes Kommutieren (LE) || ~ **component** / Gleichwert m, Gleichanteil m || ~ **computer control (DCC)** / direkte Rechnersteuerung (DCC) || ~ **conductor cooling** / direkte Leiterkühlung (el. Masch.)
direct-connected exciter / direkt gekuppelte Erregermaschine, angebaute Erregermaschine
direct connection to earth / unmittelbare (o.direkte) Erdung, widerstandslose Erdung, starre Erdung || ~ **contact** / direktes Berühren || ~ **contactor replacement** / starkstromnahe Ausführung (Industrieelektronik)
direct-contact vibration pickup / Körperschallabtaster m
direct control / Direktsteuerung f, direktes Schalten, direktes Betätigen, Direktansteuerung f || ~ **control key bit** / Direkttastenbit n || ~ **control key module** / Direkttastenmodul n || ~ **converter** / Direktumrichter m, Steuerumrichter m
direct-cooled conductor / direkt gekühlter Leiter, innengekühlter Leiter || ~ **winding** IEC 34-1 / direkt-leitergekühlte Wicklung VDE 0530,T.1
direct cooling / direkte Kühlung, Innenkühlung f (Hohlleiter)
direct-coupled adj / direktgekuppelt adj || **machine with** ~ **exciter** / Maschine mit Eigenerregung, eigenerregte Maschine || ~ **exciter** / direktgekuppelte Erregermaschine, angebaute Erregermaschine || ~ **transistor logic (DCTL)** / direktgekoppelte Transistorlogik (DCTL)
direct coupling / direkte Kupplung, galvanische Kopplung || ~ **current (d.c.)** (for composite terms, see under d.c.) / Gleichstrom m || ~ **current (D.C.)** / DC || ~ **current/alternating current (d.c.-a.c.)** / Allstrom m || ~**current shunt-wound motor** / Gleichstrom-Nebenschlussmotor m || ~ **current-voltage converter** / Gleichstrom-Gleichspannungswandler m
Direct Data Link (DDL) / DDL || ≗ **Data Link Mapper (DDL)** / DDLM
direct data transmission between substations / Querverkehr m, Querkommunikation f || ~ **d.c. converter** / Gleichstrom-Direktumrichter m (Gleichstromummrichter ohne Wechselstromzwischenkreis), Gleichstromsteller m || ~ **digital control (DDC)** / direkte digitale Regelung (DDC) || ~ **drive (DD)** / direkter Antrieb, vorlauffreier Antrieb (HSS), direkte Einwirkung (HSS, über eineVerbindung zwischen Bedienteil und Schaltglied), Achsmotorantrieb m
direct-drive motor / Motor für Direktantrieb, Achsmotor m
direct earthing / unmittelbare (o. direkte) Erdung, widerstandslose Erdung, starre Erdung
directed-beam CRT / Bildschirm mit Direktablenkung
directed contour / gerichtete Kontur || ~ **link** / gerichtete Verbindung
direct entry / direktes Einführen (zu Anschlussstellen innerhalb eines Gehäuses) || ~ **entry** (of commands) / Direkteintrag m (von Befehlen), Direkteingabe f || ~ **feedback** / Mitkopplung f (Reg.), positive Rückkopplung || ~ **flux** / direkter Lichtstrom || ~ **functional earthing** / unmittelbare Funktionserdung (o. Betriebserdung) || ~ **gas cooling** / direkte Gaskühlung (Wicklungsleiter) || ~ **glare** / Direktblendung f, Infeldblendung f || ~ **heavy** / Direkt-Schwer || ~ **heavy start** / Direkt Schweranlauf || ~ **I/O access** / E/A-Direktzugriff m, direkter Peripheriezugriff || ~ **illumination** / gerichtete Beleuchtung, Beleuchtung durch gerichtetes Licht || ~ **indication** / Direktanzeige f
direct-indirect lighting / gleichförmige Beleuchtung
direct injection / Direkteinspritzung f (Kfz)
direct interconnection / Direktverschaltung f || ~ **inverter** (A inverter without an intermediate d.c. link.) / Direktwechselrichter m (Wechselrichter ohne Gleichstrom-Zwischenkreis)

direction

direction *n* / Richtung *f*, Suchrichtung *f*
direct key / Direkttaste *f*
directional back-up time stage / richtungsabhängige Endzeitstufe (Schutz) || **~ balanced ground-fault protection** / Erdstrom-Richtungs-Vergleichsschutz *m* || **~ characteristic** / Richtcharakteristik *f*, Richtungscharakteristik *f* || **~ comparison** / Richtungsvergleich *m* || **~ comparison earth-fault protection** / Erdstrom-Richtungs-Vergleichsschutz *m* || **~ comparison protection** / Richtungsvergleich-Schutzsystem *n* IEC 50(448) || **~ control valve** / Wegeventil *n* || **~ coupler** / Richtungskoppler *m* (LWL), Richtkoppler *m* || **~ current release** / stromrichtungsabhängiger Auslöser || **~ distance-independent back-up time** / gerichtete distanzunabhängige Endzeit || **~ earth fault comparison** / Erdstrom-Richtungsvergleich *m* || **~ earth-fault protection** / gerichteter Erdschlussschutz, richtungsabhängiger Erdschlussschutz || **~ earth-fault relay** / Erdschlussrichtungsrelais *n* || **~ earth-fault signalling** / Erdschlussrichtungsmeldung *f*, Richtungsgeber *m* || **~ element** / Richtungsglied *n* (Rel.) || **~ emissivity** / gerichteter Emissionsgrad || **~ gate** / Richtungsweiche *f* || **~ information arrow** / richtungsweisender Pfeil (Bildzeichen)
directionalized relay / Richtungsrelais *n*, richtungsabhängiges Relais, gerichtetes Relais
directional light / Richtstrahlfeuer *n* || **~ lighting** / gerichtete Beleuchtung, Beleuchtung durch gerichtetes Licht || **~ operation** / richtungsabhängiges Arbeiten (Schutz) || **~ overcurrent protection** / gerichteter Überstromschutz, richtungsabhängiger Überstromschutz || **~ overcurrent relay** / Überstrom-Richtungsrelais *n* || **~ power relay** / Leistungsrichtungsrelais *n*, gerichtetes Leistungsrelais || **~ protection** / gerichteter Schutz, richtungsabhängiger Schutz, Leistungsrichtungsschutz *m* || **~ protection** IEC 50(448) / Richtungsschutz *m* || **~ reactance protection (system o. scheme)** / Reaktanz-Richtungsschutz *m* || **~ relay** / Richtungsrelais *n*, richtungsabhängiges Relais, Richtungszusatz *m*, gerichtetes Relais || **~ sample** / gerichtete Probe || **~ sensitivity** / Richtungsempfindlichkeit *f* || **~ signal** / Richtungssignal *n* || **~ stability** / Fahrstabilität *f* (Kfz) || **~ supply** / einseitig Druckmittelanfuhr || **~ tap** / Abzweiger *m* || **~ two-grade distance zone** / gerichtete zweistufige Distanzzone || **~ unit** / Richtungsglied *n* (Rel.), Richtungsgeber *m* || **directional arrow** / Richtungspfeil *m*
direction arrow / Richtungspfeil *m* || **~ comparison** / Richtungsvergleich *m* || **~ comparison protection (system)** / Richtungsvergleichsschutz *m* || **~ contact** / Richtungskontakt *m*, Fahrtrichtungskontakt *m* || **~ decision** / Richtungsentscheid *m* (Schutz)
direction-dependent *adj* / richtungsabhängig *adj*
direction detection / Richtungsbestimmung *f* || **~ evaluation** / Richtungsauswertung *f* || **~ flag** / Richtungsmerker *m*
direction-finding aerial / Peilantenne *f* || **~ station** / Peilstelle *f* (Flp.)
direction indicator / Fahrtrichtungsanzeiger *m* (Kfz) || **~ indicator flasher** / Fahrtrichtungsblinker *m* (Kfz), Richtungsblinker *m* || **~ key** / Richtungstaster

m, Richtungstaste *f*
directionless lighting / gestreute (o. diffuse) Beleuchtung
direction of actuation / Betätigungsrichtung *f* (a. PS), Schaltrichtung *f*, Betätigungssinn *m* || **~ of air flow** / Luftrichtung *f* || **~ of approach** / Anfahrrichtung *f* (WZM, NC), Anstellweg *m*, Anfahrweg *m* || **~ of approach to reference point** / Referenzpunkt-Anfahrrichtung *f* (NC) || **~ of axis rotation** / Achsdrehrichtung *f* || **~ of belt travel** / Bandlaufrichtung *f* || **~ of bending** / Biegerichtung *f* || **~ of compensation** / Korrekturrichtung *f* || **~ of cut** / Schnittrichtung *f* (WZM) || **~ of deflection** / Auslenkrichtung *f* || **~ of energy flow** / Leistungsflussrichtung *f* || **~ of evolution** / Ablaufrichtung *f* || **~ of fibre** / Faserrichtung *f* || **~ of flow** / Strömungsrichtung *f* || **~ of incidence** / Einfallrichtung *f*, Einschallrichtung *f* || **~ of incoming supply** / Einspeiserichtung *f* || **~ of information flow** / Wirkungsrichtung *f* || **~ of lay** / Schlagrichtung *f* (Kabel) || **~ of light** / Lichtrichtung *f* || **~ of machining** / Bearbeitungsrichtung *f* || **~ of magnetization** / Magnetisierungsrichtung *f* || **~ of magnetizing** / Magnetisierungsrichtung *f* || **~ of measurement** / Messrichtung *f* || **~ of motion** / Bewegungsrichtung *f*, Fahrtrichtung *f* || **~ of movement** / Bewegungsrichtung *f* || **~ of rolling** / Walzrichtung *f* || **~ of rotating field** / Drehfeldrichtung *f* || **~ of rotation** / Drehrichtung *f*, Drehsinn *m*, Laufrichtung *f*, Richtungspegel *m* || **~ of rotation protection** IEC 214 / Drehrichtungsschutz *m* || **~ of signal flow** / Wirkungsrichtung *f* || **~ of spindle rotation (DOR)** / DOR, Spindeldrehrichtung *f* || **~ of spiral** / Gängigkeit *f* || **~ of tool travel** / Bewegungsrichtung des Werkzeugs || **~ of travel** / Fahrtrichtung *f* (Kran, Trafo), Laufrichtung *f* || **~ of view** / Beobachtungsrichtung *f* || **~ of winding** / Wicklungsrichtung *f*, Wicklungssinn *m* || **~ optimization** / Richtungsoptimierung *f* || **~ pointer** / Richtungszeiger *m* || **~ relay** / Richtungszusatz *m* || **~ select (DS)** / Richtungsvorgabe *f* || **~ sensing element** / Richtungsglied *n* (Rel.), Richtungsgeber *m*
directions for use / Gebrauchsanleitung *f*, Bedienungsanleitung *f*
direction sign / Richtungsschild *n* || **~ signal** / Richtungsmeldung *f*
directive *n* / Leitsatz *m*, Anweisung *f*, Übersetzungsanweisung *f*, Arbeitsvorschrift *f*, Richtlinie *f*, Leitlinie *f*, Betriebsanweisung *f* || **~ force** / Richtkraft *f*
directivity / Richtwirkung *f*, Richtvermögen *n*, Richtcharakteristik *f* || **~ pattern** / Richtcharakteristik *f*
direct lighting / direkte Beleuchtung || **~ lightning stroke** / direkter Blitzeinschlag || **~ line connection** / direkter Netzanschluss || **~ loading** / direkte Belastung || **~ load loss** / lastabhängige Verluste, stromabhängige Verluste, Stromwärmeverluste *m* *pl*
directly controlled equipment / Direktsteuerung *f* (Bahn, Fahrschaltersteuerung) || **~ actuated valves** / direkt gesteuerte Ventile || **~ controlled system** / direkt beeinflusste Regelstrecke (o. Steuerstrecke) || **~ controlled variable** / Regelgröße *f*, Steuergröße *f*, Stellgröße *f* || **~ coupled capacitor commutation**

EN 60146-1-1 / Kommutierung durch direkt angeschlossenen Kondensator (SR) || ~ **earthed** / direkt (o. unmittelbar o. widerstandslos) geerdet *adj*
direct mapping / direkte Abbildung (SPS) || ~ **measurement** / direkte Messung (NC) || ~ **measuring** / direkte Messung, direkte Wegmessung, direktes Messsystem (DMS) || ~ **measuring system** (A measuring system is called direct, if the position transducer is directly coupled to the machine slide or table to be positioned, i.e. if it is independent of the leadscrew or drive element.) / direktes Messsystem (DMS), direkte Messung, direkte Wegmessung || ~ **memory access (DMA)** / direkter Speicherzugriff *m* || ~ **mounting** / Direktanbau *m* || ~ **normal** / Direkt-Normal || ~ **normal starting** / Direkt Normalanlauf || ~ **numerical control (DNC)** / direktenumerische Steuerung (DNC) || ~ **off-state voltage** (thyristor) / Sperrgleichspannung *f*, Rückwärts-Gleichsperrspannung *f*
direct-on-line CPS / Steuer- und Schutz-Schaltgerät zum direkten Einschalten, CPS zum direkten Einschalten || ~ **star-delta starter** / Stern-Dreieck-Starter für direktes Einschalten, Stern-Dreieck-Anlasser für direktes Einschalten || ~ **starter** / Starter (o. Motorstarter) zum direkten Einschalten *m*, Anlasser für direktes Einschalten, Direktstarter *m*, Direktanlasser *m*, Starter zum direkten Einschalten, Direktstarter *m* || ~ **starting** (d.o.l. starting) / direktes Einschalten (Mot.)
direct-on starter / Starter (o. Motorstarter) zum direkten Einschalten *m*, Anlasser für direktes Einschalten, Direktstarter *m*, Direktanlasser *m*
direct-operated mechanism / Direktantrieb *m* (SG), Zentralantrieb *m*
director *n* / Leitstation *f* (zur Steuerung eines Datennetzes), Direktor *m* (zentrale Steuereinheit in einem Prozessleitsystem) || ~ (NC) / Steuerdirektor *m* (NC), Interpolator *m*
direct order / Direktgeschäft *n*
directory *n* / Verzeichnis *n*, Adressenverzeichnis *n*, Buchhalter *m*, Dateiverzeichnis *n*, Inhaltsverzeichnis *n* || ~ **of publications** / Druckschriftenverzeichnis *n* || ~ **services (DS)** / Directoryservice (DS) *n*
direct overcurrent relay / Primärstromrelais *n* || ~ **overcurrent release** IEC 157-1, IEC 56-1 / direkter Überstromauslöser *m* VDE 0660,T.101, Primärstromauslöser *m* VDE 0670,T.101, Primärstromauslöser *m* || ~ **position sensing** / direkte Lageerfassung || ~ **power conversion** (Electronic conversion without an intermediate d.c. or a.c. link.) / Leistungsumrichten *n*, direktes Leistungsumrichten (Elektronisches Umrichten ohne Gleichstrom- oder Wechselstrom-Zwischenkreis)
direct-pressure screwless terminal / schraubenlose Klemme ohne Druckstück
direct ratio / Direktanteil *m* (BT, Verhältnis direkter Lichtstrom/unterer halbräumlicher Lichtstrom) || ~ **reading** / Direktablesung *f* || ~ **rectifier** (A rectifier without an intermediate d.c. or a.c. link.) / Direktgleichrichter *m* (Gleichrichter ohne Gleichstrom- oder Wechselstrom-Zwischenkreis)
direct-reading balancing machine /

Auswuchtwaage *f* || ~ **hardness test** / Härteprüfung nach Rockwell, Rockwellversuch *m*
direct relay replacement / starkstromnahe Ausführung (Industrieelektronik) || ~ **release** / direkt wirkender Auslöser, Direktauslöser *m*, Primärauslöser *m* || ~ **representation** (A means of representing a variable in a programmable controller program from which a manufacturer-specified correspondence to a physical or logical location may be determined directly.) / direkte Darstellung || ~ **reverse voltage** (diode) / Sperrgleichspannung *f*, Rückwärts-Gleichsperrspannung *f* || ~ **scan** / Direktabtastung *f*, Direktanschallung *f* DIN 54119 || ~ **selection** / Direktwahl *f* || ~ **selling to the public** / offene Verkaufsstelle || ~ **sensor input** / Fühlerdirekteingang *m* || ~ **slave-to-slave traffic** / Querkommunikation *f*, Querverkehr *m* || ~ **solenoid actuation** / direkte Magnetbetätigung || ~ **stroke** / direkter Blitzschlag, unmittelbarer Blitzschlag || ~ **test** / direkte Prüfung || ~ **through-connection point** / Direktdurchverbindungspunkt *m*, Durchgangspunkt *m* || ~ **transmission** / direkte Übertragung, direkter Antrieb, gerichtete Transmission || ~ **trip** / direkt wirkender Auslöser, Primärauslöser *m*, Direktauslöser *m* || ~ **tripping** / unmittelbare Auslösung, direkte Auslösung || ~ **underreaching transfer trip protection (DUTT)** / Selektivschutz mit Unterreichweite und unmittelbarer Fernauslösung IEC 50(448)
direct-view storage tube (DVST) / Speicher-Bildröhre *f*, Speicherröhre *f*
direct voltage / Gleichspannung *f* (GS), Längsspannung *f* || ~ **voltage drop** / Gleichspannungsfall *m* || ~ **voltage regulation** / Gleichspannungsänderung *f* (LE) || ~ **voltage regulation due to a.c. system impedance** / äußere Gleichspannungsänderung || ~ **voltage signal** / Gleichspannungssignal *n* DIN IEC 381 || ~ **water-cooled machine** / Maschine mit direkter Wasserkühlung
direct-wire control / Direktsteuerung *f*
dirt *n* / Verschmutzung *f*, Schmutz *m* || **dirt collection resistance** / Widerstandsfähigkeit gegen Schmutzanhaftung || ~ **deposit** / Schmutzablagerung *f*, Schmutzschicht *f*
dirty mains / fremdspannungsbehaftetes Netz || ~ **situation** / Umgebungsbedingungen bei Verschmutzung
disability glare / physiologische Blendung
disable *v* / sperren *v* (Stromkreis, Ein- o. Ausgang), unwirksam machen, abschalten *v*, verriegeln *v*, deaktivieren *v* || ~ / Sperre *f* || **Disable additional setpoint** / Ausw. Zusatzsollwert-Sperre
disabled *adj* / ausgeschaltet *adj*, abgeschaltet *adj*, gesperrt *adj* || ~ **aircraft** / bewegungsunfähiges Luftfahrzeug || ~ **power** / Leistungssperre *f* || ~ **state** / Unbrauchbarkeit *f* IEC 50(191), nicht verfügbarer Zustand (Zustand der Funktionsunfähigkeit einer Einheit aus beliebigem Grund) || ~ **time** / Unbrauchbarkeitsdauer *f* IEC 50(191), Nichtverfügbarkeitszeitintervall *m*, Nichtverfügbarkeitszeit *f* (Zeitintervall, während dessen eine Einheit im nicht verfügbaren Zustand ist)
disable input / Sperreingang *m* || ~ **interrupt** / Alarm sperren (SPS)

disabling of pulses / Impulslöschung *f*
disaccommodation *n* / Desakkommodation *f* ||
magnetic ~ / magnetische Nachwirkung, zeitlicher Permeabilitätsabfall || ~ **coefficient** / Desakkommodationskoeffizient *m* || ~ **factor** / Desakkommodationsfaktor *m* || ~ **of permeability** / zeitlicher Permeabilitätsabfall, Nachwirkung der Permeabilität
disappearing-filament pyrometer / Glühfadenpyrometer *n*, optisches Pyrometer
disassemble *v* / zerlegen *v*, auseinandernehmen *v*, rückübersetzen *v*, demontieren *v*
disassembler *n* / Disassembler *m*
disc *n* / Scheibe *f*, Scheibenrad *n*, Läufer *m* (EZ), Lamelle *f* (Kuppl., Bremse), Speicherplatte *f* || ~ **alternator** / Scheibenradgenerator *m*
disc-and-wiper-lubricated bearing / Lager mit Festringschmierung
disc-and-wiper lubrication / Festringschmierung *f* || ~ **lubricator** / fester Schmierring
disc brake / Scheibenbremse *f* || ~ **chart** / Kreisblatt *n* (Schreiber)
disc-chart recorder / Kreisblattschreiber *m*
disc clutch / Scheibenkupplung *f* (schaltbar) || ~ **coil** / Scheibenspule *f* || ~ **commutator** / Scheibenkommutator *m* || ~ **drive** / Plattenlaufwerk *n*, Diskettenlaufwerk *n*
discharge *v* / entladen *v*, ableiten *v*, ausströmen lassen, ablassen *v*, abfördern *v*, austragen *v* || ~ *n* / Entladung *f*, Stoßentladung *f*, Ableitung *f*, Auslass *m*, Austritt *m*, Ausströmen *n*, Fördermenge *f* (Pumpe), Abtransport *m* || ~ **capacity** / Ableitvermögen *n*, Förderleistung *f* || ~ **coefficient** / Durchflusszahl *f* || ~ **current** / Entladungsstrom *m*, Ableitstrom *m*, Ableiterstrom *m*, Entladestrom *m*
discharged air / Luftaustritt *m*, Abluft *f* (eine Gehäuseöffnung, durch die Luft entweichen kann), Abgase *n pl*, entleerte, entladene Batterie
discharge device / Entladevorrichtung *f* (Kondensator) || ~ **end** / Druckseite *f* (Pumpe), Austrittsseite *f* || ~ **energy test** / Messung der Entladungsenergie || ~ **extinction voltage** / Entladungs-Aussetzspannung *f* || ~ **inception** / Entladungseinsatz *m* || ~ **inception field strength** / Entladungseinsetzfeldstärke *f* || ~ **inception stress** / Entladungseinsatzbeanspruchung *f* || ~ **inception test** / Entladungs-Einsatzprüfung *f* || ~ **inception voltage** / Entladungseinsatzspannung *f* || ~ **intensity** / Entladungsstärke *f* || ~ **lamp** / Entladungslampe *f* || ~ **path** / Entladungsweg *m*, Entladungsstrecke *f* || ~ **phenomenon** / Entladungserscheinung *f* || ~ **port** / Ausströmöffnung *f*, Druckschlitz *m* || ~ **power** / Entladungsleistung *f* || ~ **pressure** / Ausströmdruck *m*, Enddruck *m* || ~ **rate** / Entladerate *f* (Batt.) || ~ **resistance** / Entladewiderstand *m* || ~ **resistor** / Entladewiderstand *m*, Ableitwiderstand *m* || ~ **side** / Austrittseite *f* || ~ **test** IEC 70 / Stoßentladungsprüfung *f* VDE 0560,T.4, Entladetest *m*, Entladeprüfung *f* (Batt.) || ~ **time constant** / Entladezeitkonstante *f* || ~ **tracking** / Entladungsspur *f*
discharge-tube stroboscope / Lichtblitzstroboskop *n*
discharge valve / Druckventil *n* || ~ **voltage** / Entladespannung *f*, Entladungsspannung *f* || ~ **voltage-current characteristic** / Restspannungskennlinie *f* || ~ **voltage transformer** / Entladewandler *m* || ~ **weighing** / Entnahmewägung *f*
discharging *n* / Entladen *n* (Batt., Kondensator (cf. discharge)), evakuieren *v* || ~ **current** / Entladungsstrom *m*, Ableitstrom *m*, Ableiterstrom *m*, Entladestrom *m* || ~ **voltage** / Entladespannung *f*, Entladungsspannung *f*
disc insulator / Scheibenisolator *m*
disclaimer of liability / Haftungsausschluss *m*
disc oiler / Ölförderscheibe *f*, fester Schmierring
discoloration *n* / Verfärbung *f*
discomfort, visual ~ (flicker) / störender Eindruck (Flicker) || ~ **glare** / psychologische Blendung
disconnect *v* / trennen *v*, Verbindung abbauen (o. lösen), abklemmen *v*, unterbrechen *v*, abschalten *v*, abtrennen *v*, lösen *v*, ausschalten *v*, auskuppeln *v* || ~ *v* IEC 1131-1 / Verbindung trennen (SPS) DIN EN 6113-1 || ~ *n* / Trennschalter *m*, Trenner *m*, Hauptschalter *m*, Trennorgan *n*, Verbindungsabbau *m*, Auslöser *m* || ~ **to** ~ **all poles** / allpolig trennen || ~ **from the supply** / vom Netz trennen, spannungsfrei machen, freischalten *v* || **to** ~ **the power** / die Stromzufuhr abschalten
disconnectable *adj* / trennbar *adj* || ~ **busbar** / Sammelschiene mit Längstrennung || ~ **connection** / lösbare Verbindung || ~ **remote-control switch** / steckbarer Fernschalter || ~ **t.d.s.** / steckbarer Zeitschalter
disconnect confirmation / Abbaubestätigung *f* (DÜ) || ~ **contact** / Trennschaltstück *n*, Einfahrschaltstück *n*, Trennkontakt *m* || ~ **contact pin** / Trennkontaktstift *m*
disconnected *adj* / freigeschaltet *adj*, ausgeschaltet *adj*, abgeschaltet *adj*
disconnect ed mode (DM) / Wartebetrieb *m* (DÜ) || ~ **position** IEC 439-1, IEC 298 / Trennstellung *f* (SK) VDE 0660,T.500, VDE 0670,T.6, Ruhestellung *f* || ~ **situation** / Trennzustand *m* (Schaltanlageneinheit)
disconnecting and earthing switch / Trenn- und Erdungsschalter || ~ **blade** / Trennmesser *n* || ~ **device** / Trenneinrichtung *f* (SG), Trennvorrichtung *f* (SG), Abschaltorgan *n* || ~ **element** / Entkupplungseinrichtung *f* (EZ) || ~ **facility** / Trennmöglichkeit *f* || ~ **link** BS 4727 / Trennlasche *f*, Trennbrücke *f* || ~ **means** / Trennorgan *n* (SG) || ~ **module** / Trennmodul *n* || ~ **module panel** / Trennmodulfeld *n* || ~ **switch** / Trenner *m*, Schalter *m*, Trennschalter (TS) *m* || ~ **switch reverser** / Richtungswender-Trennschalter *m*, Umkehr-Trennschalter *m*, Fahrtwende- und Motortrennschalter
disconnection *n* / Trennung *f* (m. Schaltgerät, vom Netz), Abklemmen *n* (v. Leitern) || **load** ~ / Lastabschaltung *f*, Lastabwurf *m* || ~ **at no load** / leer abschalten || ~ **facility** / Abschaltweg *m* || ~ **from supply** / Trennung vom Netz, Abschaltung vom Netz, Freischalten *n* || ~ **in three poles** / dreipolige Abschaltung || ~ **of faults** / Fehlerabschaltung *f* || ~ **of load** / Lastabschaltung *f* (Gen.) || ~ **on faults** / Störabschaltung *f* || ~ **point** / Trennstelle *f* || ~ **protective cover** / Ausschaltsperrkappe *f* || ~ **under load** / Ausschalten unter Last
disconnector *n* / Trenner *m*, Trennschalter *m* (TS) VDE 0670,T.2, Trennkupplung *f*, Schalter *m* || **arrester** ~ / Ableiter-Abtrennvorrichtung *f* ||

contact / Trennerkontakt *m*
disconnector-fuse *n* IEC 408 / Trenner mit Sicherungen VDE 0660,T. 107, Trennschalter mit Sicherungen
disconnector handle / Trennschalthebel *m* || ~ **link** / Trenneinschub *m*
disconnector operating head / Trennergetriebekopf *m* || ~ **operating mechanism** / Trennerantrieb *m* || ~ **panel** / Trennschalterfeld *n* || ~ **tie** / Trennerkupplung *f* || ~ **unit** / Trennschaltereinheit *f*, Trennereinheit *f*
disconnect request / Abbauanforderung *f* (Datennetz), Verbindungsabbauanforderung *f* || ~ **switch** / Trennschalter *m*, Trenner *m*, Motorschalter *m*, Motortrenner *m* || ~ **terminal** / Trennklemme *f*, schaltbare Klemme || ~ **test terminal** / Messtrennklemme *f*
disconnect-type clutch / Trennkupplung *f*
discontinuation *n* / Typstreichung *f* || ~ **of a movement** (o. motion) / Abbruch einer Bewegung (NC) || ~ **of sales** / Vertriebseinstellung *f* || ~ **of the product type** / Typstreichung *f* || ~ **of type** / Typstreichung *f*
discontinue *v* / aussetzen *v*, unterbrechen *v*, einstellen *v* (Fertigung), abbrechen *v*, abkündigen
discontinued *adj* / typgestrichen *adj* || ~ **product** / Produktabkündigung *f* || ~ **products** / Auslaufprodukte *n pl*
discontinuity *n* / Unstetigkeit *f* || **discontinuity stress** / Störspannung *f* (mech.)
discontinuous *adj* / diskontinuierlich *adj*, aussetzend *adj*, unstetig *adj*, unregelmäßig *adj*
discontinuous-action actuator / schaltendes Stellglied || ~ **controller** / unsteter Regler || ~ **final controlling device** / schaltendes Stellgerät
discontinuous amortisseur winding / Teilkäfig-Dämpferwicklung *f* || ~ **block** / unstetiger Satz || ~ **control resolution** / Einstellauflösung *f* DIN 41745 || ~ **damper winding** / Teilkäfig-Dämpferwicklung *f* || ~ **d.c.** / lückender Gleichstrom || ~ **indication** / Digitalabdruck *m*, Digitalanzeige *f* || ~ **interference** / unstetige Beeinflussung || ~ **mode** / unstetige Arbeitsweise || ~ **printing** / Digitalabdruck *m*, Digitalanzeige *f* || ~ **rotation** / ruckartiges Umlaufen
discount *n* / Staffel *f* || ~ **policy** / Rabattleitlinie *f* || ~ **table** / Rabatttafel *f*
disc recorder / Kreisblattschreiber *m*
discrepancy *n* / Abweichung *f* || **status** ~ / Zustandsabweichung *f*, Statusabweichung *f*, Endlagenfehler *m* || ~ **switch** / Quittierschalter *m* || ~ **time** / Diskrepanzzeit *f*
discrete *adj* / diskontinuierlich *adj* || ~ **characteristic** / diskretes Merkmal (QS) DIN 55350,T.12 || ~ **circuit** / Schaltung mit diskreten Bauteilen, diskrete Schaltung, Einzelleitung *f* || ~ **control** / (zeit)diskrete Regelung, Abtastregelung *f* || ~ **controller** / Abtastregler *m* || ~ **data** / digitale Daten || ~ **equipment** / Einzelgeräte *n pl* (Elektronik) || ~ **function** / digitale Funktion || ~ **I/O** / Digitalein-/ausgabe *f*, digitale Ein-/Ausgabe || ~ **I/O module** / binäre Ein-/Ausgabebaugruppe || ~ **operation** / digitale Funktion || ~ **parts manufacture** / Stückfertigung *f* || ~ **random variable** / diskrete Zufallsvariable
discretely timed signal / zeitlich diskontinuierliches Signal, diskontinuierliches Signal

discrete-time *adj* / zeitdiskret *adj*
discrete variate / diskrete Zufallsgröße DIN 55350,T.21 || ~ **wiring** / diskrete Verdrahtung
discretization error / Diskretisierungsfehler *m*
discriminating earth-fault relay / selektives Erdschlussrelais || ~ **element** IEC 50(16) / Messglied *n* (Schutz) || ~ **fuse-link** / träg-flinker Sicherungseinsatz
discrimination *n* / Unterscheidung *f*, Trennschärfe *f*, Beweglichkeit einer Waage, Selektivität *f*, zeitliches Unterscheidungsvermögen (FWT) || ~ **ratio** / Selektivitätsverhältnis *n* || ~ **threshold** / Beweglichkeitsschwelle *f*, Ansprechschwelle *f*
discriminative breaker / Selektivschutzschalter *m*
disc rotor / Scheibenläufer *m*, Plattenläufer *m*
disc-rotor machine / Scheibenläufermaschine *f*
disc-seal tube / Scheibenröhre *f*
disc spot / Läufermarke *f* (EZ) || ~ **stack** / Scheibenstapel *m* (Trafo)
disc-type armature / Scheibenanker *m* || ~ **generator** / Scheibenradgenerator *m* || ~ **machine** / Scheibenläufermaschine *f* || ~ **rotor** / Scheibenläufer *m*, Plattenläufer *m* || ~ **shaft** / Scheibenwelle *f* || ~ **thyristor** / Scheibenthyristor *m*
disc winding / Scheibenwicklung *f*
disenable *v* / Freigabe aufheben, abschalten *v*
disengage *v* / außer Eingriff bringen, auskuppeln *v*, ausrücken *v*, ausklinken *v*, trennen *v*, abschalten *v*, entkuppeln *v* || ~ (relay) / schalten *v* (beim Rückfallen) IEC 50(446), abheben *v* DIN IEC 255,T 100
disengagement *n* / Loslösung *f*, Auskuppeln *n*, Abtrennen *n*, Trennen *n*, Ausrücken *n*, Rücksetzen *n*, Ausklinken *n*
disengaging *n* / Aussetzer *m* || ~ **percentage** / prozentuales Rückfallverhältnis || ~ **ratio** / Rückfallverhältnis *n*, Rückgangsverhältnis *n* || ~ **time** (relay) / Rückfallzeit *f*, Abhebezeit *f* DIN IEC 255,T.100 || ~ **value** IEC 50(446) / Rückfallwert *m* (Rel.)
dish (CAD) / Schüssel *f*
dished *adj* / hohlgeschliffen *adj*, gewölbt *adj*, konkav *adj*, tiefgezogen *adj*
dish washing machine / Geschirrspülmaschine *f*
disinfectant *n* / Desinfektionslösung *f*
disintegrate *v* / zerfallen *v*, sich auflösen, abbauen *v*
disjunction *n* / Disjunktion *f*, inklusives ODER
disk *n* / Scheibe *f*, Scheibenrad *n*, Läufer *m* (EZ), Lamelle *f* (Kuppl., Bremse), Speicherplatte *f*, Floppy-Disk *f*, Diskette *f*, Schleifscheibe *f*, Schaltteller *m*, Teller *m*, Schaltscheibe *f* || ~ **brake** / Scheibenbremse *f* || ~ **drive** / Diskettenlaufwerk *n* || ~ **drive unit** / Diskettenlaufwerk *n*, Diskettengerät *n*, Diskettenspeichergerät (DSG) *n*, Floppylaufwerk *n*, Diskettenstation *f*
diskette *n* / Diskette *f*, Floppy-Disk *f* || ~ **controller** / Diskettensteuerung *f*, Diskettenansteuerung *f* || ~ **device driver** / Diskettengerätetreiber *m* || ~ **directory** / Disketteninhaltsverzeichnis *n* || ~ **drive** / Diskettenlaufwerk *n*, Diskettenspeichergerät (DSG) *n*, Diskettenstation *f*, Diskettengerät *n*, Floppylaufwerk *n* || ~ **field** / Diskettenfeld *n* (BSG) || ~ **label** / Diskettenetikett *n* || ~ **station** / Diskettenlaufwerk *n*, Diskettengerät *n*, Diskettenstation *f*, Diskettenspeichergerät (DSG) *n*, Floppylaufwerk *n* || ~ **unit** / Disketteneinheit *f* DIN 66010

disk　　　　　　　　　　　　　　　　　　　　　　　　　　　　　　　　156

disk memory drive / Plattenspeicherlaufwerk *n* ‖ ~
motor / Scheibenmotor *m* ‖ ~ **operating system
(DOS)** / Plattenbetriebssystem *n* ‖ ~ **spring** /
Tellerfeder *f* ‖ ~ **storage** / Plattenspeicher *m* ‖ ~
storage controller / Plattenspeichersteuerung *f* ‖ ~
turret / Scheibenrevolver *m*, Scheibenrevolverkopf
m
disk-type magazine / Tellermagazin *n* (WZM),
Tellermagazin *n* ‖ ~ **flat-pack thyristor** /
Scheibenzellenthyristor in flat-pack-Ausführung
dislocate *v* / versetzen *v*, verlagern *v*
dislocation *n* / Versetzung *f*, Verschiebung *f*
dismantle *v* / zerlegen *v*, auseinandernehmen *v*,
ausbauen *v*, abbauen *v*, demontieren *v*
dismount *v* / abbauen *v*, demontieren *v*, ausbauen *v*
disparity *n* IEC 50(704) / Ungleichheit *f*
(Digitalsumme)
dispatch *n* / Versand *m*, Lastaufteilung *f* ‖ ~ **drawing**
/ Versandzeichnung *f* ‖ ~ **packaging label** /
Versandverpackungsetikett *n*
dispatcher training simulator / Trainingssimulator
m
dispatching centre / Lastverteilerwarte *f*,
Netzleitstelle *f*
dispenser, charge ~ / Entladungsschaltung *f* (A-D-
Wandler) ‖ ~ **cathode** / Vorratskathode *f*
dispersion *n* / Streuung *f*, Dispersion *f*, Ausbreitung *f*
‖ **measure of** ~ / Verteilungsmaß *n*
(Impulsmessung) ‖ **parameter of** ~ /
Dispersionsparameter *m*, Parameter der Streuung ‖
~ **and mask method** / Spektralmaskenverfahren *n*
dispersion-limited operation / dispersionsbegrenzter
Betrieb (LWL)
dispersion material / Dispersion *f*
dispersion-shifted single-mode fibre /
dispersionsverschobene Einmodenfaser (LWL)
dispersion spectrum / Dispersionsspektrum *n*,
Brechungsspektrum *n*
dispersive fitting / streuende Leuchte,
Prismenglasleuchte *f* ‖ ~ **medium** / dispergierendes
Medium ‖ ~ **reflector** / lichtstreuender Reflektor ‖
~ **spectrometry** / dispersive Spektrometrie
dispersive-type infrared analyzer / Dispersions-
Infrarot-Analysator *m*
displace *v* / verschieben *v*, verlagern *v*, verdrängen *v*
displaced rotating field / verzerrtes Drehfeld,
unrundes Drehfeld ‖ ~ **flow** / verdrängter
Volumenstrom ‖ ~ **threshold** / versetzte Schwelle
(Flp.) ‖ ~ **by 120° with respect to one another** /
um 120° zueinander verschoben
displacement *n* / Verschiebung *f*, Verdrängung *f*,
Ausschlag *m*, Auslenkung *f*, Wegamplitude *f*,
Wegmaß *n* (NC), Hubraum *m* (Kfz), (dielektrische)
Verschiebung *f*, Verlagerung *f* ‖ **address** ~ /
Adressdistanz *f* ‖ **jump** ~ / Sprungdistanz *f*,
Sprungweite *f* ‖ **shaft** ~ / Wellenausschlag *m*,
Wellenverlagerung *f* ‖ **vibration** ~ / Schwingweg *m*
‖ ~ **amplitude** / Schwingungsamplitude *f*,
Wegamplitude *f* ‖ ~ **angle** / Verschiebungswinkel
m, Schwenkwinkel *m* ‖ ~ **compressor** /
Kolbenverdichter *m* ‖ ~ **current** /
Verschiebungsstrom *m* ‖ ~ **current density** /
Verschiebungsstromdichte *f* ‖ ~ **factor** /
Verschiebungsfaktor *m*, Grundschwingungs-
Leistungsfaktor *m* ‖ ~ **flux** / Verschiebungsfluss *m* ‖
~ **force** / Verschiebekraft *f* ‖ ~ **joystick** / Kipp-
Steuerknüppel *m* ‖ ~ **law** / Verschiebungssatz *m* ‖ ~

measurement / Wegmessung *f* (NC), Lagemessung
f ‖ ~ **measuring device** / Lagemessgeber *m*,
Lagemessgerät *n*, Wegmessgerät *n*, Wegmessgeber
m, Weggeber *m*, Messgeber *m*, Wegsignalgeber *m*,
Positionsgeber *m*, Geber *m*, Encoder *m* ‖ ~ **path** /
Verstellweg *m* ‖ ~ **pickup** / Wegaufnehmer *m* ‖ ~
power factor / Grundschwingungs-
Verschiebungsfaktor *m* ‖ ~ **resonance** /
Amplitudenresonanz *f* ‖ ~ **sensor** / Wegfühler *m*,
Lagegeber *m*, Weggeber *m*, Wegaufnehmer *m* ‖ ~
transducer / Wegmessumformer *m*,
Lagemessumformer *m*, Wegsignalgeber *m* ‖ ~
voltage / Verlagerungsspannung *f* ‖ ~ **volume** /
verdrängtes Volumen
displacer *n* / Verdränger *n*, Verdrängerkörper *m* ‖ ~
element / Verdränger-Meerk *n*
displacer-type transducer / Messumformer mit
Verdrängerkörper
display *n* / Anzeige *f*, Sichtanzeige *f*, Bild *n*, Abbild *f*,
Schaustellung *f*, Ausgabe *f* (am Bildschirm),
Darstellung *f*, Status Display Panel (SDP),
Anzeigefeld *n*, Anlagenbild *n*, Anlagenfließbild *n*,
Display *m* ‖ ~ *v* / aufblenden *v*, abbilden *v*, ausgeben
v, anzeigen *v*, abrufen *v* ‖ ~ **DBs** / DB-Anzeige *f* ‖
~/**program editor** / Anzeige-/Programmeditor
displayable character / abbildbares Zeichen
(Bildschirm)
Display Accessible Nodes / Erreichbare Teilnehmer
anzeigen
display and control unit / Anzeige- und
Bedieneinheit ‖ ° **Archive Content** / Archivinhalt
anzeigen ‖ ~ **area** / Anzeigefläche *f* (BSG) ‖ ~
attribute / Darstellungsattribut *n* ‖ ~ **attribute
group** / Abbildungsgruppe *f* ‖ ~ **box** / Anzeigebox *f*
‖ ~ **brightness** / Bildhelligkeit *f* (BSG) ‖ ~ **building**
/ Bildaufbau *m* ‖ ~ **building keyboard** /
Bildaufbautastatur *f* ‖ ~ **capacity** / Anzeigevolumen
n (Datensichtgerät) ‖ ~ **centre** / Bildmittelpunkt *m* ‖
~ **change disable** / Bildschirmwechselsperre *f* ‖ ~
class / Anzeigeklasse *f* ‖ ~ **command** /
Darstellungskommando *n* (graf. DV) ‖ ~ **console** /
grafischer Bildschirmarbeitsplatz,
Bildschirmkonsole *f* ‖ ~ **construction frequency** /
Bildbefehl *m*, Bildaufbauoperation *f*,
Bildaufbaufrequenz *f* ‖ ~ **control** /
Anzeigensteuerung *f*, Bildsteuerung *f* ‖ ~ **data** /
Anzeigedatum *n* ‖ ~ **device** / Sichtgerät *n*,
Textanzeige *f*, Anzeigegerät *n*, Textanzeigegerät *n*,
Textdisplay (TD) *n* ‖ ~ **driver** / Anzeigetreiber *m*,
Bildschirmtreiber *m* ‖ ~ **duration** / Anzeigedauer *f*
(BSG) ‖ ~ **editor** / Bildschirmeditor *m* ‖ ~ **element**
/ Anzeigeelement *n* ‖ ~ **field** / Anzeigefeld *n*
(BSG), Bildfeld *n* ‖ ~ **file** / Bilddatei *f* ‖ ~ **filter** /
Anzeigefilter *m* ‖ ~ **format** / Anzeigeformat *n* ‖ ~
function / Meldetext *m* ‖ ~ **generation** /
Anzeigenbildung *f*, Bildaufbau *m*
display grid / Anzeigeraster *m* ‖ ~ **group** /
Abbildungsgruppe *f* ‖ ~ **head** / Anzeigekopf *m* ‖ ~
image / dargestelltes Bild, grafische Darstellung
(Grafikgerät), Schirmbild *n*, Anzeigebild *n*,
graphische Darstellung am Bildschirm ‖ ~ **in
reverse video** / inverse Darstellung ‖ ~ **instruction**
/ Darstellungskommando *n* (graf.DV) ‖ ~ **interface**
/ Darstellungsoberfläche *f* ‖ ~ **keyboard** /
Bildschirmtastatur *f* ‖ ~ **language** / Anzeigesprache
f ‖ ~ **layout** / Bilddesign *n* ‖ ~ **MD** / Anzeige-
Maschinendatum (Anzeige-MD) *n* ‖ ~ **mode** /

Betriebsart Abbilden (Osz.), Anzeigemodus m || ~
module / Anzeigebaugruppe f || ~ **of manuscript** /
Druckbild des Manuskripts (am Bildschirm) || ~ **of
new parameters** / Anzeigeparameter m || ~ **panel** /
Anzeigetafel f, Anzeigefeld n || ~ **positioning** /
Bildverschiebung f (Osz.) || ~ **range** /
Anzeigebereich m (BSG), Anzeigefläche f || ~
regeneration / Bildwiederherstellung f || ~
resolution / Anzeigefeinheit f || ~ **rolling** /
Bildrollen n || ~ **S7-MPI link** / S7-MPI Verbindung
anzeigen || ~ **screen** / Bildschirm m || ~ **selection** /
Wahl der Betriebsanzeige, Bildanwahl f || ~ **shift** /
Bildverschiebung f (Osz.) || ~ **side** / Anzeigeseite f ||
~ **size** / Darstellungsgröße f || ~ **space** /
Darstellungsbereich m (Bildschirm) || ~
stabilization / Anzeigeberuhigung f, Bildstillstand
m (Osz.) || ~ **storage tube** / Sichtspeicherröhre f || ~
surface / Darstellungsfläche f (BSG) || ~ **terminal** /
Bildschirmstation f, Datensichtstation (DSS) f,
Datensichtgerät n || ~ **tile** / Anzeigefeld n
(Mosaiktechnik, Kompaktwarte) || ~ **time** /
Abbildungszeit f (Osz.) || ~ **tube** / Anzeigeröhre f ||
~ **typewriter** / Bildschirmschreibmaschine f || ~
unit / Datensichtgerät n, Anzeigeeinheit f || ~
updating / Bildaktualisierung f || ~ **window** /
Ausgabefenster n (BSG), Bildfenster n,
Darstellungsfenster n, Anzeigefenster n || ~
window lighting / Schaufensterbeleuchtung f || ~
workstation / Bildschirmarbeitsplatz m
disposable n / Einwegartikel m, deponierbar adj || ~
syringe 25ml / Einwegspritze 25ml
disposal n / Entsorgung f || **broken glass** ~ /
Scherbenentsorgungsanlage f || ~ **flange** /
Ablassstutzen m || ~ **logistics** / Entsorgungslogistik
f || ~ **sites** / Deponiekapazitäten f pl
disposition n (QA) / Verfügung f (QS)
disruptive breakdown / Durchschlag m
(Lichtbogendurchschlag bei Isolationsfehler) || ~
discharge / Durchschlag m
(Lichtbogendurchschlag bei Isolationsfehler) || ~
discharge probability /
Durchschlagwahrscheinlichkeit f || ~ **discharge
voltage** IEC 60-1 / Durchschlagspannung f VDE
0432,T.1 || ~ **electric field strength** / elektrische
Durchschlagfeldstärke (einesIsolierstoffes) || ~
field strength / Durchschlagfeldstärke f || ~
lightning impulse / Durchschlag-
Blitzstoßspannung f || ~ **strength** /
Durchschlagfestigkeit f || ~ **voltage** /
Durchschlagspannung f, Durchbruchspannung f
dissimilar coil / ungleichartige Spule
dissipatable heat loss / abführbare Verlustleistung
dissipate v / ableiten v (Wärme), abführen v
(Energie), vernichten v
dissipation n / Ableitung f, Verlust m, Wärmeverlust
m, Verbrauch m || **dielectric** ~ **factor** /
Permittivitätsverlustfaktor m IEC 50(212),
dielektrischer Verlustfaktor || **electrode** ~ /
Elektrodenverlustleistung f || **power** ~ /
Verlustleistung f, Energieverlust m,
Energieabstrahlung f || **turn-on** ~ / Einschalt-
Verlustleistung f (Diode, Thyr) || ~ **factor** /
Verlustfaktor m
dissipation-factor test / Verlustfaktormessung f, tan-
δ-Prüfung f
dissipation of heat / Abführen der Wärme || ~
resistance / Ausbreitungswiderstand m (eines

Erders, Widerstand zwischen Erder und
Bezugserde), Erderwiderstand m,
Erdausbreitungswiderstand m
dissociation products / Zersetzungsprodukte n pl
dissolved oxygen / gelöster Sauerstoff
dissolve macro / Makro auflösen || ~ **step** / Schritt
auflösen
dissymmetric load / unsymmetrische Belastung,
Schieflast f
distal line / Distallinie f || ~ **region** / distaler Bereich
DIN IEC 469,T.1
distance n / Abstand m, Entfernung f, Strecke f,
Wegstrecke f, Weg m || **sonic** ~ / Schallweg m || ~
between application of forces / Achsabstand m || ~
between axes / Achsabstand m, Achsenabstand m ||
~ **between bearings** / Lagerabstand m || ~ **between
centres** / Mittenabstand m DIN 43601 || ~ **between
hole centres** / Lochabstand m || ~ **between
mounting hole centres** / Fußlochabstand m (el.
Masch.) || ~ **between objects** / Objektfolgeabstand
m || ~ **between pole centres** / Polmittenabstand m
(SG), Polteilung f || ~ **between pulley centres** /
Scheibenmittenabstand m, Achsabstand m || ~
between shaft centres / Achsabstand m,
Achsenabstand m || ~ **bolt** / Distanzbolzen m || ~
bolts / Abstandsbolzen n
distance-coded adj / abstandskodiert adj,
abstandscodiert adj
distance-defining parameters / Wegparameter m
distance-dependent and directional grade / distanz-
und richtungsabhängige Stufe
distance-independent back-up time /
distanzunabhängige Endzeit
distance marker light (DML) /
Entfernungsbezeichnungstafel f (DML (Flp.)) || ~
marking light / Entfernungsfeuer n (Flp.) || ~
measuring equipment (DME) /
Entfernungsmessgerät n (DME) || ~ **measuring
relay** / Distanzrelais n, Distanzmessrelais n || ~ **of
disks** / Plattenabstand m || ~ **of measurement** /
Messentfernung f, Messabstand m || ~ **piece** /
Abstandsstück n, Abstandshalter m, Staffelstück n,
Distanzstück n || ~ **protection** / Distanzschutz m || ~
protection relay / Distanzschutzrelais n || ~
protection system / Distanzschutzsystem n || ~
protection system with communication link /
Distanzschutzsystem mit Signalverbindungen || ~
protection with stepped distance-time curve /
Distanzschutz mit Stufenkennlinie || ~ **relay** /
Distanzrelais n, Distanzschutzrelais n || ~ **saddle** /
Abstandschelle f || ~ **sensor** / Distanzsensor n,
Weggeber m || ~ **sleeve** / Abstandshülse f,
Distanzhülse f (a. Reihenklemme), Distanzbuchse f
distances through insulation IEC 335-1 / Abstände
durch die Isolierung VDE 0700,T.1
distance through casting compound / Abstand im
Verguss || ~ **through insulation** / Dicke der
Isolierung || ~ **to destination** / Entfernung zum Ziel
(Kfz)
distance-to-fault locating relay / Distanzmessrelais
n || ~ **locator** / Fehlerorter m
distance-to-go n / Soll-Ist-Differenz f || ~ **display** /
Restweganzeige f
distance to go / Restweg m (WZM, NC), Restlänge f
(Restlänge = Restweg), Restverfahrweg m, Soll-Ist-
Differenz f || ~ **to walls** / Wandabstand m || ~
traversed / Verfahrweg m (WZM) || ~ **tripping** /

distance-velocity 158

Fernauslösung *f*, Fernausschaltung *f* || ~ **tube** / Abstandsrohr *n*, Zwischenrohr *n*
distance-velocity lag / Laufzeit *f* (Reg.)
distance warning device / Abstandswarngerät *n* (Kfz) || ~ **zone** / Distanzzone *f*
distant field / Fernfeld *n*, Frauenhofer-Zone *f*
distant-reading instrument / Fernanzeigegerät *n*, Fernanzeiger *m* || ~ **pressure-spring thermometer** / Feder-Fernthermometer *n* || ~ **thermometer** / Fernthermometer *n*
distinctive letter / Kennbuchstabe *m* || ~ **number** EN 50005 / Kennzahl *f* EN 50005, Kennziffer *f*
distort *v* / verzerren *v*, verzeichnen *v*, verfälschen *v*
distorted *adj* / verdreht *adj* || ~ **rotating field** / verzerrtes Drehfeld, unrundes Drehfeld
distortion *n* / Verzerrung *f*, Verzeichnung *f* (ESR), Gestaltsänderung *f*, Verspannung *f*, Verwerfung *f* || ~ **barrel** ~ / Tonnenverzeichnung *f* || ~ **geometry** ~ / Geometriefehler *m* (Osz.), Geometrieverzerrung *f* (Osz.) || ~ **compensation stage** / Vorentzerrer *m* || ~ **current** / Verzerrungsstrom *m* || ~ **factor** / Klirrfaktor *m*, Verzerrungsfaktor *m*
distortion-free *adj* / verzerrungsfrei *adj*, verzugsfrei *adj*
distortion-limited operation IEC 50(731) / verzerrungsbegrenzter Betrieb (LWL)
distortion measurement set / Verzerrungsmessplatz *m*
distortion-resistant *adj* / verwindungssteif *adj*, drehsteif *adj*
distortion time / Verzerrungszeit *f*
distortive power / Verzerrungsleistung *f*, Oberwellenleistung *f*
distributed *adj* / dezentral *adj* || ~ **amplifier** / Kettenverstärker *m* || ~ **AND connection** IEC 117-15 / Phantom-UND-Verknüpfung *f* DIN 40700,T.14 || ~ **automation** / dezentrale Automatisierung || ~ **capacitance** / verteilte Kapazität, Erdkapazität *f*, Erdbelag *m* || ~ **circuit** / Schaltung aus örtlich verteilten (idealen) Elementen || ~ **configuration** / dezentraler (o. verteilter) Aufbau (PLT-, PC-Geräte) || ~ **connection** / Phantom-Schaltung *f*, Phantom-Verknüpfung *f*
distributed-constant impulse generator / Kettenleiter *m* (Ableiterprüfung)
distributed constants / gleichmäßig verteilte Leitungskonstante, verteilte Parameter (o. Elemente) || ~ **control** / dezentrale Steuerung, verteilte Steuerung || ~ **control system** / dezentrales Steuerungssystem || ~ **data processing (DDP)** / dezentrale (o. verteilte) Datenverarbeitung || ~ **feedback control** / Regelung mit verteilten Rückführungen || ~ **I/O** / dezentrale Maschinenperipherie (DMP), dezentrale Peripherie (DP) || ~ **I/O device** / dezentrales Peripheriegerät || ~ **I/O devices** / dezentrale Maschinenperipherie (DMP), dezentrale Peripherie (DP) || ~ **I/O module** / dezentrales E/A-Modul || ~ **I/O system** / dezentrales Peripheriesystem || ~ **machine I/O devices** / dezentrale Maschinenperipherie (DMP), dezentrale Peripherie (DP)
distributed-network-type substation / Ringnetzstation *f*
distributed OR connection IEC 117-15 / Phantom-ODER-Verknüpfung *f* DIN 40700,T.14 || ~ **process-computer control system** / dezentrales Prozessrechnersystem || ~ **processing** / dezentrale

Verarbeitung || ~ **real-time multiprocessor system (DRMS)** / dezentrales (o. verteiltes Echtzeit-Multiprozessorsystem) || ~ **resistance** / stetig verteilter Entstörwiderstand || ~ **station** / dezentrale Station || ~ **winding** / verteilte Wicklung
distributing point / Verteilungspunkt *m*, Speisepunkt *m*
distribution *n* / Verteilung *f*, Ausstrahlung *f* (LT), Dezentralisierung *f*, Spreizung *f* (LT), Vergabe *f* || ~ **magnetic field** ~ / Magnetfeldverlauf *m*, Magnetfeldverteilung *f* || ~ **ACS** / Verteilerschrank *m* (BV) || ~ **announcement** / Vertriebsankündigung *f* || ~ **board** / Verteilertafel *f*, Verteiler *m*, Verteilung *f*, Installationsverteiler *m*, zentraler Verteiler, Verteilerkasten (VTK) *m*, Sternverteiler *m* || ~ **board for domestic purposes** / Installationsverteiler *m* (IV) || ~ **board kit** / Verteilereinsatz *m* || ~ **board panel** / Verteilerfeld *n* || ~ **board terminals** / Systemverteiler-Klemmen *f pl* || ~ **box** / Verteilerkasten *m* || ~ **breaker** s.
distribution circuit-breaker || ~ **bus** / Verteilersammelschiene *f* || ~ **busbar** / Verteilschiene *f* || ~ **buses** / Verteilschienen *f pl* || ~ **cabinet** / Verteilerschrank *m*, Verteiler *m* || ~ **cabinet for temporary sites** / Verteiler für ortsveränderliche Stromverbraucher || ~ **capacitance** / Streukapazität *f* || ~ **centre** / Hauptverteilung *f*, Verteilungsschwerpunkt *m* || ~ **circuit** / Verteilungsstromkreis *m* || ~ **circuit breaker** / Verteilerschalter *m* (LS), Verteilerschutzschalter *m* || ~ **coefficient** / Verteilungskoeffizient *m* (Chromatographie), Spektralwerte *m pl* || ~ **compartment** / Verteilerraum *m* (in ST), Abgangs-Verteilerraum *m* || ~ **curve** / Verteilungskurve *f* (Statistik, QS) || ~ **factor** / Koeffizient der Lastverschiebung (o. Lastauftrag *m*), Zonenfaktor *m* (Wickl.) || ~ **frame** / Verteilerrahmen *m*, Verteiler *m* (Nachrichtenübertragung)
distribution-free *adj* / verteilungsfrei *adj* (Statistik, QS), nichtparametrisch *adj* || ~ **test** / verteilungsfreier Test DIN 55350,T.24, nichtparametrische Prüfung
distribution function / Verteilungsfunktion *f* (Statistik) || ~ **fuse-board** / Sicherungsverteiler *m* || ~ **line** / Verteilungsleitung *f*, Verteilerleitung *f* || ~ **losses** / Verteilungsverluste *m pl* (Netz) || ~ **mains** / Hauptverteilungsleitung *f* || ~ **network** / Verteilungsnetz *n*, Verteilernetz *n*, Stromsystem *n*, Verteilungsnetz *n*, Verteilnetz *n* || ~ **of cumulative failure frequency** / Ausfallsummenverteilung *f* DIN 40042 || ~ **of cumulative failures** / Verteilung der Ausfallsummen *f* || ~ **of electrical energy** / Verteilung elektrischer Energie, Stromverteilung *f* || ~ **of failure occurrences** / Fehlerverteilung *f* || ~ **panelboard** / Verteilertafel *f*, Stromkreis-Verteiler *m* || ~ **pillar** / Verteilersäule *f*, Säulenverteiler *m* || ~ **pressure** / Verteilungsdruck *m* || ~ **release** / Vertriebsfreigabe *f* || ~ **section** / Verteilerfeld *n* || ~ **substation** / Verteilerstation *f*, Netzstation *f*, Ortsnetzstation *f* || ~ **switchboard** / Verteilerschalttafel *f* || ~ **switchgear** / Schaltgeräte für Verteilungsanlagen, Mittelspannungs-Schaltanlage *f* || ~ **system** / Verteilungsnetz *n*, Verteilersystem *n* || ~ **temperature** / Verteilungstemperatur *f* (LT) || ~ **transformer** /

Verteilungstransformator *m* || ~ **trunk line** / Hauptverteilungsleitung *f* || ~ **undertaking** / Elektrizitätsversorgungsunternehmen *n* (EVU) || ~ **voltage** / Verteilungsspannung *f*, Mittelspannung *f*, Verteilerspannung *f*
distribution-voltage circuit-breaker / Mittelspannungs-Leistungsschalter *m*
distributor box / Verteilerkasten *m* (f. Kabel), Verteilerbox *f* || ~ **compartment** / Aufteilungsgehäuse *n* || ~ **contact points** / Unterbrecherkontakte *m pl* (Kfz) || ~ **main** / Hauptverteilerkanal *m* || ~ **road** / Sammelstraße *f*, Verbindungsstraße *f*
district control centre / regionale Leitstelle || ~ **heating** / Fernwärme *f* || ~ **heating (system)** / Fernwärmesystem *n*, Fernheizung *f* || ~ **heating power station** / Heizkraftwerk *n*, Fernheizkraftwerk *n*
disturbance *n* / Störung *f*, Störgröße *f*, Funkstörung *f*, Netzrückwirkung *f*, Nebeneinfluss *m*, Störeinfluss *m* || ~ **characteristic** / Störverhalten || ~ **estimation** / Störbeobachtung *f* (Reg.) || ~ **field** / Störfeld *n*, Fremdfeld *n*, Funkstörfeld *n* || ~ **field strength** / Störfeldstärke *f*, Funkstörfeldstärke *f*, Störanzeige *f* (Anzeige, die von Störungen außerhalb eines Prüfsystems hervorgerufen wird) || ~ **level** / Störpegel *m* || ~ **observer** / Störgrößenbeobachter *m* || ~ **of temperature** / Temperaturstörung *f* || ~ **position** / Störstellung (STÖR) *f* || ~ **power** / Störleistung *f*, Funkstörleistung *f* || ~ **profile** / Störungsbeschreibung *f* || ~ **range** / Störgrößenbereich *m* || ~ **recorder** / Störgrößenschreiber *m*, Störungsaufzeichnungsgerät *m* || ~ **region** / Störungsgebiet *n* || ~ **test** IEC 255 / Hochfrequenz-Störprüfung *f* (Rel.) || ~ **time** / Störungsdauer *f* (Netz), Störungszeit *f* (Netz) || ~ **variable** / Störgröße *f* || ~ **voltage** / Störspannung *f*, Fremdspannung *f*, Funkstörspannung *f*
disturbances *n pl* / Rückwirkungen *f pl* || ~ **of measuring instruments with electronic devices** / Strömungen bei Messgeräten mit elektronischer Einrichtung
disturbing influence / Störbeeinflussung *f* (durch Fremdspannungen) || ~ **noise** / Störgeräusch *n* || ~ **pulse** / Störimpuls *m* || ~ **source** / Störquelle *f* (EMB) VDE 0870,T.1 || ~ **torque** / Störmoment *n*
DITE (displacement thread end) / DITE (Gewinde-Auslaufweg)
dithering *n* / Zitterbewegung *f*, Pendeln *n*, Bildpunktschattierung *f*, Pixelschattierung *f*, Freipendeln *n*
DITS (displacement thread start) / DITS (Gewinde-Einlaufweg)
diurnal mean of temperature / mittlere Tagestemperatur
divergence *n* / Verzweigung *f*, Simultanverzweigung *f* || **angle of** ~ / Streuwinkel *m* (LT) || **beam** ~ / Strahldivergenz *f*, Feldweite der Strahldivergenz *f* || **one-half-peak** ~ / Halbstreuwinkel *m*
diverging flow area / stetige Querschnittserweiterung
diversion system / Umleitungssystem *n*
diversity *n* (reliability term) / diversitäre Redundanz, Diversität *f* || ~ **factor** IEC 50(691) / Verschiedenheitsfaktor *m* (SK) VDE 0660,T.500,

Gleichzeitigkeitsfaktor (GZF) *m*
divert *v* / umleiten *v*, ableiten *v*, ablenken *v*, streuen *v*
diverter *n* / Ableiter *m*, (Nebenschluss-) Dämpfungswiderstand *m*, Abweiser *m* || **gas** ~ / Gasumlenker *m*
diverter-pole generator / Streupolgenerator *m*, Streufeldgenerator *m*
diverter resistor / Ableiterwiderstand *m*, Nebenschlussdämpfungswiderstand *m* || ~ **switch** / Lastumschalter *m* (Trafo) || ~ **switch container** / Lastumschaltergefäß *n* (Trafo)
diverter-switch oil conservator (compartment) / Lastumschalter-Ausdehnungsgefäß *n* (Trafo), Teilausdehnungsgefäß *n*
diverter switch tank / Lastumschaltergefäß *n* (Trafo)
diverting reflector / Umlenkreflektor || ~ **sheave** / Ablenkrolle *f* (Riementrieb)
divide *v* / dividieren *v*, teilen *v*
divided circle / Teilkreis *m*, Kreisteilung *f*
divided-conductor protection / Spaltleiterschutz *m*
divided difference / Steigung *f* (Math.)
divided-support disconnector IEC 129 / geteilter Trennschalter VDE 0670,T.2 || ~ **earthing switch** IEC 129 / geteilter Erdungsschalter VDE 0670,T.2
divided winding / Wicklung mit parallelen Zweigen
dividend *n* / Dividend *m*
divider *n* / Teiler *m*, Spannungsteiler *m*, Dividierer *m* || ~ **ratio** / Teilerverhältnis *n*
dividers *n pl* / Teilzirkel *m*, Stechzirkel *m*
dividing attachment / Teilapparat *m* (WZM) || ~ **box** / Aufteilungskasten *m* (Kabel), Aufteilungsmuffe *f*, Aderspreizkopf *m*, Aufteilungsarmatur *f* || ~ **head** / Teilkopf *m* (WZM) || ~ **line** / Trennlinie *f* || ~ **point** / Trennstelle *f*, Teilungspunkt *m* || ~ **unit** / Teilapparat *m* (WZM), Teilscheibe *f*
division *n* / Teilung *f*, Division *f*, Einteilung *f*, Skalenteilung *f*, Teilstrich *m*, Teilungsmaß *n*, Geschäftsgebiet (GG) *n*, Geschäftsbereich *m*, Aufteilung *f*, Maßteilung *f* || **sample** ~ / Probenteilung *f*, Probenunterteilung *f* || ~ **scale** ~ / Skalenteil *m* (Skt), Teilungsintervall *n* (Skale) || ~ **code** / Geschäftsbereichkennzahl *f* || ~ **into compartments** IEC 517 / Unterteilung in Teilräume (o. Einbauräume), Schottung *f* (gekapselte Schaltanlage) || ~ **number** / Teilungsnummer *f* || ~ **offset** / Teilungsmaßverschiebung *f* || ~ **ratio** / Teilungsverhältnis *n* || ~ **reference dimension** / Teilungsbezugsmaß *n*
division-related FA overlay / teilungsbezogene FA-Überlagerung
division symbol / Geschäftsgebiet-Kennzeichen *n*, Kennzeichen für das Geschäftsgebiet
divisor *n* / Teiler *m* (Math.), Divisor *m*
DKE / Deutsche Kommission für Elektrotechnik (DKE)
DL s. data link || $^{\circ}$ s. delay line || $^{\circ}$ s. diode logic || $^{\circ}$ s. left-hand data byte || **DL (data byte left)** / DL (Datum Links)
D latch / D-Auffang-Flipflop *n*
DLC s. data link control
DLE s. data link escape || **DLE (data link escape)** / DLE, Datenübertragungsumschaltung *f*
DLL (dynamic link library) / DLL
DM s. delta modulation || ~ s. disconnected mode
DMA s. direct memory access || **DMA (direct memory access)** / DMA (Direct Memory Access)

DMAC s. DMA controller
DMA controller (DMAC) / DMA-Steuerung f (DMAC) || ~ **interface** / DMA-Schnittstelle f || ~ **request** / DMA-Aufforderung f
DME s. distance measuring equipment
DML s. distance marker light
DMM s. digital multimeter
DMOS (dependent manually operated switchgear) / Schaltanlage mit abhängiger Handbetätigung
DMP / dezentrale Maschinenperipherie (DMP), dezentrale Peripherie (DP) || ~ **compact terminal block** / DMP-Kompaktträgerbaugruppe || ~ **module** / DMP-Modul n || ~ **terminal block (DMP TB)** / Trägerbaugruppe f, DMP-Trägerbaugruppe (DMP-TB) f, DMP-Terminalblock (DMP-TB) m
DM quad / DM-Vierer m, Dieselhorst-Martin-Vierer m
DMT overcurrent relay / unabhängiges Maximalstrom-Zeitrelais (UMZ-Relais)
DNC s. direct numerical control
docking point / Haltestelle f (FFS, Palette) || ~ **position** / Haltestelle f || ~ **station** / Dockingbahnhof m || ~ **system** / Dockingsystem n
document n (to be transmitted) / Übertragungsvorlage f (Fernkopierer), Unterlage f, dokumentieren v || ~ **/brochure list** / Druckschriftenverzeichnis n || **manual ~ feed** / Handanlage der Übertragungsvorlage (Fernkopierer)
documentation n / Dokumentation f, Unterlagen $f pl$, Dokumentierung f || ~ **and change control** (AQAP) / Überwachung der Unterlagen und ihrer Änderungen || ~ **file** / Dokdatei f || ~ **identfier** / Dokumentationskennzeichen n || ~ **mode** / Dokumentationsbetrieb m || ~ **package** / Dokumentiersatz m || ~ **problem** / Dokumentationsmangel m || ~ **updating** / Rückdokumentation f || ~ **workstation** / Dokumentationsarbeitsplatz m
document control / Lenkung der Dokumentation (QS) || ~ **generation** / Unterlagengenerierung f
documented control / schriftlich belegte Überwachung || ~ **procedure** / Verfahrensanweisung || ~ **verification of calibration** / Kalibriernachweis m
document file / Textdatei f || ~ **management** / Unterlagenverwaltung f || ~ **number** / Unterlagennummer f DIN 6763,T.1 || ~ **register** / Unterlagenverzeichnis n (a. PC)
dog clutch / Klauenkupplung f
Document Management System (DMS) / Dokumenten-Management-System (DMS) n
dolly n / Wippe f (I-Schalter)
d.o.l. starting s. direct-on-line starting
domain n / Bereich n, Domäne f || **title** ~ / Gültigkeitsbereich einer Bezeichnung DIN ISO 7498 || ~ **of definition** (set) / Definitionsbereich m (Menge) || ~ **service** / Domaindienst m || ~ **wall** / Domänenwand f
dome n / Dom m, Glocke f, Kuppel f, Kuppe f (Lampe), Durchführungsdom m, Hülsenboden m
domed cover / gewölbter Deckel || ~ **tank** / Glockenkessel m
domestic n / Inland n || **domestic appliance** / Haushaltsgerät n, Hausgerät m || ~ **business** / Inlandsgeschäft n || ~ **consumer** / Haushaltverbraucher m || ~ **digital bus (DDB)** /

digitaler Heimbus || ~ **electrical installation** / Hausinstallation f VDE 0100,T.200 || ~ **German price list** / Preisliste Inland || ~ **lighting** / Heimbeleuchtung f || ~ **lighting fitting** / Heimleuchte f || ~ **luminaire** / Heimleuchte f || ~ **tariff** / Haushalttarif m || ~ **transport** / Transport Inland
dome-type tank / Glockenkessel m
dominant mode / vorherrschender Schwingungstyp, Grundschwingung f || ~ **resonant frequency** / Hauptresonanzfrequenz f || ~ **wavelength** / dominierende Wellenlänge, farbtongleiche (o. bunttongleiche) Wellenlänge
dominating R input / dominierender R-Eingang || ~ **system time constant** / dominierende Streckenzeitkonstante (SPS)
done adj / fertig adj, erledigt adj
dongle n / Programmschutzstecker m, Dongle, Kopierschutzstecker m
donor n / Donator m (HL) || ~ **level** / Donatorniveau n (HL)
do-nothing operation / Nulloperation f (NOP)
do operation / Bearbeitungsoperation f
door n IEC 439-1 / Tür f (SK) VDE 0660,T.500
doorbell transformer / Klingeltransformator m
door case machining / Türzargenbearbeitung f || ~ **chime** / Türgong m, Gong m || ~ **contact switch** / Türkontaktschalter m
door-coupling operating mechanism / Türantrieb m || **door-coupling rotary operating mechanism** / Türkupplungs-Drehantrieb m
door coupling rotary mechanism / Türkupplungs-Drehantrieb m || ~ **cutout** / Türausschnitt m || ~ **frame machining** / Türzargenbearbeitung f || ~ **hinge** / Anschlagen n || ~ **interlocking** / Türverriegelung f || ~ **interlock switch** / Türverriegelungsschalter m, Türschalter m || ~ **knob** / Türriegel m
door-mounted (operating) mechanism / Türantrieb m (SG)
door mounting kit / Tür-Montageset n || ~ **opener** / Türöffner m || ~ **opening angle** / Türöffnungswinkel m
door-operated switch / Türschalter m
door release / Türentriegler m || ~ **rotary mechanism** / Türdrehantrieb m || ~ **sealing frame** / Türdichtrahmen m, Türdichtungsrahmen m
door swing / Türöffnungswinkel m || ~ **switch** / Türschalter m
dopant n / Dotierungsstoff m (HL u. zur Änderung des Brechungsindex in einem LWL)
dope v / dotieren v (HL) || ~ **anti-ageing** ~ / Alterungsschutzmittel n, Oxidationsinhibitor m
doped lubricant / legierter Schmierstoff || ~ **lubricating oil** / legiertes Schmieröl || ~ **oil** / Wirkstofföl n, legiertes Öl
doping n / Dotieren n (HL)
DOR (direction of spindle rotation) / Spindeldrehrichtung (DOR) f
DOS s. disk operating system
dosage rate / Dosierung f
dose, effective ~ / wirksame Dosis || ~ **rate** / Dosisrate f
dosing n / Dosieren n || ~ **machine** / Dosiermaschine f || ~ **valve** / Dosierventil n || ~ **weigher** / Dosierwaage f
do statement / Schleifenanweisung f

dos warm restart / DOS Warmstart
dot AND / Phantom-UND *n*
dot-and-dash line / strichpunktierte Linie
dot diagram / Punktdiagramm *n*
dot-line *v* / punktieren *v*
dot-lit lamp / Punktlichtlampe *f*
dot matrix / Punktraster *m*, Punktmatrix *f* || ~ **matrix character generator** / Punktzeichengenerator *m* || ~ **matrix display** / Punktmatrixanzeige *f* || ~ **matrix printer** / Punktdrucker *m* || ~ **OR** / Phantom-ODER *n* || ~ **product** / Punktprodukt *n*, skalares Produkt || ~ **rate generator (DRG)** / Bildpunktgenerator *m* || ~ **scanning method** / Punktrasterverfahren *n* || ~ **sequence** / Punktfolge *f*
dotted *adj* / gepunktet *adj* || **dotted curve** / Punktkurve *f* || ~ **line** / punktierte Linie
dotted-line curve / Strichkurve *f* || ~ **recorders** / Punktschreiber *m*
dotted pair / Punktpaar *n* (CAD)
dotting time / Punktierzeit *f*
double, with ~ **overlap** / doppelt überlappt
double-acting *adj* / doppelwirkend *adj* || **double-acting brake** / doppeltwirkende Bremse || ~ **compressed-air operating mechanism** / Doppelkolben- Druckluftantrieb *m* || ~ **cylinder** / Doppeltwirkender-Zylinder *m* || ~ **drive** / doppelwirkender Antrieb
double-air-circuit machine / doppeltbelüftete Maschine, doppeltventilierter Motor, Gegenbläser *m*
double amplitude / doppelte Amplitude, Doppelamplitude *f* || ~ **assignment** / Doppelbelegung *f*
double-armature motor / Doppelankermotor *m*, Doppelmotor *m*, Zweiankermotor *m*
double-beam CRT / Doppelstrahlröhre *f* || ~ **UV monitor** / Doppelstrahl-UV-Monitor *m*
double-bit information / Doppelbitinformation *f* || ~ **key** / Doppelbartverschluss *m*, Doppelbartschlüssel *m* || ~ **output** / Doppelbitausgabe *f*
double-branch claw terminal / Doppel-Tatzenabzweigklemme *f*
double break (DB) / Zweifachunterbrechung *f* (Kontakte), Doppelkontaktunterbrechung *f*, Doppelunterbrechung *f*
double-break contact / Doppelschaltbrücke *f*, Doppelschaltstück *m* || ~ **contact element** IEC 337-1 / Schaltglied mit Doppelunterbrechung VDE 0660,T.200 || ~ **disconnector** / Zweifach-Trennschalter *m*, Zweifachtrenner *m* || ~ **interrupter** / Zweifachtrenner *m*, Unterbrecher mit zwei Schaltstrecken || ~ **interrupter head** / Doppelschaltkopf *m*
double bridge connection / Doppelbrückenschaltung *f*, Durchmesserschaltung *f* || ~ **busbar** / Doppelsammelschiene *f*, Zweifachsammelschiene *f* || ~ **cable connection** / Doppelkabelanschluss *m*
double-busbar substation / Doppelsammelschienen-Station *f*
double-cage motor / Doppelkäfigläufermotor *m*, Doppelstabläufer *m*, Doppelnutmotor *m*, Boucherot-Motor *m*, Motor mit Doppelkäfiganker || ~ **rotor** / Doppelkäfigläufer *m*, Doppelstabläufer *m*
double-capped tubular lamp / zweiseitig gesockelte Soffittenlampe
double-casing machine / Maschine mit Mantelkühlung, Maschine mit belüftetem

abgedecktem Gehäuse, doppeltbelüftete Maschine
double-chained list / doppelt gefädelte Liste
double check / Gegenprüfung *f*
double-circuit fault / Doppelleitungskurzschluss *m* IEC 50(448) || ~ **line** / Zweisystemleitung *f* || ~ **station** / zweifach eingespeiste Station, Station mit doppelter Einspeisung || ~ **vertical configuration** / vertikale Anordnung einer Doppelleitung
double-click *n* / Doppelklick *m*
double coil / Doppelspule *f*
double-coil winding / Doppelspulenwicklung *f*
double command / Doppelbefehl *m*
double-command lockout / Doppelbetätigungssperre *f*
double commutator / Doppelkommutator *m*
double-commutator motor / Doppelkommutatormotor *m*
double-computer configuration / Doppelrechneranlage *f*
double-cone pulley / Doppelkegelscheibe *f*
double converter / Doppel-Stromrichter *m*, Doppel-Umrichter *m* || ~ **converter equipment** / Doppel-Stromrichtergerät *n* || ~ **cross-arm** / Doppeltraverse *f* || ~ **crucible technique** / Doppeltiegel-Methode *f* (LWL-Herstellung)
double-crystal X-ray topography / Doppelkristall-Röntgentopographie *f*
double current / Doppelstrom *m*
double-current generator / Doppelstromgenerator *m* || ~ **interchange circuit** / Doppelstrom-Schnittstellenleitung *f* || ~ **keying** / Doppelstromtastung *f* || ~ **line** / Doppelstromleitung *f* || ~ **signal** / Doppelstromzeichen *n* || ~ **transmission** / Doppelstrombetrieb *m* (FWT)
double data word (DD) / Datendoppelwort (DD) *n*
double-deck squirrel-cage motor / Käfigläufermotor mit Anlauf- und Betriebswicklung
double designation / Doppelbezeichnung *f*
doubled glass-filament yarn / gefachtes Glasseidengarn
double-diameter piston / Differentialkolben *m*
double-disc brake / Doppelscheibenbremse *f*, Zweiflächenbremse *f* || ~ **winding** / Doppelscheibenwicklung *f*, Doppelspulenwicklung *f*
double door / Doppeltür *f* || ~ **drag-link gearing** / Koppeltrieb *m* (Wickler) || ~ **earth fault** / Doppelerdschluss *m*, zweiphasiger (o. zweipoliger) Erdschluss || ~ **edge** / Doppelflanke *f* (Impuls)
double-edged *adj* / zweischneidig *adj*
double enamelled wire / Doppellackdraht *m*
double-ended drive / doppelseitiger o. zweiseitiger o. beiderseitiger Antrieb || ~ **lamp** / zweiseitig gesockelte Lampe || ~ **machine** / Maschine mit zwei Wellenenden || ~ **symmetrical cooling circuit** / zweiseitig symmetrischer Kühlkreislauf || ~ **ventilation** / zweiseitige Belüftung, beiderseitige Belüftung
double-entry blower / doppelflutiges Turbogebläse
double fault / Doppelfehler *m*, Doppelerdschluss *m*
double-fed asynchronous machine / doppelt gespeiste Asynchronmaschine || ~ **motor** / doppelt gespeister Motor, zweifach gespeister Motor, Konduktions-Repulsionsmotor *m*
double-field converter / Doppelfeldumformer *m* || ~ **frequency changer** / Doppelfeld-

Frequenzumformer *m* || ~ **machine** / Doppelfeldmaschine *f*, Maschine mit geteiltem Feld || ~ **winding** / Doppelfeldwicklung *f*
double fillet weld / Doppelkehlnaht *f*
double-flanged shaft / Doppelflanschwelle *f*
double flashing frequency / Doppelblinklicht *n* || ~ **flashing light** / Doppelblinklicht *n*
double-float Buchholz protector / Zweischwimmer-Buchholzrelais *n* || ~ **relay** / Zweischwimmer-Relais *n*
double-focussing spectrometer / doppeltfokussierendes Spektrometer
double-fronted design / Doppelfrontausführung *f* (ST) || ~ **switchboard** / Doppelfront-Schalttafel *f*, Schalttafel für Rücken-an-Rückenaufstellung, Schalttafel für Doppelfrontbedienung, Zweifrontschalttafel *f*
double-function key / Doppelfunktionstaste *f*
double-gap break contact (element) / Öffner mit Doppelunterbrechung || ~ **contact element** / Schaltglied mit Doppelunterbrechung VDE 0660,T.200 || ~ **make-break four-terminal changeover contact** (element) / Wechsler mit Doppelunterbrechung und vier Anschlüssen || ~ **make contact** (element) / Schließer mit Doppelunterbrechung
double groove / Doppelnut *f* || ~ **ground fault** / Doppelerdschluss *m*, zweiphasiger (o. zweipoliger) Erdschluss
double-gun CRT / Zweistrahlröhre *f* (mit getrennten Elektronenstrahlerzeugern)
double-height Eurocard / Doppeleuropakarte *f* || ~ **Eurocard format** / Doppeleuropaformat *n*, Doppel-Europaformat *n* || ~ **Eurocard-format module** / doppelt-hohe Europaformatbaugruppe || ~ **Euro-format** / doppelthohes Europaformat, Doppel-Europaformat *n* || ~ **module** / doppelt hohe Baugruppe || ~ **PCB** / doppelt hohe Baugruppe
double helical gear / Doppel-Schrägzahnrad *n*, Pfeilrad *n* || ~ **helical gearing** / Pfeilradgetriebe *f*, Pfeilverzahnung *f* || ~ **indication (DI)** / Doppelmeldung (DM) *f* || ~ **induction regulator** / Doppeldrehtransformator *m*, Doppeldrehregler *m* || ~ **infeed** / Zweifach-Einspeisung *f*
double-insulated transformer / Wandler mit doppelter Isolierung, Transformator mit doppelter Isolierung
double insulation IEC 335-1 / doppelte Isolierung VDE 0700,T.1 || ~ **integral** / Doppelintegral *n* || ~ **interrupter head** / Doppelschaltkopf *m*
double-interruption breaker / zweifach unterbrechender Leistungsschalter
double-jaw brake / Doppelbackenbremse *f*
double-jewel bearing / Doppelsteinlager *n* (EZ)
double junction / Kreuzung *f* (von Leitern mit elektrischer Verbindung) || ~ **lacing** / Ausfachung mit gekreuzten Diagonalen (Gittermast)
double-lacing redundant support / Ausfachung mit gekreuzten Diagonalen und Sekundärfachwerk (Gittermast)
double-lapped *adj* / doppelt überlappt || ~ **joint** / doppelt überlappte Ecke (Blechp.), doppelt überlappte Stoßfuge (o. Verbindung)
double-lap winding / zweifache Schleifenwicklung, zweigängige Schleifenwicklung
double-layer barrel winding / Zweischicht-Fassspulenwicklung *f* || ~ **winding** /

Zweischichtwicklung *f*, zweilagige Wicklung, Zweistabwicklung *f*
double-lead worm gearing / Doppelschneckengetriebe *n*
double-leg brush holder / Doppelschenkelbürstenhalter *m*
double-level terminal / Doppelstockklemme *f*
double-line-to-earth fault / zweiphasiger Erdschluss, zweipoliger Kurzschluss mit Erdberührung, zweipoliger Erdschluss, Doppelerdschluss *m*
double-linkage leakage / doppelt verkettete Streuung
double-lug panelboard / Verteilertafel mit zwei Hauptanschlüssen
double-oven concept / Doppelofenkonzept *n*
double measuring bridge / Doppelmessbrücke *f* || ~ **moving contact** / Doppelschaltstück *n* || ~ **parallel key** / Doppelpassfeder *f*
double-pass heat exchanger / zweiflutiger Kühler
double-phase *adj* / zweiphasig *adj*, zweisträngig *adj*, zweipolig *adj* || ~ **fault** / zweiphasiger o. zweisträngiger Kurzschluss, zweipoliger Kurzschluss, zweiphasiger Fehler || ~ **machine** / Zweiphasenmaschine *f*, zweipolige Maschine
double-phase-to-earth fault / zweiphasiger Erdschluss, zweipoliger Kurzschluss mit Erdberührung, zweipoliger Erdschluss, Doppelerdschluss *m*
double pilot light / Doppelleuchtmelder *m*
double-pipe cooler / Doppelrohrkühler *m*
double-piston diaphragm pump / Doppelkolben-Membranpumpe *f*
double-point indication / Doppelmeldung (DM) *f* || ~ **information** / Doppelmeldung *f* (FWT)
double-pole (DP) *adj* / zweipolig *adj* || ~ **double throw switch (DPDT)** / zweipoliger Umschalter || ~ **one-way switch** (CEE 24) / zweipoliger Ausschalter (Schalter 1/2) VDE 0630 || ~ **single throw switch (DPST)** / zweipoliger Einschalter (o. Ein-Aus-Schalter) || ~ **snap switch (DPSS)** / zweipoliger Schnappschalter || ~ **two-way switch** (CEE 24) / zweipoliger Wechselschalter (Schalter 2/2) VDE 0630
double ported / zweiflutig *adj*
double-precision arithmetic / doppeltgenaue Arithmetik || ~ **fixed-point number** / Festpunkt-Doppelwortzahl *f*
double-pressure locking mechanical system / Mechanik mit Doppelbetätigungsauslösung (DT)
double-prime subscript / Index [„]
double pulse / Doppelimpuls *m*
double-pulse centre-tap connection / Zweipuls-Mittelpunktschaltung *f* (LE)
doubler *n* / Verdoppler *m*
double-range relay / Zweibereichsrelais *n* || ~ **Scherbius system** / über- und untersynchrone Scherbius- Kaskade
doubler connection / Verdopplerschaltung *f* (LE)
double-reactance theory / Zweiachsentheorie *f* (el.Masch.)
double reduction / Zweifachuntersetzung *f*
double-reduction gear unit / zweifaches Untersetzungsgetriebe
double-redundancy *adj* / zweifachredundant *adj*
double reeler / Doppelwickler *m* || ~ **refraction** / Doppelbrechung *f* || ~ **regulator** / Doppelregler *m*, Doppeldrehregler *m* || ~ **ring** / Doppelring *m*

double-rotor induction regulator / Doppeldrehtransformator *m*, Doppeldrehregler *m*
double-row ball race ring / Doppelkugelring *m* (Lg.) || ~ **bearing** / zweireihiges Lager || ~ **connector** / zweireihiger Steckverbinder
double sampling / Doppelstichprobenentnahme *f* || ~ **sampling inspection** / Doppelstichprobenprüfung *f* || ~ **sampling plan** / Doppelstichprobenprüfplan *m* || ~ **scale** / Doppelskala *f* || ~ **scanning** / Doppelabtastung *f*, V-Abtastung *f*
double-seat(ed) valve / Doppelsitzventil *n*
double-secondary current transformer / Stromwandler mit zwei Sekundärwicklungen || ~ **transformer** / Wandler mit zwei Sekundärwicklungen || ~ **voltage transformer** / Spannungswandler mit zwei Sekundärwicklungen
double section / Doppelfeld *n* || ~ **set of brushes** / Doppelbürstensatz *m* || ~ **shank** / Doppelschenkel *m*
double-shielded *adj* / zweifach geschirmt
double-shoe terminal / Doppelfahnenschuh *m* (Bürste)
double-shot reclosing / zweimalige Kurzunterbrechung
double shunt / doppelter Nebenschluss || ~ **sideband (DSB)** / Zweiseitenband *n* (ZSB n, Doppelseitenband (DSB)) || ~ **sideband transmission** / Zweiseitenbandübertragung *f*
double-sided field system / Doppelfeldmagnet *m* || ~ **linear induction motor (DSLIM)** / zweiseitiger Linear-Induktionsmotor || ~ **linear motor** / zweiseitiger Linearmotor || ~ **printed board** / Leiterplatte mit Leiterbildern auf beiden Seiten || ~ **stator** / Doppelstator *m* (LM)
double-size Eurocard / Europakarte in Doppelformat
double slide / Doppelschlitten *m*
double-slide key group / Doppelschlittenblock *m* || ~ **simulation** / Doppelschlittensimulation *f* || ~ **turning machine** / Zweischlittendrehmaschine *f*, Doppelschlittendrehmaschine *f*
double slide version / Doppelschlittenausführung *f*
double socket outlet / Doppelsteckdose *f* || ~ **socket wrench** / Doppelsteckschlüssel *m*
double-spindle version / Doppelspindelausführung *f*
double-spiral coil / Doppelfadenspule *f*
double squirrel-cage motor / Doppelkäfigläufermotor *m*, Motor mit Doppelkäfiganker, Doppelstabläufer *m*, Doppelnutmotor *m*, Boucherot-Motor *m*
double-star connection / Doppelsternschaltung *f*, Stern-Stern-Schaltung *f* || ~ **connection with interphase transformer** / Doppelsternschaltung mit Saugdrossel (DSS)
double stator / Doppelstator *m* (LM) || ~ **striking** / Doppelanschlag *m* (Schreibmasch., Textautomat) || ~ **stroke** / Doppelstrich *m* (Staubsauger)
double subrack / Zweizeiler *m*, zweizeiliger Rahmen, Doppelrahmen *m* || ~ **support** / Doppelstützer *m*
doublet *n* / Wechselstoß *m*, Dipol *m*, Doppellinie *f* (BT) || **unit** ~ / Einheits-Wechselstoß *m*
double-tee box / Kreuzdose *f* (I)
double terminal / Doppelanschlussklemme *f* || ~ **terminal connection** / Doppelklemmenanschluss *m*
double-T-head pole / Doppelhammerkopfpol *m*
double thread / zweigängiges Gewinde

double-threaded *adj* / doppelgängig *adj*
double three-phase star connection / Doppelsternschaltung *f*, Stern-Stern-Schaltung *f* || ~ **three-phase star with interphase transformer** IEC 119 / Doppelsternschaltung mit Saugdrossel (DSS) || ~ **three-pulse star connection** / Doppel-Dreipuls-Mittelpunktschaltung *f*
double-throw contact / Umschaltkontakt *m* || ~ **contact with neutral position** / Wechsler mit mittlerer Ruhestellung || ~ **knife switch** / Hebel-Umschalter *m* || ~ **lever switch** s. double throw knife switch / Hebelumschalter *m* || ~ **switch** / Umschalter *m*, Schalter mit zwei Stellungen
double-thyristor module / Doppelbaustein *m*
double-tier transformer / Doppelstocktransformator *m* || ~ **winding** / Zweiebenenwicklung *f*, Zweietagenwicklung *f*
double-track encoder / Doppelspurgeber *m*
double transposed bar / Doppelgitterstab *m* || ~ **tube** / Zweifachröhre *f*
double-tuned-circuit LC filter / zweikreisiges LC-Filter
double twin drive / Zwillings-Doppelantrieb *m*
double-unit machine / Doppelständermaschine *f* || **double-unit miller** / Doppelständerfräsmaschine *f*
double-V butt joint / X-Naht *f* || ~ **butt joint with wide root faces** / Doppel-Y-Naht *f*
double V-groove / X-Nut *f* || ~ **voltmeter** / Doppelspannungsmesser *m*
double-walled *adj* / doppelwandig *adj*
double warren / Ausfachung mit gekreuzten Diagonalen (Gittermast)
double-warren redundant support / Ausfachung mit gekreuzten Diagonalen und Sekundärfachwerk (Gittermast)
double-way connection (converter) / Zweiwegschaltung *f* (SR) || ~ **converter** / Zwei-Energierichtung-Stromrichter *m*, Zwei-Richtung-Stromrichter *m*, Zweiweg-Stromrichter *m*, Umkehrstromrichter *m*
double-width module / doppelbreite Baugruppe || ~ **PCB** / doppelbreite Baugruppe
double winder / Doppelwickler *m*
double-winding synchronous generator / Zweiwicklungs-Synchrongenerator *m*
double-wing handle / doppelseitiger Griff
double wire armour (DWA) / Drahtbewehrung in Doppellage
double wiring post / Doppelanschlussstift *m*
double-word / Doppelwort *n* DIN 19239
double-word word address / Doppelwortadresse *f* || ~ **conversion** / Doppelwortwandlung *f* || ~ **execution** / Doppelwortbearbeitung *f* || ~ **statement** / Doppelwortanweisung *f*
double-wound *adj* / mit zwei Wicklungen, induktionsfrei gewickelt || ~ **coil** / Doppelfadenspule *f*
doubling *n* / Verdopplung *f*
doubly concentric / doppelkonzentrisch *adj* || ~ **fed line** / zweiseitig gespeiste Leitung || ~ **fed motor** / doppelt gespeister Motor, zweifach gespeister Motor, Konduktions-Repulsionsmotor *m* || ~ **fed station** / zweifach eingespeiste Station, Station mit doppelter Einspeisung || ~ **re-entrant winding** / zweifach wiedereintretende Wicklung
doubtful operation / zweifelhaftes Arbeiten (Schutz)
dovetailed *adj* / schwalbenschwanzförmig *adj*, mit

dovetail 164

Schwalbenschwanz
dovetail key / Schwalbenschwanzkeil *m* || **~ pole** / Schwalbenschwanzpol *m*
dowel *n* / Stift *m*, Passstift *m*, Fixierstift *m* || **~ hole**
drilling machine / Dübellochbohrmaschine *f* || **~ pin** / Passstift *m*, Haltestift *m*, Fixierstift *m*, Kerbstift *m*, Spannstift *m*
down closing movement / Einschalten durch Abwärtsbewegung (des Betätigungsorgans) || **~ conductor** / Ableitung *f* (Blitzschutzanl.) || **~ counter** / Rückwärtszähler *m*, Abwärtszähler *m*
down-counting pulse / Rückwärtszählimpuls *m*
down-cut milling / Gleichlauffräsen *n*
down duration / Ausfalldauer *f*, Nichtverfügbarkeitsdauer *f*
downgrade *v* / zurückrüsten *v*
downhill conveyor / abwärtsförderndes Band
down integrated time / Abintegrationszeit *f*
down lead / Ableitung *f* (Blitzschutzanl.)
downlighter *n* / Tiefstrahler *m*
downlighting *adj* / tiefstrahlend *adj* || **~ luminaire** (o. fitting) / Tiefstrahler *m*
downlink *n* / abwärtsgerichtet *adj* (LAN)
download *n* / Übertragung *f* || **~ compatibility** / Abwärtskompatibilität *f*
downloading *n* / Fernladen *n* (Rechner - Rechner, Rechner - Endgerät), Programm laden EN 61131, zentrales Laden || ~ IEC 1131-4 / Programm laden EN 61131-1, laden (Programm) *v*
down payment / Anzahlung *f* || **~ pulse** / Rückwärtsimpuls *m* || **~ state** / nicht verfügbarer Zustand wegen interner Ursachen
down-scaling *n* / Untersetzung *f* (Skalierung)
down state / Unklarzustand *m* IEC 50(191)
downstream *adj* / unterwasserseitig *adj*, hinter *prep*, nachgeschaltet *adj*, nachgeordnet *adj* || **~ fuse** / nachgeordnete Sicherung || **~ pressure** / Gegendruck *m*, Nachdruck *m* || **~ specific volume** / spezifisches Volumen nach der Entspannung || **~ vapour temperature** / Dampftemperatur nach der Entspannung
downtime *n* / Stillstand *m*, Stillstandszeit *f*, Stillstandzeit *f*, Nebenzeit *f*, Ausfallzeit *f*, Leerlaufzeit *f*, Brachzeit *f*, Ausfalldauer *f*
down time (The time interval during which an item is in a down state.) / Unklarzeit *f* (Zeitintervall, während dessen eine Einheit im nicht verfügbaren Zustand wegen interner Ursachen ist), Unklarzeitintervall *m*, Nichtverfügbarkeitszeit *f*, Ausfallzeit *f*, Brachzeit *f*, Nebenzeit *f*, Stillstandszeit *f*, Fehlzeit *f* || **~ time** IEC 50(191) / Unklardauer *f*
downward compatible / rückwärtskompatibel *adj*, abwärtskompatibel *adj* || **~ flash** / Abwärtsblitz *m*, Wolke-Erde-Blitz *m* || **~ flux** / unterer halbräumlicher Lichtstrom || **~ flux fraction** / unterer halbräumlicher Lichtstromanteil || **~ light output ratio** / unterer Betriebswirkungsgrad (Leuchte)
downwards *adv* (movement) / nach unten (Bewegung) || **~ compatible** / abwärts kompatibel
downwind leg / Mitwindteil *m* (Flp.-Markierung) || **~ light unit** / vordere Feuereinheit (Flp.) || **~ position** / vorderer Standort (Flp.) || **~ wing bar** / vordere Außenkette (Flp.)
dp / dezentrale Peripherie (DP), dezentrale Maschinenperipherie (DMP)

DP s. data processing || ⁰ s. decentralized periphery || ⁰ s. **double-pole** || ⁰ **(Delete Program)** / DP (Delete Program) || ⁰ **diagnostics** / DP-Diagnose *f* || ⁰ **ID** / DP-Kennung *f* || ⁰ **master** / DP Master || ⁰ **master system** / DP-Mastersystem *n* || ⁰ **module holder** / DP-Kapsel *f* || ⁰ **slave type** / DP-Slave-Typ *m* || ⁰ **standard slave** / DP Norm-Slave
DPCM s. differential pulse code modulation
DPDM s. digital pulse duration modulation
DPDT s. double-pole double-throw switch
DPH s. diamond pyramid hardness
DPM (dual-port memory) / DPM (Doppelschnittstellen-Speicher)
DPR (dual-port RAM) / DPR (Dualport-RAM)
DPRAM (Dual Port Random Access Memory) / DPRAM (Dual Port Random Access Memory)
DPSS s. double-pole snap switch
DPST s. double-pole single-throw switch
d-q transformation / Park-Transformation *f*
D-sub connector / Subminiatur D
D-type flip-flop / D-Flip-Flop *n*
DR s. data register || ⁰ / Datenbyte rechts (DR) || ⁰ **(data byte register)** / Datenspeicher *m* || ⁰ **(data byte right)** / DR (Datum Rechts), DR (Datenbyte rechts)
draft *n* / Entwurf *m*, Zug *m*, Luftzug *m*, Enwurfszeichnung *f* || **~ ISO 3592** / Zeichnen *n* (NC, CLDATA-Wort) || **~ drawing** / Entwurfszeichnung *f* || **~ / entflechten** *v*
drafting *n* / 2D-Zeichnung *f*, Entflechtung *f* || **~ machine** / Zeichenmaschine *f*
draft standard / Vornorm *f*, Normentwurf *m* || **~ tube** / Saugrohr *n*
drag *n* / Schleppen *n*, Ziehen *n*, Nachführen *n* (graf. DV), Mitziehen *n* (Rob.-Achsen), Luftwiderstand *m*, Strömungswiderstand *m* || **hysteretic ~** / Hystereseoment *n* || **magnetic ~** / magnetische Schweif, magnetische Schleppe, magnetischer Zug || **viscous ~** / Bremswirkung *f* (Flüssigk.) || **~ coefficient** / Luftwiderstandsbeiwert *m* (Kfz)
dragging *n* / Ziehen *n* (a. graf. DV), Schleppen *n*
drag mode / Zugmodus *m* (CAD) || **~ soldering** / Schlepplötung *f*
drain *n* / Abfluss *m* (Vorrichtung, durch die Flüssigkeit aus einem Gehäuse abfließen kann), Ablass *m*, Abfluss *m*, Ablauf *m*, Entwässerungsöffnung *f*, Tropfröhrchen *n*, Entleeren *f* || **drain** *v* / ablassen *v* || **~ (FET)** / Drain *m* (FET), Abfluss *m* (FET), Senke *f*
drainage *n* / Entwässerung *f*, Ableitung *f*, Drainage *f*, Gewässer *n* (auf Landkarte) || **~ coil** / Erdungsdrossel *f* || **~ test** / Einspeiseversuch *m* (KKS)
drain cock / Ablasshahn *m*, Entleerungshahn *m* || **~ current** / Drainstrom *m* (Transistor) DIN 41858 || **~ cut-off current** / Drain-Reststrom *m* (Transistor) DIN 41858 || **~ electrode** / Drain-Elektrode *f* (Transistor) DIN 41858
draining device / Entwässerungseinrichtung *f* (in Gehäuse), Ablassvorrichtung *f* || **~ equipment** / Ablasseinrichtung *f* || **~ transformer** / Saugtransformator *m*
drain opening / Ablauföffnung *f*, Entwässerungsöffnung *f* || **~ pipe** / Ablaufleitung *f* || **~ plug** / Ablassstopfen *m*, Ablassschraube *f* || **~ region** / Drain-Zone *f* DIN 41858
drain-source cut-off voltage / Drain-Source-

Abschnürspannung f (Transistor) || ~ **voltage** / Drain-Source-Spannung f (Transistor) DIN 41858
drain terminal / Drain-Anschluss m (Transistor) DIN 41858 || ~ **tube** / Ablaufrohr n, Entleerungsleitung f || ~ **valve** / Ablassventil n, Auslassventil n, Entleerungsventil n
DRAM s. dynamic RAM || **DRAM data** / DRAM-Daten pl
draught tube / Saugrohr n
draw v / ziehen v, zeichnen v, aufreißen v, beziehen v, entnehmen v, anlassen v, fahren v
draw-bar n / Zugspindel f, Zugstange f
drawbar n / Zughaken m (Lokomotive) || **starting ~ pull** / Anzugskraft f (Bahn)
draw-box n / Zugdose f, Einziehkasten m
draw cock / Entlüftungshahn m
drawer n / Einschub m, Schubkasten m || ~ **cabinet** / Schubladeschrank m || ~ **unit** / Einschub m (ET) DIN 43350
drawframe n / Verstreckwerk n
draw in v / einziehen v (Kabel), ansaugen v
drawing n / Zeichnung f, Zeichnen n, Ziehen n, Maßzeichnung f, 3D-Zeichnung f || ~ **board** / Reißbrett n || ~ **direction** / Ziehrichtung f || ~ **entity** / Zeichnungselement n (CAD), Zeichnungsobjekt n (CAD) || ~ **form** / Zeichnungsvordruck m || ~ **frame** / Zeichnungsrahmen m || ~ **machine** / Zeichenmaschine f || ~ **measuring machine** / Zeichnungsmessmaschine f || ~ **plane** / Zeichenebene f || ~ **roller** / Ziehtrommel f || ~ **stylus** / Zeichenspitze f (Plotter) || ~ **to scale** / maßstabgerechte Zeichnung
draw lead bushing / Durchsteckdurchführung f
drawn adj / gezogen adj || ~ **copper** / gezogenes Kupfer || ~ **to scale** / maßstäblich gezeichnet
drawn-in adj / eingezogen adj
drawn-out adj / ausgeformt adj
draw-off strength / Abzugskraft f || ~ **tackle** / Abziehvorrichtung f
drawout circuit-breaker / ausziehbarer (o.ausfahrbarer) Leistungsschalter, Einschub-Leistungsschalter m
draw-out design / Einschubtechnik f
drawout interlock / Ausfahrverriegelung f (f. ausziehbare Einheiten einer SA)
drawout-mounted device ANSI C37.100 / ausziehbares Gerät, Einschubgerät n
drawout part / ausziehbarer Teil (SA) VDE 0670,T.6
draw-out strength / Ausreißkraft f
drawout switchgear assembly / ausziehbare Schaltgerätekombination, Einschub-Schaltgerätekombination f
draw-out version / Einschubausführung f
dress v / nacharbeiten v, abrichten v, schlichten v, putzen v, ausgleichen v, glätten v || ~ ISO 3592 / Abrichten n (NC, CLDATA-Wort)
dressed by stamping / richtgeprägt adj
dresser n / Abrichter m
dressing n / Abrichten n (Das Abrichten hat den Zweck, einen guten Rundlauf zu erreichen, die Scheibe eventuell neu zu profilieren, ferner verschmierte oder stumpfe Scheiben wieder griffig zu machen. (Fachkunde Metall)), Abrichtvorgang m || **wheel ~** / Abrichten der Schleifscheibe || ~ **agent** / Schmiermittel n (Komm.) || ~ **amount** / Abrichtbetrag m, Abrichthub m || ~ **cycle** / Abrichtzyklus m || ~ **device** / Abrichtgerät n || ~

diamond / Abrichtdiamant m || ~ **interrupt** / Abrichtunterbrechung f (NC) || ~ **position** / Abrichtposition f || ~ **roll** / Abrichtrolle f || ~ **stroke** / Abrichthub m (Schleifscheibe), Abrichtbetrag m
DRF electronic handwheel enable / DRF-elektronische Handradfreigabe || ~ **offset** / DRF-Verschiebung f
DRG s. dot rate generator
dribble feed / Feinstrom m
dribbling n / Nachlauf m (v. Material beim Dosieren)
dried and filtered oil sample / vorbehandelte Ölprobe
drift n / Drift f, Abwanderung f, Weglaufen n (der Spannung), Nullpunktabweichung f (o. -instabilität), Auftreibstift m, Austreiber m, Aufweitdorn m, Offsetverhalten n || **frequency ~** / Frequenzdrift f, Frequenzabwanderung f, Weglaufen der Frequenz || ~ **compensation** / Driftausgleich m, Driftabgleich m, Driftkompensation f || ~ **failure** / Driftausfall m, driftend auftretender Teilausfall || ~ **field** / Driftfeld n (HL)
drift-field, internal ~ / inneres Driftfeld (HL)
drift mobility / Driftbeweglichkeit f || ~ **of operating point** EN 50047 / Schaltpunktabwanderung f EN 50047 || ~ **register storage** / Silospeicher m || ~ **space** / Driftraum m (ESR) || ~ **test** / Aufweitversuch m || ~ **velocity** / Driftgeschwindigkeit f (HL), Wanderungsgeschwindigkeit f
drill v / bohren v, aufbohren v, ins Volle bohren || ~ / Bohrautomat m, Bohrer m, Bohrmaschine f, Spiralbohrer m, Vollbohrer m || ~ **and thread milling cutter** / Bohrgewindefräser m || ~ **chuck** / Bohrfutter n
drilled adj / gebohrt adj || ~ **hole** / Bohrung f
drill head / Bohrkopf m, Bohrfutter n || ~ **hole** / Bohrung f || ~ **infeed** / Bohrzustellung f
drilling v / bohren v / Bohrung f || ~ **and milling patterns** / Bohr- und Fräsbilder || ~ **axis** / Bohrachse f || ~ **cycle** / Bohrzyklus m || ~ **diagram** / Bohrschema n, Bohranordnung f || ~ **depth** / Bohrtiefe f || ~ **fixture** / Bohrvorrichtung f || ~ **jig** / Bohrlehre f, Bohrvorrichtung f, Bohrschablone f, Bohrschablone f, gabarit de perçage || ~ **machine** / Bohrmaschine f (Vollbohren), Bohrer m, Bohrautomat m || ~ **pattern** / Bohrbild n, Bohrmuster n, Bohrkreis m, Lochkreis m (ein Punktmuster auf einem Kreis, das aus Punkten mit gleichem Abstand untereinander besteht) || ~ **plan** / Bohrschema n, Bohranordnung f || ~ **plan** (f. printed-circuit boards) / Montageraster m (f. Leiterplatten) || ~ **platform** / Bohrinsel f || ~ **receptable** / Bohrsteckbuchse f || ~ **receptable catch** / Arretierung Bohrsteckbuchse || ~ **receptable holder** / Gegenhalter Bohrbuchse
drillings n pl / Bohrspäne m pl
drilling slide / Bohrschieber m || ~ **stroke** / Bohrhub m || ~ **test** / Anbohrprobe f || ~ **tool** / Bohrwerkzeug n
drill jig / Bohrlehre f, Bohrvorrichtung f, Bohrschablone f || ~ **module technology** / Bohrmodultechnik f || ~ **pattern** / Bohrmuster n, Lochkreis m (ein Punktmuster auf einem Kreis, das aus Punkten mit gleichem Abstand untereinander besteht), Bohrkreis m, Bohrbild n || ~ **position** / Bohrposition f || ~ **shank** / Bohrerschaft m || ~ **tip** /

Bohrerspitze f || ~ **to size** / bohren auf Maß
drill-head changer / Bohrkopfwechsler m
drink vending machine / Getränkeautomat m
drip-feed oil lubricator / Tropföler m
dripping moisture / Tropfwasserbildung f || ~ **water** / Tropfwasser n
drip-proof adj / tropfwassergeschützt adj || ~ **machine** / tropfwassergeschützte Maschine
drip-proof, screen-protected machine / gegen Tropfwasser und Berührung geschützteMaschine
drip-water n / Tropfwasser n || ~ **test** / Tropfwasserprüfung f
drive v / treiben v, fahren v, antreiben v, ansteuern v || ~ n / Antrieb m, Trieb m, Laufwerk n, Ausgangsfächer m (elST), Ausgangs-Lastfaktor m (elST), Imprinter-Antrieb m, Zylinderantrieb m, Antriebssystem n || **to** ~ **low** / auf L-Pegel setzen || **to** ~ **to low level** / auf L-Pegel setzen || ~ **actuator** / Antriebssteller m, Leistungssteller m || ~ **axle** / Treibachse f || ~ **bus** / Gerätebus m, Antriebsbus m || ~ **capability** / Ausgangsleistung f (elST) || ~ **circuit** / Ansteuerung f || ~ **circuit enable** / Steuersatzfreigabe f || ~ **combination** / Antriebsverbund n || ~ **control circuit** / Ansteuerung f || ~ **controller** / Transistorsteller m || ~ **coupling** / Kupplungsmitnehmer m
drive data set / Antriebsdatensatz m || ~ **display** / Antriebsanzeige f, Betriebsanzeige f
drive enable / Antriebsfreigabe f
drive-end adj / antriebsseitig adj
drive end / Antriebsseite f, Abtriebsseite f, A-Seite f, AS || ~ **end A non-standard** / A-seitig anormal || ~ **engineering** / Antriebstechnik f
drive fault / Antriebsstörung f || ~ **feature** / Antriebsmerkmal n || ~ **fit** / Treibsitz m || ~ **for high-inertia load** / Schwungmassenantrieb m || ~ **from external source** / Fremdantrieb m || ~ **group** / Antriebsgruppe f, Antriebsstaffel f
drive-in cinema / Autokino n
drive input pulse / Ansteuerimpuls m, Steuerimpuls m (Schrittmot.) || ~ **input pulse frequency** / Steuerfrequenz f (Schrittmot.)
drive link / Antriebskopplung f || ~ **machine data** / Antriebsmaschinendaten pl || ~ **mechanism** / Antriebswerk n, Triebwerk n (EZ) || ~ **module** / Antriebsmodul n || ~ **motor** / Antriebsmotor m
driven adj / angetrieben adj, getrieben adj || ~ **machine** / angetriebene Maschine, Arbeitsmaschine f || ~ **pile** / Rammpfahl m
drive pointer / Mitnehmerzeiger m || ~ **port** / Antriebsschnittstelle f || ~ **power** / Antriebsleistung f, Leistungsbedarf m (eines Antriebs), Antriebsleistung f
driver n / Treiber m, Treiberstufe f, Ausgabeglied n, Leistungsglied n, Mitnehmer m, Treibrad n, Treffer m, Fahrer m, Gerätetreiber m || **a.c. fail** ~ / Netzausfall-Meldeleitung f (Treiber, MPSB) || ~ **airbag** / Fahrer-Luftsack m || ~ **block** / Treiberbaustein m || ~ **bolt** / Mitnehmerbolzen m || ~ **comfort** / Fahrkomfort m (Kfz) || ~ **development library** / Treiberentwicklungsbibliothek f || ~ **disc** / Mitnehmerscheibe f || ~ **information system** / Fahrinformationssystem n (Kfz)
drive ring / Mitnehmerring m
driver key / Treibkeil m, Mitnehmerkeil m || ~ **lever** / Mitnehmerhebel m || ~ **lug** / Mitnehmernase f
drive roll / Treibwalze f

driver resetting mechanism / Mitnehmer-Rückstelleinrichtung f (EZ) || ~ **restoring element** / Mitnehmer-Rückstelleinrichtung f (EZ)
driver's console / Fahrerpult n, Fahrertisch m
Drives and Standard Products / Antriebs-, Schalt- und Installationstechnik
drive sequence / Antriebsstaffel f || ~ **shaft** / Antriebswelle f, Triebachse f (EZ), Schaltwelle f, Betätigungswelle f || ~ **signal** / Ansteuersignal n || ~ **state** / Antriebszustand m, Antriebsstatus m || ~ **strip** / Rutschstreifen m (Wickl.), Deckschieber m || ~ **surface** ISO 3592 / Leitfläche f (NC) DIN 66215,T.1 || ~ **system** / Antriebssystem n, Antrieb m || ~ **system converter** / Antriebsumrichter m || ~ **system for tests** / Musterantrieb m || ~ **system PWM** / Antriebsumrichter m || ~ **system release** / Antriebsfreigabe f || ~ **technology** / Antriebstechnik f || ~ **traction** / Vortriebskraft f (Kfz) || ~ **train** / Antriebsstrang m (Kfz), Triebstrang m || ~ **tumbler** / Antriebsturas m || ~ **unit** / Antriebseinheit f, Antriebsgerät n, Antriebsregelgerät n, Antriebskomponente f || ~ **variable** / Antriebsgröße f || ~ **voltage** / Antriebsspannung f || ~ **warning** / Antriebswarnung f
driving n / Treiben n, Antreiben n, Ansteuern n || ~ **axle** / Triebachse f, Triebzapfen m
driving-beam filament / Hauptwendel f (Kfz-Lampe), Hauptleuchtkörper m (Kfz-Lampe)
driving circuit / Fahrschaltung f, Treiberschaltung f, Ansteuerkreis m || ~ **circuits** / Ansteuerelektronik f || ~ **comfort** / Fahrkomfort m (Kfz) || ~ **continuity** / fließender Verkehr || ~ **coupling half** / treibende Kupplungshälfte || ~ **element** / Mitnehmer m (EZ), Antriebselement n || ~ **end** / Antriebsseite f, Abtriebsseite f, A-Seite f || ~ **feature** / Mitnehmer m || ~ **filament** / Hauptwendel f (Kfz-Lampe), Hauptleuchtkörper m (Kfz-Lampe) || ~ **fit** / Treibsitz m || ~ **force** / Antriebskraft f, Bewegungskraft f || ~ **form turbulence** / vom Wirbel mitgenommen || ~ **gear** / treibendes Rad, Triebwerk n || ~ **key** / Treibkeil m, Ziehkeil m, Mitnehmer m || ~ **machine** / Antriebsmaschine f, Kraftmaschine f || ~ **mechanism** IEC 214 / Antrieb m (Trafo-Stufenschalter) VDE 0532,T.30 || ~ **pawl** / Stoßklinke f || ~ **pinion** / Antriebsritzeln n
driving-point admittance / Eingangsadmittanz f || ~ **immittance** (of an n-port network) / Eingangsimmittanz f || ~ **impedance** / Eingangsimpedanz f
driving power / Antriebsleistung f, Leistungsbedarf m (eines Antriebs) || ~ **power** (CRT) / Steuerleistung f || ~ **program** / Fahrprogramm n (Kfz) || ~ **pulley** / treibende Riemenscheibe, Treibscheibe f || ~ **safety** / Fahrsicherheit f (Kfz) || ~ **shaft** / Antriebswelle f || ~ **sheave** / treibende Riemenscheibe, Treibscheibe f || ~ **situation** / Fahrsituation f (Kfz) || ~ **speed** / Fahrgeschwindigkeit f (Kfz) || ~ **spring** (clock) / Gangfeder f, Zugfeder f || ~ **stability** / Fahrstabilität f (Kfz) || ~ **strand** / ziehendes Trum (Treibriemen), Arbeitstrum n || ~ **torque** / Antriebsmoment n, motorisches Drehmoment || ~ **trailer** / Steuerwagen m || ~ **unit** / Antriebsregelgerät n, Antriebsgerät n || ~ **voltage** / treibende Spannung || ~ **wheel** / Treibrad n || ~ **wheel hub** / Treibradkörper m
DRMS s. distributed real-time multiprocessor system
DRO s. destructive readout

droop *n* / Absenkung *f*, Abfall *m*, Statik *f* (Maschinensatz, Netz), Spannungsstatik *f*, P-Grad *m*, Proportionalabweichung *f*, Drift *f*, Statikaufschaltung *f* || **gain** ~ / Verstärkungsdrift *f* || **pulse** ~ / Dachabfall *m* (Impuls) || ~ **adjustment** / Statikeinstellung *f*, Statisierung *f* || ~ **current** (IC) / Driftstrom *m* (IS) || ~ **frequency** / Statik-Frequenz *f* || ~ **function** / Statik *f*
drooping characteristic / fallende Kennlinie, Statik *f*, Spannungsstatik *f* || ~ **static characteristic** / fallende statische Kennlinie
drooping-voltage-kVAr characteristic / fallende Spannungs-Blindleistungskennlinie, Statik *f*
droop input source / Quelle Statik
droopless *adj* / driftfrei *adj* (IS)
droop of system / Netzstatik *f* || ~ **rate** / Abnahmerate *f*, Driftrate *f* || ~ **resistor** / Statikwiderstand *m* || ~ **scaling** / Skalierung Statik
drop *v* / fallen *v*, abfallen *v*, tropfen *v*, (eineWicklung) träufeln *v* || ~ *n* / Abfall *m*, Absenkung *f*, Tropfen *m*, Falleitung *f*, Hausanschlussleitung *f*, Spannungsabfall *m* || **service** ~ / Hausanschlussleitung *f* (Freileitung) || ~ **and topple** / Kippfall und Umstürzen || ~ **arm** / Lenkstockhebel *m* (Kfz) || ~ **cable** / Abzweigkabel *n*, Anschlusskabel *n*, Nahbuskabel *n*, Steckleitung *f* || ~**cloth** *n* / Abdeckplane *f* || ~ **down of diaphragm** / Umklappen der Membran
drop-down tank / absenkbarer Kessel (Trafo)
drop-feed oiler / Tropföler *m*
drop force IEC 865-1 / Fall-Seilzugkraft *f* (eines Hauptleiters beim Herabfallen) VDE 0103
drop-in *n* / Störsignal *n* (magn. Datenträger, Lesespannung)
drop indicator / Fallklappe *f* || ~ **indicator relay** / Fallklappenrelais *n* || ~ **in light output** / Lichtabfall *m*, Lichtstromabfall *m* || ~ **in speed** / Drehzahlabfall *m* || ~ **in velocity** / Geschwindigkeitseinbruch *m*
drop-in stator pack / Einhängerteil *m* (eines Einhängermotors)
drop-oiler *n* / Tropföler *m*
drop-proof *n* / Tropfenausführung *f*
drop out *v* / abfallen *v* (Rel.) || **drop out** / Abfallen *n*
dropout *n* / Abfallen *n*, Rückfall *m*, Ausfall *m*, Signalausfall *m*, Aussetzfehler *m* (Signale) || ~ **delay** / Abfallverzögerung *f*, Rückfallverzögerung *f*, Abfallverzögerungszeit *f*
dropout-delay relay / abfallverzögertes Relais, Relais mit Abfallverzögerung, rückfallverzögertes Relais
dropout delay time / Abfallverzögerung *f*, Abfallverzögerungszeit *f*
dropout fuse / Ausfallsicherung *f*, Trennsicherung *f* || ~ **time** / Abfallzeit *f* (Rel.) || ~ **value** / Abfallwert *m*
dropper *n* / senkrechte Hilfsschiene, senkrechte Ableitung, Falleitung *f*, Hausanschlussleitung *f*, Schwinge *f* (Isolatorkette), Hängeklemme *f*
dropping point / Tropfpunkt *m*
drop-shaped lamp / Tropfenlampe *f*
drop test / Fallprüfung *f*, Fallversuch *m*, Fallgewichtsprüfung *f*, Schlagfestigkeitsprüfung *f*
DRS (destination reached and stationary) / PEH (Position erreicht und Halt), DRS
drum *n* / Trommel *f*, Walze *f*, Zylinder *m*, Rolle *f* (Zählwerk), Tonne *f* || ~ **cable** / Trommelkabel *n*, Trommelleitung *f*, Schleppleitung *f*, Schleppkabel *n* || ~ **camera** / Trommelkamera *f* || ~ **coil** / Fassspule *f*, Trommelspule *f* || ~ **controller** / Schaltwalze *f*, Walzenschaltwerk *f*, Anlassregelwalze *f*, Anlassstellwalze *f* || ~ **drive** / Trommeltriebwerk *n* || ~ **feed** / Walzenvorschub *m* || ~ **feedrate** / Walzenvorschub *m*
drum-integrated motor / Trommelmotor (in Antriebstrommel integriert) *m*
drum meter / Trommelzähler *m* || ~ **plotter** / Trommelplotter *m* || ~ **recorder** / Trommelschreiber *m* || ~ **recording instrument** IEC 258 / Trommelschreiber *m* || ~ **sequencer** / Schrittkette (SK) *f*, Ablaufkette *f* || ~ **starter** / Anlasswalze *f*, Trommelbahnanlasser *m*, Walzenanlasser *m* || ~ **storage** / Trommelspeicher *m* || ~ **turret** / Trommelrevolver *m* (WZM)
drum-type armature (cf. drum-type rotor) / Trommelanker *m*, glatter Anker || ~ **controller** / Schaltwalze *f*, Walzenschaltwerk *f*, Anlassregelwalze *f*, Anlassstellwalze *f* || ~ **facsimile unit** / Fernkopierer-Trommelgerät *n* || ~ **master controller** / Meisterwalze *f* || ~ **meter** / Trommelzähler *m* || ~ **off-circuit tapping switch** / Drehumsteller *m* (Trafo) || ~ **ratio adjuster** / Drehumsteller *m* (Trafo) || ~ **register** / Rollenzählwerk *n* (EZ), Ziffernrollenzählwerk *n* || ~ **rotor** / Trommelläufer *m*, Zylinderläufer *m*, Turboläufer *m*, Vollpolläufer *m* || ~ **starter** / Anlasswalze *f*, Trommelbahnanlasser *m*, Walzenanlasser *m* || ~ **tap changer** / Drehumsteller *m* || ~ **washing machine** / Trommelwaschmaschine *f*
drum winding / Trommelwicklung *f*, Fasswicklung *f*, Gewölbewicklung *f*, Tonnenwicklung *f*
dry, 50 % ~ **lightning impulse flashover voltage** / 50 %-Überschlag-Blitzstoßspannung *f*, trocken *adj* || **50 %** ~ **switching impulse flashover voltage** / 50%-Überschlag-Schaltstoßspannung *f*, trocken *adj* || ~**, charged battery** / trockene, geladene Batterie
DRY / DRY, Probelaufvorschub *m*
dry-bulb thermometer / Trockenthermometer *n*
dry capacitor / Trockenkondensator *m*
dry-circuit contact / trockenschaltender Kontakt
dry contact / Schwachstromkontakt *m*
dry-contact rectifier / Trockengleichrichter *m*
dry content / Trockengehalt *m* || ~ **discharged battery** / trockene, entladene Batterie
dry-drawing machine / Trockenziehmaschine *f*
dry-film lubricant / Trockenschmiermittel *n*
dry filter / Trockenfilter *n*
dry-fluid coupling / Anlauf- und Sicherheitskupplung, Fliehkraftkupplung *f*, Anlaufkupplung *f*, Sanftanlaufkupplung *f*
dry heat / trockene Wärme
drying lamp / Trocknungslampe *f*, Trockenlampe *f* || ~ **line** / Trocknerstraße *f* || ~ **oven** / Trockenofen *m* || ~ **under vacuum** / Vakuumtrocknung *f*
dry joint / trockene Lötstelle, kalte Lötstelle || ~ **laminated filter** / Trockenschichtfilter *n* || ~ **lightning impulse voltage** / Blitzstoßspannung *f*, trocken *adj* || ~ **lightning impulse withstand voltage** / Steh-Blitzstoßspannung *f*, trocken *adj* || ~ **lightning impulse withstand voltage test** / Blitzstoßspannungsprüfung *f*, trocken *adj* || ~ **locations** / trockene Räume VDE 0100,T.200 || ~ **method of taping** / trockene Bewicklungsart || ~ **power-frequency flashover voltage** / Überschlag-Wechselspannung *f*, trocken *adj* || ~ **power-**

dry-reed

frequency test / Wechselspannungsprüfung *f*, trocken *adj* || **~ power frequency withstand voltage** / Steh-Wechselspannung *f*, trocken *adj* || **~ primary battery** / Trocken-Primärbatterie *f*
dry-reed contact / Reed-Kontakt *m*, Blattfederkontakt *m* || **~ switch** / Reed-Schalter *m*, Blattfederschalter *m*
dry-running protection / Trockenlaufschutz *m*
dry run / Probelauf *m* (NC), Testlauf *m*, Programmprobelauf *m* (Steuerungsfunktion, die es dem Bediener ermöglicht, ein NC-Teileprogramm zu Testzwecken (ohne Zerspanung) mit erhöhtem Vorschub abzuarbeiten) || **~ run feed** / Probelaufvorschub *m*, DRY || **~ run feedrate** / DRY, Probelaufvorschub *m* || **~ situations** / trockene Räume VDE 0100,T.200
dry-stylus recorder / Trockenschreiber *m*
dry switching impulse withstand voltage / Steh-Schaltstoßspannung *f*, trocken *adj* || **~ switching impulse withstand voltage test** / Schaltstoßspannungsprüfung *f*, trocken *adj* || **~ tack** / Trockenklebrigkeit *f* || **~ test** / Trockenprüfung *f*
dry-type forced-air-cooled transformer (Class AFA) / Trockentransformator mit erzwungener Luftkühlung (Kühlungsart AFA) || **~ (instrument) transformer** / Trockenwandler *m* || **~ nonventilated self-cooled transformer** (Class ANV) / unbelüfteter Trockentransformator mit Selbstkühlung (Kühlungsart ANV), unbelüfteter selbstgekühlter Trockentransformator || **~ reactor** / Trockendrosselspule *f* || **~ self-cooled/forced-air-cooled transformer** (Class AA/FA) / Trockentransformator mit Selbstkühlung durch Luft und zusätzlicher erzwungener Luftkühlung (o. Anblasekühlung) (Kühlart AA/FA) || **~ self-cooled transformer** (Class AA) / Trockentransformator mit natürlicher Luftkühlung (Kühlungsart AA) || **~ transformer** / Trockentransformator *m*
dry weight / Trockengewicht *n*
DS s. direction select
DSAP s. destination service access point
DSB s. double sideband / DSB || ≙ **(decoding single block)** / Dekodierungseinzelsatz *m*, Decodierungseinzelsatz *m*, Dekodiereinzelsatz *m*, Decodiereinzelsatz *m*
D scan / D-Bild *n* (Ultraschallprüfung)
DSG disk drive / Floppylaufwerk *n*, Diskettenlaufwerk *n*, Diskettenspeichergerät (DSG) *n*, Diskettenstation *f*, Diskettengerät *n*, FD
DSLIM s. double-sided linear induction motor
DSM (demand side management) / Lastmanagement *n*, Lastbeeinflussung *f*
DSP (digital signal processor) / DSP (Digitaler Signalprozessor)
DSR (Data Set Ready) / Betriebsbereitschaft *f*
DST (Dynamic Swivel Tripod) / DST
DTA s. data transfer acknowledge
DTACK s. data acknowledge || ≙ s. data transfer acknowledge
DTAS s. device trigger active state
DTB s. data transfer bus / DTB (Verweilzeit (Parameter)) || ≙ **arbiter** / DTB-Verwalter *m*
DTD (dwell time at final drilling depth) / DTD (Verweilzeit auf Endbohrtiefe (Parameter))
DTE (data terminal equipment) / DEE (Datenendeinrichtung) (DIN 44302), Datenendgerät *n*, Endgerät *n*, Terminal *n* || ≙ **clear**

request / Auslöseaufforderung *f* (DÜ) DIN 44302 || ≙ **common return** / DEE-Rückleiter *m* (DEE = Datenendeinrichtung) || ≙ **controlled, not ready** / DEE nicht betriebtreit DIN 44302 || ≙ **uncontrolled, not ready** / DEE nicht betriebsfähig DIN 44302
DTIS s. device trigger idle state
DTL s. diode transistor logic
DTMF (dual tone multi-frequency) / Mehrfrequenz-Wahlverfahren *n*, MFV (Mehrfrequenzverfahren) || **~ pocket dialler** / MFV-Handsender *m*
d.t.r. s. duty-type rating
DTR s. data transfer request / DTR, DEE betriebsbereit || **DTR (Data Terminal Ready)** / Endgerät betriebsbereit || **DTR/DTS** / DTR/DTS
d.t.w.p. s. dust-tight waterprotected enclosure
DTY (data type) / Datenart *f*, DTY (Datentyp), DTY (Dateityp)
dual attachment station (DAS) / DAS
dual-bed catalytic converter / Doppelbettkatalysator *m* (Kfz), Zweibettkatalysator *m*
dual board (p.c.b.) / Doppelleiterplatte *f*, Doppelplatine *f*, Doppelflachbaugruppe *f*
dual-channel redundancy / Zweikanaligkeit *f*
dual-comparer phase comparison protection (USA) / Phasenvergleichsschutz mit Messung in jeder Halbwelle IEC 50(448)
dual-computer operation / Doppelrechnerbetrieb *m* || **~ service** / Doppelrechnersystem *n* || **~ system** / Doppelrechneranlage *f*
dual-conduit system / Zweikanalanlage *f* (KT)
dual-control bistable trigger circuit / Flipflop mit zwei Eingängen || **~ flipflop** / Flipflop mit zwei Eingängen
dual counter / Zweifachzähler *m* || **~ current** / Allstrom *m*
dual-cutting head / Doppelschneidkopf *m*
dual drive / Doppelantrieb *m*, Twin-Antrieb *m* || **~ feeder** / zweiseitige Einspeisung
dual-feeder mains / zweiseitig gespeiste Leitung
dual-grade brush / Bürste aus zwei Qualitäten || **~ laminated brush** / Schichtbürste aus zwei Qualitäten || **~ sandwich brush** / Schichtbürste aus zwei Qualitäten || **~ split brush** / Zwillingsbürste aus zwei Qualitäten || **~ triple split brush with separate top-piece** / Drillingsbürste aus zwei Qualitäten mit Kopfstück
dual gripper / Doppelarmgreifer *m*, Doppelgreifer *m*
dual headlamp / Doppelscheinwerfer *m* (Kfz) || **~ in-line memory module (DIMM)** / DIMM (Speichermodul mit zwei Kontaktreihen)
dual-in-line package (DIP) / Steckgehäuse *n* (DIP), Dual-in-line-Gehäuse *n*
duality theory / Dualitätstheorie *f*
dual magnetic circuit-breaker / Leistungsschalter mit zwei magnetischen Auslösern || **~ magneto** / Doppelinduktor *m*
dual-mode threshold / Doppelschwellwert *m*
dual-motor actuator / Zweimotoren-Stellantrieb *m* || **~ drive** / Zweimotorenantrieb *m*
dual passive preselection / doppelpassive Vorwahl
dual-pin connector / Doppelsteckeranschluss *m*
dual PLC / Doppel-PLC, Duo-PLC || **~ polarization** / doppelte Polarisierung
dual-polarized relay / doppelt polarisiertes Relais
dual-port *adj* / zweikanalig *adj* || **~ RAM** / Zweiweg-

168

RAM n || ~ **RAM (DPR)** / Dualport-RAM (DPR) ||
~ **RAM addressing** / Kachelung f
dual-pressure circuit-breaker / Zwei-Druck-
Schalter m (LS) || ~ **system** / Zwei-Druck-System n
dual-purpose voltage transformer /
Spannungswandler mit zwei Sekundärwicklungen,
Zweizweck-Spannungswandler m, kombinierter
Mess- und Schutz-Spannungswandler
dual-range current transformer / Zweibereichs-
Stromwandler m
dual-scan color display / Dual-Scan-Farbdisplay n
dual-screen configuration / Zweibildschirmsystem n
dual service / zweiseitige Einspeisung
dual-slope ADC / Zweirampen-ADU m,
Zweiflanken-ADU m, Dual-Slope-ADU n || ~
method / Zweischrittverfahren n (A/D-Wandler)
dual switchboard / Doppelfront-Schalttafel f,
Zweifrontschalttafel f, Schalttafel für Rücken-an-
Rückenaufstellung, Schalttafel für
Doppelfrontbedienung || ~ **tone multi-frequency
(DTMF)** / Mehrfrequenzverfahren (MFV) n,
Mehrfrequenz-Wahlverfahren n
dual-trace oscilloscope / Zweistrahl-Oszilloskop n,
Zweikanal-Oszilloskop n || ~ **storage oscilloscope** /
Zweikanal-Speicheroszilloskop n
dual-voltage motor / spannungsumschaltbarer Motor
|| ~ **switch** / Spannungsumschalter m (f. 2
Spannungen) || ~ **transformer** /
spannungsumschaltbarer Transformator
duct n / Kanal m, Schacht m, Luftkanal m,
Kabelkanal m, Luftschlitz m (Blechp.) || ~ **block** /
Kabelkanal-Formstein m, Kabelzugstein m || ~
connector / Kanalkupplung f (IK) || ~ **joints** /
Kanalstoßstelle f
ducted circuit of cooling system / kanalgeführter
Kühlkreis (el. Masch.)
ductile adj / streckbar adj, dehnbar adj, zäh adj || ~
cast iron / Sphäroguss m, Kugelgraphitguss m || ~
fracture / Zähbruch m || ~ **iron** / Weicheisen n
ductility n / Verformbarkeit f, Verformungsvermögen
n, Zähigkeitsverhalten n, Geschmeidigkeit f ||
Streckbarkeit f, Ziehbarkeit f || ~ **test** /
Verformungsprüfung f
ducting n / Kanäle m pl, Kanalsystem f,
Rohrleitungen f pl, Kanalleitung f || ~ **design** /
Brüstungskanalkonzept n || ~ **for electrical
installations** / Elektroinstallationskanal m || ~
system / Verlegesystem n
ductless oil-filled cable / Zwickelölkabel n
ductor n / Kurbelinduktor m, Isolationsprüfer m
duct shell / Kanalhülle f (IK) || ~ **spacer** / Luftschlitz-
Distanzstück n (Blechp.), Stützsteg m, Distanzsteg
m
duct-ventilated machine / Maschine für
Luftkanalschluss
du/dt injection / dv/dt-Aufschaltung
due date / Termin m
duke of contacts / Kontaktfürst m
dull adj / matt adj, glanzlos adj
dumb adj / nichtintelligent adj (z.B. Datenendstation,
Datensichtgerät)
dumb-bell shaft / Verbindungswelle f || ~ **slot** /
Doppelovalnut f (el. Masch.), Hantelnut f || ~ **test
piece** / Prüfstab m VDE 0281
dumbwaiter n / Kleinlastenaufzug m
dummy n / Platzhalter m || ~ **assembly** /
Blindbaugruppe f || ~ **brush** / Blindbürste f || ~

cable plug / Kabelblindstecker m || ~ **cathode
resistor** / Elektroden-Ersatzwiderstand m || ~ **coil** /
Blindspule f || ~ **command** / Pseudo-Befehl m || ~
core / Blindader f || ~ **element** / Blindelement n || ~
fuse / Blindsicherung f || ~ **fuse link** /
Modelleinsatz m (Sich.) || ~ **lamp** /
Lampennachbildung f (f. Messzwecke) || ~ **load** /
Ersatzlast f, Prüflast f || ~ **module** /
Platzhalterbaugruppe f || ~ **parameter** /
Pseudoparameter m, formaler Parameter,
m || ~ **plug** / Blindstecker m,
Blindverschlussstopfen m, Blindstopfen m || ~ **post**
/ Blindstift m (Anschlussstift) || ~ **tapping** /
Blindanzapfung f || ~ **test** / Blindversuch m
(Kerbschlagprüf.) || ~ **test specimen** / Blindprobe f
|| ~ **truck** / Blindwagen m (ST) || ~ **turn** / tote
Windung
dump v / retten v, sichern v
dumping, program ~ / Programmarchivierung f || ~
switch / Entladungsschalter m
dungeon effect / Höhleneffekt m
duodecimal digit / Duodezimalziffer f
duplex bearing / Doppellager n, Doppellagerung f ||
~ **benchboard** / begehbare Zweifront-Schalttafel
mit Pult, begehbare, doppelseitige Schalttafel mit
Pultvorsatz || ~ **connection** / Duplexschaltung f,
Gegenschaltung f (BT)
duplexed computer system / Duplexrechnersystem n
duplex gearbox / Verdopplergetriebe n || ~ **insulator**
/ Doppelisolator m || ~ **lap winding** / zweifache
Schleifenwicklung, zweigängige
Schleifenwicklung || ~ **limit switch** /
Doppelgrenztaster m, Doppelendschalter m || ~
master controller / Doppelmeisterschalter m || ~
material / Zweischichtmaterial m || ~ **mode** /
Vollduplexbetrieb m, Duplexbetrieb m
(Übertragungrichtung bei der Datenübertragung,
bei der gleichberechtigte Stationen senden und
empfangen können) || ~ **operation** / Duplexbetrieb
m || ~ **receptacle** / Doppelsteckdose f || ~ **star
connection** / Doppelsternschaltung f, Stern-Stern-
Schaltung f || ~ **starter** / Doppelstarter m (Lampe) ||
~ **switchboard** / begehbare Zweifrontschalttafel,
begehbare, doppelseitige Schalttafel || ~ **tag
connector** / Zweifach-Flachstecker m || ~
transmission / Duplexübertragung f,
Zweiwegübertragung f, Gegenbetrieb m (DÜ,
.FWT) || ~ **wave winding** / zweigängige
Wellenwicklung
duplicate v / duplizieren v DIN 44300, verdoppeln v,
vervielfältigen v || ~ **busbar(s)** /
Doppelsammelschiene f, Zweifachsammelschiene f
duplicate-bus substation / Doppelsammelschienen-
Station f || ~ **switchgear** / Doppelsammelschienen-
Schaltanlage f
duplicate machine / Nachbaumaschine f,
Ersatzmaschine f || ~ **pattern** / Pattern duplizieren ||
~ **supply** / Zweifachversorgung f (Einspeisung über
2 Verbindungen) || ~ **tests** / Nachbauprüfungen f pl
duplicating n / Duplizieren n, Verdoppeln n,
Kopieren n, Vervielfältigen n || ~ **function** /
Duplizierfunktion f (NC), Verdoppelungsfunktion f
|| ~ **meter** / Fernzählgerät n, Fernzähler m || ~ **meter
relay** / Fernzählrelais n || ~ **register** / Fernzählwerk
n, Fernzählgerät n || ~ **slide** / Kopiersupport m || ~
summation meter / Summenfernzählgerät n
duplicator / Vervielfältigungsmaschine f

durability n / Haltbarkeit f, Dauerfestigkeit f, Dauerbeständigkeit f || **electrical** ~ / elektrische Standfestigkeit, elektrische Lebensdauer || **mechanical** ~ / mechanische Lebensdauer || ~ **test** / Lebensdauerprüfung f (HSS)
durable marking / dauerhafte Kennzeichnung
duralumin n / Duraluminium n
duration n IEC 1131-1 / Zeitspanne f SPS, DIN EN 61131-1 || ~ **jitter** / Zittern der Impulsdauer || ~ **of a voltage change** / Spannungsänderungszeit f VDE 08358,T.1 || ~ **of binary information** / Meldungsdauer f (FWT) || ~ **of current flow** / Stromflussdauer f, Einschaltdauer f || ~ **of DC braking** / Dauer der Gleichstrom-Bremsung || ~ **of lead application** / Einschaltdauer f || ~ **of test** / Prüfdauer f || ~ **of the first short-circuit current flow** / Kurzschlussdauer f VDE 0103
during braking / im Bremsbetrieb
dusk lighting / Dämmerungsbeleuchtung f, Abendbeleuchtung f
dust n / Staub m
dust-concentration measuring equipment / Staubkonzentrations-Messeinrichtung f
dust control / Staubbekämpfung f || ~ **cover** / Staubschutzkappe f || ~ **deposit** / Staubablagerung f || ~ **groove** / Staubnut f
dust-ignitionproof machine / zünddurchschlagsichere Maschine
dust monitor using the scattered-light method / Staubmessgerät nach dem Streulichtverfahren
dust-proof adj / staubdicht adj || ~ **machine** / staubdichte Maschine
dust-protected adj / staubgeschützt adj
dust protection / Staubschutz m || ~ **removal capacity** / Staubaufnahmevermögen n (Staubsauger)
dust-repellent adj / staubabweisend adj
dust seal / Staubdichtung f
dust-tight adj / staubdicht adj || ~ **luminaire** / staubdichte Leuchte || ~ **waterprotected enclosure** (d.t.w.p.) / staubdichte, wassergeschützte Kapselung
DUTT s. direct underreaching transfer trip protection
duty n / Betriebsart f, Betrieb m (el. Masch.) IEC 50(411), Auslastung f, Beanspruchung f, Verwendungszweck m, Strapaziervermögen n || ~ IEC 34-1 / Betrieb m (el. Masch.) VDE 0530,T.1 || **standard** ~ / Normalbetrieb m, bestimmungsgemäßer Betrieb 1 || ~ **class** / Betriebsklasse f || ~ **class** EN 60146-1-1 / Belastungsklasse f (SR) || ~ **cycle** / Betriebsspiel n, Lastspiel n VDE 0160, Arbeitsspiel n, relative Einschaltdauer (ED) || ~ **cycle** IEC 50(411) / Spiel n (el. Masch.) || ~ **cycle factor** / Einschaltfaktor m (el. Masch.) || ~ **cycle rating** / Nennspiel n, Nennbetriebsart f || ~ **cycle time** / Spieldauer f, Spielzeit f || ~ **factor** / relative Einschaltdauer, Schaltungsfaktor m || ~ **factor** IEC 469-1 / Tastgrad m (Verhältnis Impulsdauer/Pulsperiodendauer), Tastverhältnis n || ~ **levels** IEC 255-0-20 / Beanspruchungspegel m, Kontaktklassen f pl || ~ **rating** (ASA C37.1) / Schalthäufigkeit f (Rel.) || ~ **ratio** IEC 50(15) / relative Einschaltdauer (Trafo) || ~ **set** / Betriebsaggregat n || ~ **type** / Betriebsart f (el. Masch., Trafo)
duty-type rating (d.t.r.) / Nennbetriebsart f
duty unit / Betriebsaggregat n || ~ **with discrete**

constant loads IEC 34-1 / Betrieb mit einzelnen konstanten Belastungen S 10, VDE 0530, T.1 || ~ **with non-periodic load and speed variations** IEC 34-1 / Betrieb mit nichtperiodischen Last- und Drehzahländerungen S 9, VDE 0530, T.1
DVI / Digitale Videoschnittstelle
DVM s. digital voltmeter
DVST s. direct-view storage tube
DW s. data word
DWA s. double wire armour
dwell angle / Nockenweg m (Betätigungsweg), Betätigungswinkel m (Schaltnocken), Betriebswinkel m (Schaltnocken), Schließwinkel m (Kfz) || ~ **(cam)** / Nockenweg m (Betätigungsweg), Betätigungswinkel m (Schaltnocken), Betriebswinkel m (Schaltnocken), Schließwinkel m (Kfz) || ~ **cycle** m / Verweilzyklus m (NC) || ~ **hold** / Halt Verweilzeit
dwelling unit / Wohneinheit f
dwell ratio / Schließverhältnis n (Kfz) || ~ **time** / Verweilzeit f, Schließzeit f (Nocken), Wartezeit f, Verweildauer f, Haltezeit f
dwell-time control / Schließzeitsteuerung f (Kfz-Mot.)
dwell timer / Verzögerungsrelais n (NC)
dyed adj / eingefärbt adj
dyeing machine / Färbemaschine f
dye laser / Farbstofflaser m || ~ **penetration test** / Farbeindringverfahren n
dying out / Abklingen n, Ausschwingen n
dynamic adj / dynamisch adj || ~ **accuracy** / dynamische Genauigkeit
dynamically adj / rotationssymmetrisch adj || ~ **neutralized state** / dynamisch neutralisierter (abmagnetisierter) Zustand
dynamic balancing / dynamisches Auswuchten || ~ **balancing machine** / dynamische Auswuchtmaschine || ~ **behaviour** / dynamisches Verhalten, Übergangsverhalten n, Regelverhalten n, Dynamik f, dynamische Eigenschaft || ~ **bending radius** / dynamischer Biegeradius (Kabel) EN 60966-1 || ~ **B(H) loop** / dynamische B(H)-Schleife, dynamische Hystereseschleife || ~ **brake** / Widerstandsbremse f || ~ **brake exciter** / Bremserregermaschine f || ~ **braking** / Widerstandsbremsung f || ~ **carrying capacity** / dynamische Tragfähigkeit || ~ **characteristic** / dynamische Kennlinie, Arbeitskennlinie f || ~ **convergence** / dynamische Konvergenz || ~ **current limit** / dynamischer Grenzstrom EN 50019 || ~ **data** / dynamische Daten, Bewegungsdaten plt || ~ **data exchange (DDE)** / dynamischer Datenaustausch (DDE) || ~ **expression** / Dynamisierungsausdruck m || ~ **factor of Vdc-max** / Dynamik-Faktor Vdc-max Regler || ~ **feedforward control** / dynamische Vorsteuerung || ~ **flow force** / Stellmotor m || ~ **friction** / Bewegungsreibung f || ~ **hysteresis** / elastische Hysteresis || ~ **hysteresis loop** / dynamische Hystereseschleife || ~ **input** IEC 117-15 / dynamischer Eingang DIN 40700,T.14 || ~ **lag angle** / dynamischer Lastwinkel (Schrittmot.) || ~ **link library (DLL)** / DLL || ~ **load on foundation** / dynamische Fundamentbelastung || ~ **load rating** / dynamische Tragzahl (Lg.) || ~ **load(ing)** / dynamische Belastung, Stoßbelastung f || ~ **local data** / dynamische Lokaldaten

dynamic lowering brake / Senkbremse f ‖ ~ **lowering circuit** / Senkbremsschaltung f ‖ ~ **magnetization curve** / dynamische Magnetisierungskurve ‖ ~ **mass** / bewegliche Masse, bewegte Masse ‖ ~ **mimic board** / dynamisches Meldebild ‖ ~ **moment of inertia** / Trägheitsmoment n, Massenträgheitsmoment n ‖ ~ **noise immunity** / dynamischer Störabstand ‖ ~ **output** / dynamischer Ausgang ‖ ~ **overshoot** / Überfahren n (WZM) ‖ ~ **parameter definition** / dynamische Parametervorgabe, dynamische Parameter ‖ ~ **path response** / Bahndynamik f ‖ ~ **performance** / dynamisches Verhalten, Übergangsverhalten n, Regelverhalten n, Dynamik f ‖ ~ **plane graphics** / dynamische Flächengrafik ‖ ~ **pressure** / Staudruck m ‖ ~ **pressure drop** / dynamische Druckverlust ‖ ~ **properties** / dynamische Eigenschaften ‖ ~ **RAM (DRAM)** / dynamisches RAM (DRAM) ‖ ~ **range** / Dynamikbereich m ‖ ~ **rating** / Bemessungswerte für dynamische Vorgänge, dynamischer Grenzstrom ‖ ~ **response** / Dynamik f, Dynamikverhalten, Führungsdynamik f, Zeitverhalten n, Dynamikanpassung f, Regeldynamik f
dynamics n / Dynamik f
dynamic seal / dynamische Dichtung, biegsame Dichtung ‖ ~ **security analysis** / dynamische Netzsicherheitsrechnung ‖ ~ **sensitivity** / dynamische Empfindlichkeit ‖ ~ **short-circuit output current** / dynamischer Kurzschluss-Ausgangsstrom (SR) ‖ ~ **slowdown** / Drehzahlverminderung durch dynamisches Bremsen ‖ ~ **stability** / dynamische Stabilität, Stabilität bei dynamischen Vorgängen ‖ ~ **Stiffness Control (DSC)** / Dynamische Steifigkeitsregelung (DSR) ‖ ~ **strength** / dynamische Festigkeit, Schwingungsfestigkeit f, Erschütterungsfestigkeit f ‖ ~ **stress** IEC 512 / dynamisch-mechanische Beanspruchung DIN 41290 ‖ ~ **stress test** / Prüfung mit dynamisch-mechanischer Beanspruchung ‖ ~ **Swivel Tripod (DST)** / DST ‖ ~ **test** / dynamische Prüfung ‖ ~ **torque** / Übergangsmoment n, Stoßmoment n, abschaltbares Moment ‖ ~ **unbalance** / dynamische Unwucht ‖ ~ **viscosity** / dynamischeViskosität, dynamische Zähigkeit, dynamische Scherviskosität ‖ ~ **voltage headroom** / Dynamische Spannungs-Reserve ‖ ~ **voltage regulator** / dynamischer Spannungsregler
dynamo n / Dynamomaschine f, Dynamo m, Gleichstromgenerator m, Lichtmaschine f
dynamoelectric principle / dynamoelektrisches Prinzip
dynamometer n / Dynamometer n, Drehmomentwaage f, Pendelmaschine f, Leistungsbremse f, Belastungsgenerator m, Kraftmesser m ‖ **chassis** ~ / Rollenprüfstand m, Fahrzeugprüfstand m ‖ ~ **test** / Bremsversuch mit Pendelmaschine
dynamometer-type meter / elektrodynamischer Zähler
dynamometric *adj* / dynamometrisch *adj* ‖ ~ **brake** / Leistungsbremse f ‖ ~ **generator** / Bremsgenerator m, Dynamometer m ‖ ~ **test** / Prüfung nach dem Generatorverfahren
dynamotor n / Dynamotor m, Gleichstrom-Gleichstrom-Einankerumformer m

dynode n / Dynode f, Vervielfacherelektrode f, Sekundäremissionselektrode f

E

e (classification letter for increased safety EN 50019) / e (Kennbuchstabe erhöhte Sicherheit) EN 50019
E/A bus / E/A-Bus m, Peripheriebus m
E/H segmentation / E/H-Streckenaufteilung f, E/H-Aufteilung f
early closing NO contact (ECNO) / voreilender Schließer ‖ ~ **contact** / Vorkontakt m ‖ ~ **failure** / Frühausfall m DIN 40042 ‖ ~ **failure period** / Frühausfallphase f, Frühausfallperiode f ‖ ~ **warning alarm** / Frühwarnsignal n, Vorwarnsignal n
early-warning time switch / Vorwarnzeitschalter m
early write mode / frühes Schreiben
earmark v / markieren v
earnings before interest and taxes / EBIT
EAROM s. electrically alterable read-only memory
earth v / erden v, mit Erde verbinden, an Erde legen ‖ ~ n / Erde f, Bezugserde f, Erdung f, Erdleiter m, Erdungssammelleiter m, Erden n, Masse f ‖ **logic** ~ / logische Masse (Erde)
earthable point IEC 71.4 / möglicher Erdungspunkt VDE 0168,T.1
earth bus / Erdungssammelleitung f VDE 0100,T.200, Erdungssammelschiene f, Sammelerder m, Haupterdungsschiene f ‖ ~ **capacitance** / Erdkapazität f ‖ ~ **clamp** / Erdungsschelle f, Erdungsrohrschelle f (Schweißgerät), Erdklemme f ‖ ~ **conductor** / Erdleiter m, Erdungsleiter m ‖ ~ **connection** / Erdungsanschluss m, Erdanschluss m, Masseverbindung f ‖ ~ **connector** / Erdungsverbinder m, Erdungsbrücke-Erdungslasche f ‖ ~ **contact** / Erd(ungs)kontakt m, Schutzkontakt m, Schutzkontaktstück n ‖ ~ **contact resistance** IEC 364-4-41 / Erdübergangswiderstand m ‖ ~ **contact tube** / Kontakthülse des Schutzkontakts ‖ ~ **continuity** / durchgehende Erdverbindung
earth-continuity conductor / Erd-Sammelleiter m, Erdungsleiter m (Kabel), Erdschutzleiter m ‖ ~ **conductor incorporated in cable(s)** / mitgeführter Schutzleiter (i. Kabel)
earth-coupled interference / erdgekoppelte Störung
earth coupling / Erdkopplung f ‖ ~ **current** / Erdstrom m, Erdleitungsstrom m, Erdungsstrom m, vagabundierender Strom
earth-current circuit / Erdstrompfad m ‖ ~ **equalizer** / Erdstromausgleicher m ‖ ~ **measuring circuit** / Erdstrom-Messschaltung f ‖ ~ **wipe relay** / Erdstromwischerrelais n
earth dam / Erddamm m ‖ ~ **detector** / Erdschlussprüfer m, Erdschlussanzeiger m
earthed *adj* / geerdet *adj*, mit Erdverbindung ‖ ~ **concentric wiring system** / Leitungssystem mit geerdetem konzentrischem Außenleiter ‖ ~ **neutral** / geerdeter Sternpunkt, geerdeter Nullpunkt
earthed-neutral system / Netz mit geerdetem Sternpunkt, geerdetes Netz

earthed

earthed voltage transformer / einpolig isolierter Spannungswandler
earth electrode / Erder *m*, Erdelektrode *f*
earth-electrode conductor / Erderanschlussleiter *m*, Erdungsleiter *m* || ~ **potential** / Erderspannung *f*, Erdungsspannung *f* || ~ **resistance** / Ausbreitungswiderstand *m* (eines Erders, Widerstand zwischen Erder und Bezugserde), Erdausbreitungswiderstand *m*, Erderwiderstand *m* || ~ **system** / Erdungsanlage *f*, Erdungsnetz *f* (Gesamtheit der Mittel u. Maßnahmen zum Erden), Erdung *f*
earth equalizing cable / Potentialausgleichsleitung *f*, Erdausgleichsleitung (EAL) *f*
earth fault / Erdschluss *m*, Erdfehler *m*, Erdkurzschluss *m*, Erdschlussfehler *m*
earth-fault alarm relay / Erdschlussmelderelais *m*, Erdschlusswächter *m* || ~ **arc** / Erdschlusslichtbogen *m* || ~ **back-up protection** / Erdstrom-Reserveschutz *m* || ~ **breaking capacity** / Erdschlussausschaltvermögen *n* || ~ **clearing** / Erdschlussabschaltung *f* || ~ **current** / Erdschlussstrom *m*, Erdkurzschlussstrom *m*, Erdfehlerstrom *m* || ~ **detection** / Erdschlusserfassung *f* || ~ **detection in undergrounded power** / Erdschlusserfassung *f* || ~ **detection module** / Modul für Erdschlusserkennung || ~ **detection winding** / Erdschlusserfassungs-Wicklung *f*
earth-fault detector / Erdschlussüberwachungsgerät *n*, Erdschlusssuchgerät *n*
earth fault direction detection / Erdschluss-Richtungsbestimmung *f*
earth-faulted *adj* / mit Erdschluss, erdschlussbehaftet *adj*
earth-fault factor / Erdfehlerfaktor *m* || ~ **fire protection** / Erdschluss-Brandschutz m l || ~ **indicator** / Erdschlussanzeiger *m*, Erdschlussmelder *m* || ~ **indicator module** / Erdschlussmeldeeinheit *f* || ~ **localization** / Erdschlussortung *f* || ~ **location** / Erdschlussstelle *f*, Erdschlussbestimmung *f* || ~ **locator** / Erdschlusssuchgerät *n* || ~ **lock-out** / Erdschlusssperre *f* || ~ **loop impedance** / Impedanz der Fehlerschleife, Schleifenimpedanz *f* || ~ **monitor** / Erdschlussüberwachungsgerät *n*, Erdschlusswächter *m*, Leitungswächter *m*, Isolationswächter *m* || ~ **monitoring** / Erdschlussüberwachung *f* || ~ **neutralization** / Erdschlusskompensation *f* || ~ **neutralizer** / Erdschlusslöschspule (ESp) *f* VDE 0532,T.20, Erdschlusslöscher *m*, Löschspule *f*
earth-fault-neutralizer-grounded system / Netz mit über Löschspule geerdetem Sternpunkt, induktiv geerdetes Netz. Netz mit Erdschlußkompensation, gelöschtes Netz
earth-fault neutralizing / Erdschlusslöschung *f*
earth-fault-proof *adj* / erdschlussfest *adj*
earth-fault protection / Erdschlussschutz *m*, Erdkurzschlussschutz *m* || ~ **protection relay** / Erdschlussschutzrelais *n* || ~ **quenching** / Erdschlusslöschung *f*, Erdschlussbeseitigung *f* || ~ **reactor** / Erdschlussspule *f*, Gestelldrossel *f* || ~ **relay** / Erdschlussrelais *n*, Erdschlussschutzrelais *n*, Erdstromrelais *n* || ~ **release** / Erdschluss-Auslöser *m*
earth-fault-resistant *adj* / erdschlussfest *adj*

earth-fault starting (element) / Erdstromanregung *f* || ~ **test** / Erdschlussprüfung *f* || ~ **winding** / Erdschlusswicklung *f*
earth-free *adj* / erdfrei *adj* || ~ **environment** / erdfreie Umgebung
earth impedance matching / Erdimpedanzanpassung *f*
earthing *n* / Erdung *f*, Erden *n*, Erdanschluss *m*, Schutzleiteranschluss *m* || ~ **accessories** / Erdungsgarnitur *f* || ~ **and short-circuiting facility** / Erdungs- und Kurzschließvorrichtung *f* || ~ **angle** / Erdungswinkel *m* || ~ **arrangement(s)** / Erdung *f* (Gesamtheit der Mittel u. Maßnahmen zum Erden) VDE 0100,T.200 || ~ **bar** / Erdungsschiene *f* (Anschlussschiene) || ~ **blade** / Erdungsmesser *n* (am SG) || ~ **brand** / Erdungsband *n* || ~ **bus** / Erdungssammelleitung *f* VDE 0100,T.200, Erdungssammelschiene *f*, Sammelerder *m*, Haupterdungsschiene *f* || ~ **busbar** / Erdsammelleitung *f*, Erdungssammelschiene *f* || ~ **cable** / Erdungskabel *n*, Erdungsseil *n* || ~ **circuit** / Erdungskreis *m*, Schutzleiter-Stromkreis *m* || ~ **clamp** / Erdungsschelle *f*, Erdungsrohrschelle *f*, Erdungsblech *n*, Erdklemme *f* (Schweißgerät) || ~ **clip** / Erdungsbügel *m* || ~ **conditions** / Erdungsverhältnisse *n pl* || ~ **conductor** / Erdungsleiter *m* VDE 0100,T.200, Erdleiter *m*, geerdeter Schutzleiter, Erdungsleitung *f* || ~ **connector** / Steckverbinder mit Erdanschluss, Schutzkontakt-Steckverbinder *m* || ~ **contact** / Erd(ungs)kontakt *m*, Schutzkontakt *m*, Schutzkontaktstück *n*
earthing-contact bow / Schutzkontaktbügel *m*
earthing contact ring holding force IEC 512-1 / Haltekraft des Erdkontaktes (o. Schutzkontaktes) (StV) || ~ **contact tube** / Schutzkontaktbuchse *f* || ~ **continuity** / Durchgang der Erdverbindung, Durchverbindung des Schutzleiters || ~ **coupling** / Erdungsmuffe *f* (IR) || ~ **disconnector** / Erdungstrennschalter *m*, Erdungstrenner *m* || ~ **factor** / Erdungsfaktor *m* VDE 0670,T.101 || ~ **for work** / Arbeitserdung *f* || ~ **inductor** / Erdinduktivität *f* || ~ **jumper** / Erdungsverbinder *m*, Erdungsbrücke *f*, Erdungslasche *f* || ~ **layer** / Erdungsbelag *m* || ~ **location** / Erdungsstellung *f* VDE 0670,T.6 || ~ **network** / Erdungsnetz *n*, Erdernetz *n* || ~ **pad** / Erdungsplatte *f*, Erdungsklemmenplatte *f* || ~ **pin** / Schutzkontaktstift *m*
earthing-pin plug / Schutzkontakt-Stecker *m*, SCHUKO-Stecker *m*
earthing plate / Plattenerder *m*, Erdungsplatte *f*, Erdungsklemmenplatte *f* || ~ **point** / Erdungspunkt *m* || ~ **position** IEC 298 / Erdungsstellung *f* VDE 0670,T.6 || ~ **reactor** / Erdungsdrossel *f*, Erdstrom-Schutzdrossel *f*, Übertragerdrossel *f* || ~ **resistance** / Erdungswiderstand *m* (Summe von Ausbreitungswiderstand des Erders und Widerstand der Erdungsleitung) || ~ **ring bus** / Erdungsring *m* || ~ **rod** / Erdungsstab *m*, Staberder *m* || ~ **screw** / Erdungsschraube *f* || ~ **socket** / Schutzkontaktbuchse *f* || ~ **stick** / Erdungsstange *f* || ~ **switch** IEC 129 / Erdungsschalter *m* VDE 0670,T.2 || ~ **switch function** / Erdungsschalterfunktion *f* || ~ **switch handle** / Erdungsschalthebel *m*
earthing-switch truck / Erdungsschalterwagen *m*,

Erdungswagen *m*
earthing system / Erdungsanlage *f*, Erdungsnetz *n* (Gesamtheit der Mittel u. Maßnahmen zum Erden), Erdung *f* || ~ **terminal** / Erdungsanschluss *m* || ~ **transformer** / Erdstrom-Schutztransformator *m*, Sternpunktbildner-Transformator *m* IEC50(421), Erdungstransformator *m* (EdT) || ~ **transformer panel** / Erdungstransformatorfeld *n*
earth leakage / schleichender Erdschluss, Erdschluss *m* || ≙ **Leakage Circuit-Breaker (ELCB)** / FI-Schutzschalter *m*
earth-leakage current / Kriechstrom gegen Erde, Erdableitstrom *m*, Erdstrom *m*, Erdschlussstrom *m* || ~ **current measuring winding** / Erdschlusserfassungswicklung *f* || ~ **currents** / Kriechströme gegen Erde || ~ **detector** / Ableitstromanzeiger *m* || ~ **indicator** / Erdschlussanzeiger *m*, Erdschlussmelder *m* || ~ **monitor** / Erdschlussüberwachungsgerät *n*, Isolationswächter *m*, Leitungswächter *m*, Erdschlusswächter *m* || ~ **relay** / Erdschlussrelais *n*, Erdschlusswächter *m*, Erdschlussschutzrelais *n* || ~ **resistance** / Erdableitwiderstand *m* || ~ **test** / Erdschlussprüfung *f*
earth loop / Erdschleife *f*, Erdungskreis *m*
earth-loop impedance / Erdschleifenimpedanz *f*, Schleifenwiderstand *m* || ~ **impedance test** / Prüfung durch Schleifenwiderstandsmessung || ~ **impedance tester** / Schleifenwiderstandsprüfer *m*
earth phantom circuit / Phantomkreis mit Erdrückleitung, Erd-Phantom-Stromkreis *m* || ~ **pipe** / Rohrerder *m* || ~ **plate** / Plattenerder *m* || ~ **potential** / Erdpotential *n*
earthquake *n* / Erdbeben *n* || ~ **vibrations and shocks** / seismische Einflüsse
earth resistance / Erdbodenwiderstand *m*, Erdwiderstand *m*, Erdungswiderstand *m* || ~ **resistance meter** / Erdungs-Messgerät *n* || ~ **resistivity** / spezifischer Erdbodenwiderstand || ~ **return** / Erdrückleitung *f*, Masserückleitung *f* || ~ **return phantom circuit** / Erd-Phantom-Stromkreis *m* || ~ **return system** / Netz mit Erde als Rückleitung || ~ **rod** / Staberder *m*, Erdungsstab *m*, Tiefenerder *m* || ~ **screen** / Abschirmung gegen Erde || ~ **spike** / Erdspieß *m* || ~ **strip** / Banderder *m* || ~ **symbol** / Erdungszeichen *n*, Schutzzeichen *n* || ~ **tap conductor** / Erdungsstichleitung *f* || ~ **terminal** / Erdungsklemme *f*, Erdklemme *f*, Erdungsanschlusspunkt *m* || ~ **termination network** / Blitzschutzerdung *f* || ~ **terminations** / Blitzschutzerdung *f* || ~ **tester** / Erdungsprüfer *m*, Erdungsmesser *m* || ~ **tremor** / Erdbeben *n* || ~ **voltage** / Erdspannung *f* || ~ **wire** / Erdleiter *m*, Erdseil *n* (Freiltg., zum Schutz gegen Blitzeinschläge), Blitzschutz-Erdseil *n*
earth-wire peak / Erdseilspitze *f* (Freileitungsmast)
case *v* / lockern *v* (Passung, Sitz) || ~ **of operation** / Komfort *m*, Bedienungskomfort *m*, Bedienkomfort *m*, Bedienerfreundlichkeit *f*, Anwenderfreundlichkeit *f* || ~ **of programming** / Programmierkomfort *m* || ~ **of use** / Bedienkomfort *m*, Bedienungskomfort *m*, Bedienerfreundlichkeit *f*, Anwenderfreundlichkeit *f*
easily legible / leicht lesbar || ~ **traceable arrangement** / übersichtliche Anordnung
easy axis of magnetization / magnetische Vorzugsrichtung, || ~ **movement** / Leichtgängigkeit

f || ~ **operation** / Bedienfreundlichkeit *f* || ~ **to maintain** / wartungsfreundlich *adj*, wartungsgerecht *adj*
easy-to-operate *adj* / anwenderfreundlich *adj*, benutzerfreundlich *adj*, bedienerfreundlich *adj*, komfortabel *adj*
easy-to-release *adj* / leicht lösbar *adj*
easy-to-use *adj* / benutzerfreundlich *adj*, bedienerfreundlich *adj*, anwenderfreundlich *adj*, komfortabel *adj* || ~ **switch** / Komfortschalter *m*
EB s. executive block
EBCDIC s. extended binary-coded-decimal information code
ebonite *n* / Ebonit *n*, Hartgummi *m*
EBQ s. economic batch quantity
EBT s. electron-beam tube
EC aluminium s. electrical conductor grade aluminium || **EC Machinery Directive** / EG-Maschinenrichtlinie *f*
ECC s. error correction code / ECC
eccentric *adj* / unrund *adj*, außermittig *adj*, Exzenter *m*, schlagend *adj* || ~ **elevating platform** / Exzenterhubtisch *m* || ~ **gear control** / Exzentersteuerung *f*
eccentricity *n* / Außermittigkeit *f*, Mittenversatz *m*, Rundlauffehler *m*, Schlag *m*, Exzentrizität *f*, Unrundheit *f*, Mittigkeitsabweichung *f* || ~ **compensation** / Rundlauffehlerkompensation *f* || ~ **test** / Eckenprüfung *f*
eccentric movement / Exzenter *m* (EZ) || ~ **press** / Exzenterpresse *f* || ~ **shaft** / Exzenterwelle *f* || ~ **stamping press** / Exzenterstanze *f* || ~ **turning** / Außermittendrehen *n*
ECD s. electron capture detector
ECG (electronic control gear) / EVG (elektronisches Vorschaltgerät)
echo characteristic / Nachhallkurve *f*, Rückstrahlcharakteristik *f* || ~ **circuit** / Echoschaltung *f* || ~ **control** / Echoregulierung *f* || ~ **duration** / Echobreite *f* || ~ **dynamics** / Echodynamik *f* || ~ **function with weak infeed end** / Echofunktion mit schwacher Einspeisung am Ende (Schutzsystem) IEC 50(448) || ~ **height** / Echohöhe *f*, Anzeigehöhe *f* || ~ **indication** / Echoanzeige *f* || ~ **loop** / Echoschleife *f* (DÜ, PC), Mitschreibschleife *f* || ~ **signal** / Echosignal *n*
echo-sounding *n* / Echoloten *n*
echo suppressor / Echounterdrücker *m* || ~ **technique** / Echo-Verfahren *f*, Impuls-Echo-Technik *f* || ~ **time** / Echozeit *f*, Laufzeit *f*
ECL s. emitter-coupled logic
ECM (engine control module) / Motorsteuerung *f*
ECMA (European Computer Manufacturers Association) / ECMA (European Computer Manufacturers Association)
e.c.m. s. electrochemical machining
ECNO s. early closing NO contact
ECO mode / ÖKO-Modus *m*
ecological beneficial / umweltfreundlich *adj* || ~ **characteristics code** / Ökokennziffer *f*
economical dispatch / wirtschaftliche optimale Lastaufteilung || ~ **load** / Bestlast *f* (Generatorsatz)
economic *adj* / preiswert *adj* || ~ **batch quantity (EBQ)** / wirtschaftliche Losmenge || ~ **community** / Wirtschaftsgemeinschaft *f* || ~ **life** / wirtschaftliche Lebensdauer, Nutzlebensdauer *f* || ~ **loading schedule** IEC 50(603) / wirtschaftliche Auslastung

economizer 174

(Netz) || ~ **quality** / wirtschaftliche Qualität || ~
value / Geschäftswert *m* || ~ **value added (EVA)** /
Geschäftswertbeitrag (GWB) *m*
economizer nozzle / Spardüse *f*, Wasserspardüse *f*
economy circuit / Sparschaltung || ~ **connection** /
Sparschaltung *f* || ~ **operation** / Sparbetrieb *m* || ~
resistor / Sparwiderstand *m* || ~ **switch** /
Sparschalter *m*
e.c.r . s. equivalent continuous rating
ECS s. electronically controlled suspension
ED (end delimiter) / ED
eddy current / Wirbelstrom *m*
eddy-current brake / Wirbelstrombremse *f* || ~ **cage
motor** / Wirbelstromläufermotor *m*,
Stromverdrängungsläufer *m* || ~ **coupling** /
Wirbelstromkupplung *f* || ~ **damping** /
Wirbelstromdämpfung *f* || ~ **loss** /
Wirbelstromverluste *m plt* || ~ **release** /
Wirbelstromauslöser *m*
e-delay *n* (contact element) IEC 337-2B /
Verzögerung e (Schaltglied) VDE 0660,T.203
edge *v* / Kanten schärfen, abschrägen *v*, bördeln *v*,
besäumen *v* || ~ *n* / Kante *f*, Rand *m*, Schneidkante *f*,
Flanke *f* (Impuls), Stirn *f*, Kragen *m*, Ecke *f*,
Schneide *f* || **in the case of a rising** ~ / bei
steigender Flanke || **leading** ~ / Vorderkante *f*
(Bürste, NS), Vorderflanke *f* (Impuls),
Anstiegsflanke *f*, auflaufende Kante, Eintrittskante
f || **on** ~ / hochkant *adj* || **parallel** ~ / Parallelkante *f*,
Parallelbogen *m* || ~ **alignment** / Randausrichtung *f*
|| ~ **approach** / Kantenzuführung *f*
edge-beveling machine / Kantenabschrägmaschine *f*
edge-board contacts / gedrückte Randkontakte
edge breaking / kantenbrechen *v* || ~ **camber** /
Geradheit der Längskante (Blech) || ~ **change** /
Flankenwechsel *m* (Impuls) || ~ **connector** /
Randstiftleiste *f* (Leiterplatte), Stiftsockel *m*,
Messerleiste *f* || ~ **contour** / Kantenform *f* || ~
detection (function) / Flankenerkennung *f* || ~
distance / Randabstand *m* (a. gS) || ~ **echo** /
Kantenecho *n* || ~ **effect** / Kanteneffekt *m*,
Randeffekt *m*, Endeneffekt *m* || ~ **emitting LED
(ELED)** / kantenemittierende LED || ~ **evaluation** /
Flankenauswertung *f* || ~ **evaluator** /
Flankenauswerter *m* || ~ **field** / Randfeld *n* || ~ **flag** /
Flankenmerker *m* (SPS) || ~ **following** /
Kantenverfolgung *f* (Rob.)
edge-glue machine / Kantenanleimmaschine *f*
edge-gluing *v* / kantenanleimen *v*
edge insulator IEC 50(486) / Randstreifen *m* (Batt.) ||
~ **length** / Stirnlänge *f* (SchwT), Kantenlänge *f* || ~
light / Begrenzungsfeuer || ~ **loading** /
Kantenpressung *f*, Kantenspannung *f* || ~ **machine** /
Kantmaschine *f* || ~ **machining** /
Kantenbearbeitung *f* || ~ **marker** / Randmarker *m*
(Flp.) || ~ **milling** / Flankenfräsen *n* || ~ **perforation**
/ Randlochung *f* || ~ **probe** / Kantentaster *m* || ~
profile / Eckprofil *n*, Kantenprofil *f* || ~ **protection** /
Kantenabsicherung *f* || ~ **protector** / Kantenschutz
m || ~ **radius** / Kantenradius *m*
edge-raised *adj* / gebördelt *adj*
edge ray / Randstrahl *m* (Schallstrahl) || ~ **section** /
Einfassprofil *n* || ~ **sensivity** /
Flankenempfindlichkeit *f* || ~ **signal** / Flankensignal
n
edge-socket connector / Federleiste *f* (an
Leiterplatte), direkter Steckverbinder

edge spacing / Flankenabstand *m* || ~ **steepness** /
Flankensteilheit *f* (Impuls, Signal) || ~ **strength** /
Kantenfestigkeit *f* || ~ **tearing resistance** /
Kanteneinreißfestigkeit *f* || ~ **transport unit** /
Randtransporteinheit *f*
edge-to-edge taping / anstoßende Bewicklung
edge-triggered *adj* / flankengesteuert *adj* (z.B.
Eingang, Flipflop), einflankengesteuert *adj*,
flankengetriggert *adj*, taktflankengesteuert *adj* || ~
clock input / flankengesteuerter (o.
einflankengesteuerter) Eingang, Takteingang mit
Flankensteuerung || ~ **flag byte** /
Flankenmerkerbyte *n* || ~ **input** / flankengesteuerter
Eingang || ~ **instruction** / Flankenmerkeroperation
f || ~ **interval time-delay relay** /
flankengetriggertes Wischrelais
edge trigger flag / Flankenmerker *m* || ~ **triggering** /
Flankensteuerung *f*, Taktflankensteuerung *f*,
Einflankensteuerung *f* || ~ **trimming** /
Kantenbearbeitung *f* || ~ **trimming machine** /
Kantenbearbeitungsmaschine *f* || ~ **weld** / Stirnnaht
f
edge-wheel switch / Zahleneinsteller *m*, Daumenrad
n, Rändelschalter *m*
edge winding / Hochkantwicklung *f*,
Flachdrahtwicklung *f*
edgewise *adj* / hochkant *adj* || ~ **elbow** / Knie(stück) *n*
(IK), Kniekasten *m* (IK) || ~ **instrument** /
Profilinstrument *n*, Rechteck-Messgerät *n*,
Flachinstrument *n*
edge-wound *adj* / hochkant gewickelt
edge working / Kantenbearbeitung *f*
EDI s. electronic document exchange
Edison cap / Edison-Sockel *m* || º **screw (E.S.)** /
Edison-Gewinde *n*, Elektrogewinde *n* || º **screw
cap** / Edison-Sockel *m* || º **screw holder** / Edison-
Fassung *f* || º **screw lampholder** / Lampenfassung
mit Edisongewinde || º **thread** / Edison-Gewinde *n*,
Elektrogewinde *n*
edit *v* / (Daten) aufbereiten *v*, (Text) bearbeiten *v*,
(Programm) ändern *v* (NC), verändern *v*, ausführen
v, abarbeiten *v*, editieren *v* || ~ *n* / Edit *n* || **program**
~ (NC symbol) / Programm ändern (NC-
Bildzeichen) || **to** ~ **a program** / ein Programm
ändern || **to** ~ **a word** / ein Wort ändern (NC-
Funktion)
editing *n* / Editieren *n*, Aufbereitung *f* || **text** ~ /
Textbearbeitung *f* || ~ **aid** / Editierhilfe *f* || ~ **box** /
Editierfeld *n* || ~ **data in storage** / Daten im
Speicher ändern || ~ **date** / Bearbeitungsdatum *n* || ~
gap / Editierlücke *f* || ~ **window** / Editierfenster *n*
edit mode / Erstellungsmodus *m* || ~ **program** / ~
Programmänderung *f* || ~ **step** / Schritt ändern || ~
view / Sicht bearbeiten || ~ **word** / Wort ändern || º
menu / Menü Bearbeiten
editor *n* / Editor *m* || ~ **error** / Editorfehler *m* || ~
functions / Editorfunktionen *f pl* || ~ **program** /
Editierprogramm *n*, Textbearbeitungsprogramm *n*
EDL s. efficiency during life
EDM s. electrical discharge machining
EDP s. electronic data processing || º **equipment** s.
electronic data processing equipment
EDS s. exchangeable disk storage / EDS
EEC directives for measuring instruments / EWG-
Richtlinien für Messgeräte || **EEC initial
verification** / EWG-Ersteichung *f*
EECL s. emitter-emitter-coupled logic

EEPROM / E^2**PROM** || **EEPROM (electrically erasable programmable read-only memory)** / EEPROM (elektrisch löschbarer programmierbarer Festwertspeicher) || **EEPROM submodule** / E^2PROM-Speichermodul *m*
EES s. electronic equipment for signal processing
effect band IEC 478-1 / Abweichungsbereich *m* DIN 41745, Störabweichungsbereich *m*
effective air gap / effektiver Luftspalt, wirksamer Luftspalt || **~ ampere conductors** / Strombelag *m*, Durchflutung pro Längeneinheit, Stromvolumen *n*, lineare Ankerbelastung || **~ area** / Wirkfläche *f*, wirksame Öffnung || **~ area of piston** / wirksame Kolbenfläche || **~ armature (kilo-)ampere conductors** / effektiver Ankerstrombelag || **~ capacitance** / Betriebskapazität *f* (Kabel) || **~ chip thickness** / Wirkspanungsdicke *f* DIN 6580 || **~ component** / Wirkanteil *m*, Wirkkomponente *f* || **~ cooling surface** / wirksame Kühlfläche || **~ core cross section** / effektiver Eisenquerschnitt || **~ cross sectional area of cut** / Wirkspanungsquerschnitt *m* DIN 6580 || **~ cross-sectional area of valve** / freier Ventilquerschnitt || **~ current** / Effektivstrom *m* (Gleichstrom) || **~ date** / Inkraftsetzungsdatum *n* || **~ demand** / tatsächlicher Bedarf, Höchstlastanteil *m* (StT) || **~ demand factor** / bezogener Anschlusswert *m* (StT), Höchstlastanteil *m* || **~ dimensions of a magnetic circuit** / effektive Abmessungen eines magnetischen Kreises || **~ direction** / Wirkrichtung *f* DIN 6580 || **~ dose** / wirksame Dosis || **~ face width** / aktive Zahnbreite || **~ feed** / Wirkvorschub *m* DIN 6580 || **~ field ratio** / effektiver Erregergrad *m* (el. Masch.) || **~ flow area** / wirksamer Öffnungsquerschnitt, wirksame Öffnung || **~ gap length** / effektive Luftspaltlänge || **~ induction area** / induktive Restfläche (Hallstromkreis) || **~ intensity** / effektive (o. wirksame) Lichtstärke || **~ length of air gap** / effektive Luftspaltlänge || **~ length of screw engagement** / wirksame Länge der Gewindeverbindung || **~ lever arm** / wirksamer Hebelarm || **~ load** / effektive Last || **~ luminous flux** / Nutzlichtstrom *m*
effectively conducting output circuit / durchgeschalteter Ausgangskreis (Rel.) || **~ earthed neutral system** / Netz mit wirksam geerdetem Sternpunkt || **~ earthed (o. grounded)** / wirksam geerdet || **~ non-conducting output circuit** / gesperrter Ausgangskreis (Rel., E) VDE 0435,T.110 || **~ shielded installation** / wirksam abgeschirmte Anlage
effective mass / effektive Masse (Magnetkörper) || **~ mode volume** / effektives Modenvolumen (LWL) || **~ motion** / Wirkbewegung *f* DIN 6580 || **~ net orifice** / wirksamer Ventilquerschnitt, wirksame Öffnung, wirksamer Öffnungsquerschnitt
effectiveness *n* / Wirksamkeit *f* IEC 50(191) || **~ in daylight** / Tageslichtwirkung *f*
effective number of turns per phase / effektive Windungszahl pro Phase || **~ number of turns per unit length** / aktive Windungszahl || **~ operating distance** / Realschaltabstand *m* (NS) || **~ output** / effektive Leistung (el. Masch.), Wirkleistung *f*, Nutzleistung *f*, Nettoleistung *f*, Wellenleistung *f*, nutzbare Leistung (Verbrennungsmot.) || **~ permeability** / wirksame Permeabilität || **~ power** / Wirkleistung *f* || **~ radiated power** / effektive Strahlungsleistung (EMV) || **~ range** / Messbereich *m* (MG, Effektivbereich), Bemessungsmessbereich *m* (Rel.), Effektivbereich *m* || **~ range module** / Messbereichsmodul *n*, effektiver Gleichrichterstrom || **~ reference plane** / Wirk-Bezugsebene *f* DIN 6581 || **~ reflex surface** / Lichtaustrittsfläche *f* || **~ scalar permeability for plane waves** / effektive skalare Permeabilität für ebene Wellen || **~ scale** / nutzbare Skale || **~ screen area** / nutzbarer Bildschirmbereich || **~ selectivity** / effektive Trennschärfe || **~ synchronous reactance** / ideelle Synchronreaktanz || **~ tank cooling surface** / wirksame Kesselkühlfläche || **~ travel** / Wirkweg *m* (WZM) DIN 6580 || **~ turns per phase** / effektive Windungen je Phase || **~ width of cut** / Wirkspanungsbreite *f* DIN 6580 || **~ wrapping length** / effektive Wickellänge (Wickelverbindung)
effectivity / Wirksamkeit *f* (Fähigkeit einer Einheit, eine in quantitativen Kenngrößen formulierte Forderung an eine Dienstleistung zu erfüllen)
effect of environment / Raumrückwirkung *f* (Akust.) || **~ of heat** / Wärmeeinwirkung *f* || **~ of load impedance** / Bürdeneinfluss *m* (Regler) || **~ of load variation** / Lasteinfluss *m* (EZ), Lastabhängigkeit *f* (EZ) || **~ of malfunction** / Störungsauswirkung *f* (FWT) || **~ of phase sequence** / Drehfeldabhängigkeit *f* || **~ of voltage variation** / Spannungsabhängigkeit *f* (MG, EZ), Spannungseinfluss *m*
effector, end ~ / Endstück *n* (Roboter) || **format** ~ / Formatsteuerzeichen *n* DIN 44300
effects control / Effektsteuerung *f* (BT) || **~ frame** / Effektrahmen *m* (Leuchte) || **~ projector** / Effektprojektor *m* || **~ spotlight** / Effektscheinwerfer *m*
efficacy *n* / Wirksamkeit *f*, Leistungsfähigkeit *f*, Ausbeute *f* (LT) || **~ / Betriebsgüte *f* || **luminous** ~ / Lichtausbeute *f*, Lichtleistung *f*, visueller Nutzeffekt
efficiency *n* / Effizienz *f*, Wirkungsgrad *m*, Ausnutzungsgrad *m*, Wärmeaustauschgrad *m*, Gütegradverhältnis *n*, Nutzeffekt *m*, Ausbeute *f*, Leistungsfähigkeit *f*, Betriebsgüte *f* || **luminous** ~ / Lichtausbeute *f*, Lichtleistung *f*, visueller Nutzeffekt || **~ by calorimetric method** / kalorimetrische Wirkungsgradbestimmung || **~ by indirect calculation** / indirekte Wirkungsgradbestimmung || **~ during life (EDL)** / Lichtausbeute während der Lebensdauer || **~ from summation of losses** / Wirkungsgradermittlung nach dem Einzelverlustverfahren || **~ from total loss** / Wirkungsgradermittlung nach dem Gesamtverlustverfahren || **~ measurement** / Wirkungsgradbestimmung *f* || **~ optimization** / Optimierung Wirkungsgrad || **~ rate** / tatsächliche Leistung in Prozent der Sollleistung
efficient *adj* / leistungsfähig *adj*, leistungsstark *adj*, rationell *adj*
efflorescence *n* / Ausblühung *f*, Ausschlag *m*, Effloreszenz *f*
efflux cup consistency / Auslaufbecher-Viskosität *f* || **~ viscosity cup** / Auslaufbecher *m* (Viskositätsprüf.)
EFL s. emitter-follower logic
EFTL s. emitter-follower transistor logic
EG (electronic gear) / EG (elektronisches Getriebe)
EGR s. emission gas recirculation

EH s. electronic-hybride mode of tripping
EHS (European home systems) / EHS
EHSA (european home systems association) / EHSA
EIA (Electronic Industries Association) / EIA (Electronic Industries Association)
EIARS / EIARS
e.h.f. s. extra-high frequency
e.h.p. s. electrical horsepower
e.h.v. s. extra-high voltage || ~ **system** / Höchstspannungsnetz *n* || ~ **transmission** / Höchstspannungsübertragung *f*
EIB (European installation bus) s. European installation bus / EIB (European Installation Bus) || ≙ **bus system** / EIB-Bussystem || ≙ **data interface** / EIB-Datenschnittstelle *f* || ≙ **Information and Development Set** / EIB Informations- und Entwicklungs-Set || ≙ **installation** / Installationsbusanlage *f* || ≙ **installation bus** / Installationsbus EIB || ≙ **Installation BUS SYSTEM** / Installationsbus-System EIB || ≙ **Interoperability Test Tool (EITT)** / EIB Interoperability Test Tool (EITT) || ≙ **interworking standard EIS** / EIB Interworking Standard EIS || ≙ **time signal generator** / EIB-Zeitsignalgeber *m* || ≙ **Tool Software (ETS)** / EIB Tool Software (ETS)
EIBA Auditor / EIBA-Rechnungsprüfer || **EIBA Austria, European Installation Bus Association - National Committee for Austria - Association for Promoting Information about the European Installation Bus** / EIBA Austria, European Installation Bus Association - Nationales Komitee Österreich - Verein zur Förderung der Kenntnisse über den Europäischen Installationsbus eV. || **EIBA coordination committee (ECC)** / ECC
Eichberg motor / Eichberg-Motor *m*, kompensierter Repulsionsmotor mit feststehendem Einfachbürstensatz
eight-bit byte / Oktett *n*
eight-hour duty / Acht-Stunden-Betrieb *m*
either-way communication / wechselseitige Datenübermittlung DIN 44302
eject *v* / ausfördern *v* || ~ **key** / Auswurftaste *f*
ejector / Auswerfer *m*, Ausstoßvorrichtung *f*, Ausstoßwerkzeug *n* || ~ **baffle** / Ausschleusweiche *f* || ~ **extracting lever** / Hebel-Zuggriff *m* || ~ **mark** / Auswerfermarkierung *f* || ~ **pump** / Strahlpumpe *f*, Strahlsaugpumpe *f* || ~ **screw** / Abdrückschraube *f*
elaboration *n* / Ausarbeitung *f*
elapse *v* / vergehen *v* (Zeit), ablaufen *v*
elapsed-hour meter / Betriebsstundenzähler *m*
elapsed time / Ausführungszeit *f* (Fertigung, CIM), abgelaufene Zeit
elastance *n* / Elastanz *f*, Kehrwert der Kapazität
elastic axis / Biegelinie *f* || ~ **constant** / elastische Konstante, Federkonstante *f* || ~ **curve** / Biegelinie *f* || ~ **deflection** / elastische Durchbiegung || ~ **deformation** / elastische Verformung, federnde Formänderung, elastische Verschiebung || ~ **element** / elastisches Messglied (Druckmesser), Federmesswerk *n* || ~ **elongation** / elastische Dehnung || ~ **feedback** / nachgebende Rückführung || ~ **feedforward compensation** / nachgebende Störaufschaltung || ~ **foundation** / nachgiebiges Fundament, federnde Unterlage || ~ **hysteresis** / elastische Nachwirkung
elasticity *n* / Elastizität *f*, Dehnungsvermögen *f*,

Federkraft *f*, Dehnbarkeit *f*, Dehnungsfestigkeit *f* || ~ **of varnish coating** / Dehnbarkeit der Lackschicht (Draht)
elastic limit / Elastizitätsgrenze *f*, Dehngrenze *f* || ~ **line** / Biegelinie *f* || ~ **modulus** / Elastizitätsmodul *m* (E-Modul), Dehnungsmodul *m* || ~ **recovery** / elastische Erholung, Rückfederung *f* || ~ **rolling friction** / Rollreibung *f*
elastomer *n* / Elastomer *n* || ~ **keyboard** / Silikon-Matten-Tastatur *f*, Matten-Tastatur *f* || ~ **rubber keyboard** / Matten-Tastatur *f*, Silikon-Matten-Tastatur *f*
elastomeric *adj* / elastomer *adj*
elbow *n* / Winkelstück *n*, Knie *n*, Bogen(stück) *m(n)*, Rohrkrümmer *m*, Winkelkasten *m* (IK), Winkelstutzen *m* || ~ **adapter** / Winkeladapter *m* || ~ **connector** / Winkelsteckverbinder *m*, Winkelmuffe *f* || ~ **coupling** / Winkelverschraubung *f* || ~ **plug** / Winkelstecker *m*
ELCB (Earth Leakage Circuit-Breaker) / FI-Schutzschalter *m*
e.l.c.b . s. earth-leakage circuit-breaker
e.l.c.b.-protected plug / Sicherheitsstecker *m* (m.FI-Schalter) || ~ **socket-outlet** / Sicherheits-Steckdose *f* (m. FI-Schalter), Steckdosenverteiler *m* (m. FI-Schalter)
e.l.c.b. tester / FI-Schutz-Prüfer *m*
electret *n* / Elektret *n*
electric *adj* / elektrisch *adj*
electrical IEC 50(151) / elektrisch *adj*, Elektro- || ~ **angle** / Winkel in elektrischen Graden, Phasenwinkel *m* || ~ **apparatus for explosive atmospheres** / elektrische Betriebsmittel für explosionsgefährdete Bereiche IEC 50(426) || ~ **appliance** / Elektro-Haushaltgerät *n*, Haushaltgerät *n*, Elektrogerät *n* || ~ **assembly** / Elektroblock *m* || ~ **attraction** / elektrische Anziehung || ~ **back-to-back test** IEC 34-2 / Rückarbeitsverfahren parallel am Netz (el. Masch.) VDE 0530,T.2 || ~ **balance** (measuring instrument) / elektrischer Abgleich (MG) DIN 43782, elektrischer Nullabgleich || ~ **balance instrument** / Messgerät mit elektrischem Nullabgleich || ~ **braking torque** / Bremsmoment bei elektrischer Bremsung || ~ **breakdown of insulation** / Versagen der Isolation unter elektrischer Beanspruchung || ~ **burden** / elektrische Bürde || ~ **charge density** / elektrische Ladungsdichte || ~ **checklist** / elektrische Checkliste || ~ **circuit** / elektrischer Stromkreis, Schaltkreis *m*, Schaltung *f* || ~ **conductivity** / elektrische Leitfähigkeit || ~ **conductor** / elektrischer Leiter || ~ **conductor grade aluminium (EC aluminium)** / Leitaluminium *n* (EC-Aluminium) || ~ **configuration** / Projektieren des elektrischen Aufbaus || ~ **continuity** / durchgehende elektrische Verbindung, elektrischer Durchgang || ~ **continuity and contact resistance test** / Prüfung des elektrischen Durchgangs und Durchgangswiderstands || ~ **control board** / Tafeleinbaugerät *n*, Schalttafelgerät *n* || ~ **control room** / Elektroschaltwarte *f* (Raum) || ~ **data** / elektrische Daten || ~ **degree** / elektrischer Grad *m* || ~ **dependent-power mechanism** / abhängiger elektrischer Kraftantrieb || ~ **discharge machining (EDM)** / Funkenerosionsbearbeitung *f* || ~ **documentation** / Schaltplandokumentation *f* || ~ **durability** / elektrische Standfestigkeit, elektrische

Lebensdauer || ~ **enclosure** / Umhüllung gegen elektrische Gefahren EN 60950 || ~ **endurance** / elektrische Standfestigkeit, elektrische Lebensdauer || ~ **endurance test** / Nachweis der elektrischen Standfestigkeit, Nachweis der elektrischen Lebensdauer || ~ **energy** / elektrische Energie, elektrische Leistung (Arbeit je Zeiteinheit), elektrische Arbeit || ~ **energy reserve** (of a reservoir) / Arbeitsvorrat m || ~ **engagement length** / Kontaktweg m (StV), Kontaktreibweg m (StV) || ~ **engineering** / Elektrotechnik f || ~ **equipment** / elektrische Ausrüstung, elektrische Betriebsmittel VDE 0100,T.200 || ~ **erosion** / Aushöhlung f (Abtragung eines Isolierstoffs durch Entladungen) || ~ **feedback instrument** / Messgerät mit elektrischer Rückführung || ~ **fitter** / Elektroinstallateur m, Elektrogerätemechaniker m || ~ **flux density** / elektrische Flussdichte || ~ **force acting in a field** / elektrische Feldkraft || ~ **form factor** / elektrischer Formfaktor || ~ **generating station** / Kraftwerk n || ~ **hand tool** / Elektrowerkzeug n || ~ **horsepower (e.h.p.)** / elektrisches PS || ~ **inertia** / Schwungmasse f || ~ **installation** / elektrische Installation DIN IEC 71.4, elektrische Anlage
electrical installation company / Elektroinstallationsbetrieb m, Elektroinstallateurbetrieb m || ~ **installation device** / elektrisches Gerät || ~ **installation engineer** / Elektroinstallateur m || ~ **installation equipment and systems** / Elektro-Installationsgeräte und -Systeme || ~ **installation for outdoor sites** IEC 7 1.5 / elektrische Anlage im Freien DIN IEC 71.5, elektrische Freiluftanlage || ~ **installation of buildings** / elektrische Anlage von Gebäuden VDE 0100,T.200 A1, Hausinstallation f || ~ **installation technology** / Elektroinstallationstechnik f || ~ **installations in buildings** / elektrische Gebäudeinstallation || ~ **interlock** / elektrische Verriegelung || ~ **isolation** / elektrische Potentialtrennung, Potentialtrennung f, galvanische Trennung || ~ **length** (phase shift) / elektrische Länge || ~ **length difference** / elektrische Längendifferenz (Kabelsätze) EN 60966-1 || ~ **link module (ELM)** / Electrical Link Module (ELM) || ~ **load** / elektrische Belastung
electrically active part / elektrisch aktiver(s) Teil || ~ **alterable read-only memory (EAROM)** / elektrisch änderbarer Festwertspeicher (EAROM) || ~ **conductive** / leitfähig adj || ~ **continuous winding** / stromleitende Wicklung || ~ **energized office machine** IEC 380 / elektrisch versorgte Büromaschine VDE 0806 || ~ **engraved** / elektrograviert adj || ~ **erasable programmable read-only memory (EEPROM)** / elektrisch löschbarer programmierbarer Festwertspeicher (EEPROM) || ~ **independent earth electrode** / elektrisch unabhängiger Erder VDE 0100,T.200 || ~ **isolated** / potentialgetrennt adj || ~ **neutral** / elektrisch neutral || ~ **operated measuring equipment** IEC 5 1 / elektrische Messeinrichtung für nichtelektrische Größen || ~ **operated measuring indicating instrument** / elektrischer Anzeiger für nichtelektrische Größen || ~ **release-free circuit-breaker** / Leistungsschalter mit elektrischer Freiauslösung || ~ **release-free mechanism** / elektrische Freiauslösung || ~

released spring brake / elektrische Federspeicherbremse || ~ **screened** / elektrisch abgeschirmt || ~ **separated contact elements** IEC 34-11-2 / elektrisch gegeneinander isolierte Schaltglieder VDE 0660,T.302 || ~ **trip-free mechanism** / elektrische Freiauslösung || ~ **wound clockwork** / Uhrwerk mit elektrischem Aufzug
electrical machine / elektrische Maschine, Elektromaschine f || ~ **machine construction** / Elektromaschinenbau m || ~ **measuring instrument** IEC 51 / elektrisches Messgerät || ~ **moment** / elektrisches Moment || ~ **noise condition** / elektrische Störeinfluss || ~ **noise test** / elektrische Störfestigkeitsprüfung || ~ **operating area** / elektrische Betriebsstätte (o. Betriebsraum) || ~ **operating conditions** (telecontrol) / Anschlussbedingungen $f pl$ (FWT) || ~ **planer** / Elektroplaner m || ~ **power installation** / Starkstromanlage f || ~ **power system** / Elektrizitätsversorgungsnetz n, Elektrizitätsversorgungssystem n, Stromversorgungsnetz n, Netz n, elektrisches Leitungssystem || ~ **quantity** / elektrische Größe || ~ **relay** / elektrisches Relais || ~ **repair shop** / Elektroreparaturwerkstatt f || ~ **resistance** / elektrischer Widerstand || ~ **rotating machine** / umlaufende elektrische Maschine || ~ **rotor angle** / elektrischer Polradwinkel || ~ **routine test** / elektrische Stückprüfung || ~ **screwdriver** / Elektroschrauber m || ~ **separation** / elektrische Trennung (Schutztrennung) VDE 0100 || ~ **set** (CEE 10) / Elektroausrüstung f (HG) VDE 0730 || ~ **sheet** / Elektroblech n, Magnetblech n, Generatorblech n, Dynamoblech n || ~ **sheet steel** / Elektroblech n, Magnetblech n, Generatorblech n, Dynamoblech n || ~ **space constant** / absolute Dielektrizitätskonstante des leeren Raums || ~ **steel** IEC 50(221) / weichmagnetischer Stahl || ~ **stress** / elektrische Beanspruchung, Spannungsbeanspruchung f || ~ **supply track system for luminaires** / elektrisches Stromschienensystem für Leuchten || ~ **time-distribution system** IEC 50(35) / Zentraluhrenanlage f, Zeitdienstanlage f || ~ **trade** / Elektrohandwerk n || ~ **trades** / Elektroberufe $m pl$ || ~ **transient** / elektrische Störgröße (äußere Störung) || ~ **transmission** / elektrische Übertragung (Bahnantrieb) || ~ **utilization equipment** / elektrische Verbrauchsmittel VDE 0100,T.200, Stromverbrauchsmittel $n pl$ || ~ **weight compensation** / elektrischer Gewichtsausgleich || ~ **whole saler** / Elektrogroßhandel m || ~ **wiring system** / Installation f || ~ **zero** / elektrischer Nullpunkt (MG) || ~ **zero adjuster** / Einsteller für den elektrischen Nullpunkt (MG), elektrischer Nullpunkteinsteller (MG) || **Electrical Building Management System** / Elektrische Gebäudesystemtechnik
electric arc / elektrischer Lichtbogen, Bogenentladung f, Lichtbogen m || ~ **blanket** / Heizdecke f || ~ **braking** / elektrisches Bremsen, dynamisches Bremsen || ~ **break alarm** / Drahtbruchmeldung f || ~ **breakdown** / elektrischer Durchschlag IEC 50(212) || ~ **burn** / elektrische Verbrennung || ~ **chain pulley block** / Elektro-Kettenzug m || ~ **charge** / elektrische Ladung, Elektrizitätsladung f, elektrische Aufladung || ~

electrician 178

charge time constant / elektrische Aufladezeitkonstante || ~ **circuit** / elektrischer Stromkreis, Schaltkreis *m*, Schaltung *f*, Stromkreis *m* || ~ **clock with reserve power** IEC 50(35) / elektrische Uhr mit Gangreserve || ~ **conductivity** / elektrische Leitfähigkeit || ~ **conductivity measurement** / Leitfähigkeitsmessung *f* || ~ **constant** / elektrische Feldkonstante, Dielektrizitätskonstante *f*, Permeabilitätskonstante *f* || ~ **coupler** / elektrische Kupplung (die Stromkreise von mechanisch gekuppelten Fahrzeugen verbindend) || ~ **current** / elektrischer Strom || ~ **differential** / elektrisches Differential || ~ **dipole** / elektrischer Dipol || ~ **dipole moment** / elektrisches Dipolmoment || ~ **discharge** / elektrische Entladung || ~ **discharge time constant** / elektrische Entladezeitkonstante || ~ **doublet** / elektrischer Dipol || ~ **drive** / elektrischer Antrieb || ~ **fence** / Elektrozaun *m* || ~ **fence controller** / Elektrozaungerät *n* || ~ **field** / elektrisches Feld || ~ **field in air** / luftelektrisches Feld || ~ **field intensity** / elektrische Feldstärke || ~ **field strength** / elektrische Feldstärke || ~ **flux** / elektrischer Fluss || ~ **flux density** / elektrische Flussdichte, elektrische Kraftlinienzahl || ~ **force** / elektrische Kraft, elektrische Feldstärke || ~ **force density** / elektrische Kraftdichte, Kraftdichte im elektrischen Feld || ~ **furnace** / Elektroofen *m* || ~ **furnace steel** / Elektrostahl *m* || ~ **hand tool** / elektrisches Handwerkzeug || ~ **heating appliance** / Elektrowärmegerät *n*
electrician *n* / Elektriker *m*, Elektroinstallateur *m*
electric incubator / elektrische Brutmaschine || ~ **induction** / elektrische Induktion || ~ **installation technology** / Elektroinstallationstechnik *f* || ~ **insulation** / elektrische Isolierung
electricity accounting / Stromverrechnung *f* || ~ **bill** / Stromrechnung *f* || ~ **generated** / Bruttoerzeugung *f* (KW) || ~ **generating company** / Energieerzeuger *m* || ~ **meter** / Elektrizitätszähler *m*, Stromzähler *m*, Zähler *m* || ~ **of opposite sign** / ungleichnamige Elektrizität || ~ **supplied** / gelieferte Elektrizität, Nettoerzeugung *f* (KW) || ~ **supply** / Energieversorgung *f*, Elektrizitätsversorgung *f*, Stromversorgung *f*, Stromlieferung *f* || ~ **supply network** / Elektrizitätsversorgungssystem *n*, Energieversorgungsnetz *n*, Netz *n*, Stromversorgungsnetz *n*, Elektrizitätsversorgungsnetz *n* || ~ **supply system** / Elektrizitätsversorgungssystem *n*, Energieversorgungsnetz *n*, Netz *n*, Stromversorgungsnetz *n*, Elektrizitätsversorgungsnetz *n* || ~ **tariff** / Stromtarif *m*, Elektrizitätstarif *m*
electric line / elektrische Leitung, Energieübertragungsleitung *f* || ~ **loading** / Strombelag *m*, lineare Ankerbelastung, Stromvolumen *n*, Durchflutung pro Längeneinheit || ~ **machine** / elektrische Maschine, Elektromaschine *f* || ~ **mark** / Strommarke *f* (Verletzung durch el. Lichtbogen oder Stromfluss durch den Körper) || ~ **monorail overhead conveyor** / Elektrohängebahn *f* || ~ **motor** / Elektromotor *m* || ~ **motor-driven appliance** / elektromotorisch angetriebenes Gerät, Gerät mit elektromotorischem Antrieb || ~ **motor-operated appliance** / elektromotorisch angetriebenes Gerät,

Gerät mit elektromotorischem Antrieb || ~ **oscillation** / elektrische Schwingung || ~ **pallet rail conveyor** / Elektropalettenbahn *f* (EPB) || ~ **potential** / elektrisches Potential || ~ **potential in air** / luftelektrisches Potential || ~ **power** / elektrische Leistung || ~ **power distribution** / elektrische Kraftverteilung || ~ **power output** / abgegebene elektrische Leistung || ~ **power transmission** / elektrische Kraftübertragung || ~ **power utilization** / Energieanwendung *f* || ~ **propulsion system** / elektrisches Antriebssystem || ~ **radiator** / Wärmestrahlgerät *n*, elektrischer Strahler || ~ **sheet steel** / Elektroblech *n*, Generatorblech *n*, Dynamoblech *n*, Magnetblech *n* || ~ **shock** / elektrischer Schlag, elektrischer Schock || ~ **soldering** / Elektrolötung *f*
electric-solenoid actuator / magnetischer Stellantrieb
electric stairway / Fahrtreppe *f*, Rolltreppe *f* || ~ **steel** / Elektrostahl *m*, dielektrische Festigkeit, Spannungsfestigkeit *f*, Durchschlagfestigkeit *f*, elektrische Festigkeit || ~ **strength** IEC 50(212) / Durchschlagfestigkeit *f* || ~ **strength test** / Spannungsprüfung *f* VDE 0730 || ~ **thermometer** / elektrisches Thermometer, Temperaturmesser *m* || ~ **tool** / Elektrowerkzeug *n* || ~ **traction** / elektrische Zugförderung || ~ **transmission** / elektrische Übertragung, elektrische Kraftübertragung || ~ **utility** / Energie-Versorgungsunternehmen *n* || ~ **utility industry** / Elektrizitätswirtschaft *f* || ~ **white** / elektroweiß *adj* || ~ **window lift** / Fensterheber (FH) *m* || ~ **wiring conduit** / Elektroinstallationsrohr *n*, Elektrorohr *n*
electrification *n* / Elektrisierung *f*, ElektrifizierungAufladen *n* || ~ **current** / Elektrisierungsstrom *m*, Ladungsstrom *m*
electro-acoustic transducer / elektroakustischer Wandler, Schwinger *m*
electrochemical battery / Akkumulator *m* || ~ **battery** IEC 50(486) / Akkumulator *m* || ~ **cell** / Akkumulator *m* || ~ **corrosion** / elektrochemische Korrosion || ~ **machining (e.c.m.)** / elektrochemische Bearbeitung, elektrochemisches (elektrolytisches) Senken, elektroerosive Bearbeitung
electro-chemical measuring cell / elektrochemische Messzelle
electrochemical separator / elektrochemischer Separator (Batt.) || ~ **series** / elektrochemische (o. galvanische) Spannungsreihe
electrochemistry *n* / Elektrochemie *f*
electroconductive coating / elektrisch leitender Anstrich
electrocution *n* / tödlicher elektrischer Schlag
electrode *n* / Elektrode *f*, Erder *m*, Schweißstab *m*, Schweißelektrode *f* || ~ **a.c. resistance** / Elektroden-Innenwiderstand *m* || ~ **admittance** / (innere) Elektrodenadmittanz *f* || ~ **carriage** / Elektrodenwagen *m* || ~ **clearance** / Elektrodenabstand *m* || ~ **conductance** / (innerer) Elektrodenwirkleitwert *f* || ~ **d.c. resistance** / innerer Elektroden-Gleichstromwiderstand || ~ **dissipation** / Elektrodenverlustleistung *f* || ~ **efficiency** / Ausbringungsgrad der Elektrode, Ausbringungsleistung *f* || ~ **holder** / Elektrodenhalter *m*, Schweißzange *f*, Schweißkolben *m* || ~ **impedance** / (innere)

Elektrodenimpedanz *f* || ~ **impression** / Elektrodeneindruck *m*
electrodeless lamp / elektrodenlose Lampe || ~ **measuring method** / elektrodenloses Messen, Induktionsmessverfahren *n* (Leitfähigkeitsmessung)
electrodeposit *n* / galvanischer Überzug, elektrolytischer Niederschlag
electro-deposition *n* / elektrophoretische Beschichtung
electrode reactance / (innerer) Elektrodenblindwiderstand *m* || ~ **slipping** / Nachsetzen der Elektroden || ~ **slipping and regulating floor** / Elektroden-Nachsetz- und Regulierbühne *f* || ~ **spacing** / Elektrodenabstand *m* || ~ **truck** / Elektrodenwagen *m*
electrodynamic *adj* / elektrodynamisch *adj* || ~ **balance** / Stromwaage *f* (elektrodynam. Waage) || ~ **contact separation** / elektrodynamische Kontakttrennung || ~ **force** / elektrodynamische Kraft, Stromkraft *f*, Lorentz-Kraft *f* || ~ **instrument** / elektrodynamisches Messgerät || ~ **levitation** / elektrodynamisches Schweben || ~ **meter** / elektrodynamischer Zähler || ~ **relay** / elektrodynamisches Relais || ~ **short-circuit force** / Kurzschlusskraft *f* || ~ **suspension** / elektrodynamische Aufhängung, magnetische Schwebung || ~ **transducer** / elektrodynamischer Wandler || ~ **vibration pick-up** / dynamischer Schwingungsaufnehmer
electro-erosion machining / elektrochemische Bearbeitung, elektrochemisches (elektrolytisches) Senken, elektroerosive Bearbeitung
electroforming *n* / Elektroformung *f*, Galvanoplastik *f*
electrogalvanize, to ~ **in a cyanide bath** / glanzverzinken *v*
electrographite *n* / Elektrographit *m*
electrographitic brush / Elektrographitbürste *f*
electroheat *n* / Elektrowärme *f*
electro-hydraulic interface / elektrohydraulisches Anpassteil (NC) || ~ **thrustor** / elektrohydraulischer Drücker
electrolier *n* / Kronleuchter *m*
electrolube *n* / Elektropaste *f*, Kontaktmittel *n*
electro-lubricant / Elektropaste *f*, Kontaktmittel *n*
electroluminescence *n* / Elektrolumineszenz *f*
electroluminescent panel / Elektrolumineszenzplatte *f*, Leuchtplatte *f*, Leuchtkondensator *m*
electrolysis room / Elektrolysesaal *m*
electrolyte *n* / Elektrolyt *m*, Lauge *f* (f. Anlasser) || ~ **level indicator** / Elektrolytstandsanzeiger *m* || ~ **resistance** / Elektrolytwiderstand *m* || ~ **retention** / Elektrolytdichtheit *f* (Batt.)
electrolytic arrester / Elektrolytableiter *m*, elektrolytischer Überspannungsableiter || ~ **capacitor** / Elektrolytkondensator (Elko) *m* (ELKO) || ~ **cathode copper** / Kathoden-Elektrolytkupfer *n* || ~ **cells** / Elektrolysezellen *f pl* || ~ **copper** / Elektrolytkupfer *n* || ~ **corrosion** / elektrolytische Korrosion, elektrochemische Korrosion || ~ **deplating** / elektrolytisches Abziehen || ~ **derusting** / elektrolytische Entrostung || ~ **descaling** / elektrolytisches Entzundern || ~ **dip** / Elektrotauchlack *m* || ~ **meter** / Elektrolytzähler *m* || ~ **pickling** / elektrochemisches Beizen || ~ **recording** /

elektrolytisches Aufzeichnen (o. Schreiben) || ~ **recording unit** / elektrolytisches Aufzeichnungsgerät, elektrolytische Schreibeinheit || ~ **rust removal** / elektrolytische Entrostung || ~ **starter** / Elektrolytanlasser *m* || ~ **starter with rapid electrode positioning** / Elektrolytanlasser mit schneller Elektrodenbewegung || ~ **steel** / Elektrolytstahl *m* || ~ **stripping** / elektrolytisches Abziehen || ~ **tank** / elektrolytischer Trog || ~ **tough-pitch copper (e.t.p. copper)** / zähgepoltes Elektrolytkupfer
electromagnet *n* / Elektromagnet *m*
electromagnetic *adj* / elektromagnetisch *adj*, Magnet...
electromagnetically operated control switch IEC 337-1 / elektromagnetisch betätigter Hilfsstromschalter VDE 0660,T.200 || ~ **operated mechanism** / Magnetantrieb *m* (SG)
electromagnetic braking / mechanische Magnetbremsung IEC 50(411) || ~ **clutch** / elektromagnetische Kupplung, Elektrokupplung *f*, Induktionskupplung *f* || ~ **compatibility (EMC)** / elektromagnetische Verträglichkeit (EMV . elektromagnetische Kompatibilität) || ~ **compatibility level** / elektromagnetischer Verträglichkeitspegel || ~ **compatibility margin** / elektromagnetischer Verträglichkeitsbereich || ~ **contactor** IEC 158-1 / Schütz mit elektromagnetischem Antrieb VDE 0660,T.102, elektromagnetisches Schütz, Magnetschütz *n* || ~ **coupling** / induktive Kopplung, induktive Beeinflussung || ~ **damping** / elektromagnetische Dämpfung || ~ **disturbance** / elektromagnetische Störung, elektromagnetische Beeinflussung || ~ **emission** / elektromagnetische Aussendung (o. Ausstrahlung) || ~ **energy** / elektromagnetische Energie || ~ **environment** / elektromagnetische Umgebung (EMV) || ~ **excitation** / Magneterregung *f* || ~ **field** / elektromagnetisches Feld, Magnetfeld *n* || ~ **filter** / Elektromagnetfilter *n* || ~ **force** / elektromagnetische Kraft || ~ **induction** / elektromagnetische Induktion || ~ **interference (EMI)** / elektromagnetische Funktionsstörung, elektromagnetische Beeinflussung, elektromagnetische Störung, elektromagnetische Überlagerung || ~ **latching** / magnetische Verklinkung (SG) || ~ **mass** / elektromagnetische Masse || ~ **multiple-disc clutch** / elektromagnetische Lamellenkupplung, Elektro-Lamellenkupplung *f* || ~ **noise** / elektromagnetisches Rauschen || ~ **radiation** / elektromagnetische Strahlung || ~ **screen** / elektromagnetischer Schirm || ~ **smog** / elektromagnetischer Smog, Elektrosmog *m* || ~ **starter** / Motorstarter mit elektromagnetischem Antrieb, Magnetanlasser *m* || ~ **susceptibility** / elektromagnetische Störempfindlichkeit || ~ **transformer** / induktiver Wandler || ~ **unit (EMU)** / elektromagnetische Einheit (EME), elektromagnetisches Gerät, induktiver Teil (Spannungswandler) || ~ **valve** / Magnetventil *n* || ~ **voltage transformer** / induktiver Spannungswandler || ~ **wave** / elektromagnetische Welle
electromagnetism *n* / Elektromagnetismus *m*
electromechanical component / elektrisch-mechanisches Bauelement || ~ **failing load** /

elektromechanische Bruchkraft VDE 0446,T.1 || ~ **force** / elektromechanische Kraft, elektrodynamische Kraft, Stromkraft f, Lorentz-Kraft f
electromechanically operated contact mechanism / elektromechanische Schaltvorrichtung
electromechanical relay / elektromechanisches Relais || **~ short-circuit force** / Kurzschlusskraft f || **~ time-delay relay** / elektromechanisches Zeitrelais || **Electromechanical contactors and motor starters** / Elektromechanische Schütze und Motorstarter
electrometer n / Elektrometer n || **~ tube** / Elektrometerröhre f
electromotive adj / elektromotorisch adj || **~ force (e.m.f.)** / elektromotorische Kraft (EMK), Urspannung f, elektrische Spannung, induzierte Spannung || **~ series** / elektrochemische (o. galvanische) Spannungsreihe
electro-motor n / Elektromotor m
electron avalanche / Elektronenlawine f || **~ beam** / Elektronenstrahl m, Elektronenstrahlbündel n
electron-beam transmission efficiency / Transmissionswirkungsgrad des Elektronenstrahls || **~ transmission frequency** / Elektronenstrahltransmission f, Strahltransmission f || **~ tube (EBT)** / Elektronenstrahlröhre f (ESR)
electron capture detector (ECD) / Elektroneneinfangdetektor m (ECD) || **~ collision process** / Elektronenstoßprozess m || **~ conduction** / Elektronenleitung f, Überschussleitung f, N-Leitung f || **~ conductivity** / Elektronenleitfähigkeit f, N-Leitfähigkeit f || **~ diffraction pattern** / Elektronenbeugungsdiagramm n
electronegative attraction / elektronegative Anziehung || **~ gas** / elektronegatives Gas
electron emission / Elektronenemission f || **~ emission current** / Elektronenstrom m || **~ gun** / Elektronenstrahler m, Elektronenstrahlerzeuger m, Elektronenkanone f, Elektronenstrahl-System n (Osz.) || **~ gun convergence ratio** / Strahlverdichtungsfaktor m (Osz.) || **~ gun density multiplication** / Strahlverdichtungsfaktor m (Osz.)
electronic a.c. power switch / leistungselektronischer Wechselstromschalter || **~ a.c. switch** / elektronischer Wechselstromschalter
electronically commutated motor / Motor mit elektronischem Kommutator, Elektronikmotor m || **~ controlled automatic gearbox** / elektronisches Getriebe (Kfz) || **~ controlled suspension (ECS)** / elektronische Fahrwerkdämpfungsregelung (Kfz) || **~ triggered module** / elektronischer Ansteuerbaustein
electronic ballast / elektronisches Vorschaltgerät (EVG) || **~ block** / Elektronikblock m || **~ cam** / Tabellengleichlauf m || **~ charge** / Elementarladung f || **~ commutator** / elektronischer Kommutator, kontaktloser Kommutator || **~ control gear (ECG)** / elektronisches Vorschaltgerät (EVG) || **~ CTs** / LEM-Stromwandler || **~ cylinder** / Elektronikzylinder m || **~ d.c. power switch** / leistungselektronischer Gleichstromschalter || **~ d.c. switch** / elektronischer Gleichstromschalter || **~ data processing (EDP)** / elektronische Datenverarbeitung (EDV) || **~ data processing equipment (EDP equipment)** / elektronische Datenverarbeitungsanlage || **~ document exchange (EDI)** / elektronischer Dokumentenaustausch || **~ engine management** / elektronische Motorleistungsregelung (Kfz), elektronische Betriebsmittel, elektrische Betriebsmittel || **~ equipment for signal processing (EES)** / elektronische Betriebsmittel zur Informationsverarbeitung (EBI) VDE 0160 || **~ extension unit** / elektronische Nebenstelle (zur Fernbedienung eines elektron. Schalters) || **~ flash lamp** / Blitzröhre f || **~ functions** / elektronische Funktionen || **~ fuse** / elektronische Sicherung || **~ gear (EG)** / elektronisches Getriebe (EG), elektronisches Getriebe (ELG) || **~ gear/gear interpolation** / elektronisches Getriebe/Getriebeinterpolation (ELG/GI) || **~ ground** / Elektronikerdung f, Elektronikmasse f || **~ handwheel** / Handrad (HR) n, elektronisches Handrad, MPG
electronic-hybride mode of tripping (EH) / elektronisch-hybride Auslöseart (EH)
electronic ignition control with map / Kennfeldzündung f (Kfz) || **~ instrument** / elektronisches Messgerät || **~ locking cylinder** / elektronischer Schließzylinder || **~ measurement equipment** / elektronisches Messgerät || **~ module** / Elektronikmodul n || **~ momentary-contact switch** / elektronischer Taster || **~ monitoring equipment** / elektronische Überwachungsgerät || **~ motor** / Elektronikmotor m, Motor mit elektronischem Kommutator || **~ point (EP)** / Elektronikpunkt (EP) m || **~ position indicator** / elektrischer Stellungsmelder || **~ position transmitter** / elektronischer Stellungsmelder || **~ power a.c./d.c. conversion** (Electronic conversion from a.c. to d.c. or vice versa.) / Wechselstrom-Gleichstrom-Leistungs-Umrichten n, elektronisches Wechselstrom-Gleichstrom-Leistungs-Umrichten n (Elektronisches Umrichten von Wechselstrom in Gleichstrom oder umgekehrt) || **~ power conversion** / Stromrichten n (LE), Leistungsumwandlung f || **~ power converter** IEC 146-4 / Stromrichter m || **~ power filter** (A convertor for filtering.) / elektronischer Leistungsfilter (Stromrichter zum Filtern) || **~ power inversion** (Electronic conversion from d.c. to a.c.) / Leistungswechselrichten n, elektronisches Leistungswechselrichten (Elektronisches Umrichten von Gleichstrom in Wechselstrom) || **~ power rectification** (Electronic conversion from a.c. to d.c.) / Leistungsgleichrichten n, elektronisches Leistungsgleichrichten (Elektronisches Umrichten von Wechselstrom in Gleichstrom), elektronisches Leistungsschalten (Schalten eines elektrischen Leistungs-Stromkreises mit Hilfe elektronischer Ventilbauelemente) || **~ power resistor control** / Stellen durch elektronischen Widerstand || **~ power supply** / Elektronikstromversorgung f || **~ power switch** / elektronischer Schalter, leistungselektronischer Schalter, elektronischer Leistungsschalter || **~ power switching** / elektronisches Schalten, Leistungsschalten n, elektronisches Leistungsschalten (Schalten eines elektrischen Leistungs-Stromkreises mit Hilfe elektronischer Ventilbauelemente), elektronisches Leistungsgleichrichten (Elektronisches Umrichten von Wechselstrom in Gleichstrom),

Leistungsgleichrichten n || ~ **regulation equipment** / elektronisches Regelgerät
electronics n / Elektronik f || ~ **block** / Elektronikblock m || ~ **frame terminal** / Masse-Elektronik f, Masse-Elektronik-Klemme f || ~ **module** / Elektronikmodul n
electronic sensor / elektronischer Fühler (o. Sensor), elektronischer Signalgeber || ~ **supply** / Elektronikversorgung f || ~ **switch** / elektronischer Schalter || ~ **switching system** / elektronisches Schaltkreissystem || ~ **temperature control system (ETC)** / elektronisches Temperaturregelsystem (ETC) || ~ **terminator** / elektronische Klemmenleiste, elektronische Klemmleiste || ~ **throttle** / elektronisch gesteuerte Drosselklappe || ~ **timer** / elektronisches Zeitglied, elektronisches Zeitrelais || ~ **transmitter** / Auswertelektronik f || ~ **tube** / Elektronenröhre f || ~ **tuning non-linearity** / Nichtlinearität der elektronischen Abstimmung || ~ **tuning range** / elektronischer Abstimmbereich (o. Durchstimmbereich) || ~ **UPS power switch (EPS)** / elektronischer USV-Schalter || ~ **valve** / elektronisches Ventil (LE), Elektronenröhre f || ~ **valve device** / elektronisches Ventilbauelement (LE) || ~ **weighing system** / Wägeelektronik f
electron lens / Elektronenlinse f || ~ **multiplier** / Elektronenvervielfacher m || ~ **semiconductor** / Elektronenhalbleiter m, N-Halbleiter m || ~ **transition** / Elektronenübergang m || ~ **tube** / Elektronenröhre f || ~ **volt (eV)** / Elektronenvolt n (eV)
electro-ophthalmia n / Verblitzung f (Entzündung des Auges durch UV-Strahlung eines Lichtbogens)
electro-optic(al) adj / elektro-optisch adj
electro-optical transducer / elektro-optischer Wandler
electro-painting n / elektrophoretische Beschichtung
electro-pneumatic contactor / Schütz mit elektrisch betätigtem Druckluftantrieb || **electro-pneumatic positioner** / elektropneumatischer Stellungsregler
electrophoresis n / Elektrophorese f
electrophoretic coating / elektrophoretische Beschichtung || ~ **mica deposition** / elektrophoretische Verglimmerung, Glimmerelektrophorese f
electrophotographic paper / elektrofotographisches Papier || ~ **recording** / elektrofotographisches Aufzeichnen
electroplated coating / galvanischer Überzug, elektrolytischer Niederschlag
electropneumatic adj / elektropneumatisch adj, mit elektrisch betätigtem Druckluftantrieb || ~ **contactor (EP contactor)** IEC 158-1 / Schütz mit elektrisch betätigtem Druckluftantrieb VDE 0660,T.102, elektropneumatisches Schütz || ~ **controller** / elektropneumatischer Regler || ~ **converter** / elektropneumatischer Umformer || ~ **positioner** / elektropneumatischer Stellungsregler || ~ **starter** / Motorstarter mit elektrisch betätigtem Druckluftantrieb, elektropneumatischer Anlasser
electroscope n / Elektroskop n
electrosensitive paper / elektrosensitives Papier || ~ **recording** / elektrosensitive Aufzeichnung
electroslag refining s. electroslag remelting || ~ **remelting (e.s.r.)** / Elektro-Schlacke-Umschmelzverfahren
electrostatic accelerator / elektrostatischer Generator || ~ **attraction** / elektrostatische Anziehung || ~ **belt generator** / elektrostatischer Bandgenerator || ~ **deflection** / elektrostatische Ablenkung || ~ **discharge (e.s.d.)** / elektrostatische Entladung || ~ **discharge test** / statische Elektrizität || ~ **generator** / elektrostatischer Generator, Elektrisiermaschine f, Influenzmaschine f || ~ **induction** / elektrostatische Beeinflussung, Influenz f, dielektrische Verschiebung || ~ **instrument** / elektrostatisches Messgerät, elektrostatisches Instrument || ~ **memory tube** / Ladungsspeicherröhre f || ~ **precipitation** / elektrostatische Abscheidung (o. Staubablagerung), Ablagerung elektrisch aufgeladener Teilchen || ~ **precipitator** / Elektrofilter n, elektrostatischer Abscheider || ~ **recording** / elektrostatisches Aufzeichnen (o. Schreiben) || ~ **recording unit** / elektrostatisches Aufzeichnungsgerät, elektrostatische Schreibeinheit || ~ **relay** / elektrostatisches Relais, ladungsgefährdetes Bauelement || ~ **sensitive devices (ESD)** / elektrostatisch gefährdete Bauteile (KGB) || ~ **shielding** / elektrostatische Abschirmung || ~ **shielding factor** / Schirmfaktor m VDE 0228 || ~ **unit (ESU)** / elektrostatische Einheit
electrostriction n / Elektrostriktion f
electrotechnical product / elektrotechnisches Erzeugnis
electrotechnology n / Elektrotechnik f
electrothermal instrument / elektrothermisches Messgerät || ~ **printer** / Thermodrucker m || ~ **relay** / elektrothermisches Relais, Thermorelais n || ~ **release (o. trip)** / elektrothermischer Auslöser
electrotyping n / Elektroformung f, Galvanoplastik f
electro-vacuum brake / elektrisch gesteuerte Vakuumbremse
element n / Element n, Bauelement n, Bauteil m, Teil m, Glied n, Grundstoff m, Teilkapazität f (Kondensator), Wickel m (Kondensator), Messwerk n, Relaisteil n, Zylinder m, Komponente f || ~ IEC 50(486) / Zelle f (Batt.) || ~ IEC 1131-1 / Element (einer Sprache) n || **complex** ~ / komplexes Glied || **measuring** ~ / Messwerk n (MG), Messsystem n (Messumformer) || **switch** ~ / Schaltelement n, Schalteinsatz m, Schaltblock m, Schalteinheit f
elemental section of an exposure / Näherungsabschnitt m VDE 0228
element analysis / Elementenanalyse f
elementary cable section / Grundkabelabschnitt m || ~ **charge** / Elementarladung f || ~ **circuit diagram** / Grundschaltplan m, Prinzipschaltbild n, Übersichtsschaltplan m || ~ **conduction current** / elementarer Leitungsstrom || ~ **contour** / Elementarkontur f || ~ **data type** / elementarer Datentyp || ~ **diagram** / Stromlaufplan m || ~ **frequency** IEC 50(551) / Taktfrequenz f (LE)
elementary-frequency generator / Taktgeber m
elementary maintenance activity / Instandhaltungselement n IEC 50(191) || ~ **period** IEC 50(551) / Taktperiode f (LE) || ~ **section** (cable system) / Grundabschnitt m
element capacitance / Teilkapazität f (Kondensator) || ~ **of arc** / Bogenelement n
elements of process control systems IEC 381 / Betriebsmittel industrieller Mess-, Regel- und Steuereinrichtungen DIN IEC 381 || ~ **on machine**

element 182

control panel / Elemente der Maschinensteuertafel
element with fins / Rippenelement *n*
elevated approach light / Überflur-Anflugfeuer *n* || ~
light / Überflurfeuer *n* || ~ **road** / Hochstraße *f*
elevated-temperature age hardening /
Warmauslagern *n* || ~ **tensile test** /
Warmzugversuch *m* || ~ **yield point** /
Warmstreckgrenze *f*
elevated zero / angehobener Nullpunkt
elevated-zero range / Bereich mit angehobenem
Nullpunkt
elevation *n* / Höhe *f*, Erhebung *f* (a. CAD), Kote *f*,
Seitenriss *m*, Aufriss *m*, Höhenkote *f*, Ansicht *f* ||
zero ~ / Nullpunktanhebung *f* || ~ **angle** /
Erhebungswinkel *m* (Flp.) || ~ **pipe** / Standrohr *n*
(Fangleiter) || ~ **setting** / Erhebungseinstellung *f*
(Flp)
elevator *n* / Fahrstuhl *m*, Aufzug *m*, Lift *m*,
Höhenförderer *m* || ~ **control cable** /
Aufzugsteuerleitung *f* || ~ **machine** /
Aufzugsmaschine *f*, Fahrstuhlantriebsmaschine *f* ||
~ **motor** / Fahrstuhlmotor *m*
ELG (electronic gear) / ELG (elektronisches
Getriebe) || ~ **control signals** / ELG-Steuersignal *n*
|| ~ **grouping** / ELG-Verbund *m* || ~ **module** / ELG-
Modul *n*
e.l.f . s. extremely low frequency
eliminate, to ~ **distortion** / entzerren *v* || **eliminate** *v* /
beseitigen *v*
elimination *n* / Wegfall *m*, Behebung *f* || ~ **of**
reflections / Entspiegelung *f*
eliminator, battery ~ IEC 285 / Netzanschlussteil für
batteriebetriebene Geräte VDE 0860
ellipse *n* / Ellipse *f* || ~ **arc** / Ellipsenbogen *m*
ellipsoidal reflector / Ellipsoidreflektor *m*
elliptical field / elliptisches Drehfeld || ~ **gear train** /
Ellipsengetriebe *n* || ~ **vibration** / elliptische
Schwingung
ellipticity *n* / Ovalität *f*
ELM (electrical link module) / ELM (Electrical
Link Module)
elongate *v* / längen *v*, dehnen *v*, recken *v*, strecken *v*
elongated hole / Langloch *n* || ~ **hole final drilling**
depth / Langlochtiefe *f*
elongation *n* / Längung *f*, Dehnung *f*, Streckung *f*,
Bruchdehnung *f*, bleibende Dehnung,
Längsverformung *f* || ~ **at break** / Bruchdehnung *f*,
Dehnung im Augenblick des Zerreißens || ~ **at**
failure / Bruchdehnung *f*, Dehnung im Augenblick
des Zerreißens || ~ **at tear** / Reißdehnung *f* || ~ **test**
(HD 21) / Dehnungsprüfung *f* VDE 0384
ELSI s. extra-large-scale integration
ELT (test voltage of line end of transformer winding)
/ ELT (Nenn-Stehwechselspannung des
leitungsseitigen Endes der Transformatorwicklung)
eluent *n* / Eluens *n*
elusion chromatography / Elutionschromatographie
f
eluting agent / Elutionsmittel *n*, Eluens *n*
e.l.v. s. extra-low voltage / Funktionskleinspannung *f*
EM (entry menu) / EM (Einsprungmenü), EM
(Einsprungmenü)
EM (error message) / Fehlertext *m*, FM
(Fehlermeldung), Diagnosemeldung *f*
EM (extension module) / EM (Erweiterungsmodul)
embargo-exempt certificate / Negativbescheinigung
f

embed *v* / einbetten *v*, einlassen *v*, einbauen *v* || **to** ~ **in**
concrete / einbetonieren *v*
embedability *n* / Einbettungsfähigkeit *f*
embeddable proximity switch / bündig einbaubarer
Näherungsschalter
embedded coil side / eingebettete Spulenseite || ~
command / Steueranweisung *f* || ~ **conduit** / Rohr
unter Putz (IR) || ~ **laser product** IEC 825 /
gekapselte Lasereinrichtung VDE 0837 || ~ **object** /
eingebettetes Objekt || ~ **proximity switch** / in
Metall eingebauter Näherungsschalter, bündiger
Näherungsschalter || ~ **space** / eingefügtes
Zwischenraumzeichen, Zwischenraumzeichen
innerhalb eines Felds || ~ **system** / integriertes (o.
eingebautes) System || ~ **temperature detector**
(e.t.d.) / eingebauter Temperaturfühler (ETF),
Nuttemperaturfühler *m*, Wicklungstemperaturgeber
m || ~ **thermometer** / eingebautes Thermometer,
Nutthermometer *n*, Wicklungsthermometer *n* || ~
wiring / Unterputzinstallation *f*, Leitungen unter
Putz
embedding *n* / Einbetten *n*, Vergießen *n* || ~
compound / Einbettisolierstoff *m* || ~ **in metal** /
Einbau in Metall (NS)
emboss *v* / prägen *v*, einprägen *v*, einschlagen *v*
embossed *adj* / getrieben *adj*, bombiert *adj*
embrittlement *n* / Versprödung *f*, Sprödwerden *n*
EMC s. electromagnetic compatibility || ~
characteristic / EMV-Kenndaten *pl* || ~ **directive** /
EMV-Richtlinie *f* || ~ **filter** / EMV-Filter *m* || ~
performance / EMV-Verhalten *n* || ~ **performance**
characteristic / EMV-Verhaltenskenndaten *pl* || ~
phenomenon / EMV-Phänomen *n*
emergency announcing system /
Gefahrmeldeeinrichtung *f* (m. Lautsprechern) || ~
battery / Notstrombatterie *f* || ~ **braking** /
Notbremsung *f*, Schnellbremsung *f* || ~ **braking**
switch / Notbremsschalter *m* || ~ **button** / Not-
Druckknopf *m* || ~ **closing** / Noteinschalten *n*
emergency-constrained dispatch / optimale
Lastaufteilung mit Netzeinfluss || ~ **load flow** /
optimale Lastaufteilung mit Netzeinfluss
emergency current rating / Belastbarkeit im
Notbetrieb (Kabel) || ~ **devices** / Not-Aus-
Schalteinrichtungen *f pl* VDE 0168,4 || ~ **exit** /
Notausgang *m* || ~ **generating set** /
Notstromaggregat *n*, Ersatzstromaggregat *n*,
Reserveaggregat *n*, Bereitschaftssatz *m* || ~
generation / Notstromerzeugung *f*,
Ersatzstromerzeugung *f* || ~ **generator** /
Notgenerator *m*, Reservegenerator *m* || ~ **handle** /
Notschalthebel *m* || ~ **lampholder** / Notlichtfassung
f || ~ **lane** / Standspur *f* (Autobahn) || ~ **light** /
Notlicht *n*, Sicherheitslicht *n* || ~ **light supply unit** /
Sicherheitslicht-Versorgungsgerät *n* || ~ **lighting** /
Sicherheitsbeleuchtung *f*, Notbeleuchtung *f*,
Notbefeuerung *f* || ~ **lighting luminaire** /
Sicherheitsleuchte *f*, Notleuchte *f* || ~ **lighting**
system / Sicherheitsbeleuchtung *f* || ~ **limit** /
Notendlage *f* || ~ **limit switch** / Notendschalter *m* ||
~ **loading** / Notbetrieb *m* (Trafo) || ~ **locking**
retractor / Gurtstrammer (GS) *m*, Gurtstraffer
(GS) *m* || ~ **luminaire** . / Sicherheitsleuchte *f*,
Notleuchte *f* || ~ **main control switch** /
Hauptnotausschalter *m* || ~ **manual operation** /
handbedienter Notbetrieb *m* || ~ **network supply** /
Notnetzeinspeisung *f* || ~ **OFF** /

Sicherheitsabschaltung *f*, NOT-AUS || ~ **OFF button** / Not-Aus-Knopf *m* || ~ **OFF device** / Not-Aus-Einrichtung *f* || ~ **off signal** / Not-Aus Signal || ~ **operation** / Notbetätigung *f*, Notbetrieb *m* || ~ **power supply** / Notstromversorgung *f*, Ersatzstromversorgung *f* || ~ **procedure** / Notbestätigung *f* || ~ **pushbutton switch** / Not-Druckknopfschalter *m*, Not-Aus-Druckknopf(schalter) *m*, Schlagtaster *m* || ~ **rating** / Notleistung *f* || ~ **rating factor** / Belastungsfaktor für Notbetrieb (Kabel)
emergency repair / Schnellreparatur *f* || ~ **retraction** / Notrückzug *m* || ~ **retraction monitoring** / Notrückzugüberwachung *f* || ~ **retraction reaction** / Notrückzugreaktion *f* || ~ **retraction theshold** / Notrückzugschwelle *f*, Notrückzugsschwelle *f* || ~ **return button** / Not-Zurück-Taste *f* || ~ **shutdown** / Notabschaltung *f* || ~ **shutdown system (ESD)** / Notabschaltsystem *n* || ~ **spare parts service** / Ersatzteilnotdienst *m* || ~ **stop** / Notabschaltung *f*, Schnellstopp *m*, Schnellhalt *m*, Notbestätigung *f*, Not-Aus || ~ **STOP** / NOT-HALT || ~ **stop button** / Not-Aus-Druckknopf *m*, Not-Halt-Druckknopf *m* (o. -Taster), Not-Aus-Taster *m*, Schlagtaster *m*, Not-Aus-Taster *m* || ~ **stop circuit** / Not-Aus-Kette *f*, Not-Aus-Kreis *m* || ~ **stop circuit-breaker** / NOT-Aus-Schalter *m* || ~ **stop facility** / Nothalt-Einrichtung *f* || ~ **stop handle** / NOT-AUS-Handhabe *f* || ~ **stop mechanism** / Not-Aus-Einrichtung *f* || ~ **stop switch** / Not-Ausschalter *m*, Not-Halt-Schalter *m*, Gefahrenschalter *m* || ~ **stopping** / Not-Halt *m* || ~ **stopping circuit** / Not-Aus-Kreis *m* VDE 0168,4, Not-Aus-Schleife *f* || ~ **supply** / Notstromversorgung *f*, Ersatzstromlieferung *f* || ~ **switch** / Notschalter *m*, Gefahrenschalter *m* || ~ **switching** / Not-Ausschaltung *f* IEC 50(826), Amend. 1 || ~ **switching device** / Not-Schalteinrichtung *f* VDE 0100,T.46 || ~ **telephone** / Notrufanlage *f*, Notrufmelder *m* || ~ **tripping** / Notausschaltung *f*, Schnellschluss *m* (Turbine) || ~ **tripping device** IEC 214 / Notauslösung *f* (Trafo-Stufenschalter), Notausschaltgerät *n* (f. SG), Schnellschlussgerät *n*
emery cloth / Schmirgelleinen *n*
EMF (electromotive force) / EMK (elektromotorische Kraft)
e.m.f. (electromotive force) / EMK (elektromotorische Kraft) || ~ **controller** / EMK-Regler *m* || ~ **of pulsation** / Pendel-EMK *f*
EMI s. electromagnetic interference / elektromagnetisch *adj*
emigration to the cities / Landflucht *f*
emission *n* / Aussendung *f* (von Störquellen, Funkverkehr), Emission *f* || ~ **analyzers** / Emissionsmesstechnik *f* || ~ **characteristic** / Emissionskennlinie *f*, Diodenkennlinie *f* || ~ **control** / Emissionsminderung *f* || ~ **duration** / Emissionsdauer *f* || ~ **gas recirculation (EGR)** / Aussendungspegel *m*, Abgasrückführung *f* (EGR (Kfz)) || ~ **level** / Abstrahlungspegel *m* || ~ **limit** / Abstrahlungsgrenze *f* (Störquelle), Emissionsgrenzwert *m* || ~ **margin** / Aussendungs-Verträglichkeitsverhältnis *n* IEC 60050(161) || ~ **measurement** / Emissionsmessung *f* || ~ **of noxious substances** / Schadstoffausstoß *m* || ~ **point** / Emissionsquelle *f* || ~ **spectrometer** / Emissionsspektrometer *n* || ~ **spectrometry** /

Emissionsspektrometrie *f* || ~ **spectrum** / Emissionsspektrum *n* || ~ **stability** / Emissionsstabilität *f* || ~ **value computer** / Emissionswertrechner *m*
emissive material / Emitter *m* (Lampe)
emissivity *n* / Emissionsvermögen *n*, Emissionsgrad *m*, Lichtstärke *f* (LWL) || ~ IEC 50(731) / Lichtergiebigkeit *f* || **directional** ~ / gerichteter Emissionsgrad || **hemispherical** ~ / halbräumlicher Emissionsgrad || ~ **coefficient** / Emissionsgrad *m* DIN IEC 68,3-1
emit *v* / abstrahlen *v*, abgeben *v*, senden *v*, emittieren *v*, aussenden *v* || **to** ~ **an ultrasonic signal** / Schall senden
emittance *n* / Emittanz *f*, Emissionsgrad *m* || **radiant** ~ / spezifische Ausstrahlung
emitted interference / Störaussendung *f* (EMB) VDE 0870 || ~ **noise** / Störstrahlung
emitter *n* / Emitter *m* (Transistor), Emissionsquelle *f* (NS), elektrooptischer Wandler, Sender *m*, Emittent *m*
emitter-base cut-off current / Emitter-Basis-Reststrom *m*, Emitter-Reststrom *m*
emitter-coupled logic (ECL) / emittergekoppelte Logik (ECL)
emitter current / Emitterstrom *m* || ~ **depletion layer** / Emitter-Sperrschicht *f* || ~ **depletion layer capacitance** / Emitter-Sperrschichtkapazität *f* || ~ **electrode** / Emitterelektrode *f*
emitter-emitter-coupled logic (EECL) / Emitter-Emitter-gekoppelte Logik (EECL), E^2L-Logik *f*
emitter follower / Emitterfolger *m*, Impedanzwandler *m*
emitter-follower logic (EFL) / Emitterfolgerlogik *f* (EFL) || ~ **transistor logic (EFTL)** / Emitterfolger-Transistorlogik *f* (EFTL)
emitter junction / Emitter-Sperrschicht *f*, Emitter-Basis-Zonenübergang *m*, Emitterübergang *m* || ~ **region** / Emitterzone *f* || ~ **series resistance** / Emitterbahnwiderstand *m* || ~ **terminal** / Emitteranschluß *m*
emitting sole / emittierende Sohle (ESR)
emphasis lighting / Beleuchtungsbetonung *f*, Hervorhebungsbeleuchtung *f*
emphasizing, visual ~ / optische Hervorhebung
empirical distribution function / empirische Verteilungsfunktion DIN 55350,T.23 || ~ **value** / Erfahrungswert (EW) *m*, Erfahrungswertspeicher (EW-SP) *m*
employee *n* / Mitarbeiter *m* || ~ **no.** / Personal-Nr. *f*
Employee Invention Law / Arbeitnehmererfindergesetz (ArbEG) *n*
empty *adj* / leer *adj* || ~ *v* / leeren *v* || ~ **band** / leeres Band (HL) || ~ **box** / Leerbox *f*
emptying pump / Entleerungspumpe *f*
empty location / Leerplatz *m*, Freiplatz *m* || ~ **space (of a section)** / leerer Platz (eines SK-Feldes) || ~ **zero** (CTD) / Null-Ladung *f* (Ladungsverschiebeschaltung)
EMR location / EMR-Stelle *f* || ~ **terminal** / EMR-Klemme *f*
EMS (energy management system) / EMS (Energiemanagementsystem)
EMS (expansion measuring strip) / DMS (Dehnungsmessstreifen)
EMSp / Dehnungsmessspirale *f*, DMSp
EMU s. electromagnetic unit

emulate v / emulieren v, nachbilden v
emulation n / Nachbilden n, Emulation f, Emulator m
emulator n / Emulator m, Prüfemulator m, Emulator m, Testadapter m || **in-circuit ~ (ICE)** / systemeigener Prüfemulator, Emulations- und Testadapter
emulsion mask / Emulsionsmaske f || **~ paint** / Dispersionsfarbe f
EN s. European Standard / Europäische Norm (EN), Europanorm (EN) f || **to EN** / gemäß DIN EN || **to EN ISO** / gemäß DIN EN ISO
enable v / freigeben v, durchschalten v, zuschalten v, entsperren v, entriegeln v, ermöglichen v, vorbereiten v || **~** / Aktivieren n, Einschalten n, Freigabe (FRG) f || **~ chip** / Freigabebaustein m || **~ circuit** / Freigabekreis m || **~ comparison value** / Vergleichswertfreigabe f || **~ criterion** / Freigabekriterium n
enabled adj / frei adj, nicht belegt (NB) adj, geschaltet adj
enable DC braking / Freigabe Gleichstrom-Bremse || **~ dependency** / Freigabe-Abhängigkeit f, EN-Abhängigkeit f || **~ droop** / Freigabe Statik || **~ fault** / Freigabefehler m || **~ flag** / Freigabemerker m || **~ input (EN input)** / Freigabeeingang m (EN-Eingang) || **~ interrupt** / Alarm freigeben (SPS) || **~ JOG left** / Auswahl JOG links || **~ JOG ramp times** / Auswahl JOG Hochlaufzeiten || **~ JOG right** / Auswahl JOG rechts || **~ key** / Zustimmungsschalter m, Zustimmtaste f, Zustimmtaster m || **~ MOP (DOWN-command)** / Auswahl für MOP-Verringerung || **~ MOP (UP-command)** / Auswahl für MOP-Erhöhung || **~ PID controller** / Freigabe PID-Regler || **~ PID-MOP (DOWN-cmd)** / Quelle PID-MOP tiefer || **~ PID-MOP (UP-cmd)** / Quelle PID-MOP höher || **~ signal** / Freigabesignal n || **~ time** / Freigabezeit f || **~ voltage** / Freigabespannung f
enabling n / Freigabe f (elST) DIN 19347 || **~ button** / Zustimmtaste f, Zustimmungsschalter m || **~ circuit** / Freigabekreis m || **~ contact** / Freigabekontakt m || **~ key** / Freigabetaste f || **~ module** / Freigabebaustein m, Freigabebaugruppe f || **~ signal** / Freigabesignal n || **~ switch** / Zustimmungsschalter m, Zustimmtaste f, Zustimmschalter m || **~ voltage** / Freigabespannung f
enamel n / Emaillelack m, Decklack m, Isolierlack m, Drahtlack m, Glasur f
enamel-coated luminaire / emaillierte Leuchte
enamel-insulated wire / lackisolierter Draht, Lackdraht m
enamelled adj / emailliert adj || **~ copper wire** / Kupferlackdraht m || **~ differential sensor** / Email-Differenzsonde f || **~ flat wire** / Lackflachdraht m || **~ lamp** / emaillierte Lampe || **~ reflector** / Emailschirm m || **~ round wire winding** / Lack-Runddrahtwicklung f || **~ section wire** / Lack-Profildraht m || **~ wire** / lackisolierter Draht, Lackdraht m
ENC (tapping) / ENC (Gewindebohren (Parameter))
encapsulate v / kapseln v, umgießen v
encapsulated adj / gekapselt adj || **~ block-type current transformer** / Vollverguss-Blockstromwandler m || **~ circuit** / vergossener Stromkreis || **~ machine** / Maschine mit vergossener Wicklung, gekapselte Maschine || **~ module** / gekapseltes Modul DIN IEC 44.43, vergossener Baustein, Kapselbaugruppe f || **~ winding** / gekapselte Wicklung (el. Masch.) VDE 0530,T.1, vergossene Wicklung, Gießharzwicklung f
encapsulated-winding dry-type reactor / Gießharzdrosselspule f IEC 50(421) || **~ dry type transformer** / Trockentransformator mit vergossener Wicklung, Gießharztransformator m IEC 50(421)
encapsulating resin / Harzmasse zum Umgießen
encapsulation n / Einkapseln n, Verkapseln n, Kapselung f, Umgießen n (m. Isolierstoff) || **~ EN 50028** / Vergusskapselung f (Ex m)
enclose v / einschließen v, umschließen v, umhüllen v, allseitig abschließen, kapseln v, mit einem Gehäuse versehen
enclosed ACS / BV in geschlossener Bauform || **~ apparatus** / Geräte mit Gehäuse, Einbaugeräte n pl || **~ arc** / eingeschlossener Lichtbogen || **~ arc lamp** / Dauerbrandbogenlampe f || **~ assembly** IEC 439-1 / geschlossene Bauform (SK) VDE 0660,T.500, Gehäusebauform f || **~ break device** / geschlossene Schalteinrichtung, (f. Geräte in Zündschutzart n) || **~ busbar** / gekapselte Sammelschiene || **~ components** / (in einem Gehäuse) eingebaute Bauelemente, Einbauteile n pl || **~ dry-type transformer** / geschlossener Trockentransformator (E) VDE 0532,T.6 || **~ FBA** / geschlossene Bauform (SK) VDE 0660,T.500, Gehäusebauform f || **~ fuse** / geschlossene Sicherung || **~ fuse-link** / gekapselter Sicherungseinsatz (o. Schmelzeinsatz), geschlossener Sicherungseinsatz || **~ location** / allseitig geschlossener Einsatzort || **~ paint** / Lackeinschluss m || **~ position switch** / gekapselter Positionsschalter || **~ pushbutton** / gekapselter Drucktaster || **~ safety isolating transformer** / umschlossener Sicherheitstransformator || **~ self-ventilated machine** / durchzugsbelüftete Maschine mit Eigenlüfter, innengekühlte, eigenbelüftete Maschine || **~ space** / umbauter Raum || **~ switch** / gekapselter Schalter || **~ switchboard** / geschlossene (o. gekapselte) Schalttafel || **~ switchgear** / gekapselte Schaltanlage || **~ ventilated machine** / innengekühlte Maschine, durchzugsbelüftete Maschine || **enclosed** adj / gekapselt adj, eingeschweißt adj
enclosing bowl / Abschlusswanne f (Leuchte)
enclosure n / Gehäuse n, Kapselung f, Umhüllung f VDE 0100,T.200, geschlossener Raum, Verkleidung f, Box f, Kasten m, Gehäuse-Kapselung f || **~** IEC439-1 / Gehäuse n (SK) VDE 0660,T.500 || **~ acoustic** / Lärmschutzhülle f || **~ complete** / vollständiger Abschluss (durch Gehäuse) || **~ desk** / Pultverkleidung f || **~ type of** / Schutzart f || **~ with metal** / metallgekapselt adj || **~ of insulating material** / Isolierstoffgehäuse n (Leuchte) DIN IEC 598 || **~ of plastic material** / Kunststoffgehäuse n, Isolierstoffgehäuse n, Plastikgehäuse n || **~ part** / Umhüllungsteil n
encode v / codieren v, verschlüsseln v
encoder n (\An encoder serves to convert the analog quantities of path and angle into digital signals. An encoder is a position measuring device lato sensu, i.e. \encoder\ can be applied both to the narrower sense of position measuring device, namely an absolute) / Encoder m, Codierer m, Codegeber m,

Verschlüssler *m*, Codierschalter *m*, Drehgeber *m*, Schrittgeber *m*, Positionsgeber *m*, Lagemessgeber *m*, Wegsignalgeber *m*, Weggeber *m*, Messgeber *m*, Messwertgeber *m*, Messwertaufnehmer *m*, Lagemessgerät *n*, Geber *m*, Wegmessgerät *n*, Sensor *m*, Sender *m* (Teilnehmer des Systems, der Informationen sendet) || **1-encoder system** / Eingebersystem *n* || **2-~ system** / Zweigebersystem *n* || **~ open circuit** / Geberleitungsbruch *m* || **shaft-angle ~** / Winkelschrittgeber *m*, Drehwinkel-Messumformer *m* || **shaft position ~** / Wellenlagegeber *m*, Läuferlagegeber *m* || **~ connector** / Messgeberstecker *m* || **~ end shield** / Geberlagerschild *n* || **~ evaluation** / Geberauswertung *f* || **~ limit frequency** / Gebergrenzfrequenz *f* || **~ lines** / Strichzahl *f*, Geberstrichzahl (GSTR) *f*, GSTR (Geberstrichzahl) || **~ matching** / Geberanpassung *f* || **~ matching module** / Geberanpassmodul *n* || **~ mount** / Geberanbau *m* || **~ multiplexer unit** / Istwertverteiler *m* || **~ parameterization** / Geberparametrierung *f* || **~ phase error compensation** / Geberphasenfehlerkorrektur *f* || **~ pulse rate** / Geberpulszahl *f* || **~ signal** / Gebersignal *n* || **~ simulation** / Gebernachbildung *f* || **~ slipped cycle** / Geberfehlpuls *m* || **~ supply** / Geberversorgung *f* || **~ system** / Gebersystem *n* || **~ zero mark** / Gebernullmarke *f*
encoding rule / Codierungsregel *f* || **~ switch** / Codierschalter *m*, Kodierschalter *m*, DIL-Schalter *m* (Dual-in-line-Schalter) || **~ terminal** / Codierstation *f* (Terminal) || **~ time** / Verschlüsselungszeit *f*
end *n* / Seite *f* (el Masch., A- oder B-Seite), Anschluss *m* (Ventil) || **~ adapter** / Endadapter *m* || **~ address** / Endadresse *f* || **~ angle** / Endwinkel *m* || **~ barrier** (modular terminal block) / Endplatte *f* (Reihenklemme) || **~ bay** / Endfeld *n* (FLA) || **~ bell** / Endkappe *f*, Läuferkappe *f* || **~ bracket** / Lagerbrücke *f*, Lagerschild *m*, Endwinkel *m* (Reihenklemmen) || **~ cap** / Endkappe *f* (a. Sich.), Kontakt des Sicherungseinsatzes, Schildkappe *f* || **~ cell** / Zusatzzelle *f* (Batt.) || **~ character** / Endezeichen *n*, Ende *n* || **~ clip** / Endbügel *m* (Reihenklemme), Endwinkel *m*, Endschild *m* || **~ closure** / Endabdeckung *f* (IK) || **~ connection** / Stirnverbindung *f*, Schaltverbindung *f*, Anschluss *m* (Ventil) || **~ connection flange** / Anschlussflansch *m* || **~ connection size** / Anschlussmaß *n* || **~ connector** / Stirnverbinder *m* (el.Masch.) || **~ cover** IEC 570 / Endstück *n* (IK) VDE 0711,3, Abschlussblende *f* || **~ cover plate** / Abschlussplatte *f* (Reihenklemme) || **~ customer** / Endkunde *m*, Endabnehmer *m* || **~ cutting nipper** / Seitenschneider *m* || **~ cutting nippers** / Seiten-Hebelschneider *m* || **~ delimiter (ED)** / ED || **~ effect** / Endeffekt *m* (LM) || **~ effector** / Endstück *n* (Roboter) || **~ effector device** / Kupplungsvorrichtung für Endstück (Roboter)
end-effect wave / Endeffektwelle *f*, Randeffektwelle *f*
EN-dependency *n* / Freigabe-Abhängigkeit *f*, EN-Abhängigkeit *f*
end face / Stirnfläche *f*, Planfläche *f*, Stirnseite *f* || **~ face and generated surface machining** / Stirn- und Mantelflächenbearbeitung *f*
end-feed unit / Endeinspeisungseinheit *f* (IK)
end finger / Druckfinger *m* (Blechp.) || **~ float**

Axialspiel *n*, Axialluft *f*, axialer Wellenvorgang, axiales Kupplungsspiel
end-float washer / Spiel-Ausgleichsscheibe *f*, Ausgleichsscheibe *f*
end guard / Gehäuseschild *n* (el. Masch., ohne Lager)
end-holder *n* / Endfassung *f* (Lampe)
end housing / Lagerschild *n*, Gehäuseschild *n* || **~ indicator** / Stirnkennmelder *m*, Klappkennmelder *m*
ending frame delimiter / Blockendebegrenzer *m* (LAN)
end-journal bearing / Stirnlager *n*
endless axis / Endlosachse *f* || **~ loop** / Wiederholungsschleife *f*, Wiederholschleife *f*
end leakage / Stirnstreuung *f* (el. Masch.) || **~ light** / Endfeuer *n* (Flp.) || **~ loop** / Wickelkopf *m* (Maschinenwickl.) || **~ losses** / Stirnverluste *pl* (el.Masch.) || **~ lug** / Endlasche *f* || **~ mill** / Schaftfräser *m* || **~ milling** / überfräsen *v* || **~ milling cutter** / Schaftfräser *m* || **~ mill with corner rounding** / Schaftfräser mit Eckenverrundung || **~ of acknowledgement** / Quittungsende *n* || **~ of block (EOB)** / Satzende *n*, Blockendezeichen *n*, Blockende *n*, Satzendpunkt *m* || **~ of block - single block** / Satzende-Einzelsatz *m* || **~ of change** / Wechselende *n* || **~ of comment** / Anmerkungsende *n* || **~ of cycle** / Taktende *n*
end-of-block character / Satzendezeichen *n* (NC), Satzendezeichen *n*
end of character (EOC) / Zeichenende *n*
end-of-charge rate / Ladeschlussstrom *f* || **~ voltage** / Ladeschlussspannung *f* (Batt.)
end of conversion (EOC) / Ende der Umwandlung
end-of-conversion output (EOC output) / Umsetzungs-Ende-Ausgang *m*
end of file (EOF) / Dateiende *n*
end-of-file label / Endekennsatz *m*
end of interrupt (EOI) / Unterbrechungsende *n*, Ende des Unterbrechungsprogramms || **~ of line** / Zeilenende *n*
end-of-line character / Zeilenende-Zeichen *n* (NC) || **~ signal (o. indicator)** / Zeilenendsignal *n* || **~ unit** / Endglied *n* (DÜ)
end-of-message character (EOM) / Endzeichen *n*
end of program / Programmende *n* DIN 19239 || **~ of record** / Satzende *n* (NC)
end-of-record character / Satzendezeichen *n* (NC)
END OF SECTION / KAPITELENDE *n* || **~ of selection signal** / Wahlendezeichen *n* (DÜ) DIN 44302 || **~ of sequence** / Ablauf-Ende *n* || **~ of shift** / Schichtende *n*
end-of-text character (EOT) / Endzeichen *n*
end of tape / Lochstreifenende *n* (a. NC-Zusatzfunktion nach DIN 66025) || **~ of text (ETX)** / ETX, Textende *n* || **~ of the cable** / Leitungsende *n* || **~ of transmission (EOT)** / Übertragungsende *n* || **~ of transmission block (ETB)** / Ende des Übertragungsblocks || **~ of transmission character** / Übertragungsendezeichen *n* || **~ of warranty** / Gewährleistungsende *n* || **~ operation** / stirnseitige Betätigung
end-on armature relay / Kopfankerrelais *n*
end packet / Endpaket *n* (Blechp.) || **~ panel** / Endfeld *n* (IRA) || **~ piece** / Endstück *n* || **~ plane** / Endebene *f* || **~ plate** / Endplatte *f*, Stirnblech *n*, Stirnwand *f*, Pressplatte *f* (Trafo-Kern),

endplay Gehäuseschild *n* (el.Masch.), Kappen-Endplatte *f*, Platine *f* (Sich.), Abschlussplatte *f*, Druckplatte *f* || **~ plate set** / Endplatten-Bausatz *m* || **~ play** / Axialspiel *n*, Axialluft *f*, axiales Kupplungsspiel, axialer Wellenvergang
endplay plate / Endspiel-Platte *f*, Anlaufscheibe *f*
end point / Endpunkt *m*
end-point criterion IEC 505 / Endpunktkriterium *n* (Isolationsprüfung) VDE 0302,T.1 || **~ linearity error** / Endpunkt-Linearitätsfehler *m* (ADU, DAU) || **~ voltage** / Entladeschlußspannung *f* (Batt.)
end position (EP) / Endstellung (ES) *f*
end-position coordinate / Endpunktkoordinate *f* (NC) || **~ coordinate of circle** / Kreisendpunktkoordinate *f* (NC)
end position switch / Endschalter *m* (Siehe Software-Endschalter, Hardware-Endschalter, Linearachse), Grenztaster *m*
end-pressure contact / Stirndruckkontakt *m*
End program conditionally / Programmende *n*, bedingt || **~ quick commissioning** / Schnellinbetriebnahme beenden
end rail / Lagersohlplatte *f* || **~ ring** / Endring *m*, Druckring *m*, Kurzschlussring *m*
end-ring leakage reactance / Ringstreureaktanz *f*
end ring with gaps / aufgeschnittener Kurzschlussring (KL) || **~ section of core** / Endpaket *n* (Blechp.) || **~ shield** / Lagerschild *n*, Gehäuseschild *n*
end-shield bearing / Schildlager *n*
endshield spigot / Lagerschildzentrierung *f*
end-shift frame / verschiebbares Gehäuse (el. Masch.)
end sleeve / Endmuffe *f* (Kabel), Endhülse *f* (Kabel), Aderendhülse *f*
END statement / Ende-Anweisung *f*
end stop / Endanschlag *m*, Anschlag *m* (a. DT) || **~ system** / Endsystem *n* DIN ISO 7498 || **~ tail** / Endstück *n* (Wickelverbindung) || **~ thrust** / Axialschub *m*, Axialdruck *m*, axiale Verschiebekraft || **~ tooth** / Stirnzahn *m*
end-to-end controller / Verbindungssteuerung *f* (DÜ) || **~ cooling** / Durchzugsbelüftung *f* || **~ level measurement** / Pegel-Streckenmessung *f* || **~ line measurement** / Streckenmessung *f* || **~ synchronization** / Ende-zu-Ende-Synchronisation *f*
end turn / Endwindung *f*, Wickelkopfwindung *f*
end-turn banding / Wickelkopfbandage *f* || **~ bracing** / Wickelkopfversteifung *f*, Stirnversteifung *f* || **~ insulation** / Wickelkopfisolation *f* || **~ overhang** / Wickelkopfauslading *f*
end turns / Wickelkopf *m*, Spulenkopf *m*
end-turn transposition / Wickelkopfverdrillung *f*
endurance *n* / Standzeit *f*, Standfestigkeit *f*, Dauerfestigkeit *f*, Dauerverhalten *n*, Lebensdauer *f*, Spannungsfestigkeit *f*, Mindestgebrauchsdauer *f*, Dauerhaftigkeit *f* || **~** IEC 50(486) / Haltbarkeit *f* (Batt.) || **electrical ~** / elektrische Standfestigkeit, elektrische Lebensdauer || **mechanical ~** / mechanische Standfestigkeit, mechanische Lebensdauer, mechanische Dauerfestigkeit || **voltage ~** / elektrische Standfestigkeit, elektrische Lebensdauer, Spannungs-Dauerfestigkeit *f* || **~ limit at complete stress reversal** / Wechselfestigkeit *f* || **~ limit at repeated stress** / Schwellfestigkeit *f*, Ursprungsfestigkeit *f* || **~ program** / Dauerlaufprogramm *n* (Kfz-Mot.-Prüf.) || **~**

properties / Langzeitverhalten *n* || **~ strength** / Langzeitfestigkeit *f*, Zeitstandfestigkeit *f*, Dauerfestigkeit *f*, Betriebsfestigkeit *f* || **~ strength under alternating stress** / Dauerwechselfestigkeit *f* || **~ tension-compression strength** / Zug-Druck-Dauerfestigkeit *f* || **~ test** / Dauerfestigkeitsversuch *m*, Dauerprüfung *f*, Dauerlauf *m* (Prüf.), Spannungs-Dauerstandsprüfung *f*, Dauerschwingversuch *m*, Dauerversuch *m* || **~ test bed** / Dauerlaufprüfstand *m* || **~ test by sweeping** / Dauerprüfung bei gleitender Frequenz || **~ test setup** / Dauerversuchsanlage *f* || **~ testing machine** / Dauerprüfmaschine *f*
end use / Endverbleib *m* || **~ use certificate** / Endverbleibserklärung *f* || **~ user** / Endanwender *m*, Endkunde *m*, Endverbraucher *m* || **~ User Notification Administration (EUNA)** / EUNA
end wall / Endwand *f*, Stirnwand *f*, Gehäusestirnwand *f*, Anlagenabschluss *m* || **~ winding** / Stirnverbindung *f* IEC 50(411), Wickelkopf *m*, Spulenkopf *m*
end-winding cover / Wickelkopfabdeckung *f*, Wicklungsschild *m*, Wicklungskappe *f*, Kappenring *m* || **~ insulation** / Wickelkopfisolation *f* || **~ leakage** / Spulenkopfstreuung *f*, Stirnstreuung *f*, Wickelkopfstreuung *f* || **~ leakage permeance** / Wickelkopf-Streuleitwert *m* || **~ overhang** / Wickelkopfauslading *f* || **~ support** / Wickelkopfabstützung *f* || **~ wedging block** / Wickelkopfversteifung *f*, Wickelkopfpackung *f*, Abstützstück *n*, Distanzstück *n*, Stirnseitenausleitung *f*
end-window counter tube / Fensterzählrohr *n*
energetic sensor / energetischer Taster
energization *n* / Erregung *f*, Einschaltung *f*
energize *v* / erregen *v*, einschalten *v* (Schütz), an Spannung legen, unter Strom setzen, zuschalten *v*
energized *adj* / erregt *adj*, eingeschaltet *adj*, spannungsführend *adj*, stromführend *adj*, unter Spannung || **~ condition** / erregter Zustand (Rel.) || **~ for holding** / erregt für Haltung
energizing, unintentional ~ / unbeabsichtigtes Einschalten VDE 0100,T.46 || **~ input quantity** / Eingangs-Auslösegröße *f* (FI-Schutzschalter) || **~ quantity** / Erregungsgröße *f*, Auslösegröße *f* (FI-Schutzschalter) || **~ winding** / Erregerwicklung *f* (Trafo)
energy *n* / Energie *f*, Leistung *f*, Arbeit *f*, Energieinhalt *m*, Arbeitsvermögen *n* (Batt.) || **electrical ~** / elektrische Energie, elektrische Arbeit, elektrische Leistung (Arbeit je Zeiteinheit) || **magnetic ~** / magnetische Energie, Feldenergie *f*, Energieinhalt des magnetischen Felds || **~ absorption** / Energieaufnahme *f*, **~ absorption capacity** / Energieaufnahmevermögen *n* || **~ accounting** / Energieverrechnung *f*, Energieabrechnung *f* || **~ band** / Energieband *n*, Bloch-Band *n* || **~ billing** / Energieverrechnung *f*, Stromverrechnung *f* || **~ capability** / Arbeitsvermögen *n* (KW) || **~ capability factor** / Arbeitsvermögen-Koeffizient *m* (KW) || **~ capacity** / Energie-Kapazität *f* || **~ component** / Wirkanteil *m*, Wirkkomponente *f* || **~ component of current** / Wirkstrom *m*
energy-conscious *adj* / energiebewusst *adj*
energy conservation law / Energieerhaltungssatz *m* || **~ consumption** / Energieverbrauch *m* || **~ content**

Energieinhalt *m* || ~ **conversion** / Energieumformung *f*, Energieumwandlung *f* || ~ **cost** / Energiekosten *plt*, Stromkosten *plt*, bewegliche Kosten (StT), arbeitsabhängige Kosten (StT) || ~ **demand** / Energiebedarf *m*, Leistungsbedarf *m* || ~ **demand anticipation** / Energiebedarfsvorausschau *f* || ~ **density** / Energiedichte *f* (Batt.)
energy-dispersive diffractometry / energiedispersive Diffraktometrie || ~ **X-ray fluorescence analysis** / energiedispersive Röntgen-Fluoreszenzanalyse
energy dissipation / Energieaufnahme *f* || ~ **dissipation during turn-off time** / Ausschalt-Verlustenergie *f* (Thyr) DIN 41786 || ~ **dissipation during turn-on time** / Einschalt-Verlustenergie *f* (Thyr) || ~ **efficiency** / energetischer Wirkungsgrad, Energiewirkungsgrad *m* (Batt.) || ~ **element** / Messwerk *n* (EZ) || ~ **equation** / Arbeitsgleichung *f* || ~ **exchange** / Energieaustausch *m*, Energieausgleich *m*, Energiebörse *f* || ~ **export** / Energieabgabe *f* || ~ **feedback to the power supply** / Netzrückspeisung *f* || ~ **flow** / Energiefluss *m*, Leistungsfluss *m* || ~ **flow direction** / Energieflussrichtung *f*, Energierichtung *f* || ~ **flow per unit area** / Energiestromdichte *f* || ~ **flux** / Strahlungsleistung *f*, Strahlungsflussenergie *f* || ~ **gap** / Energielücke *f*, Energieabstand *m*, verbotener Energiebereich, verbotenes Band, Bandabstand *m* (HL) || ~ **hazard** IEC 380 / Energiegefahr *f* VDE 0806 || ~ **hihgway** / Energieautobahn *f* || ~ **import** / Energiebezug *m* || ~ **industry** / Energiewirtschaft *f* || ~ **level** / Energieniveau *n*, Energieinhalt *m* || ~ **level diagram** / Energieniveauschema *n* (HL), Niveauschema *n*
energy-limited apparatus / Betriebsmittel mit begrenzter Energie (Geräte in Zündschutzart)
energy loss / Energieverlust *m*, Verlustenergie *f*, Leistungsverluste *m pl* || ~ **loss factor** / Arbeitsverlustgrad *m* (Netz) || ~ **losses** / Arbeitsverluste *m pl* (Netz) || ~ **management** / Energie-Bezugsoptimierung *f*, Höchstlastoptimierung *f*, Energie-Management *n*, Energiemanagement *n*, Energiewirtschaft *f* || ~ **management system** / Energieleitsystem *n*, Spitzenlast-Optimierungssystem *n*, Energiebezugs-Optimierungsanlage *f* || ~ **management system (EMS)** / Energiemanagementsystem (EMS) *n* || ~ **market** / Energiemarkt *m* || ~ **meter** / Leistungszähler *m* || ~ **metering** / Leistungszählung *f*, Arbeitsmessung *f* || ~ **mix** / Energiemix *m* || ~ **not supplied** / nichtgelieferte Energie (E. die das Elektrizitätsversorgungsunternehmen wegen und während des ausgeschalteten Zustands nicht liefern konnte), Gestaltänderungsarbeit *f* || ~ **of deformation** / Formänderungsarbeit *f* || ~ **output** / Energieabgabe *f*, Energieleistung *f* || ~ **park** / Energiepark *m* || ~ **product** / Leistungsprodukt *n* || ~ **production of a power station** / Erzeugung eines Kraftwerks || ~ **quantization** / Energiequantelung *f* || ~ **recovering m.g. set** / Rückspeiseumformer *m* || ~ **recovery transformer** / Rückspeisetransformator *m* || ~ **regeneration** / Rückspeiseleistung *f*, Netzrückspeisung *f* || ~ **release** / Energiefreisetzung *f* || ~ **reserve** / Energiereserve *f*
Energy Meters, Protection and Power Systems Control / Zähler, Schutz- und Leittechnik || **Energy**

Resources Policy Act / Energiewirtschaftsgesetz *n*
energy-saving *adj* / energiesparend *adj*
energy saving / Energieeinsparung *f*
energy-saving lamp / Energiesparlampe *f*
energy saving mode / Energiesparbetrieb *m* || ~ **saving timer** / Energiespar-Zeitschalter *m* || ~ **sector** / Energiewirtschaft *f*
energy shortfall / Energiemangel *m* || ~ **state** / Energiezustand *m* || ~ **storage** / Kraftspeicherung *f* || ~ **storage capacitor** / Energiespeicherkondensator *m* || ~ **storage mechanism** / Energiespeicher *m*, Kraftspeicher *m* || ~ **store** / Energiespeicher *m*, Kraftspeicher *m*
energy-storage mechanism / Energiespeicher *m*
energy-storing spring assembly / Kraftspeicher-Federbatterie *f*
energy supply / Energieanlage *f*, Energieversorgung *f*
energy tariff / Arbeitstarif *m* (StT) || ~ **term** / Energieterm *m*, Energieniveau *n* || ~ **theft** / Stromdiebstahl *m* || ~ **transactions** / Energietransaktion *f* || ~ **transducer** / Energiewandler *m* || ~ **transmittance** / Energiedurchlassgrad *m* || ~ **transport** / Energietransport *m* || ~ **unit** / Arbeitseinheit *f* (StT), Arbeitsstation *f*, Leistungseinheit *f* || ~ **utilization** / Energieanwendung *f*
enforce *v* / erzwingen *v*
enforcement, collision ~ / Kollisionsausweitung *f*
engage *v* / in Eingriff bringen, einrücken *v*, einschalten *v*, kuppeln *v*, zuschalten *v* (z.B. Kfz-Antrieb), zusammenstecken *v*, einklinken *v*, ineinandergreifen *v*, einrasten *v*, eingreifen *v*, einrücken *v*, einkuppeln *v*, kämmen *v* (Getrieberäder)
engaged *adj* / eingerastet *adj* || ~ **depth** / Eindringtiefe *f*, Tragtiefe *f*, Eintauchtiefe *f* || ~ **length** / Einschraublänge *f*, Einstecktiefe *f*
engagement *n* / Eingriff *m*, Einrücken *n*, Einschalten *n*, Überdeckung *f* || ~ **depth of** ~ / Einschraubtiefe *f* || ~ **length of** ~ / Eingriffsstrecke *f*, Einschraublänge *f* || ~ **to bring into** ~ / in Eingriff bringen, einrücken *v* || ~ **coupling** / Einrastkupplung *f* || ~ **face** / Eingriff-Stirnfläche *f* (Stecker) || ~ **factor** / Überdeckungsgrad *m* (Zahnrad) || ~ **gauge** / Eingrifflehre *f* || ~ **indicator** / Stellungsanzeiger *m* (StV) || ~ **lockout** / Einrücksperre *f*
engaging *n* / Einsetzer *m* (Der Einsetzer dient zum Starten der Winkelgleichlauf- oder Kurvenscheiben-Funktion an einer parametrierbaren (Start-)Position.) || ~ **and separating force** / Bedienungskraft *f* (StV) || ~ **(driving) device** / Mitnahmeeinrichtung *f* || ~ **force** / Kupplungskraft *f* (Steckverbinder)
engine *n* / Verbrennungsmotor *m*, Kraftmaschine *f*, Motor *m*, Lokomotive *f*, Dampfmaschine *f*, Kolbenmaschine *f* || ~ **and powertrain control** / Motor- und Antriebssteuerung *f* (Kfz)
engine-based cogenerating plants / Blockheizkraftwerk *n* || ~ **cogenerating station** / Blockheizkraftwerk *n*
engine characteristic map / Motorkennfeld *n* (Kfz), Betriebskennfeld *n*, Zündkennfeld *n* || ~ **compartment** / Motorraum *m* (Kfz) || ~ **control** / Motorsteuerung *f* || ~ **control module** / Motorsteuerung *f* || ~ **electronics** / Motorelektronik *f* (Kfz)
engineer *n* / Ingenieur *m*, Techniker *m*, Maschinist *m*,

Lokomotivführer *m*, Baubetreuer *m*
engineering *n* / Technik *f* (angewandt), Ingenieursarbeit *f*, Ingenieurleistungen *f pl*, technische Leistungen, -technik || **system** ~ / Systementwurf *m* || **~ configuring** / Projektierungsaufgaben *f pl* || **~ change** / technische Änderung (Fertigung) || **~ management** / technische Betriebsführung, technische Leitung || **~ practice** / technische Arbeitsweise, Technik *f*, technisches Verfahren || **~ station** / Engineeringstation *f* || **~ test panel** / Wartungsfeld *n* || **~ unit** / physikalische Einheit (der Größe einer MSR-Stelle) VDI/VDE 3695
engineers file set / Werkstattfeilensatz *m*
engineer's panel / Wartungsfeld *n* || **~ pliers** / Kombinationszange *f* || **~ wrench, double head, A/F 20 and 22mm** / Doppelmaulschlüssel, Schlüsselweite 20 und 22mm || **~ wrenches, double head, insulated, set, A/F 4 to 11 mm** / Doppelmaulschlüssel, isoliert, Satz, Schlüsselweite 4 bis 11 mm
engine factor / Kolbenmaschinenfaktor *m*
engine-gearbox management / Motor-Getriebe-Management *n* (Kfz)
engine-generator set / Generatoraggregat *n*, Elektrosatz *m*, Aggregat *n*
engine indicator system / Motorindiziereinrichtung *f* (Kfz.) || **~ management** / Motorsteuerung *f* (Kfz, eletron.), Motormanagement *n*, Motorsteuerung *f* || **~ monitor** / Motorwächter *m* (Kfz) || **~ operating map** / Motorkennfeld *n* (Kfz), Betriebskennfeld *n*, Zündkennfeld *n*
engine-room telegraph / Maschinentelegraf *m*
engine stability sensor / Motorstabilitätssensor *m* (Kfz) || **~ tester** / Motortester *m* (Kfz-Mot.)
engine-type generator / aufgesattelter Generator (Bauform A 4)
Engler degree / Engler-Grad *m*
engraved *adj* / graviert *adj*
engraving *n* / Gravieren *n* || **~ machine** / Graviermaschine *f*
enhance *v* / verbessern *v*, erhöhen *v*, ertüchtigen *v*, erweitern *v*
enhanced *adj* / erweitert *adj* || **enhanced version** / Komfortausführung *f* (MCC)
enhancement, image ~ / Bildreinigung *f*, Bildverbesserung *f* || **factor** / Steigerungsfaktor *m* (BT) || **~ mode operation** / Anreicherungsbetrieb *m* (HL) DIN 41858 || **~ mode transistor** / Anreicherungstyp-Transistor *m* || **~ ratio** / Steigerungsfaktor *m* (BT)
enhancement-type field-effect transistor / Anreicherungs-Isolierschicht-Feldeffekttransistor *m*, Anreicherungs-IG-FET || **~ IG FET** / Anreicherungs-Isolierschicht-Feldeffekttransistor *m*, Anreicherungs-IG-FET
EN input s. enable input || **EN V (European preliminary standard)** / EN V (Europäische Vornorm)
enlarge window / Fenster vergrößern
enlarger lamp / Vergrößerungslampe *f*, Bildvergrößerungslampe *f*
ENQ (enquiry) / Sendeaufforderung(ENQ) *f*
enquiry / Anfrage *f*, Abfrage *f* || **~ terminal** / Auskunftterminal *n*, Auskunftsplatz *m* || **~ window** / Abfragefenster *n*
enquiry (ENQ) *n* / Sendeaufforderung *f*

ENR (test voltage of neutral point of regulating transformer) / ENR (Nenn-Stehwechselspannung des Sternpunkts des einstellbaren Transformators)
ensure *v* / gewährleisten *v*
ensuring *v* / achten *v*
en-suite mounting / Reihenaufstellung *f* (Schränke, Gehäuse)
enter *v* / eintreten *v*, einführen *v*, eingeben *v*, eintragen *v*, eintippen *v*, durchdringen *v* || **to ~ a state** / in einen Zustand übergehen (PMG-Funktion) || **~ key** / Eingabekey *m*, Eingabetaste *f*, ENTER-Taste *f*, Inputtaste *f*, Ausführungstaste *f*, Übernahmetaste *f*
entering *n* / Eingabe *f*, Eingabebaugruppe *f* || **entering current** / Stromaufnahme *f*, aufgenommener Strom, Eingangsstrom *m* || **~ edge** / Eintrittskante *f*, Anlaufkante *f*, auflaufende Kante || **entering the group properties** / Eingabe der Gruppeneigenschaften
enterprise resources planning level (ERP level) / Managementebene *f*
enterprise-wide communications system / durchgängiger Datenverbund
enthalpy-entropy chart / i-s-Diagramm *n*
Entire archive / Gesamtarchiv *n*
entity *n* / Grundelement *n* (geometr. Darstellungseinheit, Punkt, Linie, Kreis), Objekt *n* (Zeichnungso.), Element *n* (CAD) || **~ ISO 7498-1** / Instanz *f* || **maintenance** ~ / der Instandhaltung unterzogene Einheit IEC 50(191) || **network** ~ ISO 8348 / Vermittlungsinstanz *f* (Kommunikationssystem) || **~ coordinate system** / Elementkoordinatensystem *n* (CAD) || **~ for interchange scheduling** / Partner für die Erstellung der Übergabefahrpläne || **~ generation** / Objekterzeugung *f* (CAD) || **~ list** / Elementenliste *f* (CAD)
entrained dust / mitgerissener Staub, Luftstaub *m* || **~ gas** / mitgerissenes Gas, mitgeschlepptes Gas
entrance angle (of a retroreflector) / Lichteinfallwinkel *m* || **~ gate** / Pforte *f* || **~ luminaire** / Eingangsleuchte *f*, Hauseingangsleuchte *f*
entry *n* / Eingang *m*, Eintritt *m*, Einführung *f*, Einführungsöffnung *f*, Eingabe *f*, Vorgabe *f*, Kontakteingang *m*, Aufgabeende *n*, Zugang *m*, Eingabebaugruppe *f*, Eintrag *m* || **~ restricted** ~ / verengter Kontakteingang (StV) || **~ action** / Eintrittsaktion *f* || **~ bearing** / Einführungslager *n* || **~ bush** / Einführungstülle *f* || **~ echo** / Eintrittsecho *n*
entry-end effect / Endeffekt der einlaufenden Kante
entry event / Buchungsereignis *n* (GLAZ) || **~ field** / Eingabefeld *n* || **~ fitting** / Einführungsarmatur *f*, Einführungsstutzen *m* || **~ freq. for perm. Deviation** / Zulässige Frequenzabweichung || **~ gland** / Einführungsstutzen *m* || **~ level** / Einstieg *m* || **~ menue (EM)** / Einsprungmenü *n* || **~ of a weight** / Abweichung eines Gewichtsstücks || **~ point** / Einsprungpunkt *m*, Einstieg *m* || **~ screen** / Einstiegsmaske *f* || **~ socket** / Ansatzstutzen *m* (Leuchte) || **~ value** / Eingabewert *m*
enumeration list / Aufzählungsliste *f*
envelope *n* / Einhüllende *f*, Hüllkurve *f*, Umhüllung *f*, Mantel *m*, Gehäuse *n* (Durchführung), Kolben *m* (ESR), Hülle *f* || **pulse ~ / Impulsform *f* || **work ~** / Arbeitsraum *m* (Rob.), Arbeitsbereich *m* || **~ circle** / Hüllkreis *m* || **~ condition** / Hüllbedingung *f* DIN

7182,T.1 ‖ ~ **converter** / Hüllkurvenumrichter *m*, Direkt-Frequenzumrichter *m* ‖ ~ **curve** / Hüllkurve *f*
envelope-curve transducer / Hüllkurvenumformer *m* (Messwertumformer)
envelope delay / Gruppenlaufzeit *f* (Verstärker) ‖ ~ **resistance** / Umhüllungswiderstand *m* ‖ ~ **sealing** / Hülldichtung *f* ‖ ~ **stacker** / Briefhüllenablage *f* ‖ ~ **velocity** / Gruppengeschwindigkeit *f*
enveloping measuring method / Hüllflächenverfahren *n*
environment *n* / Umwelt *f*, Umgebung *f*, Umfeld *n*, Umgebungsbedingungen *f pl*, Ordnung *f*, Raumklima *n*, Bereich *m* ‖ **effect of** ~ / Raumrückwirkung *f* (Akust.) ‖ **field** ~ / Feldbereich *m*, prozessnaher Bereich, Fernbereich *m* ‖ **impact on** ~ / Umweltbeeinflussung *f* ‖ **plant-floor** ~ / prozessnaher Bereich, maschinennaher Bereich ‖ **user** ~ / Anwenderoberfläche *f*, Anwenderkonfiguration *f*
environmental / Umwelt- ‖ ~ **acceptability** / Umweltfreundlichkeit *f* ‖ ~ **compatibility** / Umweltfreundlichkeit *f*, Umweltverträglichkeit *f* ‖ ~ **conditioning** / Umweltbeanspruchung *f* (Prüfling) DIN IEC 68 ‖ ~ **conditions** / Umweltbedingungen *f pl*, Umwelteinflüsse *m pl*, Umgebungsbedingungen *f pl* ‖ ~ **effect** / Umgebungseinfluss *m* ‖ ~ **error** / Fehler durch Umgebungseinflüsse ‖ ~ **factor** / Umwelteinfluss *m* DIN IEC 721, T.1 ‖ ~ **independence** / Umweltunabhängigkeit *f* ‖ ~ **influence** / Umweltbeeinflussung *f*, Umwelteinfluss *m* ‖ ~ **laboratory** / Klimalaboratorium *n* ‖ ~ **lighting** / Umgebungsbeleuchtung *f*
environmentally acceptable / umweltfreundlich *adj* ‖ ~ **compatible** / umweltfreundlich *adj*
environmental operating conditions / Umgebungsbedingungen *f pl* (Betriebsbedingungen), örtliche Bedingungen ‖ ~ **parameter** / Umweltgröße *f*, Umwelteinflussgröße *f* ‖ ~ **pollution** / Umweltschmutzung *f*, Umweltbelastung *f* ‖ ~ **pollution monitoring system** / Umweltüberwachungsnetz *n* ‖ ~ **protection guidelines** / Umweltschutzrichtlinien *f pl* ‖ ~ **protection regulations** / Umweltschutzauflagen *f pl* ‖ ~ **resistance** / Umweltbeständigkeit *f* ‖ ~ **stress** / umgebungsbedingte Beanspruchung DIN 40042 ‖ ~ **test** / Umweltprüfung *f*, Klimaprüfung *f* ‖ ~ **testing** / Prüfung unter umgebungsbedingter Beanspruchung, Klimaprüfung *f*
environment-related requirements / Umgebungsbedingungen *f pl*
environment-resistant *adj* / umweltbeständig *adj*
environment variable / Umgebungsvariable *f* (CAD)
EOB s. end of block
EOC s. end of character ‖ ≙ s. end of conversion ‖ ≙ **output** s. end-of-conversion output
EOF s. end of file
EOI s. end of interrupt
EOM (end-of-message character) / Endzeichen *n*
EOR s. exclusive OR
EOT s. end of transmission ‖ ≙ **(end-of-text character)** / Endzeichen *n* ‖ ≙ **(end of transmission)** / Übertragungsende *n*
E output / E-Ausgang *m* (NS m. eingebautem Kippverstärker, antivalent, npn)

E_2 **output** / E_2-Ausgang *m* (NS m. eingebautem Kippverstärker, antivalent, pnp)
e.p. additive s. extreme-pressure additive
EP contactor s. electropneumatic contactor ‖ ≙ **diagram** s. equivalent position diagram ‖ ≙ **(electronic point)** / EP (Elektronikpunkt) ‖ ≙ **(end position)** / ES (Endstellung) ‖ ≙ **(Exists Program)** / EP
epicyclic gearing / Planetengetriebe *n*, Umlaufgetriebe *n*
epitactical *adj* / epitaktisch *adj* ‖ ~ **layer** / epitaktische Schicht *f* (Epi-Schicht), Epitaxialschicht *f* ‖ ~ **transistor** / epitaktischer Transistor, Epitaxialtransistor *m*
epitaxial *adj* / epitaktisch *adj*
epitaxy *n* / Epitaxie *f*
e.p. lubricant s. extreme-pressure lubricant
epoch contraction / Epochen-Kompression *f* (Impulsmessung) ‖ ~ **expansion** / Epochen-Expansion *f* (Impulsmessung)
e.p. oil s. extreme-pressure oil
epoxy ester resin / Epoxidesterharz *n* ‖ ~ **laminated paper** / Epoxid-Hartpapier *n* ‖ ~ **resin** / Epoxidharz *n* ‖ ~ **resin binder** / Epoxidharz-Bindemittel *n* ‖ ~ **resin powder coating** / Epoxidharz-Pulverbeschichtung *f*
EPR s. ethylene propylene rubber
EPROM / löschbarer programmierbarer Festwertspeicher (EPROM) ‖ ≙ **(erasable programmable read only memory)** (Erasable Programmable Read Only Memory) / UV-löschbarer programmierbarer Festwertspeicher ‖ ≙ **cartridge** / EPROM-Speichermodul *n* ‖ ≙ **erasing facility** / EPROM Löscheinrichtung *f* ‖ ≙ **memory module** / EPROM-Speichermodul *n* ‖ ≙ **set** / EPROM-Satz *m* ‖ ≙ **submodule** / EPROM-Speichermodul *n*
EPS s. electronic UPS power switch
Epstein hysteresis tester / Epstein-Apparat *m* ‖ ≙ **square** / Epstein-Rahmen *m* ‖ ≙ **test** / Epstein-Prüfung *f* ‖ ≙ **test frame** / Epstein-Rahmen *m*
EQN encoder / EQN-Geber *m*
equal-addendum, gear with ~ **teeth** / Zahnrad ohne Profilverschiebung, Null-Rad *n*
equal-area diagram / flächentreue Darstellung
equal delay angle control / Regelung mit gleichem Steuerwinkel ‖ ~ **energy point** / Punkt des energiegleichen Spektrums ‖ ~ **incremental costs** / gleiche Zuwachskosten ‖ ~ **input** / Gleichheits-Eingang *m*
equality *n* / Gleichwertigkeit *f* ‖ **with** ~ **of access** / gleichberechtigt *adj* ‖ ~ **monitoring** / Äquivalenzüberwachung *f* ‖ ~ **of brightness photometer** / Gleichheitsfotometer *n* ‖ ~ **of colours** / Farbengleichheit *f* ‖ ~ **of contrast photometer** / Kontrastfotometer *n* ‖ ~ **sign** / Gleichheitszeichen *n*
equalization *n* / Entzerrung *f*
equalize *v* / ausgleichen *v*, kompensieren *v*, entzerren *v*
equalized Ward-Leonard set / Ilgner-Maschinensatz *m*, Ilgner-Umformer *m*
equalizer *n* / Ausgleichsverbinder *m*, Entzerrer *m*, Ausgleichsleiter *m*, Potentialausgleichsvorrichtung *n* ‖ ~ IEC 50(351) / Kompensationsglied *n* ‖ ~ **bar** / Ausgleichsstab *m* ‖ ~ **ring** / Ausgleichsringleitung *f*
equalizing charge / Ausgleichsladung *f* ‖ ~ **charging** / Erhaltungsladen *n* (Batt.) ‖ ~ **circuit** /

equal 190

Ausgleichsschaltung *f*, Entzerrungsschaltung *f* || ~ **conductor** / Ausgleichsleiter *m*, Ausgleichsleitung || ~ **connection** / Ausgleichsverbindung *f*, Äquipotentialverbindung *f* || ~ **current** / Ausgleichsstrom *m* || ~ **ring** / Ausgleichsringleitung *f*, Ausgleichsscheibe *f* || ~ **winding** / Ausgleichswicklung *f*
equal lay / Parallelschlag *m* (Kabel) || ~ **percentage** / gleichprozentig *adj* || ~ **percentage characteristic** / gleichprozentige Kennlinie
equals sign / Istgleichzeichen *n*
equal to / gleich *adj* DIN 19239
equal-to sign / Gleichheitszeichen *n*
equation *n* / Gleichung *f*
equational format / Gleichungsdarstellung *f* (Impulsmessung)
equation in numerical values / Zahlenwertgleichung *f* || ~ **of a circle** / Kreisgleichung *f* || ~ **of a straight line** / Geradengleichung *f* || ~ **of motion** / Bewegungsgleichung *f*
equatorial moment of inertia / äquatoriales Trägheitsmoment, axiales Trägheitsmoment
equiangularity *n* / Gleichwinkligkeit *f*
equidirectional *adj* / gleichsinnig *adj* ||
equidirectional machining / gleichsinnige Bearbeitung (WZM)
equidistant *n* / Äquidistante *f*, äquidistant *adj*
equidistance *n* / äquidistanter Abstand
equidistant compensation / Äquidistantenkorrektur (ÄK) *f* || ~ **firing control** / Regelung mit äquidistanten Steuerimpulsen || ~ **intersection** / Äquidistantenschnittpunkt || ~ **path** / Äquidistante *f* || ~ **path compensation** / äquidistante Bahnkorrektur || ~ **tool center path** / äquidistante Werkzeugmittelpunktsbahn
equi-energy spectrum / energiegleiches Spektrum
equilibrium *n* / Gleichgewicht *n* || ~ **thermal** ~ / thermischer Beharrungszustand (el. Masch) VDE 0530. T.1, Temperaturgleichgewicht *n* || ~ **centre** / Gleichgewichtspunkt *m* || ~ **chart** / Gleichgewichtskarte *f* || ~ **mode distribution** / stationäre Modenverteilung, Moden-Gleichgewichtsverteilung *f* (LWL) || ~ **position** / Gleichgewichtslage *f* || ~ **radiation pattern** / ausgeglichenes Strahlungsmuster (LWL)
equip *v* / ausrüsten *v*, bestücken *v*, ausstatten *v*, beschalten *v*
equipment *n* / Ausrüstung *f*, Betriebsmittel *n*, Gerät *n*, Geräte *n pl*, Anlage *f*, Einrichtung *f*, Vorrichtung *f*, Ausstattung *f* || ~ **electrical** ~ / elektrische Ausrüstung, elektrische Betriebsmittel VDE 0100,T.200 || ~ **combination** / Gerätekombination *f* || ~ **control** / Betriebsmittelsteuerung *f*, Aggregateansteuerung *f* || ~ **designation** / Gerätebezeichnung *f* || ~ **earthing** / Gehäuseerdung *f*, Schutzerdung *f* || ~ **equalization** / Geräteentzerrung *f* || ~ **failure** / Aggregatestörung *f* || ~ **failure information** / Gerätefehlermeldung *f* (FWT) || ~ **for machines** / Maschinenausrüstungen *f pl* || ~ **ground** / Gehäuseerdung *f*, Schutzerdung *f* || ~ **grounding conductor** / Schutzleiter (SL) *m* VDE 0100,T.200, PE-Leiter *m* || ~ **ID** / Anlagenbezeichnung *f* || ~ **identifier** / Betriebsmittel-Kennzeichen *n* DIN 40719 || ~ **layout** / Gerätedisposition *f* || ~ **manual** / Gerätehandbuch (GH) *n* || ~ **mounting plate** / Gerätetragblech *f* || ~ **name** / Gerätename *m* || ~ **of**

low voltage compartment / Niederspannungsschrankausrüstung *f* || ~ **overview** / Geräteübersicht *f* || ~ **package** / Ausrüstungspaket *n* || ~ **practice** / Bauweise *f* (ET) || ~ **selection** / Geräteauswahl *f* || ~ **specification** / Betriebsmittelvorschrift (BMV) *f* || ~ **supplier** / Ausrüster *m* || ~ **under test (EUT)** / Prüfling *m* (EMV-Terminologie) || ~ **wire** / Schaltdraht *m*
equipotential *n* / Äquipotential *n* || ~ **adj** / äquipotential *adj*, von gleichem Potential || ~ **bonding** / Potentialausgleich *m* PA)(VDE 0100,T.200, Potentialverbindung *f*, Potentialausgleichleiter (PAL) *m* || ~ **bonding conductor** / Potentialausgleichsleiter *m* (PL), Erdausgleichsleitung (EAL) *f*, Potentialausgleichsleitung *f* || ~ **bonding connection** / Potentialverbindung *f* || ~ **bonding strip** / Potentialausgleichsschiene *f* || ~ **connection** / Ausgleichsverbindung *f*, Äquipotentialverbindung *f* || ~ **curve** / Äquipotentiallinie *f* || ~ **earthing** / Erdung mit Potentialausgleich || ~ **grounding** / Erdung mit Potentialausgleich || ~ **line** / Aquipotentiallinie *f* || ~ **pitch** / Potentialschritt *m* (Wickl.) || ~ **surface** / Äquipotentialfläche *f*, Potentialfläche *f*, Niveaufläche *f* || ~ **winding** / Ausgleichswicklung *f* || ~ **zone** / Potentialausgleichszone *f*
equipped *adj* / bestückt *adj*
equivalence *n* / Äquivalenz *f*, Äquijunktion *f*, Gleichwertigkeit *f*, Bisubjunktion *f*
equivalent *adj* / gleichwertig *adj*
equivalent a.c. resistance / Wechselstrom-Ersatzwiderstand *m* || ~ **applied-voltage test** / Ersatz-Wicklungsprüfung *f* || ~ **burden** / Ersatzbürde *f* || ~ **capacitance** / Ersatzkapazität *f* || ~ **circuit diagram** / Ersatzschaltplan *m*, Ersatzschaltbild *n* || ~ **conductance** / äquivalente Leitfähigkeit || ~ **continuous rating (e.c.r.)** / gleichwertiger Dauerbetrieb VDE 0530,T.1 || ~ **continuous sound-pressure level** / Mittelungspegel *m* (des Schalldrucks) || ~ **dark-current irradiation** / dunkelstromäquivalente Strahlung || ~ **electric circuit** / äquivalenter elektrischer Stromkreis, elektrisches Ersatzstromkreis || ~ **field luminance** / äquivalente Leuchtdichte des Hintergrundes || ~ **generator** / Generatornachbildung *f* || ~ **heat-run test** / Lastersatzprüfung *f* || ~ **hemisphere** / messflächengleiche Halbkugelfläche || ~ **impedance** / Synchronimpedanz *f* || ~ **input noise voltage** / äquivalente Eingangs-Rauschspannung || ~ **input voltage/current drift** / äquivalente Eingangsdrift || ~ **interruption duration** / mittlere Dauer des ausgeschalteten Zustands (Netz) || ~ **junction temperature** / Ersatz-Sperrschichttemperatur *f* (HL) DIN 41853,DIN 41862 || ~ **kVA** / Eigenleistung *f* (Trafo) || ~ **length of armature** / ideelle Ankerlänge *f* || ~ **line** / Leitungsnachbildung *f* || ~ **load test** / Lastersatzprüfung *f* || ~ **loudness** / subjektive Lautstärke || ~ **luminance** / äquivalente Leuchtdichte, Äquivalenzleuchtdichte *f* || ~ **network** / äquivalentes Netzwerk, Ersatznetz *n*, Netznachbildung *f*, Ersatzschaltung *f* || ~ **noise irradiation** / rauschäquivalente Strahlung || ~ **noise resistance** / equivalenter Rauschwiderstand || ~ **noise voltage** / äquivalente Rauschspannung || ~ **of**

heat / Wärmeäquivalent n || ~ **parallel capacitance** / Parallel-Ersatzkapazität f || ~ **parallel resistance** / Parallel-Ersatzwiderstand m || ~ **pole arc** / ideeller Polbogen l || ~ **position diagram (EP diagram)** / Equivalent-Positions-Diagramm n (EP-Diagramm) || ~ **rating** / äquivalente Leistung (Trafo), Eigenleistung f || ~ **reactance** / äquivalente Reaktanz, Ersatzreaktanz f || ~ **resistance** / Ersatzwiderstand m, Wirkwiderstand m || ~ **salt deposit density (ESDD)** IEC 507 / gleichwertige Salzschichtdicke, äquivalente Salzmenge (Fremdschichtprüfung) || ~ **salt deposit density method (ESDD method)** / Verfahren der gleichwertigen Salzschichtdichte || ~ **scale** / Vergleichsmaßstab m || ~ **separate-source voltage withstand test** / Ersatz-Wicklungsprüfung f || ~ **series inductance** / Reihen-Ersatzinduktivität f || ~ **series resistance** / Reihen-Ersatzwiderstand m, Ersatz-Reihenwiderstand m (Kondensator) || ~ **span** / ideelle Spannweite (Freiltg.) || ~ **step index profile (ESI-profile)** / äquivalentes Stufenindexprofil || ~ **thermal network** / thermische Ersatzschaltung (HL) DIN 41862 || ~ **time constant** / Ersatzzeitkonstante f || ~ **time format** / äquivalente Zeitdarstellung (Impulsmessung) || ~ **two-phase transformation** / Clark-Transformation f || ~ **two-winding kVA rating** / Typenleistung f (Trafo, dem Zweiwicklungstrafo entsprechende halbe Summe der Leistungen der verschiedenen Wicklungen) || ~ **veiling luminance** / äquivalente Schleierleuchtdichte || ~ **voltage flicker-voltage fluctuation** / flickeräquivalente Spannungsschwankung || ~ **water flow of the same thermal (heat) capacity** / Wasserwert m || ~ **winding diagram** / gleichwertiges Wicklungsschema || ~ **zero mark** / Nullmarkenersatz m
ER (expansion rack) / EBGT (Erweiterungsbaugruppenträger), ER (Erweiterungsrack)
erasable adj / wiederbeschreibbar adj || ~ **memory** / löschbarer Speicher || ~ **programmable read only memory (EPROM)** / UV-löschbarer programmierbarer Festwertspeicher || ~ **PROM (EPROM)** / löschbares PROM (EPROM)
erase v / löschen v (DV), ausradieren v, radieren v, aufheben v || ~ **(store)** / löschen v (Speicher) || ~ **color** / Löschfarbe f
erased adj / unkenntlich gemacht
erase generator / Löschgenerator m
eraser n / Löscheinrichtung f, Radierer m, Radiermaschine f || ~ **UV** / UV-Löscheinrichtung f
erase signal / Löschsignal m (Speicher), Löschimpuls m
erasing facility / Löscheinheit, Löscheinrichtung f (Speicher) || ~ **head** / Löschkopf m (Magnetkopf) || ~ **rate** / Löschgeschwindigkeit f (Speicher), Löschzeit f || ~ **speed** / Löschgeschwindigkeit f (Speicher)
erect v / errichten v, montieren v, aufbauen v, aufstellen v
erection n / Aufbau m, Montage f, Errichtung f || ~ **inspection certificate** / Montageprotokoll n || ~ **instructions** / Montageanleitung f (für Aufbau) || ~ **schedule** / Montage(zeit)plan m || ~ **site** / Aufstellungsort m, Montageort m, Baustelle f,

Verwendungsort m
Ergo grey / Ergograu n
ergodic noise / ergodisches Rauschen
ergonomics n / Ergonomie f
Erichsen distensibility test / Einbeulversuch nach Erichsen || ≗ **film distensibility meter** / Tiefungsgerät nach Erichsen
Erlang distribution / Erlangsche Verteilung || ≗ **meter** / Erlangmeter n
Ermeto coupling / Ermeto-Verschraubung f || ≗ **self-sealing coupling** / Ermeto-Verschraubung f
ERN encoder / ERN-Geber m
erode v / abtragen v, erodieren v, anfressen v, abbrennen v (Kontakte)
eroded plugs / angefressene Ventilkegel
erosion n / Verschleiß m, Stahlverschleiß m, Abnutzung f, Abtragung f, Ausstrahlen n, Anfressen n, Abbrand m || **erosion, anodic** ~ / anodische Abtragung || **electrical** ~ / Aushöhlung f (Abtragung eines Lichtstoffs durch Entladungen) || **resistant to** ~ / abbrandfest adj (Kontakte) || ~ **area** / Abbrandfläche f || ~ **gauge for arcing contacts** / Abbrandlehre Lichtbogenkontakte || ~ **of material** / Werkstoffanfressung f || ~ **of pump** / Pumpenverschleiß m || ~ **piece** / Abbrennstück n || ~ **piece carrier** / Träger Abbrennstück || ~ **point** / Abbrandstelle f, Einbrandstelle f
ERP / ERP || ~ **level** / Unternehmensleitebene f, Betriebsebene f || ~ **level (entreprise resources planning level)** / Managementebene f
ERRCLS (error class) / Fehlerklasse f, ERRCLS
ERRCOD (error code) / Fehlercode m, ERRCOD
erroneous information / Falschmeldung f (FWT) || ~ **operator control** / Bedienmangel m || ~ **telecontrol message** / fehlerhaftes Fernwirktelegramm || ~ **underreaching** / fehlerhafte Unterreichweite (Schutzsystem) IEC 50(448)
error n / Fehler m, Abweichung f, Ungenauigkeit f, Gangabweichung f, Irrtum m (eine Fehlaussage kann durch eine fehlerhafte Einheit verursacht sein, z.B. falsches Rechenergebnis durch ein fehlerhaftes Rechengerät), Error || ~ **(QA)** / Beurteilungsfehler m, Fehlaussage f || ~ **dormant** ~ / schlafender Fehler || **1-out-of-n** ~ / 1 aus n-Fehler || ~ **address register** / Fehleradressregister n || ~ **alarm** / Fehlermeldung f (FWT) || ~ **analysis** / Fehlerauswertung f || ~ **bit** / Fehlerbit n || ~ **box** / Fehlerbox f || ~ **budget** / Fehleretat m (zur Bestimmung des ungünstigsten Fehlers) || ~ **burst** / Fehlerhäufung f || ~ **byte** / Fehlerbyte n || ~ **calculator** / Fehlerrechner m || ~ **characteristic** / Fehlerkurve f (Messgerät) || ~ **class (ERRCLS)** / Fehlerklasse f, ERRCLS || ~ **code** / Fehlercode m, Fehlermerkmal f || ~ **code (ERRCOD)** / Fehlercode m, ERRCOD || ~ **compensation** / Fehlerkompensation f, Fehlerkorrektur f || ~ **control** / Fehlerbehandlung f
error-code field n
error control procedure / Fehlerüberwachung f (DÜ) DIN 44302 || ~ **control unit** / Fehlerüberwachungseinheit f (DÜ) DIN 44302 || ~ **correction** / Fehlerkorrektur f, Fehlerbeseitigung f || ~ **correction code (ECC)** / Fehlerkorrekturcode m || ~ **current** / Fehlerstrom m, Vergleichsstrom m, Falschstrom m || ~ **curve** / Fehlerkurve f (Messgerät) || ~ **curve pointer** / Fehlerkurvenanzeige f || ~ **DB** / Fehler-DB || ~ **DB overflow identifier** / Umlaufkennung f ||~

detecting code / Fehlererkennungscode *m* || ~
detection / Fehlererfassung *f*, Fehlererkennung *f*,
Auswertung der Fehler || ~ **detection and
correction information** / Sicherungsinformation *f*
|| ~ **diagnostics** / Fehlerdiagnose *f* || ~ **due to drift** /
Kriechfehler *m* || ~ **event** / Fehlerereignis *n* || ~
event counter / Fehlerereigniszähler *m* || ~
expressed as a percentage of the fiducial value
IEC 51 / Fehler in Prozent des Bezugswerts (MG) ||
~ **extension** / Fehlerausweitung *f* || ~ **file** /
Fehlerdatei *f* || ~ **flag** / Fehler-Merker *m* || ~ **flag
register** / Fehlermerker *m* || ~ **forecasting** /
Fehlerprognose *f* || ~ **frequency** / Fehlerhäufigkeit *f*
|| ~ **handling** / Fehlerbehandlung *f* || ~ **handling
OB** / Fehlerreaktions-OB || ~ **handling routine** /
Fehlerbearbeitungsprogramm *n* || ~ **identifier** /
Fehlerkennung *f* || ~ **in end point of circle** /
Kreisendpunktfehler *m* || ~ **in operating value** /
Anprechwert *f* || ~ **interrupt** / Fehleralarm
m || ~ **led** / Fehleranzeigen *f pl* || ~ **level** /
Fehlerebene *f* || ~ **limit** / Fehlergrenze *f* || ~ **list** /
Fehlerliste *f*, F-Liste *f* || ~ **locating** / Störungsort *m*,
Fehlerlokalisierung *f* || ~ **log** / Störanalyse *f*,
Fehlerprotokoll *n*, Fehlererkennung *f*,
Fehlererfassung *f* || ~ **memory** / Fehlerspeicher *m*,
Störspeicher *m*, Störungsspeicher *m* || ~ **message** /
Fehlermeldung *f*, Störmeldung *f*, Störungsmeldung
f, Alarmmeldung *f* || ~ **message (EM)** /
Diagnosemeldung *f*, Fehlertext *m* || ~ **message
detection** / Störmeldeerfassung *f* || ~ **message
memory display is set** / Summenstörspeicher
gesetzt || ~ **message ring buffer** /
Fehlermeldungsringpuffer *m* || ~ **number** /
Fehlernummer *f* || ~ **of a balance** /
Messabweichung einer Waage || ~ **of a weight** /
Ansprechdauer *f* || ~ **of linearity** / Linearitätsfehler
m || ~ **of measurement** / Messabweichung *f* (a.
Statistik, QS) || ~ **of observation** / Ablesefehler *m* ||
~ **of result** / Ergebnisabweichung *f* (QS) || ~ **of the
first kind** / Fehler erster Art DIN 55350,T.24 || ~ **of
the second kind** / Fehler zweiter Art DIN
55350,T.24 || ~ **of the third kind** / Fehler dritter
Art, Fehler im Ansatz || ~ **probability** /
Fehlerwahrscheinlichkeit *f* || ~ **processing** /
Fehlerbearbeitung *f* (SPS), Fehleraufbereitung *f*
(SPS) || ~ **rate** / Fehlerrate *f*, Fehlerhäufigkeit *f*,
Fehlerquote *f* || ~ **record** / Fehlerblock *m* || ~
recovery / Wiederherstellung nach Fehlern,
Fehlerbehebung *f* (Kommunikationsnetz) || ~
recovery routine / Fehlerbearbeitungsprogramm *n*
errors *n pl* / Fehlfunktion *f*, Fehlverhalten *n*,
menschliches Versagen (Handlung eines
Menschen, die zu einem unerwünschten Ergebnis
führt), menschliches Fehlverhalten
error second (ES) / Fehlersekunde *f* || ~ **signal** /
Fehlersignal *n*, Regeldifferenz *f* || ~ **spread** /
Fehlerausbreitung *f* || ~ **triangle** / Fehlerdreieck *n* ||
~ **value** / Fehlerwert *m* || ~ **voltage** /
Fehlerspannung *f*, Differenzspannung *f* (U_{ist}-U_{soll})
erythemal lamp / Bestrahlungslampe *f*, Höhensonne
f
ES s. error second || ≙ **902 modular packaging
system** / Einbausystem ES 902 || ≙ **902 packaging
system** / Einschubsystem ES 902, ES 902
Aufbausystem
E.S. s. Edison screw
escalating price / Gleitpreis *m*

escalation, voltage ~ / Aufschaukeln der Spannung ||
~ **parameter** / Eskalationsparameter *m* || ~ **stage** /
Eskalationsstufe *f* || ~ **strategy** /
Eskalationsstrategie *f*
escalator *n* / Fahrtreppe *f*, Rolltreppe *f*
escape *n* / Fluchtfunktion *f* (GKS), Codeumschaltung
f || **data link** ~ **(DLE)** /
Datenübertragungsumschaltung *f* || ~ **lighting** /
Rettungswegbeleuchtung *f*, Fluchtwegbeleuchtung
f, Sicherheitsbeleuchtung für Rettungswege
escapement *n* / Hemmung *f* (Uhr), Hemmregler *m* || ~
mechanism / Hemmwerk *n*, Rücklaufsperre *f* (EZ),
Auslösemechanismus *m* || ~ **wheel** / Hemmrad *n*,
Gangrad *n* (Uhr), Steigrad *n*
escape route / Rettungsweg *m*, Fluchtweg *m* || ~
wheel / Ankerrad *n* (Uhr)
escutcheon *n* / Schild *n*, Schildchen *n*, Frontplatte *f*
(HSS)
ESD. emergency shutdown system || ≙ **guidelines** /
EGB-Richtlinien (Richtlinien für elektrostatisch
gefährdete Bauelemente)
e.s.d. s. electrostatic discharge
ESD (electrostatic sensitive device) /
ladungsgefährdetes Bauelement
ESDD s. equivalent salt deposit density || ≙ **method** s.
equivalent salt deposit density method
ESI-profile s. equivalent step index profile
espagnolette *n* / Drehriegel *m* || ~ **lock** /
Drehriegelverschluss *m*, Drehstangenschloss *n*,
Stangenschloss *n*, Baskülschloss *n*
ESPRIT / ESPRIT (European Strategic Programme
for Research and Development in Information
Technology) || ~ **/HS** / ESPRIT/HS
ESR (Extended Stop and Retract) / ESR
(Erweitertes Stillsetzen und Rückziehen)
e.s.r. s. electroslag remelting
ess *n* / S-Haken *m*
essential *adj* / unerlässlich *adj* || ~ **auxiliary circuits** /
gesicherter Eigenbedarf || ~ **item** / Kernstück *n* || ~
load / wichtiger Verbraucher *m* || ~ **taxiway lights** /
wichtige Rollbahnbefeuerung
Esson coefficient / Esson-Ziffer *f*, Ausnutzungsziffer
f
establish *v* / aufbauen *v* || **establish, to** ~ **a
connection** / eine Verbindung aufbauen (DÜ) || **to** ~
a current / einen Strom einschalten
established products / eingeführte Produkte
establishing a connection / Verbindungsaufbau *m*
establishment delay / Aufbauzeit *f* (DÜ-Leitung) || ~
failure probability / Fehlerwahrscheinlichkeit
beim Aufbau (DÜ-Verbindung) || ~ **of a connection**
/ Verbindungsaufbau *m* (DÜ) || ~ **time** / Aufbauzeit
f (DÜ-Leitung)
esterimide *n* / Esterimid *n*
estimate *n* (statistics) / Schätzwert *m* DIN 55350,T.24
estimated *adj* / geschätzt *adj* || ~ **performance** IEC
505 / voraussichtliche Lebensdauer (Isoliersystem) /
VDE 0302,T.1 || ~ **price** / Schätzpreis *m* || ~ **process
average** / geschätzter, geschätzte, durchschnittliche
Herstellerqualität, mittlerer Fehleranteil der
Fertigung || ~ **values** / Schätzwerte *m pl*
estimation *n* / Schätzung *f* (a. Statistik) DIN
55350,T.24, Abschätzung *f*, Einschätzung *f* || **state**
~ / Zustandsschätzung *f* (Netz)
estimator *n* (statistics) / Schätzfunktion *f* DIN
55350,T.24
ESU s. electrostatic unit

ET data type / ET-Band *n*
etalon *n* / Messnormale *f*, Eichnormale *f*, Eichmaß *n*
ETB s. end of transmission block
ETC s. electronic temperature control system || ≙ **key** / ETC-Taste *f*
etch *v* / ätzen *v*, anätzen *v*
etchant *n* / Ätzmittel *n*
etch-back *n* / Rückätzen *n*
etched *adj* / geätzt *adj* || ~ **screen** / geätzter Bildschirm, geätzter Bildschirm
etch factor / Ätzfaktor *m*
etching agent / Ätzmittel *n* || ~ **solution** / Ätzlösung *f*, Ätzbad *n*
etch test / Ätzprobe *f*
e.t.d. s. embedded temperature detector
ETFE s. ethylene tetrafluoride ethylene || ≙ **single core non-sheathed cable** / ETFE-Aderleitung *f*, Aderleitung mit ETFE-Isolierung
Ethernet *n* / Ethernet (mit CSMA/CD unter ISO 8802.3 genormt), Ethernet Adresse (hexadezimal)
ethoxylene resin / Epoxidharz *n*
ethylene *n* / Ethylen *n* || ~ **propylene rubber (EPR)** / Ethylen-Propylen-Kautschuk *m* (EPR) || ~ **tetrafluoride ethylene (ETFE)** / Ethylen-Tetra-Fluor-Ethylen *n* (ETFE) || ~ **vinyl acetate (EVA)** / Ethylen-Vinylacetat *n* (EVA)
e.t.p. copper s. electrolytic tough-pitch copper
ETS project design software / Projektierungssoftware ETS
ETSI / ETSI (European Telecommunications Standards Institute; Europäisches Institut für Fernmeldeunternehmen)
ETX (end of text) / Textende *n*, ETX
EU / Dehnungselement *n* (IK), Ausdehnungskasten *m* (IK) || **EU (expansion unit)** / EG (Erweiterungsgerät)
eucentric *adj* / euzentrisch *adj*
EUIM s. EU interface module
EU interface module (expansion unit interface module) / EG-Anschaltung (Erweiterungsgerätanschaltung) *f*
Euler angle / Eulerwinkel *m*
EUNA (End User Notification Administration) / EUNA
EUREKA / EUREKA (European Research Cooperation Agency) || ≙ **/IHS** / EUREKA/IHS (Projekt verschiedener europäischer Hersteller zur Definition und Erarbeitung eines Industriestandards für ein Integrated Home System)
Euro-board / Europakarte *f*
Euro-card *n* / Europakarte *f*
Eurocard format / Europaformat *n*
Eurocard-format module / Europaformatbaugruppe *f*
Euro-crate *n* / Euro-Norm-Kasten *m*
Euro-format *n* / Europaformat *n*
Euroformat *n* / Europaformat *n*
European Committee for Electrotechnical Standardisation (CENELEC/TC) / Europäisches Komitee für Elektrotechnische Normung (CENELEC/TC) || ≙ **installation bus (EIB)** / europäischer Installationsbus (EIB) || ≙ **home systems (EHS)** / EHS, EHSA || ≙ **Installation Bus** / Europäischer Installationsbus || ≙ **Machinery Directive** / europäische Maschinenrichtlinie || ≙ **preliminary standard (EN V)** / Europäische Vornorm (EN V) || ≙ **standard** / Europanorm (EN)

f, Europäische Norm (EN) || ≙ **Standard (EN)** / Europäische Norm (EN), Europanorm *f* || ≙ **standard size** / Europaformat *n* || ≙ **standard size PC board** / Europakarte *f* || ≙ **standard-size p.c.b.** / Europaplatte *f*
Euro-plug *n* / Europastecker *m*
EUT s. equipment under test
eutectic *n* / Eutektikum *n* || ~ **bonding** / eutektisches Kontaktieren
EUU (Electrical Industry Development and Training Center) / EUU (Zentrum für die Entwicklung der Elektroindustrie und Weiterbildung)
eV s. electron volt
EVA s. ethylene vinyl acetate / GWB (Geschäftswertbeitrag)
evacuate *v* / entleeren *v*, auspumpen *v*, luftfreimachen *v*, evakuieren *v*, ein Vakuum herstellen || ~ **by baking** / ausheizen *v* (Lampe)
evacuated *adj* / evakuiert *adj*
evacuation *n* / Evakuieren *n*
evaluate *v* / auswerten *v*, bewerten *v*, begutachten *v* (QS, einen Lieferanten)
evaluating logic / Auswertlogik *f*
evaluation *n* / Auswertung *f*, Bewertung *f*, Wertung *f*, Auswerten *n* || ~ **element** / Auswertungsglied *n* || ~ **in the first scanning cycle** / Erstlaufflanke *f* || ~ **of indication** / Anzeigenbewertung *f* || ~ **of the measured data** / Auswertung der Messdaten || ~ **section** / Auswerteteil *m* || ~ **systems** / Auswertesysteme *n pl*
evaluator *n* / Auswertegerät *n*
evanescent field / abklingendes Feld IEC 50(731)
evaporate *v* / verdampfen *v*
evaporation rate / Verdunstungsgeschwindigkeit *f*
even *n* IEC 117-15 / Gerade-Glied *n* DIN 40700,T.14, Paritätselement *n* || ~ **adj** / gerade *adj*, eben *adj*, glatt *adj*, geradzahlig *adj* || ~ **burning** / ruhiges Brennen || ~ **element** IEC 1 17-15 / Gerade-Glied *n* DIN 40.T.14, Paritätselement *n* || ~ **illumination** / gleichmäßige Ausleuchtung
evenness *n* / Ebenheit *f*, Glattheit *f*
even number / gerade Zahl || ~ **number of characters** / gerade Zeichenzahl
even-order harmonic / geradzahlige Oberschwingung
event *n* / Ereignis *n*, Meldung *f* (bei Zustandsänderung), Veranstaltung *f* || ~ **bit** / Meldebit *n* || ~ **class tag** / Meldeklassenkennzeichen *n*
event-controlled / ereignisgesteuert *adj*, unterbrechungsgesteuert *adj*
event counting / Ereigniszählung *f*
event-driven *adj* / ereignisgesteuert *adj*, unterbrechungsgesteuert *adj* || ~ **program** / ereignisgesteuertes Programm
event flag / Meldungsmerker *m* || ~ **ID** / Ereignis-ID || ~ **information** / Ereignismeldung *f* (FWT) || ~ **information text length** / Meldungstextlänge *f* || ~ **job** / Ereignisauftrag *m* || ~ **list** / Ereignisliste *f* || ~ **log** / Ereignisprotokoll *n*, Meldeprotokoll *n* || ~ **marker** / Ereignismarkierer *m* (Schreiber, Osz.) || ~ **marking start selector** / Ereignismarkier-Startselektor *m*
event-message *n* / Ereignismeldung *f*
event module / Ereignisbaustein *m* || ~ **processing** / Meldungsverarbeitung *f* || ~ **recorder** /

event-related 194

Ereignisschreiber m, Meldedrucker m || ~ recording system / Meldedruckersystem n, druckendes Meldesystem
event-related adj / ereignisabhängig adj
event sequence / Ereignisfolge f, Meldefolge f || ~ signal / Ereignissignal n, Anreiz m (FWT) || ~ signalling and annunciation system / Meldeanlage f || ~ status / Meldungszustand m || ~ synchronous / ereignissynchron adj || ~ tag / Ereignisvariable f
evidence of acceptability / Annehmbarkeitsnachweis m (QS) || ~ of control (AQAP) / Überwachungsnachweis m (QS) || ~ of type tests / Typprüfungs-Nachweis m || ~ of use / Verwendungsnachweis m
evident adj / wahrnehmbar adj
evolute connection / Evolventenverbindung f (Wickl.)
evolution n / Ablauf m
evolve v / gebildet werden
evolved fault / sich ausweitender Kurzschluss
evolving fault / Stromumschlag m, Umschlagstörung f || ~ fault IEC 50(448) / sich ausweitender Kurzschluss
E-wave n / E-Welle f
ewire end ferrule / Aderendhülse f
Ex area / Ex-Bereich m, explosionsgefährdeter Bereich
exacting requirements / strenge Anforderungen
exactness n / Genauigkeit f
examination n / Überprüfung f
exact positioning ISO 1056 / Genau-Halt m (NC) || ~ stop / Genauhalt m || ~ stop limit / Genauhaltgrenze f || ~ stop window / Genauhaltfenster n || ~ synchronism / exakter Gleichlauf
examination of dimensions and mass / Maß- und Gewichtsprüfung f
examine v / untersuchen v, prüfen v, durchsehen v || to ~ radiographically / durchstrahlen v, röntgen v
example n / Beispiel n || ~ for application / Anwendungsbeispiel n
excavation movement / Aushubbewegung f
excavator drive / Baggerantrieb m
exceeded adj / überschritten adj
excelsior n / Holzwolle f
excentric loading / außermittige Belastung
exception n / Ausnahme f || ~ condition / Ablaufunterbrechung f (DÜ) || ~ error / Ausnahmefehler m || ~ report full (XRF) / XRF || ~ rule / Ausnahmeregelung f || ~ word dictionary / Ausnahmewörterbuch n (Textverarb., f. Silbentrennung)
excess n (QA) / Exzess m DIN 55350,T.21 || 3-~ Gray code / 3-Excess-Gray-Code m || ~ ampere turns / zusätzliche Amperewindungen || ~ and total meter / Gesamt- und Überverbrauchszähler m || ~ carrier / Überschussladungsträger m, Überschussträger m || ~ current / Überstrom m
excess-current circuit-breaker / Überstrom-Schutzschalter m, strombegrenzender Leistungsschalter, Maximalschalter m || ~ relay / Überstromrelais n
excess electron / Überschusselektron n || ~ energy / Überschussenergie f
excess-energy meter / Überverbrauchszähler m, Spitzenzähler m

excess gain / Faktor der Strahlungsleistung f (fotoelektr. NS) VDE 0660, T.288
excessive adj / übermäßig adj || excessive input / überhöhte Eingangsgröße || ~ number / Überbestand m || ~ velocity / Geschwindigkeitsüberhöhung f
excess noise power / Überschussrauschleistung f || ~ noise ratio / Überschussrauschverhältnis n || ~ power / ss f || ~ pressure / Überdruck m || ~ RF noise power / Zusatz-HF-Rauschleistung f
excess-three code / Drei-Exzess-Code m, Drei-Überschuss-Code m
excess-torque capacity / Drehmomentüberlastbarkeit f
exchange v / auswechseln v, austauschen v || ~ n / Amt n
exchange, mutual ~ coefficient / gegenseitiger Austauschkoeffizient (BT)
exchangeable adj / austauschbar adj, auswechselbar adj || ~ cartridge / Wechselkassette f (Plattenspeicher) || ~ disk / Wechselplatte f (Speicher) || ~ disk storage (EDS) / Wechselplattenspeicher m
exchange axis (axis in setpoint exchange group to which a setpoint output can be switched from the default axis) / Umschaltachse f || ~ for / Tausch in || ~ instructions / Austauschanweisung f || ~ list / Tauschliste f || ~ of electricity / Energieaustausch m || ~ of information / Informationsaustausch m || ~ of withdrawable section / Einschubwechsel m || ~ power / Übergabeleistung f (Netz), Austauschleistung f
exchanger n / Austauscher m
exchange rate / Kurs m || ~ risk / Wechselkursrisiko n
excitance, luminous ~ / spezifische Lichtausstrahlung || photon ~ / spezifische Photonenausstrahlung || radiant ~ / spezifische Ausstrahlung
excitation n / Erregung f, Anregung f || ~ ampere turns / Erregerstrombelag m, Erregerdurchflutung f || ~ band / Anregungsband n (HL) || ~ build-up setter / Hochlaufsteller m (Erregung) || ~ capability / Erregungsfähigkeit f || ~ capacitor / Erregungskondensator m, Feldkondensator m || ~ circuit / Erregerkreis m, Feldkreis m || ~ current / current transformer / Erregerstromtransformator m || ~ equipment / Erregereinrichtung f, Erregeranordnung f, Erregerstromquelle f || ~ failure / Feldausfall m, Feldzusammenbruch m, Erregungsausfall f, Erregerkreisunterbrechung f || ~ field / Erregerfeld n || ~ flux / Erregerfluss m || ~ from direct-coupled exciter / Eigenerregung f (Gen.) || ~ from prime-mover-driven exciter / direkte Eigenerregung (Gen.) || ~ from separately driven exciter / indirekte Eigenerregung (Gen.) || ~ function / Erregungsfunktion f || ~ intensity / Anregungsstärke f || ~ limiter / Erregungs-Begrenzungsregler m || ~ limiting / Erregungsbegrenzung f || ~ loss / Erregungsverluste m pl, Verluste im Erregerkreis, Leerlaufverluste m pl (Trafo) || ~ of vibrations / Schwingungserregung f, Schwingungsanregung f || ~ power / Erregerleistung f || ~ purity / spektraler Farbanteil (LT) || ~ rectifier / Erregergleichrichter m, Feldgleichrichter m || ~ resistor /

Erregerwiderstand *m* (Gerät), Feldwiderstand *m* (Gerät) || ~ **response** / Erregungsgeschwindigkeit *f* || ~ **response ratio** / mittlere Erregungsgeschwindigkeit || ~ **spectrum** / Anregungsspektrum *n* (LT) || ~ **strength** / Erregerdurchflutung *f* || ~ **system** / Erregersystem *f* (el. Masch.), Erregeranordnung *f*, Erregerstromquelle *f* || ~ **system ceiling voltage** / Erregersystem- Deckenspannung *f*
excitation-system no-load ceiling voltage / Leerlauf-Deckenspannung des Erregersystems (el. Masch.)
excitation system nominal response / Nennwert der Erregungsgeschwindigkeit des Erregersystems (el. Masch.) || ~ **system on-load ceiling voltage** / Last-Deckenspannung des Erregersystems (el. Masch.) || ~ **system output terminals** / Ausgangsklemmen des Erregersystems (el. Masch.) IEC 50(411) || ~ **system rated current** / Erregersystem-Bemessungsstrom *m* || ~ **system rated voltage** / Erregersystem-Bemessungsspannung *f*
excitation-system stability / Stabilität der Erregeranordnung
excitation table / Erregungstafel *f* || ~ **temperature** / Anregungstemperatur *f* || ~ **variable** / Erregungsvariable *f* || ~ **voltage** / Erregerspannung *f*, Anregungsspannung *f* || ~ **voltage transformer** / Erregerspannungstransformator *m* || ~ **winding** / Erregerwicklung *f*, Feldwicklung *f*, Polwicklung *f*, Polradwicklung *f* || ~ **winding I²R losses** IEC 342 / Stromwärmeverluste in der Erregerwicklung VDE 0530,T.2
excite *v* / erregen *v*, anregen *v*, anfachen *v*
exciter *n* / Erreger *m*, Erregermaschine *f*, Erregerdynamo *m* || **static** ~ / statischer Erreger, Erregergleichrichter *m*, Erregerstromrichter *m*, Erregerumformer *m* || **vibration** ~ / Schwingungserreger *m* (mech.), Schwingerreger *m* || ~ **base** / Erregersockel *m*, Erregeruntersatz *m* || ~ **boost** / Stoßerregung *f* || ~ **ceiling voltage** / Erregerdeckenspannung *f* || ~ **dome** / Erregerlaterne *f* || ~ **end** / Erregerseite *f* (ES (el.Masch.)) || ~ **field** / Erregerfeld *n* (Erregermasch.) || ~ **lamp** / Anregungslampe *f* || ~ **leads** / Erregerleitung *f* || ~ **losses** / Verluste in der Erregermaschine || ~ **of oscillations** / Schwingungserreger *m* (el.), Schwingerreger *m* || ~ **output** / Erregerleistung *f* || ~ **platform** / Erregersockel *m*, Erregeruntersatz *m* || ~ **rating** / Erregerleistung *f* || ~ **resistance** / Erregerwiderstand *m* || ~ **response** / Erregungsgeschwindigkeit *f*, Erregungskoeffizient *m*, Änderungsgeschwindigkeit der Ankerspannung der Erregermaschine, Erregerverhalten *n* || ~ **response ratio** / Nenn-Erregungsgeschwindigkeit *f* || ~ **set** / Erregersatz *m*, Erregerumformer *m* || ~ **voltage-time response** / Erreger-Spannungs-Zeitverhalten *f*, Änderungsgeschwindigkeit der Erregerspannung, Erreger-Spannungsdynamik *f* || ~ **winding** / Erregerwicklung *f* (Erregermasch.)
exciting circuit / Erregerkreis *m*, Feldkreis *m*
exciting-circuit loss / Erregungsverluste *m pl*, Leerlaufverluste *m pl* (Trafo), Verluste im Erregerkreis
exciting current / Erregerstrom *m*, Feldstrom *m* || ~ **current** IEC 50(321) / sekundärer Erregerstrom (Wandler) || ~ **field** / Erregerfeld *n* || ~ **force** / Anregungskraft *f* || ~ **inrush** / Erregerstoß *m* || ~ **magnet** / Erregermagnet *m* || ~ **voltage** /

Erregerspannung *f*
excitron *n* / Excitron *n*
exclusion *n* / Inhibition *f* DIN 44300 || **Exclusion list** / Ausschlussliste *f* || **exclusion of liability** / Haftungsausschluss *m*
exclusive OR (EOR) / exklusives ODER (EOR), Antivalenzglied *n*
exclusive-OR branch / Exklusiv-ODER-Aufspaltung *f* || ~ **element** / Exclusiv-ODER-Element *n*, Antivalenzglied *n*
excursion *n* / Ausschlag *m*, Auswandern *m*, Auslenkung *f* (vgl. Messtaster), Überhöhung *f*, Überschreitung *f*, Überlaufweg *m*, Überschreiten *n*, Schwingweg *m*
EXE / Impulsformerelektronik *f*, integrierte Impulsformerelektronik, EXE
executability *n* / Ablauffähigkeit *f*
executable *adj* / ausführbar *adj*, ablauffähig *adj* (Programm), ladefähig *adj* || ~ **code** / Ausführbarer Code || ~ **diagram** / ablauffähiger Graph || ~ **statement** / ausführbare Anweisung
execute *v* / ausführen *v* (Programm), abfahren *v*, bearbeiten *v*, abarbeiten *v* || ~ **a trial program run** / Programm einfahren || ~ **command** / Ausführungsbefehl *m*, Bearbeitungsbefehl *m*
executed *adj* / abgearbeitet *adj* || ~ **loop** / Schleifendurchlauf *m*
execute key / Ausführungstaste *f* || ~ **tool loading** / Einwechseln ausführen
execution *n* (e.g. in IEC 1131-1) / Ausführung *f* (eines Programms), Abarbeitung *f*, Ablauf *m*, Durchlauf *m*, Variante *f* || ~ **operation** ~ / Operationsausführung *f* || ~ **control** / Ausführungssteuerung *f* (a. SPS-Programm) || ~ **control element** / Elemant zur Ausführungssteuerung (SPS) || ~ **cycle** / Bearbeitungszyklus *m*, Ausführungszyklus *m* || ~ **from external source** / Abarbeiten von extern || ~ **level** / Ablaufebene *f* || ~ **level system** / Ablaufebenensystem *n* || ~ **of a command** / Ausführung eines Befehls, Vollstreckung eines Befehls || ~ **of large CNC programs** / Abarbeiten großer CNC-Programme || ~ **system** / Ablaufsystem *n* || ~ **time** / Ausführungszeit *f* (Programm), Operationszeit *f*, Bearbeitungszeit *f*, Laufzeit *f* || ~ **time monitoring** / Laufzeitüberwachung *f*
executive block (EB) / Organisationsbaustein *m* (OB (PC)) || ~ **call routine** / organisatorischer Aufruf || ~ **control program** / Organisationsprogramm *n* (ORG) || ~ **function** / organisatorische Funktion (SPS) || ~ **instruction** / Ausführungsbefehl *m* (NC) || ~ **operation** / organisatorische Operation (SPS) || ~ **program** / Organisationsprogramm *n*, (CNC-)Systemprogram *n*, Leitprogramm *n* || ~ **routine** / Ablaufroutine *f*, Ablaufteil *n* (Programm)
exhaust air / Abluft *f*, Fortluft *f* || ~ **backpressure** / Auspuffrückdruck *m* || ~ **brake** / Auspuffbremse *f*, Motorbremse *f* (Kfz)
exhausted battery / erschöpfte Batterie, tiefentladene Batterie
exhaust emission / Abgasemission *f* || ~ **emission control** / Abgasreinigung *f* (Kfz), Abgasentgiftung *f*
exhauster, vacuum ~ / Vakuumpumpe *f*
exhaust gas after-treatment / Abgasnachbehandlung *f*, Abgasbehandlung *f* || ~ **gas analysis** /

exhaustive

Abgasmessung *f* || ~ **gas analyzer** / Abgasmessgerät *n* || ~ **gas recirculation** / Abgasrückführung *f* (EGR (Kfz)) || ~ **gas recirculation valve** / Abgasrückführventil *n* (Kfz)
exhaustive discharge / Tiefentladung *f* (Batt.) || ~ **discharge protection (o. monitoring)** / Tiefentladeschutz *m* (Batt.)
exhaust machine / Pumpmaschine *f*
exhaustor *n* s. exhauster
exhaust port / Ausströmöffnung *f* (f. Gas) || ~ **side** / Luftaustrittseite *f*, Ausblasseite *f* || ~ **silencer** / Auspuff-Schalldämpfer *m* || ~ **steam** / Abdampf *m* || ~ **stroke** / Auspufftakt *m* (Kfz-Mot.) || ~ **treatment** / Abgasnachbehandlung *f*, Abgasbehandlung *f* || ~ **tube** / Pumprohr *n*, Pumpstengel *m*
exhibition *n* / Messe *f* || ~ **lighting** / Beleuchtung von Ausstellungsräumen || ~ **room** / Ausstellungsraum *m*
Exi isolating components / Exi-Trennkomponente *f*
Exists Program (EP) / EP
exit *n* / Ausgang *m*, Aussprung (aus dem Programm) *m*, Beenden *n*, Verlassen *n* || **exit** / aussteigen *v* || **to ~ a state** / einen Zustand verlassen || ~ **action** / Austrittsaktion *f* || ~ **air** / Abluft *f* (KT) || ~ **help** / Hilfe beenden
exiting the system / Systemaussprung *m* || **on ~** / beim Verlassen
exit in straight line / gerade abfahren || ~ **jump** / Aussprung *m* || ~ **menu (XM)** / Aussprungmenü (AM) *n* || ~ **taxiway** / Abrollbahn *f* (Flp.) || ~ **velocity of air** / Strömungsgeschwindigkeit der Luft (Kühlluft aus einer el. Masch.)
EXOR element (= EXCLUSIVE OR) / EXOR-Glied *n*
expand *v* / dehnen *v*, ausdehnen *v*, aufweiten *v*, erweitern *v*, spreizen *v*, verlängern *v*, wachsen *v*, wandern *v*, strecken *v*, entspannen *v*
expandable sponge / Quellschwamm *m*
expanded *adj* / erweitert *adj* || ~ **air** / entspannte Luft || ~ **conductor** / erweiteter Leiter || ~ **configuration** / Erweiterung *f*, Ausbau *m*, Ausbaustufe *f* || ~ **material** / Schaumkunststoff *m*, gemischtzelliger Schaumstoff || ~ **metal** / Streckmetall *n* || ~ **pile** / erweiterter Pfahl (Bohrpfahl), Pfahl mit Birne || ~ **plastic** / Schaumkunststoff *m*, Schaumstoff *m* || ~ **polystyrene** / Styropor *n* || ~ **polystyrene board** / Styroporplatte *f* || ~ **print** / Breitschrift *f* || ~ **pulse** / verlängerter Impuls || ~ **representation** / expandierte Darstellung || ~ **rubber** / geschlossenzelliger Schaumgummi
expanded-scale voltmeter / Voltlupe *f*
expanded text / Breitschrift *f*
expander *n* / Dehner *m*, Erweiterungsschaltung *f* (IS) || **beam ~** / Strahlaufweiter *m* || ~ **input** / Erweiterungseingang *m*
expanding clutch / Spreizringkupplung *f* || ~ **collar** / Spreizring *m*, Spannring *m* || ~ **cone** / Spreizkegel *m* || ~ **cylinder** / Backenzylinder *m* || ~ **mandrel** / Aufweitdorn *m* || ~ **of capacity** / Kapazitätserweiterung *f* || ~ **test** / Aufweitversuch *m*
expansibility *n* / Dehnfähigkeit *f* || ~ **factor** / Expansionszahl *f* (Durchflussmessung)
expansion *n* / Ausdehnung *f*, Dehnung *f*, Aufweitung *f*, Expansion *f*, Erweiterung *f*, Aufspreizung *f*, Entspannung *f*, Ausbau *m*, Ausbaustufe *f*, Schaltanlage *f* || **sweep ~** / Dehnung der

196

Zeitablenkung || ~ **bellows** / Dehnungsbalg *m* || ~ **bend** / Ausdehnungsbogen *m*, Dehnungsbogen *m* || ~ **board** / Erweiterungsplatte *f*, Erweiterungsplatine *f*, Erweiterungsbaugruppe *f* (Leiterplatte) || ~ **capability** / Ausbaubarkeit *f*, Ausbaufähigkeit *f*, Erweiterbarkeit *f*, Erweiterungsmöglichkeit *f* || ~ **card** / Erweiterungskarte *f* || ~ **chamber** / Windkessel *m* || ~ **circuit-breaker** / Expansionsschalter *m* || ~ **component** / Erweiterungsteil *n* || ~ **costs** / Erweiterungskosten *pl* || ~ **coupling** / Dehnungskupplung *f*, Spreizkupplung *f* || ~ **crack** / Dehnungsriss *m* || ~ **factor** / Expansionszahl *f* (Durchflussmessung) || ~ **fitting** / Kompensator *m* (f. Ausdehnung) || ~ **heat** / Dehnungswärme *f* || ~ **interrupter** / Expansionsunterbrecher *m*, Expansionsschalter *m*, Expansionstrenner *m* || ~ **joint** / Dehnfuge *f*, Dehnungsausgleicher *m*
expansion-joint unit / Dehnungselement *n* (IK), Ausdehnungskasten *m* (IK)
expansion loop / Dehnungsbogen *m*, Dehnungsband *n* || ~ **measuring spiral** / Dehnungsmessspirale *f*, DMSp || ~ **measuring strip** / Dehnungsmessstreifen (DMS) *m* || ~ **module** / Erweiterungsmodul (EM) *n*, Zusatzbaustein *m* || ~ **option** / Ausbaufähigkeit *f*, Ausbaubarkeit *f*, Erweiterungsmöglichkeit *f* || ~ **piece** / Dehnungsstück *n* || ~ **rack** / Erweiterungsgerät (EG) *n* || ~ **rack (ER)** / Erweiterungsbaugruppenträger *m*, Erweiterungsrack (ER) *n* || ~ **ratio** / Dehnungsverhältnis *n* || ~ **rivet** / Spreizniet *m* || ~ **set** / Erweiterungssatz *m* || ~ **tank** / Ausdehnungsgefäß *n*, Druckausgleichsgefäß *n* (f. Ölkabel) || ~ **unit** / Dehnungselement *n* (IK), Ausdehnungskasten *m* (IK) || ~ **unit (KU)** / Erweiterungsgerät *n* (EG (PC)) || ~ **unit interface module (EU interface module)** / Erweiterungsgeräteanschaltung (EG-Anschaltung) *f* || ~ **vessel** / Ausdehnungsgefäß *n*, Druckausgleichsgefäß *n* (f. Ölkabel)
expectation *n* / Erwartung *f* (Statistik, QS)
expectation-driven reasoning / erwartungsgesteuerte Inferenzen
expectation value of a variate / Erwartungswert einer Zufallsgröße DIN 55350,T.21
expected amount of pieces / Sollstückzahl *f* || ~ **life** / voraussichtliche Nutzungsdauer || ~ **value** / Erwartungswert *m* (Statistik, QS)
expedited data / Vorrangdaten *plt*
expedited-data transmission / Eildatenübertragung *f*, Vorrangdatenübertragung *f*
expedited network service data unit / Vermittlungsdienst-Vorrangdateneinheit *f* DIN ISO 8348 || ~ **service data unit** / Vorrang-Dienstdateneinheit *f* DIN ISO 7498 || ~ **transport service** / Vorrangtransportdienst *m*
expendable material / Verbrauchsmaterial *n*
expendables *n pl* / Verbrauchsmaterial *n*
expenditure of maintenance / Wartungsaufwand *m*
expensive *adj* / aufwändig *adj*
experience has shown / die Praxis zeigt
experimental design / Versuchsplanung *f* (QS) || ~ **lighting road** / Beleuchtungs-Versuchsstraße *f* || ~ **lot** / Vorserie *f*, Vorserie *f*, Musterlos *n*, Nullserie *f* || ~ **machine** / Versuchsmaschine *f* || ~ **response time T_n** / experimentelle Antwortzeit T_n ||

~ **set-up** / Versuchsanordnung f, Versuchsaufbau m
|| ~ **test bay** / Versuchsfeld n, Entwicklungsprüfstand m
expert n / Sachverständiger m, Fachmann m || ~ **mode** / Fachkraft-Level m, Expertenmodus m
expertise n / Gutachten n
expert's report / Gutachten n
expert system shell / Meta-System n
expiration date / Verfallsdatum n, Haltbarkeitsdauer f
explanation n / Erklärung f, Erläuterung f
explanatory chart / erläuterndes Diagramm || ~ **diagram** / erläuternder Schaltplan
explicit data / explizite Daten || ~ **decimal sign** / expliziter Dezimalpunkt || ~ **radix point** / expliziter Radixpunkt || ~ **radix point representation** / Darstellung mit explizitem Radixpunkt
exploded view / aufgelöste Darstellung (auseinandergezogene D.), Explosionszeichnung, explodierte Darstellung
exploring coil / Suchspule f, Feldsonde f, Induktionsspule f
explosion-containing component IEC 50(581) / druckfest gekapseltes Bauelement
explosion hazard / Explosionsgefahr f || ~ **limits** / Zündgrenzen f pl (Gas) || ~ **of bill of materials** / Stücklistenauflösung f || ~ **pressure** / Explosionsdruck m || ~ **pressure switch** / auf den Explosionsdruck ansprechender Schalter
explosion-proof adj / druckfest adj, schlagwettergeschützt adj, druckfest gekapselt, eigensicher adj, explosionsgeschützt adj || ~ n / Explosionsschutz m || ~ **component** IEC 50(581) / explosionsgeschütztes Bauelement || ~ **enclosure** / druckfeste Kapselung (Ex d), druckfestes Gehäuse, zünddichte Kapselung, partikeldurchschlagsichere Kapelung || ~ **machine** / druckfest gekapselte Maschine, schlagwettergeschützte Maschine (Schutzart d), explosionsgeschützte Maschine
explosion proof required / Explosionsschutzbedingungen
explosion-proof type of protection / Schutzart druckfeste Kapselung
explosion-protected design / explosionsgeschützter Aufbau || ~ **electrical apparatus** / elektrische Betriebsmittel für explosionsgefährdete Bereiche IEC 50(426) || ~ **equipment** / explosionsgeschützte Betriebsmittel
explosion protection / Explosionsschutz m || ~ **vent** / Explosionsschutzvorrichtung f (Trafo), Überdrucksicherung f
explosive atmosphere / explosionsfähige Atmosphäre || ~ **dust atmosphere** / explosionsfähige Staubatmosphäre || ~ **forming** / Explosivformung f || ~ **gas-air mixture** / explosionsfähiges Gas-Luft-Gemisch, zündfähiges Gasgemisch || ~ **gas atmosphere** / explosionsfähige Gasatmosphäre || ~ **limit** / Explosionsgrenze f E VDE 0165,T.102 || ~ **mixture** / explosionsfähiges Gemisch, zündfähiges Gemisch || ~ **situation** / explosionsgefährdete Betriebsstätte
exponent n / Exponent m
exponential distribution / Exponentialverteilung f DIN 55350,T.22
exponentiation n / Potenzierung f
export authorization / Ausfuhrgenehmigung f || ~ **business** / Exportgeschäft n || ~ **database** /

Auslagerungsdatenbank f || ~ **designation** / Exportkennzeichnung f || ~ **designation (export ID)** / Exportkennzeichen n || ~ **directory** / Auslagerungsverzeichnis n || ~ **file** / Export-Datei f || ~ **ID (export identification)** / Exportkennzeichen n || ~ **identification code** / Exportkennzeichen n || ~ **list** / Ausfuhrliste f || ~ **lock** / Auslagerungssperre f || ~ **regulations** / Ausfuhrvorschriften f pl || ~ **risk** / Ausfuhrrisiko n
expose v / freilegen v, aussetzen v, belichten v
exposed adj / freiliegend adj, ungeschützt adj, sichtbar adj, auf Putz verlegt, belichtet adj, berührbar adj
exposed-aggregate concrete / Waschbeton m
exposed conductive part / Körper m (eines el.Betriebsmittels) VDE 0100,T.200, berührbares inaktives Metallteil VDE 0660,T.109, berührbares leitfähiges Teil, berührbares inaktives leitfähiges Teil, inaktives leitfähiges Teil || ~ **conduit** / Rohr auf Putz (IR) || ~ **filament length** / wirksame Drahtlänge (Lampenwendel) || ~ **installation** / Anlage mit äußeren Überspannungen, gegen atmosphärische Überspannungen exponierte Anlage, Aufputzmontage f, ungeschützte (o. freiliegende) Verlegung || ~ **to explosion hazard** / explosionsgefährdet adj || ~ **wiring** / offene Leitungsverlegung, offene Installation, Aufputzinstallation f, ungeschützte Verlegung, Leitung(en) auf Putz
exposure n / Ausgesetztsein n, Freilegung f, Näherung f VDE 0228, Belichtung f, Bestrahlung f, Einwirkung f, ungeschützte Lage || ~ **light** ~ / Belichtung f, Beleuchtung f (in einem Punkt einer Oberfläche) || **luminous** ~ / Beleuchtung f (in einem Punkt einer Oberfläche) || **maximum permissible** ~ **(MPE)** / maximal zulässige Bestrahlung (MZB) || **photon** ~ / Photonenbestrahlung f || **radiant** ~ / Bestrahlung f (an einem Punkt einer Fläche) || ~ **meter** / Belichtungsmesser m, Bestrahlungsdosismesser m || ~ **section** / Näherungslänge f VDE 0228 || ~ **test** / Freilagerversuch m, Bewitterungsprüfung f || ~ **time** / Belichtungszeit f, Einwirkdauer f || ~ **time** IEC 825 / Expositionsdauer (Lasergerät) VDE 0837 || ~ **to dust** / Staubbelastung f || ~ **to power lines** / Starkstrombeeinflussung f
express courier surcharge / Schnelldienstzuschlag m
expression n (Sequence of operands and operators for a desired computation / finite reasonable character sequence) / Ausdruck m (eine Abfolge von Operanden und Operatoren für eine Verarbeitung / sinnvolle endliche Zeichenfolge)
express road / Schnellverkehrsstraße f, Schnellstraße f || ~ **service** / Eildienst m, Expressdienst m || ~ **service surcharge** / Schnelldienstzuschlag m
expressway n / Schnellverkehrsstraße f, Schnellstraße f
expulsion arrester / Ausblasableiter m || ~ **fuse** / Ausblassicherung f, Löschrohrsicherung f
expulsion-tube arrester / Löschrohrableiter m, Rohrableiter m, Gasentladungsableiter m
expulsion-type arrester / Löschrohrableiter m, Rohrableiter m, Gasentladungsableiter m
extend v / erweitern v, ausbauen v, dehnen v (a. CAD), ausdehnen v, sich erstrecken
extendable adj / erweiterungsfähig adj || ~ **module** / Erweiterungsmodul (EM) n

extended

extended *adj* / erweitert *adj* || ~ **binary-coded-decimal information code (EBCDIC)** / erweiterter BDC-Informationscode || ~ **button** / langer Druckknopf VDE 0660,T.201 || ~ **data communication** / erweiterter Datenverkehr || ~ **function** / erweiterte Funktion || ~ **function block (FX)** / Funktionsbaustein aus dem erweiterten Bereich (FX)
extended-head button / hoher Druckknopf
extended-interaction oscillator tube / Oszillatorröhre mit ausgedehnter Wechselwirkung, Wanderfeldoszillator *m* || ~ **plasma tube** / Plasma-Wanderfeldröhre *f*
extended I/O area / erweiterte Peripherie, erweiterter Bereich, erweiterter Peripheriebereich, Q-Bereich (Quellebereich) *m* || ~ **I/O memory area** / erweiterte Peripherie (SPS), erweiterter Bereich, erweiterter Peripheriebereich, Q-Bereich (Quellebereich) *m* || ~ **listener** / erweiterter Hörer DIN IEC 625 || ~ **listener function** / erweiterte Hörerfunktion (PMG) || ~ **NAND IEC 117-15** / erweitertes NAND-Glied DIN 40700 || ~ **overstore** / erweitertes Überspeichern || ~ **pulse** / verlängerter Impuls || ~ **pulse timer** / verlängerter Impuls || ~ **range** / erweiterter Bereich (a. Ausl.)
extended-range meter / Großbereichszähler *m*
extended rating current / erweiterte Bemessungsstromstärke
extended-rating-type current transformer / Stromwandler mit erweitertem Messbereich, Großbereichsstromwandler *m*
extended source IEC 825 / ausgedehnte Quelle (Laserstrahlungsq.) VDE 0837 || ~ **Stop and Retract (ESR)** / Erweitertes Stillsetzen und Rückziehen (ESR) || ~ **system data area** / BT-Bereich *m* || ~ **talker** / erweiterter Sprecher DIN IEC 625 || ~ **talker function** / erweiterte Sprecherfunktion (PMG) || ~ **zone grading** / Übergreifstaffelung *f* (Schutz), Überstaffelung *f*
extender *n* / Erweiterungsschaltung *f*, Streckmittel *n* || ~ IEC 50(212) / Extender *m*, Füllstoff *m*
extending ladder / Schiebeleiter *f* || ~ **wall luminaire** / Scherenarm-Wandleuchte *f*
extension *n* / Erweiterung *f*, Ausdehnung *f*, Nebenanschluss *m*, Verlängerung *f*, Schaltanlage *f*, Ergänzung *f*, Option *f*, Nebenstelle *f* || ~ **code** ~ **character** / Codesteuerzeichen *n* || **wrist** ~ / Handvorschub *m* (Manipulator)
extensionally oscillating pendulum / Längspendel *n*
extensional vibration / Längsschwingung *f*
extension cable / Verlängerungskabel *n*, Verlängerung *f* || ~ **claw** / Verlängerungskralle *f*
extension cord / Verlängerungsleitung *f*, Verlängerungskabel *n*, Verlängerungsschnur *f* || ~ **cord set** / Verlängerungsleitung mit Stecker und Kupplung || ~ **flex** / Verlängerungsleitung *f*, Verlängerungskabel *n*, Verlängerungsschnur *f* || ~ **function** / Erweiterungsfunktion *f* || ~ **input** / Erweiterungseingang *m* || ~ **interval** / Schaltstufe *f* || ~ **kit** / Erweiterungsbausatz *m* || ~ **line** / Hilfslinie *f* (a. CAD) || ~ **module (EM)** / Erweiterungsmodul (EM) *n* || ~ **of diameter** / Durchmessererweiterung *f* || ~ **plunger** / Verlängerungsstößel *m* || ~ **shaft** / Verlängerungswelle *f* (Hilfswelle f. Montage), Achsverlängerung *f* || ~ **spring** / Zugfeder *f*, Spannfeder *f* || ~ **strut** / Strebenverlängerung *f* || ~ **terminal** / Verlängerungsklemme *f* || ~ **time for**

groove signal / Verlängerungszeit für Nutsignal || ~ **tube** / Verlängerungsrohr *n* || ~ **unit** / Erweiterungsgerät *n*, Nebenstelle *f* (zur Betätigung eines elektron. Schalters)
extensometer *n* / Dehnungsmesser *m*
extent *n* / Umfang *m*, Kreisumfang *m* || **geometric** ~ / geometrischer Leitwert (eines Strahlenbündels), geometrischer Fluss
exterior lighting / Außenbeleuchtung *f* || ~ **lighting fitting** / Außenleuchte *f* || ~ **luminaire** / Außenleuchte *f*
external *prep* / außen *prep*, fremd *adj* || ~ **angle** (unit) / Außeneck *n* (IK) || ~ **auxiliary information** / anlagenexterne Hilfsinformation, externe Hilfsinformation || ~ **burden** / Außenbürde *f* || ~ **cathode** / Fremdkathode *f* (Korrosionselement) || ~ **characteristic** / äußere Kennlinie || ~ **commutation** / Fremdführung *f* (LE), fremdgeführte Kommutierung (Kommutierung, bei der die Kommutierungsspannung von der Quelle, feste außerhalb des Stromrichters oder elektronischen Schalters geliefert wird) || ~ **company** / Fremdfirma *f* || ~ **conducting strip** / Außenzündstrich *m* (Leuchte) || ~ **conductor** / Außenleiter *m* (Kabel) || ~ **connection** / äußere Verbindung (Trafowickl.), Umleitung *f* (Trafowickl.), Einzellagenschaltung *f* (Trafo) || ~ **connection diagram** / Kabelplan *m*, Verbindungsplan *m* DIN 40719 || ~ **control supply voltage** / außen erzeugte Steuerspeisespannung || ~ **corrosion** / Außenkorrosion *f* || ~ **cylindrical grinding** / Außenrundschleifen *n* || ~ **cylindrical grinding machine** / Außenrundschleifmaschine *f* || ~ **defect** / äußerer Fehler || ~ **design** IEC 439 / äußere Bauform (a. SK) || ~ **device** / Fremdgerät *n* || ~ **diameter** / Außendurchmesser *m* || ~ **dimensions** / Außenmaße *n pl* || ~ **disabled state** / Unbrauchbarkeit wegen externer Ursachen IEC 50(191), nicht verfügbarer Zustand wegen externer Ursachen (Teil des nicht verfügbaren Zustandes einer in betriebsfähigen Zustand befindlichen Einheit, welcher durch einen Mangel an erforderlichen externen Mitteln oder durch geplante Handlungen mit Ausnahme der Instandhaltung verursacht ist) || ~ **disabled time** / extern bedingte Unbrauchbarkeitsdauer IEC 50(191), extern bedingtes Nichtverfügbarkeitszeitintervall, extern bedingtes Nichtverfügbarkeitszeitintervall (Zeitintervall, während dessen eine Einheit in nicht verfügbarem Zustand wegen externer Ursachen ist) || ~ **electric field** / elektrisches Fremdfeld || ~ **emergency retraction** / externer Notrückzug || ~ **encoder** / Anbaugeber *m*, Maschinengeber *m* (Lagegeber, der nicht in den Motor eingebaut, sondern außen an die Arbeitsmaschine bzw. über ein mechanisches Zwischenglied angebaut ist. Der externe Geber wird zur direkten Lageerfassung (direkte Lageerfassung) verwendet.), externer Geber || ~ **excitation** / Fremderregung *f* || ~ **fan** / Außenlüfter *m* || ~ **fault** IEC 50(448) / externer Netzfehlzustand, äußerer Fehler || ~ **field** / äußeres Feld, Fremdfeld *n*, Störfeld *n* || ~ **flashover** / Außenüberschlag *m* || ~ **gap** / äußere Funkenstrecke || ~ **gas pressure cable** / Gasaußendruckkabel *n* || ~ **gauge** / Rachenlehre *f* || ~ **gear** / außenverzahntes Rad || ~ **gearing** / Außenverzahnung *f* || ~ **geometry** / Außengeometrie *f* || ~ **groove** / Außeneinstich *m* || ~

immunity / äußere Störfestigkeit (EMV) || ~ **impedance** / Vorimpedanz f || ~ **inertia** / äußeres Trägheitsmoment, Trägheitsmoment der Last, Fremdträgheitsmoment n || ~ **influences** IEC 614-1 / äußere Einflüsse || ~ **initiating contact** / Vorkontakt m || ~ **insulation** IEC 265 / äußere Isolierung VDE 0670,T.3 || ~ **interpolator** / Außeninterpolator m (NC) || ~ **lightning protection** / äußerer Blitzschutz || ~ **line** / Hauptleiter m, Phasenleiter m, Außenleiter m (Leiter, die Stromquellen mit Verbrauchsmitteln verbinden, aber nicht vom Mittel- oder Sternpunkt ausgehen) || ~ **load power supply** / externe Laststromversorgung || ~ **loss time** / extern bedingte Unbrauchbarkeitsdauer IEC 50(191), extern bedingtes Nichtverfügbarkeitszeitintervall, extern bedingte Nichtverfügbarkeitszeit (Zeitintervall, während dessen eine Einheit im nicht verfügbaren Zustand wegen externer Ursachen ist) **externally clocked converter** / fremdgetakteter Stromrichter || **generated ~ short-circuit tripping current** / kurzschlussfremde Spannung || ~ **connected winding** / Wicklung mit Umleitungen, Wicklung in Doppellagenschaltung (o. Doppelspulenschaltung) || ~ **linked two-phase three-wire connection** / außen verkettete Zweiphasenschaltung || ~ **mounted encoder** / Anbaugeber m, externer Geber, Maschinengeber m (Lagegeber, der nicht in den Motor eingebaut, sondern außen an die Arbeitsmaschine bzw. über ein mechanisches Zwischenglied angebaut ist. Der externe Geber wird zur direkten Lageerfassung (direkte Lageerfassung) verwendet.) || ~ **pressurised bearing** / druckgespeistes Lager || ~ **quenched counter tube** / Zählrohr mit Fremdlöschung, fremdgelöschtes Zählrohr || ~ **reflected component of daylight factor** / Außen-Reflexionsanteil des Tageslichtquotienten || ~ **screwed conduit bend** / Rohrbogen mit Außengewinde (IR) || ~ **screwed conduit coupler** / Rohrnippel m (IR) || ~ **screwed coupler** / Gewindenippel m (IR) || ~ **tuned adaptive controller** / gesteuert adaptiver Regler || ~ **ventilated machine** / fremdbelüftete Maschine (m. angebautem Lüfter), außengekühlte Maschine
external machining / Außenbearbeitung f (WZM) || ~ **magnetic field** / magnetisches Fremdfeld || ~ **main terminals** / äußere Hauptanschlüsse (LE) || ~ **master value** / externer Leitwert || ~ **measuring circuit** / äußerer Messkreis (o. Messpfad) || ~ **measuring-circuit selector** / Messstellenumschalter m DIN 43782, Messstellenwähler m || ~ **memory** / Externspeicher m || ~ **moment of inertia** / äußeres Trägheitsmoment, Fremdträgheitsmoment n, Trägheitsmoment der Last || ~ **mounting** / Anbau m || ~ **network reduction** / externe Netzreduktion || ~ **overvoltage** / äußere Überspannung (transiente Ü. in einem Netz infolge einer Blitzentladung oder eines elektromagnetischen Induktionsvorgangs) || ~ **power pack** / externes Netzteil || ~ **power supply** / externe Stromversorgung, Lastspannungsversorgung f, Laststromversorgung f || ~ **power supply connection** / externer Stromversorgungsanschluss || ~ **power-supply unit** / externes Netzteil || ~ **pressure** / Außendruck m || ~ **protective conductor** / äußerer Schutzleiter || ~

quenching / Fremdverlöschen n (LE), Fremdlöschen n (Verfahren des Verlöschens, bei dem dieses durch Maßnahmen außerhalb des elektronischen Ventilbauelements bewirkt wird) || ~ **reactance** / Vorreaktanz f || ~ **remanent residual voltage** IEC 147-0C / äußere remanente Restspannung (Hallgenerator) DIN 41863 || ~ **reset** / Reset Extern || ~ **resistance** / Außenwiderstand m, Vorwiderstand m || ~ **resistor** / externer Widerstand **external-rotor motor** / Außenläufermotor m **external screw-type micrometer** / Bügelmessschraube f || ~ **service staff** / Außendienstmitarbeiter m || ~ **setpoint** / Fremdsollwert m, externer Sollwert || ~ **spark gap** / äußere Funkenstrecke || ~ **storage** / Externspeicher m || ~ **storage medium** / externer Datenträger || ~ **supply** / Fremdbezug m || ~ **380 V supply for auxiliaries** / externe Einspeisung 380 V für Hilfsbetriebe || ~ **synchronization** / externe Synchronisierung (Osz.) || ~ **teeth** / Außenverzahnung f || ~ **thermal resistance** / äußerer Wärmewiderstand (HL) DIN 41858 || ~ **thread** / Außengewinde n || ~ **triggering** / externe Triggerung (Osz.) || ~ **viewing system (VSE)** / äußeres Betrachtungssystem (ABS) || ~ **voltage** / Fremdspannung f || ~ **wiring** / äußere Leitungen (z.B. f. Leuchten)
extinction angle / Löschwinkel m (LE)
extinction-angle control / Löschwinkelregelung f (LE)
extinction chamber / Lichtbogenkammer f, Schaltkammer f, Löschkammer f (LS) || ~ **current** / Löschstrom m || ~ **limit** / Löschgrenze f || ~ **of current** / Löschen des Stroms || ~ **of earth faults** / Erdschlusslöschung f || ~ **of the arc** / Erlöschen des Lichtbogens || ~ **stroke** / Löschhub m (LS) || ~ **voltage** / Löschspannung f, Aussetzspannung f (Teilentladung) VDE 0434
extinguish v / löschen v, erlöschen v, abbauen v
extinguishing system / Löschanlage f (Feuerlöschanl.)
extra block / Extrasatz m
extra-coarse-pitch thread / Steilgewinde n
extra costs / Mehrkosten pl
extract v / herausziehen v, abziehen v, abdrücken v, extrahieren v, herauslösen v, absaugen v, ziehen v (Wurzel), auskoppeln v || **to ~ the root (of)** / Wurzel ziehen, radizieren v
extracted air / Abluft f (KT)
extracted-air flow rate / Abluftvolumenstrom m, Abluftleistung f
extracting device / Abziehvorrichtung f, Aufsteckgriff m (f. Sicherungen), Abdrückvorrichtung f || ~ **force** / Abziehkraft f, Ausziehkraft f || ~ **lever** / Schalthebel m, Betätigungshebel m, Kipphebel m, Handhabe f || ~ **tool** / Entriegelungswerkzeug n
extraction n / Extraktion f, Ausziehen n, Abziehen n, Auszug m, Absaugen n, Entleeren n, Gewinnung f, Auslaugen n, Ausbauen n, Ausfügen n (Anweisungen) || ~ **timing** / Taktgewinnung f || ~ **command** / Ausblendbefehl m || ~ **fan** / Absauggebläse n, Vakuumpumpe f, Exhaustor m || ~ **force** / Lösekraft f (Steckverbinderkontakte), Ausziehkraft f || ~ **grip** / Schalthebel m, Kipphebel m, Betätigungshebel m, Handhabe f || ~ **loss** / Auskoppeldämpfung f (LWL) || ~ **of steam from**

extraction-type 200

turbine / Turbinenanzapfung f || ~ scale / Ausgangsmaßstab m || ~ tool / Abziehwerkzeug n, Ausbauwerkzeug n (StV), Lösewerkzeug f, Entriegelungswerkzeug n, Ziehwerkzeug n, Abdrückvorrichtung f
extraction-type condensation turbine / Anzapf-Kondensationsturbine f
extractor n / Abdrückvorrichtung f, Demontagewerkzeug n, Ziehvorrichtung f (f. Leiterplatten), Absauggebläse, Abziehvorrichtung f
extra enclosure / Beipack m
extra-fine finishing / Feinstbearbeiten n, Feinhonen n, Feinstschlichten n
extra finely stranded conductor / feinstdrähtiger Leiter
extra-fine thread / Extrafeingewinde n, Feinstgewinde n
extra-high frequency (e.h.f.) / Höchst-Frequenz f
extra-high-pressure lamp / Höchstdrucklampe f || ~ mercury-vapour lamp / Quecksilberdampf-Höchstdrucklampe f
extra-high voltage (e.h.v.) / Höchstspannung f, Ultrahochspannung f
extra-high-voltage switchgear (e.h.v. switchgear) / Höchstspannungsschaltanlage f || ~ transformer (e.h.v. transformer) / Höchstspannungstransformator m
extra-large-scale integration (ELSI) / Höchstintegrationsgrad m (IS)
extra low voltage / Funktionskleinspannung f ||
extra-low voltage (e.l.v.) / Kleinspannung f
extra-low-voltage lighting / Kleinspannungsbeleuchtung f || ~ transformer / Kleinspannungswandler m, Kleinspannungstransformator m
extraneous area / Fremdbereich m || extraneous conductive part / fremdes leitfähigesTeil VDE 0100,T.200 || ~ field / Fremdfeld n, Störfeld n, äußeres Feld
extrapolated adj / extrapoliert adj || ~ Q-percentile life / extrapoliertes Lebensdauer-Perzentil Q || ~ reliability / extrapolierte Erfolgswahrscheinlichkeit
extra pulse / Störsignal n (magn. Datenträger, Lesespannung) || ~ way of contact / Kontaktüberhub m (Abbrandzugabe)
extremal control / Extremwertregelung f
extreme compressive fiber / Biegedruckrand m || ~ dimension of workpiece / äußerstes Werkstückmaß || ~ edge of tension side / äußerste Zugfaser
extremely low frequency (e.l.f.) / Niedrigstfrequenz f, Langwellenfrequenz f, Längstwellenfrequenz f
extreme point / Endpunkt m (NC)
extreme-pressure additive (e.p. additive) / Hochdruckwirkstoff m (EP-Zusatz) || ~ agent / Hochdruckzusatz m || ~ lubricant (e.p. lubricant) / Hochdruckschmiermittel n || ~ oil (e.p. oil) / Hochdrucköl n
extreme range (of an influencing quantity, relay) IEC 50(446) / Extrembereich m, Grenzbereich m || ~ tapping / Endstufe f (Trafo-Stufenschalter) || ~ tensile fiber / Biegezugrand m || ~ value / Extremwert m
extreme-value distribution / Extremwertverteilung f DIN 55350,T.22 || ~ selection / Extremwertauswahl f (Reg., PC)

extremity of exposure / Näherungsende n
extremum n / Extremwert m
extrinsic base resistance / Basisbahnwiderstand m (Transistor) DIN 41854 || ~ conduction / Störstellenleitung f || ~ junction loss / Einfügungsdämpfung f (bei Verbindung identischer LWL) VDE 0888,T.1 || ~ semiconductor / Störstellenhalbleiter m
extrude v / extrudieren v
extruded adj / fließgepresst adj || ~ aluminium sheath / gepreßter Aluminiummantel || ~ hole / Gewindedurchzug m || ~ inner covering / extrudierte gemeinsame Aderumhüllung VDE 0281, gepresste gemeinsame Aderumhüllung || ~ insulation / extrudierte Isolierung (Kabel) || ~ material / Strangmaterial n || ~ material axis / Strangachse f || ~ oversheath / Schutzhülle f (nichtmetallen extrudierte Hülle, zum Schutz eines Metallmantels, die auch äußere Hülle des Kabels bildet), Außenhülle f, Kunstoffaußenhülle f, Mantelschutzhülle f, thermoplastische Schutzhülle
extruder n / Extruder m
extrusion n / Extrusion f || ~ direction / Hochzugrichtung f (CAD) || ~ machine / Extrusionsmaschine f
exude v / ausschwitzen v, ausscheiden v
eye n / Auge n, Öse f, Kausche f, Schauloch n || ~ accommodation / Anpassung des Auges, Akkommodation f || ~ bolt / Transportöse f, Tragöse f
eyelet n / Öse f, Bodenkontakt m (Lampe), Kontaktplättchen n
eye response / Augenempfindung f
eye-saving light / augenschonendes Licht
eye sensitivity curve / Augenempfindlichkeitskurve f || ~ shield / Augenschutz m || ~ strain / Augenanstrengung f
eye-type bearing / Augenlager n
eyebolt n / Hebeöse f

F

F (letter symbol for forced coolant circulation) / F (Buchstabensymbol für erzwungene - forced - Kühlmittelbewegung) || F (flag) / Flagge f, M (Markierungszeichen), M (Merker) || F dependency (free-state dependency) / F-Abhängigkeit f || F function (feed function) / F-Funktion f, Vorschubangabe f, F-Wort n || F setpoint smoothing / Fsoll-Glätt. || F technology (fail-safe technology) / F-Technik f (fehlersichere Technik) || F word / Vorschubangabe f, F-Funktion f, F-Wort n
FA s. factory automation || FA (following axis) / Slaveachse f, FA (Folgeachse)
fabric n / Gewebe n (s. Isoliermaterial)
fabricated construction / geschweißte Ausführung, Schweißkonstruktion f || ~ field coil / gelötete Polspule || ~ rotor / zusammengesetzter Läufer
fabric-base laminate / Hartgewebe n (Hgw)
fabric belt / Geweberiemen m, Textilriemen m || ~ take-off / Warenabzug m || ~ tape / Gewebeband n
face v / plan bearbeiten, abflächen v, beschichten v,

belegen v || ~ n / Stirnfläche f, Vorderfläche f, Planfläche f, Fläche f, Decklage f, Auflagefläche f (Bürste), Lauffläche f (Riemenscheibe), Stoß m (Bergwerk), Streb m (Bergwerk), Stirnseite f, Frontseite f || ~ **bend test** / Decklagen-Zugbeanspruchungsprüfung f
face-cantered adj / flächenzentriert adj
face cutter / Stirnfräser m || ~ **driver** / Frontmitnehmer m, Stirnmitnehmer m || ~ **finishing** / Planschlichten n || ~ **gear** / Planrad n || ~ **grinding** / Planschleifen n || ~ **grinding wheel** / Planschleifscheibe f || ~ **groove** / Stirnnut f, Planeinstich m || ~ **luminaire** / Ortsleuchte f (Grubenl.) || ~ **machining** / Stirnflächenbearbeitung f, Stirnbearbeitung f || ~ **magnet** / Stirnmagnet m || ~ **milling** / Stirnfräsen n, Planfräsen n || ~ **milling cutter** / Planeckfräser m || ~ **milling tool** / Stirnfräser m || ~ **plate** (luminescent screen) / Frontglas n (Leuchtschirm), Planscheibe f, Frontscheibe f, Abdeckplatte f, Frontplatte f
face-plate controller / Flachbahn-Anlasssteller m, Flachbahn-Fahrschalter m || ~ **starter** / Flachbahnanlasser m || ~ **step switch** / Flachbahn-Stufenschalter m
face protection / Gesichtsschutz f || ~ **roughing** / Planschruppen n || ~ **runout** / Stirnlauffehler m || ~ **shield** / Gesichtsschutzschirm m || ~ **shutdown device** / Strebstillsetzeinrichtung f || ~ **thread** / Plangewinde n || ~ **tooth** / Stirnzahn m || ~ **turning** / Plandrehen n
face-to-face arrangement / X-Anordnung f (Lg., paarweiser Einbau), Gegenüberaufstellung f
faceplate n / Planscheibe f
facet angle / Schneidenwinkel m
facet reflector (o. mirror) / Facettenspiegel m
face width / Zahnbreite f (Zahnrad)
facilities n pl / Serviceeinrichtungen f pl
facility n / Einrichtung f, Vorrichtung f, Anlage f || **user** ~ / Leistungsmerkmal n (Datennetz, Leistungen, die auf Anforderung des Benutzers bereitgestellt werden) DIN 44302 || ~ **request** / Leistungsmerkmalanforderung f DIN 44302 || ~ **to create weekday blocks** / freie Wochentagsblockbildung
facing n / Planbearbeiten n, Plandrehen n, Stirndrehen n, Anflächen n, Belag m, Decklage f, Abdeckung f, Auflage f (Schaltstück), Trägermaterial n || ~ **axis** / Planachse f || ~ **cut** / Planschnitt m (WZM) || ~ **resin** / Einstreichharz n || ~ **slide** / Planschlitten m (WZM), Querschlitten m (WZM), Planschieber m (WZM), Querschieber m (WZM) || ~ **slide axis** / Planschieberachse f || ~ **tool** / Plandrehmeißel m, Stirndrehmeißel m, Planfräser m || ~ **wheel** / Planscheibe f
facsimile (FAX) / Faksimile n, Fernkopie f, Bildtelegramm n || ~ **communication** / Fernkopieren n || ~ **communication unit** / Fernkopierer m || ~ **copy** / Fernkopie f || ~ **receiver** / Fernkopierer-Empfänger m || ~ **transceiver** / Fernkopierer-Sender/Empfänger m || ~ **transmission** / Fernkopieren n || ~ **transmitter** / Fernkopierer-Sender m || ~ **unit** / Fernkopierer m || ~ **unit with manual document feed** / Fernkopierer mit Handanlage der Übertragungsvorlage
fact n / Tatsache f
factor n / Faktor m
factorial experiment / faktorieller Versuch

factor of earthing IEC 56-1 / Erdungsfaktor m VDE 0670,T.101 || ~ **of uncertainty** / Unsicherheitsfaktor m || ~ **totalizing** / Faktorenaddition f
factory n / Werk n, Betriebsebene f, Unternehmensleitebene f || ~ **adjusted** / werksseitiger Abgleich || ~ **application** / betriebsspezifische Anwendung
factory-assembled adj / fabrikfertig adj, (im Werk) fertig montiert, anschlussfertig adj || ~ **switchgear and controlgear** IEC 298 / fabrikfertige Schaltanlagen VDE 0670,T.6
factory assembly / Anschlussfertigung f
factory-authorized inspector / Sachverständiger des Werkes (Prüfsachverständiger), Werkssachverständiger m
factory automation (FA) / Fabrikautomatisierung f (FA), Fertigungsautomatisierung f, Produktionsautomatisierung f, Produktionsleittechnik f, Fertigungsleittechnik f || ~ **automation systems** / Fertigungsautomatisierung f
factory-built adj / fabrikfertig adj, (im Werk) fertig montiert || ~ **assembly of l.v. switchgear and controlgear (FBA)** IEC 439 / fabrikfertige Schaltgerätekombination für Niederspannung (FSK) || ~ **assembly of l.v. switchgear and controlgear for use on worksites (FBAC)** / fabrikfertige Schaltgerätekombination für Baustellengebrauch, fabrikfertiger Baustromverteiler (FBV) || ~ **converter equipment** / fabrikfertiges Stromrichtergerät || ~ **distribution board** / fabrikfertiger Verteiler, fabrikfertiger Installationsverteiler (FIV) || ~ **worksite distribution board** / fabrikfertiger Baustromverteiler (FBV)
factory calender / Betriebskalender m
factory-calibrated adj / werkseitiger Kalibrierung
factory computer / Fertigungsleitrechner (FLR) m (Übergeordneter Rechner für die Überwachung und Steuerung von untergeordneten Rechnern, NC-Maschinen und/oder speicherprogrammierbaren Steuerungen, Robotern usw. in einem Fertigungsbetrieb) || ~ **data collection** / Betriebsdatenerfassung f (BDE) || ~ **database FDB** / Fabrikate-Datenbank FDB || ~ **group** / Produktgruppe f, Fabrikategruppe (FaGr) f || ~ **host computer** / Fertigungsleitrechner (FLR) m || ~ **level** / Fabrikebene f, Leitebene f (PROFIBUS) || ~ **luminaire (o. fitting)** / Fabrikleuchte f, Industrieleuchte f || ~ **premises** / Werksgelände n || ~ **price** / Fabrikpreis m || ~ **rebuilding** / Produktionsumbau m
factory-rebuilt adj / werksüberholt adj
factory regulations / Betriebsordnung f || ~ **reset** / Werks-Rückstellung f, Rücksetzen der Werkseinstellung
factory serial number / Werksseriennummer f || ~ **setting of customer-specific parameters** / Kundenparametrierung f || ~ **shipment** / Werkslieferung f || ~ **test** / Werksprüfung f
factory-wide adj / durchgängig adj || ~ **communications system** / durchgängiger Datenverbund
factory-wired adj / werkseitig verdrahtet, vorverdrahtet adj
fade in / einblenden v || / Einblendung f
fade out / abblenden v, ausblenden v (Siehe:

Satzausblenden)
fader group / Stellersatz *m* (BT)
fading *n* / Schwund *m*, Abklingen *n*, Abschwächung *f*, Verfärbung *f*, Fading *n*
fail *v* / ausfallen *v*, versagen *v*, gestört werden, durchlegieren *v*, fehlschlagen *v*
failed *adj* / ausgefallen *adj*
failing load / Bruchlast *f*, Bruchkraft *f* || ~ **to safety** / fehlersicher *adj*, ausfallsicher *adj*, selbst überwachend, drahtbruchsicher *adj*
failover *n* / Umschaltung
fail over to / umschalten *v*
failsafe *adj* / fehlersicher *adj*, sicherheitsrelevant *adj*, sicherheitsgerichtet *adj* || ~ **shutdown** (The ability of a PC-system to have its outputs assume a predifined state within a specified delay after detecting the occurence of a power supply voltage drop or an internal failure.) / fehlsichere Abschaltung
fail safe (QA) / Prinzip des gefahrlosen Ausfalls, sicher bei Ausfall (Konstruktionseigenschaft einer Einheit, die verhindert, daß deren Ausfälle zu kritischen Fehlzuständen führen)
fail-safe *adj* / fehlersicher *adj*, ausfallsicher *adj*, selbst überwachend, drahtbruchsicher *adj*
fail safe IEC 50(191) / gefahrlos bei Ausfall
fail-safe brake / Sicherheitsbremse *f*, Ruhestrombremse *f* || ~ **circuit** / Sicherheitsschaltung *f*, Ruhestromschaltung *f* || ~ **holding brake** / Ruhestromhaltebremse *f* || ~ **interlock** IEC 825 / ausfallsichere Sicherheitsverriegelung VDE 0837 || ~ **principle** / Fehlschließsicherung *f* || ~ **shutdown** / definiertes Ausfallverhalten, fehlersichere Abschaltung (SPS) || ~ **transformer** / Fail-safe-Transformator *m* EN 60742
failsafety *n* / Fehlersicherheit *f*
fail-soft mode (automobile) / Notfahrprogramm *n*
failure *n* / Ausfall *m*, Versagen *n*, Ausbleiben *n*, Riss *m*, Bruch *m*, Unterlassung *f*, Versäumnis *n*, Fehlen *n* || **fatal** ~ / gefährlicher Fehler || **firing** ~ / Zündfehler *m* (LE), Zündaussetzer *m*, Zündversager *m* || ~ **analysis** (The logical, systematic examination of a failed item to identify and analyze the failure mechanism, the failure cause and the consequences of failure.) / Ausfallanalyse *f* (logische, systematische Untersuchung einer ausgefallenen Einheit zur Feststellung und Analyse des Ausfallmechanismus, der Ausfallursache und der Auswirkungen des Ausfalls) || ~ **cause** / Ausfallursache *f* || ~ **characteristics with regard to intermediate survivals** / auf einen Zwischenbestand bezogene Ausfallgrößen DIN 40042 || ~ **criterion** / Ausfallkriterium *n* || ~ **criticality analysis** / Ausfallkritizitätsanalyse *f* || ~ **density** / Ausfalldichte *f*, Ausfallhäufigkeitsdichte *f* || ~ **density distribution** / Ausfalldichteverteilung *f* || ~ **detection strategy** / Ausfallsuchstrategie *f* || ~ **distribution parameter estimate** / voraussichtliche Aufteilung der Ausfälle auf die Parameter DIN IEC 319 || ~ **frequency** / Ausfallhäufigkeit *f* || ~ **frequency distribution** / Verteilung der Ausfallhäufigkeit || ~ **intensity** (The limit, if this exists, of the ratio of the mean number of failures of a repaired item in a time interval (t1, t2), and the length of this interval, (t, when the length of the time interval tends to zero.) / Ausfalldichte *f* (Grenzwert - falls er existiert - des Verhältnisses der mittleren Anzahl von Ausfällen einer instandzusetzenden Einheit während eines Zeitintervalls (t1, t2) und der Dauer (t dieses Zeitintervalls, wenn (t gegen null geht.), momentane Ausfalldichte || ~ **intensity acceleration factor** / Ausfalldichte-Raffungsfaktor *m* || ~ **load** / Versagenslast *f* || ~ **mechanism** / Ausfallmechanismus *m* || ~ **message** / Betriebsstörmeldung *f* || ~ **mode** (QA) / Ausfallart *f*, Ausfallmodus *m*, Ausfallverhalten *n* || ~ **mode and effects analysis (FMECA)** / Ausfallauswirkungsanalyse *f* || ~ **modes, effects and criticality analysis (FMECA)** / Ausfalleffekt- und Ausfallkritizitätsanalyse (FMECA) || ~ **probability** / Ausfallwahrscheinlichkeit *f* || ~ **probability density** / Ausfallwahrscheinlichkeitsdichte *f* DIN 40042 || ~ **probability distribution** / Ausfallwahrscheinlichkeitsverteilung *f* || ~ **quota** / Ausfallquote *f* DIN 40042 || ~ **rate** / Ausfallrate *f*, Fehlerrate *f*, Nichtverfügbarkeitsrate *f*, momentane Ausfallrate || ~ **rate acceleration factor** / Ausfallraten-Raffungsfaktor *m*, Zeitraffungsfaktor für die Ausfallrate || ~ **rate level** / Ausfallratenniveau *n*
failure-rate-versus-time curve / zeitliches Ausfallverhalten
failure rate weighting / Ausfallratengewichtung *f* || ~ **risk** / Ausfallrisiko *n* || ~ **to comply** / Nichteinhalten *n* || ~ **to follow** / Nichtbefolgen *n* || ~ **to move freely** / Schwergängigkeit *f* || ~ **to operate** / Funktionsversagen *n* || ~ **to operate of protection** / Unterfunktion des Selektivschutzes IEC 50(448) || ~ **to trip** (USA) / Unterfunktion des Selektivschutzes IEC 50(448)
fair drawing / Reinzeichnung *f*
fairing *n* / Verkleidung *f*, Verschalung *f*
fair-lead *n* / Durchführungshülse *f*
fairlead *n* / Führungsrohr *n*, Schutzrohr *n*, Schutzhülse *f* (für Kabel), Führungsring *m*, Kantenschutz *m*
fall, to ~ in step / in Tritt fallen, in den Synchronismus kommen || **to ~ out of step** / außer Tritt fallen, aus dem Synchronismus kommen, kippen *v* || ~ **delay** / Abfallverzögerungszeit *f* DIN 41785
fallibility *n* / Fehlbarkeit *f*, Versagen *n* || **human** ~ / menschliches Versagen
falling ball test / Kugelfallprobe *f* || ~ **ball viscometer** / Kugelfallviskosimeter *n* || ~ **characteristic** / fallende Kennlinie || ~ **contour** / abfallende Kontur || ~ **delay** / Abfallverzögerung *f*, Abfallverzögerungszeit *f* || ~ **edge** / Abfallflanke *f* (Impuls), fallende Flanke, abfallende Flanke, negative Signalflanke || ~ **edge rate** / Steilheit der Abfallflanke || ~ **into step** / Intrittfallen *n* || ~ **off in speed** / Drehzahlabfall *m* || ~ **out of step** / Außertrittfallen *n* || ~ **signal edge** / negative Signalflanke, abfallende Flanke
falling-sphere viscometer / Kugelfallviskosimeter *n*
falling-weight test / Fallgewichtsprüfung *f*, Fallprüfung *f*, Schlagfestigkeitsprüfung *f*
fall time / Abfallzeit *f* (Impuls, HL), Abklingzeit *f* (Fotostrom)
false acceptance / Falsch-Akzeptanz *f* (ZKS) || ~

ceiling / Zwischendecke f || ~ **firing** / Zündfehler m, Fehlzündung f || ~ **light** / Fremdlicht n, Nebenlicht n, Streulicht n || ~ **rejection** / Falsch-Zurückweisung f (ZKS) || ~ **trigger** / falsche Triggerung || ~ **tripping** / Fehlauslösung f, ungewolltes Auslösen || ~ **value** / falscher Wert (a.) DIN IEC 625
familiarization n / Einarbeitung f || ~ **time** / Einarbeitungszeit f
family n / Familie f DIN 41640 || ~ **of characteristics** / Kennlinienschar f, Kennlinienfeld n, Kennfeld n || ~ **of curves** / Kurvenschar f || ~ **of parts** / Teilefamilie f || ~ **of switches and sockets** / Schalter-Steckdosen-Programm n
FAMOS memory (floating-gate avalanche-injection metal-oxide semiconductor memory) / FAMOS-Speicher m (Metall-Oxid-Halbleiterspeicher mit schwebendem Gate und Lawineninjektion)
FA motor s. fully accessible motor || ≙ **overlay** / FA-Überlagerung f
fan n / Lüfter m, Ventilator m, Fächer m || ~ **blade** / Lüfterflügel m, Lüfterschaufel f, Ventilatorflügel m || ~ **characteristic** / Lüftercharakteristik f, quadratische Momentencharakteristik || ~ **control cabinet** / Lüfterschrank m || ~ **delay time** / Lüfternachlauf m
fan-cooled machine / lüftergekühlte Maschine, ventilierte Maschine, oberflächenbelüftete Maschine
fan cowl / Lüfter-Abdeckhaube f, Lüfterhaube f, Lüfterkragen m, Lüfterstutzen m || ~ **dynamometer** / aerodynamische Bremse (Drehmomentenwaage)
fan-fold paper / Faltpapier n (Schreiber), Endlospapier n (Schreiber)
fan heater / Heizlüfter m || ~ **hood** / Schutzhaube f (Lüfter) || ~ **housing** / Lüftergehäuse n || ~ **impeller** / Lüfterrad n, Lüfterkranz m, Ventilatorrad n || ~ **lead time** / Lüfter-Vorlauf m || ~ **module** / Lüftereinschub m, Lüfterzeile f, Lüfterbaugruppe f || ~ **monitor** / Lüfterüberwachung f
fan-in n / Eingangsfächerung f, Eingangssignalverzweigung f, Eingangs-Lastfaktor m
fanning action / Lüfterwirkung f
fan noise / Lüftergeräusch n
fan-out n / Ausgangsfächerung f, Ausgangssignalverzweigung f, Ausgangs-Lastfaktor m || ~ **cable** / aufteilbares Kabel (LWL) || ~ **module** / Ausgangsvervielfacher m, Vervielfacher m, Schnittstellenvervielfacher m || ~ **unit** / Schnittstellenvervielfacher (SVV) m, Schnittstellenvervielfacher (SSV) m
fan-type lock washer / Fächerscheibe f
fan set / Lüfteraggregat n || ~ **shroud** / Lüfter-Abdeckhaube f, Lüfterhaube f, Lüfterkragen m, Lüfterstutzen m || ~ **subassembly** / Lüfterbaugruppe f, Lüftereinschub m, Lüfterzeile f || ~ **unit** / Lüfteraggregat n, Lüfterbaugruppe f || ~ **wheel** / Lüfterrad n, Ventilatorrad n, Lüfterkranz m
fans, without ~ / lüfterlos *adj*
Faraday effect / Faraday-Effekt m || ≙ **rotation** / Faraday-Drehung f
Faraday's disc / Faradaysche Scheibe || ≙ **law** / Faradaysches Gesetz, Induktionsgesetz n
far-end crosstalk / Gegennebensprechen n
far field / Fernfeld n, Frauenhofer-Zone f
far-field diffraction pattern /

Fernfeldbeugungsmuster n IEC 50(731)
farm tariff / Landwirtschaftstarif m
fascia n / Frontplatte f (ST), Schalttafelfront(platte) f, Armaturenbrett n (Kfz) || ~ **panel** / Abdeckplatte f (I-Schalter)
fast-action connector / Schnellspannverbinder m
fast clock / vorgehende Uhr || ~ **consuming electrode** / schnell fließende Elektrode || ~ **coupling** / nichtschaltbare Kupplung || ~ **current limitation (FCL)** / schnelle Strombegrenzung
fasten v / befestigen v, festmachen v, anziehen v
fastener n / Halter m, Verschluss m, Riemenschloss n, Befestigungselement n, Verbindungselement n || ~ **lock** / Vorreiberverschluss m
fastening n / Befestigung f || ~ **anchor** / Verankerung f || ~ **bracket** / Sicherheitshalterung f || ~ **element** / Befestigungselement n || ~ **hole** / Befestigungsbohrung f || ~ **kit** / Befestigungsbausatz m || ~ **nut** / Befestigungsmutter f || ~ **screw** / Befestigungsschraube f
fast flashing / schnelles Blinken, schnelles Blinklicht || ~ **frequency** / Takt schnell
fast-Fourier-transformation method (FFT method) / FFT-Verfahren n (Verfahren der schnellen Fourier-Transformation)
fast fuse / flinke Sicherung || ~ **fuse link** / flinker Sicherungseinsatz || ~ **motor repair** / Motorschnellreparatur f
FASTON plug terminal / FASTON-Steckklemme f || ≙ **tab** / FASTON-Zunge f, FASTON-Steckzunge f || ≙ **terminal** / FASTON-Anschluss m
Faston tab / Fastonzunge f
fast-opening device / Ausschaltbeschleuniger m
fast regulator / Schnellregler m || ~ **relay** / Schnellrelais n, schnelles Relais || ~ **repair** / Schnellreparatur f || ~ **response** / schnelles Ansprechen
fast-response (controlled) system / schnelle Strecke (Regelstrecke) || ~ **excitation** / Schnellerregung f, Stoßerregung f
fast retraction / schnellabheben v || ~ **running electrode** / schnell fließende Elektrode || ~ **speed** / Schnellstufe f || ~ **start** / Schnellanlauf m, Schnellstart m || ~ **stop** (for ramp function generator) / Schnellhalt m, Schnellstopp m || ~ **stored writing speed** / schnelle Speicher-Schreibgeschwindigkeit (Osz.) || ~ **tap change** / Schnellstufung f || ~ **TN scheme** / schnelle Nullung || ~ **to light** / lichtbeständig *adj*, lichtecht *adj* || ~ **traffic** / Schnellverkehr m || ~ **transient burst test** / Impulspaketprüfung f || ~ **writing speed** / schnelle (o. erhöhte) Schreibgeschwindigkeit
fat fibre / Dickkernfaser f
father-and-son plant / Vater-und-Sohn-Anlage f
fatigue n / Ermüdung f, Materialmüdung f || ~ **allowance** / Ermüdungszuschlag m || ~ **bending** / Dauerbiegung f || ~ **crack** / Ermüdungsriss m, Dauerriss m, Daueranriss m, Alterungsriss m || ~ **failure** / Ermüdungsbruch m, Dauerbruch m, Zeitbruch m, Dauerschwingbruch m || ~ **fracture** / Ermüdungsbruch m, Dauerbruch m, Zeitbruch m, Dauerschwingbruch m
fatigue-fracture test / Dauerbruchversuch m
fatigue incipient crack / Daueranriss m || ~ **limit** / Ermüdungsgrenze f, Dauerbeanspruchungsgrenze f, Dauerschwingfestigkeit f, Zeitfestigkeit f,

Betriebsfestigkeit f ‖ ~ **phenomena** / Ermüdungserscheinumgen $f pl$ ‖ ~ **strength** / Ermüdungsfestigkeit f, Dauerstandfestigkeit f, Zeitstandfestigkeit f ‖ ~ **strength under corrosion for finite life** / Korrosions-Zeitfestigkeit f ‖ ~ **strength under pulsating bending stresses** / Biegedauerfestigkeit im Schwellbereich ‖ ~ **strength under pulsating compressive stress** / Dauerfestigkeit im Druckschwellbereich ‖ ~ **strength under repeated bending stresses** / Biegeschwellfestigkeit f ‖ ~ **strength under reversed bending** / Biegeschwingfestigkeit f ‖ ~ **test** / Ermüdungsprüfung f, Dauerfestigkeitsversuch m ‖ ~ **testing machine** / Dauerprüfmaschine f ‖ ~ **torsion test** / Torsionswechselprüfung f, Dauertorsionsversuch m
fatigue-yield limit / Dauerdehngrenze f
fat zero / L-Pegel-Ladung f
fault n / Fehler m, Kurzschluss m, Erdschluss m, Fehlerstelle f, Störung f, Störlichtbogen m, Fehlschaltung f ‖ ~ IEC 50(191) / Fehlzustand m ‖ ~ **acknowledgement** / Fehlerquittierung f, Störungsquittierung f ‖ ~ **aquisition** / Störungserfassung f ‖ ~ **alarm acquisition** / Störmeldeerfassung f ‖ ~ **analysis** / Fehleranalyse f, Fehleruntersuchung f, Fehlzustandsanalyse f (logische, systematische Untersuchung einer Einheit zur Feststellung und Analyse von Wahrscheinlichkeit, Ursachen und Auswirkungen möglicher Fehlzustände), Störungsanalyse f ‖ ~ **angle** / Fehlerwinkel m, Kurzschlusswinkel m ‖ ~ **announcement** / Fehleroffenbarungszeit f, Fehleroffenbarung f ‖ ~ **announcement time** / Fehleroffenbarung f, Fehleroffenbarungszeit f ‖ ~ **annunciating system** / Störmeldesystem n ‖ ~ **arc** / Fehlerlichtbogen m, Störlichtbogen m ‖ ~ **between turns** / Windungsschluss m ‖ ~ **bit** / Störbit n ‖ ~ **chaining** / Störungsverkettung f ‖ ~ **clearance** / Störungsbeseitigung f (Netz), Fehlerabschaltung f, Fehlerbeseitigung f, Störungsbehebung f, Fehlerbehebung f ‖ ~ **clearance time** / Fehlerabschaltzeit f, Fehlerbeseitigungsdauer f, Störungsdauer f (Netz), Zeitspanne zwischen Eintritt u. Beseitigung eines Fehlers ‖ ~ **clearing** / Fehlerabschaltung f, Fehlerbeseitigung f ‖ ~ **clearing capability** / Auslösevermögen n (f. Fehlerabschaltung) ‖ ~ **code** / Störcode m, Fehlermeldung (FM) f, Diagnosemeldung f, Fehlertext m ‖ ~ **code list** / Störmeldeliste f ‖ ~ **condition** / Fehlerzustand m ‖ ~ **correction** / Fehlerbehebung f, Fehlzustandsbehebung f (Tätigkeiten nach der Fehlzustandslokalisierung mit dem Ziel, die Eignung der fehlerhaften Einheit zur Ausführung einer geforderten Funktion wiederherzustellen), Fehlerbeseitigung f, Störungsbeseitigung f, Störungsbehebung f ‖ ~ **correction time** / Dauer der Fehlerbehebung IEC 50(191), Fehlzustandsbehebungszeit f (Teil der aktiven Instandsetzungszeit, während dessen die Fehlzustandsbehebung durchgeführt wird) ‖ ~ **coverage** / erkennbarer Fehleranteil IEC 50(191), Fehlzustandserkennungsgrad m (Anteil der Fehlzustände einer Einheit, die unter gegebenen Bedingungen erkannt werden können) ‖ ~ **current** / Fehlerstrom m IEC 50(603), Kurzschlussstrom m, Erdschlussstrom m, Überlastungsstromstoß m (ESR-Elektrode), Teilfehlerstrom m

fault-current capability check / Kontrolle der Stoßstromfestigkeit (LE) ‖ ~ **compensation** / Fehlerstromkompensation f ‖ ~ **detection** / Fehlerstromerfassung f ‖ ~ **interruption time** / Kurzschlussstrom-Ausschaltdauer f IEC 50(448) ‖ ~ **monitoring** / Fehlerstromüberwachung f ‖ ~ **relay** / Fehlerstromrelais n ‖ ~ **test** / Stoßstromprüfung f (LE)
fault description / Fehlerbeschreibung f
fault detection / Fehlererfassung f, Fehlererkennung f, Störwerterfassung f ‖ ~ **detection** / Fehlererkennung f ‖ ~ **diagnosis** / Fehlerdiagnose f, Fehlzustandsdiagnose f (Tätigkeiten zu Fehlzustandserkennung, Fehlzustandslokalisierung und Fehlzustandsfeststellung), Störungsaufklärung f ‖ ~ **diagnosis time** (The time during which fault diagnosis is performed.) / Fehlzustandsdiagnosezeit f (Dauer, während der die Fehlzustandsdiagnose durchgeführt wird) ‖ ~ **disconnection equipment (FDE)** / Fehlerabschaltgerät n ‖ ~ **discriminating circuit-breaker** / Selektivschutzschalter m ‖ ~ **display** / Fehleranzeige f ‖ ~ **documentation** / Fehlerdokumentation f ‖ ~ **end time** / Störendezeit f ‖ ~ **entry** / Störungseintrag m, Störeintrag m
faulted *adj* / fehlerbehaftet *adj*, gestört *adj*, kurzschlussbehaftet *adj*
faulted-circuit impedance / Impedanz des Fehlerkreises, Schleifenimpedanz f
fault/error in goods received / Wareneingangsfehler m
fault excitation shutdown cascade / Störanregung Stillstandskette (SPS) ‖ ~ **fed from both ends** / zweiseitig gespeister Fehler ‖ ~ **fed from one end** / einseitig gespeister Fehler ‖ ~ **finding** / Fehlersuche f ‖ ~ **flag** / Störmerker m (SPS) ‖ ~ **flag evaluation** / Störmerkerauswertung f (SPS) ‖ ~ **frequency** / Fehlerhäufigkeit f ‖ ~ **generation** / Störungsbildung f, Störbildung f ‖ ~ **handling** / Störungsbearbeitung f ‖ ~ **history** / Entstehungsgeschichte des Fehlers f, Störungsvorgeschichte f ‖ ~ **identification** / Störungserkennung f ‖ ~ **impedance** / Fehlerimpedanz f, Fehlerwiderstand m ‖ ~ **indication** / Fehleranzeige f, Störungsanzeige f ‖ ~ **indicator** / Störungsanzeiger m ‖ ~ **initiating switch** / Schnellerder m, Erdungsdraufschalter m, Erdschlusssuchschalter m ‖ ~ **interrupting rating** / Nenn-Kurzschluss-Ausschaltvermögen n, Nenn-Kurzschluss-Ausschaltstrom m, Kurzschluss-Ausschaltvermögen n
faultless *adj* / fehlerfrei *adj*, fehlerlos *adj*, einwandfrei *adj*
fault localization / Fehlerortung f, Fehlzustandslokalisierung f (Identifizierung der fehlerhaften Einheiten in der entsprechenden Gliederungsebene) ‖ ~ **localization time** / Dauer der Fehlerlokalisierung IEC 50(191), Fehlzustandslokalisierungszeit f (Teil der aktiven Instandsetzungszeit, während dessen die Fehlzustandslokalisierung durchgeführt wird) ‖ ~ **locating** / Fehlerortung f, Fehlersuche f, Fehlerortsbestimmung f ‖ ~ **location** / Fehlerstelle f, Fehlerort m, Fehlerortung f, Fehlzustandslokalisierung f (Identifizierung der fehlerhaften Einheiten in der entsprechenden Gliederungsebene) ‖ ~ **locator** / Fehlerortungsgerät n, Fehlerort-Messgerät n, Fehlerorter m ‖ ~ **log** / Fehlermeldebuch n, Störungsbuch n,

Störungsprotokoll n || ~ **loop** / Fehlerschleife f || ~ **management** / Fehlerverwaltung f, Störungswesen n
fault-making operation / Draufschalten n (auf einen Kurzschluss) || ~ **switch** / einschaltfester Schalter, Draufschalter m
fault mask / Fehlermaske f || ~ **masking** / Fehlermaskierung f IEC 50(191), Fehlzustandsmaskierung f || ~ **memory** / Störungsspeicher m, Störspeicher m || ~ **message** / Fehlermeldung f, Alarmmeldung f, Diagnosemeldung f, Fehlertext m, Störungsmeldung f || ~ **mode** / Art des Fehlzustands IEC 50(191), Fehlzustandsart f || ~ **modes and effects analysis (FMEA)** / Fehlzustandsart- und -auswirkungsanalyse f || ~ **modes, effects and criticality analysis** / Fehlzustandsart-, -auswirkungs- und -kritizitätsanalyse f || ~ **module** / Störkarte f || ~ **node** / Fehlerknoten m || ~ **not self-signalling** / nicht selbstmeldender Fehler || ~ **number** / Störnummer f, Störfallnummer f || ~ **potential** / Fehlerpotential n || ~ **profile** / Fehlerbild n || ~ **profile description** / Fehlerbildbeschreibung f
fault-prone / störanfällig
fault recognition / Fehlererkennung f, Fehlzustandserkennung f || ~ **recorder** / Meldedrucker m || ~ **recording** / Störwertschreibung f, Störschrieb m, Störschreibung f || ~ **registration** / Störungsannahme f
fault-related data / Störfalldaten pl
fault reset / Störungsrücksetzung f, Störungsreset m || ~ **resistance** / Fehlerwiderstand m || ~ **scenario** / Fehlerfall m || ~ **signal** / Fehlersignal n, Fehlermeldung f
fault-signal contact (FC) / Fehlersignalschalter (FS) m
fault signalling system / Störmeldesystem n || ~ **simulation** / Fehlernachbildung f, Fehlervortäuschung f || ~ **state** / Störungszustand m || ~ **throwing** / Einschalten auf einen Kurzschluss, Kurzschluss-Draufschaltung f, Auslösung durch künstlichen Fehler || ~ **throwing switch** / Schnellerder m, Erdungsdraufschalter m, Erdschlusssuchschalter m || ~ **time** / Störzeit f, Fehlerzeit f || ~ **to earth** / Fehler gegen Erde, Erdschluss m, Erdfehler m, Masseschluss m || ~ **to frame** / Gerüstschluss m, Gestellschluss m, Masseschluss m || ~ **to ground** / Fehler gegen Erde, Erdschluss m, Erdfehler m || ~ **tolerance** / Fehlertoleranz f, Fehlzustandstoleranz f, Ausfallsicherheit f
fault-tolerant adj / fehlertolerant adj, hochverfügbar adj, ausfallsicher adj, zuverlässig adj, fehlersicher adj
fault tree / Fehlerbaum m, Fehlzustandsbaum m || ~ **tree analysis (FTA)** / Fehlerbaumanalyse f, Fehlzustandsbaumanalyse f || ~ **trip** / Ansprechen einer Überwachung || ~ **value** / Störwert m, Störungswert m
fault-tree method / Fehlerbaummethode f
fault voltage / Fehlerspannung f
fault-voltage-operated circuit-breaker / Fehlerspannungs-Schutzschalter m || ~ **protective device** / Fehlerspannungs-Schutzvorrichtung f
fault warning receiving station / Empfangszentrale für Störungsmeldungen EN 54 || ~ **warning**

routing equipment / Übertragungseinrichtung für Störungsmeldungen EN 54 || ~ **withstandability** / Kurzschlussfestigkeit f || ~ **withstand capability** / Kurzschlussfestigkeit f
faulty adj / fehlerhaft adj, fehlerbehaftet adj, gestört adj || ~ **operation** / fehlerhafter Betrieb, Bedienungsfehler m, Fehlschaltung f, Fehlbedienung f, Bedienfehler m || ~ **state information** / Stellungsfehlermeldung f || ~ **state information suppression** / Störstellungsunterdrückung f
Faure plate / Faure-Platte f (Batt.)
FAX s. facsimile
FB s. flag byte || ⁰ **(function block)** / FB (Funktionsbaustein) || ~ **call** / FB-Aufruf m || ⁰ **number** / FB-Nummer f
FBA (factory-built assembly) / FSK (fabrikfertige Schaltgerätekombination)
FBAC s. factory-built assembly of l.v. switchgear and controlgear for use on worksites
fbd (function block diagram) / Funktionsschema n, Funktionsbausteinplan m, FUP (Funktionsplan)
FBD language (function block diagram language) (A programming language using function block diagrams for representing the application program for a PC-system.) / FBS (Funktionsbausteinsprache) || ⁰ **representation** / Funktionsplandarstellung f
FC / FC, Funktion f || ⁰ **(fault-signal contact)** / FS (Fehlersignalschalter) || ⁰ **(free cycle)** / FZ (freier Zyklus)
FCC (Flux Current Control) / Flussstromregelung f (Dieses Steuerungsart kann verwendet werden, um den Wirkungsgrad und das Dynamikverhalten des Motors zu verbessern), FCC
FCL (Fast Current Limitation) / schnelle Strombegrenzung, FCL || ⁰ **curve** s. fold-back current limiting curve
fcmd / fsoll
F converter / F-Umrichter m
FCS s. frame check sequence
FD s. flag data || ⁰ s. floppy disk || ⁰ s. photodiode || ⁰ **(feed drive)** / VSA (Vorschub-Antrieb) (Vorschubantrieb/Vorschubantriebe) || ⁰ **(floppy disk drive)** / Diskettenlaufwerk n, Diskettengerät n, Diskettenstation f, Floppylaufwerk n, DSG (Diskettenspeichergerät), FD || ⁰ **(floppy disk)** / Floppy-Disk f, Diskette f || ⁰ **(free-wheeling diode)** / Freilaufdiode f || ⁰ **measuring circuit submodule** / VS Messkreisbaugruppe f
FDC s. floppy-disk controller
FDD (feed drive) (feed drive) / VSA (Vorschub-Antrieb), Vorschubantrieb/Vorschubantriebe)
FDDI s. fibre-distributed data interface || **FDDI (Fiber distributed data interface)** / FDDI
FDDIS (feed disable) / VSP (Vorschubsperre)
FDE s. fault disconnection equipment
FDHM s. full-duration half maximum
FDIS (distance between the first hole and the reference point) / FDIS (Abstand der ersten Bohrung vom Bezugspunkt (Parameter))
F-distribution n / F-Verteilung f DIN 55350,T.22
FDL s. field bus data link || **FDL (Fieldbus Data Link)** (ForwardDownLeft) / FDL || **fdl connection** / FDL-Verbindung f
FDM s. frequency division multiplex || ⁰ **link** / FM-Verbindung f

FDPR (final drilling depth) / FDPR (Endbohrtiefe (Parameter))
FDR (ForwardDownRight) / FDR
FDS (feed drive systems) / VSA (Vorschub-Antrieb) (Vorschubantrieb/Vorschubantriebe)
FDX s. full duplex
feasibility *n* / Durchführbarkeit *f*, Realisierbarkeit *f* || ~ **check** / Durchführbarkeitsprüfung *f*, Durchführbarkeitsüberprüfung *f*, Realisierbarkeitsprüfung *f*, D-Prüfung *f* || ~ **review** / D-Prüfung *f*, Durchführbarkeitsprüfung *f*, Durchführbarkeitsüberprüfung *f*, Realisierbarkeitsprüfung *f* || ~ **study** / Durchführbarkeitsstudie *f*
featherkey *n* / Federkeil *m*, Passfeder *f* || ~ **and keyway** / Feder und Nut
feature *n* / Merkmal *n*, Konstruktionsmerkmal *n*, Eigenschaft *f*, Eigenschaft des MICROMASTER 420, Attribut *n* || ~ (waveform) / Einzelheit *f* || **pulse waveform** ~ / Impulseinzelheit *f*
fed-in winding / Träufelwicklung *f*
fee for letter of credit / Akkreditiv-Gebühr
feeble field / schwaches Feld
feed *v* / speisen *v*, zuführen *v*, vorschieben *v*, beschicken *v*, vorbereiten *v*, versorgen *v*, einrichten *v*, einfördern *v* || ~ *n* (NC) / Vorschub *m* (NC), Zustellung *f* || ~ **angle** / Vorschubwinkel *m* || ~ **axis** / Zustellachse *f* (WZM) || ~ **axis controller** / Vorschubregler *m*
feedback *n* / Rückkopplung *f*, Rückspeisung *f*, Rückmeldung *f*, Rückmeldeinformation *f*, Rückinfo *f*, Rückführung *f* || ~ **branch** / Rückwärtszweig *m*, Rückführungszweig *m* || ~ **capacitance** (FET) / Rückwirkungskapazität *f* || ~ **circuit** / Rückkopplungskreis *m*, Rückmeldekreis *m*, Rückspeisekreis *m* || ~ **control** / Regelung *f*, Rückführungsregelung *f*, Rückwärtsführung *f*, selbsttätige Regelung || ~ **control system** / Regelungssystem *n* || ~ **device** / Sender *m*, Sensor *m*, Messwertaufnehmer *m*, Messwertgeber *m*, Messwertumformer *m* || ~ **documentation** / Rückdokumentation *f*, Rückdokumentation \per Knopfdruck\ || ~ **elements** / Glieder im Rückführzweig || ~ **filter** / Rückführungsfilter *m* || ~ **gain** / Rückführungsverstärkung *f* || ~ **information** / Rückinfo *f* || ~ **loop** / Rückkopplungsschleife *f*, Rückführungsschleife *f*, Regelkreis *m*, Messkreis (MK) *m* || ~ **loops** / Rückkopplung *f*, Rückführung *f*, Rückspeisung *f* || ~ **monitoring time in seconds** / Rückmeldeüberwachungszeit in Sekunden || ~ **of actual value** / Drehzahlistwertrückführung *f* || ~ **path** / Rückführzweig *m* (Reg.), Rückführpfad *m* (Reg.), Rückkopplungspfad *m* || ~ **ratio control** / Verhältnisregelung *f* || ~ **resolution** / Lagereglerfeinheit *f*, Lageregelfeinheit *f*, Auflösung der Rückmeldung || ~ **sense voltage** / Rückkopplungs-Fühlspannung *f* (IC-Regler) || ~ **signal** / Rückführsignal *n* || ~ **spring** / Rückfuhrfeder *f* (pneumat. Stellungsregler) || ~ **system** / Rückkopplungssystem *n*, rückgekoppeltes System, (geschlossenes) Regelsystem *n*, Rückmeldesystem *n* || ~ **transducer** / rückgekoppelter Messumformer, Rückkopplungswandler *m* || ~ **transformer** / Rückspeisetransformator *m* || ~ **value** / Rückkopplungswert *m*, Rückführwert *m* || ~

variable / Rückführgröße *f*
feed block / Vorschubsatz *m* || ~ **concept** / Vorzugskonzept *n* || ~ **control** / Vorschubsteuerung *f*, Vorschubbeinflussung *f* || ~ **disable (FDDIS)** / Vorschubsperre (VSP) *f* || ~ **drive** / Vorschubantrieb *m* || ~ **drive (FD)** / Vorschub-Antrieb (VSA) *m* || ~ **drive system** / Vorschubsystem *n* || ~ **drive system (FDS)** / Vorschub-Antrieb (VSA) *m* || ~ **drum** / Vorschubwalze *f* || ~ **function (F function)** / Vorschubangabe *f*, F-Wort *n*, F-Funktion *f* || ~ **gear mechanism** / Vorschubgetriebe *n*
feeder *n* / Speiseleitung *f*, Versorgungsleitung *f*, Eingangsleitung *f*, Stromzuführung *f*, Zuleitung *f*, Abgangsleitung *f*, Abgang *m*, Abgangsstromkreis *m*, Abzweig *m*, Vorschubeinrichtung *f*, Einzugsvorrichtung *f* (Drucker), Abzweigung *f*, Zubringer *m* (Oberbegriff: Zwischenspeicher) || **sheet** ~ / Blatteinzug *m* (Drucker), Einzelblatteinzug *m* (Drucker) || **trunk** ~ / Verbindungsleitung *f* (zwischen Kraftwerken o. Kraftwerk u. Unterstation) || ~ **baffle** / Einschleusweiche *f* || ~ **busway** / Einspeisungskanal *m* || ~ **cable** / Zweigleitung *f* || ~ **carriage** / Einschleuswagen *m* || ~ **circuit-breaker** / Leitungsschalter *m* (LS), Einspeiseschalter *m* || ~ **console** / Vorschubpult *n* || ~ **control system** / Feldleittechnik *f* || ~ **control unit** / Feldsteuerungsbaustein *m* || ~ **current** / Abzweigstrom *m*
feeder-dedicated attachment / Abzweigzusatz *m* (Schutzrel.)
feeder differential protection / Leitungsdifferentialschutz *m* || ~ **disconnector** / Leitungstrennschalter *m*, Leitungstrenner *m* || ~ **overload protection system** / Leitungs-Überlastschutzsystem *f* || ~ **overview** / Abzweigübersicht *f* || ~ **panel** BS 4727 / Abgangsfeld *n*
feeder-pillar transformer / Säulentransformator *m*
feeder protection / Abzweigschutz *m* || ~ **reactor** / Strombegrenzungs-Drosselspule *f* (f. Speiseleitungen) || ~ **reconfiguration** / Umlastung *f* || ~ **requiring synchronizing** / synchronisierpflichtiger Abzweig || ~ **splitter** / Zweigleitungsverteiler *m* || ~ **tap unit** / Abzweigeinheit *f*, Abgangseinheit *f* (für nichtmotorischen Verbraucher) || ~ **unit** / Einspeiseeinheit *f*, Einspeisungskasten *m* (IK), Anschlusskasten *m* (IK)
feedforward *n* / Mitkopplung *f*, Vorwärtskopplung *f*, Aufschalten *n* (v. Störgrößen) || ~ **signal line** / Vorwärtszweig *m* || ~ **compensation** / Störgrößenaufschaltung *f* || ~ **control** / Regelung mit Störgrößenaufschaltung, Vorwärtsregelung *f*, Vorwärtsführung *f*, Störgrößenaufschaltung *f* || ~ **control factor** / Vorsteuerfaktor *m*, Vorsteuerungsfaktor *m* || ~ **control gain** / Vorsteuerverstärkung *f* || ~ **control structure** / Vorsteuerstruktur *f* || ~ **documentation** / Vorwärtsdokumentation *f* (PLT) || ~ **injection of disturbance variable** / Störgrößenaufschaltung *f*
feedforwarding *n* / Aufschalten *n* (v. Störgrößen)
feedforward optimization / Vorwärtsoptimierung *f*
feed hold IEC 550 / Vorschub Halt (NC) || ~ **in** *v* / einspeisen *v*, (eine Wicklung) einträufeln *v*
feed-in *n* / Einspeisung *f* || ~ **block** / Einspeiseblock *m*
feed in jog module / Handvorschub *m*,

konventioneller Vorschub
feed-in terminal / Einspeiseklemme *ff*
feed increment / Vorschubbetrag *m* || ~ **interpolation** / Vorschubinterpolation *f*
feeding *n* / Versorgung *f*, Einspeisung *f* (Vgl.: Rückspeisung) || **feeding point** / Speisepunkt *m*, Einspeisestelle *f*, Einspeisepunkt *m* || ~ **power station** / einspeisendes Kraftwerk || ~ **systems** / Zuführsysteme *n pl*
feed motion (o. movement) / Vorschubbewegung *f* (WZM, NC), Vorschub *m* || ~ **motor** / Vorschubmotor *m* || ~ **movement** / Vorschubbewegung *f*
feedover / Übersprechen *n*, Nebensprechen *n* || ~ / Durchgriff *m* (Betrag der Eingangsspannung, der über parasitäre Kapazitäten auf den Ausgang einwirkt), Übersprechen *n*
feed override switch / Vorschub-Korrekturschalter *m*
feed per revolution ISO 1056 / direkte Angabe des Vorschubs (NC-Wegbedingung) DIN 66025,T.2 || ~ **per tooth** / Vorschub pro Zahn || ~ **platen** / Schreibwalze *f* || ~ **point** / Speisepunkt *m*, Einspeisestelle *f* || ~ **range** ISO 1056 / Vorschubbereich *m* (a. NC-Zusatzfunktion nach DIN 66025,T.2)
feedrate *n* / Vorschubgeschwindigkeit *f* (WZM, NC) || ~ ISO 3592 / Vorschub *m* (NC, CLDATA-Wort) || ~ /**rapid traverse override** / Vorschub-/Eilgangoverride *m*, Vorschub/Eilgangkorrekturschalter *m* || ~ **bypass** / Vorschubkorrektur *f* (NC) || ~ **change** / Vorschubänderung *f* || ~ **coding** / Vorschubverschlüsselung *f* || ~ **control** / Vorschubregelung *f* || ~ **controller** / Vorschubregler *m* || ~ **enable** / Vorschub-Freigabe *f* || ~ **factor** / Vorschubbewertung *f* || ~ **factor (FRF)** / Vorschubfaktor *m*, FRF (Vorschubfaktor (Parameter)) || ~ **in mm/rev** / Umdrehungsvorschub *m* (WZM, NC) || ~ **multiplication** / Vorschubvervielfachung *f* || ~ **number (FRN)** / Vorschubzahl *f*, Schlüsselzahl für Vorschubgeschwindigkeiten || ~ **override** ISO 2806 / Vorschubkorrektur *f* (NC), Beeinflussung der Vorschubgeschwindigkeit, Vorschuboverride *m* (manuelle Eingriffsmöglichkeit, die es dem Bediener gestattet, die programmierten Vorschübe über Wahlschalter oder Potentiometer zu verändern) || ~ **override switch** / Vorschub-Korrekturschalter *m* || ~ **per revolution** / Umdrehungsvorschub *m* (WZM, NC) || ~ **programming** / Vorschubprogrammierung *f* || ~ **reduction ratio** / Vorschubuntersetzung *f* (NC) || ~ **value** / Vorschubwert *m* || ~ **weighting** / Vorschubbewertung *f*
feed reduction / Vorschubuntersetzung *f* || ~ **reduction ratio** / Vorschubuntersetzung *f*
feed scale / Anlegeskale *f* || ~ **screw** / Kugelumlaufspindel *f*, Kugelrollspindel *f*, Vorschubspindel *f* (WZM) || ~ **start** / Vorschub Start || ~ **start position** / Vorschub-Startpunkt *m* || ~ **step** / Vorschubstufe *f* || ~ **stop (FST)** / FST (Vorschub Stop), Vorschub-Halt *m* || ~ **table** / Anlegetisch *m*
feedthrough *n* / Durchgriff *m* (Betrag der Eingangsspannung, der über parasitäre Kapazitäten auf den Ausgang einwirkt), Übersprechen *n* || ~ **capacitance** / Durchgriffskapazität *f* (ADU, DAU)

|| ~ **error** / Durchgriffsfehler *m* (ADU, DAU) || ~ **terminal** / Durchgangsklemme *f*
feed to the side / ausschleusen *v* || ~ **travel** / Vorschubweg *m* DIN 6580 || ~ **unit** / Einspeiseeinheit *f*, Einspeisungskasten *m* (IK), Anschlusskasten *m* (IK)
feedwater control valve / Speisewasserstellarmatur *f*, Speisewasserstellventil *n* || ~ **line** / Speisewasserstrang *m*, Speisewasserleitung *f*
feed-wheel motor / Galettenmotor *m*
feeler *n* / Fühler *m*, Taster *m*, Taststift *m* || ~ **blade** / Messblättchen *n*, Fühlerlehre *f* || ~ **gauge** / Fühlerlehre *f*, Spion *m* || ~ **gauge set** / Fühlerlehrensatz *m*
felt ring / Filzring *m*
felt-tip pen / Faserstift *m*, Eddingstift *m*
felt-wick lubricator / Filzdochtöler *m*
FELV s. functional extra-low voltage
FEM s. finite-element method / FEM (Finite-Element-Methode)
female connector / Buchsenstecker *m*, Geräteanschlussteil *n* (steckbarer Kabelanschluss), Federleiste *f*, Steckbuchse *f*, Buchsenleiste *f*, Buchse *f* || ~ **contact** / weiblicher Kontakt *m*, Buchsenkontakt *m*, Kontaktbuchse *f*, Kammerschaltstück *n* || ~ **coupling** / Aufschraub-Verschraubung *f* || ~ **die** / Stanzmatrize *f* || ~ **gauge** / Ringlehre *f* || ~ **multi-point connector** / Federleiste *f* || ~ **nipple** / Nippelmutter *f* || ~ **ribbon cable connector** / Flachbuchse *f* || ~ **screw terminal** / Innengewinde-Schlitzklemme *f* || ~ **thread** / Innengewinde *n*, Muttergewinde *n*
fender *n* / Gehäuseschild *n* (el. Masch., ohne Lager)
Ferraris meter / Ferraris-Zähler *m* || ~ **motor** / Ferraris-Motor *m* || ~ **relay** / Ferraris-Relais *n*
ferrimagnetic material / ferrimagnetischer Werkstoff
ferrimagnetism *n* / Ferrimagnetismus *m*
ferrite *n* / Ferrit *n* || ~ **core reactor** / Ferritdrossel *f* || ~ **magnet** / Ferritmagnet *m* || ~ **permanent magnet** / Ferrit-Dauermagnet *m* || ~ **rod** / Ferritstab *m*
ferroaluminium *n* / Ferroaluminium *n*
ferrodynamic instrument / ferrodynamisches ss, ferrodynamisches Instrument, eisengeschlossenes elektrodynamisches Meßgerät || ~ **relay** / ferrodynamisches Relais, eletrodynamisches Relais mit Eisenschluß
ferroelectric *n* / Ferroelektrikum *n* || ~ *adj* / ferroelektrisch *adj* || ~ **Curie temperature** / ferroelektrische Curie-Temperatur || ~ **domain** / ferroelektrische Domäne
ferroelectricity *n* / Ferroelektrizität *f*
ferromagnetic *adj* / ferromagnetisch *adj* || ~ **material** / ferromagnetischer Werkstoff || ~ **powder** / Eisenpulver *n*, Magnetpulver *n* || ~ **resonance** / ferromagnetische Resonanz
ferromagnetism *n* / Ferromagnetismus *m*
ferroresonance *n* / Ferroresonanz *f*
ferrous powder / Eisenpulver *n*, Magnetpulver *n*
ferrule *n* / Zwinge *f*, Druckhülse *f*, Quetschhülse *f*, Aderendhülse *f*, Überziehmuffe *f* || ~ IEC 50(731) / Stift *m* (f. Faserbündel) || ~ **grommet** ~ / Dichtungsdruckhülse *f* (EMB)
ferrules *n* / Kabelmarkierer *m*
festoon *n* / Girlande *f*, Gehänge *n* || ~ **cap** / Soffittensockel *m*, Soffittenkappe *f*, Sockel für Soffittenlampe

festooned cable / Leitungsgirlande f, Girlandenleitung f || ~ cables / Schleppkettenbetrieb m
festoon lighting / Festbeleuchtung f
FET s. field-effect transistor
fetch v / holen v, abrufen v, auslesen v
fetch-ahead n / Vorgriff m (auf Speicher)
fetch cycle / Abrufzyklus m, Übernahmezyklus m
fetching message / Holtelegramm n
fetch job / Holauftrag m || ~ request / Holauftrag m
fettled adj / geputzt adj
FF s. flipflop
FFR (feedrate) / FFR (Vorschub (Parameter))
FFS (Flash File System) / FFS || FFS (function failure safety) / FFS (Funktionsfehlersicherheit)
FFT (Fast Fourier Transformation) / FFT (Fast Fourier Transformation) (Verfahren der schnellen Fourier-Transformation)
FFT method s. fast-Fourier-transformation method
FG (function generator) / FG (Funktionsgenerator)
FGT s. floating-gate transistor
FH / Funktionshandbuch (FH) n
fiber core / Faserkern m || ~ optic cable / Glasfaserkabel n, Lichtwellenleiterkabel (LWL) n, Lichtwellenleiter (LWL) m || ~ optic conductor (FO conductor) / Lichtwellenleiter (LWL) m
fiber-optic conductor / Faserlichtleiter m, Lichtleiter m
fiber optic interrepeater link (FOIRL) / FOIRL || ~ optic module / Medienmodul n
fiber-optics technology / FO-Übertragungstechnik f
fiber sheath / Fasermantel m || ~ spinning plants / Faser-Spinnanlage f
f.h.p. motor s. fractional-horsepower motor
fibre axis / Faserachse f (LWL) || ~ buffer / Faserhülle f (LWL) || ~ bundle / Faserbündel n, Faserlitze f || ~ characteristic term / V-Parameter m (LWL), normierte Frequenz (LWL) || ~ coupler / Faserkoppler m (LWL) || ~ course / Faserverlauf m
fibre-distributed data interface (FDDI) / (Hochgeschwindigkeits-)Schnittstelleneinheit mit Signalrangierung über Lichtwellenleiter
fibre glass (for composite terms, see under glass-fibre) / Glasfaser f
fibre-glass-reinforced plastic (FRP) / Glasfaserkunststoff m (GFK), glasfaserverstärkter Kunststoff
fibre grease / Faserfett n || ~ insulation / Faserisolation f || ~ in tension / Zugfaser f || ~ jacket / Faserumhüllung f (LWL) || ~ joint / Faserverbinder m (LWL) || ~ material / Faserstoff m
fibre-optic bus / Lichtwellenleiterbus m, LWL-Bus m, Lichtbus m, Lichtleiterbus m || ~ data highway / Lichtleiter-Fernbus m || ~ local-area network / optisches Lokalbereichsnetz || ~ network / faseroptisches Netzwerk, Lichtwellenleiternetz n || ~ reflectometer / LWL-Reflektometer n
fibre optics / Faseroptik f, Lichtwellenleiteroptik f
fibre-optics cable / Lichtwellenleiterkabel n (LWL-Kabel)
fibre-optic transmission system / Lichtwellenleiterstrecke f || fibre-optic transmission system (FOTS) / Lichtwellenleiter-Übertragungssystem n
fibre packing / Faserdichtung f, Fiberdichtung f || ~ pen / Faserstift m || ~ pigtail / Anschlussfaser f

(LWL) || ~ removal ability / Faseraufnahmevermögen n (Staubsauger) || ~ scattering / Faserstreuung f (LWL) || ~ splice / LWL-Spleißverbindung f
fibrillating current / Flimmerstrom m, Herzkammerflimmerstrom m
fibrous asbestos sheet / It-Platten f pl || ~ insulating material / Faserisoliermaterial n, Faserdämmstoff m || ~ laminated air-filter element / Faserschicht-Luftfilterzelle f || ~ material / Faserstoff m
fictitious axis / fiktive Achse || ~ leading axis / fiktive Leitachse || ~ value / fiktiver Wert || ~ voltage / fiktive Spannung
FID s. flame ionization detector
fiducial error / Bezugsfehler f (MG) || ~ value IEC51 / Bezugswert m (MG) DIN 43780
field n / Feld n, Erregerfeld n, Magnetfeld n, Bereich m, Sachgebiet n, Anwendungsgebiet n, Einsatzort m, Halbbild n, Datenblock m, Telegramm n (eine Bitfolge, die alle Angaben für eine Übertragung von Information von einem Teilnehmer zum anderen erhält), Datenbereich m || maximum ~ / maximale Erregung (el. Masch.) || ~ acceleration / Feldbeschleunigung f || ~ ampere turns / Erregerstrombelag m, Erregerdurchflutung f || ~ balancing / Auswuchten an Ort und Stelle || ~ boosting / Feldverstärkung f, Felderhöhung f, Stoßerregung f || ~ breakdown / Felddurchschlag m || ~ bus / Feldbus m, Zubringerbus m, Profibus m, PROFIBUS (process fieldbus) m || ~ bus data link (FDL) / FDL, Feldbus-Datenübermittlungsabschnitt m || ~ bus data link layer (FDL) / Feldbus-Datensicherungsschicht f || ~ bus message specification (FMS) / FMS, Feldbus-Nachrichtenspezifikation f || ~ bus system / Feldbussystem n || ~ chaining / Feldverkettung f || ~ change notification / Änderungsmitteilung f || ~ circuit / Feldkreis m, Erregerkreis m, Erregerstromkreis m || ~ circuit rectifier / Erregergleichrichter m || ~ circuit-breaker / Feldkreis-Leistungsschalter m, Feldschalter m, Enterregungsschalter m
field-capable / feldtauglich
field-circuit contactor / Feldschütz n || ~ converter / Feldkreisumformer m, Erregerumformer m || ~ rectifier / Erregergleichrichter m, Feldgleichrichter m || ~ resistance / Feldwiderstand m, Erregerwiderstand m || ~ reversal / Feldkreisumschaltung f, Feldumkehr f
field coil / Feldspule f, Polspule f, Erregerspule f || ~ computation / Feldrechnung f
field-coil flange / Polspulen-Isolierrahmen m || ~ support / Polwicklungsstütze f
field conditions / Einsatzbedingungen f pl, Betriebsbedingungen f pl || ~ control / Feldsteuerung f, Feldregelung f
field-control electrode / feldsteuernde Elektrode, Feldsteuerelektrode f
field current / Feldstrom m, Erregerstrom m || ~ current controller / Erregerstromregler m || ~ current monitoring / Erregerstromüberwachung f || ~ current reduction / Erregerstromreduzierung f
field-current decay test / Feldabbauversuch m, Stromabklingversuch m || ~ ratio / Erregerstromgrad m, Stromerregergrad m || ~ regulator / Erregerstromregler m || ~ reversal / Feldstromumschaltung f

field data (QA) / Einsatzdaten *n pl*, Einsatzergebnisse *n pl* || ~ **decay** / Feldabbau *m*, Feldzerfall *m* || ~ **deceleration** / Feldverzögerung *f* || ~ **definition** / Felddefinition *f* || ~ **density** / Felddichte *f*, Kraftliniendichte *f* || ~ **device** / Feldgerät *n* || ~ **device supply** / Feldgerätespeisung *f* || ~ **devices** / prozessnahe Peripherie || ~ **discharge** / Entregung *f*, Entmagnetisierung *f* || ~ **discharge equipment** / Entregungseinrichtung *f* || ~ **discharge resistor** / Entregungswiderstand *m* || ~ **discharge switch** / Entregungsschalter *m* || ~ **displacement** / Feldverzerrung *f*, Feldverschiebung *f* || ~ **displacement isolator** / Feldverzerrungs-Richtungsleitung *f* || ~ **distortion** / Feldverzerrung *f* || ~ **distribution** / Feldverteilung *f*, Feldstärkeverlauf *m*, Feldbild *n* || ~ **distribution curve** / Feldkurve *f*, Feldbild *n*, Kraftlinienverlauf *m* || ~ **distribution measurement** / Feldbildaufnahme *f* || ~ **distributor** / Feldverteiler *m* (PROFIBUS) || ~ **diverter rheostat** / Feldüberbrückungswiderstand *m*, Nebenschlusssteller *m*
field-effect transistor (FET) / Feldeffekttransistor *m* (FET), Feldtransistor *m*
field e.m.f. / Polrad-EMK *f*, Polradspannung *f* || ~ **emission** / Feldemission *f* || ~ **engineer** / Service-Ingenieur *m*, Montageingenieur *m* || ~ **environment** / Feldbereich *m*, prozessnaher Bereich, Fernbereich *m* || ~ **excitation** / Felderregung *f*, Erregung *f* || ~ **experience** / Betriebserfahrungen *f pl*, Felderfahrung *f* || ~ **extinguishing test** / Feldabbauversuch *m*, Stromabklingversuch *m* || ~ **factor** / Feldfaktor *m* || ~ **failure** / Feldausfall m. Erregungsausfall *m*, Feldzusammenbruch *m*, Erregerkreisunterbrechung *f* || ~ **failure protection** / Erregerausfallschutz *m*, Feldausfallschutz *m* || ~ **failure relay** / Feldausfallrelais *n*, Erregungsausfallrelais *n*, Feldrückgangsrelais *n* || ~ **flashing** / Stoßerregung *f*, Auferregungshilfe *f*, Selbsterregungs-Starthilfe *f* || ~ **forcing** / Feldnachführung *f*, Stoßerregung *f*, Schnellerregung *f*, Schnellentregung *f*
field-forcing limiter / Stoßerregungsbegrenzer *m*
field form / Feldbild *n*, Feldlinienbild *n*, Feldkurve *f*, Feldverteilung *f*, Feldlinienverlauf *m*, Kraftlinienbild *n* || ~ **form factor** / Feldformfaktor *m* || ~ **frame** / Magnetgestell *n* (el. Masch.)
field-free *adj* / feldfrei *adj*, induktionsfrei *adj*
field frequency / Vertikalfrequenz *f* (BSG) || ~ **gating unit** / Feldsteuersatz *m* || ~ **harmonic** / Feldoberwelle *f* || ~ **instrumentation** / Feldinstrumentierung *f* || ~ **intensity** / Feldstärke *f* || ~ **inventory** / Feldbestand *m* || ~ **kicking coil** / Felddrossel *f* || ~ **killing coil** / Gegenfeldspule *f* || ~ **lead** / Erregerstromleitung *f*, Schleifringzuleitung *f* || ~ **leakage reactance** / Streureaktanz der Erregerwicklung || ~ **lens** / Feldlinse *f*
fieldless *adj* / feldfrei *adj*, induktionsfrei *adj*
field level / Feldebene *f* (PROFIBUS), Feldbereich *m* || ~ **level wiring** / Feldverkabelung *f* || ~ **limitation** / Erregungsbegrenzung *f* || ~ **line** IEC 50(101) / Feldlinie *f* || ~ **loss** / Erregungsverluste *m*, Verluste im Erregerkreis Leerlaufverluste *m pl* (Trafo) || ~ **loss relay** / Feldausfallrelais *n*, Erregungsausfallrelais *n*, Feldrückgangsrelais *n* || ~ **magnet** / Feldmagnet *m*, Erregermagnet *m* || ~ **maintenance** / Instandhaltung am Einsatzort,

Instandhaltung vor Ort, Instandhaltung im Einbauzustand || ~ **mesh** / Feldnetz *n* (Netzelektrode) || ~ **modification** / nachträgliche Änderung (am Einbauort) || ~ **mounting** / Montage am Einbauort, Feldmontage *f* || ~ **multiplexer** / Feldmultiplexer *m*, Verteilerkasten *m* (PROFIBUS) || ~ **of activity** / Arbeitsfeld *n* || ~ **of application** / Anwendungsbereich *m*, Anwendungsgebiet *n*, Einsatzbereich *m*, Einsatzgebiet *n*, Anwendungsfeld *n*, Einsatzart *f* || ~ **of force** / Kraftfeld *n*, Kraftlinienfeld *n* || ~ **of gravity** / Schwerefeld *n* || ~ **of velocity** / Geschwindigkeitsfeld *n* || ~ **of vision** / Blickfeld *n* (a. CAD) || ~ **orientation** / Feldorientierung *f*
field-orientation control / Feldorientierungsregelung *f*
field-oriented control / feldorientierte Regelung
field pattern / Feldbild *n*, Feldlinienbild *n*, Feldkurve *f*, Kraftlinienbild *n* || ~ **performance test** / Leistungsprüfung am Aufstellungsort || ~ **pitch** / Feldschritt *m* || ~ **PLA** s. field-programmable logic array || ~ **pole** / Erregerpol *m*, Feldpol *m*, Induktorpol *m*, Hauptpol *m*
field-programmable *adj* / frei programmierbar, vom Anwender programmierbar, feldprogrammierbar *adj* || ~ **logic array (FPLA)** / frei programmierbares logisches Feld
field-proven *adj* / bewährt *adj*
field quantity / Feldgröße *f* || ~ **ratio** / Erregergrad *n* (el. Masch.) || ~ **rectifier** / Erregergleichrichter *m* || ~ **regulator** / Feldregler *m*, Feldsteller *m*, Erregerstromsteller *m*
field-related interference / feldgebundene Störeinkopplung
field reliability test / Zuverlässigkeitsprüfung unter Einsatzbedingungen || ~ **report** / Erfahrungsbericht *m*, Reisebericht *m* || ~ **resistance** / Widerstand der Erregerwicklung, Erregerwiderstand *m* || ~ **resistance characteristic** / Erregerwiderstandskurve *f*, Widerstandsgerade *f* || ~ **resistance line** / Widerstandsgerade *f* || ~ **response** / Feldänderungsgeschwindigkeit *f* || ~ **reversal** / Feldumkehr *f*, Feldumschaltung *f*, Erregerkreisumschaltung *f*, Drehfeldumkehr *f* || ~ **rheostat** / Feldsteller *m*, Feldregler *m*
fields *n pl* / Branchen *f pl*
field self-inductance / Selbstinduktion des Erregerkreises || ~ **service conditions** / Verhältnisse am Aufstellungsort, Einsatzbedingungen *f pl* || ~ **service dispatch center** / Einsatzleitstelle *f* || ~ **shunting** / Feldschwächung durch Parallelwiderstand (o. durch Nebenschluss) || ~ **field-shunting control** / Feldschwächung durch Nebenschluss, Feldschwächeregelung *f*, Feldsteuerung durch Parallelschalten || ~ **range** / Feldschwächebereich *m*
field spider / Polradstern *m*, Läufersterern *m*, Polstern *m*, Läufer-Tragkörper *m* || ~ **spool** / Erregerspulenkasten *m*, Polspulenträger *m*, Spulenkasten *m* || ~ **strength** / Feldstärke *f* || ~ **strength distribution** / Feldstärkeverlauf *m*, Feldverlauf *m*, Feldbild *n* || ~ **strengthening** / Feldverstärkung *f*, Felderhöhung *f* || ~ **supply** / Feldversorgung *f* || ~ **suppression** / Entregung *f*, Aberregung *f*, Feldschwächung *f* || ~ **suppressor** / Entregungseinrichtung *f*,

Feldschwächungseinrichtung f || ~ **system** / Feldsystem n, Erregerfeld n, Feldmagnet m || ~ **terminal** / Erregerstromklemme f || ~ **test** / Prüfung auf der Baustelle, Freilandversuch m, Einsatzprüfung f, Freibewitterungsversuch m, Netzversuch m || ~ **time constant** / Erregerfeld-Zeitkonstante f
field-to-noise ratio / Störfeldabstand m
field variable / Feldgröße f
field-vector control / Feldorientierungsregelung f
field voltage / Erregerspannung f, Feldspannung f, Hauptfeldspannung f || ~ **voltage ratio** / Spannungserregergrad m, Erregerspannungsgrad m || ~ **weakening** / Feldschwächung f || ~ **weakening by tapping** / Feldschwächung durch Anzapfung || ~ **weakening control** / Feldschwächeregelung f || ~ **weakening control range** / Feldschwächregelung f || ~ **weakening device** / Feldschwächungseinrichtung f || ~ **weakening point** / Feldablösepunkt m || ~ **weakening range** / Feldschwächebereich m || ~ **weakening ratio** / Feldschwächungsgrad n, Feldschwächungsverhältnis n || ~ **weakening speed** / Feldschwächedrehzahl f || ~ **weakening switchgroup** / Feldschwächungsschalter m (Bahnmotoren), Feldschwächegerät n || ~ **weathering test** / Freibewitterungsversuch m || ~ **winding** / Feldwicklung f, Erregerwicklung f, Polradwicklung f, Polwicklung f || ~ **winding brace** / Polwicklungsstütze f || ~ **winding terminal** / Anschlussklemme einer Feldwicklung (el. Masch.) || ~ **wiring connector** / Verbinder für Vorort-Installation || ~ **wiring terminal** / Feldanschlussklemme f
FIFO (first-in-first-out memory) (first-in-first-out) / FIFO (Erster-Rein-Erster-Raus (Prioritätssteuerung)), FIFO-Speicher m, FIFO-Buffer m || ≗ **(first-in/first-out)** / Fallregister n || ≗ **register** s. first-in, first-out register / Fallregister n || ≗ **buffer** / FIFO (Erster-Rein-Erster-Raus (Prioritätssteuerung)), FIFO-Speicher m, FIFO-Buffer m || ≗ **memory** s. first-in/first-out memory
figure n / Ziffer f, Abbild n, Bild n, Abbildung f
figured glass / Profilglas n, Ornamentglas n || ~ **louvre** / Profilraster m (Leuchte) || ~ **trough** / Dekorwanne f (Leuchte)
figure editing / Figurbearbeitung f || ~ **of loss** / Verlustziffer f (Blech) || ~ **of merit** / Güteziffer f, Gütefaktor m (MG), Farbwiedergabezahl f
figures forecasted / Planzahlen f pl
filament n / Faden m, Glühfaden m, Leuchtdraht m, Heizfaden m, Heizdraht m, Leuchtkörper m, Wendel m (Lampe)
filamentary conductor / Filamentleiter m, Vielkernleiter m
filament centre length / Leuchtkörperabstand m || ~ **current** / Heizstrom m (Lampe)
filament-heating transformer / Heiztransformator m
filament lamp / Glühlampe f || ~ **starting current** / Fadeneinschaltstrom m (Lampe) || ~ **tail** / Wendelende n (Lampe) || ~ **thermometer** / Fadenthermometer n || ~ **transformer** / Heiztransformator m (Lampe) || ~ **transistor** / Fadentransistor m || ~ **voltage** / Fadenspannung f, Heizspannung f (ESR-Kathode)
file v / ablegen v (in Datei), archivieren v, File m, Ordner m || ~ n / Datei f

filed adj / abgelegt adj
file handling / Datei-Handling n || ~ **journal** / Dateibuchführung f || ~ **length** / Dateilänge f || ~ **locking** / Dateisperre f || ~ **management system** / Dateiverwaltungssystem n || ~ **name** / Dateiname m || ~ **path** / Dateipfad m
filer n / Aktenablagegerät n
Files considered / Berücksichtigte Dateien
file section / Dateiabschnitt m || ~ **selection dialog** / Dateiauswahldialog m || ~ **set** / Dateimenge f || ~ **system (FS)** / FS || ~ **transfer** / Dateiübertragung f, Dateitransfer m, Dateiaustausch m || ~ **transfer (FTR)** / File Transfer (FTR) || ~ **transfer program (FTP)** / FTP
filing, program ~ / Programmarchivierung f || ~ **and loading store** / Archivier-Ladespeicher m || ~ **period** (QA) / Aufbewahrungsfrist f (QS)
filings n pl / Feilspäne n pl
filing test / Feilenprobe f
fill, floor ~ / Estrich m || ~ **area** / Füllgebiet n (Darstellungselement), Füllbereich m
fill-area bundle table / Füllgebietsbündeltabelle f (GKS)
filled and charged (secondary) battery IEC 50(486) / gefüllte, geladene Batterie || ~ **band** / besetztes Band (HL) || ~ **curve** / Flächenkurve f
filled-in curve / Flächenkurve f
filled insulating liquid / eingefüllte Isolierflüssigkeit
filled-system thermometer / Federthermometer n
filler n / Füllmasse f, Füllstoff m, Spachtelmasse f, Füllsack n, Zwickelfüllung f (Kabel), Füllstreifen m, Einfüllöffnung f, Einfüllstutzen m, Einfüllvorrichtung f, Füllzeichen n, Füller m || ~ **byte** / Füllbyte n || ~ **flap** / Tankklappe f (Kfz) || ~ **remote-controlled** ~ **release** / Fernentriegelung der Tankklappe (Kfz) || ~ **panel** / Blindabdeckung f (BSG), Blindplatte f || ~ **pipe** / Einfüllrohr n || ~ **plug** / Einfüllverschraubung f, Füllstopfen m, Blindstopfen m, Blindstecker m || ~ **rod** / Schweißstab m, Schweißdraht m, Stabelektrode f (SchwT), Zusatzstab m || ~ **strip** / Füllstreifen m (Nut) || ~ **stub** / Einfüllstutzen m || ~ **tube** / Einfüllrohr n || ~ **wire** / Schweißdraht n
fillet n / Hohlkehle f, Ausrundung f, Fußausrundung f, Fußkreisdurchmesser m, Kehlnaht f, Rundung f (Hinweis: Eine Rundung ist keine Fase. In CAD-Texten heißt Rundung fillet oder blend), Eckenradius m, Abrundungsradius m, Eckenrundung f || ~ **surface** ~ / Übergangsfläche f (CAD), Flächenverrundung f (CAD) || ~ **joint** / Kehlnaht f || ~ **radius** / Halbmesser der Fußausrundungskurve, Rundungshalbmesser m || ~ **soundness test** / Kehlnaht-Güteprüfung f || ~ **surface** / Verrundungsfläche f (CAD) || ~ **weld** / Kehlnaht f
fillet-weld-break test / Winkelprobe f
fill factor / Füllfaktor m, Fensterfüllfaktor m, Stapelfaktor m (geblechter Kern o. Anker), Füllfaktor m || ~ **level** / Füllstand m
filling v / Produkt zuführen, befüllen v || ~ n / Füllung f || ~ **and maintenance valve** / Füll-und Wartungsventil n || ~ **compound** / Füllmasse f, Vergussmasse f, Dichtungsmasse f, Spachtelmasse f || ~ **equipment** / Füllvorrichtung f || ~ **level scale** / Füllstandswaage f || ~ **machine** / Füllmaschine f, Abfüllmaschine f || ~ **rate** / Füllgeschwindigkeit f || ~ **station** / Tankstelle f || ~ **system** / Abfüllanlage f ||

~ **tank** / Abfüllbehälter *m* || ~ **the spaces** / Ausfüllen der Zwischenräume || ~ **time** / Füllzeit *f*
fill mode / Füllmodus *m* (CAD)
fill-weight scale / Füllstandswaage *f*
film *n* / Film *m*, Feinfolie *f*, Folie *f*, dünne Schicht, Patina *f* (Komm.), Schmierfilm *m*, Haut *f* || ~ **blowing machine** / Folienblasmaschine *f* || ~ **capacitor** / Schichtkondensator *m* || ~ **carrier** (IC) / Filmträger *m* || ~ **circuit** / Schichtschaltung *f* || ~ **insulation** / Folienisolierung *f* || ~ **integrated circuit** / integrierte Schichtschaltung || ~ **of condensate** / Kondensatfilm *m* || ~ **packaging** / folieren *v* || ~ **potentiometer** / Schichtpotentiometer *n* || ~ **recorder** / Lichtzeichenmaschine *f*, Fotoplotter *m* || ~ **resistance** / Hautwiderstand *m* || ~ **rust** / Flugrost *m* || ~ **strength** / Filmfestigkeit *f* (Schmierst.) || ~ **take-off unit** / Folienabzug *m* || ~ **transport** / Folienvorzug *m*
filter *v* / filtern *v*, glätten *v*, filtrieren *v*, sieben *v*, aussieben *v* (Oberwellen) || ~ *n* / Glättung, Sieb *n*, Filterung || ~ *n* / Filter *n*, Glättungselement *n*, Siebglied *n* || **full-flow** ~ / Vollstromfilter *m* || **resonance** ~ / Resonanzsperre *f* || ~ **area** / Filterbereich *m* || ~ **blanket** / Filtermatte *f* || ~ **capacitor** / Filterkondensator *m*, Filterkreiskondensator *m*, Siebkondensator *m* || ~ **cartridge** / Filtereinsatz *m* || ~ **casing** / Filtergehäuse *n*, Wetterschutzkasten *m* || ~ **choke** / Filterdrossel *f*, Glättungsdrossel *f* || ~ **circuit** / Filterkreis *m* || ~ **cloth** / Filtertuch *n*, Siebkreis *m*, Glättungskreis *m*
filtered *adj* / gefiltert *adj*, gesiebt *adj* || ~ **current measuring point** / geglätteter Strommesspunkt || **filtered output** / Ausgang mit Filter, geglättetes Ausgangssignal
filter element / Filterzelle *f*, Glättungselement *n* || ~ **fan** / Filterlüfter *m* || ~ **function** / Filterfunktion *f*
filtering *n* / Filtern *n*, Glätten *n*, Dämpfung *f*, Einfügungsdämpfung *f*, Filterung *f*, Glättung *f*
filter input / Filtereingang *m*, Glättungseingang *m* || ~ **in the paper industry** / Sieb in der Papierindustrie || ~ **list** / Filter-Liste *f* || ~ **mat** / Filtermatte *f* || ~ **module** / Filterbaugruppe *f*, Glättungsbaugruppe *f*, Filtermodul *m* || ~ **name** / Filtername *m* || ~ **network** / Filterkreis *m*, Siebkreis *m*, Glättungskreis *m* || ~ **press** / Filterpresse *f* || ~ **reactor** / Filterkreisdrossel *f*, Siebdrossel *f*, Glättungsdrossel *f* || **filter time for act.speed (SLVC)** / Filterz. f. Ist- Drehzahl (SLVC)
filtration efficiency / Abscheidegrad *m*, Entstaubungsgrad *m*
fin *n* / Kühlrippe *f*, Grat *m*
final acceptance / Endabnahme *f* || ~ **approach** / Endanflug *m* || **Final Assembly/Final Inspection** / Endmontage/Endprüfung || ~ **block value** / Satzendwert *m* || ~ **cancellation** / Abkündigung *f* || ~ **circuit** / Endstromkreis *m* (im Gebäude) VDE 0100,T.200, Verbraucherstromkreis *m* || ~ **condition** / Endzustand *m* (Rel., E) VDE 0435,T.110 || ~ **contact pressure** / Endkontaktdruck *m* || ~ **contour** / Endkontur *f* (NC), Fertigkontur *f* || ~ **contour machining** / Endkonturbearbeitung *f* || ~ **control element** / Stellorgan *n*, Stelleinrichtung *f* || ~ **control element dead zone** / Totzone des Stellgliedes || ~ **control element operator** / Stellantrieb für Stellglieder || ~ **controlled variable** / Hauptregelgröße *f*,

Endregelgröße *f* || ~ **controlling device characteristics** / Stelleigenschaften *f pl* || ~ **controlling device with storage (o. latching) properties** / Stellgerät mit Speicherverhalten || ~ **controlling device without storage (o. latching) properties** / Stellgerät ohne Speicherverhalten || ~ **controlling element** IEC 50(351) / Stellglied *n* || ~ **control unit** / kompakte Stelleinrichtung || ~ **coolant** IEC 50(411) / letztes Kühlmittel (el. Masch.) || ~ **customer** / Endabnehmer *m* || ~ **depth of bore** / Endbohrtiefe *f* || ~ **destination** / Endverbleib *m* || ~ **destination memo** / Endverbleibsmeldung (EVM) *f* || ~ **dimension** / Fertigmaß *n* || ~ **dimension specification** / Endmaßvorgabe *f* || ~ **discharge voltage** / Endladeschlussspannung *f* || ~ **distribution** ACS / Endverteilerschrank *m* (BV) || ~ **drilling depth** / Endbohrtiefe *f* || ~ **drive pinion** / Endantriebsritzel *m* || ~ **endurance value** / Kennwert *m* (Lebensdauer eines Relais) || ~ **inspection** / Anlagentest *m*, Ausgangskontrolle *f* || ~ **inspection (and testing)** / Endprüfung *f* DIN 55350,T.11, Endkontrolle *f*, Endprüfung auf Beschaffenheit || ~ **inspection and testing** / Ausgangskontrolle *f*, Endkontrolle *f*, Anlagentest *m*, Endprüfung *f* (letzte der Qualitätsprüfungen vor Übergabe der Einheit an den Kunden bzw. an den Auftraggeber) || ~ **inspection and test verification** / Anlagentest *m*, Endprüfung *f* (letzte der Qualitätsprüfungen vor Übergabe der Einheit an den Kunden bzw. an den Auftraggeber), Ausgangskontrolle *f*, Endkontrolle *f* || ~ **machining allowance** / Schlichtaufmaß *n*, Schlichtmaß *n* || ~ **position** / Endstellung *f* || ~ **product** / Endprodukt *n* || ~ **rejection** / Verwerfen *n* (Zurückweisung) || ~ **resonance search** / Schlussresonanzuntersuchung *f* || ~ **rounding** / Endverrundung *f* || ~ **rounding time for ramp-down** / Rampenrücklauf-Endverrundung *f* (Bestimmt die Glättungszeit am Ende des Rampenrücklaufs) || ~ **rounding time for ramp-up** / Rampenhochlauf-Endverrundung *f* (Bestimmt die Glättungszeit am Ende des Rampenhochlaufs) || ~ **state** / Endzustand *m* (Rel., E) VDE 0435,T.110 || ~ **steady-state value** / stationärer Endwert (Reg.) || ~ **sub-circuit** / Endstromkreis *m* (im Gebäude) VDE 0100,T.200, Verbraucherstromkreis *m* || ~ **temperature** / Endtemperatur *f* || ~ **temperature rise** / End-Übertemperatur *f*, Enderwärmung *f* || ~ **testing** / Endprüfung auf Funktion || ~ **tripping** / endgültige Ausschaltung (Netz o. Betriebsmittel, nach einer Anzahl erfolgloser Wiedereinschaltungen), Definitivauslösung *f* || ~ **value** / Endwert *m*, Beharrungswert *m* (Reg.) || ~ **voltage** / Entladeschlussspannung *f*
financial reporting / Finanzpublizität *f*
financing *n* / Finanzierung *f*
Find *n* / Durchsuchen *n*
finder, beam ~ / Strahlsucher *m*, Leuchtpunkt-Suchvorrichtung *f* (Osz.)
Find Function / Recherche *f*
findings *n pl* / Befund *m*, Befundung *f*
find next / Weitersuchen *n* || ~ **record** ISO 3592 / Beendigungssatz *m* (NC) DIN 66215, Endsatz *m*, letzter Satz || ~ **Step** / Schritt suchen || ~ **target project** / Zielprojekt suchen
fine adjustment / Feinabgleich *m*, Feineinstellung *f*, Feinverstellung *f*, feinstufige Einstellung *f* || ~

fine-chemical 212

attenuator / Feinabschwächer *m*
fine-chemical products / Feinchemieprodukte *n pl*
fine coding of errors / Fehlerfeinkodierung *f*, Fehlerfeincodierung *f* || ~ **control** / Feinsteuerung *f*, Feineinstellung *f*
fine-core *adj* / feinadrig *adj*
fine-crystalline *adj* / feinkristallin *adj*
fine drill cycle / Feinbohrzyklus *m* || ~ **exact stop limit** / feine Genauhaltgrenze || ~ **exact stop window** / feines Genauhaltfenster
fine feed / Feingang *m* (WZM), Feinstrom *m* || ~ **feed rate** / Feinganggeschwindigkeit *f* (WZM) || ~ **feed speed** / Feingangdrehzahl *f* || ~ **focussing** / Scharfeinstellung *f*, Schärfeneinstellung *f* || ~ **graduation** / Feinteilung *f* (Skale)
fine-grained *adj* / feinkörnig *adj*
fine inching step / Feinschleichgang *m* || ~ **interpolation** / Feininterpolation *f* || ~ **interpolator (FIPO)** / Feininterpolator (FIPO) *m* || ~ **leak** / Feinleck *n*
finely grained / feinkörnig *adj* || ~ **stranded** / feindrähtig *adj* || ~ **stranded conductor** / feindrähtiger Leiter || ~ **stranded with end sleeve** / feindrähtig mit Aderendhülse
fine mica fabric / Glimmerfeingewebe *n* || ~ **optimization** / Feinoptimierung *f* || ~ **position** / Feinlage *f* || ~ **positioning** / feinpositionieren *v*, Feinpositionieren *n* (NC) || ~ **speed** / Feingang *m* || ~ **standardization** / Feinnormierung *f*
fines content / Feinanteil *m*
fine step / Feinstufe *f* (Trafo)
fine-step connection / Feinschaltung *f* || ~ **layer** / Feinstufenlage *f* || ~ **winding** / Feinstufenwicklung *f*
fine-strand *adj* / feindrähtig *adj*
finest force fit / Edelfestsitz *m* || ~ **keying fit** / Edelhaftsitz *m*
fine structure (spectral line) / Feinstruktur *f* (Spektrallinie) || ~ **tacho balancing** / Tachofeinabgleich *m* || ~ **thread** / Feingewinde *n*, Gewinde mit feiner Steigung || ~ **traverse** / Feingang *m* || ~ **tuning** / Feinabgleich *m*
fine-wire fuse / Feinsicherung *f*
finger clip (brush) / Druckstück *n*, Dämpfungsstück *n*, Auflagestück *n*, Bürstenarmatur *f*, Druckfarmatur *f* || ~ **pressure** / Fingerdruck *m* || ~ **roll** / Druckrolle *f* (Bürstenhalter) || ~ **screw** / Fingerschraube *f*, Flügelschraube *f* || ~ **slide** / Fingerschieber *m*
finger-tight *adj* / leicht angezogen (Schraube)
finish *v* / fertigbearbeiten *v*, feinbearbeiten *v*, schlichten *v*, mit einer Deckschicht versehen || ~ *n* / Endbearbeitung *f*, Deckschicht *f*, Oberflächengüte *f*, Ausführung *f*, Schlichtgang *m*, Feinbearbeitung *f*, Schlichtdurchgang *m*, Feinbearbeitung *f*, Schlichten *n*, Schlichtschnitt *m* || ~ **contour** / Konturabschluss *m* || ~ **cut** / Fertigbearbeitung *f*, Endbearbeitung *f*, Feinbearbeitung *f*, Schlichtdurchgang *m*, Schlichtgang *m*, Schlichten *n*, Schlichtschnitt *m* || ~ **cutting** / Fertigbearbeitung *f*, Feinbearbeitung *f*, Endbearbeitung *f*, Schlichten *n*, Schlichtgang *m*, Schlichtschnitt *m*, Schlichtdurchgang *m* || ~ **grinding** / Endschliff *m*
finished *adj* / gefertigt *adj* || **finished contour** / Endkontur *f* (NC), Fertigkontur *f*
finished-contour description / Endkonturbeschreibung *f*
finished dimension / Fertigmaß *n* || ~ **form** / Endform *f* (nach der Bearbeitung), Fertigform *f* || ~ **grade** /

Planum *n* || ~ **part** / Fertigteil *n*, fertigbearbeitetes Werkstück
finished-part contour / Fertigteilkontur *f* || ~ **description** / Fertigteilbeschreibung *f* (NC) || ~ **preparation record** / Fertigteil-Vorbereitungssatz *m* (NC)
finished product / Enderzeugnis *n*, Endprodukt *n*, fertiges Produkt, Fertigerzeugnis *n*
finished-product inventory / Endproduktbestand *m*, Bestand an Fertigerzeugnissen
finished size / Fertigmaß *n* || ~ **state** / Endzustand *m* (nach einem Bearbeitungsvorgang)
finish-grinding *n* / Feinschleifen *n*
finish grooving / Fertigstechen *n* (WZM) || ~ **grooving** / fertigstechen *v*
finishing *n* / Feinbearbeiten *n*, Schlichten *n*, Nacharbeiten *n*, Oberflächenbehandlung *f*, Fertigbearbeitung *f*, Schlichtschnitt *m*, Endbearbeitung *f*, Feinbearbeitung *f*, Schlichtdurchgang *m*, Schlichtgang *m*, Nachschneiden *n* || ~ **allowance** / Schlichtaufmaß *n*, Schlichtmaß *n* || ~ **allowance on base** / Schlichtaufmaß Boden || ~ **allowance on edge** / Schlichtaufmaß Rand || ~ **coat** / Deckanstrich *m* || ~ **contouring cycle** / Endkonturbearbeitung *f* || ~ **cut** / Feinbearbeitung *f*, Schlichten *n* (WZM), Fertigbearbeitung *f*, Endbearbeitung *f*, Schlichtgang *m*, Schlichtschnitt *m*, Schlichtdurchgang *m*, Schlichtspan *m* || ~ **cycle** / Fertigbearbeitungszyklus *m*, Endkonturbearbeitung *f* || ~ **dimension** / Endmaß *n* || ~ **insert** / Schlichtplatte *f* || ~ **machine** / Endbearbeitungsautomat *m* || ~ **of castings** / Gussputzen *n* || ~ **rate** / Ladeschlussstrom *f* || ~ **the pocket base** / Schlichten am Grund || ~ **tool** / Schlichtmeißel *m*, Schlichtstahl *m*, Schlichter *m*
finish-machine *v* / maschinell fertigbearbeiten, feinbearbeiten *v*, schlichten *v*
finish-machining *n* / Fertigbearbeiten *n*, Schlichten *n*, Feinbearbeitung *f*
finish mark / Bearbeitungszeichen *n* (Oberflächengüte) || ~ **program** / Programmabschluss *m* || ~ **symbol** / Bearbeitungszeichen *n* (Oberflächengüte)
finish-turning *v* / fertigdrehen *v*
finish-worked *adj* / fertigbearbeitet *adj*
finite *adj* / endlich *adj*, finit *adj* || ~ **automaton** / endlicher Automat
finite-element method (FEM) / Finiteelementmethode (FEM) *f*, Verfahren mit endlichen Elementen
finite impulse response (FIR) / nichtrekursives System (endliche Stoßantwort) || ~ **planning** / Feinplanung *f* || ~ **production planning** / Fertigungsfeinplanung *f*
finned *adj* / gerippt *adj*, mit Kühlrippen versehen || ~ **tube** / Rippenrohr *n*
finned-tube cooler / Rippenrohrkühler *m*
FIR s. finite impulse response
fire alarm / Brandmeldung *f*, Feueralarm *m*, Feuermeldung *f* || ~ **alarm call box** / Brandmelder *m* || ~ **alarm call point** / Brandmelder *m* || ~ **alarm device** EN 54 / Alarmierungseinrichtung *f* (f. Brandmeldungen) || ~ **alarm receiving station** / Hauptmelderzentrale *f* || ~ **alarm routing equipment** EN 54 / Übertragungseinrichtungen für Brandmelder, Hauptmelder *m* || ~ **alarm station** / Brandmeldeanlage *f*, Empfangszentrale für

Brandmeldungen, Hauptmelderzentrale *f*
firebox *n* / Feuerung *f*
fire coat / Feuerschutzanstrich *m*,
Brandschutzanstrich *m*, Brandschutzüberzug *m*
firedamp *n* / Schlagwetter *n* || **mines susceptible to** ~
/ schlagwettergefährdete Grubenbaue (EN 50014) ||
~ **atmosphere** / schlagwettergefährdete
Atmosphäre
firedamp-proof *adj* / schlagwettergeschützt *adj*
fire detection system / Brandmeldeanlage *f*,
Feuermeldeanlage *f* || ~ **detector** / Brandmelder *m*,
automatischer Brandmelder, automatischer
Nebenmelder || ~ **enclosure** /
Brandschutzumhüllung *f* || ~ **extinguisher** /
Feuerlöscher *m* || ~ **fighting** / Brandbekämpfung *f*,
Feuerbekämpfung *f* || ~ **hazard** / Feuergefahr *f*,
Brandgefahr *f* || ~ **hazard test** / Prüfung auf
Feuersicherheit, Brandgefahrenprüfung *f*
fire-inhibiting insulation / feuerhemmende Isolation
fire load / Brandlast *f* || ~ **point** / Brennpunkt *m* (Öl,
Isolierflüssigkeit)
fireproof *adj* / feuerfest *adj*, nicht brennbar || ~
bulkhead / Brandschottung *f*
fireproofing *n* / Feuerschutzisolierung *f*,
Brandschutzisolierung *f* || ~ **coat** /
Feuerschutzanstrich *m*, Brandschutzanstrich *m*,
Brandschutzüberzug *m*
fireproofness *n* / Feuerfestigkeit *f*
fire protection / Brandschutz *m* || ~ **protection
equipment** / Brandschutzeinrichtungen *f pl* || ~
protection wall / Brandschutzwand *f*,
Feuerschutzwand *f*
fire-refined tough-pitched copper (f.r.t.p. copper) /
feuerraffiniertes, zähgepoltes Kupfer
fire resistance rating / Feuerwiderstandsklasse *f*
fire-retardant *adj* / feuerhemmend *adj*
fire risk / Feuergefahr *f*, Brandgefahr *f* || ~ **risk test** /
Prüfung auf Feuersicherheit,
Brandgefahrenprüfung *f*
fire-risk testing / feuersicherheitliche Prüfung
fire wall / Brandschutzwand *f*, Feuerschutzwand *f*
firing *n* / Heizen *n*, Zünden *n*, Brennen *n*, Brand *m*,
Einbrennen *n* || ~ **angle** / Steuerwinkel *m* (LE),
Zündverzögerungswinkel *m* || ~ **failure** /
Zündfehler *m* (LE), Zündaussetzer *m*,
Zündversager *m* || ~ **instant** / Zündzeitpunkt *m*
(Thyr.) || ~ **point** / Zündzeitpunkt *m*
firing-point advance/retard adjustment /
Zündzeitpunktverstellung *f* (Kfz)
firing power / Zündleistung *f* || ~ **pulse** / Zündimpuls
m (LE), Steuerimpuls *m* || ~ **pulse currents** /
Zündimpulsströme *m pl* || ~ **pulse generator** /
Impulsbildung *f* || ~ **pulses** / Zündimpulse *m pl* || ~
speed / Zünddrehzahl *f* (Verbrennungsmot.) || ~
time / Zündverzug *m* (Gasentladungsröhre) || ~
torque / Zündmoment *m* (Verbrennungsmot.)
firm capacity / gesicherte Leistung || ~ **power** /
gesicherte Leistung
firmware *n* / Firmware *f*, Festprogramm *n*,
unveränderbare Programme || ~ **revision level** /
Firmwarestand *m* || ~ **version** / Firmware-Version *f*
|| ~ **version data** / Firmware Versionsdaten
first base point (pulse epoch) / erster Basispunkt || ~
circuital law / Durchflutungsgesetz *n* || ~ **coil** /
Eingangsspule *f* || ~ **critical speed** / erste
biegekritische Drehzahl
first-grade sheet (o. plate) / Blech erster Wahl

first-harmonic content / Grundschwingungsgehalt *m*
first-in-first-out memory (FIFO) / FIFO-Buffer *m*,
FIFO-Speicher *m*, Fallregister *n*
first-in/first-out memory (FIFO memory) /
Silospeicher *m*, FIFO-Speicher *m* || ~ **register
(FIFO register)** / Fallregister *n*
first input bit scan / Erstabfrage *f* (ERAB (PC)) || ~
Kirchhoff law / erstes Kirchhoffsches Gesetz,
Knotenpunktregel von Kirchhoff
first-order capacitive lag / kapazitive Verzögerung
erster Ordnung || ~ **capacitive lead** / kapazitiver
Vorhalt 1. Ordnung || ~ **lag** / Verzögerung erster
Ordnung (Reg.) || ~ **time delay** / Verzögerung erster
Ordnung (Reg.) || ~ **time-delay element** /
Verzögerungsglied erster Ordnung (P-T-Glied)
first point of contact / Auflaufpunkt *m* || ~ **pole to
clear** / erstöffnender Pol
first-pole-to-clear factor IEC 56-1 / Polfaktor *m*
VDE 0670,T.101, Polspannungsfaktor *m* (SG)
first pole to close / erstschließender Pol || ~ **pulse** /
Erstimpuls *m* || ~ **scan** / Erstabfrage (ERAB) *f* || ~
start-up / Erstinbetriebnahme *f*
first-surface mirror / Oberflächenspiegel *m*
first transfer / Erst-Übergabe *f* || ~ **transition** / erster
Übergang (Impulsabbild) || ~ **transition duration** /
Erstübergangsdauer *f* (Impulsabbild) DIN IEC
469,T.1
first-up *adj* / kommend *adj* || ~ **alarm group
multiplier** / Erstwertvielfach *n* (SPS) || ~ **signal
acknowledgement** / Erstwertquittieren *n* || ~ **signal
(o. indication)** / Erstwertmeldung *f* || ~ **value** /
Erstwert *m*
first use / Ersteinsatz *m*
first-zone time / Schnellzeit *f* (Schutzrel., VDE 0435;
kürzeste erreichbare Kommandozeit der ersten
Stufe; Grundzeit)
fir tree profile / Tannenbaumprofil *n*
fishing wire / Durchziehdraht *m* (f. Leiter), Ziehdraht
m
fish-plate *n* / Lasche *f*, Verbindungslasche *f*
fish tape / Durchziehdraht *m* (f. Leiter), Ziehdraht *m*
fit *v* / einpassen *v*, passen *v*, zusammenpassen *v*,
montieren *v*, anbringen *v*, angleichen *v* (Kurve),
aufziehen *v*, einstecken *v* || ~ *n* / Passung *f*, Sitz *m*,
Verband *m* (Passungen) || ~ **bolt** / Passschraube *f*,
Passbolzen *m* || ~ **component** / Passteil *n* DIN
7182,T.1 || ~ **into each other** / ineinanderstecken *v*
fitness for use / Gebrauchstauglichkeit *f* DIN
55350,T.11
fit surface / Passfläche *f* || ~ **system** / Passungssystem
n || ~ **together** / ineinanderpassen *v*
fitted *adj* / ausgerüstet *adj*, eingepasst *adj* || **fitted
appliance** / Einbaugerät *n* (HG) VDE 0700,T.1 || ~
by the manufacturer / Werksbestückung *f* || ~ **key**
/ Passfeder *f* || ~ **on** / anpassen *v* || ~ **with** /
eingefasst mit
fitter *n* / Monteur *m*, Mechaniker *m*, Installateur *m* || ~
key / Passfeder *f*
fitting / Montagearbeit *f*, Passarbeit *f*, Formstück *n*,
Leuchte *f*, Anbau *m*, Einbau *m*, Armatur *f* || **entry** /
Einführungsarmatur *f*, Einführungsstutzen *m* || ~
lighting / Leuchte *f*, Beleuchtungskörper *m* || ~
accessories / Montagematerial *n* || ~ **and
extracting tool** / Auf- und Abziehvorrichtung *f*,
Aufdrück- und Abziehvorrichtung || ~ **device** /
Montagevorrichtung *f*, Einbauvorrichtung *f*,
Einlegevorrichtung *f* || ~ **gauge** / Einbaulehre *f* || ~

fittings 214

length / Passungslänge f || **~ press** / Einpressvorrichtung f || **~ rig** / Einbauvorrichtung f, Montagevorrichtung f
fittings pl / Armaturen $f\,pl$, Zubehör n, Garnituren f pl, Rohrzubehör n || **~ mounting machine** / Beschlagmontageautomat m
fitting surface / Passfläche f || **~ tackle** / Montagevorrichtung f, Einbauvorrichtung f, Einlegevorrichtung f || **~ tolerance** / Einbautoleranz f || **~ tool** / Montagewerkzeug n, Aufziehvorrichtung f
fit tolerance / Passtoleranz f
five-conductor system / Fünfleitersystem n
five-digit adj / 5-stellig adj || **five-digit roller cyclometer** / fünfstelliges Rollenzählwerk
five-leg core / Fünfschenkelkern m || **~ transformer** / Fünfschenkeltransformator m
five-limb core / Fünfschenkelkern m || **~ transformer** / Fünfschenkeltransformator m
five-position regulating switch (CEE 24) / Fünftakt-Stufenschalter m VDE 0630
five-wire system / Fünfleitersystem n
fix v / fixieren v, befestigen v, festlegen v, aufspannen v
fixed adj / feststehend adj, ruhend adj, befestigt adj, fest angebracht
fixed-angle interpolation / Festwinkelinterpolation f (NC)
fixed-assembly design / Einsatztechnik f
fixed apparatus / ortsfestes Gerät || **~ appliance** IEC 335-1 / befestigtes Gerät VDE 0700,T.1 || **~ arcing contact** / feststehendes Lichtbogenschaltstück || **~ bearing** / Festlager n
fixed-block format ISO 2806-1980 / festes Satzformat (NC), Eingabeformat mit fester Satzlänge (NC)
fixed block length / feste Satzlänge (NC) || **~ capacitor** / Festkondensator m || **~ charge** / Leistungspreissumme f || **~ circuit-breaker** (CEE 19) / festeingebauter Selbstschalter, festeingeschlossener Selbstschalter
fixed-command control / Festwertregelung f || **~ controller** / Festwertregler m
fixed component / festes Bauelement || **~ connection** / feste Verbindung (SK), Festanschluss m || **~ connector** / feststehender Steckverbinder, fester Steckverbinder n || **~ contact** / festes Schaltstück, feststehendes Schaltstück, Festkontakt m, Gegenschaltstück n || **~ costs** / feste Kosten (StT) || **~ current limitation** / Widerstandsbeschaltung f || **~ cycle** / fester Zyklus, fester Arbeitszyklus (NC) || **~ cycle cancel** ISO 1056 / Aufheben des Arbeitszyklus (NC-Wegbedingung) DIN 66025,T.2 || **~ delay** (contact element) IEC 337-2B / nichteinstellbare Verzögerung (Schaltglied) VDE 0660,T.203, feste Verzögerung || **~ disk** / Festplatte f, Festplattenspeicher m || **~ distance lights** / Festabstandfeuer n (Flp.) || **~ distance marking** / Festabstandmarke f (Flp.) || **~ electrical installation** / ortsfeste elektrische Installation || **~ equipment** / festangebrachte Betriebsmittel VDE 0100,T.200 || **~ feed** / Festvorschub m || **~ feedrate** / Festvorschub m || **~ field** / ruhendes Feld, stationäres Feld || **~ frequency** / Festfrequenz f
fixed-frequency clocking / feste Taktgebung (LE, SR-Antrieb) || **~ converter** / Umformer mit fester Frequenz

fixed frequency operation / Festfrequenzbetrieb m || **~ frequency selection** / Festfrequenzwahl f, Festfrequenz-Auswahl f
fixed H-signal / festes H-Signal || **~ input format** / festes Eingabeformat || **~ installation** / feste Installation || **~ instrument** IEC 51 / Einbau-Messgerät n || **~ key** / Festkeil m, Standkeil m
fixed-length record / Satz fester Länge || **~ word** / Wort fester Länge, Festwort n (F-Wort)
fixed light / Festfeuer n
fixed location assignment / feste Platzbelegung || **fixed-location-coded** adj / festplatzcodiert adj || **~ location coding** / Festplatzcodierung f || **~ protective devices** / ortsfeste Schutzeinrichtungen || **~ tool** / Festplatzwerkzeug
fixed losses / lastunabhängige Verluste, stromunabhängige Verluste, konstante Verluste || **~ L-signal** / festes L-Signal || **~ luminaire** / ortsfeste Leuchte
fixed-mode input / Feste-Betriebsart-Eingang m
fixed-mounted circuit-breaker / Festeinbau-Leistungsschalter m || **~ circuit-breaker switchgear** / Leistungsschalter-Festeinbauanlage f || **~ design** / Festeinbautechnik f || **~ switch-disconnector** / Festeinbau-Lasttrennschalter m, Lasttrennschalterfesteinbau m || **~ transformer feeder** / Trafoabgangsfesteinbau m || **~ transformer feeder panel** / Trafoabgangsfesteinbaufeld n || **~ unit** / festeingebaute Einheit (Schalteinheit), nicht ausziehbare Einheit, Einsatz m
fixed mounting / Festeinbau m || **~ office machine** / festangebrachte Büromaschine VDE 0806
fixed-output frequency converter / starrer Frequenzumformer
fixed-output-load transducer / Messumformer mit fester Ausgangsbürde
fixed parameter / festgelegter Parameter || **~ part** / befestigter Teil, feststehender Teil || **~ part** IEC 439-1 / Einsatz m (SK) VDE 0660,T.500 || **~ payment tariff** / Pauschaltarif m (StT) || **~ PI setpoint** / PI-Festsollwert m || **~ PID setp. Select** / PID-Festsollwert Anwahl || **~ point (FP)** / Festpunkt m (FP (Radixschreibweise)), Festkomma n
fixed-point addition / Festpunktaddition f || **~ approach** / Festpunkt-Anfahren n, Festpunktfahren n || **~ arithmetic** / Festpunktrechnung f, Festkommarechnung f || **~ binary number** / Festpunkt-Dualzahl f, Festpunktdualzahl f || **~ calculation** / Festpunktrechnung f, Festkommarechnung f || **~ comparison** / Festpunktvergleich m || **~ computation** / Festpunktrechnung f, Festkommarechnung f || **~ conversion** / Festpunktwandlung f || **~ constant** / Festpunktkonstante f || **~ double word** / Festpunkt-Doppelwort n || **~ format** / Koppelfaktor (KF) m
fixed-point/floating-point conversion / Umwandeln von Festpunkt- in Gleitpunktzahl
fixed-point notation / Festpunktschreibweise f, Festpunktdarstellung f, Festkommaschreibweise f || **~ number** / Festpunktzahl f || **~ number with sign** / Festpunktzahl mit Vorzeichen || **~ part** / Mantisse f (in Radixschreibweise dargestellte Zahl) || **~ representation** / Festpunktschreibweise f, Festkommaschreibweise f
fixed point value / Festpunktzahl (FPZ) f

fixed price / Festpreis *m*
fixed-price credit / Pauschalgutschrift *f* || ~ **surcharge** / Festpreiszuschlag *m*
fixed-programmed controller / festprogrammierte Steuerung || ~ **read-only memory** / festprogrammierter Festwertspeicher
fixed rack structure / befestigte Gestellreihe
fixed-ratio transformer / nichtregelbarer (o. nicht einstellbarer) Transformator, Festtransformator *m*
fixed-setpoint control / Festwertregelung *f*
fixed receptacle / ortsfeste Steckdose, Wandsteckdose *f* || ~ **resistor** / Festwiderstand *m* || ~ **rotor reference system** / läuferfestes Bezugssystem || ~ **sequential** / konstante Satzfolge (NC) || ~ **setpoint** / Festsollwert *m* || ~ **setpoint control** / Festwertregelung *f* || ~ **setpoint controller** / Festwertregler *m* || ~ **setpoint injection** / Sollwertaufschaltung *f* || ~ **setting** / Festeinstellung *f*, fest eingestellter Wert
fixed-setting *adj* / festeingestellt *adj*
fixed socket-outlet / ortsfeste Steckdose, Wandsteckdose *f* || ~ **socket-outlet residual current protective device (SRCD)** / ortsfeste DI-Schutzeinrichtung in Steckdosenausführung, ortsfeste FI-Schutzeinrichtung in Steckdosenausführung
fixed-speed motor / Motor mit einer Drehzahl
fixed-state output / Fester-Zustand-Ausgang *m*
fixed-stone commutator grinder / Kommutator-Festschleifer *m*
fixed stop / Festanschlag *m*, Endanschlag *m*, Anschlag *m* || ~ **stop detection** / Festanschlagserkennung *f* || ~ **stop monitoring window** / Festanschlagsüberwachungsfenster *n*
fixed support / Festpunkt *m* (Auflager) || ~ **support** IEC 865-1 / Einspannung *f* (Stützpunkt eines Leiters) VDE 0103 || ~ **tap** / feststehende Anzapfstelle || ~ **termination** / fester Anschluss VDE 0100,T.200 || ~ **texts** / fester Text || ~ **trigger source** / feste Triggerquelle
fixed-trip circuit-breaker IEC 157-1 / Leistungsschalter mit bedingter Auslösung VDE 0660,T.101 || ~ **mechanical switching device** / mechanisches Schaltgerät mit bedingter Auslösung
fixed vacuum jacket / angeschmolzenes Wärmeschutzgefäß (Lampe)
fixed-value capacitor / Festwertkondensator *m* || ~ **resistor** / Festwiderstand *m*
fixed-voltage winding / Festspannungswicklung *f*, Festwicklung *f*
fixed-weightage pulse / Festmengenimpuls *m*
fixed wiring / festverlegte Verdrahtung, feste Verdrahtung || ~ **working hours** / feste (o. starre) Arbeitszeit
fixed-zero system / Bezugsmaßsystem *n* (NC)
fixing *n* / Befestigung *f* || ~ **accessories** / Befestigungsmaterial *n* || ~ **bracket** (terminal block) / Befestigungswinkel *m*, Befestigungsbügel *m*, Befestigungshalter *m*, Haltebügel *m* || ~ **centres** / Befestigungsabstand *m*, Befestigungsmaße *m pl*, Lochabstand *m* || ~ **clamp** / Befestigungsschelle *f* || ~ **clip** / Befestigungsclips *m pl* || ~ **dimension** / Anschlussmaß *n* || ~ **dimensions** / Befestigungsmaße *n pl*, Anbaumaße *m pl*, Befestigungsabstand *m* || ~ **element** / Befestigungselement *n*, Befestigungsstück *n* || ~ **grid** / Befestigungsraster *m* || ~ **hole** /

Befestigungsloch *n* || ~ **lug** / Befestigungslasche *f* || ~ **material** / Befestigungsmaterial *n* || ~ **plate** / Befestigungsplatte *f* || ~ **plug** / Befestigungsstopfen *m* || ~ **point** / Befestigungspunkt *m* || ~ **point geometry** / Befestigungspunkte *m pl* || ~ **rail** / Befestigungsschiene *f* || ~ **screw** / Befestigungsschraube *f* || ~ **spike** / Befestigungsspieß *m* || ~ **strap** / Befestigungslasche *f* || ~ **tongue** / Befestigungsnase *f*
fixture *n* / Befestigen *n*, Vorrichtung *f*, Einrichtung *f*, Aufnahmevorrichtung *f* (WZM), Apparat *m*, Leuchte *f*, Aufspannvorrichtung *f* || ~ **light** ~ / Leuchte *f*, Beleuchtungskörper *m*
FL s. fluorescent lamp
flag *n* / Flagge *f*, Merker *m* (DV, PC), Zustandsbit *n*, Getterträger *m*, Markierung *f*, Schauzeichen *n*, Kenn..., Markierungszeichen *n*, Kennzeichen *n*, Merkzeichen *n*, Flagge *f* || ~ *v* / melden *v* || **jumper** ~ / Anschlussfahne für Stromschlaufe (Freiltg.), Stromschlaufenanschluss *m* || **result** ~ / Verknüpfungsergebnis *n* || **zero** ~ / Nullkennzeichnung *f* (Rechenoperation) || ~ **address area** / Merkerbereich *m* (SPS) || ~ **area** / Merkerbereich *m* (SPS) || ~ **assignment(s)** / Merkerbelegung *m* (SPS) || ~ **bit** / Merkerbit *n*, Zustandsbit *n* || ~ **byte (FB)** / Merker-Byte *n* (MB (PC)), Merkerbyte (MB) *n* || ~ **contents** / Merkerinhalt *m* (SPS) || ~ **cycle** IEC 214 / Fahnenschaltung *f* (Trafo) || ~ **data (FD)** / Merker Datum (MD (PC)) || ~ **double word** / Merker-Doppelwort *n* (SPS), Merkerdoppelwort *n* || ~ **field** / Merkerfeld *n*
flagging the start-up mode / Kennzeichnung der Anlaufart (m. Merkern)
flag image / Merkerabbild *n* || ~ **indicator** / Schauzeichen *n* || ~ **list** / Signalliste *f* || ~ **memory** / Merkerspeicher *m* (SPS) || ~ **memory area** / Merkerbereich *m* || ~ **monitoring** / Merkerüberwachung *f* (SPS) || ~ **receptacle** / Steckhülse für seitlichen Leiteranschluß || ~ **relay** / Schauzeichenrelais *n* || ~ **scan(ning)** / Merkerabfrage *f* (SPS) || ~ **setting** / Markierung *f*, Markieren *n* || ~ **setting instruction** / Markieranweisung *f* || ~ **setting step** / Markierschritt *m* || ~ **terminal** / Fahnenklemme *f*, Fahnenschuh *m* || ~ **word (FW)** / Merkerwort *n* (MW)
flame absorption spectroscopy / Flammenabsorptionsspektrometrie *f* || ~ **arc lamp** / Flammenbogenlampe *f*, Beck-Bogenlampe *f* (H-I-Lampe) || ~ **arrester vent plug** / Flammschutzstopfen *m* (Batt.) || ~ **brazing** / Flammlöten *n*
flame-cut *v* / brennschneiden *v*, ausbrennen *v*, brenngeschnitten *adj*
flame cut *n* / Brennschnitt *m* || ~ **cutter** / Brennschneider *m*, Brennschneidmaschine *f* || ~ **cutting** / Brennschneiden *n* || ~ **detector** / Flammenmelder *m*, Flammenwächter *m*, Flammendetektor *m*
flame-inhibiting *adj* / flammwidrig *adj*, schwerentflammbar *adj*, feuerhemmend *adj*
flame ionisation / Flammenionisation *f* || ~ **ionization detector (FID)** / Flammenionisationsdetektor *m* (FID)
flame-photometric detector (FPD) / flammenphotometrischer Detektor (FPD)

flame photometry / Flammenphotometrie *f*
flameproof *v* / druckfest kapseln || ~ *adj* / druckfest *adj*, schlagwettergeschützt *adj*, druckfest gekapselt, explosionsgeschützt *adj* || ~ **bushing** / druckfeste Durchführung || ~ **enclosure** EN 50018 / druckfeste Kapselung (Ex d), druckfestes Gehäuse, zünddichte Kapselung, partikeldurchschlagsichere Kapselung || ~ **for safety from particle ignition** / partikelzünddurchschlagsicher *adj* || ~ **joint** / zünddurchschlagsicherer Spalt || ~ **machine** / druckfest gekapselte Maschine, schlagwettergeschützte Maschine, explosionsgeschützte Maschine (Schutzart d)
flameproofness *n* / Schlagwetterschutz *m*, Flammsicherheit *f*
flameproof type of protection / Schutzart druckfeste Kapselung
flame resistance / Flammenbeständigkeit *f*, Feuerbeständigkeit *f*
flame-resistant *adj* / flammenbeständig *adj*, flammwidrig *adj* || ~ **coating** / Brandschutzbeschichtung *f*
flame retardance test / Flammwidrigkeitsprüfung *f* (Kabel)
flame-retardant *adj* / flammwidrig *adj*, feuerhemmend *adj*, schwerentflammbar *adj* || ~ **cables** / flammwidrige Kabel || ~ **non-corrosive (FRNC)** / FRNC || ~ **property** / Schwerentflammbarkeit *f*, Schwerbrennbarkeit *f* || ~ **vent plug** / Flammschutzstopfen *m* (Batt.)
flame soldering / Flammlöten *n* || ~ **test** / Brennbarkeitsprobe *f*, Prüfung mit Flammen
flammability *n* / Entflammbarkeit *f*, Brennbarkeit *f*, Entzündbarkeit *f* || ~ **limits** / Zündgrenzen *f pl* (Gas)
flammable *adj* / entflammbar *adj*, endzündbar *adj*, brennbar *adj* (Gas), explosionsfähig *adj* (Gas), feuergefährlich *adj* || ~ **gas** / brennbares Gas, explosionsfähiges Gas
flange *v* / flanschen *v*, anflanschen *v*, mit Flansch befestigen, bördeln *v* || ~ *n* / Flansch *m*, Bördelung *f*, Bordrand *m*, Bord *n* || ~ **accuracy** / Flanschgenauigkeit *f* || ~ **bolt** / Flanschschraube *f*, Bundschraube *f*, Teilfugenschraube *f* || ~ **connection** / Flanschverbindung *f* || ~ **coupling** / Flanschkupplung *f*, Scheibenkupplung *f*, Scheibenflanschkupplung *f* || ~ **cutout** / Flanschausschnitt *m*
flanged end / Flanschanschluss *m* || ~ **endshield** / Flanschlagerschild *m* (el. Masch) || ~ **insulation** / umgerissene Isolation (Trafo) || ~ **joint** / Flanschverbindung *f*, ebener Spalt (Ex-Geräte) EN 50018 || ~ **pipe** / Flanschrohr *n* || ~ **receptacle** / Flansch-Anbausteckdose *f* || ~ **shaft** / Flanschwelle *f* || ~ **shaft extension** / Flanschwellenende *n* || ~ **wheel** / Spurkranzrad *n*, Spurkranzrolle *f*
flange end / Flanschseite *f*, Anbauseite *f* || ~ **endshield** / Flanschlagerschild *n* || ~ **for a clamping ring** / Profilbandflansch *m* || ~ **gasket** / Flanschdichtung *f* || ~ **guide** / Flanschführung *f*
flangeless *adj* / bordfrei *adj* (Lg.) || ~ **end** / flanschloser Anschluss (Ventil)
flange motor / Flanschmotor *m*
flange-mount *v* / anflanschen *v*
flange-mounted *adj* / angeflanscht *adj*, in Flanschbauform || ~ **bearing** / Flanschlager *n*
flange-mounting *n* / Befestigung mittels Flansch || ~ **brush holder** / Flansch-Bürstenhalter *m* || ~ **motor** / Flanschmotor *m* || ~ **recessed socket-outlet** / Flansch-Einbausteckdose *f* || ~ **socket outlet** / Flansch-Anbausteckdose *f* || ~ **transformer** / Flanschtransformator *m* || ~ **type** / Flanschbauform *f*
flange outlet / Flanschdose *f* || ~ **plate** / Flanschplatte *f*
flange-protected machine / Maschine mit Plattenschutzkapselung
flange ring / Flanschring *m*, Winkelring *m* (Trafo-Wicklungsisol.), Bordscheibe *f* || ~ **socket** / Flanschdose *f* || ~ **to light centre length** / Abstand Tellerunterkante bis Leuchtkörpermitte || ~ **weld** / Bördelnaht *f*
flanging nut / Bördelmutter *f* || ~ **tool** / Bördelwerkzeug *n*
flank *n* / Flanke *f*, Zahnflanke *f*, Teilflanke *f* || ~ **angle** / Flankenwinkel *m* || ~ **clearance** / Flankenspiel *n*, Lose *f* || ~ **infeed** / Flankenzustellung *f* (Gewindefräsen)
flap *v* / klappen *v*, schlagen *v* || ~ *n* / Klappe *f*, Deckel *m*, Verschlussklappe *f*, Lasche *f*, Zunge *f* || ~ **lever** / Klapphebel *m* || ~ **valve** / Klappenventil *n*
flare *v* / weiten *v*, auftreiben *v*, aufweiten *v* || ~ *n* / Aufflackern *n*, Ausbauchung *f*, Leuchtkugel *f* || ~ **pot** / Warnfackel *f*
flash *v* / blitzen *v*, blinken *v*, aufleuchten *v*, entflammen *v*, feuern *v* (Bürsten), aufflammen *v* || ~ *n* / Blitzleuchte *f*, Blitz *m*, Blitzpfeil *m*, Überschlag *m*, Kommutatorfeuer *n*, Schweißgrat *m*, Stanzflitter *m*, Verpuffung *f*, überfließende Pressmasse || ~ **rate of** / Blitzfolge *f*, Blinkhäufigkeit *f*, Blinkfrequenz *f* || ~ **ADC** / Parallel-ADU *m*
flash-arc *n* / Überschlag *m* (ESR)
flash attribute / Blinkattribut *n* || ~ **barrier** / Rundfeuerschutz *m*, Lichtbogenschutz *m* || ~ **butt welding** / Abbrennstumpfschweißen *n* || ~ **conversion** / Parallelumsetzung *f* (ADU) || ~ **converter** / Parallelumsetzer *m*, Parallelwandler *n* || ~ **current** (battery) / Kurzschlussstrom *m*
flash-dry *v* / vortrocknen *v*
flashed, to be ~ / aufleuchten *v* || ~ **glass** / Überfangglas *n* || ~ **glass globe** / Überfangglasglocke *f* (o.-kugel)
flashed-opal *adj* / opalüberfangen *adj*
Flash EPROM / Flash-EPROM
flasher *n* / Blinker *m* (Kfz) || ~ **lamp** / Blitzlampe *f*, Blitzleuchte *f* || ~ **relay** / Blinkrelais *n*, Blinkgeber *m* (Rel.) || ~ **switch** / Blinklichtschalter *m* (Kfz) || ~ **voltage** / Blinkspannung *f*
flash face / Gratseite *f*
Flash File System (FFS) / FFS
flash gun / Blitzgerät *n* || ~ **incidence** / Blitzausbildung *f*
flashing *n* / Aufleuchten *n*, Blinken *n*, Rundfeuer *n*, Rundfeuer *n* (Komm.), Abbrand *m* || ~ *n* / Verdampfung *f* der Flüssigkeit, Flüssigkeit im Ventilsitz verdampft || ~ *adj* / blinkend *adj* || ~ **beacon** / Blinklicht *n* (Verkehrsampel) || ~ **direction indicator** / blinkender Richtungsanzeiger, Blinklicht *n* (Kfz), Blinker *m* || ~ **frequency** / Blinkfrequenz *f*, Blinktakt *m*, Clock
flashing-frequency generation / Blinktakterzeugung *f*
flashing indication / blinkende Anzeige || ~ **indicator** / Blinker *m* (Kfz), Blinkanzeige *f*, Blinklicht *m*, Richtungsblinker *m* || ~ **light** /

Blinklicht *n*, Blitzfeuer *n*
flashing-light indication / Blinklichtanzeige *f*, Blinklichtmeldung *f*
flashing liquids / verdampfende Flüssigkeit || ~ **obstruction light (FOL)** / Blitz-Hindernisbefeuerung *f* (FOL) || ~ **out** / Klarbrennen *n* (luftleerer Lampen) || ~ **pulse synchronization** / Blinktaktsynchronisierung *f* || ~ **rate** / Blitzfolge *f*, Blinktakt *m*, Blinklichtfrequenz *f*, Blinkfrequenz *f*, Clock
flashing-rate generation / Blinktakterzeugung *f*
flashing signal / Blinklicht *n* (Verkehrsampel) || ~ **timer** / Blink-Zeitschalter *m* || ~ **unserviceability light** / Sperrungsblitzfeuer *n* (Flp.) || ~ **voltage** / Hochschaltspannung *f*
flash/interval ratio / Blink-/Pausenverhältnis *n*
flash lamp / Blitzlampe *f*, Blitzleuchte *f*
flashlight *n* / Blitzlicht *n*, Taschenlampe *f*, Lichthupe *f*
flashover *n* / Überschlag *m* (an der Oberfläche eines Dielektrikums in gasförmigen oder flüssigen Medien), Lichtbogenüberschlag *m*, Rundfeuer *n* (Kommutator) || **50%** ~ **voltage** / 50%-Überschlagspannung *f* || **back** ~ / rückwärtiger Überschlag || **time to impulse** ~ / Stoßüberschlagsverzögerung *f* || ~ **current** / Überschlagstrom *m* || ~ **distance** / Schlagweite *f* || ~ **probability** / Überschlagwahrscheinlichkeit *f* || ~ **test** / Überschlagprüfung *f* || ~ **voltage** / Überschlagspannung *f*
flash point / Flammpunkt *m*, Entflammungspunkt *m* || ~ **rate** / Blitzfolge *f*, Blinkfrequenz *f*, Blinklichtfrequenz *f* || ~ **sequence** / Blitzfolge *f*, Blinklichtfrequenz *f*, Blinkfrequenz *f* || ~ **signal** / Blitzfeuer *n*, Blinklicht *n* || ~ **suppressor** / Rundfeuer-Löscheinrichtung *f* || ~ **test** / Abbrennprüfung *f* (Blitzlampen) || ~ **tube** / Blitzröhre *f* || ~ **welding** / Abbrennschweißen *n*, Abschmelzschweißung *f*
flask, vacuum ~ / Vakuumkolben *m*, Vakuum-Mantelgefäß *n*, Wärmeschutzgefäß *n* (Lampe), Dewar-Gefäß *n*
flat *n* / Flachstelle *f*, Abflachung *f*, Flachstahl *m* || ~ *adj* / flach *adj*, eben *adj*, plan *adj*, matt *adj*, stumpf *adj*, unscharf *adj* (Einstellung, Verstärker)
flat-armature relay / Flachankerrelais *n*
flat-bag machine / Flachbeutelmaschine *f*
flat bar / Flachstab *m*, Flachschiene *f* || ~ **bars** / Flachschienen *f pl*
flat-bar terminal / Flachschienenanschluss *m*, Flachanschluss *m*, Schienenanschluss *m*
flat-beam reflector / Flachstrahlreflektor *m*
flat-bed machine / Flachbettmaschine *f*
flatbed facsimile unit / Fernkopierer-Flachbettgerät *n*
flatbed plotter / Flachbettplotter *m*, Tischplotter *m*
flat belt / Flachriemen *m*, Bandriemen *m* || ~ **belt pulley** / Flachriemenscheibe *f*
flat-bottomed vehicle / Tiefladefahrzeug *n*
flat button / flacher Druckknopf || ~ **cable** / Flachkabel *n*, Flachbandleitung *f*, Flachleitung *f*, Flachband *n*, Bandkabel *n* || ~ **camera** / Flachkammer *f* (RöA, Laue-Kammer) || ~ **car** / Tiefladewagen *m* || ~ **cell** / Flachzelle *f* (Batt.)
flat-coat *v* / grundieren *v*
flat-coil measuring instrument / Flachspul-Messgerät *n*

flat-compounded / ausgeglichen kompoundiert
flat-compound excitation / Flachverbunderregung *f*, ausgeglichene Verbunderregung, Verbunderregung für gleichbleibende Spannung
flat compounding / Flachkompoundierung *f* || ~ **conductor** / Flachleiter *m* || ~ **connector** / Flachsteckverbinder *m*, Flachstecker *m* || ~ **copper** / Flachkupfer *n* || ~ **copper bar** / Flachkupferschiene *f* || ~ **core** / Flachkern *m* || ~ **fit** / Flachpassung *f* || ~ **flexible cable** / Flachkabel *n*, Flachleitung *f* || ~ **formation** (cables) / ebene Anordnung || ~ **gasket** / Flachdichtung *f* || ~ **glass** / Flachglas *n* || ~ **glass industry** / Flachglasindustrie *f* || ~ **head** / Senkschraube *f* || ~ **key** / Flachkeil *m* || ~ **module holder** / Flachkapsel *f* || ~ **multicore cable** / mehradriges Flachkabel || ~ **nose pliers** / Flachzange *f*
flatness *n* / Ebenheit *f*, Planheit *f* || **gain** ~ / Verstärkungsdifferenz in einem Frequenzbereich || ~ **tolerance** / Ebenheitstoleranz *f*
flatpanel display / Flachdisplay *n*
flat package / Flachgehäuse *n* (IS)
flat-pack thyristor / Flat-pack-Thyristor *m*, Scheibenthyristor *m*
flat-panel keyboard / Flachtastatur *f*
flat pin / Flachstift *m* (Steckerstift)
flat-pin plug / Flachstiftstecker *m*, Flachstecker *m* || ~ **socket** / Flachstift-Steckdose *f* || ~ **terminal** / Flachsteckerklemme *f*
flat plain taper key / geradstirniger Flachkeil || ~ **product** / Flachzeug *n* || ~ **proximity switch** / Flächen-Näherungsschalter *m* || ~ **push-on connector** / Flachsteckverbinder *m* || ~ **PVC-sheathed flexible cable** / PVC-Flachleitung *f* VDE 0281 || ~ **quick-connect termination** / lösbare Flachsteckverbindung *f* || ~ **rate price** / pauschalierter Festpreis
flat-rate tariff / Einfachtarif *m* (StT)
flat relay / Flachrelais *n* || ~ **response curve** / amplitudenkonstanter Frequenzgang (Kurve) || ~ **ribbon cable** / Flachbandleitung *f*, Flachbandkabel *n*, Bandkabel *n*, Flachband *n*, Flachleitung *f* || ~ **right-angle (unit)** / Flachwinkel *m* (IK) || ~ **round cable** / verdrilltes Flachbandkabel, Flachbandleitung *f*, Flachrundkabel *n* || ~ **rubber-insulated (flexible) cable** / Gummiflachleitung *f*
flats *n pl* / Flachstahl *m* || **wide** ~ / Breitflachstahl *m*
flat section (capacitor) / Flachwickel *m* (Kondensator)
flat-sheet extrusion system / Folienextrusionsanlage *f*
flat-sided pin / Flachstift *m* (Steckerstift)
flat slide valve / Flachschieber *m* || ~ **spring** / Blattfeder *f*, Flachfeder *f*
flat-stamped *adj* / flachgeprägt *adj*
flat steel / Flachstahl *m* || ~ **steel spring** / Bandstahlfeder *f*, Blattfeder *f*
flat-tab connector, angled / gewinkelter Flachstecker
flatten *v* / abflachen *v*, flachdrücken *v*, breitschlagen *v*, glätten *v*, ausbeulen *v*, richten *v*, ausbreiten *v*, flachschlagen *v*, strecken *v*
flattened *adj* / angeflacht *adj*
flattening machine / Glättmaschine || ~ **test** / Quetschversuch *m*, Ringfaltversuch *m*, Ausbreitversuch *m*, Quetschfaltprüfung *f*

flat termination / Flachanschluss *m*
flat-tooth broad belt / Zahnbandriemen *m*
flat twin flexible cord / Zwillingsleitung *f* (HO3HVH) VDE 0281 || ~ **twin tinsel cord** / leichte Zwillingsleitung mit Lahnlitzenleiter
flat-type armature relay / Flachankerrelais *n* || ~ **screw terminal** / Flachklemme *f* (Anschlussklemme) || ~ **terminal** / Flachanschluss *m*
flat webbed bell wire / Klingelstegleitung *f* || ~ **webbed building wire** / Stegleitung *f*, SIFLA-Leitung *f* || ~ **wire** / Flachdraht *m*
flatwise elbow / Inneneck *n* (IK), Flachwinkel *m* (IK) || ~ **T** / (horizontales) T-Stück n (IK)
flat-wound *adj* / flach gewickelt
flaw *n* / Riss *m*, Sprung *m*, Haarriss *m* || ~ **detector** / Rissdetektor *m*
flawless *adj* / risslos *adj*, fehlerfrei *adj*
fleece *n* / Vlies *n* || ~ **material** / Vliesstoff *m* || ~ **tape** / Vliesband *n*
fleeting command / flüchtiger Befehl || ~ **contact element** / Wischer *m* || ~ **indication** / Wischermeldung *f*, Kurzzeitmeldung *f* (FWT) || ~ **information** / Kurzzeitmeldung *f* (FWT) || ~ **NC contact** / Ausschaltwischer *m*, Kurzausschaltglied *n* || ~ **NO contact** / Kurzeinschaltglied *n* DIN 40713, Einschaltwischer *m*, Wischer *m*
Fleming's first rule / Linke-Hand-Regel *f*, Dreifingerregel der linken Hand || ² **rule** / Flemingsche Regel, Dreifingerregel *f* || ² **second rule** / Rechte-Hand-Regel *f*, Dreifingerregel der rechten Hand, Dynamoregel *f*
flex *n* / biegsam *adj*, flexibel *adj*, elastisch *adj*, geschmeidig *adj*, nachgiebig *adj*, wandelbar *adj*, anpassungsfähig *adj*, dehnbar *adj*, biegeelastisch *adj* || ~ **cracking** / Biegerissbildung *f* || ~ **grip** / Zugentlastungsschelle *f* (Kabel), Zugentlastungsklemme *f*
flex-levelled *adj* / gewalkt *adj*
flexibility *n* / Biegsamkeit *f*, Geschmeidigkeit *f*, Nachgiebigkeit *f*, Gelenkigkeit *f*, Anpassungsfähigkeit *f*, Flexibilität *f*, Anwendungsvielfalt *f*
flexible *n* / flexible Leitung, Anschlussschnur *f*, Litze *f* || ~ *adj* / biegsam *adj*, flexibel *adj*, elastisch *adj*, geschmeidig *adj*, nachgiebig *adj*, wandelbar *adj*, skalierbar *adj*, feindrähtig *adj*, dehnbar *adj*, biegeelastisch *adj*, anpassungsfähig *adj* || ~ **assignment of locations** / flexible Platzbelegung
flexible-band brake / Bandbremse *f*
flexible braided conductor / Litze *f* || ~ **busbar** / Seilsammelschiene *f* || ~ **cable** / flexibles Kabel, bewegliche Leitung, flexible Leitung || ~ **conductor** / flexibler Leiter, feindrähtiger Leiter || ~ **conduit** / flexibles Installationsrohr, flexibles Rohr (IR) || ~ **connector** / Stromband *n* || ~ **cord** / Anschlussleitung *f* (HG), bewegliche Leitung || ~ **cord switch** (CEE 24) / Schnurschalter *m* VDE 0630 || ~ **coupling** / flexible Kupplung, elastische (drehelastische, drehfedernde Kupplung), gelenkige (quernachgiebige, winkelnachgiebige) Kupplung, Ausgleichskupplung || ~ **cover** / Abdecktuch *n* (zum Isolieren spannungsführender Metallteile) || ~ **disk cartridge** / Diskette *f* || ~ **double-sided printed board** / flexible Leiterplatte mit Leiterbildern auf beiden Seiten || ~ **drive** / gefederter Antrieb, Antrieb mit elastischer Kupplung, Hülltrieb *m*, Zugmittelgetriebe *n* || ~ **insulating sleeving** / flexibler Isolierschlauch DIN IEC 684 || ~ **light outlet sheath** / biegsame Lichtaustrittshülse || ~ **location coding** / flexible Platzcodierung, flexible Platzkodierung || ~ **machining centre (FMC)** / flexibles Bearbeitungszentrum (FBZ) || ~ **manufacturing cell (FMC)** / flexible Fertigungszelle (FFZ) || ~ **manufacturing system (FMS)** / flexibles Fertigungssystem (FFS) || ~ **metal tube (o. tubing)** / Metallschlauch *m*, flexibles Schutzrohr || ~ **mica material** / Flexibelmikanit *n* || ~ **multi-layer printed board** / flexible Mehrlagenleiterplatte || ~ **operator panel** / flexible Bedientafel || ~ **plane selection** / flexible Ebenenanwahl || ~ **plastic-insulated tube** / Gewebeschlauch *m* || ~ **printed board** / flexible Leiterplatte || ~ **production cell** / flexible Fertigungszelle (FFZ) || ~ **response (FLR)** / Flexibles Nachgeben (FLN)
flexible-rigid-tube connector / Schlauch/Rohr-Verbinder *m*
flexible rotor / nachgiebiger Rotor || ~ **shaft** / elastische Welle, biegsame Welle || ~ **sheathed cable** / Schlauchleitung *f* || ~ **sheet** / Weichfolie *f* || ~ **single-sided printed board** / flexible Leiterplatte mit Leiterbild auf einer Seite || ~ **steel conduit** / flexibles Stahlrohr (IR) || ~ **strap** / Stromband *n* || ~ **suspension** / weiche Aufhängung || ~ **tube** / Schutzschlauch *m* || ~ **unit** / Zwischenstück *n*
flexible-tube/conduit coupler / Schlauch/RohrVerbinder *m*
flexible wiring cable / bewegliche Anschlussleitung, flexible Verdrahtungsleitung || ~ **working hours with carry-over of debits and credits** / gleitende Arbeitszeit mit Zeitsaldierung || ~ **working time** / gleitende Arbeitszeit (GLAZ), Gleitzeit *f*
flexibly coupled / elastisch gekuppelt
flexing test / Biegeprüfung *f*
flexitime *n* / Gleitzeit *f*, gleitende Arbeitszeit
flexo printing press / Flexodruckmaschine
flex-rigid double-sided printed board / starrflexible Leiterplatte mit Leiterbildern auf beiden Seiten || ~ **multilayer printed board** / starrflexible Mehrlagen-Leiterplatte || ~ **printed board** / starr-flexible Leiterplatte
flex-ring *n* / Biegering *m*
flextime *n* / Gleitzeit *f*, gleitende Arbeitszeit || ~ **recording** / Gleitzeiterfassung *f*
flexural centre / Schubmittelpunkt *m*, Querkraftmittelpunkt *m* || ~ **crack** / Biegeriss *m*
flexurally stiff / biegesteif *adj*
flexural mode / Biegeschwingung *f*, Querschwingung *f* || ~ **properties** / Biegeverhalten *n* || ~ **rigidity** / Biegesteifigkeit *f* || ~ **ring** / Biegering *m* || ~ **strength** / Biegefestigkeit *f* || ~ **stress** / Biegespannung *f*, Biegebeanspruchung *f* || ~ **tensile strength** / Biegezugfestigkeit *f* || ~ **torque** / Biegemoment *n* || ~ **vibration** / Biegeschwingung *f*, Querschwingung *f* || ~ **wave** / Biegewelle *f*
flexure test / Hin- und Herbiegeversuch *m*, Faltversuch *m*, Umbiegeversuch *m*
flicker *v* / blinkern *v*, aufblinken *v*, flimmern *v*, flackern *v*, flattern *v*, flickern *v* || ~ *n* / Flicker *n*, Flackern *n*, Lichtflicker *n*, Flimmern *n* || ~ **dose** / Flickerdosis *f*
flicker-free *adj* / flimmerfrei *adj* || ~ **lighting** /

flimmerfreie Beleuchtung, flickerfreie Beleuchtung
flicker frequency / Flimmerfrequenz *f*, Flickerfrequenz *f* || ~ **impression time** / Flicker-Nachwirkungszeit *f*
flickering signal / Flimmersignal *n*
flicker light / Flimmerlicht *n*
flickermeter *n* / Flickermeter *n*
flicker noise (CRT) / Funkeleffekt *m* (ESR) || ~ **photometer** / Flimmerfotometer *n* || ~ **voltage range** IEC 50(604) / flickerverursachende Spannungsschwankung
flight route / Flugstrecke *f*
flinger ring / Schleuderring *m* (Lg.), Schleuderscheibe *f*, Ölspritzring *m*
flint glass / Flintglas *n*
flip-flop *n* / Kippglied *n*, Kippstufe *f*, Speicherglied *n*
flipflop (FF) *n* / Kippstufe *f*, Flipflop *n*, bistabiler Multivibrator, bistabiler Trigger, bistabile Kippschaltung
float *n* / Schwimmer *m*, Schwimmkörper *m*, Spiel *n*, Axialspiel *n*, Luft *f*, Schaltschwimmer *m* || **contact** ~ / Kontaktspiel *n*
float-and-cable level measuring device / Schwimmer-Niveaumessgerät mit Seilzug
floated battery circuit / Dauerschaltung *f* (m.Batterie)
float glass / Flachglas *n* || ~ **glass industry** / Flachglasindustrie *f* || ~ **glass plant** / Flachglasanlage *f*
floating *n* / Schwimmen *n*, Pufferung *f* (Batt.) || ~ *adj* / potentialfrei *adj*, potentialgetrennt *adj*, erdfrei *adj*, schwimmend *adj*, frei *adj* || ~ **action** / angenähertes I-Verhalten (Reg.) || ~ **and integer maths ability** / Gleit- und Festpunktrechenmöglichkeit || ~ **anti-friction bearing** / Radialwälzlager *n* || ~ **arcing horn** / federndes Lichtbogenhorn || ~ **battery** / Batterie im Erhaltungsladebetrieb || ~ **bearing** / Loslager *n*, axial nicht geführtes Lager || ~ **cells** / Floating Cells || ~ **chain conveyor** / Pufferkettenförderer *m* || ~ **contact** / schwimmender Kontakt, potentialfreier Kontakt || ~ **contact tube** / bewegliche Kontakthülse, allseitig bewegliche Kontakthülse || ~ **control system** / erdfreibetriebene Steuerung || ~ **controller** / Regler mit regeldifferenzabhängiger Stellgeschwindigkeit || ~ **dredge** / Schwimmbagger *m*
floating-drift-tube klystron / Doppelspaltoszillator *m* (Klystron)
floating gate / Elektrode mit schwebendem Potential, isolierte Steuerelektrode
floating-gate avalanche-injection metal-oxide semiconductor memory (FAMOS memory) / Metall-Oxid-Halbleiterspeicher mit schwebendem Gate und Lawineninjektion (FAMOS-Speicher) || ~ **transistor (FGT)** / Transistor mit isolierter Steuerelektrode
floating gland / fliegende Buchse
floating-ground *adj* / erdfrei *adj*, massefrei *adj* (nicht geerdet)
floating input / potentialfreier Eingang, erdfreier Eingang || ~ **journal** / schwimmende Lagerstelle, axial nichtgeführte Lagerstelle, Querzapfen *m* || ~ **network** / erdfreies Netz || ~ **neutral** / freier Sternpunkt || ~ **operation** / Pufferbetrieb *m* (Batt.) || ~ **output** / potentialfreier Ausgang, erdfreier Ausgang || ~ **point** / Fliesskomma *n*, Gleitkomma *n* || ~ **point (FP)** / Gleitpunkt *m* (GP)

floating-point addition / Gleitpunktaddition *f* || ~ **arithmetic** / Gleitpunktarithmetik *f* || ~ **arithmetic error** / Gleitkommarechenfehler *m* || ~ **calculation** / Gleitpunktrechnung *f*, Gleitkommarechnung *f* || ~ **division** / Gleitpunktdivision *f* || ~ **format** / Gleitpunktformat *n* || ~ **multiplication** / Gleitpunktmultiplikation *f* || ~ **notation** / Gleitpunktdarstellung *f*, Gleitpunktschreibweise *f*, halblogarithmische Schreibweise || ~ **number** / Gleitpunktzahl *f* || ~ **processor (FPP)** / Gleitpunktprozessor *m* || ~ **radix** / Basis der Gleitpunktdarstellung || ~ **representation** / Gleitpunktschreibweise *f*, Gleitkommaschreibweise *f* || ~ **root extractor** / Gleitpunktradizierer *m* || ~ **subtraction** / Gleitpunktsubtraktion *f* || ~ **syntax** / Gleitpunktsyntax *f* || ~ **tag** / Gleitpunktvariable *f* || ~ **unit (FPU)** / FPU (Gleitpunkteinheit) || ~ **value** / Gleitpunktwert *m*
floating potential / potentialfrei *adj* || ~ **potential or electrically non-isolated control** / potentialfreie bzw. potentialbehaftete Ansteuerung
floating region / schwebendes Diffusionsgebiet
floating-rim rotor / Blechkettenläufer *m*
floating-ring drive / Antrieb mit schwebendem Ring (Bahn)
floating tapholder / Ausgleichsfutter *n* || ~ **tool** / Pendelwerkzeug *n*
floating-type rim / Blechkette *f* (WKW-Gen.) || ~ **solid-rim rotor** / Jochringläufer *m*
floating voltage / Schwebespannung *f*
floating-zero system / Kettenmaßsystem *n* (NC)
float level measuring device / Schwimmer-Niveaumessgerät *n*
float-mounting connector / schwimmend befestigter Steckverbinder
float switch / Schwimmerschalter *m*, Niveauwächter *m* || ~ **valve** / Schwimmerventil *n*
flocculation test / Flocktest *m*
flood *n* / Flutlicht *n*, Lichtfluter *m*, Flutlichtscheinwerfer *m*, Anstrahler *m* || **stage** ~ / Bühnenscheinwerfer *m* || ~ **gun** / Flutelektrodensystem *n* (Osz.), Flutsystem *n*
flooding a filter / Fluten des Filters || **flooding compound** / Vergussmasse *f*
floodlight *v* / anstrahlen *v* (m.Flutlicht) || ~ *n* / Flutlicht *n*, Lichtfluter *m*, Flutlichtscheinwerfer *m*, Anstrahler *m*
floodlighting *n* / Flutlichtbeleuchtung *f*, Anleuchten *n*, Anstrahlen *n* (m. Flutlicht), Flutlichtanstrahlung *f* || ~ **lamp** / Flutlichtlampe *f*, Anstrahlerlampe *f*
floodlight tower / Flutlichtmast *m*
floodlit building / angestrahltes Gebäude
flood-lubricated bearing / Lager mit Spülölschmierung
flood lubrication / Spülölschmierung *f*, Schmierung durch Ölberieselung || ~ **soldering** / Anschwemmlöten *n* DIN 8505
floor *n* / Fußboden *m*, Boden *m*, Stockwerk *n*, Flur *m*, Werkstatt *f* || ~ **acceleration** / Geschossbeschleunigung *f* || ~ **area** / Grundfläche *f* || ~ **clearance** / Bodenfreiheit *f* (Fußboden)
floor-controlled crane / flurbedientes Hebezeug
floor covering / Bodenbelag *m* || ~ **cutout** / Bodenausbruch *m*, Bodendurchbruch *m*, Deckendurchbruch *m* || ~ **fill** / Estrich *m* || ~ **finish** / Bodenbelag *m* || ~ **inventory** / Werkstattbestand *m* || ~ **lamp** / Stehlampe *f*, Stehleuchte *f*, Ständerleuchte

f || ~ **opening** / Bodenöffnung *f*
floor-mounted distribution board / Standverteiler *m* || ~ **socket-outlet** / Fußbodensteckdose *f*
floor-mounting cabinet / Standschrank *m* || ~ **distribution board** / Standverteiler *m* || ~ **distributor** / Standverteiler *m*
floor outlet box / Bodenauslassdose *f* || ~ **receptacle** / Fußbodensteckdose *f*
floor-recessed socket outlet / fußbodenebene Steckdose
floor reflectance / Reflexionsgrad des Fußbodens || ~ **response spectrum** / Geschoss-Antwortspektrum *n* || ~ **service box** / Zapfsäule *f* (IK), Bodenanschlussdose *f*, Fußbodenanschlussdose *f* || ~ **standard lamp** / Stehlampe *f*, Ständerleuchte *f*, Stehleuchte *f*
floor-standing type / Ausführung für Aufstellung auf dem Boden, Standgerät *n*
floor-to-floor time / Bodenzeit *f* (Werkstücke), Durchlaufzeit *f* (zwischen Anlieferung eines Teils, Bearbeitung und Liegezeit)
floppy disk (FD) / Floppy-Disk *f*, Diskette *f*, flexible Speicherplatte (o. Magnetplatte) || ~ **disk drive (FD)** / Diskettenlaufwerk *n*, Diskettenstation *f*, Diskettengerät *n*, Diskettenspeichergerät (DSG) *n*, Floppylaufwerk *n*
floppy-disk connection module / Floppy-Anschaltbaugruppe || ~ **controller (FDC)** / Floppy-Disk-Steuerung *f* || ~ **drive** / Floppy-Disk-Laufwerk *n* || ~ **field** / Diskettenfeld *n* (BSG) || ~ **label** / Diskettenetikett *n*
floppy interface module / Floppy Disk Anschaltbaugruppe || ~ **module** / Laufwerksbaugruppe *f*
flotation product / Flotationsprodukt *n*
flow *n* / Volumenstrom *m*, Durchfluss *m*, Flow *m*, Durchströmung *f*, Strömung *f*, Fluss *m*, Stoffstrom *m* || **to ~ by gravity** / drucklos fließen || **(equal) percentage ~ (area)** / gleichprozentige Öffnungskennlinie || ~ **and level monitoring equipment** / Strömungs- und Niveauüberwachungsgerät *n* || ~ **area** / Durchflussquerschnitt *m*, Drosselquerschnitt *m*, Öffnungsquerschnitt *m*, Öffnung *f* || ~ **cell** / Durchlaufzelle *f*, Durchflusskammer *f*, Durchlaufgefäß *n* (Leitfähigkeitsmesser), Durchlaufaufnehmer *m* || ~ **chamber** / Durchlaufkammer *f*, Durchlaufzelle *f*, Durchflusskammer *f* || ~ **characteristic** / Durchflusskennlinie *f*, Volumenstromkennlinie *f*, Kennlinie *f*, Öffnungskennlinie *f*, statische Kennlinie, Öffnungscharakteristik *f* || ~ **chart** / Funktionsdiagramm *n*, Arbeitsablaufplan *m*, Arbeitsplan *m*, Ablaufplan *m* || ~ **chart quick commissioning** / Flussdiagramm zur Schnellinbetriebnahme
flowchart *n* / Flussdiagramm *n*, Flussplan *m*, Ablaufschema *n*, Funktionsdiagramm *n*, Ablaufsequenz *f*, Ablaufdiagramm *n*, Datenflussplan *m*
flow-coating *n* / Fließbeschichtung *f*
flow coefficient (C_v) / Durchflussbeiwert *m* (k_v-Wert), Durchflusskoeffizient *m*, Durchflusszahl *f* || ~ **column** / Durchflusskolonne *f* || ~ **control** / Flussregelung *f* (a. OSI-System), Fluss-Steuerung *f* || ~ **correction calculator** / Durchfluss-Korrekturrechner *m* || ~ **counter tube** /

Durchflusszählrohr *n* || ~ **cup viscosity** / Auslaufbecher-Viskosität *f* || ~ **diagram** / Fließbild *n*, Flussdiagramm *n*, Flussplan *m*, Arbeitsablaufplan *m* || ~ **direction** / Strömungsrichtung *f*, Umströmung *f* || ~ **elbow** / Messkrümmer *m* (Durchflussgeber) || ~ **equation** / Durchflussgleichung *f*, Durchflussformel *f*
flow-force compensated hydraulic section / strömungskraftkompensierter Hydraulikteil
flow forces / Strömungskräfte *f pl*
flow-generated noise / Strömungsrauschen *n*
flow indicator / Strömungsanzeiger *m*, Strömungsmelder *m*, Strömungswächter *m*, Durchflussmengenanzeiger *m*
flowing or circulating around / Umströmung *f*
flow line / Flusslinie *f*, Wirkungslinie *f* (Funktionsplan), Ablauflinie *f*
flow-line production / Fließfertigung *f*
flow measurement / Durchflussmessung *f*, Mengenmessung *f*, Strömungsmessung *f* || ~ **measurement equipment** / Durchflussmessgerät *n*, Durchflussmesssystem *n* || ~ **meter** / Durchflussmesser *m*, Strömungsmesser *m*, Volumenmessgerät *n*, Mengenmesser *m*, Durchflussmengenmesser *m*, Mengenmessgerät *m* || ~ **monitor** / Strömungswächter *m* || ~ **monitoring device** / Strömungswächter *m* || ~ **of current** / Stromfluss *m* || ~ **of material** / Materialfluss *m* || ~ **of steam** / Dampfströmung *f* || ~ **opens** / Anströmung gegen den Kegel, Ausströmung von unten || ~ **pressure** / Fließdruck *m* || ~ **rack** / Durchlaufregal *n* || ~ **range** / Stellbereich *m*
flowrate *n* / Förderstärke *f*
flow rate / Durchflussmenge *f*, Durchflussrate *f*, Durchsatz *m*, Durchsatzleistung *f*, Stellstrom *m*, Lastabhängigkeit *f*, Durchflussgeschwindigkeit *f*, Mengenstrom *m* || ~ **rate meter** / Durchflussmesser *m* || ~ **rate of cooling water** / Kühlwasser-Durchflussmenge *f*, Kühlwasserstrom *n* || ~ **ratio** / Volumenstromverhältnis *n* || ~ **ratio control** / mengenproportionale Steuerung *f* || ~ **relay** / Strömungsrelais *n*, Strömungsschutzrelais *n* || ~ **resistance** / Strömungswiderstand *m* || ~ **sensor** / Durchflussgeber *m* || ~ **shelf** / Durchlaufregal *n*
flow-solder *v* / schwallöten *v*, einschwallen *v* || ~ **contact** / Schwallötkontakt *m*, Tauchlötkontakt *m*
flow-soldered *adj* / schwallgelötet *adj* || **flow-soldered side** / Schwallseite *f*
flow soldering / Schwallötung *f*, Aufschmelzlöten *n* || ~ **straightener** / Strömungsgleichrichter *m* || ~ **switch** / Durchflussschalter *m* || ~ **tends to close** / spindelseitiger Druck || ~ **test** / Strömungsversuch *m*, Durchflussprobe *f* || ~ **time** / Durchlaufzeit *f*, Dauer *f* (Differenz zwischen Anfangs- und Endpunkte eines Zeitintervalls) || ~ **transducer** / Durchfluss-Messumformer *m*, Durchflussgeber *m* || ~ **transmitter** / Durchflussgeber *m*
flow-type heater / Durchlauferhitzer *m* || ~ **pH electrode assembly** / pH-Durchlaufarmatur *f* || ~ **reference cell** / beströmte Vergleichskammer (MG), beströmte Vergleichsküvette
flow velocity / Strömungsgeschwindigkeit *f*, Durchflussgeschwindigkeit *f*, Fließgeschwindigkeit *f*
fluctuating *adj* / schwankend *adj*, wechselnd *adj* || ~ **luminance** / Leuchtdichte *f* (durch Flicker erzeugt)
fluctuation *n* / Schwankung *f*, Fluktuation *f* (a.

Instabilität der Impulsamplitude), Schwanken *n* || **voltage** ~ (flicker range) / Spannungsflicker *f* || ~ **of luminous intensity** / Lichtwelligkeit *f* || ~ **of steam pressure** / Dampfdruckschwankung *f* || ~ **of the frequency of the mains** / Netzfrequenzschwankung *f* || ~ **range** / Schwankungsbreite *f* || ~ **recognition** / Schwankungserkennung *f* || ~ **severity factor** / Größenfaktor der Schwankung (Netzspannung), Beeinflussungsfaktor der Schwankung || ~ **voltage** / Schwankungsspannung *f* || ~ **waveform** / Kurvenform der Spannungsschwankung VDE 0838,T.1
flue dust / Flugasche *f* || ~ **gas** / Rauchgas *n* || ~ **gas analysis** / Rauchgasanalyse *f* || ~ **gas cleaning system** / Rauchgasreinigung *f* || ~ **gas duct** / Abgaskanal *m*, Rauchgaskanal *m* || ~ **gas stack** / Rauchgaskamin *m*
flue-gas resistance thermometer / Rauchgas-Widerstandsthermometer *n*
fluid amplifier / Fluidverstärker *m*, Druckübersetzer *m* || ~ **clutch** / Flüssigkeitskupplung *f*, hydraulische Kupplung, Strömungskupplung *f* || ~ **coupling** / Flüssigkeitskupplung *f*, hydraulische Kupplung, Strömungskupplung *f* || ~ **drive** / Flüssigkeitsgetriebe *n*, hydraulisches Getriebe || ~ **dynamic machine** / Strömungsmaschine *f* || ~ **entrainement pump** / Treibmittelpumpe *f* || ~ **environment temperature** / Temperatur der direkt umgebenden Luft
fluid-film bearing / Lager mit hydrodynamischer Schmierung, Keillager *n*
fluid friction / flüssige Reibung, Flüssigkeitsreibung *f*, Schwimmreibung *f*
fluid-friction dynamometer / Flüssigkeitsbremse *f*, Wasserwirbelbremse *f*
fluidic device / Fluidikelement *n*, Strömungselement *n*, pneumatisches Logikelement || ~ **indicator** / fluidischer Melder || ~ **logic** / pneumatische Logik, Fluidik *f*
fluidics *plt* / Fluidik *f*, pneumatische Logik
fluidized-bed coating / Wirbelsinterbeschichten *n* || ~ **insulation** / Wirbelschichtisolation *f*
fluid loss / Flüssigkeits-Reibungsverlust *m* || ~ **lubrication** / Vollschmierung *f*, reine Flüssigkeitsreibung || ~ **materials** / fließende Stoffe || ~ **mechanics** / Strömungsmechanik *f* || ~ **motor** / Flüssigkeitsmotor *m*, Hydromotor *m*
fluid-power motor / Flüssigkeitsmotor *m*, Hydromotor *m* || ~ **road vehicle** / hydrostatisch angetriebenes Straßenfahrzeug
fluid with impurity of solids / Feststoffe im Strömungsmedium
fluor carbon / Fluorkohlenstoff *m*
fluorenated hydrocarbon compound / Fluorkohlenwasserstoffmischung *f*
fluorescence *n* / Fluoreszenz *f* || ~ **analysis** / Fluoreszenzanalyse *f* || ~ **line** / Fluoreszenzlinie *f* || ~ **spectroscopy** / Fluoreszenzspektroskopie *f*
fluorescent analysis / Leuchtschirmuntersuchung *f*
fluorescent-coated lamp / leuchtstoffbeschichtete Lampe
fluorescent coating / Leuchtstoffbeschichtung *f* || ~ **coil** / Wendel für Leuchtstofflampen || ~ **display** / Fluoreszenzanzeige *f*, Leuchtstoffanzeige *f* || ~ **fitting** / Leuchtstofflampenleuchte *f* || ~ **fixture** / Leuchtstofflampenleuchte *f* || ~ **flicker** /

Leuchtstofflampenflimmern *n* || ~ **image** / Leuchtschirmbild *n* || ~ **lamp (FL)** / Leuchtstofflampe *f* (L-Lampe), Fluoreszenzlampe *f* || ~ **light** / Fluoreszenzlicht *n*, Leuchtstofflampenlicht *n* || ~ **lighting** / Leuchtstofflampenbeleuchtung *f* || ~ **line** / Fluoreszenzlinie *f* || ~ **luminaire** / Leuchtstofflampenleuchte *f* || ~ **material** / Leuchtstoff *m* || ~ **penetrant inspection** / Fluoreszenzprüfung *f* || ~ **radiation** / Fluoreszenzstrahlung *f* || ~ **screen** / Leuchtschirm *m* || ~ **tube** / Leuchtstoffröhre *f* || ~ **X-ray screen** / Röntgenleuchtschirm *m*
fluorography *n* / Leuchtschirmfotografie *f*
fluoroscopy *n* / Durchleuchtung *f* (RöA), Leuchtschirmbetrachtung *f*
flush *v* / spülen *v*, durchspülen *v*, bündig machen || ~ *adj* / bündig *adj*, unter Putz (verlegt), in gleicher Ebene || ~ **button** IEC 337-2 / bündiger Druckknopf VDE 0660,T.201 || ~ **conductor** / versenkter Leiter (gS)
flushfloor trunking / bündiger Boden-Installationskanal
flush-head button / bündiger Druckknopf VDE 0660,T.201
flushing *n* / Spülen *n*, Beschlämmen *n*, bündiger Stoß || ~ **filling** / Spülfüllung *f*, Spülölfüllung *f* || ~ **oil** / Spülöl *n*
flush insulation / bündige Isolation || ~ **light** / Unterflurfeuer *n* (Flp.)
flush-marker light / Unterflurfeuer *n* (Flp.)
flush mica / bündiger Glimmer
flush-milling *v* / bündigfräsen *v*
flush-mounted *adj* / unter Putz (UP)
flush-mounting / Unterputzmontage *f*, Unterputzeinbau *m*, für bündige Montage, für Einbau, Unterputz..., bündiger Einbau || ~ **box** / Unterputz-Einbaudose *f* || ~ **c.b.** / Einbauschalter *m* (LS) || ~ **distribution board** / Einbauverteiler *m*
flush mounting fuse base / Einbau-Sicherungssockel *m*
flush-mounting hood-type distribution board / Einbau-Haubenverteiler *m* || ~ **in switchboards** / Schalttafeleinbau *m* || ~ **indicator light** / Einbau-Lichtsignal *n* || ~ **instrument** / Einbau-Messgerät *n* || ~ **of switchboard** / Schalttafeleinbau *m* || ~ **switch** / Einbauschalter *m* (bündig), Unterputzschalter *m* (UP-Schalter) || ~ **type** / Ausführung für bündigen Einbau, Einbautyp *m*, Unterputzausführung *f*, Einbauform *f* || ~ **version** / Einbauversion *f* || ~ **with wall** / wandbündige Aufstellung
flush raceway / Einbaukanal *m* (IK), Unterputzkanal *m* || ~ **type** / Einbautyp *m*, Unterputzausführung *f*, Ausführung für bündigen Einbau
flush-type box / Unterputzdose *f* || ~ **circuit breaker** / Einbauschalter *m* (LS) || ~ **distribution board** / Einbauverteiler *m* || ~ **joint box** / Unterputz-Verbindungsdose *f* || ~ **socket-outlet** / Unterputzsteckdose *f*, Einbausteckdose *f* || ~ **switch** / Einbauschalter *m* (bündig), Unterputzschalter *m* (UP-Schalter) || ~ **transformer** / Transformator für Unterputzmontage
flush with screed / estrichbündig *adj*
flute *n* / Rille *f*, Nut *f*, Riefe *f*
fluted *adj* / geriffelt *adj* || ~ **outside and plain inside tube** / außen gerilltes und innen glattes Rohr || ~

reflector / Rinnenspiegel *m* (Leuchte) || **~ shield** (luminaire) / Rillenblende *f* (Leuchte)
flutter *v* / flattern *v* || **~ inhibit** / Flattersperre *f*
flux *n* / Fluss *m*, Magnetfluss *m*, Lichtstrom *m*, Zuschlag *m* (Löten, Schweißen), Flussmittel *n* || **total ~** / Gesamtfluss *m*, Gesamtlichtstrom *m* || **flux setpoint, fixed value ~** / Festsollwert Motorfluss || **~ concentrating motor** / Flusskonzentratormotor *m* || **~ concentrating piece** / Flussleitstück *n* || **~ controller** / Flussregler *m*
flux-cored electrode / Seelenelektrode *f*
flux corrector / Flussleitstück *n* || **~ crowding** / Flusszusammendrängung *f* || **~ current control** / Ausgangsbemessungsstrom *m*, Flussstromregelung *f* (Dieses Steuerungsart kann verwendet werden, um den Wirkungsgrad und das Dynamikverhalten des Motors zu verbessern), FCC || **~ density** / Flussdichte *f*, magnetische Induktion, elektromagnetische Induktion, Kraftliniendichte *f* || **~ density probe** / Feldsonde *f* || **~ density wave** / Induktionswelle *f*, Durchflutungswelle *f* || **~ displacement** / Flussverdrängung *f* || **~ distribution** / Flussverteilung *f*, Induktionsverteilung *f* || **~ distribution characteristic** / Feldlinienverlauf *m* || **~ envelopment** / Flussmittelumhüllung *f* || **~ expulsion** / Flussverdrängung *f*, Hautwirkung *f* || **~ fraction** / Lichtstromanteil *m*
flux-gate magnetometer / Luftspaltmagnetometer *n*
flux generating current / flussbildender Strom || **~ inclusion** / Flussmitteleinschluss *m*
flux jump / Flusssprung *m* || **~ leakage** / Flussstreuung *f*, Kraftlinienstreuung *f*
fluxless *adj* / flussmittelfrei *adj*
flux line / Flusslinie *f*, Kraftlinie *f*, Flussfaden *m* || **~ linkage** / Flussverkettung *f* || **~ linkages** / Flussverkettung *f* (Summengröße) || **~ linking a coil** / Spulenfluss *m* || **~ linking a turn** / Windungsfluss *m*
fluxmeter *n* / Kraftfluss-Messgerät *n*, Flussmesser *m*, Magnetflusszähler *m*
flux of magnetic induction / Magnetfluss *m*, magnetischer Kraftfluss, Induktionsfluss *m*
fluxon *n* / Flussquant *n*, Flussfaden *m*
flux over armature active surface (with rotor removed) / Fluss des Bohrungsfelds || **~ path** / Flussverlauf *m*, Kraftlinienweg *m* || **~ pen** / Flussmittelstift *m* || **~ plate** / Flussbügel *m* || **~ plot** / Flussbild *n* || **~ pump** / Flusspumpe *f* || **~ retention** / Flussrückhaltung *f*, Flussbannung *f* || **~ sensing** / Flusserfassung *f* || **~ sensitivity** / Flussempfindlichkeit *f* (Hallgenerator) DIN 41863 || **~ setpoint** / Fluss-Sollwert *m*, Flusssollwert *m* || **~ test** / Flussmessung *f*, Streuprobe *f*, Eisenschlussprobe *f* || **~ thread** / Flussfaden *m* || **~ transition** / Flusswechsel *m*
flyback *n* / Rücklauf *m* (BSG, Bildr., Zeilenr.) || **~ converter** / Sperrwandler *m* (f. Schaltnetzteil)
fly down light / Feuer niedriger fliegen
flying angle support / Winkeltragstützpunkt *m* (Freiltg.) || **~ master** / Flying Master, dezentrale Bussteuerung
flying-master method / Flying-Master-Verfahren *n* (Buszuteilung), dezentrale Buszuteilung
flying receiver / Einbau-Empfänger *m* (IR-Fernbedienung) || **~ record change** / fliegender Satzwechsel *m* || **~ restart** (This function offers the possibility of connecting the converter to a motor which is still rotating.) / Fangen *n* || **~ restart circuit** / Fangschaltung *f* (zur Zuschaltung eines Stromrichters auf eine laufende Maschine) || **~ saw** / fliegende Säge || **~ shears** / Querschneider, fliegende Schere
flying-spot scanner tube / Lichtpunktabtaströhre *f*
fly up light / Feuer höher fliegen
flywheel *n* / Schwungrad *n*, Schwungscheibe *f*, Schwungring *m*, Schwungmasse *f* || **~ diode** / Freilauf-Diode *f* || **~ drive** / Schwungradantrieb *m* || **~ effect** / Schwungmoment *n* (GD) || **~ energy storage** / Schwungkraftreserve *f* (im Schwungrad) || **~ equalizer** / Ausgleichsschwungrad *n* || **~ generator** / Schwungradgenerator *n* || **~ guard** / Schwungradabdeckung *f* || **~ load** / Schwungmassenlast *f*, schweranlaufende Maschine || **~ mass of drive** / Antriebsträgheitsmoment *n* || **~ motor-generator set** / Schwungradumformer *m* || **~ rim** / Schwungradkranz *m* || **~ rotor** / Schwungradläufer *m* || **~ starting** / Anlauf mit Schwungrad, Hochreißen *n* (Masch., durch Schwungrad)
FM s. frequency modulation / FM (Funktionsmodul)
FMC (flexible manufacturing cell) / FFZ (Flexible Fertigungszelle) || **º** s. flexible machining centre
FMEA s. failure mode and effects analysis
FMECA s. failure modes, effects and criticality analysis
FM noise / FM-Rauschen *n*, Frequenzmodulationsrauschen *n* || **º noise figure** / FM-Rauschzahl *f*, Frequenzmodulations-Rauschzahl *f* || **FM Servo** / FM-Lage *f* || **FM Step** / FM-Schritt *m*
FMS s. flexible manufacturing system || **º** s. fuel cost management system || **º (fieldbus message specification)** / FMS || **º (flexible manufacturing system)** / FFS (flexibles Fertigungssystem)
FO conductor (fiber optic conductor) / LWL (Lichtwellenleiter)
FOA (forced-oil/ air cooling, forced-oil circulation through external oil-to-air heat exchanger) / FOA (forced-oil/air cooling, Kühlung durch erzwungenen Ölumlauf mit äußerem Öl-Luft-Kühler)
foaming property / Schaumneigung *f* (Öl)
foam plastic / Schaumstoff *m* || **~ rubber** / Schaumgummi *n*
FOC (force control) / FOC (Kraftregelung)
focal circle / Fokalkreis *m* || **~ distance** / Brennweite *f* || **~ point** / Fokuspunkt *m*, Brennpunkt *m*
focus *n* / Brennpunkt *m*, Leistungsschwerpunkt *m*, Fokus *m*, Focus *m*
focusable *adj* / fokussierbar *adj*
focusing *n* / Fokussieren *n*, Fokussierung *f*, Bündelung *f* (v. Strahlen), Scharfeinstellung *f* || **~ lens** / Sammellinse *f* || **~ magnet** / Fokussierungsmagnet *m* || **~ potential** / Fokussierpotential *n* || **~ probe** / Fokusprüfkopf *m*
focus quality / Fokussierungsgüte *f*
focussed *adj* / konzentriert *adj* || **~ light** / gebündeltes Licht || **~ spot** / Brennfleck *m* (BT)
fog headlight / Nebelscheinwerfer *m* || **~ luminance** / Nebelleuchtdichte *f*
foil *n* / Folie *f*, Gießfolie *f*, Kondensatorbelag *m* || **capacitor ~** / Kondensatorfolie *f*, Kondensatorbelag *m* || **~ button** / Folientaste *f*

foil-clad *adj* / kaschiert *adj*
foil extractor / Folienabzug *m*
foil-filled lamp / foliengefüllte Lampe
foil insulation / Folienisolierung *f* || ~ **screen** / Folienschutzschirm *m*, Schirmfolie *f* || ~ **strain gauge** / Dehnungsmessstreifen *m* (DMS), Folien-DMS *m* || ~ **winding** / Folienwicklung *f*
FOL s. flashing obstruction light
fold *v* / falzen *v*, umlegen *v*, klappen *v*, abkanten *v*
fold-back characteristic / rückziehende Kennlinie, rückläufige Kennlinie || ~ **current limiting** / rückläufige Strombegrenzung || ~ **current limiting curve (FCL curve)** / SU-Kennlinie *f* DIN 41745
folded insulation / Einschlagisolierung *f*
folded-pack chart paper / Faltenband-Registrierpapier *n*
folded-strip electrode / Faltbandplatte *f* (Batt.)
folded tape / Faltband *n*
folder *n* / Prospektmappe *f*, FA-Zylinderteil *n* || ~ **upper** / FA-Überbau *m*
folding *n* / Abkantung *f* || ~ **box** / Faltkasten *m* || ~ **endurance test** / Falzversuch *m* || ~ **endurance** / Falzfestigkeit *f* || ~ **machine** / Umschlagmaschine *f*, Abkantmaschine *f* || ~ **press** / Abkantpresse *f* || ~ **punch** / Biegestempel *m* || ~ **tester** / Falzzahlprüfgerät *n*
foldover distortion / Überlappungsverzerrung *f*
follow current / Folgestrom *m*
follower *n* / Folgeregler *m*, Nachlaufregler *m*, Folger *m*, Mitnehmer *m*, Abtriebsrad *n*, Stopfbuchsenbrille *f*, Laufschuh *m* || **cathode** ~ / Kathodenfolger *m*, Kathodenverstärker *m*, Impedanzwandler *m* || **grommet** ~ / Dichtungsdruckhülse *f* (EMB) || ~ **controller** / Folgeregler *m*, Nachlaufregler *m* || ~ **disc** / Mitnehmerscheibe *f* (EZ) || ~ **drive** / Folgeantrieb *m* || ~ **motor** / Folgemotor *m* || ~ **transformer** / Mitlauftransformator *m*
following, edge ~ / Kantenverfolgung *f* (Rob.) || ~ **axis** / Folgeachse *f* (WZM), verdoppelte Achse, Slaveachse *f* || ~ **block** / Folgesatz *m* || ~ **error** / Schleppabstand *m* (NC), Schleppfehler *m* || ~ **error compensation** / Schleppabstandskompensation *f* || ~ **error monitoring system** / Schleppabstandsüberwachung (Fehlermeldung: Die Steuerung gibt Sollpositionen vor, die nicht von der Maschine erreicht werden können.) || ~ **field** / Folgefeld *n* || ~ **motion** / Folgebewegung *f* || ~ **spindle (FS)** / Folgespindel (FS) *f*
follow-on distance / Nachlaufweg *m* || ~ **product** / Nachfolgeprodukt *n* || ~ **time** / Nachlaufzeit *f* || ~ **tool** / Folgewerkzeug *n*
follow-spot characteristic / Verfolgeeigenschaften *f* *pl* (BT)
follow spot(light) / Verfolgescheinwerfer *m*
follow-through travel / Mitgang *m* (Kontakte), Durchfedern *n* (Kontakte)
follow-up *n* / Nachführung *f*, Nachführen *n*, Nacharbeit *f*, Nachbearbeitung *f* || ~ **control** / Folgeregelung *f*, Nachlaufregelung *f*, Nachführregelung *f*, Nachlaufsteuerung *f* || ~ **counter** / Nachlaufzähler *m* || ~ **dosing** / Nachdosierung *f* || ~ **gear** / nachgeschaltetes Getriebe || ~ **input** / Nachführeingang *m* (SPS) || ~ **licence** / Zeitlizenz *f* (Software) || ~ **mode** / Nachführbetrieb *m*, Folgearbeitsgang *m* || ~ **operation (o. mode)** / Nachführbetrieb *m* (NC, SPS) || ~ **time schedule** / Terminverfolgungsliste *f* ||

~ **value** / Nachführwert *m* (Reg.)
font *n* / Schriftart *f*, Zeichensatz *m*, Schrift *f* || ~ **in constructional part raised** / Schrift im Bauteil erhaben || ~ **size** / Schrifthöhe *f*, Zeichengröße *f*, Schriftgrösse *f* || ~ **style** / Schriftstil *m*, Schriftschnitt *m*
food, beverages and tobacco industries / Nahrungs- und Genußmittelindustrie *f* || ~ **freezer** / Gefriergerät *n*, Tiefkühltruhe *f* || ~ **inspection** / Nahrungsmittelkontrolle *f* || ~ **processing industry** / Lebensmittelindustrie *f*
fool-proof *adj* / narrensicher *adj*, unverwechselbar *adj*
foot *n* / Fuß *m*, Gehäusefuß *m*, Mastfuß *m* || **lamp** ~ / Lampengestell *n* || ~ **bearing** / Fußlager *n* || ~ **block** / Fußleiste *f* (Text)
footbridge *n* / Laufsteg *m*
foot contact / Fußkontakt *m*, Tretkontakt *m*
footer *n* / Fußzeile *f*
footing *n* / Streifenfundament *n*, Gründung *f*, Fußfläche *f*, Bankett *n* || **tower** ~ / Mastfundament *n* (Gittermast)
footlight *n* / Fußlicht *n*, Fußleuchte *f*, Rampenlicht *n* || ~ **bridge** / Beleuchterbrücke *f*
footnote *n* / Fußnote *f*
foot-mounted type / Fußbauform *f* (el. Masch.)
foot mounting / Fußaufstellung *f* (el. Masch), Befestigung mittels Füßen, Fußbefestigung *f* || ~ **operated button** / Fußtaster *m*
foot-operated button / Fußdruckknopf *m*, Fußdrucktaster *m* || ~ **mechanism** / Fußantrieb *m*
foot plate / Fußplatte *f* (el. Masch.)
footprint *n* / Stellfläche *f*, Raumbedarf (HW) *m*, Ausleuchtzone (Satellit) *f*, Abmessung *f* || ~ **filter** / Unterbaufilter *m*
foot rest / Fußraste *f*
footstep bearing / Fußlager *n*
foot switch IEC 337-2 / Fußschalter *m* VDE 0660,T.201 || ~ **valve** / Fußventil *n*
footway *n* / Gehweg *m*
forbidden area / verbotener Bereich, Schutzzone *f* (NC), Werkzeug-Schutzbereich *m* (NC) || ~ **band** / verbotenes Band (HL)
force *v* / steuern *v*, zwangssetzen *v*, forcen *v* || ~ *n* / Kraft *f* || **to** ~ **variables** / Statusbearbeitung *f*
force acting in a field / Feldkraft *f* || ~ **at rupture** / Bruchkraft *f* || ~ **balance** / Kraftwaage *f*, Druckentlastung *f*
force-balance method / Kraftvergleichsverfahren *n*
force bypass / Kraftnebenschluss *m*
force constant / Kraftkonstante *f*, Federkonstante *f*, Federrate *f* || ~ **control** / Kraftregelung *f* (Rob.) || ~ **controller** / Kraftregler *m*
force-cooling *n* / Zwangskühlung *f* (mittels eines Kühlgebläses mit eigenem Antrieb)
forced ageing / verstärkte Alterung || ~ **air** / künstlich bewegte Luft, umgewälzte Luft
forced-air circulation / erzwungene Luftumwälzung
forced-air-cooled *adj* / fremdbelüftet *adj*, zwangsbelüftet *adj* || ~ **rating** / Leistung bei erzwungener Luftkühlung || ~ **transformer** / Transformator mit erzwungener Luftkühlung, fremdbelüfteter Transformator
forced-air cooling / erzwungene Luftkühlung, verstärkte Luftkühlung, Fremdbelüftung *f*
forced air ventilation / Luftumwälzung *f*
forced characteristic / erzwungene Kennlinie (LE) ||

forced-circulated 224

~ checking procedure / Zwangsdynamisierung *f*
forced-circulated coolant / fremdbewegtes Kühlmittel
forced circulation / Zwangsumlauf *m*, Zwangsumwälzung *f*, verstärkte Zirkulation, erzwungene Bewegung (Kühlmittel)
forced-circulation oil lubrication / Drucköl-Umlaufschmierung *f*, Umlaufschmierung *f*
forced-commutated converter / zwangskommutierter Stromrichter, selbstgeführter Stromrichter
forced commutation / Zwangskommutierung *f*, erzwungene Kommutierung, Selbstführung *f* (SR), beschleunigte Kommutierung, Selbstführung *f* (LE), Selbstkommutierung *f*, Selbstlöschung *f* (LE) || ~ **coolant** / fremdbewegtes Kühlmittel || ~ **cooling** / Fremdkühlung *f*, verstärkte Kühlung, forcierte (o. künstliche) Kühlung || ~ **current** / erzwungener Strom, verstärkter Strom || ~ **dormant error detection** / Zwangsdynamisierung *f*
forced-directed oil circulation / erzwungene gerichtete Ölströmung, gerichteter Ölumlauf, gezielte Ölführung
forced draft / Druckzug *m*
forced-draft fan / Drucklüfter *m*, Frischlüfter *m*, Unterwindgebläse *n*
force delivery of the actuator / Stellkraft *f* || ~ **demand** / Kraftbedarf *m*
force-density distribution / Kraftdichteverteilung *f*, Kraftbelagsverteilung *f*
force density per unit length / Kraftbelag *m*
forced excitation / erzwungene Erregung (el. Masch.) || **forced field** / verstärktes Feld, Feldverstärkung *f* || ~ **flow** / erzwungene Strömung, stromunabhängige Strömung || ~ **guidance of cable** / zwangsweise Leitungsführung, zwangsweise Führung einer Leitung || ~ **guidance operation** / Zwangsführung *f*
force differential / Differenzkraft *f* (a. PS) DIN 41635 || ~ **disable** / Zwangssteuerung beenden
forced-lubricated bearing / Lager mit Zwangsschmierung
forced lubrication / Zwangsschmierung *f*
forced-oil circulation / erzwungener Ölumlauf, erzwungene Ölströmung, Öl-Zwangsumlauf *m*
forced-oil-cooled rating / Leistung bei erzwungener Ölkühlung
forced-oil cooling / erzwungene Ölkühlung, Drucklölkühlung *f* || ~ **lubrication** / verstärkte Spülölschmierung, Druckölschmierung *f*, Ölumlaufschmierung *f* || ~ **pump** / Ölumlaufpumpe *f* || ~ **water cooling** / Wasserkühlung mit Ölumlauf
forced oscillation / erzwungene Schwingung, quellenerregte Schwingung || ~ **outage** / erzwungene Stillsetzung, störungsbedingte Nichtverfügbarkeit || ~ **outage duration** / störungsbedingte Nichtverfügbarkeitsdauer || ~ **outage rate** / erzwungene Ausfallrate || ~ **rupture** / Gewaltbruch *m* || ~ **sequence** / Zwangsfolge *f*
force due to weight / Gewichtskraft *f*
forced value / Steuerwert *m* (SPS)
forced-ventilated *adj* / fremdbelüftet *adj*, zwangsbelüftet *adj* || ~ **machine** / fremdbelüftete Maschine
forced ventilation / Fremdbelüftung *f*, Zwangsbelüftung *f*, Druckluftkühlung *f*, fremdbelüftet *adj*

force facility / Steuerfunktion *f* (PC-Programmiergerät) || ~ **function** / Steuerfunktion *f* || ~ **generation** / Krafterzeugung *f* || ~ **guidance element** / Anlenkelement *n* || ~ **introduction** / Krafteinleitung *f* || ~ **introduction neck** / Krafteinleitungszapfen *m* || ~ **introduction pipe** / Krafteinleitungsrohr *n* || ~ **limitation** / Kraftbegrenzung *f* || ~ **limitation threshold** / Kraftbegrenzungsschwelle *f* || ~ **limitation value** / Kraftbegrenzungswert *m*
force-feed lubrication / Druckschmierung *f*, Druckölschmierung *f*, Druckumlaufschmierung *f*
force mode / Zwangssetzfunktion *f* (SPS), Setzfunktion *f*
force-moment sensor / Kraft-Momenten-Sensor *m*
force of acceleration / Beschleunigungskraft *f* || ~ **of actuator** / Stellmotorkraft *f* || ~ **of attraction** / Anziehungskraft *f* || ~ **of gravity** / Schwerkraft *f* || ~ **of magnetic attraction** / magnetische Anziehungskraft || ~ **of magnetic repulsion** / magnetische Abstoßungskraft || ~ **of piston** / Kolbenkraft *f* || ~ **of repulsion** / Abstoßungskraft *f* || ~ **off** *v* / abdrücken *v*, abpressen *v* || ~ **off function** / Steuerfunktion *f*, Steuerfunktion *f*
force-operated joystick / druckempfindlicher Steuerknüppel
force out *v* / hinauspressen *v*, auspressen *v* || ~ **release** / Zwangssteuerung beenden || ~ **sensor** / Kraftsensor *m* || ~ **to operate** / Betätigungskraft *f*, Stellkraft *f* || ~ **variable** / Steuern Variable || ~ **wave** / Kraftwelle *f*
forcible output / setzbarer Ausgang (SPS)
forcing (of inputs or outputs) / Zwangsetzen *n* (manuelles Setzen von Ein- o. Ausgängen), Forcen *n* || **current** ~ / Stromstützung *f* (el. Masch.)
forcing-off *n* / Abdrückschraube *f*
forcing static R input IEC 117-15 / R-Eingang *m*, Rücksetzeingang *m* || ~ **static S input** IEC 11715 / S-Eingang *m*, Setzeingang *m*
forearm *n* / Unterarm *m* (Rob.)
forebay elevations / Oberwasserpegel *m*
forecast *n* / Prognose *f* || ~ **load** / Lastprognose *f* || ~ **staff** / Planungsrunde *f*
forecast-based load control system / prognosegeführtes Lastführungssystem
foreground *n* / Vordergrund *m* || ~ **color** / Vordergrundfarbe *f* || ~ **image** / Vordergrundbild *n* || ~ **language** / Vordergrundsprache *f* || ~ **memory** / Vordergrundspeicher *m*
foreign body / Fremdkörper *m* || ~ **countries** / Ausland *n* || ~ **matter** / Fremdstoffe *m pl* || ~ **particle** / Fremdkörper *m* || ~ **solids** / feste Fremdstoffe || **Foreign trade regulations** / Außenwirtschaftsverordnung (AWV) *f*
foreman *n* / Vorarbeiter *m*, Meister *m*
forepart *n* / Stirnfläche *f*, Stirnseite *f*
foreshorten *v* / verkürzen *v* (Zeichnung)
foreshortened view / verkürzte Ansicht
foreword *n* / Vorwort *n*
forged *adj* / geschmiedet *adj* || ~ **steel welding neck flange** / Vorschweißflansch *m*
forging *n* / Schmiedestück *n*, Ballen *m* || **forging defect** / Schmiedefehler *m* || ~ **die** / Schmiedesenke *n* || ~ **steel** / Schmiedestahl *m*
fork *n* / Gabelstück *n*, Aufspaltung *f* (Stelle im Programmablaufplan von der mehrere Zweige ausgehen) DIN 44300 || ~ IEC 50(466) / Gabel *f*

(Mastkopf), K-Rahmen *m* (Mastkopf)
forked bolt / Gabelbolzen *m*
fork lever / Gabelhebel *m* (PS)
fork-lift truck / Gabelstapler *m*, Hubwagen *m*
fork plunger / Gabelstößel *m*
fork-type cable lug / Gabelkabelschuh *m*
form *n* / Form *f*, Modell *n*, Ausführung *f*, Maske *f* (Bildschirm), Formular *n*, Vordruck *m*, Datenblatt *n* || **drawing** ~ / Zeichnungsvordruck *m*
formal operand / Formaloperand *m* || ~ **parameter** / formaler Parameter, formaler Prozedurparameter DIN 44300, Formalparameter *m*
format *v* / formatieren *v* || ~ *n* / Format *n*, Schreibweise *f* || **pictorial** ~ / bildliche Darstellung (Impulsmessung) DIN IEC 469,T.2 || **sampled** ~ / Abtastdarstellung *f* (Schwingungsabbild) DIN IEC 469,T.2 || **waveform** ~ / Darstellung von Schwingungsabbildern || **check** / Formatprüfung *f* || ~ **classification detailed shorthand** ISO 1058 / Kurzbeschreibung der Wörter (NC) DIN 66025,T.4 || ~ **conversion error** / Formatwandlungsfehler *m* || ~ **effector** / Formatsteuerzeichen *n* DIN 44300 || ~ **end identifier** / Formatendekennzeichen *n* || ~ **error** / Formatfehler *m*
formation light / Formationsfeuer *m* || ~ **of lubricating film** / Schmierfilmbildung *m* || ~ **of pollution layers** / Fremdschichtbildung *f* || ~ **time** / Aufbauzeit *f* (Formierzeit)
format processing / Formatbearbeitung *f* || ~ **start** / Formatanfang *m* || ~ **start identifier** / Formatanfangkennzeichen *n* || ~ **starting address** / Formatanfangsadresse *f* || ~ **statement** / Formatanweisung *f*
formatted capacity / Nettokapazität *f* (Datenspeicher)
format template / Formatvorlage *f* || ~ **template font** / Schriftart Formatvorlage
formatter *n* / Formatierer *m*
formatting *n* / Formatieren *n*, Textgestaltung *f*, Formatierung *f*
formcylinder car / Formzylinderwagen *m*
form design / Formgestaltung *f* (CAD)
form-design drawing / Formgebungs-Zeichnung *f*
form echo / Formecho *n* || ~ **editor** / Formulareditor *m*
formed coil / Formspule *f*, Schablonenspule *f*, Vollspule *f* || ~ **gasket** / Profildichtung *f* || ~ **hole** / Profilbohrung *f* || ~ **sections of fibrous minerals** / Mineralfaser-Schalen *f pl*
form element / Maskenelement *n* (BSG), Formelement *n*
former *n* / Wickelform *f*, Wickelschablone *f*, Abbiegebock *m*, Biegedorn *m*, Wickelkasten *m*
form error / Passfehler *m*
former winding / Formspulenwicklung *f*, Schablonenwicklung *f*
former-wound coil / Formspule *f*, Schablonenspule *f*, Vollspule *f* || ~ **motorette** / Formspulen-Motorette *f*
formette *n* / Formspulen-Motorette *f*, Motorette *f*
form factor / Formfaktor *m*, gegenseitiger Austauschkoeffizient (BT) || ~ **feature model** / Formelementenmodell *n* || ~ **feed** / Formularvorschub *m*
form-fit design / formschlüssige Bauart
form flash / Formulareinblendung *f* (graf. DV) || ~ **gauge** / Formlehre *f*
forming *n* / Formung *f*, Formgebung *f*, Formierung *f*, spanloses Umformen, Verschalung *f* (f. Beton) || ~ **gas** / Formiergas *n* || ~ **machine** / Formmaschine *f*
form letter / Formbrief *m* || ~ **overlay** / Formulareinblendung *f* (graf. DV) || ~ **releasing burr** / Formtrenngrat *m* || ~ **tolerance** / Formtoleranz *f*, zulässige Formabweichung
form-truing *v* / profilieren *v*
form type / Formtyp *m*
formula *n* / Formel *f*, Rezeptur *f*, Mischvorschrift *f* || ~ **process** / Formulierungsprozesse *m pl* || ~ **processing** / Formelbearbeitung *f*
form-wound coil / Formspule *f*, Schablonenspule *f*, Vollspule *f*
Fortescue components / Fortescue-Komponenten *f pl*, symmetrische Komponenten || ≃ **connection** / Fortescue-Schaltung *f* || ≃ **transformation** / Fortescue-Transformation *f*
fortuitous earth electrode / natürlicher Erder VDE 0100,T.200
forward *adj* / vorwärts *adj* || ~, **continuous** / vorwärts kontinuierlich (NC) || ~, **block by block** / vorwärts satzweise (NC) || ~ **ageing** / Altern *n* (GR, in der Durchlassrichtung) || ~ **band** / Vorwärtsband *n* || ~ **blocking ability** / Vorwärts-Sperrfähigkeit *f* (Thyr, Diode) || ~ **blocking interval** / Vorwärts-Sperrdauer *f* (Thyr., Diode) || ~ **blocking resistance** / Vorwärts-Sperrwiderstand *m* (Thyr), Sperrwiderstand in Vorwärtsrichtung (Thyr) || ~ **blocking state** / Vorwärts-Sperrzustand *m* (Thyr), Sperrzustand in Vorwärtsrichtung || ~ **blocking-state characteristic** / Vorwärts-Sperrkennlinie *f* (Thyr), Sperrkennlinie für die Vorwärtsrichtung (Thyr) || ~ **branch** / Vorwärtszweig *m* || ~ **breakdown** / Vorwärtsdurchschlag *m* (HL), Durchschlag in Vorwärtsrichtung (HL) || ~ **brush shift** / Bürstenvorschub *m*, Bürstenverschiebung in Drehrichtung || ~ **chaining** / Vorwärtsverkettung *f* (Anfangssituation - Endsituation) || ~ **channel** / Hauptkanal *m* (DÜ) DIN 44302, Hinkanal *m* (LAN) || ~ **characteristic** / Vorwärtskennlinie *f* (HL) DIN 41853 || ~ **conducting state** / Vorwärts-Durchlasszustand *m* (Thyr), Durchlasszustand in Vorwärtsrichtung (Thyr) || ~ **controlling elements** / Steuerkette *f* (Gesamtheit der Steuerelemente) || ~ **converter** / Durchflusswandler *m* (Schaltnetzteil) || ~ **(converter) section** IEC 1136-1 / Vorwärts-Teilstromrichter *m* || ~ **creep** / Spannungsvortrieb *m* (EZ), Vortrieb *m* (EZ, Leerlauf) || ~ **current** / Vorwärtsstrom *m* (Thyr, Diode), Durchlassstrom *m*, Flussstrom *m* || ~ **current density** / Durchlassstromdichte *f* (GR) DIN 41760 || ~ **d.c. resistance** / Durchlasswiderstand *m* (Diode) DIN 41853 || ~ **direction** / Vorwärtsrichtung *f* (a. HL), Durchlassrichtung *f*, Flussrichtung *f* || ~ **documentation** / Vorwärtsdokumentation *f* || ~ **elbow** / Innenecke-Winkelstück *n* (IK), Innenecke *n* (IK) || ~ **gate current** / Vorwärts-Steuerstrom *m* (Thyr) || ~ **gate voltage** / Vorwärts-Steuerspannung *f* (Thyr)
forwarding department / Güterabfertigung *f* || ~ **note** / Weiterleitungsvermerk *m*
forward jump / Vorwärtssprung *m* || ~ **LAN channel** / LAN-Hinkanal *m*
forward-looking directional element (o. unit) / Richtungsglied für die Vorwärtsrichtung, Vorwärts-Richtungsglied *n*
forward loss / Verlust in Vorwärtsrichtung || ~

motion / Vorlauf *m* (WZM), Vorwärtsbewegung *m* || ~ **off-state interval** / Vorwärts-Sperrdauer *f* (Thyr., Diode) || ~ **on-state characteristic** / Vorwärts-Durchlasskennlinie *f* (Thyr), Durchlasskennlinie für die Vorwärtsrichtung (Thyr.) || ~ **on-state current** / Vorwärts-Durchlassstrom *m* (Thyr), Durchlassstrom in Vorwärtsrichtung || ~ **on-state voltage** / Vorwärts-Durchlassspannung *f* (Thyr), Durchlassspannung in Vorwärtsrichtung || ~ **path** / Vorwärtszweig *m* (Reg.), Vorwärtspfad *m* (Reg.) || ~ **power loss** / Vorwärts-Verlustleistung *f* (Diode) DIN 41781, Durchlassverlust *m* (SR) DIN 41760 || ~ **power protection** / Vorwärtsleistungsüberwachung *f* || ~ **recovery time** / Durchlassverzögerungszeit *f* (HL) DIN 41781 || ~ **resistance** / Durchlasswiderstand *m* (SR) DIN 41760
forward-reverse converter / Umkehrstromrichter *m*, Doppelstromrichter *m*, Zweirichtungs-Stromrichter *m* || ~ **evaluator** / Vorwärts-Rückwärts-Auswerter *m* || ~ **selector** / Richtungswähler *m*, Richtungsschalter *m*
forward rotation / Vorwärtsdrehung *f* || ~ **running** / vorwärtslaufend *adj*
forwards *adv* (movement) / nach vorn (Bewegung)
forward search / Suchlauf vorwärts || ~ **skip** / Vorwärtssprung *m* (Programm, NC, PC) || ~ **slope resistance** / Vorwärts-Ersatzwiderstand *m* (Diode) DIN 41781 || ~ **s-parameter** / Vorwärts-Übertragungskoeffizient *m* (Transistor) DIN 41854,T.10 || ~ **speed** / Vorlaufgeschwindigkeit *f* (WZM) || ~ **spindle feed** ISO 1056 / Vorwärtsdrehung mit Arbeitsvorschub (NC) DIN 66025 || ~ **stroke** / Vorwärtsstrich *m* (Staubsauger), Vorhub *m* || ~ **supervision** / Vorwärtssteuerung *f* (DÜ) || ~ **tape wind** / Bandvorlauf *m* (Lochstreifen) || ~ **transfer admittance** / Übertragungsadmittanz vorwärts, Transmittanz *f* (Transistor) || ~ **transfer characteristics** / Vorwärts-Übertragungskennwerte *m pl* DIN IEC 147,T.1 E || ~ **transient voltage** IEC 147-1 / Einschaltspannungsspitze *f* (Schaltdiode) || ~ **travel** / Vorlauf *m* (WZM), Vorwärtsbewegung *m* || ~ **voltage** / Vorwärtsspannung *f* (Thyr, Diode), Durchlassspannung *f*, Spannung in Flussrichtung || ~ **voltage-current characteristic** / Vorwärtskennlinie *f* (HL) DIN 41853 || ~ **wave** / Vorwärtswelle *f*
forward-wave amplifier tube (FWA) / Vorwärtswellen-Verstärkerröhre *f* || ~ **tube** / Vorwärtswellenröhre *f*
forward whirl / Gleichlauf *m* (der kinetischen Wellenbahn)
fossil-fuelled power station / Verbrennungskraftwerk *n*
FOTS s. fibre-optic transmission system
foul *v* / verschmutzen *v*, schmutzig werden || ~ **air** / Abluft *f* (KT)
fouling *n* / Schmutzablagerung *f* || ~ **by fungi** / Schimmelbefall *m* || ~ **by oil** / Verölung *f*
foundation *n* / Fundament *n*, Gründung *f* || ~ **block** / Fundamentklotz *m* || ~ **bolt** / Fundamentbolzen *m*, Ankerbolzen *m*, Fußschraube *f*, Fundamentschraube *f*, Fundamentanker *m*
foundation-bolt sleeve / Fundamentbolzenbüchse *f*, Ankerbüchse *f*
foundation earth / Fundamenterder *m* || ~ **load** / Fundamentbelastung *f* || ~ **pit** / Fundamentgrube *f*, Generatorgrube *f* || ~ **plate** / Grundplatte *f*, Grundplatine *f* || ~ **platform** / Fundamenttisch *m* || ~ **rail** / Fundamentschiene *f* || ~ **shell** / Fundamentschale *f* || ~ **slab** / Fundamentplatte *f* (Beton) || ~ **stress analysis** / Fundamentberechnung *f* || ~ **subgrade** / Fundamentsohle *f*, Fundamentplanum *n* || ~ **transom** / Fundamentbalken *m*
four-bar linkage / viergliedriges Kurbelgetriebe, Gelenkviereck *n*, Kurbelviereck *n*, Viergelenkgetriebe *n* || ~ **linkage member (o. arm)** / Viergelenkarm *m*
four-bundle conductor / Vierbündelleiter *m*
Foucault current / Foucault-Strom *m*, Wirbelstrom *m*
four-channel amplifier / Vierkanalverstärker *m* || ~ **recorder** / Vierfachschreiber *m*
four-circuit d.c. motor / Vierkreis-Gleichstrommotor *m* || ~ **wave winding** / Vierfach-Wellenwicklung *f*, vierfach parallelgeschaltete Wellenwicklung
four concentric circle near-field template / Vierkreis-Methode *f* || ~ **concentric circle refractive index template** / Vierkreis-Brechungsindexmethode *f*
four-conductor bundle / Viererbündel *n* || ~ **cable** / Vierleiterkabel *n*
four-connector block / Viererblock *m* (Steckverbinder)
four-core cable / Vierleiterkabel *n*
four-decade counter / vierdekadischer Zähler
four-digit *adj* / vierstellig *adj*
four-fold *adj* / vierfach *adj*
Fourier amplitude spectrum / komplexes Amplitudenspektrum *n* ≃ **analysis** / Fourier-Analyse *f*, Oberwellenzerlegung *f*, Frequenzanalyse *f* || ≃ **analyzer** / Oberwellenanalysator *m*, Oberschwingungs-Messgerät *n*, Oberschwingungsanalysator *m* || ≃ **integral** / Fourier-Integral *n*, inverse Fourier-Transformation || ≃ **phase spectrum** / Fourier-Phasenspektrum *n*, Phasenvielspektrum *n* || ≃ **series** / Fourier-Reihe *f*, harmonische Synthese, Tonsynthese *f* || ≃ **spectrum** / Fourier-Spektrum *n* ≃ **transform** / Fourier-Transformation *f*
four-leg transformer / Vierschenkeltransformator *m*
four-limb transformer / Vierschenkeltransformator *m*
four-node mode / elliptische Schwingung
four-phase *adj* / vierphasig *adj* || ~ **voltage source** / Vierphasen-Spannungsquelle *f*
four-pole *adj* / vierpolig *adj*, 4-polig *adj* || ~ **circuit-breaker** / vierpoliger Leistungsschalter || ~ **equivalent circuit** / Vierpol-Ersatzschaltung *f*
four-port coupler / Viertor-Koppler *m*, Versatzkoppler *m* || ~ **network** / Vierpol-Netzwerk *n*, Vierpol *m*
four-position regulating switch (CEE 24) / Viertakt-Stufenschalter *m* VDE 0630
four-quadrant converter / Vier-Quadrant-Stromrichter *m* || ~ **drive** / Vierquadrantenantrieb *m* || ~ **operation** / Vierquadrantenbetrieb *m* (SR-Antrieb) || ~ **programming** / Vierquadrantenprogrammierung *f* (NC), Plus- und Minus-Programmierung *f*
four-rate register / Viertarifzählwerk *n*
four-seater *m* / 4-Sitzer
four-slots-per-phase winding / Vierlochwicklung *f*

four-speed pole-changing motor / vierfach polumschaltbarer Motor
four-stage bidirectional counter / vierstufiger binärer Vorwärts-Rückwärts-Zähler
four-step characteristic / Vierstufenkennlinie f
four-stepped core / Vierstufenkern m
four-switch mesh substation / Vier-Schalter-Ringsammelschienen-Station f || **~ mesh substation with mesh opening disconnectors** / Vier-Schalter-Ringsammelschienen-Station mit Ring-Trennschaltern
four-terminal coupling circuit / Ankopplungsvierpol m || **~ network** / Vierpol-Netzwerk n, Vierpol m
fourth sound / vierter Schall
four-thyristor module / Vierfachbaustein
four-tier configuration / vierzeiliger Aufbau (ET, elST) || **~ distribution board** / vierreihiger Verteiler
four-way box / Kreuzdose f (I) || **~ jack** / vierpolige Klinke || **~ switch** / Vierwegeschalter m || **~ toolholder** / Vierkantrevolverkopf m
four-wheel drive control / Allradsteuerung f (Kfz) || **~ steering** / Allradlenkung f (Kfz)
four-window output / Vierfensterausgabe f || **~ view** / Vierfensteransicht f
four-wire connection / Vierleiteranschluss m, Vierdrahtanschluss m || **~ operation** / Vierleiter-Betrieb m || **~ polyphase VArh meter** / Vierleiter-Drehstrom-Blindverbrauchszähler m || **~ system** / Vierleiternetz n, Vierleiteranlage f
FOW (forced-oil-water cooling, forced-oil cooling with oil-to-water heat exchanger) / FOW (forced-oil-water cooling, Kühlung durch erzwungenen Ölumlauf mit Öl-Wasser-Kühler)
FP s. fixed point / FP (Funktionspaket) || ≙ s. floating point
FPD s. flame-photometric detector
FPGA (field programmable gate array) / FPGA (Field Programmable Gate Array)
FPLA s. field-programmable logic array
FPP s. floating-point processor
FPU (floating-point unit) / FPU (Gleitpunkteinheit)
fractile of a probability distribution / Fraktil einer Verteilung DIN 55350,T.21, Quantil n
fraction, luminous flux ~ / Lichtstromanteil m || **packing** ~ / Packungsdichte f (LWL) || **sampling** ~ / Stichproben-Auswahlsatz m (QS), Auswahlsatz m
fractional component / gebrochener Anteil || ~ **number** / Linkspunktzahl f
fractional-horsepower motor (f.h.p. motor) / Kleinmotor m (bis ca. 1 HP bei 1700 U/min)
fractional pitch / Teilschritt m (Wickl.)
fractional-pitch winding / Teilschrittwicklung f, Sehnenwicklung f
fractional scale / Maßstabverhältnis n, Zahlenmaßstab m
fractional-slot winding / Bruchlochwicklung f, Teillochwicklung f
fractional turn / Teilwindung f
fraction collector / Fraktionssammler m || **~ defective** / Anteil fehlerhafter Einheiten (QS) DIN 55350,T.31, Fehleranteil m || **~ nonconforming** / Anteil fehlerhafter Einheiten (QS) DIN 55350,T.31, Fehleranteil m
fracture n / Bruch m, Bruchfläche f
fractured surface / Bruchfläche f

fracture due to brittleness / Sprödbruch m, Trennbruch m, Versprödungsbruch m || **~ length** / Bruchflächenlänge f || **~ mechanics** / Bruchmechanik f || **~ stress** / Bruchspannung f || **~ toughness** / Bruchzähigkeit f, Risszähigkeit f
fragile adj / zerbrechlich adj, empfindlich adj
fragility n / Zerbrechlichkeit f, Empfindlichkeit f, Brüchigkeit f || **~ level** / Grenzlastpegel m || **~ response spectrum (FRS)** / Grenzlast-Antwortspektrum n
frame n / Rahmen m, Gestell n, Skelett n, Gehäuse n (el. Masch.), Ständer m (el. Masch.), Masse (M) f (Erdung), Datenübertragungsblock m, Block m, Quader m, Frame m, Gerüst n, Vollbild n, Chassis n, Zarge f, Datenblock m, Paket m, Rahmenprofil n, Rahmengarnitur f, Gestellerde f, Magnetbandsprosse f || **~ EN 50170-2-2** / Telegramm n (PROFIBUS) || **~ IEC 50(704)** / Zeitraster n || **capacitance to** ~ / Gehäusekapazität f DIN 41745 || **meter** ~ / Messwertträger m (EZ), Zähler-Systemträger m, Zählertragrahmen m || **to connect to** ~ / mit Masse verbinden, an Masse legen || **transmission** ~ / Übertragungsblock m (LAN) || **~ alignment** / Rastergleichlauf m IEC 50(704) || **~ alignment recovery time** / Rastergleichlaufwiedergewinnungszeit f || **~ and covers (FBA)** / Skelett und Umhüllung (FSK) || **~ back** / Gehäuserücken m, Ständerrücken m || **~ check sequence** / Prüfbyte m || **~ check sequence (FCS)** (packet switching) / Blockprüfzeichenfolge f || **~ count bit (FCB)** / Aufruffolgebit n (PROFIBUS) || **~ depth** / Gerüsttiefe f || **~ earth** / Gehäuseerdung f, Gestellerde f, Körpererdung f, Schutzerdung f || **~ earth fault** / Gestellerdschluss m || **~ error** / Sperrschrittfehler m || **~ flyback** / Bildrücklauf m (BSG) || **~ foot** / Gehäusefuß m (el. Masch.) || **~ frequency** / Bildfrequenz f || **~ grabbing** / Rahmenmethode f (Bildauswertung) || **~ ground** / Gehäuseerdung f, Gestellerde f, Körpererdung f, Schutzerdung f || **~ ground protection** / Gestellerdschlussschutz m, Kessel-Erdschlussschutz m || **~ leakage protection** / Gestellerdschlussschutz m, Kessel-Erdschlussschutz m
frame-mounted motor / Gestellmotor m
frame number / Baugröße f (Masch.) || **~ parting line** / Gehäuseteilfuge f (el. Masch.) || **~ plate** / Trägerplatte f || **~ potential** / Massepotential n || **~ production** / Rahmenfertigung f || **~ rating** / Modelleistung f (Trafo) || **~ ring** / Ständer-Versteifungsring m || **~ saw** / Zuschnittsäge f || **~ size** / Baugröße f (Masch., SG), Blockgröße f || **~ size error** / Rahmenformatfehler m || **~ split** / Gehäuseteilfuge f (el. Masch.) || **~ structure** / Rahmenstruktur f (DV, elST), Rahmenkonstruktion f || **~ surface cooled machine** / oberflächengekühlte Maschine
frame-suspended motor / Gestellmotor m
frame synchronization / Rahmensynchronisation f || **~ synchronization error** / Rahmensynchronisationsfehler m || **~ terminal** / Masseanschlussklemme f || **~ timber** / Rahmenholz n
frame-type core / Rahmenkern m (Trafo)
framework n / Gerüst n
framing error / Rahmungsfehler m, Formfehler m (DÜ), Zeichenrahmenfehler m, Framingfehler m || ~

terminal block / Rahmenklemmenbausatz *m*, Rahmenklemmenblock *m*
Francis turbine / Francisturbine *f*
frangibility of light fixtures / Brechbarkeit von Leuchten
FRC (non-modal feedrate for chamfer/rounding) / FRC (satzweiser Vorschub für Fase/Verrundung)
FRCM (modal feedrate for chamfer/rounding) / FRCM (modaler Vorschub für Fase/Verrundung)
Frechet distribution, type II / Frechet-Verteilung *f*, Typ II DIN 55350,T.22, Extremwertverteilung *f*
free *adj* / nicht belegt (NB), belegbar *adj* || **installed in ~ air** / in Luft angeordnet || **~ air cap temperature** / Sockeltemperatur an frei brennenden Lampen || **~ air conditions** / freie Luftzirkulation (Prüf.) DIN IEC 68 || **~ assignment** / freie Zuordnung || **~ bearing** / bewegliches Lager || **~ bend test** / Freibiegeversuch *m* || **~ charge** / freie Ladung, wahre Ladung || **~ clearance fit** / leichter Laufsitz || **~ component** / freies Bauelement || **~ connector** / beweglicher Steckverbinder, freier Steckverbinder || **~ contour** / freie Kontur || **~ convection** / freie Konvektion || **~ coupler connector** / freier Kupplungssteckverbinder, Kupplungsstecker *m* || **~ current operation** / Betrieb mit freier Stromform, freie Stromausbildung, freie Magnetisierung (Transduktor) || **~ cycle (FC)** / freier Zyklus (FZ)
freedom from bias / Richtigkeit *f* || **~ from harmonics** / Oberwellenfreiheit *f* || **~ from repairs** / Instandsetzungsfreiheit *f* DIN 40042 || **~ from unbalance** / Laufruhe *f* || **~ from vibration** / Erschütterungsfreiheit *f*, Laufruhe *f*
free end / Schaltende *n* (Maschinenwickl.), Schaltseite *f* || **~ fall** / freier Fall || **~ field** / Freifeld *n*
free-field current sensitivity / Feldstromempfindlichkeit *f* (Elektroakustik) || **~ frequency response** / Freifeldübertragungsmaß *n* || **~ room** / Freifeld-Raum *m*, hallfreier Raum, reflexionsfreier Raum, Schallmeßraum *m* || **~ voltage response** / Feldübertragungsfaktor *m*
free fit / Spielpassung *f*, leichter Gleitsitz
free-form *n* / Freiform *f* || **~ surface** / Freiformfläche *f*
free from unbalance / unwuchtfrei *adj* || **~ from vibrations** / schwingungsfrei *adj*, erschütterungsfrei *adj*
free-hand drawing / Freihandzeichnen *n* || **~ line** / Freihandlinie *f* (CAD)
free impedance / Leerlauf-Eingangsimpedanz *f*, Eingangsimpedanz bei unbelastetem Ausgang || **~ input** / freie Eingabe || **~ loading** / freies Beladen
freely assignable flag / frei belegbarer Merker || **~ configurable** / verschaltbar *adj* || **~ movable label** / frei verschiebbare Beschriftung || **~ selectable** / frei wählbar || **~ selectable signals** / frei wählbare Meldungen
free of blow holes / blasenfrei *adj* || **~ operand** / freier Operand (FO) || **~ oscillation** / freie Oscillation (o. ungedämpfte) Schwingung, freie Pendelung
free-piston compressor / Freiflugkolbenverdichter *m*
free plugging / free plugging
free-port mode / freiprogrammierbare Schnittstelle
free position / Ruhestellung *f*, Ausgangslage *f* (PS, Betätigungselement), Ruhelage *f* || **~ position** (for gravity lowering) / Freifallstellung *f* || **~ punch** / Freischnitt *m* || **~ pushbutton** IEC 337-2 /

nichtgeführter Druckknopf VDE 0660,T.201 || **~ right-angle coupler connector** / Winkelkupplungsstecker *m* || **~ rim** / Blechkette *f* (WKW-Gen.)
free-rim rotor / Blechkettenläufer *m*
free rotation of driven machine / Freidrehen *n*
free-running clock / freilaufender Taktgenerator || **~ mode** / freilaufender Betrieb (Osz.) || **~ time base** / freilaufende (o. selbstschwingende) Zeitablenkeinrichtung
free serial transfer / frei seriell || **~ size** / Freimaß *n*, Freimaßtoleranz *f* || **~ size tolerance** / Freimaßtoleranz *f* DIN 7182, Freimaß *n* || **~ sound field** / freies Schallfeld || **~ space** IEC 439-1, Amend.1 / Leerplatz *m* (SK)
free-standing *adj* / freistehend *adj* || **~ arrangement** / Freiaufstellung *f* || **~ distribution board** / Standverteiler *m* || **~ facsimile unit** / Standfernkopierer *m* || **~ installation** / freistehende Aufstellung, freie Aufstellung
free state / betriebsfreier Klarzustand IEC 50(191), Leerlauf *m*, betriebsfreier betriebsfähiger Zustand (Betriebsfähiger Zustand während der Betriebspause.)
free-state dependency / F-Abhängigkeit *f*
free-wheeling clutch / Freilaufkupplung *f* || **~ diode (FD)** / Freilaufdiode *f*
free surface (CAD) / Freiformfläche *f*, Freifläche *f* || **~ time** IEC 50(486) / Dauer des betriebsfreien Klarzustandes, Leerlaufdauer *f*, Zeit des betriebsfreien Klarzustands, Zeitintervall des betriebsfreien betriebsfähigen Zustands, Zeit des betriebsfreien betriebsfähigen Zustands (Zeitintervall, während dessen eine Einheit im betriebsfreien betriebsfähigen Zustand ist), Zeitintervall des betriebsfreien Klarzustands || **~ time** (QA) / ungenutzte Verfügbarkeitszeit
freeway *n* / Autobahn *f*
freewheel *n* / Freilauf *m* || **freewheel clutch** / Freilaufkupplung *f*
freewheeling arm / Freilaufzweig *m* (LE) || **~ clutch** / Freilaufkupplung *f* || **~ current** / Freilaufstrom *m* (LE) || **~ diode** / Freilaufdiode *f*, Rücklaufdiode *f*, Blinddiode *f* || **~ gear coupling** / Freilauf-Zahnkupplung *f* || **~ mechanism** / Freilaufgetriebe *n* || **~ valve** / Freilaufventil *n* (LE)
freeze alarm / Frostalarm *m*
freezing *n* / Gefrieren *n*, Einfrieren *n*, Erstarren *n* (Metall), Kleben *n* (Relaisanker), Vereisung *n*, Vereisen *n* || **~ current** / Krampfschwelle *f* (Stromunfall)
free zone / Freizone *f* (NS)
freight elevator / Lastenaufzug *m*, Warenaufzug *m*
Freon-filled circuit-breaker / Freon-Leistungsschalter *m*, Freonschalter *m*
frequency *n* / Frequenz *f*, Periodenfrequenz *f*, Periodenzahl *f*, Häufigkeit *f*, Besetzungszahl *f* (QS), Schrittfrequenz *f* || **actual filtered ~** / gefilterte Ist-Frequenz || **actual fixed ~** / Ist-Festfrequenz *f* || **switching ~** / Pulsfrequenz *f* || **adjustment** / Frequenzeinstellung *f*, Frequenzabgleich *m* || **~ at rated transient recovery voltage** / Nenn-Einschwingfrequenz *f* || **~ avoid band** / Ausblendband *f* || **~ back-up control** / Frequenzstützung *f* || **~ balancer** / Frequenzabgleicher *m* || **~ balancing** / Frequenzabgleich *m* || **~ band** / Frequenzband *f*,

Frequenzbereich *m* || ~ **band analysis** / Frequenzbandzerlegung *f* || ~ **banding** / Frequenzeinteilung *f* || ~ **band width** / Frequenzbandbreite *f*, Frequenzbereich *m* **frequency-based speed regulator** / frequenzgetakteter Drehzahlregler **frequency changer** / Frequenzumformer *m*, Frequenzwandler *m*, Periodenwandler *m* || ~ **changer set** / Frequenzumformersatz *m*, Frequenzwandler *m*, Netzkupplungsumformer *m* || ~ **characteristic** / Frequenzkennlinie *f*, Frequenzkurve *f* **frequency-code modulation** / Frequenzcodemodulation *f* **frequency control** / Frequenzregelung *f*, Regelung durch Änderung der Frequenz, Frequenzsteuerung *f* || ~ **control characteristic** / Frequenz-Steuerkennlinie *f* || ~ **controller** / Frequenzregler *m* || ~ **conversion** / Frequenzumformung *f*, Frequenzwandlung *f* || ~ **converter** / Frequenzumformer *m*, Frequenzwandler *m*, Periodenwandler *m*, Frequenzumrichter *m*, Frequenzumsetzer *m* || ~ **converter for traction supply** / Bahnumformer *m* || ~ **converter substation** / Frequenz-Umformerstation *f* || ~ **converter tube** / Misch- und Oszillatorröhre || ~ **convertor** / Frequenzumrichter *m* || ~ **default** / Frequenzvoreinstellung *f* || ~ **density** / Häufigkeitsdichte *f* DIN 55350,T.23 || ~ **density function** / Häufigkeitsdichtefunktion *f* DIN 55350,T.23 **frequency-dependent undervoltage protection** / frequenzabhäniger Spannungsrückgangsschutz **frequency deviation** / Frequenzabweichung *f*, Frequenzhub *m* (bei Frequenzmodulation) || ~ **distortion** / Frequenzverzerrung *f* || ~ **distribution** / Häufigkeitsverteilung *f* DIN 55350,T.23 || ~ **distribution curve** / Häufigkeitskurve *f* || ~ **divider** / Frequenzteiler *m* || ~ **division multiplex (FDM)** / Frequenzvielfach *n*, Frequenzmultiplex *n* **frequency-division multiplexing** / Frequenzmultiplexverfahren **frequency division ratio** / Frequenzteilungsverhältnis *n* || ~ **doubler** / Frequenzverdoppler *m* || ~ **doubler connection** / Frequenzverdopplerschaltung *f* || ~ **drift** / Frequenzdrift *f*, Frequenzabwanderung *f*, Weglaufen der Frequenz || ~ **drift under pulse operation** / Frequenzdrift bei Impulsbetrieb || ~ **factor** / Häufigkeitsfaktor *m* || ~ **fluctuation** / Frequenzschwankung *f* || ~ **for unity gain** / Eins-Frequenz *f* (Verstärker), Eins-Verstärkungsfrequenz *f* || ~ **generator** / Frequenzgenerator *m* || ~ **group** / Frequenzgruppe *f* (DÜ) || ~ **index** / Frequenz-Index *m* || ~ **indicator** / Frequenzanzeiger *m* || ~ **influence** ANSI C39.1 / Frequenzeinfluss *m* (MG) || ~ **jitter** / Frequenzzittern *n* || ~ **limit** / Eckfrequenz *f* || ~ **meter** / Frequenzmesser *m* || ~ **modulation (FM)** / Frequenzmodulation *f* (FM) || ~ **modulation distortion** / Frequenzmodulations-Verzerrung *f* || ~ **modulation noise** / Frequenzmodulations-Rauschen *n*, FM-Rauschen *n* || ~ **modulation noise figure** / Frequenzmodulations-Rauschzahl *f*, FM-Rauschzahl *f* || ~ **monitor** / Frequenzüberwachungsgerät *n*, Frequenzwächter *m* || ~ **multiplex** / Frequenzmultiplex *n* (Gleichzeitige Übertragungsmöglichkeit unterschiedlicher

Informationen auf einem Ünertragungsmedium mit Hilfe verschiedener Trägerfrequenzen) || ~ **multiplication diode** / Frequenzvervielfacherdiode *f* || ~ **multiplier** / Frequenzvervielfacher *m* || ~ **of contact faults** / Kontaktfehlerhäufigkeit *f* || ~ **of insertions** / Steckhäufigkeit *f* (StV) || ~ **of load cycles** / Lastspielfrequenz *f* || ~ **of on-load operating cycles** IEC 337-1 / Schalthäufigkeit unter Last (HSS) VDE 0660,T.200 || ~ **of operating cycles** / Schaltfrequenz f *f* || ~ **of operation** / Schaltfrequenz *f*, Schalthäufigkeit *f* || ~ **of oscillation** / Schwingfrequenz *f* (Transistor) || ~ **of restrike** / Wiederkehrfrequenz der Rückzündung || ~ **of stress cycles** / Lastspielfrequenz *f* || ~ **of unity current transfer ratio** / Frequenz bei Stromverstärkung 1, Einsverstärkungsfrequenz *f*, Einsfrequenz *f* || ~ **of vibration** / Schwingfrequenz *f*, Schwingungszahl *f* || ~ **plan** / Frequenzplan *m* || ~ **planning** / Frequenzplanung *f* || ~ **position** / Frequenzlage *f* || ~ **protection** / Frequenzschutz *m* || ~ **pulling** / Frequenzziehen *n*, Lastverstimmung *f* || ~ **pushing** / Stromverstimmung *f* (Änderung der Schwingfrequenz bei Änderung des Elektrodenstroms) || ~ **raiser** / Frequenzerhöher *m* **frequency ramp** / Frequenzhochlauf *m* || ~ **range** / Frequenzbereich *m*, Frequenzstellbereich *m* || ~ **reducer** / Frequenzerniedriger *m* || ~ **reduction** / Frequenzabsenkung *f*, Frequenzrückgang *m* || ~ **regulator** / Frequenzregler *m* || ~ **relay** / Frequenzrelais *n*, Frequenzüberwachungsgerät *n* || ~ **response** / Frequenzgang *m*, Frequenzverhalten *n*, Frequenzabhängigkeit *f*, Übertragungs-Frequenzgang *m* || ~ **response characteristic** / Frequenzgangkennlinie *f*, Frequenzkennlinien *f* pl, Frequenzabhängigkeitscharakteristik *f* || ~ **response locus** / Ortskurve des Frequenzganges, Frequenzbereich *m* (Messgerät, Empfindlichkeitsbereich) || ~ **response ratio** / Frequenzverhältnis *n* || ~ **response, upper limit of** / obere Nenn-Grenzfrequenz **frequency-responsive** *adj* / frequenzabhängig *adj* **frequency scaler** / Frequenzteiler *m*, Frequenzuntersetzer *m* || ~ **selectivity** / Frequenzselektivität *f*, Resonanzschärfe *f* **frequency-sensitive** *adj* / frequenzempfindlich *adj*, frequenzabhängig *adj* || ~ **speed monitor** / frequenzabhängiger Drehzahlwächter **frequency sensitivity** / Frequenzabhängigkeit *f* (Rel.), Netzfrequenzabhängigkeit *f* || ~ **sensor** / Frequenzerfassung *f* || ~ **setpoint** / Frequenzsollwert *m* || ~ **setpoint before RFG** / Sollwert vor Hochlaufgeber || ~ **setpoint to controller** / Frequenzsollwert zum Regler || ~ **shift** / Frequenzversatz *m* || ~ **shift keying (FSK)** / Frequenzumtastung *f* || ~ **spacing** / Frequenzabstand *m* || ~ **spectrum** / Frequenzspektrum *n* || ~ **spread** / Frequenz-Streubereich *m* || ~ **stability** / Frequenzhaltung *f*, Frequenzkonstanz *f* || ~ **stabilization** / Frequenzstabilisierung *f* DIN 41745, Frequenzkonstanthaltung *f* || ~ **sweep** / Frequenzdurchlauf *m* || ~ **swing** / Frequenzpendelung *f* || ~ **synthesizer** / digitaler Signalgenerator (Synthesizer) **frequency-to-voltage converter** / Frequenz-Spannungs-Wandler *m* (o. -Umsetzer) **frequency transducer** / Frequenzmessumformer *m* ||

frequency-variant

~ **transformer** / Frequenztransformator m || ~
translator / Frquenzumsetzer m || ~ **tripler** /
Frequenzverdreifacher m || ~ **tripling** /
Frequenzverdreifachung f || ~ **tripling transformer**
/ Frequenzverdreifacher m
frequency-variant adj / mit der Frequenz
veränderlich, frequenzabhängig adj
frequency variation / Frequenzänderung f,
Frequenzschwankung f, Frequenzgleiten n || ~
weighting / Frequenzbewertung f
frequent operation (CEE 24) / große
Schalthäufigkeit VDE 0630
fresh air / Frischluft f, Zuluft f
fresh-air cooling / Frischluftkühlung f || ~ **duct** /
Frischluftkanal m, Zuluftkanal m || ~ **inlet** /
Frischlufteinlass m, Frischluftstutzen m
Fresnel reflection loss / Fresnel-Verluste m pl || ~
spotlight / Stufenlinsenscheinwerfer m, Fresnel-
Linsenscheinwerfer m
fretting n / Fressen n, Abnutzung f || ~ **corrosion** /
Reibkorrosion f || ~ **rust** / Passungsrost m
FRF (feedrate factor) / Vorschubfaktor m
friable adj / spröde adj, brüchig adj
frictional electricity / Reibungselektrizität f,
Triboelektrizität f || ~ **force** / Reibungskraft || ~ **grip**
/ Haftreibung f (Riementrieb) || ~ **heat** /
Reibungswärme f || ~ **locking** / Reibungsschluss m,
Reibschluss m || ~ **properties** / Gleiteigenschaften f
pl (Lg.) || ~ **torque** / Reibungsmoment n
(Drehmoment) || ~ **wear** / Reibverschleiß m || ~
work / Reibungsarbeit f
friction n / Reibung f || ~ **and windage loss** / Luft-
und Lagerreibungsverluste || ~ **angle** /
Reibungswinkel m || ~ **bearing** / Gleitlager n,
Büchsenlager n, Ringlager n || ~ **brake** /
Reibungsbremse f || ~ **clutch** / Reibungskupplung f,
Reibkupplung f, Rutschkupplung f || ~
compensation / Reibungsausgleich m || ~ **coupling**
/ Reibungskupplung f, starre Kupplung || ~ **drive** /
Reibantrieb m, Reibtrieb m
friction-drive plotter / Plotter mit Reibungsantrieb,
Reibungsplotter m
friction-drum motor / Trommelmotor m
(Außenläufer)
friction energy / Reibungsarbeit f || ~ **face** /
Reibfläche f || ~ **factor** / Reibungszahl f,
Reibungskoeffizient m || ~ **force** / Reibungskraft f ||
~ **forces due to moving** / Reibungskräfte der
Bewegung || ~ **forces due to sliding** /
Reibungskräfte der Bewegung || ~ **gearing** /
Reibradgetriebe n || ~ **h.p.** / Reibungsleistung f || ~
heat / Reibungswärme f || ~ **in bearings** /
Lagerreibung f || ~ **injection** /
Reibungsaufschaltung f || ~ **lining** / Reibbelag m
friction-locked adj / kraftschlüssig befestigt
friction locking / Reibschluss m || ~ **loss** /
Reibungsverlust m, Strömungsverlust m || ~
moment / Reibungsmoment n || ~ **of lubricated
parts** / Schmierreibung f || ~ **of rest** / Ruhereibung
f, Haftreibung f || ~ **of stuffing box** /
Stopfbuchsreibung f || ~ **pointer of demand meter**
/ Maximumzeiger m || ~ **power** / Reibungsleistung f
|| ~ **rust** / Reibrost m || ~ **spring armature** /
Reibfederanker m (Rel.) || ~ **surface** / Gleitfläche f
|| ~ **tape** / Isolierband n || ~ **to walls** / Wandreibung f
|| ~ **torque** / Reibungsmoment n (Drehmoment) || ~
torque at standstill / Stillstandsmoment n,

Losbrechmoment n || ~ **torque compensation** /
Reibkompensation f, Reibmomentkompensation f ||
~ **welding** / Reibschweißen n || ~ **wheel drive** /
Reibradgetriebe n
fringe pattern / Streifenbild n
fringes n pl / Streifen m pl (abwechselnd hell u.
dunkel) || **moire** ~ / Moire-Muster n
fringe time / Randzeit f
fringing capacitance / Randkapazität f || ~
coefficient / Luftspaltfaktor m, Nutschlitzfaktor m ||
~ **field** / Randfeld n || ~ **flux** / Kraftliniendivergenz f
fritted glass filter / Glasfritte f
fritting n / Fritten n || ~ **voltage** / Frittspannung f
FRN s. feedrate number
FRNC (flame-retardant non-corrosive) / FRNC
frog-leg winding / Froschbeinwicklung f
front n / Vorderseite f, Stirn f, Stirnseite f, Stirnfläche
f, Wellenseite f, Nichtantriebseite f (el. Masch.),
Gegenantriebseite f, B-Seite f (el. Masch.),
Schaltseite f (Maschinenwickl.), Fahrer m,
Frontstecker m, vorn prep, Frontseite f, Front f
frontage of buildings / Gebäudefront f, Häuserfront f
|| ~ **road** / Anliegerfahrbahn f, Ortsfahrbahn f
frontal lighting / Frontalbeleuchtung f,
Fassadenbeleuchtung f || ~ **section** / Frontalschnitt
m
front-and-back-connected switch / Schalter für
zweiseitigen Anschluss
front-armature relay / Kopfankerrelais n
front capacitor / Belastungskondensator m || ~
connection / vorderseitiger Anschluss || ~
connection plug / Frontanschlussstecker m || ~
connection terminal / Frontanschlussklemme f || ~
connector / Frontstecker m || ~ **connector module** /
Frontsteckmodul n || ~ **cover** / Frontabdeckung f,
Feldabdeckung f || ~ **cubicle** / Frontfeld n || ~
duration / Stirndauer f (einer Stoßspannung) || ~
edge / Vorderkante f || ~ **end** / Stirnfläche f,
Nichtantriebseite f (el. Masch.), Schaltseite f
(Maschinenwickl.)
front-end adj / stirnseitig adj, vorderseitig adj,
nichtantriebseitig adj || ~ **computer** / Vorrechner m
|| ~ **processor** / Vorrechner m
front face / Vorderfläche f, Stirnfläche f, Stirnseite f ||
~ **fog light** / Nebelscheinwerfer m || ~ **illumination**
/ Auflicht(beleuchtung) n(f) (Rob.-
Erkennungssystem) || ~ **label** / Frontschild n || ~
lense / Vorsatzlinse f
frontlighting / Auflicht(beleuchtung) n(f) (Rob.-
Erkennungssystem)
front lighting / Frontalbeleuchtung f,
Fassadenbeleuchtung f || ~ **motor** / Vordermotor m
(Walzwerk)
front-mounted operating mechanism / Frontantrieb
m (SG)
front mounting / vorderseitige Befestigung (o.
Montage), Fronteinbau m
front-of-board layout / Einfrontanordnung f (ST),
Schalttafel für Einfrontbedienung
front-of-house lighting / Vorbühnenbeleuchtung f
front-of-wave impulse sparkover voltage / Stirn-
Ansprech-Stoßspannung f || ~ **impulse test** /
Stirnstehstoßspannungsprüfung f || ~ **voltage
impulse sparkover test** / Prüfung der Stirn-
Ansprech-Stoßspannung f || ~ **withstand voltage** /
Stirnstehstoßspannung f
front-operated lateral-throw handle mechanism /

Frontdrehantrieb *m* (SG) || **~ mechanism** /
Frontantrieb *m* (SG) || **~ rotary-handle
mechanism** / Frontdrehantrieb *m* (SG)
front panel / Frontplatte *f*, Vorderwand *f*, Frontkappe
f, Frontblech *n*, Bedienfeld *n*, Bedientableau *n*,
Steuertafel *f*, Bedientafel *f*, Anzeige- und
Bedienfeld *n*
front-panel connector / Frontsteckverbinder *m*
front-panel-mounted mechanism /
Frontplattenantrieb *m* (SG)
frontpanel system / Frontsystem *n*
front plate / Frontplatte *f* (Gerät), Blendenseite *f*,
Frontblech *n*
front-plate element / Frontplatten-Einbauelement *n*
(FEE)
front position light / vordere Begrenzungsleuchte
(Kfz) || **~ screw connector** / Schraubfrontstecker *m*
front-release contact / von vorn entriegelbarer
Kontakt, Kontakt für Frontentriegelung
front side / Vorderseite *f* || **~ sight** / Visierkorn *n* || **~
span** / Schaltschritt *m* (Maschinenwickl.),
Wicklungsschritt auf der Schaltseite || **~ steepness** /
Stirnsteilheit *f*
front-surface mirror / Oberflächenspiegel *m*
front tension / Bandzug *m* || **~ time** / Stirnzeit *f* (T1)
**front-to-front, back-to-back-connected multi layer
winding** / Lagenwicklung in Doppellagenschaltung
(Trafo)
front view / Vorderansicht *f*, Frontansicht *f*
front-wheel clutch / Vorderradkupplung *f* (Kfz) || **~
drive** / Vorderradantrieb *m* (Kfz)
frost, grainy ~ / körnige Mattierung
frosted bulb / mattierter Kolben (Lampe) || **~ glass** /
Mattglas *n*
frosted-glass pane / Mattglasscheibe *f*
frosted lamp / mattierte Lampe
frost-proof *adj* / frostbeständig *adj*
Froude brake / Froude-Bremse *f*, Flüssigkeitsbremse *f*
frozen *adj* / gefroren *adj*, eingefroren *adj*, erstarrt *adj*,
gesperrt *adj*, endgültig festgelegt || **~ flux** /
eingefrorener Fluss
frozen-food cabinet / Tiefkühlgerät *n*
FRP s. fibre-glass-reinforced plastic
FRS s. fragility response spectrum
f.r.t.p. copper s. fire-refined tough-pitched copper
frustrum of cone / Kegelstumpf *m*
f.s.d. s. full-scale deflection
FSO s. full-scale output
FSR s. full-scale range
FST (feed stop) (feed stop) / Vorschub-Halt *m*
FT cable bracket / FT Kabeltrageisen
FT PE/N screw / FT PE/N-Schraube
FT PE/N terminal / FT PE/N-Klemme
FTA (fault tree analysis) / Fehlzustandsbaumanalyse *f*
FTR (file transfer) / FTR (File Transfer)
fuel *n* / Brennstoff *m*, Kraftstoff *m*, Energieträger *m*
fuel/air mixing / Gemischaufbereitung *f* (Kfz),
Gemischbildung *f* || **~ mixture** / Kraftstoff-Luft-
Gemisch *n* (Kfz)
fuel cell / Brennstoffzelle *f* || **~ cost adjustment
clause** / Kohlenklausel *f* (StT) || **~ cost
management system (FMS)** / Leitsystem für
Gebäudeheizung
fuel/electric heating system / bivalentes Heizsystem
fuel induction / Gemischaufbereitung *f* (Kfz),

Gemischbildung *f* || **~ injection** /
Kraftstoffeinspritzung *f*, Benzineinspritzung *f* || **~
injection cut-off characteristic** / Einspritzende-
Kennfeld *n* (Kfz)
fuel-injection systems / Einspritztechnik *f*
fuel injector / Einspritzventil *n*, Gasdosierventil *n* || **~
management** / Kraftstoffsteuerung *f* (Kfz) || **~
metering** / Kraftstoffdosierung *f* (Kfz),
Kraftstoffzumessung *f* || **~ primary cell** /
Brennstoffzelle *f* || **~ pump relay** /
Kraftstoffpumpenrelais *n* (Kfz) || **~ rail** /
Kraftstoffverteilerleiste *f* (Kfz) || **~ value
technology** / Brennwerttechnik *f*
fulcrum *n* / Drehpunkt *m* (Hebelunterlage)
full adder / Volladdierer *m* || **~ charge** / Volladung *f*
(Batt.) || **~ circle** / Vollkreis *m* || **~circle
programming** / Vollkreisprogrammierung *f* (NC) ||
~ compartmentalization / Vollschottung *f* || **~ core**
/ Vollader *m*
full-custom IC / kundenspezifische IS
full cut / Vollschnitt *m* (WZM, NC)
full-cycle crimp mechanism / Auslösesperre eines
Crimpwerkzeuges
full day with normal working hours / ganztägige
feste Arbeitszeit || **~ deflection** / Endausschlag *m*,
Endwertanzeige *f*
full-depth tooth system / Vollverzahnung *f*
full disconnection / volle Abschaltung || **~ distance
protection** / Volldistanzschutz *m* IEC 50(448) || **~
duplex (FDX)** / Vollduplex *n*
full-duplex interface / Vollduplex-Nahtstelle *f* || **~
mode** / Duplexbetrieb *m* (Übertragungrichtung bei
der Datenübertragung, bei der gleichberechtigte
Stationen senden und empfangen können),
Vollduplexbetrieb *m*
full-duration half maximum (FDHM) /
Halbwertzeit *f*
full-frame display / Vollbild *n*
full field / volle Erregung (el. Masch.) || **~ frame** /
Vollbild *n* || **~ graphics** / Vollgrafik *f* || **~ graphics
display** / vollgrafische Darstellung
full-graphics raster system / Vollgraphik-
Rastersystem *n*
full hardening / Durchhärtung *f* (Metall) || **~
keyboard** / Volltastatur *f*
**full-intercommunication (pneumatic) tube
conveyor system** / Rohrpost-Weichenanlage *f*
full-key balancing / Vollkeilwuchtung *f*
full-length vertical stay / Gesamtholm *m*
full lightning impulse / volle Blitzstoßspannung
full-line curve / ausgezogene Linie
full load IEC 34-1 / Volllast *f* (el. Masch.) VDE 0530,
T.1
full-load adjustment / Volllasteinstellung *f*,
Nenndrehzahleinstellung *f* || **~ excitation current** /
Volllasterregerstrom *m*, Bemessungserregerstrom
m || **~ operation** / Volllastbetrieb *m* || **~ output** /
Volllastleistung *f* || **~ power** / Volllastleistung *f* || **~
power** IEC 34-1 / Dauerleistung *f* (el. Masch.)
VDE 0530,T.1
full load rating / volle Belastbarkeit
full-load rating / Bemessungslast *f* || **~ rejection** /
Volllastabschaltung *f* || **~ short-circuit ratio** /
Bemessungslast-Kurzschlussverhältnis *n* || **~ speed**
/ Volllastdrehzahl *f*, Nenndrehzahl *f* || **~ starting** /
Volllastanlauf *m* || **~ torque** / Drehmoment bei
voller Last, Volllastdrehmoment *m* || **~ value** IEC

full 232

34-1 / Volllastleistung f (el. Masch.) VDE 0530, T.1 || ~ **voltage** / Volllastspannung f
full motor protection / Motorvollschutz m
fullness factor IEC 50(221) / Füllfaktor m (bezogen auf die Flussdichte o. Polarisation)
full-neutral busduct / Schienenverteiler mit N-Leiter vollen Querschnitts
FULL-ON adj / vollausgesteuert adj
full operating time / Vollbetriebszeit f DIN 40042 || ~ **parallel notch** / Fahrstellung in Parallelschaltung
full-pitch winding / ungesehnte Wicklung, Durchmesserwicklung f
full-power bandwidth / Großsignal-Bandbreite f || ~ **tapping** / Anzapfung für volle Leistung (Trafo)
full radiator / schwarzer Strahler, schwarzer Temperaturstrahler || ~ **radiator temperature** / Gesamtstrahlungstemperatur f || ~ **scale** / Skalenende n (a. ADU, DAU)
full-scale n / Vollbereich m || ~ **asymmetry** / Skalenende-Unsymmetrie f (DAU) || ~ **deflection (f.s.d.)** / Vollausschlag m (MG), Endausschlag m (MG) || ~ **frequency setting** / Vollbereich-Einstellwert m || ~ **output (FSO)** / Vollbereichssignal n || ~ **output frequency** / maximale Ausgangsfrequenz (A-D-Umsetzer) || ~ **range (FSR)** / Vollausschlag m (zum Skalenendwert), voller Skalenbereich, voller Eingangsbereich (IS, D-A-Umsetzer) || ~ **response time** / Einstellzeit bei Vollausschlag || ~ **value** / Skalenendwert m
full-screen display / Ganzseitendarstellung f (Bildschirm)
full-service contract / Vollservicevertrag m
full-size withdrawable unit / Volleinschub m
full series notch / Fahrstellung in Reihenschaltung || ~ **skip distance** / Sprungabstand m (Ultraschallprüfung) || ~ **speed** / Volldrehzahl f || ~ **stroke** / voller Hub
full stroke, at ~ / maximal geöffnet, voll geöffnet
full-stroke valve / Vollhubventil n
full subtractor / Vollsubtrahierer m || ~ **T** / volles T (Flp.)
full-voltage indicator light / Leuchtmelder für direkten Anschluss j || ~ **motor** / Vollspannungsmotor m, Motor für direktes Einschalten || ~ **pilot light** / Leuchtmelder für direkten Anschluss || ~ **star-delta starter** / Stern-Dreieck-Starter für direktes Einschalten, Stern-Dreieck-Anlasser für direktes Einschalten || ~ **starter** / Starter (o. Motorstarter) zum direkten Einschalten m, Anlasser für direktes Einschalten, Direktanlasser m, Direktstarter m || ~ **starting** / Anlassen mit voller Spannung, Anlauf mit direktem Einschalten, direktes Einschalten
full wave / Vollwelle f, Vollschwingung f
full-wave and chopped-wave impulse voltage withstand test / Prüfung mit voller und abgeschnittener Stoßspannung || ~ **control** / Vollwellensteuerung f (LE) || ~ **impulse** / Vollwellenstoß m, Vollwellenstoßspannung f || ~ **impulse test** / Prüfung mit voller Stoßspannung || ~ **impulse test level** / Vollwellen-Stoßpegel m, unterer Stoßpegel || ~ **impulse voltage** / Vollwellen-Stoßspannung f || ~ **impulse-voltage withstand test** / Prüfung mit voller Stoßspannung || ~ **lightning impulse** (voltage) / volle Blitzstoßspannung || ~ **lightning impulse test** /

Prüfung mit voller Steh-Blitzstoßspannung || ~ **phase comparison protection** / Phasenvergleichsschutz mit Messung in jeder Halbwelle IEC 50(448) || ~ **rectifier** / Vollweggleichrichter m || ~ **test** / Prüfung mit voller Stoßspannung || ~ **test voltage** / Vollwellen-Prüfspannung f
full-well capacity (CTD) / Sättigungsladung f (Ladungsverschiebeschaltung)
full-width half maximum (FWHM) / Halbwertsbreite f || ~ **material** / originalbreites Material, Bahnmaterial n || ~ **section** / Breitfeld n (ST)
fully accessible motor (FA motor) / Einhängermotor m || ~ **adjustable speed drive** / stufenloses Getriebe || ~ **asymmetrical short circuit** / vollverlagerter Kurzschluß || ~ **asymmetrical short-circuit current** / vollverlagerter Kurzschlußstrom || ~ **automatic machine** / Vollautomat m || ~ **automatic operation** / vollautomatischer Betrieb || ~ **charged state** / Volladezustand m (Batt.) || ~ **compartmented** / vollgeschottet adj || ~ **compensated** / vollkompensiert adj || ~ **control** / voll aussteuern || ~ **controllable connection** / vollsteuerbare Schaltung (LE) VDE 0558, vollgesteuerte Schaltung (LE) || ~ **controlled three-phase bridge connection** / vollgesteuerte DB-Schaltung
fully-developed adj / ausgereift adj || ~ **measuring system** / marktreifes Messsystem
fully equipped space / vollbestückter Platz (SK) || ~ **filled mode distribution** / Modengleichverteilung f (LWL) || ~ **formed character printer** / Ganzzeichendrucker m || ~ **insulated current transformer** / vollisolierter Stromwandler || ~ **laminated construction** / Vollblechtechnik f (Blechp.) || ~ **laminated field** / vollgeblechter magnetischer Kreis, entdämpfter magnetischer Kreis || ~ **laminated magnetic circuit** / vollgeblechter magnetischer Kreis, entdämpfter magnetischer Kreis || ~ **modular** / vollmodular adj || ~ **offset fault** / vollverlagerter Kurzschluss || ~ **open** / maximal angesteuert || ~ **oriented object, geometrically speaking** ISO 1503 / geometrisch vollständig orientierter Gegenstand || ~ **safe base/holder fit** / Sockel-/Fassungssystem mit vollem Berührungsschutz || ~ **safe cap/holder fit** / Sockel-/Fassungssystem mit vollem Berührungsschutz || ~ **withdrawn position** / Absetzstellung f (SK) VDE 0660,T.500, Außenstellung f (Schalteinheit) VDE 0670,T.6
fumes pl / Rauchgase n pl, Schwaden plt
function n (QA) / Vorgang m (QS), Standardfunktion f
function-affecting maintenance / funktionsbeeinträchtigende Instandhaltung
functional adj / funktionsfähig adj
functional arrow / Funktionspfeil m || ~ **block** / Block m (Reg.) || ~ **block diagram** IEC 27-2A / Signalflußplan m DIN 19221, Wirkungsplan m || ~ **buildings** / Zweckbau m || ~ **chain** / Wirkungskette f (Reg.) || ~ **character** / Funktionszeichen n || ~ **control** / betriebsmäßiges Steuern VDE 0100,T.46 || ~ **control information** / Arbeitsinformation f (NC) || ~ **density** / Funktionsdichte f || ~ **description** / Funktionsbeschreibung f || ~ **earth** / Funktionserde f, Betriebserde f || ~ **earth terminal**

IEC 65 / Betriebserdanschluss *m* VDE 0411,T.1,
VDE 0860 || ~ **earthing** / Funktionserdung *f* VDE
0100,T.540, Betriebserdung *f* || ~ **earthing (TE)** /
Elektronikerdung *f* (TE) VDE 0160 || ~ **element** /
Funktionsbaustein (FB) *m* || ~ **endurance** /
Funktionserhalt *m* || ~ **expansion** /
Funktionserweiterung *f* || ~ **extra-low voltage
(FELV)** / Funktionskleinspannung *f* || ~ **ground** /
Funktionserde *f* || ~ **group** IEC 439-1 /
Funktionsgruppe *f* (SK) VDE 0660,T.500 || ~
grouping / Funktionsgliederung *f* || ~ **insulation** /
Betriebsisolierung *f*
functionality *n* / Funktionalität *f*, Funktionsumfang *m*
functional mode (A subset of the whole set of
possible functions of an item.) / Funktionsart *f*
(Untermenge aller möglichen Funktionen einer
Einheit.), Funktionsbaugruppe *f* || ~ **overvoltage**
IEC 664A / Funktions-Überspannung *f* VDE 0109,
Funktionsüberspannung *f* || ~ **quality** /
Funktionsgüte *f* || ~ **redundancy** /
funktionsbeteiligte Redundanz DIN 40042, aktive
Redundanz, heiße Redundanz || ~ **relationship** /
Funktionszusammenhang *m* || ~ **scope** /
Funktionsumfang *m* || ~ **sequence** /
Funktionsablauf *m* || ~ **stress** / funktionsbedingte
Beanspruchung DIN 40042 || ~ **switch** IEC 65 /
Funktionsschalter *m* VDE 0860 || ~ **switching** /
betriebsmäßiges Schalten VDE 0100,T.46 || ~
switching device / Betriebsschaltgerät *n* VDE
0100,T.46 || ~ **test** / Funktionsprüfung *f* || ~ **unit**
IEC 298 / Schaltfeld *n* VDE 0670,T.6,
Funktionseinheit *f* DIN 44290, a SK,VDE
0660,T.500
function area / Funktionsbereich *m* || ~ **arrow** /
Funktionspfeil *m* || ~ **bit** / Funktionsbit *m* || ~ **block
(FB)** / Funktionsbaustein *m* (FB), Funktionsblock
m || ~ **block call** / Funktionsbausteinaufruf *m* || ~
block diagram / Funktionsbaustein-Sprache *f*
(grafisch dargestellte Funktionen, Datenelemente)
EN 61131-3 || ~ **block diagram (fbd)** (One or more
networks of graphically represented functions,
function blocks, data elements, labels, and
connective elements.) / Funktionsplan (FUP) *m*
(Neben Kontaktplan (KOP) und Anweisungsliste
(AWL) eine Darstellungsart der STEP 5-
Programmiersprache), Funktionsschema *n*,
Funktionsbausteinplan || ~ **block diagram
language (FBD language)** (See FBD language.) /
Funktionsbausteinsprache (FBS-Sprache) *f* || ~
block instance / Funktionsbaustein-Instance *f* EN
61131-3 || ~ **block library** / Programmarchiv *n*,
Bausteinbibliothek *f* || ~ **block package** /
Funktionsbausteinpaket *n* || ~ **cable** /
Betriebsleitung *f* (Kabel) VDE 0806 || ~ **call** /
Funktionsaufruf *m* || ~ **chart** / Funktionsschema *n*,
Funktionsdiagramm *n* (NC), Funktionsplan (FUP)
m (Neben Kontaktplan (KOP) und Anweisungsliste
(AWL) eine Darstellungsart der STEP 5-
Programmiersprache), Technologieplan *m*,
Funktionsbausteinplan *m* || ~ **check-out** IEC
50(191) / Funktionsprüfung *f* || ~ **code** /
Funktionscode *m* || ~ **command** (telecontrol) /
Programmbefehl *m* || ~ **computer processor** /
Funktionscomputer-Prozessor *m* || ~ **cord** /
Betriebsleitung *f* (Kabel) VDE 0806 || ~ **data set** /
Funktionsdatensatz *m* || ~ **defect** / Funktionsmangel
m || ~ **derating** / Funktionsminderung *f*

function-degrading maintenance /
funktionseinschränkende Instandhaltung IEC
50(191)
function diagram / Funktionsdiagramm *n*,
Wirkungsschema *n*, Funktionsplan (FUP) *m*
(Neben Kontaktplan (KOP) und Anweisungsliste
(AWL) eine Darstellungsart der STEP 5-
Programmiersprache), Funktionsbausteinplan *m*,
Funktionsschema *n* || ~ **digit** / Funktionsziffer *f* || ~
element / Funktionsglied *n*, Funktionselement *n* || ~
extension / Funktionserweiterung *f* || ~ **failure
recognizability** / Funktionsfehlererkennbarkeit
(FFE) *f* || ~ **failure safety (FFS)** /
Funktionsfehlersicherheit (FFS) *f* || ~ **feeder
Dahlander** / Funktionsabgang Dahlander || ~ **field** /
Funktionsfeld *n* || ~ **flag** / Vorfunktion *f* || ~
generator / Funktionsgenerator *m* (FG),
Kennliniengeber *m*, Funktionsgeber *m* || ~ **group** /
Funktionsgruppe *f* || ~ **group number** /
Funktionsgruppennummer *f* || ~ **identifier** /
Funktionskennzeichen *n* || ~ **indicator** /
Funktionsanzeiger *m*
functioning temperature / Schalttemperatur *f*
(Temperatursicherung), Ablaufzeit *f* (Rel., Zeit
zwischen dem Anlegen des Ansprechwerts und
dem Erreichen der Wirkstellung am
Netzumschaltgerät)
function key / Funktionstaste *f* || ~ **keyboard** /
Funktionstastatur *f* || ~ **keys** / Funktionstasten *f pl*
|| ~ **Manual** / Funktionshandbuch (FH) *n* || ~ **matrix** /
Arbeitsmatrix *f* (IS) || ~ **meter** (RMS ammeter/
voltmeter and wattmeter) / Functionmeter *n*
(Effektivwert- u. Wirkleistungsmesser) || ~ **module
(FM)** / Funktionsmodul (FM) *n* || ~ **monitoring** /
Funktionsüberwachung *f* || ~ **name** /
Funktionsname *m* || ~ **number** / Funktionsziffer *f*
EN 50005 || ~ **package (FP)** / Funktionspaket (FP)
n || ~ **path** / Funktionspfad *m*
function-permitting maintenance / Instandhaltung
ohne Funktionseinschränkung IEC 50(191)
function-preventing fault / funktionsverhindernder
Fehlzustand IEC 50(191), vollständiger
Fehlzustand (Fehlzustand, der alle Funktionen
einer Einheit betrifft), funktionsverhindernder
Fehlzustand || ~ **maintenance** /
funktionsverhindernde Instandhaltung IEC 50(191)
functions, with identical ~ / funktionsgleich *adj*
function selector / Strukturschalter *m* || ~ **select key** /
Vortaste *f* || ~ **specimen** / Funktionsmuster *n* || ~
state diagram / Funktionszustandsdiagramm *n*
(PMG) || ~ **subset** / Teilausrüstung einer Funktion
(PMG) DIN IEC 625 || ~ **switch** / Strukturschalter
m || ~ **symbol** / Funktionskennzeichen *n* || ~ **table** /
Funktionstabelle *f*, Arbeitstabelle *f* (IS),
Funktionstafel *f* || ~ **tester** / Funktionsprüfgerät *n* ||
~ **testing** / Funktionsprüfung *f* (Tätigkeiten nach
der Fehlzustandsbehebung zur Bestätigung, daß die
Einheit ihre Eignung zur Durchführung der
geforderten Funktion wiedererlangt hat)
fundamental *n* / Fundamentale *f*, Grundschwingung *f*
|| ~ **combination** / Grundverknüpfung *f* || ~
component / Grundanteil *n*, Grundschwingung *f*
VDE 0838,T.1, Grundschwingungsanteil *m* || ~
component of current / Grundschwingungsstrom
m || ~ **current** / Grundschwingungsstrom *f* || ~
deviation / Grundabmaß *n* DIN 7182,T.1 || ~ **e.m.f.**
/ Grundwellen-EMK *f* || ~ **factor** IEC 555-1 /

fundamental-frequency   234

Grundschwingungsgehalt *m* VDE 0838,T.1 || ~
frequency / Grundfrequenz *f*, Nutzfrequenz *f*,
Grundwellenfrequenz *f*
fundamental-frequency current /
Grundschwingungsstrom *m* || ~ **stray-load loss** /
netzfrequente Zusatzverluste
fundamental law of dynamics / dynamisches
Grundgesetz || ~ **losses** / lastunabhängige Verluste,
stromunabhängige Verluste, konstante Verluste || ~
mode / Grundschwingung *f*, Schwingungs-
Grundtyp *m*, Pegelarbeitsweise *f* (Schaltnetz) || ~
number of slots / Nutengrundzahl *f* || ~ **oscillation**
/ Grundschwingung *f*, Hauptschwingung *f* || ~
output power / Grundwellen-Ausgangsleistung *f* ||
~ **power** / Grundschwingungsleistung *f* || ~ **term** /
Grundbegriff *m* || ~ **tolerance** / Grundtoleranz *f*
DIN 7182,T.1 || ~ **tolerance series** /
Grundtoleranzreihe *f* || ~ **wave** / Grundwelle *f*,
Grundschwingung *f* || ~ **wave r.m.s. value** /
Grundschwingungseffektivwert *m*
fungoid growth / Schimmelbefall *m*
fungus resistance / Schimmelbeständigkeit *f*
funnel *n* / Trichter *m* || **funnel model** / Trichtermodell *n*
funnel-shaped *adj* / trichterförmig *adj*
FUR (ForwardUpRight) / FUR
furans / Furane *n pl*
furnace *n* / Feuerungsanlage *f*, Feuerung *f* || ~ **shell** /
Ofenmantel *m* || ~ **temperature** / Ofentemperatur *f*
|| **furnace transformer** / Ofentransformator *m*
furniture-making industry / Möbelindustrie *f*
fuse *n* / Sicherung *f*, Schmelzsicherung *f*, Zünder *m*,
Schmelzsicherung *f*, absichern *v* || ~ **assembly** /
Sicherungsanbau *m* || ~ **base** / Sicherungsunterteil
n, Sicherungssockel *m*, Unterteil *n*, Sockel *m*
fuse-base *n* / Sicherungsunterteil *n* || ~ **contact** /
Sicherungsunterteil-Kontakt *m*
fuse block / Sicherungsleiste *f* || ~ **board** /
Sicherungstafel *f* (m. Schmelzsich.), Sicherungs-
Verteilertafel *f* || ~ **box** / Sicherungskasten *m*,
Sicherungsbehälter *m*, Sicherungskammer *f* || ~
carrier / Sicherungseinsatzhalter *m*, Griffeinsatz *m*,
Sicherungsträger *m*, Sicherungseinsatzträger *m*
fuse-carrier contact / Sicherungseinsatzhalter-
Kontakt *m*
fuse clip / Sicherungsclip *f* (Schmelzsich.),
Sicherungskontakt *m*, Sicherungsklemme *f* || ~
combination unit IEC 408 / Schalter-Sicherungs-
Einheit *f* VDE 0660,T.107, Sicherungs-
Schalterkombination *f*, Schaltkombination *f* || ~
compartment / Sicherungsraum *m* || ~ **component**
/ Sicherungsteil *n* (Schmelzsich.) || ~ **contact** /
Sicherungskontaktstück *n*, Sicherungsklemme *f* || ~
cutout / Ausfallsicherung *f*
fused *adj* / geschmolzen *adj*, mit Schmelzsicherung,
abgesichert *adj* (m. Sicherung), sicherungsbehaftet
adj, kurzschlusssicher *adj*, kurzschlussfest *adj*, mit
Sicherung || ~ **branch circuit** / Sicherungsabzweig
m || ~ **bypass jumper** / Überbrückungsleiter mit
Sicherungen || ~ **circuit-breaker** /
Leistungsschalter mit Sicherungen || ~ **corundum** /
Elektro-Korund (EK) *n* || ~ **fibre splice** / LWL-
Schweißverbindung *f*
fused-in *adj* / eingeschmolzen *adj*
fused interrupter / Sicherungs-Lasttrenner *m*
fuse disconnecting switch / Sicherungs-
Trennschalter *m* VDE 0660,T.107,

Sicherungstrenner *m*, Sicherungstrennschalter *m*
fuse-disconnector *n* IEC 408 / Sicherungs-
Trennschalter *m* VDE 0660,T.107,
Sicherungstrenner *m*
fused junction / Durchlegierung *f* || ~ **load-break
switch** (depr.) s. fuse switch disconnector || ~
outgoing circuit / Sicherungsabgang *m* || ~ **output**
/ abgesicherter Ausgang (Ausgang mit
Sicherungen) || ~ **plug** / Sicherungsstecker *m* || ~
potential transformer / Sicherungs-
Spannungswandler *m*, Spannungswandler mit
Sicherungen || ~ **quartz** / geschmolzenes Quarz || ~
receptacle / Sicherungssteckdose *f*, Steckdose mit
Sicherung || ~ **short-circuit current** / bedingter
Kurzschlussstrom bei Schutz durch Sicherungen
VDE 0660,T.200 || ~ **silica** / Quarzglas *n* || ~
socket-outlet / Sicherungssteckdose *f*, Steckdose
mit Sicherung || ~ **starter** / Sicherungsstarter *m*
(Leuchte)
fuse element / Schmelzleiter *m* (Sich.),
Sicherungselement *n*, Schmelzdraht *m*,
Schmelzlotglied *n*
fuse-element *n* / Schmelzleiter *m* || ~ **strip** /
Sicherungsstreifen *m* (Schmelzsich.)
fuse-holder *n* / Sicherungsunterteil mit
Sicherungseinsatzträger
fuse failure relay / Sicherungsausfallrelais *n*,
Sicherungsüberwachungsrelais *n* || ~ **filler** /
Löschmittel *n* (Sich.) || ~ **for domestic purposes** /
Haushaltsicherung *f* || ~ **for household use** /
Haushaltsicherung *f* || ~ **for use by authorized
persons** / Sicherung zum Gebrauch durch
ermächtigte Personen || ~ **for use by unskilled
persons** / Sicherung zum Gebrauch von Laien
fusegear *n* / Sicherungsgeräte *n pl* (Schmelzsich.)
fuse grip / Aufsteckgriff *m* (f. Sicherungen) || ~
handle / Sicherungsgriff *m*, Sicherungs-
Aufsteckgriff *m* || ~ **holder** / Sicherungshalter *m*
(Kombination Sicherungsunterteil-
Sicherungseinsatzträger), Sicherungsunterteil mit
Sicherungseinsatzträger IEC 50(441),1974,
Sicherungsträger *m* || ~ **isolator** / Sicherungs-
Trennschalter *m* VDE 0660,T.107,
Sicherungstrenner *m*
fuseless *adj* / sicherungslos *adj* || ~ **motor branch** /
sicherungsloser Motorabzweig
fuse link / Sicherungseinsatz *m*, Schmelzeinsatz *m*
fuse-link contact / Kontaktstück eines
Sicherungseinsatzes, Sicherungseinsatz-Kontakt *m*,
Endkappe *f* || ~ **striker** / Schlagvorrichtung am
Sicherungseinsatz
fuse module / Sicherungsmodul *n* || ~ **monitor** /
Sicherungswächter *m*, Schaltzustandsgeber *m* || ~
monitoring / Sicherungsüberwachung *f* || ~
monitoring connection / Sicherungsanschluss *m* ||
~ **monitoring system** / Sicherungsüberwachung *f*
fuse mount / Sicherungsunterteil *m*,
Sicherungssockel *m*
fuse-mount contact / Sicherungsunterteil-Kontakt *m*
fuse panel / Sicherungsfeld *n* (m. Schmelzsich.) || ~
protection / Sicherungsschutz *f* || ~ **protection system** /
Sicherungstechnik *f*
fuse-protected barrier / Barriere mit
Schmelzsicherungsschutz
fuse puller / Aufsteckgriff *m* (f. Sicherungen) || ~
rupture / Sicherungsfall *m* || ~ **slide** /
Sicherungsschlitten *m* || ~ **strip** / Sicherungsstreifen

m (Schmelzsich.) || ~ **switch** / Sicherungslastschalter *m*
fuse-switch *n* IEC 408 / Sicherungs-Lastschalter *m* VDE 0660,T.107, Sicherungsschalter *m*
fuse switch-disconnector / Sicherungs-Lasttrenner *m*, Sicherungs-Lasttrennschalter *m* || ~ **terminal** / Sicherungsklemme *f*, Sicherungskontakt *m* || ~ **tongs** / Sicherungszange *f*
fuse-type voltage transformer / Sicherungs-Spannungswandler *m*, Spannungswandler mit Sicherungen
fuse unit / Sicherungseinsatz *m*, Schmelzeinsatz *m*
fuseway *n* / Sicherungsstromkreis *m* (Verteiler), Sicherungsabgang *m*
fuse wire / Sicherungsdraht *m* (Schmelzsich.) || ~ **with enclosed fuse element** / geschlossene Sicherung
fusible *adj* / schmelzbar *adj*, mit Sicherungen, Sicherungs... || ~ **cutout** / Ausfallsicherung *f*, Trennsicherung *f* || ~ **element** / Schmelzleiter *m* (Sich.), Schmelzdraht *m*, Schmelzlotglied *n*, Sicherungselement *n* || ~ **indicator** / Schmelzkörper *m* (Sich., Anzeigevorrichtung) || ~ **interrupter** / Schmelzunterbrecher *m* || ~ **isolator** / Trennschalter mit Sicherungen, Hauptschalter mit Sicherungen || ~ **lead cutout** / Bleisicherung *f* || ~ **link** / Durchschmelzverbindung *f* (Speicherbaustein) || ~ **link** / Sicherungseinsatz *m*, Schmelzeinsatz *m*, Schmelzsicherung *f*
fusible-resistor memory / Durchbrennspeicher *m*
fusible shunt / Schmelzunterbrecher *m* || ~ **switch** / Schalter mit Sicherungen, Sicherungsschalter *m* || ~ **wire** / Schmelzdraht *m* (Sich.)
fusing *n* / Schmelzen *n*, Abschmelzen *n*, Durchbrennen *n* (Sich.), Aufschmelzen *n* (gS), metallischer Überzug, Absicherung *f* (mit Sicherungen) || ~ **current** / Schmelzstrom *m* (Sich.) || ~ **device** / Sicherungseinrichtung *f* (m.Schmelzsicherung) || ~ **factor** / Schmelzfaktor *m* (Sich.) || ~ **resistor** / Sicherungswiderstand *m* || ~ **temperature** / Erweichungstemperatur *f*
fusion energy / Verschmelzungsenergie *f* || ~ **frequency** / Verschmelzungsfrequenz *f* (LT) || ~ **point** / Schmelzpunkt *m*, Erweichungspunkt *m* || ~ **splice** / Schmelzspleiß *m* (LWL) || ~ **welding** / Schmelzschweißen *n*, Verschweißen durch Verschleiß
fusion-zone crack / Schweißriss *m* || ~ **cracking** / Schweißrissigkeit *f*
future-oriented automation architecture / zukunftsorientierte Automatisierungs-Architektur
future point / Reserveeinbauplatz *m* (I)
fuzzy logic / unscharfe Logik
FW (flag word) / MW (Merkerwort)
FWA s. forward-wave amplifier tube
FWHM s. full width half maximum
FXS (fixed stop) / FXS (Festanschlag)
FY (flag byte) / MB (Merkerbyte)

G

G (letter symbol for gas) / G (Buchstabensymbol für Gas)

G group (Group of G functions of which only one can ever be valid.) / G-Gruppe *f* (Zusammenfassung von G-Funktionen, von denen immer nur eine gültig sein kann) || ≗ **Part No.** / Geschäftspartnernummer (G-Part Nr.) *f*, Geschäftspartner Nr. || ≗ **price** / Geschäftsstellenpreis (G-Preis) *m* || ≗ **prices** / G-Preise *m pl* (Geschäftsstelle-Preise)
GA (gas or air cooling, self-cooling by gas or air in a hermetically sealed tank) / GA (gas or air cooling, Selbstkühlung durch Gas oder Luft in einem abgedichteten Kessel) || ≗ **price** / Geschäftsstellenauslandspreis (GA-Preis) *m* || ≗ **prices** / GA-Preise *m pl*
gage *n* / Lehre *f*, Messlehre *f*, Passlehre *f*, Niveauanzeiger *m*, Bezugsmaß *n*, Blechlehre *f*, Blechdicke *f*, Spurweite *f* (Bahn), Ölstandanzeiger *m*, Drahtlehre *f*
gain *n* / Verstärkung *f*, Gewinn *m*, Zunahme *f*, Übertragungsfaktor *m*, Amplitudenverhältnis *n*, Übertragungsmaß *n*, Verstärkungsfaktor *m* || ~ **adjustment** / Verstärkungseinstellung *f*, Verstärkungsabgleich *m*
Gain applied to PID feedback / Verstärkung PID-Istwert
gain-bandwidth product / Verstärkungs-Bandbreite-Produkt *n*
gain box / Verstärkungsfeld *n* (Verstärkerröhre) || ~ **characteristic** / Verstärkungskennlinie *f* || ~ **constancy** / Linearität der Verstärkung || ~ **crossover frequency** / Durchtrittskreisfrequenz *f* (E) DIN 19226,T.4, Durchtrittsfrequenz *f* || ~ **DAC (G-DAC)** / Verstärkungs-DAU || ~ **droop** / Verstärkungsdrift *f* || ~ **error** / Verstärkungsfehler *m* || ~ **factor** / Verstärkungsfaktor *m*, Übertragungsfaktor *m* || ~ **flatness** / Verstärkungsdifferenz in einem Frequenzbereich || ~ **for oscillation damping** / Verstärkung Schwingungsdämpfung *f* || ~ **linearity** / Linearität der Verstärkung || ~ **margin** / Verstärkungssicherheit *f*, Betragsreserve *f* (Reg.), Amplitudenrand *m* || ~ **non-linearity** / Verstärkungs-Linearitätsfehler *m* (o. - Nichtlinearität), Verstärkungspunkt *m* (ADU, DAU) || ~ **ripple** / Welligkeit der Verstärkung || ~ **slope** / Steilheit der Verstärkungsänderung || ~ **speed controller (SLVC)** / Verstärkung Drehzahlregl. (SLVC) || ~ **tempco** / Temperaturkoeffizient des Verstärkungsfehlers || ~ **temperature coefficient** / Temperaturkoeffizient des Verstärkungsfehlers
gala illumination / Festbeleuchtung *f*
gallery, main / Ölkanal *m* (Kfz) || **gallery lighting** / Galeriebeleuchtung *f*
gallium-arsenide diode / Gallium-Arsenid-Diode *f* (GaAs-Diode)
gallop *v* / tanzen *v* (Leiter einer Freileitung)
galloping, conductor ~ / Leitertanzen *n*
galvanically connected / galvanisch verbunden || ~ **isolated installation** / potentialgetrennter Aufbau
galvanic coupling / galvanische Kopplung || ~ **isolation** / Potentialtrennung *f* (no electrical connection between two things (potentials)), galvanische Trennung, elektrische Potentialtrennung || ~ **isolation module** / Potentialtrennungsbaugruppe *f* || ~ **voltage** / Galvanispannung *f*

galvanize v / galvanisch verzinken, verzinken v
galvanized in a Sendzimir process / Sendzimir-
verzinkt adj || **hot-dip** ~ / feuerverzinkt adj
galvanizing test / Verkinkungsprüfung f
galvanometer n / Galvanometer n || ~ **recorder** /
Galvanometerschreiber m
galvanometric pick-off / galvanometrischer
Abtaster, galvanometrischer Aufnehmer (o.
Abtaster)
galvanoplasty n / Galvanoplastik f, Elektroformung f
game theory / Spieltheorie f
gamma distribution / Gammaverteilung f DIN
55350,T.22
gammagraph n / Gamma-Filmaufnahme f
**GAMP (Good Automation Manufacturing
Practice)** / GAMP
gamma-ray radiography / Gamma-Durchstrahlung f
|| ~ **resistance** / Beständigkeit gegen
Gammastrahlen || ~ **testing** / Gamma-
Durchstrahlung f
gamut, colour ~ / Farbbereich m
ganged adj / (mechanisch) gekuppelt adj,
gleichlaufend adj, Mehrfach... || ~ **capacitor** /
Mehrfachkondensator m || ~ **control switch** /
Vielfachschalter m || ~ **potentiometer** /
Mehrfachpotentiometer n || ~ **switch** / gekuppelter
Schalter, Mehrfachschalter m
ganging n / mechanisches Koppeln,
Aneinanderreihen n (Klemmen)
gang programmer / Mehrfach-Programmiergerät n ||
~ **protection** / Gruppenschutz m || ~ **switch** /
Mehrfachschalter m, Paketschalter m,
Gruppenschalter m
gangway n / Gang m, Bedienungsgang m
gantry n / Portal n, Abspannportal n, Kranportal n,
Gerüst n || ~ **beam** ~ / Riegel m (eines
Einsystemmastes) || ~ **axis** / Gantry-Achse f || ~
crane / Hallenkran m, Portalkran m || ~ **grouping** /
Gantry-Verbund m || ~ **loader** / Portallader m,
Ladeportal n || ~ **master axis** / Gantry-
Führungsachse f || ~ **robot** / Portalroboter m || ~
traversing gear / Portalfahrwerk n || ~ **trip limit** /
Gantry-Abschaltgrenze f || ~ **unit** / Gantry-Einheit f
gantry-type milling machine / Portalfräsmaschine f
gap n / Spalt m, Spaltweite f, Luftspalt m, Lücke f,
Energielücke f, Energieabstand m,
Entladungsstrecke f, Fugendicke f, Schaltstrecke f,
Zwischenraum m || ~ (of flameproof joint) /
Spaltweite f || **contact** ~ / Schaltstückabstand m,
Kontaktabstand m, Kontaktspalt m, Kontaktöffnung
f || **differential** ~ / Schaltdifferenz f (Reg.),
Differenz zwischen dem oberen und unteren
Umschaltwert) || **energy** ~ / Energielücke f,
Energieabstand m, verbotener Energiebereich,
verbotenes Band, Bandabstand m (HL) || **safe** ~ /
Grenzspaltweite f (zünddurchschlagsicherer Spalt)
|| **starter** ~ / Starterentladungsstrecke f || ~ **arrester**
/ Funkenableiter m || ~ **density** /
Luftspaltflussdichte f || ~ **density distribution** /
Luftspalt-Flussdichteverteilung f || ~ **factor** / Gap-
Faktor m
gap-flux distribution curve / Feldkurve f, Feldbild n,
Kraftlinienverlauf m
gap formation / Lückenbildung f || ~ **gauge** /
Funkenstreckenlehre f
gaping / Klaffen n
gap leakage / Luftspaltstreuung f

gapless superconductor / Supraleiter ohne
Energielücke
gap loss / Dämpfung durch radialen Versatz (LWL)
IEC 50(731) || ~ **of flameproof joint** / Weite des
zünddurchschlagsicheren Spalts
gapped core / Kern mit Luftspalt, gescherter Kern
gapped-core inductor / Luftspaltkerndrossel f
gapping n / Scherung f (Kern)
gap range / Unterbrechungsbereich m (MG) || ~
section / Teilfunkenstrecke f || ~ **update factor** /
Gap-Aktualisierungsfaktor m || ~ **width** /
Lückenweite f
garbage n / Abfall m (DV) || ~ **collector** /
Speicherbereiniger m
garden floodlight / Gartenfluter m || ~ **luminaire** /
Gartenleuchte f
garishness n / Grellheit f
garnet n / Granat m (Silikat)
gas-air mixture / Gas-Luft-Gemisch n
gas analysis / Gasanalyse f || ~ **analyzer** /
Gasanalysegerät n, Gasprüfer m, Gasanalysator m
gas- and oil-pressure protection / Überdruckschutz
m (Trafo) || ~ **and vapour proof machine** / gegen
Gase und Dämpfe dichte Maschine
gas blanket / Gaspolster n
gas-blast arc extinction / Druckgas-
Lichtbogenlöschung f, Lichtbogenlöschung durch
Gasbeblasung || ~ **circuit-breaker** / Druckgas-
Leistungsschalter m, Druckgasschalter m
gas chromatograph (GC) / Gaschromatograph m
(GC) || ~ **circuit** / Gaskreislauf m || ~ **compartment**
/ Gasraum m (SF6-Sch.) || ~ **compartment
diagram** / Gasraumschema n || ~ **compartment
monitoring** / Gasraumüberwachung f || ~
conditioning / Gasaufbereitung f || ~ **conduction** /
Leitung in Gas, Stromleitung in Gas || ~ **constant** /
Gaskonstante f || ~ **content** / Gasgehalt m (a.
Isolierflüssig.)
gas-content factor / Vakuumfaktor m (Ionen-
Gitterstrom/Elektronenstrom)
gas current (vacuum tube) / Restgas-Strom m
(Vakuumröhre) || ~ **cushion** / Gaspolster n || ~ **cut** /
Gasschnitt m, Brennschnitt m || ~ **cylinder** /
Gasflasche f || ~ **detector** / Gasmelder m || ~
discharge / Gasentladung f || ~ **discharge lamp** /
Gasentladungslampe f || ~ **diverter** / Gasumlenker
m || ~ **engine** / Gasmaschine f || ~ **entrainment** /
Gasmitschleppung f || ~ **extraction** / Gasentnahme f
gaseous discharge / Gasentladung f || ~ **discharge
lamp** / Gasentladungslampe f || ~ **discharge tube** /
Gasentladungsröhre f || ~ **insulant** / Isoliergas n || ~
insulation / gasförmige Isolierung
gas-evolving circuit-breaker / Hartgas-
Leistungsschalter m, Hartgasschalter m || ~ **liquid** /
gasabspaltende Flüssigkeit || ~ **switch** / Hartgas-
Lastschalter m, Hartgasschalter m
gas-filled internal-pressure cable /
Gasinnendruckkabel n, gasgefüllte Lampe || ~
machine / gasgefüllte Maschine || ~ **switchgear** /
gasisolierte Schaltanlage (GIS) || ~ **tube** /
gasgefüllte Röhre, Gasentladungsröhre f || ~ **valve
device** / gasgefülltes Ventilelement, Ionen-
Ventilelement n, gasgefülltes Ventilbauelement,
Ionen-Ventilbauelement
gas film / Gasfilm m, Gaspolster n
gas-film lubrication / Gasschmierung f
gas-flow computer / Gasdurchflussrechner m

gas-foil insulation / Gas-Folien-Isolierung f
gas formation / Gasbildung $f \parallel$ **~ inclusion** / Gaseinschluss m
gas-insulated *adj* / gasisoliert *adj* $\parallel$ **~ bushing** / gasisolierte Durchführung $\parallel$ **~ bar** / Rohrgasschiene $f \parallel$ **~ circuit (GIC)** / gasisolierte Leitung $\parallel$ **~ line (o. link)** / gasisolierte Leitung $\parallel$ **~ line (GIL)** / gasisolierte Übertragungsleitung $\parallel$ **~ metal-clad substation** / Station in metallgekapselter, gasisolierter Bauweise $\parallel$ **~ metal-enclosed switchgear** / gasisolierte, metallgekapselte Schaltanlage $\parallel$ **~ switchgear (GIS)** / gasisolierte Schaltanlage (GIS) $\parallel$ **~ transformer** / gasisolierter Transformator
gas intake / Absaugung f
gas-interrupter switch / Gas-Lastschalter m
gasket n / Dichtung f, Dichtungsring m, Dichtungsmanschette f, Dichtungsscheibe $f \parallel$ **~ and sealing case** / Flanschabdichtung $f \parallel$ **~ profile similar to comb** / kammprofilierter Dichtring
gas leakage test / Gasdichtigkeitsprüfung f
gas-liquid chromatography (GLC) / Gas-Flüssig-Chromatographie f (GLC)
gas-lubricated bearing / Gaslager n
gas meter / Gaszähler $m \parallel$ **~ monitoring** / Gasüberwachung $f \parallel$ **~ multiplication** / Gasverstärkung f, Ionenvervielfachung f (in einem Gas) $\parallel$ **~ multiplication factor** / Gasverstärkungsfaktor f
gasoline direct injection / Benzin-Direkteinspritzung f
gas-operated *adj* / gasbetätigt *adj*
gas outlet valve / Gasentnahmeventil n
gas panel / Plasmabildschirm $m \parallel$ **~ pipe** / Gasleitung $f \parallel$ **~ pipeline** / Gasfernleitung $f \parallel$ **~ plasma panel** / Plasmabildschirm $m \parallel$ **~ pocket** / Gasblase f, Schweißpore f, Gaseinschluss m
gas-proof *adj* / gasdicht *adj*, gasbeständig *adj* $\parallel$ **~ machine** / gasgeschützte Maschine IEC 50(411)
gas pump / Gaspumpe f, Zapfsäule $f \parallel$ **~ pressure** / Gasdruck $m \parallel$ **~ receiver** / Gasbehälter m, pneumatischer Speicher (Druckgefäß) $\parallel$ **~ release** / Entgasung $f \parallel$ **~ release mechanism** / Gasentnahmevorrichtung $f \parallel$ **~ resistance** / Gasbeständigkeit f, Gasfestigkeit f
gas-resistant *adj* / gasbeständig *adj*, gasfest *adj*
gas-sample counter tube / Gasprobenzählrohr n
gas sampler / Gasentnahmegerät $n \parallel$ **~ sampling probe** / Gasentnahmesonde $f \parallel$ **~ seal** / Gasdichtung f, Gasabschluß $m \parallel$ **~ separation plant** / Gastrennanlage $f \parallel$ **~ separator** / Gasabscheider $m \parallel$ **~ servicing** / Gaswartung $f \parallel$ **~ shielded welding** / Schutzgasschweißen n
gassing n / Gasen n, Gasentwicklung $f \parallel$ **~ alarm** / Gasmeldung $f \parallel$ **~ voltage** / Gasungsspannung f
gas-solid chromatography / Gas-Festkörper-Chromatographie f, Gas-Adsorptions-Chromatographie f
gas-special heating system / Gas-Spezialheizkessel m
gas station / Tankstelle f
gas-tight *adj* / gasdicht *adj*, gasundurchlässig *adj* $\parallel$ **~ luminaire** / gasdichte Leuchte, schlagwettergeschützte Leuchte $\parallel$ **~ sealed cell** / verschlossene Zelle (Batt.) IEC 50(486)
gas-tightness test / Gasdichtheitsprüfung f
gas transmission line / Gasfernleitung $f \parallel$ **~ tube** /

Gasrohr n
gas-turbine plant / Gasturbinenanlage f
gas-turbine set / Gasturbinensatz m
gas welding / Gasschweißung f
gasworks n / Gasfabrik f
gate v / ansteuern v, freigeben v, einblenden v, durch ein Gatter (logisch) verknüpfen, verknüpfen v, gattern $v \parallel$ **~ n** / Tor n, Gitter n, Torschaltung f, Torelektrode f, Gate n, Gatter n, Steuerelektrode f, Durchlassschaltung f, Schieber m, Klappe f, Schieberventil n, Verknüpfungsglied n, Glied n, Kulisse $f \parallel$ **waste ~** / Abgas-Bypassventil n (Kfz) $\parallel$ **~ array** / Gatterfeld n, Gate-Array, Gate array
gate-assisted turn-off thyristor (GATT) / abschaltbarer, vorgefluteter Thyristor
gate circuit / Torschaltung f, Steuerkreis m, Gatter $n \parallel$ **~ control** / Torsteuerung f, Ansteuerung f (Thyr), ss f (Thyr), Gate-Steuerung f
gate-controlled delay time / Zündverzug m (Thyr) DIN 41786 $\parallel$ **~ rise time** / Durchschaltzeit f (Thyr) DIN 41786 $\parallel$ **~ turn-off time** / Löschzeit f (Abschaltthyristor) DIN 41786 $\parallel$ **~ turn-on time** / Zündzeit f (Thyr) DIN 41786
gate control set / Ventilsteuereinrichtung f VDE 0558,T.1, Steuersatz $m \parallel$ **~ current** (transistor) / Gate-Strom m (Transistor) DIN 41858 $\parallel$ **~ cut-off current** / Gate-Reststrom m (FET) DIN 41858
gate-drain voltage / Gate-Drain-Spannung f (FET) DIN 41858
gate electrode / Steuerelektrode f (Thyr, FET), Gate-Elektrode f (FET) DIN 41858, Torelektrode $f \parallel$ **~ input** / Toreingang $m \parallel$ **~ leakage current** / Gate-Leckstrom m (FET) DIN 41858 $\parallel$ **~ mark** / Angussstelle f, Anspritzstelle $f \parallel$ **~ monitor** / Torindikator $m \parallel$ **~ non-trigger current** / höchster nichtzündender Steuerstrom (Thyr) DIN 41786 $\parallel$ **~ non-trigger voltage** / höchste nichtzündende Steuerspannung (Thyr) DIN 41786 $\parallel$ **~ pulse** IEC 633 / Steuerimpuls $m \parallel$ **~ pulse connector** / Zündimpulsstecker $m \parallel$ **~ region** (FET) / Gatezone f (FET) DIN 41858 $\parallel$ **~ resistance** / Gate-Widerstand m (Transistor) DIN 41858
gate-source voltage / Gate-Source-Spannung f (Transistor) DIN 41858
gate terminal / Gate-Anschluss m (FET) DIN 41858, Steueranschluss $m \parallel$ **~ trigger current** / Zündstrom m (Thyr) $\parallel$ **~ trigger voltage** / Zündspannung f (Thyr) $\parallel$ **~ turn-off current** / Mindestabschaltstrom m (Abschaltthyristor) DIN 41786, Abschaltstrom $m \parallel$ **~ turn-off thyristor (GTO)** / abschaltbarer Thyristor $\parallel$ **~ turn-off voltage** / Mindestabschaltspannung f (Thyr) DIN 41786, Abschaltspannung f
gate-type slide valve / Flachschieber m
gate valve / Schieber m, Plattenschieber m
gateway n / Netzübergangseinheit f, Buskoppler f (zur Verbindung verschiedenartiger Systeme), Protokollumsetzer m, Gateway n, Netzkoppler m (Verbindung von Bussystemen unterschiedlicher Struktur), Protokollwandler m, Koppelelement n, Netzübergang m, Protokollübersetzer m, Fernbusanschaltbaugruppe $f \parallel$ **~ EN 50090** / Umsetzer m (HES) $\parallel$ **~ component** / Netzübergangskomponente $f \parallel$ **~ lighting** / Streckenbeleuchtung f (Bergwerk) $\parallel$ **~ to PROFIBUS-DP** / Kopplung zum PROFIBUS-DP
gating n / Ausblenden n, Austasten n, Ansteuern n

(Thyristor), Auftasten mittels Torschaltung || ~ **logic** / Verknüpfungslogik f || ~ **operation** / Verknüpfung f || ~ **section** / Verknüpfungsfeld n || ~ **unit** / Steuersatz m
GATT s. gate-assisted turn-off thyristor
gauge v / mit Lehre prüfen, messen v, einmessen v, kalibrieren v || ~ n / Lehre f, Messlehre f, Passlehre f, Niveauanzeiger m, Bezugsmaß n, Blechlehre f, Blechdicke f, Spurweite f (Bahn), Ölstandanzeiger m, Drahtlehre f || **conductor** ~ / Leiterlehre f, Leiterseillehre f || **off** ~ / nichtmaßhaltig adj || ~ **block** / Endmaß n, Parallelendmaß n, Messstück n || ~ **deviation** / Lehren-Abmaß n, Lehrenabmaß n || ~ **dimension** / Lehrenmaß n || ~ **for circuit-breaker 3WR** / Prüflehre Leistungsschalter 3WR || ~ **for switchboard** / Prüflehre für Schalttafel || ~ **glass** / Schauglas n, Flüssigkeitsstandglas n, Inspektionsöffnung f || ~ **length** / Messlänge f, Versuchslänge f, Messstrecke f || ~ **limitation** / Profileinschränkung f (Ladeprofil) || ~ **mark** / Messmarke f, Endmarke f || ~ **number** / Lehren-Dickennummer f || ~ **piece** / Passeinsatz m (Sich.) || ~ **plate** / Tuschierplatte f || ~ **plug** / Messdorn m, Lehrdorn m
gauge-point, relative ~ **fluctuation voltage** / relative Schwankungsspannung im Normalpunkt || ~ **fluctuation voltage** / Schwankungsspannung im Normalpunkt
gauge pressure / gemessener Überdruck, Überdruck m (über atmosphärischem Druck) || ~ **retention force** IEC 603-1 / Einzelziehkraft mit Lehre DIN 41650,T.1 || ~ **ring** / Lehrring m, Passring m || ~ **rod** / Messstab m, Messstück n
gauging n / mit Lehre messen, Kalibrieren n, Eichen n, Vermessen n || **contact** ~ / Schaltstückeinstellung f, Kontakteinstellung f || **optical** ~ / optisches Vermessen (NC) || ~ **block** / Kalibrierkörper m || ~ **point** / Messpunkt m, Messstelle f, Messort m || ~ **wire** / Messdraht m
gaussian adj / gaußisch adj || ~ **beam** / Gaußsches-Strahlenbündel n, Gaußscher Strahl || ~ **distribution** / Gaußsche Verteilung || ~ **noise** / weißes Rauschen || ~ **process** IEC 50(101) / Gaußsche Verteilung
Gauss weighing method / Gaußsches Wägeverfahren
GBK / Geschäftsbereichskennziffer (GBK) f, Geschäftsbereichskennzahl (GBK) f
GC s. gas chromatograph
GD (global data) / globale Daten || $\stackrel{\circ}{\sim}$ **circle (global data circle)** / GD-Kreis (Globaldaten-Kreis) m || $\stackrel{\circ}{\sim}$ **package** / Globaldaten-Paket (GD-Paket) n
GDMO (guideline for the definition of managed objects) / GDMO
G-DAC s. gain DAC
G-dependency n / UND-Abhängigkeit f, G-Abhängigkeit f
GDOS s. graphics device operating system
GDP s. generalized drawing primitive
gear v / mit Zahnrädern versehen, eingreifen v, einrücken v, übersetzen v || ~ n / Zahnrad n, Gerät n, Getriebe n || ~ **backlash** / Getriebespiel n || ~ **blank** / Radkörper m, Drehkörper m
gearbox n / Getriebekasten m, Getriebegehäuse n, Räderkasten m (WZM), Zahnradkasten m, Getriebe n || ~ **link** / Getriebekopplung f || ~ **synchronism** / Getriebegleichlauf m
gear case / Radschutzkasten m, Getriebegehäuse n,
Radkasten m, Getriebe n, Zahnradkasten m || ~ **centre distance** / Zentrale f (Abstand zwischen zwei parallelen Achsen) || ~ **change** / Gangwechsel m (Kfz), Gangschaltung f, Getriebestufenschalten n, Getriebestufenwechsel (GSW) m, Umschaltung der Getriebestufe, Getriebeumschalten n, Getriebeumschaltung f, Wechselgetriebe n || ~ **change** ISO 1056 / Getriebeschaltung f (NC-Zusatzfunktion) DIN 66025,T.2
gearchange and reversing gearbox / Schalt- und Wendegetriebe
gear change depth / Gangwechseltiefe f || ~ **change rate** / Gangwechselgeschwindigkeit f (Kfz) || ~ **clutch** / Zahnkupplung f || ~ **cone** / Stufenräder n pl || ~ **coupling** / Zahnkupplung f || ~ **cutting** / Zahnradbearbeitung f || ~ **cutting tool** / Wälzwerkzeug n || ~ **down** / untersetzen v, herunterschalten v (Getriebe)
gear-down drive / Trieb ins Langsame
gear drive / Zahnradantrieb m
gear-driven exciter / Getriebe-Erregermaschine f
gear drive output shaft / Getriebeabtrieb m
gear dynamometer / Getriebependelmaschine f || ~ **engagement** / Getriebebeeinrücken n
geared adj / mit Getriebe, mit Zahnradübersetzung, in Eingriff || ~ **drive** / Zahnradtrieb m, Antrieb über Zahnradgetriebe, formschlüssiger Antrieb || ~ **dynamometer** / Getriebependelmaschine f || ~ **exciter** / Getriebe-Erregermaschine f || ~ **generator** / Getriebegenerator m || ~ **motor** / Getriebemotor m || ~ **turbine** / Getriebeturbine f || ~ **turbo-generator** / Getriebe-Turbogenerator m
gear head (stepping motor) / Schrittwinkelteiler m (Schrittmot.) || ~ **hobbing** / abwälzfräsen v, wälzfräsen v
gearing n / Zahnradgetriebe n, Getriebe n, Verzahnung f, Vorgelege n || ~ **down** / Herunterschalten n (Kfz.), Übersetzung ins Langsame || ~ **up** / Heraufschalten n (Kfz.), Übersetzung ins Schnelle
gear into v / eingreifen v, kämmen v
gearless adj / getriebelos adj || ~ **luminaire** / Leuchte ohne Vorschaltgerät, unkompensierte Leuchte || ~ **motor** (cf. ringmotor) / getriebeloser Motor, Motor für direkten Antrieb, Achsmotor m
gear mesh / Zahnradeingriff m, Kämmen n || ~ **meshing** / Getriebeeinrücken n, Eingriff (o. Kämmen) der Getrieberäder m
gearmotor n / Getriebemotor m
gear noise / Getriebegeräusche n pl || ~ **output** / Getriebeausgang m
gear pair / Zahnradpaar n, Räderpaar n (a. EZ) || ~ **plate** / Getriebeplatte f || ~ **play** / Getriebverdrehzahl f || ~ **pump** / Zahnradpumpe f || ~ **rack** / Zahnstange f || ~ **range** / Getriebestufen f pl || ~ **ratchet** / Getriebesperre f (EZ) || ~ **ratio** / Übersetzungsverhältnis n, Zähnezahlverhältnis n, Getriebefaktor m, Getriebeübersetzung f || ~ **reducer** / Untersetzungsgetriebe n, Reduktionsgetriebe n || ~ **reduction** / Zahnradunterseztung f, Übersetzung ins Langsame || ~ **rim** / Zahnkranz m, Bandage f || ~ **ring** / Zahnkranz m
gearing wheels / ineinandergreifende Getriebeelemente
gears n pl / Zahnräder n pl, Zahnradgetriebe n
gear segment / Zahnradsegment n, Zahnsegment n ||

~ **shaping** / Wälzstoßen n || ~ **speed** / Getriebedrehzahl f || ~ **speed change** / Getriebeumschaltung f, Gangwechsel m (Getriebe) || ~ **stage (GS)** / Getriebestufe (GS) f || ~ **stage change (GSC)** / Getriebestufenschalten n, Getriebestufenwechsel (GSW) m, Umschaltung der Getriebestufe || ~ **stage speed** / Getriebestufendrehzahl f || ~ **step** / Getriebestufe f, Getriebegang m, Übersetzungsstufe f || ~ **step change** / Getriebestufenumschaltung f || ~ **teeth** / Verzahnung f || ~ **tooth engagement** / Zahnradeingriff m, Kämmen n || ~ **tooth flank** / Zahnflanke f || ~ **train** / Zahnradgetriebe n, Rädergetriebe n, Laufwerk n, Getriebezug m, Räderwerk n || ~ **transmission** / Räderübersetzung f || ~ **unit** / Rädergetriebe n, Getriebe n || ~ **up** v / übersetzen v, hinaufschalten v (Getriebe) || ~ **wheel** n / Zahnrad n, Großrad n || ~ **with equal-addendum teeth** / Zahnrad ohne Profilverschiebung, Null-Rad n || ~ **with straight oblique teeth** / Schrägzahnrad n
Geiger region / Geiger-Müller-Bereich m || ~ **threshold** / Geiger-Müller-Schwelle f
Gek operating key / Gek Bedientaster
gel v / gelieren v || ~ n / Gel n
gelation n / Gelieren n
gel chromatography / Gelchromatographie f
gelling n / Gelieren n
gel permeation chromatography / Gel-Permeations-Chromatographie f, Gelchromatographie f || ~ **point** / Gelierpunkt m || ~ **time** / Gelierzeit f
genemotor n / Motor-Generator m, Einankerumformer m
general artificial ventilation / allgemeine technische Belüftung IEC 50(426) || ~ **average** / Havariegröße f || ~ **bits** / allgemeine Bits || ~ **business** / Breitengeschäft n || ~ **colour rendering index** / allgemeiner Farbwiedergabeindex || ~ **contract** / Rahmenvertrag m (siehe auch: Einzelauftrag) || ~ **contractor** / Generalunternehmer m || ~ **data interface** / allgemeine Datenschnittstelle (ADS) || ~ **data record** / Stammdatensatz m || ~ **data sheet** / Stammdatenblatt n || ~ **documentation** / allgemeine Dokumentation
general-diffused light distribution / gleichförmige Lichtverteilung || ~ **lighting** / gleichförmige Beleuchtung
general-diffuse lamp / freistrahlende Lampe, freibrennende Lampe || ~ **luminaire** / freistrahlende Leuchte || ~ **luminaire row** / freistrahlendes Lichtband
general drawing / Gesamtzeichnung f || ~ **illuminance** / Allgemeinbeleuchtungsstärke f || ~ **information** / allgemeine Information || ~ **interrogation command** / Generalabfragebefehl m (FWT) || ~ **interrupt** / Sammelinterrupt m || ~ **layout** / Gesamtanordnung f || ~ **lockout** / Generalsperre f
generalized drawing primitive (GDP) / verallgemeinertes Darstellungselement VDE || ~ **phase control** / Phasenabschnittsteuerung f, Anschnittsteuerung f (LE) VDE 0838,T.1 || ~ **postprocessor** / generalisierter Postprozessor
general lighting / Allgemeinbeleuchtung f
general-lighting-service lamp (GLS lamp) / Allgebrauchslampe f
general-part n / Allgemeinteil n

general map / Übersichtskarte f || ~ **operating conditions** / Funktions-Rahmenbedingungen || ~ **operating test** / Funktionsprüfung f (Schutz) || ~ **operation** / allgemeine Bedienung || ~ **overhaul** / Generalüberholung f, Grundinstandsetzung f || ~ **overview** / allgemeine Übersicht || ~ **part** / Allgemeinteil n || ~ **PLC reset** / Urlöschen n, PLC-Urlöschen n, AG urlöschen || ~ **protection** / übergeordneter Schutz
general-purpose branch circuit / Abzweigstromkreis m (I, f. mehrere Anschlüsse), Verbraucherstromkreis m (f. mehrere Anschlüsse) || **general-purpose cable protection** / Ganzbereichs-Kabelschutz m || ~ **field communication system** / universelles Feldkommunikationssystem EN 50170/2 || ~ **fuse** / Vollbereichsicherung f || ~ **interface bus (GPIB)** / universaler Schnittstellenbus, Mehrzweck-Schnittstellenbus m || ~ **luminaire** / Leuchte für Allgemeinbeleuchtung || ~ **motor** / Motor für allgemeine Anwendungen, Allzweckmotor m || ~ **processor** (NC) ISO 2806-1980 / NC-Prozessor m (NC) DIN 66257 || ~ **register** ISO 2382 / Universalregister n || ~ **single-core non sheathed cable** (HD 21) / Aderleitung f || ~ **switch** IEC 265 / Mehrzweck-Lastschalter m VDE 0670,T.3 || ~ **transformer** / Allzwecktransformator m, Transformator für allgemeine Zwecke
general quote / Sammelangebot f || ~ **requirements** / allgemeine Bestimmungen VDE || ~ **requirements for safety** / allgemeine Sicherheitsbestimmungen || ~ **reset** / Urrücksetzen n || ~ **scan** / Generalabfrage f
general-service tungsten filament lamp / Allgebrauchs-Glühlampe f
general symbol / Grundschaltzeichen n, Grundsymbol n (Figur mit festgelegter Bedeutung, die für eine Familie von Funktionseinheiten oder Baueinheiten charakteristisch ist), allgemeines Schaltzeichen || ~ **tolerance** / Allgemeintoleranz f DIN 7182,T.1 || ~ **view** / Gesamtübersicht f
generate v / erzeugen v, generieren v, erstellen v, bilden v
generating n / Erzeugen n, Generatorbetrieb m || ~ **capacity** / installierte Leistung (KW) || ~ **centre** / Erzeugungszentrum n || ~ **customer prices** / K-Preisbildung f || ~ **gear** / erzeugendes Rad || ~ **grinding** / Wälzschleifen n || ~ **of noise** / Geräuschbildung f || ~ **of vortexes** / Wirbelbildung f || ~ **plant** / Stromerzeugungsanlage f, Kraftwerk n || ~ **set** / Generatorsatz m, Elektroaggregat n, Generatoraggregat n, Generatorgruppe f || ~ **station** / Kraftwerk n
generating-station auxiliaries / Kraftwerks-Hilfsbetriebe $m\ pl$, Eigenbedarfsanlage f || ~ **auxiliary power** / Eigenbedarfsleistung f
generating unit / Generatorsatz m, Elektroaggregat n, Generatoraggregat n, Erzeugereinheit f, Generatorgruppe f
generating-unit storage / Erzeugerspeicher m
generating voltmeter / Hochspannungsmesser nach dem Generatorprinzip
generation n / Erzeugung f, Energieerzeugung f, Bildung f, Generieren n, Generation f, Generierung f, Erstellung f (Programm), Entwicklung f || **signal** ~ / Signalbildung f || ~ **control and scheduling (GCS)** / Kraftwerksführung f || ~ **in steps of 5** / Generierung in Fünfersprüngen (NC) || ~ **interface**

generator 240

/ Erstellungs-Oberfläche f || ~ **mix forecast** IEC
50(603) / Kraftwerkpark-Prognose f,
Erzeugungsprognose f || ~ **of a power station** /
Erzeugung eines Kraftwerks || ~ **of electrical
energy** / Erzeugung elektrischer Energie f,
Stromerzeugung f, Energieerzeugung f || ~ **of
sampling times** / Bildung von Abtastzeiten (SPS) ||
~ **schedule** / Kraftwerks-Einsatzplan m || ~
schedules / Kraftwerksfahrplan m || ~ **software** /
Erstellsoftware f || ~ **system** (power plant) /
Kraftwerkspark m
generator n / Generator m, Stromerzeuger m,
Schwingungserreger m, Geber m (Impulse), Quelle
f, Lichtmaschine f || ~ **bus** /
Generator(sammel)schiene f, Generatorableitung f ||
~ **circuit-breaker** / Generatorschalter m (LS) || ~
control panel / Generatorsteuertafel f,
Generatorfeld n || ~ **coupled to prime-mover front**
/ unechter Wellengenerator || ~ **inherent stability** /
Eigenstabilität des Generators || ~ **in isolated
operation** / Generator im Alleinbetrieb, Generator
im Inselbetrieb || ~ **leads** / Generatorableitung f || ~
main leads / Generatorableitung f,
Generatorausleitung f
generator-mode operation / generatorischer Betrieb
|| ~ **torque** / generatorisches Moment
generator on infinite bus / Generator am starren
Netz || ~ **operation** / Generatorbetrieb m, Betrieb
als Generator, generatorischer Betrieb || ~ **output** /
Generatorleistung f || ~ **panel** / Generatorsteuertafel
f, Generatorfeld n || ~ **pit** / Generatorgrube f || ~
protection / Maschinenschutz m, Maschinenschutz
m || ~ **rating** / Generator-Bemessungsdaten plt,
Generatorleistung f || ~ **reference-arrow system** /
Erzeuger-Zählpfeilsystem n || ~ **rotor** /
Generatorläufer m, Induktor m, Polrad n || ~ **self-
regulation** / Generator-Ausgleichsgrad m || ~ **set** /
Generatorsatz m, Elektroaggregat n,
Generatoraggregat n, Generatorgruppe f || ~
terminal / Generatorklemme f || ~ **torque** /
generatorisches Moment || ~ **transformer** /
Maschinentransformator m, Blocktransformator m
generic actuator group / Stellantriebsfamilie f || ~
address / Gattungsadresse f || ~ **5-axis
transformation** / generische 5-Achs-
Transformation || ~ **communications interface** /
allgemeine Kommunikationsschnittstelle (AKS) || ~
data type / allgemeiner Datentyp || ~ **drugs** /
Generika n pl || ~ **flag** / Allgemeinmerker n || ~
pulse code modulation / allgemeine
Pulscodemodulation || ~ **specification** IEC 512-1 /
Rahmennorm f DIN 41640 || ~ **term** / Oberbegriff
m
Geneva gearing / Maltesergetriebe n
geo axis / Geoachse f, Geometrieachse f
geographical range / geographische Sichtweite
geographically distributed / räumlich verteilt || ~
separated / räumlich verteilt
geomagnetic field / magnetisches Erdfeld
geometrical accuracy / Formgenauigkeit f || ~ **data** /
geometrische Angaben (NC), Geometriewerte m pl
(NC), geometrische Information || ~ **error** /
geometrischer Fehler, Formabweichung f || ~ **locus**
/ geometrischer Ort
geometrically indeterminate / geometrisch
unbestimmt
geometrical orientation / geometrische Orientierung

geometric definition / geometrische Definition || ~
distribution / geometrische Verteilung || ~ **extent** /
geometrischer Leitwert (eines Strahlenbündels),
geometrischer Fluss || ~ **incompatibility** /
geometrische Unverträglichkeit || ~ **mean** /
geometrisches Mittel, geometrischer Mittelwert || ~
modeling / geometrisches Modellieren || ~
positioning data / geometrische Lageinformation
(NC) || ~ **sample** / gerichtete Probe
geometry axis / Geometrieachse f, Geoachse f || ~
data / Geometriedaten pl || ~ **definition** /
Geometriedefinition f || ~ **distortion** /
Geometriefehler m (Osz.), Geometrieverzerrung f
(Osz.) || ~ **element** / Geometrieelement n || ~ **help** /
Geometriehilfe f || ~ **language** / Geometriesprache f
|| ~ **offset** / Geometrieverschiebung f || ~ **resolution**
/ Geometriefeinheit f
geothermal energy / geothermische Energie || ~
power station / geothermisches Kraftwerk
German Air Pollution Control Code / TA-Luft
germanat phosphor / Germanat-Leuchtstoff m
**German Electrical and Electronic Manufacturers
Association** / deutsche Elektroindustrie,
Zentralverband Elektrotechnik- und
Elektronikindustrie e.V. (ZVEI) || ≎ **electrical
industry** / Zentralverband Elektrotechnik- und
Elektronikindustrie e.V. (ZVEI), deutsche
Elektroindustrie || ≎ **Electrotechnical Commission**
/ Deutsche Elektrotechnische Kommission,
Deutsche Kommission für Elektrotechnik (DKE) ||
≎ **Federal Emission Protection Regulations** /
Bundes-Immissions-Schutz-Gesetz n || ≎ **Federal
Testing Laboratory** / Physikalisch-Technische
Bundesanstalt (PTB) || ≎ **Institute for Applied
Lighting Technology** / Deutsches Institut für
Angewandte Lichttechnik (DIAL) || ≎ **Institute for
Occupational Safety** / Berufsgenossenschaftliches
Institut für Arbeitssicherheit (BIA) || ≎ **Institution
for Materials Testing** / Bundesanstalt für
Materialprüfung (BAM) || ≎ **silver** / Neusilber n || ≎
**Statutory Industrial Accident Insurance
Institution** / Berufsgenossenschaft (BG) f
germicidal lamp / Entkeimungslampe f || ~ **radiation**
/ keimtötende Strahlung
GET s. group execute trigger
get operative / wirksamwerden
getter n / Fangstoff m, Getter n, Auffangstoff m || ~
pot / Gettergefäß n
GF s. ground fault
g.f.c.i. s. ground-fault circuit interrupter
g.f.p. s. ground-fault protector || ~ s. ground-fault
protection
ghost shift / Geisterschicht f
GI configuration / GI-Konfiguration f
GIA (gear interpolation data) / GIA
(Getriebsinterpolationsdaten)
Giaever interfering / Giaever-Tunneleffekt m
GIC s. gas-insulated circuit
GIL (gas-insulated line) / gasisolierte
Übertragungsleitung
gill n / Rippe f, Rohrrippe f || ~ **tool** /
Kiemenwerkzeug n
gilled tube / Rippenrohr n
gills n pl / Kiemen pl
GIOS s. graphics input/output system
girder n / Unterzug m, Tragbalken m, Träger m,
Riegel m (eines Einsystemmastes), Untergurt m || ~

structure (between bogies) / Brückenmittelstück *n* (Bahntransportwagen) || ~ **structure tank** / Brückenmittelstückkessel *m*
girth gear / Zahnkranz *m*
GIS s. gas-insulated switchgear
GKS s. graphical kernel system || ~ **level** / GKS-Leistungsstufe *f* || ~ **metafile** / GKS-Bilddatei *f*
glancing incidence / streifender Einfall (Schallwelle)
gland *n* / Stutzen *m*, Einführungsstutzen *m*, Stoffbuchse *f* (Leitungseinführung), Wellendurchführung *f*, Kabelstutzen *m*, Brille *f* || **cable** ~ / Kabelanschlussstutzen *m*, Kabelendverschraubung *f*, Anschlussstutzen *m*, Einführungsbuchse *f* (zum Abdichten einer Kabeleinführung), Schraubstutzen *m*, Kabelstutzen *m* || ~ **fixing plate** / Kabeleinführungsplatte *f* || ~ **follower** / Stopfbuchsenbrille *f*
glandless *adj* / stopfbuchsenlos *adj*
gland plant / Kabelanschlussplatte *f*
glare *v* / grell leuchten, blenden *v*, glänzen *v*, scheinen *v* || ~ *n* / blendendes Licht, Blendung *f*, Grelle *f* || ~ **reflected** ~ / Reflexblendung *f*, Lichtreflex *m* || ~ **control mark** / Blendbegrenzungszahl *f*
glare-free *adj* / blendungsfrei *adj*
glareless *adj* / blendungsfrei *adj*
glare restriction / Blendungsbegrenzung *f* || ~ **source** / Blendlichtquelle *f* || ~ **suppression** / Entblendung *f*
glaring *adj* / grell *adj*, blendend *adj*, schreiend *adj* (Farbe)
glass *n* / Schauglas *n*, Inspektionsöffnung *f*
glass-base lamp / Glassockellampe *f*
glass batch *n* / Gemenge *n* || ~ **bead** *n* / Glasperle *f*
glass-beaded screen / Perlwand *f*
glass bushing / Glasdurchführung *f* || ~ **cloth** / Glasgewebe *n* || ~ **container ware industry** / Hohlglasindustrie *f* || ~ **cover** / Glasabdeckung *f*, Abschlussglas *n* (Leuchte) || ~ **cutting** / Glasschneiden *n* || ~ **cutting machine** / Glasschneidmaschine *f* || ~ **diaphragm resistor** / Glasmembranwiderstand *m* || ~ **dome** / Glasglocke *f* (Leuchte) || ~ **envelope** / Hüllkolben *m* (Lampe) || ~ **fabric** / Glasgewebe *n*, Glasfaser *f*
glass-fabric tape / Glasgewebeband *n*
glass fiber / Glasgarn *n* || ~ **fiber optic cable (glass FOC)** (Glass fiber optic cables (glass fiber optic standard version and glass fiber optic trailing cable) are for indoor and outdoor applications for PROFIBUS and Industrial Ethernet.) / Glas-LWL || ~ **fiber-optic conductor** / Glasfaserlichtleiter *m*
glass-fibre / Glasfaser *f* || ~ **cable** / Glasfaserkabel *n* (GFK), Lichtwellenleiter(kabel) *m(n)* || ~ **cord** / Glaskordel *f* || ~ **laminate** / Glasschichtstoff *m*, glasfaserverstärkter Kunststoff, Hartglasgewebe *n*
glass-fibre mat / Glasfasermatte *f*
glass-fibre-mat-reinforced polyester moulding material / glasmattenverstärkte Polyester-Pressmasse
glass-fibre-reinforced *adj* / glasfaserverstärkt *adj* || ~ **reinforced insulating material** / glasfaserverstärker Isolierstoff || ~ **plastic** / glasfaserverstärkter Kunststoff, Glasfaserkunststoff *m* (GFK) || ~ **reinforced polyester** / Polyester-Glasfaser *f*
glass-fibre roving / Glasseidenstrang *m* || ~ **tape** / Glasfaserband *n* || ~ **yarn** / Glasgarn *n*
glass filament / Glasseide *f*
glass-filament braid / Glasfaserbeflechtung *f*

glass-filament-braided heat-resistant (nonsheathed) cable / hitzebeständige Aderleitung mit zusätzlichem mechanischem Schutz (m.Glasfaserbeflechtung)
glass-filament braiding / Glasseidenbespinnung *f* || ~ **strand** / Glasseiden-Spinnfaden *m* || ~ **yarn** / Glasseidengarn *n*
glass FOC (glass fiber optic cable) / Glas-LWL
glass globe / Kugelglas *n* (Leuchte) || ~ **grinding machine** / Glasschleifmaschine *f* || ~ **laminate** / Glasfaserschichtstoff *m*, Glasschichtstoff *m*
glass-lined cap / Sockel mit hochgezogenem Glasstein
glass-mat base laminate / Hartmatte *f* (Hm)
glass processing / Glasbearbeitung *f*
glass-reinforced *adj* / glasfaserverstärkt *adj* || ~ **plastic (GRP)** / Glasfaserkunststoff *m* (GFK), glasfaserverstärkter Kunststoff
glass silk / Glasseide *f* || ~ **through** / Glaswanne *f* || ~ **transition temperature** / Glasübertragungstemperatur *f* || ~ **tube** / Glasröhre *f*, Glaskolben *m* (Leuchtstofflampe)
glaze *n* / Glasur *f*, Lasur *f*, glasige Oberfläche, Glanz *m*, Glätte *f*, Politur *f* || ~ **fault** / Glasurfehler *m*
glazing *n* / Verglasung *f*, Spiegelglätte *f* (Komm.)
GLC s. gas-liquid chromatography
glidepath transmitter (GPT) / Gleitwegsender *m* (GPT)
glitch *n* / Störimpuls *m*, Wechselstörung *f*, Störspitze *f*, Glitch *m*, Überschwingimpuls *m*, Glitchimpuls *m* || ~ **area** / Wechselstörungsfläche *f* || ~ **energy** / Wechselstörungsenergie *f* || ~ **filter** / Störimpulsfilter *n* || ~ **memory** / Störimpulsspeicher *m* (Glitch-Speicher) || ~ **recognition** / Störimpulserkennung *f* (Glitch-Erkennung) || ~ **trigger** / Störimpuls-Triggerung *f* (Glitch-Triggerung)
global bus / Globalbus *m* (G-Bus) || ~ **data** / globale Daten || ~ **data (GD)** / Globaldaten (GD) *pl*, Grunddaten (GD) *pl* || ~ **data base** / Globaldatenbank *f* || ~ **data block** / Globaldatenbaustein *m* || ~ **data circle (GD circle)** / Globaldaten-Kreis (GD-Kreis) *n*, Globaldatenkreis *m* || ~ **data packet (GD packet)** / Globaldaten-Paket (GD-Paket) *n* || ~ **geometry** / globale Geometrie || ~ **I/O** / globale Peripherie || ~ **jump step** / globaler Sprungschritt || ~ **memory** / Globalspeicher *m* || ~ **message** / Globalmeldung *f* || ~ **parameter** / globaler Parameter || ~ **player** / weltweit tätiges Unternehmen || ~ **program** / globales Programm || ~ **release** / Gesamtfreigabe *f* || ~ **scope** / globaler Geltungsbereich, globaler Anwendungsbereich || ~ **solar radiation** / Globalstrahlung *f* || ~ **title** / globale Bezeichnung DIN ISO 7498 || ~ **user data (GUD)** / globale Anwenderdaten, GUD || ~ **validity** / globale Gültigkeit
globe *n* / Kugel *f*, Globus *m*, Erdkugel *f*, Leuchtenglocke *f* || ~ **luminaire** / Kugelleuchte *f* || ~ **photometer** / Kugelfotometer *n* || ~ **spotlight** / Kugelstrahler *m* || ~ **type valve** / Stellventil *n*, valve / Kugelventil *n*, Durchgangsventil *n*, Hubventil *n*
globoid worm / Globoidschnecke *f*
globule size / Tropfengröße *f* (SchwT)
gloss *n* (of a surface) / Glanz *m*
glossary *n* / Glossar *n*, Stichwortverzeichnis *n*,

Fachwörterbuch n, Wörterliste f
glossmeter n / Glanzmessgerät n, Glanzmesser m
glossy surface / glänzende Oberfläche
glow n / Glühen n, Glut f
glow-bar test / Glühstabprüfung f
glow discharge / Glimmentladung f || **~ discharge tube** / Glimmentladungsröhre f || **~ fuse** / Glimmsicherung f || **~ heat** / Gluthitze f
glowing fire / Glut f
glow lamp / Glimmlampe f || **~ starter** / Glimmstarter m || **~ switch starter** / Glimmstarter m
glow-to-arc transition / Bogen-Glimmentladungs-Übergang m
glow-wire test / Glühdrahtprüfung f
GLS lamp s. general-lighting-service lamp
glue application / Kleberauftrag m
glued adj / geleimt adj
gluelam timber / Leimholz n
glue splice / Klebepleiß m (LWL)
gluing machine / Verleimautomat m
GND (ground signal) / GND
go, to ~ askew / schieflaufen v (Förderband) || **to ~ to local** / auf Eigensteuerung schalten (PMG) || **to ~ to standby** / in Bereitschaftszustand gehen (PMG)
goal-directed programming / Programmierung durch Definition des Zwecks
GO and NOT-GO gauge / Toleranzlehre f
go bright / aufleuchten v, leuchten v
go channel / Vorwärtskanal m IEC 50(704) || **~ lower than** / unterschreiten v
godet n / Galette f || **~ converter** / Galettenumrichter m || **~ motor** / Galettenmotor m
GO end / Gutseite f (Lehre) || **~ gauge** / Gutlehre f, Hineinlehre f
GO-gauge ring / Gutlehrring m
goggles plt / Brille f, Schutzbrille f
go home ISO 3592 / Grundstellung f (NC, CLDATA-Wort)
going (terminal) entry / Gehen-Buchung f
gold-flashed adj / hauchvergoldet adj
gold plate / Goldplattierung f
gold-plated adj / vergoldet adj, oberflächenvergoldet adj
Goliath cap / Goliathsockel m (E 40)
gon n / Neugrad m, Gon n
goniometer n / Goniometer n
goniophotometer n / Goniophotometer n, Lichtverteilungsmessgerät n
gonioradiometer n / Gonioradiometer n
Good Automation Manufacturing Practice (GAMP) / GAMP || **Good Manufacturing Practice directives (GMP directives)** / GMP-Richtlinien f pl
good moving property / Leichtgängigkeit f
goodness factor / Gütefaktor m, Güteziffer f
goods-in inspection / Wareneingangsprüfung f, Wareneingangsinspektion und -prüfung f, Eingangsprüfung f (Annahmeprüfung an einem zugelieferten Produkt), Warenannahmeprüfung (WA-Prüfung) f, Wareneingangsrevision f
goods-inwards inspection / Warenannahmeprüfung (WA-Prüfung) f, Wareneingangsprüfung f, Wareneingangsrevision f, Wareneingangsinspektion und -prüfung f, Eingangsprüfung f (Annahmeprüfung an einem zugelieferten Produkt)
goods lift / Lastenaufzug m, Kleinlastenaufzug m || **~**

received / Wareneingang m
GO side / Gutseite f (Lehre)
Goß texture / Goß-Textur f
GO-TO instruction (o. statement) / Bewegungsanweisung f (NC) || **~ statement** / Sprunganweisung f, Verzweigungsanweisung f
govern v / regeln v (Drehz.), lenken v, bestimmen v
governed overspeed / Regulierdrehzahl f
governing speed band / Drehzahlregelbereich m (Turb.-Regler)
government inspection / amtliche Güteprüfung || **~ organisation** / Regierungsorganisation f || **~ quality assurance** (AQAP) / amtliche Qualitätssicherung, Güteprüfung durch den öffentlichen Auftraggeber
governor n / Regler m, Drehzahlregler m, Fliehkraftregler m || **overspeed ~** / Drehzahlwächter m (mech., Turbine) || **~ generator** / Pendelgenerator m (Turb.-Regler) || **~ motor** / Pendelmotor m || **~ pendulum** / Reglerpendel n || **~ speed changer** / Drehzahl-Verstelleinrichtung f
GPIB s. general-purpose interface bus
G-profile rail / G-Schiene f EN 50023
GPT s. glidepath transmitter
grab n / Greifer m (Kran)
grabbing, frame ~ / Rahmenmethode f (Bildauswertung)
grab bucket / Greifer m (Kran) || **~ container** / Greifbehälter m || **~ differential limit switch** / Greifer-Differential-Endschalter m || **~ tray** / Greifschale f || **~ winch** / Greiferwinde f
graceful degradation / herabgesetzte Arbeitsweise (einen Systemausfall bei einem fehlerhaften Gerät verhindernd)
grad. (graduation) / Skt (Skalenteil)
grade v / abstufen v, einstufen v || **~** n / Grad m, Sorte f, Güteklasse f, Gütegrad m (Statistik, QS), Qualität f, Erdoberfläche f, Geländeoberfläche f, Anspruchsniveau n, Neugrad m, Stufe f || **response ~** / Ansprechklasse f (Brandmelder) || **~ classification** / Sorteneinteilung f || **~ crossing** / niveaugleiche Kreuzung, niveaugleicher Bahnübergang
graded adj / abgestuft adj, gestaffelt adj, (potential)gesteuert adj, sortiert adj
graded-base transistor / Drifttransistor m
graded gap / gesteuerte Funkenstrecke
graded-gap machine / Maschine mit abgestuftem Luftspalt
graded-index fiber (o. fibre) / Gradientenfaser f, Gradientenindexfaser f (LWL)
graded-index optical waveguide / Gradientenfaser f (LWL) || **~ profile** / Gradientenindexprofil n (LWL)
graded-insulated winding / abgestuft isolierte Wicklung
graded insulation / abgestufte Isolation (Trafo) || **~ spark gap** / gesteuerte Funkenstrecke
graded-time relay / Relais mit gestaffelter Laufzeit
graded time setting / abgestufte Zeiteinstellung
graded-time step-voltage test / zeitabhängige Prüfung mit stufenweise erhöhter Spannung
graded winding / abgestufte Wicklung
grade-level access / ebenerdiger Zugang
grade of accuracy / Genauigkeitsgrad m (Fertigung) DIN 7182,T.2 || **~ of balance** / Auswuchtgüte f, Auswuchtgrad m, Schwinggüte f || **~ of hardness** / Härtegrad m || **~ of membership** / Wahrheitswert m

gradient *n* / Gradient *m*, Steigung *f*, Gefälle *n* ||
potential ~ / Potentialgefälle *n*, Spannungsgefälle *n*
|| ~ **elution** / Gradientenelution *f* || ~ **force** /
Gefällskraft *f* || ~ **methods** / Gradientenverfahren *n*
grading *n* / Abstufung *f*, Stufung *f*, Staffelung *f*
(Schutz), Klassierung *f*, Potentialsteuerung *f* ||
potential ~ / Potentialsteuerung *f*, Feldsteuerung *f* ||
~ **according to mass** / Klassieren nach Gewicht || ~
capacitor / Steuerkondensator *m* || ~ **current** /
Steuerstrom *m* (Ableiter) || ~ **curve** /
Staffelkennlinie *f* || ~ **earth electrode** / Steuererder
m || ~ **layer** / Steuerbelag *m* || ~ **lines** / Staffellinie *f*
|| ~ **margin** / Sicherheitszeit *f* (Staffelzeit) || ~ **rate** /
Klassierfolge *f* || ~ **resistor** / Steuerwiderstand *m*
(Ableiter) || ~ **ring** / Schirmring *m*
(Potentialsteuerung), Strahlungsschutzring *m*,
Potentialfederring *m*, Potentialsteuerring *m* || ~
screen / Schirm zur Potentialsteuerung || ~ **time** /
Staffelzeit *f* (Schutz)
graduable magnet valve / Regelmagnetventil *n*
gradual *adj* / allmählich *adj*, stufenweise *adj* || ~
change / allmähliche Änderung, schwelende
Änderung || ~ **failure** / Driftausfall *m*, driftend
auftretender Teilausfall || ~ **increase of voltage** /
Spannungshochfahren *n*, Spannungsfahrt *f*
graduate *v* / in Grade einteilen, einteilen *v*, staffeln *v*
graduated *adj* / abgestuft *adj* || ~ **brake** / mehrlösige
Bremse || ~ **circle** / Teilkreis *m*, Kreisteilung *f* || ~
index / Strichgitterteilung *f* || ~ **scale strip** /
Skalenband *n* || ~ **vessel** / Messgefäß *n*
graduating of brake action / Staffelung der
Bremswirkung
graduation *n* / Gradeinteilung *f*, Maßteilung *f*,
Skalenteilung *f*, Teilstrich *m*, Graduierung *f*,
Abstufung *f*, Staffelung *f* || ~ **line** / Teilstrich *m* || ~
mark / Teilstrich *m* (Skale)
G rail / G-Schiene *f* EN 50035
grain boundary / Korngrenze *f*
graining *n* / Körnung *f*
grain of the metal / Korn(orientierung) des Metalls,
Walzrichtung *f* || ~ **orientation** / Kornorientierung *f*,
Kristallorientierung *f*
grain-oriented *adj* / kornorientiert *adj*
grain size / Korngröße *f*, Teilchengröße *f* || ~ **size
distribution** / Korngrößenverteilung *f*, Körnung *f*,
Kornverteilung *f*
grainy frost / körnige Mattierung
grammage *n* / Flächengewicht *n*, flächenbezogene
Masse
Gramme ring / Grammescher Ring, Ringanker *m* || ~
winding / Grammesche Wicklung
grammophoning *n* / Rillenbildung *f* (Komm., feine
Rillen in Bändern)
grant daisy-chain line / Zuteilungsprioritätskette *f*
(Bussystem)
granularity of timers / Granularität von Zeiten
graph *n* / Grafik *f*, Schaubild *n*, Graph *m*, Kurvenbild
n, Kurvenblatt *n*, grafische Darstellung, Diagramm
n || ~ **group** / Graphengruppe *f*
graphic *n* / Grafik *f*, grafisch *adj*
graphical innovation / Aufruf in graphischer Form ||
~ **interactive test device** / graphisches und
interaktives Prüfgerät || ~ **kernel system (GKS)** /
grafisches Kernsystem (GKS) || ~ **representation** /
grafische Darstellung || ~ **symbol** / Schaltzeichen *n*,
Schaltsymbol *n*, Sinnbild *n*, Bildzeichen *n* || ~
trend chart / grafische Trendanzeige || ~ **user**

interface / Grafik-Benutzeroberfläche *f*
graphic area / Grafikbereich *m* || ~ **character** /
Schriftzeichen *n* || ~ **display** / Grafikanzeige *f*,
Grafikbild *n* (Vgl.: projektiertes Grafikbild und
zugeschnittenes Grafikbild), Bilddarstellung *f* || ~
display element / grafisches Grundelement (o.
Bildelement) || ~ **editor** / Grafikeditor *m* || ~ **film
recorder** / Grafik-Fotoplotter *m* || ~ **mode** /
Graphikbetrieb *m* || ~ **photoplotter** / Grafik-
Fotoplotter *m* || ~ **plotter** / Kurvenschreiber *m*,
Plotter *m* || ~ **primitive** / grafisches
Darstellungselement || ~ **rendition** / Darstellungsart
f (Formatsteuerfunktion) || ~ **representation** /
bildliche Darstellung
graphics *n pl* / Grafik *f* || **semi** ~ / Halbgraphik *f*,
Semigraphik *f* || ~ **attribute** / Graphikattribut *n*
graphics-based workstation / Graphikarbeitsplatz *m*
graphics controller / Graphik-Anschaltung *f*,
Grafikanschaltung *f* || ~ **device operating system
(GDOS)** / Grafikgerät-Betriebssystem *n* || ~
display unit / Grafiksichtgerät *n*, Grafikterminal *n*
|| ~ **editor** / Graphik-Editor *m* || ~ **input/output
system (GIOS)** / Grafik Eingabe-/Ausgabesystem
n || ~ **interface** / Grafikoberfläche *f* || ~ **macro** /
Grafikmakro *n* || ~ **mask** / Grafikmaske *f* || ~ **mode** /
Grafikbetrieb *m* || ~ **module** / Grafikbaugruppe *f* || ~
processor / Grafikprozessor *m*, Graphik-Prozessor
m
graphics-supported *adj* / grafikunterstützt *adj*
graphics terminal / Grafikterminal *n* || ~
workstation / Grafikarbeitsplatz *m* (GA)
graphic symbol / Schaltzeichen *n*, Schaltsymbol *n*,
Sinnbild *n*, Bildzeichen *n*
graphite-black *adj* / graphitschwarz *adj*
graphite brush / Graphitbürste *f* || ~ **intercalated
compound** / Graphit-Interkalationsverbindung *f*
graphite-treated paper / Graphitpapier *n*
graphitic corrosion / Spongiose *f*
graphitized paper / Graphitpapier *n*
grass / Grundgeräusch *n*, Hintergrundrauschen *n*,
Ruhegeräusch *n*, Hintergrundgeräusch *n*,
Eigenrauschen *n*
grate *n* / Gitter *n*, Rost *m*
graticule *n* (oscilloscope) / Raster *n* (Osz.) || ~ **line** /
Rasterlinie *f* (Osz.)
grating *n* / Gitter *n*, optisches Gitter, Strichgitter *n* || ~
diffraction ~ / Beugungsgitter *n*, optisches Gitter ||
optical ~ / optischer Raster, optisches Gitter,
fotoelektrisches Strichgitter || ~ **constant** /
Gitterkonstante *f* || ~ **pitch** / Maßstabteilung *f* (NC)
gravimetric method / gravimetrisches Verfahren
gravitational acceleration / Erdbeschleunigung *f*,
Fallbeschleunigung *f* || ~ **balancing machine** /
Abrollbock *m* (Auswuchtgerät) || ~ **force** /
Schwerkraft *f* || ~ **force density per unit length** /
Schwerkraftbelag *m*
gravity *n* / Schwerkraft *f*, Schwere *f* || ~ **axis of** ~ /
Schwerpunktachse *f* || **centre of** ~ / Schwerpunkt *m*,
Massenmittelpunkt *m*, Trägheitsmittelpunkt *m* || **to
flow by** ~ / drucklos fließen || ~ **brake** /
Fallgewichtsbremse *f* || ~ **constant** / Normal-
Fallbeschleunigung *f* || ~ **dam** /
Schwergewichtsmauer *f*
gravity-feed oiler / Tropföler *m* || ~ **oil lubrication** /
Spülölschmierung *f*, Tropfölschmierung *f*,
Schmierung durch Ölberieselung
gravity lubrication / Spülölschmierung *f*,

Gray 244

Tropfölschmierung *f*, Schmierung durch Ölberieselung
Gray code / Gray-Code *m*, Drei-Exzess-Gray-Code *m*
Gray-code A/D converter / Gray-Code-A-D-Umsetzer *m*, Kaskadenwandler *m*
Gray-coded excess-3 BCD / Drei-Exzess-Gray-Code *m*, Gray-Code *m*
Gray excess three code / Drei-Exzess-Gray-Code *m*, Drei-Überschuss-Gray-Code *m*
gray level / Graustufe *f*
gray-scale and color evaluation / Grau- und Farbbildauswertung *f* || **~ image** / Graubild *n*
gray tone / Graustufe *f* || **~ unit distance code** / Drei-Exzess-Gray-Code *m*, Gray-Code *m*
grazing incidence / streifender Einfall (Schallwelle)
grease *v* / mit Fett schmieren, schmieren *v*, einfetten *v*, abschmieren *v* || **~ n** / Fett *n*, Schmierfett *n* || **~ charge** / Fettfüllung *f* || **~ cup** / Fettbüchse *f*, Stauferbüchse *f*
greased-for-life bearing / Lager mit Dauerschmierung
grease gun / Fettpresse *f*, Schmierpresse *f*, Fettspritze *f*
grease-lubricated bearing / Lager mit Fettschmierung, fettgeschmiertes Lager
grease lubrication / Fettschmierung *f* || **~ nipple** / Fettschmiernippel *m*, Schmiernippel *m*, Schmierkopf *m* || **~ packing** / Fettfüllung *f*
greaseproof paper / fettdichtes Papier
grease-resistant *adj* / fettbeständig *adj*
grease slinger / Schleuderscheibe *m* (Lg.), Reglerscheibe *f*, Fettmengenregler *m* || **~ solvent** / Fettlösungsmittel *n* || **~ stability time** / Fettstandzeit *f* || **~ valve** / Fettmengenregler *m*
greasing nipple / Fettschmiernippel *m*, Schmierkopf *m*, Schmiernippel *m*
greasy lubrication / Grenzschmierung *f*
greater than / größer als DIN 19239 || **~ than or equal to** / größer gleich DIN 19239
green boundary / Grünlinie *f* || **~ filter** / Grünfilter *n*
Greinach cascade / Greinacher Kaskade
grey body / grauer Körper, grauer Strahler || **~ level** / Graustufe *f*
grey-scale picture / Grauwertbild *n*, Graubild *n* || **~ value** / Grauwert *m*
grid *n* / Gitter *n*, Netz *n*, Verbundnetz *n*, Raster *m*, Strichgitter *n*, Netzverbund *m* || **~ modular** ~ / modularer Raster DIN 30798,T.1 || **~ routing** ~ / Entflechtungsraster *m* (CAD) || **~ screen** ~ / Bildschirmraster *m*, Schirmgitter *n* || **~ bias voltage** / Gittervorspannung *f* || **~ ceiling** / Rasterdecke *f*
grid/cathode driving voltage / Hellsteuerspannung *f* (ESR), Modulationsspannung *f*
grid control / Gittersteuerung *f*
grid-controlled arc discharge tube / gittergesteuerte Bogenentladungsröhre
grid coordinate / Rasterkoordinate *f* || **~ coordinate system** / Rasterkoordinatensystem *n* || **~ coupling transformer** / Netzkuppeltransformator *m* || **~ current** / Gitterstrom *m* (ESR) || **~ cut** / Gitterschnitt *m* || **~ dimensions** / Rastermaße *n pl* (ET) || **~ direction** / Rasterrichtung *f* || **~ driving power** / Gittersteuerleistung *f* || **~ driving voltage** / Gittereingangsspannung *f* || **~ element spacing** / Rasterabstand *m* || **~ factor** / Rasterungsfaktor *m* (Plotter) || **~ gas** / Ferngas *n* || **~ input power** /

Gittereingangsleistung *f* || **~ input voltage** / Gittereingangsspannung *f* || **~ of holes** / Punktegitter *n*, Lochgitter *n*, Lochraster *n* || **~ pattern** / Raster *n*, Rasteraufbau *m*, Gitter *n* (bei photoelektrischen Wegmesssystemen die Teilscheibe oder der Maßstab, auf dem abwechselnd helle und dunkle Teilstriche untergebracht sind, die von Photozellen abgetastet werden), Strichgitter *n*
grid-oriented packaging system / rastergebundenes Einbausystem
grid plate / Gitterplatte *f* (Batt.) || **~ point** / Gitterpunkt *m* (NC, BSG-Raster), Rasterpunkt *m* (siehe SSFK) || **~ pulse** / Gitterimpuls *m* (Hg-Ventil) || **~ spacing** / Rasterabstand *m*, Rastereinheit *f*
grid-spring coupling / Schlingfederkupplung *f*, Schlangenfederkupplung *f*, Bibby-Kupplung *f*
grid system / Rastersystem *n* (ET) || **~ transformer** / Gitterübertrager *m*
grid-type earth electrode / Maschenerder *m* || **~ plate** / Gitterplatte *f* (Batt.)
grillage foundation / Schwellengründung *f*, Schwellenfundament *n*
grind *n* / Schleifen *n*
grinder *n* / Schleifer *m*, Schleifmaschine *f*
grinding belt / Schleifband *n* || **~ non-circular** ~ / Unrundschleifen *n*, Unrunddrehen *n* || **~ control** / Schleifsteuerung *f* || **~ cycle** / Schleifzyklus *m* || **~ function** / Schleiffunktion *f* || **~ machine** / Schleifmaschine *f*, Schleifer *m* || **~ point** / Schleifstift *m* || **~ rig** / Schleifvorrichtung *f*, Abschleifvorrichtung *f* || **~ spindle** / Schleifspindel *f*, Schleifkopf *m* || **~ velocity** / Schleifgeschwindigkeit *f* || **~ wheel** / Scheibe *f*, Schleifscheibe *f* || **~ wheel drive** / Schleifscheibenantrieb *m* || **~ wheel peripheral speed (GWPS)** (Übersetzung aus Alarmtexten) / Umfangsgeschwindigkeit *f*, Schleifscheibenumfangsgeschwindigkeit (SUG) *f*, Scheibenumfangsgeschwindigkeit (SUG) *f* || **~ wheel radius compensation (GRC)** / Schleifscheibenradiuskorrektur (SRK) *f* || **~ wheel spindle** / Schleifscheibenspindel *f* || **~ wheel surface speed** / Umfanggeschwindigkeit *f*, Umfangsgeschwindigkeit *f*, Scheibenumfangsgeschwindigkeit (SUG) *f*, Schleifscheibenumfangsgeschwindigkeit (SUG) *f* || **~, winding end** / Schliff Windungsende || **~ worm** / Schleifschnecke *f*
grip *n* / Griff *m*, Einspannvorrichtung *f*, Klemmlänge *f*, Zugentlastungsschelle *f*, Verdrehsicherung *f*, Haftvermögen *n*, Grifffläche *f* || **~ cable** ~ / Kabelzugentlastung *m*, Kabelziehstrumpf *m* || **~ cord** ~ / Zugentlastungsschelle *f* (Kabel), Zugentlastungsklemme *f* || **~ insulation** ~ / Isolationshalterung *f* (EMB) || **~ end** / Griffstück *n* || **~ lug** / Grifflasche *f*
gripper *n* / Greifer *m* (Roboter), Greifwerkzeug *n*, Wechselarm *m* || **~ axis** / Greiferachse *f* || **~ fixture** / Aufspannvorrichtung *f* || **~ location** / Greiferplatz *m* || **~ position** / Greifposition *f*
grip protection / Umgreifschutz *m*
grip-roller clutch / Klemmrollenkupplung *f*
grit *n* / Grieß *m*, Abrieb *m*, Schleifstaub *m*
grommet *n* / Vielfachdichtung *f*, Durchführungstülle *f*, Durchführungsdichtung *f*, Tülle *f* || **~ ferrule** /

Dichtungsdruckhülse f || ~ **follower** / Dichtungsdruckhülse f || ~ **nut** / Tüllenmutter f, Dichtungsmutter f || ~ **wire range** / Leiterbereich der Dichtung
groove v / nuten v, riffeln v, Einstechen n, Zarge f || ~ n / Nut f, Rille f, Riefe f, Einstich m, Eindrehung f || ~ **base** / Nutgrund m, Einstichgrund m
grooved adj / genutet adj, gerillt adj, rillig adj || ~ **cable** / Kammerkabel n || ~ **dowel** / Kerbstift m
groove depth / Einstichtiefe f || ~ **diameter** / Einstichdurchmesser m
grooved pin / Kerbstift m, Knebelkerbstift m || ~ **pole** / Rillenpol m || ~ **rotor** / Rillenläufer m || ~ **shaft** / Rillenwelle f, Keilwelle f || ~ **slipring** / gerillter Schleifring
groove edge / Einstichrand m || ~ **for retaining ring** / Nut für Sicherungsring || ~ **milling** / Nutfräsen n || ~ **milling pattern** / Fräsbild Nut || ~ **n-corner** / n-Ecknut f || ~ **position** / Einstichlage f
groove profile / Rillenprofil n DIN 4761 || ~ **sawing** / Nutsägen n || ~ **track** / Rillenverlauf m DIN 4761 || ~ **width** / Einstichbreite f
grooving n / Muldenbildung f (Komm.), Einstechen n, Nuten n, Einstechhobeln n || ~ **cycle** / Einstechzyklus m, Einstichzyklus m || ~ **insert** / Stechplatte f (vgl. Platte, Werkzeughalter, Werkzeug) || ~ **tool** / Einstechmeißel m, Einstecher m, Einstechstahl m, Stecher m, Stechmeißel m
gross baud rate / Bruttodatenrate f (Baud) || ~ **generation** / Bruttoerzeugung f (KW) || ~ **head** / Bruttofallhöhe f (WKW) || ~ **installed capacity** / Bruttoleistung f (KW) || ~ **intensity** / Bruttointensität f (RöA) || ~ **maximum capacity** / Bruttohöchstlast f || ~ **output** / Bruttoleistung f (Generatorsatz), Gesamtleistung f || ~ **payment for repair** / Reparaturpauschale f || ~ **thermal efficiency** (of a set) / thermischer Brutto-Wirkungsgrad || ~ **volume** / Bruttoinhalt m || ~ **weight** / Bruttogewicht n || ~/**net weighing machine** / Brutto/Netto-Waage f
ground v / erden v, mit Erde verbinden, an Erde legen, geschliffen adj || ~ n / Erde f, Bezugserde f, Erdung f, Masse f, Erdungssammelleiter m, Gestellerde f, Erdleiter m || **electronic** ~ / Elektronikerdung f, Elektronikmasse f || **logic** ~ IEC 625 / logische Masse (Erde) || ~ **acceleration** / Erdbodenbeschleunigung f || ~ **bus** / Erdungssammelleitung m VDE 0100,T.200, Erdungssammelschiene f, Haupterdungsschiene f, Sammelerder m || ~ **cable** / Schleppkette f || ~ **clamp** / Erdungsschelle f, Erdklemme f (Schweißgerät), Erdungsblech n, Erdungsrohrschelle f || ~ **clearance** / Bodenabstand m, minimaler Bodenabstand (Freiltg., IEC 50(466)), Bodenfreiheit || ~ **conductor** / Erdleiter m, Erdungsleiter m || ~ **connection** / Erdungsanschluss m, Erdanschluss m, Massenanschluss m, Erdleitung f || ~ **connection system** / Bodenanschlusssystem n || ~ **connector** / Erdungsverbinder m, Erdungsbrücke f, Erdungslasche f || ~ **contact** / Erd(ungs)kontakt m, Schutzkontakt m, Schutzkontaktstück n || ~ **contact tube** / Kontakthülse des Schutzkontakts
ground-continuity conductor / Erd-Sammelleiter m, Erdungsleiter m (Kabel), Erdschutzleiter m
ground conveyor n / Flurförderer m
ground-coupled interference / erdgekoppelte Störung
ground current / Erdstrom m, Erdleitungsstrom m, vagabundierender Strom
ground-current equalizer / Erdstromausgleicher m || ~ **limiter** / Fehlerstrombegrenzer m (f. Erdschlussstrom)
ground detector / Erdschlussprüfer m, Erdschlussanzeiger m || ~ **detector lamp** / Erdschlussmeldelampe f || ~ **differential protection** (USA) / Nullstrom-Differentialschutz m IEC 50(448)
grounded adj / geerdet adj, mit Erdverbindung || ~ **concentric wiring system** / Leitungssystem mit geerdetem konzentrischem Außenleiter || ~ **fault** / Fehler mit Erderhöhung || ~ **incoming supply** / geerdete Einspeisung || ~ **neutral** / geerdeter Sternpunkt, geerdeter Nullpunkt
grounded-neutral system / Netz mit geerdetem Sternpunkt, geerdetes Netz
grounded potential transformer / einpolig isolierter Spannungswandler
ground electrode / Erder m, Erdelektrode f || ~ **end plate** / Bodenplatte f, Bodenblech n, Bodenabdeckung f, Bodenabschlussplatte f || ~ **fault (GF)** / Erdschluss m, Erdfehler m || ~ **fault back-up protection** / Erdfehler-Reserveschutz m || ~ **fault detector module** / Erdschlussmodul n || ~ **fault direction detection** / Erdschluss-Richtungsbestimmung f
ground-fault arc / Erdschlusslichtbogen m || ~ **circuit interrupter (g.f.c.i.)** / Fehlerstrom-Schutzschalter m (FI-Schalter) || ~ **circuit protection** / Erdschlussschutz m || ~ **compensation** / Erdschlusskompensation f || ~ **current** / Erdschlussstrom m, Erdkurzschlussstrom m, Erdfehlerstrom m || ~ **detector** / Erdschlusssuchgerät n || ~ **location** / Erdschlussstelle f, Erdschlussbestimmung f || ~ **loop impedance** / Impedanz der Fehlerschleife, Schleifenimpedanz f || ~ **monitor** / Erdschlussüberwachungsgerät n, Isolationswächter m, Leitungswächter m, Erdschlusswächter m || ~ **monitoring** / Erdschlussüberwachung f || ~ **neutralizer** / Erdschlusslöschspule f (ESp) VDE 0532,T.20, Erdschlusslöscher m, Löschspule f
ground-fault-neutralizer-grounded system / Netz mit über Löschspule geerdetem Sternpunkt, induktiv geerdetes Netz, Netz mit Erdschlusskompensation, gelöschtes Netz
ground-fault neutralizing / Erdschlusslöschung f || ~ **protection (g.f.p.)** / Erdschlussschutz m || ~ **protector (g.f.p.)** / Erdschluss-Schutzgerät n, Fehlerschutzschalter m || ~ **reactor** / Erdschlussspule f, Gestelldrossel f || ~ **relay** / Erdschlussrelais n, Erdschlussschutzrelais n
ground-fault-resistant adj / erdschlussfest adj
ground-fault test / Erdschlussprüfung f
ground flash / Erdblitz m || ~ **flash density** / Erdblitzdichte f (Zahl der Erdblitze je Quadratkilometer und Jahr) || ~ **illuminance curve** / Bodenbeleuchtungskurve f
ground-in adj / eingeschliffen adj
ground indicator / Erdschlussanzeiger m, Erdschlussmelder m || ~ **indicator relay** / Erdschlussmelderelais m, Erdschlusswächter m
grounding n / Erdung f, Erden n, Erdanschluss m,

grounding-switch 246

Schutzleiteranschluss *m* || ~ **bar** / Erdungsschiene *f* (Anschlussschiene) || ~ **blade** / Erdungsmesser *n* (am SG) || ~ **cable** / Erdungskabel *n*, Erdungsseil *n*, Erdungsleitung *f* || ~ **conductor** / Erdungsleiter *m* VDE 0100,T.200, Erdleiter *m*, Erdungsleitung *f*, geerdeter Schutzleiter || ~ **connector** / Steckverbinder mit Erdanschluss, Schutzkontakt-Steckverbinder *m* || ~ **electrode** / Erder *m*, Erdelektrode *f* || ~ **electrode conductor** / Erderanschlussleiter *m*, Erdungsleiter *m* || ~ **inductor** / Erdinduktivität *f* || ~ **jumper** / Erdungsverbinder *m*, Erdungsbrücke *f*, Erdungslasche *f* || ~ **network** / Erdungsnetz *n*, Erdernetz *n* || ~ **outlet** / Schutzkontakt-Steckdose *f*, SCHUKO-Steckdose *f* || ~ **pad** / Erdungsplatte *f*, Erdungsklemmenplatte *f* || ~ **pin** / Schutzkontaktstift *m* || ~ **pipe** / Erdungsrohr *n* || ~ **plug** / Schutzkontakt-Stecker *m*, SCHUKO-Stecker *m* || ~ **point** / Erdungspunkt *m* || ~ **pole** / Erdungsstange *f* || ~ **position** / Erdungsstellung *f* VDE 0670,T.6 || ~ **rail** / Erdungsschiene *f*, Erdschiene *f* || ~ **reactor** / Erdungsdrossel *f*, Erdstrom-Schutzdrossel *f*, Übertragerdrossel *f* || ~ **resistance** / Erdungswiderstand *m* (Summe von Ausbreitungswiderstand des Erders und Widerstand der Erdungsleitung) || ~ **rod** / Erdungsstab *m*, Staberder *m* || ~ **strap** / Erdungslasche *f* || ~ **switch** / Erdungsschalter *m* VDE 0670,T.2
grounding-switch truck / Erdungsschalterwagen *m*, Erdungswagen *m*
grounding system / Erdungsanlage *f*, Erdungsnetz *n*, Erdung *f* (Gesamtheit der Mittel u. Maßnahmen zum Erden) || ~ **terminal** / Erdungsklemme *f*, Erdanschluss *m* || ~ **transformer** / Erdungstransformator *m* (EdT), Sternpunktbildner-Transformator *m* IEC 50(421)
grounding-type plug / Schutzkontakt-Stecker *m*, SCHUKO-Stecker *m* || ~ **receptacle** / Schutzkontakt-Steckdose *f*, SCHUKO-Steckdose *f*
ground insulation / Hauptisolation *f* (rotierende el.Masch.), Masseisolation *f* || ~ **joint** / Schliffverbindung *f* || ~ **leakage** / schleichender Erdschluss, Erdschluss *m*
ground-leakage detection / Erdschlusserfassung *f* || ~ **winding** / Erdschlusserfassungs-Wicklung *f*
ground level concentration (of pollutants) / Immission *f*
ground-level line / Erdgleiche *f*
ground light / Bodenfeuer *n*, Leuchtbake *f* || ~ **line** / Grundlinie *f* || ~ **loop** / Erdschleife *f*, Erdungskreis *m* || ~ **mica** / Glimmerpulver *n*, Feinglimmer *m* || ~ **off** / abgezogen *adj* || ~ **overcurrent protection** (USA) / Überstromschutz im Neutral IEC 50(448) || ~ **PE** / Schutzleiter PE || ~ **phantom circuit** / Phantomkreis mit Erdrückleitung || ~ **plane** / Erdsohle *f*, gleichwertige Fläche || ~ **plate** / Plattenerder *m* || ~ **potential rise** / Erdpotentialanhebung *f*, Erdungsspannung *f* (Anstieg) || ~ **reference** / Bezugserde *f*, Bezugsmasse *f* || ~ **reference plane** IEC50(161) / Bezugserde *f*, Bezugsmasse *f* || ~ **resistance** / Erdungswiderstand *m*, Erdwiderstand *m*, Erdbodenwiderstand *m* || ~ **return** / Erdrückleitung *f*, Masserückleitung *f* || ~ **return conductor** / Erdrückleiter *m* || ~ **return system** / Netz mit Erde als Rückleitung || ~ **rod** / Staberder *m*, Erdungsstab

m, Tiefenerder *m* || ~ **signal panel (GSP)** / Signalfeldbeleuchtung *f* (GSP (Flp.) || ~ **signal panels** / ausgelegte Bodensignale (Flp.) || ~ **spike** / Erdspieß *m* || ~ **strip** / Banderder *m* || ~ **stud** / Erdanschlussbolzen *m* || ~ **surface** / Geländeoberfläche *f* || ~ **symbol** / Erdungszeichen *n*, Schutzzeichen *n* || ~ **tap** / Erdungsstichleitung *f* || ~ **terminal** / Erdungsklemme *f*, Erdklemme *f*, Erdanschluss *m*, Bezugsklemme *f*, Masseanschluss *m*, Erdungsanschlusspunkt *m*
ground-to-electrode potential / Erdoberflächenpotential *n*
ground wire / Erdleiter *m*, Erdseil *n* (Freiltg., zum Schutz gegen Blitzeinschläge), Erdleitung *f*, Blitzschutz-Erdseil *n*
group / Gruppe *f*, Staffel *f*, Verband *m*, Verbund *m*, Bereich *m*, Level *m* (Zugriffstufe für die Parameter; es gibt 4 Stufen), Geschäftsgebiet (GG) *n*, Geschäftsbereich *m* || **cam** ~ / Nockenschaltwerk *n* || **plate** ~ / Plattensatz *m* (Batt.) || ~ / gruppieren *v* || ~ **address** / Gruppenadresse *f* (a. Bussystem) || ~ **addressing** / Gruppenadressierung *f* (Verfahren der Adressierung, bei dem mehrere Empfänger durch ein Telegram angesprochen werden. Sie bilden damit eine Gruppe.) || ~ **alarm** IEC 50(371) / Gruppenwarnmeldung *f* (FWT), Sammelmeldung *f*, Summensignal *n*, Sammelsignal *n* || ~ **alignment** / ausrichten einer Gruppe || ~ **assignment** / Gruppenzuordnung *f* || ~ **catalog** / Sammelkatalog *m* || ~ **code** / Geschäftsbereichskennziffer (GBK) *f*, Geschäftsbereichskennzahl (GBK) *f* || ~ **colophon** / Bereichs-Signet *n* || ~ **command** / Sammelbefehl *m*, Gruppenbefehl *m* (FWT) || ~ **control** / Gruppensteuerung *f*, gesammelte Befehle, Sammelbefehle *m pl* || ~ **control level** / Gruppenführungsebene *f* || ~ **data** / Sammeldaten *pl* || ~ **delay distortion** / Gruppenlaufzeitverzerrung *f* || ~ **delay time** / Gruppenlaufzeit *f* (Verstärker) || ~ **diagnosis** / Sammeldiagnose *f* || ~ **display** / Sammelanzeige *f*, Gruppenbild *n* || ~ **distribution frame** IEC 50(704) / Primärgruppenverteiler *m* || ~ **drive** / Gruppenantrieb *m*
grouped *adj* / gewurzelt *adj* || ~ **frequency distribution** / Häufigkeitsgruppenverteilung *f* || ~ **frequency distribution table** / Tabelle über die Verteilung von Häufigkeitsgruppen DIN IEC 319
group error / Sammelfehler *m* || ~ **errors** / Sammelstörung *f*
group execute trigger (GET) / Gerätegruppen auslösen (PMG) DIN IEC 625 || ~ **export authorization** / Sammelausfuhrgenehmigung *f* || ~ **fault** / Sammelfehler *m* || ~ **fault alarm** / Sammelstörmelder *m* || ~ **flag** / Sammelmerker *m* || ~ **fusing** / Gruppenabsicherung *f* || ~ **identification number** / Geschäftsbereichskennzeichen *n* || ~ **index** / Gruppenindex *m* || ~ **indication** / Sammelmeldung *f*, Sammelsignal *n*, Summensignal *n* || ~ **information** / Sammelmeldung *f* (FWT) || ~ **information mw** / Sammelinformation MW
grouping *n* / Gruppenbildung *f*, Einteilung in Gruppen, Wurzelung *f* (Gruppierung von Ausgängen), Verbund *m*, Verband *m* ~ (statistics) / Klassierung *f* DIN 55350,T.23 || ~ **block** / Vervielfacher *m* || ~ **element** / Gruppenschieber *m* || ~ **isolation** / gruppenweise Potentialtrennung *f*
mark / Gliederungsmittel *n* DIN 6763,T.1, Gliederungszeichen *n* || ~ **of cables** / Häufung von

Kabeln || ~ **position** / Gliederungsstelle *f* DIN 6763,T.1
group interrogation command / Gruppenabfragebefehl *m* || ~ **interrupt** / Sammelalarm *m* (SPS) || ~ **link** IEC 50(704) / Primärgruppen-Verbindung *f* || ~ **message** / Sammelsignal *n*, Summensignal *n*, Sammelmeldung *f* || ~ **message lamp** / Sammelmeldungslampe *f* || ~ **name** / Gruppenbezeichnung *f* || ~ **of articles** / Gegenstandsgruppe *f* DIN 4000,T.1, Sachbereich *m*, Objektkategorie *f* || ~ **of contacts** / Kontaktbank *f*, Kontaktsatz *m* || ~ **partner** / Verbundpartner *m* || ~ **p.f. correction** / Gruppenkompensation *f* || ~ **production** / Gruppenfertigung *f* || ~ **property** / Gruppeneigenschaft *f* || ~ **replacement** / Gruppenauswechslung *f* (Lampen) || ~ **request** / Sammelauftrag *m* (PC, Anforderung) || ~ **selector** / Gruppenschalter *m* (Fernkopierer) || ~ **sheet** / Sammelblatt *n* || ~ **signal** / Sammelsignal *n* (Einzelmeldungen zu einem Gruppensignal zusammengefasst), Sammelmeldung *f*, Summensignal *n* || ~ **signal line** / Sammelleitungssystem *n* (Signalleitungen) || ~ **starting** / gruppenweises Anlassen || ~ **switch** / Gruppenschalter *m* || ~ **technology (GT)** / Gruppentechnologie *f* (Fabrik), Fertigung von Teilefamilien || ~ **title** / Gruppenname *m* (GRP) VDI/VDE 3695 || ~ **velocity** / Gruppengeschwindigkeit *f*
grouting concrete / Vergussbeton *m*
grow-back *n* / Rückheilungseffekt *m* (Speicherchip, bei zu schwachem Programmimpuls)
growing by pulling (single crystal) / Züchtung durch Ziehen || ~ **by zone melting** (single crystal) / Einkristallziehen durch Zonenschmelzen || ~ **market** / Wachstumsmarkt *m* || ~ **of crystals** / Ziehen von Kristallen
growler *n* / Prüfsummer *m*, Ankerprüfgerät *n*
grown junction *n* / gezogener Zonenübergang (HL), gezogener Übergang
growth, load ~ / Lastanstieg *m*, Laststeigerung *f*
GRP s. glass-reinforced plastic
GSC (gear stage change(over))) / Getriebestufenschalten *n*, Umschaltung der Getriebestufe
GSD / Gerätestammdatei (GSD) *f*, Gerätestammdaten (GSD) *pl* || **GSD file** / Geräte-Stammdatendatei *f*, GSD-Datei *f*
GSP s. ground signal panel
GT s. group technology
GTO s. gate turn-off thyristor
GTO-Drive-Unit module / GDU Ansteuerbaugruppe
guarantee *n* / Gewähr *f*, Garantie *f*
guaranteed characteristics / garantierte Kenngrößen || ~ **limits of error** / Garantiefehlergrenzen *f pl* (MG), Gewährleistungsgrenzen *f pl* (Messtechnik) || ~ **values** / Garantiewerte *m pl*
guard *n* / Schutzvorrichtung *f*, Schutzverkleidung *f*, Schutzgitter *n*, Schutzkappe *f*, Kupplungsverschalung *f*, Schutzeinrichtung *f*, Verdeck *n*, Schutzblech *n* || **tread** ~ / Tretschutz *m* || ~ **band** / Schutzband *f* || ~ **door** / Schutztür *m*
guarded *adj* / geschützt *adj*, berührungsgeschützt *adj*, abgedeckt *adj*, mit einer Barriere versehen || ~ **input** / geschirmter Eingang (Verstärker, MG) || ~ **luminaire** / Korbleuchte *f* || ~ **machine** /

teilgeschlossene Maschine
guarding *n* / Objektschutz *m*
guard post / Leuchtsäule *f* || ~ **processing** / Schutzgitterbearbeitung *f* || ~ **rail** / Schutzgeländer *n*, Absturzsicherung *f* || ~ **ring** / Schutzring *m*, Sicherungsring *m*, Lichtbogen-Schutzarmatur *f*
guard-ring Schottky diode / Schutzring-Schottky-Diode *f*
GUD (global user data) / globale Anwenderdaten, GUD
guidance, traffic ~ **system** / Verkehrs-Leitsystem *n* || ~ **arm** / Lenker *m* || ~ **force** / Führungskraft *f* (MSB), Spurkraft *f*, Seitenkraft *f* || ~ **loop** / Führungsspule *f* || ~ **of forces** / Anlenkung *f* || ~ **stiffness** / Führungssteifigkeit *f*, Federsteifigkeit *f* || ~ **system** / Seitenführungseinrichtung *f* (MSB), Leitsystem *n* (Flp.), Orientierungssystem *n* (Flp.), Spurführungseinrichtung *f* (MSB) || ~ **value** / Richtwert *m*, Anhaltswert *m* || ~ **winding** / Führungswicklung *f*
guide *n* / Führung *f*, Führungsbahn *f*, Anleitung *f*, Handbuch (HB) *n*, Führungsschiene *f* || ~ **beacon** / Leitbake *f* (Verkehrsleitsystem) || ~ **bearing** / Führungslager *n*, Radiallager *n*, Loslager *n* || ~ **bracket** / Führungsstern *m* (WKW) || ~ **bush** / Führungsbuchse *f* || ~ **clip** / Schieberführung *f* (Bürste), Druckstück *f*, Kopfarmatur *f* (Bürste), Auflagestück *n* (Bürste), Bürstenarmatur *f* || ~ **dimension** / Richtmaß *n*
guided pushbutton IEC 337-2 / geführter Druckknopf VDE 0660,T.201
guide drum / Führungswalze *f* (EZ)
guided wave / geführte Welle
guide electrode / Überführungselektrode *f* || ~ **duct** / Führungsschacht *m* || ~ **element** / Führungselement *n*, Anlenkelement *n* || ~ **frame** / Einschubrahmen *m* || ~ **groove** / Führungsnut *f* || ~ **liner** / Bundbohrbuchse *f* || ~ **link** / Führungsleiste *f* || ~ **mechanism** / Führung *f*
guidelines *n pl* / Richtlinien *f pl*
guide partition / Führungswand *f* || ~ **pin** / Führungsstift *m* || ~ **plate** / Führungsplatte *f*, Spurplatte *f* || ~ **point** / Führungsansatz *m* || ~ **pulley** / Führungsrolle *f*, Leitrolle *f*, Umlenkrolle *f* || ~ **rail** / Führungsschiene *f* (ET) DIN 43750, Einschubleiste *f*
guider coil / Führungsspule *f*
guide-retainer *n* / Führungshalter *m* (ET) DIN 43350
guide ring / Führungsring *m*
guide rod / Führungsstange *f*, Lenker *m* || ~ **roller** / Führungsrolle *f*
guider winding / Führungswicklung *f*
guide shaft / Umlenkwelle *f* || ~ **slot** / Führungsschlitz *m* || ~ **string** / Richtschnur *f*
guide support / Führungsschiene *f* (ET) DIN 43350 || ~ **surface** / Führungsfläche *f* || ~ **track** / Führungsschiene *f* || ~ **value** / Richtwert *m*, Anhaltswert *m* || ~ **vane** / Leitschaufel *f*
guide-vane servomotor / Leitrad-Servomotor *m* || ~ **system** / Leitapparat *m* (WKW)
guide wall / Führungswand *f*
guideway *n* / Gleitbahn *f*, Führungsbahn *f*
guide wheel / Leitrad *n*
guiding *n* / Anlenkung *f* || **guiding flange** / Führungsbord *n* (Lg.) || ~ **groove** / Führungsnut *f* || ~ **rod connector** / Gestängeanschlussstück *n*
Guinier powder camera / Guinier-Pulverkammer *f*

gum   248

gum v / verharzen v || ~ n / Gummi m,
   Schmierölrückstand m, Harzrückstand m, Klebstoff
   m
Gumbel distribution, type I / Gumbel-Verteilung,
   Typ I DIN 55350,T.22, Extremwertverteilung f
gumming n / Verharzen n
gum test / Verharzungsprobe f
gun, electron ~ / Elektronenstrahler m,
   Elektronenkanone f, Elektronenstrahl-System n
   (Osz.), Elektronenstrahlerzeuger m || **flood** ~ /
   Flutelektrodensystem n (Osz.), Flutsystem n ||
   holding ~ / Haltestrahlerzeuger m (ESR) || **light** ~ /
   Signalscheinwerfer m || **writing** ~ /
   Schreibstrahlerzeuger m (Osz.), Schreibsystem n ||
   ~ **metal** / Bronze f, Rotguss m, Lagerbronze f
gusset plate / Knotenblech n
gutter, cable ~ / Kabelrinne f, Kabelwanne f
guy v / abspannen v (Masse) || ~ n / Abspannanker m,
   Abspannseil n || ~ **cable** / Abspannseil n
guyed support / abgespannter Stützpunkt (Freiltg.)
Guy heteropolar machine / Guy-Maschine f
guying n / Abspannung f (Mast)
guy rod / Ankerstab m (Fundament) || ~ **wire** /
   Abspannseil n
GWPS (grinding wheel peripheral speed)
   (Übersetzung aus Alarmtexten) /
   Umfangsgeschwindigkeit f, SUG
   (Scheibenumfangsgeschwindigkeit)
   (Schleifscheibenumfangsgeschwindigkeit/-
   Scheibenumfangsgeschwindigkeit), SUG
   (Schleifscheibenumfangsgeschwindigkeit) || ~
   conflict / SUG-Konflikt m
gymnasium-type luminaire / Turnhallenleuchte f,
   ballwurfsichere Leuchte
gyration, radius of ~ / Trägheitshalbmesser m
gyrator n / Gyrator m
gyratory crusher / Kreiselbrecher m
gyromagnetic adj / gyromagnetisch adj || ~ **filter** /
   gyromagnetisches Filter || ~ **material** /
   gyromagnetischer Werkstoff || ~ **power limiter** /
   gyromagnetischer Leistungsbegrenzer || ~
   resonance / gyromagnetische Resonanz || ~
   resonance loss / Verluste durch gyromagnetische
   Resonanz || ~ **resonator** / gyromagnetischer
   Resonator
gyroscope n / Kreisel m
gyrostatic moment / Kreiselmoment n

H

hair clipper / Haarschneidemaschine f || ~ **compasses**
   / Haarzirkel m
hairline n / Haarlinie f, Strichmarke f || ~ **crack** /
   Haarriss m, Kapillarriss m || ~ **gauge** / Messerlineal
   n, Haarlineal n || ~ **gauge block** / Strichendmaß n ||
   ~ **set square** / Haarwinkel m || ~ **square** /
   Haarwinkel m
hairpin coil / Haarnadelspule f, U-Spule f
halation n / Reflexionslichthof m, Halo m,
   Umstrahlung f
half a cycle of operation / halber Schaltzyklus
half-adder n / Halbaddierer m
half-bridge n / Halbbrücke f || ~ **inverse-parallel**

connection / halbe Gegenparallelschaltung
half-closed round slot / geschlitzte Rundnut || ~ **slot** /
   halbgeschlossene Nut, halboffene Nut
half-coil n / Halbspule f, Spulenhälfte f, Stabelement
   n, Wicklungsstab m
half-coiled winding / Halbspulenwicklung f,
   Wicklung mit einer Windung je Phase und Polpaar
half-controllable converter / halbgesteuerter
   Stromrichter
half-controlled connection / halbgesteuerte
   Schaltung (LE), halbsteuerbare Schaltung || ~
   converter / halbgesteuerter Stromrichter
half converter / Teilstromrichter m
half-coupling n / Kupplungshälfte f
half-cycle n / Halbperiode f, Halbwelle f,
   Halbschwingung f || ~ **differential protection** /
   Halbwellen-Differentialschutz m || ~ **transductor** /
   Transduktordrossel f
half-duplex (HDX) n / Halbduplex n || ~ **interface** /
   Halbduplex-Nahtstelle f || ~ **operation** /
   Halbduplexbetrieb m || ~ **transmission** /
   Wechselübertragung f (DÜ), Wechselbetrieb m DIN
   ISO 7498, Halbduplexübertragung f
half frame / Halbbild n
half-hourly demand / Halbstundenleistung f (StT)
half-key n / Halbkeil m
half-lapped taping / halbüberlappte Bewicklung,
   halbüberlappte Umbandelung
half-life n / Halbwertszeit f
halfline n / Mittellänge f (GKS)
half-load / Halblast f || ~ **starting** / Halblastanlauf m
half location / Halbplatz m (Bei der Parametrierung
   eines Platzes wird die Anzahl der Halbplätze
   definiert, die für diesen Platz im Magazin belegt
   werden.)
half-neutral busduct / Schienenverteiler mit N-
   Leiter halben Querschnitts
half-overlap taping / halbüberlappte Bewicklung,
   halbüberlappte Umbandelung
half-period n / Halbperiode f, Halbwelle f,
   Halbschwingung f || ~ **(of decaying material)** /
   Halbwertzeit f
half round piece / Halbrundsteg m
half-shell n / Halbschale f (Lg.)
half-space key / Halbschrittaste f
half-tone storage CRT / Halbton-Speicherröhre f,
   monostabile Speicherröhre
half-track recording / Halbspuraufnahme f,
   Halbspurbeschriftung f
half-value angle / Halbwertswinkel m || ~ **depth** /
   Halbwertstiefe f || ~ **diffusion time** / Diffusions-
   Halbwertzeit f || ~ **extension** /
   Halbwertsausdehnung f || ~ **length** /
   Halbwertslänge f || ~ **pressure change time** /
   Druckänderungs-Halbwertszeit f || ~ **width** /
   Halbwertsbreite f (HWB)
half-voltage motor / Halbspannungsmotor m
half-wave n / Halbwelle f, Halbschwingung f,
   Teilschwingung f || ~ **current** /
   Halbschwingungsstrom m
half-wavelength differential protection /
   Halbwellen-Differentialschutz m
half-wave rectifier / Einweggleichrichter m || ~
   phase comparison protection /
   Phasenvergleichsschutz mit Messung in jeder
   zweiten Halbwelle IEC 50(448) || ~ **voltage
   doubter** / Greinacher Schaltung

half width of peak / Halbwertsbreite f (HWB)
half-winding n / Halbwicklung f
halide lamp / Halogen-Metalldampflampe f
Hall angle / Hall-Winkel m || ~ **coefficient** / Hall-Koeffizient m || ~ **dimmer** / Saalverdunkler m || ~ **effect** / Hall-Effekt m
Hall-effect device / Hall-Effekt-Bauelement n || ~ **element** / Hall-Element n || ~ **magnetometer** / Hall-Effekt-Magnetometer m || ~ **pickup** / Hall-Geber m || ~ **sensor** / Hall-Geber m || ~ **switch** / Hall-Schalter m
Hall e.m.f. / Hall-Spannung f || ~ **generator** / Hall-Generator m, Hall-Wandler m || ~ **lighting** / Saalbeleuchtung f || ~ **lighting control unit** / Saal-Lichtsteuergerät n || ~ **mobility** / Hall-Beweglichkeit f || ~ **modulator** / Hall-Modulator m || ~ **multiplier** / Hall-Multiplikator m || ~ **plate** / Hall-Plättchen n || ~ **probe** / Hall-Sonde f, Feldsonde f || ~ **sensor box** / Hallsensorbox f || ~ **terminal** (Hall generator) / Hall-Anschluss m (Hallgenerator) || ~ **voltage** / Hall-Spannung f
halo n / Halo m, Reflexions-Lichthof m, Hof m
halogen emitter / Halogenstrahler m, Hellstrahler m
halogen-free adj / halogenfrei adj
halogen lamp / Halogenlampe f
halogen-quenched counter tube / Halogenzählrohr n
haloing n / Hofbildung f (a. Leiterplatte)
halt n / Halt m || ~ **position** / Stillsetzposition f
halve v / halbieren v
halving interval (HIC) / Halbzeitintervall n (HIC) IEC 50(212)
hammer n / Hammer m, Druckfinger m (Bürste), Schlagbolzen m || ~ **clip** (brush) / Druckstück n, Auflagestück n, Kopfarmatur f, Dämpfungsstück n, Bürstenarmatur f || ~ **drill** / Schlagbohrmaschine f
hammered adj / gehämmert adj
hammer head / Hammerkopf m, Schlagbolzenkopf m
hammer-head bolt / Hammerschraube f
hammering clip (o. cleat) / Schlagschelle f || ~ **machine** / Hammermaschine f
hammer roll / Druckrolle f (Bürstenhalter) || ~ **symbol** / Hammerzeichen n
hammertone-enamelled adj / hammerschlaglackiert adj
hammer-type contact / Kontakthammer m
Hamming distance / Hamming-Distanz f
hamper, top ~ / Mastkopf m (Gittermast)
hand (clock) / Zeiger m || **artificial** ~ / Handnachbildung f || ~ **axis** / Handachse f || ~ **computer (HC)** / Handrechner m, Handcomputer m (HC) || ~ **crank** / Handkurbel f, Bedienkurbel f || ~ **coupling** / Handkurbelkupplung f || ~ **crimping tool** / Handcrimpzange f || ~ **drive** / Handantrieb m (SG)
hand-driven elevator / Handaufzug m (Lift) || ~ **generator** / Kurbelinduktor m, Isolationsprüfer m || ~ **lift** / Handaufzug m (Lift)
hand guard / Fingerschutz m
handheld n / Programmierhandgerät (PHG) n, Handprogrammiergerät m
hand-held appliance IEC 335-1 / Handgerät n VDE 0700,T.1 || ~ **circle cutter** / Handkreisschneider m || ~ **computer (HHC)** / Handrechner m, Handcomputer m (HC) || ~ **configuration controller** / Handstrukturiergerät n, Hand-Konfiguriergerät n || ~ **controller** /

Handbediengerät n, Handsender m (Fernschalter) || ~ **device** / Handheld-Gerät n || ~ **electric tool** / handgeführtes Elektrowerkzeug || ~ **equipment** / Handgeräte n pl VDE 0100,T.200 || ~ **input unit** / Handeingabegerät n || ~ **machine** (officemachine) / Handgerät n (Büromaschine) || ~ **OCR scanner** / OCR-Handleser m || ~ **operator panel** / Handbediengerät n || ~ **portable peripheral** / handgehaltenes Peripheriegerät (SPS) || ~ **programmer** / Handprogrammiergerät n, Programmierhandgerät (PHG) n || ~ **programming unit (HPU)** / Programmierhandgerät (PHG) n, Handprogrammiergerät n || ~ **terminal** / Hand-Bediengerät n, Fernsteuergerät n, Handterminal n || ~ **transformer** / Handtransformator m || ~ **unit (HHU)** / Bedienhandgerät (BHG) n
hand hole / Handloch n || ~ **inserted** / Hand im Eingriff
handicap n / Vorgabe f (QS)
handicraft n / Handwerk n
hand lamp / Handlampe f, Handleuchte f
hand-lamp transformer / Handleuchtentransformator m
hand lantern / Taschenlampe f || ~ **lever** / Handhebel m
handle n / Griff m, Ziehgriff m, Tragbügel m, Schaft m, Stiel m, Halter m, Tragegriff m, Ziehpunkt m (eines von verschiedenen kleinen Quadraten, das um ein grafisches Objekt in einem Grafikprogramm angezeigt wird), Kipphebel m, Betätigungshebel m, Schalthebel m, Handhabe f, Haltegriff m, Handgriff m || ~ v / behandeln v || **near the** ~ / im Bereich der Handhabe
handlebar heating / Griffheizung f (Motorrad)
handle for two-hand operation / Zweihandgriff m
handle-operated switch / Antriebshilfsschalter m (SG)
handler n / Verwalter m (Bussystem), Hantierer m, Antrieb m (Platte, Magnetband), Abwickler m || **interrupt** ~ / Unterbrechungsverwalter m (MPSB), Alarmprogramm n (SPS) || **I/O** ~ / E/A-Steuerprogramm n || **protocol** ~ / Protokollabwickler m, Protokollhandler m
handle screw / Griffschraube f || ~ **side** / Griffseite f
handlever punch / Handhebelstanze f
handling n / Umgang m, Abwicklung f, Handhabung f, Handling n || **handling, improper** ~ / unsachgemäße Handhabung, unsachgemäße Behandlung || ~ **aids** / Transporthilfen f pl || ~ **and storing** / Handhabung und Lagerung || ~ **capacity** / Tragfähigkeit f (Rob.) || ~ **devices** / Handhabungstechnik f || ~ **equipment** / Handhabungstechnik f || ~ **facilities** / Transportvorrichtungen f pl || ~ **of test samples** / Prüflingshandling n || ~ **operation** / Handhabungsaufgabe f
handling-resistant adj / transportfest adj
handling technology / Handhabungstechnik f || ~ **without soldering iron** / lötkolbenfreie Handhabung
handover point / Übergabepunkt m
hand numerical control (HNC) / handgesteuerte NC (HNC), tastengesteuerte NC
hand-operated adj / handbetätigt adj, handbedient adj || ~ **mechanism** / Handantrieb m (SG)
hand operation / Handbetätigung f || ~ **piece** / Hörer m || ~ **pole** / Handstange f, Schaltstange f || ~

handrail 250

primer s. **handpump** || **~ pulse generator** / Handrad (HR) *n*, konventioneller Impulsgeber, elektronisches Handrad, konventioneller Pulsgeber (Bedienungselement, das das Positionieren einer Achse von Hand ermöglicht) || **~ pump** / Handpumpe *f*
handrail *n* / Handlauf *m*, Geländer *n*
handsaw for metal / Metall-Handsäge *f*
handset *n* / Hörer *m*
hand reset / Handrückstellung *f*, Selbstsperrung *f* (Rel.)
hand-reset relay / Relais mit Selbstsperrung
hand rule / Handregel *f* || **~ set** / Handgerät *n*, Telefonhörer *m*
Handshake *n* / Handshake (Quittierungsverfahren, bei dem der Empfänger dem Sender die Dialogbereitschaft bestätigt) || **without ~** / ohne Quittung || **~ cycle** / Handshake-Zyklus *m* DIN IEC625, Quittierzyklus *m*, Austauschzyklus *m*, Dialogzyklus *m* || **~ procedure** / Verbindungsaufbau *m* (zwischen zwei Partnern), Beginnabgleich *m*, Einleitungsvorgang *m*, Quittungsverkehr *m*, Quittungsbetrieb *m*, quittungsgesteuerter Datenverkehr
handshaking *n* / Quittungsbetrieb *m*, Dateneingabe mit Quittungssignal, Handshake-Funktion *f*, Quittungsverkehr *m*, Quittungsaustausch *m*, quittungsgesteuerter Datenverkehr
hand signal / Handzeichen *n*
hand-started single-phase motor / Anwurfmotor *m*, Einphasenmotor ohne Hilfswicklung
hand stick / Handstange *f*, Schaltstange *f* || **~ valve** / handbetätigte Armatur
handwheel *n* / Handrad *n*, elektronisches Handrad, konventioneller Impulsgeber, konventioneller Pulsgeber (Bedienungselement, das das Positionieren einer Achse von Hand ermöglicht) || **~ box** / Handradkästchen *f* || **~ feed** / Handradvorschub *m* || **~ feedrate** / Handradvorschub *m* || **~ interface** / Handradanschaltung *f* || **~ mechanism** / Handradantrieb *m* || **~ override** / Handradüberlappung *f*, Handradüberlagerung *f* || **~ routine** / Handradroutine *f* (NC) || **~ selection** / Handradanwahl *f* || **~ travel** / Handradfahren *n*
hand-wound banding / Handbandage *f*, Handwickel *m* || **~ clockwork** / Uhrwerk mit Handaufzug || **~ tape serving** / Handwickel *m*
hang *v* / hängen *v*
hangar apron / Hallenvorfeld *n* (Flp.)
hanger *n* / Aufhänger *m*, Hängebügel *m*, Hängestiel *m* || **~ conduit** **~** / (Rohr-)Hängeschelle *f*, Abstandschelle *f* || **~ spacing** / Aufhängeabstand *m* (IK)
hanging bearing / Hängelager *n*
hard aluminium / Duraluminium *n*
hard-bearing balancing machine / hartgelagerte Auswuchtmaschine
hard bright-drawn copper / hart-blankgezogenes Kupfer || **~ carbon** / Hartkohle *f* || **~ chrome-plated** / hartverchromt *adj* || **~ chromium plating** / Hartverchromung *f* || **~ copy** / Papierkopie *f*, Hardcopy *f* || **~ disk** / Festplatte *f*, Festplattenspeicher *m* || **~ disk drive** / Festplatte *f*, Festplattenspeicher *m*
hard-disk storage / Festplattenspeicher *m*, Festplatte *f*

hard-drawn *adj* / hart gezogen || **~ copper** / hartgezogenes Kupfer, Hartkupfer *n*
harden *v* / härten *v*, aushärten *v*, vergüten *v*
hardenable *adj* / härtbar *adj* (Metall), aushärtbar *adj* (Metall)
hardened *adj* / gehärtet *adj*, geh. *adj* || **~ and tempered** / vergütet *adj*
hardener *n* / Härter *m*, Härtungsmittel *n*
hardening *n* / Härtung *f*, Aushärtung *f* || **~ adj** / härtend *adj*, härtbar *adj*, aushärtbar *adj* (Kunststoff), härtungsfähig *adj*
hard ferrite / Hartferrit *m* || **~ gas** / Hartgas *n*
hard-gas circuit-breaker / Hartgas-Leistungsschalter *m*, Hartgasschalter *m* || **~ method** / Feststoff-Gasprinzip *n*
hard glass / Hartglas *n* || **~ gold-plated** / hartvergoldet *adj* || **~ key** / mechanische Taste || **~ lead** / Hartblei *n*
hard-metal-sheathed cable / Rohrdraht *m*
hard milling / Hartfräsen *n*
hardness *n* / Härte *f* || **~ number** / Eindruckgröße *f* (Härteprüf.) || **~ of materials** / Werkstoffhärte *f* || **~ peak** / Härtespitze *f* || **~ test** / Härteprüfung *f*
hard nickel-plated / hartvernickelt *adj*
hard PVC / Hart-PVC *n* || **~ rubber** / Hartgummi *n*, Vulkanisat *n*
hard-setting resin / aushärtendes Gießharz
hard shoulder / befahrbarer Seitenstreifen (Straße) || **~ silver-plated** / hartversilbert *adj*
hard-solder *v* / hartlöten *v*, messinglöten *v*
hard solder / Hartlot *n*, Messinglot *n*, Schlaglot *n* || **~ stop mode** (user program interrupted) / harter Stoppzustand || **~ superconductor** / harter Supraleiter
hard-surfaced runway / befestigte Piste (Flp.)
hard to reach / schwer zugänglich || **~ turning** / Hartdrehen *n*
hardware (HW) *n* / Hardware *f*, Geräte *m pl*, Apparate *m pl* || **~ constructional ~** / mechanische Aufbauten (MSR-Geräte) || **~ mounting ~** / Aufbaumaterial *n* || **~ acknowledgement** / Hardwarequittierung *f* || **~ and software limit switches** / Hard- und Softwareendschalter || **~ bus** / Nahbus *m* (20 - 100 m) || **~ component** / Hardwarekomponente *f* || **~ configuration** / Hardware-Konfiguration *f*, gerätetechnische Anordnung, Hardwareaufbau *m*, Hardwarekonfiguration *f* || **~ failure** / Gerätefehler *m* (a. Schutzsystem) IEC 50(448) || **~ fault** / Hardwarefehler *m* || **~ interrupt generation** / Prozessalarmgenerierung *f* || **~ limit switch** / Hardware-Endschalter *m* || **~ module** / Hardware-Baugruppe *f*, Baugruppe *f* || **~ overview** / Hardware-Übersicht *f* || **~ release** / Hardware-Ausgabestand || **~ requirements** / Hardware-Voraussetzungen *f pl* || **~ signal** / Hardwaresignal *n*
hardware-triggered strobe / hardwaregesteuerte Signalerkennung
hard-wearing *adj* / verschleißbeständig *adj*, strapazierfähig *adj*
hardwired *adj* / verbindungsprogrammiert *adj* || **~ control system** / verbindungsprogrammierte Steuerung (VPS), verbindungsprogrammiertes Steuergerät (VPS), VPS (verbindungsprogrammiertes Steuergerät), VPS (verbindungsprogrammierte Steuerung)
hard-wired program / festverdrahtetes Programm,

verdrahtetes Programm || ~ **programmed controller** / verbindungsprogrammiertes (o. verdrahtungsprogrammiertes) Steuergerät
H-armature n / Doppel-T-Anker m
harmless *adj* / ungefährlich *adj* || ~ **fault** / ungefährlicher Fehler
harmonic n / Harmonische f, Oberwelle f, Teilschwingung f, Oberwellenkomponente f, Oberschwingung f, Partialschwingung f || ~ **absorber** / Oberwellensperre f || ~ **analysis** / harmonische Analyse, Oberwellenzerlegung f, Fourier-Analyse f, Frequenzzerlegung f, Zerlegung in Teilschwingungen || ~ **compensation** / Oberschwingungskompensation f || ~ **component** / harmonische Teilschwingung, Oberschwingung f VDE 0838,T.1 || ~ **content** / Summe der Oberschwingungen VDE 0838,T.1, Oberwelligkeit f || ~ **control** / Oberschwingungsunterdrückung f, Oberwellenunterdrückung f || ~ **current** / Oberwellenstrom n, Oberschwingungsstrom m, Stromharmonische f || ~ **detector** / Klirrfaktor-Messbrücke f || ~ **distortion** / harmonische (o. nichtlineare) Verzerrung, Oberschwingungsgehalt m, Klirrfaktor m || ~ **echo** / Oberwellenecho n || ~ e.m.f. / Oberschwingungsspannung f, Oberwellenspannung f || ~ **excitation** / Oberschwingungsanregung f, Untertonanregung f, Mitnahme f || ~ **factor** / Formfaktor m (Wellenform) || ~ **field** / Oberwellenfeld n, Oberschwingungsfeld n, Zusatzfeld n || ~ **filter** / Oberwellenfilter n, Oberwellensieb n || ~ **force wave** / Feldwelle f || ~ **drive** / Harmonic Drive || ~ **content** / Klirrfaktor m, Oberschwingungsgehalt m
harmonic-free *adj* / oberschwingungsfrei *adj*, oberwellenfrei *adj*
harmonic generator / Oberwellengenerator m, Oberwellenerzeuger o. -vervielfacher m || ~ **generator diode** / Frequenzvervielfacherdiode f || ~ **induction torque** / asynchrones Zusatzdrehmoment || ~ **leakage** / Oberwellenstreuung f || ~ **leakage factor** / Oberwellen-Streufaktor m || ~ **leakage reactance** / Reaktanz der Oberwellenstreuung || ~ **loss** / Oberwellenverluste m pl, Oberschwingungs-Zusatzverluste m pl || ~ **number** / Ordnungszahl der Oberschwingung || ~ **order** / Ordnungszahl der Oberschwingung || ~ **oscillation** / Oberschwingung f || ~ **output power** / Oberwellen-Ausgangsleistung f || ~ **power** / Oberwellenleistung f, Oberschwingungsleistung f, Verzerrungsleistung f || ~ **progression** / harmonische Reihe || ~ **ratio** / Oberschwingungsverhältnis n VDE 0838,T.1 || ~ **resonance** / harmonische Resonanz || ~ **response** / Frequenzgang m || ~ **restraint** / Oberwellenstabilisierung f (Schutz), Rush-Stabilisierung f, Einschaltstabilisierung f || ~ **restraint relay** / Relais mit Einschaltstromstabilisierung, Rush-Stabilisierungsrelais n
harmonics analyzer / Oberwellenanalysator m, Oberschwingungsanalysator m, Oberschwingungs-Messgerät n || ~ **cancellation** / Oberwellenunterdrückung f, Oberschwingungsunterdrückung f
harmonic series / harmonische Reihe
harmonics neutralization / Oberwellenunterdrückung f,

Oberschwingungsunterdrückung f || ~ **of higher order** / Oberwellen höherer Ordnung
harmonic spectrum / harmonisches Spektrum n, Oberschwingungsspektrum n, Frequenzspektrum n, Fourier-Spektrum n, Frequenzgemisch n, Wellenschema n
harmonics suppression / Oberwellenunterdrückung f, Oberschwingungsunterdrückung f
harmonic suppressor / Oberwellensperre f || ~ **test** / Ermittlung des Oberschwingungsgehaltes || ~ **torque** / Oberwellendrehmoment n, Störmoment n, Zusatzdrehmoment n, Oberschwingungs-Zusatzmoment n || ~ **voltage** / Oberwellenspannung f, Spannungsharmonische f, Oberschwingungsspannung f || ~ **wave** / harmonische Welle, Oberwelle f
harmonized *adj* / abgeglichen *adj*
harness, cable ~ / Kabelbaum m, Leitungssatz m, (vorgefertigter) Kabelsatz m, Formkabel n || ~ **module** / Teilsatz m (Kabelsatz)
Harting connector / Harting-Steckverbindung f
hasp n / Überwurf m (Schloß), Schließband n || ~ **lock** / Überfallschloss n
hatch v / schraffieren v || ~ **area** / schraffierte Fläche || ~ **pattern** / Schraffurmuster n (CAD)
haulageway luminaire / Streckenleuchte f (Grubenl.)
hauling lug / Zuglasche f
hazard beacon / Gefahrenfeuer n
hazardous area / explosionsgefährdeter Bereich EN 50014, Ex-Bereich m
hazardous-duty equipment / explosionsgeschützte Betriebsmittel || ~ **type** / explosionsgeschützte Ausführung
hazardous live part / gefährliches aktives Teil || ~ **location** / explosionsgefährdete Betriebsstätte || ~ **location equipment** / elektrische Betriebsmittel für explosionsgefährdete Bereiche IEC 50(426) || ~ **voltage** / gefährliche Spannung
hazard potential / Gefahrenpotential n || ~ **warning light** / Warnblinklicht n (Kfz)
HBC fuse s. high-breaking-capacity fuse
H-beam n / Doppel-T-Träger m, breitflanschiger I-Profilträger
HBES s. home and building electronic systems / HBES || ≙ **application object** / ESHG-Anwendungsobjekt n EN 50090-2-1 || ≙ **object** / ESHG-Objekt n || ≙ **reference model** / ESHG-Referenzmodell n
HC s. hand computer
HD (hard disk) / HD (hard disk) n
HDAS s. hybrid data acquisition system
HDLC s. high-level data link control / HDLC
HDX s. half-duplex ≙ **interface** / Halbduplex-Nahtstelle f
head n / Kopf m, Druckhöhe f, Fallhöhe f, Kopfstück n, Kopfansatz m, Kopfsatz m, Kopfkennung f, Förderhöhe f || ~ **ISO 3592** / Bearbeitungskopf m (NC, CLDATA-Wort) || **inclinable** ~ / Schwenkkopf m ~ **net** ~ / Nettofallhöhe f || ~ **activating mechanism** / Kopfaktivierungsmechanismus m (Speicherlaufwerk) || ~ **amplifier** / Vorverstärker m || ~ **capacity curve of pump** / Pumpenkennlinie f
headed brush / Bürste mit Kopfstück
headend n / Kopfstation f
head-end n / Kopfstation f (LAN)
header n / Sammelleitung f, Verteilungsleitung f,

Verteilerkanal *m*, Anfangsetikett *n*, Kopfetikett *n*, Überschrift *f* (Kommunikationsnetz), Kopfinformation *f* (PROFIBUS), Kopf *m* (einer PMG-Nachricht), Sockel *m* (IS), Kopfsatz *m*, Kopfkennung *f*, Header *m*, Kopfzeile *f*, Anfangskennsatz *m* || **channel** ~ / Kanalkopf *m* (SPS) || **~/footer** / Kopfzeile/Fußzeile *f* || **~ duct** / Verteilerkanal *m* || **~ identifier** / Kopfkennung *f* (SPS) || **~ information** / Kopfinformation *f* (SPS) || **~ label** / Anfangskennsatz *m* || **~ line** / Titelzeile *f* || **~ section** / Kopfteil *n*
head flowmeter / Differenzdruck-Durchflussmesser *m*, Wirkdruck-Durchflussmesser *m*
heading *n* / Überschrift *f*, Kopf *m* (DÜ) DIN 44302, Anstauchen *n*
Headings *n* / Rubriken *f pl*
headlamp beam adjustment / Leuchtweitenregelung *f* (Kfz) || **~ cleaning** / Scheinwerferreinigung *f* (Kfz) || **~ wiper** / Scheinwerferwischer *m* (Kfz)
head length / Kopflänge *f*
headlight *n* / Hauptscheinwerfer *m* (Kfz.), Fahrzeugscheinwerfer *m*, Stirnleuchte *f* (Triebfahrzeug), Fahrscheinwerfer *m* || ~ s. masthead light
headlighting *n* / Scheinwerferbeleuchtung *f*
headline *n* / Überschrift *f*, Kopfzeile *f*
Head Office / Stammhaus *n* || **~ office sales and marketing** / Stammhaus *n*
head of oil / Ölvorlage *f*
head-on mode / axiale Annäherung (NS)
head piece / Kopfstück *n* (Kopfleuchte) || **~ pressure** / Staudruck *m* (am Pitot-Rohr)
headquarters *n* / Stammhaus *n*
head race / Oberwasser *n* (OW) || **~ restraint** / Kopfstütze *f* (KfZ)
headroom *n* / lichte Höhe, Kranhakenhöhe *f*
head rotation / Kopfschwenkung *f* (WZM) || **~ screw** / Kopfschraube *f*, Maschinenschraube *f* || **~ settling time** / Kopfberuhigungszeit *f* (Speicherlaufwerk)
headstock *n* / Spindelkasten *m*, Spindelstock *m* (WZM)
head transmitter / Kopfmessumformer *m*
head-up display / Anzeigeneinspiegelung *f* (Kfz)
headwater *n* / Oberwasser *n* (OW)
Health and Safety at Work Act (HSW Act) (US) / Arbeitsschutzgesetz *n*
health requirement / Gesundheitsanforderung *f*
healthy *adj* / gesund *adj*, fehlerfrei *adj*, störungsfrei *adj* || **~ system** / ungestörtes Netz
heartcutting *n* (chromatography) / Ausschnittdosierung *f*
heat *n* (cf. under temperature, and thermal) / Wärme *f*, Hitze *f*, Glühen *n* || **~ abduction** / Wärmeabführung *f*, Wärmeableitung *f*
heat-absorbing glass / Wärmeschutzglas *n*
heat absorption / Wärmeaufnahme *f* || **~ absorptivity** / Wärmeaufnahmefähigkeit *f*, Wärmespeichervermögen *n*, Wärmekapazität *f* || **~ accumulation** / Wärmestau *m*
heat-affected zone / Wärmeeinflusszone *f*
heat ageing / Wärmelagerung *f* || **~ balance** / Wärmebilanz *f*, Wärmehaushalt *m*
heat-bondable mica material / Mikanit mit wärmehärtendem Bindemittel
heat capacity per unit mass / spezifische Wärme, Eigenwärme *f* || **~ capacity per unit volume** / volumenbezogene Wärmekapazität || **~ carrier** /

Wärmeträger *m* || **~ concentration** / Wärmestau *m*, Wärmenest *n*, Heißpunkt *m*
heat-conducting *adj* / wärmeleitend *adj* || **~ compound** / Wärmeleitmittel *n* || **~ path** / Wärmeleitweg *m*
heat conduction / Wärmeleitung *f*, Wärmefortleitung *f* || **~ conductivity** s. thermal conductivity || **~ crack** / Wärmeriss *m* || **~ cracking** / Wärmerissbildung *f*
heat-curing resin / wärmehärtendes Harz, Thermoset *n*
heat cycle / Wärmekreislauf *m* || **~ cycling test** / Heizwechselprüfung *f* || **~ density** / Wärmedichte *f* || **~ discharge** / Wärmeableitung *f*
heat-dissipating specimen / wärmeabgebender Prüfling
heat dissipation / Wärmeabfuhr *f*, Wärmeableitung *f*, Wärmeabstrahlung *f*, Entwärmung *f*, Verlustleistung *f*, Kühlung *f*, Leistungsverlust *m*, Wärmeabführung *f* || **~ dissipation capacity** / Wärmeabfühevermögen *n* || **~ dissipation rate** / Wärmeabfühgeschwindigkeit *f* || **~ due to arcing** / Lichtbogenwärme *f* || **~ emitter** / Heizstrahler *m* || **~ emitter array** / Heizfeld *n*, Heizstrahlerfeld *n*, Heizungsmatrix *f*
heated catalyst / Heizkatalysator *m* (Kfz) || **~ exit air** / erwärmte Abluft || **~ flow** / Laststrom *m* || **~ rear window** / heizbare Heckscheibe (Kfz)
heat endurance / Wärmebeständigkeit *f* (Gerät), Wärmestandfestigkeit *f*, Wärme-Zeitstandsverhalten *n*, Temperaturbeständigkeit *f*, Langzeit-Wärmeverhalten *n*, Dauerwärmefestigkeit *f* || **~ engine** / Wärmekraftmaschine *f*
heater *n* / Heizgerät *n*, Wärmegerät *n*, Heizer *m*, Heizelement *n*, Heizleiter *m*, Heizkörper *m*, Heizfaden *m*
heater-cathode insulation current / Heizer-Kathoden-Isolationsstrom *m*
heater coil / Heizspule *f*, Heizspirale *f*, Heizwendel *n* || **~ control** / Heizungssteuerung *f* || **~ current** (CRT cathode) / Heizstrom *m* (indirekt beheizte Kathode) || **~ fan** / Heizergebläse *n* || **~ plate mica** / Heizmikanit *n* || **~ schedule** / Heizungs-Reduktionsschema *n* DIN IEC 235,T.1 || **~ starting current** / Heizer-Einschaltstrom *m* (ESR) || **~ transformer** / Heiztransformator *m* || **~ voltage** (CRT cathode) / Heizspannung *f* (indirekt geheizte Kathode) || **~ warm-up time** / Heizer-Anheizzeit *f* (ESR)
heat exchange / Wärmeaustausch *m* || **~ exchange system** / Wärmetauschersystem *n* || **~ exchanger** / Wärmeaustauscher *m*, Kühler *m*
heat-exchanger capacity / Wärmeaustauscherleistung *f*, Kühlerleistung *f* || **~ element** / Kühlerelement *n*
heat exchanger for a temperature difference of n / n-grädiger Kühler || **~ exchanging medium** / Wärmeaustauschmedium *n*, Wärmeträger *m*, Kühlmittel *n*, Wärmeübertragungsmittel *n* || **~ flow** / Wärmefluss *m*, Wärmestrom *m* || **~ flow density** / Wärmestromdichte *f* || **~ flow rate** / Wärmestrom *m* || **~ flux density** / Wärmestromdichte *f*
heat-formable rigid mica material / Formmikanit *f*
heat gain / Wärmegewinn *m*, Kühllast *f* || **~ gain by transmission** / Transmissionswärmegewinn *m* || **~ generation** / Wärmeerzeugung *f*, Wärmeentwicklung *f* || **~ hardening** /

Wärmehärtung *f*, Ofenhärtung *f*
heating appliance / Wärmegerät *n*, Heizgerät *n* || ~
by frictional heat / Auswärmung durch
Reibungsarbeit || ~ **cabinet** / Wärmeschrank *m* || ~
cable / Heizkabel *n*, Heizleitung *f* || ~ **circuit** /
Heizstromkreis *m* || ~ **coil** / Heizspule *f*, Heizspirale
f, Heizwendel *n* || ~ **conductor** / Heizleiter *m* || ~
current / Heizstrom *m* || ~ **element** IEC 380 /
Heizkörper *m* (HG, Büromaschine) || ~ **filament** /
Heizfaden *m* || ~ **flow** / Energiezustrom *m* || ~
generator / Heizgenerator *m* (Bahn) || ~ **jumper** /
Heizkupplung *f* (Bahn),
Zugsammelschienenkupplung *f* (Heizleitung) || ~ **of
the motor** / Motorwärmung *f* || ~ **pad** / Heizkissen
n || ~ **programmer** / Heizungsregler *m*
(Programmschalter) || ~ **rate** /
Anheizgeschwindigkeit *f*, Anheizgeschwindigkeit *f*
(Kathode) || ~ **remote switch** /
Heizungsfernschalter *m* || ~ **resistor** /
Heizwiderstand *m* || ~ **steam pressure** /
Heizdampfdruck *m* || ~ **steam supply** /
Heizdampfversorgung *f* || ~ **surface** / Heizfläche *f* ||
~ **system contactor** / Heizungsschütz *n* || ~ **tariff** /
Wärmetarif *m* || ~ **technology** / Heiztechnik *f*,
Thermotechnik *f* || ~ **time constant** /
Wärmezeitkonstante *f* || ~ **train line** /
Zugsammelschiene *f* (Heizleitung), Heizleitung *f*
heat input / Wärmezufuhr *f* || ~ **insulation** /
Wärmedämmung *f*, Wärmeschutzisolierung *f* || ~
lamp / Infrarotstrahler *m* || ~ **load** / Wärmelast *f*
(KT) || ~ **loss** / Wärmeverluste *m pl*, Verlustwärme
f, Verlustenergie *f*, Leistungsverlust *m*,
Verlustleistung *f* || ~ **loss due to current** /
Stromwärmeverluste *m pl*, stromabhängige
Verluste || ~ **loss from man** / Personenwärme *f*,
abgegebene Wärme von Personen || ~ **meter** /
Wärmemengenzähler *m*, Wärmeverbrauchszähler
m || ~ **of expansion** / Dehnungswärme *f* || ~ **of
fusion** / Schmelzwärme *f* || ~ **output** / Heizleistung
f || ~ **output (thermal)** / Wärmeleistung *f* || ~ **path** /
Wärmeleitweg *m*
heat-proof *adj* / wärmebeständig *adj*, warmfest *adj*,
temperaturfest *adj*, hitzebeständig *adj*
heat propagation / Wärmeausbreitung *f* || ~ **pump** /
Wärmepumpe *f* || ~ **radiation** / Wärmestrahlung *f*,
Wärmeabstrahlung *f*, Temperaturstrahlung *f* || ~ **ray
lamp** / Trocknungslampe *f*, Trockenlampe *f* || ~
release / Wärmeabgabe *f*, Wärmeentbindung *f* || ~
released / freiwerdende Wärme, freigesetzte
Wärme || ~ **removal** / Wärmeabfuhr *f*,
Wärmeableitung *f* || ~ **removal capacity** /
Wärmeabführleistung *f*, Kühlleistung *f* || ~ **removal
property** / Wärmeabführvermögen *n*
heat-resistant *adj* / wärmebeständig *adj*, warmfest
adj, temperaturfest *adj*, hitzebeständig *adj* || ~ **non-
sheathed cable** / wärmebeständige (o.
hitzebeständige) Aderleitung || ~ **sheathed flexible
cable** / wärmebeständige (o. hitzebeständige)
Schlauchleitung
heat run / Dauerprüfung mit Erwärmungsmessung,
Dauerprüfung *f*, Erwärmungslauf *m*,
Dauerkurzschlussversuch *m*
heat-sensitive detector / Wärmemelder *m* || ~ **paper** /
Thermopapier *n* (Schreiber)
heat shield / Wärmeabschirmung *f*, Hitzeschild *m* || ~
shock test / Prüfung des Wärmeschockverhaltens
VDE 0281, Wärmeschockprüfung *f*

heat-shrinkable sleeving IEC 684 /
Warmschrumpfschlauch *m*
heat sink / Kühlkörper *m* (HL), Wärmesenke *f* || ~
sink element / Kühlkörper *m*
heat-soak *v* / durchwärmen *v*
heat-source plot / Wärmequellennetzwerk *n*
heat stability / Temperaturbeständigkeit *f*,
Wärmebeständigkeit *f*, Formbeständigkeit unter
Wärme, Wärmefestigkeit *f*
heat-stable *adj* / wärmebeständig *adj*, temperaturfest
adj
heat storage capacity / Wärmespeichervermögen *n*,
Wärmekapazität *f*, Wärmeaufnahmefähigkeit *f* || ~
test source lamp (H.T.S. lamp) / Wärmeprüflampe
f
heat-tight *adj* / wärmeundurchlässig *adj*
heat-tone method / Wärmetönungsverfahren *n*
heat transfer / Wärmeübertragung *f*,
Wärmeübergang *m*, Wärmetransport *m*,
Wärmedurchgang *m* || ~ **transfer agent** /
Wärmeträger *m*, Wärmeübertragungsmedium *n* || ~
transfer capability / Wärmeabführvermögen *n* || ~
transfer coefficient / Wärmeübergangszahl *f*,
Kühlwertigkeit *f*, Wärmedurchgangszahl *f* || ~
transfer compound / Wärmeleitpaste *f* || ~
transfer factor / Wärmeziffer *f* || ~ **transfer liquid**
/ Wärmeübertragflüssigkeit *f* || ~ **transfer loss** /
Wärmeübergangsverlust *m* || ~ **transfer medium** /
Wärmeübertragungsmittel *n*, Wärmeträger *m*,
Kühlmittel *n* || ~ **transfer resistance** /
Wärmeübergangswiderstand *m*, Wärmewiderstand
m, Wärmedurchgangswiderstand *m* || ~
transmission / Wärmeübertragung *f*,
Wärmeübergang *m*, Wärmetransport *m*,
Wärmedurchgang *m* || ~ **transmission coefficient** /
Wärmedurchgangszahl *f*, Kühlwertigkeit *f*,
Wärmedurchgangszahl *f*
heat-transmitting *adj* / wärmeübertragend *adj*,
wärmedurchlässig *adj*
heat-treat *v* / warm behandeln, vergüten *v*
heat-treatment diagram / Wärmebehandlungsbild *n*
heat unit / Wärmeeinheit *f* || ~ **wheel** / Wärmerad *n*
Heaviside effect / Heaviside-Effekt *m*, Hautwirkung
f, Skineffekt *m*, Stromverdrängungseffekt *m* || ~
unit step / Heaviside-Funktion *f*, Einheits-
Sprungfunktion *f*
heavy compounding / starke Kompoundierung || ~
current / Starkstrom *m*, Hochstrom *m*
heavy-current bus / Hochstrom-Sammelschiene *f*,
Hochstromschiene *f* || ~ **connector** / Hochstrom-
Steckverbinder *m* || ~ **engineering** /
Starkstromtechnik *f*
heavy drive fit / Edeltreibsitz *m* || ~ **duty** / schwerer
Betrieb, erschwerter Betrieb, hoch beansprucht
heavy-duty *adj* / Hochleistungs-..., hochbelastbar *adj*,
strapazierfähig *adj* || ~ **circuit-breaker** /
Hochleistungsschalter *m* (LS), Schutzschalter mit
hohem Schaltvermögen || ~ **contact** /
Starkstromkontakt *m* || ~ **design** / gehobene
Ausführung || ~ **high-voltage tough rubber-
sheathed (t.r.s.) flexible cable** / schwere
Hochspannungs-Gummischlauchleitung || ~
materials / hochwertiger Werkstoff || ~ **milling
machine** / Hochleistungsfräsmaschine || ~ **oil** /
Hochleistungsöl *n* || ~ **operating conditions** /
schwere Betriebsbedingungen || ~ **operation** /
schwerer Betrieb, Schwerlastbetrieb *m* || ~

heavy 254

threaded joint / PG Verschraubung || **~ version** / schwerere Ausführung
heavy electrical engineering / Energietechnik *f*, Starkstromtechnik *f* || **~ force and shrink fit** / Presspassung *f* || **~ gas** / Schwergas *n*
heavy-gauge conduit coupler / Panzerrohrmuffe *f* || **~ conduit thread** / Panzerrohrgewinde *n* (Pg) || **~ plastic conduit** / Kunststoff-Panzerrohr *n* (IR) || **~ steel conduit** / Stahlpanzerrohr *n* || **~ steel conduit thread** / Stahlpanzerrohrgewinde *n* || **~ threaded joint** / Panzergewinde-Verschraubung (Pg-Gewinde)
heavy load / schwere Belastung || **~ load carrier** / Schwerlastwagen *m* || **~ metals** / Schwermetalle *n pl* || **~ plate** / Grobblech *n* || **~ polychloroprene-sheathed flexible cable** / Gummischlauchleitung (m. Polychloroprenmantel)
heavy-starting *adj* / schweranlaufend *adj*
heavy starting / Schweranlauf *m*, Schwerlastanlauf *m* || **~ tough rubber sheathed flexible cable** / schwere Gummischlauchleitung, Gummischlauchleitung für schwere mechanische Beanspruchungen
hedge inventory / spekulativer Bestand
heel *n* / ablaufende Kante, Austrittskante *f*, Hinterkante *f* || **~ plate** / Gegenplatte *f* (Wickelkopf)
height above datum / Höhenkote *f* || **~ compensation** / Höhenausgleich *m* || **~ gauge** / Höhenreißer *m* || **~ module (HM)** / Höheneinheit (HE) *f* || **~ of cusp** / Rauhtiefe *f* (NC) || **~ of fall** / Fallhöhe *f*, Fallweg *m* || **~ of spring when completely compressed** / Blockhöhe *f* (Feder) || **~ of support frame** / Gestellhöhe *f* || **~ of wave** / Wellenhöhe *f* (Elektroblech) || **~ to shaft centre** / Achshöhe *f* (el. Masch.), Wellenhöhe *f*
HEL s. heliport edge lighting
Heldenhain encoder / Heldenhain-Geber *m*
helical *adj* / schraubenförmig *adj*, spiralförmig *adj*, schrägverzahnt *adj* || **~ compensation** / Schraubenlinienkompensation *f*, Helikalkompensation *f* || **~ compression spring** / Schraubendruckfeder *f* || **~ curve** / Schraubenkurve *f*, Schraubenlinie *f* || **~ gear** / Schrägzahnrad *n*, Spiralzahnrad *n*, Schraubenrad *n*, Schneckengetriebe (SG) *n* || **~ groove** / Spiralnut *f* || **~ interpolation** / Schraubenlinieninterpolation *f* (NC), Helikalinterpolation *f* (Kombinierte Kreis- und Geradeninterpolation zur Erzeugung einer schraubenlinienförmigen Bahn. Dabei findet die Kreisinterpolation in einer gewählten Ebene (2 Achsen) statt bei gleichzeitiger Geradeninterpolation in einer senkrecht zur Kreisinterpolations), Helix-Interpolation *f* || **~ metal spring** / Metallwendel *f* || **~ path** / Helixbahn *f* || **~ spring** / Schraubenfeder *f*, Spiralfeder *f*, Wendelfeder *f*, Schneckenfeder *f* || **~ teeth** / Schrägverzahnung *f* || **~ tension spring** / Schraubenzugfeder *f* || **~ winding** / Wendelwicklung *f*, Spiralwicklung *f*, Schraubenwicklung *f*
heliport *n* / Hubschrauberlandeplatz *m* || **~ edge lighting (MEL)** / Randbefeuerung für Hubschrauber-Landeplatz (MEL) || **~ lighting (HLI)** / Hubschrauber-Landeplatz-Beleuchtung *f* (HLI) || **~ PAPI (H-PAPI)** / Hubschrauberlande-PAPI (H-PAPI)
helium leakage detector / Helium-Lecksucher *m*,

Helium-Detektor *m*
helix *n* / Schraubenlinie *f* || **~ angle** / Steigungswinkel *m*
helix-shaped ultrasonic signals / helixförmige Schallführung
help *v* / unterstützen *v* || **help** *n* / Hilfe *f*, HELP || **~ attribute** / Hilfsattribut *n* || **~ display** / Hilfebild *n* || **~ display for parameter input window** / Hilfebild zum Parametereingabefenster
helper *n* / Helfer *m*, Hilfskraft *f*
help line / Hilfezeile *f* || **~ screen** / Hilfebild *n* || **~ text** / Hilfstext *m* || **~ topics** / Hilfethemen *n pl*
hemeralopia / Hemeralopie *f*, Nachtblindheit *f*
hemispherical *adj* / halbkugelförmig *adj* || **~ emissivity** / halbräumlicher Emissionsgrad
hemitropic winding / hemitropische Wicklung, Halbspulenwicklung *f*
hermaphroditic connector / Zwitter-Steckverbinder *m* || **~ contact** / Zwitter-Kontakt *m*
hermetic *adj* / luftdicht *adj*
hermetical *adj* / hermetisch *adj*
hermetically sealed / hermetisch dicht, hermetisch abgeschlossen, luftdicht gekapselt, atmungsdicht *adj* || **~ sealed enclosure** / hermetische Kapselung (Ex h) || **~ sealed relay** / hermetisch abgeschlossenes Relais || **~ sealed transformer** / hermetisch geschlossener Transformator, luftdicht abgeschlossener Transformator
hermetical seal / hermetische Dichtung, luftdicher Abschluss
hermetic connector / hermetischer Steckverbinder
herringbone gear / Pfeilzahnrad *n*, Pfeilrad *n* || **~ gearing** / Pfeilradgetriebe *n*, Pfeilverzahnung *f*
HES s. home electronic system / HES (Heimelektronik-System) || **application protocol** / HES-Anwendungsprotokoll *n* || **~ home network** / HES-Hausnetzwerk *n*
heterochromatic *adj* / verschiedenfarbig *adj*, heterochrom *adj* || **~ photometry** / heterochrome Photometrie || **~ stimuli** / heterochrome *adj* (o. verschiedenfarbige Farbreize)
heterodyne frequency / Überlagerungsfrequenz *f* || **~ frequency meter** / Überlagerungsfrequenzmesser *m* || **~ interference** / Überlagerungsstörung *f*
heteropolar field magnet / Wechselpol-Feldmagnet *m* || **~ induction** / Wechselpolinduktion *f* || **~ machine** / Heteropolarmaschine *f*, Wechselpolmaschine *f*, Schwingfeldmaschine *f*, Schwellfeldmaschine *f*
heuristic approach / heuristischer Ansatz
heuristics *plt* / Heuristik *f*
Heusler alloy / Heuslersche Legierung
Hewlett-Packard interface bus (HP-IB) / Hewlett-Packard-Schnittstellenbus *m*
hexadecimal *adj* / hexadezimal *adj* || **~ code** / Hexadezimalcode *m*, Hexa-Code *m*, Hexcode *m* || **~ constant** / Hexadezimalkonstante *f* || **~ digit** / Hexadezimalziffer *f*, Sedezimalziffer *f* || **~ number** / Sedezimal *n*, Hexzahl *f* || **~ number (o. figure)** / Hexadezimalzahl *f*, Sedezimalzahl *f* || **~ number system** / Sedezimalsystem *n* || **~ numeration system** / Sedezimalsystem *n* || **~ parameter assignment** / Hex-Parametrierung *f* || **~ pattern** / Hexadezimalmuster *n*
hexadecimal-to-binary conversion / Hexadezimal-Dual-Umwandlung *f*
hexagonal head screw / Sechskantschraube *f*

hexagonally centered ferrite / hexagonales Ferrit
hexagonal milling / Sechskantfräsen *n*
hexagon bolt / Sechskantschraube *f* || ~ **head** / Sechskantkopf *m* || ~ **head-cap screw** / Sechskantschraube *f* || ~ **head screw** / Sechskantschraube *f*, Sechskantschraube mit Gewinde bis Kopf || ~ **nut** / Sechskantmutter *f* || ~ **socket-head bolt** / Innensechskantschraube *f* || ~ **socket head cap screw** / Zylinderschraube mit Innensechskant || ~ **socket spanner** / Innensechskantschlüssel *f* || ~ **turret** / Sternrevolver *m*
hexaphase *adj* / sechsphasig *adj* || ~ **circuit** / Sechsphasenschaltung *f*, Doppelsternschaltung *f*
hex format / Hex-Darstellung *f* || ~ **parameter** / Hex-Parameter *m*
Heyland diagram / Heyland-Kreisdiagramm *n* || ~ **factor** / Heyland-Faktor *m*, Gesamtstreuziffer *f* || ~ **generator** / Heyland-Generator *m*
HF s. high frequency || ~ **connection** / HF-Anschluss *m* || ~**-field** *n* / HF-Feld *n* || ~ **hybrid** / HF-Gabel *f* || ~ **level** / HF-Pegel *m*
H frame / H-förmiger Mast (Freiltg.), Portalstützpunkt *m*
HF welding / Hochfrequenzschweißen *n*, dielektrisches Schweißen
HGL / hochaufgelöste Lage (HGL) || **HGL module** / HGL-Modul *n*
HHC s. hand-held computer
HHU (handheld unit) / BHG (Bedienhandgerät)
Hi-B sheet / Hi-B-Blech *n*
HIC s. halving interval
hickey *n* / Rohrbiegegerät *n*, Leuchtenbefestigungsgerät *n*
hidden defect / verborgener Mangel || ~ **files** / versteckte Dateien || ~ **line** / verdeckte Linie (Graphik) || ~ **line removal** / Ausblenden von verdeckten Linien (GAD)
HID lamp s. high-intensity discharge lamp
hide *v* / ausblenden *v*, verstecken *v* (eines Fensters, Datei), abblenden *v*, verbergen *v* || **Hide All Levels** / Alle Ebenen ausblenden
hierarchical addressing / hierarchische Adressierung || ~ **control** / hierarchische Regelung || ~ **display number** / hierarchische Bildnummer (BSG) || ~ **network** / hierarchisches Netz || ~ **order** / hierarchische Ordnung
hierarchy data / Hierarchiedaten *pl*
high-alloy magnetic sheet steel / hochlegiertes Elektroblech
high-alumina ceramics / Aluminiumoxidkeramik *f*
high-availability *adj* / hoch verfügbar
high bar / vorstehende Lamelle (Komm.), überstehende Lamelle
high-bay racking / Hochregal *n* || ~ **reflector luminaire** / Breitstrahler *m*, Hallenspiegelleuchte *f* || ~ **warehouse** / Hochregallager(haus) *n*
high-beam headlight / Fernlichtscheinwerfer *m*
high-boiling *adj* / hochsiedend *adj*, schwersiedend *adj*
high-breaking-capacity fuse (HBC fuse) / Hochleistungssicherung *f*
high-capacity *adj* / leistungsfähig *adj*, leistungsstark *adj*, Hochleistungs... || ~ **floodlight** / Hochleistungsscheinwerfer *m*, Hochleistungs-Lichtfluter *m*
high-coercivity *adj* / hochkoerxiv *adj*

high-conductivity aluminium / Leitaluminium *n* (EC-Aluminium) || ~ **copper** / Kupfer für Leitzwecke, Leitfähigkeitskupfer *n* || ~ **polymer** / starkleitendes Polymer
high-contrast *adj* / kontrastreich *adj*
high creep speed / obere Kriechdrehzahl || ~ **current** / Hochstrom *m*, Hoch-Stoßstrom *m*
high-current busbar / Hochstrom-Sammelschiene *f*, Hochstromschiene *f* || ~ **circuit** / Hochstromkreis *m* || ~ **connector** / Hochstrom-Steckverbinder *m* || ~ **contact** / Hochstromkontakt *m*
high-current-density region / Stromengebiet *n*
high-current impulse / Hoch-Stoßstrom *m*
high-damping alloy / Dämpfungslegierung *f*
high-definition *adj* / konturenscharf *adj* (BSG), hochzeilig *adj*, hochauflösend *adj*
high-density connector / Steckverbinder hoher Kontaktdichte (o. Poldichte) || ~ **MOS (HMOS)** / MOS hoher Dichte || ~ **store** / Regallager *n*
high-efficiency fluorescent lamp / Hochleistungs-Leuchtstofflampe *f*
high-energy-rate forming / Hochgeschwindigkeits-Umformverfahren *n*
higher degree of protection / Höhere Schutzart
higher-frequency *adj* / höherfrequent *adj* || ~ **stray-load loss** / Oberwellen-Zusatzverluste *m pl*, Oberwellenverluste *m pl*
higher harmonics / Oberwellen höherer Ordnung
higher level, at a ~ / überlagert *adj*, übergeordnet *adj* || **higher-level assignment** IEC 113-2 / übergeordnete Zuordnung DIN 40719,T.2, Anlagenkennzeichen *n* || ~ **automation system** / überlagertes Automatisierungssystem || ~ **computer** / übergeordneter Rechner || ~ **control loop** / überlagerter Regelkreis || ~ **sequential control** / übergeordnete Ablaufsteuerung || ~ **system** / übergeordnetes System
higher-order decade / höherwertige Dekade || ~ **delay element** / Verzögerungsglied höherer Ordnung (Reg.) || ~ **lag** / Verzögerung höherer Ordnung (Reg.) || ~ **parameter** / übergeordneter Parameter || ~ **time delay** / Verzögerung höherer Ordnung (Reg.)
higher switching value / oberer Schaltpunkt (Reg.) || ~ **voltage** / Oberspannung *f* (OS (Trafo))
higher-voltage winding / Hochspannungswicklung *f*, Oberspannungswicklung *f* (OS-Wicklung)
highest-priority encoder / Codeumsetzer mit Priorität des höheren Wertes
highest station address (HSA) / höchste Teilnehmeradresse (PROFIBUS), höchste L2-Adresse || ~ **voltage for equipment** IEC 71, IEC 76 / höchste Spannung für Betriebsmittel VDE 0111, höchste Anlagenspannung || ~ **voltage of a system** / höchste Betriebsspannung eines Netzes
high-field superconductor / Hochfeld-Supraleiter *m*
high-flexibility coupling / weiche Kupplung
high frequency (HF) / Hochfrequenz *f* (HF)
high-frequency *adj* / hochfrequent *adj* || ~ **capacitance** / Hochfrequenzkapazität *f* (Kondensator), Kapazität bei hoher Frequenz || ~ **changer set** / Hochfrequenzumformer *m* || ~ **cut off of proportional action** / obere Grenzfrequenz des Proportionalverhaltens || ~ **disturbance test** / Hochfrequenz-Störprüfung *f* (Rel.) || ~ **pressure welding** / Hochfrequenzschweißen *n*, dielektrisches Schweißen || ~ **repeater distribution**

high 256

frame (HFRDF) / Hochfrequenzverstärkerverteiler *m*
high girder / Durchladeträger *m*
high-girder wagon / Durchladeträgerwagen *m*
high-gloss-anodized *adj* / hochglanzeloxiert *adj*
high-gloss polished / hochglanzpoliert *adj*
high-grade steel / Edelstahl *m*
high-head hydroelectric power station / Hochdruck-Wasserkraftwerk *n*
high-impact shock test / Schlaghammerprüfung *f*
high-impedance differential protection / hochohmiger Differentialschutz IEC 50(448) || ~ **fault** / unvollkommener Kurzschluss, Kurzschluss mit Übergangswiderstand || ~ **fault to exposed conductive part** / unvollkommener Körperschluss, Körperschluss mit Übergangswiderstand || ~ **fault to ground** / unvollkommener Erdschluss, Erdschluss mit Übergangswiderstand
high-induction magnetic sheet steel / Hi-B-Blech *n*
high-inertia load / Schwungmassenlast *f*, schweranlaufende Maschine || ~ **machine** / schweranlaufende Maschine || ~ **starting** / Anlauf gegen große Schwungmasse, Schweranlauf *m*
high insulation / vorstehende Isolation (Komm.), vorstehender Glimmer (Komm.)
high-intensity *adj* / lichtstark *adj*, mit hoher Lichtstärke, Hochleistungs... || ~ **approach light** / Anflug-Hochleistungsfeuer *n* || ~ **approach lighting (APH)** / Anflug-Hochleistungsbefeuerung *f* (APH) || ~ **beacon** / Hochleistungsfeuer *n* || ~ **carbon arc lamp** / Hochstrom-Kohlebogenlampe *f* || ~ **discharge lamp (HID lamp)** / Entladungslampe hoher Lichtstärke, HID-Lampe *f* || ~ **fluorescent lamp** / Hochleistungs-Leuchtstofflampe *f* || ~ **flush-marker light** / Unterflur-Hochleistungsfeuer *n* (Flp.) || ~ **lighting** / Hochleistungsbefeuerung *f* || ~ **luminaire** / Hochleistungsleuchte *f*, Leuchte für Hochleistungslampen || ~ **runway edge lighting (REH)** / Pistenrand - Hochleistungsbefeuerung *f* (REH) || ~ **runway light** / Pisten-Hochleistungsfeuer *n*
high-interrupting-capacity fuse / Hochleistungssicherung *f*
high-leakage-reactance transformer / Streufeldtransformator *m*
high-leakage rotor / Streuläufer *m*
high level / Hochpegel *m*, H-Pegel *m* (Signal)
high-level data link control (HDLC) / HDLC-Prozedur *f* || ~ **illumination** / hohes Beleuchtungsniveau || ~ **input current** / Eingangsstrom im H-Bereich || ~ **input voltage** / Eingangsspannung im H-Bereich || ~ **language (HLL)** / höhere Programmiersprache, Hochsprache *f*, Hochsprachenerweiterung *f* || ~ **logic (HLL)** / Hochpegellogik *f*, stör- und zerstörfeste Logik (SZL) || ~ **output current** / Ausgangsstrom im H-Bereich || ~ **output voltage** / Ausgangsspannung im H-Bereich || ~ **signal** / Hochpegelsignal *n*, H-Signal *n*, Großsignal *n*
highlight *v* / hervorheben *v*, markieren *v* || ~ *n* / Hervorhebung *f*
high-light illumination / Punktlichtbeleuchtung *f*, Anstrahlen *n*, Anleuchten *n*, Spitzlichtbeleuchtung *f*
highlighting *n* / Betonung *f* (LT) || ~ / Hervorheben *n* (a. BT)

high limit / obere Grenze, oberer Grenzwert, Obergrenze (OGR) *f* || ~ **limiting control** / Begrenzungsregelung nach oben || ~ **limit of size** / oberes Grenzmaß || ~ **number of channels** / hohe Baugruppendichte
high-load-factor consumer / Abnehmer mit hoher Benutzungsdauer || ~ **tariff** / Preisregelung für hohe Benutzungsdauer (StT)
high-load hours / Hochtarifzeit *f*
high-low action / Hoch-Tief-Verhalten *n* (Reg.), Zweipunktverhalten *n* || ~ **control** / Hoch-Tief-Regelung *f*, Extremwertregelung *f*, Zweipunktregelung *f*
high-low-responsive controller / Regler mit Hoch-Tief-Verhalten, Extremwertregler *m*
high-low selection / Extremwertauswahl *f* || ~ **signal selector block** / Extremwertauswahl-Baustein *m* (SPS) || ~ **space** / Hauptstreukanal *m*
highly complex functional group / hochverknüpfte Funktionsgruppe || ~ **diffusing** / stark streuend (LT) || ~ **directional** / richtungsscharf *adj* || ~ **flexible** / weichelastisch *adj*, weichfedernd *adj* || ~ **flexible conductor** / hochflexibler Leiter, feinstdrähtiger Leiter || ~ **modular** / feinmodular *adj* || ~ **sterile production cell** / hochreine Produktionszelle || ~ **tensile** / hochzugfest *adj*, hochfest *adj* || ~ **toxic chemical** / hochgiftiger Stoff
high mast / Hochmast *m*
high-mast lighting / Hochmastbeleuchtung *f*
high-melting *adj* / hochschmelzend *adj*
high mica / vorstehender Glimmer (Komm.), überstehender Glimmer (Komm.)
high-mode output / Ausgang mit 1 -Signal
high-noise-immunity and surge-proof logic / stör- und zerstörfeste Logik (SZL) || ~ **logic (HNIL)** / störsichere Logikschaltung
high-order byte / höherwertiges Byte, linkes Byte || ~ **harmonics** / Oberwellen höherer Ordnung || ~ **word** / H-Wort *n* || ~ **zero** / führende Null
high-output fluorescent lamp / Hochleistungs-Leuchtstofflampe *f*
high pass (HP) / Hochpass *m*
high-pass filter capacitor / Hochpass-Filterkondensator *m*
high-performance *adj* / leistungsfähig *adj*, leistungsstark *adj*
high performance level / oberer Leistungsbereich (elST-Geräte)
high permeability *adj* / hochpermeabel *adj*
high-p.f. transformer / Transformator mit hohem Leistungsfaktor
high potential / Hochspannung *f*, H-Potential *n*
high-power (HP) *adj* / Hochleistungs... || ~ **amplifier (HPA)** / Hochleistungsverstärker *m* || ~ **klystron** / Leistungsklystron *n* || ~ **motor** / Hochleistungsmotor *m* || ~ **NOR gate** / verstärkte NOR-Stufe || ~ **synthetic circuit** / Hochleistungssynthetik *f* || ~ **transistor switch** / Transistor-Hochleistungsschalter *m*
high-precision balancing / Feinstwuchtung *f* || ~ **cam** / Hochgenauenocke *f* || ~ **cutting** / feindrehen *v* || ~ **meter** / Hochpräzisionszähler *m*
high-preferred orientation / bevorzugte Orientierung, Vorzugsrichtung *f*
high pressure boiler / Hochdruckdampferzeuger *m* || ~ **pressure boiler feed pump** / Hochdruck-Kesselspeisepumpe *f*

high-pressure discharge lamp / Hochdruck-Entladungslampe *f*, Hochdrucklampe *f* || ~ **feed water** / Hochdruckvorwärmer *m* || ~ **interlocking device** / Überdruck-Überwachungsgerät *n* (SG), Drucküberwachungsgerät für zu hohen Druck (SG) || ~ **lamp** / Hochdrucklampe *f* (HD-Lampe), Hochdruck-Entladungslampe *f* || ~ **liquid chromatograph (HPLC)** / Hochdruck-Flüssigkeitschromatograph *m* (HPLC) || ~ **long arc xenon lamp** / Xenon-Hochdruck-Langbogenlampe *f* || ~ **mercury-vapour lamp** / Quecksilberdampf-Hochdrucklampe *f* || ~ **oil filled cable** / Öl-Hochdruck-Kabel *n* || ~ **oil filled pipe-type cable** / Hochdruck-Ölkabel im Stahlrohr || ~ **oil lift** / Druckölentlastung *f*, Lagerentlastung durch Drucköl || ~ **pickup** / Hochdruckaufnehmer *m* || ~ **receiver** / Hochdruckbehälter *m* || ~ **sodium (-vapour) lamp** / Natriumdampf-Hochdrucklampe *f* || ~ **steam** / Hochdruckdampf *m* || ~ **steam reducing and cooling station** / HD-Dampfreduzierventil *n* || ~ **synthesis plant** / Hochdruck-Synthese-Anlage *f* || ~ **weldable resistance thermometer** / Hochdruck-Einschweiß-Widerstandsthermometer *n* || ~ **xenon lamp** / Xenon-Hochdrucklampe *f*
high protection / hoher Schutz
high-purity *adj* / hochrein *adj* || **high-purity copper** / Reinstkupfer *n* || ~ **water** / Reinstwasser *n*
high-quality joint / Edelfuge *f* || ~ **steel** / Qualitätsstahl *m*, Edelstahl *m*
high-range release (o. trip element) / Auslöser mit großem Einstellbereich
high-rate charging / Schnelladung *f* (Batt.)
high-rating transformer / Transformator hoher Leistung, Großtransformator *m*
high-reactance rotor / Widerstandsläufer *m*, Stromdämpfungsläufer *m* || ~ **transformer** / Streutransformator *m*, Streufeldtransformator *m*
high-resistance *adj* / mit hohem Widerstand, hochohmig *adj* || ~ **auxiliary phase** / Widerstands-Hilfsphase *f* || ~ **auxiliary winding** / Widerstands-Hilfswicklung *f*, Anlaufwicklung *f* || ~ **cage rotor** / Widerstandsläufer *m*, Stromdämpfungsläufer *m* || ~ **fault** / unvollkommener Kurzschluss, hochohmiger Kurzschluss IEC 50(448), Kurzschluss mit Übergangswiderstand || ~ **fault to earth** / unvollkommener Erdschluss, Erdschluss mit Übergangswiderstand || ~ **fault to exposed conductive part** / unvollkommener Körperschluss, Körperschluss mit Übergangswiderstand || ~ **squirrel-cage rotor** / Widerstandsläufer *m*, Stromdämpfungsläufer *m*
high-resolution *adj* / hochauflösend *adj* || **high-resolution measuring system (HMS)** / hochauflösendes Messsystem (HMS)
high-response-rate voltage regulator / schnellansprechender Spannungsregler
high-response valve / HRV-Ventil *n*
high-rise building / Hochhaus *n*
high-rupturing-capacity fuse (HRC fuse) / Hochleistungssicherung *f*
high segment / vorstehende Lamelle (Komm.), überstehende Lamelle
high-sensitivity *adj* / hochempfindlich *adj* || ~ **amplifier** / hochempfindlicher Verstärker || ~ **gas analyzer** / Gasspurenanalysator *m*
high setting / hohe Einstellung, Großstellung *f*

(max.Einstellwert) || ~ **side** / Hochspannungsseite *f* (Trafo), Oberspannungsseite *f* || ~ **signal evel** / H-Signalpegel *m*
high-silicon electrical sheet steel / hochsiliziertes Dynamoblech
high-speed *adj* / schnellaufend *adj*, hochtourig *adj* || ~ **acknowledgement** / schnelle Quittung || ~ **air-blast breaker** / Druckluft-Schnellschalter *m* || ~ **air magnetic breaker** / Magnetschnellschalter *m* (LS) || ~ **automatic reclosing** / automatische Schnellwiedereinschaltung (KU) || ~ **auxiliary function** / schnelle Hilfsfunktion || ~ **camera** / Hochgeschwindigkeitskamera *f* || ~ **carry** / schneller Übertrag || ~ **circuit-breaker** / Schnellschalter *m* (LS), schnellschaltender Leistungsschalter || ~ **closing** / Schnelleinschaltung *f* || ~ **closing feature** / Schnelleinschaltung *f* || ~ **compressed-air circuit-breaker** / Druckluft-Schnellschalter *m* || ~ **contactor** / Schnellschütz *n*, Schnellschaltschütz *n* || ~ **cutting (HSC)** / Hochgeschwindigkeitsfräsen (HSC) *n* || ~ **cutting machine** / Hochgeschwindigkeitsbearbeitungsmaschine *f* || ~ **d.c. circuit-breaker** / Gleichstrom-Schnellschalter *m* || ~ **d.c. power circuit-breaker** ANSI C37.100 / Gleichstrom-Schnellschalter *m* || ~ **de-excitation** / Schnellentregung *f* || ~ **distance relay** / Schnelldistanzrelais *n* || ~ **diverter switch** / Schnell-Lastumschalter *m* (Trafo) || ~ **drive** / Schnellantrieb *m* || ~ **earthing switch** / Schnellerder *m*, Erdungsdraufschalter *m* || ~ **excitation** / Schnellerregung *f*, Stoßerregung *f* || ~ **exit taxiway** / Schnellabrollbahn *f* (Flp.) || ~ **fault clearing** / Schnellausschaltung *f* (Fehlerabschaltung) || ~ **field forcing** / Stoßerregung *f* || ~ **field suppression** / Schnellentregung *f* || ~ **grounding switch** / Schnellerder *m*, Erdungsdraufschalter *m* || ~ **I/Os** / schnelle Ein/Ausgänge, schnelle E/As || ~ **input** / schneller Eingang || ~ **inputs/outputs** / schnelle Ein/Ausgänge, schnelle E/As || ~ **key** / Schnellgangtaste *f* (Bedienungstastatur) || ~ **machining (HSM)** / Hochgeschwindigkeitsbearbeitung *f* || ~ **measurement** / schnelles Messen || ~ **motor** / Schnellläufermotor *m*, Schnellläufer *m* || ~ **operation** / Hochgeschwindigkeitsbearbeitung *f*
high-speed output / schnelle Ausgabe || ~ **overcurrent trip** / unverzögerter Überstromauslöser (n-Auslöser), Überstrom-Schnellauslöser *m* || ~ **PLC channel** / schneller PLC-Kanal || ~ **printer (HSP)** / Schnelldrucker *m* || ~ **protection(system)** / schneller Schutz || ~ **puffer circuit-breaker** / Blaskolben-Druckgas-Schnellschalter *m* || ~ **recharge facility** / Schnellladeeinrichtung *f* || ~ **reclosing** / Schnellwiedereinschaltung *f* (KU), Kurzunterbrechung *f* || ~ **recording instrument** / schnellschreibendes Messgerät, Schnellschreiber *m*, Thermofestkopfschreiber, portabel || ~ **relay** / Schnellrelais *n*, schnelles Relais || ~ **resistor diverter switch** / Widerstands-Schnellastumschalter *m* (Trafo) || ~ **resistor transition** / Widerstands-Schnellumschaltung *f* (Trafo) || ~ **response** / schnelles Ansprechen || ~ **single-pressure circuit-breaker** / Ein-Druck-Schnellschalter *m* || ~ **transfer unit** /

high 258

Schnellumschaltgerät *n* || ~ **winding** / niederpolige Wicklung (polumschaltbarer Mot.) || ~ **zone** / Schnellzeitbereich *m*
high starting duty / Schweranlauf *m*, Schwerlastanlauf *m* || ~ **starting torque** / hohes Anlaufdrehmoment || ~ **state** / Hochpegel *m*, H-Pegel *m* (Signal), Hoch-Zustand *m* (Signalpegel), H-Zustand *m*
high-state voltage range / H-Spannungsbereich *m*
high-strength *adj* / hochfest *adj*
high tariff / Hochtarif *m* (HT)
high-temperature breakdown / Wärmedurchschlag *m*, thermischer Durchbruch (HL) || ~ **cell** / Hochtemperaturkammer *f* (Diffraktometer) || ~ **electrode** / heißgehende Elektrode || ~ **grease** / Heißlagerfett *n* || ~ **heat detector** / Wärmemelder mit hoher Ansprechtemperatur || ~ **insulation** / Hochtemperaturisolierung *f*, Heißisolation *f* || ~ **pressure pickup** / Hochtemperatur-Druckaufnehmer *m*
high-temperature-resistant *adj* / hochwarmfest *adj*, warmfest *adj*
high-temperature steel / warmfester Stahl || ~ **water heating appliance** / Heißwassererzeuger *m* || ~ **water heating system** / Heißwasserheizungsanlage *f* || ~ **X-ray diffration** / Hochtemperatur-Röntgenbeugung *f*
high-tensile *adj* / hochzugfest *adj*, hochfest *adj*
high tension (h.t.) (for composite terms, see under h.v.) / Hochspannung *f*
high-threshold circuit (IC) / Hochvoltschaltung *f* (IS) || ~ **logic** (HTL) / Logik mit hoher Störschwelle, störsichere Logik
high-torque cage rotor / Stromdämpfungsläufer *m*, Widerstandsläufer *m* || ~ **squirrel-cage rotor** / Stromdämpfungsläufer *m*, Widerstandsläufer *m*
high vacuum / Hochvakuum *n*
high-vacuum pump / Hochvakuumpumpe *f* || ~ **valve device** / Hochvakuum-Ventilbauelement *n*
high-velocity camera tube / Bildaufnahmeröhre mit schnellen Elektronen || ~ **scanning** / Abtastung mit schnellen Elektronen
high-viscosity *adj* / hochviskos *adj*, zäh *adj*, zähflüssig *adj*, konsistent *adj*
high-voltage current / Starkstrom *m* || ~ **DC transmission** / Hochspannungsgleichstromübertragung (HGÜ) *f*, Fernübertragung *f* || ~ **door** / Hochspannungstür *f* || ~ **switchgear** / Hochleistungstechnik *f*, Hochspannungsschalttechnik *f*
high voltage / Oberspannung *f* || **high voltage (h.v.)** (for composite terms, see under h.v.) / Hochspannung *f* || ~ **voltage rating** / Netzüberspannung *f* || ~ **voltage reversal** / Überspannungsrücksteuerung *f* || ~ **voltage test** / Hochspannungsprüfung *f* || ~ **voltage test device** / Hochspannungsprüfgerät *n*
high-volume segment / Stückzahlsegment *n*
highway, data ~ **(DH)** / Datenbus *m*, Prozessdatenbus *m*, Fernbus *m*, Datensammelschiene *f* || **motor** ~ / Schnellverkehrsstraße *f*, Schnellstraße *f* || **pulse** ~ / Impulssammelschiene *f*
HiGraph diagnosis / HiGraph-Diagnose *f*
hill-climbing controller / Gradientenregler *m* || ~ **method** / Gradientenmethode *f* (Optimierung), Suchschrittverfahren *n*,

Schrittoptimierungsverfahren *n*
hill-side extension / Schrägfußverlängerung *f* (Freileitungsmast)
hinge *n* / Scharnier *n*, Türangel *f*, Gelenk *n*
hinged *adj* / mit Scharnier versehen, ausschwenkbar *adj*, klappbar *adj*, schwenkbar *adj*, angeschlagen *adj*, ausklappbar *adj* || ~ **armature** / Klappanker *m*
hinged-armature magnet system / Klappanker-Magnetsystem *n*
hinged bay / Schwenkrahmen *m* DIN 43350 || ~ **brush holder** / ausklappbarer Bürstenhalter || ~ **cantilever** / Schwenkausleger *m* || ~ **cover** / Klappdeckel *m*, Verschlusskappe *f*, Bedienungstür *f* || ~ **extension rail** / Klappschiene *f* || ~ **frame** / Schwenkrahmen *m* || ~ **guide rod** / Gelenklenker *m* || ~ **joint** / Gelenk *n*, Bolzengelenk *n*, Kniegelenk *n* || ~ **junction box** / Klappmuffe *f* (Kabel) || ~ **left** / Linksanschlag *m* || ~ **lid** / Klappdeckel *m* (Steckdose) || ~ **outlet box** / Kippanschlussdose *f* || ~ **right** / Rechtsanschlag *m* || ~ **screening loop** / Abschirmschleife mit Anlenkung || ~ **servicing cover** / Inspektionsklappe *f*, Bedienungstür *f* || ~ **spring toggle** / Federklappdübel *m* || ~ **window** / Klappfenster *n*
HINIL s. high-noise-immunity logic
Hirth tooth system / Hirth-Verzahnung *f*
hiss *n* / Zischen *n* (Rauschen)
histogram *n* / Histogramm *n*
historical archive / Altarchiv *n* || ~ **process data** / Vergangenheitswerte *m pl* (Prozess) || ~ **values** / Vergangenheitswerte *m pl*
history *n* / Vorgeschichte *f*, Verlauf *m* || **time** ~ / Zeitverlauf *m* (Schwingungen, Erdbeben)
hit *v* / schlagen *v*, (auf)treffen *v*, aufprallen *v* || ~ *n* / Treffer *m* (DV) || ~ **detection** / Kollisionserkennung *f* (Rob.) || ~ **list** / Trefferliste *f*, Hitliste *f*
HLI s. heliport lighting
HLL s. high-level logic || ~ **(high-level language)** / Hochsprache *f*, höhere Programmiersprache, HLL
HM s. hydraulic-magnetic tripping
HMI (human machine interface) / HMI || ~ **device** / Bedien- und Beobachtungsgerät (B+B-Gerät) *n* || ~ **DOS** / HMI DOS || ~ **path** / HMI Pfad || ~ **station** *n* / B&B Station
HMOS s. high-density MOS
HMS (high-resolution measuring system) / HMS (hochauflösendes Messsystem)
HNC s. hand numerical control
HNIL s. high-noise-immunity logic
hoar frost / Rauhreif *m*
hoar-frost layer / Rauhreifauflage *f*
hob *n* / Abwälzfräser *m*, Wälzfräser *m*
hobbing *n* / Wälzfräsen *n*, Abwälzfräsen *n* || ~ **cutter** / Abwälzfräser *m*, Wälzfräser *m*
Hoechstaedter cable / Höchstädter-Kabel *n*, H-Kabel *n*
hoist *n* / Hebezeug *n*, Hebemittel *n*
hoisting gear / Hebezeug *n*, Hubwerk *n*
hoisting-gear motor / Hebezeugmotor *m*
hoisting tackle / Flaschenzug *m*, Zughub *m*, Hebezeug *n*
hoistway *n* / Aufzugschacht *n*, Fahrschacht *m* (Aufzug)
hold *v* (QA) / sperren *v* (QS), mitführen *v*, anhalten *v* || ~ / **Halt** *m* || **feed** ~ IEC 550 / Vorschub Halt (NC) || **relay** ~ / Haltewert *m* (Rel.) || **to** ~ **frequency** / Frequenz halten, Frequenz fahren || ~ **against**

mechanical stop/function / Fahren gegen Festanschlag, Fahren auf Festanschlag || ~ **capacitor** / Haltekondensator *m*
hold-down *adj* / Fixierung *f* || ~ **clamp** / Niederhalter *m* || ~ **screw** / Befestigungsschraube *f*
holder *n* / Halter *m*, Träger *m*, Fassung *f* (Lampe), Unterteil *n* (Sich.) || ~ **end** / Kopffläche *f* (Bürste) || ~ **plate** / Fassungsteller *m* (Lampe) || ~ **ring** / Fassungsring *m* (Lampe) || ~ **thread** / Fassungsgewinde *n* (Lampe) || ~ **top** / Fassungsoberteil *n* (Lampe)
holding *n* (QA) / Sperrung *f* (QS), getrennte Aufbewahrung || ~ **arm** / Haltearm *m* || ~ *adj* / haltend *adj*, speichernd *adj* || ~ **action** / Halte-Verhalten *f* (Reg.), Haltegliedwirkung *f* || ~ **bay** / Haltebucht *f* (Flp.) || ~ **bolt** / Haltebolzen *m* || ~ **bolt for contact assembly** / Haltebolzen für Strombahn || ~ **bracket** / Haltewinkel *m* || ~ **brake** / Haltebremse *f*, Beharrungsbremse *f*, Gefällebremse *f* || ~ **brake effort** / Haltebremskraft *f*, Gefällebremskraft *f* || ~ **brake enable** / Freigabe Motorhaltebremse || ~ **brake function** / Haltebremsfunktion *f* || ~ **brake release delay** / Freigabeverzögerung Haltebremse || ~ **coil** / Haltespule *f* (z.B. Auslöser) || ~ **device** / Haltevorrichtung *f* (Wickelverbindung)
holding-down bolt / Fußschraube *f*, Ankerschraube *f*, Fundamentschraube *f* || ~ **device** / Niederhalter
holding element / Halteglied *n* DIN 19226 || ~ **element control** / Halteglied-Steuerung *f* DIN 19226 || ~ **fixture** / Haltevorrichtung *f* || ~ **frequency** / Haltefrequenz *f* || ~ **gun** / Haltestrahlerzeuger *m* (ESR) || ~ **input** / Halteeingang *m* || ~ **load** / Haltelast *f*, Konstanthaltelast *f* || ~ **on supply failure** / nullspannungssicher *adj* (Zeitrel.) || ~ **plate** / Halteplatte *f*, Halteblech *n* || ~ **point** / Haltepunkt *m*, Anhaltepunkt *m* || ~ **power** / Halteleistung *f* || ~ **stud** / Haltezapfen *m* || ~ **surface** / Haltefläche *f* || ~ **temperature** (thermal link) / Dauerbetriebstemperatur *f* || ~ **time** IEC 50(715) / Belegungsdauer *f* (KN), Speicherdauer *f* || ~ **torque** / Haltemoment *n*, Haftmoment *n* || ~ **value** / Haltewert *m* (Rel.) || ~ **winding** / Haltewicklung *f*
hold input signal (stopping the activity of a CPU) / Halte-Eingangssignal *n*, Halte-Signal *n*
HOLD mode / Betriebsart Halt (SPS)
hold-mode droop rate / Driftrate bei Halte-Betrieb || ~ **settling time** / Einschwingzeit bei Haltebetrieb
hold-off *n* (oscilloscope) / Sperre *f* || ~ **critical** ~ **interval** / Freiwerdezeit *f* (Thyr) DIN 41786 || ~ **trigger** ~ / Triggersperre *f* (Osz.) || ~ **circuit** / Sperrschaltung *f* (Osz.) || ~ **interval** / Schonzeit *f* (LE), Freihaltezeit *f* (LE) || ~ **time** / Freihaltezeit *f*, Schonzeit *f*
hold-on coil / Haltespule *f* (z.B. Auslöser)
hold point / Haltepunkt *m* (QS) || ~ **signal** (stopping the activity of a CPU) / Halt-Signal *n* || ~ **store** / Sperrlager *n* (QS) || ~ **time** / Haltezeit *f* (Zeitdifferenz die zwischen Signalpegeln gemessen wird) DIN IEC 147-1E, Verweilzeit *f* (eine zeitlich vorbestimmte programmierbare oder einstellbare Unterbrechung zwischen zwei aufeinanderfolgenden Bewegungen), Verweildauer *f* || ~ **value** / Haltewert *m* (Rel.)
hole *n* / Loch *n*, Bohrung *f*, Bohrloch *n*, Öffnung *f*, Zentrierbohrung *f* || ~ (semiconductor) / Loch *n*,

Defektelektron *n*
hole-basis system of fits / System der Einheitsbohrung
hole-bottom geometry / Bodengeometrie *f* (Bohrungen)
hole box / Bohrbox *f* || ~ **breakout** / Lötrandunterbrechung *f* (gS) || ~ **circle** / Lochkreis *m*, Bohrkreis *m*, Bohrmuster *n*, Bohrbild *n* || ~ **circle drilling** / Lochkreisbohren *n*
hole-circle diameter / Lochkreisdurchmesser *m*
hole cleaning / Lochwandreinigung *f* (gS) || ~ **clearance** / Abstandsmaß Bohrungen || ~ **conduction** / Defektleitung *f* (HL), Mangelleitung *f* (HL), Löcherleitung *f*, P-Leitung *f*
holed coupling half / Kupplungs-Lochscheibe *f*
hole diameter / Lochdurchmesser *m*, Bohrdurchmesser *m*, Bohrungsdurchmesser *m* || ~ **drilling template** / Bohrschablone *f*, gabarit de perçage || ~ **frame** / Lochrahmen *m* || ~ **half** / Kupplungs-Lochscheibe *f* || ~ **jacket surface** / Bohrungsmantelfläche *f* || ~ **machining** / Bohrbearbeitung *f* || ~ **mark** / Lochprägung *f* || ~ **matrix** / Lochraster *n*, Lochgitter *n*, Punktegitter *n* || ~ **pattern** / Lochbild *n*, Lochfolge *f*, Lochkreis *m* (ein Punktmuster auf einem Kreis, das aus Punkten mit gleichem Abstand untereinander besteht), Bohrkreis *m*, Bohrbild *n*, Bohrmuster *n* || ~ **pitch** / Lochteilung *f*, Rasterlochung *f* || ~ **semiconductor** / Löcherhalbleiter *m*, P-Halbleiter *m* || ~ **spacing** / Lochteilung *f*, Lochgitter *n*, Punktegitter *n*, Lochraster *n* || ~ **storage effect** / Trägerspeichereffekt *m* (TSE (LE)), Trägerstaueffekt *m* || ~ **template** / Lochschablone *f* || ~ **wear** / Abnutzung Bohrung
hole-type conductivity / Löcherleitfähigkeit *f* (HL), Defektleitfähigkeit *f* (HL), P-Leitfähigkeit *f*, Defektelektronenleitfähigkeit *f*
holiday *n* / Fehlstelle *f* (in der Umhüllung, Beschädigung o. Pore in el. Isolation)
hollow *n* / Hohlraum *m*, Höhlung *f*, Vertiefung *f*, Mulde *f* || ~ **bar** / Hohlstab *m* || ~ **block** / Hohlblockstein *m* || ~ **body** / Hohlkörper *m*
hollow-cathode lamp / Hohlkathodenlampe *f*
hollow conductor / Hohlleiter *m*, Hohlseil *n*
hollow-cored conductor / Hohlleiter *m*, Hohlseil *n*
hollow glass / Hohlglas *n*
hollow-glass manufacturer / Hohlglashersteller *m*
hollow insulator / Hohlisolator *m* || ~ **punch** / Locheisen *n*, Lochstanzer *n* || ~ **rail** / Hohlschiene *f* || ~ **rod** / Hohlstab *m* || ~ **section** / Hohlprofil *n* || ~ **shaft** / Hohlwelle *f* || ~ **shaft application** / Hohlwellenapplikation *f*
hollow-shaft encoder / Hohlwellengeber *m*
hollow shaft extension / Hohlwellenende *n*, Hohlzapfen *m*
hollow-shaft motor / Hohlwellenmotor *m* || ~ **motor drive** / Ankerhohlwellenantrieb *m*
hollow-shaft-type tachogenerator / Aufstecktachogenerator *m*
hollow sphere / Hohlkugel *f* || ~ **strand** / Hohlteilleiter *m*
hollow-stranded conductor / Hohlleiter *m*, Hohlseil *n*
hollow-wall distribution board / Hohlwandverteiler *m*
Home and Building Electronics / Heim- und Gebäudeelektronik

home 260

home and building electronic systems (HBES) / elektrische Systemtechnik für Heim und Gebäude (ESHG)
Home Assistant security centre / Sicherheitszentrale Home Assistant || ~ **business** / Eigengeschäft n || ~ **control system** / Haussteuerungssystem n EN 50090 || ~ **electronic system (HES)** / elektronisches Heimsystem, Haus-Elektronik-System (HES) n EN 50090, Heimelektronik-System (HES) n || ~ **lighting** / Heimbeleuchtung f || ~ **network** / Hausnetzwerk n || ~ **position** / Ruhestellung f, Nullstellung f, Referenzpunkt m (WZM), Ausgangslage f (Schreibmarke) || ~ **position switch** / Referenzpunktschalter m
homing n / Referenzfahrt f || ~ **procedure** / Referenzpunktfahren n, Referenzpunktfahrt f, Referenzpunkt anfahren, Anfahren des Referenzpunktes, Synchronisieren der Achsen
homogeneous-body model / Einkörpermodell n
homogeneous carbon / Retortenkohle f || ~ **field** / homogenes Feld || ~ **series** / homogene Reihe (Sich.)
homogenizing n / Homogenisieren n, Diffusionsglühen n
homogenous-body replica / Ein-Körper-Abbild n
homogenous time-current characteristic curve / homogene Zeit-Strom-Kennlinie
homojunction n / Homogen-Verbindung f (PN-Halbleiterübergang)
homologous adj / gleichnamig adj, spiegelbildlich adj
homopolar adj / homopolar adj, gleichpolig adj, unipolar adj || ~ **component** / Homopolarkomponente f, Nullkomponente f || ~ **field magnet** / Gleichpol-Feldmagnet m || ~ **induction** / Gleichpolinduktion f || ~ **machine** / Homopolarmaschine f, Gleichpolmaschine f || ~ **power** / Nulleistung f
honed adj / gehont adj
honeycomb coil / Wabenspule f, Korbspule f || ~ **grid** / Wabenraster n
honeycombing n / Wabenmuster n, Narbenkorrosion f
honeycomb shaped / wabenförmig
honeycomb radiator / Wabenkühler m
honing machine / Honmaschine f
hood n / Haube f, Kappe f
hood-type distribution board / Haubenverteiler m || ~ **hood-type transformer** / Haubentransformator m
Hookean deformation / Hookesche Verformung, ideale elastische Verformung
Hooke's coupling / Hookescher Schlüssel n, Universalgelenk n, Kreuzgelenk n, Kardangelenk n
hook gauge / Messöse f || ~ **groove** / Hakennut f
hook-head screw / Hakenkopfschraube f
hook lead / Hakenelektrode f (Glühlampe)
hook-on transformer / Anlegewandler m
hook part / Hakenteil n || ~ **plate** / Deckenhaken mit Platte
hook-up n / Verbindung f, Anschaltung f, provisorische Verbindung
hoop steel / Bandstahl m || ~ **stress** / Tangentialspannung f, Ringspannung f, Wickelspannung f (Wickelverbindung)
hooter n / Hupe f || ~ **alarm** / Hupensignal n || ~ **silencing** / Hupenabstellung f
hop-by-hop harmonization / teilnetzweise Anpassung DIN ISO 8648
Hopkinson factor / Hopkinsonsche Streuziffer
hopper n / Bunker m
horizontal adj / waagerecht adj, Querformat n || ~ **amplifier** / Horizontalverstärker m (Osz.), Z-Verstärker m || ~ **angle** (unit) / L-Kasten m (IK) || ~ **arrangement** / waagerechter Aufbau || ~ **axis** / Abszisse f, waagerechte Achse || ~ **bend** / Horizontalkrümmer m (a. IK), L-Kasten m (IK) || ~ **boring** / stirniges Bohren, stirnseitige Bohrung || ~ **bus** / horizontale Sammelschiene, Hauptsammelschiene f || ~ **configuration** / horizontale Anordnung (der Leiter einer Freiltg.) || ~ **cross-member** / Verbindungsschiene f || ~ **deflection** / Horizontalablenkung f (Osz.) || ~ **distortion** / horizontale Verzerrung (BSG), Ost-WestVerzerrung f || ~ **field strength** / Horizontalfeldstärke f || ~ **floor wiring cable** / Etagenkabel n VDE 0819-2 || ~ **flyback** / Horizontalrücklauf m (BSG), Zeilenrücklauf m || ~ **frequency** / Horizontalfrequenz f (BSG), Zeilenfrequenz f || ~ **inscription** / Querbeschriftung f || ~ **light distribution** / horizontale Lichtverteilung || ~ **link element** / horizontale Verbindung || ~ **machine** / horizontale Maschine, waagrechte Maschine, liegende Maschine || ~ **mounting** / Quereinbau m, waagerechter Aufbau || ~ **parity** / Blockparität f, Längsparität f
horizontal-plane illuminance / Horizontal-Beleuchtungsstärke f
horizontal resolution / Horizontalauflösung f (Osz.), Auflösung in horizontaler Richtung (Osz.) || ~ **scale** / Horizontalmaßstab m, Längenmaßstab m
horizontal-shaft machine / horizontale Maschine, waagrechte Maschine, liegende Maschine || ~ **type** / waagrechte Bauform, horizontale Bauform
horizontal softkey (HSK) / horizontaler Softkey (HSK) || ~ **softkey bar** / horizontale Softkeyleiste || ~ **tabulator (HT)** / Horizontaltabulator m (HT) || ~ **type** / waagrechte Bauform, horizontale Bauform
horn / Horn n, Trichter m, Hupe f, Signalhorn n
horn-break switch / Hörnerschalter m
horn gap / Hörnerfunkenstrecke f
horn-gap switch / Hörnerschalter m
horn spark gap / Hörnerfunkenstrecke f
horological standard / Zeitnormal n
horse / Bock m, Montagebock m
horsepower (h.p.) n / Pferdstärke f || ~ **metric** ~ / Pferdstärke f (PS) || ~ **per machine volume** / Ausnutzungsverhältnis n (el. Masch.)
horseshoe magnet / Hufeisenmagnet m
horticultural installation / Installation in Gartenbaubetrieben
hose bushing / Schlauchtülle f || ~ **plug-in connector** / Schlauchsteckverbinder m
hose-proof adj / strahlwassergeschützt adj
hose-proofing kit / Garnitur für Schutzart P 54
hose-proof machine / strahlwassergeschützte Maschine
hose-water n / Strahlwasser n
host n / Leitrechner m || ~ **computer** / Verarbeitungsrechner m, Hilfsrechner m, Host-Computer m, Fertigungsleitrechner (FLR) m, Arbeitsrechner m, Leitrechner m (PLT)
hostile industrial environment / rauhe Industrieumgebung
hosting n / Leittechnik f

hot-air levelling / Heißluftverzinnung *f* (gS)
hot bend test / Warmbiegeversuch *m*,
Rotwarmbiegeprobe *f*, Warmfaltversuch *m* || ~
cathode / Glühkathode *f*
hot-cathode lamp / Glühkathodenlampe *f* || ~
stepping tube / Schrittschaltröhre *f*
hot conditions (EBT) / Betriebszustand *m* || ~ **crack** /
Warmriss *m*, Warmbruch *m* || ~ **cracking test** /
Warmrissprobe *f* || ~ **curve** IEC 255-8 /
Auslösekennlinie mit Vorlast (Überlastrelais)
hot-film air-mass meter / Heißfilm-
Luftmassenmesser *m*
hot-galvanized *adj* / feuerverzinkt *adj*
hot insertion / Stecken unter Spannung
hot-ironed sleeving / Umbügelung *f* (Isol.)
hot junction / heiße Verbindungsstelle (o. Lötstelle)
(Thermoelement) || ~ **key** / Hotkey *m*
hot-mandrel test / Glühdornprobe *f*
hot-needle test / Glühdornprobe *f* || ~
thermostability / Wärmefestigkeit bei der
Glühdornprobe
hot out-of-true test / Warmrundlaufprobe *f* || ~
plugging / Hot Plugging
hot-pouring compound / ss *f*, heiß zu vergießende
Masse
hot-pressed part / Warm-Pressteil *m*
hot pressing / Warmpressen *n*, Warmverpressen *n* || ~
pressure (lamp) / Betriebsdruck *m* (Lampe) || ~
pressure test / Wärme-Druckprüfung *f* VDE 0281
|| ~ **reserve** / heiße Reserve (KW), einschaltbereite
Reserve || ~ **restart** / Heißstart *m* (SPS)
hot-riveted *adj* / warmgenietet *adj*
hot-rolled / warmgewalzt *adj*
hot-setting *adj* / wärmehärtend *adj*, heißhärtend *adj*
hot spot / Heißpunkt *m*, Heißstelle *f*, intensiver
Lichtfleck, Wärmenest *n*
hot-spot temperature / Heißpunkttemperatur *f*,
Temperatur am heißesten Punkt || ~ **temperature**
(IC) / höchste lokale Schichttemperatur DIN 41848
|| ~ **temperature rise** / Heißpunkt-Übertemperatur *f*
hot standby / einsatzbereite Reserve, heiße Reserve
(redundantes System), 1-von-2-Struktur *f* || ~
standby controller / hochverfügbares Steuergerät
(o. Automatisierungsgerät m. einem 1-von-2
Aufbau) || ~ **start** / Warmstart *m* || ~ **starter** /
Glühdrahtzünder *m* (Lampe), Glühstarter *m*
hot-start lamp / Glühstartlampe *f*, Warmstartlampe *f*
hot-stick working / Arbeiten mit Schutzabstand
hot swapping / Ziehen und Stecken unter Spannung
hot switching / Schalten unter Spannung || ~
unplugging / Ziehen unter Spannung (Stecker) || ~
wire / Hitzdraht *m*, spannungsführender Leiter,
Phasenleiter *m*
hot-wire flowmeter / Hitzdraht-Durchflussmesser *m*
|| ~ **instrument** / Hitzdrahtinstrument *n*
hour, 24-~ dial / Tagesscheibe *f* || ~ **hand** /
Stundenzeiger *m*
hourly average / Stundenmittel *n* || ~ **cost of
generation** / stündliche Erzeugungskosten || ~
demand / Stundenleistung *f* (StT) || ~ **price** /
Stundenverrechnungspreis *m* || ~ **rate** /
Stundenverrechnungssatz *m*
hour recording / Stundenschreibung *f*
hours carried over / Stundenübertrag *m* || ~ **counter** /
Betriebsstunden *m* || ~ **disc** / Stundenscheibe *f*
|| ~ **run** / Betriebsstunden *f pl* || ~ **meter** /
Stundenzähler *m*, Betriebsstundenzähler *m* || ~ **per**

start (HPS) / Brennstunden pro Start (Lampe) || ~
reserve / Stundenreserve *f*
hours-run meter / Betriebsstundenzähler *m*
house entry / Hauseinführung *f*, Hausanschluss *m* || ~
generator / Hausgenerator *m*
household appliance / Haushaltgerät *n*, Hausgerät *n* ||
~ **electrical appliance** / Elektro-Haushaltgerät *n*,
Elektrogerät *n*, Haushaltgerät *n* || ~ **food freezer** /
Gefriergerät *n*, Tiefkühltruhe *f*
house installation / Hausinstallation *f*
housekeeping data / Verwaltungsdaten *plt*,
Organisationsdaten *plt* || ~ **digits** / Service-Bits *n pl*
house number luminaire / Hausnummernleuchte *f* ||
~ **service box for overhead line connection** /
Freileitungs-Hausanschlusskasten *m* || ~ **set** /
Hausaggregat *n* || ~ **transformer** /
Haustransformator *m* || ~ **wiring impedance** /
Impedanz der Hausinstallation VDE 0838,T.1
housing *n* / Gehäuse *n*, Mantel *m*, Anschlussgehäuse
n || ~ **estate** / Wohnsiedlung *f* || ~ **for underbench
mounting** / Untertischgehäuse *n* || ~ **lid** /
Gehäusedeckel *m* || ~ **size** / Gehäusegröße *f*
housing-shell contact resistance / Gehäuse-Schirm-
Durchgangswiderstand *m* DIN 41640
h.p. s. horsepower
HP s. high-power || ≙ s. high pass
HP rating / Leistungsangabe *f*
HPA s. high-power amplifier
H-PAPI s. heliport PAPI
HPC / HPC
HP-IB s. Hewlett-Packard interface bus
HPLC s. high-pressure liquid chromatograph
H pole / H-förmiger Mast (Freiltg.), Portalstützpunkt
m
H segmentation / H-Aufteilung *f*
HPS s. hours per start
HPU (handheld programming unit) /
Handprogrammiergerät *n* || ≙ **interface** / PHG
Anschluss
HR / Hochrüstung *f*, Hochrüsten *n*
HRC fuse s. high-rupturing-capacity fuse
HSA (highest station address) / höchste L2-Adresse
HSM (high speed machining) /
Hochgeschwindigkeitsbearbeitung *f*
HRV (High Response Valve) / HRV || ≙ **valve** / HRV-
Ventil *n*, HRV-Regelventil *n*
HSP s. high-speed printer
HSSM (hub status supervisor module) / HSSM
H state / H-Zustand *m*
HSW Act s. Health and Safety at Work Act
HT s. horizontal tabulator
h.t. s. high tension
HTL s. high-threshold logic
H.T.S. lamp s. heat test source lamp
H-type cable / H-Kabel *n*, Höchstädter-Kabel *n*
hub *n* / Nabe *f*, Tragkörper *m* (Komm., SL),
Sternkoppler *m* (Netzwerk), Sternverteiler *m*,
Verteiler *m*, zentraler Verteiler, Lamellenträger *m* ||
~ **cylinder** / Nabenzylinder *m*, Tragkörper *m* || ~
diffuser / Nabendiffuser *m* || ~ **ring** / Nabenring *m*,
Tragring *m* || ~ **spider** / Nabenstern *m* || ~ **status
supervisor module (HSSM)** / HSSM
hue *n* / Farbton *m*, Buntton *m*, Ton *m* (Farbe)
hum *v* / brummen *v* || ~ *n* / Brummen *f*,
Brummstörung *f*
human-based data acquisition system /
Personaldatenerfassungssystem *n* (ZKS)

human error IEC 50(191) / menschliches Versagen, menschliches Fehlverhalten, Fehlverhalten *n*, Fehlfunktion *f* || ~ **factors engineering** / Arbeitsphysiologie *f* || ~ **failure** / menschliches Versagen (Handlung eines Menschen, die zu einem unerwünschten Ergebnis führt), menschliches Fehlverhalten, Fehlverhalten *n*, Fehlfunktion *f* || ~ **fallibility** / menschliches Versagen || ~**machine interface (HMI)** / HMI, Bedienerperipherie *f*, Mensch-Maschine-Schnittstelle *f* || ~ **resources** / Arbeitskräfte *pl*
hum-free *adj* / brummfrei *adj*
hum frequency / Brummfrequenz *f*
humidification *n* / Befeuchtung *f*
humidifier *n* / Befeuchter *m*, Luftbefeuchter *m*
humidifying pump / Befeuchterpumpe *f*
humidistat *n* / Feuchtigkeitsregler *m*
humidity / Feuchtigkeit *f* || ~ **actual value** / Feuchteistwert *m* || ~ **cabinet** / Feuchtraum *m* (Prüfraum) || ~ **class** / Feuchtebeanspruchung *f*, Feuchteklassifizierung *f*, Feuchtigkeitsklasse *f* || ~ **control** / Feuchteregelung *f* || ~ **correction factor** / Feuchtigkeits-Korrekturfaktor *m*, Feuchte-Korrekturfaktor *m*, Luftfeuchte-Korrekturfaktor *m* || ~ **detector** / Feuchtgeber *m* || ~ **flow cell** / Feuchte-Durchlaufzelle *f* || ~ **indicator** / Feuchtigkeitsindikator *m* || ~ **range** / relative Luftfeuchtigkeit || ~ **rating** / Feuchtigkeitsklasse *f*, Feuchteklassifizierung *f*, Feuchteklasse *f* || ~ **sensor** / Feuchteaufnehmer *m* || ~ **setpoint** / Feuchtesollwert *m* || ~ **test** / Feuchtigkeitsprüfung *f*
humming *n* / Brummen *n*, Brummstörung *f*
hump *n* / Buckel *m*, Höcker *m*, Straßenkuppe *f*
hung-in *adj* / eingehängt *adj*
hunt *v* / pendeln *v*, schwingen *v* || ~ **group** / Teilnehmergruppe mit gemeinsamer Adresse DIN ISO 8208
hunter process / Jagdprozess *m*
hunting *n* / Pendelung *f* (Reg.), selbsterregte Pendelungen, Pendeln *n*, Schwingen *n*, Drehzahlschwankungen *f pl* || ~ **tendency** / Schwingneigung *f*
h.v. s. high voltage || ~ **capacitor** / Oberspannungskondensator *m* (kapazitiver Spannungsteiler) || ~ **circuit** / Hochspannungs(strom)kreis *m* || ~ **circuit-breaker** / Hochspannungs-Leistungsschalter *m* || ~ **compartment** / Hochspannungsraum *m* (Schrank) || ~ **compound** / Hochspannungs-Schaltanlage *f* (Freiluftanl.) || ~ **condenser bushing** / Oberspannungs-Kondensatordurchführung *f* (OS-Kondensatordurchführung) || ~ **consumer** / Hochspannungsabnehmer *m*
HVDC (high-voltage d.c. (transmission)) / HGÜ (Hochspannungs-Gleichstromübertragung) || ~ **back-to-back link** / HGÜ-Kurzkupplung *f* || ~ **converter transformer** / HGÜ-Stromrichtertransformator *m* || ~ **coupling system** / HGÜ-Kurzkupplung *f* || ~ **link** / HGÜ-Verbindung *f* || ~ **pole** / HGÜ-Pol *m* || ~ **substation** / HGÜ-Station *f* || ~ **substation control** / HGÜ-Stationsregelung *f* || ~ **system** / HGÜ-System *n* || ~ **system control** / HGÜ-Systemregelung *f* || ~ **system pole** / HGÜ-Pol *m*
HVDCT (high-voltage d.c. transmission) / HGÜ (Hochspannungs-Gleichstromübertragung) || ~ **(long range transmission)** / Fernübertragung *f* || ~ **back-to-back link** / Hochspannungs-Gleichstrom-Übertragungs-Kurzkupplung *f* (HGK)
HVDC transformer / HGÜ-Transformator *m* || ~ **transmission** / Fernübertragung *f*, Hochspannungsgleichstromübertragung (HGÜ) *f* || ~ **transmission control** / HGÜ-Übertragungsregelung *f* || ~**transmission line** / HGÜ-Leitung *f* || ~ **transmission line pole** / HGÜ-Leitungspol *m* || ~ **transmission system** / HGÜ-Fernübertragung *f* || ~ **transmission transformer (HVDCT transformer)** / Hochspannungs-Gleichstrom-Übertragungstransformator *m* (HGÜ-Transformator)
HVDCT transformer s. HVDC transmission transformer || ~ **Working Group** / Arbeitsgemeinschaft HGÜ
h.v. delay time / Hochspannungsverzögerungszeit *f* (ESR) || ~ **distribution** / Hochspannungsverteilung *f*
H-vector *n* / H-Vektor *m*, magnetische Feldstärke
h.v. endurance / Hochspannungsfestigkeit *f* || ~ **flash** / Blitzpfeil *m*, Hochspannungswarnzeichen *n* || ~**h.b.c. fuse** / HH-Sicherung *f* (Hochspannungs-Hochleistungssicherung) || ~**h.b.c. fuse-link** / HH-Sicherungseinsatz *m* || ~**h.r.c. fuse** (high-voltage high-rupturing-capacity fuse) s. h.v.h.b.c. fuse || ~**h.r.c. fuse-link** s. h.v.h.b.c. fuse-link || ~ **igniter** / Hochspannungs-Transformator-Zündgerät *n* || ~ **installation** / Hochspanungsanlage *f* (HS-Anlage) || ~ **insulation-enclosed switchgear** IEC 466 / isolierstoffgekapselte Hochspannungs-Schaltanlage VDE 0670,T.7 || ~ **lead** / Hochspannungszuleitung *f* (f. Gerät) || ~ **main winding** / Oberspannungs-Stammwicklung *f* (Trafo) || ~ **measuring impedance** / Hochspannungs-Messimpedanz *f* || ~ **metalen-closed switchgear** IEC 51 7 / metallgekapselte Hochspannungs-Schaltanlage VDE 0670,T.8 || ~ **motor** / Hochspannungsmotor *m* || ~ **neutral bushing** / Oberspannungs-Sternpunktdurchführung (OS-Mp-Durchführung) || ~ **pickup** / Hochspannungsaufnehmer *m*, Hochspannungssensor *m* || ~ **power circuit-breaker** / Hochspannungs-Leistungsschalter *m* || ~ **power-frequency wet withstand test** / Beregnungsprüfung mit hoher Wechselspannung || ~ **rating** / Hochspannungs-Bemessungsdaten *plt*, Nenn-Oberspannung *f* (Trafo) || ~ **regulating transformer** / Regeltransformator für Hochspannungssteuerung || ~ **side** / Hochspannungsseite *f* (Trafo), Oberspannungsseite *f* || ~ **strength** / Hochspannungsfestigkeit *f* || ~ **switch** / Hochspannungs Lastschalter *m*, Hochspannungsschalter *m* || ~ **switchgear** / Hochspannungs-Schaltgeräte *f* (o. - Schaltanlage) || ~ **switchgear and controlgear** / Hochspannungs-Schaltgeräte *n pl* || ~ **switchgear assembly** / Hochspannungs-Schalteinheit *f*, Hochspannungs-Schaltgerätekombination *f* || ~ **switching station** / Hochspannungsschaltanlage *f* || ~ **system** / Hochspannungsnetz *n*, Hochspannungsanlage *f*
h.v. tapped winding / Oberspannungs-Stufenwicklung *f*
h.v. tap(ping) / Oberspannungsanzapfung *f* (OS-Anzapfung) || ~ **tariff** / Preisregelung für Hochspannung (StT), Hochspannungstarif *m* || ~ **terminal** / Hochspannungsanschluss *m*,

Hochspannungsklemme *f* || ~ **test** / Hochspannungsprüfung *f*, Prüfung des Isoliervermögens, Wicklungsprüfung *f* || ~ **testing station** / Hochspannungs-Prüffeld *n* || ~ **test techniques** / Hochspannungs-Prüftechnik *f* || ~ **vacuum contactor** / Hochspannungs-Vakuumschütz *n* || ~ **winding** / Hochspannungswicklung *f*, Oberspannungswicklung *f* (Trafo)
HW s. hardware
hw upload / HW-Upload
hwx tree / HWX-Baum
hybrid adaptor / Mischleisten-Prüfadapter *m* || ~ **circuit** / Mischschaltung *f* || ~ **configuration** / Mischkonfiguration *f* (FWT) || ~ **connector** / Mischleiste *f*, Mischleisten-Steckverbinder *m* || ~ **data acquisition system (HDAS)** / hybrides Datenerfassungssystem || ~ **drive** / Hybridantrieb *m* || ~ **integrated circuit** / integrierte Hybridschaltung || ~ **module** / Mischbaugruppe *f*, Mischmodul *n* || ~ **motor controller** / Hybridmotorsteuergerät *n* || ~ **motor starter** / Hybridmotorstarter *m* || ~ **multimeter** / Hybrid-Multimeter *n* || ~ **plug connector** / Mischleisten-Messerleiste *f*, Mischsteckerleiste *f* || ~ **relay** / Hybridrelais *n* || ~ **scale** / Hybridwaage *f* || ~ **semiconductor contactor** / Hybridschütz *n* || ~ **socket connector** / Mischleisten-Federleiste *f*, Misch-Federleiste *f* || ~ **system** / Hybridsystem *n* (mit analogen u. digitalen Teilsystemen) || ~ **UPS power switch** / hybrider USV-Schalter || ~ **waves** / Hybrid-Wellen *f pl*, gemischter Wellentyp || ~ **weighing machine** / Hybridwaage *f*
hydeflon *n* / Hydeflon
hydraulic accumulator / hydraulischer Speicher, Hydraulikspeicher *m*, Hydrospeicher *m*
hydraulically driven road vehicle / hydrostatisch angetriebenes Straßenfahrzeug
hydraulic burden / hydraulische Bürde || ~ **circuit diagram** / Hydraulikschaltplan *m* || ~ **clutch** / hydraulische Kupplung, Flüssigkeitskupplung *f*, Strömungskupplung *f* || ~ **drive** / hydraulisches Getriebe, Flüssigkeitsgetriebe *n* || ~ **dynamometer** / Flüssigkeitsbremse *f*, Wasserwirbelbremse *f* || ~ **flow** / hydraulischer Volumenstrom || ~ **fluid** / Hydraulikflüssigkeit *f* || ~ **jack** / hydraulischer Hebebock, hydraulische Presse, Hydraulik-Hub *n* || ~ **lift table** / Hydraulikhubtisch *m* || ~ **linear drive** / Hydraulik-Linearantrieb *m*
hydraulic-magnetic tripping (HM) / hydraulisch-magnetische Auslösung (HM) || ~ **operated actuator** / hydraulischer Stellmotor
hydraulic mechanism / hydraulischer Antrieb (SG), Hydraulikantrieb *m* || ~ **oil** / Hydrauliköl *n* || ~ **operating mechanism** / hydraulischer Antrieb (SG), Hydraulikantrieb *m* || ~ **piston actuator** / hydraulischer Kolbenantrieb || ~ **pump** / Hydraulikpumpe *f* || ~ **reserve** / hydraulische Reserve (WKW)
hydraulics module / Hydraulikmodul *n*
hydraulic system / Hydraulik *f* || ~ **thrust** / hydraulischer Druck, Wasserschub *m* || ~ **transmission** / hydraulisches Getriebe, Flüssigkeitsgetriebe *n* || ~ **turbine** / Wasserturbine *f* || ~ **unit** / Hydraulikaggregat *n* || ~ **valve** / Hydraulikventil *n*
hydro-alternator *m* / Wasserkraftgenerator *m*

hydrochloric acid / Salzsäure *f*
hydrodynamic friction / hydrodynamische Reibung, flüssige Reibung, Schwimmreibung *f* || ~ **lubrication** / hydrodynamische Schmierung, Vollschmierung *f*
hydro-electric generating set / Wasserkraft-Generatorsatz *m* || ~ **generator** / Wasserkraftgenerator *m* || ~ **installation** / Wasserkraftanlage *f* || ~ **power plant** / Wasserkraftwerk *n* || ~ **set** / Wasserkraft-Maschinensatz *m*
hydrogen *n* / Wasserstoff *m*
hydrogen-cooled machine / wasserstoffgekühlte Maschine
hydrogen embrittlement / Wasserstoffsprödigkeit *f*, Wasserstoffbrüchigkeit *f*, Beizsprödigkeit *f*
hydro-generator *n* / Wasserkraftgenerator *m*
hydrogen generator / Wasserstoffgenerator *m* || ~ **peroxide** / Wasserstoffperoxid *n*
hydrogen-proof *adj* / wasserstoffdicht *adj*
hydrogen sulfide / Schwefelwasserstoff *m*
hydrogen-sulphide vapour / Schwefelwasserstoffdampf *m*
hydrogen-synthetic gas plant / Wasserstoff-Synthesegasanlage *f*
hydrogen treatment / Hydrierung *f* (a. Isolieröl)
hydrolytic stability / hydrolytische Stabilität
hydrolyzable chlorine / hydrolisierbares Chlor (Askarel) || ~ **fluorides** / hydrolisierbare Fluoride
hydrometer *n* / Hydrometer *n*, Aräometer *n*
hydrometric vane / Flügelkreuz *n*, hydrometrischer Flügel
hydromotor road vehicle / hydrostatisch angetriebenes Straßenfahrzeug
hydro optimization / Hydro-Optimierung *f*, hydraulische Kraftwerkseinsatzoptimierung
hydropneumatic accumulator / hydropneumatischer Speicher
hydrostatic level / Schlauchwasserwaage *f*, Schlauchwaage *f* || ~ **oil lift** / Druckölentlastung *f*, Lagerentlastung durch Drucköl
hydrostatics *n* / Hydrostatik *f*
hydrostatic slideway / hydrostatische Führung (WZM) || ~ **test** / Druckprüfung *f* (hydraul.), Dichtigkeitsprüfung *f*
hygrometer *n* / Luftfeuchtigkeitsmesser *m*
hyperbolic gear / Hyperbelrad *f* || ~ **tripping characteristic** / hyperbolische Auslösekennlinie
hyperconductor *n* / Supraleiter *m*
hypergeometric distribution / hypergeometrische Verteilung DIN 55350,T.22
hypersynchronous *adj* / übersynchron *adj*
hypocentre *n* / Hypozentrum *n* (Erdbeben)
hypoid gear / Hypoidrad *n*, Kegelrad mit Achsversetzung, Schraub-Kegelrad *n*
hyposynchronous *adj* / untersynchron *adj*
hysteresis *n* / Hysteresis *f*, Hysterese *f*, Schalthysterese *f*, Schaltdifferenz *f*, Umkehrlose *n pl* (die relative Bewegung von ineinandergreifenden mechanischen Teilen, die durch unerwünschtes Spiel hervorgerufen wird), Umkehrspanne *f*, Umkehrspiel *n* || ~ **elastic** / elastische Nachwirkung, || ~ **and eddy-current loss** / Ummagnetisierungsverluste *m pl* || ~ **behaviour** / Hysteresisverhalten *n*, Hystereseverhalten *n* || ~ **characteristic** / Hysteresisverhalten *n* || ~ **coefficient** / Hysteresis-Verlustzahl *f* || ~ **core**

hysteretic 264

constant / Hysteresiskernkonstante f || ~ **coupling** / Hysteresekupplung f || ~ **error** / Hystereseabweichung f DIN IEC 770, Hysteresefehler m, Umkehrlose n pl (die relative Bewegung von ineinandergreifenden mechanischen Teilen, die durch unerwünschtes Spiel hervorgerufen wird), Umkehrspanne f, Umkehrspiel n || ~ **freq. for overspeed** / Hysteresefreq. bei Überdrehzahl || ~ **frequency deviation** / Hysterese Frequenzabweichung || ~ **loop** / Hystereseschleife f, Magnetisierungsschleife f || ~ **loss** / Hystereseverluste m pl, Ummagnetisierungsverluste m pl || ~ **loss coefficient** / magnetische Verlustziffer || ~ **material constant** / Hysterese-Materialkonstante f || ~ **motor** / Hysteresismotor m
hysteretic constant / Hysteresekonstante f || ~ **drag** / Hysteresemoment n || ~ **heat** / Hysteresewärme f
Hz / Hz

I

i (classification letter for intrinsic safety, EN 50020) / i (Kennbuchstabe für Eigensicherheit) EN 50020
I / Eingang m (E (eIST)) || ϱ **(input)** / E (Eingang) || ϱ **(input parameter)** / E (Eingangsparameter) || ϱ **(input signal)** / E (Eingangssignal)
IACK s. interrupt acknowledge
Iactual current display / IIST
I-action n / I-Verhalten n, integrierendes Verhalten
i address / E Adresse
IAFS s. integrated air fuel system
IAONA / IAONA
IAR / integrierte Antriebsregelung (IAR)
IB s. installation bus || ϱ s. interface bus / EB (Eingang-byte)
IC (implicit communication (global data)) / IK (implizite Kommunikation (globale Daten)), integrierte Schaltung (IS), monolithisch integrierte Schaltung
I&C (instrumentation and control) / Leittechnik f || ϱ **system** / Leitsystem n || ϱ **technology** / MSR-Technik f
ICAM s. integrated computer-aided manufacturing
ICE (in-circuit emulator) / ETA (Emulations- und Testadapter)
ice coating / Eisschicht f (auf Leitern) || ~ **formation** / Eisbildung f, Eisansatz m || ~ **load** / Eislast f
i.c. engine s. internal-combustion engine
ice point / Eispunkt m || ~ **test** / Vereisungsprüfung f || ~ **trap** / Eisfalle f
icing n / Vereisung f, Eisbildung f
ICM (individual control module) / Einzelsteuerungsglied n
ICM P (Internet Control Message Protocol) / ICMP
icon n / Ikon n, Bildsymbol n, Piktogramm n || ~ **menue** / Ikonmenü n
iconizing n / Iconisierung f
iconoscope n / Ikonoskop n
I-controller n / I-Regler m, Integralregler m
I_{cu} n / I_{cu}
ICW s. initialization command word

i.d. / Innendurchmesser m
ID / Id || ϱ **(identification)** / Kennung f, ID (Identifikation) || ϱ **card** / Ausweiskarte f, Identifikationskarte f, Identkarte f (QS) || ϱ **code** / ID-Code m || ϱ **code text** / ID-Codetext m || ϱ **controller** / ID-Regler m, Integral-Differential-Regler m || ϱ **number** / Identnummer f || ϱ **sheet** / Identblatt n || ϱ **sheet template** / Identblattvorlage f
IDACS s. industries data acquisition control system
idb / IDB
i.d.c. s. insulation displacement connector
idea n / Ansatz m
ideal breaking / ideale Ausschaltung || ~ **elastic deformation** / ideale elastische Verformung || ~ **inductor** / ideale Spule
idealized machine / ideale Maschine
ideal length of armature / ideelle Ankerlänge || ~ **length of core** / ideelle Kernlänge, ideelle Eisenlänge || ~ **machine** / ideale Maschine || ~ **no load direct voltage** / gesteuerte ideelle Gleichspannung, ideelle Leerlauf-Gleichspannung, ideelle Gleichspannung EN 60146-1-1 || ~ **paralleling** / Feinparallelschalten n || ~ **pole arc** / ideeller Polbogen || ~ **rectifier** / Edelgleichrichter m || ~ **resistor** / idealer Widerstand, ohmscher Widerstand || ~ **straight line** / Ideallinie f (a. linearer ADU o. DAU) || ~ **synchronizing** / Feinsynchronisieren n || ~ **transformer** / idealer Transformator
identical adj / identisch adj
identification n / Identifikation f (a. adaptive Reg.), Kennzeichnung f, Identifizierung f, Kennung f || ~ **beacon** / Kennfeuer n (Flp.), Identifizierungsfeuer n || ~ **code** / Bestellangabe f || ~ **code for converter connections** / Kennzeichnungssystem für Stromrichterschaltungen || ~ **colour** / Kennfarbe f || ~ **legend** / Kennzeichnungsdruck m || ~ **letter** / Kennbuchstabe m, Kennzeichnungsbuchstabe m || ~ **light** / Kennfeuer n (Flp.), Identifikationsfeuer n || ~ **mark** / Identitätszeichen n || ~ **number** / Identifizierungsnummer f DIN 6763,T.1, Kenn-Nummer f, Ident.-Nr. f, Kennummer f, Kennzahl f, Kennziffer f || ~ **of pole position** / Pollageidentifikation f || ~ **plate** / Bezeichnungsschild n, Schild n || ~ **sleeve** / Bezeichnungshülse f (Kabel) || ~ **thread** / Kennfaden m (Kabel)
identified adj / erkannt adj || ~ **dyn.leak.induct.** / Ident. dyn. Streuinduktivität || ~ **on-state voltage** / identifizierte Durchlassspannung || ~ **repair** / Nämlichkeitsreparatur f || ~ **rotor time constant** / identifizierte Läuferzeitkonstante
identifier n / Bezeichner m, Kennung f (OSI-System) DIN ISO 7498, Identifizierer m, Kennzeichen n, Konturname m (NC, CLDATA-Satz), Identifikation (ID) f, Ordnungsbegriff m || ~ **contour** ~ / Konturname m (NC, CLDATA-Satz) || ~ **bit** / Kennbit n
identifier-related diagnostic data / kennungsbezogene Diagnose
identify v / erkennen v, bezeichnen v
identifying marking / Kennzeichnung f
identity card / Ausweiskarte f, Identifikationskarte f, Identkarte f (QS) || ~ **check** / Verwechslungsprüfung f || ~ **number** (QA) / Identnummer f (QS)
Ident. No / Kennziffer f, Kennzahl f || ϱ **nom. stator**

inductance / Ident. Ständernenninduktivität || ≙ **total leakage inductance** / Ident. Gesamt-Streuinduktivität
ident number / Kenn-Nummer *f*
identograph *n* / Identograph *m*
ideograph *n* / Bildzeichen *n* || ~ **character** (A character of Chinese origin representing a word or a syllable that is generally used in more than one Asian language. Somes referred to as a Chinese character.) / Bildzeichen *n* || ~ **language** (A written language in which each character (ideogram) represents a thing or an idea (but not necessarily a particular word or phrase). An example of such a language is written Chinese. Contrast with alphabetic language.) / Bildsprache *f*
IDI s. initial domain identifier
IDIS s. integrated driver information system
idle *v* / leerlaufen *v* || ~ *adj* / stillstehend *adj*, außer Betrieb, leerlaufend *adj*, nicht belegt (KN), Blind... || ~ **bar** / Blindstab *m* (Stabwickl.) || ~ **circuit** / Nullzweig *m* || ~ **coil** / Blindspule *f* || ~ **current** / Blindstrom *m*, Leerlaufstrom *m* || ~ **interval** / stromlose (o. spannungslose o. momentenfreie) Pause, Sperrzeit f (HL) || ~ **interval of an arm** (That part of an elementary period in which the arm does not conduct.) / stromlose Dauer eines Zweiges (Teil der Taktperiodendauer, während dem der Zweig keinen Strom führt) || ~ **motion** / Leerweg *m*, toter Weg
idle-motion mechanism / Leerwegvorrichtung *f*
idle pass / Leerdurchlauf *m* (WZM), Leerschnitt *m*
idler *n* / Losscheibe *f*, Leerlaufrolle *f*, Spannrolle *f*, Zwischenrad *n*, Umlenkrolle *f*
idle return travel / Leerrücklauf *m* (WZM)
idler gear / Zwischenrad *n* (Getriebe), Ausgleichsgetriebe *n* || ~ **pulley** / Leerlaufrolle *f*, Spannrolle *f*, Umlenkrolle *f*, Riemenleitrolle *f*
idle run / Leerdurchlauf *m* (Programm) || ~ **speed actuator** / Leerlaufsteller *m* (Kfz) || ~ **speed actuator opening angle** / Leerlaufstelleröffnungsgrad *m* (Kfz) || ~ **speed control** / Leerlaufregelung *f* (Kfz), Leerlaufsteller *m* (Kfz) || ~ **state** / Ruhezustand *m* (Datennetz) DIN ISO 8348, Leerlauf *m* IEC 50(191), betriebsfreier Klarzustand, betriebsfreier betriebsfähiger Zustand (Betriebsfähiger Zustand während der Betriebspause.) || ~ **state of source** / Ruhezustand der Quelle (PMG) DIN IEC 625 || ~ **time** / Stillstandzeit *f*, Liegezeit *f* (Fabrik, von Teilen o. Werkstücken), Leerlaufzeit *f*, Nebenzeit *f*, Ausfalldauer *f*, Ausfallzeit *f*, Brachzeit *f* || ~ **time** IEC 50(486) / Dauer des betriebsfreien Klarzustandes, Leerlaufdauer *f* || ~ **time** IEC 50(191) / Leerlaufdauer *f* (Dauer des betriebsfreien Klarzustands) || ~ **time** EN 50170-2-2 / Ruhezustandszeit *f* (PROFIBUS) || ~ **turn** / tote Windung || ~ **wait state** / Ruhewartezustand *m* (PMG)
idling *n* / Leerlauf *m* || ~ *adj* / leerlaufend *adj*, entlastet *adj* || ~ **control** / Leerlaufsteuerung *f* (Kfz), Leerlaufsteller *m* (Kfz)
idling-current connection / Ruhestromschaltung *f*
idling-proof *adj* / leerlauffest *adj*
idling speed / Leerlaufdrehzahl *f*
IDMTL s. inverse time-lag relay with definite minimum || ≙ **overcurrent relay** / AMZ-Relais *n*
IDN s. integrated data network

IEC bus / IEC-Bus *m* || ≙ (**International Electrotechnical Commission**) / IEC (Internationale Elektrotechnische Kommission)
I/E characteristic / Strom-Spannungs-Kennlinie *f*
IEC interface system / IEC-Schnittstellensystem *n*
IEEE (Institution of Electrical and Electronic Engineers) / IEEE || ≙ **compatible interworking standards** / IEEE-kompatible Interworking Standards
IF s. intermediate frequency
if actuated abruptly / Schlagbetätigung *f*
IFA s. intermediate-frequency amplifier
IF amplifier / ZF-Verstärker *m* (ZF = Zwischenfrequenz)
IFC s. interface clear
IF instruction / IF-Anweisung *f*, bedingte Sprunganweisung || ≙ **statement** / WENN-Anweisung *f* || ≙ **terminal impedance** / ZF-Anschlussimpedanz *f* (Diode) DIN 41853
IF-THEN operation / WENN-DANN-Verknüpfung *f*, Implikation *f*, Subjuktion *f*
IGBT (Insulated Gate Bipolar Transistor) / Bipolartransistor mit isolierter Steuerelektrode, Bipoltransistor mit isolierter Steuerelektrode [Gateelektrode], IGBT
IG FET / Isolierschicht-Feldeffekttransistor (IG-FET) *m*, Feldeffekttransistor mit isolierter Steuerelektrode
igniter *n* / Zünder *m*, Zündvorrichtung *f*, Zündstift *m* (ESR), Lampenstarter *m* || ~ **control** / Zündstiftsteuerung *f* || ~ **filament** / Zünddraht *m* (Lampe), Zündfaden *m* (Lampe) || ~ **wire** / Zünddraht *m* (Lampe), Zündfaden *m* (Lampe)
igniting current / Zündstrom *m* || ~ **voltage** / Zündspannung *f*
ignition *n* / Zündung *f*, Entzündung *f*, Abflammung *f* || ~ **angle** / Zündwinkel *m* (Kfz) || ~ **angle control** / Zündwinkelsteuerung *f* (Kfz) || ~ **angle measurement** / Zündwinkelmessung *f* (Kfz) || ~ **by incandescence** / Glühzündung *f* || ~ **circuit** / Zündschaltung *f* (BT) || ~ **circuit tester** / Zündkreisprüfer *m* || ~ **coil** / Zündspule *f* || ~ **control** / Zündsteuerung *f* (Kfz) || ~ **control unit** / Zündsteuergerät *n* (Kfz) || ~ **distributor** / Zündverteiler *m* (Kfz) || ~ **foil** / Zündfolie *f* (Lampe) || ~ **fuse** / Zündsicherung *f* || ~ **interference** / Störung durch Zündfunken, Zündfunkenstörung *f* || ~ **magneto** / Zündmaschine *f* || ~ **management** / Zündsteuerung *f* (Kfz) || ~ **map** / Zündkennfeld *n* (Kfz)
ignition-map-based control / Kennfeldzündung *f*
ignition peak / Zündspitze *f* || ~ **point** / Zündpunkt *m*, Brandpunkt *m*, Entzündungstemperatur *f*, Flammpunkt *m*, Zündzeitpunkt *m* (Kfz) || ~ **strip** / Zündstreifen *m* (Lampe), Zündstrich *m* || ~ **temperature** (EN 50014) / Zündtemperatur *f* EN 50014, Entzündungstemperatur *f*, Brandpunkt *m* || ~ **tester** / Zündungstester *m* (Kfz) || ~ **time** / Zündzeit *f* || ~ **timing adjustment** / Zündzeitpunktverstellung *f* (Kfz) || ~ **transformer** / Zündtransformator *m* || ~ **trigger** / Zündschaltgerät *n* (Kfz)
ignitor *n* / Zündelement *n*, Zündstift *m*, Vorionisator *m* (Gasentladungsröhre) || ~ **capsule** / Zündspule *f* (Luftsaum) || ~ **interaction** / Vorionisierungswechselwirkung *f* || ~ **leakage**

ignitron   266

resistance / Leckwiderstand des Vorionisators || ~
noise / Vorionisierungsrauschen *n*
ignitron *n* / Ignitron *n*, Vorionisierungsröhre *f*, Zündstiftröhre *f*
IGSP (Interactive Graphic Shopfloor Programming) / IGW (interaktive grafische Werkstattprogrammierung)
i.h.p. s. indicated horsepower
IIC s. interface integrated circuit
IIM (input image) / EAB (Eingangsabbild)
IIR s. infinite impulse response
IKA / IKA (interpolarische Kompensation mit Absolutwerten) || ⁰ **relation** / IKA-Beziehung *f* || ⁰ **table** / IKA-Tabelle *f*
IL (instruction list) / AWL (Anweisungsliste) (Neben Funktionsplan (FUP) und Kontaktplan (KOP) eine Darstellungsart der STEP 5-Programmiersprache.) || ⁰ **language (instruction list language)** / AWL-Sprache (Anweisungslistensprache) *f*
ILAN / lokales Industrie-Datennetz
ILD s. injection laser diode
Ilgner flywheel equalizing set / Ilgner-Maschinensatz *m*, Ilgner-Umformer *m* || ⁰ **generator set** / Ilgner-Maschinensatz *m*, Ilgner-Umformer *m* || ⁰ **system** / Ilgner Umformer *m*
illegal *adj* / unzulässig adj, ungültig *adj* || ~ **entry during core time** / Kernzeitmeldung *f* (GLAZ) || ~ **number** / ungültige Zahl (DV, PC) || ~ **operation** / nicht interpretierbarer Befehl, unerlaubte Operation
illicit interference / Eingriff durch Unbefugte
illuminance *n* / Beleuchtungsstärke *f* || ~ **meter** / Beleuchtungsstärkemesser *m* || ~ **vector** / Lichtvektor *m*
illuminant *n* / Lichtart *f* || ~ **colorimetric shift** / farbmetrische Verzerrung *f* || ~ **colour shift** / Farbverzerrung *f*
illuminate *v* / beleuchten *v*, ausleuchten *v*, erhellen *v*, leuchten *v*, aufleuchten *v*, illuminieren *v* || **to ~ fully** / ausleuchten *v*
illuminated *adj* / beleuchtet *adj* || ~ **annunciator module** / Leuchtmeldeeinheit *f* || ~ **bollard** / Leuchtsäule *f* || ~ **dial** / Leuchtzifferblatt *n* || ~ **digital display** / Leuchtziffernanzeige *f* || ~ **fountain** / Leuchtfontaine *f* || ~ **indicator** / Leuchtmelder *m* VDE 0660,T.205, Meldeleuchte *f* || ~ **indicator module** / Leuchtmeldeeinheit *f* || ~ **key** / Leuchttaste *f*, Leuchttaster (LT) *m* || ~ **knob** / Leuchtknebel *m* || ~ **mimic diagram** / Leuchtschaltbild *n* || ~ **mushroom (button)** / Leuchtpilz *m* || ~ **mushroom pushbutton** / Leuchtpilztaster *m* || ~ **pushbutton** IEC 337-2 / Leuchttaster *m* VDE 0660,T.201, Leuchttastschalter *m* DIN 40717, Leuchtdrucktaster *m* || ~ **pushbutton unit** / Leuchttaster (LT) *m*, Leuchtdrucktaster *m* || ~ **screen** / Leuchtfläche *f* || ~ **section** *n* / Leuchtfeld *n* || ~ **sign** / Leuchtschild *n* || ~ **switch** / Leuchtschalter *m* || ~ **tile** / Leuchtbaustein *m* (Mosaikbaustein) || ~ **timer** / Beleuchtungs-Zeitschalter *m* || ~ **toggle element** / Betätigungselement beleuchteter Knebel
illuminating seal / leuchtende Dichtung
illumination *n* / Beleuchtung *f*, Ausleuchtung *f*, Beleuchtungsstärke *f* || ~ **engineering** / Beleuchtungstechnik *f* || ~ **lamp** / Illuminationslampe *f* || ~ **level** /

Beleuchtungsniveau *n* || ~ **meter** / Beleuchtungsmesser *m*, Luxmeter *n* || ~ **photometer** / Beleuchtungsmesser *m*, Luxmeter *n*
illuminator, target ~ / Messflächenleuchte *f* (Pyrometer)
illustrated spare parts catalog / Ersatzteilkatalog *m*
illustration *n* / Bildtafel *f*
ILM / ILM
ILS s. instrument landing system
IM s. initialization mode || ⁰ **(induction motor)** / AM (Asynchronmotor) || ⁰ **(interface module)** / Anschaltbaugruppe *f*, Anschaltungsbaugruppe *f*, Anschaltmodul *n*, IM (Interface Module)
image *n* / Bild *n*, Abbildung *f*, Abbild *n*, abbilden *v* || ~ IEC 1131-1 / Abbild *n* || ~ **bay and equipment** ~ / Feld- und Geräteabbild *n* || **display** ~ / dargestelltes Bild, Schirmbild *n*, grafische Darstellung (Grafikgerät) || ~ **analysis system** / Bildauswertesystem *n* || ~ **boundary** / Bildgrenze *f* || ~ **camera tube** / Bildaufnahmeröhre mit Bildwandlerteil || ~ **campaign** / Imagekampagne *f* || ~ **construction statement** / Bildaufbaubefehl *m* || ~ **converter tube** / Bildwandlerröhre *f* || ~ **data store** / Bilddatenspeicher *m* || ~ **enhancement** / Bildreinigung *f*, Bildverbesserung *f* || ~ **file** / Bilddatei *f* || ~ **focus voltage** / Bildfokussierungsspannung *f* || ~ **force** / Bildkraft *f* || ~ **format** / Bildformat *n*, Bildaufbau *m* || ~ **frequency** / Bildfrequenz *f* || ~ **geometry** / Bildgeometrie *f* (BSG) || ~ **iconoscope** / Superikonoskop *n* || ~ **impedance** / Wellenwiderstand *m* (Vierpol) || ~ **intensifier tube** / Bildverstärkerröhre *f* || ~ **masks** / Bildmasken *f pl* || ~ **memory** / Bildspeicher *m*, Bildwechselspeicher *m* || ~ **number** / Bildnummer *f* || ~ **number selection bar** / Bildnummernleiste *f* || ~ **orthicon** / Superorthikon *n* || ~ **pick-up tube** / Kameraröhre *f*, Bildaufnahmeröhre *f* || ~ **processing** / Bildverarbeitung *f* || ~ **processing system** / Bildauswertesystem *n* || ~ **quality** / Bildgüte *f*, Fehlererkennbarkeit *f*
imager, charge-coupled ~ **(CCI)** / CCD-Bildwandler *m*
image refresh frequency / Bildwiederholfrequenz *f* || ~ **refresh rate** / Bildwiederholfrequenz *f* || ~ **register** / Abbildregister *n* (SPS) || ~ **sensor** / Bildabtaster *m*, Bildwandler *m* || ~ **shading** / Bildabschattung *f*
imaginary current / Blindstrom *m*
imaging sensor / abbildender Sensor, Abbildungssensor *m* || ~ **system** / Bilderkennungssystem *n*
imbedding of cables / Erdverlegung *f*
imbricate *v* / verschachteln *v*, dachziegelartig überlappen
imbricated *adj* / verschachtelt *adj*, dachziegelartig überlappend, geschachtelt *adj*, mit Ineinanderwicklung || ~ **double coil** / ineinandergewickelte Doppelspule || ~ **winding** / Wicklung mit dachziegelartig überlappendem Wickelkopf, strangverschachtelte Wicklung
IMC s. instrument meteorological conditions
imide polyester / Imidpolyester *m*
immediate update / Sofortrevision *f*
immersed gun / Immersions-Strahlerzeuger *m*
immersion at low air pressure / Tauchen bei Unterdruck || ~ **degreasing** / Tauchentfettung *f*

immersion-hardened *adj* / tauchgehärtet *adj*
immersion-lacquered *adj* / tauchlackiert *adj*
immersion tube / Tauchrohr *n*
immersion-type thermostat / Eintauch-Thermostat *m*, Stab-Temperaturregler *m*
immission *n* / Immission *f* || ~ **standard** / Immissionsgrenzwert *m*
immittance *n* / Immittanz *f* || ~ **matrix** / Immittanzmatrix *f*
immobilization *n* (of a c.b.) / Blockierung *f* (eines Schalters)
immobilize, to ~ **in the open position** / gegen Wiedereinschalten sichern
immobilizer *n* / Wegfahrsperre *f* (Kfz)
immune to interference / störspannungssicher *adj* || ~ **to vibration** / schwingungsfest *adj*, erschütterungsunempfindlich *adj*
immunity *n* / Unverletzbarkeit *f*, Störfestigkeit *f*, Unempfindlichkeit *f*, Immunität *f* || ~ **level** / Störfestigkeitspegel *m* || ~ **limit** / Störfestigkeitsgrenzwert *m* IEC 50(161) || ~ **margin** / Störfestigkeitsverhältnis *n* IEC 50(161) || ~ **to electrostatic discharge** / Störfestigkeit gegen Entladung || ~ **to interference** / Funkstörfestigkeit *f*, Störfestigkeit *f*, Störspannungssicherheit *f* || ~ **to noise** / Störspannungsfestigkeit *f*, Störfestigkeit *f*, Funkstörfestigkeit *f*, EMV-Festigkeit *f*, Überlagerungsimmunität *f*, Störsicherheit *f* || ~ **to radiated noise** / Störstrahlungsfestigkeit *f* || ~ **to surges** / Stoßwellenfestigkeit *f*, Zerstörfestigkeit *f* (el.) || ~ **to vibration** / Schwingungsfestigkeit *f*, Rüttelfestigkeit *f*, Erschütterungsfestigkeit *f*, Schüttelfestigkeit *f*, Vibrationsfestigkeit *f*
IMOS s. ion-implanted MOS circuit
impact *n* / Aufschlag *m*, Stoß *m*, Auftreffen *n*, Aufprall *m* || ~ **avalanche transit time diode (IMPATT diode)** / Lawinenlaufzeitdiode *f* (IMPATT-Diode) || ~ **bending strength** / Schlagbiegefestigkeit *f* || ~ **buckling test** / Schlag-Knickversuch *m* || ~ **control** / Wirkungskontrolle *f*
impacted *adj* / geschlagen *adj*
impact endurance / Dauerschlagfestigkeit *f* || ~ **energy** / Schlagenergie *f*, Stoßenergie *f* || ~ **fatigue limit** / Dauerschlagfestigkeit *f* || ~ **force** / Aufprallkraft *f*, Stoßkraft *f*, Schlagkraft *f* || ~ **load** / Schlagbeanspruchung *f*, Stoßbelastung *f*, stoßartige Beanspruchung || ~ **moulding** / Schlagpressen *n*, Kaltschlagpressen *n* || ~ **notch test** / Kerbschlagprüfung *f*, Kerbzähigkeitsprüfung *f* || ~ **on environment** / Umweltbeeinflussung *f* || ~ **pressure** / Staudruck *m* (am Pitot-Rohr)
impact-pressure gauge / Staudruckmesser *m*
impact printer / mechanischer Drucker || ~ **recording** / mechanisches Druckverfahren (Fernkopieren) || ~ **resistance** / Schlagfestigkeit *f*, Stoßfestigkeit *f*, Kerbzähigkeit *f*, Schockfestigkeit *f*, Schlagzähigkeit *f*
impact-resistant *adj* / schlagzäh *adj* || ~ **luminaire** / stoßfeste Leuchte
impact sound / Trittschall *m* || ~ **sound level** / Trittschallpegel *m* || ~ **speed** / Aufprallgeschwindigkeit *f* || ~ **strength** / Schlagfestigkeit *f*, Stoßfestigkeit *f*, Kerbschlagzähigkeit *f*, Schockfestigkeit *f*, Schlagzähigkeit *f* || ~ **stress** / Schlagbeanspruchung *f*, Stoßbelastung *f*, stoßartige Beanspruchung || ~ **test** / Schlagprüfung *f*, Aufprallprüfung *f*,

Stoßprüfung *f* || ~ **tester** / Pendelschlaggerät *n* || ~ **testing machine** / Schlagprüfmaschine *f*
impair *v* / beeinträchtigen *v*
impairing *b* / Beeinträchtigung *f*
impairment of quality / Qualitätsminderung *f*, Qualitätseinbuße *f*
imparity element / Imparitäts-Element *n*, Ungerade-Glied *n*
IMPATT diode s. impact avalanche transit time diode
impedance *n* / Scheinwiderstand *m*, Impedanz *f* || ~ **thermal** ~ / Wärmescheinwiderstand *m* || ~ **balance relay** / Impedanzwaage *f* || ~ **circle** / Impedanzkreis *m* || ~ **converter** / Impedanzwandler *m* || ~ **coupling** / Impedanzkopplung *f*, Widerstandskopplung *f* || ~ **diagram** / Widerstandsdreieck *n* || ~ **differential relay** / Impedanz-Differentialrelais *n*, Impedanzwaage *f* || ~ **drop** / Wechselstrom-Spannungsabfall *m*, innerer Spannungsabfall, Kurzschlussspannung *f* (Trafo)
impedance-earthed *adj* / niederohmig (o. widerstandsarm) geerdet, halbstarr geerdet, induktiv geerdet || ~ **system** / Netz mit niederohmiger Sternpunkterdung
impedance earthing / niederohmige (o. widerstandsarme) Erdung, halbstarre Erdung, induktive Erdung || ~ **grounding** / niederohmige (o. widerstandsarme) Erdung, halbstarre Erdung, induktive Erdung || ~ **loss** / Kurzschlussverluste *m pl* (Trafo) || ~ **matching transformer** / Impedanzanpassungswandler *m*, Anpassungstransformator *m* || ~ **matrix** / Impedanzmatrix *f* || ~ **of earth-electrode system** / Erdungsimpedanz *f* || ~ **per unit length** / Impedanzbelag *m* || ~ **protection** / Impedanzschutz *m*, Distanzschutz *m* || ~ **ratio** / Impedanzverhältnis *n* || ~ **relay** / Impedanzrelais *n*, Impedanzrelay *n* || ~ **starter** / Widerstandsanlasser *m*, Metallanlasser *m*, Widerstandsstarter *m* || ~ **starter** / Impedanzanregelais *n* || ~ **starting** / Impedanzanregung *f*, Unterimpedanzanregung *f* || ~ **starting relay** / Impedanzanregerelais *n*
impedance-time-dependent protection (system) / widerstands-zeitabhängiger Schutz
impedance transformer / Impedanzwandler *m* || ~ **voltage** / Kurzschlussspannung *f* (Trafo), innerer Spannungsabfall *m* || ~ **voltage at rated current** / Nenn-Kurzschlussspannung *f* (Trafo), Bemessungs-Kurzschlussspannung *f*
impeller *n* / Laufrad *n*, Lüfterrad *n*, Schleuderrad *n*
imperfect dielectric / verlustbehaftetes Dielektrikum
imperfection *n* / Unvollkommenheit *f*, Störstelle *f* (HL), Fehlstelle *f*, Fehlordnung *f* (HL) || **surface** ~ / Oberflächenfehler *m*
impermeable *adj* / undurchlässig *adj*
impervious *adj* / undurchlässig *adj*, dicht *adj*, wasserdicht *adj* || ~ **machine** / wasserdichte Maschine || ~ **to fluids** / flüssigkeitsdicht *adj*
impinge *v* / auftreffen *v*, aufprallen *v*
impingement *n* / Auftreffen *n* || ~ **of drops** / Tropfenschlag *m*
implement *v* / verwirklichen *v*, realisieren *v*, mit Hilfsmitteln versehen, ausrüsten *v*, implementieren *v* || ~ *n* / Hilfsmittel *n*, Werkzeug *n*, Gerät *n*
implementation *n* / Implementierung *f*, Realisierung *f*, Durchführung *f*, Inbetriebsetzung *f*, Vollzug *m* || ~ **implementation, program** ~ / Programmverwirklichung *f*, Programmrealisierung *f*

implemented 268

f || ~ **mandatory** / Pflichtanforderung für die Implementierung (GKS)
implemented telegram editor / integriertes Telegramm-Editor
implication *n* / Implikation *f*, Subjunktion *f* DIN 44300
implicit data / implizite Daten || ~ **decimal sign** (NC) ISO/ DIS 6983/1 / impliziter Dezimalpunkt (NC) DIN 66025,T.1 || ~ **decimal sign format mode** / Schreibweise mit implizitem Dezimalpunkt (NC)
implicit-point representation / Darstellung mit impliziertem Radixpunkt
implicit radix point / implizierter Radixpunkt || ~ **radix point representation** / Darstellung mit impliziertem Radixpunkt
import *v* / importieren *v*, ablegen *v*, einlagern *v*, abspeichern *v* || ~ *n* / Import *m*
important *adj* / Achtung *f*
imported backfill / zugeführtes Verfüllmaterial (Fundamentgrube) || ~ **energy** / bezogene Energie, Fremdbezug *m* (v. Energie), Energiebezug *m*
import fees / Einfuhrabgaben *f pl* || ~ **file** / Import-Datei *f*
impregnant *n* / Tränkmittel *n*, Imprägniermittel *n*, Tränkmasse *f*
impregnate *v* / imprägnieren *v*, tränken *v*
impregnated *adj* / imprägniert *adj* || ~ **carbon** / imprägnierte Kohle || ~ **insulation** / getränkte Isolation || ~ **paper** / getränktes (o. imprägniertes) Papier || ~ **paper insulation** / imprägnierte Papierisolierung (Kabel) || ~ **tape** / imprägniertes Band, Lackband *n*
impregnating agent / Imprägniermittel *n*, Tränkmittel *n* || ~ **compound** / Imprägniermasse *f*, Tränkmasse *f* || ~ **medium** / Imprägniermittel *n*, Tränkmittel *n* || ~ **mould** / Tränkform *f* || ~ **resin** / Tränkharz *f*, Tränkharzmasse *f* || ~ **resin compound** / Tränkharzmasse *f* || ~ **varnish** / Tränklack *m*, Träufellack *m*
impregnation *n* / Imprägnierung *f*, Tränkung *f*, Durchtränkung *f* || **post-~** *n* / Vollimprägnierung *f*, Volltränkung *f*, Ganztränkung *f* || ~ **by complete immersion** / Vollimprägnierung *f*, Volltränkung *f*, Ganztränkung *f* || ~ **under a vacuum** / Vakuumtränkung *f*
impress *v* / einprägen *v* (Strom, Spannung), aufprägen *v*, anlegen *v*, aufschalten *v*
impressed *adj* / eingedrückt *adj*, eingeprägt *adj*
impressed-current anode / Fremdstromanode *f* (Korrosionsschutz) || ~ **installation** / Fremdstromschutzanlage *f* (Korrosionsschutz)
impressed e.m.f. / eingeprägte EMK || ~ **torque** / zugeführtes Drehmoment || ~ **voltage** / eingeprägte Spannung
impression *n* / Eindruck *m*, Vertiefung *f* || **depth of** ~ / bleibende Eindringtiefe || ~ **time** / Nachwirkungszeit *f* (Flicker) EN 61000-3-3
improper handling / unsachgemäße Handhabung, unsachgemäße Behandlung
improved *adj* / verbessert *adj*
improver *n* / Schmierstoffverbesserer *m*, Wirkstoff *m* || **viscosity index ~ (VI improver)** / Viskositätsindexverbesserer *m* (VI-Verbesserer)
impulse *n* / Impuls *m*, Stoß *m*, Spannungsstoß *m*, Stoßspannung *f*, Stromstoß *m* || ~ **acceleration process** / Anstoßverfahren *n* || ~ **alternating current** / Stoßwechselstrom *m* || ~ **breakdown** /

Stoßdurchschlag *m* || ~ **breakdown strength** / Stoßdurchschlagfestigkeit *f* || ~ **breakdown voltage** / Stoßdurchschlagspannung *f* || ~ **breaker** / Impulsschalter *m* (LS-Ölströmungssch.) || ~ **capacitance** / Stoßkapazität *f* || ~ **chopped on the front** / in der Stirn abgeschnittene Stoßspannung || ~ **chopped on the tail** / im Rücken abgeschnittene Stoßspannung || ~ **circuit-breaker** / Impulsschalter *m* (LS, Ölströmungssch.) || ~ **contact** / Impulskontakt *m* (I-Kontakt), Wischkontakt *m*, Wischer *m* || ~ **counter** / Impulszähler *m* || ~ **crest voltage** / Scheitel-Stoßspannung *f* || ~ **current** / Stoßstrom *m*
impulse-current limiter / Stoßstrombegrenzer *m*, I_s-Begrenzer *m*
impulse current test / Stromstoßtest *m* || ~ **device** / Impulsgeber *m* (EZ) || ~ **disk** / Impulsscheibe *f*
impulse-driven motor / Schrittmotor *m* (Schreiber)
impulse electric strength / Stoßdurchschlagfestigkeit *f* || ~ **excitation** / Impulserregung *f* (Schwingkreis), Stoßerregung *f* || ~ **flashover** / Stoßüberschlag *m* || ~ **flashover test** / Stoßüberschlagsprüfung *f* || ~ **flashover voltage** / Stoßüberschlagsspannung *f* || ~ **flashover voltage-time characteristic** / Stoßspannungscharakteristik *f*
impulse-forced response / Impulsantwort *f*
impulse frequency / Impulsfrequenz *f*, Stoßfrequenz *f* || ~ **function** / Stoßfunktion *f* || ~ **generator** / Stoßspannungsgenerator *m*, Stoßgenerator *m* || ~ **insulation level** / Stoßpegel *m* || ~ **level** / Stoßpegel *m* || ~ **load** / Stoßlast *f*, Stoßbelastung *f*, dynamische Belastung
impulse-load capacity / Stoßbelastbarkeit *f*
impulse meter / Impulszähler *m*, Impulsgeberzähler *m* || ~ **noise** / Impulsgeräusch *n*, Impulsstörung *f* || ~ **oscilloscope** / Stoßoszilloskop *n* || ~ **protective level** / Stoßspannungs-Schutzpegel *m* || ~ **rate meter** / Impulsratenmeter *n* || ~ **relay** / Impulsrelais *n*, Wischrelais *n*, Stromstoßrelais *n* || ~ **response** / Impulsantwort *f* || ~ **shape** / Stoßspannungsverlauf *m*, Form der Stoßwelle || ~ **short-circuit current** / Stoßkurzschlussstrom *m* || ~ **sound level** / Impulsschallpegel *m* || ~ **sound power level** / Impulsschalldruckpegel *m* || ~ **sparkover characteristic** / Ansprech-Stoßkennlinie *f* (Abl.), Ansprech-Zeitkennlinie *f* (Abl.), Ansprechkennlinie *f* || ~ **sparkover test** / Prüfung der Ansprech-Stoßspannung, Stoßüberschlagsprüfung *f* || ~ **sparkover voltage** / Ansprech-Stoßspannung *f*, Stoßüberschlagsspannung *f* || ~ **sparkover voltage-time curve** / Ansprech-Stoßkennlinie *f* (Abl.), Ansprech-Zeitkennlinie *f* (Abl.), Ansprechkennlinie *f* || ~ **strength** / Stoßfestigkeit *f* (el.), Stoßspannungsfestigkeit *f*, Stoßüberlastbarkeit *f*, Stehstoßspannung *f*, Überspannungssicherheit *f* || ~ **stress** / Stoßspannungsbeanspruchung *f* || ~ **summation meter** / Summenimpulszähler *m* || ~ **test** / Stoßspannungsprüfung *f*, Stromstoßprüfung *f*, Stoßprüfung *f* || ~ **test current** / Prüf-Stoßstrom *m* || ~ **test level** / Prüf-Stoßpegel *m*, Prüfpegel *m* || ~ **test voltage** / Prüf-Stoßspannung *f*, Nenn-Stehstoßspannung *f* || ~ **test voltmeter** / Prüfstoßspannungsmesser *m* || ~ **testing station** / Stoßprüfanlage *f*, Stoßplatz *m* || ~ **testing transformer** / Stoßtransformator *m*
impulse-to-a.c.-strength ratio / Stoßfaktor *m*

(Verhältnis Stoß-Wechselspannungsfestigkeit)
impulse torque / Stoßmoment *n* (plötzliche Momentenänderung) || ~ **transformer** / Stoßtransformator *m*
impulse-type telemeter / Impuls-Fernzähler *m* || ~ **turbine** / Aktionsturbine *f*
impulse voltage / Stoßspannung *f* || ~ **voltage distribution** / Stoßspannungsverteilung *f* || ~ **voltage generator** / Stoßspannungsgenerator *m*, Kurzschlussgenerator *m* || ~ **voltage level** / Bemessungs-Stoßspannung *f* (el. Masch) || ~ **voltage stress** / Stoßspannungsbeanspruchung *f* || ~ **voltage test** / Stoßspannungsprüfung *f* || ~ **voltage-time curve** / Stoßkennlinie *f* || ~ **voltage withstand level** IEC 34-15 / Bemessungs-Stoßspannung *f* (el. Masch.) VDE 0530,T.15 || ~ **voltage withstand test including chopped waves** / Prüfung mit voller und abgeschnittener Stoßspannung || ~ **volt-time characteristic** / Stoßkennlinie *f* || ~ **wave** / Stoßwelle *f*, Stoßspannungswelle *f* || ~ **waveshapes** / Stoßformen *f pl* (el. Stoßprüf.) || ~ **welded** / impulsgeschweißt *adj* || ~ **withstand** / Steh-Stoßspannung *f*, Halte-Stoßspannung *f*, Impulsspannungsfestigkeit *f* || ~ **withstand strength** / Stoßspannungsfestigkeit *f*, Stoßfestigkeit *f*, Stoßstromfestigkeit *f* || ~ **withstand voltage** / Steh-Stoßspannung *f*, Halte-Stoßspannung *f*, Impulsspannungsfestigkeit *f*, Stoßspannungsfestigkeit *f*
impulsing mercury tube / Wischkontaktröhre *f* || ~ **meter** / Impulsgeberzähler *m*, Sendezähler *m* || ~ **register** / impulsgebendes Zählwerk, Meldezählwerk *n* || ~ **transmitter** / Impulsgeber *m* (EZ)
impulsive disturbance / Impulsstörung *f* || ~ **force** / Stoßkraft *f* || ~ **noise** / Impulsrauschen *n* || ~ **variation** / stoßartige Änderung
impurity *n* / Verunreinigung *f*, Fremdbestandteil *m*, Fremdstoff *m*, Fremdatom *n*, Störstelle *f* (HL) || ~ **activation energy** / Störstellenaktivierungsenergie *f* || ~ **atom** / Fremdatom *n*, Störstellenatom *n*, Verunreinigungsatom *n* || ~ **band** / Störstellenband *n* || ~ **by drips** / tropfenförmige Beimengung || ~ **compensation** / Störstellenkompensation *f* || ~ **concentration** / Störstellendichte *f* || ~ **concentration transition zone** / Übergangszone der Störstellendichte || ~ **diffusion technique** / Diffusionstechnik *f* (HL) || ~ **donor level** / Donatorniveau *n* (HL) || ~ **level** / Störstellenniveau *n*, Störniveau *n* || ~ **trap** / Störstellen-Haftstelle *f*
IMR (interface module receive) / IMR (Anschaltbaugruppe für Empfangsbetrieb)
IMS (Information Management System) / IMS (Informationsverwaltungssystem)
inaccuracy *n* / Ungenauigkeit *f* (MG) || ~ **due to temperature variation** / Temperatureinfluss *m* (EZ) || ~ **due to voltage variations** / Spannungsabhängigkeit *f* (MG, EZ), Spannungseinfluss *m*
inactive *adj* / inaktiv *adj* || ~ **part** / inaktives Teil || ~ **state** / ungesteuerter Zustand (Halbleiterschütz)
inactivity control / Inaktivitätsüberwachung *f* (Datennetz)
inadequate *adj* / unzureichend *adj*
inadvertent contact (with live parts) / zufälliges Berühren || ~ **wrong operation** / Fehlbedienung *f*
in bit mode / bitweise *adv*

inboard bearing / innenliegendes Lager || ~ **rotor** / beiderseits gelagerter Rotor
in byte mode / byteweise *adv*
Inc / Inc || ≙ **Var** / Inc Var
INC (incremental dimension) / Schrittmaß *n*, Inkrementalmaß *n*, Kettenmaß *n*, Relativmaß *n*, INC
incandescence *n* / Weißglühen *n*, Glühen *n* (thermische Emission optischer Strahlung)
incandescent *adj* / glühend *adj*, weißglühend *adj*
incandescent-arc lamp / Mischlichtlampe *f*, Verbundlampe *f*
incandescent bulb / Glühbirne *f* || ~ **cathode** / Glühkathode *f* || ~ **filament** / Glühfaden *m* || ~ **lamp fitting** / Glühlampenleuchte *f* || ~ **lamp luminaire** / Glühlampenleuchte *f* || ~ **light** / Glühlicht *n*, Weißlicht *n* || ~ **luminaire** / Glühlampenleuchte *f* || ~ **reflector lamp** / Reflektorglühlampe *f*
in case of error / Fehlerfall *m* || ~ **centre** / mittig *adj*
incentive-based *adj* / anreizunterlegt *adj*
inception field strength / Einsetzfeldstärke *f* || ~ **voltage** / Einsetzspannung *f*
inch *v* / vorrücken *v*, langsam drehen, tippen *v* || ~ *n* / Zoll *m* || **19** ~ **rack** / 19-Zoll-Gerüst *n*, Großrahmen *m*
inching *n* IEC 50(411) / elektrisches Drehen (el.Masch.), Vorrücken *n*, Tippen *n*, Schrittschalten *n*, Tippfunktion *f* || ~ **control** / Tippschaltung *f*, Tippbetrieb *m*, Schrittschaltung *f* || ~ **duty** / Tippbetrieb *m* || ~ **mode** / Tippbetrieb *m*, Betriebsart Tippen, konventioneller Betrieb (NC) || ~ **speed** / Vorrückgeschwindigkeit *f*, Tippdrehzahl *f*, Hilfsgeschwindigkeit *f*
inch system / Zoll-System *n* || ~ **system of measurement** / Zoll-Maßsystem *n* (es ist das Maßsystem Zoll-Metrisch entsprechend dem Maschinendatum für die Grundeinstellung aktiv)
incidence, direction of ~ / Einfallrichtung *f*, Einschallrichtung *f* || **flash** ~ / Blitzausbildung *f* || **lightning** ~ / Blitzeinschlag *m* || **parameter of** ~ / Blitzparameter *m* || **random** ~ / diffuser Schalleinfall || **angle** / Einfallwinkel *m*, Einschallwinkel *m*, Auftreffwinkel *m* || ~ **matrix** / Inzidenzmatrix *f* || ~ **of light** / Lichteinfall *m*
incident *n* / Störungsanlass *m* IEC 50(604), Störfall *m*, Störung *f*
incidental defect / nebensächlicher Fehler || ~ **frequency modulation** IEC 235-1 / Eigen-Frequenzmodulation *f*
incident history / Störungsablauf *m* || ~ **light illumination** / Auflichtbeleuchtung *f* || ~ **light method** / Auflichtverfahren *n* || ~ **light plane** / Lichteinfallebene *f* || ~ **radiation** / einfallende Strahlung || ~ **review log (IRL)** / Störungsablaufprotokoll *n* (STAP) || ~ **wave** / ankommende Welle, einfallende Welle
incineration line / Verbrennungslinie
incipient break / Anbruch *m* || ~ **crack** / Anriss *m* (Rißbildung)
in circuit *adj* / eingeschaltet *adj*, spannungsführend *adj*
in-circuit emulator (ICE) / systemeigener Prüfemulator, Emulations- und Testadapter
inclement climate / rauhes Klima
inclination / Schräge *f*, Schrägstellung *f*, Neigung *f*, Schiefstellung *f*
inclined axis / schräggestellte Achse, schräge Achse ||

inclined-bed

~ axis machine / Schrägachsmaschine *f* || **~ bed** / Schrägbett *n*
inclined-bed machine / Schrägbettmaschine
inclined elevator / Schrägaufzug *m* || **~ grinding wheel** / schräge Schleifscheibe, schrägstehende Schleifscheibe || **~ groove** / Einstich in der Schrägen || **~ infeed axis** / schrägstehende Zustellachse || **~ lift** / Schrägaufzug *m* || **~ machining** / Schrägbearbeitung *f* || **~ mounting** / Schrägeinbau *m* || **~ plane** / schiefe Ebene
inclined-position test / Schräglaufprobe *f*
inclined shaft / schräge Welle || **~ span** / geneigtes Spannfeld (Freiltg.) || **~ surface machining** / Schrägenbearbeitung *f* || **~ tool movement** / schräges Eintauchen
inclined-tube manometer / Schrägrohrmanometer *n*
inclined tunnel / Schrägstollen *m* || **~ wheel compensation** / Schräglagenkompensation *f*
incline of infeed / Zustellschräge *f*
include *v* / beinhalten *v*, einhängen *v*
inclusion *n* / Einschluss *m* || **inclusive OR** / inklusives ODER, Disjunktion *f*
in color / farbig *adj*
incomer *n* / Einspeiseleitung *f*, ankommende Leitung, Zuleitung *f*, Einspeisung *f*
incoming *adj* / vorgeschaltet *adj* || **~ n** / Wareneingangs... (WE-...) || **~ block** / Einspeiseleiste *f* || **~ cable** / Zuleitungskabel *n*, Einspeisekabel *n*, Zuleitung *f*, Einspeiseanschluss *m*, Einspeisekabel *n* || **~ cable unit** / Kabelanschlusseinheit *f* || **~ call** / ankommender Ruf DIN 44 302,T.13 || **~ circuit breaker** / Eingangsschalter *m* (LS), Einspeiseschalter *m*, Hauptschalter *m* || **~ circuit-breaker in the plant distribution board** / anlagenseitiger Eingangsschalter || **~ cubicle** / Einspeiseschrank *m*, Einspeisefeld *n* || **~ DC supply from top** / Einspeisung Gleichstrom von oben || **~ disconnector-fuse** / Eingangs-Trennschalter mit Sicherungen, Hauptschalter mit Sicherungen || **~ feeder** / Einspeiseleitung *f*, ankommende Leitung, Einspeisung *f*, Zuleitung *f*
incoming-feeder bay / Einspeisefeld *n* (FLA) || **~ circuit-breaker** / Einspeiseschalter *m* (LS), Eingangsschalter *m* || **~ cubicle** / Einspeiseschrank *m*, Einspeisefeld *n* || **~ panel** / Einspeisefeld *n* (IRA) || **~ protection** / Einspeiseschutz *m* || **~ unit** / Einspeiseeinheit *f*, Einspeisung *f* (Geräteeinheit), Einspeisefeld *n* (Schalttafel)
incoming findings / Eingangsbefundung *f* || **~ flow** / zufließender Volumenstrom || **~ from above** / Einspeisung von oben || **~ from below** / Einspeisung von unten || **~ goods** / Wareneingang *f* || **~ goods inspection** / Warenannahmeprüfung *f*, Warenannahmeprüfung (WA-Prüfung) *f*, Wareneingangsinspektion und -prüfung *f*, Wareneingangsrevision *f*, Eingangsprüfung *f* (Annahmeprüfung an einem zugelieferten Produkt) || **~ inspection** / Wareneingangsinspektion und -prüfung *f*, Eingangskontrolle *f*, Warenannahmeprüfung (WA-Prüfung) *f*, Wareneingangsrevision *f*, Wareneingang *m*, Eingangsprüfung *f*, Wareneingangsprüfung *f* || **~ isolating contact** / Zuleitungs-Trennkontakt *m* || **~ line** / Einspeiseleitung *f*, ankommende Leitung, Zuleitung *f*, Einspeisung *f*
incoming-line bay / Einspeisefeld *n* (FLA) || **~**

fusible isolating switch / Eingangs-Trennschalter mit Sicherungen, Hauptschalter mit Sicherungen || **~ terminal** / Netzanschlussklemme *f*
incoming order development / Auftragsentwicklung *f*
incoming panel / Einspeisefeld *n*, Eingangsfeld *n* || **~ returned goods** / Rückwareneingang *m* || **~ ring-feeder unit** / Ringeinspeisung *f* (Einheit o. Feld) || **~ section** / Einspeisefeld *n* (IRA) || **~ service aerial cable** / Hausanschlussleitung *f* (Freileitung) || **~ service cable** / Hausanschlusskabel *n* || **~ supply** / Einspeisung *f*, Versorgung *f* || **~ supply and metering ACS** / Anschlussschrank *m* (BV) EN 60 439-4 || **~ terminal** / Zugangsklemme *f* || **~ three-phase AC supply from top** / Einspeisung Drehstrom von oben || **~ unit** IEC 439-1 / Einspeisung *f* (SK, IV) VDE 0660,T.500, Einspeiseeinheit *f*, Eingangseinheit *f*, Versorgung *f*
incompatible *adj* / unverträglich *adj*, nicht kompatibel, unvereinbar *adj*
incomplete bridge connection / unvollständige Brückenschaltung
incompletely oriented object, geometrically speaking ISO 1 503 / geometrisch unvollständig orientierter Gegenstand
incompressible fluid / inkompressibles Medium
incorporated *adj* / eingebaut *adj* || **~ heating element** / eingebauter Heizkörper (HG) || **~ isolating transformer** / Einbau-Trenntransformator *m* || **~ transformer** / eingebauter Transformator VDE 0713,T.6, Einbautransformator *m* (Gerätetransformator, EN 60742)
incorporation *n* / Einbindung *f*
incorrect connection / Verpolung *f* || **~ delivery** / Falschlieferung *f* || **~ input** / Eingabefehler *m* || **~ operation** / unrichtiges Arbeiten (Schutz) || **~ operation of protection** / fehlerhafte Funktion des Selektivschutzes IEC 50(448) || **~ operation of relay system** (USA) / fehlerhafte Funktion des Selektivschutzes IEC 50(448) || **~ sequence in machining block** / falsche Reihenfolge im Bearbeitungsblock
increase *n* / Anstieg *m* || **~ of efficiency** / Wirkungsgradverbesserung *f* || **~ of flow area** / Querschnittserweiterung *f* || **~ of output** / Leistungssteigerung *f* || **~ of performance** / Leistungssteigerung *f* || **~ of pressure** / Drucksteigerung *f* || **~ of resolution** / Erhöhung der Auflösung
increased climate resistance / erhöhte Klimafestigkeit || **~ fire risk** / erhöhte Feuergefahr / **~ interference suppression** / erhöhter Störschutz
increased-frequency circuit-breaker / Häufigkeitsschalter *m* (LS)
increased safety EN 50019 / erhöhte Sicherheit (Ex e) EN 50019
increased-safety machine / explosionsgeschützte Maschine in Schutzart erhöhte Sicherheit || **~ type of protection** / Schutzart erhöhte Sicherheit
increased wide-angle radiation (o. distribution) / angehobene Breitstrahlung
increasing counting input / Vorwärts-Zählereingang *m* || **~ lead** ISO 1056 / konstant zunehmende Steigung (NC, Gewindeschneiden) DIN 66025,T.2
increment *v* / inkrementieren *v*, erhöhen *v*, hochzählen *v* || **~ n** / Inkrement *n*, Zuwachs *m*, Anwachsen *n*, Schritt *m*, Teilungsschritt *m*,

positives Differential, Weginkrement *n*,
Wegzuwachs *m*, Schrittweite *f*, Erhöhungsstufe *f* ||
~ (QA term) / Einzelprobe *f*, Elementarprobe *f* || 1 ~
/ 1-Raster *m* (NC) || **numerical** ~ / Ziffernschritt *m*
(Skale) || **path** ~ / Wegzuwachs *m* (NC),
Wegelement *n* (NC), Vorschubbetrag *m* || **safely
limited** ~ / sicher begrenztes Schrittmaß || **vertical**
~ / vertikale Teilung
incremental *adj* / inkremental *adj*, zunehmend *adj*,
anwachsend *adj*, schrittweise *adj*, Zuwachs-..,
Kettenmaß-.., relativ *adj*, inkrementell *adj* || ~
angle (840C) / Zwischenwinkel *m*,
Fortschaltwinkel *m* || ~ **B(H) loop** / B(H)-Schleife
bei überlagertem Gleichfeld || ~ **command** /
Inkrementalbefehl *m* (FWT) || ~ **compiler** /
inkrementeller Übersetzer || ~ **control** /
Inkrementalsteuerung *f*, Kettenmaßsteuerung *f*
(NC), Schrittmaßsteuerung *f* (NC) || ~ **control
coefficient** / Einstellempfindlichkeit *f* (Verhältnis
Änderung der stabilisierten
Ausgangsgröße/Änderung der Führungsgröße) DIN
41785 || ~ **control signal** / Stellinkrement *n* || ~ **cost**
(of generation) / Zuwachskosten *f* || ~ **data input** /
Kettenmaßeingabe *f* (NC), Schrittmaßeingabe *f*
(NC), Relativmaßeingabe *f* (NC) || ~ **dimension** /
Kettenmaß *n* (NC), Schrittmaß *n*, relatives Maß
(NC), Schrittgröße *f*, Inkrementgröße *f*,
Kettenmaßangabe *f*, inkrementale Maßangabe || ~
dimension (INC) / Relativmaß *n* (Maßangabe, die
sich auf den unmittelbar vorher bemaßten Punkt
bezieht.), Inkrementalmaß *n* || ~ **dimension data
input** / Kettenmaßeingabe *f* (NC),
Schrittmaßeingabe *f* (NC), Relativmaßeingabe *f*
(NC) || ~ **dimensioning** / Kettenbemaßung *f*
(CAD), Zuwachsbemaßung *f*, Kettenmaßangabe *f*,
Kettenmaßeingabe *f*, inkrementale Maßangabe || ~
dimensioning (system) / Kettenmaßsystem *n* (NC)
|| ~ **dimensioning systems** / Kettenmaßsystem *n* || ~
dimensions ISO 1056 / relative Maßangaben (NC-
Wegbedingung) DIN 66025,T.2 || ~ **encoder** (An
incremental encoder is made up of 2 major parts,
the disk and the sensor. The disk of an incremental
encoder is patterned with a single track of lines
near the outside edge of the disk. The disk count is
defined as the number of dark/light linepairs t) /
Inkrementalgeber *m*, Winkelschrittgeber (WSG) *m*,
inkrementeller Winkelschrittgeber, inkrementaler
Weggeber || ~ **error** / Kettenmaßfehler *m* (NC),
Schrittmaßfehler *m* || ~ **feed** / Schrittvorschub *m*
(NC), Vorschub in Schrittmaßen (NC),
inkrementaler Vorschub || ~ **feed mode** /
Schrittmaßverfahren *n* || ~ **heating** /
Aufwärmspanne *f* || ~ **hysteresis loop** /
Hystereseschleife bei überlagertem Gleichfeld || ~
inductance / differentielle Induktivität || ~
information / Inkrementmeldung *f* || ~ **jog control**
/ Schrittschaltbetrieb *m* (NC) || ~ **jogging control** /
Höher-tiefer-Befehle *m pl* || ~ **linear position
encoder (o. transducer)** / inkrementaler linearer
Wegmessgeber || ~ **losses** / Zuwachsverluste *m pl* ||
~ **measuring method** / Inkrementmeßverfahren *n*,
Relativmeßverfahren *n*
incremental measuring system /
Inkrementalmesssystem *n* || ~ **mode** / Schrittmaß
fahren (NC), Selbsthalteschaltung *f*, Selbsthaltung *f*
|| ~ **permeability** / inkrementelle Permeabilität,
Zuwachspermeabilität *f*, Zusatzpermeabilität *f* || ~

position encoder / inkrementales Wegmessgerät
(Wegmessgerät, das den zurückgelegten Weg eines
Maschinenschlittens oder Maschinenelements als
Zuwachs gegenüber der zuletzt angefahrenen
Position angibt), inkrementaler Wegmessgeber || ~
positioning / relative Positionierung || ~ **position
measuring device** / Inkremental-Wegmessgerät *n*,
Inkrementalwegmessgerät *n* || ~ **position
measuring system** / inkrementales
Wegmesssystem (NC) || ~ **power gain** /
differentielle Leistungsverstärkung || ~ **probability
of failure** / inkrementale Ausfallwahrscheinlichkeit
DIN 40042 || ~ **programming** (NC) ISO 2806-
1980 / Inkrementalmaßprogrammierung *f* (NC)
DIN 66257, Kettenmaßprogrammierung *f*,
Relativmaß-Programmierung *f* || ~ **range** /
Feinbereich *m* (MG) || ~ **resolver** / inkrementaler
Wegmessgeber || ~ **rotary position encoder** /
inkrementaler rotatorischer Wegmessgeber || ~
rotary transducer / Inkrementaldrehgeber *m* || ~
shaft-angle encoder / Winkelschrittgeber (WSG)
m, inkrementeller Winkelschrittgeber || ~ **shaft
encoder** / Winkelschrittgeber *m*, Drehwinkel-
Messumformer *m* || ~ **signal** / Inkrementalspur *f* || ~
transmitter / Inkrementalgeber *m*, inkrementaler
Weggeber || ~ **variations** / kleine Schwingungen,
Änderungen gegenüber dem Beharrungszustand || ~
vector / Schrittvektor *m*, Differenzvektor *m* || ~
velocity / Schrittmaßgeschwindigkeit *f*
incrementation *n* / Erhöhung *f*, Fortschaltung *f*
(Zähler)
incrementer *n* / Aufwärtszähler *m*, Vorwärtszähler *m*
incrementing *n* / Rasterung *f* || **incrementing timer** /
Vorwärts-Zeitglied *n*
increment of length / Längeninkrement *n* (NC)
increments *n* / Strichzahl *f*, Geberstrichzahl (GSTR) *f*
increment size / Schrittmaßweite *f*, Schrittgröße *f*,
Inkrementgröße *f* || ~ **starter** / Teilschrittanlasser *m*,
Stufenanlasser *m* || ~ **weighting** /
Inkrementbewertung *f*
incubator, electric ~ / elektrische Brutmaschine
INDA (indexing angle) / INDA (Fortschaltwinkel
(Parameter))
indelibility *n* / Unauslöschbarkeit *f*,
Unverwischbarkeit *f*
indelible *adj* / unverwischbar *adj*, dauerhaft *adj*,
dokumentenecht *adj*
in-demand energy / lastgemäße Energie
in-depth *adj* / eingehend *adj* || ~ **training** /
Tiefenausbildung *f*
indentation *n* / Kerbstelle *f*, Eindruck *m*, Einbeulung
f, Vertiefung *f*, Härteeindruck *m*, Härteprofil *n*,
Einrücken *n* (v. Textzeilen) || ~ **depth of** ~ /
Eindrucktiefe *f*, Härteprofil *n*
indented bill of materials / Strukturstückliste *f* || ~
connector / Kerbverbinder *m* || ~ **explosion** /
Strukturstückliste *f*
indenture level / Gliederungsebene *f*
(Instandhaltung) IEC 50(191)
independent air cooling / Kühlluftführung *f*
independent axle drive / Einzelachsantrieb *m* || ~
ballast / unabhängiges Vorschaltgerät || ~
circulating-circuit component / unabhängige
Kühlvorrichtung (el. Masch.) || ~ **conformity** /
Kennlinienübereinstimmung bei
Kleinstwerteinstellung DIN IEC 770 || ~ **contact
element** / unabhängiges Schaltglied || ~ **drive** /

independent-time

Einzelantrieb m || ~ **drive stop/retract** / antriebsautarkes Stillsetzen/Rückziehen || ~ **earthing** / getrennte Erdung || ~ **grounding** / getrennte Erdung || ~ **heating** / unabhängige Beheizung (temperaturgesteuerter Zeitschalter) || ~ **linearity** (the closeness to which the calibration curve of a device can be adjusted so that the maximum deviation is minimized) / Linearität bei Toleranzbandeinstellung (MG) || ~ **manual closing** / Schließen durch unabhängige Handbetätigung (SG) || ~ **manual operating mechanism** / unabhängiger Handantrieb n (SG), Sprungschaltwerk n (LS) || ~ **manual operation** IEC 157-1 / unabhängige Handbetätigung VDE 0660,T.101, bedienungsunabhängige Schaltung, Sprunganantrieb m, Sprungschaltung f || ~ **mechanical system** / unverriegelte Mechanik (DT) || ~ **phase and cage winding** / getrennte Phasen- und Käfigwicklung || ~ **pole** / Einzelpol m (SG) || ~ **power-operated mechanism** / unabhängiger Kraftantrieb || ~ **power operation** / unabhängige Kraftbetätigung, Sprungbetätigung f || ~ **rotation direction** / drehrichtungsunabhängig adj || ~ **snap action** / unabhängiges Sprungverhalten (NS) EN 60947-5-2, betätigungsunabhängiges Sprungschaltglied, unabhängiges Sprungschaltglied || ~ **time-delay relay** / unabhängiges Zeitrelais || ~ **time-lag relay** / unabhängiges Zeitrelais

independent-time measuring relay / Messrelais mit unabhängiger Zeitkennlinie || ~ **overcurrent relay** / unabhängiges Überstromrelais || ~ **overcurrent-time relay** / unabhängiges Überstrom-Zeitrelais, unabhängiges Maximalstrom-Zeitrelais (UMZ-Relais)

independent transformer / unabhängiger Transformator || ~ **winding** / unabhängige Wicklung, getrennte Wicklung || ~ **wiring** / stehende Verdrahtung

indeterminate, geometrically ~ / geometrisch unbestimmt || ~ **fault** / nicht eindeutiger Fehlzustand IEC 50(191) || ~ **state** (telecontrolmessage) / nicht definierter Zustand (FWT-Meldung)

index n / Inhaltsverzeichnis n, Index m, Indextabelle f DIN 44300, Sachregister n, Zähl-Nr. f || ~ v / weiterpositionieren v || ~ (**instrument**) / Zeiger m || **beam** ~ / Schalleintrittspunkt m DIN 54119 || **JCPDS** ~ (JCPDS = Joint Committee on Powder Diffraction Standards) / JCPDS-Kartei f || **optical** ~ / Lichtmarke f (MG) || **phase displacement** ~ / Kennzahl der Phasenwinkeldifferenz (Trafo) || **probe** ~ / Schallaustrittspunkt m (Ultraschall-Prüfkopf) DIN 54119 || ~ **bolt** / Indexbolzen m || ~ **card** / Registerseite f, Registerkarte f, Register n || ~ **dip** / Indexeinbruch m (LWL)

indexed access / indizierter Zugriff, indiziertes Aufschlagen || ~ **operation** / indizierte Operation || ~ **sequential storage** / Speicher mit indexsequentiellem Zugriff

index file / Indexdatei f

indexing n / Schalten n (WZ-Masch.), Teilen n, Indizieren n, Teilung f, Rastung f || ~ **accuracy** / Teilgenauigkeit f (WZM, NC) || ~ **angle** / Schaltwinkel m (WZM, NC), Fortschaltwinkel m (WZM, NC), Zwischenwinkel m || ~ **axis** / Teilungsachse f || ~ **error** / Teilfehler m (WZM)

Schaltfehler m (WZM) || ~ **function** / Teilungsmaß n || ~ **grid** / Teilungsraster m (WZM, NC) || ~ **head** / Teilkopf m (WZM) || ~ **hole** / Bezugsloch n (Leiterplatte, Montageteile), Fangloch n || ~ **mechanism** / Teilvorrichtung f (WZM), Schaltvorrichtung f (WZM), Rastmechanism m || ~ **plate** / Schaltteller m, Schaltscheibe f, Teller m || ~ **position** / Teilungsposition f || ~ **table** / Teiltisch m (WZM), Schalttisch m (WZM), Indexiertisch m || ~ **term** / Schlagwort n

index letter / Beibuchstabe m || ~ **matching material** IEC 50(731) / Immersionsmaterial n (f. LWL) || ~ **of refraction** / Brechungsindex m || ~ **profile** / Brechzahlprofil n (LWL) || ~ **profile parameter** / Profilparameter m (LWL) || ~ **pulse** / Nullmarke f || ~ **quantity** / Kenngröße f || ~ **register** / Indexregister n

index-sequential access / indexsequentieller Zugriff || ~ **storage** / Speicher mit indexsequentiellem Zugriff

indicate v / angeben v, ankreuzen v, melden v

indicated adj / angezeigt adj, angedeutet adj || ~ **demand** / angekündigte Leistung (Stromlieferung) || ~ **horsepower (i.h.p.)** / indizierte Leistung || ~ **value** / angezeigter Wert, Messwert m

indicating device / Anzeigevorrichtung f (MG, Sich.) || ~ **device to recording device adjuster** / Einsteller zur gegenseitigen Anpassung von Anzeige- und Registriervorrichtung || ~ **equipment** / Textdisplay (TD) n, Textanzeige f, Anzeigegerät n, Textanzeigegerät n || ~ **fuse** / Sicherung mit Unterbrechungsmelder || ~ **gap** / Anzeigefunkenstrecke f (Abl.) || ~ **instrument** / Anzeigeinstrument n, anzeigendes Messgerät, Anzeiger m || ~ **limit monitor** / anzeigender Grenzwertmelder || ~ **maximum-demand mechanism** / anzeigendes Maximumwerk || ~ **pressure gauge** / Druckanzeiger m || ~ **target** / Schauzeichen n

indication n / Anzeige f, Meldung f, Messwert m, Rückmeldung f, Angabe f, Statusmeldung f || ~ (of a measuring instrument) IEC 50(301) / Messwert m (vom Messgerät angezeigter Wert) || ~ **acquisition** / Erfassung f, Meldungserfassung f || ~ **error** / Anzeigefehler m

indication-free adj / ohne Anzeige, fehlerfrei adj

indication line format / Meldezeilenformat n || ~ **logic** / Meldungsverknüpfung f || ~ **of operational status** / Betriebsanzeige f || ~ **of remaining time** / Zeitablaufanzeige f || ~ **output** / Ausgabe f, Meldungsausgabe f || ~ **preprocessing** / Zählwertvorverarbeitung f, Vorverarbeitung f, Messwertvorverarbeitung f, Meldungsvorverarbeitung f, Meldungsbearbeitung f || ~ **with double flashing frequency** / Doppelblinklicht n || ~ **with single flashing frequency** / Einfachblinklicht n

indicator n / Indikator m, Anzeiger m, Anzeigeinstrument n, Schauzeichen n, Kennmelder m, Rückmelder m, Anzeigeinstrument n, Merkelement n || ~ **flashing** ~ / Blinker m (Kfz), Blinklicht n, Richtungsblinker m || **flow** ~ / Strömungsanzeiger m, Durchflussmengenanzeiger m, Strömungsmelder m, Strömungswächter m || **pneumatic** ~ / pneumatischer Rückmelder || **voltage** ~ / Spannungsanzeiger m, Spannungsprüfer m || ~ **board** / Anzeigetafel f, Rückmeldetafel f || ~

button / Meldeknopf *m* (Sich.) || ~ **diagram** / Indikatordiagramm *n*, Tangentialdruckdiagramm *n* || ~ **fuse** / Anzeigersicherung *f*, Sicherung mit Unterbrechungsanzeiger || ~ **label** / Einlegeschild *n* || ~ **lamp** / Anzeigelampe *f*, Lampenanzeige *f* || ~ **lamp output** / Leuchtmelderausgabe *f* || ~ **light** IEC 337-2C / Leuchtmelder *m* VDE 0660,T.205, Meldeleuchte *f*, Kontrolllampe *fn*, Anzeigeampel *f* || ~ **light with built-in voltage-reducing device** IEC 337-2C / Leuchtmelder mit eingebauter Einrichtung zur Spannungsreduzierung VDE 0660,T.205 || ~ **module** / Anzeigebaustein *m* || ~ **panel** / Meldefeld *n*, Meldetafel *f*, Anzeigefeld *n* || ~ **plate** / Anzeigeschild *n* || ~ **point** / Zeigerspitze *f* || ~ **register** / Indikatorregister *n* || ~ **solution** / Indikatorlösung *f* || ~ **strip** / Kontrolllasche *f* || ~ **tube** / Anzeigeröhre *f* || ~ **wire** / Kennmelderdraht *m* (Sich.) || ~ **word** / Indikatorwort *n*, Anzeigewort *n*
indicatrix of diffusion / Streuindikatrix *f*
indicial response / Einheits-Sprungantwort *f*
indirect a.c. converter / Zwischenkreis-Wechselstrom-Umrichter *m* || ~ **a.c./d.c. convertor** (An a.c./d.c. convertor with an intermediate d.c. or a.c. link.) / Wechselstrom-Gleichstrom-Zwischenkreisumrichter *m* (Wechselstrom-Glechstrom-Umrichter mit Gleichstrom- oder Wechselstrom-Zwischenkreis)
indirect-acting electrical balance instrument / Kompensations-Messgerät mit elektrischem Nullabgleich || ~ **electrical measuring instrument** / selbstabgleichendes elektrisches Kompensations-Messgerät || ~ **instrument actuated by non-electrical energy** / selbstabgleichendes, nichtelektrisches Kompensations-Messgerät || ~ **measuring element** / Kompensationselement *n* (Messvorrichtung) || ~ **measuring instrument** / Kompensations-Messgerät *n* || ~ **mechanical balance instrument** / Kompensations-Messgerät mit mechanischem Nullabgleich || ~ **voltage regulator** / indirekter Spannungsregler
indirect adaptive control system / indirektes adaptives Regelsystem || ~ **calculation of efficiency** / indirekte Wirkungsgradbestimmung || ~ **commutation** / indirektes Kommutieren (LE) || ~ **contact** / indirektes Berühren VDE 0100,T.200 || ~ **cooled winding** IEC 34-1 / indirekt gekühlte Wicklung VDE 0530,T.1 || ~ **current link a.c. convertor** (d.c. convertor without an intermediate a.c. link) / Gleichstromsteller *m*, Gleichstromdirektumrichter *m* (Gleichstromumrichter ohne Wechselstromzwischenkreis), Stromzwischenkreis-Wechselstromumrichter *m* (Wechselstrom-Umrichter mit Konstantstrom-Gleichstromzwischenkreis) || ~ **d.c. converter** / Zwischenkreis-Gleichstromumrichter *m* || ~ **drive** / indirekter Antrieb
indirect-drive machine / Maschine für indirekten Antrieb
indirect earthing / mittelbare Erdung, Erdung || ~ **entry** / indirektes Einführen (zu Anschlussstellen innerhalb eines Gehäuses) || ~ **flux** / indirekter Lichtstrom || ~ **functional earthing** / mittelbare Betriebserdung VDE 0100,T.100 || ~ **glare** / Umfeldblendung *f*, indirekte Blendung || ~ **grounding** / mittelbare Erdung,

indirekte Erdung || ~ **heating** / indirekte Beheizung || ~ **inspection and testing** / indirekte Prüfung || ~ **inverter** (An inverter with an intermediate d.c. link.) / Zwischenkreis-Wechselrichter *m* (Wechselrichter mit Gleichstrom-Zwischenkreis) || ~ **lighting** / indirekte Beleuchtung || ~ **lighting luminaire** / Indirektleuchte *f* || ~ **lightning strike** / indirekter Blitzeinschlag || ~ **light-pulse firing** / indirekte Lichtzündung (Thyr) || ~ **luminous flux** / indirekter Lichtstrom || ~ **measuring** (A measuring system is called indirect if the position transducer is mounted on the leadscrew or drive element of the machine member to be positioned.) / indirekte Messung, indirektes Messverfahren, indirekte Wegmessung || ~ **overcurrent relay** / Sekundärstromrelais *n*
indirectly air-cooled machine / indirekt luftgekühlte Maschine || ~ **controlled system** / indirekt beeinflusste Regelstrecke (o. Steuerstrecke) || ~ **controlled variable** / Aufgabengröße *f* (Reg.) || ~ **heated thermistor with negative temperature coefficient (NTC-I)** / indirekt beheizter Heißleiter
indirect overcurrent release IEC 1 57-1 / indirekter Überstromauslöser VDE 0660,T.101, Sekundärauslöser *m*, Sekundärstromauslöser *m*, Wandlerstromauslöser *m* || ~ **position sensing** / indirekte Lageerfassung
indirect-pressure screwless terminal / schraubenlose Klemme mit Druckstück || ~ **tunnel terminal** / Buchsenklemme mit Druckstück
indirect recording / indirekte Aufzeichnung || ~ **recording instrument** / indirekt wirkender Schreiber, Kompensationsschreiber *m* || ~ **rectifier** / Zwischenkreis-Gleichrichter *m* || ~ **release** / indirekter Auslöser, Sekundärauslöser *m* || ~ **stroke** / induzierter Blitzschlag, indirekter Blitzschlag || ~ **trip** / indirekter Auslöser, Sekundärauslöser *m* || ~ **tripping** / indirekte Auslösung, Sekundärauslösung *f*, Wandlerstromauslösung *f* || ~ **voltage link a.c. convertor** (An a.c. convertor with a voltage stiff d.c. link.) / Spannungszwischenkreis-Wechselstromumrichter *m* (Wechselstrom-Umrichter mit Konstantspannungs-Gleichstromzwischenkreis)
indium-amalgam fluorescent lamp / Leuchtstofflampe für Fluoreszenzanregung
individual *adj* / einzeln *adj* || ~ **acceptance test** / Einzelabnahme *f* || ~ **alarm indication** / Einzelstörmeldung *f* || ~ **board components** / Schrankeinzelteile *n pl* || ~ **branch circuit** / Einzelabzweig *m*, Abzweigstromkreis *m* (f. 1 Gerät), Stichleitung *f* (I, Ringleitungsabzweig) || ~ **branch-circuit box** / Stichleitungsdose *f*, Ringleitungs-Abzweigdose *f* || ~ **coach lighting** / Einzelwagenbeleuchtung *f* (Bahn) || ~ **coil** / Einzelspule *f*, Einzelschütz *m* || ~ **contactor equipment** / Einzelschützsteuerung *f* (Gerät) || ~ **control** / Einzelsteuerung *f*, Antriebssteuerung *f* || ~ **control level** / Einzelsteuerungsebene *f* (Gesamtheit der Einzelsteuerungen) DIN 19237 || ~ **control module (ICM)** / Einzelsteuerungsbaugruppe *f* (SPS) || ~ **controller** / Einzelsteuerungsglied *n* || ~ **controller** / Einzelregler *m* || ~ **converter** / einzeln einspeisender Umrichter || ~ **diagnostics** / Einzeldiagnose *f* || ~ **drive** / Antriebsstelle *f*, Einzelantrieb *m*, Einfachantrieb *m*,

individual-local-remote

Einzelachsantrieb *m* (Bahn) || ~ **effect band** /
Einzelstörabweichungsbereich *m* DIN 41745 || ~
error / Einzelfehler *m* (MG) || ~ **export**
authorization / Einzelausfuhrgenehmigung *f* || ~
function / Einzelfunktion *f*, Teilfunktion *f* || ~ **line**
(measurement system) / Stichleitung *f* || ~ **load** /
Einzellast *f*
individual-local-remote selection / Einzel-Ort-Fern-
Umschaltung *f*
individual loss(es) / Einzelverluste *m pl*
individually enclosed / einzelgekapselt *adj* || ~
screened cable / einzelgeschirmtes Kabel
individual machining / Einzelbearbeitung *f* || ~
message / Einzelmeldung *f* || ~ **mounting** /
Einzeleinbau *m*, Einzelaufstellung *f* || ~ **p.f.**
correction / Einzelkompensation *f* (durch
Leistungsfaktorverbesserung) || ~ **panel** /
Einzelfeld *n* || ~ **principal valve-arm connection** /
Einzweigschaltung *f* (LE) || ~ **protection** /
Einzelabsicherung *f* || ~ **room control** /
Einzelraumregelung *f* || ~ **scale** / Einzelwaage *f* || ~
status message (ist) / Gerätezustand-Nachricht *f*
(PMG) DIN IEC 625 || ~ **systems** / Einzelplätze *m*
pl || ~ **test** / Einzelprüfung *f*, Stückprüfung *f* || ~
transmission / Einzelantrieb *m* || ~ **transport unit** /
Einzeltransporteinheit *f*
indoor bushing / Innenraumdurchführung *f* || ~
circuit-breaker / Innenraum-Leistungsschalter *m* ||
~ **disconnector** IEC 129 / Innenraum-Trennschalter
m VDE 0670,T.2 || ~ **earthing switch** IEC 129 /
Innenraum- Erdungsschalter *m* VDE 0670,T.2 || ~
electrical equipment IEC50(25) / elektrische
Innenraumanlage || ~ **environment** /
Innenraumklima *n* || ~ **external insulation** / äußere
Isolierung für Innenraum-Betriebsmittel
indoor-immersed bushing / in den Innenraum
ragende Durchführung, Innenraum-Kessel-
Durchführung *f*
indoor installation / Innenraumaufstellung *f*,
Innenraumanlage *f* || ~ **isolator** / Innenraum-
Trennschalter *m* VDE 0670,T.2 || ~ **lighting** /
Innenbeleuchtung *f* || ~ **power circuit-breaker** /
Innenraum-Leistungsschalter *m* || ~ **substation** /
Innenraumstation *f* || ~ **switch** IEC 265 /
Innenraum-Lastschalter *m* VDE 0670,T.3 || ~
switchgear / Innenanlage *f* || ~ **switchgear and**
controlgear IEC 694 / Innenraum-Schaltanlage *f*,
Innenraum-Schaltgeräte *n pl* || ~ **switching station** /
Innenraum-Schaltanlage *f* || ~ **transformer** /
Innenraumtransformator *m*, Transformator für
Innenraumaufstellung
induce *v* / induzieren *v*, anregen *v*
induced control voltage IEC 147-0C / induzierte
Steuerspannung (Halleffekt-Bauelement) DIN
41863 || ~ **current** / induzierter Strom,
eingekoppelter Strom, Eigenstrom *m*,
Induktionsstrom *m*
induced-draft burner / Saugzugbrenner *m* || ~ **fan** /
Saugzuglüfter *m*
induced ignition / Induktionszündung *f* || ~ **magnetic**
anisotropy / induzierte magnetische Anisotropie ||
~ **overvoltage withstand test** / Prüfung mit
induzierter Steh-Wechselspannung,
Windungsprüfung *f* (mit induzierter Spannung) || ~
voltage / induzierte Spannung, transformatische
Spannung, Beeinflussungsspannung *f*,
Induktionsspannung *f*

274

induced-voltage test / Prüfung mit induzierter
Spannung, Windungsprüfung *f*
inductance *n* / Induktanz *f*, Induktivität *f*, induktiver
Blindwiderstand
inductance-capacitance coupling / induktiv-
kapazitive Kopplung, L-C-Kopplung *f*,
Drosselkopplung *f* || ~ **network** / induktiv-
kapazitives Netzwerk
inductance coupling / induktive Kopplung, induktive
Beeinflussung || ~ **factor** / Induktivitätsfaktor *m*
IEC 50(221) || ~ **meter** / Induktivitätsmesser *m* || ~
per unit length / Induktionsbelag *m* || **with low**
coupling ~ / kopplungsarm *adj*
induction *n* / Induktion *f*, Flussdichte *f* || **line of** ~ /
Kraftlinie *f*, Kraftflusslinie *f*, Feldlinie *f*,
Magnetfeldlinie *f*
induction-brazed *adj* / induktionsgelötet *adj*
induction coil / Induktionsspule *f*, Funkeninduktor *m*,
Induktor *m* || ~ **coupling** / Induktionskupplung *f*,
elektromagnetische Kupplung || ~ **cup relay** /
Topfmagnetrelais *n* || ~ **current** / Induktionsstrom
m || ~ **driving element** / Induktionstriebsystem *n*
(EZ) || ~ **field** / induziertes Feld, induziertes
Fremdfeld || ~ **flux** / Induktionsfluss *m*,
magnetischer Kraftfluss *m* || ~ **frequency converter** /
Asynchron-Frequenzwandler *m*,
Drehfeldumformer *m* || ~ **furnace** / Induktionsofen
m || ~ **generator** / Induktionsgenerator *m*,
Asynchrongenerator *m*
induction-harden *v* / induktionshärten *v*
induction hardening plant / Induktionshärteanlage *f*
induction heating / induktive Erwärmung,
Induktionsheizung *f* || ~ **instrument** /
Induktionsmessgerät *n*, Induktionsinstrument *n* || ~
luminaire / Induktionsleuchte *f* || ~ **machine** /
Induktionsmaschine *f*, Asynchronmaschine *f* || ~
manifold pressure / Saugrohrunterdruck *m* (Kfz),
Induktionsmesswerk *n* || ~ **meter** / Induktionszähler
m || ~ **motor** / Induktionsmotor *m*, Asynchronmotor
m
induction-motor meter / Induktionsmotorzähler *m* ||
~ **watthour meter** / Induktionsmotor-
Wattstundenzähler *m*
induction period / Induktionsperiode *f*
(Isolierflüssig.) || ~ **protection** / Induktionsschutz
m || ~ **quotientmeter** / Induktions-Quotienten-
Meßgerät *m* || ~ **regulator** / Induktionsregler *m*,
Drehtransformator *m*, Drehregler *m*, induktiver
Steller *m* || ~ **relay** / Induktionsrelais *n*, Ferrarisrelais
n, Motorrelais || ~ **sensitivity** /
Induktionsempfindlichkeit *f* (Hallplättchen) DIN
41863
induction-soldered *adj* / infrarotweichgelötet *adj*
induction start / asynchroner Anlauf
induction-synchronous motor-generator set /
Asynchron-Synchron-Umformer *m*
induction tacho-generator /
Induktionstachogenerator *m* || ~ **transient factor** /
Induktionsverlagerungsfaktor *m*
induction-type synchronous motor /
selbstlaufender Synchronmotor, Synchronmotor
mit asynchronem Anlauf
induction voltage regulator / induktiver
Spannungsregler, Stelltransformator *m*
inductive *adj* / induktiv *adj*, nacheilend *adj* || ~ **and**
capacitive interference / induktive oder kapazitive
Störung || ~ **ballast** / induktives Vorschaltgerät || ~

breaking capacity / induktives Schaltvermögen ‖ ~ **breaking current** / induktiver Ausschaltstrom ‖ ~ **capacitivity** / Dielektrizitätskonstante f ‖ ~ **circuit** / induktiver Stromkreis ‖ ~ **coupler** / induktiver Koppler ‖ ~ **coupling** / induktive Kopplung, induktive Beeinflussung ‖ ~ **coupling factor** / induktiver Kopplungsgrad ‖ ~ **direct voltage regulation** / induktive Gleichspannungsänderung (LE) ‖ ~ **displacement pick-off** / induktiver Wegabgriff ‖ ~ **displacement sensing device** / induktives Wegmessgerät ‖ ~ **identification system** / induktives Indentsystem ‖ ~ **impedance** / induktiver Scheinwiderstand ‖ ~ **interference** / induktive Beeinflussung, induktive Störbeeinflussung ‖ ~ **interference protection** / Induktionsschutz m ‖ ~ **interference voltage** / induktive Störspannung ‖ ~ **kickback** / Spannungsspitze bei Abschaltung induktiver Lasten ‖ ~ **load** / induktive Belastung
inductive-load adjustment / Phasenabgleich m (EZ), 90°-Abgleich m (EZ) ‖ ~ **adjustment device** / Phasenregler m (EZ)
inductively coupled / induktiv gekoppelt ‖ ~ **coupled capacitor commutation** / Kommutierung durch induktiv angeschlossenen Kondensator (SR) ‖ ~ **operating encoder** / induktiv arbeitendes Geber
inductive pickup / induktiver Aufnehmer, induktiver Übertrager ‖ ~ **potentiometer** / induktives Potentiometer, Spulenpotentiometer m, linearer Funktionsdrehmelder ‖ ~ **proximity sensor** / induktiver Näherungsschalter ‖ ~ **proximity switch** / induktiver Näherungsschalter ‖ ~ **reactance** / induktiver Blindwiderstand, Induktanz f, Induktivität f ‖ ~ **residual voltage** IEC 147-0C / induzierte Restspannung (Halleffekt-Bauelement) DIN 41863 ‖ ~ **shunt** / induktiver Nebenschluss, induktiver Nebenwiderstand, Shunt m, Feldschwäch-Drosselspule f ‖ ~ **susceptance** / induktiver Blindleitwert ‖ ~ **transformer** / induktiver Wandler ‖ ~ **voltage transformer** / induktiver Spannungswandler
inductivity n / Induktivität f, Induktionsvermögen n, Dielektrizitätskonstante f
in-duct method / Kanalverfahren n (Akust.)
inductor n / Induktor m, Polrad n, Läufer m, Drosselspule f, Induktionsapparat m, Spule f, Induktionsspule f ‖ **shunt** ~ / Paralleldrossel f, Kompensationsdrosselspule f ‖ ~ **capacitor module** / verdrosselte Kondensatorbaugruppe ‖ ~ **circuit** / Induktorkreis m, Läuferkreis m ‖ ~ **core** / Induktorkörper m, Läuferballen m ‖ ~ **dynamotor** / Induktor-Dynamotor m ‖ ~ **frequency converter** / Induktor-Frequenzumformer m ‖ ~ **generator** / Induktorgenerator m
inductorless capacitor module / unverdrosselte Kondensatorbaugruppe
inductor machine / Induktormaschine f
inductor-transition tap changer / Stufenschalter mit Überbrückungs-Drosselspule (Trafo)
inductor-type adj / verdrosselt adj ‖ ~ **synchronous motor** / Induktor-Synchronmotor m
inductor voltage / Induktorspannung f, Erregerspannung f
Inductosyn n / Inductosyn n, analoges Wegmessgerät ‖ $\circeq$ **adapter** / Inductosyn-Adapter m ‖ $\circeq$ **converter** / Inductosyn-Umsetzer m ‖ $\circeq$ **preamplifier** / INDUCTOSYN-Vorverstärker m ‖ $\circeq$ **cursor** /

Inductosyn-Reiter m ‖ $\circeq$ **scale** / Inductosyn-Maßstab m
industrial atmosphere / Industrieatmosphäre f, Industrieluft f ‖ ~ **control systems** / Industriesteuerungen f pl ‖ ~ **design crimping tool** / Industriezange f ‖ ~ **electronics** / Industrieelektronik f ‖ ~ **engineering** / Anlagentechnik f ‖ ~ **environment** / Industrieatmosphäre f, Industrieumgebung f ‖ ~ **ethernet** / Industrial Ethernet
Industrial Ethernet Manufacturing Automation Protocol (Industrial Ethernet MAP) / Industrial Ethernet Manufacturing Automation Protocol (Industrial Ethernet MAP) ‖ $\circeq$ **Ethernet MAP (Industrial Ethernet Manufacturing Automation Protocol)** / Industrial Ethernet MAP (Industrial Ethernet Manufacturing Automation Protocol) ‖ $\circeq$ **Framework (IF)** / Industrial Framework (IF)
industrial field / industrieller Bereich ‖ ~ **frequency** / technische Frequenz, Industriefrequenz f, Betriebsfrequenz f
industrial-frequency traction / Zugförderung mit Industriefrequenz
industrialized adj / industriegerecht adj, industrietauglich adj
industrial local area network (ILAN) / lokales Industrie-Datennetz ‖ ~ **luminaire** / Industrieleuchte f ‖ ~ **measurement** / Betriebsmessung f ‖ ~ **network** / Industrienetz n ‖ ~ **PC** / Industrie-PC ‖ ~ **plant** / Industrieanlage f ‖ ~ **plugs and sockets** / Industrie-Steckvorrichtungen f pl ‖ ~ **power station** / Industriekraftwerk n ‖ ~ **premises** / Industriegelände n ‖ ~ **process** / technischer Prozess ‖ ~ **process measurement and control** / Prozessleittechnik f (PLT) ‖ ~ **radiator** / Industriestrahler m ‖ ~ **robot** / Industrieroboter m ‖ ~ **socket-outlets and plugs** / Industrie-Steckvorrichtungen f pl
industrial-strength adj / industriegerecht adj, industrietauglich adj
industrial system / Industrienetz n ‖ ~ **tariff** / Preisregelung für die Industrie (StT), Industrietarif m ‖ ~ **trucks** / Flurförderzeuge n pl
industrial-type n / Industrieausführung f ‖ ~ **industrial-type luminaire** / Industrieleuchte f
industries data acquisition control system (IDACS) / Datenerfassungs-Steuersystem für die Industrie
industry-compatible adj / industriegerecht adj, industrietauglich adj
industry of man-made fibers / Chemiefaserindustrie f ‖ ~ **standard** / Industrieausführung f
industry-standard adj / industriegerecht adj, industrietauglich adj
industry-type distribution board / Industrieverteiler m ‖ ~ **lighting fitting** / Industrieleuchte f
inelastic gear element / unelastisches Getriebeelement ‖ ~ **impact** / unelastischer Stoß
in entry / Kommen-Buchung f
inequality n / Ungleichheit f, Ungleichung f
inert, chemically ~ / chemisch träge
inert-air transformer / Transformator mit Stickstofffüllung
inert atmosphere / Schutzgasatmosphäre f
INERTEEN / (Handelsbezeichn. für Chlordiphenyl-Isolierflüssigkeit, entspricht Clophen)

inert gas / träges Gas, Edelgas *n*
inert-gas atmosphere / Schutzgasatmosphäre *f* || ~
seal / Schutzgasdichtung *f*, Gasabschluss *m*
inert-gas-shielded welding / Schutzgasschweißen *n*
inertia *n* / Trägheit *f*, Beharrungsvermögen *n*
inertia (NOT: mass moment of inertia- too much) / Massenträgheitsmoment *n*
inertia, product of / Zentrifugalmoment *n*, Deviationsmoment *n* || ~ **compensation** / Beschleunigungsausgleich *m*, Beschleunigungsanpassung *f* || ~ **constant** / Trägheitskonstante *f*, Anlaufzeitkonstante *f*, relative Trägheitskonstante || ~ **factor** / Trägheitsfaktor *m*
inertialess *adj* / trägheitslos *adj*
inertial force / Trägheitskraft *f*, Massenkraft *f*, Massendruck *m* || ~ **wave** / Trägheitswelle *f*
inertia mechanism / Hemmwerk *n* || ~ **or mass force** / Masse bewegter Teile || ~ **ratio total/motor** / Trägheitsverhältnis Gesamt/Motor || ~ **starter** / Schwungradanlasser *m* || ~ **torque** / Trägheitsmoment *n*, Massenträgheitsmoment *n*
infallible component / nichtstöranfälliges Bauteil
infant mortality period / Frühausfallphase *f*, Frühausfallperiode *f*
infeed *n* / Einspeisung *f*, Zustellung *f* (WZM) || ~ / zustellen *v* || ~ /**regenerative feedback module (I/RF module)** / Einspeise/Rückspeisemodul (E-/R-Modul) *n* || ~ **/regenerative-feedback unit (I/RF unit)** / Einspeise-/Rückspeise-Einheit *f* || ~ **axis** / Zustellachse *f* (WZM) || ~ **belt** / Zuführband *n* || ~ **depth** / Zustelltiefe *f* || ~ **direction** / Zustellrichtung *f* || ~ **duty** / Speiseaufgabe *f* || ~ **increment** / Zustellbetrag *m* (WZM, Inkrement) || ~ **motion** / Zustellbewegung *f* (WZM) DIN 6580 || ~ **path** / Zufuhrbahn *f* || ~ **per cut** / Zustelltiefe *f* (Vorschub pro Schnitt) || ~ **point** / Einspeisestelle *f* || ~ **slope** / Zustellschräge *f* || ~ **speed** / Zustellgeschwindigkeit *f* || ~ **terminal** / Einspeiseklemme *f* || ~ **transformer** / Einspeisetransformator *m* || ~ **unit** / Einspeiseeinheit *f*, Vorspannwerk *n*
inference mechanism / Inferenzmechanismus *m*
infill pattern / Füllmuster *n*
infinite, generator on ~ bus / Generator am starren Netz || ~ **bus** / starres Netz, starrer Knoten (Netz) || ~ **gain** / unendlich große Verstärkung || ~ **impulse response (IIR)** / rekursives System (Impulsantwort)
infinitely variable / stetig einstellbar, stufenlos regelbar || ~ **variable speed transmission** / stufenloses Getriebe
infinitesimal vibration / unendlich kleine Schwingung
inflammability *n* / Entflammbarkeit *f*, Brennbarkeit *f*, Entzündbarkeit *f*
inflammable *adj* / entflammbar *adj*, brennbar *adj*, leicht entzündlich, feuergefährlich *adj*, entzündbar *adj*, explosionsfähig *adj* || ~ **gas air mixture** / zündfähiges Gas-Luft-Gemisch, explosionsfähiges Gasgemisch
inflate *v* / aufblasen *v* (a. Luftsack), aufpumpen *v*
inflectional tangent / Wendetangente *f*
inflow forecast / Zuflussprognose *f*, Wasserzuflussprognose *f*
influence by d.c. / Gleichstrombeeinflussung *f* || ~ **coefficient** / Einflusskoeffizient *m* (MG) || ~ **error** IEC 359 / Einflusseffekt *m* (MG) DIN 43745, DIN 43780, Einflussfehler *m* || ~ **factors and restraints** / Einfluss- und Störgrößen *f pl* || ~ **machine** / Influenzmaschine *f*, Elektrisiermaschine *f* || ~ **of ambient temperature** / Temperatureinfluss *m* (EZ) || ~ **of inaccuracy** / Fehlereinfluss *m* || ~ **of load variation** / Lasteinfluss *m* (EZ), Lastabhängigkeit *f* (EZ) || ~ **of magnetic induction of external origin** / Fremdfeldeinfluss *m* || ~ **of reversed phase sequence** / Einfluss vertauschter Phasenfolge || ~ **of self-heating** / Einfluss der Eigenerwärmung || ~ **of test room** / Raumrückwirkung *f* (Akust.) || ~ **of waveform** / Einfluss der Wellenform || ~ **quantity** IEC 1036 / Einflussgröße *f* (EZ) VDE 0418, Einflussgröße *f* (a. Rel.) DIN IEC 255,T.100, Störgröße *f* || ~ **voltage** / Influenzspannung *f*
influencing characteristic / beeinflussende Kenngröße || ~ **factor** / Einflussfaktor *m* (a. Rel.) DIN IEC 255,T.100 || ~ **quantity (o. variable)** / Einflussgröße *f* (a. Rel.) DIN IEC 255,T.100, Störgröße *f*
infoboard *n* / Infoboard *n*
info lable / Info-Schild || ~ **text** / Infotext *m*
information *n* / Information *f*, Auskunft *f*, Meldung *f* (FWT) || **use** ~ / Nutzinformation *f* || ~ **address** / Informationsadresse *f* || ~ **and communication infrastructure** / Verfahrenslandschaft *f* || ~ **and Training Center (ITC)** / Informations- und Trainingscenter (ITC) || ~ **base** / Wissensbasis *f* || ~ **block** / Informationsblock *m* || ~ **board** / Infotafel *f* || ~ **byte** / Informationsbyte *n* || ~ **capacity** / Informationskapazität *f* || ~ **carrier** / Informationsträger *m* || ~ **channel** / Informationskanal *m* || ~ **exchange** / Informationsaustausch *m* || ~ **feedback** / Rückinfo *f* || ~ **field** / Informationsfeld *n*, Datenfeld *n* (DÜ) DIN ISO3309 || ~ **flow** / Informationsfluss *m*, Signalfluss *m* || ~ **format frame** / Datenblock *m* (DÜ) DIN ISO 3309 || ~ **function** / Auskunftsfunktion *f* || ~ **list** / Hinweisliste *f* || ~ **management system (IMS)** / Informationsverwaltungssystem *n*, Info-Management *n* || ~ **medium** / Informationsträger *m* || ~ **message** / Übertragungszeichenfolge *f* (DÜ) DIN 44302 || ~ **multiplexer** / Informationsverteiler *m* || ~ **networks** / Informationsverbund *m* || ~ **node** / Informationsknoten *m* || ~ **procedure** / Auskunftsverfahren *m* || ~ **processing** / Informationsverarbeitung *f* || ~ **pulse** / Steuerimpuls *m* (RSA-Empfänger) VDE 0420 || ~ **securing** / Informationssicherung *f* || ~ **separator** / Informationstrennzeichen *n* || ~ **service** / Benachrichtigungsdienst *m* || ~ **sorting** / Meldungsverzweigung *f* (FWT) || ~ **supply** / Informationsbeschaffung *f* || ~ **system** / Informationssystem *n*, Auskunftssystem *n* || ~ **technology (IT)** / Informationstechnik *f* || ~ **technology equipment (ITE)** / Einrichtungen der Informationstechnik || ~ **terminal** / Auskunftterminal *n* || ~ **to be provided by the manufacturer** / Herstellerangabe *f* || ~ **transfer** / Informationsübermittlung *f*, || ~ **transfer efficiency** / Effizienz der Informationsübermittlung || ~ **transfer rate** / Informationsübermittlungsrate *f*, Informationsübertragungsrate *f* || ~ **transmission** / Informationsübertragung *f* || ~ **word** / Informationswort *n*

infrared absorbance / Infrarotextinktion f || ~
absorption / Infrarotabsorption f || ~ **analyzer** /
Infrarot-Analysator m || ~ **central locking system** /
Infrarot-Zentralverriegelung f (Kfz), Infrarot-
Schließsystem f || ~ **controller** / Infrarot-
Fernschalter m || ~ **control on the dotted-line
recorder** / Infrarot-Fernbedienung am
Punktschreiber || ~ **detector** / Infrarotdetektor m || ~
dryer / IR-Trockner m || ~ **interface** / Infrarot-
Schnittstelle f || ~ **lamp** / Infrarotlampe f,
Infrarotstrahler m || ~ **light** / Infrarotlicht n || ~
monochromator (IR-monochromator) /
Infrarotmonochromator m || ~ **radiation (IR)** /
infrarote Strahlung || ~ **radiator** / Infrarotstrahler m
|| ~ **remote-control system** / Infrarot-
Fernbedienungssystem n, IR-Fernschaltsystem n ||
~ **spectroscopy** / Infrarotspektroskopie f || ~
thermometer (IR-thermometer) /
Infrarotthermometer m || ~ **transmission** / IR-
Übertragung (Infrarotübertragung) f,
Infrarotübertragung (IR-Übertragung) f
infrasonic frequency / Infraschallfrequenz f,
unhörbar tiefe Frequenz
infrequent operation (CEE 24) / normale
Schalthäufigkeit VDE 0630
in front (viewing system) / vorn adv (im
Betrachtungssystem)
infusorial earth / Kieselgur m
ingress n / Eindringen n (von Fremdkörpern, Wasser)
inherent adj IEC 50(191) / inhärent adj || **number of
~ tapping positions** IEC 214 / Anzahl der
möglichen Stellungen (Trafo-Stufenschalter) VDE
0532,T.30 || ~ **acceleration** / natürliche
Beschleunigung || ~ **braking torque** / inneres
Bremsmoment || ~ **burden** / Eigenbürde f || ~
characteristic of a system / Kennlinie eines
Systems || ~ **delay** / Eigenzeit f (Verlustzeit infolge
Trägheit der mechanischen Glieder oder der
Steuerung) || ~ **delay angle** / innerer
Stromverzögerungswinkel (LE), spontaner
Stromverzögerungswinkel
(Stromverzögerungswinkel, der infolge von
Mehrfachüberlappung bereits ohne
Zündeinsatzsteuerung auftritt.) || ~ **direct voltage
regulation** / innere Gleichspannungsänderung (LE)
|| ~ **error** / Eigenfehler m || ~ **feedback** / innere
Rückführung || ~ **forward current transfer ratio** /
inhärentes Gleichstromverhältnis || ~ **harmonic** /
Eigenharmonische f
inherently earth-fault-proof / erdschlusssicher adj
VDE 0100,T.200 || ~ **safe** / eigensicher adj || ~
short-circuit-proof / inhärent kurzschlussfest,
kurzschlusssicher adj || ~ **short-circuit-proof
transformer** / unbedingt kurzschlussfester
Transformator
inherent moment of inertia / Eigenträgheitsmoment
n, natürliches Trägheitsmoment || ~ **quantization
error** / Quantisierungs-Eigenfehler m || ~ **reach
error** / Eigenfehler m (Schutzrel., Bereichsfehler) ||
~ **regulation** / Spannungsänderung f (bei
gleichbleibender Drehzahl), Drehzahländerung f
(bei gleichbleibender Spannung und Frequenz),
absolute Spannungsänderung || ~ **regulation** IEC
50(411) / Drehzahländerung f (Motor) || ~
reliability / Entwurfszuverlässigkeit f DIN 40042 ||
~ **stability** / Eigenstabilität f || ~ **stability of power
system** / natürliche Netzstabilität || ~ **transient**

stability / natürliche dynamische Stabilität || ~
voltage regulation / natürliche Spannungsregelung
|| ~ **weakness failure** / inhärenter Ausfall, Ausfall
infolge mangelhafter Konstitution
inherited error / Anfangsfehler m (a. NC),
mitgeschleppter Fehler, Eingangsfehler m
inhibit v / sperren v, blockieren v, hemmen v,
unterbinden v, inhibieren v, verriegeln v || **output ~**
/ Ausgangssperre f, Ausgabesperre f
inhibited insulating oil / inhibiertes Isolieröl || ~
lubricant / legierter Schmierstoff || ~ **oil** /
Wirkstofföl n, legiertes Öl
inhibiting n / Sperren n, Blockieren n, Hemmen n,
Verriegeln n || ~ **AND gate** / Sperr-UND-Glied n ||
~ **signal** / Sperrsignal n, Verriegelungssignal n
inhibit input / Sperreingang m
Inhibit neg. freq. Setpoint / Negative Sollwertsperre
inhibitor n / Hemmstoff m, Inhibitor m, Schutzstoff
m (Öl, Fett), Verzögerer m, Wirkstoff m || **oxidation
~** / Oxidationsinhibitor m, Antioxidans n
inhomogeneous field / inhomogenes Feld
in-house line / Hausleitung f (Telefon) || ~ **network** /
Hausnetz n, H-Netz n
INIC s. inverting negative impedance converter
Init command / Init-Befehl m
initial address / Anfangsadresse f || ~ **alternating
short-circuit current** / Anfangs-
Kurzschlusswechselstrom m || ~ **angle** / Startwinkel
m, Anfangswinkel m || ~ **aperiodic component of
short-circuit current** / Gleichstromanteil des
Stoßkurzschlussstroms || ~ **break away force** /
Kraft zum losbrechen || ~ **breakdown** /
Anfangsdurchschlag m || ~ **charge** / Erstladung f
(Batt.), Inbetriebsetzungsladung f (Batt.) || ~
clamping / Vorpressung f (Trafo-Kern) || ~
clamping force / Vorpresskraft f (Trafo-Kern) || ~
clear mode / Urlöschmodus m || ~ **closed-circuit
voltage** (battery) / Entladeanfangsspannung f || ~
condition / Anfangszustand m (Rel.),
Ausgangsstellung f || ~ **conditions** /
Anfangsbedingungen f pl || ~ **corona pulse** /
Koronazündimpuls m || ~ **cracking** / Anriss m
(Rißbildung) || ~ **creep** / primäres Kriechen || ~
dimension / Ausgangsmaß n, Anfangsmaß n || ~
distortion time / Anfangsverzerrungszeit f || ~
distribution / Anfangsverteilung f || ~ **domain
identifier (IDI)** / Kennung des
Adressierungsbereichs DIN ISO 8348 || ~ **element** /
Aufnehmer m (erstes Element eines Messkreises),
Messfühler m, Signalgeber m || ~ **evaluation** (CSA
Z 299) / Vorab-Beurteilung f (QS) || ~ **examination
and measurements** / Anfangsmessungen und
Kontrollen DIN IEC 68 || ~ **excitation** /
Anfangserregung f || ~ **excitation-system response**
/ Anfangserregungsgeschwindigkeit f
initialing n / Kurzzeichen n
initial inspection / Erstprüfung f (erste in einer Folge
von vorgesehenen oder zugelassenen
Qualitätsprüfungen) || ~ **ionizing event** / Anfangs-
Ionisierungsereignis n
initialization / Initialisierung f, Einleitung f,
Vorbereitung f, Erstbelegung f (Programm),
Bedien(ungs)eintrag m, Anlaufprozedur f
(Rechner), Versorgung mit Parametern,
Parametrierung f, Versorgung f,
Parameterversorgung f, Parameterzuweisung f
(Versorgung von Parametern mit Werten) || ~ **block**

initialize 278

/ Initialisierungsbaustein *m* || **~ branch** /
Erstlaufzweig *m* (SPS) || **~ command word (ICW)**
/ Initialisierungs-Befehlswort *n* || **~ conflict** /
Initialisierungskonflikt *m* || **~ control** /
Initialisierungskontrolle *f* || **~ logic** /
Einleitungssteuerung *f* (Logik) || **~ mode (IM)** /
Vorbereitungsbetrieb *m* (DÜ) || **~ procedure** /
Anlaufprozedur *f* (Rechnerprogramm o. -system)
initialize *v* / initialisieren *v*, parametrieren *v*,
vorbereiten *v*, versorgen *v*, einrichten *v* || **to ~ a
signal to high** / ein Signal hoch setzen || **to ~ with
parameters** / mit Parametern versorgen || **~ field
characteristic** / Feldkennlinienaufnahme
durchführen
initializing pulse (IP) (PC) / Richtimpuls (RI)(DIN
19237) *m* || **~ pulse generator** / Richtimpulsgeber
m
initial level of pollution / Vorbelastung *f*
(Umweltbelastung) || **~ licence** / Erstlizenz *f*
(Software) || **~ line-up jerking of the rotor** /
Einrasten in die Vorzugsrichtung des Rotors || **~
load** / Anfangsbelastung *f*, Vorbelastung *f*, Vorlast *f*
|| **~ loading value** / Urladewert *m* || **~ lumens** /
Anfangslichtstrom *m* || **~ luminous characteristics**
/ lichttechnische Anfangswerte || **~ luminous flux** /
Anfangslichtstrom *m* || **~ M function** (Cf.: M
function) / vorbereitende M-Funktion (Vgl.: M-
Funktion) || **~ magnetization** / Erstmagnetisierung *f*
|| **~ magnetization curve** / Neukurve *f* || **~ mask** /
Eingangsmaske *f* || **~ permeability** /
Anfangspermeabilität *f* || **~ plane** / Ausgangsebene *f*
|| **~ point** (initial point for tool motion) / Startpunkt
m, Ausgangspunkt *m*, Anfangspunkt *m* || **~ position**
/ Ausgangslage *f*, Ausgangsposition *f*,
Grundzustand *m*, Grundstellung (GST) *f*,
Steuerungsgrundstellung *f*, Löschstellung *f* || **~
power on** / ersteinschalten *v* || **~ pressure** /
Anfangsdruck *m*, Einspeisedruck *m* || **~ program
loader (IPL)** / Urlader *m* || **~ program loading** /
Urladen *m* || **~ pulse** (ultrasonic tester) /
Sendeimpuls *m* DIN 54119 || **~ pulse portion** /
Impulsanfang *m* || **~ rate of rise** / Anfangssteilheit *f*
|| **~ readings** / Anfangswerte *m pl* (Lampenprüf.),
Anfangs-Meswerte *m pl* || **~ resonance search** /
Anfangsresonanzuntersuchung *f* || **~ retardation
torque** / Anfangsverzögerungsmoment *n* || **~
rounding** / Anfangsverrundung *f* || **~ rounding
time for ramp-down** / Rampenrücklaufs-
Anfangsverrundung *f* (Bestimmt die Glättungszeit
am Anfang des Rampenrücklaufs),
Rampenhochlauf-Anfangsverrundung *f* (Bestimmt
die Anfangs-Glättungszeit in Sekunden) || **~ run** /
Erstdurchlauf *m*
initials *n pl* / Anfangsbestand *m* (QS) DIN 40240
initial setting / Steuerungsgrundstellung *f*,
Löschstellung *f*, Grundstellung (GST) *f*,
Grundzustand *m*, Grundstellungsroutine *f* || **~
settings for error messages and operational
messages** / Anlauf für Fehlermeldungen und
Betriebsmeldungen
initial situation / Anfangzustand *m* (SPS) || **~
slackness** / Anfangsspiel *n*, Anfangslagerluft *f* || **~
smoothing time** / Anfangs-Glättungszeit *f* || **~ start**
/ Erstanlauf *m* || **~ state** / Anfangszustand *m*,
Ausgangszustand *m*, Grundstellung *f* (Kippglied),
Grundzustand *m*, Löschstellung *f*,
Steuerungsgrundstellung *f* || **~ steepness** /

Anfangssteilheit *f* || **~ strain** / Anfangsdehnung *f*
(SchwT) || **~ stress** / Anfangsspannung *f*,
Vorspannung *f* || **~ stress or tension in the string** /
Federvorspannung *f* || **~ surge-voltage distribution**
/ Anfangs-Stoßspannungsverteilung *f* || **~
susceptibility** / Anfangssuszeptibilität *f* || **~
symmetrical short-circuit current** / Anfangs-
Kurzschluss-Wechselstrom *m*, Stoßkurzschluss-
Wechselstrom *m*, subtransienter Kurzschluss-
Wechselstrom *m* || **~ symmetrical short-circuit
power** / Anfangs-Kurzschluss-
Wechselstromleistung *f* || **~ temperature** /
Anfangstemperatur *f*, Ausgangstemperatur *f* || **~
torque** / Anfangsdrehmoment *n*,
Ausgangsdrehmoment *n* || **~ transient reactance
drop** / transienter Anfangs-Spannungsabfall || **~
transient recovery voltage (ITRV)** IEC 56-4, A.3
/ Anfangseinschwingspannung *f*, Anfangssteilheit
der Einschwingspannung || **~ unbalance** /
Urunwucht *f*, ursprüngliche Unwucht || **~ value**
(The value assigned to a variable at system start-
up.) / Anfangswert *m*, Erstwert *m*,
Initialisierungswert *m* || **~ value acquisition** /
Erstwerterfassung *f* || **~ value of dead band** /
Ansprechwert der Totzone (SPS) || **~ verification** /
Ersteichung || **~ voltage** / Einspannung *f* || **~ watts** /
Anfangsleistung *f* (Lampe)
initiate *v* / einleiten *v*, verursachen *v*, auslösen *v*,
anstoßen *v*, veranlassen *v* (ein Verfahren), anregen
v, in Gang bringen, aufrufen *v* (im
Kommunikationssystem)
initiated *adj* / eingeleitet *adj* || **~ by timed interrupts**
/ zeitgesteuert *adj*
initiating relay / Auslöserelais *n* || **~ station** /
sendende Station (FWI)
initiation assignment / Anstoßverteilung *f* (SPS) || **~
buffer** / Anreizpuffer *m* || **~ of arcing** /
Lichtbogeneinsatz *m* || **~ signal** / Anstoßsignal *n*
initiator *n* / Initiator *m*, Näherungsschalter *m* || **~**
(station which can nominate and ensure data
transfer to a responder over a data highway)) /
Nachrichtenleiter *m* || **~ command ~** / Befehlsgeber
m, Kommandogeber *m* || **pulse ~** / Impulsgeber *m*,
Impulsgenerator *m*
inject *v* / einspritzen *v*, aufschalten *v*, einprägen *v*,
einkoppeln *v* (Signale), anlegen *v*
injected-beam magnetron / Magnetron mit
Spannungsdurchstimmung
injected current / Prüfstrom *m*, eingeprägter Strom ||
injected e.m.f. / eingeprägte EMK || **~ voltage** /
eingeprägte (o. überlagerte o. eingespeiste o.
angelegte) Spannung || **~ volume** / Dosiervolumen
n (Chromatograph)
injection *n* / Einspeisung *f* (von Blindleistung,
Rundsteuersignalen), Einspritzen *n* (Kraftstoff),
Injektion *f*, Aufschaltung *f*, Einspritzung *f* || **~
current** / Stromüberlagerung *f* (synthet. Prüfung.
Stromeinprägung *f*, Stromaufschaltung *f* || **manual
~** (chromatograph) / Handdosierung *f* || **primary-~
test** / Primärversuch durch Fremdeinspeisung
(Schutz); Primärprüfung *f* || **~ voltage** ~ (synthetic
testing) / Spannungsüberlagerung *f* (synthet.
Prüfung) || **~ capacitor** / Kopplungskondensator *m*
(RSA) || **~ cooler** / Einspritzkühler *m* || **~ current**
(synthetic testing) / Prüfstrom *m* || **~ gun**
/ Injektionsstrahlerzeuger *m* || **~ laser diode (ILD)** /
Halbleiterlaser *m* || **~ level** / Einspeisepegel *m*

(RSA)
injection-locked laser / injektionsgesteuerter Laser
injection locking range / Synchronisierbereich *m*
(IMPATT-Diode) || **~ method** (synthetic testing) /
Überlagerungsprinzip *n* (synthet. Prüfung) || **~
mold** / Spritzgussform *f*, Spritzform *f* || **~ molded
part** / Spritzgießteil *n* || **~ molding** / Spritzgießen *n*
|| **~ molding machine** / Spritzgießmaschine *f*,
Spritzgussmaschine *f*
injection-moulded liner / eingespritzte Gleitschicht
(Lg.) || **~ part** / Spritzgussteil *n*
injection moulding / Spritzgießen *n* (Kunststoff) || **~
of derivative action component** / D-Aufschaltung
f || **~ pump** / Einspritzpumpe *f* || **~ transformer** /
Einspeisewandler *m* (RSA) || **~ valve** /
Einspritzventil *n*, Gasdosierventil *n*
injector *n* / Einspritzventil *n* || **~ nozzle** /
Einspritzdrüse *f*
ink *v* / ausziehen *v* (Zeichnung) || **~ drawing** /
Tusche-Zeichnung *f* || **~ jet printer** / Drucker mit
Tintendruckwerk, Tintendrucker *m*
ink(ing) medium / Farbträger *m* (Drucker)
inking paste / Tuschierpaste *f* || **~ ribbon** / Farbband
n
ink-jet matrix printer / Matrix-Tintendrucker *m* || **~
printer** / Tintenstrahldrucker *m*, Tintendrucker *m* ||
~ print head / Tintenstrahldruckkopf *m* || **~
printing element** / Tintenstrahldruckwerk *n* || **~
recorder** / Tintenstrahlschreiber *m*
ink-pad container / Farbkissenbehälter *m*
ink-pen recording / Tintengriffel-
Aufzeichnungsverfahren *n*
ink recording / Tintenregistrierung *f* || **~ ribbon** /
Farbband *n* || **~ sealing jaws-depot** /
Dichtbackendepot *n* || **~ well** / Tintenbehälter *m*
(Schreiber)
inlet *n* / Eingang *m*, Einlass *m*, Einlassöffnung *f*,
Einführungsöffnung *f*, Kabeleinführung *f* || **~ air
duct** / Zuluftkanal *m*, Lufteintrittskanal *m* || **~ air
opening** / Lufteintrittsöffnung *f*, Zuluftöffnung *f*,
Ansaugöffnung *f* || **~ cone** / Einströmdüse *f* || **~ end**
/ Zuluftseite *f*, Ansaugseite *f* || **~ manifold** /
Ansaugrohr *n* (Kfz), Saugrohr *n* || **~ nozzle** /
Einströmdüse *f* || **~ opening** /
Durchführungsöffnung *f* || **~ pressure** /
Primärdruck *m*, Saugdruck *m* || **~ size** /
Eintrittsnennweite *f* || **~ temperature** /
Eintrittstemperatur *f* || **~ tunnel** / Einlaufstollen *m*
(WKW) || **~ valve** / Einlassventil *n*
in-line arrangement / Kiellinienbauweise *f* (Station)
|| **~ cord control** / in die Anschlussleitung
eingeschleiftes RS || **~ fuse switch** / Sicherungs-
Lasttrennleiste *f* || **~ fuse switch disconnector** /
Sicherungslasttrennleisten *f pl* || **~ type** /
Leistentechnik *f*
inner approach surface / innere Anflugfläche || **~
coating and fuller** / Innenmantel und Füller || **~
armature-current control loop** / unterlagerte
Ankerstromregelung || **~ bar** / Unterstab *m*
(Stabwickl.) || **~ bearing ring** / Innenlaufring *m*,
Innenring *m* || **~ cap** / innerer Lagerdeckel || **~ coil** /
Innenspule *f* || **~ conductor** / Innenleiter *m* || **~
conductor cooling** / direkte Leiterkühlung (el.
Masch.) || **~ contour machining** /
Innenkonturbearbeitung *f*
inner-cooled conductor / direkt gekühlter Leiter,
innengekühlter Leiter || **~ winding** /
direktleitergekühlte Wicklung VDE 0530,T.1
inner cooling / Innenkühlung *f*, direkte Kühlung
(Hohleiter) || **~ covering** / gemeinsame
Aderumhüllung (Kabel) || **~ edge** / Innenkante *f* || **~
flow resistance** / Innenwiderstand *m* || **~ frame** /
innere Kapselung (el. Masch.), Rahmeneinsatz *m* ||
~ gas cooling / direkte Gaskühlung
(Wicklungsleiter) || **~ horizontal surface** / innere
Horizontalfläche (Flp.) || **~ layer** / Unterschicht *f*,
Innenfaser *f* || **~ lead** (lamp) / Elektrode *f*
(Glühlampe) || **~ main** / Mittelleiter *m* || **~ pressure**
/ Innendruck *m* || **~ race** / Innenring *m* (Lg.) || **~ ring**
/ Innenring *m*, Innenlaufring *m* || **~ self-inductance**
/ innere Selbstinduktion, innere Induktivität || **~
semi-conductive layer** / innere Leitschicht (Kabel)
|| **~ sheath** / Innenmantel *m* (Kabel) || **~ side** /
Innenseite *f*, zugewendete Seitenfläche (Bürste) || **~
transitional surface** / innere Übergangsfläche
(Flp.) || **~ valve** / Innengarnitur *f*
innovative glass processing plant / innovative
Glasaufbereitung
inoperative direction / Sperrrichtung *f* (Schutz),
Rückwärtsrichtung *f*
in opposition / in Phasenopposition, um 180°
phasenverschoben, in Gegenphase, gegenphasig
adj
in/out parameter / Durchgangsparameter *m*
Inox-Crossal heaters / Inox-Crossal-Heizfläche *f*
in phase / gleichphasig *adj*, phasengleich *adj*,
phasenrichtig *adj*, in gleicher Phasenlage
in-phase booster / Längsregler *m*,
Längstransformator *m* || **~ to be ~** / Phasengleichheit *f*
|| **~ connection** / phasenrichtiger Anschluss,
phasengleicher Anschluss || **~ current** /
Gleichtaktstrom *m*, Wirkstrom *m*, Längsregelung *f*
(Spannungsregelung mittels einer zusätzlichen
variablen und phasengleichen
Spannungskomponente)
in phase opposition / in Phasenopposition, um 180°
phasenverschoben, in Gegenphase, gegenphasig
adj
in-phase power supply / längsgeregelte
Stromversorgung
in-phase regulator / Längsregler *m*,
Längstransformator *m* || **~ rejection** /
Gleichtaktunterdrückung *f* || **~ rejection ratio** /
Gleichtaktunterdrückungsverhältnis *n*,
Gleichtaktunterdrückungsmaß *n* || **~ signal** /
Gleichtaktsignal *n* || **~ voltage** / Wirkspannung *f*,
synchrone Spannung, Gleichtaktspannung *f*,
Längsregelung *f* (Spannungsregelung mittels einer
zusätzlichen variablen und phasengleichen
Spannungskomponente)
in-plant / vor Ort || **~ generation** / Eigenerzeugung *f* ||
~ power station / Eigenkraftwerk *n*,
Industriekraftwerk *n*
in positional synchronism / lagesynchron *adj*
in-process *adj* / prozessnah *adj* || **~ gauging** /
prozessnahes Messen, fliegendes Messen || **~
inspection** / Fertigungsprüfung *f*, Prozessprüfung *f*,
Fertigungskontrolle *f*, Zwischenprüfung *f* (QS),
Fertigungsrevision *f*, Zwischenrevision *f*,
prozessbegleitende Prüfung, fertigungsbegleitende
Prüfung (VRV), Vorfertigungsrevision *f* || **~
inspection and testing** / Fertigungsrevision *f*,
Vorfertigungsrevision *f*, prozessbegleitende
Prüfung, Zwischenprüfung *f* (Qualitätsprüfung

input 280

während der Realisierung einer Einheit), Prozessprüfung *f*, Zwischenrevision *f*, fertigungsbegleitende Prüfung (VRV), Fertigungsprüfung *f* (Zwischenprüfung an einem in der Fertigung befindlichen materiellen Produkt), Fertigungskontrolle *f* || ~ **inspection plan** / Fertigungsprüfplan *m* || ~ **inspector** / Fertigungsprüfer *m* || ~ **inventory** / auftragsbezogener Werkstattbestand || ~ **measurement** / Messen während der Fertigung, Messung während der Bearbeitung, Werkstückmesssteuerung *f* (NC), fliegendes Messen, prozessnahes Messen || ~ **quality control** / Qualitätsregelung in der Fertigung **input** *v* / eingeben *v*, Eingabe *f*, Eingangsgröße *f*, aufgenommene Leistung, Leistungsaufnahme *f*, zugeführte Leistung, Antriebsleistung *f*, Eingabebaugruppe *f* || ~ (I) / Eingang *m* (E (elST)) || ~ **heat** ~ / Wärmezufuhr *f* || ~ **address** / Eingangsadresse *f* || ~ **admittance** / Eingangsadmittanz *f*, Eingangsleitwert *m* || ~ **area** / Eingabebereich *m* || ~ **bearing** / Einführungslager *n* || ~ **bias current** / Eingangs-Ruhestrom *m* (HL, IS) || ~ **buffer** / Eingabepuffer *m*, Empfangspuffer *m*, Vorpuffer *m*, Eingabezwischenspeicher *m* || ~ **byte (IB)** / Eingangsbyte (EB) *n*, Eingang-Byte (EB) *n* || ~ **capacitance** / Eingangskapazität *f* || ~ **carry** / Eingangsübertrag *m* || ~ **character** / Eingabezeichen *n*, Eingangszeichen *n* || ~ **check** / Eingabeüberprüfung *f* || ~ **circuit** / Eingangsstromkreis *m*, Eingangskreis *m*, Eingangsschaltung *f*, Primärkreis *m*, netzseitiger Kreis (SR), Erregungskreis *m* (Rel.) || ~ **clamp voltage** / Eingangsbegrenzungsspannung *f* (IS) || ~ **class** / Eingabeklasse *f* (GKS) || ~ **code** / Eingabecode *m* || ~ **configuration** / Eingangsschaltung *f* || ~ **control register** / Eingangskontrollregister *n* || ~ **converter** / Eingangsumformer *m*, netzseitiger Stromrichter || ~ **counter** / Eingabezähler *m* || ~ **coupling board** / Eingangskoppelbaugruppe *f* || ~ **coupling device** / Eingangs-Koppelglied *n* || ~ **coupling module** / Eingangskoppelbaugruppe *f* || ~ **current** / Eingangsstrom *m*, Primärstrom *m*, aufgenommener Strom || ~ **current range** / Arbeitsbereich des Eingangsstroms (Verstärker) || ~ **data** / Eingabedaten *plt* || ~ **delay** / Eingangsverzögerung *f*, Eingangsverzögerungszeit *f* || ~ **device** / Eingabegerät *n* DIN 44300 || ~ **disable** / Eingabesperre *f* || ~ **displacement factor** / netzseitiger Verschiebungsfaktor (LE) || ~ **display** / Eingabebild *n* || ~ **drift** / Eingangsdrift *f* || ~ **element** / Eingabeglied *n* || ~ **end** / Eingabeseite *f*, Primärseite *f* || ~ **energlzing quantity** / Eingangserregungsgröße *f* (Rel.), Eingangsgröße *f*, Erregungsgröße *f* DIN IEC 255,T.1-100 || ~ **error** / Eingabefehler *m* || ~ **field** / Eingabefeld *n* (BSG) || ~ **filter** / Eingangsfilter *n* || ~ **format** / Eingabeformat *n* || ~ **frame** / Eingangstelegramm *n* || ~ **frequency** / Eingangsfrequenz *f*, Primärfrequenz *f* || ~ **function** / Eingabefunktion *f* || ~ **geometry** / Eingabegeometrie *f* (NC) || ~ **image (IIM)** / Eingangsabbild (EAB) *n* || ~ **immittance** / Eingangsimmittanz *f* || ~ **impedance** / Eingangsimpedanz *f*, Eingangswiderstand *m* || ~ **interface** / Eingabeoberfläche *f* || ~ **interprocessor communication flag** / Eingangskoppelmerker *m* ||

~ **key** / Eingabetaste *f*, Eingabekey *m*, Inputtaste *f* || ~ **kVA** / Eingangsleistung in kVA || ~ **language** / Eingabesprache *f* || ~ **lead** / zugehende Leitung || ~ **leakage current** / Eingangs-Reststrom *m* (Treiber) || ~ **line** / Eingangsleitung *f*, Eingabeleitung *f*, Eingabezeile *f* || ~ **loading capability** IEC 147-0D / Eingangsbelastbarkeit *f* || ~ **medium** / Eingabemedium *n*, Eingabemittel *n* || ~ **mixing transformer** / Mischeingangswandler *m* || ~ **module** / Eingabebaugruppe *f*, Eingangsgruppe *f*, Eingabegruppe *f*, Eingabe *f*, Eingabemodul *n* || ~ **monitoring** / Eingabeüberwachung *f* || ~ **motion** / Anregungsbewegung *f* || ~ **noise** / Eingangsrauschen *n* || ~ **noise voltage** / Eingangs-Rauschspannung *f* || ~ **not referred to a potential** / nicht potentialbezogener Eingang (Mikroschaltung) DIN 41855 || ~ **offset current** / Eingangs-Fehlstrom *m*, Eingangs-Offsetstrom *m* || ~ **offset voltage** / Eingangs-Fehlspannung *f* DIN IEC 147,T.1E, Eingangs-Offsetspannung *f*
input/output (I/O) *n* / Ein-/Ausgang *m* (E/A) || ~ **counter** / Ein-/Ausgabezähler *m* || ~ **flag reference list (I/Q/F reference list)** / Belegungsplan *m* || ~ **interface** / Eingabe-/Ausgabe-Schnittstelle *f*
input-output level / Ein-/Ausgabe-Ebene *f*
input/output module (I/O module) / Ein-/Ausgabebaugruppe *f*, E/A-Modul *n*, E/A-Baugruppe *f*, Ein-Ausgabebaugruppe *f*, Eingabe-Ausgabe-Baugruppe *f*
input-output pair / Eingangs-/Ausgangsgrößenpaar *n*
input/output resolution / Ein-/Ausgabefeinheit *f* (NC), Ein-/Ausgabegerät (EAG) *n*
inputs/output s/flags / Eingänge/Ausgänge/Merker (E/A/M)
input-output test / Motorverfahren *n* (el. Masch.), Belastungsverfahren *n*, Generatorverfahren *n*
input panel / Eingabefeld *n* || ~ **parameter** / Eingangsgröße *f* || ~ **parameter (I)** (A parameter which is used to supply an argument to a program organization unit.) / Eingansparameter (E) *m* || ~ **phase** / Eingangsphase *f* || ~ **point** / Eingang (E) *m*, Eingabestelle *f* || ~ **port** / Eingangskanal *m* (MPU, PC) || ~ **power** / Leistungsaufnahme *f*, Eingangsleistung *f*, zugeführte Leistung || ~ **power control** / Eingangs-Leistungssteuerung *f* VDE 0838,T.1 || ~ **primitive** / Eingabeelement *n* (graf. DV) || ~ **printout** / Eingabeprotokoll *n* || ~ **prompt** / Eingabeaufforderung *f*, Eingabeaufruf *m*, Aufforderung *f* || ~ **quantity** / Eingangsgröße *f* || ~ **range** / Eingangsbereich *m* || ~ **reactor** / Netzdrossel *f* || ~ **rectifier** / Eingangsgleichrichter *m* || ~ **referred to a potential** / potentialbezogener Eingang DIN 41855 || ~ **regulation coefficient** / Eingangsregelfaktor *m* (IC-Regler) || ~ **regulation range** / Eingangsregelbereich *m* (IC-Regler) || ~ **relay** / Eingaberelais *n* || ~ **request** / Eingabeaufforderung *f*, Eingabewunsch *m* || ~ **resistance** / Eingangswiderstand *m* || ~ **resolution** / Eingabefeinheit *f*, Ansprechempfindlichkeit *f* || ~ **scan** / Eingangsabfrage *f* || ~ **screen form** / Eingabemaske *f* || ~ **sensitivity** / Eingabefeinheit *f*, Ansprechempfindlichkeit *f* || ~ **sequence** / Eingabefolge *f* || ~ **shaft** / eintreibende Welle || ~ **side** / Eingabeseite *f*, Primärseite *f* || ~ **signal** / Eingabesignal *n*, Eingangssignal *n*

input-signal delay / Erkennungszeit f (DÜ)
input signal line / Eingangszweig m || **~ s-parameter**
/ Eingangs-Reflexionskoeffizient m (Transistor)
DIN 41854,T.10 || **~ speed** / Eingangsdrehzahl f,
Eintriebsdrehzahl f, Antriebsdrehzahl f || **~
stabilization coefficient** /
Eingangsstabilisierungsfaktor m (IC-Regler) || **~
step** / Eingangssprung m || **~ storage area** /
Eingabespeicherbereich m || **~ summation current
transformer** / Eingangs-Summenstromwandler m,
Mischeingangswandler m || **~ system (IS)** /
Eingabesystem n || **~ terminal** / Eingangsklemme f,
Eingangspol m, Primäranschluss m || **~ terminal
voltage** / Einspeisespannung f (elST) DIN 19237,
Speisespannung f || **~ threshold voltage** /
Eingangs-Schaltspannung f (IS) || **~ time constant** /
Eingangszeitkonstante f || **~ time interval** /
Eingabezeit f || **~ time-out** / Eingangs-
Zeitauslösung f, Eingabeverzug m || **~ to network** /
eingespeiste Leistung (Netz), Netzeinspeisung f || **~
transfer rate** / Eingaberate f || **~ transform** /
Transformierte der Eingangsgröße || **~ transformer**
/ Eingangstransformator m, netzseitiger
Transformator, Eingangsübertrager m || **~ transient
recovery time** / Eingangseinschwingzeit f (IC-
Regler) || **~ triggering voltage** /
Eingangsumschaltspannung f || **~ unit** /
Eingabeeinheit f DIN 44300 || **~ variable** /
Eingangsgröße f || **~ voltage** / Eingangsspannung f,
Primärspannung f || **~ voltage range** /
Arbeitsbereich der Eingangsspannung (Verstärker),
Eingangsspannungsbereich m || **~ winding** /
Eingangswicklung f || **~ window** / Eingabefenster n
|| **~ wire link** / Eingangsleitung f || **~ word (IW)** /
Eingangswort n (EW), Eingabewort n
inquiry n / Anfrage f, Abfrage f, Nachfrage f || **~
function** / Erfragefunktion f (GKS) || **~ log** /
Abfrageprotokoll n || **~ window** / Abfragewindow n
inradius n / Inkreisradius m
inrush n / Einschaltrush || **magnetizing ~** /
Magnetisierungsstromstoß m, Einschaltrush m || **~
current** / Einschaltstrom m (Trafo u. DIN 41745),
Rushstrom m, Einschaltrush m || **~ current IEC
50(448)** / Einschaltstrom m (Stromstoß beim
Einschalten von Trafos, Drosseln),
Einschaltstromstoß m || **~ making current** /
Einschaltstrom m (Kondensatoren) || **~ peak** /
Einschaltstromspitze f, Anlassspitzenstrom m,
Einschaltspitze f || **~ peak value** / Rush-Stöme-
Scheitelwert m || **~ restraint** (feature) / Rush-
Unterdrückung f, Stabilisierung gegen
Einschaltströme || **~ stabilizing** /
Inrushstabilisierung f || **~ suppressor circuit
breaker** / Sanfteinschalter m || **~ suppressor relay** /
Sanfteinschaltrelais n || **~ transient current** /
Einschaltüberstrom m (Kondensator)
inscription n / Bedruckung f, Beschriftung f || **~ label**
/ Einlegeschild n || **~ plate** / Beschriftungsplatte f,
Bezeichnungsschild 3SB || **~ sheet** /
Beschriftungsblatt n
insensitive *adj* / unempfindlich *adj* || **~ against
magnetic fields** / magnetfeldfest *adj* || **insensitive
to light** / lichtunempfindlich *adj* || **~ to vibration** /
schwingungsfest *adj*, erschütterungsunempfindlich
adj
insensitivity n / Unempfindlichkeit f,
Empfindungslosigkeit f || **~** / Totzone f, tote Zone,

Unempfindlichkeitsbereich m || **control ~** /
Unempfindlichkeit der Ventilsteuerung (LE)
in series / in Reihe, in Reihe geschaltet, vorgeschaltet
adj, nachgeschaltet *adj* || **~** /
Hintereinanderschaltung f
insert v / einsetzen v, einfügen v, einschieben v,
einlegen v, bestücken v, einfahren v, einblenden v
(z.B. Teilbilder), einschalten v, stecken v, einführen
v || **~ n** / Einsatz m, Einsatzstück n, Einfügung f,
Einschub m, Platte f (Die (Schneid-)Platte wird
vom Werkzeughalter gehalten und bildet mit ihm
zusammen das Werkzeug.), Schneidplatte f || **~ ISO
3592** / Einfügen n (NC, CLDATA-Wort) || **~ block** /
Einfügesatz m, Einfügsatz m || **~ cap** /
Einlegekappe f || **~ chamfer** / Fase einfügen || **~
into socket** / in Sockel einsetzen || **~ key** /
Einfügen-Taste f || **~ length** / Einsatzlänge f || **~
mode** / Einfüge-Modus m || **~ nut** / Einpressmutter f
|| **~ of steel wire** / Stahldrahteinlage f || **~ of web** /
Gewerbeeinlage f || **~ width 3 mm** / Einsatzbreite
3mm
insertable cap / Einlegekappe f (DT) || **~ jumper** /
Einlegebrücke f || **~ legend** / Einlegeschild n (DT) ||
~ legend plate / Schrifteinlage f (DT) || **~ nut** /
Einlegemutter f || **~ plate** / Einlegeschild n || **~ strip**
/ Einschubstreifen m
insert arrangement (depr.) / Kontaktanordnung f (a.
StV)
inserted *adj* / eingefahren *adj* || **to be ~** / einzusetzen
|| **~ radius** / eingefügter Radius (NC)
insertion n / Einlegen n, Einfügen n, Einbauen n,
Einschieben n, Einstecken n, Einschalten n,
Zwischenschalten n || **the inclined ~ path** / die
schräge Bahn des Eintauchens || **~ and withdrawal
force** / Steck- und Ziehkraft (StV) || **~ block** /
Einfügesatz m, Einfügsatz m || **~ depth** /
Eintauchtiefe f || **~ force** / Steckkraft f (StV) || **~
gain** / Einfügungsverstärkung f,
Zwischenverstärkung f || **~ helix** /
Eintauchhelix f || **~ interlock** /
Einschubverriegelung f (ST) || **~ loss** /
Einlassdämpfung f || **~ mode** / Einfügemodus m
(Textverarb.) || **~ point** / Eintauchpunkt m,
Einfügemarke f || **~ power gain** / Einfügungs-
Leistungsverstärkung f || **~ tool** / Einsetzwerkzeug n
|| **~ torque** / Drehmoment für das Eindrehen
insert retention (in housing) / Haltekraft des
Einsatzes (StV)
inserts n pl / Einsätze m pl
in-service period / Belastungsdauer f (SG) VDE
0660,109 || **~ switching of single motors** /
betriebsmäßiges Schalten einzelner Motoren || **~
test** / Prüfung in der Anlage (EZ),
Funktionsprüfung f, Betriebsprüfung f || **~ testing** /
Bauartprüfung
inset n / Inset n
in several steps / in mehreren Schritten
inside angle (unit) / Inneneck-Winkelstück n (IK),
Inneneck n (IK) || **~ area** / Innenfläche f || **~
bearing cap** / innerer Lagerdeckel || **~ calipers** /
Innentaster m, Innenfeinmessgerät n, Stichmaß n ||
~ cone / Innenkonus m || **~ contour** / Innenkontur f
(NC) || **~ corner** / Innenecke f || **~ delta circuit** /
Wurzel-3-Schaltung f || **~ delta connection** /
Wurzel-3-Schaltung f || **~ diameter** (i.d.) /
Innendurchmesser m, lichte Weite || **~ diameter of
stator core** / Innendurchmesser des

Ständerblechpakets, Ständerbohrung *f*, Ankerbohrung *f* || ~ **dimension** / Innenmaß *n* || ~ **edge** / Innenkante *f*
inside-frosted lamp / innenmattierte Lampe
inside jaws / Innenbacke *f* || ~ **nominal diameter** / Nennweite (NW) *f* || ~ **radius** / Innenradius *m* || ~ **rubberizing** / Innengummierung *f*
inside silica-coated / innensiliziert *adj* || ~ **thread** / Innengewinde *n* || ~ **tolerance** / Innentoleranz *f* || ~ **tool** / Innendrehmeißel *m* || ~ **wall of insulation** / Isolierschichtinnenwand *f* || ~ **wall of the stuffing box** / Stopfbuchsinnenoberfläche *f* || ~ **white lamp** / innenweiße Lampe, innensilizierte Lampe || ~ **width** / lichte Weite, lichte Breite
insignificant nonconformance (QA) / unwesentliche Abweichung (QS)
insist *v* / bestehen *v*
in-situ balancing / Auswuchten an Ort und Stelle || ~ **concrete** / Ortbeton *m* || ~ **maintenance** / Instandhaltung am Einsatzort
inspect *v* / prüfen *v*, untersuchen *v*, durchprüfen *v* || ~ **and test log book** / Prüfbuch *n*
inspection *n* / Revision *f*, Untersuchung *f*, Prüfung *f*, Besichtigung *f*, Durchprüfung *f*, Gütekontrolle *f*, Eichen *n* (im amtlichen Sinne), Kontrolle *f*, Nachprüfung *f*, Überprüfung *f* || ~, **measuring and test equipment** / Prüfmittel *n pl* || **100%** ~ / Vollprüfung *f*, 100%-Prüfung *f* (Qualitätsprüfung an allen Einheiten eines Prüfloses), Hundertprozentprüfung *f*, Sortierprüfung *f* (100%-Prüfung, bei der sämtliche gefundenen fehlerhaften Einheiten (fehlerhafte Einheit) aussortiert werden. / Prüfung oder Serie von Prüfungen mit dem Ziel, mangelhafte Einheiten oder solche, die wahrscheinlich zu Frühausfällen führen werden, auszusondern) || ~ **agency** / Überwachungsstelle *f* (QS) || ~ **aisle** / Überwachungsgang *m* || ~ **and test documents** / Prüfunterlagen *f pl* || ~ **and test equipment** / Prüfeinrichtungen *f pl* || ~ **and test equipment development program** / Prüfgeräte-Entwicklungsprogramm *n* || ~ **and testing** / Prüfung *f* (QS) || ~ **and test plan (ITP)** / Prüfablaufplan *m* DIN 55350,T.11, Prüfplan *m* || ~ **and test planning** / Prüfungsplanung *f* DIN 55350,T.11, Prüfungsplanung *f*, Prüfvorbereitung *f* || ~ **and test point** / Prüf- und Kontrollpunkt *m* (QS) || ~ **and test procedure** / Prüfverfahren *n* || ~ **and test program** / Prüfprogramm *n* || ~ **and test records** / Prüfaufzeichnung *f* || ~ **and test schedule** / Prüfablaufplan *m* DIN 55350,T.11, Prüfplan *m* || ~ **and test sequence** / Prüfablauf *m* || ~ **and test status** / Prüfstatus *m* (QS), Prüfzustand *m* || ~ **bend** / Rohrbogen mit Deckel (IR) || ~ **box** / Dose mit abnehmbarem Deckel || ~ **by attributes** / Attributprüfung *f* || ~ **by variables** / Variablenprüfung *f* || ~ **certificate** / Prüfbescheinigung *f*, Prüfschein *m*, Prüfzertifikat *n*, Annahmeprüfprotokoll *n* || ~ **characteristic** / Prüfmerkmal *n* DIN 55350,T.11 || ~ **checklist** / Prüf-Checkliste *f* || ~ **coupling** / Muffe mit Deckel (IR) || ~ **department** / Prüfungsabteilung *f*, Gütekontrollabteilung *f* || ~ **drawing** / Revisionszeichnung *f*, Prüfzeichnung *f* || ~ **elbow** / Winkelstück mit Deckel (IR) || ~ **gangway** / Überwachungsgang *m* || ~ **gauge** / Prüflehre *f*, Abnahmelehre *f* || ~ **glass** / Schauglas *n*, Sichtfenster *n* || ~ **hole** / Prüfbohrung *f*,

Kontrollbohrung *f*, Schauloch *n*, Beobachtungsöffnung *f*, Prüfloch *n* || ~ **instruction** / Prüfanweisung *f* DIN 55350,T.11 || ~ **interval** / Prüfintervall *n*, Revisionszeit *f*, Prüfturnus *m* || ~ **joint** / Trennstelle *f* (Blitzschutzleiter) || ~ **level** / Prüfstufe *f*, Prüfniveau *n* || ~ **lot** / Prüflos *n* || ~ **machine** / Prüfmaschine *f*, Messmaschine *f* || ~ **mark** / Prüfkennung *f*, Prüfkennzeichen *n* || ~ **of incoming shipments** / Wareneingangskontrolle *f* || ~ **opening** / Revisionsöffnung *f*, Mannloch *n* || ~ **planning** / Prüfplanung *f* DIN 55350,T.11, Prüfungsplanung *f*, Prüfvorbereitung *f* || ~ **procedure** / Prüfverfahren *n* || ~ **record** / Prüfbericht *m*, Prüfprotokoll *n* || ~ **report** / Prüfbericht *m*, Prüfzeugnis *n*, Abnahmeprüfzeugnis *n* || ~ **schedule** s. inspection and test plan || ~ **specification** / Prüfspezifikation *f* DIN 55350,T.11 || ~ **stamp** / Prüfstempel *m*, Revisionsstempel *m* || ~ **station** / Visitierstation *f* || ~ **status** / Prüfzustand *m* (QS), Prüfstatus *m* || ~ **sticker** / Prüfplakette *f*, Prüfaufkleber *m* || ~ **table** / Betrachtungsebene *f* (BT) || ~ **tee** / T-Stück mit Deckel (IR) || ~ **test lot** / Prüflos *n* || ~ **test quantity (ITQ)** / Sicht-Prüfmenge *f* (SPM) || ~ **testing** / Bauartprüfung *f* || ~ **window** / Schauglas *n*, Sichtfenster *n*, Inspektionsöffnung *f*
inspector *n* / Prüfer *m*, Abnahmebeamter *m*, Abnahmebeauftragter *m*, Prüfungsbeamter *m*, Revisor *m*
instability *n* / Instabilität *f*, Unbeständigkeit *f* || ~ **factor** / Instabilitätsfaktor *m* || ~ **of spot position** / Instabilität der Leuchtflecklage
instable zone / instabiler Bereich
instabus consortium / Instabus-Gemeinschaft *f* || ~ **sensor** / Instabus-Tastsensor *m* || ~ **teleconrol device** / Instabus-Tele-Control-Einrichtung *f*
install *v* / einbauen *v*, montieren *v*, aufstellen *v*, verlegen *v*, installieren *v*, errichten *v*
installation *n* / Installation *f*, Anlage *f*, Einbauen *n*, Errichtung *f*, Errichten *n*, Aufstellen *n*, Aufbau *m*, Feldaufbau *m*, Inbetriebnehmen *n*, Inbetriebsetzung (IBS) *f*, Inbetriebnahme (IBN) *f*, Zusammenbau *m*, Anbau *m*, Einbau *m*, Montage *f* || ~ /**system** / Anlage *f* || ~ **and erection conditions** / Montagebedingungen *f pl* || ~ **and operating instructions** / Montage- und Bedienungsanleitungen || ~ **and start-up** / Maschineninbetriebnahme *f* || ~ **and startup** / Inbetriebnehmen *n*, Inbetriebnahme (IBN) *f*, Inbetriebsetzung (IBS) *f* || ~ **and startup guide** / Inbetriebnahmeanleitung *f* || ~ **and startup support** / Inbetriebnahmeunterstützung *f* || ~ **and wiring** / Einbau und Verdrahtung || ~ **as a single unit** / Einzelaufstellung *f* || ~ **box** / Einbaudose *f* || ~ **bus (IB)** / Installationsbus (IB) *m* || ~ **category** / Einsatzklasse *f* VDE 0109 || ~ **clearance** / Montageaufwand *m* || ~ **costs** / Montageaufwand *m* || ~ **device for DIN rail mounting** / Installations-Reiheneinbaugerät *n* || ~ **dimensions** / Einbauabmessungen *f pl*, Baumaß *n* || ~ **drawing** IEC 204 / Installationsplan *m* VDE 0113, Aufstellungszeichnung *f* || ~ **equipment** / Installationsgeräte *n pl*, Installationseinbaugeräte *n pl* || ~ **example** / Einbaubeispiel *n* || ~ **facility** / Einbaumöglichkeit *f* || ~ **flux density** / spezifischer Lichtstrom der installierten Lampen || ~ **friendliness** / Montagefreundlichkeit *f* || ~ **guide** /

Inbetriebnahmeanleitung f || ~ **guideline** / Aufbaurichtlinie f || ~ **in free air** / Verlegung in Luft || ~ **index** / Raumindex m (BT) || ~ **instructions** / Montageanleitung f (für Aufbau), Montagehinweise m pl, Inbetriebnahme-Anweisungen f pl || ~ **kit** / Installationskit m, Bausatz m, Montagebausatz m, Montagesatz m, Bauteilesatz m, Einbausatz m, Montagekit m || ~ **level** / Montageebene f || ~ **lists** / Inbetriebnahme-Listen f pl || ~ **location** / Einbauort m || ~ **manager** / Montageabteilungsleiter m || ~ **mode** / Inbetriebsetzungsmodus m, Inbetriebnahmemodus m, Inbetriebsetzungsmode (IBS-Mode) m || ~ **of electrical systems and equipment to satisfy safety requirements** / sicherheitsgerechte Errichten von elektrischen Anlagen || ~ **outdoors** / Aufstellung im Freien, Freiluftaufstellung f || ~ **point** / Einbaustelle f || ~ **practice** / Installationstechnik f || ~ **procedure** / Installationsmaßnahme f || ~ **regulation** / Installationsvorschrift f || ~ **report** / Montagebericht m || ~ **rules** / Errichtungsbestimmungen f pl || ~ **scaffolding** / Montagegerüst n || ~ **schedule** / Montage(zeit)plan m || ~ **service** / Anlagenservice m, Montageleistung f || ~ **site** / Aufstellungsort m, Baustelle f, Verwendungsort m, Montageort m || ~ **space** / Einbauraum m || ~ **switch** / Installationsschalter m (I-Schalter) || ~ **system** / Installationssystem n || ~ **technique** / Installationstechnik f || ~ **test** / Probeinstallation f, Probemontage f || ~ **time** / Inbetriebnahmezeiten f pl || ~ **under plaster** / Verlegung unter Putz || ~ **under the surface** / Verlegung unter Putz || ~ **user memory submodule** / Inbetriebnahme-Anwenderspeichermodul n || ~ **wiring impedance** / Impedanz der internen Installation IEC 50(161) || ~ **work** / Installationsarbeit f
installed base / Verbreitung f || ~ **base of equipment/products** / Feldbestand m || ~ **capacity** / installierte Leistung || ~ **in free air** / in Luft angeordnet || ~ **lamp flux density** / spezifischer Lichtstrom der installierten Lampen || ~ **lamp watts (o. kW)** / installierte Lichtleistung || ~ **life** / Einbaulebensdauer f || ~ **lighting load** / installierte Lichtleistung || ~ **load** / Anschlussleistung f, installierte Leistung || ~ **luminous flux** / installierter Lichtstrom || ~ **power** / installierte Leistung
instance n / Ausprägung f DIN 44300, Instance f (SPS-Programm) EN 61131-3, Instanz f || ~ **data** / Instanzdaten pl || ~ **data area** / Instanz-Datenbereich m || ~ **data block** / Baustein mit Gedächtnis (SPS), Instanz-Datenbaustein m || ~ **DB** / Instanzdatenbaustein (InstDB) m, Instanzdatenbaustein (Instanz-DB) m || ~ **name** (An identifier associated with a specific instance.) / Fallname m, Instanzname m
instant n / Moment m, Augenblick m
instantaneous adj / augenblicklich adj, unverzögert adj, trägheitslos adj, momentan adj || ~ **availability** / momentane Verfügbarkeit IEC 50(191) || ~ **change-over contact** / Sofortwechsler m || ~ **contact** / Sofortkontakt m || ~ **contactor relay** IEC 337-1 / unverzögertes Hilfsschütz VDE 0660,T.200 || ~ **deformation** / ideale elastische Verformung || ~ **electrical relay** / unverzögertes elektrisches Relais

|| ~ **electromagnetic overcurrent release** / unverzögerter elektromagnetischer Überstromauslöser, elektromagnetischer Überstrom-Schnellauslöser || ~ **element** / Schnellschaltglied n, unverzögertes Glied || ~ **failure intensity** / Ausfalldichte f, momentane Ausfalldichte || ~ **failure rate** / Ausfallrate f, momentane Ausfallrate || ~ **frequency** / Augenblicksfrequenz f || ~ **non tripping current** / unmittelbarer Nichtauslösestrom || ~ **operating point** / momentaner Arbeitspunkt || ~ **output** / sofort schaltender Ausgang || ~ **overcurrent release** / unverzögerter Überstromauslöser (n-Auslöser), Überstrom-Schnellauslöser m || ~ **overcurrent release \nv** / Schnellauslöser \nv\ m || ~ **overcurrent release with lock-out device preventing closing** / unverzögerter Überstromauslöser mit Einschaltverriegelung || ~ **overcurrent tripping** / Überstrom-Schnellauslösung f, Grenzstrom-Schnellauslösung f || ~ **peak let-through current** / Durchlassstrom m (SG, Sich.) || ~ **power** / Augenblickswert der Leistung || ~ **protection** / unverzögerter Selektivschutz IEC 50(448) || ~ **relay** / unverzögertes Relais, Schnellrelais n, Momentrelais n || ~ **release** IEC 157-1 / unverzögerter Auslöser, nichtverzögerter Auslöser, Schnellauslöser m || ~ **release with reclosing lockout** / unverzögerter Auslöser mit Wiedereinschaltsperre (nv-Auslöser) || ~ **repair rate** / Instandsetzungsrate f, momentane Instandsetzungsrate || ~ **restart** / Sofort-Wiederzündung f (Lampe), Heiz-Wiederzündung f (Lampe) || ~ **short-circuit relay** / Kurzschluss-Schnellauslöserelais n, unverzögertes Kurzschlussschnellauslöserelais || ~ **short-circuit release** (o. trip) / Kurzschluss-Schnellauslöser m, Kurzschlussschnellauslösung f, unverzögerter Kurzschlussauslöser || ~ **trip** / Schnellauslöser m, Schnellstufe f (Rel.), unverzögerter Auslöser || ~ **tripping** / Schnellauslösung f, Schnellabschaltung f, unverzögerte Auslösung, Abschaltung in Schnellzeit (Schutz) || ~ **tripping current** / Sofortauslösestrom m || ~ **unavailability** / momentane Nichtverfügbarkeit IEC 50(191) || ~ **value** / Augenblickswert m, momentaner Wert, Aktualwert m, Istwert m || ~ **zone** (protective system) / Schnellzeitstufe f, Schnellzeitzone f, Schnellstufe f, Schnellzeitbereich m
instantiate v / aufrufen v
instantiation n / Instanziierung f
instant of chopping / Abschneidezeitpunkt m || ~ **of closing** / Einschaltaugenblick m || ~ **of failure** / Ausfallzeitpunkt m DIN 40042 || ~ **of snap-over** / Schaltpunkt m, Ansprechpunkt m || ~ **of time** (A single point on a time scale.) / Zeitpunkt m (Bestimmter Punkt auf einer Zeitskala.) || ~ **printout** / Sofortausdruck m, Sofortprotokollierung f || ~ **restart** / Sofort-Wiederzündung f (Lampe), Heiz-Wiederzündung f (Lampe)
instant-start ballast / Sofortstart-Vorschaltgerät n, Vorschaltgerät für Instant-Start-Lampen || ~ **circuit** / Sofortstartschaltung f (Lampe), Direktstartschaltung f || ~ **lamp** / Sofortstartlampe f, sofortzündende Lampe, Rapidstartlampe f, Kaltstartlampe f, Direktstartlampe f
Insta terminal n / Insta-Klemme f

in step / synchron *adj*, in Phase, im Gleichlauf || ~ **steps** / stufenförmig *adj*
Institution of Electrical and Electronic Engineers (IEEE) / IEEE
Institutions for Promotion of Trade and Industrie / Institutionen zur Förderung von Handel und Industrie
instructed person / unterwiesene Person || ~ **person** IEC 50(826), Amend. 2 / elektrotechnisch unterwiesene Person
instruction *n* / Befehl *m* DIN 44300, Anweisung (SPS) *f*, Unterrichtung *f*, Kommando *n* (Befehl), Arbeitsvorschrift *f*, Steuerungsanweisung *f*, Anleitung *f* || ~ **address register** / Befehlsadressregister *n* || ~ **book** / Bedienungsanleitung *f* || ~ **code** / Befehlscode (SPS) *m* || ~ **command** / Textbefehl *m* (FWT), Standardtextbefehl *m* || ~ **counter** / Befehlszähler *m* DIN 44300 || ~ **cycle** / Befehlszyklus *m* (MPU) || ~ **decoder** / Befehlsdecodierer *m* (MPU) || ~ **directly affecting the RLO** / VKE-beeinflussende Operation || ~ **execution** / Befehlsausführung *f*, Befehlsablauf *m* || ~ **execution time** / Befehlsbearbeitungszeit *f* || ~ **file** / Befehlsdatei *f* || ~ **flow chart** / Befehlsablaufdiagramm *n*, Befehlsdiagramm *n* || ~ **for forming the complement** / Komplementbildungsoperation *f* || ~ **format** / Befehlsaufbau *m* || ~ **kit** / Lehrbaukasten *m* || ~ **list** / Befehlsliste *f* || ~ **list (IL)** / Anweisungsliste (AWL) *f* || ~ **list language (IL language)** (A textual programming language using instructions for representing the application program for a PC-system.) / Anweisungslistensprache (AWL-Sprache) *f* || ~ **manual** / Betriebsanleitungs-Handbuch *n*, Gerätehandbuch *n*, Betriebsanleitung *f* || ~ **register (IR)** / Befehlsregister *n*
instructions *n pl* / Anweisungen *f pl*, Anleitungen *f pl*, Angaben *f pl*, Betriebsanleitung *f*, Hinweise *m pl*
instruction sequence / Programmierkettung *f*, Befehlsfolge *f* || ~ **set** / Befehlsvorrat *m* DIN 44300, Befehlsumfang *m*, Operationsvorrat *m*, Befehlssatz *m*
instructions for processing / Verarbeitungsanleitung *f* || ~ **for use** / Gebrauchsanleitung *f*, Gebrauchsanweisung *f*, Bedienungsanleitung *f*
instruction-synchronized *adj* / befehlssynchron *adj*
instruction syntax / Befehlsaufbau *m* || ~ **test** / Befehlstest *m* || ~ **word** / Befehlswort *n*
instrument *n* / Instrument *n*, Gerät *n*, Messgerät *n* || ~ **electronic** ~ / elektronisches Messgerät
instrumental stimuli / Kartendarstellung *f pl*
instrument amplifier / Messverstärker *m*, Messwertverstärker *m* || ~ **amplifier plug-in** / Messverstärker-Einschub *m* || ~ **approach runway** / Instrumentenanflugpiste *f* || ~ **approach surface** / Instrumentenanflugfläche *f*
instrumentation *n* / Instrumentierung *f* || **instrumentation amplifier** / Differenzverstärker *m* || ~ **and control (I UC)** / Mess- und Regeltechnik *f*, Leittechnik *f*
instrument autotransformer / Mess-Sparwandler *m*, Messwandler in Sparschaltung || ~ **case** / Instrumentengehäuse *n*, Gerätegehäuse *n* (MG), Instrumentenkoffer *m*, Messgerätekoffer *m* || ~ **cord** / Messgerät-Anschlussschnur *f*, Messschnur *f* || ~ **department** / Instrumentenstelle *f* || ~ **front** / Instrumentenfront *f*, Messgerätefront *f* || ~ **isolating terminal** / Messtrennklemme *f* || ~ **landing system (ILS)** / Instrumentenlandesystem *n* (ILS) || ~ **leads** / Messgerät-Zuleitungen *f pl* || ~ **meteorological conditions (IMC)** / Instrumentenwetterbedingungen *f pl* (IMC) || ~ **panel** / Instrumententafel *f*, Messtafel *f*, Armaturenbrett *n*, Instrumententräger *m*, Pultaufsatz *m*, Instrumentenbrett *n* (Kfz) || ~ **range** / Messbereich *m* || ~ **security current** / Sicherheitsstrom für Messgeräte || ~ **security factor** / Sicherheitsfaktor für Messinstrumente || ~ **transformer** / Messwandler *m*, Wandler *m*, Messtransformator *m* || ~ **used with series resistor** / Messgerät mit Reihenwiderstand || ~ **used with voltage divider** / Messgerät mit Spannungsteiler || ~ **wire** / Messdraht *m* (zu Instrument) || ~ **with contacts** IEC 51 / kontaktgebendes Messgerät, Messgerät mit Abgriff || ~ **with electric screen** / Messgerät mit elektrostatischer Schirmung || ~ **with electrically suppressed zero** IEC 5 1 / Messgerät mit elektrisch unterdrücktem Nullpunkt || ~ **with locking device** / Messgerät mit Zeigerarretierung || ~ **with magnetic screen** / Messgerät mit magnetischer Schirmung || ~ **with mechanically suppressed zero** IEC 51 / Messgerät mit mechanisch unterdrücktem Nullpunkt || ~ **with optical index** IEC 50(302) / Lichtmarken-Messgerät *n*
in succession / nacheinander *adj*
insulance *n* / Isolationswiderstand *m*
insulant *n* / Isolierstoff *m*, Isoliermaterial *n*, Dämmstoff *m*
insulate *v* / isolieren *v*
insulated *adj* / isoliert *adj* || ~ **bearing housing** / isolierte Lagergehäuse || ~ **bearing pedestal** / isolierter Lagerblock || ~ **cable** IEC 50(461) / Kabel *n* || ~ **cables and flexible cords for power installations** / isolierte Starkstromleitungen VDE 0281,0282 || ~ **conductor** / isolierter Leiter, Ader *f* (Kabel) || ~ **conductor for overhead transmission lines** / isoliertes Freileitungsseil || ~ **coupling** / Isolierkupplung *f* || ~ **gate bipolar transistor** / Bipolartransistor mit isolierter Steuerelektrode, Bipoltransistor mit isolierter Steuerelektrode [Gateelektrode], IGBT-Transistor *m*
Insulated Gate Bipolar Transistor technology / IGBT-Technologie *f*
insulated-gate field-effect transistor (IG FET) / Isolierschicht-Feldeffekttransistor (IG-FET) *m*, Feldeffekttransistor mit isolierter Steuerelektrode
insulated gloves method / Arbeiten mit isolcrender Schutzbekleidung || ~ **grip lug** / spannungsfreie Grifflasche || ~ **mid-wire** / isolierter Mittelleiter || ~ **neutral** / isolierter Mittelleiter, ungeerdeter Mittelleiter, freier Sternpunkt, isolierter Sternpunkt || ~ **overlap** / Streckentrennung *f* (Fahrleitung, Trennstelle als Überlappung der Enden von angrenzenden Abschnitten) || ~ **return system** / isolierte Stromrückleitung || ~ **rocker (arm)** / Isolierschwinge *f*
insulated-shield cable system IEC 50(461) / Kabelsystem mit isoliertem Schirm
insulated thermocouple instrument / isoliertes Thermoumformer-Messgerät || ~ **tongs** / Isolierzange *f* || ~ **tool** / isoliertes Werkzeug || ~ **top** / isolierter Kopfeinsatz (Bürste) || ~ **wall** /

Isolierwand f || ~ **wire** / isolierter Leiter, Leitung f ||
~ **with lacquer** / lackisoliert *adj*
insulating ability / Isolierfähigkeit f || ~ **agent** /
Isoliermittel *n* || ~ **and supporting cylinder** /
Isolier- und Tragzylinder *m* (Trafo) || ~ **arm sleeve** /
isolierender Ärmel || ~ **barrier** / Isolierbarriere *f*,
Isoliertrennwand f || ~ **bead** / Isolierperle f || ~ **body**
/ Isolierkörper *m* || ~ **case** / Isolierstoffgehäuse *n* || ~
cell / Isolierhülse *f*, Nutkasten *m* || ~ **cement** /
Isolierkitt *m* || ~ **clearance** / Isolierstrecke *f*,
Isolationsstrecke *f*, Isolieranstrich *m* || ~ **collar** /
Isoliermanschette f || ~ **compound** / Isoliermasse f ||
~ **compound for cables** / Isoliermischung für
Kabel || ~ **conduit** IEC 6141 / Isolierstoffrohr *n*
(IR) || ~ **cover** / isolierende Abdeckung (f. Arbeiten
unter Spannung), Isolierkappe *f*, Isolierabdeckung *f*, Isoabdeckung f ||
~ **covering** / Isolierhülle f || ~ **enamel** / Isolierlack
m || ~ **enclosure** / Isolierstoffkapselung *f* VDE
0670,T.7, Isolierstoffumhüllung *f*, Isolierumhüllung
f || ~ **envelope** / Isoliergehäuse *n* (Durchführung) ||
~ **fabric** / Isoliergewebe *n* || ~ **film** / Isolierfolie f ||
~ **foil** / Isolierfolie *f*, Breitbahn-Isoliermaterial *n* || ~
gas / Isoliergas *n* || ~ **layer** / Isolierschicht *f*,
Isolierzwischenlage *f*, Dämmschicht *f*, Gate-
Isolierschicht *f* (FET) DIN 41 858 || ~ **lining** /
Isolierauskleidung f || ~ **liquid** / Isolierflüssigkeit f ||
~ **mat** / Isoliermatte *f*, Isolierteppich *m* || ~ **material**
/ Isolationsmaterial *n*, Isolierstoff *m*, Dämmstoff *m*
|| ~ **moulding** / Isolierstoff-Formteil *n* || ~ **oil** /
Isolieröl *n* || ~ **paper** / Isolierpapier *n* || ~ **parallel
key** / Isolierpassfeder f || ~ **pin** / Isolierstift *m* || ~
plate / Isolierplatte *f*, Trennscheibe f || ~ **power** /
Isolierfähigkeit f || ~ **property** / Isoliereigenschaft *f*,
Isoliervermögen *n* || ~ **ring** / Isolierring *m* || ~
serving / Isolierwickel *m* || ~ **sheet** / Isolierfolie *f*,
Breitbahn-Isoliermaterial *n* || ~ **shield** /
Isolierwinkel *m* || ~ **sleeve** / Isolierhülse *f*,
Isoliermanschette f || ~ **stick** / Isolierstange f || ~
stool / Isolierschemel *m* || ~ **stopper** / Isolierstopfen
m || ~ **supports** / Isolierstützen *f pl* || ~ **tape** /
Isolierband *n* || ~ **test** / Isolationsprüfung f || ~
transformer / Isoliertransformator *m* || ~ **tube** /
Isolierrohr *n*, Isolierschlauch *m* || ~ **tubular shaft** /
Isolierrohrwelle f || ~ **varnish** / Isolierlack *m* || ~
wrapper / Isoliermantel *m*, Isolierhülle *f*, Wickel *m*
insulation *n* (property) / Isolation *f* (Eigenschaft,
Zustand) || ~ (material) / Isolierung *f* (Werkstoffe,
Kabel) || ~ **barrier** / Kriechwegverlängerung *f* E
DIN 41639,T.3 || ~ **block** / Isolierträger *m* || ~ **box** /
Isolierkasten *m* (Batt.) || ~ **breakdown** /
Isolationsdurchbruch *m* || ~ **capacity** /
Isoliervermögen *n* || ~ **charring** /
Isolationsverkohlung f || ~ **class** / Isolierstoffklasse
f, Isolationsklasse f || ~ **conducting rail** / Isolierung
Leitschiene || ~ **coordination** /
Isolationskoordination *f*, Isolationszuordnung f || ~
cylinder / Isolierzylinder *m* (weites Isolierrohr) || ~
displacement / Schneidklemmtechnik f || ~
displacement connector / Schneidklemmverbinder
m || ~ **displacement connector (i.d.c.)** / Schneid-
Klemm-Steckverbinder *m* || ~ **displacement
method** / Durchdringungstechnik *f*
insulation-embedded component /
isolierstoffeingebettetes Bauteil
insulation-encased apparatus / isolierumhülltes
Gerät || ~ **Class II appliance** (CEE 10, 1) /

isolierstoffumschlossenes Gerät der Schutzklasse II
VDE 0730,1
insulation-enclosed *adj* / isolierstoffgekapselt *adj* || ~
distribution board / isolierstoffgekapselter
Verteiler || ~ **modular distribution board system** /
isolierstoffgekapseltes Verteilersystem || ~
pushbutton / isolierstoffgekapselter Drucktaster ||
~ **switchgear and controlgear** IEC 466 /
isolierstoffgekapselte Schaltanlagen VDE 0670,T.7
insulation enclosure IEC 466 / Isolierstoffkapselung
f VDE 0670,T.7, Isolierstoffumhüllung *f*,
Isolierumhüllung f || ~ **failure** / Isolationsfehler *m*,
Isolationsdurchbruch *m* || ~ **fault** / Isolationsfehler
m
insulation-fault detecting instrument /
Isolationsfehler-Messgerät *n*
insulation glass line / Isolierglaslinie *f*
insulation grip / Isolationshalterung f || ~ **group** /
Isolationsgruppe *f* || ~ **level** / Isolationspegel *m*,
Isolationsniveau *n*, Isolationsreihe *f*,
Nennisolationsspannung f || ~ **level** IEC 214 /
Bemessungsisolationspegel *m* (Trafo-
Stufenschalter, HD 367) || ~ **mat** / Isoliermatratze *f*
|| ~ **material** / Isolationsmaterial *n*, Isolierstoff *m*,
Dämmstoff *m* || ~ **method** / Isolierverfahren *n* || ~
monitoring and warning device IEC 71.4 /
Isolations-Anzeige- und Warnungseinrichtung
VDE 0168,T.1 || ~ **monitoring device** / Isolations-
Überwachungseinrichtung *f* VDE 0615,T.4 || ~
piercing connecting device (i.p.c.d.) /
Schneidklemme *f*, isolationsdurchdringende
Klemme *f* || ~ **piercing method** /
Durchdringungstechnik f || ~ **plate** (terminal block)
/ Trennscheibe *f* (Reihenklemme) || ~ **power factor**
/ dielektrischer Leistungsfaktor, dielektrischer
Verlustfaktor *m* || ~ **puncture** / Isolationsdurchbruch
m || ~ **rating** / Isolations-Bemessungsdaten *plt*,
Bemessungs-Isolationsspannung *f*,
Reihenspannung f || ~ **resistance** /
Isolationswiderstand *m*, Isolationsfestigkeit *f*,
dielektrischer Widerstand || ~ **resistance indicator** /
Isolationswiderstandsanzeiger *m* || ~ **resistance
meter** / Isolationsmessgerät *n* || ~ **resistance per
unit length** / Isolationswiderstandsbelag *m* || ~
resistance test EN 50014 / Prüfung des
Oberflächenwiderstandes, Messung des
Isolationswiderstandes || ~ **resistance tester** /
Isolationsprüfer *m*, Isolationsmesser *m* || ~
resistance under humidity conditions /
Isolationsfestigkeit nach Feuchteeinwirkung || ~
screen / äußere Leitschicht (Kabel) || ~ **sheeting** /
Isolierfolie *f*, Breitbahn-Isoliermaterial *n* || ~
sleeve / Isolierschlauch *m*, || ~ **sleeving** /
Isolierschlauch *m*, Isolierhülle f || ~ **stop** /
Isolationsstop *m* || ~ **stressing** /
Isolationsbeanspruchung f || ~ **stripper** /
Abisoliergerät *n* || ~ **stripping length** /
Abisolierlänge f || ~ **structure** / Isolationsaufbau *m*
|| ~ **support** / Isolationsunterstützung *f* (EMB) || ~
system / Isoliersystem *n*, Isolationsaufbau *m*,
Isolationssystem *n* || ~ **system code** IEC 505 /
verschlüsselte Kennzeichnung eines Isoliersystems
VDE 0302,T.1 || ~ **test** / Isolationsprüfung *f*,
Wicklungsprüfung *f*, Hochspannungsprüfung f || ~
test voltage / Prüfspannung *f* (f. Isolationsprüf.
eines MG) || ~ **tester** / Isolationsprüfer *m*,
Isolationsmesser *m* || ~ **tester with hand-drive**

generator / Kurbelinduktor *m* || ~ **thickness** / Wanddicke der Isolierhülle (Kabel) || ~ **voltage** / Isolationsspannung *f* || ~ **voltage rating** / Nennisolationsspannung *f*
insulativity *n* / spezifischer Isolationswiderstand
insulator *n* / Isolator *m*, Nichtleiter *m*, Isolierstoff *m*, Stützer *m*, Isolierkörper *m* || **edge** ~ IEC 50(486) / Randstreifen *m* (Batt.) || **terminal** ~ / Klemmenisolator *m*, Klemmenträger *m*, Klemmenkörper *m* || ~ **column** / Stützersäule *f* || ~ **cradle** / Traggestell *n* (f. Isolatorketten) || ~ **disc** / Isolatorscheibe *f* || ~ **fork** / Isolatorengabel *f* || ~ **protective fitting** / Schutzarmatur *f* (Freiltg.) || ~ **set** / Isolatorkette *f* IEC 50(466) || ~ **spindle** / Isolatorstütze *f* || ~ **string** / Strang einer Isolatorkette IEC 50(466), Isolatorkettenstrang *m* || ~ **support** / Isolatorstütze *f*
insulator-type transformer *f* / Stützerwandler *m*, Topfwandler *m*
insulator with integral metal parts / armierter Isolator
insurance *n* / Versicherung *f*
insured ex works / ab Werk versichert
in-system signal / systeminternes Signal
intaglio printing press / Tiefdruckmaschine *f*
intake *n* / Einlaß *m*, Eintritt *m*, Zuluftanschluss *m*, Saugstutzen *m* || ~ **air** / Zuluft *f*, Ansaugluft *f* || ~ **air shield** / Luftführungsschild *m* (el. Masch.), Lufthose *f* || ~ **angle** / Eintrittswinkel *m* (Lüfter) || ~ **capacity** / Saugleistung *f* (Pumpe) || ~ **filter** / Ansaugfilter *n* || ~ **flange** / Ansaugflansch *m*, Ansaugstutzen *m* || ~ **line** / Zuluftleitung *f*, Lufteintrittsleitung *f*, Saugleitung *f*, Einströmleitung *f* || ~ **manifold** / Ansaugrohr *n* (Kfz), Ansaugkrümmer *m*, Saugrohr *n* || ~ **manifold injection** / Saugrohreinspritzung *f* (Kfz) || ~ **port** / Saugschlitz *m* || ~ **pressure** / Ansaugdruck *m* || ~ **stroke** / Takt *m*, Zyklus *m* || ~ **stub** / Ansaugstutzen *m* (Pumpe) || ~ **system** / Ansaugsystem *n* (Kfz) || ~ **tube** / Ansaugrohr *n* || ~ **valve** / Einlassventil *n*, Saugventil *n*, Ansaugventil *n*
INT approach reference point / REFPOS, INT Referenzpunkt anfahren
INTBASE s. interrupt base
INTE s. interrupt enable
integer *n* / ganze Zahl, Ganzzahl mit Vorzeichen, INT || ~ **component** / ganzzahliger Teil, ganzzahlige Komponente, ganzzahliger Anteil || ~ **constant** / Integer-Konstante *f* || ~ **digit position** / Vorkommastelle *f* || ~ **frequency harmonic** / ganzzahlige Oberwelle || ~ **literal** (A literal which directly represents a value of type SINT, INT, DINT, LINT, BOOL, BYTE, WORD, DWORD, or LWORD.) / ganzzahliges Literal || ~ **maths ability** / Festpunkt-Rechenmöglichkeit *f* (SPS) || ~ **number representation** / Ganzzahldarstellung *f* || ~ **places** / Vorkommastellen *f pl* || ~ **position** / Vorkommastelle *f*
integer-slot winding / Ganzlochwicklung *f*, Vollochwicklung *f*
integral *adj* / aus einem Stück, angebaut *adj*, angeformt *adj*, angegossen *adj*, eingebaut *adj* || ~ **action** / integrierendes Verhalten (Reg.), Integralverhalten *n*
integral-action coefficient IEC 546 / Integrierbeiwert *m* (Reg.), I-Beiwert *m* || ~ **component** / Integralanteil *m* (Reg.), I-Anteil *m* || ~ **control** / Integralregelung *f*, I-Regelung *f* || ~ **controller** / integral wirkender Regler, I-Regler *m*, Integralregler *m* || ~ **element** / I-Glied *n* (Reg.) || ~ **factor** ANSI C85.1 / Integrierbeiwert *m* (Reg.), I-Beiwert *m* || ~ **gain** / Integrierverstärkung *f* (Reg.) || ~ **limiter** / Begrenzer für Integralanteil || ~ **time** ANSI C85.1 / Integrierzeit *f* (Reg.), Integralzeit *f*, I-Zeit *f*, Nachstellzeit *f*
integral-and-derivative-action controller / Integral-Differential-Regler *m*, ID-Regler *m*
integral bus coupler / integrierter Busankoppler || ~ **circulating-circuit component** / eingebaute Kühlvorrichtung (el. Masch.) || ~ **coil** / Ganzformspule *f* || ~ **component** / Integralzweig *m*, Integralanteil (I-Anteil) *m* || ~ **coupling** / angeschmiedeter Kupplungsflansch || ~ **database accelerator** / integrierter Datenbank-Beschleuniger
integral-derivative controller / Integral-Differential-Regler *m*, ID-Regler *m*
integral enclosure / integriertes Gehäuse (Gehäuse, das Konstruktionselement eines Gerätes ist) || ~ **fan** / Eigenlüfter *m* (el. Masch.) || ~ **FB (integral function block)** / integrierter FB (integrierter Funktionsbaustein) || ~ **function block (integral FB)** / integrierter Funktionsbaustein (integrierter FB) || ~ **gain** / Integrierverstärkung *f* (Reg.) || ~ **interface control** / integrierte Anpasssteuerung (NC) || ~ **key** / Keilwellenrippe *f* || ~ **lamination** / einteiliges Blech (Blechp.), Blechring *m*, Blechronde *f* || ~ **lampholder** / integrierte Fassung (Lampe) || ~ **linearity error** / integraler Linearitätsfehler
integrally cast / in einem Stück gegossen, angegossen *adj* || ~ **extruded** / angespritzt *adj* || ~ **forged** / angeschmiedet *adj* || ~ **fused circuit-breaker** IEC 1 57-1 / Leistungsschalter mit integrierten Sicherungen VDE 0660,T.101, Leistungsschalter mit angebauten Sicherungen || ~ **moulded** / angeformt *adj*
integral non-linearity / integraler Linearitätsfehler || ~ **multiple** / ganzzahliges Vielfaches || ~ **of absolute error** / Betragsregelfläche *f* || ~ **of error** / Regelfläche *f*, Steuerungsbereich *m* || ~ **of time multiplied absolute error** / ITAE-Kriterium *n* || ~ **overcurrent protection** / Motorüberlastschutz *m*, Motorschutz *m* || ~ **real-time clock** / integrierte Echtzeituhr || ~ **resolver** / eigengelagerter Drehmelder || ~ **short-circuit protection** / Motorüberlastschutz *m*, Motorschutz *m*
integral-slot winding / Ganzlochwicklung *f*, Vollochwicklung *f*
integral switching device / eingebautes Schaltgerät (Schaltersteckdose)
integrated *adj* / integriert *adj*, durchgängig *adj* || ~ **air/fuel system (IAFS)** / integriertes Luft-/Kraftstoffsystem (Kfz) || ~ **circuit** (IC) / integrierte Schaltung (IS), monolithisch integrierte Schaltung
integrated-circuit memory / integrierter Speicherschaltung || ~ **regulator** / integrierte Reglerschaltung
integrated communication / durchgängige Kommunikation
integrated computer-aided manufacturing (ICAM) / integrierte, rechnergestützte Fertigungssteuerung o. Fertigungssteuerung im Datenverbund || ~ **control** / integriertes RS || ~ **data management** / durchgängige Datenhaltung || ~

data network (IDN) / integriertes Datennetz (IDN)
integrated-demand memory / Zählspeicher m
integrated drive control / integrierte
Antriebsregelung (IAR) || ~ driver information
system (IDIS) / integriertes Fahrer-
Informationssystem (Kfz) || ~ film circuit /
integrierte Schichtschaltung || ~ function /
integrierte Funktion || ~ function block /
integrierter FB (integrierter Funktionsbaustein),
integrierter Funktionsbaustein (integrierter FB) || ~
light-air system / integriertes Licht-Klima-System,
Verbundsystem n || ~ logistics / integrierte Logistik
|| ~ machine concept / durchgängiges
Maschinenkonzept || ~ mica / Verbundglimmer m,
Glimmerfolie f, Feinglimmer-Isoliermaterial n,
Glimmerpapier n
integrated-mica tape / Glimmerband n
integrated microcircuit / integrierte Mikroschaltung
|| ~ motor / Einbaumotor m || ~ operator panel /
eingebautes Bedienfeld, integriertes Bedienfeld || ~
optical circuit (IOC) / integrierter optischer
Schaltkreis || ~ package solution / Komplettlösung
f || ~ protection and control (system) / integriertes
Schutz- und Steuerungssystem, (Schaltanlagen-
)Leittechnik f || ~ pulse shaper electronics /
integrierte Impulsformerelektronik, EXE,
Impulsformerelektronik f || ~ radiance IEC 825 /
zeitliches Integral der Strahldichte VDE 0837 || ~
safety functions / Sicherheitstechnik f, Integrierte
Sicherheitstechnik, Sicherheitstechnologie f,
Integrierte Sicherheitstechnik, SI, SI || ~ services
digital network (ISDN) / dienste-integrierendes
digitales Netz (ISDN) || ~ SF_6-metal-clad
switchgear / metallgekapselte SF_6-
Kompaktschaltanlage || ~ solid-state circuitry /
Festkörperschaltung (FKS) f || ~ substation /
Kompaktstation f || ~ system / integriertes System
(CAD-CAM), Verfahrenskette f, durchgehende
Verfahrenskette
integrate in / einbinden v, einbauen v, aufbauen v,
montieren v
integrating circuit / integrierende Schaltung,
Messschaltung f, Integrierschaltung f || ~
instrument / integrierendes Messgerät, zählendes
Messgerät, Zähler m || ~ meter / integrierender
Zähler, Elektrizitätszähler m, Stromzähler m || ~
motor / Integriermotor m, Messmotor m || ~
photometer / Lichtstrommesser m || ~ recorder /
integrierender Schreiber || ~ sphere / Ulbrichtsche
Kugel || ~ time / Integrierzeit f
integration n / Integration f, Einbindung f,
Durchgängigkeit f || integration level /
Integrationsgrad m (IS), Integrationsdichte f || ~
path / Umlaufweg m (Integration) || ~ period /
Messperiode f (EZ) || ~ period counter /
Messperiodenzähler m || ~ time / Integrationszeit f ||
~ time constant / Integrationszeitkonstante f
integrator n / Integrierer m, Integrator m, I-Element
n, integriertes Glied || ~ blocking / Integratorsperre
f || ~ disable / Integratorsperre f || ~ feedback /
Integratorrückführung f || ~ time / Nachstellzeit f
integrity n / Integrität f, Unversehrtheit f (Daten) ||
step ~ / Schrittgenauigkeit f (Schrittmot.)
intelligent building system / intelligentes
Gebäudesystem || ~ bus system / intelligentes Bus-
System || ~ field device / intelligentes Feldgerät || ~
I/O module / signalvorverarbeitende Baugruppe,

Technologiemodul n, Technologiebaugruppe f,
intelligente Baugruppe, intelligente E/A-
Baugruppe (o. Peripheriebaugruppe) || ~ I/Os /
intelligente Peripherie || ~ station /
programmierbare Datenstation
intended conditions of use / vorgesehene
Gebrauchsbedingungen || ~ life IEC 505 /
geforderte Lebensdauer (Isoliersystem) VDE
0302,T.1 || ~ purpose / bestimmungsgemäßer
Gebrauch, bestimmungsgemäß adj
intensifier electrode /
Nachbeschleunigungselektrode f || ~ tube /
Verstärkerröhre f (Bildverstärker)
intensity n / Intensität f, Stärke f, Lichtstärke f,
Leistung f (elektromagn. Welle) || luminous ~
distribution curve / Lichtstärkeverteilungskurve f
|| mean failure ~ / mittlere Ausfalldichte IEC
50(191) || photon ~ / Photonenstrahlstärke f ||
surface of luminous ~ distribution /
Lichtstärkeverteilungsfläche f,
Lichtstärkeverteilungskörper m || ~ control /
Lichtstärkeregelung f, Helligkeitsregelung f || ~
modulation electrode / Helligkeits-
Steuerelektrode f (Osz.) || ~ pyrometer /
Intensitätspyrometer m || ~ standard /
Lichtstärkenormal n
intentional contact / absichtliches Berühren
INTER (intermediate position) / STÖR
(Störstellung)
interaction n / Wechselwirkung f, gegenseitige
Beeinflussung, Zusammenspiel n || device function
~ / Wechselwirkung mit der Gerätefunktion (PMG)
|| variation due to ~ / Einflusseffekt durch
gegenseitige Beeinflussung || ~ between circuits of
an oscilloscope IEC 351-1 / Beeinflussung
zwischen den Kreisen eines Oszilloskops || ~
between x and y signals IEC 351-1 /
Beeinflussung zwischen X- und Y-Signalen || ~ gap
/ Wechselwirkungsspalt m (ESR)
interaction-limiting phase reactor /
Entkopplungsdrossel f || ~ reactor /
Entkopplungsdrossel f
interaction region / Wechselwirkungsraum m (ESR)
interactive adj / gegenseitig wirkend, interaktiv adj,
dialoggeführt adj, im Dialog, Dialog... || in ~ mode
/ dialoggeführt adj, im Dialog || ~ box / Dialogbox f
|| ~ capability / Dialogfähigkeit f || ~
communication / Bedienungsdialog m || ~ field /
Dialogfeld n (Bildschirm) || ~ form / Dialogmaske f
|| ~ forms system / Maskendialogsystem n || ~
graphics / interaktive grafische Datenverarbeitung
|| ~ Graphic Shopfloor Programming (IGSP) /
interaktive grafische Werkstattprogrammierung
(IGW) || ~ graphics workstation / grafisch
interaktiver Arbeitsplatzrechner || ~ mode /
Dialogbetrieb m DIN 44300, interaktive
Verarbeitung DIN 44300, Dialogverkehr m,
Dialogverarbeitung f || ~ operation / Bedienung im
Dialog || ~ operator-process communication /
Dialogsteuerung f (Prozess) || ~ program input /
dialoggestützte Programmeingabe,
Dialogprogrammierung f || ~ programming /
dialoggestützte Programmeingabe,
Dialogprogrammierung f || ~ query / Abfragedialog
m || ~ screen / Dialogmaske f || ~ screenform /
Dialogmaske f, Eingabemaske f || ~ software /
Dialogsoftware f || ~ step / Dialogschritt m || ~

terminal / Dialogstation f ‖ ~ **videotex** / Bildschirmtext m (Btx)
inter-bar current / Querstrom m (KL) ‖ ~ **resistance** / Querwiderstand m (KL)
intercalate v / einschieben v, einfügen v
intercalated compound / Interkalationsverbindung f
inter-cell connector / Zellenverbinder m (Batt.)
interchange v / austauschen v, vertauschen v, auswechseln v
interchangeability n / Austauschbarkeit f, Auswechselbarkeit f
interchangeable adj / auswechselbar adj, verwechselbar adj (Sich.), austauschbar adj ‖ ~ **accessory** / austauschbares Zubehör ‖ ~ **fuse link** / austauschbarer Sicherungseinsatz ‖ ~ **gear wheel** / Wechselrad n, Umsteckrad n, Aufsteck-Wechselrad n ‖ ~ **lens** / Wechselobjektiv n ‖ ~ **part** / Einrichteteil n, Wechselteil n ‖ ~ **wheels** / austauschbare Räderpaare
interchange circuit / Schnittstellenleitung f (DÜ) DIN 44302, Anpassungsschaltung f ‖ ~ **function** / Wechselfunktion f (NC, Werkzeugwechsel) ‖ ~ **instruction** / Tauschoperation f ‖ ~ **line** / Austauschleitung f ‖ ~ **point** / Übergabestelle f (DÜ) ‖ ~ **power** / Übergabeleistung f (Netz), Austauschleistung f ‖ ~ **power control** / Übergabeleistungsregelung f ‖ ~ **reactive power** / Übergabeblindleistung f ‖ ~ **scheduling** / Übergabefahrplanerstellung f ‖ ~ **transaction evaluation** / Austauschbewertung f, Energieaustauschbewertung f ‖ ~ **weighing method** / Vertauschungswägungsverfahren
intercoil, top-to-top, bottom-to-bottom ~ connection / Doppelspulenschaltung f (Trafo) ‖ ~ **insulation** / Spulenisolation f
intercommunication capability (OSI) / Kommunikationsfähigkeit f
intercom system / Wechselsprechsystem n
interconnect v / zusammenschalten v, verbinden v, miteinander verbinden, durchverbinden v, einbinden v, verquellen v (Datenbausteine), verschalten v, beschalten v
interconnected adj / vernetzt adj ‖ ~ **damper winding** / geschlossene Dämpferwicklung, Dämpferkäfig m ‖ ~ **grounding system** / gemeinsame Erdungsanlage ‖ ~ **network** / Verbundnetz n ‖ ~ **operation** / Verbundbetrieb m (Netz) ‖ ~ **star connection** / Zickzackschaltung f ‖ ~ **star winding** / Zickzackwicklung f ‖ ~ **structure** / Verschaltungsstruktur f ‖ ~ **system** / Verbundnetz n, Verbund m, Verband m
interconnecting cable / Linie f, Verbindungsleitung f VDE 0806, Verbindungskabel n ‖ ~ **transformer** / Kuppeltransformator m ‖ ~ **wire** / Schaltdraht m, Verbindungsleitung f
interconnection n / Verbindung f, Schaltverbindung f, Zusammenschaltung f, Durchverbindung f, Verdrahtung f (IS), Netzverbund m, Kopplung f (v. Kommunikationsnetzen), Verschaltung f, Verbund m, Verband m ‖ **network** ~ / Netzverbund m, Netzkupplung f, Netzzusammenschluss m ‖ ~ **dependency** IEC 617-12 / Verbindungsabhängigkeit f, Z-Abhängigkeit f ‖ ~ **diagram** IEC 113-1 / Verbindungsplan m DIN 40719, Kabelplan m ‖ ~ **line** / Verbundleitung f, Netzkuppelleitung f ‖ ~ **mask** / Verdrahtungsmaske f (IS) ‖ ~ **of blocks** / Verschalten von Bausteinen

(SPS) ‖ ~ **of protective conductors** / Durchschaltung von Schutzleitern
interconnector n / Zusammenschaltung f
inter-cooler n / Zwischenkühler m
intercore short-circuit / Aderschluss m (Kabel)
intercrystalline corrosion / interkristalline Korrosion, Kornkorrosion f ‖ ~ **corrosion test** / Kornkorrosionsprüfung f ‖ ~ **cracking** / interkristalline Rissbildung ‖ ~ **slip** / interkristalline Verschiebung
inter-cycle re-acceleration time / Zwischenhochlaufzeit f
interdependent mechanical system / Mechanik mit gegenseitiger Auslösung (DT)
interelectrode capacitance / Elektrodenkapazität f, Röhrenkapazität f
interface v / anschalten v (an Schnittstelle), anschließen v, ankoppeln v, koppeln v, anbinden v, anpassen v, einkoppeln v ‖ ~ n / Schnittstelle f (rechnergesteuerte Anlage, eIST, DÜ), Nahtstelle f, Anpassteil m (NC), Koppelnetzwerk n, Kopplung f, Anschalt..., Abbruchstelle f (Schaltplan), Peripherie f (Prozessführung), Grenzfläche f, Grenzschicht f, Trennschicht f, Berührungsfläche f, Anpassschaltung f, Anpassgerät n, Koppelglied n ‖ **action** ~ / Wirkfuge f DIN 8580 ‖ **connector** ~ / Steckverbinder-Stirnflächen f pl ‖ **interference** ~ / Pressfuge f ‖ **multi port controller (MPC)** ~ / MPC Schnittstelle ‖ **operator** ~ / Bedien(er)schnittstelle f, Bedien(er)oberfläche f ‖ **user** ~ / Benutzerschnittstelle f, Anwenderschnittstelle f, Benutzeroberfläche f ‖ ~ **(IS)** / Nahtstelle (NST) f ‖ ~ **adapter** / Schnittstellenadapter (SA) m ‖ ~ **allocation** / Schnittstellenbelegung f ‖ ~ **and signal transducer module** / IST-Baugruppe f ‖ ~ **and signal transducer plus module** / ISTP-Baugruppe f ‖ ~ **and signal transducer slave module** / ISTS-Baugruppe f ‖ ~ **assignments** / Schnittstellenbelegung f ‖ ~ **bus (IB)** / Schnittstellenbus m ‖ ~ **capacitance** / Grenzflächenkapazität f ‖ ~ **channel** / Nahtstellenkanal m ‖ ~ **circuit** / Schnittstellenschaltung f, Nahtstellenschaltung f, Anpassschaltung f ‖ ~ **clear (IFC)** / Schnittstellenfunktion rücksetzen (PMG) DIN IEC 625 ‖ ~ **connection** / Schnittstellenanschluss m, Anschaltung f (rechnergesteuerte Anlage) ‖ ~ **control** / Anpassteuerung f (NC, Rob.) ‖ ~ **converter** / Nahtstellenumsetzer m (NSU (NC), Schnittstellenwandler m ‖ ~ **data** / Schnittstellendaten pl ‖ ~ **data area** / Anschaltungsdatenbereich m, Anschaltungsbereich m ‖ ~ **data block** / Rangierdatenbaustein m (SPS) ‖ ~ **declaration list** / Schnittstellendeklarationsliste f ‖ ~ **description** / Nahtstellenbeschreibung f ‖ ~ **diagnosis** / Nahtstellendiagnose f ‖ ~ **effect** / Grenzschichteffekt m ‖ ~ **electronics** / Anpasselektronik f ‖ ~ **factor** / Anpassfaktor m ‖ ~ **flag** / Schnittstellenmerker m ‖ ~ **function state** / Zustand der Schnittstellenfunktion (PMG) ‖ ~ **handler** / Schnittstellenverwalter m, Schnittstellenhandler m ‖ ~ **integrated circuit (IIC)** / integrierte Schnittstellenschaltung, integrierte Anpassungsschaltung ‖ ~ **layer** / Zwischenschicht f (ESR-Kathode) ‖ ~ **link cable** / Schnittstellenkabel n ‖ ~ **list** / Rangierliste f ‖ ~

management bus / Schnittstellen-Steuerbus *m* || ~
message / Schnittstellennachricht *f* (PMG) || ~
microcontroller / Schnittstellenbaustein *m* || ~
microprocessor / Schnittstellenbaustein *m* || ~
module / Anschaltmodul *n*, Schnittstellenmodul *n*, Nahtstellenmodul *n*, Anpassmodul *n*, Koppelmodul *n* (Dient der Verbindung des DC-Schienensystems der Geräte der Bauform Kompakt PLUS (MC) mit der Gleichspannungsversorgung der Kompakt- oder Einbaugeräte), Master-Anschaltungsbaugruppe *f* || **~ module (IM)** / Schnittstellenbaugruppe *f*, Koppelbaugruppe *f*, Ankopplungsbaugruppe *f*, Anschalt(ungs)baugruppe *f* || **~ module receptable** / Schnittstellenmodul-Schacht *m* || **~ modules** / Übergangsglieder *n pl* || **~ operation** / Schnittstellenbedienung *f*, Schnittstellenoperation *f* (SPS), Koppeloperation *f* (SPS) || **~ parameters** / Schnittstellen-Parameter || **~ PCB** / Schnittstellen-Flachbaugruppe (Schnittstellen-Fbg.) *f*, Schnittstellen-Fbg. (Schnittstellen-Flachbaugruppe) || **~ plug** / Schnittstellenstecker *m* || **~ power supply module** / IPS-Baugruppe *f* || **~ problem** / Nahtstellenschwierigkeit *f* || **~ protocol** / Schnittstellenprotokoll *n* || **~ runtime** / Schnittstellenbelegungszeit *f* || **~ signal** / Schnittstellensignal *n*, Nahtstellensignal (NST) *n* || **~ signal line** / Schnittstellen-Signalleitung *f* || **~ submodule** / Anschaltungsmodul *n*, Anpassmodul *n*, Schnittstellenmodul *n*, Nahtstellenmodul *n* || **~ switchover** / Schnittstellenumschalter *m* || **~ system** / Schnittstellensystem *n*, Prozessperipherie *f* || **~ transceiver** / Schnittstellenübertrager *m* (Transceiver) || **~ type** / Anschlusstyp *m* || **~ unit** / Anpasseinheit *f* || **~ update** / Schnittstellenabgleich *m*
interfacial seal / Stirnflächendichtung *f* (StV) || **~ tension** / Grenzflächenspannung *f*
interfacing *n* / Anschaltung *f* (rechnergesteuerte Anlage), Ankopplung *f*, Kopplung *f*, Verbindung *f* || **process ~** / Prozesskopplung *f*
interference *n* / Beeinflussung *f*, Störbeeinflussung *f*, Funkstörung *f*, Störgröße *f* (EMB), Übermaß *n*, Durchdringung *f*, Einstreuungen *f pl*, Störeinflüsse *m pl*, Störeinstrahlung *f*, Störeinstreuung *f*, Interferenz *f*, Störung *f* || **~ beat** / Interferenzschwebung *f* || **~ coupling** / Störungseinkopplung *f* || **~ current** / Störstrom *m*, Fremdstrom *m*, Streustrom *m* || **~ fading** / Interferenzschwund *m*, Störungsschwund *m* || **~ field** / Störfeld *n*, Fremdfeld *n*, Funkstörfeld *n* || **~ field strength** / Störfeldstärke *f*, Funkstörfeldstärke *f* || **~ fit** / Übermaßpassung *f*, Festsitz *m* || **~ fit bolted joint** / kraftschlüssige Schraubverbindung || **~ frequency** / Störfrequenz *f* || **~ frequency response** / Störfrequenzgang *m* || **~ frequency suppression** / Störfrequenzunterdrückung *f* || **~ immunity** / Störspannungsfestigkeit *f*, Störfestigkeit *f*, Funkstörfestigkeit *f* || **~ injection area** / Störeinstrahlfläche *f* || **~ interface** / Pressfuge *f* || **~ level** / Störgrad *m* || **~ microscopy** / Interferenzmikroskopie *f* || **~ noise** / Störgeräusch *n* || **~ pattern** / Störungsmuster *n*, Moiré *n* || **~ power** / Störleistung *f*, Funkstörleistung *f* || **~ pulse** / Störimpuls *m* || **~ radiation** / Funkstörstrahlung *f* || **~ reducing conductor** / (störungs)reduzierender Leiter || **~ rejection** / Störungsunterdrückung *f* || **~**

signal / Störsignal *n* || **~ source** / Störquelle *f* (EMB) VDE 0870,T.1
interference-suppressed *adj* / entstört *adj*, funkentstört *adj*
interference suppression / Entstörung *f*, Störunterdrückung *f*, Funkentstörung *f*, Störschutz *m* || **~ suppression capacitor** / Entstörkondensator *m*, Funk-Entstörkondensator *m* || **~ suppression choke** / Entstördrossel *f*, Störsperre *f*, Funk-Entstördrossel *f* || **~ suppression coil** / Entstördrossel *f* || **~ suppression device** / Netzleitungsfilter *m* || **~ suppression diode** / Entstördiode *f* || **~ suppression module** / Entstörmodul *n* || **~ suppression symbol** / Funkschutzzeichen *n* || **~ suppressor** / Entstörglied *n*, Entstörmittel *n*, Funk-Entstörer *m* || **~ suppressor filter** / Entstörfilter *n*, Störschutzfilter *n* || **~ susceptibility** / Störempfindlichkeit *f*, Fremddempfindlichkeit *f* || **~ test** / Störprüfung *f* || **~ threshold** / Störschwelle *f* (EMB) || **~ voltage** / Störspannung *f*, Fremdspannung *f*, Funkstörspannung *f* || **~ voltage meter** / Störspannungsmesser *m* || **~ voltage suppression** / Störspannungsunterdrückung *f*
interfering field / Störfeld *n*, Funkstörfeld *n*, Fremdfeld *n* || **~ magnetic field** / magnetisches Störfeld || **~ radiation** / Störstrahlung *f* || **~ signal** / Störsignal *n*, Beeinflussungsignal *n* (EMV)
interferometer *n* / Interferometer *n*
interflection *n* / Interflexion *f*, innere Reflexion, Mehrfachreflexion *f*
inter-frame time fill / Zeitüberbrückung zwischen DÜ-Blöcken
inter-group *n* / Verbund *m*, Verband *m* || **~ service agreement** / Serviceverbundvereinbarung *f*
interim review / Zwischenrevision *f*, Fertigungsrevision *f*, Fertigungskontrolle *f*, Prozessprüfung *f*, Fertigungsprüfung *f* (Zwischenprüfung an einem in der Fertigung befindlichen materiellen Produkt), Vorfertigungsrevision *f*, fertigungsbegleitende Prüfung (VRV), Zwischenprüfung *f* (Qualitätsprüfung während der Realisierung einer Einheit), prozessbegleitende Prüfung || **~ test** / Zwischenprüfung *f*
interior daylight / Tageslicht im Innenraum || **~ lighting** / Innenraumbeleuchtung *f*, Raumbeleuchtung *f*, Innenbeleuchtung *f*
interior-reflected lamp / innenverspiegelte Lampe
interlaced display / Halbbild *n* (Grafik), Darstellung im Zeilensprungverfahren
interlaminar insulation / Blechisolierung *f* (Blechp.) || **~ strength** / Spaltfestigkeit *f*, Schichtfestigkeit *f*
inter-lamination fault / Blechkurzschluss *m* (Blechp.)
interlayer *n* / Zwischenlage *f*, Zwischenschicht *f* || **top-to-top, bottom-to-bottom ~ connection** / Doppellagenschaltung *f* (Trafo) || **~ connection** / Lagenverbindung *f* (Wickl., gS) || **~ insulation** / Lagenisolation *f* (Wickl.) || **~ voltage** / Lagenspannung *f* (Wickl.)
interleave *v* / verschachteln *v*, schachteln *v* (Wickl.), ineinandergleiten *v*
interleaved *adj* / geschachtelt *adj*, verschachtelt *adj*, ineinandergewickelt *adj*, kammartig ineinandergreifend, mit Ineinanderwicklung || **~ double coil** / ineinandergewickelte Doppelspule || **~**

joint / verzapfte Stoßstelle (Trafokern) || **~ phase windings** / ineinandergewickelte Stränge
interlink *v* / verketten *v*, verbinden *v*, verknüpfen *v*
interlinkage, state ~ / Zustandsverknüpfung *f* (a. PMG)
interlinked flux / verketteter Fluss || **~ leakage flux** / verketteter Streufluss
interlinking factor / Verkettungszahl *f*
interlock *v* / verriegeln *v* (SG), sperren *v*, blockieren *v*, verblocken *v* || **~ n** / Schaltverriegelung *f*, Verriegelung *f* || **fail-safe** ~ IEC 825 / ausfallsichere Sicherheitsverriegelung VDE 0837 || **~ bolt** / Verriegelungsbolzen *m* || **~ bypass** ISO 1056 / Aufhebung einer Verriegelung (NC-Zusatzfunktion) DIN 66025,T.2 || **~ bypass switch** / Entriegelungsschalter *m* || **~ cancellation command** / Entriegelbefehl *m* || **~ cancelling** / Entriegeln *n* (SG), Entriegelung *f*, Entriegelungsdruckknopf *m*, Ausschnitt Entriegelungsdruckknopf || **~ control** / Verriegelungssteuerung *f* || **~ deactivating key** / Entriegelungsschlüssel *m* || **~ deactivating means** / Entriegelungsvorrichtung *f* || **~ deactivation** / Entriegeln *n* (SG), Entriegelung *f*
interlocked *adj* / gesperrt *adj*, verriegelt *adj* || **~ bus signal** / abhängiges Bussignal
interlocked-comb attachment / Kammaufhängung *f* (Pol)
interlocked socket outlet / verriegelte Steckdose DIN 40717 || **~ switched socket-outlet** / abschaltbare Steckdose mit Verriegelung
interlock error / Verriegelungsfehler *m*
interlocking *n* / Schaltverriegelung *f*, Verriegelung *f* || **switchgear** ~ / Schalterverriegelung *f*, Schaltfehlerschutz *m* || **~ check** / Verriegelungsabfrage *f* || **~ circuit** / Verriegelungskreis *m*, Sicherheitsschaltung *f* || **~ command** / Verriegelbefehl *m* || **~ device** IEC 157-1 / Verriegelungseinrichtung *f* (SG) VDE 0660,T.101, Verriegelungsvorrichtung *f* || **~ electromagnet** / Verriegelungsmagnet *m* || **~ module** / Verriegelungsbaustein *m*, Verriegelungsbauteil *n* || **~ scheme** / Verriegelungsplan *m* || **~ switch** / Verriegelungsschalter *m* || **~ switchgroup** / Verriegelungsschaltwerk *n* (Bahn) || **~ system** / Verriegelungskonzept *m* || **~ valve** / Verblockventil *n*
interlock logic / Verriegelungslogik *f* || **~ position** / Verriegelungsposition *f*
interlock signal / Verriegelungssignal *n*
interlocks to prevent maloperation / Schaltfehlerschutz (SFS) *m*
intermateability *n* / Steckbarkeit *f*
intermateable connector / zusammensteckbarer Verbinder
intermediary terminal / Zwischenanschluss *m* (LE)
intermediate *adj* / dazwischenliegend *adj*, Zwischen..., neutralweiß *adj*, intermediär *adj*, Mittel... || **~ assembly** / Zwischenbaugruppe *f* || **~ bearing** / Zwischenlager *n* || **~ belt** / Zwischenband *n* || **~ block** / Zwischensatz *m* || **~ circuit** / Zwischenkreis *m* (Trafo), Zwischenkreisstrom *m* || **~ cooler** / Zwischenkühler *m* || **~ cooling circuit** / Zwischenkühlkreis *m* || **~ covering strip** / Zwischenabdeckstreifen *m* || **~ current power** / Zwischenkreisleistung *f* || **~ echo** / Zwischenecho *n* || **~ electrode** / Zwischenelektrode *f* || **~ flag** /

Zwischenmerker *m* (SPS) || **~ form** / Zwischenform *f* (Werkstück) || **~ frequency (IF)** / Zwischenfrequenz *f* (ZF)
intermediate-frequency amplifier (IFA) / Zwischenfrequenzverstärker *m* || **~ rejection ratio** / Spiegelfrequenz-Unterdrückungsfaktor *m*, Zwischenfrequenz-Unterdrückungsfaktor *m*
intermediate gears / Zwischengetriebe *n* || **~ gland** / Zwischenstutzen *m* || **~ holder** / Zwischenhalter *m* || **~ inspection** / Zwischenrevision *f* || **~ inspection and testing** / Fertigungsprüfung *f* (Zwischenprüfung an einem in der Fertigung befindlichen materiellen Produkt), fertigungsbegleitende Prüfung (VRV), prozessbegleitende Prüfung, Prozessprüfung *f*, Fertigungskontrolle *f*, Zwischenrevision *f*, Fertigungsrevision *f*, Vorfertigungsrevision *f*, Zwischenprüfung *f* (Qualitätsprüfung während der Realisierung einer Einheit) || **~ layer** / Zwischenlage *f* || **~ measurement** / Zwischenmessung *f* (a. QA) || **~ panel** / Mittelfeld *n* || **~ path** / Zwischenweg *m* || **~ payment** / Zwischenzahlung *f* || **~ plastic-fiber products** / Kunststoffaservorprodukte *n pl* || **~ plate** / Zwischenplatte *f* (Steckdose) || **~ point** / Zwischenpunkt *m* (NC), Stützstelle *f*, Stützpunkt *m* (siehe Interpolation) || **~ position** / Zwischenstellung *f* (Schalter, Störstellung), Zwischenpositionierung *f*, Zwischenposition *f*, Störstellung *f* || **~ result flag** / Zwischenmerker *m* || **~ save** / Zwischensicherung *f* || **~ shaft** / Zwischenwelle *f*, Vorgelegewelle *f*, Verbindungswelle *f* || **~ shell piece** / Zwischenschale *f* || **~ size** / Zwischengröße *f* || **~ state** / Zwischenzustand *m* || **~ state information** / Zwischenstellungsmeldung *f* (Meldung eines nicht definierten Zustands eines Betriebsmittels, z.B. Trenner, während einer festgelegten Stellzeit), Stellungsfehlermeldung *f* || **~ state information suppression** / Störstellungsunterdrückung *f* || **~ status** / Zwischenstatus *m* || **~ stay** / Zwischenstiel *m*, Zwischenholm *m* || **~ support** / Tragstützpunkt in gerader Linie (Freiltg.) || **~ supports** / Zwischenstutzen *m* || **~ switch** (CEE 24) / Kreuzschalter *m* (Schalter 7) VDE 0632 || **~ system** / Transitsystem *n* DIN ISO 7498, Zwischensystem *n* || **~ terminal** / Zwischenklemme *f* || **~ test** / Zwischenprüfung *f* || **~ unit** / Zwischenstück *n* || **~ value** / Zwischenwert *m* || **~ voltage** / Zwischenspannung *f*, Mittelspannung *f* (Spannungsteiler)
intermediate-voltage capacitor / Zwischenspannungskondensator *m*, Unterspannungskondensator *m* (kapazitiver Spannungsteiler) || **~ terminal** / Unterspannungsanschlussklemme *f* (kapazitiver Spannungsteiler), Zwischenspannungsanschluss *m* (a. Wandler) || **~ winding** / Mittelspannungswicklung *f* (MS-Wicklung (Trafo))
intermediate wall / Zwischenwand *f*
intermediate-wheel gearing / Zahnradgetriebe mit Zwischenrad
intermediate white / neutralweiß *adj* || **~ yoke** / Zwischenjoch *n*
intermesh *v* / ineinandergreifen *v*
intermeshing *n* (QA) / Vermaschung *f* (QS) DIN 40042

intermittent *adj* / aussetzend *adj*, intermittierend *adj*, diskontinuierlich *adj*, unstetig *adj*, unterbrochen *adj* || ~ **action** / aussetzende Wirkung (Reg.) || ~ **arcing ground** / intermittierender Erdschluss || ~ **cycle** / intermittierender Zyklus, unterbrochener Arbeitslauf || ~ **d.c.** / Mischstrom *m*, lückender Gleichstrom || ~ **direct current test** IEC 700 / Lückstromprüfung *f* (LE) || ~ **duty** / Aussetzbetrieb *m*, Betrieb mit veränderlicher Belastung, Handschweißbetrieb *m* || ~ **earth fault** / intermittierender Erdschluss || ~ **edge** / Schaltkante *f* || ~ **electrical contact** / Wackelkontakt *m* || ~ **failure** / intermittierender Ausfall || ~ **fault** / intermittierender Fehler, intermittierender Fehlzustand IEC 50(191) || ~ **feed** ISO 1056 / unterbrochener Arbeitsvorschub (NC-Wegbedingung) DIN 66025 || ~ **feed** / intermittierender Vorschub (WZM, NC), Sprungvorschub *m*, Sprungzustellung *f* || ~ **fillet weld** / unterbrochene Kehlnaht || ~ **flow** / Lückbetrieb *m* (Gleichstrom) || ~ **ground fault** / aussetzender Erdschluss || ~ **loading** / Aussetzbelastung *f* || ~ **multi-cycle duty** / Aussetzschaltbetrieb *m* || ~ **operation** / Aussetzbetrieb *m* (HG) VDE 0730 || ~ **periodic duty** IEC 34-1 / periodischer Aussetzbetrieb S3 EN 60034-1, einfacher Aussetzbetrieb S3 IEC 50(411) || ~ **periodic duty with electric braking** IEC 34-1 / Aussetzbetrieb mit elektrischer Bremsung S 5, IEC 50(411), Aussetzbetrieb mit elektrischer Bremsung S 5, EN 60034-1 || ~ **periodic duty with starting** IEC 34-1 / periodischer Aussetzbetrieb mit Einfluss des Anlaufvorganges S 4, VDE 0530, T. 1 || ~ **rating** / Bemessungsdaten für Aussetzbetrieb, Bemessungs-Aussetzbetrieb *m*, Aussetzleistung *f*, AB-Leistung *f* || ~ **recharging** / aussetzende Pufferung (Batt.) || ~ **service test** / intermittierende Entladeprüfung (Batt.) || ~ **tone** / Tonfolge *f* (Hörmelder) DIN 19235 || ~ **wiper control** / Wischer-Intervallschaltung *f* (Kfz) || ~ **wiper-washer control** / Wischer-Wascher-Intervallschaltung *f* (Kfz)
intermodulation *n* / Zwischenmodulation *f*, Intermodulation *f*, Differenztonbildung *f* || ~ **rejection** / Differenztondämpfung *f*
intermountability *n* / montagetechnische Auswechselbarkeit
intermountable *adj* / mechanisch austauschbar
internal absorptance / Reinabsorptionsgrad *m* || ~ **absorption factor** / Reinabsorptionsgrad *m* || ~ **angle** / innerer Polradwinkel, Lastwinkel *m* || ~ **angle** (unit) / Inneneck-Winkelstück *n* (IK), Inneneck *n* (IK) || ~ **arc control device** / Lichtbogen-Löscheinrichtung *f* || ~ **arcing fault** / innerer Störlichtbogen || ~ **arc test** IEC 157 / Störlichtbogenprüfung *f* || ~ **auxiliary information** / analogeninterne Hilfsinformation, interne Hilfsinformation || ~ **brush drop** / Spannungsabfall in der Bürste || ~ **capacitance** / Eigenkapazität *f* || ~ **characteristic** / innere Kennlinie || ~ **circuit diagram** / Innenschaltbild *n*, Gerätaschaltplan *m* || ~ **clearance** / Innenspiel *n*, Lose *f*, toter Gang, Spiel *n*, Luft *f* || ~ **clients** / Verband *m*, Verbund *m* || ~ **clock** / Systemtakt *m* || ~ **combustion engine** / Verbrennungsmotor *m* || ~ **command derivation** / interne Befehlsableitung *f* || ~ **control address** / Steueradresse *f*

internal-combustion engine (i.c. engine) / Verbrennungskraftmaschine *f* || ~ **set** / Verbrennungsmaschinensatz *m*
internal control circuit voltage / innen erzeugte Steuerkreisspannung || ~ **current lead** / innere Stromführung (Abl.) || ~ **cylindrical grinding** / Innenrundschleifen *n* || ~ **diameter** / Innendurchmesser *m* || ~ **dimension** / Innenmaß *n* || ~ **dimensions** / Innenabmessungen *f pl* || ~ **disabled state** / Unbrauchbarkeit wegen interner Ursachen IEC 50(191), Unklarzustand *m* || ~ **discharge** / innere Entladung || ~ **drift-field** / inneres Driftfeld (HL) || ~ **e.m.f.** / innere EMK, Hauptfeldspannung *f* (el. Masch.) || ~ **EC shipment** / Verbringung *f* || ~ **electric field** / inneres elektrisches Feld (HL) || ~ **energy** / innere Energie || ~ **equipment** / Einbauten *pl* || ~ **equivalent voltage** / innere Ersatztemperatur (HL) || ~ **failure** / interner Fehler (SPS) || ~ **fan** / Innenlüfter *m* || ~ **fault** IEC 50(448) / interner Netzfehlzustand (Netz), innerer Fehler (o. Kurzschluss), Störlichtbogen *m* || ~ **fault protection** / Schutz gegen innere Fehler || ~ **fault test** / Störlichtbogenprüfung *f*
internal-field machine / Innenpolmaschine *f*
internal filler-flap release / Fernentriegelung der Tankklappe (Kfz) || ~ **fuse** (of a capacitor) / interne Sicherung *f* || ~ **gas-pressure cable** / Gasinnendruckkabel *n* || ~ **gear** / Innenzahnrad *n*, Innenrad *n* || ~ **geometry** / Innengeometrie *f* || ~ **grinding** / Innenschleifen *n* || ~ **groove** / Inneneinstich *m* || ~ **identifier** / Interner Bezeichner || ~ **immunity** / innere Störfestigkeit || ~ **impedance** / Innenwiderstand *m*, innerer Spannungsabfall || ~ **impedance drop** / innerer Spannungsabfall || ~ **insulation** IEC 265 / innere Isolierung || ~ **insulation resistance** / Innenisolationswiderstand *m*, Durchgangswiderstand *m*, Raumwiderstand *m*, Durchschlagwiderstand *m* || ~ **intermediate representation** / interne Zwischendarstellung || ~ **interpolator** / Inneninterpolator *m* (NC) || ~ **interposing screen** / innere Zwischenabschirmung E VDE 0168,T.2 || ~ **lightning protection** / innerer Blitzschutz
internal-key shaft / Keilwelle *f*, Rillenwelle *f*, genutete Welle
internally coated lamp / innenweiße Lampe, innensilizierte Lampe || ~ **frosted lamp** / innenmattierte Lampe || ~ **linked two-phase four-wire connection** / innen verketterte Zweiphasenschaltung || ~ **plain conduit** / innen glattes Rohr (IR) || ~ **reflected component of daylight factor** / Innenreflexionsanteil des Tageslichtquotienten || ~ **screwed coupler** / Muffe mit Innengewinde (IR) || ~ **siliconized** / innensiliziert *adj*
internal machining / Innenbearbeitung *f* (WZM) || ~ **mail address** / Hauspostanschrift *f* || ~ **metering** / Betriebszählung *f*
internal-mirror lamp / innenverspiegelte Lampe
internal module / interner Baustein || ~ **multiplication (INTM)** / interne Vervielfachung (INTV)
internal optical density / innere Schwärzung || ~ **overpressure disconnector** / Abreißsicherung *f* (Kondensator), innere Überspannung (transiente Ü. in einem Netz, die von einer Schalthandlung oder einem Fehler herrührt) || ~ **photoelectric effect** /

international   292

innerer Fotoeffekt ||| ~ **power supply** / Eigenversorgung *f*, eigenversorgt *adj* ||| ~ **precision** / interne Rechenfeinheit ||| ~ **procurement** / Bezug *m*, Beschaffung *f* ||| ~ **profile** / Innenprofil *n* ||| ~ **reactance** / innere Reaktanz, Pendelreaktanz *f* ||| ~ **reflected component** / Innenreflexionsanteil *m* ||| ~ **reflector** / Innenreflektor *m* ||| ~ **remanent residual voltage** IEC 147-0C / innere remanente Restspannung (Halleffekt-Bauelement) DIN 41863 ||| ~ **resistance** / Innenwiderstand *m*, Quellenwiderstand *m* ||| ~ **rotor** / Innenläufer *m* ||| ~ **short circuit** / innerer Kurzschluss ||| ~ **speed control potentiometer** / internes Potentiometer zur Drehzahlregelung ||| ~ **state variable** / Zustandsgröße *f* DIN 19229, Zwischengröße *f* ||| ~ **stress** / Eigenspannung *f* (mech.) ||| ~ **summation current transformer** / Summenstromwandler *m* ||| ~ **switch-mode power supply** / SNT Schaltnetzteil ||| ~ **synchronization** / interne Synchronisierung (Osz.) ||| ~ **tailgate release** / Fernentriegelung der Heckklappe (Kfz) ||| ~ **thermal resistance** / innerer Wärmewiderstand (HL) DIN 41858 ||| ~ **thread** / Innengewinde *n*, Muttergewinde *n* ||| ~ **transmission density** / dekadisches Absorptionsmaß ||| ~ **transmission factor** / Durchsichtigkeitsgrad *m*, Reintransmissionsgrad *m* ||| ~ **transmittance** / Reintransmissionsgrad *m* ||| ~ **triggering** / interne Triggerung (Osz.) ||| ~ **viewing system (VSI)** / inneres Betrachtungssystem (IBS) ||| ~ **viscosity** / Innenviskosität *f*, Grundviskosität *f*, spezifische Viskositätszahl, Strukturviskosität *f* ||| ~ **voltage** / innere Spannung, Hauptfeldspannung *f*, Polradspannung *f* ||| ~ **voltage behind subtransient impedance** / subtransiente Hauptfeldspannung ||| ~ **voltage behind transient impedance** / transiente Hauptfeldspannung ||| ~ **windage loss** / innere Lüftungsverluste, Luftreibungsverluste *m pl* ||| ~ **wiring** / Innenverdrahtung *f*, innere Verdrahtung, innere Leitungen ||| ~ **wiring post** / Innenanschlussstift *m* ||| ~ **zero marker** / interne Nullmarke
international certification system / internationales Zertifizierungssystem ||| **International Electrotechnical Commisson (IEC)** / Internationale Elektrotechnische Kommission (IEC) ||| ~ **interconnection line** / grenzüberschreitende Leitung ||| ~ **Organization of Legal Metrology (OIML)** / Internationale Organisation für Gesetzliches Messwesen (OIML) ||| ≗ **Practical Temperature Scale** / Internationale Temperaturskala ||| ~ **standard** / internationale Norm, internationales Normal ||| ~ **standard atmosphere (ISA)** / Normalatmosphäre *f*, physikalische Atmosphäre ||| ~ **Standardization Organization (ISO)** / International Standardization Organization (ISO) ||| ~ **subsidiary price** / Geschäftsstellenpreis Ausland ||| ≗ **System of Units (SI)** / Internationales Einheitensystem (SI)
Internet Control Message Protocol (ICMP) / ICMP ||| ≗ **Service Provider (ISP)** / ISP
internetworking *n* / Kommunikationsverbund *m*, Vernetzung *f* (v. Datennetzen) ||| ~ **protocol** / teilnetzübergreifendes Protokoll DIN ISO 8458
internetwork traffic / Querverkehr *m* (Netze), Querkommunikation *f*
internode communication / Querverkehr *m* (Bussystem), Querkommunikation *f*

interoperability *n* / Interoperabilität *f*
interphase *n* / Zwischenphase *f* ||| ~ **barrier** / Phasentrennwand *f* ||| ~ **commutation** / Phasenfolgelöschung *f* (LE) ||| ~ **insulation** / Phasentrennungsisolation *f*, Phasenisolation *f* ||| ~ **reactor** / Ausgleichsdrossel *f* (Spule), Saugdrossel *f* ||| ~ **short circuit** / Kurzschluss zwischen Phasen, Phasenschluss *m* ||| ~ **transformer** / Saugdrossel *f* ||| ~ **transformer chassis** / Saugdrosselchassis *n* ||| ~ **transformer connection** / Saugdrosselschaltung *f*
interpolar axis / Querachse *f*, Querfeldachse *f* ||| ~ **distance** / Zwickelabstand *m*
interpolation (IPO) *n* (The computation of intemediate points between programmed end points to produce straight lines or smooth curves.) / Interpolation (IPO) *f* (Berechnung von Stützpunkten (= Zwischenpunkten) aus den im Programm vorgebenen Anfangspunkten und Endpunkten zur Erzeugung von Geraden oder Kurven mit kontinuierlichen Übergängen. Siehe auch: Startpunkt) ||| ~ **cycle** / Interpolationszeit *f*, Interpolationstakt (IPO-Takt) *m*, IPO-Taktzeit *f* ||| ~ **group** / Interpolationsverband *n* ||| ~ **parameter** / Interpolationsparameter *m* (NC) ||| ~ **plane** / Interpolationsebene *f* ||| ~ **point** / Stützstelle *f*, Stützpunkt *m*, Zwischenpunkt *m* (siehe Interpolation) ||| ~ **range** / Interpolationsbereich *m* ||| ~ **resolution** / Interpolationsfeinheit *f* ||| ~ **sensitivity** / Interpolationsfeinheit *f* ||| ~ **time** / Interpolationszeit *f*, Interpolationstakt (IPO-Takt) *m*, IPO-Takt (Interpolationstakt) *m*, IPO-Taktzeit *f*
interpolator *n* / Interpolator *m*
interpolatory compensation with absolute values / interpolarische Kompensation mit Absolutwerten (IKA)
interpole *n* / Wendepol *m* ||| ~ **field** / Wendefeld *n*, Kommutierungsfeld *n* ||| ~ **winding** / Wendepolwicklung *f*, Wendefeldwicklung *f*
interposed gearing / Zwischengetriebe *n*
interposing matrix / Abriegelmatrix *f* (FWT) ||| ~ **relay** / Koppelrelais *n* ||| ~ **screen** / Zwischenabschirmung *f* ||| ~ **transformer** / Zwischentransformator *m*, Zwischenwandler *m*
interpret *v* / interpretieren *v* DIN 44300, auslegen *v*, auswerten *v*, deuten *v*
interpretable *adj* / interpretierbar *adj*
interpreted *adj* / interpretiert *adj*
interpreter *n* / Interpretierer *m*, Interpreter *m*
interpretive language / interpretierende Sprache
interprocessor communication flag / Koppelmerker *m* ||| ~ **communication output flag (IPC output flag)** / Ausgangskoppelmerker *m*
interpulse noise / Rauschen in der Impulspause ||| ~ **period** / Impulspause *f*
interreflection *n* / Interflexion *f*, innere Reflexion *f*, Mehrfachreflexion *f* ||| ~ **ratio** / Interflexionswirkungsgrad *m*
interrogate *v* / abfragen *v*, erfragen *v*
interrogation *n* / Abfrage *f*, Abfragung *f*, Stationsaufforderung *f* ||| ~ **command** / Abfragebefehl *m* (FWT) ||| ~ **input** / Abfrageeingang *m* (Speicher) ||| ~ **key** / Abfragetaste *f* ||| ~ **pushbutton** / Abfragetaste *f* ||| ~ **sequence** / Abfragekette *f*
interrogative system / Abfragsystem *n* (FWT)
interrupt *v* / unterbrechen *v*, trennen *v*, ausschalten *v* ||| ~ *n* / Unterbrechung *m*, Alarm *m*

(rechnergesteuerte Anlage, PC), Interrupt *m*, Grenzstelle *f*, Pause *f* || ~ **ISO 8208** / Vorrangdatenanzeige *f* || ~ **acknowledgment (IACK)** / Unterbrechungsquittung *f* || ~ **analysis** / Unterbrechungsanalyse *f* || ~ **base (INTBASE)** (MPU register) / Unterbrechungsadressenspeicher *m* || ~ **collision** / Unterbrechungskollision *f*, Weckfehler *m* (SPS) || ~ **condition code** / Unterbrechungsanzeige *f* (SPS) || ~ **condition-code mask** / Unterbrechungsanzeigemaske *f* || ~ **condition code word** / Unterbrechungsindikatorwort *n*, Unterbrechungsanzeigenwort *n* || ~ **confirmation** / Vorrangdatenbestätigung *f* DIN ISO 8208
interrupt-controlled *adj* / unterbrechnungsgesteuert *adj*, alarmgesteuert *adj* (SPS)
interrupt controller / Unterbrechungssteuerung *f* || ~ **data block** / Alarmdatenbaustein *m* || ~ **edge byte** / Flankenbyte *n*, Alarmflankenbyte *n*
interrupt-driven / unterbrechnungsgesteuert *adj*, alarmgesteuert *adj* (SPS) || ~ **program execution** / alarmgesteuerte Programmbearbeitung, alarmgesteuerte Programmverarbeitung
interrupt enable (INTE) / Unterbrechungsfreigabe *f*, Alarmfreigabe (AF) *f* || ~ **enable byte** / Alarmfreigabebyte *n*, Freigabebyte *n*
interrupter *n* / Unterbrecher *m*, Lastschalter *m*, Schaltrohr *n*, Leistungsschalter *m* || **UPS** ~ / USV-Lastschalter *m*, USV-Leistungsschalter *m* || ~ **arrangement** / Unterbrecheranordnung *f* (LS) || ~ **assembly** / Unterbrechereinheit *f* (LS) || ~ **chamber** / Unterbrecherkammer *f* (LS), Trennkammer *f* (LS), Löschkammer *f*, Schaltkammer *f* || ~ **head** / Schaltkopf *m* || ~ **module** / Unterbrechereinheit *f* (LS) || ~ **unit** / Unterbrechereinheit *f* (LS)
interrupt event / Unterbrechungsereignis *n* || ~ **function** / Unterbrechungsfunktion *f*, Alarmfunktion *f* || ~ **generation** / Alarmbildung *f* (SPS), Alarmgenerierung *f* || ~ **handler** / Unterbrechungsverwalter *m* (MPSB), Alarmprogramm *m* (SPS), Interruptprogramm *n*, alarmgesteuertes Programm || ~ **handling** / Interruptbearbeitung *f*, Interruptverarbeitung *f*, Alarmbearbeitung *f*, Alarmverarbeitung *f* || ~ **handling system** / Unterbrechungssystem *n* (DV, FWT)
interruptible load / unterbrechbare Last, unwichtiger Verbraucher, abschaltbare Last
interrupting capacity / Ausschaltvermögen *n*, Abschaltleistung *f*, Schaltvermögen *n*, Ausschaltleistung *f*, Schaltleistung *f* || ~ **chamber** / Unterbrecherkammer *f* (LS), Schaltkammer *f* (LS), Trennkammer *f* || ~ **current** (thermal link) / Unterbrechungsstrom *m*, Ausschaltstrom *m*, Abschaltstrom *m* || ~ **device** / Abschaltvorrichtung *f* (Geräte nach VDE 0860) || ~ **medium** / Medium, in dem der Strom unterbrochen wird || ~ **rating** / Bemessungs-Ausschaltvermögen *n*, Bemessungs-Ausschaltstrom *m* || ~ **test** / Ausschaltprüfung *f* (Sich.), Abschaltprüfung *f* (Sich.) || ~ **time** / Unterbrechungszeit *f*, Gesamtausschaltzeit *f* || ~ **time** (UPS) / Unterbrechungszeit *f* (USV), Ausschaltzeit *f* (Die Ausschaltzeit ist die Zeitspanne zwischen dem Anfang der Öffnungszeit und dem Ende der Lichtbogenzeit)
interrupt initiation switch / Unterbrechungsschalter *m* (elST) || ~ **input** / Unterbrechungseingang *m*,

Alarmeingang *m* (SPS) || ~ **input module** / Alarmeingabebaugruppe *f* (SPS)
interruption *n* / Unterbrechung *f*, Pause *f*, Aussetzen *n*, Störung *f*, Trennung *f* || ~ / Vorrangdatenanzeige *f* || ~ **arc** / Ausschaltlichtbogen *m*, Abreißlichtbogen *m*, Abreißbogen *m* || ~ **block** / Unterbrechungssatz *m* (NC) || ~ **duration** / Unterbrechungsdauer *f* (Netz, a. in IEC 50(191)), Versorgungsausfalldauer *f*, Stromausfalldauer *f*, Ausschaltdauer *f* (Netz) || ~ **in all poles** / allpoliges Abschalten || ~ **of power pulse current** / Impulsstromunterbrechung *f* || ~ **of supply** / Versorgungsunterbrechung *f* || ~ **point** / Unterbrechungspunkt *m*, Unterbrechungsstelle *f* || ~ **to a consumer** / Versorgungsunterbrechung *f*
interrupt key / Alarmtaste *f* (SPS) || ~ **level** / Unterbrechungsebene *f* (DV) || ~ **list** / Alarmliste *f* (SPS) || ~ **mask** / Unterbrechungsmaske *f* || ~ **message buffer** / Alarm-Meldepuffer *m* || ~ **number** / Alarmnummer *f* || ~ **ob** / Alarm-OB || ~ **overflow** / Unterbrechungsüberlauf *m* (U-Überlauf *m*) || ~ **packet** / Vorrangdatenpaket *n* DIN ISO 8208 || ~ **priority system** / Rangreihenfolge für Unterbrechungen || ~ **processing** / Alarmbearbeitung *f* (SPS), Alarmverarbeitung *f*, Interruptverarbeitung *f*, Interruptbearbeitung *f* || ~ **request (IRQ)** / Unterbrechungsanforderung *f* || ~ **routine** / Unterbrechungsprogramm *n* (MPU), Interruptroutine *f* || ~ **scan** / Alarmabfrage *f* (SPS) || ~ **selection** / Alarmauswahl *f* || ~ **service routine** / alarmgesteuertes Programm, Interruptprogramm *n* || ~ **service routine (ISR)** / Unterbrechungs-Serviceprogramm *n*, Alarmprogramm *n* (SPS) || ~ **servicing** / Alarmbearbeitung *f*, Alarmverarbeitung *f* || ~ **setpoint** / Alarmsollwert *m* || ~ **stack (I stack)** / Unterbrechungsstack *n* (U-STACK) || ~ **system** / Unterbrechungssystem *n* (DV, FWT) || ~ **timer** / Unterbrechungszeitgeber *m*, Wecker *m* (SPS) || ~ **triggering** / interruptauslösend *adj* || ~ **triggering edge** / interruptauslösende Flanke || ~ **vectoring** / Unterbrechungszielsteuerung *f* || ~ **word overflow** / Alarmwortüberlauf *m* (SPS)
intersect *v* / (sich) schneiden *v*, (sich) kreuzen *v*
intersected entity / Schnittelement *n* (CAD)
intersecting shafting / schneidende Wellenanordnung
intersection *n* / Schnitt *m*, Schnittpunkt *m*, Kreuzung *f*, Knotenpunkt *m*, Koinzidenzpunkt *m*, Kreuzungslinie *f*, Durchschnitt *m* (CAM) || ~ **line of** ~ / Schnittlinie *f* || ~ **box** / Kreuzdose *f* (I) || ~ **cutter radius compensation** / Schnittpunkt-Fräserradius-Bahnkorrektur *f* (NC) || ~ **line** / Schnittlinie *f* || ~ **point** / Kreuzungspunkt *m*
interspace between conductors / Abstand Leiter-Leiter, Leiterabstand *m*
interspersing *n* / Zonenänderung *f* (Wickl.)
interstage coupling / Kopplung *f* zwischen Stufen || ~ **transformer** / Zwischentransformator *m*, Zwischenwandler *m*
interstice, action ~ / Wirkspalt *m* DIN 8580
inter-strand short-circuit / Teilleiterschluss *m*
inter-stroke interval / Pausenzeit zwischen Blitzentladungen
intersystem fault / Doppelnetz-Fehlzustand *m* IEC 50(548)
inter-system interference / externe Systembeeinflussung *f* (EMV)
intertrip *n* / Mitnahme *f*

intertripping *n* / unmittelbare Fernauslösung, Mitnahmefunktion *f*, direkte Schaltermitnahme || ~ **carrier scheme** / unmittelbare Fernauslösung mit HF || ~ **underreach protection (IUP)** / Selektivschutz mit Unterreichweite und unmittelbarer Fernauslösung IEC 50(448)
interturn breakdown test / Windungsdurchschlagprüfung *f* || ~ **breakdown voltage** / Windungsdurchschlagspannung *f* || ~ **dielectric strength** / Windungsspannungsfestigkeit *f* || ~ **fault** / Windungsschluss *m* || ~ **insulation** / Isolierung zwischen Windungen, Windungsisolierung *f* || ~ **protection** / Windungsschlussschutz *m* || ~ **short-circuit protection** / Windungsschlussschutz *m* || ~ **test** / Windungsprüfung *f*
interval *n* / Intervall *n*, Zeitabstand *m*, zeitlicher Abstand, Pause *f*, Zwischenraum *m*, Abstand *m*, Lücke *f*, Zeittakt *m*, Differenzabstand *m* || ~ (QA, class) / Klasse *f* (Statistik) DIN 55350,T.23 || **confidence** ~ / Vertrauensbereich *m* DIN 55350,T.24, Vertrauensintervall *n*, Konfidenzintervall *n*, Konfidenzbereich *m* || **maintenance** ~ / Wartungsfrist *f*, Wartungszeitraum *m*, Laufzeit *f*, Wartungsintervall *n* || **sampling** ~ / Stichprobenentnahmeabstand *m* || **statistical tolerance** ~ / statistischer Anteilsbereich DIN 55350,T.24 || ~ **counter** / Intervallzähler *m*, Zeitabstandzähler *m* || ~ **time** / Pausenzeit *f* || ~ **time-delay relay** / Wischrelais *n* || ~ **timer** / Intervalluhr *f*, Zeitintervallgeber *m* || ~ **time relay** / Wischrelais *n*
intervention *n* / Eingriff *m* || ~ **by manual control** / Eingriff durch Handsteuerung || ~ **point of pulse-amplitude modulation** / Pulsamplitudeneinsatzfrequenz
interview guide / Gesprächsleitfaden *m*
interwinding fault / Wicklungsschluss *m* (Kurzschluss zwischen Leitern verschiedener Wicklungen), Wicklungkurzschluss *m*
interworking unit (IWU) / Übergangseinheit *f* DIN ISO 8348
in the side / innenliegend *adj* || ~ **the unit** / geräteseitig *adj*
intimate contact / inniger Kontakt, guter Kontakt
INTM (internal multiplication) / INTV (interne Vervielfachung)
intraband channel / Einlagerungskanal *m*
intramodal dispersion / intramodale Dispersion
intra-plant system / anlagenüberlappendes System
intrapulse noise / Rauschen während des Impulses
intra-system interference / interne Systembeeinflussung (EMV) IEC 50(161)
intrinsic *adj* IEC 50(191) / inhärent *adj*, immanent *adj*
intrinsically safe / eigenfest *adj*, eigensicher *adj* || ~ **safe circuit** / eigensicherer Stromkreis (Ex i) || ~ **safe electrical apparatus** / eigensicheres elektrisches Betriebsmittel (EN 50020) || ~ **safe rotor position encoder** / eigensicherer Rotorlagegeber
intrinsic conduction / Eigenleitung *f* (HL) DIN 41852 || ~ **conductivity** / Eigenleitfähigkeit *f* (Eigenhalbleiter) || ~ **consumption** / Eigenverbrauch *m* (Messgerät) VDI/VDE 2600, Messleistung *f* || ~ **damping** / Eigendämpfung *f* || ~ **dielectric strength** / absolute Durchschlagfestigkeit || ~ **error** / Grundfehler *m* (MG), Eigenfehler *m*, Eigenabweichung *f* (Messumformer) || ~ **induction** / Magnetisierungsstärke *f* || ~ **junction loss** / Einfügungsverlust bei Verbindung unterschiedlicher LWL || ~ **magnetic moment** / magnetisches Eigenmoment || ~ **magnetization** / spontane Magnetisierung, Selbstmagnetisierung *f* || ~ **moment** / inneres Moment || ~ **parameter** / Faserparameter *m* (LWL) || ~ **safety** / Eigensicherheit *f* EN 50020 || ~ **safety barrier** / Sicherheitsbarriere *f* || ~ **safety Eexi** / Eigensicherheit EExi || ~ **semiconductor** / Eigenhalbleiter *m* || ~ **stabilization** / Eigenstabilisierung *f* || ~ **stand-off ratio** / inneres Spannungsverhältnis (Transistor) || ~ **viscosity** / Innenviskosität *f*, Grundviskosität *f*, Strukturviskosität *f*, spezifische Viskositätszahl
intromission of sound / Einschallung *f*
intruder alarm system / Einbruchmeldeanlage *f*, Intrusionsschutzanlage *f*
intuitive *adj* / selbsterklärend *adj*
in units of 1 byte / byte-granular *adj*
invalid *adj* / ungültig *adj*, unzulässig *adj*
invalidate *v* / ungültig machen *v*, verfälschen *v*, ungültig setzen, lösen *v*
invalid connection / ungültige Verbindung || ~ **input** / Fehleingabe *f* || ~ **nesting** / Schachtelungskonflikt *m* || ~ **reception** / ungültiger Empfang (DÜ) DIN 44302 || ~ **scaling** / Skalierung nicht zugelassen
invariable resistor / Festwiderstand *m*
inventory *n* / Inventar *n*, Bestand *m*, Lagerbestand *m*, Bestandsaufnahme *f*, Bestandsliste *f*, Inventur *f* || ~ **change** / Bestandsveränderung *f* || ~ **data** / Bestandsdaten *pl* || ~ **difference** / Bestandsunterschied *m* || ~ **group** / Inventurgruppe *f* || ~ **list** / Inventurzählliste *f* || ~ **management** / Bestandsverwaltung *f* (Fabrik, CIM) || ~ **of equipment in the field** / Feldbestand *m* || ~ **record** / Bestandssatz *m* || ~ **theory** / Lagerhaltungstheorie *f*, Bevorratungstheorie *f* || ~ **turnover** / Lagerumschlag *m*, Lagerungsumschlag *m* || ~ **value** / Bestandswert *m*, Inventurwert *m* || ~ **rationalization** / Lagerbereinigung *f*
inverse *adj* / invers *adj*, umgekehrt *adj*, Gegen...
inverse-acting controller / Regler mit umgekehrter Wirkungsrichtung
inverse bars / gegenläufige Balken (Balkenanzeige)
inverse-characteristic relay / Inverskomponentenrelais *n*
inverse current / Inversstrom *m*, Gegenstrom *m*, Sperrstrom *m*, gegenläufiger Strom || ~ **current transfer ratio** / Rückwärts-Stromverstärkung *f* || ~ **direction of operation** (junction transistor) / inverser Betrieb || ~ **electrode current** / Elektrodenstrom in Sperrichtung || ~ **excitation** / Gegenerregung *f*, gegensinnige Erregung || ~ **Fourier transform** / inverse Fourier-Transformation, Fourier-Integral *n* || ~ **function** / inverse Funktion, Umkehrfunktion *f* || ~ **Laplace transform** / inverse Laplace-Transformation
inversely magnetized / entgegengesetzt magnetisiert || ~ **proportional** / umgekehrt proportional
inverse-parallel connection / Gegenparallelschaltung *f* (LE), Antiparallelschaltung *f*
inverse period / Rückwärts-Sperrzeit *f*,

Negativspannungsdauer *f* || ~ **reactance** / Inversreaktanz *f*, Gegenreaktanz *f*
inverse-speed motor / Motor mit Reihenschlussverhalten, Motor mit lastabhängigem Drehzahlverhalten
inverse tangent function / Arc-Tangensfunktion *f* || ~ **time feedrate coding** / zeitreziproke Vorschub-Verschlüsselung
inverse-time, definite-time and non-adjustable overcurrent releases / stromabhängig verzögerte, stromunabhängig verzögerte und festeingestellte unverzögerte Überstromauslöser (azn-Auslöser) || ~ **and adjustable instantaneous overcurrent releases** / stromabhängig verzögerte und einstellbare unverzögerte Überstromauslöser (an-Auslöser) || ~ **and definite-time overcurrent releases** / stromabhängig verzögerte und stromunabhängig verzögerte Überstromauslöser (az-Auslöser) || ~ **and non-adjustable instantaneous overcurrent releases** / stromabhängig verzögerte und festeingestellte unverzögerte Überstromauslöser (an-Auslöser) || ~ **automatic tripping** / stromabhängige Auslösung, langverzögerte Auslösung || ~ **circuit-breaker** / Leistungsschalter mit stromabhängig verzögertem Auslöser || ~ **delay** / stromabhängige (o. abhängige) Verzögerung, zeitreziproke Verzögerung, abhängig verzögert, stromabhängig verzögert || ~ **delayed** / stromabhängig verzögert || ~ **delayed overload release** / stromabhängig verzögerter Überlastauslöser
inverse time-delay operation IEC 157-1 / stromabhängig verzögerte Auslösung VDE 0660,T.101 || ~ **time-delay overcurrent release** IEC157-1 / abhängig verzögerter Überstromauslöser VDE 0660,T.101, stromabhängig verzögerter Überstromauslöser, zeitverzögerter Überstromauslöser || ~ **time-delay relay** / abhängiges Zeitrelais, reziprok abhängiges Zeitrelais || ~ **time-delay relay with definite minimum** / begrenzt abhängiges Zeitrelais
inverse-time feed / zeitreziproker Vorschub || ~ **feed rate** ISO 1056 / zeitreziproke Vorschubverschlüsselung (NC) DIN 66025,T.2 || ~ **feedrate** / zeitreziproker Vorschub || ~ **grading** / stromabhängige Staffelung (Schutz)
inverse time lag / stromabhängige Verzögerung || ~ **time-lag overcurrent protection** / abhängiger (o. stromabhängiger) Überstrom-Zeitschutz || ~ **time-lag relay** / abhängiges Zeitrelais, reziprok abhängiges Zeitrelais || ~ **time-lag relay with definite minimum (IDMTL)** / begrenzt abhängiges Zeitrelais || ~ **time-lag tripping** / abhängig verzögerte Auslösung, stromabhängige Ausschaltung
inverse-time overcurrent protection / abhängiger (o. stromabhängiger) Überstrom-Zeitschutz, AMZ || ~ **overcurrent relay** / abhängig verzögertes Überstromrelais, stromabhängig verzögertes Überstromrelais, AMZ-Relais || ~ **tripping** / abhängig verzögerte Auslösung, stromabhängige Ausschaltung
inverse transformation / Rücktransformation *f* || ~ **to** / gegensinnig *adj* || ~ **value** / Kehrwert *m* || ~ **video** / inverse Darstellung
inversion *n* / Umkehrung *f*, Wechselrichten *n* || ~ **bar** / Umkehrstab *m* (Maschinenwickl.), Schaltstab *m* ||

~ **density** / Eigenleitungsdichte *f* (HL) DIN 41852, Intrinsicdichte *f* || ~ **factor** / Wechselrichtgrad *m*, Wechselgrad *m* (beim Wechselrichten das Verhältnis der Grundschwingungsleistung zu Gleichstromleistung) || ~ **form** / Invertiermaske *f* || ~ **of point patterns** / Umkehrung von Punktmustern (NC), Spiegelung von Punktmustern || ~ **point** / Umkehrpunkt *m*
invert *v* / invertieren *v* || ~ **digital outputs** / Digitalausgänge invertieren
inverted *adj* IEC 50(411) / vertauscht *adj* (elektromagnetische Funktionen des feststehenden und rotierenden Teils einer el. Masch.), invertiert *adj* || ~ **comma** / Hochkomma *n* || ~ **machine** / umgekehrte Maschine, läufergespeiste Maschine || ~ **rotary converter** / Wechselstrom-Gleichstrom-Umformer *m* || ~ **signal** / Quersignal *n* || ~ **single command** / invertierter Einzelbefehl
inverted-tooth chain / Zahnkette *f*
inverter *n* / Wechselrichter *m*, Umrichter *m*, Umkehrstufe *f*, NICHT-Element *n*, Umrichtergerät *n*, Umformer *m*, Umrichtereinheit *f*, Inverter *m* || ~ **application** / Wechselrichteranwendung *f* || ~ **assembly** / Wechselrichtergerät *n* || ~ **control module** / ICM-Baugruppe *f* || ~ **control system module** / ICS-Baugruppe *f* || ~ **control unit module** / ICU-Baugruppe *f* || ~ **control/power section** / Ansteuerbaugruppe/Leistungsteil || ~ **drive circuit** / Wechselrichtersteuersatz *m* || ~ **duty cycle** / Umrichterlastspiel *n* || ~ **efficiency** / Umrichterwirkungsgrad *m* || ~ **equipment** / Wechselrichtergerät *n* || ~ **fan off delay time** / Verzögerung Lüfterabschaltung || ~ **fault** / Umrichterstörung *f* || ~ **frequency** / Umrichterfrequenz *f* || ~ **heat-sink temperature** / Umrichterkühlkörpertemperatur *f* || ~ **input voltage** / Umrichtereingangsspannung *f* || ~ **lockout** / Wechselrichtersperre *f* || ~ **motor** / umrichtergespeister Motor, Stromrichtermotor *m* || ~ **negative module** / Wechselrichter-Minus-Baustein *m* || ~ **operation** / Wechselrichterbetrieb *m* || ~ **output** / Umrichterausgang *m* || ~ **output frequency** / Wechselrichterausgangsfrequenz *f* || ~ **overload** / Umrichterüberlastung *f* || ~ **overload reaction** / Wechselrichter Überlastreaktion || ~ **overload warning** / LT-Überlastwarnung *f* || ~ **overtemperature** / Umrichterübertemperatur *f* || ~ **performance** / Umrichterbetriebsverhalten *n* || ~ **phase** / Wechselrichterphase *f* || ~ **positive module** / Wechselrichter-Plus-Baustein *m* || ~ **power** / Umrichterleistung *f* || ~ **pulse distributer module** / IPD-Baugruppe *f* || ~ **rated current** / Umrichternennstrom *m* || ~ **relay** / Umrichterrelais *n* || ~ **series** / Umrichterserie *f* || ~ **stability limit** / Wechselrichter-Kippgrenze *f* || ~ **station** / Wechselrichteranlage *f* || ~ **termination control** / Wechselrichter-Abschnittsteuerung *f* || ~ **trigger set** / Wechselrichter-Steuersatz *m* (WRS m), Wechselrichtersteuersatz *m* || ~ **type** / Umrichtertyp *m* || ~ **unit** / Inverter *m*, Umrichtereinheit *f*, Umrichtergerät *n*, Umrichter *m*, Umformer *m* || ~ **warning** / Umrichterwarnung *f*
invertible flag / kippbarer Merker (SPS)
inverting *n* / Umkehren *n*, Wechselrichten *n*, Wechselrichterbetrieb *m* || ~ **amplifier** / Umkehrverstärker *m*, invertierender Verstärker || ~ **negative impedance converter (INIC)** / Umkehr-

invertor Negativ-Impedanzwandler *m*
invertor / Wechselrichter *m*, Umrichter *m*, Umkehrstufe *f*, NICHT-Element *n*, Inverter *m*
investigate *v* / untersuchen *v*, prüfen *v*
investigation *n* / Recherche *f*
investment costs / Anschaffungskosten *pl*
invocation *n* / Aufruf *m* (SPS-Programm) EN 61131-3
invoice *v* / abrechnen *v* || ~ **address (INVOI)** / Rechnungsempfänger (REMPF) *m*
invoiced *adj* / abgerechnet *adj* || ~ **partner** / Kostenträger *m* || ~ **partner ID** / Kostenträgerkennung *f*
invoicing *n* / Abrechnung *f*, Fakturierung *f*, Weiterverrechnung *f*, Abrechnungsverkehr *m* || ~ **period** / Verrechnungszeitrahmen *m* || ~ **price** / Verrechnungspreis *m* || ~ **threshold** / Verrechnungsschwelle *f*
invoke *v* / aufrufen *v* (im Kommunikationssystem)
invoking document / Textschablone *f*, Formtext *m*, Haupttext *m*
involute *n* / Evolvente *f* || **involute connection** / Evolventenverbindung *f* (Wickl.) || ~ **gear** / Evolventenrad *n* || ~ **interpolation** / Evolventeninterpolation *f* || ~ **serrations** / Evolventen-Kerbverzahnung *f* || ~ **splines** / Evolventen-Keilverzahnung *f* || ~ **worm** / Evolventenschnecke *f*
involution *n* / Involution *f*, Einschiebung *f*, Regression *f*, Potenzierung *f*, Einhüllung *f*
involved *adj* / verbunden *adj*
involving high logic overhead / verknüpfungsintensiv *adj*
in word mode / wortweise *adv* || ~ **words** / Wortlaut *m*
in-zone fault / Fehler innerhalb der Schutzzone, innerer Fehler, innenliegender Fehler
I/O s. input/output / E/A || **process** ≗ / Prozess-E/A, Prozessperipherie *f* || ~ **access** / Peripheriezugriff *m* || ≗ **access error** / Peripheriezugriffsfehler *m* || ≗ **address** / E/A-Adresse *f* || ≗ **allocation table** (controls input and output data relative to channel number and address index position) / E/A-Zuweisungsliste *f*, E/A-Rangierliste *f* || ≗ **area** / Peripheriebereich *m*
I/O-bound *adj* / E/A-intensiv *adj*
I²t alert / I²t-Überwachungsvorwarnung *f* || ~ **characteristic** / I²t-Charakteristik *f*
I/O bus / E/A-Bus *m*, Peripheriebus *m* || ≗ **bus interface module** / E/A-Bus-Anschaltbaugruppe *f* || ≗ **bus protocol** / E/A-Bus-Protokoll *n*, Eingabe/Ausgabe-Bus-Protokoll *n* || ≗ **bus voter** / E/A-Busvoter *m* || ≗ **byte** / Peripheriebyte (PY) *m*
IOC s. integrated optical circuit
I/O configuration / E/A-Konfiguration *f* || ≗ **control system (IOCS)** / E/A-Steuersystem *n*
IOCS s. I/O control system
I/O device / Peripheriegerät *n* || ≗ **devices** / Peripherie (PER) *f*, periphere Geräte
iodine lamp / Jodglühlampe *f*
I/O error / Peripheriefehler *m* || ≗ **handler** / E/A-Steuerprogramm *n* || ≗ **image** / Ein-/Ausgabeabbild *n* (SPS), Abbild *n*, Bild *n*, Abbildung *f* || ≗ **interface** / E/A-Schnittstelle *f*, Eingabe/Ausgabe-Schnittstelle *f*, Peripherieanschaltung *f*, Peripherie-Kopplung *f* || ≗ **interface slot** / E/A-Anschlussstelle *f* (Steckplatz im BGT der Zentraleinheit eines MC-

Systems) || ≗ **map** / E/A-Abbild *n* || ≗ **module** / Ein-/Ausgabemodul, E/A-Baugruppe *f*, E/A-Modul, Eingabe/Ausgabe-Baugruppe *f*, Peripheriebaugruppe *f*, Signalformer *m*, Prozesssignalformer *m*
ion exchange chromatography / Austausch-Chromatographie *f*, Ionenaustausch-Chromatographie *f*
ionic conduction / Ionenleitung *f* || ~ **semiconductor** / Ionenhalbleiter *m* || ~ **valve device** / Ionen-Ventilbauelement *n*, gasgefülltes Ventilbauelement
ion implantation / Ionenimplantation *f*
ion-implanted MOS circuit (IMOS) / ionenimplantierte MOS-Schaltung (IMOS)
ionization / Ionisierung *f*, Glimmentladung *f*, Teilentladung *f* || ~ **detector** / Ionisationsdetektor *m* || ~ **discharge** IEC 70 / Teilentladung *f* (TE) || ~ **extinction voltage** / Ionisationslöschspannung *f* || ~ **inception voltage** / Ionisationseinsetzspannung *f* || ~ **phenomenon** / Ionisationserscheinung *f* || ~ **probability** / Ionisationswahrscheinlichkeit *f* || ~ **rate** / Ionisationsgeschwindigkeit *f*, Ionisationsgrad *m* || ~ **smoke detector** / Ionisationsrauchmelder *m* || ~ **test** IEC 70 / Teilentladungsprüfung *f* || ~ **threshold** / Ionisationsschwelle *f*, Ionisationsknick *m* || ~ **tube** / Ionisationsmessröhre *f*
ionizing energy of acceptor / Akzeptor-Ionisierungsenergie *f* || ~ **energy of donor** / Donator-Ionisierungsenergie *f* || ~ **event** / Ionisierungsereignis *n* || ~ **impurity** / ionisierende Verunreinigung *f* || ~ **radiation** / ionisierende Strahlung
ion-selective electrode / Ionentrennungselektrode *f*
ion-sensitive FET (ISFET) / ionensensitiver FET (ISFET)
ion trap / Ionenfalle *f*
I/O operation / E/A-Operation
IOP s. I/O processor
I/O peripherals / Ein-/Ausgangs-Peripherie *f*, E/A-Peripherie *f*
I/O port / E/A-Anschluss *m* (Datenkanal) || ≗ **processor (IOP)** / E/A-Prozessor (EAP) *m* || ≗ **rack** / Erweiterungsrack (ER) *n*, Erweiterungsbaugruppenträger (EBGT) *m*, Peripheriebaugruppenträger *m*, ZG-Anschaltung *f* || ≗ **retention time** / Peripheriehaltezeit *f* || ≗ **signal** / Peripheriesignal *n* || ≗ **slot** / Peripheriesteckplatz *m* || ≗ **station** / Peripheriegerät *n* || ≗ **system** / Peripheriesystem *n* || ≗ **type** / E/A Typ || ≗ **unit** / Feldgerätanschluss *m* || ≗ **word** / Peripheriewort (PW) *n*, PW (Peripheriewort) || ≗ **write access** / schreibender Peripheriezugriff
IP s. initializing pulse / IP, signalvorcrarbeitende Baugruppe || ≗ **(initializing pulse)** / RI (Richtimpuls)
ip address / IP-Adresse *f*
i.p.c.d . / insulation piercing connecting device || **non-reusable** ~ / nichtwiederanschließbare Schneidklemme || **reusable** ~ / wiederanschließbare Schneidklemme
IPC output flag (interprocessor communication output flag) / Ausgangskoppelmerker *m*
IPL s. rated instrument limit primary current || s. initial program loader
IPO (interpolation) / IPO (Interpolation) || ≗ **(interpolator)** (A special-purpose computing device (usually a digital differential analyzer)

which defines, according to a mathematical description, the path to be followed and the rate of travel of the cutting tool or the machine slide.) / IPO (Interpolator)
ipot / induktives Potentiometer, Spulenpotentiometer *m*, linearer Funktionsdrehmelder
I/Q reference list / E/A-Belegungstabelle *f*
I/Q/F reference list (input/output flag reference list) / Belegungsplan *m*
IR s. infrared radiation / BEF-REG || ~ s. instruction register / Industrieroboter *m*
IRDATA interface (IRDATA = industrial robot data) / IRDATA-Schnittstelle *f*
IR drop / ohmscher Spannungsabfall || ~ **drop compensation transformer** / Spannungsregler *m* (f. ohmschen Spannungsabfall) || ~ **drop compensator** / Kompensator *m* (f. ohmschen Spannungsabfall), Spannungs-Konstanthalter *m*
I/RF module (infeed/regenerative feedback module) / E-/R-Modul (Einspeise/Rückspeisemodul) *n*
I/RF unit (infeed/regenerative-feedback unit) / Einspeise-/Rückspeise-Einheit *f*, E/R-Verbund *m*
iris diaphragm / Irisblende *f*
IRL s. incident review log
I²R loss / Stromwärmeverluste *m pl*, stromabhängige Verluste, Gleichstromverluste *m pl*, Kupferverluste *m pl*, Wirkstromverluste *m pl*, Wicklungsverluste *m pl*
IR monochromator s. infrared monochromator
iron *v* / bügeln *v*, fließziehen *v* || ~ *n* / Grauguss *m* || ~ *n* / Eisen *n*, Bügeleisen *n*, Eisenkern *m* || ~ **and steel works** / Hütten *f pl* || ~ **arc** / Eisenlichtbogen *m*
iron-clad *adj* / gussgekapselt *adj* || ~ **plate** / Panzerplatte *f* (Batt.) || ~ **switchgear** / gussgekapselte Schaltanlage
iron-constantan thermocouple / Eisen-Konstantan-Thermopaar o. Thermoelement *n* (FeCo-Thermopaar)
iron-copper-nickel thermocouple / Eisen-Kupfer-Nickel-Thermopaar o. Thermoelement *n* (Fe-CuNi-Thermopaar)
iron core / Eisenkern *m*
iron-core coil / Eisenkernspule *f*
iron-cored *adj* / mit Eisenkern, eisengeschlossen *adj*, Eisenkern... || ~ **electrodynamic instrument** / eisengeschlossenes elektrodynamisches Messgerät, ferrodynamisches Messgerät || ~ **electrodynamic measuring element** / eisengeschlossenes elektrodynamisches Messwerk || ~ **ferrodynamic ratiometer (o. quotientmeter) element** / eisengeschlossenes ferrodynamisches Quotientenmesswerk || ~ **instrument** / eisengeschlossenes Messgerät
iron-core reactor / Drosselspule mit Eisenkern, Kerndrossel *f*, Eisendrossel *f* || ~ **transformer** / Eisenkerntransformator *m*, Eisentransformator *m*
ironed-in trough / Einbügelung *f* (Wicklungsisolation)
ironed-on sleeving / Umpressung *f* (Wicklungsisolation)
ironing press / Bügelpresse *f*
ironless *adj* / eisenlos *adj*, ohne Eisenkern || ~ **dynamometer-type meter** / eisenloser elektrodynamischer Zähler || ~ **electrodynamic instrument** / eisenloses elektrodynamisches Messgerät || ~ **electrodynamic ratiometer (o.**

quotientmeter) element / eisenloses elektrodynamisches Quotientenmesswerk
iron loss / Eisenverluste *m pl*, Leerlaufverluste *m pl* || ~ **loss in W/kg** / spezifische Eisenverluste || ~ **ribbon core** / Eisenbandkern *m* || ~ **sheet** / Eisenblech *n*
IRQ s. interrupt request || ~ **(interrupt request)** / Unterbrechungsanforderung *f*
irradiance *n* / Bestrahlungsstärke *f*
irradiate *v* / bestrahlen *v*
irradiation *n* / Bestrahlung *f*, Einstrahlung *f* || ~ **saturation current** / Strahlungs-Sättigungsstrom *m*
irregular field / ungleichförmiges Feld, inhomogenes Feld
irregularity *n* / Unregelmäßigkeit *f*, Unebenheit *f*, Ungleichförmigkeit *f*
irregular running / unruhiger Lauf || ~ **transition** / unstetiger Übergang (NC)
irritability, threshold of ~ / Störschwelle *f* (Licht)
irrotational field / wirbelfreies Feld
IR thermometer s. infrared thermometer
IR transmitter / IR-Wandsender *m*
IS (input system) / Eingabesystem *n*
ISA s. international standard atmosphere
I-scheme *n* / I-Netz *n*, Netz mit Impedanzerdung
ISDN (Integrated services digital network) / ISDN (Integrated Services Digital Network)
isentropic exponent / Isentropenexponent *m*
ISFET s. ion-sensitive FET
I-SFT (Industrial Siemens Flatpanel Technology) / I-SFT
island *n* / Insel *f* (Automatisierungsinsel in einem dezentralen System) || **bonding** ~ / Kontaktfleck *m* (IS)
islanding *n* / Inselbildung *f* (Netz), Netzauftrennung *f*
island of automation / Automatisierungsinsel *f* || ~ **of production** / Fertigungsinsel *f*
ISM (industrial, scientific and medial installations) / ISM (industrielle, wissenschaftliche und medizinische Einrichtungen)
ISO (International Standardization Organization) / ISO (International Standardization Organization) || **to** ~ / gemäß DIN EN ISO
isoacoustic curve / Isoakuste *f*, Kurve gleicher Lautstärke
ISO block / ISO Satz
isocandela diagram / Isocandela-Diagramm *n*, Diagramm gleicher Lichtstärke
isochromatic stimuli / gleichfarbige Farbreize, isochrome Farbreize
isochronous governor / Isochronregler *m*
isodromic governor / Isodromregler *m*
isodynamic governor / Isodynregler *m*
ISO fundamental tolerance series / ISO-Grundtoleranzreihe *f* DIN 7182,T.1
isoilluminance curve / Kurve gleicher Beleuchtungsstärke, Isolux-Linie *f*
isointensity chart / Diagramm gleicher Lichtstärke, Isocandela-Diagramm *n* || ~ **curve** / Kurve gleicher Lichtstärke, Isocandela-Kurve *f*
isoirradiance curve / Kurve gleicher Bestrahlungsstärke
isokeraunic level / Gewitterhäufigkeit *f*
isolate *v* / trennen *v*, isolieren *v*, abschalten *v*, galvanisch trennen, entkoppeln *v*, abriegeln *v*, spannungslos machen, potentialfrei machen, abtrennen *v* || **to** ~ **from the supply** / vom Netz

isolated

trennen, spannungsfrei machen, freischalten v
isolated adj (Devices, circuits are said to be isolated
where there is no galvanic connection between
them.) / isoliert adj, potentialgetrennt adj,
potentialfrei adj || ~ **contour** / Inselkontur f || ~ **gate
bipolar thyristor** / IGBT-Thyristor m || ~ **input** /
potentialgetrennter Eingang, potentialfreier
Eingang || ~ **lot** / Einzellos n || ~ **menu** / Inselmenü
n || ~ **menu tree** / Inselmenübaum m, Inselbaum m
|| ~ **menue** / Inselmenü n
isolated-network operation / Betrieb mit
abgetrenntem Netz, Teilnetzbetrieb m
isolated neutral / isolierter Mittelleiter, isolierter
Sternpunkt, ungeerdeter Mittelleiter, freier
Sternpunkt
isolated-neutral system / Netz mit isoliertem
Sternpunkt (o. Nullpunkt o. Mittelpunkt), isoliertes
Netz
isolated operation / Inselbetrieb m, Alleinbetrieb m ||
~ **output** / entkoppelter Ausgang, potentialfreier
Ausgang
isolated-phase bus (duct) / einphasig gekapselte
Sammelschiene
isolated position / Trennstellung f (SK) VDE
0660,T.500, VDE 0670,T.6, Ruhestellung f || ~
solutions / Insellösungen f pl || ~ **supply source** /
erdfreie Stromquelle
isolating amplifier / Trennverstärker m,
Entkopplungsverstärker m,
Gleichspannungstrenner m, Isolierverstärker m || ~
blade / Trennmesser n || ~ **blade terminal** /
Messtrennklemme f || ~ **circuit-breaker** /
Leistungstrenner m, Leistungstrennschalter m || ~
contact / Trennschaltstück n, Trennkontakt m,
Einfahrschaltstück n || ~ **contact pin** /
Trennkontaktstift m || ~ **control switch** IEC 3371 /
Hilfsstromtrenner m VDE 0660,T.200 || ~ **distance**
IEC 129 / Trennstrecke f (SG) VDE 0670,T.2 || ~
facility / Freischaltvorrichtung f,
Freischaltmöglichkeit f || ~ **function** /
Trennfunktion f || ~ **inductor** / Trennspule f,
Induktionsspule mit Trennfunktion || ~ **link** /
Trennlasche f, Trennbrücke f || ~ **load contact** /
Abgangs-Trennkontakt m || ~ **measuring terminal**
/ Messtrennklemme f || ~ **module** /
Entkopplungsbaugruppe f, potentialtrennende
Baugruppe, Abriegelungsbaugruppe f || ~ **neutral
terminal** / Neutralleiter-Trennklemme f,
Mittelleiter-Trennklemme f || ~ **piece** / Trennsteg m
|| ~ **plug connector** / Trennkontaktleiste f || ~ **point**
/ Trennstelle f || ~ **protective equipment** /
trennende Schutzeinrichtung f || ~ **relay** / Trennrelais
n, Abriegelrelais n || ~ **requirements** /
Trennbedingungen f pl (el. Netz) || ~ **submodule** /
Potentialtrennungsmodul n || ~ **terminal** /
Trennklemme f, schaltbare Klemme || ~
transformer / Trenntransformator m,
Trennwandler m, Abriegelungswandler m,
Trenntrafo m, Trennübertrager m,
Isoliertransformator m || ~ **truck** / Trennwagen m
(ST) || ~ **unit** / Trennleiste f || ~ **voltage** /
Potentialtrennspannung f, Trennspannung f || ~
voltage transformer / Sicherheits-
Spannungswandler m
isolation n / Isolierung f, Trennung f VDE 0100,T.46,
Abschaltung f, Freischalten n, galvanische
Trennung, Potentialtrennung f, Entkopplung f,

elektrische Potentialtrennung || ~ (diode) /
Kopplungsdämpfung f (Diode) DIN 41853 ||
grouping ~ / gruppenweise Potentialtrennung ||
signal ~ / Signalentkopplung f, Potentialfreiheit des
Signals DIN IEC 381,T.2 || **supply** ~ / Trennung der
Netzstromversorgung, Freischalten n || ~ **amplifier**
/ Trennverstärker m, Entkopplungsverstärker m,
Gleichspannungstrenner m, Isolierverstärker m || ~
conditions / Trennerbedingungen f pl || ~ **diffusion**
/ Isolationsdiffusion f || ~ **from earth** / Isolierung
gegen Erde, Erdfreiheit f || ~ **from supply** /
Trennung vom Netz, Abschaltung vom Netz,
Freischalten n || ~ **module** / Abriegelbaugruppe f,
ABR-DE || ~ **of a unit** (power plant) / Übergang
eines Blockes in Inselbetrieb || ~ **position** /
Trennstelle f || ~ **transformer** / Trenntransformator m
|| ~ **vessel** / Isolationsbehälter m || ~ **voltage** /
Isolierspannung f DIN 41745, Isolationsspannung f
|| ~ **voltage rating** / Nennisolationsspannung f
isolator n / Isolator m, Trennschalter m, Trenner m,
Entkoppler m, Richtungsleitung f, Schalter m,
Potentialtrenner m, Einwegleitung f,
Einwegdämpfer m || **optical** ~ / optischer Isolator,
Optokoppler m || ~ **replica** / Trennerabbild n
isoluminance curve / Kurve gleicher Leuchtdichte
isolux curve / Isolux-Linie f, Kurve gleicher
Beleuchtungsstärke
isophase light / Gleichtaktfeuer n
isophot curve / Isolux-Linie f, Kurve gleicher
Beleuchtungsstärke
ISO reference model / ISO-Referenzmodell n (f.
Kommunikation offener Systeme) || ♀ **/OSI-
reference model** / ISO/OSI-Schichtenmodell n
(Modell zur Untergliederung von
Kommunikationssystemen in verschiedene
Schichten) || ♀ **standard tolerance unit** / ISO-
Toleranzfaktor m DIN 7182,T.1 || ♀ **system of fits** /
ISO-Passsystem n
isothermal controller / Isotherm-Regler m
ISO tolerance class / ISO-Toleranzfeld n DIN
7182,T.1 || ♀ **tolerance grade** / ISO-
Genauigkeitsgrad m DIN 7182,T.1 || ♀ **tolerance
symbol** / ISO-Toleranzkurzzeichen n
ISP (Internet Service Provider) / ISP
ISR s. interrupt service routine
issue v / absetzen v, ausgeben v || ~ n / Thema n
issued 1996 / Ausgabe 1996
issuing n / Erteilung f
ist s. individual status message
ISTACK (interrupt stack) / USTACK
(Unterbrechungsstack)
I stack s. interrupt stack
IT s. information technology
italics n / Kursivschrift f || ~ adj / kursiv adj
italic type / Schrägschrift f, Kursivschrift f
ITE s. information technology equipment
I²t characteristic / I²t-Kennlinie f
item n / Position f, Posten m, Gegenstand m,
Sachleistung f || ~ (QA) IEC 50(191) / Einheit f
(früher Betrachtungseinheit) || ~ IEC 113-2 /
Betriebsmittel n (Bezeichnungssystem) DIN
40719,T.2 || ~ **test** / Prüfgegenstand m || ~ **code** /
Betriebsmittel-Kennzeichen n || ~ **designation** IEC
113-2 / Gerätekennzeichnung f, Betriebsmittel-
Kennzeichnung f || ~ **number** / maschinenlesbare
Fabrikatebezeichnung
itemize v / detailliert (o. einzeln) aufführen,

spezifizieren *v*
item of apparatus / Gerät *n*, Einzelgerät *n*,
Betriebsmittel *n*
iteration *n* / Iteration *f* || ~ **factor** / Wiederholfaktor *m*
(Rechenoperation, Programmteil),
Wiederholungsfaktor (WF) *m* || ~ **statement** /
Wiederholungsanweisung *f* || ~ **time** / Schleifen-
Durchlaufzeit *f*
iterative calibration / iterativer Abgleich,
wiederholender Abgleich || ~ **impedance** /
Kettenwiderstand *m*, Kettenimpedanz *f* || ~
network / Kettenschaltung *f*, Kettenleiter *m*
I term / Integralanteil (I-Anteil) *m*, I-Anteil
(Integralanteil) *m*
I$_t$ let-through value / I$_t$-Durchlasswert *m*
ITP s. inspection and test plan
IT protective system / IT-Netz *n*,
Schutzleitungssystem *n* || $\stackrel{\circ}{=}$ **supply** / IT-Netz *n*
ITQ s. inspection test quantity
ITR mode / BA (Betriebsart)
ITRV s. initial transient recovery voltage
IT system / IT-Netz *n*, Schutzleitungssystem *n*
I^{2}t -value / I^{2}t-Wert *m*, Joule-Integral *n*
I-type semiconductor / I-Halbleiter *m*,
Eigenhalbleiter *m*
I^{2}t zone (of a circuit-breaker) IEC 157-1 / I^{2}t-Bereich
m (eines Leistungsschalters) VDE 0660,T.101
IUP s. intertripping underreach protection
I.v. and m.v. components / Mittel- und
Niederspannungsanteile
I/V hybrid (current/voltage converter hybrid) /
I/U-Hybrid (Strom-/Spannungswandlerhybrid)
IW s. input word
IWU s. interworking unit

J

jabber *n* / Dauerbeleger *m* (LAN), Dauersender *m*,
Dauerbelegung *f* || ~ **control** / Behebung der
Dauerbelegung (LAN), Sendedauerüberwachung *f*,
Sendezeitüberwachung *f*
jack *n* / Hebebock *m*, Winde *f*, Buchse *f*, weiblicher
Kontakt, Kontaktbuchse *f*, Klinke *f*
(Buchsenkontakt) || ~ **bolt** / Abdrückschraube *f*,
Hubspindel *f*, Positionierbolzen *m* || ~ **distributor** /
Buchsenverteiler *m*
jacket *n* / Mantel *m*, Kabelmantel *m*, Abdeckhaube *f*,
Gehäuse *n*, Hülle *f* (Diskette), Umhüllung (optische
Faser) *f*, Manschette *f*, Energiekabelmantel *m* || ~ **of
concrete** / Zementmantel *m* || ~ **of gypsum** /
Gipsmantel *m* || ~ **of pasteboard** / Pappumhüllung *f*
|| ~ **surface** / Mantelfläche *f*
jacking gear / Anhebevorrichtung *f*
jacking-oil distributor / Druckölverteiler *m*,
Druckölteller *m* || ~ **pump** / Drucköl-
Entlastungspumpe *f*, Lagerentlastungspumpe *f*,
Ölpresspumpe *f* || ~ **system** / Druckölentlastung *f*,
Lagerentlastung durch Drucköl
jack lamp / Stecklampe *f* || ~ **out** *v* / hinauspressen *v*,
auspressen *v* || ~ **panel** / Buchsenfeld *n* || ~ **screw** /
Abdrückschraube *f*, Hubspindel *f*,
Positionierschraube *f*
jack-screw system / Spindelverriegelungssystem *n*

jack shaft / Zwischenwelle *f*, Antriebsspindel *f*
jackstay *n* / Bock *m*, Montagebock *m*
jack up *v* / anheben *v*, hochbocken *v*, hochwinden *v*
Jacquard weaving / Jacquard-Weben *n*
jaggedness *n* / Ausbruch *m*
jagging *n* / Ausfransen *n* (Linien einer graf.
Bildschirmdarstellung)
jam *v* / festklemmen *v*, klemmen *v*, sich festfressen,
festfressen *v* || ~ **signal** / Füllzeichenfolge *f* (LAN)
jammed *adj* / geklemmt *adj*
jamming of a protective grille / Klemmen eines
Schutzgitters
Jansen on-load tap changer / Jansenschalter *m*
Japanese tissue paper / Japanseidenpapier *n*,
Japanpapier *n*
jaw / Backe *f* || ~ **clutch** / Klauenkupplung *f*
(ausrückbar) || ~ **coupling** / Klauenkupplung *f* (fest)
JCPDS index (JCPDS = Joint Committee on Powder
Diffraction Standards) / JCPDS-Kartei *f*
jerk *n* / Ruck *m*, ruckartige Bewegung, Stoß *m* || ~
factor / Ruckfaktor *m* || ~ **filter** / Ruckfilter *m* || ~
limitation / Ruckbegrenzung *f* (WZM) || ~
limitation factor / Ruckbegrenzungsfaktor *m* || ~
rate *f* / Ruckwert *m* || ~ **reduction** / Ruckminderung
f
jet angle / Strahlwinkel *m* || ~ **black** / tiefschwarz *adj*
|| ~ **compressor** / Stahlverdichter *m* || ~ **pipe** /
Stahlrohr *n* || ~ **pipe nozzle** / Stahlrohr *n*
jet-proof *adj* / strahlwassergeschützt *adj*
jet-water *n* / Strahlwasser *n*
jewel bearing / Steinlager *n* (EZ) || ~ **cup** /
Steinpfanne *f* (EZ)
jig *n* / Vorrichtung *f*, Lehre *f*, Bohrschablone *f*,
Aufspannvorrichtung *f*, Bohrplatte *f*
jig-and-fixture manufacture / Vorrichtungsbau *m*
jig boring machine / Lehrenbohrwerk *n*,
Lehrenbohrmaschine *f*
JIT s. just-in-time delivery
jitter *n* / Zittern *n* (Impuls), Jitter *m*, Phasenstörung *f*
|| **aperture** ~ / Öffnungszittern *n*,
Öffnungsunsicherheit *f* || **pulse** ~ / Pulszittern *n*,
Pulsjitter *m* || **transit-time** ~ (photomultiplier) /
Signallaufzeitschwankung *f* (Fotovervielfacher)
JK bistable element / JK-Kippglied *n* (mit
Einflankensteuerung)
J mode / BA \T\
job *n* / Arbeit *f*, Auftrag *m*, Arbeitsstelle *f*, Werkstück
n, Job *m* || ~ **allocation** / Auftragserteilung *f* (SPS)
jobbing shop / Auftragswerkstatt *f*, Kundenwerkstatt
f, Lohnbetrieb *m*
job card / Arbeitskarte *f*, Begleitkarte *f* || ~ **control
language** / Betriebssprache *f* DIN 44300 || ~
control statement / Betriebsanweisung *f*
(Anweisung in der Betriebssprache) DIN 44300 || ~
data / Auftragsdaten *plt*, Ablaufdaten *plt* || ~
description / Tätigkeitsbeschreibung *f*,
Arbeitsplatzbeschreibung *f* || ~ **documentation** /
Ablaufdokumentation *f* || ~ **identification** /
Auftragskennung *f* (SPS) || ~ **list** / Jobliste *f*,
Auftragsblock *m* || ~ **lot production** / Werksnummer
f, Jobnummer *f* || ~ **number** / Werkstattauftrag *m* || ~
order cost / Bezugspreis *m* || ~ **order cost
assignment** / Auftragskostenzuordnung *f* || ~ **order
costs** / Auftragskosten *pl* || ~ **order cost type** /
Bezugspreisbegriff *m* || ~ **order currency code** /
Bezugswährungskennzeichen *n*

job-oriented *adj* / aufgabenorientiert *adj*
job planning / Arbeitsvorbereitung *f* || ~ **processing** / Auftragsabwicklung *f* (SPS), Auftragsbearbeitung *f* || ~ **processing speed** / Auftragsabwicklungsgeschwindigkeit *f* (SPS) || ~ **production** / Einzelfertigung *f* || ~ **queue** / Auftragsschlange *f* || ~ **reference** / Auftragskennzeichen (AKZ) *n* || ~ **retry** / Auftragswiederholung *f* || ~ **routing** / Fertigungsablauf *m*, Fertigungsprogramm *n* || ~ **scheduling** / Disposition *f* || ~ **shop** / Auftragswerkstatt *f*, Lohnbetrieb *m*, Lohnfertiger *m* (Unternehmen, das im Auftrag eines anderen Unternehmens fertigt/produziert), Kundenwerkstatt *f*
job-specific *adj* / auftragsspezifisch *adj*, aufgabenspezifisch *adj*
job status word / Anzeigewort (ANZW) *n*
job-trained worker / angelernter Arbeiter
jockey pulley / Riemenspannrolle *f*, Umlenkrolle *f*, Riemenleitrolle *f*
jog *v* / vorrücken *v*, tippen *v*, langsames Drehen || ≙ **axis velocity** / konventionelle Achsgeschwindigkeit || ~ **button** / JOG-Taste *f* || ~ **control** / Tippschaltung *f*, Tippbetrieb *m*, Schrittschaltung *f* || ~ **feedrate** / konventionelle Geschwindigkeit || ≙ **frequency left** / JOG Frequenz links || ≙ **frequency right** / JOG-Frequenz rechts
jogging *n* / elektrisches Drehen (el. Masch.), Tippen *n*, Schrittschalten *n*, Vorrücken *n* || ~ **speed** / Vorrückgeschwindigkeit *f*, Tippdrehzahl *f*, Hilfsgeschwindigkeit *f*
jog independent of NC / konventionell ohne NC || ~ **key** / Tipptaste *f* (NC) || ~ **keys increase/decrease** / Tippschalter größer/kleiner || ~ **mode** / Tippbetrieb *m*, konventioneller Betrieb (NC), JOG, Verfahren von Hand (manuelle Betriebsart, die es dem Bediener ermöglicht, die Verfahrbewegungen der Achse im Vorschub (low jog) oder im Eilgang (high jog) mittels Richtungstasten von Hand zu steuern), Tippsteuerung *f*, Tippen *n*, konventionelles Verfahren, konventionelles Fahren, konventionell, konventionelle Betriebsart, Betriebsart Tippen || ≙ **mode** / Betriebsart JOG (BA JOG), Handbetrieb *m* || ≙ **ramp-down time** / JOG Rücklaufzeit || ≙ **ramp time** / JOG-Rampenzeit *f* || ≙ **ramp-up time** / JOG Hochlaufzeit || ~ **via NC** / konventionell mit NC || ~ **with electronic handwheel** / konventionell mit elektronischem Handrad
Johansson gauge / Johanssonmaß *n*, Parallelendmaß *n*
Johnson noise / Johnson-Geräusch *n*, Wärmerauschleistung *f*
join *v* / verbinden *v* (a. CAD), fügen *v*, zusammenfügen *v* || ~ *n* / Fuge *f*, Klebestelle *f*, Verbindungsstelle *f*, Verbindungslinie *f*, Naht *f*, Sammlung (Programmablaufplan)
joinery machine / Tischlereimaschine *f*
joining *n* / Verbinden *n*, Fügen *n*, Stoßen *n*, fügen *v* || ~ **key** / Verbindungskeil *m* || ~ **machine** / Zusammenfügemaschine *f* || ~ **sheet** / Knotenblech *n*
joint *n* / Verbindung *f*, Fuge *f*, Stoß *m*, Spalt *m* (Ex-Geräte), Naht *f*, Gelenk *n*, Hülse *f*, Muffe *f*, Nahstelle (NS) *f*, Nahtstelle (NST) *f*, Stoßstelle *f*, Teilfuge *f* || **cable** ~ / Kabelmuffe *f* || **dry** ~ /

trockene Lötstelle, kalte Lötstelle || **magnetic** ~ / Stoßstelle im magnetischen Kreis || ~ **bar** / Teilfugenstab *m* || ~ **box** / Verbindungsdose *f* (I), Abzweigdose *f* (I), Verbindungsmuffe *f* (Kabel) || ~ **hinge** / Gelenkband *n*
joint-box transformer / Muffentransformator *m*
joint central moment of orders q_1 and q_2 / zentrales Moment der Ordnungen q_1 und q_2 DIN 55350,T.23
jointed-arm robot / Gelenkarmroboter *m*
jointed guidance arm / Gelenklenker *m*
jointing temperature / Fügetemperatur *f*, Schrumpftemperatur *f*
jointless *adj* / fugenlos *adj*, stoßstellenfrei *adj*
joint moment of orders q_1 and q_2 / Moment der Ordnungen q_1 und q_2 DIN 55350,T.23 || ~ **moment of orders q_1 and q_2 about an origin a, b** / Moment der Ordnungen q_1 und q_2 bezüglich a,b DIN 55350,T.23 || ~ **pin** / Gelenkbolzen *m* || ~ **play testing device** / Prüfvorrichtung Gelenkspiel || ~ **rod** / Gelenkstange *f* || ~ **rod suspension** / Gelenkstabaufhängung *f* || ~ **sleeve** / Kabelmuffe *f*, Muffengehäuse *n*
joint-sleeve insulation / Muffengehäuse-Isolierung *f*
joint surface / Teilfugenfläche *f*, Fügefläche *f* || ~ **welding** / Verbindungsschweißung *f*
Jordan bearing / kombiniertes Trag- und Führungslager, Quer-Längslager *n*, Trag-Stützlager *n* || ≙ **diagram** / Jordan-Diagramm *n* || ≙ **lag** / Jordansche Nachwirkung, thermische Nachwirkung
Joulean heat / Joulesche Wärme, Stromwärme *f*
Joule effect / Joule-Effekt *m* || ≙ **heat** / Joulesche Wärme, Stromwärme *f* || ≙ **integral** / Joulesches Integral, I^2t-Wert *m*, Joule-Integral *n*
journal *n* / Gleitlagersitz *m* IEC 50(411), Lagerstelle *f*, Lagerzapfen *m*, Gleitzapfen *m*, Tragzapfen *m* || ~ **(of a shaft)** / Gleitlagersitz *m* IEC 50(411) || ~ **bearing** / Gleitlager *n*, Ringlager *n*, Büchsenlager *n* || ~ **for axial load** / Tragzapfen *m* (Welle), Stützzapfen *m*, Stirnzapfen *m*, Spurzapfen *m* || ~ **for radial load** / Querzapfen *m* (Welle)
journaling *n* / Diagrammbuchführung *f*
joystick *n* / Steuerknüppel *m*, Meisterschalter *m*, Meisterschalter *m* (mit mehr als zwei Betätigungsstellungen die verschiedenen Betätigungsrichtungen zugeordnet sind) || ~ **unit** / Steuerknüppeleinheit *f*
JP / springen *v* (SPS, NC)
judder *n* / Vibrieren *n*, Zittern *n* (Fernkopierer), Verzittern *n*, Unregelmäßigkeit *f*
jumbo mushroom button / großer Pilzdruckknopf
jump *v* / springen *v* (SPS, NC) || ~ **(JP)** / Sprung *m* (DV, PC) || ~, **unconditional** / Sprung, bedingt DIN 19239 || ~ **address** / Sprungadresse *f*, Sprungziel *n* || ~ **condition** / Sprungbedingung *f* || ~ **destination** / Sprungziel *n* || ~ **destination list** / Sprungliste *f* || ~ **displacement** / Sprungdistanz *f*, Sprungweite *f* || ~ **element** / Sprungelement *n*
jumper *n* / Verbindungsleiter *m*, Verbindungsleitung *f* (m. 2 Steckern), Brücke *f*, Strombrücke *f*, Kurzschlussbrücke *f*, Schaltdraht *m*, Drahtbrücke *f*, Erdungsbügel *m*, Brückenstecker *m*, Steckbrücke *f*, Überbrückung *f*, Schaltbügel *m*, Schaltbrücke *f*, Jumper *m*, Stromschlaufe *f* || **anti-vibration** ~ / Schwingungsdämpfer *m* (Freiltg.) || **bonding** ~ / Potentialausgleichsleiter *m* (PL) || **coding** ~ /

Codierbrücke f || **earthing** ~ / Erdungsverbinder m, Erdungsbrücke f, Erdungslasche f || **heating** ~ / Heizkupplung f (Bahn), Zugsammelschienenkupplung f (Heizleitung) || ~ **assignments** / Brückenbelegung f || ~ **board** / Rangierverteiler m || ~ **cable** / Überbrückungskabel n, Kupplungsleitung f (zur el. Verbindung von mechanisch gekuppelten Fahrzeugen) || ~ **connectors** / Rangierstecker m || ~ **designation** / Brückenbezeichnung f
jumpered adj / überbrückt adj, gebrückt adj, kurzgeschlossen adj || **jumpered, the output can be** ~ / der Ausgang ist rangierbar
jumper flag / Anschlussfahne für Stromschlaufe (Freiltg.), Stromschlaufenanschluss m || ~ **header** / Kopfstecker m, Brückenblock m, Brückenkamm m, Brückenmodul n, Brückenigel m
jumpering n / Rangieren n (m. Strombrücken), Rangierung f || ~ **card** / Rangierkarte f, Rangierkarte f || ~ **module** / Rangierbaugruppe f || ~ **panel** / Rangierfeld n
jumper lug / Anschlussfahne für Stromschlaufe (Freiltg.), Stromschlaufenanschluss m || ~ **module** / Brückenbaustein m (elST), Rangierbaugruppe f || ~ **plug** / Brückenstecker m, Steckbrücke f, Einlegebrücke f
jumpers n / Rangierstecker m
jumper-selectable adj / umschaltbar adj
jumper setting / Brückeneinstellung f || ~ **wire** / Schaltdraht m, Rangierdraht m
jump frequency / Ausblendfrequenz f || ~ **function** / Sprungfunktion f
jumping characteristic / Kennlinie mit Kennliniensprung (LE)
jump instruction / Sprungbefehl m, Sprunganweisung f, Sprungoperation f || ~ **key** / Überbrückungstaste f || ~ **label** / Sprungmarke f (SPS), Sprungmarke f || ~ **list** / Sprungverteiler m || ~ **mark** / Sprungmarke f, Label n || ~ **of electrons** / Elektronenübergang m || ~ **operation** / Sprungoperation f || ~ **step** / Sprungschritt m || ~ **target** / Sprungziel n
junction n / Kreuzung f, Verbindung f, Knotenpunkt m, Verzweigung f (von Leitern), Zusammenführung f (Programmablaufplan), Übergang m (HL), Zonenübergang m (HL), Lötstelle f || **collector** ~ / Kollektorübergang m, Kollektorsperrschicht f, Kollektor-Basis-Zonenübergang m || **measuring** ~ / Messstelle f (Thermopaar) || **network** ~ / Netzknoten m || **pn** ~ / pn-Übergang m || **soldered** ~ / Lötstelle f (Thermoelement) || **summing** ~ / Additionspunkt m (IS) || **welded** ~ / Schweißstelle f (Thermoelement) || ~ **and tapping box** IEC 23F.3 / Anschluss- und Abzweigdose f DIN IEC 23F.3 || ~ **box** / Anschlussdose f DIN IEC 23.F, Abzweigdose f, Verbindungsdose f, Anschlusskasten m, Übertragungskasten m, Kabelmuffe f
junction-box receiver / Verteilungsdosenempfänger m (IR-Fernbedienung)
junction breakdown / Sperrschicht-Durchschlag m || ~ **capacitance** / Sperrschichtkapazität f || ~ **circulator** / Verzweigungszirkulator m || ~ **diode** / Flächendiode f (FD)
junction-gate field-effect transistor (PN FET) / Feldeffekttransistor mit PN-Übergang (PNFET), Sperrschicht-Feldeffekttransistor m
junction module / Abzweigmodul n

junction of conductors IEC 117-1 / Leitungsverzweigung f DIN 40717 || ~ **plate** / Knotenblech n || ~ **sleeve** / Verbindungsmuffe f (Kabel) || ~ **temperature** / Sperrschichttemperatur f (HL)
junction-to-case thermal resistance / Wärmewiderstand zwischen Sperrschicht und Gehäuse (HL)
junction transistor / Flächentransistor m, Sperrschichttransistor m
juncture glued / fugenverleimt adj
justification, margin ~ / Randausgleich m (Text)
justified block / Blocksatz m (Textverarb.)
justify, to ~ **to the left margin** / linksbündig machen || **to** ~ **to the right margin** / rechtsbündig machen
just-in-time delivery (JIT) / fertigungssynchrone Lieferung
just non-release value / Halte-Istwert m (Rel.) || ~ **operate value** / Ansprech-Istwert m (Rel.) || ~ **release value** / Rückfall-Istwert m (Rel.) || ~ **revert-reverse value** / Wiederansprech-Istwert m (Rel.) || ~ **value** / Istwert m (Relaisprüf.)

K

K / Kernsequenz f
K, constant ⁰ **of maximum-demand indicator** / Maximumkonstante K
Kaplan turbine / Kaplanturbine f
Kapp vibrator / Kappscher Vibrator (o. Phasenschieber)
K bracing / K-Fachwerk n (Gittermast)
keep v / aufbewahren v, beibehalten v
keep-alive arc / Hilfsentladung f (Lampe) || ~ **electrode** / Vorionisator m (ESR)
keeper n / Magnetanschlussstück n, Rückschlussstück m, Kurzschließer m
Kelvin bridge / Kelvin-Brücke f || ⁰ **effect** / Kelvin-Effekt m, Hautwirkung f, Skineffekt m, Stromverdrängungseffekt m
kerf n / Schnittspalt m, Schnittfuge f, Schnittfläche f || ~ **width** / Schnittfugenbreite f DIN 2310,T.1
kernel n / Kern m (Betriebssystem, Programm), Betriebssystemkern m || ~ **sequence** / Kernsequenz f (NC) || ~ **system** (GKS) / Kernsystem n
Kerr effect / Kerr-Effekt m
key n / Keil m, Längskeil m, Schlüssel m, Taste f, Grundnase f (StV), Führungsnase f (ESR), Drucktaste f, Passfeder f, Druckknopf m || ~ **search** ~ / Suchbegriff m || ~ **with mechanical** ~ / verwechslungssicher adj || ~ **actuator** / Schlüsselantrieb m || ~ **assignment** / Tastenbelegung f
keyboard n / Tastatur f, Tastenfeld n, Tastenwerk n, Hubtastatur f, Bedientastatur f, Tablett n || ~ **action** / Tastaturbedienung f || ~ **assignment** / Tastaturbelegung f || ~ **entry** / Tastatureingabe f || ~ **image** / Tastenabbild n || ~ **layout** / Tastenbelegung f, Tastaturbelegung f || ~ **management** / Tastaturverwaltung f || ~ **overlay** / Tastaturschablone f, Tastaturfolie f || ~ **printer** / Terminaldrucker m, Datendrucker mit Eingabetastatur, Blattschreiber mit Eingabetastatur

key   302

|| ~ **printer terminal** / Schreibstation f (SPS) || ~ **table** / Tastaturtabelle f || ~ **transmitter** / Tastenfeldsender m || ~ **with membrane-switch arrays** / Tastatur mit Folienschaltern E DIN 42115
key can be user-labeled / freibeschriftbare Taste || ~ **cap** / Tastenabdeckung f || ~ **code** / Tastencode m || ~ **combination** / Tastenkombination f || ~ **data** / Eckdaten pl, Grenzdaten pl || ~ **date** / Stichtag m || ~ **diskette** / Schlüsseldiskette f
keyed *adj* / verkeilt *adj*, mit Keil gesichert, verpolsicher *adj*, formschlüssig befestigt
keyed-bar cage rotor / Keilstabläufer m
keyed connection / Keilverbindung f, formschlüssige Verbindung || ~ **hub** / Keilnabe f || ~ **slot** / codierter Einbauplatz
key entry / Tastatureingabe f || ~ **field** / Tastenfeld n || ~ **for user defined parameter** / Parameterschlüssel für P0013
keyhole fixing / Schlüsselbefestigung f || ~ **impact test** / Schlitz- und Rundkerbprüfung f || ~ **mounting** / Schlüssellochbefestigung f
key in / eintippen v
keying n / Verkeilung f, Keilbefestigung f, mit Verpolschutz versehen, Tastung f (Bildung von Signalen durch Schalten eines Gleichstroms o.einer Schwingung), Keilverbindung f
key interlock / Schlüsselsperre f || ~ **labelling** / Tastenbeschriftung f || ~ **length** / Schlüssellänge f (Datensatzschlüssel) || ~ **lock** / Tastensperre f
keylock switch / Schlüsselschalter m
key matrix / Tastenmatrix f || ~ **message list** / Kurztelegrammliste f (SPS) || ~ **of subject characteristics** / Sachmerkmal-Schlüssel m DIN 4000,T.1 || ~ **position** / Schalterstellung f
key-operated pushbutton IEC 337-2 / Schlüsseltaster m (Drucktaster) VDE 0660,T.201 || ~ **rotary switch** IEC 337-2A / Schlüssel-Drehschalter m VDE 0660,T.202, Drehknopfschalter m || ~ **selector switch** / Schlüssel-Wahlschalter m || ~ **switch** / Schlüsselschalter m
keypad n / Tastatur f, Kleintastatur f, Tastaturblock m, Tastenblock m, Tastenfeld n, Tastaturfeld n || **keypad setpoint** n / Tastatursollwert m
key row / Tastenreihe f
keys n pl / Taster m pl
key selector / Schlüssel-Wahlschalter m || ~ **set** / Tastensatz m || ~ **set change** / Tastensatzwechsel m
keystroke overview / Kommandoübersicht f
keystroke-programmable *adj* / manuell programmierbar
keystroke sequence / Tastenfolge f
key structure / Schlüsselaufbau m
keyswitch n / Schlüsselschalter m || ~ **for locking data entry** / Schlüsselschalter für Eingabesperre || ~ **setting** / Schlüsselschalterstellung f || ~ **with interlocks** / getrennt verriegelbarer Schlüsselschalter
key symbol / Schlüsselsymbol n
keytop n / Tastenknopf m, Tastenkappe f || ~ **overlay** / Tastaturfolie f || ~ **touch area** / Tastfläche f (auf dem Tastenknopf)
keyway n / Keilnut f, Längskeilnut f, Schlüsselnut f, Passfedernut f || ~ **milling machine** / Keilnutenfräser m
keyword / Schlüsselwort n, Kennwort n
K frame / K-Rahmen m (Mastkopf), Gabel f

kick n / Spitze f (Störgröße) || **starting** ~ / Zündstoß m (Lampe)
kicking coil / Drosselspule f, Induktionsspule f
kickplate n / Fußleiste f, Sockelleiste f (Schrank)
kieselgur n / Kieselgur m
killing, line ~ / Wurferdung f
kilometres travelled / Fahrkilometer m pl, Zugkilometer m pl
kilometric fault / Abstandskurzschluss m, Leitungskurzschluss m
kilovolt-ampere rating / Bemessungsleistung in kVA, Nenn-kVA n, Bemessungs-Scheinleistung f, Typenleistung f
kilowatt-hour meter / Kilowattstundenzähler m, Wirkverbrauchszähler m, kWh-Zähler m || ~ **rate** / Arbeitspreis m (StT)
kilowatt maximum-demand meter / Maximumzähler m
kind of current / Stromart f || ~ **of item** IEC 113-2 / Art des Betriebsmittels DIN 40719,T.2, Geräteart f || ~ **of marking** / Aufzeichnungsart f (Schreiber) || ~ **of operation** / Gangart f
kinematic gear / kinematische Getriebe || ~ **link** / kinematische Kopplung, kinematische Verknüpfung || ~ **linkage** / kinematische Verknüpfung, kinematische Kopplung
kinematics n pl / Kinematik f
kinematic viscosity / kinematische Viskosität, kinematische Zähigkeit
kinetic back-up / kinetische Pufferung || ~ **buffering** / kinetische Pufferung || ~ **energy** / kinetische Energie, Bewegungsenergie f || ~ **energy of rotation** / Rotationsenergie f || ~ **momentum** / kinetisches Moment
king pin / Königszapfen m
Kingsburg thrust bearing / Kingsburg-Axiallager n, Kippsegment-Drucklager n
kink v / knicken v, abknicken v || ~ n / Knick m, Schleife f
kiosk n / Kiosk m, Blechstation f, Verteilkabine f || **relay** ~ / Relaishäuschen n || ~ **substation** / Kompaktstation f
Kirchhoff's current law / erstes Kirchhoffsches Gesetz, Knotenpunktregel von Kirchhoff || ~ **voltage law** / zweite Kirchhoffsche Regel, Maschenregel f (von Kirchhoff), Maschenpunktregel f
kirksite n / Zamak (Zinklegierung mit Aluminium)
kit n / Ausrüstung f, Ausstattung f, Bausatz m, Werkzeugkasten m, Montagekit m, Einbausatz m, Bauteilesatz m, Montagesatz m, Paket n, Garnitur f || **tool** ~ / Werkzeugbesteck n, Werkzeugkasten m, Werkzeugtasche f
kitchen lift (o. elevator) / Wirtschaftsaufzug m || ~ **luminaire** / Küchenleuchte f || ~ **machine** / Küchenmaschine f
Klieg lamp / Jupiterlampe f
klystron n / Klystron n
kneading machine / Knetmaschine f
knee n / Knick m, Knickpunkt m, Krümmer m
knee-and-column milling machine / Konsolfräsmaschine f
knee bend / Knie n || ~ **compensation flow rate** / Knickkompensation Volumenstrom
knee point / Kniepunkt m (Kurve)
knee-point compensation / Knickkompensation f ||
knee-point e.m.f. / Knickpunkt-EMK f || ~ **voltage**

/ Knickpunktspannung f, Kniespannung f || ~
voltage of valve / Ventil Knickpunkt Spannung
knee sensitivity / Empfindlichkeit im Kniepunkt
knee-shaped *adj* / knickförmig *adj* || **~ acceleration characteristic** / geknickte Beschleunigungskennlinie || **~ characteristic** / geknickte Kennlinie
knee-type milling machine / Konsolfräsmaschine f
knife-blade contact / Messerkontaktstück n || **knife blade contact** / Messerkontakt m
knife-contact pair / Schaltmesserpaar n
knife disconnector / Hebeltrennschalter m, Hebeltrenner m
knife-edge bearing / Schneidenlagerung f || **knife edge line** / Schneidenlinie f
knife-edge pivot / Schneidengelenk n || **~ relay** / Schneidenlagerrelais n
knife isolator / Hebeltrennschalter m, Hebeltrenner m || **~ switch** / Messerschalter m, Hebelschalter m, Hebelumschalter m
knitting cylinder / Strickzylinder m || **~ machine** / Strickmaschine f, Wirkmaschine f
knob n / Knopf m, Drehknopf m, Betätigungsknopf m, Knebel m, Knebelknopf m
knob-operated momentary-contact control switch / Knebeltaster m || **~ rotary switch** / knebelbetätigter Drehschalter, Knebelschalter m || **~ switch** / Knebelschalter m
knock control / Klopfregelung f (Kfz), Klopfunterdrückung f
knocking n / Klopfen n (a. Kfz-Motor), Klingeln n (Kfz-Motor) || **~ limit control** / Klopfgrenzregelung f (Kfz) || **~ limit sensor** / Klopfgrenzsensor m, Klopfsensor m || **~ signal** / Klingelsignal n (Kfz)
knock limit / Klopfgrenze f (Kfz-Mot.)
knock out / ausbrechen v
knockout *adj* / ausbrechbar *adj* || **~ (k.o.)** n / Vorprägung f, vorgeprägte Öffnung, ausbrechbare Vorprägung, vorgepresste Einführung || **~ wire entry** / ausbrechbare Leitungseinführung
knock sensor / Klopfsensor m (Kfz), Klopfgrenzsensor m
knot chain / Knotenkette f
knotted *adj* / verknotet *adj* || **~ tensile strength** / Knoten-Zugfestigkeit f
know-how protection / KNOW-HOW Schutz
knowledge-based expert system / wissensbasiertes Expertensystem
knowledge of G codes / G-Code-Kenntnisse $f\,pl$, DIN-Programmierkenntnisse $f\,pl$
knuckle joint / Kniegelenk n, Bolzengelenk n || **~ thread** / Rundgewinde n
knurl v / rändeln v, kordeln v
knurled collar / Rändelbund m || **~ knob** / Rändelknopf m || **~ nut** / Rändelmutter f, Kordelmutter f || **~ ring** / Rändelring m || **~ thumb screw** / gerändeltes Griffstück
knurling n / Rändelung f, Kordelung f || **~ tool** / Rändelwerkzeug n
k.o. s. knockout
Korndorfer starting method / Dreischaltermethode f
K panel / K-Fachwerk n (Gittermast)
Kraemer drive / Krämer-Satz m, Krämer-Kaskade f || $\stackrel{\circ}{-}$ **system** / Krämer-Kaskade f || $\stackrel{\circ}{-}$ **three-winding generator** / Krämer-Dreifeldgenerator m
kraft capacitor paper / Kraft-Kondensatorpapier n ||
~ paper / Kraft-Papier n
Kratky compact camera / Kratky-Kompaktkammer f
kurtosis n (statistical distribution) / Kurtosis f DIN 55350,T.21, Wölbung f (QS)
kVA rating / Bemessungsleistung in kVA, Nenn-kVA n, Bemessungs-Scheinleistung f, Typenleistung f
kVArh register / kVArh-Zählwerk n, Blindarbeitszählwerk n
KV factor / Kreisverstärkungsfaktor (KV-Faktor) m
kWh consumption / kWh-Verbrauch m, Kilowattstundenverbrauch m, Wirkverbrauch m || **~ loss** / Verlustarbeit f || **~ meter** / kWh-Zähler m, Wirkverbrauchszähler m || **~ meter for two directions of power flow** / Wirkverbrauchszähler für zwei Energierichtungen || **~ price** / kWh-Preis m, Preis pro kWh, Energiepreis m

L

L (letter symbol for askarel) / L (Buchstabensymbol für Askarel)
LA s. logic analyzer
label v / beschriften v, mit einem Bezeichnungsschild versehen || **~** n / Bezeichnungsschild n, Etikett n, Beschriftungszettel m, Marke f (Bezeichner von Datenobjekten) DIN 44300, Kennsatz m, Kennzeichensatz m, Sprungmarke f, Beschriftung f || **~ EN 61131-3** / Marke f (SPS-Programm) || **adhesive ~** / Klebeschild n, Aufkleber m, Haftbild n
labeled *adj* / beschriftet *adj*
label holder / Schildträger m
labeling n / Beschriftung f || **~ field** / Bezeichnungsfeld n, Beschriftungsfeld n || **~ machine** / Etikettiermaschine f || **~ sheet** / Beschriftungsbogen m || **~ strip** / Beschriftungsstreifen m
labelling n / mit Bezeichnungsschildern versehen, Etikettieren n, Beschildern n, Beschriften n, Kennzeichnen n, Beschriftung f || **laser-based ~ system** / Laser-Beschriftungsanlage f || **~ area** / Beschriftungsfeld n, Bezeichnungsfeld n || **~ mask** / Beschriftungsschablone f, Beschriftungsschablone f || **~ plate** / Kennzeichnungsschild n || **~ scheme** / Bezeichnungsschema n || **~ space** / Beschriftungsfeld n, Bezeichnungsfeld n || **~ step** / Labelschritt m || **~ strip** / Bezeichnungsfeld n, Beschriftungsfeld n || **~ template** / Beschriftungsschablone f, Beschriftungsschablone f
label set / Kennsatzfamilie f, Schildersatz m || **~ table** / Labeltabelle f
laboratory a.c. resistor / Wechselstrom-Messwiderstand m DIN IEC 477,T.2 || **~ and system power supply (LPS)** / Labor- und Netzstromversorgung f || **~ environment** / Messraumklima n || **~ oscilloscope** / Labor-Oszilloskop n || **~ reference standard** / Laboratorium-Bezugsnormal n || **~ reliability test** / Zuverlässigkeits-Prüfung unter Laborbedingungen || **~ resistor** / Messwiderstand m DIN IEC 477 || **~ test** / Laborprüfung f || **~ working standard** /

Eichnormale nach Labormaßstäben
labour safety / Arbeitssicherheit *f*
lab scope / Labor-Oszilloskop *n*
labyrinth filter / Labyrinthfilter *n* || ~ **gland** / Labyrinthbuchse *f*, Labyrinthdichtung *f* || ~ **joint** / Labyrinthspalt *m* || ~ **packing** / Labyrinthpackung *f* || ~ **ring** / Labyrinthring *m* || ~ **seal** / Labyrinthdichtung *f*, Labyrinth *n*
lacing, double ~ / Ausfachung mit gekreuzten Diagonalen (Gittermast) || **single** ~ / Ausfachung mit Einfachdiagonalen || ~ **system** / Diagonalausfachung *f* (Gittermast) || ~ **wire** / Bindedraht *m*
lacking in infrastructure / strukturschwach *adj* || ~ **lubricity** / mangelnde Schmierfähigkeit
lacquered with latex / kautschuklackiert *adj*
La Cour converter / La Cour-Umformer *m*, Kaskadenumformer *m*
LACS s. listener active state
LAD s. ladder diagram
ladder contact network / Netzwerk *n* (verbundene Sprachelemente) || ~ **diagram (LAD)** / Kontaktplan *m* (KOP) || ~ **diagram line** / Stromweg *m*, Strombahn *f*, Strompfad *m*, Segment *n*
ladder-diagram programming / Kontaktplanprogrammierung *f*
ladder network / Leiternetzwerk *n*, Abzweigschaltung von L-Zweitoren, Kettenschaltung *f* || ~ **programming** / Kontaktplanprogrammierung *f* || ~ **resistor network** / Widerstandsleiter-Netzwerk *n*
LADS s. listener addressed state
lag *v* / nacheilen *v*, isolieren *v* (m. Dämmstoff) || ~ *n* / Verzögerung *f*, Nacheilung *f*, Trägheit *f*, Phasenverzögerung *f*, Phasennacheilwinkel *m* || ~ **thermal** ~ / Wärmeträgheit *f* || ~ **angle** / Verzögerungswinkel *m*, Nacheilwinkel *m*, Lastwinkel *m* (Schrittmot.) || ~ **by angle** / nacheilend verschoben || ~ **characteristic** / Verzögerungsverhalten *n* || ~ **circuit** / induktiver Zweig (Leuchtenschaltung) || ~ **element** / Verzögerungsglied *n*, Totzeitglied *n*
lagging *n* / Nacheilung *f*, Verzögerung *f*, Schallisolierung *f*, Wärmeisolierung *f* || ~ *adj* / nacheilend *adj*, induktiv *adj* || ~ **auxiliary switch** / nacheilender Hilfsschalter || ~ **load** / induktive Belastung || ~ **p.f.** / nacheilender Leistungsfaktor, induktiver Leistungsfaktor || ~ **p.f. correction circuit** / induktive Schaltung (Leuchtstofflampe) || ~ **phase angle** / Phasen-Nacheilwinkel *m*, nacheilender Phasenwinkel, Phasennacheilung *f* || ~ **power factor** / nacheilender Leistungsfaktor, induktiver Leistungsfaktor || ~ **reactive energy** / induktive Blindarbeit || ~ **reactive power** / induktive Blindleistung || ~ **reactive-power consumption** / negativer Blindverbrauch || ~ **reactive voltage** / induktive Blindspannung
lag of phase / Nacheilen der Phase
Lagrangian decomposition algorithm / Lagrange-Algorithmus *m*
laid down / aufgeführt *adj*
laid-up core / verseilte Ader
lake *n* / Lack *m* || ~ **level monitoring and flow calculations** / Überwachung der Wasserpegel und der Gewässerströmung
lambda controller / Lambda-Regelung *f* || ~ **probe** / Lambdasonde *f*

Lambertian source / Lambert-Strahler *m*
Lambert's cosine law / Lambertsches Kosinusgesetz
Lambeth saddle / Rohrschelle *f*
Lamb wave / Plattenwelle *f*, Lamb-Welle *f*
lamella *n* / Lamelle *f*
lamellar field / wirbelfreies Feld || ~ **magnetization** / Quermagnetisierung *f* (Blech) || ~ **plate** / Lamellenwand *f*
laminar flow / laminare Strömung, Bandströmung *f*, Schichtenströmung *f*
laminate *v* / lamellieren *v*, schichten *v*, blättern *v* || ~ / Schichtpressstoff *m*, Schichtstoff *m*
laminated *adj* / lamelliert *adj*, geschichtet *adj*, geblättert *adj*, geblecht *adj* || ~ **brush** / lamellierte Bürste, Schichtbürste *f* || ~ **casing** / Verbundgehäuse *n* || ~ **construction** / geblechte Bauweise, Blätterung *f* || ~ **contact** / Lamellenkontakt *m* || ~ **core** / Blechpaket *n*, Schichtkern *m*, lammellierter Kern || ~ **core with 45° corner cut** / geblechter Kern mit 45°-Schnitt || ~ **fibrous filter** / Faserschichtfilter *n* || ~ **frame** / geblechtes Gehäuse
laminated-frame motor / Motor mit geblechtem Gehäuse
laminated glass fabric / Hartglasgewebe *n* || ~ **iron core** / geblechter (o. geblätterter) Eisenkern || ~ **magnetic circuit** / geblechtes Magnetsystem, dämpfungsarmer magnetischer Kreis, entdämpfter magnetischer Kreis || ~ **material** / Schichtpressstoff *m*, Schichtstoff *m* || ~ **moulded section** / Umpressung *f* DIN 7732,T.1 || ~ **paper** / Hartpapier *n* (H-Papier) || ~ **plastic** / Schichtpressstoff *m*, Schichtstoff *m* || ~ **plastic material** / kunststoffflammelierter Werkstoff || ~ **pressboard** / Blockspan *m* || ~ **rim** / Blechkette *f* (WKW-Gen.)
laminated-rim rotor / Blechkettenläufer *m*, Schichtpolrad *n*
laminated rotor / Blechpaketläufer *m*, Schichtpolrad *n* || ~ **rotor core** / Läuferblechpaket *n* || ~ **sheet** / Schichtfolie *f*, Schichtstoffbahn *f*
laminated-sheet coil / laminierte Spule, Schichtspule *f*, Blechspule *f*
laminated spring / Blattfeder *f*, Schichtfeder *f* || ~ **spring coupling** / Federpaketkupplung *f* || ~ **stator core** / Ständerblechpaket *n*
lamination *n* / Schichtung *f*, Lamelle *f*, Blechlamelle *f*, Kernblech *n* || ~ **factor** / Stapelfaktor *n* (geblechter Kern o. Anker), Füllfaktor *m* || ~ **insulation** / Schichtisolierung *f* (el. Masch.) || ~ **scheme** / Schichtplan *m* (Blechp.), Blechschichtplan *m*
laminations with a 45° corner cut / schräggeschnittenes Kernblech
lamp *n* / Lampe *f*, (in zusammengesetzten Ausdrücken auch:) Leuchte *f* || ~ **and lighting technology** / Lampen- und Leuchtentechnik || ~ **base** / Lampensockel *m*
lampblack coke / Rußkoks *m*
lamp cap / Lampensockel *m*
lamp-cap adaptor / Zwischenfassung *f*
lamp compartment / Lampenraum *m* || ~ **complement** (of luminaire) / Leuchtenbestückung *f* || ~ **control** / Lampenansteuerung *f* || ~ **driver** / Lampentreiber *m* || ~ **extractor** / Lampengreifer *m* || ~ **filling gas** / Lampenfüllgas *n* || ~ **foot** / Lampengestell *n* || ~ **for general lighting service** / Allgebrauchslampe *f* || ~ **grip(per)** / Lampengreifer

lampholder *n* / Lampenfassung *f* || ~ **carrier** / Fassungsträger *m* (Lampe) || ~ **dome** / Fassungsdom *m* (Lampe) || ~ **for U-shaped fluorescent lamps** / U-Lampenfassung *f* || ~ **of insulating material** IEC 238 / Isolierstoff-Fassung *f* || ~ **plate** / Fassungsteller *m* (Lampe) || ~ **plug** / Fassungsstecker *m* (Lampe) || ~ **ring** / Fassungsring *m* (Lampe)
lamping factor / Bestückungsfaktor *m* (BT)
lamp installer / Lampengreifer *m* || ~ **mount** / Lampengestell *n* || ~ **neck** / Kolbenhals *m* (Lampe) || ~ **operated with starter** / Lampe für Starterbetrieb || ~ **pole** / Lichtmast *m* || ~ **position adjustment** / Brennlageneinstellung *f* (Lampe) || ~ **return** / Lampenrückleitung *f* || ~ **shade** / Lampenschirm *m*, Leuchtenschirm *m* || ~ **shield** / Lampenblende *f* || ~ **socket** / Lampenfassung *f* || ~ **stability** / Lampenstabilität *f* || ~ **stand** / Lampenfuß *m* || ~ **starting current** / Zündstrom der Lampe || ~ **starting voltage** / Zündspannung der Lampe || ~ **synchroscope** / Synchronisierlampen *f pl* || ~ **terminations** / Lampenanschlüsse *m pl* || ~ **test** / Lampentest *m* || ~ **transformer** / Lampentransformator *m* || ~ **voltage** / Lampenspannung *f*, Brennspannung *f* || ~ **wattage** / Lampenleistung *f*
lamp-wire connector / Lüsterklemme *f*
lamp with internal diffusing coating / innenopalisierte Lampe || ~ **with reflector layer** / Reflexschichtlampe *f* || ~ **with mirror-finished dome** / kuppenverspiegelte Lampe
LAN s. local area network || ≙ **(local area network)** / Bus *m*, lokales Netzwerk || ≙ **bridge** / LAN-Übergangseinheit *f* || ≙ **broadcast** / LAN-Sammelaufruf *m* || ≙ **cable** / Busleitung *f* || ≙ **characteristics** / Busphysik *f*
lance *v* / einstechen *v*, einschneiden *v*, einreißen *v*, durchreißen *v*, einschneiden und ziehen
LAN component / Netzwerkkomponente *f*
land *n* / Steg *m*, Steganzatz *m*, Anschlussfläche *f* (gS)
landfall light / Hauptansteuerungsfeuer *n* (Flp.)
landing call button / Stockwerkdruckknopf *m* (Fahrstuhl) || ~ **direction indicator (LDI)** / Landerichtungsanzeiger *m* (LDI) || ~ **distance** / Landestrecke *f* || ~ **distance available (LDA)** / verfügbare Landestrecke (LDA) || ~ **light** / Landescheinwerfer *m* || ~ **runway** / Landebahn *f* || ~ **switch** / Treppenhausschalter *m* || ~ **T** / Lande-T *n*
landless hole / lötaugenloses Loch (gS)
land-line network / Festnetz *n*
lane *n* / Weg *m*, Pfad *m*, Spur *f* (Straße)
LAN file / Busdatei *f* || ≙ **gateway** / LAN-Netzübergangseinheit *f*
Lang lay / Gleichschlag *m* (Kabel)
language *n* / Sprache *f*, Darstellungsart *f* || ~ **aids** / Sprachmittel *n plt* || ~ **based on ...** / an ... angelehnte Sprache || ~ **binding** / Sprachschale *f* (GKS) || ~ **element** / Sprachelement *n* || ~ **file** / Sprachdatei *f* || ~ **layer** / Sprachschicht *f*, Sprachebene *f* || ~ **resources** / Sprachmittel *n pl* || ~ **subset** / Sprachraum *m*
LAN interface / Busanschaltung *f*
LAN-specific *adj* / busbezogen *adj*
lantern *n* / Laterne *f* || ~ EN 40 / Leuchte *f* (an Lichtmast) || ~ **fixing** EN 40 / Leuchtenanschluss *m* (Lichtmast) || ~ **fixing angle** EN 40 /

Neigungswinkel des Leuchtenanschlusses (Lichtmast) || ~ **ring** / Zwischenring *m*
lanyard disconnect connector / Steckverbinder mit Kabelzugentriegelung
lap *v* / läppen *v*, überlappen *v* || ~ *n* / Läppwerkzeug *n*, Überlappung *f*, Schleife *f*, Bund *m* || **with a ~ of one half** / halb überlappt || ~ **belt** / Beckengurt *m* (Kfz) || ~ **coil** / überlappte Spule
Laplace transform / Laplace-Transformation *f*
Laplacian *n* / Laplacescher Operator
lapped *adj* / geläppt *adj* || **lapped insulation** (cable) / gewickelte Isolierung
lapped-stacked *adj* / überlappt geschichtet
lapping *n* / Wicklung *f* (Isolation innerhalb einer Kabelgarnitur), Läppen *n* || ~ **machine** / Läppmaschine *f*
lap-welding *n* / Überlappungsschweißen *n*
lap winding / Schleifenwicklung *f*
LARAM s. line-addressable random-access memory
large-angle grain boundary / Großwinkelgrenze *f* (Kristall)
large-area lighting / Großflächenbeleuchtung *f* || ~ **radiator** / Flächenstrahler *m*, Großflächenstrahler *m* || ~ **specular-reflector luminaire** / Großflächen-Spiegelleuchte *f*
large batch applications / Großstückzahlanwendung *f* || ~ **batch production** / Großserienfertigung *f* || ~ **CRT display** / Großmonitor *m* || ~ **customer** / Stückzahlträger *m* || ~ **plant** / Großanlage *f* || ~ **press** / Großpresse *f* || ~ **range of adjustment for flush mounting** / großer Putzausgleich
large-clearance spark gap / Grobfunkenstrecke *f*
large-grid luminaire / Großrasterleuchte *f* || ~ **recessed luminaire** / Großraster-Einbauleuchte *f*
larger-smaller comparator / Größer-Kleiner-Vergleicher *m*
large-scale chemical industry / Großchemie *f*
large-scale-integrated / hochintegriert *adj* || ~ **circuit (LSIC)** / hochintegrierter (o. großintegrierter) Schaltkreis *m*, Großschaltkreis *m*
large-scale production / Massenfertigung *f*, Großserienfertigung *f*, Großfabrikation *f*, Fließbandfertigung *f* || ~ **chlorine production** / Großtechnische Chorproduktion || ~ **incineration plants** / Großverbrennungsanlage *f* || ~ **industry** / Großindustrie *f* || ~ **integrated (LSI)** / hochintegriert *adj*
large-screen display (LSD) / Großbild *n* (auf Großbildschirm)
large signal / Großsignal *n* || ~ **signal range** / Großsignalverhalten *n*
large-sized p.c.b. / großflächige Leiterplatte || ~ **PCB** / großflächige Leiterplatte
large-surface *adj* / großflächig *adj* || ~ **contact** / breitflächiger Kontakt || ~ **luminaire** / Großflächenleuchte *f*
large washer / Großscheibe *f*
laser *n* (light amplification by stimulated emission of radiation) / Laser *m*
laser-based anti-collision system / Laser-Abstandswarnsystem *n* (Kfz.) || ~ **labeling** / Laserbeschriftung *f* || ~ **labelling system** / Laser-Beschriftungsanlage *f* || ~ **scanning and ranging system** / Laser-Vermessungssystem *n* (Rob.) || ~ **triangulation** / Laser-Triangulation *f*
laser beam cutting / Laserschneiden *n* || ~ **beam**

cutting with oxygen / Laserstrahlbrennschneiden *n* || ~ **beam machine** / Laserstrahlmaschine *f* || ~ **checkback** / Laserrückmeldung *f* || ~ **chirping** / Laserzirpen *n* || ~ **controlled area** / Laser-Überwachungsbereich *m* || ~ **cutting** / Laserschneiden *n* || ~ **cutting unit** / Laserschneidmaschine *f*, Laserschneideinrichtung *f*, Laserschneidgerät *n* || ~ **cutting width** / Laserschnittbreite *f* || ~ **cycle** / Laserzyklus *m* || ~ **energy source** / Laser-Energieversorgung *f*
laser-etched *adj* / aufdruckbar *adj*
laser hazard area IEC 825 / lasergefährlicher Bereich VDE 0837
laser-inscribed *adj* / laserbeschriftet *adj*
laser machine / Laserbearbeitungsmaschine *f* || ~ **machine tool** / Laserwerkzeugmaschine *f* || ~ **machining** / Laserbearbeitung *f*, lasern *v* || ~ **power** / Laserleistung *f* || ~ **power control** / Laserleistungssteuerung *f* || ~ **printer** / Laserdrucker *m* || ~ **product** IEC 825 / Laser-Einrichtung *f* VDE 0837 || ~ **protection officer** / Laserschutzbeauftragter *m* || ~ **radiation** / Laserstrahlung *f* || ~ **radiation source** / Laserstrahlungsquelle *f* || ~ **radius path compensation** / Laserradiusbahnkorrektur *f* || ~ **scanner** / Laser-Lesegerät *n* || ~ **status** / Laserstatus *m* || ~ **system** IEC 825 / Lasergerät *n* VDE 0837 || ~ **welding** / laserschweißen *v* || ~ **welding device** / Laserschweißgerät *n*
lash *v* / verschnüren *v*, festzurren *v*
lashing *n* / Verschnürung *f*, Bandage *f*
lasing threshold / Laserschwelle *f*
last address / Origin *n* || ~ **base point** / letzter Basispunkt (Impulsepoche) || ~ **block** / Endsatz *m* || ~ **coating of paint** / Fertiganstrich *m* || ~ **comparison** / Letzter Vergleich || ~ **fault code** / Letzte Fehlermeldung || ~ **file** / Letzte Datei || ~ **name** / Nachname *m*
last-in first-out listing / Meldungsfolgeprotokoll *n*
last-in-first-out memory / LIFO-Speicher *m*
last pole to clear / letztöffnender Pol || ~ **pole to close** / letztschließender Pol || ~ **runnings** / Überfahren *n* || ~ **transition duration** / Letztübergangsdauer *f* (Impulsabbild) DIN IEC 469,T.1
last-up message / Letztwertmeldung *f*
latch *v* / einklinken *v*, verklinken *v*, verriegeln *v*, speichernd setzen, einrasten *v*, setzen speichernd, verrasten *v* || ~ (spring) / Rastfeder *f*, Einrastfeder *f*, Rastung *f*, Klinke *f*, Speicherglied *n* || **D** ~ / D-Auffang-Flipflop *n* || **output** ~ / Ausgangsspeicher *m* || **signal** ~ / Signalspeicher *m* || **to** ~ **tight** / einrasten *v*, einklinken *v*, festziehen *v*, einschnappen *v* || ~ **circuit** / Selbsthalteschaltung *f*, Selbsthaltung *f*
latch-down key / rastbare Taste
latched *adj* / gerastet *adj*, verklinkt *adj*, verriegelt *adj*, latched *adj*, eingerastet *adj*, eingeklinkt *adj* || ~ **contactor** IEC 158-1 / verklinktes Schütz VDE 0660,T.102 || ~ **emergency stop button** / Not-Aus-Rasttaster *m* || ~ **in** / verriegelt *adj* || ~ **mushroom button** / Pilzdruckknopf mit Rastung || ~ **position** / Raststellung *f* (LS, Schütz), verklinkte Stellung VDE 0660,T.202, gerastete Stellung || ~ **pushbutton** IEC 337-2 / verklinkter Drucktaster VDE 0660,T.201, Rasttaster *m*, gerasteter Druckknopf || ~ **slide** / Rastschieber *m*
latch fastener / Hebelverschluss *m*, Spannbügel *m*,

Sperrklinke *f*
latching *n* / Verrastung *f*, Rastpositionen *f pl*, Selbsthalteschaltung *f*, Einklinken *n*, Haften *n*, Verklinkung *f* (Signale), Rastung *f*, Selbsthaltung *f* || ~ *adj* / einrastend *adj*, rastend *adj*, speichernd *adj* || **magnetic** ~ / magnetische Verklinkung (SG), magnetische Haftung (SG), Remanenzverhalten *n* (SG) || ~ **actuator** / Stellglied mit Selbsthaltung || ~ **coupling** / Einrastkupplung *f* || ~ **current** / Einraststrom *m* (Thyr) || ~ **device** / Verklinkungseinrichtung *f*, Rastmechanismus *m* || ~ **feature** / Selbsthalteschaltung *f*, Selbsthaltung *f* || ~ **flipflop** / Speicher-Flipflop *n*, Auffang-Flipflop *n* || ~ **hook** / Rastbügel *m* || ~ **mechanism** / Rastmechanismus *m*, Schaltschloss *n* (LS) || ~ **OFF delay** / speichernde Ausschaltverzögerung || ~ **ON delay** / speichernde Einschaltverzögerung (SPS) || ~ **overflow bit** / speichernde Überlaufanzeige || ~ **properties** / Speicherverhalten *n*, Haftverhalten *n* (Schalelement) || ~ **pushbutton** / Drucktaster mit Rastung, verrastbarer Drucktaster, verrastende und verrastbare Drucktaster || ~ **relay** / Selbsthalterelais *n* (mech. verklinkt), Haftrelais *n*, Kontaktschutzrelais *n* || ~ **remote-control switch** / verriegelnder Fernschalter || ~ **system** / Verriegelungssystem *n*
latching-type ramp-function generator / Hochlaufgeber mit Speicherverhalten
latching/unlatching functions / Speicherfunktionen *f pl* (PC, Signalspeicherung- und Rücksetzung)
latching valving device / einrastendes Ventilbauelement
latch output / Ausgang setzen (SPS)
latch-out tabulator / Hafttabulator *m*
latch overhang / Klinkenüberdeckung *f* || ~ **release** / Entklinkung *f*
latch release coil / Entklinkungsspule *f*, Entklinkungsmagnetspule *f* || ~ **release solenoid** / Entklinkungsmagnet *m*
latency *n* / Latenzzeit *f* DIN 44300 || **ring** ~ / Ring-Umlaufzeit *f* (LAN) || **rotational** ~ / Drehwartezeit *f* (Plattenspeicher)
latent defect / verborgener Mangel || ~ **fault** / verborgener Fehler, nicht selbstmeldender Fehler || ~ **fault** IEC 50(191) / latenter Fehlzustand || ~**heat load** / latente (o. verborgene) Wärmelast, latente Kühllast
late opening NC contact (LONC contact) / nacheilender Öffner
lateral, service ~ / Hausanschlusskabel *n* || ~ **approach** / seitliche Annäherung (NS) || ~ **arm** / Querlenker *m* || ~ **armature surface** / Ankermantelfläche *f* || ~ **buckling** / Ausbeulung *f*, Ausbauchung *f* || ~ **buckling at failure** / Bruchausbeulung *f* || ~ **clearance** / Seitenspiel *n*, Seitenabstand *m* || ~ **communication** / Querkommunikation *f*, Querverkehr *m* (Bussystem) || ~ **critical speed** / querschwingungskritische Drehzahl || ~ **cylinder surface** / Zylindermantel *m* || ~ **deflection** / Seitenauslenkung *f* || ~ **displacement** / Versatz *m* (LWL) || ~ **expansion** / Querdehnung *f* || ~ **force** / Seitenkraft *f*, Querkraft *f* || ~ **line** / Hauptleitungsabzweig *m* || ~ **load** / Querbelastung *f*
laterally attached / seitlich angebaut
lateral mark / laterales Zeichen (Seitenkennzeichnung eines Fahrwassers) || ~ **mounting** / seitliche Befestigung || ~ **offset** /

Versatz *m* (LWL) || ~ **offset loss** / Dämpfung durch radialen Versatz (LWL) IEC 50(731)
lateral-offset-type coupler / Versatzkoppler *m*
lateral projection / seitliche Ausladung, Ausladung *f*
  || ~ **runout** / Seitenschlag *m*, Radialschlag *m* || ~
service / Hausanschlussleitung *f* (Erdkabel) || ~
stress / Querbeanspruchung *f* || ~ **surface** /
  Mantelfläche *f* || ~ **traction** / Seitenführungskraft *f*
  (Kfz) || ~ **vibration** / Querschwingung *f*,
  Transversalschwingung *f*, Biegeschwingung *f* || ~
watertightness / Querwasserdichtigkeit *f* (Kabel)
latex *n* / Latex *m*
lathe *n* / Drehbank *f*, Drehmaschine *f* || ~ **centre** /
  Drehmaschinenspitze *f*, Zentrierbohrung *f* || ~ **tool** /
  Drehwerkzeug *m*, Meißel *m*, Drehmeißel *m*,
  Drehstahl *m* || ~ **turned plug** / Parabolkegel *m*,
  Paraboloid *n*, parabolischer Drosselkörper
lathed part / Drehteil *n*
lathing *n* / Drehbearbeitung *f*, Dreharbeit *f*, Drehen *n*
Latour motor / Latour-Motor *m*, kompensierter
  Repulsionsmotor mit feststehendem
  Doppelbürstensatz
lattice XX, boolean ~ / boolescher Verband || ~
constant / Gitterkonstante *f* (Kristall) || ~ **defect** /
  Gitterfehlstelle *f* (Kristall) || ~ **distortion** /
  Gitterstörung *f* (Kristall)
latticed steel tower / Stahlgittermast *m*
lattice network / Zweitor in Kreuzschaltung,
  Kettenschaltung *f*, Kettenleiter *m* || ~ **parameter** /
  Gitterparameter *m* (Kristall), Gitterkonstante *f* || ~
tower / Gittermast *m* || ~ **winding** / Kettenwicklung
  f, Korbwicklung *f*
lattice-wound coil / Korbspule *f*, Wabenspule *f*
Laue pattern / Laue-Diagramm *n*
launch *v* / einkoppeln *v* (LWL, Signale), anregen *v* || ~
angle / Einkopplungswinkel *m* (LWL) || ~
efficiency / Einkoppelwirkungsgrad *m* (LWL)
launching *n* / Einkoppeln *n* (LWL), Anregung *f*
  (LWL) || ~ **fibre** / Vorlauffaser *f* (LWL),
  Einkoppelfaser *f* (LWL)
launch numerical angle / Öffnungswinkel der
  Einkopplung (LWL) || ~ **numerical aperture** /
  numerische Apertur der Einkopplung (LWL),
  anregungs-numerische Apertur (LWL),
  Öffnungswinkel der Einkopplung
law of Metrology and Verification / Gesetz über das
  Mess- und Eichwesen || ~ **of refraction** /
  Brechungsgesetz *n* || ~ **of units of measurement** /
  Einheitengesetz *n*, Gesetz über Einheiten im
  Messwesen
lay *v* / legen *v*, verlegen *v* || ~ *n* / Schlag *f* (Kabel),
  Kabelschlag *m*, Schlaglänge *f*
layer *n* / Lage *f*, Schicht *f*, Leiterplattenlage *f*, Layer
  m, Ebene *f*, Belag *m* || ~ **conductance** /
  Schichtleitwert *m* || ~ **conductivity** /
  Schichtleitfähigkeit *f*
layered *adj* / geschichtet *adj*
layer factor / Stapelfaktor *m*
layering *n* / Ebenentechnik *f* (CAD) || ~ **station** /
  Auflegestation *f*
layer insulation / Lagenisolation *f* (Wickl.) || ~
management / Schichtenmanagement *n* DIN ISO
  7498 || ~ **model** / Schichtenmodell *n* (ISO/OSI)
  DIN ISO 7498 || ~ **of pins** / Stiftetage *f* || ~
parameter / schichtspezifischer Parameter DIN
  ISO 8471 || ~ **security** / Datenzugriffssicherung der
  Schichten || ~ **technique** / Ebenentechnik *f* (CAD) ||

~ **thickness** / Schichtdicke *f*
layer-to-earth capacitance / Lagen-Erdkapazität *f*
layer-to-layer spacing / Lagenabstand *m*
  (Leiterplatte)
layer transposition / Lagenauskreuzung *f* (Wickl.) ||
  ~ **winding** / Lagenwicklung *f* || ~ **withstand**
voltage / Schicht-Stehspannung *f*, Fremdschicht-
  Stehspannung *f*
lay factor / Verseilfaktor *m*, Schlaglängenverhältnis *n*
laying, cable ~ / Kabelverlegung *f* || ~ **form** /
  Legeform *f*
laying-in *n* / Einlegen *n* DIN 8580
laying of cables / Kabellegung *f*, Kabelverlegung *f*
laying-up *n* / Verseilung *f* (Kabel)
lay-on edge / Anlagekante *f* || ~ **line** / Anlagelinie *f* || ~
point / Anlagepunkt *m* || ~ **side** / Anlageseite *f* || ~
surface / Anlagefläche *f*
layout *n* / Auslegung *f*, Anordnung *f*, Lageplan *m*,
  Schaltungsanordnung *f*, Zeichnungsanordnung *f*,
  Layout *n*, Plan *m* || **screen** ~ / Bildschirmaufteilung
  f || ~ **character** / Formatsteuerzeichen *n* DIN
  44300, Funktionszeichen *n* || ~ **plan** /
  Übersichtsplan *m*, Anordnungsplan *m*, Anlageplan
  m
lay ratio / Verseilfaktor *m*, Schlaglängenverhältnis *n*
lazy-tongs system / Gelenkschere *f* (Greifertrenner)
LB s. local battery
LC s. learning computer || ≙ s. liquid crystal || ≙
coupling / induktiv-kapazitive Kopplung, L-C-
  Kopplung *f*, Drosselkopplung *f*
LCC / Lastverteilerwarte *f*, Netzleitstelle *f*
LCD (liquid crystal display) / LC-Display *n*,
  Flüssigkristallanzeige *f*, LCD, LCD-Anzeige *f*,
  LCD-Display *n*, LC-Anzeige *f*
LCDTL s. load-compensated diode-transistor logic
LCE / netzgelöschter elektronischer Schalter
LCL s. light centre length
LCN s. load classification number
L conductor / L-Leiter *m*, Außenleiter *m*,
  Phasenleiter *m*
LCS (local control system) / Vor-Ort-Steuerung *f*
LDA s. landing distance available
LDC s. light distribution curve
LDI s. landing direction indicator
LDN (long distance network) / Fernbus *n*
lead *v* / führen *v*, voreilen *v* || ~ *n* / Leitung *f*, Leiter *m*,
  Stromverbindung *f*, Voreilung *f*, Phasen-
  Voreilwinkel *m*, Vorhalt *m*, Wicklungsanfang *m*,
  Ganghöhe *f*, Blei *n*, Senklot *n*, Gewindesteigung *f*,
  Ader *f*, Draht *m*, Steigung *f* (Gewinde) || **thread** ~ /
  Gewindesteigung *f* (eingängiges Gewinde)
lead-acid battery / Bleiakkumulator *m* || ~ **battery**
module / Bleiakkumodul *f*
lead angle / Steigungswinkel *m*, Voreilwinkel *m* || ~
change / Steigungsänderung *f* (Gewinde, WZM,
  NC) || ~ **circuit** / kapazitiver Zweig
  (Leuchtenschaltung)
lead-covered cable / Bleimantelkabel *n*,
  Bleimantelleitung *f*
lead decrease / Steigungsabnahme *f* (Gewinde,
  WZM, NC) || ~ **drop** / Spannungsabfall über Schuh
  und Litze (Bürste)
leader *n* / Hinweislinie *f*, Bezugslinie *f*, Vorspann *m*
  (DV), Führungslinie *f* (CAD) || ~ **ISO 3592** /
  Vorlauf *m* (NC, CLDATA-Wort, Vorspannlänge des
  Lochstreifens) || ~ **contact** / Vorkontakt *m* || ~ **data** /
  DB Vorspanndaten (DBVD)

lead error / Steigungsfehler *m* (Gewinde WZM, NC)
leader stroke / Leitstrahl *m* (Blitz)
lead frame / Systemträger *m* (IS), Spinne *f*
lead-in bell / Übergangskopf *m* (Leitungseinführung)
lead increase / Steigungszunahme *f* (Gewinde, WZM, NC) || ~ **into** / einleiten *v* || ~ **length** / Leitungslänge *f*
leading *adj* / führend *adj*, voreilend *adj*, kapazitiv *adj* || ~ **and lagging** / vor- und nacheilend || ~ **auxiliary contact** / voreilender Hilfskontakt || ~ **auxiliary switch** / voreilender Hilfsschalter || ~ **axis** / Leitachse *n* (WZM), Führungsachse *f*, führende Achse, Masterachse *f* || ~ **coil** / Eingangsspule *f* || ~ **contact** / voreilender Kontakt || ~ **edge** / Vorderkante *f* (Bürste, NS), Vorderflanke *f* (Impuls), auflaufende Kante, Anstiegsflanke *f*, Eintrittskante *f*, positive Signalflanke, steigende Flanke, Einschaltflanke *f*, ansteigende Flanke || ~ **feed** / Leitvorschub *m* || ~ **feedrate** / Leitvorschub *m* || ~ **light** / Leitfeuer *n* || ~ **load** / kapazitive Belastung || ~ **make contact** / voreilender Schließer || ~ **mark** / Richtbake *f* || ~ **motion** / Leitbewegung *f* || ~ p.f. / kapazitiver Leistungsfaktor
leading-p.f . ballast / kapazitives Vorschaltgerät || ~ **correction** / kapazitive Schaltung (L-Lampe)
leading phase / voreilende Phase || ~ **phase angle** / voreilender Phasenwinkel, Phasenvoreilung *f* || ~ **power factor** / kapazitiver Leistungsfaktor || ~ **product** / Leitfabrikat *n* || ~ **reactive load** / kapazitive Belastung || ~ **reactive power** / kapazitive Blindleistung || ~ **reactive power consumption** / positiver Blindleistungsverbrauch || ~ **signal of 'a' tripping** / voreilende Meldung 'a' Auslösung || ~ **spindle** / führende Spindel || ~ **spindle (LS)** / Masterspindel *f*, Leitspindel (LS) *f* || ~ **telegram** / Vorlauftelegramm *n*, Vortelegramm *n* || ~ **turn** / Anfangswindung *f* || ~ **zero** / führende Null
lead-in insulator / Einführungsisolator *m*, Durchführungsisolator *m* || ~ **wire** / Zuleitung *f*, (Elektroden-)Anschlussleiter *m*, Stromzuführung *f*
lead-lag *n* / Duo-Schaltung *f* || ~ **ballast** / Duo-Vorschaltgerät *n*, Vorschaltgerät für einen kapazitiven und einen induktiven Zweig || ~ **circuit** / Duo-Schaltung *f*
lead/lag module / Vorhalt-/Verzögerungsbaugruppe *f*
lead module / Vorhalte-Baugruppe *f* (f. kapazitiven Vorhalt 1. Ordnung) || ~ **of phase** / Voreilen der Phase || ~ **of winding** / Wicklungsanfang *m*
lead-out terminal / Durchführungsklemme *f*
lead-plated *adj* / verbleit *adj*
lead response time / Leitungsantwortzeit *f* (Messeinrichtung)
leadscrew *n* / Leitspindel *f* (WZM) || ~ **error** / Spindelsteigungsfehler *m* (WZM, NC, Leitspindel) || ~ **error compensation** (A facility which allows systematic (repeatable) errors of the leadscrew to be eliminated by the control. This is achieved by entering the error curve (i.e. the positioning errors measured in both directions of motion at various correction points along th) / Spindelsteigungsfehlerkompensation (SSFK) (Möglichkeit bei einigen NC-Systemen, systematische (geometrische) Fehler der Vorschubspindel durch die Steuerung auszugleichen) || ~ **pitch** / Leitspindelsteigung *f*, Spindelsteigung *f*, Steigung der Spindel,

Kugelrollspindelsteigung || ~ **pitch error compensation** / Spindelsteigungsfehler-Kompensation *f* (WZM, NC, Leitspindel)
lead seal / Plombe *f*, Verschlussplombe *f*
lead-sheathed cable / Bleimantelkabel *n*, Bleimantelleitung *f*
lead tail / Leitungsende *n*, freies Leitungsende
leadthrough *n* / Durchführung *f*
lead time / Vorlaufzeit *f* (Zeit zwischen Produktentwurf und Fertigung), Vorbereitungszeit *f* (NC, Zeit von der Ausgabe der Zeichnung bis zum Beginn der Bearbeitung) || ~ **to** / bewirken *v*
leaf *n* / Endpunkt der Verzweigung
leaflet *n* / Faltblatt *n*
leaf spring / Blattfeder *f*, Flachfeder *f* || ~ **switch** / Blattfederschalter *m*
leak *v* / ableiten *v*, streuen *v*, lecken *v*, leck sein || ~ *n* / Leck *n*, undichte Stelle, Undichtheit *f*
leakage *n* / Streuung *f*, Ableitung *f*, Streuverlust *m*, (schleichender) Erdschluss *m*, Leck *n*, Undichtheit *f*, Lässigkeit *f* || ~ **IEC 50(481)** / Auslaufen *n* (Batt.) || ~ **earth** ~ / schleichender Erdschluss, Erdschluss *m* || ~ **air rate** / Leckluftstrom *m* || ~ **capacitance** / Streukapazität *f* || ~ **coefficient** / Streuziffer *f* (magn.), Streugrad *m*, Streuzahl *f* || ~ **conductance** / Streuleitwert *m*, Kehrwert des Isolationswiderstands, Leitwertzahl der Streuung || ~ **current** / Leckstrom *m*, Kriechstrom *m*, Isolationsstrom *m*, Sperrstrom *m* (IS), Verluststrom *m*, Ableitstrom *m* || ~ **current density** / Leckstromdichte *f* || ~ **current measurement unit** / Ableitstrom-Messgerät *m* || ~ **current relay** / Fehlerstromrelais *n* || ~ **current screen** / Abschirmung gegen Kriechströme, Kriechstromschutz *m* || ~ **current spike** / Leckstromspitze *f* || ~ **detection system** / Dichtigkeitsprüfsystem *n* || ~ **detector** / Lecksuchgerät *n*, Erdschlussanzeiger *m*, Erdschlussprüfer *m* || ~ **factor** / Streuziffer *f* (magn.), Streugrad *m* || ~ **field** / Streufeld *n* || ~ **field intensity (o. strength)** / Streufeldstärke *f* || ~ **flux** / Streufluss *m* || ~ **flux density** / Streuflussdichte *f* || ~ **flux lines** / Streulinien *f pl* (magn.) || ~ **impedance** / Streuimpedanz *f* || ~ **inductance** / Streuinduktivität *f* || ~ **loss** / Leckverlust *m*, Streuverlust *m* || ~ **modes** / Leckmoden *f pf* || ~ **oil tube** / Leckölleitung *f* || ~ **path** / Streuweg *m*, Kriechweg *m*, Kriechspur *f*, Streupfad *m* || ~ **permeance** / Streuleitwert *m*, Kehrwert des Isolationswiderstands, Leitwertzahl der Streuung || ~ **power** / Verlustleistung *f* (durch Ableitströme), Leckleistung *f* || ~ **rate** / Leckrate *f* || ~ **reactance** / Streureaktanz *f*, Streublindwiderstand *m* || ~ **reactance drop** / Streuspannungsabfall *m* || ~ **reactance voltage** / Streuspannung *f* || ~ **relay** / Erdschlussrelais *n* || ~ **resistance** / Ableitwiderstand *m*, dielektrischer Widerstand *m* || ~ **resonance** / Streuresonanz *f* || ~ **suppression winding** / Schubwicklung *f* || ~ **time constant** / Streufeld-Zeitkonstante *f* || ~ **water detector** / Leckwasser-Überwachungsgerät *n*
leakance *n* / Streuleitwert *m*, Kehrwert des Isolationswiderstands, Leitwertzahl der Streuung || ~ **per unit length** / Ableitungsbelag *m*
leak detection / Leckerkennung *f* || ~ **detector** / Lecksuchgerät *n*, Undichtheit *f*
leakiness *n* / Undichtheit *f*

leak-oil *n* / digitalgesteuertes Drucköl
leak-proof *adj* / lecksicher *adj*, abgedichtet *adj*
leakproofness *n* / Dichtigkeit *f*
leak rate test / Leckratenprüfung *f* || ~ **test** / Dichtigkeitsprüfung *f*, Ganzrissprüfung *f* || ~ **tight sealing** / absolute Abdichtung
leaky *adj* / leek *adj*, undicht *adj* || ~ **mode** / Leckmode *m* (LWL) || ~ **wave** / Leckwelle *f* (LWL)
lean *adj* / mager *adj* || **lean mixture** / mageres Gemisch (Kfz.) || ~ **production** / schlanke Produktion
leap year / Schaltjahr *n*
learning computer (LC) / Lerncomputer *m* (LC) || ~ **process** / Lernprozess *m*
leased line / gemietete Leitung, Mietleitung *f*, Standleitung *f* || ~ **system maintenance** / Mietanlageunterhaltung *f*
leasing business / Vermietungsgeschäft *n* || ~ **charges** / Mietgebühr *f* || ~ **inventory** / Entleihbestand *m*
least negative value / kleinster negativer Wert || **least, at ~** / mindestens *adj* || ~ **positive value** / kleinster positiver Wert || ~ **significant** / niederwertig *adj* || ~ **significant bit (LSB)** / niederwertigstes Bit, geringstgewichtetes Bit || ~ **significant digit (LSD)** / niederwertigste Ziffer, Ziffer mit dem niederwertigsten Stellenwert
leaving edge / ablaufende Kante, Austrittskante *f*, Hinterkante *f*
Leblanc connection / Leblancsche Schaltung || ~ **exciter** / Leblancscher Phasenschieber || ~ **phase advancer** / Leblancscher Phasenschieber
Leclanché battery / Leclanché-Batterie *f*
LED s. light-emitting diode || ~ **array** / Leuchtdiodenkette *f* || ~ **bar chart** / LED-Bargraph *m* || ~ **display** / Leuchtdiodenanzeige *f*, LED-Anzeige *f*, Leuchtanzeige *f* || ~ **indicator** / Dioden-Leuchtmelder *m* || ~ **number** / LED-Nummer *f* || ~ **panel** / LED-Feld *n* || ~ **strip** / Leuchtdiodenband *n* || ~ **strip display** / LED-Bandanzeige *f*
left bracket (o. parenthesis) / linke Klammer, Klammer auf
left-hand byte / linkes Byte, höherwertiges Byte || ~ **circular movement** / Linkskreisbewegung *f* || ~ **data bus (DL)** / Datenbyte links (DL) || ~ **drive** / Linksantrieb *m*, Linkslenker *m*
left-handed *adj* / linksgängig *adj*, linkswendig *adj* || ~ **coordinate system** / Linkskoordinatensystem *f* || ~ **system** / Linkssystem *n* (NC)
left-hand lay / Linksschlag *m* (S-Schlag (Kabelverseilung)) || ~ **movement in a curve** / Linkskurvenbewegung *f* || ~ **rotation** / Linksdrehung *f* || ~ **rule** / Linke-Hand-Regel *f*, Dreifingerregel der linken Hand || ~ **screw motion** / Linksschraubbewegung *f* || ~ **side of part** / linke Fertigteilseite || ~ **thread** / Linksgewinde *n* || ~ **winding** / linksgängige Wicklung, Linkswicklung *f*, linksumlaufende Wicklung || ~ **zero** / führende Null
left justification / Linksbündigkeit *f*
left-justified *adj* / linksbündig *adj* (Text)
left-justify *v* / linksbündig ausrichten
left-orientated execution / Linksausführung *f*
left parenthesis / Klammer auf
left-parenthesized instruction / Klammer-Auf-Anweisung *f*
left-to-right shifting input / Vorwärts-Schiebeeingang *m*

leg *n* / Schenkel *m*, Bein *n*, Fuß *m*, Zweig *m* || **main ~** / Hauptschenkel *m* (Trafo-Kern), Eckstiel *m* (Gittermast)
legacy system / existierendes System
legalized limit of error / Beglaubigungsfehlergrenze *f* (MG)
legal ohm / gesetzliches Ohm
legend *n* / Legende *f*, Zeichenerklärung *f*, Beschriftung *f* || ~ **plate** / Bezeichnungsschild *n* (DT), Schildträger || ~ **strip** / Bezeichnungsstreifen
leg extension / Stielverlängerung *f* (Freileitungsmast), Schrägfußverlängerung *f*
legible *adj* / leserlich *adj* || **legible and durable marking** / lesbare und dauerhafte Kennzeichnung
legislative load IEC 50(466) / gesetzliche Last (Freiltg.)
Legris connector / Legris-Steckverbinder *m*
leg slope / Eckstielneigung *f* (Freileitungsmast) || ~ **winding** / Schenkelwicklung *f* (Trafo)
LEL s. lower explosive limit
LEM s. linear-motion electrical machine
LEMP s. lightning electromagnetic impulse
length code / Längenschlüssel *m* || ~ **compensation** / Längenkorrektur *f* (NC), Längenausgleich *m* || ~ **cutter** / Längsschneider *m* || ~ **dimension** / Längenmaß *n* || ~ **increment** / Längeninkrement *n* (NC) || ~ **measuring system** / Längenmesssystem *n*, Linearmesssystem || ~ **of a pipe line** / Strecke *f*
length-of-area pointer / Bereichslängenzeiger *m*
length of a scale division / Skalenteilstrichabstand *m* || ~ **of axis** / Achszykluslänge *f*, Achslänge *f* || ~ **of break** / Gesamtschaltstrecke *f* (SG) || ~ **of chord** / Sehnenlänge *f* (a. CAD) || ~ **of connecting rod** / Stangenlänge *f* || ~ **of core** / Eisenlänge *f* (Kern) || ~ **of engaged thread** / Einschraublänge *f* || ~ **of engagement** / Eingriffsstrecke *f*, Einschraublänge *f* || ~ **of exposed section** / Näherungslänge *f* VDE 0228 || ~ **of flame path** / Länge des zünddurchschlagsicheren Spalts, Spaltlänge *f*, Spaltbreite *f* || ~ **of flameproof joint** / Länge des zünddurchschlagsicheren Spalts, Spaltlänge *f*, Spaltbreite *f* || ~ **of information field** / Informationsfeldlänge *f* || ~ **of lay** / Schlaglänge *f* (Kabel) || ~ **of normal** / Normalenlänge *f* (Kurve) || ~ **of run** / Schweißlänge *f*, Raupenlänge *f* (SchwT) || ~ **of span** / Spannweite *f* (Freileitung), Länge eines Konturenelements (NC) || ~ **of thread engagement** / Einschraublänge *f* || ~ **of time axes** / Länge der Zeitachse || ~ **of turn** / Windungslänge *f* || ~ **of wave** / Wellenlänge *f* (Elektroblech) DIN 50642 || ~ **sealing station** / Längsnaht-Siegelstation *f* || ~ **wear** / Längenabnützung *f*
lengthwise uniformity ratio / Längsgleichmäßigkeit *f* (BT)
length without load (L 0) / Länge ohne Last (L 0)
length word / Längenwort *n*
lens / Linse *f pl* || ~ **assemblies** / Leuchtvorsatz *m* || ~ **bezel** / Linsenhalterung *f* (Leuchtmelder) VDE 0660,T.205 || ~ **cleaning** / Streuscheibenreinigung *f* (Kfz) || ~ **milling** / Linsenfräsen *n* || ~ **screw** / Linsenschraube *f* || ~ **spot** / Linsenscheinwerfer *m* || ~ **spotlight** / Linsenscheinwerfer *m*
less significant decade / niederwertige Dekade || ~ **stocking** / Bestandsabbau *m* || ~ **than** / kleiner als DIN 19239 || ~ **than or equal to** / kleiner gleich DIN 19239
let-go current / Loslassschwelle *f* (Körperstrom)

letter v / beschriften v || ~ n / Buchstabe m, Brief m, Schriftzeichen n || ~ ISO 3592 / Text m (NC, CLDATA-Wort)
lettering n / Beschriftung f || ~ cycle / Schriftzyklus m
letterpress printing machine / Hochdruckmaschine f
letter-quality print / Schönschrift f
letter quality printer / Schönschriftdrucker m || ~ symbol IEC 27 / Kennbuchstabe m
let-through, I^t ~ value / I^t-Durchlasswert m ||
lightning ~ impulse / Ansprech-Blitzstoßspannung f || lightning ~ impulse test / Prüfung der Ansprech-Blitzstoßspannung || ~ current / Durchlassstrom m (SG, Sich.) || ~ current characteristic / Durchlassstrom-Kennlinie f (SG, Sich.), Durchlasskennlinie f (Sich.), Durchlassstromkennlinie f || ~ level / Ansprech-Stoßspannung f, Ansprech-Schaltstoßspannung f || ~ level, negative / negative Ansprech-Schaltstoßspannung || ~ level test / Prüfung der Ansprech-Stoßspannung, Stoßüberschlagsprüfung f
level v / ebnen v, abgleichen v, richten v, nivellieren v || ~ n / Level m (Zugriffstufe für die Parameter; es gibt 4 Stufen), Bereich m, Pegelstand m || ~ n / Pegel m, Niveau n, Höhenstand m, Ebene f, Nivelliergerät n, Stärke f, Intensität f, Füllstand m, Richtwaage f || ~ adj / eben adj, horizontal adj, flach adj, in Waage || pollution severity ~ / Fremdschichtklasse f (Isolator) || quality ~ / Qualitätslage f, Qualitätsniveau n || registration ~ / Registriergrenze f DIN 54119 || test ~ / Prüfschärfe f, Härte einer Prüfung || ~ adaptor / Pegelanpassstufe f || ~ alignment / Einpegelung f
level-change value / Sprungwert m (Reg.)
level-compounded / ausgeglichen kompoundiert
level compounding / ausgegliche Verbunderregung, Flachkompoundierung f || ~ control / Füllstandsregelung f, Pegelregelung f || ~ controller / Standregler m, Niveauregler m, Flüssigkeitsstandregler m || ~ converter / Pegelumsetzer m || ~ crossing / niveaugleiche Kreuzung, niveaugleicher Bahnübergang || ~ fluctuation / Pegelschwankung f || ~ gauge / Höhenstandsmesser m, Füllstandsanzeiger m || ~ indicator / Füllstandsanzeige f
leveller and stamp / Richt- und Stanzmaschine
level linearity / Pegellinearität f
levelling n / Nivellieren n, Höheneinstellung f, Ebnen n, Abgleichen n, Pegeleinstellung f, Bündigfahren n || hot-air ~ / Heißluftverzinnung f (gS) || solder ~ / Ausgleich des Lötauftrags (gS) || ~ device / Nivelliergerät n || ~ instrument / Nivelliergerät n || ~ laser product IEC 825 / Nivellierlaser m || ~ machine console / Richtmaschinenpult n || ~ plate / Richtplatte f, Unterlegeisen n, Ausrichteisen n || ~ rod / Nivellierlatte f || ~ screw / Nivellierschraube f || ~ spindle / Nivellierspindel f || ~ staff / Nivellierlatte f || ~ switch / Bündigschalter m (Fahrstuhl)
level measurement / Standmessung f, Füllstandmessung f, Pegelmessung f, Niveaumessung f, Höhenstandsmessung f, Höhenstandsregelung f || ~ measuring set / Pegelmessplatz m || ~ monitor / Pegelüberwachung (PÜ) f || ~ monitoring system / Füllstandskontrolle f || ~ number / Ebenennummer f || ~ of a disturbance / Ausmaß einer Störung || ~ of

automation / Automatisierungsgrad m || ~ of boost / Anhebungsbetrag m || ~ of maintenance (The set of maintenance actions to be carried out at a specified indenture level.) / Instandhaltungsebene f (Instandhaltungstätigkeiten, die in einer festgelegten Gliederungsebene auszuführen sind) || ~ of measuring surface / Messflächenmaß n (Akustik) || ~ of overpressure / Höhe des Überdrucks || ~ of performance / Leistungsgrad m (Refa) || ~ of priority / Vorrangebene f, Prioritätsebene f || ~ of protection / Schutzstufe f || ~ of significance / Signifikanzniveau n DIN 55350,T.24, Signifikanzgrad m || ~ of vibrator / Schwingstärkestufe f
level-operated input / zustandsgesteuerter Eingang
level oscillator / Pegelsender m || ~ shifter / Pegelumsetzer m || ~ sight-glass / Füllstand-Schauglas n || ~ span / ebenes Spannfeld (Freiltg.) || ~ switch / Niveauwächter m, Schwimmerschalter m, Füllstandschalter m || ~ tracer / Pegelbildgerät n || ~ transmitter / Pegelsender m
level-triggered adj / pegelgetriggert adj
lever n / Hebel m, Kipphebel m, Anker m (EZ), Kurbelarm m
leverage n / Hebelwirkung f, Hebelkraft f, Hebelübersetzung f, Hebelgestänge n || ~ ratio / Hebelarmverhältnis n
lever arm / Hebelarm m || ~ block / Hebelstein m (EZ) || ~ dynamometer / Hebeldynamometer n || ~ end point / Hebelendpunkt m || ~ error / Hebelfehler m || ~ for handwheel coupling / Handhebel m || ~ for positive opening / Klinke für Zwangsöffnung || ~ handle / Hebelgriff m || ~ hole / Hebelbohrung f || ~ jewel / Hebelstein m (EZ) || ~ mechanism / Hebelgetriebe n || ~ monitoring / Hebelüberwachung f || ~ plate / Hebelblech n || ~ play / Hebelspiel n || ~ rotary motion / Hebeldrehung f || ~ rotation / Drehung eines Kurbelarmes
lever-operated limit switch / Hebelendschalter m, Hebelgrenzschalter m || ~ linkage mechanism / Gestängehebelantrieb m (SG) || ~ mechanism / Hebelantrieb m (SG)
lever-operating actuator / Hebelantrieb m (Stellantrieb)
lever switch IEC 131 / Hebelschalter m, Kipphebelschalter m || ~ system / Gestänge n, Hebelgetriebe n
lever-type actuator / Hebelantrieb m
lever-type brush holder / Hebelbürstenhalter m, Schenkelbürstenhalter m
levitation n / (magnetische) Schwebung f, elektrodynamische Aufhängung || ~ force / Hubkraft f (magn. Schwebung) || ~ goodness factor / Schwebungsgütefaktor m (MSB) || ~ height / Schwebehöhe f, Erregerabstand m || ~ machine / Schwebemaschine f || ~ vehicle / Schwebefahrzeug n
Lewis key / Tangentialpassfeder f
LF s. line feed || $\stackrel{\circ}{=}$ s. low frequency
L function s. listener function
liable to get dirty / verschmutzungsanfällig adj
library n / Bibliothek f || ~ description / Bibliotheksbeschreibung f || ~ number / Bibliotheknummer (BIB-Nr.) f || ~ of function blocks based on a PC / PC-unterstützte Funktionsblockbibliothek || ~ program /

Bibliothekprogramm *n* || ~ **symbol set** / Fundus-Symbolsatz *m*
licence *n* / Zulassung *f* || ~ **assumed** / Zulassung vorausgesetzt
licenced manufacturer / Nachbaupartner *m* || ~ **software** / Lizenzsoftware *f*
licencee *n* / Lizenznehmer *m*
licence label / Lizenzetikett *n*
licence-plate lamp / Kennzeichenleuchte *f* (Kfz) || ~ **lighting** / Kennzeichenbeleuchtung *f* (Kfz.)
licensing authority / Genehmigungsbehörde *f* || ~ **file** / Lizensierungsdatei *f*
lid *n* / Deckel *m*, Zellendeckel *m* (Batt.), Klappe *f* || ~ **closing reflex** / Lidschlussreflex *m* || ~ **interlock switch** / Deckelverriegelungsschalter *m*, Deckelschalter *m*
LIDS s. **listener idle state**
lid sealing compound / Dichtungsmasse *f* (f. Zellendeckel einer Batt.)
life *n* / Lebensdauer *f*, Nutzungsdauer *f*, Standzeit *f* || ~ **voltage** ~ / elektrische Lebensdauer, elektrische Standfestigkeit
lifebeat bit / Lebensbit *n*
life-cycle costs / Lebenszykluskosten *pl*
life expectancy / Lebenserwartung *f*, Lebensdauererwartung *f* || ~ **formula** / Lebensdauergleichung *f* || ~ **performance** IEC 64 / Lebensdauerverhalten *n* VDE 0715 || ~ **test** / Lebensdauerprüfung *f*, Brenndauerprüfung *f* (Lampe), Dauerschaltprüfung *f* || ~ **test quantity (LTQ)** / Lebensdauer-Prüfmenge *f* (LPM)
life-test rack / Brennrahmen *m* (Lampenprüf.)
lifetime *n* / Lebensdauer *f*, Lebenszeit *f*
life to fracture / Dauerhaltbarkeit *f*, Bruchlastspielzahl *f*, Zeitschwingfestigkeit *f* || ~ **utility** / Nutzbrenndauer *f*
LIFO (last-in-first-out) / LIFO (Letzter-Rein-Erster-Raus (Prioritätssteuerung)) || ≙ **memory** (last-in/first-out memory) / Kellerspeicher *m*, Stapelspeicher *m* || ≙ **stack** / LIFO-Stapel *m*
lift *v* / heben *v*, anheben *v*, lösen *v*, herausfahren *v*, freifahren *v*, abheben *v* || ~ *n* / Heben *n*, Förderhöhe *f*, Hubhöhe *f*, Aufzug *m*, Fahrstuhl *m*, Hub *m* || ~ **angle** / Erhebungswinkel *m* (Rob.) || ~ **by crane** / kranbar *adj* || ~ **cable** / Aufzugsteuerleitung *f* || ~ **cable with suspension strand** / Aufzugsteuerleitung mit Tragorgan || ~ **cage** / Aufzugskorb *m* || ~ **crossing unit** / Hubquereinheit (HQE) *f* || ~ **cylinder** / Hubzylinder *m*
lifting and handling devices / Einrichtungen zum Heben und Anfassen, Transportvorrichtungen *f pl* || ~ **axis** / Hubachse *f*, Hebeachse *f* || ~ **capacity** / Hebevermögen *n*, Tragfähigkeit am Lasthaken *f* || ~ **cylinder** / Aushubzylinder *m* || ~ **device** / Hubgerät *n*, Heber *m* || ~ **gear** / Hubwerk *n* || ~ **hook** / Kranhaken *m*, Anhebehaken *m* || ~ **jack** / Winde *f* || ~ **lug** / Hebevorrichtung *f*, Hebeöse *f*, Transportlasche *f* || ~ **tackle** / Hebezeug *n*, Flaschenzug *m* || ~ **truck** / Hubwagen *m*, Gabelstapler *m* || ~ **yoke** / Waagebalken *m* (Hebez.)
lift machine / Aufzugsmaschine *f*, Fahrstuhlantriebsmaschine *f* || ~ **motor (o. machine)** / Fahrstuhlmotor *m* || ~ **shaft** / Aufzugschacht *m*, Fahrschacht *m* (Aufzug) || ~ **table** / Hubtisch *m* || ~ **transverse unit** / Hubquereinheit (HQE) *f*
lift-to-drag ratio / Hub-Bremskraft-Verhältnis *n*

lift-type saddle / Tragsattel *m* (f. Leitungsmontage)
lift well / Aufzugschacht *m*, Fahrschacht *m* (Aufzug)
ligature *n* / Ligatur *f*
light *v* / beleuchten *v*, ausleuchten *v*, erhellen *v*, befeuern *v*, erleuchten *v* || ~ *n* / Licht *n*, Feuer *n* (Flp.), Leuchte *f* || **to run** ~ / leerlaufen *v*
light-activated *adj* / lichtgesteuert *adj*
light-air, integrated ~ **system** / integriertes Licht-Klima-System, Verbundsystem *n*
light-alloy enclosure / Leichtmetallgehäuse *n*
light amplification / Lichtverstärkung *f* || ~ **array** / Lichtgitter *n* || ~ **barrier** / Lichtschranke *f*, Reflexlichtschalter *m* || ~ **beam** / Lichtstrahl *m*, Lichtbündel *n*
light-beam curtain / Lichtschranke *f* || ~ **galvanometric recorder** / Lichtstrahl-Galvanometerschreiber *m* || ~ **oscillograph** / Lichtstrahl-Oszillograph *m*
light bright / hellblank *adj* || ~ **bronze** / Hellbronze *f* || ~ **centre** / Leuchtmitte *f*, Lichtschwerpunkt *m* || ~ **centre length (LCL)** / Lichtschwerpunktabstand *m* (LCL) || ~ **compound winding** / schwache Verbundwicklung || ~ **compound-wound motor** / Motor mit schwacher Verbundwicklung || ~ **cone** / Lichtkegel *m* || ~ **control circuit device** / Lichtsteuergerät *n* || ~ **cube** / Lichtwürfel *m* || ~ **current** / Schwachstrom *m*
light-current circuit / Schwachstromkreis *m* || ~ **control** / Schwachstromsteuerung *f*
light curtain / Lichtvorhang *m*
light-current engineering / Schwachstromtechnik *f*
light depreciation / Lichtverlust *m*, Lichtstromabnahme *f* || ~ **directing** / Lichtlenkung *f* || ~ **distribution** / Lichtverteilung *f* || ~ **distribution curve (LDC)** / Lichtverteilungskurve *f* (LVK)
light-duty contact / Schwachstromkontakt *m* || ~ **relay** / Schwachstromrelais *n* || ~ **version** / leichtere Ausführung
lighted buoy / Leuchtboje *f*, Leuchttonne *f*
light edge / Lichtkante *f*
lighted float / Leuchtfloß *n* || ~ **pushbutton switch** / Leuchttaster *m* VDE 0660, T.201, Leuchttastschalter *m* DIN 40717, Leuchtdrucktaster *m* || ~ **time** / Leuchtzeit *f* (reine Brennzeit)
light effects generator / Lichteffektgenerator *m* || ~ **emission angle** / Ausstrahlungswinkel *m* || ~ **emitting diode (LED)** / Lumineszenzdiode *f*, lichtemiting diode
light-emitting diode (LED) / Leuchtdiode *f* (LD), Lichtemitterdiode *f* (LED)
light-entry surface / Lichteintrittsfläche *f*
light-exit surface / Lichtaustrittsfläche *f*
light exposure / Belichtung *f*, Beleuchtung *f* (in einem Punkt einer Oberfläche) || ~ **failure** / Lichtausfall *m*, Feuerausfall *m* (Flp.) || ~ **field** / Lichtfeld *n* || ~ **fixture** / Leuchte *f*, Beleuchtungskörper *m* || ~ **flicker** / Lichtflimmern *n*, Flicker *m* || ~ **flux** / Lichtstrom *m* || ~ **from external sources** / Fremdlicht *n*
light-gauge sheet / Feinblech *n*
light guide / Lichtleiter *m* || ~ **gun** / Signalscheinwerfer *m*
lighthouse *n* / Leuchtturm *m* || ~ **beacon** / Leuchtfeuer *n*
light incidence / Lichteinfall *m* || ~ **industrial environment** / Leichtindustrieumgebung *f* || ~

industry / leichte Industrie
lighting *n* / Beleuchtung *f*, Befeuerung *f* (Flp.) || ~ **aid** / Befeuerungshilfe *f* || ~ **and appliance branch circuit distribution board** / Verteilertafel für Beleuchtungs- und Gerätestromkreise, Stromkreisverteiler *m* || ~ **branch circuit** / Beleuchtungsabzweig *m* || ~ **branch feeder** / Beleuchtungsabzweig *m* || ~ **busway** / Stromschiene für Leuchten, Lichtschiene *f* || ~ **chain** / Lichtkette *m* || ~ **circuit** / Beleuchtungsstromkreis *m*, Lichtstromkreis *m* || ~ **column** / Lichtmast *m* || ~ **conditions** / Lichtverhältnisse *n pl*, Beleuchtungsverhältnisse *pl* || ~ **console** / Lichtstellwarte *f* || ~ **control console** / Lichtregiepult *n*, Lichtstellpult *m* || ~ **control system** / Lichtsteueranlage *f*, Beleuchtungssteuerung *f*, Lichtstellanlage *f* || ~ **control tableau** / Lichtregieplatte *f* || ~ **cue** / Lichtstimmung *f* || ~ **distribution board** / Lichtverteiler *m*, Lichtverteilerkasten *m* || ~ **dynamo** / Lichtmaschine *f* (Bahn) || ~ **effect** / Lichtszenario *n* || ~ **electronics** / Beleuchtungselektronik *f* || ~ **engineer** / Beleuchtungsingenieur *m* || ~ **engineering** / Lichttechnik *f*, Beleuchtungstechnik *f* || ~ **fitting** / Leuchte *f*, Beleuchtungskörper *m* || ~ **installation** / Beleuchtungsanlage *f*, Befeuerungssystem *n* (Flp.) || ~ **level** / Beleuchtungsniveau *n* || ~ **level measurement unit** / Beleuchtungsstärkemessgerät *n* || ~ **of interiors** / Innenraumbeleuchtung *f*, Raumbeleuchtung *f*, Innenbeleuchtung *f* || ~ **panelboard** / Lichtverteiler *m* || ~ **plot** / Beleuchtungsprogramm *n* || ~ **point** / Beleuchtungsanschlussstelle *f* || ~ **pole** / Lichtmast *m* || ~ **program** / Beleuchtungsprogramm *n* || ~ **quality** / Beleuchtungsqualität *f* || ~ **scene** / Lichtstimmung *f* || ~ **set for Christmas trees** / Weihnachtskette *f* || ~ **sub-circuit** / Beleuchtungsabzweig *m* || ~ **system** / Beleuchtungsanlage *f*, Befeuerungssystem *n* (Flp.) || ~ **tariff** / Lichttarif *m* || ~ **technology** / Lichttechnik *f*, Beleuchtungstechnik *f* || ~ **transformer** / Beleuchtungstransformator *m*, Lichttransformator *m* || ~ **trunking** / Stromschiene für Leuchten, Lichtschiene *f* || ~ **trunking system** / Stromschienensystem für Leuchten || ~ **unit** / Beleuchtungseinheit *f* EN 61000-3-2 || ~ **well** / Lichtschacht *m*
light intensity / Lichtstärke *f* || ~ **intensity distribution** / Lichtstärkeverteilung *f*
light-intersection procedure / Lichtschnittverfahren *n*
light load / Schwachlast *f*
light-load period / Zeit geringer Belastung, Schwachlastzeit *f* || ~ **test** / Prüfung bei Schwachlast
light loss factor / Verminderungsfaktor *m* (BT) || ~ **management system** / Beleuchtungssteuerung *f* || ~ **measurement** / Lichtmessung *f* || ~ **outlet** / Lichtaustritt *m*
lightness *n* / Helligkeit *f*
lightning *n* / Blitz *m* || ~ **arrester** / Blitzableiter *m*, Blitzstromableiter *m*, Überspannungsableiter *m*, Blitzstromableiter *m* || ~ **channel** / Blitzkanal *m* || ~ **conductor** / Fangleiter *m* (Blitzschutz), Blitzableiter *m*, Blitzstromableiter *m*, Auffangleiter *m* (Blitzschutz) || ~ **electromagnetic impulse**

(LEMP) / elektromagnetischer Impuls des Blitzes || ~ **flash** / Blitz *m*, Blitzpfeil *m* (Warnschild) || ~ **flash counter** / Blitzzählgerät *n* || ~ **generator** / Kurzschlussgenerator *m*, Stoßleistungsgenerator *m*, Stoßgenerator *m* || ~ **impulse** / Blitzstoß *m*, Blitzstoßspannung *f* || ~ **impulse flashover voltage** / Überschlag-Blitzstoßspannung *f* || ~ **impulse protection level** / Blitzstoßspannungsschutzpegel *m* || ~ **impulse protection ratio** / Blitz-Überspannungsschutzfaktor *m* || ~ **impulse protective level** / Blitz-Überspannungsschutzpegel *m* || ~ **impulse sparkover voltage** / Ansprech-Blitzstoßspannung *f*, Ansprechkennlinie der Blitzstoßspannungen || ~ **impulse strength** / Blitzstoßspannungsfestigkeit *f* || ~ **impulse test** / Blitzstoßprüfung *f*, Blitzstoßspannungsprüfung *f* || ~ **impulse test voltage** / Prüf-Blitzstoßspannung *f* || ~ **impulse voltage** / Blitzstoßspannung *f* || ~ **impulse voltage dry test** / Blitzstoßspannungsprüfung *f*, trocken *adj* || ~ **impulse voltage sparkover test** / Prüfung der Ansprech-Blitzstoßspannung || ~ **impulse voltage test** / Blitzstoßspannungsprüfung *f* || ~ **impulse withstand voltage** / Steh-Blitzstoßspannung *f* || ~ **impulse withstand voltage test** / Blitzstoßspannungsprüfung *f* || ~ **incidence** / Blitzeinschlag *m* || ~ **let through impulse test** / Prüfung der Ansprech-Blitzstoßspannung || ~ **let-through impulse** / Ansprech-Blitzstoßspannung *f* || ~ **overvoltage** / Blitzüberspannung *f* || ~ **protection** / Blitzschutz *m* || ~ **protection and overvoltage protection concept** / Blitzschutz- und Überspannungsschutzkonzept *n* || ~ **protection cable** / Blitzschutzseil *n*, Erdseil *n* || ~ **protection element** / Blitzschutzelement *n* || ~ **protection measure** / Blitzschutzmaßnahme *f* || ~ **protection system** / Blitzschutzanlage *f* || ~ **protection unit** / Blitzduktor *m*, Blitzschutz-Duktor *m* || ~ **protection zone** / Blitzschutzzone *f* || ~ **protection zone concept** / Blitzschutzzonen-Konzept *n* || ~ **protective level** / Blitzschutzpegel *m* || ~ **residual voltage/discharge-current curve** / Restspannungs-/Ableitstoßstrom-Kennlinie *f* || ~ **rod** / Fangstange *f* (Blitzschutz), Blitzschutzstange *f* || ~ **spike** / Fangstange *f* (Blitzschutz), Blitzschutzstange *f* || ~ **strike** / Blitzeinschlag *m* || ~ **stroke** / Blitzschlag *m* || ~ **stroke component** / Teilblitz *m* || ~ **stroke current** / Blitzstrom *m* || ~ **stroke voltage** / Blitzstoßspannung *f* || ~ **surge wave** / Blitzstoßspannungswelle *f* || ~ **voltage let-through impulse** / Ansprech-Blitzstoßspannung *f* || ~ **voltage let through impulse test** / Prüfung der Ansprech-Blitzstoßspannung
light output / Lichtausstrahlung *f* || ~ **output ratio** / optischer Wirkungsgrad, Leuchtenwirkungsgrad *m*, Betriebswirkungsgrad *m* (Leuchte) || ~ **pen** / Lichtgriffel *m*, Lichtstift *m*, elektronischer Zeichenstift
light-pen detection / Lichtgriffelerkennung *f*, Lichtstifteingabe *f* || ~ **hit** / Lichtgriffeleingabe *f*
light pipe / Lichtleiter *m* || ~ **plastic-sheathed cable** / leichte Kunststoff-Schlauchleitung || ~ **pointer** / Lichtzeiger *m*
light-power motor / Kleinmotor *m*
light-proof *adj* / lichtdicht *adj*
light propagation / Lichtausbreitung *f* || ~ **pulse firing** / Lichtzündung *f* (Thyr) || ~ **pushbutton** /

Lichttaster *m* || ~ **PVC-sheathed cable** / leichte PVC-Mantelleitung || ~ **PVC-sheathed flexible cord** / leichte PVC-Schlauchleitung, PVC-Schlauchleitung für leichte mechanische Beanspruchungen || ~ **quantum** / Lichtquant *n* || ~ **radiation** / Lichtausstrahlung *f* || ~ **radiation angle** / Lichtausstrahlungswinkel *m* || ~ **ray** / Lichtstrahl *m* (a. LWL) || ~ **resistance** / Lichtbeständigkeit *f* || ~ **run** / Leerlauf *m* || ~ **scatter** / Lichtstreuung *f*
light-sensitive *adj* / lichtempfindlich *adj* || ~ **resistor** / Fotowiderstand *m*
light sensor / Lichtaufnehmer *m* || ~ **setting** / Szene *f* || ~ **ship** / Feuerschiff *n* || ~ **signal** / Lichtsignal *n*, Leuchtfeuer *n*, Feuer *n*
light/signal transfer characteristic / Übertragungskennlinie *f* (Beleuchtungsstärke/Signalstrom)
light source / Lichtquelle *f* || ~ **spot** / Lichtfleck *m*, Lichtmarke *f*, Leuchtfleck *m*, Lichtpunkt *m*
light-spot instrument / Lichtmarken-Messgerät *n*, Lichtstrahl-Messgerät *n* || ~ **recorder** / Lichtstrahlschreiber *m* || ~ **trace** / Lichtspur *f* (Lichtschreiber)
light start / Leerlastanlauf *m*, Leeranlauf *m* || ~ **stimulus** / Lichtreiz *m*
light-strip indicator / Leuchtbandanzeiger *m*, Bandanzeiger *m*
light switch / Lichtschalter *m* || ~ **transmission value** / Lichtdurchlässigkeitszahl *f*
light-transmitting *adj* / lichtdurchlässig *adj*
light unit / Feuereinheit *f* (Flp.), Befeuerungseinheit *f* || ~ **up** *v* / aufleuchten *v*, leuchten *v* || ~ **value switch** / Lichtwertschalter *m* || ~ **velocity** / Lichtgeschwindigkeit *f* || ~ **vessel** / Feuerschiff *n*
like poles / gleichnamige Pole
LIM s. linear induction motor
limb *n* / Schenkel *m* (Trafo-Kern)
limb-type core / Schenkelkern *m* (Trafo)
limb winding / Schenkelwicklung *f* (Trafo)
lime-milk *n* / Kalkmilch *f*
limit *n* / Grenze *f*, Grenzwert *m*, Toleranz *f*, Ausgangsgrenzwert *m* || **absolute ~ value** / Grenzwert absolut || **limit, at ~** / am Anschlag || ~ **acquisition** / Grenzwerterfassung *f* || ~ **case** / Grenzfall *m* || ~ **comparator** / Grenzmelder *m* (Komparator), Grenzwertstufe *f*, Grenzwertgeber *m*, Grenzsignalglied *n*, Grenzwertglied *n* || ~ **conditions of operation** / Grenzbetriebsbedingungen *f pl*, Grenzgebrauchsbedingungen *f pl* || ~ **contact** / Grenzkontakt *m* || ~ **control** / Grenzwertregelung *f* || ~ **current** / Grenzstrom *m* || ~ **current adaption** / Grenzstromanpassung *f* || ~ **curve** / Grenzkurve *f* || ~ **curve for arc-free operation** / Lichtbogengrenzkurve *f* (Rel.) || ~ **deviations** / Grenzabmaße *n pl*
limited breathing enclosure / schwadensichere Kapselung || ~ **current circuit** IEC 380 / Stromkreis mit Strombegrenzung VDE 0806, nicht zwangsläufiger Antrieb, begrenzte Einwirkung (HSS, ohne eineVerbindung zwischen Bedienteil und Schaltglied)
limited-end-float coupling / Kupplung mit axialer Spielbegrenzung, axialspielbegrenzte Kupplung
limited-movement rotary switch IEC 337-2A / Drehschalter mit begrenztem Drehweg VDE 0660,T.202

limited probable life / begrenzte wahrscheinliche Lebensdauer
limited-purpose switch IEC 265-2 / Lastschalter für begrenzte Anwendung
limited shelf-life / begrenzte Lebensdauer (im Lager) || ~ **short circuit** / gedämpfter Kurzschluss
limited-slip differential / Sperrdifferential *n* (Kfz)
limiter *n* / Begrenzer *m*, Limiter *m* || ~ **block** / Begrenzer-Baustein *m* (SPS) || ~ **diode** / Begrenzerdiode *f*
limit feed / Grenzvorschub *m* || ~ **feedrate** / Grenzvorschub *m* || ~ **fit** / Grenzpassung *f* || ~ **frequency** / Grenzfrequenz *f* || ~ **gauge** / Grenzlehre *f*
limiting *n* / Begrenzung *f* || ~ **angle subtense** / Grenzwinkel *m* (Sehwinkel zu einer Laserquelle) VDE 0837 || ~ **aperture** / Grenzapertur *f* (Lasergerät), Grenzblende *f* || ~ **breaking capacity** IEC 50(446) / Ausschaltvermögen *n* (Rel.) || ~ **charging characteristic** / Ladegrenzkennlinie *f* || ~ **circuit** / Begrenzungsschaltung *f* || ~ **continous thermal withstand value** / Dauer *f*, thermische Belastbarkeit (Rel.durch eine Erregungsgröße) VDE 0435,T. 110 || ~ **continuous current** (relay, of an output circuit) IEC 50(446) / Grenzdauerstrom *m* || ~ **continuous thermal withstand value** / thermische Dauerbelastbarkeit (Rel., durch eine Erregungsgröße) || ~ **control** / Begrenzungsregelung *f* || ~ **current** / Grenzstrom *m* || ~ **curve** / Grenzkurve *f* || ~ **curves for application** / Anwendungs-Grenzkurven *f pl* || ~ **cycling capacity** IEC 50(446) / kombiniertes Ein-Ausschaltvermögen (Rel.), Schaltvermögen bei Schaltspielen (Rel.) || ~ **deviation** / Grenzabweichung *f* (QS) DIN 55350,T.12 || ~ **dynamic value** / dynamischer Grenzwert (Rel.) VDE 0435,T.110 || ~ **e.m.f.** / Grenz-EMK *f* || ~ **edge** / Begrenzungskante *f* || ~ **error** (relay) IEC 50(446) / Grenzabweichung *f* (Rel.) || ~ **frequency** / Grenzfrequenz *f* || ~ **impedance** / Begrenzungswiderstand *pl* || ~ **making capacity** IEC 50(446) / Einschaltvermögen *n* (Rel.) || ~ **no-damage current** IEC 50(15) / größter Haltestrom || ~ **non-actuating time** / Grenznichtbetätigungszeit *f* (SG) || ~ **operational conditions** / Einsatzgrenzbedingungen *f* || ~ **overload characteristic** / Grenzstromkennlinie *f* (Thyr, Diode, Din 41786, DIN 41781) || ~ **plate temperature** / Grenz-Plattentemperatur *f* (GR) DIN 41760 || ~ **proportion** / Grenz-Unterschreitungsanteil *m* (Statistik, QS) DIN 55350,T.12, Grenzanteil *m* || ~ **quality** / Grenzqualität *f*, Ablehngrenze *f* (QS), Ausschussgrenze *f* (QS), Schlechtgrenze *f* (QS), zurückzuweisende Qualitätsgrenzlage || ~ **quality level (LQL)** / rückzuweisende Qualitätsgrenzlage, Ausschussgrenze *f* || ~ **quantile** / Grenzquantil *n* DIN 55350,T.12 || ~ **reactor** / Begrenzungsdrossel *f*, Grenzstrom der Selbstlöschung (größter Fehlerstrom, bei dem eine Selbstlöschung des Lichtbogens noch möglich ist) || ~ **short-time current** (relay) IEC 50(446) / Grenzkurzzeitstrom *m* (eines Ausgangskreises) || ~ **short-time thermal withstand value** (relay) IEC 50(446) / thermische Kurzzeitbelastbarkeit (durch eine Erregungsgröße) || ~ **temperature** / Grenztemperatur *f* || ~ **temperature rise** / Erwärmungsgrenze *f*,

limit

Grenzerwärmung f, Endübertemperatur f, Grenzübertemperatur f || ~ **thermal burden current** / thermischer Grenzstrom || ~ **thermal value of short-time current** / thermischer Grenzwert des Kurzzeitstroms || ~ **value** / Grenzwert m DIN 40200, Okt.81, Randwert m || ~ **value of mean on-state current** / Dauergrenzstrom m (Thyr) DIN 41786 || ~ **value of non-operating voltage** / Grenzwert der Nichtauslösespannung || ~ **value of surge on-state current** / Stoßstrom-Grenzwert m (Thyr) DIN 41786 || ~ **values for operation** / Grenzwerte im Betrieb (MG) || ~ **viscosity** / Grundviskosität f, spezifische Viskositätszahl || ~ **viscosity index** / Grenzviskositätszahl f
limit machine / Grenzleistungsmaschine f || ~ **micrometer** / Toleranzmikrometer n || ~ **monitor** / Grenzwertmelder m, Grenzsignalglied n, Grenzwertgeber m, Grenzwertglied n, Grenzwertschalter m || ~ **monitoring** / Grenzwertüberwachung f, Endlagenüberwachung f || ~ **of alternating load** / Wechsellastgrenze f || ~ **of application** / Einsatzgrenze f || ~ **of audibility** / Hörgrenze f || ~ **of detectability** / Nachweisgrenze f || ~ **of disturbance** / Störschwelle f (EMB) || ~ **of interference** / Beeinflussungsschwelle f (EMV), Funkstörgrenzwert m || ~ **of inverter stability** / Wechselrichter-Kippgrenze f || ~ **of irritation** / Störgrenze f (Flicker) || ~ **of size** / Grenzmaß n || ~ **of sparkless commutation** / Funkengrenze f (Komm.) || ~ **of temperature rise** / Erwärmungsgrenze f, Grenzerwärmung f, Endübertemperatur f, Grenzübertemperatur f || ~ **of the zone of exposure** / Grenzabstand m (Näherung) VDE 0228 || ~ **of travel** IEC 550 / Verfahrweggrenze o. -begrenzung f (WZM), Verfahrbereichsgrenze f || ~ **plug gauge** / Grenzlehrdorn m || ~ **point** (Some point-to-point systems require a signal at one or more points to reduce the traverse rate of the machine slide during positioning before the command point is reached, in order to provide greater accuracy of final positioning.) / Abschaltpunkt m (Bei einigen Punktsteuerungen wird die Einfahrgeschwindigkeit des Maschinenschlittens an einem oder mehreren Punkten vor Erreichung der Sollposition durch ein Signal verlangsamt, um eine höhere Genauigkeit der Positionierung zu erzielen.), Vorhaltepunkt m || ~ **point axis** (See: limit point) / Abschaltpunktachse f (Siehe: Abschaltpunkt) || ~ **range of operation** IEC 1036 / Grenzbereich für den Betrieb (EZ) VDE 0418, Grenzbetriebsbereich m || ~ **range of use** / Grenzgebrauchsbereich m || ~ **rating** / Grenzleistung f (Masch.)
limit-rating machine / Grenzleistungsmaschine f || ~ **transformer** / Grenzleistungstransformator m
limit signal / Grenzsignal n, Endlagenmeldung f || ~ **signal generator** / Grenzsignalglied n (PC-Funktionsbaustein)
limits of error / Fehlergrenzen f pl (MG, Rel.) || ~ **of error in legal metrology** / Eichfehlergrenzen f pl || ~ **of error on verification** / Eichfehlergrenze f || ~ **of induction** / Grenzmagnetisierung f || ~ **of measuring range** / Messbereichsgrenzen f pl || ~ **of operation** IEC 292-1 / Grenzwerte für die Betätigung VDE 0660,T.104, Grenzwerte für die Funktion || ~ **of particle mass distribution** /

Stückigkeitsgrenzen f pl || ~ **of size** / Grenzmaße n pl || ~ **of total error** / Gesamtfehlergrenzen f pl || ~ **of variation** / Streugrenzen f pl (Statistik, QS)
limit speed / Grenzdrehzahl f, Grenzgeschwindigkeit f || ~ **stop** / Anschlag m (WZM, NC), Festanschlag m, Endanschlag m || ~ **switch** / Endschalter m, Grenzwertschalter m, Endlagenschalter m || ~ **switch** IEC 50(441) / Positionsschalter mit Sicherheitsfunktion, Grenztaster m, Grenzlagenschalter m || ~ **switch control** / Abschaltpunktsteuerung f (Siehe: Abschaltpunkt) || ~ **switch list** / Endschalterliste f || ~ **switch monitoring** / Endschalterüberwachung f || ~ **switching signal** / Wegschaltsignal n || ~ **temperature** / Grenztemperatur f
limit-torque clutch / momentgeschaltete Kupplung
limit transducer / Grenzwertmessumformer m, Grenzsignalgeber m DIN 19257 || ~ **value** / Grenzwert m || ~ **value monitoring** / Grenzwertüberwachung f
limit-value monitoring / Grenzwertüberwachung f, Grenzwertglied n, Grenzwertmelder (GW-Melder) m, Grenzsignalglied n, Grenzwertgeber m
limit value underflow / Grenzwertunterschreitung f || ~ **value violation** / Grenzwertverletzung f || ~ **violation** / Grenzwertüberschreitung f, Grenzwertverletzung f
limit-wear contact / Verschleißüberwachungskontakt m
limp-home capability / Notfahreigenschaften f pl (Kfz), Notlauffähigkeit f || ~ **program** / Notfahrprogramm n (Kfz)
limpid adj / klar adj (Aussehen von Öl)
line v / auskleiden v, ausfüttern v, ausgießen v (Lg.), ausschlagen v || ~ n / Leitung f, Netz n, Strecke f, Reihe f, Baureihe f, Zeile f, Strich m, Linie f, Speiseleitung f, Zeitablenkung f, Strang m, Leitung f, Kabel n, Verbindung f || **to be in** ~ / fluchten v || ~ **access control** / Leitungszugriffsteuerung f || ~ **adapter** / Leitungsanpassglied n, Leitungsvorsatz m
line, on ~ **side** / netzseitig adj
line-addressable random-access memory (LARAM) / linienadressierbarer Speicher mit wahlfreiem Zugriff (LARAM)
line angle / Leitungswinkel m (Winkeländerung in der Richtung einer Freileitung)
linear adj / linear adj, translatorisch adj || **linear absorption coefficient** / Absorptionskoeffizient m, Extinktionsmodul m || ~ **actuator** / Schubantrieb m, Drehantrieb m
linear-array camera / Zeilenkamera f, Linienkamera f
linear attenuation coefficient / Schwächungskoeffizient m (LT) || ~ **axis** / Linearachse f
linear-beam tube / Linearstrahlröhre f, O-Typ-Röhre f
linear bus structure / Linienstruktur f, Busstruktur f || ~ **bus topology** / Linienstruktur f, Busstruktur f
linear-characteristic core / Linearkern m
linear circuit element / lineares Stromkreiselement || ~ **commutation** / geradlinige Kommutierung || ~ **controller** / Linearregler m || ~ **coupler** / linearer Koppler, Linearwandler m || ~ **dimensioning** / Längenbemaßung f (CAD) || ~ **drive** / Schubantrieb m || ~ **electric charge density** / längenbezogene

Ladung || ~ **expansion** / Längendehnung ƒ || ~ **extinction coefficient** / Schwächungskoeffizient m (LT) || ~ **flow characteristic** / lineare Öffnungskennlinie || ~ **fluorescent lamp** / stabförmige Leuchtstofflampe, Stableuchtstofflampe ƒ
linear-gate regulator / Schieberegler m
linear guide / Linearführung ƒ || ~ **incandescent lamp** / stabförmige Glühlampe || ~ **induction motor (LIM)** / Induktionslinearmotor m, Asynchronlinearmotor m || ~ **Inductosyn** / Linear-Inductosyn n || ~ **integral of error** / lineare Regelfläche || ~ **interpolation** / Geradeninterpolation ƒ (NC), Linearinterpolation ƒ, lineare Interpolation (Berechnung von Zwischenpunkten einer Geraden durch den Interpolator der Steuerung) || ~ **interpolator** / Geradeninterpolator m (NC), linearer Interpolator (NC)
linearity n / Linearität ƒ || ~ **error** / Linearitätsfehler m
linearization tolerance / Linearisierungstoleranz ƒ (NC, a. CLDATA-Wort)
linearize v / linearisieren v
linearized core / Linearkern m
linear lag / Verzögerung erster Ordnung (Reg.) || ~ **lamp** / stabförmige Lampe || ~ **levitation machine (LLM)** / Linear-Magnetschwebemaschine ƒ, lineare Schwebemaschine
linearly degressive lead / linear abnehmende Steigung (Gewinde) || ~ **polarized mode (LP mode)** / linear polarisierte Mode || ~ **progressive lead** / linear ansteigende Steigung (Gewinde) || ~ **rising front chopped impulse** / Keilstoßspannung ƒ
linear machine / Linearmaschine ƒ || ~ **measurement** / lineare Messung (NC), direkte Messung || ~ **measurement system** / Längenmaßsystem n, digital-lineares Messsystem, digitales lineares Messsystem || ~ **measuring system** / Linearmesssystem n (NC), Längenmesssystem n, lineares Messsystem, digitales lineares Messsystem, digital-lineares Messsystem || ~ **motion** / Linearbewegung ƒ (WZM), geradlinige Bewegung, translatorische Bewegung
linear-motion actuator / Schubantrieb m || ~ **electrical machine (LEM)** / elektrische Linearmaschine || ~ **machine** / Linearmaschine ƒ || ~ **tap changer** / Linearumsteller m || ~ **tapping switch** / Linearumsteller m (Trafo), Rohrumsteller m
linear motor / Linearmotor m, Wanderfeldmotor m || **Linear Motor Systems (LMS)** / LMS || ~ **movement** / Planlauf m || ~ **oscillating motor (LOM)** / schwingender Linearmotor || ~ **path control** / Streckensteuerung ƒ (NC) || ~ **program** / Linearprogramm n || ~ **program with rerun** / Linearprogramm mit Wiederholung || ~ **rate of characteristic** / linearer Bereich der Kennlinie || ~ **regulator** / Schieberegler m || ~ **reluctance motor (LRM)** / Reluktanz-Linearmotor m || ~ **scale** / Linearmaßstab m, Längenmaßstab m, lineare Teilung
linear-scale ohmmeter / Widerstands-Messgerät mit linearer Skale
linear section / Geradenstück n || ~ **sequencer** / Linearkette ƒ || ~ **shift** ISO 1056 / Verschiebung ƒ (NC-Wegbedingung) DIN 66025,T.2 || ~ **shift cancel** ISO 1056 / Aufheben der Verschiebung (NC-Wegbedingung) DIN 66025,T.2 || ~ **size** / Längenmaß n || ~ **span** / gerade Strecke (NC) || ~ **spectrometer** / Linearspektrometer n || ~ **stepper motor** / Linear-Schrittmotor m || ~ **synchronous homopolar motor (LSHM)** / Synchron-Homopolar-Linearmotor m || ~ **synchronous motor (LSM)** / Synchron-Linearmotor m || ~ **system** / lineares System
linear-tapping winding arrangement / Wicklungsanordnung für Linearschaltung (Trafo)
linear tool shift ISO 1056 / translatorische Werkzeugverschiebung (a. NC-Zusatzfunktion nach DIN 66025,T.2) || ~ **topology** / Linienstruktur ƒ, Busstruktur ƒ
linear-travel disconnector / Schubtrenner m, Linientrenner m, Schubtrennschalter m
linear two-terminal circuit element / elementarer linearer Zweipol || ~ **variable differential transformer (LVDT)** / variabler linearer Differentialwandler, induktiver Wegaufnehmer || ~ **V/f control** / lineare U/f-Steuerung || ~ **vibration** / lineare Schwingung || ~ **workpiece shift** ISO 1056 / translatorische Werkstückverschiebung (a. NC-Zusatzfunktion nach DIN 66025,T.2)
line attenuation / Leitungsdämpfung ƒ
line/backbone coupler / Linien-/Bereichskoppler ƒ
line bid / Sendewunsch m || ~ **break** / Zeilenumbruch m
line-by-line milling / Zeilenfräsen n
line camera / Zeilenkamera ƒ, Linienkamera ƒ || ~ **change** / Zeilenwechsel m || ~ **charging breaking capacity** IEC 56-1 / Ausschaltvermögen für eine unbelastete Freileitung VDE 0670,T. 101, Freileitungs-Ausschaltvermögen n || ~ **charging breaking current** / Freileitungs-Ausschaltstrom m VDE 0670,T.3 || ~ **charging capacity** / Netzladeleistung ƒ || ~ **charging current** / Freileitungs-Ladestrom m || ~ **charging current breaking test** / Freileitungs-Ausschaltprüfung ƒ || ~ **circuit-breaker** / Hauptleistungsschalter m (Bahn), Streckenschalter m, Überstromschalter m (Bahn) || ~ **coil** / Eingangsspule ƒ
line-commutated adj / netzgeführt adj || ~ **converter** / netzgeführter Stromrichter || ~ **electronic switch (LCE)** / netzgelöschter elektronischer Schalter
line commutation / Netzkommutierung ƒ (LE), netzgeführte Kommutierung (Fremdgeführte kommutierung, bei der die Kommutierungsspannung vom Netz geliefert wird), Netzführung ƒ (LE) || ~ **commutating reactor** / Netzkommutierungsdrossel ƒ || ~ **configuration** / Leitungskonfiguration ƒ, Leitungsgebilde n || ~ **contact** / Außenleiterkontakt m || ~ **contactor** / Netzschütz n || ~ **continuity supervisory resistor** / Drahtbruch-Kontrollwiderstand m
line-controlled adj / leitungsgesteuert adj
line control unit / Kanalgerät n (FWT) || ~ **coupler** / Leitungskoppler m, Linienkoppler m (Brandschutzanl.) || ~ **coupling unit** / Linienkoppler m (Gerätesicherheit im System, um Linien miteinander zu verbinden. Telegramme werden weitergegeben oder auf die Linie begrenzt) || ~ **current** / Netzstrom m (vorwiegend im Zusammenhang mit LE-Geräten)

lined *adj* / ausgegossen *adj*
line differential protection (system o. relay) / Längsdifferentialschutz *m* IEC 50(448), Leitungsdifferentialschutz *m* || ~ **direction** / Abgangsrichtung *f* || ~ **discharge class** / Leitungsentladungsklasse *f* || ~ **discharge test** / Leitungsentladungsprüfung *f*, Netzentladungsprüfung *f* || ~ **disconnector** / Leitungstrennschalter *m*, Leitungstrenner *m* || ~ **distribution board** / Strangverteiler *m* || ~ **driver** / Leitungstreiber *m* || ~ **drop** / Netzspannungsabfall *m* || ~ **drop compensation** / IR-Kompensation *f* || ~ **drop compensator** / Spannungsregler *m* (f. Netzspannungsabfall) || ~ **earthing switch** / Leitungs-Erdungsschalter *m* || ~ **end** / Leitungsende *n*, leitungsseitiges Ende, Zeilenende *n*, Wicklungsanfang *m*
line-end coil / Eingangsspule *f* || ~ **coil with reinforced insulation** / verstärkt isolierte Eingangsspule
line end of winding / Wicklungsanfang *m* || ~ **end signal** / Zeilenendsignal *n* || ~ **equation** / Geradengleichung *f* || ~ **fault** / Leitungsfehler *m*, Netzstörung *f* || ~ **feed (LF)** / Zeilenvorschub *m*, Zeilenschritt *m* (Formatsteuerfunktion) || ~ **filament** / linienförmiger Leuchtdraht (o. Leuchtkörper) || ~ **filter** / Netzfilter *m*, Leitungsfilter *m* || ~ **filter module** / Netzfilterbaustein *m* || ~ **flyback** / Zeilenrücklauf *m* (BSG) || ~ **format** / Zeilenformat *n* || ~ **frame** / Leitungsrahmen *m* || ~ **frequency** / Netzfrequenz *f*, Zeilenfrequenz *f* (BSG)
line-frequency line current / netzfrequente Komponente des Netzstroms || ~ **line voltage** / netzfrequente Komponente der Netzspannung || ~ **sensitivity** / Netzfrequenzabhängigkeit *f* (Rel.), Frequenzabhängigkeit *f* (Rel.)
line fuse / vorgeschaltete Sicherung, Strangsicherung *f*, Netzsicherung *f*, Hauptsicherung *f* || ~ **graphics** / Liniengrafik *f*, Koordinatengrafik *f* || ~ **grounding switch** / Leitungs-Erdungsschalter *m* || ~ **height** / Zeilenhöhe *f* || ~ **impedance angle** / Leitungswinkel *m* (auf Leitungsimpedanz bezogen), Kurzschlusswinkel *m* || ~ **impedance stabilization network (LISN)** / Netznachbildung *f* || ~ **information** / Zeileninformation *f* || ~ **input gland** / Verschraubung für das Netzkabel || ~ **input loopthrough** / Netzdurchführung *f*, Netzdurchführungsbaugruppe *f* || ~ **inspection** / Fertigungsprüfung *f* DIN 55350,T.11, Prozessprüfung *f* DIN 55350,T.11, Fertigungsüberwachung *f*, fertigungsbegleitende Prüfung (VRV), Fertigungsrevision *f*, Vorfertigungsrevision *f*, Zwischenprüfung *f* (Qualitätsprüfung während der Realisierung einer Einheit), Fertigungskontrolle *f*, Zwischenrevision *f*, prozessbegleitende Prüfung || ~ **integral** / Linienintegral *n* || ~ **integral of magnetic field strength along a closed path** / Linienintegral der magnetischen Feldstärke längs eines geschlossenen Weges, magnetische Umlaufspannung, magnetische Randspannung || ~ **interface** / Leitungsschnittstelle *f* || ~ **isolation monitor** / Isolationswächter *m*, Erdschlusswächter *m* || ~ **killer** / Wurferder *m* || ~ **killing** / Wurferdung *f* || ~ **kVA** / Netzleistung in kVA, Speiseleistung in kVA || ~ **link** / Leitungsverbindung *f* IEC 50(794) || ~

losses / Leitungsverluste *m pl*
lineman *n* / Leitungsmonteur *m*, Freileitungsmonteur *m*
line marking / Strichmarke *f*
line measurement / Linienmessung *f* (RöA) || ~ **monitor** / Netzwächter *m*, N-Wächter *m* || ~ **motion control system** ISO 2806-1980 / Streckensteuerung *f* (NC) || ~ **node** / Leitungsknoten *m* || ~ **noise** / Leitungsgeräusch *n*, Kreisrauschen *m* || ~ **of action** / Wirkungslinie *f*, Angriffslinie *f*, Berührungslinie *f*, Eingriffslinie *f*, Lastberührungslinie *f*, Eingriffslänge *f* || ~ **of contact** / Berührungslinie *f*, Eingriffslinie *f* || ~ **of fluorescent luminaires** / Lichtband *n*, Leuchtenband *n*, Leuchtband *n* || ~ **of flux** / Flusslinie *f*, Kraftflusslinie *f*, Kraftlinie *f* || ~ **of force** / Kraftlinie *f*, Kraftflusslinie *f*, Feldlinie *f*, Magnetfeldlinie *f* || ~ **of holes** / Lochreihe *f*, Bohrreihe *f* || ~ **of impact** / Stoßlinie *f* || ~ **of induction** / Kraftlinie *f*, Kraftflusslinie *f*, Feldlinie *f*, Magnetfeldlinie *f* || ~ **of intersection** / Schnittlinie *f* || ~ **of maintenance** / Instandhaltungsstufe *f* (Stelle der Organisation, wo festgelegte Instandhaltungsebenen einer Einheit auszuführen sind) || ~ **of subject characteristic** / Sachmerkmal-Leiste *f* DIN 4000,T.1 || ~ **of tangential section** / Tangentialschnittlinie *f* || ~ **off-load breaking capacity** / Ausschaltvermögen für eine unbelastete Freileitung VDE 0670,T.101, Freileitungs-Ausschaltvermögen *n* || ~ **oscillation** / Leitungsschwingung *f* || ~ **period** / Periodendauer der Netzspannung *f* || ~ **polar** / Gerade Polar || ~ **pole** / Leitungspol *m* || ~ **post insulator** / Freileitungsstützer *m* (Isolator) || ~ **primitive** / Linienelement *n* (GKS) || ~ **printer (LP)** / Zeilendrucker *m* || ~ **printer terminal (LPT)** / LPT || ~ **procedure** / Übertragungsprozedur *f*
line-probe router / Linienrasterentflechter *m*
line protection / Leitungsschutz *m*, Leitungsabzweigschutz *m* || ~ **protection circuit-breaker** / Leitungsschalter *m* || ~ **protocol** / Leitungsprotokoll *n*
liner *n* / Belag *m*, Auskleidung *f*, Ausguss *n* (Lg.), Einlage *f* (IR), Haltefutter *n* (Sich.), Laufbuchse *f* (Lg.), Buchse *f*, Steckbuchse *f*, Buchsenleiste *f*, Gleitschicht *f* (Lg.), Futter *n*, Unterlegstreifen *m* || ~ **backing** / Lagerschale *f*, Lagerbuchse *f*, Lagerschalenkörper *m*
line reactor / Netzdrossel *f* || ~ **receiver** / Leitungsempfänger *m* || ~ **resistance** / Leitungswiderstand *m* || ~ **reversal technique** / Abfrage mit Richtungsumkehr || ~ **run** / Leitungsverlauf *m*, Leitungsstrecke *f*, Leitungsabschnitt *m*
line-scale base / Skalengrundlinie *f*
line scanning / Zeilenabtasten *n* || ~ **scanning camera** / Zeilenkamera *f*, Linienkamera *f* || ~ **scanning method** / Zeilenabtastverfahren *n*, Strichrasterverfahren *m* || ~ **scanning period** / Zeilenabtastzeit *f*
line-search router / Linienrasterentflechter *m*
line section / Leitungsabschnitt *m*, Leitungsstrecke *f*, Teilstrecke *f* || ~ **sectionalizer** / Streckenschalter *m*, Streckentrenner *m*
line-sequential *adj* / zeilensequentiell *adj*
line shaft / Längswelle *f*, Königswelle *f*, Transmission *f*, Wellenstrang *m*

line-shaft transmission / Längstransmission *f*
line side / Netzseite *f*, netzseitig *adj*
line-side *adj* / eingangsseitig *adj*, anlagenseitig *adj*, primärseitig *adj* || **~ commutation reactor** / Netzkommutierungsdrossel *f* (LE) || **~ converter** / netzseitiger Stromrichter || **~ converter firing circuit** / Netzsteuersatz *m* || **~ fundamental power factor** / Netz-Grundschwingungsleistungsfaktor *m* || **~ fuse** / vorgeschaltete Sicherung || **~ inverse-parallel connection** / Netzgegenparallelschaltung (NGP) *f* || **~ rectifier** / Netzstromrichter *m* || **~ terminal** / Einspeiseklemme *f*
line space key / Zeilenschalttaste *f* || **~ spacer** / Leitungsabstandshalter *m* || **~ spacing** / Zeilenabstand *m*, Grundzeilenabstand *m* (BSG) || **~ spectrum** / Linienspektrum *n* || **~ speed** / Übertragungsgeschwindigkeit *f* (in Baud)
lines per minute (LPM) / Zeilen pro Minute || **~ per revolution** / Striche pro Umdrehung
line standard / Strichmaß *n* || **~ starter** / Starter (o. Motorstarter) zum direkten Einschalten *m*, Anlasser für direktes Einschalten, Direktstarter *m*, Direktanlasser *m* || **~ store** / Linienspeicher *m* (RöA) || **~ structure** / Linienstruktur *f* (PROFIBUS) || **~ structure of grating** / Maßstabteilung *f* (NC) || **~ style selection** / Linienartauswahl *f* || **~ supply cable** / Netzleitung *f*, Netzkabel *n* || **~ surge** / Spannungsstoß *m* || **~ switch** / Netzschalter *m*, Hauptschalter *m* || **~ switching test** / Freileitungs-Schaltprüfung *f* || **~ tap** / Netzausläufer *m*, Ausläuferleitung *f*, Stichleitung *f* || **~ terminal** / Netzanschlussklemme *f*, Phasenklemme *f*, Strangklemme *f*, Zugangsklemme *f*, Leitungsanschluss *m* || **~ termination** / Leitungsabschluss *m* || **~ thickness** / Strichstärke *f* || **~ title** / Zeilenbeschriftung *f* || **~ tracer** / Nachlaufgerät *n*
line-to-background ratio / Linien-Untergrund-Verhältnis *n* (RöA)
line-to-earth fault / Leitungserdschluss *m*, einphasiger Erdschluss || **~ voltage** / Leiterspannung gegen Erde, Außenleiter-Erde-Spannung *f*
line-to-ground bolted fault / vollkommener (o. satter) einphasiger Erdschluss || **~ fault** s. line-to earth fault
line-to-ground-overvoltage / Außenleiter-Erde-Überspannung *f*, Leiter-Erde-Überspannung *f*
line-to-ground voltage / Leiterspannung gegen Erde, Außenleiter-Erde-Spannung *f*
line-to-line fault / zweiphasiger (o. zweisträngiger) Kurzschluß, zweipoliger Kurzschluss, zweiphasiger Fehler || **~ grounded fault** / zweiphasiger (o. zweipoliger) Kurzschluß mit Erdberührung || **~ short circuit** / Kurzschluss zwischen Phasen, zweiphasiger Kurzschluss, Phasenschluss *m* || **~ sustained short-circuit test** / Versuch mit unsymmetrischem zweipoligem Dauerkurzschluss || **~ system voltage** / Leiter-Leiter-Netzspannung *f* || **~ ungrounded fault** / zweiphasiger (o. zweipoliger) Kurzschluß ohne Erdberührung || **~ voltage** / verkettete Spannung, Dreieckspannung *f*, Außenleiterspannung *f*, Leiterspannung *f*, verkettet *adj*
line-to-neutral voltage / Leiter-Sternpunktspannung *f*, Sternspannung *f*
line transformer / Netztransformator *m*,

Kuppeltransformator *m* || **~ transient immunity** / Stützung bei Netzspannungseinbrüchen || **~ transmitter** / Leitungstreiber *m* || **~ trap** / TFH-Sperre *f*, Trägerfrequenzsperre *f* || **~ trigger circuitry set** / Netzsteuersatzsoftware *f* || **~ turnaround** / Leitungsumkehrung *f* (Informationsübertragung) || **~ unsharpness** / Unschärfe der Spektrallinien || **~ up** *v* / ausrichten *v*, aufreihen *v*
line-up terminal / Anreihklemme *f*
line voltage / Netzspannung *f*, Leiterspannung *f*, Speisespannung *f*, verkettete Spannung, Anschlussspannung *f* || **~ voltage drop** / Netzspannungs(ab)fall *m* || **~ voltage dropout** / Netzspannungsausfall *m* || **~ voltage failure** / Netzspannungsausfall *m* || **~ voltage fluctuations** / Netzspannungsschwankungen *f pl* || **~ weight** / Linienbreite *f* (CAD), Linienstärke *f* (CAD) || **~ width** / Linienbreite *f* (spektrale Breite des abgestrahlten Lichts) || **~ winding** / Netzwicklung *f* (Trafo), netzseitige Wicklung
linguistic conventions / Sprachregelung *f*
lining *n* / Auskleidung *f*, Belag *m*, Ausguss *m* (Lg.), Streifenbildung *f*, Zebramuster *n*, Futter *n* || **~ alloy** / Lagergussmetall *n* || **~ carrier** / Lagerschalenkörper *m*, Lagerschale *f* || **~ metal** / Lagerausgussmetall *n* || **~ plate** / Auskleidungsplatte *f* || **~ plate package** / Futterblechpaket *n* || **~ plate riveting** / Nietung Auskleidungsplatte
link *v* / überbrücken *v*, verbinden *v*, verketten *v*, einbinden *v*, koppeln *v*, binden *v* (Programm), kurzschließen *v*, verknüpfen *v*, anschließen *v* || **~ n** / Verknüpfung *f*, Glied *n*, Brücke *f*, Schaltverbindung *f*, Schaltbügel *m*, Trennlasche *f*, Verbindungslasche *f*, Klemmenbügel *m*, Anschlusslasche *f*, Gelenk *n*, Anlenkung *f*, Koppel *n*, Schmelzleiter *m*, Zwischenkreis *n*, (Fernwirk-)Verbindung *f*, Verbindungsabschnitt *m*, Übertragungsstrecke *f*, Verkettung *f*, Kurvenstrecke *f*, Verbindungszweig *m*, Sehne *f* (Netzwerk), Brückungskanal *m*, Anbindung *f*, Ankopplung *f*, Kopplung *f* ||
ACTIVE ~ / Kopplung aktiv (KOP-AKTIV) ||
back-to-back ~ (HVDCT) / Kurzkupplung *f* (HGÜ) || **comb-shaped ~** / Überbrückungskamm *m* (Reihenklemme) || **communication ~** / Nachrichtenverbindung *f*, Übermittlungsabschnitt *m*, Datenübermittlungsabschnitt *m* || **computer ~** / Rechneranschluss *m*, Rechnerkopplung *f* || **data ~ (DL)** / Datenübermittlungsabschnitt *m* DIN 44302, Übermittlungsstrecke *f* || **HVDC back-to-back ~** / HGÜ-Kurzkupplung *f* || **PCM ~** / PCM-Übertragungsstrecke *f* || **plain ~** / Überbrückungslasche *f* (Reihenklemme)
linkage *n* / Verkettung *f*, Gestänge *n*, Gelenkgetriebe *n*, Koppel *n* || **~ IEC 625** / Verknüpfung *f* || **current ~** (with a closed path) IEC 50(121) / elektrische Durchflutung (eines geschlossenen Pfades) || **mechanical ~ line** / mechanische Wirkverbindungslinie || **number of line ~s** / Verkettungszahl *f*, Anzahl der verketteten Kraftlinien
linkage editor / Binderprogramm *n* || **~ flux** / verketteter Fluss || **~ for translating motions** / Hebelübersetzung *f* || **~ insulator** / Gestängeisolator *m* || **~ joint** / Gelenk *n* || **~ lever** / Hebellasche *f*
linkage-lever mechanism / Gestängehebelantrieb *m*

(SG)
linkage loader / Bindelader m || ~ **mechanism** / Gestängeantrieb m (SG) || ~ **of auxiliary switch** / Hilfsschaltergestänge n || ~ **stray-flux** / verketteter Streufluss || ~ **system** / Gelenkgetriebe n, mechanisches Getriebe
link axis / Link-Achse f || ~ **belt** / Gliederriemen n || ~ **box** / Verteilkasten m (f. Kabel), Schaltkasten m, Auskreuzungskasten m (f. Kabel) || ~ **chain** / Gliederkette f || ~ **converter** / Zwischenkreisstromrichter m
linked axes / gekoppelte Achsen || ~ **operation** / gekoppelter Betrieb (PC-Einheiten) || ~ **switch** / gekuppelter Schalter, Mehrfachschalter m || ~ **terminal** / Doppelklemme f (EZ) || ~ **together** / kurzgeschlossen adj, gebrückt adj
link element / Verbindungselement n (SPS)
linker program / Binderprogramm n
link for paralleling / Parallelschaltverbindung f
linking n (NC, geometric elements) / Verknüpfung f (NC, geometrische Elemente), Vernetzung f, Verkettung f || ~ **in network** / Vernetzung f || ~ **of automatic manufacturing** / automatischer Fertigungsverbund || ~ **software** / Koppelsoftware f
link interface / Link-Interface n || ~ **layer control** / Sicherungsschicht f || ~ **list** / Bindeliste f || ~ **mechanism** / Gelenkgetriebe n, Gestänge n || ~ **module** / Verbindungsbaugruppe f, Verbindungsbaustein m, Koppelbaugruppe f || ~ **protocol** / Übermittlungsvorschrift f DIN 44302 || ~ **quadrangle** / viergliedriges Kurbelgetriebe, Gelenkviereck n, Kurbelviereck n, Viergelenkgetriebe n || ~ **RAM** / Koppel-RAM || ~ **reactor** / Zwischenkreis-Drossel f
link-up software / Koppelsoftware f
link wedge / Verbindungskeil m
liquid absorption / Flüssigkeitsabsorption f || ~ **analysis** / Flüssigkeitsanalyse f, Flüssigkeitsanalysator m, Flüssigkeitsanalytik f || ~ **chromatograph** / Flüssigkeitschromatograph m || ~ **controller** / Flüssigkeits-Anlassregler m || ~ **coolant** / Kühlflüssigkeit f
liquid-cooled adj / flüssigkeitsgekühlt adj
liquid cooling / Flüssigkeitskühlung f || ~ **crystal (LC)** / Flüssigkristall n || ~ **crystal display (LCD)** / LCD-Display n, LCD-Anzeige f, LC-Display n, LC-Anzeige f, LCD, Flüssigkristallanzeige f
liquid dielectric / Isolierflüssigkeit f
liquid-filled bushing / flüssigkeitsgefüllte Durchführung || ~ **machine** / flüssigkeitgefüllte Maschine || ~ **switch** / flüssigkeitsgefüllter Schalter || ~ **thermometer** / Flüssigkeitsthermometer n, Flüssigkeitsausdehnungsthermometer n
liquid-flow counter tube / Tauchzählrohr n
liquid friction / flüssige Reibung, Schwimmreibung f, Flüssigkeitsreibung f || ~ **impurity** / flüssige Beimengung
liquid-immersed transformer / flüssigkeitsgefüllter Transformator
liquid-in-glass thermometer / Flüssigkeitsausdehnungsthermometer n, Flüssigkeitsthermometer n, Glasthermometer n
liquid insulant / Isolierflüssigkeit f
liquid-insulated bushing / flüssigkeitsisolierte Durchführung
liquid insulation / Flüssigkeitsisolierung f
liquid-jet oscillograph / Flüssigkeitsstrahl-Oszillograph m
liquid level / Flüssigkeitsstand m, Flüssigkeitsspiegel m
liquid-level control / Niveauregulierung f || ~ **controller** / Flüssigkeitsstandregler m, Niveauregler m, Standregler m
liquid level indicator (o. gauge) / Flüssigkeitsstandanzeiger m, Füllstandsanzeiger m
liquid-level switch / Flüssigkeitsstandschalter m, Niveauwächter m, Schwimmerschalter m, Schaltschwimmer m
liquid-liquid chromatography / Flüssig-flüssig-Chromatographie f, Verteilungschromatographie f
liquid materials hopper / Flüssigkeitsbecher m
liquid-metal collector s. liquid-metal contact || ~ **machine** / Maschine mit Flüssigmetallkontakten
liquid monitor / Flüssigkeitswächter m
liquid penetrant inspection / Eindringverfahren f, Ölkochprobe f, Kalkmilchprobe f || ~ **resistor** / Flüssigkeitswiderstand m, Wasserwiderstand m
liquid-resistor starter / Flüssigkeitsanlasser m, Elektrolytanlasser m
liquid-sample counter tube / Becherzählrohr n
liquid-solid chromatograph (LSC) / Adsorptions-Chromatograph m
liquid starter / Flüssigkeitsanlasser m, Elektrolytanlasser m || ~ **sump** / Flüssigkeitssumpf m
liquid-tight adj / flüssigkeitsdicht adj
liquid volume meter / Flüssigkeitsmengenmessgerät n || ~ **XTAL display** / Flüssigkristallanzeige f
LISN s. line impedance stabilization network
list v / auflisten v, protokollieren v || ~ n / Liste f || ~ **AC** / Liste NC
list based parameterization / Listenparametrierung f || ~ **box** / Auswahlfenster n, Listenbox f
listed adj / gelistet adj
list editor / Listeneditor m
listed valve / Listenventil n
listen (ltn) v IEC 625 / hören v (PMG) || ~ **address** / Höreradresse f (PMG)
listener / Hörer m (PMG), Nachrichtenaufnehmer m || ~ **active state (LACS)** / aktiver Zustand des Hörers (PMG) DIN IEC 625 || ~ **addressed state (LADS)** / adressierter Zustand des Hörers (PMG) DIN IEC 625 || ~ **function (L function)** / Hörerfunktion f (PMG) || ~ **idle state (LIDS)** / Ruhezustand des Hörers (PMG) DIN IEC 625 || ~ **primary addressed state (LPAS)** / primär adressierter Zustand des Hörers (PMG) DIN IEC 625 || ~ **primary idle state (LPIS)** / Ruhezustand des erweiterten Hörers (PMG) DIN IEC 625
listen in / mithören v
listen only (lon) IEC 625 / nur hören (PMG)
listen only mode / Nur-hören-Betrieb m (PMG)
list generator / Listengenerator m
listing n / Liste f, Auflisten n, Auflistung f, Zulassung f (durch eine Versicherungsgesellschaft), Protokoll n, Protokollieren n, Protokollierung f, Ausdruck m (eine Abfolge von Operanden und Operatoren für eine Verarbeitung / sinnvolle endliche Zeichenfolge), Meldeprotokoll n, Alarmprotokoll n, Listenprotokoll n || ~ **message** ~ / Meldeprotokoll n || ~ **mark** / Konformitätszeichen n
list of additives / Auflistung der Additive || ~ **of bit arrays** / Bitfelderliste f || ~ **of body MRPD's** / Auflistung der Rumpf-MLFBs || ~ **of components** /

Stückliste *f*, Bestückungsliste *f* || ~ **of devices** / Gerätestückliste *f* || ~ **of documents** / Unterlagenverzeichnis *n* || ~ **of drawings** / Zeichnungsverzeichnis *n* || ~ **of equipment** / Betriebsmittelstückliste *f* || ~ **of formal operands** / Bezeichnerliste *f* || ~ **of illustrations** / Abbildungsverzeichnis *n* || ~ **of inputs** / Eingangsleiste *f* || ~ **of materials** / Materialliste *f*, Stückliste *f* || ~ **of results** / Ergebnisstückliste *f* || ~ **of secondary equipment** / Sekundärgeräteliste *f* || ~ **of Siemens companies and representatives** / Geschäftsstellenverzeichnis *n* || ~ **of tables** / Tabellenverzeichnis *n* || ~ **price** / Listenpreis *m*, L-Preis *m*
literal *n* / Literal *n* (Programmiersprache) DIN 44300 || ~ **language** / literale Sprache
lithium battery / Lithiumbatterie *f*
lithium-chloride humidity detector / Lithiumchlorid-Feuchteaufnehmer *m*
lithium-soap grease / lithiumverseiftes Fett
lithographic duplicator / lithographische Vervielfältigungsmaschine
litz wire / Litzenleiter *m*, Litze *f*
live *adj* / spannungsführend *adj*, unter Spannung stehend, stromführend *adj*, erregt *adj*, berührungsgefährlich *adj* || ~ **conductor** / spannungsführender Leiter
live-line tester / Spannungsprüfer *m* || ~ **washing system** / Abspritzeinrichtung *f* (f. Starkstromanlagen) || ~ **working** / Arbeiten an unter Spannung stehenden Teilen
live load / Verkehrslast *f* DIN 1055,T.4
live-metal-to-earth clearance / zulässiger Abstand zwischen Metallteilen unter Spannung und geerdeten Teilen
live neutral position / Kurzschlussstellung *f* (Bürsten) || ~ **part** / aktives Teil VDE 0100,T.200, stromführendes Teil, berührungsgefährliches Teil || ~ **plugging** / Stecken unter Spannung || ~ **rail** / Stromabnehmerschiene *f*, Stromschiene *f* || ~ **removal** / Ziehen unter Spannung (Stecker) || ~ **room** / halliger Raum
live-tank circuit-breaker / Schaltkammer-Leistungsschalter *m*, Schaltkammerschalter *m*, Leistungsschalter mit Kessel an Hochspannungspotential
live tile / Aktivbaustein *m* (Mosaikbaustein) || ~ **voltage detector** IEC 50(302) / Anzeiger einer berührungsgefährlichen Spannung || ~ **washing** / Abspritzen unter Spannung || ~ **working** / Arbeiten an unter Spannung stehenden Teilen || ~ **zero** / lebender Nullpunkt, versetzter Nullpunkt
live-zero monitoring / Live-Zero-Überwachung *f*
LLC s. logical link control / LLC || ~ **procedure** / logisches Steuerungsverfahren
LLI (lower layer interface) / LLI
LLM s. linear levitation machine
LLO s. local lockout
L-member *n* / Winkelstück *n* (IK), Winkelkasten *m* (IK)
L-network *n* / Zweitor in L-Schaltung
load *v* / belasten *v*, beanspruchen *v*, laden *v* (Programm), einlegen *v* (Diskette v), beschicken *v*, beaufschlagen *v*, einspielen *v* || ~ *n* / Last *f*, Ladung *f*, Lastwiderstand *m*, Lastseite *f*, Betriebszustand *m*, Verbraucher *m*, Beanspruchung *f*, Bürde *f*, Einwechseln *n*, Beladen *n*, angetriebene Maschine, Belastung *f* || ~ IEC 34-1 / Belastung *f* (el. Masch.) VDE 0530,T.1 || **to bring onto** ~ / belasten *v*, zuschalten *v* || ~ **a magazine** / Magazin beladen || ~ **and dosing system** / Wäge- und Dosiersystem *n*
loadability *n* / Belastbarkeit *f*
loadable *adj* / belastbar *adj* || ~ **character generator** / ladbarer Zeichengenerator || ~ **neutral** / belastbarer Sternpunkt (Trafo)
load angle / Lastwinkel *m*, Polradwinkel *m* (Synchronmasch.)
load-angle characteristic / Polradwinkel-Kennlinie *f* || ~ **limiter** / Lastwinkelbegrenzer *m*, Polradwinkelbegrenzer *m*
load at break / Bruchlast *f*
load/backup HD component / HD-Komponente laden/sichern
load balancing / Lastausgleich *m* || ~ **balancing reactor** / Anpassungsdrossel *f* || ~ **bearing implement** / Lastträger *m* || ~ **branch** / Verbraucherabzweig *m*
load-break connector / Schaltsteckverbinder *m* (zum Schalten und Unterbrechen stromführender Kreise), Schaltstecker *m*
load breaking / Lastabschaltung *f*, Ausschalten unter Last || ~ **breaking current** IEC 265 / Last-Ausschaltstrom *m* VDE 0670,T.3
load-break switch / Lasttrennschalter *m* VDE 0670,T.3, Lasttrenner *m* || ~ **switchgear** / Lasttrennschalteranlage *f*
load bus / PQ-Knoten *m* (Netz) || ~ **calculator** / Lastrechner *m* || ~ **capability** / Belastbarkeit *f*, Beanspruchbarkeit *f*, Belastungsvermögen *n*, Kennlast *f* || ~ **capacitance** / Belastungskapazität *f* || ~ **capacitor** / Belastungskondensator *m* || ~ **capacity** / Belastungsvermögen *n*, Belastbarkeit *f*, Tragfähigkeit *f* (Rob.) || ~ **carrying capacity** / Belastbarkeit *f*, Tragfähigkeit *f* || ~ **carrying device** / Lastaufnahmemittel *n* || ~ **cell** / Kraftmessdose *f*, Wägezelle *f*, Wägebehälterzelle *f* || ~ **centre** / Lastschwerpunkt *m*, Verbraucherschwerpunkt *m*
load-centre substation / Schwerpunktstation *f*
load change / Lastwechsel *m*, Laständerung *f* || ~ **characteristic** / Lastkennlinie *f*, Belastungskennlinie *f*, Belastungscharakteristik *f* || ~ **circuit** / Laststromkreis *m*, Laststromkreis *m*, Abgang *m* (Stromkreis), Verbraucherstromkreis *m*, Laststromkreis *m*, Verbraucherkreis *m*, Lastnachbildung *f* || ~ **circuit terminal** / Lastanschluss *m* || ~ **classification number (LCN)** / Tragfähigkeitszahl *f* (LCN)
load-clocked converter / lastgetakteter Stromrichter
load combination / Beanspruchungskombination *f* (QS)
load-commutated converter / lastgeführter Stromrichter
load commutation / Lastführung *f* (LE), lastgeführte Kommutierung (Fremdgeführte Kommutierung, bei der die Kommutierungsspannung von der Last geliefert wird, die kein Netz darstellt)
load-compensated diode-transistor logic (LCDTL) / lastkompensierte Dioden-Transistor-Logik (LCDTL)
load compensation / Belastungsausgleich *m*, Lastausgleich *m*, Lastkompensation *f* || ~ **compensator** / Lastausgleichsgerät o.-glied *n*, Funktionsbildner für Lastaufschaltung, Lastaufschaltungsglied *n*, Lastwechseleinrichtung *f*

load-controlled   320

(Zugbremse) || ~ **condition** / Belastungsbedingung *f*
|| ~ **control** / Laststeuerung *f*, Lastregelung *f* || ~
control centre / Lastverteilerwarte *f*, Netzleitstelle
f || ~ **control centre (LCC)** / Laststeuerzentrale *f* ||
~ **control computer** / Lastkontrollrechner *m*
load-controlled *adj* / lastgesteuert *adj*, lastabhängig
adj || ~ **consumer** / regelbarer Verbraucher
load current / Laststrom *m*, Betriebsstrom *m*,
Verbraucherstrom *m*, Arbeitsstrom *m* || ~ **current
carrying capability** / Belastbarkeit *f* (SR) VDE
0558,T.1
load-current compensator / stromabhängige
Kompensation (f. Spannungsregler einer
Synchronmasch.)
load curve / Lastkurve *f*, Belastungskennlinie *f*,
Lastganglinie *f* (Netz) || ~ **cycle** / Lastspiel *n*,
Belastungsverlauf *m* || ~ **damping capacitor** /
Lastbedämpfungskondensator *m* || ~ **decrease** /
Lastabnahme *f*, Lastabsenkung *f* || ~ **decrement** /
Lastabnahme *f* || ~ **density** / Lastdichte *f*
load-dependent *adj* / lastabhängig *adj*
load diagram / Lastdiagramm *n* || ~ **disconnecting
relay** / Lastabwurfrelais *n* || ~ **disconnection** /
Lastabschaltung *f*, Lastabwurf *m* || ~ **dispatch** /
Lastenaufteilung *f*, Lastverteilung *f* || ~ **dispatch
center** / Netzleitwarte *f*, Lastverteiler *m*,
Kontrollzentrum *n* || ~ **dispatching** / Lastverteilung
f (durch Lastverteiler) || ~ **dispatching centre** /
Lastverteilerwarte *f*, Netzleitstelle *f* || ~
displacement factor / lastseitiger
Verschiebungsfaktor (SR) || ~ **distribution** /
Lastverteilung *f*, Lastaufteilung *f* || ~ **disturbance** /
Laststörung *f* || ~ **division** / Lastaufteilung *f*,
Belastungsausgleich *m* || ~ **duration curve** /
Lastdauerlinie *f* (Netz), geordnete Belastungskurve
loaded impedance / Eingangsimpedanz bei
Sollabschluss
loader *n* / Lader *m* || ~ **axis** / Ladeachse *f*, Laderachse
f
load equalizer / Lastausgleichsgerät *n*
load-extension diagram / Verspannungsschaubild *n*
load factor / Lastfaktor *m*, Belastungsfaktor *m*,
Belastungsgrad *m*, Benutzungsdauer *f*
(Durchschnittslast/Spitzenlast) || ~ **factor** (of a set)
/ Leistungsausnutzung *f* (eines Generatorsatzes)
load-factor rating
load feeder / Verbraucher-Abgangsleitung *f*,
Verbraucherabzweig *m* || ~ **feeder module** /
Verbraucherabzweigmodul *n* || ~ **flow** / Lastfluss *m*
|| ~ **flow calculation** / Lastflussrechnung *f*
load-flow controller / Lastflussregler *m*
load fluctuation / Lastschwankung *f*,
Belastungsschwankung *f* || ~ **flywheel** /
Zusatzschwungrad *n*, Zusatzschwungmasse *f* || ~
flywheel effect / äußeres Schwungmoment || ~
forecast / Lastprognose *f*
load-frequency control / Frequenz-Leistungs-
Regelung *f*
load function / Ladefunktion *f*, Ladeoperation *f* || ~
gearbox / Lastgetriebe *n* || ~ **growth** / Lastanstieg
m, Laststeigerung *f* || ~ **immittance** /
Belastungsimmittanz *f* || ~ **impedance** /
Scheinwiderstand der Last, Belastungsimpedanz *f*,
Lastimpedanz *f*, Abschlussimpedanz *f* || ~ **impulse** /
Laststoß *n* || ~ **in a system** / Netzlast *f* || ~ **increase**
/ Lastanstieg *m*, Lastzunahme *f*
load-independent *adj* / lastunabhängig *adj*,

eingeprägt *adj* || ~ **current** / eingeprägter Strom,
eingeprägte Spannung (Spannung, die auch bei
stärkster Belastung der Quelle ihren Wert
beibehält)
load inertia / Trägheit der Last, Trägheitsmoment der
Last, Lastmoment *n* (Trägheitsmoment)
loading *n* / Laden *n*, Belastung *f*, Aufladen *n*,
Beanspruchung *f*, Bereitstellen *n* (PC, von
Bausteinen o. Merkern), Antransport *m*,
Beschicken *n*, Beschickung *f*, Last *f*, Beladung *f* ||
electric ~ / Strombelag *m*, lineare Ankerbelastung,
Durchflutung pro Längeneinheit, Stromvolumen *n*
|| **frequency of** ~ / Lastspielfrequenz *f* || ~ **area** /
Begrenzungsfeld *n*, Belastungsfeld *n* || ~ **area to
tank farm** / Verladebereich im Tanklager || ~
assumptions / Lastannahmen *f pl* (f. Gebäude) || ~
automation / Ladeautomatisierung *f*
loading-back method / Kreisschaltung *f* (Prüf., el.
Masch.)
loading beam / Ladetraverse *f* || ~ **buffer** /
Beladespeicher *m* || ~ **capacitor** /
Belastungskondensator *m*, Lastfall *m* (Kombination
v. Lasten, die auf einen Bauteil einwirken) || ~ **coil** /
Pupinspule *f* || ~ **cycle** / Lastspiel *n* || ~ **dialog** /
Beladedialog *m* || ~ **display** / Beladebild *n* || ~
function / Ladefunktion *f* (DV), Ladeoperation *f* ||
~ **gantry** / Ladeportal *n*, Portallader *m* || ~ **gauge** /
Lademaß *n*, Ladeprofil *n*, Bahnprofil *n* || ~ **gauge
restriction** / Profileinschränkung *f* (Ladeprofil) || ~
guide / Belastungsrichtlinien *f pl* (f.
Transformatoren) || ~ **limit** / Belastungsgrenze *f* || ~
line / Beladezeile *f* || ~ **list** / Beladeliste *f*, Ladeliste
f || ~ **machine** / Belastungsmaschine *f*,
Einlegemaschine *f* || ~ **means** / Beladeeinrichtung *f*
|| ~ **memory** / Ladespeicher *m* || ~ **method** /
Belastungsverfahren *n* (Trafo) || ~ **of preformed
rings** / Zusammenpressung der Manschetten || ~ **on
motor** / Motorbelastung *f* || ~ **operation** /
Ladeoperation *f* (DV) || ~ **package** / Beladepaket *n*
|| ~ **platform** / Laderampe *f* || ~ **point** / Ladestelle *f*,
Beladeplatz *m*, Beladestelle *f* (Befindet sich
innerhalb eines Magazins, z.B. Magazinplatz, der
frei zugänglich ist und als Beladestelle definiert
wird. Vgl. Beladestation.), Beladestation *f*,
Ladeplatz *m*, Laderampe *f* || ~ **ramp** / Laderampe *f*
|| ~ **range** /
Belastungsbereich *m* || ~ **ratio** / Tragsicherheit *f*
(Lg.) || ~ **resistor** / Belastungswiderstand *m*,
Bremswiderstand *m* || ~ **robot** /
Beschickungsroboter *m*, Einlegegerät *n* || ~
sequence / Belastungsfolge *f* || ~ **skid** /
Ladeschlitten *m* || ~ **soffit** / Aufgabeleibung *f* || ~
station / Ladestelle *f*, Beladestation *f*, Beladestelle *f*
(Befindet sich innerhalb eines Magazins, z.B.
Magazinplatz, der frei zugänglich ist und als
Beladestelle definiert wird. Vgl. Beladestation.),
Ladeplatz *m*, Beladeplatz *m* || ~/**unloading** /
Rüstplatz *m* || ~/**unloading device** / Be-
/Entladeeinrichtung *f*
load-insensitive *adj* / lastunabhängig *adj*
load insensitivity range /
Lastunabhängigkeitsbereich *m* || ~ **instruction** /
Ladeanweisung *f*, Ladebefehl *m*, Ladeoperation *f*,
Ladefunktion *f* || ~ **interrupter** / Leistungstrenner
m, Leistungstrennschalter *m* || ~ **interrupter switch**
/ Leistungstrenner *m*, Leistungstrennschalter *m* || ~
isolating unit / Lasttrennleiste *f* || ~ **kVA** / kVA der
Last, Durchgangsleistung *f* || ~ **level** / Lastpegel *m*,

Belastungsgrad *m*
load-limit changer / Lastbegrenzungsregler *m*
load limiter / Lastbegrenzer *m*, Öffnungsbegrenzer *m* (WKW) || ~ **line** IEC 50(221) / Belastungskennlinie *f* (Dauermagnetmaterial), Arbeitsgerade *f* (magn.), Lastlinie *f* (Transistor), Widerstandsgerade *f*, Scherungsgerade *f*, Arbeitskennlinie *f* (ESR der Ausgangselektrode) || ~ **location** / Ladeplatz *m*, Ladestelle *f*, Beladestelle *f* (Befindet sich innerhalb eines Magazins, z.B. Magazinplatz, der frei zugänglich ist und als Beladestelle definiert wird. Vgl. Beladestation.), Beladestation *f*, Beladeplatz *m* || ~ **loss** IEC 76-1 / Kurzschlussverluste *m pl* (Trafo) VDE 0532,T.1, Kupferverluste *m pl* || ~ **losses** / Lastverluste *m pl*, lastabhängige Verluste, Kurzschlussverluste *m pl*, Kupferverluste *m pl* || ~ **machine** / Belastungsmaschine *f* || ~ **management** / Lastführung *f*, Lastmanagement *n* || ~ **management with monitoring of maximum values** / Lastmanagement mit Maximumüberwachung || ~ **measurement** / Lastmessung *f* || ~ **memory** / Ladespeicher *m* || ~ **memory requirement** / Ladespeicherbedarf *m* || ~ **moment** / Lastmoment *n* || ~ **moment of inertia** / Trägheitsmoment der Last, äußeres Trägheitsmoment || ~ **monitor** / Lastwächter *m* || ~ **of the belt** / Bandbelastung *f* || ~ **on motor** / Motorauslastung *f* || ~ **operation** / Ladeoperation *f*, Ladefunktion *f* || ~ **peak** / Belastungsspitze *f*, Lastspitze *f* || ~ **per axle** / Achslast *f* || ~ **per unit area** / spezifische Flächenbelastung *f* || ~ **period** / Belastungszeit *f*, Belastungsdauer *f*, Einschaltzeit *f*, Laufzeit *f* || ~ **platform console** / Ladebühnenpult *n* || ~ **point** / Ladeplatz *m*, Ladestelle *f*, Beladeplatz *m*, Beladestelle *f* (Befindet sich innerhalb eines Magazins, z.B. Magazinplatz, der frei zugänglich ist und als Beladestelle definiert wird. Vgl. Beladestation.), Beladestation *f* || ~ **position** / Einlegeposition *f*, Beladeposition *f* || ~ **power** / Lastleistung *f*, Laststrom *m*, Nutzleistung *f* (Ausgangsleistung, die an die Last abgegeben und von dieser nicht reflektiert wird) || ~ **power factor** / Leistungsfaktor der Last, lastseitiger Leistungsfaktor, Bürdenleistungsfaktor *m* || ~ **power supply** / Lastspannungsversorgung *f*, Laststromversorgung *f* || ~ **power supply unit** / Lastnetzgerät *n*, Lastspannungsversorgung *f*, Netzgerätkomponente *f*, Netzgerät (NG) *n* || ~ **profile** (versus time) / Belastungskurve *f*
load-rate meter / Überverbrauchszähler *m* || ~ **meter element** / Überverbrauchswerk *n* || ~ **tariff** / Überverbrauchstarif *m*
load rating / Lastbemessungsdaten *pl*/, Strombelastbarkeit *f*, Belastbarkeit *f*, Tragfähigkeit *f*, Tragzahl *f* || ~ **ratio control** / Stufenregelung unter Last (Trafo), Übersetzungseinstellung *f* (unter Last) || ~ **ratio control transformer** / Regeltransformator für Umstellung unter Last || ~ **reaction** / Lastrückwirkung *f* || ~ **recovery** / Lastwiederkehr *f* || ~ **redistribution** / Umlastung *f* || ~ **reduction** / Lastabsenkung *f* || ~ **reference arrow system** / Verbraucher-Zählpfeilsystem *n* || ~ **regulation** / Lastregelung *f*, Leistungsregelung *f* (Antrieb), Drehzahlstatik *f* || ~ **regulation coefficient** / Lastregelfaktor *m* (IC-Regler) || ~ **rejection** / Lastabwurf *m*, Lastabschaltung *f*, Entlastung *f* || ~ **rejection test** /

Lastabschaltversuch *m* (Gen.) || ~ **relay** / Lastrelais *n* || ~ **resistance** / Lastwiderstand *m*, Verbraucherwiderstand *m*, Arbeitswiderstand *m* || ~ **resistor** / Lastwiderstand *m* (Gerät), Belastungswiderstand *m* || ~ **reversal** / Lastumkehrung *f*, Lastrichtungsumkehr *f* || ~ **rheostat** / Belastungswiderstand *m*, Belastungsregler *m*, Bremswiderstand *m* || ~ **saturation curve** / Belastungskennlinie *f* || ~ **sensing facility** / Lasterfassungsgerät *n* || ~ **separation** / Lastentkopplung *f* || ~ **sharing** / Lastverteilung *f*, Lastausgleich *m* || ~ **sharing control** / Lastausgleichsregelung *f* || ~ **sharing reactor** / Parallellauf-Drosselspule *f* || ~ **shedding** / Lastabwurf *m*, Lastabschaltung *f*, Entlastung *f* || ~ **shedding equipment** / Lastabwurfeinrichtung *f*
load-shedding protection / Lastabwurfschutz *m* IEC 50(448)
load shedding relay / Lastabwurfrelais *n* || ~ **shedding test** / Lastabschaltversuch *m* (Gen.) || ~ **side** / Lastseite *f*
load-side converter / lastseitiger Stromrichter
load smoothing / Auslastungsglättung *f*
load stability / Laststabilität *f* || ~ **stabilization coefficient** / Laststabilisierungsfaktor *m* (IC-Regler) || ~ **starting torque** / Anlauf-Lastmoment *m* || ~ **station** (Befindet sich außerhalb des Magazins und hat meist eine eigene Beladeeinrichtung. Vgl. Beladestelle.) / Beladeplatz *m*, Beladestelle *f* (Befindet sich innerhalb eines Magazins, z.B. Magazinplatz, der frei zugänglich ist und als Beladestelle definiert wird. Vgl. Beladestation.), Ladestelle *f*, Beladestation *f*, Ladeplatz *m* || ~ **stored-energy constant** / Trägheitskonstante der angetriebenen Massen || ~ **surge** / Laststoß *m* || ~ **switched** / Schaltlast *f* || ~ **switching** / Schalten unter Last || ~ **switching relay** / Lastschaltrelais *n*, Kommandoauslöser *m* (RSA, Relais), Befehlsauslöser *m* (RSA, Relais) || ~ **tap changer** (LTC) / Stufenschalter *m* (Trafo) VDE 0532,T.30, Stufenschalter für Betätigung unter Last (Trafo), Laststufenschalter *m* (Trafo) || ~ **terminal** / Lastklemme *f*, Verbraucherklemme *f*, Abgangsklemme *f*, Lastanschluss *m* || ~ **test** / Belastungsprobe *f* || ~ **tool** ISO 3592 / Werkzeugladen *n* (NC, CLDATA-Wort), Beladewerkzeug *n* || ~ **tool from list into spindle** / Werkzeug aus der Liste in die Spindel einwechseln || ~ **torque** / Lastdrehmoment *n*, Gegenmoment der angetriebenen Maschine, Widerstandsmoment *n*, Stellleistung *f*, Lastmoment *n*
load-torque characteristic / Gegenmomentverlauf *m*
load torque compensation / Lastmomentkompensation *f*
load transducer / Signal-Ausgangswandler *m* VDE 0860 || ~ **transfer** / Lastumschaltung *f*, Lastübergabe *f*, Umschaltvorgang *m*, Lastverlagerung *f*, Lastübernahme *f* || ~ **transfer switch** / Lastumschalter *m* || ~ **transient recovery time** / Lasteinschwingzeit *f* (IC-Regler) || ~ **trough** / Lasttal *n* || ~ **type** / Verbraucherart *f* || ~ **unbalance** / Unsymmetrie der Last, Belastungsunsymmetrie *f*, Schieflast *f* || ~ **unbalance capacity** / Schieflastbelastbarkeit *f* || ~ **unbalance protection** / Schieflastschutz *m*, Unsymmetrieschutz *m* || ~ **unit** / Beladeeinheit *f*

load-unload

load-unload station / Spannplatz *m* (FFS)
load variation / Laständerung *f*, Lastwechsel *m*, Lastschwankung *f* || ~ **voltage** / Lastspannung *f*, Verbraucherspannung *f*, Betriebsspannung *f*, Spannung bei Belastung || ~ **voltage circuit** / Lastspannungskreis *m* || ~ **voltage level** / Lastspannungsebene *f*
load-weighted equivalent interruption duration / mittlere Dauer des ausgeschalteten Zustands (Netz)
load winding / Arbeitswicklung *f*
load/unload station / Spannplatz *m*
lobe *n* / Schleifenleitung *f* (LAN) || ~ **bypass** / Schleifenleitungsüberbrückung *f* (LAN)
lobed-impeller flowmeter / Drehkolben-Durchflussmesser *m*
LOC s. localizer || $\circeq$ s. loop on-line control || $\circeq$ **(Lines of Code)** / LOC
local *adj* / lokal *adj*, örtlich *adj*, vor Ort *adj*, maschinennah *adj*
local application process / lokaler Anwendungsprozess EN 50090-2-1 || ~ **area network** / Bussystem *n* || ~ **area network (LAN)** / lokales Datennetz, lokales Netzwerk, Bus *m*, Local Area Network (LAN) || ~ **artificial ventilation** / örtliche technische Belüftung IEC 50(426) || ~ **back-up protection** / stromkreiszugeordneter (o. stationszugeordneter) Reserveschutz || ~ **battery (LB)** / Ortsbatterie *f* || ~ **bus** / Nahbus *m*, Lokalbus *m* (L-Bus) || ~ **bus interfacing** / Nahbusanschaltung *f* || ~ **bus segment** / Lokalbussegment *n* || ~ **cell** / Lokalelement *n* (Korrosionselement) || ~ **circuit monitor** / Ortskreisüberwachung (OÜ) *f* || ~ **conditions** / örtliche Bedingungen, Umgebungsbedingungen *f pl* || ~ **control** / Steuerung vor Ort, örtliche Steuerung, Ortssteuerung *f*, örtliche Betätigung, Eigensteuerung *f*, Direktsteuerung *f*, prozessnahe Bedienung, Nahsteuerung *f*, Vor-Ort-Steuerung *f*, Vor-Ort-Bedienstelle *f*, interner Betrieb || ~ **control and interlock bypass switch** / Staffelschalter *m* || ~ **control centre** / Nahsteuerwarte *f* || ~ **control command** / Nahsteuerbefehl *m* || ~ **control point** / Vor-Ort-Steuerstelle *f* || ~ **control station** / Ortssteuergerät *n*, Ortssteuerstelle *f*, Entriegelungsgerät *n* || ~ **control switch** / Ortssteuerschalter *m*, Staffelschalter *m*, Entriegelungsschalter *n* || ~ **control system (LCS)** / Vor-Ort-Steuerung *f* || ~ **copy** / Eigenkopie *f* || ~ **data** / Lokaldaten *pl* || ~ **data requirement** / Lokaldatenbedarf *m* || ~ **field** / Lokalfeld *n* || ~ **hardness drop** / Härtesack *m*
localization / Lokalisierung *f* || ~ **of faults** / Fehlerortung *f*, Fehlereingrenzung *f* || ~ **parameter** / Ortsparameter *m*
localized general lighting / arbeitsplatzorientierte Allgemeinbeleuchtung || ~ **lighting** / Platzbeleuchtung *f*, Einzelplatzbeleuchtung *f*, arbeitsplatzorientiere Allgemeinbeleuchtung, Arbeitsplatzbeleuchtung *f*
localizer (LOC) *n* / Landekurssender *m* (LOC)
local level / örtliches Niveau (HL), lokales Niveau || ~ **jump light** / lokaler Sprungschritt || ~ **lighting** / Platzbeleuchtung *f*, Arbeitsplatzbeleuchtung *f* || ~ **link** / Nahkopplung *f* || ~ **lockout (LLO)** IEC 65 / Eigensteuerung verriegeln (PMG) DIN IEC 625 || ~ **loopback** / nahe Prüfschleife (DÜ)
locally *adj* / vor Ort *adj* || ~ **derived synchronization**

signal / örtlich abgeleitetes Sychronisationssignal || ~ **operating network (LON)** / lokaloperierendes Netz (LON) || ~ **resettable detector** / örtlich rückstellbarer Melder EN 54
local mass eccentricity / örtliche Schwerpunktverlagerung || ~ **message** IEC 625 / interne Nachricht DIN IEC 625 || ~ **modem** / Nahmodem *n* || ~ **operator control and process monitoring (O&M)** / lokales Bedienen und Beobachten || ~ **parameter** / lokaler Parameter || ~ **program** / lokales Programm || ~ **range** / Nahbereich *m* (SPS) || ~ **reading** / Direktablesung *f*
local-remote changeover (o. selection) / Ort-Fern-Umschaltung *f* || ~ **selector (switch)** / Ort-Fern-Umschalter *m*
local road / Anliegerstraße *f*, Nebenstraße *f* || ~ **scope** / lokaler Geltungsbereich (SPS-Programm), lokaler Anwendungsbereich || ~ **state (LOCS)** / Eigensteuerung zumand *m* (PMG) DIN IEC 625 || ~ **street** / Anliegerstraße *f*, Nebenstraße *f* || ~ **title** / lokale Bezeichnung (OSI-System) || ~ **unlisten (lun)** IEC 625 / Eigensteuerung (o. eigengesteuert) hören beenden *f* || ~ **user data (LUD)** / LUD || ~ **value** (of a wave) / örtlicher Wert, lokaler Wert || ~ **with lockout state (LWLS)** / Eigensteuerzustand mit Verriegelung (PMG) DIN IEC 625
locate *v* / orten *v*, die Lage feststellen, festlegen *v*, fixieren *v* || ~ **in position** / arretieren *v*
locating bearing / Festlager *n*, begrenzendes Lager, Spurlager *n*, Halslager *n*, Gegenlager *n*, Bundlager *n*, Zentrierlager *n* || ~ **boss** / Unverdrehbarkeitsnase *f* || ~ **collar** / Anlaufbund *m*, Begrenzungsbund *m*, Wellenschulter *f*, Schulterring *m*, Druckring *m* || ~ **device** / Festhaltevorrichtung *f*, Rastwerk *n* (SG), Verdrehungsschutz *m*, Ortungsgerät *n*, Feststellvorrichtung *f* || ~ **digital input/output** / Lokalisierungs-Digitaleingang/-ausgang *m* || ~ **flange** / Führungsbord *n* (Lg.) || ~ **hole** / Passbohrung *f*, Aufnahmebohrung *f* || ~ **hole for holding bolt** / Aufnahmebohrung für Haltebolzen || ~ **hole wear** / Abnutzung Aufnahmebohrung || ~ **journal** / Längszapfen *m*, Spurzapfen *m* || ~ **lamp** / Orientierungslampe *f* || ~ **mechanism** IEC 337-2A / Rastmechanismus *m* (HSS) VDE 0660,T.202, Rastwerk *n* || ~ **of fault** / Fehlerortung *f*, Fehlereingrenzung *f* || ~ **pin** / Fixierstift *m*, Haltestift *m*, Aufnahmebolzen *m*, Passstift *m* || ~ **point** / Fixierpunkt *m*, Passpunkt *m* || ~ **ring** / Feststellring *m*, Festring *m* (Lg.), Verdrehschutzring *m*, Aufnahmering *m* || ~ **spring** / Rastfeder *f*
location *n* / Ort *m*, Standort *m*, Aufstellungsort *m*, Stelle *f*, Lage *f*, Festlegung *f*, Ortung *f*, Verdrehsicherung *f*, Fixierung *f*, Einsatzort *m*, Einbauplatz des Steckers, Verwendungsstelle *f*, Einbauplatz *m*, Steckplatzaufnahme *f*, Einbauraum *m*, Zelle *f*, Speicherort *m* || ~ **IEC 113-2** / Ort *m* DIN 40719,T.2 || **alphanumeric** ~ IEC 113-2 / alphanumerische Ortskennzeichnung DIN 40719,T.2 || **axial** ~ / axiale Führung (Maschinenwelle) || **data** ~ / Datumszelle *f* || **memory** ~ / Speicherort *m*, Speicherplatz *m*, Speicherzelle *f* || **numeric** ~ IEC 113-2 / numerische Ortskennzeichnung DIN 40719,T.2 || **storage** ~ / Speicherzelle *f* DIN 44300, Speicherort *m*, Speicherplatz *m* || **timer** ~ / Zeitzelle *f* ||
authorization / Ortsberechtigung *f* (ZKS) || ~

calculation / Platzberechnung f || **~ code** / Ortskennzeichen n DIN 40719 || **~ coding** (Tool identification by coding the tool location in the magazine.) / Platzkodierung f, Platzcodierung f (Kennzeichnung der Position der Werkzeugplätze im Magazin zur Werkzeugkennung. Vgl Festplatzcodierung, variable Platzcodierung), Werkzeugplatzkodierung f || **~ definition** / Platzdefinition f, Magazinplatzdefinition f || **~ designation** / Ortskennzeichen n DIN 40719 || **~ diagram** / Anordnungsplan m DIN 40719, Aufbauzeichnung f || **~ disable** / Platzsperre f || **~ encoding switch** / Platzcodierschalter m || **~ exposed to fire hazards** / feuergefährdete Betriebsstätte || **~ hole** / Fixierbohrung f, Passloch n, Aufnahmeloch n (gS), Aufnahmeausklinkung f (gS), Aufnahmeöffnung f || **~ kind index** / Platzartindex m || **~ notch** / Aufnahmeausklinkung f (gS), Aufnahmeloch n (gS) || **~ number** / Platznummer f || **~ of observer** / Standort des Beobachters || **~ of use** / Einsatzort m || **~ search** / Leerplatzsuche f || **~ state** / Platzzustand m || **~ table** / Anordnungstabelle f VDE 0113 || **~ type** / Platztyp m, Platzart f || **~ with commanding master station(s)** / Steuerungsstelle f (FWT) || **~ with explosive gas atmosphere** / gasexplosionsgefährdeter Bereich || **~ with master station(s)** / Zentralstelle f (FWT) || **~ with monitoring master** / Überwachungsstelle f (FWT) || **~ with outstation(s)** / Unterstelle f (FWT) || **~ with telecontrol station(s)** / Fernwirkstelle f
locator n / Ortungsgerät n, Suchgerät n, Positionsgeber m (graf. DV), Aufnahme f (Crimpwerkzeug), Orientierungslampe f, Lokalisierer m || **cable ~** / Kabelsuchgerät n || **fault ~** / Fehlerortungsgerät n, Fehlerort-Messgerät n, Fehlerorter m || **~ device** / Lokalisierer m (GKS-Eingabeelement)
lock v / verriegeln v, sperren v, sichern v, kontern v, verspannen v, synchronisieren v, arretieren v, festbremsen v, festklemmen v || **~ n** / Schloss n, Verschluss m, Verriegelung f, Weiche f, Schleuse f, Schaltverriegelung f, Riegel m, Sicherheitsschloss n, Sperre f, Arretierung f
lock, to ~ by a punch mark / durch Körnerschlag sichern || **to ~ by caulking** / durch Verstemmen sichern || **to ~ home** / einrasten v, einklinken v, festziehen v, einschnappen v || **to ~ into step** / in Tritt fallen, in den Synchronismus kommen
lockable adj / abschließbar adj, verriegelbar adj, absperrbar adj
lock-and-release lever / Schwenkhebel m
lock barrel / Schließzylinder m || **~ bolt** / Schlossriegel m
locked adj / verdrehsicher adj, gesperrt adj || **~ against rotation** / gegen Verdrehen gesichert || **~ by spring force** / federkraftverriegelt adj
locked-coil conductor / Leiter mit glatter Oberfläche
locked electrical operating area / abgeschlossene elektrische Betriebsstätte || **lock(ed) file** / Sperrdatei f || **~ position** IEC 3372A / verriegelte Stellung VDE 0660,T.202 || **~ pushbutton** IEC 337-2 / verriegelter Drucktaster VDE 0660,T.201 || **~ rotor** / festgebremster (o. blockierter) Läufer, Rotorblockierung f || **~ rotor voltage** / Läufer-Stillstandsspannung f
locked-rotor apparent power / Kurzschluss-Scheinleistung f (Drehstrom-Käfigläufermot.) || **~ condition** / festgebremster Zustand (Mot.) || **~ current** IEC 34-1 / Anzugsstrom m VDE 0530,T.1, Strom bei festgebremstem Läufer || **~ current of motor and starter** / Anzugsstrom mit Anlasser (el. Masch.) || **~ impedance characteristic** / Kurzschlusskennlinie f (Asynchronmasch.) || **~ kVA** / Leistungsaufnahme in kVA bei festgebremstem Läufer || **~ motor** / festgebremster (o. blockierter) Motor || **~ temperature rise** / Läufer-Stillstandserwärmung f || **~ temperature-rise rate** / Temperaturanstiegsgeschwindigkeit bei festgebremstem Läufer, Läufer-Stillstandsprüfung f || **~ test** / Prüfung mit festgebremstem Läufer || **~ torque** IEC 34-1 / Anzugsmoment n VDE 0530,T.1, Drehmoment bei festgebremstem Läufer, Anziehdrehmoment n, Anzugsdrehmoment n, Anziehmoment n
locked-rotor-torque / Anlaufgüte f
locked storage / Sperrlager n || **~ sweep** / synchronisierte Zeitablenkung (Osz.)
locked-up stress / Restspannung f, Eigenspannung f
lock for user defined parameter / Parametersperre für P0013 || **~ hole** / Schlossloch n
lock-in n / Ausschaltsperre f
locking n / Sperren n, Verriegeln n, Arretieren n, Selbsthaltung f (SG), Arretierungssicherung f, Arretierung f, Verriegelung f, Selbsthaltesicherung f || **~ mode** / Modenkopplung f || **1-point ~** / 1-Punkt-Verriegelung f || **3-point ~ mechanism** / Dreipunktverriegelung f || **~ attachment** / Schließvorrichtung f (DT), Verriegelungsvorrichtung f (mech., f. DT) || **~ bar** / Verriegelungsschiene f || **~ bolt** / Sicherungsschraube f, Sperrstift m || **~ clip** / Verschlussspange f || **~ condition** / Verriegelungsbedingung f || **~ contact** / Haltekontakt m || **~ device** / Absperrvorrichtung f, Abschließvorrichtung f, Blockiereinrichtung f, Sperrglied n, Verriegelungsvorrichtung f || **~ device bushing** / Durchführung Blockiereinrichtung f || **~ devices** / Schließung f || **~ edge washer** / Kontaktscheibe f || **~ equipment** / Verblockeinrichtung f || **~ extension** / Verriegelungsverlängerung f || **~ facilities** / Verriegelungseinrichtungen $f pl$ || **~ force** / Zuhaltekraft f || **~ handle** / Knebelgriff m || **~ into step** / Intrittziehen n, in den Synchronismus kommen, Intrittfallen n || **~ key** / Sperrtaste f || **~ latch** / Rasthaken m || **~ lever** / Verriegelungshebel m || **~ mechanical system** / Mechanik mit gegenseitiger Sperrung (DT) || **~ mechanism** / Gesperre n, Arretierung f || **~ pawl** / Sperrklinke f || **~ pin** / Sicherungsstift m, Vorsteckstift m, Splint m, Haltestift m || **~ plate** / Sicherungsblech n, Sicherungsplatte f, Endscheibe f, Arretierblech n || **~ range** (diode) / Synchronisierbereich m || **~ screw** / Verbindungsschraube f || **~ slide** / Verriegelungsschieber m || **~ system** / Schließsystem n
locking-type mushroom button / Pilzdruckknopf mit Schloss || **~ pushbutton** / Drucktaster mit Schloss, abschließbarer Drucktaster
locking weight / Sperrgewicht n || **~ wire** / Sicherungsdraht m || **~ with electro-magnetic force** / Magnetkraftverriegelung f || **~ with spring force** / Federkraftverriegelung f

lock-in zone / Haltezone *f* (a. RSA)
lock mode / Synchronisierbetrieb *m*, Synchronisationsphase *f* || ~ **nut** / Sicherungsmutter *f*, Kontermutter *f*, Feststellmutter *f*, Klemmmutter *f*, Spannmutter *f*, Gegenmutter *f*
lock-out *n* / Sperre *f*, endgültige Ausschaltung || **data ~ JK bistable element** / zweiflankengesteuertes JK-bistabiles Element || **n-key ~** / Mehrtastensperre *f*, Mehrtastenausblendung *f* || **sweep ~** / Ablenksperre *f* (Osz.) || ~ **circuit** / Sperrschaltung *f*, Einschaltverriegelung *f* || ~ **coil** / Sperrspule *f* (SG) || ~ **command** / Sperrkommando *n* || ~ **device** / Sperrvorrichtung *f*, Verriegelungseinrichtung *f*, Sperre *f* (LS, KU), Einschaltsperre *f*, Betätigungssperre *f*, Pumpverhinderung *f*, Wiedereinschaltsperre *f* || ~ **preventing closing** / Einschaltverriegelung *f* (SG), Einschaltsperre *f* (SG) || ~ **time** / Sperrzeit *f* (SG)
lock packing / Schlossunterfütterung *f* || ~ **pressure lines** / Steuerleitung absperren
locks *n pl* / Schleusen *n*
lockswitch *n* / Schlüsselschalter *m*
lock-up *n* / Blockierung *f*, Sperren *n* || ~ **equipment** / Verblockeinrichtung *f* || ~ **relay** / Selbsthalterelais *n* (m. Dauermagnet), Kontaktschutzrelais *n* || ~ **valve** / Verblockventil *n*
lock washer / Federring *m*, Federscheibe *f*, Sicherungsscheibe *f*
locomotive headlight / Lokomotivleuchte *f*, Streckenleuchte *f* || ~ **transformer** / Lokomotivtransformator *m*
LOCS s. local state
locus *n* / geometrischer Ort, Ortskurve *f* || **Planckian ~** / Planckscher Kurvenzug || ~ **diagram** / Ortskurve *f*
log *v* (data) / (Daten) protokollieren *v*, aufzeichnen *v* || ~ *n* / Protokoll *n*, Bericht *m*, Aufzeichnung *f*, Meldeprotokoll *n*, Alarmprotokoll *n*
logarithmation module / Logarithmierer *m* (Baugruppe)
logarithmic diagram / einfach-logarithmisches Diagramm || ~ **digital-to-analog converter (LOGDAC)** / logarithmitischer Digital-Analog-Umsetzer (LOGDAC) || ~ **gain** / logarithmisches Amplitudenverhältnis || ~ **scale** / logarithmische Teilung || ~ **spiral** / logarithmische Spirale, gleichwinklige Spirale
Logbook *n* / Logbuch *n* || ~ **evaluation** / Logbuchauswertung
LOGDAC s. logarithmic digital-to-analog converter
log data conditioning / Protokolldatenaufbereitung *f* || ~ **deck** / Polter *m* || ~ **file** / Protokolldatei *f*
logged *n* / angemeldet *adj*
logger *n* / Protokolldrucker *m*
logging *n* / Mitschreiben *n*, Protokollieren *n*, Protokollierung *f* || ~ **control** / Protokollablaufsteuerung *f* || ~ **printer** / Protokolldrucker *m* || ~ **records** / Protokollbuchführung *f*
log-heading block / Protokollkopfbaustein *m*
logic *n* / Logik *f*, Schaltungstechnik *f* || **fluidic ~** / pneumatische Logik, Fluidik *f*
logical *adj* / logisch *adj* || ~ **capacity** / logische Kapazität || ~ **channel** / Netzzugangsverbindung *f* DIN ISO 8208 || ~ **channel identifier** / Kennung der Netzzugangsverbindung DIN ISO 8208 || ~ **device** / logisches Gerät (LG) || ~ **device group** /

Betriebsmittel *n*
logic algebra / Schaltalgebra *f*, Schaltungsalgebra *f*, Algebra der Logik
logical input device / logisches Eingabegerät || ~ **interface number** / logische Schnittstellennummer || ~ **link** / logische Verbindung || ~ **link control (LLC)** / Steuerungsverfahren im Übermittlungsabschnitt (LAN) || ~ **location** (The location of a hierarchically structured variable in a schema which may or may not bear any relation to the physical structure of the programmable controller's inputs, outputs, and memory.) / logischer Speicherplatz
logically combined / logisch verknüpft
logical one / logisch eins || ~ **program counter** / Programmlaufzähler *m* || ~ **record** ISO 3592 / Satz *m* (NC, CLDATA-System) || ~ **structure** (NC-program) / funktioneller Aufbau || ~ **test** / logische Prüfung || ~ **word** ISO 3592 / Wort *n* (NC, CLDATA-System)
logic analyzer (LA) / Logikanalysator *m* (LA) || ~ **and sequence control** / Ablaufsteuerung (ALS) *f*, Folgesteuerung *f* || ~ **and sequence controls** / Verknüpfungs- und Ablaufsteuerungen || ~ **array** / logische Schaltung, Logikschaltung *f*, Verknüpfungsschaltung *f* || ~ **block** / Codebaustein *m* || ~ **branch end** / logisches Zweigende || ~ **circuit** / logische Schaltung, Logikschaltung *f*, Verknüpfungsschaltung *f* || ~ **combination** / logische Verknüpfung || ~ **component** / Logikkomponente *f* || ~ **condition** / Verknüpfungsbedingung *f* || ~ **control** / Verknüpfungssteuerung *f*, logische Steuerung || ~ **control panel** / Logik-Bedientafel *f* (NC) || ~ **converter** / Logikwandler *m* || ~ **diagram** / logischer Schaltplan || ~ **earth** / logische Masse (Erde) || ~ **earth return** / logische Masse-Rückleitung || ~ **element** / Verknüpfungsglied *n* || ~ **equation** / Verknüpfungsgleichung *f* || ~ **flow chart** / Logikablaufplan *m* || ~ **function** / logische Funktion *f*, Schaltfunktion *f*, (binäre) Verknüpfungsfunktion *f*, binäre Funktion, binäre Verknüpfung, Verknüpfungsoperation *f*, Logikfunktion *f* || ~ **gate** / Verknüpfungsglied *n*, Logikgatter *n* || ~ **gating** / logische Verknüpfung, Verknüpfung *f* || ~ **grid** / Logikraster *m* || ~ **ground** IEC 625 / logische Masse (Erde) || ~ **ground return** / logische Masse-Rückleitung || ~ **identity element** / Äquivalenzelement *n* (binäres Schaltelement) || ~ **instruction** / Verknüpfungsbefehl *m*, Verknüpfungsanweisung *f*
logic-intensive *adj* / verknüpfungsintensiv *adj*
logic interlocks / Abfrageverriegelung *f* || ~ **module** / Logikmodul *n*, Logikbaugruppe *f*, Logikbaustein *m*, Verknüpfungsbaugruppe *f* || ~ **nesting depth** / Verknüpfungstiefe *f* || ~ **operation** / logischeVerknüpfung, Verknüpfungsoperation *f*, Verknüpfung *f* || ~ **operations module** / Verknüpfungsbaustein *m* || ~ **operations sequence** / logische Verknüpfungskette || ~ **polarity** / Logik-Polarität *f* || ~ **power distribution point** IEC 380 / Verteilerpunkt für die Versorgung logischer Schaltkreise VDE 0806 || ~ **result** / Verknüpfungsergebnis (VKE) *n*
logics *n* / Logik *f*
logic sequence diagram / Logikablaufplan *m* || ~ **state** / logischer Zustand, Signalzustand *m* || ~

submodule / Logikmodul *n* || ~ **symbol** / Schaltzeichen für Binärschaltungen || ~ **system** / logisches System || ~ **test** / logische Prüfung || ~ **threshold element** / Schwellwertelement *n* (binäres Schaltelement)
logistic control loop / operativer Regelkreis || ~ **control loop of production** / Fertigungsregelkreis *m* || ~ **delay** (That accumulated time during which a maintenance action cannot be performed due to the necessity to acquire maintenance resources, excluding any administrative delay.) / logistische Verzugsdauer (akkumulierte Dauer, während der eine Instandhaltung wegen der notwendigen Beschaffung von Instandhaltungsmitteln nicht durchgeführt werden kann, ohne Berücksichtigung von administrativen Verzugsdauern) || ~ **function** / Ausgleichsfunktion
log-log diagram / doppelt-logarithmisches Diagramm
log lumber processing / Rundholzverarbeitung *f*
log module / Logarithmierer *m* (Baugruppe)
log-normal distribution / Lognormalverteilung *f* DIN 55350,T.22, logarithmische Normalverteilung DIN 55350,T.22
log off *v* / abmelden *v* (Bediener-Rechenanlage)
logographic language / Bildsprache *f*
log on / anmelden *v* (Bediener-Rechenanlage) || ~**on information** / Anmeldeinformationen *f pl* || ~ **output block** / Protokollausgabebaustein *m*
LOM s. linear oscillating motor
LON s. locally operating network
lon s. listen only
LONC contact s. late opening NC contact
long-arc lamp / Langbogenlampe *f*
long-bed installation / Langbettanlage
long button IEC 337-2 / langer Druckknopf VDE 0660,T.201
long-chord winding / übersehnte Wicklung, Wicklung mit verlängertem Schritt
long-delay feedback / Langzeit-Nachführung *f* || ~ **release** / langverzögerter Auslöser (thermischer Auslöser)
long-delivery equipment / Langläufer *m*
long-distance bus / Fernbus *m* || ~ **data transmission** / Daten-Fernübertragung *f* (DFÜ) || ~ **interference suppression** / Fern-Entstörung *f* || ~ **network (LDN)** / Fernbus *m*
long-duration current impulse test / Langwellen-Ableitstoßstromprüfung *f* || ~ **discharge current** / Langwellen-Ableitstoßstrom *m*, Langwellen-Stoßstrom *m* || ~ **power-frequency test** / Langzeit-Wechselspannungsprüfung *f* || ~ **power-frequency test voltage** / Langzeit-Prüfwechselspannung *f* || ~ **power-frequency voltage** / Langzeit-Wechselspannung *f* || ~ **pulse** / Langimpuls *m* || ~ **signal element** / Langschritt *m* (DÜ, FWT) || ~ **test** / Langzeitprüfung *f*, Zeitstandprüfung *f*
longevity *n* / Langlebigkeit *f*
long-haul cable / Fernkabel *n*
longitudinal acceleration / Längsbeschleunigung *f* (Kfz) || ~ **axis** / Längsachse *f* (mech.) || ~ **boring machine** / Langlochbohrmaschine *f* || ~ **catenary** / Längstragseil *n* (Fahrleitung) || ~ **coil** / Längsspule *f* || ~ **component** / Längskomponente *f* || ~ **connection** / Längsverbindung *f* || ~ **conveyor** / Längsfördereinheit *f* || ~ **coupling** / Längskupplung *f* || ~ **crack** / Längsriss *m*, Längsbruch *m* || ~ **cutter** /

Längsschneider *m* || ~ **cutter gantry** / Längsschneidbrücke *f* || ~ **cutting line** / Längsschneidanlage *f* || ~ **e.m.f.** / Längs-EMK *f* VDE 0228 || ~ **external machining** / Längs-Außen-Bearbeitung *f* || ~ **feed** / Längsvorschub *m* (WZM) || ~ **feedrate** / Längsvorschub *m* || ~ **grinding** / Längsschleifen *n* || ~ **groove** / Längsnut *f* || ~ **guide** / Längsführung *f* || ~ **hole** / Langloch *n* || ~ **impedance** / Längsimpedanz *f* (Netz), Reihenscheinwiderstand *m*, Vorwiderstand *m* || ~ **indexing machine** / Längstaktmaschine *f* || ~ **induction** / Längsinduktion *f*, Längsbeeinflussung *f* || ~ **internal machining** / Längs-Innen-Bearbeitung *f* || ~ **load** / longitudinale Last (Freiltg.) || ~ **machining** / Längsbearbeitung *f* || ~ **magazine** / Längsmagazin *n*
longitudinally mounted motor / Längsmotor *m* (Bahnmot., Welle parallel zum Gleis)
longitudinal mode / Längsbeeinflussung *f* (Relaisprüf.) || ~ **motion** / Längsbewegung *f* (WZM) || ~ **offset loss** / Dämpfung durch Abstand der Faserstirnflächen (LWL) IEC 50(731) || ~ **oscillation** / Längsschwingung *f* || ~ **parity** / Längsparität *f*, Blockparität *f* || ~ **partition** / Längsschottung *f* || ~ **plane** / Längsebene *f* || ~ **profile** / Längenprofil *n* (Freiltg.) || ~ **redundancy check (LRC)** / Längs-Redundanzprüfung *f*, Längs-Paritätsprüfung *f*, Längssummencheck *m* || ~ **rigidity** / Längssteifigkeit *f*, Dehnsteifigkeit *f* || ~ **roughing** / Längsschruppen *n* || ~ **section** / Längsschnitt *m* || ~ **shear test** / Flankenscherversuch *m* || ~ **shrinkage** / Längsschrumpfung *f* || ~ **side** / Längsseite *f* || ~ **slip** / Längsschlupf *m* (Kfz) || ~ **sound testing** / Längsdurchschallen *n* || ~ **thread** / Längsgewinde *n* || ~ **travel** / Längsbewegung *f* (WZM), Längshub *m* || ~ **turning** / Längsdrehen *n* (WZM) || ~ **uniformity** / Längsgleichmäßigkeit *f* (BT) || ~ **voltage** / Längsspannung *f* (Stromkreis) || ~ **water tightness** / Längswasserdichtigkeit *f* (Kabel) || ~ **wave** / longitudinale Welle, Längswelle *f*
long-pitch winding / Wicklung mit verlängerter Schrittweite
long-primary type / Langstatortyp *m* (LM)
long pulse / Langimpuls *m* || ~ **pushbutton** / hoher Druckknopf
long-range meter / Großbereichszähler *m*, Weitbereichszähler *m*
long real / lange Realzahl || ~ **range transmission (HVDCT)** / Fernübertragung *f*, Hochspannungsgleichstromübertragung (HGÜ) *f* || ~ **stroke feature** / langhalsige Ausführung || ~ **timber station** / Langholzplatz *m*
long-rod insulator / Langstabisolator *m*
long-run marginal cost / langfristige Grenzkosten (StT) || ~ **test** / Langzeitprüfung *f*, Zeitstandprüfung *f*
long-secondary type / Kurzstatortyp *m* (LM)
long-stator type / Langstatortyp *m* (LM)
long-stroke key / Langhubtaste *f*
long-term *adj* / langfristig *adj*, langzeit || ~ **archive in continuous operation** / Langzeitarchiv im Endlosbetrieb || ~ **archiving** / Langzeitarchivierung *f* || ~ **drift** / Langzeitdrift *f* || ~ **flicker** / Langzeit-Flicker *m* || ~ **indication** / Dauermeldung *f* || ~ **shrinkage** / Langzeitschwund *m* || ~ **stability** / Langzeitstablität *f* || ~ **stability error** / Langzeit-

long-time   326

Stabilitätsfehler *m* (MG) || ~ **task** / Langzeitaufgabe *f*
long-time behaviour / Langzeitverhalten *n* || ~ **creep test** / Langzeitprüfung *f*, Zeitstandprüfung *f* || ~ **effect** / Langzeitwirkung *f* || ~ **fatigue strength** / Dauerermüdungsfestigkeit *f* || ~ **function** (release) / Langzeitfunktion *f* (Ausl.), stromabhängig verzögerte Funktion || ~ **interference** / Langzeitbeeinflussung *f* VDE 0228
long time-lag fuse IEC 127 / superträge Sicherung VDE 0820,T.1
long-time thermal stability / Langzeit-Warmfestigkeit *f*, Dauerwärmefestigkeit *f*
long wave / Langwelle *f*
long-wave light / langwelliges Licht
long word (LWORD) / Langwort *n*
look-ahead / Vorausschau *f*, Vorgriff *m* (auf Speicher), Look Ahead || **carry** ~ / Parallelübertrag *m* || ~ **carry** / vorausschauender Übertrag || ~ **carry generator** / Übertraggenerator *m* (binäres Schaltelement)
loom *n* (of light) / Schimmer *m* || **wiring** ~ / Kabelbaum *m*, Leitungssatz *m*, vorgefertigter Kabelsatz || ~ **control switch** / Webstuhlschalter *m* || ~ **module** / Teilsatz *m* (Kabelsatz) || ~ **motor** / Webstuhlmotor *m*
loop *n* / Regelkreis *m*, Ringleitung *f*, Teilschwingung *f*, Halbwelle *f*, Schwingungsbauch *m*, MSR-Stelle *f*, Durchlauf *m* (Roboter), Programmschleife *f*, Schlaufe *f*, Schleife *f*, Stromschwingung *f*, Umlauf(kreis) *m* || ~ / Ringleitung *f* (Netz), Ring *m*, Ringspeiseleitung *f* || **control** ~ / Regelkreis *m*, Rückkopplungsschleife *f* || **end** ~ / Wickelkopf *m* (Maschinenwickl.) || **minor final** ~ / kleine letzte Stromschwingung || **quality** ~ / Qualitätskreis *m* DIN 55350,T.11
loopback *n* / Prüfschleife *f* (DÜ), Zurückkoppeln *n* (Kommunikationssystem)
loop controller / Regler *m*, Wächter *m*, Hilfsstromschalter als Begrenzer, automatischer Hilfsstromschalter || ~ **counter** / Schleifenzähler *m* || ~ **display** / Kreisbild *n* (eines Regelkreises) || ~ **duration** / Halbwellendauer *f*
looped tape / geschlossene Schleife
loop feeder s. ringfeeder || ~ **gain** / Kreisverstärkung *f*, Verstärkung der Rückkopplungsschleife, Streckenverstärkung *f* || ~ **impedance** / Schleifenimpedanz *f*, Schleifenwiderstand *m* || ~ **impedance measuring instrument** / Schleifenwiderstands-Messgerät *m* || ~ **in** *v* / einschleifen *v* (Leiter), durchschleifen *v* || ~ **index** / Schleifenindex *m*
looping-in box / Durchschleifdose *f*
loop name / Kreisname *m* (Regelkreis) || ~ **of oscillation** / Schwingungsbauch *m*, Wellenbauch *m* || ~ **on-line control (LOC)** / On-line-Steuerung *f*
loop-oriented data block / regelkreisorientierter Datenbaustein (SPS)
loop oscillator / Spulenschwinger *m* || ~ **pit** / Schlaufengrube *f* || ~ **processor** / Regelungsprozessor *m* (R-Prozessor) || ~ **REPEAT** / REPEAT-Schleife *f* || ~ **resistance** / Schleifenwiderstand *m* || ~ **resistance measuring set** / Schleifenwiderstands-Messgerät *n*
loop-specific values / streckenspezifische Kenngrößen
loop test / Schleifentest *n* || ~ **through** /

durchschleifen *v*, weiterschleifen *v*
loop-through operation / Durchschleifbetrieb *m*
loop time constant / Zeitkonstante der Regelschleife, Streckenzeitkonstante *f* (Regelstrecke, Regelkreis), Zeitkonstante der Regelstrecke || ~ **variable** / Schleifenvariable *f* || ~ **vibrator** / Spulenschwinger *m* || ~ **vibrator oscillogram** / Schleifenoszillogramm *n* || ~ **wiring** / Schlaufenverdrahtung *f*
loose bearing / Loslager *n* || ~ **cable structure** / Hohlader-Aufbau *m* || ~ **clearance fit** / weiter Laufsitz || ~ **coupling** / ausrückbare Kupplung, Schaltkupplung *f* || ~ **fit** / weiter Sitz, weiter Laufsitz, Grobpassung *f*, Spielpassung *f* || ~ **flange** / loser Flansch || ~ **leads** / freie Wicklungsenden (el. Masch.)
loose-leaf folder / Jurismappe *f*
loose molding spindle / Fräsdorn *m*
loosen *v* / lösen *v*
loose pulley / Losscheibe *f*, Spannrolle *f*
loosest fit / weitester Sitz
loose tube cable / Hohlader-Kabel *n*
loosly riveted / beweglich genietet
Lorentz force / Lorentz-Kraft *f*, Stromkraft *f*, elektrodynamische Kraft || $\circeq$ **local field** / Lorentzsches Lokalfeld || $\circeq$ **number** / Lorentz-Konstante *f*
lose, to ~ **prime** / abreißen *v* (Pumpe) || **to** ~ **synchronism** / außer Tritt fallen, kippen *v*
loss *n* / Verlust *m*, Verluste *m*, Verlustleistung *f* || **cold** ~ / Kaltdämpfung *f* (Mikrowellenröhre) || **operating** ~ / Betriebsdämpfung *f* (Verstärkerröhre) DIN IEC 235,T.1, Rückflussdämpfung *f* || ~ **angle** / Verlustwinkel *m* || ~ **anisotropy** / Verlustanisotropie *f* || ~ **anisotropy factor** / Anisotropiefaktor der Verluste || ~ **coefficient** / Verlustziffer *f* (Blech) || ~ **current to earth** / Kriechstrom gegen Erde, Erdableitstrom *m*, Erdstrom *m*, Erdschlussstrom *m* || ~ **due to heat** / Wärmeverlust *m* || ~ **due to skin effect** / Stromverdrängungsverlust *m*
losses, capacitor ~ IEC 70 / Verlustleistung *f* (Kondensator) VDE 0560,T.4, Kondensatorverluste *m pl*
loss factor / Verlustfaktor *m*, Verlustgrad *m*, Arbeitsverlustgrad *m*
loss-free *adj* / verlustfrei *adj*, verlustlos *adj*
loss function / Verlustfunktion *f* || ~ **index** / Verlustziffer *f*, dielektrische Verlustzahl
lossless *adj* / verlustfrei *adj*, verlustlos *adj*
loss measure / Verlustmaßstab *m* || ~ **meter** / Verlustzähler *m* || ~ **of accuracy** / Genauigkeitsverlust *m* || ~ **of data** / Datenverlust *m*
loss-of-excitation relay / Erregungsausfallrelais *n*, Feldausfallrelais *n*
loss of field / Feldausfall *m*, Feldzusammenbruch *m*
loss-of-field protection / Erregerausfallschutz *m*, Feldausfallschutz *m* || ~ **relay** / Feldausfallrelais *n*, Feldrückgangsrelais *n*, Erregungsausfallrelais *n*
loss-of-generating capacity / Erzeugungsausfall *m* || ~ **of load** / Lastwegfall *m*
loss-of-load relay / Lastabwurfrelais *n*
loss of memory contents / Speicherinhaltsverlust *m* || ~ **of step** / Schrittverlust *m*
loss-of-synchronism protection / Außertrittfallschutz *m* || ~ **relay** / Außertrittfallrelais *n*, Asynchronsperre *f*

loss-of-vacuum protection / Vakuumschutz *m*
loss of voltage / Spannungsverlust *m*, Spannungslosigkeit *f*, Spannungsausfall *m*
loss-of-voltage protection / Spannungsausfallschutz *m* || **~ relay** / Spannungsausfallrelais *n* || **~ tripping** / Auslösung bei Spannungsausfall
loss on speed variation / Stellverlust *m* || **~ ratio** / Verlustverhältnis *n*
loss-summation method / Einzelverlustverfahren *n* (el. Masch.) VDE 0530,T.2
loss tangent / dielektrischer Verlustfaktor || **~ tangent** / Permittivitäts-Verlustfaktor *m* IEC50(212)
loss-tangent test / Verlustfaktormessung *f*, tan-δ-Prüfung *f*
lost-core process / Schmelzkernprozess *m*
lost energy / nichtgelieferte Energie (E. die das Elektrizitätsversorgungsunternehmen wegen und während des ausgeschalteten Zustands nicht liefern konnte) || **~ message** / Besetztmeldung || **~ motion** / Leerweg *m*, toter Gang
lost-motion gear / Leerganggetriebe *n*
lost significance / Genauigkeitsverlust *m* || **~ time** / Verlustzeit *f*
lot-by-lot inspection / losweise Prüfung
lot quality protection / Sicherung einer Qualität je Los || **~ size** / Losumfang *m*, Losgröße *f* || **~ tolerance percentage of defectives (LTPD)** / rückzuweisende Qualitätsgrenzlage *f*, Schlechtgrenze *f*, Ausschussgrenze *f*
loudness *n* / Lautheit *f*, Lautstärke *f* || **~ contour** / Kurve gleicher Lautstärke, Isoakuste *f* || **~ level** / Lautstärkepegel *m*, Lautstärke *f*
loudspeaker column / Lautsprechersäule *f*, Tonsäule *f* || **~ system** / Lautsprecheranlage *f*, Beschallungsanlage *f*
louver *n* / Jalousieklappe *f*, Jalousiedrosselklappe *f*
louverall ceiling / Rasterdecke *f*
louvered ceiling / Rasterdecke *f* || **~ luminaire** / Rasterleuchte *f* || **~ luminous ceiling** / Rasterleuchtdecke *f* || **~ recessed luminaire** / Raster-Einbauleuchte *f* || **~ shutter** / Lamellenverschluss *m*
louvre *n* / Jalousie *f*, Belüftungsklappe *f*, Raster *m* (Leuchte), Lamelle *f* || **~ cell** / Rasterelement *n* (Leuchte) || **~ element** / Lamelle *f*
low, to burn ~ / schwach brennen || **~ air pressure** / Unterdruck *m* || **~ air pressure test** / Unterdruckprüfung *f* DIN IEC 68
low-angle grain boundary / Kleinwinkelgrenze *f* (Kristall)
low bar / zurückstehende Lamelle (Komm.) || **~ byte** / Low-Byte *n* || **~ current technology** / Schwachstromtechnik *f*
low-bay reflector / Tiefstrahler *m*
low-bodied *adj* / niederviskos *adj*, dünnflüssig *adj*
low-boiling *adj* / niedrigsiedend *adj*, leichtsiedend *adj* || **~ petrol** / Leichtbenzin *n*
low-capacitance *adj* / kapazitätsarm *adj*
low-capacity disconnector / Leertrenner *m*, Leertrennschalter *m* || **~ fuse-disconnector** / Sicherungs-Leertrenner *m*, Sicherungs-Leertrennschalter *m* || **~ switch** / Leerschalter *m*
low-concentration turbidity measurement / Feintrübungsmessung *f*
low-conductivity polymer / schwachleitendes Polymer
low-cost *adj* / kostengünstig *adj*

low-cycle fatigue / Kurzzeitermüdung *f*
low-emission *adj* / schadstoffarm *adj* (Kfz) || **~ oil firing** / emissionsarme Ölverbrennung
low-end performance level / kleiner Leistungsbereich (PC-Geräte), unterer Leistungsbereich
lower *v* / absenken *v*, senken *v* || **~ alarm limit** / untere Gefahrengrenze (Prozessführung) || **~ beam** / Abblendlicht *n* (Kfz), Stadtlicht *n* (Kfz) || **~ bearing** / Unterlager *n* (a. EZ)
lower-case letter / Kleinbuchstabe *m*
lower confidence limit / untere Grenze des Vertrauensbereichs || **~ control limit** / untere Kontrollgrenze (QS) || **~ deviation** / unteres Abmaß || **~ (display) range limit** / Anzeigebereichsanfang *m* (Bildschirm)
lowered *adj* / abgesenkt *adj*
lower-end performance range / unterer Leistungsbereich
lower explosive limit (LEL) / untere Explosionsgrenze (UEG) VDE 0165,T.102 || **~ half-shell** / untere Lagerschalenhälfte, Unterschale *f* || **~ hemispherical luminous flux** / unterer halbräumlicher Lichtstrom
lowering *n* / Absenkung *f* || **~ brake** / Senkbremse *f*
lower input limit / untere Eingabegrenze || **~ layer interface (LLI)** / LLI
lower-level *adj* / unterlagert *adj*
lower limit IEC 381 / untere Bereichsgrenze (Signal) || **~ limit** (value) / unterer Grenzwert, unterer Schaltpunkt, untere Grenze (UGR), Untergrenze (UGR) *f* || **~ limiting deviation** / untere Grenzabweichung (QS) DIN 55350,T.12 || **~ limiting proportion** / Mindestanteil *m* (Statistik, QS) || **~ limiting quantile** / Mindestquantil *n* (Statistik, QS) DIN 55350,T.12 || **~ limiting value** / Mindestwert *m* (Statistik, QS), untere Toleranzgrenze, unterer Grenzwert, untere Reglerbegrenzung, unterer Begrenzungswert, BGUG || **~ limit of effective range** IEC 51 / Messbereichs-Anfangswert *m* DIN 43781,T.1 || **~ limit of scale** / Skalenanfangswert *m* || **~ limit of size** / unteres Grenzmaß || **~ limit value** / unterer Grenzwert, unterer Schaltpunkt
lower-order decade / niederwertige Dekade
lower output limit / Stellwertuntergrenze *f* || **~ pantograph** / Unterschere *f* (Scherentrenner) || **~ performance range** / unterer Leistungsbereich || **~ range limit** / Messbereichs-Endwert *m*, größter Messbereichs-Endwert || **~ range value** / Anfangswert *m* (unterster Wert einer Messgröße, auf den Gerät justiert ist) DIN IEC 770 || **~ sample** / Unterschichtprobe *f* DIN 51750,T.1 || **~ setpoint limit** / Sollwertuntergrenze *f* || **~ side** / Unterseite *f* || **~ switching value** / unterer Schaltpunkt (Reg.) || **~ transition rounding** / Anfangsverrundung *f* || **~ voltage** / Unterspannung *f* (US (Trafo, Spannung auf der US-Seite))
lower-voltage winding / Unterspannungswicklung *f* (US-Wicklung)
lower warning limit / untere Warngrenze (Prozessführung)
lowest voltage of a system / niedrigste Betriebsspannung eines Netzes
low-field magnet / Niederfeldmagnet *m*
low-frequency *adj* / niederfrequent *adj*, Tiefton...
low frequency (LF) / Niederfrequenz *f* (NF)

low-frequency current / Niederfrequenzstrom m (NF-Strom) || ~ **dielectric test** IEC 50(411) / Spannungsprüfung bei niedriger Frequenz (el. Masch.) || ~ **flashover voltage** / Niederfrequenz-Überschlagspannung f || ~ **generator** / Niederfrequenzgenerator m (NF-Generator) || ~ **high-voltage test** / Wicklungsprüfung bei niedriger Frequenz || ~ **wave** / Langwelle f
low-head hydroelectric power station / Niederdruck-Wasserkraftwerk n
low-impedance differential protection / niederohmiger Differentialschutz IEC 50(448)
low-inductance adj / induktionsarm adj,
induktivitätsarm adj
low inductance three-phase capacitor / induktivitätsarmer Drehstromkondensator
low-inertia adj / trägheitsarm adj || ~ **viscose pump drive** / schwungmassenarmer Spinnpumpenantrieb
low-intensity approach lighting (APL) / Anflug-Niederleistungsbefeuerung f (APL) || ~ **lighting** / Niederleistungsbefeuerung f || ~ **runway edge lighting (REL)** / Pistenrand-Niederleistungsbefeuerung f (REL) || ~ **section** / Niederleistungsteil m (BT)
low-leakage adj / streuungsarm adj
low level / niedriger Pegel, L-Pegel m (Signal)
low-level charge / L-Pegel-Ladung f || ~ **circuit** / Niederpegelschaltung f, Kleinsignalschaltung f || ~ **contact** / Schwachstromkontakt m || ~ **electromagnetic fields and radiation** / Elektrosmog m || ~ **input current** / Eingangsstrom im L-Bereich || ~ **input voltage** / Eingangsspannung im L-Bereich || ~ **lighting** / Dämmerbeleuchtung f || ~ **output current** / Ausgangsstrom im L-Bereich || ~ **output voltage** / Ausgangsspannung im L-Bereich || ~ **signal** / Niedcrpegelsignal n, L-Signal n, Kleinsignal n
low limit / untere Grenze (UGR), Untergrenze (UGR) f, unterer Grenzwert
low-limit contact / Unterwertkontakt m
low limiting control / Begrenzungsregelung nach unten || ~ **load** / niedrige Last, Kleinlast f, Unterlast f
low-load adjustment / Kleinlasteinstellung f (EZ)
low-loader n / Tiefladefahrzeug n
low-load-factor consumer / Abnehmer mit niedriger Benutzungsdauer || ~ **tariff** / Preisregelung für niedrige Benutzungsdauer (StT)
low-load hours / Niedertarifzeit f || ~ **period** / Zeit geringer Belastung, Schwachlastzeit f || ~ **tariff** / Schwachlasttarif m || ~ **wing** / Regulierflügel m (EZ)
low-loss adj / verlustarm adj
low mica / zurückstehender Glimmer (Komm.)
low-mode output / Ausgang mit O-Signal
low-noise adj / geräuscharm adj, rauscharm adj, fremdspannungsarm adj || ~ **earth** / geräuscharme Erde, fremdspannungsarme Erde || ~ **machine** / geräuscharme Maschine
low-oil-content circuit-breaker / ölarmer Leistungsschalter
low-order adj / niederwertig adj || **low-order byte** / niederwertiges Byte, rechtes Byte || ~ **digit** / niederwertige Ziffer || ~ **harmonics** / Oberwellen niedriger Ordnung || ~ **word** / L-Wort n
low-overhead adj / aufwandarm adj
low pass (LP) / Tiefpass m

low-pass filter / Tiefpassfilter n, Tiefpass m || **1st order** ~ **characteristics** / Tiefpassverhalten 1. Ordnung
low potential / Niederspannung f, L-Potential n
low-power current transducer / Kleinsignal-Stromwandler m || ~ **device** / Kleinsignalgerät n
low-powered adj / leistungsarm adj, schwachmotorig adj, untermotorisiert adj
low-power-factor luminaire (LPF luminaire) / unkompensierte Leuchte, Leuchte ohne Vorschaltgerät
low-power instrument technology / Kleinsignaltechnik f || ~ **instrument transformer** / Kleinsignalwandler m || ~ **motor** / Kleinmotor m || ~ **signal diode** / Kleinleistungs-Signaldiode f || ~ **system** / schwaches Netz || ~ **voltage transducer** / Kleinsignal-Spannungsteiler m
low pressure (LP) / Niederdruck m, niedriger Druck, Unterdruck m
low-pressure column / Niederdrucksäule f || ~ **discharge** / Niederdruckentladung f || ~ **discharge lamp** / Niederdruck-Entladungslampe f, Niederdrucklampe f || ~ **interlocking device** / Unterdruck-Überwachungsgerät n (SG), Drucküberwachungsgerät für zu niedrigen Druck (SG) || ~ **lamp** / Niederdrucklampe f (ND-Lampe) || ~ **mercury discharge lamp** / Quecksilberdampf-Niederdruck-Entladungslampe f || ~ **mercury fluorescent lamp** / Quecksilber-Niederdruck-Leuchtstofflampe f || ~ **mercury-vapour lamp** / Quecksilberdampf-Niederdrucklampe f || ~ **receiver** / Niederdruckbehälter m || ~ **screw-in resistance thermometer** / Niederdruck-Einschraub-Widerstandsthermometer n || ~ **sodium lamp** s. low-pressure sodium-vapour lamp || ~ **sodium vapour lamp** / Natriumdampf-Niederdrucklampe f || ~ **tank** / Niederdruckbehälter m
low-priority frequency channel (LPFC) / niederpriorer Frequenzkanal (NPFK)
low-profile keyboard / Flachtastatur f
low radiation / strahlungsarm adj
low-radiation screen / strahlungsarmer Bildschirm
low-rating load / Kleinverbraucher m
low-resistance adj / widerstandsarm adj, niederohmig adj || ~ **cathode** / niederohmige Kathode || ~ **earthing (o. grounding)** / niederohmig (o. widerstandsarm) Erdung, halbstarre Erdung || ~ **star-head earthing switch** / niederohmige Sternerdung
low-resolution adj / niedrigauflösend adj
low-rise warehouse / Flachlager n
low segment / zurückstehende Lamelle (Komm.) || ~ **setting** / niedrige Einstellung, Kleinstellung f || ~ **side** / Niederspannungsseite f, Unterspannungsseite f (Trafo) || ~ **signal** / Kleinsignal n || ~ **signal level** / L-Signalpegel m
low-silicon sheet steel / niedrigsiliziertes Stahlblech
low-speed adj / langsam adj, niedertourig adj
low speed / niedrige Drehzahl, Hilfsgeschwindigkeit f
low-speed machine / langsam laufende Maschine, Langsamläufer m, niedertourige Maschine || ~ **reclosing** / verzögerte Wiedereinschaltung || ~ **winding** / hochpolige Wicklung (polumschaltbarer Mot.)
low state / Niedrig-Zustand m (Signalpegel)
low-state voltage range / L-Spannungsbereich m

low-surface-tension water / entspanntes Wasser
low tariff / Niedertarif *m* (NT)
low-tariff maximum (demand) / Niedertarifmaximum *n*
low-temperature, resistance to ~ **brittleness** / Kälterissbeständigkeit *f* || ~ **application** / Tieftemperaturtechnik *f* || ~ **brittleness** / Kaltbrüchigkeit *f* || ~ **characteristics** / Kälteverhalten *n* || ~ **electrode** / kaltgehende Elektrode || ~ **fluorescent lamp** / kältefeste Leuchtstofflampe, Tieftemperatur-Leuchtstofflampe *f* || ~ **lubricating oil** / Winterschmieröl *n* || ~ **oil** / Kälteöl *n* || ~ **plant** / Tieftemperaturanlage *f* || ~ **test current** / Kälteprüfstrom *m*
low-tension (l.t.) *adj* (for composite terms, see under l.v.) / Niederspannungs...., Unterspannungs...., unterspannungsseitig *adj*
low tension (l.t.) / Niederspannung *f* (NS), Unterspannung *f*
low-threshold circuit / Niedervolt-Schaltkreis *m* (IS) || ~ **P-channel transistor** / P-Kanal-Transistor mit niedriger Schwelle
low-value resistor / niederohmiger Widerstand
low-velocity camera tube / Bildaufnahmeröhre mit langsamen Elektronen || ~ **scanning** / Abtastung mit langsamen Elektronen
low-viscosity *adj* / niederviskos *adj*, dünnflüssig *adj* || ~ **grease** / Fließfett *n*
low voltage (l.v.) / Niederspannung *f* (NS), Unterspannung *f* || ~ **voltage rating** / Netzunterspannung *f* || ~ **voltage supply** / Netzunterspannung *f*
low-voltage (l.v.) *adj* (for composite terms, see under l.v.) / Niederspannungs..., Unterspannungs..., unterspannungsseitig *adj* || ~ **controlgear** / Niederspannungs-Schaltgeräte für Verbraucherabzweige || ~ **controller** / Niederspannungs-Steuerung *f* || ≈ **Directive** / Niederspannungsrichtlinie (NSR) *f* || ~ **distribution board** / Niederspannungs-Verteiler *m* || ~ **distribution equipment** / Niederspannungsverteilungen *f pl* || ~ **distributor** / Niederspannungs-Verteiler *m* || ~ **motor circuit cabinet** / Niederspannungs-Motorschaltschrank *m* || ~ **niche** / Niederspannungsnische *f* || ~ **plug connector** / Niederspannungssteckvorrichtung *f* || ~ **potential transformer** / Kleinwandler für Niederspannung || ~ **protection element** / Feinschutzelement *n* || ~ **switchboard** / Niederspannungsschaltanlage *f* || ~ **switchgear** / Niederspannungs-Schaltanlage *f* || ~ **wiring** / Niederspannungsverdrahtung *f*
low-volt lamp / Niedervoltlampe *f* (NV-Lampe), Niederspannungslampe *f* || ~ **lens spotlight** / Niedervolt-Linsenscheinwerfer *m* || ~ **release** / Unterspannungsauslöser *m*, Minimalspannungsauslöser *m*, Spannungsrückgangsauslöser *m*
low-volume production / Kleinserienfertigung *f*
lozenge *n* / Raute *f*, Rhombus *m*
LP s. line printer || ≈ s. low pass || ≈ s. low pressure || ≈ **mode** s. linearly polarized mode
LPAS s. listener primary addressed state
LPF luminaire s. low-power-factor luminaire
LPIS s. listener primary idle state
LPM s. lines per minute

LPS s. laboratory and system power supply
LQL s. limiting quality level
LRC s. longitudinal redundancy check
LRV 92 (Swiss Emission Control Law) / LRV 92 (Schweizerische Luftreinhalteverordnung)
LS (leading spindle) / Masterspindel *f*, LS (Leitspindel)
LSB (least significant bit) / niedrigstwertiges Bit, LSB
LSC s. liquid-solid chromatograph
LSD s. large-screen display || ≈ s. least significant digit
LSHM s. linear synchronous homopolar motor
LSI (large-scale integrated) / hochintegriert *adj*
LSIC s. large-scale-integrated circuit
LSM s. linear synchronous motor
LSV2 (low speed version 2) / LSV2 (Low Speed Version 2)
l.t. s. low-tension
LTC s. load tap changer || ≈ **oil expansion tank** / Stufenschalter-Ausdehnungsgefäß *n* (Trafo)
ltn s. listen
LTPD s. lot tolerance percentage of defectives
LTQ s. life test quantity
lube oil / Schmieröl *n*
lubricant *n* / Schmierstoff *m*, Schmiermittel *n*, Gleitmittel *n* || ~ **exudation** / Schmiermittel-Ausschwitzen *n* || ~ **film** / Schmierfilm *m*, Schmierschicht *f* || ~ **ring** / Zwischenring *m* || ~ **seal** / Schmiermitteldichtung *f*
lubricants of standardized viscosity / Normalschmieröle *n pl*
lubricate *v* / schmieren *v*, abschmieren *v*
lubricating emulsion / Schmieremulsion *f* || ~ **grease** / Schmierfett *n* || ~ **groove** / Schmiernut *f* || ~ **instructions** / Schmiervorschrift *f* || ~ **nipple** / Schmiernippel *m*, Schmierkopf *m* || ~ **oil** / Schmieröl *n*
lubricating-oil filter / Schmierölfilter *n* || ~ **meter** / Schmierölzähler *m* || ~ **pump** / Schmierölpumpe *f*, Schmierpumpe *f*
lubricating point / Schmierstelle *f* || ~ **property** / Schmierfähigkeit *f* || ~ **pump** / Schmierpumpe *f*, Schmierölpumpe *f* || ~ **ring** / Schmierring *m*, loser Schmierring, Losring *m*
lubrication *n* / Schmierung *f* || ~ **chart** / Schmierplan *m* || ~ **cycle** / Schmiertakt *m* || ~ **hole** / Schmierloch *n* || ~ **schedule** / Schmierplan *m*
lubricator *n* / Schmiervorrichtung *f*, Schmiernippel *m*, Öler *m*
lubricity *n* / Schmierfähigkeit *f*, Schlüpfrigkeit *f*, Öligkeit *f* || ~ **additive** / Schmierfähigkeitsverbesserer *m*
L/U function (latching/unlatching function) / speichernde Funktion, Speicherfunktion *f*
lug *n* / Fahne *f*, Lötfahne *f*, Öse *f*, Lasche *f*, Ansatz *m*, Lappen *m*, Nase *f*, Kabelschuh *m* || ~ **jumper** / Anschlussfahne für Stromschlaufe (Freiltg.), Stromschlaufenanschluss *m* || ~ **main** ~ / Hauptanschlussklemme *f* (IV, MCC), Hauptspeiseklemme *f* || ~ **connection** / Kabelschuhanschluss *m*
luggage booth light / Gepäckraumbeleuchtung *f* (Kfz)
lug terminal / Kabelschuhklemme *f*
lumen *n* / Lumen *n* || ~ **gain** / Lichtstromgewinn *m* || ~ **maintenance** / Lichtstromverhältnis *n*,

Lichtverhältnis n, Lichtstromverhalten n, Lichtverhalten n (einer Lampe während der Lebensdauer) || ~ **maintenance curve** / Lichtstromabfallkurve f, Lichtabfallkurve f || ~ **method** / Lichtstromverfahren n || ~ **output** / Lichtverhalten n (einer Lampe während der Lebensdauer)
lumens n pl / Lumen n pl, Lichtstrom m
lumen-second n / Lumensekunde f
lumens per lamp / Lampenlichtstrom m
luminaire n / Leuchte f, Beleuchtungskörper m || ~ **bowl** / Leuchtenschale f || ~ **column** / Leuchtenmast m || ~ **efficiency** / Leuchtenwirkungsgrad m, Leuchtenbetriebswirkungsgrad m || ~ **for damp interiors** / Feuchtraumleuchte f (FR-Leuchte) || ~ **hanger** / Leuchtenaufhänger m || ~ **housing** / Leuchtengehäuse n || ~ **mounting height** / Leuchtenhöhe f || ~ **outlet box** / Leuchtenanschlussdose f || ~ **post** / Leuchtenmast m || ~ **terminal** / Leuchtenklemme f, Leuchtenanschluss m || ~ **track** / Stromschiene für Leuchten, Lichtschiene f || ~ **trough** / Leuchtenwanne f || ~ **with capacitive circuit** / kapazitiv geschaltete Leuchte || ~ **with control gear** / Leuchte mit Vorschaltgerät || ~ **with inductive circuit** / induktiv geschaltete Leuchte
luminance n / Leuchtdichte f || ~ **stored** ~ / Leuchtdichte der gespeicherten Strahlspur (Osz.) || ~ **characteristics** / Helligkeits-Kennwerte m pl (ESR) DIN IEC 151,T.14 || ~ **coefficient** / Leuchtdichtekoeffizient m || ~ **difference threshold** / Unterschiedsschwelle für Leuchtdichten || ~ **distribution** / Leuchtdichteverteilung f || ~ **factor** / Leuchtdichtefaktor m, Remissionsgrad m || ~ **level** / Leuchtdichteniveau n, Beleuchtungsstärke f || ~ **limiting curve** / Leuchtdichtegrenzkurve f || ~ **meter** / Leuchtdichtemessgerät n || ~ **of object** / Objektleuchtdichte f || ~ **temperature** / spektrale Strahlungstemperatur, schwarze Temperatur || ~ **threshold** / Wahrnehmungsschwelle f (LT) || ~ **uniformity** / Leuchtdichtegleichmäßigkeit f || ~ **uniformity ratio** / Gleichförmigkeit der Leuchtdichte
luminescence n / Lumineszenz f || ~ **efficiency** / Lumineszenzausbeute f || ~ **emission spectrum** / Lumineszenz-Emissionsspektrum n
luminescent diode / Lumineszendiode f || ~ **material** / Leuchtstoff m || ~ **screen** / Leuchtschirm m
luminiphor n / Luminiphor m (lumineszierendes Material)
luminosity n / Leuchtkraft f, scheinbare Helligkeit
luminous annunciator panel / Leuchtschrifttafel f || - **area** IEC 151-14 / leuchtende Fläche (Elektronenröhre) || ~ **bar** / Leuchtbalken m || ~ **call system** / Lichtrufanlage f || ~ **ceiling** / Lichtdecke f, Leuchtdecke f || ~ **characteristics** / lichttechnische Eigenschaften || ~ **colour** / Lichtfarbe f || ~ **efficacy** / Lichtausbeute f, visueller Nutzeffekt, Lichtleistung f || ~ **efficacy of radiation** / fotometrisches Strahlungsäquivalent f (LT) || ~ **efficiency** / Lichtausbeute f, Lichtleistung f, visueller Nutzeffekt || ~ **element** / Leuchtkörper m || ~ **emittance** / spezifische Lichtausstrahlung || ~ **environment** / Farbklima n || ~ **excitance** / spezifische Lichtausstrahlung || ~ **exposure** / Beleuchtung f (in einem Punkt einer Oberfläche) ||

~ **flux** / Lichtstrom m || ~ **flux fraction** / Lichtstromanteil m || ~ **flux gain** / Lichtstromgewinn m || ~ **flux method** / Lichtstromverfahren n || ~ **flux ratio** / Lichtstromverhältnis n, Lichtverhältnis n, Lichtstromverhalten n || ~ **intensity** / Lichtstärke f || ~ **intensity distribution** / Lichtstärkeverteilung f || ~ **intensity distribution curve** / Lichtstärkeverteilungskurve f || ~ **mushroom** / Leuchtpilz m || ~ **mushroom pushbutton** / Leuchtpilztaster m || ~ **perceived colour** / Lichtfarbe f || ~ **pushbutton** IEC 117-7 / Leuchttaster m VDE 0660,T.201, Leuchttastschalter m DIN 40717, Leuchtdrucktaster m || ~ **range** / Tragweite f (Lichtsignal) || ~ **reflectance** / Lichtreflexionsgrad m || ~ **ripple** / Lichtwelligkeit f || ~ **sensitivity** / Lichtempfindlichkeit f || ~ **switch** / Leuchtschalter m
luminous-tube sign transformer / Hochspannungstransformator für Leuchtröhren
lumped adj / konzentriert adj, punktförmig adj || ~ **capacitances** / konzentrierte Kapazitäten || ~ **circuit** / Schaltung aus konzentrierten idealen Elementen, aus konzentrierten Elementen aufgebauter Stromkreis || ~ **constant** / punktförmig verteilte Leitungskonstante
lumped-element circulator / Zirkulator aus diskreten Elementen || ~ **isolator** / Richtungsleitung aus diskreten Elementen
lumped impedance / konzentrierte Impedanz
lun s. local unlisten
lux n (lumen per square metre) / Lux n
lux-second n / Luxsekunde f
LV / Leistungsverzeichnis (LV) n
LV HRC / NH || ᵒ **fuse 35A** / NH-Sicherung 35A || ᵒ **fuse grippers** / NH-Sicherungsgriffzange f || ᵒ **in-line fuse switch disconnector** / NH-Sicherungs-Lasttrennleiste f
l.v. s. low-voltage || ~ **a.c. starter** IEC 292-2 / Niederspannungs-Wechselstrom-Motorstarter m VDE 0660,T.106 || ~ **arc** / Niedervoltbogen m || ~ **arm** / Niederspannungszweig m (Spannungsteiler) || ~ **bushing** / Unterspannungsdurchführung f (US-Durchführung (Trafo)) || ~ **circuit** / Niederspannungskreis m || ~ **circuit-breaker** / Niederspannungs-Leistungsschalter m || ~ **compartment** / Niederspannungsraum m (Schrank) || ~ **condenser bushing** / Unterspannungs-Kondensatordurchführung f || ~ **connector** / Niederspannungs-Steckvorrichtung f (o.-Steckverbinder) || ~ **consumer** / Niederspannungsabnehmer m || ~ **distribution** / Niederspannungsverteilung f || ~ **distribution board** / Niederspannungs-Verteilertafel f, Niederspannungsverteiler m || ~ **distribution cabinet** / Niederspannungsverteilerschrank m, Niederspannungsverteiler m || ~ **distribution centre** / Niederspannungs-Hauptverteilung f || ~ **distribution line** / Niederspannungs-Verteilungsleitung f || ~ **distribution mains** / Niederspannungs-Hauptverteilungsleitung f || ~ **distribution network** / Niederspannungs-Verteilungsnetz n, Niederspannungs-Versorgungsnetz n || ~ **distribution unit** / Niederspannungsverteiler m
LVDT s. linear variable differential transformer || ᵒ

ferrite core (linear variable differential transducer ferrite core) / LVDT-Ferritkern *n*
l.v. feeder / Niederspannungs-Speiseleitung *f*, Niederspannungs-Abgangsleitung *f* (o. -Abzweig), f. (m.) || ~ **h.b.c. fuse** (low-voltage high-breaking-capacity fuse) / NH-Sicherung *f* || ~ **h.b.c. fuse-link** / NH-Sicherungseinsatz *m* || ~ **h.b.c. fuse system** (low-voltage high-breaking-capacity fuse gear system) / NH-System *n* (Niederspannungs-Hochleistungs-Sicherungssystem) || ~ **h.r.c. fuse** (low-voltage high-rupturing-capacity fuse) / NH-Sicherung *f* || ~ **h.r.c. fuse-link** / NH-Sicherungseinsatz *m* || ~ **installation** / Niederspannungsanlage *f* || ~ **integrally fused circuit-breaker** / Niederspannungs-Leistungsschalter mit angebauten Sicherungen || ~ **lamp** / Niedervoltlampe *f* (NV-Lampe), Niederspannungslampe *f* || ~ **main distribution board** / Niederspannungs-Hauptverteilertafel *f* (o.-Hauptverteilung) || ~ **power circuit-breaker** / Niederspannungs-Leistungsschalter *m* || ~ **rating** / Niederspannungs-Bemessungsdaten *plt*, Nenn-Unterspannung *f* (Trafo) || ~ **regulating transformer** / Regeltransformator für Niederspannungssteuerung || ~ **section** / Niederspannungsteil *m* (ST) || ~ **side** / Niederspannungsseite *f*, Unterspannungsseite *f* (Trafo) || ~ **switchgear** / Niederspannungs-Schaltgeräte *n pl*, Niederspannungs-Schaltanlage *f* || ~ **switchgear and controlgear** / Niederspannungs-Schaltanlagen *f pl* || ~ **switchgear and controlgear assembly** / Niederspannungs-Schaltgerätekombination *f* || ~ **switchgear and controlgear assembly for construction sites (ACS)** / Baustromverteiler *m* (BV) EN 60439-4 || ~ **switchgear assembly** / Niederspannungs-Schaltgerätekornbination f. Niederspannungs-Schaltanlage *f* (FSK) || ~ **switching station** / Niederspannungs-Schaltanlage *f* || ~ **system** / Niederspannungsanlage *f* || ~ **tariff** / Preisregelung für Niederspannung (StT), Niederspannungstarif *m* || ~ **terminal** / Niederspannungsanschluss *m* (o. -klemme), Unterspannungsklemme o. -anschluss *f* (Trafo) || ~ **terminal compartment** / Niederspannungsanschlussraum *m* || ~ **winding** / Unterspannungswicklung *f* (Trafo), Niederspannungswicklung *f*
L2 station address / L2-Adresse
LWLS s. local with lockout state
LWORD s. long word
Lydall machine / Lydall-Maschine *f*
lying outside / außenliegend *adj*
lyre contact / Lyra-Kontakt *m*
lyre-shaped contacts / Lyrakontakte *m pl* || ~ **cover** / Lyraabdeckung *f*

M

m (classification letter for encapsulation) EN 50028 / m (Kennbuchstabe für Vergußkapselung)
MA (master station) / MA, Textsendestation *f*
MAC s. maximum allowable concentration
mac address / MAC-Adresse *f*

machinability *n* / maschinelle Bearbeitbarkeit, Zerspanbarkeit *f*
machinable *adj* / bearbeitbar *adj*, zerspanbar *adj*
machine *v* / maschinell bearbeiten, bearbeiten *v*, spanend bearbeiten || ~ / Maschine *f*, Einrichtung *f*, Vorrichtung *f* || **at ~ level** / maschinennah *adj*, lokal *adj* || ~ **acceptance** / Maschinenabnahme *f* || ~ **adaption** / Maschinenanpassung *f* || ~ **address** / Maschinenadresse *f*, effektive Adresse, absolute Adresse *f* || ~ **alarm** / Maschinenalarm *m* (NC) || ~ **application** / Maschinenanwendung *f* || ~ **area** / Maschinenbereich *m* || ~ **arrester** / Maschinenableiter *m*, Überspannungsableiter *m* || ~ **at rest and deenergized** / Pause *f* (el. Masch.) VDE 0530,T.1, Maschine im Stillstand und spannungslos || ~ **axis identifier** / Maschinenachsbezeichner *m* || ~ **base** / Maschinenunterbau *m*, Maschinenbett *m*, Maschinensockel *m* || ~ **building** / Maschinenbau *m* || ~ **building industry** / Maschinenbau *m*
machine-clocked converter / maschinengetakteter Stromrichter
machine code (MC) / Maschinensprache *f* (MC-Sprache)
machine-code program / Maschinenprogramm *n*, Steuerprogramm *n* (NC), Rechnerprogramm *n*
machine-commutated converter / maschinengeführter Stromrichter || ~ **operating range** / Maschinenführbetriebsbereich *m*
machine commutation / Maschinenführung *f* (SR) || ~ **construction** / Maschinenbau *m* || ~ **control panel** / Maschinensteuertafel *f* (NC) || ~ **control panel (MCP)** / Maschinenbedienfeld *n*, Maschinenbedienpult *n*, Maschinenbedientafel *f*, Maschinenbedienungspult *n*, Maschinenschalttafel *f*, Maschinenbedienungstafel *f*, Bedienpult der Maschine, Maschinenpendel *m* || ~ **controls** / Maschinenbedienungselemente *n pl* || ~ **coordinate system (MCS)** / Maschinenkoordinatensystem (MKS) *n* || ~ **cover** / Maschinenabdeckung *f*, Maschinenhaube *f* || ~ **cycle** (sequence of operations in a CPU) / Maschinenzyklus *m*
machined part / Fertigteil *n*, fertigbearbeitetes Werkstück *n* || ~ **part display** / Fertigteildarstellung *f* || ~ **surface** / Bearbeitungsfläche *f*
machine data / Maschinendaten *pl* || ~ **data (MD)** / Maschinendatum (MD) *n*, Maschineneinrichtedatum *n* (Die Maschinendaten dienen zur Anpassung der NC an die Werkzeugmaschine), Maschinendatenbelegung *f* || ~ **data acquisition (MDA)** / Maschinendatenerfassung (MDE) *f* || ~ **data acquisition terminal (MDAT)** / Maschinendatenerfassungsstation *f* (MDE-Terminal) || ~ **data bit** / Maschinendatenbit *n* || ~ **data block** / Maschinendatensatz *m* || ~ **data master terminal (MDA-master terminal)** / MDE-Leitstation *f* || ~ **data memory** / Maschinendatenspeicher *m* (NC) || ~ **data order processing** / dv-maschinelle Auftragsabwicklung || ~ **data record** / Maschinendatensatz *f* || ~ **data tree** / Maschinendatenbaum *m* || ~ **datum** / Maschinen-Nullpunkt *m* (NC) || ~ **description** / Maschinenbeschreibung *f* (NC)
Machine Directive / Maschinenrichtlinie (MRL) *f*
machine downtime / Maschinenstillstandszeit *f* || ~ **element** / Maschinenelement *n* || ~ **end** /

machine-friendly 332

Maschinenseite *f* (el. Masch., A- oder B-Seite) || ~ **file** / Maschinenfile *n* || ~ **frame** / Maschinengehäuse *n*, Maschinengestell *n*, Ständer *m*, Maschinenkörper *m*
machine-friendly *adj* / maschinenschonend *adj* || ~ **threading** / maschinenschonende Gewindebearbeitung
machine function / Maschinenfunktion *f* || ~ **guideway** / Maschinenführung *f* || ~ **housing** / Maschinengehäuse *n* || ~ **indirectly cooled by air** / indirekt luftgekühlte Maschine || ~ **input** / Maschinenerfassung *f* || ~ **input buffer (MIB)** / Eingabezwischenspeicher (EZS) *m* || ~ **language** / Maschinensprache *f* (MC-Sprache) || ~ **level** / Maschinenebene *f*
machine-level HMI / maschinennahes B&B
machine line / Maschinenstraße *f* || ~ **load** / Maschinenbeanspruchung *f*, Maschinenbelastung *f* || ~ **loading** / Maschinenbeschickung *f* || ~ **lock** / Maschinensperre *f* || ~ **lockout** / Maschinensperre *f* (NC) || ~ **logbook** / Maschinenbuch *n* || ~ **manufacturer** / Maschinenhersteller *m*, Maschinenbauer *m*, Maschinenfabrikant *m*
machine-mounted circulating-circuit component / angebaute Kühlvorrichtung (el.Masch.)
Machine No. / Vorrichtungsnummer *f*
machine OEM / Maschinenhersteller *m*, Maschinenbauer *m* || ~ **OEM support** / Maschinenherstellerbetreuung *f*
machine of medium-high rating / Mittelleistungsmaschine *f*, Maschine mittlerer Leistung, Mittelmaschine *f* || ~ **operation** / Maschinenbedienung *f*
machine origin / Maschinen-Nullpunkt *m* (NC) || ~ **platform** / Maschinentisch *m* || ~ **power** / Maschinenleistung *f* || ~ **program** / Maschinenprogramm *n*, Rechnerprogramm *n* (NC), Steuerprogramm *n* || ~ **protection** / Maschinenschutz *m* || ~ **protection guideline** / Maschinenschutzrichtlinie *f*
machine-readable product code / maschinenlesbare Fabrikatebezeichnung, Maschinenlesbare Fabrikatebezeichnung (MLFB) || ~ **product designation** / maschinenlesbare Fabrikatebezeichnung (MLFB), Maschinenlesbare Fabrikatebezeichnung (MLFB)
machine-related *adj* / maschinennah *adj*, maschinenbezogen *adj*, lokal *adj* || ~ **actual value** / maschinenbezogener Istwert || ~ **cycle** / maschinenbezogener Zyklus
machine-specific function / maschinenspezifische Funktion
machine reference point / Maschinen-Referenzpunkt *m* (NC), Maschinenbezugspunkt *m*, Maschinenreferenzpunkt *m* || ~ **referencing** / Referenzpunktfahren *n* (WZM, NC) || ~ **room** / Maschinenraum *m*, Maschinenhalle *f* || ~ **run time** / Maschinenlaufzeit *f*
machinery capability test / Maschinenfähigkeitsuntersuchung *f* || ~ **directive** / Maschinenrichtlinie *f* || ~ **fitter** / Maschinenschlosser *m*
machine safety signal / Maschinen-Sicherheitssignal *n* (NC) || ~ **sequences** / Maschinenabläufe *m pl* || ~ **series** / Maschinenreihe *f* || ~ **set** / Maschinensatz *m*, Aggregat *n* || ~ **setter** / Einrichter *m* (WZM) || ~ **slide** / Maschinenschlitten *m* || ~ **station** /

Maschinenplatz *m* || ~ **stiffness** / Maschinensteifigkeit *f* || ~ **table** / Tisch *m* || ~ **terminal** / Maschinenterminal *n* || ~ **thermometer with analog output** / Maschinenthermometer mit Analogausgang
machines in cascade / Maschinen in Kaskadenschaltung || ~ **in integrated systems** / verkettete Maschinen || ~ **in tandem** / Maschinen in Tandemschaltung, Maschinen in Kaskadenschaltung
machine time / Maschinenzeit *f*, Rechenzeit *f*, Nutzungszeit *f* (Refa)
machine-to-machine information exchange / Informationsaustausch Maschine-Maschine
machine tool / Werkzeugmaschine *f*, Bearbeitungsmaschine *f* || ~ **tool control** / Werkzeugmaschinensteuerung *f*, Werkzeugmaschinensteuerungen || ~**tool handle** / Maschinenhandgriff *m* (Steuerschalter), Maschinengriff *m* || ~ **tool manufacture** / Werkzeugmaschinenbau *m* || ~ **tool-related** / werkzeugmaschinennah *adj* || ~ **tool table** / Maschinenständer *m* || ~ **torque** / Maschinenmoment *n*
machine unit / Maschinensatz *m*, Aggregat *n* || ~ **utilization** / Maschinenausnutzung *f* (WZM, NC), Maschinenauslastung *f* || ~ **with a laminated magnetic circuit** / vollgeblechte Maschine, entdämpfte Maschine || ~ **with closed-circuit cooling** / Maschine mit Umlaufkühlung || ~ **with combined ventilation** / Maschine mit Eigen- und Fremdbelüftung || ~ **with continuous-path control** / bahngesteuerte Maschine || ~ **with direct-coupled exciter** / Maschine mit Eigenerregung, eigenerregte Maschine || ~ **with double air-circuit contra-flow cooling** / Gegenbläsermaschine *f*, doppeltbelüftete Maschine || ~ **with natural cooling** / Maschine mit Selbstkühlung || ~ **with open-circuit cooling** / innengekühlte Maschine, durchzugsbelüftete Maschine || ~ **word** / Maschinenwort *n* || ~ **zero (M)** / Maschinennullpunkt *m*, Maschinennullpunkt (M) *m* (Ein bei der Konstruktion einer Werkzeugmaschine festgelegter Punkt alsr Ursprung des Koordinatensystems der Maschine), absoluter Nullpunkt || ~ **zero point** / Maschinen-Nullpunkt *m* (NC)
machining *n* / maschinelles Bearbeiten, spanendes Bearbeiten, Bearbeitung *f*, Messwertbearbeitung *f*, Zählwertbearbeitung *f*, Befehlsbearbeitung *f*, spanende Bearbeitung, spanabhebende Bearbeitung, Zerspanung *f*, Zerspanen *n*, Ausräumen *n* || **2 1/2 D** ~ / 2 1/2 D-Bearbeitung *f* || ~ **accuracy** / Bearbeitungsgenauigkeit *f* || ~ **allowance** / Bearbeitungszugabe *f*, Schnittzugabe *f* || ~ **and processing** / Be- und Verarbeitung *f* || ~ **axis** / Bearbeitungsachse *f* || ~ **block** / Bearbeitungssatz *m* || ~ **both ends** / beidseitige Endenbearbeitung, Fräs-/Bohrzentrum *n*, Bearbeitungszentrum (BAZ) *m* || ~ **centre** / Bearbeitungszentrum *n* || ~ **channel** / Schleifkanal *m*, Bearbeitungskanal *m* || ~ **cycle** / Bearbeitungszyklus *m* (NC) || ~ **data** / Bearbeitungsangaben *f pl* (NC) || ~ **direction** / Bearbeitungsrichtung *f* || ~ **element** / Bearbeitungselement *n* || ~ **feed** / Arbeitsvorschub *m*, Bearbeitungsvorschub *m* || ~ **feedrate** / Arbeitsvorschub *m*, Bearbeitungsvorschub *m* || ~

geometries / Bearbeitungsgeometrie f || ~
instruction / Bearbeitungsanweisung f (NC) || ~
limit / Bearbeitungsgrenze f || ~ **marks** /
Bearbeitungsriefen f pl || ~ **method** /
Bearbeitungsverfahren n || ~ **motion** /
Bearbeitungsbewegung f (WZM),
Arbeitsbewegung f || ~ **operation** / Arbeitsablauf m
|| ~ **pattern** / Bearbeitungsmuster n (NC) || ~ **plan** /
Arbeitsplan m || ~ **plane** / Bearbeitungsebene f
(WZM) || ~ **procedure** / Fertigungsablauf m || ~
process / Bearbeitungsvorgang m (WZM, NC),
Bearbeitungsverfahren n || ~ **program** /
Bearbeitungsprogramm n (NC) || ~ **quality** /
Bearbeitungsgüte f || ~ **range input** /
Bearbeitungsbereichseingabe f || ~ **section** /
Bearbeitungsabschnitt m || ~ **selection** /
Bearbeitungsauswahl f || ~ **sequence** /
Bearbeitungsfolge f (WZM, NC),
Bearbeitungskette f, Bearbeitungsablauf m,
Fertigungsablauf m, Arbeitsfolge f || ~ **step** /
Arbeitsschritt m, Bearbeitungsschritt m || ~
strategy / Bearbeitungsstrategie f || ~ **subprogram**
/ Bearbeitungsunterprogramm n || ~ **symbol** /
Bearbeitungszeichen n (Oberflächengüte) || ~ **task** /
Arbeitsaufgabe f, Bearbeitungsaufgabe f || ~ **time** /
Bearbeitungszeit f (WZM), Hauptzeit f,
Durchlaufzeit f, Dauer f (Differenz zwischen
Anfangs- und Endpunkte eines Zeitintervalls) || ~
tolerance / Bearbeitungstoleranz f (NC, a.
CLDATA-Wort) || ~ **variable** / Spanungsgröße f || ~
wrench / Sechskantschlüssel m
MAC procedure s. medium access control procedure
macro n / Makro n
macro-bending n / Makrokrümmung f,
Makrobiegung f
macrobend loss n / Makrokrümmungsverlust m (LWL)
macro block / Makrobaustein m
macro-cell n / Makroelement n (Korrosionselement)
macro-environment n / Makroumgebung f
macro-etching n / Makroätzung f
macro-examination n / Makroprüfung f
macrograph n / Makroaufnahme f, Makroschliffbild n
macro-instruction n / Makrobefehl m,
Unterprogramm n
macro language / Makrosprache f
macro-library n / Makrobibliothek f
macrolon plate / Makrolonscheibe
macro-preparative chromatography /
makropräparative Chromatographie
macroprogramming n / Makroprogrammierung f
macropulse n / Makroimpuls m
macroscopic test / makroskopische Prüfung
macrosection n / Makroschliffbild n
macrostructure n / Grobstruktur f, Makrostruktur f ||
~ **X-ray test** / Röntgengrobstrukturuntersuchung f
MAC value (maximum allowable concentration) /
MAK-Wert m (maximale
Arbeitsplatzkonzentration)
MAD (mean administrative delay) / mittlere
administrative Verzugsdauer (Erwartungswert der
Verteilung der administrativen Verzugsdauern)
MADT (mean accumulated down time) / mittlere
akkumulierte Unklardauer (Erwartungswert der
Verteilung der Dauer der akkumulierten
Unklardauern während eines gegebenen
Zeitintervalls)

magazine (MAG) / Werkzeugmagazin n
(Einrichtung, in der Werkzeuge für den
automatischen Werkzeugwechsel bereitgestellt
werden), Magazin (MAG) n || ~ **configuration** /
Magazinkonfiguration f (Zusammenfassung von
einem oder mehreren an der Maschine
vorhandenen realen Magazinen zu einem einzigen
Magazin; vgl. reales Magazin) || ~ **data** /
Magazindaten pl || ~ **description data** /
Magazinbeschreibungsdaten pl || ~ **distance to
spindles** / Magazindistanz zu Spindeln || ~
identifier / Magazinbezeichner m || ~ **information**
/ Magazininformation f || ~ **list** / Magazinliste f || ~
loading / Magazinbelegung f || ~ **location** /
Magazinplatz m (WZM) || ~ **location definition** /
Magazinplatzdefinition f, Platzdefinition f || ~
location inhibit / Magazin-Platzsperre f || ~
location parameter / Magazinplatzparameter m || ~
location type hierarchy /
Magazinplatztypenhierarchie f || ~ **location type
hierarchy structure** / Magazinplatztyp-
Hierarchiebeziehungen f pl || ~ **location user data** /
Magazinplatzanwenderdaten pl || ~ **module** /
Magazinbaustein m || ~ **module data** /
Magazinbausteindaten pl || ~ **module parameter** /
Magazinbausteinparameter m || ~ **revolver** /
Magaziniteller m || ~ **system** / Magaziniersystem n
magic eye / magisches Auge
magic-three code / arithmetische Verschlüsselung
(der Vorschübe u. Drehzahlen, NC)
MAGLEV transportation system (MAGLEV ~
magnetic levitation) / Magnetschwebebahn f || ~
vehicle / Magnetschwebefahrzeug n
magnet n / Magnet m, Betätigungsmagnet m || ~
armature / Magnetanker m || ~ **bearing** /
Magnetlager n (a. EZ) || ~ **bracket** / Magnetständer
m (f. Messuhr) || ~ **coil** / Magnetspule f || ~ **core** /
Magnetkern m, Magneteisen n || ~ **frame** /
Magnetgestell n (el. Masch.) || ~ **gap** / Luftspalt m,
Pollücke f || ~ **holder** / Magnetträger m (EZ)
magnetic n / magnetischer Werkstoff, magnetisches
Material || ~ adj / magnetisch adj || ~ **adhesion** /
magnetische Klebekraft || ~ **after-effect** /
magnetische Nachwirkung f || ~ **ageing** /
magnetische Alterung f || ~ **alloy** / Magnetlegierung f
magnetically anisotropic material / anisotropes
Magnetmaterial || ~ **anisotropic substance** /
magnetisch anisotrope Substanz || ~ **biased
polarized relay** / gepoltes Relais mit einseitiger
Ruhelage || ~ **driven appliance** / magnetisch
angetriebenes Gerät || ~ **floated bearing** /
magnetisch entlastetes Lager || ~ **hard material** /
magnetisch harter Werkstoff || ~ **isotropic material**
/ isotropes Magnetmaterial || ~ **isotropic substance**
/ magnetisch isotrope Substanz || ~ **latched
contactor** / magnetisch gerastetes Schütz,
Remanenzschütz n || ~ **latched relay** /
magnetisches Haftrelais, Remanenzrelais n || ~
levitated vehicle / Magnetschwebefahrzeug n || ~
operated / berührungslos adj || ~ **operated switch** /
Magnetschalter m || ~ **screened** / magnetisch
abgeschirmt adj, eisengeschirmt adj || ~ **soft
material** / magnetisch weicher Werkstoff,
weichmagnetischer Werkstoff
magnetic-amplifier voltage regulator /
Magnetverstärker-Spannungsregler m
magnetic anisotropy / magnetische Anisotropie f || ~

annealing / Magnetfeldglühen n || **~ arc blow** / magnetische Blaswirkung || **~ area moment** / Ampèresches magnetisches Moment || **~ attraction** / magnetische Anziehung || **~ axis** / magnetische Achse || **~ bar** / Magnetstab m, Stabmagnet m || **~ bearing flotation** / magnetische Lagerentlastung || **~ bias** / Vormagnetisierung f, magnetische Verschiebung || **~ biasing current** / Vormagnetisierungsstrom m || **~ blowout** / magnetische Beblasung, magnetische Lichtbogenblasung || **~ blowout circuit-breaker** / Leistungsschalter mit magnetischer Blasung, Magnetblasschalter m || **~ blowout field** / magnetisches Blasfeld, Blasmagnetfeld n || **~ brake thrustor** / Magnetbremslüfter m || **~ bubble memory (MBM)** / Magnetblasenspeicher m, Blasenspeicher m, ZMD-Speicher m || **~ card** / Magnetkarte f || **~ catch** / Magnetverschluss m || **~ centre** / magnetische Mitte || **~ charge** / magnetische Ladung || **~ circuit** / magnetischer Kreis, Magnetkreis m, Eisenweg m || **~ clamp** / Haftmagnet m || **~ clutch** / Magnetkupplung f || **~ cohesion** / magnetische Haftung || **~ conditioning** / magnetische Konditionierung, Einstellung eines eindeutigen magnetischen Ausgangszustands || **~ constant** / Induktionskonstante f, magnetische Feldkonstante, Vakuumpermeabilität f || **~ contactor** / Magnetschütz n, Schütz mit Magnetantrieb, elektromagnetisches Schütz || **~ continuity** / magnetischer Durchgang || **~ contraction** / magnetische Einschnürung || **~ core** / Magnetkern m, magnetischer Kern || **~ couple** / magnetisches Moment || **~ coupling** / magnetische Kopplung, Magnetkupplung f, magnetische Mitnahme || **~ creep** / magnetische Nachwirkung f || **~ cushion** / Magnetkissen n || **~ cutout** / magnetischer Auslöser, Magnetschütz n || **~ decay** / magnetischer Schwund || **~ declination** / magnetische Missweisung || **~ decoupling** / magnetische Entkopplung || **~ deflection** / magnetische Ablenkung || **~ deviation** / magnetische Missweisung || **~ dipole** / magnetischer Dipol || **~ dipole moment** / magnetisches Dipolmoment || **~ disaccommodation** / magnetische Nachwirkung, zeitlicher Permeabilitätsabfall || **~ disc** / Magnetplatte f (Speicherplatte) || **~ discontinuity** / Unterbrechung im magnetischen Kreis, magnetisch isolierte Stelle || **~ dispersion** / magnetische Streuung, Streufluss m || **~ displacement** / magnetische Verschiebung || **~ doublet** / magnetischer Dipol || **~ drag** / magnetischer Schweif, magnetische Schleppe, magnetischer Zug || **~ drum** / Magnettrommel f || **~ effects** / magnetische Beeinflussung || **~ elongation** / magnetostriktive Verlängerung || **~ energy** / magnetische Energie, Feldenergie f, Energieinhalt des magnetischen Felds || **~ fatigue** / magnetische Nachwirkung, Blechalterung f || **~ field** / magnetisches Feld, Magnetfeld n || **~ field distribution** / Magnetfeldverlauf m, Magnetfeldverteilung f || **~ field intensity** / magnetische Feldstärke, Magnetfeldstärke f || **~ field of external origin** / magnetisches Fremdfeld || **~ field probe** / Magnetfeldsonde f || **~ field strength** / magnetische Feldstärke, Magnetfeldstärke f || **~ field strength anisotropy**

factor / Anisotropiefaktor der magnetischen Feldstärke || **~ figure** / magnetisches Feldbild, Feilspanbild n || **~ figure of merit** / magnetische Güteziffer || **~ flotation** / magnetische Entlastung (Lg.) || **~ flow transducer** / magnetischer Durchflussmessumformer || **~ flow transmitter** / induktiver Durchflussaufnehmer || **~ flux** / magnetischer Fluss, Magnetfluss m, Kraftfluss m, Induktionsfluss m || **~ flux density** / magnetische Flussdichte, Kraftflussdichte f, Magnetfelddichte f, Kraftliniendichte f || **~ focusing** / magnetische Fokussierung || **~ force** / magnetische Kraft, magnetische Feldstärke, Feldkraft f || **~ force acting in a field** / magnetische Feldkraft || **~ forming** / Magnetumformung f || **~ friction clutch** / magnetische Reibungskupplung || **~ hum** / magnetisches Brummen || **~ hysteresis** / magnetische Hysteresis || **~ induction** / magnetische Induktion, magnetische Flussdichte || **~ influence** / magnetischer Einfluss || **~ information medium** / magnetischer Informationsträger || **~ inspection** / magnetische Prüfung, Magnetpulverprüfung f, Durchflutungsprüfung f || **~ intensity** / magnetische Feldstärke, Magnetfeldstärke f || **~ interference** / magnetische Störung, magnetischer Einfluss || **~ interference field** / magnetisches Störfeld || **~ interference test** / Prüfung im magnetischen Störfeld || **~ isthmus** / magnetischer Isthmus || **~ joint** / Stoßstelle im magnetischen Kreis || **~ keeper** / magnetischer Rückschluss (LM) || **~ latching** / magnetische Verklinkung (SG), magnetische Haftung (SG), Remanenzverhalten n (SG) || **~ leakage** / magnetische Streuung || **~ leakage factor** / magnetischer Streufaktor || **~ leakage path** / magnetischer Streuweg || **~ levitation** / magnetische Schwebung, elektrodynamische Aufhängung || **~ levitation system** / Magnetschwebesystem n, Magnetschwebebahn f

magnetic-levitation transport system / Magnetschwebebahn f

magnetic limit / Grenzmagnetisierung f || **~ line of force** / magnetische Feldlinie, Magnetfeldlinie f, Kraftlinie f, Induktionslinie f || **~ line of induction** / magnetische Induktionslinie || **~ linkage** / magnetische Verkettung || **~ loading** / magnetische Beanspruchung, mittlere Luftspaltinduktion || **~ load line** / magnetische Arbeitsgerade || **~ loss** / magnetischer Verlust, Magnetisierungsverlust m || **~ loss angel** / magnetischer Verlustwinkel || **~ losses** / magnetische Verluste || **~ loss factor** / magnetischer Verlustfaktor || **~ loss resistance** / magnetischer Verlustwiderstand || **~ mass** / magnetische Menge, Polstärke f || **~ material** / magnetischer Werkstoff, magnetisches Material || **~ moment** / magnetisches Moment || **~ moment density** / magnetisches Moment der Volumeneinheit || **~ moment per unit volume** / magnetisches Moment der Volumeneinheit || **~ motor controller** / Motorschaltgerät mit Magnetantrieb, Motorschützkombination f || **~ motor starter** / Schützanlasser m || **~ mount** / Magnethalterung f || **~ mounting adaptor** / Magnetständer m (f. Messuhr) || **~ noise** / magnetisches Geräusch, magnetisches Rauschen, Magnetisierungsgeräusch n || **~ northpole** / magnetischer Nordpol || **~ overload relay** / magnetisches Überlastrelais || **~**

overload release / magnetischer Überlastauslöser
magnetic-particle coupling / Magnetpulverkupplung
f || ~ **test** / Magnetpulverprüfung *f*,
Durchflutungsprüfung *f*, Fluxen *n*
magnetic path / Magnetpfad *m*, magnetischer Weg,
Kraftlinienweg *m* || ~ **pen** / Magnetgriffel *m* || ~
permeability / magnetische Permeabilität || ~
phase shifter / magnetischer Phasenschieber || ~
pinch / magnetische Einschnürung || ~ **point pole** /
magnetischer Punktpol || ~ **polarization** /
magnetische Polarisation || ~ **pole** / magnetischer
Pol, Magnetpol *m* || ~ **pole strength** / magnetische
Polstärke || ~ **potential** / magnetische Spannung,
magnetische Potentialdifferenz || ~ **potential
difference** / magnetisches Spannungsgefälle,
magnetische Spannung || ~ **potential difference
across air gap** / magnetische Luftspaltspannung ||
~ **potential difference across poles and yoke** /
magnetische Polspannung (el. Masch.) || ~
potential difference along teeth / magnetische
Zahnspannung || ~ **powder** / Magnetpulver *n*,
Eisenpulver *n* || ~ **powder brake** /
Magnetpulverbremse *f* || ~ **powder core** /
magnetischer Pulverkern || ~ **power** / magnetische
Leistung || ~ **property** / magnetische Eigenschaft ||
~ **pull** / magnetischer Zug, magnetische
Anziehungskraft || ~ **pulling force** / magnetische
Zugkraft || ~ **quality factor** / magnetischer
Gütefaktor || ~ **reactance** / induktiver
Blindwiderstand || ~ **recording** / magnetische
Aufzeichnung || ~ **relaxation** / magnetische
Relaxation || ~ **relay** / Magnetrelais *n* || ~
reluctance / magnetischer Widerstand, Reluktanz *f*
|| ~ **remanence** / magnetische Remanenz || ~
remote control switch (CEE 14) / Schalter mit
magnetischer Fernsteuerung VDE 0632,
Fernschalter *m* || ~ **repulsion** / magnetische
Abstoßung || ~ **resistance** / magnetischer
Widerstand || ~ **rest position** / magnetische
Raststellung (Schrittmot.) || ~ **retentivity** /
scheinbare Remanenz || ~ **return path** /
magnetischer Rückschluss || ~ **reversal** /
Ummagnetisierung *f* || ~ **rigidity** / magnetische
Steifigkeit || ~ **rotation** / magnetische Drehung
magnetics *plt* / Lehre vom Magnetismus
magnetic saturation / magnetische Sättigung || ~
screen / magnetischer Schirm, magnetische
Schirmung (o. Abschirmung) || ~ **screening effect** /
magnetischer Abschirmeffekt || ~ **sensitivity** IEC
147-0C / magnetische Empfindlichkeit (Halleffekt-
Bauelement) DIN 41863 || ~ **separator** /
Magnetabscheider *m* || ~ **shearing** / magnetische
Scherung || ~ **sheet steel** / Magnetblech *n*,
Elektroblech *n*, Generatorblech *n*, Dynamoblech *n*
|| ~ **shielding** / magnetische Abschirmung || ~
short-circuit / magnetischer Kurzschluss || ~ **shunt**
/ magnetischer Nebenschluss || ~ **shunt yoke** /
Magnetzwischenjoch *n* || ~ **skin effect** /
magnetische Hautwirkung, Flussverdrängung *f* || ~
slot seal / magnetischer Nutverschluss || ~ **slot
wedge** / magnetischer Nutverschlusskeil || ~
stability / Magnetostabilität *f* || ~ **steel sheet** /
Magnetblech *n*, Elektroblech *n*, Generatorblech *n*,
Dynamoblech *n* || ~ **steel strip** / Elektroband *n* || ~
storage / magnetischer Speicher || ~ **storage
technology** / Magnetspeichertechnik *f* || ~ **strip** /
Magnetstab *m* || ~ **stripe ID card reader** /

Magnetkartenausweisleser *m* || ~ **stripe identity
card** / Magnetkartenausweis *m* || ~ **surface charge**
/ magnetische Flächenladung || ~ **surface density** /
magnetische Flächendichte || ~ **susceptibility** /
magnetische Suszeptibilität, magnetische
Aufnahmefähigkeit || ~ **suspension bearing** /
Magnetlager *n* (a. EZ) || ~ **switch** / Schütz *m* || ~
system / Magnetsystem *n* || ~ **tangential force** /
magnetischer Drehschub || ~ **tape** / Magnetband *n* ||
~ **tape cassette** / Magnetbandkassette *f* (MBK) || ~
tape cassette drive /
Magnetbandkassettenlaufwerk *n*,
Kassettenlaufwerk *n*
magnetic-tape drive / Magnetbandlaufwerk *n*,
Bandlaufwerk *n*
magnetic tape evaluator (o. analyzer) /
Magnetbandauswerter *m* || ~ **tape recorder** /
Magnetbandgerät *n* || ~ **tape unit (MTU)** /
Magnetbandgerät *n* || ~ **test coil** / Prüfspule *f*,
Suchspule *f*, Induktionsspule *f*, Feldsonde *f* || ~
testing / magnetische Prüfung,
Magnetpulverprüfung *f*, Durchflutungsprüfung *f* || ~
texture / magnetische Textur || ~ **theory** / Lehre
vom Magnetismus || ~ **thrust** / magnetischer Schub
|| ~ **time-delay relay** / magnetisches Zeitrelais || ~
tractive force / magnetische Zugkraft || ~ **tripping**
/ magnetische Auslösung || ~ **tubes of force** /
magnetische Kraftröhren || ~ **variability** /
magnetische Variabilität || ~ **vector potential** /
magnetisches Vektorpotential || ~ **viscosity** /
magnetische Viskosität, magnetische Trägheit
magnetisability *n* / Magnetisierbarkeit *f*, magnetische
Aufnahmefähigkeit, Suszeptibilität *f*
magnetising current / Magnetisierstrom *m*
magnetism *n* / Magnetismus *m* || ~ **quantity of** ~ /
Polstärke *f*
magnetite *n* / Magnetit *m*, Magneteisenstein *m*
magnetizable *adj* / magnetisierbar *adj*
magnetization *n* / Magnetisierung *f* || ~
characteristic / Magnetisierungskennlinie *f*,
Leerlaufkennlinie *f* || ~ **curve** /
Magnetisierungskurve *f*, magnetische
Zustandskurve || ~ **energy** / Magnetisierungsarbeit *f*
|| ~ **field** / magnetisierendes Feld,
Magnetisierungsfeld *n*, Hauptfeld *n* || ~ **integration
time** / Aufmagnetisierungsintegriertzeit *f* || ~
intensity / Magnetisierungsstärke *f* || ~ **loop** /
Magnetisierungsschleife *f*, Hystereseisschleife *f* || ~
time / Magnetisierungszeit *f*
magnetize *v* / magnetisieren *v*, aufmagnetisieren *v*,
durchfluten *v*
magnetizing ampere-turns /
Magnetisierungswindungen *f pl* || ~ **current** /
Magnetisierungsstrom *n* || ~ **current inrush** /
Einschaltstromstoß *m* (el. Masch.) || ~ **field** /
magnetisierendes Feld, Magnetisierungsfeld *n*,
Hauptfeld *n* || ~ **flux** / Magnetisierungsfluß *m* || ~
force / Magnetisierungskraft *f*,
Magnetisierungsfeldstärke *f* || ~ **impedance** /
Hauptimpedanz *f* || ~ **inductance** /
Hauptinduktivität *f*, Gegeninduktivität *f* || ~ **inrush**
/ Magnetisierungsstromstoß *m*, Einschaltrush *m* || ~
inrush current / Magnetisierungsstoßstrom *m*,
Einschaltstromstoß *m* (Trafo) || ~ **power** /
Magnetisierungsleistung *f* || ~ **reactance** /
Haupreaktanz *f*, Hauptfeldreaktanz *f* || ~
Nutzblindwiderstand *m*, Magnetisierungsreaktanz *f*

magneto 336

|| ~ **reactive power** / Magnetisierungs-
Blindleistung f || ~ **VA** / Magnetisierungs-
Blindleistung f
magneto n / Magnetzünder m, Zündmagnet m,
Zündmaschine f, magnetoelektrischer Generator,
Kurbelinduktor m
magnetocohesion n / magnetische Haftung
magnetoelastic hysteresis / magnetomechanische
Hysteresis
magneto-electric generator / magnetelektrischer
Generator || ~ **relay** / magnetodynamisches Relais
magneto generator / Kurbelinduktor m,
Zündmaschine f, magnetelektrischer Generator
**magnetohydrodynamic generator (MHD
generator)** / magnetohydrodynamischer Generator
(MHD-Generator) || ~ **thermal power station
(MHD thermal power station)** /
magnetohydrodynamisches Kraftwerk (MHD-
Kraftwerk)
magneto inductor / Magnetinduktor m,
Kurbelinduktor m
magnetomechanical hysteresis /
magnetomechanische Hysteresis
magnetometer n / Magnetometer n, Flussdichte-
Messgerät n
magnetomotive force (m.m.f.) (for composite terms,
see under m.m.f.) / magnetomotorische Kraft
(MMK), Durchflutung f
magnetomotoric force / magnetomotorische Kraft
magneto-optic adj / magnetooptisch adj
**magnetoplasmadynamic generator (m.p.d.
generator)** / (magneto)plasmadynamischer
Generator
magnetoresistive characteristic curve /
Widerstandsverlauf einer Feldplatte || ~ **coefficient**
/ Magnetowiderstandskoeffizient m,
Widerstandskoeffizient einer Feldplatte || ~ **effect** /
Magnetowiderstandseffekt m || ~ **potentiometer** /
Feldplattenpotentiometer n || ~ **ratio** /
Widerstandsverhältnis einer Feldplatte || ~
sensitivity / Empfindlichkeit einer Feldplatte
magnetoresistor n / Feldplattenwiderstand m,
magnetfeldabhängiger Widerstand, Feldplatte f || ~
current transformer / Gleichstrommessgeber mit
Feldplatten
magnetostability n / Magnetostabilität f
magnetostatic adj / magnetostatisch adj
magnetostriction n / Magnetostriktion f
magnetostrictive effect / magnetostriktiver Effekt || ~
transducer / magnetostriktiver Wandler
magneto-thermal stability / magnetothermische
Stabilität
magnet pole / Magnetpol m || ~ **pole face** /
Magnetpolfläche f
magnetron n / Magnetron n, Magnetfeldröhre f || ~
injection gun / Magnetroninjektionsstrahlerzeuger
m
magnet steel / Magnetstahl m || ~ **ring stamp** /
Magnetringanschlag m
magnet-to-winding clearance / Erregerabstand m
(MSB)
magnet wheel / Magnetrad n, Polrad n
magnet-wheel hub / Läufernabe f, Polradnabe f || ~
spider s. rotorspider
magnet wire / Magnetdraht m, Dynamodraht m,
Spulendraht m || ~ **yoke** / Magnetjoch n,
Eisenrückschluss m, magnetischer Rückschluss

magnification n / Vergrößerung f, Dehnung f (Osz.) ||
~ **factor** / Verstärkungsfaktor m,
Überhöhungsfaktor m, Resonanzüberhöhung f,
Resonanzmodul n, Resonanzfaktor m || ~ **function** /
Vergrößerungsfunktion f || ~ **ratio** /
Verstärkungszahl f (Leuchte), Verstärkungsfaktor m
(Leuchte)
magnifier n / Vergrößerungsgerät n, Dehner m,
Vergrößerungsvorsatz m
magnify v / vergrößern v
magnifying effect / Vergrößerungseffekt m,
Lupenwirkung f || ~ **glass** / Lupenfunktion f, Lupe f
|| ~ **lens** / Lupenfunktion f, Lupe f
magnitude n / Größe f, Größenordnung f, Intensität f,
Stärke f || ~ **order of** ~ / Größenordnung f || ~
comparator / Größenvergleicher m,
Zahlenkomparator m || ~ **comparison** /
Betragsvergleich m || ~ **of a voltage change** /
Betrag einer Spannungsänderung VDE 0838,T.1,
Amplitude einer Spannungsänderung (EN 50006) ||
~ **of a voltage fluctuation** / Betrag einer
Spannungsschwankung VDE 0838,T.1 || ~ **origin
line** / Größenursprungslinie f || ~ **reference(d) line** /
Größenreferenzlinie f || ~ **reference(d) point** /
Größenreferenzpunkt m
Magslip n / Magslip n (Ausführungsform eines
Drehmelders oder Synchrosystems)
mailbox n / Briefkasten m, Mailbox f, elektronische
Post, Koppelspeicher m, Fach n, Datenfach n,
Datenbox f || **receive** ~ / Empfangsfach n
mailing list / Adressliste f (f. Briefe), zentraler
Verteiler, Verteiler m, Sternverteiler m
mail sorting centre / Briefverteilanlage f
main n / Hauptleitung f, Hauptrohr n, Außenleiter m ||
inner ~ / Mittelleiter m || ~ **air gap** / Hauptluftspalt
m || ~ **beam** / Fernlicht n (Kfz)
main-beam headlight / Fernlichtscheinwerfer m || ~
warning lamp / Fernlichtkontrollampe f
main block (NC, PC) / Hauptsatz m || ~ **board** /
Haupt(schalt)tafel f, Haupt-Leiterplatte f,
Hauptplatine f || ~ **bracing** / Hauptdiagonale f
(Gittermast) || ~ **branch circuit** /
Hauptleitungsabzweig m || ~ **brush** / Hauptbürste f
|| ~ **busbar** / Hauptsammelschiene f || ~ **busbar
bolting** / Hauptsammelschienenverschraubung f || ~
carriageway / Hauptfahrbahn f || ~ **catenary** /
Haupttragseil n (Fahrleitung) || ~ **cell** / Stammzelle f
(Batt.) || ~ **characteristic** / Haupteigenschaft f || ~
circuit IEC 157-1 / Hauptstromkreis m (a. SG)
VDE 0660,T.101, Hauptstrombahn f || ~ **circuit-
breaker** / Hauptschalter m (LS), Haupt-
Leistungsschalter m
main-circuit transformer / Blocktransformator m,
Vordertransformator m
main-circuit-transformer starting / Anlauf über
Blocktransformator
main conducting path / Hauptstrombahn f,
Hauptstromkreis m || ~ **conductor** / Hauptleiter m ||
~ **conductor bars** / Hauptverschienung f || ~
conductor connection / Hauptleiteranschluss m || ~
connection / Hauptverbindung f || ~ **console** /
Hauptpult n
main contact / Hauptschaltstück n, Hauptkontakt m ||
~ **contact element** / Hauptschaltglied n || ~
contactor / Hauptschütz m || ~ **contactor control
circuit** / Hauptschützsteuerung f || ~ **control panel** /
Hauptbedienfeld n, Hauptbedienpult n || ~ **control**

switch / Hauptschalter *m* ‖ **~ control valve** / Hauptsteuerventil *n* ‖ **~ converter** / Haupt-Stromrichter *m* (o. -Umrichter), Ankerstromrichter *m* ‖ **~ current transformer** / Hauptstromwandler *m* ‖ **~ cutting edge angle** / Hauptschneidenwinkel *m* ‖ **~ dimensions** / Hauptabmessungen *f pl*, Grundabmessungen *f pl*, Hauptabmessungen *f pl* ‖ **~ dimmer** / Hauptsteller *m* (Bühnen-BT) ‖ **~ direction of flow** / Hauptströmungsrichtung *f* ‖ **~ distribution ACS** / Hauptverteilerschrank *m* (BV) ‖ **~ distribution board** / Hauptverteiler *m*, Hauptverteilung *f* ‖ **~ drive** / Hauptantrieb *m* ‖ **~ drive channel** / Hauptspindelkanal *m* ‖ **~ earth continuity conductor** / Haupterdungsleiter *m* ‖ **~ earthing bar** / Haupterdungsschiene *f*, Erdungssammelschiene *f* ‖ **~ earthing conductor** / Haupterdungsleiter *m* ‖ **~ earthing terminal** / Haupterdungsklemme *f* ‖ **~ electrode** / Hauptelektrode *f* ‖ **~ equipotential bonding conductor** / Haupt-Potentialausgleichsleiter *m* ‖ **~ exciter** / Haupterregermaschine *f* ‖ **~ exciter response ratio** / Nenn-Erregungsgeschwindigkeit *f*, Erregungsziffer *f* ‖ **~ fader** / Hauptsteller *m* (Bühnen-BT) ‖ **~ feedback path** / Hauptrückführpfad *m* ‖ **~ field** / Hauptfeld *n*, Magnetisierungsfeld *n* ‖ **~ field winding** / Hauptfeldwicklung *f* ‖ **~ filament** / Hauptwendel *f* (Lampe), Hauptleuchtkörper *m* (Lampe) ‖ **~ fixed contact** / Hauptfestkontakt *m* ‖ **~ frame (computer)** / Großrechner *m*, Leitrechner *m* ‖ **~ fuse** / Hauptsicherung *f* ‖ **~ gallery** / Ölkanal *m* (Kfz) ‖ **~ gap** (between electrodes) / Hauptentladungsstrecke *f* (zwischen Elektroden) ‖ **~ generator** / Hauptgenerator *m* ‖ **~ grid** / Stammnetz *n* ‖ **~ ground terminal** / Haupterdungsklemme *f* ‖ **~ group** / Hauptgruppe *f* ‖ **~ group designation** / Hauptgruppenbezeichnung *f* ‖ **~ image** / Hauptbild *n* ‖ **~ incoming line conductor** / Hauptanschlussleiter *m* ‖ **~ incoming line terminal** / Hauptanschlussklemme *f* (IV, MCC), Haupteinspeiseklemme *f* ‖ **~ incoming supply** / Haupteinspeisung *f* ‖ **~ indication** / Hauptanzeige *f* ‖ **~ insulation** / Hauptisolierung *f*, Leiter-Erde-Isolierung *f* (el. Masch.) ‖ **~ interrupter** / Hauptunterbrecher *m* ‖ **~ isolating contact** / Haupt-Trennkontakt *m*, Hauptstrombahn-Trennkontakt *m* ‖ **~ lead** / Hauptanschlussleiter *m*, Stromableitung *f*, Wicklungsanschlussleiter *m* ‖ **~ leakage** / Luftspaltstreuung *f* ‖ **~ leg** / Hauptschenkel *m* (Trafo-Kern), Eckstiel *m* (Gittermast) ‖ **~ line** / Hauptleitung *f* ‖ **~ line (installation bus)** / Hauptlinie *f* ‖ **~ lug** / Hauptanschlussklemme *f* (IV, MCC), Haupteinspeiseklemme *f*

mainly active load IEC 295 / Netzlast *f* (überwiegend Wirklast) VDE 0670,T.3 ‖ **~ active load breaking capacity** IEC 265 / Last-Ausschaltvermögen *n* VDE 0670,T.3, Netzlast-Ausschaltvermögen *n*
main memory / Arbeitsspeicher (AS) *m*, Anwenderspeicher (AWS) *m* ‖ **main memory (MM)** / Hauptspeicher *m* ‖ **~ menu** / Hauptmenü *n*, Grundmenü *n* ‖ **~ mode** / Hauptbetriebsart *f* ‖ **~ motor** / Hauptmotor *m* (EZ), Druckwerkmotor *m* (EZ), Druckmotor *m* ‖ **~ network** / Hauptnetz *n* ‖ **~ operator panel** / Hauptbedienpult *n*, Hauptbedienfeld *n* ‖ **~ overhaul** / Grundüberholung *f* ‖ **~ part** / Hauptteil *n* ‖ **~ plane** / Hauptebene *f* ‖ **~ pole** / Hauptpol *m* ‖ **~ power distribution board** / Energie-Hauptverteiler *m* ‖ **~ Power Supply Module** / MPS-Baugruppe *f* ‖ **~ processing unit** / Hauptverarbeitungseinheit *f* (SPS) ‖ **~ program call** / Hauptprogrammaufruf *m* ‖ **~ program (MP)** / Hauptprogramm (HP) *n* ‖ **~ program file (MPF)** / NC-Teileprogramm *n*, MPF ‖ **~ protection** / Hauptschutz *m* ‖ **~ protective conductor** / Hauptschutzleiter *m*
main-receiver pressure / Erzeugerdruck *m* (Druckluftanlage)
main rheostat loss / Verluste im Stellwiderstand des Haupterregerkreises, Verluste im Hauptfeldsteller ‖ **~ riser duct** / Haupt-Steigleitungsschacht *m*, Hauptleitungsschacht *m* ‖ **~ roller conveyor** / Arbeitsrollenbahn *f* ‖ **~ run** / Hauptlauf *m* ‖ **~ run block** / Hauptlaufsatz *m* ‖ **~ run variable** / Hauptlaufvariable *f* ‖ **~ runway** / Hauptpiste *f* (Flp.), Haupt-Start- und Landebahn *f*
mains *n* / Hauptnetz *n*, Hauptleitung *f*, Netz *n*, Hauptanschlussklemmen *f pl*, Stromversorgungsnetz *n* ‖ **power ~** / Starkstromnetz *n*, Stromversorgungsnetz *n* ‖ **supply ~** / Versorgungsnetz *n*, Speisenetz *n*, Speiseleitung *f*, Netzanschlussleitung *f*
mains-borne disturbance / leitungsgeführte Störung, leitungsgebundene Störung, Rückwirkung *f* DIN 41745
mains break / Netzunterbrechung *f* ‖ **~ breaker** / Netzschalter *m*, Hauptschalter *m* ‖ **~ buffering** / Netzausfallüberbrückung *f*, Netzausfallpufferung *f* ‖ **~ connection** / Netzanschluss *m* ‖ **~ contactor** / Netzschütz *n* ‖ **~ coupling factor** / Netzkopplungsmaß *n*
main screen / Grundbild *n*
mains decoupling factor / Netz-Entkopplungsfaktor *m*
main section / Hauptfeld *n* (Schalttafel) ‖ **~ sequencer** / Hauptkette *f* (SPS) ‖ **~ service fuse** / Hauptsicherung *f* ‖ **~ setpoint** / Hauptsollwert *m*
mains failure / Netzausfall *m*, Spannungsausfall *m* ‖ **~ feeder** / Speiseleitung *f*, Netzanschlussleitung *f* ‖ **~ filter** / Netzfilter *m*
main shaft / Hauptwelle *f*
main-shaft-driven pump / Wellenpumpe *f*
main-shaft-mounted auxiliary generator / Wellengenerator *m* (f. Erregung) ‖ **~ fan** / Eigenlüfter *m* (el. Masch.)
mains-held relay / netzerregtes Relais
mains immunity / Netzstörfestigkeit *f* ‖ **~ infeed of controller** / Einspeisung einer Steuerungseinrichtung DIN 19237
mains-interference immunity factor / Netz-Störfestigkeit *f* ‖ **~ ratio** / Netz-Störfestigkeit *f*
mains module / Netzmodul *n*
mains-operated *adj* / netzbetrieben *adj*, mit Netzanschluss ‖ **~ electric fence controller** / Elektrozaungerät mit Netzanschluss
main spindle / Hauptspindel *f*, Arbeitsspindel *f*, Drehspindel *f* ‖ **~ spindle drive** / Hauptspindelantrieb *m*, höchste L2-Adresse ‖ **~ spindle encoder** / Hauptspindelgeber *m* ‖ **~ spindle geared motor units** / Hauptspindel-Getriebemotoreinheit *f* ‖ **~ spindle motor (MSM)** / Hauptspindelmotor (HSM) *m* ‖ **~ stage** / Hauptstufe *f*
mains plug / Netzstecker *m* ‖ **~ pollution** /

main 338

Netzrückwirkung f ‖ ~ **power input** / Netzzuleitung f ‖ ~ **protection equipment** / Netzschutzeinrichtung f ‖ ~ **signalling** / netzgebundene Übertragung (von Steuersignalen), Fernsteuerung über das Netz, eigenleitungslose Übertragung ‖ ~ **socket** / Steckdoseneinsatz m ‖ ~ **socket-outlet** / Netzsteckdose f ‖ ~ **supply (MS)** / Netzeinspeisung (NE) f ‖ ~ **supply module** / Netzeinspeisemodul (NE-Modul) n ‖ ~ **switch** / Netzschalter m, Hauptschalter m ‖ ~ **terminal** / Netzanschlussklemme f, Einspeiseklemme f ‖ ~ **tie circuit-breaker** / Netzkuppelschalter m (LS)
main storage / Hauptspeicher m
mains transformer / Netztransformator m
main substances / Leitsubstanzen f pl
mains voltage / Netzspannung f, Speisespannung f, Anschlussspannung f ‖ ~ **voltage stabilizer** / Netzspannungskonstanthalter m
main switchboard / Hauptschalttafel f, Hauptverteilertafel f ‖ ~ **switching contact** IEC 214 / Schaltkontakt m (Trafo-Stufenschalter) ‖ ~ **switching contacts** IEC 214 / Schaltkontakte m pl (Trafo) VDE 0532,T.30 ‖ ~ **switching device** BS 4727, G.06 / Hauptschaltgerät n
maintain v / warten v, unterhalten v, instandhalten v, pflegen v (Programme)
maintainability n / Wartbarkeit f DIN 40042, Unterhaltbarkeit f DIN 40042, Instandhaltbarkeit f, Pflegbarkeit f (Programme), Instandhaltbarkeitsmaß n, Wartungsfreundlichkeit f ‖ ~ **allocation** / Instandhaltbarkeitszuordnung f IEC 50(191), Instandhaltbarkeitsaufteilung f ‖ ~ **apportionment** / Instandhaltbarkeitsaufteilung f IEC 50(191) ‖ ~ **concept** / Instandhaltbarkeitskonzept n (QS) ‖ ~ **demonstration** / Instandhaltbarkeitsnachweisprüfung f ‖ ~ **model** (mathematical model used for prediction or estimation of maintainability performance measures of an item.) / Instandhaltbarkeitsmodell n ‖ ~ **performance** / Instandhaltbarkeit f ‖ ~ **prediction** / Instandhaltbarkeitsvorhersage f ‖ ~ **verification** / Instandhaltbarkeitsnachweis m
maintained, non-~ operation BS 5266 / Bereitschaftsschaltung f VDE 0108 ‖ ~ **arc** / Stehlichtbogen m, Stehfeuer n ‖ ~ **changeover system** / Umschaltbetrieb m (Sicherheitsbeleuchtung) ‖ ~ **command** / Befehl m mit Selbsthaltung (FWT) ‖ ~ **contact** / Dauerkontakt m
maintained-contact control / Dauerkontaktgabe f ‖ ~ **limit switch** / Endschalter m, Endausschalter m, Grenzschalter m ‖ ~ **multi-circuit switch** / Vielfachschalter m ‖ ~ **operation** / Dauerkontaktgabe f ‖ ~ **pushbutton** / Druckknopfschalter m (für Dauerkontaktgabe), Drucktaster mit Entklinkungstaste ‖ ~ **pushbutton switch** / Druckknopfschalter m ‖ ~ **switch** / Schalter m (im Gegensatz zu Taster), Rastschalter m, Dauerkontaktgeber m ‖ ~ **twist switch** / Schwenkschalter m
maintained emergency lighting / Sicherheitsbeleuchtung in Dauerschaltung ‖ ~ **floating operation** / Bereitschaftsparallelbetrieb mit Pufferung ‖ ~ **light** / Dauerlicht n, Ruhiglicht n ‖ ~ **lighting** / Dauerbeleuchtung f ‖ ~ **rectifier battery operation** / Bereitschaftsparallelbetrieb

mit Gleichrichter ‖ ~ **signal** / Dauersignal n ‖ ~ **value** / Gebrauchswert m (BT)
maintaining personnel / Personalvorhaltung f ‖ ~ **voltage** (electron tube) / Brennspannung f (Gasentladungsröhre)
main take-off runway / Hauptstartbahn f ‖ ~ **task** / Hauptaufgabe f
maintenance n / Wartung f, Unterhaltung f, Instandhaltung f, Vorhaltung f, vorbeugende Instandhaltung, Serviceleistung f, Instandsetzung f, Erhaltung f ‖ ~ IEC 50(191) / Instandhaltung f ‖ **corrective** ~ / Instandsetzung f, korrektive Instandhaltung ‖ **in situ** ~ / Instandhaltung im Einbauzustand, Instandhaltung am Einsatzort, Instandhaltung vor Ort ‖ **lumen** ~ / Lichtstromverhältnis n, Lichtverhältnis n, Lichtstromverhalten n ‖ ~ **action** / Instandhaltungsvorgang m, Instandhaltungsaufgabe f ‖ ~ **aisle** / Wartungsgang m VDE 0660,T.500 ‖ ~ **alarm** / Wartungswarnung f ‖ ~ **and inspection schedule** / Wartungs- und Revisionsplan ‖ ~ **check-back signal** / Wartungsrückmeldung f (SPS) ‖ ~ **closing device** / Hilfseinschaltvorrichtung f, Hilfsvorrichtung f ‖ ~ **concept** / Instandhaltungskonzept n (QS) ‖ ~ **diskette** / Wartungsdiskette f ‖ ~ **duration** / Wartungsdauer f, wartungsbedingte Nichtverfügbarkeitsdauer IEC 50(603) ‖ ~ **earthing switch** / Arbeits-Erdungsschalter m, Arbeitserder m ‖ ~ **echelon** (A position in an organization where specified levels of maintenance are to be carried out on an item.) / Instandhaltungsstufe f (Stelle der Organisation, wo festgelegte Instandhaltungsebenen einer Einheit auszuführen sind) ‖ ~ **entity** / der Instandhaltung unterzogene Einheit IEC 50(191) ‖ ~ **factor** / Wartungsfaktor m, Verminderungsfaktor m (BT) ‖ ~ **file** / Wartungsmappe f
maintenance-free adj / wartungsfrei adj
maintenance gangway IEC 439-1 / Wartungsgang m VDE 0660,T.500 ‖ ~ **guide** / Wartungsanleitung (WA) f ‖ ~ **instructions** / Wartungsanleitung f, Wartungsvorschrift f ‖ ~ **interface** / Wartungsnahtstelle f (SPS) ‖ ~ **interval** / Wartungsfrist f, Wartungszeitraum m, Laufzeit f, Wartungsintervall n ‖ ~ **management** / Instandhaltungsmanagement n ‖ ~ **manager** / Wartungsabteilungsleiter m ‖ ~ **man-hours (MMH)** / Instandhaltungs-Mannstunden pl ‖ ~ **manual** / Wartungshandbuch n, Wartungsvorschrift f, Wartungsanleitung f ‖ ~ **operating mechanism** / Hilfsantrieb m (SG, f. Wartung), Hilfsvorrichtung f ‖ ~ **panel** / Wartungsfeld n ‖ ~ **period in terms of number of operations** / Wartungsintervall nach Schalthäufigkeit bestimmt ‖ ~ **period in terms of time** / Wartungsintervall nach Zeit bestimmt ‖ ~ **philosophy** / Instandhaltungssystematik f IEC 50(191) ‖ ~ **policy** / Instandhaltungsgrundsätze pl IEC 50(191) ‖ ~ **position** / Wartungsstellung f, Wartungsposition f ‖ ~ **procedure** / Instandhaltungsmaßnahme f ‖ ~ **record card** / Wartungskarteikarte f ‖ ~ **report** / Wartungsbericht m, Einsatzbericht m ‖ ~ **sequence** / Wartungsfolge f ‖ ~ **service** / Instandhaltungs-Service m ‖ ~ **staff** / Wartungspersonal n ‖ ~ **support performance** / Instandhaltungsbereitschaft f IEC 50(191) ‖ ~ **switch** / Wartungsschalter m ‖ ~ **task** /

Instandhaltungsaufgabe *f*, Instandhaltungsvorgang *m* (zweckbestimmte Aufeinanderfolge von Instandhaltungselementen) || ~ **test** / betriebsmäßige Prüfung || ~ **time** IEC 50(191) / Instandhaltungsdauer *f*, Wartungsdauer *f*, Instandhaltungszeit *f* (Zeitintervall, während dessen eine Instandhaltungstätigkeit an einer Einheit manuell oder automatisch durchgeführt wird, einschließlich der technischen Verzugsdauer und der logistischen Verzugsdauer) || ~ **tree** / Instandhaltungsbaum *m* || ~ **work** / Wartungsarbeit *f*
main terminal / Hauptklemme *m* (el. Masch.), Hauptanschluss *m*, Primärklemme *f*, Netzklemme *f* || ~ **terminal box** / Hauptklemmenkasten *m*, Hauptanschlusskasten *m* || ~ **terminals** / Hauptanschlüsse *m pl* (LE), Netzklemmen *f pl* || ~ **transformer** / Haupttransformator *m*, Basistransformator *m*, Netztransformator *m* || ~ **valve** / Hauptventil *n* (LE), Arbeitsventil *n* || ~ **winding** / Hauptwicklung *f*, Stammwicklung *f* (Trafo), Primärwicklung *f* || ~ **working area** / Hauptarbeitsbereich *m*
major arterial / Hauptverkehrsstraße *f* || ~ **defect** / Hauptfehler *m* (QS) || ~ **defective** / Einheit mit einem oder mehreren Hauptfehlern (QS) || ~ **diameter** / Außendurchmesser *m* (Gewinde) || ~ **element** / Hauptteil *m* (CLDATA-Satz, Hauptelement) || ~ **failure** / Hauptausfall *m* || ~ **fault** / wesentlicher Fehler, wesentlicher Fehlzustand IEC 50(191) || ~ **filament** / Hauptwendel *f* (Lampe), Hauptleuchtkörper *m* (Lampe) || ~ **final loop** / große letzte Stromschwingung || ~ **highway** / Hauptverkehrsstraße *f* || ~ **insulation** / Hauptisolierung *f*, Leiter-Erde-Isolierung *f* (el. Masch.)
majority *n* IEC 117-15 / Majoritätsglied *n* DIN 40700,T.14 || ~ **carrier** / Majoritätsträger *m* || ~ **logic** / mehrwertige Logik || ~ **transition** / Majoritätswechsel *m*
major leak / Grobleck *n* || ~ **loop** / Hauptschleife *f* || ~ **non-conformance** / Hauptfehler *m* (QS) || ~ **road** / Hauptverkehrsstraße *f* || ~ **section** / Hauptabschnitt *m* (Kabelleitung) || ~ **system** / Großsystem *n* || ~ **word** / Hauptwort *n* (NC-Programm)
make, to ~ **a current** / einen Strom einschalten || **to** ~ **contact** / Kontakt machen
make-before-break / Überschneidung *f* || ~ **changeover contact** / Wechsler mit Überlappung, Wechsler ohne Unterbrechung, Folgewechsler *m* || ~ **contact** / Schließer-vor-Öffner *m*, unterbrechungsfreischaltender Kontakt, Überschneider *m* || ~ **contacts** / Kontakte mit Überschneidung || ~ **feature** / ohne Unterbrechung || ~ **contacting** / überlappende Kontaktgabe, überschneidende Kontaktgabe
make-break capacity / Ein-Ausschaltvermögen *n*, Schaltleistung *f* || ~ **current** / Einschalt-Ausschaltstrom *m*, Einfachstrom *m* || ~ **function** / Schließer-Öffner-Funktion *f*, Einschalt-Ausschalt-Funktion *f*, Wechslerfunktion *f* || ~ **operation** / Ein-Ausschaltung *f*, Schaltspiel *n* || ~ **operations counter** / Schaltspielzähler *m* || ~ **switch** / Ein-Aus-Schalter *m*, Ausschalter *m*, Hauptschalter *m* (elST) || ~ **time** IEC 157-1 / Ein-Ausschaltzeit *f* VDE 0660,T.101

make circuit / Einschaltstromkreis *m*, Arbeitsstromschaltung *f* || ~ **contact** / Schließer *m* VDE 0660,T.200, Einschaltglied *n*, a Kontakt, Arbeitskontakt *m* || ~ **contact delayed on closing** / Schließer mit zeitverzögerter Schließung || ~ **contact delayed when operating** / verzögert schließender Schließer || ~ **contact delayed when releasing** / verzögert öffnender Schließer
make-contact element / \a\ Kontakt *m*, Schließer (S) *m*
make contact release time / Abfallzeit eines Arbeitskontakts || ~ **function** / Schließerfunktion *f*, Einschaltfunktion *f* || ~ **output operation** / Schließerfunktion *f* (NS)
make-proof *adj* / einschaltfest *adj* || ~ **earthing switch** / einschaltfester Erdungsschalter, Erdungs-Draufschalter *m*, Schnellerder *m* || ~ **switch** / einschaltfester Schalter *m*, Draufschalter *m*
maker *n* / Hersteller *m*, Fabrikant *m* || ~ **of switchgear and controlgear** / Schaltanlagenbauer *m*
maker's name / Herstellername *m*, Ursprungszeichen *n*
makeshift *adj* / behelfsmäßig *adj*, provisorisch *adj*
make-time *n* IEC 157-1 / Einschaltzeit *f* (LS) VDE 0660,T.101
Make-to-Order (MTO) *n* / Auftragseinzelfertigung *f*, MTO
make-up, page ~ / Seitenumbruch *m* || ~ **air filter** / Leckluftfilter *n* || ~ **dissolvers** / Ansatzdissolver *m* || ~ **fan** / Leckluftlüfter *m*, Nachsetzlüfter *m* || ~ **mixer** / Ansatzmischer *m* || ~ **quantity** / Nachfüllmenge *f*
making IEC 56-1 / Schaltelement *n* (LS) VDE 0670,T.101
making and breaking capacity / Ein- und Ausschaltvermögen *n*, Schaltleistung *f*, Schaltvermögen *n* || ~ **and breaking of non-inductive loads** IEC 158 / Schalten ohmscher Last || ~ **and breaking tests** / Ein- und Ausschaltprüfungen *f pl* || ~ **angle** / Einschaltwinkel *m*
making capacity IEC 157-1 / Einschaltvermögen *n* VDE 0660,T.101, Einschaltleistung *f* || ~ **circuit** / Einschaltstromkreis *m* || ~ **conditions** / Einschaltbedingungen *f pl* (SG) || ~ **current** IEC 129 / Einschaltstrom *m* (SG) VDE 0670,T.2 || ~ **current inrush** / Einschaltstromstoß *m* || ~ **current release** / Einschaltstromauslöser *m* VDE 0660,T.1, Einschaltauslöser *m* || ~ **initial contacts** / Kontaktanbahnung *f* || ~ **on a short circuit** / Einschalten auf einen Kurzschluss, Auslösung durch künstlichen Fehler, Kurzschluss-Draufschaltung *f* || ~ **operation** / Einschaltvorgang *m*, Einschalten *n*, Drafschalten *n* || ~ **or breaking of negligible currents** / annähernd stromloses Schalten || ~ **pulse contact** / einschaltwischend *adj* || ~ **test** / Einschaltprüfung *f* || ~ **unit** / Einschaltelement *n* (LS)
makrolon cover / Makrolonabdeckung *f*
malalignment *n* / schlechte Ausrichtung, Fluchtungsfehler *m*, Versatz *m*, Verlagerung *f*, Schiefstellung *f*, Fehlausrichtung *f*
male cable connector / Kabelsteckteil *n*, Funktionsausfall *m*, menschliches Fehlverhalten, Fehlverhalten *m*, menschliches Versagen (Handlung

malfunction 340

eines Menschen, die zu einem unerwünschten Ergebnis führt) || ~ **connector** / Stiftstecker *m*, Steckteil *n* (eines steckbaren Kabelanschlusses), Stiftleiste *f*, Messerleiste *f*, Stiftdose *f*, Steckerleiste *f* || ~ **contact** / männlicher Kontakt. Stiftkontakt *m* || ~ **coupling** / Einschraub-Verschraubung *f* || ~ **elbow coupling** / Winkel-Einschraubverschraubung *f* || ~ **multipoint connector** / Messerleiste *f* || ~ **sub D connector** / D-Sub-Stecker *m*, Sub-D-Stecker *m*, Miniatur-Stecker der D-Reihe
malfunction *n* / Fehlfunktion *f*, Funktionsstörung *f*, Fehlansprechen *n*, Störung *f*, Funktionsfehler *m* || ~ (of telecontrol equipment) / Fernwirkstörung *f* || ~ (QA) / Störung *f* DIN 40042 || ~ **code** / Fehlercode (Fehlfunktionen) || ~ **information** / Störmeldung *f* (FWT) || ~ **test** / Fehlfunktionsprüfung *f* (Rel.) || ~ **time** / Störungsdauer *f* (QS) DIN 40042
maloperation *n* / Fehlfunktion *f*, Fehlbedienung *f*, Schaltfehler *m*, Bedienfehler *m*, Bedienungsfehler *m*
MAN s. metropolitan area network
manage *v* / führen *v*, verwalten *v*, leiten *v*, bewerkstelligen *v*
management *n* / Verwaltung *f* || **management, energy** ~ / Energie-Bezugsoptimierung *f*, Höchstlastoptimierung *f*, Energie-Management *n* || ~ **fuel cost** ~ **system (FMS)** / Leitsystem für Gebäudeheizung || ~ **load** ~ / Lastführung *f* || **system capacity** ~ / Lastverteilung *f* (Netzführung) || ~ **aid** / Führungshilfe *f* || ~ **audit** / Überprüfung durch die Unternehmungsführung || ~ **forecast of a system** IEC 50(603) / Netzführungsplanung *f* || ~ **information base (MIB)** / MIB || ~ **information system (MIS)** / Management-Informationssystem *n* (MIS), Informationssystem für die Betriebsleitung (o. Unternehmensleitung) || ~ **level** / Führungsebene *f*, Leitebene *f* || ~ **list** / Verwaltungsliste *f* || ~ **of production** / Betriebsführung *f*, Fertigungsbetreuung *f* || ~ **service access point (MSAP)** / Dienstzugangspunkt des Managements (PROFIBUS) || ~ **system** / Betriebsführungssystem *n*, Leitsystem *n*
manager *n* / Leiter *m* (Station, die einen Daten-Highway leiten kann) || ~ **function** / Leiterfunktion *f* (aktive Leitstation)
man-and-lad system / Vater-und-Sohn-Anlage *f*
Manchester encoding / Manchestercodierung *f* (Codierverfahren, bei dem die binären Informationen durch Spannungswechsel innerhalb der Bitzeit dargestellt werden)
mandatory *adj* / vorgeschrieben *adj*, obligatorisch *adj*, verbindlich *adj*, Pflicht... || **implementation** ~ / Pflichtanforderung für die Implementierung (GKS) || ~ **attendance** / Pflicht-Arbeitszeit *f* || ~ **certification system** / verbindliches Zertifizierungssystem || ~ **field** / Mussfeld *n* || ~ **hold point** (QA, CSA Z 299) / vorgeschriebener Haltepunkt (QS) || ~ **information** / zwingend notwendige Information, vorgeschriebene Information || ~ **instruction** / Muss-Anweisung *f* || ~ **parameter** / Mussparameter *m* || ~ **sign** / Gebotszeichen *n*, Gebotsschild *n* || ~ **standard** / rechtsverbindliche Norm || ~ **values** / verbindliche Werte
mandrel *n* / Dorn *m*, Aufspanndorn *m*, Lehrdorn *m* || ~ **bending test** / Dornbiegeprüfung *f* || ~ **gauge** /

Kontrolldorn *m* || ~ **test** / Dornbiegeprüfung *f*
manganese dioxide lithium battery / Mangandioxid-Lithium-Batterie *f* || ~ **dioxide-magnesium battery** / Manganoxid-Magnesium-Batterie *f*
manifold *n* / Sammelleitung *f*, Sammelrohr *n*, Verteilungsrohr *n* || ~ **intake** ~ / Ansaugrohr *n* (Kfz), Saugrohr *n*
manila paper / Manilapapier *n*
manipulable *adj* / handhabbar *adj*
manipulate *v* / steuern *v*, zwangssetzen *v*
manipulated value / Stellwert *m* || ~ **variable** ANSI C85. 1 / Stellgröße *f* DIN 19226, Stellstrom *m*, Stellwert *m* || ~ **variable enable delay** / Stellgrößensperrzeit *f* || ~ **variable filter** / Stellgrößenfilter *m* || ~ **vector** / Stellvektor *m* (Reg.)
manipulating device / Handhabungsautomat *m*, Handhabungsgerät *n* || ~ **matrix** / Stellmatrix *f* (Reg.) || ~ **range** / Stellbereich *m* (Reg.) || ~ **time** / Stellzeit *f*
manipulation, process ~ / Prozessführung *f* || ~ **point** / Stellort *m* (Reg.)
manipulator *n* / Handhabungsgerät *n*, Manipulator *m*, Beladeroboter *m*, Handhabungsautomat *m* || ~ **control** / Manipulatorsteuerung *f*
man-machine communication (MMC) / Mensch-Maschine-Kommunikation *f* || ~ **dialog** / Mensch-Maschine-Dialog *m* || ~ **interface (MMI)** / Mensch-Maschine-Schnittstelle *f* (MMS f), Bedienungsschnittstelle *f*, Stationsleitplatz *m*, Leitplatz *m*
man-made causes / zivilisationsbedingte Ursachen (v. Fehlerereignissen) || ~ **fibre** / Kunstfaser *f*, synthetische Faser || ~ **fibre industry** / Chemiefaserindustrie *f* || ~ **noise** / künstliches Rauschen, technische Funkstörung, elektrischer Lärm
manned substation / besetzte Station
manning *n* / Personaleinsatz *m*
manoeuvre *n* / Manuevering *n*
manoeuvring area / Rollfeld *n* (Flp.) || ~ **controller** / Rangierfahrschalter *m*
manometer *n* / Manometer *n*, Druckmesser *m*
manometric balance / Druckwaage *f* || ~ **tachometer** / Mano-Tachometer *m*
manpower *n* / Personal *n*, Arbeitskräfte *f pl*
mantissa *n* / Mantisse *f* || ~ **digit** / Mantissenziffer *f*
mantle terminal / Mantelklemme *f*
man-to-machine information exchange / Informationsaustausch Mensch-Maschine
manual *n* / Handbuch *n*, Anleitung *f*, Gerätehandbuch (GH) *n*, Systemhandbuch (SH) *n* || ~ *adj* / manuell *adj*, von Hand, Hand... || **beginner's** ~ / Einsteiger-Anleitung *f* || ~ **additives** / Handzugaben *f pl* || ~ **alarm box** / nichtautomatischer Brandmelder, nichtautomatischer Nebenmelder, Handmelder *m*, handbetätigter Brandmelder
manual/automatic control station / Hand-/Automatik-Steuergerät *n*, Leitgerät *n*
manual-automatic selector switch / Hand-Automatik-Umschalter *m*, Hand-Regler-Schalter *m* || ~ **transfer** / Hand-Automatik-Umschaltung *f*
manual call point / nichtautomatischer Brandmelder, nichtautomatischer Nebenmelder, Handmelder *m*, handbetätigter Brandmelder || ~ **charging** / Handaufzug *m* || ~ **closing** / Handeinschaltung *f* || ~ **cold restart** /

manueller Neustart || ~ **control** / Handsteuerung *f*, Handbetätigung *f*, Handeingriff *m*, willkürliche Betätigung || ~ **controller output** / Handstellgröße *f* || ~ **control switch** IEC337-1 / handbetätiger Hilfsstromschalter VDE 0660,T.200 || ~ **cycle** / handbedienter Zyklus (NC) || ~ **data input** ISO 2806-1980 / Handeingabebetrieb *m* (NC), Daten-Handeingabe *f* || ~ **data input (MDI)** / Dateneingabe von Hand, Handeingabe *f*, MDI-Verfahrsatz *m*, Handverfahrsatz *m*, manuelle Dateneingabe || ~ **document feed** / Handanlage der Übertragungsvorlage (Fernkopierer) || ~ **faceplate** / Handbedienbild *n* || ~ **feed** / konventioneller Vorschub, Handvorschub *m* || ~ **feedrate** / Handvorschub *m*, konventioneller Vorschub || ~ **injection** (chromatograph) / Handdosierung *f* || ~ **input** / Handeingabe *f*, Handverfahrsatz *m*, manuelle Dateneingabe (MDI), MDI (manuelle Dateneingabe) / (Punkt-zu-Punkt Positionieren), MDI-Verfahrsatz *m* || ~ **input block** (o. record) / Handeingabesatz *m* || ~ **interference** / Handeingriff *m*, Eingriff von Hand || ~ **intervention** / Handeingriff *m* || ~ **lever press** / Handhebelpresse *f* || ~ **line** / Handband *n* || ~ **loading** / manuelles Beladen || ~ **loading point** / Handbeladeplatz *m* || ~ **lockout device** / Handsperre *f*, Handeinschaltsperre *f*
manually controlled program / handgesteuertes Programm || ~ **initiated function** / Handeingriff *m* (Regelsystem) DIN 19237 || ~ **operated** / handbetätigt *adj*, handbedient *adj*, Handverstellung || ~ **operated mechanism** / Handantrieb *m* (SG) || ~ **operated snap-action mechanism** / Handsprungantrieb *m* || ~ **operated stored-energy mechanism** / Handspeicherantrieb *m* || ~ **shifted transmission** (o. gearbox) / handgeschaltetes Getriebe || ~ **simulated value** / Ausgangshandwert *m*
manual milling / manuelles Fräsen || ~ **mode** / Betriebsart Hand *f*, Handbetrieb *m*, Handbetriebsart *f* || ~ **mode of operation** (NC) ISO 2806-1980 / manueller Betrieb (NC), konventioneller Betrieb (NC) || ≃ **on Building Management System** / Handbuch Gebäudesystemtechnik || ~ **operating** / Fahrweise von Hand || ~ **operating mechanism with stored-energy feature** / Handspeicherantrieb *m* || ~ **operation** / Handbetätigung *f*, Handbedienung *f*, Betätigung von Hand || ~ **override** / Korrektur von Hand, Korrektur durch Handeingriff, Eingriff (o. Korrekturmöglichkeit) von Hand *m*, Eingriff von Hand || ~ **override feature** / Korrekturmöglichkeit von Hand || ~ **overriding of automatic control function** / manuelles Übersteuern der automatischen Funktionen || ~ **program** / handgesteuertes Programm || ~ **programming** / manuelle Programmierung, Handprogrammierung *f* || ~ **pulse encoder** (An operator control element which enable manual positioning of an axis. It consists of a graduated handwheel connected to an electronic pulse generator. Rotation of the handwheel causes the axis to move continuously or in increments at a speed proportion) / elektronisches Handrad, konventioneller Impulsgeber, Handrad (HR) *n*, konventioneller Pulsgeber (Bedienungselement, das das Positioneren einer Achse von Hand ermöglicht) || ~ **pulse generator (MPG)** /

konventioneller Pulsgeber (Bedienungselement, das das Positioneren einer Achse von Hand ermöglicht), konventioneller Impulsgeber, Handrad (HR) *n*, elektronisches Handrad || ~ **regulation** / Handregelung *f* || ~ **reset** / Handrückstellung *f*, Selbstsperrung *f* (Rel.)
manual-reset thermal protector / Wärmeschutzgerät mit Handrückstellung
manual restart / handgestarteter Wiederanlauf, manueller Wiederanlauf || ~ **restart with protected outputs** / manueller Wiederanlauf bei geschützten Ausgängen (SPS) DIN EN 61131-1 || ~ **rotary operating mechanism** / Handdrehantrieb *m* || ~ **slide valve** / Handschiebeventil *n* || ~ **speed** / Handdrehzahl *f* || ~ **starter** / Motorstarter mit Handantrieb, handbetätigter Anlasser || ~ **switchgroup** / handbetätigtes Schaltwerk (Bahn) || ~ **test** / Handprobe *f* || ~ **tool** / Handwerkzeug *n* || ~ **travel** / Handfahren *n* || ~ **trip device** / Handauslösevorrichtung *f* || ~ **updating service** / Handbuch-Änderungsdienst *m* || ~ **warm restart** / Wiederanlauf manuell, manueller Wiederanlauf || ~ **welding** / handschweißen *v* || ~ **welding station** / Handschweißstation *f* || ~ **welding tongs** / Handschweißzangen *f pl* || ~ **withdrawable section** / Handeinschub *m*
manufacture *n* / Herstellung *f*, Fertigung *f*, Fabrikation *f* || ~ **under license** / Lizenzfertigung *f*
manufacture-related *adj* / fertigungsnah *adj*
manufacturer *n* / Hersteller *m*, Fabrikant *m*, Herstellerbetrieb *m* || ~ **documentation** / Herstellerangaben *f pl*, Herstellerdokumentation *f* || ~ **of valves** / Ventilhersteller *m*
manufacturer's code / Herstellercode *m* || ~ **declaration** / Herstellererklärung *f* || ~ **ID** / Herstellerkennung *f* || ~ **identification mark** / Herstellerkennzeichen *n*, Herstellermarke *f*, Herstellerangabe *f* || ~ **inspection** / Werkprüfung *f* || ~ **liability** / Produzentenhaftung *f* || ~ **quality control** / Werkskontrolle *f* || ~ **symbol** / Firmenmarke *f* || ~ **test certificate** / Werksprüfzeugnis *n*
manufacturing *n* / Fertigung *f* || ~ **accuracy** / Fertigungspräzision *f* || ~ **against orders** / kommissionsweise Fertigung || ~ **and design guidelines** / Fabrikations- und Konstruktionsrichtlinien (FAB) || ~ **automation** / Fertigungsautomatisierung *f* || ~ **automation protocol (MAP)** / Netzprotokoll für Fertigungsautomatisierung, MAP-Protokoll *n* || ~ **day calender** / Betriebskalender *m* || ~ **depth** / Fertigungstiefe *f* || ~ **drawing** / Fertigungszeichnung *f* || ~ **engineering** / Fertigungstechnik *f* || ~ **environment** / Fertigungsumgebung *f* || ~ **equipment** / Fertigungseinrichtung *f* || ≃ **Execution System (MES)** / MES (Vertikale/horizontale Integration von der Produktionsebene bis hin zur betriebswirtschaftlich ausgerichteten Unternehmensleitebene (ERP)) || ~ **failure** / fertigungsbedinger Ausfall IEC 50(191) || ~ **fault** / fertigungsbedingter Fehlzustand IEC 50(191), Fertigungsfehler *m*, Herstellungsfehler *m* || ≃ **Guidelines for Industrial and Power Electronics** / Ausführungsrichtlinien der Industrie- und Leistungselektronik (AIL) || ~ **in advance** / Vorabfertigung *f*, Vorausfertigung *f* || ~ **industry**

map 342

and logistics / Fertigungsindustrie und Logistik || ~ **inspection** / Fertigungsprüfung *f* (Zwischenprüfung an einem in der Fertigung befindlichen materiellen Produkt), fertigungsbegleitende Prüfung (VRV), Zwischenrevision *f*, Fertigungsrevision *f*, Fertigungskontrolle *f*, Zwischenprüfung *f* (Qualitätsprüfung während der Realisierung einer Einheit), Vorfertigungsrevision *f*, Prozessprüfung *f*, prozessbegleitende Prüfung || ~ **location** / Fertigungsstätte *f* || ~ **message format standard (MMFS)** / Manufacturing Message Format Standard (MMFS) || ~ **message specification (MMS)** / Spezifikation für Fertigungsmeldungen, Instandhaltungsmanagement-System *n* || ~ **order** / Fertigungsauftrag *m* || ~ **plant** / Herstellerwerk *n*, Fertigungsstelle *f* || ~ **process** / Herstellungsprozess *m* || ~ **progress** / Fertigungsfortschritt *m* || ~ **quality limit** / Herstellgrenzqualität *f* || ~ **requirements planning (MRP)** / Produktions-Planung und - Steuerung (PPS) || ~ **Resource Planning (MRP)** / Produktionsbedarfsplanung (MRP) *f* || ~ **resources planning** / Kapazitätsplanung *f* (Fertigung) || ~ **resources requirements** / Kapazitätsbedarf *m* (Fabrik, CIM) || ~ **specifications** / Fertigungsangaben *f pl* || ~ **technology** / Fertigungstechnologie *f*, Fertigungstechnik *f* || ~ **tolerance** / Fertigungstoleranz *f*, exemplarbedingte Toleranz, Exemplarstreuung *f*, Herstellungstoleranz *f*
map *n* / Karte *f*, Abbildung *f*, Bild *n*, Abbild *n* || ~ (matrix format for presenting logic states) / Kartendarstellung *f* || ~ *v* / abbilden *v*
map, address ~ / Adressenverzeichnis *n*, Adressliste *f* (SPS) || **colour** ~ / Farbtabelle *f* (CAD) || **ignition** ~ / Zündkennfeld *n* (Kfz.) || **I/O** ~ / F/A-Abbild *n* || **memory** ~ / Speicherbelegungsplan *m*, Speicherbereichsabbild *n*, Speicherseitenabbild *n*, Speicherabbild *n* || **rolling** ~ / rollendes Bild, Großbild *n* || **to** ~ **an input** / einen Eingang abbilden || **voltage** ~ / Spannungsplan *m* (Darstellung der Spannungen an den Hauptknoten eines Netzes)
mapping *n* / Abbildung *f*, Abbild *n*, Seitenadressierung *f* || ~ **direct** ~ / direkte Abbildung (SPS) || ~ **table** / Übersetzungstafel *f*
MAP protocol / Manufacturing Automation Protocol (MAP)
margin *n* / Rand *m*, Spielraum *m*, Abstand *m*, Spanne *f* || **compatibility** ~ / Verträglichkeitsbereich *m* (EMV) || **emission** ~ / Abstrahlungsbereich *m* (Störquelle) || **gain** ~ / Verstärkungssicherheit *f*, Betragsreserve *f* (Reg.), Amplitudenrand *m* **immunity** ~ / Störfestigkeitsbereich *m* IEC 50(161) || **noise** ~ / Störabstand *m*, Störsignal-Bandbreite *f* || **phase** ~ / Phasenrand *m*, Phasenreserve *f*, Phasensicherheit *f* || **power** ~ / Leistungsreserve *f*, Energiereserve *f*
marginal check (MC) / Grenzwertprüfung *f*, Randwertprüfung *f*, Grenzwertüberwachung *f* || ~ **cost** / Grenzkosten *plt* (StT) || ~ **cost method** / Grenzkostenverfahren *n* (StT), Zuwachskostenverfahren *n* || ~ **distribution** / Randverteilung *f* DIN 55350,T.21 || ~ **field** / Randfeld *n* || ~ **generation** / Grenzleistungserzeugung *f* || ~ **node** / Randknoten *m* || ~ **output** / Überleistung *f* (Verbrennungsmot.) ||

~ **ray** / Randstrahl *m*
margin angle / Löschwinkel *m* (LE) || ~ **bar** / Randleiste *f* || ~ **bar object** / Randleistenobjekt *n* || ~ **justification** / Randausgleich *m* (Text) || ~ **of manipulated variable** / Regelamplitude *f*, Stellamplitude *f* || ~ **perforation** / Randlochung *f*
marine alternator / Bordnetzgenerator *m* || ~ **approval** / Schiffszulassung *f*, Schiffsbauzulassung *f* || ~ **circuit-breaker** / Marineleistungsschalter *m* || ~ **navigational aid** / Schifffahrtszeichen *n* || ~ **propeller** / Schiffspropeller *m* || ~ **switchboard** / Schiffsschaltanlage *f*
mark *v* / markieren *v*, kennzeichnen *v*, anreißen *v*, hervorheben *v* || ~ / Markierung *f*, Marke *f*, Zeichen *n*, Eindruck *m*, Baumuster *n*, Typ *m*, Teilstrich *m*, Riefe *f* || **electric** ~ / Strommarke *f* (Verletzung durch el. Lichtbogen oder Stromfluss durch den Körper) || **grouping** ~ / Gliederungsmittel *n* DIN 6763,T.1, Gliederungszeichen *n* || ~ **A control unit** / Typ A-Steuergerät || ~ **A detector** / Typ A-Fühler (PTC-Halbleiterfühler)
marked *adj* / gekennzeichnet *adj* || ~ **pole** / Nordpol *m* || ~ **ratio** / angegebenes Übersetzungsverhältnis || ~ **with colour** / farbmakiert *adj*
marker *n* / Markierer *m*, Marke *f* (a. GKS), Kabelmerkstein *m*, Merker *m* (Flp.), Schild *n*, Markierstein *m*, Merkzeichen *n*, Markierungszeichen (M) *n*, Flagge *f* || **cable** ~ / Kabelmerkstein *m* || **raised pavement** ~ / Markierungsknopf *m* (Straße) || ~ **light** / Kennleuchte *f* (Kfz) || ~ **post** / Straßenbake *f* || ~ **pulse** / Nullmarke *f* || ~ **thread** / Kennfaden *m* (Kabel)
market entry concept / Markteinführungskonzept *n* || **seller** ~ / Verkäufermarkt *m*
marketing *n* / Marktbearbeitung *f* || ~ **channel** / Vertriebskanal *m* || ~ **communications activities** / Kommunikationsmaßnahmen *f pl* || ~ **communications plan** / Kommunikationsplan *m* || ~ **Database (MDB)** / MDB || ~ **spread** / Breitenvermarktung *f*
market introduction / Markteinführung *f*, Markteinführungsphase *f* || ~ **launch activities** / Markteinführungsmaßnahmen *f pl* || ~ **presence** / Marktpräsenz *f* || ~ **price** / Marktpreis *m* || ~ **profile** / Marktvorbau *f* || ~ **share** / Marktanteil *m* || ~ **situation** / Marktsituation *f* || ~ **strategy** / Marktstrategie *f* || ~ **study** / Marktuntersuchung *f*, Marktstudie *f*
marking *n* / Markierung *f*, Kennzeichnung *f*, Anriss *m*, Marke *f* (Flp.), Beschriftung *f*, Aufschriften *f pl* || ~ **aid** / Markierungshilfe *f* (Flp.) || ~ **coupler** / Markierkoppler *m* (Osz.) || ~ **device** IEC 258 / Registriervorrichtung *f* (Schreiber) || ~ **gauge** / Reißlehre *f*, Reißmaß *n*, Risslehre *f*, Streichmaß *n*, Höhenreißer *m* || ~ **generator** / Markengeber *m* (Schreiber), Markengenerator *m*
marking-out template / Ankörnschablone *f*
marking sleeve (terminal block) / Bezeichnungshülse *f* || ~ **system** / Markiersystem *n* (Schreiber) || ~ **tag** (terminal block) / Bezeichnungsschild *n* (Reihenklemme), Fahnenschild *n*
mark number / Ausführungsnummer *f* || ~ **of conformity** / Konformitätszeichen *n*, Prüfzeichen *n*, Gütezeichen *n* || ~ **of origin** / Ursprungszeichen *n*, Ursprungskennzeichen *n* || ~ **out** *v* /

kennzeichnen *v*, anreißen *v*
marks, scale ~ / Skalenteilung *f*
mark-space ratio / Tastverhältnis *n* (Pulsgeber), Impuls-Pause-Verhältnis
marks application / Zeichenantrag *m* || ~ **licence** / Zeichengenehmigung *f* || ~ **licence test** / Zeichenprüfung *f* || ~ **registration** / Zeichenregistrierung *f*
mark-to-space ratio / Impuls/Pausen-Verhältnis *n* (Rechtecksignal), Tastverhältnis *n* (Pulsgeber), Impuls-Pause-Verhältnis
mar resistance / Beständigkeit gegen oberflächliche Beschädigungen, Kratzfestigkeit *f*
marshalling *n* / Rangieren *n* (Bahn), Zugbildung *f* (Bahn) || ~ **box** / Rangierkasten *m* || ~ **command** / Rangierbefehl *m* || ~ **duct** / Rangierkanal *m* || ~ **pedestal** / Rangiersockel *m* || ~ **rack** / Rangierverteiler *m*
Martens thermostability / Wärmefestigkeit nach Martens
maser *n* (microwave amplification by stimulate demission of radiation) / Maser *m*, Mikrowellenlaser *m*
MASFET s.
mask *v* / maskieren *v*, abdecken *v*, verdecken *v*, ausmaskieren *v* || ~ *n* / Maske *f*, Blende *f*, Abdeckung *f*, Schablone *f*, Bitmaske *f*, Ausblendmaske *f* || **labelling** ~ / Bezeichnungsschablone *f*, Beschriftungsschablone *f*
masked *adj* / abgedeckt *adj*
mask field / Maskenfeld *n* (BSG)
masking *n* / Maskierung *f*, Maskenbildung *f* (Akust.), Ausblenden *n*, Abdeckung *f*, Verdeckung *f* || ~ **frame** / Blendrahmen *m* (Leuchte, IV), Abdeckrahmen *m*, Blende *f*, Shutter *m*, Sichtblende *f* || ~ **out** / Ausblenden *n* (PC, eines Wertebereichs) || ~ **plate** / Abdeckplatte *f*, Sichtblende *f*, Abdeckblech *n*
mask pattern / Maskenvorlage *f* (IS)
mask-programmable *adj* / maskenprogrammierbar *adj*
mask-programmed read-only memory (MPROM) / maskenprogrammierter Festwertspeicher (MPROM)
mask programming / Maskenprogrammierung *f*
masonry-enclosed *adj* / gemauert *adj*
mass *n* / Masse *f*, Eigenmasse *f*, Gewicht *n*, Trägheits..., Einwaage *f*, Füllmenge *f* (Waschmaschine), Gestellerde *f* || ~ **absorption coefficient** / Massenabsorptionskoeffizient *m* (RöA) || ~ **abundance** / Massenkonzentration *f* || ~ **attenuation coefficient** / Massenschwächungskoeffizient *m* || ~ **axis** / Trägheitsachse *f*, Hauptträgheitsachse *f* || ~ **by mass** / Massenanteil *m* || ~ **centre** / Massenmittelpunkt *m* || ~ **concentration** / Massenkonzentration *f* || ~ **data** / Massendaten *pl* || ~ **eccentricity** / Schwerpunktverlagerung *f* || ~ **flow** / Massenstrom *m*, Massenfluss *m*, Mengenstrom *m*, Stoffstrom *m*, Mengenfluss *m* || ~ **fraction** / Massenanteil *m*
massic capacity IEC 50(481) / spezifische Kapazität (Batt.) || ~ **energy** IEC 50(481) / spezifische Energie (Batt.)
mass-impregnated and drained insulation / massearme Isolierung || ~ **insulation** / masseimprägnierte (o. massegetränkte) Isolierung,

Masseisolierung *f* || ~ **non-draining insulation** / Haftmasseisolierung *f*, Papierhaftmasseisolierung *f* || ~ **paper-insulated cable** / masseimprägniertes papierisoliertes Kabel || ~ **paper insulation** / masseimprägnierte Papierisolierung
mass inertia / Massenträgheit *f* || ~ **moment** / Massenmoment *n* || ~ **moment of inertia** / Massenträgheitsmoment *n* || ~ **of filling** / Füllmenge *f* || ~ **of (insulating) oil** / Ölgewicht *n* (Trafo) || ~ **of soil** (o. **earth**) / Erdreich *n* || ~ **per unit area** / Flächendichte *f* (Masse), Massenbelag *m* || ~ **per unit length** / Massenbehang *m*, Massenbelag *m* (el. Leiter), Flächenmasse *f*, Flächengewicht *f* || ~ **point** / Massenpunkt *m* || ~ **production** / Massenfertigung *f*, Großserienfertigung *f*, Fließbandfertigung *f* || ~ **rate of flow** / Massendurchfluss *m*, Durchsatzmenge *f* (je Zeiteinheit), Mengendurchfluss *m* || ~ **resistivity** / spezifischer Raumwiderstand, spezifischer Durchgangswiderstand, spezifischer Innen-Isolationswiderstand || ~ **scattering coefficient** / Massenstreukoeffizient *m* (RöA) || ~ **soldering** / Komplettlötung *f* || ~ **spectrometer** / Massenspektrometer *m* || ~ **spectrometry** / Massenspektrometrie *f* || ~ **storage** / Massenspeicher *m*
mass-transfer polarization / Konzentrationspolarisation *f* (Batt.)
master *n* / Master *m* (Bussystem), aktiver Teilnehmer (Bussystem), Bussteuerstation *f*, aktiver Busteilnehmer || ~ **address** / Master-Adresse *f* || ~ **alarm** / Hauptalarm *m* || ~ **arm** / Bedienungsarm *m* (Manipulator) || ~ **axis** / Leitachse (LA) *f*, Masterachse *f* || ~ **board** / Grundleiterplatte *f* || ~ **cable** / Stammkabel *n* || ~ **certificate** / Rahmenbescheinigung *f* || ~ **channel** / Masterkanal *m* || ~ **clock** / Hauptuhr *f*, Mutteruhr *f* || ~ **clock (MCLK)** / Haupttaktgeber *m*, Haupttakt *m* || ~ **computer** / Leitrechner *m* || ~ **contract** / Rahmenvertrag *m* (siehe auch: Einzelauftrag) || ~ **control** / Steuerungshoheit *f*, Parametereinheit (PMU) *f*, Kopfsteuerung (KST) *f*, Regie *f* || ~ **control (HVDC)** / übergeordnete Regelung (HGÜ) || ~ **control initialization** / Regieinitialisierung *f* || ~ **controller** / Meisterschalter *m* VDE 0660,T.201, Führerschalter *m*, Führungsregler *m*, Hauptregler *m*, Hauptsteuerschalter *m*, Fahr-Steuerschalter *m*, Kopfsteuerung *f* || ~ **converter** / Betriebsumrichter *m* || ~ **cubicle** / Zentralschrank *m* || ~ **data** / Basisdaten *pl*, Stammdaten *plt* || ~ **data management** / Stammdatenverwaltung *f* || ~ **dimmer** / Hauptsteller *m* (LT) || ~ **document** / Mustervorlage *f* || ~ **drawing** / Stammzeichnung *f* || ~ **drive** / Hauptantrieb *m*, Führungsantrieb *m*, Leitantrieb *m* || ~ **fader** / Hauptsteller *m* (BT), Summensteller *m* (BT) || ~ **function** / Master-Funktion *f* (Bussystem), Übertragungssteuerfunktion *f* || ~ **gauge** / Urlehre *f*, Kontrollehre *f* || ~ **group** / Leitgruppe *f* (Mehrmotorenantrieb)
mastergroup / Tertiärgruppe *f* IEC 50(704)
master index / Anlagenkennung *f* || ~ **interface module** / Master-Anschaltungsbaugruppe *f* || ~ **interlock** / Zentralverriegelung *f*
master licence / Masterlizenz *f* (Programme) || ~ **key** / Hauptschlüssel *m* || ~ **key system** / Generalschließanlage *f*, Hauptschließanlage *f*,

Schließanlage f || ~-**key system** / Hauptschlüsselanlage f || ~ **mask** (IC) / Muttermaske f || ~ **model** / Urmodell n || ~ **modem** / Netzüberwachungsmodem n || ~ **module** / Masterbaugruppe f || ~ **motor** / Leitmotor m, Führungsmotor m || ~ **operating level** / übergeordnete Bedienebene || ~ **oscillator** / Taktgeber m || ~ **part** / Hauptstück n || ~ **parts list (MPL)** / Hauptstückliste f, Grundstückliste f || ~ **production schedule (MPS)** / Hauptproduktionsplan m (Fabrik, CIM) || ~ **reference plan** / Schlüsselplan m || ~ **reference voltage** / Leitspannung f || ~ **regulator** / Führungsregler m || ~ **routine** / Hauptprogramm (HP) n, Main Program (MP) || ~ **scheduling** / Fertigungsgrobplanung f || ~ **section** / Hauptfeld n (Schalttafel) || ~ **segment** / Hauptsegment n (LAN) || ~ **selsyn** / Wellenleitmaschine f || ~ **sensor** / Leitgeber m || ~ **setpoint** / Führungssollwert m || ~ **sets** / Master-Sätze m pl
master-slave bistable element / Kippglied mit Zweizustandssteuerung || ~ **coupling** / Leitwertkopplung f || ~ **drive** / Leit-Folge-Antrieb m || ~ **flipflop (MS flipflop)** / Master-Slave-Flipflop m (MS-Flipflop), zweiflankengesteuertes Flipflop || ~ **link** / Master-Slave-Kopplung || ~ **manipulator** / Parallel-Manipulator m || ~ **method** / Master-Slave-Verfahren n (Buszuteilung), zentrale Buszuteilung || ~ **mode** / Master-Slave Verfahren || ~ **operation** / Master-Slave-Betrieb m, Zwillingsbetrieb m
master spindle / Masterspindel f, Leitspindel (LS) f
master standard / Hauptnormal n, Hauptnormalgerät n || ~ **station** / Hauptstation f, Sendestation f (DÜ), Zentralstation f (FWT), datenausgebende Datenstation || ~ **substation** / Leitstation f || ~ **subsystem** / Master-Subsystem n || ~ **synchro** / Hauptschalter m || ~ **synchro** / Wellenleitmaschine f || ~ **system** / Mastersystem n || ~ **terminal** / Leitstation f, Leitstelle f, Leitterminal n || ~ **terminal box** / Hauptklemmenkasten m, Hauptanschlusskasten m || ~ **tool** / Stammwerkzeug n || ~ **transfer** / Masterschaftsübergabe f (Bussystem), Mastertransfer m, Buszuteilung an den Master || ~ **transformer** / Führungstransformator m || ~ **transmitter** / Hauptuhr f, Mutteruhr f || ~ **value** / Führungswert m, Leitwert m || ~ **value axis** / Leitwertachse f || ~ **value coupling** / Leitwertkopplung f
mast-head light / Topplicht n, Mastlicht n
master PLC / Leit-PLC
MAT s. mean abode time || $\overset{\circ}{=}$ s. microalloy transistor
mat n / Matte f (Isoliermaterial) || ~ **insulating** ~ / Isoliermatte f, Isolierteppich m || ~ **finished** ~ / mattiert adj || ~ **of fibrous minerals** / Mineralfaser-Matten f pl
match v / anpassen v, zusammenpassen v, abgleichen v, angleichen v || ~ **case** / Groß-/Kleinschreibung f || ~ **data** / Datenabgleich m
matched cladding / angepasster Mantel (LWL) || ~ **load** / angepasste Last || ~ **output voltage** / Ausgangsspannung an der Nennlast (Signalgenerator) || ~ **to one another** / aufeinander abgestimmt
matching n (of coaxial cables) / reflexionsfreier Abschluss, Abstimmung f || ~ **amplifier** / Anpassverstärker m || ~ **autotransformer** / Anpass-

Spartransformator m || ~ **capability** / Anpassungsfähigkeit f || ~ **device** / Anpassvorrichtung f (Messgerät), Abschlusselement n || ~ **function** / Zugehörigkeitsfunktion f || ~ **impedance** / Anpasswiderstand m, Abschlusswiderstand m || ~ **procedure** / Ausgleichsvorgang m (SPS) || ~ **resistor** / Anpasswiderstand m, Abschlusswiderstand m || ~ **stimuli** / Kartendarstellung f pl || ~ **table** / Anpasstabelle f || ~ **transformer** / Anpasstransformator m
match-marking n / Zugehörigkeitskennzeichnung f
mate v / paaren v, zusammenfügen v, ineinandergreifen v, zusammenpassen v || ~ n / Gegenstück n, Passstück n, Gegenrad n || ~ (helper) / Helfer m, Hilfskraft f
mated set of connectors / Steckverbinderpaar n
material n / Material n, Werkstoff m || **not up to date** ~ / technisch überholtes Material || ~ **consumption** (by corrosion) / Masseverlust m || ~ **consumption rate** / Massverlustrate f || ~ **costs** / Materialkosten pl || ~ **damage** / Sachschaden m || ~ **description** / Werkstoffbeschreibung f (NC) || ~ **dispersion parameter** / Materialdispersionsparameter m || ~ **entering coordinate** / Materialeintrittskoordinate f || ~ **entering point** / Materialeintrittspunkt m || ~ **evaluation** / Materialbewertung f || ~ **flow** / Materialfluss m || ~ **flow and fault monitoring system** / Materialfluss- und Störungsüberwachungssystem n (MAUS) || ~ **flow control** / Materialflusssteuerung f || ~ **flow monitoring** / Materialflussüberwachung f || ~ **handling** / Fördertechnik f || ~ **identification** / Materialkennzeichnung f || ~ **increase** / Massenzunahme f, Massezunahme f || ~ **in flight** / Nachstrom m || ~ **input-output statements** / Materialbilanz f || ~ **inventory** / Materialbestand m || ~ **list** / Materialliste f || ~ **measure** / Maßverkörperung f, Messverkörperung f || ~ **migration** / Materialwanderung f || ~ **number** / Werkstoffnummer f, Sachnummer f || ~ **of gasket** / Dichtungswerkstoff m || ~ **overheads** / Materialgemeinkosten pl || ~ **pairs** / Werkstoffpaarung f || ~ **point** / Massenpunkt m || ~ **properties** / Werkstoffeigenschaften f pl || ~ **quality feature** / werkstofftechnisches Qualitätsmerkmal || ~ **review board (MRB)** / Materialverfügbarkeitsausschuss m
materials application technology / Werkstofftechnik f
material-formed joint / stoffschlüssige Verbindung
material scattering / Materialsteuung f (LWL)
materials forming electrolytic element couples between components / elementbildende Werkstoffe || ~ **inspection** / Werkstoffprüfung f, Materialprüfung f || ~ **management** / Materialwesen n, Materialwirtschaft f
material specification / Werkstoffspezifikation f, Stückliste f || ~ **strain** / Materialverspannung f
materials requirements planning (MRP) / Materialbedarfsplanung f || ~ **test certificate** / Werkstoffprüfprotokoll n || ~ **testing** / Werkstoffprüfung f, Materialprüfung f || ~ **with low heat conductivity** / schlechte Wärmeleiter
material testing institute / Materialprüfanstalt f || ~ **thickness** / Materialstärke f || ~ **transfer** / Materialwanderung f || ~ **warranty** /

Materialgewährleistung f || ~ **warranty time** / Materialgewährleistungszeit f
mathematical function / Rechenfunktion f, arithmetische Funktion
math instruction / arithmetische Operation || ~ **operation** / Rechenoperation f
mating n / Paarung f, Eingreifen n, Zusammenpassen n, Ineinandergreifen n || ~ **allowance** / Paarungsabmaß n || ~ **component** / Gegenstück n (StV) || ~ **connector** / Gegenstecker m || ~ **connector with female contacts** / Gegenstecker mit Buchsenkontakten || ~ **contact** / Gegenkontakt m, Gegenschaltstück n || ~ **deviation** / Paarungsabmaß n || ~ **flange** / Gegenflansch m || ~ **gear** / Gegenrad n || ~ **part** / Passteil m, Passstück n || ~ **size** / Paarungsmaß n || ~ **surface** / Passfläche f
matrix n / Matrix f, Matrize f, Grundsubstanz f, Prägeform f, Leiterbett n || ~ **dot** ~ / Punktraster m, Punktmatrix f || ~ **calculus** / Matrizenrechnung f || ~ **diode** / Programmierdiode f || ~ **document** / Textschablone f, Formtext m, Haupttext m, Matrixeinfluss m (Matrix = Umgebung, in der sich eine zu analysierende Substanz während der Analyse befindet) || ~ **impact printer** / Matrix-Nadeldrucker m || ~ **module** / Matrixbaugruppe f, Rangierbaugruppe f, aufprägender Baustein || ~ **output unit** / Matrixausgabegerät n || ~ **printer** / Matrixdrucker m, Mosaikdrucker m || ~ **print head** / Nadeldruckkopf m || ~ **sign** / Matrixzeichen n
MatriX radiant burner / MatriX-Strahlungsbrenner
matter constant / Materialkonstante f
matt finish / mattierte Oberfläche (a. gS)
mat wiring / Mattenverdrahtung f
MAU s. medium attachment unit
maverick n / Ausreißer m (QS)
maxiblock n / Großblock m (elST)
maximal motor frequency / maximale Motorfrequenz || ~ **port area** / maximaler Sitzquerschnitt
maximize v / maximieren v
maximum / Extremwertauswahl f (Reg., PC), Maximalstand m
maximum allowable concentration (MAC) / maximale Arbeitsplatzkonzentration, MAK-Wert m || ~ **allowable temperature** / höchstzulässige Temperatur, höchste anwendbare Temperatur (TMAX) DIN 2401,T.1 || ~ **allowable working pressure** / zulässiger Betriebsüberdruck (PB) DIN 2401,T.1 || ~ **allowable working temperature** / zulässige Betriebstemperatur (TB) DIN 2401,T.1 || ~ **allowed** / höchstzulässig adj || ~ **ambient temperature** / maximal zulässige Umgebungstemperatur || ~ **aperiodic short-circuit current** / Stoßkurzschlussstrom m (el. Masch.) IEC 50(411) || ~ **asymmetric short-circuit current** / Stoßkurzschlussstrom m (I_s) || ~ **asymmetric single-phase short-circuit current** / einphasiger Stoßkurzschlussstrom || ~ **asymmetric three-phase short-circuit current** / dreiphasiger Stoßkurzschlussstrom || ~ **asymmetric two-phase short-circuit current** / zweiphasiger Stoßkurzschlussstrom || ~ **bimetal value** / Bimetallmaximalwert m || ~ **bond strength** / Spaltsaß f || ~ **capacity** / Höchstleistung f, höchstmögliche Leistung, maximal mögliche Leistung (KW), Engpassleistung f (KW), Höchstlast f, Tragfähigkeit f || ~ **clearance** / Größtspiel n DIN 7182,T.1 || ~ **complement** / Maximalausbau m (elST) || ~ **conductor cross-section** / größter Anschlussquerschnitt || ~ **configuration** / voller Ausbau, Vollausbau m, Maximalausbau m || ~ **continuous current** / Dauergrenzstrom m || ~ **continuous direct current** / Dauergrenz-Gleichstrom m || ~ **continuous rating** (m.c.r.) IEC 34-1 / Nenn-Dauerbetrieb m (el. Masch.) VDE 0530,T.1 || ~ **controllable slip** / kritischer Schlupf || ~ **converter current** / Gerätegrenzstrom m || ~ **coordinate** / größte Koordinate || ~ **current** / Gerätegrenzstrom m, Höchststrom m, Grenzstrom (EZ) m, höchst zulässiger Strom, Grenzstromstärke f
maximum-current tapping / Anzapfung mit größtem Strom (Trafo)
maximum deflection / Maximalausschlag m || ~ **deformation** / höchstzulässige Formänderung || ~ **demand** / Bedarfsspitze f, Höchstbedarf m, Maximum m (StT), Höchstleistung f (StT) || ~ **demand** IEC 64-31 1 / Leistungsbedarf m VDE 0100,T.31 1
maximum-demand bypass / Maximumausblendung f (EZ) || ~ **calculator** / Maximumrechner m (EZ) || ~ **changeover contact** / Maximum-Umschaltkontakt m (EZ) || ~ **contact** / Maximumkontakt m (EZ) || ~ **dial** / Maximumscheibe f (EZ) || ~ **drum** / Maximumrolle f (EZ) || ~ **element** / Maximumeinrichtung f (EZ), Maximumwerk n || ~ **measurement (o. metering)** / Maximummessung f || ~ **mechanism** / Maximumwerk n (EZ) || ~ **memory** / Maximumspeicher m (EZ) || ~ **meter** / Maximumzähler m || ~ **metering** / Maximumerfassung f || ~ **monitor** / Maximumwächter m, Leistungswächter m || ~ **monitoring system** / Maximum-Überwachungsanlage f || ~ **pointer** / Maximumzeiger m || ~ **printer** / Maximumdrucker m || ~ **register** / Maximumregister n || ~ **relay** / Maximumrelais n
maximum demand required / angeforderte Leistung (Grenzwert der von einem Einzelverbraucher geforderten Leistung)
maximum-demand resetter / Maximum-Rückstellung f || ~ **resetting switch** / Maximumschalter m || ~ **scale** / Maximumskale f || ~ **switch (MD switch)** / Maximumschalter m || ~ **timer** / Maximum-Laufwerk n || ~ **timing element** / Maximum-Laufwerk n || ~ **trip** / Maximumauslöser m || ~ **zero resetting** / Maximum-Rückstellung f || ~ **zero resetting device** / Maximum-Rückstelleinrichtung f
maximum economical rating (m.e.r.) / Bestleistung f, Bestpunkt m || ~ **energy product** / Güteprodukt n
maximum-excitation limiter / Übererregungsbegrenzer m || ~ **limiting** / Übererregungsschutz m (Gen.)
maximum experimental safe gap (MESG) / experimentell ermittelte Grenzspaltweite (MESG), Normspaltweite f IEC 50(426) || ~ **field** / maximale Erregung (el. Masch.) || ~ **fit** / Größtpassung f DIN 7182,T.1 || ~ **flow rate** / Maximalmenge f || ~ **follow current** / Grenz-Folgestrom m || ~ **frequency** / Höchstfrequenz f || ~ **indicator** / Maximumanzeiger m, Maximum-Schleppzeiger m || ~ **input current** / Eingangshöchststrom m || ~ **input power** / Eingangshöchstleistung f || ~

maximum 346

interference / Größtübermaß n DIN 7182,T.1 ‖ ~ **inverter current** / Maximaler Wechselrichterstrom ‖ ~ **level** / Höchstpegel m ‖ ~ **limited current** IEC 478-1 / Höchstwert des begrenzten Stroms DIN 41745 ‖ ~ **limiting value** / Höchstwert m (QS) DIN 55350,T.12, oberer Grenzwert, obere Toleranzgrenze (QS) ‖ ~ **limit of size** / Größtmaß n DIN 7182,T. 1 ‖ ~ **limit stress** / Grenzbeanspruchung f DIN 40042 ‖ ~ **load** / Höchstlast f, Lastmaximum n, Höchstbelastung f ‖ ~ **material condition** / Maximum-Material-Bedingung f ‖ ~ **material size** / Maximum-Material-Maß n DIN 7182 ‖ ~ **measuring relay** / Maximum-Messrelais n ‖ ~/**minimum selection** / Extremwertauswahl f
maximum on-state current for one half cycle / maximaler Kurzzeitstrom für eine Halbwelle (HL-Schütz) VDE 0660,T. 109 ‖ ~ **opening** (contact tube) / Öffnungsweite f (Kontakthülse) ‖ ~ **operating common-mode voltage** / maximale betrieblich zugelassene Gleichtakt-Störspannung ‖ ~ **permeability** / Maximalpermeabilität f ‖ ~ **operating distance** / größter Schaltabstand (NS) ‖ ~ **operating frequency** / Grenzfrequenz f ‖ ~ **operating pressure** / höchster Betriebsdruck (SG) ‖ ~ **operating slew rate** / Betriebsgrenzfrequenz f (Schrittmot.) ‖ ~ **operating temperature** / höchste Arbeitstemperatur (TAMAX) DIN 2401,T.1 ‖ ~ **operating time** / Endzeit f (längste Kommandozeit eines Schutzrelais) ‖ ~ **output** / höchste abgegebene Leistung, Höchstleistung f, maximale Ausgangsstrahlung (Lasergerät) VDE 0837 ‖ ~ **output rate of change** / Ausregelsteilheit f DIN 41745 ‖ ~ **output voltage swing** / höchste zulässige Schwingungsbreite für die Ausgangsspannung (Verstärker) ‖ ~ **permissible** / maximal zulässig ‖ ~ **permissible capacitor bank overvoltage** / höchstzulässige Überspannung einer Kondensatorbatterie VDE 0670,T.3 ‖ ~ **permissible errors in service** / Verkehrsfehlergrenzen $f pl$ ‖ ~ **permissible exposure (MPE)** / maximal zulässige Bestrahlung (MZB) ‖ ~ **permissible load** / höchstzulässige Belastung, Grenzlast f ‖ ~ **permissible overload** / zulässige Überlast ‖ ~ **permissible overvoltage** IEC 265 / höchste zulässige Überspannung VDE 0670,T.3 ‖ ~ **permissible rated system operating temperature** (max. TFS) / maximal zulässige Nenn-Ansprechtemperatur des Systems (max. TFS) ‖ ~ **permissible short-circuit current** / höchstzulässiger Kurzschlussstrom ‖ ~ **permissible temperature rise** / höchstzulässige Übertemperatur, Grenzerwärmung f, Grenztemperatur f ‖ ~ **permitted gap** / Grenzspaltweite f (zünddurchschlagsicherer Spalt) ‖ ~ **pointer** / Maximum-Schleppzeiger m, Schleppzeiger m ‖ ~ **power** / Höchstleistung f, Spitzenleistung f ‖ ~ **power-frequency voltage** / höchste zulässige netzfrequente Spannung ‖ ~ **power loss** (EE) / Maximal-Verlustleistung f (EB) VDE 0160 ‖ ~ **power supply voltage** / höchste Versorgungsspannung ‖ ~ **pressure** / Höchstdruck m ‖ ~ **prospective peak current** IEC 129 / maximaler unbeeinflusster Stoßstrom VDE 0670,T.2 ‖ ~ **prospective peak current** IEC 157-1 / höchster Scheitelwert des unbeeinflussten Stroms VDE 0660,T.101 ‖ ~ **rate of change of output**

voltage / größte Flankensteilheit der Ausgangsspannung (Verstärker) ‖ ~ **rated mean forward current** / Dauergrenzstrom m (Diode) DIN 41781 ‖ ~ **rated step voltage** IEC 214 / maximale Bemessungs-Stufenspannung (Trafo, HD 367) ‖ ~ **rated step voltage** / höchste Bemessungs-Stufenspannung (Trafo) IEC 50(242) ‖ ~ **rated surge on-state current** / Stoßstrom-Grenzwert m (Thyr) DIN 41786 ‖ ~ **rated surge forward current** / Stoßstrom-Grenzwert m (Diode) DIN 41781 ‖ ~ **rated through-current** IEC 214 / maximaler Bemessungs-Durchgangsstrom (Trafo-Stufenschalter, HD 367), größter Bemessungs-Durchgangsstrom (Trafo) IEC 50(421) ‖ ~ **recording level of tape** / Vollaussteuerung des Bandes ‖ ~ **recurrent reverse voltage** / periodische Rückwärts-Spitzensperrspannung (Thyr) DIN 41786, periodische Spitzensperrspannung (Diode) DIN 41781, periodische Spitzenspannung in Rückwärtsrichtung ‖ ~ **regenerative power** / generatorische Maximalleistung ‖ ~ **requirement** / Maximalbedarf m ‖ ~ **resetting time** IEC 2551-00 / Grenzwert der Rücklaufzeit (Rel.) DIN IEC 255-1-00, maximale Rückkehrzeit (Rel., bei einer gegebenen Funktion) E VDE 0435, T.110 ‖ ~ **retry limit** / Telegrammwiederholungen $f pl$ ‖ ~ **rotor standstill voltage** / Läufer-Stillstandsspannung f ‖ ~ **running torque** / Spitzendrehmoment n (Betriebsmoment) ‖ ~ **safe temperature** / maximale Oberflächentemperatur (explosionsgeschützte Geräte) ‖ ~ **shear stress theory** / Schubspannungshypothese f ‖ ~ **signal output** IEC 147-1E / maximales Ausgangssignal ‖ ~ **size** / Größtmaß n ‖ ~ **slew stepping rate** / Betriebsgrenzfrequenz f (Schrittmot.) ‖ ~ **speed** / Höchstdrehzahl f, Volldrehzahl f
maximum start-stop stepping rate / maximale Anlauffrequenz, Anlaufgrenzfrequenz f (Schrittmot.) ‖ ~ **start-stop torque** / Anlaufgrenzmoment m (Schrittmot.) ‖ ~ **stepping error** / größte dynamische Winkelabweichung (Schrittmot.) ‖ ~ **stress** / Höchstbeanspruchung f (mech.), Höchstbeanspruchung f ‖ ~ **stress limit** / Grenzlinie der Oberspannung (mech.) ‖ ~ **surface temperature** / maximale Oberflächentemperatur (explosionsgeschützte Geräte) ‖ ~ **tare load** / Tarahöchstlast f ‖ ~ **TFS** / maximal zulässige Nenn-Ansprechtemperatur des Systems (max. TFS) ‖ ~ **torque at maximum slew stepping rate** / Betriebsgrenzmoment m (Schrittmot.) ‖ ~ **transfer time** / maximale Übermittlungszeit (FWT) ‖ ~ **tuner stop torque** / maximales Drehmoment bei Anschlag der Abstimmrichtung ‖ ~ **usable read number** / maximale nutzbare Abfragehäufigkeit (Speicherröhre) ‖ ~ **value** / Maximalwert m, Höchstwert m, Grenzwert m
maximum-value selector block / Maximalwertauswahlbaustein m
maximum velocity / Höchstgeschwindigkeit f ‖ ~ **voltage** / Höchstspannung f, Maximalspannung f ‖ ~ **voltage between segments** / höchste Segmentspannung (Kommutatormasch.)
maximum-voltage tapping / Anzapfung mit höchster Spannung (Trafo)
maximum volume / Vollaussteuerung f (elektroakust. Übertragungsglied)
Maxwell tube / Maxwellsche Röhre, Einheitsröhre f

MBC (mimic board controller) / Meldebildserver *m*
MBM s. magnetic bubble memory
MC (machine code) / MC (Maschinencode), Maschinensprache *f* (MC-Sprache) || ≗ s. marginal check || ≗ s. message cycle || ≗ **(measuring cycle)** / MZ (Messzyklus) || ≗ **(microcomputer)** / MC (Microcomputer) || ≗ s. microcomputer || ≗ s. mode control || ≗ s. motion control
MC5 code / MC5-Code *m*
MCA s. multiprocessor communications adapter
MCALL (modal subroutine call) / MCALL (modaler Unterprogrammaufruf (Parameter))
MCB s. microcomputer board
m.c.b. / Leistungsschalter (LS) *m*, Schaltautomat *m* || ~ **board** (BS 5486) / Automatenverteiler *m*, Sicherungsautomatenverteiler *m*, Installationsverteiler mit Kleinselbstschaltern
MCBF s. mean cycles between failures
m.c.b. way / Selbstschalterabgang *m* (im Verteiler)
MCC s. microcomputer control || ≗ **(Measurement Current Control)** / MCC || ≗ s. motor control centre || ≗ **(Motion Control Chart)** / MCC
MCCB / isolierstoffgekapselter Leistungsschalter
m.c.c.b. s. moulded-case circuit-breaker
MCI (Motion Control Interface) / MCI
McLeod vacuum gauge / McLeod-Manometer *m*
MCLK / Hauptuhr *f*, Mutteruhr *f*
MCO s. meteorological ceilometer
M conductor / M-Leiter *m*, Mittelleiter *m*
MCP s. motor-circuit protector || ≗ **interface** / MSTT Schnittstelle
MCS (machine coordinate system) / MKS (Maschinenkoordinatensystem) || ≗ **coupling** / MKS-Kopplung || ≗**/WCS** / MKS/WKS
m.c.r. s. maximum continuous rating
MCU (Motion Control Unit) / MCU
MD (machine data) / MD (Maschinendatum)
MDA (machine data acquisition) / MDE (Maschinendatenerfassung) || ≗ **(Manual Data Automatic)** / MDA
MDA channel / MDA-Kanal || ≗**master terminal** s. machine data master terminal || ≗ **memory** / MDA-Speicher
MD array / MD-Array
MDAT s. machine data acquisition terminal
MDB (Marketing Database) / MDB
MDC (cycle machine data) / Zyklenmaschinendatum *n*, MDZ
MDEP (minimum drilling depth) / MDEP (Mindestbohrtiefe (Parameter))
MDI (manual data input) / MDI-Verfahrsatz *m*, Handverfahrsatz *m*, Handeingabe *f*, MDI (manuelle Dateneingabe) (Punkt-zu-Punkt Positionieren) || ≗ / Handeingabebetrieb *m* (NC), Daten-Handeingabe *f* || ≗ **mode** / BA \MDI\
MDMOS s. multi-drain MOS
MDS s. microcomputer development system || ≗ **(Mobile Data Storage)** / MDS (mobiler Datenspeicher) || ≗ s. microprocessor development system
MD switch s. maximum-demand switch
MDT (mean down time) / mittlere Unklardauer
m error / M-Fehler *m*
mean *n* / Mittel *n*, Mittelwert *m*, Durchschnittswert *m* || ~ **abode time (MAT)** / mittlere Aufenthaltszeit (QS) || ~ **access delay** / mittlerer Verbindungsaufbauverzug || ~ **accumulated down time (MADT)** / mittlere addierte Unklardauer IEC 50(191), mittlere akkumulierte Unklardauer || ~ **active corrective maintenance time** / mittlere aktive Instandsetzungsdauer || ~ **administrative delay (MAD)** / mittlere administrative Verzugsdauer IEC 50(191) || ~ **availability** / mittlere Verfügbarkeit || ~ **charging voltage** / mittlere Ladespannung (Batt.) || ~ **clearance** / Mittenspiel *n* DIN 7182,T.1 || ~ **conducting-state power loss** / mittlere Durchlassverlustleistung (Diode) DIN 41781 || ~ **continuous output** / mittlere Dauerleistung || ~ **cycles between failures (MCBF)** / mittlere Anzahl der Arbeitszyklen bis zum Ausfall || ~ **deviation** / mittlere Abweichung, mittlerer Abweichungsbetrag DIN 55350,T.23 || ~ **down time (MDT)** / mittlere Ausfalldauer IEC 50(191), mittlere Ausfalldauer || ~ **energy capability** / mittleres Arbeitsvermögen (KW) || ~ **energy production of a power station** / mittlere Erzeugung eines Kraftwerks, Regelerzeugung eines Kraftwerks || ~ **error** (relay) IEC 50(446) / Mittelwert der Abweichung || ~ **failure intensity** / mittlere Ausfalldichte IEC 50(191) || ~ **failure rate** (The mean of the instantaneous failure rate over a given time interval (t1, t2).) / fehlerfreie Betriebszeit, mittlerer Ausfallabstand (Erwartungswert der Verteilung der Ausfallabstände), durchschnittlicher Ausfallabstand, mittlere Ausfallrate (Mittelwert der momentanen Ausfallrate während eines gegebenen Zeitintervalls (t1, t2)), MTBF || ~ **forward current** / Vorwärtsstrom-Mittelwert *m* (Diode) DIN 41781 || ~ **forward power loss** / mittlere Vorwärtsverlustleistung (Diode) DIN 41781 || ~ **Hall-plate temperature** IEC 147-0B / mittlere Temperatur des Hallplättchens DIN 41863 || ~ **horizontal intensity** / mittlere horizontale Lichtstärke || ~ **illuminance** / mittlere Beleuchtungsstärke
meaning of binary information / Meldungsinhalt *m* (FWT) || ~ **of command** / Befehlsinhalt *m* (DÜ)
mean input bias current / Mittelwert des Eingangsruhestroms || ~ **interference** / Mittenübermaß *n* DIN 7182,T.1 || ~ **interruption duration** (The expectation of the interruption duration.) / mittlere Unterbrechungsdauer (Erwartungswert der Verteilung der Unterbrechungsdauern) || ~ **length of turn** / mittlere Windungslänge || ~ **life** / mittlere Lebensdauer DIN 40042, durchschnittliche Nutzungsdauer || ~ **load** / mittlere Belastung || ~ **logistic delay (MLD)** / mittlere logistische Verzugsdauer IEC 50(191) || ~ **maintenance man-hours** (The expectation of the maintenance man-hours.) / mittlere Mannstunden für Instandhaltung (Erwartungswert der Mannstunden für Instandhaltung) || ~ **on-state current** / Durchlassstrom-Mittelwert *m* (Thyr) DIN 41786 || ~ **on-state power loss** / mittlere Durchlassverlustleistung (Thyr) DIN 41786 || ~ **operating time between failures (MOBF)** / mittlere Betriebsdauer zwischen zwei Ausfällen IEC 50(191) || ~ **population** / Mitteninhalt *m* (statistische Toleriering) || ~ **position** / Mittellage *f* || ~ **power** / mittlere Leistung || ~ **range** / Mittenbereich *m* (statistische Tolerierung), mittlere Spannweite (Statistik, QS) || ~ **repair rate** / mittlere

Instandsetzungsrate || ~ **repair time (MRT)** / mittlere Reparaturdauer (MTTR) || ~ **reverse power dissipation** / mittlere Rückwärtsverlustleistung (Diode) DIN 41781 || ~ **roughness index** / Mittenrauhwert *m* || ~ **sea level** / Normalnull *n* || ~ **service access delay** (The expectation of the time duration between an initial bid by the user for the acquisition of a service and the instant of time the user has access to the service and it is obtained within specified tolerances and other given operating conditions.) / mittlerer Dienstzugangsverzug || ~ **service provisioning time** / mittlere Wartedauer (auf einen Dienst) IEC 50(191)
means for parameterizing / Parametriereinrichtung *f*
mean size / Mittenmaß *n* DIN 7182,T.1 || ~ **spherical luminous intensity** / mittlere sphärische Lichtstärke || ~ **straight line** / Ausgleichsgerade *f* || ~ **stress** / Mittelspannung *f* (mech.), Mittelwert der Spannung || ~ **surface** / Mitteloberfläche *f* || ~ **temperature coefficient of output voltage** IEC 147-0C / mittlerer Temperaturkoeffizient der Ausgangsspannung (Halleffekt-Bauelement) DIN 41863 || ~ **temperature of the day** / mittlere Tagestemperatur || ~ **time between failures (MTBF)** / mittlerer Ausfallabstand DIN 40042, mittlere Zeit zwischen zwei Ausfällen, mittlere fehlerfreie Betriebszeit, durchschnittlicher Ausfallabstand, mittlere Ausfallrate (Mittelwert der momentanen Ausfallrate während eines gegebenen Zeitintervalls (t1, t2)) || ~ **time between interruptions** (The expectation of the time between interruptions.) / mittlerer Unterbrechungsabstand (Erwartungswert der Verteilung der Unterbrechungsabstände) || ~ **time between maintenance (MTBM)** / mittlerc Zeit zwischen Wartungsarbeiten, Wartungsintervall *n*, Wartungsintervallzeit *f* || ~ **time to failure (MTTF)** / mittlere Zeitspanne bis zum Ausfall || ~ **time to first failure (MTTFF)** / mittlere Zeitspanne bis zum ersten Ausfall, mittlere Dauer bis zum ersten Ausfall (Erwartungswert der Verteilung der Dauern bis zum ersten Ausfall) || ~ **time to recovery (MTTR)** / mittlere Zeit bis zur Wiederherstellung || ~ **time to repair (MTTR)** / mittlere Reparaturdauer, Wartungsintervall *n*, Ausfalldauer *f*, Ausfallzeit *f*, Nebenzeit *f* || ~ **time to restoration (MTTR)** / mittlere Zeit bis zur Wiederherstellung || ~ **time to restore (MTTR)** / mittlere Zeit zur Wiederherstellung des betriebsfähigen Zustands, mittlere Reparaturdauer (MTTR) (Erwartungswert der Reparaturdauern) || ~ **unavailability** (The mean of the instantaneous unavailability over a given time interval (t1, t2).) / mittlere Nichtverfügbarkeit (Mittelwert der momentanen Nichtverfügbarkeit während eines gegebenen Zeitintervalls (t1, t2)) || ~ **up time (MUT)** / mittlere Klardauer IEC 50(191) || ~ **value** / Mittelwert *m*, Durchschnittswert *m* || ~ **value deviation** / Mittelwertabweichung *f* || ~ **value memory** / Mittelwertspeicher (MW-SP) *m* || ~ **value of a variate** / Mittelwert einer Zufallsgröße DIN 55350,T.21 || ~ **value of power** / Mittelwert der Leistung || ~ **value tolerance** / Mittelwertabweichung *f* || ~ **voltage** / mittlere Spannung (Batt.), Mittenspannung *f* || ~ **voltage between segments** / mittlere Segmentspannung

(Kommutatormasch.)
meander-shaped machining / mäanderförmige Bearbeitung
MEAS (measure and delete distance-to-go) / MEAS (Messen mit Restweglöschen)
measling *n* / Masern *n* (gS)
measurable quantity / messbare Größe
measurand *n* / Messwert *m* (zu messender Wert)
measure *v* / messen *v*, abmessen *v*, erfassen *v*, Dimension *f*, Vermessen *n* || ~ *n* / Maß *n*, Zeitmaß *n*, Maßverkörperung *f*, Takt *m*, Messwert *m* (GKS), Maßnahme *f* || ~ IEC 50(191) / Maßgröße *f* (Wahrscheinlichkeitsrechnung)
measured current / Messstrom *m* (gemessener Strom) || ~ **data acquisition** / Messwerterfassung *f* || ~ **dropout value** / Rückfall-Istwert *m* (Rel.) || ~ **error** / Messfehler *m*, Messabweichung *f* || ~ **gas** / Messgas *n* || ~ **medium** / Messstoff *m* || ~ **non-release value** / Halte-Istwert *m* (Rel.) || ~ **pickup value** / Ansprech-Istwert *m* (Rel.) || ~ **quantity** / Messgröße *f*, gemessene Größe *f*, gemessener Wert, Messwert *m*, Istwert *m* || ~ **value acquisition** / Messwerterfassung *f* || ~ **value computer** / Messwertrechner *m*
measured-value conversion / Messumformung *f* || ~ **designation** / Messwertbezeichnung *f* || ~ **input** / Messwerteingang *m* || ~ **input module** / Messwerteingabebaugruppe *f* || ~ **linearizer** / Messwertlinearisierer *m* || ~ **logger** / Messwerterfassungsgerät *n*
measured value preprocessing / Vorverarbeitung *f*, Meldungsvorverarbeitung *f*, Zählwertvorverarbeitung *f*, Messwertvorverarbeitung *f*
measured-value processing / Messwertverarbeitung *f* || ~ **processing types** / Messwert-Verarbeitungstypen *m pl*
measured value read function / Messwertlesen *n*
measured-value representation / Messwertdarstellung *f* || ~ **resolution** / Messwertauflösung *f*
measured values / Messgröße *f* || ~ **value snapshot** / Messwertschnappschuss *m*
measured variable / Messgröße *f*, gemessene Größe
measure equation / Zahlenwertgleichung *f* || ~ **length** / Länge messen
measurement *n* / Messung *f*, Messen *n*, Abmessung *f*, Maß *n*, Vermessung *f* || ~ **area selection** / bereichsgenaues Messen || ~ **channel** / Messkanal *m* || ~ **circuit** / Messkreis (MK) *m*, MK (Messkreis) || ~ **conditions** / Messbedingungen *f pl* || ~ **control** / Messsteuerung *f* || ≙ **Current Control (MCC)** / MCC || ~ **divider** / Messteiler *m* || ~ **duration** / Messdauer *f* || ~ **infeed depth** / Messzustelltiefe *f* || ~ **input** / Messeingang *m* || ~ **job** / Messauftrag *m* || ~ **mechanism** / Messwerk *n* (MG) || ~ **path** / Messweg *m* || ~ **plane** / Messebene *f* || ~ **purposes** / Messzwecke *m pl* || ~ **result** / Messergebnis *n* || ~ **sequence** / Messfolge *f* || ≙ **Speed Control (MSC)** / MSC || ~ **standard** / Normal *n* || ~ **standard resistor** IEC 477 / Normalwiderstand *m* || ~ **system** / Messanlage *f*, Messsystem *n* || ~ **technique(s)** / Messtechnik *f* || ~ **uncertainty** (IEEE Dict.) / Messunsicherheit *f* || ~ **variant** / Messvariante *f* || ~
voltage divider / Mess-Spannungsteiler *m*, Gleichspannungsteiler *m*
measure of dispersion / Verteilungsmaß *n*

(Impulsmessung) || ~ **of utility** / Nutzenmaßstab *m* || ~ **radius** / Radius messen || ~ **to correct errors** / Fehlerkorrekturmaßnahme *f*
measuring accuracy / Messgenauigkeit *f*, Messsicherheit *f* || ~ **adapter** / Messvorsatz *m* || ~ **adaptor** / Messzusatz *m* || ~ **amplifier** / Messwertverstärker *m* || ~ **and test equipment** / Mess- und Prüfeinrichtungen, Prüf- und Messmittel || ~ **area** / Messbereich *m* (Bildschirm, Skale) || ~ **area IEC 351** / Messfläche *f* (Oszilloskop) || ~ **axis** / Messachse *f* || ~ **body** / Messkörper *m* || ~ **box** / Messdose *f* || ~ **bridge** / Messbrücke *f* || ~ **capacitor** / Messkondensator *m* || ~ **cell** / Messzelle *f*, Messkammer *f* || ~ **channel** / Messkanal *m* || ~ **circuit** / Messstromkreis *m*, Messkreis *m*, Messschaltung *f* || ~ **circuit board** / Messkreiskarte *f* || ~ **circuit cable** / Messkreiskabel *n* || ~ **circuit connecor** / Messkreisstecker *m* || ~ **circuit hardware** / Messkreishardware *f* || ~ **circuit interface** / Messkreisschnittstelle *f* || ~ **circuit module** / Messkreismodul *n*, Messkreisbaugruppe *f*, Messkreisgruppe *f*
measuring-circuit multiplexing / Messkreisdurchschaltung *f* || ~ **processor** / Messkreisprozessor *m* (NC)
measuring circuit short-circuit connector / Messkreiskurzschlussstecker *m*
measuring-circuit voltage / Messspannung *f*
measuring circuit with mho characteristic / Admittanz-Messschaltung *f* || ~ **class index** / Klassenzeichen der Messgröße || ~ **column** / Messsäule *f* || ~ **converter** / Messumsetzer *m* || ~ **core** / Messkern *m* || ~ **current transformer** / Stromwandler für Messzwecke || ~ **cycle (MC)** / Messzyklus (MZ) *m* (Messzyklen sind allgemeine Unterprogramme zur Lösung bestimmter Messaufgaben, die über Parameter an das konkrete Problem angepasst werden können) || ~ **cylinder** / Messwegzylinder *m* || ~ **device** / Messmittel *n* || ~ **device for torque** / Drehmomentmesseinrichtung *f* || ~ **distance** / Messstrecke *f* || ~ **duration** / Messdauer *f* || ~ **earth terminal** / Messerdanschluss *m* || ~ **electrode** / Messelektrode *f* || ~ **element** / Messwerk *n* (MG), Messsystem *n* (Messumformer), Messkomponente *f* || ~ **error** / Messfehler *m* || ~ **error compensation** / Messfehlerkompensation *f* || ~ **face** / Messfläche *f* (auf Folienmaterial) || ~ **feed** / Messvorschub *m* || ~ **feedrate** / Messvorschub *m* || ~ **four-terminal network** / Messvierpol *m* || ~ **gap** / Messfunkenstrecke *f* || ~ **gas** / Messgas *n* || ~ **gearbox** / Messgetriebe *n* || ~ **head** / Messkopf *m* || ~ **impedance** / Messimpedanz *f* || ~ **input** / Messeingang *m* || ~ **instrument** / Messgerät *n*, Messinstrument *n*, Messmittel *n*
measuring-instrument constant / Messkonstante *f*
measuring instrument panel / Messgerätefeld *n*
measuring instrument with circuit control devices IEC 50(301) / Messgerät mit Signalgeber || ~ **instrument with dead time** / Messgerät mit Totzeit || ~ **junction** / Messstelle *f* (Thermopaar) || ~ **location** / Messort *m* || ~ **loop** / Messschleife *f* || ~ **machine** / Messmaschine *f* || ~ **matrix** / Messmatrix *f* || ~ **network** / Messnetz *n* || ~ **object** / Messgegenstand *m* || ~ **oscilloscope** / Mess-Oszilloskop *n* || ~ **path** / Messpfad *m* (Akust.) || ~ **period** / Messdauer *f* || ~ **period control** /

Messperiodensteuerung *f* || ~ **pitch** / Messschritt *m* || ~ **plane** / Messebene *f* || ~ **point** / Messpunkt *m*, Messstelle *f*, Messort *m*, Messstelle *f*
measuring-point tag / Messstellenschild *n*
measuring pole / Messstange *f* || ~ **potential transformer** / Mess-Spannungswandler *m*, Spannungswandler für Messzwecke, Kompensator *m* (Spannungsmessgerät, in dem die zu messende Spannung mit einer bekannten Spannung gleicher Wellenform, Frequenz und Größe verglichen wird) || ~ **principle** / Messprinzip *n* || ~ **probe** / Messsonde *f* || ~ **process** / Messvorgang *m* || ~ **range IEC 688-1** / Messbereich *m* || ~ **relay** / Messrelais *n* || ~ **release** / Messauslöser *m* || ~ **report** / Messprotokoll *n* || ~ **rod** / Messstange *f* || ~ **scatterband** / Mess-Streubreite *f* || ~ **segment** / Messsegment *n* || ~ **sensor** / Messfühler *m*, Messaufnehmer *m*, Sender *m* (Teilnehmer des Systems, der Informationen sendet), Sensor *m*, Messwertaufnehmer *m* || ~ **set-up** / Messanordnung *f* || ~ **shunt** / Mess-Nebenwiderstand *m*, Messwiderstand *m* || ~ **socket** / Messbuchse *f*, Prüfbuchse *f* || ~ **span** / Messspanne *f* || ~ **spark gap** / Messfunkenstrecke *f*, Messkugelfunkenstrecke *f*, Standard-Kugelfunkenstrecke *f* || ~ **station** / Messplatz *m* || ~ **step** / Messschritt *m* || ~ **surface** / Messfläche *f* (Akustik)
measuring-surface level / Messflächenmaß *n* (Akustik) || ~ **sound-pressure level** / Messflächen-Schalldruckpegel *m*
measuring system / Messanlage *f*, Messsystem *n* || ~ **system error compensation** / Messsystemfehlerkompensation *f* || ~ **system interface** / Messsystem-Schnittstelle *f* || ~ **system resolution** / Messsystemfeinheit *f*, Messsystemauflösung *f* || ~ **system unit** / MS-Einheit *f* || ~ **tap** / Messzapfung *f* || ~ **tape** / Stahlmaß *n* || ~ **terminal** / Messklemme *f* || ~ **tool drawing** / Messzeug-Zeichnung *f* || ~ **tools and gauges** / Messzeug *n* || ~ **transducer** / Messwertumformer *m*, Messumformer *m* || ~ **transductor** / Messtransduktor *m*, Transduktor-Wandler *m* || ~ **transformer** / Messübertrager *m*, Messwandler *m* || ~ **transmitter** / Messumformer *m*, Messwertumformer *m* || ~ **tube** / Messröhre *f* || ~ **type** / Messart *f* || ~ **variable** / Messgröße *f* || ~ **vector** / Messvektor *m* || ~ **velocity** / Messgeschwindigkeit *f* || ~ **voltage transformer** / Mess-Spannungswandler *m*, Spannungswandler für Messzwecke || ~ **winding** / Messwicklung *f*
mechanical adjustable stop / mechanischer einstellbarer Anschlag || ~ **advantage** / Kraftgewinn *m*, Übersetzungsverhältnis *n* || ~ **amplifier** / elektromechanischer Verstärker || ~ **back-to-back test IEC 34-2** / Rückarbeitsverfahren *n* (el. Masch.) VDE 0530,T.2 || ~ **balance** / mechanischer Abgleich (MG) || ~ **balance instrument** / Messgerät mit mechanischem Nullabgleich || ~ **braking torque** / Bremsmoment bei mechanischer Bremsung || ~ **burden** / mechanische Bürde || ~ **checklist** / mechanische Checkliste || ~ **circuit-breaker** / mechanischer Leitungsschutzschalter || ~ **closing** / mechanisches Abruf || ~ **closing lockout** / mechanische Wiedereinschaltsperre || ~ **coding** / Verwechslungsschutz *m* || ~ **configuration** /

Projektieren des mechanischen Aufbaus || ~ **contactor** / mechanisches Schütz || ~ **design** / Mechanik-Konstruktion f || ~ **durability** / mechanische Lebensdauer || ~ **enclosure** / Umhüllung gegen mechanische Gefahren EN 60950 || ~ **end stop** IEC 214 / mechanische Endbegrenzung (Trafo-Stufenschalter) || ~ **endurance** / mechanische Standfestigkeit, mechanische Lebensdauer, mechanische Dauerfestigkeit || ~ **endurance test** / Nachweis der mechanischen Standfestigkeit, Prüfung der mechanischen Lebensdauer || ~ **environmental conditions** / mechanische Umgebungsbedingungen || ~ **equivalent of heat** / mechanisches Wärmeäquivalent || ~ **failing load** IEC 383 / mechanische Bruchkraft VDE 0446,T.1, Bruchlast f || ~ **feedback instrument** / Messgerät mit elektromechanischem Rückführung || ~ **impulse device** / mechanischer Impulsgeber (EZ) || ~ **inertia** / mechanische Trägheit || ~ **input** / mechanische Antriebsleistung || ~ **installation** / mechanische Installation || ~ **interlock** / mechanische Verriegelung || ~ **lamp base** / kittloser Lampensockel || ~ **latch(ing)** / mechanische Verklinkung || ~ **life** / mechanische Lebensdauer || ~ **linkage line** / mechanische Wirkverbindungslinie || ~ **loading** / mechanische Beanspruchung || ~ **lockout** / mechanische Sperre (o. Einschaltsperre) **mechanically coded** / verwechslungssicher *adj* (elektron. Baugruppen) || ~ **delayed release** / mechanisch verzögerter Auslöser, Auslöser mit mechanischem Hemmwerk || ~ **release-free circuit-breaker** / Leistungsschalter mit mechanischer Freiauslösung || ~ **short-circuit-proof** / kurzschlussfest *adj* VDE 0100,T.200 || ~ **timed relay** / mechanisches Zeitrelais || ~ **trip-free circuit-breaker** / Leistungsschalter mit mechanischer Freiauslösung **mechanical mixture** / Gemenge n || ~ **mixture system** / Gemengehaus n, Mischanlage f, Gemengeanlage f **mechanical operating test** / Prüfung der mechanischen Bedienbarkeit || ~ **operation test** / mechanische Funktionsprüfung || ~ **overpressure relief device** / mechanischer Überdruckschutz || ~ **performance** / mechanisches Verhalten, Laufgüte f || ~ **press** / Mechanikpresse f || ~ **pressure meter** / mechanisches Druckmessgerät || ~ **rating** / mechanische Bemessungswerte, dynamischer Nennstrom || ~ **receiving device** / mechanische Empfangseinrichtung (EZ) || ~ **reclosing lockout** / mechanische Wiedereinschaltsperre || ~ **release-free mechanism** / mechanische Freiauslösung || ~ **routine test** / mechanische Stückprüfung || ~ **seal** / Gleitringdichtung f || ~ **splice** / mechanischer LWL-Spleiß || ~ **stability** / mechanische Festigkeit (Gerät) || ~ **stop** / Hubbegrenzung f || ~ **stop resistance** / Anschlagfestigkeit f (HSS) || ~ **strength** / mechanische Festigkeit (Material), mechanische Beanspruchung || ~ **strength test** / Prüfung der mechanischen Festigkeit || ~ **stress** / mechanische Spannung, mechanische Beanspruchung || ~ **stresses** (conduit) IEC 614-1 / Druckbeanspruchung f(IR) VDE 0605,1 || ~ **switch** / mechanischer Schalter, Lastschalter m || ~ **switching device** IEC 408 / mechanisches Schaltgerät, Schalter m VDE 0660,T.107 || ~

system / Mechanik f(SG) || ~ **system of a pushbutton switch** / Druckknopfschalter-Mechanik f || ~ **tension peak** / mechanische Spannungsspitze || ~ **terminal load** IEC 129 / Klemmenzug m VDE 0670,T.2 || ~ **time constant** / mechanische Zeitkonstante (a. Anzeigegerät) || ~ **time switch** / Mechanische Zeitschaltuhr || ~ **time-delay element** / mechanisches Hemmwerk (Ausl.) || ~ **tool probe** / mechanischer Werkzeugmesstaster || ~ **transmission element** / mechanisches Übertragungselement (WZM) || ~ **trip-free mechanism** / mechanische Freiauslösung || ~ **tripping point** / mechanischer Auslösepunkt || ~ **tuning range** / mechanischer Durchstimmbereich || ~ **UPS power switch (MPS)** / mechanischer USV-Schalter || ~ **work** / mechanische Arbeit || ~ **zero adjuster** / Einsteller für den mechanischen Nullpunkt (MG)
mechanism n / Mechanismus m, mechanische Vorrichtung, (Schalter-)Antrieb m, Schaltwerk n, Getriebe n || ~ **contact** / Schaltwerk n (Geräteschalter) VDE 0630, Kontaktgeber m, Kontaktgabewerk n, Schaltvorrichtung f
mechanism-operated control switch / Antriebshilfsschalter m (SG)
mechatronics n pl (\1. Mechatronics is an interdisciplinary technology based on classical machine design and construction coupled with innovative mechanical and electrical engineering.; 2. A mechanical system comprising an electrical machine becomes a mechatronic system i) / Mechatronik f
media access control (MAC) / Media Access Control (MAC) || **media access security** / Datenzugriffssicherung auf die Kabel
medial layer / Mittellage f
median n / Median m (Statistik) DIN 55350,T.23, Medianwert m, Zentralwert m || ~ **sample** ~ / Stichproben-Zentralwert m, Stichproben-Medianwert m || ~ **life** / zentrale Lebensdauer DIN 40528 || ~ **value** / Medianwert m, Zentralwert m
medical premises / medizinisch genutzte Räume
medicine n / Arzneimittel n
medium, recording ~ / Material des Aufzeichnungsträgers || ~ **access control procedure (MAC procedure)** / Steuerungsverfahren für den Mediumzugriff (LAN) || ~ **attachment point** / Mediumanschlusspunkt m || ~ **attachment unit (MAU)** / Medium-Anschlusseinheit f(LAN) || ~ **cap** / Edison-Sockel m || ~ **clearance fit** / mittlerer Laufsitz
medium-dependent interface / Medium-Schnittstelle f(LAN)
medium-fast information processing / mittelschnelle Informationsverarbeitung
medium-force fit / Festsitz m, Presspassung f
medium frequency (MF) / Mittelfrequenz f (MF)
medium-frequency converter / Mittelfrequenzumformer m || ~ **generator** / Mittelfrequenzgenerator m || ~ **motor-generator set** / Mittelfrequenzumformer m
medium-high *adj* / mittel *adj* || ~ **tensile strength** / mittelzugfest *adj* || ~ **of** ~ **viscosity** / mittelviskos *adj* || ~ **frequency** / Mittelfrequenz f(MF)
medium-high-speed machine / Mittelschnellläufer m
medium-high voltage / Mittelspannung (MS) f
medium-intensity approach lighting (APM)

Anflug-Mittelleistungsbefeuerung *f* (APM) || ~
flush-marker light / Unterflur-
Mittelleistungsfeuer *n* (Flp.) || ~ **light** /
Mittelleistungsfeuer *n*
medium interface connector / Medium-
Steckverbinder *m* (LAN) || ~ **load** / mittlere
Belastung
medium-load contact / Kontakt für mittlere
Belastung
medium performance level / mittlerer
Leistungsbereich (eIST-Geräte) || ~ **performance
range** / mittlerer Leistungsbereich
medium-power transformer /
Mittelleistungstransformator *m*
medium pulse / mittellanger Impuls
medium-rating machine / Mittelleistungsmaschine *f*,
Maschine mittlerer Leistung, Mittelmaschine *f* || ~
transformer / Mittelleistungstransformator *m*
medium-scale integrated circuit (MSI) /
höherintegrierte Schaltung (MSI), IS mittleren
Integrationsgrads
medium-term *adj* / mittelfristig *adj*
medium time-lag fuse IEC 127 / mittelträge
Sicherung VDE 0820,T.1 || ~ **time between
failures (MTBF)** / durchschnittlicher
Ausfallabstand, fehlerfreie Betriebszeit, mittlerer
Ausfallabstand (Erwartungswert der Verteilung der
Ausfallabstände), mittlere Ausfallrate (Mittelwert
der momentanen Ausfallrate während eines
gegebenen Zeitintervalls (t1, t2)) || ~ **voltage (MV)**
/ Mittelspannung *f*
medium-voltage circuit-breaker / Mittelspannungs-
Leistungsschalter *m* || ~ **consumer** /
Mittelspannungsabnehmer *m* || ~ **supply** /
Mittelspannungseinspeisung || ~ **switchgear** /
Schaltanlagen *f pl*, Mittelspannungs-Schaltanlage *f*
|| ~ **system** (US, 1 - 72.5 kV) / Mittelspannungsnetz
n || ~ **tariff** / Preisregelung für Mittelspannung
(StT), Mittelspannungstarif *m*
meeting beam / Abblendlicht *n* (Kfz), Stadtlicht *n*
(Kfz)
megger *n* / Megger *m*, Megohmmeter *n*,
Isolationsprüfer *m*, Kurbelinduktor *m*
megohmmeter *n* / Megohmmeter *n*, Megger *m*,
Isolationsprüfer *m*, Kurbelinduktor *m*
melamine *n* / Melamin *n*, Melaminharz *n*
melamine-formaldehyde *n* / Melaminformaldehyd *n*
melamin-glass-fibre laminated fabric / Melamin-
Glashartgewebe *n*
melt *n* / Schmelze *f*, Schmelzgut *n*, geschmolzene
Masse, Schmelzfluss *m*
melt-flow index / Schmelzindex *m*
melter *n* / Schmelzwanne *f*
melting characteristic / Schmelzzeit-Kennlinie *f*
(Sich.) || ~ **particles** / Schmelzkörper *m pl* (f.
Wärmeprüfungen) || ~ **point** / Schmelzpunkt *m*,
Tropfpunkt *m* (Fett), Schmelztemperatur *f* || ~ **time**
/ Schmelzzeit *f* (Sich.), Ansprechzeit *f* (Sich.),
Vorzündzeit *f*, Vorlichtbogendauer *f* || ~ **trough
software** / Schmelzwannensoftware *f* || ~ **voltage** /
Schmelzspannung *f*
member *n* / Glied *n*, Teil *m*, Bauteil *m*
membrane keyboard / Folientastatur *f* || ~ **keypad** /
Folientastatur || ~ **switch** / Folienschalter *m* E DIN
42115 || ~ **switch array** / Folientastfeld *n* E DIN
42115 || ~ **switch element** / Folientastelement *n* E
DIN 42115

Memo *n* / Rundschreiben (RS) *n*
memorized information / gemerkte Information
(ZKS)
memorizing counter / Zählspeicher *m* || ~ **device** /
Speichereinrichtung *f* (Roboter) || ~ **meter** /
Zählspeicher *m*
memory *n* / Speicher *m*, Gedächtnis *n*, Datenspeicher
m, Speicherplatz *m* || **TO** ~ **(tool offset memory)** /
Werkzeugkorrekturspeicher *m*, TOS (TO-Speicher)
|| ~ **access** / Speicherzugriff *m* || ~ **access controller**
/ Speicherzugriffssteuerung *f*
memory-action relay / Relais mit
Gedächtnisfunktion
memory address / Speicheradresse *f* || ~ **address
space** / Speicheradressraum *m* || ~ **allocation** /
Speicherbelegung *f*, Speicherbelegungsplan *m* || ~
allocation factor / Speicherbelegungsfaktor *m*
(SPS) || ~ **area** / Speicherbereich *m*, Merkerbereich
m, Datenbox *f*, Koppelspeicher *m*, Fach *n*,
Datenfach *n* || ~ **array** / Speicherblock *m* || ~
backup / Speicherpufferung *f* || ~ **back-up time** /
Speicherpufferzeit *f* (durch Batterie) || ~ **bank** /
Bank *f* || ~ **bit** / Merkerbit *n* || ~ **byte (MB)** /
Merkerbyte (MB) *n* || ~ **capacity** /
Speicherkapazität *f*, Speichervermögen *n*,
Speicherausbau *m*, Speicherkonfiguration *f* || ~
card / Speicherkarte *f* || ~ **cassette** /
Speicherkassette (DÜ) || ~ **cell** / Speicherelement *n*
|| ~ **cell matrix** / Speichermatrix *f* (MPU) || ~ **chip** /
Speicherbaustein *m*, Speicherchip *m*,
Speicherelement *n* || ~ **configuration** /
Speicherkonfiguration *f*, Speicherausbau *m* || ~
cycle time / Speicherzykluszeit (DÜ) || ~ **depth** /
Speichertiefe *f* || ~ **driver** / Speichertreiber *m* || ~
dump / Speicherabzug *m*, Ausgabe des
Speicherinhalts || ~ **effect** / Speicherwirkung *f* || ~
element / Speicherelement *n* || ~ **error** /
Speicherfehler *m* || ~ **expansion** /
Speichererweiterung *f* || ~ **expansion module** /
Speichererweiterungsbaugruppe *f* || ~ **frame** /
Speicherblock *m* || ~ **function** / Speicherfunktion *f*,
Gedächtnisfunktion *f* (Rel.) || ~ **I/O select** /
Peripherie-Speicher-Umschaltung *f* || ~ **identifier** /
Speicherkennung *f* || ~ **integrated circuit** /
integrierte Speicherschaltung
memory-intensive *adj* / speicherintensiv *adj*
memory location / Speicherort *m*, Speicherzelle *f*,
Speicherplatz *m*, Operandenadresse *f*,
Speicherverwaltung *f* || ~ **management unit
(MMU)** / Speicherverwaltungseinheit *f* (MMU) || ~
map / Speicherbelegungsplan *m*, Speicherabbild *n*,
Speicherseitenabbild *n*, Speicherbelegung *f*,
Speicherbereichsabbild *n*
memory-mapped I/O / speicherorientierte E/A,
speicherseitenorientierte E/A,
speicherbereichsorientierte E/A
memory medium / Speichermedium *n* || ~ **mode** /
Speicherbetrieb *m* (PC, NC) || ~ **module** /
Speichermodul *n*, Speicherbaugruppe *f*, steckbares
Speichermodul *n*, Langzeit-Speichermodul *n* || ~
operation / Speicheroperation *f* || ~ **page** /
Speicherseite (DÜ) || ~ **protection** / Speicherschutz
m, Speichersicherung *f* || ~ **requirement** /
Speicherplatzbedarf *m*, Speicherbedarf *m* || ~
requirement per block / Speicherbedarf pro
Baustein
memory-resident *adj* / speicherresident *adj*

memory 352

memory router / Speicher-Entflechter m (CAD) || ~ **select (MEMSEL)** / Speicherzugriffsfreigabe f (Signal), Leseverstärker m (integrierte Schaltung, die auf eine Spannung in einem bestimmten Spannungsbereich reagiert und ein digitales Ausgangssignal abgibt) || ~ **shift abort** / Speicherschieben-Abbruch m || ~ **space requirement** / Speicherplatzbedarf m, Speicherbedarf m || ~ **submodule** / Speicherbaugruppe f, Speichermodul n, steckbares Speichermodul n, Langzeit-Speichermodul n || ~ **submodule interface** / Speichermodul-Schnittstelle f || ~ **transfer instruction** / Speichertransferbefehl m || ~ **typewriter** / Speicherschreibmaschine f || ~ **unit (MU)** / Speichereinheit f || ~ **utilization** / Speicherausnutzung f || ~ **width** / Speicherbreite f || ~ **word** / Speicherwort n || ~ **write** / Beschreiben des Speichers
MEMSEL s. memory select
Mendelsohn sponge model / Mendelsohnsches Schwammmodell
mentionable, be ~ / ins Gewicht fallen
menu-assisted adj / menügeführt adj, menügesteuert adj
menu bar / Menüleiste f || ~ **block (MB)** / Menüblock (MB) m || ~ **display** / Menübild n
menu-driven adj / menügesteuert adj, menügeführt adj
menu field / Menüfeld n (BSG) || ~ **file** / Menüdatei f || ~ **file section** / Menüdateiabschnitt m || ~ **image** / Menübild n || ~ **item** / Menüeintrag m || ~ **lattice** / Menüraster m || ~ **line** / Menüzeile f || ~ **method** / Menüverfahren n, Menü-Technik f || ~ **option** / Menüpunkt m
menu-prompted adj / menügeführt adj, menügesteuert adj || ~ **software** / bedienergeführte Software
menu technique / Menütechnik f || ~ **tree** / Menübaum m || ~ **tree structure** / Menübaumstruktur f
m.e.r. s. maximum economical rating
merchandise management system / Warenwirtschaftssystem n
mercuric oxide-zinc battery / Quecksilberoxid-Zink-Batterie f
mercury arc / Quecksilberbogen m
mercury-arc converter / Quecksilberdampfstromrichter m (Hg-Stromrichter) || ~ **rectifier** / Quecksilberdampfgleichrichter m || ~ **valve** / Quecksilberdampfventil m || ~ **valve device** / Quecksilberdampf-Ventilelement n
mercury ballast / Vorschaltgerät für Quecksilberdampflampen || ~ **column** / Quecksilbersäule f (DÜ) || ~ **contact tube** / Quecksilber-Schaltröhre f
mercury-in-glass thermometer / Quecksilber-Glasthermometer n
mercury lamp s. mercury-vapour lamp || ~ **motor meter** / Quecksilberzähler m || ~ **pressure-spring thermometer** / Quecksilber-Federthermometer n || ~ **switch** / Quecksilberschalter m || ~ **tilt switch** / Quecksilber-Kipprohre f, Quecksilberschalter m || ~ **tube** / Quecksilberröhre f
mercury-tungsten lamp / Mischlichtlampe f, Verbundlampe f

mercury-vapour lamp (MVL) / Quecksilberdampflampe f || ~ **lamp with fluorescent coating** / Quecksilberdampflampe mit Leuchtstoff || ~ **mixed-light lamp** / Quecksilberdampf-Mischlichtlampe f
mercury-wetted contact / quecksilberbenetzter Kontakt, Quecksilberfilmkontakt m || ~ **relay** / Quecksilberfilmrelais n
mere adj / rein adj
merge v / mischen v (a. Datenobjekte) DIN 44300, zusammenfügen v (Textteile,Daten), einbinden v
meridional ray / Meridionalstrahl m
MES s. metal semiconductor || ≘ **(Manufacturing Execution System)** / MES (Vertikale/horizontale Integration von der Produktionsebene bis hin zur betriebswirtschaftlich ausgerichteten Unternehmensleitebene (ERP)) || ≘ **level** / Leitebene f
mesa technique / Mesa-Technik f || ~ **transistor** / Mesatransistor m
MESFET s. metal-semiconductor field-effect transistor
MESG s. maximum experimental safe gap
mesh v / ineinandergreifen v, kämmen v || ~ n / Masche f (Netzwerk), Netz n (CAD) || **field** ~ / Feldnetz n (Netzelektrode) || **storage** ~ / Speichernetz n (Osz.) || **to be in** ~ / in Eingriff stehen, kämmen v || **to bring out of** ~ / außer Eingriff bringen
mesh-connected device / Betriebsmittel in Ringschaltung || ~ **system** / vermaschtes Netz, Maschennetz n
mesh connection / Maschenschaltung f, Ringschaltung f, Polygonschaltung f, Dreieckschaltung f || ~ **current** / Maschenstrom m || ~ **earth electrode** / Maschenerder m
meshed bus / Ringsammelschiene f || ~ **circuit** / vermaschte Schaltung || ~ **network** / vermaschtes Netz, Maschennetz n || ~ **system** / Maschennetz n
mesh electrode / Netzelektrode f, Feldnetz f || ~ **impedance matrix** / Maschenimpedanzmatrix f
meshing n / Vermaschung f (Netz) || ~ **gear** ~ / Getriebeeinrücken n, Eingriff (o. Kämmen) der Getrieberäder || ~ **frequency** / Zahneingriffsfrequenz f
mesh opening disconnector / Ring-Trennschalter m
mesh-operated network / vermascht betriebenes Netz, vermaschtes Netz
mesh size / Maschenweite f || ~ **storage tube** / Netz-Speicher-Röhre f (Osz.) || ~ **structure** / Maschenbild n || ~ **substation** / Ringsammelschienen-Station mit Leistungsschaltern || ~ **system** / vermaschtes Netz, Maschennetz n || ~ **voltage** / kleinste verkettete Spannung, Dreieckspannung f || ~ **winding** / schuppenförmige Schleifenwicklung
mesial n (region between proximal and distalregions) / Median m (Bereich zwischen dem proximalen und distalen Bereich) DIN IEC 469,T.1 || ~ **line** / Medianlinie f DIN IEC 469,T.1 || ~ **point** / Medianpunkt m DIN IEC 469,T.1
mesopic vision / Dämmerungssehen n, mesopisches Sehen, Übergangssehen n, Zwielichtsehen n
message n / Nachricht f, Meldung f, Meldetelegramm n, Mitteilung f, Telegramm n, Warnmeldung f, Anzeige f, Angabe f, Alarm m || **information** ~ / Übertragungszeichenfolge f (DÜ) DIN 44302 || ~

adjustment / Telegrammanpassung f || ~
assignment / Telegramm-Rangierung f || ~ **buffer** / Meldungspuffer m, Telegrammpuffer m, Meldepuffer m, Telegrammspeicher m || ~ **coding** / Nachrichtencodierung f (PMG), Nachrichtenverschlüsselung f || ~ **collision** / Überspeichern n, Überlagern n, Überlagerung f, Korrektur f || ~ **configuration** / Meldungsprojektierung f || ~ **confirmation indicator** / Empfangsbestätigungsanzeige f (Fernkopierer) || ~ **content** / Nachrichteninhalt m (PMG) || ~ **cycle (MC)** / Nachrichtenzyklus m (PROFIBUS) || ~ **description** / Meldebeschreibung f || ~ **display** / Anzeigebild n, graphische Darstellung am Bildschirm || ~ **display using SIMATIC S5** / Textanzeige mit SIMATICS5 || ~ **format** / Nachrichtenformat n, Telegrammaufbau m (FWT) || ~ **frame** / Datenblock m, Telegramm n (eine Bitfolge, die alle Angaben für eine Übertragung von Information von einem Teilnehmer zum anderen erhält) || ~ **frame ID** / Telegrammkennung f || ~ **frame length** / Telegrammlänge f || ~ **function** / Meldefunktion f || ~ **group** / Meldegruppe (MG) f || ~ **interchange** / Telegrammverkehr m (DÜ) || ~ **interface** / Melde-Nahtstelle f || ~ **length** / Telegrammlänge f || ~ **line** / Meldezeile f (BSG) || ~ **listing** / Meldeprotokoll n
message module / Meldebaugruppe f || ~ **monitoring** / Meldungsüberwachung f || ~ **name** / Meldungsname m || ~ **number** / Meldungsnummer f || ~ **operand** / Nachrichtenoperand m || ~ **operator** / Nachrichtenoperator m || ~ **output** / Meldungsausgabe f (DÜ, PC) || ~ **path** IEC 625 / Nachrichtenweg m (PMG) || ~ **protection** / Telegrammsicherung f (FWT) || ~ **rate** / Nachrichtenrate (a. PROFIBUS) f || ~ **record** / Meldeblock m || ~ **repetition buffer** / Telegrammwiederholspeicher m (FANT) || ~ **request** / Telegrammanforderung f, Telegrammauftrag m || ~ **route** / Nachrichten-Übertragungsweg m (PMG) DIN IEC 625 || ~ **sequence report** / Meldefolgeprotokoll n || ~ **signal** / Meldesignal n || ~ **standardization** / Telegrammnormierung f || ~ **structure** / Telegrammstruktur f (FWT), Aufbau einer Nachricht (PMG), Meldungsaufbau m, Telegrammaufbau m || ~ **switching** / Nachrichtenumschaltung f, Telegrammvermittlung f, Sendungsvermittlung f (KN) || ~ **template** / Meldeart f || ~ **text** / Meldungstext m (DÜ, PC), Meldetext m, Telegrammtext m || ~ **text address** / Meldetextadresse f || ~ **text display** / Meldetextausgabe f (DÜ) || ~ **traffic** / Telegrammverkehr m || ~ **transfer conventions** / Nachrichten-Übertragungsvorschriften $f\,pl$ || ~ **unit** / Nachrichteneinheit f (PMG) || ~ **updating** / Telegrammerneuerung f (FWT) || ~ **variable** / Nachrichtenvariable f || ~ **window** / Meldefenster n || ~ **word** / Meldungswort n
messenger n / Trageseil n (f. Luftkabel), Tragdraht m, Tragorgan n
messenger-supported cable / Leiterseil mit Tragseil
messmotor n / Messmotor m
mess of cables / Kabelwirrwarr m, Kabelsalat m
metadyne n / Metadyne n, Konstantstrom-Verstärkermaschine f, Querfeldumformer m || ~ **converter** / Metadynumformer m || ~ **generator** /

Metadyngenerator m, Querfeldgenerator m || ~ **transformer** / Metadynumformer m
metafile n (GKS) / Bilddatei f
metal v / mit Metall ausgießen
metal-alumina semiconductor FET (MASFET) / Metall-Aluminiumoxid-Halbleiter-FET m
metal back plate / Metall-Rückwand f || ~ **bellows** / Metallfaltenbelag m || ~ **bellows coupling** / Metallbalgkupplung f || ~ **bellow- type compensator** / Metallkompensator m || ~ **braiding** / Metallgeflecht n, Bandkabel n, Flachbandleitung f, Flachband n, Flachleitung f, Flachbandkabel n || ~ **brush** / Metallbürste f || ~ **casing** / Metallkapsel f (f. elST-Baugruppen)
metal-clad adj / metallgekapselt adj, stahlblechgekapselt adj, mit Metallmantel, metallgeschottet adj, metallkaschiert adj, blechgekapselt adj || ~ **base material** / metallkaschiertes Basismaterial || ~ **cable** / Metallmantelkabel n || ~ **compressible sealing gasket** / metallumhüllte zusammendrückbare Dichtung || ~ **conductor** / metallumhüllter Leiter || ~ **design** / Metallschottung f || ~ **switchgear and controlgear** IEC 298 / metallgeschottete Schaltanlagen VDE 0670,T.6 || ~ **wiring cable** / Rohrdraht m
metal clip / Metallbügel m (Bürste), Metallwinkel m (Bürste)
metal-coated conductor / metallbeschichteter Leiter || ~ **lamp** / verspiegelte Lampe
metal column / Metallmast m (Lichtmast)
metal-core base material / Metallkern-Basismaterial n (gS)
metal-cored carbon / Metalldochtkohle f
metal-core printed board / Metallkern-Leiterplatte f
metal covering / metallische Umhüllung (Kabel) || ~ **cutting** / Spanabhebung f, Fräsen n
metal-elastic mounting / Schwingmetallaufhängung f
metal-embeddable proximity switch / in Metall bündig einbaubarer Näherungsschalter
metal-embedded proximity switch / in Metall eingebauter Näherungsschalter, bündiger Näherungsschalter
metal-encased apparatus / metallumhülltes Gerät, metallumschlossenes Gerät || ~ **Class II appliance** / metallumschlossenes Gerät der Schutzklasse II || ~ **control** / metallgekapseltes RS || ~ **equipment** / metallgekapselte Betriebsmittel DIN IEC 536
metal-enclosed adj / blechgekapselt adj, stahlblechgekapselt adj, metallgekapselt adj || ~ **bus** / stahlblechgekapselte Sammelschiene, gekapselte Sammelschiene || ~ **control board** / stahlblechgekapselte Steuertafel, Stahlblech-Steuertafel f, Stahlblech-Leitstand m || ~ **distribution board** / stahlblechgekapselter Verteiler, STAB-Verteilung f || ~ **gas-filled switchgear** IEC 517, A2 / metallgekapselte gasisolierte Schaltanlage || ~ **l.v. distribution board** / stahlblechgekapselter Niederspannungsverteiler (SNV) || ~ **packaged substation** / Stahlblech-Kleinstation f || ~ **switchboard** / metallgekapselte Schalttafel, Stahlblech-Schalttafel f, stahlblechgekapselte Schalttafel || ~ **switchgear and controlgear** IEC 298 / metallgekapselte Schaltanlagen VDE 0670,T.6 || ~ **switchpanel** / metallgekapseltes

Schaltfeld ‖ ~ **truck-type switchgear** / metallgekapselte Schaltwagenanlage
metal enclosure / Metallkapselung f, Metallgehäuse n, Blechkapselung f, Stahlblechkapselung f, Stahlblechgehäuse n
metal-filament lamp / Metalldrahtlampe f
metal film resistor / Metallschichtwiderstand m ‖ ~ **foil** / Metallfolie f ‖ ~ **foil capacitor** / Metallfolienkondensator m
metal-gate field-effect transistor (MES FET) / Metall-Elektrode-Feldeffekttransistor m (MESFET)
metal-gauze-insert brush / Bürste mit Metallgewebeeinlage
metal-graphite brush / Metallgraphit-Bürste f, metallhaltige Bürste
metal-halide lamp / Halogen-Metalldampflampe f
metal-impregnated graphite / metallimprägnierter Graphit
metal-inert-gas method (MIG method) / Metall-Inertgas-Verfahren n (MIG-Verfahren)
metal-insulator-semiconductor FET (MISFET) / Metall-Isolator-Halbleiter-FET m
metalized adj / metallisiert adj
metallically separated / galvanisch getrennt
metallic arc / Metall-Lichtbogen m ‖ ~ **armour** / Bewehrung f, Panzerung f, Armierung f ‖ ~ **connection** / metallische Verbindung, galvanische Verbindung ‖ ~ **enclosure** / Metallgehäuse n
metallic-film resistor / Metallfilmwiderstand m
metallic isolation / galvanische Trennung, Potentialtrennung f ‖ ~ **reinforcement** / Metallbewehrung f (Beton) ‖ ~ **resistor** / Metallwiderstand m ‖ ~ **return transfer circuit breaker** / Erdleitungsschalter m (HGÜ) ‖ ~ **screen** / Schirm m, statischer Schirm ‖ ~ **shield** / statischer Schirm, Schirm m
metallization, multi-layer ~ / Mehrlagenverdrahtung f (IS)
metallized brush / metallhaltige Bürste, Metallgraphit-Bürste f ‖ ~ **capacitor** / metallisierter Kondensator, Kondensator mit metallisiertem Dielektrikum ‖ ~ **lamp** / verspiegelte Lampe ‖ ~ **paper** / Metallpapier n
metallized-paper capacitor / Metall-Papier-Kondensator m, MP-Kondensator m ‖ ~ **printer** / Metallpapierdruckwerk n
metallized screen / metallhinterlegter Schirm (o. Leuchtschirm)
metal-nitride-oxide semiconductor memory (MNOS memory) / Metall-Nitrid-Oxid-Halbleiterspeicher m (MNOS-Speicher)
metal-nitride semiconductor field-effect transistor (MNS FET) / Feldeffekttransistor mit Metall-Nitrid-Halbleiter-Aufbau (MNS- FET)
metalorganic compound / Organometallverbindung f
metal-oxide semiconductor (MOS) / Metalloxid-Semiconductor (MOS) m, Metalloxid-Halbleiter m ‖ ~ **semiconductor circuit (MOS)** / Metalloxidschicht-Halbleiterschaltung f (MOS) ‖ ~ **semiconductor, ion-implanted (MOSI)** / ionenimplantierter Metalloxid-Halbleiter ‖ ~ **semiconductor field-effect transistor (MOSFET)** / Feldeffekttransistor mit Metalloxid Halbleiter-Aufbau (MOS-FET) ‖ ~ **varistor arrester** / Metalloxid-Varistor-Ableiter m ‖ ~ **varistor**

(MOV) / Metalloxid-Varistor m (MOV)
metal part / Metallteil m, Armatur f (Isolator), Blechteil n, Metallarmatur f ‖ ~ **plate** / Blechwand f
metal-plated carbon-fibre brush / metallisierte Kohlefaserbürste
metal raceway / Blechkanal m (IK) ‖ ~ **rectifier** / Trockengleichrichter m
metal-rubber rail / Metallgummischiene f
metal screen / Metallschirm m, Schutzschirm m ‖ ~ **semiconductor (MES)** / Metall-Halbleiter m ‖ ~ **shield** / Schirm m, statischer Schirm ‖ ~ **snap-action contacts** / Metall-Schnappscheiben $f pl$ ‖ ~ **strip** / Bandkabel n, Flachbandkabel n, Flachbandleitung f, Flachband n, Flachleitung f
metal-semiconductor field-effect transistor (MESFET) / Metall-Halbleiter-Feldeffekttransistor m, Metallelektrode-Feldeffekttransistor m
metal-sheathed cable / Metallmantelkabel n
metal thick-oxide nitride semiconductor (MNTS) / MOS-Halbleiter mit dicker Oxidschicht
metal-to-metal joint / Ganzmetall(rohr)verbindung f ‖ ~ **valve** / Sitzventil n ‖ ~ **wear** / Verschleiß durch Abrieb
metal top / Metallbügel m (Bürste), Metallwinkel m (Bürste) ‖ ~ **treatment** / Blechbehandlung f ‖ ~ **trunking** / Blechkanal m (IK)
metal-tube spring-type pressure gauge / Metallrohr-Federmanometer n
metal vapour / Metalldampf m
metal-vapour arc / Metalldampfbogen m ‖ ~ **arc discharge** / Metalldampfbogenentladung f ‖ ~ **lamp** / Metalldampflampe f ‖ ~ **plasma** / Metalldampfplasma n
metalworking n / Metallverarbeitung f, Metallbearbeitung f
metal-working machine / metallbearbeitende Maschine
metamagnetism n / Metamagnetismus m
metameric colour stimuli / bedingt-gleiche Farbreize, metamere Farbreize
metamers pl / bedingt-gleiche Farbreize, metamere Farbreize
meteorological ceilometer (MCO) / meteorologisches Wolkenhöhen-Messgerät (MCO) ‖ ~ **optical range** / meteorologisch optische Sichtweite
meter n / Meter m, Zähler m, integrierender Zähler, Messgerät n, Elektrizitätszähler m ‖ ~ **adjustment** / Zählerjustierung f ‖ ~ **advance** / Zählerfortschaltung f ‖ ~ **base** / Zählergrundplatte f, Zählertragplatte f ‖ ~ **bench** / Zähler-Prüfplatz m, Zähler-Prüfeinrichtung f ‖ ~ **board** / Zählertafel f, Zählertafelschrank m ‖ ~ **box** / Zählerkasten m ‖ ~ **cabinet** / Zählerschrank m ‖ ~ **case** / Zählergehäuse n ‖ ~ **changeover clock** / Zählerschaltuhr f ‖ ~ **clamp-type terminal** / Zählersteckklemme f ‖ ~ **compartment** / Zählerraum m (im Verteiler) ‖ ~ **constant** / Zählerkonstante f ‖ ~ **cover** / Zählerkappe f ‖ ~ **creep** / Zählerleerlauf m, Zählervortrieb m ‖ ~ **cross support** / Zählerkreuz n ‖ ~ **current** / Zählerstrom m ‖ ~ **current circuit** / Zähler-Strompfad m ‖ ~ **disc** / Zählerscheibe f ‖ ~ **driving element** / Zählertriebsystem n
metered value / Zählwert m ‖ ~ **value acquisition** / Zählwerterfassung f, Erfassung f ‖ ~ **value preprocessing** / Messwertvorverarbeitung f,

Meldungsvorverarbeitung *f*,
Zählwertvorverarbeitung *f*, Vorverarbeitung *f*
meter for direct connection / Elektrizitätszähler für
unmittelbaren Anschluss, Zähler für direkten
Anschluss || ~ **for exported kWh** / Zähler für
Stromabgabe || ~ **for imported kWh** / Zähler für
Strombezug || ~ **frame** / Messwerkträger *m* (EZ),
Zähler-Systemträger *m*, Zählertragrahmen *m*
metering *n* / Messen *n*, Zählen *n*, Dosierung *f*,
Dosieren *n* || ~ **and recorders** / Mess- und
Registriergeräte *n pl* || ~ **cabinet** / Messschrank *m*,
Messeinheit *f* || ~ **channels** / Messkanäle *m pl* || ~
core / Zählkern *m* || ~ **cubicle** / Messschrank *m*,
Messeinheit *f* || ~ **for internal purposes** /
Betriebszählung *f* || ~ **for invoicing** /
Verrechnungszählung *f* || ~ **instrument** / zählendes
Messgerät || ~ **mode** / Messbetrieb *m* || ~ **orifice** /
Messblende *f* || ~ **panel** / Messfeld *n* || ~ **piston** /
Messkolben *m* || ~ **plug** / Messkolben *m* || ~ **point** /
Messstelle *f*, Zählstelle *f* || ~ **sensor** / Messfühler *m*
|| ~ **shaft** / Messachse *f* (EZ), Messwelle *f* (EZ) || ~
spindle / Messachse *f* (EZ), Messwelle *f* (EZ) || ~
transformer / Zählerwandler *m*, Zählwandler *m* || ~
unit (ACS) EN 60439-4 / Messeinrichtung *f*,
Zählsatz *m* || ~ **winding** / Zählwicklung *f*
meter loop / Zählerschleife *f* || ~ **management** /
Zählermanagement *n* || ~ **module** / Zählermodul *n*,
Zählbaugruppe *f*, Zählerbaugruppe *f* || ~ **mounting
board** / Zählerplatz *m* || ~ **mounting box** /
Zählereinbaugehäuse *n* || ~ **mounting unit** /
Zählereinbauteil *m* (EZ) || ~ **no-load creep** /
Zählervorlauf *m* || ~ **panel** / Zählerfeld *n*,
Zählerplatz *m*, Zählertafel *f* || ~ **pulse** / Zählimpuls
m || ~ **reader** / Zählerableser *m* || ~ **reading** /
Zählerablesung *f*, Zählwert *m* (Verbrauch je
Messperiode), Zählerstand *m*, Zählerwert *m*
meter-reading log / Zählwert-Protokoll *n*
meter registration / Zählerstand *m* (EZ),
Zähleranzeige *f* (EZ)
meter-registration logging system / Zählwert-
Protokollanlage *f*
meter rent / Messpreis *m* (StT), Entgelt für
Messeinrichtungen || ~ **rotor** / Zählerläufer *m* || ~
seal / Zählerplombe *f* || ~ **sealing** /
Zählerplombierung *f* || ~ **section** / Zählerfeld *n* || ~
support plate / Zählertragplatte *f* || ~ **systems** /
Zählertechnik *f* || ~ **test bench** / Zähler-Prüfplatz *m*,
Zähler-Prüfeinrichtung *f* || ~ **testing array** / Zähler-
Prüfeinrichtung *f* || ~ **time switch** / Zählerschaltuhr
f || ~ **voltage circuit** / Zähler-Spannungspfad *m* || ~
wire / Zählader *f* || ~ **with demand indicator** /
Zähler mit Maximumzeiger || ~ **with maximum-
demand recorder** / schreibender Maximumzähler
|| ~ **wrapper** / Zählereinbaugehäuse *n*,
Zählereinbauteil *n*
method of charging / Ladeart *f* (Batt.) || ~ **of
connection** IEC 117-1 / Schaltungsart *f* || ~ **of
control** / Steuerungsart *f* || ~ **of marking** /
Aufzeichnungsverfahren *n* (Schreiber) || ~ **of
measurement** / Messverfahren *n* || ~ **of operation** /
Arbeitsweise *f*, Betätigungsart *f*, Funktionsweise *f*,
Wirkungsweise *f* || ~ **of regulation** / Art der
Einstellung (Trafo) || ~ **of representation** /
Darstellungsart *f* || ~ **of ventilation** / Belüftungsart
f, Kühlart *f*
methods engineer / Arbeitsvorbereiter *m*
metric horsepower / Pferdestärke *f* (PS) || ~/**inch**

changeover / Metrisch/Zoll-Umschaltung || ~
standard conditions / Standardzustand *m* (Druck,
Temperatur)
metrological characteristics / messtechnische
Eigenschaften || ~ **examination** / messtechnische
Prüfung || ~ **integrity of a measuring instrument** /
metrologische Sicherheit eines Messgerätes || ~
properties of a weighing machine /
messtechnische Eigenschaften einer Waage || ~
surveillance / eichamtliche Überwachung
metrology *n* / Metrologie *f*, Messtechnik *f*
metropolitan area network (MAN) / Datennetz im
städtischen Bereich
MF s. medium frequency
MFB s. motional feedback
MG-FET (metal-gate field-effect transistor) / MES-
FET (Metall-Elektrode-Feldeffekttransistor)
m.-g. set s. motor-generator set
m.g. welding set s. motor-generator welding set
MHB / Halterbremse *f*
MHD generator s. magnetohydrodynamic generator
|| ~ ° **thermal power station** s.
magnetohydrodynamic thermal power station
mho circle / MHO-Kreis *m*, Konduktanzkreis *m* || ~
distance protection / Distanzschutz mit MHO-
Charakteristik, Konduktanz-Impedanzschutz *m* || ~
measuring starter / Admittanz-Anrege-Messrelais
n || ~ **protection** / MHO-Schutz *m*,
Konduktanzschutz *m*, Admittanzschutz *m* || ~ **relay**
/ MHO-Relais *n*, Admittanzrelais *n*,
Konduktanzrelais *n*
m.i. s. moment of inertia
MIB (machine input buffer) / EZS
(Eingabezwischenspeicher) || ~ ° **(management
information base)** / MIB
MIC s. microcomputer || ~ ° s. microwave integrated
circuit || ~ ° s. minimum ignition current || ~ ° s.
monolithic integrated circuit
mica *n* / Glimmer *m*
mica-backed fabric / Mikanitgewebe *n*
mica block / Blockglimmer *m* || ~ **cambric** /
Glimmerbatist *m*
mica-coat *v* / verglimmern *v*
mica flakes / Glimmerblättchen *n pl*, Glimmerflitter
m || ~ **fleece tape** / Vlies-Glimmerband *n*
micafolium / Mikafolium *n*
mica glass-fabric tape / Glimmer-Glasgewebeband *n*
|| ~ **laminae** / Spaltglimmer *m* || ~ **laminate** /
Glimmerschichtstoff *m*, Glimmerplatte *f* || ~
moulding material / Glimmerpressmasse *f*
micanite *n* / Mikanit *n*, Verbundglimmer *m*
mica paper / Glimmerpapier *n*, Glimmer-
Breitbahnmaterial *n*
micarta *n* / Mikartit *n*
mica separator / Glimmerzwischenlage *f* || ~ **sheet** /
Glimmerfolie *f*, Plattenglimmer *m* || ~ **slab** /
Glimmerplatte *f* || ~ **splittings** / Spaltglimmer *m*,
Schuppenglimmer *m* || ~ **tape** / Glimmerband *n*
mica-tape serving / Glimmerbandbewicklung *f*
mica undercutter / Glimmerfräsapparat *m*,
Glimmerschaber *m* || ~ **undercutting saw** /
Glimmersäge *f* || ~ **wrapper** / Glimmerhülse *f*
Michell thrust bearing / Michell-Drucklager *n*,
Segment-Drucklager *n*, Kippsegment-Gleitlager *n*
microalloy technique / Mikrolegierungstechnik *f* || ~
transistor (MAT) / Mikrolegierungstransistor *m*
microammeter / Mikroampèremeter *n*

microanalysis *n* / Mikroanalyse *f*
microarc *n* / Mikrobogen *m*
micro-assembly *n* / zusammengesetzte Mikroschaltung DIN 41848, Mikrobaustein *m*
micro-bending *n* / Mikrokrümmung *f* (LWL), Mikrobiegung *f*
micro changeover switch / Mikro-Umschalter *m* || ~ **memory card (MMC)** / kompakte Speicherkarte, MMC || ~ **PLC** / Mikro-SPS
microchemical analysis / Mikroanalyse *f*
micro-circuit *n* / Mikroschaltung *f* DIN 41848
microclimate *n* / Kleinklima *n*
microcoded *adj* / mikroprogrammgesteuert *adj*
microcomputer (MC) *n* / Mikrocomputer *m* (MC), Mikrorechner *m* || ~ **board (MCB)** / Mikrocomputer-Platine *f* (MCB) || ~ **control (MCC)** / Mikrocomputersteuerung *f* || ~ **development system (MDS)** / Mikrocomputer-Entwicklungssystem *n* (MES)
microcomputer-module *n* / Leittechnik-Prozessorbaugruppe *f*
microcontroller *n* / Mikroregler *m*, Programmschaltwerk *n*, Microcontroller *m*
micro-controller *n* / Kleinststeuerung *f*
microcrack *n* / Mikroriss *m*, Haarriss *m*
micro-disconnection *n* / Mikroabschaltung *f*
micro-drip system / Micro-Drip-System *n*
micro-drive *n* / Feinantrieb *m*
microdrive *n* / Feinfahrantrieb *m*, Hilfsantrieb zum Bündigfahren
microelectronics *plt* / Mikroelektronik *f*
micro-environment *n* / unmittelbare Umgebung EN 60742, Mikroumgebung *f*, unmittelbare Umgebungsbedingungen VDE 0109
microexamination *n* / Mikroprüfung *f*
microfilter *n* / Feinstfilter *n*
microfinish *n* / Feinstbearbeitung *f*
micro-finish *v* / feinstbearbeiten *v*
microflow sensor / Mikroströmungsfühler *m*
microgap construction / kleine Kontaktöffnungsweite VDE 0630 || ~ **switch** / Mikroschalter *m*, Schnappschalter *m*
micrograph *n* / Mikroaufnahme *f*, Mikroschliffbild *n*
microgroove *n* / Mikrorille *f*
micro-hardness *n* / Mikrohärte *f*
micro-instruction *n* / Mikrobefehl *m*
micro-interruption *n* / Mikro-Unterbrechung *f*
micro-leak *n* / Feinleck *n*
micrometer *n* / Mikrometer *n*, Messschraube *f*, Bügelmessschraube *f* || **dead-weight** ~ / Füllhebelmesslehre *f* || **external screw-type** ~ / Bügelmessschraube *f* || ~ **adjustment** / Feineinstellung *f* (WZM, NC), Mikrometernachstellung *f* || ~ **dial** / Feinmessuhr *f* || ~ **gauge** / Feinmesslehre *f*, Schraublehre *f*, Feinmessuhr *f* || ~ **screw** / Feinmessschraube *f* || ~ **with pointed noses** / Spitzenmikrometer *n*
micromotor *n* / Mikromotor *m*
microphony *n* / Mikrophonie *f*
microprobe *n* / Mikrosonde *f*
microprocessor (MP) *n* / Mikroprozessor *m* (MP)
microprocessor-based *adj* / mikroprozessorgeführt *adj* || ~ **control** / Mikroprozessorsteuerung *f* || ~ **electronic engine control** / Mikroprozessor-Motorsteuerung *f* (Kfz) || ~ **measuring instrument** / Mikroprozessor-Messgerät *n* || ~ **protection and control** / mikroprozessorgeführte Leittechnik (f. Schaltanlagen)
microprocessor development system (MDS) / Mikroprozessor-Entwicklungssystem *n* (MES) || ~ **control** / Mikroprozessorsteuerung *f* || ~ **language (MPL)** / Mikroprozessor-Programmiersprache *f* (MPL) || ~ **module** *n* / Mikroprozessormodul *n* || ~ **operating system (MOS)** / Mikroprozessor-Betriebssystem *n* || ~ **operating system interface (MOSI)** / Mikroprozessor-Betriebssystem-Schnittstelle *f* || ~ **path control** / Mikroprozessorbahnsteuerung *f* || ~ **system bus (MPSB)** / Mikroprozessor-Systembus *m* (MPSB) || ~ **unit (MPU)** / Mikroprozessoreinheit *f* (MPU)
microprogram *n* / Mikroprogramm *n*
microprogrammable control (MPC) / mikroprogrammierbare Steuerung (MPS)
microprogrammed *adj* / mikroprogrammiert *adj*, mikroprogrammgesteuert *adj*
microprogram memory / Mikroprogrammspeicher *m*
micro programmer / Kleinstprogrammiergerät *n*
microscopic inspection / mikroskopische Prüfung
micro-section *n* / Mikroschliffbild *n*
micro-shrinkhole *n* / Mikrolunker *m*
micro-speed *n* / Feingangdrehzahl *f* || ~ **geared motor** / Feingang-Getriebemotor *m*
microstrip line / Mikrostreifenleitung *f*
micro-structure *n* / Mikrostruktur *f*, Gefüge *n* || ~ **X-ray examination** / Röntgenfeinstrukturuntersuchung *f*
microswitch *n* / Mikroschalter *m*, Schnappschalter *m*
microvacuum *n* / Hochvakuum *n*
microwave gyrator / Mikrowellen-Gyrator *m* || ~ **integrated circuit (MIC)** / integrierte Mikrowellenschaltung || ~ **isolator** / Mikrowellen-Isolator *m* || ~ **protection system** IEC 50(448) / Schutzsystem mit Richtfunk || ~ **reader system** / Mikrowellenerkennungssystem *n* || ~ **tube** / Mikrowellenröhre *f*
middle-class company / Mittelständler *m*
middle conductor / Mittelleiter *m*, Nullleiter *m* || ~ **hole** / Mittelbohrung *f* || ~ **marker (MMK)** / Haupteinflugzeichen *n* (MMK) || ~ **of air gap** / Luftspaltmitte *f*
middle-of-line tapping switch / Mittenumsteller *m* (Trafo)
middle piece / Mittelstück *n* || ~ **plate** / Mittelsteg *m* || ~ **wing bar** / mittlere Außenkette (Flp.)
midfrequency *n* / Mittenfrequenz *f*, Abstimmfrequenz *f* || ~ **of octave band** / Oktavmittenfrequenz *f*
midi-wire-wrap technique / Midiwickeltechnik *f*
midpoint *n* / Dreiecksmitte *f* || **midpoint of class** / Klassenmitte *f* DIN 55350,T.23 || ~ **protection** / Windungsschlussschutz durch Mittelanzapfung
mid-position *n* / Mittelposition *f*, Mittelstellung *f* || ~ **contact** / Mittelkontakt *m* (Rel.)
mid-potential *n* / Mittelpotential *n*
mid-range *n* / Spannenmitte *f* (Statistik, QS) DIN 55350,T.23, Spannweitenmitte *f* (Statistik, QS) || ~ **application** / Mittelklassenanwendung *f*
midscale drift / Drift bei Skalenmitte
mid-span *n* / Spannfeldmitte *f* || ~ **tension joint** / Feldverbinder *m* (Freiltg.)
midstep value / Schrittmittenwert *m* (ADU)
mid-tap *n* / Mittelanzapfung *f* (Trafo), Mittelabgriff *m*, Mittelstellung *f* (Trafo) || ~ **voltage** /

Mittelstellungsspannung f (Trafo)
mid-wire conductor / Mittelleiter m (SR-Schaltung)
MIG method s. metal-inert-gas method || **⚛/MAG welding** / Mig-Mag-Schweißen n || **⚛/MAG welding unit** / Mig-Mag-Schweißgerät n
migrant echo / Wanderecho n
migration n / Umstieg m || **~ concept** / Migrationskonzept n || **~ rate** / Wanderungsgeschwindigkeit f
mildew-proofness n / Schimmelbeständigkeit f
mill v / fräsen v || **~ a contour** / Kontur fräsen || **~ direction** / Fräsrichtung f
mill-duty contactor / Schütz für Walzwerkbetrieb
milled nut / Rändelmutter f, Kordelmutter f || **~ part** / Frästeil n
miller n / Fräsmaschine f
millhead n / Fräskopf m
Milliken conductor IEC 50(461) / Segmentleiter m
millimetres of mercury / Millimeter-Quecksilbersäule f
millimetre-square graph paper / Millimeterpapier n
milling n / Fräsen n, Fräsbearbeitung f, Fräsbetrieb m || **~ cutter** / Fräser m, Fräswerkzeug n || **~ cycle** / Fräszyklus m || **~ feed** / Fräsvorschub m || **milling head** / Fräskopf m || **~ machine** / Fräsmaschine f || **~ machine coloumn** / Maschinenständer m || **~ mark** / Fräsmarke f || **~ motor** / Fräsmotor m || **~ path overlap** / Fräsbahnenüberdeckung f (WZM) || **~ pattern** / Fräsbild n || **~ spindle** / Frässpindel f || **~ tool** / Fräswerkzeug n, Fräser m || **~ unit** / Fräseinheit f || **~ work** / Fräsarbeit f
millivolt level method / Millivoltmethode f || **~ method** / Millivoltmethode f
mill motor / Walzwerkmotor m, Millmotor m || **~ with round tool insert** / Fräser mit runder Wendeschneidplatte
mill-rating equipment (MR equipment) / Geräte für Walzwerkbetrieb (o. Hüttenbetrieb)
mimic n / Anlagenbild n, Prozessbild n, Anlagenfließbild n || **~ board controller (MBC)** / Meldebildserver m || **~ diagram** / Funktionsabbild n IEC 50(603), Anlagenbild n, Blindschaltbild n, Abzweigsteuerbild n, Prozessbild n
mimic-diagram control / Anlagenbildsteuerung f || **~ symbol** / Blindschaltsymbol n
mine cable / Bergbaukabel n, Bergbauleitung f || **~ lighting** / Bergwerkbeleuchtung f, Grubenbeleuchtung f || **~ luminaire** / Grubenleuchte f
mineral fat / Mineralfett n || **~ fibre** / Mineralfaser f || **~ grease** / Mineralfett f
mineral-insulated cable / mineralisolierte Leitung
mineral insulating oil / Isolieröl auf Mineralölbasis || **~ insulation** / Mineralisolierung f, mineralische Isolierung
mine rescue luminaire / Rettungsleuchte f (f. Grubenwehrmannschaften)
miner's lamp / Bergmannsleuchte f, Grubenlampe f || **~ personal lamp** / persönliche Bergmannsleuchte
mine safety lamp / Benzinsicherheitslampe f (zum Nachweis von Grubengasen), Flammenleuchte f || **~ signal cable** / Grubensignalkabel n
mines susceptible to firedamp / schlagwettergefährdete Grubenbaue EN 50014
mine-type cable / Bergbaukabel n, Bergbauleitung f
mine water / Grubenwasser f
miniature all-or-nothing relay / Kleinschaltrelais n ||

~ cap / Miniatursockel m || **~ circuit breaker** / Leitungsschutzschalter m, Spannungswandlerschutzschalter m || **~ circuit-breaker (m.c.b.)** / Leitungsschutzschalter m, Sicherungsautomat m, Schutzschalter m, Kleinselbstschalter m, Automat m || **~ circuit breaker board** / Automatenverteiler m, Sicherungsautomatenverteiler m, Installationsverteiler mit Kleinselbstschalter || **~ circuit-breaker for domestic purposes** / Haushalt-Leitungsschutzschalter m (HLS-Schalter), Haushalt-Automat m || **~ connector** / Kleinsteckverbinder m, Klein-Gerätesteckdose f || **~ contactor** / Kleinschütz n || **~ fluorescent lamp** / Kleinleuchtstofflampe f, Miniatur-Leuchtstofflampe f, Kurzstab-Leuchtstofflampe f, Kurzstablampe f || **~ fuse** / Feinsicherung f || **~ indicator light** / Kleinleuchtmelder m || **~ lamp** / Kleinlampe f, Zwerglampe f || **~ limit switch** / Klein-Positionsschalter m || **~ motor** / Kleinstmotor m || **~ overcurrent circuit-breaker** / Kleinselbstschalter m || **~ p.c.b.** / Kleinleiterplatte f || **~ position switch** / Klein-Positionsschalter m || **~ potted block** / Kleinblock m (elST) || **~ relay** / Kleinrelais n || **~ round plug** / Kleinrundstecker m || **~ screw holder** / Mignon-Schraubfassung f || **~ spotlight** / Kleinanstrahler m || **~ switch** / Miniaturschalter m || **~ time switch** / Kleinschaltuhr f, Minizeitschaltuhr f || **~ transformer** / Kleinsttransformator m, Kleintransformator m || **~ trunking** / Installationskanal f (IK) || **~ withdrawable unit** / Kleineinschub m
miniaturization n / Miniaturisierung f
miniaturize v / miniaturisieren v
miniaturized control board / Kompaktwartentafel f || **~ control-room system** / Kompaktwartensystem n
miniblock n / Kleinblock m (elST) || **~ relay** / Miniblockrelais n
minicomputer n / Minicomputer m
minimal motor frequency / minimale Motorfrequenz || **~ torque oscillations** / hohe Rundlaufgüte
mini-diskette n / Minidiskette f, Minifloppy n
mini-floppy n / Minidiskette f, Minifloppy n
mini-gap switch / Mikroschalter m, Schnappschalter m
minimize v / minimieren v
minimum actuating force IEC 337-2 / Mindest-Betätigungskraft f (HSS) VDE 0660,T.201 || **~ actuating moment** IEC 337-2 / Mindest-Betätigungsmoment n VDE 0660,T.201 || **~ allowable temperature** / tiefste zulässige Temperatur, tiefste anwendbare Temperatur (TMIN) DIN 2401,T.1 || **~ angle of shade** / minimaler Schutzwinkel (Freiltg.) IEC 50(466), kleinster zulässiger Schutzwinkel || **~ annular width** / kleinste Lötbandbreite (gS) || **~ area** / Mindestquerschnitt m || **~ break time** / Mindestpausendauer f || **~ breaking current** / kleinster Ausschaltstrom I_min, Mindest-Ausschaltstrom m || **~ capacity** / Mindestlast f || **~ clearance** / Kleinstspiel n, Mindestabstand m || **~ clearance from adjacent components** / Mindestabstand von benachbarten Bauteilen || **~ clearance in air** / Mindestabstand in Luft || **~ close duration** / Ein-Befehl-Mindestdauer f || **~**

minimum-current 358

command time / Befehlsmindestdauer f || ~ **conductor cross-section** / Mindest-Anschlussquerschnitt m || ~ **control** / Minimalsteuerung f
minimum-current relay / Mindeststromrelais n
minimum cut-off angle / Mindestabschirmwinkel m || ~ **demand** / Mindestleistung f (StT) || ~ **detectable quantity** / Nachweisgrenze f
minimum-excitation limiter s. under excitation limiter
minimum field / minimale Erregung (el. Masch.) || ~ **fit** / Kleinstpassung f || ~ **force required along plunger axis** / Mindeskraftbedarf in Hubrichtung || ~ **frequency** / Mindestfrequenz f || ~ **fusing current** / kleinster Schmelzstrom || ~ **gap** / Engspalt m || ~ **idling speed** / kleinste Leerlaufdrehzahl || ~ **ignition current (MIC)** / Mindestzündstrom m (MIC) || ~ **ignition curve** / Zündgrenzkurve f || ~ **input voltage for rated output power** IEC 65 / Mindest-Eingangsspannung für Nenn-Ausgangsleistung VDE 0860 || ~ **input voltage for rated temperature-limited output power** IEC 65 / Mindest-Eingangsspannung für Nenn-Dauerausgangsleistung VDE 0860 || ~ **interference** / Kleinstübermaß n || ~ **limit of size** / Kleinstmaß n DIN 7182,T.1 || ~ **limiting error** / Mindestwert n (Statistik, QS), untere Toleranzgrenze, unterer Grenzwert || ~ **load** / Mindestlast f || ~ **load current** / minimaler Laststrom, Mindestlaststrom m || ~ **material size** / Minimum-Material-Maß n DIN 7182,T.1
minimum/maximum selection / Minimal-/Maximal-Auswahl f (SPS), Extremwertauswahl f || ~ **value** / Minimal- und Maximalwert m
minimum measuring relay / Minimum-Messrelais n || · **movement** / kleinster Schaltschritt || ~ **movement step** / kleinster Schaltschritt
minimum-oil-content circuit breaker / ölarmer Leistungsschalter
minimum ON period / Mindesteinschaltdauer f || ~ **on-time** / Mindesteinschaltdauer f
minimum open-circuit voltage / Mindest-Leerspannung f (Lampe) || ~ **operating current** / Mindestausschaltstrom m || ~ **operating density of insulating gas** / Mindest-Betriebsdichte des Isoliergases || ~ **operating distance** EN 60947-5-2 / Mindestschaltabstand (NS) m || ~ **operating pressure** / niedrigster Arbeitsdruck (PAMIN) DIN 2401,T.1, Mindest-Betriebsdruck m || ~ **operating temperature** / tiefste Arbeitstemperatur (TAMIN) DIN 2401,T.1, Ansprechwert m (Messtechnik, kleinste Änderung der Eingangsgröße, die eine Änderung der Ausgangsgröße verursacht) || ~ **operational current** / Mindestlaststrom m (NS) || ~ **payment clause** / Mindestabnahmeklausel f (StT), Mindestzahlungsklausel f (StT)
minimum-phase network / Minimumphasen-Netzwerk n
minimum power-frequency sparkover test / Prüfung der Nichtansprech-Wechselspannung || ~ **power-frequency sparkover voltage** / Nichtansprech-Wechselspannung f || ~ **power supply voltage** / niedrigste Versorgungsspannung || ~ **pressure** / Mindestdruck m
minimum-pressure lockout / Mindestdrucksperre f
minimum probability of acceptance / Mindest-Annahmewahrscheinlichkeit f || ~ **pulse time** / Mindestsignalzeit f, Mindestimpulszeit f, Mindestimpulsdauer f || ~ **reading distance** / kleinste Ableseentfernung || ~ **receiver pressure** / Entleerungsdruck m (Druckluftbehälter) || ~ **repair volume** / Mindestreparaturvolumen n || ~ **requirements** / Mindestforderungen f pl
minimum-running-current test / Anlaufprüfung f (EZ)
minimum safe height EN 50017 / Mindestsicherheitshöhe f EN 50017 || ~ **safe running of a unit** / Betrieb eines Blocks mit Mindestleistung || ~ **scan cycle time** / Mindestzykluszeit f || ~ **shielding angle** / minimaler Schutzwinkel (Freiltg.) IEC 50(466), kleinster zulässiger Schutzwinkel || ~ **sparkover level** / Nichtansprech- Stoßspannung f || ~ **sparkover level test** / Prüfung der Nichtansprech-Stoßspannung || ~ **stable capacity** / technische Mindestleistung (KW) || ~ **stable generation** / technische Mindestleistung (KW) || ~ **stable operation** / Betrieb mit Mindestlast (KW), Mindest-Anfangskraft f (HSS-Betätigung) VDE 0660, T.201 || ~ **starting moment** IEC 337-2 / Mindest-Anfangsmoment n (HSS-Betätigung) VDE 0660, T.201 || ~ **static bending radius** / minimaler statischer Biegeradius (Kabel) EN 60966-1 || ~ **station delay remote (min. TSDR)** / Kleinste Station Delay, Minimum Station Delay Remote (min. TSDR) || ~ **stress limit** / Grenzlinie der Unterspannung (mech.) || ~ **switching-impulse sparkover voltage** / Nichtansprech-Schaltstoßspannung f || ~ **switching-impulse voltage sparkover test** / Prüfung der Nichtansprech-Schaltstoßspannung || ~ **switching pressure** / Mindestschaltdruck m || ~ **totalled load** / kleinste Abgabemenge || ~ **trip duration** / Aus-Befehl-Mindestdauer f E VDE 0670,T.101 || ~ **voltage** / Mindestspannung f || ~ **withstand value** / Mindest-Haltewert m
mini compact unit / Minikompaktgerät (MKG) n || ~ **floppy disk** / Minidiskette f || ~ **HHU** / Handpendel n, Mini-BHG
mining type transformer / Bergbautransformator m
minipattern n / Minipattern m
mini PLC (mini programmable controller) / Kleinsteuergerät n, Kleinsteuerung f || ~ **programmable controller** / Kleinsteuergerät n (SPS) || ~ **programmable controller (mini PLC)** / Kleinsteuerung f
mini-pushbutton n / Kleindrucktaster m
minispot n / Kleinanstrahler m
mini-wire-wrap technique / Miniwickeltechnik f
minor defect / Nebenfehler m || ~ **defective** / Einheit mit einem oder mehreren Nebenfehlern (QS), Nebenfehlereinheit f || ~ **diameter** / Innendurchmesser m, Kerndurchmesser m || ~ **discharge** / Vorentladung f || ~ **element** / Nebenelement n (NC-Satz) || ~ **failure** / Nebenausfall m || ~ **fault** / geringfügiger Fehler IEC 50(191), geringfügiger Fehlzustand || ~ **filament** / Nebenwendel f, Nebenleuchtkörper m || ~ **final loop** / kleine letzte Stromschwingung || ~ **hysteresis loop** / innere Hystereseschleife || ~ **insulation** / innere Isolation (Trafowickl.)
minority carrier / Minoritätsträger m
minor loop / Nebenschleife f || ~ **non-conformance** / Nebenfehler m || ~ **road** / Nebenstraße f

minting machine / Münzprägemaschine f
minuend n / Minuend m || ~ **low word** / Minuend L-Wort
minus allowance / Untermaß n, unteres Abmaß || ~ **cam** / Minusnocken m || ~ **region** / Minusbereich m || ~ **rotation** / Drehung im Gegenuhrzeigersinn, Linkslauf m, Linksdrehung f || ~ **sign** / Minuszeichen n || ~ **tapping** / Minusanzapfung f (Trafo)
minute dial / Minutenscheibe f (Zeitschalter) || ~ **of arc** / Bogenminute f || ~ **value of electric strength** / Minuten-Stehspannung f
minutes reserve / Minutenreserve f
MIP s. microprocessor
mirror v / spiegeln v (NC, CAD) || **3-way** ~ / Tripelspiegel m || ~ **axis** / Spiegelachse f (NC)
mirror-backed adj / spiegelunterlegt adj (MG)
mirror-coated lamp / verspiegelte Lampe
mirrored adj / spiegelbildlich adj || ~ **lamp** / verspiegelte Lampe || ~ **machining** / Spiegelbearbeitung f
mirror glass / Spiegelglas n
mirroring n / Spiegelung f, Spiegeln n, Achsspiegeln n (NC-Technik), spiegelbildliche Achssteuerung, spiegelbildliche Bearbeitung || ~ **of position data** / Spiegeln der Weginformation || ~ **offset (MO)** / Spiegelverschiebung (SV) f
mirror-finish v / hochglanzpolieren v
mirror-image adj / spiegelbildlich adj
mirror image / Spiegelbild n, Spiegeln n (NC), spiegelbildgleich adj || ~ **image across X-axis** / Spiegeln der X-Achse (NC)
mirror-image machining / spiegelbildliche Bearbeitung (WZM, NC), Spiegeln n, spiegelbildliche Achssteuerung, Achsspiegeln n (NC-Technik)
mirror image of position data / Spiegeln der Weginformationen (NC)
mirror-image switch / Spiegelbildschalter m (NC) || ~ **switching** / Spiegelbildschaltung f (NC)
mirror inversion method / Spiegelverfahren n || ~ **line** / Spiegelgerade f || ~ **offset** / Spiegelverschiebung f (WZM, NC) || ~ **plate** / Spiegelglas n || ~ **spindle** / Spiegelspindel f || ~ **spotlight** / Spiegelscheinwerfer m || ~ **switch** / Symmetrieschalter m || ~ **symmetry** / Spiegelsymmetrie f (NC)
MIS s. management information system
misaligned adj / schlecht ausgerichtet adj, nichtfluchtend adj
misalignment n / schlechte Ausrichtung, Fluchtungsfehler m, Versatz m, Verlagerung f, Schieflage f, Schiefstellung f, Fehlausrichtung f || **spot** ~ / Fleckverschiebung f (Osz.), Punktabweichung f (ESR)
miscellaneous function / Zusatzfunktion f (NC) DIN 66025,T.2
miscibility n / Mischbarkeit f
miscible adj / mischbar adj
misconnection n / Fehlverbindung f (DÜ)
MISFET s. metal-insulator-semiconductor FET
misfire n / Zündaussetzer m (Kfz, ESR), Verbrennungsaussetzer m
mishandling n / Fehlbehandlung f || ~ **failure** / Ausfall infolge Fehlbehandlung || ~ **fault** / Fehlzustand infolge Fehlbehandlung
mismatch n / Fehlanpassung f, Fehlabschluss m

mismatched load / fehlangepasste Last
mismatch factor / Reflexionsfaktor m || ~ **stability** / Stabilität bei Fehlanpassung || ~ **uncertainty** / Fehlanpassungsunsicherheit f
misoperation n / Fehlbedienung f, Fehlfunktion f
mispick n / Fehlentnahme f, falsche Lagerentnahme
missing code / fehlender Code, Fehlcode m, Ausfallcode m || ~ **identifier** / fehlender Bezeichner (FB), FB (fehlender Bezeichner)
missing/incorrect order entries / Fehlbuchung f
missing operation / unterbliebenes Arbeiten (Schutz) || ~ **pulse** / Fehlimpuls m, Fehlpuls m, Signalausfall m
missing-pulse count / Anzahl der Fehlimpulse || ~ **factor** / Fehlimpulsfaktor m
missing tool table / Werkzeugfehltabelle f
mistake n (A human action that produces an unintended result.) / Fehlverhalten n, Fehlfunktion f, menschliches Versagen (Handlung eines Menschen, die zu einem unerwünschten Ergebnis führt), menschliches Fehlverhalten
mistaken adj / irrtümlich adj
misuse n / Fehlnutzung f || ~ **failure** / Ausfall infolge Fehlnutzung, Fehlanwendungsausfall m, Ausfall infolge Fehlanwendung (Ausfall infolge von Anwendungsbeanspruchungen, welche die festgelegten Leistungsfähigkeiten der Einheit überfordern) || ~ **fault** / Fehlzustand infolge Fehlnutzung, Fehlzustand infolge Fehlanwendung (Fehlzustand infolge von Anwendungsbeanspruchungen, welche die festgelegten Leistungsfähigkeiten der Einheit überfordern)
miter n / Gehrung f, Gehrungsschnitt m, Schrägschnitt m
mitre n / Gehrung f, Gehrungsschnitt m, Schrägschnitt m || **45°** ~ / 45°-Schnitt m (Kernbleche), 45°-Schrägung f || **45°** ~ **laminated core** / geblechter Kern mit 45°-Schnitt
mitred core lamination / schräggeschnittenes Kernblech
mitre gearing / Winkelgetriebe n, Kegelgetriebe n
mixed-cell foam material / gemischtzelliger Schaumstoff
mixed circulation / gemischte Zirkulation (Kühlung) || ~ **crystal** / Mischkristall m || ~ **diagram** / gemischter Schaltplan || ~ **dielectric capacitor** / Kondensator mit gemischtem Dielektrikum IEC 50(436)
mixed-flow fan / Halbradiallüfter m
mixed fracture / Mischbruch m || ~ **friction** / Mischreibung f || ~ **I/O module** / gemischte Baugruppe, gemischte Eingabe-/Ausgabebaugruppe, MIX I/O Karte, MIX I/O Baugruppe
mixed-light lamp / Mischlichtlampe f, Verbundlampe f
mixed load / Mischlast f || ~ **lubrication** / Mischschmierung f, Teilschmierung f
mixed-mode threshold / Schwellwert bei gemischtem Betrieb
mixed network / Verbundnetz n (Nachrichtenvermittlung) DIN 44331 || ~ **operation** / Mischbetrieb m (PROFIBUS)
mixed-phase layout / gemischte Anordnung (Station)
mixed potential / Mischpotential n || ~ **precipitation** / Mischfällung f || ~ **reflection** / gemischte

Reflexion || ~ **regulation (m.r.)** / gemischte Einstellung (M-Einstellung (Trafo)) || ~ **semiconductor** / gemischter Halbleiter || ~ **state** / Mischzustand m || ~ **strip** / Mischleiste f || ~ **traffic** / gemischter Verkehr || ~ **transmission** / gemischte Transmission || ~ **ventilation** / gemischte Axial- und Radialbelüftung || ~ **wave and lap winding** / gemischte Wellen- und Schleifenwicklung || ~ **winding** / kombinierte Wicklung
mixer diode / Mischdiode f || ~ **tube** / Mischröhre f || ~ **weighing machine** / Mischerwaage f
mixing n / Ausgleich m, Kompensation f || ~ **plant** / Gemengehaus n, Mischanlage f, Gemengeanlage f || ~ **transformer** / Mischwandler m, Mischübertrager m || ~ **valve** / Mischventil n, Mischklappe f (Kfz)
MKT-RAD / MKT-RAD
MLA s. my listen address
MLB s. multi-layer board
MLD s. mean logistic delay || ≙ **(mean logistic delay)** / mittlere logistische Verzugsdauer (Erwartungswert der Verteilung der logistischen Verzugsdauern)
MLFB / maschinenlesbare Fabrikatebezeichnung
MLP s. multilink procedure
MM s. main memory || ≙ s. multimodule
MMC s. man-machine communication || ≙ s. multi-microcomputer || ≙ **(micro memory card)** / MMC, kompakte Speicherkarte || ≙ **area** / MMC-Bereich m || ≙ **module** / MMC-Modul n
m.m.f. s. magnetomotive force || ~ **curve** / Felderregerkurve f, Erregerkurve f, Durchflutungskurve f || ~ **harmonic** / Oberwelle des Strombelags || ~ **pattern** / Kraftlinienbild n, Feldbild n || ~ **sensitivity** / Durchflutungsempfindlichkeit f (Hallmultiplikator) DIN 41863 || ~ **space harmonic** / Raumharmonische der Durchflutungswelle || ~ **wave** / Strombelagswelle f, Durchflutungswelle f, Ständerstrombelag
MMH (maintenance man-hours) / Instandhaltungs-Mannstunden f pl (In Stunden ausgedrückte Summe der Dauern der vom Instandhaltungspersonal im einzelnen verbrauchten Instandhaltungszeiten für eine gegebene Instandhaltungstätigkeit oder über ein gegebenes Zeitintervall)
MMI s. man-machine interface
MMK s. middle marker
MMS (Maintenance Management System) / Instandhaltungsmanagement-System n || ≙ **(manufacturing message specification)** / Instandhaltungsmanagement-System n
MMU s. memory management unit
mnemonic n / Mnemonik f, Kürzel n, Pseudocode m, Abkürzung f, Gedächtnishilfe f || ~ **device designation** / mnemotechnischer Gerätenamen
mnemonics n pl / Anweisungssprache f
MNOS memory (metal-nitride-oxide semiconductor memory) / MNOS-Speicher m (Metall-Nitrid-Oxid-Halbleiterspeicher)
MNS FET (metal-nitride semiconductor field effect transistor) / MNS-FET (Feldeffekttransistor mit Metall-Nitrid-Halbleiter-Aufbau)
MNTS s. metal thick-oxide nitride semiconductor
MO (mirroring offset) / SV (Spiegelverschiebung)
MOBF s. mean operating time between failures
mobile adj / fahrbar adj, ortsveränderlich adj, mobil adj || ~ **ACS** / bewegbarer BV || ~ **data memory** /

mobiler Datenspeicher (MDS) || ≙ **Data Storage (MDS)** / mobiler Datenspeicher (MDS) || ~ **gantry design** / Fahrportalbauweise f || ~ **phase** / mobile Phase || ~ **phone** / Handy n || ~ **substation** / fahrbare Unterstation, ortsveränderliches Unterwerk || ~ **transformer** / Wandertransformator m, fahrbarer Transformator || ~ **transponder** / mobiler Datenspeicher (MDS)
mobility n / Beweglichkeit f, Verschiebbarkeit f, Kehrwert der Steifigkeit, Nachgiebigkeit f || **Hall** ~ / Hall-Beweglichkeit f
modal adj / modal adj, gebunden adj, satzübergreifend adj (NC Programm), selbsthaltend adj (Eigenschaft eines Wortes oder einer Anweisung, die solange wirksam bleibt, bis sie durch eine andere Anweisung derselben Art ersetzt wird. - Vgl.: satzweise wirksam) || ~ **analysis** / Schwingungsanalyse f || ~ **call** / modaler Aufruf || ~ **control** / modale Regelung || ~ **function** / Selbsthaltefunktion f || ~ **instruction** / modale Anweisung || ~ **noise** / Modenrauschen n || ~ **number** / Ordnungszahl der Oberschwingung
mode n / Art und Weise, Betriebsart f, Arbeitsart f, Modus m, Methode f, Schwingungstyp m, Wellenart f, häufigster Wert (QS), Verhalten n, Bedienart (BA) f, Betrieb m || ~ (statistics) / Modalwert m DIN 55350,T.21, häufigster Wert || ~ ISO 3592 / Modus m (NC, CLDATA-Wort) || **page** ~ / seitenweiser Betrieb || **resonance** ~ / Resonanzform f || **wave** ~ / Wellenart f, Wellentyp m || ~ **attenuation** / Dämpfungsunterschied m (LWL) || ~ **centre** / Modmitte f || ~ **change** / Betriebsartenwechsel m || ~ **control** / Betriebsartenkontrolle f || ~ **control (MC)** / Betriebsartensteuerung f (DV, PC) || ~ **conversion** / Wellentypumwandlung f || ~ **coupling** / Modenkopplung (LWL) f || ~ **distribution** / Modenverteilung f
mode-field diameter / Felddurchmesser m (LWL) IEC 50(731)
mode filter / Modenfilter n (LWL) || ~ **group** / Betriebsartengruppe (BAG) f || ≙ **Group Ready** / Bereich-Anschaltungsgruppe-betriebsbereit (BAG-betriebsbereit) || ~ **group ready signal** / Bereich-Anschaltungsgruppe-betriebsbereit (BAG-betriebsbereit) || ~ **group-specific** / BAG-spezifisch adj || ~ **hopping** / Modenspringen n (LWL) || ~ **instruction code** / Betriebsartenbefehlsformat n || ~ **jumping** / Modenspringen n (LWL)
model n / Modell n, Baumuster n, Bauform f, Muster n, Vorlage f, Vorbild n, Nachbildung f, Ausführung f || ~ **dwellings** / Wohnbaubeispiele n pl
model-file n / Modell-Datei f
modelling n / Modellieren n, Schattigkeit f (Ausdehnung, Anzahl u. Dunkelheit von Schatten, durch die Lichtrichtung bestimmt)
model making / Modellbau m || ~ **mark** / Ausführungsstand m
model network / Modellnetz n
mode locking / Modenkopplung f
modem n (modulator/ demodulator) / Modem m (Modulator/Demodulator)
mode mixer / Modenmischer (LWL) m || ~ **number** / Ordnungszahl der Oberschwingung || ~ **of coupling** / Kopplungsart f, Kopplungsfaktor m || ~ **of motion** / Schwingungsart f, Schwingungstyp m || ~ **of operation** / Arbeitsweise f, Funktionsweise f,

Wirkungsweise f || ~ **of stabilization** / Stabilisierungsart f DIN 41745 || ~ **of vibration** / Schwingungsart f, Schwingungstyp m || ~ **partition noise** / Modenverteilungsrauschen n || ~ **scrambler** / Modenmischer m (LWL), Moden-Scrambler m || ~ **section** / Betriebsartenteil m || ~ **selection** / Betriebsartenwahl f || ~ **selector** / Betriebsartenwähler m (Steuerung) DIN 19237, Betriebsartenschalter m, Betriebswahlschalter m, Betriebsartenwahlschalter m || ~ **selector switch** / Betriebsartenwahlschalter m, Betriebsartenschalter m || ~ **state** / Vorbereitungszustand m (PMG) DIN IEC 625 || ~ **stripper** / Modenabstreifer m || ~ **tip** / Modmitte f
modification n / Änderung f, Abänderung f, Modifikation f (a. adaptive Regelung), Veränderung f (a. in IEC 50(191)), Umbau m || ~ **costs** / Änderungskosten pl || ~ **counter** / Änderungszähler m || ~ **display** / Änderungsbild n || ~ **logbook** / Änderungshauptbuch n || ~ **signal** / Änderungssignal n
modified adj / überarbeitet adj || ~ **constant-voltage charge** / modifizierte Konstantspannungsladung (Batt.) || ~ **impedance** / Mischimpedanz f || ~ **Kraemer system** / geänderte Krämer-Kaskade || ~ **observed value** / zentrierter Beobachtungswert DIN 55350,T.23
modifier n / Modifikator m, Modifizierfaktor m
modify v / umbauen v, verändern v, ändern v, steuern v, zwangssetzen v || ~ **selection** / Auswahl ändern || ~ **value** / Steuerwert m || ~ **variable** / Steuern Variable
moding n / Mod-Instabilität f
modular adj / anreihbar adj || ~ **architecture** / modulare Architektur
modular circuit-breaker / Leistungsschalter nach dem Bausteinprinzip || ~ **construction** / Modulbauweise f, Baukastenbauweise f, Modultechnik f, Komponentenbauweise f || ~ **coordination** / Modulordnung f DIN 30798,T.1 || ~ **design** / Modultechnik, Komponentenbauweise f, Baukastensystem n, modularer Aufbau || ~ **design principle** / Modulares Bausteinprinzip || ~ **device** / Reiheneinbaugerät n || ~ **distribution board** / Anreihschrank m, Reihenschaltschrank m, Bausteinverteiler m || ~ **enclosure system** / Schranksystem n (SA), Einbausystem n || ~ **equipment mounting plate** / modulares Gerätetragblech || ~ **gearbox** / Getriebebaukasten m || ~ **grid** / modularer Raster DIN 30798,T.1 || ~ **Hydrotherm multiple boiler system** / modulierende Hydrotherm-Mehrkesselanlage
modularity n / Modularität f
modular packaging system / Einbau- und Schranksystem, Einbausystem n || ~ **panelboard** / Bausteinverteiler m || ~ **pillar terminal** / Anreihbuchsenklemme f || ~ **range** / Bausteinreihe f || ~ **side** / geräteseitig adj || ~ **size** / Teilungsmaß n || ~ **space grid** / modularer Raumraster || ~ **spacing** / Teilungsabstand m || ~ **surface-area grid** / modularer Flächenraster DIN 30798,T.1 || ~ **switchgear cubicle** / Reihenschaltschrank m || ~ **system** / Baukasten m, Baukastensystem n, Systembaukasten m || ~ **terminal** / Anreihklemme f || ~ **terminal block** / Reihenklemme f || ~ **tunnel terminal** / Anreihbuchsenklemme f (DÜ) || ~ **unit** / Baueinheit f || ~ **width** / Bausteinbreite f,

Modulbreite f, Modulteilung, (modulare) Teilungseinheit f, Teilungsmaß n, Einbaubreite f, Teilung f || ~ **width (MW)** / Teilungsmaß n, Teilungseinheit (TE) f
modulating action / Modulationsverhalten n (Reg.)
modulation n / Modulation f, Aussteuerung f || ~ **depth** / Modulationsgrad m || ~ **depth limit** / Aussteuergrenze f || ~ **frequency** / Taktfrequenz f || ~ **rate** / Schrittgeschwindigkeit f (DÜ) DIN 44302, Telegrafiergeschwindigkeit f || ~ **sawtooth voltage** / Modulationsdreieck n || ~ **transfer function** / Modulationsübertragungsfunktion f || ~ **voltage** / Modulationsspannung-Hellsteuerspannung f (ESR)
modulator n / Modulator m || ~ **mode** / Betriebsart Modulator
module n / Modul n, Baustein m, Baugruppe f, Einheit f, Modulmaß n, (modulare) Teilung f, Abschnitt m, Karte f, Teilungsmaß n, Programmbaustein m || **program** ~ / Programmbaustein m DIN 44300 || ~ **address** / Baugruppenadresse f || ~ **bus** / Nahbus m (20 - 100 m) || ~ **carrier** / Baugruppenträger m, Rahmen m || ~ **casing** / Kapsel f, Modulkennung f, Baugruppenkennung f || ~ **compartment** / Modulraum m || ~ **configuration** / Baugruppenstrukturierung f || ~ **connector** / Modulstecker m || ~ **coupling** / Modulkupplung f || ~ **defective** / Baugruppe defekt || ~ **description** / Baugruppenbeschreibung f || ~ **door** / Modultür f || ~ **error** / Baugruppenfehler m || ~ **exchange** / Baugruppentausch m || ~ **fixing** / Modulfixierung f || ~ **for mounting on printed-circuit boards** / Modul für Leiterplatte || ~ **frame** / Baugruppenträger (BGT) m DIN 43350, Rahmen m || ~ **grid** / Modulraster m || ~ **holder** / Baugruppenkapsel f, Kapsel f || ~ **holding-down device** / Baugruppenniederhalter m || ~ **ID** / Modulkennung f, Baugruppenkennung f || ~ **interrupt** / Baugruppen-Interrupt m (SPS) || ~ **location** / Steckplatz m (ET, BGT), Einbauplatz m, Einbaurahmen m || ~ **location identifier** / Steckplatzkennung f (SPS) || ~ **name** / Modulname m
module overview / Baugruppenübersicht f || ~ **panel** / Bausteinfeld n, Modulfeld m || ~ **parameter** / Baugruppenparameter m || ~ **plug-in location** / Steckplatz m || ~ **position** / Steckplatz m (ET, BGT), Einbauplatz m || ~ **range** / Baugruppenspektrum n || ~ **receptacle** / Leerbaustein m (Mosaikbaustein) || ~ **slot** / Steckplatz m (ET, BGT), Einbauplatz m
module-specific adj / modulspezifisch adj
module start address / Baugruppenanfangsadresse f || ~ **status** / Baugruppenzustand m || ~ **test** / Baugruppentest m || ~ **thread** / Modulgewinde n || ~ **tower** / Bausteinturm m || ~ **type** / Modultyp m, Baugruppenart f || ~ **type display** / Modultypanzeige f || ~ **width** / Modulbreite f, Modulbreite f, (modulare) Teilungseinheit f, Teilungsmaß n, Teilung f, Einbaubreite f, Modulteilung f, Baugruppenbreite f || ~ **wrapper** / Leerbaustein m (Mosaikbaustein)
modulo axis / Moduloachse f || ~ **conversion** / Modulowandlung f
modulo-n counter / Modulo-N-Zähler m
modulo number / Modulozahl f || ~ **rotary axis** / Modulo-Rundachse f || ~ **value** / Modulowert m
modulus n / Modul m, absoluter Wert (o. Betrag) || ~

mogul 362

of elasticity / Elastizitätsmodul *m* (E-Modul), Dehnungsmodul *n* || ~ **of impedance** / Betrag der Impedanz, Scheinwiderstand *m* || ~ **of rigidity** / Schermodul *m*, Schubmodul *m*, Schiebemodul *m*, Gleitmodul *n* || ~ **of rupture** / Bruchfestigkeit *f*, Bruchgrenze *f*
mogul cap / Goliathsockel *m* (E 40)
moiré *n* / Moiré *f* (Störungsmuster), Störungsmuster *n* || ~ **fringes** / Moiré-Muster *n*
moisten *v* / anfeuchten *v*
moisture absorption / Feuchtigkeitsabsorption *f*, Feuchtigkeitsaufnahme *f* || ~ **condensation** / Betauung *f* || ~ **content** / Feuchtigkeitsgehalt *m*, Feuchte *f* || ~ **indicator** / Feuchteindikator *m* || ~ **meter** / Feuchtigkeitsmesser *m*, Feuchtemesser *m*
moisture-proof *adj* / feuchtigkeitsbeständig *adj*, Feuchtraum-... || ~ **socket** / Feuchtraumfassung *f*
moisture resistance / Feuchtigkeitsbeständigkeit *f*
moisture-resistant *adj* / feuchtigkeitsbeständig *adj*, feuchtesicher *adj*
moisture sensor / Feuchtsensor *m*
mold / former *v*, pressen *v*
molded-plastic component / Formteil *n* || ~ **roller** / Formstoffrolle *f* || ~ **screw gland** / Formstoffverschraubung *f*
molding *n* / Formen *n*, Geformtes *n*, Modellieren *n*, Pressling *m*, Formpressen *n*, Zierleiste *f*, Sims *m*, Kehlung *f*, Pressteil *m*, Vergießen *n*, Presskapseln *n* || ~ **tool** / Presswerkzeug *n*
mold making / Formenbau *m*
molecular filter / Molekularfilter *n* || ~ **polarization** / molekulare Polarisation, Orientierungspolarisation *f* || ~ **sieve** / Molekularsieb *n* || ~ **weight** / Molekulargewicht *n*
mole motor / Maulwurf-Motor *m*
molten filler metal / schmelzflüssiges Lot || ~ **pool** / Schmelzbad *n*, Brennfleck *m*
molten-salt electrolyte / schmelzflüssiges Elektrolyt
molten salt primary battery / Primärbatterie mit schmelzflüssigen Elektrolyten
molybdenite *n* / Molybdändisulfid (MoS2)
moment *n* / Moment *n*, Augenblick *m*
momentary / Momentaufnahme *f* || ~ **action switch** / Impulsschalter *m*
momentary contact / Momentkontakt *m*, Tasterschaltstück *n*
momentary-contact actuator / Tasterbetätigungsglied *n* || ~ **control** / Steuerung mit Wischkontakt, Steuerung (o. Betätigung) mit Tastschalter, Druckknopfsteuerung *f*, Tasterbetätigung *f* || ~ **control switch** / Steuertastschalter *m*, Taster *m* || ~ **key** / Drucktaste *f* || ~ **limit switch** / Endtaster *m*, Grenztaster *m*
momentary contact making / kurzzeitige Kontaktgabe, Tasten *n* || ~ **contact switch** / Tastschalter
momentary-contact multi-circuit switch / Vielfachtaster *m* || ~ **operation** / Tasterbetätigung *f* || ~ **pushbutton** / Druckknopftaster *m*, Drucktaster *m*, Druckknopf ohne Rastung, Taster *m* || ~ **signal** / Tastsignal *n* || ~ **switch** / Tastschalter *m*, Taster *m* || ~ **tumbler switch** / Kipptaster *m* || ~ **twist switch** / Schwenktaster *m*
momentary impulse / Wischimpuls *m*, Wischimpuls *m* || ~ **mechanical system** / Tastmechanik *f* (DT)
moment of a probability distribution / Moment einer Wahrscheinlichkeitsverteilung DIN 55350,T.21 || ~ **of force** / Kraftmoment *n*, Drehmoment *n*, Moment *n* || ~ **of inertia (m.i.)** / Trägheitsmoment *n*, Massenträgheitsmoment *n* || ~ **of momentum** / Drehimpuls *m*, Drehimpulsmoment *n*, Drall *m*, Schwung *m* || ~ **of order q** / Moment der Ordnung q DIN 55350,T.23 || ~ **of order q about an origin a** / Moment der Ordnung q bezüglich a DIN 55350,T.23 || ~ **of plane area** / Flächenmoment *n* || ~ **of resistance** / Widerstandsmoment *n* (gegen Biegung, Verdrehung) || ~ **of torsion** / Verdrehungsmoment *n*, Drillmoment *n*, Drehmoment *n*, Moment *n*
momentum *n* / Bewegungsgröße *f*, linearer Impuls
monitor *n* / Wächter *m*, Warngerät *n*, Sichtgerät *n*, Monitor *m*, automatischer Hilfsstromschalter, Regler *m*, Datensichtgerät *n*, Hilfsstromschalter als Begrenzer || ~ *v* / beobachten *v*, überwachen *v* ||
gate ~ / Torindikator *m*
monitored binary information / Meldung *f* (FWT, Überwachungsinformation beim Fernanzeigen) || ~ **control system** / überwachtes Regelsystem || ~ **supply deviation** / überwachte Versorgungsschwankung
monitoring *n* / Überwachung *f*, Überwachen *n*, Beobachten *n*, Beobachtung *f*, Kontrolle *f* IEC 50(191) || ~ **actual** ~ **speed** / Ist-Drehzahl *f* || ~ **and control software** / Visualisierungs- und Steuerungssoftware, Überwachungs- und Steuerprogramm *n* || ~ **area** / Überwachungsbereich *m* || ~ **bus** / Überwachungsbus *m*, Überwachungsschiene *f* || ~ **counter** / Überwachungszähler *m* || ~ **cycle** / Überwachungstakt *m* || ~ **device** / Überwachungseinrichtung *f* || ~ **direction** / Überwachungsrichtung *f* (FWT), Melderichtung *f* (FWT) || ~ **equipment** / Überwachungseinrichtung *f* || ~ **feedback** / stabilisierende Rückführung, Kontrollrückführung *f*, Hauptrückführung *f* || ~ **function** / Beobachtungsfunktion *f*, Überwachungsfuktion *f* || ~ **information** / Überwachungsinformation *f* (FWT), Überwachungsmeldung *f* (FWT) || ~ **limit switch** / Endschalterüberwachung *f* || ~ **logic** / Überwachungslogik *f* || ~ **loop** / Überwachungsschleife *f* || ~ **module** / Überwachungsmodul *n* || ~ **of actions** / Aktionsüberwachung *f* || ~ **of photoelectric light barriers** / Lichtschrankenüberwachung *f* || ~ **of the distribution system** / Verteilerüberwachung *f* || ~ **point** / Beobachtungspunkt *m*, Abgriffspunkt *m* || ~ **procedure (QA)** / Überwachungsverfahren *n* (QS) || ~ **program** / Kontrollprogramm *n* || ~ **relay** / Überwachungsrelais *n* || ~ **signal** / Überwachungssignal *n* || ~ **speed setpoint** / Drehzahlsollwert für Meldung || ~ **system** / Beobachtungssystem *n*, Überwachungssystem *n* (a. FWT) || ~ **the review** / Überwachung der Überprüfung (QS) || ~ **the sensor leads** / Sensorleitungsüberwachung *f* || ~ **time** / Überwachungszeit *f* (elST) DIN 19237 || ~ **time overrange** / Überschreitung der Überwachungszeit || ~ **type** / Überwachungsart *f* || ~ **zoom** / Überwachungslupe *f*
monitor interface module / Monitoranschaltbaugruppe *f* || ~ **I/O** / steuern Peripherie || ~ **loader** / Monitorlader *m* || ~ **value** / Statuswert *m*

mono-axial stress / einachsiger Spannungszustand
monoblock battery / Blockbatterie *f* || ~ **container** / Blockkasten *m* (Batt.)
monochromatic radiation / monochromatische Strahlung || ~ **stimulus** / spektraler Farbreiz
monochromator *n* / Monochromator *m* || ~ **for infrared radiation** / Infrarotmonochromator *m*
monochrome *adj* / einfarbig *adj*, monochrom *adj* || ~ **CRT unit** / einfarbiges Sichtgerät || ~ **monitor** / Monochrom-Monitor *m*, Monochrom-Bildschirmgerät *n*, Schwarz-Weißmonitor (SW-Monitor) *m* || ~ **TV** / Schwarz-Weiß-Fernsehen *n* || ~ **video display unit** / Monochrom-Sichtgerät *n*
monocrystal *n* / Einkristall *m*
monocyclic generator / Hilfsphasengenerator *m*
mono filament / Mono-Filament *n*
monoflop *n* / monostabiles Kippglied, Monoflop *n*, Verzögerungs-Multivibrator *m*, Zeitglied *n*, Zeitstufe *f*, Verzögerungsschaltung *f* || **pulse-contracting ~** / Verkürzungsglied *n* DIN 19237 || ~ **time** / Monoflopzeit *f*
monolayer *n* / Monoschicht *f*, monomolekulareSchicht
monolithic image sensor / Festkörper-Bildwandler *m* || ~ **integrated circuit (MIC)** / monolithisch integrierte Schaltung
monomode fibre / Einmodenfaser *f*, Monomode-Faser *f*
monophase *adj* / einphasig *adj*, einsträngig *adj*
monoplane filament / flächenförmiger Leuchtkörper
monopolar *adj* / monopolar *adj*, einpolig *adj* || ~ **HVDC link** / einpolige (o. monopolare) HGÜ-Verbindung || ~ **HVDC system** / einpoliges (o. monopolares) HGÜ-System || ~ **line** / einpolige Leitung, monopolare Leitung
monopole *n* / Monopol *m* (magnetischer M.) || ~ *adj* / monopolar *adj*, einpolig *adj*
mono probe / Monotaster *m*
monorail overhead conveyor / Elektrohängebahn *f*
monoscope *n* / Monoskop *n*
monostable element IEC 117 / monostabiles Kippglied DIN 40700 || ~ **multivibrator** / monostabiler Multivibrator, monostabiles Kippglied, Zeitstufe *f*, Verzögerungsglied *n* || ~ **relay** / monostabiles Relais
monoticity *n* / Monotonie *f* DIN 44472
monotonic sequence / monotone Folge
monotonicity *n* / Monotonität *f*
monotony *n* / Monotonie *f* DIN 44472
monthly maximum demand / Monatshöchstleistung *f* (StT), Monatsmaximum *n* (StT) || ~ **maximum-demand resetting** / monatliche Tarifzeitumschaltung || ~ **resetter** / Monats-Rückstellschalter *m* || ~ **resetting timer** / Monats-Rückstellzeitlaufwerk *n* || ~ **short notice** / Monatskurzmeldung
mood creating lighting / stimmungsbetonende Beleuchtung || ~ **setter** / Dimmer *m*
mooling of the sucking coil / Fesselung der Tauchspule
Moore lamp (o. tube) / Moorelichtlampe *f*
MOP (motor-operated potentiometer) / motor-operated potentiometer, motorized potentiometer
more significant decade / höherwertige Dekade
mortality curve (lamps) / Ausbrennerkurve *f* (Lampen)
MOS s. microprocessor operating system || ≙ s. multi-tasking operating system || ≙ s. metaloxide semiconductor circuit
mosaic annunciator board / Mosaik-Meldetafel *f* || ~ **control board** / Mosaik-Steuertafel *f*, Mosaik-Schaltwarte *f* || ~ **standard square** / Mosaik-Rastereinheit *f* (DÜ) || ~ **tile** / Mosaikstein *m*, Mosaikbaustein *m*
mosaic-tile system / Mosaik-Stecksystem *n*
mosaic-type illuminated mimic diagram / Mosaik-Leuchtschaltbild *n* || ~ **mimic diagram** / Mosaik-Blindschaltbild *n* || ~ **mimic-diagram control board** / Mosaik-Leuchtschaltwarte *f* || ~ **pilot device** / Mosaik-Befehlsgerät *n*
MOS electrostatic memory (MOS = metal-oxide semiconductor) / MOS-Ladungsspeicher *m*
MOSI s. microprocessor operating system interface || ≙ s. metal-oxide semiconductor, ion-implanted
MOS integrated circuit / MOS-Schaltkreis *m*
MOST s. MOS transistor
most easily ignitable mixture / zündwilligstes Gemisch || ~ **explosive mixture** / zündwilligstes Gemisch || ~ **incendive mixture** IEC 50(426) / zünddurchschlagfähigstes Gemisch || ~ **negative value** / größter negativer Wert || ~ **positive value** / größter positiver Wert || ~ **significant** / höchstwertig *adj*
MOS transistor (MOST) / MOS-Transistor *m* (MOST)
most significant bit (MSB) / höchstwertiges Bit, gewichtigste Binärstelle || ~ **significant digit (MSD)** / höchstwertige Ziffer, Ziffer mit dem höchsten Stellenwert
mother board / Trägerleiterplatte *f*, Grundplatine *f*
motherboard *n* / Motherboard *n*
mother-daughter board / Mutter-Tochter-Leiterplatte *f* || ~ **board connector** / Steckverbinder für Mutter-Tochter-Leiterplatte
motion *n* / Bewegung *f*, Schwingung *f* || - - ISO 1056 / Bewegung in Minusrichtung (NC-Zusatzfunktion) DIN 66025,T.2 || ~ + ISO 1056 / Bewegung in Plusrichtung (NC-Zusatzfunktion) DIN 66025,T.2 || ~ **axis** / Bewegungsachse *f*
Motion Control Chart (MCC) / MCC
motional feedback (MFB) / Bewegungsrückführung *f* || ~ **sequence** / Bewegungsfolge *f*, Bewegungsablauf *m*
motion-balance method / Wegvergleichsverfahren *n*
motion block / Bewegungssatz *m* (NC), Verfahrsatz *m* (Siehe Satz.) || ~ **command** / Fahrbefehl *m*, Wegbefehl *m*, Verfahrbefehl *m* || ~ **control** / Bewegungsführung *f* || ~ **control (MC)** / Bewegungssteuerung *f* || ~ **Control Interface (MCI)** / MCI || ≙ **Control Unit (MCU)** / MCU || ~ **converter** / Bewegungsumsetzer *m* || ~ **cycle** / Bewegungszyklus *m* || ~ **detector** / Bewegungsmelder *m* || ~ **from state of rest** / Bewegung aus dem Ruhestand || ~ **instruction** / Bewegungsanweisung *f* || ~ **limit** / Fahrgrenze *f* || ~ **measurement** / Bewegungsmessung *f* || ~ **of actuator** / Stellmotorausgang *m* || ~ **of shaft arm** / Kurbeldrehung *f* || ~ **overlay** / Bewegungsüberlagerung *f* || ~ **program** / Verfahrprogramm *n* || ~ **record** / Bewegungssatz *m* || ~ **space** / Bewegungsraum *m* || ~ **stroke of actuator** / Stellmotorausgang *m*
motion-synchronous action / Bewegungssynchronaktion *f*

motion transducer / Schwingungsmessumformer *m*, Schwingungswandler *m*
motive energy / Bewegungsenergie *f* || **~ force** / bewegende Kraft, Antriebskraft *f* || **~ power** / Antriebsleistung *f*, Bewegungskraft *f*, Kraftstrom *m*
motive-power circuit / Kraftstromkreis für motorische Verbraucher, Kraftstromkreis *m* || **~ load** / motorischer Verbraucher, Kraftstromverbraucher *m* || **~ socket outlet and plug** / Kraftsteckvorrichtung *f* || **~ tariff** / Krafttarif *m*
motor *n* / Motor *m*, Elektromotor *m*, Antriebsmaschine *f*
motor-actuated *adj* / motorisch angetrieben, motorbetrieben *adj*, mit Motorantrieb, motorbetätigt *adj* || **~ potentiometer** / Motorpotentiometer *n* || **~ rheostat** / Motorsteller *m*
motor actuator / motorischer Stellantrieb || **~ actuating time** / Motorstellzeit *f* || **~ armature** / Motoranker *m* || **~ bogie** / Triebgestell *n*, Triebdrehgestell *n* || **~ branch circuit** / Motorabzweig *m* || **~ calculation** / Motorberechnung *f*
motorcar lighting (o. **illumination**) / Kraftfahrzeugbeleuchtung *f*
motor casing / Motorgehäuse *n*
motor-charged spring operating mechanism / Motor-Sprunganntrieb *m* (SG) || **~ stored-energy mechanism** / Motor-Speicherantrieb *m*
motor-circuit protector (MCP) / Starterschutzschalter *m*, Anlasserschutzschalter *m* || **~ switch** / Motorschalter *m* (f. Abschalten der Betriebsüberlast)
motor combination / Fahrmotoren-Gruppenschaltung *f* (Bahn) || **~ changeover** / Motorumschaltung *f* || **~ circuit-breaker** / Motorschutzschalter *m* || **~ commutation** / Motorführung *f* (SR), Motortaktung *f* (SR) || **~ connection** / Motoranschluss *m* || **~ contactor** / Motorschütz *n* || **~ control** / Motorsteuerung *f*, Motorregelung *f* || **~ control application** / Motorregelungsaufgabe *f* || **~ control card** / Motorsteuerkarte *f* || **~ control centre (MCC)** / Motorschaltschrank *m*, Motorsteuerschrank *m*, Motorverteiler *m*, fabrikfertiger Motorenschaltschrank || **~ control circuit** / Motorsteuerkreis *m* || **~ control device** / Motorsteuergerät *n* || **~ control gear** / Motorschaltgeräte *n pl* || **~ controller** / Motorsteller *m* || **~ control switch** / Motorsteuerschalter *m* || **~ control unit** / Motorsteuergerät *n*, Motorabgang *m* (Geräteeinheit) || **~ converter** / Kaskadenumformer *m* || **~ cooling** / Motorkühlung *f* || **~ current** / Motorstrom *m* || **~ current input** / Motorstromvorgabe *f* || **~ data** / Motordaten *pl* || **~ data identification** / Motordatenerfassung *f* || **~ demagnetizing** / Motorentmagnetisierung *f* || **~ disconnector** / Motortrenner *m* || **~ drive** / Motorantrieb *m*
motor-drive cubicle IEC 214 / Motorantriebsgehäuse *n* (Trafo) || **~ mechanism** IEC 214 / Motorantrieb *m* (Trafo-Stufenschalter) VDE 0532,T.30
motor-driven *adj* / motorisch angetrieben, motorbetrieben *adj*, mit Motorantrieb, motorbetätigt *adj* || **~ camshaft equipment** / Nockensteuerung mit Hilfsmotor, motorisch angetriebenes Nockenschaltwerk || **~ controller** /

motorisch (o. indirekt) angetriebenes Steuerschaltwerk *adj* || **~ load** / motorischer Verbraucher || **~ modulator** / Motormodulator *m* (Pyrometer) || **~ relay** / Motorrelais *n*, motorisches Relais || **~ switchgroup** / motorbetätigter Steuerschalter (Bahn) || **~ time-delay relay** / motorisches Zeitrelais || **~ time relay** / motorisches Zeitrelais
motor efficiency / Motorwirkungsgrad *m*
motor enclosure / Motorgehäuse *n* || **~ encoder** / Motorgeber *m* || **~ encoder cable** / Motorgeberleitung *f* || **~ end** / Motorseite *f* (A- oder B-Seite) || **~ engine** / Kraftmaschine *f* || **~ excitation** / Motorerregung *f*
motorette *n* / Motorette *f*
motor-exciter set / Erregersatz *m*, Erregerumformer *m*
motor feeder / Motorspeiseleitung *f*, Motorabzweig *m* || **~ flywheel effect** / Motorschwungmoment *n*, Eigenschwungmoment *n* || **~ foot** / Motorfuß *m* || **~ frame** / Motorgestell *n*, Motorgehäuse *n*, Ständer *m* || **~ frequency** / Motorfrequenz *f* || **~ fuse-disconnector** / Sicherungs-Motortrenner *m*
motor-generator set (m.-g. set) / Umformersatz *m*, Maschinenumformer *m*, Motor-Generator *m*, rotierender Umformer || **~ welding set (m.g. welding set)** / Schweißumformer *m*
motor highway / Schnellverkehrsstraße *f*, Schnellstraße *f* || **~ holding brake** / Motorhaltebremse *f* || **~ housing** / Motorgehäuse *n*, Topf *m* || **~ temperature reaction** / Reaktion bei Motorübertemp. || **~ inertia [kg m²]** / Motorträgheitsmoment [kg m²*]
motoring *n* / Motorbetrieb *m* || **~ power limitation** / Grenzwert motorische Leistung || **~ reverse power** / Schleppleistung *f*
motor in-rush / Einschaltstromstoß *m*, Belastungsstoß *m* || **~ inrush current** / Motoreinschaltstrom *m*
motorized *adj* / motorisiert *adj*, mit Motorantrieb, motorisch *adj* || **~ actuator** / motorischer Stellantrieb || **~ conveyor pulley** / Elektro-Förderbandtrommel *f* || **~ operating mechanism** / Motorantrieb *m* || **~ potentiometer** / Motorpotentiometer *n* || **~ pulley** / Elektrotrommel *f*, Außenläufermotor *m* || **~ rheostat** / Motorsteller *m* || **~ traffic** / Kraftfahrzeugverkehr *m*
motor jacket / Motorhaube *f* || **~ junction box** / Motoranschlusskasten *m* (f. Leitungsschutzrohr) || **~ load** / Motorauslastung *f*
motor-loaded mechanism / Antrieb mit Motoraufzug (SG)
motor loads / motorische Verbraucher || **~ magnetizing current** / Motormagnetisierungsstrom *m*
motor-mode torque / motorisches Drehmoment
motor meter / Motorzähler *m* || **~ model** / Motormodell *n* || **~ moment of inertia** / Motorträgheitsmoment *n* || **~ no-load current** / Motorleerlaufstrom *m* || **~ no-load voltage** / Motorleerlaufspannung *f* || **~ noise level** / Motorgeräusch *n*
motor-operated *adj* / motorisch angetrieben, motorbetätigt *adj*, motorbetrieben *adj*, mit Motorantrieb || **~ mechanism** / Motorantrieb *m* (SG) || **~ snap-action mechanism** / Motor-Sprunganntrieb *m* (SG) || **~ starter** / Motorstarter mit Motorantrieb || **~ withdrawable section** /

Motoreinschub *m*
motor operation / Motorbetrieb *m* || **~ operator** / motorischer Stellantrieb || **~ outgoing feeder** / Motorabgang *m* || **~ output** / Motorleistung *f*, abgegebene Motorleistung || **~ output rating** / Motor-Nennleistung *f* || **~ overload** / Motorüberlastung *f* || **~ overload factor [%]** / Motorüberlastfaktor [%] || **~ overload protection** / Motorüberlastschutz *m*, Motorschutz *m* || **~ overtemperature** / Motorübertemperatur *f* || **~ over-temperature trip** / Motorübertemperaturabschaltung *f* || **~ parameter** / Motorparameter *m* || **~ pole pair** / Motorpolpaar *n* || **~ position detector** / Gabelschranke *f* || **~ potentiometer setpoint** / Motorpotentiometersollwert *m* || **~ power** / Motorleistung *f* || **~ power factor** / Motorleistungsfaktor *m* || **~ protecting switch** (CEE 19) / Motorschutzschalter *m* || **~ protection** / Motorschutz *m* || **~ protection and control device** / Motorschutz- und Steuergerät *n* || **~ protection feature** / Motorschutz *m*, Motorüberlastschutz *m* || **~ protective relay** / Motorschutzrelais *n* || **~ rating** / Motor-Bemessungsdaten *plt*, Motorleistung *f* || **~ rating data** / Motorbemessungsdaten *pl* || **~ rating plate** / Motortypenschild *n* || **~ reduction unit** / Getriebemotor *m* || **~ repair** / Motorreparatur *f* || **~ running direction** / Motorlaufrichtung *f* || **~ set** / Motorsatz *m* || **~ setting** / Motoreinstellung *f* || **~ shaft** / Motorwelle *f* || **~ shaft output** / Wellenleistung des Motors || **~ slip range** / Motorschlupfbereich *m* || **~ speed** / Motordrehzahl *f* || **~ stalling limit** / Motorkippgrenze *f* || **~ starter** / Motorstarter *m* VDE 0660,T. 104, Motoranlasser *m* || **~ start-up time** / Motor-Anlaufzeit *f* || **~ stored-energy constant** / Trägheitskonstante des Motors || **~ switch** IEC 265 / Motor-Lastschalter *m* VDE 0670,T.3 || **~ switch armature** / Motorwippe *f* || **~ synchronizing** / Synchronisieren als Motor || **~ temperature monitoring** / Motortemperaturüberwachung *f* || **~ temperature sensor** / Motor-Temperaturfühler *m* || **~ terminals** / Motoranschlussklemmen *f pl* || **~ thermal overload protection** / Motorüberhitzungsschutz *m* || **~ torque** / Motordrehmoment *n*, Motormoment *n*, motorisches Moment || **~ vehicle** / Kraftfahrzeug *n*, Triebfahrzeug *n* || **~ warning level** / Motorwarngrenzwert *m*
motorway *n* / Autobahn *f*
motor weight / Motorgewicht *n* || **~ winding** / Motorwicklung *f* || **~ wire** / Motorleitung *f*, Motorkabel *n*
motor with compound characteristic / Motor mit Doppelschlussverhalten || **~ with ferrite magnetic material** / Ferritenmotor *m* || **~ with main-circuit transformer** / Motor mit Vordertransformator || **~ with reciprocating movement** / Schwingmotor *m* || **~ with rotor-circuit transformer** / Motor mit Zwischentransformator || **~ with shunt characteristic** / Motor mit Nebenschlussverhalten || **~ with star-delta switching function** / Umschaltbarer Stern-Dreieck-Motor || **~ with stiff speed characteristic** / Motor mit harter Drehzahlkennlinie, harter Motor
mould *v* / formen *v*, pressen *v* || **~ e** / Form *f*, Pressform *f*, Schimmel *m*, Gießform *f*

moulded case / Kunststoffgehäuse *n*, Isolierstoffgehäuse *n*, Plastikgehäuse *n*
moulded-case circuit-breaker / isolierstoffgekapselter Leistungsschalter || **moulded-case circuit-breaker (m.c.c.b.)** / kompakter Leistungsschalter, Kompakt-Leistungsschalter *m*, Kompaktschalter *m* || **~ type** / kompakte Bauform (LS), Kompaktbauform *f* (LS)
moulded insulating material / Isolierpressstoff *m* || **~ lead** / angegossene Leitung, angespritzte Leitung || **~ material** / Pressstoff *m*, Formstoff *m* || **~ part** / Pressstoffteil *n*, Formstoffteil *n* || **~ plastic** / Formstoff *m*, Isolierstoff *m* || **~ plastic cap** / Isolierstoffkappe *f*
moulded-plastic *n* / Isolierstoff *m* || **~ bearing** / Pressstofflager *n* || **~-clad** *adj* / formstoffgekapselt *adj*, isolierstoffgekapselt *adj* || **~ cover** / Isolierstoffblende *f* || **~ front ring** / Formstoff-Frontring *m* || **~ housing** / Isolierstoffgehäuse *n* || **~ masking frame** / Isolierstoff-Blende *f*, Kunststoff-Blende *f* || **~ rear plate** / Isolierstoff-Rückwand *f* || **~ roller** / Formstoffrolle *f* || **~ screw gland** / Formstoffverschraubung *f*
moulded transformer / vergossener Transformator, Transformator in Pressgehäuse, Gießharztransformator *m*
mould growth / Schimmelwachstum *n* || **~ incline** / Formschräge *f*
moulding *n* / Formen *n*, Geformtes *n*, Modellieren *n*, Pressling *m*, Formpressen *n*, Zierleiste *f*, Sims *m*, Kehlung *f*, Vergießen *n*, Presskapseln *n*, Pressteil *m* || **~ compound** / Formmasse *f*, Pressmasse *f* || **~ index** / Becherfließzahl *f*, Becherschließzahl *f* || **~ material** / Pressmasse *f*, Formmasse *f*, Vergussmasse *f*, Pressstoff *m* || **~ mica material** IEC 50(212) / Formmikanit *n* || **~ resin** / Gießharz *n*
mouldings *n pl* / Formteile *n pl*
mould making / Formenbau *m* || **~ parting line** / Formteilung *f*
mould-proofness *n* / Schimmelbeständigkeit *f*
mould resistance / Schimmelbeständigkeit *f* || **~ shrinkage** / Formschwindmaß *n*
mount *v* / montieren *v*, aufbauen *v*, anbringen *v*, befestigen *v* || **~ n** / Träger *m*, Halterung *f*, Fassung *f*, Aufnahme *f* (Tragvorrichtung), Lampengestell *n*, Aufbauzubehör *n*, Befestigung *f* || **lamp ~** / Lampengestell *n* || **~ side-by-side** / aneinanderreihen *v*
mountable *adj* / aufsetzbar *adj* || **~ accessories** / anbaubares Zubehör
mounted encoder / Anbaugeber *m*, Maschinengeber *m* (Lagegeber, der nicht in den Motor eingebaut, sondern außen an die Arbeitsmaschine bzw. über ein mechanisches Zwischenglied angebaut ist. Der externe Geber wird zur direkten Lageerfassung (direkte Lageerfassung) verwendet.), externer Geber || **~ fan** / Anbaulüfter *m* || **~ gearing** / Getriebeanbau *m* || **~ overhung** / fliegend angeordnet, aufgesattelt *adj*
mounting *n* / Montage *f*, Zusammenbau *m*, Einbau *m*, Anbau *m* || **19" fixed ~ system** / 19"-System Festeinbau *f* || **~ accessory** / Aufbauteil *n* || **~ adapter** / Adapter *m*, Montageadapter *m*, Anpassungsglied *n*, Zwischenstecker *m* || **~ area** / Befestigungsbereich *m*
mounting arrangement for tests / Prüfaufbau *m* || **~ bar** / Befestigungsstange *f*, Tragleiste *f* || **~ block** /

mounting-foot 366

Anbaublock *m* || ~ **bracket** / Befestigungswinkel *m*, Tragwinkel *m*, Anbauwinkel *m*, Halterungswinkel *m* || ~ **by feet** / Fußaufstellung *f* (el. Masch), Befestigung mittels Füßen || ~ **case** / Anbaufall *m* || ~ **channel** / Tragschiene *f*, Einbauschiene *f*, Tragprofil *n*, Aufreihschiene *f*, Montageschiene *f*, Montageprofil *n* || ~ **clearance** / Einbauabstand *m* || ~ **clip** / Befestigungsschelle *f* || ~ **depth** / Einbautiefe *f* || ~ **diameter** / Nenndurchmesser *m* || ~ **dimensions** / Einbaumaße *n pl* || ~ **direction** / Einbaurichtung *f* || ~ **& extraction tools** / Ein- u. Ausbauwerkzeug *n* || ~ **feet** / Fußbefestigung *f* || ~ **flange** / Befestigungsflansch *m*, Anschlussflansch *m* || ~ **foot** / Befestigungsfuß *m*, Gehäusefuß *m* (el. Masch.), Fußbefestigung *f*
mounting-foot hole / Fußloch *n* (el. Masch.)
mounting frame IEC 439-1 / Einbaurahmen *m* (ET, SK) VDE 0660, T.500, Geräteträger *m*, Einbauplatz *m* || ~ **grid** / Montageraster *m* || ~ **hardware** / Aufbaumaterial *n* || ~ **height** / Einbauhöhe *f*, Lichtpunkthöhe *f* || ~ **hole for arcing contact** / Befestigungsbohrung für Lichtbogenkontakt || ~ **insurance** / Montageversicherung *f* || ~ **kit** / Befestigungsbausatz *m*, Anbausatz *m* || ~ **location of the module** / Einbauplatz Baugruppe || ~ **onto busbar system** / Sammelschienenmontage *f* || ~ **onto standard rails** / Hutschienenmontage *f* || ~ **panel** IEC 439-1 / Einbauplatte *f* (ET, SK) VDE 0660,T.500 || ~ **part** / Anbauteil *n*, Befestigungsteil *n*, Aufbauteil *n* || ~ **paste** / Montagepaste *f* || ~ **plate** / Einbauplatte *f*, Montageplatte *f*, Tragplatte *f*, Montageblech *n*, Tragblech *n*, Befestigungsplatte *f* || ~ **position** / Einbaulage *f*, Brennlage *f* (Lampe) || ~ **rack** / Einbaugestell *n*, Montageschiene *f*, Baugruppenträger *m*, Magazine *n pl*, Einbaugerüst *n*, Rahmen *m* || ~ **rail** / Tragschiene *f*, Montageschiene *f*, Einbauschiene *f*, Tragprofil *n*, Aufreihschiene *f*, Trägerschiene *f*, Befestigungsschiene *f* || ~ **ring** / Frontring *m* (DT) || ~ **set** / Einbausatz *m*, Montagesatz *m*, Bauteilesatz *m* || ~ **side by side** / dicht-an-dicht-Montage, Dicht-an-Dicht-Bauweise *f* || ~ **station** / Einbaufeld *n* DIN 43350, Einbauplatz *m* (BGT, ET), Steckplatz *m* || ~ **strap** / Montagesteg *m* || ~ **structure** IEC 4391 / Traggestell *n* (SK) VDE 0660,T.500 || ~ **surface** / Befestigungsebene *f*, Montagefläche *f*, Montageebene *f* || ~ **table** / Aufspanntisch *m* || ~ **tool** / Montagewerkzeug *n*
mouse *n* / Maus *f* || ~ **operation** / Maus-orientierte Bedienung
m-out-of-n configuration / m-von-n-Struktur *f* (redundantes System)
MOV s. metal-oxide varistor
movable assembly IEC 439-1 / ortsveränderbare Schaltgerätekombination VDE 0660,T.500 || ~ **contact element** / bewegliches Schaltstück, bewegbarer Kontakt, Laufkontakt *m* || ~ **contact system** / bewegliches Kontaktsystem || ~ **distribution cable** IEC 71.4 / ortsveränderliche Verteilungsleitung VDE 0168,T.1 || ~ **installation** / ortsveränderbare Aufstellung || ~ **relay contact** / bewegliches Relaisschaltstück || ~ **tap** / bewegliche Anzapfstelle
move *v* / bewegen *v*, verfahren *v*, anfahren *v*, verschieben *v*, rangieren *v* || ~ **function** / Transferfunktion *f* || ~ **in** / hineinfahren *v* || ~ **into the material** / einfahren *v*

movement *n* / Bewegung *f* || ~ **area** / Bewegungsfläche *f* (Flp.) || ~ **detector** / Bewegungssensor *m* || ~ **differential** / Differenzweg *m*, Schalthysterese *f* || ~ **display** / Bewegungsbild *n* || ~ **reversal** / Umsteuerung *f* (WZM, NC), Umkehr *f*
move operation / Transferoperation *f* || ~ **option** / Menüpunkt Verschieben || ~ **out of the material** / ausfahren *v*
moving arcing contact / Abbrennkontakt *m*, Abbrennschaltstück *n*, Lichtbogenkontakt *m* || ~ **arcing horn** / bewegliches Lichtbogenhorn || ~ **at a later point** / nachträglich verschieben || ~ **axes with interpolation** / Fahren von Achsen im interpolarischen Zusammenhang
moving-coil element / Drehspulelement *n*, Drehspul-Messwerk *n* || ~ **galvanometer** / Drehspul-Galvanometer *n* || ~ **instrument** / Drehspul-Messgerät *n*, Drehspulinstrument *n* || ~ **motor** / Motor mit freitragender Wicklung, Motor mit eisenloser Wicklung || ~ **regulator** / Transformator mit beweglicher Sekundärwicklung, Schubtransformator *m* || ~ **relay** / Drehspulrelais *n* || ~**voltmeter** / Drehspul-Spannungsmesser *m* || ~ **winding** / freitragende Wicklung, eisenlose Wicklung, Garnrollenwicklung *f*
moving contact / beweglicher Kontakt, bewegbarer Kontakt, Laufkontakt *m*, Schaltstift *m*, Einfahrkontakt *m*
moving-contact tip / Schaltstiftkopf *m*
moving-core reactor / Drosselspule mit verstellbarem Kern
moving device / Fahrwerk *n* || ~ **element** / bewegliches Teil (Messwerk), bewegliches Organ || ~ **field** / Wanderfeld *n*
moving-iron instrument / Drcheisenmessgerät *n*, Dreheiseninstrument *n* || ~ **measuring element** / Dreheisenmesswerk *n* || ~ **quotientmeter** / Dreheisen-Quotientenmessgerät *n*
moving-magnet instrument / Drehmagnet-Messgerät *n*, Drehmagnetinstrument *n*
moving permanent-magnet quotientmeter / Dreheisen-Quotientenmessgerät *n* || ~ **phase** / mobile Phase || ~ **primary** / bewegter Primärteil (LM)
moving-scale instrument / Messgerät mit beweglicher Skale
moving secondary / bewegter Sekundärteil (LM)
MP s. microprocessor
MPC s. microprogrammable control || ≙ **(multiport controller)** / MPC (Multi-Port Controller) || ≙ **head module** / Kopfbaugruppe *f*, MPC-Kopfmodul *n*, MPC-Kopfbaugruppe *f* || ≙ **subline** / MPC-Teilstrang *n*
m.p.d. generator s. magnetoplasmadynamic generator
MPE s. maximum permissible exposure
MPF (main program file) / MPF, NC-Teileprogramm *n*
MPG (manual pulse generator) / elektronisches Handrad, konventioneller Pulsgeber, konventioneller Impulsgeber, MPG
m-phase circuit / m-Phasenstromkreis *m*, Mehrphasenstromkreis *m* || ~ **voltage source** / m-Phasen-Spannungsquelle *f*
MPI address (MPI addr.) / MPI Adresse (MPI Adr.) || ≙ **bus cable** / MPI-Busleitung *f* ≙ **card** / MPI-

Karte *f* || ≙ **interface cable** / MPI Schnittstellenleitung
MPIT (thread size / value) / MPIT (Gewindegröße/-wert (Parameter))
MPL s. microprocessor language || ≙ s. master parts list
MPOS s. multiprocessor operating system
MPR (Multi-Port-RAM) / MPR (Multi-Port-RAM)
MPROM s. mask-programmed read-only memory
MPS s. mechanical UPS power switch || ≙ / Rohstromversorgung *f* || ≙ s. master production schedule
MPSB s. microprocessor system bus
MPU s. microprocessor unit
MPX s. multiplexer
m.r. s. mixed regulation
M19 through several revolutions (M19tsr) / M19 über mehrere Umdrehungen (M19ümU)
MRB s. material review board
MR equipment s. mill-rating equipment
MRP s. manufacturing requirements planning || ≙ s. materials requirements planning / MRP || ≙ / Produktionsbedarfsplanung *f*
MSA s. my secondary address
MSB (most significant bit) / höchstwertiges Bit, gewichtigste Binärstelle
MSC (Measurement Speed Control) / MSC
MSD s. most significant digit || ≙ **(Main Spindle Drive)** / höchste L2-Adresse, HSA (Hauptspindelantrieb)
MSEC (Measuring System Error Compensation) / MSFK (Messsystemfehlerkompensation)
MS flipflop s. master-slave flipflop
MSI s. medium-scale integrated circuit
MT (multitasking) / MT
MTA s. my talk address || ≙ **(message transfer agent)** / MTA
MTBF (mean time between failures) / mittlere Betriebsdauer zwischen Ausfällen (Erwartungswert der Verteilung der Betriebsdauern zwischen zwei aufeinanderfolgenden Ausfällen), fehlerfreie Betriebszeit, durchschnittlicher Ausfallabstand, mittlere Ausfallrate (Mittelwert der momentanen Ausfallrate während eines gegebenen Zeitintervalls (t1, t2)), durchschnittlicher Ausfallabstand, mittlerer Ausfallabstand (Erwartungswert der Verteilung der Ausfallabstände), fehlerfreie Betriebszeit, MTBF
MTBM (mean time between maintenance) / Wartungsintervallzeit *f*, MTBM
MTO (Make-to-Order) / Auftragseinzelfertigung *f*, MTO
MTTF (mean time to failure) / MTTF
MTTFF (mean time to first failure) / mittlere Dauer bis zum ersten Ausfall (Erwartungswert der Verteilung der Dauern bis zum ersten Ausfall)
MTTR (mean time to repair) / Nebenzeit *f*, Ausfallzeit *f*, Ausfalldauer *f* || ≙ s. mean time to restore || ≙ s. mean time to restoration || ≙ s. mean time to recovery
MTU (magnetic tape unit) / Magnetbandgerät *n*
M-type backward-wave amplifier tube (M-type BWA) / Rückwärtswellen-Verstärkerröhre vom M-Typ || ≙ **backward-wave oscillator tube (M-type BWO)** / Rückwärtswellen-Oszillatorröhre vom M-Typ || ≙ **BWA** s. M-type backward-wave amplifier tube || ≙ **BWO** s. M-type backward-wave oscillator

tube || ≙ **forward-wave amplifier tube (M-type F WA)** / Vorwärtswellen-Verstärkerröhre vom M-Typ || ≙ **FWA** s. M-type forward-wave amplifier tube || ≙ tube / M-Typ-Röhre *f*, Kreuzfeldröhre *f*
MU s. memory unit
mudribs *n pl* / Prisma *n* (Batt.)
mu factor / µ-Faktor *m* (ESR)
muff *n* IEC 50(466) / Fundamentkappe *f* (Freileitungsmast) || ~ **coupling** / Schalenkupplung *f*
muffler *n* / Geräuschdämpfer *m*, Schalldämpfer *m*
MUI (multi-language user interface) / MUI
muldem *n* / Muldex (Multiplexer/Demultiplexer)
muldex *n* / Muldex (Multiplexer/Demultiplexer)
multi-anode valve / Mehranodenventil *n* || ~ **valve device** / Mehranoden-Ventilbauelement *n*
multi-armature motor / Mehrankermotor *m*
multi-axis continuous-path control / Mehrachsen-Bahnsteuerung *f* (NC) || ~ **contouring control** s. multi-axis continuous path control || ~ **control** / Vielachsensteuerung *f* (NC), Mehrachsensteuerung *f* (NC), Mehrachssteuerung *f* || ~ **information set** / Angaben für Mehrachsenbewegung (NC) || ~ **interpolation** / Mehrachseninterpolation *f* || ~ **straight-line control** / Mehrachsen-Streckensteuerung *f* (NC)
multi-beam oscilloscope / Mehrstrahl-Oszilloskop *n* || ~ **tube** / Mehrstrahlröhre *f*
multi-box-type assembly IEC 439-1 / Mehrfach Kastenbauform *f* VDE 0660,T.500
multi-cabinet type / Mehrfach-Schrankbauform *f*
multi-cage motor / Mehrfachkäfigläufermotor *m*
multicast *n* / Gruppenaufruf *m*
multi-cavity klystron / Mehrkammerklystron *f*
multi-cell switch / Mehreinheiten-Schalter *m* (HSS)
multi-channel display / Mehrkanalanzeige (MKA) *f* || ~ **interface** / Mehrfachanschaltung *f* || ~ **mode (o. operation)** / Mehrkanalbetrieb *m* || ~ **recorder** / Mehrfachschreiber *m* || ~ **shift register** / mehrbahniges Schieberegister || ~ **structure** / Multikanalstruktur *f* || ~ **X-ray analyzer** / Mehrkanal-Röntgenanalysegerät *n* || ~ **X-ray spectrometer** / Mehrkanal-Röntgenspektrometer *m* (MRS)
multichip *n* / Multichip *m* || ~ **assembly** / zusammengesetzter Multichip || ~ **integrated circuit** / integrierter Multichip || ~ **micro-assembly** / zusammengesetzter Multichip
multi-circuit switch / Vielfachschalter *m* || ~ **winding** / Mehrfachwicklung *f*, mehrgängige Wicklung, mehrfach parallelgeschaltete Wicklung, Schleifenwicklung *f*
multi-colour floodlight / Mehrfarbenscheinwerfer *m*
multicomponent control / Mehrkomponentenregelung *f*
multi-component gas analyzer / Mehrkomponeneten-Gasanalysator
multicomponent proportioning scale / Mehrkomponenten-Dosierwaage *f*
multi-compound alloy / Mehrstofflegierung *f*
multi-computer configuration (o. installation) / Mehrfachrechneranlage *f* || ~ **monitoring system** / Mehrfachrechner-Überwachungssystem *n* || ~ **system** / Mehrrechnersystem *n*
multicomputing *n* / Multicomputing *n*
multi-conductor cable / Mehrleiterkabel *n*
multi-connected convertor (A convertor consisting

multi-connection 368

of two or more parallel and/or series connected convertor units each of which is an operative convertor of its own.) / mehrfach verbundener Stromrichter (Stromrichter, der aus zwei oder mehr parallel und/oder in Reihe geschalteten Stromrichtereinheiten besteht, deren jede ein selbständiger betriebsfähiger Stromrichter ist)
multi-connection end-point identifier / Endpunktkennung einer Mehrpunktverbindung
multi-constant-speed motor / Motor mit mehreren konstanten Drehzahlen
multi-contact relay / Vielkontaktrelais *n*
multicontrol *n* / Vielfachsteuerung *f*
multicontroller configuration / komplexe Regelung
multicorder *n* / Mehrfachschreiber *m*
multi-core cable / mehradriges Kabel, mehradrige Leitung, Mehrleiterkabel *n* || ~ **current transformer** / Mehrkern-Stromwandler *m*
multi-crate system IEC 552 / Mehrrahmensystem *n*
multi-cubicle arrangement / Mehrfachschrankanordaung *f*, Schrankreihe *f* || ~ **switchboard** / Schrankschalttafel *f* || ~ **type** / Mehrfach-Schrankbauform *f*
multi-cycle control / Vielperiodensteuerung *f* (LE), Schwingungspaketsteuerung *f*, Vielschwingungssteuerung *f*, Vollschwingungssteuerung *f* || ~ **control factor** / Einschaltverhältnis bei Vielperiodensteuerung (LE), Tastverhältnis bei Vielperiodensteuerung (LE)
multi-decade resistor / Mehrfachdekadenwiderstand *m*
multi-degree-of-freedom system / System mit mehreren Freiheitsgraden
multi-digit *adj* / mehrstellig *adj* (Ziffernanzeige)
multi-dimensional continuous-path control / mehrdimensionale Bahnsteuerung (NC) || ~ **control** / mehrdimensionale Steuerung
multi-disc brake / Lamellenbremse *f* || ~ **clutch** / Lamellenkupplung *f* || ~ **fail-to-safety brake** / Lamellen-Sicherheitsbremse *f*, Lamellen-Federdruckbremse *f* || ~ **spring-loaded brake** / Lamellen-Federdruckbremse *f*
multi-drain MOS (MDMOS) / MOS mit Mehrfach-Drainelektroden
multi-drop cable / Übertragungskabel *n* (f. mehrere Stationen), Fernbuskabel *n* || ~ **capability** / Multidrop-Fähigkeit *f* || ~ **communication** / busförmige Kommunikation || ~ **interface** / busfähige Schnittstelle || ~ **network** / lokales Netzwerk, Bus *m*, Local Area Network (LAN)
multi-edge *n* / Mehrkant *n* || ~ **machining** / Mehrkantbearbeitung *f* || ~ **tool** / mehrschneidiges Werkzeug, Mehrschneidenwerkzeug *n* || ~ **turning** / Mehrkantdrehen *n*, Polygondrehen *n*
multi-electrode voltage stabilizing tube / Mehrstrecken-Stabilisatorröhre *f*
multi-element indicator light / Mehrfachleuchtmelder *m* || ~ **transducer** / Mehrsystem-Messumformer *m*
multi-enclosure switch / mehrpoliger Schalter mit getrennten Polen
multi-end-fed system / mehrseitig gespeistes Netz, mehrfach gespeistes Netz
multi-endpoint connection / Mehrpunktverbindung *f* DIN ISO 7498
multiface machining / Mehrseitenbearbeitung *f*

multifibre cable / Vielfaserkabel *n* || ~ **joint** / Mehrfach-Faserverbinder *m* (LWL)
multi-filament conductor / Filamentleiter *m*, Vielkernleiter *m*
multiframe alignment / Mehrfachrastergleichlauf *m*
multi-frequency *adj* / mehrfrequent *adj*
multifrequency dialing / Mehrfrequenzverfahren (MFV) *n*, Mehrfrequenz-Wahlverfahren *n*
multi-functional *n* / Multifunktion *f* || ~ **keyboard** / Multifunktionstastatur *f*, multifunktionale Tastatur
multi-function equipment EN 60950/A2 / Mehrfunktionsschaltgerät *n* || ~ **instrument** *n* IEC 13B(CO)68) / Vielfach-Messgerät *n*, Vielfachmesser *m* || ~ **timer** / Multifunktions-Zeitschalter *m* || ~ **unit** / Kombinationsglied *n* DIN 19237, Multifunktionseinheit *f*
multi-gang plate / Kombinationsabdeckplatte *f* (f. I-Schalter)
multi-gang rotary resistor / Mehrfachdrehwiderstand *m*
multigrade oil / Mehrbereichsöl *n*
multilingual clear text display / mehrsprachige Klartextanzeige
multi-incandescent lamp / Multi-Glühlampe *f*
multi-input/multi-output control / Mehrgrößenregelung *f*
multi-instance DB / Multinstanz-DB
multi-lamp luminaire / mehrlampige Leuchte
multi-language user interface (MUI) / MUI
multi-layer board (MLB) / Mehrlagen-Leiterplatte *f*, Mehrschicht-Leiterplatte *f* || ~ **capacitor** / Vielschichtkondensator *m* || ~ **coil** / mehrlagige Spule || ~ **metallization** / Mehrlagenverdrahtung *f* (IS) || ~ **printed board** / Mehrlagen-Leiterplatte *f*, Mehrschicht-Leiterplatte *f* || ~ **winding** / mehrlagige Wicklung, Mehrschichtwicklung *f*, Lagenwicklung *f*
multi-level action / Mehrpunktverhalten *n* (Reg.) || ~ **process control** / Mehrebenen-Prozessführung *f*
multi-line *adj* / mehrzeilig *adj* || ~ **message** / Mehrdrahtnachricht *f* DIN IEC 625 || ~ **representation** / mehrpolige Darstellung
multilink *n* / Übermittlungsabschnittsbündel *n*
multilink *n* (module) / Mehrfachkopplung *f* (FWT)
multilink procedure (MLP) / Steuerungsverfahren für Übermittlungsabschnittsbündel DIN ISO 7776
multiloop control / mehrschleifige Regelung, Mehrfachregelung *f* || ~ **control system** / Mehrfachregelung *f*, mehrschleifige Regelung
multi-loop feedback control / mehrschleifige Regelung
multimeter *n* / Multimeter *m*, Vielfach-Messgerät *n*, Vielfach-Messinstrument *n*
multi-microcomputer (MMC) *n* / Multimikrocomputer *m*
multi-microprocessor *n* / Multimikroprozessor *m*
multimodal distribution / multimodale Verteilung (QS), mehrgipflige Verteilung
multimode dispersion / Modendispersion *f* (LWL), Intermodendispersion *f* || ~ **fibre** / Vieltyp-Lichtwellenleiter *m*, Mehrmodenfaser *f*, Multimode-Lichtwellenleiter *m* || ~ **group delay** / Multimoden-Laufzeitunterschied *m* (LWL) || ~ **laser** / Multimodelaser *m* || ~ **waveguide** / Vieltyp-Wellenleiter *m*, Multimode-Wellenleiter *m*
multimodule (MM) *n* / Multimodul (MM) *n* DIN 30798,T.1

multi-motion contouring control / mehrdimensionale Bahnsteuerung (NC)
multi-motor control centre / Mehrmotoren-Steuertafel f || ~ **drive** / Mehrmotorenantrieb m, Gruppenantrieb m
multinomial distribution / Multinomialverteilung f DIN 55350,T.22
multi-orifice restriction plate / Lochdrosselkörper m, Lochscheibe f
multi-outlet assembly / Steckdosenkanal m, Gerätekanal m || ~ **distribution box** / Steckdosenverteilerkasten m || ~ **distribution unit** / Steckdosenverteiler m
multi-pallet storage (MPS) / Mehrfach-Paletten-Speicher (MPS) m
multi-particle layer / Multipartikelschicht f
multi-part tariff / mehrgliedriger Tarif
multi-pass heat exchanger / Kühler mit mehrfachem Wasserfluss, mehrflutiger Kühler
multi-phase *adj* / mehrphasig *adj*, mehrsträngig *adj*
multi-pin *adj* / hochpolig *adj*
multi-plane balancing / Viel-Ebenen-Auswuchten n
multi-plate brake / Lamellenbremse f || ~ **clutch** / Mehrscheibenkupplung f, Lamellenkupplung f
multiple-armature motor / Mehrankermotor m, Mehrfachmotor m
multiple assignment / Mehrfachzuordnung f, Mehrfachbelegung f || ~ **axes** / Mehrachsen f pl || ~ **axle drive** / Mehrachsantrieb m || ~ **break** (operation) / Mehrfachunterbrechung f (SG)
multiple-break circuit-breaker / Leistungsschalter mit Mehrfachunterbrechung
multiple busbars / Mehrfachsammelschiene f || ~ **calls** / Mehrfachaufrufe m pl || ~ **capacitor bank** IEC 265 / Mehrfach-Kondensatorbatterie f VDE 0670,T.3
multiple-channel instrument / Mehrsignal-Messgerät n
multiple-circuit line / Mehrsystemleitung f
multiple clamping / Mehrfachaufspannung f || ~ **coach lighting** / Allgemeinbeleuchtung f (Bahn) || ~ **coil** / Mehrfachspule f, unterteilte Spule
multiple-compartment trunking / mehrzügiger Kanal
multiple-computer system / Mehrfach-Prozessrechnersystem n
multiple conductor / Bündelleiter m
multiple-conductor cable / Mehrleiterkabel n
multiple connection (of commutating groups) / indirekte Parallelschaltung (LE, von Kommutierungsgruppen), Vielfachschaltung f, Mehrfachanschluss m || ~ **connector** / Mehrfachsteckverbinder m || ~ **contact strip** / Federleiste f || ~ **cutter** / Mehrschneider m
multiple-contact switch / Stufenschalter m
multiple-cubicle assembly IEC 439-1 / Schrankreihe f (SK) VDE 0660,T.500
multiple-current generator / Mehrstrom-Generator m
multiple-disc brake / Lamellenbremse f || ~ **clutch** / Lamellenkupplung f, Mehrscheibenkupplung f
multiple-duct conduit / mehrzüger Kanal, Mehrkanalrohr n
multiple-earthed system / genulltes Netz
multiple earthing / Vielfacherdung f, Nullung f
multiple-edge tool / mehrschneidiges Werkzeug, Mehrschneidenwerkzeug n

multiple excitation / Mehrfacherregung f, Mehrfachanregung f || ~ **failures** / Mehrfachausfall m || ~ **fault** / Mehrfachfehler m, Mehrfachkurzschluss m, Mehrfacherdschluss m || ~ **grinding** / Mehrfachschleifen n || ~ **grooves** / Mehrfacheinstiche f pl
multiple-gun CRT / Mehrstrahlröhre f (mit getrennten Elektronenstrahlerzeugern)
multiple image production master / Mehrfachnutzen-Druckwerkzeug n || ~ **indicator light** / Mehrfachleuchtmelder m || ~ **indicator lights** / Mehrfach-Leuchtmelder m || ~ **instrument** / Mehrfach-Messgerät n || ~ **interfacing** / Mehrfachanschaltung f || ~ **labyrinth seal** / mehrgängige Labyrinthdichtung
multiple-layer coil / mehrlagige Spule || ~ **winding** / mehrlagige Wicklung, Mehrschichtwicklung f, Lagenwicklung f
multiple lengths / teilbare Längen || ~ **light** / Mehrfachleuchte f
multiple-level method / Verfahren zur Ermittlung der Wahrscheinlichkeitsverteilung
multiple lightning stroke / Mehrfachblitz m || ~ **link** / Mehrfachverbindung f (Verbundnetz) || ~ **node system** / Mehrplatzsystem n || ~ **operation** / Mehrfachbearbeitung f || ~ **operation machine** (woodworking) / Mehrfachbearbeitungsmaschine f || ~ **option button** / Mehrfachauswahlknopf m
multiple parallel operation / Mehrfach-Parallelbetrieb m || ~ **parallel winding** / mehrfache Parallelwicklung f || ~ **pattern** / Mehrfachbild n (gS) || ~ **plug** / Mehrfachstecker m, Messerleiste f || ~ **point-to-point configuration** / Mehrfach-End-End-Netz n (FWT), Mehrfach-Punkt-zu-Punkt-Netz n (FWT) || ~ **printed panel** / Mehrfachnutzen m (gS) || ~ **processor** / Mehrprozessor m || ~ **program** / Mehrfachprogramm n || ~ **receptacle** / Mehrfachsteckdose f || ~ **reclosing** / mehrmalige Wiedereinschaltung (o. Kurzunterbrechung) || ~ **reflections** / Mehrfachreflexionen f pl, Interreflexion f || ~ **resistor** / Mehrfachwiderstand m || ~ **restrikes** / mehrfache Wiederzündung (SG) || ~ **rocker** / Serienwippe f || ~ **sampling** / Mehrfachstichprobenentnahme f || ~ **sampling inspection** / Mehrfachstichprobenprüfung f || ~ **sampling plan** / Mehrfachstichprobenprüfplan m || ~ **selection** / Mehrfachauswahl f || ~ **series connection** / Gruppenschaltung f
multiple-shot reclosing / mehrmalige Wiedereinschaltung (Schutzsystem) IEC 50(448)
multiple slip joint pliers / Wasserpumpenzange f || ~ **socket-outlet** / Mehrfachsteckdose f
multiple-speed floating action / Verhalten mit mehreren Stellgeschwindigkeitswerten || ~ **floating controller** / Regler mit stufenweiser regeldifferenzabhängiger Stellgeschwindigkeit
multiple splines / Vielfachkeile m pl
multiple-spline shaft / Vielkeilwelle f
multiple-spring wire plug / Büschelstecker m
multiple-start thread / mehrgängiges Gewinde, Mehrfachgewinde n, Mehrganggewinde n || ~ **thread cutting** / mehrgängiges Gewindeschneiden
multiple stranded conductor / mehrfach verseilter Leiter || ~ **stranding** / Mehrfachverseilung f || ~ **string** / Mehrfachkette f (Isolatoren)
multiple-stroke flash / Mehrblitzentladung f
multiplet / n-Bit-Rate f

multiple tariff / Mehrfachtarif *m*, Zeitzonentarif *m* ||
~ **thread** / Mehrfachgewinde *n*, mehrgängiges
Gewinde, Mehrganggewinde *n* || ~ **thread cutting** /
mehrgängiges Gewindeschneiden || ~ **tool** /
Mehrfachwerkzeug (MFW) *n* || ~ **transceiver** /
Vielfach-Sender-Empfänger *m*,
Schnittstellenverteiler *m* || ~ **transmission** (drive) /
Mehrfachantrieb *m*, Mehrachsantrieb *m*,
Mehrfachübertragung *f* || ~ **transmission link** /
Mehrfachverbindung *f* (Verbundnetz) || ~ **triplet** /
Mehrfach-Triplett *n* (NC) || ~ **tube** / Verbundröhre *f*
|| ~ **use** / Mehrfachnutzung *f*
multiple-twin quad / Dieselhorst-Martin-Vierer *m*,
DM-Vierer *m*
multiple-unit control / Vielfachsteuerung *f*,
Allwagensteuerung *f*
multiple-valve unit / Mehrfachventil *n* (LE)
multiple-way valve / Mehrfach-Wegeventil *n*
multiple winding / Mehrfachwicklung *f*,
Schleifenwicklung *f*
multiplex address (MPXADR) / Multiplexadresse
(MPXADR) *f*
multiplexed addressing / Multiplex-Adressierung *f*
multiplexer *n* / Messstellenumschalter *m* ||
information ~ / Informationsverteiler *m* ||
multiplexer (MPX) *n* / Mehrfachkoppler *m*,
Vielfachübertrager *m*, Vervielfacherelement *n*,
Multiplexer *m*, Verteiler *m*
multiplexing *n* / Vielfachübertragung *f*,
Mehrkanalübertragung *f*, Durchschaltung *f*
multiplex lap winding / mehrfache
Schleifenwicklung || ~ **operation** /
Multiplexbetrieb *m* || ~ **parallel winding** /
mehrfache Parallelwicklung || ~ **two-circuit
winding** / mehrfache Wellenwicklung || ~ **wave
winding** / mehrfache Wellenwicklung || ~ **winding**
/ mehrgängige Wicklung, mehrfach
parallelgeschaltete Wicklung, mehrfach
geschlossene Wicklung
multiplicand *n* / Multiplikand *m*
multiplication factor / Vervielfachung *f*
multiplicity *n* / Vielfachheit *f*, Mehrgängigkeit *f*
multiplier *n* / Multiplikator *m*, Multiplizierer *m*,
Vervielfacher *m* || ~ **connection** /
Vervielfacherschaltung *f* (LE)
multiply fed system / mehrseitig gespeistes Netz,
mehrfach gespeistes Netz
multiplying DAC / multiplizierender DAU,
multiplikativer DAU
multiply re-entrant winding / mehrfach
wiedereintretende Wicklung
multi-point *n* / Multipunkt *n*
multipoint connection / Mehrpunktverbindung *f*,
Vielpunktverbindung *f* || ~ **cycle** / Mehrpunktzug
m (NC)
multi-point definition / Mehrpunktzug *m*
multi-point detector / Mehrpunktmelder *m*
multi-point interface (MPI) /
Mehrpunktschnittstelle *f*, mehrpunktfähige
Schnittstelle, MPI
multipoint injector / Einspritzventil *n* || ~ **LAN** / Bus
m, lokales Netzwerk, Local Area Network (LAN)
multi-point measurement / Mehrpunktmessung *f*
multipoint partyline network / Linienkonfiguration
f, Liniennetz *n* || ~ **recorder** / Mehrpunktschreiber
m
multipoint-ring configuration / Ringkonfiguration *f*
(FWT)
multipoint-star configuration / Sternkonfiguration *f*
(FWT)
multipoint traffic / Gemeinschaftsverkehr *m* (FWT)
multi-point V/f control / Mehrpunkt-U/f-Steuerung
multipole *adj* / mehrpolig *adj*, vielpolig *adj* || ~
circuit-breaker / mehrpoliger Leistungsschalter,
mehrpoliger Leitungsschutzschalter || ~ **connector** /
Steckkontaktleiste *f* || ~ **single-enclosure switch** /
mehrpoliger Schalter in gemeinsamem Gehäuse || ~
switching device / mehrpoliges Schaltgerät
multiport controller (MPC) / Multi-Port Controller
(MPC) || ~ **RAM (MPR)** / Multi-Port-RAM (MPR)
|| ~ **register** / Mehrkanalregister *n*
multi-position controller / Mehrpunktregler *m*,
Schrittregler *m* || ~ **starter** / Stufenanlasser *m* || ~
stop / Mehrfachanschlag *m* (WZM),
Revolveranschlag *m* || ~ **switch** /
Mehrstellenschalter *m*, Reihen-Positionsschalter *m*
multiprocessor *n* / Multiprozessor *m*,
Multiprozessorsystem *n* DIN 44300
multiprocessor-based control /
Mehrprozessorsteuerung *f* (MPST)
multiprocessor communications adapter (MCA) /
Mehrprozessor-Datenübertragungszusatz *m* || ~
mode / Mehrprozessorbetrieb *m* || ~ **operating
system (MPOS)** / Multiprozessor-Betriebssystem *n*
(MPBS)
multiprobe *n* / Multitaster *m*
multi-product batch plant / Mehrprodukt-Batch-
Anlage *f*
multiprogramming *n* / Mehrprogrammbetrieb *m*
multi-purpose controller / freibestückbarer Regler ||
~ **equipment** / Mehrzweckapparatur *f* || ~
instrument / Mehrzweck-Messgerät *n* || ~
luminaire / Mehrzweckleuchte *f* || ~ **potentiometer**
/ freiverschaltetes Poti || ~ **system** /
Mehrzweckanlage *f*
multi-quadrant drive / Mehrquadrantenantrieb *m* || ~
operation / Mehrquadrantenbetrieb *m* (SR-Antrieb,
NC)
multirace oscilloscope / Mehrfach-Oszilloskop *n*
multi-range *adj* / Mehrbereichs..., umschaltbar *adj* ||
~ **instrument** / Mehrbereichs-Messgerät *n* || ~
time-delay relay / Vielbereichs-Zeitrelais *n* || ~
voltage / Mehrbereichsspannung *f*
multi-rate meter / Mehrtarifzähler *m* || ~ **tariff
switch** / Tarifschaltuhr *f*
multiratio *n* / Umschaltbarkeit *f*
multi-ratio transformer / Wandler mit mehreren
Übersetzungsverhältnissen
multi-restraint relay / mehrfach stabilisiertes Relais
multi-row connector / mehrreihiger Steckverbinder
multi-scale instrument / Messgerät mit mehreren
Skalen
multi-section coil / Mehrfachspule *f*, unterteilte Spule
|| ~ **transducer** / Mehrfachmessumformer *m*
Multisensor *n* / Multisensor *m*
multi-shed insulator / Vielschirmisolator *m*
multi-shot reclosing / mehrmalige
Wiedereinschaltung (o. Kurzunterbrechung)
multi-speed floating action / I-Verhalten mit
mehreren festen Stellgeschwindigkeiten || ~ **motor**
/ Motor mit mehreren Drehzahlen,
drehzahlumschaltbarer Motor, polumschaltbarer
Motor
multi-stage gearing / mehrstufiges Getriebe,

Mehrfachgetriebe *n* ‖ ~ **sampling** / mehrstufige Stichprobenentnahme
multi-station transfer machine / Transfermaschine *f*
multi-step action / Mehrpunktverhalten *n* (Reg.) ‖ ~ **control** / Mehrpunktregelung *f* ‖ ~ **controller** / Mehrpunktregler *m*, Schrittregler *m* ‖ ~ **relay** / mehrstufiges Relais
multi-storey car park / Parkhaus *n*
multi-stream X-ray analyzer / Mehrkanal-Röntgenanalysegerät *n*
multitasking (MT) *n* / MT
multi-tasking operating system (MOS) / Multitasking-Betriebssystem *n*
multi-terminal busbar / Verteilerschiene *f* (FIV), Verteilschiene *f* ‖ ~ **HVDC transmission system** / HGÜ-Mehrpunkt-Fernübertragung *f* ‖ ~ **PD calibration** / Mehrstellen-TE-Eichung *f* ‖ ~ **PD measurement** / Mehrstellen-TE-Messung *f* ‖ ~ **version** / Mehrplatzvariante *f*
multi-thread *n* / mehrgängiges Gewinde
multi-tier *adj* / mehrzeilig *adj* (ET, IV) ‖ ~ **configuration** / mehrzeilige Anordnung, mehrzeiliger Aufbau
multi-trace oscilloscope / Mehrstrahl-Oszilloskop *n*
multi-transceiver *n* / Schnittstellenvervielfacher *m*
multi-tube oscilloscope / Mehrröhren-Oszilloskop *n*
multiturn *n* / Multiturn *m*
multi-unit packaging / Mehrstückverpackung *f* ‖ **multi-unit switch** / Vielfachschalter *m*
multi-user licence / Kopierlizenz *f* ‖ ~ **system** / Mehrbenutzersystem *n*, Mehrplatzsystem *n* ‖ ~ **system with server utilities** / Mehrplatzsystem mit Server-Diensten
multi-valued *adj* / mehrwertig *adj*
multivalue digital signal / Mehrwertdigitalsignal *n*
multi-variable *n* / zusammengesetzte Größe
multivariable control / Mehrgrößenregelung *f* ‖ ~ **control system** / Mehrgrößenregelung *f*
multivariate discrete probability distribution / multivariate diskrete Wahrscheinlichkeitsverteilung DIN 55350,T.22 ‖ ~ **probability distribution** / multivariate Wahrscheinlichkeitsverteilung DIN 55350,T.21 ‖ ~ **quality control** / Qualitätslenkung bei mehreren Merkmalen ‖ ~ **steady probability distribution** / multivariate stetige Wahrscheinlichkeitsverteilung DIN 55350,T.22
multi-varying-speed motor / Motor mit mehreren veränderlichen Drehzahlen, Motor mit Drehzahleinstellung
multi-vendor *adj* / herstellerunabhängig *adj*
multivibrator (MV) *n* / Multivibrator *m* ‖ **monostable** ~ / monostabiler Multivibrator, monostabiles Kippglied, Zeitstufe *f*, Verzögerungsglied *n*
multi-voltage motor / spannungsumschaltbarer Motor ‖ ~ **power supply unit** / Mehrspannungsnetzgerät *n* ‖ ~ **transformer** / Mehrspannungstransformator *m*
multiway adaptor / Mehrfachstecker *m* ‖ ~ **connector** / Mehrfachsteckverbinder *m* ‖ ~ **switch** / Mehrwegschalter *m*, Mehrstellenschalter *m* ‖ ~ **terminal block** IEC 23F.3 / vielpolige Reihenklemmen DIN IEC 23F.3
multi-winding transformer / Mehrwicklungstransformator *m*
multi-windowing feature / Mehrfachfenstertechnik *f*
multi-wire branch circuit / Mehrleiter-

Abzweigstromkreis *m* ‖ ~ **circuit** / Mehrleiterstromkreis *m*
multi-word instruction / Mehrwortbefehl *m*
multi-zone distance protection / Stufen-Distanzschutz *m*
municipal utilities company / Stadtwerke *f pl*
muscovite *n* (aluminium-potash mica) / Muskovit *n* (Aluminium-Kalium-Glimmer)
mushroom button IEC 337-2 / Pilzdruckknopf *m* VDE 0660,T.201, Pilztaster *m* ‖ ~ **button with latch** / Pilzdruckknopf mit Rastung
mushroom-head emergency pushbutton / Pilz-Notdrucktaster *m*, Pilz-Schlagtaster *m* ‖ ~ **pushbutton** / Pilzdrucktaster *m* ‖ ~ **pushbutton switch** / Pilzdruckknopfschalter *m*, Pilzdrucktaster *m*, Schlagtaster *m* ‖ ~ **slam button** / Pilz-Schlagtaster *m*
mushroom pushbutton / Pilzdrucktaster *m*
mushroom-shaped lamp / Pilzformlampe *f* ‖ ~ **pushbutton unit** / Pilzdrucktaster *m*
mushroom valve / Tellerventil *n*
mush winding / Träufelwicklung *f*, Runddrahtwicklung *f*
mush-wound coil / Träufelspule *f*
must non-operate value / Nichtansprech-Sollwert *m* (Rel.)
must-operate value / Ansprech-Sollwert *m* (Rel.), Ansprech-Prüfwert *m*
must release value / Rückfall-Sollwert *m* (Rel.) ‖ ~ **value** / Sollwert *m* (Relaisprüf.)
MUT (mean up time) / mittlere Klardauer
mutual *adj* / gegenseitig *adj* ‖ ~ **capacitance** / Gegenkapazität *f*, gegenseitige Kapazität, Betriebskapazität *f* ‖ ~ **characteristic** / Steilheitskennlinie *f*, Übertragungskennlinie *f* ‖ ~ **conductance** / Steilheit *f* (ESR), Übertragungswirkleitwert zwischen Ausgangselektrode und Steuerelektrode ‖ ~ **exchange coefficient** / gegenseitiger Austauschkoeffizient (BT) ‖ ~ **inductance** / gegenseitige Induktivität, Gegeninduktivität *f*, Hauptinduktivität *f* ‖ ~ **induction** / Gegeninduktion *f*, gegenseitige Induktion ‖ ~ **inductivity** / gegenseitige Induktivität, Gegeninduktivität *f*, Hauptinduktivität *f* ‖ ~ **influence** / gegenseitige Beeinflussung
mutually admitted / beiderseits beaufschlagt, zweiseitig beaufschlagt ‖ ~ **admitted actuator** / beiderseits beaufschlagter Stellantrieb ‖ ~ **synchronized network** / wechselweise synchronisiertes Netzwerk
mutual reactance / Gegenreaktanz *f*, gegenseitige Reaktanz, Hauptreaktanz *f*, Luftspaltreaktanz *f* ‖ ~ **surge impedance** / Kopplungsimpedanz für Stoßwellen
MUX s. multiplexer
MV s. medium voltage ‖ ~ s. multivibrator
MVAr capability / Blindleistungsfähigkeit *f*
MVDCT system / MGÜ
MVL s. mercury-vapour lamp
M-wire *n* / Zähleader *f*
my listen address (MLA) IEC 625 / eigene Höreradresse (PMG) DIN IEC 625 ‖ ~ **secondary address (MSA)** IEC 625 / eigene Zweitadresse (PMG) DIN IEC 625 ‖ ~ **talk address (MTA)** IEC 625 / eigene Speicheradresse (PMG) DIN IEC 625

N

N (letter symbol for natural coolant circulation) / N (Buchstabensymbol für natürliche Kühlmittelbewegung) || ≙ / **n actual value** / NIST / nIST || ≙ **(neutral conductor)** / N (Neutralleiter)
n (=**speed**) / n
nadir n / Nadir m, Fußpunkt m
nail heading / Nagelkopfbildung f (gS)
NAK (negative acknowledgement) / negative Rückmeldung
naked light / offenes Licht
name abbreviation / Namenskürzel n
named element / bezeichnetes Element (SPS-Programm)
name of control element / Steuerelementname m
nameplate n / Firmenschild n, Fabrikschild n, Typenschild n, Leistungsschild n, Bezeichnungsschild n, Firmenmarke f, Unterlegschild n || ~ **marking** / Leistungsschildangaben f pl || ~ **specification** / Leistungsschildangabe f, Typenschildausgabe f
NAMUR / Normenausschuss für Mess- und Regelungstechnik (NAMUR), NAMUR-Anbausatz m
NAND n / NAND n, NAND-Glied n || ≙ **buffer** / NAND-Leistungselement n, Leistungs-NAND-Glied n || ≙ **element** / NAND-Glied n || ≙ **gate** / NAND-Tor n, NAND-Torschaltung f, NAND-Glied n, UND-Glied mit negiertem Ausgang, NAND n || ≙ **operation** / NAND-Verknüpfung f, NICHT-UND-Verknüpfung f
NAP s. network analysis program
Naperian absorbance / spektrales natürliches Absorptionsmaß || ≙ **spectral absorption coefficient** / spektraler natürlicher Absorptionskoeffizient || ≙ **spectral internal transmittance density** / spektrales natürliches Absorptionsmaß
Napierian logarithm / natürlicher Logarithmus
narrow adj / schmal adj
narrow-angle adj / tiefstrahlend adj || ~ **luminaire** / Tiefstrahler m || ~ **transmitter** / Kegelstrahler m (IR-Gerät)
narrow band (NB) / Schmalband n
narrow-band adj / schmalbandig adj
narrow-band device / Schmalband-Betriebsmittel n || ~ **emission** / schmalbandige Aussendung || ~ **noise** / Schmalbandgeräusch n || ~ **pass filter** / Schmalbandfilter n || ~ **pyrometer** / Teilstrahlungspyrometer n || ~ **response spectrum** / Schmalband-Antwortspektrum n
narrow-beam reflector / Tiefstrahler m || ~ **spotlight** / engbündelnder Scheinwerfer m
narrow edge / Schmalseite f || ~ **offset** / Engstellenkorrektur f || ~ **side** / Schmalseite f
narrow-slit method / Messverfahren mit schmalem Spalt
NAT (number of addresses to read) / AFA
national standard / Landesnorm f, nationales Normal || ~ **trade statistics number** / statistische Warennummner
natural actinic effect / natürlicher aktinischer Effekt || ~ **age hardening** / Kaltauslagern n || ~ **air circulation** / natürliche Luftbewegung, natürliche Luftumwälzung || ~ **air cooling** / natürliche Luftkühlung, Luft-Selbstkühlung f || ~ **angular frequency** / Eigen-Kreisfrequenz f || ~ **background radiation** / Untergrundstrahlung f || ~ **characteristic** / natürliche Kennlinie (LE) DIN 4000,T.1, Eigenmerkmal n || ~ **circulation** / natürlicher Umlauf, natürliche Bewegung || ~ **commutation** / natürliche Kommutierung, freie Kommutierung || ~ **convection** / Eigenkonvektion f, freie Konvektion || ~ **cooling** / Selbstkühlung f (el. Masch.) || ~ **current** / Eigenstrom m || ~ **daylight** / Tageslicht n || ~ **earth electrode** / natürlicher Erder VDE 0100,T.200 || ~ **excitation** / natürliche Erregung || ~ **exposure test** / Freibewitterungsversuch m || ~ **frequency** / Eigenfrequenz f, Einschwingfrequenz f, Eigenschwingungszahl f
natural-graphite brush / Naturgraphitbürste f
natural lighting / Tageslichtbeleuchtung f || ~ **load** / natürliche Leistung (Netz) || ~ **logarithm** / natürlicher Logarithmus
naturally circulated coolant / natürlich bewegtes Kühlmittel || ~ **cooled** / selbstgekühlt adj, eigengekühlt adj, eigenbelüftet adj, selbstbelüftet adj
natural magnet / natürlicher Magnet || ~ **mica** / Naturglimmer m, Blockglimmer m || ~ **noise** / natürliches Rauschen || ~ **oil circulation** / natürlicher Ölumlauf
natural-oil/forced-air cooling / erzwungene Luftkühlung und Ölumlauf
natural oscillation / Eigenschwingung f || ~ **period of vibration** / Periode der Eigenschwingung || ~ **radiation** / Eigenstrahlung f || ~ **resonance** / Eigenresonanz f || ~ **splines** / natürliche Splines || ~ **stability** / natürliche Stabilität || ~ **thermal convection** / Eigenthermik f || ~ **torsional vibration** / Dreheigenschwingung f || ~ **ventilation** / natürliche Belüftung f, Selbstbelüftung f, Selbstkühlung f || ~ **vibration** / Eigenschwingung f || ~ **voltage** / Eigenspannung f || ~ **weathering test** / Freibewitterungsversuch m || ~ **zero** / natürlicher Nulldurchgang
nature of current / Stromart f
NAU s. network access unit
naval searchlight / Schiffsscheinwerfer m
navigational aid / Seezeichen n
navigation and travel control system / Fahrer-Leitsystem n (Kfz) || ~ **light** / Positionslicht n (am Schiff), Positionslaterne f || ~ **lights** / Befeuerung f (Schiffahrt) || ~ **mark** / Navigationszeichen n || ~ **system** / Zielführungssystem n (Kfz)
NB s. narrow band
n beams n-strahlig adj
NBS s. New British Standard
N-busbar n / N-Schiene f
NC (numerical control) / NC (numerische Steuerung)
NC / Endsystemverbindung f DIN ISO 7498 || ≙ **(normally-closed contact)** / Ö (Öffner), \b\ Kontakt m, OE (Öffner) || ≙ **block** / NC-Satz m || ≙ **central processor** / NC-Zentralprozessor m || ≙ **component** / NC-Komponente f || ≙ **contact** s. normally closed contact || ≙ **contact interlock** / Öffnerverriegelung f || ≙ **establishment** s. network connection establishment
N-channel field-effect transistor / N-Kanal-Feldeffekttransistor m, N-Kanal-FET

n-conduct sensor / n-Drahtsensor *m*
n-core *adj* / n-polig *adj*
n-corner *n* / Vieleck *n*, n-Eck *n*
NCK (numerical control kernel) / NC-Kern (NCK) *m* || ~ **area** / NCK-Bereich *m*
NC kernel / NC-Kern *m* || ≙ **machine** s. numerically controlled machine / NC-Maschine *f* || ≙ **machining centre** / numerisch gesteuertes Bearbeitungszentrum
NCM (Network and Communication Management) / NCM
N conductor / N-Leiter *m*, Neutralleiter *m*, Mittelleiter *m*
NCP / Netzsteuerprogramm *n*
NC programming language / NC-Sprache *f* || ≙ **programming workstation** / Programmierplatz *m*, Teileprogrammierplatz *m*, Programmierarbeitsplatz *m* || ≙ **release** s. network connection release || ≙ **reset** / NC-Reset *n* || ≙ **sign of life** / NC-Lebenszeichen *n* || ≙ **signal** / NC-seitiges Signal || ≙ **spindle control** / NC-Spindelsteuerung *f* || ≙ **Start** / NC-Start *m* || ≙ **Stop** / NC-Stop *m* || ≙ **workstation** / Projektierplatz *m*
NCTL s. normally closed thermal link
NCU-link *n* / NCU-Link
NDC s. normalized device coordinate
nd cable s. non-draining cable
NDC mode / NDC-Modus *m* (NDC = normalized device coordinate - normierte Gerätekoordinate)
nd compound s. non-draining compound
N-dependency *n* / Negations-Abhängigkeit *f*, N-Abhängigkeit *f*
n-digit *adj* / n-stellig *adj*
NDIR s. non-dispersive infrared absorption || ≙ s. non-dispersive infrared gas analyzer
NDM s. normal disconnected mode
NDP s. numeric data processor
NDRO s. non-destructive read-out
NDS s. network development system
NDUV s. non-dispersive ultraviolet absorption
near-cathode region / Kathodennähe *f*
near field / Nahfeld *n*, Fresnelsche Zone
near-field diffraction pattern / Nahfeld-Beugungsmuster *n*
near field length / Nahfeldlänge *f*
near-letter-quality print (NLQ) / Korrespondenzschrift *f*
near letter quality print (NLQ) / korrespondenzfähiges Schriftbild || ~ **the handle** / im Bereich der Handhabe
neat's-foot oil / Klauenöl *n*
neatly *adj* / sauber *adj*
necessary operation / notwendiges Arbeiten (Schutz)
neck *v* / einstechen *v*, eindrehen *v*, einschnüren *v* || ~ *n* / Hals *m*, Einstich *m*, Eindrehung *f*, Ansatz *m*, Stummel *m*, Zapfen *m* || ~ **bearing** / Halslager *n*
necking *n* / Einstechen *n*, Eindrehen *n*, Verengung *f*, Einschnürung *f*
neck journal / Querzapfen *m* (Welle) || ~ **shadow** / Halsabschattung *f* (ESR) || ~ **well** / Halsrohr *n* (Thermometer)
needle *n* / Nadel *f*, Zeiger *m*, Nadelkristall *m* || ~ **bearing** / Nadellager *n* || ~ **control** / Nadelansteuerung *f* || ~ **counter tube** / Nadelzählrohr *n* || ~ **cylinder** / Strickzylinder *m*, Nadelzylinder *m*
needle-flame test / Nadelflammenprüfung *f*

needle movement / Nadelbewegung *f* || ~ **plug diameter** / Nadeldurchmesser *m* || ~ **printer** / Nadeldrucker *m* || ~ **print head** / Nadeldruckkopf *m* || ~ **printing element** / Nadeldruckwerk *n* || ~ **pulse** / Nadelimpuls *m* || ~ **selection** / Musterausgabe *f*
needle-roller assembly / Nadelkranz *m* (Lg.) || ~ **bearing** / Nadellager *n*
Néel point / Néel-Punkt *m*, Néel-Temperatur *f*, antiferromagnetische Übergangstemperatur || ≙ **wall** / Néel-Wand *f*
negated AND operation / NICHT-UND-Verknüpfung *f* || ~ **checking** / negiertes Abprüfen || ~ **dynamic input** / dynamischer Eingang mit Negation
negate dependency / Negations-Abhängigkeit *f*, N-Abhängigkeit *f*
negated inhibiting input / Sperreingang mit Negation || ~ **OR operation** / NICHT-ODER-Verknüpfung *f* || ~ **output** / invertierter Ausgang
negater *n* / NICHT-Glied *m* DIN 40700,T.14, Negator *m*
negating input / Eingang mit Negation
negation *n* / Negation *f*, Verneinung *f*
negative *n* / Negativ *n* || ~ **acknowledgment** / negative Quittierung, negative Rückmeldung || ~ **acknowledgement (NACK)** / negative Rückmeldung, negatives Acknowledgement (NAK) (Negative Empfangsbestätigung) || ~ **binomial distribution** / negative Binomialverteilung DIN 55350,T.22 || ~ **booster** / Absetzmaschine *f*, Devolteur *m* || ~ **boost position** / Absetzstellung *f* (Trafo) || ~ **component** / Gegenkomponente *f* (Mehrphasenstromkreis) || ~ **direction** / Minusrichtung *f* || ~ **downward flash** / negativer Wolke-Erd-Blitz || ~ **edge** / absteuernd *adj* || ~ **edge** (pulse) / negative Flanke (Impuls), negative Signalflanke, abfallende Flanke || ~ **electrode** / negative Elektrode, Anode *f* || ~ **excitation** / Gegenerregung *f* || ~ **excitation test** / Gegenerregungsversuch *m* || ~ **feedback** / negative Rückkopplung, Gegenkopplung *f*
negative-feedback amplifier / Gegenkopplungsverstärker *m*
negative field current / Gegenerregungsstrom *m* || ~ **field voltage** / Gegenerregungsspannung *f* || ~ **fixed virtual flow resistance** / negativer Festwiderstand || ~ **full scale** / negatives Skalenende || ~ **glow** / Kathodenglimmlicht *n* || ~ **glow lamp** / Glimmlampe *f*
negative-going edge / negative Signalflanke, abfallende Flanke || ~ **signal edge** / abfallende Flanke, negative Signalflanke
negative impedance converter (NIC) / Negativ-Impedanz-Wandler *m* || ~ **impulse** / negativer Stoß || ~ **let-through level** / negative Ansprech-Schaltstoßspannung || ~ **logic** / negative Logik || ~ **off-state current** / negativer Sperrstrom (Thyr) || ~ **1.3 overvoltage sparkover voltage** / negative Stirn-Ansprech-Schaltstoßspannung || ~ **pattern** / negatives Bild (gS) || ~ **peak** / negativer Scheitel || ~ **phase-sequence component** / Komponente des Gegensystems, Anteil des gegenläufigen Systems, Gegenkomponente *f*, Inverskomponente *f* || ~ **phase-sequence current** / Inversstrom *m*, Strom des gegenläufigen Systems || ~ **phase-sequence field** / inverses Drehfeld || ~ **phase-sequence impedance** / Inversimpedanz *f*, Gegenimpedanz *f*

negative-phase-sequence 374

negative-phase-sequence power / Gegensystem-Leistung f
negative phase-sequence reactance / Inversreaktanz f, Gegenreaktanz f ‖ ~ **phase-sequence resistance** / Inverswiderstand m ‖ ~ **phase-sequence system** / Gegensystem n, gegenläufiges System, inverses Drehfeld ‖ ~ **phase-sequence test** / Messung bei gegenläufigem Drehfeld ‖ ~ **phase-sequence voltage system** / Spannungs-Gegensystem n, gegenläufiges Spannungssystem ‖ ~ **plate** / negative Platte ‖ ~ **pole** / Minuspol m, negativer Pol ‖ ~ **poll response state (NPRS)** / rufloser Zustand der Ruffunktion (PMG) DIN IEC 625 ‖ ~ **resist** / Negativlack m (gS)
negative-sequence component / Komponente des Gegensystems, Anteil des gegenläufigen Systems, Gegenkomponente f, Inverskomponente f ‖ ~ **coordinate** / Gegenkoordinate f ‖ ~ **current** / Inversstrom m, Strom des gegenläufigen Systems ‖ ~ **field** / gegenläufiges Drehfeld ‖ ~ **field impedance** / Gegenfeldimpedanz f ‖ ~ **impedance** / Inversimpedanz f, Gegenimpedanz f ‖ ~ **power** / Gegensystem-Leistung f ‖ ~ **reactance** / Inversreaktanz f, Gegenreaktanz f ‖ ~ **relay** / Inversstromrelais n, Schieflastrelais n ‖ ~ **resistance** / Inverswiderstand m ‖ ~ **system** / Gegensystem n, gegenläufiges System, inverses Drehfeld ‖ ~ **voltage system** / Spannungs-Gegensystem n, gegenläufiges Spannungssystem
negative sign / negatives Vorzeichen, Minuszeichen n ‖ ~ **temperature coefficient (NTC)** / negativer Temperaturkoeffizient (NTC) ‖ ~ **temperature coefficient thermistor (NTC thermistor)** / Heißleiter m ‖ ~ **terminal** / negativer Pol (Batt.) ‖ ~ **tolerance** / Minustoleranz f ‖ ~ **top bevel angle** / negativer Winkel der Kopfschräge (Bürste) ‖ ~ **virtual flow resistance** / negativer Festwiderstand
negligible, switching of ~ currents / annähernd stromloses Schalten ‖ ~ **current** IEC 129 / vernachlässigbarer Strom VDE 0670,T.2
negotiability, curve ~ / Kurvengängigkeit f, Bogenläufigkeit f
negotiable curve radius / befahrbarer Bogenhalbmesser
negotiation margin / Verhandlungsspanne f
Neighboring VReg/LG / Nachbar-VReg/LG
neighbour robot / Nachbarroboter m
N emitter / N-Emitter m
NEMP s. nuclear electromagnetic pulse
N-end n / B-Seite f(el. Masch.), Nichtantriebsseite f
neon indicator tube / Neonanzeigeröhre f ‖ ~ **lamp** / Neonlampe f, Glimmlampe f ‖ ~ **lighting cable** / Leuchtröhrenleitung f ‖ ~ **transformer** / Leuchtröhrentransformator m ‖ ~ **tube** / Leuchtröhre f
NEP s. noise-equivalent power
nephelometer n / Trübungsmessgerät n (f. Messung des Tyndall-Effekts in Lösungen)
nest v / schachteln v (DV), ineinanderpassen v ‖ ~ **number** / Nestnummer f ‖ **to ~ to the depth of two** / zweifach schachteln
nestable adj / schachtelbar adj ‖ **nestable to a depth of two** / zweifach schachtelbar (Programm)
nested adj / geschachtelt adj (DV) ‖ ~ **core** / geschachtelter Kern (Trafo) ‖ ~**core transformer** / Transformator mit geschachteltem Kern ‖ ~ **link** / Schachtelbrücker m ‖ ~ **macro** / geschachteltes

Makro ‖ ~ **sampling** / mehrstufige Stichprobenentnahme
nesting n / Schachtelung f(DV), Schachteln n ‖ ~ **depth** / Schachtelungstiefe f, Klammertiefe f, Kachelungstiefe f, Schachteltiefe f ‖ ~ **level** / Klammerebene f ‖ ~ **stack** / Klammerspeicher m, Klammerstack m ‖ ~ **stack pointer** / Klammerstackzeiger m, Klammerstackpointer m ‖ ~ **to a depth of four** / vierfache Schachtelung(stiefe)
nest of pipes / Rohrbündel n
net capability / Nettoleistung f(KW, Netz bei optimalen Betriebsbedingungen) ‖ ~ **current** / Nutzstrom m, Summenstrom m ‖ ~ **data output** / Nettodatenausgabe f ‖ ~ **dependable capability** / Nettoleistung f(KW, Netz bei durchschnittlichen Betriebsbedingungen), betriebsbereite Leistung ‖ ~ **energy** / Nutzenergie f ‖ ~ **generation** / Nettoerzeugung f(KW) ‖ ~ **head** / Nettofallhöhe f ‖ ~ **information** / Nettoinformation f ‖ ~ **intensity** / Nettointensität f(RöA) ‖ ~ **line intensity** / Nettointensität der Linie (RöA) ‖ ~ **list** / Verbindungsliste f(CAD) ‖ ~ **orifice** / Drosselquerschnitt m, Öffnungsquerschnitt m, Durchflussquerschnitt m, freie Drosselfläche, engster Querschnitt, Durchlassquerschnitt m, Öffnung f, wirksame Öffnung ‖ ~ **output** / Nettoleistung f(Generatorsatz) ‖ ~ **output capacity** / Nettoleistung f(KW, Netz bei optimalen Betriebsbedingungen) ‖ ~ **positive** / Summendifferenzzählung f ‖ ~ **positive suction head (n.p.s.h.)** / reine positive Ansaughöhe ‖ ~ **present value (NPV)** / Nettoistwert m ‖ ~ **registering** / Nettowertzählung f, Summendifferenzzählung f ‖ ~ **thermal efficiency (of a set)** / thermischer Nettowirkungsgrad (KW) ‖ ~ **torque** / Nutzdrehmoment n ‖ ~ **weight** / Nettogewicht n
network v / vernetzen v (z.B. durch einen LAN) ‖ ~ n / Netzwerk n, Netz n, Leitungsnetz n (DÜ), Bussystem n, Vernetzung f, Verband m, Verbund m ‖ ~ **access junction** / Abzweigung f, Abzweig m ‖ ~ **access point** / Netzzugangspunkt m, Netzzugriffspunkt m ‖ ~ **access unit (NAU)** / Netzzugriffseinheit (NZE) f, Netzwerkanschlusseinheit f ‖ ~ **address** / Endsystemadresse f DIN ISO 7498, Vermittlungsadresse f ‖ ~ **analysis** / Netzwerkanalyse f, Netzanalyse f ‖ ~ **analysis program (NAP)** / Netzwerkanalyseprogramm n (NAP) ‖ ~ **analyzer** / Netzmodell n
Network and Communication Management (NCM) / NCM
network automation / Netzautomatisierung f ‖ ~ **branch** / Netzzweig m ‖ ~ **calculation** / Netzberechnung f ‖ ~ **capability** / Vernetzbarkeit f
network-capable adj / netzwerkfähig adj
network card / Netzwerkkarte f ‖ ~ **cluster** / Netzgruppe f(KN) ‖ ~ **component** / Netzwerkkomponente f ‖ ~ **computer** / Netzwerkrechner m ‖ ~ **configuration** / Netzform f, Netzgebilde n, Netzstruktur f, Netzkonfiguration f, Netzaufbau m ‖ ~ **connection** (NC) / Endsystemverbindung f DIN ISO 7498, Netzanschluss m, Netzwerkanschaltung f ‖ ~ **connection establishment (NC establishment)** / Endsystemverbindungsaufbau m ‖ ~ **connection**

release (NC release) / Endsystemverbindungsabbau *m* || ~ **control centre coupling module** / Leitstellenkopplung (LK) *f*, Leitstellenkopplungsbaugruppe *f* || ~ **control computer** / Netzleitrechner *m* || ~ **control program** (NCP) / Netzsteuerprogramm *n* || ~ **conversion** / Netzumwandlung *f* || ~ **coupler** / Netzkoppler *m*, Gateway (GWY) || ~ **development system (NDS)** / Netzwerk-Entwicklungssystem *n* || ~ **diagram** / Netzplan *m*
networked systems in residential and utility buildings / vernetzte Systemen in Wohn- und Nutzgebäuden
network engineering / Netzwerktechnik *f* || ~ **entity** ISO 8348 / Vermittlungsinstanz *f* (Kommunikationssystem) || ~ **file system (NFS)** / NFS || ~ **flow theory** / Netzflusstheorie *f* || ~ **frame** / Netzwerkrahmen *m*
networking *n* / Vernetzung *f*, Netzverbund *m* || **suitable for** ~ / vernetzbar *adj* (z.b. durch ein LAN) || ~ **system** / Vernetzungssystem *n*
network interconnecting transformer / Netzkuppeltransformator *m* || ~ **interconnection** / Netzverbund *m*, Netzkupplung *f*, Netzzusammenschluss *m* || ~ **interface connection** / Netzwerkanschaltung *f* || ~ **interface controller (NIC)** / Netzschnittstellensteuerung *f* || ~ **in terms of components** / transformiertes Netz, Komponentennetzwerk *n* || ~ **island** / Netzinsel *f* || ~ **junction** / Netzknoten *m* || ~ **layer** / Vermittlungsschicht *f* ISO-Referenzmodell || ~ **layer entity** ISO 8878 / Vermittlungsinstanz *f* (Kommunikationssystem) || ~ **layer identifier** / Vermittlungsprotokollkennung *f* || ~ **level** / Netzebene *f* || ~ **load** / Netzlast *f*, Buslast *f* || ~ **loading** / Buslast *f*, Netzlast *f* || ~ **losses** / Netzverluste *m pl*, Übertragungsverluste *m pl* || ~ **map** / Netz-Geländeplan *m* || ~ **master relay** ANSI C37.100 / Maschennetzrelais *n* (Schutzrelais f. Maschennetzschalter) || ~ **node** / Netzknoten *m* || ~ **number** / Netzwerknummer *f*, Netznummer *f* || ~ **object** / Netzobjekt *n* || ~ **overview map** / Netzübersichtsbild *n* || ~ **parameters** / Netzparameter *m* || ~ **plan** / Netzplan *m* || ~ **planning** / Netzplantechnik *f* || ~ **planning technique** / Netzplantechnik *f* (NPT) || ~ **protection** / Netzschutz *m* || ~ **protector** / Maschennetzschalter *m* || ~ **protocol** / Netzwerkprotokoll *n*, Vermittlungsprotokoll *n* (offenes Kommunikationssystem) || ~ **redirection** / Netzwerkumleitung *f* || ~ **representation** / Netzdarstellung *f* || ~ **segment** / Netzsegment *n* (z.B. eines ESHG-Netzes) || ~ **service** / Vermittlungsdienst *m* (Kommunikationssystem) || ~ **service access point (NSAP)** / Vermittlungsdienstzugangspunkt *m* || ~ **service data unit (N-SDU)** / Vermittlungsdienst-Dateneinheit *f* EN 50090-2-1 || ~ **service primitive** / Vermittlungsdienstelement *n* || ~ **service user (NS user)** / Vermittlungsdienstbenutzer *m* || ~ **setting** / Netzeinstellung *f* || ~ **short-circuit power** / Netzkurzschlussleistung *f*, Netzausschaltleistung *f* || ~ **software** / Vernetzungssoftware *f* || ~ **splitting** / Netzauftrennung *f*, Inselbildung *f* || ~ **station** / Netzteilnehmer *m* || ~ **status processor** / Netzkonfigurator *m* || ~ **structure without line termination** / Netzstruktur ohne Leitungsabschluss || ~ **synthesis** / Netzwerksynthese *f* || ~ **system** / vermaschtes Netz, Maschennetz *n* || ~ **technology** / Netzwerktechnik *f* || ~ **termination** / Netzabschluss *m* || ~ **theory** / Netzwerktheorie *f* || ~ **topology** / Netztopologie *f*, Netzaufbau *m*, Netzkonfigurator *m*, Netzstruktur *f* || ~ **transformation** / Netzumwandlung *f* || ~ **transformer** / Maschennetztransformator *m* || ~ **transition** / Netzübergang *m*
neural quadrant error compensation (NQEC) / neuronale Quadrantenfehlerkompensation (NQFK)
neutral *n* / Nullpunkt *m*, Sternpunkt *m*, Mittelpunkt *m*, Neutralleiter *m*, Nullleiter *m*, Mittelleiter *m* (Kfz-Getriebe), Zuleitung *f*, Einspeiseanschluss *m*, Leerlaufstellung *f* || ~ *adj* / neutral *adj* || **artificial** ~ / künstlicher Sternpunkt || ~ **absorber** / grau absorbierender Körper, nichtselektiv absorbierender Körper || ~ **autotransformer** / Löschtransformator *m*, Sternpunktbildner *m* || ~ **axis** / neutrale Faser || ~ **bar** / Nullschiene *f*, Mittelleiterschiene *f*, N-Schiene *f* || ~ **box** / Sternpunktklemmenkasten *m* || ~ **branch terminal** / Mittelleiter-Abgangsklemme *f*, N-Abgangsklemme *f* || ~ **bridge** / Sternpunktbrücke *f* || ~ **busbar** / Sternpunktschiene *f* || ~ **bushing** / Sternpunktdurchführung *f* (Mp-Durchführung), Nullpunktdurchführung *f* || ~ **compensator** / Löschtransformator *m*, Sternpunktbildner *m* || ~ **conductor** / Neutralleiter *m* (N), Sternpunktleiter *m*, Mittelpunktleiter *m*, Mittelleiter *m*, N-Leiter *m* || ~ **conductor terminal** / Neutralleiter-Anschlussstelle *f* || ~ **current** / Einfachstrom *m*
neutral-current line / Einfachstromleitung *f* || ~ **protection** / Überstromschutz im Neutral IEC 50(448) || ~ **signalling** / Einfachstromtastung *f*
neutral current transformer / Sternpunktwandler *m* (Strom), N-Leiterstromwandler *m* || ~ **diffuser** / neutral (o. grau) streuender Körper, nichtselektiv streuender Körper || ~ **disconnector** / Sternpunkttrenner *m*, Nullpunkttrenner *m* || ~ **displacement protection** / Verlagerungsspannungsschutz *m* IEC 50(448) || ~ **displacement voltage** / Verlagerungsspannung *f* || ~ **earthing** / Sternpunkterdung *f* || ~ **earthing reactor** / Sternpunkt-Erdungsdrosselspule *f* (EDr) || ~ **earthing switch** / Sternpunkt-Erdungsschalter *m*, Mp-Erder *m* || ~ **earthing transformer** / Sternpunktbildner *m* (StB), Nullpunktbildner *m*, Löschtransformator *m*
neutral-electrolyte air-zinc battery / Neutralelektrolyt-Luft-Zink-Batterie *f*
neutral electromagnetic coupler / Sternpunktbildner *m* (StB) VDE 0532,T.20, Nullpunktbildner *m*
neutral end / sternpunktseitiges Ende
neutral-end *adj* / sternpunktseitig *adj* || ~ **selector** / Sternpunktwähler *m* (Trafo) || ~ **tap changer** / Sternpunkt-Stufenschalter *m* || ~ **type** / Sternpunktausführung *f* (Trafo-Stufenschalter)
neutral filter / Graufilter *n*, Neutralfilter *n*, grauabsorbierender Körper || ~ **gas** / indifferentes Gas || ~ **grounding reactor** / Sternpunkt-Erdungsdrosselspule *f* (EDr) || ~ **grounding switch** / Sternpunkt-Erdungsschalter *m*, Mp-Erder *m* || ~ **grounding transformer** / Sternpunktbildner *m* (StB), Nullpunktbildner *m*, Löschtransformator *m* || ~ **isolating terminal** / N-Trennklemme *f*

neutralization *n* / Neutralisierung *f*, Oberwellenunterdrückung *f*, Nullung *f*, Abmagnetisierung *f* ‖ **earth-fault** ~ / Erdschlusskompensation *f* ‖ **harmonics** ~ / Oberwellenunterdrückung *f*, Oberschwingungsunterdrückung *f* ‖ ~ **number** / Neutralisationszahl *f* (Fett), Säurezahl *f* IEC 50(212) ‖ ~ **value** / Neutralisationszahl *f* (Fett), Säurezahl *f* IEC 50(212)
neutralize *v* / neutralisieren *v*, Oberwellen unterdrücken
neutralizing transformer / Kompensationstransformator *m* ‖ ~ **winding** / Kompensationswicklung *f*
neutral layer / Nullschicht *f*, neutrale Schicht ‖ ~ **line** IEC 50(221) / Neutrallinie *f* (Magnet), Nullinie *f* ‖ ~ **loading capacity** / Sternpunktbelastbarkeit *f* ‖ ~ **overvoltage protection** (USA) / Verlagerungsspannungsschutz *m* IEC 50(448) ‖ ~ **pin** / Mittelleiter-Kontaktstift *m* ‖ ~ **plane** / Nullschicht *f*, neutrale Schicht ‖ ~ **point** / Sternpunkt *m*, Nullpunkt *m*
neutral-point connection / Sternpunktanschluss *m*, Sternpunktbehandlung *f* ‖ ~ **displacement voltage** / Sternpunktspannung *f* (Spannung zwischen dem reellen o. virtuellen Sternpunkt u. Erde) ‖ ~ **diverter switch** / Sternpunkt-Lastumschalter *m* ‖ ~ **tapping** / Sternpunktanzapfung *f* ‖ ~ **terminal box** / Sternpunktklemmenkasten *m*
neutral position / neutrale Stellung, Mittelstellung *f*, Nullstellung *f*, Aus-Stellung *f*, Ruhelage *f*, Mittelposition *f*, Ruhestellung *f* ‖ ~ **region** / neutrale Zone (HL) ‖ ~ **relay** / neutrales Relais, Schutzstrecke *f* (Abschnitt einer Oberleitung, der beiderseitig mit einer Trennstelle versehen ist) ‖ ~ **space charge** / neutrale Raumladung, Nullraumladung *f* ‖ ~ **state** / neutraler Zustand, magnetisch neutraler Zustand ‖ ~ **step wedge** / Graustufenkeil *m*, Grautreppe *f* ‖ ~ **surface** / Nullschicht *f*, neutrale Schicht ‖ ~ **terminal** / Sternpunktanschluss *m*, Nullleiterklemme *f*, N-Klemme *f*, Nullpunktanschluss *m*
neutral-to-earth voltage / Sternpunkt-Erde-Spannung *f*
neutral wedge / Graukeil *m* ‖ ~ **winding end** / sternpunktseitiges Wicklungsende ‖ ~ **zone** / neutrale Zone, Nullzone *f*, Totzone *f* ‖ ~ **zone control** / Regelung mit Unempfindlichkeitsbereich
New British Standard (NBS) / britische Drahtlehre (NBS) ‖ ~ **contour** / neue Kontur ‖ ~ **creation** / Neuerzeugung *f* ‖ ~ **degrees** / Neugrad *m* ‖ ~ **edition** / Neuauflage *f* ‖ ~ **industrial buildings** / Wirtschaftsneubau *m* ‖ ~ **line** (NC) ISO/DIS 6983/1 / Zeilenvorschub mit Wagenrücklauf (NC) DIN 66025,T.1 ‖ ~ **page** / Neuseite *f* (Bildschirm) ‖ ~ **parameterization** / Neuparametrierung *f* ‖ ~ **parts store** / Neuteilelager *n* ‖ ~ **Regulatory System (NRS)** / Neues Regel-System (NRS) ‖ ~ **screen** / Bild neu
News in Brief / Kurznachrichten *f pl*
new spare part price / Ersatzteil-Neupreis *m* ‖ ~ **system** / Neusystem *n*
Newtonian liquid / einphasige Flüssigkeit, Newtonsche Flüssigkeit
new-value message / Neuwertmeldung *f*
new version / neue Ausführung
next address / Neuziel *n* ‖ ~ **cutting edge** / Folgeschneide *f* ‖ ~ **FACH** / Folgefach *n* ‖ ~ **significant digit (NSD)** / nächstwertige Ziffer
next-state variable / Übergangsvariable *f* (Schaltnetz) ‖ ~ **vector** / Übergangsvektor *m* (Schaltnetz)
NF s. noise figure
N-FID s. nitrogen-selective flame ionization detector
NFS (network file system) / NFS
N-gate thyristor / anodenseitig steuerbarer Thyristor, N-Thyristor *m*
NGH scheme / NGH-Schaltung *f* (nach N.G. Hingorani)
nibble *n* / Bytehälfte *f*, Halb-Byte *n* (4 Bit)
nibbled *adj* / genibbelt *adj*
nibbling *n* / Nibbeln *n* ‖ ~ **machine** / Nibbelmaschine *f*
NIC s. negative impedance converter ‖ ~ ₉ s. network interface controller
niches lighting / Nischenbeleuchtung *f*
nick *v* / einkerben *v*, ritzen *v*, schlitzen *v*
nick-bend specimen / vorgekerbte Biegeprobe
nick-break test / Biegeversuch mit vorgekerbter Probe, Bruchflächenprüfung *f*
nickel-alloyed sheet steel / Nickel-Eisen-Blech *n*
nickel-cadmium battery / Nickel-Cadmium-Akkumulator *m*
nickel-chromium-steel *n* / Chrom-Nickel-Stahl *m*
nickel-iron battery / Nickel-Eisen-Akkumulator *m* ‖ ~ **sheet** / Nickel-Eisen-Blech *n*
nickel-plated *adj* / vernickelt *adj*
nickel-steel *n* / Nickelstahl *f*
nickel-zinc battery / Nickel-Zink-Akkumulator *m*
nicks *n pl* (in conductor) / Einkerbungen *f pl* (in einem Leiter)
night blindness / Nachtblindheit *f*, Hemeralopie *f* ‖ ~ **consumption** / Nachtverbrauch *m* ‖ ~ **storage heating** / Nachtspeicherheizung *f* ‖ ~ **tariff** / Nachttarif *m* ‖ ~ **warning light** / Nachtwarnbefeuerung *f*
nip *v* / abzwicken *v*
nipple *n* / Nippel *m*, Gewindenippel *m*, Tülle *f* ‖ ~ **lampholder** / Nippelfassung *f*
nitric acid / Salpetersäure *f* ‖ ~ **oxide** / Stickstoffmonoxid *n*
nitrided *adj* / nitriert *adj*
nitride passivation / Nitridpassivierung *f*
nitrogen blanket / Stickstoffschicht *f*, Stickstoffpolster *n* ‖ ~ **cushion** / Stickstoffpolster *n* ‖ ~ **cylinder** / Stickstoff-Flasche *f*
nitrogen-filled transformer / Transformator mit Stickstofffüllung
nitrogen lamp / Stickstofflampe *f* ‖ ~ **oxide control** / Entstickung *f* ‖ ~ **priming pressure** / Stickstoff-Vorfülldruck *m*
nitrogen-selective detector (NSD) / stickstoffselektiver Detektor (NSD) ‖ ~ **flame ionization detector (N-FID)** / stickstoffselektiver Flammenionisationsdetektor (N-FID)
nitrophyl / Nitrophyl
nitrosteel *n* / Nitrierstahl *m*
n-key lock-out / Mehrtastensperre *f*, Mehrtastenausblendung *f* ‖ ~ **rollover (NKRO)** / Mehrtastentrennung *f*
NKRO s. n-key rollover
NLQ s. near-letter-quality print
NM = **torque** / NM
NMI (non-maskable interrupt) / NMI (nicht

maskierbarer Interrupt)
n-minute demand / n-Minuten-Leistung f (StT)
NMRR s. normal-mode rejection ratio
NMRS s. nuclear magnetic resonance spectrometer
NN (neural network) / NN (neuronales Netz / Netzwerk)
NO / \a\ Kontakt m, Schließer (S) m, normally open contact || **NO contact** / \a\ Kontakt m, Schließer (S) m, normally open contact
noble metal / Edelmetall n
noble-metal uniselector (switch) / Edelmetall-Motor-Drehwähler m, EMD-Schalter m
no-break power supply / unterbrechungsfreie Stromversorgung (USV) VDE 0558,T.5 || **~ standby generating set** / Sofortbereitschaftsaggregat n
nodal point (cf. node) / Knotenpunkt m
no-damage, limiting ~ current IEC 50(15) / größter Haltestrom
node n / Knotenpunkt m, Verknüpfungspunkt m (Knoten v. Strompfaden), Fachwerkknoten m (Freileitungsmast), Teilnehmer m (LAN), Schwingungsknoten m, Busteilnehmer m, Koppelpartner m, Knoten m || **~ address** / Teilnehmeradresse f || **~ function** / Knotenfunktion f || **~ list** / Teilnehmerliste f || **~ name** / Knotenname m, Teilnehmername m || **~ routing** / Knotenvermittlung f, Knotenverteilung f
node-specific adj / stationsbezogen adj
Noegerrath dynamo / Noegerrath-Generator m, Unipolarmaschine f
no-go gauge / Schlechtlehre f, Ausschusslehre f, Nichthinein-Lehre f || **~ screw gauge** / Ausschussgewindelehrdorn m || **~ side** / Ausschussseite f (Lehre)
NOHA s. nominal ocular hazard area
NOHD s. nominal ocular hazard distance
noise n / Geräusch n, Lärm m, Rauschen n, Rauschstörung f, Störung f, Störsignal n || **~ abatement** / Lärmbekämpfung f, Geräuschunterdrückung f || **~ absorbing** / geräuschdämpfend adj || **~ absorbing lining** / geräuschdämpfende Auskleidung || **~ absorption** / Geräuschdämpfung f || **~ caused by flow** / strömungstechnisch verursachter Lärm || **~ characteristics** / Rauschkennwerte m pl || **~ control** / Lärmbekämpfung f, Geräuschunterdrückung f || **~ damping** / Geräuschdämpfung f || **~ detector** / Geräuschmelder m || **~ emission** / Geräuschemission f, Störabstrahlung f, Störaussendung f, Geräuschabstrahlung f
noise-equivalent input / rauschäquivalente Eingangsgröße || **~ power (NEP)** / rauschäquivalente Leistung, Eigenrauschleistungsdichte f, äquivalente Geräuschleistung || **~ signal** / äquivalentes Rauschsignal
noise factor / Rauschfaktor m || **~ factor degradation** / Rauschfaktoränderung f || **~ field** / Störfeld n || **~ field intensity** / Störfeldstärke f || **~ figure (NF)** / Rauschzahl f
noise-free adj / geräuschfrei adj, geräuschlos adj, rauschfrei adj, fremdspannungsfrei adj, störspannungsfrei adj || **~ signal transmission** / störsichere Signalübertragung
noise generation / Geräuschentwicklung f || **~ generator** / Störgenerator m, Funkengenerator m ||
~ generator diode / Rauschdiode f || **~ generator plasma tube** / gasgefüllte Rauschröhre || **~ generator tube** / Rauschröhre f
noise-immune adj / störungssicher adj, störunempfindlich adj || **~ input** / störsicherer Eingang || **~ logic** / störsichere Logikschaltung
noise immunity / Störfestigkeit f, Störspannungssicherheit f, leitungsgebundene Störgröße, Störfestigkeit gegen elektromagnetische Störungen || **~ immunity test** / Prüfung auf elektromagnetische Verträglichkeit || **~ intensity** / Geräuschstärke f
noiseless adj / geräuschfrei adj, geräuschlos adj, rauschfrei adj, fremdspannungsfrei adj, störspannungsfrei adj
noise level / Geräuschpegel m, Geräuschstärke f, Rauschpegel m, Störpegel m, Lärmpegel m, Betriebsgeräusch n || **~ level in phons** / Phonzahl f
noise-level meter / Geräuschmesser m, Störmessgerät n, Fremdspannungsmesser m || **~ test** / Messung des Geräuschpegels (el. Masch.)
noise limits / Geräuschgrenzwerte m pl || **~ margin** / Störabstand m, Störsignal-Bandbreite f || **~ measurement** / Geräuschmessung f, Lärmmessung f, Rauschmessung f || **~ muffling** / Geräuschminderung f, Lärmminderung f || **~ pollution** / Lärmbelastung f || **~ power** / Geräuschleistung f, Rauschleistung f, Störleistung f
noise-proof input / störsicherer Eingang || **~ logic** / störsichere Logikschaltung
noise protection embankment / Lärmschutzwall m || **~ protection transformer (NPT)** / Störschutztransformator m || **~ protection wall** / Lärmschutzwand f || **~ quality** / Geräuschart f || **~ quantity** / Störgröße f || **~ radiating body** / akustischer Strahler || **~ radiation** / Geräuschabstrahlung f, Störabstrahlung f || **~ rating curve (n.r.c.)** / Geräuschbeurteilungskurve f, Lärmbewertungskurve f, akustische Grenzkurve || **~ rating number** / Lärmbewertungszahl f, Lärmbewertungszahl f || **~ ratio** / Störabstand m, Signal-Störabstand m || **~ receiver** / Störsenke f, Empfänger m || **~ reduction** / Geräuschminderung f, Lärmminderung f || **~ rejection ratio** / Rauschdrückungsfaktor m || **~ resistance** / Rauschwiderstand m || **~ resistant** / störunempfindlich adj || **~ source** / Störquelle f, Sender m || **~ spectrum** / Geräuschspektrum n, Störspektrum m || **~ stability** / Störfestigkeit f, Störspannungssicherheit f || **~ standard** / Rauschnormal m || **~ suppression** / Geräuschunterdrückung f, Entstörung f, Störspannungsunterdrückung f || **~ suppressor** / Geräuschdämpfer m, Entstörelement n || **~ temperature** / Rauschtemperatur f || **~ temperature ratio** / Rauschtemperaturverhältnis n || **~ test** / Geräuschprobe f, Geräuschmessung f || **~ voltage** / Rauschspannung f, Störspannung f, Fremdspannung f || **~ weighting** / Störgewicht n VDE 0228, Störbewertung f || **~ window** / Rauschfenster n
noisy system / fremdspannungsbehaftetes Netz
no load IEC 34-1 / Leerlauf m (el. Masch.) VDE 0530,T.I, Leerlast f
no-load adj / leerlaufend adj || **~ at ~** / im Leerlauf || **~ acceleration time** / Leeranlaufzeit f || **~ ceiling voltage** / Leerlauf-Deckenspannung f

(Erregersystem) || ~ **characteristic** / Leerlaufkennlinie f (el. Masch.) || ~ **creep** / Vorlauf m (EZ) || ~ **current** / Leerlaufstrom m || ~ **direct voltage** / Leerlauf-Gleichspannung f (LE) || ~ **excitation** / Leerlauferregung f || ~ **field current** / Leerlauf-Erregerstrom (el. Masch.) || ~ **field voltage** / Leerlauf-Erregerspannung f, Leerlaufleistung f (Trenntransformator, Sicherheitstransformator, Wandler) || ~ **loss** IEC 76-1 / Leerlaufverluste m pl (Trafo) || ~ **magnetizing current** / Leerlauf-Magnetisierungsstrom m || ~ **method** / Leerlaufverfahren n || ~ **operating frequency** / Leerschalthäufigkeit f || ~ **operation** / Leerlaufbetrieb m VDE 0530,T.1, Betrieb ohne Last, Leerlauf m || ~ **operation frequency** / Leerschalthäufigkeit f || ~ **output voltage** / Leerlauf-Ausgangsspannung f (Trafo), Ausgangsspannung bei Leerlauf, Leerspannung f, Leerlauf-Sekundärspannung f || ~ **power** / Leerlaufleistung f || ~ **rated output voltage** / Nenn-Leerspannung f (Trafo) || ~ **ratio** / Leerlauf-Übersetzungsverhältnis n || ~ **retardation test** / Auslaufversuch im Leerlauf || ~ **reversing frequency** / Leerlauf-Umschalthäufigkeit f || ~ **saturation curve** / Leerlaufkennlinie f (el. Masch.) || ~ **saturation test** / Aufnahme der Leerlaufkennlinie || ~ **speed** / Leerlaufdrehzahl f || ~ **starting** / Leerlastanlauf m, Leeranlauf m || ~ **starting frequency** / Leerlauf-Anlaufhäufigkeit f || ~ **starting time** / Leeranlaufzeit f || ~ **supply current** / Leerlaufstrom m (NS) || ~ **switching** / stromloses Schalten, Leerschaltung f, Schalten im spannungslosen Zustand || ~ **test** / Leerlaufprüfung f, Leerlaufversuch m || ~ **transformer breaking capacity** / Transformator-Ausschaltvermögen n VDE 0670,T.3 || ~ **traversing** / Leerfahren n || ~ **voltage** / Spannung bei Leerlast, Leerlaufspannung f (Mot.), Leerspannung f, Spannung nach Entlastung || ~ **zero-sequence impedance** / Leerlauf-Nullimpedanz f

no-loss *adj* / verlustfrei *adj*, verlustlos *adj* || ~ **dielectric** / verlustloses Dielektrikum

nominal a.c. voltage (converter) / Nennanschlussspannung f (SR) || ~ **AC supply voltage** / Versorgungsnennwechselspannung f || ~ **allowance** / Nennabmaß n || ~ **angle** / Nennwinkel m || ~ **apparent PD charge** / scheinbare Ladung, Störladung f || ~ **area** / Nennquerschnitt m (el. Leiter) || ~ **budgeted time** / Sollzeit f || ~ **capacity** / Nennleistung f (KW, el. Anlage), Nennkapazität f (Batt.) || ~ **characteristic** / Nennkennlinie f (MG), Nominalmerkmal n (Statistik, QS) DIN 55350.T.12 || ~ **circuit voltage** / Nenn-Isolationsspannung f (MG) || ~ **conductor area** / Nennquerschnitt m (el. Leiter) || ~ **connected load** / Nenneinspeiseleistung f || ~ **contact voltage** / Kontakt-Nennspannung f (Rel.) VDE 0435,T.110 || ~ **crest working off-state voltage** / Nenn-Sperrspannung f (Thyr) || ~ **crest working voltage** / Nennsperrspannung f (Diode) DIN 41781 || ~ **cross-sectional area** / Nennquerschnitt m (el. Leiter) || ~ **current** / Nennstrom m || ~ **d.c. reverse voltage** / Nenn-Gleichsperrspannung f (GR) || ~ **deviation** / Nennabmaß n || ~ **diameter** / Nenndurchmesser m, Nennweite f || ~ **dimension** / Nennmaß n, Richtmaß n, Grundmaß n || ~ **direct current** / Nenn-Gleichstrom m (LE) VDE 0558 || ~ **direct voltage** /

Nenngleichspannung f (LE) VDE 0558 || ~ **discharge current** / Nennableitstoßstrom m (Abl.) || ~ **discharge current rate** / Entladenennstrom m || ~ **efficiency** / Nennwirkungsgrad m || ~ **excitation-system ceiling voltage** / Nenn-Deckenspannung der Erregerstromquelle, Lehrensollmaß n || ~ **exciter ceiling voltage** s. nominal excitation system ceiling voltage || ~ **exciter current** / Nennerregerstrom m || ~ **exciter response** / Nenn-Erregungsgeschwindigkeit f, Erregungsziffer f || ~ **flux** s. nominal luminous flux || ~ **forward current** / Nennstrom m (GR) DIN 41760 || ~ **frequency** / Nennfrequenz f || ~ **full scale range** / nominaler voller Skalenbereich || ~ **full-scale value** / nominaler Skalenendwert || ~ **gauge size** / Lehren-Sollmaß n || ~ **generation** / Nennarbeit f (KW) **nominal input current** / Nenneingangsstrom m || ~ **intermittent duty** / Nenn-Handschweißbetrieb m, Nenn-HSB m || ~ **inverter input voltage** / Umrichternenneingangsspannung f || ~ **load** / Nennlast f, Vollast f || ~ **midstep value** / nominaler Schrittmittenwert (ADU) || ~ **ocular hazard area (NOHA)** IEC 825 / Laserbereich m VDE 0837, Sicherheitsabstand m (v. Laserstrahlungsquelle) VDE 0837 || ~ **operating distance** / Bemessungsschaltabstand m || ~ **operation** / Nennbetrieb m || ~ **or core diameter incorrectly programmed** / Nenn- oder Kerndurchmesser falsch programmiert || ~ **output** / Nennleistung f || ~ **output range** / Nenn-Ausgangsbereich m, Ausgangs-Nennbereich m || ~ **power** / Nennleistung f, Nennwirkleistung f, Bauleistung f (SR-Trafo) || ~ **power rating** / Typenleistung f || ~ **pressure (PN)** / Nenndruck (PN) m DIN 2401,T.1 || ~ **production** / Nennarbeit f (KW) || ~ **quantity** / Nenngröße f, Nennwert m || ~ **range** (beacon light) / Nenn-Tragweite f, Nennbereich m, Nenn-Gebrauchsbereich m || ~ **rating** / Bemessungsdaten für Nennbetrieb m || ~ **rating plate power** / Typenschildnennleistung f || ~ **recommended value of mean forward current** / Nennstrom m (Diode) DIN 41781 || ~ **reliability** / Nenn-Zuverlässigkeit f DIN 40042 || ~ **residual resistance** IEC 477 / Nenn-Nullwiderstand m DIN 43783,T.1 || ~ **response** / Nennwert der Erregungsgeschwindigkeit (el. Masch.) || ~ **reverse voltage** / Nenn-Sperrspannung f (GR) DIN 4176 || ~ **set point** / Nenn-Schaltpunkt m || ~ **size** / Nennmaß n DIN 7182,T.1, Nenngröße f (NG (mech. Teil)), Sollmaß n, Passungsnennmaß n, Nennweite (NW) f || ~ **specific creepage distance** / spezifischer Nennkriechweg, spezifische Nenn-Kriechweglänge || ~ **strength** / Nennfestigkeit f || ~ **stress** / Nennspannung f (mech.), Nennlast f (mech.) || ~ **thread diameter** / Nenndurchmesser m || ~ **travel** / Nennschaltweg m || ~ **tripping temperature** / Bemessungsansprechtemperatur f || ~ **value** / Nennwert m || ~ **value of mean forward current** / Nennstrom m (Diode) DIN 41781 || ~ **voltage** / Nennspannung f, normierte Spannung || ~ **working point** / Nenn-Arbeitspunkt m, Nenn-Betriebspunkt m, Nennpunkt m || ~ **zone of indecision** / Nennunschärfebereich m

nomogram n / Nomogramm n

non-accessibility test / Prüfung der Nicht-Zugänglichkeit

non-active conditions / nicht aktive Bedingungen || ~

redundancy / nicht funktionsbeteiligte Redundanz, passive Redundanz
non-actuating time / Nichtauslösezeit f
non-adjustable delay / nichteinstellbare Verzögerung (Schaltglied) VDE 0660,T.203 || **~ release** (o. trip) / nichteinstellbarer Auslöser, festeingestellter Auslöser || **~ thermostatic switch** / festeingestellter Thermoschalter
non-adjusted *adj* / nicht abgeglichen
non-ageing *adj* / alterungsfrei *adj*, alterungsbeständig *adj*
non-aligning bearing / starres Lager
non-aqueous battery / nichtwässrige Elektrolytbatterie || **~ lithium battery** / nichtwässrige Lithiumbatterie
non-armoured cable / nichtbewehrtes Kabel
non-assembled *adj* / unkonfektioniert *adj*
non-automatic changeover IEC 292-3 / nichtautomatisches Umschalten VDE 0660,T.301 || **~ circuit-breaker** / Leistungstrenner *m*, Leistungstrennschalter *m* || **~ starter** IEC 292-1 / nichtautomatischer Motorstarter VDE 0660,T.104
non-availability *n* / Nichtverfügbarkeit *f*, Unverfügbarkeit *f* || **~ rate** / Grad der Nichtverfügbarkeit || **~ time** / Nichtverfügbarkeitszeit *f*
non-breathing *adj* / nichtatmend *adj*
non-bridging contacts / mit Unterbrechung schaltende Kontakte, Wechsler (o. Umschaltkontakte) mit Unterbrechung *m*
non-bus edge connector / Peripheriestecker *m* (Rückwandkarte)
non-choked *adj* / unverdrosselt *adj*
non-circularity *n* / Kreisabweichung *f* (Durchmesserunterschied), Unrundheit *f* (des LWL-Mantels) || **~ of cladding** / Mantel-Kreisabweichung *f* (LWL) || **~ of core** / Kern-Kreisabweichung *f* (LWL) || **~ of reference surface** / Bezugsoberflächen-Kreisabweichung *f* (LWL)
non-clocked control / asynchrone Steuerung
non-cogging operation / hakfreier Lauf (Mot.), Rundlauf *m*
non-coincident peak method / Verteilung der leistungsabhängigen Kosten nach Abnehmergruppen
non-combustible material / nicht brennbares Material
non-commutating-pole machine / Maschine ohne Wendepole
non-compartmented *adj* / ungeschottet *adj* (ST)
non-compliance *n* / Nichterfüllung *f* (a. QS) DIN 55350,T.11, Missachtung *f*
non-condensing *n* / keine Betauung, ohne Betauung, Betauung nicht zulässig
non-conducting *adj* / nichtleitend *adj* || **~ direction** / Sperrichtung *f* (Thyr u. SR-Zweig) || **~ direction of an electronic valve device or an arm** (The reverse of the conducting direction.) / nichtleitende Richtung eines elektronischen Ventilbauelements oder eines Zweiges (die der Leitungsrichtung entgegengesetzte Richtung) || **~ interval** / stromlose Zeit (o. Pause) || **~ location** / nichtleitender Raum || **~ state** / nichtleitender Zustand (HL-Ventil), Sperrzustand *m*
non-conductive *adj* / nichtleitend *adj* || **~ pattern** / Nichtleiterbild *n*
non-conformance / Nichtübereinstimmung *f*, Fehler *m* (QS, Nichterfüllung einer vorgegebenen Forderung) DIN 55350,T.31, Kennlinienabweichung *f* || **reportable ~** / meldepflichtige Abweichung (QS) || **~ code** / Beanstandungscode *m* (QS) || **~ report** / Mängelbericht *m* (QS), Qualitätsbeanstandung *f*
non-conforming *adj* / nicht übereinstimmend, nicht vertragsgemäß, fehlerhaft *adj* (QS), beanstandet *adj* (QS) || **~ item** / fehlerhafte Einheit (QS)
non-conformity *n* / Nichtübereinstimmung *f*, Fehler *m* (QS, Nichterfüllung einer vorgegebenen Forderung) DIN 55350,T.31, Kennlinienabweichung *f*
non-conjunction *n* / NAND-Funktion *f* (o. -Verknüpfung), NICHT-UND-Verknüpfung *f*
non-connected damper winding / offene Dämpferwicklung
non-contact connected / berührungslos gekoppelt
non-contacting *adj* / kontaktlos *adj*, berührungslos *adj*
non-contact measurement / berührungslose Messung
non-contract services / nicht-vertragliche Serviceleistung, nicht-vertragliche Leistung || **~ service work** / nicht-vertragliche Serviceleistung, nicht-vertragliche Leistung
non-controllability *n* / Unkontrollierbarkeit *f*, Nichtsteuerbarkeit *f*
non-controllable connection / nichtsteuerbare Schaltung (LE), ungesteuerte Schaltung
non-corroding *adj* / korrosionsbeständig *adj*, rostsicher *adj*
non-corrosive grease / nichtagressives (o. säurefreies) Fett || **~ liquid** / nichtagressive Flüssigkeit
non-critical failure / unkritischer Ausfall || **~ fault** (A fault which is assessed as not likely to result in injury to persons, significant material damage, or other unacceptable consequences.) / unkritischer Fehlzustand (Fehlzustand, der nicht als Gefahr eingestuft wird, Personenschäden, beträchtliche Sachschäden oder andere unvertretbare Folgen zu verursachen)
non-crossed gear / Wälzzahnrad *n*, Wälzrad *n* || **~ gearing** / Wälzgetriebe *n*
non-crossing bars / kreuzungsfreie Schienenführung (SS)
non-current-limiting fuse / nichtstrombegrenzende Sicherung
noncunt *n* / Leerschnitt *m*
non-cutoff luminaire / freistrahlende Leuchte
non-cutting *adj* / nichtspanend *adj* || **~ machine** / nichtspanabhebende Maschine, spanlose Bearbeitung || **~ pass** / Leerdurchlauf *m* (WZM) || **~ shaping** / spanlose Bearbeitung, spanloses Umformen || **~ time** / Leerlaufzeit *f* (WZM, NC), Nebenzeit *f* || **~ tool path** / Leerweg des Werkzeugs
non-damage fault / Fehler ohne Schadenfolge
non-damping material / nichtdämpfender Werkstoff
non-dazzling *adj* / blendungsfrei *adj*
non-deactivatable *adj* / nichtschaltbar *adj*
non-degenerate semiconductor / nichtentarteter Halbleiter
non-delayed relay / unverzögertes Relais, Momentrelais *n*, Schnellrelais *n*
non-destructive read-out (NDRO) / nichtlöschendes Lesen, zerstörungsfreies Auslesen || **~ test** /

zerstörungsfreie Prüfung
non-detachable cable (o. cord) / festangeschlossene Leitung || **~ connection** / unlösbare Verbindung, Festanschluss *m* || **~ detector** / nichtabnehmbarer Melder (Brandmelder) || **~ flexible cable** (CEE 10) IEC 598 / feste Anschlussleitung DIN IEC 598, VDE 0730 || **~ flexible cord** / festangeschlossene flexible Leitung
non-directed oil circulation / nichtgerichtete Ölführung
non-directional *adj* / richtungsunabhängig *adj*, ungerichtet *adj* (Schutzeinrichtung), nichtgerichtet *adj* || **~ current protection** / nichtgerichteter (o. richtungsunabhängiger) Stromschutz || **~ distance-independent back-up time** / ungerichtete distanzunabhängige Endzeit
non-dispersive infrared absorption (NDIR) / nichtdispersive Infrarotabsorption (NDIR) || **~ infrared gas analyzer** / nichtzerstreuendes Infrarot-Gasanalysegerät || **~ ultraviolet absorption (NDUV)** / nichtdispersive Ultraviolettabsorption (NDUV)
non-dissipative *adj* / verlustlos *adj*, verlustfrei *adj*
non-distorting *adj* / verzerrungsfrei *adj*, verzugsfrei *adj*
non-document file / Programmdatei *f* (Textverarb.)
non-draining, mass-impregnated ~ insulation / Haftmasseisolierung *f*, Papierhaftmasseisolierung *f* || **~ cable (nd cable)** / Haftmassekabel *n* || **~ compound (nd compound)** / Haftmasse *f* (f. Kabel), nd-Masse *f*
non-drawout assembly / nicht ausziehbare Schaltgerätekombination, fest eingebaute Einheit, Einsatz *m* || **~ circuit-breaker** / nichtausziehbarer Leistungsschalter, festeingebauter Leistungsschalter, Festeinbau-Leistungsschalter *m*
non-drive-end *adj* / nichtantriebsseitig *adj*, B-seitig *adj*, gegenantriebseitig *adj*
non-drive end / Nichtantriebsseite *f*, B-Seite *f* (BS), Gegenantriebsseite *f*
non-driving end / Nichtantriebsseite *f*, B-Seite *f* (BS), Gegenantriebsseite *f*
non-drop-out, specified ~ value / Halteerregung *f*
non-earthed *adj* / nicht geerdet, ungeerdet *adj*, erdfrei *adj* || **~ equipotential bonding** / Potentialausgleich ohne Erdungsanschluss, erdfreier Potentialausgleich || **~ local equipotential bonding** / erdfreier örtlicher Potentialausgleich || **~ system** / ungeerdetes Netz, ungelöschtes Netz
non-effectively earthed neutral system / Netz mit nicht wirksam geerdetem Sternpunkt
non-electric(al) *adj* / nichtelektrisch *adj*
non-embeddable proximity switch / nicht bündig einbaubarer Näherungsschalter
non-encapsulated winding / unvergossene Wicklung
non-encapsulated-winding dry-type reactor IEC 50(421) / Trockendrosselspule ohne Gießharzisolierung || **~ dry-type transformer** IEC 50(421) / Trockentransformator ohne Gießharzisolierung
non-enclosed contactor / offenes Schütz || **~ dry type transformer** / offener Trockentransformator
non-equivalence *n* / Antivalenz *f*, exklusives ODER
non-essential auxiliary circuits / ungesicherter Eigenbedarf || **~ load** / unwichtiger Verbraucher
non-executable statement / nicht ausführbare Anweisung

non-exposed installation / Anlage ohne äußere Überspannungen, nicht überspannungsgefährdetes Netz
non-fatal failure / ungefährlicher Fehler || **~ fault** / ungefährlicher Fehler
non-ferrous metal / Nichteisenmetall *n* (NE-Metall), Buntmetall *n* || **~ wire** / Buntdraht *m*
non-fibrillation, threshold of ~ / Herzkammerflimmerschwelle *f*, Flimmerschwelle *f*
non-flame-propagating conduit / flammwidriges Rohr (IR), flammwidriges Isolierstoffrohr
non-floating *adj* / potentialgebunden *adj*
non-foaming *adj* / nichtschäumend *adj*
non-freezing *adj* / kältebeständig *adj* || **~ grease** / Frostschutzfett *n*
non-frequency-sensitive *adj* / frequenzunempfindlich *adj*, frequenzunabhängig *adj*
non-functional redundancy / nichtfunktionsbeteiligte Redundanz
non-fused *adj* / sicherungslos *adj*
non-fusible switch / Schalter ohne Sicherungen
non-fusing, conventional ~ current / kleiner Prüfstrom (Sich.)
non-graded-insulated winding / nicht abgestuft isolierte Wicklung
non-graded insulation / nicht abgestufte Isolation, gleichmäßige Isolierung
non-grounded *adj* / nicht geerdet, ungeerdet *adj*, erdfrei *adj*
non-grounding-type receptacle / Steckdose ohne Schutzkontakt
non-gumming oil / nichtharzendes Öl
non-hazardous area / nichtexplosionsgefährdeter Bereich, nichtgefährdeter Bereich
non-heat-dissipating specimen / nichtwärmeabgebender Prüfling
non-holding instruction / nichtspeichernder Befehl
non-illuminated *adj* / unbeleuchtet *adj*
non-incentive component / nicht-zündfähiges Bauteil
non-inductive *adj* / induktionsfrei *adj* || **non-inductive load** / induktionsfreie Belastung, blindstromfreie Last
non-inductively wound / induktionsfrei gewickelt
non-inductive winding / induktionsfreie Wicklung, bifilare Wicklung
non-inherently short-circuit-proof / bedingt kurzschlussfest
non-instrument approach area / Sichtanflugfläche *f* || **~ runway** / Sichtanflugpiste *f*
non-insulated grip lug / spannungsführende Grifflasche
non-interacting control / rückwirkungsfreie Regelung, entkoppelte Mehrgrößenregelung
non-interchangeability *n* / Nichtaustauschbarkeit *f*, Unverwechselbarkeit *f*, Polunverwechselbarkeit *f*
non-interchangeable *adj* / nichtaustauschbar *adj*, unverwechselbar *adj*, systemunverwechselbar *adj*, verpolsicher *adj* || **~ accessory** / nichtaustauschbares Zubehör || **~ fuse** / unverwechselbare Sicherung || **~ key interlock** / unverwechselbare Schlüsselsperre || **~ plug** / Stecker mit Verpolschutz
non-interlaced display / Vollbild *n* (Graphikbildschirm)
non-interleaved coil / unverschachtelte Spule,

Einfachspule $f \parallel$ ~ **pulse train** / unaufgefüllte Impulskette
non-interlocking *adj* / nicht verriegelbar, nicht verriegelt
non-interpolation control (system) / nichtinterpolierende Steuerung (NC)
non-interruptible load / wichtiger Verbraucher
non-intersecting shafting / nichtschneidende Wellenanordaung
non-intrinsically safe / nichteigensicher *adj*
non-inverse to / gleichsinnig *adj*
non-invertible flag / nicht kippbarer Merker
non-inverting amplifier / nichtinvertierender Verstärker
non-isolated / ohne Potentialtrennung, potentialgebunden *adj*
non-isolating protective equipment / nicht trennende Schutzeinrichtung $\parallel$ ~ **submodule** / Potentialbindungsmodul *n*
non-latching *adj* / nichtspeichernd *adj*, nichtremanent *adj*, nichtrastend *adj* $\parallel$ ~ **instruction** / nichtspeichernder Befehl
nonlinear actuating / nichtlineare Stellgliedbewegung $\parallel$ ~ **cam gear** / nichtlineares Kurvengetriebe
non-linear contracting scale / nichtlineare gedrängte Skale, hyperbolische Skale $\parallel$ ~ **conversion** / nichtlineare Umsetzung $\parallel$ ~ **distortion** / nichtlineare Verzerrung, Klirren *n* $\parallel$ ~ **distortion factor** / Klirrfaktor *m*, Verzerrungsfaktor *m*
non-linearity *n* / Nichtlinearität *f*, Linearitätsfehler *f*
non-linearized value / nichtlinearisierter Wert, Rohwert *m*
nonlinear lever system / nichtlineare Gestängeanordnung $\parallel$ ~ **operating** / nichtlineare Betätigung
non-linear protective resistor / spannungsabhängiger Schutzwiderstand $\parallel$ ~ **resistor** / spannungsabhängiger Widerstand $\parallel$ ~ **resistor-type arrester** / Ableiter mit nichtlinearen Widerständen, Ventilableiter *m*, Kathodenfallableiter *m*
non-line-frequency components / nichtnetzfrequente Komponenten $\parallel$ ~ **content** / nichtnetzfrequenter Gehalt (o. Anteil)
non-linting *adj* / nichtfasernd *adj*, faserfrei *adj*
non-load-bearing *adj* / nichttragend *adj*, nichttragfähig *adj*
non-local data / globale Daten $\parallel$ ~ **data block** / Globaldatenbaustein *m*
non-located journal / nichtgeführte Lagerstelle, Querzapfen *m*
non-locating bearing / Loslager *n*, axial nichtgeführtes Lager
non-locking, single-pressure ~ mechanical system / Tastmechanik *f* (DT)
non-logic connection / nicht-logische Verbindung
non-luminous colour / Körperfarbe *f*, Farbe eines Nichtselbstleuchters
non-magnetic *adj* / nichtmagnetisch *adj*, amagnetisch *adj*, antimagnetisch *adj*, unmagnetisch *adj*
non-maintained operation BS 5266 / Bereitschaftsschaltung *f* VDE 0108
non-mechanical impulse device / nichtmechanischer Impulsgeber (EZ)
non-metallic *adj* / nichtmetallisch *adj* $\parallel$ ~ **conduit** /

Nichtmetall-Rohr *n* (IR), Kunststoffrohr *n* $\parallel$ ~ **enclosure** / nichtmetallische Kapselung, Isolierstoffkapselung *f*
non-metallic-sheathed cable / Mantelleitung *f*
non-modal *adj* (The characteristic of a word or an instruction which is active only in the block in which it is programmed. - Cf.: modal) / nicht modal (Eigenschaft eines Wortes oder einer Anweisung, die nur in dem Satz wirksam ist, in dem sie programmiert wurde. - Vgl.: selbsthaltend), satzweise wirksam
nonminimum-phase (type of) process / nichtminimalphasige Strecke (Reg.)
non-monotonic *adj* / nichtmonoton *adj*
non-monotony *n* / Nichtmonotonie *f*
non-motor load / nichtmotorischer Verbraucher
non-negativity condition / Nichtnegativitätsbedingung *f*
non-object colour / freie Farbe
non-operate value / Nichtansprechwert *m* $\parallel$ ~ **voltage** / Nichtauslösespannung *f*, Nichtfunktionsspannung *f* (RSA- Empfänger), Nichtansprechspannung *f* (Rel.)
non-operating current / Nichtauslösestrom *m* VDE 0660,T.101 $\parallel$ ~ **overcurrent** / nichtauslösender Überstrom $\parallel$ ~ **state** / nicht in Betrieb IEC 50(191) $\parallel$ ~ **temperature** / Transport- und Lagertemperatur *f* $\parallel$ ~ **test** / Nichtfunktionsprüfung *f* $\parallel$ ~ **time** / Nichtbetriebsdauer *f* IEC 50(191), Nichtbetriebszeit *f* (Zeitintervall, während dessen eine Einheit nicht in Betrieb ist), Nichtbetriebszeitintervall *m* $\parallel$ ~ **voltage** / Nichtauslösespannung *f* $\parallel$ ~ **zone** / Nichtauslösebereich *m*, Sperrbereich *m* (Schutz), Ruhebereich *m*
non-operational mode / Hilfsbetriebsart *f* (DÜ) DIN ISO 3309
non-oriented magnetic steel sheet / nichtkornorientiertes Elektroblech, Magnetblech ohne Kornorientierung
non-oscillatory phenomenon / schwingungsfreier Vorgang
non-parallelism *n* / Unparallelität *f*, Parallelverlagerung *f*
non-parametric *adj* / nichtparametrisch *adj*, parameterfrei *adj*, verteilungsfrei *adj*
non-periodic duty type rating IEC 34-1 / Nennbetrieb für nichtperiodisch veränderliche Belastungen VDE 0530,T.1 $\parallel$ ~ **phenomenon** / nichtperiodischer Vorgang
non-permissible conditions of operation / unzulässige Gebrauchsbedingungen DIN 41745
non-persisting fault / vorübergehender Kurzschluss (o. Fehler), flüchtiger Fehler
non-phase-segregated protection / nicht leiterselektiver Schutz IEC 50(448)
non-pickup, specified ~ **value** / Nichtansprech-Prüfwert *m* (Rel.), Nichtansprecherregung *f* (Rel.) $\parallel$ ~ **value** / Nichtanzugswert *m* (Rel.), Nichtansprechwert *m* (Rel.) $\parallel$ ~ **voltage** / Nichtanzugsspannung *f* (Rel.)
non-planar curve / Raumkurve *f*
non-polar *adj* / nichtpolar *adj* $\parallel$ ~ / unipolar *adj*, monopolar *adj*, homopolar *adj*, einpolig *adj*, gleichpolig *adj*
non-polarized *adj* / nichtpolarisiert *adj*, unpolarisiert *adj* $\parallel$ ~ **relay** / nichtpolarisiertes (o. ungepoltes)

Relais, neutrales Relais
non-power-system fault tripping / ungewollte netzfehlerzustandsabhängige Ausschaltung (Schutzsystem) IEC 50(448)
non-precious metal / Unedelmetall n
non-precision measuring and testing equipment / Grobmesszeug n
non-preemptive scheduling / nichtvorberechtigter Aufruf (SPS)
non-printing character / nichtdruckbares Zeichen
non-productive time / Ausfallzeit f, Fehlzeit f, Nebenzeit f, Verteilzeit f (Refa), Brachzeit f
non-protected machine / ungeschützte Maschine, offene Maschine
non-pulsating current / nichtpulsierender Strom, nichtlückender Strom
non-quadded cable / paarverseiltes Kabel, paarig verseiltes Kabel
non-reactive load / induktionsfreie Belastung, ohmsche Belastung
non-reciprocal phase shifter / nichtreziproker Phasenschieber, nichtumkehrbarer Phasenschieber || **~ polarization rotator** / nichtreziproker Polarisationsrotator || **~ wave rotator** / nichtreziproker Faraday-Rotator m
non-reclosure voltage (lamp) / Nichtwiederschließspannung f (Lampe)
non-recoverable error / nichtkorrigierbarer Fehler
non-recurring costs / Einmalkosten pl
non-reflecting screen / entspiegelter Bildschirm
non-regenerative braking / Verlustbremsung f
non-release value / Haltewert m (Rel.)
non-relevant failure / nicht zu wertender Ausfall, nicht wertbarer Ausfall
non-repairable system / System ohne Reparaturmöglichkeit
non-repaired item (An item which is not repaired after a failure.) / nicht instandzusetzende Einheit (Einheit, die nach einem Ausfall nicht instandgesetzt wird)
non-repetitive adj / nicht wiederkehrend, nichtperiodisch adj || **~ forward current** / Stoßstrom m (Diode) || **~ peak forward off-state voltage** / Vorwärts-Stoßspitzenspannung f (Thyr) DIN 41786, Stoßspitzenspannung in Vorwärtsrichtung (Thyr) || **~ peak forward voltage** / Vorwärts-Stoßspitzenspannung f (Thyr) DIN 41786, Stoßspitzenspannung in Vorwärtsrichtung (Thyr) || **~ peak line voltage** / nichtperiodischer Spitzenwert der Netzspannung || **~ peak off-stage voltage** / Stoßspitzenspannung f (Thyr) DIN 41786 || **~ peak reverse voltage** / Rückwärts-Stoßspitzenspannung f (Thyr) DIN 41786, Stoßspitzenspannung in Rückwärtsrichtung (Thyr), Stoßspitzenspannung f (Diode) DIN 41781 || **~ production** / Einmalfertigung f || **~ reverse power dissipation** / Stoß-Rückwärtsverlustleistung f (Lawinen-Gleichrichterdiode) DIN 41781
non-required time IEC 50(191) / Betriebspause f
non-reset signal / nichtgelöschtes (o. anstehendes) Signal
non-resettable detector / nichtrückstellbarer Melder EN 54
non-resetting on voltage failure / nullspannungssicher adj (Zeitrel.)
non-resinifying adj / nichtharzend adj
non-resonating transformer / schwingungsfreier Transformator (gegen Stoßwellen geschützt)
non-retentive adj / nichtspeichernd adj, nichtremanent adj || **~ flag** / nichtremanenter Merker || **~ variable** / nichtgepufferte Variable
non-return pointer / Schleppzeiger m || **~ pointer function** / Schleppzeigerfunktion f
non-return-to-zero recording (NRZ recording) / Wechselschrift f
non-return valve / Rückschlagventil n, Sperrventil n, Rückschlagklappe f
non-reusable i.p.c.d. / nichtwiederanschließbare Schneidklemme || **~ packing** / Einwegverpackung f || **~ t.o.c.d.** / nichtwiederanschließbare Drehklemme
non-reverse blocking valve device (A controllable valve device which is not capable of blocking any voltage of more than several volts in its non-conducting direction.) / nicht rückwärts sperrendes Ventilbauelement (Steuerbares Ventilbauelement, das in seiner nichtleitenden Richtung keine Spannung von mehr als einigen Volt sperren kann)
non-reverse-operate voltage / Nichtabwurfspannung f (Rel.)
non-reverse ratchet / Rücklaufsperre f, Rückdrehsperre f
non-reversible adj / nichtumkehrbar adj, für eine Drehrichtung, unverwechselbar adj (StV), polunverwechselbar adj, systemunverwechselbar adj, mit Verpolschutz || **~ converter** / Ein-Energierichtung-Stromrichter m, Ein-Richtung-Stromrichter m, Einfach-Stromrichter m || **~ counter** / Vorwärtszähler m || **~ drive** / Antrieb für eine Drehrichtung, Einrichtungantrieb m, Geradeausantrieb m || **~ motor** / nicht umkehrbarer Motor, Motor für eine Drehrichtung
non-reversing starter / Anlasser ohne Drehrichtungsumkehr
non-revert-reverse value / Nichtwiederansprechwert m (Rel.)
non-revert value / Nichtwiederrückfallwert m (Rel.)
non-rewirable cord switch (CEE 24) / nichtabklemmbarer Schnurschalter VDE 0630 || **~ plug** IEC 320 / unlösbar verbundener Stecker VDE 0625, angeformter (o. angespritzter) Stecker || **~ portable socket-outlet** / nichtwiederanschließbare Kupplungsdose, angeformte (o. angespritzte) Kupplungsdose
non-rigid plastic / weicher Kunststoff || **~ sheeting** / Weichfolie f
non-rotating tool / stehendes Werkzeug
non-rotational field / rotationsfreies Feld, wirbelfreies Feld
non-rusting adj / nichtrostend, rostbeständig adj
nonsafety-related adj / nicht sicherheitsrelevant
non-salient pole / Vollpol m
non-salient-pole rotor / Vollpolläufer m, Trommelläufer m, Zylinderläufer m, Turboläufer m
non-saturated adj / sättigungsfrei adj, ungesättigt adj
non-scaling adj / nichtzundernd adj, zunderfest adj, zunderfrei adj
non-sectionalized adj / ungeteilt adj, einteilig adj, einfeldrig adj
non-selective absorber / nicht selektiv absorbierender Körper, grau absorbierender Körper || **~ detector** / aselektiver (o. nichtselektiver) Empfänger (f. optische Strahlung) || **~ diffuser** / nichtselektiv streuender Körper, neutral (o. grau) streuender Körper || **~ radiator** / aselektiver (o.

nichtselektiver) Strahler
non-self-healing capacitor / nichtselbstheilender Kondensator
non-self-luminous colour / Körperfarbe *f*, Farbe eines Nichtselbstleuchters
non-self-maintained discharge / unselbständige Entladung || ~ **gas conduction** / unselbständige Leitung in Gas
non-self-resetting thermal cut-out / nicht selbsttätig zurückstellender Temperaturbegrenzer EN 60742
non-self-restoring insulation IEC 129 / nichtselbstheilende Isolierung VDE 0670,T.2
non-self-revealing fault / Fehler ohne Selbstmeldung, nichtselbstmeldender Fehler
non-separable bearing / nicht zerlegbares Lager, selbsthaltendes Lager
non-sheathed cable / Aderleitung *f*
non-shielded *adj* / ungeschirmt *adj*
non-short-circuit-proof transformer / nicht kurzschlussfester Transformator
non-shrinking *adj* / nichtschrumpfend *adj*, schwundfrei *adj*
non-sinusoidal *adj* / nichtsinusförmig *adj*
non-slip *adj* / schlupffrei *adj*, zwangsläufig *adj* || ~ **drive** / zwangsläufiger Antrieb (a. HSS), formschlüssiger Antrieb
non-solid earthing / nichtstarre Erdung
non-solid-state *adj* / Nichthalbleiter..., kontaktbehaftet *adj*
non-sparking apparatus / nichtfunkengebendes Betriebsmittel (Ex nA) || ~ **fan** / nichtfunkender Lüfter
non-specified-time relay / Relais ohne festgelegtes Zeitverhalten DIN IEC 255,T.100, Hilfsrelais *n*
non-stabilized DC voltage / ungeregelte Gleichspannung || ~ **power supply** / ungeregelte Stromversorgung, unstabilisierte Stromversorgung, nichtstabilisierte Stromversorgung, ungeregeltes Netzgerät || ~ **power supply unit** / nicht stabilisiertes Stromversorgungsgerät, ungeregeltes Netzgerät
non-standard *adj* / nicht genormt, nicht normgerecht, in Sonderausführung, nicht listenmäßig, anormal *adj* || ~ **default size** / vereinbarte Ersatzgröße DIN ISO 8208 || ~ **electronics** / Betriebselektronik *f*
non-stationary flow / instationäre Strömung, nichtstationäre Strömung
non-steady *adj* / nichtstetig *adj*, nichtstationär *adj*, instationär *adj*
non-stop operation / Dauerbetrieb *m*, Durchlaufbetrieb *m*, durchlaufender Betrieb
non-sustained disruptive discharges / aussetzende Durchschläge || ~ **partial discharges** / aussetzende Teilentladungen
non-switched data circuit / Datenstandverbindung *f* DIN ISO 3309
non-switching *adj* / nichtschaltend *adj*, nicht schaltbar *adj*, nicht ansprechend
non-synchronous *adj* / nicht synchron, asynchron *adj* || ~ **machine** / Asynchronmaschine *f* || ~ **operation** / nichtsynchroner Betrieb, asynchroner Betrieb
non-system computer / Fremdrechner *m*
non-tarnishing *adj* / anlaufbeständig *adj* (Kontakte)
non-threadable conduit IEC 23A-16 / gewindeloses Rohr (IR) VDE 0605,1, Steckrohr *n* (IR) || ~ **corrugated conduit** / gewelltes, gewindeloses Rohr (IR), gewelltes Steckrohr (IR) || ~ **heavy-gauge steel conduit** / gewindeloses Stahlpanzerrohr, Stahlpanzer-Steckrohr *n* || ~ **plain conduit** / glattes, gewindeloses Rohr (IR), glattes Steckrohr (IR) || ~ **Tee** / Steck-T-Stück *n* (IR)
non-threaded joint EN 50018 / Spalt ohne Gewinde EN 50018
non-time-critical *adj* / zeitunkritisch *adj*
non-toxic gas / ungiftiges Gas
non-tracking *adj* / kriechstrombeständig *adj*, kriechstromfest *adj* || ~ **moulded plastic** / kriechstromfester Formstoff
non-transmission, test for ~ of internal ignition / Zünddurchschlagprüfung *f*
non-transparent *adj* / lichtundurchlässig *adj*, undurchsichtig *adj*
non-trigger voltage / nichtzündende Spannung (Thyr)
non-tripping, conventional ~ current / kleiner Prüfstrom (LSS) VDE 0641, festgelegter Nichtauslösestrom || ~ **characteristic** / Nichtauslösekennlinie *f* || ~ **current** / Nichtauslösestrom *m* VDE 0660,T.101 || ~ **duration** / Belastungsdauer, die nicht zum Auslösen führt (LS) || ~ **voltage** / Nichtauslösespannung *f*
non-trip zone / Nichtauslösebereich *m*, Ruhebereich *m*, Sperrbereich *m* (Schutz)
non-twisting test / Verdrehungsprüfung *f* (Kabel)
non-uniform bridge / gemischte Brücke (SR) || ~ **connection** / teilgesteuerte Schaltung (LE), gemischte Schaltung || ~ **field** / inhomogenes Feld || ~ **insulation** IEC 76-3 / abgestufte Isolation (Trafo) || ~, **rational basis spline (NURBS)** / nicht uniformer, rationaler Basis-Spline (NURBS)
non-unit protection / Selektivschutz mit relativer Selektivität IEC 50(448) || ~ **protection using telecommunication** / Schutzsystem mit realtiver Selektivität und Informationsübertragung IEC 50(448)
non-ventilated *adj* / unbelüftet *adj*, selbstbelüftet *adj* || ~ **machine** / unbelüftete Maschine, selbstgekühlte Maschine, selbstbelüftete Maschine || ~ **ribbed-surface machine** / selbstbelüftete Maschine mit Rippengehäuse || ~ **transformer** / drucklos gekühlter Transformator (Kühlungsart ANV)
non-vibrating *adj* / schwingungsfrei *adj*, erschütterungsfrei *adj*
non-vital load / unwichtiger Verbraucher
non-volatile *adj* / nichtflüchtig *adj*, spannungsausfallsicher *adj*, nullspannungssicher *adj*, nullspannungsgesichert *adj* || ~ **memory (NVM)** / nichtflüchtiger Speicher, nullspannungsgesicherter Speicher || ~ **RAM (NV RAM)** / NV-RAM, batterielose Pufferung, nichtflüchtiges RAM || ~ **storage** / nichtflüchtige Speicherung, Speicherung mit Haftverhalten
non-welding *adj* / schweissfest *adj* || **non-welding contact** / schweißfestes Schaltstück
non-wetting *n* / Nichtbenetzen *n* (Lötung)
non-wire-wound potentiometer / Schicht-Drehwiderstand *m*
non-withdrawable circuit-breaker BS 4777 / nicht ausziehbarer Leistungsschalter, Festeinbau-Leistungsschalter *m*, festeingebauter Leistungsschalter || ~ **circuit-breaker assembly** / Leistungsschalter-Festeinbauanlage *f* || ~ **outgoing**

non-woven unit / Abgangseinsatz *m* (ST), Abzweigeinsatz *m* ||
~ **switchgear** BS 4727, G.06 / Schaltanlage mit
festeingebauten Geräten, Festeinbau-
Schaltanlage(n) *f* || ~ **unit** / nichtausziehbare
Einheit (Schalteinheit), festeingebaute Einheit,
Einsatz *m* (festeingebaute Geräteeinheit in
Schalttafel)
non-woven fabric / Faservliesstoff *f* || ~ **material** /
Vliesstoff *m*
non-yellowing *adj* / vergilbungsfrei *adj*
no-operation (NOP) *n* / Nulloperation *f* (NOP) || ~
instruction (NOP instruction) /
Nulloperationsbefehl *m* (NOP-Befehl)
NOP s. no-operation || ≙ **instruction** s. no-operation
instruction
NOR *n* / NOR, NOR-Glied *n* || ≙ **driver** / Leistungs-
NOR-Stufe *f* || ≙ **element** / NOR-Glied *n* || ≙ **gate** /
NOR-Tor *n*, NOR-Torschaltung *f*, NOR-Glied *n*,
ODER-Glied mit negiertem Ausgang
normal *n* / Normale *f* (Math.) || **for** ~ **use** / für
normale Beanspruchung || **length of** ~ /
Normalenlänge *f* (Kurve) || **within** ~ **arm's reach** /
im Handbereich || ~ **arm's reach** / Handbereich *m*
VDE 0100,T.200 || ~ **axis** / Normalachse *f* || ~ **band**
/ normales Band (HL) || ~ **bayonet cap** / normaler
Bajonettsockel (B 22) || ~ **bend test** /
Normalfaltversuch *m*, Decklagen-
Zugbeanspruchungsprüfung *f* || ~ **breaking current**
/ Betriebs-Ausschaltstrom *m* || ~ **case** / Gutfall *m* || ~
condition / Normalfall *m* || ~ **conditions of use** /
normale Gebrauchsbedingungen VDE 0660,T.200
normal-conducting *adj* / normalleitend *adj*
normal conductor / Normalleiter *m* || ~ **contact**
position / Ausgangslage *f* (PS, Kontakte),
Ruhelage *f* || ~ **current** / Betriebsstrom *m* (SG)
VDE 0670,T.101 || ~ **cyclic duty** / normales
Belastungsspiel || ~ **d.c. voltage** /
Betriebsgleichspannung *f* || ~ **disconnected mode**
(NDM) / abhängiger Wartebetrieb || ~ **distribution**
/ Normalverteilung *f* DIN 55350,T.22 || ~ **duty** /
Normalbetrieb *m* || ~ **electrolyte level** / Nennstand
des Elektrolyten
normal-flux system / Normalflusssystem *n* (MSB)
normal force / Normalkraft *f*
normal-frequency recovery voltage /
betriebsfrequente (o. netzfrequente)
wiederkehrende Spannung
normal-gap construction (CEE 24) / normale
Kontaktöffnungsweite VDE 0630
normal hysteresis loop / normale Hysteresisschleife
|| ~ **induction** / Induktion aus der
Kommutierungskurve || ~ **inspection** / normale
Prüfung (QS)
normalization *n* / Normierung *f* || ~ **factor** /
Normierungs-Faktor *m* || ~ **offset** / Normierungs-
Offset *n* || ~ **transformation** /
Normierungstransformation *f*,
Normalisierungstransformation *f*
normalize *v* / normalisieren *v*, normieren *v*,
normalglühen *v*, entspannungsglühen *v*
normalized *adj* / normalgeglüht *adj*, normiert *adj* || ~
components / normierte Komponenten || ~
detectivity / normierte Detektivität
(Strahlungsempfänger) || ~ **device coordinate**
(NDC) / normierte (o. normalisierte) Koordinate
(NK) (GKS) || ~ **equivalent conductance** /
normierte äquivalente Leitfähigkeit || ~

floatingpoint number / normierte Gleitpunktzahl ||
~ **force** / normierte Kraft || ~ **frequency** / normierte
Frequenz || ~ **frequency response** / normierter
Frequenzgang
normalizing *n* / Normierung *f*
normal lighting (system) / allgemeine Beleuchtung ||
~ **load** / Normallast *f*, Primärlast *f* (Freiltg.) || ~ **load**
and overload characteristics / Normallast- und
Überlastmerkmale *n pl*
normal-load equivalent resistance / Nennlast-
Ersatzwiderstand *m* (Trafo)
normally closed auxiliary contact / Hilfs-
Öffnungskontakt *m*, Hilfs-Ruhekontakt *m* || ~
closed contact (NC contact) / Öffner *m*,
Öffnungskontakt *m*, Ausschaltglied *n*,
Trennkontakt *m*, Ruhekontakt *m*, \b\ Kontakt *m* || ~
closed thermal link (NCTL) / öffnende
Temperatursicherung || ~ **flammable material** /
normal entflammbares Material || ~ **open auxiliary**
contact / Hilfs-Schließkontakt *m* || ~ **open contact**
(NO contact) / Schließer *m*, Schließkontakt *m*,
Einschaltglied *n*, Arbeitskontakt *m*, \a\ Kontakt *m*
normal magnetization curve / normale
Magnetisierungskurve, Kommutierungskurve *f*,
Magnetisierungskurve *f* || ~ **mode** / Normalbetrieb
m, Normalmodus *m*
normal-mode interference voltage / Gegentakt-
Störspannung *f* || ~ **overvoltage** / Gegentakt-
Überspannung *f*, Gegentaktüberspannung *f* || ~
rejection / Gegentaktunterdrückung *f* || ~ **rejection**
ratio (NMRR) /
Gegentaktunterdrückungsverhältnis *n*,
Serienspannungsunterdrückungsmaß *n* || ~ **voltage** /
Gegentaktspannung *f*, Gegentakt-Störspannung *f*
normal operating conditions / normale
Betriebsbedingungen, Normalbetrieb *m*,
bestimmungsgemäßer Betrieb || ~ **operation** /
Normalbild *n*, Normalmodus *m*, Normalbetrieb *m*,
bestimmungsgemäßer Betrieb || ~ **operation test** /
Gebrauchsprüfung *f* || ~ **paint finish** /
Normalanstrich *n* || ~ **performance** /
Normalleistung *f* (Refa) || ~ **pollution situation** /
Umgebungsbedingungen bei üblicher
Verunreinigung || ~ **position** / Ruhestellung *f* (Rel.),
Normalstellung *f*, Ausgangsstellung *f*, Ruhelage *f*,
Grundstellung *f* || ~ **positioning accuracy** / mittlere
Positioniergenauigkeit (NC)
normal-rate consumption / Tagesverbrauch *m* (StT)
|| ~ **period** / Hochtarifzeit *f* || ~ **register** /
Hochtarifzählwerk *n*
normal response mode (NRM) /
Aufforderungsbetrieb *m* (DÜ) || ~ **running load**
(n.r.l.) / normale Betriebslast || ~ **section** /
Senkrechtschnitt *m* DIN 4760 || ~ **service** /
normaler Betrieb, Normalbetrieb *m* || ~ **service**
conditions / normale Betriebsbedingungen,
Normalbedingungen *f pl* || ~ **service position** /
Betriebsstellung *f* || ~ **shutdown** / Regelabschaltung
f || ~ **speed** / Mittelgang *m* || ~ **stored writing speed**
/ normale Speicher-Schreibgeschwindigkeit (Osz.)
|| ~ **switching duty** / betriebsmäßiges Schalten
VDE 0100,T.46 || ~ **tariff** / Normaltarif *m* (StT),
allgemeiner Tarif (StT) || ~ **temperature and**
pressure (n.t.p.) / Normaldruck und -temperatur,
Normzustand *m* || ~ **tools** / Normalwerkzeug *n* || ~
use IEC 380 / bestimmungsgemäßer Betrieb || ~
vector / Normalvektor *m* || ~ **washer** /

Normalscheibe *f*
NOR operation / NICHT-ODER-Verknüpfung *f*, NOR-Verknüpfung *f*
north magnetic pole / magnetischer Nordpol || ~ **pole** / Nordpol *m* || ~ **pole face** / Nordpolfläche *f*
north-seeking pole / Nordpol *m*
NOR with one negated input / NOR-Glied mit einem negierten Eingang
nose *n* / Nase *f*, Ansatz *m*, Vorsprung *m*, Schneidenecke *f* (Werkzeug) || ~ **angle** / Spitzenwinkel *m* || ~ **bearing** / Tatzlager *n* || ~ **radius** / Spitzenradius *m* (WZM, Werkzeug)
nose-suspended motor / Tatzenlagermotor *m*
no-station address / Sperradresse *f* (DÜ)
NOT *n* / Nicht-Glied *n*
notation *n* / Aufzeichnung *f*, Bezeichnung *f*, Schreibweise *f*, Bezeichnungsweise *f*
notch *v* / einkerben *v*, schlitzen *v*, ausklinken *v*, einschneiden *v* || ~ *n* / Kerbe *f*, Einkerbung *f*, Ausklinkung *f*, Einschnitt *m*, Schalterstellung *f* (Fahrschalter, Drehschalter), Fahrstufe *f* (Fahrschalter), Einbuchtung *f* (Kurve), Kurzzeiteinbruch *m*, Kommutierungseinbruch *m*, Druckmarke *f*, Vertiefung *f*, Aussparung *f* || **location** ~ / Aufnahmeausklinkung *f* (gS), Aufnahmeloch *n* (gS) || **starter** ~ / Starterstellung *f*, Anlasserstellung *f*, Anlasserstufe *f* || ~ **base** / Kerbgrund *m*
notch-break specimen / vorgekerbte Biegeprobe || ~ **test** / Biegeversuch mit vorgekerbter Probe, Bruchflächenprüfung *f*
notch-pressed *adj* / kerbgepresst *adj*
notch brittleness / Kerbsprödigkeit *f*, Kerbempfindlichkeit *f*
notched *adj* / ausgeklinkt *adj*, gekerbt *adj*
notched-bar bending test / Kerbbiegeprüfung *f*, Kerbfaltprobe *f*
notched bar impact strength / Kerbschlagzähigkeit *f*
notched-bar impact test / Kerbschlagversuch *m* || ~ **tensile strength** / Kerbzugfestigkeit *f* || ~ **tensile test** / Kerbzugprüfung *f*, Schlagzugversuch *m*
notched connector / Kerbverbinder *m* || ~ **impact strength** / Kerbschlagzähigkeit *f* || ~ **position** / Raststellung *f* (Steuerschalter, Fahrschalter, Betätigungselement)
notched-tube tensile test / Rohrkerbzugversuch *m*
notch factor / Kerbeinflußzahl *f* || ~ **geometry** / Kerbform *f* || ~ **hole** / Bohrung Kerbzahn
notching *n* / Einkerbung *f*, Verkammung *f*, Rastung *f*, schrittweise Betätigung, Einklinken *n* (in Fahrschalterstellungen), Ausklinken *n* (mech. Bearbeitung), Kerben *n*, Schlitzen *n*, Nutenstanzen *n*, Aussparen *n* || **speed at end of** ~ / Geschwindigkeit am Ende einer Widerstandsfahrt (Bahn) || ~ **down** / Absteuerung *f* (Fahrschalter) || ~ **force** / Kerbkraft *f*
notch(ing) mechanism / Rasteinrichtung *f* (Steuerschalter, Stellungsrasterung)
notching ratio / Ungleichförmigkeit *f* (Steuerschalter), Feinstufigkeit *f* (Steuerschalter) || ~ **relay** / Fortschaltrelais *n*, Beschleunigungsrelais *n*, Impulsspeicherrelais *n* || ~ **up** / Aufsteuerung *f* (Fahrschalter)
notchless control / kontinuierliche Steuerung
notch toughness / Kerbzähigkeit *f*, Kerbfestigkeit *f* || ~ **toughness-temperature curve** / Kerbschlagzähigkeits-Temperaturkurve *f*

not connected to common potential / ungewurzelt *adj* || ~ **counting brush contact voltage** / Bürstenübergangsspannung vernachlässigt || ~ **dimensioned** / unbemaßt *adj*
note *n* / Vermerk *m*, Hinweis *m*
not earthed / ungeerdet *adj*
NOT element / NICHT-Glied *n* || ≙ **function** / NICHT-Verknüpfung *f* || ≙ **gate** / NICHT-Tor *n*, NICHT-Glied *n*, NICHT-Torschaltung *f*
NOT-GO gauge / Schlechtlehre *f*, Ausschusslehre *f*, Nichthinein-Lehre *f*
notice *n* / Ankündigung *f* || ≙ *n* / Achtung *f*
notice of completion of work / Freimeldung bei Arbeitsende
notifiable *adj* / anzeigepflichtig *adj*, meldepflichtig *adj*
notification of defects / Mängelrüge *f* || ~ **of invalidity** / Ungültigkeitsmeldung *f* || ~ **of non-conformance** / Mängelrüge *f* || ~ **of the fault** / Störungsmeldung *f*
NOT operator / NICHT-Operator *m*
No Trespassing sign / Verbotszeichen Zugang verboten
not self-reporting fault / nicht selbstmeldender Fehler || ~ **self-signalling fault** / nicht selbstmeldender Fehler || ~ **to scale (n.t.s.)** / nicht maßstäblich
no-voltage detector / Spannungsprüfer *m*
no-volt protection / Spannungsausfallschutz *m*, Unterspannungsschutz *m* || ~ **relay** / Spannungsausfallrelais *n*, Unterspannungsrelais *n*, Spannungsrückgangrelais *n* || ~ **release** IEC 1571 / Unterspannungsauslöser *m* (Ansprechspannung 35 - 10 % der Netzspannung), Nullspannungsauslöser *m* || ~ **tripping** / Nullspannungsauslösung *f*, Unterspannungsauslösung *f*
noxious substance / Schadstoff *m* || ~ **substances** / Schadstoffemissionen *f pl*
nozzle *n* / Düse *f* || ~**/baffle principle** / Düse-Prallplatte-Prinzip *n*
nozzle-ball baffle / Düse-Kugel *f*
n-pin *adj* / n-polig *adj*
n-port network / Mehrtor *n*, n-Tor *n*
NPRS s. negative poll response state
n.p.s.h. s. net positive suction head
NPT s. noise protection transformer
NPV s. net present value
NQEC (neural quadrant error compensation) / NQFK (neuronale Quadrantenfehlerkompensation)
NR s. numerical representation
n.r.c. s. noise rating curve
n-release *n* / n-Auslösung *f*, n-Auslöser *m*
NRK (Numeric Robotic Kernel (operating system of the NCK)) / NRK
n.r.l. s. normal running load
NRM s. normal response mode
NRS (New Regulatory System) / NRS (Neues Regel-System)
NRZ / NRZ (Non return to zero) || ≙ **recording** s. non-return-to-zero recording
NSAP s. network service access point
NSD s. next significant digit || ≙ s. nitrogen-selective detector
N-SDU s. network service data unit
n-step starter / Anlasser (o. Starter) mit n Einschaltstellungen *m*
NS user s. network service user

NTC-I s. indirectly heated thermistor with negative temperature coefficient
NTC (negative temperature coefficient) / NTC (negativer Temperaturkoeffizient) || $\stackrel{\circ}{=}$ **thermistor** (NTC = negative temperature coefficient) / Heißleiter *m*, NTC-Widerstand *m* || $\stackrel{\circ}{=}$ **thermistor detector** / Heißleiter-Temperaturfühler *m*, NTC-Halbleiterfühler *m*
n-terminal circuit / Mehrpol *m*
n-terminal network / n-Pol-Netzwerk *n*, Mehrpol-Netzwerk *n*
n-terminal-pair network / n-Klemmenpaar *n*
nth harmonic ratio / n-tes Oberschwingungsverhältnis
n.t.p. s. normal temperature and pressure
n.t.s. s. not to scale
N-type bell transformer / N-Klingeltransformator *m* || ~ **conductivity** / N-Leitfähigkeit *f*, Elektronenleitfähigkeit *f* || ~ **MCB 16 A 1-pole type C** / N-Automat 16A 1pol Typ C || $\stackrel{\circ}{=}$ **silicon** / N-leitendes Silizium || ~ **universal current miniature circuit-breaker** / N-Allstromautomat *m* || $\stackrel{\circ}{=}$ **semiconductor** / N-Halbleiter *m*, Elektronenhalbleiter *m*
nuclear electromagnetic pulse (NEMP) / nuklearer elektromagnetischer Impuls (NEMP) || ~ **energy** / Kernenergie *f*, Kernkraft *f* || ~ **magnetic resonance spectrometry** / Kernresonanzspektrometrie *f* || ~ **magnetic resonance spectrograph** / Kernresonanzspektrograph *m* || ~ **magnetic resonance spectrometer (NMRS)** / Kernresonanzspektrometer *n* || ~ **power station** / Kernkraftwerk *n* || ~ **propulsion system** / Atomantrieb *m*, Kernkraftantrieb *m* || ~ **radiation** / Kernstrahlung *f*
nuisance *n* / unerwünscht *adj* || ~ **alarm** / Störungsmeldung *f*, Störmeldung *f*, Alarmmeldung *f* || ~ **call** / Störmeldung *f*, Störungsmeldung *f*, Alarmmeldung *f* || **nuisance tripping** / Fehlauslösung *f*, ungewolltes Auslösen
null-balance amplifier / Nullverstärker *m* || ~ **matching amplifier** / Anpassungsnullverstärker *m*
null detector / Nullindikator *m*
null-flux system / Nullflusssystem *n*
null hypothesis / Nullhypothese *f* DIN 55350,T.24 || ~ **indicator** / Nullindikator *m* || ~ **instruction (NOP)** / NOP-Operation *f*, Nulloperation (NOP) *f* || ~ **measurement** IEC 50(301) / Messung durch Nullabgleich || ~ **method** / Nullmethode *f*, Nullabgleichmethode *f* || ~ **modem** / Nullmodem *n*
number *n* / Nummer *f*, Zählnummer *f*, Anzahl *f*, nummerieren *v* || ~ IEC 113-2 / Zählnummer *f* DIN 40719,T.2 || **harmonic** ~ / Ordnungszahl der Oberschwingung || ~ **consecutively** / durchnummerieren *v* || ~ **drum** / Ziffernrolle *f* (EZ), Zahlenrolle *f* (EZ) || ~ **of ADCs** / ADC-Anzahl *f* || ~ **of addresses to read (NAT)** / AFA
numbering *n* / Nummerung *f* DIN 6763,T.1, Nummerierung *f* || ~ **object** / Nummerungsobjekt *n* DIN 6763,T.1 || ~ **plan** / Nummernplan *m* DIN 6763,T.1 || ~ **scheme** / Nummernschema *n* DIN 6763,T.1 || ~ **system** / Nummernsystem *n* DIN 6763,T.1 || ~ **technique** / Nummerungstechnik *f* DIN 6763,T.1
number of armature conductors / Ankerdrahtzahl *f*, Stabzahl *f* || ~ **of bends** / Biegezahl *f*, Biegeziffer *f* || ~ **of consecutive starts** / Anzahl der Anläufe

hintereinander, Anlaßhäufigkeit *f* || ~ **of contacts** / Kontaktbestückung *f* || ~ **of cores** / Kernzahl *f*, Aderzahl *f* || ~ **of cycles to failure** / Bruchlastspielzahl *f*, Grenzlastspielzahl *f* || ~ **of DACs** / DAC-Anzahl *f* || ~ **of decimal places** / Nachkommastelle *f* || ~ **of degrees** / Gradzahl *f* || ~ **of digital inputs** / Anzahl Digitaleingänge || ~ **of digital outputs** / Anzahl Digitalausgänge || ~ **of divisions** (\Cf.: division number; indexing axis\) / Teilungszahl *f* || ~ **of exciting ampere turns** / Magnet-Ampèrewindungszahl *f* || ~ **of field-winding turns** / Feldwindungszahl *f* || ~ **of files** / Dateianzahl *f* || ~ **of inherent tapping positions** IEC 214 / Anzahl der möglichen Stellungen (Trafo-Stufenschalter) VDE 0532,T.30 || ~ **of line linkages** / Verkettungszahl *f*, Anzahl der verketteten Kraftlinien || ~ **of lines of force** / Kraftlinienzahl *f* || ~ **of on-load operating cycles per hour** / Schalthäufigkeit unter Last (HSS) VDE 0660,T.200 || ~ **of operating cycles** / Schaltspielanzahl *f* || ~ **of operating hours** / Betriebsstunden *f pl* || ~ **of operations** (per unit time) / Schaltzahl *f*, Schalthäufigkeit *f* || ~ **of passes** / Durchlaufzahl *f* (WZM, NC) || ~ **of phases** / Phasenzahl *f*, Strangzahl *f* || ~ **of places after the decimal point** / Nachkommastelle *f* || ~ **of pole pairs** / Polpaarzahl *f* || ~ **of poles** / Polzahl *f*, Anzahl der Pole || ~ **of pulses** / Impulszahl *f* || ~ **of registers** / Registeranzahl *f* || ~ **of remaining passes** / Restdurchlaufzahl *f* || ~ **of restart attempts** / Anzahl der Wiederanlaufversuche || ~ **of results** / Ergebnisanzahl *f* || ~ **of revolutions** (per unit time) / Umdrehungszahl *f*, Tourenzahl *f*, Drehzahl *f* || ~ **of scale divisions** / Anzahl der Skalenteile || ~ **of service tapping positions** IEC 214 / Anzahl der Betriebsstellungen (Trafo-Stufenschalter) || ~ **of slots per pole and phase** / Nutenzahl pro Pol und Strang || ~ **of spark-out cycles** / Ausfunkanzahl *f* || ~ **of starts** / Gangzahl *f* || ~ **of starts in succession** / Anzahl der Anläufe hintereinander, Anlasshäufigkeit *f* || ~ **of stress cycles** / Lastspielzahl *f* (mech.) || ~ **of switching operations** / Schalthäufigkeit *f* || ~ **of tapping positions** IEC 214 / Anzahl der Stufenschalter-Stellungen (Trafo), Stufenzahl *f* || ~ **of threads per unit length** / Gangzahl *f*, Gangdichte *f*
number of thyristors in series per arm / Thyristor-Reihenschaltungszahl je Zweig || ~ **of tool compensations** / Werkzeugkorrekturnummer *f* || ~ **of turns** / Windungsanzahl *f* || ~ **of turns per phase** / Strang-Windungszahl *f* || ~ **of turns per unit length** / Windungszahl *f*, Windungsdichte *f* || ~ **of twists** / Verwindezahl *f* || ~ **of voltage changes per minute** / Spannungsänderungen je Minute
number-plate light / Kennzeichenleuchte *f* (Kfz) || ~ **lighting** / Kennzeichenbeleuchtung *f* (Kfz.)
number position / Nummernstelle *f* DIN 6763,T.1, Schreibstelle *f* || ~ **range** / Nummernbereich *m* || ~ **representation** / Zahlendarstellung *f* || ~ **scale** / Ziffernskale *f* || ~ **system** / Zahlensystem *n*
numeral *n* / Numeral *n* DIN 44300, Zahlzeichen *n*, Ziffer *f*
numeration system / Zahlensystem *n*
numerator *n* / Zähler *m* (Math.) || ~ **bandwidth** / Zählerbandbreite *f*
numeric *adj* / numerisch *adj*
numerical adder / numerisches Addierwerk || ~

aperture / numerische Apertur (LWL) || ~ **code** / numerischer Code, Zahlencode *m*, Zifferncode *m* || ~ **control (NC)** / NC-Steuerung *f*, numerische Steuerung (NC), NC || ~ **format** / Zahlenformat *n* || ~ **increment** / Ziffernschritt *m* (Skale) || ~ **index of vector group** / Schaltgruppenziffer *f* (Trafo) || ~ **input** (o. entry) / Zifferneingabe *f* || ~ **key** / Zahlentaste *f* || ~ **keyboard** / numerische Tastatur || ~ **keypad** / numerisches Tastenfeld
numerically controlled / NC-geführt *adj* || ~ **controlled inspection** / numerisch gesteuerte Prüfung || ~ **controlled inspection machine** / numerisch gesteuerte Messmaschine || ~ **controlled machine (NC machine)** / numerisch gesteuerte Maschine (NC-Maschine), Numerik-Maschine *f* || ~ **controlled machining center** / numerisch gesteuertes Bearbeitungszentrum
numerical measuring system / numerisches Messverfahren || ~ **memory** / Zahlenspeicher *m* || ~ **number** / numerische Nummer || ~ **pad** / numerisches Tastenfeld || ~ **representation (NR)** / numerische Darstellung, Zahlendarstellung *f* || ~ **scale** / Zahlenmaßstab *m*, Maßstabverhältnis *n* || ~ **setter** / Zifferneinsteller *m*, Zahlensteller *m* || ~ **value** / Zahlenwert *m* || ~ **value equation** / Zahlenwertgleichung *f* || ~ **value representation** / Zahlenwertdarstellung *f*
numeric code / numerischer Code, Zahlencode *m*, Zifferncode *m* || ~ **data processor (NDP)** / Arithmetikprozessor *m* || ~ **information** / numerische Information || ~ **keyboard** / numerische Tastatur, Zehnertastatur *f*, Zifferntasten *f pl* || ~ **keypad** / Zehnertastatur *f*, Zifferntasten *f pl* || ~ **location** IEC 113-2 / numerische Ortskennzeichnung DIN 40719,T.2 || ~ **switch** / numerischer Schalter
n-uplet / n-Bit-Rate *f*
NURBS (non-uniform, rational basis spline) / NURBS (nicht uniformer, rationaler Basis-Spline) (Bezier-Spline)
nut *n* / Mutter *f*
nutating-disc (flow) meter / Taumelscheibenzähler *m*
nutating head / Nutating Head
nutation angle / Nutationswinkel *m*
nut runner / Schrauber *m*, Schraubendreher *m*, Schraubenzieher *m*, Muttergewinde *n*
NVM s. non-volatile memory
NV RAM (non-volatile RAM) / batterielose Pufferung, NV-RAM
n-way *adj* / n-polig *adj*
N-weighting *n* / N-Bewertung *f*
Nyquist plot / Nyquist-Ortskurve *f* || ≙ **theorem** / Nyquist-Theorem *n*, Abtast-Theorem *n*

O

o (classification letter for oil immersion) s. EN 50015 / o (Kennbuchstabe für Ölkapselung) EN 50015
O (letter symbol for mineral oil) / O (Buchstabensymbol für Mineralöl) || ≙ **(output)** / A (Ausgang) || ≙ **(output signal)** / A (Ausgangssignal)

OA (oil-air cooling) / OA (OA cooling; Ölkühlung mit natürlicher Luftumwälzung)
OA/FA (oil-air/forced-air cooling) / OA/FA (OA/FA-cooling, natürliche Öl-Luftkühlung mit zusätzlicher erzwungener Luftkühlung)
OA/FA/FA (oil-air/forced-air/forced-air cooling) / OA/FA/FA (oil-air/forced-air/forced-air cooling, natürliche Öl-Luftkühlung mit zweistufiger erzwungener Luftkühlung, f. Transformatoren mit 3 Leistungsstufen)
OA/FA/FOA (oil-air/forced-air/forced-oil-air cooling) / OA/FA/FOA (oil-air/forced-air/forced-oil-air cooling, Öl-Luft-Selbstkühlung mit zusätzlicher zweistufiger erzwungener Luft- und Öl-Luft-Kühlung, f. Transformatoren mit 3 Leistungsstufen)
OA/FOA/FOA (oil-air/forced-oil-air/forced-oil-air cooling) / OA/FOA/FOA (oil-air/forced-oil-air/forced-oil-air cooling, ähnlich OA/FA/FOA, mit zweistufiger erzwungener Öl- und Luftkühlung, f. Transformatoren mit 3 Leistungsstufen)
OB (organizational block) / OB, Organisationsbaustein *m*
OBE s. operating basis earthquake || ≙ **(On-Board Electronics)** / OBE (On-Board Elektronik)
object *n* / Objekt *n*, Aufgabe *f* (Reg.), Ziel *n*, Betätigungselement *n*, Stellglied *n* || ~ **code program** / Objektcodeprogramm *n* || ~ **colour** / gebundene Farbe || ~ **detection** / Objekterkennung *f* || ~ **dictionary (OD)** / Objektverzeichnis (OV) *n* || ~ **group** / Objektgruppe *f* || ~ **ID** / Objekt ID
objection *n* / Beanstandung *f* (QS)
objective life / Lebensdauer-Richtwert *m* DIN IEC 434, Richtlebensdauer *f* || ~ **value** / Herstellungswert *m* (QS), Richtwert *m*
object language / Zielsprache *f* (DV) DIN 44300 || ~ **library** / Object Library || ~ **linking and embedding (OLE)** / Kommunikationsschnittstelle OLE || ~ **management system** / Objektverwaltungssystem (OVB) *n* || ~ **name** / Objektname *m* || ~ **number** / Sachnummer *f* DIN 6763,T.1
object-oriented *adj* / objektorientiert *adj*
object program / Zielprogramm *n* DIN 44300 || ~ **property** / Objekteigenschaft *f* || ~ **range** / Aufgabenbereich *m* (Reg.) || ~ **statement** / Zielanweisung *f* DIN 44300
object-to-image ratio / Abbildungsmaßstab *m* (Kamera)
object type / Objekttyp *m* || ~ **vector** / Aufgabenvektor *m* (Reg.) || ~ **web** / Objektgeflecht *n*
obligation *n* / Verpflichtung *f* || ~ **of verification** / Eichpflicht *f*
obligation-of-verification-exception-decree / Eichpflicht-Ausnahmeverordnung (EAusnV) *f*
obligatory change / Wechselpflicht *f* || ~ **field** / Pflichtfeld *n*
obliging value / verbindlicher Wert
oblique drilling / Schrägbohren *n* || ~ **exposure** / schräge Näherung (Anordnung Starkstromleitung - Fernmeldeleitung) || ~ **incidence** / Schrägeinfall *m* || ~ **light incidence** / schräger Lichteinfall || ~ **line** / Schräge *f* || ~ **plane** / geneigte Ebene || ~ **plunge-cut grinding** / Schrägeinstechschleifen *n* || ~ **section** / Schrägschnitt *m* || ~ **straight line** / schräge Gerade || ~ **suspension** / Schiefhang *m* (EZ)

oblong-hole milling pattern / Fräsbild Langloch
oblong pole / Langpol *m*
obscuration *n* / Verdunklung *f* (von Lichtquellen)
obscuring power factor (OPF) / Leuchtdichteverteilungsfaktor *m* (LVF)
observability *n* / Beobachtbarkeit *f*
observable system / beobachtbares System (Reg.) DIN 19229
observation, error of ~ / Ablesefehler *m* || ~ **angle** / Beobachtungswinkel *m* || ~ **oscilloscope** / Beobachtungs-Oszilloskop *n*
observed availability / beobachtete Verfügbarkeit || ~ **data** / Beobachtungsdaten *pl* IEC 50(191) || ~ **failure rate** / beobachtete Ausfallrate, Istwert der Ausfallrate || ~ **mean time between failures** / beobachtete mittlere Zeit zwischen zwei Ausfällen (EOQC), beobachteter mittlerer Ausfallabstand || ~ **percentile life** / beobachtete Bestandsperzentile || ~ **value** / Beobachtungswert *m* DIN 55350,T.12
observer *n* / Beobachter *m*, Beobachterschaltung *f*
observer-based control / Regelung mit Beobachtung
observer feedback / Beobachterrückführung *f* || ~ **matrix** / Beobachtungsmatrix *f* (Reg.) || ~ **model** / Beobachtungsmodell *n* (Reg.)
obsolescent type / Auslauftyp *m*
obstacle *n* / Hindernis *n* (a. VDE 0100,T.200) || ~ **clearance limit (OCL)** / Hindernis-Freigrenze *f* (OCL) || ~ **light** / Hindernisfeuer *n* || ~ **limitation surface** / Hindernis-Begrenzungsfläche *f*
obstruction *n* / Hindernis *n*, Verbauung *f* || ~ **and hazard lighting** / Flugwarnbefeuerung *f* || ~ **gauge** / Lichtraumprofil *n* || ~ **light** / Hindernisfeuer *n* || ~ **lighting** / Hindernisbefeuerung *f*
obvious fault / selbstmeldender Fehler, Fehler mit Selbstmeldung
o.c.c. s. open-circuit characteristic
occasional adaptation / gelegentliche Adaption (adaptive Reg.)
occulting light / unterbrochenes Feuer, Unterbrechungsfeuer *n*
occupant detection / Sitzbelegungserkennung (SBE) *f* (Kfz)
occupational safety / Arbeitssicherheit *f* || ~ **safety and health** / Arbeitsschutz *m*
occupied in left/right/top/bottom half-location / belegt im linken/rechten/oberen/unteren Halbplatz
occupy *v* / belegen *v*
occurrence density distribution / Ereignisdichteverteilung *f*
OC curve s. operating characteristic curve
ocean temperature gradient power station / Meereswärme-Kraftwerk *n*
OCL s. obstacle clearance limit
OCR s. optical character recognition / Klarschriftlesen *n*
OCS (Open Control System) / offenes Steuerungssystem, OCS
octal digit / Oktalziffer *f* || ~ **number** / Oktalzahl *f*
octave centre frequency / Oktavmittenfrequenz *f* || ~ **mid frequency** / Oktavmittenfrequenz *f* || ~ **sound-pressure level** / Oktav-Schalldruckpegel *m*
octet *n* / Oktett *n* || ~ **string** / Oktettreihung *f*
octode *n* / Oktode *f*
ocular adaptation (level) / Adaptionsniveau des Auges
o.c.v. s. open-circuit voltage
OCW s. operation command word

OD s. object dictionary
ODA (open distributed automation) / ODA
odd *n* / Ungeradeglied *n*, Imparitätsglied *n* || ~ **bar** / überzähliger Stab (Stabwickl.) || ~ **element** IEC117-15 / Ungerade-Glied *n* DIN 40700,T.14, Imparitäts-Element *n*
odd-even check / Paritätsprüfung *f*
odd number / ungerade Zahl
odd-order harmonic / ungeradzahlige Oberwelle
odd parity / ungerade Parität || ~ **pins** / verschieden lange Stifte (Bajonettsockel)
odometer *n* / Messrad *n*
OE s. overrun error
OEE (overall equipment effectiveness) / OEE
OEM (Original Equipment Manufacturer) / OEM || ~ **support** / Herstellerbetreuung *f* || ~ **VReg/LG** / Hersteller-VReg/LG
OFAF (oil-forced, air-forced cooling) / OFAF (oil-forced, air-forced, erzwungene Öl- und Luftkühlung)
OFB (forced-oil/ air-blast cooling) / OFB (forced-oil/air-blast cooling, Öl-Zwangskühlung mit Anblasekühlung)
OFF button / Ausschaltdruckknopf *m*
off centre / außermittig *adj*
off-centre condition / Außermittigkeit *f*, Mittenversatz *m*, Mittigkeitsabweichung *f*
off circuit / abgeschaltet *adj*, spannungslos *adj*
off-circuit *adj* / spannungsfrei *adj* || **off-circuit disconnector** / Leertrenner *m*, Leertrennschalter *m* || ~ **ratio adjuster** / Umsteller *m* (Trafo), Stufenschalter für Betätigung im spannungsfreien Zustand (Trafo), Anzapfumsteller *m* || ~ **switching** / stromloses Schalten, Leerschaltung *f*, Schalten im spannungslosen Zustand || ~ **tap(ping)** / Anzapfung für Umstellung im spannungslosen Zustand || ~ **tap changer** / Umsteller *m* (Trafo), Stufenschalter für Betätigung im spannungsfreien Zustand (Trafo), Anzapfumsteller *m* || ~ **tap changing** / Spannungsumschaltung im spannungsfreien Zustand (Trafo) || ~ **tap-changing transformer** / Regeltransformator für Umstellung im spannungslosen Zustand
off command / Aus-Befehl *m* || ~ **delay** / Ausschaltverzögerung *f*, Abfallverzögerung *f*
off-delay *adj* / rückfallverzögert *adj* || **with off-delay** / rückfallverzögert *adj* || ~ **relay** / rückfallverzögertes Zeitrelais, rückfallverzögertes Relais, abfallverzögertes Relais
offending noise / störendes Geräusch
off-end position / Zwischenstellung *f* (Schalter), Störstellung, Störstellung *f*
offer delivery / Angebotsabgabe *f* || ~ **processing** / Angebotsbearbeitung *f*
off gauge / nicht maßhaltig || ~ **function** / AUS-Funktion *f*
office *n* / Büro (BU) *n* || ~ **appliance set (CEE 10, IIP)** / Büromaschinensatz *m*, Büromaschinenkombination *f* || ~ **location** / Standort *m* || ~ **luminaire** / Büroleuchte *f* || ~ **machine** IEC 380 / Büromaschine *f* || ~ **machine set** IEC 380 / Büromaschinensatz *m*, Büromaschinenkombination *f* || ~ **workplace** / Büroarbeitsplatz *m*
off-line computer control / indirekt gekoppelte Rechnersteuerung, Off-line-Rechnersteuerung *f* || ~ **equipment** / Einrichtungen ohne direkte

Datenverbindung, Off-line-Geräte *n pl* || ~ **operation (o. mode)** / Off-line-Betrieb *m* || ~ **process interface** / indirekte Prozessankopplung || ~ **storage** / Archivierung
OFF LINK / Kopplung aus, KOP-AUS
off load / unbelastet *adj*, spannungslos *adj*, abgeschaltet *adj*
off-load *v* / entlasten *v* || ~ **busbar selection** / Sammelschienenumschaltung im abgeschalteten Zustand || ~ **disconnector** / Leertrenner *m*, Leertrennschalter *m*
off-loading *n* / Entlastung *f*
off-load isolator / Leertrenner *m*, Leertrennschalter *m* || ~ **switch** / Leerschalter *m* || ~ **tap changer** / Umsteller *m* (Trafo), Stufenschalter für Betätigung im spannungsfreien Zustand (Trafo), Anzapfumsteller *m* || ~ **voltage** / Spannung bei Leerlast (o. im abgeschalteten Zustand), Leerlaufspannung *f* (a. Batt.)
off-peak consumption / Verbrauch außerhalb der Spitzenzeit || ~ **load** / Belastung außerhalb der Spitzenlastzeit, Nachtbelastung *f* || ~ **period** / Zeit geringer Belastung, Schwachlastzeit *f*, Sperrzeit *f* (StT), Periode außerhalb der Spitzenzeit || ~ **storage heating** / Nachtspeicherheizung *f* || ~ **tariff** / Sperrzeittarif *m*, Schwachlasttarif *m* || ~ **transmission** / Restdurchlässigkeit *f*
off period / Aus-Zeit *f*, Ausschaltzeit *f*, Sperrzeit *f* || ~ **position** / „Aus",-Stellung *f*, Ruhestellung *f*, Umschaltstellung *f* (Hauptkontakte eines Netzumschaltgeräts)
off-potential *n* / Ausschaltpotential *n* (KKS)
OFF pushbutton / Ausschaltdruckknopf *m*, AUS-Druckknopf *m*
offset *n* / Kröpfung *f*, Versetzung *f*, Versatz *m*, bleibende Abweichung, statischer Restfehler, Auskröpfung *f*, Verschiebung *f*, Korrektur *f*, Element in gleichem Abstand zur Basis, Proportionaldifferenz *f*, Ablgeich *n* || ~ IEC 469-1 / Offset *n* (Versatz) DIN IEC 469,T.1 || **absence of** ~ / Kenniniensteigung gleich Null (Reg.), P-Grad gleich Null, Versetzungsabgleich *m* (ADU, DAU) || ~ **angle** / Versatzwinkel *m* || ~ **characteristic** / Schubkreis *m* (Schutz) || ~ **circle characteristic** / Schubkreis *m* (Schutz) || ~ **coefficient** / Kennliniensteigung *f* (Reg., P-Grad), P-Grad der Regelung || ~ **connecting bar** / gekröpfte Anschlussschiene || ~ **contour** / versetzte Kontur (NC) || ~ **current** / Fehlstrom *m* || ~ **error** / Versetzungsfehler *m* (ADU, DAU), Offset-Fehler *m*, Nullpunktabweichung *f* (IS) || ~ **machine** / Offsetmaschine *f* || ~ **memory** / Korrekturspeicher *m* || ~ **pins** / versetzte Stifte (Lampensockel) || ~ **point** / Versetzungspunkt *m* (ADU, DAU) || ~ **profile** IEC 50(466) / Parallelprofil *n* (Freiltg.) || ~ **range** / Verschiebungsbereich *m* (NC) || ~ **resistance** / Kompensationswiderstand *m* || ~ **shifting** / Nullpunktverschiebung (NPV) *f*, ZOF, Nullpunktverschiebung (NV) *f* || ~ **short circuit** / verlagerter Kurzschluss || ~ **switch** / Korrekturschalter *m* (NC) || ~ **temperature** / Temperaturunterschied *m* (Thermoschalter) || ~ **terminal** / gekröpfte Anschlussklemme || ~ **value** (NC) / Verschiebungswert *m*, Korrekturwert *m*, Versatz(wert) *m*, Ausgleichswert *m* || ~ **vector** / Versatzvektor *m* || ~ **voltage** / Fehlspannung *f*, Offsetspannung *f* || ~ **waveform** IEC 469-1 / versetztes Schwingungsabbild DIN IEC 469,T.1 || ~ **zero** / versetzter Nullpunkt
off-site maintenance / Instandhaltung außerhalb des Einsatzorts
off-standard performance / Leistungsgradabweichung *f*
OFF state / AUS-Zustand *m* (a. HL-Schütz)
off state / Sperrzustand *m* (Thyr), Sperrzustand in Vorwärtsrichtung
OFF-state *n* / AUS-Zustand *m* || ~ **characteristic** / Sperrkennlinie *f* (Thyr) DIN 41786 || ~ **controller current** (a.c. power controller) / Wechselstromstellerstrom im ausgeschalteten Zustand || ~ **current** / Sperrstrom *m* (Thyr), Sperrstrom in Vorwärtsrichtung, Reststrom *m* (NS) || ~ **forward current** / Vorwärts-Sperrstrom *m* (Thyr), Sperrstrom in Vorwärtsrichtung (Thyr) || ~ **forward voltage** / Vorwärts-Sperrspannung *f* (Thyr) || ~ **interval** / Vorwärts-Sperrzeit *f* || ~ **leakage current** / Leckstrom im AUS-Zustand IL || ~ **leakage current** / Leckstrom im AUS-Zustand (HL-Schütz) VDE 0660,T.109 || ~ **power loss** / Sperrverlustleistung *f* (Thyr) DIN 41786 || ~ **region** / Sperrbereich *m* (HL) || ~ **resistance** / Sperrwiderstand *m* (Thyr) DIN 41786 || ~ **voltage** / Sperrspannung *f* (Thyr) DIN 41786
off switch / Ausschalter *m*
off the shelf / ab Lager, aus dem Regal, fertig vorbereitet
off-the-shelf solution / fertige Lösung
OFF-time *n* / AUS-Schaltdauer *f*
off time / Aus-Zeit *f*, Abschaltzeit *f* (a. Netzumschaltgerät)
off-voltage tap changer / Umsteller *m* (Trafo), Stufenschalter für Betätigung im spannungsfreien Zustand (Trafo), Anzapfumsteller *m*
OFHCC s. oxygen-free high-conductivity copper
OFWF (forced-oil/ forced-water cooling) / OFWF (forced-oil/forced-water cooling, Kühlung durch erzwungenen Ölumlauf mit Öl-Wasser-Kühler)
ohmage *n* / Ohmwert *m*
ohmic *adj* / ohmsch *adj*, Widerstands..., Wirk... || ~ **contact** / ohmscher Kontakt || ~ **drop** / ohmscher Spannungsabfall || ~ **load** / ohmsche Belastung, reine Widerstandsbelastung, ohmsche Last, resistive Last || ~ **loss** / ohmsche Verluste, Stromwärmeverluste *m pl*, stromabhängige Verluste || ~ **resistance** / ohmscher Widerstand, Wirkwiderstand *m*, reeller Widerstand, phasenreiner Widerstand, Gleichstromwiderstand *m* || ~ **resistance test** / Messung des Gleichstromwiderstands || ~ **voltage drop** / ohmscher Spannungsabfall
ohmmeter *n* / Widerstands-Messgerät *n*, Ohmmeter *n*, Widerstandsmesser *m*
OI (open-loop control infeed module) / UE (ungeregeltes Einspeisemodul) || ~ **module (open-loop control infeed module)** / UE-Modul (ungeregeltes Einspeisemodul)
oil *v* / ölen *v*, schmieren *v*, verölen *v* || ~ **absorption** / Ölaufnahme *f* || ~ **absorption number** / Ölzahl *f*
oil- and cutting-fluid-tight pushbutton IEC 337-2 / öl- und schneidflüssigkeitsdichter Drucktaster VDE 0660,T.201
oil-and-whiting inspection / Ölkochprobe *f*, Eindringverfahren *n*
oil baffle / Ölleitblech *n* || ~ **barrier** / Ölsperre *f* || ~

brake cylinder / Ölbremszylinder *m*
oil-bath lubrication / Ölbadschmierung *f*
oil-blackened *adj* / schwarzgebrannt *adj*
oil-blast circuit-breaker / Ölströmungs-Leistungsschalter *m*, Ölströmungsschalter *m*
oil-break *adj* / in Öl schaltend || ~ **circuit-breaker** / Öl-Leistungsschalter *m*, Ölschalter *m* (LS) || ~ **contacts** / Schaltstücke in Öl
oil breather / Ölentlüfter *m*, Ölbelüfter *m*
oil-cellulose dielectric / Öl-Zellulose-Dielektrikum *n*
oil change / Ölwechsel *m*, Ölaustausch *m* || ~ **channel** / Ölkanal *m*, Ölschlitz *m* || ~ **circuit breaker** / Öl-Leistungsschalter *m*, Ölschalter *m* (LS) || ~ **circulating lubrication** / Ölumlaufschmierung *f* || ~ **circulating pump** / Ölumlaufpumpe *f*, Spülölpumpe *f* || ~ **circulation** / Ölumlauf *m*, Ölumwälzung *f* || ~ **circulation guide** / Ölumlaufführung *f* || ~ **collecting tray** / Ölfangschale *f*, Tropfschale *f* || ~ **column** / Ölsäule *f* || ~ **compressibility** / Ölkompressibilität *f* || ~ **conditioning** / Ölaufbereitung *f* || ~ **conditioning equipment** / Ölaufbereitungsanlage *f*, Ölreinigungsanlage *f* || ~ **cone** / Ölsenke *f* (EZ) || ~ **conservator** / Ölausdehnungsgefäß *n*
oil-cooled starter / ölgekühlter Motorstarter, Ölanlasser *m*
oil cooler / Ölkühler *m* || ~ **cooling** / Ölkühlung *f* || ~ **cup** / Ölbüchse *f*, Öler *m*, Schmierbüchse *f* || ~ **decomposition** / Ölzersetzung *f* || ~ **displacement** / Ölverdrängung *f* || ~ **distributing flute** / Ölverteilernut *f*, Öltasche *f* || ~ **distributor** / Ölverteiler *m*, Ölberuhigungswand *f* || ~ **drain** / Ölablass *m*, Ölablassvorrichtung *f* || ~ **drain cock** / Ölablasshahn *m* || ~ **drain hole** / Ölablaufbohrung *f* || ~ **drain plug** / Ölablassstopfen *m*, Ölablassschraube *f* || ~ **drain valve** / Ölablassventil *n*, Ölablasshahn *m* || ~ **drying** / Öltrocknung *f* || ~ **drying and degassing system** / Öltrocknungs- und Entgasungsanlage *f* || ~ **drying system** / Öltrocknungsanlage *f* (OTA) || ~ **duct** / Ölkanal *m*, Ölschlitz *m*
oil-electric drive / Diesel-elektrischer Antrieb
oiler *n* / Öler *m*, Schmiernippel *m*, Ölbüchse *f*
oil expansion tank / Öldruck-Ausgleichsgefäß *n* (Kabel), Druckausgleichsgefäß *n* || ~ **expansion vessel** / Ölausdehnungsgefäß *n* || ~ **extraction device** / Ölabsaugvorrichtung *f* || ~ **feed groove** / Ölsteignut *f*
oil-filled *adj* / ölgefüllt *adj*, ölgekühlt *adj* || ~ **cable** / Ölkabel *n* || ~ **fuse-link** / Sicherungseinsatz unter Öl || ~ **high-speed diverter switch** / Öl-Schnell-Lastumschalter *m* (Trafo) || ~ **pipe-type cable** / Öl-Rohrdruckkabel *n* || ~ **reactor** / Öldrosselspule *f*, Öldrossel *f* || ~ **transformer** / Öltransformator *m*, ölgefüllter Transformator
oil filler / Öleinfüllöffnung *f*, Öleinfüllstutzen *m* || ~ **filler flange** / Öleinfüllflansch *m* || ~ **filler plug** / Öleinfüllschraube *f*, Öleinlassschraube *f* || ~ **filling stub** / Öleinfüllstutzen *m* || ~ **film** / Ölfilm *m*, Schmierschicht *f*, Schmierpolster *n*, Schmierfilm *m* || ~ **filter** / Ölfilter *n* || ~ **flow indicator** / Ölströmungsanzeiger *m*, Ölströmungswächter *m*, Ölströmungsmelder *m* || ~ **flow rate** / Ölstrom *m*, Öldurchflussmenge *f* || ~ **flute** / Ölnut *f*, Ölschmiernut *f*, Ölfördernut *f* || ~ **fume** / Öldunst *m*, Öldampf *m* || ~ **fume extraction** / Öldunstabsaugung *f* || ~ **fuse-link** / Sicherungseinsatz unter Öl || ~ **gauge** /

Ölstandsanzeiger *m*, Füllstandsanzeiger *m* || ~ **gauge glass** / Ölstandsglas *n*, Ölauge *n* || ~ **grade** / Ölsorte *f* || ~ **groove** / Ölnut *f*, Ölfördernut *f*, Schmiernut *f*
oil-hardened *adj* / ölgehärtet *adj*
oil-hydraulic fitting method / Druckölverfahren *n*, Ölpressverfahren *n*
oil-immersed *adj* / unter Öl, ölgefüllt *adj*, ölisoliert *adj*, ölgekühlt *adj* || ~ **apparatus** / Unter-Öl-Gerät *n* || ~ **break** / in Öl schaltend || ~ **breaker** / Öl-Leistungsschalter *m*, Ölschalter *m* (LS)
oil-immersed-break starter / Motorstarter mit Lichtbogenlöschung in Öl
oil-immersed drum starter / Ölanlasswalze *f* || ~ **forced-oil-cooled transformer with forced-air cooler** (Class FOA) / Öltransformator mit erzwungener Ölkühlung mit Öl-Luftkühler (Kühlungsart FOA) || ~ **forced-oil-cooled transformer with forced-water cooler** (Class FOW) / Öltransformator mit erzwungener Ölkühlung und Wasser-Öl-Kühler (Kühlungsart FOW), Öltransformator mit Wasserkühlung und Ölumlauf (Kühlungsart FOW) || ~ **fuse-link** / Sicherungseinsatz unter Öl || ~ **inductor** / Öldrosselspule *f*, Öldrossel *f* || ~ **motor** / Unter-Öl-Motor *m* || ~ **self-cooled/forced-air, forced-oil-cooled/forced-air, forced-oil-cooled transformer** (Class OA/FOA/FOA) / Öltransformator mit Selbstkühlung und zweistufiger erzwungener Öl- und Luftkühlung (OA/FOA/FOA)/ (Kühlungsart OA/FOA/FOA, Transformator mit 3 Leistungsstufen) || ~ **self cooled/forced-air-cooled/forced-air-cooled transformer** (Class OA/FA/FA) / Öltransformator mit natürlicher Öl-Luftkühlung und zweistufiger erzwungener Luftkühlung (Kühlungsart OA/FA/FA, Transformator mit 3 Leistungsstufen) || ~ **self-cooled/forced-air-cooled/forced-oil-cooled transformer** (Class OA/FA/FOA) / Öltransformator mit Selbstkühlung und zweistufiger Luft- und Öl-Luftkühlung (Kühlungsart OA/FA/FOA, Transformator mit 3 Leistungsstufen) || ~ **self-cooled/forced-air-cooled transformer** (Class OA/FA) / Öltransformator mit Selbstkühlung und zusätzlicher Zwangskühlung durch Luft (Kühlungsart OA/FA) || ~ **self-cooled transformer** (Class OA) / Öltransformator mit natürlicher Luftkühlung, selbstgekühlter Öltransformator (Kühlungsart OA) || ~ **starter** / ölgekühlter Motorstarter *m*, Ölanlasser *m* || ~ **tap changer** / Stufenschalter in Öl (Trafo) || ~ **testing transformer** / Öl- Prüftransformator *m* || ~ **type reactor** / Öldrosselspule *f*, Öldrossel *f* || ~ **(type) transformer** / Öltransformator *m*, ölgefüllter Transformator || ~ **water-cooled/self-cooled transformer** (Class OW/A) / Öltransformator mit Wasserkühlung und Selbstkühlung durch Luft (Kühlungsart OW/A) || ~ **water-cooled transformer** (Class OW) / Öltransformator mit Wasserkühlung (Kühlungsart OW)
oil immersion / Ölkapselung *f* (Ex o) EN 50015
oil-impregnated *adj* / ölgetränkt *adj* || ~ **capacitor** / Ölkondensator *m* || ~ **paper** / ölimprägniertes Papier, Paper *m* || ~ **paper bushing** / Durchführung aus ölimprägniertem Papier || ~ **paper dielectric** / Öl-Papier-Dielektrikum *n*
oiliness *n* / Schmierfähigkeit *f*, Schlüpfrigkeit *f*,

Öligkeit f || ~ **additive** / Schmierfähigkeitsverbesserer m
oiling disc / Ölförderscheibe f, fester Schmierring
oil-injection expansion method / Drucköl verfahren n, Ölpressverfahren n
oil injector / Ölstrahler m (Lg.) || ~ **inlet duct** / Ölzuflusskanal m
oil-insulated adj / ölisoliert adj, mit Ölisolierung || ~ **transformer** / Öltransformator m, ölgefüllter Transformator
oil-jacked bearing / Lager mit Drucköl entlastung
oil jacking pump / Drucköl-Entlastungspumpe f, Ölpresspumpe f, Lagerentlastungspumpe f || ~ **jet lubrication** / Öleinspritzschmierung f
oil-laden air / ölgeschwängerte Luft
oil leak / Ölleckage f || ~ **leakage** / Ölaustritt m, Ölleckverlust m || ~ **leakage current** / Leckölstrom m
oil-leakage indicating pot / Ölsichttopf m
oilless switch / ölloser Schalter
oil level / Ölstand m, Ölspiegel m || ~ **level alarm contact** / Ölstand-Warnkontakt m || ~ **level gauge** / Ölstandsanzeiger m, Füllstandsanzeiger m || ~ **level gauge glass** / Ölstandsglas n, Ölstandsanzeiger m || ~ **level indicator** / Ölstandsanzeiger m, Füllstandsanzeiger m || ~ **level mark** / Ölstandsmarke f || ~ **level monitor** / Ölstandsmelder m || ~ **level sight glass** / Schauglas-Ölstandsanzeiger m, Ölschauglas n
oil-lift bearing / Lager mit Drucköl entlastung || ~ **pump** / Drucköl-Entlastungspumpe f, Ölpresspumpe f, Lagerentlastungspumpe f || ~ **system** / Drucköl entlastung f, Lagerentlastung durch Drucköl
oil low level / Ölmangel m
oil-lubricated bearing / ölgeschmiertes Lager, Öllager n
oil lubrication / Ölschmierung f || ~ **mist** / Ölnebel m, Öldunst m
oil-mist lubrication / Ölnebelschmierung f
oil-modified adj / ölmodifiziert adj
oilostatic cable / Oilostatic-Kabel n, Hochdruck-Ölkabel im Stahlrohr
oil outlet / Ölauslass m, Ölablauf m || ~ **pan** / Ölfangschale f, Tropfschale f
oil-paper dielectric / Öl-Papier-Dielektrikum n
oil-paper-insulated adj / ölpapierisoliert adj
oil penetrant / Penetrieröl n || ~ **power circuit breaker** / Öl-Leistungsschalter m, Ölschalter m (LS)
oil-pressboard dielectric / Öl-Pressspan-Dielektrikum n
oil pressure / Öldruck m
oil-pressure cable / Öldruckkabel n || ~ **pipe-type cable** / Öldruck-Rohrkabel n || ~ **switch** / Öldruckwächter m
oil-proof adj / öldicht adj, ölbeständig adj
oil pump / Ölpumpe f
oil-pumping hole / Ölförderbohrung f
oil purifier / Ölreinigungsanlage f || ~ **purifying equipment** / Ölreinigungsanlage f || ~ **rate** / Öldurchflussmenge f, Ölstrom m || ~ **recooling unit** / Ölrückkühlaggregat n
oil-relayed governor / ölgesteuerter Regler
oil reservoir / Ölbehälter m, Ölraum m || ~ **reservoir** (cable line) / Öldruck-Ausgleichsgefäß n (Kabel), Druckausgleichsgefäß n || ~ **residues** /

Ölrückstände m pl
oil-resisting adj / ölbeständig adj, ölfest adj, schneidölfest adj
oil retainer / Ölleitring m, Öldichtungsring m, Überlaufkante f, Ölfangkragen m || ~ **retainer ring** / Ölfangring m || ~ **retaining collar** / Ölfangkragen m || ~ **retaining wall** / Ölschutzwand f || ~ **return** / Ölrücklauf m
oil-ring n / Schmierring m, loser Schmierring, Losring m || ~ **bearing** / Ringschmierlager n, Gleitlager mit Eigenschmierung, Gleitlager mit Ringschmierung || ~ **lock** / Schmierringschloss n
oil-ring-lubricated adj / mit Ölringschmierung || ~ **bearing** / Ringschmierlager n, Gleitlager mit Ringschmierung, Gleitlager mit Eigenschmierung
oil-ring lubrication / Ringschmierung f, Losringschmierung f || ~ **retainer** / Schmierringführung f
oil sample / Ölprobe f || ~ **sampling** / Ölprobenentnahme f || ~ **sampling valve** / Ölprobenentnahmeventil n
oil-saturated adj / ölgetränkt adj
oil seal / Öldichtung f || ~ **sealing ring** / Öldichtungsring m || ~ **sight glass** / Ölschauglas n, Ölauge n, Ölstandsglas n || ~ **slinger** / Ölschleuderring m, Ölabweisring m, Ölspritzring m, Abweisring m, Ölfangkragen m || ~ **sludge** / Ölschlamm m || ~ **splash lubrication** / Ölstrahlschmierung f, Öltauchschmierung f || ~ **spray** / Ölnebel m || ~ **strainer** / Ölsieb n || ~ **sump** / Ölsumpf m, Ölauffangwanne f, Ölauffanggrube f || ~ **surge** / Ölschwall n || ~ **syphon lubricator** / Dochtöler m || ~ **thermometer** / Ölthermometer n || ~ **thrower** / Ölschleuderring m, Ölspritzring m, Abweisring m, Ölabweisring m, Ölfangkragen m
oil-tight adj / öldicht adj || ~ **pushbutton** IEC 337-2 / öldichter Drucktaster VDE 0660,T.201
oil-to-air cooler / Öl-Luft-Kühler m || ~ **heat exchanger** / Öl-Luft-Wärmetauscher m, Öl-Luft-Kühler m
oil-to-water cooler / Öl-Wasserkühler m || ~ **heat exchanger** / Öl-Wasser-Wärmetauscher m
oil transformer / Öltransformator m, ölgefüllter Transformator || ~ **trap** / Ölfangkammer f || ~ **tray** / Ölfangschale f, Tropfschale f || ~ **treatment** / Ölaufbereitung f || ~ **treatment plant (o. unit)** / Ölaufbereitungsanlage f, Ölreinigungsanlage f || ~ **vapour** / Öldunst m, Öldampf m || ~ **vapour extraction** / Öldunstabsaugung f
oilway n / Ölkanal m, Ölnut f, Schmiernut f
oil well / Ölraum m, Ölkammer f
oil-wetted filter / ölbenetztes Filter, Nassfilter m
oil whip / Ölschwingung f || ~ **wiper** / Ölabstreifer m
oily deposit / Ölschlamm m
OIML (International Organization of Legal Metrology) / OIML (Internationale Organisation für Gesetzliches Messwesen) || ~ **Recommendation for measuring instruments** / OIML-Empfehlungen für Messgeräte
OK / OK
older version / alte Ausführung
old location / Altplatz m || ~ **location coding** / Altplatzcodierung f || ~ **log data** / Alte Logdaten || ~ **page** / Altseite f (Bildschirm) || ~ **technology** / Alttechnik f || ~ **value** / Altwert m
OLE (object linking and embedding) (Object Linking and Embedding//For connecting

commercially available Windows applications to the automation world.) / Kommunikationsschnittstelle OLE || ~ **communications interface (object linking and embedding communications interface)** / Kommunikationsschnittstelle OLE, Objekt Linking and Embedding (OLE)
OLF s. on-load factor
olive holes / Olivenbohrungen $f\,pl$
OLP (optical link plug) (For easy configuring of PROFIBUS networks in ring topology (single ring fiber), and for enhancing the availability of PROFIBUS networks through the use of fiber optic cables instead of twisted-pair cables.) / OLP (Optical Link Plug) (zum einfachen Aufbau optischer PROFIBUS-Netze in Ringtopologie (Einfaserring) und zur Erhöhung der Verfügbarkeit von PROFIBUS-Netzen)
OLTC (on-load tap changer) / Stufenschalter m
OME s. original manufacturer's equipment
omitted / entfallen v || **to be** ~ / entfallen v
OMK s. outer marker
omnibus bar / Sammelschiene f, Stromschiene f, Sammelschienenleiter m || ~ **bus** / Sammelschiene f || ~ **circuit** / Sammelschaltung f || ~ **configuration** / Omnibus-Konfiguration f (FWT)
omni-directional light (o. beacon) / Rundstrahlfeuer n || ~ **refractor** / Rundstrahlrefraktor m
OMP / BP
OMS (Order Management System) / OMS
ONAF (oil-natural, air-forced cooling) / ONAF (oil-natural, air-forced, natürliche Ölkühlung mit erzwungener Luftkühlung)
ONAN (oil-natural, air-natural cooling) / ONAN (oil-natural, air-natural cooling, natürliche Öl- und Luftkühlung)
on-board adj / integriert adj (auf Leiterplatte) || ~ **component** / integriertes Bauteil (auf Leiterplatte) || ~ **computer** / Bordrechner m (Kfz), Bordcomputer m || ~ **device** / Bordgerät n, eingebaute Vorrichtung || ~ **diagnosis** / Eigendiagnose f (Kfz)
onboard I/O / integrierte Peripherie || ~ **silicon disk (OSD)** / Onboard Silicon Disk (OSD)
on-board system / Bordnetz n (Kfz) || ~ **vehicle control** / Fahrzeugsteuerung f|| ~ **vehicular system** / Bordnetz n (Kfz)
on-cam runaway speed / Durchgangsdrehzahl bei bestehendem Leitrad-Laufrad-Zusammenhang
once-through cooling / Durchlaufkühlung f
on-chip component / integriertes Bauteil (auf Chip)
oncoming cylinder / Folgezylinder m
ON delay n / Einschaltverzögerer m, Einschaltverzögerung f, EIN-Verzug m, Schaltverzögerung f, Anzugsverzögerung f (Rel.)
ON-delay adj / ansprechverzögert adj || **with** ~ / ansprechverzögert adj || ~ **device** / Einschaltverzögerer m || ~ **relay** / anzugsverzögertes (o.ansprechverzögertes) Relais, Relais mit Anzugsverzögerung, ansprechverzögerte Zeitrelais || ~ **time** / Wiedereinschaltverzögerungszeit f
ON duration / Einschaltdauer f (Stromkreis)
on-duty entry / Dienstgangbuchung f (ZKS)
one-and-one-half breaker arrangement / Eineinhalb-Leistungsschalter-Anordnung f
one-bus system / Ein-Bus-System n

one-channel vertical amplifier / Einkanal-Y-Verstärker m
one-day time switch / Tageszeitschaltuhr f
one-digit adj / einstellig adj (Zahl)
one-direction flat-seat thrust bearing / einseitig wirkendes Axial-Rillenlager mit ebener Gehäusescheibe || ~ **thrust ball bearing** / einseitig wirkendes Axial-Rillenkugellager || ~ **thrust bearing** / einseitig wirkendes Drucklager, Stützlager n
one-edged / einschneidig
one-gang plate / Einzel-Abdeckplatte f (f. I-Schalter) || ~ **switch** / Einfachschalter m (I-Schalter)
one-half byte / Halb-Byte n (4 Bit)
one-half-hard copper / halbhartes Kupfer
one-half load / Halblast f
one-half-peak divergence / Halbstreuwinkel m || ~ **spread** / Halbstreuwinkel m
one-hour duty / Stundenbetrieb m || ~ **rating** / Bemessungsdaten für Stundenbetrieb, Ein-Stunden-Leistung f || ~ **speed** / Drehzahl bei Stundenleistung
one-hundred-percent earth-fault protection / hundertprozentiger Erdschlussschutz, Erdschlussschutz mit 100 % Schutzumfang || ~ **inspection** / Vollprüfung f, Hundertprozentprüfung f
one-level bill of material / Baukastenstückliste f
one-line adj / einzeilig adj || ~ **diagram** / einpoliger Schaltplan, Einphasen-Netzschema n, Übersichtsschaltbild n, Prinzipschaltbild n || ~ **representation** / einpolige Darstellung
one-line-to-earth fault / einpoliger (o. einpoliger) Erdschluss, einphasiger (o. einsträngiger) Fehler, Erdschluss einer Phase
one-line-to-ground fault / einphasiger (o. einpoliger) Erdschluss, einphasiger (o. einsträngiger) Fehler, Erdschluss einer Phase
one-man operation / Ein-Mann-Bedienung f
one-minute power-frequency test voltage / Ein-Minuten-Prüfwechselspannung f || ~ **power frequency withstand voltage** / Ein-Minuten-Stehwechselspannung f
one-motor drive / Einmotorantrieb m, Einzelantrieb m
one-off production / Einzelteilfertigung f, Einzelfertigung f
one-of-two channel selection (o. selector) / Zwei-Kanal-Auswahl f || ~ **configuration** / Eins-von-Zwei-Aufbau m (redundante Geräte), hochverfügbare Ausführung
one-out-of-n redundancy / Springerprinzip n (Redundanz)
one out of ten code / Eins-aus-Zehn-Code m || ~ **time programmable (OTP)** / einmalig programmierbar, OTP
one-part adj / einteilig adj || ~ **tariff** / eingliedriger Tarif
one-phase adj / einphasig adj, einsträngig adj
one-phase-to-earth fault / einphasiger (o. einpoliger) Erdschluss, einphasiger (o. einsträngiger) Fehler, Erdschluss einer Phase
one-piece cover / Blockdeckel m (Batt.)
one-pole adj / einpolig adj || ~ **on-load tap changer** / Einzelpol-Stufenschalter m (Trafo)
one-port network / Eintor n
one-pulse voltage doubler connection IEC 119 / Einpuls-Verdopplerschaltung f VDE 0556 || ~

voltage multiplier connection IEC 19 / Einpuls-Vervielfacherschaltung *f* VDE 0556
one-quadrant converter / Ein-Quadrant-Stromrichter *m*, Einweg-Stromrichter *m* ‖ ~ **drive** / Ein-Quadrant-Antrieb *m*
one-range winding / Einstufenwicklung *f*
onerous service conditions / schwere Betriebsbedingungen
one's complement / Einer-Komplement *n*
one shot / einmalige Zeitablenkung (Osz.)
one-shot, programmable ~ / programmierbarer (o. triggerbarer) Zeitgeber ‖ ~ **display** / Momentaufnahme *f* (Osz.) ‖ ~ **lubrication** / Ein-Druck-Schmierung *f*
one-sided linear motor / einseitiger Linearmotor
one-slot-per-phase winding / Einlochwicklung *f*
one-step selector / einstufiger Wähler
one-tenth peak divergence / Zehntelstreuwinkel *m* ‖ ~ **peak spread** / Zehntelstreuwinkel *m*
one-third octave filter / Terzfilter *n*
one-to-one ratio / Übersetzungsverhältnis Eins (Trafo) ‖ ~ **transformer** / Transformator mit Übersetzung Eins, Isoliertransformator *m*, Übertrager *m*
one-way / Einweg..., einseitig gerichtet (KN) ‖ ~ **attenuator** / Einwegdämpfer *m*, Einwegleitung *f*, Richtungsleitung *f* ‖ ~ **communication** / Einwegkommunikation *f*, einseitige Datenübermittlung ‖ ~ **connection** / Einwegschaltung *f* (SR) ‖ ~ **converter** / Ein-Energierichtung-Stromrichter *m*, Ein-Richtung-Stromrichter *m*, Einfach-Stromrichter *m* ‖ ~ **rectifier** / Einweggleichrichter *m* ‖ ~ **switch** / Einwegschalter *m*, Ausschalter *m*, Ein-Ausschalter *m*
on-line adaptation / Online-Adaption *f* ‖ ~ **computer control** / direkt gekoppelte Rechnersteuerung, On-line-Rechnersteuerung *f* ‖ ~ **data management system** / Online-Datenbank-Administrationssystem *n*
online help / Online-Hilfe *f* ‖ ~ **job** / Online-Auftrag *m*
on-line measuring function / on-line Messfunktion ‖ ~ **operation (o. mode)** / Betrieb mit direkter Rechnerkopplung, On-Line-Betrieb *m*
on load / unter Last, bei Belastung
on-load ceiling voltage / Last-Deckenspannung *f* (Erregersystem) ‖ ~ **current** / Laststrom *m*, Betriebsstrom *m* ‖ ~ **factor (OLF)** IEC 158-1 / relative Einschaltdauer (Schütz) VDE 0660, T.102 ‖ ~ **operation** / Unter-Last-Betrieb *m*, Lastlauf *m*, Leistungsbetrieb *m*, Lastbetrieb *m* ‖ ~ **output voltage** / Ausgangsspannung bei Belastung
on load side / motorseitig *adj*
on-load speed / Drehzahl bei Belastung ‖ ~ **tap** / Anzapfung für Umstellung unter Last ‖ ~ **tap changer** / Stufenschalter *m* (Trafo) VDE 0532,T.30, Stufenschalter für Betätigung unter Last (Trafo), Laststufenschalter *m* (Trafo) ‖ ~ **tap changing** / Unter-Last-Schaltung *f* (Trafo), Spannungsumstellung unter Last ‖ ~ **tap changing transformer** / Regeltransformator für Umstellung unter Last ‖ ~ **test** / Prüfung bei Belastung, Belastungsprobe *f* ‖ ~ **voltage** / Lastspannung *f*, Betriebsspannung *f*, Spannung bei Belastung
on-off action / Ein-Aus-Verhalten *n*, Zweipunktverhalten ‖ ~ **butterfly valve** / Auf-Zu-Klappe *f* ‖ ~ **control** / Ein-Aus-Regelung *f*, Zweipunktregelung *f*, Auf-Zu-Regelung *f* ‖ ~ **controller** / Ein-Aus-Regler *m*, Auf-Zu-Regler *m*, Zweipunktregler *m*, Grenzwertregler *m* ‖ ~ **differential** / Schalthysterese H *f* (NS)
on/off function command / Schaltbefehl
ON-OFF indicator / Ein-Aus-Anzeiger *m*, Schaltstellungsanzeiger *m* ‖ ~ **operation** / Schaltspiel *n*
ON/OFF positioning / Abschaltpositionierung *f* ‖ **ON/OFF ratio** / Ein-/Aus-Verhältnis *n* ‖ **ON/OFF1 reverse** / EIN/AUS1 mit Reversieren
on-off switch / Ein-Aus-Schalter *m*, Ausschalter *m*, Hauptschalter *m* (elST)
on/off switch / Hauptschalter *m*
On/Off switch / Ein-/Ausschalter *m*
on-off switching control / Ein-Aus-Schaltsteuerung *f*
on-peak consumption / Verbrauch während der Spitzenzeit ‖ ~ **period** / Spitzentarifzeit *f* ‖ ~ **tariff** / Spitzenzeittarif *m*, Preisregelung für die Spitzenzeit (StT)
ON period / Einschaltdauer *f* (Stromkreis) ‖ ~ **position** / Ein-Stellung *f*, Arbeitsstellung *f* ‖ **ON pushbutton** / EIN-Druckknopf *m* ‖ **ON signal** / EIN-Signal *n*
on-receipt inspection / Eingangsprüfung *f* DIN 55350,T.11
on-screen formatting / Bildschirmformatierung *f*
on site / vor Ort
on-site maintenance / Instandhaltung am Einsatzort, Instandhaltung vor Ort, Instandhaltung im Einbauzustand
on-slope signal / richtiger Anflug-Signal
ON state / EIN-Zustand *m* (HL-Schütz)
on state / Durchlasszustand *m* (Thyr), Durchlasszustand in Vorwärtsrichtung
on-state characteristic / Durchlasskennlinie *f* (Thyr) ‖ ~ **current** / Durchlassstrom *m* (Thyr) DIN 41786 ‖ ~ **interval** / Stromführungszeit *f* (LE), Stromflusszeit *f* (LE) ‖ ~ **interval of controller** (Ts) / Einschaltzeit des Stellers (Ts) ‖ ~ **loading limit** / Durchlassbelastungsgrenze *f* (Thyr.) ‖ ~ **power loss** / Durchlassverlustleistung *f* (Thyr) DIN 41786 ‖ ~ **region** / Durchlassbereich *m* (HL) ‖ ~ **resistance** / Durchlasswiderstand *m* (Thyr) DIN 41786 ‖ ~ **slope resistance** / Ersatzwiderstand *m* (Thyr) DIN 41786 ‖ ~ **voltage** / Durchlassspannung *f* (Thyr) DIN 41786
on stock / lagermäßig *adj*
on-the-fly actual value setting / fliegendes Istwertsetzen ‖ ~ **change** / fliegender Wechsel ‖ ~ **input** / fliegende Vorgabe ‖ ~ **parting** / fliegendes Trennen ‖ ~ **synchronization** / fliegendes Synchronisieren ‖ ~ **tool change** / fliegender Werkzeugwechsel ‖ ~ **transition** / fliegender Übergang ‖ ~ **workpiece transfer** / fliegende Werkstückübergabe
ON threshold / Einschaltschwelle *f*, Ansprechwert *m* ‖ ~ **time** / Einschaltdauer Laufzeit *f* ‖ ~**-time** *n* / EIN-Schaltdauer ‖ ~ **time at power frequency** / netzfrequente Einschaltdauer ‖ ~ **time at voice frequency** / tonfrequente Einschaltdauer
OO (object-oriented) / OO (objektorientiert)
OP s. output port ‖ ~ **project path** / OP Projektpfad
OP031 slimline operator panel / Flachbedientafel OP031
OPA s. operational amplifier

opacimeter *n* / Schwärzungsmesser *m*, Densitometer *n*
opal acrylic-plastics diffuser / eingetrübtes Kunststoffglas || ~ **bulb** / Opalglaskolben *m*, Trübglaskolben *m*
opalescent glass / mitteltrübes Glas
opal foil sheet / Opalfolie *f* || ~ **glass** / Opalglas *n*, Trübglas *n* || ~ **lamp** / Opallampe *f*
op amp (operational amplifier) / Operationsverstärker
opaque *adj* / lichtundurchlässig *adj*, undurchsichtig *adj*, lichtdicht *adj*
OPC / OPC
Opcode *n* / Opcode *m* || **opcode decoder** / Operationscode-Decoder *m*
op code s. operation code || ~ **communication** / OP-Kommunikation *f*
open *v* / öffnen *v*, ausschalten *v*, abschalten *v*, aufschlagen *v* || ≙ / AUF
open-air breather / Entlüfter *m* || ~ **climate** / Freiluftklima *n*
open and closed-loop control / Steuern und Regeln || ~ **area test site** / Freifeld *n*
open bridge connection / offene Brückenschaltung
open-cast mine / Tagebau *m*
open-cell *adj* / offenzellig *adj*, offenporig *adj*
open cell / offene Zelle (Batt.)
open-cell material / offenzelliger Schaumstoff
open-circuit *v* / öffnen *v* (Stromkreis), auftrennen *v*, auf Leerlauf schalten, (Leiter o. Phase) unterbrechen *v*, spannungslos machen
open circuit / offener Stromkreis, offener Kreislauf, Leerlaufzustand *m*, Unterbrechung *f*, Phasenausfall *m*, Leiterbruch *m*, Leerlauf *m*, Leitungsbruch *m*
open-circuit air-cooled machine / durchzugbelüftete Maschine, innengekühlte Maschine || ~ **alarm device** / Arbeitsstrom-Alarmgerät *n* || ~ **armature** / Anker mit offener Wicklung || ~ **arrangement** / Arbeitsstromschaltung *f* || ~ **characteristic (o.c.c.)** / Leerlaufkennlinie *f* (el. Masch.) || ~ **control** / Umschaltung mit Unterbrechung || ~ **cooling** / Kühlung im offenen Kreislauf, Durchzugskühlung *f*, Durchzugsbelüftung *f* || ~ **core loss** / Leerlauf-Eisenverluste *m pl*
open-circuited *adj* / leerlaufend *adj*, geöffnet *adj*, mit Leiterbruch
open-circuit e.m.f. / Leerlauf-EMK *f*, eingeprägte EMK || ~ **excitation** / Leerlauferregung *f* || ~ **field time constant** / Leerlauf-Hauptfeldzeitkonstante *f*, Hauptfeld-Zeitkonstante *f* || ~ **field voltage** / Leerlauf-Erregerspannung *f* || ~ **gain** / Leerlaufverstärkung *f* || ~ **impedance** / Leerlaufimpedanz *f*, Leerlaufwiderstand *m* || ~ **input impedance** / Leerlauf-Eingangsimpedanz *f* || ~ **intermediate voltage** / Leerlauf-Zwischenspannung *f*, mittlere Leerlaufspannung (kapazitiver Spannungsteiler) IEC 50 (436) || ~ **loss** / Leerlaufverluste *m pl* (Gen., Mot.) || ~ **monitoring** / Drahtbruchüberwachung *f* || ~ **output** / offener Ausgang || ~ **output admittance** / Leerlauf-Ausgangsadmittanz *f* || ~ **output impedance** / Leerlauf-Ausgangsimpedanz *f* || ~ **potential** / Ruhepotential *n* (freies Korrosionspotential) || ~ **power** / Leerlaufleistung *f* || ~ **power consumption** / Leerlauf-Stromaufnahme *f* || ~ **pressurized enclosure** / Überdruckkapselung mit dauernder Durchspülung || ~ **protection** / Leerlaufschutz *m*,

Leiterbruchschutz *m* || ~ **reverse voltage transfer ratio** / Leerlaufspannungsrückwirkung *f* (Transistor) DIN 41854 || ~ **reversing (control)** / Umschaltung mit Unterbrechung || ~ **saturation curve** / Leerlaufkennlinie *f* (el. Masch.) || ~ **secondary voltage** / Leerlauf-Ausgangsspannung *f*, Ausgangsspannung bei Leerlauf, Spannungsauslöser *m* || ~ **shunt release** / Arbeitsstromauslöser *m* (f-Auslöser) VDE 0660,T.101, Hilfsauslöser *m* || ~ **temperature-rise test** / Erwärmungsprüfung im Leerlauf (Trafo) || ~ **test** / Leerlaufprüfung *f*, Leerlaufversuch *m* || ~ **time** / Leerlaufzeit *f*, spannungslose Pause, Unterbrechungszeit *f* || ~ **time constant** / Leerlauf-Zeitkonstante *f*
open-circuit-to-reset type / Arbeitsstromschaltung *f* (EZ)
open-circuit transient time constant / Leerlauf-Zeitkonstante *f* || ~ **transition autotransformer starting** / Anlauf über Spartransformator mit Stromunterbrechung || ~ **trip circuit** / Arbeitsstrom-Auslösekreis *m* VDE 0169,4 || ~ **ventilation** (cf. open-circuit cooling) / Durchzugsbelüftung *f*, Frischluftkühlung *f*, durchzugsbelüftet *adj* || ~ **voltage (o.c.v.)** / Leerlaufspannung *f*, Ruhespannung *f*, Leerspannung *f* || ~ **winding** / offene Wicklung, aufgeschnittene Wicklung, gespaltene Wicklung || ~ **working** / Arbeitsstrombetrieb *m* (FWT)
open-close time / Aus-Einschalteigenzeit *f* || ~ **valve** / Auf-Zu-Ventil *n*
open-coil armature winding / offene Ankerwicklung
open-collector driver / Treiber mit offenem Kollektor
open communications network / offenes Kommunikationsnetz, Kommunikationsverbund *m*, Datenverbund *m* || ~ **component** / offenes Betriebsmittel || ~ **connection** / offene Schaltung || ~ **control loop** / offener Regelkreis, Steuerkette *f*
Open Control System (OCS) / offenes Steuerungssystem, OCS
open-core transformer / Eisentransformator mit Luftspalt
open-cut mine / Tagebau *m*
open cycle / offener Kreis, offener Kreislauf
open-delta connection / offene Dreieckschaltung
open design / freier Aufbau || ~ **distributed automation (ODA)** / ODA
open-ended *adj* / offen *adj*, leerlaufend *adj* (Leitung), erweiterungsfähig *adj*, ausbaufähig *adj* || ~ **coil** / offene Spule, Halbformspule *f* || ~ **line** / leerlaufende Leitung || ~ **spanner** / Gabelschlüssel *m*
open frame / Gerüst *n* (ET) DIN 43310 || ~ **fuse trip device** ANSI C37.1 3 / Sicherungsauslöser *m* (LS)
opening *n* / Öffnung *f*, Öffnen *n*, Ausschalten *n*, Durchbruch *m*, Stirnflächenabstand *m*, Trennen *n*, Aussparung *f* || ~ **angle** / Öffnungsgrad *m* (Kfz-Leerlaufsteller), Schwenkwinkel *m* (Tür), öffnend *adj* || ~ **by overcurrent release** / Überstromauslösung *f* || ~ **coil** / Ausschaltspule *f* || ~ **device** IEC 129 / Ausschaltvorrichtung *f* (SG) VDE 0670,T.2 || ~ **erosion** / Ausschaltabbrand *m* || ~ **locking slide** / Ausschaltverriegelungsschieber *m* || ~ **of ring connection** / Ringauftrennung *f* (Netz) || ~ **operation** / Öffnen *n* (mechanisches SG), Ausschalten *n*, Ausschaltvorgang *m*,

Öffnungsbewegung f (SG), Ausschaltung f || ~ **overvoltage** / Ausschaltüberspannung f, Abschaltüberspannung f || ~ **pressure** / Öffnungsdruck m || ~ **speed** / Öffnungsgeschwindigkeit f, Ausschaltgeschwindigkeit f || ~ **spring** / Ausschaltfeder f, AUS-Feder f || ~ **stroke** / Öffnungshub m || ~ **surge** / Abschaltüberspannung f || ~ **temperature** / Öffnungstemperatur f, Ausschalttemperatur f, Abschalttemperatur f || ~ **the star point (o. neutral)** / Auflösung des Sternpunkts, Schaltzeit f || ~ **time** / Öffnungszeit f, Ausschalt-Eigenzeit f, Ausschaltverzug m || ~ **time of a break contact** / Ansprechzeit eines Öffners (Rel.) VDE 0435,T.110 || ~ **time of a make contact** / Rückfallzeit eines Schließers (Rel.) VDE 0435,T.110 || ~ **travel** / Öffnungsweg m (Kontakte) || ~ **voltage** / Auslösespannung f || ~ **voltage of auxiliary source** / Auslösespannung der Hilfsspannungsquelle (E) VDE 0664,T.100
open-line operation / Leerlaufbetrieb m (Netz)
open loop / offener Kreis (Steuerkreis ohne Rückführung), offene Regelschleife, aufgeschnittener Kreis
open-loop adj / kontaktlos adj || ~ **adaptation** / gesteuerte Adaption (adaptive Reg.) || ~ **control** / Steuern n, Steuerung f, rückführungslose Steuerung, Steuerungstechnik f || ~ **control block** / Steuerbaustein m (SPS) || ~ **control infeed module (OI)** / ungeregeltes Einspeisemodul (UE) || ~ **control mode** (A spindle mode, in which the spindle turns at a constant speed of rotation or cutting speed under speed control.) / Steuerbetrieb m (eine Spindelbetriebsart, bei der die Spindel drehzahlgesteuert mit konstanter Drehzahl oder Schnittgeschwindigkeit dreht) || ~ **control module** / Steuerungsbaugruppe f || ~ **control problem** / Steuerungsaufgabe f || ~ **control technology** / Steuerungstechnik f || ~ **frequency response** / Frequenzgang des aufgeschnittenen (o. offenen) Kreises || ~ **gain** / Verstärkung des offenen Regelkreises, Leerlaufverstärkung f, (Differenz-) Leerlaufspannungsverstärkung f || ~ **gain characteristic** / Verstärkungskennlinie des offenen Regelkreises, Leerlaufverstärkungskennlinie f || ~ **speed control** / Drehzahlsteuerung f || ~ **stabilization** / Stabilisierung durch Steuerung DIN 41745 || ~ **timing-pulse control** / gesteuerte Taktgebung || ~ **transfer function** / Übertragungsfunktion des offenen Regelkreises
open machine / offene Maschine || ~ **neutral point** / offener Sternpunkt, aufgelöster Sternpunkt || ~ **picture** / Bildanwahl f
open-phase protection / Phasenausfallschutz m, Leiterbruchschutz m || ~ **relay** / Phasenausfallrelais n, Phasenbruchrelais n
open-plan office / Großraumbüro n
open position / Ausschaltstellung f, offene Stellung, Öffnungsstellung, Offen-Stellung f || ~ **software foundation (OSF)** / OSF || ~ **star point** / offener Sternpunkt, aufgelöster Sternpunkt || ~ **structure** / Offenheit f || ~ **symmetrical two-phase system** / unverkettetes symmetrisches Zweiphasensystem || ~ **system** ISO 7498 / offenes Kommunikationssystem, offenes System || ~ **systems interconnection (OSI)** / Kommunikation offener Systeme || ~ **three-phase bridge**

connection / offene Drehstrom-Brückenschaltung
opentime n / Löseverzögerung f
open-transition autotransformer starting / Anlauf über Spartransformator mit Stromunterbrechung
open two-phase winding / unverkettete Zweiphasenwicklung || ~ **type** / ungekapselt adj
open-type assembly IEC 439-1 / offene Bauform (SK) VDE 0660,T.500 || ~ **cell** / offene Zelle (Batt.) || ~ **contactor** / offenes Schütz || ~ **machine** / offene Maschine || ~ **substation** / Station in offener Bauweise || ~ **switchgear** / offene Schaltanlage
open winding / offene Wicklung, unvergossene Wicklung
open-winding dry-type transformer / Trockentransformator mit offener Wicklung
open-wire fuse / offene Sicherung || ~ **line** / Freileitung f
open wiring / offene (o. freiliegende) Leitungsinstallation, offene Leitungsführung, offene Verdrahtung
operable adj / betriebsfähig adj, bedienbar adj
operand n / Operand m, Parameter m (einer Anweisung) || ~ **area** / Operandenbereich m || ~ **comment** / Operandenkommentar m || ~ **field** / Operandenteil m DIN 19237 || ~ **identifier** / Operandenkennzeichen n || ~ **monitoring** / Operandenüberwachung f || ~ **of a statement** / Parameter einer Anweisung (SPS) || ~ **part** / Operandenteil m DIN 19237 || ~ **quantity** / Rechnungsgröße f || ~ **stack** / Operandenstack m
operate v / betreiben v, in Betrieb sein, laufen v, antreiben v, betätigen v, bedienen v, ansprechen v, arbeiten v || ~ **(relay)** IEC 255-1-00 / ansprechen v, ablaufen v (Zeitrelais) || **to ~ a machine** / eine Maschine betreiben, eine Maschine fahren || **to ~ at no load** / leerlaufen v || **to ~ in synchronism** / synchron laufen || **to ~ in the switching mode** / takten v || **to ~ in unison** / gemeinsam schalten, gleichzeitig schalten || ~ **by current control** / stromgeregelt betrieben v || ~ **condition** / Arbeitszustand m (Rel.)
operated condition / Wirkstellung f (Rel.) DIN IEC 255-1-00, Arbeitszustand m || ~ **contact position** / Schaltstücklage /o. Kontaktlage) nach Betätigung
operate delay / Ansprechverzögerung f (Rel.) || ~ **excitation** / Betriebserregung f (Rel.) || ~ **on speed** / drehzahlgeregelt betrieben v || ~ **on torque control** / drehmomentgesteuert adj
operates as positioner / hat Positioniereigenschaft
operate state / Wirkstellung f (Rel.) DIN IEC 255-1-00, Arbeitszustand m || ~ **subordinately on** / stromgeregelt unterlagert v || ~ **time** / Ansprechzeit f (Rel.), Ansprech-Eigenzeit f, Impulszeit f (Impulsrelais), Reaktionszeit f || ~ **value** (relay) / Ansprechwert m || ~ **voltage** / Ansprechspannung f, Auslösespannung f, Funktionsspannung f (RSA-Empfänger)
operating adj / im Betrieb befindlich || **at ~ temperature** / betriebswarm adj || ~ **activities** / Betriebstätigkeit f || ~ **agency** / Netzbetreiber m (Kommunikationsnetz) || ~ **aid** / Bedienungshilfe f || ~ **aisle** / Bedienungsgang m VDE 0660,T.500 || ~ **altitude** / Betriebshöhe f || ~ **ambient air temperature** / Betriebsumgebungstemperatur f || ~ **area** / Betriebsstätte f VDE 0101, Betriebsbereich m DIN IEC 71.4, VDE 0168,T.1, Bedienbereich m || ~ **area interlock** / Arbeitsbereichsverriegelung f ||

operating

~ **area presenting a fire risk** / feuergefährdete
Betriebsstätte || ~ **area switchover key** /
Bedienbereichsumschalttaste f || ~ **basis
earthquake (OBE)** / Auslegungserdbeben n || ~
cam / Betätigungsnocken m, Schaltnocken m || ~
capability / Funktionsfähigkeit f (Fähigkeit einer
Einheit, eine geforderte Funktion unter gegebenen
Anwendungsbedingungen für ein gegebenes
Zeitintervall zu erfüllen) || ~ **capacity** /
Betriebsleistung f (KW) || ~ **channel extension** /
Bedienkanalverlängerung f || ~ **characteristic**
(statistics, QA) / Operationscharakteristik f DIN
55350,T.24 || ~ **characteristic curve (OC curve)** /
Annahmekennlinie f (OC-Kurve),
Operationscharakteristik f || ~ **characteristics** /
Betriebskennlinie f, Betriebseigenschaften f pl,
Betriebswerte m pl, Auslösekennlinie f || ~ **chart** /
Grenzbelastungsdiagramm n (el. Masch.) || ~
circuit / Betätigungsstromkreis m,
Betätigungskreis m || ~ **clock frequency** /
Betriebstaktfrequenz f || ~ **clock signal** /
Betriebstaktsignal n || ~ **coil** / Betätigungsspule f,
Auslösespule f, Arbeitsspule (o. -wicklung) f (Rel.)
|| ~ **concept** / Bedienkonzept n || ~ **condition** /
Betriebszustand m || ~ **conditions** /
Betriebsbedingungen f pl, Betriebsverhältnisse n pl,
Einsatzbedingungen f pl || ~ **conditions display** /
Betriebszustandsanzeige f || ~ **connection** /
Betriebsschaltung f || ~ **convention** /
Bedienkonvention f || ~ **crank** / Antriebskurbel f || ~
crew / Bedienungsmannschaft f || ~ **current** /
Betriebsstrom m, Arbeitsstrom m, Auslösestrom m,
Ansprechstrom m (SG), Betätigungsstrom m || ~
curve / Arbeitskennlinie f (ESR) || ~ **cycle** /
Betriebsspiel n, Betriebszyklus m, Arbeitsspiel n,
Schaltspiel n, Schaltzyklus m || ~ **cycles** /
Schaltspiele n pl || ~ **cylinder** / Antriebszylinder m,
Betätigungszylinder m || ~ **data** / Einsatzdaten pl
(während des Betriebs festgestellte Daten) || ~
delay / Schaltverzögerung f || ~ **density** /
Betriebsdichte f (Gas) || ~ **device** IEC 204 /
Befehlsgerät n VDE 0113, Betätigungselement n,
Bedienteil n, Betätiger m, Betätigungsorgan n,
Bedienungselement n || ~ **diagram** IEC 337-2A /
Schaltdiagramm n VDE 0660,T.202 || ~ **distance s** /
Schaltabstand s m (NS), Betriebsdauer f
(Zeitspanne, während der eine Betrachtungseinheit
innerhalb einer betrachteten Zeitspanne ihre
geforderte Funktion erfüllt) || ~ **duty test** /
Arbeitsprüfung f || ~ **element** / Betätigungselement
n, Triebsystem n (Rel., Schütz), Bedienelement n,
Schaltelement n || ~ **end mechanical endurance
test** IEC 129 / Prüfung der mechanischen Funktion
und der Widerstandsfähigkeit VDE 0670,T.2 || ~
energy / Antriebsenergie f || ~ **error** /
Gebrauchsfehler m (MG), Betriebsfehler m || ~ **face**
/ Bedienungsfront f (Schalttafel) || ~ **factor** (relay) /
relative Einschaltdauer || ~ **flap** / Deckel m,
Betätigungsklappe f || ~ **force** IEC 512 /
Betätigungskraft f VDE 0660,T.200, Schalt-
Betätigungskraft f, Schaltkraft f || ~ **frequency** IEC
147-1 D, EN 50032 / Schaltfrequenz f,
Betriebsfrequenz f, Schalthäufigkeit f || ~ **front** /
Bedienfront f || ~ **gangway** VDE 439-1 /
Bedienungsgang m VDE 0660,T.500 || ~ **head** /
Antriebskopf m (SG), Getriebekopf m (TS),
Schaltkopf m || ~ **hours counter** /

Betriebsstundenzähler m || ~ I^2t / Abschalt-I^2t
(Sich.) || ~ **indicator** IEC 1036 / Funktionskontrolle
f (EZ) VDE 0418 || ~ **input noise temperature** /
Betriebsrauschtemperatur am Eingang || ~ **instant** /
Schaltzeitpunkt m, Schaltaugenblick m || ~
instructions / Betriebsanleitung f,
Bedienungsanleitung f || ~ **interval** / Einschaltzeit f
(im Schaltbetrieb eines Wechselstromstellers) || ~
key / Schaltschlüssel m || ~ **lever** /
Betätigungshebel m, Schalthebel m, Kipphebel m,
Handhabe f || ~ **lever with gear segment** /
Schalthebel mit Zahnsegment || ~ **limit** IEC 1 57-1 /
Ansprechgrenze f (LS) || ~ **limits** / betriebliche
Grenzen, Grenzwerte für die Betätigung VDE
0660,T.104, Grenzwerte für die Funktion || ~ **line** /
Arbeitskennlinie f (ESR) || ~ **linkage** /
Betätigungsgestänge n, Antriebsgestänge n,
Schaltgestänge n || ~ **loss** / Betriebsdämpfung f
(Verstärkerröhre) DIN IEC 235,T.1,
Rückflussdämpfung f || ~ **machine** / Prüfmaschine f
(f. HSS) || ~ **manual** / Bedienungshandbuch n || ~
mechanism / Betätigungseinrichtung f, Antrieb m
(SG), Stellantrieb m, Befehlsgeber m,
Schaltermechanismus m, Schaltantrieb m,
Antriebskopf m
operating mechanism box / Antriebskasten m || ~
mechanism element / Antriebsstück n || ~
mechanism type / Antriebsart f || ~ **mechanism
with stored-energy feature** / Speicherantrieb m || ~
method / Betriebsweise f (a. FWT) || ~ **mode** /
Betriebsart f, Betriebsmodus m || ~ **mode enable** /
Betriebsartenfreigabe f || ~ **mode error** /
Betriebsartenfehler m || ~ **mode management** /
Betriebsartenverwaltung f || ~ **mode memory** /
Betriebsartenspeicher m (SPS) || ~ **mode
parameter** / Betriebsartenparameter m || ~ **mode
program** / Betriebsartenprogramm n (SPS) || ~
mode selection / Betriebsartenwahl f || ~ **mode
transition (OMT)** / Betriebszustandsübergang
(BZÜ) m || ~ **model** / Laufmodell n || ~ **noise** /
Schaltgeräusch n || ~ **overload** / Betriebsüberlast f,
betriebsmäßige Überlast || ~ **parameter** /
Betriebseinflussgröße f || ~ **parameters** /
Betriebsparameter m pl || ~ **part** / Antriebsteil n || ~
pendant / Bedienpendel n || ~ **period** / Betriebszeit
f, Betriebsdauer f, Laufzeit f, Benutzungsdauer f || ~
personnel / Bedienungspersonal n || ~ **point** /
Betriebspunkt m, Arbeitspunkt m (MG),
Schaltpunkt m, Ansprechpunkt m || ~ **point that
claims the highest Cv-coefficient** / ungünstiger
Punkt des Arbeitsbereiches || ~ **position** /
Betriebsstellung f, Betätigungsstellung f,
Schaltstellung f
operating position at the time of air failure /
jeweilige Stellung || ~ **power** / Antriebskraft f || ~
power factor / Betriebsleistungsfaktor m || ~
premises / Betriebsstätte f VDE 0101,
Betriebsbereich m DIN IEC 71.4, VDE 0168,T.1 ||
~ **pressure** / Betriebsdruck m, Arbeitsdruck m,
Betätigungsdruck m, Ansprechdruck m || ~ **pressure differential** /
Betätigungs-Differenzdruck m || ~ **pretravel** /
Betätigungs-Vorlaufweg m || ~ **principle** /
Wirkungsweise f || ~ **procedure** /
Bedienungsverfahren n, Bedienungsablauf m,
Bedienablauf m || ~ **program** / Schaltprogramm n
(Kfz), Fahrprogramm n, Betriebsprogramm n ||

protective cover / Betätigungssperrkappe *f* || ~
radius / Aktionsradius *m* (Fahrzeug) || ~ **range** /
Arbeitsbereich *m*, Auslösebereich *m*, Regelbereich
m, Stellbereich *m*, Aktionsradius *m*, Arbeitsraum *m*,
Schaltbereich *m* || ~ **range limit** /
Arbeitsbereichsbegrenzung *f*,
Arbeitsfeldbegrenzung *f* || ~ **range of final control
element** / Stellbereich des Stellglieds || ~ **range test**
/ Arbeitsbereichstest *m* (NC) || ~ **residual current** /
Auslösedifferenzstrom *m* || ~ **rocker** / Schaltwippe
f || ~ **rod** / Schaltstange *f*, Betätigungsstange *f* || ~
screen / Bedienbild *n* || ~ **sequence** (sequence of
specified operations and time intervals) /
Schaltreihe *f* (Folge von festgelegten Schaltungen
u. Pausenzeiten), Schaltablauf *m*, Betätigungsfolge
f, Bedienfolge *f*, Arbeitsablauf *m*, Schaltfolge *f*
VDE 0660,T.200,VDE 0670,T.101 || ~ **sequence
call step** / Schaltfolgeaufrufschritt *m* || ~ **sequence
creation step** / Schaltfolgeerstellschritt *m* || ~
sequence program / Schaltprogramm *n* || ~
setpoint / Betriebssollwert *m* || ~ **shaft** /
Betätigungswelle *f*, Schaltwelle *f*, Bedienungsachse
f (Geräte nach VDE 0860), Antriebswelle *f* || ~ **side**
/ Bedienseite *f* || ~ **slew rate** (stepping motor) /
Betriebsfrequenz *f* (Schrittmot.) || ~ **software** /
Betriebssoftware *f* || ~ **speed** / Betriebsdrehzahl *f*,
Betätigungsgeschwindigkeit *f*,
Schaltgeschwindigkeit *f*, Schaltdrehzahl *f*,
Arbeitsgeschwindigkeit *f*
operating speed range / Betriebsdrehzahlbereich *m*,
Drehzahlbereich bei Vollast || ~ **speeds** /
Arbeitsdrehzahlen *f pl* || ~ **spindle** / Schaltdorn *m* ||
~ **staff** / Bedienungspersonal *n*, Bedienpersonal *n* ||
~ **state** / Betriebszustand *m* || ~ **state** IEC 50(191) /
in Betrieb || ~ **state adjustment** /
Betriebszustandsnachregelung *f* || ~ **status display** /
Betriebsstatusanzeige *f* || ~ **stress** /
Betriebsbeanspruchung *f* || ~ **stroke** / Arbeitshub *m*
|| ~ **switch** / Fahrschalter *m* || ~ **switch input** /
Fahrschaltereingang *m* || ~ **system (OS)** /
Betriebssystem *n* (BS (DIN 44300)),
Systemsoftware *f*, Bediensystem *n* || ~ **system
nucleus** / Betriebssystemkern *m* || ~ **temperature** /
Betriebstemperatur *f*, Arbeitstemperatur *f*,
Betätigungstemperatur *f*, Auslösetemperatur *f*,
Ansprechtemperatur *f*, Umgebungstemperatur *f* || ~
temperature range / Betriebstemperaturbereich *m*,
Auslösetemperaturbereich *m*,
Betätigungstemperaturbereich *m* || ~ **test** IEC 337 /
Funktionsprüfung *f* || ~ **time** / Schaltzeit *f*,
Ansprechzeit *f* (die Zeit, die am Ausgang zwischen
Betätigung und Signalwechsel liegt), Schmelzzeit *f*,
Steuerzeit *f*, Gesamtausschaltzeit *f*, Ablaufzeit *f*
(Rel., Zeit zwischen dem Anlegen des
Ansprechwerts und dem Erreichen der
Wirkstellung am Netzumschaltgerät),
Betriebszeitintervall *m* || ~ **time** IEC 50(191) /
Betriebsdauer *f*, Betriebszeit *f* (Zeitintervall,
während dessen eine Einheit in Betrieb ist) || ~ **time
adjustment** / Laufzeiteinstellung *f* || ~ **time
between failures** / Betriebsdauer zwischen
Ausfällen || ~ **time-current characteristic** /
Ausschaltzeit-Strom-Kennlinie *f* || ~ **time per year**
/ Jahresbetriebsdauer *f* || ~ **time ratio** IEC 50(25) /
Betriebszeitfaktor *m* || ~ **tool** /
Betätigungswerkzeug *n* || ~ **torque** / Betätigungs-
Drehmoment *n*, Betätigungsmoment *n* || ~ **transfer
time** / Ablaufzeit des Umschaltvorganges
(Netzumschaltgerät) || ~ **unit** / Operative Einheit ||
~ **value** (pilot switch) IEC 337-2B / Ansprechwert
m (automatischer HSS) VDE 0660,T.204 || ~
variables / Betriebsgrößen *f pl* || ~ **voltage** /
Betriebsspannung *f*, Betätigungsspannung *f*,
Ansprechspannung *f*, Auslösespannung *f* || ~
voltage range / Betriebsspannungsbereich *m* || ~
zone / Kennlinienbereich *m* (LS, LSS, Zeit-Strom-
Zone, die von der Auslöse- und
Nichtauslösekennlinie begrenzt ist), Auslösegebiet
n (Schutz)
operation *n* / Betrieb *m*, Betätigung *f*, Betätigen *n*,
Schalten *n* (Betätigen eines Schaltgeräts),
Bedienung *f*, Ansprechen *n*, Auslösung *f*, Vorgang
m, Arbeitsvorgang *m*, Arbeitsweise *f*, Schaltspiel *n*
(RSA-Empfänger), Arbeitsweise *f*, Wirkungsweise
f, Gang *m* (Masch.), Lauf *m*, Operation *f*,
Ausführung *f*, Unternehmung *f*, Verknüpfung *f*,
Anweisung *f*, RUN-Zustand *m*, Bedienen *n*,
Handhabung *f*, Handling *n*, Bedienbarkeit *f* || **AND**
~ / UND-Verknüpfung *f* DIN 44300, Konjunktion *f*
|| **method of** ~ / Arbeitsweise *f*, Wirkungsweise *f*,
Funktionsweise *f*
operational *adj* (for composite terms, cf. under
operating) / betrieblich *adj*, betriebsbedingt *adj*,
funktionsfähig *adj*, Betriebs..., bereit *adj*,
betriebsbereit (BB) *adj* || ~ **altitude** / Einsatzhöhe *f*
|| ~ **amplifier (OPA)** / Operationsverstärker *m*
(OPV), Rechenverstärker *m* || ~ **and status
messages** / Betriebs- und Zustandsmeldungen *f pl* ||
~ **current** / Laststrom *m* (NS), Einstellstrom *m*,
Betriebsstrom *m* || ~ **current setting** / Einstellung
des Einstellstroms || ~ **data** / Einsatzdaten *pl*
(während des Betriebs festgestellte Daten) || ~
display / Betriebsanzeige *f* || ~ **earthing** /
Betriebserdung *f* || ~ **equipment** (telecontrol) /
Betriebsmittel *n* || ~ **event** / Betriebsereignis *n* || ~
experience / Betriebserfahrungen *f pl* || ~ **fault** /
Funktionsstörung *f*, Funktionsausfall *m*,
Funktionsfehler *m* || ~ **gain** / Verstärkung des
geschlossenen Regelkreises, Kreisverstärkung *f*,
Kurzschlussverstärkung *f*, Rundumverstärkung *f* ||
~ **impedance** / Operatorimpedanz *f* || ~ **indication** /
Betriebsmeldung *f* || ~ **insulation** EN 60950/A2 /
Betriebsisolierung *f* || ~ **intertripping** / betriebliche
unmittelbare Fernauslösung (Schutzsystem) IEC
50(448) || ~ **limit** / Gebrauchsfehlergrenze *f* || ~
message (OM) / Befehls-/Meldebaugruppe (BM) *f*,
Betriebsmeldung (BM) *f* || ~ **mode** / Arbeitsweise *f*
|| ~ **quadrant** / Betriebsquadrant *m* || ~ **readiness** /
Funktionsbereitschaft *f* || ~ **reliability** /
Betriebszuverlässigkeit *f*, Betriebssicherheit *f*,
Störsicherheit *f* || ~ **safety** / Betriebszuverlässigkeit
f, Störsicherheit *f*, Betriebssicherheit *f* || ~ **sequence**
/ Funktionsablauf *m*, Ablauf *m* || ~ **status** /
Betriebszustand *m* (Status) || ~ **step** / Arbeitsschritt
m, Bearbeitungsschritt *m* || ~ **transconductance
amplifier (OTA)** / steilheitsgesteuerter
Operationsverstärker, Operationsverstärker mit
einstellbarer Vorwärtssteilheit || ~ **tripping** /
betriebliches Ausschalten (LS) || ~ **voltage** (e.g. in
IEC 439) / Betriebsspannung *f* (SG) VDE 0660,
Schaltspannung *f*
operation and programming / Bedienen und
Programmieren
operation at mechanical resonance points / Betrieb

operations 398

im Bereich mechanischer Resonanzen || ~ **at nominal stress** / Nennlastbetrieb *m* (bei Beanspruchung in Zuverlässigkeitsprüf.) || ~ **at overstress** / Überlastbetrieb *m* (bei Beanspruchung in Zuverlässigkeitsprüf.) || ~ **at partial stress** / Teillastbetrieb *m* (bei Beanspruchung in Zuverlässigkeitsprüf.) || ~ **at rating** / Bemessungsbetrieb *m* VDE 0160, EN 50019, Betrieb bei Bemessungswerten || ~ **by lever system** / Gestängebetätigung *f* || ~ **check** / Betriebskontrolle *f* (elST) || ~ **class** / Betriebsklasse *f* || ~ **code** / Arbeitscode *m* || ~ **code (op code)** / Operationscode *m* DIN 44300, Befehlscode (SPS) *m* || ~ **command word (OCW)** / Operations-Befehlswort *n* || ~ **counter** IEC 214 / Zählwerk *n* (Trafo-Stufenschalter) || ~ **enable** / Freigabe-Betrieb *m*, Betriebsfreigabe *f* || ~ **execution** / Operationsausführung *f* || ~ **execution time** / Operationszeit *f* (DV, PC) || ~ **field** / Operationsteil *n* || ~ **group** / Operationsgruppe *f* || ~ **in case of fault** / Störbetätigung *f* || ~ **in one swift action** / zügiges Schalten || ~ **in open circuit** / Leerlauf *m* || ~ **in parallel with bus** / Sammelschienen-Parallellauf *m* || ~ **in parallel with system** / Netz-Parallellauf *m* || ~ **in perfect synchronism** / genauer Synchronbetrieb, winkeltreuer Gleichlauf || ~ **in service** IEC 337-1 / Betriebsverhalten *n* || ~ **indicator** IEC 1036 / Funktionskontrolle *f* (EZ) VDE 0418, Auslöseanzeiger *m* (Rel., Schütz), Laufanzeige *f*, Betriebsanzeiger *m* || ~ **list** / Operationsliste *f* || ~ **mode block** / Betriebsartenblock *m* || ~ **monitoring and control** / Ablaufüberwachung *f* || ~ **number** / Operationsnummer *f* || ~ **of electrical installations** / Betrieb elektrischer Anlagen || ~ **overview** / Operationsübersicht *f* || ~ **part** / Operationsteil *m* DIN 44300 || ~ **path** / Fertigungsablauf *m* || ~ **planning** / Einsatzplanung *f* || ~ **procedure** / Betriebsmaßnahme *f* || ~ **repertoire** / Operationsvorrat *m*
operations *n pl* (electrical) IEC 71.4 / Betrieb *m* (elektrisch) VDE 0168,T. 1 || ~ **counter** / Schaltzählwerk *n*, Schaltspielzähler *m*
operation sequence chart / Schaltfolgediagramm *n* DIN 40719,T.11 || ~ **set** / Operationsvorrat *m*, Befehlssatz *m*, Befehlsvorrat *m*
operations log / Betriebsprotokoll *n* (Rundsteueranlage) || ~ **planning and scheduling** / Arbeitsvorbereitung *f* || ~ **research (OR)** / Unternehmensforschung *f* || ~ **scheduling** / Arbeitsvorbereitung *f*, Fertigungsvorbereitung *f* || ~ **sequence** / Schaltungsfolge *f*, Arbeitsablauf *m* (Fabrik) || ~ **set** / Befehlssatz *m* (SPS)
operation status / Bedienstatus *m* || ~ **time** / Eingriffszeit *f*
operation under fault conditions / gestörter Betrieb || ~ **under rated conditions** / Bemessungsbetrieb *m* VDE 0160, EN 50019, Betrieb bei Bemessungswerten || ~ **using** / Bedienung *f* || ~ **with open line end** / Leerlaufbetrieb *m* (Netz) || ~ **with trip-free mechanism** / abschaltfreier Betrieb
operative direction / Auslöserichtung *f*, Vorwärtsrichtung *f* || ~ **range** / Arbeitsbereich *m*, Auslösebereich *m*, Regelbereich *m*, Stellbereich *m*, Aktionsradius *m*
operator *n* / Operator *m*, Bedienungsmann *m*, Anlagenfahrer *m*, Operateur *m*, Betätigungselement *n*, Bedienteil *n*, Leitstandfahrer *m*, Bediener *m*, Wäger *m* || **officially appointed** ~ / Öffentlich bestellter Wäger || **pneumatic limit** ~ / Druckdifferenzmelder *m* (empfängt und vergleicht zwei pneumatische Eingangssignale und gibt ein Signal, wenn der vorgegebene Wert überschritten wird) || **skilled** ~ / Facharbeiter *m* || ~ **access area** IEC 380 / Benutzerbereich *m* VDE 0806 || ~ **action** / Eingriff *m*, Bedienaktion *f* || ~ **activity log** / Bedienprotokoll *n*, Prozessbedienprotokoll *n* || ~ **assistance** / Bedienerhilfen *f pl* || ~ **authorization** / Bedienberechtigung *f*, Benutzerberechtigung *f* || ~ **bus** / Bedienbus *m*, Bedienschiene *f* || ~ **button** / Bedientaster *m* || ~ **calculus** / Operatorenrechnung *f*, Heavisidesche Rechnung || ~ **communication** / Bedienerdialog *m* (Prozess), Bedienung *f* || ~ **communication level** / Bedienebene *f* || ~ **communication peripherals** / Bedienungsperipherie *f* || ~ **communication system** / Bediensystem *n* || ~ **component** / Bedienkomponente *f* || ~ **console** / Bedienungspult *m*, Bedienungsplatz *m* DIN 44300 || ~ **control** / Bedienung *f* (durch den Bediener), Bedienen *n*, Systembedienung *f*, Bediensystem *n* || ~ **control (QA)** / Selbstkontrolle *f*, Selbstprüfung *f* || ~ **control and configuration system** / Bedien- und Strukturiersystem *n* (PLT) || ~ **control and diagnostic terminal** / Bedien- und Diagnosestation *f* || ~ **control and monitoring** / Bedienung und Beobachtung || ~ **control and monitoring equipment** / Bedien- und Beobachtungsgerät (B+B-Gerät) || ~ **control and monitoring system** / Bedien- und Beobachtungssystem *n* (PLT) || ~ **control block** / Bedienbaustein *m* (SPS) || ~ **control channel** / Bedienkanal *m* (PLT) || ~ **control enable** / Bedienfreigabe *f* || ~ **control keyboard** / Bedientastatur *f* || ~ **control modality** / Bedienort *m* || ~ **control mode** / Bedienmodus *m* || ~ **control of the process** / Prozessbedienung *f* || ~ **control panel** / Steuertafel *f*, Bedienfeld *n*, Bedientableau *n*, Bedientafel *m* || ~ **controlled** / bedienergeführt *adj* || ~ **controls and display** / Bedien- und Anzeigeeinheit *f*, Bedienelement *n* || ~ **enable** / Bedienfreigabe *f* || ~ **entry** / Bedieneintrag *m*, Bedienungseintrag *m*, Bedieneingabe *f*
operator-entry-completed bit / Bedienausfhrbit *n* (SPS)
operator error / Bedienfehler *m*, Fehlbedienung *f*, Bedienungsfehler *m* || ~ **function** / Bedienfunktion *f* || ~ **guidance** / Bedienerführung *f*, Benutzerführung *f* || ~ **guidance macro (OGM)** / Bedienerführungsmakro (BFM) *n*
operator-friendly *adj* / bedienerfreundlich *Adj*, komfortabel *adj* (in der Bedienung), benutzerfreundlich *adj*, anwenderfreundlich *adj*
operator input / Bedieneingabe *f*, Bedienung *f*, Bedienereingriff *m* || ~ **input inhibit** / Biensperre *f* || ~ **input listing** / Bedienprotokoll *n*, Prozessbedienprotokoll *n* || ~ **input log** / Bedienprotokoll *n* || ~ **input message** / Bedienmeldung *f* || ~ **input sequence** / Bedienfolge *f* || ~ **input sequence step** / Bedienschritt *m* || ~ **instruction** / Bedienhinweis *m* || ~ **interface** / Bedien(er)schnittstelle *f*, Bedien(er)oberfläche *f*, Bedienung + Beobachtung (B&B), Schnittstelle zu Mensch u. Maschine, Bedien- und Beobachtungssystem *n* || ~ **intervention** /

Bedienereingriff *m* || ~ **keyboard** / Bedientastatur *f* || ~ **lever** / Bedienhebel *m* || ~ **panel** / Bedienerfeld *n*, Bediengerät *n*, Bedienfeld *n*, Steuertafel *f*, Bedientafel *f*, Bedientableau *n* || ~ **panel (OP)** / NC-Bedienungstafel *f*, Bedientafel (BT) *f*, Bedienungstafel (BT) *f*, Schalttafel *f* || ~ **panel component** / Bedientafelkomponente *f* || ~ **panel connection** / Bedientafelanschluss *m* || ~ **panel distributor** / Bedientafelverteiler *m* || ~ **panel initialization** / Bedientafelinitialisierung *f* || ~ **panel interface (OPI)** / Bedientafelschnittstelle (BTSS) *f* || ~ **panel machine data** / Bedientafel-Maschinendaten *pl* || ~ **panel mounting kit** / Bedienfeld-Montageset *n* || ~ **PC** / Bedien-PC || ~ **prompt** / Bedienanforderung *f*, Bedienerhinweis *m*
operator-process communication / Prozessbedienung *f* || ~ **communication and diagnostics terminal** / Bedien- und Diagnosestation *f* || ~ **communication and monitoring** / Bedienen und Beobachten (Prozessführung) || ~ **communication and monitoring subsystem** / Bedien- und Beobachtungssystem *n* (in einer dezentralen Anlage) || ~ **communication keyboard** / Prozessbedientastatur *f* (PBT) || ~ **interface** / Bedienschnittstelle *f* (Bediener-Prozess)
operator prompting / Bedieneraufforderung *f*, Bedienerführung *f*, Benutzerführung *f* || ~ **protection** / Personenschutz *m* || ~ **routine** / Bedienprogramm *n* (f. den Bediener)
operator's console / Bedienungspult *n* || ~ **control** / Bedienungselement *n*, Bedienungsorgan *n*, Befehlsgerät *n*, Betätigungselement *n* || ~ **control panel** / Bedienungsfeld *n*, Bedientafel *f*, Bedienfeld *n* || ~ **control switch** / Bedienungsschalter *m* || ~ **Guide** / Bedienungsanleitung (BA) *f*, Bedienanleitung (BA) *f* || ~ **panel** / Bedienungsfeld *n*, Bedientafel *f*, Bedientableau *n*, Steuertafel *f*, Bedienfeld *n*
operator statement / Bedienanweisung *f* || ~ **station** / Leitplatz *m*, Stationsleitplatz *m*, Bedienplatz *m* || ~ **station (OS)** / Bedien-/Beobachtungsstation *f* || ~ **support** / Bedienerunterstützung *f*, Bedienunterstützung *f* || ~ **system** / Bedien- und Beobachtungssystem *n* || ~ **system initialization** / Bediensysteminitialisierung *f* || ~ **terminal** / Bedienterminal *n*, Bedienplatz *m*, Hand-vor-Ort || ~ **training simulator (OTS)** / Training simulator || ~ **workstation** / Bedienstation *f*, Leitplatz *m*
OPF s. obscuring power factor
ophthalmia, electro-~ *n* / Verblitzung *f* (Entzündung des Auges durch UV-Strahlung eines Lichtbogens)
OPM one-port slide-in module / Einkanaleinschub OPM
opposing field / Gegenfeld *n*
opposite *adj* / entgegengesetzt *adj*, Gegen..., gegenüberliegend *adj* || **electricity of ~ sign** / ungleichnamige Elektrizität || **of ~ polarity** / entgegengesetzt gepolt || ~ **direction** / Gegenrichtung *f*
oppositely directed / gegenläufig *adj* || ~ **poled** / entgegengesetzt gepolt
opposite phase / Gegenphase *f* || ~ **polarity** / entgegengesetzte Polarität || ~ **poles** / ungleichnamige Pole || ~ **pulley** / Gegenscheibe *f* || ~ **sign** / entgegengesetztes Vorzeichen || ~ **station** / Gegenstation *f*

opposition, connected in - / gegensinnig geschaltet, in Gegenphase geschaltet || **in ~ s. in phase opposition** || **in phase ~** / in Phasenopposition, um 180° phasenverschoben, in Gegenphase, gegenphasig *adj*
OPS / Programmfolgebetrieb (PFB) *m*
OPT s. optimized production technology / OPT
optical axis IEC 50(731) / optische Achse || ~ **cable** / Lichtwellenleiterkabel *n* (LWL-Kabel), optisches Kabel, Glasfaserkabel *n* || ~ **cable assembly** / konfektioniertes LWL-Kabel || ~ **cavity** / Resonanzraum *m* IEC 50(731) || ~ **character recognition (OCR)** / optische Zeichenerkennung, Klarschriftlesen *n* || ~ **combiner** / LWL-Kombinator *m* || ~ **coupler** / optischer Koppler, Optokoppler *m* || ~ **data bus** / LWL-Datenbus *m* || ~ **density** / Schwärzung *f* || ~ **detector** / optischer Empfänger || ~ **efficiency** / optischer Wirkungsgrad, optischer Nutzeffekt || ~ **encoder** / optischer Codierer, Codierer mit fotoelektrischer Abtastung || ~ **fiber cable** / Lichtwellenleiterkabel (LWL) *n*, Glasfaserkabel *n* || ~ **fibre** / Faseroptik *f*, Lichtwellenleiter *m*, Lichtleitbündel *n*
optical-fibre absorber / LWL-Absorber *m* || ~ **cable** / Lichtwellenleiterkabel *n* (LWL-Kabel), optisches Kabel, Glasfaserkabel *n* || ~ **connector** / LWL-Steckverbinder *m* || ~ **coupler** / LWL-Koppler *m* || ~ **interface** / LWL-Schnittstelle *f* || ~ **link** IEC 50(731) / LWL-Übertragungsleitung *f* || ~ **splice** / LWL-Spleiß *m*
optical fibre telephone cable / Lichtwellenleiter-Fernsprechkabel *n* (LWL-Fernsprechkabel) || ~ **gauging** / optisches Vermessen (NC) || ~ **grating** / optischer Raster, optisches Gitter, fotoelektrisches Strichgitter || ~ **illusion** / optische Täuschung || ~ **index** / Lichtmarke *f* (MG)
optical-index galvanometer / Lichtmarken-Galvanometer *n*
optical isolator / optischer Isolator, Optokoppler *m* || ~ **light output ratio** / optischer Wirkungsgrad || ~ **link module (OLM)** (For configuring optical PROFIBUS networks and optical Industrial Ethernet networks with bus topology, simple ring topology and star topology and for interconnecting electrical and optical PROFIBUS networks via optical/electrical converters and via fiber) / Optical Link Module (OLM) || ~ **link plug (OLP)** / Optical Link Plug (OLP) || ~ **link protection** / Schutzsystem mit Lichtwellenleiter IEC 50(448) || ~ **output** / Lichtleistung *f*
optical path / optischer Weg, Strahlengang *m*
optical-pointer galvanometer / Lichtmarken-Galvanometer *n*
optical power / optische Leistung || ~ **pyrometer** / optisches Pyrometer || ~ **quality control** / optische Qualitätskontrolle || ~ **scanning** / optische Abtastung || ~ **sensor** / optischer Sensor, visueller Sensor || ~ **smoke detector** / optischer Rauchmelder || ~ **strain measurement** / optische Spannungsmessung || ~ **system** / Optik *f* (Linsensystem), lichtlenkendes System || ~ **TDR** s. optical time-domain reflectometer || ~ **time-domain reflectometer (optical TDR)** / LWL-Reflektometer *n*, optisches Impulsreflektometer, Rückstreumessplatz *m* || ~ **waveguide** / Lichtwellenleiter *m* (LWL) || ~ **waveguide system** / Lichtwellenleitersystem *n*

optics *plt* / Optik *f* || ~ **machine** / Optikmaschine *f*
optimal colour stimulus / Optimalfarbe *f* || ~ **control** / optimale Regelung und Steuerung
optimization *n* / Optimierung *f*
optimize *v* / optimieren *v*
optimized production technology (OPT) / Engpassplanung *f* (Produktion)
optimum capacity / Bestleistung *f* (KW) || ~ **load** / wirtschaftliche Belastung (Netz) || ~ **load resistance** IEC 147-0C / optimaler Belastungswiderstand (Halleffekt-Element) DIN 41863 || ~ **output power** / optimale Ausgangsleistung (ESR)
option *n* / Zusatzeinrichtung *f*, wahlfreie Funktion, Zusatzgerät *n*, Option *f*, Ergänzung *f*
optional *adj* / wahlfrei *adj* || ~ **attendance** / freigestellte Anwesenheit || ~ **block skip** / wahlweises Satzüberlesen, Satzunterdrückung *f*, Satzausblendung *f* || ~ **board** / Optionsbaugruppe *f* || ~ **component** / Wahlbaustein *m* || ~ **function** / Ergänzungsfunktion *f* || ~ **module** / Optionsmodul *n* || ~ **parameter** / Kann-Parameter *m* || ~ **skip** ISO 3592 / wahlloses Überlesen (NC, a.CLDATA-Wort) || ~ **stop** / wahlweiser Halt (NC), durch Taste programmierte Unterbrechung, bedingter Halt || ~ **test** / freigestellte Prüfung
option button / Radio-Button *m* || ~ **MPC** / Option MPC || ~ **package** / Ergänzungspaket *n*
optocoupler *n* / Optokoppler *m*, optischer Koppler, optoelektronisches Koppelelement
optoelectric receiver / optoelektrischer Wandler
optoelectronic fuse monitor / optoelektronische Sicherungsüberwachung || ~ **impulsing transmitter** / optischer Impulsgeber || ~ **machine guard** / Lichtschranke *f*
optoelectronics *plt* / Optoelektronik *f*
opto-isolator *n* / optischer Isolator, Optokoppler *m*
OR *n* / ODER-Glied *n* || ≙ / nach ODER verknüpfen || ≙ s. operations research
orange boundary / Orangelinie *f*
OR-before-AND logic / ODER-vor-UND Verknüpfung *f* || ~ **logic operation** / ODER-vor-UND-Verknüpfung
OR binary gating operation / ODER-Verknüpfungsfunktion *f*
orbit, shaft ~ / kinetische Wellenbahn
OR branch / ODER-Aufspaltung *f* DIN 19237, ODER-Verzweigung *f*
ORD (ordinal number) / ORD (Ordnungszahl)
OR dependency / ODER-Abhängigkeit *f*, V-Abhängigkeit *f*
order *n* / Ordnung *f*, Reihenfolge *f*, Auftrag *m*, Auftragsmenge *f*, Befehl *m*, Rang *m*, Befehlsauftrag *m*, Bodenauftrag *m*, Bestellung *f* || ~ **address** / Lieferort *m* || ~ **backlog** / Auftragsrückstand *m*, Auftragsüberhang *m* || ~ **book** / Auftragsbuch *n* || ~ **code** / Kurzangabe *f*, Kurzbezeichnung *f*, maschinenlesbare Fabrikatebezeichnung, Bestellkennzeichen || ~ **control** / Auftragssteuerung *f* || ~ **data code** / Bestelldatenkennzeichen || ~ **drawing** / Bestellzeichnung *f* || ~ **entry** / Bestelleingang *m* || ~ **form** / Bestellzettel *m*, BZ || ~ **form field** / BZ-Feld *n* || ~ **form receiver** / BZ-Empfänger *m* || ~ **ID** / Auftragskennzeichen (AKZ) *n*
ordering *n* / Bestellort *m*, Bestellverkehr *m* || ~ **and invoicing** / Bestell- und Abrechnungsverkehr

(BAV) *m* || ~ **data** / Bestelldaten *pl* || ~ **data option** / Bestelldaten-Ergänzung *f* || ~ **documentation** / Bestellunterlage *f* || ~ **help** / Entscheidungshilfe *f* || ~ **information** / Bestellhinweis *m*, Bestellunterlage *f* || ~ **note** / Bestellhinweis *m* || ~ **procedure** / Bestellverfahren *n*, Bestellweg *m*, Bestellverfahrenskennzeichen *n* || ~ **route** / Bestellweg *m* || ~ **sequence** / Bestellfolge *f*
order item / Bestellposition *f*, BZ-Position *f* || ~ **list** / Auftragsliste *f*, Bestellliste *f* || ≙ **Management System (OMS)** / OMS
order no. / Bestellnummer *f*, maschinenlesbare Fabrikatebezeichnung || ~ **no. Supplement** / Bestell-Nr.-Ergänzung || ~ **number (order no.)** / maschinenlesbare Fabrikatebezeichnung, Maschinenlesbare Fabrikatbezeichnung (MLFB) || ~ **number data sheet** / Bestellnummer-Erfassungsblatt *n* || ~ **numbers** / Auftragsnummern (AKZ) *n* || ~ **of diffraction** / Beugungsordnung *f* || ~ **of execution** / Abarbeitungsreihenfolge *f* || ~ **of harmonic component** / Ordnungszahl der Oberschwingung || ~ **of magnitude** / Größenordnung *f* || ~ **of reflection** / Reflexionsordnung *f* || ~ **picking** / Kommissionierung *f* (v. Aufträgen in der Fertigungssteuerung) || ~ **picking system** / Kommissioniereinrichtung *f* || ~ **processing** / Auftragsbearbeitung *f*, Auftragsabwicklung *f* || ~ **processing center** / Auftragszentrum *n* || ~ **quantity** / Bestellmenge *f* || ~ **record** / Bestellsatz *m* || ~ **release** / Bestellverkehrsfreigabe *f*
order-specific capacitor bank / auftragsgebundene Kondensatorbatterie
order statistic / Ranggröße *f* (Statistik) DIN 55350,T.3 || ~ **throughput time** / Auftragsdurchlaufzeit *f*
ordinal characteristic / Ordinalmerkmal *n* (Statistik) DIN 55350,T.12 || ~ **number** / Ordnungszahl *f*
ordinary accessory (socket outlet, plug) / abgedeckte Steckvorrichtung || ~ **appliance** / abgedecktes Gerät (HG) || ~ **lampholder** IEC 238 / abgedeckte Fassung DIN IEC 238 || ~ **lay** / Kreuzschlag *m* (Seil) || ~ **luminaire** / gewöhnliche Leuchte || ~ **person** / Laie *m* IEC 50(826), Amend. 2 || ~ **plastic-sheathed flexible cord (o. cable)** / mittlere Kunststoff-Schlauchleitung || ~ **PVC-sheathed flexible cord** / mittlere PVC-Schlauchleitung (H05VV) VDE 0281, PVC-Schlauchleitung für mittlere mechanische Beanspruchungen || ~ **switch** (CEE 14) / gewöhnlicher Schalter (I-Schalter) VDE 0632 || ~ **tough-rubber-sheated flexible cord** / leichte Gummischlauchleitung, Gummischlauchleitung für leichte mechanische Beanspruchungen || ~ **tough-rubber-sheathed cable** / mittlere Gummischlauchleitung, Gummischlauchleitung für mittlere mechanische Beanspruchungen || ~ **tough-rubber-sheathed flexible cable** / leichtes Gummischlauchkabel || ~ **tungsten-filament lamp** / Allgebrauchs-Glühlampe *f*
ordinate *n* / Ordinate *f*, senkrechte Achse
OR'd word recognition / ODER-verknüpfte Worterkennung
ORE s. overrun edge lighting
Ored *adj* / geodert *adj*
OR element / ODER-Glied *n* || ≙ **function** / ODER-Funktion *f*, ODER-Verknüpfung *f*, Disjunktion *f*

organic dye laser / Farbstofflaser *m* || **~ ester** / organischer Ester || **~ insulating materials** / organische Isolierstoffe
organic-vapour-quenched counter tube / Zählrohr mit organischen Dämpfen
organization *n* / Organisation *f*, Gliederung *f* (Programm), Struktur *f* || **~ block** / Organisationsbaustein *m*, Hantierungsbaustein (HTB) *m*, OB || **~ step** / Organisationsschritt *m*
organizational block (OB) / Organisationsbaustein *m* (OB (PC)) || **~ block call** / Organisationsbaustein-Aufruf *m* (SPS) || **~ failure rate** / organisatorische Ausfallrate || **~ function** / organisatorische Funktion (SPS) || **~ operation** / organisatorische Operation (SPS)
organizations *n pl* / Einrichtungen *f pl*
organize *v* / einordnen *v*
organ of vision / Sehorgan *n*
organometallic compound / Organometallverbindung *f*
OR gate / ODER-Glied *n*, ODER-Verknüpfung *f*
OR-gate *v* / nach ODER verknüpfen
OR-gated *adj* / geodert *adj*
orient *v* / orientieren *v*
orientated *adj* / gerecht *adj* || **~ general lighting** / arbeitsplatzorientierte Allgemeinbeleuchtung
orientation *n* / Orientierung *f*, Ausrichtung *f*, Kristallorientierung *f*, Ortsbestimmung *f*, räumliche Lage || **by alternative insert position** / Orientierung durch Verdrehen des Einsatzes (StV) || **~ interpolation** / Orientierungsinterpolation *f* (NC, Roboter) || **~ light fixed part** / Orientierungslichteinsatz *m* || **~ polarization** / Orientierungspolarisation f. molekulare Polarisation
oriented *adj* / orientiert *adj*, gerichtet *adj*, ausgerichtet *adj*, vorzugsgerichtet *adj*, kristallorientiert *adj* || **~ geometry** / gerichtete Geometrie || **~ line** / gerichtete Gerade, orientierte Gerade || **~ spindle stop** ISO 1056 / orientierter Spindel-Halt (NC), Spindel-Halt mit definierter Endstellung (NC-Zusatzfunktion) DIN 66025,T.2, Spindelpositionierung *f* || **~ stop** / orientierter Halt (NC)
orienting *n* / Ausrichten *n*
orifice *n* / Öffnung *f*, Durchflussöffnung *f*, Messblende *f*, Shutter *m*, Blende *f* || **~ bridge** / Blendenbrücke *f* (Durchflussmessung) || **~ coefficient** / Durchflussbeiwert *m* (kv-Wert), Durchflusskoeffizient *m*, Durchflusszahl *f* || **~ plate** / Messblende *f*, Drosselblende *f*, Messscheibe *f* || **~ ratio** / Öffnungsverhältnis *n* (Messblende)
origin *n* / Ursprung *m* (QS), Nullpunkt *m*, Quelle *f*, Aufpunkt *m*, Koordinatenursprung *m*, Koordinatennullpunkt *m*, Herkunft *f* || **~ ISO 3592** / Maschinen-Nullpunkt *m* (NC, CLDATA-Wort) || **To ~** / zum Ursprung || **coordinate ~** / Koordinatenursprung *m* (KU), Koordinatenanfangspunkt *m* || **machine ~** / Maschinen-Nullpunkt *m* (NC)
original *n* (drawing) / Original *n* (Zeichnung), Urzeichnung *f* || **in ~ packaging** / originalverpackt *adj* || **~ condition** / Originalzustand *m* || **~ cross section** / Anfangsquerschnitt *m* (Zugversuch) || **~ delivery note** / Ursprungslieferschein *m* || **~ equipment battery** / Erstausrüstungs-Batterie *f* || **Original Equipment Manufacturer (OEM)** /

OEM || **~ inspection** / Erstprüfung *f* (QS) || **~ manufacturer's equipment (OME)** / Ursprungserzeugnisse *pl* || **~ packaging** / Originalverpackung *f* || **~ path** / Ursprungspfad *m* || **~ position** / Ausgangslage *f* || **~ production master** / Druckoriginal *n* (gS) || **~ program** / Ursprungsprogramm *n* (NC) || **~ source statement** ISO 3592 / Teileprogramm-Anweisung *f* (NC, CLDATA) || **~ status** / Originalzustand *m* || **~ supply** / Ursprungslieferung *f* || **~ value** / Ursprungswert *m*
originator *n* / Aufgeber *m* (Nachrichten), Absender *m*, Urheber *m*, Ersteller *m* (Nachrichtenquelle), Quellstation *f* || **~ company** / Ersteller-Firma *g*
origin of an electrical installation / Speisepunkt einer elektrischen Anlage VDE 0100,T.200
O-ring *n* / Rundschnurring *n*
ORing *n* / ODER-Verknüpfung *f*
OR input / ODER-Eingang *m* || **~ input converter** / ODER-Eingangsstufe *f* || **~ junction** / Zusammenführung *f* || **~ logic operation** / ODER-Verknüpfung *f* || **~ matrix** / ODER-Matrix *f* || **~ operation** / ODER-Verknüpfung *f*, Disjunktion *f* DIN 44300, Adjunktion *f* DIN 44300 || **~ operator** / ODER-Operator *m*
ORP s. oxidation-reduction potential || **~ meter** / Redoxpotential-Messgerät *n*
orphan *n* / Waisenkind *n*
orphaned object / verwaistes Objekt
OR relation / ODER-Verknüpfung *f*
orthicon *n* / Orthikon *n*
orthodox design / klassische Konstruktion
orthoferrite *n* / Orthoferrit *n*
orthogonal *adj* / rechtwinklig *adj*
orthogonality error / Orthogonalitätsfehler *m* (Osz.)
ortifice / Drosselscheibe *f*
OR with inhibiting input / ODER-Glied mit Sperreingang || **~ with negated inhibiting input** / ODER-Glied mit negiertem Sperreingang || **~ with negated output** / ODER-Glied mit negiertem Ausgang, NOR-Glied *n*
OS s. operating system || **(operator station)** / Bedien-/Beobachtungsstation *f* || **os area** / OS-Bereich *m*
OSA s. other secondary address
oscillate *v* / schwingen *v*, oszillieren *v*, pendeln *v*
oscillating *n* / Oszillieren *n* || **oscillating circuit** / Schwingkreis *m*, Resonanzkreis *m* || **~ field** / schwingendes Feld || **~ force** / Schwingkraft *f*, Rüttelkraft *f* || **~ frequency** / Schwingfrequenz *f*, Schwingungszahl *f* || **~ load** / Schwingungsbeanspruchung *f* || **~ meter** / oszillierender Zähler || **~ motion** / Pendelbewegung *f* || **~ speed value** / Pendelsollwert *m* || **~ speed value of the supplementary module** / Zusatzschaltungspendelsollwert *m* || **~ system** / schwingungsfähiges System || **~ torque** / Pendelmoment *n*, Wechselmoment *n*
oscillation *n* / Schwingung *f*, Schwingen *n*, Pendeln *n*, Oszillation *f* || **~ cycle time** / Pendelintervallzeit *f* || **~ damping** / Schwingungsdämpfung *f*, Pendeldämpfung *f* || **~ detection** / Pendelerfassung *f* || **~ distance** / Pendelweg *m* || **~ equation** / Schwingungsgleichung *f* || **~ frequency** / Schwingfrequenz *f*, Pendelfrequenz *f* || **~ function** / Pendelfunktion *f* || **~ mode** (A spindle mode in which the spindle

oscillator

turns under speed control with a constant motor setpoint.) / Pendelbetrieb *m* (eine Spindelbetriebsart, bei der die Spindel drehzahlgesteuert mit konstantem Motorsollwert dreht) || ~ **of the first kind** / Schwingung erster Art || ~ **setpoint** / Pendelsollwert *m* || ~ **speed** / Pendeldrehzahl *f*
oscillator *n* / Schwinger *m*, Oszillator *m*, Schwingungserzeuger *m*, schwingungsfähiges Gebilde
oscillatory characteristics / Schwingungsverhalten *n* || ~ **circuit** / Schwingkreis *m*, Resonanzkreis *m* || ~ **component of rotor angle** / Polradwinkelpendelung *f* || ~ **de-excitation** / Schwingungsentregung *f* || ~ **impulse** / schwingende Stoßwelle || ~ **motion** / Schwingbewegung *f* || ~ **power** / Schwingleistung *f* || ~ **surge** / schwingende Stoßwelle || ~ **switching impulse (voltage)** / schwingende Schaltstoßspannung || ~ **system** / Schwingungssystem *n*
oscillograph *n* / Oszillograph *m*
oscillographic recorder / Registrier-Oszillograph *m*
oscilloscope *n* / Oszilloskop *n*
osculating circle / Schmiegungskreis *m* || ~ **plane** / Schmiegungsebene *f*
OSF (open software foundation) / OSF
OSI (open systems interconnection) / OSI (Open Systems Interconnection) || ~ **environment (OSIE)** / OSI-Umgebung (OSIU) *f*
OSIE s. OSI environment
O-signal output / Ausgang mit O-Signal
OSI resources / OSI-Betriebsmittel *n pl*
osmium lamp / Osmiumlampe *f*
OSM one-port slide-in module / Einkanaleinschub OSM
Ossanna's circle diagram / Ossannasches-Kreisdiagramm *n*
O state / O-Zustand *m*
OTA s. operational transconductance amplifier || ~ s. other talk address
other secondary address (OSA) IEC 625 / fremde Zweitadresse (PMG) DIN IEC 625 || ~ **talk address (OTA)** IEC 625 / fremde Sprecheradresse (PMG) DIN IEC 625
OTP (one time programmable) / einmalig programmierbar
OTS (operator training simulator) / Training simulator
O-type tube / O-Typ-Röhre *f*, Linearstrahlröhre *f*
outage *n* / Ausfall *m*, Stillsetzung *f*, Nichtverfügbarkeit *f*, nicht verfügbarer Zustand (Zustand der Funktionsunfähigkeit einer Einheit aus beliebigem Grund) || ~ IEC 50(191) / Unbrauchbarkeit *f* || **scheduled** ~ / geplante Nichtverfügbarkeit *f*, geplante Stillsetzung || ~ **duration** / Ausfalldauer *f*, Nichtverfügbarkeitsdauer *f* || ~ **rate** / Ausfallrate *f*, Fehlerrate *f*, Nichtverfügbarkeitsrate *f*, momentane Ausfallrate || ~ **scheduler** / Ausfallvariantenrechnung
outboard bearing / außenliegendes Lager, Außenlager *n* || ~ **rotor** / fliegend gelagerter Rotor || ~ **support** / Außenabstützung *f* (der Welle)
outbuilding *n* / Nebengebäude *n*
outdoor area lighting (o. illumination) / Freiflächenbeleuchtung *f* || ~ **bushing** /

402

Freiluftdurchführung *f* || ~ **cable for telecommunication systems** / Fernmelde-Außenkabel *n* || ~ **circuit-breaker** / Freiluft-Leistungsschalter *m* || ~ **disconnector** / Freiluft-Trennschalter *m*, Freilufttrenner *m* || ~ **earthing switch** IEC 129 / Freiluft-Erdungsschalter *m* VDE 0670,T.2 || ~ **electrical equipment** IEC 50(25) / elektrische Anlage im Freien DIN IEC 71.5, elektrische Freiluftanlage || ~ **external insulation** / äußere Isolierung für Freiluft-Betriebsmittel || ~ **grounding switch** / Freiluft-Erdungsschalter *m* VDE 0670,T.2 || ~ **HV switchpanel** / Hochspannungsfreiluftschaltfeld *n*
outdoor-immersed bushing / Freiluft-Kessel-Durchführung *f*, Freiluft-Innenraum-Durchführung *f*
outdoor-indoor bushing / Freiluft-Innenraum-Durchführung *f*
outdoor installation / Anlage im Freien VDE 0100,T.200, Freiluftanlage *f*, Außenanlage *f*, Freiluftaufstellung *f*, Außenaufstellung *f* || ~ **isolator** / Freiluft-Trennschalter *m*, Freilufttrenner *m* || ~ **post insulator** / Freiluft-Stützisolator *m* || ~ **station** / Freiluftstation *f* || ~ **substation** / Freiluftstation *f*, Schaltanlage *f*, Erweiterung *f* || ~ **switch** IEC 265 / Freiluft-Lastschalter *m* VDE 0670,T.3 || ~ **switchgear and controlgear** IEC 694 / Freiluft-Schaltgeräte *n pl* || ~ **switching station** / Freiluft-Schaltanlage *f* (o. Schaltstation) || ~ **transformer** / Freilufttransformator *m*, Transformator für Freiluftaufstellung || ~ **type** / Freiluftausführung *f*, (Ausführung) für Aufstellung im Freien
out entry / Gehen-Buchung *f*
outer bar / Oberstab *m* (Wickl.) || ~ **bearing cap** / äußerer Lagerdeckel *m* || ~ **casing** / Außengehäuse *n* (el.Masch.) || ~ **conductor** / Außenleiter *m*, Phasenleiter *m*, Hauptleiter *m* || ~ **control loop** / überlagerter Regelkreis || ~ **diameter** / Außendurchmesser *m* || ~ **dimension** / Außenmaß *n* || ~ **frame** / Außengehäuse *n* (el.Masch.) || ~ **insulation** / Außenmantel *m* || ~ **layer** / Oberschicht *f*, Deckschicht *f* || ~ **leg** / Außenschenkel *m* (Trafo-Kern) || ~ **limb** / Außenschenkel *m* (Trafo-Kern) || ~ **marker (OMK)** / Voreinflugzeichen *n* (OMK) || ~ **race** / Außenlaufring *m* (Lg.) || ~ **semi-conductive layer** / äußere Leitschicht (Kabel) || ~ **sheath** / Außenmantel *m* (Kabel), Schutzhülle *f* (Kabel) || ~ **shield** / Außenmantel *m* || ~ **stamp** / Außenstempel *m* || ~ **terminal** (of a pair of arms) / äußerer Anschluss (LE, eines Zweigpaares)
outflow *n* / Abflussmenge *f*
outgassing *n* / Ausgasen *n* (gS)
outgoing branch circuit / Abgangsstromkreis *m*, Abgang *m*, Abzweig(stromkreis) *m* || ~ **cable unit** / Kabelabgang *m* (Einheit) || ~ **circuit** / Abgangsstromkreis *m*, Abgang *m*, Abgangsfeld *n* (Station) || ~ **circuit-breaker unit** / Leistungsschalterabgang *m*, Selbstschalterabgang *m* || ~ **compartment** / Abgangsraum *m* || ~ **connector** / abgehende Stecker || ~ **current feeder** / Stromabgang *m* || ~ **feeder** / abgehende Speiseleitung, Abgangsleitung *f*, Abgangsfeld *n* (Unterstation), Abgang *m*, Leitungsabgang *m*
outgoing-feeder bay / Abgangsfeld *n* (FLA) || ~ **disconnector** / Abgangs-Trennschalter *m*, Abgangstrenner *m*, Ausgangstrenner *m* || ~ **panel** /

Abgangsfeld *n* || ~ **unit** / Abgangsbaugruppe f.
Abgang *m*, Abgangsfeld *n*
outgoing fuse switch-disconnector unit / Sicherungs-Lasttrennerabgang *m* || ~ **hole** / Ausgangsbohrung *f* || ~ **isolating contact** / Abgangs-Trennkontakt *m* || ~ **section** / Abgang *m* (SK) VDE 0660,T.500, Abgangsbaugruppe *f* || ~ **switch-disconnector unit** / Lasttrennerabgang *m* || ~ **terminal** / Abgangsklemme *f*, Ausgangsklemme *f* || ~ **terminal rail** / Abgangsklemmleiste *f* || ~ **unit** IEC 439-1 / Abgang *m* (SK) VDE 0660,T.500, Abgangsbaugruppe *f*
outgrowth *n* / Überwuchs *m* (gS)
outlet *n* / Auslass *m*, Austritt *m*, Auslassöffnung *f*, Anschlussstelle *f* (I), Steckdose *f*, Anschlussdose *f* || **appliance** ~ / Steckdose *f* (z.B. an einem Elektroherd zum Anschluss von Küchengeräten) || ~ **air** / Abluft *f*, Fortluft *f* || ~ **air temperature** / Abgastemperatur *f* || ~ **box** / Installationsdose *f*, Steckdose *f*, Auslassdose *f*, Anschlussdose *f*, Zapfsäule *f* (IK), Anschlussaufsatz *m* (IK) || ~ **collar** / Auslassstutzen *m* (IK) || ~ **gland** / Auslassstutzen *m* (IK) || ~ **nut** / Kabelausgangs-Überwurfmutter *f* (StV) || ~ **pillar** / Steckdosensäule *f* || ~ **pipe connection** / Austrittsstutzen *m* || ~ **ring circuit** / Steckdosen-Ringleitung *f* || ~ **size** / Austrittnennweite *f* || ~ **spur** / Steckdosen-Stichleitung *f*, Steckdosen-Abzweigleitung *f* || ~ **temperature** / Austrittstemperatur *f*
outlier *n* / Ausreißer *m* (QS)
outline *n* / Umriss *m*, Umrisslinie *f*, Kontur *f*, Konturzug *m* (graf. DV), Kante *f* || ~ (f. semiconductor devices and IC's) IEC 191-2K / Gehäuse *n* DIN 41870 || ~ **development response specification** / Rahmenpflichtenheft *n* || ~ **diagram** / Übersichtsplan *m* || ~ **dimensions** / Außenmaße *n pl*, Hauptmessungen *f pl*, Außenabmessungen *f pl* || ~ **drawing** / Umrisszeichnung *f*, Maßbild *n*, bemaßte Zeichnung *f*, **drawings** / Maßblätter *n pl* || ~ **element** / Konturelement *n* (graf. DV) || ~ **figure** / Konturbild *n* || ~ **lighting** / Umrissbeleuchtung *f*, Profilbeleuchtung *f* || ~ **marker light** / Kennleuchte *f* (Kfz) || ~ **of engagement face** / Kontur der Eingriff-Stirnfläche (Stecker)
out-of-balance *n* (cf. unbalance) / Unwucht *f* || ~ **force** / Unwuchtkraft *f*
out-of-band emission / Nebenbandaussendung *f* (EMB)
out of commission / außer Betrieb
out-of-flatness *n* / Unebenheit *f*
out-of-frame alignment time / Rastergleichlauf-Auszeit *f*
out of phase / außer Phase, phasenverschoben *adj*, asynchron *adj* (zur Bezeichnung einer Netzkenngröße)
out-of-phase conditions / Asynchronbedingungen *f pl* (Netz) || ~ **factor** / Asynchronfaktor *m* || ~ **making capacity** / Einschaltvermögen unter Asynchronbedingungen || ~ **making or breaking capacity** / Ein- oder Ausschaltvermögen unter Asynchronbedingungen || ~ **switching test** / Schaltprüfung unter Asynchronbedingungen || ~ **switching voltage** / asynchrone Schaltspannung
out-of-range signal / Signal Bereichsüberschreitung (SPS)
out-of-round *n* / Unrundheit *f*, Schlag *m*
out-of-roundness *n* / Unrundheit *f* (Maschinenwelle o. -läufer)
out of scale / nicht maßstäblich || ~ **of level test** / Schrägstellprüfung *f* || ~ **of order** / betriebsunfähig *adj* || ~ **of service** / außer Betrieb || ~ **of step** / außer Tritt, außer Takt
out-of-step blocking device / Außertrittfallsperre *f*, Pendelsperre *f* (Netz) || ~ **operation** / Außertrittbetrieb *m*, Außertrittzustand *m* (Synchronmaschinen im Parallelbetrieb) || ~ **protection** / Außertrittfallschutz *m* || ~ **relay** / Außertrittfallrelais *n*, Asynchronsperre *f*
out of time / außer Takt
output *v* / ausgeben *v*, abgeben *v* || ~ *n* / Ausgang *m*, Ausgabe *f*, Ausgangsgröße *f*, Ausgangssignal *n*, Ausgangsleistung *f*, abgegebene Leistung, Leistungsabgabe *f*, Abtrieb *m*, Produktionsleistung *f*, Stellwert *m* (Ausgangswert einer Regelung), Ausstoß *m*, Leistungsergebnis *n*, Endstufe *f* (elST), Ausbringung *f* || ~ **(Q)** / Ausgang *m* (A) || **design** ~ / Designergebnis *n* (QS-Begriff) || **maximum** ~ IEC 825 / maximale Ausgangsstrahlung (Lasergerät) VDE 0837 || ~ **amplifier** / Ausgangsverstärker *m*, Endverstärker *m* || ~ **angle** / Strahlungswinkel *m* (LWL) || ~ **attenuator** / Ausgangsabschwächer *m* || ~ **at the draw-bar** / Leistung am Zughaken || ~ **at the wheel rim** / Leistung am Radumfang || ~ **balance** / stationärer Zustand (Regler) || ~ **bar** / Ausgangsleiste *f* || ~ **block** / Ausgabebaustein m] || ~ **break circuit** / Ausgangskreis mit Öffnerfunktion (Rel.) || ~ **buffer** / Ausgangspuffer *m* || ~ **byte (QB)** / Ausgangsbyte *n* (AB), Ausgangswort *n*, Ausgabebyte (AB) || ~ **cable** / Endkabel *n* (Batt.) || ~ **capacitance** / Ausgangskapazität *f*, Ausgabekapazität *f* || ~ **carry** / Ausgangsübertrag *m* || ~ **cell** / Ausgabezelle *f* || ~ **characteristic** / Ausgangskennlinie *f*, ausgegebene Kennlinie || ~ **circuit** / Ausgangskreis *m*, Ausgangsschaltung *f*, Ausgangsbeschaltung *f*, Sekundärkreis *m* || ~ **circuit delay** / Verzögerungszeit der Ausgangsbeschaltung || ~ **circuitry data** / Ausgangsschaltung-Daten *pl* || ~ **clamp voltage** / Ausgangsbegrenzungsspannung *f* (IS) || ~ **code** / Ausgabecode *m* DIN 44472 || ~ **coefficient** / Ausnutzungsziffer *f* (Esson) || ~ **coil** / Ausgangsspule *f* || ~ **command** / Ausgabebefehl *m*, Befehl *m* (Im Telegramm enthaltene Information, die z.B. einen Aktor zur Ausführung veranlasst.Beispiele: EIN/AUS, AUF/AB, KALT/WARM, DIMMEN), Kommando *n* (Befehl), Zubefehl *m* || ~ **common-mode interference voltage** / Gleichtaktspannung des Ausgangskreises || ~ **configuration** / Ausgangsschaltung *f* || ~ **connector** / Ausgangsklemme *f* || ~ **constant** / Maschinenkonstante *f* (el. Masch.)
output control / Ausgabesteuerung *f* || ~ **control element** / Ausgangsgrößeneinsteller *m* (DIN 41 745) || ~ **control register** / Ausgangskontrollregister *n* || ~ **converter** / lastseitiger Stromrichter / || ~ **coupling device** / Ausgangs-Koppelglied *n* || ~ **current** / Ausgangsstrom *m*, Sekundärstrom *m* || ~ **current drift** / Ausgangsstromdrift *f* (IC-Regler) || ~ **current range** / Arbeitsbereich des Ausgangsstroms (Verstärker) || ~ **data valid time** /

output

Ausgangsgültigkeitszeit f || ~ **delay** / Ausschaltverzögerung f, Ausgangsverzögerung f || ~ **device** / Ausgabegerät n DIN 44300 || ~ **disable** / Befehlsausgabesperre (BASP) f, Befehlsausgabe sperren (BASP) || ~ **disable time** / Ausgangsabschaltzeit f || ~ **displacement factor** / lastseitiger Verschiebungsfaktor (SR) || ~ **driver** / Ausgangstreiber m, Leitungstreiber m || ~ **duration** / Ausgabedauer f || ~ **effect** IEC 478-1 / Abweichungen der stabilisierten Ausgangsgröße DIN 41745, Störabweichung f || ~ **effect band** IEC 478-1 / Störabweichungsbereich m DIN 41745 || ~ **element** / Ausgabeglied n DIN 19237, Abtriebelement n || ~ **enable** / Ausgangsfreigabe f || ~ **enable input** / Ausgabefreigabe-Eingang m || ~ **end** / Ausgangsseite f, Lastseite f, Abtriebsseite f || ~ **extent** / Ausgabeumfang m || ~ **factor** / Ausnutzungsziffer f, Faktor K (Läuferlänge/Durchmesser) || ~ **feedback** / Ausgangsrückführung f (Reg.) || ~ **field** / Ausgabefeld n || ~ **filter reactor** / Ausgangssiebdrossel f || ~ **flag** / Ausgangsmerker m (SPS) || ~ **format** / Ausgabeformat n || ~ **frame** / Ausgangstelegramm n || ~ **frequency** / Ausgangsfrequenz f || ~ **from the actuator** / Stellsignal n, Stellsignal vom Stellantrieb, Stellsignal zum Stellantrieb || ~ **image** / Ausgangsbild n, Ausgangsabbild n || ~ **image (QIM)** / Ausgabeabbild (AAB) n || ~ **impedance** / Ausgangsimpedanz f || ~ **indicator** / Schaltzustandsanzeiger m (NS) || ~ **information** / Ausgangsinformation f DIN 444372 || ~ **inhibit** / Ausgangssperre f, Ausgabesperre f || ~ **KVA** / Ausgangs-kVA || ~ **latch** / Ausgangsspeicher m || ~ **lead** / abgehende Leitung || ~ **leakage current** / Ausgangsleckstrom m, Ausgangs-Reststrom m (Leistungstreiber) || ~ **level** / Ausgangspegel m, Sendepegel m
output limit / Ausgangsendlage f || ~ **line** / Ausgangsleitung f, Ausgabeleitung f, Leistungslinie f (el. Masch.) || ~ **load** / Ausgangsbelastung f, Ausgangsbürde f, Bürde f || ~ **loading capability** IEC 147-0D / Ausgangsbelastbarkeit f || ~ **make circuit** / Ausgangskreis mit Schließerfunktion (Rel.) VDE 0436,T.110 || ~ **mask** / Ausgabemaske f || ~ **medium** / Ausgabedatenträger m || ~ **message** / abgegebene Nachricht || ~ **module** / Ausgabebaugruppe f, Ausgangsbaugruppe f || ~ **noise** / Ausgangsrauschen n || ~ **noise voltage** / Ausgangsrauschspannung f || ~ **not referred to a potential** / nicht potentialbezogener Ausgang (Mikroschaltung) DIN 41855 || ~ **of controlling means** / Stellbefehl m || ~ **of Rs-adaptation** / Ausgang der Rs-Adaption || ~ **option** / Ausgabeverhalten m || ~ **parameter** / Ausgangsparameter m, Ausgabeparameter m || ~ **per unit time** / Durchsatz m || ~ **phase** / Ausgangsphase f || ~ **phase sequence** / Ausgangsphasenfolge f || ~ **point** / Ausgabepunkt m || ~ **port (OP)** / Ausgangskanal m (MPU), Ausgangsanschluss m, Ausgangstor n, Ausgabeport m || ~ **power** / abgegebene Leistung, Ausgangsleistung f || ~ **power control** / Ausgangs-Leistungssteuerung f VDE 0838,T.1 || ~ **primitive** / grafisches Darstellungselement || ~ **pulse** / Ausgangsimpuls m || ~ **quantity** / Ausgangsgröße f

|| ~ **range** / Ausgangsbereich m, Übertragungsbereich m (Verstärker) || ~ **ratings range** / Leistungsspektrum n || ~ **reactor** / Ausgangsdrossel f || ~ **referred to a potential** / potentialbezogener Ausgang DIN 41855 || ~ **regulator** / Leistungsregler m || ~ **relay** / Ausgangsrelais n, Ausgaberelais n, Endstufenrelais n || ~ **resistance** IEC 478-1 / Innenwiderstand m (Verhältnis Ausgangsspannungsänderung/ Ausgangsstromänderung bei Belastungsänderung) DIN 41785 || ~ **resolution** / Ausgabefeinheit f || ~ **s-parameter** / Ausgangs-Reflexionskoeffizient m (Transistor) DIN 41854 || ~ **sensitivity** / Ausgabefeinheit f || ~ **series-mode interference voltage** / Serientakt-Störspannung im Ausgangskreis || ~ **shaft** / Abtriebswelle f, Arbeitswelle f, Endwelle f || ~ **signal** / Ausgangssignal n, Ausgabesignal n || ~ **signal of actuator** / Stellgröße f || ~ **signal of controlling means** / Stellbefehl m
output span / Ausgangsspanne f (MG, Messumformer) || ~ **speed** / Ausgangsdrehzahl f, austreibende Drehzahl, Abtriebsdrehzahl f || ~ **stage** / Endstufe f, Endtransistor m || ~ **state** / Ausgangszustand m (NS), Schaltzustand m || ~ **status** / Softwareausgabezustand m || ~ **storage area** / Ausgabespeicherbereich m || ~ **terminal** / Ausgangsklemme f, Abgangsklemme f, Sekundärklemme f, Ausgangspol m (Netzwerk), Ausgang m (elektron. Betriebsmittel) || ~ **time interval** / Ausgabezeit f || ~ **transfer rate** / Ausgaberate f || ~ **transfer time** / Ausgangsansprechzeit f, TQT || ~ **transform** / Transformierte der Ausgangsgröße || ~ **transformer** / Ausgangstransformator m || ~ **transient overshoot voltage** / vorübergehende Überschwingungsspannung am Ausgang (IC-Regler) || ~ **typewriter** / Ausgabeblattschreiber m || ~ **unit** / Ausgabeeinheit f, ausgegebener Wert, Ausgabewert m || ~ **value** / Ausgangswert m || ~ **variable** / Ausgangsgröße f || ~ **voltage** / Ausgangsspannung f, Sekundärspannung f || ~ **voltage drift** / Ausgangsspannungsdrift f (IC-Regler) || ~ **voltage droop rate** / Abnahmerate der Ausgangsspannung || ~ **voltage range** / Arbeitsbereich der Ausgangsspannung (Verstärker) || ~ **voltage under load** (CEE 15) / Sekundärspannung bei Belastung (Wandler) || ~ **winding** / Ausgangswicklung f || ~ **Window** / Ausgabefenster n || ~ **word (QW)** / Ausgabewort n (AW), Ausgangswort n (AW)
outside air temperature / Außenlufttemperatur f || ~ **angle unit** / Außeneck n (IK) || ~ **cone** / Außenkonus m || ~ **contour** / Außenkontur f || ~ **corner** / Außenkante f, Außenecke f || ~ **diameter** / Außendurchmesser m, Kopfkreisdurchmesser m || ~ **dimensions** / Außenabmessungen f pl || ~ **frosted** / außenmattiert adj || ~ **jaw** / Außenbacke f || ~ **of the taper** / Kegelmantel m || ~ **radius** / Außenradius m || ~ **surface** / Außenfläche f || ~ **temperature** / Außentemperatur f, Außenlufttemperatur f || ~ **thread** / Außengewinde n || ~ **wall of insulation** / Schottblech n, Prallplatte f, Trennwand f, Schottwand f
outsourcing n / Fremdvergabe f
outstanding delivery / Rückstand m
outstation n (telecontrol) / Unterstation f (FWT), Fernwirk-Unterstation f

OVA / OVA
oval clearance / Zitronenspiel *n*
oval-clearance bearing / Zitronenlager *n*
oval coil / Ovalspule *f* || **~ conduit** / Ovalrohr *n* (IR) ||
  ~ head / Linsenschraube *f*
oval-core relay / Ovalrelais *n*
ovality *n* / Unrundheit *f* (Maschinenwelle o. -läufer)
oval specular reflector luminaire /
  Ovalspiegelleuchte *f*
oval-wheel flowmeter / Ovalrad-Durchflussmesser *m*
over-ageing *n* / Überaltern *n*
overall arrangement / Gesamtanordnung *f* || **~
  average noise figure** / Gesamtrauschzahl *f* || **~
  Boolean condition** / bool'sche Gesamtbedingung ||
  ~ charge-transfer efficiency / Gesamt-
  Ladungsverschiebe-Wirkungsgrad *m* || **~ circuit
  diagram** / Gesamtschaltplan *m* || **~ compiling** /
  Gesamtcompilierung *f* || **~ core height** / Kern-
  Bauhöhe *f* || **~ depth** / Gesamttiefe *f*, Bautiefe *f* || **~
  diameter** / Gesamtdurchmesser *m*,
  Außendurchmesser *m* || **~ dimensions** / Außenmaße
  f pl, Hauptabmessungen *f pl*, Hüllmaße *n pl*,
  Baumaße *n pl*, Grundabmessungen *f pl*,
  Gesamtabmessungen *f pl* || **~ efficiency** /
  Gesamtwirkungsgrad *m* || **~ equipment
  effectiveness (OEE)** / OEE || **~ gain** /
  Gesamtübergangfaktor *m* || **~ gain of whole control
  loop** / Gesamtverstärkung des Regelkreises || **~
  height** / Gesamthöhe *f*, Bauhöhe *f* || **~ length** /
  Gesamtlänge *f*, Baulänge *f* || **~ level** / gesamt-
  hörfrequenter Pegel || **~ luminous ceiling** /
  Lichtdecke *f*, Leuchtdecke *f* || **~ net added value** /
  Gesamt-Wertschöpfung *f* || **~ reset** / Urlöschen *n* || **~
  response** / Ansprechempfindlichkeit *f* (Fotometer)
  || **~ result** / Gesamtergebnis *n* || **~ schematic
  diagram** / Gesamtstromlaufplan *m* || **~ sequence** /
  Gesamt-Ablauf *m* || **~ shield** (cable) / Außenschirm
  m, äußerer Schirm || **~ space required** /
  Raumbedarf *m* || **~ transfer time** /
  Gesamtübermittlungszeit *f* (FWT) || **~ transformer**
  / Summenstromwandler *m* || **~ uniformity ratio** /
  Gesamtgleichmäßigkeit *f* (BT) || **~ view** /
  Gesamtansicht *f*, Gesamtüberblick *m* || **~ width** /
  Baubreite *f*
over-and-under...relay / Über- und Unterrelais,
  Maximal-Minimalrelais *n*
overcast sky / bedeckter Himmel
overcharge *n* / Überladung *f* (Batt.)
over-commutation *n* / Überkommutierung *f*,
  Frühwendung *f*, beschleunigte Kommutierung
over-compensation *n* / Überkompensation *f*
over-compounded *adj* / überkompoundiert *adj*,
  überverbunderregt *adj* || **~ generator** / Generator
  mit Überverbunderregung
overcompound excitation / Überverbunderregung *f*,
  Überkompoundierung *f*
over-compounding *n* / Überkompoundierung *f*,
  Überverbunderregung *f*
overcurrent *n* / Überstrom *m* || **~ and distance relays**
  / Zeitstaffelschutz *m* || **~ and phase-failure
  protection relay** / Überstromrelais mit
  Phasenausfallschutz || **~ blocking device** IEC 214 /
  Überstromsperre *f* (Trafo-Stufenschalter, HD 367) ||
  ~ capability / Überstrombelastbarkeit *f* || **~ class** /
  Überstromklasse *f* || **~ detection** /
  Überstromerfassung *f*, Überstromüberwachung *f* ||
  ~ discrimination / Überstromselektivität *f*,
  Selektivität *f* (Sich.) || **~ diverter** /
  Überstromableiter *m* || **~ factor** / Überstromziffer *f*
  (Wandler), Überstromfaktor *m* || **~ lock-out** /
  Überstromsperre *f* || **~ protective coordination** /
  Überstrom-Schutzkoordination *f* || **~ protective
  coordination of overcurrent protective devices** /
  Koordination von Überstromschutzeinrichtungen ||
  ~ protective device / Überstrom-Schutzeinrichtung
  f, Überstromschutzgerät *n*, Überstrom-Schutzorgan
  n || **~ relay** / Überstromrelais *n* || **~ release** /
  Überstromauslöser *m* VDE 0660,T.101 || **~
  secondary relay** / Überstrom-Sekundärrelais *n* || **~
  starting** / Überstromanregung *f* || **~ starting relay** /
  Überstromanregerelais *n* || **~ switch off** /
  Überstromabschaltung *f* || **~ time** / Kurzschlusszeit
  f, Kurzschlussdauer *f*
overcurrent-time-lag relay / Überstrom-Zeitrelais *n*
overcurrent-time protection / Überstrom-Zeitschutz
  m
overcurrent trip / Überstromauslöser *m* VDE
  0660,T.101 || **~ tripping** / Überstromauslösung *f*
over-defined *adj* / überbestimmt *adj*
overdamping *n* / Überdämpfung *f*, überkritische
  Dämpfung
overdrive *v* / übersteuern *v* (Verstärker) || **~
  protection** / Übersteuerschutz *m*
overexcitation *n* / Übererregung *f* || **~ limiter** /
  Übererregungsbegrenzer *m* || **~ protection** /
  Übererregungsschutz *m* (Gen.) || **~ test** / Prüfung
  bei Leistungsfaktor Null, Übererregungsversuch *m*
  (el. Masch.) VDE 0530,T.2
overexcited *adj* / übererregt *adj*
overfill safety system / Überfüllsicherung *f*
overflow *n* / Überlauf *m* (Speicher, Zähleinrichtung),
  Überschreitung *f* || **overflow (OV)** *n* / Overflow
  (OV) *m* || **~ bit** / Überlaufanzeige *f* || **~ condition
  code** / Überlaufanzeige *f* || **~ identifier** /
  Überlaufkennung *f* || **~ processing** /
  Überlaufverarbeitung *f* || **~ protection** /
  Überfüllsicherung *f* || **~ regulator** /
  Überströmventil *n* || **~ stored** / Overflow
  speichernd (OS) || **~ valve** / Überlaufventil *n*,
  Sicherheitsventil *n*
overfluxing protection / Übererregungsschutz *m*
  (Trafo), U/f-Begrenzung *f* (zur Vermeidung der
  Übermagnetisierung von Synchromasch. und
  Transformatoren)
overfrequency protection / Überfrequenzschutz *m* ||
  ~ relay / Überfrequenzrelais *n*
overhang *n* / Überhang *m* (a. gS), Ausladung *f* (el.
  Masch.), Wickelkopfausladung *f*, überstehender
  Streckenteil (graf. DV), Wickelkopf *m* (el. Masch.),
  Stirnseite *f* || **~ shed** / Schirmausladung *f* (Isolator) ||
  ~ bracket / Wickelkopfkonsole *f*, Wickelkopfstütze
  f || **~ corona shielding** / Endenglimmschutz *m* || **~
  correction factor** / Wickelkopf-Korrekturfaktor *m*
  || **~ cover** / Wickelkopfabdeckung *f*,
  Wicklungskappe *f*, Wicklungsschild *n*, Kappenring
  m || **~ crossover** / Wickelkopfkreuzung *f* || **~
  insulation** / Wickelkopfisolation *f* || **~ leakage** /
  Spulenkopfstreuung *f*, Stirnstreuung *f*,
  Wickelkopfstreuung *f* || **~ packing** / Wickelkopf-
  Distanzstück *n* IEC 50(411) || **~
  Wickelkopfversteifung *f*, Stirnseitenauskeilung *f*,
  Abstützstück *n*, Distanzstück *n* || **~ packing block** /
  Wickelkopfversteifung *f* || **~ projection** /
  Wickelkopfausladung *f* || **~ support** /

Wickelkopfabstützung *f*, Wickelkopfkonsole *f* || ~ **support ring** / Wickelkopf-Halterung *m*, Wickelkopf-Versteifungsring *m* || ~ **wedge bracing** / Wickelkopfversteifung *f*, Stirnseitenauskeilung *f* || ~ **winding** / Wickelkopf *m*, Spulenkopf *m*
overhaul *v* / überholen *v*, instandsetzen *v*, durchziehen *v*, Revision *f*, Überholung *f*, Instandsetzung *f*
overhauling load / durchziehende Last
overhead *n* / Folie *f*, Aufwand *m* || **overhead, time** ~ / Zeitbedarf *m* (DV) || ~ **busbar trunking (system)** / aufgehängter Schienenverteiler, Schienenverteiler *m*, Linienverteiler *m* || ~ **busway** / aufgehängter Schienenverteiler, Schienenverteiler *m*, Linienverteiler *m* || ~ **collector wire** / Schleifleitung *f*, Fahrdraht *m*, Fahrleitung *f* || ~ **conductor rail** / Hängestromschiene *f* || ~ **contact line** / Oberleitung *f*, Fahrleitungssystem *n* || ~ **contact line with catenary** / Kettenoberleitung *f*, Kettenfahrleitungssystem *n* || ~ **digits** / Service-Bits *n pl* || ~ **distribution line** / Versorgungsfreileitung *f* || ~ **earth wire** / Erdseil *n* (Freiltg., zum Schutz gegen Blitzeinschläge), Blitzschutz-Erdseil *n* || ~ **feeder** / Versorgungsfreileitung *f* || ~ **ground wire** / Erdseil *n* (Freiltg., zum Schutz gegen Blitzeinschläge), Blitzschutz-Erdseil *n* || ~ **ground wire peak** / Erdseilspitze *f* (Freileitungsmast) || ~ **light** / Oberlicht *n*, Deckenlicht *n* || ~ **line** / Freileitung *f*, oberirdische Leitung
overhead-line conductor / Freileitungsseil *n*
overhead power line / Starkstrom-Freileitung *f*, Freileitung *f*, Freileitungsfeld *n* || ~ **power transmission line** / Übertragungs-Freileitung *f* || ~ **power-line crossing** / Freileitungskreuzung *f*
overheads *n* / Gemeinkosten *pl*
overhead service / Freileitungs-Hausanschluss *m* || ~ **system** / Freileitungsnetz *n*, Oberleitung *f* (Fahrleitung) || ~ **system gauge** / Lichtraumprofil für Oberleitung || ~ **traction distribution line** IEC 71.4 / Speisefreileitung für Fahrleitungen VDE 0168,T.1 || ~ **transparency** / Overhead-Folie *f* || ~ **traveling crane** / Brückenlaufkran *m*
overheating *n* / Überhitzung *f*, thermische Überlastung, Übertemperatur *f*
overhung *adj* / fliegend angeordnet, aufgesattelt *adj* || ~ **belt load** / Riemenzug *m* || ~ **exciter** / aufgesattelte Erregermaschine || ~ **flywheel** / fliegendes Schwungrad || ~ **motor** / aufgesattelter Motor, Sattelmotor *m* || ~ **pulley** / fliegende Riemenscheibe || ~ **rotor** / fliegend gelagerter Rotor || ~ **shaft** / fliegende Welle
overlaid *adj* / überlagert *adj* || ~ **positional offset** / überlagerte Lageverschiebung
overlap *n* / Überlappung *f*, Überlagerung *f*, Schaltdifferenz *f* (Reg., Umschaltwerte), überschneiden *v*, überlappen *v*, Überdeckung *f* || ~ **angle** / Überlappungswinkel *m* (a. LE) || ~ **interval** IEC 146 / Überlappungszeit *f* (LE), Kommutierungszeit *f* || ~ **of protection** / Selektivschutzüberlappung *f* IEC 50(448)
overlapping contact / überschneidender Kontakt, überlappender Kontakt || ~ **contacting** / überschneidende Kontaktgabe, überlappende Kontaktgabe || ~ **gate** / überlappende Elektrode (Gate) || ~ **joint** / Überlappstoß *m* || ~ **laminations** / überlappt geschichtete Bleche
overlay *v* / einblenden *v* (BSG), überblenden *v*,

überlagern *v* || ~ *n* / Überlagerung *f* (Programm), Formular *n* (BSG) || **form** ~ / Formulareinblendung *f* (graf. DV) || **keyboard** ~ / Tastaturschablone *f*, Tastaturfolie *f* || **transparent** ~ / transparente Schicht (graf. DV, eines Bildes) || ~ **inhibit** / Überdeckungssperre *f* (BSG) || ~ **traverse path** / überlagernder Verfahrweg
overlaying movement / überlagerte Bewegung, überlagernde Bewegung
overlined signal name / Signalname mit Querstrich
overload *v* / überlasten *v*, überbelasten *v*, überbeanspruchen *v* || ~ *v* EN 61131-3 / überladen *v* (SPS-Programm) || ~ *n* / Überlast *f*, Überbeanspruchung *f*, Überbelastung *f* || ~ **alarm** / Überlastwarnung *f* || ~ **capability** / Überlastbarkeit *f*, Überlastleistung *f* (KW), Überstrombelastbarkeit *f*, Überlastfähigkeit *f*, Übersteuerung *f* || ~ **capacity** / Überlastbarkeit *f*, Überlastleistung *f* (KW), Überstrombelastbarkeit *f* || ~ **characteristic** / Überlastkennlinie *f* || ~ **circuit breaker** / Überlast-Leistungsschalter *m* || ~ **current** / Überlaststrom *m* || ~ **current profile** / Überlaststrom-Profil *n* || ~ **curve** / Überlastkennlinie *f* || ~ **device** / Überlastgerät *n* || ~ **distortion** / Übersteuerungsverzerrung (bei Quantisierung) *f*
overloaded *adj* / überlastet *adj*, typenunabhängig überladen
overload effective output / nutzbare Überlastleistung (Verbrennungsmot.) || ~ **factor** / Überlastfaktor *m*, Linearitätsreserve *f*, Überlastungsfaktor *m* (z.B. eines Messempfängers) IEC 50(161) || ~ **factor required for motor torque** / geforderter Motorüberlastfaktor || ~ **fault** / Überlaststörung *f* || ~ **forward current** / Überstrom *m* (Diode) DIN 41781
overloading *n* / Überlastung *f*
overload on-state current / Überstrom *m* (Thyr) DIN 41786 || ~ **performance** / Verhalten bei Überlast, Überlastschaltvermögen *n*
overload-proof output / überlastfester Ausgang
overload protection / Überlastschutz *m*, Überlastungsschutz *m* || ~ **protective device** / Überlast-Schutzeinrichtung *f*, Überlast-Schutzorgan *n* || ~ **relay** / Überlastrelais *n* || ~ **relay compensated for ambient temperature** / umgebungstemperaturkompensiertes Überlastrelais, temperaturkompensiertes Überlastrelais || ~ **relay connector** / Anschlussträger für Überlastrelais || ~ **relay not compensated for ambient temperature** / nichttemperaturkompensiertes Überlastrelais || ~ **release** IEC 157-1 / Überlastauslöser *m* VDE 0660,T.101 || ~ **test** / Überlastprüfung *f* || ~ **tripping** || ~ **tripping operation** / Überlastauslösung *f* || ~ **withstand capability** / Überlastfestigkeit *f*
overnight courier service / Nachttourenservice *m*, Nachttourendienst *m* || ~ **delivery** / Nachtpost *f*
overplate *n* / Übermetallisierung *f* DIN 40804
over-plot *n* ISO 3592 / Zeichnungsüberlagerung *f* (NC, a. CLDATA-Wort)
overpotential *n* / Überspannung *f*
over-power protection / Leistungsbegrenzungsschutz nach oben
overpressure *n* / Überdruck *m* || ~ **disconnector** / Überdruckabschalter *m* (Kondensator) IEC 50(436) || ~ **relief device** / Überdruckschutz *m* (Trafo) || ~

test / Überdruckprüfung f EN 50018
overprint v / überdrucken v
overrange n / Bereichsüberschreitung f (MG), Übersteuerungsbereich m, Übersteuerbereich m, Überlastbereich m (MG) || ~ **bit** / Überlaufbit n, Überlastgrenze f (MG, max. Eingangsgröße, die noch keine Zerstörung o. bleibende Veränderung hervorruft) || ~ **of measured quantity** / zulässige Bereichsüberschreitung der Messgröße DIN IEC 688,T.1 || ~ **protection** / Überlastschutz m (MG)
overrate v / überdimensionieren v
overreach n / Übergreifen n (Schutz), Überreichweite f || ~ **distance protection system** / Distanzschutzsystem mit Übergreifen (o. Überreichweite) || ~ **grading** / Übergreifstaffelung f (Schutz), Überstaffelung f
overreaching protection / Übergreifschutz m, Überbereichsschutz m
overreach protection / Übergreifschutz m || ~ **zone** / Übergreifzonen f pl
over...relay / Über...relais n, Maximalrelais n
override n / Übersteuern n, Umgehen n (Verriegelung), Eingriff m, Programmeingriff m (NC), Korrektur f, Überspeichern n, Überlagern n, Überlagerung f, Override, Korrektureingriff m, Override-Regelung f || ~ **manual** ~ / Korrektur von Hand, Korrektur durch Handeingriff, Eingriff (o. Korrekturmöglichkeit) von Hand m || ~ **to** ~ **the end position** / die Endstellung überfahren || ~ **control** / Übersteuerung f, Korrektursteuerung f (NC), Override-Regelung f, willkürliche Betätigung, Ablöseregelung f || ~ **motor high speed** / Übersteuerung Motor Schnellauf || ~ **switch** / Übersteuerungsschalter m (NC), Schalter für manuellen Eingriff (NC), Korrekturschalter m
overrun v / nachlaufen v, weiterlaufen v || ~ n / Nachlauf m, Weiterlaufen n, Überlauf m (Kfz), Wortumbruch m, Schiebebetrieb m || **data** ~ / Datenüberlauf m || ~ **edge lighting (ORE)** / Landebahnverlängerung-Randbefeuerung f (ORE f), Überrollstrecken-Randbefeuerung f || ~ **error (OE)** / Überlauffehler m (MPU) || ~ **fuel cutoff** / Schubabschaltung f (Kfz) || ~ **limit protection** IEC 550 / Überfahrschutz m (WZM, NC)
overrunning clutch / Überholkupplung f, Freilaufkupplung f
overrun warning / Überlaufwarnung f
overscore v / überstreichen v (Text)
oversheath n / Außenmantel m (Kabel), Schutzhülle f (Kabel), Außenhülle f, thermoplastische Schutzhülle, Mantelschutzhülle f, Kunststoffaußenhülle f
overseas n pl / Übersee
overshoot n / Überschwingung f, Überschwinger m, Überlaufweg m, Überhöhung f, Überschreiten n, Überschreitung f, Überfahren n, Überschwingweite f, Nachlauf m (Rel.), Überschießen n, Vorläufer m (Puls), Überschwingen n, Überstand m (Maßhilfslinie) || **dynamic** ~ / Überfahren n (WZM) || **pulse** ~ / Impulsspitze f || **voltage** ~ / Spannungsüberschwingen n, Spannungs-Überschwingweite f, Spannungsüberhöhung f || ~ **amplitude** / Überschwingweite f || ~ **angle** / Überschwingwinkel m (Schrittmot.) || ~ **factor** / Überschwingfaktor m (Verstärker)
overshoot-free adj / überschwingfrei adj
overshooting n / Überschreiten n, Überlaufweg m,
Überhöhung f, Überschreitung f
overshoot time / Überschwingzeit f, Nachlaufzeit f (Rel.)
oversize n / Übermaß n (Bearbeitung), Übergröße f, Aufmaß n, übergroß adj
oversized motors / überdimensionierte Motoren || ~ **tool** / Werkzeug übergroß
oversizing n / Überbemessung f, Überdimensionierung f || ~ **and undersizing** / Fehlbemessung f
overspeed v / mit Überdrehzahl laufen, durchgehen v || ~ n / Überdrehzahl f, Schleuderdrehzahl f || ~ **governor** / Drehzahlwächter m (mech., Turbine)
overspeeding n / mit Überdrehzahl laufen, Durchgehen n (Mot.)
overspeed limiter / Überdrehzahlbegrenzer m, Drehzahlbegrenzer m || ~ **protection** / Überdrehzahlschutz m, Übergeschwindigkeitsschutz m, Durchgehschutz m, Schleuderschutz m || ~ **relay** / Überdrehzahlauslöser m, Drehzahlwächter m
overspeed-test v / schleudern v (Schleuderprüf.)
overspeed test / Schleuderprüfung f || ~ **testing pit** / Schleudergrube f || ~ **test speed** / Schleuderdrehzahl f || ~ **test tunnel** / Schleuderhalle f, Schleuderbunker m || ~ **trip** / Überdrehzahlauslöser m, Drehzahlwächter m
overspill (voltage) / Übertrittspannung f
overstocked spare parts / Ersatzteilüberbestand
overstore / Überlagerung, Korrektur, Überlagern || ~ / überspeichern v
overstoring n / Überspeichern n, Überspeicherung f
overstress n / Überbeanspruchung f, Überlastung f || **operation at** ~ / Überlastbetrieb m (bei Beanspruchung in Zuverlässigkeitsprüf.)
overstressing n / Überbeanspruchung f
overswing n / Überschwingen n
oversynchronous adj / übersynchron adj || ~ **braking** / übersynchrones Bremsen || ~ **static converter cascade** / übersynchrone Stromrichterkaskade
overtemperature n / Übertemperatur f || ~ **protection** / Übertemperaturschutz m, Temperaturschutz m
overtime hours carry-over / Überstunden-Übertrag m
overtone-mode crystal / Oberschwingungsquarz n
overtravel n / Nachlauf m (Schaltglied, Betätigungselement, Rel.), Nachlaufweg m (HSS), Überhub m (Ventil) || ~ v / überfahren v || ~ **limit position** / Nachlaufgrenze f (PS), Zerstörstellung f (PS)
overtravelling n / Überfahren n
overtravel plunger / Kuppen-Stößel m || ~ **time** ANSI C37.90 / Nachlaufzeit f (Rel., HSS)
overturning n / Umfallen n, Umstürzen n, Umkippen n
overtype generator / oberständiger Generator
overview n / Zusammenfassung f, Übersicht (UEB) f || ~ **display** / Übersichtsbild n (Prozessmonitor) || ~ **field** / Übersichtsfeld n (Prozessmonitor) || ~ **of functions** / Funktionsübersicht f || ~ **representation** / Übersichtsdarstellung f
overvoltage n / Überspannung f, Netzüberspannung f || **negative 1.3** ~ **sparkover voltage** / negative Stirn-Ansprech-Schaltstoßspannung || ~ **arrestor** / Ableiter m, Überspannungsableiter m || ~ **category** / Überspannungskategorie f || ~ **due to lightning** / Gewitterüberspannung f || ~ **due to resonance** /

Resonanzüberspannung f || ~ **factor** / Überspannungsfaktor m || ~ **limiter** / Überspannungsbegrenzer m || ~ **protection** / Überspannungsschutz m || ~ **protection diode** / Freilaufschutzdiode f || ~ **protection module** / Überspannungsschutzmodul n || ~ **protector** / Überspannungsschutzvorrichtung f, Spannungssicherung f, Durchschlagsicherung f || ~ **relay** / Überspannungsrelais n || ~ **release** / Überspannungsauslöser m
overwrap n / äußere Umhüllung einer Verpackung
overwrite n / Überschreibung f || ~ v / überschreiben v || ~ **mode** / Überschreib-Modus m
overwriting n / Überschreiben n, Überschreibung f || ~ v / überschreiben v
overwritten exposure / Überschreibungsaufnahme f
OW (oil-water cooling, water cooling with natural circulation of oil) / OW (oil-water cooling, Wasserkühlung mit natürlichem Ölumlauf)
OW/A (oil-water/air cooling, water cooling with natural circulation of oil and air) / OW/A (Wasserkühlung mit natürlichem Öl- und Luftumlauf)
owner n / Eigentümer m
oxidation n / Oxidation f, Ölalterung f || ~ **catalytic converter** / Oxidationskatalysator m (Kfz) || ~ **inhibitor** / Oxidationsinhibitor m, Antioxidans n, Alterungsschutzstoff m (Öl)
oxidation-reduction potential (ORP) n / Redoxpotential n
oxidation stability / Oxidationsstabilität f, Alterungsbeständigkeit f (Öl) || ~ **stability test** / Harzbildnerprobe f || ~ **test** / Alterungsprüfung f (Öl)
oxide cathode / Oxidschichtkathode f, Oxidkathode f
oxide-coated cathode / Oxidschichtkathode f, Oxidkathode f
oxide film / Oxidschicht f, Kommutatorpatina f
oxide-isolated circuit / oxidisolierte Schaltung
oxide isolation / Oxidisolation f || ~ **masking** / Oxidmaskierung f
oxide-reinforced compound material / oxidverstärkter Verbundwerkstoff
oxide skin / Oxidfilm m, Kommutatorpatina f
oxygen analysis / Sauerstoffanalyse f, Sauerstoffanalysator m || ~ **analyzer** / Sauerstoffanalysegerät n, Sauerstoff-Messgerät n || ~ **cutting** / Oxygenschneiden n
oxygen-free copper / sauerstoffreies Kupfer, desoxydiertes Kupfer || ~ **high-conductivity copper (OFHCC)** / sauerstoffreies Kupfer hoher Leitfähigkeit
oxygen-hydrogen fuel cell / Sauerstoff-Wasserstoff-Brennstoffzelle f
oxygen measurement / Sauerstoffmesstechnik f
ozone resistance / Ozonbeständigkeit f

P

P / projektierbares Telegramm, p (Kennbuchstabe für Überdruckkapselung)
PA s. process automation || ~ **section (power amplifier section)** / LV-Teil

(Leistungsverstärkerteil) n
pace voltage / Schrittspannung f
Pacinotti ring / Pacinotti-Ringanker m
pack v / verpacken v, abdichten v, ausfüllen v, schichten v, paketieren v, unterfüttern v, packen v || ~ **plate** / Plattenblock m (Batt.)
package n / Paket n, Packung f, Verpackung f, Baugruppe f, Baustein m, Gehäuse n (IS), Kompaktbaugruppe f, Versandpackung f || **dual-in-line** ~ **(DIP)** / Steckgehäuse n (DIP), Dual-in-line-Gehäuse n || ~ **program** ~ / Programmpaket n
packaged cogeneration unit / Block-Heizkraftwerk n || ~ **drive** / Kompaktantrieb m || ~ **substation** / Kleinstation f (Unterstation), Kompaktstation f, Netzstation f || ~ **transformer substation** / Transformator-Kleinstation f, Transformator-Kompaktstation f, Transformator-Netzstation f
package stability / Haltbarkeit in der Verpackung, Lagerbeständigkeit f
packaging n / Verpacken n, kompaktes Zusammenbauen, Einbau m (in Elemente eines Einbausystems), Verpackung f || ~ **and shipping preservation** / Verpackungs- und Versandschutz n || ~ **density** / Packungsdichte f || ~ **label** / Verpackungsetikett n || ~ **machine** / Verpackungsmaschine f || ~ **of components on continuous tapes** / Gurtung von Bauteilen || ~ **system** / Einbau- und Schranksystem n, Einbausystem n, Aufbausystem n, Montagesystem n, Verpackungsanlage f || ~ **technology** / Verpackungstechnik f
packed binary coded decimal figure / gepackte binär-codierte Dezimalzahl || ~ **column** / gepackte Säule (Chromatograph) || ~ **gland** / Stopfbuchsverschraubung f || ~ **with foamed material** / ausgeschäumt adj
packet n / Paket n, Teilpaket n, Stapel m, Datenpaket n || ~ **charge** ~ / Ladungspaket n || ~ **assembly** / Paketierung f (Datenpakete) || ~ **assembly/disassembly (PAD)** / Paketier-Depaketierung(seinrichtung) f || ~ **level protocol (PLP)** / Paketvermittlungsprotokoll n DIN ISO 8208 || ~ **mode** / Paketbetriebsart f || ~ **retransmission** / Wiederholung von Datenpaketen || ~ **sequencing** / Paketaufreihung f (Datenpakete) || ~ **switching** / Paketvermittlung f (Datenpakete), Datenpaketvermittlung f || ~ **switching data network** / paketvermittelndes Datennetz || ~ **switching system (PSS)** / Paketvermittlungssystem n
packet-switching transmission / paketvermittelte Übertragung
packet-type selector switch / Paket-Umschalter m, PACCO-Umschalter m || ~ **switch** / Paketschalter m, PACCO-Schalter m
packing n / Verpackung f, Dichtung f, Dichtungsmittel n, Füllstück n, Füllung f, Füllgrad m, Beilage f, Versteifungsstück n, Packung f || ~ **column** / Säulenfüllung f (Chromatograph) || ~ **bandage** / Dichtungsbinde f || ~ **block** / Versteifungsklotz m, Abstandsstück n || ~ **bolts** / Stopfbuchsverschraubung f || ~ **cord** / Dichtungsschnur f || ~ **defect** / Verpackungsmangel m || ~ **density** / Packungsdichte f, Speicherdichte f || ~ **depth** / Packungshöhe f || ~ **dimension** / Verpackungsmaß n || ~ **drawing** / Verpackungs-Zeichnung f || ~ **fraction** IEC 50(731) /

Packungsdichte *f* (Faserbündel), Packungsdichte *f* (LWL) || ~ **gland** / Stopfbuchse *f*, druckfester Einführungsstutzen || ~ **key** / Beipassfeder *f* || ~ **material** / Verpackungsmaterial *n*, Dichtungsmaterial *n*, Füllstoff *m*, Packungswerkstoff *m* || ~ **materials certificate** / Packgutpass *m* || ~ **of impregnated yarn** / Weichpackung *f* || ~ **of the stuffing box** / Stopfbuchspackung *f* || ~ **plate** / Unterlegeisen *n*, Beilageblech *n* || ~ **ring** / Dichtungsring *m*, Dichtring *m*, Ringdichtung *f* || ~ **strip** / Füllstreifen *m* (Nut)
packless valve / stopfbuchsenloses Ventil
PACS s. parallel poll addressed to configure state
pact electro-hydraulic power source / Schlossmutter *f*
P action / P-Verhalten *n* (Reg.), Proportionalverhalten *n*
P component / Proportionalanteil *m*
pad *n* / Unterlage *f*, Kissen *n*, Beilage *f*, Puffer *m*, Drucklagersegment *m*, Lagerschuh *m*, Pratze *f* (el. Masch., Bauform IM B 30), Grundplatte *f* (Pilzfundament), Druckstück *n*, Lagerstein *m* || ~ *v* / polstern *v*, auspolstern *v*, ausfüttern *v*, unterlegen *v*
PAD s. process average defective || ≙ s. packet assembly/disassembly || ≙ **(programmable address decoder)** / PAD (programmierbarer Adressdecoder)
pad, bonding ~ / Kontaktfleck *m* (IS) || **numerical** ~ / numerisches Tastenfeld
pad-and-chimney foundation / Pilzgründung *f*
paddle / Steuerknüppel *m*, Meisterschalter *m*
paddy lamp / Zugschlussleuchte *f*
padlock *v* / mit einem Vorhängeschloss verschließen || ~ *n* / Vorhängeschloss *n*
padlocking *n* / Verschließen (o. Absperren) mit einem Vorhängeschloss, Vorhängeschlossverriegelung *f*
pad-mounted station / Sockelstation *f* (Netzstation)
pad-mounting *n* / Pratzenanbau *m* (el. Masch., Bauform IM B 30)
PADT s. programming and debugging tool
pad-type bearing / Segment-Gleitlager *n*
PAF (pulse accumulator freeze) / PAF
page *v* / blättern *v* || ~ *n* / Seite *f* (a. Block von digitalen Daten, Speicherseite), Kachel *f* || ~ **address** / Seitenadresse *f*, Kacheladresse *f* || ~ **addressing** / Seitenadressierung *f*, Kachelung *f* || ~ **area** / Kachelbereich *m*
page-break display / Seitenanzeige *f* (Textverarb.)
page command / Kachelbefehl *m* (NC, SPS) || ~ **down** / Vorwärtsblättern *n* || ~ **down** *v* / rückwärtsblättern *v* || ~ **frame** / Kachel *f* || ~ **key** / Blättertaste *f* || ~ **make-up** / Seitenumbruch *m* || ~ **mode** / seitenweiser Betrieb || ~ **mode cycle** / Zyklus für seitenweisen Betrieb || ~ **numbering** / Seitennumerierung *f* (Textverarb.)
pageprinter *n* / Blattschreiber *m*
page range / Druckbereich *m* || ~ **read mode** / seitenweises Lesen || ~ **sequence** / Seitenreihenfolge *f* || ~ **through** / blättern *v* || ~ **up** / Rückwärtsblättern *n*, vorwärtsblättern *v* || ~ **write mode** / seitenweises Schreiben
pagination *n* / Seitenumbruch *m*
paging *n* / Seitenbildung *f*, Seitenaufteilung *f*, Seitenaustausch *m*, Blättern *n*, Seitennumerierung *f*, Seitenwechsel *m* || ~ **key** / Paging-Taste *f* || ~

system / Personenrufanlage *f*, Ausrufanlage *f*
pagoda reflector / Pagodenspiegel *m* (Leuchte)
paint damage / Lackschaden *m*
painted *adj* / lackiert *adj*
paint finish / Farbanstrich *m* || ~ **finish on outside** / außen lackiert
paint-free *adj* / lackfrei *adj*
painting *n* / Lack *m*, Lackierung *f*
paint manufacturers for the building industry / Baufarbenhersteller *m* || ~ **of lake** / Lackanstrich *m* || ~ **pen** / Lackstift *m* || ~ **set** / Lackset *n* || ~ **shops** / Lackierereien *f pl* || ~ **structure** / Farbaufbau *m* (Anstrich) || ~ **system** / Lackaufbau *m*
pair delay / Paarlaufzeit *f*
paired *adj* / gepaart *adj* || **paired brushes** / Tandembürste *f* || ~ **cable** / paarverseiltes Kabel, paarig verseiltes Kabel || ~ **disparity code** / Paar-Ungleichheitscode *m*
pair generation / Paarbildung *f* (HL) || ~ **of antiparallel arms** (Two arms in parallel with opposite conducting direction.) / Wechselpaar *n* (zwei Zweige, die mit entgegengesetzten Leitungsrichtungen parallel geschaltet sind) || ~ **of antiparallel arms** / Wechselwegpaar *n* (LE) || ~ **of arms** / Zweigpaar *n* (LE) || ~ **of poles** / Polpaar *n* || ~ **of synchronized axes** / Gleichlaufpaar *n*, Gleichlauf-Achsenpaar *n* || ~ **of terminals** / Klemmenpaar *n*, Tor *n* || ~ **of values** / Wertepaar *n* || ~ **of windings** / Wicklungspaar *n* || ~ **production** / Paarbildung *f* (HL) || ~ **of synchronous spindles** (See: synchronous mode) / Synchronspindelpaar *n* (Siehe: Synchronbetrieb)
pallet *n* / Palette *f*, Anker *m* (EZ), Werkstückträger (WT) *m*, Werkstückpalette *f*, transportabler Werkstückspanntisch (Transportable Spannvorrichtung, die das Aufspannen von Werkstücken außerhalb der Maschine ermöglicht, um Stillstandzeiten zu reduzieren) || ~ **box** / Palettenfenster *n* || ~ **change** / Palettenwechsel *m* || ~ **changer** / Palettenwechsler *m* (Einrichtung zum automatischen Beschicken von NC-Maschinen, d.h. zum Be- und Entladen von auf Paletten montierten Werkstücken nach im Programm vorgegebenen Steueranweisungen), automatischer Palettenwechsler (Einrichtung zum automatischen Beschicken von NC-Maschinen, d.h. zum Be- und Entladen von auf Paletten montierten Werkstücken nach im Programm vorgebenen Steueranweisungen) || ~ **changing** / Palettenwechsel *m* || ~ **data** / Palettendaten *pl*
palleting *n* / Palettieren *n*
palletizer *n* / Palettiermaschine *f*, Palettierer *m*
palletizing *n* / Palettieren *n* || ~ **machine** / Palettiermaschine *f*, Palettierer *m*
pallet pin / Ankerklaue *f* (EZ)
pallets, no incoming ~ / leer fahren
pallet system / Palettensystem *n*
palm *n* / Handfläche *f*, Handteller *m*, großer Pilzdruckknopf, Fahne *f* (Kabelschuh)
palm-type pushbutton / großer Pilzdruckknopf
PAM s. pole-amplitude modulation || ≙ **(pulse amplitude modulated)** / PBM (pulsbreitenmoduliert) || ≙ s. pulse-amplitude modulation || ≙ **circuit** (pulse-amplitude modulation circuit) / PAM-Schaltung *f* || ≙ **motor** s. pole-amplitude-modulated motor || ≙ **winding** s. pole-amplitude-modulatedwinding

pancake 410

pancake coil / Scheibenspule f || ~ **motor** / Scheibenmotor m, Flachmotor m || ~ **winding** / Scheibenwicklung f
panchronous generator / Panchrongenerator m
pane n / Fensterausschnitt m
panel n / Platte f, Tafel f, Schalttafelfeld n, Schaltfeld n, Feld n, Steuertafel f, Fronttafel f, Frontplatte f, Türfüllung f, Nutzen m (gS), Komitee n, Blechebene f, Paneel n || **K** ~ / K-Fachwerk n (Gittermast) || **operator** ~ / Bedienerfeld n, Bediengerät n || **plasma** ~ / Plasmabildschirm m || **program** ~ / Programmiergerät n (PG) || **touch** ~ / Tastfeld n (BSG), Fingerspitzen-Tablett n || ~ **arrangement** / Feldanordnung f || ~ **assignment** / Feldzuordnung f
panelboard n / Verteilertafel f, Verteiler m, (kleine) Schalttafel f, Installationsverteiler m
panel bus / Nahbus m (20 - 100 m) || ~ **button** / Bedienfeldtaste f || ~ **connecting bolt** / Feldverbindungsschraube f || ~ **connection** / Feldanschluss m || ~ **connection link** / Feldverbundleiste f || ≗ **Control Unit (PCU)** / PCU || ~ **cutout** / Schalttafelausschnitt m, Tafelausschnitt m, Montageausschnitt m (ST), Frontplattenausschnitt m || ~ **designation** / Feldname m || ~ **designation label** / Feldbezeichnungsschild n || ~ **dimensions** / Feldraster n || ~ **divider** / Plattenaufteilsäge f
panel-form bias-cut fabric / Diagonalschnittgewebe in Tafelform
panel front / Schaltfeldfront f || ~ **group** / Feldverbund m || ~ **identification** / Feldkennzeichnung f || ~ **joint** / Feldverbundstelle f
panel lamp / Armaturenbrettleuchte f, Armaturenleuchte f || ~ **layout** / Gerätedisposition f (auf Schalttafel) || ~ **link** / Feldverbindung f
panel-mounted version / Panelausführung f
panel mounting / Schalttafeleinbau m
panel-mounting adj / für Schalttafeleinbau (o. - montage) || ~ **measuring instrument** / Messgerät für Schalttafelmontage, Schalttafel-Messinstrument n || ~ **version** / Einbauversion
panel plating / Flächengalvanisieren n || ~ **point** / Fachwerkknoten m (Freileitungsmast), Fachwerkknoten m (Gittermast)
panel-related adj / feldbezogen adj
panel seal / Dichtung am Montageausschnitt (ET, ST) || ~ **section** / Feldschnitt m || ~ **selection** / Feldauswahl f || ~ **size** / Feldgröße f || ~ **spacing** / Feldteilung f || ~ **specimen** / Musterfeld n || ~ **type** / Feldart f, Feldtyp m
panel-type fluorescent lamp / Flächenleuchtstofflampe f || ~ **radiator** / Plattenheizkörper m || ~ **socket-outlet** / Schalttafel-Steckdose f || ~ **switch** / Schalter für Schalttafeln, Schalttafelschalter m
panel version / Feldvariante f, Feldausführung f || ~ **width** / Feldbreite f, Feldteilung f
pan head screw / Zylinderschraube f
panic button / Panik-Druckknopf m, Schlagtaster m
panning n / Schwenken n (Kamera, Scheinwerfer, Bildverschiebung am Graphikbildschirm), Panoramierung f (Kamera), Verschieben n (Scheinwerfer)
pantograph n / Scherenstromabnehmer m, Schere f (Greifertrenner), Greifer m (Greifertrenner) || ~ **bounce** / Abspringen des Scherenstromabnehmers

|| ~ **clearance gauge** / Lichtraumprofil für Stromabnehmer || ~ **cylinder** / Hub- und Senkantrieb des Scherenstromabnehmers || ~ **disconnector** / Greifertrennschalter m, Greifertrenner m, Scherentrenner m || ~ **isolator** / Greifertrennschalter m, Greifertrenner m, Scherentrenner m || ~ **system** / Gelenkschere f (Greifertrenner)
paper n / Papier n || ~, **rubber and plastics industries (PRP industries)** / Faserstoff- und Kunststoffindustrie f
paper-backed adj / papierkaschiert adj || ~ **plastic tape** / papierkaschierter Kunststoff- Lochstreifen
paper-base laminate / Hartpapier n (H-Papier)
paper board / Pappe f, Papierpappe f || ~ **capacitor** / Papierkondensator m || ~ **chromatography** / Papierchromatographie f || ~ **feed** / Papiervorschub m, Papiertransport m
paper-insulated adj / papierisoliert adj || ~ **lead covered cable (PILC cable)** / papierisoliertes Bleimantelkabel || ~ **lead-sheated cable** s. paper-insulated lead-covered cable || ~ **mass impregnated cable** / Papier-Masse-Kabel n
paperless adj / beleglos adj
paper-lined cell / papiergefütterte Zelle (Batt.)
paper liner / Papiereinlage f (IR) || ~ **roll** / Papierrolle f (f. Drucker) || ~ **support plate** / Papierauflage f (Drucker) || ~ **tape** / Papierstreifen m, Schreiberstreifen m, Lochstreifen m || ~ **tape punch** / Lochstreifenlocher m, Lochstreifenstanzer m, Streifenlocher m || ~ **tape reader (PTR)** / Lochstreifenleser m || ~ **towel** / Papiertuch m || ~ **waste** / Abfallpapier n
paper-white adj / belegweiß adj
paper wrapper / Papierwickel m
PAPI system s. precision approach path indicator system
PAR (pulse accumulator request) / PAR
parabola n / Parabel f
parabolic fluted reflector / Parabolrinnenspiegel m (Leuchte) || ~ **interpolation** / Parabelinterpolation f (NC) || ~ **profile** / parabolisches Profil (LWL) || ~ **radium lamp** / Radium-Paraballampe f || ~ **reflector** / Parabolreflektor m, Parabolspiegel m || ~ **span** / Parabelabschnitt m (NC) || ~ **specular aluminium reflector** / Aluminium- Parabolspiegel m || ~ **specular reflector** / Parabolspiegel m (Leuchte) || ~ **specular reflector lamp** / Parabolspiegellampe f || ~ **V/f control** / parabolische U/f-Steuerung
paraelectric adj / paraelektrisch adj
paraffined adj / paraffiniert adj
paraffinic insulating oil / paraffinbasisches Isolieröl
paraffin paper / paraffiniertes Papier || ~ **wax** / Paraffinwachs m
paragraph n / Paragraph m, Abschnitt m, Absatz m (im Text)
paragraph-aligned adj / paragraphbündig adj
parallel v / parallelschalten v, in den Nebenschluss schalten, parallel adj, nebeneinander adj || **in** ~ adj / parallelgeschaltet adj, im Nebenschluss liegend || ~ **addressing** / parallele Adressierung
parallel-axes gearing / Stirnradgetriebe n
parallel block / Parallelstück n || ~ **branch** / Parallelzweig m || ~ **cable compensation** / Parallelleitungskompensation f || ~ **capacitance** / Parallelkapazität f, Nebenschlusskapazität f || ~

capacitor / Parallelkondensator m, Querkondensator m || ~ **capacitor bank** IEC 265 / Parallel-Kondensatorbatterie f VDE 0670,T.3 || ~ **circuit** / Parallelkreis m, Nebenschlusskreis m, Parallelzweig m || ~ **code** / Parallelkode m || ~ **compensation** / Querkompensation f || ~ **computer** / Parallelrechner m || ~ **connection** / Parallelschaltung f, Nebenschlussschaltung f **parallel-contact earthing switch** / Parallelerder m, Parallel-Erdungsschalter m
parallel control device IEC 214 / Parallellaufeinrichtung f (Trafo-Stufenschalter) VDE 0530,T.30 || ~ **conversion** / Parallelumsetzung f (ADU) || ~ **correction** / Parallel-Kompensation f || ~ **counter** / synchroner Zähler, Parallelzähler m || ~ **coupling** / Parallelankopplung f (RSA), Parallelkreiskopplung f (RSA), Paralleleinspeisung f (RSA) || ~ **dimensioning** / parallele Bemaßung (CAD) || ~ **earth-continuity conductor** IEC 50(461) / kontinuierlicher paralleler Erdungsleiter, paralleler Erdschutzleiter
paralleled adj / parallelgeschaltet adj
parallel edge / Parallelkante f, Parallelbogen m
parallelepiped / Parallelepiped n, Parallelflach n, Block m, Quader m
parallelepipedal neighbourhood / Quaderumgebung f
parallel gears / Parallelgetriebe n, Wälzgetriebe n || ~ **helical gear** / schrägverzahntes Wälz-Stirnrad
paralleling n / Parallelschalten n, in den Nebenschluss schalten || ~ **control relay** / Parallellaufrelais n || ~ **reactor** ANSI C37.12 / Parallellauf-Drosselspule f
parallel injection / Paralleleinspeisung f (RSA) || ~ **input** / Paralleleingabe f || ~ **input/output (PIO)** / Parallel-E/A m || ~ **interface** / Parallelschnittstelle f, Parallelnahtstelle f, Parallelkopplung f || ~ **key** / Passfeder f || ~ **kinematics** / Stabkinematiken f pl || ~ **link** / Parallelkopplung f
parallelism n / Parallelität f, parallele Näherung (von Leitern, deren Abstand um nicht mehr als 5% schwankt) || ~ **error** / Parallelitätsfehler m (a. Osz.) || ~ **tolerance** / Parallelitätstoleranz f
parallel-kinematics machine (PKM) / Parallel-Kinematik-Maschine (PKM) f
parallel misalignment / Parallelverlagerung f || ~ **model** / Parallelmodell || ~ **numbering system** / Parallel-Nummernsystem f DIN 6763, T.1
parallelohedron n / Paralleloeder m
parallel operation / Parallelbetrieb m, Parallellauf m || ~ **operation monitoring** / Parallellauf-Überwachung f DIN 41785 || ~ **operator panel** / Parallelpult n
parallelotope n / Parallelotop n
parallel p.f. correction / Parallelkompensation f (Leistungsfaktor) || ~ **poll (pp)** / Parallelabfrage f (PMG) DIN IEC 625 || ~ **poll active state (PPAS)** / aktiver Zustand der Parallelabfrage (PMG) DIN IEC 625 || ~ **poll addressed to configure state (PACS)** / adressierter Einstellzustand der Parallelabfrage (PMG) DIN IEC 625 || ~ **poll configure** / Einstellen zur Parallelabfrage (PMG) || ~ **poll disable (PPD)** / Parallelabfrage sperren (PMG) DIN IEC 625 || ~ **poll idle state (PPIS)** / Ruhezustand der Parallelabfrage (PMG) DIN IEC 625 || ~ **poll response** / Parallelabfrage-Antwort f

(PMG) || ~ **poll standby state (PPSS)** / Bereitschaftszustand der Parallelabfrage (PMG) DIN IEC 625 || ~ **poll unaddressed to configurate state (PUCS)** / unadressierter Zustand der Parallelabfrage (PMG) DIN IEC 625 || ~ **poll unconfigure (PPU)** / Parallelabfrage abbauen (PMG) DIN IEC 625 || ~ **processing** / Parallelverarbeitung f || ~ **programming** / Parallelprogrammierung f || ~ **reactance coefficient** / Parallelinduktivitätskoeffizient m
parallel-redundant UPS / parallelredundante USV
parallel register / Parallelregister n || ~ **representation** / Paralleldarstellung f || ~ **resistance coefficient** / Parallelwiderstandskoeffizient m || ~ **resonance** / Parallelresonanz f || ~ **resonant circuit** / Parallelresonanzkreis m || ~ **ring winding** / Ring-Parallelwicklung f || ~ **robotic systems** / Stabmechanik-Maschinen f pl
parallel-roller bearing / Zylinder-Rollenlager n, Ring-Zylinderlager n
parallel scanning / Parallelabtastung f (NC)
parallel-serial converter / Parallel-Seriell-Umsetzer m, Serialisierer m
parallel-series connection / Parallel-Serien-Schaltung f
parallel shaft misalignment / paralleler Wellenversatz f || ~ **system of distribution** / Parallelschaltsystem n, Konstantspannungsnetz n || ~ **to axis** / achsparallel adj || ~ **to contour** / konturparallel adj
parallel-to-serial conversion / Parallel-Serien-Umsetzung f
parallel transducer / Transduktor in Parallelschaltung || ~ **transfer signal** / Parallelübertragungssignal n DIN 19357 || ~ **transmission** / Parallelübertragung f, Parallelübergabe f, parallele Übertragung (Übertragung von digitalen Daten, die sich aus n-bit zusammensetzen, gleichzeitig über n-Leitungen. Werden z. B. 8 Bits parallel übertragen, erfordert das 8 Leitungen.) || ~ **tuned converter** / Parallelschwingkreisumrichter m
parallel-tuned inverter / Schwingkreis-Wechselrichter m
parallel-type ADC / Parallel-ADU m || ~ **converter** / Parallelumsetzer m, Parallelwandler n
parallel UPS / Parallel-USV f || ~ **winding** / Parallelwicklung f, Nebenschlusswicklung f
parallel-wound adj / parallel gewickelt
paramagnetic material / paramagnetischer Werkstoff || ~ **oxygen analyzer** / paramagnetisches Sauerstoffanalysegerät
paramagnetism n / Paramagnetismus m
parameter / Parameter m, Kenngröße f, Kennwert m, Einflussgröße f, Operand m || **absolute ~** / absoluter Parameter
parameter-adaptive control system / parameteradaptives Regelsystem
parameter area / Parameterbereich m || ~ **assignment** / Parameterzuweisung f, Parameterversorgung f, Parametrierung f, Parametrieren n || ~ **assignment data** / Parametrierdaten pl || ~ **assignment data block** / Parametrierungsdatenbaustein m, Parametrierdatenbaustein m || ~ **assignment error** / Parametrierfehler m, Parameterfehler (PAFE) m || ~

parameter 412

assignment mode / Parametriermethode f || ~
assignment software / Parametriersoftware f || ~
block / Parameterblock m || ~ **calculation** /
Parameterrechnung f || ~ **change** /
Parameteränderung f || ~ **change report** /
Spontanmeldung f || ~ **changeable via** / Parameter
änderbar über || ~ **characteristics** /
Parameterkennwert (PKW) m || ~ **control** /
Parametersteuerung f || ~ **control DB** / Parameter-
Bedien-DB || ~ **enable** / Steuersatzfreigabe f || ~
entry / Parametereingabe f || ~ **entry DB** /
Parameter-Bedien-DB || ~ **error** / Parameterfehler
(PAFE) m, Parametrierfehler (PAFE) m || ~
estimate / Schätzung des Parameters || ~ **field** /
Parameterfeld n
parameter filter / Parameterfilter m || ~ **ID value** /
Parameterkennwert (PKW) m || ~ **initialization**
(Assignment of values to parameters.) / Versorgung
f, Parameterversorgung f, Parametrierung f,
Parameterzuweisung f (Versorgung von Parametern
mit Werten) || ~ **input** / Eingabe Maske || ~ **input
field** / Parameter-Eingabefeld n || ~ **input window** /
Parametereingabefenster n
parameterizable *adj* / parametrierbar *adj*
parameterization n / Parametrierung f,
Parameterversorgung f, Parameterzuweisung f
(Versorgung von Parametern mit Werten),
Versorgung f || ~ **display** / Parametrierbild n || ~
error / Parametrierfehler (PAFE) m,
Parameterfehler (PAFE) m || ~ **interface** /
Parametrieroberfläche f || ~ **panel** /
Parametriergerät n || ~ **screenform** /
Parametermaske f || ~ **software** /
Parametriersoftware f || ~ **station** / Parametrierplatz
m || ~ **terminal** / Parametrierplatz m || ~ **tool** /
Parametriertool n || ~ **wizard** /
Assistentenparametrierung f,
Inbetriebnahmeassistent m
parameterized operating sequence / parametrierte
Rohschaltfolge, Rohschaltfolge f, parametrierte
Schaltfolge
parameterizing n / Versorgung f, Parametrierung f,
Parameterversorgung f, Parameterzuweisung f
(Versorgung von Parametern mit Werten) || ~ **tool** /
Parametrierwerkzeug n || ~ **unit (PMU)** /
Parametriereinheit (PMU) f
parameter list / Parameterliste f || ~ **management** /
Parameterhaltung f || ~ **name** /
Parameterbezeichnung f, Parametername m || ~
notation / Parameterschreibweise f || ~ **number** /
Parameternummer f
parameter of dispersion / Dispersionsparameter m,
Parameter der Streuung || ~ **of incidence** /
Blitzparameter m || ~ **of position** / Lageparameter n
|| ~ **overview** / Parameterübersicht f || ~ **sensitivity** /
Parameterempfindlichkeit f (Reg.) || ~ **set** /
Parametersatz m || ~ **set changeover** /
Parametersatzumschaltung f || ~ **setting** /
Parametervoreinstellung f, Parametereinstellung f,
Parametervorgabe f, Parametrierung f, Versorgung
f, Parameterversorgung f, Parameterzuweisung f
(Versorgung von Parametern mit Werten)
parameters level / Parameterebene f || ~ **of shape** /
Gestaltparameter m pl, Kurvengestaltparameter m
pl
parameter storage / Parameterspeicher m || ~
substitution / Auflösung f || ~ **table** /

Parametertabelle f || ~ **technique** /
Parametertechnik f || ~ **transfer** /
Parameterübergabe f || ~ **type** / Parametertyp m || ~
value / Parameterwert m || ~ **value changing level** /
Parameterwertänderungsebene f || ~ **value level** /
Parameterwertebene f
parametric amplifier (PARAMP) /
parametrischer Verstärker, Parametron n || ~ **test** /
verteilungsgebundener Test DIN 55350, T.24,
parametrischer Test
PARAMP s. parametric amplifier
parapet luminaire / Geländerleuchte f
parasitic brush current / Bürstenstreustrom m || ~
current / Fremdstrom m, Irrstrom m,
vagabundierender Strom || ~ **frequency** /
Störfrequenz f || ~ **light** / Fremdlicht n, Nebenlicht
n, Streulicht n || ~ **loss** / Nebenverluste m pl,
Wirbelstromverluste m pl || ~ **mass** / tote Masse
(Auswuchtmasch.) || ~ **oscillation** / parasitäre
Schwingung IEC 50(161) || ~ **oscillations** /
Störschwingungen f pl, Nebenschwingungen f pl,
wilde Schwingungen || ~ **reactance** /
Störblindwiderstand m || ~ **resonance** /
Störresonanz f || ~ **RF noise** / HF-Rauschen n
parasitics f / Störeffekte m pl, Einstreuungen f pl,
parasitäre Elemente, wilde Schwingungen
parasitic signal / Störsignal n || ~ **torque** /
Störmoment n, Oberwellendrehmoment n,
Zusatzdrehmoment n || ~ **voltage** / Störspannung f,
Streuspannung f || ~ **voltage interference factor** /
Störspannungsfaktor m
paraxial *adj* / achsparallel *adj* || ~ **alignment** /
achsparallele Ausrichten || ~ **compensation** /
achsparallele Korrektur (NC) || ~ **field** / Längsfeld n
(LT) || ~ **machining** / achsparallele Bearbeitungl || ~
multi-point measurement / Mehrpunktmessung
achsparallel || ~ **positioning** / achsparalleles
Positionieren || ~ **ray** / achsenparalleler Strahl
(LWL) || ~ **roughing** / achsparalleles Schruppen || ~
tool wear / achsparalleler Längenverschleiß
parceling machine / Sammelpackmaschine f
parcel sorting centre / Paketverteilanlage f
PARD s. periodic and/or random deviations || ~ **on
a.c.** / Überlagerungen auf einer Wechselspannung
DIN 41745 || ~ **on d.c.** / Überlagerungen auf einer
Gleichspannung DIN 41745
parent field / Ausgangsfeld n, ursprüngliches Feld ||
~ **level** / übergeordnete Ebene
parenthesis n / runde Klammer
parenthesis-free notation / klammerfreie
Schreibweise
parenthesized expression / Klammerausdruck m || ~
instruction / Klammeranweisung f || ~ **term** /
Klammerausdruck m
parent metal / Ausgangsmetall n || ~ **part** /
Ausgangsteil n || ~ **reel** / Mutterrolle f || ~
trademark / Dachmarke f
parity n / Parität f || ~ **bit** / Paritätsbit n, Prüfbit n,
Prüfbit n, Parity-Bit n (Prüfbit, das am Ende einer
Reihe von Bits angehängt wird, um die Quersumme
der Bits immer gerade oder ungerade zu machen) ||
~ **check** / Paritätsprüfung f, Paritykontrolle f || ~
check bit / Prüfbit n, Parity-Bit n (Prüfbit, das am
Ende einer Reihe von Bits angehängt wird, um die
Quersumme der Bits immer gerade oder ungerade
zu machen) || ~ **digit** / Paritätsziffer f || ~ **element** /
Paritäts-Element n, Gerade-Glied n || ~ **error (PE)** /

Paritätsfehler *m* || ~ **generator** / Paritätsgenerator/- Prüfer *m* || ~ **module** / Paritätsbaugruppe *f*
parking area lighting / Parkflächenbeleuchtung *f*, Parkplatzbeleuchtung *f* || ~ **axis** / geparkte Achse, parkende Achse || ~ **brake** / Feststellbremse *f* || ~ **light** / Parkleuchte *f*, Parklicht *n* || ~ **position** / Parkstellung *f*
Park transformation / Park-Transformation *f*
parquet floor seals / Parkettversiegelungen *f pl*
part *v* / trennen *v*, teilen *v*, zerteilen *v*, scheiden *v* (Metalle), abtrennen *v* || ~ *n* / Teil *m*, Bauteil *m*, Werkstück *n* || ~ **by mass** / Gewichtsteil *m* || ~ **by volume** / Volumenteil *m* || ~ **conductively connected to supply mains** / leitend mit dem Netz verbundenes Teil || ~ **description** / Teilebeschreibung *f*, Werkstückbeschreibung *f* || ~ **directly connected to supply mains** / unmittelbar mit dem Netz verbundenes Teil || ~ **drawing** / Teilzeichnung *f*, Einzelteilzeichnung *f* || ~ **geometry** / Teilegeometrie *f*, Werkstückgeometrie *f*
partial actual value / Teillistwert (TLW) *m* (in einem Abtastintervall zurückgelegter und erfasster Weg oder Winkel), TLW (Teillistwert) || ~ **arc** / Teillichtbogen *m* || ~ **configuration** / Teilstruktur *f* || ~ **current density** / Teilstromdichte Potentialkurve *f* || ~ **discharge (PD)** / Teilentladung *f* (TE)
partial-discharge charge / Teilentladungs- Störladung *f* || ~ **current** / Teilentladungsstrom *m* || ~ **extinction voltage** / Teilentladungs- Aussetzspannung *f*, Glimmaussetzspannung *f* || ~ **inception field strength** / Teilentladungs- Einsetzfeldstärke *f* || ~ **inception level** / Teilentladungspegel *m* || ~ **inception test** / Teilentladungs- Einsetzprüfung *f*, Glimmeinsatzprüfung *f* || ~ **inception voltage** / Teilentladungs-Einsetzspannung *f* || ~ **intensity** / Teilentladungsintensität *f*, Teilentladungsstärke *f* || ~ **location** / Teilentladungs-Störstelle *f* || ~ **magnitude** / Teilentladungsgröße *f* || ~ **measurement** / Teilentladungsmessung *f* || ~ **power** / Teilentladungsleistung *f* || ~ **pulse** / Teilentladungsimpuls *m*, Teilentladungsstoß *m* || ~ **pulse rate** / Teilentladungs-Stoßhäufigkeit *f* || ~ **quantity** / Teilentladungswert *m*, Teilentladungs- Störgröße *f* || ~ **radio noise voltage** / Teilentladungs-Funkstörspannung *f* || ~ **repetition rate** / Teilentladungs-Folgefrequenz *f* || ~ **test** / Teilentladungsprüfung *f* || ~ **voltage** / Teilentladungsspannung *f*
partial discrimination / Teilselektivität *f* E DIN VDE 0660,T.101 || ~ **failure** / Teilausfall *m* DIN 40042 || ~ **fault** / partieller Fehlzustand IEC 50(191) || ~ **flow filter** / Teilstromfilter *m* || ~ **increment** / Teilinkrement *n* || ~ **inductance** / Teilinduktivität *f* || ~ **job** / Teilauftrag *m* || ~ **line down** / Tiefstellen *n* (Formatsteuerfunktion) || ~ **line up** / Hochstellen *n* (Formatsteuerfunktion) || ~ **load** / Teillast *f*, Teilbelastung *f*
partial-load optimization / Teillastoptimierung *f*
partial loss of load / Teillastung *f* (Netz)
partially defined / teilbestimmt *adj* || ~ **enclosed** / teilgeschlossen *adj*, gegen zufällige Berührung geschützt || ~ **equipped** / teilbestückt *adj* || ~ **equipped space** / teilbestückter Platz (SK) || ~ **occupied band** / teilweise besetztes Band (HL) || ~ **standardized circuit documentation** / Teilstandard-Schaltungsunterlage *f* || ~

transmitting mirror / teildurchlässiger Spiegel || ~ **type-tested assembly (PTTA)** IEC 439-1 / partiell typgeprüfte Schaltgerätekombination (PTSK) VDE 0660,T.500 || ~ **type-tested low-voltage switchgear and controlgear** / partiell typgeprüfte Niederspannungs-Schaltgerätekombination (PTSK) || ~ **type-tested switchgear and controlgear assembly** / partiell typgeprüfte Schaltgerätekombination
partial memory function / teilweise Gedächtnisfunktion (Rel.) || ~ **mounting plate** / Teilmontageplatte *f* || ~ **operating time** / Teilbetriebsdauer *f* DIN 40042 || ~ **node** / Teilknoten *m*, Teilbetriebszeit *f*
partial-parallel UPS / Teilparallel-USV *f*
partial pressure / Teildruck *m*, Partialdruck *m* || ~ **process image (PPI)** / Teilprozessabbild *n* || ~ **protection** / teilweiser Schutz || ~ **redundancy** / Teilredundanz *f*
partial-redundant UPS / teilredundante USV
partial selectivity / Teilselektivität *f* E DIN VDE 0660,T.101 || ~ **setpoint** / Teilsollwert (TSW) *m* (in einem Abtastintervall zurückzulegender Weg oder Winkel) || ~ **vacuum** / Teilvakuum *n*, Unterdruck *m* || ~ **verification** / Teileichung *f* || ~ **view** / Teilansicht *f*
particle barrier / Partikelsperre *f* || ~ **category** / Kornklasse *f* || ~ **displacement** / Teilchenausschlag *m*, Schallausschlag *m* || ~ **distribution** / Kornverteilung *f* || ~ **erosion** / Teilchenerosion *f* || ~ **mass** / Stückgewicht *n* || ~ **size** / Teilchengröße *f*, Korngröße *f* || ~ **size group** / Korngruppe *f*
particles of solids / Feststoffteilchen *n*
particle velocity / Teilchengeschwindigkeit *f*, Schallschnelle *f*
particular tool data / Einsatzdaten *pl* (während des Betriebes festgestellte Daten)
parting *n* / Teilung *f*, Trennung *f*, Trennen *n* (Kontakte), Abtrennen *n*, Trennlinie *f*, Teilfuge *f*, Vollstechen *n*, Abstechen *n* || **contact** ~ / Kontakttrennung *f*, Kontaktunterbrechung *f*, Schaltstücktrennung *f* || ~ **line** / Trennlinie *f*, Teilfuge *f* || ~ **point** / Trennstelle *f* || ~ **tool** / Abstechstahl *m*, Abstechmeißel *m*, Abstecher *m* || ~ **travel** / Öffnungsweg *m* (Kontakte)
partitial-load optimization / Teillastoptimierung *f*
partition / Trennwand *f*, Zwischenwand *f*, Schottwand *f*, Schottplatte *f*, Schottung *f*, Prallplatte *f*, Schottungsblech *n*, Trennplatte *f*, Schottblech *n* || ~ **chromatography** / Verteilungschromatographie *f* || ~ **coefficient** / Verteilungskoeffizient *m* (Chromatographie) || ~ **noise** / Stromverteilungsrauschen *n* || ~ **plate** / Trennwand *f* (Reihenklemme), Schottblech *n*, Prallplatte *f*, Schottwand *f* || ~ **profile** / Abschottprofil *n* || ~ **system** / Trennwand-System *n*
part-load *n* / Teillast *f* || ~ **operation** / Teillastbetrieb *m*
partly assembled / Teilbestückung *f* || ~ **bevelled top** / teilweise geschrägte Kopffläche (Bürste) || ~ **closed round slot** / geschlitzte Rundnut || ~ **closed slot** / teilgeschlossene Nut || ~ **mounted** / teilmontiert *adj* || ~ **preformed winding** / Wicklung aus Teilformspulen || ~ **recessed** / teilversenkt *adj*
partly-recessed mounting / teilversenkter Einbau, teilversenkte Montage
part number / Fabrikat Nr. || ~ **number allocation** /

Vergabe von Sachnummern || ~ **of documentation** / Dokumentationsteil *n*
part of number / Nummerteil *m* DIN 6763,T.1 || ~ **of pipe line** / Rohrleitungsabschnitt *m*
part-oriented *adj* / werkstückbezogen *adj*
part-oriented compensation / werkstückbezogene Korrektur (NC)
part program / Teileprogramm (TP) *n* || ~ **program memory** / Teileprogrammspeicher *m*, NC-Programmspeicher *m* || ~ **program statement number** / Anweisungsnummer im Teileprogramm (NC) || ~ **program storage** / Teileprogrammspeicher *m*, NC-Programmspeicher *m*, Teilprogrammspeicher *m* || ~ **program zero** / Werkstücknullpunkt (W) *m* (Der Ursprung des Werkstückkoordinatensystems. Er wird vom Programmierer als Referenzpunkt festgelegt, von dem die Vermaßung ausgeht. Der Bezug zum Maschinennullpunkt wird beim Einrichten der Maschine durch die Nullpunktverschiebung festgelegt.) || ~ **project** / Teilprojekt *n* || ~ **rectangle** / Teilerechteck *n*
parts and material scheduling / Arbeitsvorbereitung *f*
part sectional drawing / Teilschnitt-Zeichnung *f* || ~ **sensing probe** / Werkstückmesstaster *m*, Werkstückmessfühler *m* (Gerät zum automatischen Erfassen von Messwerten an Werkstücken oder Werkzeugen während des NC-Programmablaufs) || ~ **sensor** (A device used for obtaining measurement data on workpieces or tools automatically during the part program cycle.) / Werkstückmessfühler *m* (Gerät zum automatischen Erfassen von Messwerten an Werkstücken oder Werkzeugen während des NC-Programmablaufs), Werkstückmesstaster *m*
parts family / Teilefamilie *f* || ~ **handling** / Teilewirtschaft *f* || ~ **identification** / Teileerkennung *f* || ~ **inspection** / Teile-Prüfung *f*, Vorfertigungsrevision *f* || ~ **list** / Stückliste *f*, Ersatzteilliste *f* || ~ **list data** / Stücklisteninformation *f* || ~ **manufacture** / Teilefertigung *f*, Vorfertigung *f* || ~ **memory** / Teilprogrammspeicher *m*, NC-Programmspeicher *m*, Teileprogrammspeicher *m* || ~ **of pipeline** / Rohrschenkel *m* || ~ **per million (PPM)** / PPM || ~ **production** / Teilefertigung *f* || ~ **program** / Teileprogramm (TP) *n* || ~ **program block** / Teileprogrammsatz *m* || ~ **program execution** / Teileprogrammbearbeitung *f*, PPP || ~ **program processing (PPP)** / Teileprogrammbearbeitung *f*, PPP || ~ **programmer** / Teil(e)programmierer *m* (NC) || ~ **programming language** / Teileprogrammierungssprache *f* || ~ **recognition** / Teileerkennung *f* || ~ **routing** / Teilbearbeitungsfolge *f*, Teilebearbeitungsfolge *f*
part subject to wear / Verschleißteil *n*
part-timer *n* / Teilzeitbeschäftigter *m*, Halbtagskraft *f*
part-time staff / Teilzeitkräfte *f pl*
part-turn actuator / Schwenkantrieb *m*
part under test / Prüfstück *n*, Prüfling *m* || ~ **variety** / Teilevielfalt *f* || ~ **zero** (The origin of the workpiece coordinate system. It is established by the part programmer as a reference point from which all part coordinate dimensions are referenced. The relationship between workpiece zero and machine zero is established by zero offset) /

Werkstücknullpunkt (W) *m* (Der Ursprung des Werkstückkoordinatensystems. Er wird vom Programmierer als Referenzpunkt festgelegt, von dem die Vermaßung ausgeht. Der Bezug zum Maschinennullpunkt wird beim Einrichten der Maschine durch die Nullpunktverschiebung festgelegt.)
part-winding starter / Teilwicklungsanlasser *m* || ~ **starting** / Teilwicklungsanlauf *m*
party line / Gemeinschaftsleitung *f*
party-line bus system / Partyline-Bussystem *n* || ~ **link** / Linienverbindung *f* (FWT) || ~ **network** / Linienkonfiguration *f*, Liniennetz *n* || ~ **system with multi-point traffic** / Linienverbindungen mit Gemeinschaftsverkehr (FWT) || ~ **traffic** / Linienverkehr *m* (FWT)
PAS s. programmable automation system
pass *n* / Pass *m*, Durchlauf *m* (Arbeitsgang), Stich *m* (Walzwerk), Gutziel *n*, Durchgang *m* (WZM), Schweißlage *f* || ~ **v** / durchlaufen v, übergeben v || **to ~ control** / Steuerung übergeben (PMG) DIN IEC 625 || ~ **address** / Gutziel *n*
passage *n* / Durchgang *m*, Durchflussöffnung *f*, Weg *m* || ~ **opening** / Durchgang *m* || ~ **through zero** / Nulldurchgang *m*
passband *n* / Durchlassbereich *m* (el. Filter), Durchlassband *n*
pass-band width / Durchlassbreite *f* (Durchlassband)
pass count / Zählrate *f*
passed component / Durchläufer *m*
passenger airbag / Beifahrerluftsack *m* (o. -airbag) || ~ **compartment** / Fahrgastraum *m* (Kfz) || ~ **elevator** / Personenaufzug *m* || ~ **inertial restraint system** / Insassen-Rückhaltesystem *n* (Kfz) || ~ **lift** / Personenaufzug *m*
passenger's airbag / Beifahrer-Luftsack *m*
passing, control ~ / Übergabe der Steuerung (PMG) || ~ **beam** / Abblendlicht *n* (Kfz), Stadtlicht *n* (Kfz) || ~ **break contact** / Ausschaltwischer *m*, ausschaltwischender Kontakt, Kurzausschaltglied *n* || ~ **contact** / Wischer *m* (Kontakt) VDE 0660,T.200, Wischkontakt *m*, Impulskontakt *m*, wischend *adj* || ~ **make contact** IEC 117-3 / Kurzeinschaltglied *n* DIN 40713, Einschaltwischer *m*, Wischer *m*, einschaltwischender Kontakt || ~ **sight distance** / Überholsichtweite *f*
Passivate Program (PP) / PP
passivated insulating oil / passiviertes Isolieröl
passivation *n* / Passivierung *f*
passivator *n* / Passivator *m* (zur Erhöhung der Alterungsbeständigkeit), Passivierungsmittel *n*
passive bus / passiver Knoten (Netz) || ~ **circuit** / passiver Stromkreis || ~ **circuit element** / passives Stromkreiselement || ~ **current loop interface** / passive Linienstromschnittstelle || ~ **deflector** / Umlenkreflektor *m* || ~ **equivalent network** / passives Ersatznetz || ~ **fault** / passiver Fehler, Blockierungsfehler *m* || ~ **monitoring** / Mitlesen *n* || ~ **network** / passives Netz || ~ **node** / passiver Teilnehmer || ~ **piston acting as buffer** / Pufferkolben *m* || ~ **pull down** / passiver Basisableitwiderstand (TTL-Schaltung) || ~ **redundancy** / passive Redundanz, nicht funktionsbeteiligte Redundanz || ~ **reflector** / Umlenkreflektor *m* || ~ **safety** / passive Sicherheit || ~ **standby operation** / passiver Bereitschaftsbetrieb (USV) || ~ **station** / passiver

Teilnehmer (PROFIBUS), Wartestation f (DÜ) || ~ **status** / passiver Zustand (System) || ~ **terminal** / passiver Klemme || ~ **transfer** / passive Übertragung (PMG) || ~ **visualization software** / passive Visualisierungssoftware
pass key system / Generalschließanlage f, Hauptschließanlage f || ~ **log** / Durchlaufprotokoll n (WZM, NC) || ~ **on to** / vererben v || ~ **properties on** / Eigenschaften vererben
password n / Parole f, Passwort n, Schlüsselwort n, Kennwort n
password-protected *adj* / kennwortgeschützt *adj*
password protection / Passwortschutz m
paste v / einfügen v
pasted mica / Glimmerstreichmasse f || ~ **plate** / Gitterplatte f (Batt.)
paste-lined cell / Pastenzelle f (Batt.)
PAT (pulse accumulator thaw) / PAT
patch n (CAD) / Teilfläche f, Segment n, Flächensegment n || **program** ~ / Programmkorrektur f, Programmeinschub m
patchboard n / Schaltbrett n, Steck(er)feld n, Buchsenfeld n, Schaltmodell n
patch cable / Patchleitung f
patchcord n / Steckschnur f (f. Schaltungsänderungen auf Schaltbrett)
patch field / Patchfeld n
patching n / Schaltungsänderung f, (vorübergehendes) Zusammenschalten mittels Verbindungskabel || **program** ~ / Programmkorrektur f
patch rods / Reparaturspirale f (Freiltg.)
patchy corrosion / Fleckkorrosion f
patent grant / Patenterteilung f
paternoster n / Paternoster m, Umlaufaufzug m
path n / Strecke f, Wegstrecke f, Pfad m, Weg m, Bahnweg m, Bahn f || **shortest** ~ / kürzester Weg || **sound** ~ / Schallaufweg m || ~ **acceleration** / Bahnbeschleunigung f || ~ **action** / Bahnverhalten n, Bahnfahrverhalten m || ~ **address** / Wegadresse f (NC) || ~ **attenuation** / Streckendämpfung f (LAN) || ~ **axis** / Bahnachse f || ~ **bar** / Pfadleiste f || ~ **component** / Pfadkomponente f || ~ **computer** / Bahnrechner m (NC) || ~ **contour** / Bahnkontur f || ~ **control** / Stetigbahnsteuerung f, Bahnführung f, Bahnsteuerung f, numerische Bahnsteuerung, Bahngeschwindigkeitssteuerung f, Streckensteuerung f
path-controlled *adj* / weggesteuert *adj*
path control mode / Bahnsteuerbaugruppe f || ~ **correction** / Bahnkorrektur f (NC), Schnittpunktbahnkorrektur f || ~ **default** / Wegvorgabe f (NC) || ~ **definition** / Bahnbeschreibung f (NC) || ~ **deviation** / Bahnabweichung f || ~ **dimension** / Wegmaß n || ~ **dimension input** / Wegmaßvorgabe f || ~ **feed** / Bahnvorschub m || ~ **feedrate** / Bahnvorschub m || ~ **file** / Pfaddatei f || ~ **frame** (PROWAY) / Wegrahmen m || ~ **increment** / Wegzuwachs m (NC), Wegelement n (NC), Vorschubbetrag m, Weginkrement n, Inkrement n || ~ **interface** (PROWAY) / Wegschnittstelle f || ~ **jerk** / Bahnruck m || ~ **milling** / Bahnfräsen n || ~ **motion** / Bahnbewegung f || ~ **name** / Pfadangabe f, Pfadname m || ~ **of action** / Wirkungsweg m (Reg.), Eingriffstrecke f || ~ **of contact** / Berührungslinie f, Eingriffslinie f || ~ **of cutting centre** / Fräsermittelpunktbahn f || ~ **of magnetic force** / Kraftlinienweg m || ~ **offset** / Bahnverschiebung f (NC), Bahnversatz m || ~ **override** / Schnittpunktbahnkorrektur f, Bahnkorrektur f || ~ **plane** / Bahnebene f (NC)
path protocol (PROWAY) / Wegprotokoll n || ~ **section** / Bahnabschnitt m, Bahnstück n, Teilstrecke f || ~ **segmentation** / Wegaufteilung f || ~ **tangent** / Bahntangente f || ~ **transition** / Bahnübergang m || ~ **traversing behavior** / Bahnverhalten n, Bahnfahrverhalten n || ~ **unit** (PROWAY) / Wegeinheit f || ~ **velocity** (The velocity, relative to the workpiece, of the tool reference point along the cutter path.) / Bahngeschwindigkeit f, Werkzeugbahngeschwindigkeit || ~ **velocity control** / Bahngeschwindigkeitssteuerung f, Bahnsteuerung f, Stetigbahnsteuerung f, Bahnführung f, numerische Bahnsteuerung
patrol inspection / Wanderprüfung f, fliegende Fertigungsprüfung, Wanderkontrolle f
pattern n / Muster n, Modell n, Schablone f, Vorlage f (a. IC-Maske), Ausführungsform f, Bild n (gS), Pattern || **directivity** ~ / Richtcharakteristik f || **Laue** ~ / Laue-Diagramm n || **mask** ~ / Maskenvorlage f (IS) || **system** ~ / Netz-Strukturelement n || ~ **approval** / Zulassung zur Eichung || ~ **approval sign** / Zulassungszeichen n || ~ **approval testing** / Bauartprüfung f || ~ **computer** / Musterrechner m || ~ **drawing** / Modellzeichnung f || ~ **identification** / Musteridentifikation f (Bildauswertesystem) || ~ **input** / Mustervorgabe f || ~ **instruction** / Patternbefehl m || ~ **machining** / Patternbearbeitung f || ~ **number** / Schaltungsnummer f (I-Schalter) || ~ **of holes** / Lochmuster n || ~ **part** / Patternteil n || ~ **partition** / Modellteilung f || ~ **plate** / Formplatte f || ~ **plating** / Leiterbildgalvanisieren n || ~ **preparation system** / Mustervorbereitung f || ~ **programming** / Patternprogrammierung f || ~ **recognition** / Mustererkennung f || ~ **repetition** / Musterwiederholung f (NC) || ~ **router** / Musterentflechter m (CAD, Schaltungsentwurf)
patterned *adj* / gemustert *adj*
pattress n / Montagering m, Übergangsring m, Fassung f
pause of clocks / Taktbüschelpause f
paved runway / befestigte Piste (Flp.)
pawl n / Klinke f, Sperrklinke f, Sperrhebel m
pawl-type lock / Klinkensperre f
payload n / Tragfähigkeit f (Rob.), Nutzlast f (Bahn, Zuladung)
payment terms / Zahlungsbedingungen f pl
pay-off reel / Rückwickelvorrichtung f
pay-out reel / Abwickeltrommel f
PAZ (pulse accumulator freeze and reset) / PAZ
PB / Programmsatz m
PBL (Parameter Basic List) / PBL (Parameter-Basisliste)
p.c. s. polar curve
PC s. polycarbonate || ≙ s. printed circuit || ≙ s. program counter || ≙ s. programmable controller || ≙ s. punched card || ≙ **(process controlling)** / prozessführend *adj* || ≙ **board (printed circuit board)** / Flachbaugruppe f, Platine f, gedruckte Schaltung || ≙ **control centre** / PC-Leitplatz m || ≙ **interface module** / PC-Anschaltung f || ≙ **Station Wizard** / Projektierungsassistent m

PCB s. polychlorinated biphenyls / Modul *n* (Funktionseinheit) || ≙ **(printed circuit board)** / gedruckte Schaltung, Platine *f*, BGR, Baugruppe (BG) *f*, Flachbaugruppe *f*, Karte *f*
PC-based measuring instrument / PC-Messgerät *n* (PC = Personal Computer)
PCB assembly machine / Bestückungsautomat *m* (gS) || ≙ **development** / Leiterplatten-Entwicklung *f* || ≙ **frame** / Leiterplattenrahmen *m* || ≙ **holder** / Leiterplattenhalter *m*
PCB relay / Leiterplattenrelais *n*, Kartenrelais *n*
PCC s. production cell control || ≙ s. point of common coupling
PCCD / peristaltische ladungsgekoppelte Schaltung
PCF (polymer-cladded fiber) / PCF (Polymer-Cladded Fiber)
PCG s. primary command group
P-channel field effect transistor / P-Kanal-Feldeffekttransistor *m*, P-Kanal-FET *m* || ≙ **isolated-gate field-effect transistor (PIGFET)** / P-Kanal-Feldeffekt-Transistor *m* (PIGFET) || ≙ **MOS (P-MOS)** / P-Kanal MOS *m* (P-MOS)
PCI s. programmable communication interface || ≙ **(Peripheral Component Interconnect)** / PCI
PCI/O s. program-controlled I/O
PCL (Position Control Loop) / LRK (Lageregelkreis)
PCM s. pulse-code modulation || ≙ **bit error rate and code violation meter** / PCM-Bitfehlerquoten- und Codeverletzungsmesser || ≙ **frame** / PCM-Impulsrahmen *m* || ≙ **link** / PCM-Übertragungsstrecke *f* || ≙ **system analyzer** / PCM-System-Analysator *m* || ≙ **test set** / PCM-Messplatz *m* || ≙ **transmission link** / PCM-Übertragungsstrecke *f*
P controller / P-Regler *m*, Proportionalregler *m*, proportional wirkender Regler
PCP (programmable controller program) / PCP (Programmable Controller Program)
PCS (Process Control System) / PCS || ≙ **fibre** (PCS = plastic-clad silicon) / PCS-Faser *f* || ≙ **fibre** s. plastic-clad silica fibre
PCU (Panel Control Unit) / PCU || ≙ **(process control unit)** / Aggregatsteuerung *f*, unterlagerte Steuerung, PCU
PD s. partial discharge
PDA / Personendatenerfassung *f* (PDE) || ≙ s. post-deflection acceleration || ≙ s. production data acquisition
PD action / PD-Verhalten *n*, Proportional-Differential-Verhalten *n*
PDA terminal / BDE-Terminal
PD controller / PD-Regler *m*, proportional-differential-wirkender Regler
PDM s. pulse-duration modulation || ≙ **output (pulse duration modulation output)** / Pulse-Pause-Ausgang *m*, Impuls-Pause-Ausgang *m* || ≙ **signal (pulse duration modulation signal)** / Impuls-Pause-Signal *n*
PDO s. process data organization
PDP s. process data processing
PDU s. programming and diagnostic unit || ≙ **(protocol data unit)** / PDU (Protocol Data Unit)
PDUID (protocol data unit identifier) / PDUID (Protocol Data Unit Identifier)
PDUREF (protocol data unit reference) / PDUREF (Protocol Data Unit Reference)
PE (protective earth) / PE (Erdung mit Schutzfunktion, Schutzerde) || ≙ s. parity error / Schutzerde *f*, Schutzleiter *m*, PE-Leiter *m*, PE, PE-Verbindung *f*, Industrial Framework (IF) || ≙ **bar** / PE-Schiene *f*
peak *n* / Spitze *f*, Spitzenwert *m*, Gipfel *m*, Scheitelwert *m*, Höchstwert *m*, Hauptbelastungszeit *f*, Peak *n* || **positive** ~ / positiver Scheitel || **shoulder** ~ / Aufsetzer *m* (Chromatograph, Peaktrennung) || ~ **amplitude** / Peakhöhe *f* || ~ **arc voltage** / Lichtbogenspannung *f* (Spitzenwert) || ~ **area** / Peakfläche *f* || ~ **area method** / Flächenverfahren *n* (Chromatographie) || ~ **attenuation** / Spitzendämpfung *f* || ~ **capacity cost** / Kapitaldienst der Anlagekosten für Spitzendeckung || ~ **current** / Spitzenstrom *m*, Scheitelstrom *m*, Stoßstrom *m* (Scheitelwert der ersten großen Teilschwingung während des Ausgleichsvorgangs) || ~ **detection** / Peakerkennung *f* (Chromatographie) || ~ **detector** / Spitzenwertdetektor *m* || ~ **distortion factor** / Schwankungswelligkeit *f* (einer Mischspannung oder eines Mischstroms) || ~ **factor** / Scheitelfaktor *m* (einer Wechselgröße), Stoßfaktor *m* || ~ **forward anode voltage** / Anodenspitzenspannung *f* (ESR) || ~ **forward current** / Spitzen-Vorwärtsstrom *m*, Durchlass-Spitzenstrom *m* || ~ **forward gate current** / Vorwärts-Spitzensteuerstrom *m* (Thyr) || ~ **forward gate voltage** / Vorwärts-Spitzensteuerspannung *f* (Thyr) || ~ **forward off-state voltage** / Vorwärts-Spitzensperrspannung *f* (Thyr) || ~ **height** / Peakhöhe *f*
peak-holding control / Extremwertregelung *f* || ~ **controller** / Extremwertregler *m*
peak hours / Spitzenlastzeit *f*, Spitzentarifzeit *f*
peaking *n* / Spitzenwertbildung *f*, Spitzenlastbetrieb *m*, Spitzenenergieerzeugung *f*, Verstärkungsüberhöhung *f* || ~ **generation** / Spitzenenergieerzeugung *f* || ~ **machine** / Spitzenlastgenerator *m*
peak inrush current / Einschaltstromspitze *f*, Anlassspitzenstrom *m*, Einschaltspitze *f* || ~ **inverse voltage (PIV)** / Spitzensperrspannung *f* || ~ **let-through current chart** / Strombegrenzungs-Kennlinien *f pl* (Sich.) || ~ **level** / Spitzenwert des Pegels || ~ **load** / Spitzenlast *f*, Höchstlast *f*, Lastspitze *f*, Spitzenbelastung *f*
peak-load generator / Spitzenlastgenerator *m* || ~ **hours** / Spitzenlastzeit *f*, Spitzentarifzeit *f* || ~ **operation** / Spitzenlastbetrieb *m* || ~ **optimizing computer** / Höchstlast-Optimierungsrechner *m* || ~ **period** / Starklastzeit *f*, Spitzenzeit *f* || ~ **power station** / Spitzenkraftwerk *n* || ~ **set** / Spitzenlast-Generatorsatz *m* || ~ **supply** / Spitzenlastdeckung *f* || ~ **tariff** / Spitzenzeittarif *m*, Preisregelung für die Spitzenzeit (StT) || ~ **torque** / Überlastmoment *n*
peak-lopping generation / Spitzenenergieerzeugung *f* || ~ **generator** / Spitzenlastgenerator *m* || ~ **operation** / Spitzenlastbetrieb *m* || ~ **station** / Spitzenkraftwerk *n*
peak making current / Scheitelwert des Einschaltstroms, Einschaltsoßstrom *m* (LS) || ~ **measuring instrument** / Spitzenwert-Messgerät *m* || ~ **memory** / Spitzenspeicher *m* || ~ **negative anode voltage** / Anodenspitzenspannung in Sperrichtung *f* || ~ **of curve** / Kurvenscheitelpunkt *m* || ~ **off-state voltage** / Spitzensperrspannung *f* (Thyr) DIN 41786 || ~ **output** / abgegebene

Spitzenleistung ‖ ~ **period** / Hauptbelastungszeit *f*, Spitzenzeit *f* ‖ ~ **picker** / Punktdiagrammschreiber *m* (Chromatogramm) ‖ ~ **point** / Gipfelpunkt *m* (a. Diode) DIN 41856, Höckerpunkt *m* (Diode) **peak-point current** / Gipfelstrom *m* (Diode) DIN 41856, Höckerstrom *m* (Diode) ‖ ~ **voltage** / Gipfelspannung *f* (Diode) DIN 41856, Höckerspannung *f* (Diode) **peak power** / Spitzenleistung *f* ‖ ~ **pulse output power** / Puls-Spitzenausgangsleistung *f* ‖ ~ **responsibility factor** / Höchstlastanteilfaktor *m* ‖ ~ **responsibility method** / Höchstlastanteilverfahren *n* ‖ ~ **reverse gate voltage** / Rückwärts-Spitzensteuerspannung *f* (Thyr) ‖ ~ **reverse power dissipation** / Spitzen-Rückwärtsverlustleistung *f* (Diode) ‖ ~ **reverse recovery current** / Sperrverzögerungsstromspitze *f* (Thyr, Diode) DIN 41786, DIN 41853, Rückstromspitze *f* (Thyr, Diode) ‖ ~ **reverse voltage (PRV)** / Spitzensperrspannung *f* (Diode) DIN 41781, Spitzen-Rückwärtsspannung *f* ‖ ~ **ripple** / Scheitelwelligkeit *f* ‖ ~ **ripple factor** / Schwankungswelligkeit *f* (einer Mischspannung oder eines Mischstroms) ‖ ~ **separation** / Peaktrennung *f* ‖ ~ **shaving** / Spitzenlastbetrieb *m* **peak-shaving generator** / Spitzenlastgenerator *m* **peak short-circuit current** / Stoßkurzschlussstrom *m* ‖ ~ **stress** / Spannungsspitze *f* (mech.) ‖ ~ **switching current** / Schaltstrom-Spitzenwert *m* ‖ ~ **switching relay** / Scheitelspannungs-Schaltrelais *n* **peak-to-average ripple factor** / Riffelfaktor *m* **peak-to-background ratio** / Signal-Untergrundverhältnis *n* **peak-to-peak** / Spitze-Spitze, Scheitel-zu-Scheitel ‖ ~ **amplitude** / doppelte Amplitude, Schwingungsbreite *f* ‖ ~ **displacement** / Schwingungsbreite *f* ‖ ~ **measurement** / Spitze-Spitze-Messung *f* ‖ ~ **pulse jitter** / maximales Pulszittern ‖ ~ **ripple voltage** / Schwingungsbreite der Brummspannung ‖ ~ **value** / Spitze-zu-Spitze-Wert *m*, Gesamtschwingwert *m*, Schwingungsbreite *f*
peak torque / Spitzendrehmoment *n*, Spitzenmoment *n*, Stoßmoment *n*
peak-to-valley height / Rauhtiefe *f*, Rauhigkeitshöhe *f*, Oberflächenrauhtiefe *f* ‖ ~ **point current ratio** / Gipfel-Tal-Stromverhältnis *n* (Diode) DIN 41856
peak transient current / Einschwing-Spitzenstrom *m* ‖ ~ **transient torque** / Kurzschluss-Drehmoment *n*, Stoßmoment *n* ‖ ~ **triggering** / Spitzentriggerung *f* ‖ ~ **turn-off dissipation** / Ausschalt-Verlustleistungsspitze *f* (Thyr) ‖ ~ **turn-on dissipation** / Einschalt-Verlustleistungsspitze *f* (Thyr) ‖ ~ **value** / Größtwert *m*, Spitzenwert *m*, Gipfelwert *m*, größter Augenblickswert, Höchstwert *m* ‖ ~ **value of magnification** / Resonanzüberhöhung der Amplitude ‖ ~ **voltage variation** / Änderung des Spannungsscheitelwerts ‖ ~ **voltmeter** / Scheitelspannungsmesser *m*, Scheitelwertmesser *m* ‖ ~ **window** / Peakfenster *n* (Chromatographie) ‖ ~ **withstand current** / maximale Kurzschlussfestigkeit ‖ ~ **withstand current** IEC 157-1 / Stoßstrom *m* ‖ ~ **withstand current** IEC 265 / Halte-Stoßstrom *m* (a.) VDE 0670,T.3, Steh-Stoßstrom *m* ‖ ~ **withstand current test** IEC 295 / Stromstoßprüfung *f* VDE 0670,T.3 ‖ ~ **withstand**

voltage / Steh-Spitzenspannung *f* ‖ ~ **working off-state forward voltage** / Vorwärts-Scheitelsperrspannung *f* (Thyr) DIN 41786, Scheitelsperrspannung in Vorwärtsrichtung ‖ ~ **working off-state voltage** / Scheitelsperrspannung *f* (Thyr) DIN 41786 ‖ ~ **working reverse voltage** / Rückwärts-Scheitelsperrspannung *f* (Thyr) DIN 41786, Scheitelsperrspannung *f* (Thyr)
pearl glass / Perlglas *n* ‖ ~ **screen** / Perlwand *f*
pear-shaped lamp / Birnenlampe *f*
PE circuit / PE-Kreis *m*, Schutzleiter-Stromkreis *m*
peck feed / Pick-Vorschub *m* (WZM, NC)
PE conductor (protective earth conductor) / PE-Leiter *m* (geerdeter Schutzleiter), PE, Schutzleiter *m* (ein Leiter, der für einige Schutzmaßnahmen gegen gefährliche Körperströme erforderlich ist)
pedal *n* / Pedal *n*, Fußhebel *m*, Fußschalter *m*
pedal-operated dead man's switch / Totmann-Pedalschalter *m*
pedal switch BS 4727,G.06 / Fußschalter *m* VDE 0660,T.201
pedestal *n* / Sockel *m*, Bock *m*, Lagerbock *m*, Untersatz *m* ‖ ~ **control** ~ / Steuersäule *f* ‖ ~ **bearing** / Stehlager *n*, Bocklager *n* ‖ ~ **body** / Lagerbock *m*, Lagerkörper *m*, Lagerrumpf *m* ‖ ~ **insulator** / Sockelisolator *m*, Gliederstützer *m*
pedestal-type ball bearing / Kugelstehlager *n* ‖ ~ **sleeve bearing** / Steh-Gleitlager *n*
pedestrian crossing / Fußgängerüberweg *m* ‖ ~ **crossing lights** / Verkehrssignal für Fußgänger ‖ ~ **precinct** / Fußgängerzone *f*
PEE s. power electronic equipment
peeling off / Abschälen *n*, Abblättern *n* ‖ ~ **test** / Schäl- und Abhebeversuch, Ausrissversuch *m*
peel strength / Abschälkraft *f* (gS)
peer *n* / Partner *m* (Kommunikationssystem) ‖ ~ **entity** / Partnerinstanz *f* DIN ISO 8348
peer-to-peer functionality / Peer-to-Peer-Funktionalität *f* (die Peer-to-Peer-Funktionalität mit SIMOLINK entspricht im Prinzip der Peer-to-Peer-Kopplung) ‖ **peer-to-peer link** / Punkt-zu-Punkt-Kopplung *f*
Peirce function / Peirce-Funktion *f*, NOR-Verknüpfung *f*
P element / P-Glied *n*
pellet catalytic converter / Schüttgutkatalysator *m* (Kfz)
pelmet lighting / Vorhangleistenbeleuchtung *f*
Peltier effect / Peltier-Effekt *m*
Pelton turbine / Pelton-Turbine *f*, Freistrahlturbine *f*
PELV (protective extra-low voltage) / Funktionskleinspannung mit sicherer Trennung
PE-MSD (permanently excited main spindle drive) / PE-HSA (permanent erregter Hauptspindelantrieb)
pen *n* / Schreibfeder *f*, Feder *f*, Zeichenfeder *f*, Zeichenstift *m*, Zeichenstift *m*
penalty *n* / Strafe *f*, Strafpunkte *m pl* (QS), Abzug bei Folgestichprobenprüfung ‖ ~ **test** / Zusatzprüfung *f* (QS)
PEN bar / PEN-Schiene *f*
pencil stream / Schnurstrahl *m* (Kfz-Einspritzventil)
PEN conductor / PEN-Leiter *m* VDE 0100,T.200; geerdeter Leiter, der die Funktionen des Schutzleiters und des Neutralleiters erfüllt ‖ ~ **conductor bar** / PEN-Leitschiene *f* ‖ ~ **conductor monitoring** / Nulleiterüberwachung *f*

pendant   418

pendant *n* / Pendelschnur *f*, Hängeleuchte *f* || ~ **cord** / Pendelschnur *f*, Schnurpendel *n* || ~ **fitting** / Pendelleuchte *f*, Hängeleuchte *f* || ~ **luminaire** / Pendelleuchte *f*, Hängeleuchte *f* || ~ **mounting** / Pendelmontage *f* (Leuchte) || ~ **mounting channel** (o. rail) / Pendelmontageschiene *f* || ~ **pushbutton station** / Hängedruckknopftafel *f*, Hängedrucktaster *m* || ~ **station** / Hängedruckknopftafel *f* || ~ **track** / Pendelmontageschiene *f*
pending *adj* / anstehend *adj*, vorliegend *adj*
pen down ISO 3592 / Zeichenstift senken (NC, CLDATA-Wort)
pendulum bearing / Pendellager *n* || ~ **bolt** / Pendelbolzen *m* || ~ **escapement** / Pendelhemmung *f* (Uhrwerk) || ~ **generator** / Pendelgenerator *m* (Turb.-Regler) || ~ **impact testing machine** / Pendelschlaggerät *n* || ~ **luminaire** / Pendelleuchte *f*, Hängeleuchte *f* || ~ **meter** / Pendelzähler *m*, Aronzähler *m* || ~ **motor** / Pendelmotor *m* || ~ **support** *n* / Pendelstütze *f*
penetrameter *n* / Durchstrahlungstiefenmesser *m*, Bildgüte-Prüfsteg *m*
penetrant inspection / Eindringverfahren *n*, Kalkmilchprobe *f*, Ölkochprobe *f*
penetrate *v* / eindringen *v*, durchdringen *v*, einbrennen *v*, durchstrahlen *v*
penetration *n* / Eindringen *n*, Durchdringung *f*, Einbrand *m*, Durchstrahlungsdicke *f*, Eindringtiefe *f* || ~ (**cable**) / Durchführung *f* || ~ **blade** / Kontaktmesser *m* || ~ **depth** / Eindringtiefe *f* || ~ **rate** / Eindringrate *f* (Korrosion) || ~ **sensor** / Einsteckfühler *m* || ~ **terminal** / Durchdringungsklemme *f* || ~ **voltage** / Durchgreifspannung *f* (HL) DIN 41854, Sperrschicht-Berührungsspannung *f*, Durchschlagspannung *f*
penetrometer *n* / Penetrometer *n*
pen lift / Schreibstiftanhebung *f* (Plotter)
pennant cycle IEC 214 / Wimpelschaltung *f* (Trafo) VDE 0532,T.30
pen plotter / Zeichenstiftplotter *m*, Stiftplotter *m* || ~ **recorder** / Tintenschreiber *m*
Pensky-Martens closed flash tester / Flammpunktprüfgerät nach Pensky-Martens (geschlossener Tiegel)
penstock *n* / Druckrohr *n* (WKW)
pentagon *n* / Fünfeck *n*
PEN terminal / PEN-Klemme *f*, Schutzleiterklemme *f*
pentode *n* / Pentode *f*, Fünfpolröhre *f*
pen up ISO 3592 / Zeichenstift heben (NC, CLDATA-Wort)
people to contact / Ansprechpartner *m* || ~ **with experience** / Erfahrungsträger *m*
perceived achromatic colour / unbunte Farbe || ~ **chromatic colour** / bunte Farbe, bunte Farbvalenz || ~ **colour** / Farbempfindung *f*, Farbe *f*
percentage *n* / Prozentanteil *m* || ~ **adjuster** / Anteilsteller *m* || ~ **bearing** / Traganteil *m*
percentage-bias differential relay / Prozent-Differentialrelais *n*, stabilisiertes Differentialrelais
percentage differential protection / Prozentvergleichsschutz *m* || ~ **differential relay** / Prozent-Differentialrelais *n*, stabilisiertes Differentialrelais || ~ **elongation** / Dehnungsanteil *m* || ~ **error** / prozentualer Fehler || ~ **error of**

meter / Zählerfehler in Prozent || ~ **of the fiducial value** IEC 51 / Einflusseffekt in Prozent des Bezugswerts (MG) || ~ **purity** / Reinheitsgrad *m* || ~ **relay** / Prozentrelais *n*, stabilisiertes Differential-Relais || ~ **scale factor** / prozentuale Maßstabstransformation
percent by volume / Volumenprozent *n* || ~ **by weight** / Gewichtsprozent *n* || ~ **defective** / Prozentsatz fehlerhafter Einheiten
percentile *n* / Perzentile *f*, Perzentilwert *m* || ~ **observed** ~ **life** / beobachtete Bestandsperzentile || ~ **plot** / Darstellung der Häufigkeitsverteilung der prozentualen Merkmale, grafische Darstellung der Verteilung des prozentualen Merkmalanteils DIN IEC 319
percent impedance / Kurzschlussspannung *f* (Trafo), innerer Spannungsabfall || ~ **pulse waveform distortion** / prozentuale Impulsverzerrung || ~ **pulse waveform feature distortion** / prozentuale Verzerrung einer Impulseinzelheit || ~ **reference magnitude** / prozentualer Referenzgrößenwert || ~ **ripple** / Welligkeitsgrad *m*, Welligkeit *f* || ~ **squared minute** / Prozentquadratminute *f*
perceptibility *n* / Wahrnehmbarkeit *f*, Erkennbarkeit *f* || ~ **distance** / Wahrnehmungsabstand *m*
perception *n* / Wahrnehmung *f* || ~ **tactile** ~ / taktile Berührungserkennung || ~ **threshold** / Wahrnehmungsschwelle *f*, Spürbarkeitsschwelle *f*, Bemerkbarkeitsgrenze *f*
perchlorethylene *n* / Perchlorethylen *n*
perfect *adj* / fehlerfrei *adj*, einwandfrei *adj* || ~ **capacitor** / idealer (o. vollkommener) Kondensator, verlustfreier Kondensator || ~ **code** / vollständiger Code || ~ **dielectric** / ideales (o. verlustloses) Dielektrikum, verlustloser Isolator || ~ **diffuser** / vollkommen mattweiße Fläche || ~ **diffusion** / vollkommene Streuung (LT)
perfected *adj* / ausgereift *adj*
perfect reflecting diffuser / vollkommen mattweißes Medium bei Reflexion || ~ **transmitting diffuser** / vollkommen mattweißes Medium bei Transmission
perforated *adj* / gelocht *adj*, perforiert *adj* || ~ **bar** / gelochtes Holm || ~ **disk** / Lochscheibe *f* || ~ **restriction plate** / Lochdrosselkörper *m*, Lochscheibe *f* || ~ **section** / Lochprofil *n* || ~ **sheet** / Lochblech *m* || ~ **stay** / gelochter Holm || ~ **tape** / Lochstreifen *m* (Datenträger in Form eines Papier- oder Kunststoffstreifens, auf dem Daten durch Lochkombinationen dargestellt werden)
perform *v* / ausführen *v*, leisten *v*
performance *n* / Leistungsfähigkeit *f*, Verhalten *n*, Arbeitsweise *f*, Leistungscharakteristik *f*, Leistung *f*, Wirksamkeit *f* (Fähigkeit einer Einheit, eine in quantitativen Kenngrößen formulierte Forderung an eine Dienstleistung zu erfüllen), Betriebsverhalten *n*, Arbeitsleistung *f* || ~ **IEC 351-1** / Leistungsfähigkeit *f* DIN IEC 351 ,T.1 || ~ **IEC 359** / Betriebsgüte *f* (MG) DIN 43745 || ~ **level of** ~ / Leistungsgrad *m* (Refa) || ~ **switching** *n* / Schaltverhalten *n*, Schaltvermögen *n* || ~ **transmission** *n* / Übertragungsqualität *f* (Kommunikationsnetz) || ~ **visual** ~ / Sehleistung *f* || ~ **capability** / Leistungsfähigkeit *f* (Fähigkeit einer Einheit, eine in quantitativen Kenngrößen formulierte Forderung an eine Dienstleistung zu erfüllen, und zwar unter gegebenen inneren Bedingungen) || ~ **category** / Leistungskategorie *f* ||

~ **characteristic** / Verhaltenskennwert *m*, Verhaltenskenndaten *pl* || ~ **characteristics** / Betriebsverhalten *n*, Betriebskenngrößen *f pl*, Leistungskennlinie *f*, Leistungsmerkmale *n pl*, Arbeitskenngrößen *f pl*, Kenngrößen *f pl* (MG), Leistungskenngrößen *f pl*, Betriebseigenschaften *f pl* || ~ **class** / Leistungsklasse *f* || ~ **criteria** / Leistungsmerkmale *n pl* || ~ **data** / Leistungsangaben *f pl*, Leistungsdaten *pl* || ~ **factor** / Gütefaktor *m* (Schutz) || ~ **feature** / Leistungsmerkmal *n* || ~ **guarantee** / Leistungsgarantie *f* || ~ **index (PI)** / Güteindex *m* (Reg.), Gütekriterium *n* (Reg.) || ~ **limit** / Verhaltensgrenzwert *m* || ~ **monitor** / Überwachungskomponente *f*, Überwachung der Systemleistungsfähigkeit || ~ **quantities** IEC 478-1 / Betriebsgrößen *f pl* DIN 41745 || ~ **range** / Leistungsbereich *m*, Leistungsumfang *m* || ~ **rating** / Leistungsgradschätzung *f* (Refa) || ~ **specification** / Pflichtenheft *n* (z.B. f. Installationsbus) || ~/**target analysis** / Ist/Soll-Analyse *f* || ~ **test** / Eignungsprüfung *f*, Leistungsprüfung *f* || ~ **verification test** / Leistungsfähigkeitsprüfung *f*
perimeter *n* / Umfang *m*, Perimeter *m* || ~ **lighting** / Lichtband *n* (rings um die Raumdecke angeordnet)
period *n* / Periode *f*, Periodendauer *f*, Zeitraum *m*, Dauer *f*, Zeitspanne *f*, Schwingungsdauer *f* || ~ **duration counter input** / Periodendauerzähleingang *m* || ~ **duration measurement** / Periodendauermessung *f*
periodic *adj* / periodisch *adj* IEC 50(101)
periodically sampled real-time format / periodisch abgetastete Echtzeitdarstellung (Impulsmessung) DIN IEC 469,T.2
periodical operation type duty / Durchlaufschaltbetrieb (DSB) *m*
periodic and/or random deviations (PARD) / periodische und/oder regellose Abweichungen, Überlagerungen *f pl* DIN 41745 || ~ **calculations** / periodische Berechnungen || ~ **component** / Wechselstromanteil *m*, Wechselstromglied *n* || ~ **continuous service test** / periodische Dauerentladeprüfung || ~ **duty** / Aussetzbetrieb *m* (Spiel regelmäßig wiederholt), periodischer Betrieb, periodischer Aussetzbetrieb, intermittierender Betrieb || ~ **duty-type rating** IEC 34-1 / Nennbetrieb für periodisch veränderliche Belastung VDE 0530,T.1 || ~ **e.m.f.** / periodische EMK || ~ **frequency modulation** / periodische Frequenzmodulation, Frequenzmodulation *f* (SR, periodische Abweichung der Ausgangsfrequenz von der Nennfrequenz) VDE 0558, T.2 || ~ **inspection** / periodische Kontrollen, regelmäßige Prüfung, regelmäßige Lagerprüfung
periodicity *n* / Periodizität *f*
periodic loading / Aussetzbelastung *f* || ~ **occurence** / Periodizität *f* || ~ **output voltage modulation** IEC 411-3 / Modulation der Ausgangsspannung (SR, periodische Spannungsabweichung) VDE 0558, T.2 || ~ **quantity** / periodische Größe, Wechselgröße *f*, Wechselstromgröße *f* || ~ **rating** / Nenndaten (o.Bemessungsdaten) für periodischen Betrieb *f*, AB-Leistung *f* || ~ **rating** / Nennbetrieb für periodisch veränderliche Belastung VDE 0530,T.1, Aussetzleistung *f* || ~ **reverse-current cleaning** / elektrolytische Reinigung mit periodischer Umpolung || ~ **variation** / periodische Schwankung
period of arcing / Lichtbogenintervall *n* || ~ **of authorized access** / Zugangsberechtigungszeitraum *m* (ZKS) || ~ **of authorized entry** / Berechtigungszeitraum *m* (GLAZ, Arbeitsantritt) || ~ **of clock signal** / Periodendauer des Taktsignals || ~ **of one revolution** / Umdrehungszeit *f* || ~ **of oscillation** / Schwingungsdauer *f*, Periodendauer *f* || ~ **of post-arc current** / Nachstromgebiet *n* || ~ **of validity of verification** / Eichgültigkeitsdauer *f*
peripheral IEC 1131-1 / Peripheriegerät *n* (SPS) DIN EN 61131-1 || ~ **air-gap leakage** / Polschuhstreuung *f*, Polstreuung *f* || ~ **area of project** / Projektumfeld *n* || ~ **bus** / Peripheriebus *m*, Übergabebus *m* || ~ **byte (PY)** / Peripheriebyte (PY) *n* || ≙ **Component Interconnect (PCI)** (bus definition of extension boards from PCs) / PCI || ~ **curve transformation** / Mantelkurventransformation *f* || ~ **cutting edge angle** (milling tool) / Hauptschneidenwinkel *m* || ~ **device** / Peripheriegerät *n* || ~ **dispersion** / Polschuhstreuung *f*, Polstreuung *f* || ~ **driver** / Peripherietreiber *m* || ~ **equipment** / Peripheriegeräte *n pl* || ~ **force** / Umfangskraft *f* || ~ **interchange program (PIP)** / Peripherie-Datenaustauschprogramm *n* || ~ **interface adapter (PIA)** / peripherer Schnittstellenadapter || ~ **operating and monitoring equipment** / Bedien- und Anzeigeperipherie *f*
peripherals *plt* / Peripheriegeräte *n pl*
peripheral speed / Umfangsgeschwindigkeit *f*, Scheibenumfangsgeschwindigkeit (SUG) *f*, Schleifscheibenumfangsgeschwindigkeit (SUG) *f* || ~ **storage** / peripherer Speicher || ~ **storage controller** / Peripheriespeicheranschaltung *f* || ~ **stress** / Umfangsspannung *f* (mech.), Randspannung *f* || ~ **surface** / Mantelfläche *f* || ~ **surface machining** / Mantelflächenbearbeitung *f* (WZM) || ~ **surface transformation** / Mantelflächentransformation *f* || ~ **unit** / periphere Einheit DIN 44300 || ~ **word (PW)** / Peripheriewort (PW) *n*
periphery *n* / Peripherie *f*, Umfang *m*, Kreisumfang *m* || ~ **byte** / Peripheriebyte *n* || ~ **connector** / Übergabe-Steckverbinder *m* (Peripherieelement) || ~ **interface** / Peripherieschnittstelle *f*
peristaltic charge-coupled device (PCCD) / peristaltische ladungsgekoppelte Schaltung
permanent *adj* / bleibend *adj* || ~ **action** / dauernde Wirkung (Reg.), bleibender Fehler || ~ **application temperature range** IEC 614-1 / zulässiger Dauertemperaturbereich VDE 0605,T.1 || ~ **calibration** / bleibende Kalibrierung || ~ **cantilever load** / Dauerbiegekraft (Isolator, Durchführung) || ~ **connection** / unlösbare Verbindung, Festanschluss || ~ **coupling** / nichtschaltbare Kupplung || ~ **current** / Dauerstrom *m* || ~ **elasticity** / Dauerelastizität *f* || ~ **elongation** / bleibende Dehnung || ~ **excitation** / Dauererregung *f* || ~ **fault** / Dauerfehler *m*, bestehender Fehler, Dauerkurzschluss *m*, stehender Kurzschluss || ~ **fault** IEC 50(191) / bleibender (o. permanenter) Fehlzustand, bleibender Fehlzustand (Fehlzustand einer Einheit, der solange besteht, bis eine Instandsetzung ausgeführt ist), permanenter Fehlzustand

permanent-field excitation / Dauermagneterregung *f*, Permanentmagneterregung *f* || **~ generator** / Dauermagnetgenerator *m*, Permanentpolgenerator *m*, autarker Generator || **~ machine** / Dauermagnetmaschine *f*, Maschine mit Dauermagneterregung || **~ synchronous motor** / Dauermagnet-Synchronmotor *m*, Magnetläufer-Synchronmotor *m*
permanent forcing / Zwangssteuern *n* || **~ installation** / feste Verlegung, Festeinbau *m* || **~ installation IEC 1131-1** / feste Installation (a. SPS) || **~ light** / Dauerlicht *n* || **~ load** / ständige Last, Dauerbelastung *f* || **~ location** / fester Platz || **~ lubrication** / Dauerschmierung *f*
permanently attended / dauernd (o. ständig) besetzt *adj* || **~ excited main spindle drive (PE-MSD)** / permanent erregter Hauptspindelantrieb (PE-HSA) || **~ excited spindle** / permanent erregte Spindel || **~ excited synchronous machine** / permanent erregte Synchronmaschine || **~ failsafe** / dauerfehlersicher *adj*, dauersicher *adj* || **~ fixed** / festeingestellt *adj* || **~ installed** / fest eingebaut, ortsfest *adj*, festinstalliert *adj* || **~ manned substation** / ständig besetzte Station || **~ set** / festeingestellt *adj* || **~ stored program** / fest abgespeichertes Programm || **~ stored subroutine** / fest abgespeichertes Unterprogramm || **~ unassigned** / ständig frei verfügbar (Programmteile)
permanently-wired *adj* / festverdrahtet *adj*
permanent magnet (PM) / Dauermagnet *m*, Permanentmagnet *m*
permanent-magnet blow-out / fremdmagnetische Beblasung || **~ disc-type rotor** / Scheibenmagnetläufer *m* || **~ excitation** / Dauermagneterregung *f*, Permanentmagneterregung *f* || **~ generator** / Dauermagnetgenerator *m*, Permanentpolgenerator *m*, autarker Generator
permanent magnetic flux / Permanentmagnetfluss *m*
permanent-magnet machine / Maschine mit Permanentmagneterregung, Dauermagnetmaschine *f*, Maschine mit Dauermagneterregung || **~ material** / Dauermagnetwerkstoff *m* || **~ moving-coil element** / Drehspul-Messwerk *n* (m. Dauermagnet) || **~ moving-coil instrument** / Drehspul-Messgerät *n* (m. Dauermagnet), Drehspulinstrument *n* || **~ moving-coil quotientmeter element** / Drehspul-Quotientenmesswerk *n* (m. Dauermagnet) || **~ steel** / Dauermagnetstahl *m* || **~ stepper** / Dauermagnetschrittmotor *m* || **~ synchronous motor** / Dauermagnet-Synchronmotor *m*, Magnetläufer-Synchronmotor *m*
permanent metal-to-metal joint / unlösbare Ganzmetallrohrverbindung || **~ path offset** / bleibende Bahnverschiebung (NC) || **~ peripheral** / fest installiertes Peripheriegerät (SPS) || **~ rating** / Dauerleistung *f* || **~ set** / Verformungsrest *m*, bleibende Formänderung, plastische Verformung || **~ signal** / Dauersignal *n* || **~ slip resistor** / Dauerschlupf-Widerstand *m*
permanent-split capacitor motor / Motor mit Betriebskondensator IEC 50(411), Einphasenmotor mit Kondensator für Anlauf und Betrieb
permanent storage / Speicherung mit Haftverhalten DIN 19123 || **~ supplementary artificial lighting (PSAL)** / Tageslicht-Zusatzbeleuchtung *f* (PSAL-Beleuchtung), Tageslicht-Ergänzungsbeleuchtung *f*

|| **~ wiring** / festverlegte Verdrahtung, feste Verdrahtung, stehende Verdrahtung
permeability *n* / Permeabilität *f*, magnetische Leitfähigkeit, magnetische Durchlässigkeit, Undichtheit *f* || **time decrease of ~** / zeitlicher Permeabilitätsabfall, Nachwirkung der Permeabilität || **~ of free space** / Permeabilität des leeren Raumes, magnetische Feldkonstante, Induktionskonstante *f*, Vakuumpermeabilität *f* || **~ of the vacuum** / Permeabilität des leeren Raumes, magnetische Feldkonstante, Induktionskonstante *f*, Vakuumpermeabilität *f* || **~ rise factor** / Anstiegsfaktor der Permeabilität
permeable *adj* / durchlässig *adj*
permeameter *n* / Permeameter *n*
permeance *n* / magnetischer Leitwert, Permeanz *f*
permeate *v* / durchdringen *v*, durchsetzen *v*, durchfluten *v*
permissible *adj* / zulässig *adj* || **~ ambient air temperature** / zulässige Umgebungstemperatur || **~ continuous current** / Grenzstrombelastbarkeit *f* || **~ duration of short-circuit current** / zulässige Dauer des Kurzschlussstroms || **~ frequency of insertions** / zulässige Steckhäufigkeit || **~ limits of variations** / zulässige Grenzen der Einflusseffekte || **~ luminaire** / schlagwettergeschützte Grubenleuchte || **~ mounting position** / zulässige Gebrauchslage || **~ number of operations per hour** / zulässige Anzahl der Schaltungen pro Stunde, Schaltzahl *f* || **~ number of starts per hour** / Anlasshäufigkeit *f* || **~ number of successive starts** / zulässige Anzahl der Hochläufe hintereinander, Anlasszahl *f* || **~ stress** / zulässige Spannung, zulässige Beanspruchung || **~ stress failure** / Ausfall bei zulässiger Beanspruchung
permission *n* / Erlaubnis *f* || **~ to send** / Sendeberechtigung *f*, Sendeerlaubnis *f* || **~ to transmit** / Sendeerlaubnis *f*, Sendeberechtigung *f*
permissive overreaching transfer trip protection (POTT) / Selektivschutz mit Überreichweite und Freigabe IEC 50(448) || **~ overreach protection (POP)** / Selektivschutz mit Überreichweite und Freigabe IEC 50(448) || **~ protection** / Selektivschutz mit Freigabe IEC 50(448) || **~ underreaching transfer trip protection (PUTT)** / Selektivschutz mit Unterreichweite und Freigabe IEC 50(448) || **~ underreach protection (PUP)** / Selektivschutz mit Unterreichweite und Freigabe IEC 50(448)
permittance *n* / Permittivität *f*, dielektrische Leitfähigkeit, Dielektrizitätskonstante *f*, elektrische Durchlässigkeit
permitted band / erlaubtes Band (HL)
permittivity *n* / Permittivität *f*, dielektrische Leitfähigkeit, Dielektrizitätskonstante *f*, elektrische Durchlässigkeit || **~ of free space** / Dielektrizitätskonstante des leeren Raumes, Dielektrizitätskonstante des Vakuums, elektrische Feldkonstante, Verschiebungszahl *f* || **~ of the vacuum** / Dielektrizitätskonstante des leeren Raumes, Dielektrizitätskonstante des Vakuums, elektrische Feldkonstante, Verschiebungszahl *f*
permit to work / Arbeitserlaubnis *f*, schriftliche Freigabe (zur Ausführung v. Arbeiten)
permutable *adj* / auswechselbar *adj*, austauschbar *adj*
permutation *n* / Austausch *m*, Vertauschung *f*

perpendicular *adj* / senkrecht *adj*, rechtwinklig *adj*, lotrecht *adj* || ~ **axis** / Ordinate *f*, senkrechte Achse || ~ **incidence** / Senkrechteinfall *m*, Senkrechteinschallung *f*
perpendicularity *n* / senkrechte Stellung, Rechtwinkligkeit *f* || ~ **tolerance** / Rechtwinkligkeitstoleranz *f*
perpendicular unit vector / Normaleinheitsvektor *m* || ~ **voltage** / Querspannung *f*
perpetual adaptation / ständige Adaption (adaptive Reg.)
persistence *n* / Nachleuchten *n* (BSG, Osz.), Nachleuchtdauer *f* || ~ **characteristic** / Nachleuchtkennlinie *f* (Osz.) || ~ **time** / Beharrungsdauer *f* (Datennetz)
persistent alarm / Daueralarm *m*, Dauerstörmeldung *f* || ~ **command** / Dauerbefehl *m* (FWT) || ~ **current** / Permanentstrom *m* (SuL) || ~ **fault** / bleibender Fehler, Dauerfehler *m*, Dauerkurzschluss *m*, bleibender Fehlzustand (Fehlzustand einer Einheit, der solange besteht, bis eine Instandsetzung ausgeführt ist), permanenter Fehlzustand || ~ **information** / Dauermeldung *f* (FWT) || ~ **regulating command** / Dauereinstellbefehl *m* (FWT)
persisting fault / bleibender Fehler, Dauerfehler *m*, Dauerkurzschluss *m* || ~ **indication** / Dauermeldung *f*
personal *adj* / persönlich *adj* || ~ **computer** / Personal-Computer *m* || ~ **data acquisition** (PDA) / Personendatenerfassung *f* (PDE) || ~ **identity number** / Personennummer *f* DIN 6763,T.1 || ~ **injury** / Personenschaden *m*
personalized *adj* / anwenderspezifisch *adj*, betriebsspezifisch *adj*, anwendungsorientiert *adj*
personnel assignment / Personalzuordnung *f*, Personalentsendung *f* || ~ **availability** / Personalbereitstellung *f* || ~ **badge system** / Personen-Ausweis-System *n* (ZKS) || ~ **costs** / Personalkosten *pl* || ~ **master data** / Personalstammdaten *pl* || ~ **responsible for export changes** / Exportumbaubeauftragter *m*
person processing / Bearbeiter *m* || ~ **responsible for warranty issues** / Gewährleistungsbeauftragter *m*
perspex *n* / Plexiglas *n*, Acrylglas *n*
perturbation, system ~ / Netzrückwirkung *f*
perturbing radiation / Störstrahlung *f*
perturbograph *n* / Störungsaufzeichnungsgerät *n*
per-unit *adj* / pro Einheit, bezogen *adj*, relativ *adj* || ~ **admittance** / Leitwertbelag *m* || ~ **damping torque coefficient** / relative Dämpfungsziffer (el.Masch.) || ~ **quantity** / bezogene Größe, normierte Größe, relative Größe, Bezugswert *m* || ~ **reactance** / relative Reaktanz (per-unit-System) || ~ **synchronizing power coefficient** / leistungsbezogene Synchronisierziffer || ~ **synchronizing torque** / bezogenes, synchronisierendes Drehmoment || ~ **synchronizing torque coefficient** / drehmomentbezogene Synchronisierziffer, Rückstellziffer *f* || ~ **system** / System der bezogenen Größen (el. Masch.), per-unit-System *n*, Bezugssystem *n*
perveance *n* / Perveanz *f*, Raumladungskonstante *f*
pervious *adj* / durchlässig *adj* || ~ **to gas** / gasdurchlässig *adj*
petal printer / Typenraddrucker *m*

petcock *n* / Entlüftungshahn *m*
PE terminal / PE-Klemme *f*, Schutzleiterklemme *f*, Schutzleiteranschluss *m* || ≙ **terminal bolt** / Anschlussschraube für Schutzverbindung
Petersen coil / Petersen-Spule *f*, Erdschlusslöschspule *f*
PETP s. polyester film tape || ≙ s. polyethylenterephthalate
Petri's network method / Petri-Netz-Methode *f*
petrochemical plant / Petrochemieanlage *f* || ~ **products** / Petrochemie Produkte
petrol pump / Benzinpumpe *f*, Zapfsäule *f*
p.f. / cos φ || ~ **Correction** / Blindleistungs-Kompensation *f* || ~ **correction module** / Kompensationsbaugruppe *f* || ~ **correction panel** / Kompensationsfeld *n*
PF s. profile factor
PFC s. production facility controller || ≙ **(power factor correction)** / BLK (Blindleistungskompensation)
p.f.c. s. power-factor controller
p.f.-corrected luminaire / kompensierte Leuchte
P-FID s. phosphorus-selective flame ionization detector
PFM (Pulse Frequency Modulation) / PFM (Puls-Frequenz-Modulation)
PFR s. power-fail restart
p-fractile *n* / Quantil *n* (Verteilung v. Zufallsgrößen) IEC 50(191) || ~ **access delay** / Quantil des Verbindungsaufbauverzugs || ~ **administrative delay** (The p-fractile value of the administrative delay.) / Quantil der administrativen Verzugsdauer || ~ **logistic delay** / Quantil der logistischen Verzugsdauer || ~ **repair time** / Quantil der Instandhaltungsdauer, Reparaturdauerquantil
p.f. transducer / Messumformer für Leistungsfaktor || ~ **uncorrected luminaire** / unkompensierte Leuchte, Leuchte ohne Vorschaltgerät
PG / Programmiergerät (PG) *n* || **pg communication** / PG-Kommunikation *f* || ~ **Pg knockout** / Pg-Verpflegung *f* || **PG/PC** / PG/PC || ~ **screwed cable gland** / Panzergewinde-Verschraubung (Pg-Gewinde) *f*, Pg-Verschraubung *f* || ~ **socket outlet** / PG-Steckdose *f*
PGA s. programmable-gain amplifier
P gain / P-Verstärkung *f*, proportionale Verstärkung
P-gate thyristor / kathodenseitig steuerbarer Thyristor, P-Thyristor *m*
PGNET Plus / PGNET Plus
PHA s. pulse height analysis
phantom circuit / Phantom-Schaltung *f*, Phantom-Verknüpfung *f* || ~ **circuit (cable)** / Phantomkreis *m* (Kabel) VDE 0816 || ~ **echo** / Phantomecho *n*
pharmaceutical industry / pharmazeutischer Wirkstoffbetrieb
phase *n* / Phase *f*, Strang *m*, Phasenwinkel *m*, Pfad *m*, Takt *m*, Zuleitung *f*, Einspeiseanschluss *m*, Außenleiter *m* (Mehrphasensystem), Wicklungsstrang *m* || **in ~ opposition** / in Phasenopposition, um 180° phasenverschoben, in Gegenphase, gegenphasig *adj* || **in ~ with** / relation / phasenrichtig *adj* || **out of ~** / außer Phase, phasenverschoben *adj*, asynchron *adj* (zur Bezeichnung einer Netzkenngröße) || **2-~** / 2-phasig *adj* || **recipe ~** / Rezeptabschnitt *m* || ~ **advancer** / Phasenschieber *m*, Phasendreher *m*, Kommutator-Drehstromregermaschine *f* || ~ **analysis** /

Phasenanalyse f (Verfahren der Röntgendiffraktometrie) || ~ **angle** / Phasenwinkel m, Phasenverschiebungswinkel m, Fehlwinkel m || ~ **angle** IEC 76-1 / Kennzahl f (Trafo) VDE 0532,T.1, Phasenlage f
phase-angle adjustment / Phasen(winkel)einstellung f, Phasenabgleich m (EZ), Schrägeinstellung f (der Spannung) || ~ **control** / Phasenanschnittsteuerung f, Teilaussteuerung f, Anschnittsteuerung f
phase angle correction / Winkelkorrektur f
phase-angle correction factor / Fehlwinkel-Korrekturfaktor m
phase-angle deviation / Phasenwinkelabweichung f, Phasenhub m || ~ **error** / Phasenwinkelfehler m, Winkelfehler m || ~ **lead** / Phasenvoreilung f, Phasenvoreilwinkel m || ~ **meter** / Phasenwinkelmesser m || ~ **replica** / Winkelabbild n (Schutz, Parallelschaltgerät) || ~ **stabilization** / Phasenwinkelstabilisierung f DIN 41745 || ~ **transducer** / Phasenwinkelmessumformer m
phase assignment / Phasenzuordnung f || ~ **balance** / Phasengleichheit f || ~ **balance relay** / Unsymmetrierelais n, Schieflastrelais n || ~ **band** / Wicklungszone f, Zonenbreite f || ~ **barrier** / Phasentrennwand f, Isolier-Trennwand f, Schottblech n, Prallplatte f, Schottwand f, Trennwand f || ~ **belt** / Wicklungszone f, Zonenbreite f
phase-belt pitch / Zonensprung m (Wickl.)
phase centre / Phasenmitte f || ~ **change** / Phasenwechsel m, Phasensprung m, Phasenschwenkung f
phase-change coefficient / Phasenkonstante f
phase characteristic / Phasengang m, V-Kurve f
phase-coil insulation / Spulenisolierung am Phasensprung, Phasenisolation f
phase-commutated converter / netzgeführter Stromrichter
phase commutation / natürliche Kommutierung, freie Kommutierung || ~ **coincidence** / Phasengleichheit f || ~ **comparator device** / Phasenvergleichsgerät n || ~ **comparator meter** / Phasenvergleichsmessgerät n || ~ **comparator relay** / Phasenvergleichsrelais n || ~ **comparison** / Phasenvergleich m
phase-comparison distance protection / Phasenvergleichs-Distanzschutz m || ~ **protection** / Phasenvergleichsschutz m, Phasenwinkelvergleichsschutz m
phase compensation / Phasenkompensation f
phase conductor / Phasenleiter m, Außenleiter m, Hauptleiter m || ~ **connector** / Phasenverbinder m, Ringleitung f (Maschinenwickl.) || ~ **consequence** / Phasenfolge f || ~ **constant** / Phasenkonstante f || ~ **control** / Zündeinsatzsteuerung f (LE), Anschnittsteuerung f || ~ **control factor** / Aussteuerungsgrad bei Zündeinsatzsteuerung (LE) || ~ **control range** / Steuerbereich m (SR) || ~ **control reactive power** / Steuerblindleistung f (LE) || ~ **converter** / Phasenwandler m, Phasenumformer m, Phasenzahlumrichter m || ~ **crossover frequency** / Phasenschnittkreisfrequenz f || ~ **current** / Phasenstrom m, Strangstrom m, Leiterstrom m || ~ **dead** / Phase fehlt || ~ **delay time** / Phasenlaufzeit f || ~ **difference** / Phasenunterschied m, Phasenverschiebungswinkel

m, Phasendifferenz f, Phasenmaß n || ~ **differential factor** / Phasenverschiebungsfaktor m
phase-displaced pulse / phasenverschobener Impuls
phase displacement / Phasenverschiebung f, Phasenabweichung f, Phasendrehung f, Winkelfehler m || ~ **displacement angle** / Phasenverschiebungswinkel m || ~ **displacement factor** / Phasenverschiebungsfaktor m || ~ **displacement index** / Kennzahl der Phasenwinkeldifferenz (Trafo) || ~ **distortion** / Phasenverzerrung f
phase-earth-phase fault / zweiphasiger Erdschluss, Doppelerdschluss m, zweipoliger Erdschluss, zweiphasiger Kurzschluss mit Erdberührung
phase effect / Netzrückwirkung f || ~ **effects on the system** / Netzrückwirkung f || ~ **encoding** / Richtungstaktschrift f (binäres Schreibverfahren) || ~ **error** / Phasenfehler m, Fehlwinkel m || ~ **error compensation** / Phasenfehlerkorrektur f || ~ **factor** / Phasenfaktor m (Trafo) VDE 0532,T.1, Phasenverschiebungsfaktor m || ~ **failure** / Phasenausfall m, Phasenleiterbruch m, Phase fehlt
phase-failure monitoring / Phasenausfallüberwachung f || ~ **protection** / Phasenausfallschutz m, Leiterbruchschutz m || ~ **relay** / Phasenausfallrelais n, Phasenbruchrelais n
phase-failure-sensitive overload release / phasenausfall-empfindlicher Überlastauslöser VDE 0660,T.104, Überlastrelais mit Phasenausfallschutz || ~ **thermal overload relay** / phasenausfall-empfindliches Überlastrelais VDE 0660,T.104
phase-fault protection / Kurzschlussschutz für mehrpolige Fehler IEC 50(448)
phase-fired control / Phasenanschnittsteuerung f
phase fixed point / Phasenfestpunkt m || ~ **frequency curve** / Phasengang m
phase-frequency response / Frequenzgang der Phase, Phasen-Frequenzgang m
phase fuse / Strangsicherung f, Hauptsicherung f || ~ **grouping** / Phasengruppierung f, Phasenanordnung f || ~ **header** / Phasenkopf m (Rezeptverarbeitung)
phase-insulated terminal box / Klemmenkasten mit Außenleiterisolierung
phase intersection point / Phasenschnittpunkt m || ~ **inversion** / Phasenumkehr f || ~ **jitter** / Phasenzittern n, Phasenjitter n || ~ **lag** / Phasennacheilung f, Phasenverzögerung f || ~ **lead** / Phasenvoreilung f, Phasenleiter m
phase-locked control loop (PLCL) / phasensynchronisierte Regelschleife || ~ **loop (PLL)** / phasensynchronisierte Schleife (PLL-Schaltung) || ~ **oscillator** / phasenstarrer Oszillator || ~ **synchronism** / winkelgetreuer Gleichlauf
phase-locking loop / Phasensynchronisationskreis m, Phasenregelkreis m
phase-loss sensitive relay / phasenausfallempfindliches Relais || ~ **sensitive release** / phasenausfallempfindlicher Auslöser || ~ **sensitive thermal overload relay** / thermisches Überlastrelais mit Phasenausfallschutz, thermischer Überlastauslöser mit Phasenausfallschutz
phase manager / Phasenmanager m || ~ **margin** / Phasenrand m, Phasenreserve f, Phasensicherheit f
phasemeter n / Phasen-Messgerät n, Phasenmesser m
phase modifier / Phasenumformer m, Phasenschieber m || ~ **modulation (PM)** / Phasenmodulation f (PM) || ~ **monitoring relay** / Phasenüberwachungsrelais

phase-neutral loop / Phase-Mittelleiter-Schleife *f*
phase open-circuit / Phasenbruch *m* || **~ opposition** / Phasenopposition *f*, entgegengesetzte Phasenlage, Phasenverschiebung um 180° || **~ plane** / Phasenebene *f*
phase-plane diagram / Phasenkurve *f*, Diagramm des Frequenzgangs in der komplexen Ebene
phase position / Phasenlage *f*, Phasenwinkel *m* || **~ quadrature** / Phasenverschiebung um 90° || **~ quantity** / Phasengröße *f*, Stranggröße *f* || **~ recovery voltage** / wiederkehrende Polspannung (SG) || **~ relationship** / Phasenverhältnis *n*, Phasenbeziehung *f* || **~ response** / Phasengang *m*, Phasenverlauf *m* || **~ reversal** / Phasenumkehr *f* || **~ reversal protection** / Phasenumkehrschutz *m*, Phasenfolge-Umkehrschutz *m*, Drehfeldschutz *m* || **~ rotation** / Phasendrehung *f*, Phasenfolge *f*
phase-rotation indicator / Drehfeldrichtungsanzeiger *m*, Drehfeldanzeiger *m*, Phasenfolgeanzeiger *m* || **~ relay** / Phasenfolgerelais *n*, Drehfeldüberwachungsrelais *n*
phase-segregated *adj* / phasengetrennt *adj*, mit abgeteilten Phasen || **~ protection** / leiterselektiver Schutz IEC 50(448) || **~ terminal box** / Klemmenkasten mit getrennten Klemmenzellen
phase segregation / Phasentrennung *f*, Schottung *f* || **~ selection relay** / Phasenauswahlrelais *n* || **~ selectivity (of protection)** / Außenleiterselektivität *f* (Selektivschutz) IEC 50(448) || **~ sensitivity to voltage** / Empfindlichkeit der Phase gegen Spannungsänderungen
phase-separated *adj* / phasengetrennt *adj*, mit Phasentrennung || **~ terminal box** / Klemmenkasten mit Außenleitertrennung
phase separation / Phasentrennung *f*, Außenleitertrennung *f* || **~ separator** / Phasentrenner *m* (Wickl.) || **~ sequence** / Phasenfolge *f*, Drehfeldrichtung *f*, Leiterfolge *f*, Klemmenfolge *f*
phase-sequence effect / Drehfeldabhängigkeit *f* || **~ dependent** / drehfeldabhängig *adj* || **~ indicator** / Drehfeldrichtungsanzeiger *m*, Phasenfolgeanzeiger *m*, Drehfeldanzeiger *m* || **~ monitoring** / Phasenfolgeüberwachung *f*, Drehfeldüberwachung *f* || **~ relay** / Phasenfolgerelais *n*, Drehfeldüberwachungsrelais *n* || **~ reversal protection** / Phasenfolge-Umkehrschutz *m*, Phasenumkehrschutz *m*, Drehfeldschutz *m* || **~ test** / Prüfung der Phasenfolge, Drehfeldkontrolle *f* || **~ transformation** / Fortescue-Transformation *f*
phase shift / Phasenverschiebung *f*, Phasensprung *m*, Phasenschwenkung *f*
phase-shift circulator / Phasenschieber-Zirkulator *m*
phase shifter / Phasenschieber *m*, Phasendreher *m* || **~ shifter tube** / Phasenschieberröhre *f* || **~ shifting** / Phasenschieben *n*, Schwenkung der Phasenlage, Blindstromkompensation *f*
phase-shifting converter / Phasenschieberumrichter *m* (PHU) || **~ transformer** / Phasenschiebertransformator *m* || **~ winding** / Phasenschieberwicklung *f*, Schwenkwicklung *f*
phase space / Phasenraum *m* || **~ spacing** / Phasenabstand *m* || **~ spacing** ANSI C37.100 / Polmittenabstand *m* (SG), Polteilung *f* || **~ splitter** / Phasenteiler *m* || **~ spread** / Zonenbreite *f* || **~ stretching** / Phasendehnung *f* || **~ terminal** /

Phasenklemme *f*, Strangklemme *f*, Außenleiteranschluss *m*, Hauptanschluss *m* (o. - klemme)
phase-to-earth arrester / Phase-Erde-Ableiter *m* || **~ capacitance** / Phasen-Erde-Kapazität *f*, Außenleiter-Erde-Kapazität *f*, Leiterkapazität gegen Erde || **~ clearance** / Mindestabstand gegen Erde (Außenleiter - Erde), Schlagweite gegen Erde || **~ clearance** IEC 50(466) / minimaler Abstand zwischen Teilen unter Spannung und geerdeten Teilen (Freiltg.) || **~ fault** / einphasiger (o. einpoliger) Erdschluß, einphasiger (o. einsträngiger) Fehler, Erdschluss einer Phase || **~ insulation** / Phase-Erde-Isolierung *f*, Leiter-Erde-Isolierung *f* || **~ overvoltage** / Außenleiter-Erde-Überspannung *f*, Leiter-Erde-Überspannung *f* || **~ overvoltage per unit** / relative Außenleiter-Erde-Überspannung || **~ per-unit overvoltage** / relative Außenleiter-Erde-Überspannung || **~ voltage** / Außenleiter-Erde-Spannung *f*, Leiter-Erde-Spannung *f*, Leiterspannung gegen Erde || **~ voltage relay** / Erdspannungsrelais *n*
phase-to-frame short circuit / Kurzschluss zwischen Phase und Gehäuse, Phasenschluss *m*
phase-to-ground clearance / minimaler Abstand zwischen Teilen unter Spannung und geerdeten Teilen (Freiltg.) || **~ fault** / einphasiger (o. einpoliger) Erdschluss, einphasiger (o. einsträngiger) Fehler, Erdschluss einer Phase
phase-to-neutral voltage / Leiter-Sternpunktspannung *f*, Sternspannung *f*, Phasenspannung *f*
phase-to-phase arrester / Phase-Phase-Ableiter *m* || **~ clearance** / Außenleiter-Mindestabstand *m* || **~ fault** / zweiphasiger (o. zweisträngiger) Kurzschluss, zweiphasiger Kurzschluss, zweiphasiger Fehler || **~ fault clear of earth** / zweiphasiger (o. zweipoliger) Kurzschluss ohne Erdberührung || **~ fault with earth** / zweiphasiger (o. zweipoliger) Kurzschluss mit Erdberührung || **~ insulation** / Leiter-Leiter-Isolation *f* || **~ insulation coordination** / Leiter-Leiter-Isolationskoordination *f* || **~ overvoltage per unit** / relative Außenleiter-Überspannung || **~ per-unit overvoltage** / relative Außenleiter-Überspannung || **~ short circuit** / Kurzschluss zwischen Phasen, zweiphasiger Kurzschluss, Phasenschluss *m* || **~ spacing** IEC 50(466) / Leiterabstand *m* (Freiltg.) || **~ system voltage** / Leiter-Leiter-Netzspannung *f* || **~ voltage** / verkettete Spannung, Dreieckspannung *f*, Außenleiterspannung *f*
phase transformation / Phasenumwandlung *f* || **~ transformer** / Phasenwandler *m*, Phasenumformer *m*, Phasenzahlumrichter *m* || **~ transposition** / Phasenvertauschung *f*, Verdrillung *f* (von Phasenleitern) || **~ unbalance** / Phasenunsymmetrie *f*, Schieflast *f* || **~ unbalance protection** / Schieflastschutz *m*, Unsymmetrieschutz *m* || **~ unbalance relay** / Phasenunsymmetrierelais *n*, Schieflastrelais *n* || **~ undervoltage protection** / Phasenunterspannungsschutz *m* || **~ value** / Strangwert *m* || **~ velocity** / Phasengeschwindigkeit *f* || **~ voltage** / Phasenspannung *f*, Strangspannung *f* || **~ winding** / Phasenwicklung *f*, Strangwicklung *f* || **~ winding** IEC 76-1 / Wicklungsstrang *m* (Trafo) VDE 0532,T.1
phase-wound motor / Schleifringläufermotor *m*,

Schleifringmotor *m*
phasing *n* / Phaseneinstellung *f* || ~ **in** / Synchronisieren *n* || ~ **tester** / Phasenprüfer *m*
phasor *n* / Zeiger *m* (komplexe Größe) || ~ **diagram** / Zeigerdiagramm *n*, Zeigerbild *n* || ~ **power** / komplexe Leistung || ~ **quantity** / Zeigergröße *f*, Vektorgröße *f*
pH electrode assembly / pH-Elektrodenbaugruppe *f*
phenol-aldehyde resin / Phenolaldehydharz *n*
phenol-formaldehyde *n* / Phenolformaldehyd *n*
phenol-furfural resin / Phenol-Furfurol-Harz *n*
phenolic cement / Phenolharzkleber *m* || ~ **resin** / Phenolharz *n*
phenomenon *n* / Erscheinung *f*, Phänomen *n* || **random** ~ / Zufallsereignis *n*
peripheral storage / peripherer Speicher
phlogopite *n* (aluminium-magnesium-potash mica) / Phlogopit *n* (Aluminium-Magnesium-Kalium-Glimmer)
pH meter / pH-Messgerät *n*
phonometer *n* / Lautstärkemesser *m*
phosphor *n* / Phosphor *m*, Leuchtstoff *m*, Luminiphor *m* || ~ **blend** / Leuchtstoffmischung *f*
phosphorescence *n* / Phosphoreszenz *f*
phosphoric acid / Phosphosäure *f*
phosphorus-selective flame ionization detector (P-FID) / phosphorselektiver Flammenionisationsdetektor (P-FID)
photocathode *n* / Fotokathode *f*
photocell *n* / Fotozelle *f*, lichtelektrischer Empfänger, lichtelektronischer Empfänger
photoconductance *n* / Fotoleitwert *m*
photoconduction *n* / Fotoleitung *f*, lichtelektrische Leitung
photoconductive camera tube / Bildaufnahmeröhre mit Photoleitung || ~ **cell** / Fotowiderstandszelle *f*, Fotoleiter *m*, Fotowiderstand *m* || ~ **effect** / Fotoleitungseffekt *m*
photo-conductivity *n* / Fotoleitfähigkeit *f*
photoconductor *n* / Fotoleiter *m*
photocopier *n* / Fotokopiergerät *n*, Kopiergerät *n* || ~ **data recording** / Kopierdatenerfassung *f*
photocopy *n* / Fotokopie *f*, Lichtpause *f*
photocopying lamp / Lichtpauslampe *f*
photocurrent *n* / Fotostrom *m*, lichtelektrischer Strom, Fotoelektronenstrom *m*
photodesensitization *n* / Fotodesensibilisierung *f*
photodetector *n* / Fotodetektor *m*, Fotoempfänger *m*, lichtelektrischer (o. fotoelektrischer) Empfänger
photodiode (FD) *n* / Fotodiode *f* (FD) || ~ **sensor** / Fotodioden-Bildwandler *m*
photoeffect *n* / Fotoeffekt *m*, lichtelektrischer Effekt
photoelastic fringe pattern / spannungsoptisches Streifenbild || ~ **investigation** / spannungsoptische Untersuchung
photoelasticity *n* / Fotoelastizität *f*, Spannungsoptik *f*
photoelastic pattern / spannungsoptisches Bild, Spannungsoptik *f*
photoelectric barrier / Lichtschranke *f* || ~ **current** / Fotostrom *m*, lichtelektrischer Strom, Fotoelektronenstrom *m* || ~ **detector** / Fotodetektor *m*, Fotoempfänger *m*, lichtelektrischer (o. fotoelektrischer) Empfänger || ~ **device** IEC 50(151) / fotoelektrisches Gerät, fotoelektrisches Betriebsmittel || ~ **effect** / fotoelektrischer (o. lichtelektrischer) Effekt, Fotoeffekt *m* || ~ **emission** / Fotoemission *f*, äußerer fotoelektrischer Effekt || ~

light barrier / Lichtschranke *f* || ~ **lighting controller** / Dämmerungsschalter *m* || ~ **photometer** / lichtelektrisches Fotometer || ~ **proximity switch** / fotoelektrischer Näherungsschalter || ~ **reader** / fotoelektrischer Leser || ~ **receptor** / Fotoempfänger *m*, lichtelektrischer (o.fotoelektrischer) Empfänger || ~ **relay** / fotoelektrisches Relais, Lichtrelais *n* || ~ **scanner** / fotoelektrisches (o. lichtelektrisches) Abtastgerät || ~ **switch** / fotoelektrischer Schalter, Dämmerungsschalter *m* || ~ **tube** / fotoelektrische Röhre, Fotozelle *f*
photoelement *n* / Fotoelement *n*
photo-EMF *n* / Foto-EMK *f*, Fotospannung *f*
photoemission camera tube / Bildaufnahmeröhre mit Photoemission
photoemissive cell / Fotozelle *f*, lichtelektrischer Empfänger, lichtelektronischer Empfänger || ~ **effect** / Fotoemission *f*, äußerer fotoelektrischer Effekt
photoflash lamp / Blitzlampe *f*, Blitzleuchte *f*
photoflood lamp / Fotoaufnahmelampe *f*
photofluorography *n* / Leuchtschirmfotografie *f*
photogram, back-reflection ~ / Rückstrahlaufnahme *f*
photographic reduction dimension / Einstellmaß *n* (gS)
photographic master / Druckvorlage *f* (gS)
photoluminescence *n* / Fotolumineszenz *f* || ~ **radiant yield** / Fotolumineszenz-Strahlungsausbeute *f*
photo-macrograph *n* / Makroaufnahme *f*, Makroschliffbild *n*
photomagnetoelectric effect / fotomagnetischer Effekt
photomaster *n* / Druckvorlage *f* (gS)
photometer *n* / Fotometer *n*, Leuchtdichte-Messgerät *n*
photometric quantity / lichttechnische Größe
photometry *n* / Fotometrie *f*, Lichtmessung *f* || ~ **and colorimetry** / Lichtmesstechnik *f*
photo-micrograph *n* / Mikroaufnahme *f*
photomultiplier *n* / Fotovervielfacher *m*
photon *n* / Photon *n*, Lichtquant *n*, Strahlungsquant *n* || ~ **counter** / Photonenzähler *m* || ~ **excitance** / spezifische Photonenausstrahlung || ~ **exposure** / Photonenbestrahlung *f* || ~ **flux** / Photonenstrom *m* || ~ **intensity** / Photonenstrahlstärke *f* || ~ **noise** / Photonenrauschen *n*
photoperiod *n* / Fotoperiode *f*
photopic vision / Tagessehen *n*, fotopisches Sehen
photoplotter *n* / Lichtzeichenmaschine *f*, Fotoplotter *m*
photoreceiver *n* / Fotoempfänger *m*, lichtelektrischer (o. fotoelektrischer) Empfänger
photo-resist *n* / Fotolack *m* (gS)
photoresistor *n* / Fotowiderstand *m*
photoroentgenography *n* / Röntgenphotographie *f*, Leuchtschirmphotographie *f*
photosensitive *adj* / lichtempfindlich *adj* || ~ **tube** / lichtempfindliche (o. fotoelektrische) Röhre
photosensitivity *n* / Lichtempfindlichkeit *f*
photosensitization *n* / Fotosensibilisierung *f*
photo-sensor *n* / Lichtfühler *m*
photostability *n* / Lichtbeständigkeit *f*
photostable *adj* / lichtbeständig *adj*, lichtecht *adj*
phototransistor *n* / Fototransistor *n*

phototube *n* / Fotozelle *f*, lichtelektrischer Empfänger, lichtelektronischer Empfänger
photovoltage *n* / Fotospannung *f*, Foto-EMK *f*
photovoltaic cell / Fotoelement *n* || ~ **effect** / fotovoltaischer Effekt, Fotoelementeffekt *m*, Sperrschicht-Fotoeffekt *m*
phthalic ester / Phthalat-Ester *m*
physical address / physikalische Adresse, effektive Adresse, absolute Adresse, Maschinenadresse *f* || ~ **bus characteristics** / Busphysik *f* || ~ **characteristics** / Übertragungsphysik *f* || ~ **connection** / ungesicherte Systemverbindung DIN ISO 7498 || ~ **environmental conditions** / Umgebungsbedingungen *fpl* || ~ **external interface (PEI)** / Anwendungsschnittstelle (AST) *f* (zwischen Busankoppler und Anwendungsmodul o. Endgerät) || ~ **interface** / physikalische Schnittstelle (SPS) || ~ **layer** / Bitübertragungsschicht *f* DIN ISO 7498 || ~ **life** / technische Nutzungsdauer || ~ **link** / Übertragungsstrecke *f* || ~ **link layer** / Übertragungsschicht *f*
physically active interface / physikalisch aktive Schnittstelle || ~ **passive interface** / physikalisch passive Schnittstelle
physical medium / Übertragungsmedium *n* DIN ISO 7498 || ~ **process model** / gegenständliches Prozessmodell || ~ **project path** / Physikal. Projektpfad || ~ **properties** / Materialeigenschaften *fpl* || ~ **protocol** / Bitübertragungsprotokoll *n* DIN ISO 7498 || ~ **receptor** / physikalischer Empfänger || ~ **service** / Bitübertragungsdienst *m* DIN ISO 7498 || ~ **unit** / physikalische Einheit, Baueinheit *f* DIN 44300
PI s. performance index || ◦ s. polyimide || ◦ **behaviour** / PI-Verhalten *n* || ◦ **(process image)** / PA (Prozessabbild) || ◦ **(PROFIBUS International)** / PNO (PROFIBUS Nutzerorganisation) || ◦ **(program invocation)** / PI (Programm-Instanz) || ◦ **(proportional and integral)** / PI (proportional-integral)
PIA s. peripheral interface adapter
PI action / PI-Verhalten *n*, Proportional-Integral-Verhalten *n*
piano key / Klaviertaste *f* || ~ **wire** / Klaviersaitendraht *m*
PIC s. planar integrated circuit || ◦ s. positive impedance converter || ◦ s. power IC || ◦ s. priority interrupt control || ◦ s. programmable interrupt controller
pick *v* / aufnehmen *v* (durch Handhabungsgerät), sortieren *v*, anpicken *v*, antippen *v* (Anfahren eines Elements auf dem Bildschirm)
pick-and-place machine / Bestückungsautomat *m* (gS), Handlingsmaschine *f* || ~ **robot** / Einlegegerät *n* (Automat), Einlegeautomat *m* || ~ **system** / Bestückungsautomat *m*, Handlingsmaschine *f*
pick device / Picker *m* (logisches GKS-Eingabegerät)
picker, peak ~ / Punktdiagrammschreiber *m* (Chromatogramm)
pick feed / schrittweiser Vorschub (NC) || ~ **feedrate** / schrittweiser Vorschub || ~ **identifier** / Pickerkennzeichnung *f*
picking stage / Kommisionierstufe *f*
pickled *adj* / entzundert *adj*, gebeizt *adj*
pick off *v* / abnehmen *v* (Spannung an Anzapfung o. Abgriff), abgreifen *v*

pick-off *n* / Abgriff *m*, Messwertgeber *m*, Aufnehmer *m*, Messfühler *m*, Abgreifschelle *f* || ~ **gear** / Wechselrad *n*, Umsteckrad *n*, Aufsteck-Wechselrad *n* || ~ **method** / Abgriffverfahren *n*
pick-up *n* / Aufnehmer *m*
pick up *v* / aufnehmen *v* (Messwerte), abgreifen *v* (Spannung), anziehen *v* (Rel.), ablatchen *v*, ansprechen *v*, zugreifen *v*
pickup *n* / Aufnehmer *m*, Abgriff *m*, Messfühler *m*, Abtastung *f*, Anziehen *n* (Rel.), Sensor *m*, Messwertgeber *m*, Messwertaufnehmer *m*, Sender *m*, Tonabnehmer *m* || ~ **brush** / Messbürste *f* || ~ **current** / Anzugsstrom *m* (Rel.), abgegriffener Strom || ~ **delay** / Anzugsverzögerung *f* (Rel.), Anzugsverzögerungszeit *f*, Einschaltverzögerung *f* || ~ **delay time** / Anzugverzögerung *f*, Anzugsverzögerungszeit *f* || ~ **lubrication** / Tauchschmierung *f* || ~ **of the voltage** / Abgriff der Spannung || ~ **power** / Anzugsleistung *f* (Rel.) || ~ **pressure** / Ansprechdruck *m* || ~ **time** / Anzugszeit *f* (Rel.), Ansprechzeit *f* || ~ **value** / Anzugswert *m* (Rel.), Ansprech-Sollwert *m* (Rel.), Ansprech-Prüfwert *m* || ~ **winding** / Anzugswicklung *f* (Rel.), Einschaltwicklung *f* (SG, Rel.)
pico fuse / Feinsicherung *f*
PI control / PI-Regelung *f*, Proportional-Integral-Regelung *f* || ◦ **controller** / PI-Regler *m*, proportional-integral-wirkender Regler || ◦ **control loop function (proportional, integral control loop function)** / PI-Regelfunktion (Proportional-Integral-Regelfunktion) || ◦ **error** / PI-Fehler *m* || ◦ **feedback** / PI-Rückführung *f* || ◦ **feedback signal** / PI-Rückführungssignal *n* || ◦ **saturation** / PI-Sättigung *f* || ◦ **service** / PI-Dienst *m* || ◦ **setpoint** / PI-Sollwert *m* || ◦ **table** / Netzabbild *n*
pictorial format / bildliche Darstellung (Impulsmessung) DIN IEC 469,T.2 || ~ **marking** / Bildzeichen *n* DIN 55402 || ~ **representation** / Bilddarstellung *f*
picture blanking signal / Bildaustastsignal *n* (BA-Signal), Bild-Austast-Synchron-Signal (BAS) *n* || ~ **blanking signal output** / BAS-Ausgang *m* || ~ **blemish** / Störfleck *m* (ESR) || ~ **block** / Bildbaustein *m* || ~ **browser** / Bildauswahl *f* || ~ **composition** / Bildzusammenstellung *f* || ~ **construction** / Bildaufbau *m* || ~ **data store** / Bilddatenspeicher *m* || ~ **database** / Bilddatenbank *f* || ~ **exchange** / Bildwechsel *m* || ~ **formatting time** / Bildaufbauzeit *f* (graf. DV) || ~ **frame contour** / Zeilenfräsen *n* || ~ **frequency** / Bildfrequenz *f* || ~ **geometric fault** / Geometriefehler *m* (BSG) || ~ **hold** / Bildfang *m* || ~ **line** / Bildzeile *f* || ~ **memory** / Bildspeicher *m*, Bildwechselspeicher *m* || ~ **store** / Bildspeicher *m*, Bildwechselspeicher *m* || ~ **tube** / Bildröhre *f*
PID action / PID-Verhalten *n*, Proportional-Integral-Differential-Verhalten *n* || **actual ◦ output** / PID-Ausgang *m* || **actual ◦ setpoint** / Aktiver PID-Sollwert || **actual fixed ◦ setpoint** / PID-Festsollwert || ◦ **algorithm** / PID-Algorithmus *m*, Regelalgorithmus || ◦ **autotune enable** / Freigabe PID Autotuning || ◦ **closed loop control** / PID-Regelung *f* || ◦ **control algorithm** / PID-Regelalgorithmus *m* || ◦ **control velocity algorithm** / PID-Geschwindigkeitsalgorithmus *m* || ◦ **controller** / PID-Regler *m*, proportional-integral-differential-wirkender Regler || ◦ **controller**

(proportional-plus-integral-plus-derivative-action controller) / PID-Regler m || ⁓ **controller type** / PID-Reglertyp m || ⁓ **derivative time** / PID-Differenzierzeitkonstante || ⁓ **error** / PID-Reglerabweichung || ⁓ **feedback filter timeconstant** / PID-Istwert-Filterzeitkonstante || ⁓ **feedback function selector** / PID-Istwert Funktionswahl || ⁓ **filtered feedback** / PID-Istwert gefiltert || ⁓ **filtered setpoint** / gefilterter PID-Sollwert
Pidgeon machine / Pidgeon-Maschine f, Elektrisiermaschine f, Influenzmaschine f
PID integral time / PID Integrationszeit f || ⁓ **output lower limit** / Minimalwert PID-Ausgang || ⁓ **output upper limit** / Maximalwert PID-Ausgang || ⁓ **proportional gain** / PID Proportionalverstärkung f || ⁓ **scaled feedback** / skalierter PID-Istwert || ⁓ **setpoint filter timeconstant** / Zeitkonstante PID Sollwertfilter || ⁓ **setpoint gain factor** / PID Sollwert Verstärkung
PID step controller / PID-Schrittregler m || ⁓ **trim gain factor** / PID Zusatzsollwert Verstärkung || ⁓ **trim source** / Quelle PID-Zusatzsollwert || ⁓ **tuning offset** / PID Autotuning Offset || ⁓ **tuning timeout length** / PID Autotuning Überwachungszeit || ⁓ **velocity algorithm** / PID-Geschwindigkeitsalgorithmus m
piece part / Einzelteil n
pie diagram / Kreisdiagramm n, Tortendiagramm n || ⁓ **graphics** / Kreisgrafik f || ⁓ **segment** / Kreissegment n, Kreisabschnitt m
pier n / Schaft m (Mastgründung)
pierce v / durchstechen v, durchbohren v, lochen v || ⁓ n ISO 3592 / Schneidbrenner m (NC, CLDATA-Wort) || ⁓ **gun** / Pierce-Strahlerzeuger m
piezo actuator / Nadelauswahlsystem n, Biegewandlersystem zur Nadelansteuerung
piezoceramic adj / piezokeramisch adj || **piezoceramic** n / Piezokeramik f || ⁓ **actuator** / Nadelauswahlsystem n, Biegewandlersystem zur Nadelansteuerung || ⁓ **oscillator** / piezokeramischer Schwinger || ⁓ **pending element** / Nadelauswahlsystem n, Biegewandlersystem zur Nadelansteuerung
piezoelectric adj / piezoelektrisch adj || ⁓ **call button** / piezoelektrische Ruftaste, Piezo-Ruftaste f || ⁓ **effect** / piezoelektrischer Effekt || ⁓ **pickup** / piezoelektrischer Aufnehmer || ⁓ **pressure transducer** / piezoelektrischer Druckwandler (o. Druckaufnehmer) || ⁓ **pushbutton** / piezoelektrische Drucktaste, Piezotaster m, piezoelektrischer Taster || ⁓ **transducer** / piezoelektrischer Wandler
piezoresistive effect / Piezowiderstandseffekt m
piezovalve n / Piezoventil n
PIGFET s. P-channel isolated-gate field-effect transistor
piggyback arrangement / Huckepack-Anordnung f (IS) || ⁓ **board** / Huckepackplatine f || ⁓ **module** / Huckepack-Baugruppe f, Huckepack-Platine f
pigtail n / Litze f, Bürstenlitze f, Anschlussfaser f (LWL), Halteröse f (Leuchtdraht) || ⁓ **lead** / Bürstenlitze f
PII (process input image) / Eingangsabbild n, PAE (Prozessabbildeingang), PAE (Prozessabbild der Eingänge)
PILC cable s. paper-insulated lead-covered cable

pile, augered ⁓ / Bohrpfahl m || **thermoelectric** ⁓ / thermoelektrische Säule, Thermosäule f, Thermokette f || ⁓ **foundation** / Pfahlgründung f
pilfer-proof adj / diebstahlsicher adj, abschraubsicher adj
piling, pressure ⁓ / Drucküberhöhung f
pillar n / Säule f, Pfeiler m, Schaltsäule f || ⁓ **hole** / Buchsenbohrung f (Buchsenklemme) || ⁓ **terminal** / Buchsenklemme f || ⁓ **terminal block** / Buchsenklemmenleiste f || ⁓ **thread** / Buchsengewinde n (Buchsenklemme)
pillar-type call point / Standmelder m (Brandmelder) || ⁓ **transformer** / Säulentransformator m || ⁓ **variable-voltage transformer** / Säulen-Stelltransformator m
pillow block / Lagerbock m, Lagerfuß m
pillow-block bearing / Bocklager n, Blocklager n, Stehlager n, Deckellager n
pillow test / Abdrückprüfung f (SchwT)
pilot n / Pilot m, Pilotleitung f, Pilotkontakt m, Hilfsader f, Schutzader f, Messdraht m, Steuerleiter m || ⁓ **telephone-type** ⁓ / Fernmeldeader f
pilot-actuated adj / vorgesteuert adj || ⁓ **valve** / vorgesteuertes Ventil
pilot brush / Prüfbürste f, Messbürste f, Hilfsbürste f || ⁓ **cable** / Hilfskabel n (f. Schutz) || ⁓ **cell** / Pilotzelle f (Batt.)
pilot-circuit supervision / Hilfsaderüberwachung f, Adernüberwachung f, Schutzaderüberwachung f
pilot-controlled valve / vorgesteuertes Ventil
pilot contact / Pilotkontakt m || ⁓ **control** / Steuerung mit Hilfsader, Fernsteuerung f, Führungsregelung f || ⁓ **core** / Hilfsader f, Steuerader f || ⁓ **electrode** / Vorelektrode f || ⁓ **exciter** / Hilfserregermaschine f, Grunderregermaschine f || ⁓ **filter** / Vorsteuerfilter m || ⁓ **fit** / Durchgangsloch mit Zapfen, Zentriervorrichtung f || ⁓ **frequency** / Leitfrequenz f || ⁓ **frequency generator** / Leitfrequenzgeber m (LFG) || ⁓ **generator** / Pilotgenerator m, Tachogenerator m, Geberdynamo m || ⁓ **lamp** / Meldelampe f, Leuchtvorsatz m, Meldeleuchte f, Kontrolllampe f || ⁓ **leader** / Leitstrahl m (Blitz) || ⁓ **light** / Meldelampe f, Leuchtmelder m, Kontrolllicht n, Meldeleuchte f, Kontrolllampe f, Anzeigelampe f, Orientierungslampe f || ⁓ **lighting** / Begehungsbeleuchtung f, Orientierungsbeleuchtung f || ⁓ **lot** / Versuchsserie f, Vorserie f, Musterlos n, Nullserie f || ⁓ **mcb** / Vorsteuerkopf m
pilot-operating plug / Vorhubkegel m
pilot operation / Vorsteuerung f || ⁓ **order** / Pilotauftrag m || ⁓ **pressure** / Vorsteuerdruck m || ⁓ **production** / Nullserie f, Musterfertigung f || ⁓ **protection** (USA) / Schutzsystem mit Informationsübertragung IEC 50(448) || ⁓ **protection with direct comparison** / Streckenschutz mit direktem Vergleich || ⁓ **protection with indirect comparison** / Streckenschutz mit indirektem Vergleich || ⁓ **pulse** / Vorimpuls m, Auslöseimpuls m || ⁓ **relay** / Melderelais n, Steuerrelais n, Nullserie f, Musterfertigung f || ⁓ **series** / Vorserie f || ⁓ **signal** / Pilotsignal n, Pilot m, Steuersignal n, Überwachungssignal n, Pilotton m || ⁓ **signal generator** / Pilotgenerator m || ⁓ **supervision** / Hilfsaderüberwachung f, Adernüberwachung f,

Schutzaderüberwachung f || ~ switch / Hilfsstromschalter m (als Begrenzer, Regler, Wächter), Befehlsschalter m, Meldeschalter m, Vielfachschalter m, Wächter m, Programmschalter m, automatischer Hilfsstromschalter, Hilfsstromschalter als Begrenzer, Regler m || ~ valve / Vorsteuerventil n, Steuerventil n, Folgesteuerkolben m || ~ valve assembly / Vorstufe f || ~ version / Pilotstand m || ~ wire / Hilfsader f, Schutzader f, Überwachungsleiter m, Steuerleitung f, Prüfdraht m, Messdraht m
pilot-wire differential protection / Differentialschutz mit Hilfsader, Längsdifferentialschutz m (Leitungsschutz) || ~ differential relay / Leistungsdifferentialschutz m || ~ monitoring / Hilfsadern-Überwachung f || ~ protection / Schutzsystem mit Hilfsadern || ~ supervisory arrangement / Hilfsaderüberwachung f, Adernüberwachung f, Schutzaderüberwachung f
PIM s. process interface module
pin n / Stift m, Steckerstift m, Kontaktstift m, Bolzen m, Zapfen m, verstiften v, Pin m, Fixierstift m || -pin / polig adj
pin-and-bushing coupling / Zapfenkupplung f, Bolzenkupplung f
pin assignment / Stiftbelegung f, Anschlussbelegung f, Steckerbelegung f, Belegung f, Pinbelegung f || ~ accessories / Stiftteile n pl || ~ base / Stecksockel m (Rel.), Stiftsockel m
pinboard n / Stecktafel f, Steckfeld n
pin cap / Stiftsockel m
pinch n / magnetische Einschnürung, Quetschung f (Lampe) || ~ clamp device / Quetschvorrichtung f
pinched adj / gequetscht adj
pinch effect / magnetischer Einschnüreffekt, Pinch-Effekt m, magnetische Kompression
pinching screw / Quetschschraube f
pinch-off voltage / Abschnürspannung f
pinch temperature / Quetschungstemperatur f (Lampe) || ~ wire / Fußelektrode f (Entladungslampe), Gummitaschenventil n, Schlauchventil n
pin-compatible adj / anschlusskompatibel adj, pinkompatibel adj
pin configuration / Stiftanordnung f (StV), Anschlussbelegung f (IS), Anschlussanordnung f (IS) || ~ connection / Anschlussbelegung f || ~ connector / Stiftdose f, Stiftleiste f, Messerleiste f, Steckerleiste f || ~ contact / Stiftkontakt m, männlicher Kontakt, Stiftschaltglied n || ~ contact strip / Steckerleiste f, Stiftleiste f, Messerleiste f || ~ coupling / Zapfenkupplung f, Bolzenkupplung f
pin-cushion distortion / Kissenverzeichnung f (ESR)
PIN diode (PIN = positive-intrinsic-negative) / PIN-Diode f
pin-end connector / Stiftkabelschuh m
pin extracting tool / Entriegelungsdorn m (Steckverbinder) || ~ gauge for tripping latch overhang / Prüfstift Auslöseklinkenüberdeckung || ~ half / Bolzenscheibe f (Kuppl.)
pinhole n / Stiftloch n, Splintloch n, Nadelloch n, Krater m, Narbe f, Pöckchen m, Fadenlunker m, Tüte f || ~ camera / Lochblendenkammer f
pinholing n / Fadenlunkerbildung f, Kraterbildung f, Nadelstichbildung f
pin insulator IEC 383 / Stützenisolator m VDE 0446,T.1, Klöppelisolator m

pinion n / Ritzel n, Kleinrad n, Schalttrieb m || ~ drive / Ritzelantrieb m || ~ shaft / Ritzelwelle f
pink noise / rosa Rauschen
pin lubricator / Stiftöler m || ~ name (IC) / Anschlussbezeichnung f
pinned coupling half / Bolzenscheibe f (Kuppl.)
pinning n / Verstiften n, Fluslinienverankerung f || ~ (IC) / Anschlussanordnung f (IS), Kontaktstiftbelegung f || ~ diagram (IC) / Anschlussbelegung f (IS), Anschlussanordnung f, Kontaktstiftbelegung f || ~ element / Verstiftungselement n
pinout n / Steckerbelegung f, Anschlussbelegung f, Belegung f || ~ diagram / Kontaktstiftdiagramm n, Anschlussbelegung f (IS)
pin plunger / Einfachstößel m (PS)
pin-point locating / punktgenaues Orten
pin spacing / Stiftabstand m || ~ spanner / Stiftschlüssel m || ~ terminal / Rundstecker m (Bürste), Lötanschluss m (f. gedruckte Schaltungen), Stiftkabelschuh m
pin-type fuse / Stabsicherung f || ~ guidance arm / Bolzenlenker m || ~ socket lamp / Stiftsockellampe f
pin winding / Fädelwicklung f, Wicklung in geschlossenen Spulen || ~ wrench / Hakenschlüssel m
pin-wound transformer / Fädelwandler m
pinwriter / Nadeldrucker m
PIO s. parallel input/output || ≙ s. processor I/O || ≙ s. programmable I/O
pip n (EBT) / Pumpspitze f (ESR-Kolben)
PIP s. peripheral interchange program || ≙ s. programmable integrated processor
pipe bend / Knierohr n || ~ bending / rohrbiegen v
pipe-bending system / Rohrbiegeanlage f
pipe connection / Rohrverbindung f || ~ coupling / Rohrverschraubung f, Rohrmuffe f, Rohrverbinder m
piped circuit of cooling system / rohrgeführter Kühlkreis (el. Masch.)
pipe diagram / Rohrleitungsplan m (schematisch), Rohrplan m || ~/hose diameter / Leitungsdurchmesser m || ~ length / Leitungslänge f || ~ line / Rohrleitung f, Leitungssystem n
pipeline compression cable / Gasaußendruckkabel im Stahlrohr
pipe line operating at high temperature / warmgehende Rohrleitung
pipeline register / Pipelineregister n
pipelines n pl / Rohrleitungssysteme n pl
pipelining n / Fließbandbearbeitung f (DV)
pipe support / Rohrführung f, Leitungsunterstützung f || ~ system / Leitungssystem n || ~ thread / Rohrgewinde n
pipe-type cable / Rohrdruckkabel n, Rohrkabel n
pipe-ventilated machine / Maschine für Rohranschluss
pipework drawing / Rohrleitungsplan m (gegenständlich)
piping n / Rohre n pl, Rohrleitungen f pl, Rohrleitungsanlage f, Rohrsystem n || ~ construction / Rohrleitungsbau m || ~ diagram / Rohrleitungsplan m (schematisch), Rohrplan m || ~ drawing / Rohrleitungsplan m (gegenständlich) || ~ element / Rohrleitungselement n
PIQ (process output image) / Prozessabbild der

Pirani

Ausgänge
Pirani vacuum gauge / Pirani-Druckmesser *m*
pistol-grip meter / Handzähler *m* (Zapfpistole)
piston *n* / Kolben *m*, Stellkolben *m*, verstellbare Kurzschlussschieber || **~ actuator** / Kolbenantrieb *m* (Stellantrieb) || **~ area** / Kolbenfläche *f* || **~ diameter** / Kolbendurchmesser *m* || **~ feature** / Kolbenkonstruktion *f* || **~ pin** / Kolbenbolzen *m* || **~ ring** / Kolbenring *m* || **~ ring groove** / Kolbenringnut *m* || **~ rod** / Kolbenstange *f* || **~ skirt surface** / Kolbenmantelfläche *f* || **~ stroke** / Kolbenhub *m*, Kolbenbewegung *f* || **~ valve** / Kolbenschieber *m*
pit *n* / Vertiefung *f*, Grube *f*, Grübchen *n*, Krater *m*, Anfressung *f*, Aushöhlung *f*
PIT s. programmable interval timer
pit, cable ~ / Kabelschacht *m*, Muffenbunker *m*
pitch *n* / Teilung *f*, Schritt *m*, Schlaglänge *f* (verseilter Leiter), Teilung *f* (ET), Steigung *f* (Gewinde), Schreibschritt *m* (Schreibmaschine), Gang *m*, Ganghöhe *f*, Pech *n* || **~ (robot)** / Nicken *n* || **~ ISO 3592** / Gewindesteigung (NC, CLDATA-Wort) || **cyclic ~** / Messschritt *f* (NC, Drehmelder, Induktosyn), Messschritt *m* || **thread ~** / Gewindesteigung *f* || **~ angle** / Teilkegelwinkel *m* || **~ circle** / Teilkreis *m*, Wälzkreis *m* || **~ cone** / Teilkreiskegel *m*
pitch-cone angle / Teilkreiskegelwinkel *m* || **~ apex to crown distance** / Abstand vom Teilkegelscheitel bis zur äußeren Kante des Kopfkegels
pitch connector / Rasterstecker *m* || **~ control** (typewriter) / Schreibschritteinstellung *f* || **~ cylinder** / Teilzylinder *m* || **~ decrease** / Steigungsabnahme *f* || **~ diameter** / Teilkreisdurchmesser *m*, Flankendurchmesser *m* || **~ differential factor** / Sehnungsfaktor *m* (Wickl.) || **~ equalizer** / Steigungsausgleicher *m* (Trafowickl.) || **~ error** / Schrittfehler *m* (Wickl.), Steigungsfehler *m*, Teilungsfehler *m* || **~ factor** / Sehnungsfaktor *m* (Wickl.) || **~ increase** / Steigungszunahme *f*
pitching *n* / Nicken *n* (Rob., Kfz)
pitch of laid-up core / Schlaglänge der verseilten Ader || **~ of rack structure** / Gestellreihenteilung *f* || **~ surface** / Wälzfläche *f*
pitman *n* / Kurbelstange *f*
Pitot tube / Pitot-Rohr *n*, Staudruckmesser *m*
pitting *n* / Lochfraß *m*, Grübchenbildung *f*, Auskolkung *f*, Rostnarben *f pl*, Kraterbildung *f*, Abnutzung *f*, Verschleiß *m* || **~ corrosion** / Lochkorrosion *f*, Grübchenkorrosion *f* || **~ potential** / Lochfraßpotential *n*
PIU s. programmable interface unit
PIV s. peak inverse voltage
pivot *n* / Drehpunkt *m*, Drehzapfen *m*, Spitze *f* (Messinstrument), Gelenk *n*, Zapfen *m* (Messinstrument), Wellenzapfen *m* || **~ arm** / Umlenkhebel *m*
pivotal centre / Drehpunkt *m*, Angelpunkt *m*
pivot bearing / Stützzapfenlager *n*
pivoted armature / Schwenkanker *m* || **~ segmental thrust bearing** / Kippsegment-Gleitlager *n*
pivot of operating lever / Drehpunkt des Schalthebels || **~ pin** / Drehzapfen *m* || **~ point** / Drehpunkt *m*
pivot-type suspension clamp / Tragklemme mit Gelenk (Freiltg.)
pixel *n* / Bildelement *n*, Bildpunkt *n*, Pixel *n*

428

pixel-based graphics / Vollgrafik *f*
pixel coordinate / Bildpunktkoordinate *f* || **~ graphics** / Bildpunktgrafik *f*, Vollgrafik *f* || **~ graphics interface** / vollgraphische Oberfläche || **~ graphics user interface** / vollgrafische Bedienoberfläche || **~ matrix** / Bildelementmatrix *f*
PJ / Projektierungsanleitung (PJ)
PKM (parallel-kinematics machine) / PKM (Parallel-Kinematik-Maschine) *f* (parallelkinematische Maschine)
PKW task / PKW-Auftrag
PL (power line) / PL
PLA s. programmable logic array
place after the decimal point / Nachkommastelle *f* || **~ holder** / Platzhalter *m*
placement system / Bestückautomat *m*
place of fulfillment / Erfüllungsort *m* || **~ of inspection** / Prüfort *m* (QS) || **~ of installation** / Aufstellungsort *m*, Einbauort *m*, Montageplatz *m*, Montageort *m* || **~ of manufacture** / Fertigungsort *m*, Herstellort *m* || **~ of public entertainment** / Vergnügungsstätte *f* || **~ of use** / Gebrauchsort *m* || **~ of work** / Arbeitsplatz *m* || **~ order at** / Bestellort *m* || **~ setting** / Maßgedeck *n*
placing date / Vergabedatum *n* || **~ device** / Abstecker *m* || **~ equipment** / Setzanlage *f* || **~ pattern** / Setzmuster *n*
plain *adj* / flach *adj*, eben *adj*, glatt *adj*, einfach *adj*, unlegiert *adj*, neutral *adj* || **~ bearing** / Gleitlager *n*, Ringlager *n*, Büchsenlager *n* || **~ bonnet extension** / Zwischenstück *n* || **~ carbon** / Retortenkohle *f* || **~ carbon steel** / unlegierter Kohlenstoffstahl || **~ conductor** / blanker Leiter, Einmetall-Leiter *m*, unisolierter Leiter || **~ conduit** / glattes Rohr (IR) || **~ coupler** / Steckmuffe *f* (IR) || **~ elbow** / Steckwinkel *m* (IR) || **~ hole** / Bohrung ohne Gewinde || **~ insulating conduit** / glattes Isolierstoffrohr (IR) || **~ language** / Klartext *m* || **~ link** / Überbrückungslasche *f* (Reihenklemme) || **~ lock** / Einfachverschluss *m* || **~ milling** / Wälzfräsen *f pl*, Umlauffräsen *f pl*, walzenfräsen *v*, abwälzfräsen *v* || **~ milling cutter** / Wälzfräser *m* || **~ plastic conduit** / glattes Kunststoffrohr || **~ plunger** / Einfachstößel *m* (PS)
plain-roller bearing / Zylinder-Rollenlager *n*, Ring-Zylinderlager *n*
plain series motor / Universalmotor *m*, Allstrommotor *m* || **~ shaft** / glatte Welle || **~ shunt motor** / reiner Nebenschlussmotor || **~ slide valve** / Flachschieber *m* || **~ steel conduit** / glattes Stahlrohr (IR) || **~ steel-plate tank** / Glattblechkessel *m* (Trafo) || **~ surface** / glatte Oberfläche || **~ taper key** / geradstirniger Keil || **~ text** / Klartext *m* || **~ text command** / Klartextkommando *n* || **~ text log** / Klartextprotokoll *n*
plain-text message / Klartextmeldung *f*, Klartexttelegramm *n*
plain text output / Klartextausgabe *f* || **~ turning** / Langdrehen *n* || **~ washer** / Scheibe *f*, Unterlegscheibe *f* || **~ wheel** / glattes Rad, glatte Rolle
plaited *adj* / geflochten *adj* || **~ filter** / Faltenfilter *m*
plan / Plan *m*, Grundriss *m*, Entwurf *m*, Draufsicht (DS) *f* || **~ approach angle** (turning tool) / Hauptschneidenwinkel *m*
planar *adj* / plan *adj* || **~ approach** / ebenes Anfahren

|| ~ **graph** / planarer Graph, ebener Graph || ~
integrated circuit (PIC) / integrierte Schaltung in
  Planartechnik || ~ **moment of inertia** /
  Flächenträgheitsmoment *n* || ~ **structure** /
  Planarstruktur *f* (HL) || ~ **technique** / Planartechnik
  f (HL) || ~ **transistor** / Planartransistor *m*
plan bracing / Querverband *m* (Gittermast)
Planckian locus / Planckscher Kurvenzug || ~
  radiator / Planckscher Strahler
Planck's law / Plancksches Gesetz
plane *n* / Ebene *f*, Etage *f* (Wickl.), Stufe *f* (Wickl.),
  Hobel *m* || ~ *adj* / plan *adj*, eben *adj* || ~ **designation**
  / Ebenenbezeichnung *f* || ~ **determined by both
  pipes** / Ebene der Rohrleitungsführung || ~ **feed** /
  Ebenenvorschub *m* || ~ **feedrate** / Ebenenvorschub
  m || ~ **infeed** / Ebenenzustellung *f* || ~ **mirror** /
  Planspiegel *m*, ebener Spiegel || ~ **of turn** /
  Windungsebene *f*
plane-parallel *adj* / planparallel *adj*
plane preselection / Ebenenvorwahl *f* || ~ **selection**
  ISO 1056 / Ebenenauswahl *f* (a. NC-
  Wegbedingung) DIN 66025,T.2, Ebenenanwahl *f* ||
  ~ **separation** / Ebenentrennung *f*,
  Ebeneneinstellung *f* || ~ **stress** / Flächenspannung *f*
  || ~ **surface** / Planfläche *f*, ebene Oberfläche || ~
  table / Messtisch *m*, Plantisch *m*
planetary gearing / Planetengetriebe *n*,
  Umlaufrädergetriebe *n*, Umlaufgetriebe *n* || ~ **gear** /
  Planetengetriebe (PLG) *n*
planet pinion / Planetenrad *n*
plane wave / ebene Welle
planimeter *n* / Planimeter *m*
planimetering *n* / Flächenmessung *f*
planimetric map / Grundrisskarte *f*, Situationskarte *f*
planish *v* / planieren *v*, glätten *v*, abrichten *v*,
  glattwalzen *v*
plank *n* / Brett *n*
planner *n* / Projekteur *m*
planning *n* / Planung *f*, Projektierung *f*, Disposition *f*,
  Planen *n* || ~ **and design** / Projektierung *f* || ~ **and
  Scheduling Dept.** / Dispostelle *f* || ~ **board** /
  Plantafel *f* || **planning computer** / Planungs- und
  Dispositionsrechner *m*, dispositiver Rechner || ~
  data / Projektierdaten *pl* || ~ **department** /
  Planungsbüro *n* || ~ **engineer** / Projektant *m* || ~
  example / Muster für die Projektierung || ~ **guide** /
  Projektierungshinweise *m pl*,
  Projektierungsanleitung (PJ) *f* || ~ **level** / Planungs-
  und Dispositionsebene *f* || ~ **sheet** / Ablaufplan *m*
  (NC), Arbeitsablaufplan *m* (NC) DIN 66257,
  Projektierungsblatt *n* || ~ **terminal** /
  Projektierungsplatz *m* || ~ **theory** / Planungstheorie
  f
plant *n* / Anlage *f*, technische Anlage DIN 66201,
  Betrieb *m*, Werk *n*, Regelstrecke *f*,
  verfahrenstechnische Anlage, verfahrenstechnische
  Regelstrecke || **continuous ~s** / Konti-Anlagen *f pl*
  || ~ **and process supervision level** /
  Fertigungsleitebene *f*, Dispositions- und
  Prozessleitebene *f*, Produktionsleitebene *f* || ~
  archive / Anlagenarchiv *n* || ~ **availability** /
  Anlagenverfügbarkeit *f*, Betriebsbereitschaft *f*,
  DSR (Data Set Ready) || ~ **code** /
  Anlagenbezeichnung *f* || ~ **comment** /
  Anlagenkommentar *m* || ~ **control level** /
  Betriebsleitebene *f* || ~ **data** / Anlagedaten *n pl* DIN
  66201 || ~ **descriptor** / Anlagenbezeichnung *f* || ~

display / Anlagenbild *n* (PLT), Anlagenfließbild *n*
  || ~ **documentation** / Anlagendokumentation *f*
planted section / Erdstück *n* (Lichtmast)
plant engineer / Betriebsingenieur *m*, Anlagenbauer
  m || ~ **environment** / Anlagenumgebung *f*,
  Fertigungseinrichtung *f*, Prozessebene *f*,
  Anlagengruppe *f*
Planté plate / Planté-Platte *f*, Großoberflächenplatte *f*
  (Batt.)
plant-floor environment / prozessnaher Bereich,
  maschinennaher Bereich
plant grouping / Anlagengliederung *f*
plant-growth lamp / Pflanzenbestrahlungslampe *f*
plant identifier / Anlagenkennzeichen *n*, PIMS
planting depth EN 40 / Eingrabtiefe *f* (Lichtmast)
Plant Maintenance Management System (PMMS)
  / PMMS (System zur Planung und Koordinierung
  von Instandhaltungsaktivitäten (ursprüngl. Ivara-
  Produkte))
plant management / Betriebsebene *f*,
  Unternehmensleitebene *f*
plant management level / Produktionsleitebene *f*,
  Fertigungsleitebene *f*, Dispositions- und
  Prozessleitebene *f*, Planungsebene *f* || ~ **mimic** /
  Anlagenbild *n*, Anlagenfließbild *n* || ~ **mimic
  diagram** / Anlagenfließbild *n* || ~ **name** /
  Anlagenname *m* (Fabrikanl.) || ~ **operator** /
  Anlagenfahrer *m*, Anlagenbetreiber *m*,
  Anlagenbetreiber *m* || ~ **overview** /
  Anlagenübersicht *f* || ~ **owner** / Anlagenbetreiber *m*
  || ~ **protection** / Anlagenschutz *m*, Pflanzenschutz
  m || ~ **section** / Teilanlage *f*, Teilsystem *n* || ~
  standstill / Anlagenstillstand *m* || ~ **subdivision** /
  Anlagengliederung *f* || ~ **tax** / Betriebsstättensteuer
  f || ~ **time constant** / Streckenzeitkonstante *f*
  (Regelstrecke, Regelkreis), Zeitkonstante der
  Regelstrecke
plan view / Draufsicht *f*, Grundrisszeichnung *f*
plasma arc cutting / Plasmaschneiden *n*
plasma-arc welded / plasmageschweißt *adj* || ~
  welding / plasmaschweißen *v*
plasma beam / Plasmastrahl *m* || ~ **etching** /
  Plasmaätzung *f* || ~ **flat-screen** / Plasma-
  Flachbildschirm *m* || ~ **flow** / Plasmaströmung *f* || ~
  jet / Plasmastrahl *m* || ~ **panel** / Plasmabildschirm
  m || ~ **torch** / Plasma-Lichtbogenbrenner *m* || ~ **tube**
  / Gasentladungsröhre *f*, gasgefüllte Röhre
plaster edge / Putzkante *f* || ~ **ground** / Putzkante *f*
plastic *n* / Kunststoff *m*, Plastik *f* || ~ *adj* / plastisch
  adj, verformbar *adj*, aus Kunststoff (o. Isolierstoff)
  || **with ~ lining** / mit Kunststoff ausgekleidet || ~
  blanking plate / Isolierstoffblende *f* || ~ **cap** /
  Kunststoffkappe *f* || ~ **case** / Kunststoffgehäuse *n*,
  Plastikgehäuse *n*, Isolierstoffgehäuse *n* || ~ **casing** /
  Kunststoffgehäuse *n*
plastic-clad pushbutton / isolierstoffgekapselter
  Drucktaster || ~ **silica fibre (PCS fibre)** /
  Plastikmantel-Glasfaser *f*
plastic-coated *adj* / kunststoffbeschichtet *adj*
plastic conduit / Kunststoffrohr *n* (IR),
  Isolierstoffrohr *n*
plastic-covered conductor / kunststoffüberzogener
  Leiter
plastic deformation / plastische Verformung,
  bildsame Verformung, bleibende Formänderung || ~
  dowel / Kunststoffstift *m* || ~ **duct** / Kunststoffkanal
  m (K-Kanal) || ~ **encapsulation** / Plastikgehäuse *n*

plastic-enclosed (IS)
plastic-enclosed l.v. h.b.c. fuse / Iso-NH-Sicherung *f* || ~ **pushbutton** / isolierstoffgekapselter Drucktaster
plastic enclosure / Kunststoffgehäuse *n*, Isolierstoffgehäuse *n*, Plastikgehäuse *n* || ~ **espagnolette** / Kunststoffdrehriegel *m* || ~ **fiber optic cable** / Plastik-LWL || ~ **fiber-optic conductor** / Kunststofffaserlichtleiter *m* || ~ **film** / Kunststofffolie *f* || ~ **flow** / Fließen *n*, Kaltfließen *n* || ~ **foil** / Kunststofffolie *f* || ~ **grid frame** / Kunststoffgitterrahmen *m* || ~ **injection mold** / Spritzgießwerkzeug *n*
plastic-insulated cable / kunststoffisoliertes Kabel, Kunststoffkabel *n*, Kunststoffaderleitung *f*
plastic insulation / Kunststoffisolierung *f* || ~ **label** / Kunststoffschild *n*
plasticity *n* / Plastizität *f*, Verformbarkeit *f*, Geschmeidigkeit *f*
plasticizer *n* / Weichmacher *m*, Weichhaltungsmittel *n* || ~ **migration** / Weichmacherwanderung *f*
plastic luminaire / Kunststoffleuchte *f* || ~ **optical fibre** / Plastic Optical Fibre (POF) (Lichtwellenleiter aus Kunststoff) || ~ **oversheath** / Schutzhülle *f* (nichtmetallen extrudierte Hülle, zum Schutz eines Metallmantels, die die äußere Hülle des Kabels bildet), Mantelschutzhülle *f*, thermoplastische Schutzhülle, Außenhülle *f*, Kunstoffaußenhülle *f* || ~ **package** / Kunststoffgehäuse *n* (IS) || ~ **shaping** / plastische Formgebung || ~ **sheath** / Kunststoffumhüllung *f*
plastic-sheathed flexible cord / Kunststoff-Schlauchleitung *f*
plastic sheet / Kunststofffolie *f*
plastics machine / Kunststoffmaschine *f* || ~ **processing** / Kunststoffbearbeitung *f* || ~ **processing factory** / Kunststofffabrik *f* || ~ **technology** / Kunststofftechnik *f* || ~ **thermoforming machine** / Kunststoff-Tiefziehmaschine
plastic sponge material / offenzelliger Schaumstoff || ~ **supporting block** / ISO-Tragblock *f* || ~ **top** / Kunststoffaufsatz *m* || ~ **trunking** / Kunststoffkanal *m* (K-Kanal) || ~ **tube** / Isolierstoffschlauch *m*, Kunststoffschlauch *m*
plasto-elastic deformation / plastisch-elastischeVerformung
plate *n* / Platte *f*, Tafel *f*, Blech *n*, Schild *n*, Batterieplatte *f*, galvanischer Überzug, Lamelle *f*, Steg *m*, Schneidplatte *f*, Metallisierung *f*, Anode *f* || ~ **scale** ~ / Skalenträger *m*, Skalenblech *n* || ~ **anode** / Plattenanode *f*, Telleranode *f*
plateau slope / Plateausteilheit *f* (Zählrate/Volt) || ~ **threshold voltage** / Plateau-Schwellenspannung *f*
plate baffle amplifier / Prallplattenverstärker *m* || ~ **baffle relay** / Prallplattensystem *n* || ~ **bending device** / Blechbiegevorrichtung *f* || ~ **between holes** / Steg zwischen Bohrung || ~ **carrier** / Schildträger *m* || ~ **couple** / Plattenpaar *n* (Batt.)
plated *adj* / durchkontaktiert *adj* || ~ **finish** / galvanischer Überzug, elektrolytischer Niederschlag
plated-through *adj* / durchkontaktiert *adj* || ~ **hole** / metallisiertes Loch (gS), durchkontaktiertes Loch
plate electrode / Plattenelektrode *f* || ~ **finish** / pressblanke Oberfläche (gS) || ~ **frame** / Plattenrahmen *m* (Batt.) || ~ **group** / Plattensatz *m* (Batt.)
platen *n* / Drucktafel *f*, Druckzylinder *m*, Platine *f* (EZ), Schreibwalze *f*
platen-printing machine / Tiefdruck-Maschine *f*
plate pack / Plattenblock *m* (Batt.) || ~ **nail** / Schildernagel *m* || ~ **pair** / Plattenpaar *n* (Batt.) || ~ **spring** / Flachfeder *f*, Blattfeder *f*
plateswitch *n* / Schalter mit Platte (I-Schalter)
plate temperature / Plattentemperatur *f* (GR) || ~ **terminal** / Anodenanschluss *m* || ~ **thickness** / Schichtdicke *f* (Plattierung) || ~ **tubular tank** / Blechrohrharfenkessel *m*
plate-type filter / Spaltfilter *n* || ~ **series gap** / Plattenfunkenstrecke *f*
plate valve / Flachschieber *m*
platform *n* / Bühne *f*, Tisch *m*, Podest *n*, Brücke *f*, Überbrückung *f*, Bedienungsstand *n* || ~ **coil** ~ / Spulentisch *m* (Trafo) || ~ **pivot attachment** / Sattel mit Drehgelenk (Montagevorrichtung)
platform-type foundation / Tischfundament *n*
platform weighing machine / Plattformwaage *f*
plating *n* / Galvanisieren *n*, Elektroplattieren *n*, galvanisches Überziehen, Auftragen von Metall, Galvanoplastik *f*, Metallisieren *m* (gS) || ~ **bar** / Galvanikstrg *m* (gS) || ~ **dynamo** / Galvanikdynamo *m* || ~ **tank** / Galvanikbad *n* || ~ **up** / Aufmetallisieren *n* (gS)
platinize *v* / platinieren *v*, mit Platin überziehen, mit Platin verspiegeln
platinum resistance thermometer / Platin-Widerstandsthermometer *n* (Pt-Widerstandsthermometer)
platinum-rhodium thermocouple / Platin-Rhodium-Thermoelement *n* (PtRh-Thermopaar)
plausibility check / Plausibilitätsprüfung *f*
play *n* / Spiel *n*, Luft *f*, toter Gang || ~ **without much** ~ / spielarm *adj* || ~ **in the connecting elements** / Spiel in den Verbindungselementen
playback *n* / Wiedergabe *f*, Repetierverfahren *n*, Playback *n* || ~ **key** / Wiedergabetaste *f* || ~ **method** (NC) / Repetiersteuerung *f* (NC, Playback-Verfahren)
PLC (programmable logic controller) s. **programmable logic controller** / PLC, Steuerung *f*, Imprinter-SPS || ² **compatible** / SPS-kompatibel *adj* || ² **destination code** / SPS-Zielcode *m* || ² **display coordination** / PLC-Displaykoordinierung *f* || ² **displays** / PLC-Bilder *n pl*
PLCL s. phase-locked control loop
PLC machine data (PLC MD) / PLC-Machinendatum (PLC-MD) *n* || ² **machine data word** / PLC-Maschinendatenworte *n pl* || ² **malfunction** / Gerätefehler *m* || ² **name** / Steuerungsname *m*
PLC/PLC connection / AG/AG Verbindung
PLC register / AS-Register *n*
PLCs / SPS-Steuerungen *f pl*
PLC transmission s. power-line carrier transmission
plenum, ceiling ~ / Deckenhohlraum *m* || ~ **system** / Drucklüftungssystem *n*, Überdruck-Klimaanlage *f*
plesiochronous *adj* / plesiochron *adj* || ~ **network** / plesiochrones Netzwerk
plexiglass *n* / Plexiglas *n*, Acrylglas *n* || ~ **cover** / Plexiglasabdeckung *f* || ~ **diffuser** / Plexiglaswanne *f* (Leuchte) || ~ **display** / Plexiaufsteller *m*
pliability *n* / Biegsamkeit *f*, Geschmeidigkeit *f*
pliable conduit / biegsames Rohr (IR)

pliers *n* / Handzange *f*, Crimpzange *f*, Ancrimpzange *f*
plinth *n* / Sockel *m* (Mauer, Säule), Sockelplatte *f*, Fußleiste *f*
PLL s. phase-locked loop
plot *v* / auftragen *v*, eintragen *v*, graphisch darstellen ‖ ~ *n* / Kurvenbild *n*, Zeichnung *f*, Schrieb *m*, Diagramm *n*, Kurvenaufnahme *f* ‖ **lighting** ~ / Beleuchtungsprogramm *n* ‖ **Nyquist** ~ / Nyquist-Ortskurve *f* ‖ **polar** ~ / Ortskurve des Frequenzganges ‖ **postprocessor** ~ ISO 3592 / Postprozessor-Zeichnung *f* (NC, a. CLDATA-Wort) ‖ **probability paper** ~ / grafische Darstellung der Summenhäufigkeit DIN IEC 319
plotfile *n* / Bilddatei *f* (Plotter), Zeichnungsdatei *f*
plot plan / Geländeplan *m* ‖ ~ **spooler** / Plotspuler *m*
plotter *n* / Plotter *m*, Kurvenschreiber *m*, Zeichenmaschine *f*
plotting format / Zeichnungsformat *n* (Plotter) ‖ ~ **head** / Zeichenkopf *m* (Plotter), Schreibkopf *m* ‖ ~ **program** / Zeichnungsprogramm *n* ‖ ~ **rate (of speed)** / Zeichengeschwindigkeit *f* (Plotter) ‖ ~ **scale** / Arbeitsmaßstab *m* (Zeichnung), Zeichenmaßstab *m* ‖ ~ **stylus** / Zeichenspitze *f* (Plotter)
plough *n* / Ausräumer *m*
ploughing speed / Räumdrehzahl *f*
PLP / Paketvermittlungsprotokoll *n* DIN ISO 8208
plug *v* / stecken *v*, einstecken *v*, stöpseln *v*, durch Steckkontakt anschließen, umpolen *v*, zustöpseln *v*, kontern *v* (Mot., durch Umpolen) ‖ ~ *n* / Stecker *m*, Steckverbinder *m*, Steckverbinder mit männlichen Kontakten, Stopfen *m*, Pfropfen *m*, Bohrkern *m*, Verschlussstopfen *m*, Verschluss *m*, Kolbenstange *f*, Ventilkegel *m*, Spindel *f*, Ventilspindel *f* ‖ **metering** ~ / Messkolben *m* ‖ **telephone** ~ / Telefonstöpsel *m* ‖ **valve** ~ / Ventilkegel *m*
Plug 'n Play / anschlussfertig *adj* ‖ ~ **adapter** / Zwischenstecker *m*, Übergangsstecker *m*, Passpfropfen *m* (Sich.) ‖ ~ **and connector** / Steckvorrichtung *f*
plug-and-socket connection / Steckverbindung *f*, steckbarer Anschluss, Steckanschluss *m* ‖ ~ **device** / Steckvorrichtung *f* ‖ ~ **fused interrupter** / Laststecksicherungseinheit *f* ‖ ~ **load interrupter** / Laststeckvorrichtung *f*
plug and socket outlet with shrouded contacts / Kragensteckvorrichtung *f*
plugboard *n* / Schaltbrett *n*, Steckbrett *n*, Rangiertafel *f*
plug braking / Bremsen durch Gegendrehfeld, Gegenstrombremsung *f* (durch Umpolen), Inversionsbremsung *f* ‖ ~ **carrier** / Steckerträger *m* ‖ ~ **connection** / Steckerverbindung *f* ‖ ~ **connector** / beweglicher Steckverbinder, freier Steckverbinder, Anschlussstecker *m*, Leitungsstecker *m*, Steckverbindung *f*, Stecker *m*, Stiftleiste *f*, Steckverbinder *m*, Messerleiste *f*, Steckerleiste *f* ‖ ~ **contact** / Steckkontakt *m* ‖ ~ **diameter** / Nadeldurchmesser *m* ‖ ~ **fuse** / Steckersicherung *f*
pluggable *adj* / steckbar *adj* (Steckverbindung) ‖ ~ **peripheral** / anschließbares Peripheriegerät ‖ ~ **printed-board unit** / Steckplatte *f* (Leiterplatte) DIN 43350, steckbare Leiterplatte ‖ ~ **screw terminal** / Schraubstecklklemme *f*
plug gauge / Messdorn *m*, Lehrdorn *m* ‖ ~ **guide** /

Spindelführung *f* ‖ ~ **in** / stecken *v* ‖ ~ **insert** / Steckereinsatz *m* ‖ ~ **motion** / Stellbewegung *f* ‖ ~ **mounting elements** / Steckerbefestigungslemente *n pl* ‖ ~ **mounting parts** / Steckerbefestigungsteile *n pl*
plugging *n* / Umpolen *n*, mit Stecker anschließen, Kontern *n* (Mot.), Einstecken *n*, Zustöpseln *n*, Reversieren *n*, Gegenstrombremsen *n*, Gegenstrombremse *f*, Zustopfen *n* ‖ ~ **chart** / Schaltdiagramm *n* (f. Schaltbrett- o. Steckfeldsteuerung) ‖ ~ **circuit** / Gegenstrombremsschaltung *f*, Konterschaltung *f*, Umpolschaltung *f* ‖ ~ **relay** / Konterrelais *n*, Bremswächter *m* ‖ ~ **switch** / Umpoler *m*, Konterschalter *m*
plug-in *n* / Steckeinheit *f*, steckbare Einheit, Steckkanal *m*, Einschubgerät *n*, steckbar *adj*, Einsteckgerät *n* ‖ ~ **base** / Stecksockel *m* ‖ ~ **board** / steckbare Leiterplatte (o. Platine) ‖ ~ **busbar trunking (system)** IEC 439-2 / Schienenverteiler mit veränderbaren Abgängen VDE 0660,T.502, Zapfschienenverteiler *m* ‖ ~ **cable** / Steckkabel *n*, Steckleitung *f* ‖ ~ **cable lug** / Steckkabelschuh *m* ‖ ~ **cap** / Stecksockel *m* (Lampe) ‖ ~ **card** / Steckkarte *f* ‖ ~ **circuit breaker** / Einsteck-Schutzschalter *m*, Einsteck-LS-Schalter *m*, steckbarer Leistungsschalter ‖ ~ **clip** / Einstecklasche *f* ‖ ~ **component** / steckbares Bauelement ‖ ~ **connection** / Steckverbindung *f*, steckbarer Anschluss, Steckkabelanschluss *m*, Steckanschluss *m* ‖ ~ **connector** / Steckverbinder *m*, Steckkupplung *f*, Stecker *m* ‖ ~ **connector for auxiliary circuits** / Hilfsstromleitersteckvorrichtung *f* ‖ ~ **contact** / Steckkontakt *m*, Einfahrkontakt *m* ‖ ~ **device** / Steckgerät *n*, steckbares Gerät, steckerfertiges Gerät, anschlussfertiges Gerät, Vorrichtung mit Stecker ‖ ~ **frame** / Einschubrahmen *m* ‖ ~ **handle** / Steckhebel *m* ‖ ~ **handle operating mechanism** / Steckhebelantrieb *m* ‖ ~ **jumper** / Steckbrücke *f*, steckbare Brücke ‖ ~ **lamp** / Stecklampe *f* ‖ ~ **lampholder** / Steckfassung *f* (Lampe) ‖ ~ **lens** / Stecklinse *f* ‖ ~ **line** / Steckleitung *f* ‖ ~ **module** / Steckbaugruppe *f*, Elektronik-Einschub *m* ‖ ~ **mounting** / Stecksockelmontage *f* ‖ ~ **package** / Steckblock *m* DIN 43350 ‖ ~ **pad** / Steckplatz *m* ‖ ~ **PCB** / steckbare Leiterplatte, Steckplatte *f* ‖ ~ **power supply** / Steckernetzteil *n* ‖ ~ **power supply unit** / Steckernetzteil *n* ‖ ~ **relay** / Stecksockelrelais *n* ‖ ~ **screw terminal** / steckbare Schraubklemme ‖ ~ **sleeve** / Steckhülse *f* ‖ ~ **socket receiver** / Steckdosenempfänger *m* (IR-Fernbedienung) ‖ ~ **station** / Steckplatz *m* (ET, BGT), Einbauplatz *m*, Einbaurahmen *m* ‖ ~ **submodule** / Steckmodul *n* ‖ ~ **technology** / Stecktechnik *f* ‖ ~ **terminal** / Einsteckklemme *f*, Steckklemme *f* ‖ ~ **termination** / steckbarer Endverschluss (f. Kabel), Steckendverschluss *m*, Steckanschluss *m* (Kabel) ‖ ~ **type** (circuitbreaker) / Einstecktyp *m*
plug-in-type bearing / Schildlager *n*, Lagereinsatz *m*
plug-in type programming modules / steckbare Programmiermodule
plug-in unit / steckbare Einheit, Einsteckbaugruppe *f*, Einschub *m*, Einschubteil *m*, Steckplatte *f* ‖ ~ **unit** IEC 547 / Kassette *f* (Einschub) DIN IEC 547
plug-on accessories / steckbares Zubehör ‖ ~ **bus duct** / Steckschienenkanal *m* ‖ ~ **measuring**

equipment / Aufsteckmessvorrichtung f || ~ **riser bus** / Steckschiene f (MCC)
plug panel / Steckerfeld n || ~ **pin** / Steckerstift m
plugs n pl / Dübel m pl || ~, **socket-outlets and couplers** / Steckvorrichtungen f pl || ~, **socket-outlets and couplers for industrial purposes** / Industrie-Steckvorrichtungen f pl
plug screw / Verschlussschraube f, Schraubstopfen m, Gewindestopfen m, Stopfschraube f || ~ **set** / Steckergarnitur f || ~ **shaft** / Steckerschaft m || ~ **size** / Steckergröße f || ~ **socket** / Steckerfassung f || ~ **test** / Pfropfenprobe f || ~ **type** / Steckertyp m || ~ **type terminal** / Steckklemmen f pl || ~ **valve** / Kegelventil n, Drehschieber m, Hahn m, Drehkegelventil n || ~ **with step grooves** / Stufenkegel m || ~ **withdrawal force** / Steckerabzugskraft f
plumb bob / Senklot n || ~ **line** / Lotrechte f
plumb-line deviation / Lotabweichung f
plummer n / Lagerbock m, Lagerfuß m
plummer-block bearing / Bocklager n
plummet n / Schwebekörper m (Rotameter), Senklot n, Rotationskörper m (Rotameter)
plunge angle / Eintauchwinkel m
plunge-cut grinding / Einstechschleifen n
plunge-cutter n / Stecher m, Einstecher m, Stechmeißel m, Einstechmeißel m, Einstechstahl m
plunge cutting / Tauchfräsen n, Stechen n
plunge-feed motion / Zustellbewegung f (Zylinderschleifmaschine)
plunge-grind feed / Zustelltiefe f (Schleifmaschine)
plunge grinding / Einstechschleifen n
plunger n / Stößel m, Stempel m, Kolben m, Tauchkern m, Ventilkegel m, Tauchkolben m || ~ **actuator** / Stößelbetätiger m (PS) || ~ **axis** / Hubrichtung f || ~ **coil** / Tauchspule f || ~ **core** / Tauchkern m || ~ **electromagnet** / Tauchspule f
plunger-operated position switch / Stößel-Positionsschalter m, Stößelendschalter m
plunger pole / Tauchpol n || ~ **travel** / Hub m || ~ **tube** / Stößelrohr n || ~ **with roller** / Rollenstößel m (PS)
plunging n / Durchzug m || **plunging tool** / Stechwerkzeug n
plural tap / Mehrfachstecker m
plus-and-minus programming / Plus-und-Minus-Programmierung f (NC), Vierquadrantenprogrammierung f
plus cam / Plusnocken m || ~ **/minus sign** / Plus-/Minuszeichen n, Vorzeichen (VZ) n || ~ **inverter** / Pluswechselrichter m || ~ **region** / Plusbereich m
plus rotation / Drehung im Uhrzeigersinn, Rechtslauf m, Rechtsdrehung f || ~ **sign** / Pluszeichen n || ~ **tapping** / Plus-Anzapfung f
ply n / Schicht f, Lage f || ~ **adhesion** / Spaltfestigkeit f, Schichtfestigkeit f
PM s. permanent magnet || ≙ s. phase modulation || ≙ s. programmable manipulator || ≙ s. pulse modulation
PMC module / PMC-Modul
P memory / P-Speicher m
PM-HPS / PM-HPS (ProduktionsMaschinen HighPerformanceServo)
PM-HPV / PM-HPV (ProduktionsMaschinen HighPerformanceVector)
PMM (Power Management Module) / PMM
PMMS (Plant Maintenance Management System) / PMMS (System zur Planung und Koordinierung von Instandhaltungsaktivitäten (ursprüngl. Ivara-Produkte))
P-MOS s. P-channel MOS
PMU parameterizing unit / PMU Parametriereinheit
PMW / Transistorumrichter m
PN s. nominal pressure
pn boundary / pn-Grenzfläche f (HL)
pneumatic actuator / pneumatischer Stellantrieb, pneumatischer Antrieb, Druckluftantrieb m (SG) || ~ **brake** / Luftdruckbremse f || ~ **burden** / pneumatische Bürde || ~ **contactor** IEC 158-1 / Schütz mit Druckluftantrieb VDE 0660,T.10c || ~ **control** / Druckluftsteuerung f, pneumatische Steuerung || ~ **control unit** / Druckluft-Steuergerät n || ~ **crank shaft type operator** / pneumatischer Kurbelzylinder || ~ **cylinder** / Druckluftzylinder m || ~ **delay block** / pneumatischer Verzögerungsblock || ~ **drive** / Druckluftantrieb m (SG) || ~ **hose** / Pneumatikschlauch m || ~ **indicator** / pneumatischer Rückmelder || ~ **limit operator** / Druckdifferenzmelder m (empfängt und vergleicht zwei pneumatische Eingangssignale und gibt ein Signal, wenn der vorgegebene Wert überschritten wird) || ~ **lubricating device** / Druckluft-Schmierapparat m || ~ **luminaire** / Druckleuchte f || ~ **mechanism** / Druckluftantrieb m (SG) || ~ **module** / Pneumatikmodul n || ~ **operating mechanism** / Druckluftantrieb m (SG) || ~ **piston actuator** / pneumatischer Kolbenantrieb || ~ **positioner** / pneumatischer Stellantrieb (o. Stellungsregler) || ~ **receptor** / pneumatischer Empfänger || ~ **repeater drive** / pneumatischer Repetierantrieb (MG) || ~ **snap-action mechanism** / Druckluft-Sprungantrieb m, Druckmittel-Sprungantrieb m || ~ **starter** IEC 292-1 / Motorstarter mit Druckluftantrieb VDE 0660,T.104 || ~ **stored energy mechanism** / Druckluftspeicherantrieb m, Druckmittelspeicherantrieb m || ~ **time-delay relay** / pneumatisches Zeitrelais || ~ **tube conveyor system** / Rohrpostanlage f || ~ **valve** / Pneumatikventil n
pneumohydraulic operating mechanism / pneumatisch-hydraulischer Antrieb (LS)
PN FET (junction-gate field-effect transistor) / PN-FET (Feldeffekttransistor mit PN-Übergang, Sperrschicht-Feldeffekttransistor)
pn junction / pn-Übergang m
PNP/NPN digital inputs / PNP/NPN Digitaleingänge
pocket n / Tasche f, Vertiefung f, Lunker m, Schutzrohr n || ~ **gas** / Gasblase f, Gaseinschluss m, Schweißpore f || ~ **calculator function** / Taschenrechner-Funktion f || ~ **computer** / Taschenrechner m, Handrechner m || ~ **enlargement** / Resttasche f || ~ **guide** / Tabellenheft (TH) n
pocketing n / Aussparen durch Einzelbefehl (NC), Taschenfräsen n
pocket lamp / Taschenlampe f || ~ **measuring instrument** / Taschenmessgerät n || ~ **milling** / Taschenfräsen n, ausfräsen v || ~ **milling motion** / Taschenfräsbewegung f || ~ **terminal** / Pocketterminal n
Pocket Reference / Tabellenheft (TH) n
pocket-size n / Westentaschenformat n

pocket-type plate / Taschenplatte f (Batt.)
pock mark / Pöckchen n, Narbe f
P offset / P-Abweichung f, Proportionalabweichung f
Poggendorf servo-principle / Kompensationsprinzip nach Poggendorf (Schreiber)
POI s. process output image
point v / zuspitzen v, anspitzen v, schärfen v, Punkt m, hinweisen v || **~ angle** / Spitzenwinkel m || **~ axis** / Zeigerachse f || **~ box** / Punktbox f || **~ brilliance** / Punkthelle f
point-by-point method / Punktverfahren n
point contact / Punktkontakt m (HL), Spitzkontakt m, Spitzenkontakt m (HL)
point-contact diode / Spitzenkontaktdiode f, Spitzendiode f || **~ rectifier** / Punktgleichrichter m
point detector / punktförmiger Melder EN 54 || **~ drift** / Arbeitspunkt-Drift f (MG) || **~ group** / Punktgruppe f
pointed mitre cut / Pfeilschnitt m || **~ pliers** / Spitzzange f
pointer n / Zeiger m (a. DV), Hinweisadresse f, POINTER m || **~ deflection** / Zeigerausschlag m || **~ galvanometer** / Zeigergalvanometer m || **~ instrument** / Zeigerinstrument n || **~ register** / Zeigerregister n, Zeigerzählwerk n || **~ return** / Zeigerrückführung f || **~ stop** / Zeigeranschlag m
pointer-type frequency meter / Zeiger-Frequenz-Messgerät n, Zeigerfrequenzmesser m || **~ instrument** / Zeigerinstrument n || **~ register** / Zeigerzählwerk n
point impressions / Punktmarkierungen $f pl$ (Schreiber) || **~ of a circle** / Kreispunkt m
pointing device / Zeigegerät n
point of common coupling (PCC) / Verknüpfungspunkt m (von zwei oder mehr Lasten im Versorgungsnetz), Anschlusspunkt m || **~ of connection** IEC 477 / Anschlussstelle f || **~ of contact** / Kontaktpunkt m, Kontaktstelle f || **~ of control** (statistics, QA) / 50-%-Punkt der OC-Kurve || **~ of destination** / Bestimmungsort m || **~ of disturbance** / Störort m DIN 19226 || **~ of gearing** / Eingriffsort m || **~ of infinite speed** / Punkt des unendlichen Schlupfs || **~ of interruption** / Unterbrechungsstelle f, Unterbrechungspunkt m || **~ of intersection** / Schnittpunkt m, Koinzidenzpunkt m || **~ of measurement of controlled variable** / Messort der Regelgröße || **~ of origin** / Ursprung m, Koordinatenursprung m, Koordinatennullpunkt m, Nullpunkt m
point-of-sale terminal (POS) / Kassenterminal n, Registrierkasse f
point of strike / Einschlagstelle f (Blitz), Übergabestelle f (Netzpunkt, für den die Kenndaten der an den Kunden zu übergebenden Energie festgelegt sind) || **~ pattern** / Punktmuster n (NC), Punktbild n || **~ pole** / Punktpol m || **~ processing** / Punktbearbeitung f
points, contact-breaker ~ / Unterbrecherkontakte m pl (Kfz)
point source / punktartige Strahlungsquelle, Emissionsquelle f
point-source lamp / Punktlichtlampe f
point structure / Punktstruktur f
point-to-point (PTP) / PTP || **~ and straight-cut control** / Punkt- und Streckensteuerung f (Siehe: Punktsteuerung und Streckensteuerung) || **~ circuit** / Standverbindung f || **~ configuration** / Punkt-zu-Punkt-Verbindung f, End-End-Konfiguration f (FWT) || **~ connection** / Punkt-zu-Punkt-Verbindung f, Einzelanschluss m, Punkt-zu-Punkt-Kopplung f || **~ control (PTP)** / Punkt-zu-Punkt-Steuerung f, Positioniersteuerung f, Punktsteuerung f || **~ control with straight line machining** / Punkt- und Streckensteuerung f (Siehe: Punktsteuerung und Streckensteuerung) || **~ interface (PPI)** / Punkt-zu-Punkt-Schnittstelle f, PPI || **~ link** / Punkt-zu-Punkt-Kopplung f, Punkt-zu-Punkt-Verbindung f || **~ machine** / punktgesteuerte Maschine (NC) || **~ positioning** ISO 1056 / Punktsteuerung f (NC-Wegbedingung) DIN 66025,T.2 || **~ soldered wiring** / freie Lötung (Verdrahtung) || **~ test** / Punkt-zu-Punkt-Prüfung f || **~ traffic** / Punkt-zu-Punkt-Verkehr m (KN, FWT), End-End-Verkehr m (FWT) || **~ wiring** / freizügige Verdrahtung, X-Verdrahtung f, Wildverdrahtung f
point vision / Punktsehen n || **~ weight** / Punktgewicht n
Poisson distribution / Poissonverteilung f || **~ ratio** / Poissonsche Konstante, Querkontraktionszahl f
poke point / Aufsetzpunkt m (Schreibmarke, Lichtgriffel- Bildschirm)
poke-proof adj / stochersicher adj
polar n / polar || **~ arc** / Polbogen m || **~ axis** / Polachse f, polare Achse || **~ coordinate** / Polarkoordinate f || **~ current** / Doppelstrom m
polar-current line / Doppelstromleitung f || **~ signalling** / Doppelstromtastung f
polar curve (p.c.) / Lichtverteilungskurve f (LVK) || **~ d.c. system** / Doppelstrombetrieb m (FWT) || **~ diagram of light distribution** / Lichtstärkeverteilungsdiagramm n
polarity n / Polarität f, Polung f, Leiterfolge f || **~ poles of same** ~ / gleichnamige Pole || **with** ~ / polaritätsbehaftet adj || **~ changing** / Polumschaltung f || **~ indicator** / Polaritätsanzeiger m, Polaritätsindikator m || **~ reversal** / Polumkehr f, Polaritätsumkehr f, Umpolung f, Verpolung f, Polaritätswechsel m || **~ reversal error** / Umpolfehler m || **~ reversal protection** / Verpolschutz m, Verpolungsschutz m || **~ reversal voltage** / Umpolspannung f || **~ reverser** / Umpoler m, Polwechsler m || **~ switchover** / Polaritätsumschaltung f || **~ test** / Prüfung der Polarität
polarizability n / Polarisierbarkeit f
polarization n / Polarisation f, Polarisierung f, Verpolungsschutz m, Codierung f (f. Verpolschutz), Polung f || **~ charge** / Polarisationsladung f || **~ current** / Polarisationsstrom m || **~ dispersion** / Polarisationsdispersion f (LWL) || **~ factor** / Polarisationsgrad m || **~ filter** / Polarisationsfilter m || **~ index** / Polarisationszahl f, Nachladezahl f, Absorptionsverhältnis n (Polarisationsindex) || **~ index test** / Bestimmung der Polarisationszahl || **~ key** / Codierzapfen m
polarization-maintaining fibre / polarisationserhaltende Faser (LWL)
polarization method IEC 603-1 / Unverwechselbarkeit f (Steckverbinder) DIN 41650,1 || **~ plug** / Kodierstecker m, Codierstecker m || **~ resistance** / Polarisationswiderstand m
polarized adj / polarisiert adj, gepolt adj, verpolsicher adj, verwechslungssicher adj, polunverwechselbar adj, verpolungsgeschützt adj,

verpolungsfest *adj*, verpolungssicher *adj* || ~
capacitor / polarisierter Kondensator, gepolter
Kondensator || ~ **headlight** /
Polarisationsscheinwerfer *m* || ~ **moving-iron
instrument** / Eisennadel-Messgerät *n* || ~ **moving-
iron measuring element** / Eisennadel-Messwerk *n*
|| ~ **plug** / Stecker mit Verpolschutz || ~ **radiation** /
polarisierte Strahlung || ~ **relay** / polarisiertes
Relais, gepoltes Relais, Polrelais *n* || ~ **return-to-
zero recording** / Rückkehr nach Null-
Schreibverfahren, RZ-Verfahren *n* || ~ **slot** /
codierter Einbauplatz
polarizer *n* / Polarisator *m*
polarizing field / Vormagnetisierungsfeld *n* || ~ **pin** /
Codierbolzen *m* (ET, StV), Codierstift *m*,
Sperrbolzen *m* || ~ **slot** / Unverwechselbarkeits-Nut
f || ~ **test** / Prüfung der Unverwechselbarkeit (StV)
polar line / Doppelstromleitung *f* || ~ **moment of
inertia** / polares Trägheitsmoment || ~ **plot** /
Ortskurve des Frequenzganges || ~ **relay** /
polarisiertes Relais, gepoltes Relais, Polrelais *n* || ~
signalling / Doppelstromtastung *f*
Polder's tensor permeability / Polderscher
Permeabilitätstensor
pole *adj* / polig *adj* || ~ *v* / polen *v* || ~ *n* / Pol *m*,
(einstieliger) Mast *m*, Stange *f*, Magnetschenkel *m* ||
hand ~ / Handstange *f*, Schaltstange *f* || **power per**
~ / Polleistung *f*
pole-amplitude-modulated motor (PAM motor) /
polamplituden-modulierter Motor || ~ **winding
(PAM winding)** / Wicklung für
Polamplitudenmodulation, Rawcliffe-Wicklung *f*
pole-amplitude modulation (PAM) /
Polamplitudenmodulation *f*
pole arc / Polbogen *m* || ~ **arc/pole pitch ratio** /
Polbedeckungsverhältnis *n*,
Polüberdeckungsverhältnis *n*, Polbedeckungsfaktor
m || ~ **body** / Polkörper *m*, Polschaft *m* || ~ **body
insulation** / Polschaftisolierung *f* || ~ **centres** /
Polmittenabstand *m* (SG), Polteilung *f* || ~ **changer**
/ Polwechsler *m*, Stromwender *m*, Polzahl-
Umschalter *m*, Polumschalter *m*
pole changing / Polwechsel *m*, Polumschaltung *f*
pole-changing *adj* / polumschaltbar *adj* || ~ **contactor**
/ Schütz-Polumschalter *m* || ~ **control** / Steuerung
durch Polumschaltung, Drehzahlveränderung durch
Polumschaltung || ~ **motor** / polumschaltbarer
Motor || ~ **multi-speed motor** / polumschaltbarer
Motor || ~ **shaded-pole motor** / polumschaltbarer
Spaltpolmotor
pole changing switch / Polumschalter *m*,
Polwahlschalter *m*, Polumschalter *m*, Polwechsler
m
pole-changing winding / polumschaltbare Wicklung
pole clamp / Stangenklemme *f* (f. Isolatorketten)
pole-coil distribution / Wicklungsverteilung *f*
pole column / Polsäule *f* || ~ **control** (HVDC) /
Polregelung *f* || ~ **core** / Polkern *m*, Poleisen *n*,
Polschenkel *m* || ~ **damping grid** / Polgitter *n* || ~
end plate / Polendplatte *f* || ~ **face** / Polfläche *f*,
Polschuhfläche *f*
pole-face bevel / Polflächenabschrägung *f*,
Polschuhschrägung *f* || ~ **factor** / Polschuhfaktor *m*
|| ~ **shaping** / Polflächenaufweitung *f* || ~ **vertex** /
Polscheitelpunkt *m*, Polspitze *f*
pole flange / Polspulen-Isolierrahmen *m* || ~
grouping / Polgruppierung *f* || ~ **head** / Polkopf *m* ||

~ **height** / Polhöhe *f* (Viskositätsindex) || ~ **horn** /
Polhorn *n*, Polspitze *f* || ~ **indicator** / Polprüfer *m* ||
~ **keeper ring** / Polschlussring *m* || ~ **lamination** /
Polblech *n* || ~ **modulation** / Polmodulation *f* || ~
not protected / polungeschützt *adj* || ~ **of a
switching device** / Pol eines Schaltgerätes || ~
operating linkage / Polkinematik *f*
pole-mounted switch / Mastschalter *m* || ~
transformer / Maststation *f* (mit Transformator)
pole-number ratio / Polzahlverhältnis *n*
pole pair / Polpaar *n* || ~ **pair number** / Polpaarzahl *f*,
Polpaaranzahl *f* || ~ **pair pitch** / Polpaarteilung *f*
pole-pair ratio / Polpaarverhältnis *n*
pole piece / Polschenkel *m*, Polstück *n*,
Magnetschenkel *m*
pole-piece lens / Polschuhlinse *f*
pole pillar / Polsäule *f* || ~ **pitch** / Polteilung *f*,
Polschritt *m* || ~ **programming** /
Polprogrammierung *f* || ~ **protection** / polgeschützt
adj
pole-pitch factor / Polbedeckungsfaktor *m* || ~
percentage / Polbogen *m*
pole punching / Polblech *n* || ~ **shaft** / Polschaft *m*,
Mastschaft *m* || ~ **shank** / Polschenkel *m*, Polschaft
m || ~ **shell** / Polschale *f* || ~ **shim** / Polunterlegblech
n, Polausgleichblech *n* || ~ **shoe** / Polschuh *m*
pole-shoe skewing / Polschuhschrägung *f*,
Polflächenabschrägung *f*
pole slipping / Polschlüpfen *n*
poles of same polarity / gleichnamige Pole
pole-space magnet / Pollückenmagnet *m*
pole span / Polbogen *m* || ~ **spider** / Polradstern *m*,
Polstern *m*, Läufer-Tragkörper *m*, Läuferstern *m* || ~
stamping / Polblech *n* || ~ **strength** / Polstärke *f* || ~
stretching / Poldehnung *f* || ~ **support** / Polträger *m*
(SG) || ~ **tip** / Polspitze *f*, Polhorn *n*, Polende *n*,
Polschuhrand *m*, Polzacke *f* || ~ **turret** / Polsäule *f*
pole-type horn-gap switch / Masthörnerschalter *m* ||
~ **transformer** / Masttransformator *m*
pole unit / Poleinheit *f*, Pol *m* (SG) || ~ **voltage** /
Polspannung *f* (SG) || ~ **wheel** / Polrad *n*,
Magnetrad *n* || ~ **winding** / Polwicklung *f*,
Feldwicklung *f* || ~ **zero** / Pol-Nullstellung *f*
(Schallpegelmesser)
polished *adj* / poliert *adj*
polisher *n* / Poliermaschine *f*
polishing *v* / polieren *v* || ~ **machine** / Poliermaschine
f || ~ **tool** / Polierwerkzeug *n*
poll *v* / abrufen *v*, abfragen *v*, zyklisch abfragen (o.
abrufen), anrufen *v*
polling *n* / Aufruf *m*, Abfrage *f*, Abruf(en) *m*,
Sendeaufruf *m*, Sendeaufforderung *f*, zyklisches
Abfragen, Polling (Periodische Abfrage aller
Teilnehmer mittels zentraler Steuerung.) || ~ **list** /
Umlaufliste *f* (Bussystem, LAN) || ~ **mode** /
Abrufbetrieb *m* || ~ **phase** / Aufforderungsphase *f*
(DÜ) || ~ **time** / Umlaufzeit *f*
polling/selecting mode / Aufrufbetrieb *m* (DÜ)
DIN44302
polling system / Abfragesystem *n* (FWT)
poll state / Abfragezustand *m* (PMG) || ~ **tax** /
Personensteuer *f*
pollutant *n* / Schadstoff *m*, verunreinigender Stoff || ~
emission / Schadstoffemission *f*
polluter-pays principle / Verursacherprinzip *n*
pollution *n* / Verschmutzung *f* || **mains** ~ /
Netzrückwirkung *f* || **noise** ~ / Lärmbelastung *f* || ~

degree / Verschmutzungsgrad *m* (Isolation) || ~
emitter / Emittent *m* || ~ **flashover** /
Fremdschichtüberschlag *m* || ~ **layer** /
Fremdschicht *f* (Isolierung) || ~ **level** /
Verschmutzungsgrad *m*, Fremdschichtgrad *m*
(Isolator) || ~ **severity** / Verschmutzungsgrad *m*,
Fremdschichtgrad *m* (Isolator) || ~ **severity level** /
Fremdschichtklasse *f* (Isolator) || ~ **source** /
Emittent *m* || ~ **test** / Verschmutzungsprüfung *f*
polyamide resin / Polyamidharz *n*
polycarbonate (PC) *n* / Polycarbonat *n* (PC)
polychlorinated benzenes / polychlorierte Benzole ||
~ **biphenyls (PCB)** / polychlorierte Biphenyle
(PCB)
polychloroprene *n* / Chloropren-Kautschuk *m*
polychloroprene-insulated cable /
Gummischlauchkabel *n* (m.Polychloroprenmantel),
schweres Gummischlauchkabel
polychloroprene-sheathed flexible cable /
Gummischlauchleitung *f*
(m.Polychloroprenmantel)
polycristalline semiconductor rectifier /
Vielkristallhalbleiter-Gleichrichter *m*
polyester *n* / Polyester *m* || ~ **film tape (PETP)** /
Polyesterband *n* || ~ **fleece** / Polyestervlies *n* || ~
resin / Polyesterharz *n*
polyester-resin-impregnated *adj* /
polyesterharzgetränkt *adj* || ~ **prepreg** /
Polyesterharzmatte *f*
polyester urethane / Polyesterurethan *n*
polyethylene (PE) *n* / Polyethylen *n* (PE) || ~
sheet(ing) / Polyethylenfolie *f*
polyethylene-terephthalate (PETP) *n* /
Polyethylenterephtalat *n* (PETP)
polygonal tripping area / polygonale Auslösefläche
|| ~ **tripping characteristic** / polygonale
Auslösecharakteristik
polygon characteristic / Polygoncharakteristik *f*,
Polygonzug *m*
polygon(-connected) m-phase winding / m-Phasen-
Polygonschaltung *f*
polygon connection / Polygonschaltung *f*,
Ringschaltung *f* (LE) || ~ **definition** / Polygonzug *m*
|| ~ **function** / Polygonzug *m*
polygon-curve block / Polygonbaustein *m* (SPS)
polygon mesh / Polygonmasche *f* (CAD),
Polygonnetz *n* || ~ **turning** / Mehrkantdrehen *n*,
Polygondrehen *n*
polyhedral angle / Polyederecke *f*
polyhedron *n* / Polyeder *m*
polyhydantoin *n* / Polyhydantoin *n*
polyimidazoledione *n* / Polyhydantoin *n*
polyimide (PI) *n* / Polyimid *n* (PI)
polyline *n* / Linienzug *m* (GKS), Polygonzug *m*,
Polylinie *f* || ~ **bundle table** /
Linienzugbündeltabelle *f*, Polygonbündeltabelle *f* ||
~ **function block** / Polygonbaustein *m* (SPS)
polymarker *n* / Polymarke *f*
(graph.Darstellungselement) || ~ **bundle table** /
Polymarkenbündeltabelle *f*
polymer-cladded fiber (PCF) / Polymer-Cladded
Fiber (PCF) || ~ **silica fiber** / Polymer-Cladded
Fiber (PCF)
polymerization plant / Polymerisationsanlage *f*
polymethacrylate *n* / Polymethacrylat *n*
polynominal *n* / Polynom *n* || ~ **code** / Polynomcode
m || ~ **interpolation** / Polynom-Interpolation *f*

polyolefin oil / Polyolefin *n* (PO)
polyphase *adj* / mehrphasig *adj*, mehrsträngig *adj*,
Drehstrom..., dreiphasig *adj* || ~ **circuit** /
Mehrphasen-Stromkreis *m* || ~ **commutator motor**
/ Drehstrom-Kommutatormotor *m* || ~ **commutator
series motor** / Drehstrom-Reihenschlussmotor *m* ||
~ **commutator shunt motor** / Drehstrom-
Nebenschlussmotor *m* || ~ **commutator shunt
motor with double set of brushes** /
läufergespeister Mehrphasen-Nebenschluss-
Kommutatormotor, Schrage-Motor *m* || ~ **induction
motor** / Drehstrommotor *m* || ~ **instrument** /
mehrphasiges Messgerät, mehrphasiges Instrument
|| ~ **linear quantity** / lineare Mehrphasengröße || ~
machine / Mehrphasen-Maschine *f*,
Drehstrommaschine *f*, Drehfeldmaschine *f* || ~
motor / Drehfeld-Motor *m* || ~ **node** /
Mehrphasenknoten *m* || ~ **port** / Mehrphasentor *n* ||
~ **system** / Mehrphasensystem *n*, m-Phasensystem
n || ~ **voltage source** / Mehrphasen-
Spannungsquelle *f*
polypropylene (PP) *n* / Polypropylen *n* (PP)
polysilicon fuse / Polysilizium-Sicherung *f*
polystyrene *n* / Polystyrol *n*, Styroflex *n* || **expanded
~** / Styropor *n* || ~ **chips** / Styroporchips *m pl* || ~
resin / Polystyrolharz *n*
polyterephthalate *n* / Polyterephthalat *n*
polytetrafluoroethylene *n* / Polytetrafluoräthylen *n*
polytropic change of state / Polytrope *n*
polyurethane *n* / Polyurethan *n* || ~ **ebonite** /
Polyurethan-Hartintegralschaum *m*
polyurethane-sheathed flexible cable /
Schlauchleitung mit Polyurethanmantel
polyvinyl acetal / Polyvinylacetal *n* || ~ **acetate** /
Polyvinylacetat *n* || ~ **chloride (PVC)** /
Polyvinylchlorid *n* (PVC)
pondage power station / Schwellkraftwerk *n*
ponderomotive law / Bewegungsgleichung *f*
pony motor / Anwurfmotor *m*
pool *n* / Schmelzbad *n*, Brennfleck *m* || **software ~** /
Software-Schiene *f* || ~ **cathode** / Sumpfkathode *f*,
Teichkathode *f*
pooled test / Ringversuch *m*
pool management system / Poolverwaltungssystem
n || ~ **rectifier tube** / Gleichrichterröhre mit
Quecksilberkathode
poor connection / schlechte Verbindung || ~ **in
contrast** / kontrastarm || ~ **visibility** / schlechte
Sicht
POP s. permissive overreaching transfer trip
protection
pope of contacts / Kontaktpapst *m*
pop off the stack / holen *v*
poppet *n* / Teller *m*, Schaltteller *m*, Schaltscheibe *f* || ~
valve / Tellerventil *n*
populated *adj* / bestückt *adj*
population *n* / Population *f*, Kollektiv *n*, Menge der
in Betracht gezogenen Einheiten, Gesamtheit *f*,
Grundgesamtheit *f* (Statistik) || **mean ~** /
Mitteninhalt *m* (statistische Tolerierung) || ~
parameter / Parameter der Grundgesamtheit || ~
size / Umfang der Grundgesamtheit DIN
55350,T.23
porcelain bushing / Porzellandurchführung *f*
PORESET (Power On Reset) / Netzlöschen *n*,
PORESET
poroloy *n* / Poroloy *n*

porosity *n* / Porosität *f*, Wasseraufnahmevermögen *n* (keramischer Isolierstoff) || ~ **test** / Porositätsprüfung *f*
porous bearing / Sinterlager *n* || ~ **bearing bushing** / Sinterbuchse *f* (Lg.)
porous-bronze bearing / Sinterbronzelager *n*
port *n* / Öffnung *f*, Schlitz *m*, Steueröffnung *f*, Tor *n*, Netzwerkpol *m*, Backbord *n*, Vertiefung *f*, Aussparung *f*, Einbauöffnung *f*, E/A-Anschluss *m*, Sammelschiene (SS) *f*, Sitz *m*, Ventilsitz *m*, Klemmenpaar *n* || ~ *v* / portieren || ~ *n* / **Port** *m* (MPU), Kanal *m* (Datenkanal, E/A-Anschlüsse einer MPU), Anschluss *m*, Port *n* || ~ IEC 1131-4 / Schnittstelle *f* (Port) EN 61131-1 || **I/O** ~ / E/A-Anschluss *m* (Datenkanal) || **input** ~ / Eingangskanal *m* (MPU, PC) || **wiring** ~ / Verdrahtungsöffnung *f* || ~ **diameter** / Sitzdurchmesser *m* || ~ **guided** / Führung in Sitzring || ~ **of destination** / Bestimmungshafen *m* || ~ **of shipment** / Versandhafen *m*
portability *n* / Übertragbarkeit *f* (Programme), Portabilität *f*
portable *adj* / tragbar *adj*, ortsveränderlich *adj*, ortsbeweglich *adj*, transportierbar *adj* || ~ **battery** / transportable Batterie || ~ **emission measuring instruments** / transportable Emissionsmesseinrichtungen || ~ **equipment** IEC 50(826) / ortsveränderliche Betriebsmittel VDE 0100,T.200 || ~ **fire extinguisher** / Handfeuerlöscher *m* || ~ **instrument** / tragbares Messgerät || ~ **motor-operated tool** / Elektrowerkzeug *n* || ~ **office machine** / ortsveränderliche Büromaschine || ~ **peripheral** / tragbares Peripheriegerät (SPS) || ~ **residual current protective device (PRCD)** / ortsveränderliche Differenzstrom-Schutzeinrichtung, ortsveränderliche Fehlerstrom-Schutzeinrichtung, ortsveränderliche DI-Schutzeinrichtung, ortsveränderliche FI-Schutzeinrichtung || ~ **residual current protective device-safety (PRCD-S)** / ortsveränderliche FI-Schutzeinrichtung mit erweitertem Schutzumfang und Sicherstellung der bestimmungsgemäßen Nutzbarkeit des Schutzleiters, ortsveränderliche DI-Schutzeinrichtung mit erweitertem Schutzumfang und Sicherstellung der bestimmungsgemäßen Nutzbarkeit des Schutzleiters, OVS mit erweitertem Schutzumfang und Sicherstellung der bestimmungsgemäßen Nutzbarkeit des Schutzleiters || ~ **residual overcurrent device (PRCD)** / ortsveränderliche Fehlerstrom-Schutzeinrichtung, ortsveränderliche Differenzstrom-Schutzeinrichtung || ~ **socket outlet** / Kupplungssteckdose *f*, Kupplungsdose *f* || ~ **standard watthour meter** / tragbarer Prüfzähler (o. Eichzähler) || ~ **table-top unit** / tragbares Tischgerät || ~ **transformer** / tragbarer Transformator, ortsveränderlicher Transformator
portal *n* / Portal *n* || ~ **support** / Portalstützpunkt *m* (Freiltg.), H-förmiger Mast
portrait setting / Einstellung Hochformat
POS s. point-of-sale terminal
pose *n* / Stellung *f* (Roboter)
position *n* / Stellung *f*, Lage *f*, Einbaulage *f*, Gebrauchslage *f*, Standort *m*, Stufe *f*, Schaltstellung *f*, Position *f*, Platz *m*, Positionierung *f*, Stelle *f* DIN 44300 || ~ / einfahren *v*, positionieren *v* || **actual** ~ /

Istlage *f*, Lage-Istwert *m*, Weg-Istwert *m* (NC) || **programmed** ~ / programmierte Lage, programmierter Positions-Sollwert (NC) || **safely limited absolute** ~ / sicher begrenzte Absolutlage
positional accuracy / Lagegenauigkeit *f* (NC), Positioniergenauigkeit *f* || ~ **actual-value encoder** / Lageistwertgeber *m*, Lagegeber *m* || ~ **data** / Weginformation *f*, Wegangabe *f*, Wegvorgabe *f*, Positionsangabe *f* || ~ **deviation** / Lagedifferenz *f*, Lageabweichung *f*, Positionsabweichung *f* || ~ **error** / Positionierungsfehler *m*, Lagefehler *m* (NC) || ~ **lamp** / Positionslampe *f*
position allowance / Lagezusatzbetrag *m* (NC)
positional memory / Rasterung *f*, Restmoment *n* || ~ **notation** / Stellenschreibweise *f* || ~ **offset** / Abstandskontrolle *f* || ~ **output** / Stellungsmeldung *f* || ~ **representation** / Stellenschreibweise *f* || ~ **representation numeration system** / Stellenwertsystem *n* || ~ **shift** / Lageverschiebung *f*, Positionsverschiebung *f* || ~ **tolerance** / Positionstoleranz *f* DIN 7184,T.1, Lagetoleranz *f*, zulässige Lageabweichung || ~ **variation** / Lageabweichung *f* || ~ **weight** / Stellenwert *m*, Wertigkeit *f*
position and control unit (PCU) / PCU, PCU, PCU
position-based cam / Wegnocke *f*
position block / Positionssatz *m* || ~ **box** / Lagenfenster *n* || ~ **checkback** / Stellungsrückmeldung *f* || ~ **control** / Wegregelung *f*, Stellungsregelung *f*, Lageregelung (LR) *f*, Lageregelkreis (LR) *m* || ~ **control cycle** / Lageregeltakt *m* || ~ **control direction** / Lageregelsinn *m*
position-controlled *adj* / lagegeregelt *adj*
position controller / Lageregler *m* (NC), Wegregler *m*, Stellungsregler *m* || ~ **controller cycle** / Lageregeltakt *m*, Lagereglertaktzeit *f* || ~ **controller in closed loop mode** / Stellungsregler *m* || ~ **controller output** / Lagereglerausgang *m* || ~ **controller sampling rate** / Lagereglerabtastzeit *f*, Lagereglerabtastrate *f* || ~ **control level** / Lageregelebene *f* || ~ **control loop** / Lageregelkreis *m* (NC), Wegregelung *f*, Lageregelung (LR) *f*, Stellungsregelung *f* || ~ **control module** / Positionierbaugruppe *f* (NC), Lageregelbaugruppe *f* || ~ **control parameter** / Lageregelparameter *m* || ~ **control resolution** / Lageregelfeinheit *f*, Lagereglerfeinheit *f*, Auflösung der Rückmeldung || ~ **control sampling time** / Lageregelabtastzeit *f* || ~ **correction** / Positionskorrektur *f* || ~ **cycle** / Positionszyklus *m* || ~ **data** / Lageangaben *f pl*, Weginformationen *f pl* (NC), Lageinformation *f*, Positionsangabe *f*, Wegangabe *f* || ~ **decoder module** / Wegerfassungsbaugruppe *f* || ~ **detection** / Lageerfassung *f*, Positionserfassung *f*, Wegerfassung *f* || ~ **detector** / Lagegeber *m* (NC, statisch), Wegfühler *m*, Weggeber *m* || ~ **deviation** / Positionsabweichung *f*, Lageabweichung *f*, Lagedifferenz *f* || ~ **dispersion range** / Positionsstreubreite *f* || ~ **display** / Positionsanzeige *f*
positioned information / positionierte Information || ~ **length** / Einbaulänge *f* (Thermometer)
position encoder / Lagegeber *m*, Weggeber *m*, Wegmessgeber *m*, Positionsgeber *m*, Geber *m*, Wegmessgerät *n*, Lagemessgerät *n*, Lagemessgeber *m*, Messgeber *m*, Encoder *m*, Wegsignalgeber *m*

positioner *n* / Stellungsregler *m*, Stellglied *n*, Stellantrieb *m*, Positionierer *m*, Signalempfänger *m*, Aktor *m*, Betätiger *m*, Aktuator *m*, Steller *m*, Stellgerät *n*, Aktorik *f*, Schaltaktor *m* || ~ (crimping tool) / Zentrierstück *n*, Positionierstück *n* || **electropneumatic** ~ / elektropneumatischer Stellungsregler
position error / Lagefehler *m*, Positionsfehler *m* (NC) || ~ **feed** / Positionsvorschub *m* || ~ **feedback** / Lagerückführung *f* (NC), Stellungsrückmeldung *f* || ~ **feedback control** / Wegregelung *f*, Lageregelung (LR) *f*, Lageregelkreis (LR) *m*, Stellungsregelung *f* || ~ **feedback loop** / Wegregelung *f*, Lageregelung (LR) *f*, Lageregelkreis (LR) *m*, Stellungsregelung *f*
position-feedback scaling factor / Istwertbewertungsfaktor (IBF) *m* || ~ **setting on the fly** / fliegendes Istwertsetzen
position feedrate / Positionsvorschub *m* || ~ **indicating device** / Schaltstellungsanzeiger *m* || ~ **indicating device cutout** / Ausschnitt Schaltstellungsanzeiger || ~ **indication** / Stellungsanzeige *f* (SG) || ~ **indicator** / Stellungsanzeiger *m*, Stellungsmelder *m*, Stellungsgeber *m*
positioning *n* / Positionierung *f*, Positionieren *n* || **display** ~ / Bildverschiebung *f* (Osz.) || ~ **accuracy** / Positioniergenauigkeit *f* (NC), Positionsgenauigkeit *f*, Einfahrgenauigkeit *f* (NC) || ~ **axis** / Positionierachse *f*, Verstellachse *f* || ~ **block** / Positioniersatz *m* || ~ **characteristic** / Einfahrkennlinie *f* || ~ **command** / Positionierbefehl *m*, Verfahrbefehl *m* || ~ **control** / Positioniersteuerung *f*, Lagesteuerung *f*, Punkt-zu-Punkt-Steuerung *f*, Punktsteuerung *f* || ~ **device** / Aufsetzvorrichtung *f* || ~ **drive** / Verstellantrieb *m* || ~ **error** / Positionierfehler *m* (NC), Lagefehler *m* || ~ **exact 1 (fine)** ISO 1056 / Genau-Halt, Stufung 1 (fein (NC-Wegbedingung)) DIN 66025.T.2 || ~ **exact 2 (medium)** ISO 1056 / Genau-Halt, Stufung 2 (mittel (NC-Wegbedingung)) DIN 66025,T.2 || ~ **fast** (NC preparatory function) ISO 1056 / Schnellhalt *m* (NC-Wegbedingung) DIN 66025.T.2 || ~ **feed** / Positioniervorschub *m*, Positionsvorschub *m* || ~ **feedrate** / Positionsvorschub *m*, Positioniervorschub *m* || ~ **force** / Stellkraft *f* || ~ **gradient** / Einfahrsteilheit *f* || ~ **increment** / Stellinkrement *n* || ~ **job** / Positionierauftrag *m* || ~ **mode** / Positionierbetrieb *m* || ~ **module** / Positionierbaugruppe *f* (NC), Lageregelbaugruppe *f* || ~ **motor** / Stellmotor *m*, Positioniermotor *m*, Verstellmotor *m* || ~ **movement** / Stellbewegung *f* || ~ **operation** / Positioniervorgang *m* || ~ **path** / Einfahrweg *m* || ~ **range** / Positionierbereich *m*, Verfahrbereich *m*, Stellbereich *m* || ~ **rate** / Stellgeschwindigkeit *f* || ~ **record** / Bewegungssatz *m* (Satz in einem NC-Programm, der eine Fahranweisung enthält), Verfahrsatz *m* || ~ **resolution** / Lageregelerfeinheit *f*, Lageregelfeinheit *f*, Auflösung der Rückmeldung || ~ **speed** / Positioniergeschwindigkeit *f* || ~ **table** / Positioniertisch *m*, Koordinatentisch *m* || ~ **the spindle** / Einfahren des Spindels || ~ **time** / Stellzeit *f*, Positionierzeit *f* || ~ **tolerance** / Positioniertoleranz *f*, Einfahrtoleranz *f* (NC) || ~ **torque** / Stellmoment *n* || ~ **valve** / Stellventil *n*, Regelventil *n*
position lag / Schleppabstand (SA) *m*, Schleppfehler

m || ~ **limit switch** / Positionsendschalter *m* || ~ **logic** / Positionslogik *f* || ~ **mark** \0\ **and** \I\ / Prägung Schaltstellung \0\ und \I\
position measurement / Lagemessung *f*, Wegmessung *f* (NC) || ~ **measuring** / Lageerfassung *f*, Positionserfassung *f*, Wegerfassung *f* || ~ **measuring device** / Encoder *m*, Geber *m*, Wegmessgerät *n*, Weggeber *m*, Wegsignalgeber *m*, Wegmessgeber *m*, Lagemessgerät *n*, Messgeber *m*, Positionsgeber *m*, Lagemessgeber *m*, Wegmesssystem *n* || ~ **measuring system (PMS)** / Lagemesssystem (LMS) *n* || ~ **memory** / Positionsspeicher *m* || ~ **of burning** / Brennlage *f* (Lampe) || ~ **of characteristic** / Stellcharakteristik *f* || ~ **of normal use** / Gebrauchslage *f* || ~ **of rest** / Ruhelage *f*, Raststellung *f* (HSS) VDE 0660,202, Ruhestellung *f*, Nullage *f* (PS) || ~ **of stem** / Spindelstellung *f* || ~ **on air failure** / ganz geöffnete gefahrlose Endlage, gefahrlose Endlage || ~ **pattern** / Positionsmuster *n* || ~ **pickoff** / Stellungsabgriff *m*, Weggeber *m*, Lageaufnehmer *m* || ~ **pickup** / Wegaufnehmer *m* || ~ **reference point** / Lage-Bezugspunkt *m* (NC)
position-scheduled control / Wegplansteuerung *f*
position selection / Positionsanwahl *f* || ~ **sensing** / Lageerfassung *f*, Wegerfassung *f*, Positionserfassung *f*
position sensor / Lagegeber *m* (NC, statisch), Weggeber *m*, Wegfühler *m* || ~ **servo control** / Lageregelung *f* (NC) || ~ **servo loop** / Lageregelkreis *m* (NC) || ~ **setpoint** / Lage-Sollwert *m* (NC), Lagesollwert *m*, Positions-Sollwert *m* (im Programm vorgegebene Position, die von einem beweglichen Maschinenelement erreicht werden soll), Sollposition *f* || ~ **setpoint signal smoothing** / Lagesollwertglättung *f* || ~ **signalling device** IEC 129 / Schaltstellungsgeber *m* VDE 0670,T.2 || ~ **signalling switch** / Positionsmeldeschalter *m* || ~ **stop dog** / Stellungsbegrenzung *f* || ~ **switch** IEC 337-1 / Positionsschalter *m* VDE 0660,T.200, Grenztaster *m* || ~ **switch for safety purposes** / Sicherheits-Positionsschalter *m* || ~ **switch unit** / Positionsschaltereinheit *f* || ~ **switch with positive opening operation** / zwangsöffnender Positionsschalter VDE 0660,T.206 || ~ **switch with tumbler** / Positionsschalter mit Zuhaltung || ~ **switches** / Positionsschalter *m* || ~ **switching signal** / Wegschaltsignal *n* || ~ **transducer** / Stellungs-Messwandler *m*, Wegsignalgeber *m*, Wegaufnehmer *m* || ~ **transmitter** / Stellungsgeber *m*, Lagegeber *m*, Weggeber *m*
positive *n* / Positiv *n* (a. gS) || ~ **acknowledgement** / positive Quittung, positive Rückmeldung, ACK
positive-action contact / zwangsgeführtes Schaltglied, zwangsgeführter Kontakt
positive booster / Zusatzmaschine *f*, Survolteur *m* || ~ **brush** / Plus-Bürste *f*, anodische Bürste || ~ **click-action** / Druckpunkt *m* || ~ **component** / Mitkomponente *f* || ~ **creep** / positives Kriechen (HL, des Sperrstroms) || ~ **crest** / positiver Scheitel || ~ **direction** / Plusrichtung *f*
positive-displacement flowmeter / Verdrängungs-Durchflussmesser *m* || ~ **meter** / Verdrängungszähler *m*
positive downward flash / positiver Wolke-Erde-Blitz || ~ **drive** / zwangsläufiger Antrieb (a. HSS), formschlüssiger Antrieb || ~ **edge** / positive Flanke

positive-going (Impuls) || ~ **electrode** / positive Elektrode, Kathode f || ~ **feedback** / Mitkopplung f (Reg.), positive Rückkopplung
positive-going edge / Anstiegsflanke f, ansteigende Flanke, Einschaltflanke f, steigende Flanke, positive Signalflanke
positive impedance converter (PIC) / Positiv-Impedanz-Wandler m || ~ **impulse** / positiver Stoß || ~ **integer** / positive ganze Zahl || ~ **let-through level** / positive Ansprech-Schaltstoßspannung || ~ **logic** / positive Logik
positively driven / zwangsbetätigt *adj* || ~ **driven contact** / zwangsgeführtes Schaltglied || ~ **driven operation** / Zwangsführung f (Kontakte)
positive movement / Zwanglauf m
POSS (spindle position) / POSS (Spindelposition (Parameter))
possibility of adjusting / Abgleichmöglichkeit f || ~ **of balancing** / Abgleichmöglichkeit f
positive-negative action / Positiv-Negativ-Verhalten n (Reg.) || ~ **three-step action** / Positiv-Negativ-Dreipunktverhalten n (Reg.)
positive no-slip drive / zwangsläufiger Antrieb (a. HSS), formschlüssiger Antrieb || ~ **off-state voltage** / positive Sperrspannung (Thyr) DIN 41786 || ~ **opening force** / Zwangsöffnungskraft f (HSS) || ~ **opening moment** / Zwangsöffnungsmoment n || ~ **opening operation** / zwangsläufige Öffnungsbewegung VDE 0660,T.200, Zwangsöffnung f, Zwangstrennung f (der Kontakte) || ~ **opening travel** / Zwangsöffnungsweg m (HSS) || ~ **operation** / zwangsläufige Betätigung (SG), Zwangsschaltung f, nichtbegrenzte Betätigung || ~ **1.3 overvoltage sparkover** / positive Stirn-Ansprech-Schaltstoßspannung || ~ **pattern** / positives Bild (gS) || ~ **peak** / positiver Scheitel || ~ **plate** / positive Platte (Batt.) || ~ **pole** / Pluspol m || ~ **recall system** / Verfahren zum Rückruf bei bedingter Fertigungsfreigabe || ~ **resist** / Positivlack m (gS) || ~ **ring** / Plus-Ring m (Schleifring), B-Ring m || ~ **routing** / definierte Leitungsführung
positive-sequence armature winding resistance / synchroner Widerstand der Drehstromwicklung || ~ **component** / Mitkomponente f || ~ **polyphase system** / mehrphasiges Mitsystem || ~ **power** / Mitsystem-Leistung f, Mit-Leistung f || ~ **reactance** / Mitreaktanz f, Blindwiderstand des Mitsystems || ~ **resistance** / Mitwiderstand m, ohmscher Widerstand des Mitsystems || ~ **system** / Mitsystem n, mitlaufendes System || ~ **voltage** / Mitsystemspannung f || ~ **voltage system** / Spannungs-Mitsystem n, mitlaufendes Spannungssystem
positive sign / positives Vorzeichen, Pluszeichen n || ~ **temperature coefficient (PTC)** / Positive Temperature Coefficient (PTC), positiver Temperaturkoeffizient, Kaltleiter m || ~ **terminal** / positiver Pol (Batt.) || ~ **tolerance** / Plustoleranz f || ~ **top bevel angle** / positiver Winkel der Kopfschräge (Bürste) || ~ **tripping** / Zwangsauslösung f || ~ **24 volts** / P-24
possible combinations / Kombinationsmöglichkeiten f pl || ~ **complements** / Bestückungsmöglichkeit f || ~ **configuration** / Bestückungsmöglichkeit f || ~ **sunshine duration** / mögliche Sonnenscheindauer
post n / Pfosten m, Säule f, Mast m, Stift m, Anschlussstift m, Wickelstift m || **marker** ~ / Straßenbake f || **wiring** ~ / Anschlussstift m
post-amplification n / Nachverstärkung f
post-arc conductivity / Nachleitfähigkeit f, Nachstromleitfähigkeit f, Nachstrom m (SG, nach Lichtbogen)
post-assembly position / Einbaulage f
post-deflection acceleration (PDA) / Nachbeschleunigung f (Osz.) || ~ **acceleration factor** / relativer Ablenkkoeffizient (Osz., bei Nachbeschleunigung) || ~ **acceleration ratio** / Nachbeschleunigungsverhältnis n (Osz.) || ~ **accelerator** / Nachbeschleunigungselektrode f
post-drying n / Nachtrocknung f
post-editing n / Nachbearbeitung f, Nacharbeit f
post-event history / Ereignis-Nachgeschichte f
post-impregnation n / Vollimprägnierung f, Volltränkung f, Ganztränkung f
post-injection voltage / Injektionsfolgespannung f (Diode) DIN 41781
post-install v / nachinstallieren v
post-insulated connection / nachträglich isolierteVerbindung
post insulator / Stützisolator m, Stützer m (Isolator)
post-insulator assembly / Stützisolatorsäule f || ~ **unit** / Stützisolatorelement n
post length (wire-wrap termination) / Wickelstiftlänge f
post-manufacturing n / Nachfertigung f
post-mortem dump / Speicherabzug nach Störungen, statischer Speicherabzug || ~ **review** / Störablaufprotokollierung f, Störungsablaufprotokoll n
post office line / Postleitung f
postoptimality analysis / Postoptimalitätsanalyse f
postponed execution / aufgeschobene Ausführung || ~ **output** / retardierter Ausgang
postprocessor n / Postprozessor m || ~ **instruction** / Postprozessor-Anweisung f (NC) || ~ **plot** ISO 3592 / Postprozessor-Zeichnung f (NC, a.CLDATA-Wort) || ~ **print** / Postprozessor-Ausdruck m (NC, a. CLDATA-Wort)
post-pulse oscillation / Nachschwingen n (Impuls)
post-stressed *adj* / nachgespannt *adj*
post-top column / gerader Mast (Lichtmast) || ~ **luminaire** / Mastaufsatzleuchte f || ~ **specular reflector luminaire** / Mastaufsatz-Spiegelleuchte f
post-trigger n / Nachtriggerung f
posture of observer / Körperlage des Beobachters
post-worked *adj* / nachbearbeitet *adj*
post-zero temperature decay / Temperaturabfall nach Strom Null
pot v / vergießen v, eingießen v, kapseln v
potassium hydroxide / Kalilauge f
potential n / Potential n, Spannung f || ~ **barrier** / Potentialbarriere f, Potentialschwelle f (HL), Potentialwall m (HL) || ~ **control** / Potentialsteuerung f, Feldsteuerung f || ~ **curve** / Potentialkurve f || ~ **difference** / Potentialunterschied m, Spannung f || ~ **divider** / Spannungsteiler m || ~ **energy** / potentielle Energie, Lageenergie f, Energie der Lage
potential-energy curve / Potentialkurve f
potential equality / Potentialgleichheit f || ~ **force** / Potentialkraft f
potential-free *adj* / potentialfrei *adj*
potential gradient / Potentialgefälle n,

Spannungsgefälle n || ~ **gradient area** /
Spannungstrichter m (Erdung) || ~ **grading** /
Potentialsteuerung f, Feldsteuerung f
potential-grading electrode / feldsteuernde
Elektrode
potential ignition source / mögliche Zündquelle
potentializer n / Potentialausgleichsvorrichtung f
potentially explosive / explosionsgefährdet adj || ~
explosive areas / explosionsgefährdeter Bereich,
Ex-Bereich m || ~ **explosive atmosphere** EN 50014
/ explosionsgefährdeter Bereich EN 50014 || ~
susceptible equipment (o. device) / Störsenke f
(EMB) VDE 0870,T.1
potential magnet / Spannungseisen n (EZ) || ~ **peak
period** / Starklastzeit f, Spitzenzeit f || ~ **profile** /
Potentialverlauf m || ~ **saddle** / Potentialsattel m
potential-source static exciter / netzgespeister,
statischer Erreger
potential surface / Potentialfläche f,
Äquipotentialfläche f || ~ **terminal** /
Spannungsklemme f, Spannungsanschluss m || ~
threshold / Potentialschwelle f || ~ **to ground** /
Erdpotential n || ~ **transfer** /
Potentialverschleppung f || ~ **transformer** /
Spannungswandler m || ~ **well** / Potentialmulde f || ~
winding / Spannungswicklung f
potentiometer n / Potentiometer n, Spannungsteiler
m, Drehwiderstand m, Sollwertensteller m,
Kompensator m (Spannungsmessgerät, in dem die
zu messende Spannung mit einer bekannten
Spannung gleicher Wellenform, Frequenz und
Größe verglichen wird) || **non-wire-wound** ~ /
Schicht-Drehwiderstand m || ~ **indicator** /
Kompensationsanzeiger m || ~ **method** /
Kompensationsmethode f (MG)
potentiometer-type field rheostat /
Feldspannungsteiler m || ~ **resistor** / ohmscher
Spannungsteiler || ~ **rheostat** / Potentiometerregler
m
potentiometric instrument / Potentiometer-
Messgerät n, Kompensationsmessgerät n || ~
recorder / Kompensationsschreiber m
pothead n / Kabelendverschluss m
Potier coefficient of equivalence /
Umrechnungsfaktor nach Potier || $\circeq$ **diagram** /
Potier-Dreieck n, Kurzschlussdreieck n || $\circeq$ e.m.f. /
Potier-EMK f, EMK des Luftspaltfelds || $\circeq$
reactance / Potier-Reaktanz f || $\circeq$ **reactance
triangle** / Potier-Dreieck n, Kurzschlussdreieck n
pot life / Topfzeit f, Gebrauchsdauer f, Standzeit f
potted module / vergossener Baustein
potting n / Vergießen n (in verlorener Form) IEC
50(212) || ~ **compound** / Vergussmasse f || ~ **mould**
/ Vergussform f
pot-type casing / Topfgehäuse n (Messwandler) || ~
core / Schalenkern m (Magnetkern)
pour point / Fließpunkt m, Pourpoint m IEC 50(212)
|| ~ **point depressor** / Pourpoint-Erniedriger m IEC
50(212)
powder camera / Pulverkammer f (Guinier-
Kammer), Pulverbeugungskammer f,
Zylinderkammer f || ~ **core** / Pulverkern m || ~
diffraction method / Pulverbeugungsverfahren n,
Pulvermethode f || ~ **diffractometer** /
Pulverdiffraktometer m
powdered-metal contact material /
Sinterkontaktwerkstoff m

powder filling / Sandkapselung f (Ex q) EN 50017 ||
~ **metallurgy** / Pulvermetallurgie f,
Sintermetallurgie f, Metallkeramik f
powder-coated adj / pulverbeschichtet adj
powdered cork / Korkschrot n || ~ **paint** / Pulverlack
m
power v / antreiben v, speisen v || ~ n / Leistung f,
Kraft f, Energie f, Fähigkeit f, Wirkleistung f,
Potenz f, Vermögen n || ~ (statistics, QA) / Schärfe f
(Statistik, QS) DIN 55350,T.24, Trennschärfe f,
Macht f (Statistik, QS) || **absence of** ~ /
Spannungsfreiheit f || **with the** ~ **turned off** / im
spannungslosen Zustand || ~ **a.c./d.c. conversion** /
elektronisches Wechselstrom-Gleichstrom-
Leistungs-Umrichten (Elektronisches Umrichten
von Wechselstrom in Gleichstrom oder
umgekehrt), Wechselstrom-Gleichstrom-Leistungs-
Umrichten n || ~ **absorbed** / aufgenommene
Leistung || ~ **acceptance** / Leistungsaufnahme f
(Sich.) || ~ **acquisition and control system** /
Leistungserfassungs- und Steuerungssystem n || ~
activation / Leistungsansteuerung f || ~ **actuator** /
Kraftstellglied n
power-added efficiency / Wirkungsgrad für
hinzugefügte Leistung
power air circuit-breaker / Luft-Leistungsschalter
m, Luftschalter m (LS) || ~ **amplification** /
Leistungsverstärkung f, Leistungsgewinn m,
Wirkleistungsverstärkung f || ~ **amplifier** /
Leistungsverstärker m, Leistungstransduktor m || ~
amplifier section (PA section) /
Leistungsverstärkerteil (LV-Teil) n || ~ **and control
cable** / Kraft- und Steuerleitung f || ~ **and
frequency control** / Leistungs- und
Frequenzregelung f || ~ **application and
monitoring function** /
Kraftwerksführungsfunktion f || ~ **arm** /
Leistungszweig m (LE)
power-assisted braking / Bremskraftverstärkung f
(Kfz) || ~ **control** / Regelung mit Hilfsenergie || ~
steering / Servolenkung f (Kfz)
power at coupling / Kupplungsleistung f
power/brake changeover switch / Fahr-
Bremsschalter m, Umschalter (o. Wahlschalter) für
Motor-Bremsbetrieb m
power breaker / Leistungsschalter m || ~ **bus** /
Energiebus m, Hauptsammelschiene f,
Stromschiene f || ~ **cable** / Starkstromkabel n,
Starkstromleitung f, Energiekabel n,
Leistungskabel n, Leistungsleitung f, Kraftleitung f,
Netzleitung f, Netzkabel n || ~ **cable accessories** /
Starkstromkabelgarnituren f pl || ~ **capacitor** /
Leistungskondensator m || ~ **circuit** /
Starkstromkreis m, Kraftstromkreis m,
Leistungsstromkreis m, Leistungskreis m,
Hauptstromkreis m, Fahrstromkreis m || ~ **circuit
assembly** / Leistungsturm m || ~ **circuit-breaker** /
power-circuit position switch /
Leistungspositionsschalter m
power circuit protector / Leistungstrenner mit
Sicherungen || ~ **circuit terminals** /
Leistungsanschlüsse m pl
power-circuit wiring / Starkstrominstallation f,
Kraftinstallation f
power coefficient / Leistungsbedarfszahl f || ~
connection terminals /

Leistungsanschlussklemmen *f pl* || ~ **connector** /
Verbindungskamm *m* || ~ **connector (NOT power
plug connection)** / Leistungssteckeranschluss *m* ||
~ **consumption** / Energieverbrauchszähler *m*,
Stromaufnahme *f*, Leistungsaufnahme *f* || ~
contactor / Leistungsschütz *n*, Schaltschütz *n* || ~
control / Leistungssteuerung *f*, Leistungsregelung
f, Leistungssteller *m*, Antriebssteller *m* || ~
controller / Leistungssteller *m*, Fahrschalter *m*,
Fahrschaltwerk *n* || ~ **controlling element** /
Leistungsstellglied *n* || ~ **control regulator** /
Antriebssteller *m*, Leistungssteller *m* || ~ **control
unit** / Leistungsansteuerung *f* || ~ **conversion** /
Stromrichten *n* (LE), Leistungsumwandlung *f*,
Leistungsumrichten *n*, direktes Leistungsumrichten
(Elektronisches Umrichten ohne Gleichstrom- oder
Wechselstrom-Zwischenkreis) || ~ **converter** /
Leistungsumformer *m*, Stromrichter *m* || ~ **current** /
Starkstrom *m*, Kraftstrom *m* || ~ **delay product** /
Leistungs-Verzögerungs-Produkt *n*, Leistungs-
Geschwindigkeits-Produkt *n* || ~ **delivery of the
actuator** / Stellkraft *f* || ~ **demand** (from the
system) / angeforderte Leistung (Netz),
Leistungsbedarf *m*, Energiebedarf *m*, Kraftbedarf *m*
|| ~ **density** / Leistungsdichte *f* || ~ **differential
protection** / Leistungsvergleichsschutz *m* || ~
dimmer / Leistungsdimmer *m* || ~ **dip** /
Spannungseinbruch *m*, Netzspannungseinbruch *m* ||
~ **direction** / Wirkungsrichtung *f* || ~ **direction
relay** / Leistungsrichtungsrelais *n*, gerichtetes
Leistungsrelais || ~ **disconnection** /
Energieabtrennung *f* || ~ **dissipation** (fuse-link) /
Leistungsabgabe *f* (Sicherungseinsatz),
Verlustleistung *f*, Leistungsverlust *m*,
Energieverlust *m*, Energieabstrahlung *f* || ~
distribution / Energieverteilung *f* || ~ **distribution
board** / Energieverteilertafel *f*, Kraftstromverteiler
m || ~ **distribution system** / Energieverteiler *m* || ~
distribution unit / Stromverteilungseinheit *f* || ~
down / Leistungsabsenkung *f* (DV, PC) /
power-down sequence / Netzausschaltablauf *m*
(MPSB)
powered *adj* / mit Kraftantrieb, angetrieben *adj* || ~
mechanism / Kraftantrieb *m* (SG)
power efficiency / Wirkungsgrad *m* (abgegebene
optische Leistung/aufgenommene elektrische
Leistung) || ~ **electronic equipment (PEE)** /
Betriebsmittel der Leistungselektronik (BLE) VDE
0160 || ~ **electronics** / Leistungselektronik *f* || ~
electronics capacitor /
Leistungselektronikkondensator *m* || ~ **electronics
fitter** / Energiegeräteelektroniker *m* || ~ **enabling
delay** / Leistungsfreigabesperrzeit *f* || ~ **engine** /
Kraftmaschine *f* || ~ **engineering** / Energietechnik *f*,
Starkstromtechnik *f* || ~ **factor** / cos φ || ~ **factor
(p.f.)** / Leistungsfaktor cos φ *m*, Wirkfaktor *m*,
Verschiebungsfaktor *m*, Verlustfaktor cos δ *m*
power-factor angle / Phasenverschiebungswinkel *m*
|| ~ **clause** / Blindstromklausel *f* (StT)
power factor controller / Blindleistungsregler *m*
power-factor controller (p.f.c.) /
Leistungsfaktorregler *m*, Energiespargerät *n* || ~
control unit / Blindleistungs-Regeleinheit *f*,
Kondensator-Regeleinheit *f* || ~ **correction** /
Leistungsfaktorverbesserung *f*,
Blindleistungskompensation *f* || ~ **correction
capacitor** / Blindleistungs-

Kompensationskondensator *m*,
Kompensationskondensator *m* || ~ **correction
system** / Blindleistungskompensationsanlage *f* || ~
improvement / Leistungsfaktorverbesserung *f*,
Blindleistungskompensation *f* || ~ **meter** /
Leistungsfaktor-Messgerät *n*, cos-Messer *m*,
Leistungsfaktoranzeiger *m*
power factor of the fundamental /
Grundschwingungs-Leistungsfaktor *m*,
Leistungsfaktor der Grundwelle
power-factor tip-up test / tan-δ-Differenzmessung *f*
(tip-up)
power-factor-voltage characteristic /
Verlustfaktorkennlinie *f*
power-fail *n* / Netzausfall *m* (Rechneranlage) || ~
circuit / Versorgungsspannungsüberwachung *f*
(DV, elST) || ~**proof** *adj* / netzausfallsicher *adj* || ~
restart (PFR) / Wiederstart nach Netzausfall
(Rechnersystem, elST)
power failure / Netzausfall *m*, Spannungsausfall *m*,
Energieausfall *m*, Versorgungsausfall *m* || ~ **failure
protection** / Netzausfallschutz *m* || ~ **flow** /
Leistungsfluss *m*, Lastfluss *m*, Signalfluss *m* || ~
flow EN 61131-3 / Stromfluss *m* (symbolischer
Fluss des el. Stroms in einem Kontaktplan) || ~ **flow
readout** / Signalflussanzeige *f* || ~ **fluctuation** /
Leistungsschwankung *f* || ~ **fluid (air)** /
Druckmittel *n* || ~ **flux density** /
Leistungsflussdichte *f*
power-for-size ratio / Ausnutzungsverhältnis *n*
(el.Masch.)
power frequency / Netzfrequenz *f*, Betriebsfrequenz
f
power-frequency current / betriebsfrequenter (o.
netzfrequenter) Strom || ~ **current injection** /
Einspeisen eines betriebsfrequenten Stroms || ~
dielectric test / Wechselspannungs-
Isolationsprüfung *f* || ~ **electric strength** /
Wechselspannungsfestigkeit *f* || ~ **flashover
voltage** / Überschlag-Wechselspannung *f* || ~
impulse voltage / Prüfwechselspannung *f* || ~
operating voltage / Betriebs-Wechselspannung *f* ||
~ **puncture voltage test** / Durchschlagprüfung mit
Wechselspannung *f* VDE 0674,1,
Wechselspannungs-Durchschlagprüfung *f* || ~
recovery voltage / betriebsfrequente (o.
netzfrequente) wiederkehrende Spannung,
Stehwechselspannung *f*, betriebsfrequente
Spannungsfestigkeit *f* || ~ **short-circuit current** /
betriebsfrequenter Kurzschlussstrom || ~ **sparkover
voltage** / Ansprech-Wechselspannung *f* (Abl.) || ~
test IEC 185 / Spannungsprüfung mit
Netzfrequenz, Wechselspannungsprüfung *f*,
Prüfung mit Wechselspannung || ~ **test voltage** /
Prüfwechselspannung *f* || ~ **voltage** /
Wechselspannung *f*, betriebsfrequente (o.
netzfrequente) Spannung || ~ **voltage dry test** /
Wechselspannungsprüfung *f*, trocken *adj* || ~
voltage sparkover test / Prüfung der Ansprech-
Wechselspannung || ~ **voltage strength** /
Wechselspannungsfestigkeit *f* || ~ **voltage test** /
Spannungsprüfung mit Netzfrequenz, Prüfung mit
Wechselspannung, Wechselspannungsprüfung *f* || ~
voltage wet test / Wechselspannungsprüfung unter
Regen, Wechselspannungsprüfung, nass || ~
voltage withstand test IEC 729 /
Stehspannungsprüfung mit Wechselspannung VDE

0670,T.2 || ~ **withstand voltage** / betriebsfrequente Stehspannung, betriebsfrequente Spannungsfestigkeit, Steh-Wechselspannung f, Stehspannung bei Netzfrequenz, Halte-Wechselspannung f || ~ **withstand voltage test** / Steh-Wechselspannungsprüfung f
powerful *adj* / leistungsstark *adj*, leistungsfähig *adj*, stark *adj*, kräftig *adj*
power function / Gütefunktion f (Statistik, QS) DIN 55350,T.24, Machtfunktion f || ~ **gain** / Leistungsverstärkung f, Leistungsgewinn m, Wirkleistungsverstärkung f || ~ **gate** / Leistungsgatter n || ~ **generating plant** / Stromerzeugungsanlage f, Kraftwerk n || ~ **generation** / Energieerzeugung f, Krafterzeugung f, Stromerzeugung f || ~ **handling section** / Leistungsteil (LT) n
powerhouse n / Krafthaus n
power IC (PIC) / Leistungs-IS f
power-impressed cathodic protection / Fremdstrom-Kathodenschutz m
power input / Leistungsaufnahme f, aufgenommene Leistung, Eingangsleistung f, Leistungseingang m || ~ **installation** / Starkstromanlage f, Kraftstromanlage f || ~ **interrupter** / Leistungstrenner m, Leistungsschalter m || ~ **inversion** / Leistungswechselrichten n, elektronisches Leistungswechselrichten (Elektronisches Umrichten von Gleichstrom in Wechselstrom) || ~ **inverter** / Wechselrichter m
power-law index profile IEC 50(731) / Potenzprofil n (LWL), Exponentenprofil n (f. eine Gruppe von Brechzahlprofilen), Alpha-Profil (LWL) n
power level / Feldstärke f (in dB), Signalstärke f || ~ **limit** / Leistungsgrenzwert m || ~ **limiter** / Leistungsbegrenzer m || ~ **line** / Starkstromleitung f, Kraftleitung f, (elektrisches) Netz n || ~ **line (PL)** / PL
power-line carrier channel / Trägerfrequenzkanal auf Hochspannungsleitungen (TFH-Kanal) || ~ **carrier pilot protection system** / Schutzsystem mit TFH || ~ **carrier protection** / Schutzsystem mit TFH IEC 50(448) || ~ **carrier system** / TFH-Gerät n || ~ **carrier transmission (PLC transmission)** / Trägerfrequenzübertragung auf Hochspannungsleitungen (TFH-Übertragung) || ~ **frequency** / Netzfrequenz f
power link / Netzanbindung f || ~ **load** / Kraftstromverbraucher m, Kraftverbraucher m || ~ **loss** / Leistungsverlust m, Energieverlust m, Verlustleistung f, Kraftverlust m, Stromausfall m || ~ **losses** (of a machine) / Verluste $f pl$ IEC 50(411), Verlustleistung f, Leistungsverluste $m pl$, Leistungsverlust m || ~ **loss factor** EN 60146-1-1 / Verlustfaktor m (SR) || ~ **lowering circuit** / Senkkraftschaltung f || ~ **mains** / Starkstromnetz n, Stromversorgungsnetz n || ~ **management** / Energiemanagement n || ~ **Management Module (PMM)** / PMM || ~ **margin** / Leistungsreserve f, Energiereserve f || ~ **measuring relay** / Leistungsmessrelais n || ~ **module** / Leistungsbaugruppe f, Leistungsteil (LT) n || ~ **modules with multiple axes** / Mehrachsleistungsteile $n pl$ || ~ **monitor** / Speisespannungsüberwachung f (elST, Bussystem) || ~ **NC contact** / Leistungsöffner m || ~ **needs** / Energiebedarf m || ~ **noise** / Leistungsrauschen n ||

~ **of a test** / Schärfe (o. Macht) einer Prüfung f || ~ **ON and reference point approach** / Einschalten und Referenzpunktfahren
power-on disable / Einschaltsperre f, Mindestdrucksperre f || ~ **lamp** / Netzlampe f (f. eingeschaltetes Netz)
Power On module / Netz-Ein-Modul n || ~ **On Reset (PORESET)** / Netzlöschen n, PORESET
power-on reset / Nullsetzen beim Einschalten der Stromversorgung
Power On switch / Netz-Ein, Netz-Ein-Schalter m, Spannungshochlauf m
power-operated *adj* / kraftbetätigt *adj*, mit Kraftantrieb, kraftangetrieben *adj* || ~ **mechanism** / Kraftantrieb m (SG)
power operation / Kraftbetätigung f, Betätigung mit Kraftantrieb, Leistungsbetrieb m (Gen.) || ~ **outage** / Netzausfall m, Spannungsausfall m || ~ **output** / abgegebene Leistung, Ausgangsleistung f, Leistungsausgang m, Leistungsabgabe f || ~ **output module** / Leistungsausgabe f || ~ **output terminal** (EE) / Leistungsausgang m (BLE) VDE 0160 || ~ **pack** / Netzgerät n, Netzteil n, Netzanschlussgerät n, Stromversorgungsbaugruppe f, Stromversorgung (SV) f, Lastnetzgerät n, Netzgerätkomponente f, Schlossmutter f, Stromversorgungsgerät o. -einheit n || ~ **pack unit with data decoupling circuit** / Netzteil mit Datenentkopplung || ~ **peak** / Leistungsspitze f || ~ **per pole** / Polleistung f || ~ **plant** / Kraftwerk n, Kraftwerksanlage f
power-plant control system / Kraftwerksleittechnik f || ~ **management** / Kraftwerksführung f
power produced / erzeugte Leistung (KW), Betriebsleistung f, verfügte Leistung || ~ **protection** / Leistungsschutz m || ~ **pulse current** / Impulsstrom m || ~ **rail** / Stromschiene f (Kontaktplan), Leistungsschiene f || ~ **range** / Leistungsstufe f, Leistungsbereich m
power-rated average value / leistungsmäßiger Mittelwert
power rating / Leistungsbemessungsdaten plt, Belastbarkeit f, Nennleistung f || ~ **rating** IEC 966-1 / übertragbare Leistung (Kabel) EN 60966-1 || ~ **rating display** / Leistungsanzeige f || ~ **rating number** / Netzleistungszahl f || ~ **ratio** / Leistungsverhältnis n (SR) || ~ **recovery** / Energierückgewinnung f, Leistungsrückspeisung f, Spannungswiederkehr f, Netzwiederkehr f || ~ **rectification** / Leistungsgleichrichten n, elektronisches Leistungsgleichrichten (Elektronisches Umrichten von Wechselstrom in Gleichstrom), elektronisches Leistungsschalten (Schalten eines elektrischen Leistungs-Stromkreises mit Hilfe elektronischer Ventilbauelemente), Leistungsschalten n || ~ **rectifier** / Leistungsgleichrichter m, Netzgleichrichter m || ~ **reduction** / Leistungsabsenkung f || ~ **regime** / Leistungsbetrieb m (Gen.)
power-regulation coefficient / Leistungsregelungskoeffizient m (einer Last)
power-related conditions for the connection / leistungsseitige Anschlussbedingungen
power relay / Leistungsrelais n, Hauptstromrelais n || ~ **requirement** / Leistungsbedarf m || ~ **reserve** / Leistungsreserve f, Energiereserve f, Gangreserve f (Uhr) || ~ **reserve held available** / zur Verfügung

gehaltene Leistungsreserve || ~ **restoration** / Netzwiederkehr *f*, Spannungswiederkehr *f* || ~ **reversal** / Leistungsumkehr *f* || ~ **screwdriver** / Elektroschrauber *m* || ~ **section** / Leistungsteil *m* (SR, BLE), Stromversorgungsbaugruppe *f*, Stromversorgung (SV) *f*, Netzteil *n* (Netzanschlussgerät) || ~ **section (PS)** / Leistungsteil (LT) *n* || ~ **section definition** / Leistungsteildefinition *f* || ~ **selsyn** / elektrische Arbeitswelle || ~ **semiconductor** (device) / Leistungshalbleiter *m* || ~ **service** / (elektrischer) Hausanschluss *m* || ~ **service protector** / Sicherungs-Leistungstrenner *m* || ~ **setting** / Leistungseinstellung *f* || ~ **shortfall** / Leistungsmangel *m* || ~ **silicon FET (PSIFET)** / Silizium-Leistungs-FET *n*
power/size ratio / Ausnutzungsverhältnis *n* (el. Masch.)
power socket connector / Leistungsstecker *m* || ~ **socket outlet and plug** / Kraftsteckvorrichtung *f* || ~ **source** / Energiequelle *f*, Stromquelle *f*
power/space ratio / Ausnutzungsgrad *m* (el. Masch.)
power spectral density (PSD) / spektrale Leistungsdichte, Leistungsdichtespektrum *n* || ~ **spectrum** / Leistungsspektrum *n*
power/speed curve / Leistungs-/Drehzahldiagramm *n*
power-speed diagram / Leistungs-Drehzahl-Diagramm *n* || ~ **product** / Leistung-Geschwindigkeitprodukt *n* (IS), Leistung-Verzögerungprodukt *n*
power stability (amplifier tube) / Einlaufverhalten (o. Stabilität) der Ausgangsleistung *n* || ~ **stabilisation** / Leistungskonstanthaltung *f*, Pendeldämpfung *f* || ~ **stack (PS)** / Leistungsteil (LT) *n*, Soll-Leistungsteil Codenummer || ~**stack fault** / Powerstack-Störung *f* || ~ **stack features** / Leistungsteil-Merkmale *n pl* || ~**stack information** / Powerstack-Information *f* || ~ **station** / Kraftwerk *n* || ~ **station engineering** / Dampfkrafttechnik *f* || ~ **station internal consumption** / Kraftwerks-Eigenverbrauch *m* || ~ **station internal load** / (Kraftwerk-)Eigenbedarfsleistung *f* || ~**station unit** / Kraftwerksblock *m* || ~ **strip** / Energieleiste *f* || ~ **stroke** / Arbeitstakt *m* (Kfz-Mot.) || ~ **supply** / Energieversorgung *f*, Stromversorgung *f*, Stromzufuhr *f*, Spannungsquelle *f*, Einspeisung *f* (Vgl.: Rückspeisung), Versorgung *f*, Netzstromrichter *m*, Netzgerätkomponente *f*, Lastnetzgerät *n*, Netzgerät (NG) *n* || ~ **supply (PS)** / Stromversorgungsbaugruppe *f*, Netzteil *n* (Netzanschlussgerät) || ~ **supply chassis** / Stromversorgungseinschub *m* (Chassis) || ~ **supply company** / Elektrizitätsversorgungsunternehmen *n* (EVU), Energieversorgungsunternehmen (EVU) *n* || ~ **supply conditions** / Netzverhältnisse *n pl* || ~ **supply connector** / Stromeinspeisemodul *n*, Stromeinspeisungsbaugruppe *f* || ~ **supply connectors** / Stromversorgungsklemmen *f pl* || ~ **supply cord** IEC 335-1 / Netzanschlussleitung *f* VDE 0700,T.1, feste Anschlussleitung, Anschlussschnur *f* || ~ **supply depression** / Absenkung der Energieversorgung || ~ **supply failure** / Ausfall der Hilfsenergie, Stromversorgungsfehler *m* || ~ **supply for MSD-FDS** / Versorgung von HSA-VSA || ~ **supply frequency** / Frequenz der Versorgungsspannung || ~

supply installation / Stromversorgungsanlage *f*, Energieversorgungsanlage *f* || ~ **supply module** / Netzteil *n* (Netzanschlussgerät), Stromversorgungsbaugruppe *f* (SV), Stromversorgung (SV) *f*
power supply pcb/unit/module / Stromversorgungsbaustein *m* || ~ **supply range** / Versorgungsspannungsbereich *m* || ~ **supply ripple** / Wechselspannungsanteil der Stromversorgung || ~ **supply system** / Stromversorgungsnetz *n* || ~ **supply terminal** / Netzklemme *f* || ~ **supply unit (PSU)** / Stromversorgung (SV) *f*, Stromversorgungsbaugruppe *f*, Stromversorgungsgerät *n*, Stromversorgungseinheit *f*, Stromversorgungsteil *m*, Netzgerät *n*, Netzteil *m*, Netzgerätkomponente *f*, Lastnetzgerät *n* || ~ **supply unit with data decoupling** / Netzteil mit Datenentkopplung || ~ **supply utility** / Elektrizitätsversorgungsunternehmen (EVU) *n*, Energieversorgungsunternehmen (EVU) *n* || ~ **supply voltage** / Versorgungsspannung *f*, Speisespannung *f*, Netzanschlussspannung *f* || ~ **swing** / Leistungspendeln *n*, Netzpendeln *n*, Pendelung *f* (Netz) || ~ **swing blocking** / Pendelsperre *f* || ~ **switch** / Hauptschalter *m* (elST), Netzschalter *m*, EIN/AUS-Schalter *m*, Lastschaltelement *n* || ~ **switchgear** / Leistungs-Schaltgeräte *n pl*, Starkstrom-Schaltgeräte *n pl*, Starkstrom-Schaltanlage *f* || ~ **switchgear assembly** / Schaltgeräte-Kombination *f* (f. Energieverteilung) || ~ **switchgroup** / Leistungsschalterkombination *f* (Bahn, zur Herstellung von Verbindungen des Hauptstromkreises), Hauptstrom-Steuerschalter *m* || ~ **switching** / Leistungsschalten *n*, Leistungsgleichrichten *n*, elektronisches Leistungsschalten (Schalten eines elektrischen Leistungs-Stromkreises mit Hilfe elektronischer Ventilbauelemente), elektronisches Leistungsgleichrichten (Elektronisches Umrichten von Wechselstrom in Gleichstrom) || ~ **system** / Stromversorgungsnetz *n*, Energieversorgungsnetz *n*, (elektrisches) Netz *n*, Starkstromnetz *n*, Starkstromanlage *f* || ~ **system abnormality** / Netzanomalie *f* IEC 50(448) || ~ **system control** / Netzleittechnik *f* || ~ **system control centre** / Netzleitstelle *f* || ~ **system control system** / Netzleitsystem *n*, Leitsystem *n* || ~ **system earthable point** / Netzerdungspunkt *m* || ~ **system fault** / Netzfehlzustand *m* IEC 50(448) || ~ **system management** / Netzführung *f*, Netzleittechnik *f*, Netzbetriebsführung *f* || ~ **system planning** / Netzplanung *f* ≙ **System Planning Division** / Geschäftszweig Netzplanung || ~ **systems control protection** / Netzschutz *m* || ~ **systems control** / Netzleittechnik *f* || ~ **system simulation (PSS)** / Netzsimulation *f*
power system stability / Netzstabilität *f* || ~ **system stabilizer (PSS)** / Netzstabilisiergerät *n*, Schlupfstabilisator *m* (zur Dämpfung von Wirkleistungspendelungen im Netz), Pendeldämpfer *m* || ~ **system winding** / Netzwicklung *f* (Trafo), netzseitige Wicklung || ~ **terminal connection** / Lastklemmenanschluss *m* || ~ **terminal screw** / Leistungsklemmenschraube *f* || ~ **terminals** / Leistungsanschlüsse *m pl* (LE), Leistungsklemmen *f pl*

power-to-weight ratio s. power-weight ratio
power train / Antriebsstrang *m* (Kfz), Triebstrang *m* || ~ **train system** / Triebstrangsystem *n*, Vortriebssystem *n* (Kfz) || ~ **transducer** / Leistungs(mess)umformer *m* || ~ **transductor** / Leistungstransduktor *m* || ~ **transformer** / Leistungstransformator *m* (LT) || ~ **transistor** / Leistungstransistor *m*, Endstufentransistor *m*, Endtransistor *m* || ~ **transmission** / Energieübertragung *f*, Kraftübertragung *f*, Energietransport *m*, Energiefortleitung *f* || ~ **transmission line** / Energieübertragungsleitung *f* || ~ **unit** / Kraftwerksblock *m* || ~ **up** / Spannungshochlauf *m* (elST), Netzzuschaltung *f*, Netz-Ein, Netz-Ein-Schalter *m*, einschalten *v*, hochfahren *v*
power-up/power-down sequence / Netzeinschalt-Netzausschaltvorgang *m*
power-up display / Hochlaufbild *n* || ~ **functionality** / Einschaltfunktionalität *f* || ~ **sequence** / Netzeinschaltablauf *m* (MPSB) || ~ **test** / Einschaltprüfung *f* (Prüf. von Systemfunktionen beim Einschalten der Stromversorgung) || ~ **time** / Hochlaufzeit *f*
power vector / Leistungsvektor *m*
power/weight ratio / Leistung-Gewicht-Verhältnis *n*, Leistungsgewicht *n*, Leistungsdichte *f*, Ausnutzungsverhältnis *n*
power winding / Leistungswicklung *f*, Arbeitswicklung *f* || ~ **windows** / Fensterheber (FH) *m*
power-wrench hanger / Schrauberaufhängung *f*
Poynting vector / Poyntingscher Vektor, Energiestromdichte *f*
pp s. parallel poll
PP s. polypropylene || ≙ **(Passivate Program)** / PP
PPAS s. parallel poll active state
PPC / PPC (Pick and Place Control) || ≙ **(production planning and control)** / PPS (Produktionsplanung und -steuerung), PPS (Produktionsplanungssystem)
PPD s. parallel poll disable
ppi / TPA
PPI s. programmable peripheral interface || ≙ **(partial process image)** / Teilprozessabbild *n* || ≙ **(point-to-point interface)** / Punkt-zu-Punkt-Schnittstelle *f*, PPI
PPIO s. programmable parallel I/O device
PPIS s. parallel poll idle state
PPM s. pulse phase modulation || ≙ **(pulse-position modulation)** / PLM (Impulslagenmodulation) || ≙ **(parts per million)** / PPM
PPP (parts program processing) / Teileprogrammbearbeitung *f*, PPP
PPSS s. parallel poll standby state
PPU s. parallel poll unconfigure
PPU-MF (protected power unit multifunctional) / PPU-MF
PQ bus / PQ-Knoten *m* (Netz)
practical electrical units / praktische elektrische Einheiten
practically sinusoidal / praktisch sinusförmig
practical reference pulse waveform / praktischer Referenzimpuls DIN IEC 469,T.2 || ~ **protective measures for operating personnel and machinery** / praxisgerechter Personenschutz und Maschinenschutz || ~ **system of units** / praktisches Einheitensystem

practice *n* / Praxis *f*, Arbeitsweise *f*, Verfahrensweise *f*, Technik *f* || ~ **testing mode** / Übungs- bzw. Prüfungsbetrieb
PRAL (process alarm) / PRAL (Prozessalarm)
PRC (Primary Responsible Company) / PRC
PRCD s. portable residual overcurrent device || ≙ **(portable residual current protective device)** / ortsveränderliche Fehlerstrom-Schutzeinrichtung, ortsveränderliche FI-Schutzeinrichtung, ortsveränderliche DI-Schutzeinrichtung, ortsveränderliche Differenzstrom-Schutzeinrichtung
PRCD-S (portable residual current protective device-safety) / ortsveränderliche DI-Schutzeinrichtung mit erweitertem Schutzumfang und Sicherstellung der bestimmungsgemäßen Nutzbarkeit des Schutzleiters, ortsveränderliche FI-Schutzeinrichtung mit erweitertem Schutzumfang und Sicherstellung der bestimmungsgemäßen Nutzbarkeit des Schutzleiters, OVS mit erweitertem Schutzumfang und Sicherstellung der bestimmungsgemäßen Nutzbarkeit des Schutzleiters
PRE (preparation) / PRE (preparation)
pre-acceptance inspection / Vorprüfung *f* || ~ **inspection report** / Vorprüfungsprotokoll *n*
pre-alarm *n* / Voralarm *m*
preamble *n* / Präambel *f*, Vorspann *m*
pre-amplifier *n* / Vorverstärker *m*
pre-arcing *n* / Vorlichtbogenbildung *f*, Vorzünden *n*, Vorüberschlag *m*, Ansprech..., Vorzündung *f* || ~ **I²t** / Schmelz-I²t-Wert *m* (Sich.) || ~ **time** / Vorlichtbogendauer *f*, Ansprechzeit *f* (Sich.), Schmelzzeit *f* (Sich.), Lichtbogen-Entwicklungszeit *f*, Vorzündzeit *f* || ~ **time/current characteristic** / Schmelzcharakteristik *f* (Sich.)
pre-assemble *v* / vormontieren *v*
pre-assembled *adj* / konfektioniert *adj*, fertig konfektioniert, vorgefertigt *adj* || ~ **cable set** / vorgefertigter Kabelsatz, konfektionierter Kabelsatz || ~ **component** / vorgefertigtes Bauteil || ~ **support plate** / vorgefertigtes Tragblech || ~ **unit** / montagefertige (o. anschlussfertige) Baugruppe
pre-assembly *n* / Vormontage *f*
pre-assign *v* / vorbelegen *v* (zuweisen)
pre-assigned *adj* / vorbelegt *adj*
pre-assigning *n* / Vorbesetzung *f*, Vorbelegung *f*
pre-assignment *n* / Vorbesetzung *f*, Vorbelegung *f*
pre-bending line / Biegelinie *f*
prebore *v* / vorbohren *v*
preboring *n* / Anbohren *n* || ~ **depth** / Anbohrtiefe *f* || ~ **speed** / Anbohrvorschub *m*
pre-breakdown *n* / Vordurchschlag *m*
precaution *n* / Vorkehrung *f*, Vorsichtsmaßnahme *f* || ~ **for handling** / Handhabungsvorschrift *f*
preceding load feature / Vorlasterfassung *f* || ~ **logic operation** / Vorverknüpfung *f* || ~ **number** / Vorziffer *f*
precession camera / Präzessionskammer *f*, Retigraph *m*
precharge *v* / vorladen *v* || ~ **phase** / Vorladephase *f*
precharging *n* / Vorladung *f*, Vorladen *n* || ~ **contactor** / Vorladeschütz *m* || ~ **DC link** / Gleichstromzwischenkreis-Vorladen *n* || ~ **resistor** / Vorladewiderstand *m*, Vorladungswiderstand *m*
pre-charge *v* / vorladen *v*
prechecking / Vorprüfung *f*

precinct, pedestrian ~ / Fußgängerzone *f*
precipitate *n* / Niederschlag *m*, Kondensat *n*, Bodensatz *m*
precipitation, electrostatic ~ / elektrostatische Abscheidung (o. Staubablagerung), Ablagerung elektrisch aufgeladener Teilchen || ~ **rate** / Regenmenge *f*
precision *n* / Genauigkeit *f*, Präzision *f* || ~ **accuracy** / Wiederholgenauigkeit *f*, Wiederholungsgenauigkeit *f* || ~ **adjustment** / Feineinstellung *f*, Feinverstellung *f*, Feinabgleich *m*, feinstufige Einstellung || ~ **approach** / Präzisionsanflug *m* || ~ **approach lighting** / Präzisionsanflugbefeuerung *f* || ~ **approach path indicator system (PAPI system)** / Präzisionsanflugwinkelsystem *n* (PAPI-System) || ~ **approach radar (APR)** / Präzisionsanflugradar *m* (APR) || ~ **approach runway** / Präzisionsanflugpiste *f*
precision-balance *v* / feinauswuchten *v*
precision-balanced motor / schwingungsarmer Motor
precision balancing / Feinauswuchtung *f* || ~ **bobbin head** / Präzisions-Spulkopf *m*
precision-controlled slow-speed step / Feinschleichgang *m*
precision cut / feingeschnitten *adj*
precision fitter / Feinmechaniker *m*
precision-grade meter / Präzisionszähler *m*
precision-machine *v* / feinstbearbeiten *v*
precision measuring and testing equipment / Feinmess- und Prüfmittel *n* || ~ **mechanics** / Feinwerktechnik *f* || ~ **meter** / Präzisionszähler *m*
precision/repeat accuracy / Wiederholungsgenauigkeit *f*, Wiederholgenauigkeit *f*
precision-sensitive detector (PSD) / ortsempfindlicher Detektor
precision-type digital time switch / digitale Präzisionsschaltuhr
pre-column *n* / Vorsäule *f* (Chromatograph)
precommissioning checks / Überprüfungen vor der Inbetriebnahme, endgültige Überprüfung (einer Anlage)
precompiler *n* / Vorkompilierer *m*, Precompiler *m*
precompressed pressboard / heißgepresster Tafelpressspan
precompression *n* / Vorverdichtung *f*
preconditional check / Prüfung der Einschaltbedingungen (Mot.)
preconditioning *n* / Vorbehandlung *f* (Prüfling) DIN IEC 68 || ~ **time** (measuring instrument) / Messvorbereitungszeit *f*, Anpassungszeit *f*, Anwärmzeit *f*
preconfigured *adj* / vorprojektiert *adj*
precontrol *n* / Vorsteuerung *f*, Vorregelung *f*
precontrolled *adj* / vorgesteuert *adj*
pre-cut part / Zuschnitt *m* || ~ **sealing ring** / ausschneidbarer Dichtring
predecessor step / Vorgängerschritt *m*
predecoding *n* / Vordecodierung *f*
predefined *adj* / fest vorgegeben || ~ **field** / vorgedrucktes Feld
pre-delivery inspection / Ablieferungsprüfung *f* (Annahmeprüfung vor Ablieferung des Produkts.)
predetermined control / Kennlinienregelung *f*
predicted *adj* / vorhergesagt *adj* || ~ **failure rate** / vorausberechnete Ausfallrate || ~ **mean active**

maintenance time / voraussichtliche mittlere Instandhaltungsdauer || ~ **mean life** / vorausberechnete mittlere Lebensdauer || ~ **Q-percentile life** / vorausberechnetes Lebensdauer-Perzentil Q, voraussichtliches Ausfallperzentil
prediction *n* / Vorhersage *f*
predictive velocity control / vorausschauende Geschwindigkeitsführung
predischarge *n* / Vorentladung *f* || ~ **current** / Vorentladungsstrom *m* || ~ **pulse** / Vorentladungsimpuls *m*
predrill *v* / vorbohren *v*
pre-drilled *adj* / vorgebohrt *adj*
pre-drilling point / Vorbohrpunkt *m*
pre-drill point / Vorbohrpunkt *m*
pre-dry *v* / vortrocknen *v*
pre-emphasis *n* / Vorverzerrung *f*
preemption *n* / Vorrangunterbrechung *f* (DV)
preemptive scheduling / vorberechtigter Aufruf (SPS)
pre-evaluation *n* / Vorauswertung *f*
pre-event history / Ereignis-Vorgeschichte *f*
pre-excitation *n* / Vorerregung *f* (el. Masch., aus einer Batterie)
prefabricated *adj* / konfektioniert *adj* || ~ **V-rings** / Manschette *f* || ~ **wiring** / (vor)konfektionierte Leitungen
preference *n* / Grundeinstellung *f*
preferred *adj* / Vorzugs... || ~ **preferred acceptable quality levels** / Vorzugs-AQL-Werte *m pl*, bevorzugte Annahmegrenzen || ~ **direction of magnetization** / magnetische Vorzugsrichtung || ~ **fit** / Vorzugspassung *f* || ~ **nominal dimensions** / Vorzugs-Nennmaße *n pl* || ~ **number** / Normzahl (NZ) *f* DIN 323,T.1 || ~ **orientation** / bevorzugte Orientierung, Vorzugsrichtung *f* || ~ **range** / Vorzugsreihe *f* || ~ **rating** / Vorzugs-Bemessungswert *m*, Vorzugsleistung *f* || ~ **state** / Vorzugslage *f*, Grundstellung *f* (Kippglied) || ~ **type** / Vorzugstyp *m* || ~ **value** / Vorzugswert *m* || ~ **version** / Vorzugsvariante *f*
prefetching *n* / vorgezogenes Befehlsholen, Vorabruf *m* (vom Speicher), Vorgriff *m*
prefix *n* / Präfix *n*, Vorsatz *m*
prefix-printing motor / Markiermotor *m* (EZ)
pre-flight altimeter checkpoint / Höhenmesser-Kontrollpunkt *m*
prefocus base / Prefokus-Sockel *m*, Einstellsockel *m* (Lampe) || ~ **cap** / Prefokus-Sockel *m*, Einstellsockel *m* (Lampe) || ~ **lamp** / Prefokus-Lampe *f*, Einstellampe *f*
preform *n* / Vorform *f* (LWL-Herstellung)
preformated display / vorgestaltete Darstellung (BSG)
preformed coil / Formspule *f*, Schablonenspule *f*, Vollspule *f* || ~ **winding** / Formspulenwicklung *f*, Schablonenwicklung *f*
pregrinding *n* / Vorschleifen *n*
preheader *n* / Vorkopf *m*
preheat *v* / vorwärmen *v*, vorheizen *v* || ~ **ballast** / Vorschaltgerät für Leuchtstofflampen mit Starterbetrieb
preheated cathode / vorgeheizte Kathode
preheating circuit / Vorheizstromkreis *m* (a. Lampe), Vorglühkreis *m* (Diesel) || ~ **control** / Glühzeitregelung *f* (Kfz) || ~ **current** / Vorheizstrom *m* (a. Lampe) || ~ **time** / Vorheizzeit *f*,

Vorwärmezeit *f*
preheat lamp / Glühstartlampe *f*, Warmstartlampe *f*
pre-ignition *n* / Frühzündung *f* (Leuchtstofflampe)
pre-impregnate *v* / vorimprägnieren *v*, vortränken *v*
pre-impregnated insulation / vorimprägnierte Isolierung
pre-inspection *n* / Vorprüfung *f*
preinstalled software on programming device / PG-Abfüllung *f*
pre-insulate *v* / vorisolieren *v*
pre-insulated terminal end / vorisolierter Kabelschuh
preliminary adjustment / Vorabgleich *m* || ~ **check** / Vorkontrolle *f* || ~ **contact** / Vorkontakt *m* || ~ **design** / Vorentwurf *m* || ~ **information** / Vorabinformation *f* || ~ **limit check** / Grenzwert-Vorkontrolle *f* || ~ **problem clarification** / Problemvorklärung *f* || ~ **remarks** / Vorbemerkung *f* || ~ **review** / Vorprüfung *f*, Grobkonzeptprüfung *f* || ~ **test** / Vorprüfung *f*
prelimit switch / Vorendschalter *m*
preload *v* / vorbelasten *v*, vorspannen *v*, Lager anstellen, vorbeanspruchen *v*
preloaded bearing / angestelltes Lager, Federkugellager *n*, federverspanntes Lager || ~ **spring** / vorgespannte Feder
preloading *n* / Vorbelastung *f*, Vorspannung *f*, Lageranstellung *f*, Vorbeanspruchung *f* || ~ **spring** / Anstellfeder *f*, Druckfeder *f*
prelubricated bearing / Lager mit Dauerschmierung
prelubrication *n* / Dauerschmierung *f*
premachine *v* / vorbearbeiten *v* (WZM)
premachined part / vorbearbeiteter Teil, Ausgangsteil *m*
premachining *n* / Vorbearbeiten *n* || **premachining drawing** / Vorbearbeitungs-Zeichnung *f*
premagnetization *n* / Vormagnetisierung *f*
premanufactured *adj* / vorgefertigt *adj* || ~ *adj* / Konfektionsware *f*
premature tripping / Frühauslösung *f*
pre-measurement time / Vormesszeit *f*
premise *n* / Voraussetzung *f*, Vordersatz *m*, Bedingung *f*
premises, operating ~ / Betriebsstätte *f* VDE 0101, Betriebsbereich *m* DIN IEC 71.4, VDE 0168,T.1
premix *n* / Premix *n* (Isolierung)
premolded *adj* / vorgeformt *adj*
pre-moulded knockout / ausbrechbare Öffnung, Vorpressung *f*
preoccupied *adj* / voreingestellt *adj*, vorgegeben *adj*, vorbesetzt *adj*
pre-operation drawing / Vorbearbeitungs-Zeichnung *f*
prepack *n* / Fertigpackung *f*
preparation *n* / Vorbereitung des Motors, Präparation *f*, Aufbereitung *f* || ~ **of conductors** / Herrichten der Leiter || ~ **of drawings** / Zeichnungserstellung *f* || ~ **record** / Vorbereitungssatz *m* (NC, CLDATA) || ~ **time** / Vorbereitungszeit *f*
preparative chromatograph / Präparationschromatograph *m* || ~ **chromatography** / präparative Chromatographie
preparatory function (NC) ISO 1056 / Wegbedingung *f* (NC) DIN 66025,T.2, G-Funktion *f*, Vorbereitungsfunktion *f* || ~ **instruction** / vorbereitende Anweisung || ~ **time** / Vorbereitungszeit *f*, Rüstzeit *f*

prepare change / Wechselvorbereitung *f*
prepared conductor / vorbereiteter Leiter || ~ **for connectors** / Konfektionsware *f* || ~ **override velocity characteristics with Look Ahead** / Korrekturschalter-Eckwerte bei Lookahead
prepare for loading / Einwechseln vorbereiten
prepayment meter / Münzzähler *m*
prepicking *n* / Vorkommissionierung *f*
pre-picking scales / Vorkommissionierungswaagen *f pl*
pre-position *n* / Vorposition *f*
preposition *v* / vorpositionieren *v*
prepreg *n* / Prepreg *n* (gS), vorimprägniertes Glasfasermaterial || **polyester-resin impregnated** ~ / Polyesterharzmatte *f*
pre-process *v* / aufbereiten *v*
preprocessing, data ~ / Daten-Vorverarbeitung *f* || ~ **memory** / Vorlaufpuffer *m*, Vorlaufspeicher *m* || ~ **of signals** / Signalvorverarbeitung *f* || ~ **station** / Vorlaufstation *f* || ~ **stop** / Vorlaufstop *m*
preproduction *n* / Vorfertigung *f* || ~ **bath** / Vorserie *f*
pre-production department / Vorfertigung *f*
preprogrammed *adj* / vorprogrammiert *adj*
pre-project *n* / Vorprojekt *n*
prepulsed leakage power / Leckspannung bei einem Zündelektrodenvorimpuls
pre-punch *v* / vorlochen *v*
pre-punching *n* / Vorlochung *f*
pre-reading *n* / Vorabeinlesen *n*
prescaler *n* / Vorteiler *m* (Frequenzteiler)
prescribed path / Messpfad *m* (Akust.)
preselect *v* / vorwählen *v*, anwählen *v* || ~ **command** / Vorbefehl *m* (DÜ, FWT)
preselectable functions / vorwählbare Funktionen
preselecting slide / Vorwahlschieber *m*
preselection *n* / Vorwahl *f* || ~ **store** / Vorwahlspeicher *m*
presence simulation / Anwesenheitssimulation *f*
pre-sensing *n* / Vorabfühlung *f*
present *adj* / vorliegend *adj*, anstehend *adj*
presentation *n* / Vorstellung *f*, Vortrag *m* || ~ **context** / Darstellungskontext *m* || ~ **image** / Begriffsvorrat *m* DIN ISO 7498 || ~ **image syntax** / Begriffsvorratsatz *m* DIN ISO 7498 || ~ **layer** / Darstellungsschicht *f* DIN ISO 7498 || ~ **of information** / Informationsdarbietung *f* || ~ **protocol** / Darstellungsprotokoll *n* DIN ISO 7498 || ~ **service** / Darstellungsdienst *m* DIN ISO 7498
presenter, seatbelt ~ / Gurtbringer *m* (Kfz), Gurtgeber *m*
present value of cost of losses / Barwert der Verlustkosten, Gegenwartswert der Verlustkosten || ~ **worth of cost of losses** / Barwert der Verlustkosten, Gegenwartswert der Verlustkosten
preservation, packaging and shipping ~ / Verpackungs- und Versandschutz *m* || ~ **of insulation** / Erhaltung der Isolierung
preset *v* / voreinstellen *v*, vorwählen *v*, vorbelegen *v*, vorbesetzen *v*, voreingestellt *adj* || ~ **abort** / Vorbesetzungsabbruch *m* || ~ **actual value memory** / Istwert setzen, PRESET, Istwertspeicher setzen || ~ **configuration** / Sollausbau *m* || ~ **control IEC 65** / Einstellorgan *n* VDE 0860 || ~ **increments** / Schrittweiten vorgeben || ~ **offset** / Preset-Verschiebung *f* || ~ **setpoint** / vorgegebener Sollwert
PRESET / Istwertspeicher setzen, Istwert setzen,

PRESET
presetter *n* / Voreinsteller *m*, Vorwähler *m*
presetting *n* / Voreinstellung *f*, voreingestellter Wert, Vorbesetzung *f*, Vorbelegung *f* || ~ **block** / Vorbesetzungsbaustein *m* (SPS)
preshoot *n* / Vorschwingen *n* (Impulse)
press activity / Pressmaßnahme *f* || **wood material** ~ / Holzwerkstoffpresse *f*
press-and-twist barrel lock / Druck-Dreh-Schlosszylinder *m*
press automation system / Pressenautomatisierungssystem *n*
pressboard *n* / Tafelpressspan *m*, Pressspanplatte *f*
press brakes / Abkantpresse *f*
pressbutton *n* / Drucktaster *m* VDE 0660,T.201 || ~ **gasket** (o. seal) / eingeknöpfte Dichtung
press control / Pressensteuerung *f* || ~ **control device** / Pressensteuergerät *n* || ~ **control unit** / Pressensteuergerät *n* || ~ **cylinder** / Eindruckzylinder *m* || ~ **down** / herunterdrücken *v*
pressductor *n* / Pressduktor *m*
pressed-glass reflector / Pressglasreflektor *m*
pressed-in *adj* / eingepresst *adj*
pressed-on sleeving / Umpressung *f* (Wicklungsisolation)
press equipment / Pressenausrüstung *f*
press-fit connection / Einpressverbindung *f* || ~ **diode** / Einpressdiode *f* || ~ **technology** / Einpresstechnik *f*
press force / Presskraft *f* || ~ **force control** / Presskraftkontrolle *f*
press-formed *adj* / gedrückt *adj*
press-in connection / Einpressverbindung *f* DIN 41611,T.5 || ~ **nut** / Einpressmutter *f*
press line / Presslinie *f* || ~ **office** / Pressereferat *n* || ~ **officer** / Pressereferent *m*
press-out strentgh / Ausdrückkraft *f*
presspan *n* / Pressspan *m*
presspaper *n* / Rollenpressspan *m*
press roller / Andruckrolle *f* || ~ **safety control** / Pressensicherheitssteuerung *f*
press-seize effekt / Pressschweißeffekt *m*
press supply / Pressenzufuhr *f*
press-to-talk intercom system / Wechselsprechsystem *m*
pressure *n* / Anpressdruck *m*, Druck *m*, Innendruck *m* || **outlet** ~ / kavitationssichere Strömungsführung || ~ **above atmospheric** / Überdruck || ~ **adjusting screw** / Nachspannschraube *f* (Trafo-Kern)
pressure-assisted oil-filled cable / Öldruckkabel *n*
pressure balance / Druckbilanz *f* || ~ **cable** / Druckkabel *n*
pressure-cast resin / Druckgießharz *n*
pressure centre / Druckmittelpunkt *m*
pressure-change absorption / Druckwechselabsorptionsverfahren (DWA) *n*
pressure compensating valve / Druckausgleichsventil *n* || ~ **compensation** / Druckausgleich *m* || ~ **compensator** / Druckkompensator *m*, Druckausgleicher *m* || ~ **connector** / Pressverbinder *m*, Quetschverbinder *m* || ~ **contact** / Druckkontakt *m*
pressure-containing terminal box / druckfester Klemmenkasten
pressure-current signal converter / Druck-/Strom-Signalumformer *m*
pressure device for spring-type straight pin / Drückvorrichtung Spannstift || ~ **die-casting** /

Spritzgießen *n*, Druckgießen *n*, Druckgussstück *n* || ~ **difference** / Differenzdruck *m* || ~ **differential** / Druckunterschied *m*, Differenzdruck *m*, Wirkdruck *m* || ~ **direction** / Druckrichtung *f* || ~ **drop** / Druckabfall *m*, Druckdifferenz *f*, Differenzdruck *m* || ~ **drop-flow-diagram** / Delta-p-Q-Diagramm *n* || ~ **drop from inlet to outlet** / Druckunterschied zwischen Eintritt und Austritt || ~ **drop higher than critical** / überkritisches Druckgefälle || ~ **drop monitoring time** / Abfallüberwachungszeit *f* || ~ **drop time monitoring** / Abfallzeitüberwachung *f* || ~ **envelope** / Druckberg *m* || ~ **equalizing chamber** / Druckausgleichskammer *f* || ~ **exerting part** / Druckübertragungsteil *n* (Klemme)
pressure-feed lubrication / Druckschmierung *f*, Druckumlaufschmierung *f*
pressure finger / Druckfinger *m* (Blechp.) || ~ **force** / Druckkraft *f*, Andrückkraft *f* || ~ **gauge** / Überdruckmessgerät *n*, Druckmesser *m*, Manometer *n*, Druckanzeiger *m*, Kraftmesssystem *n*
pressure-gauge test pump / Manometer-Prüfpumpe *f*
pressure-gel procedure / Druckgelierverfahren *n*
pressure gradient / Druckgefälle *n* || ~ **gradients** / Druckgefälle *m*
pressure-guided reduction valves / druckgeführte Reduzierventilen
pressure-hardening technique / Press-Härtetechnik *f*
pressure head / Druckhöhe *f*, statische Druckhöhe || ~ **head coefficient** / Staudruckbeiwert *m*
pressure-hull penetration / Druckkörper-Durchführung *f*
pressure impulse / Druckstoß *m* || ~ **indicator** / Druckanzeiger *m*
pressure-injected pile / verpresster Bohrpfahl
pressure integrity / Druckfestigkeit *f* (Ventil) || ~ **intensification** / Druckverstärkung *f* || ~ **level connection** / Druckpegelanschluss *m* || ~ **level measuring device** / Druckniveaumessgerät *n* || ~ **lever** / Druckhebel *m* || ~ **line** / Übertragungsleitung *f* || ~ **loss** / Druckverlust *m*, Druckabfall *m* || ~ **lost** / Druckverlust *m* || ~ **lower than outlet pressure** / Druckunterschreitung *f*
pressure-lubricated bearing / Lager mit Druckschmierung, Lager mit verstärkter Spülölschmierung
pressure lubrication / Druckschmierung *f*, Druckumlaufschmierung *f*, Druckölschmierung *f* || ~ **lubricator** / Druckschmierkopf *m* || ~ **mark** / Druckstelle *f* || ~ **measuring box** / Druckmessdose *f* || ~ **of pneumatic system** / Druck im Druckluftsystem || ~ **of radiation** / Strahlungsdruck *m* || ~ **oil** / Drucköl *n* || ~ **oil accumulator** / Druckölspeicher *m* || ~ **oiler** / Druckschmierkopf *m*
pressure-operated switch / Druckschalter *m*, luftdruckabhängiger Schalter, Druckwächter *m*
pressure pick-up / Druckaufnehmer *m* || ~ **piece** / Druckstück *n* || ~ **piling** / Drucküberhöhung *f* || ~ **pipe** / Druckrohr *n*, Druckleitung *f* || ~ **plate** / Druckplatte *f* (a. Anschlussklemme), Klemmplatte *f*, Druckstück *n* || ~ **port** / Druckanschluss *m* || ~ **pulsations** / Druckstöße *m pl* || ~ **range** / Druckbereich *m*, Schaltdruckbereich *m* || ~ **ratio** / Druckverhältnis *n* || ~ **ratio higher than critical** /

überkritisches Druckverhältnis || ~ **recovery** / Druckrückgewinnung *f*, Druckgewinn *m* || ~ **reducing valve** / Druckminderungsventil *n*, Druckreduzierventil *n* || ~ **reduction** / Druckminderung *f* || ~ **regulating valve** / Druckregelventil *n* || ~ **regulator** / Druckregler *m* || ~ **relief** / Druckentlastung *f* || ~ **relief device** / Druckentlastungseinrichtung *f*, Überdrucksicherung *f*, Überdruckschutz *m* || ~ **relief diaphragm** *m* / Überdruckmembran *f*, Brechplatte *f*, Bruchmembran *f* || ~ **relief duct** / Druckentlastungskanal *m* || ~ **relief flap** / Druckentlastungsklappe *f* || ~ **relief joint** / Reißnaht *f*, Sollbruchstelle *f* || ~ **relief terminal box** / Klemmenkasten mit Druckausgleich, Klemmenkasten mit Druckentlastung || ~ **relief test** / Druckentlastungsprüfung *f* || ~ **relief valve** / Druckentlastungsventil *n*, Überdruckventil *n*, Sicherheitsventil *n* || ~ **repeater** / Druckwandler *m* || ~ **reservoir** / Drucktank *m* (f. Ölkabel)
pressure-resistant *adj* / druckfest *adj*
pressure retaining strength / Druckfestigkeit *f* (Druckgefäß) || ~ **roller** / Andrückrolle *f* || ~ **screw** / Druckschraube *f* || ~ **seal** / Druckdichtung *f* (trennt die Prozessflüssigkeit vom Messumformergehäuse), Druckkolben *m* || ~ **sealing joint** / innendruckdichtende Verbindung
pressure-sensitive *adj* / druckempfindlich *adj*, selbsthaftend *adj*, selbstklebend *adj* || ~ **insulating tape** / selbstklebendes Isolierband || ~ **mass** / Haftkleber *m*
pressure sensor / Drucksensor *m*, Druckaufnehmer *m*, Druckerfassung *f*, Druckwächter *m*, Druckschalter *m* || ~ **side** / Druckseite *f* || ~ **sleeve** / elastischer Druckring, Druckhülse *f* || ~ **spring** / Druckfeder *f*
pressure-spring thermometer / Federdruckthermometer *n*
pressure stage / Druckstufe *f*, Druckebene *f* || ~ **supply** / Druckversorgung *f* || ~ **surface** / Druckfläche *f* || ~ **surge** / Druckstoß *m* || ~ **surge relay** / Druckstoßrelais *n* || ~ **switch** / Druckschalter *m*, luftdruckabhängiger Schalter, Druckwächter *m* || ~ **switch unit** / Druckschalteraggregat *n* || ~ **tank** / Druckkessel *m*, Drucktank *m* (f. Ölkabel) || ~ **tapping** / Druckentnahme *f* (Messblende) || ~ **tight** / druckdicht *adj*
pressure-tight bulkhead cable gland IEC 117-5,A.1 / druckdichte Kabeldurchführung || ~ **welded** / druckdicht verschweißt
pressure transducer / Druckmessumformer *m*, Drucksignalgeber *m*, Druckfühler *m*, Druckwandler *m* || ~ **transmitter** / Druckgeber *m*, Druckwertüberträger *m* || ~ **tube** / Druckrohr *f*, Wirkdruckleitung *f*, Druckleitung *f* || ~ **unit** / Druckeinheit *f*
pressure-volume curve / Druck-Volumen-Kennlinie *f*, Q-H-Kennlinie *f*
pressure-wave supercharger / Druckwellenlader *m* (Kfz)
pressure-welded *adj* / pressgeschweißt *adj*
pressure wire connector / Pressverbinder *m*, Quetschverbinder *m*
pressurization *n* / Unterdrucksetzung *f*, Überdruckbelüftung *f* || ~ **with continuous circulation of the protective gas** / Überdruckkapselung mit ständiger Durchspülung von Zündschutzgas || ~ **with leakage compensation** / Überdruckkapselung mit Ausgleich der Leckverluste
pressurize *v* / unter Überdruck setzen, unter Druck halten, beaufschlagen *v*
pressurized *adj* / unter Druck gesetzt, druckbeansprucht *adj*, Überdruck..., überdruckgekapselt *adj*, Druck... || ~ **connector** / gasdichter Steckverbinder || ~ **cooling** / Überdruckbelüftung *f* || ~ **enclosure** / Überdruckkapselung *f* (Ex p) EN 50016 || ~ **machine** / Maschine mit innerem Überdruck
pressurized-water cooling / Druckwasserkühlung *f* || ~ **turbine** / Druckwasserturbine *f*
prestress *v* / vorbelasten *v*, vorspannen *v*, Lager anstellen, vorbeanspruchen *v*
pre-stressed *adj* / vorgespannt *adj*
prestressed-glass cable penetration / Druckglas-Kabeldurchführung *f* || ~ **seal** / Druckglasverschmelzung *f*
prestressing *n* / Vorbelastung *f*, Vorspannung *f*, Lageranstellung *f*, Vorbeanspruchung *f*
pre-stress voltage / Vorbelastungsspannung *f*
presumably *adj* / voraussichtlich *adj*
pre-transmit / Vorsperröhre *f*
pre-travel *n* / Vorlauf *m* (HSS, Bedienteil, Schaltglied) VDE 0660,T.200, Vorlaufweg *m*, Leerlaufweg *m* || ~ **of actuator** IEC 337-2 / Vorlauf des Bedienteils (HSS) VDE 0660,T.201 || ~ **tolerance** / Anlauftoleranz *f* (PS)
pretrigger *n* / Vortrigger *m* (Osz.), Vortriggerung *f*
pre-T/R tube s. pre.transmit/receive tube
pre-turned *adj* / vorgedreht *adj*
preventative autotransformer / Überschalttransformator *m* || ~ **maintenance** / Vorhaltung *f*, vorbeugende Instandhaltung, Wartung *f*, Instandhaltung *f*
prevention of accidents / Unfallverhütung *f*
preventive inspection / vorbeugende Prüfung || ~ **maintenance** / vorbeugende Instandhaltung (o. Wartung), Wartung *f* IEC 50(191), vorausschauende Wartung, vorbeugende Wartung || ~ **maintenance time** IEC 50(191) / Wartungsdauer *f*, Wartungszeit *f* (Teil der Instandhaltungszeit, während dessen eine Wartung an einer Einheit durchgeführt wird, eingeschlossen zugehörige technische Verzugsdauern und logistischen Verzugsdauern)
previous display / Vorgängerbild *n* || ~ **block** / Vorgängersatz *m* || ~ **load** / Vorbelastung *f* (SG, Rel.), Vorlast *f* || ~ **load current** / Vorlaststrom *m* (Messrel.) || ~ **load ratio** IEC 255-17 / Vorlastfaktor *m* (Überlastrelais) || ~ **magazine** / Vorgängermagazin *n* || ~ **mask** / Vorgängerformular *n* || ~ **stabilization time** / Vorstabilisierungszeit *f* || ~ **value** / Vergangenheitswert *m*
prewarning limit / Vorwarngrenze *f* || ~ **signal** / Vorwarnsignal *n* || ~ **threshold** / Vorwarnschwelle *f*
preweighing *n* / Vorwägung *f*
pre-wet *v* / vorberegnen *v*
pre-work dimension / Vorbearbeitungsmaß *n*
pre-worked *adj* / vorbearbeitet *adj*
prewire *v* / vorverdrahten *v*
prewired *adj* / vorverdrahtet *adj*, anschlussfertig *adj* (kleines Gerät, eIST)
PRF s. pulse repetition frequency
price *n* / Preis *m*, Tarif *m*, Stromtarif *m* || **selling** ~ /

Abgabepreis m ‖ ~ **adjustment clause** / Preisanpassungsklausel f (a. StT), Preisänderungsklausel f ‖ ~ **basis** / Preisbasis f ‖ ~ **calculation** / Preisbildung f ‖ ~ **changeover relay** / Tarifumschaltrelais n (Elektrizitätszähler, Schaltuhr), Tarifrelais n, Tarifauslöser m ‖ ~ **changing** / Tarifumschaltung f (StT) ‖ ~ **changing time switch** / Tarifschaltuhr f ‖ ~ **date** / Preisdatum n ‖ ~ **decay** / Preisverfall m ‖ ~ **leadership** / Kostenführerschaft f ‖ ~ **line** / Preisband n ‖ ~ **per kilowatt** / Leistungspreis m (StT) ‖ ~ **reserve** / Preisreserve f ‖ ~ **reverse calculation** / Preisrückrechnung f ‖ ~ **sheets** / Preisblätter $n\,pl$ ‖ ~ **summary** / Preisübersicht f ‖ ~ **term** / Preisbegriff m ‖ ~ **treatment** / Preisbehandlung f ‖ ~ **type** / Preisart f ‖ ~ **unit** / Preiseinheit f
price/performance ratio / Preis-/Leistungsverhältnis n
price-to-pay n / Kaufpreis m
pricing n / Preisstellung f, Preisfindung f, Preisgestaltung f ‖ ~ **sheet** / Preisbildungsblatt n
primaries $n\,pl$ / Kartendarstellung f
primary n / Primärwicklung f, Primärseite f, Primärleiter m, Primärausdruck m ‖ ~ *adj* / übergeordnet *adj*, überlagert *adj*, primär *adj*, Primär..., primärseitig *adj* ‖ ~ **accuracy limit current** / primäre Fehlergrenzstromstärke (Trenntransformator) ‖ ~ **addressed state** / erstadressierter Zustand (PMG) ‖ ~ **ampere-turns** / Primär-Ampèrewindungen $f\,pl$ ‖ ~ **backplane** / Basisrückwand f (Busrückwand) ‖ ~ **battery** / Primärbatterie f ‖ ~ **cell** / Primärelement n, Primärzelle f ‖ ~ **circuit** / Primärkreis m, Erstkreis m, Hauptkreis m, Drehstromkreis m, Ständerkreis m ‖ ~ **coating** / Beschichtung f (LWL), Primär-Ummantelung f (LWL) ‖ ~ **colour** / Grundfarbe f ‖ ~ **command group (PCG)** / Primärbefehlsgruppe f (PMG) DIN IEC 625 ‖ ~ **conductor** / Primärleiter m ‖ ~ **control** / Primärregelung f (der Drehzahl von Generatorsätzen), Leitsteuerung f (DÜ), übergeordnete Steuerung ‖ ~ **controller** / überlagerter Regler ‖ ~ **coolant** IEC 34-1 / primäres Kühlmittel VDE 0530,T.1, Innenkühlmittel n ‖ ~ **creep** / primäres Kriechen ‖ ~ **current** / Primärstrom m, Hauptstrom m ‖ ~ **current transformer** / Primärwandler m ‖ ~ **detector** ANSI C37.10 / Aufnehmer m (erstes Element eines Messkreises), Messfühler m, Signalgeber m ‖ ~ **disconnecting device** / Trennkontaktvorrichtung f, Einfahrschaltstücke $n\,pl$, Einfahrkontakte $m\,pl$ ‖ ~ **distribution network** / Mittelspannungsnetz n ‖ ~ **distribution switchgear** / Mittelspannungs-Schaltanlage f, Schaltanlagen für primäre Verteilungsnetze ‖ ~ **distribution trunk line** / Hauptverteilungsleitung f ‖ ~ **electron emission** / Primärelektronenemission f ‖ ~ **energy** / Primärenergie f ‖ ~ **failure** / Primärausfall m, unabhängiger Ausfall ‖ ~ **frequency** / Primärfrequenz f, Leitfrequenz f, Eingangsfrequenz f ‖ ~ **frequency control** / Leitfrequenzsteuerung f ‖ ~ **fuse** / Primärsicherung f ‖ ~ **grade** / Primärquelle f E VDE 0165,T.102 ‖ ~ **indicating range** / primärer Messbereich DIN IEC 651
primary-injection test / Primärversuch durch Fremdeinspeisung (Schutz), Primärprüfung f
primary input signal / Eingabesignal n, Eingangssignal n ‖ ~ **installation** / Primäraufbau m ‖ ~ **leakage reactance** / Ständer-Streublindwiderstand m ‖ ~ **lever** / Geberhebel m ‖ ~ **light source** / Primärlichtquelle f, Selbstleuchter m ‖ ~ **load** / primäre Last (Freiltg.), Normallast f ‖ ~ **memory** / Vordergrundspeicher m ‖ ~ **name plate** / übergeordnetes Schild ‖ ~ **part** / Primärteil n ‖ ~ **part processing** / Primärteilbearbeitung f ‖ ~ **photometric standard** / fotometrisches Primärnormal ‖ ~ **position control circuit** / überlagerter Lageregelkreis ‖ ~ **protection** / Hauptschutz m ‖ ~ **radiator** / Primärstrahler m, Selbstleuchter m ‖ ~ **reactance starter** / Ständeranlasser mit Drossel ‖ ~ **relay** / Primärrelais n E VDE 0435,T.110, Hauptstromrelais n
primary-resistance starting / Anlauf über Widerstände im Ständerkreis, Kurzschluss-Sanftanlauf m
primary resistor starter / Ständer-Widerstandsanlasser m ‖ ~ **reverser** / Ständerumschalter m ‖ ~ **runway** / Hauptpiste f (Flp.), Haupt-Start- und Landebahn f ‖ ~ **sealing** / Primärabdichtung f ‖ ~ **selective substation** / Netzstation mit oberspannungsseitiger Selektivität ‖ ~ **sequence** / Hauptablauf m ‖ ~ **sequencer** / Hauptkette f ‖ ~ **series circuit** / Hauptstromkreis m ‖ ~ **short-circuit time constant** / Gleichstrom-Zeitkonstante des Ankers, Ankerzeitkonstante f, Kurzschluss-Zeitkonstante der Ankerwicklung ‖ ~ **source** / Primärlichtquelle f, Selbstleuchter m ‖ ~ **speed control** / Primärregelung f (der Drehzahl von Generatorsätzen) ‖ ~ **standard** / Primärnormal n, Hauptnormal n, Hauptnormalgerät n ‖ ~ **starter** / Ständeranlasser m ‖ ~ **status** / Hauptstand m ‖ ~ **storage** / Vordergrundspeicher m ‖ ~ **switched-mode power supply unit** / primär getaktetes Netzgerät ‖ ~ **switched-mode regulator** / Primärschaltregler m ‖ ~ **switching device** / Primärschalter m ‖ ~ **target** / Primärtarget n (RöA) ‖ ~ **terminal** / Primäranschluss m, Hauptklemme f ‖ ~ **terminal box** / Ständerklemmenkasten m, Hauptklemmenkasten m ‖ ~ **test** / Primärprüfung (Schutz) ‖ ~ **turns** / Primär-Ampèrewindungen $f\,pl$ ‖ ~ **unit substation** / Verteilungsnetzstation f ‖ ~ **voltage** / Primärspannung f ‖ ~ **winding** / Primärwicklung f, Hauptwicklung f, Drehstromwicklung f, Ständerwicklung f, Erstwicklung f, Netzwicklung f
primary-winding direct-current resistance / Gleichstromwiderstand der Drehstromwicklung ‖ ~ **resistance** / Widerstand der Drehstromwicklung, Ankerwiderstand m, Synchronwiderstand m
primary X dimension (NC) ISO/ DIS 6983/ 1 / Bewegung in Richtung der X-Achse (NC-Adresse) DIN 66025,T.1
prime v / grundieren v, vorfüllen v (Pumpe), ansaugen v, spachteln v ‖ ~ **to lose** ~ / abreißen v (Pumpe)
primed *adj* / grundiert *adj*, gespachtelt *adj* ‖ **primed insertion loss** / Gesamt-Einfügungsdämpfung f
prime mover / Antriebsmaschine f, Kraftmaschine f ‖ ~ **number** / Primzahl f ‖ ~ **power** (UPS) / Netzversorgung f USV, E VDE 0558,T.5
primer n / Vorionisator m (ESR) ‖ **hand** ~ / Handpumpe f ‖ ~ **programming** ~ / Programmierfibel f ‖ ~ **electrode** / Vorionisator m (ESR) ‖ ~ **ignition** / Vorionisierung f (ESR) ‖ ~ **interaction** / Vorionisierungswechselwirkung f ‖ **leakage resistance** / Leckwiderstand des

Vorionisators ‖ ~ **noise** / Vorionisierungsrauschen *n*
prime subscript / Index ['] *m*
priming *n* (storage tube) / Vorbereitung *f* ‖ ~ **grid** / Zündgitter *n* (Sich.), Zündsteg *m*
priming-grid fuse element / Zündstegschmelzleiter *m*
priming pressure / Vorfülldruck *m* ‖ ~ **rate** (storage tube) / Vorbereitungszeit *f* ‖ ~ **speed** / Vorbereitungsgeschwindigkeit *f* (Speicherröhre)
primitive *n* / Darstellungselement *n* (graf. DV), Grundkörper *m* (CAD), Element *n* (CAD), Objekt *n* ‖ **service** ~ / Dienstelement *n* DIN ISO 7498 ‖ ~ **attribute** / Darstellungsattribut *n* (Darstellungselemente) ‖ ~ **period** / Grundperiode *f*
principal arm / Hauptzweig *m* (LE), Leistungszweig *m* ‖ ~ **axis** / Hauptachse *f* ‖ ~ **characteristic** / Hauptkennlinie *f* (HL) ‖ ~ **current** / Hauptstrom *m* (HL) ‖ ~ **dimensions** / Hauptabmessungen *f pl*, Grundabmessungen *f pl* ‖ ~ **inertia axis** / Hauptträgheitsachse *f*, Massenachse *f* ‖ ~ **moment of inertia** / Hauptträgheitsmoment *n* ‖ ~ **outlay** / Prinzipschaltung *f* ‖ ~ **scale** / Bezugsmaßstab *m* ‖ ~ **tapping** IEC 76-1 / Hauptanzapfung *f* (Trafo) ‖ ~ **terminals** / Hauptanschlüsse *m pl* (LE), Netzklemmen *f pl* ‖ ~ **thyristor** / Hauptthyristor *m* (LE) ‖ ~ **voltage** / Hauptspannung *f* (HL) ‖ ~ **voltage-current characteristic** / Haupt-Strom/Spannungs-Kennlinie *f* (HL)
principle failure / Prinzipfehler *m* (Schutzsystem) IEC 50(448) ‖ ~ **of causation** / Verursacherprinzip *n* ‖ ~ **of independence** / Unabhängigkeitsprinzip *n* DIN 7182,T.1 ‖ ~ **of operation** / Arbeitsweise *f*, Funktionsweise *f*
print *v* / drucken *v*, ausdrucken *v* ‖ ~ *n* / Druck *m*, (gedruckte) Leiterplatte *f*, Kopie *f*, Eindruck *m*, Abdruck *m*, Ausdruck *m*, Printplatte *f*
printable area / beschreibbare Fläche ‖ ~ **character** / abdruckbares Zeichen
print character / Druckzeichen *n* ‖ ~ **contents** / Druckinhalt *m*
printed board / Leiterplatte *f*, Flachbaugruppe *f*, Printplatte *f*
printed-board assembly / bestückte Leiterplatte ‖ ~ **connector** / Steckverbinder für gedruckte Schaltung, Leiterplatten-Steckverbinder *m* ‖ ~ **relay** / Leiterplattenrelais *n*, Kartenrelais *n* ‖ ~ **unit** / Steckplatte *f* DIN 43350
printed board with conductive patterns on both sides / Leiterplatte mit Leiterbildern auf beiden Seiten ‖ ~ **circuit (PC)** / gedruckte Schaltung ‖ ~ **circuit board (PC board, PCB)** / Flachbaugruppe *f*, gedruckte Schaltung, Platine *f*, Leiterplatte (LP) *f*
printed-circuit-board assembly machine (PCB assembly machine) / Bestückungsautomat *m* (gS)
printed-circuit pin terminal / Lötanschluss für gedruckte Schaltungen
printed component / gedrucktes Bauteil ‖ ~ **conductor** / gedruckter Leiter, Leiterbahn *f* (gS), entflochtene Leiterbahn ‖ ~ **contact** / gedrucktes Kontaktteil ‖ ~ **cover** / bedruckte Abdeckung ‖ ~ **grid pattern** / Rasteraufdruck *m* ‖ ~ **wiring** / gedruckte Verdrahtung
printer *n* / Drucker *m*, Druckwerk *n* ‖ **keyboard** ~ / Terminaldrucker *m*, Datendrucker mit Eingabetastatur, Blattschreiber mit Eingabetastatur ‖ ~**/ASCII communications module** / Druckerausgabebaugruppe *f* ‖ ~ **driver** / Drucker-

Treiber *m* ‖ ~ **file** / Druckerdatei *f* ‖ ~ **interface** / Druckerschnittstelle *f* ‖ ~ **parameter** / Druckerparameter *m*
printer-plotter *n* / Grafikplotter *m*
printer port / Druckerschnittstelle *f*, Druckeranschluss *m* ‖ ~ **settings** / Druckereinstellung *f* ‖ ~ **spooler** / Printer Spooler
printer spooling / Drucker-Spulbetrieb *m*
print format / Druckformat *n* ‖ ~ **head** / Druckkopf *m* (Drucker)
printing *n* / Aufdruck *m* ‖ **contact** ~ / Kontaktbelichtung *f* ‖ ~ **device** / Druckvorrichtung *f* (Schreiber) ‖ ~ **error** / Druckfehler *m* ‖ ~ **interval** / Abdruckstufe *f* ‖ ~ **machine** / Druckmaschine *f* ‖ ~ **press** / Druckmaschine *f* ‖ ~ **process** / Druckvorgang *m* ‖ ~ **recorder** / druckender Schreiber ‖ ~ **register** / Druckzählwerk *n* ‖ ~ **request** / Druckanforderung *f* ‖ ~ **speed** / Druckgeschwindigkeit *f*, Schreibgeschwindigkeit *f* ‖ ~ **unit** / Druckwerk *n* (Druckmasch.)
print job / Druckauftrag *m*
print-mark control / Druckmarkensteuerung *f*
print mode / Druckermodus *m*
printometer *n* / Mittelwertdrucker *m*
printout *n* / Ausdruck *m*, Protokoll *n*, Meldeprotokoll *n*, Alarmprotokoll *n*, Druckbild *n*, Druckausgabe *f*, Druckerausgabe *f* ‖ ~ **of listings** / Ausdrucken von Listings
print out *v* / ausdrucken *v*, protokollieren *v* ‖ ~ **preview** / Druckvorschau *f*, Seitenansicht *f* ‖ ~ **quality** / Druckqualität *f* ‖ ~ **rate** / Druckgeschwindigkeit *f* ‖ ~ **request** / Druckauftrag *m* ‖ ~ **setup** / Drucker einrichten
print speed / Druckgeschwindigkeit *f*, Schreibgeschwindigkeit *f* ‖ ~ **to** / Druckumleitung *f* ‖ ~ **to file** / Druck in Datei
printwheel / Druckstern *m* (Schreiber), Schreibrad *n* ‖ ~ / Typenrad *n*, Schreibrad *n*
print width / Schreibbreite *f* (Drucker)
prioritization logic / Prioritierungslogik *f*
priority arbiter / Prioritätsverwalter *m* (MPSB) ‖ **the next** ~ **down** / die nächst niedere Priorität ‖ ~ **area** / Vorzugsbereich *m* ‖ ~ **assignment** / Prioritätszuordnung *f*, Vorrangzuordnung *f*, Priorisierung *f* ‖ ~ **circuit** / Vorrangschaltung *f* ‖ ~ **class** / Prioritätsklasse *f* ‖ ~ **command** / Schnellbefehl *m* (FWT) ‖ ~ **control** / Vorrangsteuerung *f*, Prioritätssteuerung *f*, Prioritätensteuerung *f* ‖ ~ **display** / Prioritätsanzeige *f* ‖ ~ **encoder** / Prioritätsverschlüssler *m* ‖ ~ **grading** / Prioritätsstaffelung *f* ‖ ~ **interrupt control (PIC)** / prioritätsgesteuerte Unterbrechung ‖ ~ **level** / Vorrangebene *f*, Prioritätsebene *f* ‖ ~ **processing** / Vorrangverarbeitung *f*, Prioritätsverarbeitung *f*, Verarbeitung nach Prioritäten ‖ ~ **resolution** / Prioritätsauflösung *f* ‖ ~ **resolver** / Prioritätsentschlüssler *m* ‖ ~ **return information** / Schnellrückmeldung *f* (FWT) ‖ ~ **scheduling** / Priorisierung *f* ‖ ~ **state information** / Schnellmeldung *f* (FWT) ‖ ~ **switch** / Vorrangschalter *m* (I)
prismatic cell / prismatische Zelle ‖ ~ **diffuser** / Prismenwanne *f* (Leuchte) ‖ ~ **joint** / Gleitverbindung *f*
prism terminal / Prismenklemme *f*
privacy protection / Datenschutz *m*

private line / Privatleitung f || ~ **motor traffic** / Individualverkehr m || ~ **wire** / C-Ader f
private-wire circuit / gemietete Leitung, Standleitung f, Mietleitung f
probability analysis / Wahrscheinlichkeitsberechnung f || ~ **density** / Wahrscheinlichkeitsdichte f || ~ **density function** / Wahrscheinlichkeitsdichtefunktion f, Wahrscheinlichkeitsdichteverteilung f || ~ **distribution** / Wahrscheinlichkeitsverteilung f DIN 55350,T.21 || ~ **distribution function** / Wahrscheinlichkeitsverteilungsfunktion f, Verhaltensfunktion f || ~ **limits** / Wahrscheinlichkeitsgrenzen f pl, stochastisch definierte Grenzen || ~ **model** / Wahrscheinlichkeitsmodell n, probabilistisches Modell || ~ **of acceptance** / Annahmewahrscheinlichkeit f || ~ **of information loss** / Wahrscheinlichkeit des Informationsverlustes (FWT) || ~ **of occurrence** / Eintrittshäufigkeit f || ~ **of rejection** / Zurückweisungswahrscheinlichkeit f, Rückweisewahrscheinlichkeit f || ~ **of residual information loss** / Wahrscheinlichkeit des Restinformationsverlustes (FWT) || ~ **of survival** / Überlebenswahrscheinlichkeit f DIN 40042 || ~ **paper plot** / grafische Darstellung der Summenhäufigkeit DIN IEC 319
probable life / wahrscheinliche Lebensdauer
probe n / Sonde f, Prüfsonde f, Prüfkopf m, Tastkopf m, Abtastkopf m, Taster m, Messfühler m, Fühler m, Messtaster m (Gerät zum automatischen Erfassen von Messwerten an Werstücken oder Werkzeugen während des NC-Programmablaufs) || ~ v / klicken v || **lambda** ~ / Lambdasonde f || **sound** ~ / Schallaufnehmer m || **ball** / Messtasterkugel f || ~ **collision** / Messfühler-Kollision f || ~ **index** / Schallaustrittspunkt m (Ultraschall-Prüfkopf) DIN 54119 || ~ **is not responding** / Messfühler schaltet nicht || ~ **shoe** / Prüfkopfschuh m
probe-to-specimen contact / Ankopplung f (Prüfkopf-Prüfstück)
probing cycle / Messzyklus (MZ) m (Messzyklen sind allgemeine Unterprogramme zur Lösung bestimmter Messaufgaben, die über Parameter an das konkrete Problem angepasst werden können)
problem-oriented language / problemorientierte Programmiersprache
problem recovery / Problembehebung f || ~ **report** / Problemmeldung f, Problemreport m || ~ **solution** / Problemlösung f
procedure n / Prozedur f DIN 44300, Verfahren n, Vorgehensweise f, Vorgehen n, Verfahrensweise f, Verfahrensanordnung f || ~ **for normal, tightened and reduced inspection** / Auswahl der Prüfschärfe
procedure-oriented language / prozedurorientierte Sprache
Procedures for Maintenance and Repair / Vorgehen im Wartungs- oder Instandhaltungsfall
procedures manual / Verfahrenshandbuch n (QS)
procedure statement / Prozeduranweisung f
proceed to select / Wahlaufforderung f (DÜ)
process v / verarbeiten v, behandeln v, bearbeiten v, abwickeln v, ausführen v, abarbeiten v (Programm) || ~ n / Prozess m, Herstellungsverfahren n, Vorgang m, Arbeitsvorgang m, Arbeitsablauf m, Aktor-Sensorebene f, Sensorebene f, Verfahren n, Regelstrecke f || **in the immediate vicinity of the** ~

/ prozessnah adj || ~ **alarm** / Prozessalarm m || ~ **analysis** / Prozessanalytik f || ~ **analyzer** / Prozessanalysengerät n || ~ **automation (PA)** / Prozessautomatisierung (PA) f || ~ **average** / mittlere Qualitätslage DIN 55350,T.31, durchschnittliche Fertigungsqualität || ~ **average defective (PAD)** / mittlerer Fehleranteil der Fertigung, durchschnittlicher Fehleranteil || ~ **boundary** / Anschlussebene zum Prozess || ~ **capability** / Prozessfähigkeit f (QS-Begriff), Fertigungspräzision f DIN 55350,T.11, erreichbare Fertigungsgenauigkeit || ~ **chain** / Prozesskette f || ~ **chromatograph** / Prozesschromatograph m || ~ **computer** / Prozessrechner m || ~ **computer peripherals** / Prozessperipherie f
process-computer-aided automation / prozessrechnergestützte Automatisierung
process-computer-based command unit / Prozessrechner-Kommandogerät n
process computer system / Prozessrechnersystem n || ~ **control** / Prozessleitung f DIN 66 201, Prozesssteuerung f, Prozessführung f, Fertigungssteuerung f || ~ **control** (QA) / Qualitätskontrolle in der Fertigung, Prozesslenkung f, Verfahrensüberwachung f, Prozessleittechnik f || ~ **control and instrumentation technology** / Prozessleittechnik f (PLT) || ~ **control computer** / Prozessrechner m (für direkte Prozessführung) || ~ **control keyboard** / Prozessbedientastatur f (PBT) || ~ **controller** / Prozessregler m || ~ **controller family** / Prozessreglerfamilie f || ~ **control level** / Prozessleitebene f, Prozessführungsebene f, Prozessbedienebene f || ~ **control line** / verfahrenstechnische Regelstrecke || ~ **controlling (PC)** / prozessführend adj || ~ **control problem** / verfahrenstechnische Stellaufgabe || ~ **control room** / Prozesswarte f (Raum) || ~ **control system (PCS)** / Prozessleitsystem n, Prozessleitanlage f, PCS || ~ **control unit (PCU)** / unterlagerte Steuerung, Aggregatsteuerung f, PCU || ~ **data** / Prozessdaten plt, Betriebsdaten plt || ~ **data acquisition terminal (PDA terminal)** / Prozessdaten- Erfassungsstation f (PDE-Terminal) || ~ **data control** / Prozessdatensteuerung f || ~ **data highway (PROWAY)** / Prozessdatenbus m (PROWAY) || ~ **data highway interface** / Prozessbusschnittstelle f || ~ **data organization (PDO)** / Prozessdatenorganisation f (PDO) || ~ **data processing (PDP)** / Prozessdatenverarbeitung f (PDV) || ~ **data word** / Prozessdatenwort n || ~ **dependent** / prozessabhängig adj
process-dependent sequential control / prozessgeführte Ablaufsteuerung
process device / Prozessgerät n || ~ **device ID** / Prozessgerätekennung f || ~ **diagnostic addresses pdiag** / Prozessdiagnose-Operanden PDIAG || ~ **diagnostics** / Prozessdiagnose f || ~ **display** / Prozessbild n (am Bildschirm), Anlagenbild n, Anlagenfließbild n || ~ **engineer's console** / Prozessleitstand m || ~ **engineering** / Verfahrenstechnik f || ~ **engineering industry** / verfahrenstechnische Industrie || ~ **engineering system** / VT-Anlage f || ~ **environment** / prozessnaher Bereich || ~ **fault** / Prozessfehler m, Prozess-Störung f || ~ **fieldbus (PROFIBUS)** / Profibus m, Feldbus m || ~ **flow chart** / Technologieplan m || ~ **gas** / Prozessgas n,

Betriebsgas *n* || ~ **gas chromatograph** / Prozessgaschromatograph *m*
processibility *n* / Verarbeitbarkeit *f*
process image / Prozessabbild *n*
processing *n* / Abarbeitung *f*, Prozessgeschehen *n*, Abwicklung *f*, Auswertung *f* (ZKS) || ~ **block** / Verarbeitungsbaustein *m*, Bearbeitungsbaustein *m* || ~ **capacity** / Verarbeitungsleistung *f* || ~ **depth** / Verarbeitungstiefe *f* DIN 19237 || ~ **from external source** / Arbeiten von extern, Abarbeiten von extern || ~ **ID** / Bearbeitungskennung *f* || ~ **in correct time order** / zeitfolgerichtige Verarbeitung || ~ **inhibit** / Bearbeitungssperre *f* || ~ **level** / Bearbeitungsebene *f* || ~ **machine** / Verarbeitungsmaschine *f* || ~ **module** / Verarbeitungsbaugruppe *f*, Verarbeitungseinheit *f* (MMC) || ~ **of geometric data** / Geometrieverarbeitung *f* || ~ **of position data** / Aufbereitung der Lageinformation || ~ **of warranty claims** / Gewährleistungsabwicklung *f* || ~ **program** / Verarbeitungsprogramm *n*, Verarbeitungsroutine *f*, Bearbeitungsprogramm *n* || ~ **range** / Verarbeitungsbreite *f* || ~ **routine** / Verarbeitungsroutine *f* || ~ **section** / Bearbeitungsabschnitt *m* || ~ **sequence** / Bearbeitungsfolge *f* (Programm), Abarbeitungsreihenfolge *f* || ~ **speed** / Verarbeitungsgeschwindigkeit *f* || ~ **surcharge** / Bearbeitungszuschlag *m* || ~ **technology** / Bearbeitungstechnologie *f* || ~ **time** / Bearbeitungszeit *f*, Verarbeitungszeit *f*, Funktionszeit *f*, Durchlaufzeit *f*, Dauer *f* (Differenz zwischen Anfangs- und Endpunkte eines Zeitintervalls) || ~ **unit** / Bearbeitungseinheit *f* || ~ **width** / Verarbeitungsbreite *f*
process input image (PII) / Prozessabbild der Eingänge (PAE), Eingangs-Prozessabbild *n* || ~ **image partition** / Teilprozessabbild *n* || ~ **industry** / Prozessindustrie *f* || ~ **information** / Technologiedaten *pl*, technologische Information || ~ **input image (PII)** / Eingangsabbild *n*, Prozessabbildeingang (PAE) *m* || ~ **inspection** / Fertigungsprüfung *f* DIN 55350,T.11, Prozessprüfung *f* DIN 55350,T.11, Fertigungsüberwachung *f* || ~ **instrument** / Prozessgerät *n* || ~ **instrumentation** / Prozessgerät *n* || ~ **instrumentation and control (process I&C)** / Prozessleittechnik (PLT) *f*, Prozessleitsystem *n* || ~ **interface** / Prozessschnittstelle *f* || ~ **interface module** / Signalformer *m* || ~ **interface module (PIM)** / Prozesskoppelbaugruppe *f*, Prozesssignalformer *m* || ~ **interface system** / Prozessperipherie *f*, Prozessschnittstellensystem *n* || ~ **interfacing** / Prozesskopplung *f* || ~ **interrupt** / Prozessunterbrechung *f*, Prozessalarm *m*
process-interrupt-driven *adj* / prozessgesteuert *adj* || ~ **program processing** / prozessalarmgesteuerte Programmbearbeitung
process I/O / Prozess-E/A, Prozessperipherie *f* || ~ **I/O unit** / Prozesseinheit *f* || ~ **keyboard** / Prozessbedientastatur *f* || ~ **level** / Prozessebene *f*, Sensorebene *f*, Aktor-Sensorebene *f* || ~ **management** / Prozessführung *f*, Vorgangsbuchführung *f*, Prozessleitung *f* || ~ **management level** / Prozessleitebene *f*, Prozessführungsebene *f* || ~ **manipulation** / Prozessführung *f* || ~ **master unit (PMU)** /

Kopfsteuerung (KST) *f* || ~ **measurement** / Messen in Prozessen || ~ **measurement and control device** / Prozessgerät *n* || ~ **measurement and control level** / Feldebene *f*, Steuerungsebene *f* || ~ **measuring equipment** / Prozessmessgerät *n* || ~ **message** / Prozessmeldung *f* || ~ **mimic** / Technologieschema *n*, Prozessbild *n* || ~ **model** / Prozessmodell *n* || ~ **monitor** / Prozessmonitor *m* || ~ **monitoring** / Prozessbeobachtung *f*, Prozessüberwachung *f*, Prozessführung *f* || ~ **operator keyboard** / Prozessbedientastatur *f* (PBT)
processor *n* / Prozessor *m*, Zentraleinheit *f*, Steuerwerk *n*, Steuereinheit *f*, Schaltwerk *n* || ~ **board** / Prozessorbaugruppe *f* || ~ **capacity** / Prozessorleistung *f*, Verarbeitungsleistung *f* || ~ **failure** / Prozessorstörung *f*
process-oriented *adj* / prozessnah *adj* || ~ **controller** / Technologie-Regler *m* || ~ **sequential control** / prozessabhängige Ablaufsteuerung, prozessgeführte Ablaufsteuerung
processor I/O (PIO) / Prozessor-E/A *m* || ~ **malfunction** / Gerätefehler *m* || ~ **status word (PSW)** / Prozessor-Statuswort *n* || ~ **trap** / Prozessorfalle *f* || ~ **unit** / Prozessorbaugruppe *f* || ~ **utilization** / Prozessorauslastung *f*
process out of control / nichtbeherrschte Fertigung || ~ **output image (POI)** / Prozessabbild der Ausgänge (PAA), Ausgangs-Prozessabbild *n*, Prozessabbildausgang (PAA) *m* || ~ **parameter** / Prozessparameter *m* || ~ **peripherals** / Prozessperipherie *f* || ~ **plan** / Arbeitsplan *m* || ~ **planning** / Verfahrensplanung *f*, Prozessplanung *f*, Fertigungsplanung *f* || ~ **plant engineering** / Anlagenbau *m* || ~ **range** / Fertigungsspannweite *f* (QS) || ~ **recovery** / Prozesswiederherstellung *f*, Wiederaufnahme des Prozesses
process-related *adj* / anlagenbezogen *adj* || ~ **function** / Technologiefunktion *f*, Technologie-Funktion (TF) *f*, technologische Funktion
process schematic / Technologieschema *n*, Prozessbild *n* || ~ **shutdown system (PSD)** / Prozessabschaltsystem *n* || ~ **signal** / Prozesssignal *n* || ~ **simulator** / Technologiesimulator *m* || ~ **status listing** / Prozesszustandsprotokoll *n* || ~ **status log** (o. listing) / Prozesszustandsprotokoll *n* || ~ **supervision** / Prozessüberwachung *f* || ~ **supervision level** / Prozessleitebene *f* || ~ **tolerance** / Prozesstoleranz *f* DIN 55350,T.12, Fertigungstoleranz *f* || ~ **under control** / beherrschter Prozess DIN 55350,T.11, beherrschter Fertigungsprozess || ~ **variable** / Prozessgröße *f*, Istwert *m* (Größe einer angezeigten MSR-Stelle)
process-variable recorders / Prozessschreiber *m* || ~ **visualization** / Prozessbeobachtung *f*, Prozessvisualisierung *f*
procurement *n* / Bezug *m*, Beschaffung *f* || ~ **procurement time** / Wiederbeschaffungszeit *f*
prod *n* / Tastspitze *f*, Prüfspitze *f*
prodproof *adj* / stochersicher *adj*
prodproofing guard / Stocherblech *n*
produced *adj* / gefertigt *adj*
producer *adj* / Hersteller *m*
producer's risk / Lieferantenrisiko *n* DIN 55350,T.31
producible product design / prozessfähige Produktgestaltung

product, whole ~ (lamp types(IEC 64)) / gesamte Produktion (Lampentypen) VDE 0715 T.2 || ~ **agreement - implementation** / Produktvereinbarung - Durchführung (PVD) f || ~ **agreement - manufacture** / Produktvereinbarung - Fertigung (PVF) f || ~ **agreement - preliminary study** / Produktvereinbarung - Voruntersuchung f
product announcement / Produktankündigung f || ~ **assurance** / Produktsicherung f || ~ **assurance measure** / Produktsicherungsmaßnahme f
Product Automation & Automation Systems / Produktautomatisierung & Automatisierungssysteme || ~ **brief** / Produktbeschreibung f, Kurzerläuterung f (Dokumentationsart), Kurzanleitung f (In der Kurzanleitung findet der Benutzer schnell alle Basisinformationen, die für die Installation und Inbetriebnahme des MICROMASTER 420 erforderlich sind), Kurzbeschreibung (KB) f || ~ **brochure** / Produktanzeige f || ~ **certificate** / Produktschein m
product change info / Produktänderungsmitteilung f || ~ **code** / Produktschlüssel m || ~ **control** / Fertigungssteuerung f, Produktsteuerung f || ~ **data** / Produktdaten pl, Erzeugnisdaten pl || ~ **database** / Fabrikate-Datenbank (FDB) f || ~ **database information** / FDB-Auskunft f || ~ **description** / Erzeugnisbeschreibung f || ~ **designation** / Fabrikatbezeichnung f || ~ **development** / Produktentwicklung f || ~ **development cycle** / Produkt-Entwicklungs-Zyklus m || ~ **editing** / Erzeugnisbearbeitung f || ~ **engineering** / Fabrikatetechnik f || ~ **features** / Produkteigenschaften $f pl$ || ~ **form** / Produktschein m || ~ **gap** / Produktlücke f || ~ **generation** / Produktgeneration f || ~ **group** / Produktgruppe f, Fabrikategruppe (FaGr) f || ~ **guide** / Produktanleitung f || ~ **identification no.** / Fertigungsidentifikation-Nr. f || ~ **information** / Produktinformation f || ~ **input buffer** / Produktvorlauf m
production area / Fertigungsbereich m || ~ **automation** / Fertigungsautomatisierung f || ~ **board** / Serien-Leiterplatte f || ~ **capacity** / Fertigungskapazität f, Produktionskapazität f || ~ **cell** / Produktionszelle f, Fertigungszelle f || ~ **cell control (PCC)** / Produktionszellensteuerung f (PZS) || ~ **changeover** / Fertigungsumstellung f || ~ **control** / Fertigungssteuerung f, Fertigungsleitung f, Produktsteuerung f, Betriebssteuerung f || ~ **control computer** / Fertigungsleitrechner m || ~ **control system** / Fertigungsleittechnik f || ~ **control systems** / Produktionsleittechnik f || ~ **cost** / Selbstkosten pl || ~ **costing** / Erzeugungskostenberechnung f || ~ **costs** / Herstellkosten pl || ~ **data** / Betriebsdaten $pl t$ DIN 66201 || ~ **data acquisition (PDA)** / Betriebsdatenerfassung f (BDE), Produktionsdatenerfassung (PDE) f || ~ **drawing** / Fertigungszeichnung f || ~ **engineering** / Fertigungstechnik f || ~ **facility controller (PFC)** / Betriebsmittelsteuerung (BMS) f || ~ **flow** / Fertigungsfluss m, Fertigungsablauf m || ~ **island** / Fertigungsinsel f || ~ **line** / Fertigungsstrasse f, Produktionsstrasse f, Fertigungslinie f || ~ **machine** / Produktionsmaschine f, Fertigungsmaschine f || ~ **management** / Betriebsleitung f DIN 66201,T.1,

Betriebsführung f, Produktionsleittechnik f, Fertigungsleittechnik f, Erzeugungsmanagement n || ~ **management automation** / Produktionsautomatisierung f || ~ **management level** / Produktionsleitebene f, Dispositions- und Prozessleitebene f, Fertigungsleitebene f || ~ **management system** / Produktionsleitsystem n || ~ **manager** / Fertigungsleiter m || ~ **master** / Druckwerkzeug n (gS) || ~ **mentality** / Produktionsdenken n || ~ **of active ingredients** / Wirkstoffgewinnung f || ~ **order** / Fertigungsauftrag m || ~ **order acknowledgement** / Fertigungsauftragsrückmeldung f || ~ **outage** / Produktionsausfall m || ~ **overheads** / Fertigungsgemeinkosten pl || ~ **performance center** / Produktleistungszentrum n, Sonderfreigabe f (QS, vor der Realisierung von Einheiten) DIN 55350, T.11 || ~ **planning** / Fertigungsplanung f, Produktionsplanung f, Arbeitsvorbereitung (AV) f || ~ **planning and control (PPC)** / Produktionsplanung und -steuerung (PPS) f, Produktionsplanungssystem (PPS) n, Produktionslenkung f || ~ **planning level** / Produktionsplanungsebene f || ~ **plant** / Fertigungsstelle f, Fertigungsanlage f || ~ **procedure** / Fertigungsablauf m || ~ **process** / Herstellungsprozess m || ~ **progress** / Fertigungsfortschritt m || ~ **rate** / Produktionsleistung f, Ausstoß m, Durchsatz m || ~ **release** / Fertigungsfreigabe f || ~ **report** / Fertigungsprotokoll n || ~ **risk** / Fabrikationsrisiko n || ~ **schedule** / Fertigungsplan m, Fertigungszeitplan m || ~ **scheduling** / Fertigungsplanung f || ~ **section** / Fertigungsabschnitt m || ~ **sequence** / Produktionsablauf m || ~ **surveillance** / Fertigungsüberwachung f || ~ **technology** / Fertigungstechnik f, Fertigungstechnologie f || ~ **throughput time** / Fertigungsdurchlaufzeit f || ~ **wages** / Fertigungslöhne m pl
productive time / Hauptzeit f
productivity program / Produktivitätsprogramm n
product liability / Produkthaftung f || ~ **licensed for** / Produkt lizenziert für || ~ **life cycle** / Produktlebenszyklus m || ~ **management** / Produktbetreuung f || ~ **manual** / Gerätehandbuch (GHB) n || ~ **measuring relay** / Produktrelais n || ~ **monitoring** / Produktbeobachtung f (nach Ablieferung) || ~ **No.** / Erzeugnisnummer f, Erzeugnis-Nr. f || ~ **number** / Erzeugnisnummer f, Erzeugnis-Nr. f || ~ **observation** / Produktbeobachtung f || ~ **offer** / Produktangebot f || ~ **of inertia** / Zentrifugalmoment n, Deviationsmoment m || ~ **order specification** / Produktlastenheft n || ~ **overview** / Programmübersicht f || ~ **packaging label** / Produktverpackungsetikett n || ~ **performance** / Produktleistung f || ~ **phase-out** / Produktauslauf m || ~ **planning** / Produktplanung f || ~ **quality** / Erzeugnisqualität f || ~ **range** / Produktpalette f, Produktspektrum n, Produktprogramm n, Spektrum n || ~ **relay** / Produktrelais n || ~ **response specification** / Produktpflichtenheft n
product safety / Produktsicherheit f || ~ **safety defect** / Produktsicherheitsmangel m || ~ **safety memo** / Produktsicherheitsmeldung f || ~ **safety report** / Produktsicherheitsmeldung f || ~ **safety standards** /

Sicherheitsvorschriften *f pl* (f. Bauteile u.Systeme)
|| ~ **sales/marketing** / Produktvertrieb *m*
products and services / Angebot *n* || ~ **business** /
Produktgeschäft *n* || ~ **of decomposition** /
Zersetzungsprodukte *n pl*
product specialists department / Fachabteilung *f*
product-specific quality documentation /
produktspezifische QS-Dokumentation
product spectrum / Produktspektrum *n*
products, systems and services / Angebot *n*
product status file / Produktstandsdatei *f* || ~ **support**
/ Produktbetreuung *f* || ~ **text** / Erzeugnistext *m* || ~
to be discontinued / Auslaufprodukt *n*,
Auslauferzeugnis *n* || ~ **to be weighed** / Wägegut *n*
|| ~ **version** / Erzeugnisstand *m*, E-Stand *m*, Erz.Std.
professional electrician / Elektrohandwerk *n* || ~
equipment / professionelles Gerät EN 61000-3-2
PROFIBUS (process fieldbus) *n* / PROFIBUS
(process fieldbus) *m*, Feldbus *m*, Profibus *m*,
Prozessfeldbus *m* (PROFIBUS) || ^o **activation
option** / Aktivierung Option Profibus || ^o
communications module /
Profibuskommunikationsbaugruppe *f* || ^o **controller**
/ PROFIBUS-Anschaltung *f* || ^o **diagnostics** /
Profibusdiagnose *f* || ^o **diagnostics data** /
Profibusdiagnosedaten *pl* || ^o **instruction** /
Profibusanleitung *f* || ^o **Integration Center** /
PROFIBUS Schnittstellencenter *n* || ^o
International (PI) / PROFIBUS
Nutzerorganisation (PNO) || ^o **module** /
PROFIBUS-Baugruppe *f* || ^o **network** /
PROFIBUS-Netz *n* || ^o **node** / PROFIBUS-
Teilnehmer *m* || ^o **profile** / PROFIBUS-Profil *n* || ^o
user organization / PROFIBUS
Nutzerorganisation (PNO), PNO (PROFIBUS
Nutzerorganisation)
proficiency *n* / Leistungsfähigkeit *f*, Tüchtigkeit *f*,
Geübtheit *f* || ~ **testing** / Eignungsprüfung *f*
profile *n* / Profil *n*, Seitenriss *m*, Seitenansicht *f*,
Kontur *f*, Querschnitt *m*, Positionspapier *n*, Schnitt
m, Umriss *m* || ~ *v* / kopierfräsen *v* (starre
Verbindung von Abtast- und Frästechnologie im
Gegensatz zum Digitalisieren) || **potential** ~ /
Potentialverlauf *m* || ~ **defect** / Formfehler *m* || ~
dispersion / Profildispersion *f* (LWL) || ~ **extrusion**
/ Profilextrusion *f*
profiled coding key / Kodierreiter *m*, Codierreiter *m*
|| ~ **louvre** / Profilraster *m* (Leuchte) || ~ **shaft** /
Stufenwelle *f*, Formwelle *f* || ~ **sheet** / Formblech *n*
profile factor (PF) / Profilfaktor *m* (PF (Isolator)) || ~
grinding / Konturschleifen *n* || ~ **half cylinder** /
Profilhalbzylinder *m* || ~ **milling** / Umrissfräsen *n*,
Konturfräsen *n* || ~ **milling machine** /
Kopierfräsmaschine *f* || ~ **name** / Profilname *m*
profiler, calliper ~ / Dickenlehre *f* (f. Papier
o.Kunststoffolien)
profile section / Profilschnitt *m* || ~ **slot** / Profilnut *f* ||
~ **spotlight** / Profilscheinwerfer *m*,
Effektscheinwerfer *m* || ~ **strip** / Profilleiste *f* || ~
tolerance / Linienformtoleranz *f* DIN 7184,T.1 || ~
view / Profildarstellung *f* (CAD)
profiling *n* / Konturfräsen *n* || ~ *adj* / formgebend *adj*
|| ~ **machine** / Profiliermaschine *f*
profilometer *n* / Profilprojektor *m*
profitability *n* / Rentabilität *f*, Ertragskraft *f* || ~
analysis / Wirtschaftlichkeitsbetrachtung *f*
program *n* / Programm *n* || ~ / programmieren *v*,

schießen *v* || **to** ~ / ins Programm || ~ **abort** /
Programmabbruch *m*, Abbruch *m*, vorzeitige
Programmunterbrechung (Unterbrechung eines
laufenden Programmes durch den Bediener) || ~
advance / Programmvorlauf *m* (NC) || ~ **alignment
search** / Hauptsatz-Suche *f* (NC) || ~ **archiving** /
Programmarchivierung *f* || ~ **assignment list** /
Programm-Rangierliste *f* (SPS) || ~ **band** /
programmierter Bereich, Sollwertbereich || ~ **block**
/ Programmsatz *m* || ~ **block (PB)** /
Programmbaustein *m* (PB (PLT, PC)) || ~ **block
with TNRC/CRC** / Programmsatz mit SRK/FRK ||
~ **body** / Programmrumpf *m* || ~ **branch** /
Programmsprung *m*, Programmverzweigung *f* || ~
branch address / Programmsprungadresse *f* || ~
branching / Programmverzweigung *f* || ~ **chaining**
/ Programmverkettung *f* || ~ **change** /
Programmänderung *f* || ~ **command** /
Programmbefehl *m* || ~ **configuration** /
Programmstrukturierung *f* || ~ **container** /
Programmcontainer *m* || ~ **continuation point** /
Wiederaufsetzpunkt *m* || ~ **control** /
Programmsteuerung, Programmbetrieb *m*,
Programmbeeinflussung *f*
program-controlled distribution board /
programmgesteuerter Verteiler (PGV) || ~ **I/O
(PCI/O)** / programmgesteuerte E/A
program controller / Programmschaltgerät *n*,
Programmschaltwerk *n* (a. HG) || ~ **converter** /
Programmumsetzer *m* || ~ **counter (PC)** /
Programmzähler *m* || ~ **cycle** / Programmzyklus *m*,
Programmgang *m* || ~ **debugging** / Programmtest
m, Programmkorrektur *f* || ~ **development** /
Programmerstellung *f*, Programmentwicklung *f* || ~
development tool /
Programmentwicklungswerkzeug *n* || ~ **display
instruction** / Bildbefehl *m*, Bildaufbauoperation *f* ||
~ **documentation** / Programmdokumentation *f* || ~
dumping / Programmarchivierung *f* || ~ **edit** /
Programmkorrektur *f*, Programm ändern (NC-
Bildzeichen) || ~ **editing memory** /
Programmkorrekturspeicher *m* || ~ **element** /
Programmelement *m* || ~ **end** / Programmende *n*
DIN 19239 || ~ **entry** / Programmeingabe *f* || ~
environment / Programmoberfläche *f* || ~ **excerpt** /
Programmauszug *m* || ~ **execution** /
Programmausführung *f*, Programmbearbeitung *f*,
Programmablauf *m*, Programmverarbeitung *f* || ~
execution error / Programmablauffehler *m* || ~
execution level / Programmbearbeitungsebene *f* || ~
execution time / Programmlaufzeit *f* || ~ **file** /
Programmdatei *f* || ~ **filing** / Programmarchivierung
f || ~ **flow** / Programmablauf *m* DIN 44300 || ~
flowchart / Programmablaufplan *m* || ~ **generation**
/ Programmgenerierung *f*, Programmerstellung *f* || ~
generator / Programmgeber *m* || ^o **global User
Data (PUD)** / programmglobale Anwenderdaten,
PUD || ~ **header** / Programmkopf *m* || ~
identification / Programmkennung *f*,
Programmbezeichner *m* || ~ **identifier** /
Programmkennzeichnung *f*, Programmkennung *f*,
Programmbezeichner *m* || ~ **implementation** /
Programmverwirklichung *f*, Programmrealisierung
f || ~ **input** / Programmeingabe *f* || ~ **interpreter** /
Programminterpreter *m* || ~ **interruption** /
Programmeingriff *m*, Programmunterbrechung *f* || ~
invocation / Programminstanz *f*, Programm-

Instanz (PI) f || ~ **invocation management** / Programmaufrufverwaltung f || ~ **invocation service** / Programminstanzdienst m || ~ **jump** / Programmsprung m || ~ **jump address** / Programmsprungadresse f || ~ **key** / Programmschlüssel m || ~ **level** / Programmebene f || ~ **library** / Programmarchiv n, Bausteinbibliothek f (SPS), Programmbibliothek f || ~ **loading** / Programmeingabe f || ~ **loop** / Programmschleife f || ~ **management** / Programmverwaltung f
programmability n / Programmierbarkeit f
programmable *adj* / programmierbar *adj*, parametrierbar *adj* (SPS), projektierbar *adj*, freiprogrammierbar *adj* || **smallest ~ movement** / kleinste adressierbare Bewegung (Plotter) || ~ **address decoder (PAD)** / programmierbarer Adressdecoder || ~ **address generator** / programmierbarer Adressengenerator || ~ **automation system (PAS)** / programmierbares (o. speicherprogrammierbares) Automatisierungssystem || ~ **block communication (PBC)** / programmierbare Bausteinkommunikation (PBK) || ~ **communication interface (PCI)** / programmierbare Übertragungsschnittstelle || ~ **controller (PC)** / programmierbares Steuergerät DIN 19237, programmierbarer Regler, Automatisierungsgerät n (AG), Programmschaltwerk n || ~ **controller program (PCP)** / Programmable Controller Program (PCP) || ~ **controller system** (A user-built configuration, consisting of a programmable controller and its associated peripherals, that is necessary for the intended automated systems. It consists of units interconnected by cables or plug-in connections for permanent installation and) / SPS-System n || ~ **controller with interchangeable memory** / austauschprogrammierbare Steuerung || ~ **control system** / speicherprogrammierbares Steuerungssystem (SPS-System) DIN EN 61131-1 || ~ **counter** / programmierbarer Zähler
programmable-gain amplifier (PGA) / programmierbarer Verstärker
programmable integrated processor (PIP) / programmierbarer integrierter Prozessor (PIP) || ~ **interface unit (PIU)** / programmierbare Schnittstelleneinheit || ~ **interrupt controller (PIC)** / programmierbarer Unterbrechungs-Steuer-Baustein || ~ **interval timer (PIT)** / programmierbares Zeitintervallglied, programmierbare Intervalluhr || ~ **I/O (PIO)** / programmierbare E/A || ~ **logic array (PLA)** / programmierbares logisches Feld (PLA) || ~ **logic controller (PLC)** / Automatisierungsgerät n, programmierbare Verknüpfungssteuerung, programmierbare Anpassungsschaltung (NC) || ~ **manipulator (PM)** / programmierbares Handhabungsgerät (PHG) || ~ **measuring apparatus** / programmierbares Messgerät DIN IEC 625 || ~ **multiple interface** / programmierbare Mehrfachschaltung (PROMEA) || ~ **offset** / programmierbare Nullpunktverschiebung || ~ **one-shot** / programmierbarer (o. triggerbarer) Zeitgeber || ~ **parallel I/O device (PPIO)** / programmierbare parallele E/A-Einheit || ~ **peripheral interface (PPI)** / programmierbare peripherer Schnittstellenbaustein || ~ **read-only memory** /

programmierbarer Nur-Lese-Speicher || ~ **read-only memory (PROM)** / programmierbarer Festwertspeicher (PROM) || ~ **timer (PTM)** / programmierbarer Zeitgeber || ~ **word processing equipment** / programmierbarer Textautomat || ~ **zero offset** / programmierbare Nullpunktverschiebung
programme / Programm n
programmed contour / Sollkontur f, programmierte Kontur || ~ **control** / programmierte Regelung, Programmsteuerung f, Programmregelung f, Zeitplanregulierung f || ~ **depth** / Solltiefe f || ~ **instruction** / programmierter Befehl, Makrobefehl
program medium / Programmträger m
programmed optional stop / programmierter wahlweiser Halt (NC) || ~ **position** / programmierte Lage, programmierter Positions-Sollwert (NC) || ~ **stop** / programmierter Halt (NC), Programmunterbrechung f
program memory / Programmspeicher m
programmer n / Programmierer m, Programmiergerät n, Programmierplatz m, Programmschalter m || **heating ~** / Heizungsregler m (Programmschalter) || ~ **cable** / PG-Kabel n || ~ **connector** / PG-Steckdose f || ~ **interface** / Programmiergeräteschnittstelle (PG-Schnittstelle) f || ~ **interface module** / Programmiergeräte-Anschaltung f (Baugruppe), Programmiergeräteanschaltung || ~ **port** / Programmiergeräteschnittstelle (PG-Schnittstelle) f
programmer's console / Programmierstand m, Rechner-Bedienungspult n
programme-sensitive fault / programmbedingter Fehlzustand
programming adapter / Programmieradapter m (SPS) || ~ **aid** / Programmierhilfe f || ~ **and debugging tool (PADT)** / Programmier- und Diagnosegerät n || ~ **and diagnostic unit (PDU)** / Programmier- und Testeinrichtung f (PuTE) || ~ **and service unit** / Programmier- und Servicegerät n || ~ **area** / Programmierbereich m || ~ **console** / Programmierarbeitsplatz m || ~ **device** / Programmiergerät (PG) n || ~ **device port** / Programmiergeräteschnittstelle (PG-Schnittstelle) f || ~ **example** / Programmierbeispiel n || ~ **facility** / Programmiereinrichtung f || ~ **graphics** / Programmiergrafik f || ~ **guide (PG)** / Programmieranleitung (PA) f || ~ **interface** / Programmieroberfläche f, Programmierschnittstelle f || ~ **language** / Programmiersprache f || ~ **manual** / Programmierhandbuch n || ~ **overhead** / Programmieraufwand m || ~ **primer** / Programmierfibel f || ~ **system** / Programmiersystem n || ~ **tool** / Erstellungswerkzeug n || ~ **unit** / Programmiereinrichtung f || ~ **unit (PU)** / Programmiergerät n (PG)
program modification / Programmänderung f, Programmkorrektur f || ~ **memory control** / Programmspeichersteuerung f || ~ **memory expansion** / Programmspeichererweiterung f || ~ **module (QA)** / Programmodul n || ~ **module** / Programmbaustein m DIN 44300 || ~ **name** / Programmname m || ~ **no. P** / Programm-Nr. P || ~ **number** / Programmiernummer f || ~ **number** /

(EOR) / Programmnummer (EOR) f ‖ ~ **operation** / Programmbetrieb m ‖ ~ **organization** / Programmgliederung f, Programmorganisation f ‖ ~ **organization unit** / Programm-Organisationseinheit f ‖ ~ **output** / Programmausgabe f ‖ ~ **overview** / Programmübersicht f ‖ ~ **package** / Programmpaket n ‖ ~ **panel** / Programmiergerät n (PG) ‖ ~ **parity** / Programmparität f ‖ ~ **part** / Programmabschnitt m, Programmteil m ‖ ~ **patch** / Programmkorrektur f, Programmeinschub m ‖ ~ **patching** / Programmkorrektur f ‖ ~ **path** / Programmpfad m ‖ ~ **pinter** / Programmzeiger m ‖ ~ **processing** / Programmbearbeitung f, Abarbeiten des Programms ‖ ~ **repetition** / Programmwiederholung f ‖ ~ **restart** / Programmneustart m ‖ ~ **run** / Programmablauf m, Programmdurchlauf m ‖ ~ **running** / Programm läuft ‖ ~ **scan cycle** / Programmzyklus m ‖ ~ **scanning** / Programmbearbeitung f, Programmverarbeitung f ‖ ~ **schedule** / Programmverzeichnis n ‖ ~ **section** / Programmabschnitt m, Programmteil m ‖ ~ **selection** / Programmanwahl f
program-sensitive fault / programmbedingter Fehlzustand IEC 50(191)
program sequence / Programmfolge f ‖ ~ **sequencing** / Programmfolgebetrieb (PFB) m ‖ ~ **source text** / Programmquelltext m ‖ ~ **start** / Programmanfang m, Programmnullpunkt m (NC), Programmstart m ‖ ~ **start character** / Programmanfang-Zeichen n ‖ ~ **start-up** / Programm-Inbetriebnahme f ‖ ~ **status** / Programmzustand m, Programmstatus m ‖ ~ **status word (PSW)** / Programmzustandswort n ‖ ~ **step** / Programmschritt m ‖ ~ **stop** ISO 1056 / programmierter Halt (NC), Programmunterbrechung f, Programmhalt m, Programmstop m ‖ ~ **structure** / Programmaufbau m, Programmstruktur f ‖ ~ **support** / Verfahrensbetreuung f ‖ ~ **switch** / Programmschalter m ‖ ~ **test** (A step-by-step, statement-by-statement checking of the program.) / Ablaufkontrolle f, Bearbeitungskontrolle f ‖ ~ **test (PRT)** / Programmtest (PRT) m, Programmerprobung f ‖ ~ **testing** / Programmtest (PRT) m, Programmerprobung f ‖ ~ **trace** / Programmverfolgung f
program-to-program communication / Programmverbund m
program unit / Programmbaustein m DIN 19237,DIN 44300 ‖ ~ **variable** / Programmvariable f ‖ ~ **view** / Programmansicht f ‖ ~ **word** / Programmwort n, Wort n (In der NC-Technik ist ein Wort ein Grundelement eines Satzes und besteht in der Regel aus einem Adreßzeichen und einer Zahl.)
progress control / Terminüberwachung f
progression n / Fortschreiten n, Reihe f (Math.), Aufeinanderfolge f, Weiterschalten n ‖ ~ (of controller) / Aufsteuerung f (Fahrschalter) ‖ ~ **characteristic** / Progressionskennfeld n ‖ ~ **condition** / Weiterschaltbedingung f DIN 19237, Fortschaltbedingung f ‖ ~ **matrix** / Weiterschaltmatrix f ‖ ~ **to next step** / Schrittfortschaltung f (SPS)
progressive die / Folgeschnitt m ‖ ~ **dimensioning** / fortschreitende Bemaßung ‖ ~ **error** /

kontinuierlicher Fehler ‖ ~ **junction** / allmählicher Übergang (HL) ‖ ~ **wave** / fortschreitende Welle, Wanderwelle f ‖ ~ **winding** / ungekreuzte Wicklung, fortschreitende Wicklung
progress of charge / Ladeverlauf m (Batt.) ‖ ~ **of discharge** / Entladeverlauf m (Batt.) ‖ ~ **of transfer** / Übertragungsfortschritt m ‖ ~ **report** / Zwischenbericht m
prohibited area / Sperrbereich m, verbotener Bereich
prohibition sign / Verbotszeichen n, Verbotsschild n
prohibitive sign / Verbotszeichen n, Verbotsschild n
project v / projektieren v, planen v, projizieren v, hervorstehen v, konfigurieren v, herausragen v ‖ **project** n / Projekt n ‖ ~ **for entire** ~ / projektweit adj ‖ ~ **completion** / Projektabschluss m ‖ ~ **controlling** / Projektwirtschaft f E DIN 69902 ‖ ~ **declaration** / Projektvereinbarung f
projected peak point / projizierter Gipfelpunkt (o. Höckerpunkt (Diode) DIN 41856 ‖ ~ **peak point voltage** / Spannung am projizierten Gipfelpunkt (Diode) DIN 41856
project engineer / Projektierungsingenieur m ‖ ~ **engineering** / Projektierung f ‖ ~ **functions** / Projektfunktionen $f\,pl$ ‖ ~ **handling** / Projektabwicklung f ‖ ~ **keyword** / Anlagenstichwort n
projection n / Vorsprung m, Ausladung f, Überstand m, Buckel m, Warze f, Projektion f, Ansichtendarstellung f, Riss m ‖ ~ **distance** / Projektionsabstand m ‖ ~ **lamp** / Lichtwurflampe f, Projektionslampe f, Scheinwerferlampe f ‖ ~ **line** / Maßhilfslinie f ‖ ~ **printing** / Projektionsbelichtung f (gS) ‖ ~ **tube** / Projektionsröhre f
projection-welded adj / buckelgeschweißt adj
project management / Projektabwicklung f, Projektverwaltung f ‖ ~ **manager** / Projektleiter m ‖ ~ **manual** / Projekthandbuch m, Projektbuch n
projector n / Projektor m, Projektionsgerät n, Scheinwerfer m, Bilderwerfer m ‖ ~ **lamp** / Lichtwurflampe f, Projektionslampe f, Scheinwerferlampe f
project path / Projektpfad m ‖ ~ **planning aids** / Projektierungshinweis m, Projektierungshilfe f ‖ ~ **properties** / Projekteigenschaften $f\,pl$ ‖ ~ **reference** / Projektbezug m ‖ ~ **reference number** / Auftragskennzeichen (AKZ) n
projects business / Objektgeschäft n, Projektgeschäft n ‖ **supplied and initiated** ~ / belieferte und eingeleitete Projekte
project schedule / Anlagenverzeichnis n ‖ ~ **scope** / Mengengerüst n ‖ ~ **site** / Baustelle f
project-specific adj / projektspezifisch adj
project superintendent / Projektleiter m, Bauleiter m ‖ ~ **status selection** / Projektierungsart-Erfassung f ‖ ~ **summary** / Projektübersicht f ‖ ~ **tracing** / Projektverfolgung f
project-wide validity / projektweite Gültigkeit
project window / Arbeitsfenster n, Projektfenster n ‖ ~ **wizard** / Projektassistent m (Hilfsprogramm) ‖ ~ **versions** / Versionen des Projekts
prolonged arc / verlängerter Lichtbogen, Stehfeuer n, Stehlichtbogen m ‖ ~ **test** / Langzeitprüfung f, langfristige Prüfung, Zeitstandprüfung f
prom v / prommen v
PROM s. programmable read-only memory
promise of benefits / Nutzenversprechen n
promotion ability / Promotionsleistung f

promotional activities / Absatzförderungmaßnahmen *f pl*
promotion campaigns / Verkaufsförderungsaktionen *f pl* || **~ gifts** / Werbemittel *n*
promotor *n* / Beschleuniger *m*, Aktivator *m*
prompt *v* / veranlassen *v*, auffordern *v*, aufrufen *v*, (an)treiben *v*, hervorrufen *v*, wecken *v* || **~ *n*** / Eingabeaufforderung *f*, Aufforderung *f*, Aufforderungstext *m*, Aufruf *m*, Eingabeaufforderung *f*, Meldung *f* (an den Bediener) || **~ action** / sofortiger Eingriff || **~ buffer** / Anreizbuffer *m*
prompted *adj* / geführt *adj* || **~ loading** / geführtes Beladen
prompter *n* / Souffleur *m*, Wecker *m* || **~ interval** / Weckzeit
prompting, operator ~ / Bedieneraufforderung *f*, Bedienerführung *f* || **signal ~** / Meldeanreiz *m* (DÜ, PC) || **with operator ~** / bedienergeführt *adj* || **~ message** / Aufforderungstext *m* (SPS)
prong cap / Stiftsockel *m*
pronounced *adj* / ausgeprägt *adj*
Prony absorption dynamometer / Pronyscher Zaum, Bremszaum *m* || **≙ brake** / Pronyscher Zaum, Bremszaum *m*
proof *adj* / dicht *adj* (leckfrei), beständig *adj*, undurchlässig *adj* || **test-probe ~** / Prüfspitzensicherung *f* || **voltage ~** / Spannungsfestigkeit *f*
proofed textile tape / gummiertes Gewebeband
proof of action (QA) / Tätigkeitsnachweis *m* (QS) || **~ of serviceability** / Funktionsnachweis *m* || **~ of procurement of a replacement** / Ersatzbezugsnachweis *m* || **~ stress** / Strecklast *f*, Fließgrenze *f* || **~ test** / Standprüfung *f*, Abdrückversuch *m*, Dichtigkeitsprüfung *f* || **~ test** IEC 505 / Grenzwertprüfung *f* (Isoliersystem) VDE 0302,T.1 || **~ tracking index (PTI)** / Prüfzahl der Kriechwegbildung VDE 0303,T.1 || **~ voltage** / Prüfspannung *f* (Isolierstoff) IEC 50(212, Spannungsfestigkeit *f*
propagation coefficient / Fortpflanzungskoeffizient *m* (elektromagn. Feld) || **~ delay** / Signallaufzeit *f* || **~ delay time** / Laufzeit *f* (Signal) || **~ of errors** / Fehlerfortpflanzung *f*, Fehlergrenzenfortpflanzung *f* || **~ of light** / Lichtausbreitung *f* || **~ performance** / Ausbreitungsverhalten *n* (Signalübertragung) IEC 50(191) || **~ rate** / Fortpflanzungsgeschwindigkeit *f*, Ausbreitungsgeschwindigkeit *f* || **~ time** / Ausbreitungszeit *f*, Laufzeit *f* (Welle)
propagation-type converter / Kaskadenumsetzer *m*
propeller fan / Schraubenlüfter *m*
propelling motor / Antriebsmotor *m*, Fahrmotor *m*, Schiffsantriebsmotor *m*
propel motor / Antriebsmotor *m*, Fahrmotor *m*, Schiffsantriebsmotor *m*
proper *adj* / fehlerfrei *adj*, angemessen *adj*, einwandfrei *adj* || **~ usage** / bestimmungsgemäßer Gebrauch
properties *n pl* / Eigenschaften *f pl* || **dielectric ~** / Isolationseigenschaften *f pl*, Isoliervermögen *n* || **~ in steady state** / Eigenschaften im Beharrungszustand (MG) || **~ of the serial component** / Eigenschaften der seriellen Komponente || **~ on lubrication failure** / Notlaufeigenschaft *f*
property *n* / Eigenschaft *f*, Vermögen *n*, Fähigkeit *f*,

Merkmal *n*, Attribut *n* || **~ class** / Festigkeitsklasse *f*
proportion in size / Größenverhältnis *n*
proportional action / Proportionalverhalten *n* (Reg.), P-Verhalten *n* || **with ~ action** / proportionalwirkend *adj* || **~ actioning motor** / proportional übertragender Stellmotor || **~ and derivative action controller (PD controller)** / proportional-differentiell wirkender Regler (PD-Regler) || **~ and integral (PI)** / proportional-integral (PI) *adj*
proportional-action coefficient / Proportionalbeiwert *m*, P-Beiwert *m* || **~ control** / Proportionalregelung *f*, P-Regelung *f* || **~ controller** / proportionalwirkender Regler, P-Regler *m*, Proportionalregler *m* || **~ element** / Proportionalglied *n*, P-Glied *n*, Proportionalitätsglied *n*
proportional band / Proportionalbereich *m* (Reg.) DIN 19226, P-Bereich *m* || **~ coefficient** / Proportionalverstärkung *f*, Übertragungskonstante *f*, Proportionalbeiwert *m*, P-Beiwert *m* || **~ component** / Proportionalanteil *m* (Reg.), P-Anteil *m* || **~ control** / Proportionalregelung *f*, P-Regelung *f* || **~ controller** / Proportionalregler *m*, P-Regler *m* || **~ counter tube** / Proportional-Zählrohr *n* || **~ element** / Proportionalglied *n*, Proportionalitätsglied *n* || **~ feedback** / proportionale Rückführung, starre Rückführung, P-Rückführung *f* || **~ gain** / Übertragungskonstante *f*, Proportionalverstärkung *f*, Proportionalbeiwert *m*, P-Verstärkung *f*
proportional-integral control s. proportional plus-integral control
proportional integral control loop function / Proportional-Integral-Regelfunktion (PI Regelfunktion) *f*, PI Regelfunktion (Proportional-Integral-Regelfunktion)
proportional-integral-derivative controller / proportional-integral-differential wirkender Regler, PID-Regler *m*, PI-Regler mit Vorhalt
proportional-integral-differential (PID) *adj* / proportional-integral-differential (PID) *adj*
proportional offset / Proportionalabweichung *f* (Reg.), P-Abweichung *f*
proportional-plus-derivative action / Proportional-Differential-Verhalten *n* (Reg.), Proportionalverhalten mit Vorhalt, PD-Verhalten *n* || **~ controller** / proportional-differential-wirkender Regler, PD-Regler *m*, P-Regler mit Vorhalt
proportional-plus-integral action / Proportional-Integral-Verhalten *n*, PI-Verhalten *n* || **~ control** / Proportional-Integral-Regelung *f*, PI-Regelung *f* || **~ controller** / proportional-integral-wirkender Regler, PI-Regler *m*
proportional-plus-integral-action controller (PI controller) / proportional-integral wirkender Regler (PI-Regler)
proportional-plus-integral-plus-derivative action / Proportional-Integral-Differential-Verhalten *n* (Reg.), PID-Verhalten *n*, PI-Verhalten mit Vorhalt
proportional-plus-integral-plus-derivative controller / proportional-integral-differential wirkender Regler, PID-Regler *m*, PI-Regler mit Vorhalt
proportional region (electron tube) / Proportionalbereich *m* (Elektronenröhre) || **~ step change** / Proportionalsprung *m*, P-Sprung *m* || **~**

temperature controller / Proportional-Temperaturregler m || **~ type** / Proportionalschrift f || **~ weighing method** / Proportionalverfahren n
proportioning n / Dosieren n || **~ counter** / Dosierzähler m || **~ counter block** / Dosierzählerbaustein m || **~ module** / Dosierungsbaugruppe f (SPS), Dosierbaugruppe f || **~ scale** / Dosierwaage f
proposal list / Vorschlagsliste f
proprietary electronics / Eigenelektronik f || **~ records** / reservierte Sätze (NC)
propulsion n / Antrieb m || **~ motor** / Antriebsmotor m, Schiffsantriebsmotor m, Propellermotor m || **~ power** / Antriebsleistung f (LM) || **~ system** / Antriebssystem n, Fahranlage f || **~ unit** / Triebwerk n
pro-rated unit / Ableiter-Bauglied n
proscenium lighting / Vorbühnenbeleuchtung f
prospective actual value / voraussichtliches Ist || **~ breaking current** / unbeeinflusster Ausschaltstrom || **~ current** / unbeeinflusster Strom (eines Stromkreises), zu erwartender Strom, prospektiver Strom, nicht begrenzter Strom || **~ fault current** / unbeeinflusster Fehlerstrom, unbeeinflusster Kurzschlussstrom || **~ locked rotor current** / Motorstillstandsstrom ILRP || **~ making current** / unbeeinflusster Einschaltstrom || **~ peak current** IEC 129 / Scheitelwert des unbeeinflussten Stroms, unbeeinflusster Stoßstrom VDE 0670,T.2, prospektiver Stromscheitelwert || **~ short-circuit current** / unbeeinflusster Kurzschlussstrom, prospektiver Kurzschlussstrom, zu erwartender Kurzschlussstrom || **~ symmetrical current** / unbeeinflusster symmetrischer Strom || **~ symmetrical r.m.s. let-through current** / unbeeinflusster Stoßkurzschlussstrom, nicht begrenzter Stoßkurzschlussstrom || **~ symmetrical r.m.s. short-circuit current** / symmetrischer Kurzschlusstrom, Kurzschluss-Wechselstrom m || **~ touch voltage** / zu erwartende Berührungsspannung VDE 0100,T.200 || **~ transient recovery voltage** / unbeeinflusste Einschwingspannung
protected adj / geschützt adj, gesichert adj || **is ~ against wrong connection** / Versteckschutz wird sichergestellt || **protected against accidental contact** / berührungsgeschützt adj || **~ against polarity reversal** / verwechslungssicher adj, verpolungssicher adj, verpolsicher adj, verpolungsgeschützt adj, verpolungsfest adj || **~ against switching poles** / verpolungssicher adj, verpolungsgeschützt adj, verpolungsfest adj, verpolsicher adj || **~ creepage distance** / geschützter Kriechweg || **~ lampholder** / Schutzfassung f || **~ machine** / geschützte Maschine || **~ operation** / geschützter Betrieb || **~ pole** / geschützter Pol (SG) || **~ power unit multifunctional (PPU-MF)** / PPU-MF || **~ range** / Schutzbereich m (NC), Schutzzone f (NC) || **~ section** / geschützter Abschnitt (Schutzsystem) IEC 50(448) || **~ storage area** / geschützter Speicherbereich DIN 44300 || **~ zone** / Schutzbereich m, Schutzzone f
protecting cap / Schutzkappe f || **~ well** / Schutzrohr n (Thermometer)
protection n / Schutz m, Selektivschutz m IEC 50(448), Absicherung f || **17th German Federal Emission Protection Regulations** / 17.BimSchV (Bundesimissionsschutzverordnung) || **bedewing ~** / Betauungsschutz m || **explosion-proof type of ~** / Zündschutzart druckfeste Kapselung || **fail-safe type of ~** / Zündschutzart eigensicher || **with pole ~** / polgeschützt adj || **without pole ~** / polungeschützt adj || **~ against accidental electric shock** / Schutz gegen gefährliche elektrische Schläge || **~ against ageing** / Alterungsschutz m || **~ against approach to live parts** / Schutz gegen Annäherung an unter Spannung stehende Teile || **~ against automatic restart** (after supply interruption) / Schutz gegen unbeabsichtigten Wiederanlauf (nach Netzausfall) || **~ against conditions on ships' deck** / Schutz bei Überflutung || **~ against damage to the machine** / Maschinenschutz m || **~ against direct contact** / Schutz gegen direktes Berühren VDE 0100,T.200 || **~ against dripping water falling vertically** / Schutz gegen senkrecht fallendes Tropfwasser || **~ against electric shock** / Schutz gegen elektrischen Schlag, Schutz gegen gefährliche Körperströme DIN IEC 536, Berührungsschutz m || **~ against indirect contact** (HD 224) / Schutz bei indirektem Berühren, Schutz bei indirektem Berühren, Schutz bei indirekter Berührung || **~ against ingress of moisture** / Feuchteschutz m || **~ against ingress of solid foreign bodies** / Schutz gegen das Eindringen von Fremdkörpern, Fremdkörperschutz m || **~ against ingress of water** / Wasserschutz m || **~ against maloperation** / Fehlbedienungsschutz m || **~ against over-temperature** / Überhitzungsschutz m || **~ against personal injury** / Personenschutz m || **~ against shock in normal service** / Schutz gegen elektrischen Schlag bei normaler Tätigkeit VDE 0168,T.1, Schutz gegen direktes Berühren im normalen Betrieb || **~ against shock in the case of a fault** / Schutz gegen elektrischen Schlag im Fehlerfalle VDE 0168,T.1, Schutz gegen zu hohe Berührungsspannung im Fehlerfall, Schutz bei indirektem Berühren || **~ against short-circuits** / Kurzschlussstromsicherheit m || **~ against solid bodies greater than 1 mm** / Schutz gegen kornförmige Fremdkörper || **~ against solid bodies greater than 12 mm** / Schutz gegen mittelgroße Fremdkörper || **~ against solid bodies greater than 50 mm** / Schutz gegen große Fremdkörper || **~ against solid foreign bodies** / Fremdkörperschutz m || **~ against splashing water** / Schutz gegen Spritzwasser || **~ against spraying water** / Schutz gegen Sprühwasser || **~ against the effects of continuous submersion** / Schutz beim Untertauchen || **~ against the effects of immersion** / Schutz beim Eintauchen || **~ against voltage failure** / Nullspannungssicherheit f || **~ against water drops falling up to 15° from the vertical** / Schutz gegen schräg fallendes Tropfwasser || **~ area** / Schutzraum m, Schutzbereich m, Schutzzone f || **~ bracket** / Schutzwinkel m || **~ button** / Stutzstopfen m || **~ by automatic disconnection of supply** / Schutz durch selbsttätiges Abschalten der Spannung, Schutz durch automatische Abschaltung || **~ by electrical separation** / Schutztrennung f VDE 0100 || **~ by limitation of discharge energy** / Schutz durch Begrenzung der Entladungsenergie || **~ by limitation of voltage** / Schutz durch Begrenzung der Spannung || **~ by placing out of

protection

reach / Schutz durch Abstand || **~ by provision of adequate clearances** / Schutz durch Abstand || **~ by the provision of obstacles** / Schutz durch Anbringen von Hindernissen || **~ characteristic** / Schutzcharakteristik f, Schutzmerkmal n || **~ core** / Schutzkern m || **~ equipment** / Schutzgeräte n pl, Schutzeinrichtung f || **~ factor** / Schutzfaktor m **protection indication list** / Schutzmeldeliste f || **~ indications/displays** / Schutzmeldungen/-anzeigen f pl || **~ level** / Schutzstufe f, Schutzpegel m || **~ level range** / Schutzstufenbereich m || **~ log** / Schutzprotokoll n || **~ master unit** / Schutzdaten-Zentralgerät n || **~ of load** / Schutz des Verbrauchers DIN 41745 || **~ potential** / Schutzpotential n DIN 50900, Schutzspannung f || **~ ratio** IEC 50(161) / Sicherheitsabstand m (EMV), Schutzabstand m || **~ ratio against lightning impulses** IEC 50(604) / Blitz-Überspannungsschutzfaktor m || **~ ratio against switching impulses** / Schaltüberspannungs-Schutzfaktor m || **~ relay** / Schutzrelais n || **~ signal** / Schutzsignal n, Schutzmeldung f || **~ signalling** / Schutzsignalübertragung f || **~ signalling system** / Schutzmeldeanlage f || **~ signal processing** / Schutzsignalverarbeitung f || **~ so that equipment cannot be touched** / Berührungsschutz m || **~ system** / Schutzsystem n || **~ system associated with signalling system** / Schutzsystem mit Informationsübertragung || **~ system failure event** / Schutzsystem-Fehlerereignis n || **~ through communication link** / Schutz über Signalverbindungen || **~ time** / Schutzzeit f || **~ transformer** / Schutzwandler m || **~ unit** / Schutzgerät n || **~ using telecommunication** / Schutzsystem mit Informationsübertragung IEC 50(448) || **~ winding** / Schutzwicklung f || **~ zone** / Schutzbereich m, Schutzzone f, Schutzraum m, Stufe f || **~ zone delimitation** / Schutzraumabgrenzung f
protective and safety quality / Schutzgüte f || **~ barrier** / Schutzplatte f || **~ bonding** / Schutzverbindung f (el. Verbindung von Körpern zum Anschluss an den äußeren Schutzleiter) || **~ cap** / Schutzkappe f || **~ characteristic** / Schutzkennlinie f || **~ characteristics of arrester** / Ableiter-Schutzwerte m pl || **~ circuit** / Schutzstromkreis m, Schutzleiterstromkreis m, Schutzleiterstrombahn f, Schutzkreis m, Überwachungskreis m, Sicherheitsschaltung f || **~ circuit** IEC 204 / Schutzleitersystem n VDE 0113, Beschaltung f, Schutzbeschaltung f || **~ circuit-breaker** / Schutzschalter m (LS) || **~ clothing** / Schutzbekleidung f || **~ coating** / Schutzanstrich m, Umhüllung f (isolierende o. schützende Beschichtung), Schutzüberzug m, Deckschicht f || **~ collar** / Schutzkragen m || **~ command** / Schutzbefehl m || **~ conductor** / Schutzleiter (SL) m VDE 0100,T.200, PE-Leiter m || **~ conductor bar** / Schutzleiterschiene f (SL-Schiene) || **~ conductor incorporated in cable** / mitgeführter Schutzleiter (i. Kabel)
protective-conductor system / Schutzleitungssystem n || **~ terminal** IEC 157-1 / Schutzleiterklemme f, Schutzleiteranschluss m
protective cover / Schutzhaube f, Berührungsschutzabdeckung f, Schutzkappe f, isolierende Schutzvorrichtung f

458

protective covering / äußere Schutzhülle (Kabel) || **~ current transformer** / Schutz-Stromwandler m, Stromwandler für Schutzzwecke || **~ device** / Schutzeinrichtung f, Schutzvorrichtung f, Schutzorgan n || **~ door** / Schutztür f || **~ earth** (PE) / Schutzerde (PE), Schutzerdung f, Zuleitung f, Einspeiseanschluss m, Erdung mit Schutzfunktion || **~ earth** (PE) / PE-Verbindung f || **~ earth conductor** / geerdeter Schutzleiter, Schutzleiter m (PE) || **~ earth conductor (PE conductor)** / PE-Leiter m || **~ earth terminal** IEC 1036 / Schutzleiter-Anschlussklemme f (EZ) VDE 0418 || **~ earthing** / Schutzerdung f, Sicherheitserdung f || **~ envelope** / Mantelschutzhülle f, thermoplastische Schutzhülle, Kunstoffaußenhülle f, Außenhülle f, Schutzhülle f (nichtmetallen extrudierte Hülle, zum Schutz eines Metallmantels, die die äußere Hülle des Kabels bildet) || **~ equipment** / Schutzgeräte n pl, Schutzeinrichtung f, Sicherheitsausrüstung f || **~ extra-low voltage (PELV)** / Schutzkleinspannung (SELV) f, Sicherheitskleinspannung (SELV) f, Schutz-Kleinspannung f, Funktionskleinspannung mit sicherer Trennung || **~ field** / Schutzfeld n || **~ fitting** / Schutzarmatur f (Freiltg.) || **~ gap** / Schutzfunkenstrecke f || **~ gas** / Schutzgas n, Zündschutzgas n || **~ gear** / Schutzgeräte n pl || **~ goggles** / Schutzbrille f || **~ grading** / Schutzstaffelung f || **~ ground** / Schutzerde, Erdung mit Schutzfunktion (PE), Schutzerdung f || **~ ground conductor** / Schutzleiter m (ein Leiter, der für einige Schutzmaßnahmen gegen gefährliche Körperströme erforderlich ist), PE-Leiter m, PE || **~ grounding** / Schutzerdung f || **~ impedance** / Schutzimpedanz f DIN IEC 536 || **~ interlocking** / Schutzverriegelung f || **~ level** / Schutzpegel m || **~ lighting** / Sicherheitsbeleuchtung f (für die Überwachung von Industrieanlagen) || **~ limitation of steady-state current and charge** / Schutz durch Begrenzung des Beharrungsstroms und der Entladungsenergie IEC 50(826), Amend. 2 || **~ measure** / Schutzmaßnahme f || **~ measure for safety** IEC 364 / Schutzmaßnahmen f pl VDE 0100,T.470 || **~ measures with regard to electric shock** / Schutzmaßnahmen gegen elektrischen Schlag || **~ multiple earthing** / Nullung f || **~ network** / Schutzbeschaltung f, Beschaltung f, neutral **conductor** / Neutralleiter mit Schutzfunktion || **~ purposes** / Schutzzwecke m pl || **~ quality** / Schutzgüte f || **~ ramp-function generator** / Schutzhochlaufgeber m || **~ ratio** / Pegelfaktor m VDE 0111 || **~ relay** / Schutzrelais n || **~ relaying** / Schutzrelaistechnik f, Schutztechnik f || **~ resistor** / Schutzwiderstand m || **~ separation** / Schutztrennung f VDE 0100,T.200, sichere elektrische Trennung || **~ sheath** / thermoplastische Schutzhülle, Mantelschutzhülle f, Schutztülle f, Außenhülle f, Kunstoffaußenhülle f || **~ sheathing** / Mantelschutzhülle f, thermoplastische Schutzhülle, Schutzhülle f (nichtmetallen extrudierte Hülle, zum Schutz eines Metallmantels, die die äußere Hülle des Kabels bildet), Kunstoffaußenhülle f, Außenhülle f || **~ shroud** / Schutzkragen m || **~ shroud bar** / Kragenschutzsteg m || **~ shunt resistor** / Parallel-Schutzwiderstand m || **~ sleeve** / Schutzmuffe f (Kabelmuffe), Schutzhülse f || **~ spark gap** / Schutzfunkenstrecke f || **~ suit** / Schutzanzug m || **~ system** / Schutzsystem n ||

tube / Schutzrohr *n* (Thermometer) || **~ tube of the spindle** / Spindelschutzrohr *n* || **~ voltage transformer** / Schutz-Spannungswandler *m*, Spannungswandler für Schutzzwecke || **~ wrapping** / Schutzhülle *f* (a. EZ)
protector *n* / Schutzeinrichtung *f*, Schutzschalter *m*, Sicherung *f* || **Buchholz ~** / Buchholzrelais *n* ||
overvoltage ~ / Überspannungsschutzvorrichtung *f*, Spannungssicherung *f*, Durchschlagsicherung *f* || **thermal ~** / Temperaturwächter *m*, Thermowächter *m*, Temperaturschutzgerät *n* || **~ fuse module** / Absicherungsbaugruppe *f* || **~ module** / Absicherungsbaugruppe *f*
PROTID (protocol identifier) / PROTID (Protocol Identifier)
protocol / Protokoll *n* || **link ~** / Übermittlungsvorschrift *f* DIN 44302 || **~ converter** / Protokollwandler *m*, Protokollumsetzer *m*, Protokollübersetzer *m* || **~ data unit** / Protokolldateneinheit *f* || **~ data unit (PDU)** / Protocol Data Unit (PDU) || **~ data unit identifier (PDUID)** / Protocol Data Unit Identifier (PDUID) || **~ data unit reference (PDUREF)** / Protocol Data Unit Reference (PDUREF) || **~ element** / Protokollelement *n* || **~ handler** / Protokollabwickler *m*, Protokollhandler *m* || **~ handling** / Protokollabwicklung *f* || **~ identifier** / Protokollkennung *f* || **~ identifier (PROTID)** / Protocol Identifier (PROTID) || **~ layer** / Protokollschicht *f* ISO- Referenzmodell || **~ message queue** / Wartestelle *f* || **~ profile** / Protokollprofil *n*
proton beam / Protonenstrahl *m* || **~ synchrotron** / Protonensynchrotron *n*
Pro Tool Pro / ProTool Pro || ≙ **Tool project** / ProTool Projekt || ≙ **Tool version** / ProTool Version
prototype *n* / Prototyp *m*, Urtyp *m*, Erstausführung *f*, Baumuster *m*, Musterfertigung *f*, Nullserie *f* || **~ control** / Mustersteuerung *f* || **~ press control** / Muster-Pressensteuerung *f* || **~ production** / Musterbau *m* || **~ test** / Baumusterprüfung *f*, Typenprüfung *f*
protrude *v* / hervorstehen *v*
protrusion *n* / Vortritt *m*
proud mica / vorstehender Glimmer (Komm.), überstehender Glimmer (Komm.)
prove *v* / beweisen *v*, nachweisen *v*, prüfen *v*
proven *adj* / bewährt *adj*
prover *n* / Prüfgerät *n*, Kalibriergerät *n*
provide *v* / versehen (mit) *v*, bereitstellen *v*, ausstatten *v*, beistellen *v*
provider *n* / Anbieter *m*
providing ample area coverage / flächendeckend *adj*
proving resistor / Prüfwiderstand *m* || **~ rotor** / Prüfrotor *m* || **~ test** / Belastungsprobe *f*, Garantienachweis *m*
PROVIS (software program for ordering) / PROVIS
provisional station number / vorläufige Stationsnummer
provision of personnel / Personalbereitstellung *f* || **~ of services** / Erbringung von Serviceleistungen
PROWAY s. process data highway
proximal line / Proximallinie *f* || **~ region** / proximaler Bereich DIN IEC 469,T.1
proximity effect / Nahwirkungseffekt *m*, Proximity-Effekt *m*, Näherungseffekt *m* || **~ limit switch** / berührungsloser Endschalter || **~ position switch** / berührungsloser Positionsschalter, berührungsloser Grenztaster || **~ reflector** / Nahreflektor *m* || **~ sensing** / berührungsloses Melden, berührungsloses Messen || **~ sensor** / Näherungsfühler *m*, Näherungssensor *m*, Wegfühler *m*, Näherungsschalter *m* || **~ switch** / Näherungsschalter *m*, berührungsloser Schalter, Näherungsinitiator *m*, BERO || **~ switch bracket** / Schalterhalter *m* || **~ to the customer** / Kundennähe *f*
proximity-type protective equipment / berührungslos wirkende Schutzeinrichtung (BWS) || **~ transmitter** / berührungsloser Geber
proxy *n* / Stellvertreter *m*
PRP industries s. paper, rubber and plastics industries
PRT (program test) / Programmerprobung *f*, PRT (Programmtest)
PRV s. peak reverse voltage
PS (power supply) / Netzteil *n* (Netzanschlussgerät), Stromversorgungsbaugruppe *f*
PSAL s. permanent supplementary artificial lighting
PSD s. process shutdown system || ≙ s. precision sensitive detector || ≙ s. power spectral density
pseudo-code *n* / Zwischencode *m*, Pseudocode *m*
pseudo-decimal digit / Pseudodezimale *f*
pseudo-fuse / Sollschmelzstelle *f*
pseudo-periodic change / quasi-periodische Änderung
pseudo-random noise signal / quasi-statisches Rauschsignal || **~ sequence** / Quasi-Zufallsfolge *f*
pseudo-vector *n* / Pseudovektor *m*
P side / P-Seite *f* (Thyr)
PSIFET s. power silicon FET
psophometer *n* / Geräuschspannungsmesser *m*, Psophometer *m*, Störpegelmesser *m*
psophometric e.m.f. / Geräusch-EMK *f* VDE 0228 || **~ voltage** / Geräuschspannung *f* VDE 0228
PSS s. packet switching system || ≙ s. power system stabilizer
PSS (power system simulation) / Netzsimulation *f*
P step change / P-Sprung *m*, Proportionalsprung *m*
PST rating/kW / Leistung PKB/kW
PSU s. power supply unit || ≙ **(power supply unit)** / S || ≙ **(power supply unit)** / Netzgerätkomponente *f* || ≙ **(power supply unit)** / Lastnetzgerät *n*
PSW s. processor status word || ≙ s. program status word
psychophysical achromatic colour / unbunte Farbvalenz || **~ chromatic colour** / bunte Farbvalenz || **~ colour** / Farbvalenz *f*
PT / Impulsübertrager *m* || **~ element** / Übertragungsglied mit Verzögerungsverhalten (VZ-Glied)
PT1 technology board / PT1-Technologiebaugruppe *f*
PT100 evaluation unit / PT100-Auswertung *f*
PT2M EPROM module without SW / PT2M SW leeres EPROM-Modul || ≙ **module** / PT2M-Baugruppe *f*
PTB / Physikalisch-Technische Bundesanstalt (PTB) || ≙ **certification** / PTB-Bescheinigung *f* || ≙ **File No.** / PTB-Geschäftsnr. *f*
PTC (positive temperature coefficient) / Kaltleiter *m*, positiver Temperaturkoeffizient || ≙ **evaluation** / PTC-Auswertung *f* || ≙ **thermistor** / Kaltleiter *m*,

PTC-Widerstand n, PTC-Halbleiter m || ≘ **thermistor evaluator** / Kaltleiterauswertegerät n || ≘ **thermistor-control unit** / Kaltleiter-Auslöser m || ≘ **thermistor detector** / PTC-Halbleiterfühler m, Kaltleiter-Temperaturfühler m, Kaltleiterfühler m
PTI s. proof tracking index
PTM s. programmable timer || ≘ s. pulse time modulation
PTP (point-to-point) / PTP
PTR s. paper tape reader
PTTA s. partially type-tested assembly || ≘ **(partially type-tested low-voltage switchgear and controlgear assembly)** / partiell typgeprüfte Niederspannungs-Schaltgerätekombination
P-type conduction / P-Leitung f (HL), Löcherleitung f, Mangelleitung f || ≘ **semiconductor** / P-Halbleiter m, Löcherhalbleiter m
PU s. programming unit
public-address system / Lautsprecheranlage f, Beschallungsanlage f
public electricity supply / öffentliche Stromversorgung || ~ **lighting** / öffentliche Beleuchtung || ~ **relations work** / Öffentlichkeitsarbeit f || ~ **services** / öffentliche Versorgungsbetriebe || ~ **supply undertaking** / öffentliches Versorgungsunternehmen || ~ **switched system** / öffentliches Wählnetz || ~ **switched telephone network** / öffentliches Fernsprechnetz || ~ **utility** / öffentliches Versorgungsunternehmen (o. Versorgungsbetrieb)
published tariff / Normaltarif m (StT), allgemeiner Tarif (StT)
puck n / Fadenkreuzlupe f (CAD), Digitalisierlupe f, Abtastlupe f
PU conductor / PU-Leiter m, nicht geerdeter Schutzleiter
PUCS s. parallel poll unaddressed to configurate state
PUD (Program global User Data) / programmglobale Anwenderdaten, PUD
puffer circuit-breaker / Blaskolbenschalter m, BK-Schalter m, Eindruckschalter m || ~ **cylinder** / Blaszylinder m
p.u. impedance / bezogene Impedanz, Kurzschlussspannung f (Trafo)
PU interface module / PG-Anschaltung f (PC, Baugruppe, PG = Programmiergerät)
pull n / Zug m, Ziehen n, Zugkraft f || **to ~ into synchronism** / in Tritt fallen, in den Synchronismus kommen || **to ~ out of synchronism** / außer Tritt fallen, kippen v || **to ~ up to speed** / hochziehen v, beschleunigen v, hochschleppen v, hochlaufen v || ~ **box** / Kabeleinziehkasten m
pull-button n IEC 337-2 / Zugtaster m VDE 0660,T.201
pull-down, active ~ / aktiver Basisableitwiderstand (TTL-Schaltung) || **passive** ~ / passiver Basisableitwiderstand (TTL-Schaltung) || **pull-down menu** / Pull-Down-Menü
puller n / Abziehvorrichtung f, Abdrückvorrichtung f, Aufsteckgriff m (f. Sicherungen)
pulley n / Riemenscheibe f, Seilrolle f, Laufrolle f || **rim** / Riemenscheibenkranz m
pull in v / in Tritt fallen, in den Synchronismus kommen || ~ **loop** / Ziehschleife f
pulling, frequency ~ / Frequenzziehen n, Lastverstimmung f || ~ **box** / Zugdose f,

Einziehkasten m || ~ **figure** / Frequenzziehwert m, Lastverstimmungsmaß n || ~ **in** / Intrittziehen n, Intrittfallen n, in den Synchronismus kommen || ~ **into step** / Intrittziehen n, Intrittfallen n, in den Synchronismus kommen || ~ **into synchronism** / Intrittziehen n, Intrittfallen n, in den Synchronismus kommen || ~ **nut** / Einziehmutter f || ~ **out of synchronism** / Außertrittfallen n, Kippen n
pull-in power / Anzugsleistung f (Rel.) || ~ **reader** / Einzugsleser m || ~ **test** / Intrittfallprüfung f || ~ **torque** / Intrittfallmoment f || ~ **value** (relay) || ~ **winding** / Einziehwicklung f, Durchziehwicklung f
pull-off strength / Abreißkraft f (gS)
pull out v / herausziehen v, außer Tritt fallen, kippen v
pull-out fuse block / ausziehbare Sicherungsleiste || ~ **power** / Kippleistung f (Synchronmasch.) || ~ **protection relay** / Außertrittfallrelais n, Asynchronsperre f || ~ **rotor angle** / Kippwinkel m (des Läufers) || ~ **slip** / Kippschlupf m || ~ **slip frequency** / Kippschlupffrequenz f || ~ **speed** / Kippdrehzahl f || ~ **strength** / Ausreißkraft f (gS) || ~ **test** / Außertrittfallversuch m, Kippversuch m || ~ **torque** IEC 34-1 / Kippmoment n (Synchronmot.) VDE 0530,T.1, Außertrittfallmoment n
pull-over torque / Kippmoment n (Schrittmot.)
pull principle / Ziehprinzip n (Fertigung), Holprinzip n || ~ **production** / ziehende Fertigung || ~ **rod** / Zugstange f (SG-Betätigungselement) || ~ **switch** / Zugschalter m VDE 0632, Deckenschalter m || ~ **test** / Zugfestigkeitsprüfung f (Anschlussklemme)
pull-through winding / Durchziehwicklung f, Fädelwicklung f
pull-to-start button / Zugtaster Ein
pull-up resistor / Pull-up-Widerstand m || ~ **torque** IEC 34-1 / Sattelmoment n (Mot.) VDE 0530,T.1
pull-wire n / Reißleine f || **pull-wire stop control** / Reißleinenschalter m || ~ **switch** / Reißleinenschalter m
pulsatance n / Kreisfrequenz f, Winkelfrequenz f
pulsate v / pulsieren v, pendeln v, flattern v
pulsating characteristic / Lückverhalten n (SR) || ~ **current** / pulsierender Strom, Mischstrom m
pulsating-current motor / Mischstrommotor m
pulsating d.c. / Mischstrom m, lückender Gleichstrom || ~ **d.c. fault current** / pulsierender Gleichfehlerstrom VDE 0664,T.1
pulsating-d.c. motor / Mischstrommotor m || ~ **operation** / Lückbetrieb m (Gleichstrom)
pulsating fatigue test / Schwellversuch m || ~ **field** / pulsierendes Feld, Wechselfeld n
pulsating-light unit / Wechsellichtschranke f
pulsating load / Schwellbelastung f || ~ **quantity** / Mischgröße f || ~ **torque** / pulsierendes Drehmoment, Pendelmoment n, Wechselmoment n || ~ **voltage** / pulsierende Spannung, Mischspannung f
pulsation n / Pulsieren n, Schwingen n || ~ **e.m.f. of** ~ / Pendel-EMK f || ~ **dampener** / Pulsationsdrossel f (Druckmesser) || ~ **factor** / Schwingungsgehalt m (Mischspannung), Welligkeitsfaktor m, Überlagerungsfaktor m, Riffelfaktor m, Schwingungsweitenverhältnis n (Mischstrom), Welligkeit f || ~ **loss** / Pulsationsverlust m || ~ **snubber** / Druckstoßminderer m
pulsator-type washing machine / Pulsatorwaschmaschine f

pulse *n* IEC 235 / Impuls *m* ‖ **-pulse** / pulsig *adj* ‖ **~ accumulator freeze (PAF)** / PAF ‖ **~ accumulator freeze and reset (PAZ)** / PAZ ‖ **~ accumulator request (PAR)** / PAR ‖ **~ accumulator thaw (PAT)** / PAT ‖ **~ advance interval** / Impulsvoreildauer *f* ‖ **~ amplifier** / Impulsverstärker *m* ‖ **~ amplifier stage** / Impulsverstärkerstufe *f* ‖ **~ amplitude** / Impulsamplitude *f*, Impulshöhe *f*
pulse-amplitude discriminator / Impulshöhendiskriminator *m*
pulse amplitude modulated (PAM) / pulsbreitenmoduliert (PBM) *adj*
pulse-amplitude modulation (PAM) / Impulsamplitudenmodulation *f* (PAM)
pulse blocking / Impulssperre *f* ‖ **~ blocking rocker** / Impulssperrhebel *m* (EZ) ‖ **~ broadening** / Pulsverbreiterung *f* ‖ **~ burst** / Impulspaket *n*, Pulsburst *m* ‖ **~ burst base envelope** / Einhüllende der Basen eines Pulsbursts ‖ **~ burst duration** / Pulsburstdauer *f* ‖ **~ burst repetition frequency** / Pulsburstfrequenz *f* ‖ **~ burst repetition period** / Periodendauer eines Pulsbursts ‖ **~ burst separation** / Pulsburstabstand *m* ‖ **~ burst top envelope** / Einhüllende der Dächer eines Pulsbursts ‖ **~ bus** / Impulssammelschiene *f* ‖ **~ cable** / Impulsleitung *f* ‖ **~ characteristics** *n pl* / Impulsdaten ‖ **~ circuit** / Impulsschaltung *f*
pulse-code modulation (PCM) / Impulscodemodulation *f* (PCM)
pulse coincidence / Impulskoinzidenz *f* ‖ **~ coincidence duration** / Dauer der Impulskoinzidenz ‖ **~ command** / Impulsbefehl *m* ‖ **~ conditioning** / Impulsaufbereitung *f* ‖ **~ constant** / Impulskonstante *f* ‖ **~ contact** / Wischer *m* (Kontakt) VDE 0660,T.200, Wischkontakt *m*, Impulskontakt *m* ‖ **~ contact element** / Wischer *m*
pulse-contracting element / Verkürzungsglied *n* DIN 19237 ‖ **~ monoflop** / Verkürzungsglied *n* DIN 19237
pulse contraction / Impulsverkürzung *f* ‖ **~ control** / Pulssteuerung *f* (LE), Aussteuerung nach dem Pulsverfahren (LE) ‖ **~ control factor** / Einschaltverhältnis bei Pulsbreitensteuerung (LE), Tastverhältnis bei Pulsbreitensteuerung
pulse-controlled a.c. converter / Pulsumrichter *m* ‖ **~ inverter** / Pulswechselrichter *m* ‖ **~ resistance** / impulsgesteuerter Widerstand
pulse controller / Impulsregler *m* ‖ **~ conversion by inductance** / Induktivimpuls-Umsetzung *f* ‖ **~ converter** / Pulsumrichter *m* ‖ **~ corner** / Impulsecke *f* ‖ **~ counter** / Impulszähler *m* ‖ **~ count store** / Impulszählspeicher *m*, Zählspeicher *m* ‖ **~ current test** / Prüfung mit Stromimpulsen ‖ **~ delay interval** / Impulsverzögerungsdauer *f* ‖ **~ diagram** / Impulsplan *m* ‖ **~ dialing** / Impulswahlverfahren (IWV) *n* ‖ **~ disable path** / Abschaltpfad *m* ‖ **~ discharge test** / Pulsentladeprüfung *f* ‖ **~ distortion** / Impulsverzerrung *f* ‖ **~ distribution logic** / Impulsverteillogik *f* ‖ **~ distribution system** / Impulsverteilungssystem *n* ‖ **~ distributor** / Impulsverteiler *m*, Impulsweiche *f*, Ringverteiler *m*
pulsed lamp / Impulslampe *f* ‖ **~ laser** / Impulslaser *m* ‖ **~ line** IEC 151-14 / getastete Linie (ESR) ‖ **~ magnetron** / Impulsmagnetron *n*, Puls-Magnetron *n* ‖ **~ quantity** IEC 50(101) / Impuls *m*,

Impulsfolge *f* ‖ **~ resistance** / pulsgesteuerter Widerstand, Pulswiderstand *m* ‖ **~ resistor** / Pulswiderstand *m*, pulsgesteuerter Widerstand
pulse droop / Dachabfall *m* (Impuls) ‖ **~ duration** / Impulsdauer *f*, Impulsbreite *f*, Impulszeit *f* ‖ **~ duration control** (Pulse control at variable pulse duration and fixed frequency.) / Pulsdauersteuerung *f* (Pulssteuerung mit fester Pulsfrequenz und veränderlicher Pulsdauer)
pulse-duration modulation (PDM) / Impulsdauermodulation *f* (PDM)
pulse duration modulation output (PDM output) / Pulse-Pause Ausgang, Impuls-Pause Ausgang ‖ **~ duration modulation signal (PDM signal)** / Impuls-Pause Signal
pulse-duty factor / Tastverhältnis *n* (Pulsgeber), Impuls-Pause-Verhältnis, relative Einschaltdauer
pulse echo method (o. technique) / Impulsecho-Verfahren *n* ‖ **~ edge** / Impulsflanke *f*, Flanke *f* ‖ **~ edge evaluation** / Flankenauswertung *f*, Impulsvervierfachung *f*
pulse-edge flag / Flankenmerker *m* (SPS)
Pulse enable / Impulsfreigabe *f* ‖ **~ encoder** / Pulsgeber *m*, Pulscoder *m*, Impulsgenerator *m*, Impulsgeber *m*, Impulsformer *m*, Zählimpulsgeber *m* ‖ **~ encoder monitoring** / Pulscoder Monitoring
pulse encoder separating filter / Pulsgeberweiche *f* ‖ **~ encoder simulation** / Impulsgebernachbildung *f* ‖ **~ energy** / Impulsenergie *f* ‖ **~ envelope** / Impulsform *f* ‖ **~ epoch** / Impulsepoche *f* ‖ **~ evaluation** / Impulsauswertung *f* ‖ **~ expander** / Impulsdehner *m* ‖ **~ expansion** / Impulsdehnung *f*, Impulsverlängerung *f* ‖ **~ fall time** / Impulsabfallzeit *f* ‖ **~ finish** / Impulsende *n* ‖ **~ flag** / Impulsmerker *m* ‖ **~ forming** / Impulsformung *f*, Pulsformung *f* ‖ **~ frequency** / Impulsfrequenz *f*, Taktfrequenz *f*, Zyklus *m*, Takt *m* ‖ **~ frequency changer** / Impulsfrequenzwandler *m* ‖ **~ frequency control** / Pulsfolgesteuerung *f* (LE), Impulsfrequenzsteuerung *f*, Pulsfrequenzsteuerung *f* (Pulssteuerung mit fester Pulsdauer und veränderlicher Pulsfrequenz)
Pulse Frequency Modulation (PFM) / Puls-Frequenz-Modulation (PFM) *f*, Impulsfrequenzmodulation *f*
pulse gap / Impulslücke *f* ‖ **~ gating circuit** / Impulsweiche *f* ‖ **~ generator** / Impulsgenerator *m*, Impulsformer *m*, Impulsgeber *m*, Zählimpulsgeber *m*, Pulscoder *m*, Impulsgeber *m* ‖ **~ generator output** / Impulsgeberausgang *m* ‖ **~ height** / Impulshöhe *f* ‖ **~ height analysis (PHA)** / Impulshöhenanalyse *f* (PHA) ‖ **~ height discriminator** / Impulshöhendiskriminator *m* ‖ **~ highway** / Impulssammelschiene *f* ‖ **~ inhibitor** / Impulssperre *f* ‖ **~ initiator** / Impulsgeber *m*, Impulsgenerator *m* ‖ **~ input** / Impulseingang *m* ‖ **~ interlocking** / Impulssperre *f*, Impulsschutz *f* ‖ **~ interval** / Impulsintervall *n*, Impulsperiodendauer *f*, Impulsschritt *m* ‖ **~ jitter** / Pulszittern *n*, Pulsjitter *m* ‖ **~ length** / Impulslänge *f*, Impulsdauer *f*, Impulsbreite *f*
pulse-length modulation s. pulse-duration modulation ‖ **~ modulation (PLM)** / Impulslängsmodulation *f* (PLM)
pulse level adaptor / Impulspegelanpassung *f*
pulse-loaded *adj* / impulsbelastet *adj*
pulse measurement / Impulsmessung *f* ‖

measurement process / Impulsmessverfahren n DIN IEC 469,T.2 || ~ **message** / Impulstelegramm n (FWT) || ~ **mismatch stability** / Impulsstabilität bei Fehlanpassung || ~ **modulated** / impulsmoduliert adj || ~ **modulation (PM)** / Impulsmodulation f || ~ **motor** / Schrittmotor m || ~ **multiplication** / Impulsvervielfachung f || ~ **multiplication factor** / Impulsvervielfachung f || ~ **non-coincidence** / Impuls-Nichtkoinzidenz f || ~ **non-coincidence duration** / Dauer der Impulsnichtkoinzidenz
pulse-no-pulse ratio / Pulspausenverhältnis n
pulse number / Pulszahl f, Pulsigkeit f || ~ **number check** / Impulszahlprüfung f, Synchronschlusskontrolle f (FWT) || ~ **of ultrasonic energy** / Ultraschallimpuls m || ~ **operation** / Impulsbetrieb m || ~ **oscillation** / Impulsschwingung f || ~ **output** / Impulsausgang m, Impulsausgabe f || ~ **output power** / Impuls-Ausgangsleistung f || ~ **overshoot** / Impulsspitze f || ~ **peak power** / Pulsspitzenleistung f || ~ **permeability** / Impulspermeabilität f || ~ **phase modulation (PPM)** / Impulsphasenmodulation f || ~ **position modulation (PPM)** / Impulslagenmodulation f (PLM), Impulsphasenmodulation f || ~ **processing** / Impulsverarbeitung f || ~ **quadrant** / Impulsquadrant m
pulser n / Impulsgeber m
pulse radiation IEC 825 / Impulsdauer f (Lasergerät) VDE 0837 || ~ **rate** / Impulsrate f, Pulsfolgefrequenz f, Pulsfrequenz f || ~ **rate of rise** / Steilheit des Impulsanstieges || ~ **ratio** / Impulsverhältnis n, Impulsübersetzung f || ~ **recorder** / Impulsschreiber m, schreibender Impulszähler || ~ **reflection method** / Impulsecho-Verfahren n || ~ **reflectometer** / Impulsreflektometer n || ~ **relay** / Stromstossrelais n || ~ **repetition frequency (PRF)** / Impulsfolgefrequenz f, Impulsfrequenz f || ~ **repetition period** / Impulsperiodendauer f, Impulsfolgeperiode f || ~ **repetition rate** / Impulsfolgefrequenz f, Impulsfrequenz f || ~ **resistor** / Pulswiderstand m, pulsgesteuerter Widerstand || ~ **response** / Impulsverhalten n, Impulsantwort f, Gewichtsfolge f || ~ **re-weighting** / Pulsumwertung f || ~ **ripple** / Impulswelligkeit f || ~ **rise time** / Impulsanstiegszeit f || ~ **rounding** / Impulsverschleifen n, Impulsabrundung f || ~ **run** / Impulsgruppe f || ~ **run count** / Impulsgruppenanzahl f || ~ **scale** / Impulsmaßstab m || ~ **scaler** / Impulsuntersetzer m, Impulsumwerter m || ~ **scanning** / Impulsabfrage f || ~ **separating filter** / Impulsweiche f || ~ **shape** / Impulsform f || ~ **shaper** / Impulsformer m, Impulsgenerator m, Impulsgeber m, Pulsgeber m, Zählimpulsgeber m, Pulscoder m || ~ **shaper electronics** / Impulsformerelektronik f, integrierte Impulsformerelektronik, EXE || ~ **shaping** / Impulsformung f, Pulsformung f, Impulsformen n || ~ **shaping contact** / impulsformender Kontakt || ~ **shaping process** / Impulsformungsverfahren n || ~ **shortening** / Impulsverkürzung f || ~ **significance** / Impulswertigkeit f || ~ **spectroscope** / Impulsspektroskop n || ~ **spectrum envelope** / Hüllkurve des Pulsspektrums
pulses per revolution / Geberstrichzahl (GSTR) f, Strichzahl f

pulse spreading / Impulsverbreiterung f, Pulsverbreiterung f || ~ **stability** / Impulsstabilität f || ~ **start** / Impulsanfang m || ~ **starting stability** / Impulsstabilität bei Inbetriebnahme || ~ **start line** / Impulsstartlinie f || ~ **start time** / Impulsstartzeit f || ~ **stop line** / Impulsstoplinie f || ~ **stop time** / Impulsstopzeit f || ~ **stretcher** / Impulsdehner m || ~ **stretching** / Impulsdehnung f, Impulsverlängerung f
pulse-stretching element / Verlängerungsglied n DIN 19237 || ~ **monoflop** / Verlängerungsglied n DIN 19237
pulse string / Impulsreihe f, Impulspaket n, Impulsfolge f
pulse stuffing / Impulsfüllung f || ~ **suppression** / Impulsunterdrückung f, Impulslöschung f || ~ **synchronization** / Schrittsynchronisierung f (FWT) || ~ **techniques** / Impulstechnik f DIN IEC 469,T.1 || ~ **tilt** / Dachschräge f (Impuls) || ~ **time** / Impulszeit f || ~ **time modulation (PTM)** / Impulszeitmodulation f || ~ **timing diagram** / Impulsdiagramm n || ~ **top** / Impulsdach n
pulse-to-pulse jitter / Zittern aufeinanderfolgender Impulse || ~ **waveform conversion** / Umsetzung von Impuls in Impulsabbild
pulse track / Impulsspur f || ~ **train** / Impulsfolge f, Impulskette f, Taktbüschel n, Impulsreihe f, Impulspaket n || ~ **train** IEC 469-1 / Puls m (kontinuierlich sich wiederholende Folge von Impulsen) DIN IEC 469,T.1 || ~ **trains** / Kettenimpulse m pl || ~ **train base envelope** / Einhüllende der Basen eines Pulses || ~ **train epoch** / Pulsepoche f || ~ **train top envelope** / Einhüllende der Dächer eines Impulses || ~ **transformer** / Impulsübertrager m || ~ **transformer module** / Impulsübertragerbaugruppe f || ~ **transmission system** / Impulsübertragungssystem n (LE)
pulse-triggered element / zweizustandsgesteuertes (o. taktzustandsgesteuertes) Element || ~ **flipflop** / taktzustandsgesteuertes Flipflop, DC-Flipflop n
pulse valve / Impulsventil f || ~ **waveform distortion** / Impulsverzerrung f || ~ **waveform feature** / Impulseinzelheit f || ~ **waveform feature distortion** / Verzerrung einer Impulseinzelheit || ~ **waveshape** / Impulsabbild n, Impulsform f || ~ **weight** (The pulse weight of a system (i.e. its resolution) is the smallest increment of the machine slide motion caused by one single command pulse. (pulse-count system)) / Pulsbewertung f, Impulsbewertung f, Impulswertigkeit f || ~ **weight converter** / Impulsumwerter m || ~ **weighting** / Impulsbewertung f, Impulswertigkeit f (Die Impulswertigkeit eines Zählverfahrens (d.h. sein Auflösungsvermögen) ist das kleinste Weginkrement, das durch einen einzigen Impuls ausgelöst werden kann. (Zählverfahren)), Pulsbewertung f || ~ **width** / Pulsbreite f, Impulsdauer f
pulse-width-modulated (PWM) adj / pulsbreitenmoduliert (PBM) adj || ~ **inverter** / Wechselrichter mit Pulsbreitensteuerung, Pulswechselrichter m || ~ **signal (=PWM)** / pulsbreitenmoduliertes Signal
pulse-width modulation (PWM) / Pulsbreitenmodulation f, Pulsweitenmodulation (PWM) f || ~ **modulation control (PWM control)** / PWM-Steuerung f, modulierte

Pulsbreitensteuerung || ~ **modulation converter (PWM converter)** / Pulsumrichter *m* || ~ **modulation inverter (PWM inverter)** / Pulswechselrichter *m* || ~ **modulation method** / Pulsbreitenmodulationsverfahren *n* || ~ **modulation supplement PUZ** / Pulszusatz (PUZ) *m* || ~ **vector calculator** / Pulsbreiten-Vektorrechner (PB-Vektorrechner) *m* || **without ~ modulation** / ungepulster Betrieb
pulse-wire sensor / Impulsdrahtsensor *m*
pulse/pause ratio / Impuls-Pause Verhältnis, Tastverhältnis *n* (Pulsgeber)
pulsing *n* / Impulsgabe *f*, Impulsbetrieb *m*, Stromstoßbetrieb *m*, Takten *n* || ~ **regime** / Pulsverfahren *n*
pump *n* / Pumpe *f*, Verdrängerpumpe *f* || **detergent ~** / Waschmittelpumpe *f* || **inner (flow) resistance of the ~** / Innenwiderstand der Pumpe
pump-back method / Rückarbeitsverfahren *n* (el. Masch.) VDE 0530,T.2
pump by-pass / Pumpenunterdrückung *f*
pumped storage / Pumpspeicherung *f*
pumped-storage power station / Pumpspeicherkraftwerk *n*
pump-free device / Antipumpeinrichtung *f* VDE 0660,T.101, Wiedereinschaltsperre *f*
pumping *n* / Pumpen *n*, Flattern *n* || ~ **power station** / Pumpspeicherkraftwerk *n*
pumps and compressors / Strömungsmaschinen *f pl*, Kühlmittelpumpe *f* || ~ **and fans** / Kühlmittelpumpe *f*, Strömungsmaschinen *f pl*
pump set / Pumpensatz *m* || ~ **skirt** / Pumpenlaterne *f* || ~ **speed** / Pumpendrehzahl *f* || ~ **stroke** / Pumpenhub *m*
pump-turbine *n* / Pumpen-Turbine *f*
punch *n* / Stößel *m*, Stanzgerät *n*, Stanzer *m* || ~ *v* / stanzen *v*, ankörnen *v* || ~ **control** / Stanzsteuerung *f* || ~ **counter** / Stanzzähler *m* || ~ **head** / Stanzkopf *m* || ~ **initiation** / Stanzauslösung *f* || ~ **press** / Stanze *f*, Stanzmaschine *f* || ~ **signal** / Stanzsignal *n*
punchcard *n* s. punched card
punched *adj* / perforiert *adj*, gelocht *adj* || ~ **card (PC)** / Lochkarte *f* || ~ **strap** / Lochleiste *f* || ~ **tape** / Lochstreifen *m* (gestanzt), Steuerlochstreifen *m* || ~ **tape reader** / Lochstreifenleser *m* (Gerät, das die in Form von Lochkombinationen in einem Papier- oder Kunststoffstreifen gestanzten Informationen abtastet und an die Steuerung überträgt)
punched-tape code / Lochstreifencode *m* || ~ **variable-block format** / Programmaufbau mit variabler Satzlänge auf Lochstreifen (NC)
punching *n* / Stanzen *n*, Prägevorgang *m* || ~ **die** / Stanzwerkzeug *n*, Formstempel *m* || ~ **maximum-demand mechanism** / lochendes Maximumwerk || ~ **segmentation** / Stanzaufteilung *f* || ~ **shop** / Stanzerei *f*
punch-through *n* / Durchgriff *m* (HL), Leitfähigkeit zwischen den Raumladungszonen von zwei PN-Übergängen || ~ **voltage** / Durchgreifspannung *f* (HL) DIN 41854, Sperrschicht-Berührungsspannung *f*, Durchschlagspannung *f*
punctual *adj* / termingerecht *adj*
punctuation mark / Satzzeichen *n*
puncture *v* / durchschlagen *v* (Isolation), durchbohren *v*
punctured insulator / durchgeschlagener Isolator
puncture path / Durchschlagweg *m*

puncture-proof *adj* / durchschlagsfest *adj* (Isolation)
puncture strength / Durchschlagfestigkeit *f* || ~ **voltage** IEC 168 / Durchschlagspannung *f* (festes Dielektrikum) VDE 0674,1
PUP s. permissive underreach protection
Pupin coil / Pupinspule *f*
purchase *n* / Abverkauf *m* || ~ **contract** / Kaufvertrag *m*
purchased capacity / (zu)gekaufte Kapazität(en), verlängerte Werkbank
purchasing *n* / Einkauf *m*, Beschaffung *f*, Bezug *m*
purchase inspection gauge / Abnahmelehre *f* || ~ **of new parts** / Neuteilebezug *m* || ~ **order** / Bestellung *f* || ~ **order costs** / Bestell-Auftragskosten *pl* || ~ **order data** / BZ-Daten *pl* || ~ **order data code** / BZ-Datenkennzeichen *n* || ~ **order processing** / Bestellbearbeitung *f*
purchaser market / Käufermarkt *m*
pure a.c. fault current / Wechselfehlerstrom *m* || ~ **binary number** / Dualzahl *f* || ~ **capacitance** / verlustlose (o. reine) Kapazität || ~ **gas** / Reingas *n* || ~ **inductance** / verlustlose (o. reine) Induktivität || ~ **inductive load** / reine induktive Belastung || ~ **logic diagram** / reiner logischer Schaltplan || ~ **resistive load** / reine ohmsche Belastung, reine Widerstandsbelastung
purge *v* / reinigen *v*, bereinigen *v* (CAD), spülen *v*, durchspülen *v*, vorspülen *v*, durchblasen *v*
purging *n* / Vorspülung *f* (eines überdruckgekapselten Gehäuses mit Schutzgas) || ~ **gas** / Spülgas *n*, Vorspülgas *n*
purification plant / Klärwerk *n*
purple boundary / Purpurlinie *f*, Purpurgerade *f* || ~ **stimulus** / Purpurfarbe *f*
purpose *n* / Zweck *m*
pushbutton *n* IEC 337-2 / Drucktaster *m* VDE 0660,T.201, Druckknopf *m*, Taster *m*, Taste *f*, Schaltfläche *f* || ~ **actuator** / Druckknopfantrieb *m* || ~ **block** / Tasterblock *m* || ~ **box** / Druckknopfkasten *m*, Knopfkasten *m* || ~ **call point** / Druckknopfmelder *m* (Brandmelder) || ~ **combination** / Tasterkombination *f* || ~ **control** / Druckknopfsteuerung *f*, Druckknopfbetätigung *f*, Tasterbetätigung *f* || ~ **dimmer** / Tast-Dimmer *m* || ~ **interface** / Tasterschnittstelle *f* || ~ **lock** / Drucktastenschloss *n* || ~ **operation** / Druckknopfbetätigung *f*, Tasterbedienung *f* || ~ **operator** / Druckknopfantrieb *m* || ~ **plate** / Druckknopftafel *f* (eingebaut) || ~ **station** / Druckknopf-Steuergerät *n*, Druckknopftafel *f* || ~ **switch** / Druckknopfschalter *m* || ~ **unit** / Drucktaster *m* || ~ **with extended stroke** / Druckknopf mit verlängertem Hub
push-down storage / Kellerspeicher *m*, Silospeicher *m* || ~ **list** / LIFO-Liste *f*
pusher *n* / Aufdrückvorrichtung *f*, Aufziehvorrichtung *f*, Mitnehmer *m* || ~ **dog** / Mitnehmer *m*
pusher-puller *n* / Auf- und Abziehvorrichtung *f*, Aufdrück- und Abziehvorrichtung *f*
push fit / Edelschubsitz *m*
push-fitting *n* / Aufsteckmontage *f*
push in / hineinschieben *v*, einschieben *v*
pushing, frequency ~ / Stromverstimmung *f* (Änderung der Schwingfrequenz bei Änderung des Elektrodenstroms) || ~ **figure** / Stromverstimmungsmaß *n*

push-in lampholder / Einsteckfassung *f* (Lampe) || ~ **lug** / Einstecklasche *f*
push latch / Schieberast *f*
pushlock button / Rastdruckknopf *m*, Rasttaster *m*
push on / aufschieben *v*
push-on blade / Flachstecker *m* (Klemme) || ~ **connection** / Flachsteckanschluss *m* || ~ **contact** / Steckhülse *f* (Aufsteckkontakt) || ~ **plug distributor** / Steckverteiler *m* || ~ **receptacle** / Flachsteckhülse *f* || ~ **rod** / Schubstange *f* || ~ **sealing end** / aufschiebbarer Endverschluss || ~ **sleeve** / Steckhülse *f* || ~ **straight joint** / aufschiebbare Verbindungsmuffe || ~ **surface** / Aufschiebefläche *f* || ~ **terminal strip** / Steckerleiste *f* (Klemmenleiste), Steckleiste *f*, Stiftleiste *f*, Messerleiste *f*
push onto / hinterlegen *v*
push-out tool for crimp contacts / Ausstoßwerkzeug *n*
push-over test / Umsturzprüfung *f*
push play away by hand / Spiel von Hand wegdrücken
push-pop stack / Stapelspeicher *m*
push principle / Schiebeprinzip *n* (Fertigung), Bringprinzip *n* || ~ **production** / schiebende Fertigung
push-pull amplifier / Gegentaktverstärker *m* || ~ **button** IEC 337-2 / Druck-Zug-Schalter *m* VDE 0660,T.201, Druck-Zug-Taster *m* || ~ **Class B amplifier** / Gegentakt-B-Verstärker *m* || ~ **coupling** / Druck-Zug-Kupplung *f*, Push-pull-Kupplung *f* || ~ **input** / Gegentakteingang *m*, symmetrischer Eingang || ~ **operation** / Gegentaktbetrieb *m* || ~ **output** / Gegentaktausgang *m*, symmetrischer Ausgang || ~ **pushbutton** / Druck-Zug-Schalter *m* VDE 0660,T.201, Druck-Zug-Taster *m* || ~ **pushbutton unit** / Druck-Zug-Taster *m* || ~ **transformer** / Gegentakttransformator *m*
push-push operation / Betrieb mit Gegentakteingang und Eintaktausgang
push rod / Schubstange *f*, Stößel *m* (PS), Tasthebel *m* (PS), Druckstange *f* || ~ **rod type operator** / Stangenzylinder *m*
push-through badge / Durchzieh-Ausweiskarte *f* || ~ **lampholder** / Durchsteckfassung *f* (Lampe) || ~ **reader** / Durchzugsleser *m* || ~ **technique** / Durchdringungstechnik *f* || ~ **winding** / Wicklung mit (eingeschobenen) Halbformspulen IEC 50(411)
push-to-test button (for lamp) / Lampenprüftaste *f* (DT) || ~ **facility** / Lampenprüfung *f* || ~ **indicator light** / Leuchtmelder mit Lampenprüftaste
push-up storage / Silospeicher *m*
put in / einlegen *v* || ~ **into memory** / Nachspeichern *n* || ~ **on** / aufgesteckt *adj*, auflegen *v*
PUTT s. permissive underreach transfer trip protection
puttied *adj* / gekittet *adj*
putting into operation / Inbetriebsetzung *f* || ~ **into service** / Inbetriebsetzung *f*
PVC s. polyvinyl chloride || $\stackrel{\circ}{=}$ **compound** / PVC-Masse *f*, PVC-Mischung *f* || $\stackrel{\circ}{=}$ **conduit** / PVC-Rohr *n* (IR) || ~ **hose** / PVC Schlauchleitung ~ **hose lead** / PVC Schlauchleitung
PVC-insulated cables and flexible cords / PVC-isolierte Starkstromleitungen VDE 0281 || $\stackrel{\circ}{=}$ **single-core non-sheathed cable** / PVC-Aderleitung *f* VDE 0281

PVC non-sheathed cables for internal wiring / PVC-Verdrahtungsleitung *f* VDE 0281
PVC-sheathed flexible cord / PVC-Schlauchleitung *f* VDE 0281, flexible PVC-Schlauchleitung
PWM (converter output frequency voltage) / Umrichterausgangsfrequenz *f*, Transistorsteller *m*, Transistor-Pulsumrichter *m*, Pulswechselrichter *m* || $\stackrel{\circ}{=}$ **(pulse width modulation)** / Pulsbreitenmodulation *f* || $\stackrel{\circ}{=}$/**converter operation** / Umrichterbetrieb *m* || $\stackrel{\circ}{=}$ **control (pulse width modulation control)** / modulierte Pulsbreitensteuerung (Pulssteuerung, bei der die Pulsbreite und/oder die Pulsfrequenz innerhalb jeder Grundschwingungsdauer so moduliert werden, dass sich am Ausgang eine bestimmte Schwingungsform ergibt), PWM-Steuerung *f* || $\stackrel{\circ}{=}$ **converter (pulse width modulation converter)** / Pulsumrichter *m* || $\stackrel{\circ}{=}$ **inverter (pulse-width-modulation inverter)** / Pulswechselrichter *m*
P-wire *n* / C-Ader *f*
pygmy lamp / Zwerglampe *f*
pylon *n* / Pylon *m*, Mast *m*, Wendeturm *m*
PYRANOL / (Handelsbezeichn. für Chlordiphenyl-Isolierflüssigkeit, entspricht Clophen
pyroelectric detector / pyroelektrischer Empfänger
pyrolisis chromatography / Pyrolysechromatographie *f*
pyrolizer oven / Pyrolysator *m*
pyrometric cone equivalent / Kegelfallpunkt *m* (nach Seger) VDE 0335,T.1
PZD control / PZD-Steuerung *f* || $\stackrel{\circ}{=}$ **signals** / Anzeige PZD-Signale

Q

Q / Ausgang *m*, Ausgabe *f*, Ausgangsgröße *f*, Ausgangssignal *n*, Ausgangsleistung *f*, abgegebene Leistung, Leistungsabgabe *f*, Abtrieb *m*, Produktionsleistung *f*, Stellwert *m* (Ausgangswert einer Regelung), Ausstoß *m*, Leistungsergebnis *n*, Endstufe *f* (elST)
q (classification letter for sand filling) / q (Kennbuchstabe für Sandkapselung) EN 50017
QA (quality assurance) / QS (Qualitätssicherung) || $\stackrel{\circ}{=}$ **manual** / QS-Handbuch *n* || $\stackrel{\circ}{=}$ **procurement** / QS-Beschaffung *f* || $\stackrel{\circ}{=}$ **procedures manual** (CSA Z 299) / QS-Verfahrens-Handbuch *n* || $\stackrel{\circ}{=}$ **program module** (CSA Z 299) / QS-Programm-Modul *n* || $\stackrel{\circ}{=}$ **program section** (CSA Z 299) / QS-Programm-Abschnitt *m*
QAA / Qualitätssicherungsvereinbarung *f*, QSV
QAR s. QA representative
QA representative (QAR) / Qualitätssicherungsbeauftragter *m*, amtlicher Güteprüfer
q-axis *n* / Querachse *f*, Querfeldachse *f* || ~ **current** / Querstrom *m*
QB (output byte) / AB (Ausgabebyte), AB (Ausgangsbyte)
QDS (quality data save) / QDS (Qualitätsdatensicherung)
QEC / QFK, Quadrantenfehlerkompensation *f*
QF / Ausgangsmerker (AM) *m*

Q factor / Gütefaktor *m* (Q)
QIL s. quad-in-line package
QIM (output image) / AAB (Ausgangsabbild), AAB (Ausgabeabbild)
Q inspection / Q-Prüfung *f*, Qualitätsprüfung *f*
QMS (Quality Management System) / QMS (Qualitätsmanagement-System)
QOS s. quality of service
QPL s. qualified products list
Q planning s. quality planning
qty. / Stück *n*, Stck
quad *n* / Vierer *m*, Adervierer *m* || ~ **bundle** / Viererbündel *n*
quad-in-line package (QIL) / Quad-In-Line-Gehäuse *n* (QIL)
quad multiplexer / Vierfach-Multiplexer *m* || ~ **op amp** / Vierfach-Operationsverstärker *m* || ~ **operational amplifier** / Vierfach-Operationsverstärker *m*
quadrangular *adj* / viereckig *adj* || ~ **tool** / Quadratwerkzeug *n*
quadrant *n* / Quadrant *m*, Viertelkreis *m* || ~ **electrometer** / Quadranten-Elektrometer *n* || ~ **error compensation** / Quadrantenfehlerkompensation *f*, QFK || ~ **programming** / Vierteilkreisprogrammierung *f* (NC), Quadrantenprogrammierung *f* (NC) || ~ **scale** / Quadrantskale *f*
quadratic lag / Verzögerung zweiter Ordnung (Reg.) || ~ **profile** / quadratisches Profil || ~ **rate** / zeitbezogener quadratischer Wert || ~ **V/f control** / quadratische U/f-Steuerung (Diese Betriebsart kann für Lasten mit variablem Drehmoment, wie Gebläse und Pumpen, eingesetzt werden)
quadrature, in ~ / in Quadratur, um 90° phasenverschoben || ~ **adjustment** / Phasenabgleich *m* (EZ), 90°-Abgleich *m* (EZ) || ~ **axis** / Querachse *f*, Querfeldachse *f*
quadrature-axis armature reactance / Hauptfeld-Querreaktanz *f*, Haupt-Querreaktanz *f* || ~ **brush** / Querbürste *f* (el. Masch.) || ~ **component** / Querfeldkomponente *f*, Queranteil *m* || ~ **component of current** / Queranteil des Stroms, Querstrom *m* || ~ **component of m.m.f.** / Querdurchflutung *f* || ~ **component of synchronous generated voltage** / Hauptfeld-Querspannung *f* || ~ **component of voltage** / Queranteil der Spannung, Querspannung *f* || ~ **damper leakage time constant** / Streufeld-Zeitkonstante der Querdämpferwicklung || ~ **e.m.f.** / Quer-EMK *f* || ~ **field** / Querfeld *n* || ~ **field damping** / Querfelddämpfung *f* || ~ **flux** / Querfluss *m* || ~ **impedance** / Querimpedanz *f* || ~ **inductance** / Querfeldinduktivität *f* || ~ **leakage field** / Querstreufeld *n* || ~ **leakage flux** / Querstreufluss *m* || ~ **magnetic flux** / Querfluss *m* || ~ **magnetization** / Quermagnetisierung *f* || ~ **magnetizing reactance** / Hauptfeld-Querreaktanz *f*, Haupt-Querreaktanz *f* || ~ **open-circuit damper-winding time constant** / Leerlauf-Zeitkonstante der Dämpferwicklung in der Querachse, Leerlauf-Zeitkonstante der Querdämpferwicklung || ~ **quantity** / Quergröße *f* || ~ **reactance** / Querreaktanz *f*, Querfeldreaktanz *f* || ~ **short-circuit damper-winding time constant** / Kurzschluss-Zeitkonstante der Dämpferwicklung in der Querachse, Kurzschluss-Zeitkonstante der Querdämpferwicklung || ~ **stray field** /

Querstreufeld *n* || ~ **subtransient e.m.f.** / Subtransient-Quer-EMK *f* || ~ **subtransient impedance** / Subtransient-Querimpedanz *f* || ~ **subtransient open-circuit time constant** / Subtransient-Leerlauf-Zeitkonstante der Querachse || ~ **subtransient reactance** / Subtransient-Querreaktanz *f*, Stoß-Querreaktanz *f* || ~ **subtransient short-circuit time constant** / Subtransient-Kurzschluss-Zeitkonstante der Querachse || ~ **subtransient voltage** / subtransiente Querspannung || ~ **synchronous impedance** / Synchron-Querimpedanz *f* || ~ **synchronous reactance** / Synchron-Querreaktanz *f*, Anker-Querfeldreaktanz *f* || ~ **transient e.m.f.** / Transient-Quer-EMK *f* || ~ **transient impedance** / Transient-Querimpedanz *f* || ~ **transient open-circuit time constant** / Transient-Leerlauf-Zeitkonstante der Querachse || ~ **transient reactance** / Transient-Querreaktanz *f* || ~ **transient short-circuit time constant** / Transient-Kurzschluss-Zeitkonstante der Querachse || ~ **transient voltage** / Transient-Querspannung *f* || ~ **voltage** / Querspannung *f*, Querfeldspannung *f* || ~ **winding** / Querwicklung *f*
quadrature booster / Querregler *m*, Quertransformator *m*, Phasenschiebertransformator *m* || ~ **brush** / Querbürste *f*, Hilfsbürste *f* || ~ **brushes** / Bürsten mit 90°-Phasenverschiebung || ~ **coil** / Phasenabgleichspule *f* (EZ) || ~ **compensation** / Phasenabgleich *m* (EZ), 90°-Abgleich *m* (EZ) || ~ **compensation class** / Phasenabgleichklasse *f* (EZ) || ~ **component** / Queranteil *m*, Blindkomponente *f*, Querregelung *f* (Spannungsregelung mittels einer zusätzlichen, und um 90° phasenverschobenen Spannungskomponente) || ~ **correction** / Phasenabgleich *m* (EZ), 90°-Abgleich *m* (EZ) || ~ **correction device** / Phasenregler *m* (EZ)
quadrature-current compensation / Blindstromkompensation *f*, Statisierung *f*, Blindstromaufschaltung *f*
quadrature droop / Statik *f*
quadrature-droop circuit / Statisierungskreis *m* || ~ **compensation** / Blindstromkompensation *f*, Statisierung *f*, Blindstromaufschaltung *f* || ~ **module** / Statikbaustein *m*
quadrature excitation / Querfelderregung *f* || ~ **field** / Querfeld *n* || ~ **regulator** / Querregler *m*, Quertransformator *m*, Phasenschiebertransformator *m* || ~ **transformer** / Quertransformator *m*, Querregler *m*, Phasenschiebertransformator *m* || ~ **voltage (V$_q$)** / Querspannung *f* (U$_q$), Querregelung *f* (Spannungsregelung mittels einer zusätzlichen, und um π/2 phasenverschobenen Spannungskomponente)
quadrilateral characteristic / Polygoncharakteristik *f* (Schutz)
quadripole *n* / Vierpol *m*
quadrithermal *adj* / quadrithermisch *adj*
quadruple bus / Vierfach-Sammelschiene *f*, Vierleiter-Sammelschiene *f* || ~ **characteristic selector** / Vierfachkennlinienwähler || ~ **conductor** / Viererbündel *n*
quadruple-reduction gear unit / vierfaches Untersetzungsgetriebe
quadruple support for switching devices for load feeders / 4er Geräteträger für Verbraucherabzweige
quadruple thread / viergängiges Gewinde

quadruplex material / Vierschichtmaterial *n*
quadruplication *n* / Vervierfachung *f*
quadrupole *adj* / vierpolig *adj*
quad slope converter / Vierflankenumsetzer *m*, Quad-slope-Wandler *m*
quad-to-quad coupling / Nebenviererkopplung *f*
quadtree *n* / Viererbaum *m*
qualification *n* / Qualifikation *f* || **qualification requirement** / Qualifikationsforderung *f* || ~ **standard** / Qualifikationsnorm *f* || ~ **statement** / Qualifikationsnachweis *m* || ~ **test** / Qualifikationsprüfung *f*
qualified *adj* / qualifiziert *adj* || ~ **life** / Qualifikationslebensdauer *f* || ~ **personnel** / Fachpersonal *n*, qualifiziertes Personal || ~ **products list (QPL)** / Liste zugelassener Erzeugnisse || ~ **staff** / Fachpersonal *n*
qualifier *n* / Kennzeichner *m*, Bestimmungszeichen *n*, Qualitätsmerkmal *n*, Begleitsignal *n* || **clock** ~ / Taktkennzeichen *n*
qualifying limit IEC 64 / zulässige Ausfallmenge VDE 0715 || ~ **symbol** / Kennzeichen *n* (Schaltplanzeichen) || ~ **symbol IEC 113-2** / Vorzeichen *n* (Bezeichnungssystem) DIN 40719,T.2 || ~ **symbol for function IEC 117-15** / Funktionskennzeichen *n* DIN 40700,T.14
qualimetry *n* / Qualimetrie *f*
qualitative characteristic / qualitatives Merkmal || ~ **determination** / qualitative Bestimmung
quality *n* / Qualität *f*, Güte *f*, Beschaffenheit *f*, Attribut *n*, Merkmal *n*, Eigenschaft *f* || **noise** ~ / Geräuschart *f* || ~ **appraisal** / Gütebewertung *f* || ~ **assessment system** / Gütebestätigungsverfahren *n* || ~ **assurance (QA)** / Qualitätssicherung (QS) *f* DIN 55350,T.11, Qualitätssicherungs-Nachweisführung *f* || ~ **assurance agreement** / Qualitätssicherungsvereinbarung *f*, QSV || ~ **assurance contact** / Qualitätssicherungs-Beauftragte *m pl* || ~ **assurance department** / Qualitätssicherungsabteilung *f*, Qualitätssicherungsstelle *f* || ~ **assurance engineer** / Qualitätsingenieur *m* || ~ **assurance manual** (QA manual) / Qualitätssicherungs-Handbuch *n* (QS-Handbuch) || ~ **assurance officer** / Qualitätssicherungsbeauftragter *m* || ≙ **Assurance Representative** / Qualitätssicherungsbeauftragter *m*, amtlicher Güteprüfer || ~ **assurance requirements** / Qualitätssicherungs-Nachweisforderung *f* DIN 55350,T.11, Qualitätssicherungsauflagen *f pl* || ~ **assurance surveillance** / Überwachung der Qualitätssicherung des Lieferanten || ~ **audit** / Qualitätsaudit *f* DIN 55350,T.11, Qualitätsrevision *f* || ~ **awareness** / Qualitätsbewusstsein *n* || ~ **capability** / Qualitätsfähigkeit *f* DIN 55350,T.11 || ~ **characteristic** / Qualitätsmerkmal *n* || ~ **class** / Güteklasse *f*, Anforderungsklasse *f* || ~ **code processing numeric input** / Verarbeitung von Qualitätsindikatoren || ~ **control ISO 9000** / Qualitätslenkung *f* DIN 55350,T.11, Qualitätssicherung (QS) *f* || ~ **control report** / Werks-Prüfprotokoll *n*, Werkszeugnis *n* || ~ **control surveillance** / Überwachung der Qualitätssicherung des Lieferanten || ~ **costs** / Qualitätskosten *plt* DIN 55350,T.11 || ~ **criterion** / Qualitätsmerkmal *n*, Gütemerkmal *n* || ~ **data save (QDS)** / Qualitätsdatensicherung (QDS) *f* || ~

defect / Qualitätsmangel *m* || ~ **documentation** / Qualitätssicherungsdokumentation *f* (QS-Dokumentation) || ~ **element** / Qualitätselement *n* (QE) || ~ **engineering** / Qualitätstechnik *f* DIN 55350,T. 11 || ~ **factor** / Gütefaktor *m* (Q) || ~ **improvement** / Qualitätsförderung *f* DIN 55350,T.11 || ~ **inspection** (Q inspection) / Qualitätsprüfung *f* (Q-Prüfung) DIN 55350,T.11 || ~ **inspection and test facility** / Qualitätsprüfstelle *f* || ~ **level** / Qualitätslage *f*, Qualitätsniveau *n* || ~ **loop** / Qualitätskreis *m* DIN 55350,T.11 || ~ **management** / Qualitätsmangement *m* DIN ISO 9000 || ~ **management responsibility** / QS-Zuständigkeit *f* || ~ **management system** / Qualitätsmanagementsystem *n* (QS) DIN ISO 9000, Qualitätsmanagementsystem *n* || ~ **manual** / Qualitätssicherungs-Handbuch *n* (QS-Handbuch) || ~ **mark** / Gütezeichen *n* || ~ **objective** / Qualitätsziel *n* || ~ **of conformance** / Ausführungsqualität *f* DIN 55350,T.11, Güte *f*
quality of control / Regelergebnis *n* || ~ **of design** / Entwurfsqualität *f*, Konstruktionsqualität *f* || ~ **of manufacture** / Fertigungsqualität *f*, Mustertreue *f* || ~ **of motion** / Laufeigenschaft *f* || ~ **of planning** / Planungsqualität *f* DIN 55350 || ~ **of service (QOS)** / Dienstgüte *f* || ~ **of stem surface** / Güte der Spindeloberfläche || ~ **of supply** / Versorgungsqualität *f* || ~ **of surface finish** / Oberflächengüte *f*, Bearbeitungsgüte *f* || ~ **of transmission** / Übertragungseigenschaften *f pl* || ~ **of vibration S** / Schwinggüte S || ~ **plan** / Qualitätssicherungsplan *m* || ~ **planning (Q planning)** / Qualitätsplanung *f* (Q-Planung) DIN 55350,T.11 || ~ **policy** / Qualitätspolitik *f* || ~ **procedures** / QS-Verfahrensanweisungen *f pl* || ~ **records** / Qualitätsberichterstattung *f*, Qualitätsaufzeichnungen *f pl*
quality-related costs / Qualitätskosten *plt* DIN 55350,T.11
quality report / Qualitätsbericht *m* || ~ **reporting** / Qualitätsberichterstattung *f* || ~ **requirements** / Qualitätsanforderungen *f pl* || ~ **spiral** / Qualitätskreis *m* DIN 55350,T.11 || ~ **status** / Qualitätsstand *m* || ~ **surveillance** / Qualitätsüberwachung *f* || ~ **symbol** / Gütezeichen *n* || ~ **system** / Qualitätssicherungssystem *n* (QS) DIN ISO 9000 || ~ **system review** / QSS-Bewertung *f* || ~ **test** / Beschaffenheitsprüfung *f* || ~ **verification** / Qualitätsfähigkeits-Bestätigung *f*
quantification *n* / mengenmäßige Bestimmung, Quantifizierung *f*
quantify *v* / mengenmäßig bestimmen, quantifizieren *v*
quantile *n* / Quantil *n* DIN 55350,T.21, Fraktil einer Verteilung || ~ **of a probability distribution** / Quantil einer Verteilung DIN 55350,T.21
quantitative characteristic / quantitatives Merkmal || ~ **determination** / quantitative Bestimmung
quantity *n* / Menge *f*, Größe *f* (Math.), Quantum *n*, Quantität *f*, Menge *f*, Anzahl *f*, Stückzahl *f*, Stück *n* || **value of a** ~ / Wert einer Größe || ~ **framework** / Mengengerüst *n* || ~ **goal** / Stückzahlziel *n* || ~ **of data** / Datenmenge *f* || ~ **of electricity** / Elektrizitätsmenge *f*, Strommenge *f* || ~ **of heat** / Wärmemenge *f* || ~ **of information** / Informationsmenge *f* || ~ **of light** / Lichtmenge *f* || ~ **of magnetism** / Polstärke *f* || ~ **of materials used in**

the manufacturing process of pharmaceuticals / Einsatzstoffe m pl || ~ **per unit length** / Menge pro Längeneinheit, Belag m || ~ **per unit time** / Menge pro Zeiteinheit, Durchsatz m || ~ **production** / Massenfertigung f, Fließbandfertigung f, Großserienfertigung f || ~ **to be ordered** / Bestellbedarf m || ~ **unit** / Mengeneinheit f || ~ **update** / Mengenfortschreibung f || ~ **with a sign** / vorzeichenbehaftete Größe
quantization n / Quantisierung f || ~ **noise** / Quantisierungsrauschen n || ~ **size** / Quantisierungsstufe f || ~ **uncertainty** / Quantisierungsfehler m
quantize v / quantisieren v
quantized-feedback converter / Ladungsausgleichsumsetzer m
quantized signal / quantisiertes Signal
quantizer n / Quantisierer m, Größenwandler m, Analog-Digital-Umsetzer m, codierter Drehgeber
quantizing distortion / Quantisierungsverzerrung f || ~ **error** / Quantisierungsfehler m || ~ **level** / Quantisierungsstufe f || ~ **noise** / Quantisierungsrauschen n
quantum n / Quantum n, Quant n, Wegquant n (NC), niederwertiges Bit || ~ **efficiency** / Quantenwirkungsgrad m, Quantenausbeute f
quantum-limited operation IEC 50(731) / quantenbegrenzter Betrieb (LWL)
quantum noise / Quantenrauschen n
quantum-noise-limited operation IEC 50(731) / quantenrauschenbegrenzter Betrieb (LWL)
quantum yield / Quantenausbeute f, Lumineszenzausbeute f
quarantine v / einsperren v (QS), getrennt aufbewahren (von zurückgewiesenen Einheiten) || ~ n / getrennte Aufbewahrung (von zurückgewiesenen Einheiten)
quarantined item / gesperrte Einheit (QS) || ~ **store** / Sperrlager n (QS)
quarantine period / Sperrfrist f (QS)
quarantining n / Sperrung f (QS), getrennte Aufbewahrung
quartenary digital group / quartäre Digitalgruppe
quarter n / Quartal n
quarter-hourly demand / Viertelstundenleistung f
quarterly maximum demand / Vierteljahreshöchstleistung f
quarter-phase voltage source / Zweiphasen-Spannungsquelle mit π/2 Phasenverschiebungswinkel
quarter vent adjustment / Seitenfensterverstellung f (Kfz)
quarter-width chassis / Vierteleinschub m
quartic curve / Quartik f
quartile n / Quartile f
quartz clock / Quarzuhr f
quartz-controlled adj / quarzgesteuert adj
quartz-crystal-controlled adj s. quartz controlled
quartz-iodine lamp / Quarz-Jodglühlampe f
quartz oscillator / Quarzoszillator m, Quarzgenerator m, Quarzschwinger m
quartz-powder-filled epoxy resin / quarzmehlgefüllter Epoxidharz
quartz pressure pickup / Quarzkristall-Druckaufnehmer m
quartz-tungsten-halogen lamp / Halogen-Glühlampe in Quarzglasausführung, Quarzglas-Halogenglühlampe f

quasi-analog output / quasi-analoger Ausgang
quasi-continuous action / quasistetiges Verhalten
quasi-continuous-action controller / quasistetiger Regler || ~ **final controlling device** / quasi-stetiges Stellgerät
quasi-continuous controller / quasikontinuierlicher Regler
quasi-impulsive disturbance / Quasi-Impulsstörung f || ~ **noise** / Quasi-Impulsrauschen n
quasi-independent operation / quasi-unabhängige Handbetätigung VDE 0660,107
quasi-one dimensional theory / quasi-eindimensionale Theorie
quasi-peak n / Quasi-Scheitelpunkt m || ~ **detector** / Quasi-Spitzenwertdetektor m, Pulsbewertungsmesser m || ~ **value** / Quasi-Scheitelwert m || ~ **voltmeter** / Quasi-Spitzenwert-Spannungsmesser m
quasi-sinusoidal oscillation / sinusverwandte Schwingung
quasi-static pressure / quasi-statischer Druck || ~ **state** / quasi-stationärer Zustand || ~ **unbalance** / quasi-statische Unwucht
quasi-steady voltage / quasi-stationäre Spannung
quench v / löschen v, tilgen v, abschrecken v
quench-circuit rectifier / Löschgleichrichter m
quenched-specimen bend test / Abschreckbiegeversuch m
quench effect / Tilgungseffekt m || ~ **electrode** (crossed-field amplifier) / Ausschaltelektrode f || ~ **gap** / Löschfunkenstrecke f
quenching n / Löschen n, Verlöschen n (LE, Aufhören der Stromleitung ohne Kommutierung), Abschrecken n (Metall), Abkühlen n, Tilgung f (Fluoreszenz) || ~ **circuit** / Löschbeschaltung f, Löschkreis m || ~ **gas** / Löschgas n || ~ **plate** / Löschblech n || ~ **plate riveting** / Nietung f Löschbleche || ~ **voltage** / Löschspannung f, Verlöschspannung f (LE)
quench voltage / Ausschaltspannung f (der Ausschaltelektrode) DIN IEC 235,T.1
query input / Abfrageeingang m (Speicher)
queue n / Warteschlange f (WS) || ~ v / eintragen v
queued adj / vorliegend adj, anstehend adj
queue entry / Warteschlangeneintrag m || ~ **entry removal** / Warteschlangenaustrag m
queueing theory / Warteschlangentheorie f
queue processing / Warteschlangenbearbeitung f
quibinary code / Quibinärcode m
quick-acting brake / Schnellschlussbremse f || ~ **fuse** / flinke Sicherung || ~ **fuse link** / flinker Sicherungseinsatz || ~ **gate valve** / Schnellschlussventil || ~ **regulator** / Schnellregler m
quick-action stop valve / Schnellschlussventil n
quick-alert monitoring program / Überwachungsprogramm n
quick-blow fuse / flinke Sicherung || ~ **fuse link** / flinker Sicherungseinsatz
quick break (operation) / Schnellausschaltung f
quick-break contactor / Schnellschütz n || ~ **switch** ANSI C37.100 / Schnellausschalter m, Sprungschalter m
quick-change chuck / Schnellwechselfutter n (WZM) || ~ **clamping device** / Schnellspanneinrichtung f (WZM)

quick commissioning / Schnellinbetriebnahme f
quick-connect, flat ~ termination / lösbare Flachsteckverbindung || **~ terminal** / Schnellanschluss(klemme) f, Kastenfederklemme f, Steckhülse f, Flachsteckhülse f
quick-discharge resistor / Schnellentladewiderstand m
quick-disconnect connector / Steckverbinder mit Schnellentkupplung, Schnellverbinder m
quick-fitting retaining plate / Schnellbefestigungs-Blech n, Schnellbefestigungsplatte f
quick flashing light / schnelles Blinklicht, Funkelfeuer n, Schnellblinklicht n || **~ locking motion** / Schnellschlussverstellung f || **~ make (operation)** / Schnelleinschaltung f
quick-make quick-break contact / Sprungschaltglied n VDE 0660,T.200, Sprungkontakt m, Schnappkontakt m, indirekt geschalteter Kontakt
quick offer / Schnellangebot n || **~ parameterization** / Schnellparametrierung f || **~ reference** / Tabellenheft (TH) n
quick-release bayonet joint / Bajonett-Schnellverschlus m || **~ clutch** / Schnelltrennkupplung f || **~ cover** / Schnellschlussdeckel m || **~ cover lock** / Deckelschnellverschluss m || **~ lock** / Schnellverschluss m
quick-response spinning reserve / mitlaufende Reserve mit schneller Lastaufnahme
quick start / Schnellanlauf m, Schnellstart m || **~ start-up** / Schnellinbetriebsetzung f
quick-stock n / Baukastenstückliste f
quick stopping / Schnellhalt m, Schnellbremsung f
quick-stopping brake / Stopbremse f
quiescent *adj* / still *adj*, ruhig *adj*, bewegungslos *adj*, latent *adj* || **~ current** / Ruhestrom m, Rückstrom m || **~ dissipation power** (IC) / Ruheverlustleistung f (IS) || **~ input current** / Eingangs-Ruhestrom m (Verstärker, Eingangs-Gleichstrom im Ruhepunkt), Eingangs- Ruhespannung f (Verstärker, Eingangs-Gleichspannung im Ruhepunkt) || **~ output current** / Ausgangs-Ruhestrom m (linearer Verstärker) || **~ output voltage** / Ausgangs-Ruhespannung f (linearer Verstärker) || **~ point** / Ruhepunkt m (HL, Verstärker), Ruhezustand m (HL) || **~ state** / Ruhezustand m, Ruhelage f (Schutz), Bereitschaftszustand m || **~ telecontrol system** / Fernwirksystem mit Spontanbetrieb || **~ value** / Ruhewert m (Einschwingvorgang eines Verstärkers), ruhende Größe
quiet air / stehende Luft || **~ time** / Ausklingzeit f
quill n / Pinole f, Hohlwelle f, Frässpindelhülse f, Bohrspindelhülse f || **tailstock ~** / Reitstockpinole f || **~ drive** / Hohlwellenantrieb m || **~ shaft** / elastische Hohlwelle, Zwischenwelle f
quinquethermal *adj* / quinquethermisch *adj*
quintuple n (cable) / Fünfer m, 5-fach *adj* || **~ bus** / Fünffach-Sammelschiene f, Fünfleiter-Sammelschiene f
quit v / verlassen v (ein Programm), aussteigen v, herausgehen v || **~ on display** / Quitt im Bild
quotation n / Notierung f || **~ and cost calculation basis** / Angebots- und Kalkulationsgrundlage || **~ drawing** / Angebotszeichnung f || **~ marks** / Doppelhochkomma n
quotient n / Quotient m || **quotient measuring relay** / Quotientenrelais n
quotientmeter n / Quotienten-Messgerät n, Quotientenmesser m
quotient relay / Quotientenrelais n
QW s. output word

R

r / U, Umdrehung f
R component/part / R-Teil n || **~ input** / R-Eingang m, Rücksetzeingang m || **~ parameter** / R-Parameter m || **~ parameter active (RPA)** / R-Parameter-Nummern mit Wertzuweisung, RPA || **~ parameter text** / R-Parametertext m || **~ processor** / Regelungsprozessor (R-Prozessor) m || **~ (Reset)** / R (rücksetzen), R (Reset)
rabbet n / Falz m, Nut f, Fuge f, Falzverbindung f, Zentriereindrehung f, Falzanschlag m
race n / Laufbahn f (Lg.), Laufring m, Rollbahn-Kanal m || **~ conditions** / laufzeitbedingte Konflikte
raceway n / Kanal m, Kabelkanal m, Leitungskanal m, Installationskanal m, mehrzügiger Kanal, Laufring m, Laufbahn f (Lg.)
rack n / Gerüst n, Gestell n, Rahmen m, Regal n, Speicher m, Brenngestell n (Lampen), Zahnstange f, Rahmengestell n, Montageschiene f, Pritsche f (f. Kabel), Baugruppenträger m || **cable ~** / Kabelpritsche f, Kabelgerüst n, Kabelbahn f || **19 inch ~** / 19-Zoll-Gerüst n, Großrahmen m || **~ mounting ~** / Einbaugestell n, Baugruppenträger m, Montageschiene f
rack-and-panel connector / Einschub-Steckverbinder m || **~ system** / Einbausystem n
rack-and-pinion drive / Zahnstangenantrieb m
rack drive / Zahnstangenantrieb m || **~ & pinion drive** / Zahnstangenbetrieb m
rack-in device / Einrückvorrichtung f (ET)
racking spindle / Einfahrspindel f || **~ up** / zeilenweises Rollen (BSG)
rack-mounting unit / Gestelleinschub m, Einschubgerät n, Schrankeinschub m, Einbaugerät n
rack-out device / Ausrückvorrichtung f (ET)
rack position / Einbauplatz m (im Baugruppenträger), Steckplatz m, Bestückungsplatz m, Einbaurahmen m || **~ power supply module** / RPS-Baugruppe f || **~ serving unit** / Regalbediengerät n, Regalförderzeug n || **~ structure** / Gestellreihe f
rack-type winch / Zahnstangengewinde n
RAD (radius) / RAD (Radius (Parameter))
radial *adj* / radial *adj*
radial air gap / Hauptluftspalt m (el. Masch.) || **~ angular-contact ball bearing** / Radial-Schrägkugellager n || **~ ball bearing** / Radial-Kugellager n, Ring-Kugellager n || **~ bearing** / Radiallager n, Querlager n, Tragringlager n || **~ brush** / Radialbürste f || **~ brush holder** / Radialbürstenhalter m || **~ cable** / Stichkabel n || **~ clearance** / Radialabstand m, Radialspiel n, Durchmesserspiel m, Höhenspiel n, Radialluft f || **~ commutator** / Scheibenkommutator m || **~ counterpoise** / Strahlenerder m || **~ cylindrical**

roller bearing / Radialzylinderrollenlager n || ~ **deep groove ball bearing** / Radial-Rillenkugellager n
radial-deflecton oscilloscope / Oszilloskop mit radialer Ablenkung
radial dimension / Radialmaß n || ~ **dimensioning** / Radienbemaßung f (CAD) || ~ **displacable screw plates** / radial verschiedliche Gewindebacken || ~ **duct** / Stichkanal m, radialer Kühlschlitz || ~ **eccentricity** / Radialschlag m, Rundlaufabweichung f, Rundlauffehler m || ~ **eccentricity tolerance** / Rundlauftoleranz f || ~ **groove** / Ringnut f, Nutkreis m
radial-field cable / Radialfeldkabel n, einzelgeschirmtes Kabel || ~ **contact** / Radialfeldkontakt m (V-Schalter)
radial field strength / Radialfeldstärke f
radial-flow fan / Radiallüfter m, Fliehkraftlüfter m, Radialventilator m, Querstromlüfter m
radial highway / Radialstraße f, Durchgangsstraße f, Einfallstraße f, Ausfallstraße f || ~ **internal clearance** / Radialluft f || ~ **keying** / Radialverkeilung f, Querverkeilung f
radially keyed coupling / Querkeilkupplung f || ~ **operated network** / strahlenförmig betriebenes Netz
radial magnetic field / radiale magnetische Feldstärke || ~ **network** / Strahlennetz n, strahlenförmiges Netz || ~ **offset** / Radialversatz m || ~ **operation** / Stichbetrieb m (eines Teilnetzes) || ~ **play** / Radialspiel n, Radialluft f, Durchmesserspiel n || ~ **road** / Radialstraße f, Einfallstraße f, Ausfallstraße f, Durchgangsstraße f || ~ **roller bearing** / Radial- Rollenlager n || ~ **rolling-contact bearing** / Radialwälzlager n || ~ **runout** / Radialschlag m, Seitenschlag m, Rundlaufabweichung f || ~ **sealing ring at drive end A** / Radialdichtung auf AS || ~ **self-aligning roller bearing** / Radial-Pendelrollenlager n, Ring-Tonnenlager n || ~ **sleeve bearing** / Radialgleitlager n || ~ **slot** / Nutkreis m || ~ **spherical-roller bearing** / Radial-Pendelrollenlager n, Ring-Tonnenlager n || ~ **system** / Strahlennetz n, strahlenförmiges Netz || ~ **tapered-roller bearing** / Radial-Kegelrollenlager n || ~ **transformer panel** / Transformatorstichfeld n
radial-thrust bearing / kombiniertes Trag- und Führungslager, Quer-Längslager n, Trag-Stützlager n
radial-type substation / Strahlennetzstation f
radial ventilation / Radialbelüftung f || ~ **winding diagram** / Radialwicklungsschema n
radiance n / Strahldichte f || ~ IEC 50(371) / Strahlung f (Strahlungsleistung in einer bestimmten Richtung) || **integrated** ~ IEC 825 / zeitliches Integral der Strahldichte VDE 0837 || ~ **coefficient** / Strahldichtekoeffizient m || ~ **factor** / Strahldichtefaktor m || ~ **temperature** / spektrale Strahlungstemperatur, schwarze Temperatur
radian frequency / Kreisfrequenz f, Winkelfrequenz f || ~ **measure** / Bogenmaß n
radiant and conducted interference emission / feld- und leitungsgebundene Störaussendung || ~ **cylindrical exposure** / zylindrische Bestrahlung || ~ **efficiency** / Strahlungsausbeute f || ~ **emittance** / spezifische Ausstrahlung || ~ **emittance** IEC 50(731) / Abstrahlung f (LWL) || ~ **energy** / Strahlungsenergie f, Strahlungsmenge f || ~ **energy**

density / Strahlungsdichte f || ~ **energy received** / eingestrahlte Leistung
radiant-energy thermometer / Strahlungsenergie-Thermometer n, Strahlungsthermometer n
radiant excitance / spezifische Ausstrahlung, Abstrahlung f (LWL) || ~ **exposure** / Bestrahlung f (an einem Punkt einer Fläche) || ~ **exposure meter** / Bestrahlungsmesser m || ~ **fluence** / Energiefluenz f || ~ **fluence rate** / Raumbestrahlungsstärke f || ~ **flux** / Strahlungsfluss m, Strahlungsleistung f || ~ **flux density** / Strahlungsflußdichte f || ~ **heat** / Strahlungswärme f || ~ **heating** / Strahlungsheizung f || ~ **heating oven** / Strahlungsofen m || ~ **heat lamp** / Wärmestrahler m (Lampe) || ~ **intensity** / Strahlungsstärke f || ~ **luminance** / Leuchtdichte f (LWL) || ~ **power** / Strahlungsleistung f (EMV) IEC 50(161), ausgestrahlte Leistung || ~ **spherical exposure** / Raumbestrahlung f (in einem Punkt für eine gegebene Zeitdauer) || ~ **yield** / Strahlungsausbeute f
radiate v / strahlen v, abstrahlen v, ausstrahlen v
radiated disturbance / gestrahlte (o. abgestrahlte) Störgröße || ~ **electromagnetic field** / Störfeldstärke f || ~ **electromagnetic field test** / elektromagnetisches Feld || ~ **emission** / Abstrahlung f || ~ **noise** / Störstrahlung f || ~ **power** / Strahlungsleistung f (EMV) IEC 50(161), ausgestrahlte Leistung
radiation n / Strahlung f, Ausstrahlung f, Abstrahlung f || ~ **pulse** ~ IEC 825 / Impulsdauer f (Lasergerät) VDE 0837 || ~ **angle** / Strahlungswinkel m (LWL) || ~ **balance** / Strahlungsbilanz f || ~ **burden** / Strahlenbelastung f || ~ **counter tube** / Strahlungszählrohr n || ~ **density** / Strahlungsdichte f || ~ **detector** / Strahlungsempfänger m
radiation-hardened IC / strahlungsfeste integrierte Schaltung
radiation hazards / Strahlungsgefährdung f || ~ **mode** / Strahlungsmode f || ~ **pattern** / Strahlungsdiagramm n, Strahlungsmuster n (optische Faser) || ~ **pressure** / Strahlungsdruck m || ~ **pyrometer** / Strahlungspyrometer n || ~ **quantum** / Strahlungsquant n || ~ **receptor** / Strahlungsempfänger m || ~ **resistance** / Strahlenbeständigkeit f || ~ **safety** / Strahlungssicherheit f || ~ **sensitivity** / Strahlungsempfindlichkeit f || ~ **source** / Strahlungsquelle f, Strahler m || ~ **source current** / Strahlerstrom f || ~ **substrate** / Strahlungsträger m (RöA) || ~ **test site** / Feldstärke-Messplatz m (EMV) IEC 50(161) || ~ **thermocouple** / Strahlungsthermoelement n || ~ **thermometer** / Strahlungsthermometer n || ~ **thermopile** / Strahlungsthermosäule f
radiator n / Radiator m, Strahler m, Kühler m, Heizkörper m, Strahlungsquelle f || ~ **area** / Strahlerfläche f (a. Pyrometer) || ~ **assembly** / Radiatorbatterie f, Kühlaggregat n || ~ **bank** / Radiatorbatterie f, Kühlaggregat n || ~ **fan** / Kühlerventilator m (Kfz)
radicand n / Radikand m
radii n / Radi m pl || ~ **machining** / Radienbearbeitung f
radio and television interference suppression / Funk-Entstörung f || ~ **Radio-Button** m || ~ **clock** / Funkuhr f || ~ **communication trasmitting apparatus** / Funkfernmeldetechnik f || ~ **control** /

Funkfernsteuerung *f*, Funksteuerung *f*,
Fernsteuerung mit drahtloser Übertragung
radio-controlled *adj* / funkgesteuert *adj* || **~ locking system** / Funk-Schließsystem *n* (Kfz)
radio data communication / Datenfunk *m* || **~ data transmission** / Datenfunk *m* || **~ disturbance** / Funkstörung *f*, hochfrequente Störung || ~ **e.m.f.** / Hochfrequenz-EMK *f* || **~ environment** / Funkumwelt *f* (EMV) || **~ frequency (RF)** / Hochfrequenz *f* (HF)
radio-frequency cable (RF cable) / Hochfrequenzkabel *n* (HF-Kabel) || **~ connector** / Hochfrequenz-Steckverbinder *m* || **~ disturbance (RFD)** / Hochfrequenzstörung *f*, Funkstörung *f*, hochfrequente Störung || **~ emission** / Hochfrequenzstörung *f* || **~ interference (RFI)** / hochfrequente Beeinflussung, Hochfrequenzstörung *f*, HF-Störung *f* || **~ power** (RF power) / Hochfrequenzleistung *f* (HF-Leistung) || **~ welding** / Hochfrequenzschweißen *n*, dielektrisches Schweißen
radiograph *v* / röntgen *v*, durchstrahlen *v* || **~ n** / Radiogramm *n*, Durchstrahlungsbild *n*, Schattenbild *n*, Röntgenaufnahme *f*
radiographic examination / Durchstrahlungsprüfung *f*, Röntgendurchstrahlung *f* || **~ image** / Radiogramm *n*, Durchstrahlungsbild *n*, Schattenbild *n*, Röntgenaufnahme *f* || **~ shadow** / Schattenbild *n*
radiography *n* / Durchstrahlung *f*, Röntgendurchstrahlung *f*
radio influence voltage test (NEMA SG 4) / Störspannungsprüfung *f* VDE 0670,T.104 || **~ interference** / Funkstörung *f* || **~ interference level** / Funkstörpegel *m*, Funkstörgrad *m*, Funk-Entstörgrad *m*, Störpegel *m* || **~ interference meter** / Funkstörmessgerät *n* || **~ interference power** / Funkstörleistung *f*, Störleistung *f* || **~ interference protection** / Sprechfunkschutz *m*
radio-interference-suppressed *adj* / funk-entstört *adj*, entstört *adj*
radio interference suppression (RI suppression) / Funkentstörung *f*
radio interference suppression capacitor IEC 161 / Funk-Entstörkondensator *m*, Entstörkondensator *m* || **~ interference suppression filter** / Funkentstörfilter *m* || **~ interference suppression level** / Funkstörgrad *m* || **~ interference suppression module** / Funkentstörbaugruppe *f* || **~ interference suppression reactor** / Funk-Entstördrossel *f* || **~ interference suppressor** / Funk-Entstörmittel *n* || **~ interference test** IEC 168 / Störspannungsprüfung *f* (VDE 0670, T.104) || **~ interference voltage (RIV)** / Funkstörspannung *f*, Rundfunkstörspannung *f* || **~ interference voltage test (RIV test)** IEC 56-4 / Störspannungsprüfung *f* VDE 0670,T.104 || **~ link** / Funkverbindung *f*
radio-link protection / Schutz (o. Streckenschutz) mit Funkverbindung *m*
radioluminescence *n* / Radiolumineszenz *f*
radiometer *n* / Radiometer *n*, Strahlungsmessgerät *n*
radiometry *n* / Radiometrie *f*, Strahlungsmessung *f* || **spectro-~** *n* / spektrale Strahlungsmesstechnik, Spektrometrie *f*
radio noise / Funkrauschen *n*, hochfrequentes Rauschen || **~ noise field** / Funkstörfeld *n* || **~ noise meter** / Funkstörmessgerät *n* || **~ noise voltage** /

Funkstörspannung *f*, Rundfunkstörspannung *f* || **~ panel lamp** / Radioskalenlampe *f* || **~ relay system** / Richtfunknetz *n* || **~ remote control** / Funkfernsteuerung *f* || **~ section** / Funkabschnitt *m* || **~ signal** / Funksignal *n*
radiosity *n* / Durchleuchtbarkeit *f*
radius *n* / Halbmesser *m*, Radius *m*, Ausladung *f*, Reichweite *f* || **~ auto** / Radius Auto || **~ compensation** / Radiuskorrektur *f* || **~ compensation memory** / Radiuskorrekturspeicher *m*
radiused contact surface / ausgerundete Lauffläche (Bürste)
radius gauge / Radiuslehre *f* || **~ manual** / Radius Manuell || **~ of action** / Ausladung *f* (Kran), Reichweite *f* || **~ of curvature** / Krümmungshalbmesser *m*, Krümmungsradius *m*, Biegeradius *m* || **~ of gyration** / Trägheitshalbmesser *m* || **~ programming** / Kreisradiusprogrammierung *f*, Radiusprogrammierung *f* || **~ transition** / Radiusübergang *m* || **~ turning** / Radiendrehen *n*
radix *n* / Grundzahl *f* || **floating-point ~** / Basis der Gleitpunktdarstellung || **~ complement** / Vollkomplement *n* DIN 44300 || **~ notation** / Radixschreibweise *f* || **~ of number representation** / Basis der Zahlendarstellung || **~ point** / Radixpunkt *m*
rag bolt / Steinschraube *f*
ragged lines / Flatterzeilen *f pl* (Textverarb.)
ragged-right format / Flattersatz *m* (Textverarb.)
RAI (RAISED) / KOMMEN (KOM) *n*
RAID / RAID
rail *n* / Schiene *f*, Fahrschiene *f*, Laufschiene *f*, Handlauf *m*, Montageschiene *f*, Sohlplatte *f* || **~ bond** / Schienenverbinder *m* (Bahn) || **~ brake** / Schienenbremse *f* || **~ brake switch** / Schienenbremsschalter *m*
railing *n* / Geländer *n*
rail joint bond / Schienenverbinder *m* (Bahn)
rail-mounted crane / schienengeführter Kran
rail-mounting terminal / Aufreihklemme *f* || **~ terminal block** / Aufreih-Klemmenleiste *f*
railroad clearances / Bahnprofil *n*, Lademaß *n*
railway clearances / Bahnprofil *n*, Lademaß *n* || **~ loading gauge** / Bahnprofil *n*, Lademaß *n* || **~ transport** / Bahntransport *m*, Schienentransport *m* || **~ railway-type contactor** / Bahnschütz *n*
rainfall *n* / Regen *m* || **~ gauge** / Niederschlag-Messgerät *n*, Regenmesser *m*
rainproof luminaire / regengeschützte Leuchte
rainwater retention basin / Regenwassersammelanlage
raise *v* / erhöhen *v* || **~ to a higher power** / potenzieren *v*
raised *adj* / erhaben *adj*, erhöht *adj* || **~ foundation** / Wangenfundament *n* || **~ pavement marker** / Markierungsknopf *m* (Straße)
raising delay / Einschaltverzögerung *f* (elST) DIN 19268 || **~ machine** / Rauhmaschine *f* || **~ to a power** / Potenzierung *f*
rake angle / Spanwinkel *m* DIN 6581
RAL 7032 / RAL7032
RALU s. register arithmetic logic unit
RAM (random-access memory) / Hauptspeicher *m*, Anwenderspeicher (AWS) *m*, Arbeitsspeicher (AS) *m*, Schreib-Lesespeicher *m*, RAM *n* || **~ backup** /

RAM-Pufferung f || $\simeq$ **failure** / RAM-Fehler m || $\simeq$ **memory module** / RAM-Speichermodul n || $\simeq$ **submodule** / RAM-Speichermodul n || $\simeq$ **to ROM after transfer** / RAM nach ROM nach Übertragung
ram n / Stößel m
ramp n / Rampe f DIN IEC 469,T.1, Flanke f, Anstiegsfunktion f, Anstiegsvorgang m, Hochlauf..., Auslauf m (Stromabnehmerschiene), Auflauf m (Stromabnehmerschiene), (linearer) Anstieg m || **steepness of** ~ / Anstiegssteilheit f, Steilheit der Keilstoßspannung || **unit** ~ / linearer Anstiegsvorgang || ~ **characteristic** / Rampenkennlinie f, Hochlaufcharakteristik f || ~ **delay** / Rampenverzögerung f || ~ **down** / herunterfahren v, absteuern v
ramp-down braking / geführtes Stillsetzen || ~ **characteristic** / Verzögerungskennlinie f || ~ **final rounding time** / Endverrundungszeit Rücklauf || ~ **initial rounding time** / Anfangsverrundungszeit Rücklauf || ~ **rate** / Rücklaufgeschwindigkeit f, Rampenrückzeit f || ~ **time** / Rampenrücklaufzeit f (Zeit, der der Motor für das Verzögern von maximaler Motorfrequenz bis zum Stillstand benötigt, wenn keine Verrundung verwendet wird), Rücklaufzeit f
ramp-forced response / Anstiegsantwort f (Reg.)
ramp function / Anstiegsfunktion f, Hochlauffunktion f, Beschleunigungsfunktion f, Rampenfunktion f, Rück- und Hochlauframpe f
ramp-function generator / Hochlaufgeber m, Hochlaufintegrator m, Rampenbildner m || ~ **generator (RFG)** / Rampenbildner m || ~ **generator follow-up** / Hochlaufgebernachführung f || ~ **generator release** / Hochlaufgeberfreigabe f || ~ **integrator** / Hochlaufintegrator m
ramp generator / Rampenbildner m, Rampengenerator m, Hochlaufgeber (HLG) m
ramping n / Hoch-/Rücklauf m
ramp operation / Rampenbetrieb m || ~ **path** / Rampenweg m
ramp response / Anstiegsantwort f (Reg.), Anstiegsverzögerung f (Reg., f. rampenförmige Änderung der Eingangsgröße)
RAM-programmable controller / RAM-programmierbares Steuerungsgerät (o. Automatisierungsgerät)
ramp setting / Rampeneinstellung f
ramp-smoothing n / Rampenverrundungsfunktion f
ramp time / Anstiegszeit f, Hochlaufzeit f, Rampenzeit f || ~ **time jumper** / Jumper zum Einstellen der Rampenzeit, Brücke zum Einstellen der Rampenzeit || ~ **up** / einschalten v, hochfahren v, hochlaufen v || ~ **up** / Rampenhochlauf m
ramp-up circuit / Hochlaufschaltung f || ~ **characteristic** / Hochlaufkennlinie f || ~ **final rounding time** / Endverrundungszeit Hochlauf || ~ **function** / Hochlaufvorgang m || ~ **initial rounding time** / Anfangsverrundungszeit Hochlauf || ~ **integrator** / Hochfahrintegrator m || ~ **rate** / Hochlaufgeschwindigkeit f || ~ **time** / Hochlaufzeit f, Rampenhochlaufzeit f (Zeit, der der Motor zum Beschleunigen vom Stillstand bis zur höchsten Motorfrequenz benötigt, wenn keine Verrundung verwendet wird) || **Ramp-up/-down time of PID limit** / Hoch-/Rücklaufz. des PID-Grenzw.
random *adj* / zufällig *adj*, regellos *adj*, wahllos *adj*,

(statistisch) verteilt *adj*, wahlfrei *adj* (Zugriff) || ~ **access** / wahlfreier Zugriff, Direktzugriff m, zufälliger Buszugriff
random-access memory (RAM) / Speicher mit wahlfreiem Zugriff, Direktzugriffspeicher m, Schreib-Lesespeicher m
random address / wahlfreie Adresse
random-check generator / Zufallsgenerator m
random cyclic change / stochastische zyklische Änderung || ~ **deviations** / regellose Abweichungen || ~ **distribution** / zufällige Verteilung, regellose Verteilung || ~ **disturbance** / Zufallsrauschen n, statistisches Rauschen || ~ **error** / zufälliger Fehler, statistischer Fehler, zufällige Messabweichung, Zufallsfehler m || ~ **error of result** / zufällige Ergebnisabweichung (Statistik, QS) || ~ **failure** / Zufallsausfall m DIN 40042 || ~ **generator** / Zufallsgenerator m || ~ **incidence** / diffuser Schalleinfall
random-incidence corrector / Schalldiffusor m (eines Schallpegelmessers)
randomization n / zufällige Zuordnung, Herstellen einer Zufallsordnung
random logic / Direktzugriffslogik f (PMG)
randomly distributed / zufällig verteilt, statistisch verteilt, regellos verteilt || ~ **twisted** / verwürgt *adj*
random module insertion / steckplatzunabhängig *adj*
randomness, sample ~ / Zufälligkeit der Stichproben
random network access / zufälliger Buszugriff
random noise / Zufallsrauschen n, statistisches Rauschen || ~ **number** / Zufallszahl f || ~ **organisation** / gestreute Organisation (v. Dateien), gestreute Speicherung || ~ **paralleling** / angenähertes Parallelschalten || ~ **phenomenon** / Zufallsereignis n || ~ **process** / Zufallsprozess m || ~ **sample** / Zufallsstichprobe f DIN 55350,T.23, Stichprobe f || ~ **sampling** / Zufallsstichprobenuntersuchung f || ~ **sequence** / Zufallsfolge f || ~ **sequence of conductors** / beliebige Reihenfolge der Leiter || ~ **starting instant** / zufälliger Anfangszeitpunkt (Wechselstromsteller) || ~ **synchronizing** / angenähertes Synchronisieren || ~ **test** / Stichprobenprüfung f, stichprobenweise Prüfung, Stichprobe f || ~ **tool selection** / variabler Werkzeugplatz || ~ **variable** / Zufallsgröße f DIN 55350,T.21, Zufallsvariable f || ~ **vector** / Zufallsvektor m DIN 55350,T.21 || ~ **vibration** / regellose Schwingung, rauschförmiges Schwingen || ~**wound winding** / wildgewickelte Wicklung
range n / Bereich m, Reichweite f, Serie f, Baureihe f, Etage f, Elektroherd m, Level m (Zugriffstufe für die Parameter; es gibt 4 Stufen), Stellbereich m, Umrichterbaureihe f, Angebot n, Amplitude f, Wicklungsebene f, breit *adj* || ~ **(statistics, QA)** / Spannweite f (Statistik, QS) || **geographical** ~ / geographische Sichtweite || **luminous** ~ / Tragweite f (Lichtsignal) || **mean** ~ / Mittenbereich m (statistische Tolerierung), mittlere Spannweite (Statistik, QS) || ~ **reference** ~ / Bezugsbereich m, Bezugsmessbereich m, Referenzbereich m (MG)
rangeability n / Stellbereich m, Regelbereich m, Regeleigenschaft f, Bereichsverhältnis n (Verhältnis der maximalen zur minimalen Spanne, für die ein Gerät abgeglichen werden kann) || ~ (valve) / Stellverhältnis n || ~ **of the valve** /

range

Arbeitsbereich des Ventils
range card / Messbereichsmodul *n* || **~ chart** /
Spannweiten-Kontrollkarte *f* (R-Karte (QS)
ranged load curve / geordnete Belastungskurve
range finder (RF) / Entfernungsmesser *m*,
Abstandssensor *m*, Abstandsmesser *m* || **~ input** /
Leistungsaufnahmebereich *m* || **~ lights** /
Landerichtungsfeuer *n* || **~ limit** / Bereichsgrenze *f* ||
~ limit switch / Bereichsendschalter *m* || **~ limit
value** / Bereichsendwert *m* || **~ of adjustment** /
Verstellbereich *m* (a. EZ) || **~ of control** /
Stellbereich *m*, Regelbereich *m* || **~ of disturbance
variable** / Störbereich *m* (Reg.) DIN 19226 || **~ of
functions** / Funktionsumfang *m* || **~ of goods
offered** / Angebotspalette *f* || **~ of inversion** /
Umkehrspanne *f* (Hysterese), Umkehrspiel *n*,
Umkehrlose *n pl* (die relative Bewegung von
ineinandergreifenden mechanischen Teilen, die
durch unerwünschtes Spiel hervorgerufen wird) || **~
of loading** / Belastungsbereich *m* || **~ of nominal
areas** / Nenn-Querschnittsbereich *m* (Letter) || **~ of
nominal cross-sections to be clamped** /
klemmbare Nennquerschnitte || **~ of nominal sizes** /
Nennmaßbereich *m* DIN 7182,T.1 || **~ of numbers** /
Nummernbereich *m* DIN 6763,T.1 || **~ of operating
distances** / Schaltabstandsbereich *m* (NS) || **~ of
products** / Typenspektrum *n* || **~ of products and
fields of application** / Produktgruppen und
Bereiche || **~ of reference variables** /
Führungsbereich *m* (Reg.) DIN 19226, Bereich der
Führungsgröße || **~ of self-indication** /
Selbsteinspielbereich *m*, Neigungsbereich *m* || **~ of
sensitivity** / Empfindlichkeitsbereich *m* || **~ of
services** / Leistungsumfang *m* || **~ of speed** /
Drehzahlbereich *m*, Drehzahl-Regelbereich *m*,
Steuerbereich *m*, Drehzahlhub *m*,
Geschwindigkeitsbereich *m* || **~ of stress** /
Spannungsbereich *m*, Spannungsschwingbreite *f* ||
~ of stroke / Hubbereich *m* || **~ of use** /
Verwendungsbereich *m*, Gebrauchsbereich *m* || **~ of
validity** / Gültigkeitsbereich *m* || **~ of values** /
Wertebereich *m* || **~ of variation** /
Änderungsbereich *m*, Einstellbereich *m*,
Schwankungsbreite *f*, Regelbereich *m* || **~ of zero
setting device** / Nullstellbereich *m* || **~ plant** /
Sammelschienen-Kraftwerk *n* || **~ pointer** /
Bereichszeiger *m* || **~ selector switch** /
Messbereichsschalter *m* || **~ splitting** /
Bereichsaufspaltung *f* (Reg.) || **~ spreading** /
Bereichsspreizung (MG) *f* || **~ stroke** / Arbeitshub
m || **~ suppression** / Nullpunktunterdrückung *f*
range-type power station / Sammelschienen-
Kraftwerk *n*
range violation / Bereichsunterlauf *m*,
Bereichsüberlauf *m*
ranging *n* / Abstandsmessung *f* (Rob.),
Entfernungsmessung *f* || **~ sensor** / Abstandssensor
m, Distanzsensor *m*
rank *n* / Rangzahl *f* (Statistik) DIN 55350,T.23
rapid (CLDATA word) ISO 3592 / Eilgang *m* (NC,
CLDATA-Wort) || **~ auto-reclosure** /
Schnellwiedereinschaltung *f*, Wiedereinschalten *n*,
Kurzunterbrechung *f*, Kurzunterbrechung (KU) *f* ||
~ collapse / steiler Zusammenbruch || **~/creep-feed
positioning** / Eil-/Schleichgang-Positionierung *f* ||
~ deceleration / Schnellbremsung *f* || **~ feed** /
Schnellvorschub *m* (WZM, NC), Arbeitsvorschub

mit Eilgang, Eilgang *m* || **~ jog** (NC) / Eilgang *m*,
konventionell *adj* (NC-Funktion, Tippen) || **~ lift** /
schnellabheben *v* || **~ load shedding** / Schnell-
Lastabwurf *m* || **~ M function** (Function for reading
rapid NC inputs and setting and resetting rapid NC
outputs.) / schnelle M-Funktion (Funktion zum
Lesen von schnellen NC-Eingängen und zum
Ansteuern von schnellen NC-Ausgängen) || **~
mounting kit (RMK)** / Schnellmontage-Bausatz
(SMB) *m* || **~ mounting-plate** /
Schnellbefestigungsplatte *f* || **~ NC output** (Output
that by-passes the integrated PLC.) / schneller NC-
Ausgang (Ausgang, der die Anpassteuerung
umgeht.) || **~ override (ROV)** /
Eilgangsüberlagerung *f*, Eilgangüberlagerung *f*,
Eilgangkorrektur *f*, Eilgangoverride *m*, ROV || **~
reclosure** / Schnellwiedereinschaltung *f* (KU),
Kurzunterbrechung *f* || **~ retraction** /
Schnellrückzug *m* || **~ return travel** /
Schnellrückhub *m* || **~ screwdriver element** /
Schnellschrauber-Vorsatz *m* || **~ speed** /
Schnellgang *m* || **~ start** / Schnellanlauf *m*,
Schnellstart *m*
rapid-start ballast / Schnellstart-Vorschaltgerät *n*,
Vorschaltgerät für Rapid-Start-Lampen || **~ circuit** /
Schnellstartschaltung *f*, RS-Schaltung *f*,
Rapidstartschaltung *f*
rapid starter / Schnellstarter *m* (Lampe)
rapid-start lamp / Rapidstartlampe *f*, sofortzündende
Lampe, Sofortstartlampe *f*
rapid stop / Schnellstopp *m*, Schnellhalt *m* || **~
transfer** / Schnellumschaltung *f*
rapid traverse / Eilgang *m* (WZM), Eilbewegung *f*,
Eilganggeschwindigkeit *f*, Verfahren mit Eilgang,
Schnellgang *m* (Der programmierte Weg wird mit
größtmöglicher Geschwindigkeit auf einer Gerade
zurücklegt.) || **~ traverse in jog mode** /
konventioneller Eilgang || **~ traverse key** /
Eilgangstaste *f* || **~ traverse linear interpolation
(RTLI)** / RTLI (lineare Interpolation bei
Eilgangbewegung) || **~ traverse movement (o.
motion)** / Eilgangbewegung *f* || **~ traverse
override** / Eilgangkorrektur *f* (von Hand),
Eilgangoverride *m*, Eilgangüberlagerung *f*, ROV ||
~ traverse override key /
Eilgangsüberlagerungstaste *f* || **~ traverse override
switch** / Eilgangkorrekturschalter *m* || **~ traverse
rate** / Eilganggeschwindigkeit *f*
Rapidyne / Rapidyne *f*, Rapidyne-
Verstärkermaschine *f*, Gleichstrom-Gleichstrom-
Kaskade *f*
RAR (rapid auto-reclosure) / KU
(Kurzunterbrechung)
RARAMM RAM (random-access memory) /
Direktzugriffspeicher *m*
rare-earth element / seltene Erde
rare gas / Edelgas *n*, träges Gas
RAS (Remote Access Server) / RAS || **≙** s. row-
address select || **≙** s. row-address strobe
raster burn / Einbrennen eines Abtastfelds (ESR) || **~
coordinate (RC)** / Rasterkoordinate *f* (Grafikgerät)
|| **~ expansion** / Rasterdehnung *f* (Leuchtschirm) || **~
graphics** / Rastergrafik *f*, Vollgrafik *f* || **~ hole** /
Rasterloch *n* || **~ image** / Rasterbild *n* (CAD)
rasterize *v* / rastern *v*
raster plotter / Rasterplotter *m* || **~ reference point** /
Rasterbezugspunkt *m* || **~ screen** / Rasterbildschirm

472

m || ~ **unit** / Rastereinheit *f* (Graphikbildschirm)
ratchet gear / Sperrgetriebe *n* || ~ **handle** /
Ratschenhandgriff *m* || ~ **spanner** / Ratsche *f* || ~
wheel / Sperrad *n*, Schaltrad *n*, Klinkenrad *n*
rate *v* / bemessen *v*, bewerten *v* || ~ *n* / Rate *f*, Menge
f, Durchflussmenge *f*, Anteil *m*, Tarif *m*, Preis *m*
(Stromtarif), Gang *m* (Uhr), Maß *n*,
Geschwindigkeit *f* || **cooling** ~ /
Abkühlungsgeschwindigkeit *f* || **refresh** ~ /
Wiederholfrequenz *f* (Bildelemente pro
Zeiteinheit), Bildwiederholfrequenz *f*, Bildfrequenz
f || **switching** ~ / Schaltfrequenz *f* || **traversing** ~ /
Verfahrgeschwindigkeit *f* (WZW)
rate-action controller / Vorhaltregler *m*,
Differentialregler *m*
rate changeover circuit / Tarifschaltkreis *m*
(Elektrizitätszähler, Schaltuhr) || ~ **changeover
relay** / Tarifumschaltrelais *n* (Elektrizitätszähler,
Schaltuhr), Tarifrelais *n*, Tarifauslöser *m* || ~
changing / Tarifumschaltung *f* (StT) || ~ **changing
trip** / Tarifauslöser *m* || ~ **clause** / Kursklausel *f* || ~
control / Durchflussregelung *f*,
Geschwindigkeitsführung *f* (Rob.) || ~ **controller** /
Durchflussregler *m*, Vorhaltregler *m*, PD-Regler *m*,
Differentialregler *m*
rated accuracy limit current /
Bemessungsfehlergrenzstromstärke *f*
(Schutzwandler) || ~ **accuracy limit factor** /
Bemessungsüberstromziffer *f* (Wandler) || ~
accuracy limit primary current / primäre
Bemessungsfehlergrenzstromstärke
(Schutzwandler) || ~ **a.c.-side current** /
Bemessungsanschlussstrom *m* (SR) || ~ **a.c.-side
voltage** / Bemessungsanschlussspannung *f* (SR)
VDE 0558,T.1 || ~ **active power factor** /
Bemessungsleistungsfaktor *m* (Leistungs-
Messgerät) || ~ **actual value** / normierte
Drehzahlistwert || ~ **and limiting values** /
Bemessungs- und Grenzwerte || ~ **armature
current** / Nenn-Ankerstrom *m* || ~ **armature
voltage** / Nenn-Ankerspannung *f* || ~ **auxiliary
voltage** / Bemessungs-Hilfsspannung *f* || ~ **back-to-
back capacitor bank breaking current** /
Bemessungs-Kondensatorparallelausschaltstrom *m*
|| ~ **breaking capacity** /
Bemessungsausschaltvermögen *n*,
Bemessungsschaltvermögen *n* (Sich.),
Nennausschaltvermögen *n* || ~ **breaking current** /
Bemessungsausschaltstrom *m*,
Schaltbemessungsstrom *m* (RSA-Empfänger) || ~
breaking voltage / Bemessungsausschaltspannung
f, Schaltbemessungsspannung *f* || ~ **busbar current**
/ Bemessungs-Strom der Sammelschiene || ~ **cable-
charging breaking current** IEC 265 /
Bemessungskabelausschaltstrom *m* VDE 0670,T.3
|| ~ **cantilever strength** / Bemessungsgrenzlast *f*
(Umbruchlast, Isolator) || ~ **capacitor bank inrush
current** / Bemessungs-Kondensatoreinschaltstrom
m || ~ **capacitor breaking current** /
Bemessungsausschaltstrom für
Kondensatorbatterien || ~ **capacity** (battery) /
Bemessungskapazität *f*, Nennkapazität *f* || ~ **closed-
loop breaking current** /
Bemessungsringausschaltstrom *m* || ~ **coil voltage** /
Spulen-Bemessungsspannung *f*,
Bemessungsbetätigungsspannung *f* (SG) || ~
collector-ring current / Bemessungswert des

Erregerstroms, Erregerstrom bei Bemessungslast ||
~ **collector-ring voltage** / Bemessungswert der
Erregerspannung || ~ **conditional residual short-
circuit current** / Bemessungs-Differenz-
Kurzschlussstrom *m* || ~ **conditional short-circuit
current** / bedingter Bemessungskurzschlussstrom
(Stromkreis u. SG) || ~ **connecting capacity** /
Bemessungsanschlussquerschnitt *m* (Klemmen),
Bemessungsquerschnitt *f* (des
Verbindungsmaterials) || ~ **consumption** /
Bemessungsverbrauch *m* || ~ **contact voltage** /
Kontakt-Bemessungsspannung *f* (Rel.) VDE
0435,T.110 || ~ **contact zone** IEC 129 /
Bemessungskontaktbereich *m* || ~ **continuous
controller current** (a.c. power controller) /
Bemessungs-Wechselstromstellerstrom bei
Dauerbetrieb
rated continuous current / Bemessungsdauerstrom
m || ~ **continuous thermal current** / thermischer
Bemessungs-Dauerstrom, thermische Bemessungs-
Dauerstromstärke *f* || ~ **control frequency** /
Bemessungsbetätigungsfrequenz *f* || ~ **controller
current** (a.c. power controller) / Bemessungs-
Wechselstromstellerstrom *m* || ~ **control supply
voltage** / Bemessungssteuerspeisespannung *f* || ~
control voltage / Bemessungsbetätigungsspannung
f, Bemessungssteuerspannung *f* || ~ **crest line
voltage** / Bemessungsscheitelwert der
Netzspannung || ~ **current** / Bemessungsstrom *m*,
Nennstrom *m* (Kondensator, IEC 50(436),
Trenntrafo, Sicherheitstrafo, EN 60742) || ~
current (DC) / Nenngleichstrom *m* || ~ **current at
system frequency** / netzfrequenter
Bemessungsstrom || ~ **current at voice frequency** /
tonfrequenter Bemessungsstrom || ~ **current of
feeders** / Bemessungs-Strom der Abzweige || ~
current on line side / Bemessungsanschlussstrom
m (SR) || ~ **current setting** / Bemessungs-
Stromanpassung *f* || ~ **d.c. current** /
Bemessungsgleichstrom *m*, Typen-Gleichstrom *m* ||
~ **data** / Nenndaten *pl* || ~ **diameter** /
Bemessungsdurchmesser *m* || ~ **direct current** /
Typengleichstrom *m* || ~ **diversity factor** IEC 439 /
Bemessungsbelastungsfaktor *m* || ~ **drive current** /
Nennantriebsstrom *m* || ~ **drive power** /
Nennantriebsleistung *f* || ~ **dry lightning impulse
withstand voltage** IEC 168 / Bemessungs-Steh-
Blitzstoßspannung *f*, trocken *adj* || ~ **duty** /
Bemessungs-Betriebsart *f*, Bemessungsdaten für
den Betrieb || ~ **dynamic current** / dynamischer
Bemessungsstrom, dynamischer Grenzstrom,
dynamische Bemessungsstromstärke, dynamische
Bemessungsstoßstromstärke,
Bemessungsstoßstromstärke *f* || ~ **enclosed
thermal current** IEC 292-1 / thermischer
Bemessungsstrom im Gehäuse, thermischer
Bemessungsstrom für umhüllte Geräte || ~
excitation current / Bemessungserregerstrom *m* ||
~ **fault clearing capability** /
Bemessungsauslösevermögen *n*
(Fehlerabschaltvermögen) || ~ **fault current** /
Nennfehlerstrom *m*, Bemessungsfehlerstrom *m* || ~
feeder current / Abzweignennstrom *m* || ~ **field
current** / Bemesswert des Erregerstroms || ~
field voltage / Bemessungswert der
Erregerspannung || ~ **flow** / Nenndurchfluss *m*,
Nennvolumenstrom *m* || ~ **flow rate ratio between**

rated

A and B ends of valve / Ventil-Volumenstromverhältnis A zu B-Seite || **~ flowrate** / Nenndurchfluss m, Nennvolumenstrom m || **~ form factor of direct current** IEC 34-1 / Bemessungs-Gleichstromfaktor m (für den Ankerkreis eines aus einem Stromrichter gespeisten Gleichstrommotors) VDE 0530, T.1 || **~ frequency** / Bemessungsfrequenz f, Nennfrequenz f (Kondensator) IEC 50(436),Trenntrafo, Sicherheitstrafo, EN 60742, Neuer Eintrag **rated fuse current** / Sicherungs-Nennstrom m || **~ fused short-circuit current** IEC 408 / bedingter Bemessungskurzschlussstrom bei Schutz durch Sicherungen || **~ highest equipment voltage** / höchstzulässige Geräte-Bemessungsspannung || **~ impedance of an energizing circuit** / Bemessungsimpedanz eines Eingangskreises (Rel.) || **~ impulse withstand capacity** / Bemessungsstoß-Stromfestigkeit f || **~ impulse withstand current** / Bemessungsstoßstromfestigkeit Ipk || **~ impulse withstand voltage** / Bemessungsstoßspannungsfestigkeit f || **~ insertion loss** / Wirk-Nebenschlussdämpfung f || **~ instrument limit primary current (IPL)** IEC 50(321) / Bemessungssicherheitsstromstärke f (MG) || **~ instrument security current** / Bemessungssicherheitsstrom für Messgeräte || **~ insulation voltage** / Bemessungs-Isolationsspannung f, Reihenspannung f, Bemessungsisolationsspannung f || **~ interrupting current** / Bemessungsausschaltstrom m, Schaltbemessungsstrom m (RSA-Empfänger) || **~ inverter current** / Wechselrichternennstrom m || **~ inverter power [kW] / [hp]** / Wechselrichternennleistung kW/hp || **~ inverter voltage** / Wechselrichternennspannung f || **~ isolation voltage** / Bemessungsisolationsspannung f || **~ kVA** / Bemessungsleistung in kVA, Bemessungs-Scheinleistung f || **~ kVA tap** / Anzapfung für Bemessungsspannung || **~ lightning impulse withstand voltage** / Bemessungs-Stehblitzstoßspannung f || **~ line voltage** / Bemessungsnetzspannung f || **~ line-side voltage** / Bemessungsanschlussspannung f (SR) VDE 0558,T.1 || **~ line-to-earth voltage** / Bemessungs-Leiter-Erde-Spannung f || **~ load** / Bemessungslast f, Nennlast f **rated-load excitation** / Erregung bei Bemessungslast f || **~ excitation power** / Bemessungswert der Erregerleistung f **rated load factor** / Bemessungsbelastungsfaktor m **rated-load field current** / Bemessungswert des Erregerstroms, Erregerstrom bei Bemessungslast || **~ field voltage** / Bemessungswert der Erregerspannung || **~ operating temperature** / Betriebstemperatur bei Bemessungslast || **~ short-circuit ratio** / Bemessungslast-Kurzschlussverhältnis n || **~ speed** / Bemessungsdrehzahl f, Vollastdrehzahl f || **~ torque** (r.l.t.) / Bemessungs-Drehmoment n (Mot.) **rated magnetization current** / Nennmagnetisierungsstrom m **rated mainly active load breaking capacity** IEC 265 / Bemessungslast-Ausschaltstrom m, Bemessungs-Netzlast-Ausschaltstrom m || **~ making and breaking capacity** / Bemessungs-

Einschalt- und Ausschaltvermögen, Bemessungs-Schaltvermögen n || **~ making capacity** / Bemessungseinschaltvermögen n || **~ making current** / Bemessungseinschaltstrom m || **~ maximum ambient temperature** IEC 598 / Bemessungs-Umgebungstemperatur f || **~ maximum current** / Grenzstrom m (EZ) || **~ maximum uninterrupted current** / maximaler Bemessungsdauerstrom (LS) || **~ mechanical terminal load** / Bemessungsklemmenzug m || **~ motor** / Motornennleistung f || **~ motor cosPhi** / Motornennleistungsfaktor m || **~ motor current** / Motornennstrom m || **~ motor efficiency** / Motornennwirkungsgrad m || **~ motor frequency** / Motornennfrequenz f || **~ motor output** / Motor-Bemessungsleistung f || **~ motor power** / Motornennleistung f || **~ motor slip** / Motornennschlupf m || **~ motor speed** / Motornenndrehzahl f || **~ motor torque** / Motornenndrehmoment n, Motornennmoment n || **~ motor velocity** / Motornenngeschwindigkeit f || **~ motor voltage** / Motornennspannung f || **~ MVA** / Bemessungsleistung in MVA / Bemessungs-Leerlaufspannung f (Trafo) || **~ no-load secondary voltage** / Bemessungs-Ausgangs-Leerlaufspannung f (Trafo) || **~ no-load transformer breaking current** / Bemessungs-Transformator-Ausschaltstrom m || **~ normal current** IEC 129, IEC 265 / Bemessungsbetriebsstrom m (Trennschalter, Lastschalter), Bemessungs-Betriebsstrom m, Nennbetriebsstrom m || **~ operating conditions** IEC 1036 / Nennbetriebsbedingungen f pl (a. EZ) VDE 0418 || **~ operating distance** / Bemessungsschaltabstand m || **~ operating pressure** / Nennbetriebsdruck m || **~ operating temperature** / Bemessungsbetriebstemperatur f, Bemessungsansprechtemperatur f || **~ operating voltage** / Bemessungsbetriebsspannung f || **~ operation** / Bemessungsbetrieb m VDE 0160, EN 50019, Betrieb bei Bemessungswerten || **~ operational current** / Bemessungsbetriebsstrom m, Nennbetriebsstrom m || **~ operational power** / Bemessungsbetriebsleistung f (SG) || **~ operational voltage** / Bemessungs-Betriebsspannung f VDE 0660,T.101, Bemessungsbetriebsspannung f || **~ out-of-phase breaking current** / Bemessungsausschaltstrom unter Asynchronbedingungen || **~ output** / Bemessungsleistung f (Gen., Mot.), Nennleistung f || **~ output current** / Bemessungsausgangsstrom m (Leistungstrafo) || **~ output power** / Bemessungsausgangsleistung f || **~ output voltage** / Bemessungsausgangsspannung f, Bemessungssekundärspannung f || **~ overcurrent factor** / Bemessungsüberstromfaktor m, Bemessungs-Überstromziffer f (Wandler) || **~ peak withstand current** IEC 265, IEC 439 / Bemessungsstoßstrom m (2,5 x Bemessungskurzzeitstrom), Bemessungsstoß-Stromfestigkeit f || **~ power** / Bemessungsleistung f || **~ power consumption** / Bemessungsaufnahme f || **~ power factor** / Nennleistungsfaktor m || **~ power-frequency current** / netzfrequenter Bemessungsstrom || **~ power-frequency withstand voltage** / Bemessungs-Steh-Wechselspannung f, Bemessungs-Haltewechselspannung f || **~ power of an energizing circuit** (relay) IEC 50(446) /

Bemessungsleistung eines Erregungskreises, Bemessungsverbrauch eines Erregungskreises || ~ **power output** / Bemessungsleistung f (Gen., Mot.) || **~ pressure** / Nenndruck (ND) m || **~ pressure drop of value** / Ventil Nenndruckabfall || **~ pressure of compressed gas supply** / Bemessungsdruck der Druckgasversorgung (LS) || **~ primary current** / primärer Bemessungsstrom, primäre Bemessungsstromstärke, Primär-Nennstrom m || **~ primary voltage** / primäre Bemessungsspannung || **~ prospective short-circuit current** / unbeeinflusster Bemessungskurzschlussstrom || **~ quantity** / Bemessungsgröße f || **~ recurring peak voltage** / Bemessungswert der periodischen Spitzenspannung || **~ residual current** / Bemessungs-Fehlerstrom m (FI-Schutzschalter), Bemessungsfehlerstrom m || **~ residual making and breaking capacity** / Bemessungs-Differenzstrom-Ein- und -Ausschaltvermögen || **~ residual non-operating current** / Bemessungs-Nichtauslösefehlerstrom m (FI-Schutzschalter) || **~ residual operating current** / Bemessungs-Auslösefehlerstrom m (FI-Schutzschalter) || **~ response temperatur** / Bemessungsansprechtemperatur f || **~ rotor insulation voltage** / Bemessungsisolationsspannung des Läuferstromkreises, Läuferbemessungsisolationsspannung || **~ rotor operational current** / Läuferbemessungsbetriebsstrom || **~ rotor operational voltage** / Bemessungsbetriebsspannung des Läuferstromkreises, Läuferbemessungsbetriebsspannung || **~ rupturing capacity** / Bemessungsausschaltvermögen n || **~ secondary current** / sekundärer Bemessungsstrom, sekundäre Bemessungsstromstärke (Wandler), Sekundär-Nennstrom m || **~ secondary voltage** / sekundäre Bemessungsspannung || **~ service** EN 50019 / Bemessungsbetrieb m VDE 0160, EN 50019, Betrieb bei Bemessungswerten || **~ service short-circuit breaking capacity** / Bemessungs-Betriebs-Kurzschlussausschaltvermögen n || **~ short-circuit** / Bemessungskurzschluss m || **~ short-circuit breaking capacity** / Bemessungs-Kurzschluss-Ausschaltvermögen n || **~ short-circuit breaking current** / Bemessungs-Kurzschluss-Ausschaltstrom m || **~ short-circuit capacity** (circuit-breaker) / Bemessungsschaltvermögen n (LSS) || **~ short-circuit current** / Bemessungs-Kurzschlussstrom m, thermischer Grenzstrom || **~ short-circuit making capacity** / Bemessungs-Kurzschluss-Einschaltvermögen n **rated short-circuit making current** / Bemessungs-Kurzschluss-Einschaltstrom m || **~ short-duration power-frequency withstand voltage** / Bemessungs-Kurzzeit-Wechselspannung f VDE 0111,T.1, A1, Bemessungs-Kurzzeit-Stehwechselspannung f || **~ short-time current** s. s.t c. (IEC 185) / Bemessungskurzzeitstrom m, thermischer Grenzstrom, Bemessungs-Kurzzeitstrom m || **~ short-time thermal current** / thermischer Bemessungskurzzeitstrom, Bemessungs-Kurzzeitstromstärke f || **~ short-time**

withstand current / Bemessungskurzzeitstrom m, thermischer Grenzstrom, Bemessungskurzzeitstromfestigkeit f || **~ single capacitor bank breaking current** IEC 265 / Bemessungs-Kondensatorausschaltstrom m || **~ slip frequency** / Nennschlupffrequenz f || **~ small inductive breaking current** / Bemessungsausschaltwert für kleine induktive Ströme || **~ speed** / Bemessungsdrehzahl f, Nenndrehzahl f || **~ stator insulation voltage** / Bemessungsisolationsspannung des Ständerkreises, Ständerbemessungsisolationsspannung || **~ stator operational current** / Ständerbemessungsbetriebsstrom Ies || **~ stator operational power** / Ständerbemessungsbetriebsleistung f || **~ stator operational voltage** / Bemessungsbetriebsspannung des Ständerstromkreises, Ständerbemessungsbetriebsspannung || **~ supply voltage** / Bemessungs-Netzspannung f, Bemessungs-Versorgungsspannung f, Bemessungs-Eingangsspannung f (SR), Versorgungsnennspannung f, Bemessungsanschlussspannung f || **~ supply voltage range** / Nenn-Eingangsspannungsbereich m (Trenntrafo, Sicherheitstrafo) EN 60742 || **~ surge withstand capability** / Bemessungs-Stoßspannungsfestigkeit f || **~ system operating temperature** / Bemessungsansprechtemperatur des Systems || **~ temperature-limited output power** IEC 65 / Bemessungs-Dauerausgangsleistung f (HG) || **~ temporary overvoltage** / Bemessungswert der zeitweiligen Überspannung || **~ thermal current** IEC 157, 292-1 / konventioneller thermischer Bemessungsstrom, thermischer Bemessungsstrom || **~ thermal power** / thermische Bemessungsleistung || **~ three-phase line-to-line balanced voltage** / symmetrische Bemessungsdreieckspannung || **~ torque** / Nennmoment n, Bemessungsmoment n || **~ transformation ratio** / Bemessungsübersetzung f || **~ transformer off-load breaking current** IEC 265 / Bemessungs-Transformator-Ausschaltstrom m || **~ ultimate short-circuit breaking capacity** / Bemessungs-Grenz-Kurzschlussausschaltvermögen n || **~ uninterrupted current** / Bemessungsdauerstrom m, Dauerstrom m || **~ unit voltage** / Nenn-Gerätespannung f || **~ value** / Bemessungswert m DIN 40200,Okt.81, Nennwert m || **~ voice-frequency current** / tonfrequenter Bemessungsstrom || **~ voltage** / Bemessungsspannung f, Nennspannung f (Kondensator, IEC 50(436),Trenntrafo, Sicherheitstrafo) EN 60742 || **~ voltage (DC)** / Nenngleichspannung f || **~ voltage of a winding** / Bemessungsspannung einer Wicklung || **~ voltage ratio** / Bemessungsübersetzung f || **~ wattage** / Bemessungsleistung f (Lampe) || **~ wet lightning impulse withstand voltage** / Bemessungs-Steh-Blitzstoßspannung, nass f (o. unter Regen) || **~ withstand voltage** / Bemessungs-Stehspannung f, Nenn-Stehspannung f
rate growth / Stufenziehen n (HL) || **~ limiter** / Änderungsgeschwindigkeitsbegrenzer m, Hochlaufgeber m, Hochlaufintegrator m,

Beschleunigungsbegrenzer m || ~ **meter** /
Tarifzähler m
ratemeter n / Durchfluss(mengen)messer m
rate of acceleration /
Beschleunigungsgeschwindigkeit f,
Hochlaufgeschwindigkeit f || ~ **of air delivered** /
geförderte Luftmenge || ~ **of air flow** /
Luftdurchflussmenge f, Luftdurchsatz m || ~ **of change** / Änderungsgeschwindigkeit f,
Flankensteilheit f (Impuls) || ~ **of change limit** /
Gradientengrenze f (GRDG (max. zulässige Gradiente eines Messwertes)) VDI/VDE 3695
rate-of-change limiter / Anstiegsbegrenzer m || ~ **limiting** / Änderungsgeschwindigkeitsbegrenzung f, Ruckbegrenzung f,
Anstiegsgeschwindigkeitsbegrenzung f || ~ **relay** /
Steilheitsrelais n, Änderungsrelais n, Stoßrelais n,
Gradientenrelais n, Stromanstiegsrelais n
rate of contouring travel / Bahngeschwindigkeit f
(NC) || ~ **of coolant flow** /
Kühlmitteldurchflussmenge f, Kühlmittelstrom m ||
~ **of cooling-air flow** / Kühlluftdurchflussmenge f,
Kühlluftstrom m, Kühlluftmenge f || ~ **of cooling air required** / Kühlluftbedarf m || ~ **of current change** / Stromänderungsgeschwindigkeit f || ~ **of current rise** / Stromanstiegsgeschwindigkeit f,
Stromsteilheit f
rate-of-current-rise release / Stromanstiegsauslöser m
rate of deformation /
Formänderungsgeschwindigkeit f || ~ **of discharge** /
Entladegeschwindigkeit f || ~ **of feed** /
Vorschubgeschwindigkeit f (WZM, NC) || ~ **of flame travel** / Brenngeschwindigkeit f || ~ **of flash** /
Blitzfolge f, Blinklichtfrequenz f, Blinkfrequenz f ||
~ **of flow** / Durchflussmenge f, Durchflussrate f,
Durchsatz m, Strömungsgeschwindigkeit f,
Mengenstrom m, Durchflussgeschwindigkeit f || ~
of information loss / Informationsverlustrate f
(FWT) || ~ **of occurrence of voltage changes** /
Häufigkeit von Spannungsänderungen VDE
0838,T.1 || ~ **of oil flow** / Öldurchfluss f, Ölstrom m
|| ~ **of propagation** / Ausbreitungsgeschwindigkeit
f || ~ **of rate-of-change** / Ruckwert m || ~ **of recovery** / Erholungsgeschwindigkeit f || ~ **of residual information loss** /
Restinformationsverlustrate f (FWT) || ~ **of rise** /
Anstiegssteilheit f, Steilheit f,
Anstiegsgeschwindigkeit f
rate-of-rise detector / Differentialmelder m
(Brandmelder), Wärmedifferentialmelder m
rate of rise of current /
Stromanstiegsgeschwindigkeit f, Stromsteilheit f
rate-of-rise-of-current relay / Stromanstiegsrelais n
|| ~ **release** / Stromanstiegsauslöser m
rate of rise of TRV / Anstiegssteilheit der
Einschwingspannung || ~ **of rise of voltage (RRV)**
/ Spannungsanstiegsgeschwindigkeit f,
Spannungssteilheit f
rate-of-rise point detector / Differential-
Punktmelder m
rate of stress increase / Belastungsgeschwindigkeit f
|| ~ **of temperature change** /
Temperaturänderungsgeschwindigkeit f || ~ **of temperature rise** /
Temperaturanstiegsgeschwindigkeit f || ~ **of travel in contouring** / Bahngeschwindigkeit f (auf das

Werkstück bezogene Geschwindigkeit des
Werkzeugbezugpunktes auf der Werkzeugbahn),
Werkzeugbahngeschwindigkeit f || ~ **of using life** /
Lebensdauerverbrauch m || ~ **of voltage collapse** /
Steilheit des Spannungszusammenbruchs || ~ **of voltage rise** / Spannungsanstiegsgeschwindigkeit f,
Steilheit des Spannungsanstiegs, Spannungsanstieg
m (d_u/d_t) || ~ **of voltage variation** /
Spannungsänderungsgeschwindigkeit f || ~ **of wear**
/ Verschleißgeschwindigkeit f,
Abnutzungsgeschwindigkeit f, Verschleißrate f || ~
regulator / Mengenregler m, Durchflussregler m ||
~ **security** / Kurssicherung f || ~ **time** / Vorhaltezeit
f (Reg.), Differentialzeit f, TV
rating n / Bemessungsdaten plt, Leistung f, Stempelwerte f pl,
Kenndaten plt, Leistung f, Stempelwerte f pl,
Auslegung f, Nennlast f, Bemessungsleistungen f
pl, Bemessung f || ~ IEC 34-1 / Bemessung f (el.
Masch.) VDE 0530, T.1 || ~ (in terms of measured quantity) IEC 484l / Messbereichs-Endwert m (in
Einheiten der Messgröße) DIN 43782 || **accuracy** ~
/ Genauigkeitsgrenze f (MG) || **altitude** ~ /
Höhenbeanspruchung f DIN 40040 || **contact** ~ /
Kontaktbelastbarkeit f, Schaltvermögen n,
Schaltleistung f || **continuous** ~ / Bemessungs-
Dauerbetrieb m, Bemessungsdaten für
Dauerbetrieb, Leistung im Dauerbetrieb,
Dauerleistung f || **dynamic** ~ / Bemessungswerte
für dynamische Vorgänge, dynamischer
Grenzstrom || **nominal** ~ / Bemessungsdaten für
Nennbetrieb || **unit** ~ / Typenleistung f || **vendor** ~ /
Lieferantenbeurteilung f (laufende Bewertung der
Qaulitätsfähigkeit des Lieferanten) DIN 55350,T.11
|| ~ **at closing operation** / Einschaltleistung f || ~
class / Belastungsklasse f || ~ **code** /
Leistungskennzeichen n (SR) || ~ **code designation**
/ Leistungskennzeichen f || ~ **factor** /
Bemessungsfaktor m, Belastungsgrad m (Kabel),
Korrekturfaktor m || ~ **index** / Bemessungsindex m
|| ~ **life** / Lebensdauer f (Lg.) || ~ **number** /
Leistungszahl f || ~ **plate** / Leistungsschild n,
Typenschild n || ~ **plate data** /
Leistungsschildangaben f pl, Typenschilddaten pl ||
~ **rules** / Bemessungsvorschriften f pl
ratings n pl / Bemessungsbetriebsleistung f
rating test / Nennwertprüfung f (Lampe) || ~ **test quantity (RTQ)** IEC 64 / Nennwert-Prüfmenge f
(NPM(VDE 0715,2))
ratio n / Verhältnis n, Verhältniszahl f, Übersetzung f,
Übersetzungsverhältnis n, Direktanteil m (BT,
Verhältnis direkter Lichtstrom/unterer
halbräumlicher Lichtstrom) || **noise** ~ / Störabstand
m, Signal-Störabstand m || **noise** ~ / Rotanteil m (LT)
|| ~ **adjuster** / Verhältniseinsteller m, Umsteller m
(Trafo), Stufenschalter m (Trafo, f. spannungslose
Schaltung) || ~ **block** / Verhältnisbaustein m || ~
control / Verhältnisregelung f || ~ **controller** /
Verhältnisregler m || ~ **correction factor (RCF)** /
Übersetzungskorrekturfaktor m (Trafo) || ~ **error** /
Übersetzungsfehler m, Übertragungsfehler m || ~
factor / Ratiofaktor m || ~ **of dimensions** /
Größenverhältnis n
ratiometer n / verhältnisbildendes Messgerät,
Übersetzungsmesser m
rational sub-group / ursachenbezogene Untergruppe
(Statistik, QS), sachlich ausgewählte Untergruppe
ratio of expansion / Dehnungsverhältnis n || ~ **of**

frequency division / Frequenzteilungsverhältnis *n* || ~ **of reaction** / Reaktionsverhältnis *n* || ~ **of shunt to total ampere turns** / Nebenschlussverhältnis *n* || ~ **of target distance to target diameter** / Distanzverhältnis *n* (Pyrometric) || ~ **of the time constant** / Verhältnis der Zeitkonstante || ~ **of weld strength to parent metal strength** / Schweißnahtwertigkeit *f* || ~ **of writing speeds** / Verhältnis der Schreibgeschwindigkeiten (Osz.), Schreibgeschwindigkeitsverhältnis *n* (Osz.) || ~ **pyrometer** / Verhältnispyrometer *n*, Farbpyrometer *n* || ~ **set** / Verhältnismengen *f pl* || ~ **starting** / Quotientenanregung *f* (Schutz)
RAU s. remote acquisition unit
raw body / Rohkarosse *f*
Rawcliffe winding / Rawcliffe-Wicklung *f*, Wicklung mit Polamplitudenmodulation
raw data / Ursprungsdaten *plt*, Rohdaten *plt* || ~ **data tag** / Rohdatenvariable *f* || ~ **material consumption** / Rohstoffverbrauch *m* || ~ **material inventory** / Rohstoffbestand *m*, Rohmaterialbestand *m* || ~ **part** / Rohteil *n*, Schnitteil *n*, Rohling || ~ **signal generator** / Rohsignalgeber *m* || ~ **timber forest store** / Rohholzlager Wald || ~ **value** / Rohwert *m* || ~ **water** / Rohwasser *n*
ray *n* / Strahl *m* (Licht)
Rayleigh distance / Rayleigh-Abstand *m* (LWL) || ~ **region** / Rayleigh-Bereich *m*
rayon *n* / Viskosefaser *f*, Kunstseide *f*
ray optics / Strahloptik *f* (LWL) || ~ **tracing** / Strahlverfolgung *f* (CAD)
RB / Rückkehr zur Grundmagnetisierung (binäres Schreibverfahren) || ≙ s. reverse bias
RB-DI / Rücklese-Digitaleingabe (R-DE) *f*
RC s. raster coordinate || ≙ **(robot control)** / Robotersteuerung *f*, RC || ≙ s. receiver clock
RCB / Fehlerstrom-Überwachungsgerät (FI-Überwachungsgerät) *n*
RCBO s. residual-current-operated circuit breaker with integral overcurrent protection || ≙ **(residual current operated device)** / DI-Schutzeinrichtung mit eingebautem Überstromauslöser, FI/LS-Schalter (Fehlerstrom-/Leitungsschutzschalter) *m*, FI-Schutzschalter (Fehlerstromschutzschalter) *m*, Fehlerstrom-Schutzschalter *m*, Differenzstrom-Schutzeinrichtung mit eingebautem Überstromauslöser, FI-Schutzeinrichtung mit eingebautem Überstromauslöser, ELCB (Earth Leakage Circuit-Breaker), Fehlerstrom-Schutzeinrichtung mit eingebautem Überstromauslöser, FI/LS (Fehlerstrom-/Leitungsschutzschalter), DI/LS-Schalter (Differenzstrom-/Leitungsschutzschalter) *m*
RCCB s. residual-current circuit-breaker || ≙ **(residual current operated circuit-breaker without integral overcurrent protection)** / FI-Schutzeinrichtung ohne eingebauten Überstromschutz, DI-Schutzeinrichtung ohne eingebauten Überstromschutz
r.c.c.b. block / FI-Block *m*
RCCB functionally dependent on line voltage / netzspannungsabhängiger Fehlerstromschutzschalter (DI-Schalter), netzspannungsunabhängiger FI-Schutzschalter
r.c.c.b. safety socket / FI-Sicherheitssteckdose *f*
RCCB with integral overcurrent protection / FI-Schutzschalter mit integriertem Oberstromschutz ||

≙ **without integral overcurrent protection** / FI-Schutzschalter ohne integrierten Überstromschutz
RC circuit / RC-Beschaltung *f*, Widerstands-Kapazitäts-Schaltung *f*, Schutzbeschaltung *f*, TSE-Beschaltung *f* || ≙ **coupling** / RC-Kopplung *f*, Widerstands-Kapazitäts-Kopplung *f*
RCD s. residual-current device || ≙ **(residual current protective device)** / FI-Schutzeinrichtung (Fehlerstrom-Schutzeinrichtung) *f*, DI-Schutzeinrichtung (Differenzstrom-Schutzeinrichtung) *f* || ≙ **protection** / Schutz mit Fehlerstrom-Schutzschaltern, FI-Schutzschaltung *f*
RC element / RC-Glied *n*, Widerstands-Kapazitäts-Glied *n*, Kontaktschutzmodul *n*
R14 cell / Babyzelle *f*
RCF s. ratio correction factor
RCL s. runway centre line || ≙ **measuring bridge** / RCL-Messbrücke *f*, Widerstands-Kapazitäts-Induktivitäts-Messbrücke *f* || ≙ **network** / RCL-Netzwerk *n*, Widerstands-Kapazitäts-Induktivitäts-Netzwerk *n*
RCM (robot control microprocessor) / RCM (Robot Control Microprocessor)
RC mode / RC-Modus *m* (RC = raster coordinate) || ≙ **network** / RC-Netzwerk *n*
RCS s. relative contrast sensitivity
r.c.s. s. remote control switch
R-C suppressor / RC-Entstörglied *n*
RCTL s. resistor-capacitor-transistor logic
r.d.c. s. recommended drive capacity
R-dependency *n* / Rücksetz-Abhängigkeit *f*, R-Abhängigkeit *f*
RDF s. repeater distribution frame
RDL s. resistor-diode logic
RDSR s. receiver data service request
RDY / bereit *adj* (a. DÜ)
RE s. receive enable
re-accelerate *v* / wiederhochlaufen *v*, wiederanlaufen *v*
reach *n* / Reichweite *f*, Bereich *m*, Stufenreichweite *f* (Schutz), Schutzbereich *m*, erreichen *v*
reachable space / Reichweite *f* (Roboter)
reach of protection / Reichweite des Schutzes IEC 50(448) || ~ **over** / übergreifen *v*
reach-round protection / Umgreifschutz *m*
reach-through voltage / Durchgreifspannung *f* (HL) DIN 41854, Sperrschicht-Berührungsspannung *f*, Durchschlagspannung *f*
reactance *n* / Reaktanz *f*, Blindwiderstand *m*, induktiver Widerstand || ~ **due to flux over armature active surface** (with rotor removed) / Reaktanz des Bohrungsfeldes || ~ **due to rotating field** / Drehreaktanz *f* || ~ **of pulsation** / Pendelreaktanz *f* || ~ **per unit length** / Blindwiderstandsbelag *m*, Reaktanzbelag *m* || ~ **protection** / Reaktanzschutz *m* || ~ **relay** / Reaktanzrelais *n* || ~ **starting** / Anlauf über Vorschaltdrossel, Drosselanlauf *m* || ~ **voltage** / Reaktanzspannung *f*, Blindspannung *f*, induktiver Spannungsabfall, Blindspannungsabfall *m* || ~ **voltage** IEC 76-1 / Streuspannung *f* (Trafo) VDE 0532,T.1 || ~ **voltage drop** / Streuspannungsabfall *m* || ~ **voltage of commutation** / Reaktanzspannung der Kommutierung, Stromwendespannung *f*, Selbstinduktionsspannung *f*
reacting spring / Rückstellfeder *f*
reaction *n* / Reaktion *f*, Gegenwirkung *f*,

reaction-free

Rückwirkung *f*, Verhalten *n*, Anlaufverhalten *n*, Auflagerwiderstand *m* (Fundament) || ~ **brush** / Reaktionsbürste *f* || ~ **brush holder** / Schrägbürstenhalter *m* (Bürsten entgegen der Drehrichtung geneigt) || ~ **force** / rückwirkende Kraft
reaction-free *adj* / rückwirkungsfrei *adj*
reaction machine / Reaktionsmaschine *f* || ~ **on system** / Netzrückwirkung *f* || ~ **polarization** / Reaktionpolarisation *f* (Batt.) || ~ **rail** / Reaktionsschiene *f* (LM) || ~ **temperature** / Ansprechtemperatur *f*, Umschlagtemperatur *f* || ~ **time** / Reaktionszeit *f* || ~ **torque** / Gegendrehmoment *n*, Gegenmoment *n*, Rückdrehmoment *m*
reaction-type turbine / Reaktionsturbine *f*
reaction value / Anlaufwert *m* (Reg.) DIN 19226 || ~ **value** / Reaktionsgefäß *n*
reactivate *v* / wiedereinschalten *v* || **to** ~ **the burglar alarm** / Einbruchalarm wiedereinschalten
reactive *adj* / gegenwirkend *adj*, induktiv *adj*, Blind..., nacheilend *adj* || ~ **charging power** / Lade-Blindleistung *f* || ~ **component** / Blindanteil *m*, induktive Komponente || ~ **current** / Blindstrom *m*, induktiver Blindstrom
reactive-current compensation / Blindstromkompensation *f*, Statisierung *f*, Blindstromaufschaltung *f* || ~ **compensator** / Blindstromkompensator *m*, Statikeinrichtung *f*, Statisierungseinrichtung *f* || ~ **compensator module** / Statikbaustein *m*
reactive drop / Blindspannungsabfall *m*, induktiver Spannungsabfall || ~ **energy** / Blindenergie *f*, Blindarbeit *f* || ~ **energy meter** / Blindverbrauchszähler *m*, VAr-Stundenzähler *m* || ~ **factor** / Blindfaktor *m*, Blindleistungsfaktor *m* || ~ **load** / Blindlast *f*, induktive Belastung || ~ **permeability** / Blindpermeabilität *f* || ~ **power** / Blindleistung *f* || ~ **power absorbed** / aufgenommene Blindleistung
reactive-power absorbing capacity / Blindleistungsaufnahmevermögen *n* || ~ **absorption** / Blindleistungsaufnahme *f* || ~ **allocation** / Blindleistungsaufteilung *f* || ~ **capability** / Blindleistungsfähigkeit *f* || ~ **compensation** / Blindleistungskompensation (BLK) *f* || ~ **control** / Blindstromkompensation *f*, cos φ-Regelung *f*, Phasenschieben *n* || ~ **convertor** (A convertor for reactive power compensation that generates or consumes reactive power without the flow of active power for the power losses in the convertor.) / Blindleistungs-Stromrichter *m* (Stromrichter zur Blindleistungskompensation, der Blindleistung erzeugt oder verbraucht, ohne daß Wirkleistung fließt außer zur Deckung der Verlustleistung) || ~ **demand** / Blindleistungsbedarf *m*, Blindarbeit *f* (VArh)
reactive power factor / Blindleistungsfaktor *m*, induktiver Leistungsfaktor
reactive-power flow / Blindleistungsfluss *m* || ~ **generation** / Blindleistungserzeugung *f*, Blindleistungsabgabe *f* || ~ **relay** / Blindleistungsrelais *n* || ~ **transducer** / Blindleistungsmessumformer *m* || ~ **voltage control** / Spannungs-Blindleistungs-Regelung *f*
reactive remedial action / schnelle Spannungskorrektur

478

reactive voltage / Blindspannung *f*, induktive Blindspannung || ~ **voltage drop** / Blindspannungsabfall *m*, induktiver Spannungsabfall || ~ **volt-ampere consumption** / Blindverbrauch *m* || ~ **volt-ampere-hour meter** / Blindverbrauchszähler *m*, VAr-Stundenzähler *m* || ~ **volt-ampere-hour register** / Blindarbeitszählwerk *n*
reactor *n* / Drosselspule *f*, Drossel *f*, Reaktanzspule *f*, Reaktor *m*, Kernreaktor *m*, Spule *f*, Reaktionsgefäß *n* || **di/dt** ~ *n* / di/dt-Drossel *f* || ~ **array** / Drosselaufbau *m* || ~ **shell** / Reaktormantel *m* || ~ **starting** / Anlauf über Vorschaltdrossel, Drosselanlauf *m*
reactor-start motor / Motor mit Drosselanlasser, Einphasenmotor mit abschaltbarer Drosselspule in der Hilfsphase || ~ **split-phase motor** / Einphasenmotor mit Hilfswicklung und Drosselspule
reactor-type starter / Drosselanlasser *m*
reactor vessel / Reaktorgefäß *n*
read *v* / lesen *v*, einlesen *v*, ablesen *v* || ~ *n* / Lesung *f*, Einlesevorgang *m* || ~ **access** / Leserechte *n pl* || ~ **access level** / Benutzerzugriffslevel *m*
readability *n* / Lesbarkeit *n*, Ablesbarkeit *f*
read access time / Lesezugriffszeit *f* || ~ **action** / Lesevorgang *m* || ~ **authorization** / Leseberechtigung *f* || ~ **back** / rücklesen *v*
readback digital input module / Rücklese-Digitaleingabe (R-DE) *f* || ~ **error** / Rücklesefehler *m*
read current / Lesestrom *m* || ~ **cycle** / Lesezyklus *m* || ~ **data from mailbox** / entsorgen *v*
reader *n* / Leser *m*, Ableser *m* || ~ **coil** / Leserspule *f* || ~ **head** / Lesekopf *m* || ~ **interface** / Leserschnittstelle *f*
reader-punch unit / Leser-Stanzer-Einheit *f*
reader station / Lesestation *f* || ~ **unit** / Lesegerät *n*
read error / Lesefehler *m*
readily flammable material / leicht entflammbares Material, leicht entzündliches Material
read in / einlesen *v*, Einlesevorgang *m*
read-in disable / Einlesesperre (ESP) *f* || ~ **enable** / Einlesefreigabe *f* || ~ **enable hold** / Halt Einlesefreigabe
readiness for service / Betriebsbereitschaft *f*
reading *n* / Ablesung *f*, abgelesener Wert, Messwert *m*, Zählerstand *m*, Lesen *n*, Anzeigewert *m*, Zählwerkstand *m* || ~ **error** / Lesefehler *m*, Ablesefehler *m* || ~ **factor** C / Faktor C (Maximumwerk) || ~ **gun** / Lesestrahlerzeuger *m* (Osz.) || ~ **lamp** / Leselampe *f* || ~ **rate** / Lesegeschwindigkeit *f*, Messfolge *f* (Messungen pro Zeiteinheit) || ~ **rule** / Ableselineal *n* (Schreiber) || ~ **speed** / Lesegeschwindigkeit *f* || ~ **time** / Lesezeit *f* || ~ **wand** / Lesestift *m* (f. Strichcode)
read input / Abfrageeingang *m*
re-adjust *v* / nachjustieren *v*, nachregeln *v*, nachkalibrieren *v*, abgleichen *v*
re-adjustment of zero / Justierung der Nullage (MG)
read message / Lesetelegramm *n* || ~ **mode** / Lesebetrieb *m*, Lesen *n*
read-modify-write mode / Lesen mit modifiziertem Rückschreiben
read number / Abfragehäufigkeit *f* (Speicherröhre)
read-only *adj* / nur lesend || ~ **memory (ROM)** / Nur-

Lese-Speicher *m* (ROM), Festspeicher *m*, Lesespeicher *m*, ROM (Read Only Memory) || ~ **memory chip** / Festspeicherbaustein *m* (Chip) || ~ **parameter** / Nur-Lese-Parameter *m* || ~ **storage** s. read-only memory
read out *v* / auslesen *v* (DV)
readout *n* / Auslesen *n*, Sichtanzeige *f*, Anzeige *f* || ~ **time** / Auslesezeit *f*
read parity error / Lesefehler *m* || ~ **process image** / Prozessabbild lesen
Read/Write (R/W) *n* / Lesen/Schreiben (L/S) *n*
read/write cycle / Lese-/Schreibzyklus *m*
read-write device / Schreib-/Lesegerät (SLG) *n*
read/write memory (RWM) / Schreib-Lese-Speicher *m*
read-write memory (R/W memory) / Direktzugriffsspeicher *m*, Schreib-Lesespeicher *m*, RAM || ~ **mode** / Lesen-Schreiben *n*
read/write register / Schreib-/Leseregister *n*
read-write station / LBS
ready *adj* / bereit *adj* (a. DÜ) || ~ **(RDY)** / bereit *adj*, klar *adj* || ~ **condition** / Frei-Zustand *m* (PMG) || ~ **delay time** / Ready-Verzugszeit *f* || ~ **flag** / Lebensmerker *m* || ~ **for closing** / einschaltbereit *adj* (SG) || ~ **for connection** / anschlussfertig *adj* || ~ **for data** / Übertragungsbereitschaft *f* (DÜ) || ~ **for operation** / betriebsbereit *adj*, einschaltbereit *adj* || ~ **for plugging in** / anschlussfertig *adj* || ~ **for sending** / sendebereit *adj* || ~ **for service** / betriebsbereit (BB) *adj*, bereit *adj* || ~ **for traverse** / fahrbereit *adj* || ~ **indication** / Bereitschaftsanzeige *f*, Einschaltbereitschaftsmeldung *f*
ready-made cable / Fertigleitung *f*
ready signal / Bereit-Signal *n*, Quittungssignal *n*, Bereitschaftssignal *n* || ≙ **signal** / BEREIT-Meldung *f*
ready-to-close *adj* / einschaltbereit *adj* || ~ **signalling contact** / Einschaltbereitschaftsmeldekontakt *m*
ready-to-fit assembly / montagefertige (o.anschlussfertige) Baugruppe
ready to run / betriebsbereit *adj*, einschaltbereit *adj*, bereit *adj* || ~ **to send** / sendebereit *adj* || ~ **to start** / anfahrbereit *adj*, einschaltbereit *adj*
ready-to-use *adj* / einsatzbereit *adj*, anschlussfertig *adj*
reagent *n* / Reagens *n*
re-align *v* / neu ausrichten, nachrichten *v*
real axis / reale Achse || ~ **flow characteristic** / wirklicher Kurvenverlauf || ~ **axis** / reale Leitachse || ~ **literal** / reelles Literal || ~ **magazine** / reales Magazin || ~ **neutral point** / reeller Sternpunkt || ~ **no-load direct voltage** / tatsächliche Leerlauf-Gleichspannung (LE) || ~ **number** / reelle Zahl || ~ **part** / Realteil *m* || ~ **pole arc** / tatsächlicher Polbogen || ~ **power** / Wirkleistung *f* || ~ **time** / Echtzeit *f*, Realzeit *f*, Istzeit *f*
real-time clock (RTC) / Echtzeituhr *f*, Echtzeit-Taktgeber *m*, Datum- und Uhrzeitgeber *m* || ~ **format** / Echtzeitdarstellung *f* (Impulsmessung) || ~ **management** / Zeitbearbeitung *f* (Führung v.Datum u. Uhrzeit, Ausgabe der Informationen an den Anwender) || ~ **mode** / Echtzeitbetrieb *m* || ~ **multitasking operating system (RMOS)** / Echtzeit-Multitasking-Betriebssystem *n* || ~ **processing** / Echtzeitbearbeitung *f*, Realzeitverarbeitung *f* || ~ **requirement** /

Echtzeitanforderung *f* || ~ **run** / Echtzeitdurchlauf *m* || ~ **system (RTS)** / Echtzeitsystem *n* || ~ **transmitter** / Uhrzeitsender *m*
real value / tatsächlicher Wert, Istwert *m* || ~ **zero (CTD)** / Null-Ladung *f* (Ladungsverschiebeschaltung)
ream *v* / reiben *v*, aufreiben *v*, Reiben
reamed *adj* / gerieben *adj*
reamer *n* / Reibahle
reaming *n* / Reiben *n* (WZM)
reapproach contour / Repositionieren (REPOS) *n*, Rückpositionierung *f*, Wiederanfahren an die Kontur
re-approach to contour / Wiederanfahren an die Kontur (NC)
rear-axle differential / Hinterachsdifferential *n* (Kfz) || ~ **final-drive testbed** / Hinterachsgetriebeprüfstand *m*, Achsgetriebeprüfstand *m*
rear *n* / Fond *m* || ~ **prep** / hinten *prep* || ~ **board wiring** / Rückwandverdrahtung *f* || ~ **connection** / rückseitiger Anschluss || ~ **cubicle double front** / Rückfeld Doppelfront || ~ **edge** / Steckerseite *f* (Leiterplatte), Hinterkante *f* || ~ **fog light** / Nebelschlussleuchte *f* || ~ **illumination** / Hinterlicht(beleuchtung) *n(f)*, Durchlicht(beleuchtung) *n(f)* || ~ **light** / Schlussleuchte *f* (Kfz), Schlusslicht *n* || ~ **motor** / Hintermotor *m* || ~ **panel** / Rückwand *f* (ST), Geräterückwand *f* || ~ **panel bus** / Rückwandbus *m*
re-arrange *v* / umordnen *v*, umgruppieren *v*, neu schalten
rear red reflex reflector / Rückstrahler *m* (Kfz), Katzenauge *n* || ~ **registration-plate light** / Kennzeichenleuchte *f* (Kfz) || ~ **side** / Rückblatt *n*, Rückseite *f* || ~ **system** / Lage hinten
rear-release contact / rückseitig entriegelbarer Kontakt
rear view / Rückansicht *f* || ~ **wall** / Rückwand *f*
rearward elbow / Außeneck *n* (IK)
rear-window wiper / Heckscheibenwischer *m* (Kfz)
reasoning, expectation-driven ~ / erwartungsgesteuerte Inferenzen
re-assemble *v* / wiederzusammenbauen *v*, zusammenfügen *v* (a. OSI-System)
reassembling *n* ISO 7498 / Zusammenfügen *n* (OSI-System)
reassignment *n* / Umverdrahten *n*, Umverdrahtung *f*
re-assignment *n* / Neuzuordnung *f*
re-audit *n* / Nachaudit *n*
re-availability *n* / Wiederverfügbarkeit *f*
re-balance *v* / nachwuchten *v*, neu auswuchten
rebate meter / Vergütungszähler *m*
rebating *v* / falzen *v*
reboot *v* / neu laden
rebound *n* / Prellen *n* (Relaisanker) || ~ **armature** ~ / Ankerprellen *n* (Rel.)
recalculation *n* / Nachberechnungen *f pl*
recalibrate *v* / nachkalibrieren *v*, nacheichen *v*
recalibration *n* / Nachkalibrierung *f* || ~ **of the device** / Geräteabgleich *m* || ~ **range** / Nachkalibrierungsbereich *m* || ~ **value** / Nachkalibrierungswert *m* (a. Messumformer)
recall action / Rückrufaktion *f*, Rollaktion *f*
receipt confirmation / Empfangsbestätigung *f* (DÜ) || ~ **cycle time** / zyklisches Empfangsraster || ~ **monitoring** / Empfangsüberwachung *f* || ~ **of fault**

reports / Störungsentgegennahme f
receivable message / empfangbare Nachricht
receive v / erhalten v || **to ~ control** / Steuerung übernehmen (PMG.) DIN IEC 625 || **~ cable** / Empfangskabel n || **~ channel** / Rückwärtskanal m IEC 50(794) || **~ controller** / Empfangssteuerwerk n (Anschaltbaugruppe) || **~ coordination byte (CBR)** / Koordinierungsbyte \Empfangen\ (KBE) **received backward channel data** / Hilfskanal-Empfangsdaten pl DIN 66020,T.1 || **~ character timing** / empfangsseitige Abtastmarkierung || **~ copy** / Empfangskopie f || **~ data** / Empfangsdaten plt, RxD
receive enable / Empfangserlaubnis f || **~ enable (RE)** / Empfangsfreigabe f || **~ mailbox** / Empfangsfach n, Empfangsfrequenz f || **~ frequency** / Empfangsfrequenzlage f (DÜ) DIN 66020 || **~ handler** / Empfangsbearbeitung f || **~ IM** / Empfangs-IM
receiver n / Empfänger m, Empfangsgerät n, Leistungsempfänger m (PMG), Druckbehälter m, Druckluftbehälter m, Speicher m, Empfangseinrichtung f, Zwischenbehälter m || **gas ~** / Gasbehälter m, pneumatischer Speicher (Druckgefäß) || **optoelectric ~** / optoelektrischer Wandler || **sound ~** / Schallaufnehmer m || **~ assembly** / Empfangseinrichtung f (EZ) || **~ clock (RC)** / Empfangertaktgeber m, Empfangstakt m, Empfangsschrittakt m || **~ data service request (RDSR)** / Anforderung für Datenempfang || **~ element** (receives and converts incoming signal information)) / Eingangselement n, Prozesssignalumformer m || **~ register** / Druckbehälterprüfbuch und Druckbehälterverzeichnis n || **~ relay** / Empfängerrelais n, Empfangsauslöser m (EZ) || · **signal element timing** / Empfangsschrittakt m (DÜ) || **~ switch** / Schalterdosenempfänger m (IR-Fernbedienung) || **~ test unit** / Empfängerprüfgerät n || **~ transducer** / Empfangsschwinger m || **~ trip** / Empfangsauslöser m (EZ)
receiver-type compressed-air system / Speicherdruckanlage f
receiving aerial / Empfangsantenne f || **~ device** / Empfangseinrichtung f (EZ) || **~ end** / Empfangsseite f, Leitungsende n || **~ inspection** / Warenannahmeprüfung (WA-Prüfung) f, Wareneingangsprüfung f, Wareneingangsinspektion und -prüfung f, Wareneingangsrevision f || **~ inspection (and testing)** / Eingangsprüfung f DIN 55350,T.11 || **~ inspection and testing** / Wareneingangsrevision f, Wareneingangsprüfung f, Wareneingangsinspektion und -prüfung f, Warenannahmeprüfung (WA-Prüfung) f || **~ level** / Empfangspegel m || **~ mailbox (RMB)** / Empfangsmailbox (EMB) f || **~ office** / Güterannahme f || **~ search unit** / Empfangskopf m || **~ station EN 54** / Empfangszentrale f || **~ terminal** / Datensenke f (Empfänger von übertragenen Daten/Bestimmungsort von Daten. Beispielsweise in einem Netz derjenige Teil einer Endeinrichtung (DEE), der Daten aufnimmt) || **~ terminal device** / Empfangseinrichtung f (LWL)
recentring n (oscilloscope) / erneute Zentrierung, Wiederzentrierung f
receptacle n / Steckdose f, Steckbuchse f, Stecksockel m, freier Kupplungssteckverbinder, Steckverbinder

mit weiblichen Kontakten, Steckplatz m, Fassung f, Gefäß n, Behälter m, Aufnahme(vorrichtung) f, Steckhülse f, Rastsockel m, Modulschacht m, Flachsteckhülse f, Schublade f || **module ~** / Leerbaustein m (Mosaikbaustein) || **~ box** / Steckdosen-Einbaudose f || **~ branch circuit** / Steckdosen-Abzweigleitung f || **~ outlet** / Steckdose f || **~ outlet with interlocking switch** / verriegelte Steckdose DIN 40717 || **~ ring circuit** / Steckdosen-Ringleitung f || **~ with tab** / Steckhülse mit Flachstecker
reception n / Empfang m, Aufnahme f || **~ plate** / Aufnahmeplatte f
receptive substation / Netzrückspeisungsunterwerk n
receptor, photoelectric ~ / Fotoempfänger m, lichtelektrischer (o. fotoelektrischer) Empfänger || **thermal ~** / thermischer Empfänger
re-certification n / Neubescheinigung f
recess n / Aussparung f, Ausnehmung f, Vertiefung f, Eindrehung f, Freistich m, Einstich m
recessable adj / versenkbar adj
recess clearance / Vertiefung f, Aussparung f
recessed adj / eingelassen adj, ausgespart adj, zurückgesetzt adj, ausgedreht adj, für Einbau, Einputz..., mit Schlitz (Schraube), vertieft adj, ausgekehlt adj, versenkt adj || **~ button** IEC 337-2 / versenkter Druckknopf VDE 0660,T.201 || **~ ceiling luminaire** / Einbau-Deckenleuchte f, Deckeneinbauleuchte f || **~ ceiling spotlight** / Deckeneinbaustrahler m
recessed-contact cap / Sockel mit vertieft eingelassenen Kontakten, Sockel R
recessed diffuser luminaire / Wannen-Einbauleuchte f || **~ handle** / versenkt angeordneter Griff || **~ housing** / Einputzgehäuse n || **~ luminaire** / Einbauleuchte f || **~ obstruction light** / Einbau-Hindernisfeuer n || **~ spherical spotlight** / Einbau-Kugelstrahler m || **~ type** / Tiefbauform f
recessing n / Einlassen n, Auskehlen n, Einstechen n, Nutendrehen n, Einstecharbeit f || **~ tool** / Einstechmeißel m, Stechdrehwerkzeug n, Einstechstahl m, Einstecher n, Stechmeißel m, Stecher m
recess mounting / versenkter Einbau, Wandeinbau m || **~ wodth** / Einstechbreite f
recharge v / wieder aufladen, nachladen v, umladen v, nachspannen v
rechargeable adj / wiederaufladbar adj, nachladbar adj || **~ battery** / wiederaufladbare Batterie f, Batterie f IEC 50(486)
recharging n / Wiederaufladung f || **~ pulse** / Nachladeimpuls m || **~ time** / Wiederaufladezeit f (Batt.)
rechucking n / Umspannen n
recipe n / Rezept n || **~ control system** / Rezeptsteuerungssystem n || **~ file** / Rezeptdatei f || **recipe handling** / Rezeptverwaltung f || **~ header** / Rezeptkopf m || **~ management** / Rezeptverwaltung f || **~ modification** / Rezeptanpassung f || **~ phase** / Rezeptabschnitt m || **~ processing** / Rezeptverarbeitung f || **~ sequence buffer** / Folgefach n
recipe-driven adj / in Rezeptfahrweise
reciprocal effect / Wechselwirkung f, gegenseitige Beeinflussung f || **~ excitation** / wechselseitige Erregung || **~ of heat transfer coefficient** / Wärmeübergangswiderstand m, Wärmewiderstand

m, Wärmedurchgangswiderstand m || ~ **two-port network** / reziprokes Zweitor, kopplungssymmetrisches Zweitor
reciprocation n / Oszillieren n, Oszillation f, Pendeln n
reciprocating axis / Pendelachse f (WZM) || ~ **compressor** / Kolbenverdichter m || ~ **diaphragm pump** / Kolbenmembranpumpe f || ~ **lights** / Wechselblinklicht n || ~ **movement** / Pendelbewegung f || ~ **return path** / Pendelrückzugsweg m || ~ **sparking out time** / Pendelausfeuerzeit f
recirculated air / umgewälzte Luft, Umluft f, Falschluft f || ~ **oil** / Umlauföl n
recirculating ball screw / Kugelumlaufspindel f (WZM) || ~ **current** / Umlaufstrom m, Umschwingstrom m
recirculation n / Umlauf m, Rückführung f
recladding n / Ersatzmantel m (LWL)
reclaiming n IEC 50(212) / Regenerierung f (Isolierflüssigk.)
reclaim time / Sperrdauer f (Schutzsystem, bei Wiedereinschaltung) IEC 50(448)
reclamation, slip-power ~ / Schlupfleistungsrückgewinnung f, Rückspeisung der Schlupfleistung
re-clamp v / nachpressen v (Trafo-Kern), nachspannen v
reclose v / wiedereinschalten v, wiederschließen v
recloser n / Wiedereinschaltvorrichtung f, Kurzunterbrecher m || **automatic** ~ / Kurzunterbrechungseinrichtung f, Wiedereinschaltautomatik f
reclosing n / Wiederschließen n, Wiedereinschalten n, Kurzunterbrechung f || ~ **interval** / Wiedereinschaltpause f, spannungslose Pause (KU) || ~ **lockout** / Wiedereinschaltsperre f, Kurzschlusssperre f || ~ **time** / Wiedereinschaltzeit f, Wiedereinschalt-Eigenzeit f
reclosure attempt / Wiedereinschaltversuch m || ~ **voltage** IEC 158 / Wiederschließspannung f VDE 0712,101, Wiedereinschaltspannung f
recode v / umcodieren v, umkodieren v
recognition n / Erkennung f (z.B. eines Codes) || **fault** ~ / Fehlererkennung f || ~ **light** / Erkennungsfeuer n || ~ **system** / Erkennungssystem n || ~ **time** / Erkennungszeit f
recognized national type / anerkannter nationaler Typ || ~ **private operating agency** / anerkannter privater Netzbetreiber
recoil n / Reaktionskraft f || ~ **curve** / Kurve der rückläufigen Schleife, Linie f (Hystereseschleife) || ~ **electron** / Rückstoßelektron n || ~ **line** / Kurve der rückläufigen Schleife, Linie f (Hystereseschleife) || ~ **loop** / Kurve der rückläufigen Schleife, Linie f (Hystereseschleife) || ~ **permeability** / Permeabilität der rückläufigen Schleife || ~ **state** / Zustand der rückläufigen Schleife
recombination n / Rekombination f, Vereinigen n (Kommunikationsnetz) DIN ISO 7498 || ~ **rate** / Rekombinationskoeffizient m (HL) || ~ **velocity** / Rekombinationsgeschwindigkeit f (HL)
recommendation n / Empfehlung f
recommended assignment / empfohlene Zuordnung || ~ **connection** / Anschlussvorschlag m || ~ **dimension** / Richtmaß n || ~ **drive capacity (r.d.c.)** / empfohlene Antriebsleistung || ~ **value** / Richtwert m, Anhaltswert m
recommissioning n / Wiederinbetriebnahme f, Neuinbetriebnahme
recompilability n / Rückübersetzbarkeit f
recompilable adj / rückübersetzbar adj
recompilation n / Rückübersetzung f (DV, PC)
recompile v / rückübersetzen v
recondition v / instandsetzen v, reparieren v, aufbereiten v, regenerieren v
reconditioner n / Regenerator m, Wiederaufbereitungsgerät n
reconditioning n (insulating liquid) / Aufbereitung f || ~ **period** / Rekonditionierzeit f (Chromatograph)
reconfiguration n / Neuanordnung f, Neukonfiguration f, Neustrukturierung f, Nachprojektieren n, Umkonfiguration f, Rekonfiguration f
reconnect v / wiederanschließen v, umklemmen v, wiedereinschalten v, umschalten v || **to** ~ **a load** / einen Verbraucher wiedereinschalten
reconnectable adj / rangierbar adj || ~ **ballast** / umschaltbares Vorschaltgerät
reconstituted mica / Verbundglimmer m, Glimmerpapier n, Mikanit n, Glimmerfolie f
reconstructed mica / Verbundglimmer m, Glimmerpapier n, Mikanit n, Glimmerfolie f
reconstruction n / Grundüberholung f
reconversion n / Rückwandlung f, Rückbildung f
reconvert v / rückwandeln v, rückumsetzen v, neu umwandeln
record v / aufzeichnen v, schreiben v, registrieren v, eintragen v, aufnehmen v, protokollieren v || ~ n / Eintrag m, Aufzeichnung f, Eintragung f, Registrierung f, Schrieb m, Datensatz m, Speichersatz m, Schreiberaufzeichnung f, Satz m || ~ **address** / Satzadresse f (NC) || ~ **counter** / Satzzähler m (NC) || ~ **delimiter** / Satzendezeichen n (PMG)
recorder n / Schreiber m, schreibendes Messgerät, Aufzeichnungsgerät n, Rekorder m, Schreibgerät n, Aufnahmegerät n, Registriergerät n || ~ **film** ~ s. photo plotter || ~ **block** / Schreiberbaustein m || ~ **board** / Schreibertafel f || ~ **chart paper** / Registrierpapier n || ~ **panel** / Schreibertafel f
record format / Satzformat n (NC) || ~ **format identifier** / Formatkennung f, Blockformatkennung f
recording n / Protokollieren n, Protokollierung f, Schreibung f, Registrierung f, Aufzeichnung f
recording, impact ~ / mechanisches Druckverfahren (Fernkopierer) || **magnetic** ~ / magnetische Aufzeichnung f || **tape** ~ / Magnetbandaufzeichnung f || ~ **ammeter** / Stromschreiber m || ~ **current** / Schreibstrom m (magn. Datenträger) || ~ **density** / Aufzeichnungsdichte f, Schreibdichte f, Zeichendichte f || ~ **device** / Aufzeichnungsvorrichtung f, Registriervorrichtung f || ~ **electrically measuring instrument** IEC 258 / elektrischer Schreiber für nichtelektrische Größen DIN 43781 || ~ **electrode** / Schreibelektrode f || ~ **fluid** / Schreibflüssigkeit f || ~ **frequency meter** / Frequenzschreiber m || ~ **instrument** / schreibendes Messgerät, Schreiber m, Registriergerät n || ~ **jet** / Schreibstrahl m (Flüssigkeitsstrahl) || ~ **line** / Schreibzeile f (Fernkopierer) || ~ **maximum-demand mechanism** / registrierendes Maximumwerk || ~ **maximum-demand meter** /

record 482

schreibender Maximumzähler || ~ **medium** / Material des Aufzeichnungsträgers || ~ **method** / Aufzeichnungsart *f* (Schreiber) || ~ **mode** / Aufzeichnungsbetrieb *m*, Schreibverfahren *n* (magn. Datenträger) || ~ **module** / Registrierbaustein *m* || ~ **multiple-element instrument** / Mehrfachschreiber *m* || ~ **of the measured data** / Registrierung der Messdaten || ~ **ohmmeter** / Widerstandsschreiber *m* || ~ **oscillograph** / Registrier-Oszillograph *m* || ~ **pen** / Schreibfeder *f* (Schreiber) || ~ **phasemeter** / Phasenschreiber *m* || ~ **& playback of data** / Aufnahme und Wiedergabe der Daten || ~ **polyphase instrument** / Mehrphasenschreiber *m* || ~ **power-factor meter** / Leistungsfaktorschreiber *m* || ~ **procedure** / Aufzeichnungsverfahren *n* || ~ **speed** / Aufzeichnungsgeschwindigkeit *f*, Schreibgeschwindigkeit *f* || ~ **stylus** / Aufzeichnungsnadel *f*, Schreibstift *m*, Brennadel *f* || ~ **system** / Registriereinrichtung *f*, Schreibeinrichtung *f* || ~ **the contour** / Konturerfassung *f* || ~ **varmeter** / Blindleistungsschreiber *m* || ~ **voltmeter** / Spannungsschreiber *m* || ~ **wattmeter** / Wirkleistungsschreiber *m* || ~ **width** / Schreibbreite *f* (Registrierpapier)
record length / Satzlänge *f* || ~ **of changes** / Änderungsnachweis *m* (QS) || ~ **of performance** / Prüfbericht *m*, Prüfprotokoll *n* || ~ **segment** / Satzsegment *n*, Teilsatz *m* || ~ **sequence number** (NC) ISO 3592 / Satzfolgenummer *f* (NC), Satzfolgekennung *f* (SFK) || ~ **set** / Satzgruppe *f* DIN 44300 || ~ **subtype** / Satz-Untertyp *m* (NC, CLDATA) || ~ **type** / Satzart *f* || ~ **type** ISO 3592 / Satztyp *m* (NC, CLDATA-System)
recover *v* / wiederherstellen *v* || **recover, to** ~ **energy** / Energie rückgewinnen, Leistung zurückspeisen
recoverable error / korrigierbarer Fehler
recovered charge / Sperrverzögerungsladung *f* (Thyr, Diode, DIN 41786, DIN 1853)
recovery *n* / Wiedergewinnung *f*, Rückgewinnung *f*, Erholung *f*, Regenerieren *n*, Netzwiederkehr *f*, Rückspeisung *f*, Rückkopplung *f*, Rückführung *f* (Bei Regelkreisen der Rückfluss eines dem Istwert proportionalen Signals zum Vergleich mit dem Sollwert zwecks Regelung, Wiederherstellung *f* (Ereignis, bei dem die Einheit ihre Eignung, eine geforderte Funktion durchzuführen, nach einem Fehlzustand wiedererlangt) || ~ (specimen) IEC 68 / Nachbehandlung *f* || **creep** ~ / elastische Nachwirkung || **dielectric** ~ / Wiederherstellung des Isoliervermögens, Wiederverfestigung der Schaltstrecke || **power** ~ / Energierückgewinnung *f*, Leistungsrückspeisung *f* || **slip-power** ~ / Schlupfleistungsrückgewinnung *f*, Rückspeisung der Schlupfleistung || ~ **charge** / Sperrverzögerungsladung *f* (Thyr, Diode, DIN 4178, DIN 41853) || ~ **conditions** / Klima für die Nachbehandlung DIN IEC 68 || ~ **creep** / Kriecherholung *f* || ~ **current** / Erholungsstrom *m* || ~ **delay** / Bereitschaftsverzug *m*, Bereitschaftsverzögerung *f* || ~ **effect** / Sperrträgheit *f* (Thyr) DIN 41786 || ~ **period** / Erholzeit *f* (Sperrröhre) || ~ **procedure** / Erholungsprozedur *f*, Wiederherstellung *f* (DÜ) || ~ **rate** / Erholungsgeschwindigkeit *f* || ~ **ratio** / Erholungsverhältnis *n* || ~ **stability** /

Ausgleichsvermögen *n*, Wiederanlaufsicherheit *f* || ~ **time** / Erholzeit *f*, Erholungszeit *f*, Ausgleichszeit *f* (Mot., nach Netzstörung,), Wiederbereitschaftszeit *f* (Rel.), Abklingzeit *f* (Reg.), Freiwerdezeit *f* (Gasentladungsröhre), Beruhigungszeit *f* (Oszillograph), Deionisationszeit *f*, Rückkehrzeit *f* || ~ **time** IEC 146-4 / Gesamtausregelzeit *f* (USV) VDE 0588,T.5 || ~ **voltage** / wiederkehrende Spannung || ~ **voltage across a pole** / wiederkehrende Polspannung (SG)
rectangular *adj* / rechtwinklig *adj*, rechteckig *adj* || ~ **arc chute** / R-Lichtbogenkammer *f* || ~ **bending fatigue test** / Flachbiege-Wechselprüfung *f* || ~ **Cartesian coordinate system** / rechtwinkliges Koordinatensystem || ~ **coil** / Rechteckspule *f* || ~ **connector** / rechteckiger Steckverbinder || ~ **coordinates** / rechtwinklige Koordinaten, kartesische Koordinaten (Koordinatensystem zur Lagebestimmung eines Punktes oder einer Reihe von Punkten in einer Ebene oder im Raum, bezogen auf zwei oder drei Achsen, die einander rechtwinklig zugeordnet sind) || ~ **coordinate system** / rechtwinkliges Koordinatensystem || ~ **core** / Rechteckkern *m* || ~ **cross section** / rechteckiger Querschnitt || ~ **cross section of duct** / rechteckiger Kanalquerschnitt || ~ **current** / Rechteckstrom *m* || ~ **cutout** / Rechteckausschnitt *m* || ~ **groove** / Rechtecknut *f* || ~ **impulse** / Rechteckstoß *m* || ~ **impulse current** / Rechteckstoßstrom *m* || ~ **parallelepiped** / Quader *m* || ~ **pocket** / Rechtecktasche *f* || ~ **pole** / Rechteckpol *m*
rectangular-pulse signal / Rechtecksignal *n*
rectangular signal encoder / Rechteckgeber *m* || ~ **slot** / Rechtecknut *f* || ~ **spigot** / Rechteckzapfen *m* || ~ **tools** / Rechteckwerkzeug *n*
rectangular wave / Rechteckwelle *f*
rectangular-wave discharge current / Langwellen-Ableitstoßstrom *m*, Langwellen-Stoßstrom *m* || ~ **modulation** / Rechteckmodulation *f*
rectification *n* / Gleichrichten *n*, Gleichrichtung *f*, Gleichrichterbetrieb *m* || ~ **factor** / Gleichrichtgrad *m*
rectified mean / Mittelwert des gleichgerichteten Eingangssignals || ~ **value** / Gleichrichtwert *m*
rectifier *n* / Gleichrichter *m* (GR), Stromrichter *m*, Gleichrichtergerät || **metal** ~ / Trockengleichrichter *m* || ~/**regenerative feedback unit** ~ / Einspeise-/Rückspeise-Einheit *f*, Einspeise-/Rückspeiseeinheit (E/R-Einheit) *f*, E/R-Verbund *m* || ~ **assembly** / Gleichrichtersatz *m*, Gleichrichtergerät *n*, Gleichrichter-Baustein *m* || ~ **ballast** / Gleichrichtervorschaltgerät *n* || ~ **bridge** / Brückengleichrichter *m*, Zwischenkreisbrückengleichrichter *m* || ~ **cabinet** / Gleichrichterschrank *m* || ~ **control gear** / Gleichrichtervorschaltgerät *n* || ~ **diode** / Gleichrichterdiode *f*, nicht steuerbares Ventilbauelement (rückwärts sperrendes Ventilbauelement, dessen Strompfad in der Leitungsrichtung ohne Anliegen irgendeines Steuersignals leitet) || ~ **gate control set** / Gleichrichter-Steuersatz *m* (GRS) || ~ **hub** / Gleichrichterrad *n* (bürstenlose Masch.) || ~ **instrument** / Gleichrichter-Messgerät *n*, Gleichrichterinstrument *n* || ~ **measuring method** / Gleichrichter-Messverfahren *n* || ~ **module** /

Gleichrichtermodul *n* || ~ **operation** / Gleichrichterbetrieb *m* || ~ **plate** / Gleichrichterplatte *f* || ~ **plate capacitance** / Kapazität einer Gleichrichterplatte || ~ **stability limit** / Gleichrichtertrittgrenze *f* || ~ **stack** / Gleichrichtersäule *f* || ~ **station** / Gleichrichteranlage *f* || ~ **substation** / Gleichrichterwerk *n*, Umformerwerk *n* (f. Gleichrichtung) || ~ **terminal** / Gleichrichterklemme *f* || ~ **transformer** / Gleichrichtertransformator *m*
rectifier-transformer unit / Gleichrichter-Transformator-Gruppe *f*, Gleichrichtergruppe *f*
rectifier trigger set / Gleichrichter-Steuersatz *m* (GRS) || ~ **trigger module** / RTM-Baugruppe *f* || ~ **tube** / Gleichrichterröhre *f* || ~ **unit** / Einspeiseeinheit *f*
rectiformer *n* / Gleichrichter-Transformator-Gruppe *f*, Gleichrichtergruppe *f*
rectifying *n* / Gleichrichten *n*, Gleichrichtung *f*
rectilinear graph / lineares Schaubild || ~ **motion** / Linearbewegung *f* (WZM), geradlinige Bewegung, translatorische Bewegung || ~ **ordinate** / geradlinige Ordinate || ~ **vibration** / lineare Schwingung
recuperator *n* / Leblancscher Phasenschieber
recurrent network / Kettenschaltung *f*, Kettenleiter *m*
recurrent-surge generator (RSG) / Repetitions-Stoßgenerator *m*
recurring peak voltage IEC 664-1 / periodische Spitzenspannung HD 625.1 S1 || ~ **peak withstand voltage** IEC 664-1 / periodische Steh-Spitzenspannung HD 625.1S1
recursion *n* / Rekursion *f* (mehrfache Wiederholung (comp.sc))
recursive *adj* / rekursiv *adj* (a. Programm) DIN 44300
recutting *n* / Nachschneiden *n*
recyclable / recyclebar *adj* || ~ **packaging** / Mehrwegverpackung *f*
recycle time (storage oscilloscope) / Erholzeit *f* (Speicher-Oszilloskop)
recycling, broken glass ~ plant / Scherbenrecyclinganlage *f*
red band / roter Bereich (LT) || ~ **boundary** / Rotlinie *f* (LT) || ~ **content** / Rotgehalt *m* (LT)
re-design *n* / Umkonstruktion *f*, Neukonstruktion *f*, Neuentflechtung *f*
redetermine field characteristic / Feldkennlinienaufnahme neu bestimmen
red filter / Rotfilter *n* || ~ **green blue (RGB)** / rot-grün-blau (RGB) || ~ **heat** / Rotglut *f* || ~ **hot** / rotglühend *adj*
red-indicator light barrier / Rotlicht-Reflextaster *m*
redirecting a transition / Umhängen einer Transition
redirection, call ~ / Rufumleitung *f*
redisplay *n* / Wiederherstellung *f* (Ereignis, bei dem die Einheit ihre Eignung, eine geforderte Funktion durchzuführen, nach einem Fehlzustand wiedererlangt)
redistribution of load / Umverteilung der Last, Änderung der Lastverteilung
red-orange region / Rot-Orange-Bereich *m*
redox electrode assembly / Redoxelektrodenbaugruppe *f* || ~ **potential** / Redoxpotential *n* || ~ **potential meter** / Redoxpotential-Messgerät *n*
red phase / Phase R || ~ **ratio** / Rotanteil *m* (LT) || ~ **sector** / roter Bereich
redraw *v* / neu zeichnen
reduce *v* / vermindern *v*, herabsetzen *v*, verengen *v*, verkleinern *v*, vereinfachen *v*, ins Langsame übersetzen, reduzieren *v*, verjüngen *v*, abbauen *v*
reduced *adj* / bereinigt *adj*, herabgesetzt *adj*, abgesenkt *adj* || ~ **AQL value** / verschärfter AQL-Wert || ~ **credits** / Mindergutschriften *f pl* || ~ **inspection** / reduzierte Prüfung
reduced-power tapping / Anzapfung für verringerte Leistung (Trafo)
reduced rated or maximum current / reduzierter Nenn/Gleichstrom
reduced scale / verkleinerter Maßstab || ~ **section** / verringerter Querschnitt, Ausrundung *f* || ~ **service** / reduzierter Betrieb || ~ **utilance** / spezifischer Raumwirkungsgrad (BT) || ~ **utilization factor** (lighting installation) / spezifischer Beleuchtungswirkungsgrad || ~ **viscosity** / Viskositätszahl *f*
reduced-voltage starter / Teilspannungsanlasser *m*, Teilspannungsstarter *m* || ~ **starting** / Teilspannungsanlauf *m*, Anlassen mit verminderter Spannung, Sanftanlauf *m* || ~ **starting by Korndorfer method** / Teilspannungsanlauf nach der Drei-Schalter-Methode
reduced winding diagram / vereinfachtes Wicklungsschema
reducer *n* / Reduzierstück *n*, Drosselarmatur *f*, Reduktor *m*, Untersetzungsgetriebe *n*, Verdünnungsmittel *n*, Verkleinerungsgerät *n*
reducing conductor / (störungs)reduzierender Leiter || ~ **coupling** / Reduzierverschraubung *f*, Reduziermuffe *f* || ~ **factor** / Untersetzungsfaktor *m* || ~ **flange** / Drosselflansch *m* || ~ **valve** / Reduzierventil *n*, Druckminderungsventil *n*
reduction *n* / Herabnahme *f*, Reduzierung *f* || **sample** ~ / Probenverkleinerung *f* (QS) || ~ **cam** / Reduziernocken *m* || ~ **catalytic converter** / Reduktionskatalysator *m* (Kfz) || ~ **factor** / Minderungsfaktor *m*, Korrekturfaktor *m*, Reduktionsfaktor *m*, Verkleinerungsfaktor *m* || ~ **gear** / Untersetzungsgetriebe *n pl* || ~ **gearing** / Untersetzungsgetriebe *n*, Reduktionsgetriebe *n* || ~ **gear with spur wheels** / Stirnrad vorgelege || ~ **of area** / Querschnittsverminderung *f* || ~ **of cross section** / Querschnittsschwächung *f* || ~ **of pipe size to connections of valve** / Einziehen der Leitung || ~ **piece** / Reduzierstück *n* || ~ **ratio** / Untersetzungsverhältnis *n*, Untersetzung *f* || ~ **scale** / Verkleinerungsmaßstab *m* || ~ **sleeve** / Reduzierhülse *f*, Spannhülse *f*, Klemmhülse *f*
redundancy *n* / Redundanz *f*, Überfluss *m*, Übermaß *n*, Zweikanaligkeit *f*, Überschuss *m* || ~ **factor** / Redundanzfaktor *m* || ~ **group** / Redundanzgruppe *f* || ~ **switch** / Redundanzschalteinheit *f*
redundant *adj* / redundant *adj*, hochverfügbar *adj* || ~ **bracings** / Sekundärfachwerk *n* (Gittermast) || ~ **cable port** / nicht verwendeter Kabelanschluss || ~ **UPS** / redundante USV
reed contact / Reed-Kontakt *m*, Blattfederkontakt *m* || ~ **relay** / Schutzgaskontaktrelais *n*, Reed-Relais *n*, Herkonrelais *n*, Schutzgasrelais *n* || ~ **switch** / Reed-Schalter *m*, Blattfederschalter *m*
reed-type frequency meter / Zungen-Frequenz-

reel

Messgerät *n*, Zungenfrequenzmesser *m*
reel *n* (tape) / Spule *f* (Lochstreifen, Magnetband) || **~ off** / abhaspeln *v* || **~ on** / aufhaspeln *v* || **~ stand** / Rollenträger *m*
re-engineering *n* / Neuprojektierung *f*
re-enter *v* / wiedereintreten *v*, neu eingeben
re-entrancy *n* / Wiedereintritt *m*, Wiedereintrittsgrad *m*
re-entrant *adj* / wiedereintretend *adj* (Wickl.), eintrittsinvariant *adj* (Programm), ablaufinvariant *adj* || **~ beam crossed-field amplifier tube** / Kreuzfeld-Verstärkerröhre mit in sich geschlossenem Strahl || **~ slow-wave structure** / geschlossene Verzögerungsleitung DIN IEC 235,T.1 || **~ winding** / wiedereintretende Wicklung
re-entry *n* / Wiedereintritt *m* || **re-entry of winding** / Wiedereintritt der Wicklung
re-export authorization / Reexportgenehmigung *f*
REF (reference point approach function) / REF (Funktion Referenzpunkt anfahren) || **~ mode** / BA \REF\
referee, official ~ / amtlicher Sachverständiger || **~ atmosphere** / Schiedsklima *n* || **~ test** / Schiedsprüfung *f*, Schiedsmessung *f* DIN IEC 68
reference *n* / Bezugnahme *f*, Verweis *m* (auf Datenobjekt), Referenz *f*, Kontierung *f*, Bezug *m* || **~** / zugreifen *v*, ansprechen *v* || **0 V ~ potential** / Gestellerde *f*, M (Masse) || **~ acoustic power** / Bezugsschalleistung *f* || **~ ambient conditions** / Bezugsumgebung *f* DIN IEC 68 || **~ arrow** / Zählpfeil *m* || **~ axis** / Bezugsachse *f* (a. NS) || **~ ballast** / Referenz-Vorschaltgerät *n* || **~ block** (NC, PC) / Hauptsatz *m*, Vergleichskörper *m* || **~ brochure** / Referenzschrift *f* || **~ bus** / Bezugsschiene *f*, M-Schiene *f*, Bezugsleitung *f* || **~ cell** / Vergleichskammer *f* (Gasanalysegerät) || **~ centre** / Bezugsmittelpunkt *m* || **~ channel error** / Referenzkanalfehler *m* || **~ chart** / Aufzeichnungsträger für Referenzmessungen || **~ circle** / Teilkreis *m*, Wälzkreis *m* || **~ clock** / Bezugstakt *m* || **~ code for aerodrome characteristics** / Bezugsordnung für Flugplatzmerkmale || **~ colour stimuli** / Primärvalenzen *f pl* || **~ common** / Bezugsleiter *m* || **~ conditions** / Referenzbedingungen *f pl* (MG), Bezugsbedingungen *f pl* (a. Rel.) || **~ conductor** / Bezugsleiter *m* || **~ consistency** (relay) IEC 50(446) / Vertrauensbereich der Abweichung unter Bezugsbedingungen, statistische Grundwiederholbarkeit DIN IEC 255,T.100 || **~ contour** / Referenzkontur *f*, Bezugskontur *f* || **~ coordinate system** / Bezugskoordinatensystem *n* (NC) || **~ current** / Bezugsstrom *m* || **~ data** / Referenzdaten *pl*, Bezugsdaten *pl* || **~ data memory** / Referenzdatenspeicher *m* || **~ dimension** / Bezugsmaß *n*, Kontrollmaß *n* || **~ diode** / Referenzdiode *f*
reference direction / Leitrichtung *f* || **~ documentation** / Standsammlung *f* || **~ electrode** / Bezugselektrode *f* || **~ element** / Bezugselement *n* || **~ frame** / Bezugssystem *n* (Math.) || **~ frequency** / Vergleichsfrequenz *f*, Taktfrequenz *f*, Bezugsfrequenz *f*, Nennfrequenz *f* (EZ) VDE 0418, Führungsfrequenzgang *m* || **~ gas** / Vergleichsgas *n* || **~ generator** / Taktfrequenzgeber *m*, Führungsgenerator *m* || **~ groove** / Referenznut *f* || **~ ground** / Bezugsmasse *f*, Bezugserde *f* || **~ guide** /

Tabellenbuch *n*, Tabellenheft (TH) *n* || **~ hole** / Referenzbohrung *f* || **~ illuminant** / Bezugslichtart *f* || **~ input variable** / Führungsgröße *f*, Leitsollwert *m* || **~ junction** / Vergleichsstelle *f* (Thermoelement) || **~ junction thermostat** / Vergleichsstellenthermostat *m* || **~ layer conductivity** / Sättigungsleitwert *m* (der Fremdschicht auf einem Isolator) VDE 0448,T.1 || **~ level** / Bezugspegel *m* || **~ level of a disturbance** / Bezugsausmaß einer Störung || **~ lighting** / (diffuse) Bezugsbeleuchtung || **~ limiting error** (relay) IEC 50(446) / Grenzabweichung unter Bezugsbedingungen, statistische Grundabweichungsgrenze DIN IEC 255,T.100 || **~ line** / Bezugslinie *f*, Referenzlinie *f* DIN 44472, Hinweiszeile *f* || **~ location** / Referenzplatz *m* (NC) || **~ manual** *f* / Beschreibung *f*, Betriebseite (B-Seite) *f*, Referenzhandbuch *n*, Referenzmanual *n*, Technische Beschreibung || **~ mark** / Bezugsmarke *f*, Einstellmarke *f*, Anhaltsmarke *f* || **~ mean error** (relay) IEC 50(446) / Mittelwert der Abweichung unter Bezugsbedingungen, mittlere Grundabweichung DIN IEC 255,T.100 || **~ meter** / Vergleichszähler *m*, Prüfzähler *m*, Eichzähler *m* || **~ meter method** / Vergleichszählerverfahren *n*, Prüfzählerverfahren *n* || **~ node** / Bezugsknoten *m* (Netz) || **~ noise power** / Bezugsrauschleistung *f* || **~ offset** / Nullpunktverschiebung (NPV) *f*, ZOF
reference operating conditions / Bezugs-Betriebsbedingungen *f pl* || **~ oscillator** / Vergleichsoszillator *m*, Taktgeber *m* || **~ panel** / Referenztafel *f* (f. MG) || **~ parameter** / Bezugsparameter *m* || **~ period** / Nennzeit *f* (Summe aus Verfügbarkeits- und Nichtverfügbarkeitszeit) || **~ piece** / Bezugsstück *n* || **~ pin** / Bezugsstift *m* || **~ plane** / Bezugsebene *f*, Referenzebene *f* || **~ plane incorrectly defined** / Referenzebene falsch definiert || **~ plates** / Hinweisschilder *n pl* || **~ point** / Bezugspunkt *m*, Referenzpunkt *m*, Festpunkt *m*, Vergleichsstelle *f*, Verwaltungsnullpunkt *m* || **~ point (RP)** / Realisierungsprofil (R) *n* || **~ point approach** / Referenzfahrt *f*, Synchronisieren der Achsen, Referenzpunktfahrt *f* (Nullung des Lagemesssystems bei Verwendung eines inkrementellen Gebers), Referenzpunktfahren *n* (Steuerungsfunktion, die das Verfahren der Achse (Achsen) auf den Referenzpunkt bewirkt), Referenzpunkt anfahren, Anfahren des Referenzpunktes || **~ point coordinates** / Referenzpunktkoordinaten *f pl* (NC) || **~ point creep speed** / Referenzpunktabschaltgeschwindigkeit *f* || **~ point creep velocity** / Referenzpunktabschaltgeschwindigkeit *f* || **~ point detection** / Referenzpunkterfassung *f* || **~ point edit** / Referenzaufbereitung *f* || **~ point offset** / Referenzpunktverschiebung *f* || **~ point pointer** / Referenzpunktzeiger *m* || **~ point retraction speed** / Referenzpunktabfahrgeschwindigkeit *f* || **~ point shift** / Referenzpunktverschiebung *f* (NC), Nullverschiebung *f*, Bezugspunktverschiebung *f* (NC) || **~ point switch** / Referenzpunktschalter *m* (NC) || **~ point switch (RPS)** / RPS || **~ point to the spindle** / Bezugspunkt zur Spindel || **~ position** *f*, Referenzlage *f* (MG), Referenzposition *f*, Bezugsstellung *f* || **~ potential** / Bezugspotential *n*, Bezugsspannung *f*, Referenzspannung *f* || **~ power** /

Bezugsleistung f || ~ **pressure** / Bezugsdruck m || ~ **profile** / Bezugsprofil n || ~ **pulse waveform** IEC 469-2 / Referenzimpuls m || ~ **radius** / bezogener Halbkugelradius (Akust.) || ~ **range** / Bezugsbereich m, Bezugsmessbereich m (MG), Referenzbereich m
reference range of frequency / Frequenz-Bezugsbereich m || ~ **range of temperature** / Temperatur-Bezugsbereich m || ~ **reading rule** / Ableselineal n (Schreiber) || ~ **rectifier stack** / Bezugsschaltung f (Gleichrichtersäule) DIN 41760 || ~ **salinity** / Vorzugs-Salzgehalt m (Isolationsprüf.) || ~ **setpoint** / Führungssollwert m || ~ **severity** / zugeordneter Verschmutzungsgrad || ~ **signal** / Bezugssignal n, Führungssignal n || ~ **sine wave** / sinusförmige Referenzschwingung || ~ **sound power** / Bezugsschalleistung f || ~ **sound pressure** / Bezugsschalldruck m || ~ **sound pressure level** / Bezugswert des Schalldruckpegels || ~ **source** / Referenzquelle f || ~ **specimen** / Vergleichsprobe f || ~ **standard** / Bezugsnorm f, Bezugsnormal n, Vergleichsnormal n || ~ **standard watthour meter** / Vergleichsnormalzähler m, Prüfzähler m, Eichzähler m || ~ **stimuli** / Primärvalenzen f pl || ~ **substance** / Bezugsstoff m DIN 1871 || ~ **surface** / Bezugsfläche f, Messbezugsfläche f, Messfläche f (LT), Bezugsoberfläche f (LWL), Vergleichsoberfläche f || ~ **surface area** / Bezugsflächeninhalt m (Akust.) || ~ **surface centre** / Bezugsoberflächenmitte f (LWL) || ~ **system** / Bezugssystem n, Referenzanlage f || ~ **tape** / Bezugsband n (Magnetband) DIN 66010 || ~ **temperature** / Bezugstemperatur f, Nenntemperatur f (EZ), Referenztemperatur f || ~ **test jack** / Betriebsmesspunkt m || ~ **test method (RTM)** / Referenz-Testmethode f || ~ **to a grid point** / Bezug auf einen Gitterpunkt (NC) || ~ **to machine zero** / Bezug auf Maschinen-Nullpunkt (NC) || ~ **torque** / Bezugsdrehmoment n || ~ **tree** / Referenzbaum m || ~ **value** / Bezugswert m, Referenzwert m, Sollwert m || ~ **variable** / Bezugsgröße f, Führungsgröße f (Reg.), Leitsollwert m || ~ **vector** / Führungsvektor m (Reg.) || ~ **voltage** / Bezugsspannung f, Referenzspannung f, Eichspannung f || ~ **waveform** / Referenzkurvenform f, Kurvenform der Referenzschwingung || ~ **weight** / Referenzgewicht n
referencing n / Grundstellungsfahrt f
referred rated slip / bezogener Nennschlupf
refers to drawing / hierzu gehört Zeichnung || ~ **to parts list** / hierzu gehört Stückliste
refill unit / Reparatursatz m (Sich.), Reparatureinheit f
refilling stock / Nullbestellungsauffüllung f
refinery waste water / Raffinerieabwasser n
refining, zone ~ / Zonenreinigen n (HL), Zonenziehen n (HL)
re-finish v / nacharbeiten v
refinish data / Nacharbeitsdaten pl || ~ **information** / Nacharbeitsinformation f
re-fitting / Wiedereinbau m, Remontage f
reflect v / reflektieren v, zurückwerfen v, spiegelbildlich darstellen, zurückstrahlen v
reflectance n / Reflexionsgrad m || ~ **density** / Rückstrahldichte f (LWL) || ~ **factor** / Reflexionsfaktor m

reflected flux / reflektierter Lichtstrom || ~ **glare** / Reflexblendung f, Lichtreflex m || ~ **harmonics** / Reflektionsoberwellen f pl || ~ **impedance** / transformierte Impedanz || ~ **signal** / Echosignal n || ~ **wave** / reflektierte Welle, rücklaufende Welle, Spiegelwelle f
reflected-wave rejection / Spiegelwellendämpfung f
reflecting angle / Reflexionswinkel m, Ausfallwinkel m || ~ **mirror** / Umlenkspiegel m || ~ **plane** / reflektierende Ebene || ~ **power** / Reflexionsvermögen n || ~ **screen** / reflektierender Schirm, Aufhellschirm m, Aufheller m
reflection n / Reflexion f, Reflektion f, Umkehr f, Spiegelung f, Rückwurf m || ~ **coefficient** / Reflexionsfaktor m || ~ **factor** / Reflexionsfaktor m, Reflexionsgrad m || ~ **floodlight** / Gegenstrahlfluter m || ~ **grating** / Auflichtmaßstab m || ~ **method** / Reflexionsverfahren n, Echo-Verfahren n || ~ **of point patterns** / Spiegelung von Punktmustern (NC) || ~ **optical density** / optische Dichte bei Reflexion, Schwärzung bei Reflexion || ~ **order** / Reflexionsordnung f || ~ **properties** / Reflexionseigenschaft f || ~ **topography** / Reflexionstopographie f
reflectivity n / Eigenreflexionsgrad m, Reflexionsvermögen n
reflectometer n / Reflektometer n
reflectometry n / Reflexionsmesstechnik f
reflector n / Reflektor m, Rückstrahler m, Spiegel m, Umlenkreflektor m, Schirm m (Leuchte) || ~ **bowl** / Spiegelschale f (Leuchte) || ~ **flood lamp** / Breitstrahler m (Reflektorlampe)
reflector-fluorescent lamp / Reflexschichtlampe f
reflector lamp / Reflektorlampe f, verspiegelte Lampe, Strahlerlampe f || ~ **layer** / Reflexschicht f || ~ **luminaire** / Reflektorleuchte f, Spiegelleuchte f, Schirmleuchte f || ~ **shell** / Spiegelschale f (Leuchte) || ~ **spotlight** / Spiegelscheinwerfer m || ~ **system** / Spiegelsystem n (Leuchte) || ~ **trough** / Reflektorwanne f
reflex n / Reflex m, Spiegelung f || ~ **klystron** / Reflexklystron n || ~ **reflection** / Retroreflexion f || ~ **reflector** / Rückstrahler m || ~ **sensor** / Reflexions-Lichtschranke f, Reflexs-Lichtschranke f
reflow-soldering n / Aufschmelzlötung f
reflow solder technique / Reflow-Löttechnik f
reform v / nachformieren v
reforming n / Reformieren n, Nachformieren n (Kondensator, Gleichrichterplatte), Umformen n (mech.), Umformung f || ~ **capability** / Umformbarkeit f
REFPO / INT Referenzpunkt anfahren || ≙ / REFPOS
refracted near-field method / Nahfeld-Brechungsmethode f (LWL) || ~ **ray** / gebrochener Strahl (a. LWL) || ~ **ray method** / Strahlenbrechungsmethode f (LWL) || ~ **wave** / gebrochene Welle
refracting surface / lichtbrechende Fläche
refraction n / Brechung f (Opt., Akust.), Refraktion f || ~ **law** / Brechungsgesetz n
refractive index / Brechzahl f, Brechungsindex m, Brechungsverhältnis n, Brechungszahl f || ~ **index contrast** IEC 50(731) / Brechzahldifferenz f || ~ **index profile** IEC 50(731) / Brechzahlprofil n IEC 50(731)
refractivity n / Brechungsvermögen n

refractor *n* / Refraktor *m*, lichtbrechender Körper
refresh *n* / Bildneuaufbau *m* || ~ *v* / aktualisieren *v* || ~
buffer / Auffrischpuffer *m*, Bildwiederholpuffer *m*
|| ~ **cycle** / Auffrischzyklus *m*, Auffrischrate *f*
refreshed-display screen / Bildwiederholschirm *m*
refreshed-raster CRT / Wiederholbildröhre *f*
refresh memory / Wiederholspeicher *m*,
Bildwiederholspeicher *m*
refreshment time (telecontrol) / Aktualisierungszeit *f*
(FWT)
refresh mode / Auffrischen *n* (Speicher) || ~ **rate** /
Wiederholfrequenz *f* (Bildelemente pro
Zeiteinheit), Bildwiederholfrequenz *f*, Bildfrequenz
f || ~ **time** / Wiederholzeit *f* (BSG), Auffrischzeit *f* ||
~ **time interval** / Auffrischintervall *m* (Speicher)
refrigerated shelf area / gekühlte Abstellfläche
refrigerating compressor / Kältekompressor *m* || ~
plant / Kälteanlage *f*
refrigeration control centre / Kältezentrale *f*
refrigerator *n* / Kühlgerät *n*, Kühlschrank *m*
refusal *n* (QA) / Verwurf *m* (QS), Verweigerung *f*
refuse *v* / Freigabe verweigern || ~ **glass** / Scherbe *f* ||
~ **incineration and heating power station** /
Müllheizkraftwerk *n* || ~ **incineration plant** /
Müllverbrennungsanlage *f*,
Kehrrichtverbrennungsanlage (KVA) *f*
regenerate *v* / regenerieren *v*, aufbereiten *v*, durch
generatorisches Bremsen Leistung
zurückgewinnen, zurückarbeiten *v*
regenerating *n* / generatorischer Betrieb
regeneration *n* / Aufbereitung *f*, Regeneration *f*,
Wiedergewinnung *f*, Rückspeisung von Energie,
Rückschreiben *n* (Bildschirminformationen),
Netzrückspeisung *f*, (positive) Rückkopplung *f* ||
display ~ / Bildwiederherstellung *f* || ~ **of energy** /
Netzrückspeisung *f* || ~ **to the system** /
Netzrückspeisung *f*
regenerative *adj* / rückspeisefähig *adj*
regenerative arm / Rücklaufzweig *m* (LE) || ~ **brake**
/ generatorische Bremse, Nutzbremse *f* || ~ **braking**
/ Nutzbremsung *f* IEC 50(411), generatorische
Bremsung, elektrische Nutzbremsung,
Rückarbeitsbremsung *f*, Gegenstrombremsung *f*
(Gleichstrommasch.), übersynchrones Bremsen,
generatorisches Bremsen || ~ **chamber** /
Regenerativkammer *f* || ~ **diode** / Rücklaufdiode *f* ||
~ **feedback** / Netzrückspeisung *f* || ~ **feed heating** /
Regenerativ-Vorwärmung *f* || ~ **limiting** /
generatorische Begrenzung || ~ **mode** /
Wechselrichterbetrieb *m* || ~ **power limitation** /
Grenzw. generatorische Leistung || ~ **repeater** /
signalformender Wiederholer,
Regenerationsverstärker *m*, Zwischenverstärker *m*
(LWL-Verbindung)
regime *n* / Betriebsart *f*
region *n* / Bereich *m*, Gebiet *n*, Zone *f*
regional certification system / regionales
Zertifizierungssystem || ~ **office** /
Zweigniederlassung *f* || ~ **order processing**
procedure / regionales
Bestellabwicklungsverfahren || ~ **sales and**
marketing / regionaler Vertrieb
region of non-operation / Sperrbereich *m* (Schutz),
Ruhebereich *m* (Schutz)
register *v* / registrieren *v*, zählen *v*, aufzeichnen *v*, zur
Deckung bringen, erfassen *v* || ~ *n* / Grundbuch *n*,
Registerseite *f*, Registerkarte *f*, Register *f*,
Zähleinrichtung *f* (integrierendes Messgerät),
Zählwerk *f*, Registriervorrichtung *f*,
Deckungsgleichheit *f* || ~ **receiver** ~ /
Druckbehälterprüfbuch und
Druckbehälterverzeichnis || ~ **a tag** / Variable
registrieren || ~ **arithmetic logic unit (RALU)** /
Register-Arithmetik-Logik-Einheit *f* (RALU) || ~
array / Speicherwerk *n* (Register, interner Speicher
eines MPU) || ~ **changeover device** /
Zählwerkumschalteinrichtung *f* (EZ) || ~ **constant** /
Zählwerkkonstante *f* || ~ **contents** / Registerinhalt *m*
|| ~ **control** / Registerregelung *f* || ~ **count** /
Zählwerkstand *m* (EZ), Zähleranzeige *f*
registered *adj* / eingetragen *adj* || ~ **standard** /
amtlich registrierte Norm
register error at full-scale deflection / Zählfehler *m*
(EZ), Anzeigefehler *m* (EZ)
registering mechanism / Zählwerk *n* (EZ)
register length / Registerlänge *f* || ~ **module** /
Registerplatz *m* || ~ **pin** / Führungsstift *m* || ~ **range** / Zählbereich *m*
(EZ) || ~ **ratio** / Zählwerkübersetzung *f* || ~ **reading**
/ Zählwerkstand *m* (EZ), Zähleranzeige *f* || ~ **select**
(RS) / Register(aus)wahl *f* || ~ **set** / Registerblock *m*
(MPU) || ~ **with an array of gated D bistable**
elements IEC 117-15 / Register mit
Datenauswahlschaltung DIN 40700,T.14
registration *n* / Registrierung *f*, Eintragung *f*,
Lagegenauigkeit *f* (gS), Farbdeckung *f*, Zählung *f*,
Deckungsgleichheit *f* || ~ **meter** ~ / Zählerstand *m*
(EZ), Zähleranzeige *f* (EZ) || ~ **fees** /
Registrierungsgebühr *f* || ~ **level** / Registriergrenze *f*
DIN 54119 || ~ **number** / Registriernummer *f* || ~ **of**
terminal entry data / Buchungsdatenerfassung *f*
(GLAZ)
regrcasable bearing / Lager mit
Nachschmiereinrichtung
regrease *v* / nachschmieren *v* (Lg.)
regreasing device / Nachschmiereinrichtung *f* (Lg.) ||
~ **interval** / Nachschmierfrist *f*
regression curve / Regressionskurve *f* DIN
55350,T.23 || ~ **equation** / Regressionsgleichung *f* ||
~ **surface** / Regressionsfläche *f* DIN 55350,T.23
regulable *adj* / regelbar *adj*, steuerbar *adj*
regular component / gerichteter Anteil (LT) || ~
cylinder / Kreiszylinder *m*
regularity *n* / Regelmäßigkeit *f*
regular lay / Kreuzschlag *m* (Sell) || ~ **reflectance** /
Grad der gerichteten Reflexion || ~ **thread** /
Regelgewinde *n* || ~ **transmission** / gerichtete
Transmission || ~ **transmittance** / Grad der
gerichteten Transmission || ~ **winding** / reguläre
Wicklung (el. Masch.) || ~ **working hours** /
Normalarbeitszeit *f*
regulate *v* / regeln *v*, regulieren *v*, einstellen *v*
regulated line section / geregelter Leitungsabschnitt
regulating autotransformer /
Sparregeltransformator *m*, Regeltransformator in
Sparschaltung || ~ **command** / Einstellbefehl *m*
(FWT) || ~ **inductor** / Regeldrossel *f* || ~ **machine** /
Regelmaschine *f*, Hintermaschine *f* || ~ **pilot** IEC
50(704) / Steuerpilot *m* || ~ **relay** / Regelrelais *n* || ~
resistor / Regelwiderstand *m* || ~ **spindle** /
Regelspindel *f* || ~ **step command** /
Schrittschaltbefehl *m* (FWT) || ~ **switch** (CEE 24) /
Stufenschalter *m* VDE 0630 || ~ **transformer** /
Regeltransformator *m*,

Phasenschiebertransformator m, Stelltransformator m || ~ unit / Stellorgan n (z.B. Potentiometer) || ~ valve / Reguherventil n || ~ wheel / Regelscheibe f || ~ winding / Regelwicklung f, Stellwicklung f, Steuerwicklung f
regulation n / Regelung f, Regulierung f, Regel f, Vorschrift f, Anforderung f, Bestimmung f, Spezifikation f, Drehzahländerung bei Lastwechsel, Spannungsabfall m, Spannungsänderung bei Lastwechsel || ~ (of a generator) / Spannungsänderung f IEC 50(411) || inherent ~ / Spannungsänderung f (bei gleichbleibender Drehzahl), absolute Spannungsänderung, Drehzahländerung f (bei gleichbleibender Spannung und Frequenz) || load ~ / Lastregelung f (Antrieb), Drehzahlstatik f, Leistungsregelung f || technical ~ / technische Vorschrift || ~ curve / Regulierkurve f || ~ down / Spannungsänderung bei Belastung (el. Masch.) || ~ energy of a system / Leistungskoeffizient eines Netzes || ~ instruction / Regelbefehl m
regulations for electrical installations / Errichtungsbestimmungen für elektrische Anlagen || ~ for installation / Errichtungsbestimmungen f pl
regulation up / Spannungsänderung bei Entlastung (el. Masch.)
regulator n / Regler m, Konstanthalter m, Gangregler m, automatischer Hilfsstromschalter, Wächter m, Hilfsstromschalter als Begrenzer || ~ diode / Stabilisatordiode f
regulatory control / analoge Regelung
REH s. high-intensity runway edge lighting
reheat steam flow / Zwischenüberhitzungsdampfmenge f
REI / REI
re-ignite v / wiederzünden v (Lichtbogen), durchzünden v
reignition n / Rückzündung f
re-ignition n IEC 265 / Wiederzündung f (SG) VDE 0670,T.3, Neuzündung f, Nachimpuls m (Elektronenröhre) || ~ circuit / Fortzündschaltung f || ~ peek of breaker / Zündspitze des Schalters
reimbursement n / Kostenerstattung f, Vergütung f
re-impregnate v / neu imprägnieren, nachimprägnieren v
reinforced adj / verstärkt adj || line-end coil with ~ insulation / verstärkt isolierte Eingangsspule || ~ conductor / Verbundseil n, Verbundleiter m || ~ customer terminal strip for IST / verstärkte Kundenklemmleiste für IST || ~ insulation IEC 335-1 / verstärkte Isolierung VDE 0700,T.1 || ~ plastic / verstärkter Kunststoff || ~ roller / Panzerrolle f
reinforcement n (cable) / Druckschutz m, Versteifung f || ~ (of a system) / Verstärkung f
reinforcing angle / Versteifungswinkel m || ~ bars / Montageeisen n || ~ rods / Bewehrungsstäbe m pl (Beton)
re-initialization n / Neuinitialisierung f
re-installation n / Wiedereinbau m, Remontage f
reiteration n / Re-Iteration f
reject v / zurückweisen v, verwerfen v, ablehnen v || ~ n / Schlechtziel n, Ausschussteil n || ~ address / Schlechtziel n || ~ contour / Kontur verwerfen
rejected item / Ausschussteil n
rejection n / Zurückweisung f, Rückweisung f, Abweisen n || interference ~ /

Störungsunterdrückung f || intermodulation ~ / Differenztondämpfung f || load ~ / Lastabwurf m, Entlastung f, Lastabschaltung f || ~ filter / Entstörungsfilter n, Sperrfilter n || ~ number / Zurückweisungszahl f, Rückweisezahl f
reject monitoring / Ausschusskontrolle f
rejector n / Parallelschwingkreis m
reject packet / Rückweisungsdatenpaket n
rejects handling / Retourenabwicklung f
REL s. low-intensity runway edge lighting
relatch v / wiederverklinken v
related colour / bezogene Farbe || be ~ / in Zusammenhang stehen || ~ perceived colour / bezogene Farbe || to / korrespondiert mit bezogene Farbe
relation n / Lagebeziehung f || AND ~ / UND-Verknüpfung f || OR ~ / ODER-Verknüpfung f
relational function / Vergleichsfunktion f || ~ operator / Vergleichsoperator m
relation characteristic / Relationsmerkmal n DIN 4000,T.1, Beziehungsmerkmal n || ~ database / relationale Datenbank || ~ expression / Vergleichsausdruck m || ~ knowledge / Beziehungswissen n
relationship n / Beziehung f
relative air humidity / relative Luftfeuchtigkeit || ~ capacitivity / relative Dielektrizitätskonstante, Elektrisierungszahl f || ~ colour stimulus function / relative Farbreizfunktion || ~ contrast sensitivity (RCS) / relative Kontrastempfindlichkeit || ~ dielectric constant / relative Dielektrizitätskonstante, Elektrisierungszahl f || ~ error / relativer Fehler (Rel.) DIN IEC 255,T.100, auf den Einstellwert bezogene Abweichung || ~ error of measurement / relative Messabweichung || ~ expansion / Relativdehnung f || ~ frequency / relative Häufigkeit DIN 55350,T.23 || ~ gauge-point fluctuation voltage / relative Schwankungsspannung im Normalpunkt || ~ harmonic amplitude / Überlagerungsfaktor m DIN 41745 || ~ harmonic content / Oberschwingungsgehalt m, Klirrfaktor m || ~ humidity / relative Feuchte (o. Feuchtigkeit), relative Luftfeuchte, Feuchtigkeitsgrad m || ~ intensity of partial discharges / relative Stärke der Teilentladungen || ~ jump / bedingter Sprung (SPB) (siehe Sprung), relativer Sprung (SPB) (siehe Sprung) || ~ motion / Relativbewegung f
relative non-line-frequency content / nichtnetzfrequenter Gehalt || ~ peak-to-peak ripple factor IEC 411-3 / relative Schwingweite (Welligkeitsanteil) || ~ permeability / Permeabilitätszahl f || ~ permittivity / Permittivitätszahl f || ~ positioning / relatives Positionieren || ~ rate of rise of voltage (RRRV) / relative Spannungssteilheit || ~ rate of using life / relativer Lebensdauerverbrauch || ~ regulation / relative Spannungsänderung, relative Drehzahländerung || ~ responsivity / relative Empfindlichkeit (Strahlungsempfänger) || ~ resultant gauge-point fluctuation voltage / relative resultierende Schwankungsspannung || ~ short-circuit power / Kurzschlussleistungsverhältnis n (SR) || ~ short-circuit voltage / relative Kurzschlussspannung || ~ slope of operating characteristic curve / relative Neigung der Annahmekennlinie || ~ spectral distribution / relative spektrale Verteilung,

Strahlungsfunktion f || ~ **spectral energy** (o. **power) distribution** / relative spektrale Strahldichteverteilung || ~ **spectral responsivity** (o. **sensitivity)** / relativespektrale Empfindlichkeit || ~ **stroke** / Öffnungsgrad m || ~ **survivals** / relativer Bestand DIN 40042 || ~ **temperature index (RTI)** / relativer Temperaturindex (RTI) || ~ **to frame** / gegen Masse || ~ **travel** / relativer Hub (Ventil) || ~ **viscosity** / relative Viskosität, Viskositätsverhältnis n || ~ **voltage change** / relative Spannungsänderung VDE 0838,T.1
relaxation method / Relaxationsmethode f, Korrekturverfahren n || ~ **oscillation** / Relaxationsschwingung f, Kippschwingung f, Ladeschwingung f || ~ **oscillator** / Kippgenerator m || ~ **time** / Abklingzeit f, Kippzeit f
relay n / Relais n, Schaltrelais n || ~ **over- and undercurrent** ~ / Über- und Unterstromrelais n, Über- und Unterspannungsrelais n || **ready to operate** ~ / Betriebsbereit-Relais n || **servo ready** ~ / Betriebsbereit-Relais n || ~ **board** / Relaistafel f, Relaisbaugruppe f || ~ **connector** / Relaiskoppler m || ~ **contact** / Relais-Kontakt m || ~ **control** / Relaissteuerung f || ~ **driver** / Relaistreiber m || ~ **flashing module** / Relais-Blinkeinheit f || ~ **for ac.-d.c. operation** / Allstromrelais n || ~ **for voltage monitoring** / Relais für Spannungsüberwachung || ~ **group** / Relaissatz m, Relaisgruppe f || ~ **hold** / Haltewert m (Rel.)
relaying n / Relaissystem n, Relaissteuerung f || ~ **alarm** ~ / Alarmweiterleitung f || ~ **protective** ~ / Schutzrelaistechnik f, Schutztechnik f || ~ **point** / Relaisort m (Schutzsystem), Relaiseinbauort m (Schutzsystem)
relay interface / Relaisnahtstelle f || ~ **interface control** / Relais-Anpasssteuerung f (o. - Schnittstellensteuerung) || ~ **kiosk** / Relaishäuschen n || ~ **kiosks** / Relaishaustechnik f || ~ **ladder diagram** / Kontaktplan m (SPS) || ~ **ladder diagram (R-LAD)** / Relais-Kontaktplan m (R-KOP) || ~ **ladder logic** / Kontaktplan m (SPS) || ~ **logic** / Kontaktverknüpfung f (SPS) || ~ **module** / Relaisbaugruppe f || ~ **operate voltage** / Ansprechspannung f (Rel.), Anzugsspannung f || ~ **operating point** / Relaisansteuerschwelle f, Relaisansprechwert m || ~ **output** / Relaisausgang m || ~ **plug-in** / Relaiseinschub m || ~ **safety combination** / Relaissicherheitskombination f || ~ **set** / Relaiskombination f || ~ **soak** / Sättigungszustand m (Rel.) || ~ **submodule** / Relaisplatte f || ~ **symbology** / Relais-Symbolik f, Relaissymbolik f || ~ **system** ISO 7348 / Transitsystem n (offenes Kommunikationsnetz) || ~ **time** / Relaiszeit f
relay-timed short-time delay overcurrent release / kurzverzögerter elektromagnetischer Überstromauslöser mit Verzögerung durch Zeitrelais
relay-type interface control / Relais-Anpasssteuerung f (NC) || ~ **mimic-diagram control** / Relais-Anlagenbildsteuerung f || ~ **reversing controller** / Relais-Umkehrsteller m
relay with dropout delay / abfallverzögertes Relais, Relais mit Abfallverzögerung, rückfallverzögertes Relais || ~ **with partial memory function** / Relais mit teilweiser Gedächtnisfunktion || ~ **with pickup and dropout delay** / Relais mit Abfall- und

Anzugsverzögerung || ~ **with total memory function** / Relais mit voller Gedächtnisfunktion
release v / auslösen v, freigeben v, lösen v, abbauen v (eine DÜ-Verbindung), freisetzen v, loslassen v, entsperren v, entrasten v, entspannen v || ~ **(relay)** / rückfallen v || ~ n / Auslöser m, Auslösung f, Freigabe f, Freisetzung f, Version f, Auslösevorrichtung f, Ausgabestand m, Ausgabe f, Änderungsstand m, Stand m, Messwertausgabe f, Ausgabeversion f, Zählwertausgabe m || ~ **a-release** / a-Auslöser m || **command** ~ / Befehlsabsteuerung f (FWT) || **connection** ~ / Verbindungsabbau m || **energy** ~ / Energiefreisetzung f || **gas** ~ / Entgasung f || **servo** ~ / Meldung: betriebsbereit || ~ **agent** / Trennmittel n || ~ **characteristic** / Auslösecharakteristik f || ~ **circuit** / Freigabekreis m || ~ **class** / Auslöseklasse f || ~ **condition** / Ruhezustand m (Rel.) || ~ **delay** / Ausschaltverzögerung f (gewollte Verzögerung der Kontaktöffnung), Abbauzeit f (Datenleitung) || ~ **failure probability** / Fehlerwahrscheinlichkeit beim Abbau (DÜ-Verbindung) || ~ **for general availability** / Lieferfreigabe (LF) f || ~ **force** / Auslösekraft f, Rückschaltkraft f
release-free circuit-breaker / Leistungsschalter mit Freiauslösung VDE 0660, T.101, Leitungsschutzschalter mit Freiauslösung || ~ **contactor** / Schütz mit Freiauslösung || ~ **mechanical switching device** / mechanisches Schaltgerät mit Freiauslösung, Schalter mit Freiauslösung || ~ **mechanism** / Freiauslösung f (Vorrichtung)
release identifier (release-ID) / Freigabekennung f || ~ **lever** / Lösehebel m, Entriegelungshebel m || ~ **machine** / Vorrichtung freigeben || ~ **mechanism** / Auslösegerät n || ~ **number** / Funktionsstand m
release on request (ROR) / Freigabe auf Anforderung || ~ **of components** / Bauelementenfreigabe f || ~ **opening** / Entriegelungsöffnung f || ~ **operating voltage** / Auslöser-Betätigungsspannung f (SG) || ~ **pilot switch** / Auslösemeldeschalter m || ~ **point** / Rückkipppunkt m (NS) || ~ **position** / Rückschaltpunkt m || ~ **signal** / Freigabesignal n (Schutz) || ~ **state** / Ruhezustand m (Rel.) || ~ **tailstock** / Gegenlager lösen || ~ **terminals** / Freiabklemmen n || ~ **time** / Auslösezeit f, Rückfallzeit f (Rel.) || ~ **torque** / Lösemoment n DIN 7182,T.3 || ~ **travel** / Rücklaufweg m (Betätigungselement, Steuerschalter) || ~ **value (relay)** IEC 50(446) / Rückfallwert m, Rückwerfwert m, Abfallwert m || ~ **when done (RWD)** / Freigabe nach Ausführung
releasing current / Loslassschwelle f (Körperstrom) || ~ **cylinder** / Freidrehzylinder m || ~ **force** / Freigabekraft f (Schaltstück) DIN 7182,T.3, Lösekraft f || ~ **signal** / Auslösesignal n
relevant authorities / Zulassungsbehörden f pl || **relevant failure** / zu wertender Ausfall || ~ **to group** / sammelrelevant adj
reliability n / Zuverlässigkeit f, Funktionstüchtigkeit f, Betriebssicherheit f, Funktionssicherheit f, Funktionsfähigkeit f, Erfolgshäufigkeit f || ~ n IEC 50 (191) / Überlebenswahrscheinlichkeit f || ~ **analysis** / Zuverlässigkeitsbewertung f || ~ **and maintainability audit** / Zuverlässigkeits-Audit n IEC 50(191), Funktionsfähigkeitsaudit n || ~ **and**

maintainability assurance / Zuverlässigkeitssicherung *f*, Funktionsfähigkeitssicherung *f* || ~ **and maintainability control** / Zuverlässigkeitslenkung *f* IEC 50(191), Funktionsfähigkeitslenkung *f* || ~ **and maintainability management** / Zuverlässigkeitsmanagement *n* IEC 50(191), Funktionsfähigkeitsmanagement *n* || ~ **and maintainability program** / Zuverlässigkeitsprogramm *n* IEC 50(191), Funktionsfähigkeitsprogramm *n* || ~ **and maintainability plan** / Zuverlässigkeitssicherungsplan *m* IEC 50(191), Funktionsfähigkeitssicherungsplan *m* || ~ **and maintainability surveillance** / Zuverlässigkeitsüberwachung *f* IEC 50(191), Funktionsfähigkeitsüberwachung *f* || ~ **apportionment** / Zuverlässigkeitsaufteilung *f* || ~ **assessment** / Zuverlässigkeitsbewertung *f* || ~ **assurance** / Zuverlässigkeitssicherung *f* || ~ **block diagram** / Zuverlässigkeitsblockdiagramm *n* || ~ **characteristics** / Zuverlässigkeitskenngrößen *f pl* DIN 40042 || ~ **characteristics with regard to initials** / auf den Anfangsbestand bezogene Kenngrößen DIN 40042 || ~ **characteristics with regard to survivals** / auf den Bestand bezogene Zuverlässigkeitskenngrößen DIN 40042 || ~ **compliance test** / Zuverlässigkeitsnachweisprüfung *f* || ~ **determination test** / Zuverlässigkeitsbestimmungsprüfung *f* || ~ **estimation** / Zuverlässigkeitsabschätzung *f* || ~ **function** / Zuverlässigkeitsfunktion *f* DIN 40042 || ~ **growth** / Zuverlässigkeitswachstum *n*, Wachstum der Funktionsfähigkeit || ~ **improvement** / Zuverlässigkeitsverbesserung *f*, Verbesserung der Funktionsfähigkeit || ~ **level** / Zuverlässigkeitsgrad *m* || ~ **model** / Zuverlässigkeitsmodell *n* IEC 50(191), Funktionsfähigkeitsmodell *n* || ~ **of protection** / Funktionssicherheit des Selektivschutzes IEC 50(448) || ~ **performance** / Funktionsfähigkeit *f* IEC 50(191)
reliable *adj* / zuverlässig *adj*, störsicher *adj*, funktionssicher *adj*, betriebssicher *adj*
relief *n* / Entlastung *f* || ~ **cut** / Freischneiden *n*, Hinterschnitt *m* || ~ **cut element** / Hinterschnittelement *n* || ~ **cut feed** / Hinterschnittvorschub *m* || ~ **cut feedrate** / Hinterschnittvorschub *m* || ~ **cutting** / Hinterschneiden *n*, Freischneiden *n* (WZM)
relief diaphragm / Überdruckmembran *f*, Brechplatte *f*, Bruchmembran *f* || ~ **factor** / Entlastungsfaktor *m* || ~ **gap** / Schaltfunkenstrecke *f*
relief-turn *v* / hinterdrehen *v*
relief turning / Hinterdrehen *n*
relief valve / Sicherheitsventil *n*, Überdruckventil *n*, Überströmventil *n*, Entlastungsventil *n*
relieve *v* / entlasten *v*, entspannen *v*, hinterarbeiten *v*, aussparen *v*
re-line *v* / neu ausfüttern, neu ausgießen
reload *v* / nachladen *v* (WZM), umladen *v*, zurückladen *v* || ~ **after power failure** / Rückladen nach Netzausfall || ~ **buffer** / Nachladepuffer *m*
reloading *n* / Umsetzen *n*, Umspeichern *n*, Umladen *n*, Nachladen *n* || ~ **resistor** / Rückladewiderstand *f*
relocatable *adj* / verschiebbar *adj*, versetzbar *adj*, relativierbar *adj*, umstellbar *adj*

relocate *v* / versetzen *v*, verlagern *v*, umsetzen *v*, auslagern *v* (Programmteil), umspeichern *v*, verschieben *v*
relocated fault / Wechselfehler *m*
relocation *n* / Umsetzen *n*, Umspeichern *n*, Umladen *n* || ~ **of program sections** / Verschieben von Programmteilen || ~ **routine** / Umspeicherroutine *f*
relubricate *v* / nachschmieren *v* (Lg.)
relubricating device / Nachschmiereinrichtung *f* (Lg.)
relubrication factor / Wartungsfaktor *m* (Lg.) || ~ **interval** / Nachschmierfrist *f*, Schmierfrist *f*
reluctance *n* / Reluktanz *f*, magnetischer Widerstand || ~ **generator** / Reluktanzgenerator *m* || ~ **motor** / Reluktanzmotor *m* || ~ **of magnetic path** / magnetischer Streuwiderstand || ~ **power** / Reaktionsleistung *f* (el. Masch.), Reaktionswirkleistung *f* || ~ **synchronizing** / Reluktanzsynchronisieren *n* || ~ **torque** / Reaktionsmoment *n*, Reluktanzmoment *n*, Reluktanzdrehmoment *n*
reluctive reactance / Reaktanz der zweiten Harmonischen
reluctivity *n* / Reluktivität *f*, spezifischer magnetischer Widerstand, Kehrwert der Permeabilität
REM s. runway edge lighting, medium-intensity
remachine *n* / Nacharbeiten *n*
remachining *n* / Nachbearbeitung *f*, Nacharbeit *f*
remagnetization *n* / Aufmagnetisierung *f*, Rückmagnetisierung *f*, Ummagnetisierung *f*
remagnetizing frequency / Ummagnetisierungsfrequenz *f*
remain at dangerous potential / gefährliche Spannung führen || **remain, to** ~ **locked in** / in Selbsthaltung gehen || ~ **on voltage** / an Spannung bleiben
remainder *n* / Rest *m*
remaining contour / Restkontur *f* || ~ **inventory** / Restbestand *m* || ~ **quantity** / Reststückzahl *f* (vgl. Werkzeugüberwachung) || ~ **ripple** / Restwelligkeit *f* || ~ **stock** / Restbestand *m*
remake time / Wiedereinschaltzeit *f* (bei einem Aus-Ein-Schaltspiel)
remanence *n* / Remanenz *f*, remanenter Magnetismus, Restmagnetismus *m* || ~ **contactor** / Remanenzschütz *n* || ~ **contactor relay** / Remanenz-Hilfsschütz *n* || ~ **loss** / Nachwirkungsverlust *m* || ~ **relay** / Remanenzrelais *n*
remanent flux density / remanente Flussdichte || ~ **induction** / Remanenzinduktion *f*, Remanenzflussdichte *f* || ~ **magnetic field** / magnetisches Restfeld || ~ **magnetic polarization** / magnetische Remanenzpolarisation, Remanenzflussdichte *f* || ~ **magnetism** / remanenter Magnetismus, Restmagnetismus *m* || ~ **permeability** / Nachwirkungspermeabilität *f* || ~ **voltage** / Remanenzspannung *f*, Restspannung *f*
remark *n* / Bemerkung *f*, Anmerkung *f*
remedy *v* / beheben *v*, reparieren *v* || ~ / Abhilfemaßnahme *f*, Abhilfe *f*, Umgehung *f*
re-metal *v* / neu ausgießen (Lg.), neu ausfüttern
remodeling *adj* / umformend *adj*
remodulator *n* / Frequenzumsetzer *m*
remote *prep* / fern *prep*, entlegen *v*, entfernt *adj* || ~ **Access Server (RAS)** / RAS || ~

acknowledgement / Fernquittierung *f*
remote acquisition unit (RAU) / entferntes (o.
abgesetztes) Erfassungsgerät,
Betriebsdatenerfassungsgerät *n* (BDE) || ~
annunciation / Fernanzeige *f* || ~ **back-up
protection** / Fern-Reserveschutz *m* || ~ **batch
processing** / Stapelfernverarbeitung *f* || ~
calibration / Fernparametrierung *m*
remote-control *v* / fernsteuern *v*, fernschalten *v* || ~
switch / Fernschalter *m*
remote control / Fernsteuerung *f*, Fernführung *f* DIN
41745, Fernbetätigung *f*, Fernbedienung *f*,
Fernwirken (FW) *n*, Fernwirktechnik (FWT) *f* || ~
control board (o. panel) / Fernbedienungstafel *f* ||
~ **control centre** / Fernsteuerzentrale *f*,
Kommandostelle *f* || ~ **control circuit** /
Fernsteuerkreis *m*, Fernbetätigungskreis *m* || ~
control cock / Handsteuerhahn *m* || ~ **control
command** / Fernsteuerbefehl *m*, Fernbefehl *m*
remote-controlled filler-flap release /
Fernentriegelung der Tankklappe (Kfz) || ~ **dimmer**
/ Ferntastdimmer *m* || ~ **mechanism** / Fernantrieb *m*
|| ~ **switch** / fernbetätigter Schalter, Fernschalter *m*
|| ~ **tailgate release** / Fernentriegelung der
Hecklappe (Kfz) || ~ **testing** / ferngesteuertes
Prüfen, mechanisierte Prüfung
remote control of building services / Hausleitsystem
n || ~ **control operation** / Fernantrieb *m* || ~ **control
potentiometer** / Fernpotentiometer *n*,
Fernbedienungspoti *m*,
Fernbedienungspotentiometer *m* || ~ **control switch**
/ Fehlersignalschalter (FS) *m* || ~ **control switch
(r.c.s.)** / Fernsteuerschalter *m*, Fernschalter *m*,
Fernbedienungsschalter *m* || ~ **control wall
dimmer** / Wand-Ferndimmer *m* || ~ **cut-off tube** /
Regelröhre *f* (raumladungsgesteuerte R. zur
Änderung der Leerlaufverstärkung o. Steilheit) || ~
diagnosis / Ferndiagnose *f* || ~ **diagnostics** /
Ferndiagnose *f* || ~ **display unit** / Anzeigeeinheit *f* ||
~ **earth** / ferner Erder, Bezugserde *f* || ~ **enable
(REN)** / Fernsteuerungsfreigabe *f* || ~ **enable idle
state** / Fernsteuerfreigabe-Ruhezustand *m* (PMG)
DIN IEC 625 || ~ **enable state** / Fernsteuer-
Freigabezustand *m* (PMG) DIN IEC 625 || ~ **file
access** / netzweiter Dateizugriff || ~ **ground** / ferner
Erder, Bezugserde *f* || ~ **handling tongs** (o.
gripper) / Ferngreifer *m* || ~ **indication** /
Fernanzeige *f* || ~ **indicator** / Fernanzeiger *m* || ~
input/output station (RIOS) / dezentrale Eingabe-
/ Ausgabeeinheit (SPS), dezentrale Ein-
/Ausgabestation || ~ **interfacing** / Fernkopplung *f*
(rechnergesteuerte Anlage) || ~ **job entry (RJE)** /
Stapelfernverarbeitung *f* || ~ **link** / Fernkopplung *f*
remote/local function IEC 625 / Fern/Eigen-
Umschaltfunktion *f* DIN IEC 625 || ~ **message
paths** / Nachrichtenwege bei Fern-/Eigensteuerung
(PMG) || ~ **selector** / Fern-Ort-Umschalter *m*
remote loopback / ferne Prüfschleife (DÜE) DIN
66020,T.1
remotely controlled substation / fernbediente
Station || ~ **derived synchronization signal** /
fernabgeleitetes Synchronisationssignal || ~
interchangeable / fernbedient auswechselbar || ~
operated apparatus / fernbetätigtes Gerät || ~
programmable / fernprogrammierbar *adj* || ~
resettable detector / fernrückstellbarer Melder EN
54

remote maintenance / ferngesteuerte Instandhaltung
|| ~ **manipulation** / Fernmanipulation *f* || ~ **medium**
/ entferntes Medium (einer el. Masch.) || ~ **message**
IEC 625 / externe Nachricht DIN IEC 625 || ~
metering / Fernmessen *n*, Fernzählen *n* || ~
multiplexer terminal / Feldmultiplexer *m* || ~
parameterizing / Fernparametrierung *f* || ~ **partner**
/ Anlage *f* || ~ **pickup** / Fernaufnehmer *m*,
Ferngeber *m* || ~ **PLC system** / Partnersystem *n* || ~
position indication / Stellungsfernanzeige *f* || ~
potentiometer output / Fernpoti-Ausgang *m* || ~
powering / Fernspeisung *f* || ~ **procedure call
(RPC)** / RPC || ~ **programming** /
Fernprogrammierung *f* || ~ **release** / Fernauslöser *m*,
Hilfsauslöser *m* || ~ **repeater** / Fernverstärker *m*,
Fernbusverstärkerpaar *n* || ~ **reset** / Fernreset *n*,
Fernrückstellung *f* || ~ **selection** / Fernanwahl *f* || ~
sensing / Fernfühlen *n*, Istwert- Fernerfassen *n* || ~
set-point adjuster / fernbetätigter
Sollwerteinsteller || ~ **short circuit** /
Fernkurzschluss *m*, generatorferner Kurzschluss || ~
signaling / Fernmeldung *f* || ~ **signalling** /
Fernmeldung *f* || ~ **state (REMS)** IEC 625 /
Fernsteuerzustand *m* (PMG) DIN IEC 625 || ~
station / Gegenstation *f*, überwachte Station,
Unterstation (UST) *f* || ~ **strike** / Ferneinschlag *m*
(Blitz) || ~ **support** / Fernunterstützung *f* || ~ **tap
indicator** / Stellungsfernanzeiger *m* (Trafo) || ~
temperature sensing / Temperatur-Fernmessung *f*
|| ~ **terminal interface (RTI)** / Fernwirkanschluss
m || ~ **terminal unit (RTU)** / (entfernte)
Datenerfassungsstation *f*, Betriebsdaten-
Erfassungsstation *f*, BDE-Station *f*, Fernwirkgerät
n, RTU || ~ **tool center point (RTCP)** / RTCP || ~
trip / Fernauslöser *m*, Hilfsauslöser *m* || ~ **tripping**
/ Fernauslösung *f*, Fernausschaltung *f* || ~ **with
lockout state (RWLS)** / Fernsteuerungszustand
mit Verriegelung (PMG) DIN IEC 625
removable *adj* / abnehmbar *adj*, lösbar *adj*,
herausnehmbar *adj*, austauschbar *adj*, demontierbar
adj, auswechselbar *adj* || ~ **cover** IEC 439-1 /
Deckel *m* (SK) VDE 0660,T.500,
Betätigungsklappe *f* || ~ **disk** / Wechseldatenträger
m || ~ **disk drive** / Wechselplattenlaufwerk *n* || ~
hard disk unit / Festplattenwechseleinsatz *m* || ~
jumper / lösbare Brücke || ~ **part** IEC 439-1, IEC
298 / austauschbares Teil (SK) VDE 0670,T.50,
herausnehmbares Teil VDE 0670,T.6
removal / Entnahme *f*, Austrag *m* || ~ **of edge
coating** / Randentschichtung *f* || ~ **of heat** /
Wärmeabfuhr *f*, Wärmeableitung *f* || ~ **torque** /
Drehmoment für das Herausdrehen
remove *v* / abnehmen *v*, entfernen *v*, zurücknehmen *v*
|| ~ *n* / Ausräumen *n*
removed position IEC 439-1 / Absetzstellung *f* (SK)
VDE 0660,T.500, Außenstellung *f* (Schalteinheit)
VDE 0670,T.6 || ~ **section** / Profilschnitt außerhalb
der Ansicht
remove module / Modul ziehen || ~ **stock** /
Ausräumen *n*, Abspanen *n*
removing / Abnehmen *n*
REMS s. remote state
REN s. remote enable
rename *v* / umbenennen *v*
rendered service recording / Leistungserfassung *f*
rendering, colour ~ / Farbwiedergabe *f* || ~ **file** /
Wiedergabedatei *f* (CAD) || ~ **hardcopy driver** /

Wiedergabetreiber *m* (CAD)
rendition, graphic ~ / Darstellungsart *f*
 (Formatsteuerfunktion) || ~ **factor** /
 Wiedergabefaktor *m* (BT)
renew *v* / auswechseln *v*
renewable energies / regenerative Energien ||
 renewable energy / erneuerbare Energie,
 regenerierbare Energie || ~ **fuse** /
 Reparatursicherung *f*
renewal part / Ersatzteil *n*, Reserveteil *n*
rent collector / Kassiergerät *n* (EZ)
renumber *v* / neu nummerieren
reorganization token ring / Neuaufbau eines
 Tokenringes
reorganize *v* / reorganisieren *v*
re-operate *v* / wiederbetätigen *v*, wiederansprechen *v*
repair *v* / reparieren *v*, instandsetzen *v*, ausbessern *v* ||
 ~ *n* / Reparatur *f*, Serviceleistung *f*, Instandsetzung *f*
 (Instandhaltung nach Fehlzustandserkennung mit
 der Absicht, eine Einheit in den funktionsfähigen
 Zustand zu versetzen), Instandsetzungsarbeiten *n*
repairability *n* / Reparaturfähigkeit *f*
repairable system / System mit
 Reparaturmöglichkeit
repair and return of equipment /
 Nämlichkeitsreparatur *f* || ~ **center** /
 Reparaturzentrum *n*, Reparaturstelle *f*,
 Reparaturwerkstatt *f* || ~ **code** /
 Reparaturkennzeichen *n*, Reparaturkennung *f*,
 Rückwarenkennung *f*, Rückwarenklassifizierung *f*,
 Retourenkennung *f*, Reparaturkennzeichen (RKZ)
 n || ~ **cost** / Reparaturaufwendung *f* || ~ **costs** /
 Instandsetzungskosten *pl*
repair coverage / reparierbarer Fehleranteil IEC
 50(191), Instandsetzbarkeitsgrad *m* (Anteil der
 Fehlzustände einer Einheit, die erfolgreich behoben
 werden können) || ~ **department** / Reparaturstelle *f*
 || ~ **duration** / Reparaturdauer *f*,
 Instandhaltungsdauer *f* || ~ **ID** / Rückwarenkennung
 f, Rückwarenklassifizierung *f*, Retourenkennung *f*,
 Reparaturkennung *f*, Reparaturkennzeichen *n* || ~
 loop / Reparaturkreislauf *m* || ~ **mark** /
 Instandsetzerkennzeichen *n* || ~ **note** /
 Reparaturhinweis *m* || ~ **price** / Reparaturpreis *m* ||
 ~ **rate** / Instandsetzungsrate *f*, momentane
 Instandsetzungsrate || ~ **report** / Reparaturbericht
 m, Reparaturbefund *m* || ~ **service** / Reparaturdienst
 m, Reparaturservice *m*, Reparaturservicevertrag
 (RSV) *m* || ~ **service contract service** /
 Reparaturservicevertragsleistung *f* || ~ **shop** /
 Reparaturwerkstatt *f* || ~ **sleeve** /
 Reparaturverbinder *m* (Freiltg.) || ~ **time** /
 Reparaturdauer *f*, Instandhaltungsdauer *f*,
 Reparaturzeit *f*
repeatability *n* / Wiederholbarkeit *f*,
 Wiederholgenauigkeit *f* (Messung),
 Reproduzierbarkeit *f*, Wiederholungsgenauigkeit *f*,
 Wiederholpräzision *f* (Statistik, QS),
 Repetierbarkeit *f* || ~ **conditions** /
 Wiederholbedingungen *f pl* (Statistik, QS) || ~
 critical difference / kritischer
 Wiederholdifferenzbetrag (Statistik, QS) DIN
 55350,T.19 || ~ **difference** /
 Wiederholdifferenzbetrag *m* (QS) || ~ **error** /
 Reproduzierbarkeitsfehler *m* (Messungen),
 Wiederholungsfehler *m* || ~ **limit** / Wiederholgrenze
 f (Statistik, QS) || ~ **standard deviation** /

Wiederhol-Standardabweichung *f*
repeatable *adj* / wiederholbar *adj*
repeat accuracy / Wiederholgenauigkeit *f*,
 Wiederholungsgenauigkeit *f*, Reproduzierbarkeit *f* ||
 ~ **accuracy deviation** /
 Wiederholgenauigkeitsabweichung *f*,
 Schaltpunktabwanderung *f*,
 Schaltpunktabweichung *f* (NS)
repeated-blow impact test / Dauerschlagversuch *m*,
 Schweißschlagprüfung *f*
repeater *n* / Wiederholer *m*, Impulswiederholer *m*,
 Stellungsrückmelder *m*, Busverstärker *m*,
 Linienverstärker *m*, Buskoppler *m*, Repeater *m*
 (Einheit, die die Signalpegel auffrischt),
 Regenerator *m* (LAN), Leitungsverstärker *m*,
 Rückmelder *m*, Zwischenverstärker *m*,
 Signalverstärker *m* || **pressure** ~ / Druckwandler *m*
 || **regenerative** ~ / signalformender Wiederholer || ~
 distribution frame (RDF) / Verstärkerverteiler *m*
 (Nachrichtenübertragung) || ~ **lamp** /
 Anzeigelampe *f*, Kontrollampe *f*
repeat factor / Wiederholfaktor *m* (Rechenoperation,
 Programmteil), Wiederholungsfaktor (WF) *m*
repeating coil / Übertrager *m* (Telefon) || ~ **counter** /
 Wiederholungszähler *m* || ~ **register** / Fernzählwerk
 n, Fernzählgerät *n*
repeat loop / Wiederholungsschleife *f* (SPS) || ~
 number / Wiederholungszahl *f* || ~ **pass** /
 Wiederholdurchlauf *m* || ~ **plunger** /
 Wiederholstößel *m* || ~ **positions** / Positionen
 wiederh. || ~ **pushbutton** /
 Wiederholungsdruckknopf *m* || ~ **start** /
 Wiederholstart *m* (NC) || ~ **statement** /
 Wiederholungsanweisung *f*, Wiederholanweisung *f*
 || ~ **test** / Wiederholungsprüfung *f*, Nachprüfung *f* ||
 ~ **time-delay relay** / Wiederholrelais *n*
repertoire, basic ~ / Grundvorrat *m* (v. Befehlen,
 Zeichen) || **operation** ~ / Operationsvorrat *m*
repetency *n* / Repetenz *f*, Wellenzahl *f*, Wellendichte *f*
repetition conditions / Wiederholbedingungen *f pl*
 (a. MG) || ~ **factor** / Wiederholungsfaktor (WF) *m*,
 Wiederholfaktor *m* || ~ **frequency** /
 Wiederholfrequenz *f*, Frequenz *f* || ~ **of
 measurements** IEC 512 / mehrfaches Messen DIN
 41640 || ~ **period** (pulse burst) / Periodendauer *f*
 (Pulsburst) || ~ **rate** / Wiederholfrequenz *f*,
 Folgefrequenz *f*, Wiederholungsrate *f*,
 Wiederholrate *f*
repetitive *adj* / wiederkehrend *adj* || ~ **experiment** /
 wiederholbarer Versuch || ~ **loop** /
 Wiederholschleife *f*, Wiederholungsschleife *f* || ~
 measurement / Wiederholungsmessung *f*
repetitiveness *n* / Wiederholhäufigkeit *f*
repetitive peak forward current / periodischer
 Spitzenstrom (Diode) DIN 41781 || ~ **peak
 forward off-state voltage** / periodische Vorwärts-
 Spitzensperrspannung (Thyr) DIN 41786,
 periodische Spitzensperrspannung in
 Vorwärtsrichtung || ~ **peak line voltage** /
 periodischer Spitzenwert der Netzspannung || ~
 peak off-state voltage / periodische
 Spitzensperrspannung (Thyr) DIN 41786 || ~ **peak
 on-state current** / periodischer Spitzenstrom
 (Thyr) DIN 41786 || ~ **peak reverse power
 dissipation** / periodische Spitzen-
 Rückwärtsverlustleistung (Lawinen-
 Gleichrichterdiode) DIN 41781 || ~ **peak reverse**

voltage / periodische Rückwärts-
Spitzensperrspannung (Thyr) DIN 41786,
periodische Spitzensperrspannung (Diode) DIN
41781, periodische Spitzenspannung in
Rückwärtsrichtung || ~ **shock** / Dauerschock m || ~
transient / Schwingung f (LE, bei der
Kommutierung) || ~ **turn-on current with RC
discharge** / periodisch zulässiger Einschaltstrom
für RC-Entladung (Thyr)
replace v / ersetzen v, auswechseln v, erneuern v,
wieder einsetzen, austauschen v
replaceable adj / austauschbar adj, auswechselbar
adj || ~ **parts** / tauschfähige Teile
replaced adj / ersetzt adj
replacement n / Rücktausch m, Ersatz m ||
replacement battery / Ersatzbatterie f || ~
contactor / Ersatzschütz m || ~ **fan** /
Austauschlüfter m || ~ **part** / Auswechselteil m,
Ersatzteil m, Wechselteil n || ~ **price** /
Austauschpreis m || ~ **strategy** /
Ausfallsuchstrategie f || ~ **text** / Tauschtext m || ~
tool / Tauschwerkzeug n, Ersatzwerkzeug n,
Schwesterwerkzeug n || ~ **type** / Ersatztyp m,
Nachfolgetyp m || ~ **valves** / Wechselarmaturen fpl
replay n (CAD) / Wiedergabe f (Pull-down-Menü)
replenishment of zero stocks /
Nullbestandsauffüllung f
replica, thermal ~ / thermisches Abbild,
Wärmeabbild n
replicate n / Nachbau m
replication n / Replikation f, Wiederholung f,
Nachbau m
reply channel / Antwortkanal m || ~ **data** /
Antwortdaten pl
report n / Bericht m, Liste f (DV), Protokoll n,
Alarmprotokoll n, Meldeprotokoll n || ~ v / melden
v || **calibration** ~ / Eichprotokoll n, Prüfprotokoll n
(EZ), Kalibrierprotokoll n || **semiannual** ~ /
Halbjahresbericht m
reportable non-conformance / meldepflichtige
Abweichung (QS)
reported figures / ausgewiesene Zahlen
reporting n / Berichterstattung f, Protokollieren n,
Protokollierung f, Berichtswesen n || ~ **procedure** /
Berichterstattungsverfahren n
report body / Protokollrumpf m || ~ **display** /
Protokollbild n || ~ **entry** / Protokolleintrag m || ~
frame / Protokollrahmen m || ~ **functions** /
Protokollfunktionen pl || ~ **generation** /
Protokollierung f, Protokollieren n,
Protokollausgabe f || ~ **generator** / Listengenerator
m (DV), Protokollgenerator m || ~ **header** /
Protokollkopf m || ~ **ID** / Protokollkennung f || ~
layout / Listenbild n || ~ **period** / Berichtszeitraum
m || ~ **printer** / Protokolldrucker m || ~ **RTU
configuration (RRC)** / RRC (Regional Repair
Center) || ~ **type** / Listenart f
report-like noise / knallartiges Geräusch
REPOS (repositioning) / Wiederanfahren an die
Kontur, REPOS (Repositionieren),
Rückpositionierung f
Repos offset / Repos-Verschiebung f
reposition v / versetzen v, umsetzen v, umstellen v,
neu einstellen, verschieben v, rückpositionieren v
repositionable adj / umsteckbar adj
repositioning n / Neupositionierung f (NC),
Wiederanfahren der Kontur || ~ v / wiederanfahren v

|| ~ **(REPOS)** n / Wiederanfahren an die Kontur,
Repositionieren (REPOS) n, Rückpositionierung f ||
check by ~ / Umschlagprüfung f (el. Masch.,
Läufer) || ~ **offset** / Wiederanfahrverschiebung f
(NC)
representation n / Darstellung f, Schreibweise f || ~ **in
3 planes** / Darstellung in 3 Ebenen ||
representation of information /
Informationsdarstellung f || ~ **of a machine layout** /
Darstellung eines Maschinenlayouts || ~ **unit** /
Ziffernschritt m (kleinste Zu- oder Abnahme
zwischen zwei aufeinanderfolgenden
Ausgangswerten) DIN 44472, Auflösung f
representative adj / repräsentativ adj, typisch adj || ~
sample / Repräsentativprobe f || ~ **sinor** /
Repräsentativsinor m, Raumzeiger m || ~ **test** /
repräsentative Prüfung
reproduceability n / Reproduzierbarkeit f
reproducibility n / Reproduzierbarkeit f,
Wiederholgenauigkeit f, Wiederholbarkeit f,
Vergleichspräzision f || ~ **(QA)** / Vergleichbarkeit f
DIN 55350,T.13 || ~ **conditions** /
Vergleichsbedingungen fpl (Statistik, QS) || ~
critical difference / kritischer
Vergleichsdifferenzbetrag (Statistik, QS) DIN
55350,T.13 || ~ **difference** /
Vergleichsdifferenzbetrag m (QS) || ~ **error** /
Reproduzierbarkeitsfehler m || ~ **limit** /
Vergleichsgrenze f (Statistik, QS) || ~ **standard
deviation** / Vergleichsstandardabweichung f
reproducible drawing / pausfähige Zeichnung || ~
failure / systematischer Ausfall DIN 40042
reproducing head / Wiedergabekopf m
reproduction n / Wiedergabe f, Vervielfältigung f,
Kopie f, Reproduktion f, Abzug m
reprogrammable adj / umprogrammierbar adj || ~
controller / umprogrammierbares Steuergerät (o.
Automatisierungsgerät) || ~ **PROM (RPROM)** /
wiederprogrammierbares PROM || ~ **read-only
memory (REPROM)** / wiederprogrammierbarer
Festwertspeicher (REPROM), mehrfach o.
wiederholt programmierbarer Festwertspeicher adj
REPROM s. reprogrammable read-only memory
re-prove v / neu nachweisen (QS), einer
Wiederholungsprüfung unterziehen
repulsion n / Abstoßung f, Repulsion f, Abheben n (v.
Kontakten) || **contact** ~ / kontaktabhebende Kraft ||
force of ~ / Abstoßungskraft f
repulsion-contact m.c.c.b. / strombegrenzender
Kompaktschalter
repulsion induction motor / Repulsions-
Induktionsmotor m || ~ **motor** / Repulsionsmotor m
|| ~ **motor with double set of brushes** /
Repulsionsmotor mit Doppelbürstensatz, Déri-
Motor m || ~ **start** / Repulsionsanlauf m
repulsion-start induction motor / Induktionsmotor
mit Repulsionsanlauf
repulsion-type contact / Kontakt mit
(elektromagnetisch beschleunigter Abhebung) || ~
linear levitation machine / lineare
Schwebemaschine nach dem Prinzip der
magnetischen Abstoßung
repulsive force / Abstoßungskraft f
requalification n / Wiederholungsqualifikation f,
Erneuerung der Qualifikationen
request v / abfragen v, fordern v, anfordern v || ~ /
Nachfrage f, Abfrage f, Anfrage f,

Sendeanforderung *f*, Anforderung *f*, Bestimmung *f*,
Spezifikation *f*, Vorschrift *f*, Eingabeaufforderung *f*,
Aufforderung *f* || **DMA** ~ / DMA-Aufforderung *f* ||
service ~ (SR) / Bedienungsaufruf *m* (PMG) DIN
IEC 625, Bedienungsanforderung *f*
request-controlled *adj* / anforderungsgesteuert *adj*
(Bussystem)
request direction / Aufrufrichtung *f*
request-driven / anforderungsgesteuert *adj*
(Bussystem)
requester *n* / Anforderer *m*, Anfragender *m*,
Dienstanforderer *m* || ~ *n* / dezentrale Station,
Arbeitseinheit *f*, Arbeitsstation *f*
request for information / Aufruf *m* (FWT-Telegramm) || ~ **for operator input** /
Bedienmeldung *f* (Bedienanforderung),
Bedienanforderung *f* || ~ **for response** /
Aufforderung *f* (DÜ) || ~ **frame** / Aufruftelegramm
n (PROFIBUS), Anforderungstelegramm *n*,
Aufforderungstelegramm *n* || ~ **parallel poll (rpp)** /
Parallelabfrage fordern (PMG) DIN IEC 625 || ~
system control (rsc) / Systemsteuerung fordern
(PMG) DIN IEC 625 || ~ **to send (RTS)** /
Sendeanforderung *f*, Sendeaufforderung *f*,
Sendeteil einschalten, RTS || ~ **to transmit** /
Sendewunsch *m*
require *v* / benötigen *v*
required *adj* / benötigt *adj* || ~ **accuracy** / geforderte
Genauigkeit || ~ **daily working hours** / Tages-Sollarbeitszeit *f* || ~ **function** IEC 50(191) /
geforderte Funktion (QS) || ~ **input motion (RIM)**
/ erforderliche Anregungsbewegung || ~ **number of
strokes** / Anzahl der erforderlichen Hübe || ~
power / erforderliche Leistung, Leistungsbedarf *m*,
Solleistung *f* || ~ **rangeability** / Stellbereich *m* || ~
response spectrum (RRS) /
Anforderungsspektrum *n* (Erdbebenprüf.),
erforderliches Antwortspektrum || ~ **time**
IEC50(191) / geforderte Anwendungsdauer,
geforderte Anwendungszeit (Zeitintervall, während
dessen der Benutzer die Funktionsfähigkeit der
Einheit verlangt), gefordertes
Anwendungszeitintervall || ~ **time** (QA) /
geforderte Verfügbarkeitszeit (QS)
requirement *n* / Vorschrift *f*, Spezifikation *f* || **with
minimum space** ~ / platzsparend *adj* || ~ **class** /
Anforderungsklasse *f*
requirements *n pl* / Forderungen *f pl*, Vorgaben *f pl*,
Bedingungen *f pl*, Bestimmungen *f pl*,
Anforderungen *f pl* || **own** ~ / Eigenbedarf *m* || ~
quality ~ / Qualitätsanforderungen *f pl* || ~ **for
safety** / sicherheitstechnische Anforderungen,
Sicherheitsbestimmungen *f pl* || ~ **planning** /
Bedarfsermittlung *f*
requirements strict real-time / Deterministik *f*
(festgelegte Zeit, in der System auf Prozesssignal
reagieren muss.; Harte Echtzeitanforderung)
requires acknowledgement / quittierungspflichtig
adj, quittierpflichtig *adj*
requiring official calibration / eichpflichtig *adj* || ~
verification / nachweispflichtig *adj*
requisition *n* / Aufforderung *f*, Forderung *f*, Abruf *m*
(QS)
re-refining *n* / Zweitraffination *f* (Isolierflüssigk.)
rerouting *n* / Umsetzen *n* (Übertragungsleitungen)
rerun *n* / Wiederholungslauf *m* (WZM, NC),
Neuanlauf *m* || **linear program with** ~ /

Linearprogramm mit Wiederholung || ~ **memory** /
Wiederholspeicher *m*
reseal voltage / Löschspannung *f* (Abl.)
reservation *n* / Belegung *f*, Buchung *f* || **central** ~ /
Mittelstreifen *m* (Autobahn) || ~ **queue** /
Belegungswarteschlange *f*
reserve *v* / reservieren *v* || ~ *n* / Reserve *f* || ~ **battery** /
Reservebatterie *f* || ~ **busbar** / Hilfssammelschiene
f, Reservesammelschiene *f* || ~ **capacity** /
Reserveleistung *f* (KW) || ~ **conduit system** /
Leerrohranlage *f* (IR) || ~ **cooling capacity** /
Kühlreserve *f* (Trafo)
reserved *adj* / belegt *adj* || ~ **(RV)** *adj* / reserviert
(RV) *adj* || ~ **for tool in buffer** / reserviert für
Werkzeug im Zwischenspeicher || ~ **for tool to be
loaded** / reserviert für zu beladendes Werkzeug || ~
in left/right/top/bottom half-location / reserviert
im linken/rechten/oberen/unteren Halbplatz
reserve factor / Sicherheitsfaktor *m* || ~ **power** /
Reserveleistung *f* (Netz) || ~ **power limit** /
Gangreserve-Grenze *f* || ~ **section cover** / Leerfeld-Abdeckung *f* || ~ **symbol** / Ausweichzeichen *n*
(Schaltz.)
reservoir *n* / Behälter *m*, Staubecken *n*, Reservoir *n*,
Ölraum *m* (Lg.) || **pressure** ~ / Drucktank *m* (f.
Ölkabel) || ~ **contents** / Reservoirinhalt *m* || ~
fullness factor / Speicherfüllungsgrad *m*
(Pumpspeicherwerk)
reset *v* / zurückstellen *v*, rückstellen *v*, rücksetzen *v*,
verstellen *v*, neu einstellen, entriegeln *v* (Auslöser),
entsperren *v*, löschen *v* (z.B. Zähler), absteuern *v*
(z.B. einen Ausgang), zurücksetzen *v*, aufheben *v*,
nachstellen *v*, umrüsten *v* (WZM) || ~ (relay) /
rückkehren *v* VDE 0435,T.110 || ~ *n* / Rücksetzen *n*
DIN 19237, Reset (R) *m* (Rücksetzen),
Rückstellung *f*, Rücksteller *m* || **hand** ~ /
Handrückstellung *f*, Selbstsperrung *f* (Rel.) || **to** ~
an output / einen Ausgang rücksetzen (o.
absteuern)
reset-action control / Proportional-Integral-
Regelung *f*, PI-Regelung *f*
reset alarm / Störung quittieren
reset button / Rückstellknopf *m*, Rückstelltaste *f*,
Entsperrungsdruckknopf *m*, Rücksetztaste *f*,
Entsperrungstaste *f*, Entriegelungsdruckknopf *m* (f.
Selbstsperrung), Anwahl-Löschtaste *f* || ~
command / Rücksetzbefehl *m* || ~ **contact position**
/ Schaltpunkt bei Rücklauf (PS) || ~ **delay** /
Rückschaltverzögerung *f* || ~ **dependency** /
Rücksetz-Abhängigkeit *f*, R-Abhängigkeit *f* || ~
dominant / vorrangiges Rücksetzen || ~ **energy
consumption meter** / Energiezähler P0039
rücksetzen || ~ **fault** / Störung quittieren || ~ **flag** /
Rücksetzmerker *m*, Rückstellkraft *f* (Rel.
Schnappsch.) || ~ **hysteresis** / Rückschalthysterese *f*
|| ~ **input** / Rücksetzeingang *m*, R-Eingang *m*,
Löscheingang *m* || ~ **key** / Rücksetztaste *f* || ~
output / abgesteuerter Ausgang, Ausgang
rücksetzen || ~ **point** / Rückkipppunkt *m* (NS) || ~
position / Rücksetzstellung *f*, Löschstellung *f* (NC),
Reset-Stellung *f* || ~ **procedure** /
Normierungsprozedur *f* (Kommunikationssystem) ||
~ **pulse** / Nullimpuls *m* || ~ **push-button** /
Rückstelldruckknopf *m* || ~ **residual current
device** / Fehlerstrom-Schutzeinrichtung mit
Rückstelleinrichtung
reset-set-toggle (RST) / Reset-Set-Toggle (RST)

reset spring / Rückstellfeder f || ~ state ISO/ DIS 6983/1 / Ausgangsstellung f (NC) DIN 66025,T.1
resettability n / Wiedereinstellbarkeit f, Wiedereinstellgenauigkeit f
resettable adj / rücksetzbar adj || ~ detector / rückstellbarer Melder EN 54 || ~ register / Rückstellzählwerk n
reset temperature / Rückstelltemperatur f, Rückschalttemperatur f (Wärmefühler)
resetter n / Rückstellvorrichtung f, Rückstellschalter m
reset time / Rückstellzeit f, Nachstellzeit f, Integralzeit f, Rücklaufzeit f (Rel.) || ~ time (USA) / Sperrdauer f (Schutzsystem, bei Wiedereinschaltung)) IEC 50(448) || ~ to zero / nullen v
resetting n / Rückstellen n, Rücksetzen f, Verstellen n, Entsperren n, Rückzug m, Rücksetzung f, Zurücksetzen n, Rückstellung f, Wiedereinrüsten (WZM) n, Nachschaltung f (Zeitschalter), Neueinstellung f, Löschen n (Zähler, Speicher) || ~ button / Rückstellknopf m, Rückstelltaste f, Entsperrungstaste f, Anwahl-Löschtaste f, Entriegelungsdruckknopf m (f. Selbstsperrung), Entsperrungsdruckknopf m || ~ clocks electrically / Gleichstellen von Uhren (elektrisch) || ~ device / Rückstellvorrichtung f, Entsperrungsvorrichtung f || ~ input / Rücksetzeingang m, R-Eingang m, Löscheingang m || ~ interval / Rückstellzeit f, Entkupplungszeit f (Schaltuhr), Rückschaltzeit f || ~ lever / Rückstellhebel m || ~ overtravel / Rückstell-Vorlaufweg m || ~ percentage (relay) IEC 50(446) / prozentuales Rückfallverhältnis || ~ period / Rückstellperiode f (EZ) || ~ ratio (relay) IEC 50(446) / Rückfallverhältnis n, Rückgangsverhältnis n || ~ shaft / Rückstellwelle f, Entriegelungswelle f (f. Überstromauslöser) || ~ the operating mode / Zurücknehmen der Betriebsart (SPS) || ~ time / Rückstellzeit f, Rückkehrzeit f (Rel.), Rücklaufzeit f (Rel.), Rückführzeit f, Umrüstzeit f || ~ trip / Rücksetzauslöser m (EZ) || ~ value (relay) IEC 50(446) / Rückkehrwert m
reset value / Rücksetzwert m
resident engineer / technischer Stützpunktleiter, örtlicher Projektleiter, Baustellenleiter m
residential area / Wohngebiet n, Wohnbereich m || ~ building / Wohngebäude n || ~ buildings / Wohnbau m || ~ street / Wohnstraße f
residual acceleration / Restbeschleunigungskraft f, verbleibende Beschleunigungskraft || ~ active mass / Restaktivmasse f (Batt.) || ~ ampere turns / Restdurchflutung f || ~ capacity / Restkapazität f (Batt.)
residual-component telephone-influence factor / Restkomponente des Fernsprech-Störfaktors
residual contour / Restkontur f || ~ corner / Restecke f
residual current / Differenzstrom m VDE 0100,T.200, Reststrom m, Fehlerstrom m (FI-Schutzschalter), Summenstrom m, Verluststrom m, Leckstrom m, Nullstrom m || residual current IEC 50(448) / Summenstromstärke f (Selektivschutz) || ~ current monitor for household and similar users / Fehlerstrom-Überwachungsgerät (FI-Überwachungsgerät) n || ~ current operated circuit-breaker without integral overcurrent protection (RCCB) / DI-Schutzeinrichtung ohne eingebauten Überstromschutz, FI-Schutzeinrichtung ohne eingebauten Überstromschutz || ~ current operated device (RCBO) / Fehlerstrom-Schutzeinrichtung mit eingebautem Überstromauslöser, FI-Schutzeinrichtung mit eingebautem Überstromauslöser, Fehlerstrom-Schutzschalter m, Fehlerstrom-/Leitungsschutzschalter (FI/LS), Differenzstrom-Schutzeinrichtung mit eingebautem Überstromauslöser, DI-Schutzeinrichtung mit eingebautem Überstromauslöser || ~ current protective device (RCD) / Fehlerstrom-Schutzeinrichtung (FI-Schutzeinrichtung) f (RCD ohne Hilfsspannung, spannungsunabhängig), Differenzstrom-Schutzeinrichtung (DI-Schutzeinrichtung) f (RCD mit Hilfsspannung, spannungsabhängig)
residual-current circuit breaker (RCCB) / Differenzstromschalter m (DI-Schalter, netzspannungsabhängig), Fehlerstrom-Schutzschalter m (netzspannungsunabhängig) || ~ circuit-breaker safety socket / FI-Sicherheitssteckdose f || ~ device (RCD) / Fehlerstrom-Schutzeinrichtung f || ~ device with auxiliary source / Fehlerstrom-Schutzeinrichtung mit Hilfsspannungsquelle || ~ device with integral overcurrent protection / Fehlerstrom-Schutzeinrichtung mit integriertem Überstromschutz || ~ device with intentional time delay / Fehlerstrom-Schutzeinrichtung mit beabsichtigter Zeitverzögerung || ~ device without auxiliary source / Fehlerstrom-Schutzeinrichtung ohne Hilfsspannungsquelle || ~ device without integral overcurrent protection / Fehlerstrom-Schutzeinrichtung ohne integrierten Überstromschutz || ~ monitors for household use (RCM) / Differenzstrom-Überwachungsgerät für Hausinstallationen || ~ neutral-monitoring circuit-breaker / Nullleiter-Fehlerstromschutzschalter m (NFI-Schalter)
residual-current-operated circuit breaker s. residual-current circuit breaker || ~ circuit breaker with integral overcurrent protection (RCBO) / Fehlerstrom-Schutzeinrichtung mit Überstromauslöser
residual-current-operated protective device / Fehlerstrom-Schutzeinrichtung f
residual-current protection / Fehlerstromschutz m || ~ relay / Summenstromrelais n || ~ release / Differenzstromauslöser m || ~ starting / Differenzstromanregung f
residual current transformer / Stromwandler für Nullstromerfassung || ~ deflection IEC 484 / bleibende Nullpunktabweichung (MG) DIN 43782 || ~ display / Restbild n (Osz.) || ~ drilling depth / Restbohrtiefe f || ~ error probability / Restfehlerwahrscheinlichkeit f || ~ error probability (telecontrol) / Übermittlungsfehlerwahrscheinlichkeit f (FWT) || ~ error rate / Restfehlerrate f || ~ excitation / remanente Erregung || ~ flux density / zurückbleibende Flussdichte, Remanenzinduktion f || ~ fracture / Restbruch m || ~ gas / Restgas n || ~ heat factor / Restwärmefaktor m || ~ imbalance / Restunwucht f || ~ inductance / Restinduktivität f
residual-induction loss / Nachwirkungsverlust m
residual intensity of magnetic field / Restfeldstärke f
residual ionisation / Restionisation f || ~ lightning

voltage / Restspannung bei Blitzstoß ‖ **~ local magnetic field** / Magnetnest *n* ‖ **~ losses** / Restverluste *m pl* ‖ **~ magnetic field** / magnetisches Restfeld ‖ **~ magnetic polarization** / remanente magnetische Polarisation ‖ **~ magnetism** / Restmagnetismus *m*, remanenter Magnetismus ‖ **~ making and breaking capacity** / Differenzstrom-Ein- und Ausschaltvermögen ‖ **~ material** / Restmaterial *n* ‖ **~ material removal** / Restmaterialbearbeitung *f* ‖ **~ nor-operating current** / Nichtauslösefehlerstrom *m* (FI-Schutzschalter) ‖ **~ operating current** / Auslösefehlerstrom *m* (FI-Schutzschalter), Differenz-Auslösestrom *m* ‖ **~ path** / Restweg *m* (WZM, NC) ‖ **~ plate** / Klebeblech *n* (Rel.) ‖ **~ resistance** IEC 477 / Nullwiderstand *m* DIN 43783,T.1 ‖ **~ ripple** / Restwelligkeit *f* ‖ **~ rotation of motor** / Überfahren *n* ‖ **~ short-circuit withstand current** / Differenzstrom-Kurzschlussfestigkeit *f* ‖ **~ spring excursion** / Restfederweg *m* ‖ **~ stress** / Restspannung *f*, Eigenspannung *f* ‖ **~ stroke** / Endhub *m* ‖ **~ stud** / Klebestift *m* (Rel.) ‖ **~ tacho** / Remanenztacho *m* ‖ **~ time constant** / Eigenzeitkonstante *f* (Transduktor) ‖ **~ unbalance** / Restunwucht *f* ‖ **~ value** / Restwert *m* ‖ **~ voltage** / Restspannung *f*, Verlagerungsspannung *f* (Wandler, Selektivschutz), Differenzspannung *f*
residual-voltage / Restspannungskennlinie *f* ‖ **~ frequency** / Remanenzfrequenz *f*
residual voltage IEC 50(448) / Verlagerungsspannung *f* (Selektivschutz) ‖ **~ voltage for zero control current** / Restspannung bei Steuerstrom Null (Halleffekt-Bauelement) DIN 41863 ‖ **~ voltage for zero magnetic field** / Nullfeld-Restspannung *f* (Halleffekt-Bauelement) DIN 41863, Restspannung bei Magnetfeld Null ‖ **~ voltage test** / Restspannungsprüfung *f* ‖ **~ voltage transformer** IEC 50(321) / Spannungswandler zur Erfassung der Verlagerungsspannung ‖ **~ voltage winding** IEC 50(321) / Wicklung zur Erfassung der Verlagerungsspannung
residue weighing / Restwägung *f*
resilience *n* / Zurückfedern *n*, Rückfederung *f*, Durchfederung *f*, Verformungsenergie *f*, Federwirkung *f* ‖ **~ per unit volume** / spezifische Formänderungsarbeit
resilient contact / federnder Kontakt ‖ **~ coupling** / elastische Kupplung ‖ **~ gearing** / federndes Getriebe, gefeuertes Vorgelege ‖ **~ mounting** / elastische Aufstellung
resin *n* / Lackharz *n*, Harz *n*
resinating *adj* / harzend *adj*
resin-bonded graphite / kunstharzgebundener Graphit ‖ **~ paper** / Papier-Harz-Laminat *n*, laminiertes Hartpapier
resin-encapsulated block-type current transformer / Gießharz-Blockstromwandler *m* ‖ **~ coil** / Gießharzspule *f* ‖ **~ transformer** / Gießharztransformator *m*
resinify *v* / verharzen *v*
resin-impregnated *adj* / harzimprägniert *adj*, harzgetränkt *adj* ‖ **~ paper** / harzimprägniertes Papier
resin smear / Harzverschmierung *f* ‖ **~ smoke** / Harzrauch *m*
resist *n* / Abdeckung *f* (gS), Abdeckmittel *n* ‖

negative ~ / Negativlack *m* (gS) ‖ **solder ~** / Lötabdecklack *m*, Lötstopplack *m*
resistance *n* / Widerstand *m*, ohmscher Widerstand, Gleichstromwiderstand *m*, Wirkwiderstand *m*, Resistanz *f*, reeller Widerstand, Beständigkeit *f*, Widerstandsfähigkeit *f*, Festigkeit *f* ‖ **~ area** / Spannungstrichter *m* (Erdung)
resistance-capacitance circuit / Widerstands-Kapazitäts-Schaltung *f*, RC-Schaltung *f* (o. - Beschaltung)
resistance commutation / Widerstandskommutierung *f* ‖ **~ commutator** / Widerstandskommutator *m* ‖ **~ cut-out switchgroup** / Stufenschalter *m* (Bahn) ‖ **~ decade** / Widerstandsdekade *f* DIN 43783,T.1 ‖ **~ drop** / ohmscher Spannungsabfall ‖ **~ furnace** / Widerstandsofen *m* ‖ **~ gradient** / Widerstandsgefälle *n* ‖ **~ grading** / Widerstands-Potentialsteuerung *f*, Glimmschutz mit hohem Widerstand
resistance-inductance-capacitance circuit *n* (o.network) / Widerstands-Induktivitäts-Kapazitäts-Schaltung *f*, RLC-Schaltung *f*
resistance-inductance circuit (o. network) / Widerstands-Induktivitäts-Schaltung *f*, RL-Schaltung *f*
resistance line / Widerstandsgerade *f* ‖ **~ load** / resistive Last, ohmsche Last ‖ **~ loss** / ohmscher Verlust, Stromwärmevelust *m* ‖ **~ measurement** / Widerstandsmessung *f* ‖ **~ measuring bridge** / Widerstandsmessbrücke *f* ‖ **~ meter** / Widerstands-Messgerät *n*, Ohmmeter *n*, Widerstandsmesser *m* ‖ **~ method of temperature determination** / Temperaturbestimmung nach dem Widerstandsverfahren, Widerstandsmethode *f* (Temperaturmessung) ‖ **(fixed) ~ not depending on stroke of value** / Festwiderstand *m* ‖ **~ of pipe line** / Rohrleitungswiderstand *m* ‖ **~ of valve** / Ventilwiderstand *m* ‖ **~ per unit length** / Widerstandsbelag *m*, Wirkwiderstandsbelag *m* ‖ **~ protection** / Resistanzschutz *m* ‖ **~ relay** / Widerstandsrelais *n*, Resistanzrelais *n* ‖ **~ sequence** / Widerstandskette *f* ‖ **~ starting** / Anlauf über Widerstände, Sanftanlauf *m*
resistance-start motor / Einphasenmotor mit Widerstands-Hilfsphase, Motor mit Widerstandsanlasser ‖ **~ split-phase motor** / Einphasenmotor mit Hilfswicklung und Widerstand
resistance switchgroup / Widerstands-Stufenschaltwerk *n* ‖ **~ switching** / Widerstandsschalten *n* ‖ **~ telethermometer** / Widerstands-Fernthermometer *n* ‖ **~ temperature detector (r.t.d.)** / Widerstands-Temperaturfühler *m*, Halbleiterelement mit temperaturabhängigem Widerstand ‖ **~ temperature sensor** / Widerstands-Temperaturaufnehmer *m* ‖ **~ test** / Widerstandsmessung *f* ‖ **~ thermometer** / Widerstandsthermometer *n* ‖ **~ to abrasion** / Abriebwiderstand *m*, Abriebfestigkeit *f* ‖ **~ to ageing** / Alterungsbeständigkeit *f* ‖ **~ to aging** / Alterungsfestigkeit *f* ‖ **~ to arc faults** / Störlichtbogenfestigkeit *f* ‖ **~ to bending** / Biegefestigkeit *pl* ‖ **~ to climatic changes** / Klimabeständigkeit *f* ‖ **~ to creepage** / Kriechstrombeständigkeit *f*, Kriechstromfestigkeit *f* ‖ **~ to cyclic temperature stress** / Temperaturwechselfestigkeit *f* ‖ **~ to direct current**

resistance-type

(HD 21) / Gleichspannungsbeständigkeit f VDE 0281 || ~ **to earth** / Widerstand gegen Erde, Erd-Ausbreitungswiderstand m || ~ **to extreme climates** / Klimafestigkeit f || ~ **to fire** / Feuerbeständigkeit f, Brandsicherheit f || ~ **to flow** / Strömungswiderstand m || ~ **to flow in pressure line** / Widerstand der Steuerleitung || ~ **to folding** / Falzfestigkeit f || ~ **to gases** / Gasbeständigkeit f, Gasfestigkeit f || ~ **to heat** / Hitzebeständigkeit f, Wärmebeständigkeit f, Warmfestigkeit f, Temperaturbeständigkeit f || ~ **to heat and humidity** / Feuchtwarmfestigkeit f || ~ **to ignition** IEC 507 / Widerstandsfähigkeit gegen außergewöhnliche Wärme VDE 0711,3 || ~ **to low-temperature brittleness** / Kälterissbeständigkeit f || ~ **to mildew** / Schimmelbeständigkeit f || ~ **to moisture condensation** / Betauungsfestigkeit f || ~ **to petrolatum** / Petrolatbeständigkeit f || ~ **to rolling** / Schlingerfestigkeit f || ~ **to seawater** / Seewasserbeständigkeit f || ~ **to shock** / Stoßfestigkeit f || ~ **to soldering heat** / Lötwärmebeständigkeit f || ~ **to torsion** / Verdrehfestigkeit f, Abdrehfestigkeit f, Torsionsfestigkeit f || ~ **to tracking** / Kriechstrombeständigkeit f, Kriechstromfestigkeit f || ~ **to vibration** / Schwingungsfestigkeit f, Vibrationsfestigkeit f, Rüttelfestigkeit f, Schüttelfestigkeit f, Erschütterungsfestigkeit f || ~ **to wear** / Verschleißfestigkeit f || ~ **to welding** / Schweißfestigkeit f, Verschweißfestigkeit f (Kontakte) || ~ **tube** / Widerstandsrohr n
resistance-type arrester / Widerstandsableiter m || ~ **sensor** / Widerstandsgeber m || ~ **thermometer** / Widerstandsthermometer n || ~ **transmitter** / Widerstandsgeber m
resistance under illumination / Hellwiderstand m || ~ **voltage drop** / ohmscher Spannungsabfall
resistance-welded adj / widerstandsgeschweißt adj
resistance welding / Widerstandsschweißen n
resistant adj / widerstandsfähig adj, beständig adj || ~ **to ageing** / alterungsbeständig adj || ~ **to chemical attack** / chemisch beständig || ~ **to chemicals** / chemikalienfest adj || ~ **to coolants and lubricants** / schneidölfest adj || ~ **to earthquakes** / erdbebensicher adj || ~ **to electromagnetic fields** / schweissfest adj || ~ **to erosion** / verschleißfest adj, abbrandfest adj (Kontakte) || ~ **to frost** / frostbeständig adj || ~ **to grease** / fettbeständig adj || ~ **to heat** / hitzebeständig adj, temperaturbeständig adj || ~ **to industrial atmospheres** / industrieluftbeständig adj || ~ **to light** / lichtbeständig adj, lichtecht adj || ~ **to maritime climate** / seeklimafest adj || ~ **to oil** / ölbeständig adj, ölfest adj || ~ **to rolling** (motion) / schlingerfest adj || ~ **to short circuits** / kurzschlussfest adj VDE 0100,T.200 || ~ **to ultraviolet rays** / UV-beständig adj || ~ **to vibrations** / vibrationsfest adj || ~ **to water** / wasserbeständig adj, wasserfest adj || ~ **to wear** / verschleißfest adj
resistive adj / ohmsch adj, Widerstands..., Wirk... || ~ **circuit** / ohmscher Stromkreis || ~ **component** / ohmsche Komponente, Wirkkomponente f, Wirkanteil m || ~ **coupling** / Widerstandskopplung f, ohmsche Kopplung || ~ **cut-off frequency** / Entdämpfungsfrequenz f (Diode) || ~ **direct voltage regulation** / ohmsche Gleichspannungsänderung (LE) || ~ **earthing** / Widerstandserdung f || ~ **fault** /

widerstandsbehafteter Fehler || ~ **grounding** / Widerstandserdung f || ~ **interference** / ohmsche Beeinflussung || ~ **load** / Widerstandsbelastung f, Widerstandslast f, ohmsche Belastung, Wirkstromlast f, resistive Last, ohmsche Last || ~ **loss** / ohmscher Verlust, Wirkabfall m || ~ **reverse current** / stationärer Sperrstrom (Thyr, Diode) DIN 41786, DIN 41853 || ~ **suppressor** / Entstörwiderstand m || ~ **termination** / Widerstandsabschluss m (a. PMG) || ~ **volt ratio box** / ohmscher Teiler, Widerstandsteiler m DIN IEC 524
resistivity n / spezifischer Widerstand, Resistivität f, Widerstandsfähigkeit f || **soil** ~ / spezifischer Erdbodenwiderstand
resistor n / Widerstand m, Widerstandsgerät n || ~ **adaption** / Widerstandsanpassung f || ~ **bank** / Widerstandsgruppe f, Widerstandsgerät n || ~ **box** / Widerstandskasten m, Widerstandsgerät n, Widerstandsbox f
resistor-capacitor-transistor logic (RCTL) / Widerstands-Kondensator-Transistor-Logik f (RCTL)
resistor-diode logic (RDL) / Widerstands-Dioden-Logik f (RDL)
resistor diverter switch / Widerstands-Lastumschalter m (Trafo) || ~ **divider** / ohmscher Teiler, Widerstandsteiler m DIN IEC 524 || ~ **element** / Widerstandselement n || ~ **frame** / Widerstandsrahmen m || ~ **interrupter** / Wiederstandsunterbrecher m, Widerstandsschalter m, Hilfsschaltstrecke f || ~ **ladder** / Widerstandsleiter f || ~ **ladder network** / Widerstandsleiter-Netzwerk n || ~ **mounting** / Widerstandsaufbau m || ~ **network** / Widerstandsnetzwerk n || ~ **optimization** / Widerstandsanpassung f
resistor-protected barrier / Barriere mit Widerstandsschutz
resistor set / Widerstandssatz m || ~ **stack** / Widerstandsstapel m || ~ **starter** / Widerstandsanlasser m, Widerstandsstarter m, Metallanlasser m
resistor-transistor logic (RTL) / Widerstands-Transistor-Logik f (RTL)
resistor-type tap changer / Widerstandsumschalter m (Trafo)
resistor unit / Widerstandsgerät n
resolution n / Auflösung f, Auflösungsvermögen f, Wiedergabeschärfe f, Geberstrichzahl (GSTR) f, Strichzahl f, Gesamtauflösung f, Auflösefeinheit f, Messfeinheit f, Trennvermögen n, Feinheit f (der Eingabe, Ausgabe) || ~ **input** ~ / Eingabefeinheit f, Ansprechempfindlichkeit f || **visual** ~ / Sehschärfe f || ~ **error** / Auflösungsfehler m DIN 44472 || ~ **factor** / Auflösungsfaktor m || ~ **selector** (facsimile unit) / Rasterschalter m (Fernkopierer) || ~ **time** IEC 147-1 D / Auflösungszeit f DIN IEC 147-1D
resolvable adj / auflösbar adj
resolved motion / Bewegungssteuerung f (Rob., in dauerndem Kontakt mit umliegenden Teilen) || ~ **plate** / aufgelöste Scheibe
resolver n / Drehmelder m, Wegmessgeber m, Resolver m, Vektorzerleger m || ~ **priority** ~ / Prioritätsentschlüssler m || ~ **gearbox** / Drehmelder-Messgetriebe n, Drehmeldermessgetriebe n || ~ **gearing**

Drehmeldermessgetriebe n || ~ **mounting** / Drehmelderanbau m
resolving of residual plates / Restblattauflösung f
resonance absorption isolator / Resonanz-Richtungsleitung f || ~ **balancing machine** / Resonanzauswuchtmaschine f || ~ **capacitor transformer** / kapazitiver Wandler || ~ **damping gain V/f** / Resonanzdämpfung Verstärkung U/f || ~ **earthing** / abgestimmte induktive Erdung, Erdung über Erdschlussspule (o. Erdschlusslöscher) || ~ **excitation** / Resonanzanregung f || ~ **factor** / Resonanzfaktor m, Überhöhungsfaktor m, Verstärkungsfaktor m || ~ **filter** / Resonanzsperre f || ~ **isolator** / Resonanz-Richtungsleitung f || ~ **line** / Resonanzlinie f || ~ **method** (of measurement) / Resonanzmessverfahren n || ~ **mode** / Resonanzform f || ~ **phenomenon** / Resonanzerscheinung f || ~ **ratio** / Resonanzüberhöhung der Amplitude || ~ **reactor** / Resonanzdrossel f || ~ **search** / Resonanzsuche f, Resonanzuntersuchung f || ~ **search test** / Resonanzsuchprüfung f || ~ **sharpness** / Resonanzschärfe f, Resonanzüberhöhung f || ~ **with torsional vibration** / Drillresonanz f
resonant cavity / Resonanzraum m IEC 50(731) || ~ **circuit** / Resonanzkreis m, Schwingkreis m, schwingfähiger Kreis, Serienschwingkreis m
resonant-earthed system / gelöschtes Netz, Netz mit Erdschlusskompensation, kompensiertes Netz, induktiv geerdetes Netz
resonant earthing / abgestimmte induktive Erdung, Erdung über Erdschlussspule (o. Erdschlusslöscher), Resonanzfrequenz f || ~ **frequency range** / Resonanzfrequenzbereich m || ~ **grounding** / abgestimmte induktive Erdung, Erdung über Erdschlussspule (o. Erdschlusslöscher) || ~ **load commutation** / Lastführung mit Resonanzkreis (SR) || ~ **line** / schwingende Leitung || ~ **overvoltage** / Resonanzüberspannung f || ~ **shunt** / Resonanznebenschluss m, Resonanzshunt m || ~ **shunt for AF ripple control** / Tonfrequenz-Rundsteuerresonanzshunt m || ~ **structure** / Resonanzanordnung f
resonate v / mitschwingen v, in Resonanz sein
Resopal plate / Resopalschild n
resources pl / Betriebsmittel pl, Kapazitäten pl, Ressourcen pl || **OSI** ~ / OSI-Betriebsmittel n pl || ~ **management** / Betriebsmittelverwaltung f (Fabrik, CIM) || ~ **planning** (o. scheduling) / Betriebsmittelplanung f (CAP)
respond v / ansprechen v, reagieren v, zugreifen v
responder n / Nachrichtenbeantworter m, Antwortner, Antwortgerät n, antwortender Teilnehmer
responding address / Antwortadresse f
response n / Antwort f, Verhalten n, Reaktion f, Dynamik f, Regulierungsgeschwindigkeit f, Ansprechen n, Ansprechgeschwindigkeit f, Erregungsantwort f (Akust.), Frequenzgang m || ~ (ISO 3309) / Meldung f (DÜ) || ~ (measuring system) / Übertragungsverhalten n || **control** ~ / Regelverhalten n || **square-wave** ~ / Rechteckwellen-Wiedergabebereich m (Schreiber), Rechteckmodulationsgrad m || **time** ~ / Zeitverhalten n, zeitliches Verhalten, Zeitgang m || ~ **accept** / Antwortbereitschaft f || ~ **bit** /

Reaktionsbit n || ~ **buffer** / Antwortpuffer m || ~ **characteristic** / Ansprechcharakteristik f, Zeitverhalten n, Frequenzkurve f || ~ **characteristics** / Übertragungsverhalten n || ~ **current** / Ansprechstrom m || ~ **curve** / Ansprechkennlinie f (NS) || ~ **delay** / Ansprechverzögerung f || ~ **direction** / Antwortsrichtung f || ~ **frame** / Meldungsblock m (DÜ) DIN ISO 3309, Antworttelegramm n (PROFIBUS), Reaktionstelegramm n, Rückmeldungstelegramm n || ~ **G** IEC 60-3 / Antwort G (Messeinrichtung) VDE 0432,T.3 || ~ **grade** / Ansprechklasse f (Brandmelder) || ~ **lag** / Ansprechverzögerung f, Einstellzeit f (MG) || ~ **message** / Antworttelegramm n, Reaktionstelegramm n, Folgetelegramm n, Reaktionsmeldung f || ~ **rate** / Ansprechgeschwindigkeit f || ~ **solicitation** / Aufforderung f (DÜ) || ~ **spectrum** / Antwortspektrum n (Erdbebenprüf.) || ~ **temperature** / Ansprechtemperatur f || ~ **threshold** / Ansprechschwelle f, Ansprechwert m || ~ **time** / Ansprechzeit f, Antwortzeit f, Einstellzeit f || ~ **time** EN 60947-5-2 / Ansprechverzug m (NS), Antrittszeit f || ~ **time** IEC 1131-1 / Antwortzeit f (SPS) DIN EN 61131-1, Reaktionszeit f (Zeit, die zwischen der Befehlseingabe und der Ausführung des Befehls vergeht) || ~ **time constant** / Antriebszeitkonstante f || ~ **to setpoint changes** / Führungsverhalten n || ~ **to temperature changes** / Temperaturgang m || ~ **transmit time** / Übertragungszeit f || ~ **value** / Ansprechwert m, Ansprechgrenze f || ~ **voltage** / Ansprechspannung f
responsibility n / Zuständigkeit f, Zuständigkeitsbereich m, Ansprechempfindlichkeit f || ~ **for accepting returned products** / Rücknahmeverpflichtung f
responsible person / Verantwortlicher
responsiveness n / Ansprechempfindlichkeit f, Reaktionsvermögen n, Empfindlichkeit f, Ansprechbarkeit f, Ansprechgrenze f
responsivity n / Empfindlichkeit f (Verhältnis Ausgangswert/eingestrahlte optische Leistung eines Empfangselements) || **spectral** ~ / spektrale Empfindlichkeit, Spektralempfindlichkeit f
rest v / ruhen v, in Ruhelage sein, aufliegen v, ruhen auf || ~ **and de-energized** / spannungsloser Ruhezustand (el. Masch.) IEC 50(411) || **at** ~ / im Stillstand, stillstehend adj || **foot** ~ / Fußraste f || **stress at** ~ / Ruhespannung f (mech.)
restart v / wiederanlaufen v, wiedereinschalten v, neu starten, wiederzünden v (Lampe) || ~ n / Neuanlauf m, Wiederanlauf m, Neustart m, Wiederinbetriebnahme f, Wiederzündung f (Lampe), Fortsetzungsstart m || ~ ISO 8208 / Gesamtauslösung f (DÜ) || ~ **block** / Anlaufbaustein m || ~ **capabilities** / Wiederanlaufeigenschaften f pl || ~ **characteristics** / Anlaufverhalten n || ~ **flag** / Wiederanlaufmerker m
restarting ability / Wiederstartfähigkeit f (Magnetron)
restart inhibit / Wiederanlaufsperre f (elST), Wiedereinschaltsperre f (elST) || ~ **lockout** / Wiedereinschaltsperre f (Mot.), Wiederanlaufsperre f (Mot.) || ~ **mode** / Betriebsart Anlauf || ~ **OB** / Anlauf-OB || ~ **on the fly** / Fangschaltung f

resting 498

(Schaltet den Umrichter auf einen drehenden Motor zu.) || ~ **on the fly** / fangen v || ~ **routine** / Anlaufprogramm n || ~ **time** (telecontrol) / Wiederanlaufzeit f
resting position / Stillstand einer Waage
restocking n / Lagernachschub m
restorability n / Instandsetzbarkeit f DIN 40042
restorable change / rückführbare Änderung DIN 40042
restoration n / Wiederherstellung f IEC 50(191) || ~ (protection equipment) / Wiederherstellung (von Netzverbindungen) f || **synchronism** ~ / Resynchronisierung f (Synchronmasch.), Resynchronisation f, Wiederaufsetzen n (Datennetz) || ~ **of supply** / Netzwiederkehr f, Spannungswiederkehr f, Wiederversorgung f || ~ **time** / Erholzeit f (Einschwingzeit nach einer sprunghaften Änderung der zu messenden Größe), Netzwiederkehrzeit f
re-store v / umspeichern v
restore v / wiedereinlagern v || **to ~ a load** / einen Verbraucher wiedereinschalten
restored energy time / Wiederaufladezeit f (USV) || **be ~** / wiederkehren v || ~ **voltage** / wiederkehrende Spannung
restorer, d.c. ~ **diode** / Klemmdiode f
restoring n / Restaurieren n || ~ **element** IEC 211 / Rückstelleinrichtung f (EZ) VDE 0418,1 || ~ **force** / Rückstellkraft f (a. HSS) VDE 0660,T.200 || ~ **moment** IEC 337-1 / Rückstellmoment n (SG) VDE 0660,T.200
re-storing pulse / Umspeicherpuls m
restoring spring / Rückholfeder f, Rückzugfeder f, Rückdruckfeder f, Rückstellfeder f || ~ **temperature** / Rückstelltemperatur f, Rückschalttemperatur f || ~ **torque** / Rückstellmoment n, rücktreibendes Moment, Richtmoment n, Ausgleichsmoment n
rest period / Ruhepause f, Pausenzeit f || ~ **position** / Ruhestellung f, (magnetische) Raststellung f, Ruhelage f || ~ **set** / Restmenge f
restrained plug / Stecker mit Festhaltevorrichtung || ~ **relay** / stabilisiertes Relais, Relais für Schweranlauf || ~ **socket-outlet** / Steckdose mit Festhaltevorrichtung
restraining coil / Stabilisierungsspule f, Haltespule f (Differentialschutzrelais), Haltewicklung f || ~ **current** / Stabilisierungsstrom m (Schutz), Sperrstrom m || ~ **device** / Festhaltevorrichtung f, Haltevorrichtung f, Festhaltung f (StV) || ~ **effect** (differential protection) / stabilisierende Wirkung, Sperrwirkung f || ~ **magnet** / Sperrmagnet m || ~ **NTC thermistor** / Anlas-Heißleiter m || ~ **quantity** / Stabilisierungsgröße f (Differentialschutz) || ~ **relay** / Sperrelais n, Relais für Schweranlauf, stabilisiertes Relais || ~ **system** / Rückhaltesystem n (Kfz.)
restraint, axial ~ **of shaft** / axiale Wellenführung || **current** ~ / Stromstabilisierung f, Einschaltstromstabilisierung f || **head** ~ / Kopfstütze f (Kfz) || **passenger inertial** ~ **system** / Insassen-Rückhaltesystem n (Kfz) || ~ **percentage** / Stabilisierungsgrad m (Differentialrel., Verhältnis Differenzstrom/Stabilisierungsstrom) || ~ **region** / Nichtauslösebereich m, Sperrbereich m (Schutz), Ruhebereich m
restricted adj / eingeschränkt adj || ~ **access location**

/ Betriebsraum mit beschränktem Zutritt EN 60950 || ~ **area** / Sicherheitsbereich m || ~ **breathing** / Schwadensicherheit f (Zündschutzart n) || ~ **breathing enclosure** / schwadensichere Kapselung || ~ **breathing factor** / Schwadensicherheitsfaktor m (Zündschutzart n) || ~ **earth-fault protection** / Nullstrom-Differentialschutz m IEC 50(448) || ~ **entry** / verengter Kontakteingang (StV) || ~ **power source** / Stromquelle begrenzter Leistung || ~ **store** / Sperrlager n (QS) || ~ **tolerances** / eingeengte Toleranzen
restriction n / Begrenzung f, Einschnürung f || **restriction, glare** ~ / Blendungsbegrenzung f || **multi-orifice** ~ **plate** / Lochdrosselkörper m, Lochscheibe f || ~ **of glare intensity** / Blendungsbegrenzung f
restrictions n pl / Randbedingung f, Rahmenbedingung f
restrictor n / Drossel f, Drosselkörper m, Blende f, Shutter m || ~ **plate** / Drosselscheibe f, Staublende f || ~ **tube** / Kapillarrohr n
restrike n IEC 265 / Rückzündung f VDE 0670,T.3
restrike-free circuit-breaker / rückzündungsfreier Leistungsschalter
restriking n / Wiederzünden n, Rückzündung f, Neuzündung f, Folgerückzündung f || ~ **voltage** / Wiederzündspannung f
resubmission n (of inspection lot) / Wiedervorstellen n (QS, Prüflos), Wiedervorlage f
result n / Ergebnis n (a. Statistik, QS) || ~ **bit** / Ergebnisanzeige f || ~ **cross-check** / Ergebnisvergleich m
resultant colour shift / Farbverschiebung f || ~ **pitch** / resultierender Schritt m (Wickl.), Gesamtschritt m
result flag / Verknüpfungsergebnis n
resulting offset / Summenkorrektur f, additive Verschiebung || ~ **vector** / Summenvektor
result of a measurement / Messergebnis n || ~ **of an arithmetic operation** / Rechenergebnis n || ~ **of determination** / Ermittlungsergebnis n (QS) || ~ **of input/output scan** / Abfrageergebnis n || ~ **of logic operation (RLO)** / Verknüpfungsergebnis n || ~ **of scan** / Abfrageergebnis n || ~ **of the previous logic operation** / Verknüpfungsergebnis (VKE) n || ~ **output rejection** / Unterdrückung Ergebnisausgabe || ~ **parameter** / Ergebnisparameter m
resume v / fortsetzen v
resumption of power supply / Netzwiederkehr f, Spannungswiederkehr f
resurface v / Oberfläche instandsetzen, überdrehen v (Komm.), überschleifen v (Komm.) || **to ~ by grinding** / durch Überschleifen instandsetzen, abschleifen || **to ~ by skimming** / durch Nachdrehen instandsetzen (Komm.), nachdrehen v (Komm.) || **to ~ by welding** / durch Auftragsschweißen instandsetzen
resynchronization n / Resynchronisierung f (Synchronmasch.), Resynchronisation f, Wiederaufsetzen n (Datennetz)
retail wheeling / Durchleitung für Endkunden (Stromverbraucher)
retainability, connection ~ / Bestandswahrscheinlichkeit bestehender Verbindungen IEC 50(191) || **service** ~ / Dienstbestandswahrscheinlichkeit f IEC 50(191)
retainer n / Niederhalter m || **retainer, contact** ~ / Kontakthalterung f

retaining angle / Haltewinkel *m* ‖ **~ clamp** / Halteklammer *f* ‖ **~ device** / Festhaltevorrichtung *f*, Haltevorrichtung *f*, Festhaltung *f* (StV) ‖ **~ frame** / Halterahmen *m* (ET), Aufbauraster *m* ‖ **~ hook** / Haltehaken *m* ‖ **~ latch** / Arretierhaken *m* ‖ **~ lip** / Stausteg *m* (Lg.) ‖ **~ nut** / Sicherungsmutter *f* ‖ **~ pawl** / Sperrklinke *f* ‖ **~ plate** / Halteplatte *f*, Ankerplatte *f* ‖ **~ ring** / Haltering *m*, Tragring *m*, Bordscheibe *f*, Sicherungsring *m*, Kappenring *m* ‖ **~ ring for shafts** / Sicherungsring für Wellen ‖ **~ screw** / Arretierschraube *f*, Halteschraube *f* ‖ **~ spring** / Haltefeder *f* ‖ **~ strip** / Halteleiste *f* ‖ **~ washer** / Haltescheibe *f* ‖ **~ wedge** / Sicherungskeil *m*, Nutverschlusskeil *m*
retard *v* / verzögern *v*, verlangsamen *v*, hemmen *v*, nach spät verstellen (Kfz-Motor)
retardation *n* / Verlangsamung *f*, Verzögerung *f*, Überfahren *n*, Hemmung *f*, Auslaufen *n* (rotierende Masch.) ‖ **~ force** / Verzögerungskraft *f* ‖ **~ method** / Auslaufverfahren *n* (el. Masch.), Motorauslaufverfahren *n* ‖ **~ test** / Auslaufprüfung *f* (el. Masch.) ‖ **~ torque** / Verzögerungsmoment *n*, Bremsmoment *n*
retarder, rotating eddy-current ~ / rotierende Wirbelstrombremse
retarding field / Bremsfeld *n*
retention, charge ~ / Ladungserhaltung *f* (Batt.) ‖ **electrolyte ~** / Elektrolytdichtheit *f* (Batt.) ‖ **~ buffer** / Haltespeicher *m* ‖ **~ force** (contacts) / Haltekraft *f* (Kontakte) ‖ **~ image** / Halteabbild *n* (FWT) ‖ **~ period** (QA) / Aufbewahrungsfrist *f* (QS) ‖ **~ pin** / Haltestift *f* ‖ **~ system** / Halterung *f* (StV-Kontakte) ‖ **~ time** / Rückhaltezeit *f*, Speicherzeit *f* (Speicherröhre), Haltezeit *f* (Osz.), Retentionszeit *f*, Verweilzeit *f*
retentive *adj* / remanent *adj* (Speicher), erhaltend *adj*, bewahrend *adj* ‖ **~ area** / Remanenzbereich *m* ‖ **~ array** / gepuffertes Feld (a. SPS-Programm) ‖ **~ data** / gepufferte Daten EN 61131-3 ‖ **~ feature** / Remanenz *f* ‖ **~ flag** / Haftmerker *m*, spannungsunabhängiger (o. nullspannungsgesicherter) Merker, speichernder Merker, remanenter Merker ‖ **~ memory** / Haftspeicher *m*, Remanenz *f* ‖ **~ memory area** / remanenter Speicherbereich
retentive-memory control / Regelung mit Haftspeicher, nullspannungsgesicherte Steuerung
retentiveness *n* / wahre Remanenz
retentive OFF delay / speichernde Ausschaltverzögerung ‖ **~ ON delay** / speichernde Einschaltverzögerung
retentive-type relay / Remanenzrelais *n*
retentive variable / gepufferte Variable
retentivity *n* / Remanenz *f*, scheinbare Remanenz
retest *v* / wiederprüfen *v*, einer Wiederholungsprüfung unterziehen, Wiederholungsprüfung *f*, Nachprüfung *f*
re-test *v* / neu nachweisen (QS), einer Wiederholungsprüfung unterziehen
retest specimen / Wiederholungsprobe *f*, Ersatzprobe *f*
reticle *n* / Retikel *n* (gS), Fadenkreuz *f*, Zwischenverkleinerung *f*
retighten *v* / nachziehen *v*, nachspannen *v*
retiming *n* IEC 50(704) / Zeitmessstabwiederherstellung *f*
retinal image / Gesichtsempfindung *f*

retooling axis / Verstellachse *f*
retrace *n* / Strahlrücklauf *m* (Osz.), Kipprücklauf *m* (Osz.) ‖ **~ /** rückfahren *v*, zurückpositionieren *v* ‖ **~ mode** / Rückfahren *n* ‖ **~ support** / Wiederaufsetzen *n*
retract ISO 3592 / Rückzug *m* (NC, CLDATA-Wort) ‖ **~ /** abfahren *v*, herausfahren *v*, freifahren *v*, abheben *v*
retractable handle / herausziehbarer Griff
retract cycle / Rückzugzyklus *m* (WZM, NC) ‖ **~ distance** / Abfahrabstand *m*
retracted / ausgefahren *v*
retracting cylinder / Freidrehzylinder *m* ‖ **~ movement** / Abhebebewegung *f*
retraction *v* / freifahren *v*, abheben *v*, herausfahren *v* ‖ **~ /** Abfahren *n*, Rückzug *m*, Rückziehen *n* ‖ **~ angle** / Rückzugswinkel *m*, Abhebewinkel *m* ‖ **~ behaviour** / Abfahrverhalten *n* ‖ **~ block** / Abfahrsatz *m* ‖ **~ distance** / Abhebeweg *m*, Rückzugsabstand *m* ‖ **~ feedrate** / Vorschub für Rückzug ‖ **~ logic** / Freifahrlogik *f* ‖ **~ motion** / Rückzugsbewegung *f* ‖ **~ of mill** / Freifahren des Fräsers ‖ **~ path** / Abhebeweg *m*, Rückzugsabstand *m*, Rückzugsweg *m* ‖ **~ plane** / Abfahrebene *f* ‖ **plane (RP)** / Rückzugsebene *f*, RP ‖ **~ speed** / Abfahrgeschwindigkeit *f*
retract macro / Abfahrmakro *n* ‖ **~ movement** / Abhebebewegung *f*
retractor mechanism / Aufrollvorrichtung *f* (Sicherheitsgurt)
retract path / Abfahrweg *m* ‖ **~ strategy** / Abfahrstrategie *f* ‖ **~ tool** / Werkzeug freifahren ‖ **~ tool from contour** / Wegfahren von der Kontur
retract travel (o. distance) / Rückzugweg *m* (WZM, NC), Rückstellweg *m*
retransmission *n* / Weiterleitung *f*, Wiederholung der Übertragung, erneutes Senden ‖ **~ of check commands** / Spiegeln von Prüfbefehlen
retransmitting circuit / Rückmeldekreis *m* ‖ **~ contact mechanism** / Summenkontaktgabewerk *n* (EZ) ‖ **~ mechanism** / Kontaktgabewerk *n* (EZ), Kontaktgeber *m*
retrieval *n* / Wiederauffinden *n*, Entnahme *f* (von einem Lager) ‖ **~ file** / Rettdatei *f*
retrieve *v* / wiedergewinnen *v*, wiederauffinden *v* (Dater), holen *v*, abrufen *v*, dearchivieren *v*
retrigger *v* / nachtriggern *v* ‖ **~ time** / Nachtriggerzeit *f*
retro-automation *n* / nachträgliche Automatisierung
retrofit *v* / umrüsten *v*, hochrüsten *v*, Umrüstung *f*, nachrüsten *v* ‖ **~ kit** / Nachrüstsatz *m*
retrofitted *adj* / nachgerüstet *adj* ‖ **~ units** / hochgerüstete Geräte
retrofitting *n* / Nachrüstung *f*, Nachbestücken *n*, Retrofit *n* (Modernisierung und Erneuerung bestehender Anlagen (Retrofit)), Nachrüsten *n*, nachträglicher Einbau
retro-reflecting material (o. medium) / Reflexstoff *m* ‖ **~ optical unit** / Rückstrahloptik *f*
retro-reflection *n* / Retroreflexion *f* ‖ **coefficient of ~** / spezifischer Rückstrahlwert
retro-reflector *n* / Rückstrahler *m* (Oberfläche o.Körper mit Retroreflexion), Retroreflektor *m*
retrogressive wave winding / rückwärtsschreitende Wellenwicklung, rücklaufende Wellenwicklung, gekreuzte Wellenwicklung
retrotorque *n* / Rückdrehmoment *n*,

retry 500

Gegendrehmoment *n*
retry *n* / Nachrichtenwiederholung *f* (PROFIBUS), Wiederholung *f* || ~ *v* / **wiederholen** *v*
return *v* / zurückkehren *v*, rücklaufen *v*, zurückfahren *v*, rückführen *v*, zurückgehen *v* || ~ *n* / Rückkehr *f*, Rücklauf *m*, Rücksprung *m* (eIST), Rückleitung *f*, Rückführung *f*, Nocken-Abstiegphase *f*, Rücklieferung *f*, Retoure *f*, Rückzug *m*, Rückziehen *n*, Abfahren *n*, Wiederkehr *m*, Rücksendung *f*, Rückschluss *m*, Zurückspringen *n* || ~ / Freigabe *f* (ZKS)
returnable packaging / Pendelverpackung *f*
return address / Rückkehradresse *f*, Rücksprungadresse *f*, Absprungadresse *f* || ~ **bit** / Rück-Bit *n* (SPS) || ~ **branch** / Rückwärtszweig *m*, Rückführungszweig *m* || ~ **cable** / Rückleitungskabel *n* || ~ **channel** / Rückwärtskanal *m* IEC 50(794) || ~ **circuit** / Rückleitung *f* || ~ **code** / Rückwarenkennung *f*, Reparaturkennzeichen *n*, Retourenkennung *f*, Rückwarenklassifizierung *f*, Retourenkennung *f* || ~ **condition** / Rückkehrbedingung *f* || ~ **conductor** IEC 7 1.4 / Rückleiter *m* VDE 0168,T.1 || ~ **conductor rail** / Rückleitungsschiene *f* || ~ **current** / Rücklaufstrom *m* || ~ **cycle** / Rückzugszyklus *m* || ~ **delivery note** / Retourenbegleitschein *m*, Rücklieferschein *m* || ~ **distance** / Rücklaufabstand *m*
returned goods / Rücksendung *f*, Retoure *f*, Rückwaren *f pl*, Rücklieferung *f*, Retouren *f pl* || ~ **goods center** / Retourendrehscheibe *f* || ~ **goods classification** / Retourenbegleitschein *m*, Rückwarenklassifizierung *f*, Reparaturkennung *f*, Rückwarenkennung *f*, Reparaturkennzeichen *n* || ~ **goods delivery note** / Rücksendungslieferschein *m* || ~ **goods department** / Rückwarenstelle *f* || ~ **goods form** / Retourenbegleitschein *m*, Rücklieferschein *m* || ~ **goods note** / Rückwarenbegleitschein *m* || ~ **goods notification** / Rücksendungsankündigung *f* || ~ **oil** / Rücklauföl *n*
returned product / Rückware *f* || ~ **product code** / Retourenkennung *f*, Reparaturkennung *f*, Rückwarenkennung *f*, Rückwarenklassifizierung *f*, Reparaturkennzeichen *n* || ~ **product note** / Retourenbegleitschein *m*, Rücklieferschein *m* || ~ **product price** / Rückkunftpreis *m* || ~ **products administration** / Retourenabwicklung *f* || ~ **products loop** / Retourenkreislauf *m* || ~ **value** / Rückgabewert *m*
return form / Rücklieferschein *m*, Retourenbegleitschein *m* || ~ **ground** / Mittelpunktleiter *m* || ~ **information** / Rückmeldung *f* (FWT)
returning permit / Retourenbegleitschein *m*, Rücklieferschein *m* || ~ **time** IEC 255-1-00 / Rücklaufzeit *f* (Rel.- Zeit zwischen dem Anlegen des Rückfallwerts und dem Wiedererreichen der Ausgangsstellung) DIN IEC 255-1-00, Rückfallverzögerung *f*
return jump / Rückkehr *f*, Zurückspringen *n*, Rücksprung *m* || ~ **limb** / Rückschlussschenkel *m* (Trafo) || ~ **line** / Rückleitung *f*, Rücklaufleitung *f*
return-line panel / Rückleiterfeld *n*
return loss / Rückflussdämpfung *f* (Verstärker), Reflexionsdämpfung *f* || ~ **mechanism** IEC 50(581) / Rücksetzmechanismus *m* || ~ **motion (o. movement)** / Rückfahrbewegung *f* (NC), Rücklauf *m*, Rückzug *m* || ~ **movement** / Rücklauf *m* || ~ **note**

/ Rücklieferschein *m*, Retourenbegleitschein *m* || ~ **parameter** / Rückgabeparameter *m* || ~ **path** / Rückführpfad *m*, Rückleitung *f*, Rückschluss *m*, Rückzugsweg *m*, Rückführung *f* || ~ **plane (RP)** / Rückzugsebene *f*, RP || ~ **procedure** / Rückwarenabwicklung *f* || ~ **programming** / Rückwärtsprogrammierung *f* (NC) || ~ **purchase order form** / Rückkauf-BZ || ~ **request** / Rücksendungsanfrage *f*
returns *n* / Rückwaren *f pl*, Rücklieferung *f*, Retouren *pl*
return scheme / Rückwarenabwicklung *f* || ~ **signal** / Rückführsignal *n* || ~ **speed** / Rücklaufgeschwindigkeit *f* (WZM) || ~ **spring** / Rückholfeder *f*, Rückzugfeder *f*, Rückstellfeder *f*, Rückdruckfeder *f* || ~ **station** / Wendestation *f* || ~ **stroke** / Rückhub *m*, Rückwärtsstrich *m* (Staubsauger) || ~ **to bias** (RB) / Rückkehr zur Grundmagnetisierung (binäres Schreibverfahren) || ~ **to contour** / Wiederanfahren an die Kontur (NC), Rückpositionierung *f*, Repositionieren (REPOS) *n* || ~ **to non-data mode** / Datenbetrieb ablösen (DÜE) DIN 66020,T.1 || ~ **to original** / zum Ursprung || ~ **to reference recording** / Rückkehr zur Grundmagnetisierung (binäres Schreibverfahren)
return-to-zero recording (RZ recording) / Rückkehr nach Null-Schreibverfahren, RZ-Verfahren *n*
return transfer time / Rückschaltzeit *f* (Netzumschaltgerät) || ~ **travel path** / Rückhubweg *m* || ~ **travel value** / Rückhubwert *m* || ~ **value** (pilot switch) IEC 337-2B / Rückfallwert *m* (HSS) VDE 0660,T.204, Returnwert *m*, Rückgabewert *m* || ~ **velocity** / Rückzugsgeschwindigkeit *f* || ~ **weighing** / Rückwägung *f*
reusable *adj* / wiederverwendbar *adj*, wiederverwertbar *adj*, nutzungsinvariat *adj* (Programm) || ~ **i.p.c.d.** / wiederanschließbare Schneidklemme || ~ **t.o.c.d.** / wiederanschließbare Drehklemme
rev / Umdrehung *f*, U || ~ **counter** / Drehzahlmesser *m*, Tourenzähler *m* || ~ **/min** / U/min, min⁻¹
reveal *n* / Fundamentkappe *f* (Freileitungsmast), einblenden *v*
revealing power / Aufdeckungsvermögen *n*
revenue per tonne / Tonnenerlös *m*
reverberant *adj* / nachhallend *adj*, hallend *adj* || ~ **field** / Hallfeld *n*, Hallraum *m*
reverberation / Nachhall *m*, Hall *m*, Schallrückstrahlung *f* || ~ **room** / Nachhallraum *m*, Hallraum *m* || ~ **time** / Nachhallzeit *m*, Nachschwingzeit *f*
reversal *n* / Umkehr *f*, Umkehrung *f*, Umschaltung *f*, Umsteuerung *f*, Drehrichtungsumkehr *f*, Bewegungsumkehr *f*, Umpolung *f*, Umklemmen *n*, Umschwingen *n*, Umkehrpunkt *m*, Wenden *n*, Umschlag *m* || ~ **reversal (H/6.001)** *n* / Umsteuerung *f* || ~ **supply** *v* / Umpolen der Versorgungsspannung || ~ **against a residual field** / Restfeldumschaltung *f* || ~ **error** / Umkehrspanne *f* (MG), Umkehrlose *n pl* (die relative Bewegung von ineinandergreifenden mechanischen Teilen, die durch unerwünschtes Spiel hervorgerufen wird), Umkehrspiel *n*, Wirksinnumkehr *f* || ~ **of direction of movement** / Richtungsumkehr *f* (WZM, NC) || ~ **of load** / Lastumkehrung *f*, Lastrichtungsumkehr *f* || ~ **of magnetization** *f* / Ummagnetisierung *f* || ~ **of stress** /

Spannungsumkehr f, Lastwechsel m || ~ **of terminal connections** / Vertauschen der Klemmenanschlüsse, Umklemmen n || ~ **of torque direction** / Drehmomentumkehr f, Momentenumkehr f || ~ **point** / Umkehrpunkt m, Umsteuerpunkt m || ~ **preventing device** / Rücklaufsperre f (EZ) || ~ **signal** / Umsteuersignal n || ~ **time** / Umschaltzeit f, Umsteuerzeit f
reverse v / umkehren v, umschalten v, umsteuern v, umklemmen v, vertauschen v (Klemmenanschlüsse), umdrehen v, wenden v, die Drehrichtung ändern, kontern v (Zeichnung), umgekehrt adj, umpolen v || ~ adj / umgekehrt adj, entgegengesetzt adj, Rück..., Gegen..., gegenläufig adj || ~ **action** / umgekehrte Wirkungsrichtung (Reg.) || ~ **attenuation** / Sperrdämpfung f (Rel.) || ~ **band** / Rückwärtsband n || ~ **bend test** / Hin- und Herbiegeversuch, Faltversuch m, Umbiegeversuch m || ~ **bias** (**RB**) / Vorspannung in Sperrrichtung || ~ **biasing** / Sperren n (HL, Stromfluss in Vorwärtsrichtung) || ~ **blocking** / rückwärts sperrend (HL) || ~ **blocking ability** / Rückwärts-Sperrfähigkeit f (Thyr, Diode) || ~ **blocking current** / Rückwärts-Sperrstrom m (Thyr), Sperrstrom m in Rückwärtsrichtung (Thyr) || ~ **blocking interval** / Rückwärts-Sperrzeit f, Negativspannungsdauer f || ~ **blocking resistance** / Rückwärts-Sperrwiderstand m (Thyr), Sperrwiderstand in Rückwärtsrichtung (Thyr) || ~ **blocking state** / Rückwärts-Sperrzustand m, Sperrzustand in Rückwärtsrichtung, Sperrzustand m (Diode) DIN 41781 || ~ **blocking valve device** / rückwärts sperrendes Ventilbauelement (Elektronisches Ventilbauelement, das eine bestimmte in seiner Richtung angelegte Gleichspannung sperren kann) || ~ **blocking voltage** / Rückwärts-Sperrspannung f (Thyr), Sperrspannung in Rückwärtsrichtung (Thyr) || ~ **blocking-state characteristic** / Rückwärts-Sperrkennlinie f (Thyr), Sperrkennlinie für die Rückwärtsrichtung (Thyr) || ~ **breakdown** / Rückwärtsdurchschlag m (HL), Durchschlag in Rückwärtsrichtung (HL) || ~ **breakdown voltage** / Rückwärtsdurchschlagspannung f, Durchbruchspannung in Rückwärtsrichtung (rückwärtssperrender Thyristor) DIN 41786 || ~ **characteristic** / Sperrkennlinie f (GR) DIN 41760 || ~ **clipping** / Ausblenden n (graf. DV)
reverse-compound machine / Gegenverbundmaschine f, Maschine mit feldschwächender Verbunderregung, Gegenkompoundmaschine f || ~ **winding** / Gegenverbundwicklung f, Gegenwicklung f, Antikompoundwicklung f
reverse conducting / rückwärts leitend (HL) || ~ **conducting current** / Rückwärts-Durchlassstrom m (Thyr), Durchlassstrom in Rückwärtsrichtung || ~ **conducting resistance** / Rückwärts-Durchlasswiderstand m (Thyr) DIN 41786),Durchlaßwiderstand in Rückwärtsrichtung (Thyr) || ~ **conducting state** / Rückwärts-Durchlasszustand m (Thyr), Durchlasszustand in Rückwärtsrichtung (Thyr) || ~ **conducting-state characteristic** / Rückwärts-Durchlasskennlinie f (Thyr), Durchlasskennlinie für die Rückwärtsrichtung (Thyr) || ~ **conducting thyristor** / rückwärts leitender Thyristor (RLT), asymmetrischer Thyristor || ~ **conducting voltage** / Rückwärts-Durchlassspannung f (Thyr), Durchlassspannung in Rückwärtsrichtung || ~ (**converter**) **section** IEC 1136-1 / Rückwärts-Teilstromrichter m || ~ **countersinking** / Rückwärtssenken n (WZM) || ~ **current** / Rückstrom m (a. Thyr), Rückwärtsstrom m, Sperrstrom m (HL) || ~ **current braking** / Gegenstrombremsen fpl, Reversieren n || ~ **current relay** / Rückstromrelais n
reverse-current cleaning / elektrolytische Reinigung mit Umpolung || ~ **protection** / Rückstromschutz m || ~ **relay** / Rückstromrelais n || ~ **release** IEC 157-1 / Rückstromauslöser m VDE 0660,T.101 || ~ **transfer ratio** / Rückwärts-Stromverstärkung f
reversed-bending fatigue strength / Zug-Druck-Wechselfestigkeit f || ~ **fatigue test** / Zug-Druck-Lastwechselversuch m
reverse d.c. resistance / Sperrwiderstand m (Diode) DIN 41853
reversed drawing / gekonterte Zeichnung
reverse direction / Rückwärtsrichtung f (a. HL), Gegenrichtung f, Sperrichtung f, negative Richtung || ~ **direction of rotation** / Gegendrehrichtung f, umgekehrte Drehrichtung
reversed phase sequence / umgekehrte Phasenfolge, gegenläufiger Drehfeldsinn || ~ **polarity** / Verpolung f || ~ **stress** / Wechselspannung f, Zug-Druck-Beanspruchung f
reverse electrode current / Elektrodenstrom in Sperrichtung || ~ **energy** / Rückarbeit f || ~ **field** / Gegenfeld n, Gegendrehfeld n
reverse-folding endurance test / Doppelfalzversuch m
reverse gate current / Rückwärts-Steuerstrom m (Thyr) || ~ **gate voltage** / Rückwärts-Steuerspannung f (Thyr) || ~ **interlocking** / rückwärtige Verriegelung || ~ **LAN channel** / LAN-Rückkanal m
reverse-looking directional element (**o. unit**) / Richtungsglied für die Rückwärtsrichtung, Rückwärts-Richtungsglied n
reverse loss / Verlust in Rückwärtsrichtung || ~ **magnetization** / Gegenmagnetisierung f, Rückmagnetisierung f || ~ **mirroring** / Umkehrspiegeln n || ~ **movement** / Rückfahrbewegung f (NC), Rücklauf m, Rückzug m || ~ **operation** / Lauf in der Gegenrichtung (o. Gegendrehrichtung), Umgekehrte Ausgangs-Phasenfolge || ~ **polarity protection** / Verpolungsschutz m, Verpolschutz m || ~ **power dissipation** / Rückwärtsverlustleistung f (Diode), Rückwärtsverlust m (Diode), Sperrverlust m (GR) DIN 41760 || ~ **power loss** / Rückwärtsverlustleistung f (Diode), Sperrverlust m (GR) DIN 41760, Rückwärtsverlust m (Diode)
reverse-power protection / Rückleistungsschutz m, Rückwattschutz m
reverse programming / Rückwärtsprogrammierung f (NC)
reverser n / Wendeschalter m, Wender m, Umschalter m, Umpoler m, Umkehrschalter m, Drehrichtungs-Wendeschalter m
reverser-disconnector n / Umkehr-Trennschalter m, Richtungswender-Trennschalter m, Fahrtwende- und Motortrennschalter m
reverse recovery current / Sperrverzögerungsstrom

reverse-rotation *m* (Thyr, Diode) DIN 41786,DIN 41781 || ~
recovery time / Sperrverzögerungszeit *f* (Thyr, Diode) DIN 41786, DIN 41781, Rückwärts-Erholzeit *f* (Schaltdiode) || ~ **rotation** / Gegenlauf *m*
reverse-rotation test / Gegendrehungsprüfung *f*
reverse running / Lauf in entgegengesetzter Drehrichtung || ~ **running stop** / Rücklaufsperre *f* || ~ **s-parameter** / Rückwärts-Übertragungskoeffizient *m* (Transistor) DIN 41854, T.10 || ~ **side** / Rückseite *f*, Rückblatt *n* || ~ **supply voltage protection** / Schutz vor Umpolen der Versorgungsspannung || ~ **tapping winding arrangement** / Wicklungsanordnung für Zu- und Gegenschaltung (Trafo) || ~ **transfer admittance** / Übertragungsadmittanz, rückwärts, Rückwirkungsadmittanz *f*, Rückwärtssteilheit *f* (HL), Remittanz *f* (Transistor) || ~ **transfer characteristics** / Rückwärts-Übertragungskennwerte *m pl* DIN IEC 147,T.1E || ~ **video** / inverse Darstellung || ~ **voltage** / Rückspannung *f*, Rückwärtsspannung *f* (Thyr, Diode), Sperrspannung *f* (Diode) || ~ **voltage detection** / Rückspannungserkennung *f* || ~ **voltage protection** / Verpolschutz *m*, Verpolungsschutz *m* DIN 41745, Rückspannungsschutz *m*, Verpolungsschutzdiode *f* || ~ **voltage transfer ratio** / Spannungsrückwirkung *f* (Transistor) DIN 41854 || ~ **voltage-current characteristic** / Rückwärtskennlinie *f* (HL) DIN 41853
reversibility, verification of ~ IEC 292-1 / Nachweis des Schaltvermögens bei Drehrichtungsumkehr VDE 0660,T.104
reversible *adj* / umkehrbar *adj*, umschaltbar *adj*, drehrichtungsumschaltbar *adj*, zuschaltbar *adj*, wendbar *adj*, umsteuerbar *adj* || ~ **actuator** / Umkehrstellantrieb *m* || ~ **booster** / Zusetz- und Absetzmaschine *f*, Zusatzmaschine für Zu- und Gegenschaltung, Survolteur-Devolteur *m* || ~ **booster circuit** / Zu- und Absetzschaltung *f* || ~ **change** / umkehrbare Änderung DIN 40042 || ~ **connection** / Umkehrschaltung *f* (LE), Zu- und Gegenschaltung *f*, Reversierschaltung *f*, Umkehrstromrichter *m* || ~ **counter** / Zweirichtungszähler *m* DIN 44300 || ~ **drive** / Umkehrantrieb *m*, drehrichtungsumkehrbarer Antrieb || ~ **HVDC system** / Zweirichtungs-HGÜ-System *m*, Umkehr-HGÜ *f* || ~ **hydroelectric set** / reversibler Maschinensatz (WKW) || ~ **motor** / drehrichtungsumschaltbarer Motor, Motor für zwei Drehrichtungen, Umkehrmotor *m* || ~ **output current** / umkehrbarer Ausgangsstrom || ~ **permeability** / reversible Permeabilität, Umkehrstromrichter *m* || ~ **pump turbine** / Umkehrgruppe *f* (Pump-Turbine) || ~ **release** / Umkehrauslöser *m*
reversing *n* / Reversieren *n*, Gegenstrombremsen *n* || ~ **cam** / Umkehrnocken *m* || ~ **reversing change-over selector** IEC 214 / Vorwähler für die Zu- und Gegenschaltung (Trafo, HD 367) || ~ **check** / Umschlagprüfung *f* || ~ **circuit** / Wendeschaltung *f* || ~ **clutch** / Umkehrkupplung *f* || ~ **connection** / Umkehrschaltung *f* (LE), Reversierschaltung *f*, Zu- und Gegenschaltung || ~ **contactor** / Wendeschütz *n*, Umkehrschütz *n*, Umschaltschütz *m* || ~ **contactor combination** / Schützkombination zum Reversieren || ~ **contactor switch** /

Wendeschützschaltung *f* || ~ **contactor type controller** / Schütz-Umkehrsteller *m* || ~ **contactor unit** / Wendeschützeinheit *f* || ~ **control** / Umkehrsteuerung *f* || ~ **controller** / Umkehr-Regelanlasser *m* || ~ **control mode** / Wendebaustein *m* || ~ **CPS** / CPS zum Reversieren EN 60947-6-2, Steuer- und Schutz-Schaltgerät zum Reversieren || ~ **device** / Invertierungsglied *n* || ~ **drive** / Umkehrantrieb *m*, drehrichtungsumkehrbarer Antrieb || ~ **drum** / Umkehrwalze *f* || ~ **duty** / Reversierbetrieb *m*, Umkehrbetrieb *m*, Wendebetrieb *m* || ~ **field** / Wendefeld *n*, Wendepolfeld *n*, Kommutierungs-Beschleunigungsfeld *n* || ~ **frequency** / Umschalthäufigkeit *f* (Mot.) || ~ **gearbox** / Umkehrgetriebe *n*, Wendegetriebe *n* || ~ **light** / Rückfahrscheinwerfer *m* || ~ **mill motor** / Umkehr-Walzmotor *m* || ~ **mode** / Wendebetrieb *m* || ~ **motor** / Reversiermotor *m*, Umkehrmotor *m*, umsteuerbarer Motor, drehrichtungsumkehrbarer Motor || ~ **pole changing switch** / Wende-Polumschalter *m* || ~ **power controller** / Leistungs-Umkehrsteller *m* || ~ **procedure** / Reversiervorgang *m* || ~ **reactor** / Umschwingdrossel *f*
reversing/regenerating drive / Antrieb für Drehrichtungsumkehr und Energierückspeisung, Vierquadrantenantrieb *m*
reversing star-delta switch / Wende-Sterndreieckschalter *m*, Wendesterndreieckschalter *m* || ~ **starter** / Motorstarter zur Drehrichtungsumkehr, Wendestarter *m*, Umkehranlasser *m*, Reversieranlasser *m*, Starter zum Reversieren eines Motors, Umkehrstarter *m*, Wendeanlasser *m* || ~ **switch** / Wendeschalter *m*, Umkehrschalter *m*, Drehrichtungsumschalter *m*, Drehrichtungsumkehrschalter *m*, Drehrichtungswendeschalter *m* || ~ **switch disconnector** / Lasttrennumschalter *m* || ~ **thyristor controller** / Thyristor-Umkehrsteller *m* || ~ **time** / Umschaltzeit *f* || ~ **zone** / Wendezone *f*, Kommutierungszone *f*
reversion *n* / Umkehrung *f*, Umpolung *f*, Umsteuerung *f*
revert *v* / wiederrückfallen *v* (Rel.) VDE 0435,T.110 || **to ~ reverse** / wiederansprechen *v* (Rel.) VDE 0435,T.110
revert-reverse value / Wiederansprechwert *m* (Rel.)
revert value / Wiederrückfallwert *m* (Rel.)
review *n* / Nachprüfung *f*, Überprüfung *f*, Prüfung *f*, Übersicht *f*, Durchsicht *f* || ~ **design** ~ / Entwurfsprüfung *f* (QS) E DIN 55350,T.16, Konstruktionsüberprüfung *f*
revise *v* / hochrüsten *v*, umsetzen *v*, korrigieren *v*, überarbeiten *v* || ~ *n* / Umrüstung *f*
revised units / hochgerüstete Geräte
revision class / Änderungsklasse *f* || ~ **clause** / Wirtschaftsklausel *f* (StT) || ~ **levels** / Änderungsnummer *m pl* || ~ **number** / Änderungsnummer *f* || ~ **register** / Änderungsregister *n*, Änderungsverzeichnis *n* || ~ **service** / Änderungsdienst *m* || ~ **status** / Revisionsstand *m* || ~ **version** / Revisionsstand *m*, Ausführungsstand *m*
revisit address / wiederholte Adresse || ~ **rate** / Abfragerate *f* (Eingangskanal, Analog-Digital-Umsetzung)
revolution *n* / Umdrehung *f*, Tour *f*, Umlauf *m*

revolutional feedrate / Umdrehungsvorschub *m*
revolution of a pointer / Zeigerumlauf *m*
revolutions counter / Drehzahlmesser *m*, Geschwindigkeitsmesser *m*, Tourenzähler *m*
revolution solid / Drehkörper *m*, Rotationskörper *m*
revolutions per energy unit (r.p.u.) / Umdrehungen pro Arbeitseinheit (EZ), Zählerkonstante *f* || ~ **per minute (r.p.m.) (rev/min)** / Umdrehungen pro Minute (U/min), Tourenzahl pro Minute, Drehzahl *f*, Drehzahl pro Minute || ~ **per unit time** / Umdrehungszahl *f*, Drehzahl *f*
revolve *v* / umlaufen *v*, rotieren *v*, sich drehen, drehen *v*, schwenken *v*
revolved section / Profilschnitt innerhalb der Ansicht || ~ **surface** / Rotationsfläche *f*
revolver *n* / Revolver *m*, Revolverkopf *m*, Werkzeugrevolver *m*, Werkzeugrevolverkopf *m*
revolving-armature machine / Außenpolmaschine *f*
revolving beacon / Drehfeuer *n*, Drehscheinwerfer *m* || ~ **field** / umlaufendes Feld, Drehfeld *n*
revolving-field discriminator / Drehfeldschneider *m* || ~ **machine** / Innenpolmaschine *f*
revover *n* / wiedergewinnen *v*, rückgewinnen *v*, sich erholen, zurückspeisen *v* (Energie), retten *v* (z.B. Cad-Zeichnung), wiederherstellen *v*
re-weighting, pulse ~ / Pulsumwertung *f*
rewind *v* / rückspulen *v*, umspulen *v*, umrollen *v* (Papier), neu wickeln, wiederaufziehen *v* (Uhr), rücklaufen *v* (Band), neu laden (Federantrieb) || ~ ISO 3592 / Rückspulen *n* (NC, CLDATA-Wort) || **tape** ~ / Bandrücklauf *m*, Lochstreifenrücklauf *m*, Rückspulen des Bandes
re-winder *n* / Umroller *m*
rewind speed / Rückspulgeschwindigkeit *f* || ~ **stop** / Rückspulstopp *m*, Rücklaufstopp *m* || ~ **to program start** / Rückspulen (o. Rücklauf) zum Programmanfang *n* (NC)
rewirable connector / wiederanschließbare Kupplungsdose, abklemmbare Kupplungsdose || ~ **flexible-cord switch (CEE 24)** / abklemmbarer Schnurschalter VDE 0630 || ~ **fuse** / Lötsicherung *f* || ~ **plug** / wiederanschließbarer Stecker, abklemmbarer Stecker || ~ **portable socket-outlet** / wiederanschließbare Kupplungsdose, abklemmbare Kupplungsdose
rewire *v* / neu verdrahten, die Verdrahtung ändern, flicker *v* (Sich.), löten *v* (Sich.), wieder anschließen, umverdrahten *v*
rewired fuse / geflickte Sicherung
rewiring *n* / Neuverdrahtung *f*, Nachinstallation *f*, Änderung der Installation, Neubeschalten *n*, Wiederanschließen *n*, Flicken *n* (Sich.), Löten *n* (Sich.), Verdrahtungsänderung *f*, Umverdrahtung *n*, Umverdrahten *n*
re-work *v* / nacharbeiten *v*
rework *v* / überarbeiten *v* || ~ **control** / Nacharbeitssteuerung *f*
re-working *n* / Nachbearbeitung *f*, Nacharbeit *f*
re-write *v* / neu schreiben, rückschreiben *v*, umschreiben *v* || ~ *n* / Neuschreiben *n*, Neueinschreiben *f*
REA / REA
Reynolds number / Reynoldszahl *f*
RF s. range finder || ⁰ s. radio frequency || ⁰ **disturbance** / hochfrequente Störung
RFC / RFC
r.f. coaxial cable assembly / konfektioniertes Koaxial-Hochfrequenzkabel
RFD s. radio-frequency disturbance || ⁰ **current** / Störstrom *m* (HF-, RF-Störung) || ⁰ **power** / Störleistung *f* (HF-, RF-Störung) || ⁰ **voltage** / Störspannung *f* (HF-, RF-Störung)
RFF (retraction feedrate) / RFF (Rückzugsvorschub (Parameter))
RFG (ramp-function generator) / Rampenbildner *m* || ⁰ **with sharp transitions** / HLG ohne Verrundung || ⁰ **with smooth transitions** / HLG mit Verrundung
RFI s. radio-frequency interference || ⁰ **capacitor** / Funk-Entstörkondensator *m* || ⁰ **immunity** / Hochfrequenzfestigkeit *f*
RF input power / HF-Eingangsleistung *f*, Steuerleistung *f* (ESR) || ⁰ **interference** / HF-Störung *f*, Hochfrequenzstörung *f*
RFI reactor / Funk-Entstördrossel *f* || ⁰ **suppression** / Funkentstörung *f*, HF-Entstörung *f* || ⁰ **suppression filter** / Funkentstörfilter *m*
RF noise / hochfrequentes Rauschen
RFP (reference plane) / RFP (Referenzebene)
RF pulse / HF-Impuls *m* || ⁰ **resistance test** / Prüfung der HF-Güte || ⁰ **shunt resistance** / HF-Dämpfungswiderstand *m*
RGB (red green blue) / RGB (rot-grün-blau) || ⁰ **colour monitor** / RGB-Farbmonitor *m* (RGB= Rot, Grün, Blau)
rheostat *n* / veränderbarer Widerstand, Regelwiderstand *m*, Steller *m*, Einstellwiderstand *m*, Widerstandsregler *m*, Stellwiderstand *m*
rheostatic braking / Widerstandsbremsen *n*, Kurzschlussbremsung *f*, dynamisches Bremsen, Verlustbremsung *f*, generatorische Bremsung mit Widerständen || ~ **braking controller** / Widerstand-Bremsregler *m* || ~ **control** / Widerstandssteuerung *f*, Widerstandsregelung *f* || ~ **controller** / Widerstandsregler *m*, Widerstandssteller *m* || ~ **loss** / Widerstandsverluste *m pl* || ~ **rotor starter** IEC 292-3 / Widerstands-Läuferanlasser *m* VDE 0660,T.301 || ~ **starter** IEC 292-3 / Widerstandsanlasser *m*, Widerstandsstarter *m*, Metallanlasser *m* || ~ **starting** / Anlassen mit Widerständen || ~ **voltage regulator** / Widerstands-Spannungsregler *m*
rheostat loss / Verluste im Stellwiderstand, Stellverlust *m*
rhodanized *adj* / rhodiniert *adj*
rhombus *n* / Rhombus *m*, Raute *f*
rhythmic light / Taktfeuer *n*
RI (ring indicator) / RI || ⁰ **specification** / Funkentstörung *f* || ⁰ **suppression measure** / Entstörmaßnahme *f* || ⁰ **suppression (radio interference suppression)** / Funkentstörung *f*
rib *n* / Rippe *f*, Kühlrippe *f*, Riefe *f*, Steg *m*
ribbed *adj* / gerippt *adj*, mit Kühlrippen versehen, riefig *adj*
ribbed-clamp coupling / Schalenkupplung *f*
ribbed frame / geripptes Gehäuse *n* (el. Masch.)
ribbed-frame machine / Maschine mit Rippengehäuse
ribbed glass / Rippenglas *n* || ~ **housing** / geripptes Gehäuse (el. Masch.), Rippengehäuse *n* (el.Masch.) || ~ **insulator** / Rippenisolator *m*, Rippenstützer *m*
ribbed-surface machine / Maschine mit Rippengehäuse

ribbed tube / Rippenrohr *n*
ribbing *n* / Rippenversteifung *f*, Riefen *f pl*
ribbon *n* / Band *n*, Farbband *n* || ~ **advancing lever** / Farbbandtransporthebel *m* || ~ **cable** / Bandkabel *n*, Flachbandkabel *n*, Flachleitung *f*, Flachband *n*, Flachbandleitung *f* || ~ **cable connection** / Flachbandanschluss *m* || ~ **cartridge** / Farbbandkassette *f* || ~ **container** / Farbbandbehälter *m* || ~ **feed mechanism** / Farbbandtransporteinrichtung *f* || ~ **reel** / Farbbandspule *f*
ribbon-type webbed building wire / Stegleitung *f*, SIFLA-Leitung *f*
Richter lag / Richtersche Nachwirkung
Richter's residual induction / Richtersche Nachwirkung
ride comfort / Fahrkomfort *m* (Kfz) || ~ **control** / Fahrwerkdämpfungsregelung *f* (Kfz)
ride-height control / Niveauregelung *f* (Kfz)
ride quality / Fahrkomfort *m* (Kfz)
rider *n* / Reiter *m*, Schaltreiter *m*
ridge *n* / Kamm *m* (CAD), First *m*, Formgrat *m* || ~ **conductor** / Firstleiter *m*
ridging *n* / Rückenbildung *f* (Komm.)
riding quality / Laufeigenschaften *pl* (Fahrzeug)
rig, fitting ~ / Einbauvorrichtung *f*, Montagevorrichtung *f* || **test** ~ / Prüfstand *m*, Versuchsfeld *n*
right *adj* / rechtsbündig *adj* || ~ **angle** / Kreuzungswinkel *m*
right-angle, combined ~ **disconnector and earthing switch** / Winkeltrennerder *m* || ~ **connector** / Winkelsteckverbinder *m*, Winkelmuffe *f* || ~ **coupler connector** / Winkelkabelstecker *m* || ~ **cutter** / Eckfräser *m* || ~ **disconnector** / Winkeltrenner *m*, Winkeltrennschalter *m* || ~ **drive** / Antrieb mit Winkelgetriebe, Winkeltrieb *m* || ~ **earthing switch** / Winkelerder *m*, Winkelerdungsschalter *m* || ~ **gear** / Winkelgetriebe *n* || ~ **gear motor** / Motor mit Winkelgetriebe || ~ **plug** / Winkelstecker *m* || ~ **shafting** / rechtwinkelige Wellenanordnung || ~ **unit** / Winkelstück *n* (IK), Winkelkasten *m* (IK)
right bracket (o. parenthesis) / Klammer zu || ~ **justification** / Rechtsbündigkeit *f*
right-hand byte / rechtes Byte, niederwertiges Byte || ~ **circular movement** / Rechtskreisbewegung *f* || ~ **data byte** (DR) / Datenbyte rechts (DR) || ~ **drive** / Rechtslenker *m*
right-handed Cartesian coordinate system / rechtsdrehendes Koordinatensystem || **right-handed coordinate system** / rechtsdrehendes Koordinatensystem || ~ **system** / rechtswendiges System, Rechtssystem *n* || ~ **winding** / rechtsgängige Wicklung, rechtsläufige Wicklung, Rechtswicklung *f*
right-hand end address / Endadresse *f* || ~ **lay** / Rechtsschlag *m* (Z-Schlag (Kabelverseilung)) || ~ **movement in a curve** / Rechtskurvenbewegung *f* || ~ **rotation** / Rechtsdrehung *f* || ~ **rule** / Rechte-Hand-Regel *f*, Dreifingerregel der rechten Hand, Dynamoregel *f* || ~ **screw motion** / Rechtsschraubbewegung *f* || ~ **side of part** / rechte Fertigteilseite || ~ **thread** / Rechtsgewinde *n*, rechtsgängiges Gewinde
right-justified *adj* / rechtsbündig *adj* || ~ **format** / Blocksatz *m* (Textverarb.)

right-justify *adj* / rechtsbündig ausrichten
right-left shift register / Rechts-Links-Schieberegister *n*, Vorwärts-Rückwärts-Schieberegister *n*
right-orientated execution / Rechtsausführung *f*
right of way / Wegerecht *n*, Vorfahrtsrecht *n*, Trasse *f*, Leitungstrasse *f* || ~ **parenthesis** / Klammer zu
right-parenthesized instruction / Klammer-Zu-Anweisung *f*
right to access / Zugriffsberechtigung *f* (Bussystem, LAN) || ~ **to use the channel** / Zugriffsberechtigung *f*
right-to-left shifting input / Rückwärts-Schiebeeingang *m*
right-wounded *adj* / rechtsgewunden *adj*
rigid *adj* / starr *adj*, biegesteif *adj*, unbeweglich *adj* || ~ **bearing** / starres Lager || ~ **busbar** / Profilsammelschiene *f* || ~ **conductor** / steifer Leiter, eindrähtiger Leiter || ~ **coupling** / starre Kupplung, feste Kupplung || ~ **disk** / Festplattenspeicher *m*, Festplatte *f* || ~ **double-sided printed board** / starre Leiterplatte mit Leiterbildern auf beiden Seiten || ~ **feedback** / starre Rückführung || ~ **feedforward compensation** / starre Störgrößenaufschaltung || ~ **feedforward control** / starre Störgrößenaufschaltung || ~ **foam plastic** / Hartschaummaterial *n*
rigidity *n* / Steifigkeit *f*, Starrheit *f*, Federkonstante *f* || ~ **dielectric** ~ / dielektrische Festigkeit, Durchschlagfestigkeit *f*, Isolationswiderstand *m*, Überschlagfestigkeit *f* || ~ **control** / Steifigkeitsregelung *f*
rigid mica material / Hartmikanit *n* || ~ **multi-layer printed board** / starre Mehrlagenleiterplatte || ~ **non-metallic conduit** / starres Kunststoffrohr (IR) || ~ **optical fibre rod** / Lichtleitstab *m* || ~ **printed board** / starre Leiterplatte || ~ **rotor** / starrer Rotor || ~ **single-sided printed board** / starre Leiterplatte mit Leiterbild auf einer Seite || ~ **steel conduit** / starres Stahlrohr (IR) || ~ **tapping** / Gewindebohren ohne Ausgleichsfutter
rim *n* / Rand *m*, Kranz *m*, Blechkette *f* (WKW-Generator), Spurkranz *m*, Radkranz *m*, Bord *m*
RIM s. required input motion
rim capacitor / Wulstrandkondensator *m* || ~ **lock** / Kastenschloss *n*, Anbauschloss *n*
ring *n* / Ring *m*, Öse *f*, Auge *n* || **to** ~ **the bell** / klingeln *v* (an der Tür) || ~ **armature** / Ringanker *m*
ring-around *n* / Umschwingen *n* (Thyr.) || ~ **arm** / Umschwingzweig *m* (LE) || ~ **capacitor module** / Umschwing Kondensatorbaustein || ~ **circuit** / Umschwingkreis *m* (LE) || ~ **reactor** / Umschwingdrossel *f* (LE) || ~ **thyristor** / Umschwingthyristor *m*
ring-back arm / Rückschwingzweig *m* (LE) || ~ **thyristor** / Rückschwingthyristor *m*
ring-balance manometer / Ringwaage *f* (Manometer)
ring buffer / Umlaufpuffer *m*, Ringpuffer *m* || ~ **buffer store** / Ringpufferspeicher *m* || ~ **bus** / Ring-Bus *m* || ~ **cable** / Ringkabel *n* || ~ **cell** / Biegesteg *m*, Biegering *m*
ring-cable feeder / Ringkabelabzweig *m*
ring circuit / Ringstromkreis *m*, Ringleitung *f*, Phasenverbinder *m* (Maschinenwickl.), Ringsammelleitung *f* || ~ **closing** / Ringbildung *f*

(Netz) || ~ **coil** / Ringspule *f*
ring-connected system / Ringsystem *n* (Wickl.)
ring connection / Ringschaltung *f*
ring-core current transformer / Ringkern-Stromwandler *m*
ring counter / Ringzähler *m*, umlaufender Zähler || ~ **counter signal** / Ringzählersignal *n* || ~ **coupling** / Ringkopplung *f* || ~ **current** / Kreisstrom *m* || ~ **earth electrode** / Ringerder *m*
ringed network / Ringnetz *n*
ring feeder / Ringleitung *f* (Netz), Ring *m*, Ringspeiseleitung *f* || ~ **final circuit** (IEE WR) / Ringstromkreis *m*, Ringleitung *f* (I) || ~ **fitting station** / Ring-Montageplatz *m*
ring-form proximity switch / ringförmiger Näherungsschalter
ring gauge / Ringlehre *f*, Einstellring *m* || ~ **gear** / Zahnkranz *m* || ~ **header** / Ringrohrleitung *f*
ringing *n* (waveform distortio) / Nachschwingen *n* (Schwingungsverzerrung) || ~ **wire** / Klingeldraht *m*
ring lamp / Ringlampe *f* || ~ **latency** / Ring-Umlaufzeit *f* (LAN) || ~ **link** / Ringkopplung *f* || ~ **louvre** / Ringraster *m* (Leuchte)
ring-lubricated *adj* / mit Ölringschmierung || ~ **bearing** / Ringschmierlager *n*, Gleitlager mit Ringschmierung, Gleitlager mit Eigenschmierung
ring lubrication / Ringschmierung *f*, Losringschmierung *f* || ~ **main** / Ringleitung *f* (Netz), Ring *m*, Ringspeiseleitung *f* || ~ **main** (pipe o. tube system) / Ringrohrleitung *f*, Ringleitung *f*
ring-main feeder / Ringkabelabzweig *m* || ~ **panel** / Ringkabelfeld *n* || ~ **unit** / Ringnetzstation *f*, Lastschaltanlage *f* (f. Ringkabelnetze), Lasttrennschalteranlage, Ringkabelstation *f*
ring motor / Ringmotor *m*, Umbaumotor *m*, getriebeloser Motor || ~ **network** / Ringnetz *n* (LAN), ringförmiges Netz (LAN) || ~ **nut** / Ringmutter *f* || ~ **nut spanner** / Ringmutterschlüssel *m* || ~ **oiler** / Schmierring *m*, loser Schmierring, Losring *m*
ring-oiler joint / Schmierringschloss *n*
ring oiling / Ringschmierung *f*, Losringschmierung *f* || ~ **opening** / Ringauftrennung *f* (Netz)
ring-operated network / ringförmig betriebenes Netz
ring operation / Ringbetrieb *m* (Netz), Richtungsbetrieb *m* || ~ **proximity switch** / ringförmiger Näherungsschalter || ~ **punching** / einteiliger Blechring, Blechronde *f* || ~ **road** / Ringstraße *f*, Ortsumgehungsstraße *f* || ~ **seal** / Ringdichtung *f*, Dichtungsring *m* || ~ **segment contact** / Ringsegmentkontakt *m* || ~ **sensor** / ringförmiger Näherungsschalter || ~ **spanner** / Ringschlüssel *m* || ~ **split spin** / Ring-Splint *m* || ~ **stamp** / Ringstempel *m*
ring-stator type / Ringstatortype *f* (el. Mot.), Vollkreisbauweise *f* (el. Mot.)
ring substation / Ringsammelschienen-Station *f*, Ringstation *f* || ~ **surface** / Ringfläche *f* || ~ **system** / Ringnetz *n* || ~ **terminal end** / Ringkabelschuh *m* || ~ **topology network** / Ringnetz *n*
ring-type blower / Ringgebläse *n* || ~ **current transformer** / Ringstromwandler *m* || ~ **magazine** / Ringmagazin *n* || ~ **rheostat** / Ringstellwiderstand *m*
ring winding / Ringwicklung *f*
rinsing agent / Spülmittel *n*

RIOS (remote input/output station) / dezentrale Ein-/Ausgabestation
ripple *n* / Welligkeit *f*, Restwelligkeit *f*, Wechselspannungsanteil *m*, Wechselanteil *m*, Überlagerungen *f pl* || **commutator** ~ / Kommutatortöne *m pl* || **power supply** ~ / Wechselspannungsanteil der Stromversorgung || **tooth** ~ / Zahnpulsation *f* || ~ **amplitude** / Scheitelwert der Überlagerung (überlagerte Wechselspannung) || ~ **carry** / Ripple-Übertrag *m*
ripple-carry adder / serieller Addierer || ~ **binary counter** / asynchroner Binärzähler/Teiler
ripple component / Wechselstromanteil *m*, Wechselstromglied *n* || ~ **content** / Anteil der Welligkeit, Wechselspannungsanteil *m* || ~ **content IEC 381** / Spitzenwelligkeit *f* DIN IEC 381, Scheitelwelligkeit *f* DIN 19230 || ~ **content of d.c.** / Welligkeit (o. Welligkeitsanteil) des Gleichstroms *f* || ~ **control** / Rundsteuerung *f*
ripple-control code (sequence of a number of pulse positions in a ripple-control system) / Impulsraster *m* (Rundsteueranlage) || ~ **command unit** / Rundsteuer-Kommandogerät *n* || ~ **coupling** / Rundsteuereinkopplung *f* (System, Gerät) || ~ **injection system** / Rundsteuereinkopplung *f* (System, Gerät) || ~ **process computer** / Rundsteuer-Prozessrechner *m* || ~ **process interface module** / Rundsteuer-Prozesselement *n* || ~ **receiver** / Rundsteuerempfänger *m* || ~ **signal** / Rundsteuersignal *m* || ~ **signal injection** / Rundsteuersignaleinspeisung *f* || ~ **system** / Rundsteueranlage *f* || ~ **transmission** / Rundsteuersendung *f* || ~ **transmitter** / Rundsteuersender *m*
ripple counter / asynchroner Zähler, Ripple-Zähler *m*, Asynchronzähler *m*
rippled *adj* / gewellt *adj* (Stromform), geriffelt *adj* (Stromform) || ~ **d.c.** / Mischstrom *m*, lückender Gleichstrom
ripple effect / Anteil der Welligkeit, Wechselspannungsanteil *m* || ~ **e.m.f.** / Kräusel-EMK *f* || ~ **factor** / Welligkeitsfaktor *m*, Überlagerungsfaktor *m*, Riffelfaktor *m*, Schwingungsweitenverhältnis *n* (Mischstrom), Welligkeit *f* || ~ **filter** / Welligkeitsfilter *n*, Glättungselement *n*, Brummfilter *n* || ~ **frequency** / Frequenz der Welligkeit, Brummfrequenz *f* || ~ **percentage** / Welligkeitsgrad *m*, Welligkeit *f* || ~ **rejection ratio** / Brummunterdrückung *f* (Verhältnis der Brummspannungs-Schwingungsbreiten am Eingang und Ausgang)
ripple-through carry / schneller Übertrag
ripple time / Abklingzeit *f* (t$_{rip}$, Verstärker, nach Überschwingen) || ~ **tolerance** / Abklingtoleranz *f* (Verstärker) || ~ **voltage** / Wechselanteil der Spannung, Kräuselspannung *f*, überlagerte Wechselspannung, Überwellenspannung *f*
rip-rap noise / knallartiges Geräusch
rise, gate controlled ~ **time** / Durchschaltzeit *f*
rise-and-fall pendant / Zugleuchte *f* (Deckenl.)
rise delay / Anstiegsverzögerungszeit *f* DIN 41785
rise-in-current release / Stromanstiegsauslöser *m*
rise-in-voltage protection / Spannungssteigerungsschutz *m*, Spannungssteigerungsschutz *m* || ~ **relay** / Spannungssteigerungsrelais *n*
rise of earth potential / Erdungsspannung *f* (Anstieg)

rise-of-frequency relay / Frequenzanstiegsrelais *n*, df/dt-Relais *n*
rise-of-resistance method (of temperature determination) / Temperaturbestimmung nach dem Widerstandsverfahren, Widerstandsmethode *f* (Temperaturmessung)
riser *n* / Steigleitung *f*, Steigrohr *n*, Hochführung *f*, Verbindungsfahne *f* (Kommutator) || **commutator** ~ / Kommutatorfahne *f* || **~ bus** / Steigleitungsschiene *f*, Feldschiene *f*, Steckschiene *f* || **~ duct** / Steigleitungsschacht *m*, Hauptleitungsschacht *m* || **~ panel** / Hochführungsfeld *n*
rise time / Anstiegszeit *f* (Impuls, HL), Anregelzeit *f* (HL) DIN 41855, Flankenanstiegszeit *f*, Anlaufzeit *f*, Einschwingzeit *f* || **~ time constant** / Anregelzeitkonstante *f*
rising characteristic / steigende Kennlinie || **~ edge** / Anstiegsflanke *f* (Impuls), steigende Flanke, ansteigende Flanke, Einschaltflanke *f*, positive Signalflanke || **~ edge rate** / Steilheit der Anstiegsflanke || **~ main busbars** / Haupt-Steigleitungssammelschiene *f* || **~ mains** / Haupt-Steigleitung *f*, Steigleitung *f* || **~ out of synchronism** / Außertrittziehen *n* || **~ signal edge** / Anstiegsflanke *f*, steigende Flanke, ansteigende Flanke, Einschaltflanke *f*, positive Signalflanke
risk *n* / Gefahr *f*
risk of occurrence / Eintrittswahrscheinlichkeit *f* (einer Beschädigung o. eines Fehlers) || **~ of injury** / Verletzungsgefahr *f* || **~ of shock** / Berührungsgefahr *f* || **~ transfer** / Gefahrübergang *m*
RIV s. radio interference voltage
rivet *n* / Niet *n*, Niete *f* || **~ collar** / Nietkragen *m* || **~ compression** / Nietstauchung *f* || **~ connection** / Nietverbindung *f* || **~ diameter** / Nietdurchmesser *m*
rivet-down nut / Einnietmutter *f*
riveted *adj* / genietet *adj* || **~ connection** / Nietkontakt *m* (Bürste)
riveter *n* / Nietgerät *m*
rivet head / Nietkopf *m*
riveting *n* / Nietung *f* || + *v* / nieten *v* || **~ fixture** / Nietvorrichtung *f* || **~ hole** / Bohrung Nietung
rivet nut / Nietmutter *f* || **~ pin** / Nietbolzen *m*, Nietstift *m* || **~ shank** / Nietschaft *m*
rivetted label / Nietschild *n* || **~ lever** / Niethebel *m*
RIV test (radio interference voltage test) / Störspannungsprüfung *f*
RJE s. remote job entry
RKZ / Reparaturkennzeichen (RKZ) *n*
R-LAD / Kontaktplan *m* (SPS)
RLC circuit / RLC-Schaltung *f*, Widerstands-Induktivitäts-Kapazitäts-Schaltung *f*
RL circuit / RL-Schaltung *f*, Widerstands-Induktivitäts-Schaltung *f*
RLO s. result of logic operation || $\cong$ **at jump** / Einsprung-VKE || $\cong$ **dependent** / VKE-abhängig || $\cong$ **reloaded** / VKE-begrenzend
r.l.t. s. rated-load torque
RM / RM
RMB s. receiving mailbox
RMOS s. real-time multitasking operating system
rms / effektiv *adj*, eff
r.m.s. s. root-mean-square value
r.m.s. accuracy test / Prüfung der Effektivwertbildung || **~ amplitude permeability** / Effektivwert-Amplitudenpermeabilität *f* || **~ current** / Effektivstrom *m* (Wechselstrom)
r.m.s.d. s. root-mean-square deviation
r.m.s. detector / Effektivwert-Detektor *m* || **~ deviation** / Standardabweichung *f*, quadratische Regelabweichung || **~ forward current** / Vorwärtsstrom-Effektivwert *m* (Diode) DIN 41781 || **~ instrument** / Effektivwert-Messgerät *n* || **~ load** / effektive Last || **~ on-state current** / Durchlassstrom-Effektivwert *m* (Thyr) DIN 41781 || **~ power-frequency voltage** / Effektivwert der Wechselspannung
r.m.s.-responding instrument / Effektivwert-Messgerät *n*
r.m.s. ripple factor / effektive Welligkeit, Welligkeitsfaktor *m* || **~ value** / Effektivwert *m* || **~ value of symmetrical breaking current** / Anfangs-Kurzschluss-Wechselstrom *m*, Stoßkurzschluss-Wechselstrom *m*, subtransienter Kurzschluss-Wechselstrom || **~ voltage** / Spannungseffektivwert *m* || **~ voltage shape** / Spannungs-Effektivwertverlauf *m* EN 61000-3-3 || **~ voltage variation** / Änderung des Spannungs-Effektivwerts *f* || **~ withstand voltage** / Effektivwert der Stehspannung
RND (rounding (given as radius)) / RND (Rundung (als Radius angegeben))
RNDM (modal rounding) / RNDM (modales Verrunden)
road holding / Straßenlage *f* (Kfz) || **~ lighting** / Straßenbeleuchtung *f*
road-map display / Landkartendarstellung *f* (Kfz-Navigationssystem)
road marking / Straßenmarkierung *f* || **~ shoulder** / Seitenstreifen *m* (Straße) || **~ situation** / Fahrsituation *f* (Kfz) || **~ speed** / Fahrgeschwindigkeit *f* (Kfz) || **~ speed governing** / Fahrgeschwindigkeitsregelung *f* (Kfz) || **~ stud** / Markierungsknopf *m* (Straße)
road-surface luminance / Fahrbahnleuchtdichte *f* || **~ reflectometer** / Straßenreflektometer *n*
road-test simulator / Kraftfahrzeugprüfstand *m*
road traffic signal system / Straßenverkehrs-Signalanlage *f* (SVA) || **~ user** / Verkehrsteilnehmer *m*
roadway *n* / Fahrbahn *f* || **~ illumination curve** / Fahrbahnbeleuchtungskurve *f*, Bodenbeleuchtungskurve *f*
ROB s. aerodrome rotation beacon
roborobott synopsis / Roboterübersichtsbild *n*
robot *n* / Roboter *m* || **~ application** / Robotereinsatz *m* || **~ block** / Roboterbaustein *m* || **~ collision area** / Roboterkollisionsbereich *m* || **~ collision protection** / Roboterkollisionsschutz *m* || **~ control** / Roboteransteuerung *f* || **~ control (RC)** / Robotersteuerung *f*, RC || **~ control microprocessor (RCM)** / Robot Control Microprocessor (RCM) || **~ data** / Roboterinformation *f*
robotics *plt* / Robotertechnik *f*, Robotik *f*, Handhabungstechnik *f*
robotic workcell / Roboterarbeitsplatz *m*
robot interlock / Roboterverriegelung *f* || **~ interlock area** / Roboterverrieglungsbereich *m* || **~ output** / Roboterausgang *m* || **~ path** / Roboterbahn *f* || **~ requirements** / Anforderungen des Roboters || ~

selection / Roboteranwahl *f* ‖ **~ sequence** / Roboterfolge *f* ‖ **~ system** / Handhabungsautomat *m*, Handhabungsgerät *n*, Robotersystem *n*, Handhabungssystem *n* ‖ **~ tongs** / Roboterzange *f*
robustness *n* / Robustheit *f*, (mechanische)Widerstandsfähigkeit *f* ‖ **~ of terminations** / mechanische Widerstandsfähigkeit der Anschlüsse DIN IEC 68
rock *v* / schwanken *v*, wackeln *v*, schwingen *v*, sich hin- und herbewegen, pendeln *v* ‖ **~ wool** / Gesteinfaser *f*
rocker *n* / Schwinge *f*, Schwinghebel *m*, Wippe-Kipphebel *m*, Wippe *f*, Betätigungswippe *f* ‖ **~ arm** / Schwinghebel *m*, Schaltschwinge *f*, Kurbelschwinge *f*, Kipphebel *m* ‖ **~ dolly** / Wippe *f* (I-Schalter)
rocker-dolly switch / Wippenschalter *m* VDE 0632
rocker gear / Verstelleinrichtung *f* (f. Bürstenträgerring) ‖ **~ mechanism** / Gelenkviereck *n* ‖ **~ operating mechanism** / Wippenantrieb *m* ‖ **~ switch** (CEE 24) / Wippenschalter *m* VDE 0632 ‖ **~ yoke** / Haltevorrichtung *f* (f. Bürstenträgerring)
rocking-contact voltage regulator / Wälzregler *m*
Rockwell hardness / Rockwell-Härte *f* ‖ **≃ hardness number** / Rockwell-Härtenummer *f* ‖ **≃ hardness test** / Härteprüfung nach Rockwell, Rockwellversuch *m*
rod *n* / Stange *f*, Stab *m*, Rundstab *m*, Schweißdraht *m*, Dorn *m* ‖ **~ actuator** / Stangenantrieb *m* (PS), Stangenhebel *m*
rodding *n* / Gestänge *f*
rod drive / Stangenantrieb *m* (Mehrachsantrieb über einen aus Stangen und Kurbeln bestehenden Mechanismus) ‖ **~ electrode** / Stabelektrode *f*, Staberder *m* ‖ **~ head** / Stangenkopf *m*
rod-in-tube technique / Stab-Rohr-Methode *f* (LWL-Herstellung)
rod lock / Stangenverschluss *m* ‖ **~ magnet** / Stabmagnet *m*
rod-plane gap / Stab-Platte-Funkenstrecke *f*
rod-rod gap / Stab-Stab-Funkenstrecke *f*, Spitze-Spitze-Funkenstrecke *f*
rod selector / Stabwähler *m* (Trafo)
rod-type earth electrode / Erdungsstab *m*
Roebel bar / Roebelstab *m*, Schränkstab *m*, Gitterstab *m* ‖ **~ transposition** / Röbel-Stabverdrillung *f*
roentgenoscopy *n* / Durchleuchtung *f* (RöA), Leuchtschirmbetrachtung *f*
roll *n* / Rolle *f*, Rollen *n*, Walze *f*, Trommel *f*, Wickel *m*, Kontaktrollen *n*
rollback lock / Rücklaufsperre *f*, Rückdrehsperre *f*
rollbar *n* / Schiebebalken *m* (BSG)
rolled *adj* / rolliert *adj*, gewalzt *adj*, gerollt *adj*
rolled-in *adj* / eingewalzt *adj*
rolled-on *adj* / aufgewalzt *adj*
roller *n* / Laufrolle *f*
roller ball / Rollkugel *f* (Positioniergerät f. Schreibmarke), Steuerkugel *f* ‖ **~ bearing** / Rollenlager *n*, Rollenkugellager *n* ‖ **~ bending machine** / Rollenbiegemaschine *f* ‖ **~ body** / Rollenkörper *m* ‖ **~ cage** / Rollenkäfig *m* (Lg.) ‖ **~ conveyor** / Rollenförderer *m* ‖ **~ coupling** / Rollenkupplung *f* ‖ **~ crank** / Winkelrollenhebel *m* (PS) ‖ **~ crowbar** / Rollenbrechstange *f* ‖ **~ cyclometer** / Rollenzählwerk *n* (EZ), Ziffernrollenzählwerk *n* ‖ **~ guide** / Walzenführung *f* ‖ **~ hole** / Rollenbohrung *f* ‖ **~ letterpress**
printing machine / Rollenhochdruckmaschine *f* ‖ **~ lever** (actuator) / Rollenhebel *m* (PS), Schwenkhebel *m* ‖ **~ lever arm** EN 50041 / Stangenhebel *m* (PS) EN 50041 ‖ **~ pad** / Wälzwagen *m* ‖ **~ path** / Rollenbahn *f* ‖ **~ plunger** / Rollen-Stößel *m* ‖ **~ plunger actuator** / Rollenstößel *m* (PS) ‖ **~ race** / Rollenlaufring *m* (Lg.) ‖ **~ register** / Rollenzählwerk *n* (EZ), Ziffernrollenzählwerk *n*
roller-seam-welded *adj* / rollnahtgeschweißt *adj*
roller slideway / Wälzführung *f* (WZM)
roller-type contact / Rollkontakt *m*, Rollenkontakt *m*
roller width / Rollenbreite *f*
roll feed / Walzenvorschub *m* ‖ **~ feed control** / Walzenvorschubsteuerung *f* ‖ **~ feedrate** / Walzenvorschub *m* ‖ **~ finish** / Prägepolieren *n*
roll-formed *adj* / rollgebogen *adj*
rolling *n* / Bildverschiebung *f* (BSG, vertikal) ‖ **resistance to ~** / Schlingerfestigkeit *f* ‖ **~ bearing** / Wälzlager *n* ‖ **~ circle** / Wälzkreis *m*, Teilkreis *m* ‖ **~ contact** / Wälzkontakt *m*
rolling-contact bearing / Wälzlager *n* ‖ **~ bearing grease** / Wälzlagerfett *n* ‖ **~ gear** / Wälzzahnrad *n*, Wälzrad *n* ‖ **~ gearing** / Wälzgetriebe *n* ‖ **~ thrust bearing** / Axial-Wälzlager *n*, Längs-Wälzlager *n*
rolling direction / Walzrichtung *f* ‖ **~ element** / Wälzkörper *m* (Wälzlg.), Rollkörper *m* (Wälzlg.)
rolling-element bearing / Wälzlager *n* ‖ **~ thrust bearing** / Axial-Wälzlager *n*, Längs-Wälzlager *n*
rolling friction / Rollreibung *f*, Wälzreibung *f*
rolling-key clutch / Drehkeilkupplung *f*
rolling load / Walzkraft *f* ‖ **~ map** / rollendes Bild, Großbild *n*
rolling-map memory / Rollbildspeicher *m*, Rollspeicher *m* ‖ **~ operation** / Rollbetrieb *m* (BSG)
rolling momentum / Rollmoment *n* ‖ **~ motion** / Schlingerbewegung *f*
rolling-motion contact / Wälzkontakt *m*
rolling resistance / Rollwiderstand *m* ‖ **~ shutter gate** / Rolltor *n* ‖ **~ thrust bearing** / Axial-Wälzlager *n*, Längs-Wälzlager *n*
roll moment / Rollmoment *n* ‖ **~ of unpunched tape** / Lochstreifenrolle *f* ‖ **~ off** / abrollen *v*
rollover *n* / Mehrfachbetätigung *f* (Eingabetastatur) ‖ **two-key ~** / Zweitastentrennung *f*
roll-over error / Fehler durch Polaritätswechsel (ADU)
rollpaper, continuous ~ / Rollenpapier *n* (Drucker)
roll separating force / Walzkraft *f* ‖ **~ slitters** / Rollenschneider *m* ‖ **~ stand** / Walzgerüst *n*
roll-out *n* / Austransfer *m*
roll up *v* / vorwärts rollen (BSG)
ROM (read-only memory) / Lesespeicher *m*, Nurlesespeicher *m*, ROM (Read Only Memory) ‖ **≃ failure** / ROM-Fehler *m*
ROM-programmed *adj* / austauschprogrammierbar *adj*
ROM-/PROM-programmed controller / austauschprogrammierbare Steuerung mit unveränderbarem Speicher
roof frame / Dachrahmen *m* ‖ **~ plate** / Deckenblech *n*
roofing *n* / Bedachung *f*, Überdachung *f*, Dachhaut *f*
rooflight *n* / Oberlicht *n*, Deckenlicht *n*
room air conditioner / Raumklimagerät *m* ‖ **~ divider** / Raumteiler *m* ‖ **~ height** / Raumhöhe *f* ‖

humidity sensor / Raumfeuchteaufnehmer m ‖ ~
index / Rauindex m (BT) ‖ ~ **management** /
Raummanagement n ‖ ~ **shield** / Raumschirm m ‖ ~
temperature / Raumtemperatur f,
Umgebungstemperatur f ‖ ~ **utilization factor** /
Raumwirkungsgrad m (BT), Raumfaktor m (BT)
root n / Wurzel f, Fuß m, Fußpunkt m, Schweißwurzel
f, Ansatzpunkt m, Gewindegrund m ‖ ~ **angle** /
Fußkegelwinkel m (Zahnrad) ‖ ~ **apex** /
Fußkegelscheitel m (Zahnrad) ‖ ~ **bend test** /
Wurzelbiegeprobe f, Schweißbiegeversuch m,
Biegeversuch mit Wurzel auf der Zugseite ‖ ~
branching tree topology / mehrfach verzweigte
Baumstruktur ‖ ~ **characteristic** / Wurzelkennlinie
f ‖ ~ **circle** / Fußkreis m ‖ ~ **cone** / Fußkegel m
(Zahnrad) ‖ ~ **cylinder** / Fußzylinder m (Zahnrad) ‖
~ **diameter** / Fußkreisdurchmesser m ‖ ~
extraction / Radizieren n ‖ ~ **extractor** / Radizierer
m ‖ ~ **line** / Fußkegellinie f (Zahnrad) ‖ ~ **locus** /
Wurzelort m
root-mean-square deviation (r.m.s.d.) / mittlere
quadratische Abweichung ‖ ~ **value (r.m.s.)** (for
composite terms, see under r.m.s.) / quadratischer
Mittelwert, Effektivwert m
root-MLFB / Rumpf-MLFB
root of notch / Kerbgrund m ‖ ~ **of weld** /
Schweißwurzel f ‖ ~ **point of arc** /
Lichtbogenansatzpunkt m ‖ ~ **sum of squares** /
geometrische Summe ‖ ~ **3 economy mode** /
Wurzel-3-Sparschaltung f
rope n / Seil n ‖ ~ **brake** / Seilbremse f
rope-drawn trolley / Seilzugkatze f
rope drive / Seiltrieb m ‖ ~ **pulley** / Seilrolle f,
Seilscheibe f ‖ ~ **sheave** / Seilrolle f, Seilscheibe f ‖
~ **strand** / Seilstrang m ‖ ~ **webbing device** /
Seileinziehvorrichtung ‖ ~ **winch** / Scilwinde f
ROR s. release on request ‖ $\stackrel{\circ}{=}$ **requester** / ROR-
Anforderer m
rose n / Rosette f, Deckenkappe f (Leuchte),
Messgitter n (DMS)
Rosenbaum n / Rosenbaum n
Rosenberg generator / Rosenberg-Generator m
rosette n / Rosette f, Deckenkappe f (Leuchte),
Messgitter n (DMS)
rosin n / Kolophonium n
rotameter n / Rotameter n, Schwebekörper-
Durchflussmesser m
rotary adj (cf. rotating) / rotierend adj, (sich)drehend,
umlaufend adj, Dreh..., rotatorisch adj ‖ ~ **actuator**
/ Drehstellantrieb m, Drehantrieb m, rotierender
Stellantrieb, Schwenkantrieb m ‖ ~ **amplifier** /
Verstärkermaschine f, Drehverstärker m ‖ ~ **anode** /
Drehanode f (RöA) ‖ ~ **axis** / Drehachse f,
Rundachse f, rotatorische Achse, rotatorische
Bewegungsachse, Rotationsachse f ‖ ~ **axis of
motion** / Rundachse f, rotatorische Achse,
Rotationsachse f, Drehachse f, rotatorische
Bewegungsachse ‖ ~ **button** / Drehknopfschalter m
E VDE 0660,T.200/7.86 ‖ ~ **bypass switch** /
Umgehungs-Drehschalter m ‖ ~ **coding switch** /
Drehkodierschalter m ‖ ~ **commutator grinder** /
Kommutator-Drehschleifer m ‖ ~ **compressor** /
Rotationskompressor m, Rotationsverdichter m ‖ ~
contact / Drehkontakt m ‖ ~ **control switch** /
Drehschalter m VDE 0660,T.201, Dreh-
Hilfsstromschalter m, Drehtaster m ‖ ~ **converter** /
Einankerumformer m ‖ ~ **conveyor** /

Rundfördereinrichtung f, Rundfördereinheit f ‖ ~
current / Drehstrom m ‖ ~ **disconnector** /
Drehtrennschalter m, Drehtrenner m ‖ ~ **disk** /
Drehscheibe f ‖ ~ **drive** / Drehantrieb m ‖ ~ **drum** /
Drehtrommel f ‖ ~ **encoder** / Codescheibe f ‖ ~
field / umlaufendes Feld, Drehfeld n ‖ ~ **grating** /
Strichscheibe f, Kreisscheibe f ‖ ~ **grinding rig** /
Drehschleifer m ‖ ~ **gripper system** /
Drehgreifersystem n ‖ ~ **handle** / Drehhebel m
(Schaltergriff), Drehgriff m
rotary-handle-operated mechanism /
Drehhebelantrieb m (SG)
rotary hysteresis / Drehfeldhysteresis f ‖ ~ **indexing
machine** / Rundtaktmaschine f ‖ ~ **inducer** (See:
encoder) / Drehgeber m, rotatorisches
Wegmessgerät (Siehe: Wegmessgeber) ‖ ~
Inductosyn / Rotations-Inductosyn n, Rund-
Induktosyn n, Rundinductosyn n ‖ ~ **inverter** /
Gleichstrom-Wechselstrom-Umformer m ‖ ~ **knob**
/ Drehschalter m, Drehwähler m ‖ ~ **lap joint** /
drehverklappt adj ‖ ~ **lever** / Drehhebel m ‖ ~ **lock** /
Drehverschluss m (a. Leuchte), Drehriegel m
rotary-lock lampholder / Drehscheibenfassung f
(Lampe)
rotary machine / umlaufende Maschine ‖ ~
measuring system / rotatorisches Messsystem ‖ ~
motion / Drehbewegung f ‖ ~ **motion of stem** /
Spindeldrehung f ‖ ~ **operating mechanism** /
Drehantrieb m (SG) ‖ ~ **oscillation** /
Verdrehschwingung f, Drehschwingung f,
Torsionsschwingung f, Drillschwingung f ‖ ~
packet switch / Paketschalter m, PACCO-Schalter
m ‖ ~ **phase shifter** / Drehphasenschieber m ‖ ~
piston compressor / Drehkolbenverdichter m,
Rollkolbenverdichter m
rotary-plate magazine / Scheibenmagazin n ‖ ~
turret / Scheibenrevolverkopf m
rotary position encoder / rotatorischer
Wegmessgeber ‖ ~ **position inducer** / Drehgeber
m, rotatorisches Wegmessgerät (Siehe:
Wegmessgeber) ‖ ~ **position transducer** /
rotatorisches Wegmessgerät (Messwertumformer),
Drehgeber m ‖ ~ **post insulator** / Drehstützer m ‖ ~
pulse / Drehimpuls m ‖ ~ **pulse encoder** /
Drehimpulsgeber m ‖ ~ **pump** / Kreiselpumpe f ‖ ~
regulator / Drehregler m, Verstärkermaschine f,
Drehtransformator m ‖ ~ **resolver** / Drehmelder m,
Winkelschrittgeber m ‖ ~ **rheostat** /
Drehwiderstand m ‖ ~ **seal** / drehbare Dichtung ‖ ~
selector switch / Drehwahlschalter m,
Wahlschalter m, Drehwähler m, Drehschalter m ‖ ~
shaft seal / Radialwellendichtung f,
Radialwellendichtring m, Radialdichtring m ‖ ~
stem stuffing box / Stopfbuchse f ‖ ~ **switch**
IEC 337-2 / Drehschalter m VDE 0660,T.201,
Dreh-Hilfsstromschalter m, Drehtaster m ‖ ~
switching axis /
Rundschaltachse f ‖ ~ **table** / Drehtisch m,
Rundtisch m (WZM) ‖ ~ **transducer** / Drehgeber m
‖ ~ **transformer** / Drehtransformator m,
Gleichstrom-Gleichstrom-Umformer m,
Dynamotor m ‖ ~ **transmitter** / Drehgeber m,
rotatorisches Wegmessgerät (Siehe:
Wegmessgeber) ‖ ~ **trimming resistor** /
Einstelldrehwiderstand m ‖ ~ **type magazine** /
Paternostermagazin n, Drehmagazin n ‖ ~ **wafer
switch** / Stufendrehschalter m

rotatable *adj* / drehbar *adj*, drehbar gelagert, schwenkbar *adj* || **~ frame** / drehbares Gehäuse (el. Masch.), drehbarer Ständer (el. Masch.) || **~ lamp head** / schwenkbarer Leuchtenkopf || **~ phase-shifting transformer** / Phasenschieber-Drehtransformator *m* || **~ tool** / drehbares Werkzeug || **~ transformer** / Drehtransformator *m*
rotate *v* / umlaufen *v*, rotieren *v*, sich drehen, schwenken *v*, drehen *v* || **to ~ concentrically** / rundlaufen *v* || **~ head** (CLDATA word) ISO 3592 / Kopfschwenkung *f* (NC, CLDATA-Wort) || **~ instruction** / Rotieroperation *f* (SPS) || **~ table** (CLDATA word) ISO 3592 / Tischdrehung *f* (NC, CLDATA-Wort)
rotating *adj* / rotierend *adj*
rotating amplifier / Verstärkermaschine *f* || **~ anti-clockwise** / linksdrehend *adj* || **~ armature** / Drehanker *m* (Rel.)
rotating-armature machine / Außenpolmaschine *f*
rotating beacon / Drehfeuer *n*, Drehscheinwerfer *m* || **~ bending fatigue test** / Umlaufbiegeversuch *m* || **~ clockwise** / rechtsdrehend *adj* || **~ contact** / Drehkontakt *m* || **~ eddy-current retarder** / rotierende Wirbelstrombremse || **~ electrical machine** / drehende (o. rotierende) elektrische Maschine || **~ exciter** / umlaufender Erreger || **~ field** / umlaufendes Feld, Drehfeld *n*
rotating-field oscillation / Drehfeldschwingung *f* || **~ transformer** / Drehfeldtransformator *m*
rotating flux vector / umlaufender Flussvektor
rotating-lens beacon / Drehlinsenfeuer *n*
rotating load / Umfangslast *f* || **~ machine** / drehende (o. umlaufende) Maschine || **~ magnetic field** / magnetisches Drehfeld || **~ mass** / Drehmasse *f*, Schwungmasse *f* || **~ m.m.f.** / Drehdurchflutung *f*
rotating-rectifier assembly / Gleichrichterrad *n* (bürstenlose Masch.) || **~ excitation** / Erregeranordnung mit rotierendem Gleichrichter, RG-Erregung *f*, schleifringlose Erregung
rotating substandard (r.s.s.) / Prüfzähler *m*, Eichzähler *m*, Ferraris-Prüfzähler *m* || **~ substandard method** (r.s.s. method) / (Zähler-)Prüfung mit Eichzähler, Läuferverfahren n (EZ) || **~ table** / Drehtisch *m*, Rundtisch *m* (WZM) || **~ tool** / angetriebenes Werkzeug || **~ uniload substandard (meter)** / Gleichlast-Eichzähler *m* || **~ vector** / umlaufender Vektor
rotation *n* / Drehung *f*, Drehbewegung *f*, Umlauf *m*, Rotation *f*, Umdrehung *f*, Verdrehung *f*, Lauf *m*
rotational accuracy / Rundlaufgenauigkeit *f* || **~ accuracy monitor** / Rundlaufüberwachung *f* || **~ balancing machine** / rotierende Auswuchtmaschine || **~ centre line** / Drehmittellinie *f* || **~ delay** / Drehwartezeit *f* (Plattenspeicher) || **~ direction** / Drehsinn *m*, Drehrichtung *f* || **~ electromotive force** / elektromotorische Kraft der Bewegung, Bewegungsspannung *f*, Rotations-EMK *f* || **~ exciting frequency** / erregende Drehfrequenz || **~ frequency** / Umdrehungsfrequenz *f*, Drehzahlfrequenz *f*, Drehfrequenz *f* || **~ hysteresis** / Rotationshysterese *f* || **~ hysteresis loss** / Rotationshystereseverluste *pl* || **~ inertia** / Rotationsträgheit *f*, Drehwucht *f* || **~ irregularity** / ungleichförmige Drehbewegung || **~ latency** / Drehwartezeit *f* (Plattenspeicher)
rotationally symmetric / rotationssymmetrisch *adj*,

drehsymmetrisch *adj*
rotational motion / Drehbewegung *f*, Rotationsbewegung *f* || **~ position** / Drehlage *f* || **~ speed** / Umlaufgeschwindigkeit *f*, Drehzahl *f* || **~ speed measurement** / Drehzahlmessung *f* || **~ stability** / Drehstabilität *f*
rotational-symmetry luminous intensity distribution / rotationssymmetrische Lichtstärkeverteilung
rotational vector / Drehvektor *m* || **~ voltage** / Umlaufspannung *f*, Ringspannung *f*
rotation arrow / Drehrichtungspfeil *m* || **~ circulator** / Zirkulator mit Faraday-Rotator || **~ isolator** / Faraday-Richtungsleitung *f*, Richtungsisolator *m* || **~ monitoring** / Drehüberwachung *f* || **~ of reference system** / Drehung des Bezugssystems || **~ of shaft arm** / Kurbeldrehung *f* || **~ period** / Umdrehungszeit *f* || **~ plate** / Drehrichtungs-Hinweisschild *n* || **~ reversal** / Drehrichtungswechsel *m* || **~ symbol** / Symbol für Drehung || **~ test** / Prüfung der Drehrichtung, Drehrichtungsprüfung *f* || **~ time** / Umlaufzeit *f* (a. NC), Token-Umlaufzeit *f*
rotative moment / Schwungmoment *n*
rotor *n* / Rotor *m*, Läufer *m*, Polrad *n*, Magnetrad *n*, Induktor *m*, Rotationskörper *m*, Zählerscheibe *f* || **~ angle** / Polradwinkel *m*, Lastwinkel *m* || **~ banding** / Läuferbandage *f* || **~ bearing** / Läuferlager *n*, Lauflager *n* || **~ blade** / Laufschaufel *f* || **~ body** / Läuferballen *m*, Läuferkörper *m*, Induktorballen *m*, Tragkörper *m* || **~ cage** / Läuferkäfig *m* || **~ circuit** / Läuferkreis *m*
rotor-circuit contactor / Läuferschütz *n* || **~ resistor** / Läuferwiderstand *m*
rotor-circuit-transformer starting / Anlauf über Transformator im Läuferkreis, Anlauf über Zwischentransformator
rotor clamping ring / Läuferdruckring *m* || **~ cold resistance** / Läuferkaltwiderstand *m* || **~ contactor** / Läuferschütz *n* || **~ controller** / Läufersteller *m* || **~ core** / Läufereisen *n*, Ankereisen *n*, Läuferblechpaket *n*, Läuferpaket *n* || **~ cross resistance** / Läuferquerwiderstand *m* (KL) || **~ current** / Läuferstrom *m* || **~ disc** / Läuferscheibe *f*, Polradscheibe *f* || **~ displacement angle** / Polradwinkel *m*, Lastwinkel *m* || **~ earth-fault protection** / Läufer-Erdschlussschutz *m* || **~ eddy current** / Scheibenstrom *m* (EZ) || **~ electrical angle** / elektrischer Polradwinkel *m* || **~ end-bell** / Läuferkappe *f*, Läuferkappenring *m* || **~ end cap** / Induktorkappe *f* || **~ end ring** / Kurzschlussring *m*, Läuferdruckring *m* || **~ end-winding retaining ring** / Läuferkappenring *m*
rotor-excited commutator motor / läufererregter Kommutatormotor, mittelbar gespeister Kommutatormotor || **~ machine** / läufererregte Maschine
rotor-fed motor / läufergespeister Motor, umgekehrter Motor || **~ self-compensated motor** / läufergespeister kompensierter Induktionsmotor || **~ shunt-characteristic motor with double set of brushes** / läufergespeister Nebenschluss-Kommutatormotor || **~ threephase commutator shunt motor** / läufergespeister Drehstrom-Nebenschlussmotor
rotor float / axiales Läuferspiel || **~ flux** / Läuferfluss *m* || **~ flux setpoint** / Läuferflusssollwert *m* ||

forging / Läuferballen *m*, Läuferkörper *m*, Induktorballen *m*, Tragkörper *m* || ~ **ground-fault protection** / Läufer-Erdschlussschutz *m* || ~ **hub** / Läufernabe *f*, Polradnabe *f* || ~ **inertia** / Trägheitsmoment J || ~ **interbar resistance** / Läuferquerwiderstand *m* (KL) || ~ **lamination** / Läuferbleche *n pl*, Läuferblechpaket *n* || ~ **leakage reactance** / Läufer-Streublindwiderstand *m*, Läufer-Streureaktanz *f*, Läuferstreureaktanz *f* || ~ **looking** / Blockierung *f* || ~ **m.m.f. curve** / Läuferfelderregerkurve *f* || ~ **mark** / Läufermarke *f* (EZ) || ~ **overload protection** / Läuferkreisüberwachung *f* || ~ **position clocking method** / Rotorlagetaktung *f* || ~ **position encoder** / Läuferstellungsgeber *m*, Läuferlagegeber *m*, Polradlagegeber *m*, Rotorlagegeber (RLG) *m* || ~ **position encoder limit** / Rotorlagegeberanschlag *m* || ~ **position encoder system** / Rotorlagegebersystem *n* || ~ **position identification** / Rotorlageidentifikation *f* || ~ **position sensor** / Läuferlagegeber *m*, Polradlagegeber *m* || ~ **position signal** / Rotorlagesignal *n* || ~ **position transmitter** / Läuferlagegeber *m*, Polradlagegeber *m* || ~ **position transmitter/encoder** / Rotorlagegeber (RLG) *m* || ~ **power input** / Drehfeldleistung *f* (el. Masch.), Luftspaltleistung *f* || ~ **resistance** / Läuferwiderstand *m* || ~ **resistance coefficient** / Läuferkennzahl *f* || ~ **resistance starter** / Läuferstarter *m*, Läuferanlasser *m* || ~ **resistance starting** / Anlauf über Vorschaltwiderstand im Läufer || ~ **rim** / Läuferkranz *m*, Polradkranz *m* || ~ **rim punching** / Läuferkranzblech *n* || ~ **rim segment** / Läuferkranzsegment *n*, Läuferkranzblech *n* || ~ **shaft** / Läuferwelle *f* || ~ **shipping brace** / Läuferhaltevorrichtung *f* (Transportverspannung) || ~· **spider** / Läuterstern *m*, Polradstern *m*, Läufer-Tragkörper *m*, Läufernabe *f* || ~ **standstill voltage** / Läufer-Stillstandsspannung *f* (SL) || ~ **starter** / Läuferstarter *m*, Läuferanlasser *m* || ~ **time constant** / Läuferzeitkonstante *f* || ~ **turning gear** / Läuferdrehvorrichtung *f* || ~ **voltage** / Läuferspannung *f* || ~ **winding** / Läuferwicklung *f* || ~ **with floating-type rim** / Blechkettenläufer *m*, Schichtpolrad *n* || ~ **with polar projections** / Zackenrandläufer *m* || ~ **yoke** / Läuferjoch *n*
Rototrol / Rototrol *n*, Rototrol-Verstärkermaschine *f*, Unsymmetrie-Verstärkermaschine *f*
rough adjustment / Grobeinstellung *f*
rough-bore *v* / vorbohren *v*
rough calculation / Faustregel *f* || ~ **cutting** / Schruppen *n*, Vorschnitt *m*, Grobbearbeitung *f*, Grobbearbeiten *n* || ~ **draft** / Vorentwurf *m*
rough-drilling *v* / vorbohren *v*
roughened *adj* / gerauht *adj*
rough facing / Planschruppen *n*
rough-finish *n* / Grobschlichten *n*
rough formula / Faustformel *f* || ~ **grooving** / Vorstechen *n*
roughing *n* / Grobbearbeiten *n*, Vorbearbeitung *f*, Schruppen *n*, Grobbearbeitung *f* || ~ **cut** / Grobschnitt *m* (WZM), Schruppschnitt *m* || ~ **cycle** / Abspanzyklus *m*, Schruppzyklus *m* || ~ **insert** / Schruppplatte *f* || ~ **tool** / Schruppwerkzeug *n*, Schruppmeißel *m*, Schruppstahl *m*
rough machining / Grobbearbeitung *f*, Schruppen *n*, Vorbearbeiten *n* || ~ **measurement** / orientierende Messung || ~ **mill** / vorfräsen *v*

roughness *n* / Rauhheit *f*, Rauhigkeit *f* || ~ **criterion** / Einfluss der Rohrrauhheit || ~ **heigth** / Rauhtiefe *f* || ~ **width** / Rillenabstand *m* (Rauhheit) DIN 4762,T.1
rough-part description / Rohteilbeschreibung *f* (NC) || ~ **preparation record** / Rohteilvorbereitungssatz *m* (NC)
rough press / Vorpresse *f*
rough service / rauher Betrieb, schwerer Betrieb || ~ **service conditions** / rauhe (o. schwere) Betriebsbedingungen
rough-service luminaire / Leuchte für rauhen Betrieb, Leuchte für hohe mechanische Beanspruchungen
rough setting value / Grobeinstellwert *m* || ~ **turning** / Vordrehen *n* || ~ **turning cycle** / Abspanzyklus *m*, Schruppzyklus *m* || ~ **usage** / rauher Betrieb
round *v* / runden *v*, abrunden *v*, verrunden *v*, verschleifen *v* || ~ **bar** / Rundstab *m*
round-bar aluminium / Rundaluminium *n* || ~ **copper** / Rundkupfer *n*
round bulb lamp / Lampe mit Kugelkolben, Tropfenlampe *f* || ~ **cable** / Rundleitung *f*, Rundleiter *m*, Rundkabel *n* || ~ **cell** / Rundzelle *f* || ~ **corner** / Rundeck *n*
round-down key / Abstreichtaste *f*
rounded / gerundet *adj* || ~ **corner** / Rundecke *f* || ~ **number** / Rundwert *m* || ~ **off** / verrundet *adj* || ~ **plunger** / Kuppenstößel *m* (PS) EN 50047 || ~ **rectangle** *adj* / Rundrechteck *n* || ~ **top** / abgerundeter Kopf (Bürste)
round end / Kuppe *f*
round-frame type / zylindrische Bauform (el.Masch.)
round-head bolt guide / Kugelbolzenlenker *m*
round hole / Rundloch *n*
rounding *n* / Verrundung *f*, Nachziehen *n*, Rundung *f* (Hinweis: Eine Rundung ist keine Fase. In CAD-Texten heißt Rundung fillet oder blend) || **pulse** ~ / Impulsverschleifen *n*, Impulsabrundung *f* || ~ **area** / Überschleifbereich *m* || ~ **axis** / Rundungsachse *f* || ~ **clearance** / Überschleifabstand *m* || ~ **error** / Rundungsfehler *m* (Zahlen), Rundefehler *m* || ~ **type** / Verrundungstyp *m*
roundness *n* / Rundheit *f*
round off / verrunden *v*
round pin / Rundstift *m* (Stecker), Rundzapfen *m* || ~ **pole** / Rundpol *m* || ~ **relay** / Rundrelais *n* || ~ **robin sequence (RRS)** / Zeitrasterfolge *f* (MPSB)
round-rod linear motor / Polysolenoidmotor *m*
round rotor / Zylinderläufer *m*, Vollpolläufer *m*
round-sheath ribbon cable / Flachbandrundleitung *f*, verdrilltes Flachbandkabel, Flachrundkabel *n*
round slot / Rundnut *f* (geschlossen) || ~ **spindle** / Rundwelle *f* || ~ **steel-wire armour** / Rundstahldrahtbewehrung *f* || ~ **stock** / Rundmaterial *m* || ~ **timber station** / Rundholzplatz *m*
round-the-clock actuation / Rundumschaltung *f* (HSS)
round trip propagation time / Hin- und Rücklaufzeit *f* (LAN), doppelte maximale Laufzeit (LAN) || ~ **up** / aufrunden *v* || ~ **value** / Rundwert *m*
round-wire armour(ing) / Runddrahtbewehrung *f* (Kabel), Runddrahtarmierung *f* || ~ **winding** / Runddrahtwicklung *f*
Rousseau diagram / Rousseau-Diagramm *n*

route *n* / Route *f*, Weg *m*, Trasse *f*, Strecke *f*, Wegstrecke *f*, Leitweg *m* DIN 44302, Kabelweg *m*, Leitungsführung *f* || ~ **v** / entflechten *v* || **cable** ~ / Kabeltrasse *f*, Leitungsführung *f*, Kabelweg *m* || **transmission** ~ / Übertragungsweg *m* (FWT), Leitungstrasse *f* (Energieübertragungsleitung) || ~ **criterion** / Richtungskriterion *n* (DÜ) || ~ **destination** / Richtung *f* (DÜ) || ~ **diagram** / Streckenbild *n* (FWT) || ~ **length** / Trassenlänge *f*
router *n* / Router *m* (Übertragungswegsteuerung), Rangierbaustein *m*, Entflechter *m* (CAD), Koppelelement *n*, Rangierer *m* || **pattern** ~ / Musterentflechter *m* (CAD, Schaltungsentwurf)
route selection / Richtungswahl *f* (DÜ) || ~ **signal** / Richtungszeichen *n* (DÜ)
routine *n* / Routine *f* (a. QS), festgelegtes Verfahren (QS), Prozedur *f* || ~ **check test** / Stückprüfung *f* || ~ **inspection** / Stückprüfung *f* || ~ **maintenance** / laufende Wartung || ~ **signal** / Betriebsmeldung *f* (eIST) || ~ **test** / Stückprüfung *f* || ~ **test report** / Stückprüfprotokoll *n* || ~ **verifications and tests** / Stückprüfungen *f pl*
routing *n* / Wegbestimmung *f*, Trassenbestimmung *f*, Leitwegbestimmung *f*, Wegewahl *f* (DÜ), Weiterleiten *n* (Signale), Abarbeitungsfolge *f* (Fabrik), Rangierung *f*, Bearbeitungsfolge *f* (Fabrik), Rangieren *n* (Signale) || ~ (CAD) / Entflechtung *f*, Leiterplattenentflechtung *f* || **job** ~ / Fertigungsablauf *m*, Fertigungsprogramm *n* || **parts** ~ / Teilbearbeitungsfolge *f*, Teilebearbeitungsfolge *f* || **signal** ~ / Signalrangierung *f* || ~ **card** / Arbeitsbegleitkarte *f*, Laufkarte *f* || ~ **command** / Rangierbefehl *m* || ~ **control panels** / Koppel-Boards *n pl* || ~ **cutter** / Oberfräse *f* || ~ **decision** / Wegewahlentscheidung *f* || ~ **equipment** EN 54 / Übertragungseinrichtung *f* || ~ **grid** / Entflechtungsraster *m* (CAD) || ~ **master** / Entflechtungsmaske *f* || ~ **unit** / Fräsaggregat *n*
ROV (rapid override) / Eilgangüberlagerung *f*, Eilgangsüberlagerung *f*, ROV, Eilgangkorrektur *f*, Eilgangoverride *m*
roving *n* / Roving *n*, Vorgarn *n*
row / Zeile *f*, Reihe *f* || ~ **address** / Zeilenadresse *f*
row-address select (RAS) / Zeilenadressauswahl *f*
row-address-select access time / Zugriffszeit ab Zeilenadress-Auswahl
row-address strobe (RAS) / Zeilenadresse-Übernahmesignal *n* (MPU)
row circuit / Zeilenleitung *f* (MPU) || ~ **number** / Zeilennummer *f* || ~ **of holes** / Lochreihe *f*, Bohrreihe *f* || ~ **of points** / Punktreihe *f*, Punktlinie *f* || ~ **of reeds** / Zungenkamm *m* (Zungenfrequenzmesser) || ~ **scanning** / Zeilenabtasten *n* || ~ **stile** / Zeilenstil *m* || ~ **vector** / Zeilenvektor *m*
royalty-per-unit licensee / Stückzahllizenznehmer *m*
RP (retraction plane) / Rückzugsebene *f*, RP || ≙ **(return plane)** / Rückzugsebene *f*, RP
RPA (retraction path in abscissa of the active plane) / RPA (Rückzugsweg in der Abszisse der aktiven Ebene (Parameter)) || ≙ **(R parameter active)** / R-Parameter-Nummern mit Wertzuweisung, RPA
RPAP (retraction path in applicate of the active path) / RPAP (Rückzugsweg in der Applikate der aktiven Ebene (Parameter))
RPC (remote procedure call) / RPC
RPE connector / RLG-Stecker *m* || ≙ **line** / RLG-Leitung *f*
rpm / min⁻¹ || **rpm** / U/min.
r.p.m. s. revolutions per minute / min⁻¹, U/min || ~ **counter** / Drehzahlmesser *m*, Tourenzähler *m*
RPO (retraction path in ordinate of the active plane) / RPO (Rückzugsweg in der Ordinate der aktiven Ebene (Parameter))
rpp s. request parallel poll
RPROM s. reprogrammable PROM
RPROM-programmed controller / austauschprogrammierbare Steuerung mit veränderbarem Speicher
RPS (reference point switch) / RPS || ≙ **alignment** / RPS-Justage
r.p.u. s. revolutions per energy unit
RPY (Roll Pitch Yaw) / RPY (Drehungsart eines Koordinatensystems)
RRC (report RTU configuration) (regional repair center) / RRC (Regional Repair Center)
RRRV s. relative rate of rise of voltage
RRS s. round robin sequence || ≙ s. required response spectrum
RRV s. rate of rise of voltage
RS s. register select || ≙ **bistable element** / RS-Kippglied *n* || ≙ **bistable element with input affecting two outputs** / RS-Kippglied mit Zustandssteuerung
RS 232 C / V.24
RS-232-C (An accepted industry standard for serial communications connections. The letter C denotes that the current version of the standard is the third in a series.) / V.24 || **RS-232-C/TTY selector** / V.24/TTY-Umschaltung
RS-232 interface / V.24-Schnittstelle *f*
RS 485 / RS 485 (Bezeichnung einer genormten, seriellen Stromschnittstelle.)
rsc s. request system control
RSC extension / RSV-Verlängerung *f*
RS flipflop / RS-Flipflop *n*, Stell-Rückstell-Flipflop *n*, RS-Speicherglied *n*, RS-Speicher *m* || ≙ **flipflop with preferred state** / RS-Speicherglied mit Grundstellung
RSG s. recurrent-surge generator
RS master-slave bistable element / RS-Kippglied mit Zweizustandssteuerung
r.s.s. s. rotating substandard
RST (reset-set-toggle) / RST (Reset-Set-Toggle)
RT area / BT-Bereich *m*
RTC (real-time clock) / Echtzeituhr *f*
RTCP (remote tool center point) / RTCP
r.t.d. s. resistance temperature detector
RTI s. runway threshold identification light || ≙ s. relative temperature index || ≙ **(remote terminal interface)** / Fernwirkanschluss
RTL s. resistor-transistor logic
RTLI (rapid traverse linear interpolation) / RTLI (lineare Interpolation bei Eilgangbewegung)
RTOS / Echtzeitbetriebssystem *n*
RTP (retraction plane) / RTP (Rückzugsebene (Parameter))
RTQ s. rating test quantity
RTS s. real-time system || ≙ **(Request To Send)** / RTS, Sendeteil einschalten || ≙**/CTS** / RTS/CTS
RTU (remote terminal unit) / Fernwirkgerät *n*, RTU
rubberbanding *n* / Gummibandtechnik *f* (CAD)
rubber-bushed pin coupling / Gummibolzenkupplung *f*

rubber 512

rubber diaphragm / Gummimembran *f*, Gummidecke *f* || **~ expansion bellows** / Gummifaltenbalg *m* || **~ gloves method** / Arbeiten mit isolierender Schutzbekleidung || **~ grommet** / Gummitülle *f*, Gummi-Leitungseinführung *f* || **~ injection machine** / Gummispritzmaschine *f*
rubber-insulated lift cable / gummiisolierte Aufzugsteuerleitung || **~ wire** / Gummiaderleitung *f*
rubberized tape / gummiertes Band
rubber machine / Gummimaschine *f* || **~ mat** / Gummimatte *f*
rubber-metal vibration damper / Schwingmetall *n*
rubber plug / Gummistecker *m*, Flexo-Stecker *m*, Gummistopfen *m* || **~ strip** / Gummileiste *f*
rubbing seal / schleifende Dichtung
ruby *n* / Rubin *m*
rugged *adj* / robust *adj*, kräftig *adj*, unempfindlich *adj* || **~ construction** / Robustheit *f*
ruggedized construction / unempfindliche Bauweise || **~ model** / Robustbauform *f*
Ruhmkorff coil / Ruhmkorff-Spule *f*, Induktionsspule *f*
rule *n* / Regel *f*, Vorschrift *f*, Lineal *n*, Maßstab *m*, Richtscheit *n*
ruled surface (CAD) / Regelfläche *f*
rule of evolution / Ablaufregel (SPS) *f* || **~ of thumb** / Faustregel *f*, Faustformel *f* || **~ of thumb data** / Richtwert *m* || **~ of thumb formula** / Faustformel *f* || **~ whereby multiplication and division are performed before addition and subtraction** / Punkt-vor-Strich Regel
ruler *n* / Lineal *n*, Maßstab *m*
rules for adjustment of controller / Einstellregeln *f pl* || **~ for Operation of Large Boiler Installations** / Großfeuerungsanlageverordnung *f* || **~ for the prevention of accidents** / Unfallverhütungsvorschriften *f pl*
ruling span / ideelle Spannweite (Freiltg.)
run *v* / laufen *v*, in Betrieb sein, arbeiten *v*, betreiben *v*, ablaufen *v* (Programm), ablauffähig sein unter || **~** *n* / Lauf *m*, Gang *m*, Durchgang *m*, Verlauf *m*, Laufzeit *f*, Kabelweg *m*, Impulsgruppe *f*, RUN-Zustand *m*, Schweißraupe *f*, Betrieb *m*, Fahren *n* || **cable ~** / Kabelstrecke *f*, Leitungszug *m* || **length of ~** / Schweißlänge *f* (SchwT), Raupenlänge *f* || **light ~** / Leerlauf *m* || **line ~** / Leitungsverlauf *m*, Leitungsstrecke *f*, Leitungsabschnitt *m* || **program ~** / Programmablauf *m*, Programmdurchlauf *m* || **pulse ~** / Impulsgruppe *f* || **to ~ a machine** / eine Maschine betreiben, eine Maschine fahren *f* || **to ~ at crawl speed** / mit Schleichdrehzahl laufen, kriechen *v* || **to ~ at full speed** / mit Volldrehzahl laufen, auf vollen Touren laufen || **to ~ in open circuit** / leerlaufen *v* || **to ~ in step** / synchron laufen || **to ~ in synchronism** / synchron laufen || **to ~ light** / leerlaufen *v* || **to ~ out of round** / unrund laufen || **to ~ out of true** / unrund laufen || **to ~ true** / rundlaufen *v*, schlagfrei laufen || **to ~ up to speed** / hochlaufen *v*, auf Drehzahl kommen || **away *v*** / durchgehen *v* (umlaufende Masch.)
runaway *n* / Durchgehen *n* (umlaufende Masch.) || **~ (magnetron)** IEC 235-1 / Hochlaufen *n* (Magnetron) DIN IEC 235,T.1 || **thermal ~** / thermische Instabilität (Batt.), thermischer Runaway || **~ speed** / Durchgangsdrehzahl *f*
run-back *n* / Rückwärtslauf *m* || **~ (of controller)** /

Absteuerung *f* (Fahrschalter)
run breaker / Überprüfungsschalter *m* (Dreischaltermethode) || **~ characteristic** / Ablaufeigenschaft *f* || **~ command** / Startbefehl (STA) *m*, Start-Befehl *m*
run down *v* / auslaufen *v*, austrudeln *v*
rung *n* / Sprosse *f*, Speiche *f*, Segment *n*, Strompfad *m* (im Kontaktplan), Strombahn *f*, Stromweg *m*
run in *v* / einlaufen *v*, einfahren *v*
run-in *n* / Vorlauf *m* || **~ grooves** / Einlaufrillen *n* || **~ path** / Einlaufweg *m* (WZM) || **~ period** / Einlaufzeit *f* (Masch.) || **~ stand** / Einlaufstand *m* || **~ test** / Probelauf *m*, Dauerlaufprüfung *f*
run length / Lauflänge *f* (Fernkopierer) || **~ lug** / Ablaufnase *f* || **≏ mode** / Betrieb *m* (Zusammenwirken aller technischen und administrativen Maßnahmen in der Absicht, eine Einheit zur Erfüllung der geforderten Funktion zu befähigen, und zwar unter Berücksichtigung der Anpassung an die Änderung der externen Bedingung.), RUN-Zustand *m* || **≏ mode signal** / Laufmeldung *f*
runnable *adj* / ablauffähig *adj* (Programm)
runner *n* / Laufrad *n*, Laufring *m*, Spurring *m* || **~ clearance** / Laufradspalt *m* || **~ metal rest** / Angussrest *m* || **~ race** / Laufring *m* (Lg.), Spurring *m* (Lg.) || **~ ring** / Laufring *m* (Lg.), Spurring *m* (Lg.)
running *n* / Lauf *m*, Laufen *n*, Gang *m*, Betrieb *m*, Fahren *n*, Fließen *n* || **~ accumulation** / Zählerstand *m* (Freiltg.) || **~ angle support** / Winkeltragstützpunkt *m* || **~ at no load** / leerlaufend *adj*, entlastet *adj*, Leerlauf *m* (Mot.) || **~ balancing** / dynamisches Auswuchten || **~ board** / Trittbrett *n* || **~ capacitor** / Betriebskondensator *m* (Mot.) || **~ connection** / Betriebsschaltung *f* (Mot.) || **~ current** / Laststrom *m*, Betriebsstrom *m* || **~ down** / Auslauf *m*, Nachlauf *m* || **~ fit** / Laufsitz *m* || **~ indicator** / Laufanzeige *f*
running-in oil / Einfahröl *n* || **~ period** / Einlaufzeit *f*, Einfahrzeit *f*
running in synchronism / synchron laufend, gleichlaufend *adj*
running-LED / Lauf-LED
running light / Lauflicht *n* || **~ load** / Betriebslast *f* (Mot.) || **~ notch** / Fahrstellung *f* (Steuerschalter), Betriebsstufe *f* (Anlasser)
running-off axis / durchgehende Achse
running on / Nachlauf *m* (Dieselmotor) || **~ overload** / Betriebsüberlast *f*, betriebsmäßige Überlast || **~ period** / Laufzeit *f*, Betriebszeit *f*, Betriebsdauer *f*, Gangdauer *f* (Uhrwerk), Ablaufzeit *f* || **~ properties** / Laufeigenschaften *f pl* || **~ reserve** / Gangreserve *f* (Uhr) || **~ sample** / Durchzugprobe *f* || **~ smoothness** / Laufruhe *f*, Laufgenauigkeit *f*, Laufgüte *f* || **~ surface** / Ablauffläche *f* || **~ surface of locking mechanism rollers** / Laufflächen Gesperrerollen *f* || **~ test** / Laufprobe *f*, Versuchslauf *m*, Probefahrt *f* || **~ time** / Laufzeit *f*, Betriebszeit *f*, Betriebsdauer *f*, Gangdauer *f* (Uhrwerk), Ablaufzeit *f* || **~ torque** / Betriebsmoment *n*, Laufmoment *n*
running-up test / Hochlaufversuch *m*
running up to speed / Hochlaufen *n*, auf Drehzahl kommen || **~ variable computer** / Fahrgrößenrechner *m* || **~ voltage** / Betriebsspannung *f* || **~ winding** / Betriebswicklung *f* (Mot.)

run-off method / Synchronprüfverfahren *n* (Zählerprüf.)
run-of-river power station / Laufwasserkraftwerk *n*
run-only *n* / unbemannter Betrieb
runout *n* / Auslauf *m* (a. Gewinde), Nachlauf *m* (Welle), Mittenversatz *m*, Schlag *m*
run-out path / Auslaufweg *m*, Auslaufstrecke *f*, Ausfahrweg *m*
run queue / Ablaufwarteschlange *f* || ~ **right** / Rechtslauf *m*, Rechtsdrehung *f*, Drehung im Uhrzeigersinn
runs *n pl* (QA) / Iterationen *f pl* (QS), Ereignisfolgen *f pl* (QS)
RUN signal / BETRIEB-Meldung *f*
run-stall torque / Kippmoment *n* (Schrittmot.)
RUN/STOP/COPY switch / Betriebsartenschalter *m*, Betriebsartenwahlschalter *m*
runtime *n* / Ablaufzeit *f*, Ausführungszeit *f*, Bearbeitungszeit *f*, Laufzeit *f*, Taktzeit *f*, Durchlaufzeit *f*, Betriebszeit *f* || ~ **counter** / Laufzeit-Zähler *m* || ~ **data** / Ablaufdaten *pl* || ~ **environment** / Ablaufumgebung *f* || ~ **mode** / Runtime Modus || ~ **monitoring** / Laufzeitkontrolle *f* || ~ **package** / Runtimepaket *n* || ~ **parameter** / Laufzeitparameter *m* (DV) || ~ **system** / Laufzeitsystem *n*, Ablaufsystem *n*
run up / hochlaufen *v*
run-up brake / Auflaufbremse *f* || ~ **period** / Hochlaufzeit *f*, Anlaufzeit *f* (Lampe) || ~ **time** / Hochlaufzeit *f*, Beschleunigungszeit *f*, Einlaufzeit *f*
run up to rated speed / Hochlauf beendet
runway *n* / Start- und Landebahn *f*, Piste *f* (Flp.), Landebahn *f*, Startbahn *f* || ~ **alignment indicator** / Pistenrichtungsanzeiger *m* || ~ **basic length** / Pistengrundlänge *f* || ~ **centre line (RCL)** / Pistenmittellinie *f* (RCL) || ~ **centre-line lighting** / Pistenmittellinienbefeuerung *f* || ~ **centre-line marking** / Pistenmittellinienmarke *f* || ~ **designation marking** / Pistenbezeichnungsmarke *f* || ~ **edge** / Pistenrand *m* || ~ **edge lighting, medium-intensity (REM)** / Pisten-Mittelleistungs-Randbefeuerung *f* (REM) || ~ **edge light(s)** / Pistenrandfeuer *n* || ~ **edge markings** / Pistenrandmarkierung *f* || ~ **end (RWE)** / Pistenende *n* (RWE) || ~ **end lighting** / Pistenendbefeuerung *f* || ~ **end safety area** / Sicherheitsfläche am Pistenende || ~ **light** / Pistenfeuer *n* || ~ **lighting** / Pistenbefeuerung *f* || ~ **shoulder** / Pistenschulter *f* || ~ **side stripe marking** / Pistenseitenlinienmarke *f* || ~ **strip** / Pistenstreifen *m* || ~ **threshold identification light (RTI)** / Schwellenblitzfeuer *n* (RTI) || ~ **threshold identification lights** / Schwellenkennfeuer *n* (Flp.) || ~ **threshold light** / Schwellenfeuer *n* (Flp.) || ~ **threshold lighting** / Schwellenbefeuerung *f* (Flp.) || ~ **threshold marking** / Schwellenmarke *f* (Flp.) || ~ **touchdown zone lighting** / Aufsetzzonenbefeuerung *f*, Aufsetzzonenfeuer *n*, Aufsetzzonenbeleuchtung *f* || ~ **visual range (RVR)** / Pistensichtweite *f* (RVR)
rupture *n* / Bruch *m*, Trennbruch *m*, Bersten *n*, Ausschalten *n* || ~ **diaphragm** / Überdruckmembran *f*, Bruchmembran *f*, Berstscheibe, Brechplatte *f* || ~ **joint** / Reißnaht *f*, Sollbruchstelle *f* || ~ **of a fuse** / Ausfall einer Sicherung || ~ **point, Cu strips** / Abbruchstelle Cu-Bänder

rupturing capacity / Ausschaltvermögen *n*, Abschaltleistung *f*, Schaltleistung *f*, Ausschaltleistung *f* || ~ **pressure** / Berstdruck *m*
rush current / Stoßstrom *m*, Einschaltstromstoß *m* || ~ **sequence** / Eilablauf *m* (SPS) || ~ **stabilization** / Rush-Stabilisierung *f*, Einschaltstromstabilisierung *f*
rust *n* / Rost *m* (Eisenoxyd) || ~ **control** / Rostverhütung *f*, Rostschutz *m* || ~ **formation** / Rostbildung *f*
rustfree *adj* / rostfrei *adj*
rustiness *n* / Rostgrad *m*
rusting *n* / Rosten *n*, Rostbildung *f*
rust-inhibitive coating / Rostschutzanstrich *m*
rustless *adj* / rostfrei *adj*
rust-preventing agent / Rostschutzmittel *n* || ~ **grease** / Rostschutzfett *n*
rust preventive / Rostschutzmittel *n*
rust-preventive paint / Rostschutzfarbe *f*
rustproof *adj* / rostbeständig *adj*, nichtrostend *adj*
rustproofing *n* / Rostschutz *m*
rust remover / Rostentfernungsmittel *n*, Entrostungsmittel *n*
rust-resisting *adj* / rostbeständig *adj*, nichtrostend *adj*
RV (real-time variable) / EV (Echtzeitvariable) || ⁰ **(reserved)** / RV (reserviert)
RVR s. runway visual range
R/W (Read/Write) / L/S (Lesen/Schreiben)
RWD s. release when done || ⁰ **requester** / RWD-Anforderer *m*
RWE s. runway end
RWLS s. remote with lockout state
RWM / Schreib-Lese-Speicher *m*
R/W memory (read-write memory) / Schreib-Lesespeicher *m*, Direktzugriffspeicher *m*, RAM
RxD (Received Data) (A data transmission control signal) / RxD, Empfangsdaten
RZ code (RZ = return to zero) / RZ-Code *m* || ⁰ **recording** s. return-to-zero recording

S

S (letter symbol for solid insulants) / S (Buchstabensymbol für feste Isolierstoffe)
saddle *n* / Sattel *m*, Schelle *f*, Schlitten *m* (WZM), Support *m* (WZM), Werkzeugschlitten *m*, Befestigungsschelle *f* || ~ **key** / Sattelkeil *m*, Hohlkeil *m* || ~ **reference point** / Schlittenbezugspunkt *m* || ~ **terminal** / Laschenklemme *f*, Sattelklemme *f*, Schellenklemme *f*
safe *adj* / sicher *adj*, zulässig *adj* || ~ **against finger touch** / Fingerschutz *m*, fingersicher *adj* || ~ **area** / sicherer Bereich, Vertrauensbereich *m* (Der Vertrauensbereich wirkt bei allen Messvarianten und hat keinen Einfluss auf die Korrekturwertbildung, er dient der Diagnose.) || ~ **area exceeded** / Vertrauensbereich überschritten || ⁰ **Brake Management (SBM)** / Sicheres Bremsenmanagement (SBM) || ~ **braking ramp (SBR)** / sichere Bremsrampe (SBR) || ~ **cam** / Sicherer Nocken (SN), Sichere Software-Nocken ||

safe-clearance

~ **clearance** / Schutzabstand *m* VDE 0105,T.1
safe-clearance working / Arbeiten mit Schutzabstand
safe comparator / sicherer Vergleicher || ~ **data exchange** / gesicherte Übertragung, gesicherter Datenverkehr || ~ **distance** / sichere Entfernung || ~ **electronic limit position** / sichere elektronische Endlage || ~ **failure** / sicherer Ausfall || ~ **from finger-touch** / fingersicher *adj* || ~ **from power-failure** / ausfallsicher *adj* || ~ **from touch** / berührungssicher *adj*, fingersicher *adj* || ~ **from touch by the back of the hand** / handrückensicher *adj* || ~ **gap** / Grenzspaltweite *f* (zünddurchschlagsicherer Spalt)
safeguard *n* / Schutz *m*, Sicherung *f*, Sicherheitsmaßnahme *f*, Sicherheitsvorkehrung *f*, Sicherheitseinrichtung *f* || ~ *v* / abschranken *v*
safeguarding *n* / Sichern *n*, Absichern *n*, Abschranken *n*
safe height / Sicherheitshöhe *f* || ~ **isolation** / sichere Trennung (vgl. DIN VDE 0106, Teil 101) || ~ **isolation from supply** / Spannungsfreiheit *f* || ~ **jog control** / sichere Tippschaltung
safelight filter / Lichtschutzfilter *n*
safe limit position / Sicherer Software-Endschalter, sichere Endlage (SE), sicher begrenzte Absolutlage || ~ **limit switch** / sicherer Endschalter
safe load / zulässige Last *f* (o. Belastung), Tragfähigkeit *f* || ≙ **OFF** / SICHERES AUS || ~ **operation** / sicherer Betrieb || ~ **operation stop** / sicherer Betriebshalt (SBH) || ~ **operational stop** / sicherer Betriebshalt (SBH) || ~ **position** ISO 3592 / Sicherheitsposition *f* (NC, a. CLDATA-Wort), sichere Position || ~ **practice measures** / sicherheitstechnische Maßnahmen || ~ **programmable logic (SPL)** / sichere programmierbare Logik (SPL) || ~ **pulse disabling** / sichere Impulssperre || ~ **pushbutton control** / sichere Tipptaste || ~ **shutdown** / sicheres Stillsetzen, sicherer Stillsetzprozess || ~ **shutdown earthquake (SSE)** / Sicherheitserdbeben *n* || ~ **software cam** / sicherer Softwarenocken || ~ **software limit switch** / sicherer Software-Endschalter / **speed** / sichere Geschwindigkeit (SG), sicher reduzierte Geschwindigkeit || ~ **standstill** / sicherer Halt (SH) || ~ **starting valve** / Sicherheitseinschaltventil *n* || ~ **stop** / sicherer Halt (SH) || ~ **stopping process** / sicherer Stillsetzprozess, sicheres Stillsetzen || ~ **stress** / zulässige Spannung, zulässige Beanspruchung || ~ **to touch** / berührungssicher *adj*
safety addition / Sicherheitszuschlag *m* || ~ **allowance** / Sicherheitszuschlag *m* || ~ **and accident prevention regulation** / Sicherheits- und Unfallverhütungsvorschrift || ~ **area** / Sicherheitsfläche *f* (Flp.) || ~ **at work regulations** / Arbeitssicherheit *f* || ~ **barrier** / Sicherheitsbarriere *f* || ~ **belt** / Sicherheitsgurt *m* || ~ **bolt** / Sicherheitsbolzen *m*, Scherbolzen *m*, Brechbolzen *m* || ~ **boots** / Schutzstiefel *m pl* || ~ **circuit** IEC 71.4 / Sicherheitskreis *m* VDE 0168,T.1, Sicherheitsstromkreis *m*, Sicherheitsschaltung *f* || ~ **class** / Schutzklasse *f* || ~ **clearance** / Sicherheitsabstand *m* || ~ **clearance (SC)** / Freifahrabstand *m* || ~ **clips** / Sicherheits-Abgreifklemmen *f pl* || ~ **code** / Sicherheitsvorschriften *f pl* || ~ **colour** /

Sicherheitsfarbe *f* || ~ **combination** / Sicherheitskombination *f* || ~ **control** / Sicherheitssteuerung *f* || ~ **coordinator** / Sicherheitsingenieur *m* || ~ **cutout** / Sicherungsautomat *m* || ~ **defect** / Sicherheitsmangel *m* || ~ **device** / Sicherheitsvorrichtung *f*, Sicherheitseinrichtung *f*, Schutzeinrichtung *f* (mech.) DIN 31001 || ~ **distance** / Freifahrabstand *m*, Sicherheitsabstand *m* (Abstand zwischen Werkzeug und Werkstück beim Umschalten von Eilgang auf Vorschub, um Kollisionen zu vermeiden), SC || ~ **earth conductor** / geerdeter Schutzleiter, Schutzleiter *m* (PE) || ~ **earth terminal** IEC 65 / Schutzleiterklemme *f*, Schutzleiteranschluss *m* || ~ **earthing** / Sicherheitserdung *f* || ~ **enclosure** / Verkleidung *f* DIN 31001 || ~ **engineer** / Sicherheitsingenieur *m* || ~ **engineering** / Sicherheitstechnologie *f*, Sicherheitstechnik *f* || ~ **equipment** / Sicherheitseinrichtung *f*, Sicherheitsvorrichtung *f* || ~ **extra-low voltage (SELV)** / Schutzkleinspannung *f*, Sicherheits-Kleinspannung *f* || ~ **factor** / Sicherheitsfaktor *m*, Pegelsicherheit *f* || ~ **factor for dropout** / Abfallsicherheitsfaktor *m* (Rel.) || ~ **factor for pickup** / Ansprechsicherheitsfaktor *m* (Rel.) || ~ **fencing** / Umwehrung *f* DIN 31001 || ~ **foot-operated switch** / Sicherheitsfußschalter *m* || ~ **function** / Sicherheitsfunktion *f*, sichere Funktion || ~ **gate** / Schutzzaun *m* || ~ **glass cover** / Sicherheitsglas *n* (Leuchte) || ~ **goggles** / Schutzbrille *f* || ~ **grounding** / Sicherheitserdung *f* || ~ **hardware** / sicherheitstechnische Geräte (MSR-Geräte) || ~ **helmet** / Schutzhelm *m* || ~ **impedance** / Schutzimpedanz *f* DIN IEC 536 || ~ **input** / Sicherheitseingang *m* || ~ **input/output signal** / sicheres Ein-Ausgangssignal || ~ **instruction** / Sicherheitsvermerk *m* || ≙ **Integrated (SI)** / Integrierte Sicherheitstechnik, SI || ~ **interlock** / Sicherheitsverriegelung *f* (mech. o. el.) VDE 0806 || ~ **isolating transformer** / Sicherheitstransformator *m*, Sicherheitsspannungswandler *m*, Sicherheitstrafo *m* || ~ **isolation** / Freischalten *n* VDE 0100,T.200 || ~ **isolator** / Sicherheitstrenner *m*
safety lamp / Sicherheitslampe *f*, Wetterlampe *f* || ~ **lighting** / Sicherheitsbeleuchtung *f*, Schutz- und Überwachungsbeleuchtung || ~ **lock** / Sicherheitsschloss *n*, Zylinderschloss *n*, Zylindersicherheitsschloss *n* || ~ **logic assembly** / Verknüpfungsschaltung *f* (Reaktorschutz) || ~ **margin** / Sicherheitsbetrag *m* || ~ **mat** / Trittmatte *f* || ~ **measure** / Schutzmaßnahme *f* || ≙ **Measures for ESD** / EGB-Vorschriften *f pl* || ~ **mode** / Sicherheitsbetrieb *m*, gesicherter Betrieb || ~ **module** / Sicherheitsbaustein *m* || ~ **of operation** / Betriebssicherheit *f* || ~ **officer** / Schutzbeauftragter *m* || ~ **operation** / Sicherheitsbetrieb *m* || ~ **operation lockout** / sicherer Betriebshalt (SBH)
safety-oriented *adj* / sicherheitsrelevant *adj*, sicherheitsgerichtet *adj* || ~ **control (system)** / sicherheitsgerichtete Steuerung || ~ **operating philosophy** / Sicherheitsbedienphilosophie *f*
safety output / Sicherheitsausgang *m* || ~ **package** / Sicherheitspaket *n* || ~ **pads** / Sicherheitsdruckleiste *f* || ~ **photoelectric light barrier** / Sicherheitslichtschranke *f* || ~ **plane** / Sicherheitsebene *f* || ~ **plate** / Sicherungsblech *n* || ~

pliers / Sicherungsgriffzange f || ~ **power source** / Sicherheitsstromquelle pl || ~ **precaution** / Sicherheitsvorkehrung f || ~ **query** / Sicherheitsabfrage f || ~ **radio control system** / Sicherheits-Funkfernsteuerung f || ~ **rail** (handrail) / Handlauf m || ~ **regulation** / Sicherheitsbestimmung f || ~ **regulations** / Sicherheitsvorschriften $f pl$
safety-related *adj* / sicherheitsrelevant *adj*, sicherheitsgerichtet *adj* || ~ **guidelines** / sicherheitstechnische Hinweise, sicherheitstechnische Hinweise für den Benutzer || ~ **requirements** / Schutzziele $n pl$
safety relay / Sicherheitsrelais n
safety-relevant input / sicherheitsgerichteter Eingang || ~ **input signal** / sicherheitsgerichtetes Eingangssignal (SGE), sicherheitsgerichtete Eingänge (SGE) || ~ **I/O signal** / sicheres Ein-Ausgangssignal || ~ **output** / sicherheitsgerichtetes Ausgang || ~ **output signal** / sicherheitsgerichtetes Ausgangssignal (SGA), sicherheitsgerichtete Ausgänge (SGA)
safety requirements / Sicherheitsanforderungen f, Sicherheitsbestimmungen $f pl$, sicherheitstechnische Anforderungen || ~ **routine** / Sicherheitsroutine f || ~ **rules** / Sicherheitsvorschriften $f pl$ || ~ **sealing** / Sicherheitsdichtung f
safety-separated circuit / Stromkreis mit Schutztrennung
safety separation of circuits / Schutztrennung f VDE 0100 || ~ **services equipment** / Betriebsmittel für Sicherheitszwecke VDE 0100,313.2 || ~ **shoes** / Schutzschuhe $m pl$ || ~ **shunt** / Sicherheitsshunt m || ~ **shutdown** / Sicherheitsabschaltung f || ~ **shutdown switch** / Sicherheitsschalter m, Safing-Sensor m || ~ **signal** / Sicherheitssignal n (NC) || ~ **slip clutch** / Sicherheits-Schlupfkupplung f || ~ **source** / Sicherheitsstromquelle pl || ~ **starter** (switch) / Sicherheitsstarter m (Leuchte) || ~ **stuffing box** / Sicherheitsstoffbuchse f || ~ **supervisor** / Sicherheitsingenieur m || ~ **switch** IEC 65, 348 / Sicherheitstrenner m VDE 0860, Sicherheitsschalter m, Safing-Sensor m || ~ **systems** / Sicherheitstechnik f, Sicherheitstechnologie f || ~ **technology** / Sicherheitstechnologie f, Sicherheitstechnik f || ~ **temperature cutout (o. limiter)** / Sicherheitstemperaturbegrenzer m || ~ **test** / Sicherheitsprüfung f || ~ **test leads** / Sicherheits-Messanschlussleitung f || ~ **test probes** / Sicherheits-Prüfspitzen $f pl$ || ~ **test value** / Sicherheitsprüfwert m || ~ **tester** / Sicherheitstester m || ~ **time** / Sicherheitszeit f || ~ **transformer** / Sicherheitstrafo m || ~ **valve** / Sicherheitsventil n
safe velocity / sicher reduzierte Geschwindigkeit, sichere Geschwindigkeit (SG) || ~ **working conditions** / Betriebssicherheit f || ~ **zone sensing** / sichere Bereichserkennung
sag n / Durchhang m, größter Durchhang (Freiltg.) IEC 50(466), Durchsenkung f, Durchbiegung f || ~ v / durchsacken v || ~ **compensation** / Durchhangkompensation f, Hangkompensation f
sales n / Stückzahlen $f pl$, Vertrieb m, Akquisitionen $f pl$, Verrechnung f, Volumen n || $\underline{\circ}$ **and Marketing Region** / Vertriebsregion f || ~ **brochure** (SB) / Werbeschrift (WS) f || ~ **build-up** / Stückzahlhochlauf m || ~ **competence** /

Vetriebszuständigkeit f || ~ **expediter** / Verkaufsförderer m || ~ **forecast** / Absatzprognose f || ~ **guide** / Vertriebshandbuch (VH) n || ~ **loss** / Umsatzeinbuße f || ~ **margin** / Vertriebsspanne (VSP) f
sales/marketing activities / Vertriebstätigkeit f || ~ **department** / Vertriebsabteilung f || ~ **support** / Vertriebsunterstützung f
salesmen $n pl$ / Akuisiteure $f pl$
sales office / Vertriebsbüro n || ~ **order backlog** / Auftragsrückstand m, Auftragsüberhang m || ~ **overheads** / Vertriebsgemeinkosten pl || ~ **quantity planning** / Stückzahlplanung f || ~ **release** / Vertriebsfreigabe f || ~ **representative** / Vertriebsbeauftragter || ~ **result** / Vertriebsergebnis n || ~ **training** / Vertriebstraining n
saliency n / Schenkeligkeit f (Schenkelpolmaschine)
salient-field winding / Schenkelpolwicklung f
salient pole / Schenkelpol m, ausgeprägter Pol, Einzelpol m
salient-pole machine / Schenkelpolmaschine f, Maschine mit ausgeprägten Polen, Einzelpolmaschine f || ~ **winding** / Schenkelpolwicklung f
saline fog test / Salznebelprüfung f || ~ **fog test method** / Salznebel-Prüfverfahren n, Verfahren mit fließender Fremdschicht
salinity n / Salzgehalt m, Salzhaltigkeit f
salt-fog method / Salznebel-Prüfverfahren n, Verfahren mit fließender Fremdschicht
salt-laden atmosphere / salzhaltige Luft
salt solution / Sole f, Kochsalzsole f || ~ **spray test** / Salzsprühprüfung f
salvage store / Sperrlager n (QS) || ~ **value** / Schrottwert m
same polarity / gleiche Polarität
sample n / Probe f, Muster n, Prüfmuster n, Stichprobe f || ~ v / abtasten v
sample-and-hold action (S/H action) / Abtast-Halte-Verhalten n || ~ **amplifier** / Abtast-Halteverstärker m, Sample-and-Hold-Verstärker m || ~ **circuit** / Abtast-Halteschaltung f
sample block / Beispielbaustein m || ~ **conditioner** / Probenaufbereitungseinrichtung f || ~ **conditioning** / Probenaufbereitung f
sampled data control / Abtastregelung f
sampled-data controller / Abtastregler m || ~ **system** / Abtastsystem n (Reg.)
sampled format / Abtastdarstellung f (Schwingungsabbild) DIN IEC 469,T.2
sample division / Probenteilung f, Probenunterteilung f
sampled signal / Abtastsignal n, abgetastetes Signal, getastetes Signal
sample fraction defective / Anteil fehlerhafter Einheiten in der Stichprobe (QS) || ~ **flow** / Probenstrom m || ~ **gas pump with interlocking** / verriegelte Messgaspumpe || ~ **gas tube** / Messgasleitung f
Sample & Hold / Sample & Hold
sample/hold circuit / Abtast-Halteschaltung f
sample mean / Stichproben-Mittelwert m || ~ **median** / Stichproben-Zentralwert m, Stichproben-Medianwert m || ~ **point** / Punkt im Stichprobenraum || ~ **preparation** / Probenvorbereitung f, Probenaufbereitung f || ~ **program** / Beispielprogramm n || ~ **project** /

sampler 516

Beispielprojekt *n*
sampler *n* / Probenentnehmer *m*
sample randomness / Zufälligkeit der Stichproben ||
~ reduction / Probenverkleinerung *f* (QS) || **~ size** /
Stichprobenumfang *m* DIN 55350,T.23 || **~ space** /
Stichprobenraum *m* || **~ statistic** / Stichproben-
Kenngröße *f* DIN 55350,T.23 || **~ survey** /
Stichprobenerhebung *f* || **~ syringe** / Probennadel *f* ||
~ test / Auswahlprüfung *f* VDE 0281,
Sonderprüfung *f* || **~ tested** / typgeprüft *adj* || **~ time**
/ Messzeit *f*
sample-to-hold offset error / Offset-Fehler des
Abtast-Halte-Verstärkers
sample unit / Stichprobeneinheit *f*
sampling *n* / Probenentnahme *f*,
Stichprobenentnahme *f*, Bemustern *n*, Abtasten *n*
(Reg.) || **stratified ~** / Gruppenauswahl *f* (Statistik)
|| **~ action** / Abtastverhalten *n* (Reg.) || **~ command**
/ Abtastbefehl *m* (Reg.) || **~ control** /
Abtastregelung *f* || **~ controller** / Abtastregler *m* || **~
cycle** / Abtasttakt *m* || **~ device** /
Probeentnahmevorrichtung *f* || **~ distribution** /
Stichprobenverteilung *f*, Stichproben-
Kenngrößenverteilung *f* || **~ error** /
Stichprobenabweichung *f* DIN 55350,T.24 || **~
fraction** / Stichproben-Auswahlsatz *m* (QS),
Auswahlsatz *m* || **~ frequency** / Abtastfrequenz *f*
(Reg.), Abtastgeschwindigkeit *f* || **~ function** /
Abtastfunktion *f* || **~ inspection by attributes** /
attributive Stichprobenprüfung || **~ inspection by
variables** / messende Stichprobenprüfung || **~
inspection plan** / Stichprobenprüfplan *m* || **~
instant** / Abtastzeitpunkt *m* || **~ instruction** /
Stichprobenentnahmeanweisung *f*, Vorschrift für
Stichprobenprüfung || **~ interval** /
Stichprobenentnahmeabstand *m*, Abtastzeit *f*,
Abtastperiode *f*, Abtastintervall *m* || **~ method of
measurement** / abtastendes Messverfahren || **~
oscilloscope** / Abtast-Oszilloskop *n* || **~ parameter**
/ Abtastparameter *m* || **~ period** / Abtastperiode *f*
(Reg.) || **~ plan** / Stichprobenplan *m* || **~ port** /
Probenentnahmeöffnung *f* || **~ rate** /
Abtastgeschwindigkeit *f*, Abtastrate *f* || **~ scheme** /
Stichprobenplan *m* || **~ sequence** /
Abtastreihenfolge *f* || **~ system** / Stichprobensystem
n || **~ test** / Stichprobenprüfung *f*, stichprobenweise
Prüfung || **~ theorem** / Abtast-Theorem *n* (Reg.) || **~
time** / Abtastzeitpunkt *m*, Abtastzeit *f*,
Abtastperiode *f*, Abtastintervall *m* || **~ unit** /
Auswahleinheit *f* (QS) || **~ with replacement** /
Probenentnahme mit Rückstellung
sand blasted / sandgestrahlt *adj*
sand-cast copper-base alloy / Kupfer-
Sandgusslegierung *f*
sand-filled fuse / sandgefüllte Sicherung
sand filling / Sandkapselung *f* (Ex q) EN 50017
sandwich brush / Schichtbürste *f* || **~ material** /
Verbundwerkstoff *m*, Schichtwerkstoff *m* || **~
module** / doppeltbreite Flachbaugruppe
sandwich-plate valve / Zwischenplattenventil *n*
sandwich-type Eurocard / Doppel-Europakarte *f*
sandwich winding / Scheibenwicklung *f* || **~
windings** IEC 50(421) /
Scheibenwicklungsanordnung *f* (Trafo)
SAP (service access point) (Dans l'architecture
réseau OSI, point d'appel au sein d'une couche de
l'architecture aux services de couches inférieures.) /

SAP
saponification *n* / Verseifung *f* || **~ factor** /
Verseifungsgrad *m* || **~ number** / Verseifungszahl *f*
|| **~ value** / Verseifungszahl *f*
sapphire cup / Steinpfanne *f* (EZ)
SAR s. successive approximation register
SA relay s. slow-operating and slow-releasing relay
SAC (semi-automatic centering) / HAE
(halbautomatisches Einmitten) || **~ (STEP address
counter)** / Stepadresszähler *m*, SAZ (STEP-
Adresszähler)
SARM s. set asynchronous response mode
satellite *n* / Insel *f* (dezentrales
Automatisierungssystem) || **~ substation** /
Unterstation *f* (von einer Leitstation aus
fernbediente Station)
satin-frosted *adj* / seidenmatt *adj* (Leuchtenglas)
saturable *adj* / sättigbar *adj*, tränkbar *adj*
saturable-core reactor / sättigbare Drossel,
Sättigungsdrossel *f*
saturable current transformer /
Sättigungsstromwandler *m*, gesättigter
Stromwandler || **~ reactor** / sättigbare Drossel,
Sättigungsdrossel *f*
saturate *v* / sättigen *v*, tränken *v*
saturated logic / gesättigte Logic || **~ pressure** /
Sättigungsdruck *m* || **~ sleeving** / getränktes
Isolierschlauchmaterial || **~ steam** / Sattdampf *m* || **~
value** / Sättigungswert *m* || **~ vapour pressure** /
Sättigungsdampfdruck *m*
saturation *n* / Sättigung *f*, Tränkung *f* || **~
characteristic** / Sättigungskennlinie *f*, Spannungs-
Magnetisierungsstrom-Kennlinie *f* || **~ curve** /
Sättigungskennlinie *f*, Spannungs-
Magnetisierungsstrom-Kennlinie *f* || **~ detector** /
Sättigungsdetektor *m* || **~ factor** / Sättigungsfaktor
m, Sättigungsverhältnis *n* || **~ gain** /
Sättigungsverstärkung *f* || **~ hysteresis loop** /
Sättigungshystereseschleife *f*, äußere
Hystereseschleife, Grenzschleife *f* || **~ inductance** /
Sättigungsinduktivität *f*, Restinduktivität *f* || **~
induction** / Sättigungsinduktion *f* || **~ input signal** /
Sättigungs-Eingangssignal *n* || **~ magnetic
polarization** / magnetische Sättigungspolarisation
|| **~ magnetization** / Sättigungsmagnetisierung *f* || **~
output signal** / Sättigungs-Ausgangssignal *n* || **~
polarization** / Sättigungspolarisation *f* || **~ power** /
Sättigungsleistung *f* || **~ pressure** / Dampfdruck *m* ||
~ reactance / Sättigungsreaktanz *f*, Restreaktanz *f* ||
~ region / Sättigungsbereich *m*, Sättigungsgebiet *n*
|| **~ resistance** / Sättigungswiderstand *m*
(Transistor) DIN 41854, Restwiderstand *m* || **~ state**
/ Sättigungszustand *m* (ESR) || **~ temperature** /
Sättigungstemperatur *f* || **~ voltage** /
Sättigungsspannung *f* (a. Transistor), Restspannung
f
saturistor control / Sättigungssteuerung *f*
(Asynchronmasch.)
saucer-head bolt / Flachrundschraube *f*
save *v* / einsparen *v*, sichern *v*, sicherstellen *v* (Datei),
abspeichern *v* (Datei), ablegen *v*, retten *v*, einlagern
v || **~ / Rettung** *f*, Speichern *n* || **~ as** *v* / speichern
unter || **~ file** / Rettdatei *f* || **~ program** / Programm
speichern || **~ routine** / Sicherungsprogramm *n*,
Rettroutine *f*, Rettprogramm *n* || **~ setup data** /
Rüstdaten sichern || **~ sort** / Sortierung speichern ||
~ time / Haltezeit *f* (Osz.) || **~ version** / Version

speichern || ~ **window** / Speicherfenster *n*
sawing *n* / Sägen *n*
sawn *adj* / gesägt *adj* || ~ **timber processing** / Schnittholzverarbeitung *f*
sawtooth *adj* / sägezahnförmig *adj* || ~ **voltage** / Sägezahnspannung *f* || ~ **voltage generator** / Sägezahngenerator *m* || ~ **wave** / Sägezahnwelle *f*, Sägezahnkurve *f*, Sägezahnschwingung *f*
Sayer generator / Sayer-Generator *m*, Dreibürstengenerator *m*
SB s. sequence block || ≗ s. sideband || ≗ **(standby)** / Reserve *f*
sb s. stilb
SBC s. single-board computer
s.b. fuse / träge Sicherung
SBH / sicherer Betriebshalt (SBH)
SBL (single block mode) (A mode of operation in which a part progam is executed only one block at a time, and in which each block must be initiated by the operator.) / (SBL) Einzelsatzbetrieb *m* (Betriebsart, bei der das Teileprogramm Satz für Satz abgearbeitet wird. Jeder einzelne Satz muß durch den Bediener eingeleitet werden)
SBM (sensor board Multiturn) / Multiturngeberauswertung *f*
SBP (sensor board pulse) / Impulsgeberbaugruppe *f*, SBP
SBR (sensor board resolver) / Resolverbaugruppe *f*
SBS s. static bypass switch
s.c. / Kurzschluss *m*
SC s. semiconductor / ZK (Zustandsklasse) || ≗ **(safety clearance)** / SC, Sicherheitsabstand *m* (Abstand zwischen Werkzeug und Werkstück beim Umschalten von Eilgang auf Vorschub, um Kollisionen zu vermeiden), Freifahrabstand *m* || ≗ **paper machine** / SC-Papiermaschine *f* || ≗ **(service contract)** / Instandhaltungsvertrag *m*, SV (Schutzvertrag), SV (Servicevertrag)
SC2 message / ZK2-Meldung
SCA s. steel-cored aluminium conductor
SCADA (supervisory control and data acquisition) / Datensteuerung *f*, Datenerfassung *f*, Datenüberwachung *f*, SCADA || ≗ **system** / Prozessvisualisierungssystem *n*
scalable *adj* / skalierbar *adj*
scalar line integral / skalares Linienintegral || ~ **magnetic potential** / skalares magnetisches Potential, magnetostatisches Potential || ~ **permeability for circularly polarized fields** / skalare Permeabilität für zirkular polarisierte Felder || ~ **product** / skalares Produkt, inneres Produkt, Punktprodukt *m*, Arbeitsprodukt *n* || ~ **quantity** / skalare Größe
scale *v* / wägen *v*, wiegen *v*, untersetzen *v* (Takt, Impulse), abplatzen *v*, abschälen *v*, entzundern *v*, skalieren *v*, Kesselstein ansetzen (o. entfernen) || ~ *n* / Maßstab *m*, Skale *f*, Zunder *m*, Gußhaut *f*, Glühspan *m*, Kesselstein *m*, Überlappung *f*, Teilung *f*, Waage *f*, Hammerschlag *m* || **not to ~ (n.t.s.)** / nicht maßstäblich || **to ~** / maßstäblich *adj*, maßstabgerecht *adj* || ~ **board** / Skalenplatine *f*
scale-breaker motor / Stauchmotor *m* (Walzwerk)
scale cover / Skalenabdeckung *f*
scaled *adj* / normiert *adj*, skaliert *adj*
scale design / Skalenform *f* || ~ **division** / Skalenteil *m* (Skt), Teilungsintervall *n* (Skale), Teilungsperiode *f* || ~ **divisions in excess of maximum capacity** /

Überteilung *f* || ~ **drawing** / maßstabgerechte Zeichnung || ~ **error** / Maßstabverzerrung *f* || ~ **factor** / Skalenkonstante *f* DIN 1319,T.2, Maßstabfaktor *m* (MG), Skalierungsfaktor *m*, Normierungsfaktor *m*, Skalenfaktor *m* || ~ **grating** / Strichmaßstab *m* || ~ **interval** / Skalenintervall *n*, Teilungswert *m* || ~ **length** / Skalenlänge *f* || ~ **marking** / Skalenteilstrich *m* || ~ **marks** / Skalenteilung *f*, Skaleneinteilung *f* || ~ **model** / maßstabgerechtes Modell, verkleinertes Modell || ~ **modification** / Maßstabsänderung *f* || ~ **numbers** / Skalenbezifferung *f* || ~ **of abscissa** / Abszissenskala *f* || ~ **of chart** / Leiter des Nomogrammes || ~ **of comparison** / Vergleichsmaßstab *m* || ~ **of ordinates** / Ordinatenskala *f*
scale-paid employee / Tarifangestellter *m*
scale plate / Skalenträger *m*, Skalenblech *n*
scaler *n* / Zähler *m*, Impulszählwerk *n*, Untersetzer *m*, Impulsfrequenzteiler *m*, Teiler *m* || ~ **decimal** ~ / dezimaler Teiler *f* || ~ **chain** / Teilerkette *f*
scale spacing / Teilstrichabstand *m* (Skale) || ~ **switch** / Messbereichsschalter *m* || ~ **up** *v* / maßstabgerecht vergrößern
scaling *n* / Skalierung *f*, Maßstabfestlegung *f*, Untersetzen *n* (Impulszählung), Einstellen (o. Messen) nach einer Skale *n*, Zunderbildung *f*, Kesselsteinbildung *f*, Maßstabänderung *f* (a. NC), Entzundern *n* || ~ **(analog-to-digital conversion)** / Normierung *f* || ~ **accel. Precontrol** / Skal. Beschleunig. Vorsteuerung || ~ **accel. torque control** / Skal. Beschl. Drehmomentregelung || ~ **card** / Normierungskärtchen *n* || ~ **factor** / Maßstabfaktor *m*, Skalierungsfaktor *m* || ~ **factor is active** / Maßstabsfaktor ist aktiv || ~ **lower torque limit** / Skal. unt. Drehmoment-Grenzwert
scan *n* / Abtastung *f*, Abtasten *n*, (zyklische) Abfrage *f* || ~ *v* / abfragen *v*, bearbeiten *v*, abarbeiten *v*, ausführen *v*, durchsuchen *v* || **A ~** / A-Bild *n* (Ultraschallprüfung) || ~ **direct** ~ / Direktabtastung *f*, Direktanschallung *f* DIN 54119 || ~ **input** ~ / Eingangsabfrage *f* || ~ **single** ~ / Einzelzyklus *m* (PC, Abfragez.) || ~ **skip** ~ / Anschallung mit Schallstrahlumlenkung || ~ **command** / Abtastbefehl *m* || ~ **cycle** / Zyklus *m* (ein festgelegtes Programm für sich wiederholende Bearbeitungsvorgänge, das durch eine einzige Anweisung aufgerufen werden kann) || ~ **cycle check point** / Zykluskontrollpunkt *m* || ~ **cycle control** / Zyklussteuerung *f* || ~ **cycle monitoring time** / Zyklusüberwachungszeit *f* || ~ **error/operational message** / Abfrage Fehler-/Betriebsmeldung || ~ **interval** / SCAN Raster || ~ **line** / Abtastzeile *f* (Weg des Taststifts von einem Ende des Abtastbereichs zum gegenüberliegenden Ende) || ~ **list** / Abfrageliste *f* || ~ **monitor** / Zyklusüberwachung *f*
scanner *n* / Abtaster *m*, Abtastvorrichtung *f*, Abfrageeinrichtung *f*, Leser *m*, Abfrageteil *m*, Bildscanner *m*, Messtaste *f*, Abtasteinrichtung *f*, Bildabtaster *m*, Messstellenwähler *m* || ~ **hand-held OCR** / OCR-Handleser *m* || ~ **tube** / Abtaströhre *f*
scanning *n* / Abtastung *f*, Scanning *n*, Abschreiten *f* || ~ **code** *n* / Abtastcode *m* || ~ **density** / Zeilendichte *f* (Fernkopierer) || ~ **device** / Abtasteinrichtung *f*, Abtastvorrichtung *f* || ~ **disk** / Lochscheibe *f* || ~ **electron microscope (SEM)** /

Rasterelektronenmikroskop *n* (REM) || ~ **field** / Abtastbereich *m* (Fernkopierer) || ~ **frequency** / Abtastfrequenz *f* (Osz.), Abtastrate *f* (Osz.) || ~ **grating** / Abtastgitter *n* || ~ **head** / Abtastkopf *m* || ~ **interval** / Abtastintervall *n*, Abtastperiode *f*, Abtastzeit *f* || ~ **laser radiation** IEC 825 / richtungsveränderliche Laserstrahlung VDE 0837 || ~ **machine** / Abtastmaschine *f* || ~ **memory** / Abfragespeicher *m* || ~ **oscillator technique (SOT)** / Scanning-Oszillator-Technik *f* (SOT) || ~ **path** / Prüfbahn *f* (Weg des Prüfkopfes) || ~ **speed** (on reception) / Aufzeichnungsgeschwindigkeit *f* (Fernkopierer) || ~ **spot** / Abtastpunkt *m* (Fernkopierer) || ~ **time** / Abtastzeit *f*, Abtastintervall *n*, Abtastperiode *f* || ~ **track direction** / Abtastrichtung *f* (Fernkopierer)
scan rate / Abtastgeschwindigkeit *f*, Untersetzungsfaktor *m* || ~ **result** / Abfrageergebnis *n* (zyklische Abfrage) || ~ **statement** / Abfrageanweisung *f* || ~ **time** / Abtastzeit *f* (zykl. Abtastung), Zykluszeit *f*, Zyklenzeit *f*, Taktzeit *f*, Gangzeit *f*, Zyklusdauer *f* || ~ **time** IEC 1131-1 / Abtastzeit *f* (SPS) || ~ **time exceeded** / Zeitüberlauf *m*, Laufzeitfehler *m*, Zykluszeitüberschreitung *f*, Time out, Zeitüberschreitung *f* || ~ **time monitor** / Zykluszeitüberwachung *f* || ~ **time monitoring** / Zykluszeitüberwachung *f* || ~ **time on-load** / Zykluszeitbelastung *f*
SCARA (SCARA (Selectively Compliant Articulated Robot Arm) robots have motions very much like a human body. These devices incorporate both a shoulder and elbow joint as well as a wrist axis and a vertical motion.) / SCARA
Scart-jack / Scart-Buchse *f*
SCAS s. system control active state
scatter *n* / Streuung *f*, Streuausbreitung *f* || ~ (statistics, QA) / zweidimensionale Häufigkeitsverteilung || ~ **band** / Streuband *n*, Streubreite *f*, Streubereich *m*
scattered, measuring ~ / Mess-Streubreite *f*
scatter diagram / Streubild *n*, Streudiagramm *n*, Korrelationsdiagramm *n* (Statistik, QS)
scattered at random / willkürlich verteilt (Messergebnisse) || ~ **light** / Streulicht *n*
scattered-light detector / Streulichtmelder *m*
scattered radiation / Streustrahlung *f* || ~ **wave** / gestreute Welle
scattergram plot / Streuwert-Diagramm *n* DIN IEC 319
scattering *n* / Streuung *f*, Lichtstreuung *f*, Streuen *n*, Zerstreuung *f* || ~ **angle** / Streuwinkel *m* (LT) || ~ **coefficient** / Streukoeffizient *m* (RöA) || ~ **indicatrix** / Streuindikatrix *f* || ~ **losses** / Streuverluste *m pl* (LT) || ~ **power** / Streuvermögen *n* (LT)
scavenge *n* / Spülen *n*
scavenger *n* / Scavenger *m* (Additiv f.Isolierflüssigk.) IEC 50(21-2), Spülmittel *n*
s.c.c. / Kurzschlusskennlinie *f*, Kurzschlusscharakteristik *f*
SCE s. self-commutated electronic switch || ~ s. standard comparison efficiency
scene module / Szenenbaustein *m*
scenic lighting / szenische Beleuchtung
schedule *v* / planen *v*, einen Zeitplan aufstellen, festlegen *v*, vorsehen *v*, terminieren *v* || ~ *n* / Liste *f*, Verzeichnis *n*, Plan *m*, Zeitplan *m*, Terminplan *m*, Programm *n* || **heater** ~ / Heizungs-Reduktionsschema *n* DIN IEC 235,T.1 || **program** ~ / Programmverzeichnis *n*
scheduled data / Solldaten *pl/t* || ~ **interruption** / geplante Unterbrechung || ~ **maintenance** / planmäßige Instandhaltung || ~ **operation** / Betrieb nach Programm (Generatorsätze), Betrieb nach Zeitplan || ~ **outage** / geplante Nichtverfügbarkeit, geplante Stillsetzung || ~ **outage time** IEC 50(603) / geplante Nichtverfügbarkeitsdauer
schedule generator / Zeitplangeber *m*
scheduler *n* / Zeitplangeber *m*, Scheduler *m*, Disponent *m*, Ablaufsteuerung *f*
schedule setter / Sollwerteinsteller *m*, Sollwertgeber *m*
scheduling *n* / Planung *f*, Ablaufplanung *f*, Terminierung *f*, Disposition *f*, Fahrplanerstellung *f*, Terminplanung *f* || ~ **priority** / Aufrufpriorität *f* (SPS-Programm) || ~ **system** / Dispositionssystem *n* || **scheduling/organizing** *n* / Disposition *f*
schematic *n* / Schema *n*, Abriss *m*, Übersicht *f*, prinzipieller Verlauf || ~ **capture** / Schaltplanerfassung *f* (CAD), Schaltplanaufnahme *f* (CAD) || ~ **circuit diagram** / Stromlaufplan *m*, Schaltplan *m* || ~ **diagram** / Stromlaufplan *m*, schematische Darstellung, Betriebsmittelplan *m* || ~ **diagrams** / Schaltungsunterlagen *f pl* || ~ **drawing** / Schema-Zeichnung *f*, schematische Zeichnung, Schema *n* || ~ **representation** / schematische Darstellung, Schema *n*, Prinzipdarstellung *f* || ~ **sketch** / Prinzipskizze *f*
scheme *n* / Schema *n*, schematische Darstellung, Entwurf *m*, Projekt *n*, Plan *m*
Scherbius, single-range ≙ **system** / untersynchrone Scherbius-Kaskade || ≙ **drive** / Scherbius-Kaskade *f* || ≙ **machine** / Scherbius-Maschine *f*, Kommutator-Hintermaschine *f* || ≙ **phase advancer** / Scherbius-Phasenschieber *m*, Scherbius-Hintermaschine *f* || ≙ **system** / Scherbius-Kaskade *f*
schlieren photograph / Schlierenaufnahme *f*
Schmidt-Lorentz heteropolar generator / Schmidt-Lorentz-Generator *m*
Schmitt trigger / Schmitt-Trigger *m*, Grenzwertschalter *m*, Schwellwertdetektor *m*, Grenzwertglied *n*, Grenzwertgeber *m*, Komparator *m*, Grenzsignalglied *n*, Grenzwertmelder *m*
Schottky barrier / Schottky-Barriere *f* || ≙ **barrier diode** / Schottky-Diode *f* || ≙ **clamped transistor** / Schottky-Transistor *m* || ≙ **diode** / Schottky-Diode *f* || ≙ **effect** / Schottky-Effekt *m* || ≙ **TTL (STTL)** / Schottky-TTL *f*
Schrage motor / Schrage-Motor *m*, läufergespeister Drehstrom-Nebenschlussmotor
scintillation *n* / Szintillation *f*, Funkensprühen *n*, Flimmern *n*, Glitzern *n*, Funkeln *n* || ~ **counter** / Szintillationszähler *m*
scissoring *n* / Abschneiden *n* (v. Teilen einer Bildschirmdarstellung), Kappen *n*
scissors-type brush holder / Scherenbürstenhalter *m*
SCL (structured control language) / SCL
SCLT s. space-charge-limited transistor
scoop-proof connector / kontaktgeschützter Steckverbinder
scope *n* / Bereich *m*, Geltungsbereich *m*, Gebiet *n*, Wirkungsbereich *m*, Kreisumfang *m*, Umfang *m* || ~ **lab** / Labor-Oszilloskop *n* || ~ **of available functions** / Funktionsumfang *m* || ~ **of delivery** /

Lieferumfang *m* || ~ **of inspection** / Prüfumfang *m* || ~ **of services** / Leistungserstellung *f* || ~ **of supply** / Lieferumfang *m* || ~ **of the language** / Sprachumfang *m*
scorch *v* / versengen *v*, ansengen *v*, anbrennen *v*, durchschmoren *v*
score *n* / Einschnitt *m*, Kerbe *f*, Rille *f*, Ritze *f*, Riefe *f*, Kratzer *m* || ~ **marks** / Ritzen *f pl*, Riefen *f pl*, Streifspuren *f pl*
scoring hardness / Ritzhärte *f*, Kratzhärte *f*
scotopic vision / Nachtsehen *n*, skotopisches Sehen
Scott-connected transformer assembly / Transformatorgruppe in Scott-Schaltung
Scott connection / Scottsche Schaltung || ~ **transformer** / Scott-Transformator *m*
scour outlet / Grundablass *m* (WKW)
SCP (SINEC communication processor) / SCP (SINEC Communication Processor)
SCPD (short-circuit protective device) / Kurzschlussschutzeinrichtung *f*, SCPD
s.c.r. / Leerlauf-Kurzschlussverhältnis *n*, Kurzschlussverhältnis *n*
SCR s. silicon-controlled rectifier || ~ / Siliziumgleichrichter *m*
scrambler, mode ~ / Modenmischer *m* (LWL), Moden-Scrambler *m*
scrap *n* / Ausschuss *m*, Ausschussteil *n*, niO-Teil *n*
scrap-core reactor / Schüttdrossel *f*
scraped *adj* / geschabt *adj*
scraping earth / gleitender Schutzkontakt (StV)
scratch *n* / Kratzer *m*, Schürfmarke *f*, mechanische Verletzung || ~ *v* / ankratzen *v*, ritzen *v* || ~ **area** / Schmierbereich *m* || ~ **cut** / Schabeschnitt *m* || ~ **flag** / Schmiermerker *m* || ~ **flag area** / Schmiermerkerbereich *m*, Merkerschmierbereich *m* || ~ **flag word** / Hilfsmerkerwort *n* || ~ **hardness** / Ritzhärte *f*, Kratzhärte *f* || ~ **hardness test** / Ritzhärteprüfung *f*
scratching *n* (of workpiece) / Ankratzen *n*, Ankratzmethode *f* || ~ **of workpiece** / Ankratzen des Werkstücks
scratch method (NC) / Ankratzmethode *f* (NC)
scratchpad area / Notizblockbereich *m* (Speicher), Schmierbereich *m* (Speicher) || ~ **memory** / Notizblockspeicher *m*
scratch region / Notizblockbereich *m* (Speicher), Schmierbereich *m* (Speicher) || ~ **resistance** / Kratzfestigkeit *f*
scratch-resistant *adj* / kratzfest *adj*
scratch saw / Ritzsäge *f* || ~ **test** / Ritzprüfung *f* || ~ **word** / Schmierwort *n*
screed *n* / Estrich *m*
screen *n* / Schirm *m*, Leuchtschirm *m*, Bildschirm *m*, Gitter *n*, Sieb *n*, Abschirmung *f*, Bild *n*, Schirmung *f* (leitende Schutzummantelung), Kabelschirm *m*, Schirmgeflecht *n*, Bildwand *f*, Bildschirmmaske *f*, Maske *f*, Leitschicht *f* || ~ *v* / schirmen *v* || **cinema ~** / Kinoleinwand *f* || ~ **area** / Bildschirmfläche *f*, Aufteilung der Leuchtflächen || ~ **attribute** / Bildattribut *n* || ~ **blanking** / Bildschirmdunkelschaltung *f*, Dunkelsteuerung *f*, Bildschirmdunkelsteuern *n*, Dunkelschaltung *f* || ~ **boundary** / Bildbegrenzung *f* || ~ **brightness** / Bildschirmhelligkeit *f*, Bildhelligkeit *f* || ~ **build-up** / Anstiegszeit des Leuchtschirms || ~ **burn** / Schirmeinbrand *m*, Einbrennfleck *m* (BSG), Einbrennen des Leuchtschirms || ~ **connector block** / Schirmanschlussverteilung *f* || ~ **continuity** / Schirmdurchverbindung *f* (StV) || ~ **darkening** / Bildschirmdunkelsteuerung *f*, Dunkelschaltung *f*, Bildschirmdunkelsteuern *n*, Dunkelsteuerung *f*, Bildschirmdunkelschaltung *f* || ~ **diagonal** / Bildschirmdiagonale *f*, Diagonale *f* || ~ **display** / Maske *f*, Schirmbild *n*, Bildschirmmaske *f*, Bildschirmdarstellung *f* (o. -anzeige)
screened *adj* / abgeschirmt *adj*, geschirmt *adj*, durch ein Gitter geschützt, gegen (zufällige) Berührung geschützt || ~ **electrically** ~ / elektrisch abgeschirmt || ~ **and twisted 2-core cable** / geschirmte und verdrillte Zweidrahtleitung || ~ **backshell** / Schirmkragen *m* || ~ **cable** / geschirmte Leitung
screen edge / Bildschirmrand *m*, Bildrand *m*
screened instrument / geschirmtes Messgerät || ~ **luminaire** / abgeschirmte Leuchte || ~ **luminous distribution** / abgeschirmte Lichtausstrahlung || ~ **measuring instrument** / abgeschirmtes Messgerät || ~ **room** / Schirmraum *m* (EMV) || ~ **spark plug** / geschirmte Zündkerze
screen field / Bildschirmbereich *m* || ~ **form** / Bildschirmmaske *f*, Eingabemaske *f*, Maske *f* || ~ **form back** / Maske zurück || ~ **forms editor** / Masken- und Formulareditor *m* || ~ **grid** / Bildschirmraster *m*, Schirmgitter *n* || ~ **guide plate** / Schirmleitblech *n* || ~ **illumination** / Bildwandbeleuchtung *f* || ~ **image** / Schirmbild *n*
screening *n* / Abschirmung *f*, Abschirmen *n*, Sieben *n*, Schirm *m*, Kabelschirm *m*, Schirmgeflecht *n*, Schirmung *f* || ~ IEC 319 / Auswahlprüfung *f* || ~ **attenuation** / Schirmdämpfung *f* (Kabel) || ~ **effect** / Abschirmeffekt *m* || ~ **effectiveness** IEC 966-1 / Schirmwirkung *f* (Kabel) || ~ **electrode** / Abschirmelektrode *f* || ~ **element** / Absteuerelement *n* || ~ **enclosure** / Schirmgehäuse *m* || ~ **factor** / Schirmfaktor *m* VDE 0228, Reduktionsfaktor *m* || ~ **foil** / Sicherungsfolie *f* || ~ **inspection** / Sortierprüfung *f* (100%-Prüfung, bei der sämtliche gefundenen fehlerhaften Einheiten (fehlerhafte Einheit) aussortiert werden. / Prüfung oder Serie von Prüfungen mit dem Ziel, mangelhafte Einheiten oder solche, die wahrscheinlich zu Frühausfällen führen werden, auszusondern) || ~ **loop** / Abschirmschleife *f* || ~ **plate** / Blechabschirmung *f* || ~ **test** / Aussiebprüfung *f*, Sortierprüfung *f*, Auswahlprüfung *f*, selektive Prüfung
screen kit / Installationspaket *n* || ~ **layout** / Bildschirmaufteilung *f*, Bildschirmeinteilung *f* || ~ **listing** / Bildschirmprotokoll *n* || ~ **menue** / Bildschirmmenü *n* || ~ **mode** / Darstellungsart *f* || ~ **persistence** / Nachleuchtdauer des Leuchtschirms || ~ **printing** / Siebdruck *m*
screen-protected machine / gegen Berührung geschützte Maschine
screen shot / Bildschirmabzug *m*, Bildschirmfoto *n* || ~ **size** / Bildgröße *f* || ~ **statement** / Bildschirmbefehl *m* || ~ **storage tube** / Schirm-Speicher-Röhre *f* || ~ **window** / Bildschirmfenster *n*
screw *n* / Spindel *f*, Schraube *f*, Gewindespindel *f* || *v* / schrauben *v* || **cheese head** ~ / Zylinderschraube *f* || **vacant** ~ / Leerschraube *f* || ~ **adapter** *n* / Passschraube *f* || ~ **and snap connector** / Schraub- und Schnappverbindung *f*
screw base / Schraubsockel *m* (Lampe),

Gewindesockel *m* || ~ **bush** / Schraubenbuchse *f* || ~
cap / Schraubsockel *m* (Lampe), Gewindesockel *m*,
Schraubkappe *f*, Verschlussdeckel *m*,
Überwurfmutter *f*, Schraubdeckel *m*
screw-clamping terminal / Anschlussklemme mit
Schraubklemmung
screw clamps / Schraubzwingen *f pl* || ~
compatibility / Schraubengleichheit *f* || ~
connection / Schraubenanschluss *m*,
Schraubverbindung *f*, Schraubenklemme *f*,
Schraubanschluss *m* || ~ **contact** / Schraubkontakt
m, Schraubanschluss *m*, Schraubklemmenanschluss
m, Schraubklemme *f* || ~ **core** / Schraubkern *m* || ~
cutting / Gewindeschneiden *n*
screw-down cover / Aufschraubdeckel *m*,
Schraubdeckel *m* || ~ **motor** / Anstellmotor *m*
(Walzwerk)
screw driver / Schraubendreher *m*, Schraubenzieher
m, Schrauber *m*, Normschraubendreher *m* || ~
driver separator / Schraubendreherscheide *f*
screwed *adj* / eingeschraubt *adj* || ~ **joint** /
Formstoffverschraubung *f* || ~ **cable glands** /
Kabelverschraubung *f*, Verschraubung *f* || ~ **cap** /
Schraubkappe *f*, Verschlussdeckel *m*, Gewindesockel *m*,
Schraubkappe *f*, Verschlussdeckel *m*,
Schraubdeckel *m* || ~ **conduit** / Gewinderohr *n* (IR)
|| ~ **conduit bend** / Rohrbogen mit Gewinde (IR) ||
~ **coupler** / Gewindemuffe *f* (IR), Schraubkupplung
f (EMB) || ~ **gland** / Schraubstopfbuchse *f*,
Schraubstutzen *m* || ~ **gland for cable** /
Verschraubung für Leitung || ~ **glands** /
Stopfbuchsenverschraubung *f*, Verschraubung *f* || ~
lamp-holder / Schraubfassung *f* (Lampe),
Verschraubung *f* || ~ **lamp-socket** / Schraubfassung
f (Lampe) || ~ **lock** / Schraubverschluss *m* || ~
nipple / Schraubnippel *m*, Gewindenippel *m* (IR) ||
~ **nut** / Überwurfmutter *f* || ~ **nut gland** /
Überwurfmutter *f* || ~ **plug** / Verschlussschraube *f*,
Schraubstopfen *m*, Gewindestopfen *m*,
Stopfschraube *f* || ~ **shell** / Gewindehülse *f*
(Fassung) || ~ **union ring** / Schraubring *m* (StV)
screw fitting / Verschraubung *f* || ~ **fixing** /
Schraubenbefestigung *f* || ~ **gland** /
Stopfbuchsverschraubung *f*
screw-in fuse / Einschraubsicherung *f* || ~ **fuse pin** /
Einschraub-Stabsicherung *f* || ~ **gauge ring** /
Schraub-Passeinsatz *m* (Sich.)
screwing control / Schraubsteuerung *f* || ~ **device** /
Schraubgerät *n*
screw-in gland / Einschraubstutzen *m*,
Anschraubstutzen *m*
screwing start right / Schrauberstart rechts
screw-in miniature circuit-breaker / Einschraub-
Sicherungsautomat *m*, Einschraub-Schutzschalter
m, Einschraub-Automat *m*, Schraubautomat *m*
screw insert / Schraubeinsatz *m*
screw-in thermometer / Einschraubthermometer *n* ||
~ **type circuit breaker** / Einschraub-LS-Schalter *m*
screwless fixing / schraubenlose Befestigung || ~
terminal with actuating element / schraubenlose
Klemme mit Betätigungselement || ~ **terminal
without pressure piece** / schraubenlose Klemme
ohne Druckstück || ~ **terminal with pressure piece**
/ schraubenlose Klemme mit Druckstück
screwless-type terminal / schraubenloser Anschluss
screw-locking *n* / Schraubverriegelung *f*
screw-on *adj* / aufschraubbar *adj* || ~ **surface** /

Anschraubfläche *f* || ~ **surfaces for arcing contact**
/ Anschraubflächen für Lichtbogenkontakt
screw pitch decrease / Gewindesteigungsabnahme *f* ||
~ **pitch increase** / Gewindesteigungszunahme *f* || ~
plug / Verschlussschraube *f*, Schraubstopfen *m*,
Gewindestopfen *m*, Stopfschraube *f* || ~ **pressure
lubricator** / Fettbüchse *f*, Staufferbüchse *f*,
Schmierbüchse *f*
screws *n pl* / Schraubmaterial *n*
screw spindle / Masterspindel *f*, Leitspindel (LS) *f* || ~
spur gear / Schrägzahn-Stirnrad *n*, Schraubenrad *n*
screw-stem thermometer / Einschraub-
Thermometer *n*
screw terminal / Schraubklemme *f*,
Kopfkontaktklemme *f*, Schraubenkopfklemme *f*,
Flachklemme *f*, Schraubenklemme *f*,
Schraubverbindung *f*, Schraubanschluss *m*,
Kopfschraubenklemme *f* || ~ **terminal with direct
pressure through screw head** / Flachklemme ohne
Druckstück (Schraubklemme)
screw-type brush cap / Bürstenhalter-Schraubkappe
f || ~ **bushing** / Schraubdurchführung *f* || ~ **cone** /
Schraubkonus *m* || ~ **connector** /
Schraubverbindung *f* || ~ **contact** / Schraubkontakt
m, Schraubanschluss *m*, Schraubklemmenanschluss
m, Schraubklemme *f* || ~ **coupling insert** / Schraub-
Kupplungseinsatz *m* || ~ **end insert** / Schraub-
Abschlusseinsatz *m* || ~ **terminal** /
Schraubanschluss *m*, Schraubenklemme *f*,
Schraubverbindung *f*, Schraubenanschluss *m*,
Schraubkontakt *m*, Schraubklemme *f*,
Schraubklemmenanschluss *m*, Schraubklemmblock
m
screw with washer assembly / Kombischraube *f*
scriber *n* / Reißnadel *f*, Anreißnadel *f*, Stahlgriffel *m*
scribing *n* (IC) / Ritzen *n* (IS), Anritzen *n* || ~ **block** /
Reißlehre *f*, Parallelreißer *n* || ~ **iron** / Reißnadel *f* ||
~ **pattern** / Anriss *m* (Kontakte)
script control / Aktionssteuerung *f* || ~ **editing** /
Aktionsbearbeitung *f* || ~ **interpreter** /
Aktionsinterpreter *m* || ~ **programming** /
Aktionsprogrammierung *f*
scroboscopic speed pickup / stroboskopischer
Drehzahlgeber
scrollbar *n* / Schiebebalken *m* (BSG)
scroll bar / Rollbalken (BSG) *m*, Bildlaufleiste *f*,
Scrollbar, Verschiebebalken *m* || ~ **casing** /
Spiralgehäuse *n*
scrolling *n* / Rollen *n* (Bildschirmanzeige, Auf-
u.Abrollen), horizontaler Bilddurchlauf,
Blätterfunktion *f* || ~ / Bildverschiebung *f* (BSG,
vertikal) || ~ **function** / Rollfunktion *f*
scroll up / vorwärtsrollen (BSG) *v*
SCS (sequence control system) / Folgesteuerung *f* ||
⚟ **(Security Checked Switching)** /
netzsicherheitskontrolliertes Schalten, SCS || ⚟ s.
stop control system
SCSI adapter / SCSI-Adapter *m*
SCT s. surface-charged transistor
sculptured surface / Freiformfläche *f* (CAD)
SD s. system data || ⚟ **(setting data)** / SD
(Settingdatum)
SDA s. status discrepancy alarm / SDA
SDAC (direction of rotation after end of cycle) /
SDAC (Drehrichtung nach Zyklusende
(Parameter))
SDB (system data block) / SDB

(Systemdatenbaustein)
SDC / Zyklensettingdatum *n*, SDZ
S-dependency *n* / Setz-Abhängigkeit *f*, S-Abhängigkeit *f*
SDHT s. selectively doped heterostructure transistor
SDI s. serial digital interface
SDIR (direction of rotation) / SDIR (Drehrichtung (Parameter))
SDIS (safety distance) / SDIS (Sicherheitsabstand)
S distortion *n* / S-Verzeichnung *f* (ESR)
SDLC s. synchronous data link control
SDN / SDN
SDP (Status Display Panel) / Zustandsanzeigetafel *f*
SDR (direction of rotation for retraction) / SDR (Drehrichtung für Rückzug (Parameter))
SDYS s. source delay state
SE / sicherer Software-Endschalter || ≙ / sichere Endlage (SE)
seal *v* / dichten *v*, abdichten *v*, verschließen *v*, kapseln *v*, sperren *v*, versiegeln *v*, einschmelzen *v*, plombieren *v*, vergießen *v*, verschließende Stempelung || ~ *n* / Dichtung *f*, Verschluss *m*, Sperre *f*, Plombe *f*, Einschmelzung *f*, Abdichtung *f*, Plombierung *f*, Sicherheitsvorlage *f* || **pressure ~** / Druckdichtung *f*, Druckkolben *m* (trennt die Prozessflüssigkeit vom Messumformergehäuse)
sealable *n* / Plombiermöglichkeit *f* || **~ cap** / plombierbare Kappe
sealant *n* / Dichtungsmittel *n*, Dichtstoff *m*, Dickungsmittel *n*, Sperrflüssigkeit *f*
seal chamber / Kolbenkammer *f* (trennt Prozessflüssigkeit vom Messumformergehäuse, ohne die Druckmessung zu beeinflussen)
sealed *adj* / abgedichtet *adj*, dichtschließend *adj*, verplombt *adj*, eingeschmolzen *adj*, gasdicht *adj*, versiegelt *adj*, plombierbar *adj*, gedichtet *adj*, geschlossen *adj* || **to be ~ home** / in Selbsthaltung gehen || **~ battery** / versiegelte Batterie
sealed-beam headlamp / Sealed-Beam-Scheinwerfer *m*, Pressglas-Autoscheinwerferlampe *f*
sealed bearing / abgedichtetes Lager, Dichtlager *n* || **~ cell** / gasdichte Zelle (Batt.) || **~ connector** / gasdichter Steckverbinder || **~ contact** / eingeschmolzener Kontakt, Schutzgaskontakt *m*, Schutzrohrkontakt *m*
sealed-contact position switch / Positionsschalter mit Schutzrohrkontakt || **~ pushbutton** / Drucktaster mit Schutzrohrkontakt || **~ relay** / Schutzrohrkontaktrelais *n*
sealed device / dichtverschlossene Einrichtung (f. Geräte in Zündschutzart) || **~ dry-type transformer** / geschlossener Trockentransformator || **~ gas burner boiler** / geschlossene Gasbrennwert-Kesselreihe || **~ keyboard** / Folientastatur *f* || **~ machine** / gekapselte Maschine IEC 50(411) || **~ membrane keyboard** / Folientastatur *f* || **~ module** / versiegeltes Modul DIN IEC 44.43
sealed-off lamp / abgeschmolzene Lampe
sealed packing / Dichtverpackung *f* || **~ plastic luminaire** / abgedichtete Kunststoffleuchte || **~ reactor** / Hermetik-Drosselspule *f*
sealed-tank type / vollkommen verschweißte Ausführung (Trafo), vollkommen geschlossene Bauart (Trafo)
sealed terminal cover screw / Plombierschraube *f* (EZ) || **~ transformer** / Hermetik-Transformator *m*

VDE 0532,T.1, geschlossener Transformator VDE 0532,T.1 || **~ winding** / abgedichtete Wicklung || **~ with lead** / plombiert *adj*
sealer *n* / Dichtungsmittel *n*, Dichtstoff *m*, Teiler *m*, Dichtungsmasse *f*
sea level / Meereshöhe *f*, Normalnull *f* || **~ level atmospheric density** / Luftdichte in Meereshöhe || **~ level atmospheric pressure** / Luftdruck in Meereshöhe || **~ level mean molecular weight** / mittleres Molekulargewicht in Meereshöhe || **~ level temperature** / Temperatur in Meereshöhe
seal in *v* / einschmelzen *v*
seal-in circuit / Selbsthalteschaltung *f* || **~ contact** / Selbsthaltekontakt *m*
sealing *n* / Dichtung *f*, Abdichtung *f*, Vergießen *n*, Schweißen *n* (Kunstst.), Verschließen *n*, Plombierung *f* || **~ air** / Sperrluft *f*
sealing-air arrangement / Sperrluftdichtung *f* || **~ compartment** / Sperrluftkammer *f* || **~ gland ring** / Sperrluftring *m*
sealing area / Dichtungsfläche *f* || **~ band** / Dichtkante *f* || **~ cap** / Dichtungskappe *f*, Plombierkappe *f*
sealing compound / Dichtungsmasse *f*, Vergussmasse *f* || **~ cone** / Dichtkonus *m* || **~ device** / Plombiereinrichtung *f* || **~ end** / Endverschluss *m* (f. Kabel), Endenabschluss *m*, Abschlussstück *n*, Endstück *n* (IK), Endabdeckung *f* (IK) || **~ frame** / Dichtungsrahmen *m* || **~ from plastics** / Plastmanschette *f* || **~ glass** / Einschmelzglas *n* || **~ grease** / Dichtfett *n* || **~ liquid** / Sperrflüssigkeit *f*, Betriebsflüssigkeit *f* (Pumpe) || **~ machine** / Einschmelzmaschine *f*, Verschließmaschine *f*, Siegelverschließmaschine *f*, Einschmelzautomat *m* || **~ mark** / Sicherungsstempel *m* || **~ of element** / Dichte *f*
sealing-off *n* / Abdichten *n*, Abschmelzen *n*, Abquetschen *n*
sealing oil / Dichtöl *n* || **~ plane** / Dichtfläche *f* || **~ plug** / Verschlussstopfen *m* || **~ profile** / Dichtprofil *n* || **~ ring** / Dichtungsring *m*, Dichtring *m*, Ringdichtung *f* || **~ screw** / Plombierschraube *f* || **~ section** / Dichtungsprofil *n* || **~ set** / Dichtungssatz *m* || **~ station** / Siegelstation *f* || **~ step** / Dichtleiste *f*, Dichtungsstufe *f* || **~ strip** / Dichtungsband *n*, Dichtstreifen *m*, Dichtungsstreifen *m* || **~ tag** / Plombierlasche *f* || **~ test** / Dichtheitsprüfung *f* (Kondensator) || **~ tongs** / Schweißzangen *f pl* || **~ V-ring of synthetics** / Kunststoffmanschette *f* || **~ washer** / Dichtungsscheibe *f*, Dichtungsring *m*, Dichtring *m* || **~ weld** / Dichtschweißung *f* || **~ weld connection** / Dichtschweißverbindung *f* || **~ with rubber preformed rings** / Manschettendichtung aus Gummimischung || **~ with rubber preformed V-rings** / Manschettendichtung aus Gummimischung || **~ wrapper** / Dichtwickel *m*
seal-in voltage / Durchzugsspannung *f* (Schütz, Ausl.)
seal oil / Dichtöl *n* || **~ ring** / Dichtungsring *m*, Dichtring *m*, Ringdichtung *f* || **~ test** / Dichtigkeitsprüfung *f* || **~ V-ring** / Dichtung, Manschette *f* || **~ voltage** / Schließspannung *f* (magnetisch betätigtes Gerät) || **~ weld** / Dichtnaht *f* || **~ wire** / Plombendraht *m*, Dichtungsdraht *m* (Lampe)
sea mark / Seezeichen *n* || **~ marks lighting** / Seezeichenbeleuchtung *f*

seamed *adj* / gesäumt *adj*
seamless bias-cut fabric / nahtloses Diagonalschnittgewebe || **~ information flow** / nahtloser Informationsfluss
seam tracking / Nahtverfolgung *f* (Schweißrob.)
search *n* / Suchverfahren *n*, Suchlauf *m*, Suchen *n* || **~ v** / durchsuchen *c* || **~ and position** / Suchen und Position.
search coil / Suchspule *f*, Prüfspule *f* || **~ concept** / Suchbegriff *m* || **~ directory** / Suchen in Verzeichnis || **~ for program alignment function** / Hauptsatz-Suche *f* (NC) || **~ for reference** / Referenzpunktfahren *n* (NC, SPS)
search-for-reference *n* / Referenzpunktfahrt *f* (Nullung des Lagemesssystems bei Verwendung eines inkrementellen Gebers), Anfahren des Referenzpunktes, Referenzpunkt anfahren, Synchronisieren der Achsen
search function / Suchlauf *m*, Suchverfahren *n*
searching for empty location / Leerplatzsuche *f*
search key / Suchschlüssel *m*, Suchkriterium *n*
searchlight *n* / Suchscheinwerfer *m*, Scheinwerfer *m*
search mode / Suchbetrieb *m* || **~ pointer** / Suchzeiger *m* || **~ range** / Suchbereich *m* || **~ rate:** Flying start / Suchgeschwindigkeit: Fangen || **~ run** / Suchlauf *m* (NC, SPS), Suchverfahren *n* || **~ speed** / Suchdrehzahl *f* || **~ string** / Suchkette *f* || **~ template** / Suchvorlage *f* || **~ test** / Suchprüfung *f* || **~ text** / Suchtext *m* || **~ word** / Suchwort *n*, Suchbegriff *m*
season *v* / künstlich altern, voraltern *v*, lagern *v*, formieren *v* (Komm.)
seasonal tariff / Saisontarif *m*, Jahreszeittarif *m* || **~ time-of-day tariff** / Saisontarif mit Zeitzonen
season crack / Alterungsriss *m* || **~ cracking** / Alterungsrissigkeit *f*, Spannungsriss *m pl*
seasoning *n* / künstliches Altern, Formieren *n* (Komm.) || **~ schedule** / Alterungsschema *n* || **~ speed** / Formierdrehzahl *f* (Komm.)
seat *v* / sitzen *v*, aufsitzen *v*, aufliegen *v*, einpassen *v*, einschleifen *v* (Bürsten), Ventilsitz *m*, Aufnahmeöffnung *f*, Aufnahme *f* || **~ n** / Sitz *m*, Anlagefläche *f*, Auflagefläche *f* || **~ to ~ the brushes** / Bürsten einschleifen || **~ adjusting motor** / Sitzverstellmotor *m* (Kfz) || **~ adjustment control unit** / Sitzsteuergerät *n* (Kfz) || **~ area** / Sitzfläche *f*, Sitzquerschnitt *m*
seat-back tilt adjustment / Lehnenverstellung *f* (Kfz)
seatbelt *n* / Sicherheitsgurt *m*
seat belt emergency tensioning system / Gurtstraffer (GS) *m*, Gurtstrammer (GS) *m*
seatbelt presenter / Gurtbringer *m* (Kfz), Gurtgeber *m* || **~ tensioner** / Gurtstrammer (GS) *m*, Gurtstraffer (GS) *m*
seat-belt tightening system / Gurtstraffer (GS) *m*, Gurtstrammer (GS) *m*
seat diameter / Sitzdurchmesser *m*
sea temperature gradient power station / Meereswärme-Kraftwerk *n*
seat face / Dichtkante *f*
seating *n* / Auflagefläche *f*, Vertiefung *f*, Einarbeiten *n*, Einschleifen *n* (Bürsten) || **~ surface** / Auflagefläche *f*, Anlagefläche *f*, Fügefläche *f* || **~ thrust** / Schließkraft *f* (Ventil, Schubkraft)
seat leakage / Sitzleckage *f* (Ventil) || **~ ring** / Sitzring *m*

sea transport / Schiffstransport *m*
seat valve / Sitzventil *n*
seaworthy crate / Seekiste *f*
SEC (servo control) / Servosteuerung *f*, Servomechanismus *m*, elektrischer Nebenanschluss, SEC
secondary *n* / Sekundärseite *f*, Sekundärkreis *m*, Sekundärwicklung *f*, Reaktionsteil *m* (Linearrnot.) || **~ adj** / sekundär *adj*, sekundärseitig *adj*, Niederspannungs..., unterlagert *adj*, Neben..., Läufer..., Hilfs..., Zweit... || **~ address** / Zweitadresse *f* (PMG) || **~ air** / Zweitluft *f*, Nebenluft *f*
secondary-air heating system / Mischluftheizung *f*
secondary arc / Folgelichtbogen *m* || **~ armature-current control** / unterlagerte Ankerstromregelung || **~ axis** / Nebenachse *f* || **~ battery** / Sekundärbatterie *f* || **~ bimetal relay for heavy starting** / Bimetall-Sekundärrelais für Schweranlauf || **~ block** / unterlagerter Baustein (SPS) || **~ bracings** / Sekundärfachwerk *n* (Gittermast) || **~ cabinet** / Sekundärschrank *m* || **~ circuit** / Sekundärkreis *m*, Läuterkreis *m* || **~ coating** / Sekundärummantelung *f* (LWL) || **~ colour** / Mischfarbe *f* || **~ condition** / Nebenbedingung *f*, Randbedingung *f*, Rahmenbedingung *f* || **~ connection** / Nebenanschluss *m* || **~ contour** / Sekundärkontur *f* || **~ control** / Sekundärregelung *f* (der Wirkleistung in einem Netz), Folgesteuerung *f* (Dü) || **~ controlled variable** / Hilfs-Regelgröße *f* || **~ controller** / unterlagerter Regler || **~ control panel** / Nebenbedienfeld *n* || **~ coolant** IEC 34-1 / sekundäres Kühlmittel (el. Masch.) VDE 0530,T.1, Außenkühlmittel *n* || **~ costs** / Nebenkosten *pl* || **~ creep** / sekundäres Kriechen || **~ current** / Sekundärstrom *m*, Läuferstrom *m* || **~ current control** / unterlagerte Stromregelung || **~ cut surface** / Nebenschnittfläche *f* DIN 658 || **~ cutting edge** / Nebenschneide *f* || **~ dial** / Nebenuhr *f*, Tochteruhr *f* || **~ dimension parallel to X** (NC) ISO/DIS 6983/1 / zweite Bewegung parallel zur X-Achse (NC-Adresse) DIN 66025,T.1 || **~ distribution** / Niederspannungsverteilung *f* || **~ distribution mains** / Niederspannungs-Hauptverteilungsleitung *f* || **~ distribution network** / Niederspannungs-Verteilungsnetz *n*, Ortsnetz *n*
secondary distribution switchgear / Schaltanlagen für sekundäre Verteilungssysteme || **~ effect** / Nebenwirkung *f* || **~ electrical connection (SEC)** / elektrischer Nebenanschluss || **~ electron emission** / Sekundärelektronenemission *f* || **~ electron emission current** / Sekundärelektronenstrom *m* || **~ electron emission factor** / Sekundäremissionsfaktor *m* || **~ emission** / Sekundäremission *f* || **~ emission multiplier** / Sekundäremissionsvervielfacher *m* (SEV), Sekundärelektronenvervielfacher *m* (SEV), Fotovervielfacher *m* || **~ emission photocell** / Sekundäremissions-Fotozelle *f* || **~ energy** / Sekundärenergie *f* || **~ equipment** / Sekundäreinrichtung *f* || **~ excising current** / Erregerstrom *m* (Trafo) || **~ failure** / Sekundärausfall *m*, Folgeausfall *m* DIN 40042 || **~ fault** / Folgefehler *m* || **~ grade** / Sekundärquelle *f* E VDE 0165,T.102 || **~ injection test** / Sekundärprüfung durch Fremdeinspeisung || **~**

leakage reactance / Läufer-Streublindwiderstand *m*, Läufer-Streureaktanz *f* || ~ **light source** / Fremdleuchter *m*, Sekundärlichtquelle *f* || ~ **limiting e.m.f.** / Sekundär-Grenz-EMK *f* || ~ **limiting thermal current** / sekundäre thermische Grenzstromstärke (Wandler) || ~ **line** / Seitenlinie *f* || ~ **losses** / Nebenverluste *m pl*, Restverluste *m pl* || ~ **machine** / Folgemaschine *f*, Hintermaschine *f* || ~ **manual control** / unterlagerter Handbetrieb || ~ **memory** / Externspeicher *m* || ~ **mode** / Unterbetriebsart *f* || ~ **open-circuit voltage** / Läufer-Stillstandsspannung *f* (SL) || ~ **part** / Sekundärteil *n* || ~ **part processing** / Sekundärteilbearbeitung *f* || ~ **photometric standard** / fotometrisches Sekundärnormal || ~ **plane** / Sekundärebene *f* || ~ **power control operation** IEC 50(603) / sekundär geregelter Betrieb (Generatorsatz), Luftspaltleistung *f* || ~ **power input** / Drehfeldleistung *f* (el. Masch.) || ~ **pressure** / Sekundärdruck *m* || ~ **register** / Sekundärzählwerk *n* || ~ **relay** / Sekundärrelais *n* || ~ **release** / Sekundärauslöser *m*
secondary residual voltage / Sekundärrestspannung *f* || ≙ **Responsible Company (SRC)** / SRC || ~ **selective type substation** / Netzstation mit niederspannungsseitiger Selektivität || ~ **sequencer** / Unterkette *f* (SPS) || ~ **sheet** / Sekundärplatte *f* (MSB) || ~ **short-circuit current rating** / Sekundär-Nennkurzschlussstrom *m* || ~ **source** / Fremdleuchter *m*, Sekundärlichtquelle *f* || ~ **spindle** / Nebenspindel *f* || ~ **standard** / Sekundärnormal *n* || ~ **standard lamp** / Standardlampe *f* || ~ **station** / Folgestation *f* (DÜ) || ~ **target** / Sekundärtarget *n* (RöA) || ~ **terminal** / Sekundäranschluss(klemme) *m(f)*, Läuferklemmenkasten *m* || ~ **terminal box** / Sekundärklemmenkasten *m* || ~ **text** / Sekundärprüfung *f* (Schutz) || ~ **texture waviness** / Oberflächenwelligkeit *f*
secondary-type overcurrent relay / Überstrom-Sekundärrelais *n*
secondary unit substation / Ortsnetzstation *f* || ~ **voltage** / Sekundärspannung *f*, Läuferspannung *f*, Läufer-Stillstandsspannung *f* || ~ **warranty costs** / Gewährleistungsnebenkosten *pl* || ~ **winding** / Sekundärwicklung *f*, Ausgangswicklung *f* (Trafo), Zweitwicklung *f*, Läuferwicklung *f*, Unterspannungswicklung *f* || ~ **wire** / Sekundärleitung *f* || ~ **wiring** / Sekundärverdrahtung *f*
second breakdown / zweiter Durchbruch (HL) || ~ **circuital law** / Faradaysches Gesetz, Induktionsgesetz *n* || ~ **derivative action** / differenzierendes Verhalten zweiter Ordnung, D2-Verhalten *n* || ~ **feed function** (NC) ISO/DIS 6983/1 / zweiter Vorschub (NC) DIN 66025,T.1 || ~ **grade** (sheet, plate) / zweite Wahl (Blech)
second-harmonic reactance / Reaktanz der zweiten Harmonischen
second installation / zweite Inbetriebnahme
second-level cache / Prozessor-Cache-Modul *n*
second of arc / Bogensekunde *f*
second-order delay element / Verzögerungsglied zweiter Ordnung (P-T$_2$-Glied) || ~ **lag** / Verzögerung zweiter Ordnung (Reg.) || ~ **time delay** / Verzögerung zweiter Ordnung (Reg.)
seconds counter / Sekundenmesser *m*, Stoppuhr *f* || ~ **reserve** / Sekundenreserve *f*

second sound / zweiter Schall
second-state creep / sekundäres Kriechen
second tool function (NC address) ISO/DIS 6983/1 / Werkzeugkorrekturspeicher *m* (NC-Adresse) DIN 66025,T.1
section *n* / Schnitt *m*, Querschnitt *m*, Profil *n*, Stahlprofil *n*, Abschnitt *m*, Bereich *m* (Fabrikanlage), Strecke *f*, Abteilung *f*, Geräteteil *m*, Anlagenteil *m*, Einzelspule *f*, Teilstück *n*, Abspannabschnitt *m* (Freiltg.), Profilschnitt *n* || ~ **IEC 439-1** / Feld *n* (SK) VDE 0660,T. 500
sectional drawing / Schnittzeichnung *f* || ~ **drive** / Mehrmotorenantrieb *m*, Gruppenantrieb *m* || ~ **pressure bar** / Gliederdruckbalken *m*
sectionalization *n* / Längstrennung *f*, Unterteilung *f*, Zerlegung in Abschnitte, Eingrenzen *n*, Streckentrennung *f*
sectionalize *v* / trennen *v* (SS-Längstrennung, Streckentrennung), in Abschnitte teilen, in einzelne Bauteile aufteilen, eingrenzen *v* (Fehler)
sectionalized board / unterteilte Tafel (ST) || ~ **busbar** / Sammelschiene mit Längstrennung || ~ **cross-bonding** / unterteiltes Auskreuzen (Kabelschirme) || ~ **duplicate busbars** / Doppelsammelschiene mit Längstrennung || ~ **ring-busbar** (system) / Ringsammelschiene mit Längstrennern || ~ **single busbar** / Einfachsammelschiene mit Längstrennung
sectionalized-surface sleeve bearing / Mehrflächen-Gleitlager *n*
sectionalizer *n* / Längstrenner *m*, Längstrennschalter *m*, Streckenschalter *m*, Streckentrenner *m* || ~ **bus** ~ / Sammelschienen-Längstrenner *m* || ~ **panel** / Längskuppelfeld *n* (IRA)
sectionalizing *n* / Längstrennung *f*, Streckentrennung *f*, Unterteilung *f*, Zerlegung in Abschnitte, Eingrenzen *n* || ~ **circuit-breaker** / Längskuppelschalter *m* (LS) || ~ **feature** / Längstrennung *f* || ~ **joint** / Isoliermuffe *f* (Kabel) || ~ **switch-disconnector** / Längstrenner *m* (Lasttrenner) || ~ **terminal block** / teilbare Klemmenleiste
sectional steel / Profilstahl *m*, Baustahl *m* || ~ **steel design** / Profilstahlkonstruktion *f* || ~ **view** / Schnittbild *n*, Schnittansicht *f*, Schnittdarstellung *f*
section cable / Streckenkabel *n* || ~ **circuit-breaker** / Streckenschalter *m* (LS) || ~ **cover** / Feldabdeckung *f* || ~ **disconnector** / Streckentrenner *m* || ~ **drawing** / Schnittzeichnung *f* || ~ **drive** / Teilantrieb *m*
sectioned area / Schnittfläche *f* (Zeichnung)
section feeder panel / Streckenfeld *n* || ~ **fuse-board** / Sicherungsverteiler *m*
sectioning point / Trennstelle *f* (Fahrleitung)
section isolator / Streckentrenner *m* || ~ **modulus** / Widerstandsmoment *n* (gegen Biegung, Verdrehung) || ~ **motor** / Teilmotor *m* || ~ **of lights** / Feuerabschnitt *m* (Flp.) || ~ **of the contour** / Konturabschnitt *m* (Flp.) || ~ **profile** / Querprofil *n* (Freiltg.) || ~ **radiator** / Gliederheizkörper *m* || ~ **selectivity** / Abschnittsselektivität *f* (Selektivschutz) IEC 50(448) || ~ **termination** / Abschnittsabschluss *m* (Nachrichtenübertragung) || ~ **wire** / Profildraht *m*
section-wire winding / Profildrahtwicklung *f*
sector *n* / Sektor *m*, Kreissektor *m*, Kreisausschnitt *m*, Ausschnitt *m*, Bereich *m*, Branche *f* || ~ **chart** / Kreissektorschaubild *n* || ~ **development board** /

Branchen-Development-Board (BDB) n || ~ **light** / Sektorfeuer n || ~ **management** / Branchenmanagement n || ~ **motor** / Sektormotor m || ~ **of a circle** / Kreisausschnitt m || ~ **scale** / Sektorskale f
sector-shaped conductor / Sektorleiter m
sector-specific software / Branchen-SW
secure v / sichern v, befestigen v, retten v || ~ n / Arretieren n
secured adj / gesichert adj || ~ **by adhesive** / klebstoffgesichert adj || ~ **by center punching** / gesichert durch Körnerschlag || ~ **by lacquer** / lackgesichert adj || ~ **by punched centres** / körnergesichert adj || ~ **by upsetting** / kerbschlaggesichert adj || ~ **by welding point** / schweißpunktgesichert adj || ~ **transmission** / gesicherter Datenverkehr, gesicherte Übertragung
security access control / Zugangskontrollen f || ~ **analysis** / Sicherheitsrechnung f || ~ **and surveillance system** / Sicherheitsanlage f || ~ **area** / Sicherheitsbereich m || ~ **byte** / Sicherungsbyte n || **~checked switching (SCS)** / sicherheitskontrolliertes (o. netzsicherheitskontrolliertes) Schalten || ~ **controlled area** / sicherheitsüberwachter Bereich (ZKS) || ~ **current** / Sicherheitsstrom m || ~ **field** / Sicherungsfeld n (Telegramm) || ~ **level** / Sicherheitsstufe f || ~ **lighting** / Sicherheitsbeleuchtung f (Flp.) || ~ **of investment** / Investitionssicherheit f || ~ **of operation** / Bediensicherheit f || ~ **of protection** / Selektivschutz-Sicherheit f IEC 50(448) || ~ **of supply** / Versorgungssicherheit f || ~ **system** / Sicherheitsanlage f || ~ **system or emergency lighting** / Sicherheits- oder Panikbeleuchtung
sediment n / Sediment n, Bodensatz m, Ablagerung f
sedimentation n / Absetzen n, Verschmutzung f, Schmutzablagerung f
SEE (statistic excitation equipment) / ERR (Erregereinrichtung)
see, to ~ **a signal** / mit einem Signal beaufschlagt werden
Seebeck effect / Seebeck-Effekt m, thermoelektrischer Effekt
seek n / Positionierung f (Speicherlaufwerk)
seepage n / Durchsickern n, Sickerstelle f, Leck n, langsames Rinnen, Auslaufen n || ~ **of sealing compound** / Auslaufen von Vergussmasse
S effect n / S-Effekt m (ESR)
Seger cone / Seger-Kegel m
segment n / Segment n (a LAN), Ausschnitt m, Abschnitt m, Kreissegment n, Konturelement n (NC), Kommutatorsteg m, Kommutatorlamelle f, Strompfad m (Kontaktplan Teilbild n (Grafik)), Gleitschuh m, Teilabschnitt m (LAN), Glied n, Teilstrecke f, Abtastsegment n, Bussegment n, Busabschnitt m, Branche f, Traglagersegment n || ~ ISO 2382 / Segment n (Programmteil) || ~ v / gliedern v || **commutator ~ assembly** / Kommutatorbelag m || **high ~** / vorstehende Lamelle (Komm.), überstehende Lamelle || **low ~** / zurückstehende Lamelle (Komm.) || ~ **address** / Segmentadresse f
segmental conductor / Leiter mit glatter Oberfläche || ~ **lamination** / Blechsegment n (Blechp.) || ~ **orifice plate** / Segmentblende f
segmental-rim rotor / Blechkettenläufer m,

segmental ring / Blechkette f (WKW-Gen.)
segmental-ring core / segmentiertes Blechringpaket || ~ **rotor** / Blechkettenläufer m, Schichtpolrad n
segmental stamping / Blechsegment n (Blechp.) || ~ **thrust bearing** / Segment-Drucklager n
segmentation n / Stückelung f || **contour ~** / Konturzerlegung f (NC), Bahnzerlegung f (NC), Schnittzerlegung f (NC) || ~ **programming** / Teilstreckenprogrammierung f
segment attribute / Segmentattribut n (GKS) || ~ **coupler** / Segmentkoppler m (PROFIBUS) || ~ **DAC** / Segment-DAU m || ~ **display** / Segmentanzeige f
segmented CR / segmentiertes ZG
segmenting n / Aufteilen n (OSI-System), Segmentieren n, Stückelung f, Unterteilen n
segment marking / Lamellenzeichnung f (Komm.) || ~ **of damper winding** / Dämpfersegment n (Dämpferwickl.) || ~ **pitch** / Lamellenteilung f (Komm.), Kommutatorschritt m, Kommutatorteilung f || ~ **priority** / Segmentpriorität f (GKS) || ~ **sequence number (SGSQNR)** / Segment Sequence Number (SGSQNR) || ~ **transceiver** / Segmentkoppler m
segment-to-segment test / Prüfung zwischen Kommutatorstegen || ~ **voltage** / Stegspannung f (Komm.), Segmentspannung f, Lamellenspannung f
segment transformation / Segmenttransformation f (Darstellungselemente)
segregate v / trennen v, absondern v, aussondern v, entmischen v, (Phasen) abteilen v
segregated, phase~ adj / phasengetrennt adj, mit abgeteilten Phasen || ~ **heat removal** / externe Entwärmung
segregated-load operation / Einzellastbetrieb m
segregated-loss method / Einzelverlustverfahren n (el. Masch.) VDE 0530,T.2
segregated-phase bus / gekapselte Sammelschiene mit abgeteilten Phasen, geschottete Sammelschiene || ~ **protection** / leiterselektiver Schutz IEC 50(448)
segregated phases / abgeteilte Phasen (o. Außenleiter)
segregation n / Trennung f, Phasentrennung f, Aussonderung f (fehlerhafter Einheiten), Entmischung f || ~ **(QA)** / Aussonderung f || ~ **IEC 298 / Trennschottung** f VDE 0670,T.6 || **phase ~** / Phasentrennung f, Schottung f || ~ **contact** / Abschirmungskontakt m || ~ **defect** / Seigerung f
seismic ageing / Erdbebenalterung f || ~ **conditioning** / seismische Beanspruchung (f. Prüfung) || ~ **effects** / seismische Einwirkungen || ~ **environment** / erdbebengefährdete Umgebung || ~ **safety** / Erdbebensicherheit f || ~ **stress** / seismische Beanspruchung || ~ **stress class** / seismische Beanspruchungsklasse || ~ **test** / Erdbebenprüfung f || ~ **vibration pick-up** / seismischer Schwingungsaufnehmer || ~ **withstand capability** / Erdbebenfestigkeit f
seize v / fressen v, festfressen v, verklemmen v, festklemmen v
seizing load / Fresslast(stufe) f || ~ **of the sliding surface** / Fressen der Gleitfläche
seizure IEC 50(715) / Belegung f (KN)
select v / wählen v, auswählen v, anwählen v, anklicken v, selektieren v, aufschlagen v, vorgeben v || ~ n / Anwahl f, Auswahl f

selectable *adj* / umschaltbar *adj*, anwählbar *adj*, wählbar *adj* || ~ **message** / Wahlmeldungen *f pl*, Wahlmeldung *f* || ~ **output** / Wahlausgang *m* || ~ **relay function** / wählbare Relaisfunktion
select and execute command / Anwahl- und Ausführungsbefehl (FWT) || ~ **block** / Satz anwählen || ~ **by name** / Anwahl über Namen || ~ **cpu** / CPU auswählen
selected block (See: block search with calculation) / Vorlaufsatz *m* (Siehe: Satzvorlauf) || ~ **box** / selektiertes Feld || ~ **fit system** / Auswahlsystem *n* (Passsystem) || ~ **tool** / Einsatzwerkzeug *n*
select gate / Selcktionstor *n*
selecting *n* / Anwahl *f*, Auswahl *f* || ~ **tags** / Variablen - Selektion *f*
selection *n* / Selection *f*, Auslese *f*, Anwahl *f*, Auswahl *f* || ~ **aids** / Auswahlhilfe *f* || ~ **and ordering data** / Auswahl- und Bestelldaten || ~ **command** / Anwahlbefehl *m* || ~ **guide** / Anwahlführung *f* || ~ **limit switch** / Bereichsendschalter *m* || ~ **list** / Auswahl-Liste *f* || ~ **mask** / Auswahlmaske *f* || ~ **menu** / Auswahlmenü *n* || ~ **of cmd. & freq. setp.** / Auswahl Befehls-/Sollwertquelle || ~ **of command source** / Auswahl Befehlsquelle *f* || ~ **of direction** / Richtungsauswahl *f*, Richtungsanwahl *f* || ~ **of frequency setpoint** / Auswahl Frequenzsollwert || ~ **of rotation direction** / Drehrichtungsanwahl *f* || ~ **of the DC link voltage** / Ansteuerung der Zwischenkreisspannungsschaltung || ~ **of the position** / Vorgabe der Position || ~ **of the program no.** / Anwahl der Programm-Nr. || ~ **of torque setpoint** / Anwahl Drehmomentsollwert || ~ **option** / Anwahlmöglichkeit *f* || ~ **point** / Anwahlpunkt *m*
selection ratio / Ansteuerungsverhältnis *n* (NC) || ~ **set** / Auswahlsatz *m* (CAD) || ~ **signal sequence** / Wählzeichenfolge *f* (DÜ) || ~ **system** / Auswahlsystem *n* || ~ **table** / Anpasstabelle *f* || ~ **with internal unit voltage** / Ansteuerung mit geräteinterner Spannung
selective attack / selektiver Angriff (Korrosion) || ~ **circuit-breaker** / Selektivschutzschalter *m* || ~ **commutation** / selektive Kommutierung || ~ **control** / Anwahlsteuerung *f* || ~ **coordination** / selektive Zuordnung (Sich.) || ~ **corrosion** / selektive Korrosion || ~ **detector** / selektiver Empfänger (f. optische Strahlung) || ~ **earth-fault measurement** / selektive Erdschlussmessung || ~ **erasing** / selektives Löschen (von gespeicherten Informationen) || ~ **fit** / Auslesepassung *f* || ~ **grading** / selektive Staffelung (Schutz) || ~ **interlocking** / Selektivitätssteuerung *f* || ~ **interrogation command** / gezielter Abfragebefehl (FWT) || ~ **level meter (SLM)** / selektiver Pegelmesser
selectively doped heterostructure transistor (SDHT) / selektiv dotierter Heterostruktur-Transistor
selective main line m.c.b. / SHU-Schalter *m* || ~ **mode** / Anwahlbetrieb *m* || ~ **protection** / Selektivschutz *m* || ~ **radiator** / selektiver Strahler || ~ **sampling** / Einzelabtastung *f* || ~ **supervisory control** / Fernwirken *n* || ~ **supervisory control system** / Fernwirksystem *m* || ~ **tripping schedule** / Staffelplan *m* (Schutz)
selectivity *n* / Selektivität *f*, Trennschärfe *f*, Granularität *f* (Zähler) || ~ **characteristic** /

Selektivitätskennlinie *f*, Schutzkennlinie *f* || ~ **curve** / Selektionskurve *f* || ~ **limit current** EN 60950 / Selektivitätsgrenzstrom *m*, Grenzstrom bei Selektivität
select list / Vorzugsliste *f* (f. bevorzugte Lieferanten)
selector *n* / Wähler *m*, Wahlschalter *m*, Selektor *m* (Datenobjekte), Vorwahlscheibe *f* || ~ **busbar** ~ **disconnector** / Sammelschienen-Umschalttrenner *m* || ~ **button** / Wahltaste *f*, Anwahltaste *f* || ~ **circuit** / Anwahlschaltung *f*, Wählschaltung *f* || ~ **for analog values** / Umschalter für Analoggrößen || ~ **for digital values** / Umschalter für Binärgrößen || ~ **gear unit** / Vorwählgetriebe *n* (Trafo) || ~ **key** / Wahltaste *f*, Vorwahlschlüssel *m*, Anwahltaste *f* || ~ **keyboard** / Anwahltastatur *f* || ~ **relay** / Wählrelais *n*, Anwahlrelais *n* || ~ **switch** / Wahlschalter *m*, Lastwähler *m* (Trafo), Drehknopfschalter *m*, Grobwähler *m*, Anwahlschalter *m*
select tool (NC, CLDATA word) ISO 3592 / Werkzeugauswahl *f* (NC, CLDATA-Wort)
selenium arrester / Selenableiter *m* || ~ **diverter** / Selenableiter *m* || ~ **overvoltage protector** / Selen-Überspannungsableiter *m*
self-adapting controller / selbstadaptiver Regler
self-adaptive control / selbsttätig abgleichende Regelung, selbstoptimierende Regelung
self-addressed message / Nachricht an sich selbst
self-adherent *adj* / selbstklebend *adj*, selbsthaftend *adj*
self-adhesive *adj* / selbstklebend *adj*
self-adjusting *adj* / selbsteinstellend *adj*, selbstabgleichend *adj*, selbstnachstellend *adj* || ~ **clutch** / selbstnachstellende Kupplung || ~ **contact tube** / federnde Kontakthülse
self-aligning *adj* / selbstausrichtend *adj*, selbstjustierend *adj* (IS) || ~ **ball bearing** / Pendelkugellager *n* || ~ **bearing** / Pendellager *n*, Einstellager *n*, kippbewegliches Lager || ~ **bearing seat** / Pendellagersitz *m* || ~ **contact tube** / federnde Kontakthülse || ~ **coupling** / Ausgleichskupplung *f*, elastische Kupplung || ~ **radial ball bearing** / Radial-Pendelkugellager *n* || ~ **roller bearing** / Pendelrollenlager *n* || ~ **roller thrust bearing** / Axialpendelrollenlager *n*
self-arbitrating bus / selbstzuteilender Bus
self-balanced valve / Ventil mit Entlastungskolben, Einsitzventil mit Entlastungskolben
self-balancing *adj* / selbstabstimmend *adj*, selbstabgleichend *adj* || ~ **bridge** / Kompensations-Messbrücke *f*
self-ballasted lamp / Lampe mit eingebautem Vorschaltgerät, || ~ **mercury lamp** / Mischlichtlampe *f*, Verbundlampe *f*
self-calibrating *adj* / selbstkalibrierend *adj*
self-capacitance *n* / Eigenkapazität *f*, Nullkapazität *f*
self-centering *adj* / selbstzentrierend *adj*
self-certification / Eigen-Bestätigung *f*, Eigenzertifizierung *f*
self-checking *adj* / selbstprüfend *adj*, selbstüberprüfend *adj* || ~ **function** (USA) / automatische Überwachung (Schutzsystem) IEC 50(448) || ~ **routine** / selbsttätige Prüfroutine
self-cleaning contact / selbstreinigender Kontakt
self-clearing *adj* / selbstlöschend *adj*
self-clocked converter / selbstgetakteter Stromrichter
self-clocking *adj* / selbstsynchronisierend *adj* (Eigentaktung) || ~ **timer** / freilaufender Taktgeber,

selbsttaktendes Zeitglied
self-coding *adj* / selbstkodierend *adj*
self-collected *adj* / eigenerfasst *adj*
self-commutated converter / selbstgeführter Stromrichter, zwangskommutierter Stromrichter || ~ **electronic switch (SCE)** / selbstgelöschter elektronischer Schalter
self-commutation *n* / Selbstführung *f* (LE), Zwangskommutierung *f*, selbstgeführte Kommutierung (Kommutierung, bei der die Kommutierungsspannung von Bauelementen innerhalb des Stromrichters oder elektronischen Schalters geliefert wird), Selbstkommutierung *f*, Selbstlöschung *f* (LE)
self-compensated induction motor / läufergespeister kompensierter Induktionsmotor
self-contained component / selbständige Baugruppe, für sich alleine verwendbare Baugruppe || ~ **power system** / interne Stromversorgung VDE 0618,4 || ~ **pressure cable** IEC 50(461) / Manteldruckkabel *n* || ~ **unit** / in sich abgeschlossene Einheit, unabhängiges Gerät
self-controlled power supply PWM / selbstgeführter Netzstromrichter
self-converging *adj* / selbstkonvergierend *adj* (BSG)
self-cooled *adj* / eigenbelüftet *adj*, selbstgekühlt *adj*, selbstbelüftet *adj*, eigengekühlt *adj* || ~ **AC servomotor** / selbstgekühlter Drehstromservomotor
self-cooled machine / Maschine mit Eigenkühlung, eigengekühlte Maschine, eigenbelüftete Maschine || ~ **rating** / Bemessungsdaten für Selbstkühlung, Leistung bei Selbstkühlung (Trafo) || ~ **sealed dry-type transformer** (Class GA) / selbstgekühlter, geschlossener Trockentransformator (Kühlungsart GA) || ~ **transformer** / selbstgekühlter Transformator
self-cooling *n* / Eigenkühlung *f*, Selbstkühlung *f*, Eigenbelüftung
self-cutting screw / Schneidschraube *f*, Blechschraube *f*, gewindefurchende Schraube
self-deexcitation *n* / Selbstentregung *f*
self-demagnetization *n* / Selbstentmagnetisierung *f* || ~ **field strength** / Selbstentmagnetisierungsfeldstärke *f*
self-demagnetizing field / Selbstentmagnetisierungsfeld *n*, Gegenfeld *n*, Entmagnetisierungsfeld *n*
self-diagnosis *n* / Eigendiagnose *f*, Selbstüberwachung *f* (rechnergesteuerte Anlage)
self-diagnostics / Selbstdiagnose *f* || ~ **program** / Selbstdiagnoseprogramm *n*
self-discharge *n* / Selbstentladung *f* (Batt.)
self-exchange coefficient / Eigenaustauschkoeffizient *m* (BT)
self-excitation *n* / Selbsterregung *f*, Selbstanregung *f*, Eigenanregung *f*, Schwingungseinsatz *m*, Rückkopplung *f* (Transduktor) || **critical** ~ / kritische Selbsterregung (el. Masch.), kritische Mitkopplung (Transduktor) || ~ **winding** / Selbsterregerwicklung *f*, Rückkopplungswicklung *f* (Transduktor)
self-excited machine / selbsterregte Maschine
self-explanatory *adj* / selbsterklärend *adj*
self-extinction limit / Selbstlöschgrenze *f*
self-extinguishing *n* / Selbstlöschung *f* (Lichtbogen) || ~ *adj* / selbstlöschend *adj*, flammwidrig *adj*,

selbstverlöschend *adj* || ~ **current limit** / Löschgrenze für den Fehlerstrom || ~ **fault** / selbstlöschender Fehler, Kurzschlusswischer *m*, flüchtiger Fehler, selbstlöschender Kurzschluss
self-field *n* / Eigenfeld *n*
self-generated frequency modulation IEC 235-1 / Eigen-Frequenzmodulation *f* || ~ **magnetic blow-out** / eigenmagnetische Beblasung
self-healing capacitor / selbstheilender Kondensator || ~ **test** / Selbstheilprüfung *f*
self-heating *n* / Eigenerwärmung *f* || ~ **error** / Erwärmungsfehler *m* (Widerstandsthermometer)
self-holding contact / Selbsthaltekontakt *m*
self-igniting *adj* / selbstentzündend *adj*, selbstentzündbar *adj*, selbstzündend *adj*
self-ignition *n* / Selbstentzündung *f*, Selbstzündung *f*
self-impedance *n* / Eigenimpedanz *f*
self-inductance *n* / Selbstinduktivität *f*, Eigeninduktivität *f*
self-induction *n* / Selbstinduktion *f*, Eigeninduktion *f* || ~ **e.m.f.** / Selbstinduktionsspannung *f*
self-installation (SI) *n* / Selbstinbetriebnahme (SI) *f*
self-levelling suspension / Niveauregelung *f* (Kfz)
self-locking *adj* / selbstsperrend *adj*, selbsthemmend *adj* || ~ **lampholder** / Rast-Einbaufassung *f* || ~ **nut** / Sperrzahnmutter *f* || ~ **screw** / selbstsichernde Schraube, Kombischraube *f*, Sperrzahnschraube *f* || ~ **worm gear(ing)** / selbstsperrendes Schneckengetriebe
self-lubricating bearing / selbstschmierendes Lager
self-luminous *adj* / selbstleuchtend *adj* || ~ **colour** / Selbstleuchterfarbe *f* || ~ **sign** / Lumineszenzleuchte *f*
self-magnetic *adj* / eigenmagnetisch *adj* || ~ **field** / Eigenmagnetfeld *n*
self-maintained discharge / selbständige Entladung || ~ **gas conduction** / selbständige Leitung in Gas
self-monitoring *n* / Selbstüberwachung *f*, Eigenüberwachung *f* || ~ *adj* / selbstüberwachend *adj*, selbstkontrollierend *adj* || ~ **function** (USA) / automatische Kontrolle (Schutzsystem) IEC 50(448)
self-neutralization frequency / Selbstneutralisierungsfrequenz *f*
self-oiling bearing / Lager mit Selbstölung
self-operated control / Regelung ohne Hilfsenergie || ~ **controller** / Regler ohne Hilfsenergie
self-optimization *n* / Selbsteinstellung *f*
self-optimizing *adj* / selbstoptimierend *adj*
self-paced instruction medium / Selbstlernmedium *n*
self-quenched counter tube / selbstlöschendes Zählrohr
self-quenching *adj* / selbstlöschend *adj* || ~ **oscillator** / Pendeloszillator *m*
self-radiation *n* / Eigenstrahlung *f*
self-reactance *n* / Eigenreaktanz *f*, Selbstinduktionsreaktanz *f*
self-recovering conduit / formzurückgewinnendes Rohr (IR)
self-regulated machine / Maschine mit Selbstregelung, selbstgeregelte Maschine
self-regulating *adj* / selbstregelnd *adj* || ~ **generator** / selbstregelnder Generator || ~ **process** / Regelstrecke mit Ausgleich
self-regulation *n* / Selbstregelung *f*, Ausgleichsgrad *m* || ~ **value** / Ausgleichswert *m* (Reg.)

self-releasing washer / selbstanhebende Scheibe
self-reporting fault / selbstmeldender Fehler, Fehler mit Selbstmeldung
self-reset relay / Relais ohne Selbstsperrung
self-resetting n / selbsttätiges Rückstellen (o. Rücksetzen), automatisches Wiedereinschalten || **~ detector** / selbsttätig rückstellender Melder EN 54 || **~ thermal cut-out** / selbsttätig zurückstellender Temperaturbegrenzer (EN 60742), wiedereinschaltender Temperaturbegrenzer || **~ thermal cut-out** IEC 335-1 / selbsttätig rückstellender Schutz-Temperaturbegrenzer VDE 0700,T.1 || **~ thermal cut-out** IEC 380 / selbstwiedereinschaltender thermischer Unterbrecher VDE 0806 || **~ thermal release** / selbstwiedereinschaltender thermischer Unterbrecher VDE 0806
self-resistance method / Widerstandsverfahren n (Temperaturbestimmung)
self-resonant frequency / Eigenresonanzfrequenz f
self-restoring insulation / selbstheilende Isolation, selbstheilende Isolierung
self-retracting adj / selbsttätig rückführend
self-revealing fault / selbstmeldender Fehler, Fehler mit Selbstmeldung
self-saturation n / Selbstsättigung f, direkte Selbsterregung
self-sealing adj / selbstdichtend adj
self-sealing capacitor / selbstheilender Kondensator || **~ connection** / innendruckdichtende Verbindung || **~ gland** / Würgestutzen m || **~ grommet** / Würgenippel m
self-signalling fault / selbstmeldender Fehler, Fehler mit Selbstmeldung
self-starting n / Selbstanlauf m || **~ lamp** / Selbststarterlampe f, selbstzündende Lampe || **~ synchronous motor** / selbstanlaufender Synchronmotor, Synchronmotor mit asynchronem Anlauf
self-supervision n / Selbstüberwachung f, Eigenüberwachung f
self-supporting adj / selbsttragend adj || **~ aerial cable** / selbsttragendes Luftkabel || **~ support** / selbsttragender Stützpunkt (Freiltg.) || **~ telecommunication aerial cable** / selbsttragendes Fernmelde-Luftkabel
self-surge impedance / Wellenwiderstand m
self-sustained arc / selbständiger Lichtbogen
self-sustaining flame / selbständig weiterbrennende Flamme, selbstunterhaltende Flamme
self-synchronization n / Selbstsynchronisierung f
self-synchronous system / Drehmeldersystem n, Ferndrehersystem n, elektrische Welle, Gleichlaufanordnung f
self-tapping screw / Schneidschraube f, Blechschraube f, gewindefurchende Schraube, selbstschneidende Schraube
self-test n / Eigenprüfung f, Selbsttest m, Selbstprüfung f || **~ device** / Testlaufeinrichtung f (Fernkopierer)
self-testing function (USA) / automatische Prüfung (Schutzsystem) IEC 50(448) || **~ routine** / Selbsttestprogramm n
self-timing adj / selbsttaktend adj
self-tuning n / Selbsteinstellung f || **self-tuning controller** / selbsteinstellender Regler
self-ventilated adj / selbstgekühlt adj, selbstbelüftet adj, eigenbelüftet adj, eigengekühlt adj || **~ machine** / eigenbelüftete Maschine
self-ventilation n / Eigenbelüftung f, Eigenkühlung f
self-ventilator n / Eigenlüfter m
sell v / vertreiben v
selsyn n / Selsyn n, Drehmelder m, Drehfeldgeber m (el. Welle) || **~ machine** / Drehmeldermaschine f, Wellenmaschine f || **~ system** / elektrische Welle, Drehmeldersystem n
SELV s. safety extra-low voltage || $\triangleq$ **circuit** / Schutz-Kleinspannungs-Stromkreis m (SELV-Kreis)
SELV-E s. separated extra-low voltage system, earthed
SEM s. scanning electron microscope || $\triangleq$ s. standard electronic module
semantics plt / Semantik f, Bedeutungslehre f
semaphore n / Semaphor n, Flügelsignal n, Balkenanzeiger m || **~ technique** / Semaphorentechnik f
semi-additive process / Semiadditiv-Verfahren n (gS)
semi-assembled representation / halbzusammenhängende Darstellung (Stromlaufplan) DIN 40719,T.3
semi-automatic adj / teilautomatisch adj, halbautomatisch adj || **~ centering (SAC)** / halbautomatisches Einmitten (HAE) || **~ changeover** IEC 292-3 / halbautomatisches Umschalten VDE 0660,T.301 || **~ control** / halbautomatische Steuerung || **~ mode** / Betriebsart Teilautomatik || **~ programming** / halbmaschinelles Programmieren || **~ recipe process** / halbautomatisierter Rezeptablauf
semi-automation n / Teilautomatik f
semi-axial-flow fan / Halbaxialventilator m
semi-buried via / Verbindungssackloch n (Leiterplatte)
semi-closed round slot / geschlitzte Rundnut || **~ slot** / halbgeschlossene Nut, halboffene Nut
semi-conducting / halbleitend adj || **~ cement** / halbleitender Kitt, Leitkitt m || **~ material** / Halbleiterwerkstoff m || **~ varnish** / halbleitender Lack, Leitlack m
semi-conductive / halbleitend adj || **~ layer** / halbleitender Belag, halbleitende Schicht f, Leitschicht f (Kabel)
semiconductor (SC) n / Halbleiter m || **~ a.c. power controller** / Halbleiterwechselstromsteller m || **~ contactor** / Halbleiterschütz n || **~ converter** / Halbleiterstromrichter m, Stromrichter m || **~ converter section** / Halbleiter-Teilstromrichter m || **~ device** / Halbleiterbauelement n, Halbleitergerät n, Betriebsmittel mit Halbleiter n || **~ diode** / Halbleiterdiode f || **~ direct-on-line motor controller** / Halbleiter-Motor-Steuergerät für direktes Einschalten, Halbleitermotorsteuergerät für direktes Einschalten || **~ DOL motor controller (semiconductor direct-on-line motor controller)** / Halbleitermotorsteuergerät für direktes Einschalten || **~ element** / Halbleiterelement n || **~ factory** / Halbleiter-Werk n || **~ fuse** / Halbleitersicherung f || **~ fuse-link** / Halbleitersicherungseinsatz m || **~ integrated circuit** / integrierte Halbleiterschaltung || **~ inverter** / Halbleiterwechselrichter m, Halbleiterstromrichter m || **~ memory** / Halbleiterspeicher m || **~ memory chip** /

Halbleiterspeicherelement *n* || **~ monolithic integrated circuit** / monolithische integrierte Halbleiterschaltung || **~ motor controller** / Halbleiter-Motor-Steuergerät *n* EN 60947-4-2, Halbleitermotorsteuergerät *n* || **~ motor starter** / Halbleitermotorstarter *m* || **~ output** / Halbleiterausgang *m*, elektronisch schaltender Ausgang || **~ overvoltage protector** / Überspannungsschutzgleichrichter *m* || **~ rectifier** / Halbleitergleichrichter *m* || **~ rectifier diode** / Halbleitergleichrichterdiode *f* || **~ region** / Halbleiterzone *f* || **~ soft-start motor controller** / Halbleiter-Sanftanlauf-Motor-Steuergerät *n* EN 60947-4-2 || **~ switching device** / Halbleiterschaltgerät *n* || **~ switching element** / Halbleiterschaltelement *n* || **~ thermoelement** / Halbleiterthermoelement *n* || **~ valve device** / Halbleiterventilbauelement *n*
semi-continuous characteristic / quasi-stetige Kennlinie || **~ noise** / Nahezu-Dauerstörung *f*
semi-converter *n* / Einweg-Stromrichter *m*, Einquadrant-Stromrichter *m*
semi-custom IC / halbkundenspezifische IS
semi-destructive test / Anbohrprobe *f*
semidiameter *n* / Halbdurchmesser *m*
semidigital readout / kombinierte Analog-/Digitalanzeige
semi-direct lighting / vorwiegend direkte Beleuchtung || **~ luminaire** / vorwiegend direkte Leuchte
semi-elastic *adj* / halbelastisch *adj*
semi-enclosed fuse / halbgeschlossene Sicherung || **~ machine** / teilgeschlossene Maschine
semi-exposed *adj* / halbverdeckt *adj*
semi-finished part / Halbzeug *n* || **~ products** / Halbfabrikate *n pl*, Halbzeug *n*
semi-finishes *pl* / Halbfabrikate *n pl*, Halbzeug *n*
semi-fixed ACS / vorübergehend fest montierter BV || **~ FBAC** / teilortsveränderlicher Baustromverteiler
semi-fluid friction / Mischreibung *f* || **~ lubrication** / Teilschmierung *f*, Mischschmierung *f*
semi-flush joint box / Imputz-Verbindungsdose *f*
semi-flush-mounted *adj* / im Putz verlegt
semi-flush-type socket-outlet / Imputz-Steckdose
semi-graphic *adj* / semigrafisch *adj*
semigraphic display / semigrafische Darstellung || **~ representation** / semigraphische Darstellung
semi-graphics *n* / Semigrafik *f*
semi-guarded machine / teilgeschlossene Maschine
semi-horizontal configuration / semihorizontale Anordnung (der Leiter einer Freiltg.)
semi-independent manual operation / quasi-unabhängige Handbetätigung
semi-indirect lighting / vorwiegend indirekte Beleuchtung
semilogarithmic *adj* / halblogarithmisch *adj*
semi-luminaire *n* / Semi-Leuchte *f*
seminar for developer / Entwickler-Seminar *n*
semi-preformed coil / Halbformspule *f*
semi-processed electrical steel / nichtschlussgeglühter, weichmagnetischer Stahl IEC 50(221)
semi-recessed junction box / Imputz-Verbindungsdose *f* || **~ receptacle** / Imputz-Steckdose *f*
semi-rotary hand pump / Handflügelpumpe *f*

semi-self-maintained discharge / halbselbständige Entladung
semi-skilled worker / angelernter Arbeiter
semisolid *adj* / halbfest
semi-spherical *adj* / halbkugelförmig *adj*
semi-symmetrical winding / halbsymmetrische Wicklung
semi-synchronous counter / halbsynchroner Zähler, semi-synchroner Zähler
semi-transparent mirror / halbdurchlässiger Spiegel, teildurchlässiger Spiegel
semi-vertical configuration / Tonnenanordnung *f* (der Leiter einer Freiltg.)
senat tumbler arrangement / Senatschließung *f*
send, to ~ false / falsch senden (PMG) || **to ~ interface clear (sic)** / Rücksetzbefehl senden (PMG) DIN IEC 625 || **to ~ passive true** / passiv wahr senden (PMG) || **to ~ remote enable (sre)** / Fernsteuerungsfreigabe senden (PMG) DIN IEC 625) || **to ~ true** / wahr senden (PMG) || **~ accept delay** / Sendebereitschaft Verzögerung || **~ coordination byte (CBS)** / Koordinierungsbyte senden (KBS)
sender *n* / Absender *m* (z.B. einer Meldung), Sender *m* (a. Installationsbus), Geber *m*
send frame / Sendetelegramm *n* (PROFIBUS) || **~ IM** / Sende-IM
sending aerial / Sendeantenne *f* || **~ dead time** / Sendetotzeit *f* || **~ end** / Leitungsanfang *m* (Übertragungsleitung), Generatorseite *f* (Netz) || **~ mailbox (SMB)** / Sendefach *n*, Sendemailbox (SMB) *f* || **~ pulse width** / Sendeimpulsbreite *f*
send job / Sendeauftrag *m*
send mailbox / Sendefach *n*, Sendemailbox (SMB) *f* || **~ path** / Sendeweg *m* || **~ token** / Sendeberechtigungsmarke *f* || **~ transmit time** / Übertragungszeit *f* || **~ trigger command** / Sendeanstoss *m*
sendzimir coating / sendzimirverzinkt *adj*
sendzimir-galvanized *adj* / sendzimirverzinkt *adj*
senior shift engineer / Schichtführer *m* (Netzwarte)
sensation *n* / Empfindung *f* || **~ level** / Hörpegel *m*
sense *v* / fühlen *v*, abtasten *v*, abfragen *v*, Leseverstärker *m* (integrierte Schaltung, die auf eine Spannung in einem bestimmten Spannungsbereich reagiert und ein digitales Ausgangssignal abgibt) || **~ bit** / Aktivierungsbit *n* (PMG) || **~ data** / Erfassungsdaten *pl* || **~ of rotation** / Drehsinn *m*, Drehrichtung *f* || **~ of winding** / Wicklungssinn *m*, Wicklungsrichtung *f* || **~ recovery time** / Leseerholzeit *f*
sensible heat load / fühlbare (o. sensible) Wärmelast
sensing, remote ~ / Fernfühlen *n*, Istwert-Fernerfassen *n* || **~ area** / aktive Fläche (NS) || **~ curve** / Ansprechkennlinie *f* (NS) || **~ cycle** / Messzyklus (MZ) *m* (Messzyklen sind allgemeine Unterprogramme zur Lösung bestimmter Messaufgaben, die über Parameter an das konkrete Problem angepasst werden können) || **~ distance** / Schaltabstand s *m* (NS) || **~ element** / Fühlerelement *n*, Aufnehmer *m*, Signalgeber *m* || **~ face** EN 60947-5-2 / aktive Fläche (NS) || **~ probe** / Messfühler *m*, Messtaster *m* (Gerät zum automatischen Erfassen von Messwerten an Werstücken oder Werkzeugen während des NC-Programmablaufs), Fühler *m*, schaltender Messtaster, schaltender Messfühler, schaltender

Taster ‖ ~ **range** / Tastweite *f*, Erfassungsbereich *m* (NS), Reichweite *f*
sensitive *adj* / empfindlich *adj* ‖ **made less** ~ / unempfindlicher gemacht ‖ ~ **limit switch** / Feinendtaster *m* ‖ ~ **micro-switch** / Schnappschalter *m*, Mikro-Schnappschalter *m* ‖ ~ **relay** / empfindliches Relais, Feinrelais *n* ‖ ~ **to light** / lichtempfindlich *adj* ‖ ~ **to vibration** / erschütterungsempfindlich *adj* ‖ ~ **volume** (counter tube) / wirksames Volumen (Zählrohr)
sensitivity *n* / Empfindlichkeit *f*, Ansprechvermögen *n*, Fehlererkennbarkeit *f*, Ansprechwert *m* (Messtechnik), Ansprechempfindlichkeit *f* ‖ **diffuse-field** ~ / Übertragungsfaktor im diffusen Feld DIN IEC 651 ‖ ~ **analysis** / Sensivitätsanalyse *f* ‖ ~ **curve** / Empfindlichkeitskurve *f* (Fotometer) ‖ ~ **factor** / Empfindlichkeitsfaktor *m* (einer Fernmeldeleitung) VDE 0228 ‖ ~ **grade** / Empfindlichkeitsstufe *f* ‖ ~ **of a balance** / Empfindlichkeit einer Waage ‖ ~ **range** / Empfindlichkeitsbereich *m* ‖ ~ **theory** / Sensitivitätstheorie *f* ‖ ~ **to light** / Lichtempfindlichkeit *f*
sensitization *n* / Sensibilisierung *f*
sensor *n* / Fühler *m* (el.), Messfühler *m*, Messtaster *m*, Signalgeber *m*, Näherungsschalter *m*, Lastaufnehmer *m*, Messwertaufnehmer *m*, Messwertgeber *m*, Aufnehmer *m*, Taster *m*, Sender *m*, Sensor *m*, schaltender Messtaster, schaltender Messfühler, schaltender Taster, Betätiger *m*, Schaltaktor *m*, Stellantrieb *m*, Signalempfänger *m*, Steller *m*, Aktuator *m*, Aktorik *f*, Aktor *m*, Stellgerät *n*, Sensorik *f* ‖ **image** ~ / Bildabtaster *m*, Bildwandler *m* ‖ **photodiode** ~ / Fotodioden-Bildwandler *m* ‖ **safing** ~ / Sicherheitsschalter *m*, Safing-Sensor *m* ‖ ~ **activation** / Sensoransteuerung *f* ‖ ~ **array** / Sensormatrix *f* ‖ ~ **board** / Sensor-Baugruppe *f* ‖ ~ **board multiturn** (SBM) / Multiturngeberauswertung *f* ‖ ~ **board multiturn encoder** / Multiturngeberauswertung *f* ‖ ~ **board pulse** (SBP) / Impulsgeberbaugruppe *f*, SBP ‖ ~ **board resolver** (SBR) / Resolverbaugruppe *f* ‖ ~ **data block** / Geber-Datenbaustein *m* (SPS)
sensor-driven *adj* / sensorgeführt *adj*
sensor element / Sensor-Element *n* (Element zur Umwandlung physikalischer Größen in elektrische Werte. Beispiele: Temperatur, Helligkeit, Feuchtigkeit) ‖ ~ **for fiber-optic conductors** / Gerät für Faserlichtleiter ‖ ~ **head** / Aufnehmer-Anschlusskopf *m* ‖ ~ **input** / Sensoreingang *m*, Gebereingang *m* ‖ ~ **interface** / Sensor-Interface *n*, Sensorschnittstelle *f* ‖ ~ **manifold** / Sensorverteiler *m* ‖ ~ **matching module** / Geberanpassmodul *n*
sensor-operated release / Messauslöser *m*
sensor probe / Fühler *m*, Messtaster *m* (Gerät zum automatischen Erfassen von Messwerten an Werkstücken oder Werkzeugen während des NC-Programmablaufs), Messfühler *m*, schaltender Messtaster, schaltender Taster, schaltender Messfühler ‖ ~ **strip** / Sensorleiste *f*
sensor-switch / Sensorschalter *m*, Signalgeber *m*
sensor technology / Sensorik *f*, Sensor *m*, Aufnehmer *m* ‖ ~ **type** / Sensortyp *m* ‖ ~ **with current signal** / Stromgeber *m* ‖ ~ **with voltage signal** / Spannungsgeber *m*
sentence *n* / Satz *m* (DÜ, FWT)

separability *n* / Trennfähigkeit *f* (v. Leitungen), Trennbarkeit *f* (Chem., Chromatographie)
separable accessory / Steckgarnitur *f* (Kabel) ‖ ~ **bearing** / zerlegbares Lager, nicht selbsthaltendes Lager, Schulterkugellager *n* ‖ ~ **terminal block** / teilbare Klemmenleiste
separate *v* / trennen *v*, abtrennen *v*, auftrennen *v*, scheiden *v*, aufschließen *v*, abtrennen *v*, zerlegen *v* ‖ **to** ~ **the neutral connections** / den Sternpunkt auftrennen ‖ ~ **air cooling** / Fremdbelüftung *f* ‖ ~ **alarms linked by Boolean logic** / logisch verknüpfte Einzelstörmeldungen ‖ ~ **application** / getrennte Applikation ‖ ~ **cooling** / Fremdkühlung *f*
separated *adj* / herausgelöst *adj* ‖ ~ **earth electrode** / unbeeinflusster Erder ‖ ~ **extra-low-voltage system** / Schutzkleinspannungssystem *n* ‖ ~ **extra-low voltage system, earthed (SELV-E)** / geerdetes Schutzkleinspannungssystem ‖ ~ **phase layout** / Anordnung nach phasengleichen Außenleitern (Station) ‖ ~ **pressure line** / getrennte Druckleitung ‖ ~ **solenoids** / getrennte Elektromagnete
separate excitation / Fremderregung *f*
separate-footing foundation / aufgeteilte Gründung
separate grounding system / getrennte Erdungsanlage ‖ ~ **loss(es)** / Einzelverluste *m pl*
separately air-cooled machine / fremdbelüftete Maschine (Lüfter getrennt) ‖ ~ **cooled** / fremdgekühlt *adj* ‖ ~ **driven fan** / Fremdlüfter *m* ‖ ~ **enclosed** / separat mitgeliefert ‖ ~ **excited machine** / fremderregte Maschine, Maschine mit Fremderregung ‖ ~ **fed** / fremdgespeist *adj* ‖ ~ **lead-sheathed cable** s. S.L. cable ‖ ~ **mounted circulating-circuit component** / getrennt aufgestellte Kühlvorrichtung ‖ ~ **operated** / getrennt zu betätigen ‖ ~ **ventilated machine** / fremdbelüftete Maschine (Lüfter getrennt)
separate network / Inselnetz *n* ‖ ~ **network operation** / Teilnetzbetrieb *m* ‖ ~ **self-excitation** / getrennte Selbsterregung, äußere Mitkopplung (Transduktor)
separate-source power-frequency voltage withstand test / Prüfung mit angelegter Steh-Wechselspannung ‖ ~ **voltage-withstand test** / Prüfung mit angelegter Spannung (Trafo), Wicklungsprüfung *f* (mit Fremdspannung), Prüfung mit Fremdspannung
separate spark / Einzelfunke *m* ‖ ~ **terminal enclosure** / getrenntes Anschlussgehäuse ‖ ~ **ventilation** / Fremdbelüftung *f* (el. Masch.), fremdbelüftet *adj* ‖ ~ **winding** / getrennte Wicklung, unabhängige Wicklung
separate-winding transformer / Transformator mit getrennten Wicklungen, Volltransformator *m*
separating *n* / Trennen *n* (Fertigungstechnik, Chem.) ‖ ~ *n* / Vereinzeln *n* ‖ ~ **capability** IEC 50(371) / zeitliches Unterscheidungsvermögen (FWT) ‖ ~ **capacity** / Trennleistung *f* (Chromatograph) ‖ ~ **column** / Trennsäule *f* (Chromatograph) ‖ ~ **filter** / Trennungsweiche *f*, Weiche *f* ‖ ~ **force** / Trennkraft *f*, Ziehkraft *f* (StV) ‖ ~ **layer** / Trennschicht *f*, Zwischenlage *f* ‖ ~ **neutral** / schaltbarer (o. abschaltbarer) Neutralleiter ‖ ~ **power** / Trennleistung *f* (Chromatograph) ‖ ~ **rod** / Trennstab *m* (Batt.) ‖ ~ **saw** / Trennsäge *f* ‖ ~ **tool** / Trennvorrichtung *f*, Trennwerkzeug *n*
separation *n* / Trennung *f*, Trennen *n* DIN ISO 7498,

separator 530

Abtrennen *n*, Scheiden *n*, Abreißen *n* (Strömung), Schottung *f*, Abstand *m*, Unterteilung *f* || **protective** ~ / Schutztrennung *f* VDE 0100,T.200 || **pulse burst** ~ / Pulsburstabstand *m* || ~ **at grain boundaries** / Korngrenzenausscheidung *f* || ~ **of connection facilities** / Trennung zwischen den Anschlußteilen || ~ **of green syrup** / Trennung auf Grünablauf || ~ **of white syrup** / Trennung auf Weißablauf || ~ **rate** / Trenngeschwindigkeit *f* (Chem., Chromatographie), Abscheiderate *f* || ~ **sign** / Trennungszeichen *n*
separator *n* / Trennstück *n*, Zwischenlage *f*, Trennschicht *f* (Kabel), Zwischenpolster *n*, Trennsymbol *n* (PMG), Scheider *m*, Separator *m* (a. Batterie), Begrenzungssymbol *n*, Trennsteg *m*, Abscheider *m*, Abstandhalter *m*, Trennzeichen *n*, Zwischenschieber *m* (Wickl.) || **information** ~ / Informationstrennzeichen *n*
seperate insulation / Einzelisolierung *f* || ~ **publication** / Einzeldruckschrift *f*
seperately ventilated from drive end A to drive end B) / fremdbelüftet von AS nach BS
sequence *n* / Folge *f*, Reihung *f*, Reihung *f* (Menge mit einer Reihenfolge), Ablauf *m*, Reihe *f*, Staffel *f*, Abfolge *f*, Gruppe *f* || ~ **archive** / Folgearchiv *n* || ~ **block (SB)** / Schrittbaustein *m* (SB (Leitt., PC)) || ~ **cascade** / Ablaufkette *f* || ~ **cascade control** / Ablaufkettensteuerung *f* || ~ **cascade element** / Kettenelement *n* || ~ **characteristic** / Ablaufeigenschaft *f* || ~ **chart** / Ablaufdiagramm *n* DIN 40719, Ablauftabelle *f* DIN 40719, Schaltfolgetafel *f*, Schalttabelle *f*
sequence-component transformation / Fortescue-Transformation *f*
sequence control / Ablaufsteuerung (AST) *f* DIN 19237, Ablaufkettensteuerung *f*, Folgesteuerung *f*, Ablaufkontrolle *f*, Bearbeitungskontrolle *f*
sequence-controlled contact / Folgekontakt *m*
sequence control system (SCS) / Folgesteuerung *f*, Ablaufkettensteuerung *f*
sequenced flashlight (SFL) / Blitz *m* (SFL (Flp.)
sequence evolution / Kettenablauf *m* || ~ **failure** / Ablaufstörung *f* || ~ **module** / Schrittbaugruppe *f* (SPS) || ~ **number** / Ordnungsziffer *f* EN 50005 || ~ **number** (NC, CLDATA word) ISO 3592 / laufende Satznummer (NC, CLDATA-Wort), Satznummer *f*, Satzfolgenummer *f* || ~ **of conductors** / Reihenfolge der Leiter
sequence-of-event display / Meldungsfolgeanzeige *f*
sequence of events (SOE) / SOE
sequence-of-events log / Meldungsfolgeprotokoll *n*
sequence of functions / Funktionsablauf *m* || ~ **of logic gating operations** / logische Verknüpfungskette || ~ **of motions** / Bewegungsfolge *f* (WZM), Bewegungsablauf *m* (WZM) || ~ **of operations** / Arbeitsablauf *m*, Schaltfolge *f*, Bedienfolge *f*, Bedienungsfolge *f*, Bedienablauf *m* || ~ **of regions** / Zonenfolge *f* (HL) || ~ **of work** / Arbeitsablauf *m*, Arbeitsfolge *f*
sequence-oriented *adj* / ablauforientiert *adj*
sequence overview / Ablaufübersicht *f* || ~ **processor** / Ablaufschaltwerk *n* DIN 19237
sequencer *n* / Folgesteuergerät *n*, Steuerwerk *n*, Schrittkette *f* (SPS), Sortierer *m*, Ablaufkette *f*, Sequenzer *m*, Kette *f*, Ablaufsteuerglied *n* || **main** ~ / Hauptkette *f* (SPS) || ~ **block** /

Ablaufkettenbaustein *m* || ~ **element** / Kettenelement *n* (SPS) || ~ **organization** / Ablaufkettenorganisation *f* || ~ **pointer** / Kettenzeiger *m* || ~ **programming** / Ablaufkettenprogrammierung *f* || ~ **step** / Schritt *m*, Ablaufkettenschritt *m*, Befehlsschritt *m*, Einzelschritt *m*, Ablaufschritt *m*
sequence selection / Ablaufauswahl *f* (Reg.), Kettenauswahl *f* || ~ **selector** / Staffelschalter *m* || ~ **starting** / gestaffelte Anläufe, Folgezündung *f* (Lampen) || ~ **step** / Ablaufschritt *m* (eIST), Kettenschritt *m*, Einzelschritt *m*, Ablaufkettenschritt *m*, Schritt *m*, Befehlsschritt *m*, Schrittelement *n* (Ablaufkette) || ~ **structure** / Ablaufstruktur *f* || ~ **structured** / ablaufstrukturiert *adj* || ~ **table** / Ablauftabelle *f* DIN 40719, Schaltfolgetafel *f*, Schalttabelle *f* || ~ **test** IEC 214 / Prüfung der Schaltfolge (Trafo) || ~ **timer** / Zeitablaufglied *n*, Zeitschaltwerk *n* || ~ **word** / Schnittbaustein *m*
sequencing *n* (pulses) / Folgenbilden *n* (Impulse) || ~ ISO 7498 / Erhalten der Reihenfolge (OSI-System) || **packet** ~ / Paketaufrechnung *f* (Datenpakete) || ~ **control** / Ablaufsteuerung (AST) *f* DIN 19237, Ablaufkettensteuerung *f* || ~ **logic** / Ablauflogik *f*
sequential *adj* / sequentiell *adj* || **fixed** ~ / konstante Satzfolge (NC) || ~ **access storage** / Speicher mit sequentiellem Zugriff || ~ **circuit** / Folgeschaltung *f* DIN 44300, Ablaufsteuerkreis *m*, Schaltwerk *n* (Rechner), Zustandsschaltwerk *n* || ~ **compound die** / Folgeverbundwerkzeug *n* || ~ **connection** / sequentielle Vorgabe || ~ **control** / Ablaufsteuerung (AST) *f* DIN 19237, Ablaufkettensteuerung *f*, Ablaufkette *f* || ~ **control element** / Ablaufglied *n* DIN 19237 || ~ **control process** / Ablaufprozess *m* || ~ **control system** IEC 1131-1 / Ablaufsteuerung *f* (SPS) DIN EN 61131-1 || ~ **control system (SCS)** / Folgesteuerung *f* || ~ **events recording system (SERS)** / Meldedruckersystem *n*, druckendes Meldesystem || ~ **fault** / Folgefehler *m* || ~ **function chart** / Ablaufsprache *f* || ~ **function chart (SFC)** / Funktionsplan *m* (FUP), Darstellung nach Ablaufsprache (SPS) DIN EN 61131-1, Systemfunktion *f*, sequentieller Funktionsplan || ~ **input** / sequentielle Eingabe, Eingabe fortlaufender Werte || ~ **logic control** / logische Ablaufsteuerung || ~ **logic module (o. stage)** / Kommandostufe *f* (f. Schaltungsabläufe) || ~ **magnet** / Folgemagnet *m* || ~ **order of phases** / Phasenfolge *f* || ~ **phase control** / Folgesteuerung *f* (LE) || ~ **program** / Ablaufprogramm *n* || ~ **programming** / Ablaufprogrammierung *f* || ~ **sampling** / Folgestichprobenentnahme *f*, Reihenstichprobenentnahme *f* || ~ **sampling inspection** / sequentielle Stichprobenprüfung DIN 55350,T.31, Reihenstichprobenprüfung *f* || ~ **sampling plan** / Folgestichprobenplan *m*, Folgestichprobenanweisung *f*, Reihenstichprobenplan *f* || ~ **spectrometer** / Sequenz-Spektrometer *m* || ~ **test** / Folgeprüfung *f* (QS) || ~ **triggering** / sequentielle Triggerung *f*
X-ray spectrometer / Sequenz-Röntgenspektrometer *m* (SRS)
SER / SER || ~ (**serial number**) / LNR (laufende Nr.)
SERCLK s. serial clock
serial-access memory / Speicher mit seriellem

Zugriff
serial adder / serieller Addierer ‖ **~ addressing** / serielle Adressierung ‖ **~ bus** / serieller Bus (S-Bus) ‖ **~ clock (SERCLK)** / serielles Taktsignal ‖ **~ computer** / Serienrechner *m* ‖ **~ data interface** / serielle Datenschnittstelle ‖ **~ data transmission line** / serielle Datenübertragungsstrecke ‖ **~ digital interface (SDI)** / serielle digitale Schnittstelle (SDS) ‖ **~ input** / serielle Eingabe, Serieneingabe *f* ‖ **~ interface** / serielle Schnittstelle (o. Nahtstelle o. Anschaltung), serielles Schnittstellen-Interface (SSI) ‖ **~ interface Moby-M (SIM)** / Serial Interface Moby-M (SIM) ‖ **~ interface module SK-A** / serielle Kopplung, SK-A ‖ **~ interface module SK-G** / serielle Kopplung, SK-G ‖ **~ I/O module** / serielle Ein-/Ausgabebaugruppe ‖ **~ isolation module** / serielle Abriegelbaugruppe, ABR-SK
serializer *n* / Serialisierer *m*, Parallel-Seriell-Umsetzer *m*, Seriellumsetzer *m*
serial link / serielle Kopplung, serielle Verbindung ‖ **~ loop** / Laufschleife *f* ‖ **~ network interface (SNI)** / serielle Netzschnittstelle ‖ **~ no.** / Fabrik-Nr. *f*, Fabriknummer ‖ **~ number** *f*, Fabrikationsnummer *f*, Fertigungsnummer *f*, Zählnummer *f* DIN 6763,T.1, Fertigungs-Nr. *f*, Seriennummer *f*, Maschinennummer *f* ‖ **~ number (SER)** / laufende Nr. (LNR) ‖ **~ operation** / serieller Betrieb
serial-parallel addressing / Seriell-Parallel-Adressierung *f* ‖ **~ conversion** s. serial-to parallel conversion ‖ **~ converter** / Serien-Parallel-Umsetzer *m*
serial poll / Serienabfrage *f* (PMG) ‖ **~ poll active state (SPAS)** / aktiver Serienabfragezustand (des Sprechers (PMG)) DIN IEC 625 ‖ **~ poll disenable (SPD)** / Serienabfrage sperren (PMG) DIN IEC 625 ‖ **~ poll enable (SPE)** / Serienabfrage freigeben (PMG) DIN IEC 625 ‖ **~ poll idle state (SPIS)** / Serienabfrage-Ruhezustand *m* (des Sprechers (PMG)) DIN IEC 625 ‖ **~ poll mode state (SPMS)** / Serienabfrage-Vorbereitungszustand *m* (des Sprechers (PMG)) DIN IEC 625 ‖ **~ poll state** / Serienabfragezustand *m* (PMG) ‖ **~ port** / serielle Schnittstelle, ser. Schnittstelle ‖ **~ programming** / Serienprogrammierung *f* ‖ **~ register (SR)** / Serienregister *n* (SR) ‖ **~ scanning** / Serienabtastung *f* ‖ **~ signalling system** / serielle Meldeanlage ‖ **~ synchronous interface (SSI)** / serielles Schnittstellen-Interface (SSI) ‖ **~ transfer** / serielle Übertragung
serial-to-parallel conversion / Serien-Parallel-Umsetzer *f* ‖ **~ converter** / Seriell-Parallel-Konverter (o. Umsetzer) *m*, Entserialisierer *m*
serial transfer signal / Serienübertragssignal *n* DIN 19237 ‖ **~ transmission** / serielle Übertragung, Serienübertragung *f*
sericite *n* / Seidenglimmer *m*
series *n* / Reihe *f*, Serie *f*, Folge *f*, Baureihe *f* ‖ **connected in** ~ / in Reihe geschaltet, in Serie geschaltet, vorgeschaltet *adj*, nachgeschaltet *adj* ‖ **in** ~ / in Reihe, in Reihe geschaltet, vorgeschaltet *adj*, nachgeschaltet *adj* ‖ **thermoelectric** ~ / thermoelektrische Spannungsreihe ‖ **~ admittance** / Längsleitwert *m* ‖ **~ arm** / Längszweig *m*
series-arm thyristor / Längsthyristor *m*

series break / Schaltstrecke in Reihe (LS) ‖ **~ cabinet** / Serienschrank *m* ‖ **~ capacitance** / Längskapazität *f* ‖ **~ capacitor** / Reihenkondensator *m*, Vorschaltkondensator *m*, Längskondensator *m*, Reihenkapazität *f*, Vorkondensator *m* ‖ **~ cathode heating (o. preheating)** / Serienheizung einer Kathode ‖ **~ characteristic** / Reihenschlussverhalten *n*
series-characteristic motor / Motor mit Reihenschlussverhalten, Motor mit lastabhängigem Drehzahlverhalten
series circuit / Reihenschaltung *f*, Reihenstromkreis *m*, Serienschaltung *f*, Hauptstromkreis *m*, Strompfad *m* (MG) ‖ **~ coil** / Reihenschlussspule *f*, Stromspule *f* ‖ **~ compensation** / Reihenkompensation *f* (Netz), Längskompensation *f* ‖ **~ conduction motor** / Reihenschluss-Konduktionsmotor *m*
series-connected *adj* / in Reihe geschaltet, in Serie geschaltet, vorgeschaltet *adj*, nachgeschaltet *adj*, dahinterliegend *adj* ‖ **~ coil winding** / Reihenspulenwicklung *f* ‖ **~ I element** / nachgeschaltetes I-Glied ‖ **~ starting-motor starting** / Anlauf über Hilfsmotor in Reihenschaltung
series connection / Reihenschaltung *f*, Serienschaltung *f*, Kaskadenschaltung *f* (SR-Schaltungen) ‖ **~ connection plate** / Reihen-Anschlussplatte *f*
series-connection switching device / Nachschaltgerät *n*
series controller / Hauptstromregler *m*, Hauptstrom-Regelanlasser *m* ‖ **~ coupling** / Serienankopplung *f* (RSA), Serienkreiskopplung *f* ‖ **~ drum winding** / Trommel-Reihenwicklung *f* ‖ **~ element** / Vorschaltglied *n*, Längsglied *n*, Vorschaltelement *n* ‖ **~ excitation** / Reihenschlusserregung *f*, Hauptschlusserregung *f* ‖ **~ expansion** / Reihenentwicklung *f* (einer Gleichung) ‖ **~ fault** IEC 50(448) / Leiterbruch *m* (Schutzsystem) ‖ **~ field** / Reihenschlussfeld *n*, Hauptschlussfeld *n* ‖ **~ field rheostat** / Hauptstrom-Feldsteller *m*, Hauptstromsteller *m* ‖ **~ field winding** / Reihenschluss-Erregerwicklung *f*, Hauptschluss-Feldwicklung *f* ‖ **~ gap** / Reihenfunkenstrecke *f*, Löschfunkenstrecke *f* ‖ **~ impedance** / Längsimpedanz *f* (Netz), Reihenscheinwiderstand *m*, Vorwiderstand *m*, Vorimpedanz *f* ‖ **~ inductance** / Reiheninduktivität *f*, Serieninduktivität *f* (Diode) DIN 41856, Vorschaltinduktivität *f* ‖ **~ inductor** / Reihendrosselspule *f*, Vorschaltdrossel *f*, Längsdrossel *f*, Reiheninduktivität *f* ‖ **~ injection** / Serieneinspeisung *f* (RSA) ‖ **~ installation and startup** / Serieninbetriebnahme *f* ‖ **~ lamp** / Serienlampe *f*, Reihenschlusslampe *f*, Hauptschlusslampe *f* ‖ **~ machine** / Reihenschlussmaschine *f*, Hauptschlussmaschine *f*, Maschine mit Reihenschlusserregung, Serienmaschine *f* ‖ **~ machine start-up** / Serieninbetriebnahme *f*
series-mode interference / Gegentaktstörung *f*, Serien-Störsignaleinfluss *m* ‖ **~ interference voltage** / Gegentaktstörspannung *f*, Serien-Störspannung *f* ‖ **~ noise** / Gegentaktstörung *f* ‖ **~ parasitic voltage** / Gegentaktstörspannung *f*, Serien-Störspannung *f* ‖ **~ rejection** /

series 532

Gegentaktunterdrückung f, Serientaktunterdrückung f || ~ **rejection ratio (SMRR)** / Serientaktunterdrückungsmaß n, Gegentaktunterdrückungsverhältnis n || ~ **voltage** / Serientaktspannung f, Gegentaktspannung f
series of compatible assemblies / Baureihe aufeinander abgestimmter Kombinationen || ~ **of compatible assemblies for construction sites** / Baureihe zusammenpassender Baustromverteiler EN 60 439-4 || ~ **of exposures** / Näherungsfolge f VDE 0228 || ~ **of measurements** / Messreihe f || ~ **operating cycles** / Reihenschaltzahl f || ~ **operation** / Serienbetrieb m (v. Stromversorgungsgeräten, deren Ausgänge in Reihe geschaltet sind), Reihenbetrieb m
series-parallel connection / Serien-Parallel-Schaltung f || ~ **control** / Reihen-Parallelsteuerung f || ~ **starting** / Reihen-Parallelanlauf m || ~ **switch** / Serien-Parallel-Schalter m || ~ **winding** / Reihen-Parallelwicklung f
series p.f. correction / Reihenkompensation f (Leuchte) || ~ **production** / Serienfertigung f, Serienreife f || ~ **reactance** / Längsreaktanz f, Längs-Blindwiderstand m, Vorreaktanz f || ~ **reactor** / Reihendrosselspule f, Längsdrossel f, Vorschaltdrossel f || ~ **regulator** / Hauptstromregler m || ~ **release** / Direktauslöser m, Wandlerstromauslöser m || ~ **repulsion motor** / Konduktions-Repulsionsmotor m || ~ **resistance** / Vorwiderstand m, Reihenwiderstand m, Serienwiderstand m, Längswiderstand m || ~ **resistor** / Reihenwiderstand m, Serienwiderstand m, Vorwiderstand m, vorgeschalteter Widerstand || ~ **resonant circuit** / Reihenschwingkreis m, Reihenresonanzkreis m, Saugkreis m || ~ **ring winding** / Ring-Reihenwicklung f || ~ **stability winding** / Gegenreihenschlusswicklung f, Gegenhauptstromwicklung f || ~ **stabilizing circuit** / Längsstabilisierungskreis m || ~ **stabilizing winding** / Hilfs-Reihenschlusswicklung f || ~ **system of distribution** / Reihenschaltsystem n (Netz), Serienschaltsystem n, Konstantstromnetz n || ~ **thyristor** / Reihenthyristor m, Längsthyristor m || ~ **transductor** / Transduktor in Reihenschaltung || ~ **transformer** / Reihentransformator m, Vorschalttransformator m, Vordertransformator m, Zusatztransformator m, Hauptstromwandler m || ~ **triggering** / Reihenzündung f (Lampen) || ~ **tripping** / Direktauslösung f, Wandlerstromauslösung f || ~ **version** / Serienstand m || ~ **winding** / Reihenschlusswicklung f, Hauptschlusswicklung f, Reihenwicklung f
series-wound machine / Reihenschlussmaschine f, Hauptschlussmaschine f, Maschine mit Reihenschlusserregung || ~ **motor** / Reihenschlussmotor m, Hauptschlussmotor m
serpentine recording / serpentinenförmige Aufzeichnung
serrated lock washer / Fächerscheibe f, Zahnscheibe f || ~ **shaft** / Kerbzahnwelle f, Rillenwelle f
serration n / Kerbverzahnung f
SERS s. sequential events recording system
SERUPRO (SEarch RUn via PROgram test) / SERUPRO (Suchlauf via Programmtest)
serveability performance (The ability of a service to be obtained within specified tolerances and other given conditions when requested by the user and continue to be provided for a requested duration.) / Dienstverfügbarkeit f
server n / Server m, Knotenrechner m, Serverrechner m || ~ **bar** / Serverleiste f || ~ **utility** / Server-Dienst m
service v / bedienen v, warten v, instandhalten v, pflegen v, unterhalten v, bearbeiten v, ausführen v, abarbeiten v || ~ n / Betrieb m, Dienst m (a. Kommunikationsnetz) DIN ISO 7498, Dienstleistung f, Wartung f, Instandhaltung f, Pflege f, Bedienung f, Kundendienst m, Anschluss m (Haus), Nutzung f, Instandsetzung f (Instandhaltung nach Fehlzustandserkennung mit der Absicht, eine Einheit in den funktionsfähigen Zustand zu versetzen), Serviceleistung f || ~ **dual** ~ / zweiseitige Einspeisung || ~ **in** ~ **condition** / in betriebsfähigem Zustand || ~ **overhead** ~ / Freileitungs-Hausanschluss m || ~ **power** ~ / (elektrischer) Hausanschluss m || ~ **telephone** ~ / Fernsprechdienst m, Telefonanschluss m, Fernsprechleitung(en) f
serviceability n / Betriebsfähigkeit f, Zugänglichkeit f, Reparaturerleichterung f
service ability / Gebrauchsfähigkeit f
serviceability performance / Dienstverfügbarkeit f IEC 50(191)
serviceable adj / wartbar adj, funktionstüchtig adj, betriebsfähig adj
service access area / Instandhaltebereich m EN 60950 || ~ **access delay** / Dienstzugangsverzug m || ~ **accessibility** IEC 50(191) / Dienstzugangswahrscheinlichkeit f, Dienstzugangsmöglichkeit f || ~ **accessibility performance** / Dienstzugänglichkeit f IEC 50(191) || ~ **access point (SAP)** / Dienstzugangspunkt m DIN ISO 7498, SAP || ~ **access probability** / Dienstzugangswahrscheinlichkeit f || ~ **account** / Serviceaufrechner m, Wartungsaufrechner m || ~ **administration** / Serviceabwicklung f || ~ **agreement** / Serviceverbundvereinbarung f || ~ **air systems** / Betriebsdruckanlagen f pl || ~ **ambient temperature** / Betriebsumgebungstemperatur f || ~ **and safety brake** / Fahr- und Sicherheitsbremse f || ~ **area** / Servicebezirk m, Servicebereich m, Wartungsbezirk (WBez.) m || ~ **base** / Servicestützpunkt m || ~ **box** / Hausanschlusskasten m, Hausanschlussmuffe f || ~ **brake** / Fahrbremse f || ~ **business** / Servicegeschäft n || ~ **cable** / Hausanschlusskabel n || ~ **cable entrance box** / Kabel-Hausanschlusskasten m || ~ **call** / Serviceeinsatz m, Servicefall m
service-call coordinator / Serviceeinsatzleiter m
service call documentation / Einsatzdokumentation f || ~**call manager** / Serviceeinsatzleiter m || ~ **call procedure** / Einsatzablauf m || ~**capacitance** / Betriebskapazität f (GR) DIN 41760 || ~ **case** / Servicefall m, Serviceeinsatz m || ~ **centers** / Servicestellen n || ~ **condition** / Betriebszustand m || ~ **conditions** / Betriebsbedingungen f pl || ~ **conductors** / Hauseinführungsleitung f || ~ **conference** / Servicefachtagung f || ~ **connection endpoint identifier** / Verbindungsendpunktkennung f DIN ISO 7498 || ~ **connection impedance** / Hausanschluss-Impedanz f VDE 0838,T.1 || ~ **contact** / Servicebeauftragte pl, Servicebeauftragter m || ~ **contract (SC)** /

Instandhaltungsvertrag m, Servicevertrag (SV) m, Schutzvertrag (SV) m || ~ **contract partner** / Servicevertragspartner m || ~ **converter** / Betriebsumrichter m || ~ **coordinating location** / Service-Fachleitstelle f || ~ **current** / Betriebsstrom m || ~ **data** / Servicedaten pl || ~ **data unit** / Dienstdateneinheit f || ~ **department** / Instandhaltungsabteilung f, Servicestelle f, Serviceabteilung f || ~ **documentation** / Servicedokumentation f || ~ **drop** / Hausanschlussleitung f (Freileitung) || ~ **duct(ing)** / Versorgungskanal m || ~ **duty** / Betriebsart f || ~ **duty test** IEC 214 / Nenn-Schaltleistungsprüfung f (Trafo) VDE 0532,T.30, Betriebsprüfung f || ~ **employee** / Servicemitarbeiter m || ~ **engineer** / Servicemitarbeiter m || ~ **engineers** / Inbetriebnehmer m, Service-Personal n || ~ **entrance** / Hauseinführung f, Hausanschluss m || ~ **entrance box** / Hausanschlusskasten m || ~ **entrance conductors** / Hauseinführungsleitung f || ~ **entrance equipment room** / Hausanschlussraum m || ~ **entrance head** / Einführungskopf m (Dachständer) || ~ **entry mast** / Dachständer m (Hausanschluss) || ~ **environment** / Umgebungsbedingungen f pl || ~ **equipment** / Hausanschlussgeräte n pl, EVU-Übergabeeinrichtung f, Serviceausrüstung f || ~ **factor** / Überlastfaktor m, Auswahlfaktor m
service friendliness / Servicefreundlichkeit f || ~ **functions** / Dienstfunktionen f pl (MC-System) || ~ **fuse** / Hausanschlusssicherung f, Hauptsicherung f || ~ **group** / Wartungsgruppe f || ~ **guide** / Serviceanleitung (SA) f, Service-Taschenbuch n || ~ **guideline** / Servicerichtlinie f || ~ **illuminance** / Betriebsbeleuchtungsstärke f, Betriebswert der Beleuchtungsstärke, Nenn-Beleuchtungsstärke f || ~ **infrastructure** / Dienstleistungskapazität f || ~ **integrity** / Dienstintegrität f IEC 50(191) || ~ **invoice rate** / Serviceverrechnungssatz m || ~ **job** / Serviceeinsatz m, Servicefall m || ~ **junction box** / Hausanschlussmuffe f || ~ **lateral** / Hausanschlusskabel n || ~ **level** / Servicestufe f || ~ **life** IEC 50(481) / Betriebsdauer f (Batt.), Werkzeugstandzeit f, Standzeit f, Langzeitverhalten n, Nutzbrenndauer f, Nutzungsdauer f, Brauchbarkeitsdauer f (a. Batt.), Gebrauchsdauer f, Betriebsdauer f, Lebensdauer f || ~ **line** / Hausanschlussleitung f || ~ **location** / Servicestelle f, Instandhaltungsabteilung f || ~ **log** / Serviceprotokoll m
Service/maintenance / M/W || ~ **costs** / Instandhaltungskosten pl
service mass / Betriebsgewicht n || ~ **measurements** / Servicemessungen f pl || ~ **memo** / Servicemitteilung f || ~ **number** / Servicenummer f || ~ **operability performance** / Dienstanwendbarkeit f IEC 50(191)
service output IEC 50(481) / Betriebsleistung f (Batt.), Betriebsleistung f (Batt.) || ~ **output** IEC 50(481) / Betriebseigenschaften f (Batt.) || ~ **output retention** / Erhaltung der Betriebsleistung f (Batt.) || ~ **output test** / Entladeprüfung f (Batt.) || ~ **PC** / Service-PC, Wartungs-PC || ~ **period** / Einsatzzeit f || ~ **pocket guide** / Serviceanleitung (SA) f, Servicetaschenbuch n || ~ **position** / Betriebsstellung f (Schalteinheit), Betriebsstellung f (Trafo-Stufenschalter), Gebrauchslage f || ~

primitive / Dienstelement n DIN ISO 7498 || ~ **procedure** / Servicedurchführung f
service program / Dienstprogramm n || ~ **provider** / Diensterbringer m DIN ISO 7498, Service-Leistungserbringer m, Leistungserbringer, Dienstleister m || ~ **provision** / Leistungserbringung f || ~ **provisioning time** / Wartedauer f (auf einen Dienst) IEC 50(191) || ~ **quality** / Versorgungsqualität f || ~ **readiness** / Betriebsbereitschaft f, DSR (Data Set Ready) || ~ **readiness indication** / Einschaltbereitschaftsanzeige f || ~ **readiness indicator** / Betriebsbereitschaftsanzeige f || ~ **regulator** / Service-Regler m (Haupt-Druckregler in der Druckluftversorgung für eine Gruppe von pneumatischen Geräten) || ~ **reliability** / Versorgungszuverlässigkeit f || ~ **report** / Einsatzbericht m, Wartungsbericht m || ~ **representative** / Servicebeauftragte pl, Servicebeauftragter || ~ **request** / Serviceanforderung f || ~ **request (SR)** / Bedienungsaufruf m (PMG) DIN IEC 625, Bedienungsanforderung f || ~ **request function (SR function)** / Bedienungsruffunktion f (PMG), Ruffunktion f || ~ **request interface function state diagram** / SR-Zustandsdiagramm n (PMG) || ~ **request state (SRQS)** / Rufzustand der Ruffunktion (PMG) DIN IEC 625 || ~ **requester** / Dienstanforderer m || ~ **requirements** / Betriebsanforderungen f pl || ~ **resource** / Servicemittel n || ~ **response** / Servicereaktion f || ~ **restoration** / Wiederversorgung f || ~ **retainability** / Dienstbestandswahrscheinlichkeit f IEC 50(191), Dienstbeständigkeitswahrscheinlichkeit f (Wahrscheinlichkeit, daß ein einmal erhaltener Dienst unter gegebenen Bedingungen für eine gegebene Dauer weiter zur Verfügung steht) || ~ **retainability performance** / Dienstbeständigkeit f IEC 50(191) || ~ **riser duct** / Versorgungsschacht m || ~ **road** / Anliegerfahrbahn f, Ortsfahrbahn f
services, building ~ / Versorgungsanlagen in Gebäuden, Gebäudeinstallation f || ~ **public** ~ / öffentliche Versorgungsbetriebe
service security / Versorgungssicherheit f || ~ **short-circuit breaking capacity** / Betriebs-Kurzschluss-Ausschaltvermögen n E DIN VDE 0660,T.101 || ~ **speed** / Betriebsdrehzahl f || ~ **station** / Tankstelle f || ~ **support** / Serviceberatung f || ~ **support center** / Servicestützpunkt m || ~ **support contract** / Serviceunterstützungsvertrag m || ~ **support performance** / Dienstbereitschaft f IEC 50(191) || ~ **tap** / Hausanschlussleitung f || ~ **tapping position** / Betriebsstellung f (Trafo-Stufenschalter) || ~ **telephone** / Servicetelefon f || ~ **temperature** / Betriebstemperatur f, Gebrauchstemperatur f || ~ **test** / Revisionsprüfung f, Betriebsprüfung f, Entladeprüfung f (Batt.) || ~ **test label** / Serviceprüfmarke f || ~ **test mark** / Serviceprüfmarke f || ~ **truck** / Servicewagen m || ~ **turnover** / Service-Umsatz m || ~ **unit** / Servicegerät n (elST), Serviceeinheit f, Serviceunterstützungsvertrag m || ~ **user** / Dienstbenutzer m DIN ISO 7498 || ~ **user abandonment probability** (The probability that a user abandons the attempt to use a service.) / Dienstverzichtswahrscheinlichkeit f (Wahrscheinlichkeit, dass ein Benutzer auf den Versuch verzichtet, einen Dienst zu benutzen),

servicing

Verzichtswahrscheinlichkeit f (Dienstbenutzer) IEC 50(191) || **~ user mistake probability** /
Fehlbedienungswahrscheinlichkeit f (Dienst) IEC 50(191) || **~ voltage** / Betriebsspannung f,
Gebrauchsspannung f || **~ water** / Brauchwasser n || **~ water pump controls** /
Brauchwasserpumpensteuerung f || **~ water system** / Brauchwasseranlage f
servicing n / Bedienung f, Wartung f, Pflege f, Instandhaltung f, vorbeugende Instandhaltung, Vorhaltung f, Pflegearbeiten $f pl$ || **~ cover** / Bedienungsdeckel m, Reinigungsdeckel m || **~ diagram** (Rev.) IEC 113-1 / Wartungsplan m || **~ instructions** (Type of documentation.) / Serviceanleitung (SA) f, Service-Taschenbuch n || **~ level** IEC 204 / Zugangsebene f VDE 113 || **~ opening** / Bedienungsöffnung f, Wartungsöffnung f, Inspektionsöffnung f || **~ sequence** / Einsatzablauf m
serving n / Schutzschicht f, Umwicklung f, Bandlage f, Wickel m, Wickellage f, Umbandelung f || **~ (cable)** / äußere Umhüllung
servo n / Servogerät n
servo-actuator n / servobetätigter Stellantrieb, Stellglied n
servo amplifier unit / Stromrichtergerät n || **~ area** / Servo-Bereich m
servo-assisted solenoid valve / vorgesteuertes Magnetventil
servo control / Nachlaufsteuerung f, Folgeregelung f, Servosteuerung f, Servoregelung f, Nachlaufregelung f || **~ control (SEC)** / Servosteuerung f, Servomechanismus m, SEC
servo-controlled drive / servogeregelter Antrieb, Antrieb mit Folgeregelung
servo-converter / Servo-Umrichter m
servo cycle time / Servo-Zykluszeit f || **~ cylinder** / Servozylinder m || **~ disable** / Reglersperre f
servo-drive n / Servoantrieb m, Stellantrieb m, Stellgerät n, Steller m, Schaltaktor m, Betätiger m, Aktuator m, Aktorik f, Aktor m (Teilnehmer des Systems, die Telegramme empfangen, verarbeiten und in anwendungsbezogene Aktionen umsetzen; Signalempfänger m, Regelantrieb m
servo drive control / Antriebsregelung f || **~ enable** / Reglerfreigabe (RFG) f || **~ enable contact** / Reglerfreigabe-Kontakt m || **~ feedback system** / Nachlaufrückführsystem m || **~ follower** / Folgeregler m, Nachlaufregler m || **~ gain** / Kreisverstärkung f, Streckenverstärkung f || **~ gain changeover switch** / KV-Umschalter m
servo gain factor (K_V) / Geschwindigkeitsverstärkungsfaktor m (Faktor K_V), Kreisverstärkungsfaktor (KV-Faktor) m
servo-indicator n / Kompensationsanzeiger m
servo interlock / REGSPER || **~ interlocking** / Reglersperre f || **~ lag** / Schleppabstand (SA) m, Schleppfehler m
servo-loop n / Regelkreis m, Steuerkreis m, Nachlaufregelkreis m
servo-mechanical impulse device / servomechanischer Impulsgeber (EZ)
servo-mechanism n / Servomechanismus m, Folgeregler m, Servosteuerung f, SEC, Stellantrieb m
servo-method n / Kompensationsmethode f (MG)
servo-motor n / Servomotor m, Stellmotor m,

Regelmotor m, Steuermotor m, proportional gesteuerter Motor, Verstellmotor m, Betätigungsmotor m || **balanced-flow ~** / Stellmotor mit Ölausgleich
servo-operated recorder / Kompensationsschreiber m
servo release / Drehzahlreglerfreigabe f, Antriebsfreigabe f || **~ sampling time** / Servo-Abtastzeit f || **~ solenoid valve** / Regelventil n
servo-stability n / Servostabilität f
servo system / Servosteuerung f, Servomechanismus m, SEC
servo-system n / Servosystem n, Stellsystem n, Folgeregelsystem n
servo-type dotted-line recorder / Kompensations-Punktschreiber m || **~ recorder** / Kompensationsschreiber m
servo-valve / Servoventil n, Stellventil n, Regelventil n, Steuerventil n, Hilfsventil n
SES (Siemens Edifact Standard) / SES
session n / Sitzung f DIN ISO 7498, Arbeitssitzung f || **~ connection** / Sitzung f DIN ISO 7498 || **~ connection synchronization** / Sitzungssynchronisation f DIN ISO 7498 || **~ layer** / Kommunikationssteuerungsschicht f DIN ISO 7498 || **~ protocol** / Kommunikationssteuerungsprotokoll n DIN ISO 7498 || **~ service** / Kommunikationssteuerungsdienst m DIN ISO 7498
SET s. software engineering tool
set v / setzen v, stellen v, einstellen v, vorgeben v, verfestigen v, abbinden v, erstarren v, aushärten v, zwangssetzen v, steuern v || **~ adj** / gesetzt adj, geschränkt adj || **~ n** / Satz m, Maschinensatz m, Aggregat n, Menge f, bleibende Verformung, Kurvenschar f, Gerät n
set (S PC) / Setzen n (S (PC)) || **character ~** / Zeichenvorrat m, Zeichensatz m || **file ~** / Dateimenge f || **insulator ~** / Isolatorkette f IEC 50(466) || **~ label** / Kennsatzfamilie f || **operation ~** / Operationsvorrat m || **~ record** / Satzgruppe f DIN 44300 || **~ to ~ an output** / einen Ausgang setzen (o. ansteuern) || **~ to ~ in motion** / in Bewegung setzen || **~ to ~ up a magnetic field** / ein Magnetfeld aufbauen || **~ a mark** / Marke setzen || **~ actual value on the fly** / fliegendes Istwertsetzen || **~ and reset** / ansteuern v || **~ approach dimension** / Anfahrschließmaß n || **~ asynchronous response mode (SARM)** / unabhängiger Antwortbetrieb (DÜ) || **~ attribute value** / setze Attributwert || **~ cursor** / Cursor setzen || **~ dependency** / Setz-Abhängigkeit f, S-Abhängigkeit f || **~ dominant** / vorrangiges Setzen || **~ drawing** / Satzzeichnung f || **~ indexing position** / Teilungssollposition f (WZM, NC) || **~ input** / Setzeingang m, S-Eingang m, Eingang setzen || **~ input conditionally** / Eingang begrenzt setzen || **~ instruction** / Setzoperation f || **~ main/key parameters** / Schlüsselparameter setzen || **~ of contacts** IEC 214 / Kontaktsatz m (Trafo-Stufenschalter) VDE 0532,T.30 || **~ of curves** / Kurvenschar f || **~ of drawings** / Zeichnungssatz m || **~ of equipment for service** / Serviceausrüstung f || **~ of fixing parts** / Befestigungssatz m || **~ of links** / Leitungssatz m || **~ of machine data** / Maschinendatensatz m || **~ of parameters** / Parametersatz m || **~ of parts** / Teilesatz m || **~ of

seals / Dichtungsset n || **~ of specifications** / Lasten- und Pflichtenheft || **~ of values** / Wertmenge f || **~ output** / Ausgang setzen || **~ parameters** / parametrieren v || **~ PG-PC interface** ... / PG-PC Schnittstelle einstellen || **~ point** / Triggerpunkt m, Schaltpunkt m
setpoint/actual value / Soll/Istwert m
setpoint n / eingestellter Wert der Führungsgröße, Sollwert m || **additional ~** / Zusatzsollwert (ZSW) m || **additional ~ scaling** / ZSW-Skalierung f || **~ adjuster** / Sollwerteinsteller m, Sollwertgeber m, Sollwertbelegung f || **~ assignments** / Sollwertvorgaben f pl (SPS) || **~ balancing** / Sollwertsymmetrierung f || **~ blinking** / Sollblinken n || **~ box** / Sollwertkästchen n || **~ cascade** / Sollwertkaskade f || **~ change** / Sollwertänderung f || **~ channel** / Sollwertkanal m || **~ command** / Sollwert-Stellbefehl m || **~ compensator** / Funktionsbildner für Sollwertaufschaltung, Sollwertaufschaltungsglied n || **~ connector** / Sollwertstecker m || **~ control (SPC)** / Regelung mit Sollwerteingriff, Sollwertführung-Führungssteuerung f, Sollwertführung f || **~ control module** / Sollwertführungsbaugruppe f, Sollwertreglerbaugruppe (SR) f || **~ device** / Sollwerteinsteller m, Sollwertgeber m || **~ direction** / Sollwertrichtung f || **~ driven master axis** / Sollwertführung f || **~ encoder** / Sollwertgeber m || **~ entry** / Sollwerteingabe f, Sollwertvorgabe f || **~ exchange** / Sollwertumschaltung f || **~ frequency skipping** / Sollwertausblendung f || **~ generation** / Sollwertbildung f || **~ generator** / Sollwertgeber m, Sollwertsteller m || **~ input** / Sollwertvorgabe f || **~ limitation** / Sollwertbegrenzung f || **~ linkage** / Sollwert-Kopplung f
setpoint-linked adj / sollwertgekoppelt adj
setpoint memory / Sollwertspeicher m || **~ memory of PID-MOP** / Sollwertspeicher PID-MOP, MOP-Sollwertspeicher m || **~ movement** / Sollbewegung f || **~ of PID-MOP** / Sollwert PID-MOP || **~ of the MOP** / Motorpotentiometer-Sollwert m || **~ output** / Sollwertausgang m, Sollwertausgabe f || **~ output block** / Sollwert-Ausgabebaustein m (PC I) || **~ overlay** / Sollwertüberlagerung f || **~ polarity** / Sollwertpolarität f || **~ position** / Sollposition f, Lagesollwert m, Positions-Sollwert m (im Programm vorgegebene Position, die von einem beweglichen Maschinenelement erreicht werden soll) || **~ power** / Soll-Leistung f || **~ preparation** / Sollwertaufbereitung f || **~ reduction** / Sollwertverringerung f || **~ resolution** / Sollwertauflösung f || **~ rounding** / Sollwertverschleifung f || **~ selection** / Sollwertwahl f || **~ setter** / Sollwerteinsteller m, Sollwertgeber m, Sollwertsteller m || **~ signal** / Sollwertsignal n || **~ speed** / Solldrehzahl f || **~ step change** / Sollwertsprung m, Führungssprung m || **~ submodule** / Sollwertmodul n, Sollwertsteckmodul n || **~ temperature** / Solltemperatur f || **~ value linkage** / Sollwert-Kopplung f
set position / eingestellte Position (o. Lage), Sollposition f (NC) || **~ pressure** / Einstelldruck m || **~ program header parameters** / Programmkopf parametrieren
set-reset flipflop / Stell-Rückstell-Flipflop n, RS-Flipflop n
set/reset function (S/R function) / Speicherfunktion

f, speichernde Funktion || **~ operation** / Speicheroperation f
setscrew n / Madenschraube f, Stellschraube f, Gewindestift m
set screw / Druckschraube f || **~ setup feedrate** / Einrichtevorschub einstellen
sets of disc-type thyristors / Scheibenthyristoren in Satzbauweise
set speed resolution / Drehzahlsollwertauflösung f || **~ spindle speed limitation** / Spindndrehzahlsollwertbegrenzung f
settable adj / setzbar adj || **~ zero offset** / einstellbare Nullpunktverschiebung, einstellbares Nullpunktsystem (ENS)
setter, tool ~ / Einrichter m (WZM)
setting n / Einstellung f, Einstellen n, Einstellwert m, Erhärten n, Abbinden n, Maß n, Stellwert m, Einrichten n || **~ snap ~** / Fangraster m (CAD) || **~ accuracy** / Einstellgenauigkeit f || **~ aid** / Inbetriebnahmehilfe f || **~ angle** / Anstellwinkel m (NC, a. CLDATA-Wort) || **~ button** / Einstelltaste f, Setztaste f || **~ compound** / Vergussmasse f (f. Kabelgarnituren) || **~ current** / Einstellstrom m || **~ data** / Einstelldaten pl || **~ data (SD)** / Settingdaten (SD) n (Settingdaten legen Betriebszustände fest. Settingdaten sind nicht kennwortgeschützt. Sie können vom Bediener verändert werden. - Vgl.: Maschinendatum) || **~ data active (SEA)** / Adressen mit Wertzuweisung, SEA || **~ data bit** / Settingdatenbit n || **~ data word** / Settingdatenwort n || **~ drum** / Einstelltrommel f || **~ drum cutout** / Ausschnitt Einstelltrommel || **~ element** / Einstellelement n || **~ error** / Einstellfehler m || **~ function** / Setzfunktion f (SPS) || **~ gauge** / Einstelllehre f, Passlehre f || **~ interval** / Klassenbreite f, Einstellabstand m || **~ key** / Einstelltaste f, Setztaste f || **~ knob** / Schaltgriff m || **~ mark** / Einstellmarke f || **~ module** / Einstellbaugruppe f || **~ operation** / Setzoperation f || **~ option** / Einstellmöglichkeit f || **~ out** / Anreißen n, Absteckung f, Vermessen n || **~ output** / Setzausgang m || **~ point** / Erstarrungspunkt m, Stockpunkt m || **~ pulse generation** / Stellimpulsbildung f || **~ rail** / Verstellschiene f || **~ range** / Einstellbereich m (EB) || **~ ratio IEC 50(446)** / Einstellverhältnis n (Rel., der Zeitverzögerung)
setting/resetting operation / Setz-Rücksetzoperation f
setting scale / Einstellskala f || **~ screw** / Einstellschraube f, Justierschraube f, Verstellschraube f, Stellschraube f || **~ threaded pin** / Stellgewindezapfen m || **~ time** (cf. setting-up time) / Einstellzeit f || **~ tolerance** / Einstellgenauigkeit f || **~ up** / Einrichten n (WZM), Feldaufbau m, Aufbau m
setting-up mode / Einrichtebetriebsart f (WZM, NC) || **~ mode selector switch** / Einrichteschalter m, Einrichtschalter m
setting up of a field / Aufbau eines Feldes
setting-up operation / Einrichtebetrieb m (WZM) || **~ time** / Einrichtzeit f (WZM), Rüstzeit f (WZM), Einrichtezeit f, Einstellzeit f
setting value / Einstellwert m, Sollwert m || **~ value of the specified time** / Einstellwert der Zeitverzögerung
settling effect band IEC 478-1 / Bereich der

set	536

Abweichung infolge thermischen Ausgleichs DIN 41745 || ~ **operation** / Ausregelvorgang f || ~ **time** / Ausregelzeit f, Beruhigungszeit f, Zeitdauer des thermischen Ausgleichs DIN 41745, Einschwingzeit f || ~ **time error** / Einschwingzeitfehler m || ~ **time to steady-state ramp delay** / Rampeneinschwingzeit f
set up v / einrichten v, aufstellen v, aufbauen v || ~ **up** n / Set up || ~ **up manually** / vorbereiten v, versorgen v, einrichten v
setup n / Aufstellung f, Rüsten n, Einstellen n, Einrichten n, Inbetriebnahme f, Inbetriebsetzung f || ~ v / anlegen v || **test** ~ / Prüfanordnung f, Prüfaufbau m, Versuchsanordnung f || **transmitter** ~ **time** / Sender-Vorlaufzeit f (RSA) || ~ **axis** / Umrüstachse f || ~ **data** / Rüstdaten pl || ~ **dialog** / Einrichtdialog m, Rüstdialog m || ~ **file** / Setup-Datei f || ~ **function** / Rüstfunktion f || ~ **gauge** / Einstellehre f || ~ **input** / Vorbereitungseingang m (logische Schaltung) || ~ **mode** / Einrichtbetrieb m, Einrichtbetriebsart f, Einrichtebetrieb m || ~ **motion** / Einrichtbewegung f, Einrichtebewegung f || ~ **movement** / Einrichtbewegung f || ~ **program** / Rüstprogramm (R) n || ~ **sheet** / Einrichtblatt n || ~ **time** / Umrüstzeit f, Einstellzeit f, Rüstzeit f, Einrichtzeit f || ~ **time** (signal processing) / Vorhaltezeit f, Vorlaufzeit f || ~ **time** IEC 147 / Vorbereitungszeit f (Zeitdifferenz zwischen bestimmten Signalpegeln), Impulsvorlaufzeit f, Setzzeit f || ~ **value** / Einrichtewert m
set value / eingestellter Wert, Einstellwert m, Festwert m || ~ **value control** / Festwertregelung f || ~ **value controller** / Festwertregler m || ~ **workpiece dimension** / Werkstücksollmaß n
seven-bar segmented display / Sieben-Segment-Anzeige f
seven-day dial / Wochenscheibe f || ~ **switch** / Wochenschaltwerk n
seven-digit register / siebenstelliges Zählwerk
seven-layer model / Sieben-Schichten-Modell n (OSI), Schichtenmodell (ISO/OSI) n
seven-segment display / Sieben-Segment-Anzeige f
sever, circuit ~ / Trennstrecke f (Elektronenstrahl)
several parts / mehrteilig adj
severe adj / erschwert adj || ~ **pollution** / starke Verschmutzung
severest operating conditions / schwerste Betriebsbedingungen
severity n / Strenge f, Härte f, Schärfe f, Schwere f, Heftigkeit f, Schwingstärke f, Verschmutzungsgrad m, Schärfegrad m, Beanspruchungsgrad m || **pollution** ~ / Verschmutzungsgrad m, Fremdschichtgrad m (Isolator) || **reference** ~ / zugeordneter Verschmutzungsgrad || **vibrational** ~ / Schwingschärfe f, Schwingstärke f || ~ **class** / Wertebereich m (Betriebs-o.Umwelteinflussgrößen) || ~ **factor** / Schwerefaktor m, Beeinflussungsfaktor m || ~ **of environmental parameter** / Grenzwert der Umwelteinflussgröße DIN IEC 721, T.1 || ~ **of test** / Prüfschärfe f, Härte einer Prüfung || ~ **withstand level** / Steh-Verschmutzungsgrad m (Isolatoren)
sewage disposal / Wasserentsorgung f || ~ **sludge** / Klärschlamm m || ~ **treatment plant** / Abwasseranlage f
sewn bias-cut fabric / genähtes Diagonalschnittgewebe

sexadecimal adj / sedezimal adj || ~ **digit** / Sedezimalziffer f
sextet n / Sextett n (NC)
SF s. approach sequence flashlights
SF$_6$ (sulphur hexafluoride) / SF$_6$ (Schwefelhexafluorid)
SF$_6$ circuit-breaker / SF$_6$-Leistungsschalter m (LS), SF$_6$-Schalter m || $\cong$ **compressed-gas circuit-breaker** / SF$_6$-Druckgasschalter m || $\cong$ **dual-pressure breaker** / SF$_6$-Zweidruckschalter m || $\cong$ **extra-high-voltage circuit-breaker** / SF$_6$-Höchstspannungs-Leistungsschalter m || $\cong$ **gas insulated switchgear** / SF$_6$-gasisolierte Schaltanlage n || $\cong$ **high-speed puffer circuit breaker** / SF$_6$-Blaskolben-Druckgas-Schnellschalter m || $\cong$ **high-voltage circuit breaker** / SF$_6$-Hochspannungsschalter m
SF$_6$-insulated bus duct / SF$_6$-isolierte Rohrschiene, SF$_6$-Rohrleiter m, SF$_6$-isolierte, metallgekapselte Schaltanlagen || $\cong$ **surge diverter** / SF$_6$-isolierter Überspannungsableiter
SF$_6$ interrupter / SF$_6$-Unterbrecher m || $\cong$ **leakage detector** / SF$_6$-Lecksuchgerät n || $\cong$ **metal enclosed switchgear** / metallgekapselte SF$_6$-isolierte Schaltanlage, Schaltanlage mit SF$_6$-isolierten Geräten
SF$_6$/N$_2$ circuit breaker / SF$_6$/N$_2$-Mischgasschalter m
SF$_6$ puffer circuit-breaker / SF$_6$-Blaskolbenschalter m || $\cong$ **single-pressure circuit-breaker** / SF$_6$-Eindruckschalter m
SFC (Sequential Function Chart) (A graphical representation of a sequential program consisting of interconnected steps, actions and directed links with transition conditions.) / Systemfunktion f, sequentieller Funktionsplan
SFL s. sequenced flashlight
SG s. silicon gate || $\cong$ / sichere Geschwindigkeit (SG), sicher reduzierte Geschwindigkeit
SG (sign) / Plus-/Minuszeichen n
SGA / sicherheitsgerichtete Ausgänge (SGA), sicherheitsgerichtetes Ausgangssignal (SGA)
SGC s. subgroup control
SGE / sicherheitsgerichtetes Eingangssignal (SGE), sicherheitsgerichtete Eingänge (SGE) || $\cong$ **screen** / SGE-Maske f
SGNS s. source generate state
SGOS s. silicon-gate oxide semiconductor
SGS (status group select) / Auswahl der Zustandsgruppe
SGSQNR (segment sequence number) / SGSQNR (Segment Sequence Number)
SH s. source handshake || $\cong$ / Systemhandbuch (SH) n, sicherer Halt (SH)
S/H action s. sample-and-hold action
shade v / schattieren v, abschirmen v || ~ n / Schatten m, Farbton m, Leuchtschirm m, Abblendschürze f || ~ **lamp** ~ / Lampenschirm m, Leuchtenschirm m
shaded luminaire / Schirmleuchte f || ~ **pole** / Spaltpol m, abgeschirmter Pol, Hilfspol m
shaded-pole motor / Spaltpolmotor m, Hilfspolmotor m
shading n / Schattierung f, Abschirmung f, Abstufung f (Farbtöne), Abblenden n (Akust.) || ~ **coil** / Kurzschlusswicklung f, Kurzschlussring m || ~ **model** / Schattierungsmodell n (CAD)
shadow border / Schattengrenze f || ~ **color** / Rahmenfarbe f

shadow-column instrument / Leuchtbalken-Messgerät n
shadow cost factor / Scheinkostenfaktor m || ~ diskette / Mitschreibdiskette f || ~ effect / Schattenwirkung f
shadowfree lighting / schattenlose Beleuchtung
shadow grid / Schattengitter n || ~ image / Schattenbild n || ~ mask / Lochmaske f || ~ mode / Mitschreibbetrieb m
shadowy light / Halbschatten m
shaft n / Welle f, Schaft m, Schacht m, Drehachse f, Rundachse f, Rotationsachse f, rotatorische Achse, rotatorische Bewegungsachse
shaft-angle digitizer / (digitalisierender) Drehwinkel-Messumformer m, Winkelschrittgeber m || ~ encoder / Impulsformer m, Winkelschrittgeber m, Impulsgenerator m, Impulsgeber m, Zählimpulsgeber m, Pulsgeber m, Pulscoder m, Rotorlagegeber (RLG) m, Drehwinkel-Messumformer m, inkrementeller Winkelschrittgeber
shaft arm / Kurbelarm m || ~ arm with stem linkage / Hebelanordnung f
shaft assembly / Wellenstrang m, Wellenverband m || ~ axis / Wellenachse f, Wellenmittellinie f || ~ basis system of fits / System der Einheitswelle || ~ bearing / Wellenlager n, Lagerung der Welle || ~ bearing housing / Abtriebsgehäuse n || ~ block / Transportverspannung f, Läuferhaltevorrichtung f, Transportversteifung f, Transportsicherung f || ~ butt / Wellenstumpf m, Wellenstummel m
shaft-centre distance / Wellenmittenabstand m, Achsabstand m
shaft circlip / Sicherungsring m || ~ collar / Wellenschulter f, Wellenbund m || ~ core / Wellenseele f || ~ coupling / Wellenkupplung f, Zwischenstück n, Wellenzwischenstück n || ~ current / Wellenstrom m, Lagerstrom m || ~ deflection / Wellendurchbiegung f || ~ displacement / Wellenausschlag m, Wellenverlagerung f || ~ eccentricity / Wellenschlag m || ~ encoder / Impulsformer m, Impulsgeber m, Pulsgeber m, Pulscoder m, Zählimpulsgeber m, Drehgeber m, Impulsgenerator m, rotatorisches Wegmessgerät (Siehe: Wegmessgeber) || ~ encoder limit / Rotorlagegeberanschlag m || ~ encoder pulses per motor revolution / Geberimpulse pro Motorumdrehung || ~ encoder system / Rotorlagegebersystem n || ~ end / Wellenende n, Wellenstumpf m, Wellenstummel m
shaft-end-mounted exciter / am Wellenende angebaute Erregermaschine
shaft extension / freies Wellenende, Wellenzapfen m, Wellenverlängerung f, Wellende n, Wellenende n || ~ gland / Wellenstopfbüchse f, Wellendurchführung f || ~ height / Achshöhe f (el.Masch.), Wellenhöhe f || ~ hanger / Hängelager n || ~ horsepower / Wellenpferdestärke f || ~ h.p.
shafting n / Wellenstrang m, Transmission f
shaftless printing press / wellenlose Druckmaschine
shaft misalignment / Wellenfluchtabweichung f, Wellenverlagerung f || ~ nut / Wellenmutter f
shaft-mounted exciter / aufgesattelte Erregermaschine || ~ fan / Eigenlüfter m (el.Masch.)
shaft-operated mechanism / Wellenantrieb m (SG)

shaft orbit / kinetische Wellenbahn || ~ output / Wellenleistung f, Effektivleistung f || ~ packing / Wellendichtung f || ~ position encoder / Rotorlagegeber (RLG) m, Läuferlagegeber m, Wellenlagegeber m || ~ revolutions / Wellenumdrehungen f pl || ~ runout / Wellenschlag m || ~ seal / Wellendichtung f || ~ sealing / Wellendurchführung f, Abdichtung der Durchführung || ~ shoulder / Wellenschulter f, Wellenbund m || ~ signal cable / Schacht-Signalkabel n || ~ stub / Wellenstumpf m, Wellenstummel m || ~ torque / Wellendrehmoment n, abgegebenes Drehmoment || ~ vibration / Wellenschwingung f || ~ voltage / Wellenspannung f (in d. Maschinenwelle)
shaft-voltage test / Messung der Wellenspannung
shagreened adj / genarbt adj
shaker n (of a piezoelectric actuator) / Schwingerreger m
shake test / Schüttelprüfung f
shaking n / Wackeln n, Wackelschwingung f, Erschütterung f, Schütteln n
shallow luminaire / Flachleuchte f
S/H amplifier / Abtast-Halteverstärker m, Sample-and-Hold-Verstärker m
shank n / Schenkel m, Schaft m, gewindefreier Schaft || ~ dimension / Schaftmaß n || ~ screw / Schaftschraube d
Shannon frequency / Shannonfrequenz || ≙ sampling frequency / Shannonabtastfrequenz
shape v / formen v, verformen v, bearbeiten v, profilieren v || ~ n / Figur f, Form f, Gestalt f, Verlauf m (einer Kurve), Profil n || ~ voltage ~ / Form der Spannungswelle, Spannungsverlauf m
shaped cable / Profilleitung d || ~ conductor / Profilleiter m || ~ pieces / Formteile n pl (aus Glimmer) || ~ probe / formangepasster Prüfkopf || ~ wire / Profildraht m
shaped-wire winding / Profildrahtwicklung f
shape exponent / Formexponent m || ~ factor / Formfaktor m (mech.) || ~ for sealing / Formschlüssigkeit der Dichtringe || ~ for spreading the V-ring / Formschlüssigkeit der Dichtringe || ~ of a lathe turned plug / Kontur eines Parabolkegels || ~ recognition / Formerkennung f
shaping n / Formen n, Formung f (a. Impulse), Verformung f, Formstück n, Profilierung f, Formgebung f || ~ signal / Signalformung f || ~ cycle / Formbauzyklus m, Formenbauzyklus m
share n / Anteil m
shared adj / gemeinsam adj || ~ communication medium / gemeinsames Kommunikationsmedium || ~ data channel / gemeinsame Datenleitung
shared-printer system / Zentraldruckersystem n (Textsystem)
shared-resources system / Mehrbenutzersystem n, Mehrplatzsystem n
shared selection / gemeinsame Selektion
sharing, voltage ~ / Spannungsaufteilung f
sharp corner / scharfe Ecke || ~ cut-off tube / Röhre ohne Regelkennlinie || ~ edge / scharfe Kante
sharpened adj / geschärft adj
sharply focused / scharf fokussiert, eng gebündelt
sharpness of vision / Sehschärfe f
sharp transition / scharfer Übergang, scharfbegrenzter Übergang

shatterproof *adj* / splittersicher *adj*, bruchsicher *adj* ||
~ **lamp** / splittersichere Lampe
shaver *n* / Rasierapparat *m* || ~ **socket-outlet** /
Rasiersteckdose *f* || ~ **transformer** /
Rasiersteckdosen-Transformator *m*
shaving *n* / Nachschneiden *n*, Nachschnitt *m*,
Hartschaben *n* || ~ **die** / Nachschneidewerkzeug *n*
shear *v* / scheren *v*, abschneiden *v*, beschneiden *v* || ~ /
Scherung *f*, Schub *m*, Scherwirkung *f*, Gleitung *f* ||
~ **beam** / Scherstab *m* || ~ **bushing** / Scherbuchse *f* ||
~ **centre** / Schubmittelpunkt *m*,
Querkraftmittelpunkt *m* || ~ **force** / Scherkraft *f*,
Schubkraft *f*, Querkraft *f* || ~ **fracture** / Gleitbruch *m*
shearing bush / Scherbuchse *f* || ~ **force** / Scherkraft
f, Schubkraft *f*, Querkraft *f* || ~ **pin** / Scherbolzen *m*,
Brechbolzen *m* || ~ **pressure** / Schnittdruck *m* || ~
stress / Scherspannung *f*, Schubspannung *f*,
Schubbeanspruchung *f* || ~ **test** / Scherversuch *m*,
Scherzugprobe *f*, Abscherversuch *m*
shear line / Querkraftlinie *f*
shear-mode transducer / Scherschwinger *m*
shear modulus / Schermodul *m*, Schubmodul *m*,
Gleitmodul *m*, Schiebemodul *m* || ~ **pin** /
Scherbolzen *m*, Brechbolzen *m*
shear-pin coupling / Scherkupplung *f*
shear rod / Scherstab *m*
shear stability / Scherstabilität *f* || ~ **strength** /
Scherfestigkeit *f*, Schubfestigkeit *f* || ~ **stress** /
Scherspannung *f*, Schubspannung *f*,
Schubbeanspruchung *f* || ~ **test** / Scherversuch *m*,
Scherzugprobe *f*, Abscherversuch *m* || ~ **vibration** /
Scherschwingung *f*
sheath *n* / Mantel *m* (Kabel), Hülle *f*, Umhüllung *f*,
Kabelmantel *m*, Energiekabelmantel *m*, Schutzrohr
n (Thermometer) || ~ **clamp** / Mantelklemme *f* || ~
cutter / Mantelschneidzange *f*
sheathed armoured cable / umhüllter Rohrdraht || ~
electrode / Mantelelektrode *f* (Lampe), ummantelte
Elektrode || ~ **metal-clad wiring cable** / umhüllter
Rohrdraht || ~ **thermocouple** / Mantel-
Thermoelement *n*
sheathing compound / Mantelmischung *f* (für Kabel)
sheath loss factor IEC 287 / Mantelverlustfaktor *m*
(Kabel) || ~ **stripping knife** / Abmantelungsmesser
n || ~ **testing unit** / Mantelprüfgerät *n* || ~ **wire** /
Beidraht *m* (Kabel)
sheave *n* / Scheibe *f*, Seilrolle *f*, Seilscheibe *f*,
Riemenscheibe *f* || ~ **rim** / Scheibenkranz *m*
shed *n* / Schirm *m* (Isolator) || **to** ~ **light upon** /
Lichtwerfen (auf), erhellen *v* || **to** ~ **the load** / Last
abwerfen, Last abschalten, entlasten *v*
sheddable load / abschaltbarer (o. unwichtiger)
Verbraucher
shedding, load ~ / Lastabwurf *m*, Lastabschaltung *f*,
Entlastung *f*
shed overhang / Schirmausladung *f* (Isolator)
sheet *n* / Blech *n*, Feinblech *n*, Bogen *m* (Papier),
Bahn *f* (Isoliermat.), Tafel *f* (Isoliermat.), Schicht *f*
(IS), Blatt *n* (Papier, Kunststoff), Platte *f* || ~
carrier / Folienträger *m* || ~ **discharge** /
Flächenentladung *f* || ~ **feeder** / Blatteinzug *m*
(Drucker), Einzelblatteinzug *m* (Drucker) || ~
gauge / Blechlehre *f*, Blechdicke *f*, Folienmaß *n*
sheeting *n* / Blatt *n* (Isoliermat.), Tafel *f* (Isoliermat.),
Folienmaterial *n*, Blechmantel *m*, Bahn *f*
(Isoliermat.), Blechmaterial *n*

sheet iron / Eisenblech *n* || ~ **laser machining** /
Blechlasern *n*
sheet-metal-enclosed *adj* / blechgekapselt *adj*
sheet-metal enclosure / Blechkapselung *f* || ~ **gauge** /
Blechlehre *f*, Blechdicke *f*
sheet metal stamping die / Blechumformwerkzeug *n*
|| ~ **metal working** / Blechbearbeitung *f*,
Blechbearbeitungsmaschine *f*
sheet mica / Glimmerfolie *f*, Plattenglimmer *m* || ~
offset machine / Bogenoffsetmaschine *f* || ~
reference / Blattverweis *m* || ~ **resistance** /
Schichtwiderstand *m* (IS) || ~ **secondary** /
Sekundärplatte *f* (MSB) || ~ **stack** / Blechpaket *n* ||
~ **steel** / Stahlblech *n*, Feinblech *n*
sheet-steel construction / Stahlblech *n* || ~ **cover** /
Stahlblechabdeckung *f* || ~ **door** / Stahlblechtür *f* || ~
duct / Stahlblechkanal *m* (S-Kanal)
sheet-steel-enclosed *adj* / stahlblechgekapselt *adj*,
blechgekapselt *adj*
sheet-steel enclosure / Stahlblechkapselung *f*,
Stahlblechgehäuse *n*, Blechkapselung *f* || ~ **frame** /
Stahlblechrahmen *m* || ~ **housing** /
Stahlblechgehäuse *n* || ~ **shutter** / Blechblende *f*
sheet track / Schienenplatte *f* (MSB) || ~ **winding** /
Folienwicklung *f*
Sheffer function / Sheffer-Funktion *f*, NAND-
Verknüpfung *f*
shelf *n* / Regal *n*, Gestell *n*, Labortisch *m* || ~ **life** /
Lagerfähigkeit *f*, Lagerungsdauer *f*
shelf-mounted instrument / Betriebsmessgerät *n*
(Gerät mit leicht lösbaren Verbindungen zur
Montage auf einem Labortisch)
shelf test / Lagerfähigkeitsprüfung *f* (Batt.)
shell *n* / Schale *f*, Lagerschale *f*, Hülle *f*, Hülse *f*,
Mantel *m*, Schale *f*, Muffe *f*, Buchse *f*,
Buchsenleiste *f*, Steckbuchse *f*
shellac *n* / Schellack *m*
shellaced micafolium / Schellack-Mikafolium *n*
shellac-impregnated paper / Schellackpapier *n*
shell cap / Hülsensockel *m* (Lampe), Soffittenkappe *f*
|| ~ **cycle** / Hüllzyklus *m* || ~ **diagram** /
Schalenmodell *n* (MCC-Geräte) || ~ **end mill** /
Walzenstirnfräser *m* || ~ **form** / Mantelbauform *f*
(Trafo)
shell-form core / Rahmenkern *m* (Trafo) || ~
transformer / Manteltransformator *m*
shell type / Mantelbauform *f* (Trafo)
shell-type magnet / Schalenmagnet *m*, Mantelmagnet
m || ~ **motor** / Einbaumotor *m* (ohne Welle und
Lager) || ~ **reactor** / Manteldrosselspule *f* || ~
transformer / Manteltransformator *m*
sheltered installation / geschützte Anlage im Freien
VDE 0100,T.200, überdachte Anlage || ~ **location**
IEC 654-1 / wettergeschützter Einsatzort
sherardizing *n* / Sherardisierung *f*,
Diffusionsverzinken *n*
SHF / superhohe Frequenz
SH function state diagram (SH = source handshake)
/ SH-Zustandsdiagramm *n*
shield *n* / Schirm *m* (Kabel), Schild *m*, Abschirmung
f, Schutzwand *f*, Blende *f*, statischer Schirm,
Schirmgeflecht *n*, Schirmung *f* (leitende
Schutzummantelung), Kabelschirm *m* || **end** ~ /
Lagerschild *n*, Gehäuseschild *n* || ~ **lamp** ~ /
Lampenblende *f* || ~ **bar** / Schirmleiste *f* || ~
bonding / Schirmverbindung *f* (Kabel) || ~ **bonding
lead** / Schirmverbindungsleiter *m* || ~ **bus** /

Schirmschiene *f* (zum Anschließen v. Kabelschirmen), Schirmungsschiene *f* || ~ **cable** / Schirmkabel *n* || ~ **clamp** / Schirmklemme *f* || ~ **clip** / Schirmschelle *f* || ~ **connecting element** / Schirmauflageelement (SAE) *n* || ~ **connection** / Schirmauflage *f*, Schirmanschluss *m*
shielded *adj* / geschirmt *adj*, abgeschirmt *adj*
shielded cable / geschirmtes Kabel, geschirmte Leitung || ~ **connector** / abgeschirmter Steckverbinder, geschirmter Steckverbinder || ~ **double-filament headlamp** / Bilux-Lampe *f* || ~ **enclosure** / Schirmraum *m* (EMV) || ~ **instrument** / geschirmtes Messgerät || ~ **pole** / Spaltpol *m*, Hilfspol *m*, abgeschirmter Pol || ~ **spark plug** / geschirmte Zündkerze
shield end / Schirmendstück *n* || ~ **fixing** / Schirmbefestigung *f* || ~ **grid** / Schirm *m* (ESR, f. Steuergitter)
shielding *n* / Schirmung *f*, Abschirmung *f*, Ausblenden *n* (graf. DV), Kabelschirm *m*, Überbau *m*, Schirmgeflecht *n*, Schirm *m* || **X-ray ~** / Röntgenstrahlabschirmung *f* || ~ **angle** / Abschirmwinkel *m* (Leuchte), Schutzwinkel *m*, Erdseilschutzwinkel *m* || ~ **bus** / Schirmungsschiene *f*, Schirmschiene *f* || ~ **capacitor** / Schirmkondensator *m* || ~ **conductor** / reduzierender Leiter || ~ **plate** / Abschirmplatte *f*, Abschirmblech *n* || ~ **shroud** / Abschirmkragen *m* || ~ **terminal** / Schirmanschlusselement *n* || ~ **tube** / Abschirmschlauch *m* || ~ **winding** / Schirmwicklung *f*
shield-mounted brushgear / Schildbürstenträger *m*
shield of labels / Beschriftungsbogen *m* || ~ **plate** / Geräteschirmplatte *f*
shield standing voltage IEC 50(461) / Schirmspannung *f* (Kabel) || ~ **track** / Schirmleiste *f* || ~ **voltage limiter** / Schirmspannungsbegrenzer *m* || ~ **winding** / Abschirmwicklung *f*
shift *v* / verschieben *v*, schieben *v*, Phasen drehen, (Getriebe) schalten *v*, umschalten *v* || ~ *n* / Verschiebung *f*, Schiebe..., Schicht *f* (Arbeitszeit) || **colorimetric ~** / farbmetrische Verzerrung || **to ~ the brushes** / Bürsten verschieben || ~ **counter** / Schichtzähler *m* || ~ **cutting planes** / Schnittebenen verschieben || ~ **engineer** / Schichtleiter *m* (Leitsystem), Schaltwärter *m*
shifter, level ~ / Pegelumsetzer *m*
shift error bit / Schichtfehlerbit *n* || ~ **factor** / SF || ~ **frequency** / Schiebefrequenz *f* || ~ **function** / Schiebefunktion *f* (SPS) || ~ **indication** / Schaltanzeige *f* (Kfz)
shifting *n* / Schieben *n*, Verschiebung *f*, Umschaltung *f* || ~ **input** / Schiebeeingang *m* || ~ **linkage for parallel switching** / Parallelschaltgestänge *n* || ~ **time** / Stellzeit *f*
shift instruction / Schiebeoperation *f* || ~ **insusceptibility** / schlupffeste Synchronisierung
shift key / Umschalttaste *f* (Tastatur), Vortaste *f* || ~ **keying** / Umtastung *f* (Frequenz, Amplitude) || ~ **left (SL)** / links schieben (Befehl) || ~ **lever** / Schalthebel *m* (Kfz), Gangschalthebel *m* (Kfz) || ~ **log** / Schichtprotokoll *n* || ~ **number** / Schichtnummer *f* || ~ **operation** / Schiebeoperation *f*
shift-out *n* / Dauerumschaltung *f* DIN 66003
shift program / Schaltprogramm *n* (Kfz), Fahrprogramm *n* || ~ **register (SR)** /

Schieberegister *n* || ~ **register counter** / Schieberegisterzähler *m* || ~ **report** / Schichtmeldung *f* || ~ **right** (SR) / rechts schieben (Befehl) || ~ **schedule** / Schichtplan *m* || ~ **worker** / Schichtarbeiter *m*
shim *v* / unterlegen *v*, durch Beilagebleche ausgleichen, unterfüttern *v* || ~ *n* / Blechhalter *m* || ~ *n* / Beilageblech *n*, Unterlegblech *n*, Ausgleichsblech *n*, Ausrichtblech *n*, Beilage *f*
SH interface function (source handshake function) IEC 625 / SH-Schnittstellenfunktion *f* (Handshake-Quellenfunktion) DIN IEC 625
ship *v* / verschiffen *v*, transportieren *v*, ausliefern *v*
shipboard cable / Schiffskabel *n* || ~ **telecommunication cable** / Schiffsfernmeldekabel *n*
shipment stress class / Transport-Beanspruchungsstufe *f*
shipping, packaging and ~ preservation / Verpackungs- und Versandschutz *m* || ~ **block** / Transporteinheit *f* || ~ **brace** / Transportverspannung *f*, Läuferhaltevorrichtung *f*, Transportversteifung *f*, Transportsicherung *f* || ~ **costs** / Versandkosten *pl* || ~ **damage** / Transportschäden *m pl* || ~ **data** / Versandangaben *f pl* || ~ **inspection** / Versandkontrolle *f*, Versandrevision *f* || ~ **sample** / Versandprobe *f* || ~ **split** / Transport-Trennstelle *f*, Transportfuge *f* || ~ **type** / Versandart *f* || ~ **weight** / Versandgewicht *n*, Transportgewicht *n*
ship's navigation light / Schiffspositionslaterne *f*
ship wiring cable / Schiffskabel *n*
shock *n* / Stoß *m*, Schlag *m*, elektrischer Schlag, Schocken *n*, Schwingung *f*, Erschütterung *f*, Schock *m* || ~ **absorber** / Stoßdämpfer *m* || ~ **current** / gefährlicher Körperstrom VDE 0100,T.200, Schockstrom *m*, Körperstrom *m* || ~ **excitation** / Impulserregung *f* (Schwingkreis), Stoßerregung *f*
shock-hazard-protected *adj* / berührungsgeschützt *adj*
shock-hazard protection / Berührungsschutz *m* || ~ **protection cover** / Berührungsschutzabdeckung *f* || ~ **protective device** / Berührungsschutzgerät *n*
shock load / Stoßlast *f*, Stoßbelastung *f*, Schockbeanspruchung *f* || ~ **locking mechanism** / Schocksicherung *f* || ~ **machine** / Stoßprüfmaschine *f* || ~ **motion** / Stoßbewegung *f*
shockproof *adj* / stoßfest *adj*, berührungssicher *adj*
shock-protected *adj* / berührungssicher *adj*
shock protection / Berührungsschutz *m* || ~ **pulse** / Stoßimpuls *m* || ~ **resistance** / Stoßfestigkeit *f* (mech.), Schockfestigkeit *f* || ~ **test** / Stoßprüfung *f* (mech., Schockprüfung), Schockprüfung *f* || ~ **testing machine** / Stoßprüfmaschine *f*
shoe *n* / Schuh *m*, Gleitschuh *m*, Lagerstein *m*, Lagersegment *n*, Backe *f*, Klotz *m* || ~ **brake** / Backenbremse *f*, Klotzbremse *f*, Schienenbremse *f*
shoot-through *n* / Durchzündung *n* (LE), Wechselrichterkippen *n*
shop *n* / Werkstatt *f*, Werkshalle *f* || ~ **application** / betriebsspezifische Anwendung || ~ **calender** / Betriebskalender *m*
shopcase *n* / Schaukasten *m*
shop drawing / Werkstattzeichnung *f*, Ausführungszeichnung *f*
shopfloor *n* / Werkstatt *f*, Fertigungshalle *f*
shopfloor control / Werkstattsteuerung *f* || ~

shopfloor-oriented 540

manager / Werkstattleiter *m* || ~ **manufacturing** / Werkstattfertigung *f* || ~ **operation** / Werkstattbedienung *f*
shopfloor-oriented *adj* / facharbeitergerecht *adj*, werkstattgerecht *adj*, werkstattnah *adj*
shopfloor programmer / Werkstattprogrammierer *m* || ~ **programming** / Werkstattprogrammierung *f*, Direktprogrammierung an der Maschine, werkstattorientierte Programmierung (WOP) || ~ **sheet** / Werkstattblatt *n* || ~ **terminal** s. process data acquisition terminal
shop foreman / Werkstattmeister *m* || ~ **inventory** / Werkstattbestand *m*
ShopMill *n* / ShopMill *f*
shop order / Werkstattauftrag *m*, Fertigungsauftrag *m* || ~ **order number** / Werkstattnummer *f*, Werknummer *f*
shopping street / Geschäftsstraße *f*
shop rules / Betriebsordnung *f* || ~ **sample** / Werkstattmuster *n* || ~ **test** / Werkstattprüfung *f*, Werkprüfung *f*, Fabrikprüfung *f* || ~ **window lighting** / Schaufensterbeleuchtung *f*
Shore hardness / Shore-Härte *f*
short *v* / kurzschließen *v*, überbrücken *v* || ~ *n* / Kurzschluss *m* || ~ **address** / Kurzadresse *f*
shortages *n pl* / Fehlteile *n pl*
short-arc lamp / Kurzbogenlampe *f*
short-break power supply / Stromversorgung mit Kurzzeitunterbrechung || ~ **standby generating set** / Sofortbereitschaftsaggregat mit Kurzzeitunterbrechung
short button IEC 337-2 / kurzer Druckknopf VDE 0660,T.201
short-circuit *v* / kurzschließen *v*, überbrücken *v*, Kurzschluss *m*
short circuit s. s.c. / Kurzschluss *m*
short-circuit across insulation / Überbrücken der Isolation (bei Fehlern) || ~ **angle** / Kurzschlusswinkel *m* || ~ **apparent power** / Kurzschluss-Scheinleistung *f* || ~ **arc** / Kurzschlusslichtbogen *m* || ~ **arcing current** / Kurzschlusslichtbogenstrom *m*
short circuit between laminations / Blechkurzschluss *m* (Blechp.)
short-circuit between plates / Plattenschluss *m* (Batt.) || ~ **between terminals** / Klemmenkurzschluss *m* || ~ **breaking** / Kurzschlussausschaltung *f*, Kurzschlussunterbrechung *f* || ~ **breaking capacity** IEC 157-1 / Kurzschlussausschaltvermögen *n* VDE 0660,T.101, Kurzschlussausschaltleistung *f* || ~ **breaking current** / Kurzschlussausschaltstrom *m* || ~ **breaking power factor** / Leistungsfaktor bei der Kurzschlussunterbrechung || ~ **breaking test** / Kurzschlussausschaltprüfung *f* || ~ **calculation** / Kurzschlussberechnung *f* || ~ **capability** / Kurzschlussfestigkeit *f* (f. ein Bauelement für eine bestimmte Dauer zulässiger Teilkurzschlussstrom) || ~ **capacity** / Kurzschlussleistung *f*, Kurzschlussschaltvermögen *n* || ~ **characteristic** s. s.c.c. / Kurzschlusskennlinie *f*, Kurzschlusscharakteristik *f* || ~ **characteristics** / Merkmale unter Kurzschlussbedingungen
short circuit close to generator terminals / generatornaher Kurzschluss, Nahkurzschluss *m*
short-circuit current / Kurzschlussstrom *m*, Teilkurzschlussstrom *m* IEC 50(603),

Kurzschlusswechselstrom *m* || ~ **current capability** IEC 50(603) / Kurzschlussfestigkeit *f* (Netz) || ~ **current capacity** / Kurzschlussstromleistung *f* || ~ **current carrying capacity** / Kurzschlussstrombelastbarkeit *f*, Kurzschlussstromtragfähigkeit *f* || ~ **current density** / Kurzschlussstromdichte *f*, Stromdichte bei Dauerkurzschluss || ~ **current force** / Kurzschlussstromkraft *f* || ~ **current rating** / Kurzschlussstrombemessungsdaten *plt*, Nenn-Kurzschlussstrom *m* || ~ **current resistant** / kurzschlussfest *adj*, kurzschlusssicher *adj* || ~ **current sensitivity** / Kurzschlussstromempfindlichkeit *f* (Diode) DIN 41853 || ~ **current starting** / Kurzschlussstromanregung *f* || ~ **current strength** / Kurzschlussstromfestigkeit *f* || ~ **current test** IEC 214 / Prüfung mit Kurzzeitstrom (Trafo) VDE 0532,T.20 || ~ **detection** / Kurzschlusserkennung (KSE) *f* || ~ **disconnection** / Kurzschlussabschaltung *f* || ~ **duration** / Kurzschlusszeit *f*, Kurzschlussdauer *f*
short-circuited *adj* / kurzgeschlossen *adj*, gebrückt *adj*, überbrückt *adj* || ~ **rotor** / kurzgeschlossener Läufer, Käfigläufer *m* || ~ **turn** / Kurzschlusswindung *f*
short-circuiter *n* / Kurzschließer *m*, Kurzschlussvorrichtung *f*, Überbrückungselement *n*
short-circuit fault (USA) / Kurzschluss *m* (Netz) || ~ **feedback capacitance** (FET) / Kurzschlussrückwirkungskapazität *f* || ~ **fire protection** / Kurzschlussbrandschutz *m* || ~ **force** / Kurzschlusskraft *f* || ~ **forward current transfer ratio** / Kurzschlussstromverstärkung *f* (Transistor) DIN 41854, Stromverstärkungsfaktor *m* || ~ **forward transfer admittance** / Kurzschluss-Übertragungsadmittanz, vorwärts || ~ **generator** / Kurzschlussgenerator *m*, Stoßleistungsgenerator *m*, Stoßgenerator *m* || ~ **identification** / Kurzschlusserkennung (KSE) *f* || ~ **impedance** / Kurzschlussimpedanz *f*, Kurzschlusswiderstand *m*, Synchronimpedanz *f*
short-circuit-induced voltage peak / Abschaltinduktionsspannungsspitze *f*
short-circuit inductance / Kurzschlussinduktivität *f*, Abschaltinduktivität *f*, Endinduktivität *f*
short-circuiting *n* / Kurzschließen *n*, Kurzschließung *f* || ~ **cable** / Kurzschlussseil *f* || ~ **link** / Kurzschlussbrücke *f*, Kurzschlussbügel *m* || ~ **plug** / Kurzschließstecker *m*, Schaltstecker *m* || ~ **ring** / Kurzschlussring *m*, Endring *m* (KL)
short-circuit input admittance / Kurzschlusseingangsadmittanz *f* || ~ **input capacitance** / Kurzschlusseingangskapazität *f* || ~ **input impedance** / Kurzschlusseingangsimpedanz *f* || ~ **input power** / Eingangskurzschlussleistung *f* || ~ **interrupting current** / Kurzschlussausschaltstrom *m* || ~ **interrupting rating** / Nenn-Kurzschlussausschaltvermögen *n*, Nenn-Kurzschlussausschaltstrom *m*, Kurzschlussausschaltvermögen *n* || ~ **interrupting test** / Kurzschlussausschaltprüfung *f* || ~ **interruption** / Kurzschlussunterbrechung *f* || ~ **limiting reactor** / Kurzschlussbegrenzungsdrossel *f*, Kurzschlussdrosselspule *f* || ~ **load** / Kurzschlussbelastung *f* || ~ **lock-out** / Kurzschlusssperre *f* || ~ **loss** / Kurzschlussverluste *m*

m pl, Kupferverluste *m pl* || ~ **making capacity** IEC 265 / Kurzschlusseinschaltvermögen *n* VDE 0670,T.3 || ~ **making current** / Kurzschlusseinschaltstrom *m* || ~ **method** / Kurzschlussverfahren *n* || ~ **operation** / Kurzschlussbetrieb *m* || ~ **output admittance** / Kurzschlussausgangsadmittanz *f* || ~ **output current** / Ausgangskurzschlussstrom *m* || ~ **performance category** IEC 157-1 / Kurzschlussleistungskategorie *f* (LS) VDE 0660,T.101 || ~ **point** / Kurzschlussstelle *f* || ~ **power** / Kurzschlussleistung *f* || ~ **power factor** / Kurzschlusslcistungsfaktor *m*, Leistungsfaktor im Kurzschlusskreis || ~ **proof** / kurzschlusssicher *adj*, kurzschlussfest *adj* **short-circuit-proof** *adj* / kurzschlussfest *adj* VDE 0100,T.200, kurzschlusssicher *adj* || ~ **output** / kurzschlussfester Ausgang || ~ **transformer** / kurzschlussfester Transformator **short-circuit protection** / Kurzschlussschutz *m* || ~ **protective device (SCPD)** / Kurzschlussschutzeinrichtung *f*, Kurzschlussschutzorgan *n* || ~ **rating** / Kurzschlussbemessungsdaten *f pl*t, Nenn-Kurzschlussstrom *m*, Kurzschlussleistung *f*, Kurzschlussfestigkeit *f* || ~ **ratio** s. s.c.r. / Leerlauf-Kurzschlussverhältnis *n*, Kurzschlussverhältnis *n* || ~ **reactance** / Kurzschlussreaktanz *f* || ~ **release** / Kurzschlussauslöser *m* **short circuit remote from generator terminals** / generatorferner Kurzschluss **short-circuit reverse transfer admittance** / Kurzschlussübertragungsadmittanz, rückwärts || ~ **signaling contact** / Kurzschlussmeldeschalter *m*, Kurzschlussmeldeschalter *m* || ~ **stability** / Kurzschlussstabilität *f* || ~ **strength** / Kurzschlussfestigkeit *f*, dynamische Festigkeit || ~ **stress** / Kurzschlussbeanspruchung *f* || ~ **tensile force** IEC 865-1 / Kurzschlussseilzugkraft *f* VDE 0103 || ~ **test** / Kurzschlussprüfung *f*, Prüfung der Kurzschlussfestigkeit || ~ **testing power** / Kurzschlussprüfleistung *f* || ~ **testing transformer** / Kurzschluss-Prüftransformator *m* **short circuit through an arc** / Lichtbogenkurzschluss *m* **short-circuit time** / Kurzschlusszeit *f*, Kurzschlussdauer *f* || ~ **time constant** / Kurzschlusszeitkonstante *f* || ~ **time constant of primary winding** / Kurzschlusszeitkonstante der Ankerwicklung, Gleichstromzeitkonstante der Wechselstromwicklung, Ankerzeitkonstante *f* **short circuit to exposed conductive part** / Körperschluss *m* VDE 0100,T.200 || ~ **code** / Zusatzangabe *f*, Kurzzeichen *n* || ~ **description** / Kurzbezeichnung *f* || ~ **design** / Kurzbauweise *f* || ~ **form** / Kurzform *f* || ~ **frame motor** / Kurzmotor *m* || ~ **instruction** / Kurzanweisung *f* **short-circuit to frame** / Gerüstschluss *m*, Masseschluss *m*, Gestellschluss *m* || ~ **to ground** / Masseschluss *m* || ~ **torque** / Kurzschlussdrehmoment *n*, Kurzschlussmoment *n* || ~ **transfer admittance** / Kurzschluss-Übertragungsadmittanz *f* || ~ **transformer** / Stoßleistungstransformator *m*, Stoßtransformator *m* || ~ **trip** / Kurzschlussauslöser *m* || ~ **valve** / Kurzschlussventil *n*, Kurzschlussspannung *f* (Trenntrafo, Sicherheitstrafo, Wandler) || ~

withstand capability / Kurzschlussfestigkeit *f* (Trafo)
short-coil winding / Kurzspulenwicklung *f*
short-delay electromagnetic release / kurzverzögerter elektromagnetischer Überstromauslöser (z-Auslöser), unabhängig (o. stromunabhängig) verzögerter, elektromagnetischer Überstromauslöser *adj*
short-distance interference suppression / Nah-Entstörung *f*
short-duration power-frequency test / Kurzzeit-Wechselspannungsprüfung *f* || ~ **power frequency voltage dry test** IEC 466 / Wechselspannungsprüfung trocken || ~ **power-frequency withstand voltage** / Kurzzeit-Steh-Wechselspannung *f* || ~ **signal element** / Kurzschritt *m* (Signalelement)
shorted *adj* / kurzgeschlossen *adj*, gebrückt *adj* || ~ **circuit** / Kurzschlusskreis *m*
shortened winding pitch / verkürzter Wicklungsschritt
shortfall, energy ~ / Energiemangel *m* || **power** ~ / Leistungsmangel *m*
shorthand form / Kurzschriftschreibweise *f*, Kurzschreibweise *f* || ~ **notation** / Kurzschreibweise *f* (Programm), Kurzbeschreibung *f*
shorting *n* / Kurzschließen *n*, Kurzschließung *f* || ~ **circuit** / Kurzschließschaltung *f* || ~ **jack** / Kurzschlussbuchse *f* || ~ **jumper** / Kurzschlussbrücke *f*, Kurzschlussbügel *m* || ~ **link** / Kurzschlussbrücke *f*, Schaltbügel *m* || ~ **plug** / Kurzschließstecker *m*, Schaltstecker *m* || ~ **wire** / Überbrückungsdraht *m*, Schaltdraht *m*
short-line fault / Abstandskurzschluss *m*, Leitungskurzschluss *m* || ~ **fault check** / Abstandskurzschlussprüfung *f*
short-line-fault factor / Abstandskurzschlussfaktor *m* (AK-Faktor) || ~ **transient recovery voltage** / Einschwingspannung nach Abstandskurzschlussabschaltung
short message / Kurztelegramm *n* (FWT)
short-pitch coil / Sehnenspule *f*
short-pitching *n* / Schrittverkürzung *f* (Maschinenwickl.), Sehnung *f*
short-pitch winding / Wicklung mit verkürzter Schrittweite, gesehnte Wicklung
short-primary type / Kurzstatortyp *m* (LM)
short pulse / kurzer Impuls, Kurzimpuls *m* || ~ **generating circuit** / Kurzimpulsbildung *f*
short-range modem / Nahmodem *n*
short run / Spitzbogenfahrt *f*
short-run marginal cost / kurzfristige Grenzkosten (StT)
short-secondary type / Langstatortyp *m* (LM)
short-stator type / Kurzstatortyp *m* (LM)
short-stroke key / Kurzhubtaste *f* || ~ **keyboard** / Kurzhubtastatur *f*
short-term archive / Umlaufarchiv *n*, Kurzzeitarchiv *n* || ~ **drift** / Kurzzeitdrift *f* || ~ **flicker** / Kurzzeit-Flicker *m* || ~ **load forecast** / kurzfristige Lastprognose || ~ **stability error** / Kurzzeit-Stabilitätsfehler *m* (MG)
short timber station / Kurzholzplatz *m*
short-time *adj* / kurzzeitig *adj* || ~ **and peak withstand current** / Stoß- und Kurzzeitstromfestigkeit *f* || ~ **bridging** / kurzzeitige

Überbrückung ‖ ~ **current** / Kurzzeitstrom m ‖ ~
current carrying capacity / Kurzzeit-
Stromfestigkeit f ‖ ~ **current rating** /
Bemessungskurzzeitstrom m ‖ ~ **current test** /
Kurzzeit-Stromprüfung f ‖ ~ **current-carrying
capacity** / Kurzzeitstrombelastbarkeit f ‖ ~ **delay** /
Kurzzeitverzögerung f
**short-time-delay and adjustable instantaneous
overcurrent releases** / kurzverzögerte und
einstellbare unverzögerte Überstromauslöser (zn-
Auslöser)
short-time delayed / kurzzeitverzögert adj,
kurzverzögert adj
short-time-delay electromagnetic release /
kurzverzögerter elektromagnetischer
Überstromauslöser (z-Auslöser), unabhängig (o.
stromunabhängig) verzögerter elektromagnetischer
Überstromauslöser ‖ ~ **overcurrent release** /
kurzverzögerter Überstromauslöser (z-Auslöser),
unabhängig (o. stromunabhängig) verzögerter
Überstromauslöser ‖ ~ **short-circuit release** /
kurzzeitverzögerter (o. kurzverzögerter)
Kurzschlussauslöser ‖ ~ **trip element** ANSI C37.1
7 / kurzzeitverzögerter (o. kurzverzögerter)
Auslöser
short-time duty IEC 34-1 / Kurzzeitbetrieb m (KB (S
2)) VDE 0530,T. 1 ‖ ~ **factor** s. s.t.f. /
Kurzzeitfaktor m ‖ ~ **function** (release) /
Kurzzeitfunktion f (Ausl.), stromunabhängig
verzögerte Funktion ‖ ~ **grading control** /
zeitverkürzte Selektivitätssteuerung (ZSS),
zeitverzögerte Selektivitätssteuerung (ZSS) ‖ ~
interference / Kurzzeitbeeinflussung f VDE 0228 ‖
~ **kVA rating** / Kurzzeitleistung in kVA ‖ ~ **loading**
/ Kurzzeitbelastung f ‖ ~ **operation** (CEE 10) /
Kurzzeitbetrieb m VDE 0730 ‖ - **operation duty** /
Kurzzeitbetrieb m ‖ ~ **overload capacity** /
Kurzzeit-Überlastbarkeit f ‖ ~ **rating** s.s.t.r. /
Nenn-Kurzzeitbetrieb m, Bemessungsdaten für
Kurzzeitbetrieb, Kurzzeitleistung f ‖ ~ **stability** /
Kurzzeitstabilität f, Kurzzeitstabilität des
Nullpunktes ‖ ~ **test** / Kurzzeitprüfung f ‖ ~
withstand current IEC 265, IEC 517 / Halte-
Kurzzeitstrom m VDE 0670,T.3,T.6,
Kurzzeitstromfestigkeit f, Steh-Kurzzeitstrom m ‖ ~
withstand voltage / Kurzzeit-Stehspannung f
short-wave adj / kurzwellig adj, Kurzwellen-...
shot, one ~ / einmalige Zeitablenkung (Osz.)
shot-blasted adj / stahlgestrahlt adj, kugelgestrahlt
adj
shot effect / Schroteffekt m ‖ ~ **noise** /
Schrotrauschen n
shoulder n / Schulter f, Bund m
shoulder carrying strap / Umhängegurt m
shouldered shaft / Stufenwelle f, Formwelle f
shoulder grinding / schulterschleifen v
shoulder joint / Schultergelenk n (Rob.) ‖ ~, **left** /
Absatz m ‖ ~ **peak** / Aufsetzer m (Chromatograph,
Peaktrennung) ‖ ~ **position** / Schulterlage f ‖ ~
screw / Schraube mit Bund, Ansatzschraube f,
Passschraube f, Zapfenschraube f
show v / stempeln v, einblenden v
showcase n / Schaukasten m
showering arc / Schauerentladung f, intermittierende
Bogenentladung ‖ ~ **arc test** / Prüfung mit
Funkengenerator
shown value / Anzeigewert m

s.h.p. / Wellen-PS f (WPS)
shrink v / schrumpfen v, aufschrumpfen v, warm
aufziehen, schwinden v, eingehen v
shrinkage n / Schrumpfen n, Schwindung f,
Schwundmaß n, Schwund m ‖ ~ **allowance** /
Schrumpfzugabe f, Schrumpfmaß n ‖ ~ **cavity** /
Lunker m, Tüte f ‖ ~ **crack** / Schrumpfriss m,
Schwindriss m ‖ ~ **per unit area** / Flächenschwund
m ‖ ~ **stress** / Schrumpfspannung f ‖ ~ **test** /
Schrumpfversuch m
shrinkdown plastic tubing / Schrumpfschlauch m
shrink fit / Schrumpfpassung f, kraftschlüssige
Verbindung, Schrumpfverbindung f ‖ ~ **hole** /
Lunker m, Tüte f
shrinking raster method / Schrumpfraster-Verfahren
n DIN IEC 151,T.14 ‖ ~ **temperature** /
Schrumpftemperatur f, Fügetemperatur f
shrink on v / aufschrumpfen v, warm aufziehen
shrink-ring commutator / Schrumpfringkommutator
m
shrink rule / Schwindmaßstab m, Schrumpfmaß n ‖ ~
wrapping / schrumpfen v
shroud n / Kragen m, Schutzkragen m, Lüfterhaube f,
Luftleitblech n, Bandage f, Deckband n, isolierende
Schutzvorrichtung, Radkranz m,
Klemmenabdeckung f, mechanischer
Kontaktschutz ‖ **fan** ~ / Lüfter-Abdeckhaube f,
Lüfterkragen m, Lüfterstutzen m, Lüfterhaube f
shroudable adj / versenkbar adj
shrouded knob / Knebel mit Schutzkragen, versenkt
angeordneter Knebel ‖ ~ **plug and socket-outlet** /
Kragensteckvorrichtung f ‖ ~ **pushbutton** IEC 337-
2 / geschirmter Druckknopf VDE 0660,T.201,
abgeschirmte Drucktaste ‖ ~ **socket-outlet** /
Kragensteckdose f ‖ ~ **transformer** / abgedeckter
Transformator
shrouding n / Abdeckung f (Reihenklemmen) ‖ ~
cover / Abdeckhaube f (Reihenklemme),
Klemmenabdeckhaube f
shrunk adj / geschrumpft adj, aufgeschrumpft adj,
kraftschlüssig befestigt, warm aufgezogen
shrunk-on adj / aufgeschrumpft adj
shunt v / nebenschließen v, im Nebenschluss schalten,
parallel schalten, rangieren v (Bahn) ‖ ~ n /
Nebenschluss m, Parallelschaltung f,
Nebenwiderstand m, Shunt m, Bürstenlitze f,
Nebenschlusswiderstand m, Messwiderstand m ‖ ~
admittance / Queradmittanz f ‖ ~ **arc lamp** /
Nebenschluss-Bogenlampe f ‖ ~ **arc regulator** /
Nebenschlussregelwerk n (BT) ‖ ~ **arm** /
Querzweig m
shunt-arm thyristor / Querthyristor m
shunt capacitance / Nebenschlusskapazität f,
Parallelkapazität f ‖ ~ **capacitor** /
Parallelkondensator m, Leistungskondensator m ‖ ~
characteristic / Nebenschlussverhalten n
shunt-characteristic motor / Motor mit
Nebenschlussverhalten, Motor mit harter
Drehzahlkennlinie
shunt circuit / Nebenschlusskreis m, Spannungspfad
m (MG), Parallelstromkreis m ‖ ~ **circuit**
(measuring instrument) / Spannungspfad m (MG) ‖
~ **circuit-breaker** / Shuntschalter m (LS) ‖ ~
closing release IEC 694 / Einschalt-Hilfsauslöser
m ‖ ~ **coil** / Nebenschlussspule f, Spannungsspule f
‖ ~ **compensation** / Parallelkompensation f (Netz),
Querkompensation f ‖ ~ **conductance** /

Querleitwert *m* || ~ **conduction motor** / Nebenschluss-Konduktionsmotor *m*
shunt-connected, to be ~ / im Nebenschluss geschaltet, parallelgeschaltet *adj*
shunt connection / Nebenschlussschaltung *f*, Parallelschaltung *f* || ~ **control** / Nebenschlussregelung *f*, Querregelung *f* || ~ **converter** / Shuntwandler *m*
shunted *adj* / im Nebenschluss liegend, mit Nebenschlusswiderstand, parallelgeschaltet *adj*
shunted-field control / Feldschwächung durch Nebenschluss, Feldschwächeregelung *f*, Feldsteuerung durch Parallelschalten
shunted out *adj* / kurzgeschlossen *adj*, gebrückt *adj*, überbrückt *adj*
shunt excitation / Nebenschlusserregung *f* || ~ **factor** / Shuntfaktor *m* (MG) || ~ **fault** / Netzkurzschluss *m*, Kurzschluss *m* IEC 50(448) || ~ **feedback** / Spannungsrückkopplung *f*, Spannungsrückführung *f* || ~ **field** / Nebenschlussfeld *n* || ~ **field rheostat** / Nebenschlusssteller *m* || ~ **field winding** / Nebenschluss-Erregerwicklung *f* || ~ **generator** / Nebenschlussgenerator *m*, Gleichstrom-Nebenschlussgenerator *m* || ~ **impedance** / Parallelimpedanz *f*, Querimpedanz *f* || ~ **inductor** / Paralleldrossel *f*, Kompensationsdrosselspule *f*
shunting *n* / Nebenschlussschaltung *f*, Rangieren *n* (Bahn), Parallelschaltung *f* || **field** ~ / Feldschwächung durch Parallelwiderstand (o. durch Nebenschluss) || ~ **fork** / Überbrückungsgabel *f* || ~ **function** / Weichenfunktion *f*
shunt injection / Paralleleinspeisung *f* (RSA) || ~ **machine** / Nebenschlussmaschine *f*, Gleichstrom-Nebenschlussmaschine *f* || ~ **motor** / Nebenschlussmotor *m*, Gleichstrom-Nebenschlussmotor *m* || ~ **opening release** IEC 694 / Ausschalt-Hilfsauslöser *m* || ~ **p.f. correction** / Parallelkompensation *f* (Leistungsfaktor) || ~ **power capacitor** / Leistungs-Parallelkondensator *m* || ~ **ratio** / Nebenschlussverhältnis *n* || ~ **reactor** IEC 289 / Kompensations-Drosselspule (KpDr) *f* VDE 0532,T.20, Nebenschluss-Drosselspule *f*, Ladestromdrossel *f* || ~ **reactor breaking capacity** IEC 265-2 / Drosselspulenausschaltvermögen *n* E VDE 0670.T.302 || ~ **reactor switch** IEC 265-2 / Lastschalter für Drosselspulen E VDE 0670,T.302 || ~ **regulation** / Nebenschlussregelung *f*, Querregelung *f* || ~ **relay** / Nebenschlussrelais *n* || ~ **release** / Spannungsauslöser *m*, Hilfsauslöser *m*, Arbeitsstromauslöser *m* || ~ **release with capacitor unit** / Arbeitsstromauslöser mit Kondensatorgerät (fc-Auslöser) || ~ **resistance** IEC 512 / Nebenschlusswiderstand *m*, Dämpfungswiderstand *m* DIN 41640, Parallelwiderstand *m* || ~ **resistor** / Nebenschlusswiderstand *m* (Gerät), ohmscher Shunt, Parallelwiderstand *m*, Querwiderstand *m*, Absetzwiderstand *m*, Nebenwiderstand *m* || ~ **system of distribution** / Parallelschaltsystem *n*, Konstantspannungsnetz *n* || ~ **thyristor** / Querthyristor *m* || ~ **transition** / Nebenschluss-Übergangsschaltung *f*, Nebenschlussumschaltung *f* || ~ **trip** / Arbeitsstromauslöser *m*, Spannungsauslöser *m* || ~ **tripping** / Spannungsauslösung *f* || ~ **winding** / Nebenschlusswicklung *f*, Parallelwicklung *f*, gemeinsame Wicklung

shunt-wound *adj* / mit Nebenschlusswicklung || ~ **generator** / Nebenschlussgenerator *m*, Gleichstrom-Nebenschlussgenerator *m* || ~ **machine** / Nebenschlussmaschine *f*, Gleichstrom-Nebenschlussmaschine *f* || ~ **motor** / Nebenschlussmotor *m*, Gleichstrom-Nebenschlussmotor *m*
shut down *v* / stillsetzen *v*, abschalten *v*, stillegen *v*, abfahren *v*, absteuern *v*, herunterfahren *v*, außer Betrieb setzen
shutdown *n* / Stillsetzen *n*, Abschalten *n*, Stillegung *f*, Abschaltung *f*, Außerbetriebsetzen *n* || ~ **cascade** / Stillstandskette *f* (SPS), AUS-Kette *f* || ~ **cycle** / Ausschaltvorgang *m* (Masch.) || ~ **flag** / Abschaltmerker *m* (SPS) || ~ **limit** / Abschaltgrenze *f* || ~ **mode** / Ausschaltmodus *m*
shut-down on faults / Störabschaltung *f*
shutdown path / Abschaltpfad *m* || ~ **response** / Abschaltreaktion *f* || ~ **routine** / Abschaltroutine *f* (SPS) || ~ **sequence** / Ausschaltreihenfolge *f* (Antriebe), Ausschaltfolge *f* (Antriebe) || ~ **set speed** / Abschaltsolldrehzahl *f* || ~ **solenoid** / Abstellmagnet *m* || ~ **temperature** / Abschalttemperatur *f* (el.Masch)
shut in pressure / statischer Druck des Mediums
shut-off signal / Abschaltsignal *n* || ~ **valve** / Absperrventil *n*, Absperrung *f*
shutter *n* / Verschluss *m*, Verschlussklappe *f*, Jalousie *f*, Blende *f*, Klappe *f* || ~ IEC 439-f, VDE 298 / Verschlussschieber *m* (SK) VDE 0660, T.500, Klappenverschluss *m*, Blende *f* (metallgekapselte SA) VDE 0670, T.6 || ~ **drive** / Jalousiemotor *m* || ~ **drive junction box** / Jalousiegruppenverteiler *m*
shuttered socket-outlet / Steckdose mit Shutter
shuttering *n* / Verschalung *f*
shutter operation / Blendenbetätigung *f*
shutters that can be opened separately / getrennt zu öffnende Blende
shutter switch / Jalousieschalter *m*
shuttle armature / Doppel-T-Anker *m* || ~ **car** / Verteilwagen *m*
SI s. simple interface || º (A. for Système International - International System of Units) / SI (A. für Système International - Internationales Einheitensystem) || º **(Safety Integrated)** / Integrierte Sicherheitstechnik
Si-Alox specular reflector / Si-Alox-Spiegel *m*
SIAS s. system control interface clear active state
SI base unit / SI-Basiseinheit *f*
siccative *n* / Trocknungsmittel *n*
SIDA (Special Investigations Information Database) / SIDA (Sonderuntersuchungs-Informations-Datenbank)
side *n* / Seite *f*, Seitenfläche *f*, Schenkel *m*, Flanke *f*, Riementrum *n* || **on the incoming** ~ / zuleitungsseitig *adj* || **on the outgoing** ~ / abgangsseitig *adj* || **with** ~ **hinges** / seitlich klappbar || ~ **acceleration** / Querbeschleunigung *f* (Kfz) || ~ **air bag** / Seitenairbag (Kfz) || ~ **angle** / Seitwärtswinkel *m*
sideband (SB) *n* / Seitenband *n* (SB) || ~ **ion noise** / Seitenband-Ionenrauschen *n*
side bend test / Querfaltversuch *m* || ~ **by side** / nebeneinander *adj* || ~ **channel compressor** / Seitenkanalverdichter *m*, Seitenkanalkompressor *m*
side-break disconnector / Drehtrennschalter *m*, Drehtrenner *m*

side-by-side mounting / Aufstellung nebeneinander, Reihenaufstellung *f* (Schränke), dicht-an-dicht Montage, Dicht-an-Dicht-Bauweise || **for ~ mounting** / zum Anreihen
side-channel compressor / Ringverdichter *m*
side circuit / Flanken-Stromkreis *m* || **~ collision** (o. impact) / Seitenaufprall *m* (Kfz) || **~ contact** / Seitenkontakt *m* (Lampenfassung) || **~ cutting edge angle** / Schneidenwinkel *m* DIN 6581
sided light / Streiflicht *n*
side-effects *n* / Nebenwirkungen *f pl*
side elevation / Seitenansicht *f*, Seitenriss *m*
side-entry luminaire / Mastansatzleuchte *f* || **~ plug** / Stecker mit seitlicher Einführung, Winkelstecker *m*
side impact protection system (SIPS) / Seitenaufprallschutz *m* (Kfz) || **~ in tension** / Zugseite *f*, Zugzone *f* || **~ lamp** / Begrenzungslicht *n* (Kfz)
sidelight *n* / Seitenlicht *n* (Positionslicht), vordere Begrenzungsleuchte (Kfz)
side line (NC) / Mantellinie *f* (NC)
side-marker / vordere Begrenzungsleuchte (Kfz)
side mill / Scheibenfräser *m* || **~ milling** / Seitenfräsen *n* || **~ milling cutter** / Scheibenfräser *m*
side-mounting mast / Ansatzmast *m*
side operation / seitliche Betätigung || **~ panel** / Seitenteil *n* (Baugruppenträger, Leuchte) || **~ pillar** / Seitenstiel *m* || **~ plate** / Deckscheibe *f* (Lg.), Seitenblech *n*, Seitenplatte *f* || **~ plate riveting** / Nietung Seitenplatte || **~ plate with bolt** / Seitenblech mit Bolzen || **~ reaction** / Nebenreaktion *f* (Batt.), Sekundärreaktion *f* || **~ reflector** / Seitenspiegel *m* (Leuchte)
SI derived unit / abgeleitete SI-Einheit
side row / Seitenreihe *f* (Flp.) || **~ section** / Seitenteil *n*
sides *n pl* / Seitenflächen *f pl* (Bürste) || **~ for customer to connect his wires** / Kundenanschlussseite
side segment / Seitensegment *n* (LAN) || **~ shutter** / Seitenblende *f* (Schrank)
side-stable relay / gepoltes Relais mit doppelseitiger Ruhelage
side stripe marking / Seitenlinienmarke *f* (Flp.) || **~ support** / Seitenstrebe *f* || **~ surface** / Seitenfläche *f* || **~ trimming** / Seitenbesäumung *f* || **~ under compression** / Druckseite *f* || **~ view** / Seitenansicht *f*
sidewalk *n* / Gehweg *m* || **~ substation** / Bürgersteigstation *f*
side wall / Seitenwand *f*
side-wall effect / Seitenwandeffekt *m*
SIDS s. source idle state
Siemens H-armature / Siemens-Doppel-T-Anker *m* || **~ broadband LAN** / Siemens-Breitbandnetz (SBB) *n* || **~ Components for Automation Logistic and Information Systems** / Sicalis || **~ Edifact Standard (SES)** / SES || **~ group price** / Verbundpreis *m* || **~ handbook** / Siemensunterlage *f* || **~ Industrial Publishing System (SIPS)** / SIPS || **~ Logistics Lexicon** / Siemens Logistiklexikon || **~ logo** / Siemens-Logo *n*
Siemens-Lydall machine / Siemens-Lydallmaschine *f*
Siemens national company / Landesgesellschaft *f* || **~ network architecture (SINEC)** / Siemens Network Architecture (SINEC) || **~ reader** / Siemensleser *m* || **~ sales office** / Siemens-Vertriebsbüro *n* || **~ series of standards** / Siemens-Normensammlung *f* || **~ service** / Siemens-Service *m* || **~ show** / Hausausstellung *f*
sieve *n* / Sieb *n*
sight *n* / Sicht *f*, Sichtweite *f*, Sehen *n*, Sehvermögen *n*, Anblick *m*, Visier *n*
sighting *n* / Visieren *n* || **~ lens system** / Visieroptik *f* (Pyrometer), Vorzeichenänderung *f*, Vorzeichenwechsel *m* || **~ tube** / Visierrohr *n* (Pyrometer)
sight rail / Visiergerüst *n*
sign *n* / Zeichen *n*, Vorzeichen *n*, Schild *n* (Verkehrszeichen), Symbol *n*
signal *n* / Signal *n*, Meldung *f*, Zeichen *n*, Selbstinbetriebnahme (SI) *f*, von der Stellung abgenommenes Signal, Statusmeldung *f* || **0 signal, at ~** / bei 0-Signal || **1-~ output** / Ausgang mit 1-Signal || **basic ~** / Grundsignal *n* || **tripped ~** / Ausgelöstmeldung *f* || **~ acquisition** / Signalerfassung *f*
signal-adaptive control system / signaladaptives Regelsystem
signal air pressure / Steuerdruck vom Regler || **~ amplification** / Signalverstärkung *f* || **~ amplifier** / Signalverstärker *m* || **~ amplifier electronics** / Signalverstärkerelektronik (SVE) *f*
signal-amplitude sequencing control / amplitudenabhängige Ablaufsteuerung, Amplitudenfolgesteuerung *f*
signal area / Signalfeld *n* || **~ box** / Meldebox *f* || **~ breakdown** / Signalverlust *m* || **~ cable** / Einzelsignalleitung *f*, Signalleitung *f* || **~ change** / Signalwechsel *m* || **~ channel** / Signalkanal *m*, Meldekanal *m*, Messkanal *m* || **~ characteristic** / Signalverlauf *m* || **~ characterizer** / Funktionsbildner *m* (Ausgangsgröße durch eine vorgegebene Funktion mit der Eingangsgröße verknüpft), Funktionsgenerator *m* || **~ charge** / Signalladung *f* || **~ chart** / Signalverlauf *m* || **~ circuit** / Signalstromkreis *m* || **~ clustering** / Signalbündelung *f* || **~ collection** / Signalerfassung *f* || **~ colour** / Signalfarbe *f* || **~ common** / gemeinsames Bezugspotential DIN IEC 381 || **~ comparator** / Signalvergleicher *m* || **~ comparison** / Signalvergleich *m* || **~ condition** / Signalzustand *m* || **~ conditioner** / Signalaufbereitungsglied *n*, Signalformer, Eingabeglied *n* || **~ conditioning** / Signalkonditionierung *f*, Signalaufbereitung *f*, Signalanpassung *f* || **~ conditioning device** / Eingabegerät *n* DIN 19237 || **~ conditioning element** / Signalaufbereitungselement *n* DIN 19237, Eingabeglied *n* || **~ conditioning unit** / Eingabeeinheit *f* DIN 19237 || **~ connection** / Signalanschluss *m* || **~ connector** / Signalstecker *m* || **~ contract** / Meldekontakt *m* || **~ contraction** / Signalbegrenzung *f* || **~ convention** / Signalsprache *f* || **~ conversion** / Signalumformung *f*, Signalumsetzung *f* || **~ converter** / Signalwandler *m*, Signalumformer, Signalumsetzer *m* || **~ core** / Signalader *f* || **~ counter** / Meldungszähler *m* || **~ current** / Signalstrom *m* || **~ delay** / Signalverzögerung *f*, Durchlaufzeit *f*
delay range / Signalverzögerungsbereich *m* || **~ diode** / Signaldiode *f* DIN 41853 || **~ distance** / Signalabstand *m*, Hamming-Distanz *f* || **~ distortion** / Signalverzerrung *f* || **~ distribution** / Signalverteilung *f* || **~ distributor** / Signalverteiler

m || **~ earth** / Betriebserde *f* (DÜ-Systeme) DIN 66020,T.1, Signalerde *f* || **~ edge** / Signalflanke *f* || **~ electrode** / Signalelektrode *f* || **~ element** / Signalelement *n*, Schritt *m* (DÜ) DIN 44302, Schrittelement *n* || **~ element counter** / Schrittzähler *m* (DÜ) || **~ element error** / Schrittfehler *m* (DÜ, FWT) || **~ element length** / Schrittlänge *f* (Signalelement, DÜ), Zeichenlänge *f* (im Telegramm) || **~ element timing** / Schrittakt *m* (DÜ) || **~ element timing circuit** / Zeitgeberschaltung *f*, Taktleitung *f* (DÜ) || **~ evaluation** / Signalauswertung *f* || **~ exchange** / Signalaustausch *m* || **~ flag** / Signalmerker *m* || **~ flow** / Signalfluss *m*, durchgeschaltet *adj* || **~ flow diagram** / Signalflussplan *m* DIN 19221, Wirkungsplan *m* || **~ flow line** / Signalflusslinie *f* || **~ flow path** / Wirkungslinie *f* (Signalblock) VDI/VDE 2600 || **~ formation** / Signalbildung *f* || **~ forming** / Signalformung *f* || **~ generation** / Signalbildung *f* || **~ generator** / Signalgenerator *m*, Messsender *m* || **~ ground** (CITT V.25) / Betriebserde *f* (DÜ-Systeme) DIN 66020,T.1, Signalerde *f*, Signalmasse *f*
signal ID / Signalkennzeichen *n*
signaling and monitoring equipment / Melde- und Überwachungseinrichtungen *f pl* || **~ channel** / Meldekanal *m* || **~ channel list** / Meldekanalliste *f* || **~ channel management** / Meldekanalverwaltung *f* || **~ column** / Signalsäule *f* || **~ contact** / Meldekontakt *m* || **~ data** / Meldedaten *pl* || **~ element** / Signalelement *n* || **~ function** / Meldefunktion *f* || **~ light** / Kontrollampe *f*, Meldeleuchte *f* || **~ output** / Meldeausgang *m* || **~ system** / Meldesystem *n*
signal input / Signaleingang *m*, Signaleingabe *f*, Meldungseingabe *f*, Meldeeingang *m*, Einkoppelung von Signalen || **~ input range** / Arbeitsbereich der Eingangsgröße DIN 44472 || **~ interplay** / Signalspiel *n* || **~ isolation** / Signalentkopplung *f* DIN IEC 381,T.2, Potentialfreiheit des Signals || **~ lamp** / Meldelampe *f*, Signallampe *f*, Leuchtmelder *m*, Signalscheinwerfer *m* || **~ latch** / Signalspeicher *m* || **~ lead** / Signalleitung *f* (Leiter), Einzelsignalleitung *f* || **~ level** / Signalpegel *m*, Pegel *m* || **~ level converter** / Signalpegelumsetzer *m* || **~ light** / Signalleuchte *f* || **~ line** / Signalleitung *f*, Einzelsignalleitung *f*
signalling *n* / Signalisierung *f*, Signalgabe *f*, Zeichengabe *f*, Melden *n* || **~ and annunciating system** / Meldesteuerung *f* || **~ cable** / Meldekabel *n* || **~ circuit** / Meldestromkreis *m*, Meldekreis *m* || **~ contact** / Meldekontakt *m* || **~ device** / Meldegerät *n*, Befehlsmeldegerät *n*, Melder *m* || **~ devices** / Signalgeräte *f pl* (Flp.), Meldeeinrichtungen *f pl* || **~ diode** / Meldediode *f* || **~ distance** / Meldeentfernung *f* || **~ element** / Signalelement *n* || **~ equipment** / Meldeeinrichtung *f* || **~ function block** / Melde-Funktionsbaustein *m* (SPS) || **~ lamp** / Signallampe *f*, Signalscheinwerfer *m*, Meldelampe *f* || **~ module** / Meldebaustein *m* || **~ rate** / Übertragungsgeschwindigkeit *f* (in Baud) || **~ relay** / Melderelais *n*, Rufrelais *n* || **~ state** / Meldezustand *m* || **~ unit check** / Melderkontrolle *f* || **~ voltage** / Meldespannung *f*
signal list / Signalliste *f*
signal logic / Signallogik *f*, Meldungsverknüpfung *f* ||

~ logic module / Signalverknüpfungsbaustein *m* || **~ matching** / Signalanpassung *f* || **~ matching module** / Signalanpassungsbaustein *m* || **~ module** / Signalbaugruppe *f* || **~ module (SM)** / Signalmodule (SM) || **~ monitor** / Signalüberwachung (SÜ) *f* || **~ multiplication relay** / Meldevervielfachungsrelais *n* (MV-Relais) || **~ number** / Meldenummer *f* || **~ output** / Signalausgang *m*, Signalausgabe *f*, Auskoppelung von Signalen, Meldeausgang *m* || **~ panels** / ausgelegte Signale (Flp.) || **~ parameter** / Signalparameter *m* DIN 44300, Informationsparameter *m* || **~ position** / Signalposition *f*, Meldeposition *f* || **~ preprocessing** / Signalvorverarbeitung *f* || **~ processing** / Signalverarbeitung *f*, Meldungsverarbeitung *f*, Leittechnik-Signalverarbeitung *f* || **~ prompting** / Meldeanreiz *m* (DÜ, PC) || **~ propagation delay** / Signallaufzeit *f* || **~ propagation time** / Signallaufzeit *f* || **~ quality** / Signalqualität *f* || **~ quality detection** / Überwachung der Signalqualität || **~ radiation** / Signalabstrahlung *f* || **~ reflections** / Signalreflexionen *f pl* || **~ regeneration** / Signalregenerierung *f* || **~ relay output** / Signalrelaisausgang *m* || **~ resolution** / Signalauflösung *f* || **~ routing** / Signalrangierung *f* || **~ routing cubicles** / Rangierverteiler *m* || **~ scan** / Signalabfrage *f* || **~ sequence** / Signalfolge *f*, Signalsequenz *f* || **~ shaping** / Signalformung *f* || **~ shaping network** / Signalformerschaltung *f*, Entzerrungsschaltung *f* || **~ socket connection** / Signalstecker *m* || **~ source** / Signalquelle *f* || **~ state** / Signalzustand *m* || **~ status** / Signalzustand *m* || **~ status display** / Signalzustandsanzeige *f* (SPS) || **~ storage tube** / Signalspeicherröhre *f* || **~ strength** / Signalstärke *f*, Feldstärke *f* || **~ stretching** / Signalverlängerung *f* || **~ supply** / Signalversorgung *f* || **~ time slot** / Signalzeitschlitz *m*
signal-to-background ratio / Signal-Untergrundverhältnis *n*
signal-to-disturbance ratio / Verhältnis des Nutzzum Störsignal, Nutz-/Störsignal-Verhältnis *n*
signal-to-noise ratio (SNR) / Verhältnis des Nutzzum Störsignal, Nutz-/Rauschsignal-Verhältnis *n*, Signal-Störabstand *m*, Störabstand *m*, Signal-Rausch-Verhältnis *n*
signal transducer / Signalumsetzer *m*, Signalumformer *m*, Signalwandler *m* || **~ transfer** / Signalübertragung *f*, Signalverschiebung *f*, Signalaustausch *m* || **~ transfer efficiency** / Signalverschiebe-Wirkungsgrad *m* || **~ transfer range** / Signalübergangsbereich *m* || **~ transition** / Signalübergang *m*, Flankenwechsel *m* || **~ transit time** / Signallaufzeit *f* (ESR) || **~ transmitter** / Signalgeber *m* || **~ value** / Signalwert *m* || **~ voltage** / Signalspannung *f*, Meldespannung *f* || **~ waveshape quality** / Signalformqualität *f* || **~ word** / Meldewort *n* (SPS)
signature analysis / Bit-Kombinationsanalyse *f* (zur Identifizierung von Logikfehlern bei Bauelementen durch Umwandlung von Bit-Folgen) || **~ analyzer** / Signaturanalysator *m*
sign digit / Vorzeichenziffer *f*
signed *adj* / vorzeichenbehaftet *adj* || **signed non-normalized mantissa** / nichtnormalisierte Mantisse mit Vorzeichen || **~ number** / Zahl mit Vorzeichen || **~ representation** / Darstellung mit

sign 546

Vorzeichen
sign evaluation / Vorzeichenauswertung *f*
significance *n* / Bedeutung *f*, Wichtigkeit *f*,
Wertigkeit *f* (Impuls), Stellenwert *m* || ~ (QA) /
Signifikanz *f* (QS) || **lost** ~ / Genauigkeitsverlust *m*
|| ~ **level** / Signifikanzniveau *m* DIN 55350,T.24,
Signifikanzgrad *m* || ~ **test** / Signifikanztest *m* DIN
55350,T.24, statistischer Test
significant digit / signifikante Stelle (Zahlen) || ~
interval / Schrittlänge *f* (Telegraphie) || ~
nonconformance (QA) / wesentliche Abweichung
(QS) || ~ **state** / Kennzustand *m* || ~ **test result** /
signifikantes Testergebnis DIN 55350,T.24
sign in *v* / anmelden *v*
signing *n* / Signierung *f*
sign inversion / Vorzeichenumkehr *f* || ~ **lighting** /
Schilderbeleuchtung *f*, Reklamebeleuchtung *f*
sign-magnitude binary code / bipolarer Binärcode
sign off *v* / abmelden *v* (Bediener-System) || ~ **of life** /
Lebenszeichen *n*
sign-of-life contact / Live-Kontakt *m*, life-Kontakt *m*
|| ~ **monitoring** / Lebenszeichenüberwachung *f* || ~
signal / Lebenszeichensignal *n*
sign on / anmelden *v* (Bediener-System)
signpost *n* / Wegweiser *m*
sign reversal / Vorzeichenumkehr *f*,
Vorzeichenumschaltung *f* || ~ **reversing amplifier** /
Umkehrverstärker *m*
signum *n* / Signum *n* IEC 50(101)
SIIS s. system control interface clear idle state
Sikostart *n* / Sikostart
silence, to ~ a hooter / eine Hupe abstellen
silenced breaker / geräuschgedämpfter Schalter (LS)
silencer *n* / Geräuschdämpfer *m*, Schalldämpfer *m*
silencing *n* / Geräuschunterdrückung *f*, Abstellen *n*
(einer Hörmeldung), Schalldämpfung *f*
silent alarm / stiller Alarm || ~ **arc** / ruhiger
Lichtbogen
silhouetted in color / farbig hinterlegt
silica gel / Kieselgel *n* || ~ **glass** / Kieselglas *n*,
Quartzglas *n*
silicon *n* / Silizium *n*
silicon-alloyed copper / Siliziumkupfer *n*
silicon-alloy steel / Siliziumstahl *m*
silicon carbide / Siliziumkarbid *n*
silicon-carbide varistor / Siliziumkarbid-Varistor *m*
silicon-controlled rectifier (SCR) / Thyristor *m*
silicone elastomer keyboard / Matten-Tastatur *f*,
Silikon-Matten-Tastatur *f* || ~ **fluid** /
Silikonflüssigkeit *f*
silicone-fluid-immersed transformer /
silikongefüllter Transformator,
Silikontransformator *m*
silicon-free *adj* / silikonfrei *adj*
silicone gasket / Silikondichtung *f* || ~ **grease** /
Silikonfett *n* || ~ **liquid** / Silikonflüssigkeit *f*
silicone-liquid-filled transformer / silikongefüllter
Transformator, Silikontransformator *m*
silicone lubricant / Silikonschmiermittel *n*,
Silikonpaste *f* || ~ **oil** / Silikonöl *n* || ~ **rubber** /
Silikonkautschuk *m*
silicone-rubber-insulated flexible cord / Silikon-
Aderschnur *f* || ~ **flexible cable** / Silikon-
Gummiaderleitung *f*, Silikon-Schlauchleitung *f* || ~
non-sheathed cable / Silikon-Aderleitung *f*
silicon stripping agent / Silikon-Trennmittel *n* || ~
transformer / silikongefüllter Transformator,

Silikontransformator *m* || ~ **varnish** / Silikonlack *m*
silicon gate (SG) / Silizium-Steuerelektrode *f* || ~
imaging device / Silizium-Bildwandler *m*
silicon-gate oxide semiconductor (SGOS) /
Metalloxidhalbleiter mit Silizium-Steuerelektrode
siliconize *v* / silizieren *v*
siliconized steel / siliziertes Eisen
silicon-lithium detector (Si-Li detector) / Silizium-
Lithium-Detektor *m* (Si-Li-Detektor)
silicon on sapphire (SOS) / Silizium auf Saphir
(SOS) || ~ **planar epitactical transistor** /
epitaktischer Silizium-Planar-Transistor || ~ **planar
thyristor** / Silizium-Planar-Thyristor *m* || ~
rectifier / Siliziumgleichrichter *m* || ~ **rubber** /
Silikonkautschuk *m* || ~ **sleeve** / Silikonmuffe *f* || ~
steel / Siliziumstahl *m*
Si-Li detector s. silicon-lithium detector
silit *n* / Silit *n*
sill-type building / Brüstungskanal *n* (IK),
Fensterbankkanal *n*
silo *n* / Silo *n* || ~ **scale** / Silowaage *f*
silver-bowl lamp / kuppenverspiegelte Lampe
silver-bromide chart paper / Bromsilber-
Registrierpapier *n*
silver-cadmium battery / Silber-Cadmium-
Akkumulator *m*
silver chloride-magnesium battery / Silberchlorid-
Magnesium-Batterie *f*
silvered *adj* / versilbert *adj*
silver facing / Silberauflage *f*
silver-graphite brush / Silbergraphit-Bürste *f*
silver oxide-zinc battery / Silberoxid-Zink-Batterie *f*
|| ~ **ring** / Silberring *m* || ~ **ring wear** / Abnutzung
Silberring
silver-plated *adj* / silberplattiert *adj*, versilbert *adj*
silver-solder *v* / silberlöten *v*
silver-sponge material / Silber-Sintermaterial *n*
silver strip method / Silberstreifenmethode *f* || ~
surcharge / Silber-Zuschlag *m*, Ag-Zuschlag *m*
silver-zinc battery / Silber-Zink-Akkumulator *m*
Simatic / Simatic
similarity criterion / Ähnlichkeitskennzahl *f* || ~ **law**
/ Ähnlichkeitsgesetz *n*
SIMOLINK / Siemens Motion Link (SIMOLINK)
(digitales, serielles Datenübertragungsprotokoll mit
Lichtwellenleiter als Übertragungsmedium),
SIMOLINK (Siemens Motion Link) || ~ **board
(SLB)** / SIMOLINK-Baugruppe (SLB) *f* || ~
dispatcher / SIMOLINK-Dispatcher *m* || ~ **master**
/ SIMOLINK-Master *m* (Anschaltung für
übergeordnete Automatisierungssysteme, z.B.
SIMATIC M oder SIMADYN) || ~ **ring** /
SIMOLINK-Ring *m* || ~ **switch** / SIMOLINK-
Switch *m* || ~ **transceiver** / SIMOLINK-
Transceiver *m*
simple class / Einfachklasse *f* (Datennetz) || ~
harmonic current / sinusförmiger Strom,
Sinusstrom *m* || ~ **harmonic motion** / sinusförmige
Schwingung, Sinusschwingung *f* || ~ **harmonic
quantity** / sinusförmige Größe, Sinusgröße *f* || ~
hypothesis / einfache Hypothese DIN 55350,T.24 ||
~ **interface (SI)** / Einfachschnittstelle *f* || ~ **parallel
winding** / einfache Parallelwicklung, eingängige
Schleifenwicklung || ~ **ramp-function generator** /
Einfach-Hochlaufgeber *m* || ~ **random sample** /
ungeschichtete Zufallsstichprobe *n* || ~ **support** IEC
865-1 / Stützung *f* (Stützpunkt eines Leiters) VDE

0103
Simplex / Simplex *n*
simplex communication / Einwegverbindung *f* (Informationsverkehr in einer Richtung)
simplex/duplex modem / Simplex/Duplex-Modem *m*
simplex lap winding / einfache Schleifenwicklung ||
~ **operation** / Simplexbetrieb *m* || ~ **spiral winding** / einfache Wellenwicklung, eingängige Wellenwicklung || ~ **transmission** / Einwegübertragung *f*, Einfachübertragung *f*, Richtungsverkehr *m* (DÜ), Richtungsbetrieb *m* (DÜ) || ~ **two-circuit winding** / einfache Wellenwicklung, eingängige Wellenwicklung || ~ **wave winding** / einfache Wellenwicklung, eingängige Wellenwicklung || ~ **winding** / eingängige Wicklung, Einschleifenwicklung *f*, einfach geschlossene Wicklung, Einfachwicklung *f*
simplicity *n* / Einfachheit *f*
simplified symbol / vereinfachtes Sinnbild || ~ **winding diagram** / vereinfachtes Wicklungsschema
simplify *v* / vereinfachen *v* || ~ **circuitry** / Beschaltung vereinfachen
simulate *v* / vortäuschen *v* (einen Fehler), nachbilden *v* (einen Zustand o. Fehler)
simulated test circuit / Ersatzprüfkreis *m*, Prüfschaltung *f* (Trafo) VDE 0532,T.30
simulation *n* / Simulation *f*, Nachbildung *f* || **basic** ~ / Simulationsgrundbild *n* || ~ **area** / Simulationsbereich *m* || ~ **device** / Simulator *m* || ~ **in parallel with machining time** / hauptzeitparallele Simulation || ~ **program** / Knipskastenprogramm *n* || ~ **step width** / Simulationsschrittweite *f* || ~ **tool** / Simulationswerkzeug *n* || ~ **tool record** / Simulationswerkzeugdatensatz (SWD) *m* || ~ **window** / Simulationsfenster *n*
simulator *n* / Simulator *m* || ~ **program** / Simulierer *m* (Programm)
simultaneity *n* / Kollision *f*, Gleichzeitigkeit *f* ||
simultaneity factor / Gleichzeitigkeitsfaktor *m* || ~ **of poles** / Gleichzeitigkeit der Pole
simultaneous *adj* / gleichzeitig *adj* || ~ **branch** / Simultanverzweigung *f* || ~ **control** / Simultansteuerung *f* || ~ **factor** / Gleichzeitigkeitsfaktor (GZF) *m*
simultaneously accessible parts / gleichzeitig zugängliche (o. berührbare) Teile || ~ **active** / gleichzeitig anstehen
simultaneous mode / Simultanbetrieb *m* || ~ **movement (o. motion)** / gleichzeitige Bewegung (WZM), Simultanbewegung *f* (WZM) || ~ **programming** / Simultanprogrammierung *f* || ~ **recording** / mitzeichnen *v* || ~ **sequencer** / Simultankette *f*
sine, reference ~ **wave** / sinusförmige Referenzschwingung || ~ **beat** / Sinusschwebung *f*, Schwingungspaket *n* (sinusförmig amplitudenmodulierte Sinusschwingung)
SINEC (Siemens network architecture) / SINEC (Siemens Network Architecture) || ≏ **communication processor (SCP)** / SINEC Communication Processor (SCP) || ≏ **L1/DUST6/V24 Processing Unit** / SDV-Baugruppe || ≏ **local area network** / SINEC-Verbund || ≏ **network management (SINEC NM)** / SINEC Network Management (SINEC NM) || ≏

network management local (SINEC NML) / SINEC Network Management Local (SINEC NML)
sine curve / Sinuskurve *f*
sine-forced response / Sinusantwort *f* (Reg.)
sine function / Sinusfunktion *f* || ~ **law** / Sinusgesetz *n* || ~ **pulse** / Sinusstoß *m*
SI network access unit / SI-Netzwerkanschlusseinheit *f*
sine wave / Sinuswelle *f*, Sinusschwingung *f*, sinusförmige Welle
sine-wave converter / Sinusumrichter *m* || ~ **form** / Sinusform *f* || ~ **generator** / Sinuswellengenerator *m*, Sinusgenerator *m* || ~ **modulation** / Sinusmodulation *f* || ~ **vibration** / Vibration sinusförmig || ~ **voltage** / Sinusspannung *f*, sinusförmige Spannung
sine-weighted *adj* / sinusbewertet *adj*
singing arc / singender (o. tönender) Lichtbogen || ~ **point** / Pfeifpunkt *m*, Schwingungseinsatzpunkt *m* || ~ **spark** / tönender Funke
single acknowledgement / Einzelquittierung *f* || ~ **acknowledgement only** / einzelquittierpflichtig *adj*
single-acting *adj* / einfachwirkend *adj* || ~ **drive** / einfachwirkender Antrieb
single-anode valve device / Einanoden-Ventilbauelement *n*
single-armature motor / Einankermotor *m*, Einfachmotor *m*
single-axial stress / einachsiger Spannungszustand
single-axis positioning / Einachspositionierung *f*
single-beam oscilloscope / Einstrahl-Oszilloskop *n*
single-bearing machine / Einlagermaschine *f*
single belt / einlagiger Treibriemen || ~ **binary router** (o. allocation block) / Einzelbinärrangierbaustein *m*
single-bit full-adder / Ein-Bit-Volladdierer *m*
single block / Einzelsatz *m* (PC, SPS) || ~ **block mode (SBL)** / Einzelsatzbetrieb (SBL) *m* (Betriebsart, bei der das Teileprogramm Satz für Satz abgearbeitet wird. Jeder einzelne Satz muß durch den Bediener eingeleitet werden) || ~ **block suppression** / Einzelsatzunterdrückung *f*
single-board computer (SBC) / Einplatinen-Rechner *m* (SBC) || ~ **microcomputer (SBμC)** / Einplatinen-Mikrocomputer *m*
single-box brush holder / Einfach-Bürstenhalter *m* || ~ **catalytic converter** / Einbettkatalysator *m* (Kfz)
single-break contact element IEC 337-1 / Schaltglied mit Einfachunterbrechung VDE 0660,T.200
single bus / Einfachsammelschiene *f* || ~ **busbar** / Einfachsammelschiene *f*
single-busbar substation / Einfachsammelschienen-Station *f*
single-bushing insulated / einpolig isoliert || ~ **voltage transformer** / einpolig isolierter Spannungswandler
single cable / Einleiterkabel *n*, einadriges Kabel || ~ **cable termination** / Einfachkabelanschluss *m* || ~ **capacitor** / Einzelkondensator *m* || ~ **capacitor bank** IEC 265 / Einzel-Kondensatorbatterie *f* VDE 0670,T.6
single-capacitor-bank breaking capacity IEC 56-1 / Ausschaltvermögen für Einzelkondensatorbatterien VDE 0670,T.101 || ~ **breaking current** IEC 265 / Kondensator-Ausschaltstrom *m* VDE 0670,T.3 || ~

single-carbon switch IEC 265 / Kondensator-Lastschalter *m* (Lastschalter für Einzel-Kondensatorbatterien) VDE 0670,T.3
single-carbon brush / Vollkohlebürste *f*
single-chained list / einfach gefädelte Liste
single-chance fault (o. error) / Einfachfehler *m*
single-channel *adj* / einkanalig *adj* || ~ **controller** / Einkanalregler *m* || ~ **recorder** / Einfachschreiber *m* || ~ **instrument** / Einkanalmessgerät *n*, Einsignalmessgerät *n*
single-chip microcomputer / Ein-Chip-Mikrocomputer *m*
single-circuit line / Einsystemleitung *f*, einsystemige Leitung
single clock / Einzel-Takt *m* || ~ **coil** / Einfachspule *f*
single-coil filament / Einfachwendel *f*, Wendel *f* || ~ **lamp** / Einfachwendellampe *f* || ~ **square-section spring washer for screws with cylindrical heads** / Federring für Zylinderschraube || ~ **winding** / Einzelspulenwicklung *f*, Einlochwicklung *f*
single-column disconnector / Einsäulen-Trennschalter *m*, Einsäulentrenner *m* || ~ **machine** / Einständermaschine *f*
single command / Einzelbefehl *m* || ~ **comparator phase comparison protection** (USA) / Phasenvergleichsschutz mit Messung in jeder zweiten Halbwelle IEC 50(448)
single-compartment duct / einzügiger Kanal
single-component fixed-setpoint control / Einkomponenten-Festwertregelung *f*
single component proportioning scale / Einkomponenten-Dosierwaage *f*
single-computer configuration / Einfachrechneranlage *f*
single conductor / Einfachleiter *m*
single-conductor cable / Einleiterkabel *n*, einadriges Kabel || ~ **coil** / Einleiterspule *f* || ~ **oil-filled cable** / Einleiter-Ölkabel *n* || ~ **transductor** / Einleitertransduktor *m*
single connector / Einer-Stecker *m* || ~ **contact** / Einfachkontakt *m*
single-contact-pin cap / Einstiftsockel *m*
single-contact relay / einpoliges Relais
single-control bistable trigger circuit s. single control flipflop || ~ **flipflop** / Flipflop mit einem Eingang
single control loop / einschleifiger Regelkreis || ~ **converter** / Einzel-Stromrichter *m*
single-core cable / einadriges Kabel, Einleiterkabel *n* || ~ **current transformer** / Einkern-Stromwandler *m* || ~ **non-sheathed cable** / Aderleitung *f* || ~ **sheathed cable** (HD 21) / einadrige Leitung mit Mantel VDE 0281
single costs / Einzelkosten *pl* || ~ **cover** / Einzelabdeckung *f* || ~ **crimp contacts** / Einzelcrimpkontakte *m pl* || ~ **cross-arm** / Einfachtraverse *f*
single crystal / Einkristall *m*
single-crystal diffractometer / Einkristall-Diffraktometer *m* || ~ **growing** / Einkristallziehen *n* || ~ **investigation** / Einkristalluntersuchung *f*
single current / Einfachstrom *m*
single-current keying / Einfachstromtastung *f* || ~ **pulse** / Wischimpuls *m* || ~ **signal** / Einfachstromzeichen *n* || ~ **transmission** / Einfachstrombetrieb *m* (FWT)
single cutter / Einschneider *m*

single-cutting *adj* / einschneidig *adj*
single cycle / Einzelzyklus *m*
single-data element (A data element consisting of a single value.) / Einzeldatenelement *n*
single-data-oriented image / einzelinformationsorientiertes Abbild, einzelinformationsbezogenes Abbild
single-degree-of-freedom system / System mit einem Freiheitsgrad
single-disc brake / Einscheibenbremse *f*, Einflächenbremse *f* || ~ **clutch** / Einscheibenkupplung *f*, Einflächenkupplung *f* || ~ **winding** / Einscheibenwicklung *f*, Einspulenwicklung *f*
single distribution board / Einzelschrank *m* || ~ **door** / Einfachtür *f* || ~ **drive** / Einzelantrieb *m*, Einzelachsantrieb *m* (Bahn), Einfachantrieb *m*
single-duct raceway / einzügiger Kanal
single-element conductor / Einzelelementleiter *m* || ~ **device** / Einkomponentengerät *n* || ~ **measuring instrument** / Einfachmessgerät *n* || ~ **relay** / einsystemiges Relais || ~ **transducer** / einsystemiger Messumformer
single-encoder system / Eingebersystem *n*
single-ended drive / einseitiger Antrieb || ~ **forward converter** / Eintakt-Durchflusswandler *m* (Schaltnetzteil) || ~ **input** / Eintakteingang *m*, Einzeleingang *m* || ~ **input impedance** / Eintakt-Eingangsimpedanz *f* (Verstärker), Einzel-Eingangsimpedanz *f* || ~ **output** / Eintaktausgang *m*, Einzelausgang *m* || ~ **output impedance** / Eintakt-Ausgangsimpedanz *f*, Einzel-Ausgangsimpedanz *f* || ~ **piston rod** / einseitige Kolbenstange || ~ **ventilation** / einseitige Belüftung (el. Masch.)
single-end infeed / einseitige Speisung, einfache Einspeisung
single fault / Einfachfehler *m* || ~ **fault security** / Einfehlersicherheit *f*
single-filament lamp / Einfadenlampe *f*
single fillet weld / einseitige Kehlnaht || ~ **flag** / Einzelmerker *m* || ~ **flashing frequency** / Einfachblinklicht *n*
single-float relay / Einschwimmer-Relais *n*
single-focussing spectrometer / einfachfokussierendes Spektrometer
single-frequency current / einfrequenter Strom, einwelliger Strom || ~ **flashing light** / Einfachblinklicht *n* || ~ **voltage** / einfrequente Spannung
single-front cubicle / Einfrontfeld *n*
single-fronted switchboard / Einfrontschalttafel *f*, Schalttafel für Einfrontbedienung
single-function instrument IEC 51 / Messgerät für eine Messgröße
single-gang switch / Einfachschalter *m* (I-Schalter)
single-gap break contact (element) / Öffner mit Einfachunterbrechung || ~ **contact element** / Schaltglied mit Einfachunterbrechung VDE 0660,T.200 || ~ **make-break three-terminal changeover contact** (element) / Wechsler mit Einfachunterbrechung und drei Anschlüssen || ~ **make contact (element)** / Schließer mit Einfachunterbrechung
single-guide valve / einseitig geführtes Ventil
single-height board / einfachhohe Leiterplatte (o. Karte) || ~ **p.c.b.** / einfachhohe Flachbaugruppe

single-helical gear / Schrägzahn-Stirnrad *n*, Schraubenrad *n*
single hole / Einzelloch *n*, Einzelbohrung *f* || ~ **indication** / Einzelanzeige *f* || ~ **indication (SI)** / Einzelmeldung (EM) *f* || ~ **infeed** / einfache Einspeisung, einseitige Speisung, Einfach-Einspeisung *f*, Einfachspeisung *f*
single-input-energizing-quantity measuring relay / Messrelais mit einer Eingangsgröße
single instrument / Einfachmessgerät *n* || ~ **I/O module** / Einfachperipheriemodul *n* || ~ **item** / Einzelposition *f*
single-jewel bearing / Einsteinlager *n* (EZ)
single-knob measuring bridge / Einknopf-Messbrücke *f*
single labyrinth seal / eingängige Labyrinthdichtung || ~ **lacing** / Ausfachung mit Einfachdiagonalen
single-lamp luminaire / einlampige Leuchte
single-lapped *adj* / einfach überlappt
single-lap winding / eingängige Schleifenwicklung, einfache Parallelwicklung
single-layer *adj* / einlagig *adj*, einschichtig *adj*
single-layer-sheath cable / Einmantelkabel *n*
single-layer winding / einlagige Wicklung, Einschichtwicklung *f*
single-leg *adj* / einschenkelig *adj*
single license / einfache Lizenz, Einzellizenz *f*
single-limb *n* / einschenkelig *adj*
single-line *adj* / einzeilig *adj* || ~ **diagram** / einpoliger Schaltplan, Einphasen-Netzschema *n*, Prinzipschaltbild *n*, Übersichtsschaltbild *n* || ~ **representation** / einpolige Darstellung || ~ **system diagram** / Einphasen-Netzschema *n*
single link / Einfachverbindung *f* (Verbundnetz)
single-link procedure (SLP) / Einfachübermittlungsverfahren *n* (DÜ) DIN ISO 7776
single machine / Einzelmaschine *f* || ~ **message** / Einzelmeldung *f* || ~ **mode** / Einzelbetrieb *m*
single-mode acknowledgement / Einfachquittierung *f* || ~ **fibre** / Einmodenfaser *f*, Monomode-Faser *f* || ~ **flashing light** / Einfachblinklicht *n*
single-motor drive / Einmotorenantrieb *m*, Einzelantrieb *m*
single needle selection / Einzelnadelauswahl *f* || ~ **node system** / Einzelplatzsystem *n*
single-option button / Einfachauswahlknopf *m*
single or multiple ply (bellows) / ein- und mehrwandige || ~ **or three-pole automatic reclosing** / ein- oder dreipolige Wiedereinschaltautomatik || ~ **order** / Einzelauftrag *m*
single out *v* / aussondern *v*
single-pair controllable two-pulse bridge connection / Zweigpaar-halbgesteuerte Zweipuls-Brückenschaltung
single part / Einzelteil *n*
single-part *adj* / einteilig *adj* || ~ **drawing** / Einzelteilzeichnung *f* || ~ **production** / Einzelteilfertigung *f*, Einzelfertigung *f*
single-phase *adj* / einphasig *adj*, einsträngig *adj*, einpolig *adj* || ~ **a.c. circuit** / Einphasen-Wechselstromkreis *m*, Wechselstromkreis *m* || ~ **a.c. current** / Einphasen-Wechselstrom *m* || ~ **a.c. machine** / Einphasen-Wechselstrommaschine *f* || ~ **a.c. motor** / Einphasen-Wechselstrommotor *m* || ~ **a.c. traction** / Einphasen-Wechselstrom-Zugförderung *f* || ~ **a.c. voltage** / Einphasen-Wechselspannung *f*, Wechselspannung *f* || ~ **alternating current** / Einphasen-Wechselstrom *m* || ~ **appliance** / Einphasengerät *n* (HG) VDE 0730, Wechselstromgerät *n* || ~ **automatic recloser** / Einrichtung für einpolige Kurzunterbrechung (o. Wiedereinschaltung) || ~ **auto-reclosing** / einpolige (o. einsträngige) Kurzunterbrechung, einpoliges automatisches Wiedereinschalten || ~ **autotransformer** / Einphasen-Spartransformator *m* || ~ **bridge connection** / Einphasen-Brückenschaltung *f* || ~ **centre-tap connection** / Einphasen-Mittelpunktschaltung *f* || ~ **circuit** / Einphasen-Stromkreis *m* || ~ **commutator motor** / Einphasen-Kommutatormotor *m*, einfach gespeister Repulsionsmotor || ~ **commutator motor with series compensating winding** / Einphasen-Reihenschlussmotor mit Kompensationswicklung || ~ **concentric-neutral cable** / Einphasenkabel mit konzentrischem Neutralleiter || ~ **connection** / Einphasenschaltung *f* (LE) || ~ **current** / Einphasenstrom *m* || ~ **half-wave connection** / einphasige Einwegschaltung (LE) || ~ **kWh meter** / Einphasen-Wechselstromzähler *m*, Wechselstromzähler *m* || ~ **machine** / Einphasenmaschine *f*, Wechselstrommaschine *f* || ~ **mains connection** / einphasiger Netzanschluss || ~ **midpoint connection** / Einphasen-Mittelpunktschaltung *f* || ~ **motor** / Einphasenmotor *m* || ~ **neutral earthing reactor** / Sternpunkt-Erdungsdrosselspule *f* (EDT) || ~ **reclosing equipment** / Einrichtung für einpolige Wiedereinschaltung IEC 50(448) || ~ **reversing starter** / Wende-Einphasen-Anlassschalter *m* || ~ **series commutator motor with short-circuited compensating winding** / Einphasen-Reihenschlussmotor mit kurzgeschlossener Kompensationswicklung || ~ **series motor** / Einphasen-Reihenschlussmotor *m*, Konduktanzmotor *m* || ~ **supply** / einphasige Speisung, einphasige Erregung (Trafo)
single-phase-to-earth fault / einphasiger (o.einpoliger) Erdschluss, einphasiger (o.einsträngiger) Fehler, Erdschluss einer Phase
single-phase transformer / Einphasentransformator *m*, Transformatorpol *m*, Einphasen-Trafo *m* || ~ **two-wire circuit** / Einphasen-Zweileiter-Stromkreis *m*
single-phasing *n* / einphasiger Betrieb, Einphasenlauf *m*
single-pin cap / Einstiftsockel *m*
single-piston mechanism / Einfachkolbenantrieb *m*
single-plane-balancing *n* / Ein-Ebenen-Auswuchten *n*, statisches Auswuchten
single-plane winding / Ein-Ebenen-Wicklung *f*
single plug contacts / Einzelsteckkontakte *m pl*
single point / Einzelpunkt *m* (NC)
single-point bonding IEC 50(461) / Einpunktverbindung *f* (Kabelschirme) || ~ **cell** / Single-Point *m* || ~ **fuel injection** / Zentraleinspritzung *f* (Kfz) || ~ **indication** / Einzelmeldung (EM) *f* || ~ **information** / Einzelmeldung *f* (FWT) || ~ **measurement** / Einpunktmessung *f*
single-pole *adj* / einpolig *adj* || ~ **automatic recloser** / Einrichtung für einpolige Kurzunterbrechung (o. Wiedereinschaltung) || ~ **auto-reclosing** / einpolige

single-pole-to-earth 550

(o. einsträngige) Kurzunterbrechung, einpoliges automatisches Wiedereinschalten || ~ **circuit-breaker** / einpoliger Leistungsschalter, einpoliger Leitungsschutzschalter || ~ **contactor** / einpoliges Schütz || ~ **controllable bridge connection** / einpolig steuerbare (o. gesteuerte) Brückenschaltung (LE) || ~ **double-throw switch (SPDT)** / einpoliger Umschalter || ~ **fusing** / einpoliges Absichern || ~ **mains switch** IEC 65 / einpoliger Netzschalter VDE 0860 || ~ **metal-enclosed switchgear** / einpolig gekapselte Schaltanlage || ~ **one-way switch** (CEE 24) / einpoliger Ausschalter (Schalter 1/1) VDE 0630 || ~ **reclosing equipment** / Einrichtung für einpolige Wiedereinschaltung IEC 50(448) || ~ **relay** / einpoliges Relais || ~ **single-throw switch (SPST)** / einpoliger Ausschalter (o. Ein-Ausschalter) || ~ **switch** / einpoliger Lastschalter, einpoliger Schalter || ~ **test(ing)** / Einzelpolprüfung *f* (SG)
single-pole-to-earth fault / einpoliger Erdschluss, einphasiger (o. einsträngiger) Erdschluss
single-precision arithmetic / einfachgenaue Arithmetik
single press / Einfachpresse *f*
single-pressure breaker / Ein-Druck-Schalter *m*, Blaskolbenschalter *m* || ~ **maintained mechanical system** / Rastmechanik *f* (DT) || ~ **non-locking mechanical system** / Tastmechanik *f* (DT) || ~ **system** / Ein-Druck-System *n*
single probe / Einzelsonde *f*, Einzelschwinger-Prüfkopf *m*
single-processor control / Einprozessorsteuerung *f* || ~ **mode** / Einprozessorbetrieb *m*
single-pulse voltage doubler connection / Einpuls-Verdopplerschaltung *f* || ~ **voltage multiplier connection** / Einpuls-Vervielfacherschaltung *f*
single-purpose machine / Einzweckmaschine *f*
single pushbutton / Einfach-Drucktaster *m*
single-quadrant drive / Ein-Quadrant-Antrieb *m*
single-race ball bearing / einreihiges Kugellager || ~ **ball bearing oscilloscope** / Einkanal-Oszilloskop *n*
single random failure / Einzel-Zufallsausfall *m*
single-range *n* / Einbereich *m* || ~ **instrument** / Einbereichs-Messgerät *n* || ~ **Scherbius system** / untersynchrone Scherbius-Kaskade
single-rate meter / Eintarifzähler *m*, Einfachtarifzähler *m* || ~ **summator** / Eintarif-Summenzählwerk *n*
single-ratio transformer / Wandler mit einem Übersetzungsverhältnis
single record / Einzelsatz *m* (PC, SPS)
single-reduction gear unit / einfaches Untersetzungsgetriebe
single ring / Einfachring *m* || ~ **rocker** / Einfachwippe *f* || ~ **rolled sheet** / Tafelblech *n*
single-row ball bearing / einreihiges Kugellager || ~ **connector** / einreihiger Steckverbinder || ~ **deep groove ball bearing** / Ring-Rillenlager *n*
single sample / Einfachstichprobe *f* || ~ **sampling** / Einfachstichprobenentnahme *f* || ~ **sampling inspection** / Einfach-Stichprobenprüfung *f* DIN 55350,T.31 || ~ **sampling plan** / Einfachstichprobenprüfplan *m* || ~ **scan** / Einzelzyklus *m* (PC, Abfragez.)
single-screen configuration / Einbildschirmsystem *n*
single-seat(ed) valve / Ein-Sitz-Ventil *n*
single-secondary transformer / Wandler mit einer Sekundärwicklung
single set of brushes / Einfach-Bürstensatz *m*
single-shaft twin generator / Einwellen-Doppelgenerator *m*
single-sheet feed / Einzelblattzuführung *f* (Drucker)
single shot / monostabiles Kippglied DIN 40700
single-shot pushbutton / Einmal-Drucktaste *f* || ~ **reclosing** / einmalige Wiedereinschaltung (o. Kurzunterbrechung)
single shunt / einfacher Nebenschluss || ~ **sideband (SSB)** / Einseitenband *n*
single-sideband transmission / Einseitenbandübertragung *f* (ESB)
single-sided *adj* / einseitig *adj* || ~ **configuration** / einseitiger Aufbau || ~ **single-sided field system** / Einfach-Feldmagnet *m* || ~ **linear induction motor (SLIM)** / einseitiger Linear-Induktionsmotor || ~ **linear motor** / einseitiger Linearmotor || ~ **printed board** / Leiterplatte mit Leiterbild auf einer Seite || ~ **stator** / Einfachstator *m* (LM)
single signal / Einzelsignal *n*
single-signal method / Einzelsignalmethode *f* IEC 50(161)
single-slide simulation / Einfachschlittensimulation *f* || ~ **single-spindle turning machine** / Einschlitten-Einspindel-Drehmaschine *f* || ~ **turning machine** / Einschlittendrehmaschine *f*
single-slope converter / Einrampenumsetzer *m*, Single-Slope-Wandler *m*, Einflankenwandler *m*
single socket-outlet / Einfachsteckdose *f*, Einzelsteckdose *f*
single-source mains infeed / Einzeleinspeisung *f* (elST) DIN 19237
single-speed floating action / Verhalten (o. I-Verhalten) mit fester Stellgeschwindigkeit *n*
single spindle *adj* / einspindlig *adj*, Einspindel- || ~ **machine** / Einspindelmaschine *f*, Einspindler *m*
single squirrel-cage winding / Einfachkäfigwicklung *f*
single-stack disconnector / Einsäulen-Trennschalter *m*, Einsäulentrenner *m*
single-stage *adj* / einstufig *adj* || ~ **compressor** / einstufiger Verdichter || ~ **protection** / einstufiger Schutz || ~ **transformer** / einstufiger Wandler || ~ **winding** / einstufige Wicklung
single-start *adj* / eingängig *adj* || ~ **thread** / eingängiges Gewinde
single-station pushbutton / Einfach-Drucktaster *m*
single stator / Einfachstator *m* (LM) || ~ **step** / Einzelschritt *m*, Einzelschrittverarbeitung *f*, einfache Kette
single-step mode / Einzelschrittverarbeitung *f*, Einzelschritt *m*, Einzelschritt-Betrieb *m* || ~ **operation** / aufgelöster Arbeitsgang, Einzelschrittbetrieb *m*
single-stepped *adj* / einschrittig *adj*
single-stepping *n* / Einzelschrittverarbeitung *f*
single-step selector / einstufiger Wähler || ~ **single-step** / Einstufenanlasser *m* || ~ **winding** / einstufige Wicklung
single storey press / Einetagen-Presse *f*
single string (of insulators) / Einfachkette *f* (Isolatoren) || ~ **stroke** / Einzelhub *m*
single-stroke flash / Einzel-Blitzentladung *f*
single-stud brush holder / Einbolzen-Bürstenhalter *m*
single subrack / Einfachrahmen *m*, Einzeiler *m*,

Einzelrahmen *m*
single summation circuit / Einfachsummenschaltung *f* || ~ **supply** / Einfachversorgung *f* (Einspeisung über 1 Verbindung), Einfacheinspeisung *f* || ~ **support** / Einfachstützer *m*
single-support disconnector / Einsäulen-Trennschalter *m*, Einsäulentrenner *m* || ~ **pantograph disconnector** / Einsäulen-Scherentrenner *m*, Einsäulen-Trennschalter *m*
single sweep / einmalige Zeitablenkung (Osz.)
single-tank bulk-oil circuit-breaker / Einkessel-Ölschalter *m*
single terminal / Einzelklemme *f*, Einzelanschluss *m*
single-terminal measurement / Ein-Stellen-Messung *f*
single-throw double-pole switch (STDP) / zweipoliger Einschalter (o. Ein-Aus-Schalter) || ~ **switch** / Ausschalter *m*, Einschalter *m*, einpoliger Schalter
single thrust bearing / einseitig wirkendes Drucklager, Stützlager *n* || ~ **tier** / Einfachzeile *f* (ET)
single-tier *adj* / einzeilig *adj* (Baugruppenträger), einstufig *adj* (Wickl.) || ~ **arrangement** / einzeilige (o. einreihige) Anordnung (ET) || ~ **configuration** / einzeiliger Aufbau || ~ **winding** / Einstufenwicklung *f*
single tool / Einzelwerkzeug (EWZ) *n*
single-trace oscilloscope / Einstrahl-Oszilloskop *n*
single-track commutator / Einbahnkommutator *m*, einfeldriger Kommutator || ~ **shaft encoder** / Einzelimpulsgeber *m*
single trademark / Monomarke *f*
single transition / Einzelübergang *m* (Impulse) || ~ **transmission link** / Einfachverbindung *f* (Verbundnetz)
single-thyristor module / Einfachbaustein *m*
single-tuned filter / Einkreisfilter *n*
single-turn coil / Spule mit einer Windung, eingängige Spule || ~ **encoder** / Single-Turn-Geber *m* || ~ **transformer** / Einleiterwandler *m*
single UPS / Einzel-USV *f*
single-user licence / Einzellizenz *f*, einfache Lizenz || **single-user multi-tasking real-time operating system** / Einplatz-Multitasking-Echtzeit-Betriebssystem *n* || ~ **station** / Einzelplatz *m* || ~ **system** / Einplatzsystem *n* || ~ **text processor** / Einplatz-Textautomat *m*
single valve unit IEC 633 / Einzelventil *n* (LE)
single-variable controller / Eingrößenregler *m*
single-V butt joint / V-Naht *f*
single warren / Ausfachung mit Einfachdiagonalen
single-way connection / Einwegschaltung *f* (SR) || ~ **connection of a convertor** / Einwegschaltung eines Stromrichters || ~ **converter** / Einwegstromrichter *m* || ~ **duct** / einzügiger Kanal || ~ **dynamic range (SWDR)** / Einweg-Dynamikbereich *m* || ~ **rectifier** / Einweggleichrichter *m*
single weighing machine / Einzelwaage *f*
single-width module / einfachbreite Baugruppe
single winding / einfache Wicklung, eingängige Wicklung
single-winding multi-speed motor / drehzahlumschaltbarer Motor mit einer Wicklung, polumschaltbarer Motor mit einer Wicklung || ~ **transformer** / Einwicklungstransformator *m* || ~ **type** / Ausführung mit einer Wicklung, einstufig gesteuerte Ausführung
single-wire *adj* / eindrähtig *adj*
single wire armour (SWA) / Drahtbewehrung in einer Lage
single-wire bar-type current transformer / Einleiter-Stabstromwandler *m*
single-word statement / Einwortanweisung *f*
single-wound *adj* / einfach gewickelt
singly concentric / einfachkonzentrisch *adj* || ~ **fed repulsion motor** / einfach gespeister Repulsionsmotor || ~ **re-entrant winding** / einfach wiedereintretende Wicklung
singular *adj* / ungewöhnlich *adj*
sink *n* / Senke *f*, Empfänger *m*, Vertiefung *f*, Störsenke *f* || ~ **data** ~ / Datensenke *f* || ~ **heat** ~ / Kühlkörper *f* (HL), Wärmesenke *f* || ~ **diffusion** / Tiefdiffusion *f* || ~ **input** / P-lesend *adj*
sink-mode output / Stromsenkenausgang *m*, stromziehender Ausgang
sink output / nach M schaltend, M-schaltend *adj*
sink readback / P-rücklesend *adj*
sinor *n* / Raumzeiger *m* || ~ **diagram** / Raumzeigerdiagramm *n*
S input / S-Eingang *m*, Setzeingang *m*
SINS s. system control interface clear not active state
sintered *adj* / gesintert *adj* || ~ **alumina** / Sinterkorund *m* || ~ **filter** / Sinterfilter *m* || ~ **foil plate** / Sinterfolienplatte *f* (Batt.) || ~ **plate** / Sinterplatte *f* (Batt.) || ~ **tungsten-copper** (material) / Kupfer-Wolfram-Sintermaterial *n*
SINUMERIK Solution Provider / SSP || ≙ **test software (SINT)** / SINUMERIK-Testsoftware (SINT) *f*
sinusoid *n* / sinusförmige Größe, Sinusform *f*
sinusoidal *adj* / sinusförmig *adj* || ~ **component of flux** / Wechselinduktion *f* || ~ **current** / sinusförmiger Strom, Sinusstrom *m* || ~ **filter** / Sinusfilter *m* || ~ **function** / Sinusfunktion *f* || ~ **half-wave** / Sinushalbwelle *f* || ~ **half-wave current** / sinusförmiger Halbschwingungsstrom || ~ **law** / Sinusgesetz *n* || ~ **oscillation** / sinusförmige Schwingung, Sinusschwingung *f* || ~ **quantity** / sinusförmige Größe, Sinusgröße *f* || ~ **response** / Sinusantwort *f* (Reg.) || ~ **shape** / Sinusform *f* || ~ **signal** / Sinussignal *n*, sinusförmiges Signal || ~ **voltage** / Sinusspannung *f*, sinusförmige Spannung || ~ **voltage fluctuation** / sinusförmige Spannungsschwankung || ~ **wave** / Sinuswelle *f*, sinusförmige Welle, Sinusschwingung *f*
SinuTrain *n* / SinuTrain *m*
SIPASS (Siemens personnel badge system) / SIPASS (Siemens-Personen-Ausweissystem)
siphon *n* / Siphon *m*, Flüssigkeitsheber *m*, Sackrohr *n*, Geruchverschluss *m*
SIPMOS (Siemens power MOS) / SIPMOS (Siemens-Leistungs-MOS)
SIPMOSFET (Siemens power MOS FET) / SIPMOSFET (Siemens-Leistungs-MOS-FET)
SIPS s. side impact protection system || ≙ (**Siemens Industrial Publishing System**) / SIPS
siren element / Sirenenelement *n*
SIRIUS floor-mounting distribution system / SIRIUS-Installationsverteiler *m*
sister tool / Ersatzwerkzeug *n*, Schwesterwerkzeug *n*, Tauschwerkzeug *n*
SIT (system integration test) / SIT

site *n* / Stelle *f*, Platz *m*, Aufstellungsort *m*, Baustelle *f*, Standort *m* || **test** ~ / Versuchsgelände *n*, Messgelände *n* || ~ **altitude** / Aufstellungshöhe *f*, Aufstellhöhe *f* || ~ **cashier's office** / Baukasse *f* || ~ **criteria** / Standortkriterien *n pl* || ~ **manager** / Baustellenleiter *m*, Bauleiter *m*, Projektleiter *m* || ~ **of installation** / Aufstellungsort *m*, Montageort *m*, Baustelle *f*, Verwendungsort *m* || ~ **performance test** / Leistungsprüfung am Aufstellungsort || ~ **plan** / Lageplan *m* || ~ **rated power** / Aufstell-Leistung *f* || ~ **tests** / Prüfungen am Aufstellungsort
siting *n* / Wahl des Aufstellungsorts
SITOR assembly / SITOR-Satz *m* || ~ **block clamping bolts** / SITOR-Blockverspannung *f* || ~ **double module** / SITOR-Doppelbaustein *m* || ~ **single module** / SITOR-Einzelbaustein *m*
situation map / Lagekarte *f*
SI unit / SI-Einheit *f*
SIVACON - standard parts list / SIVACON - Standardstückliste *f*
Sivolt / Sivolt
SIWS s. source idle wait state
six-channel recorder / Sechsfachschreiber *m*
six-decade meter / sechsdekadiger Zähler
six-digit register / sechsstelliges Zählwerk
six-phase *adj* / sechsphasig *adj* || ~ **circuit** / Sechsphasenschaltung *f*, Doppelsternschaltung *f* || ~ **connection with single set of brushes** / Sechsfach-Bürstenschaltung mit einfachem Bürstensatz
six-pole *adj* / sechspolig *adj*
six-pulse bridge connection / Sechspuls-Brückenschaltung *f*, Drehstrom-Brückenschaltung *f* || ~ **converter** / sechspulsiger Stromrichter
six-terminal network / Sechspol *m*
six-way jack / sechspolige Klinke
size *n* / dimensionieren *v*, kalibrieren *v*, auf Maß bringen, maßschlagen *v*, sortieren *v*, grundieren *v*, leimen *v*, nachkalibrieren *v* || ~ *n* / Messgröße *f*, Size *f*, Größe *f*, Maß *n* DIN 7182,T.1, Baugröße *f*, Format *n*, Körnung *f*, Abmessungen *f pl* || **wire** ~ / Drahtstärke *f* || ~ **27 frame** / Topfgehäuse *n* || ~ **control** / Messsteuerung *f* (NC) || ~ **notation** / Maßangabe *f* (NC) || ~ **of drops** / Tropfengröße *f* || ~ **of fit** / Passmaß *n* DIN 7182, T.1 || ~ **tolerance** / Maßtoleranz *f* || ~ **without tolerance** / Freimaß *n*
sizing *n* / Größenbestimmung *f*, Dimensionierung *f*, Bearbeiten auf Fertigmaß, Klassieren *n*, Leimen *n*, Bemessung *f*, Kalibrieren *n*, Nachkalibrieren *n* || ~ **data** / Anlegungspunkt *m*, Auslegungsdaten *pl*, Auslegungswert *m* || ~ **die** / Kalibrierwerkzeug *n* || ~ **of the valve** / Ventilauslegung *f*, Bestimmung der Ventilgröße || ~ **tool** / Lehrenwerkzeug *n pl* (StV), Aufweitwerkzeug *n*
S-joint *n* / Kugelgelenk *n*
SK (softkey) / frei belegbare Funktionstaste (Taste einer Tastatur, der durch Software mehrere Funktionen zugeordnet werden können)
skeleton *n* / Skelett *n*, Gestell *n*, Gerüst *n*, Rahmen *m* || ~ **frame** / Gehäusegestell *n* (el. Masch.)
skeleton-type distribution board / Rahmen-Verteiler *m*
sketching *n* / Skizzieren *n*, Skizzentechnik *f* (CAD), Handskizzentechnik *f*
skew *v* / schrägen *v*, schräg verlaufen, verzerren *v* || ~ *adj* / schief *adj* || ~ *n* / Schieflage *f*, Versatz *m* (Signale, Bits), Schräglauf *m* (Band), Schieflauf *m* (Fernkopierer), Zeitversatz *m* || ~ (time difference between input channels) / Laufzeitunterschied *m* || ~ *n* / Schrägung *f* || **clock** ~ / Taktsignalverzögerung *f* (zum Ausgleich von Laufzeiten)
skew-axes gear / Hyperbelrad *n*
skew bevel gearing / Schrägverzahnung *f*
skew-coil winding / Zweietagenwicklung mit gleichen Spulen
skewed by a slot pitch / um eine Nutenteilung geschrägt || ~ **distribution** / schiefe Verteilung (Statistik, QS), asymmetrische Verteilung || ~ **pole** / abgeschrägter Pol || ~ **pole tip** / schräggestellte Polkante || ~ **slot** / geschrägte Nut
skew factor / Schrägungsfaktor *m*, Nutvoreilung *f*
skewing *n* / Schrägung *f*, Schrägstellung *f*, Schieflauf *m* (Fernkopierer), Schräglauf *m* || ~ **of slots** / Nutschrägung *f*
skew leakage loss / Schrägungsverlust *m* (Wickl.) || ~ **leakage reactance** / Streublindwiderstand der Schrägung
skewness *n* (statistics) / Schiefe *f* DIN 55350,T.21
skew ray / schiefer Strahl (LWL) || ~ **rays** / Randstrahlen *m pl* (LWL)
skid *n* / Kufe *f*, Gleitkufe *f*, Gleitschuh *m*
skid-mounted transformer / Kufentransformator *m*
skid wire / Gleitdraht *m* (Rohrkabel)
skilled operator / Facharbeiter *m* || ~ **person** IEC 50(826), Amend. 2 / Fachkraft *f*, Elektrofachkraft *f* || ~ **worker** / Facharbeiter *m*
skim *v* / überdrehen *v* (Komm.), abdrehen *v* (Komm.), abschäumen *v*
skimming and grinding rig / Dreh- und Schleifvorrichtung *f* (f. Komm.)
skin *n* / Haut *f*, Kommutatorpatina *f*, Kommutatorfilm *m* || ~ **depth** / Hauttiefe *f*, Eindringtiefe *f* || ~ **effect** / Hautwirkung *f*, Skineffekt *m*, Stromverdrängungseffekt *m* || ~ **friction** / Oberflächenreibung *f* || ~ **protection** / Hautschutz *m*
skip *v* / übergehen *v*, überspringen *v*, überlesen *v* (z.B. Sätze im Programm), ausblenden *v*, ausblendbar *adj* || ~ / Skip *n* || **block** ~ / Satzüberlesen *n*, Satzausblendung *f*, Satzunterdrückung *f* || **column** ~ / Kolonnenübersprung *m* || ~ **forward** ~ / Vorwärtssprung *m* (Programm, NC, SPS) || **full** ~ **distance** / Sprungabstand *m* (Ultraschallprüfung) || ~ **block** / Ausblendsatz *m*, ausblendbarer Satz || **block (SKP)** / SKP (Satz ausblenden) || ~ **frequency** / Ausblendfrequenz *f* || ~ **frequency band** / Ausblendband *n* || ~ **frequency bandwidth** / Bandbreite Ausblendfrequenz *f* || ~ **function** / Ausblendfunktion *f* || ~ **instruction** / Übersprungbefehl *m*, Nulloperationsbefehl *m* || ~ **key** / Sprungtaste *f* || ~ **level** / Ausblendebene *f*, Stichprobenplan mit Sprungregel || ~ **lot sampling plan** / Stichprobenanweisung mit Überspringen von Losen
skipped code / fehlender Code, Fehlcode *m*, Ausfallcode *m*
skip scan / Anschaltung mit Schallstrahlumlenkung || ~ **value** / Ausblendwert *m*
skirt *n* / Schirm *m*, Laterne *f*, Mantel *m* (Fassung), Rand *m*, Saum *m*, Kragen *m* (Fassung) || ~ **guided** / Führung in Sitzring
skirting *n* / Fußbodenleiste *f*, Sockelleiste *f*, Scheuerleiste *f*, Sockelleistenkanal *m*, Fußleiste *f* || ~ **board** / Fußleiste *f* (Bau) || ~ **duct** / Sockelleistenkanal *m*, Fußleistenkanal *m* || ~

trunking / Sockelleistenkanal *m*, Fußleistenkanal *m*
skiver *n* / Lederspaltmesser *m*, Schälwerkzeug *n*
SKP / Satzausblenden *n*, Satzunterdrückung *f* (Das wahlweise Weglassen bzw. Überlesen von Sätzen durch die Steuerung) || ≙ **(skip block)** / SKP (Satz ausblenden)
sky component of daylight factor / Himmelslichtanteil des Tageslichtquotienten || ~ **factor** / Himmelslichtquotient *m*
skylight *n* / Himmelslicht *n*, diffuse Himmelsstrahlung, Oberlicht *n*
sky radiation / Himmelsstrahlung *f*
SL s. **shift left** || ≙ **(slave station)** / SL, Textempfangsstation *f*
slab interferometry / Scheibeninterferometrie *f* || ~ **track** / Schienenplatte *f* (MSB) || ~ **winding** / Scheibenwicklung *f*
slack *n* / Durchhang *m*, Spiel *n* || **to take up** ~ / Durchhang aufholen (Papiermaschine) || ~ **bus** / Potentialknoten *m* (Netz), Slack *n* (Netz) || ~ **node** / Bilanzknoten *m* (Netz)
slack-rope switch / Schlappseilschalter *m*
slack side / lose Seite (Treibriemen), Leertrum *n* || ~ **strand** / lose Seite (Treibriemen), Leertrum *n* || ~ **time** / Schlupfzeit *f* (Reg., Netzwerk) || ~ **variable** / Schlupfvariable *f* (Reg.)
slag wool / Schlackenwolle *f*
slam button / Schlagtaster *m*
slash *n* / Schrägstrich *m*
slave *n* / Slave *m* (Bussystem), passiver Teilnehmer (Bussystem), Antworterstation *f* || ~ **arm** / Arbeitsarm *m* (Manipulator) || ~ **axis** / Slaveachse *f*, Folgeachse (FA) *f* || ~ **clock** / Nebenuhr *f*, Tochteruhr *f* || ~ **configuration** / Slaveaufbau *m* || ~ **control** / Nachlaufsteuerung *f*, Slave-Steuerung *f*, Folgeregelung *f* || ~ **controller** / Folgeregler *m*, Slave-Regler *m* || ~ **diagnostics data** / Slavediagnosedaten *pl* || ~ **drive** / Folgeantrieb *m* || ~ **light curtain** / Folgelichtvorhang *m* || ~ **motor** / Folgemotor *m* || ~ **operation** / abhängiger Betrieb (v. Stromversorgungsgeräten im Verbundbetrieb) || ~ **parameters** / Slaveparameter *m* || ~ **pointer** / Schleppzeiger *m* || ~ **potentiometer** / Folgepotentiometer *n* || ~ **property** / Slave-Eigenschaft *f* || ~ **relay** / Hilfsrelais *n*, Hilfsschütz *n* || ~ **series operation** / Serienbetrieb *m* (v. Stromversorgungsgeräten, deren Ausgänge in Reihe geschaltet sind), Reihenbetrieb *m* || ~ **station** / Empfangsstation *f* (DÜ), Unterstation *f* (Prozessleitsystem, wird zum Datenempfang von Hauptstation angewählt), datenempfangende Station || ~ **station (SL)** / Textempfangsstation *f* || ~ **subsystem** / Slave-Subsystem *n* || ~ **system** / Untersystem *n* (Master-Slave-Anordnung) || ~ **value** / Folgewert *m*
SLB (SIMOLINK board) / SLB (SIMOLINK-Baugruppe)
S.L. cable / Dreibleimantelkabel *n*
SLCT (select from printer) / SLCT
sleetproof *adj* / eisgeschützt *adj*
sleeve *n* / Hülse *f*, Muffe *f*, Ankerbüchse *f*, Tülle *f*, Führungshülse *f*, Passeinsatz *m*, Pinole *f*, Buchse *f*, Steckbuchse *f*, Buchsenleiste *f*, Frässpindelhülse *f*, Bohrspindelhülse *f* || ~ **bearing** / ungeteiltes Ringlager IEC 50(411)
sleeve-bearing shell / Gleitlagerschale *f*

sleeve core / Mantelkern *m* || ~ **coupling** / Muffenkupplung *f* || ~ **guide bearing** / Radialgleitlager *n* || ~ **nut** / Überwurfmutter *f* || ~ **socket** / Hülsenfassung *f* (Starterfassung) || ~ **terminal** / Hülsenklemme *f*
sleeving *n* / Umhüllung *f*, Wickel *m*, Isolierschlauchmaterial *n* || **flexible insulating** ~ / flexibler Isolierschlauch DIN IEC 684 || **hot-ironed** ~ / Umbügelung *f* (Isol.) || **saturated** ~ / getränktes Isolierschlauchmaterial
slew curve (stepping motor) / Betriebsgrenzfrequenz- /Betriebsgrenzmoment-Kennlinie *f*
slewing drive / Schwenkantrieb *m* (Kran) || ~ **motion** / Schwenkbewegung *f*
slewing-motion actuator / Schwenkantrieb *m*
slewing rate / Schrittfrequenz *f*, Betriebsfrequenz *f* || ~ **ring** / Drehkranz *m* (Lg.) || ~ **speed** / Schwenkgeschwindigkeit *f* (Kran), Suchgeschwindigkeit *f* (Lochstreifenleser)
slew rate / Anstiegsgeschwindigkeit *f* (Steilheit eines Ausgangssignals zwischen 30 und 70 % seines Endwerts nach sprunghafter Änderung der Eingangsgröße), Anstiegsrate *f*, Änderungsgeschwindigkeit *f*, Flankensteilheit *f* || ~ **rate** (stepping motor) / Schrittfrequenz *f*, Betriebsfrequenz *f* || ~ **rate limiting** / Anstiegsbegrenzung *f* (einer Spannung) || ~ **region** (stepping motor) / Beschleunigungsbereich *m*
slice, time ~ / Zeitscheibe *f* (DV)
slicer *n* / Doppelbegrenzer *m* (Eingangsbegrenzer f. zwei Amplitudengrenzwerte)
slicing *n* (pulses) / Doppelbegrenzung *f* (Impulse, Abkappverfahren)
slickness *n* / Glätte *f*
slide *n* / Schieber *m*, Schlitten *m* (WZM), Diapositiv *n*, Dia *n*, Overhead-Folie *f*, Gleiter *m*, Folie *f* || ~ **bar** / Zeigebalken *m* (CAD) || ~ **block** / Gleitstein *m*
slide-by mode / seitliche Annäherung (NS)
slide construction / Schieberkonstruktion *f*
slide contact / Gleitschaltstück *n*, Gleitkontakt *m*, Schiebekontakt *m* || ~ **control** / Schiebersteuerung *f* || ~ **damper** / Schneidplatte *f*, Platte *f* (Die (Schneid-)Platte wird vom Werkzeughalter gehalten und bildet mit ihm zusammen das Werkzeug.) || ~ **fit** / Gleitsitz *m*, Schiebesitz *m*, Gleitpassung *f*
slide-in label / Einschubstreifen *m* || ~ **modules** / Einschübe *m pl*
slide library / Diabibliothek *f* (CAD) || ~ **projector** / Diaprojektor *m*, Stehlichtprojektor *m*
slider *n* / Schleifer *m*, Schieber *m*
slide rail / Spannschiene *f* (el. Masch.), Gleitschiene *f* || ~ **reference point** / Schlittenbezugspunkt *m* || ~ **resistor** / Schiebewiderstand *m* || ~ **stop** / Verschiebeanschlag *m* || ~ **switch** / Schiebeschalter *m* || ~ **transformer** / Stelltransformator *m*
slide-type dimmer / Helligkeitsregler (o. Dimmer) mit Schieberegler *m*
slide valve / Schieber *m*
slideway *n* / Gleitbahn *f*, Führungsbahn *f*, Führung *f* (WZM), Schleifbahn *f*, Gleitführung *f*
slide weight / Schlittengewicht *n*
sliding-action contact / Schleifkontakt *m*, Gleitkontakt *m*
sliding bearing / Gleitlager *n*, Schiebelager *n* (a. EZ) || ~ **block** / Nutenstein *m*, Gleitstück *n* || ~ **contact** / Gleitschaltstück *n*, Gleitkontakt *m*, Schiebekontakt

m
sliding-dolly dimmer / Helligkeitsregler (o.Dimmer) mit Schieberegler || ~ **regulator** / Schieberegler *m* || ~ **switch** / Schiebeschalter *m*
sliding door / Schiebetür *f* || ~ **fit** / Gleitsitz *m*, Schiebesitz *m*, Gleitpassung *f* || ~ **flange** / Schiebeflansch *m* || ~ **friction** / Gleitreibung *f*, Rutschreibung *f* || ~ **gate** / Schiebetür *f* || ~ **gauge** / Schublehre *f* || ~ **gear** / Schubgetriebe *n* || ~ **guide** / Gleitführung *f* || ~ **key** / Ziehkeil *m*, Gleitfeder *f*
sliding-link feed-through terminal / Durchgangsklemme mit Längstrennung || ~ **terminal** / Längstrennklemme *f*
sliding nut / Gleitmutter *f* || ~ **pad** / Gleitschuh *m* || ~ **ports valve** / Plattenschieber *m* || ~ **rail** / Gleitschiene *f* || ~ **ring** / Gleitring *m* || ~ **roof** / Schiebedach *n* (Kfz)
sliding-roof actuator / Schiebedachantrieb *m* (Kfz)
sliding-rotor motor / Verschiebeankermotor *m*, Stopmotor *m*
sliding speed / Gleitgeschwindigkeit *f* || ~ **spool** / Längsschieber *m* || ~ **sunroof** / Schiebedach *n* (Kfz) || ~ **surface** / Gleitfläche *f*, Anpressfläche *f* || ~ **switch** / Schiebeschalter *m*
sliding-type disconnector / Schubtrenner *m*, Linientrenner *m*, Schubtrennschalter *m*
sliding-vane meter / Treibschieberzähler *m*
slightly inductive load / schwach induktive Last
slight measuring error / geringer Messfehler
SLIM s. single-sided linear induction motor
slimline *adj* / schlank *adj*
slim-line m.c.b. / Flachschutzschalter *m*, Flachautomat *m* || ~ **type** / schmale (o. flache) Ausführung, schlanke Ausführung
slimline operator panel / Flachbedientafel *f*
S-line function generator / Sollwertverzögerung *f* (Baugruppe)
sling rope / Anschlagseil *n*
slip *v* / schlüpfen *v*, rutschen *v*, gleiten *v*, schieben *v* || ~ *n* / Schlupf *m*, Schlüpfung *f*, Gleiten *n*, Gleitung *f* (Kristallfehler), Rutschen *n*, Ableiten *n* ||
intercrystalline ~ / interkristalline Verschiebung ||
maximum controllable ~ / kritischer Schlupf ||
without ~ **ring** / schleifringlos *adj* || ~ **clutch** / Schlupfkupplung *f*, Rutschkupplung *f*, Kegel-Rutschkupplung *f*, Sicherheitskupplung *f* || ~ **compensation** / Schlupfkompensation *f* (passt die Ausgangsfrequenz des Umrichters dynamisch so an, dass die Motordrehzahl unabhängig von der Motorbelastung konstant gehalten wird) || ~ **compensation circuit** / Schlupfkompensation *f* (passt die Ausgangsfrequenz des Umrichters dynamisch so an, dass die Motordrehzahl unabhängig von der Motorbelastung konstant gehalten wird) || ~ **coupling** / Schlupfkupplung *f*, Rutschkupplung *f*, Kegel-Rutschkupplung *f*, Sicherheitskupplung *f*
slip-fit flange / Aufsteckflansch *m* || ~ **mounting** / Aufsteckmontage *f* (Leuchte), Einsteckmontage *f* (Leuchte) || ~ **spigot** / Tragstutzen *m* (Mastleuchte)
slip-fitter *n* / Tragstutzen *m* (Mastleuchte) || ~ **luminaire** / Mastansatzleuchte *f*
slip-free *adj* / schlupffest *adj*
slip force / Rutschkraft *f* || ~ **frequency** / Schlupffrequenz *f*
slip-frequency voltage / Schlupfspannung *f*
slip friction / Schlupfreibung *f*, Rutschreibung *f* || ~

limit / Schlupfgrenze *f* || ~ **line** / Schlupfgerade *f* || ~ **loss** / Schlupfverluste *m pl*
slip-on connector / Aufsteckverbinder *m* || ~ **lever** / Aufsteckhebel *m* || ~ **shaft** / Aufsteckwelle *f* || ~ **terminal** / Flachsteckanschluss *m*
slip-over transformer / Aufsteckwandler *m*
slipped cycle / Fehlimpulse *m pl* (NC, Verlust des unerwünschter Gewinn von Schrittimpulsen) || ~ **pulse** / Fehlpuls *m*, Fehlimpuls *m*
slipper, contact ~ / Schleifschuh *m* (Stromabnehmer)
slipping, electrode ~ / Nachsetzen der Elektroden || ~ **clutch** / Schlupfkupplung *f*, Rutschkupplung *f*, Kegel-Rutschkupplung *f*, Sicherheitskupplung *f* || ~ **friction** / Schlupfreibung *f*, Rutschreibung *f*
slip power / Schlupfleistung *f*
slip-power reclamation drive / Regelkaskade für Rückspeisung der Schlupfenergie || ~ **reclamation drive with static converter** / untersynchrone Stromrichterkaskade (USK) || ~ **recovery** / Schlupfleistungsrückgewinnung *f*, Rückspeisung der Schlupfleistung
slip regulator / Schlupfregler *m*, Schlupfsteller *m*
slip-regulator slipring motor / Regulier-Schleifringläufermotor *m*
slip relay / Schlupfrelais *n* || ~ **resistor** / Schlupfwiderstand *m* || ~ **ring** / Schleifring *m*
slipring *n* / Schleifring *m* || ~ **assembly** / Schleifring-Baugruppe *f*, Schleifringkörper *m* || ~ **body** / Schleifringkörper *m*, Schleifring-Tragkörper *m* || ~ **brush** / Schleifringbürste *f* || ~ **bush** / Schleifringnabe *f* || ~ **capacitor-start motor** / Schleifringmotor mit Anlaufkondensator || ~ **clutch** / Schleifringkupplung *f* || ~ **compartment** / Schleifringraum *m* || ~ **cover** / Schleifringabdeckung *f* || ~ **enclosure** / Schleifringkapsel *f* || ~ **hub** / Schleifringnabe *f*, Schleifring-Tragkörper *m* || ~ **induction motor** / Schleifring-Induktionsmotor *m*, Schleifring-Asynchronmotor *m* || ~ **leads** / Schleifringzuleitung *f*, Erregerstromleitung *f*
slipringless multi-disc clutch / schleifringlose Lamellenkupplung
slipring motor / Schleifringläufermotor *m*, Schleifringmotor *m* || ~ **platform** / Schleifringsockel *m* || ~ **rotor** / Schleifringläufer *m* || ~ **starter** / Schleifringanlasser *m* || ~ **terminal stud** / Schleifringbolzen *m*
slip speed / Schlupfdrehzahl *f*
slip-stick *n* / ruckendes Gleiten, Reibschwingung *f*
slip torque / Schlupfmoment *n*, Rutschmoment *n*
slip-type coupler / Steckmuffe *f* (IR) || ~ **coupling bend** / Steckbogen *m* (IR), gewindeloser Bogen || ~ **Tee** / Steck-T-Stück *n* (IR)
slip velocity / Gleitgeschwindigkeit *f* (Flüssigk.)
slit *v* / schlitzen *v*, einreißen *v*, einschneiden *v* || ~ *n* / Spalt || ~ **fabric** / geschnittenes Gewebe || ~ **material** / geschnittenes Material (Iso-Mat.) || ~ **width** / Schlitzweite *f*
slitter winder / Rollenschneider *m*
sliver *n* / Splitter *m*, Span *m*, Grat *m*
slivering *n* / Slivering *n* DIN IEC 469,T.1
SLM s. selective level meter || ~ (**synchronous linear motor**) / SLM (Synchron-Linear-Motor)
slogan-like *adj* / schlagwortartig *adj*
slope *n* / Neigung *f*, Gefälle *n*, Steigung *f*, Anstieg *m*, Rampe *f*, Schräge *f*, Schieflage *f*, Steilheit *f* || **gain** ~ / Steilheit der Verstärkungsänderung || **leg** ~ /

Eckstielneigung f (Freileitungsmast) || **time** ~ / Zeitrampe f || ~ **angle** / Neigungswinkel m, Steigungswinkel m, Steilheit f || ~ **compensation** / Schieflagenausgleich m || ~ **overload distortion** / Flankenübersteuerungsverzerrung f (bei Pulsecodemodulation) || ~ **time** / Flankenzeit f DIN IEC 147,T.1 E
sloping *adj* / geneigt *adj*, schräg *adj*, abfallend *adj* || ~ **span** / geneigtes Spannfeld (Freiltg.) || ~ **span length** / geneigte Spannweite (Freiltg.)
slot v / nuten v, schlitzen v, ausschneiden v || ~ n / Nut f, Schlitz m, Spalte f, Langloch n, Zahnlücke f (Blechpaket), Steckplatz m (ET), Einbauplatz m, Schacht m, Modulschacht m, Einbaurahmen m || ~ (component of a frame) / Abteil n (Expertensystem) || **keyed** ~ / codierter Einbauplatz || ~ **address** / Steckplatzadresse f, Steckplatznummer f || ~ **addressing** / Steckplatzadressierung f || ~ **armour** / Nuthülse f, Hauptisolierung f || ~ **base** / Nutgrund m
slot-base packing strip / Nutgrundstreifen m
slot bottom / Nutgrund m || ~ **bridge** / Nutbrücke f (Wickl.) || ~ **cap** / Nutverschlusskappe f, Nutverschlussstreifen m || ~ **cell** / Nuthülse f || ~ **closing strip** / Nutverschlussstreifen m, Nutverschlussstab m
slot-coded *adj* / steckplatzcodiert *adj*
slot coding / Steckplatzkodierung f || ~ **cross field** / Nutquerfeld n || ~ **cross-field voltage** / Nutquerfeldspannung f || ~ **depth** / Nuttiefe f (el. Masch.) || ~ **diagnostics** / Steckplatzdiagnose f || ~ **die** / Nutschnitt m || ~ **discharge** / Nutraumentladung f
slot-discharge analyzer / Nutraumentladungsmesser m
slot end / Nutausgang m, Nutkopf m || ~ **factor** / Nutschlitzfaktor m || ~ **for hand lever** / Schlitz für Handhebel
slot-form proximity switch / Schlitz-Näherungsschalter m
slot group / Nutgruppe f || ~ **harmonic** / Nutenharmonische f, Nutoberschwingung f || ~ **identifier** / Steckplatzkennung f (SPS)
slot-independent *adj* / steckplatzunabhängig *adj*
slot initiator / Schlitz-Näherungsschalter m || ~ **leakage** / Nutstreuung f || ~ **leakage coefficient** / Nutstreuleitwert m || ~ **leakage conductance** / Nutstreuleitfähigkeit f || ~ **leakage flux** / Nutstreufluss m || ~ **leakage inductance** / Nutstreuinduktivität f || ~ **leakage reactance** / Reaktanz der Nutstreuung || ~ **leakance** / Nutstreuleitfähigkeit f
slotline n / Schlitzleitung f
slot liner / Nutauskleidung f, Nuthülse f || ~ **meter** / Münzzähler m || ~ **n-corner** n / n-Ecknut f || ~ **number** / Steckplatznummer f || ~ **opening** / Nutöffnung f, Nutenfenster n, Nutschlitzbreite f, Nutschlitz m
slot-oriented address allocation / steckplatzorientierte Adressvergabe
slot packing / Nutbeilage f, Nutenfüllstück m, Füllstreifen m || ~ **permeance** / Nutleitwert m || ~ **pitch** / Nutteilung f || ~ **portion (of a coil)** / eingebettete Spulenseite || ~ **proximity switch** / Schlitz-Näherungsschalter m || ~ **quadrature field** / Nutquerfeld n || ~ **quadrature-field voltage** / Nutquerfeldspannung f || ~ **reader** / Schlitzleser m ||

~ **ripple** / Nutwellen f pl || ~ **seal** / Nutverschluss m || ~ **side** / Nutwand f
slot-side loading / Nutwandbelastung f
slot skewing / Nutschrägung f || ~ **skewing factor** / Nutschrägungsfaktor m, Nutvoreilung f || ~ **space factor** / Nutfüllfaktor m
slots per module (SPM) / Einbauplätze je Baugruppe, Einbauraster m
slotted *adj* / gestoßen *adj*, geschlitzt *adj*
slotted armature / genuteter Anker || ~ **busbar** / Langlochschiene f || ~ **cheese head screw** / Zylinderschraube mit Schlitz
slotted-core cable / Kammerkabel n
slotted countersunk head screw / Senkschraube mit Schlitz || ~ **diaphragm** / Schlitzblende f
slotted-head screw / Schlitzkopfschraube f
slotted pan head screw / Flachkopf-Schlitzschraube f, Flachkopfschraube mit Schlitz
slotted-post terminal / Schlitzklemme f
slotted ring network / Ringnetz für Zeitschlitzverfahren || ~ **round nut** / Schlitzmutter f || ~ **set screw with flat point** / Gewindestift mit Schlitz und Kegelkuppe || ~ **shadow mask tube** / Schlitzmaskenröhre f || ~ **sleeve** / geschlitzte Muffe || ~ **washer** / Schlitzscheibe f
slot terminal / Schlitzklemme f
slot time / Schlitzzeit n (LAN) || ~ **time** EN 50170-2-2 / Warte-auf-Empfang-Zeit f (PROFIBUS), Zeitschranke f
slotting end mill / Langlochfräser m || ~ **saw** / Nutsäge f
slot-top packing / Nutkopfeinlage f
slot twist / Nutverdrehung f || ~ **wedge** / Nutenkeil m, Nutverschlusskeil m || ~ **winding** / Nutwicklung f
slot-wound *adj* / mit Nutwicklung
slow-action contact / Schleichschaltglied n, direktgeschalteter Kontakt
slow-blowing fuse s. s.b. fuse / träge Sicherung
slow-burning insulation / feuerhemmende Isolation
slow changeover / Langsamumschaltung f || ~ **characteristic** / langsame Charakteristik || ~ **clock** / nachgehende Uhr || ~ **combustion** / Ausbrennung f
slow-consuming electrode / langsam fließende Elektrode
slow down v / langsam werden, auslaufen v, die Drehzahl herabsetzen, abbremsen v, herunterfahren v, nachlaufen v
slowdown n / Auslaufen n, Abbremsen n, Nachlauf m, Drehzahlverminderung f, Verzögerung f || ~ **dynamic** / Drehzahlverminderung durch dynamisches Bremsen || ~ **point** / wegabhängiger Schaltpunkt (NC)
slow flashing / langsames Blinken || ~ **fuse** / träge Sicherung || ~ **fuse-link** / träger Sicherungseinsatz
slowing down / Auslauf m || ~ **switch** / Einfahrschalter m (Aufzug)
slowing-down test apparatus / Nachlaufweg-Prüfgerät n
slow make and break function / Schleichfunktion f (PS) EN 50047
slow-motion contact / Schleichschaltglied n, direktgeschalteter Kontakt || ~ **drive** / Feinantrieb m || ~ **starter** / Langsamanlasser m
slow noise-proof logic / langsame störsichere Logik (LSL)
slow-operating and slow-releasing relay (SA relay) / Relais mit Abfall- und Anzugsverzögerung

slow-rate intermittent tone / langsame Tonfolge
slow relay / langsames Relais
slow-releasing relay (SR relay) / abfallverzögertes Relais, Relais mit Abfallverzögerung, rückfallverzögertes Relais
slow response / langsames Ansprechen, langsame Dynamik
slow-response spinning reserve / mitlaufende Reserve mit langsamer Lastaufnahme || ~ **system** / langsame Strecke (Regelstrecke)
slow-speed starter / Kriechanlasser *m*
slow-tone repetition rate / langsame Tonfolge
slow-wave structure / Verzögerungsleitung *f* (zur Leitung elektromagnetischer Wellen) DIN IEC 235,T.1
SLP s. single-link procedure
SLSI s. super-LSI
sludge *n* / Schlamm *m* (Isolierflüssigkeit, Öl) || digested ~ / Faulschlamm *m* || ~ **formation** / Schlammbildung *f* (im Isolieröl)
sluggish *adj* / träge *adj*, langsam *adj*, zäh *adj*, schwergängig *adj*
sluggishness *n* / Schwergängigkeit *f*
sluggish response / langsames Ansprechen
SM (special machine) / Sondermaschine *f*
small accessories / Kleinteile *n pl* || ~ **batch production** / Kleinserienfertigung *f* || ~ **cap** / Mignonsockel *m* (E 14) || ~ **components** / Kleinteile *n pl* || ~ **dimensions** / geringe Abmessungen || ~ **distribution board** / Kleinverteiler *m*
smallest programmable movement / kleinste adressierbare Bewegung (Plotter)
small flow / kleine Durchsatzmenge || ~ **industry** / Kleinindustrie *f* || ~ **integrated automation (SIA)** / Small Integrated Automation (SIA)
small-oil-volume circuit-breaker s. s.o.v.c.b. / ölarmer Leistungsschalter
small physical size / geringe Baugröße
small-power motor / Kleinmotor *m*
small-scale integration (SSI) / niedriger Integrationsgrad (IS)
small signal / Kleinsignal *n*
small-signal amplitude error / Kleinsignal-Amplitudenfehler *m* || ~ **capacitance** / Kleinsignalkapazität *f* (Diode) DIN 41853 || ~ **characteristics** / Kleinsignal-Kenngrößen *f pl* || ~ **gain** / Kleinsignalverstärkung *f* || ~ **open-circuit input impedance** / Leerlauf-Eingangsimpedanz bei kleiner Aussteuerung || ~ **open circuit output admittance** / Leerlauf-Ausgangsadmittanz bei kleiner Aussteuerung, Kleinsignal-Leerlauf-Ausgangsadmittanz *f* || ~ **open-circuit output impedance** / Leerlauf-Ausgangsimpedanz bei kleiner Aussteuerung || ~ **range** / Kleinsignalverhalten *n* || ~ **resistance** / Kleinsignalwiderstand *m* (Diode) DIN 41853 || ~ **short-circuit forward current transfer ratio** / Kurzschlussstromverstärkung bei kleiner Aussteuerung, Kleinsignal-Kurzschlussstromverstärkung *f* || ~ **short-circuit forward transfer admittance** / Kurzschluss-Übertragungsadmittanz vorwärts bei kleiner Aussteuerung, Kleinsignal-Transmittanz *f* || ~ **short-circuit input admittance** / Kurzschluss-Eingangsadmittanz bei kleiner Aussteuerung || ~ **short-circuit input impedance** / Kurzschluss-Eingangsimpedanz bei kleiner Aussteuerung || ~ **short-circuit output admittance** / Kurzschluss-Ausgangsadmittanz bei kleiner Aussteuerung || ~ **short-circuit reverse transfer admittance** / Kurzschluss-Übertragungsadmittanz rückwärts bei kleiner Aussteuerung, Kleinsignal-Remittanz *f* || ~ **value of the open-circuit reverse voltage** / Leerlaufspannungsrückwirkung bei kleiner Aussteuerung
small-sized timber / Schwachholz *n*
small to medium-sized enterprises (SME) / mittelständische Betriebe
small transformer / Kleintransformator *m* || ~ **variations** / kleine Schwingungen
smart arm / intelligenter Roboter || ~ **card** / intelligente Karte (o. Baugruppe), signalvorverarbeitende Baugruppe || ~ **terminator** / intelligente Klemme
SMB (sending mailbox) / Sendefach *n*, SMB (Sendemailbox)
SMD s. surface-mounting device || ~ **≙ (surface-mounted device)** / oberflächenmontiertes Bauelement, SMD
SME (small to medium-sized enterprises) / mittelständische Betriebe
smear, resin ~ / Harzverschmierung *f*
smearing *n* / Schmieren *n*, Verschmieren *f*, Anschmierung *f* || ~ **effect** / Nachzieheffekt *m* (BSG)
Smith diagram for notched specimen / Gestaltsfestigkeitsdiagramm nach Smith
smoke density meter / Rauchdichte-Messgerät *n* || ~ **detector** / Rauchmelder *m*
smoked glass / Rauchglas *n*
smooth *v* / glätten *v*, filtern *v*, schlichten *v*, ebnen *v*, verschleifen *v*, ausgleichen *v* || ~ *adj* / glatt *adj*, gleichmäßig *adj*, kerbfrei *adj*, weich *adj* || ~ **approach** / weiches Anfahren || ~ **approach and retraction (SAR)** / weiches An- und Abfahren (WAB)
smooth-body conductor / Leiter mit glatter Oberfläche
smooth burning / ruhiges Brennen || ~ **characteristic** / verschliffener Kurvenverlauf
smoothed *adj* / planiert *adj*, geglättet *adj*
smooth-finishing *n* / Feinschlichten *n*
smoothing *n* / Ausregelung *f*, Glättung *f*, Filterung *f*, Überschleifen *n*, Verschleifen *n* || ~ **block** / Glättungsbaustein *m* (SPS) || ~ **capacitance** / Glättungskapazität *f* || ~ **capacitor** / Glättungskondensator *m*, Filterkondensator *m* || ~ **constant** / Glättungskonstante *f* || ~ **function** / Glättungsfunktion *f*, Filterfunktion *f* || ~ **machine** / Glättmaschine *f* || ~ **module** / Glättungs-Baugruppe *f* (elST) || ~ **reactor** / Glättungsdrossel *f* || ~ **time** / Glättungszeit *f*
smoothness *n* / Glätte *f*
smooth-path transitions / stetige Übergänge
smooth retraction / weiches Abfahren || ~ **rotation without undue torque pulsations** / ruhiger rückfreier Lauf ||, ~ **running** / ruhiger Lauf, Rundlauf *m*, Laufruhe *f*, Leichtgängigkeit *f* || ~ **start(ing)** / sanftes Anlaufen || ~ **starting** / weiches Anlaufen, Sanftanlauf *m* || ~ **stopping** / weiches Stillsetzen || ~ **time ADC** / ADC-Glättungszeit *f* || ~ **time DAC** / DAC-Glättungszeit *f* || ~ **time for flux setpoint** / Glättungszeit Fluss-Sollwert || ~

transition / stetiger Übergang (NC) || **~ voltage variation** / stetige Spannungsregelung, stufenlose Spannungsregelung || **~ zooming** / sprungfreies Zoomen
SMPS s. switched-mode power supply
SMRR s. series-mode rejection ratio
SMS (status monitoring system) / Betriebsüberwachungssystem *n*
SMT (status monitoring transponder) / Verstärkerüberwachungsmodul *n*
SNAcP s. subnetwork access protocol
snap *v* / einfangen *v* (v. Bildpunkten, CAD) || **to ~ into place** / einschnappen *v*, einrasten *v*
snap-acting switch / Schnappschalter *m*, Sprungschalter *m*
snap action / Sprungfunktion *f*, Kippverhalten *n* (NS), Sprungbetätigung *f*, Sprungkontakt *m*
snap-action cam / Sprungnocken *m*
snap-action contact (element) IEC 337-1 / Sprungschaltglied *n* VDE 0660,T.200, Sprungkontakt *m*, indirekt geschalteter Kontakt, Schnappkontakt *m* || **~ electrical contact** / Schnapp-Schaltkontakt *m* || **~ magnetic amplifier** / Kippmagnetverstärker *m* || **~ mechanism** / Sprungantrieb *m* (SG), Sprungwerk *n*, Sprungschaltwerk *n* || **~ opening** / Schnellausschaltung *f* || **~ operation** / Sprungschaltung *f* || **~ starter (switch)** / Springstarter *m* (Lampe) || **~ switch** / Schnappschalter *m*, Sprungschalter *m*
snap-back test / Ausschwingversuch *m* (Erdbebenprüfung)
snap connector / Schnappverbindung *f*
snap-fit device / aufschnappbares Gerät, Schnappgerät *n*
snap gauge / Rachenlehre *f* || **~ hook** / Karibinerhaken *m*
snapping equipment / Brecheinrichtung *f* || **~ onto DIN rail** / Hutschienenmontage *f* || **~ roll** / Brechwalze *f*
snap lock / Schnappschloss *n*, Schnappverschluss *m* || **~ mode** / Fangmodus *m* (CAD), Einfangmodus *m*, Rastermodus *m* || **~ nut** / Schlossmutter *f*
snap-off diode / Abreißdiode *f*, Speicherschaltdiode *f*
snap on / aufschnappen *v*
snap-on *adj* / aufschnappbar *adj*
snap-on contact / Steckhülse mit Rastung || **~ device** / aufschnappbares Gerät, Schnappgerät *n* || **~ feature** / Schnappbefestigung *f* || **~ fitting** / Schnappbefestigung *f* || **~ marking tag** / Aufsteckschild *n* (Klemmen) || **~ mounting (o. fixing)** / Schnappbefestigung *f*, Schnellbefestigung *f* || **~ rail** / Schnappschiene *f* || **~ sleeve** / Aufsteckhülse *f* || **~ terminal** / Aufsteckklemme *f* || **~ track mounting luminaire** / Schnellmontage-Schienenleuchte *f* || **~ track system** / Schnellmontage-Schienensystem *n*
snap over *v* / umschlagen *v* (Rel., Kippstufe), die Schaltstellung ändern
snap-over *n* / kurzzeitige Entladung, Übersprung *m* (Entladung, Quasi-Überschlag), Wischer *m* || **instant of ~** / Schaltpunkt *m*, Ansprechpunkt *m*
snap piston ring / Kolbenring *m* || **~ ring** / Sprengring *m*, Sicherungsring *m*, Arretierungsring *m*, Benzingscheibe *f* || **~ ring groove** / Ringnut *f* || **~ setting** / Fangraster *m* (CAD)
snapshot *n* / Schnappschuss *m*

snap starter / Springstarter *m* (Lampe)
snap-start lamp / sofortzündende Lampe
snap to grid / am Raster ausrichten
SNAS s. system control not active state
snatch block / Klapprolle *f*
snatch-disconnect connector / Steckverbinder mit Notzugentriegelung
snatch test (HD 21) / Fallprüfung *f* (Kabel) VDE 0281
SNC s. stored-program NC
SNDCP s. subnetwork-dependent convergence protocol
s.-n. diagram / Spannungs-Lastspiel-Schaubild *n*, Wöhler-Kurve *f*
SNI s. serial network interface
sniffer, cable ~ / Gasspürgerät *n* (f. Kabel)
snipe nose plier / Flachrundzange *f*
SNPA s. subnetwork point of attachment
SNR s. signal-to-noise ratio
snubber *n* / Überspannungs-Schutzelement *n*, Druckstoßminderer *m* || **pulsation ~** / Druckstoßminderer *m* || **~ board** / Beschaltungsplatte *f* || **~ capacitor** / Überspannungsschutzkondensator *m*, TSE-Kondensator *m* (TSE = Trägerstaueffekt), Beschaltungskondensator *m* || **~ circuit** / TSE-Beschaltung *f* || **~ circuit capacitor** / Beschaltungskondensator *m* || **~ circuit unit** / Beschaltungseinheit *f* || **~ circuitry** / TSE-Beschaltung *f* || **~ diode** / Beschaltungsdiode *f* || **~ resistor** / Beschaltungswiderstand *m*, TSE-Widerstand *m*
snug clearance fit / enger Laufsitz, enger Gleitsitz, Passsitz *m* || **~ fit** / Spielpassung *f* (enger Gleitsitz)
snugly fitting part / Lötteil mit Passsitz
soak *v* / tränken *v*, durchtränkt werden, durchwärmen *v* || **relay ~** / Sättigungszustand *m* (Rel.)
soaked *adj* / getränkt *adj*
soaking *n* / Durchtränken *n*, Tränken *n*, Durchwärmen *n* || **~ period** / Durchwärmungsdauer *f*
soap base / Verseifungsbasis *f*
social security contributions / Sozialabgaben *f pl*
socket / Buchse *f*, Steckerbuchse *f*, Fassung *f*, Sockel *m*, Kabelschuh *m*, Steckdose *f*, Stecksockel *m*, Sicherungssockel *m*, Rastsockel *m*, Steckbuchse *f*, Buchsenleiste *f*, Lampenfassung *f* || **~ body** / Isolierkörper einer Fassung || **~ connector** / Buchsenleiste *f*, Federleiste *f*, Buchse *f*, Steckbuchse *f* || **~ contact** / Buchsenkontakt *m*, Steckbuchse *f*, weiblicher Kontakt || **~ distributor** / Buchsenverteiler *m*
socket-outlet *n* / Steckdose *f*
socket outlet ACS / Steckdosenverteiler *m* (BV, EN 60 439-4)
socket-outlet adaptor / Abzweigstecker *m* || **~ box** / Steckdosen-Einbaudose *f* || **~ branch circuit** / Steckdosen-Abzweigleitung *f* || **~ spur** / Steckdosen-Stichleitung *f*, Steckdosen-Abzweigleitung *f* || **~ with earthing contact** / Schutzkontakt-Steckdose *f*, SCHUKO-Steckdose *f* || **~ with interlocking switch** IEC 117-8 / verriegelte Steckdose DIN 40717 || **~ without earthing contact** / Steckdose ohne Schutzkontakt
socket spanner / Steckschlüssel *m* || **~ wrench set** / Steckschlüssel-Satz *m*

sodium carbonate / Natriumkarbonat n || ~
discharge lamp / Natrium-Entladungslampe f || ~
lamp / Natriumlampe f, Natriumdampflampe f || ~
lamp with intensity control / Natriumlampe mit Lichtstärkesteuerung || ~ **light** / Natriumlicht n || ~
phosphate / Natriumphosphat n
sodium-soap grease / natriumverseiftes Fett, Natronseifenfett n
sodium sulphate / Natriumsulfat n
sodium-sulphur battery / Natrium-Schwefel-Batterie f, Beta-Batterie f
sodium-vapour lamp / Natriumdampflampe f
SOE (sequence of events) / SOE || ≈ **point** / Echtzeitmeldung f
soft-annealed copper / weichgeglühtes Kupfer
soft approach to and exit from contour / weiches Anfahren und Verlassen der Kontur || ~
approximate positioning / weiches Überschleifen
soft-bearing balancing machine / weichgelagerte Auswuchtmaschine
soft-contoured circle of light / weichgezeichneter Lichtkreis
soft-contouring adj / weichzeichnend adj
soft copper / Weichkupfer n || ~ **copy** / Sichtgerätausgabe f, Bildschirmdarstellung f, Softcopy f
soft-drawn wire / weichgezogener Draht
softener n / Weichmacher m, Weichhaltungsmittel n
softening n / Erweichen n, Weichwerden n, Entfestigen n, Enthärten n (Wasser) || ~ **agent** / Weichmacher m, Weichhaltungsmittel n || ~ **of material** / Materialerweichung f || ~ **point** / Erweichungspunkt m || ~ **temperature** / Erweichungstemperatur f, Entfestigungstemperatur f || ~ **voltage** / Entfestigungsspannung f
soft-focus lens / Weichzeichner m (Linse)
soft-focussing adj / weichzeichnend adj
soft-focus spotlight / Weichzeichner m (Scheinwerfer)
soft gasket / Weichdichtung f
soft-iron wire / Weicheisendraht m
softkey n / frei belegbare Taste, programmierbare Taste || ~ **(SK)** n (A key on a keyboard to which multiple functions can be assigned by software. The software-defined functions are displayed on menus. Depending on the menu being selected, the function of the key changes.) / frei belegbare Funktionstaste (Taste einer Tastatur, der durch Software mehrere Funktionen zugeordnet werden können), Softkey (SK) m
soft keyboard / Bildschirmtastatur f
softkey designation / Softkeybeschriftung f || ~ **function** / Softkeyfunktion f || ~ **function signal** / Softkeyfunktionssignal n || ~ **menu** / Softkeyleiste f, Softkeymenü n || ~ **pad** / programmierbare Tastatur
softlight n / Weichzeichner m (Scheinwerfer)
soft magnetic material / magnetisch weicher Werkstoff, weichmagnetischer Werkstoff || ~ **material for packing** / elastisches Packungsmaterial || ~ **materials** / elastische Elemente
softness index / Weichheitszahl f
soft nitrided / weichnitriert adj
soft sectoring / Weichsektorierung f
soft-solder v / weichlöten v
soft start / Sanftanlauf m, Sanftstart m || ~ **starter** / Sanftanlaufanlasser m, Sanftstarter m, Sanftanlasser m
soft-start motor controller / Sanftanlauf-Motor-Steuergerät n
soft stop mode / weicher Stoppzustand || ~ **superconductor** / weicher Supraleiter
soft-touch button (o. **control**) / leichtgängige Taste
software (SW) n / Software f, Programmausrüstung f || ~ **bus** / Softwarebus m || ~ **cam** / Softwarenocken m || ~ **compatibility** / Software-Kompatibilität f || ~ **concept** / Softwarekonzept n || ~ **configuring** / Softwareprojektierung f || ~ **counter** / Software-Zähler m || ~ **data block** / Datenbaustein (DB) m || ~ **deficiences** / Softwaremängel m pl || ~ **development workstation** / Software-Entwicklungsarbeitsplatz m || ~ **documentation** / Softwaredokumentation f || ~ **driver** / Gerätetreiber m || ~ **enable time control** / Software-Freigabezeitsteuerung f || ~ **end position** / Softwareendlage f || ~ **engineering environment** / Software-Erstellungsumgebung f || ~ **engineering tool (SET)** / Software-Werkbank f || ~ **error** / Softwarefehler m || ~ **exchange** / Softwaretausch m || ~ **firm** / Softwarehaus n || ~ **function block** / Funktionsbaustein (FB) m || ~ **generation** / Softwareerstellung f || ~ **interface** / Softwarenahtstelle f || ~ **level structure** / Ebenenstruktur des Softwaresystems || ~ **limit switch** / Softwareendschalter m, Software-Endschalter (SW-Endschalter) m || ~ **maintenance service** / Software-Pflegeservice m || ~ **module** / Software-Baustein m, Programmbaustein m, Softwaremodul m || ~ **package** / Softwarepaket n || ~ **pool** / Software-Schiene f || ~ **service** / Softwareleistung f || ~ **service memo** / Software-Servicemitteilung f || ~ **stack** / Software Stack (vollständiges Softwarepaket) || ~ **standardization** / Softwarestandardisierung f || ~ **status** / Softwareausgabezustand m || ~ **structure** / Softwarestruktur f || ~ **structure switch** / Strukturschalter m || ~ **switch** / Softwareweiche f, Software-Weiche f, Softwareschalter m || ~ **travel limit** / Softwareendschalter m, Software-Endschalter (SW-Endschalter) m
software-triggered strobe / softwaregesteuerte Signalerkennung
software update service / Software-Pflegeservice m || ~ **update service contract** / Softwarepflegevertrag m || ~ **updating** / Softwareumrüstung f || ~ **version** / Softwarestand (SW-Stand) m
soft-wired feed limit / Softwareendschalter m, Software-Endschalter (SW-Endschalter) m
softwired numerical control s. computerized numerical control
soil-box n / Bodenwiderstands-Messdose f
soil resistivity / spezifischer Erdbodenwiderstand || ~ **thermal diffusivity** / thermische Diffusivität (o. Temperaturleitzahl) des Bodens
solar cell / Solarzelle f, Sonnenbatterie f || ~ **constant** / Solarkonstante f || ~ **energy** / Sonnenenergie f || ~ **factor** / Sonnenfaktor m || ~ **irradiation** / Sonnenbestrahlung f || ~ **power station** / Sonnenkraftwerk n || ~ **radiation** / Sonnenstrahlung f, Sonneneinstrahlung f
sold by the meter / Meterware f
solder v / löten v, verlöten v, weichlöten v, einlöten v ||

~ n / Lot n, Weichlot n, Lötkuppe f
solderability n / Lötbarkeit f
solderable adj / lötbar adj
solder bath / Lötbad n || ~ **cone hight** / Lötkegelhöhe f || ~ **connection** / Lötverbindung f, Lötanschluss m || ~ **connector** / Lötverbinder m || ~ **contact** / Lötkontakt m
soldered junction / Lötstelle f (Thermoelement) || ~ **with hot air** / heißluftgelötet adj
soldering n / Lötung f
soldering base / Lötsockel m (Rel.) || ~ **eyelet** / Lötauge n || ~ **flags** / Lötstützfahnen f pl || ~ **flux** / Lötmittel n, Flussmittel n || ~ **globule** / Lötkugel f || ~ **iron** / Lötkolben m || ~ **joint** / Lötverbindung f, Lötstelle f || ~ **jumper** / Lötbrücke f, Rangierbrücke f || ~ **length** / Lötlänge f || ~ **link** / Lötbrücken f pl || ~ **lug** / Lötfahne f, Lötöse f, Lötschuh m || ~ **of end of Cu strips** / Lötung Ende Cu-Bänder || ~ **pin** / Lötstift m, Einlötstift m || ~ **point** / Lötpunkt m, Lötstelle f || ~ **side** / Lötseite f || ~ **socket** / Lötsockel m (Rel.) || ~ **tab** / Lötöse f || ~ **tabs** / Lötstützpunkte m pl || ~ **tag** / Lötfahne f, Lötöse f, Lötstützpunkt m, Lötlasche f
soldering-tag terminal strip / Lötleiste f, Lötverteiler m, Lötstreifenverbinder m
soldering terminal / Lötklemme f, Lötanschluss m, Lötstützpunkt m || ~ **test** / Lötprüfung f, Lötbarkeitsprüfung f
solder-in type / Einlöttyp m (GSS, LSS)
solderless connection / lötfreie Verbindung, lötlose Verbindung || ~ **connector** / lötfreier Verbinder || ~ **wrapped connection** / lötfreie Wickelverbindung, Drahtwickelanschluss m
solder levelling / Ausgleich des Lötauftrags (gS) || ~ **lug** / Lötfahne f, Lötöse f, Lötschuh m || ~ **pin** / Lötstift m || ~ **pin adapter** / Lötstiftanschluss m || ~ **resist** / Lötabdecklack m, Lötstopplack m || ~ **side** / Lötseite f || ~ **tag strip** / Lötleiste f, Lötösenleiste f || ~ **terminal** / Lötanschluss(klemme) m(f) || ~ **termination** IEC 603-1 / Lötanschluss m
sole, emitting ~ / emittierende Sohle (ESR)
solenoid n / Zylinderspule f, Magnetspule f, Hubmagnet m, Solenoid n, Betätigungsmagnet m || **trip** ~ / Auslösespule f, Ausschaltspule f || ~ **actuator** / magnetischer Stellantrieb, Magnetantrieb m || ~ **armature** / Magnetanker m
solenoidal field / quellenfreies Feld || ~ **magnetization** / Längsmagnetisierung f (Blech)
solenoid brake / Solenoidbremse f, Magnetbremse f || ~ **contactor** / Magnetschütz n, Schütz mit Magnetantrieb, elektromagnetisches Schütz || ~ **injector** / Solenoid-Einspritzventil n
solenoid-locked adj / magnetkraftverriegelt adj
solenoid on-off valve / elektromagnetisches Absperrventil
solenoid-operated adj / magnetisch betätigt || ~ **mechanism** / Magnetantrieb m (SG) || ~ **switch** / Magnetschalter m
solenoid operation / Magnetantrieb m || ~ **valve** / Magnetventil n || ~ **valve base plate** / Magnetventilgrundplatte f || ~ **valve lead** / Leitung Magnetventil
soleplate n / Sohlplatte f
solid n / Festkörper m || ~ adj / massiv adj, ungeteilt adj, einteilig adj, fest adj, ungeblecht adj, eindrähtig adj || **to become** ~ / starr werden (Kuppl.), kraftschlüssig werden || ~ **absorbent**

treatment / Behandlung mit festen Absorptionsmitteln (Isolierflüssigk.) || ~ **and stranded feeder conductor** / ein- u. mehrdrähtige Zuleitung || ~ **angle** / Raumwinkel m || ~ **bar** / m (Wickl.) || ~ **bond** / feste Schirmverbindung (Kabel) || ~ **bridge** / Massivbrücke f || ~ **brush** / Blockbürste f, Massivbürste f || ~ **cam** / ungeteilte Nockenscheibe || ~ **CO_2** / Trockeneis n || ~ **conductor** / eindrähtiger Leiter, Massivleiter m, massiver Leiter, Vollleiter m || ~ **connection to earth** / unmittelbare (o. direkte) Erdung, widerstandslose Erdung, starre Erdung
solid-coupled adj / starr gekuppelt
solid coupling / starre Kupplung, feste Kupplung || ~ **cylinder** / Vollzylinder m || ~ **dielectric** / festes Dielektrikum || ~ **door** / Vollblechtüre f || ~ **earthing** / starre Erdung, widerstandslose Erdung || ~ **electrolyte battery** / Feststoffelektrolyt-Batterie f
solid-electrolyte oxygen analyzer / festelektrolytisches Sauerstoffanalysegerät
solid fault / bleibender (o. permanenter) Fehlzustand || ~ **feeder conductor** / eindrähtige Zuleitung
solid-film lubrication / Feststoffschmierung f
solid flywheel / Massivschwungrad n, Einstückschwungrad n || ~ **frame** / Massivgehäuse n (el. Masch.) || ~ **friction** / Festkörperreibung f, trockene Reibung || ~ **fuel** / Festbrennstoff m, Festtreibstoff m || ~ **gearing** / starres Getriebe || ~ **geometry** / Raumgeometrie f || ~ **grounding** / starre Erdung, widerstandslose Erdung || ~ **housing** / ungeteiltes Gehäuse
solidification point / Erstarrungspunkt m, Stockpunkt m || ~ **shrinkage crack** / Warmriss m, Warmbruch m
solidify v / sich verfestigen v, erstarren v, fest werden, verfestigen v
solid-insulant-air insulation / Feststoff-Luft-Isolierung f
solid-insulated adj / vollisoliert adj
solid insulating material / fester Isolierstoff, Isolierkörper m (Stützisolator) || ~ **insulation** / Feststoffisolierung f || ~ **laser** / Feststofflaser m, Halbleiterlaser m || ~ **lead** / Massivleiter m (o. -leitung) m(f) || ~ **line** / ausgezogene Linie || ~ **lubricant** / Feststoff-Schmiermittel n, Trockenschmiermittel n, Starrschmiere f
solidly bonded single-core cable system IEC 50(461) / festverbundenes einadriges Kabelsystem || ~ **coupled** / starr gekuppelt || ~ **earthed** / starr geerdet || ~ **grounded** / starr geerdet
solid machining / Ausräumen n, Ausfräsen n || ~ **matter** / Feststoff m, Vollmaterial n || ~ **measure** / Festmaß n, Raummaß n || ~ **milling** / Volumenfräsen n || ~ **model** / Körpermodell n (CAD) || ~ **modeling** / geometrisches Modellieren || ~ **of revolution** / Drehkörper m, Rotationskörper m || ~ **or stranded** / ein- oder mehrdrähtig || ~ **PE** (PE = protective earthing) / Voll-PE n (PE = Erdung mit Schutzfunktion) || ~ **particles** / Feststoffe m pl || ~ **pin** / massiver Stift (Stecker) || ~ **pole** / Massivpol m || ~ **pole shoe machine** / Maschine mit massiven Polschuhen
solid-pole synchronous motor / Massivpol-Synchronmotor m
solid-pollutant method / Verfahren mit haftendem Fremdschmutz
solid-rim rotor / Massivringläufer m

solid 560

solid rotor / Massivläufer *m* || ~ **rubber plug** / Vollgummistecker *m*
solids *n pl* / Feststoffe *m pl* || ~ **content** / Feststoffgehalt *m*
solid shaft / massive Welle, Vollwelle *f* || ~ **short circuit current** / unbeeinflusster (o. vollkommener Kurzschlussstrom)
solid-silver facing / Massivsilberauflage *f* (Kontakte)
solid-state *adj* / elektronisch *adj* || ~ **auxiliary contact block** / elektronischer Hilfsschalterblock || ~ **camera** / Halbleiterkamera *f* || ~ **circuit** / Festkörperschaltung *f*, Halbleiterschaltung *f*, elektronische Schaltung, statische Schaltung || ~ **circuitry** / Festkörperschaltung (FKS) *f* || ~ **compatible** / elektronikgerecht *adj* || ~ **contactor** / Halbleiterschütz *n* || ~ **control** / kontaktlose Steuerung, elektronische Steuerung || ~ **device** / statisches Gerät, Halbleitergerät *n*, elektronisches Gerät || ~ **electricity meter** / statischer Elektrizitätszähler || ~ **electronics** / Festkörperelektronik *f* || ~ **lamp** / Halbleiterlichtquelle *f*, Festkörperstrahler *m* || ~ **laser** / Feststofflaser *m*, Halbleiterlaser *m* || ~ **measuring relay** / statisches Messrelais (SMR) || ~ **meter** / statischer Zähler, elektronischer Zähler || ~ **motor starter** (US) / Halbleitermotorstarter *m* || ~ **output** / statischer Ausgang || ~ **overcurrent relay** / statisches Überstromrelais, elektronisches Überstromrelais || ~ **overload relay** / statisches Überlastrelais, elektronisches Überlastrelais || ~ **physics** / Festkörperphysik *f* || ~ **presetting counter** / elektronischer Vorwahlzähler || ~ **pressure switch** / elektronischer Druckwächter || ~ **radiator** / Festkörperstrahler *m* || ~ **relay (SSR)** / statisches Relais, elektronisches (o. kontaktloses) Relais || ~ **sensitive switch** / kontaktloser Schnappschalter || ~ **speed controller** / elektronischer Drehzahlsteller || ~ **switching device** / statisches (o. kontaktloses) Schaltgerät, Halbleiter-Schaltgerät *n*, elektronisches Schaltgerät || ~ **switching system** / elektronisches Schaltkreissystem || ~ **time-delay auxilary switch block** / elektronisch verzögerter Hilfsschalterblock || ~ **time-delay block** / elektronischer Zeitrelaisblock || ~ **time-delay relay** / statisches Zeitrelais, elektronisches Zeitrelais || ~ **time relay** / elektronisches Zeitrelais || ~ **unit protection** / elektronischer Gerätesschutz
solid stock / Vollmaterial *n*
solid-wall design / Vollwandtechnik *f*
solid wood / Massivholz *n* || ~ **yoke** / massives Joch
solitary operation / Alleinbetrieb *m*, Inselbetrieb *m*
Soller slit / Sollerspalt *m* (Kollimator)
solution *n* / Abhilfe *f*, Umgehung *f*
solvent *n* / Lösungsmittel *n* || ~ **fumes** / Lösungsmitteldampf *m*
solventless *adj* / lösungsmittelfrei *adj* || ~ **polymerisable resinous compound** / Reaktionsharzmasse *f*
solvent resistance / Lösungsmittelbeständigkeit *f*
sonic *adj* (cf. under sound and acoustic) / Schall..., Ton..., akustisch *adj* || ~ **converter** / Schallwandler *m* || ~ **digitizer** / akustischer Digitalisierer || ~ **distance** / Schallweg *m* || ~ **field** / Schallfeld *n* || ~ **pen** / Lautstift *m* || ~ **pulse** / Schallimpuls *m* || ~ **vibration** / Schallschwingung *f*
sooting *n* / Verrußung *f*

sophisticated *adj* / anwenderfreundlich *adj*, benutzerfreundlich *adj*, komfortabel *adj*, bedienerfreundlich *adj*
sorbent *n* / Sorbens *n*, Sorptionsmittel *n*
sorbing agent / Sorptionsmittel *n*, Sorbens *n*
sorptive material / Sorptionsmittel *n*, Sorbens *n*
sort *v* / sortieren *v* (a. DV) DIN 44300, verlesen *v*, ordnen *v* || ~ / Sortierung *f* || ~ **according to magazine** / sortieren nach Magazin
sorting function / Sortierfunktion *f* || **information** ~ / Meldungsverzweigung *f* (FWT) || ~ **module** / Verteilermodul *n* || ~ **plant** / Sortieranlage *f*
SOS s. silicon on sapphire
SOT (small-outline transistor) / SO-Transistor *m* || ♀ s. scanning oscillator technique
sound *n* / Schall *m*, Klang *m* || ~ *adj* / gesund *adj*, störungsfrei *adj*, fehlerfrei *adj* || **to ~ an alarm** / einen Alarm auslösen || ~ **absorber** / Schalldämpfer *m* || ~ **absorbing** / schallschluckend *adj*, schalldämpfend *adj* || ~ **absorbing lining** / schallschluckende Auskleidung || ~ **absorbing material** / schallabsorbierender Werkstoff || ~ **absorbing wall** / Schalldämmwand *f* || ~ **absorption** / Schallabsorption *f* || ~ **absorption coefficient** / Schallabsorptionsgrad *m*, Dämpfungskonstante *f*, Schalldämpfungskonstante *f*, Schallschluckgrad *m* || ~ **attenuation** / Schallschwächung *f*, Schalldämpfung *f* || ~ **attenuation coefficient** / Schallschwächungskoeffizient *m* || ~ **beam** / Schallbündel *n*, Schallstrahl *m*, Schallwellenbündel *n* || ~ **beam spread** / Divergenz des Schallbündels || ~ **cone** / Schallkeule *f* || ~ **dampening** / Schalldämpfung *f* || ~ **deadening** / schallschluckend *adj*, schalldämpfend *adj* || ~ **deadening compound** / Schallschluckmasse *f*, Antidröhnmittel *n* || ~ **diffraction** / Schallbeugung *f* || ~ **energy** / Schallenergie *f*, Schallleistung *f* || ~ **energy flux** / Schallleistung durch ein Oberflächenelement
sounder *n* / Hörmelder *m*, akustischer Melder
sound field / Schallfeld *n* || ~ **generation** / Schallerzeugung *f*
sounding test / Klangprobe *f*
sound insulation / Schallisolierung *f*, Schalldämmung *f* || ~ **intensity** / Schallintensität *f*, Schallstärke *f* || ~ **level** / Schallpegel *m*
sound-level meter / Schallpegelmesser *m*, Lautstärkemesser *m*
soundness test / Prüfung auf Fehlerlosigkeit, Güteprüfung *f*
sound path / Schalllaufweg *m* || ~ **power** / Schallleistung *f* || ~ **power level** / Schallleistungspegel *m* || ~ **power through a surface element** / Schallleistung durch ein Oberflächenelement || ~ **pressure level** / Schalldruckpegel *m* || ~ **probe** / Schallaufnehmer *m*
sound-proof *adj* / schalldicht *adj*
sound-proofing *n* / Schallisolierung *f*, Schalldämmung *f*
sound propagation / Schallausbreitung *f* || ~ **propagation time** / Schalllaufzeit *f* || ~ **pulse** / Schallimpuls *m* || ~ **radiating power** / Schallabstrahlungsvermögen *n* || ~ **radiation impedance** / Schallstrahlungsimpedanz *f* || ~ **ray** / Schallstrahl *m* || ~ **receiver** / Schallaufnehmer *m* || ~ **reduction** / Schallschwächung *f*, Schalldämpfung *f* || ~ **reduction index** / Schalldämm-Maß *n*,

Schallisolationsmaß n || ~ **reflecting material** / schallreflektierender Werkstoff || ~ **reflection coefficient** / Schallreflexionsgrad m || ~ **scattering** / Schallstreuung f || ~ **sensation** / Schallempfindung f || ~ **spectrum** / Schallspektrum n || ~ **testing** / Durchschallung f || ~ **transducer** / Schallwandler m || ~ **transmission** / Schallübertragung f || ~ **velocity** / Schallgeschwindigkeit f
source n / Quelle f, Spannungsquelle f, Energiequelle f, Störquelle f || ~ n / Sender m, Zufuhr f, Steckereingang m, Connector Input (CI) || ~ (transistor) / Source f DIN 41858 || **capacitance to ~ terminals** / Eingangs-Kopplungskapazität f || **standard ~** / Normlichtquelle f || **subcontractor ~ inspection** (CSA Z 299) / Außenabnahme beim Zulieferanten f || ~ **address** / Ausgangsadresse f, Quelladresse f || ~ **address** ISO 348 / Herkunftsadresse f (DÜ) || ~ **code** / Quellcode m, Quellsprache f || ~ **collection of data** / dezentralisierte Datenerfassung || ~ **current** / Source-Strom m (Transistor) || ~ **data** / Ursprungsdaten plt, Erstdaten plt, Quelldatum n, Quelldaten plt || ~ **data block** / Quelldatenbaustein m (SPS) || ~ **data block (source DB)** / Quellendatenbaustein m, Quell-Datenbaustein (Quell-DB) m || ~ **data range** / Quelldatenbereich m || ~ **DB (source data block)** / Quelldatenbaustein m, Quellendatenbaustein m
sourced data / gesendete Daten
source delay state (SDYS) / Verzögerungszustand der Quelle (PMG) DIN IEC 625 || ~ **drive** / Quellaufwerk n
source/drain electrode / Schaltelektrode f (FET)
source earth / Quellenerde f, Stromquellenerde f, Netzerdungspunkt m || ~ **electrode** / Source Elektrode f (Transistor) || ~ **e.m.f.** / Quellenspannung f, treibende Spannung || ~ **enable** / Quellenfreigabe f || ~ **energy** / Quellenenergie f || ~ **file** / Source-Datei f, Quelldatei f || ~ **force** / Quellenkraft f || ~ **frame** / Quelldatenblock m
source-gate junction / Source-Gate-Übergang m
source generate state (SGNS) / Erzeugungszustand der Quelle (PMG) DIN IEC 625 || ~ **ground** / Quellenerde f, Stromquellenerde f, Netzerdungspunkt m || ~ **handshake (SH)** / Handshakequelle f (PMG) DIN IEC 625, Handshake-Quellenfunktion f || ~ **idle state (SIDS)** / Ruhezustand der Quelle (PMG) DIN IEC 625 || ~ **idle wait state (SIWS)** / Ruhewartezustand der Quelle (PMG) DIN IEC 625 || ~ **impedance** / Quellenimpedanz f || ~ **input** / M-lesend adj || ~ **inspection** / Außenabnahme f || ~ **language** / Quellsprache f, Ausgangssprache f, Originalsprache f || ~ **material** / Quellenmaterial n, Unterlagen f pl || ~ **memory** / Quellspeicher m
source-mode output / Stromquellenausgang m, stromliefernder Ausgang
source NC / Quell-NC || ~ **of energy** / Energiequelle f, Energieträger m || ~ **of error** / Fehlerquelle f || ~ **of harmonic voltages** / Erzeuger von Spannungsoberschwingungen || ~ **of interference** / Störquelle f (EMB) VDE 0870,T.1 || ~ **of radiation** / Strahlungsquelle f, Strahler m || ~ **of radio interference** / Rundfunkstörstelle f || ~ **of release** / Austrittsquelle f (v. Stoffen, die die Entstehung einer explosionsfähigen Gasatmosphäre ermöglichen), Ausströmstelle f || ~ **output** / nach P

schaltend, P-schaltend adj || ~ **program** / Quellprogramm n, Ursprungsprogramm n || ~ **project** / Quellprojekt n || ~ **range** / Quellbereich m || ~ **readback** / M-rücklesend adj || ~ **region** (FET) / Source-Zone f (FET) || ~ **register** / Quellregister n || ~ **resistance** / Quellenwiderstand m, Innenwiderstand m || ~ **service access point (SSAP)** / Quell-Dienstzugangspunkt m
source-side short-line fault / rückwärtiger Abstandskurzschluss
source statement / Quellanweisung f || ~ **statement** ISO 3592 / Programmanweisung f (NC, CLDATA) || ~ **strength** / Quellenstärke f || ~ **symbol** / Quellsymbol n || ~ **terminal** / Source-Anschluss m (Transistor) || ~ **texter** / Source-Texter m
source-to-sink error check / Quelle-zu-Senke-Fehlerprüfung f
source transducer IEC 65 / Signal-Eingangswandler m VDE 0860 || ~ **transfer state (STRS)** / Übertragungszustand der Quelle (PMG) DIN IEC 625 || ~ **voltage** / Quellenspannung f, treibende Spannung || ~ **wait for new cycle state (SWNS)** / Wartezustand der Quelle (PMG) DIN IEC 625
south magnetic pole / magnetischer Südpol || ~ **pole** / Südpol m || ~ **pole face** / Südpolfläche f
s.o.v.c.b. / ölarmer Leistungsschalter
space n / Raum m, Zwischenraum m, Leerstelle f, Leerzeichen n, Abstand m, Zwischenraumzeichen n, Leerschritt m || **clock-pulse ~** / Taktpause f || ~ **bar** / Leertaste f, Leer || ~ **charge** / Raumladung f
space-charge-controlled tube / raumladungsgesteuerte Röhre
space-charge debunching / Phasendefokussierung durch Raumladung
space-charge-limited state / raumladungsbegrenzter Zustand, Raumladungszustand m || ~ **transistor (SCLT)** / raumladungsbegrenzter Transistor (SCLT), SCL-Transistor m
space charge region / Raumladungszone f, Raumladungsgebiet n
space-charge-wave tube / Laufzeitröhre f, Raumladungswellenröhre f
space curve / Raumkurve f
spaced method of taping / weitläufige Bewicklungsart
space factor / Füllfaktor m, Raumausnutzungsfaktor m || ~ **geometry** / Raumgeometrie f || ~ **harmonic** / Raumharmonische f || ~ **heater** / Raumheizgerät n, Raumheizer m, Stillstandsheizung f, Heizgerät n || ~ **integral** / Raumintegral n || ~ **line** / Leerzeile f || ~ **permeability** / Permeabilität des leeren Raumes, magnetische Feldkonstante, Induktionskonstante f, Vakuumpermeabilität f
spacer n / Abstandsstück m, Abstandshalter m, Staffelstück n, Distanzstück n, Zwischenstück n, Zwischenlage f, Abstandshalter m, Zwischenspann m (ein Zwischenspann besteht aus einer projektierbaren Anzahl (SpacerSize) gleicher Zeichen (SpacerChar)) || ~ **IEC 50(466)** / Feldbündelabstandhalter m (Freiltg.) || ~ **bar** / Leerstellentaste f
spacer-bar saddle / Schelle mit Abstandsleiste
spacer damper IEC 50(466) / dämpfender Feldbündelabstandhalter (Freiltg.)
space requirements / Raumbedarf m, Platzbedarf m || ~ **requirements in the switching cabinet** /

spacer

Schaltschrankfläche f
spacer key / Leerstellentaste f || **~ panel** / Zwischenzeile f (ET, BGT), Randzeile f (ET) || **~ plate** / Abstandsplatte f || **~ ring** / Abstandsring m, Ausgleichsscheibe f (DT), Distanzring m || **~ shaft** / Verbindungswelle f || **~ sleeve** / Abstandshülse f, Distanzhülse f (a. Reihenklemme), Distanzbuchse f || **~ tube** / Abstandsrohr n, Zwischenrohr n, Distanzrohr n
space-saving adj / raumsparend adj, platzsparend adj
space spacing / Teilstrichabstand m
spacestick n / Programmiergriff m (zum Steuern, Teach-in u. Programmieren v. mehrachsigen Robotern), Spacestick m
space suppression / Leerstellenunterdrückung f || **~ vector** / Raumzeiger m || **~ winding** / unterbrochene Wendel
spacing n / Abstand m, Zwischenraum m, Teilung f, Lücke f || **phase ~** ANSI C37.100 / Polmittenabstand m (SG), Polteilung f || **~ bolt** / Abstandsbolzen m || **~ handle** / Steigbügel m || **~ nut** / Distanzmutter f || **~ saddle** / Abstandschelle f || **~ strip** / Distanzleiste f || **~ tube** / Abstandsrohr n, Zwischenrohr n
spade-handle operating mechanism / Steigbügelantrieb m
spade terminal / Bürstenfahne f, Flachstecker m, Gabelschuh m
spaghetti of cables / Kabelsalat m
span n / Spanne f, Bereich m, Messspanne f, Stützweite f, Spannfeld n (Freiltg.), Spannweite f, Eingangsbereich m (IS) || **circular ~** / Kreisbahn f (WZM, NC) || **parabolic ~** / Parabelabschnitt m (NC) || **~ error** / Messspannenfehler m || **~ length** / Spannweite f (Freiltg.), Länge eines Konturenelements (NC)
spanner socket / Nuss f
spanning the globe / weltumspannend adj
span shift / Messspannenverschiebung f || **~ wire** / Spanndraht m (f. Fahrleitung)
SPAR (subparameter) / SPAR (Sub-Parameter)
s-parameter n (transistor) / Streukoeffizient m, Übertragungskoeffizient m, Reflexionskoeffizient m
spare n / Ersatzteil n, Reserveteil n || **~ channel** / Reservekanal m (DÜ) || **~ contact** / Ersatzschaltstück n || **~ equipment** / Ersatzausrüstung f, Ersatzteilausrüstung f || **~ key** / Ersatzschlüssel m || **~ module location** / Reserveeinbauplatz m (PC-Geräte) || **~ panel** / Reservefeld n, Restfeld n || **~ part** / Ersatzteil n, Reserveteil n || **~ part code** / Ersatzteilkennzeichen n || **~ part editing** / Ersatzteilbearbeitung f || **~ part equipment** / Ersatzteilausstattung f || **~ part quantity** / Ersatzteilmenge f || **~ part withdrawal** / Ersatzteilentnahme f || **~ parts business** / Ersatzteilgeschäft n || **~ parts handling** / Ersatzteilabwicklung f || **~ parts inventory** / Ersatzteillagerbestand m, Ersatzteilvorhaltung f, Ersatzteilhaltung f, Ersatzteilbestand m || **~ parts list** / Ersatzteil-Stückliste f, Ersatzteilliste (ELI) f || **~ parts logistic infrastructure** / Ersatzteillogistik f || **~ parts loop** / Ersatzteilkreislauf m || **~ parts master data** / Ersatzteilstammdaten pl || **~ parts obligation** / Ersatzteilverpflichtung f || **~ parts price** / Ersatzteilpreis m || **~ parts service** / Ersatzteildienst m, Ersatzteil-Service m,

Ersatzteilhaltung f || **~ parts stock** / Ersatzteilbevorratung f, Ersatzteillager n || **~ parts supply** / Ersatzteilversorgung f, Ersatzteillieferung f || **~ parts usage** / Ersatzteilverbrauch m || **~ parts usage note** / Ersatzteilverbrauchsmeldung f || **~ parts warehouse** / Ersatzteilbevorratung f, Ersatzteillager n || **~ tool** / Ersatzwerkzeug n, Schwesterwerkzeug n, Tauschwerkzeug n || **~ way** / Reserveabgang m (IV)
sparing use of resources / Ressourcenschonung f
spark v / funken v, feuern v || **~ n** / Funke m, Zündfunke m || **~ advance** / Zündzeitpunktverstellung f (Kfz) || **~ barrier** / Funkensperre f || **~ blowout** / Funkenlöscheinrichtung f || **~ chamber** / Funkenkammer f || **~ discharge** / Funkenentladung f
spark-discharge continuum / Funkenkontinuum n
spark drawing / Funkenziehen n || **spark-eroded** adj / erodiert adj || **sprak erosion** / Funkenerosion f, Funkenerodieren n, Funkenabtragung f || **~ extinguisher** / Funkenlöscheinrichtung f
sparkfree adj / funkenfrei adj
spark gap / Funkenstrecke f, Schutzfunkenstrecke f || **~ gap in air** / Luftfunkenstrecke f || **~ generator** / Funkengenerator m || **~ ignition** / Funkenzündung f, Zünddurchschlag m
sparking n / Funkenbildung f, Funkenentladung f, Spritzfeuer n, Feuern n || **~ apparatus** / funkengebendes Betriebsmittel (Ex nC) || **~ method** / Elektrofunkenmethode f || **~ out** / Ausfeuern n (Schleifmaschine), Ausfeuerung f || **~ out block** / Ausfeuersatz m || **~ out stroke** / Ausfeuerhub m, Ausfeuerungshub m || **~ out time** / Ausfeuerzeit f || **~ plug** / Zündkerze f (Kfz) || **~ potential** / Funkenpotential n || **~ voltage** / Funkenspannung f
sparkless commutation / funkenfreie Kommutierung
spark limit curve / Funkengrenzkurve f || **~ machining** / Bearbeiten durch Funkenerosion, Funkenerodieren n || **~ over** / ansprechen v (Abl.)
sparkover n / Durchschlag m (in gasförmigen oder flüssigen Dielektrika), Überschlag m, Ansprechen n (Abl.), Funkenüberschlag m || **~ characteristics** / Ansprechkennlinie f (Abl.), Ansprech-Stoßkennlinie f, Ansprechverhalten n || **~ level** / Ansprechpegel f (Abl.), Ansprechspannung f || **~ point** / Ansprechpunkt m (Abl.), Ansprechbuckel m || **~ test voltage** / Ansprech-Prüfspannung f (Abl.) || **~ value** / Ansprechwert m (Abl.) || **~ voltage** / Überschlagspannung f, Ansprechspannung f (Abl.) || **~ voltage/time curve** / Ansprechkennlinie f (Abl.), Ansprech-Stoßkennlinie f
spark pattern / Funkenform f || **~ plug** / Zündkerze f (Kfz) || **~ quenching** / Funkenlöschung f
spark-quenching capacitor / Funkenlöschkondensator m || **~ device** / Funkenlöscheinrichtung f
spark striking / Funkenziehen n || **~ suppression** / Funkenlöschung f || **~ suppressor** / Funkenlöscheinrichtung f || **~ test** / Funkenprobe f || **~ tracking** / **~ test apparatus** / Funkenprüfgerät n || **~ tracking** / Kriechwegbildung durch Gleitfunken
SPAS s. serial poll active state
spatial approach / räumliches Anfahren
spatial distribution / räumliche Verteilung || **~ distribution of luminous intensity** / räumliche

Lichtstärkeverteilung || ~ **frequency** / Raumfrequenz *f*, Liniendichte je Längeneinheit || ~ **frequency response method** / Raumfrequenzmethode *f* DIN IEC 151,T.14 || ~ **harmonic** / Raumharmonische *f* || ~ **wave** / Raumwelle *f*
spatter *v* / spritzen *v*, verspritzen *v*, verspratzen *v* || ~ / Spritzen *n*, Spritzer *m pl*, Schweißperlen *f pl*
spattering off / Zerstäuben *n* (Leuchtkörper)
spatula *n* / Spachtel *m*
SPC (setpoint control) / Sollwertführung *f* || ≙ **(speed and position controller)** / SPC (Speed and Position Controller) || ≙ **(stored program control)** / SPC (Stored Program Control)
SPCA (abscissa of a reference point on the straight line) / SPCA (Abszisse eines Bezugspunktes auf der Geraden (Parameter))
SPCO (ordinate of a reference point on the straight line) / SPCO (Ordinate eines Bezugspunktes auf der Geraden (Parameter))
SPD s. serial poll disenable
SPDT s. single-pole double-throw switch
SPE s. serial poll enable
special *adj* / speziell *adj* || ~ **adapted characteristic** / Kennlinie nach Maß || ~ **attribute** / Sonderattribut *n* || ~ **axis** / Zusatzachse *f* || ~ **bit** / Sonderbit *n*
special bonding of shields / Spezial-Schirmverbindung *f* (Kabelanl.) IEC 50(461)3 || ~ **case** / Sonderfall *m* || ~ **character** / Sonderzeichen *n* DIN 44300 || ~ **circuit** / Sonderschaltung *f* || ~ **cleaning agent \No.1** / Spezialreiniger \Nr.1\ || ~ **closure** / Sonderschließung *f* || ~ **color 1** / Sonderfarbe 1 *f* || ~ **colour rendering index** / spezieller Farbwiedergabeindex || ~ **connection** / anormaler Anschluss || ~ **contactor** / Sonderschütz *m* || ~ **contour** / Sonderkontur *f* || ~ **control system** / Sondersteuerung *f* || ~ **cubicle paint finish** / Sonderlackierung des Schrankes || ~ **design** / Sonderausführung *f* || ~ **design coil** / Sonderspule *f* || ~ **discount** / Sondernachlass *m*
special-duty tough-rubber-sheathed (t.r.s.) flexible cord / Sonder-Gummischlauchleitung *f*
special emphasis is placed on / Branchenschwerpunkte *m pl*
special enclosure / Sonderkapselung *f*, Sonderschutzart *f* || ~ **equipment** / Einzelgerät *n* || ~ **fastener** / Sonderverschluss *m* (f. explosionsgeschützte Geräte) || ~ **flange** / Sonderflansch *m* || ~ **freight** / Spezialfracht *f* || ~ **function** / Zusatzfunktion *f* (SPS), Spezialfunktion *f*, Sonderfunktion *f*, Maschinenfunktion (M-Funktion) *f*, M-Befehl *m* || ~ **function unit** / Sonderfunktionseinheit *f* || ~ **grease** / Sonderfett *n*
specialist service department / Fachleitstelle *f* || ~ **support** / Fachberatung *f* || ~ **training** / Spezialistenausbildung *f*
speciality transformer / Transformator für Sonderbetrieb, Transformator für Sonderzwecke
specialized know-how / Branchen-Know-how
special load / Sonderlast *f* (Freiltg.) || ~ **machine (SM)** / Sondermaschine *f* || ~ **marking** / Sonderzeichen *n* || ~ **note** / Sondervermerk *m* || ~ **open-end wrench** / Spezial-Maulschlüssel *m* || ~ **operating voltage** / Sonderbetätigungsspannung *f* || ~ **packing** / Spezialverpackung *f* || ~ **paint** / Sonderanstrich *m* || ~ **painting** / Sonderlackierung *f* || ~ **position** / Sonderposition *f* || ~ **positioning** /

Sonderpositionierung *f* || ~ **positioning function** / Sonderpositionierfunktion *f* || ~ **publication** / Sonderdruck *m*
special-purpose machine / Sondermaschine *f* || ~ **machine manufacturing** / Sondermaschinenbau *m* || ~ **motor** / Motor für Spezialanwendungen || ~ **switch** IEC 265-2 / Lastschalter für spezielle Anwendung || ~ **transformer** / Transformator für Sonderzwecke
special rubber-insulated cable / Sonder-Gummiaderleitung *f* || ~ **service call** / Spezialeinsatz *m* || ~ **stainless steel** / Edelstahl *m* || ~ **technologies** / Sondertechnologie *f*
special-service lamp / Sonderlampe *f*
special-tariff customer / Sonderabnehmer *m*
special test / Sonderprüfung *f*, Ersatzprüfung *f* || ~ **testing** / Sonderprüfung *f* || ~ **text** / Sondertext *m* || ~ **tool** / Sonderwerkzeug *n* || ~ **value smoothing** / Drehzahlsollwertglättung *f* || ~ **valve** / Sonderarmatur *f* || ~ **winding** / Sonderwicklung *f* || ~ **wrench for calibration of instantaneous overcurrent release** / Spezialschlüssel zur Kalibrierung unverzögerter Überstromauslöser
specific *adj* / spezifisch *adj*, bezogen *adj*, gezielt *adj* || **for a** ~ **customer** / kundenspeziell *adj*, kundenspezifisch *adj* || **for** ~ **axes** / achsspezifisch *adj* || ~ **acoustic impedance** / spezifische Schallimpedanz || ~ **acoustic reactance** / spezifische Schallreaktanz || ~ **acoustic resistance** / spezifische Schallresistanz || ~ **adhesion allowance** / bezogenes Haftmaß || ~ **apparent power** / spezifische Scheinleistung
specification *n* / Spezifikation *f*, Vorschrift *f*, Beschreibung *f*, Anforderung *f*
specifications *n pl* / Spezifikation *f*, Bestimmung(en) *f (pl)*, Lastenheft *n*, technische Daten, technische Bedingungen, Norm *f*, Vorschrift *f* || **(software)** ~ / Pflichtenhefte *n pl* || ~ **of classification society** / Klassifikationsvorschrift *f* || ~ **of work and services** / Leistungsverzeichnis *n*, Lastenheft *n*, Pflichtenheft *n*
specific capacity / spezifische Kapazität (Batt.) || ~ **characteristics** / spezifische Kenngrößen (a. Batt.) || ~ **conductance** / spezifischer Leitwert, Leitfähigkeit *f* || ~ **core loss** / Verlustziffer *f* (Blech) || ~ **creepage distance** / spezifische Kriechweglänge || ~ **energy** / spezifische Energie (Batt.) || ~ **fuel consumption** / spezifischer Kraftstoffverbrauch || ~ **gravity** / spezifisches Gewicht, absolute Dichte || ~ **heat** / spezifische Wärme, Eigenwärme *f*, spezifischer Wärmewert || ~ **heat output** / spezifische Heizleistung || ~ **inductive capacity** / Dielektrizitätskonstante *f* || ~ **interference** / bezogenes Übermaß || ~ **internal insulation resistance** / spezifischer Innen-Isolationswiderstand, spezifischer Durchgangswiderstand, spezifischer Raumwiderstand || ~ **iron loss** / Verlustziffer *f* (Blech) || ~ **lighting index** / spezifischer Beleuchtungswert || ~ **loading** / spezifische Belastung, Strombelag *m*, lineare Ankerbelastung, Stromvolumen *m* || ~ **power** / spezifische Leistung, Einheitsleistung *f* || ~ **resistance** / spezifischer Widerstand || ~ **saturation magnetization** / spezifische Sättigungsmagnetisierung || ~ **surface insulation resistance** / spezifischer Oberflächenwiderstand || ~ **tangential force** /

specified

mittlerer Drehschub || ~ **thermal capacity** / spezifische Wärmekapazität || ~ **torque coefficient** / Ausnutzungsziffer f (Esson) || ~ **total loss** / spezifische Gesamtverluste (Ummagnetisierungsverluste), Ummagnetisierungsverlust m (Elektroblech) DIN 46400 || ~ **train resistance** / spezifischer Fahrwiderstand (Bahn) || ~ **unbalance** / spezifische Unwucht, bezogene Unwucht, relative Unwucht || ~ **use of life** / spezifischer Lebensdauerverbrauch || ~ **volume** / spezifisches Volumen
specified *adj* / voreingestellt *adj*, vorbesetzt *adj*, vorgegeben *adj*, vorgeschrieben *adj*
specified breakaway torque / erforderliches Anzugsmoment || ~ **characteristic** IEC 383 / Nennwert m (Isolator) VDE 0446,T.1 || ~ **characteristic curve** / Nennkennlinie f (MG) || ~ **date** / Solltermin m || ~ **delivery date** / Liefersolltermin m || ~ **dimension** / Sollmaß n || ~ **dropout value** / Rückfall-Sollwert m (Rel.) || ~ **dry lightning impulse withstand voltage** IEC 383 / Bemessungs-Steh-Blitzstoßspannung, trocken || ~ **dry power-frequency withstand voltage** / Nenn-Steh-Wechselspannung, trocken || ~ **dry switching impulse withstand voltage** / Nenn-Steh-Schaltstoßspannung, trocken || ~ **failing load** / Mindest-Bruchkraft f || ~ **light distribution** / Soll-Lichtverteilung f || ~ **measuring range** IEC 1036 / Messbereich m (EZ) VDE 0418 || ~ **mechanical failing load** / mechanische Mindest-Bruchfestigkeit f || ~ **non-drop-out value** / Halteerregung f (Rel.) || ~ **non-pickup value** / Nichtansprech-Prüfwert m (Rel.), Nichtansprecherregung f (Rel.) || ~ **operating range** / festgelegter Betriebsbereich (EZ) VDE 0418 || ~ **pick-up value** / Ansprech-Sollwert m (Rel.), Ansprech-Prüfwert m || ~ **process interface** / vereinbarte Prozessschnittstelle || ~ **puncture voltage** / Nenn-Durchschlagfestigkeit f || ~ **release value** / Rückfallerregung f (Rel.) || ~ **test current** / vorgeschriebener Prüfstrom || ~ **test current method** / Prüfverfahren mit vorgeschriebenem Strom || ~ **time** (relay) IEC 50(446) / festgelegtes Zeitverhalten, Zeitverzögerung f
specified-time relay / Relais mit festgelegtem Zeitverhalten DIN IEC 255,T.100, Zeitrelais n
specified tolerance band / vereinbartes Toleranzband || ~ **value** (relay) / Sollwert m (Relaisprüf.) || ~ **wet power-frequency withstand voltage** IEC 168, IEC 383 / Nenn-Steh-Wechselspannung unter Regen || ~ **wet switching impulse withstand voltage** IEC 168, IEC 383 / Nenn-Steh-Schaltstoßspannung unter Regen || ~ **withstand layer conductivity** / Nenn-Steh-Schichtleitfähigkeit f || ~ **withstand salinity** / Nenn-Steh-Salzgehalt m
specify v / spezifizieren v, detailliert angeben, vorschreiben v, angeben v, vorgeben v
specimen n / Probe f, Probekörper m, Musterstück n, Versuchsprobe f, Probewerkstück n, Probestück n, Probeteil n, Versuchssteil n || ~ (QA) / Muster n (QS) || ~ **first-sample** / Ersttteilprüfung f || ~ **inspection** / Ersttteilprüfung f
speckle noise / Fleckenrauschen n
spectral absorbance / spektrales dekadisches Absorptionsmaß || ~ **absorptance** / spektraler Absorptionsgrad || ~ **absorption factor** / spektraler Absorptionsgrad || ~ **absorption index** / spektraler Absorptionsindex || ~ **absorptivity** / spektrale Absorptivität || ~ **concentration** / spektrale Dichte || ~ **distribution** / spektrale Verteilung, Spektralverteilung f || ~ **emissivity** / spektraler Emissionsgrad || ~ **energy distribution** / spektrale Strahldichteverteilung || ~ **internal transmittance** / spektraler Reintransmissionsgrad || ~ **internal transmittance density** / spektrales dekadisches Absorptionsmaß || ~ **irradiance** / spektrale Bestrahlung || ~ **lamp** / Spektrallampe f || ~ **line** / Spektrallinie f || ~ **linear absorption coefficient** / spektraler Absorptionskoeffizient || ~ **linear attenuation coefficient** / spektraler Schwächungskoeffizient || ~ **linear scattering coefficient** / spektraler Streukoeffizient || ~ **line width** / spektrale Linienbreite || ~ **luminance factor** / spektraler Remissionsgrad || ~ **luminous efficiency** / spektraler Hellempfindlichkeitsgrad || ~ **luminous efficiency curve** / spektrale Hellempfindlichkeitskurve || ~ **mass attenuation coefficient** / spektraler Massenschwächungskoeffizient || ~ **photometer** / Spektralfotometer n, Spektrofotometer n || ~ **power distribution** / spektrale Strahldichteverteilung || ~ **radiance** / spektrale Strahlung || ~ **radiant emittance** / spektrale spezifische Ausstrahlung || ~ **radiated energy distribution** / spektrale Strahldichteverteilung || ~ **range** / Spektralbereich m, Spektralgebiet n || ~ **reflectance** / spektraler Reflexionsgrad || ~ **reflection factor** / spektraler Reflexionsgrad || ~ **region** / Spektralbereich m, Spektralgebiet n || ~ **response curve** / spektrale Empfindlichkeitskurve || ~ **responsivity** / spektrale Empfindlichkeit, Spektralempfindlichkeit f || ~ **sensitivity** / spektrale Empfindlichkeit, Spektralempfindlichkeit f
spectral-sensitivity characteristic / Kennlinie der spektralen Empfindlichkeit
spectral sensitivity curve / spektrale Empfindlichkeitskurve || ~ **stimulus** / spektrale Farbreiz || ~ **transmission factor** / spektraler Durchlassgrad || ~ **transmissivity** / spektrale Transmissivität || ~ **transmittance** / spektraler Durchlassgrad || ~ **tristimulus values** / Spektralwerte $m\,pl$ || ~ **width** / Spektralbreite f || ~ **window** / spektrales Fenster (LWL)
spectrometer n / Spektrometer m
spectrometry n / spektrale Strahlungsmesstechnik, Spektrometrie f
spectrophotometer n / Spektralfotometer n, Spektrofotometer n
spectrophotometric *adj* / spektralfotometrisch *adj*
spectroradiometer n / Spektroradiometer n
spectro-radiometry n / spektrale Strahlungsmesstechnik, Spektrometrie f
spectroscope n / Spektroskop n
spectroscopic lamp / Spektrallampe f
spectrum n / Spektrum n, Spektral... || ~ **analyzer** / Spektrumanalysator m || ~ **density level** / Spektraldichtepegel m || ~ **level** / Spektraldichtepegel m || ~ **line** / Spektrallinie f || ~ **locus** / Spektralfarbenzug m
specular component / gerichteter Anteil (LT) || ~ **louvre** (unit) / Spiegelraster m (Leuchte) || ~ **optics** / Spiegeloptik f || ~ **optics luminaire** / Spiegeloptikleuchte f || ~ **reflection** / gerichtete Reflexion, spiegelnde Reflexion f || ~ **reflector** /

Spiegelreflektor *m*, Spiegel *m* (Leuchte)
specular-reflector luminaire / Spiegelleuchte *f*
speech path / Sprachweg *m*
speed *n* / Drehzahl *f*, Umdrehungen pro Minute, Gang *m*, Geschwindigkeit *f* || **safely reduced** ~ / sicher reduzierte Geschwindigkeit || **~ above critical** / überkritische Drehzahl || **~ adjustment** / Drehzahlverstellung *f*, Drehzahleinstellung *f*, Drehzahlabgleich *m* || **~ and position controller (SPC)** / Speed and Position Controller (SPC) || **~ and shaft angle synchronism control** / Gleichlauf- und Winkelregelung mit Digitalregler || **~ at continuous rating** / Drehzahl bei Dauerleistung || **~ at end of notching** / Geschwindigkeit am Ende einer Widerstandsfahrt (Bahn) || **~ at one-hour rating** / Drehzahl bei Stundenleistung || **~ at safe commutation limit** / Kommutierungs-Knickdrehzahl *f* || **~ at which Md reduction function becomes operative** / Drehzahleinsatzpunkt der Md-Reduzierung || **~ by field control** / Feldsteuerdrehzahl *f*
speed-change gearbox / Wechselgetriebe *n*, Stufengetriebe *n*
speed changer / Drehzahl-Verstelleinrichtung *f*
speed-changer motor / Drehzahl-Verstellmotor *m* (f. Drehzahl-Verstelleinrichtung)
speed command / Sollwertvorgabe *f* || **~ command step** / Sollwertsprungvorgabe *f*
speed cone / Stufenscheibe *f* || **~ control** / Drehzahlsteuerung *f*, Drehzahlregelung *f*, Drehzahlverstellung *f*, Antriebsregelung *f*
speed-controlled *adj* / drehzahlgesteuert *adj*
speed controller / Drehzahlregler *m* (el.), n-Regler *m* || **~ controller at integration limits** / Drehzahlregler am Anschlag || **~ controller cycle** / Drehzahlreglertakt *m* || **~ controller output** / Drehzahlreglerausgang *m*, n-Reglerausgang *m* || **~ controller sampling time** / Drehzahlreglertastzeit *f* || **~ control loop** / Drehzahlregelkreis *m* || **~ control range** / Drehzahlregelbereich *m*
speed-dependent *adj* / drehzahlabhängig *adj* || **~ current limitation** / drehzahlabhängige Strombegrenzung || **~ power-assisted steering** / geschwindigkeitsabhängige Servolenkung
speed droop / Drehzahlstatik *f*, bleibende Drehzahlabweichung, Statik *f* || **~ drop** / Drehzahlabfall *m* || **~ energy** / Geschwindigkeitsenergie *f*
speeder gear / Drehzahl-Verstelleinrichtung *f* || **~ motor** / Drehzahl-Verstellmotor *m* (f. Drehzahl-Verstelleinrichtung)
speed feedforward control / Drehzahlvorsteuerung || **~ fluctuation** / Drehzahlschwankung *f*
speed frequency / Produkt aus Drehzahl und Polpaarzahl, Drehzahlfrequenz *f* || **~ governor** / Drehzahlregler *m*, Pendelregler *m*, Fliehkraftregler *m* || **~ holding** / Drehzahlhaltung *f*
speed-increasing gearing / Übersetzungsgetriebe ins Schnelle, Trieb ins Schnelle
speed limit / Drehzahlgrenzwert *m*, Grenzdrehzahl *f*, Geschwindigkeitsbegrenzung *f*, Drehzahlgrenze *f* || **~ limitation** / Drehzahlgrenze *f*, Geschwindigkeitsbegrenzung *f* || **~ limiter** / Drehzahlbegrenzer *m*, Geschwindigkeitsbegrenzer *m* || **~ locking** / Drehzahlhaltung *f* || **~ measurement** / Drehzahlerfassung *f* || **~**

monitoring / Drehzahlüberwachung *f* || **~ of actuation** / Betätigungsgeschwindigkeit *f* || **~ of actuator stroke** / Stellgeschwindigkeit *f* || **~ of contrast perception** / Kontrastempfindungsgeschwindigkeit *f*, Unterschiedsempfindungsgeschwindigkeit *f* || **~ of light** / Lichtgeschwindigkeit *f* || **~ of make** / Einschaltgeschwindigkeit *f* (SG) || **~ of perception** / Wahrnehmungsgeschwindigkeit *f* || **~ of perception of form** / Formwahrnehmungsgeschwindigkeit *f* || **~ of propagation** / Fortpflanzungsgeschwindigkeit *f*, Ausbreitungsgeschwindigkeit *f* || **~ of rotation** / Umlaufgeschwindigkeit *f*, Drehgeschwindigkeit *f*, Drehzahl *f* || **~ of seeing** / Sehgeschwindigkeit *f* || **~ of sensation of light stimulus** / Empfindungsgeschwindigkeit des Lichtreizes || **~ of shifting** / Stellgeschwindigkeit *f* || **~ of sound** / Schallgeschwindigkeit *f* || **~ of the belt** / Bandgeschwindigkeit *f*
speedometer *n* / Geschwindigkeitsanzeiger *m*
speed output / Drehzahlausgabe *f* || **~ override** / Geschwindigkeits-Override *m* (siehe Override)
speed-power product / Geschwindigkeits-Leistungs-Produkt *n*
speed ramp constant / Hochlaufzeitkonstante *f*
speed range / Drehzahlbereich *m*, Drehzahl-Regelbereich *m*, Steuerbereich *m*, Drehzahlhub *m*, Drehzahlstellbereich *m*, Geschwindigkeitsbereich *m* || **~ range under armature control** / Ankersteuerbereich *m* || **~ range under field control** / Feldschwächebereich *m* || **~ ratio** / Drehzahlverhältnis *n*, Übersetzungsverhältnis *n*, Drehzahlhub *m*, Getriebefaktor *m*, Getriebeübersetzung *f*, Polzahlverhältnis *n* || **~ ratio component denominator** / Übersetzungsanteil Nenner || **~ ratio component numerator** / Übersetzungsanteil Zähler || **~ ratio control** / Regelung des Drehzahlverhältnisses, Regelung des relativen Gleichlaufs || **~ ratio parameter** / Übersetzungsparameter *m* || **~ reducer** / Untersetzungsgetriebe *n*, Reduktionsgetriebe *n* || **~ reducing transmission** / Trieb ins Langsame || **~ reduction** / Drehzahlverminderung *f*, Drehzahl-Abwärtsregelung *f* || **~ regulating rheostat** / Drehzahlsteller *m*, Feldsteller *m* || **~ regulating set** / Regelsatz *m*, Kaskade *f* || **~ regulation** / Drehzahlregelung *f*, Drehzahländerung *f* (Vollast-Leerlauf), Drehzahlanstieg *m*, Drehzahlabfall *m* (Leerlauf-Vollast) || **~ regulation characteristic** / Drehzahl-Last-Kennlinie *f* || **~ regulator** / Drehzahlregler *m* (el.) || **~ ripple** / Drehzahlwelligkeit *f* || **~ rise** / Drehzahlanstieg *m* || **~ rise on load rejection** / Regulierdrehzahl *f* || **~ rise time** / Drehzahlanregelzeit *f* || **~ sensor** / Drehzahlgeber *m* || **~ service** / Schnelldienst *m* || **~ setpoint** / Drehzahlsollwert *m* (Lageregelung) || **~ setting potentiometer** / Drehzahl-Einstellpotentiometer *n*, Drehzahl-Sollwerteinsteller *m* || **~ stability** / Drehzahlkonstanz *f*, Drehzahlstabilität *f*, Drehzahlsteifigkeit *f*, Drehzahlstarrheit *f*
speed-stabilizing flywheel coupling / drehzahlstabilisierende Schwungradkupplung
speed steadiness / Drehzahlstabilität *f* || **~ step** / Drehzahlstufe *f* || **~ stepping** / Drehzahlstufung *f*, Drehzahlfortschaltung *f* || **~ switchover** /

Geschwindigkeitsumstellung f || ~ **synchronism** / Drehzahlgleichlauf m
speed/time difference / dn/dt
speed-torque characteristic / Drehzahl-Drehmoment-Kennlinie f, Drehzahl-Drehmoment-Verhalten n || ~ **curve** / Drehzahl-Drehmoment-Kurve f, Drehmomentendiagramm n
speed/torque setpoint / Drehzahl-/Momentensollwert m
speed-transforming gear / Übersetzungsgetriebe n
speed under load / Lastdrehzahl f || ~ **value** / Drehzahlsollwert m (Lageregelung) || ~ **value channel** / Drehzahlsollwertkanal m || ~ **value input** / Drehzahlsollwertvorgabe f || ~ **value standardization** / Sollwertnormierung f || ~ **value transfer** / Drehzahlsollwertübergabe f || ~ **variation** / Drehzahländerung f, Stellen der Drehzahl, Drehzahlregelung f || ~ **variation by field control** / Drehzahlregelung im Feldkreis, Feldschwächeregelung f || ~ **variation range** / Drehzahlverstellgeschwindigkeit f || ~ **variator** / Drehzahlwandler m, stellbares Getriebe
speedy operation / zügiges Schalten
SPF (subprogram file) / UP (Unterprogramm)
SPG s. synchronous pulse generator
sphere n / Kugel f (a. CAD)
sphered raceway / hohlkugelige Laufbahn (Lg.)
sphere gap / Kugelfunkenstrecke f || ~ **luminaire** / Kugelleuchte f
spherical adj / kugelförmig adj || ~ **aberration** / sphärische Aberration, Öffnungsfehler m || ~ **cap** / Spannkappe f, Kalotte f || ~ **connector** / Kugelsteckverbinder m || ~ **coordinate** / Kugelkoordinate f || ~ **cup** / Kugelkalotte f || ~ **disk** / Kugelscheibe f || ~ **head** / Kugelkopf m || ~ **irradiance** / Raumbestrahlungsstärke f || ~ **joint** / Kugelgelenk n || ~ **key** / Kugelpassfeder f || ~ **luminous intensity** / sphärische Lichtstärke || ~ **roller bearing** / Pendelrollenlager n
spherically seated bearing / Lager mit kugeligem Sitz, kugelig gelagertes Lager
spherical-roller bearing / Tonnenrollenlager n || ~ **thrust bearing** / Axialtonnenrollenlager n
spherical seat / kugeliger Sitz, Kugelsitz m || ~ **sector** / Kugelsektor m, Kugelausschnitt m || ~ **segment** / Kugelabschnitt m, Kugelsegment n || ~ **specular reflector** / Kugelspiegel m (Leuchte) || ~ **spindle end** / Kugelspurzapfen m || ~ **spotlight** / Kugelstrahler m || ~ **support seat** / kugeliges Auflager, kugelige Lagerhaltung
spider n / Spinne f, Läufernabe f, Läuferstern m, Nabenstern m, Tragkörper m, Armstern m || ~ **arm** / Nabenarm m, Polradspeiche f, Speiche f || ~ **rim** / Läufersternkranz m, Armsternkranz m || ~ **shaft** / Stegwelle f, Rippenwelle f
spider-type rotor / Speichenradläufer m
spider web / Läufersteg m, Radialsteg m
spigot n / Zapfen m, Zentrierzapfen m, Tragstutzen m (Mastleuchte), Führungszapfen m (ESR), glattes Ende (Muffenrohr), Zopf m (Lichtmast), Zentrieransatz m || **endshield** ~ / Lagerschildzentrierung f || ~ **center** / Zapfenmitte f || ~ **contour** / Zapfenkontur f || ~ **diameter** / Zapfendurchmesser m, Zopfdurchmesser m (Lichtmast) || ~ **fit** / Durchgangsloch mit Zapfen, Zentriervorrichtung f || ~ **joint** / zusammengesetzter Spalt EN 50018, Muffenrohrverbindung f

spike n / Spannungsspitze f, Nadel f (Impulsabbild), Überschwingspitze f, Störspitze f (EMB) || **current** ~ / Stromspitze f (HL) || **lightning** ~ / Fangstange f (Blitzschutz), Blitzschutzstange f
spillage of electrolyte / Ausfließen von Elektrolyt
spill current / Differenzstrom m (infolge Fehlanpassung der Schutzwandler), Störstrom m, Leckstrom m, Übertrittstrom m || ~ **light** / Streulicht n (eines Scheinwerfers) || ~ **ring** / Ringraster m (Leuchte) || ~ **shield** / Raster m (Leuchte) || ~ **tank** / Überlaufkessel m
spillway n / Überlaufkanal m (WKW)
spin axis / Drehachse f || ~ **box** / Drehfeld n
spindle n / Spindel f, Drehbankspindel f, Welle f, Achse f || **insulator** ~ / Isolatorstütze f || ~ **assignment** / Spindelzuordnung f || ~ **bearing** / Spindellagerung f || ~ **CCW ISO 1056** / Spindel im Gegenuhrzeigersinn (NC-Zusatzfunktion) DIN 66025,T.2 || ~ **chuck** / Spindelfutter n || ~ **control** / Spindelsteuerung f || ~ **CW ISO 1056** / Spindel im Uhrzeigersinn (NC-Zusatzfunktion) DIN 66025,T.2 || ~ **deflection** / Spindeldurchbiegung f (WZM, NC) || ~ **direction reversal** / Spindeldrehrichtungsumkehr f || ~ **drive** / Spindelantrieb m, Spindelmotor m || ~ **enable** / Spindelfreigabe f || ~ **end** / Lagerzapfen m (EZ) || ~ **head** / Spindelkopf m, Spindelstock m, Spindelkasten m || ~ **loop** / Spindelkreis m || ~ **mechanism** / Spindelantrieb m || ~ **mode** / Spindelbetriebsart f (Zustand der Spindelsteuerung. Die Spindelbetriebsarten sind: Steuerbetrieb, Pendelbetrieb, Positionierbetrieb, C-Achsbetrieb, Synchronbetrieb) || ~ **module** / Spindelmodul n || ~ **monitoring** / Spindelüberwachung f || ~ **motion** / Spindelbewegung f || ~ **motor** / Spindelmotor m, Spindelantrieb m || ~ **mounted encoder** / Spindelgeber m || ~ **nose** / Spindelnase f || ~ **nut** / Spindelmutter f || ~ **OFF** / Spindel AUS || ~ **ON** / Spindel EIN
spindle-operated potentiometer / Spindelpotentiometer n
spindle oscillation / Spindelpendeln n (WZM) || ~ **oscillation for engaging gears** / Spindelpendeln für Getriebeeinrücken || ~ **override** / Spindeldrehzahlkorrektur f (von Hand), Spindelkorrektur f, Spindeloverride m, Drehzahlkorrektur f, Spindel-Override m, Überspeichern der Drehzahl (manuelle Eingriffsmöglichkeit, die es dem Bediener gestattet, die programmierten Spindeldrehzahlen über Wahlschalter oder Potentiometer zu verändern) || ~ **override weighting** / Spindel-Overridebewertung f || ~ **positioning** / Spindelpositionieren n, Spindel positionieren (SPOS) || ~ **replacement** / Spindeltausch m || ~ **return motion** / Spindelrücklauf m (WZM) || ~ **revolution** / Spindelumdrehung f || ~ **servo enable** / Spindelreglerfreigabe f || ~ **speed** / Spindeldrehzahl f || ~ **speed compensation** / Spindeldrehzahlkorrektur f (NC, automatisch) || ~ **speed function** (NC) ISO 2806-1980 / Spindeldrehzahl f (NC-Funktion) E DIN 66357 || ~ **speed limitation** / Drehzahlbegrenzung f, Spindeldrehzahlbegrenzung f || ~ **speed memory** / Spindeldrehzahlspeicher m || ~ **speed override** / Spindeldrehzahlkorrektur f (von Hand), Spindelkorrektur f, Spindeloverride m,

Überspeichern der Drehzahl (manuelle Eingriffsmöglichkeit, die es dem Bediener gestattet, die programmierten Spindeldrehzahlen über Wahlschalter oder Potentiometer zu verändern) || ~ **speed override position** / Spindeldrehzahl-Korrekturstellung *f* || ~ **speed override switch** / Spindeldrehzahlkorrekturschalter *m*, Spindelkorrekturschalter *m* || ~ **speed range** ISO 1056 / Spindeldrehzahlbereich *m* (a. NC-Zusatzfunktion nach DIN 66025,T.2) || ~ **speed setpoint** / Spindeldrehzahlsollwert *m* || ~ **start** / Spindel-Start *m* || ~ **stop** ISO 1056 / Spindel-Halt *m* (NC-Zusatzfunktion) DIN 66025,T.2 || ~ **vector** / Spindelvektor *m* || ~ **zero** / Spindelnullpunkt *m*
spine insert / Rückeneinschubblatt *n*
spin extractor / Wäscheschleuder *f*
spinning and preparation pump / Spinn- und Präparationspumpe
spinning-centrifuge motor / Spinntopfmotor *m*
spinning frame / Spinnmaschine *f*
spinning-frame motor / Spinnmotor *m*
spinning machine / Spinnmaschine *f* || ~ **pumps** / Spinnpumpen *n* || ~ **reserve** / mitlaufende Reserve (KW), rotierende Reserve || ~ **rotor** / Spinnturbine *f*
spinning-spindle motor / Spinntopfmotor *m*
spinning/stretching bobbin winder / Spinn-Streck-Spulmaschine *f*
spinoff *n* / Nebenprodukt(e) (einer Entwicklungsarbeit) *n pl*
spin speed / Schleuderdrehzahl *f*
spiral *n* / Spirale *f*, Schraubenlinie *f*, Wendel *f* || ~ *adj* / schraubenförmig *adj*, spiralförmig *adj*, schrägverzahnt *adj* || ~ **bevel gear** / Spiralkegelrad *n*, Bogenzahn-Kegelrad *n* || ~ **dial spring** / spiralförmige Anzeigefeder || ~ **gear** / Schraubenrad *n*, Schrägzahn-Stirnrad *n* || ~ **groove** / Spiralnut *f*
spiral-groove bearing / Spiralen-Rillenlager *n*
spiral interpolation / Schraubenlinieninterpolation *f* (NC)
spiral-jaw clutch / Rastenkupplung *f* (EZ)
spiralled metal strip / gewendeltes Metallband
spiral quad / Stern-Vierer *m* || ~ **spring** / Spiralfeder *f*, Schneckenfeder *f*, Schraubenfeder *f*, Rollbandfeder *f* || ~ **winding** / Wellenwicklung *f*, Schraubenwicklung *f*, Wendelwicklung *f*, Spiralwicklung *f*
spirit level / Wasserwaage *f*
SPIS s. serial poll idle state
SPL (safe programmable logic) / SPL (sichere programmierbare Logik)
splash apparatus / Spritzgerät *n* (Prüf.)
splash-feed lubrication / Tauchschmierung *f*
splashing water / Spritzwasser *n*
splash lubrication / Tauchschmierung *f* || ~ **plate** / Stauscheibe *f* (Lg.)
splash-proof *adj* / spritzwassergeschützt *adj* || ~ **machine** / spritzwassergeschützte Maschine
splashwater *n* / Spritzwasser *n*
splaying of rollers / Spreizung der Rollen
splice *n* / Spleiß *m*, Spleißung *f*, Spleißverbindung *f*, Klebestelle *f* (Magnetband), Spleißstelle *f* || ~ **box** / Spleißmuffe *f*, Verbindungsmuffe *f* (Kabel)
spliced *adj* / gespleißt *adj* || ~ **joint** / Spleißverbindung *f*
splice loss IEC 50 (731) / Spleißdämpfung *f* (LWL), Spleißverlust *m*

splicing component / Spleißkomponente *f*
spline *n* / Keilnut *f*, Keil *m*, Passfeder *f*, Schiebekeil *m*, Keilwellenrippe *f*, Kurvenlineal *n*, Spline *n*, Ellipsenbogen *m* || ~ **block** / Splinesatz *m* || ~ **contour** / Splinekontur *f* || ~ **curve** / Kurvenlinie *f* (CAD), Splinekurve *f* (Kurven mit glattem, stetigem Kurvenverlauf, die gegebene Stützpunkte verbinden) || ~ **deviation** / Abweichung des Splines
splined hub / Keilnabe *f* || ~ **shaft** / genutete Welle, Rillenwelle *f*
spline function (mathematical method for the approximation of curves) / Splinefunktion *f* (ein mathematisches Verfahren zur Approximation von Kurven. Splinekurven sind Kurven mit glattem, stetigem Kurvenverlauf, die gegebene Stützpunkte verbinden) || ~ **interpolation** / Spline-Interpolation *f* || ~ **module** / Splinemodul *n* (Verwendet mathematisches Verfahren zur Approximation von Kurven. Splinekurven sind Kurven mit glattem, stetigem Kurvenverlauf, die gegebene Stützpunkte verbinden.) || ~ **plug** / Kolben mit konischen Kerben || ~ **segment** / Splineabschnitt *m* || ~ **shaft** / Keilwelle *f* || ~ **translator** / spline translator
splint pin drive / Splinttreiber *m*
split *v* / spalten *v*, aufspalten *v*, schlitzen *v*, splitten *v*, unterteilen *v* || ~ *adj* / geteilt *adj*, zweiteilig *adj* || **frame** / ~ Gehäuseteilfuge *f* (el.Masch.) || **shipping** ~ / Transport-Trennstelle *f*, Transportfuge *f* || **to** ~ **the busbars** / Sammelschienen auftrennen || ~ **banding** / geteilte Bandage
split-beam cathode-ray tube / Spaltstrahlröhre *f*, Mehrstrahlröhre *f* (mit einem Elektronenstrahlerzeuger) || ~ **method** / Lichtschnitt-Verfahren *n* || ~ **oscilloscope** / Spaltstrahl-Oszilloskop *n*
split brush / Zwillingsbürste *f*, Spreizbürste *f* || ~ **brush with metal clip** / Zwillingsbürste mit Metallwinkel || ~ **brush with wedge top** / Spreizbürste mit Kopfstück
split-bus panelboard / Verteilertafel mit aufgeteilten Sammelschienen
split-cage motor / Spaltrohrmotor *m*
split cam / geteilte Nockenscheibe || ~ **concentric cable** IEC 50(461) / geteilt-konzentrisches Kabel || ~ **concentric winding** / geteilte konzentrische Wicklung || ~ **contact** / Spreizkontakt *m*
split-core current transformer / Zangenstromwandler *m*, Anlegestromwandler *m*
split differential compound winding / geteilte Gegenverbundwicklung || ~ **DIP package** / Split-Dip-Gehäuse *n* || ~ **field** / geteiltes Feld, Doppelfeld *n*
split-field induction motor / Doppelfeld-Induktionsmotor *m* || ~ **machine** / Doppelfeldmaschine *f*, Maschine mit geteiltem Feld || ~ **series motor** / Reihenmotor mit geteiltem Feld || ~ **winding** / Doppelfeldwicklung *f*
split frame / zweiteiliges Gehäuse (el. Masch.), zweiteiliger Ständer || ~ **housing** / zweiteiliges Gehäuse || ~ **monitoring** / Spaltkontrolle *f* || ~ **pedestal bearing** / zweiteiliges Stehlager, Deckellager *n* || ~ **phase** / Spaltphase *f*, Hilfsphase *f*
split-phase motor / Spaltphasenmotor *m*, Einphasenmotor mit Hilfswicklung || ~ **starting** / Anlauf durch Hilfsphase
split-pilot protection / Spaltleiterschutz *m*
split pin / Splint *m* (gebogener, zweischenkliger Stift

split-pin 568

zur Sicherung von Schraubenmuttern u. Bolzen), Spreizstift *m*
split-pin hole / Splintloch *n*
split plug / Bananenstecker *m*, geteilter Drosselkörper || ~ **pole** / Spaltpol *m*, Hilfspol *m*
split-pole motor / Spaltpolmotor *m*, Hilfspolmotor *m* || ~ **rotary converter** / Spaltpolumformer *m*
split range / Split-Range *m*
split-range control / Regelung mit Bereichsaufspaltung
split-ranging *n* / Bereichsaufspaltung *f* (Reg.)
split ring / Spaltring *m* || ~ **screen** / geteilter Schirm (Osz.), geteilter Bildschirm || ~ **series motor** / Reihenmotor mit geteiltem Feld || ~ **shaft** / Spreizwelle *f* || ~ **sleeve bearing** / geteiltes Gleitlager, geteiltes Ringlager || ~ **stator** / zweiteiliger Ständer, geteilter Ständer || ~ **stream** / Zweistrahl *m* (Kfz-Einspritzventil)
splitter *n* / Verzweiger *m* (LAN), Verteiler *m*, Phasenspalter *m*, Sternverteiler *m*, zentraler Verteiler || ~ **box** / Aufteilungskasten *m* (Kabel), Aufteilungsarmatur *f*, Aufteilungsmuffe *f*, Aderspreizkopf *m* || **8-port ~/combiner** / 8-Wege-Verteiler *m*
split-throw winding / Treppenwicklung *f*
splitting *n* / Aufspaltung *f* (a. Kommunikationsnetz) DIN ISO 7498, Aufteilung *f*, Auftrennung *f*, Splitting *f*, Splitting *n*, Aufsplittung *f*, Verbindungsaufspaltung *f* || **network** ~ / Netzauftrennung *f*, Inselbildung *f* || **range** ~ / Bereichsaufspaltung *f* (Reg.) || **wave** ~ / Wellenabspaltung *f* || ~ **box** / Aufteilungsdose *f* (I), Verteilerdose *f* || ~ **jack** / Trennbuchse *f*
splitting-up into subassemblies / Aufteilung in Unterbaugruppen
split toroidal core / Klappferrit *n*
split-type air conditioner / Split-Klimagerät *n*
split winding / geteilte (gespaltene o. unterteilte o.aufgeschnittene) Wicklung
SPM s. slots per module || ≙ **module** (SPM = SIEMENS PROFIBUS Multiplexer) / SPM-Modul *n*
SPMS s. serial poll mode state
SP network (SP = Sync Poll) / SP-Netz *n*
spoke *n* / Speiche *f*, Nabenarm *m*
sponge grease / Schwammfett *n*
spontaneous binary information / Spontanmeldung *f* (FWT) || ~ **discharge** / Selbstentladung *f* || ~ **heating** / Selbsterhitzung *f* || ~ **ignition** / Selbstentzündung *f*, Selbstzündung *f* || ~ **magnetization** / spontane Magnetisierung, Selbstmagnetisierung *f* || ~ **message** / Spontanmeldung *f* || ~ **transmission** / spontane Übertragung (FWT), Spontanbetrieb *m*
spool *n* / Spule *f*, Spulenkasten *m*, Wickelkörper *m*, Schieber *m*, Rolle *f*
spoolless coil / kastenlose Spule
spool sleeve / Schieberhülse *f* || ~ **travel** / Schieberweg *m* || ~ **valve** / Schieber *m* || ~ **winding** / Kastenwicklung *f*
sporadic message / asynchrone Meldung
sports lighting / Sportstättenbeleuchtung *f*
SPOS (spindle positioning) / SPOS (Spindel positionieren)
spot *n* / Stelle *f*, Ort *m*, Fleck(en) *m*, Punkt *m*, Tupfen *m*, Schweißpunkt *m*, Lichtfleck *m*, Leuchtfleck *m*, Scheinwerfer *m*, Strahler *m*, Anstrahler *m* || **disc** ~ /

Läufermarke *f* (EZ) || **Fresnel** ~ / Stufenlinsenscheinwerfer *m*, Fresnel-Linsenscheinwerfer *m* || ~ **braking** / Zielbremsung *f* || ~ **brightness** / Leuchtfleckhelligkeit *f*, Punkthelligkeit *f* (Osz.) || ~ **bright-up** / Leuchtfleckaustastung *f*, Helltastung *f* (Osz.) || ~ **check** / Stichprobe *f* || ~ **displacement** / Fleckverschiebung *f* (Osz.), Punktabweichung *f* (ESR) || ~ **distortion** / Leuchtfleckverzerrung *f*
spotdrill *n* / Anbohrer *m*
spot drilling / Anbohren *n* || ~ **facing** / Plansenken *n*
spotlight *v* / (mit Punktlicht) anstrahlen *v*, mit Spitzlicht anstrahlen, anleuchten *v* || ~ *n* / Punktstrahler *m*, Spitzlicht *n*, Anstrahler *m*, Scheinwerfer *m*, Strahler *m*, Engstrahler *m*
spot lighting / Punktlichtbeleuchtung *f*, Anstrahlen *n*, Anleuchten *n*, Spitzlichtbeleuchtung *f*
spotlighting system / Objektbeleuchtung *f*
spot misalignment / Fleckverschiebung *f* (Osz.), Punktabweichung *f* (ESR)
spot-network-type substation / Netzstation mit Mehrfach-Einspeisung
spot noise / Punktrauschen *n* || ~ **noise factor** / Punktrauschfaktor *m* || ~ **noise figure** / Punktrauschzahl *f*, Schmalband-Rauschzahl *f* || ~ **of light** / Lichtfleck *m*, Lichtpunkt *m*, Lichtmarke *f*, Leuchtfleck *m* || ~ **position** / Leuchtflecklage *f* (Osz.), Punktlage *f* || ~ **sample** / lokale Probe, momentane Probe || ~ **size** / Größe des Leuchtflecks || ~ **speed** / Leuchtfleckgeschwindigkeit *f*, Ablenkgeschwindigkeit *f*
spotting, tower ~ / Mastausteilung *f* (Auswählen der Standorte von Freileitungsmasten) || ~ **speed** / Feindrehzahl *f*, Landegeschwindigkeit *f*
spot unblanking / Leuchtfleckaustastung *f*, Helltastung *f* (Osz.) || ~ **velocity** / Leuchtfleckgeschwindigkeit *f*, Ablenkgeschwindigkeit *f* || ~ **weld** / Schweißpunkt *m* || ~ **welding** / Punktschweißen *n*
spot-welding machine / Punktschweißgerät *n*, Punktschweißmaschine *f*
spot-weld shear test / Ausknöpfprobe *f* || ~ **tensile test** / Kopfzugversuch *m*
spout *n* / Stutzen *m*, Schnauze *f*, Auslaßstutzen *m*, Austrittsöffnung *f* || ~ **outlet** / Auslassstutzen *m* (I-Dose), Stutzen *m*
spray *v* / aufsprühen *v*
spray apparatus / Beregnungseinrichtung *f*, Sprühgerät *n* || ~ **can** / Sprühdose *f* || ~ **cone angle** / Strahlkegelwinkel *m*
spray-galvanize *v* / spritzverzinken *v*
spray getter / Sprühgetter *n*
spray-lacquered *adj* / spritzlackiert *adj*
spray oil / Sprühöl *n*, Spülöl *n*
spray-oil cooling / Sprühölkühlung *f*
spray-water *n* / Sprühwasser *n*, Einspritzwasser *n*
spray-water-protected *adj* / sprühwassergeschützt *adj*
spray water valve / Einspritzwasser-Stellventil *n* || ~ **webbing** / Kokonisierung *f*, Spinnwebverfahren *n*
spread *v* / ausbreiten *v*, bestreichen *v*, streuen *v*, spreizen *v*, aufspreizen *v* (Kabeladern), benetzen *v*, erweitern *v* || ~ *n* / Spreizung *f*, Ausbreitung *f*, Streubereich *m*, Streubreite *f*, Bereich *m*, Zonenbreite *f*, Streuung *f* || **frequency** ~ / Frequenz-Streubereich *m* || **one-half-peak** ~ / Halbstreuwinkel *m* || **sound beam** ~ / Divergenz

des Schallbündels || **transit-time** ~ / Streuung der Signallaufzeit (ESR)
spreader *n* / Spreizstück *n*, Spreizkopf *m*, Absetzer *m*, Spreize *f* || ~ **box** / Kabelaufteilungsarmatur *f*, Aufteilungsmuffe *f* || ~ **compartment** / Aufteilungsgehäuse *n*
spread factor / Zonenfaktor *m* (Wickl.) || ~ **footing with pier** / Pilzgründung *f*
spreading, pulse ~ / Impulsverbreiterung *f* || ~ **agent** / Benetzungsmittel *n*, Benetzungsverbesserer *m* || ~ **of conductor** (in terminal) / Ausweichen des Leiters (in Anschlussklemme) || ~ **power** / Benetzungsfähigkeit *f*
spread light / zerstreutes Licht, diffuses Licht || ~ **reflection** / gestreute Reflexion, diffuse Reflexion || ~ **setting range** / gespreizter Einstellbereich
spreadsheet *n* / Tabellenarbeitsblatt *n*, Tabellenkalkulation *f*, Tabellenkalkulationsprogramm *n*, Kalkulationstabelle *f*
spring *n* / Feder *f*
spring-action lid / Sprungdeckel *m*
spring balance / Federwaage *f*, Zugmesser *m* || ~ **barrel** / Federgehäuse *n*, Federhaus *n*, Federkäfig *m* || ~ **bearing** / Federlager *n* || ~ **bend** / Federbogen *m* || ~ **bias** / Federvorspannung *f* || ~ **bolt** / Federbolzen *m*
spring-biased *adj* / unter Federvorspannung
spring box / Federgehäuse *n*, Federhaus *n*, Federkäfig *m* || ~ **cage** / Federkäfig *m*, Federhaus *n*
spring-centered control spool / federzentrierter Steuerschieber
spring chamber / Federkammer *f* || ~ **charged indication** / Speicherzustandsanzeige *f* || ~ **charging time** / Federspannzeit *f* || ~ **clutch** / Federkupplung *f* || ~ **compression** / Zusammenpressung der Feder || ~ **constant** / Federkonstante *f*, Federrate *f*, Federsteifigkeit *f* || ~ **contact** / federnder Kontakt || ~ **contact surface** / Federanlagefläche *f* || ~ **cup** / Federteller *m* || ~ **deflection** / Federweg *m*, Durchfederung *f* || ~ **diaphragm actuator** / Plattenfeder-Stellantrieb *m*, federbelasteter Membranantrieb || ~ **disk** / Federteller *m* || ~ **disk coupling** / Federscheibenkupplung *f* || ~ **dowel** / Spannhülse *f* || ~ **drive** / Federantrieb *m*, Kraftspeicherantrieb *m*
spring-driven clock / Federwerkuhr *f* || ~ **clockwork** / Federuhrwerk *n* || ~ **electrically wound clockwork** / Federuhrwerk mit elektrischem Aufzug || ~ **hand-wound clockwork** / Federuhrwerk mit Handaufzug
spring dynamometer / Federdynamometer *n*, Federwaage *f* || ~ **end** / Federende *n* || ~ **energy store** / Federkraftspeicher *m*, Federspeicher *m* || ~ **excursion** / Federweg *m* || ~ **finger** / Druckfinger *m* (Blechp.)
spring-finger connector / Federkontakt *m*
spring flap / Klappdeckel *m* || ~ **flap cover** / Klappdeckel *m* (Steckdose) || ~ **force** / Federzentrierung *f* || ~ **guard** / Schutzring *m*
springless piston actuator / federloser Kolbenantrieb
spring lever / Federhebel *m*
spring-loaded *adj* / federbelastet *adj*, angefedert *adj*, angestellt *adj*, federverspannt *adj* || ~ **actuator** / federbelasteter Stellantrieb || ~ **arcing contact** / federnder Lichtbogenkontakt || ~ **arcing horn** /

federndes Lichtbogenhorn || ~ **bearing** / angestelltes Lager, federverspanntes Lager, Federkugellager *n* || ~ **brake** / Federdruckbremse *f*, Federspeicherbremse *f*, federbelastete Bremse || ~ **cone brake** / Federkegelbremse *f* || ~ **connection** / Klammerverbindung *f*, Federklemmanschluss *m* || ~ **diaphragm actuator** / federbelasteter Membranantrieb || ~ **espagnolette (lock)** / Schnapp-Drehriegel *m* || ~ **key** / federnde Taste || ~ **plunger** / federnder Kontakt (Lampenfassung)
spring-loaded terminal / Federdruckklemme *f*, Federklemme *f*, Federzugklemme *f* || ~ **thrust bearing** / Federdrucklager *n*
spring loading / Federbelastung *f*, Lageranstellung *f* || ~ **lock** / Schnappschloss *n*, Schnappverschluss *m*
spring-locked *adj* / federkraftverriegelt *adj*
spring lock washer / Federscheibe *f*, Federring *m*
spring-mass damper system / Feder-Masse-Dämpfungssystem *n* || ~ **system** / Feder-Masse-System *n*
spring mechanism / Federantrieb *m* (SG) || ~ **motor** / Federmotor *m*
spring-mounted *adj* / federgelagert *adj* || ~ **contact** / Federkontakt *m*
spring-operated brake / Federdruckbremse *f*, Federspeicherbremse *f* || ~ **impact-test apparatus** / Federhammer *m* || ~ **mechanism** / Federschaltwerk *n*, Schnellschalteinrichtung *f*
spring-opposed diaphragm actuator / federbelasteter Membranantrieb, Plattenfeder-Stellantrieb *m* || ~ **piston actuator** / federbelasteter Kolbenantrieb
spring point / Federspitze *f*
spring rate / Federrate *f*, Federkonstante *f* || ~ **reserve** / Federreserve *f*, Gangreserve *f* || ~ **retainer** / Federteller *m* || ~ **return** / Federrückzug *m*, Federrückführung *f*, Kraftspeicherrückstellung *f* || ~ **return at one end** / einseitige Federrückstellung || ~ **return device** / Federrückstelleinrichtung *f*
spring-return lever / Tasthebel *m*
spring rigidity / Federsteifigkeit *f*, Federrate *f* || ~ **ring** / Sprengring *m*, Sicherungsring *m*, Benzingscheibe *f*
spring-ring commutator / Federringkommutator *m*
spring rod / Federstab *m*, Federzugstab *m* || ~ **scale** / Federwaage *f*, Zugfederwaage *f* || ~ **slot** / Federschlitz *m* || ~ **steel sheet** / Federblech *n* || ~ **stiffness** / Federsteifigkeit *f*, Federkonstante *f*
spring-stored energy / federgespeicherte Kraft
spring tensor / Federspanner *m* || ~ **type actuator** / elastischer Ventilantrieb
spring-type straight pin / Spannstift *m* || ~ **terminal** / Federklemme *f*, Federzugklemme *f*
spring washer / Federscheibe *f*, Sicherungsscheibe *f*, Federring *m*, Hochspannring *m* || ~ **winding time** / Federspannzeit *f* || ~ **wire** / Federdraht *m*
sprocket wheel / Kettenrad *n*
sprue *n* / Anspritzrest *n*
SPS (standard plug-in station) / SEP (Standardeinbauplatz)
SPST s. single-pole single-throw switch
spun fibreglass / Glasfasergespinst *n* || ~ **glass** / Glasfaser *f*
spur *n* / Ringleitungsabzweig *m* (I), (kurzes) Abzweigkabel *n*, Stichleitung *f*, Ausläufer *m*, Strebe *f*, Klettereisen *n*, Zahnstange *f*, Abzweigung *f*, Abzweig *m*, Stichbahn *f* || ~ **box** /

spur-geared 570

Stichleitungsdose f, Ringleitungs-Abzweigdose f ||
~ **gear** / Stirnrad n, Geradstirnrad n,
Stirnradgetriebe n, geradverzahntes Stirnrad
spur-geared motor / Stirnrad-Getriebemotor m
spur gearing / Stirnradgetriebe n
spurious adj / falsch adj, unerwünscht adj, ungewollt
adj, Neben..., Stör... || ~ **count** / Störzählimpuls m ||
~ **e.m.f.** / Streu-EMK f || ~ **emission** /
Nebenwellenaussendung f (Sender)
spurious-mode oscillations / Störmoden-
Schwingungen f pl
spurious operation / Fehlansprechen n || ~
oscillations / Störschwingungen f pl, wilde
Schwingungen, Nebenschwingungen f pl || ~
output power / Störleistung f (HL) || ~ **peak** /
Störspitze f || ~ **pulse** / falscher Impuls, Wischer m,
Störimpuls m || ~ **radiation** / Störstrahlung f || ~
reactance / Störblindwiderstand m || ~ **response** /
unerwünschtes Ansprechen || ~ **response
frequency** / Störanregungsfrequenz f || ~ **response
rejection ratio** / Störanregungs-
Unterdrückungsfaktor m || ~ **shutdown** /
Fehlauslösung der Abschaltung (Stillsetzung) || ~
switch-on pulse / Einschaltfehlimpuls m || ~
tripping / Fehlauslösung f, ungewolltes Auslösen
spur line / Stichleitung f (Netz), Stichbahn f || ~
network / über Stichleitung angeschlossenes Netz ||
~ **panel** / Stichfeld n || ~ **toothing** /
Geradverzahnung f || ~ **wheel** / Stirnrad n,
Geradstirnrad n, geradverzahntes Stirnrad,
Stirnradgetriebe n
sputtering, cathode ~ / Kathodenzerstäubung f
sqmm / qmm
square n / Vierkant m, Vierkantansatz m, Quadrat n,
zweite Potenz, Winkelschiene f || **mosaic standard**
~ / Mosaik-Rastereinheit f || ~ **bracket** / cckige
Klammer || ~ **butt weld** / I-Naht f || ~ **cut of ends** /
Stirnkapschnitt m
squared adj / vierkantig adj, im Quadrat, hoch zwei ||
~ **degressive feed** / quadratisch degressive
Zustellung (NC) || ~ **degressive infeed** /
quadratisch degressive Zustellung || ~ **timber** /
Vierkantholz n
square-ended shaft / Vierkantwellenende n
square-frame motor / Motor mit rechteckigem
Gehäuse
square-law load torque / quadratisches
Gegenmoment || ~ **torque characteristic** /
quadratische Drehmomentverlauf, quadratische
Momentencharakteristik, Lüftercharakteristik f
square pin / Vierkantzapfen m || ~ **plain taper key** /
geradstirniger Vierkantkeil
square root / Quadratwurzel f
square-root element / Radizierer m || ~ **law transfer
element** / Radizierglied n
square root of / Wurzel aus || ~ **shaft** / vierkantige
Welle || ~ **shaft end** / Vierkantwellenende n || ~
splines / quadratische Keilverzahnung || ~ **stock** /
Vierkantmaterial n || ~ **thread** / Flachgewinde n,
flachgängiges Gewinde || ~ **timber** / Kantholz n
square-tooth clutch / Klauenkupplung f (ausrückbar)
square turret / Vierkantrevolverkopf m || ~ **wave** /
Rechteckwelle f, Rechteckschwingung f
square-wave ballast / elektronisches Rechteckstrom-
Vorschaltgerät (Vorschaltgerät, das der Lampe
Rechteckstrom liefert und so für flackerfreies Licht
sorgt) || ~ **current** / rechteckförmiger Strom,

Rechteckstrom m, Blockstrom m || ~ **generator** /
Rechteckwellengenerator m, Rechteckgenerator m
|| ~ **modulation** / Rechteckmodulation f || ~ **pulse** /
Rechteckimpuls m || ~ **rate generator** /
Rechteckwellengenerator m, Rechteckgenerator m
|| ~ **response** / Rechteckwellen-Wiedergabebereich
m (Schreiber), Rechteckmodulationsgrad m || ~
response characteristic / Rechteck-
Modulationsübertragungsfunktion f || ~ **signal** /
Rechtecksignal n || ~ **spatial frequency** /
Rechteckraumfrequenz f || ~ **step response** /
Rechteckstoßantwort f || ~ **voltage** /
Rechteckspannung f
square weld / I-Naht f
squeezed arc / eingeschnürter Lichtbogen
squeeze roller / Abquetschwalze f
squegging oscillator / Pendeloszillator m
squelch n / Geräuschsperre f, Rauschsperre f || ~
control / Empfängerschwelle f
squib bus / Zündbus m
SQUID s. superconducting quantum interference
device
squint angle / Schielwinkel m DIN 54119
squirrel-cage / Käfigwicklung f, Käfig m,
Kurzschlusswicklung f || ~ **damper winding** /
Dämpferkäfig m, geschlossene Dämpferwicklung ||
~ **induction motor** / Käfigläufer m,
Asynchronmotor mit Käfigläufer || ~ **motor** /
Käfigläufermotor m (KL) || ~ **rotor** / Käfigläufer m
(KL), Kurzschlussläufer m, Käfiganker m,
Kurzschlussanker m || ~ **winding** / Käfigwicklung f,
Kurzschlusswicklung f
SR s. serial register || ~ $\circ$ s. service request || $\circ$ s. shift
register || $\circ$ / rechts schieben (Befehl) || ~ **bus
mounting fuse base** / Reitersicherungssockel SR
SR (subroutine) / UP (Unterprogramm)
SRAM s. static RAM / SRAM (statischer Speicher
(gepuffert)) || $\circ$ **data** / SRAM-Daten
SRAS s. system control remote enable active state
s.r.b.p. / Hartpapier n (H-Papier)
SRC (Secondary Responsible Company) / SRC
SRCC s. steel-reinforced copper cable
**SRCD (fixed socket-outlet residual current
protective device)** / ortsfeste FI-Schutzeinrichtung
in Steckdosenausführung, ortsfeste DI-
Schutzeinrichtung in Steckdosenausführung
SRD (superradiant diode) / SRD
SR function s. service request function
SRIS s. system control remote enable idle state
SRM (synchronous rotating motor) / SRM
(Synchron-Rotationsmotor)
SRNS s. system control remote enable not active state
SRQ s. service request
SRQS s. service request state
SR relay s. slow-releasing relay || $\circ$ **state diagram** /
SR-Zustandsdiagramm n (PMG)
SSB s. single sideband
SSE s. safe shutdown earthquake
SSI s. small-scale integration || $\circ$ **(serial synchronous
interface)** / SSI (serielles Schnittstellen-Interface)
|| $\circ$ **absolute measuring system** / SSI Absolut-
Messsystem || $\circ$ **encoder** / SSI-Geber m || $\circ$
interface / SSI-Schnittstelle f
SSL (system state list) / SZL (Systemzustandsliste)
SSM (supply side management) /
Energiebereitstellung f
SSR s. solid-state relay

SST (synchronize system time) (speed) / SST (Drehzahl (Parameter))
s.s.t. / stufenweise Prüfung
ST s. system transfer data / ST (Structured Text) || ≗ **language** / ST-Sprache *f* || ≗ **source file** / ST-Quelle *f*
ST_EN / ST_EN, Start-Freigabe
STA (start command) (angle to abscissa) / Start-Befehl *m*, STA (Startbefehl) (Winkel zur Abszisse (Parameter))
stab connector / Zuleitungs-Trennkontakt *m*
STAB wall-mounting distribution system / STAB Installationsverteiler
stability *n* / Stabilität *f*, Standfestigkeit *f*, Kippsicherheit *f*, Stabilitätsprüfung *f*, Beständigkeit *f* || **contact** ~ IEC 257 / Kontaktsicherheit *f* || **mechanical** ~ / mechanische Festigkeit (Gerät) || **power** ~ (amplifier tube) / Einlaufverhalten (o. Stabilität) der Ausgangsleistung *n* || **voltage** ~ / Spannungsstabilität *f*, Spannungshaltung *f* || ~ **criterion** (of Nyquist) / Stabilitätsbedingung *f* (Nyquist) || ~ **error** IEC 359 / Stabilitätsfehler *m*, Instabilität *f* DIN 43745, Stabilitätsabweichung *f* || ~ **limit** / Stabilitätsgrenze *f*, Kippgrenze *f*, Stabilitätsrand *m* || ~ **margin** / Stabilitätsmarge *f* || ~ **of zero** / Nullpunktbeständigkeit *f*, Nullpunktstabilität *f* || ~ **region** / Stabilitätsgebiet *n*, stabiler Bereich || ~ **under alternating load** / Wechsellastfestigkeit *f* || ~ **zone** / Stabilitätsbereich *m*
stabilization *n* / Stabilisierung *f*, Konstanthaltung *f* || **display** / Anzeigeberuhigung *f*, Bildstillstand *m* (Osz.) || ~ **factor** / Stabilisierungsfaktor *m* DIN 41745
stabilized current characteristic / Konstantstromkennlinie *f* (LE), Konstantkennlinie *f*, Konstantspannungskennlinie *f* || ~ **output characteristic** / Kennlinie für die stabilisierte Ausgangsgröße *f* (LE), Konstantkennlinie *f*, Konstantstromkennlinie *f*, Konstantspannungskennlinie *f* || ~ **power supply** / stabilisierte Stromversorgung DIN 41745, Gerät zur stabilisierten Stromversorgung || ~ **power supply unit** / stabilisiertes Stromversorgungsgerät, geregeltes Netzgerät || ~ **shunt** / stabilisierter Nebenschluss || ~ **shunt-wound machine** / Nebenschlussmaschine mit Stabilisierungswicklung, kompoundierte Nebenschlussmaschine, Nebenschlussmaschine mit Hilfs-Reihenschlusswicklung || ~ **voltage characteristic** / Konstantspannungskennlinie *f* (LE) || ~ **voltage source** / Konstantspannungsquelle *f*
stabilizer *n* / Stabilisator *m* (a. Isolierstoff) || **voltage** ~ / Spannungs-Konstanthalter *m*, Spannungsstabilisator *m*
stabilizing resistor / Stabilisierungswiderstand *m*, Pufferwiderstand *m*, Ausgleichswiderstand *m* || ~ **series winding** / Hilfs-Reihenschlusswicklung *f* || ~ **winding** / Stabilisierungswicklung *f*, Ausgleichswicklung *f* (Trafo)
stable *adj* / stabil *adj*, beständig *adj*, konstant *adj*, standfest *adj*, kippsicher *adj*, widerstandsfähig *adj* || ~ **at no load** / leerlauffest *adj* || ~ **operating point** / stabiler Arbeitspunkt || ~ **operation** / stabiler Betrieb, stationärer Betrieb || ~ **region** / stabiler Bereich

stack *v* / stapeln *v*, schichten *v* || ~ *n* / Stapel *m*, Blechpaket *n*, Keller *m* (Speicher), Stapelspeicher *m*, Fallregister *n*, Kellerspeicher *m*, Paket *n* || **core** ~ / Kernpaket *n*, Blechpaket *n*, lamellierter Kern, Schichtkern *m* || **rectifier** ~ / Gleichrichtersäule *f* || ~ **height** / Stapelhöhe *f*, Schichthöhe *f* (Blechp.) || ~ **indicator** / Stapelzeiger *m*
stackable *adj* / stapelbar *adj*
stacked *adj* / geschichtet *adj*
stacker *n* / Abstapler *m*, Stapler *m*, Stapelgerät *n* || **stacker, envelope** ~ / Briefhüllenablage *f* || ~ **store** / Hochregallager *n*
stacking *v* / stapeln *v* || ~ **factor** / Stapelfaktor *m* (geblechter Kern), Füllfaktor *m* || ~ **frame** / Packvorrichtung *f*, Stapelvorrichtung *f* || ~ **mandrel** / Packdorn *m* (f. Blechp.), Schichtdorn *m* || ~ **of sets** / Gerätestapelung *f* DIN 41494 || ~ **stand** / Schichtbock *m* (f. Blechp.)
stack of laminations / Blechstapel *m* || ~ **output** / Stackausgabe *f* || ~ **overflow** / Stacküberlauf *m* || ~ **pointer** / Stapelzeiger *m*, Stackpointer *m* || ~ **pointer overflow** / Stackpointerüberlauf *m* || ~ **pointer register** / Stackpointerregister *n* || ~ **register** / Stapelregister *n*, Stackregister *n* || ~ **sector** / Stackbereich *m*
stadium illumination / Stadiumbeleuchtung *f*, Sportstättenbeleuchtung *f*
staff *n* / Stab *m*, Latte *f*, Messlatte *f*, Achse *f* (EZ), Belegschaft *f*, Personal *n* || ~ **locating system** / Personensuchanlage *f*
stage *n* / Stufe *f*, Bühne *f*, Gerüst *n*, Stadium *n*, Stand *m*, Baustufe *f* || ~ (of a series connection) / Stufe *f* (LE einer Reihenschaltung)
stage-by-stage converter / zyklischer Umsetzer, Kaskadenumsetzer *m*
staged-fault test / Primärversuch *m* (Schutz)
stage flood / Bühnenscheinwerfer *m* || ~ **lighting console** / Bühnenstellwerk *n*, Lichtstellwarte *f* || ~ **lighting control system** / Bühnen-Lichtstellanlage *f* || ~ **lighting system** / Bühnenbeleuchtungsanlage *f* || ~ **projector** / Bühnenscheinwerfer *m*
stagger *v* / versetzt anordnen, staffeln *v*, taumeln *v*, torkeln *v* || ~ *n* / Versetzung *f*, Staffelung *f*, Staffelung in Umfangsrichtung (Bürsten), Versatz *m*, Offset *n*, versetzte Anordnung || ~ **angle** / Staffelungswinkel *m* (Bürsten)
staggered arrangement / gestaffelte Anordnung || ~ **brushes** / gestaffelte Bürsten, versetzte Bürsten
staggered-contact connector / Steckverbinder mit versetzter Kontaktanordnung
staggered convoy production / getaktete Konvoifertigung
staggered-slot rotor / Wechselstabläufer *m*, Staffelläufer mit versetzten Nuten
staggered slotting / Wechselnutung *f* || ~ **split-core cage rotor** / Staffelläufer *m* (versetztes Blechp.)
staging commission / Bereitstellungsprovision *f*
stagnant areas / tote Ecken im Strömungsweg || ~ **fluid** / stagnierendes Durchflussmedium
stagnation point / Beharrungspunkt *m*, Staupunkt *m* || ~ **pressure** / Staudruck *m* || ~ **temperature** / Beharrungstemperatur *f*, Dauertemperatur *f*
stainless *adj* / hochkorrosionfest *adj*
stainless steel / nichtrostender Stahl, Nitrostahl *m*, korrosionsbeständiger Stahl
stain resistance / Korrosionsbeständigkeit *f*
staircase *n* IEC 469-1 / Treppe *f* (Impulse, Folge von

Sprüngen), Treppenmuster *n* || **~ converter** / Treppenspannungsumsetzer *m*, Stufenumsetzer *m* || **~ graph** / Treppenkurve *f* || **~ lighting** / Treppenlicht *n* || **~ lighting time(-delay) switch** / Treppenlicht-Zeitschalter *m*, Treppenhausautomat *m* || **~ lighting timer** / Treppenlichtzeitschalter *m*, Treppenlichtschalter *m* || **~ signal** / Treppensignal *n*
stair-step pulse / Treppenimpuls *m*, stufenförmiger Impuls || **~ sweep** / treppenförmige Ablenkung (Osz.)
stairway, electric ~ / Fahrtreppe *f*, Rolltreppe *f*
stairwell lighting / Treppenlicht *n*
stake contact / Nietkontakt *m*
stall *v* / stehenbleiben *v*, zum Stillstand bringen, kippen *v*, abwürgen *v* || **~ current** / Stillstandsstrom *m*
stalled *adj* / gekippt *adj*, festgebremst *adj* || **~ rotor** / festgebremster (o. blockierter) Läufer
stalled-rotor condition / festgebremster Zustand (Mot.)
stall force / Stillstandskraft *f*
stalling torque / Stillsetzmoment *n*, abgebremstes Drehmoment, Kippmoment *n*
stall point / Abreißpunkt *m* (Mot., Pumpe) || **~ power** / Kippleistung *f* || **~ region** / Abreißgebiet *n* || **~ stability** *n* / Kippsicherheit *f* || **~ torque** / Stillstandsmoment *n*, Stillstands-Drehmoment *n*, Stillstandsdrehmoment *n*, Kippmoment *n*, Drehmoment bei festgebremstem Läufer || **~ torque speed** / Kippdrehzahl *f*
stamp *n* / Stempel *m* || **~ v** / stempeln *v*, prägen *v*
stamped *adj* / geprägt *adj*, eingeschlagen *adj*
stamp holder / Stempelberechtigter *m* (QS)
stamping *n* / Stanzteil *n*, Formstanzteil *n*, Stempelung *f*, Blechlamelle *f* || **~ die** / Stanzwerkzeug *n*, Formstanze *f* || **~ machine** / Stanze *f*, Stanzmaschine *f* || **~ mold** / Prägeform *f* || **~ press** / Stanzmaschine *f*, Stanze *f*
stamp insert / Stempeleinsatz *m*
stand *n* / Ständer *m*, Gestell *n*, Bock *m*, Stillstand *m*, Standfuß *m*, Konsole *f* (BSG), Einrichtung *f*, Vorrichtung *f*, Stativ *n* || **~ to ~ a test** / eine Prüfung aushalten
stand-alone *adj* / unabhängig *adj*, selbständig *adj*, Einplatz..., dezentral *adj* || **~ application** / Einzelanwendung *f* || **~ computer** / autonomer Rechner || **~ operation** / selbständiger Betrieb (Automatisierungssystem einer dezentralen Anlage), Einzelbetrieb *m* || **~ system** / Einzelplatzsystem *n*, autonomes System || **~ unit** / eigenständiges Gerät, autonomes Gerät, Einplatzgerät *n* || **~ word processor** / Einplatz-Textautomat *m*
standard *n* / Norm *f*, Normenvorschrift *f*, Normal *m*, Normalgerät *n*, Eichmaß *n*, Prüfzähler *m*, Eichzähler *m*, Standard *m*, Normale *f* || **~ adj** / genormt *adj*, normal *adj*, listenmäßig *adj*, handelsüblich *adj*, Eich..., standardmäßig *adj*, serienmäßig *adj* || **as** ~ / serienmäßig *adj* || **mosaic ~ square** / Mosaik-Rastereinheit *f* || **~ accuracy classes** / normale Genauigkeitsklassen || **~ accuracy limit factors** / Norm-Grenzgenauigkeitsfaktoren *m pl*, Normalwerte der Fehlergrenzfaktoren *m pl* || **~ and Ex models** / Normal- und Ex-Ausführung *f* || **~ application** / Standardanwendung *f* || **~ artificial mains network** / Netznachbildung *f* || **~ assignment(s)** /

Standardbelegung *f* (SPS) || **~ asynchronous motor** / Normalsynchronmotor *m* || **~ atmosphere** / Normalatmosphäre *f*, physikalische Atmosphäre || **~ atmospheric conditions** / normale atmosphärische Bedingungen, atmosphärische Normalbedingungen, Normalklima *n* || **~ atmospheric conditions for referee tests** / Normalklima für Schiedsmessungen DIN IEC 68 || **~ atmospheric conditions for reference** / Bezugs-Normalklima *n* DIN IEC 68 || **~ atmospheric conditions for testing** / Normalklima für Prüfungen || **~ basic currents** / gebräuchliche Nennströme (EZ) || **~ BCU** / EIB-Standard-Busankoppler *m*, Standard BCU || **~ block** / Standard-Baustein *m* || **~ bus** / Standardbus *m* || **~ bus interface** / normierte Busschnittstelle || **~ cathode circuit** / Norm-Kathodenkreis *m* || **~ cell** / Normalelement *n* || **~ chopped lightning impulse** / bevorzugte abgeschnittene Blitzstoßspannung || **~ colorimetric observer** / farbmesstechnischer Normalbeobachter || **~ colorimetric system** / Normalvalenzsystem *n* || **~ colour** / Normalfarbe *f*, Standardfarbe *f* (Lampe) || **~ command** / Standardtextbefehl *m* (FWT) || **~ comparison efficiency (SCE)** / Norm-Vergleichs-Lichtausbeute *f* || **~ complement** / Standardbestückung *f* || **~ conditions** / Normbedingungen *f pl*, Normalbedingungen *f pl*, Normzustand *m* || **~ conditions for assisted drying** / Normalklima für zusätzliche Trocknung || **~ conditions for construction** IEC 337 / Bauanforderungen *f pl* (SG, z.B. in VDE 0660,T.200) || **~ conditions for construction and operation** / Normbedingungen für Konstruktion und Betrieb || **~ conditions for testing** IEC 512-1 / allgemeine Prüfbedingungen DIN 41640 || **~ copper** / Elektrolytkupfer *n* || **~ cutout** / Normausschnitt *m* || **~ cycle** / Standardzyklus *m* || **~ data** / Listendaten *pl* || **~ default length** / Ersatzlänge ohne Vereinbarung (DÜ) DIN ISO 8208 || **~ default size** / Ersatzgröße ohne Vereinbarung (DÜ) DIN ISO 8208 || **~ delivery** / Normallieferung *f*, Serienlieferumfang *m* || **~ design** / Normalausführung *f*, normgerechte Ausführung, Serienausführung *f* || **~ deviation** / Standardabweichung *f* || **~ deviation of a variate** / Standardabweichung einer Zufallsgröße DIN 55350,T.21 || **~ deviation of reading** / Standardabweichung der Ablesung || **~ dimensional sheet** / Normblatt *n* (Maßblatt)
standard-dimensioned motor / Normmotor *m*
standard display / Standardbild *n* (Bildschirm) || **~ drilling cycle** / Nenn-Bohrzyklus *m* DIN 66025 || **~ duty** / Normalbetrieb *m*, bestimmungsgemäßer Betrieb
standard-duty device / Gerät für Normalbetrieb
standard-duty-type switch / Schalter für Normalbetrieb
standard EIB bus coupler / Standard BCU, EIB-Standard-Busankoppler *m*
standard electromotive force / Normal-EMK *f* || **~ electronic module (SEM)** / elektronisches Standard-Modul || **~ enclosure** / Normalgehäuse *n* || **~ equipment** / Seriengeräte *n pl* || **~ error** (QA) / Standardfehler *m* (QS) || **~ European size** / Einfach-Europaformat *n* || **~ flow nozzle** / Normdüse *f* || **~ frequency** / Eichfrequenz *f*, Normalfrequenz *f*

standard-frequency generator / Eichfrequenzgenerator *m*, Normalfrequenzgenerator *m*, Eichgenerator *m* **standard function block** / Standard-Funktionsbaustein *m* (SPS) || ~ **gap** / Messfunkenstrecke *f* || ~ **gauge** / Normallehre *f*, Kontrollehre *f* || ~ **geopotential metre** / geopotentieller Normmeter || ~ **graphic drawing primitive** / grafisches Standardmodell || ~ **graphics macro file** / Standardgrafikmakrodatei *f* || ~ **hardware** / Standardhardware *f* || ~ **hole** / Einheitsbohrung *f* **standard-hole system** / System der Einheitsbohrung **standard housing** / Standardgehäuse *n* **standard hydrogen potential** / Standard-Wasserstoffpotential *n* || ~ **illuminant** / Normlichtart *f*, Normallichtart *f* || ~ **image** / Standardbild *n* || ~ **impulse current** IEC 60-2 / Vorzugs-Stoßstrom *m* VDE 0432,T.2 || ~ **incandescent lamp** / Standard-Glühlampe *f* (mech. Ausführung) || ~ **input** / Standardeingang *m* || ~ **instruction** / Standardbefehl *m* || ~ **instrument** / Eichinstrument *n*, Normalinstrument *n* || ~ **interface** / Standardschnittstelle *f*, Normschnittstelle *f* **standardization** *n* / Normung *f*, Normierung *f*, Standardisierung *f*, Vereinheitlichung *f*, Typenbereinigung *f*, Fertigungsrationalisierung *f* || ~ **level** / Standardisierungsgrad *m* **standardized** *adj* / genormt *adj*, standardisiert *adj*, normiert *adj*, typisiert *adj* || ~ **bivariate normal distribution** / standardisierte bivariate Normalverteilung DIN 55350,T.22 || ~ **complement** / normierte Bestückung || ~ **display** / normierte Darstellung (BSG) || ~ **interface** / normierte Schnittstelle || ~ **normal distribution** / standardisierte Normalverteilung DIN 55350,T.22 || ~ **signal** / Einheitssignal *n* || ~ **variate** / standardisierte Zufallsgröße DIN 55350,T.21 || ~ **voltage** / normierte Spannung **standardizing factor** / Normierungsfaktor *m* || ~ **parameters** / Normierungs-Parameter *m* **standard job list** / Standardjobliste *f* **standard lamp** / Normallampe *f*, Stehlampe *f*, Ständerleuchte *f* || ~ **lamp for luminous intensity** / Lichtstärkenormal *n* || ~ **lamps** / Lampen der Hauptreihe || ~ **language** / Standardsprache *f* || ~ **length** / Standardlänge *f* || ~ **lighting** / Normalbeleuchtung *f*, Normbeleuchtung *f* || ~ **lightning impulse** IEC 0432,T.2 / Blitzstoßspannung *f* VDE 0432,T.2 || ~ **lightning impulse sparkover voltage** / 100%-Ansprech-Blitzstoßspannung *f* || ~ **lightning impulse voltage sparkover test** / Prüfung der 100 %-Ansprech-Blitzstoßspannung || ~ **light source** / Normallichtquelle *f* || ~ **limiting value** / Norm-Grenzwert *m* || ~ **line direction towards drive end B** / Standardabgangsrichtung nach BS || ~ **load** / Normalbelastung *f*, Einheitslast *f* (a. PMG), Standardbelastung *f*, Standardlast *f*, Normallast *f*, primäre Last || ~ **loading gauge** / Regellichtraum *m* || ~ **locking arrangement** / Normalschließungen *f pl* || ~ **machine file** / Standardmaschinenfile *n* || ~ **magnet** / Magnetetalon *m* || ~ **maintenance service** / Vollservice *m* || ~ **measure** / Messnormale *f*, Eichmaß *n*, Eichnormale *f* || ~ **message frame** / Standardtelegramm (S) *n*, Setzen (S) *n* || ~ **meter** /

Normalzähler *m* || ~ **model** / Standardmodel *n* || ~ **monitoring program** / Standard-Überwachungsprogramm *n* (SPS) || ~ **motor** / Normmotor *m*, Standardmotor *m* || ~ **mounting station** / Standard-Einbauplatz *m* (SEP) || ~ **multifunction unit** / Standardkombinationsglied *n* DIN 19237 || ~ **NC language** / einheitliche NC-Sprache **standard-network supply** / Normalnetzeinspeisung *f* **standard noise factor** / Standard-Rauschfaktor *m* || ~ **noise figure** / Standard-Rauschzahl *f* || ~ **noise temperature** / Norm-Rauschtemperatur *f* || ~ **object** / Standardobjekt *n* || ~ **of authenticated accuracy** / amtliches Normal || ~ **of flow measurement** / Durchflussmessregel *f* || ~ **operating duty cycle test** / Normalpflicht-Zyklusprüfung *f* || ~ **operator routine** / Standardbedienung *f* || ~ **orifice** / Normblende *f* || ~ **overall average noise figure** / Standard-Gesamt-Rauschzahl *f* || ~ **packing** / Normalverpackung *f*, Packung *f* **standard parameter** / Standardparameter *m* || ~ **part** / Normteil *n* || ~ **parts list** / Standardstückliste *f* || ~ **peripherals** / Standardperipherie *f* || ~ **phase-to-earth insulation level** / genormter Isolationspegel Leiter gegen Erde || ~ **phase-to-phase insulation level** / genormter Isolationspegel Leiter gegen Leiter || ~ **photometric observer** / fotometrischer Normalbeobachter || ~ **PLC MD** / Standard-PLC-MD || ~ **plug-in station (SPS)** / Standard-Einbauplatz *m* (SEP), Standardeinbauplatz (SEP) *m* || ~ **population** / Standardgesamtheit *f* (Statistik, QS), Bezugsgesamtheit *f* || ~ **position** / Grundstellung (GST) *f*, Grundzustand *m*, Steuerungsgrundstellung *f*, Löschstellung *f* || ~ **pressure** / Normdruck *m*, Normaldruck *m* || ~ **print** / Normalschrift *f* || ~ **process** / Standardverfahren *n* || ~ **product** / genormtes Erzeugnis, Serienfabrikat *n*, listenmäßiges Erzeugnis || ~ **production** / laufende Fertigung || ~ **profiled strip** / Standard-Profilleiste *f* || ~ **program** / Standardprogramm *n* || ~ **project** / Standardprojekt *n* || ~ **pulse** / normierter Impuls, Eichimpuls *m* || ~ **PWMs** / Serienumrichter *m* || ~ **radiator** / Normalstrahler *m* || ~ **range** / Standardbereich *m* || ~ **ratings** / genormte Bemessungswerte, Hauptreihe *f* (Lampen) || ~ **reference atmosphere** / Normalatmosphäre *f* (Bezugsatmosphäre, z.B. in VDE 0432,T.1) || ~ **reference conditions** / Standardzustand *m* (Druck, Temperatur) || ~ **reference value** / Norm-Bezugswert *m* || ~ **reference voltages** / genormte Bezugsspannungen, gebräuchliche Nennspannungen (EZ) || ~ **requirements for construction** / Bauanforderungen *f pl* (SG, z.B. in VDE 0660,T.200) || ~ **resistance** / Widerstandsnormal *n* || ~ **resistor** / Normalwiderstand *m* || ~ **route** / Regelweg *m* (FWT) || ~ **routine (STR)** / Standardroutine (STR) *f* **standards and specifications** / Normen und Bestimmungen **standard screen grid circuit** / Norm-Schirmgitterkreis *m* || ~ **section** / Normprofil *n*, Standardfeld *n* (Schaltfeld), Normalprofil *n* || ~ **set** / Standardsatz *m* || ~ **shaft** / Einheitswelle *f* ISO-Paßsystem || ~ **shaft system** / System der Einheitswelle || ~ **sheet** / Normblatt *n*

standard-size specimen / Normalprobe *f*
standards laboratory / Normalien-Stelle *f*
standard slot / Standardeinbauplatz (SEP) *m*, Standard-Einbauplatz *m* || ~ **slot dimension** / Standard-Einbauplatz *m*, Standardeinbauplatz (SEP) *m*
standards office / Normenbüro *n*
standard software / Standardsoftware *f*
standard source / Normlichtquelle *f* || ~ **specification** / Normvorschrift *f*, Norm *f* || ~ **sphere gap** / Norm-Kugelfunkenstrecke *f*, Mess-Kugelfunkenstrecke *f*
standard-square, 72 x 72 mm ~ **system** / Rastertechnik 72 *f*
standard state / Normzustand *m* || ~ **submodule** / Standardmodul *n* || ~ **surface** / Oberflächen-Vergleichsnormal *n*, Standardschaltvermögen *n* || ~ **switching impulse** IEC 60-2 / Vorzugs-Schaltstoßspannung *f* VDE 0432,T.2 || ~ **target** / Normmessplatte *f* (NS), Standard-Betätigungsplatte *f* || ~ **temperature** / Normtemperatur *f*, Bezugstemperatur *f* || ~ **temperature and pressure** s. s.t.p. / Normaldruck und -temperatur, Normzustand *m* || ~ **temperature for testing** IEC 70 / Standard-Prüftemperatur *f*, Bezugstemperatur *f* || ~ **terminal entry** / Standardbuchung *f* (ZKS) || ~ **test** / Standardprüfung *f*, Normalprüfung *f* || ~ **test finger** / Normalprüffinger *m* || ~ **test package** / Standardprüfpackung *f* || ~ **test pressure factor** IEC 517 A2 / Prüfdruckfaktor *m* || ~ **test specimen** / Normalprobe *f* || ~ **test vehicle** / Eichfahrzeug *n* || ~ **time** / Normalzeit *f*, Vorgabezeit *f* (Fertigung), Absolutzeit *f*, Zeitnormale *f*, absolute Zeit || ~ **tolerance** / Normtoleranz *f* || ~ **tolerance unit** / Toleranzfaktor *m* DIN 7182,T.1 || ~ **type** / Normalausführung *f* || ~ **units** / Seriengeräte *n pl* || ~ **value** / Normwert *m*, Richtwert *m* (QS) DIN 55350,T.12, Eichwert *m*, Einheitswert *m* || ~ **venturi tube** / Norm-Venturidüse *f* || ~ **version** / Standardbauweise *f*, Normalausführung *f* || ~ **visual approach slope indicator system** / Standardsystem der Gleitwinkelbefeuerung
standard-voltage generator / Eichgenerator *m*
standard voltages / Normspannungen *f pl* || ~ **voltage transformer** / Normalspannungswandler *m* || ~ **watthour meter** / Normalzähler *m*, Eichzähler *m* || ~ **zone of indecision** / Standardunschärfebereich *m* || ≏ **Wire Gauge (SWG)** / britische Drahtlehre
stand by *v* / in Reserve stehen, bereit stehen
standby *n* / Bereitschaft *f* || ~ **(SB)** *n* / Reserve *f* || ~ **hot** ~ / heiße Reserve (redundantes System), 1-von-2-Struktur *f* || **standby, circuit on** ~ / Stromkreis in Bereitschaft, Ruhestromschaltung *f* || ~ **availability time** / Bereitschaftszeit *f* (KW) || ~ **bus** / Reservesammelschiene *f*, Hilfssammelschiene *f*, Ersatzstromschiene *f*, Notstromschiene *f* || ~ **charge** / Kosten für Reservevorhaltung (StT) || ~ **circuit** / Bereitschaftsschaltung *f*, Ersatzstromkreis *m*, Notstromkreis *m* || ~ **control system** / Notsteuereinrichtung *f* || ~ **converter** / Reserveumrichter *m* || ~ **cooling** / Notkühlung *f* || ~ **cooling system** / Zusatzkühlsystem *n* (el. Masch.) || ~ **current** / Leerlaufstrom *m* (Versorgungsstrom, den ein IC-Regler ohne Ausgangslast aufnimmt), Ruhestrom *m* || ~ **duration** / Bereitschaftsdauer *f* || ~ **earth-fault protection** / zusätzlicher Erdschlussschutz, Reserve-Erdschlussschutz *m* || ~ **electricity supply** / Ersatzstromversorgung *f*,

Notstromversorgung *f*, Aushilfsenergie *f* || ~ **generating plant** / Ersatzstromanlage *f*, Notstromanlage *f* || ~ **generating set** / Bereitschaftsaggregat *n*, Notstromaggregat *n*, Netzersatzaggregat *n*, Reserveaggregat *n* || ~ **generator** / Bereitschaftsgenerator *m*, Ersatzstromerzeuger *m*, Reservegenerator *m*, Notstromgenerator *m* || ~ **hand control** / handbetätigter Hilfssteuerschalter (zur Betätigung eines normalerweise motorbetätigten Schaltwerks) || ~ **hand control switch** / Reserve-Handsteuerschalter *m* || ~ **lighting** / Behelfsbeleuchtung *f*, Ersatzbeleuchtung *f* || ~ **position** / Bereitschaftsstellung *f* (vor der Inbetriebsetzung eines Geräts) || ~ **power** (UPS) / Ersatzleistung *f* || ~ **power generating plant** / Ersatzstromerzeugungsanlage *f*, Notstromerzeugungsanlage *f* || ~ **power supply** / Ersatzstromversorgung *f*
stand-by power supply / Ersatzstromversorgung
standby power supply system / Ersatzstromversorgungsanlage *f* || ~ **protection** / Bereitschaftsschutz *m* IEC 50(448) || ~ **redundancy** (That redundancy wherein a part of the means for performing a required function is intended to operate, while the remaining part(s) of the means are inoperative until needed.) / kalte Redundanz, Standby-Redundanz *f*, passive Redundanz, nicht-funktionsbeteiligte Redundanz || ~ **redundant UPS** / bereitschaftsredundante USV || ~ **reserve** / stehende Reserve (KW) || ~ **service** / Bereitschaftsdienst *m*, Bereitschafts-Service *m* || ~ **service department** / Patenservicestelle *f* || ~ **state** / in Bereitschaft IEC 50(191), Bereitschaftszustand *m* (PMG)
stand-by status / Reservezustand *m* (Teilsystem) || ~ **supply system** IEC 50(826), Amend. 1 / Ersatzstromversorgungsanlage *f*
standby tariff / Preisregelung für Reserveversorgung (StT) || ~ **time** / Bereitschaftszeit *f* (KW), Zeit des Bereitschaftszustands (Zeitintervall, während dessen eine Einheit in Bereitschaft ist), Zeitintervall des Bereitschaftszustands || ~ **time** IEC 50(191) / Dauer des Bereitschaftszustands || ~ **transmission route** / Ersatzweg *m* (FWT)
standing charge / Grundpreis *m* (StT) || ~ **charge tariff** / Grundpreistarif *m* || ~ **d.c. component** / überlagerter Gleichstromanteil || ~ **vibration** / stehende Schwingung *f* || ~ **wave** / stehende Welle, Stehwelle *f* || ~ **wave ratio (SWR)** / Stehwellenverhältnis *n*, Welligkeitsfaktor *m* DIN 47301
stand-off, intrinsic ~ **ratio** / inneres Spannungsverhältnis (Transistor)
stands for / steht für
standstill *n* / Stillstand *m* || ~ **heating** / Stillstandheizung *f*, Stillstandsheizung *f* || ~ **locking** / Stillstandskleben *n* (Mot.) || ~ **mode** / Stillstandsbetrieb *m* || ~ **monitoring** / Stillstandsüberwachung *f* || ~ **tolerance** / Stillstandstoleranz *f*
staple and hasp / Krampe und Überwurf
staple-and-hasp lock / Überfallschloss *n*
staple fibre / Stapelfaser *f*
star *n* / Stern *m*, sternförmig *adj*
star bus / Sternbus *m*
star-bus transmission / Sternbusübertragung *f*

star configuration / Sternkonfiguration f
star-connected *adj* / in Stern geschaltet || ~ **device** / Betriebsmittel in Sternschaltung || ~ **m-phase winding** / m-Phasen-Sternschaltung f
star connection / Sternschaltung f, (mehrpulsige) Mittelpunktschaltung f (LE) || ~ **connection equivalent to delta connection** / Ersatzsternschaltung einer Dreieckschaltung || ~ **contactor** / Sternschütz n || ~ **coupler** / Sternkoppler m (LWL), Sternverzweiger m
star-delta n / Stern-Dreieck n || ~ **circuit** / Stern-Dreieck-Schaltung f || ~ **connection** / Stern-Dreieck-Schaltung f || ~ **control** / Stern-Dreiecksteuerung f || ~ **conversion** / Dreieck-Stern-Umwandlung f || ~ **function** / Stern-Dreieck-Funktion f || ~ **starter** IEC 292-2 / Stern-Dreieck-Starter m VDE 0660,T.106, Stern-Dreieck-Anlasser m, Stern-Dreieck-Schalter m || ~ **starter with braking position** / Stern-Dreieck-Schalter mit Bremsstellung || ~ **starting** / Stern-Dreieck-Anlauf m, Stern-Dreieck-Anlassen n || ~ **switch** / Stern-Dreieck-Schalter m || ~ **time-delay relay** / Stern-Dreieck-Zeitrelais n
star double-star starting / Stern-Doppelstern-Anlauf m
star-head disconnector / Sterntrenner m || ~ **earthing switch** / Sternerder m, Sternerdungsschalter m
star hub / Sternkoppler (Netzwerk) m
star-interconnected-star connection / Stern-Zickzack-Schaltung f
star jumper / Sternbrücke f || ~ **network** / Stern-Netz n (LAN), sternförmiges Netz (LAN), Radialnetz n || ~ **point** / Sternpunkt m, Nullpunkt m
star-point connection / Sternpunktanschluss m, Sternpunktbildung f || ~ **current transformer** / Sternpunktwandler m (Strom) || ~ **terminal** / Sternpunktklemme f || ~ **terminal box** / Sternpunktklemmenkasten m
star-polygon conversion / Stern-Vieleck-Umwandlung f
star-quad f / Stern-Vierer m
start v / einleiten v, starten v, zünden v (Lampe), anlassen v, einschalten v, anregen v, anwerfen v, anlaufen v, in Betrieb setzen, anfangen v (Rel.), in Gang setzen, zuschalten v, anstoßen v, anfahren v || ~ *adj* (e.g. 4-start thread) / gängig *adj* || ~ n / Anlauf m, Anfahren n, Inbetriebsetzung f, Anfang m, Anfangspunkt m, Gang m, Startverhalten n, Start m || **light** ~ / Leerlastanlauf m, Leeranlauf m || ~ **program** ~ / Programmanfang m (NC), Programmnullpunkt m || **to** ~ **direct on line** / direkt einschalten (Mot.) || **to** ~ **under load** / unter Last anlassen || ~ **address** / Anfangsadresse f || ~ **angle** / Anfangswinkel m, Startwinkel m || ~ **bit** / Startbit n (SPS), Startschritt m
Start button / Ein-Druckknopf m, Ein-Taster m, Starttaste f || ~ **characteristic** / Startzeichen n || ~ **characteristics** / Anlaufdaten pl || ~ **command** (STA) / Startbefehl (STA) m, Start-Befehl m || ~ **condition** / Startvoraussetzung f || ~ **console** / Startpult n
start control / Anfahrsteuerung f VDE 0618,4, Anfahrregelung f || ~ **date** / Startdatum n || ~ **disable** / Startsperre f || ~ **element** / Startschritt m (DÜ), Startbit n DIN 44302 || ~ **enable** / Start-Freigabe f, ST_EN
start/end positioner / Anfangs-/Endsteller m

(Fernkopierer)
starter n / Anlasser m, Starter m, Motorstarter m, Ein-Schalter m, Startermotor m, Zündgerät n (Lampe), Anregegerät n (Rel.), Anlassschalter m || ~ **canister** / Starterhülse f (Lampenstarter) || ~ **circuit** / Starterkreis m, Anlasserschaltung f, Zündschaltung f (Lampen), Anfahrkreis m || ~ **circuit-breaker** / Starterschutzschalter m, Anlasserschutzschalter m || ~ **coil** / Zündspule f (Lampe) || ~ **duty factor** / Anlasserkennzahl f || ~ **duty rating** / Anlassschwere f || ~ **gap** / Starterentladungsstrecke f
starter-generator n / Starter-Generator m (Kfz)
starter holder / Starterfassung f
starterless ballast / starterloses Vorschaltgerät || ~ **fluorescent lamp** / starterlose Leuchtstofflampe
starter motor / Anlassermotor m, Startermotor m || ~ **kit** / Einsteigerpaket n || ~ **notch** / Starterstellung f, Einsteigerpaket n || ~ **package** / Einsteigerpaket n || ~ **position** / Starterstellung f, Anlasserstellung f, Anlasserstufe f || ~ **socket** / Starterfassung f || ~ **switch** / Starter m (Lampe) || ~ **transfer current** / Starterübernahmestrom m
start flag / Start-Merker m (SPS) || ~ **frequency** / Startfrequenz f || ~ **frequency for FCC** / Anfahrfrequenz für FCC || ~ **function** / Startfunktion f
starting / Anlaufen n, Starten Anlassen n, Anwerfen n, Einschalten n, Zünden n (Lampe), Anregung f (Rel.), Inbetriebnahme f, Starten n, Anlassbetrieb m || ~ **against high-inertia load** / Anlauf gegen große Schwungmasse, Schweranlauf m || ~ **aid** / Starthilfe f, Zündhilfe f (Lampe) || ~ **alarm** / Anfahrwarnung f || ~ **amortisseur** / Anlaufwicklung mit Dämpferfunktion, Anlaufkäfig m, Anlaufwicklung f || ~ **angle** / Startwinkel m, Anfangswinkel m || ~ **angle offset** / Startwinkelversatz m || ~ **at no load** / Leerlastanlauf m, Leeranlauf m || ~ **boost** / Anlaufanhebung f, Startanhebung f, Anlaufspannungsanhebung f || ~ **cage** / Anlaufkäfig m || ~ **capability** / Startleistung f (Batt.) || ~ **capacitance** / Anlaufkapazität f || ~ **capacitor** / Anlaufkondensator m || ~ **characteristics** / Anlaufverhalten n, Hochlaufkurve f, Zündeigenschaften $f pl$ (Lampe) || ~ **circuit** / Anlassschaltung f, Anlaufschaltung f, Zündschaltung f (Lampe) || ~ **circuit-breaker** / Motorschutzschalter m || ~ **command** / Einschaltbefehl m, Anlassbefehl m, Startbefehl m (a. FWT) || ~ **compensator** / Anlasstransformator m, Anfahrtransformator m, Anlassumspanner m || ~ **conditions** / Anlaufbedingungen $f pl$, Anfahrbedingungen f pl, Startbedingungen $f pl$, Einfahrverhalten n || ~ **contactor** / Anlassschütz m, Schützanlasser m || ~ **control** / Anlaufsteuerung f, Einschaltsteuerung f || ~ **converter** / Anfahrumrichter m, Hochfrumrichter m || ~ **current** / Anlaufstrom m, Anfahrstrom m, Einschaltstrom m, Anregestrom m (Rel.), Zündstrom m (Lampe) || ~ **current I_A** / Anzugsstrom I_A || ~ **current inrush** / Einschaltstromstoß m (el. Masch.) || ~ **current monitoring** / Anlaufstromüberwachung f || ~ **current ratio I_A / I_N** / Anzugsstromverhältnis I_A/I_N || ~ **cycle** / Anlaufvorgang m, Einschaltfolge f || ~ **delay** (lamp) / Zündverzug m || ~ **device** / Startvorrichtung f (Leuchte), Zündvorrichtung f

(Lampe), Zündgerät *n* (Lampe) || ~ **drawbar pull** / Anzugskraft *f* (Bahn) || ~ **electrode** / Starterelektrode *f*, Zündelektrode *f*, Starter *m*, Trigger *m* || ~ **element** / Anregeglied *n* (Rel., Schütz), Anwurfglied *n* || ~ **energy** / Anlaßarbeit *f* || ~ **force** / Anfangskraft *f* (DT) || ~ **frame delimiter** / Blockanfangsbegrenzer *m* (LAN) || ~ **frequency** / Anlasshäufigkeit *f*, Anlaufhäufigkeit *f* || ~ **heat** / Anlaufwärme *f* || ~ **inhibiting circuit** / Einschaltsperrkreis *m*, Anlaufsperre *f* || ~ **instant** / Anfangszeitpunkt *m* (Wechselstromsteller) || ~ **jitter** / Einsatzzittern *n* || ~ **kick** / Zündstoß *m* (Lampe) || ~ **load** / Anlassschwere *f* || ~ **load factor** / Anlassschwere *f* (M_m/M_n) || ~ **lockout** / Einschaltsperre *f*, Anlaufsperre *f*, Einschaltverriegelung *f* || ~ **material** / Ausgangsmaterial *n*, Grundmaterial *n* || ~ **method** / Anlassart *f* || ~ **moment** / Anfangsmoment *n* (DT) || ~ **motor** / Anwurfmotor *m*, Anlauf-Hilfsmotor *m*, Anlassmotor *m*, Einschaltmotor *m*, Startermotor *m*
starting-motor cut-out speed / Ablösedrehzahl *f* (beim Abschalten des Anfahrmotors)
starting notch / Anfahrstufe *f* || ~ **open-phase protection** / Phasenüberwachung beim Anlauf, Einschaltverriegelung für Phasenausfall || ~ **oscillations** / Zündschwingungen *f pl* || ~ **performance** / Anlaufverhalten *n*, Anlaufgüte *f*, Startverhalten *n* || ~ **period** / Anlaufzeit *f*, Anlaufdauer *f* || ~ **point** / Einsatzpunkt *m*, Anfangspunkt *m*, Ausgangspunkt *m*, Startpunkt *m* || ~ **pointer** / Anfangspointer *m* || ~ **point of circular path** / Kreisbahnanfangspunkt *m* (NC), Kreisanfangspunkt *m* || ~ **position** / Anlaufstellung *f*, Anfahrstellung *f* || ~ **power** / Anlaufleistung *f*, Anfangskraft *f*, Startposition *f* || ~ **preconditions** / Anlaufbedingungen *f pl*, Anfahrbedingungen *f pl*, Startbedingungen *f pl*, Einschaltbedingungen *f pl* || ~ **reactor** / Anlassdrossel(spule) *f* || ~ **relay** / Anregerelais *n*, Anregestufe *f* (Rel.) || ~ **relay with mho characteristic** / Admittanz-Anregerelais *n* || ~ **resistor** / Anlasswiderstand *m*, Zündwiderstand *m* (Lampe), Anfahrwiderstand *m* || ~ **rheostat** / Anlasssteller *m* (veränderlicher Widerstand) || ~ **rule** / Startregel *f* || ~ **sequence** / Anlauffolge *f*, Einschaltfolge *f* || ~ **sequence control** / Anlauffolgesteuerung *f*, Einschaltsteuerung *f* || ~ **sort** / Ausgangssortierung *f* || ~ **state** / Ausgangszustand *m*, Anfangszustand *m* || ~ **step** / Anlassstufe *f*
starting/stopping rate / Start-/Stopfrequenz *f*
starting strip / Zündstreifen *m* (Lampe), Zündstrich *m* || ~ **surge characteristic** / Stoßcharakteristik *f* || ~ **switch** / Anlassschalter *m*
starting-switch assembly / Anlassschalter *m*, Anwerfschalter *m*
starting test / Anlaufversuch *m*, Zündprüfung *f* (Lampe), Funktionsprüfung *f* (Lampenstarter) || ~ **test IEC 50(411)** / Anlaufprüfung *f* (el. Masch.) || ~ **threshold** / Anregegrenze *f* || ~ **time** / Anlaufzeit *f*, Hochlaufzeit *f*, Startzeit *f* (Reg.), Einlaufzeit *f* (Röhre), Wiederanlaufzeit *f* || ~ **time constant** / Anlaufzeitkonstante *f* (Mot.) || ~ **time supervision** / Anlaufzeitüberwachung *f* || ~ **torque IEC 50(441)** / Anlaufmoment *n*, Anfahrmoment *n*, Anfahrdrehmoment *n*, Anlaufdrehmoment *n* || ~ **tractive effort** / Anzugskraft *f* (Bahn) || ~ **tractive power** / Anfahrzugkraft *f* || ~ **transformer** /

Anlasstransformator *m*, Anfahrtransformator *m*, Anlassumspanner *m* || ~ **value** / Startwert *m* (Rel.) || ~ **voltage** / Anlaufspannung *f*, Zündspannung *f* (Lampe), Startspannung *f* || ~ **winding** / Anlaufwicklung *f*, Einschaltwicklung *f*, Widerstands-Hilfswicklung *f*, Anlasswicklung *f*
start interlock / Startverriegelung *f* || ~ **menu** / Startmenü *n*
start-of-area pointer / Bereichsanfangszeiger *m*
start of block / Satzanfangspunkt *m*
start-of-block signal / Blockanfangssignal *n* (NC), Satzanfangssignal *n* (NC)
start of comment / Anmerkungsbeginn *m* || ~ **of cutting** / Spanbeginn *m* || ~ **of cycle** / Zyklusanfang *m* || ~ **of delivery** / Liefereinsatz *m* || ~ **offset** / Startversatz *m* || ~ **of interest calculation period** / Beginn der Zinsberechnung an Kunden || ~ **of production** / Produktivsetzung *f* || ~ **of text (STX)** / Textanfang *m*, STX
start of winding / Wicklungsanfang *m* || ~ **override** / Anfahrenüberbrückung *f* || ~ **picture** / Startbild *n* || ~ **plane** / Startebene *f* || ~ **pointer** / Anfangszeiger *m*
star topology / Sterntopologie *f*, Sternstruktur *f* (LAN), Sternkopplung *f*, sternförmiges Netz || ~ **topology network** / Radialnetz *n*
start preconditioning / Prüfung der Einschaltbedingungen, Einschaltverriegelung *f* || ~ **preparation** / Startbildung *f* || ~ **push button** / Starttaster *m* || ~ **quick commissioning** / Schnellinbetriebnahme starten || ~ **radius** / Anschnittkreisradius *m* || ~ **ramp** / Startrampe *f*
start-sequence controller / Einschaltsteuerung *f*
starts in succession / Folgeanläufe *m pl*
start softly / leer anlaufen
start spindle feed (NC preparatory function) ISO 1056 / Spindel Ein, mit Arbeitsvorschub (NC-Wegbedingung) DIN 66025 || ~ **step** / Startschritt *m* || ~ **target module after editing** / Zielbaugruppe nach der Bearbeitung starten
start-stop control / Aussetzregelung *f*, Ein-Aus-Regelung *f* || ~ **converter** / Anfahrumrichter *m* || ~ **curve** / Anlaufgrenzfrequenz/Anlaufgrenzmoment-Kennlinie *f* (Schrittmot.) || ~ **information** / Start-Stopp-Information *f*
Start/stop operation / Einsetz/Aussetzbetrieb *m*
start-stop region / Anlaufbereich *m* (Schrittmot.) || ~ **stepping rate** / Anlauffrequenz *f* (Schrittmot.) || ~ **telecontrol transmission** / Start-Stop-Fernwirkübertragung *f*, asynchroner Fernwirkbetrieb *m* || ~ **torque** / Anlaufmoment *n* (Schrittmot.) || ~ **transmission** / Start-Stopp-Übertragung *f*
start time (telecontrol) / Anlaufzeit *f* || ~ **up** *v* / anlaufen *v*, anfahren *v*, hochlaufen *v*, in Betrieb nehmen
startup *n* / Anlauf *m*, Anfahren *n*, Inbetriebnahme *f*, Inbetriebsetzung (IBS) *f*, Inbetriebnehmen *n* || ~ **automatic ~ and shut-down control** / Start- und Abstellautomatik *f* || ~ **adaptation** / Inbetriebnahmeadaption *f* (adaptive Reg.) || ~ **and restart** / Anlauf und Wiederanlauf || ~ **(block end)** s. block end / BE (Bausteinende) || ~ **cascade** / Anlaufkette *f* (SPS) || ~ **cost** / Anfahrkosten *plt* (KW) || ~ **earth-fault protection** / Anfahr-Erdschlussschutz *m* || ~ **engineer** / Inbetriebsetzungsingenieur *m*, Inbetriebsetzer *m* || ~

flowchart / Inbetriebnahmeschritte *m pl* || ~ **guide** (Type of documentation. Inbetriebnahme-Anleitung is translated by Installation Guide when it deals with hardware, by Start-up Guide when it deals with software and by Installation and Start-up Guide when it deals with both hardware and software.) / Inbetriebnahmeanleitung *f*, Inbetriebnahme-Anleitung (IA) *f* || ~ **indication** / Anlaufanzeige *f* || ~ **manual** / Inbetriebnahmeanleitung *f* || ~ **mode** / Anlaufart *f* (SPS), Inbetriebnahmemodus *m*, Inbetriebsetzungsmodus *m*, Inbetriebsetzungsmode (IBS-Mode) *m* || ~ **monitoring time** / Anlaufüberwachungszeit *f* || ~ **program** / Anlaufprogramm *n* || ~ **range** / Anfahrbereich *m* || ~ **record** / Inbetriebnahmeprotokoll *n* || ~ **routine** / Anlaufroutine *f* || ~ **screen** / Hochlaufbild *n* || ~ **sequence** / Anlaufkette *f* (Prozess), EIN-Kette *f*, Anlaufsequenz *f* || ~ **service** / Inbetriebsetzungsleistung *f* || ~ **speed** / Anfahrzeit *f* || ~ **test** / Anlauftest *m* || ~ **time** / Inbetriebnahmezeit *f* || ~ **window** / Inbetriebnahmefenster *n*
star turret / Sternrevolver *m*
start value / Startwert *m*
star-type earth electrode / Strahlenerder *m* || ~ **network** / Sternnetz *n*
star voltage / Sternspannung *f*
star-wheel idler / Planetenrad *n*
state *n* / Zustand *m*, Status *m* || **1** ~ / 1-Zustand *m* || **high** ~ / Hochpegel *m*, H-Pegel *m* (Signal) || **in the RUN** ~ / in Betrieb || **in the settled** ~ / stationär *adj* (bezeichnet einen Wert, der für einen Zustand einer Einheit ermittelt ist, bei dem die charakteristischen Parameter der Einheit konstant bleiben) || **non operating** ~ (The state when an item is not performing a required function.) / Nichtbetriebszustand *m* (Zustand, in dem eine Einheit keine geforderte Funktion ausführt), nicht in Betrieb || ~ **analyzer** / Zustandsanalysator *m* || ~ **change** / Zustandswechsel *m* (Kippglied), Anreiz *m* (FWT), Zustandsänderung *f* || ~ **control** / Regelung im Zustandsraum *m* || ~ **diagram** / Zustandsdiagramm *n* || ~ **estimation** / Zustandsschätzung *f* (Netz) || ~ **estimator** / Zustandsestimation *f* || ~ **feedback** / Zustandsrückführung *f*, Zustandsgraph *m* (Reg. eines Schaltwerks) || ~ **indication** / Zustandsanzeige *f*, Zustandsmeldung *f* || ~ **information** / Zustandsmeldung *f* (a. FWT), Statusinformation *f* || ~ **interlinkage** / Zustandsverknüpfung *f* (a. PMG) || ~ **linkage content** / Inhalt der Zustandsverknüpfung (PMG)
statement *n* / Anweisung *f* DIN 44300, Ansatz *m* (Math.) || **operator** ~ / Bedienanweisung *f* || ~ **qualification** ~ / Qualifikationsnachweis *m* || ~ **comment** / Anweisungskommentar *m* || ~ **list (STL)** (PC) / Anweisungsliste *f* (AWL (PC)) || ~ **number** / Anweisungsnummer *f* || ~ **of operational requirements** (AQAP) / Festlegung der Einsatzforderung || ~ **sequence** / Anweisungssequenz *f* || ~ **trace** / Anweisungsablaufverfolgung *f* (SPS)
state menue / Zustandsmenü *n* || ~ **observer** / Zustandsbeobachter *m*
state-of-the-art / modernste
state-phase diagram / Phasenkurve *f*, Diagramms des Frequenzgangs in der komplexen Ebene

state properties / Zustands-Eigenschaften *f pl* || ~ **register** / Zustandsregister *n* (MPU) || ~ **space** / Zustandsraum *m* || ~ **table** / Zustandstabelle *f*, Tabellendarstellung der Logikzustände, Schalttabelle *f* || ~ **transition** / Zustandsübergang *m*, Statusübergang *m* || ~ **transition condition** / Zustandsübergangsbedingung *f* || ~ **transition diagram** / Zustandsübergangsdiagramm *n*, Zustandsgraph (ZG) *m* || ~ **transition table** / Schaltfolgetabelle *f* E DIN 19266,T.3 || ~ **transition time** / Zustandsübergangszeit *f* (PMG) || ~ **variable** / Zustandsgröße *f* DIN 19229, Zwischengröße *f*, Status Variable
state-variable theory / Theorie der Zustandsgrößen
statically demagnetized state / statisch abmagnetisierter Zustand || ~ **excited** / statisch erregt || ~ **excited machine** / Maschine mit statischer Erregung, bürstenlose Maschine || ~ **neutralized state** / statisch neutralisierter Zustand
static balancer / Mittelpunkt-Transformator *m*, Spannungsteiler *m* || ~ **balancing** / statisches Auswuchten, Ein-Ebenen-Auswuchten *n*, Auswägen *n* || ~ **balancing machine** / statische Auswuchtmaschine || ~ **bending radius** / statischer Biegeradius (Kabel) || ~ **B-H loop** / statische Hystereseschleife || ~ **bypass switch (SBS)** / statischer Nebenwegschalter, Netzrückschaltgerät (o. -einheit) *n(f)* (USV) || ~ **characteristic** / statische Kennlinie, statische Charakteristik || ~ **charge** / statische Auflladung || ~ **compensator** / statischer Kompensator, statischer Blindleistungskompensator || ~ **control** / kontaktlose Steuerung || ~ **control circuit** / kontaktloser Steuerkreis || ~ **converter** / statischer Stromrichter, Stromrichter *m*, Thyristorstromrichter *m*, Umrichter *m* || ~ **converter cascade** / Stromrichterkaskade *f* || ~ **converter drive** / Stromrichterantrieb *m*, Thyristorantrieb *m* || ~ **damp-heat test** / statische Feuchte-Hitze-Prüfung || ~ **deflection** / statische Durchbiegung || ~ **deflection of shaft** / statische Wellendurchbiegung || ~ **detector** EN 54 / Maximalmelder *m* (Brandmelder) || ~ **device** / statisches Gerät, Halbleitergerät *n*, elektronisches Gerät || ~ **electrical machine** / ruhende elektrische Maschine || ~ **electricity** / statische Elektrizität || ~ **excitation** / statische Erregung, bürstenlose Erregung, Gleichrichtererregung *f*, Stromrichtererregung *f* || ~ **excitation equipment (SEE)** / Erregereinrichtung (ERR) *f* || ~ **exciter** / statischer Erreger, Erregerstromrichter *m*, Erregergleichrichter *m*, Erregerumformer *m* || ~ **force** / statische Kraft, statische Belastung || ~ **frequency changer** / Umformer *m*, Umrichter *m*, Umrichtergerät *n*, Umrichtereinheit *f*, Inverter *m* || ~ **friction** / Ruhereibung *f*, Haftreibung *f* || ~ **head** / Förderhöhe *f* (Pumpe), Druckhöhe *f* || ~ **hysteresis loop** / statische Hystereseschleife || ~ **input** IEC 117-15 / statischer Eingang DIN 40700,T. 14
staticizer *n* / Entserialisierer *m*, Seriell-Parallel-Umsetzer *m*
static Kraemer system / Krämer-Stromrichterkaskade *f*, untersynchrone Stromrichterkaskade || ~ **load** / statische Last || ~ **load rating** / statische Tragzahl || ~ **load test** / Prüfung mit statischer Last || ~ **magnetization curve** / statische Magnetisierungskurve || ~

station

measuring relay / statisches Messrelais (SMR) || ~ **memory** / statischer Speicher || ~ **operation** / statisches Ansprechen (Rel.) || ~ **overcurrent relay** / statisches Überstromrelais, elektronisches Überstromrelais || ~ **overload relay** / statisches Überlastrelais, elektronisches Überlastrelais || ~ **overvoltage** / statische Überspannung, elektrostatische Überspannung || ~ **power converter** / statischer Stromrichter, Stromrichter *m*, Thyristorstromrichter *m*, Umrichter *m* || ~ **pressure** / statischer Druck, Standdruck *m* || ~ **properties** / statische Eigenschaften (MG), Eigenschaften im Beharrungszustand || ~ **RAM (SRAM)** / statisches RAM (SRAM), statischer Schreib-Lese-Speicher || ~ **reactive-power compensator** / statischer Blindleistungskompensator || ~ **read/write memory** / statischer Schreib-/Lese-Speicher || ~ **relay** / statisches Relais, elektronisches Relais, Halbleiterrelais *n*, kontaktloses Relais || ~ **ring** / Schirmring *m* (Potentialsteuerung), Potentialsteuerung *m*, Strahlungsschutzring *m* || ~ **screen** / statischer Schirm, Schirm *m* || ~ **screen(ing)** / statische Abschirmung || ~ **seal** / ruhende Dichtung || ~ **stall torque** / Stillstandsmoment *n*, Drehmoment bei festgebremstem Läufer || ~ **strength** / statische Festigkeit || ~ **stress** / statische Spannung (mech.) || ~ **switching system** / elektronisches Schaltkreissystem || ~ **test** / statische Prüfung || ~ **time-delay relay** / statisches Zeitrelais, elektronisches Zeitrelais || ~ **torque** / Stillstandsmoment *n*, Drehmoment bei festgebremstem Läufer, Stillstands-Drehmoment *n* || ~ **unbalance** / statische Unwucht, Kraft-Unwucht *f*, Schwerpunktfehler *m* || ~ **value of forward current transfer ratio** / Gleichstromverhältnis *n* (Transistor) DIN 41854 || ~ **Var compensator (SVC)** / statischer Blindleistungskompensator || ~ **watthour meter** / statischer Wattstundenzähler (o. Wirkverbrauchszähler)
station *n* / Station *f*, Unterstation *f*, Anlage *f* DIN 40042, Kammer *f*, Vorrichtung *f*, Schaltanlage *f*, Einrichtung *f*, Bus-Teilnehmer *m*, Haltestelle *f* || ~ *n* (PROFIBUS) / Teilnehmer *m* || **control** ~ / Befehlsgerät *n*, Leitgerät *n* DIN 44300, Leitstation *f* (DÜ), Betätigungsorgan *n*, Bedienungselement *n*, Steuereinheit *f* (ein o. mehrere Hilfsstromschalter in einer Schalttafel o. in einem Gehäuse), Ansteuergerät *n*, Befehlsgeber *m*, Leitwerk *n* || **mounting** ~ / Einbaufeld *n* DIN 43350, Einbauplatz *m* (BGT,ET), Steckplatz *n* || **pendant** ~ / Hängedruckknopftafel *f* || ~ **address** / Teilnehmeradresse *f* (PROFIBUS) || ~ **address/stored data** / Eigenziel *n*
stationary *adj* / stationär *adj*, ortsfest *adj*, fest eingebaut, feststehend *adj* || **continuous** ~ / Endlospapier *n* (Schreiber, Drucker) || ~ **appliance** / ortsfestes Gerät || ~ **armature** / feststehender Anker, ruhender Anker, Ständeranker *m*
stationary-armature machine / Innenpolmaschine *f*
stationary assembly IEC 439-1 / ortsfeste Schaltgerätekombination VDE 0660,T.500 || ~ **battery** / ortsfeste Batterie || ~ **contact member** / festes Schaltstück, feststehendes Schaltstück, Gegenschaltstück *n*, Festkontakt *m* || ~ **electrical equipment** / ortsfeste elektrische Betriebsmittel || ~ **equipment** IEC 50(826) / ortsfeste Betriebsmittel

VDE 0100,T.200 || ~ **field** / ruhendes Feld, stationäres Feld
stationary-field electro-magnetic multiple-disc clutch / schleifringlose Lamellenkupplung || ~ **machine** / Außenpolmaschine *f*
stationary installation / ortsfeste Aufstellung || ~ **load** / stationäre Last, Punktlast *f*
stationary-mounted *adj* / fest eingebaut || ~ **circuit-breaker assembly** / Leistungsschalter-Festeinbauanlage *f* || ~ **device** ANSI C37.100 / festeingebautes Gerät || ~ **switchgear** / Festeinbau-Schaltanlage *f*, Festeinbauanlage *f* || ~ **unit** / festeingebaute Einheit (Schalteinheit), nichtausziehbare Einheit, Einsatz *m*
stationary noise / stationäres Geräusch, stationäres Rauschen || ~ **office machine** / ortsfeste Büromaschine || ~ **part** / feststehender Teil (ST) || ~ **phase** / stationäre Phase || ~ **pole** / Außenpol *m* (el. Masch.) || ~ **random noise** / stationäres Zufallsrauschen || ~ **rectifier** / ruhender (o.stationärer) Gleichrichter (Erregermasch.) || ~ **structure** / feststehender Teil (ST) || ~ **test** / Standprüfung *f* (am stehenden Fahrzeug) || ~ **transformer** / ortsfester Transformator || ~ **vibration** / stehende Schwingung || ~ **wave** / stehende Welle, Stehwelle *f*
station auxiliaries / Eigenbedarfsanlage *f*
station-auxiliaries distribution board / Eigenbedarfsverteilung *f* || ~ **switchgear** / Eigenbedarfsschaltanlage *f*
station-auxiliary power / Eigenbedarfsleistung *f*
station circuit-breaker / Stationsschalter *m* (LS) || ~ **configuration editor** / Komponenten-Konfigurator *m* || ~ **control centre** / Stationsleitplatz *m*, Leitplatz *m* || ~ **control level** / Stationsleitebene *f* || ~ **control system** / Schaltanlagenleitsystem *n*, Stationsleitsystem *n* || ~ **control unit** / Stationsleitgerät *n*, Leitgerät *n* || ~ **diagnostics** / Stationsdiagnose *f* || ~ **earth** / Stationserde *f*, Betriebserde *f* || ~ **ground** / Stationserde *f*, Betriebserde *f* || ~ **identification** / Stationskennung *f* || ~ **identification device** / Stationskennungsgeber *m* || ~ **interrogation command** / Stationsabfragebefehl *m* (FWT) || ~ **level** / Stationsebene *f* (Fertigungssteuerung, CAM-System) || ~ **memory** / Stationsspeicher *m* || ~ **number** / Stationsnummer *f*, Teilnehmernummer *f* || ~ **post insulator** / Stationsstützer *m* (Isolator) || ~ **power requirements** / Eigenleistungsbedarf *m* || ~ **property** / Stationseigenschaft *f*
station-service consumption / Kraftwerks-Eigenverbrauch *m* || ~ **distribution board** / Eigenbedarfsverteilung *f* || ~ **generator** / Eigenbedarfsgenerator *m*, Hausgenerator *m* || ~ **load (o. power)** / (Kraftwerk-)Eigenbedarfsleistung *f* || ~ **switchboard** / Eigenbedarfsschalttafel *f* || ~ **switchgear** / Eigenbedarfsschaltanlage *f* || ~ **system** / Eigenbedarfsanlage *f* || ~ **transformer** / Eigenbedarfstransformator *m*
station-specific *adj* / stationsbezogen *adj*
station-type arrester / Stationsableiter *m* || ~ **cubicle switchgear** / Stations-Schaltschrankanlage *f*, teilgeschottete Stations-Schaltanlage || ~ **transformer** / Stationstransformator *m*
statistic *n* / statistische Kenngröße, statistische Maßzahl, Stichproben-Kenngröße *f* || **test** ~ /

Prüfgröße f DIN 55350,T.24, Testgröße f
statistical adj / statistisch adj || ~ **data** / Statistikdaten pl || ~ **delay of ignition** / Zündverzug m (ESR) || ~ **distribution** / statistische Verteilung || ~ **failure risk** / statistisches Ausfallrisiko || ~ **impulse withstand voltage** / statistische Steh-Stoßspannung || ~ **lightning impulse withstand voltage** / statistische Steh-Blitzstoßspannung || ~ **lightning overvoltage** / statistische Blitzüberspannung f || ~ **metering** / Betriebszählung f || ~ **quality control** / statistische Qualitätslenkung DIN 55350,T.11 || ~ **quality inspection** / statistische Qualitätsprüfung DIN 55350,T.11 || ~ **safety factor** / statistischer Pegelfaktor VDE 0111,T.1 A1 || ~ **switching impulse withstand voltage** / statistische Steh-Schaltstoßspannung || ~ **switching overvoltage** / statistische Schaltüberspannung || ~ **test** / statistischer Test DIN 55350,T.24, Signifikanztest m || ~ **tolerance interval** / statistischer Anteilsbereich DIN 55350,T.24 || ~ **tolerance limit** / statistische Anteilsgrenze, Wahrscheinlichkeitsgrenzen für einen Verteilungsanteil, statistische Streubereichsgrenzen || ~ **tolerancing** / Bestimmung von Wahrscheinlichkeitsgrenzen || ~ **variations** / statistische Schwankungen
statistics computer / Statistikrechner m
stator n / Stator m, Gehäuse n || ~ n / Ständer m, Maschinenständer m || ~ **axis** / Ständerachse f || ~ **back** / Ständerrücken m, Gehäuserücken m || ~ **bore** / Ständerbohrung f, Ankerbohrung f || ~ **circuit** / Ständerkreis m || ~ **circuit-breaker** / Ständerschalter m (LS)
stator-circuit starter / Ständeranlasser m || ~ **terminal box** / Ständerklemmenkasten m, Hauptklemmenkasten m
stator contactor / Ständerschütz n || ~ **core** / Ständereisen n, Ständerblechpaket n || ~ **current** / Ständerstrom m || ~ **earth fault protection** / Ständererdschlussschutz m || ~ **e.m.f.** / Ständer-EMK f, induzierte Ständerspannung
stator-excited commutator motor / ständergespeister Kommutatormotor, unmittelbar gespeister Kommutatormotor
stator-fed adj / ständergespeist adj, unmittelbar gespeist || ~ **three-phase a.c. commutator shunt motor** / ständergespeister Drehstrom-Nebenschlussmotor
stator field / Statorfeld n || ~ **flux vector** / Ständerdurchflutungsvektor m
stator frame / Ständergehäuse n || ~ **ground-fault protection** / Ständererdschlussschutz m || ~ **inductance starter** / Ständeranlasser m (mit Widerständen) || ~ **interturn fault protection** / Ständer-Windungsschluss-Schutz m || ~ **joint** / Ständerteilfuge f
stator-joint coil / Teilfugenspule f || ~ **winding bar** / Teilfugenstab m
stator lamination / Ständerblech n || ~ **leakage reactance** / Ständer-Streublindwiderstand m, Ständerstreureaktanz f || ~ **punching** / Ständerblech n || ~ **rail** / Ständersohlplatte f || ~ **resistance** / Ständerwiderstand m, Ständerwiderstand gesamt || ~ **resistance measurement** / Ständerwiderstandsmessung f || ~ **resistance starter** / Ständeranlasser m (mit Widerständen) || ~ **resistance starting** / Anlauf über

Vorschaltwiderstand im Ständer || ~ **resistance starting circuit** / Kurzschluss-Sanftanlaufschaltung f, KUSA-Schaltung f
stator shifting device / Ständerverschiebevorrichtung f || ~ **terminals** / Ständerklemmen f pl, Ständeranschlüsse m pl || ~ **winding** / Ständerwicklung f || ~ **winding bar** / Ständerstab m || ~ **winding current** / Ständerwicklungsstrom m || ~ **yoke** / Ständerjoch n
status n / Zustand m, Status m, Betriebszustand (BZ) m (Zustand, in dem eine Einheit eine geforderte Funktion ausführt), in Betrieb || ~ **acknowledgement** / Statusquittierung f || ~ **administration** / Zustandsverwaltung f || ~ **analog** / Betriebsmesswert m || ~ **analog value** / Betriebsmesswert m || ~ **bar** / Statusleiste f, Statuszeile f || ~ **bit** / Zustandsbit n, Kennbit n, Statusbit n || ~ **block** / Statusbaustein m || ~ **byte** / Zustandsbyte n, Zustandswort n || ~ **change** / Statuswechsel m || ~ **data** / Statusmeldung f, Meldung f, Zustandsdaten pl || ~ **discrepancy** / Zustandsabweichung f, Statusabweichung f, Endlagenfehler m || ~ **discrepancy alarm (SDA)** / Endlagenfehlermeldung (EFM f) || ~ **discrepancy monitoring** / Endlagenüberwachung f (Leitt.) || ~ **display** / Zustandsanzeige f, Statusanzeige f, Betriebsanzeige f || ~ **display panel (SDP)** / Zustandsanzeigetafel f || ~ **evaluation** / Statusauswertung f || ~ **format** / Statusformat n || ~ **group select (SGS)** / Auswahl der Zustandsgruppe || ~ **image** / Zustandsabbild n, Zustandsbild n || ~ **indication** / Statusmeldung f, Meldung f, Statusanzeige f, Betriebsanzeige f, Zustandsanzeige f, Diagnoseaussage f || ~ **indicator** / Betriebsanzeige f || ~ **input** / Meldung f, Statusmeldung f || ~ **interrogation** / Statusabfrage f
status-linked control field variable / statusverknüpfte Leitfeld-Variable
status measured value / Betriebsmesswert m || ~ **monitoring system (SMS)** / Betriebsüberwachungssystem n || ~ **monitoring transponder (SMT)** / Verstärkerüberwachungsmodul n || ~ **output** (ADC) s. end-of-conversion output || ~ **processing** / Statusbearbeitung f || ~ **processing system** / Meldungsverarbeitung f || ~ **register** / Statusregister n || ~ **report** (QA) / Tätigkeits- und Fehlerbericht (QS) || ~ **requirement** / Statusanforderung f || ~ **signal** / Statussignal f, Rückmeldesignal n, Zustandsmeldung f || ~ **word** / Zustandswort, Statuswort n || ~ **word display segment** / Statuswortanzeigesegment n || ~ **word of motor model** / Statuswort Motormodell || ~ **word register** / Statuswortregister n
statutory industrial accident insurance institution / Berufsgenossenschaft (BG) f || ~ **regulations** / gesetzliche Bestimmungen || ~ **requirements** / gesetzliche Auflagen
Stauffer lubricator / Staufferbüchse f
stay v / stützen v, verstreben v, abspannen v, verankern v || ~ n (tower, pole) / Mastanker m, Ankerseil n, Holm m, Abspannanker m || **cable** ~ / Kabelhalter m, Leitungshalter m || ~ **attachment lug** / Holmanbaulasche f
stayed support / abgespannter Stützpunkt (Freiltg.)
staying n / Stützen n, Absteifung f, Abspannen n
stayput slam button / rastender Schlagtaster

STB s. stop bar
s.t.c. / Bemessungskurzzeitstrom *m*, thermischer Grenzstrom
STDP s. single-throw double-pole switch
steadiness of rotation / Drehstabilität *f*
steady *n* / Setzstock *m* (WZM), Lünette *f* || ~ **adj** / stetig *adj*, gleichmäßig *adj*, gleichbleibend *adj*, stationär *adj* || ~ **air flow** / drallfreier Luftstrom || ~ **burning light** / Dauerlicht *n* || ~ **cylinder** / Gegenhalterzylinder *m*
steadying time / Beruhigungszeit *f* || ~ **zone** / Beruhigungsstrecke *f*
steady light / Dauerlicht *n*, Ruhiglicht *n*
steady-light indication / Ruhelichtmeldung *f* || ~ **indicator module** / Ruhiglicht-Meldeeinheit *f* (RL-Meldeeinheit) || ~ **signal** / Dauerlichtsignal *n*
steady load / Dauerlast *f*, ruhende Belastung, Gleichlast *f*
steady-load conditions / Gleichlastbedingungen *f pl*, stationärer Zustand || ~ **test** / Dauerlastprüfung *f*
steady operation / stationärer Betrieb, stabiler Betrieb
steadyrest *n* / Lünette *f* (WZM)
steady short-circuit current / Dauerkurzschlussstrom *m* || ~ **state** / stationärer Zustand, Beharrungszustand *m*, Dauerzustand *m*, eingeschwungener Zustand
steady-state *adj* / stationär *adj* (bezeichnet einen Wert, der für einen Zustand einer Einheit ermittelt ist, bei dem die charakteristischen Parameter der Einheit konstant bleiben)
steady-state acceleration / gleichförmiges Beschleunigen DIN IEC 68 || ~ **accuracy** / Genauigkeit im Beharrungszustand (Reg.) || ~ **availability** / stationäre Verfügbarkeit || ~ **balanced operation** / stationärer symmetrischer Betrieb || ~ **behaviour** / stationäres Verhalten *n* (Reg., MG), Beharrungsverhalten *n* || ~ **characteristic** / statische Kennlinie (Rel.) VDE 0435,T.110 || ~ **condition** / stationärer Zustand, eingeschwungener Zustand || ~ **current** IEC 50(826), Amend. 2 / Beharrungsstrom *m* || ~ **deviation** / bleibende Regelabweichung, statische Abweichung, Abweichung im Beharrungszustand || ~ **deviation from desired value** / bleibende Sollwertabweichung || ~ **electric field** / stationäres elektrisches Feld, Stromdichtefeld *n* || ~ **error** / bleibende Regeldifferenz || ~ **internal voltage** / Hauptfeldspannung *f* || ~ **load characteristic** / stationäre Lastkennlinie || ~ **operation** / stationärer Betrieb, stabiler Betrieb || ~ **power conditions** / stationäre Stromversorgungsbedingungen || ~ **power system stability** / statische Netzstabilität || ~ **primary injection test** / stationärer Primärversuch (Schutz) || ~ **pull-out power** / statische Kippleistung || ~ **ramp delay** / Rampenverzögerung *f* || ~ **regulation** / statische Spannungsänderung, statische Spannungsgenauigkeit || ~ **short-circuit current** / stationärer Kurzschlussstrom || ~ **speed regulation** / statische Drehzahländerung || ~ **stability** / statische Stabilität, Stabilität im stationären Betrieb || ~ **stability of power system** / statische Netzstabilität || ~ **system deviation** / bleibende Regeldifferenz || ~ **temperature** / Beharrungstemperatur *f*, Dauertemperatur *f* || ~ **unavailability** / stationäre Nichtverfügbarkeit (Mittelwert der momentanen Nichtverfügbarkeit unter stationären Bedingungen während eines gegebenen Zeitintervalls) || ~ **vibration** / stationäre Schwingung || ~ **voltage change** / konstante Spannungsabweichung EN 61000-3-3 || ~ **voltage tolerance** / statische Spannungstoleranz
steam ageing / Wasserdampfalterung *f* || ~ **diffusion** / Dampfdiffusion *f* || ~ **measurement** / Dampfmengenmessung *f* || ~ **reducing and cooling station** / Dampfumformstation *f* || ~ **reducing valve** / Dampfdruckminderventil *n* || ~ **table** / Wasserdampftafel *f*
steam-laden emissions / Schwaden *f pl*
steam-turbine power plant / Dampfturbinenkraftwerk *n*
steam tracing / Dampfbegleitheizung *f* || ~ **turbine set** / Dampf-Turbo-Satz *m*
steel armored conduit / Stahlpanzerrohr *n* || **free-cutting** ~ / Automatenstahl *m* || ~ **base** / Stahlunterbau *m*, Stahlfundament *n*, Stahlunterlage *f* || ~ **brush** / Drahtbürste *f*, Stahldrahtbürste *f* || ~ **cable** / Stahlseil *n* || ~ **conduit** / Stahlrohr *n* (IR)
steel-cored aluminium conductor (SCA) / Stahl-Aluminium-Leiter *m*
steel for high temperature service / warmfester Stahl
steel-grid coupling / Schlangenfederkupplung *f*, Bibby-Kupplung *f*, Schlingfederkupplung *f* || ~ **resistor** / Stahlgitterwiderstand *m*
steel jacket / Stahlmantel *m* || ~ **machining** / Stahlbearbeitung *f*
steel-on-steel bearing / Stahl-Stahl-Lager *n*
steel platform / Stahltisch *m*, Stahlfundament *n* || ~ **rail** / Stahlschiene *f*
steel-reinforced aluminium-alloy conductor (AACSR conductor) / Aldrey-Stahlseil *n* (E-AlMgSi-Seil) || ~ **aluminium conductor (ACSR)** / Aluminium-Stahlseil *n* (ACSR-Seil) || ~ **copper cable (SRCC)** / Kupfer-Stahl-Kabel *n*
steel roller / Stahlrolle *f* || ~ **sleeve** / Stahlhülse *f* || ~ **spring bellows** / Stahlfederbalg *m* || ~ **stays** / Stahlholmgerüst *n* || ~ **support** / Trageisen *n* || ~ **tape** / Stahlband *n*
steel-tape armour / Stahlbandbewehrung *f* (Kabel), Stahlbandarmierung *f*
steel trunking / Stahlblechkanal *m* (S-Kanal)
steel-wire rope / Stahlseil *n*
steep-fronted wave / Steilwelle *f*
steep-lead-angle thread / Steilgewinde *n*
steepness *n* / Steilheit *f*, Anstiegssteilheit *f* || ~ **of a slope** / Steilheit *f* || ~ **of ramp** / Anstiegssteilheit *f*, Steilheit der Keilstoßspannung || ~ **of wave front** / Steilheit der Wellenfront
steep wave front / steile Wellenstirn
steer angle sensor / Lenkwinkelsensor *m* (Kfz)
steering *n* / Lenken *n* (Kfz), Lenkung *f*, Steuern *n* || ~ **assembly** / Lenkung *f* (Kfz, Bauteile) || ~ **column** / Lenksäule *f* (Kfz) || ~ **lever** / Umlenkhebel *m*
steering-wheel lock / Lenkradschloss *n* (Kfz)
stem *n* / Stamm *m*, Stiel *m*, Griff *m*, Welle *f*, Stange *f*, Röhrenfuß *m*, Schaft *m*, Ventilspindel *f*, Spindel *f*, Kolbenstange *f*, Rumpf *m*, Lampenfuß *m* || **bushing** ~ (EN 50014) / Durchführungsbolzen *m* || ~ **force** / Spindelkraft *f* || ~ **guide** / Spindelführung *f* || ~ **hanger** / Pendelaufhänger *m* (Leuchte) || ~ **height** / Fußhöhe *f* (Lampe) || ~ **motion** / Spindelbewegung *f* || ~ **mounting** / Pendelmontage *f* (Leuchte) || ~

sealing / Ventilspindeldurchführung f || ~ **stroke or piston stroke** / Schubbewegung einer Spindel oder Kolbe
stem-type thermostat / Stabtemperaturregler m
stenter n / Spannrahmen m
step v / stufen v, abstufen v, staffeln v, absetzen v, schrittweise einstellen || ~ n / Stufe f, Absatz m, Schritt m, Ablaufschritt m, Takt m, Sprung m || ~ EN 61131-3 / Schritt m (SPS-Programm), Befehlsschritt m, Einzelschritt m, Ablaufkettenschritt m || **in** ~ / synchron adj, in Phase, im Gleichlauf || **out of** ~ / außer Tritt, außer Takt
step-action controller / Schrittregler m
STEP address counter (SAC) / Stepadresszähler m, STEP-Adresszähler (SAZ) m || ~ **address counter** / Stepadresszähler m, STEP-Adresszähler (SAZ) m
step angle / Schrittwinkel m (Schrittmot.) || ~ **answer** / Vorgabeantwort f|| ~ **behind** / hintertreten v || ~ **by step** / schrittweise adj
step-by-step adjusting command / Stufenstellbefehl m (FWT) || ~ **control** / Schrittsteuerung f || ~ **controller** / Schrittregler m || ~ **method** / Schritt-für-Schritt-Verfahren n, schrittweises Verfahren || ~ **method of heterochromatic comparison** / Kleinstufenverfahren n (LT) || ~ **program** / Schrittprogramm n || ~ **test** s. s.s.t. / stufenweise Prüfung, Prüfung in Stufen
step change / Sprung m, plötzliche Änderung || ~ **change in load** / Lastsprung m || ~ **change in setpoint** / sprungförmige Änderung || ~ **change of current** / Stromsprung m, Stromstufe f || ~ **change of reference variable** / Führungsgrößensprung m
step-change point / Kippunkt m (Kennlinie)
step control / Schrittsteuern n || ~ **control action** / Mehrpunktverhalten n (Reg.) || ~ **controller** / Schrittregler m, Regler mit schrittaltendem Ausgang || ~ **counter** / Schrittzähler m || ~ **display module** / Schrittanzeigestufe f (elST) || ~ **down** v / untersetzen v, abwärtstransformieren v, abspannen v (Trafo)
step-down converter / Tiefsetzumrichter m (f. Beleuchtungsanlagen) || ~ **gearing** / Untersetzungsgetriebe n, Reduktionsgetriebe n || ~ **ratio** / Abwärtsübersetzungsverhältnis n (Trafo) || ~ **substation** / Abspannstation f|| ~ **transformer** / Abspanntransformator m, Abspanner m
step drilling / Stufenbohren n || ~ **enable** / weiterschalten v || ~ **enable contact** / Fortschaltkontakt m
step enabling / Weiterschalten n (elST) || ~ **enabling condition** / Weiterschaltbedingung f DIN 19237, Fortschaltbedingung f, Transitionsbedingung f, Transition f || ~ **flag** / Schrittmerker m || ~ **flowchart generator** / STEP Plangenerator
step-forced response ANSI C81.5 / Sprungantwort f
step forward / Schrittsteuern vorwärts || ~ **function** / Sprungfunktion f, Sprungfunktion f || ~ **generator** / Sprunggenerator m || ~ **height** / Schritthöhe f (DA), Sprunghöhe f || ~ **index fibre** / Stufenindexfaser f (LWL)
step-index optical waveguide / Stufenlichtleiter f, Stufenfaser f
step index profile / Stufenindexprofil n (LWL), Stufenprofil n (LWL) || ~ **integrity** / Schrittgenauigkeit f (Schrittmot.)
step-ladder n / Stehleiter f

stepless adj / stufenlos adj
stepless drive / stufenloses Getriebe
steplessly adjustable / stufenlos einstellbar, stetig (o. kontinuierlich) einstellbar adj || ~ **variable** / stufenlos regelbar, stetig einstellbar
stepless speed variation / stufenlose Drehzahleinstellung || ~ **voltage variation** / stetige Spannungsregelung, stufenlose Spannungsregelung
stepless-transition valve positions / stufenlos ineinander übergehende Schaltstellungen
step load change / Lastsprung m || ~ **logic element** / Ablaufglied n DIN 19237 || ~ **mode** / Schrittbetrieb m
stepped adj / sprungförmig adj
stepped characteristic / Stufenkennlinie f|| ~ **cumulative frequency plot** / Häufigkeitssummentreppe f DIN 55350,T.23
stepped-curve distance-time protection / Distanzschutz mit Stufenkennlinie
stepped fuse wire / Stufenschmelzleiter m || ~ **leader** / Stufenleitstrahl m (Blitz) || ~ **limiting value** / abgestufter Grenzwert (Statistik, QS) || ~ **lower limiting value** / abgestufter Mindestwert (Statistik, QS) || ~ **piston** / Differentialkolben m || ~ **reflector** / Stufenreflektor m, Stufenspiegel m (Leuchte) || ~ **shaft** / Stufenwelle f, Formwelle f || ~ **tolerance** / abgestufte Toleranz (QS) DIN 55350,T.12 || ~ **tolerance zone** / abgestufter Toleranzbereich (QS) DIN 55350,T.12
stepped-type distance protection / Stufen-Distanzschutz m
stepped upper limiting value / abgestufter Höchstwert (Statistik, QS) || ~ **winding** / Stufenwicklung f, Treppenwicklung f
stepper n / Schrittmotor m || ~ **drive** / Schrittantrieb m || ~ **motor** / Schrittmotor m
stepping n / Abstufung f, Abtreppung f, Weiterschalten n || ~ **condition** (PC) / Weiterschaltbedingung f DIN 19237, Fortschaltbedingung f|| ~ **down** / Abwärtstransformieren n || ~ **error** (stepping motor) / Schrittfehler m (Schrittmot.), systematische Winkeltoleranz je Schritt (Schrittmot.) || ~ **frequency** / Schrittfrequenz f (Schrittmot.) || ~ **module** / Schrittbaugruppe f (SPS) || ~ **motor** / Schrittmotor m || ~ **potentiometer** / Stufenpotentiometer m || ~ **rate** / Schrittgeschwindigkeit f (Schrittmot.), Frequenz f, Schrittfrequenz f || ~ **relay** / Schrittrelais n || ~ **switch** / Stufenschalter m, Schrittschalter m || ~ **through** / schrittweises Durchschalten || ~ **tube** / Schrittschaltröhre f|| ~ **up** / Aufwärtstransformieren n
step response IEC 50(351) / Sprungantwort f|| ~ **running time** / Schrittlaufzeit f (Leitt.) || ~ **sequence** / Schrittfolge f (NC), Ablaufkette f, Schrittkette (SK) f|| ~ **sequencing** / Schrittfortschaltung f (SPS) || ~ **setting** / Schrittsetzen n DIN 19237 || ~ **setting mode** / Betriebsart Schrittsetzen || ~ **shaft** / Stufenwelle f, Formwelle f || ~ **starter** / Stufenanlasser m || ~ **stress test** IEC 50(191) / Beanspruchbarkeitsfeststellung f|| ~ **stress test** (QA) / Prüfung bei abgestufter Beanspruchung (QS), Stufenprüfung f (Prüfung anhand mehrerer sich erhöhender Beanspruchungsstufen, denen eine Einheit aufeinanderfolgend während Phasen

gleicher Dauer ausgesetzt wird) || ~ **switch** / Stufenschalter *m*, Schrittschalter *m* || ~ **switching mechanism** / Schrittschaltwerk *n*, Schrittantrieb *m* || ~ **tariff** / Staffeltarif *m* || ~ **up** *v* / aufwärtsübersetzen *v*, aufwärtstransformieren *v*
step-up controller / Aufwärtsregler *m* || ~ **converter** / Hochsetzsteller *m* (LE) || ~ **gearing** / Übersetzungsgetriebe ins Schnelle, Trieb ins Schnelle || ~ **ratio** / Aufwärtsübersetzung *f* (Trafo) || ~ **substation** / Aufspannstation *f* || ~ **transformer** / Aufspanntransformator *m*, Aufwärtstransformator *m*
step voltage / Stufenspannung *f* (Trafo), Sprungspannung *f*, Schrittspannung *f*
step-voltage pulse generator / Rechteckwellengenerator *m*, Rechteckgenerator *m* || ~ **regulator** / Stufenspannungsregler *m*
step width / Schrittweite *f* (DAU), Stufenweite *f*
stereogram, X-ray ~ / Stereo-Röntgenaufnahme *f*
stereographics *plt* / Stereografie *f*
stereo pair / Stereopaar *n* (CAD)
sterilizable sensor / sterilisierbarer Sensor
stern light / Hecklicht *n* (Positionslicht)
stethoscopic test / Klangprobe *f*, Schallprüfung *f*
s.t.f. / Kurzzeitfaktor *m*
stick clamp / Stangenklemme *f* (f. Isolatorketten) || ~ **display** / Segmentanzeige *f* || ~ **to** / haften *v*
sticker *n* / Aufklebezettel *m*, Haftbild *n*, steckengebliebenes Teil, Klebeschild *n*, Aufkleber *m*, Klebestreifen *m* || ~ **inspection** ~ / Prüfplakette *f*, Prüfaufkleber *m*
sticking, contact ~ / Kontaktkleben *n*
stick-operated *adj* / schaltstangenbetätigt *adj*
stick-slip *n* / ruckendes Gleiten, Reibschwingung *f*
stiction *n* / Ruhereibung *f*, Haftreibung *f*
stiffening *n* / Versteifung *f*, Verstrebung *f*, Verspannung *f*, Aussteifung *f*
stiffness *n* / Steifigkeit *f*, Steife *f* || ~ **under flexure** / Biegesteifigkeit *f*
stiff speed characteristic / hartes Drehzahlverhalten, Nebenschlussverhalten *n* || ~ **speed control** / starre Drehzahlregelung *f* || ~ **system** / starres Netz
stilb (sb) *n* / Stilb *n* (sb)
stillage, battery ~ / Batteriegestell *n*
still projector / Diaprojektor *m*, Stehlichtprojektor *m*
stimulate *v* / anregen *v* (z.B. Emission), stimulieren *v*, beschleunigen *v*, fördern *v*
stimulus *n* / Anregung *f*, Erregung *f*, Anreiz *m*, Auslöseimpuls *m*
stippled *adj* / aufgeraut *adj* (Pressglas-Oberfläche)
stipulate *v* / vorschreiben *v*
stirring *n* / Rühren *n* || ~ **vats** / Rührkessel *m*
stirrup *n* / Steigbügel *m*, Bügel *m*, Aufhängebügel *m*, Hängebügel *m* || ~ **grip** / Bügelgriff *m* || ~ **handle** / Steigbügelgriff *m*
stirrup-operated mechanism / Steigbügelantrieb *m*
stitched catenary suspension / Y-Aufhängung *f* (Fahrleitung)
stitch weld / Steppnaht *f* || ~ **wire** / Y-Seil *n*
STL s. statement list
STN display / STN-Display *n*
stochastic adaptive control system / stochastisches adaptives Regelsystem || ~ **process** / stochastischer Prozess, Zufallsprozess *m*
stochiometric composition / stöchiometrische Zusammensetzung
stock *n* / Werkstoff *m*, Material *n*, Halbzeug *n*, Lager

n, Lagertypen *m pl*, Lagerbestand *m*, Vorrat *m* || ~ *v* / auf Lager halten || ~ **control** / Bestandsführung *f* || ~ **costs** / Lagerkosten *pl* || ~ **headway** / Walzfolge *f* || ~ **information procedure** / Bestandsauskunftsverfahren *n*
stocking *n* / Vorhaltung von Ersatzteilen || ~ **of spare parts** / Ersatzteilvorhaltung *f*, Ersatzteilbestand *m*, Ersatzteilhaltung *f*, Ersatzteilagerbestand *m*
stock keeping / Lagerhaltung *f*
stockless production / lagerfreie Produktion, Produktion ohne Zwischenlager, lagerlose Fertigung
stock of customers / Kundenstamm *m*
stock-on-hand *n* / vorhandener Lagerbestand
stock orders / Bestellung ab Lager || ~ **quantity** / Bestandsmenge *f*
stock removal / Werkstoffabnahme *f*, Abspanen *n*, Zerspanen *n*, spanende Bearbeitung, Zerspanung *f*, spanabhebende Bearbeitung, Entspanen *n* || ~ **removal cycle** / Abspanzyklus *m*, Schruppzyklus *m* || ~ **removal cycle with relief cut elements** / Abspanzyklus mit Hinterschnittelementen, Abspanzyklus ohne Hinterschnittelemente
stocks of spare parts / Lagerhaltung *f*
stock turnover / Lagerumschlag *m*, Lagerungsumschlag *m*
stock-up *n* / Auffüllung *f*
stock version / lagermäßige Ausführung
stone *n* / Stein *m*, Steingut *n* || ~ **bolt** / Steinschraube *f* || ~ **crusher** / Steinbrecher *m*
stoneworking *n* / Steinbearbeitung *f*
stool, insulating ~ / Isolierschemel *m*
stop *v* / stillsetzen *v*, ausschalten *v*, abschalten *v*, arretieren *v*, stoppen *v*, anhalten *v* || ~ *n* / Halt *m*, Haltstellung *f*, Stillstand *m*, Anschlag *m*, Sperre *f*, Blende *f*, Stillsetzen *n*, Stoppverhalten *n*, Stopp *m*, Stop *m*, Haltepunkt *m*, Anhaltepunkt *m*, Festanschlag *m*, Endanschlag *m* || ~ **(CLDATA word) ISO 3592** / Halt *m* (NC, CLDATA-Wort) || **aperture** ~ / Messapertur *f* (Lasergerät) || **beam** ~ / Strahlfänger *m* (Lasergerät) || ~ **axis** / Stillsetzachse *f* || ~ **band** / Sperrband *n* || ~ **bar (STB)** / Stoppbalken *m* (Flp.), Stoppbarren *m* || ~ **bevel** / Auflaufschräge *f* || ~ **bit** / Stop Bit, Stopbit *n* || ~ **bolt** / Anschlagbolzen *m*
Stop button / "Aus-Druckknopf *m*, Stopptaste *f*, Aus-Taster *m* || ~ **category** / Stopkategorie *f*
stopcock *n* / Absperrhahn *m*
stop command / Stoppbefehl *m* (a. FWT) || ~ **condition** / Stopzustand *n* || ~ **control** / Ausschalt-Steuerung *f* VDE 0618,T.4, Stillsetzsteuerung *f* || ~ **control circuit** / Ausschalt-Steuerkreis *m* VDE 0618,T.4 || ~ **controls** / Ausschaltgeräte *n pl* VDE 0618,4 || ~ **control system (SCS)** / Anti-Blockier-System *n* (ABS (Kfz)) || ~ **crest** / Anschlagkuppe *f* || ~ **drive without any reverse rotation** / Antrieb rückdrehfrei stillsetzen
stope cable / Strossenleitung *f*, Strossenkabel *n*
stop element / Stopbit *n* DIN 44302 || ~ **event** / Stoppereignis *n* || ~ **filter** / Sperrfilter *n* || ~ **gate** / Vereinzeler *m* || ~ **joint** / Sperrmuffe *f* (f. Kabel) || ~ **lever** / Anschlaghebel *m* || ~ **light** / Bremsleuchte *f* (Kfz), Bremslicht *n*, Stopplicht *n* || ~ **line** / Stoplinie *f* || ~ **loop** / Stoppschleife *f*
STOP message / Stopp-Telegramm *n* || ~ **mode** / Stoppzustand *m* || ~ **nut** / Anschlagmutter *f* || ~ **path** / Abschaltpfad *m*

stoppage *n* / Stillsetzung *f*, Betriebspause *f*, Betriebsstörung *f*
stopper *n* / Stopfen *m*, Stöpsel *m*, Sperre *f*, Stopper *m*, Verschlussstopfen *m*
stop pin / Haltestift *m*, Anschlagstift *m*, Arretierbolzen *m*
stopping *n* / Stillsetzen *n* || ~ **box** EN 50018 / mechanische Zündsperre EN 50018 || ~ **box with setting compound** / mechanische Zündsperre mit Vergussmasse || ~ **brake** / Anhaltebremse *f* || ~ **distance** / Bremsweg *m* || ~ **sequence** / Ausschaltreihenfolge *f* (Antriebe), Ausschaltfolge *f* (Antriebe) || ~ **strip** / Anschlagleiste *f*
stop plate / Anschlagplatte *f* || ~ **point** / Stopstelle *f* || ~ **preprocessor** / Vorlaufstop *m* || ~ **reaction value** / Stop Reaktionswert || ~ **response** / Stopreaktion *f*
stop-specific *adj* / anschlagspezifisch *adj*
stop state / Haltzustand *m* || ~ **statement** / Stopp-Anweisung *f* (SPS) || ~ **status** / Stoppzustand *m* (SPS) || ~ **strength** / Anschlagfestigkeit *f* (HSS) || ~ **surface** / Anschlagfläche *f* || ~ **switch** / Abstellschalter *m* || ~ **tail lamp** / Bremsschlussleuchte *f* || ~ **time at restart** / Wiederanlaufverzögerung *f* || ~ **timer** / Aus-Timer *m* (Kfz) || ~ **trip** / Stoppauslöser *m* || ~ **Turn CD** / Stop Gang WT || ~ **valve** / Absperrventil *n*, Rückschlagventil *n* || ~ **washer** / Anschlagscheibe *f*
stopwatch *n* / Stoppuhr *f* || ~ **method** / Zeitmessverfahren *n* (EZ), Zeitverfahren *n* (EZ)
stopway *n* / Stoppbahn *f* (Flp.) || ~ **day markers** / Stoppbahnmarker *m* || ~ **edge** / Stoppbahnrand *m* || ~ **edge marker** / Stoppbahnrandmarker *m* || ~ **light** / Stoppbahnfeuer *n* || ~ **lighting** / Stoppbahnbefeuerung *f*
stop with character accuracy / zeichengenauer Stopp, zeichengenaues Anhalten
storable *adj* / speicherbar *adj*
storage *n* / Speicher *m*, Speicherung *f*, Speichern *n*, Lagerung *f*, Lager *n*, Einspeichern *n* || ~ **and retrieval machines** / Regalbediengeräte *n pl* || ~ **and retrieval system** / Einlagerungs- und Lagerentnahmesystem || ~ **and transportation conditions** / Lagerungs- und Transportbedingungen *f* || ~ **area** / Speicherbereich *m* || ~ **assembly** / Speicheranordnung *f* (ESR) || ~ **battery** / Batterie *f* IEC 50(486) || ~ **camera tube** / Speicher-Bildaufnahmeröhre *f* || ~ **capability** / Speicherfähigkeit *f* (a. Osz.) || ~ **capacitor** / Speicherkondensator *m*, Glättungskondensator *m* || ~ **capacity** / Speicherkapazität *f*, Speichervolumen *n* (Druckluft), Speichervermögen *n* || ~ **catalyst** / Speicherkatalysator *m* || ~ **catalyzer** / Speicherkatalysator *m* || ~ **contrast ratio** / Kontrast des Speicherbildes (Osz.) || ~ **CRT** / Speicherröhre *f* (Osz.), Speicherbildröhre *f*, Speicherschirm *m* || ~ **density** / Speicherdichte *f* || ~ **display screen** / Speicherbildschirm *m* || ~ **element** / Speicherelement *n*, Speicherglied *n*, Speichergerät *n* || ~ **error** / Speicherfehler *m* || ~ **gate electrode** / Speicher-Gateelektrode *f* || ~ **heater** / Speicherheizkörper *m*, Speicherofen *m* || ~ **heating** / Speicherheizung *f* || ~ **heating relay** / Speicherrelais *n* || ~ **intensity** / Speicherdichte *f* || ~ **life** / Lagerbeständigkeit *m*, Haltbarkeit *f* || ~ **location** / Speicherzelle *f* DIN 44300, Speicherort *m*, Speicherplatz *m*, Zelle *f*, Lagerort *m* || ~ **location (path)** / Ablageort (Pfad) *m* || ~ **medium** /

Speichermedium *n* || ~ **mesh** / Speichernetz *n* (Osz.) || ~ **oscillograph** / Speicher-Oszillograph *m* || ~ **oscilloscope** / Speicher-Oszilloskop *n* || ~ **overflow** / Speicherüberlauf *m* || ~ **path** / Ablagepfad *m* || ~ **pin for magnet ring stamp** / Lager von Magnetringanschlag || ~ **pressure** / Speicherdruck *m* (Druckluft) || ~ **properties** / Speicherverhalten *n* DIN 19237 || ~ **protection** / Speicherschutz *m*, Speichersicherung *f* || ~ **room** / Lagerraum *m* || ~ **silo** / Vorratslager *n* || ~ **space** / Abstellplatz *m*, Lagerplatz *m* || ~ **stability** / Lagerbeständigkeit *f*, Haltbarkeit *f* || ~ **surface** / Speicherschicht *f* (ESR) || ~ **tank** / Vorratsbehälter *m* || ~ **target** / Speicherelektrode *f* (Osz.), Speicherplatte *f* (ESR) || ~ **temperature** / Lagerungstemperatur *f*, Lagertemperatur *f* || ~ **temperature range** / Lagerungstemperaturbereich *m* || ~ **test** / Lagerungsprüfung *f*, Lagerfähigkeitsprüfung *f* (Batt.) || ~ **time** / Speicherzeit *f*, Lagerungszeit *f* || ~ **tube** / Speicherröhre *f* (Osz.), Speicherschirm *m*, Speicherbildröhre *f* || ~ **type** / Speichertyp *m* || ~ **water heater** / Vorratswassererhitzer *m* || ~ **zone** / Speicherzone *f*
store *v* / speichern *v*, einspeichern *v*, lagern *v*, hinterlegen *v* (Daten), abspeichern *v*, einlagern *v*, ablegen *v* || ~ *n* / Lager *m*
stored air volume / Luftvorrat *m* || ~ **contrast ratio** / Kontrastverhältnis *n* (Osz.) || ~ **current limit value at IBN** / bei der IGN hinterlegtes Stromgrenzwertes || ~ **display** / Speicherbild *n* (Osz.) || ~ **energy** / gespeicherte Energie
stored-energy closing / Schließen mit Kraftspeicherbetätigung || ~ **constant** / Trägheitskonstante *f* (H) || ~ **feature** / Speicher *m* || ~ **indicator** / Kraftspeicher-Zustandsanzeiger *m* || ~ **mechanism** / Kraftspeicherantrieb *m* (SG), Speicherantrieb *m* (SG) || ~ **operation** IEC 408 / Betätigung durch Speicherantrieb VDE 0660,T.107, Kraftspeicherbetätigung *f* || ~ **spring mechanism** / Federspeicherantrieb *m* || ~ **time** / Überbrückungszeit *f* (UVS, bei Netzausfall), Pufferungszeit *f*, Pufferzeit *f*
stored luminance / Leuchtdichte der gespeicherten Strahlspur (Osz.) || ~ **luminance uniformity ratio** / Gleichförmigkeitsgrad der Leuchtdichte der Strahlspur (Osz.) || ~ **program control (SPC)** / Stored Program Control (SPC)
stored-program *adj* / speicherprogrammiert *adj*, speicherprogrammierbar *adj* || ~ **controller (SPC)** / speicherprogrammierbares Steuergerät, speicherprogrammierbares Automatisierungsgerät || ~ **NC (SNC)** / speicherprogrammierbare NC (SNC)
stored trace / Speicherbild *n* (Osz.) || ~ **value** / abgelegter Wert, gespeicherter Wert || ~ **writing speed** / Speicher-Schreibgeschwindigkeit *f* (Osz.)
stores inventory / Lagerbestand *m* || ~ **management** / Lagerverwaltung *f*
storing in program library / Programmarchivierung *f*
stove *v* / im Ofen härten, trocknen *v*, einbrennen *v*
stoved enamel coating / Einbrennlackierung *f*
stoved-enamel wire / Einbrennlackdraht *m*, Backlackdraht *m*
stove-enamel *v* / einbrennlackieren *v*, thermolackieren *v*

stoving *n* / Ofenhärtung *f*, Einbrennen *n*, Aushärtung *f* || ~ **varnish** / entrocknender Lack
stow away / verstauen *v*
s.t.p. / Normaldruck und -temperatur, Normzustand *m*
s.t.r. / Nenn-Kurzzeitbetrieb *m*, Bemessungsdaten für Kurzzeitbetrieb, Kurzzeitleistung *f*
straight-beam probe / Senkrechtprüfkopf *m*
straight bearing seat / zylindrischer Lagersitz || ~ **bevel gear** / geradzahniges Kegelrad || ~ **binary code** / reiner Binärcode, unipolarer Binärcode || ~ **binary number** / Dualzahl *f* || ~ **calibration line** / Eichgerade *f*
straight-circle *n* / Gerade-Kreisbogen *m* (NC-Funktion)
straight coil / gerade Spule || ~ **connector** / gerader Stecker
straight-cut control (system) / Streckensteuerung *f* (NC) || ~ **fabric** / Parallelschnittgewebe *f* || ~ **machine** / streckengesteuerte Maschine
straight-edge *n* / Lineal *n*, Richtlatte *f*, Abrichtlineal *n* || ~ **machining** / Geradkantenbearbeitung *f*
straighten *v* / geraderichten *v*, richten *v*, ausrichten *v*, abrichten *v*, planrichten *v*, gerade ziehen
straightened *adj* / gerichtet *adj*
straightener, flow ~ / Strömungsgleichrichter *m*
straightening feed / Richtvorschub *m* || ~ **machine** / Richtmaschine *f*
straight feeler / Fühlerschenkel *m* || ~ **female connector** / Gegenstecker *m*
straight filament / geradliniger (o. gestreckter) Leuchtdraht || ~ **gear** / geradverzahntes Rad || ~ **horizontal scale** / Querskale *f* || ~ **inductive load** / reine induktive Belastung || ~ **joint** / Verbindungsmuffe *f* (Kabel) || ~ **knurled** / gerändelt *adj* || ~ **line** / Gerade *f*, gerader Strang || ~ **line-arc** / Geradekreisbogen *m* || ~ **line control** / Streckensteuerung *f*
straight-line characteristic / Geradenkennlinie *f* || ~ **chart** / Nomogramm *n*
straight-line-circle *n* / Gerade-Kreisbogen *m* (NC-Funktion)
straight-line control / Streckensteuerung *f* (NC)
straight-lined wire drawing machine / Geradeausziehmaschine *f*
straight-line tower / Tragmast *m* (Freil.)
straight load / Längslast *f* || ~ **motion** / Linearbewegung *f* (WZM), geradlinige Bewegung, translatorische Bewegung
straightness *n* / Geradheit *f*
straight pin stop / Zylinderstift-Anschlag || ~ **resistive load** / reine ohmsche Belastung, reine Widerstandsbelastung
straight-roller bearing / Zylinder-Rollenlager *n*, Ring-Zylinderlager *n*
straight-seated bearing / Lager mit zylindrischem Sitz, Lager mit festem Sitz
straight shunt-wound motor / reiner Nebenschlussmotor
straight-stem thermocouple / gerades Thermoelement straight
straight thread / zylindrisches Gewinde
straight-through current transformer / Durchsteckstromwandler *m* || ~ **joint box** / Durchgangs-Kabelmuffe *f*, Durchgangsmuffe *f* || ~ **valve** / Durchgangsventil *n*
straight-tip connector (ST-connector) / ST-Stecker *m*

straight-tooth gear wheel / geradverzahntes Rad
straight vertical scale / Hochskale *f*
straight-way valve / Durchgangsventil *n*
strain *v* / (deformierend) beanspruchen *v*, spannen *v*, dehnen *v*, strapazieren *v*, verzerren *v*, sieben *v*, verspannen *v* || ~ *n* / (deformierende) Beanspruchung *f*, Verspannung *f*, Spannung *f*, Zerrung *f*, Dehnung *f* || ~ **ageing** / Reckalterung *f*
strain-bearing centre / zugentlasteter Kerneinlauf (Kabel)
strain distribution / Spannungsverteilung *f* (mech.) || ~ **energy** / Formänderungsenergie *f* || ~ **energy of distortion** / Formänderungsarbeit *f*, Gestaltänderungsarbeit *f*
strainer *n* / Sieb *n*, Saugkorb *m*, Schmutzfängernetz *n*
strain gauge / Dehnungsmesser *m*, Messstreifen *m*, Dehnungsmessspirale *f*, Dehnungsmessstreifen *m*
strain-gauge torque transducer / DMS-Drehmomentaufnehmer *m* (DMS = Dehnungsmessstreifen)
strain goniometer / Spannungsmessgoniometer *n*
strain-hardening *n* / Kaltverfestigen *n* (Metall)
strain insulator / Abspannisolator *m*, Nussisolator *m*, Eiisolator *m* || ~ **insulator string** / Abspannisolatorkette *f*, Abspannkette *f* || ~ **measurement** / Spannungsmessung *f* (mech.)
strainometer *n* / Dehnungsmesser *n*
strain pole / Abspannmast *m* || ~ **portal structure** / Abspannportal *n* || ~ **rate** / Dehnrate *f*, Dehngeschwindigkeit *f*, Formänderungsgeschwindigkeit *f* || ~ **relief** / Zugentlastung *f* || ~ **relief assembly** / Zugentlastung *f* || ~ **relief assembly kit** / Zugentlastungsbausatz *m*
strain-relief clamp / Zugentlastungsbügel *m*, Zugbügel *m* (Klemme)
strain relief cleat / Zugentlastungsbaugruppe *f* || ~ **relief module** / Zugentlastungsbaugruppe *f*
strain-relief test apparatus / Zugentlastungs-Prüfgerät *n*
strain-stress relation / Dehnungs-Spannungs-Beziehung *f*
strain support / Abspannstützpunkt *m* (Freiltg.) || ~ **tensor** / Dehnungstensor *m* || ~ **variation diagram** / Dehnungsdiagramm *n* || ~ **washer** / Spannscheibe *f*
strand *n* / Einzelleiter *m*, Ader *f* (Kabel), Teilleiter *m*, Draht *m* (eines mehrdrähtigen Leiters), Riementrum *n*, Teilstab *m*
stranded *adj* / verseilt *adj*, mehrdrähtig *adj*
stranded circular conductor / mehrdrähtiger Rundleiter, Rundseil *n* || ~ **conductor** / verseilter Leiter, mehrdrähtiger Leiter, Leiterseil *n* || ~ **copper conductor** / verseilter Kupferleiter, Kupferdrahtseil *n* || ~ **feeder conductor** / mehrdrähtige Zuleitung *f* || ~ **wire** / Drahtlitzenleiter *m*
strander *n* / Verseilmaschine *f*, Seilschlagmaschine *f*
strand group / Leiterverband *m*, Leiterbündel *n*
stranding *n* / Verseilung *f* (Kabel) || ~ **element** / Verseilelement *n*
strand insulation / Teilleiterisolation *f*
strap *v* / mit Brücken verbinden, rangieren *v* (durch Brücken) || ~ *n* / Band *n*, Gurt *m*, Bügel *m*, Brücke *f* (el.), Schaltbügel *m*, Drahtbrücke *f*, Polbrücke *f* (Batt.), Schelle *f* || ~ **brake** / Bandbremse *f*
strapped butt joint specimen / Laschenprobe *f* || ~ **joint** / Laschenverbindung *f*
strapping *n* / Rangieren *n* (m. Strombrücken) || ~

plug / Brückenstecker *m*
strap with bare wire / Blankdrahtbrücke *f*
stratification *n* (statistics, QA) / Schichtung *f* (Statistik, QS, Unterteilung einer Gesamtheit)
stratified sample / geschichtete Stichprobe || ~ sampling / Gruppenauswahl *f* (Statistik)
strawboard *n* / Pressspanplatte *f*, Strohpappe *f*
stray capacitance / Streukapazität *f* || ~ conductance / Streuleitwert *m*, Kehrwert des Isolationswiderstands, Leitwertzahl der Streuung || ~ coupling / Streukopplung *f*, Nebenkopplung *f*, parasitäre Kopplung, Fremdfeldeinfluss *m* || ~ current / Streustrom *m*, vagabundierender Strom, Ableitstrom *m*, Irrstrom *m*
stray-current corrosion / Fremdstromkorrosion *f*
stray e.m.f. / Streu-EMK *f* || ~ emission / Streuemission *f* || ~ field / Streufeld *n*, Störfeld *n* || ~ field test / Fremdfeldtest *m*
stray-field energy / Streufeldenergie *f* || ~ generator / Streufeldgenerator *m*, Streupolgenerator *m*
stray flux / Streufluss *m* || ~ illumination / Streulicht *n* (ESR) || ~ load loss(es) / lastabhängige Zusatzverluste, Nebenverluste *m pl*, zusätzliche Kurzschlussverluste || ~ load torque / Zusatz-Drehmoment *n*, Oberwellendrehmoment *n*, Störmoment *n* || ~ loss torque / Zusatzverlustmoment *n* || ~ losses / Zusatzverluste *m pl* || ~ magnetic field / magnetisches Streufeld, magnetisches Störfeld || ~ radiation / Streustrahlung *f*
strays *plt* / eingekoppelte Störsignale
stray torque / Störmoment *n*, Oberwellendrehmoment *n*
streaking *n* / Streifenbildung *f*, Zebramuster *n*
stream chromatograph / Flüssigkeitschromatograph *m*
streamer *n* / Bandlaufwerk *n*, Bandsicherung *f*, Streamer *m* || ~ drive / Streamer-Laufwerk *n*
streamlined *adj* / strömungsgünstig *adj* || ~ design / günstige Strömungsführung
street *n* / Straße *f*, Stadtstraße *f* || ~ lighting / Straßenbeleuchtung *f* || ~ lighting fixture / Straßenleuchte *f* || ~ lighting luminaire / Straßenleuchte *f* || ~ lighting receiver / Lichtmastempfänger *m* (RSA) VDE 0420
strength *n* / Stärke *f*, Festigkeit *f*, Intensität *f*, Festigkeitseigenschaft *f* || ~ at low temperatures / Kaltfestigkeit *f* || ~ class / Festigkeitsklasse *f* || ~ of materials / Werkstofffestigkeit *f* || ~ recovery / Wiederverfestigung *f* || ~ reduction / Entfestigung *f*
stress *v* / (elastisch) beanspruchen *v*, spannen *v*, strapazieren *v*, belasten *v* || ~ *n* / (elastische) Beanspruchung *f*, (mechanische) Spannung *f* || ~ (QA) / Beanspruchung *f* (QS)
stressability *n* / Beanspruchbarkeit *f*
stress analysis / statische Berechnung, Festigkeitsberechnung *f* || ~ analysis IEC 50(191) / Beanspruchungsanalyse *f* || ~ analysis of shaft / Wellenberechnung *f* || ~ at rest / Ruhespannung *f* (mech.) || ~ by temperature / Temperaturbeanspruchung *f* || ~ concentration / Spannungskonzentration *f* || ~ concentration factor / Formfaktor *m* (mech.) || ~ cone / Wickelkeule *f*, Kondensatorwickel *m*
stress-cone termination / Endenabschluss mit Wickelkeule
stress control / Feldsteuerung *f* (Maßnahmen zur Steuerung des el. Feldes im Bereich einer Kabelgarnitur) || ~ corrosion / Spannungskorrosion *f* || ~ corrosion cracking / Spannungsrisskorrosion *f* || ~ corrosion cracking potential / Spannungsrisspotential *n* || ~ crack / Spannungsriss *m*
stress-crack corrosion / Spannungsrisskorrosion *f*
stress cracking / Spannungsrissbildung *f* || ~ cycle / Lastspiel *n*, Beanspruchungszyklus *m*
stress-cycle diagram / Spannungs-Lastspiel-Schaubild *n*, Wöhler-Kurve *f*
stress due to torsional vibration / Drehschwingungsbeanspruchung *f* || ~ field / Spannungsfeld *n* (mech.) || ~ intensity factor / Spannungs-Intensitätsfaktor *m*
stress-life characteristic / Spannungs-Zeit-Charakteristik *f* (mech.)
stress load / Spaltlast *f* || ~ measuring diffractometer / Spannungsmessdiffraktometer *n* || ~ model / Beanspruchungsmodell *n* IEC 50(191)
stress-number diagram s. s.-n. diagram / Spannungs-Lastspiel-Schaubild *n*, Wöhler-Kurve *f*
stress range / Spannungsbereich *m*, Spannungsschwingbreite *f* || ~ relief / Spannungsentlastung *f*, Spannungsausgleich *m*, Spannungsfreiglühen *n*
stress-relief annealing / Spannungsfreiglühen *n*
stress-relieve *v* / entspannen *v*, entspannungsglühen *v*
stress-relieved *adj* / entlastet *adj*, druckentlastet *adj*, spannungsfrei geglüht
stress reversal / Spannungsumkehr *f*, Lastwechsel *m* || ~ ring / Druckring *m* (Trafo-Blechpaket) || ~ rupture strength / Dauerstandfestigkeit *f*, Zeitstandfestigkeit *f*
stress-strain curve / Spannungs-Dehnungs-Kurve *f*, Kraft-Längenänderungs-Kurve *f* || ~ diagram / Spannungs-Dehnungs-Diagramm *n*, Feinmessdiagramm *n*
stretch *v* / dehnen *v*, strecken *v* (a. CAD), recken *v*, längen *v* || ~ *n* / Dehnung *f*, Strecke *f*, Abschnitt *m*, elastische Dehnung || ~ factor / Streckungsfaktor *m*
stretching machine / Streckmaschine *f*
stretch of road / Strecke einer Straße
striations *n pl* / Schlieren *f pl*, Schwingungsstreifen *m pl*
strike *v* / schlagen *v*, einschlagen *v* (Blitz), zünden *v* (Lichtbogen, Funken), auftreffen *v* || ~ lightning ~ / Blitzeinschlag *m* || ~ point of ~ / Einschlagstelle *f* (Blitz) || ~ to a spark / einen Funken ziehen || ~ mechanism / Einschlagmechanismus *m* (Blitz) || ~ out / durchstreichen *v*
striker *n* / Stößel *m*, Schlagvorrichtung *f* (Sich.), Schlagstift *m*, Schlagbolzen *m*, Hammer *m* (EZ) || ~ fuse / Schlagvorrichtungs-Sicherung *f* || ~ pin / Schlagstift *m* (Sich.)
striking distance / Schlagweite *f*
striking-hammer test / Schlaghammerprüfung *f*
striking of an arc / Lichtbogenzündung *f* || ~ surge / Zündspannungsstoß *m* || ~ weight / Schlaggewicht *n*
string *n* / Kette *f*, Isolatorkette *f*, Reihung *f* (Bit, Zeichen), Zeichenkette *f*, Folge *f*, Bindfaden *m*, Treppenwange *f*, Zeichenfolge *f*, String *m*, Kordel *f* || ~ character ~ / Zeichenreihung *f*, Zeichenkette *f* || ~ data ~ / Datenkette *f* || insulator ~ / Strang einer Isolatorkette IEC 50(466), Isolatorkettenstrang *m* || ~ delimiter / Endezeichen der Zeichenkette (PMG)

stringent 586

|| ~ **device** / Textgeber *m* (GSK-Eingabegerät)
stringent requirements / strenge Anforderungen
string foundation / Wangenfundament *n* || ~
galvanometer / Saiten-Galvanometer *n* || ~
insulator / Kettenisolator *m* || ~ **length** /
Stringlänge *f* || ~ **of bytes** / Bytestrom *m* || ~ **of digits** / Ziffernfolge *f*, Zeichenkette *f* (PMG)
strip *v* / abstreifen *v*, abisolieren *v*, abmanteln *v*,
abbeizen *v* || ~ *n* / Streifen *m*, Band *n*, Bandstahl *m*,
Bandware *f*, Leiste *f* || **earth** ~ / Banderder *m* ||
runway ~ / Pistenstreifen *m* || **to** ~ **the insulation** /
abisolieren *v* || ~ **ceiling luminaire** / Paneelleuchte *f*
|| ~ **chart** / Schreibstreifen *m* || ~ **chart recorder** /
Streifenschreiber *m*
strip-conductor (earth) electrode / Banderder *m*
strip ducting / Installationsleiste *f* (IK)
striper *n* / Ringler *m* || ~ **control** / Ringleransteuerung *f*
strip expansion / Leistenausbau *m* || ~ **lighting control** / Lichtbandsteuerung *f*
strip-on-edge winding / hochkant gewickelte Wicklung
stripped back / abgemantelt *adj* || ~ **length** / Abisolierlänge *f*
stripper, cladding-mode ~ / Mantelmoden-Abstreifer *m* (LWL) || **stripper plate** / Abstreiferplatte *f*
stripping *n* / Abisolation *f* || ~ **force** / Abziehkraft *f* (Wickelverbindung) || ~ **tool** / Abziehwerkzeug *n* (Wickelverbindung), Abisolierwerkzeug *n*
strip printer / Streifendrucker *m* || ~ **recorder** / Streifenschreiber *m*
strip-section rubber / Kederprofilgummi *n*
strip sensor / Bändchenfühler *m* || ~ **terminal** / Flachklemme *f*, Bandklemme *f* || ~ **transmission line** / Streifenleitung *f*, Bandleitung *f*
strip-type heater / Heizband *n* || ~ **trunking** / Installationsleiste *f* (IK)
strip winding / Bandwicklung *f*, Flachdrahtwicklung *f*
strip-wound coil / Bandspule *f* || ~ **core** / Bandkern *m* || ~ **magnetic core** / magnetischer Bandkern || ~ **toroidal core** / Bandringkern *m*
strobe *v* / abfragen *v*, abtasten *v*, markieren *v* || ~ *n* / Stroboskop *n* || **column address** ~ **(CAS)** / Spaltenadresse-Übernahmesignal *n* || **software triggered** ~ / softwaregesteuerte Signalerkennung || ~ **bit** / Strobe-Bit *n* || ~ **input** / Befehlseingang *m* DIN 44472 || ~ **pulse** / Strobe-Impuls *m* DIN IEC 469,T.1, Stroboskopimpuls *m*, Abtastimpuls *m*, Abfrageimpuls *m*, Markierimpuls *m*, Übernahmeimpuls *m*
strobing *n* / Strobing DIN IEC 469,T.1, Abfragen *n*, Abtasten *n*
stroboscope *n* / Stroboskop *n*
stroboscopic effect / stroboskopischer Effekt || ~ **light** / Stroboskoplicht *n*, Blitzlicht *n* || ~ **meter disc** / stroboskopische Läuferscheibe (EZ) || ~ **test** / stroboskopische Prüfung
stroke *n* / Schlag *m*, Blitzschlag *m*, Stoß *m*, Strich *m*, Stellgliedhub *m*, Hubbewegung *f*, Hub *m* || ~ **character generator** / Strichzeichengenerator *m* || ~ **device** / Stricheingabegerät *n* (GKS), Liniengeber *m* || ~ **length** / Strichlänge *f* (Staubsauger) || ~ **lever** / Hubhebel *m* || ~ **limiting** / Hubbegrenzung *f* || ~ **monitoring** / Hubüberwachung *f* || ~ **number monitoring** / Hubzahlüberwachung *f* || ~ **of**

actuator / Stellmotorhub *m* || ~ **of the valve** / Stellgliedhub *m*, Ventilstellung *f* || ~ **pattern** / Strichmuster *n* (Staubsauger) || ~ **rate** / Hubzahl *f*, Hubanzahl *f* || ~ **to earth** / Abwärtsblitz *m*, Wolke-Erde-Blitz *m* || ~ **width** / Strichbreite *f* (Staubsauger)
stroke-writing refreshed-display screen / vektororientierter Wiederholbildschirm || ~ **screen** / Vektorbildschirm *m*
stroking speed / Stellgeschwindigkeit *f* (Ventil)
STRS s. source transfer state
structogram *n* / Strukturdiagramm *n*, Struktogramm *n* || ~ **editor** / Struktogramm-Editor *m* || ~ **generator** / Struktogrammgenerator *m*
structural parameter / Strukturparameter *m* || ~ **part** / Strukturteil *n* || ~ **parts** / Konstruktionsteile *n pl* (z.B. SK) || ~ **viscosity** / Strukturviskosität *f*, Innenviskosität *f*
structural / sawn timber / Konstruktions-und Schnittholz *n*
structure *n* / Struktur *f*, Aufbau *m*, Gefüge *n*, Gerüst *n*, Feldaufbau *m*, Konstruktion *f* || ~ *v* / gliedern *v* || ~ **(of an overhead line)** / Stützpunkt *m* || **resonant** ~ / Resonanzanordnung *f* || **substation** ~ / Stationsgerüst *n*
structure-adaptive control system / strukturadaptives Regelsystem
structure bill of materials / Strukturstückliste *f*
structure-borne noise / Körperschall *m*
structure chart editor / Struktogramm-Editor *m* || ~ **check** / Strukturprüfung *f* (Dater)
structured *adj* / gegliedert *adj*
structured chart / Strukturdiagramm *n*, Struktogramm *n* || ~ **control language (SCL)** / SCL || ~ **data** / strukturierte Daten || ~ **data traffic** / strukturierter Datenverkehr || ~ **data type** / zusammengesetzter Datentyp
structure diagram / Strukturbild *n* || ~ **FB** / Struktur-FB
structured light / strukturelles Licht || ~ **programming** / strukturierte Programmierung || ~ **text (ST)** / strukturierter Text
structure gauge / Lichtraum *m* (Bahn), Regellichtraum *m* || ~ **image** / Strukturabbild *n* || ~ **of control system** / Gliederung der Steuerung || ~ **of program** / Aufbau des Programms || ~ **recognition** / Strukturerkennung *f* || ~ **selector** / Strukturumschalter *m* (SPS)
structure-to-soil potential / Objekt-Boden-Potential *n* (KKS)
structure transformer / Strukturtransformator *m* (zur Erzeugung v. Struktogramm-Dateien)
structuring *n* / Strukturierung *f* (Programm, Daten)
strut *n* / Strebe *f*, Stütze *f*, Stiel *m* || ~ **section** / Strebenprofil *n*
STS (system stop) / STS (Systemstopp)
stub *n* / Stumpf *m*, Stummel *m*, Stutzen *m*, Fuß *m* (Holzmast), Mastfuß *m*, Stichleitung *f*, Sockel *m*, Rohrstutzen *m* || ~ *n* EN 50170-2-2 / Stichleitung *f* (PROFIBUS, zu einem Teilnehmer) || ~ **acme thread** / stumpfes Trapezgewinde
stub-end feeder / Netzausläufer *m*, Stichleitung *f*, Auslauferleitung *f*
stub-feeder cable / Stichkabel *n*
stub shaft / Flanschwelle *f* || ~ **teeth** / Stumpfzähne *m pl* || ~ **terminal** / Stichanschluss *m* || ~ **V-thread** / stumpfes Spitzgewinde

stuck bias-cut fabric / geklebtes Diagonalschnittgewebe || ~ **in** / eingeklebt *adj*
stud *n* / Stift *m*, Bolzen *m*, Kontaktbolzen *m*, Stiftschraube *f*, Stehbolzen *m*, Zapfen *m*, Bolzenschraube *f*, Stiftbolzen *m*, Schraubenbolzen *m* || **brush-holder** ~ / Bürstenhalterbolzen *m*, Bürstenbolzen *m*, Bürstenlineal *n*, Bürstenhalterspindel *f* || **road** ~ / Markierungsknopf *m* (Straße) || ~ **bolt** / Gewindebolzen *m*, Bolzenschraube *f*, Schraubenbolzen *m*, Stiftschraube *f*
stud-casing thyristor / Schraubthyristor *m*
stud coupling / Zapfenkupplung *f*, Bolzenkupplung *f*
stud half / Bolzenscheibe *f* (Kuppl.)
studio floodlight / Studiofluter *m* || ~ **luminaire** / Studioleuchte *f* || ~ **spotlight** / Studiolampe *f*, Filmstudiolampe *f*
stud terminal / Bolzenklemme *f*, Stehbolzenanschluss *m* || ~ **torque** / Anzugsdrehmoment *n* (Thyr, beim Einschrauben) || ~ **welding** / Bolzenschweissen *n* || ~ **welding control** / Bolzenschweißsteuerung *n* || ~ **welding device** / Bolzenschweißgerät *n*
stud-type thyristor / Schraubthyristor *m*
study drawing / Untersuchungs-Zeichnung *f*
stuffable digit time slot / füllbarer digitaler Zeitschlitz
stuffed insulation of fibrous minerals / Mineralfaser-Stopfisolierung *f*
stuffing *n* / Stopfen *n* (zur Erhöhung der Digitalrate) || ~ **box** / Stopfbuchse *f*, Einführungsbuchse *f* (zum Abdichten einer Kabeleinführung) || ~ **box of the valve** / Stopfbuchse der Armatur || ~ **box using molded V-rings** / Stopfbuchse mit Manschetten || ~ **box using performed V-rings** / Stopfbuchse mit Manschetten || ~ **box with molded V-rings** / Manschettenstopfbuchse *f* || ~ **box with packing of yarn** / Packungsstopfbuchse *f* || ~ **digit** / Füllziffer *f* (Impulsfüllung) || ~ **rate** / Füllungsrate *f* (Impulsfüllung)
sturdy *adj* / robust *adj*
STX (start of text) / Textanfang *m*, STX
style *n* / Stil *m* (a. Text) || ~ **IEC 512-1** / Bauform *f* DIN 41640, Ausführungsform *f* || **connector** ~ / Steckverbinder-Bauform *f*
styled luminaire / Stilleuchte *f*
stylus *n* / Schreibstift *m*, Abtaststift *m*, Taster *m*, Abtastnadel *f* || ~ **carrier** / Schreibarm *m* (Schreiber) || ~ **recorder** / Stiftschreiber *m*, Nadelschreiber *m*
styrenation *n* / Styrolisierung *f*
styrene *n* / Styrol *n*
sub-address *n* / Unteradresse *f*
sub-area *n* / Teilbereich *m*
subassembly *n* / Unterbaugruppe *f*, Baugruppe *f*, Vormontage *f*, Teilzusammenbau *m*, Teilegruppe *f*
sub-audio channel / Unterlagerungskanal *m* || ~ **telegraphy** / Unterlagerungstelegraphie *f*
sub-band *n* / Unterbereich *m*
sub-block *n* / Teilsatz *m*, Nebensatz *m*, Teilblock *m*
Sub-bus *n* / Sub-Bus *m* (eigenständiger Bus, der durch die Integration in ein Bus-Netz zum Sub-Bus wird)
subcarrier *n* / Zwischenträger *m*, Unterträger *m*, Zwischenträgerschwingung *f* || ~ **frequency modulation** / Zwischenträger-Frequenzmodulation *f*

sub-circuit *n* / Abzweigstromkreis *m*, Gerätestromkreis *m*, Hauptleitungsabzweig *m*, Verbraucherstromkreis *m* || **final** ~ / Endstromkreis *m* (im Gebäude) VDE 0100,T.200, Verbraucherstromkreis *m* || ~ **distribution board** / Stromkreisverteiler *m*
sub-conductor *n* / Teilleiter *m* (eines Bündelleiters)
subcontractor *n* / Unterauftragsnehmer *m* || ~ **source inspection** (CSA Z 299) / Außenabnahme beim Zulieferanten
sub-critical crack growth / vorkritisches Risswachstum
subcritical damping / unterkritische Dämpfung, Unterdämpfung *f*
SUB D connector (subminiature D connector) / SUB-D-Stecker *m*, Miniatur-Stecker der D-Reihe
subdirectory *n* / Unterverzeichnis *n*
sub-distribution *n* / Unterverteilung *f* || ~ **board** / Unterverteiler *m*, Unterverteilertafel *f*, Unterverteilung *f*
subdistributor *n* / Unterverteiler *m*
subdivided earthing system / getrennte Erdungsanlage || ~ **winding** / unterteilte Wicklung, aufgeschnittene Wicklung, gespaltene Wicklung
subdivision *n* / Unterteilung *f*, Einteilung *f*, Geschäftszweig *m* || **winding without** ~ / unaufgeschnittene Wicklung, || ~ **of illuminated area** / Aufteilung der Leuchtflächen || ~ **of illuminated screen** / Aufteilung der Leuchtflächen
subdomain *n* / Teilbereich *m* DIN ISO 8348
SUB D plug / Sub-D-Stecker *m*, D-Sub-Stecker *m*, Miniatur-Stecker der D-Reihe
sub-drawer *n* / Kassette *f* (ET) DIN 43350
SUB D socket / SUB-D-Buchse *f* || ~ **D socket connector** / D-Sub-Buchsenleiste *f*
subdued light / gedämpftes Licht, Dämmerlicht *n*
sub-family *n* IEC 512 / Unterfamilie *f* DIN 41640,T.1
subfeeder *n* / Nebenspeiseleitung *f*, Abzweigleitung *f*, Nebeneinspeisung *f*
sub-f.h.p. motor / Kleinstmotor *m*
subfigure *n* / Teilbild *n*
sub-floor *n* / Untergrund *m* (Fußbodenbelag)
sub-form *n* / Unterfenster *n*
sub-fractional-horsepower motor / Kleinstmotor *m*
subframe *n* / Grundrahmen *m*, Unterrahmen *m*, Untergestell *n*, Teilraster *n*, Unterraster *n*
subfunction *n* / Teilfunktion *f*
subgroup *n* / Untergruppe *f* (UG) || ~ **control (SGC)** / Untergruppensteuerung *f* (UGS)
subharmonic *n* / Unterschwingung *f*, Unterharmonische *f*, Zwischenharmonische *f*, Subharmonische *f*, harmonische Unterwelle || ~ *adj* / unterharmonisch *adj*, subharmonisch *adj* || ~ **generator diode** / Frequenzteilerdiode *f*
subimage *n* / Teilbild *n*
subimposed *adj* / unterlagert *adj*
subindex *n* / Kennung *f* (EZ)
subject index / Sachverzeichnis *n* || ~ **to change without prior notice.** / Technische Anderungen bleiben vorbehalten., Änderungen vorbehalten || ~ **to explosion hazard** / explosionsgefährdet *adj*
subjective brightness / Helligkeit *f*
sublayer *n* / Teilschicht *f* ISO-Referenzmodell
sublevel *n* / Unterstufe *f*
subline *n* / Teilstrang *m*
sub-line-frequency components / unternetzfrequente Komponenten

submagazine / Teilmagazin *n*
submagazine-specific *adj* / teilmagazinspezifisch *adj*
sub-main distribution / Unterverteilung *f* || ~
distribution board / Unterverteiler *m*, Unterverteilertafel *f*
submarine cable / Seekabel *n* || ~ **line** / im Wasser verlegte Leitung, Unterwasserleitung *f*
submaster station / Knotenstation *f* (FWT)
submenu *n* / Untermenue *n*
submerge *v* / untertauchen *v*, eintauchen *v*, tauchen *v*
submersible *adj* / tauchfähig *adj*, druckwasserdicht *adj* || ~ **connector** / tauchfester Steckverbinder || ~ **motor** / überflutbarer Motor, Unterwassermotor *m*, Tauchmotor *m*
submersible-pump motor / Tauchpumpenmotor *m*
submersion, protection against the effects of continuous ~ / Schutz beim Untertauchen
submeter *n* / Zwischenzähler *m*
submetering *n* / Zwischenzählung *f* (EZ)
subminiature / Subminiatur *f* || ~ **connector** / Kleinstecker *m* || ~ **D connector (sub D connector)** / D-Sub-Stecker *m*, Sub-D-Stecker *m*, Miniatur-Stecker der D-Reihe || ~ **fuselink** / Kleinst-Sicherungseinsatz *m* || ~ **lamp** / Kleinstlampe *f* || ~ **lampholder** / Kleinstlampenfassung *f* || ~ **polarized relay** / polarisiertes Kleinstrelais, Minipolrelais *n*, Zwergpolrelais *n* || ~ **relay** / Kleinstrelais *n*, Subminiaturrelais *n*
submode *n* / Unterbetriebsart *f*
submodel *n* / Untermodell *n* (CAD)
submodule *n* / Submodul *n*, Modul *n*, Platine *f*, Karte *f*, Baugruppe (BG) *f*, BGR || ~ **handler** / Modul handler (MH) || ~ **ID (submodule identification number)** / Programmiernummer *f* || ~ **identification number (submodule ID)** / Programmiernummer *f* || ~ **on a power module** / Leistungsteilbaugruppe *f* || ~ **socket** / Steckplatz *n*, Modulschacht *m*
sub-movement *n* / Teilbewegung *f*
subnet *n* / Subnetz *n*, DP-Subnetz *n* (Subnetz, an dem nur DP betrieben wird) || ~ **name** / Subnetz Name || ~ **screen form** / Subnetzmaske *f*
subnetwork *n* / Teilnetz *n* (DÜ, Kommunikationssystem) || ~ **access protocol (SNACP)** / Teilnetz-Zugangsprotokoll *n* DIN ISO 8473 || ~ **connection** / Vermittlungsinstanzenverbindung *f* DIN ISO 7498
subnetwork-dependent convergence protocol (SNDCP) / teilnetzspezifisches Anpassungsprotokoll DIN ISO 8473
subnetwork point of attachment (SNPA) / Teilnetzanschluss *m* DIN ISO 8348 || ~ **point of attachment address** / Teilnetzanschlussadresse *f* DIN ISO 8348
subordinate *adj* / unterlagert *adj* || ~ **block** / Nebensatz *m* (DV, NC), unterlagerter Baustein (SPS) || ~ **cycle** / unterlagerter Zyklus || ~ **manual control** / unterlagerter Handbetrieb
subparameter (SPAR) *n* / Sub-Parameter (SPAR) *m*
subpicture *n* / Teilbild *n*
sub-population *n* / Teilgesamtheit *f* DIN 55350,T.23, Teilkollektiv *n* DIN 55350,T.23
subprocess *n* / Teilprozess *n*
subprogam file (SPF) / Unterprogramm (UP) *n* (Anwendung: Programmierung oft benötigter Bewegungsabläufe, die aus verschiedenen Hauptprogrammen aufgerufen werden können)

sub-program *n* ISO 2806-1980 / Unterprogramm *n* (UP), Subroutine *f*
subrack *n* / Baugruppenträger (BGT) *m* DIN 43350, Rahmen *m* || ~ **assignment** / Rahmenbelegung *f* || ~ **module** / Trägerbaugruppe *f*, DMP-Terminalblock (DMP-TB) *m*, DMP-Trägerbaugruppe (DMP-TB) *f* || ~ **tier** / Baugruppenträgerzeile *f* || ~ **with protective module casings** / Kapselbaugruppenträger *m*
sub-range *n* / Unterbereich *m*
subrecipe *n* / Teilrezept *n*
sub-reference position / Hilfs-Bezugsposition *f* (NC)
subroutine *n* / Subroutine *f*, Unterprogramm *n* || ~ **call** / Unterprogrammaufruf *m*
subroutine-controlled number of passes / Unterprogramm-Durchlaufzahl *f* (NC)
subroutine identifier / Unterprogrammkennung *f* || ~ **jump** / Unterprogrammsprung *m* || ~ **level** / Unterprogrammebene *f* || ~ **library** / Unterprogrammbibliothek *f* || ~ **technique** / Unterprogrammtechnik *f*
sub-sampling *n* / Unterabtastung *f*
subscribed demand / bestellte Leistung, Vertragsleistung *f* || ~ **value** / indizierter Wert
subscribing *n* / Tiefstellen *n* (Text), Indizierung *f*
subscript *n* / Index *m* || ~ **character** / Indexzeichen *n*, tiefgestelltes Zeichen
subscripting *n* (A mechanism for referencing an array element by means of an array reference and one or more expressions that, when evaluated, denote the position of the element.) / Indizierung *f*, Feldindizierung *f*
sub-section *n* IEC 439-1 / Fach *n* (SK) VDE 0660,T.500, Einschubfach *n*, Koppelspeicher *m*, Datenfach *n*, Datenbox *f*
subsection *n* / Unterabschnitt *m*
subsequence *n* / Unterfolge *f* (DÜ)
subsequent *adj* / nachträglich *adj* || ~ **block** / Folgesatz *m* (NC) || ~ **calculation** / Nachkalkulation *f* || ~ **character** / Folgezeichen *n* || ~ **failure** / Sekundärausfall *m*, Folgeausfall *m* DIN 40042 || ~ **logic operation** / Nachverknüpfung *f* || ~ **start** / Folgestart *m* || ~ **stroke** / Folgeblitz *m* || ~ **supply** / Nachlieferung *f* || ~ **verification** / Nacheichung *f*
subset *n* / Untermenge *f*, Teilmenge *f*, Subset *n* || ~ **function** ~ / Teilausrüstung einer Funktion (PMG) DIN IEC625 || ~ **language** ~ / Sprachraum *m*
subsidence earthquake / Einsturzbeben *n*
subsidiary *n* / Tochtergesellschaft *f* || ~ **price** / Geschäftsstellenpreis (G-Preis) *m*
subsidy *n* / Subvention *f*
subspan oscillation / Teilfeldschwingung *f* (Freiltg.)
substance *n* / Substanz *f*, Stoff *m*, flächenbezogene Masse || **reference** ~ / Bezugsstoff *m* DIN 1871
substandard *n* / Sekundärstandard *m*, Kontrollnormalgerät *n*, Eichzähler *m*, Vergleichszähler *n*, Prüfzähler *m* || ~ **grade** / Mindergüte *f* || ~ **lamp** / Sekundärnormallampe *f* || ~ **meter** / Prüfzähler *m* (EZ), Vergleichszähler *m*, Eichzähler *m*, Normalzähler *m*, Gebrauchsnormalzähler *m* || ~ **method** / Prüfzählerverfahren *m*
substantial *adj* / erheblich *adj*
substantially sinusoidal / praktisch sinusförmig || ~ **sinusoidal waveform** / sinusförmige Schwingung (Klirrfaktor kleiner als 5 %)

substantiate v / nachweisen v
substation n / Unterstation f, Unterwerk n, Station f, Transformatorstation f, Netzstation f, Schaltstation f, Schaltanlage f || **distribution** ~ / Verteilerstation f, Netzstation f, Ortsnetzstation f || **rectifier** ~ / Gleichrichterwerk n, Umformerwerk n (f. Gleichrichtung) || ~ **and system image** / Stations- und Systemabbild n || ~ **automation** / Stationsleittechnik f, Schaltanlagenleittechnik f, Leittechnik für Schaltanlagen (LSA) || ~ **control and protection** / Stationsleittechnik f, Schaltanlagenleittechnik f, Leittechnik für Schaltanlagen (LSA) || ~ **control and protection system** / Stationsleitsystem n, Schaltanlagenleitsystem n, Leittechnik für Schaltanlagen (LSA) || ~ **control room** / Wartenraum einer Station || ~ **control system** / Stationsleitsystem n, Schaltanlagenleitsystem n || ~ **image** / Stationsabbild n || ~ **interlock** / Anlagenverriegelung f || ~ **local back-up protection** IEC 50(448) / örtlicher Reserveschutz (in der Station) || ~ **pole** / Stationspol m || ~ **processor module** / Leiterplatte (LP) f, Platine f, Flachbaugruppe f, gedruckte Schaltung || ~ **relay room** / Relaisraum einer Station || ~ **Secondary Equipment Department** / Fachabteilung Sekundärtechnik || ~ **structure** / Stationsgerüst n || ~ **telecontrol room** / Fernwirkraum einer Station || ~ **transformer** / Unterwerktransformator m, Stationstransformator m
substep n / Unterschritt m
substitute n / Ersatz m || ~ **bus** / Ersatzschiene f, Ersatzsammelschiene f || ~ **delivery** / Ersatzlieferung f || ~ **key set** / Tastenabdeckungssatz m || ~ **material** / Ersatzwerkstoff m, Ausweichwerkstoff m || ~ **value** / Ersatzwert m (DV, PC)
substitution n / Substitution f, Ersatz m, Austauschen n (v. Textteilen), Nachführung f, Nachführen n
substitutional braking / ablösende Bremsung
substitution command / Nachführbefehl m || ~ **error** / Substitutionsfehler m || ~ **instruction** / Substitutionsanweisung f, Substitutionsbefehl m, Substitutionsoperation f || ~ **load** / Ersatzlast f
substitution method of measurement / Substitutionsmessverfahren n || ~ **operation** / Substitutionsoperation f, Substitutionsbefehl m, Substitutionsanweisung f || ~ **principle** / Substitutionsprinzip n || ~ **step** / Nachführschritt m || ~ **weighing method** / Substitutionswägeverfahren n
substrate n / Trägermaterial n, Träger m (der Strahlung (RöA)) || ~ (of radiation) / Träger m (der Strahlung (RöA)) || ~ **current** (FET) / Substratstrom m (FET) DIN 41858 || ~ **material** / Trägermaterial n (RöA)
substring n / Teilstring m
substructure n / Unterbau m, Tragkonstruktion f, Sockel m
subsurface defect / Fehler unter der Oberfläche, innerer Fehler || ~ **structure** / Innengefüge n
subsynchronous adj / untersynchron adj || ~ **converter cascade** / untersynchrone Stromrichterkaskade (USK) || ~ **reluctance motor** / Untersynchron-Reluktanzmotor m, Interferenzmotor m || ~ **resonance** / untersynchrone Resonanz || ~ **Scherbius system** / untersynchrone

Scherbius-Kaskade || ~ **threephase counter-torque hoisting control** / untersynchrone Drehstrom-Konterhubschaltung
subsystem n / Untersystem n, Teilsystem n, Subsystem n, Teilanlage
subtangent n / Subtangente f
subtense, limiting angle ~ / Grenzwinkel m (Sehwinkel zu einer Laserquelle) VDE 0837
subtotal n / Zwischensumme f
subtracting counting input / Rückwärts-Zähleingang m || ~ **register** / Subtraktionszählwerk n
subtraction wheel (o. gear) / Subtraktionsrad n
subtractive process / Subtraktiv-Verfahren n (gS)
subtractor n / Subtrahierer m, Subtrahierwerk n
subtransient adj / subtransient adj, subtransitorisch adj, Anfangs... || ~ **condition** / subtransienter Vorgang, Anfangsvorgang m || ~ **current** / subtransienter Strom, Anfangsstrom m || ~ **internal voltage** / subtransiente Hauptfeldspannung || ~ **open-circuit time constant** / Subtransient-Leerlauf-Zeitkonstante f || ~ **phenomenon** / subtransienter Vorgang, Anfangsvorgang m || ~ **reactance** / subtransiente Reaktanz, Anfangsreaktanz f, Stoßreaktanz f || ~ **short-circuit current** / subtransienter Kurzschluss-Wechselstrom, Anfangs-Kurzschluss-Wechselstrom m, Stoßkurzschluss-Wechselstrom m || ~ **short-circuit time constant** / Subtransient-Kurzschluss-Zeitkonstante f, Anfangszeitkonstante f || ~ **time constant** / subtransiente Zeitkonstante, Anfangszeitkonstante f || ~ **voltage waveform deviation** / Kurvenformänderung einer Spannung VDE 0558,5
subtransmission line protection / Abzweigschutz m
subtype, record ~ / Satz-Untertyp m (NC, CLDATA)
subunit n / Teilgerät n (SPS), Untereinheit f, untergeordnete Einheit, Steckblock m
sub-window n / Unterfenster n
SUC / HSS
successful reclosure / erfolgreiche Kurzunterbrechung (o. Wiedereinschaltung)
succession, starts in ~ / Folgeanläufe m pl ||
succession of contacts / Kontaktfolge f
successive adj / schrittweise adj || ~ **approximation** / schrittweise (o. stufenweise) Annäherung adj, sukzessive Approximation, stufenweise Näherung || ~ **approximation method** / Verfahren der schrittweisen Annäherung, Wägemethode f (ADU) || ~ **approximation register (SAR)** / Annäherungsregister n || ~ **method** / Staffelverfahren n || ~ **stroke** / Folgeblitz m
successor n / Nachfolger m || ~ **step** / Nachfolgerschritt m
success ratio / Erfolgsquotient m
sucking booster / Absetzmaschine f, Devolteur m || ~ **coil** / Tauchspule f || ~ **transfer press** / Saugertransferpresse f
suction fan / Sauglüfter m, Saugzuglüfter m || ~ **head** / Ansaughöhe f || ~ **valve** / Ansaugventil n, Saugventil n, Einlassventil n
sudden acceleration / ruckartiges Beschleunigen || ~ **change** / plötzliche Änderung, Sprung m || ~ **failure** / Sprungausfall m DIN 40042, Spontanausfall m || ~ **frequency change** / Frequenzsprung m || ~ **load change** / plötzlicher Lastwechsel, Lastsprung m, Stoßbelastung f || ~ **loading** / Stoßbelastung f || ~

load rejection / plötzlicher Lastabwurf || **~ load variation** / Lastsprung *m*
suddenly applied load / plötzliche Lastaufschaltung, Laststoß *m* || **~ applied torque** / Drehmomentstoß *m*
sudden phase shift / Phasensprung *m*
sudden-power-change relay / Leistungssprungrelais *n*
sudden power variation / Leistungssprung *m* || **~ short circuit** / Stoßkurzschluss *m* || **~ short-circuit current** / Stoßkurzschlussstrom *m* || **~ short-circuit test** / Stoßkurzschlussprüfung *f* || **~ temperature change** / Temperatursprung *m* || **~ torque application** / Drehmomentstoss *m* || **~ variation** / plötzliche Änderung, sprunghafte Änderung || **~ voltage change** / Spannungssprung *m*
sudden-voltage-change relay / Spannungssprungrelais *n*
Suez canal searchlight / Suezkanal-Scheinwerfer *m*
suggestion *n* / Vorschlag *m* || **~ for improvement** / Verbesserungsvorschlag *m*
suicide control / Selbstmordschaltung *f*
suitability *n* / Tauglichkeit *f* || **~ for application** / Praxistauglichkeit *f*
suitable *adj* / geeignet *adj* || **~ for networking** / vernetzbar *adj* (z.B. durch ein LAN) || **~ for use in any climate** / klimafest *adj*
suite, cubicle ~ / Schrankreihe *f*
sulfur dioxide / Schwefeldioxid *n* || **~ trap** / Schwefelfalle *f*
sulphur *n* / Schwefel *m* || **~ dioxide measuring equipment** / Schwefeldioxid-Messeinrichtung *f* || **~ hexafluoride** (SF₆, for composite terms, see under SF₆) / Schwefelhexafluorid *n* (SF₆)
sulphuric acid / Schwefelsäure *f*
sumcheck error / Summenfehler *m*
sum error / Summenfehler *m* || **~ flag** / Summenanzeige *f*, Summeninformation *f* || **~ information** / Summeninformation *f*, Summenanzeige *f*
summand *n* / Summand *m*, Addend *m*
summary clarification of costs / Kostensammlung *f* || **~ diagnostics** / Übersichtsdiagnose *f* || **~ error** / Summenfehler *m* || **~ of quantities to be ordered** / Bestellbedarfsübersicht *f* || **~ status data** / Gesamtzustandsdaten *plt* (PMG)
summated current / Stromsumme *f* || **~ pulse output** / Summenimpulsausgang *m*
summating meter / Summenzählgerät *n* || **~ register** / Summenzählwerk *n*
summation *n* / Summierung *f*, Zusammenzählen *n*, Summenbildung *f*, Summation *f* || **~ balance metering** / Summendifferenzzählung *f* || **~ check** / Summenprüfung *f* || **~ check error** / Summenfehler *m* || **~ control circuit device** / Summensteuergerät *n* || **~ current** / Summenstrom *m* || **~ current transformer** / Summenstromwandler *m*, Mischwandler *m* || **~ element** / Summierwerk *n* || **~ gear** (train) / Summengetriebe *n* || **~ instrument** / summierendes Messgerät || **~ metering** / Summenzählwerk *n*
summation-of-loss method / Einzelverlustverfahren *n* (el. Masch.) VDE 0530, T.2
summation register / Summierwerk *n* || **~ voltage** / Summenspannung *f*
summator *n* / summierendes Messgerät, Summierer *m*, Summiergerät *n*, Summenzähler *m*,

Summenzählwerk *n*, Summierglied *n* || **~ gear train** / Summiergetriebe *n*
summed *adj* / addiert *adj*
summer *n* / summierendes Messgerät, Summierer *m*, Summiergerät *n*, Summenzähler *m*, Summenzählwerk *n*, Summierglied *n* || **~** / Summierglied *n* DIN 19226
summing amplifier / Summierverstärker *m*, Addierverstärker *m* || **~ element** / Summierglied *n* DIN 19226 || **~ junction** / Additionspunkt *m* (IS) || **~ point** / Summierstelle *m* (Reg.), Additionsstelle *f*, Summationspunkt *m* || **~ unit** / Summierer *m*
sum of digits / Ziffernsumme *f* || **~ offset** / additive Verschiebung, Summenkorrektur *f*, zusammenfassen *v*
sump *n* / Sumpf *m*, Ölsumpf *m*, Auffangbecken *n* || **~ oil ~** / Ölsumpf *m*, Ölauffangwanne *f*, Ölauffanggrube *f* || **~ lubrication** / Sumpfschmierung *f*, Badschmierung *f*
sums of money awarded as compensation by the courts when manufacturers cannot prove that they exercized due care and attention / Schadensersatzsummen *f pl*
sum total / Gesamtsumme *f* || **~ up** / bündeln *v*
sundries *n pl* / Kleinteile *n pl*
sunflower wheel / Sonnenblumenrad *n*
sunk *adj* / gesunken *adj*, versenkt *adj*, versenkt eingebaut, für versenkten Einbau, für Wandeinbau || **~ data** / aufgenommene Daten, empfangene Daten || **~ key** / Einlegekeil *m*, versenkter Keil, Einlegepassfeder *f* || **~ socket-outlet** / Unterputzsteckdose *f*, Einbausteckdose *f*
sunlight *n* / Sonnenlicht *n*
sun phantom / Phantomlicht *n* || **~ relay** / Dämmerungsschalter *m* || **~ roof** / Schiebedach *n* (Kfz)
sunshine duration / Sonnenscheindauer *f*
sun wheel / Sonnenrad *n*
superannuated *adj* / überaltert *adj*
super-audio channel / Überlagerungskanal *m* || **~ telegraphy** / Überlagerungstelegraphie *f*
super calender / Superkalender *m*
superconducting *adj* / supraleitend *adj* || **~ coil** / supraleitende Spule || **~ machine** / supraleitende Maschine, Kryo-Maschine *f* || **~ magnet** / supraleitender Magnet || **~ quantum interference device** (SQUID) / Supraleiter-Quanteninterferometer *n* || **~ winding** / supraleitende Wicklung
superconductive *adj* / supraleitfähig *adj*
superconductivity *n* / Supraleitfähigkeit *f*, Supraleittechnik *f*, Supraleitung *f*
superconductor / Supraleiter *m* || **~ type 1 ~** / weicher Supraleiter || **~ type 2 ~** / harter Supraleiter
supercritical damping / überkritische Dämpfung, Überdämpfung *f*
super-de-Luxe fluorescent lamp / Super-de-Luxe-Leuchtstofflampe *f*
super-electrons *n pl* / Supraleitungselektronen *f pl*
superexcitation *n* / Stoßerregung *f*
superfast fuse / superflinke Sicherung
superfinishing *n* / Feinstbearbeiten *n*, Feinhonen *n*, Feinstschlichten *n*
superfluid *n* / Supraflüssigkeit *f*, suprafluides Medium
supergrid *n* / Höchstspannungsnetz *n*
supergroup *n* / Sekundärgruppe *f* IEC 50(704)

superheated steam / Hochdruckdampf m ‖ **~ steam line** / Heißdampfleitung f ‖ **~ system** / Heißdampf m
superheated-steam cylinder oil / Heißdampfzylinderöl n
super-high frequency (SHF) / superhohe Frequenz
superimpose v / überlagern v, einblenden v
superimposed adj / überlagert adj, übergeordnet adj ‖ **~ circuit** / überlagerter Stromkreis, Phantomkreis m (Kabel) ‖ **~ component protection** / Überlagerungskomponentenschutz m IEC 50(448) ‖ **~ cycle** / überlagerter Zyklus (FWT) ‖ **~ d.c. voltage** / überlagerte Gleichspannung ‖ **~ oscillations** / überlagerte Schwingungen, Überlagerungsschwingungen f
superimposed-pulse ignitor / Überlagerungs-Zündgerät n, Überlagerungs-Starter-Zündgerät n
superimposition n / Überlagerung f, Überspeichern n (von Funktionen), Einblendung f (Text) ‖ **~ method** / Überlagerungsverfahren n ‖ **~ of functions** / Überspeichern n
superinsulation n / Supraisolation f
superintendent of work / Baustellenleiter m, Projektleiter m, Bauleiter m
superleak n / Supraleck n
super-LSI (SLSI) / extrem hoher Integrationsgrad (IS)
superluminescence n / Superstrahlung f
superluminescent diode / superstrahlende LED
supermagnet n / supraleitender Magnet
supermastergroup n / Quartärgruppe f IEC 50(704)
superordinated control action / übergeordneter Steuervorgang
supermarket DIY / Baumarkt m
superordination n / Überordnung f
superpose v / überlagern v
superposed circuit / aufgesetzter Stromkreis
super-pressure MVL / Quecksilberdampf-Höchstdrucklampe f
super-purity aluminium / Reinstaluminium n
superradiance n / Superstrahlung f
superradiant diode (SRD) / superstrahlende LED
superscribing n / Hochstellen n (Text)
superscript character / hochgestelltes Zeichen
supersynchronous static converter cascade / übersynchrone Stromrichterkaskade ‖ **~ thyristor Scherbius system** / übersynchrone Stromrichter-Scherbiuskaskade
supervision / Überwachung f, Aufsicht f, Kontrolle f IEC 50(191) ‖ **~ of safety** / Überwachung der Sicherheit ‖ **~ symbol** / Überwachungszeichen n
supervisor n / Aufseher m, Aufsichtsperson f, Leiter m, leitender Monteur, Kontrolleur m ‖ **system ~** / Fertigungsleiter m (FFS), Anlagenführer m
supervisory computer / Überwachungsrechner m ‖ **~ console** / Hauptleitstand m (Pult) ‖ **~ control** / Regelung mit Überwachungseingriff, Fernwirken n, Fernwirktechnik f, Fernsteuerung f, Fernbedienung f ‖ **~ control and data acquisition (SCADA)** / Datensteuerung f, Datenüberwachung f, Datenerfassung f, SCADA ‖ **~ control and data acquisition system (SCADA)** / Fernwirk- und Datenerfassungssystem ‖ **~ control centre** / Fernwirkzentrale f, Leitstelle f (Netz) ‖ **~ control system** / Fernwirksystem n ‖ **~ engineer** / aufsichtshabender Ingenieur, Bauleiter m ‖ **~ equipment** / Überwachungsanlage f ‖ **~ processor** /

Überwachungsprozessor m ‖ **~ remote control** / Fernwirken n ‖ **~ remote control system** / Fernwirksystem n ‖ **~ routine** / Kontrollprogramm n ‖ **~ sequence** / Übertragungssteuerzeichenfolge (ÜSt-Zeichenfolge) f DIN 44302 ‖ **~ signal** / Überwachungssignal n ‖ **~ system** / Überwachungssystem n (QS) ‖ **~ terminal** / Leitstation f, Leitterminal n
supplementary board / Zusatzbaugruppe f ‖ **~ circuit** / Zusatzschaltung f ‖ **~ compensation** / Zusatzkompensation f (NC), Zusatzkorrektur f ‖ **~ components** / Ergänzungsteile n pl, ergänzende Komponente ‖ **~ condition** / Randbedingung f, Rahmenbedingung f ‖ **~ designation** / ergänzende Kennzeichnung ‖ **~ device** / Zusatzeinrichtung f ‖ **~ drawing** / Ergänzungszeichnung f ‖ **~ driving lamp** / Nebenscheinwerfer m (Kfz) ‖ **~ equipotential bonding** / zusätzlicher Potentialausgleich ‖ **~ equipotential bonding conductor** / zusätzlicher Potentialausgleichsleiter ‖ **~ function** / Zusatzfunktion f (Anweisungen, mit denen überwiegend Schaltfunktionen der Maschine oder Steuerung programmiert werden) ‖ **~ insulation** (a. IEC335-1) / zusätzliche Isolierung (a. VDE 0700,T.1), Zusatzisolierung f, Schutzisolierung f ‖ **~ lighting** / Zusatzbeleuchtung f ‖ **~ load loss** IEC 50(421) / Zusatzverluste pl (Trafo) ‖ **~ operation** / ergänzende Operation (SPS) ‖ **~ product** / Ergänzungsprodukt n ‖ **~ setpoint** / Zusatzsollwert m ‖ **~ standard colorimetric system** / Großfeld-Normvalenzsystem n ‖ **~ tariff** / Preisregelung für Zusatzversorgung (StT) ‖ **~ X** / Zusatzschaltung X
supplier n / Lieferant m, Anbieter m ‖ **~ number** / Lieferantennummer f
suppliers n pl / Zulieferindustrie f
supply n / Lieferung f, Versorgung f, Speisung f, Einspeisung f, Zuleitung f, Zuführung f, Vorrat m, Bereitstellung f, Einspeiseanschluss m, Speisequelle f, Zufuhr f ‖ **~** / beliefern v, versorgen v, einrichten v, vorbereiten v, beaufschlagen v ‖ **~ agreement** / Stromlieferungsvertrag m, Stromversorgungsvertrag m ‖ **~ air** / Zuluft f ‖ **~ apparatus** / Versorgungsgerät n, Stromversorgungsgerät m ‖ **~ cable** / Speisekabel n, Netzanschlussleitung f, Zuleitung f, Einspeiseanschluss m ‖ **~ chain** / Materialflusskette f ‖ **~ circuit** / Versorgungskreis m, Speisestromkreis m, Eingangsstromkreis m ‖ **~ company's billing meter** / Verrechnungszählsatz m ‖ **~ conductors** / Zuleitungen f pl (Leiter), Anschlussleitungen f pl, Anschlussleiter m pl ‖ **~ connection** / Netzanschluss m, Versorgungsanschluss m ‖ **~ continuity criterion** / Kontinuitätskriterium n (Versorgungsnetz) ‖ **~ converter** / netzseitiger Stromrichter ‖ **~ detection circuit** / Systemerfassungsstromkreis m ‖ **~ deviation** / Versorgungsschwankung f ‖ **~ disconnection** / ausgeschalteter Zustand (Netz) ‖ **~ expansion system** / Versorgungsausbausystem n ‖ **~ failure** / Versorgungsausfall m, Netzausfall m ‖ **~ impedance** / Netzimpedanz f, Impedanz der Wechselstromversorgung (USV) VDE 0558, T.5 ‖ **~ inductance** / Induktivität des Versorgungsnetzes (bezogen auf einen SR)
supplying factory / Lieferwerk n
supply intake / Hauseinführung f, Hausanschluss m ‖

supply-side

~ **interface** / Versorgungsschnittstelle *f* (SPS) || ~ **interruption** / Versorgungsunterbrechung *f* || ~ **interruption costs** / Versorgungsunterbrechungskosten *plt* || ~ **isolation** / Trennung der Netzstromversorgung, Freischalten *n* || ~ **lead** / Zuleitung *f*, Einspeiseanschluss *m* || ~ **leads** / Anschlussleitungen *f pl*, Anschlussleiter *m pl*, Zuleitungen *f pl* || ~ **list** / Lieferverzeichnis *n* || ~ **mains** / Versorgungsnetz *n*, Speisenetz *n*, Speiseleitung *f*, Netzanschlussleitung *f* || ~ **management** / Liefermanagement *n* || ~ **meter** / Elektrizitätszähler *m*, Stromzähler *m*, Zähler *m* || ~ **network** / Versorgungsnetz *n*, Stromversorgungsnetz *n*, Speisenetz *n* || ~ **of electrical energy** / Elektrizitätsversorgung *f* || ~ **of spare parts** / Ersatzteilversorgung *f*, Ersatzteillieferung *f* || ~ **point** / Einspeisepunkt *m*, Übergabestelle *f* || ~ **reversal** / Umpolen der Versorgungsspannung || ~ **service** / Hausanschluss *m*, Wartungsanschluss *m* || ~ **side** / Einspeisungsseite *f*, Netzseite *f* || ~ **side management (SSM)** / Energiebereitstellung *f*
supply-side terminal / stromquellenseitiger Anschluss (LE)
supply system / Versorgungsnetz *n*, Stromversorgungsnetz *n*, Speisenetz *n* || ~ **system for safety services** / Sicherheitsstromversorgungsanlage *f* IEC 50(826), Amend. 1
supply-system impedance / Impedanz des Versorgungsnetzes VDE 0838,T.1 || ~ **power** / Speisenetzleistung *f*
supply terminal / Netzklemme *f*, Einspeiseklemme *f*, Klemme (KL) *f*, Antriebsklemme *f* || ~ **terminals** / Anschlussklemmen *f pl*, Übergabestelle *f* (Netzpunkt, für den die Kenndaten der an den Kunden zu übergebenden Energie festgelegt sind) || ~ **track system for luminaires** / Stromschienensystem für Leuchten || ~ **transfer time** / Übergabezeit *f* || ~ **transient energy** IEC 411-3 / Eingangsüberspannungsenergie *f* (SR) || ~ **transient overvoltage** IEC 411-3 / Eingangsspitzenspannung *f* (SR) || ~ **undertaking** / Elektrizitätsversorgungsunternehmen *n* (EVU) || ~ **unit** / Versorgungseinheit *f* || ~ **voltage** / Versorgungsspannung *f*, Anschlussspannung *f*, Netzanschlussspannung *f*, Speisespannung *f*, Netzspannung *f* || ~ **voltage dip** / Netzeinbruch *m* || ~ **voltage rejection ratio** / Versorgungsspannungsunterdrückung *f*, Speisespannungsunterdrückung *f*, Unterdrückung der Wirkung von Versorgungsspannungsänderungen
support *v* / unterstützen *v*, tragen *v*, abstützen *v*, abfangen *v* || ~ / Unterstützungsleistung *f*, Verfügbarkeitsunterstützung *f*, Halter *m*, Nachbarschaftshilfe *f*, Tragvorrichtung *f*, Stützer *m*, Stützisolator *m*, Support *m*, Betreuung *f*, Haltebock *m*, Geräteträger *m* für Verbraucherabzweige, Gestell *n*, Unterlage *f*, Bock *m*, Stütze *f*, Auflage *f*, Auflager *n*, Träger *m*, Halterung *f*, Stützpunkt *m* (Freiltg.), Abstützung *f* || **angle** ~ / Winkelstützpunkt *m* (Freiltg.), Abspannstützpunkt *m*, Winkelmast *m* || **bridge** ~ / Lagerbrücke *f* (f. Zwischenwelle) || **conductor** ~ / Leitungsträger *m* (Freil.) || ~ **bolts** / Auflagebolzen *m pl* || ~ **bracket** / Tragwinkel *m* || ~ **disk** /

Stützscheibe *f*
supported *adj* / aufliegend *adj*
support element / Trägerelement *n*
supporting *n* / Unterstützung *f* || ~ **bar** / Tragholm *m* || ~ **block** / Tragblock *m* || ~ **cam for clamp** / Stütznocken für Klemmbügel
supporting channel / Tragprofil *n*, Tragschiene *f* || ~ **cross-arm** / Stütztraverse *f* || ~ **cylinder** / Tragzylinder *m* (Trafo-Kern) || ~ **edge** / Stützkante *f* || ~ **element** / Tragelement *n* || ~ **foot** / Standfuß *m* || ~ **force** / Auflagerkraft *f*, Stützkraft *f* || ~ **frame** / Tragrahmen *m* (a. EZ) || ~ **hole** / Stützbohrung *f* || ~ **housing** / Stützgehäuse *n* || ~ **messenger** / Tragseil *n* (f. Luftkabel), Tragdraht *m*, Tragorgan *n* || ~ **meter** / Basiszähler *m* || ~ **pedestal** / Tragsäule *f* || ~ **pillar** / Tragstiel *m* || ~ **plate** / Tragplatte *f*, Montageplatte *f*, Auflageplatte *f*, Tragblech *n*, Einbauplatte *f*, Stützscheibe *f* (Batt.), Trägerplatte *f*, Lagerblech *n*, Stützplatte *f* || ~ **ring** / Stützring *m*, Halterung *m*, Grundring *m*, Kappenring *m* || ~ **sheet** / Trägerblech *n* || ~ **stay** / Tragholm *m* || ~ **strip** / Stützleiste *f* || ~ **structure** / Tragkonstruktion *f*, Stützpunkt *m* (Freiltg.), Unterbau *m*, Traggestell *n*, Gerüst *n*, Gestell *n*, Traggerüst *n*, Skelett *n* || ~ **structure** IEC 439-1 / Gerüst *n* (SK) VDE 0660,T.500 || ~ **surface** / Auflagefläche *f*, Stützfläche *f* || ~ **surface for connecting bracket** / Stützfläche für Anschlusswinkel
support insulator / Tragstützer *m* || ~ **Management Report Tracking System** / SMART || ~ **plate** / Tragplatte *f*, Montageplatte *f*, Auflageplatte *f*, Tragblech *n*, Einbauplatte *f*, Stützscheibe *f* (Batt.), Unterlegschild *n* || ~ **point** / Auflagenpunkt *m* || ~ **pole** / Haltestange *f* (zum Halten u. Bewegen von Leitern u. anderen Bauteilen)
support-pole saddle / Haltestangensattel *m* (f. Leitungsmontage)
support pressure / Auflagedruck *m*, Lagerdruck *m* || ~ **rack** / Traggerüst *n*, Tragegerüst *n* || ~ **reaction** / Auflagerkraft *f*, Stützkraft *f* || ~ **service** / Unterstützungs-Service *m* || ~ **shank** / Stützschenkel *m* || ~ **sleeve** / Tülle *f* (Kabeltülle) || ~ **spacing** / Stützabstand *m* || ~ **strut** / Tragstrebe *f* || ~ **unit staff** / Supporter *m*
supposition *n* / Annahme *f*, Voraussetzung *f*, Bedingung *f*
suppress *v* / unterdrücken *v*, löschen *v*, entstören *v*, abbauen *v*, ausblenden *v* (Siehe: Satzausblenden) || ~ **interference** / entstören *v*
suppressed-half connection / kreisstromfreie Schaltung (LE)
suppressed spark plug / entstörte Zündkerze, Widerstandszündkerze *f* || ~ **zero** / unterdrückter Nullpunkt (MG)
suppressed-zero instrument / Messgerät mit unterdrücktem Nullpunkt || ~ **range** / Bereich mit unterdrücktem Nullpunkt
suppression *n* / Unterdrückung *f*, Unterdrücken *n*, Löschung *f*, Entstörung *f* || **spark** ~ / Funkenlöschung *f* || ~ **capacitor** / Entstörkondensator *m*, Funk-Entstörkondensator *m* || ~ **diode** / Entstördiode *f* || ~ **element** / Entstörglied *n*, Funk-Entstörglied *n* || ~ **filter** / Ausblendfilter *m* || ~ **mask** / Ausblendmaske *f*, Bitmaske *f* || ~ **of zero offset** / Unterdrückung der Nullpunktverschiebung (NC) || ~ **range** / Unterdrückungsbereich *m* (MG) || ~ **ratio** / Unterdrückungsverhältnis *n* (MG) || ~

reactor / Entstörungsdrossel f, Sperr-Drosselspule f
suppressor n / Entstörer m, Entstörglied n,
Entregungseinrichtung f || **surge** ~ /
Überspannungsschutzeinrichtung f,
Überspannungs-Schutzschaltung f (o. -
Beschaltung), Trägerstaueffekt-Schutzsschaltung f
|| ~ **capacitor** / Beschaltungskondensator m || ~
circuit / Überspannungs-Schutzbeschaltung f,
Schutzbeschaltung f, Entstörschaltung f,
Überspannungsbeschaltung f || ~ **diode** /
Löschdiode f || ~ **grid** / Bremsgitter n (elektron.
Röhre), Schutzgitter n
supra-regional *adj* / überregional *adj*
supraregional assignment / überregionaler Einsatz ||
~ **network** / überregionales Netz
surcharge n / Zuschlag m || **copper** ~ /
Kupferzuschlag m, CU-Zuschlag m
surety commission / Avalprovision f
surface v / abflächen v, plandrehen v, abdrehen v || ~ n
/ Oberfläche f, Fläche f, Außenfläche f
surface-area module / Flächenmodul n DIN
30798,T.1 || ~ **multimodule** / Flächenmultimodul n
DIN 30798,T.1
surface band / Oberflächenband n (HL) || ~ **casing** /
Aufbaugehäuse n || ~ **channel** (CTD) /
Oberflächenkanal m (Ladungsverschiebeschaltung)
|| ~ **charge** / Oberflächenladung f || ~ **charge
density** / Oberflächenladungsdichte f
surface-charged transistor (SCT) /
Oberflächenladungstransistor m
surface-charge effect / Oberflächenladungseffekt m,
S-Effekt m
surface coating / Oberflächenüberzug m || ~ **colour** /
Aufsichtfarbe f, Körperfarbe f || ~ **combustion** /
katalytische Verbrennung || ~ **condition indicator**
(CLDATA record type) ISO 3592 / Bezug der
Fläche zum Werkzeug (NC, CLDATA-Satztyp)
DIN 66215,T.1 || ~ **conductance** / Oberflächen-
Leitwert m || ~ **conduction** / Oberflächenleitung f ||
~ **contamination** / Fremdschichtbildung f || ~
cooling / Oberflächenkühlung f, Außenkühlung f ||
~ **coupling** / Oberflächenkopplung f (LWL) || ~
crack / Oberflächenriss m, Außenhautriss m,
Hautriss m || ~ **current** / Oberflächenstrom m,
Flächenstrom m, Fremdschichtstrom m || ~ **current
density** / Oberflächendichte des Stroms || ~ **cut** /
Flächenschnitt m (WZM) || ~ **density** /
Oberflächendichte f, Flächendichte f || ~ **density of
electric charge** / elektrische Flächendichte || ~
discharge / Oberflächenentladung f,
Gleitentladung f, Korona f, Glimmen n || ~ **display** /
Flächendarstellung f (CAD)
surfaced runway / befestigte Piste (Flp.)
surface emitting LED / flächenemittierende LED || ~
entity / Flächenelement n (CAD) || ~ **field intensity**
/ Oberflächenfeldstärke f, Randfeldstärke f || ~ **fillet**
/ Übergangsfläche f (CAD), Flächenverrundung f
(CAD) || ~ **finish** / Oberflächenbearbeitung f,
Oberflächengüte f, Bearbeitungsgüte f,
Oberflächenqualität f || ~ **finishing** / Oberflächen-
Schlussbearbeitung f || ~ **finish symbol** /
Oberflächen-Bearbeitungszeichen n || ~ **flashover** /
Oberflächenüberschlag m || ~ **frame** /
Aufputzrahmen m || ~ **friction** /
Oberflächenreibung f || ~ **grinder** /
Flächenschleifer m || ~ **grinding** / Flachschleifen n
|| ~ **grinding machine** / Planschleifmaschine f,

Umfangschleifmaschine f, Flachschleifmaschine f ||
~ **grinding wheel** / Umfangschleifscheibe f,
Umfangsschleifscheibe f || ~ **imperfection** /
Oberflächenfehler m || ~ **insulation resistance** /
Oberflächen-Isolationswiderstand m,
Oberflächenwiderstand m || ~ **integral** /
Flächenintegral n || ~ **junction box** /
Aufputzverbindungsdose f || ~ **layer** /
Oberflächenschicht f (Fremdschicht),
Oberflächenbelag m || ~ **leakage current** /
Oberflächenleckstrom m, Ableitstrom m || ~
leakage tester / Ableitstrom-Prüfgerät n (zur
Prüfung der Oberfläche von isolierten Werkzeugen)
|| ~ **level** / Oberflächenniveau n (HL) || ~ **lighting
luminaire** / Flächenleuchte f || ~ **loss** /
Oberflächenverluste $m pl$ || ~ **machining** /
Oberflächenbehandlung f || ~ **markings** /
Oberflächenmarken $f pl$ (Flp.) || ~ **milling** (840C) /
überfräsen v || ~ **model** / Flächenmodell n (CAD)
surface-mounted conduit / Rohr auf Putz (IR) || ~
device (SMD) / oberflächenmontiertes
Bauelement, SMD
surface mounting / Aufputzmontage f, Verlegung auf
Putz, Aufbaumontage f, Auflötverfahren n (gS),
Aufschweißverfahren n (gS), Schalttafelaufbau m,
Feldaufbau m, Aufbau m, Aufputz m
surface-mounting *adj* / für Aufbau, Aufputz...,
Aufbau... || ~ **device (SMD)** /
oberflächenmontierbares Bauteil, Bauelement für
Oberflächenbestückung || ~ **luminaire** /
Aufbauleuchte f, Anbauleuchte f, Deckenleuchte f ||
~ **m.c.b.** / Aufbauautomat m (Kleinselbstschalter) ||
~ **outlet box** / Aufbauanschlussdose f (IK) || ~
panelboard / Aufputzverteiler m || ~ **type** /
Aufbautyp m, Aufputztyp m
surface of joint EN 50018 / Spaltfläche f (Ex-, Sch-
Geräte) EN 50018 || ~ **of luminous intensity
distribution** / Lichtstärkeverteilungsfläche f,
Lichtstärkeverteilungskörper m || ~ **of test
hemisphere** / Messflächeninhalt m (Akustik) || ~
passivation / Oberflächenpassivierung f || ~ **patch** /
Oberflächensegment n (CAD) || ~ **plate** /
Richtplatte f, Anreißplatte f, Tuschierplatte f || ~
pressure / Flächenpressung f || ~ **probe** /
Werkstückmesstaster m, Werkstückmessfühler m
(Gerät zum automatischen Erfassen von
Messwerten an Werkstücken oder Werkzeugen
während des NC-Programmablaufs) || ~ **quality** /
Oberflächenqualität f, Bearbeitungsgüte f,
Oberflächengüte f || ~ **quality symbol** /
Oberflächen-Gütezeichen n || ~ **reactance** /
Oberflächen-Blindwiderstand m,
Oberflächenreaktanz f || ~ **recombination** /
Oberflächenrekombination f (HL) || ~ **recombination velocity** / Oberflächen-
Rekombinationsgeschwindigkeit f
surface-related sound power / flächenbezogene
Schalleistung
surface resistance / Oberflächenwiderstand m || ~
resistivity / spezifischer Oberflächenwiderstand || ~
roughness / Oberflächenrauheit f,
Oberflächenrauhigkeit f, Rautiefe f, Rautiefe f || ~
section / Oberflächenschnitt m DIN 4760 || ~
sensing probe / Werkstückmessfühler m (Gerät
zum automatischen Erfassen von Messwerten an
Werkstücken oder Werkzeugen während des NC-
Programmablaufs), Werkstückmesstaster m,

Gleitgeschwindigkeit f || ~ **speed** (NC) /
Schnittgeschwindigkeit f (WZM, NC) || ~ **speed** /
Umfangsgeschwindigkeit f || ~ **switch** /
Aufputzschalter m, Aufbauschalter m || ~
temperature / Oberflächentemperatur f || ~ **tension**
/ Oberflächenspannung f || ~ **texture** /
Oberflächenstruktur f, Oberflächenrauhheit f || ~
transfer impedance (coaxial cable) /
Kopplungswiderstand m || ~ **treatment** /
Oberflächenbehandlung f || ~ **type** / Aufbautyp m,
Aufputztyp m
surface-type ceiling luminaire / Aufbau-
Deckenleuchte f || ~ **ceiling spotlight** /
Deckenaufbaustrahler m || ~ **circuit-breaker** /
Aufbau-LS-Schalter m, Aufbauautomat m || ~
distribution board / Aufputzverteiler m || ~ **heat
exchanger** / Oberflächen-Wärmetauscher m || ~
luminaire / Aufbauleuchte f, Anbauleuchte f,
Deckenleuchte f || ~ **m.c.b.** / Aufbauautomat m
(Kleinselbstschalter) || ~ **socket-outlet** /
Aufputzsteckdose f || ~ **switch** / Aufputzschalter m,
Aufbauschalter m
surface ventilation / Oberflächenbelüftung f || ~
wiring / Aufputzinstallation f, Leitung(en) auf Putz
|| ~ **wood milling** / Holzoberfräsen n || ~ **wave** /
Oberflächenwelle f
surfacing weld ductility test /
Aufschweißbiegeprobe f
surge n / Spannungsstoß m, Stromstoß m,
Überspannungsstoß m, Stoßwelle f, Stoß m,
Schwall m || **oil** ~ / Ölschwall m || ~ **absorber** /
Wellenschlucker m || ~ **absorbing capacitor** /
Löschkondensator m (f. Spannungsspitzen) || ~
amplitude / Stoßamplitude f || ~ **arrester** /
Überspannungsableiter m, Überspannungsschutz m
|| ~ **capacitance** / Stoßkapazität f || ~ **capacitor** /
Überspannungsschutzkondensator m,
Blitzschutzkondensator m, Stoßstromkondensator
m || ~ **characteristic** / Stoßcharakteristik f || ~
circuit / Stoßkreis m || ~ **counter** / Ansprechzähler
m (Ableiter) || ~ **current** (EBT-electrode) / maximal
zulässiger Stoßstrom, Wanderwellenstrom m || ~
current / Stoßstrom m || ~ **diverter** /
Überspannungsableiter m,
Überspannungsbegrenzer m || ~ **forward current** /
Stoßstrom m (Diode) || ~ **frequency** / Stoßfrequenz
f || ~ **generator** / Stoßspannungsgenerator m,
Stoßgenerator m || ~ **immunity** /
Stoßwellenfestigkeit f, Zerstörfestigkeit f (el.) || ~
impedance / Wellenwiderstand m || ~ **load** /
Stoßlast f, dynamische Belastung, Stoßbelastung f ||
~ **on-state current** / Stoßstrom m (Thyr) || ~
phenomenon / Stoßerscheinung f || ~ **power** /
Stoßleistung f
surge-power generator / Stoßgenerator m,
Kurzschlussgenerator m || ~ **m.g. set** /
Stoßleistungs-Umformersatz m
surge-proof adj / stoßspannungsfest adj,
stoßspannungssicher adj, stoßstromfest adj,
stoßfest adj, zerstörsicher adj, spannungsfest adj,
stoßsicher adj || ~ **logic** / zerstörsichere Logik
surge reverse power dissipation / Stoß-
Rückwärtsverlustleistung f (Lawinen-
Gleichrichterdiode) DIN 41288 || ~ **shaft** /
Wasserschloss n || ~ **strength** / Stoßstromfestigkeit
f || ~ **suppression** / Überspannungsbegrenzung f
surges of atmospheric origin / atmosphärische

Überspannungen, äußere Überspannungen
surge suppressor / Überspannungsschutzeinrichtung
f, Überspannungs-Schutzschaltung f (o. -
Beschaltung), Trägerstaueffekt-Schutzschaltung f,
Überspannungsbegrenzer m, TSE Beschaltung || ~
tank / Wasserschloß n || ~ **test** /
Stoßspannungsprüfung f, Sprungwellenprüfung f ||
~ **transfer** / Stoßspannungsübertragung f || ~
voltage / Stoßspannung f
surge-voltage distribution /
Stoßspannungsverteilung f || ~ **generator** /
Stoßspannungsgenerator m, Kurzschlussgenerator
m || ~ **protector (SVP)** / Überspannungsbegrenzer
m, Überspannungsableiter m || ~ **test** /
Spitzenspannungsprüfung f
surge withstand capability (SWC) / Stoßfestigkeit f
(el.), Stoßspannungsfestigkeit f,
Überspannungssicherheit f, Stoßüberlastbarkeit f ||
~ **withstand capability test (SWC test)** /
Stoßspannungsprüfung f
surgical luminaire / Operationsleuchte f
surmounted adj / aufgebaut adj
surplus light emission / Funktionsreserve f
surrounding air / Umgebungsluft f || ~ **medium** /
umgebendes Medium (el. Masch.)
surround of a comparison field / fotometrisches
Umfeld, farbmesstechnisches Umfeld
survey diagram (Rev.) IEC 113-1 /
Übersichtsschaltplan m
surveying laser / Vermessungslaser m VDE 0809
survival function / Bestandsfunktion f DIN 40042 || ~
probability / Überlebenswahrscheinlichkeit f DIN
40042 || ~ **probability distribution** /
Überlebenswahrscheinlichkeitsverteilung f,
Wahrscheinlichkeitsverteilung des Bestands
survivals n pl / Bestand m (QS) DIN 40042
survolteur-devolteur n / Zusetz- und
Absetzmaschine
susceptance n / Blindleitwert m, Suszeptanz f
susceptibility n / Suszeptibilität f, magnetische
Aufnahmefähigkeit, Empfindlichkeit f,
Störempfindlichkeit f, Anfälligkeit f ||
electromagnetic ~ / elektromagnetische
Störempfindlichkeit f || **interference** ~ /
Störempfindlichkeit f, Fremdfeldempfindlichkeit f ||
~ **to faults** / Störanfälligkeit f
susceptible adj / empfindlich adj, anfällig adj || ~ **to
faults** / störanfällig adj
suspended ceiling / abgehängte Decke || ~ **contact
bar** / Gegenschaltstück n (Greifertrenner) || ~ **float**
/ hängender Schwimmer || ~ **luminaire** /
Hängeleuchte f, Pendelleuchte f || ~ **matter** /
Schwebstoffe m pl || ~ **monorail** / Einschienen-
Hängebahn f || ~ **motor** / hängender Motor,
Gestellmotor m
**suspended-particle analyzer using the beta-
radiation absorption method** / Staubmessgerät
nach dem Betastrahlenabsorptionsverfahren
suspended-rotor oscillation test / Prüfung mit
aufgehängtem Läufer
suspended slider / Hängegleiter m
suspension, electronically controlled ~ **(ECS)** /
elektronische Fahrwerkdämpfungsregelung (Kfz) ||
~ **assembly** / Isolatortragkette f, Hängekette f (f.
Isolatoren) || ~ **bracket** / Aufhängungsarm m
(Motorlager) || ~ **clamp** / Tragklemme f (Leiter-
Hängeisolator) || ~ **device** IEC 570 / Aufhängung f

(Stromschienensystem) VDE 0711,3, Aufhängevorrichtung f || ~ **fitting** / Hängeleuchte f, Pendelleuchte f || ~ **height** (luminaire) / Pendellänge f, Lichtpunkthöhe f || ~ **insulator** / Hängeisolator m, Tragisolator m || ~ **insulator set** IEC 383 / Hängekette f (Isolatorkette m. Armaturen) VDE 0446,T.1, Isolatorhängekette f || ~ **lampholder** / Hängefassung f || ~ **lug** / Aufhängefahne f (Batt.) || ~ **luminaire** / Hängeleuchte f, Pendelleuchte f || ~ **saddle** / Hängeschelle f (IR) || ~ **set** / Isolatortragkette f, Hängekette f (f. Isolatoren)
suspension-set weight / Belastungsgewicht n (Tragkette)
suspension stiffness / Federkonstante f (MSB) || ~ **strap** / Aufhängelasche f (Tragklemme) || ~ **string** / Hängekette f (Isolatorkette m. Armaturen) VDE 0446,T.1, Isolatorhängekette f || ~ **tower** / Tragmast m (Freil.)
sustainability n / Nachhaltigkeit f
sustainable adj / nachgeforstet adj || ~ **development** / nachhaltige Entwicklung || ~ **vegetable product** (o. **material**) / nachwachsender Rohstoff
sustained arc / Stehlichtbogen m, Stehfeuer n || ~ **earth fault** / Dauererdschluss m || ~ **earth-fault current** / Dauererdschlussstrom m || ~ **fault** / Dauerfehler m, bleibender Fehler, beständiger Fehler, Dauerkurzschluss m, stehender Kurzschluss || ~ **force off** / Zwangssteuern n || ~ **force on** / Zwangssteuern n || ~ **ground fault** / Dauererdschluss m || ~ **ground-fault current** / Dauererdschlussstrom m || ~ **luminaire** / Sicherheitsleuchte in Dauerschaltung || ~ **oscillation** / Dauerschwingung f, ungedämpfte Schwingung || ~ **overload** / Langzeit-Überlast f, Dauerüberlastung f || ~ **power-frequency voltage** / Langzeit-Wechselspannung f || ~ **short circuit** / Dauerkurzschluss m || ~ **short-circuit current** / Dauerkurzschlussstrom m || ~ **short-circuit test** IEC 34-2 / Dauerkurzschlussversuch f (el. Masch.) VDE 0530, T.2 || ~ **three-phase short-circuit test** / Versuch mit symmetrischem Dauerkurzschluss, allpolig adj
SVC s. static Var compensator
SVP s. surge-voltage protector
SW s. software / SW
SWA s. single wire armour || **sw limit** / SW-Endlage f
Swagelock joint (o. **connection**) / Swagelock-Anschluss m
swan-neck bend / Etagenbogen m (Wickl.)
swap v / auslagern v || ~ n / Arbeitsspeichererweiterung auf Festplatte || **to ~ out** / auslagern v || ~ **area** / Auslagerungsbereich m (Speicher) || ~ **file** / Nachladeteil n, Auslagerungsdatei f || ~ **in** / einlagern v
swap-out file / Auslagerungsdatei f
swapped out / ausgelagert adj
swap space / Auslagerungsbereich m (Speicher)
swarf n / Späne m pl, Schleifschlamm m, Abfall m, Span m || ~ **removal** / entspanen v
SWC s. surge withstand capability || ≙ **test** s. surge withstand capability test
SWDR s. single-way dynamic range
sweat v / löten v, ofenlöten v, schmelzen v, Flüssigkeit absondern
Swedish phasor diagram / Schwedendiagramm n
sweep n / Ablenkung f (Osz.), Zeitablenkung f,

Kippen n, Wellengang m, Durchlaufen n || **frequency** ~ / Frequenzdurchlauf m || **synchronized** ~ / synchronisierte Zeitablenkung (Osz.) || **time-base** ~ / Zeitablenkung f || **triggered** ~ / getriggerte Zeitablenkung (Osz.) || ~ **advance** / Kippvorlauf m (Osz.) || ~ **cycle** / Frequenzzyklus m (Erdbebenprüf., Durchlauf im vorgegebenen Frequenzbereich einmal in jeder Richtung) || ~ **expansion** / Dehnung der Zeitablenkung || ~ **frequency generator** / Wobbelgenerator m, Kippfrequenzgenerator m || ~ **generator** / Wobbelgenerator m, Kippgenerator m, Wobbler m || ~ **generator** (oscilloscope) / Ablenkgenerator m || ~ **lock-out** / Ablenksperre f (Osz.) || ~ **operation** / Profilverfahren n (CAD) || ~ **oscillator** / Ablenkgenerator m || ~ **period** / Ablenkperiode f (Osz.) || ~ **rate** / Änderungsgeschwindigkeit des Frequenzdurchlaufs, Ablenkgeschwindigkeit f, Durchlaufgeschwindigkeit f, Kippgeschwindigkeit f || ~ **repetition rate** / Kippfrequenz f (Osz.) || ~ **signal transmitter** / Wobbelsender m || ~ **speed** / Zeitablenkgeschwindigkeit f || ~ **time** / Wobbelperiode f || ~ **width** / Wobbelbandbreite f, Wobbelhub m
swept-frequency signal generator / Wobbelgenerator m, Kippfrequenzgenerator m
swept volume / Hubraum m
SWG s. Standard Wire Gauge
swing v / schwingen v, pendeln v || ~ n / Schwingen n, Pendeln n, Netzpendeln n, Schwung m, Schwenkung f, Drehung f, Drehdurchmesser m (WZM), Schwingdurchmesser m, Öffnungswinkel m (Tür), Ausladung f (WZM), Ausschlag m || **door** ~ / Türöffnungswinkel m || **maximum output voltage** ~ / höchste zulässige Schwingungsbreite für die Ausgangsspannung (Verstärker) || **power** ~ / Leistungspendeln n, Pendelung f (Netz), Netzpendeln n || ~ **angle** / Pendelwinkel m || ~ **curve** / Schwingkurve f (Netz), Pendelungskurve f || ~ **cylinder** / Schwenkzylinder m
swing-down adj / abklappbar adj
swing frame / Schwenkrahmen m DIN 43350
swing-frame grinding / Pendelschleifen n
swinging bracket / Schwinge f (Hängeisolator) || ~ **frame** / pendelnd aufgehängtes Gehäuse (Pendelmasch.)
swinging-frame dynamometer / Pendeldynamometer n, Pendelgenerator m, Pendelbremse f, Wiegedynamometer m
swinging in / einschwenken v || ~ **out** / ausschwenken v || ~ **through** / durchschlagend adj
swing-out adj / ausschwenkbar adj
swing-through butterfly valve / durchschlagende Stellklappe
swing valve / Rückschlagklappe f
swirl-free flow / drallfreie Strömung
Swiss Emission Control Law (LRV 92) / Schweizerische Luftreinhalteverordnung (LRV 92)
switch v / schalten v, umschalten v, zuschalten v, rangieren v (Bahn) || ~ IEC 50(446) / schalten v (Rel., beim Ansprechen), zuschalten v DIN IEC 255-1-00 || ~ n / Schalter m, Weiche f (Bahn), Schaltelement n || ~ IEC 408 / Lastschalter m VDE 0660,T.107 || **photo electric** ~ / Dämmerungsschalter m
switchable adj / schaltbar adj || ~ **busbar** / Sammelschiene mit Längskupplung f || ~ **geometry**

switch-actuating 596

axes / umschaltbare Geometrieachsen
switch-actuating wheel (o. gear) / Schaltrad *n* (EZ)
switch and socket box / Gerätedose *f* (I),
Apparatedose *f* (I), Geräteeinbaudose *f* || **~ arm** /
Schalterzweig *m* (LE), Schalter-Hauptzweig *m*
(LE) || **~ assembly** / Lastschaltereinheit *f*,
Schaltereinheit *f* || **~ back** *v* / zurückschalten *v*,
rückschalten *v*
switchbay *n* / Schaltfeld *n* (FLA), Schaltanlagenfeld
n (FLA)
switch blade / Schaltmesser *n*
switchboard *n* / Schalttafel *f* || **~ cable** / Schaltkabel *n*
(f. Schaltanlagen) || **~ measuring instrument** /
Schalttafel-Messinstrument *n*
switchbox *n* / Schaltkasten *m*, Schaltgerätekasten *m*,
Schalterdose *f* (I), Schalterkasten *m*, Gerätedose *f*,
Wanddose *f*, Schaltereinbaudose *f*
switch characteristics / Schaltereigenschaften *f pl* || **~
compartment** / Schalterraum *m* || **~ connection** /
Schalter-Schaltung *f* (LE) || **~ contact** /
Schalterkontakt *m*, Schaltkontakt *m* || **~ control** /
Umschaltregelung *f* || **~ cover** / Schalterabdeckung *f*
|| **~ disconnector** / Lasttrennschalter *m*
switch-disconnector *n* IEC 265, BS 4727 /
Lasttrennschalter *m* VDE 0670,T.3, Lasttrenner *m*
switch-disconnector-fuse / Lasttrenner (o.
Lasttrennschalter) mit Sicherungen *m*
switch-disconnector panel / Lasttrennschalterfeld *n*
|| **~ truck** / Lasttrennschalterwagen *m*,
Lasttrennerwagen *m*
switch drive / Schalterantrieb *m*, Schalttrieb *m*
switched *adj pp* / geschaltet *adj*, abschaltbar *adj*, mit
Schalter, schaltbar *adj* || **~ busbar circuit breaker** /
Sammelschienen-Längsschalter *m*
switched-capacitor filter / Schaltkondensatorfilter *m*
switched current / Schaltstrom *m* || **~ data circuit** /
Datenwahlverbindung *f* DIN ISO 3309 || **~ distance
protection** / Distanzschutz mit Auswahlschaltung
IEC 50(448) || **~ lampholder** / Fassung mit Schalter
|| **~ line** / Wählleitung *f* (DÜ)
switched-mode power supply / getaktete
Stromversorgung || **~ power supply (SMPS)** /
Schaltnetzteil *n*, getaktetes Netzgerät || **~ regulator**
/ Schaltregler *m* || **~ transistor** / Transistor im
Schaltbetrieb
switched neutral / schaltbarer (o. abschaltbarer)
Neutralleiter || **~ neutral pole** / schaltbarer
neutraler Pol || **~ off** / ausgeschaltet *adj*,
abgeschaltet *adj*
switched-off dominant / vorrangig ausgeschaltet
switched parallel / parallel geschaltet || **~ peripheral
mode** / geschalteter Betrieb
switched-periphery mode / geschalteter Betrieb (PC,
Betrieb mit Peripheriebaugruppen)
switched plug / Schaltstecker *m* || **~ receptacle** /
Schaltersteckdose *f*, Steckdose mit Schalter,
schaltbare, (o. abschaltbare) Steckdose || **~
reluctance motor** / geschalteter Reluktanzmotor ||
~ socket-outlet / Schaltersteckdose *f*, Steckdose
mit Schalter, schaltbare, (o. abschaltbare)
Steckdose || **~ valve device** (A non-latching
controllable valve device which may be turned on
and off by a control signal.) / schaltbares
Ventilbauelement (einrastendes steuerbares
Ventilbauelement, das durch ein Ansteuersignal
ein- und ausgeschaltet werden kann) || **switch element** / Schaltelement *n*, Schaltereinsatz *m*,

Schaltblock *m*, Schalteinheit *f* || **~ for domestic
installations (o. purposes)** / Schalter für
Hausinstallationen, Installationsschalter *m* || **~ for
restricted application** / Lastschalter für begrenzte
Anwendung || **~ for universal application** /
Lastschalter für uneingeschränkte Verwendung
switch-fuse *n* IEC 408 / Lastschalter mit Sicherungen
VDE 0660,T.107
switchgear *n* / Schaltgeräte *n pl*, Schaltanlage *f*,
Schaltausrüstung *f*, Schaltgerät für Energieverteiler,
Schaltanlagen *f pl* || **~ and controlgear** / Schalt-
und Steuergeräte *f pl*, Schaltanlagen *f pl*
(Sammelbegriff für Gerätearten), Schaltanlagen
und/oder Schaltgeräte IEC 50(441) || **~ and
controlgear assembly** / Schaltgerätekombination *f*
|| **~ and installation equipment** / Schalt- und
Installationsgeräte *n pl* || **~ assembly** / Schaltgeräte-
Kombination *f* (f. Energieverteilung),
Schaltanlagenschlüssel *m* || **~ bay** / Schaltfeld *n*
(FLA), Schaltanlagenfeld *n* (FLA) || **~ building** /
Schalthaus *n* || **~ cabinet** / Schaltschrank *m*,
Schaltgerätegehäuse *n*, Schrank *m*,
Schaltschrankbau *m*, Schaltschrank-Verdrahtung *f* ||
~ components / Anlagenbausteine *n pl* || **~
container** / Schaltanlagenbehälter *m* || **~ cubicle** /
Schaltschrank *m*, Schaltzelle *f*, Schrank *m* || **~ data** /
Anlagendaten *pl* || **~ enclosure** /
Schaltgerätgehäuse *n* || **~ engineering** /
Anlagenbearbeitung *f* || **~ front** /
Schaltanlagenfront *f* || **~ fuse** / Schaltgeräteschutz-
Sicherung *f* || **~ fuse link** / Schaltgeräteschutz-
Sicherungseinsatz *m* || **~ house** / Schalthaus *n* || **~
image** / Anlagenabbild *n* || **~ installation** /
Anlagenmontage *f*, Schaltgerätmontage *f* || **~
interlock system** / Schaltfehlerschutzsystem *n* || **~
interlock unit** / Schaltfehlerschutzgerät *n* || **~
interlocking** / Schalterverriegelung *f*,
Schaltfehlerschutz *m* || **~ interlocking equipment** /
Schaltfehlerschutzeinrichtung *f* || **~ manufacturing
/ Schaltanlagenbau *m* || **~ oil** / Schalteröl *n* || **~
operating pressure** / Schaltbetriebsdruck *m*,
Schalterbetriebsdruck *m* || **~ panel** / Feld *n*,
Schaltfeld *n* || **~ rack** / Schaltgerüst *n* || **~ rated
operating pressure** / Schaltgeräte-
Bemessungsbetriebsdruck *m* || **~ rated pressure** /
Schalter-Bemessungsdruck *m* || **~ room** /
Schaltanlagenraum *m* || **~ termination** /
Schaltanlagen-Endverschluss *m*, Anlagenabschluss
m, Endwand *f* || **~ type** / Anlagentyp *m* || **~ unit** /
Schaltgeräteeinheit *f*, Schalteinheit *f*,
Schaltanlageneinheit *f*, Schalt(er)feld *n* || **~ with
truck-mounted breakers** / Leistungsschalter-
Wagenanlage *f*
switchgroup *n* / Schaltwerk *n* (Bahn-Steuerschalter),
Schalterkombination *n* (Bahn), Steuerschalter *m*,
Vielfachschalter *m*, Stufenschaltwerk *n* || **control** ~
/ Steuerschalter *m* (Bahn) || **power** ~ /
Leistungsschalterkombination *f* (Bahn, zur
Herstellung von Verbindungen des
Hauptstromkreises), Hauptstrom-Steuerschalter *m* ||
transition ~ / Übergangsschalter *m* (Bahn)
switch hook / Schaltgeräte *f* || **~ in** *v* / zuschalten *v*,
einschalten *v*
switch-in delay / Ansprechverzögerung *f* (elST)
switching *n* / Schalten *n*, Schaltung *f*, Schaltvorgang
m, Vermittlung *f* (Kommunikationssystem),
Ansteuerung *f* || **message** ~ /

Nachrichtenumschaltung f || **packet ~** / Paketvermittlung f (Datenpakete), Datenpaketvermittlung f || **~ action** / Schalthandlung f || **~ algebra** / Schaltungsalgebra f || **~ amplifier** / Schaltverstärker m || **~ and lightning impulse test** / Schaltblitzstoßprüfung f || **~ angle** / Schaltwinkel m || **~ authority** / Schalthoheit f || **~ cabinet** / Schaltschrank m, Schrank m || **~ capacity** / Schaltvermögen n, Schaltleistung f || **~ centre** / Schaltanlage f (Station), Schaltstation f || **~ characteristics** / Schaltkenngrößen f pl (Schalttransistor) || **~ circuit** / Schaltstromkreis m, Schaltkreis m || **~ command** / Schaltbefehl m (FWT), Umschaltbefehl m || **~ condition** / Schaltbedingung f || **~ constant** / Schaltkonstante f || **~ contact** / Schaltkontakt m || **~ controller** / Schaltregler m, Schrittregler (S-Regler) m || **~ control pilot** / Schaltpilot m || **~ current** / Schaltstrom m || **~ current check** / Schaltstromkontrolle f || **~ cycle** (of a contact element) IEC 337-1 / Schaltspiel n (eines Schaltgliedes) VDE 0660,T.200 || **~ device** IEC157-1 / Schaltgerät n VDE 0660,T.101, Schalttafel f, Schaltanlage f || **~ device + rated current** / Schaltgerät + Nennstrom || **~ device panel** / Geräteträger m || **~/dimming actuator** / Schalt-/Dimmaktor m || **~ direction check** / Schaltrichtungskontrolle f || **~ distance** / Schaltabstand m || **~ edges** / Schaltkanten f pl || **~ element** / Schaltelement n || **~ element function** / Schaltelementfunktion f || **~ engineer** / Schaltwärter m || **~ equipment** / Schalteinrichtung f || **~ frequency** / Schalthäufigkeit f, Impulsfrequenz f || **~ function** / Schaltfunktion f DIN 43300 || **~ function command** / Schaltbefehl m || **~ gate** / Schaltkulisse f || **~ hysteresis** / Schalthysterese f || **~ impulse** / Schaltspannungsstoß m, Schaltstoßspannung f || **~ impulse flashover voltage** / Überschlag-Schaltstoßspannung f || **~ impulse insulation level** / Steh-Schaltstoßspannungspegel m || **~ impulse protective level** / Schaltüberspannungs-Schutzpegel m || **~ impulse sparkover level** / Ansprechpegel der Schaltstoßspannung (Abl.) || **~ impulse sparkover voltage** / Ansprech-Schaltstoßspannung f (Abl.) || **~ impulse sparkover-voltage/time curve** / Ansprechkennlinie der Schaltstoßspannung || **~ impulse strength** / Schaltstoßspannungsfestigkeit f, Schaltspannungsfestigkeit f || **~ impulse test** / Schaltstoßspannungsprüfung f, Schaltstoßprütung f, Schaltspannungsprüfung f || **~ impulse test voltage** / Prüf-Schaltstoßspannung f || **~ impulse voltage** / Schaltstoßspannung f || **~ impulse voltage dry test** / Schaltstoßspannungsprüfung, trocken || **~ impulse voltage sparkover test** / Prüfung der Ansprech-Schaltstoßspannung f || **~ impulse voltage sparkover withstand** / Nichtansprech-Schaltstoßspannung f || **~ impulse voltage test** / Schaltstoßspannungsprüfung f, Schaltspannungsprüfung f, Schaltstoßprüfung f || **~ impulse withstand voltage** / Steh-Schaltstoßspannung f || **~ instant** / Schaltzeitpunkt m, Schaltaugenblick m || **~ lightning impulse voltage** / Schaltblitzstoßspannung f **switching logic** / Umschaltlogik f || **~ losses** / Schaltverlustleistung f (Diode, Thyr),

Schaltverluste m pl || **~ magnet** / Schaltmagnet m || **~ matrix** / Schaltmatrix f, Koppelfeld n || **~ mode** / Schalterbetrieb m (Wechselstromsteller) || **~ mode transmission** / vermittlungsorientierte Übertragung || **~ module** / Schaltmodul n, Ansteuerbaugruppe f || **~ network** / Koppelnetzwerk n || **~ of negligible currents** / annähernd stromloses Schalten || **~ of resistive loads** IEC 512 / Schalten ohmscher Last || **~ off** / Abschalten n, Abschaltung f, Ausschalten n || **~ off for mechanical maintenance** / Abschaltung zur mechanischen Wartung VDE 0100,T.46, Ausschalten für mechanische Wartung IEC 50(826), Amend.1 || **~ on group by group** / gruppenweise Zuschaltung || **~ operation** (of a contact element) IEC 337-1 / Betätigung des Schaltgliedes VDE 0660,T.200, Schaltvorgang m, Schalthandlung f, Schalten n, Schaltung f || **~ output** / Schaltausgang m || **~ overvoltage** / Schaltüberspannung f, Abschaltüberspannung f || **~ performance** / Schaltverhalten n, Schaltvermögen n || **~ performance test** / Nachweis des Schaltvermögens (HSS) VDE 0660,T.200 || **~ pilot** / Schaltpilot m || **~ plate** / Schaltplatte f || **~ point** / Schaltpunkt m, Ansprechpunkt m, Triggerpunkt m, Umschaltpunkt m || **~ power loss** / Schaltverlustleistung f (Diode, Thyr), Schaltverluste m pl || **~ pressure** / Schaltdruck m || **~ protective level** / Schaltschutzpegel m || **~ rate** (multitrace oscilloscope) / Umschaltfrequenz f, Schaltfrequenz f || **~ report** / Schaltbrief m || **~ residual voltage** / Restspannung bei Schaltstoßspannungen || **~ residual voltage test** / Prüfung der Restspannung bei Schaltstoßspannung || **~ resistor** / Schaltwiderstand m (f. LS) || **~ segment** / Schaltsegment n, Schaltstellungsfolge f || **~ sequence chart** / Schaltfolgediagramm n DIN 40719,T.11 || **~ spark gap** / Schaltfunkenstrecke f **switching station** / Schaltanlage f (Station), Schaltstation f || **~ station with duplicate bus** / Doppelsammelschienen-Schaltanlage f || **~ station with single bus** / Einfachsammelschienen-Schaltanlage f || **~ status** / Schaltzustand m || **~ step** / Schaltstufe f || **~ strip** / Schaltleiste f || **~ structure** / Schaltgerüst n || **~ substation** / Schaltstation f, Schaltwerk n || **~ surge** / Schaltspannungsstoß m, Schaltstoßspannung f || **~ surge strength** / Schaltstoßspannungsfestigkeit f, Schaltleistungsfestigkeit f || **~ test** IEC 214 / Schaltleistungsprüfung f (Trafo) VDE 0532,T.20 || **~ threshold** / Schaltschwelle f || **~ time** / Schaltzeit f, Umschaltzeit f || **~ to current control** / Umschaltung auf Stromregelung || **~ to P potential** / nach P schaltend, P-schaltend adj || **~ torque** / Schaltmoment n (el. Masch., Drehmoment beim Schaltvorgang) || **~ transistor** / Schalttransistor m || **~ tube** / Schaltröhre f **switching-type thermal detector** / Temperaturfühler mit Schalter VDE 0660,T.302, schaltender Wärmefühler **switching under load** / Schalten unter Last || **~ value** / Schaltwert m, Schaltpunkt m (Reg.), Umschaltwert m, schaltendes Ventil || **~ variable** / Schaltvariable f, Schaltgröße f || **~ voltage** / Schaltspannung f, Ansprechkennlinie der Schaltstoßspannung || **~ voltage sparkover level test** / Prüfung der Ansprech-Schaltstoßspannung **switch-isolator** / Lasttrennschalter m VDE 0670,T.3,

Lasttrenner *m*
switch lampholder / Lampenfassung mit Schalter, Schalterfassung *f*, Hahnfassung *f* || ~ **lamp-socket** / Lampenfassung mit Schalter, Schalterfassung *f*, Hahnfassung *f* || ~ **mechanism** / Schaltwerk *n* (I-Schalter), Schaltantrieb *m*, Schalterantrieb *m*, Schaltermechanismus *m* || ~ **module** / Schalterbaustein *m*, Schaltereinsatz *m* (HSS) || ~ **off** *v* / ausschalten *v*, abschalten *v*
switch-off at limit / Endlagenabschaltung *f*, Endabschaltung *f* || ~ **circuit** / Abschaltkreis *m* (Reg.) || ~ **criteria** / Ausschaltkriterium *n* || ~ **delay** / Ausschaltverzögerung *f* || ~ **frequency f_off** / Abschaltfrequenz f_aus || ~ **limit** / Ausschaltgrenzwert *m* || ~ **of an axis** / Achsabschaltung *f* || ~ **range** / Ausschaltbereich *m*
switch of normal gap construction / Schalter mit normaler Kontaktöffnung || ~ **on** / einschalten *v*, hochfahren *v*, anlassen *v* (Mot.)
switch-on *n* / Zuschaltung *f* || ~ **current** / Einschaltstrom *m* || ~ **current limitation** / Einschaltstrombegrenzung *f* || ~ **delay** / Schaltverzögerung *f*, Einschaltverzögerung *f* || ~ **interlocking** / Einschaltverriegelung *f*
switch on level kin. Buffering / Einschaltpegel kinet. Pufferung
switch-on peak / Einschaltstromspitze *f*, Einschaltspitze *f*, Anlassspitzenstrom *m* || ~ **signal** / Einschaltsignal *n* || ~ **voltage** / Einschaltspannung *f*
switch operation (battery) / Umschaltbetrieb *m* (Batt.) || ~ **over** / umschalten *v*
switchover *n* / Umschalten *n*, Umschaltung *f* || ~ **block** / Umschaltbaustein *m* (f. Ein- u. Ausgänge)
switch-over check / Umschaltkontrolle *f* || ~ **time** / Umschaltzeit *f*
switchpanel *n* / Schaltfeld *n*, Schalterfeld *n*, Schaltanlagenfeld *n*, Schalteinheit *f* || ~ **pole** / Schaltfeldpol *m* || ~ **unit** / Schalttafelgerät *n* || ~ **version** / Schalttafelversion *f*
switch-plate *n* / Schalterabdeckplatte *f* (I-Schalter), Schalterplatte *f*
switch position indication / Schalterstellungsmeldung *f* || ~ **rack** / Schaltgerüst *n* || ~ **rocker** / Schalterwippe *f*
switchroom *n* / Schaltraum *m*
switch-selectable *adj* / umschaltbar *adj*
switch shaft / Schalterwelle *f*, Schalterachse *f* || ~ **socket-outlet** / Schaltersteckdose *f*, Steckdose mit Schalter, schaltbare (o.abschaltbare) Steckdose
switch-starter *n* / Anlassschalter *m*
switch-start fluorescent lamp / Leuchtstofflampe für Starterbetrieb || ~ **lamp** / Lampe für Starterbetrieb
switch step-by-step / schrittweise schalten
switchstick / Schaltstange *f*
switch strip / Schaltleiste *f* || ~ **support** / Träger der Schaltelemente || ~ **through so as to produce rotating field in winding** / drehfeldbildend auf Wicklung durchschalten || ~ **tree** / Schalter-Baum *m* || ~ **truck** / Schalterwagen *m* (m. Lastschalter), Schaltwagen *m* || ~ **unit** / Lastschaltereinheit *f*, Schaltereinheit *f* || ~ **unit with integrated receiver** / Schalterdosenempfänger *m* (IR-Fernbedienung) || ~ **with pilot lamp** / Kontrollschalter *m* (I-Schalter m. Meldeleuchte)
switchyard *n* / Freiluft-Schaltanlage *f* (o. Schaltstation), Erweiterung *f*, Schaltanlage *f*
swivel *v* / schwenken *v*, drehen *v* || ~ **axis** / Schwenkachse *f* || ~ **base** / Schwenkfuß *m* (BSG) || ~ **boom** / schwenkbarer Ausleger (f. Leitungsmontage), Derrickausleger *m* || ~ **cycle** / Schwenkzyklus *m* || ~ **lever** / Schwenkhebel *m*
swivelling *adj* / drehbar (o. schwenkbar) gelagert *adj*
swivel-mounted *adj* / schwenkbar *adj* || ~ **work spindle** / schwenkbare Arbeitsspindel
SWNS s. source wait for new cycle state
S word (S for spindle) / S-Wort *n* (S für Spindel)
SWR s. standing wave ratio
SX / Fehlersignalschalter (FS) *m* || ≙ / Hilfsstromschalter (HS) *m*
SYF (system files) / SYF (Systemdateien)
symbol *n* / Symbol *n*, Schaltzeichen *n*, Sinnbild *n*, Symbolik *f*, Zeichen *n* (Zusammenfassung mehrerer Bits zu einer systemverständlichen Einheit, z.B. 11 Bit: 8 Datenbits, Paritybit, Stopbit), Bildzeichen *n* || ~ **building** / Symbolkonstruktion *f* || ~ **comment** / Symbolkommentar *m* || ~ **element** / Symbolelement *n* (graph.S.) || ≙ **File Configurator** / Symboldatei Konfigurator *m*
symbolic *adj* / symbolisch *adj* || ~ **address** / symbolische Adresse, Symboloperand *m*, Symboladresse *f* || ~ **parameter** / Symbolparameter *m* || ~ **variable** / symbolische Variable
symbol information / Symbolinformation *f* || ~ **list** / Symbolliste *f*, SIGLI || ~ **list connection** / Sigli-Anschluss *m* || ~ **name** / Symbol-Name *m* || ~ **of units of measurement** / Einheitenzeichen *n*
symbology, relay ~ / Relais-Symbolik *f*
symbol selection / Symbolauswahl *f* || ~ **table** / Symbolliste *f*, Symboltabelle *f*
symbol tile / Symbolbaustein *m* (Mosaikb.)
symmetrical breaking current / Ausschaltwechselstrom *m*, symmetrischer Ausschaltstrom || ~ **component of order k** / symmetrische Komponente k-ter Ordnung || ~ **components** / symmetrische Komponenten, Fortescue-Komponenten *f pl*
symmetrical-component transformation / Fortescue-Transformation *f*
symmetrical control / symmetrische Steuerung (LE) VDE 0838,T.1 || ~ **fault** / symmetrischer Kurzschluss, dreipoliger Kurzschluss || ~ **input** / symmetrischer Eingang || ~ **inversion** / Spiegeln *n*, Achsenspiegeln *n*, spiegelbildliche Bearbeitung, symmetrische Achssteuerung || ~ **load** / symmetrische Belastung, gleichseitige (o. gleichförmige) Belastung || ~ **luminous intensity distribution** / symmetrische (o. rotationssymmetrische) Lichtstärkeverteilung
symmetrically loaded / gleichbelastet *adj*
symmetrical normalized components / normierte symmetrische Komponenten || ~ **output** / symmetrischer Ausgang || ~ **pennant cycle** / symmetrische Wimpelschaltung (Trafo) || ~ **polyphase circuit** / symmetrischer (o. symmetrisch gebauter) Mehrphasenstromkreis || ~ **polyphase voltage source** / symmetrische Mehrphasen-Spannungsquelle || ~ **r.m.s. interrupting current** / Ausschaltwechselstrom *m*, symmetrischer Ausschaltstrom || ~ **short circuit** / nichtverlagerter Kurzschluss || ~ **short-circuit current** / symmetrischer Kurzschlussstrom, Kurzschluss-Wechselstrom *m* || ~ **switching** / Spiegelbildschaltung *f* (NC) || ~ **terminal interference voltage** / symmetrische

Funkstörspannung || ~ **terminal voltage** / symmetrische Klemmenspannung, symmetrische Funkstörspannung || ~ **turn-on phase control** / symmetrische Zündeinsatzsteuerung (LE) || ~ **two-terminal-pair network** / längssymmetrischer Vierpol, symmetrischerVierpol || ~ **ventilation** / symmetrische Belüftung, zweiseitige Belüftung || ~ **voltage** / symmetrische Spannung (EMV) IEC 50(161)
symmetric-characteristic circuit element / symmetrisches Element, stromrichtungsunabhängiges Element
symmetric element / symmetrisches Element, stromrichtungsunabhängiges Element || ~ **half controlled bridge** / symmetrische, halbgesteuerte Brückenschaltung (LE) || ~ **specular reflector** / symmetrisch strahlender Spiegel (Leuchte)
symmetrizing time constant / Symmetrierzeitkonstante f
symmetry, on the rotational ~ principle / rotationssymmetrisch *adj*
sympathetic oscillations / Resonanzschwingungen f *pl*
SYNACT (synchronized action) / SYNACT (Synchronaktion)
synaut motor / selbstanlaufender Synchronmotor, Synchronmotor mit asynchronem Anlauf
sync s. synchronization || ~ / SYNC
synchro *n* / Drehmelder *m*, Ferndreher *m*, Wellenmaschine f
synchro-check *n* / Synchronüberwachung f
synchro-checked line end / Leitungsende mit Synchronüberwachung
synchro-check relay / Synchronisierrelais *n*, Synchromat *m*, Parallelschaltgerät *n*
synchro control / Gleichlaufregelung f
synchro-generator *n* / Drehmelder *m*, Synchro-Geber *m*, Drehfeldgeber *m*
synchromatic system / Drehmeldersystem *n*, Ferndrehersystem *n*, Gleichlaufanordnung f, elektrische Welle
synchro-motor *n* / Drehmelder-Empfänger *m*, Synchro-Empfänger *m*, Drehfeldsteller *m*
synchronisation *n* / Synchronisation f
synchronism *n* / Synchronismus *m*, Synchronität f, Gleichlauf *m* || **be in** ~ / synchron laufen || **in** ~ / im Synchronismus || **in** ~ / im Gleichlauf, Gleichlauf herstellen, synchronisieren *v* || ~ **barrier** / Synchronlaufschranke f || ~ **coarse window** / Synchronlauffenster grob || ~ **error** / Synchronlauffehler *m* || ~ **fine window** / Synchronlauffenster fein || ~ **indicator** / Synchronoskop *n* || ~ **restoration** / Resynchronisierung f (Synchronmasch.), Wiederaufsetzen *n* (Datennetz), Resynchronisation f || ~ **signal** / Synchronsignal *n*
synchronization *n* / Synchronisierung f || ~ **capability** / SYNC-Fähigkeit f || ~ **detect (SYNDET)** / Synchronisationserkennung f || ~ **dialog** / Synchronisationsdialog *m* || ~ **frequency range** / Synchronisier-Frequenzbereich *m* (Osz.), Synchronisierbereich *m* || ~ **module** / Synchronisierbaugruppe f || ~ **of data** / Datenabgleich *m* || ~ **output** / Synchronisierausgang *m* || ~ **pattern** / Synchronisationsmuster *n* || ~ **point** / Synchronisationspunkt *m* || ~ **position** /

Synchronisationsposition f
synchronization/signal conversion input / Baugruppe Messeingang für Synchronisierung/Messumformung, ME
synchronization slip error / Schlupffehler *m* || ~ **specification** / Synchronisierpflicht f || ~ **telegram** / SYNC-Telegramm *n* || ~ **threshold** / Synchronisier-Ansprechschwelle f (Osz.)
synchronize *v* / synchronisieren *v*, Gleichlauf herstellen || ~ **and close** IEC 50(25) / Parallelschalten *n*
synchronized *adj* / synchronisiert *adj*, gleichlaufend *adj* || ~ **action (SA)** / Synchronaktion (SA) f || ~ **axis** / Synchronachse f, Gleichlaufachse f || ~ **induction motor** / synchronisierter Asynchronmotor, Synchron-Induktionsmotor *m* || ~ **position** / Synchronposition f, Synchronlage f || ~ **sweep** / synchronisierte Zeitablenkung (Osz.)
synchronizer *n* / Synchronisiergerät *n*, Gleichlaufeinrichtung f, Parallelschaltgerät *n* || ~ **bracket** / Synchronisierwandarm *m*
synchronize system time (SST) / SST (Drehzahl (Parameter))
synchronizing *n* / Synchronisieren *n*
synchronizing-bright method / Synchronisier-Hellschaltung f
synchronizing busbar / Synchronisierungsschiene f || ~ **circuit** / Synchronisierkreis *m*, Gleichlaufschaltung f || ~ **coefficient** / Synchronisierziffer f, Leistung-Polradwinkel-Verhältnis f || ~ **current** / synchronisierender Strom || ~ **equipment** / Synchroneinrichtung f
synchronizing-dark method / Synchronisier-Dunkelschaltung f
synchronizing flipflop / Synchronisier-Flipflop *n*, Synchronisierspeicher *m* || ~ **information** / Gleichlaufinformation f (FWT) || ~ **lamps** / Synchronisierlampen f *pl* || ~ **mark** / Synchronisiermarke f || ~ **matrix module** / Synchronisier-Matrixeinheit f (Sy-Matrixeinheit) || ~ **module** / Synchronisierbaugruppe f || ~ **power** / synchronisierende Leistung || ~ **power coefficient** / leistungsbezogene Synchronisierziffer || ~ **reactor** / Synchronisier-Drosselspule f || ~ **relay module** / Synchronisier-Relaiseinheit f (Sy-Relaiseinheit) || ~ **switch** / Synchronisierschalter *m* || ~ **torque** / synchronisierendes Moment, Rückstellmoment *n*, Ausgleichsmoment *n* || ~ **torque coefficient** / drehmomentbezogene Synchronisierziffer, Rückstellziffer f || ~ **transformer** / Synchronisierwandler *m*
synchronous *adj* / synchron *adj*, gleichlaufend *adj*, im Gleichlauf, taktsynchron *adj*, gleichläufig *adj* || ~ **acceleration** / Frequenzhochlauf *m* || ~ **admittance** / Synchronadmittanz f || ~ **belt drive** / Synchronriemenantrieb *m* || ~ **capacitor** / synchrone Blindleistungsmaschine, Phasenschieber *m* || ~ **clock** / Synchronuhr f, netzsynchrone Uhr || ~ **compensator** / synchrone Blindleistungsmaschine, Phasenschieber *m* || ~ **condenser** / synchrone Blindleistungsmaschine, Phasenschieber *m* || ~ **converter** / synchroner Motor-Generator, Einankerumformer *m* || ~ **coupling** / Synchronkupplung f || ~ **data link control (SDLC)** / synchrone Datenübertragungssteuerung || ~ **deceleration** / geführtes Stillsetzen || ~ **deviation** / Synchronabweichung f || ~ **electromotive force** /

synchronous-induction

elektromotorische Kraft des Polradfeldes, synchrone EMK, EMK des Polradfeldes, fiktive synchrone EMK || ~ **gain** / Synchronverstärkung f || ~ **generated voltage** / Polradspannung f || ~ **generator** / Synchrongenerator m || ~ **harmonic torque** / synchrones Oberwellendrehmoment, synchrones Zusatzdrehmoment || ~ **hysteresis motor** / Hysteresis-Synchronmotor m || ~ **impedance** / Synchronimpedanz f || ~ **impedance curve** / Kurzschlusskennlinie f, Kurzschlusscharakteristik f || ~ **induction motor** / synchronisierter Induktionsmotor
synchronous-induction motor-generator / Synchron-Asynchron-Umformer m
synchronous internal voltage / innere Synchronspannung, Hauptfeldspannung f || ~ **inverter** / Gleichstrom-Wechselstrom-Umformer m || ~ **line** / Synchronlinie f || ~ **linear motor (SLM)** / Synchron-Linear-Motor (SLM) m
synchronously rotating reference-frame transformation / Park-Transformation f || ~ **starting and stopping astable element** / synchron anlaufendes und anhaltendes astabiles Kippglied
synchronous machine / Synchronmaschine f || ~ **master clock** / Synchron-Hauptuhr f || ~ **method** / Synchronprüfverfahren n (Zählerprüf.) || ~ **mode** / synchroner Betrieb (DV, MG), Synchronbetrieb m (eine Spindelbetriebsart, bei der zwei Spindeln als Synchronspindelpaar synchron zueinander laufen), Gleichlaufverfahren n (DÜ), Synchronmotor m || ~ **motor clock** / Synchronuhr f, netzsynchrone Uhr || ~ **movement** / Gleichlaufbewegung f || ~ **multirate time switch** / Synchron-Tarifschaltahr f || ~ **multicycle control** / synchronisierte Vielperiodensteuerung || ~ **operation** / synchroner Betrieb, Synchronbetrieb m, synchroner l.auf, Gleichlaufbetrieb m, Synchronität f, Gleichlauf m (Proportionale Bewegungen der Folgeachsen zur Leitachse. Die Folgeachsen sind abhängig von ihrer Leitachse.) || ~ **periodic deviations** / synchrone periodische Überlagerungen DIN 41745 || ~ **phase modifier** / Synchron-Phasenschieber m || ~ **point** / Synchronpunkt m || ~ **pull-out torque** / Synchron-Kippmoment n || ~ **pulse generator (SPG)** / synchroner Impulsgenerator, Synchrontaktgeber m || ~ **reactance** / Synchronreaktanz f, Ankerreaktanz f, Leerlaufreaktanz f || ~ **rotating motor (SRM)** / Synchron-Rotationsmotor (SRM) m || ~ **sequential circuit** / synchrones Schaltwerk (Rechner) || ~ **serial interface (SSI)** / synchron serielles Interface || ~ **speed** / synchrone Drehzahl, Synchrondrehzahl f, Synchrongeschwindigkeit f (LM) || ~ **spindle** / Synchronspindel f || ~ **starting** / synchroner Anlauf, Frequenzanlauf m
synchronous-synchronous motor-generator / Synchronumformer m
synchronous teleconrol transmission / synchrone Fernwirkübertragung || ~ **time** / Synchronzeit f || ~ **time motor** / Sychronuhrmotor m || ~ **timer** / Synchronzeitgeber m, Synchronlaufwerk n || ~ **time switch** / Synchronschaltuhr f || ~ **torque** / synchrones Drehmoment || ~ **transfer** / Synchronumschaltung f (USV) || ~ **transmission** / synchrone Übertragung || ~ **velocity** / Synchrongeschwindigkeit f
synchro-receiver n / Synchro-Empfänger m, Drehfeldempfänger m, Drehmelder-Empfänger m

synchroscope n / Synchronoskop n
synchro-system n / Drehmeldersystem n, Ferndrehersystem n, Gleichlaufanordnung f, elektrische Welle
synchro-tie / Drehmeldersystem n, Ferndrehersystem n, elektrische Welle, Gleichlaufanordnung f
synchro-torque differential receiver / Synchro-Differenz-Empfänger m
synchro-transmitter n / Synchro-Geber m, Drehfeldgeber m, Ferndreher-Geber m, Drehmelder-Geber m
synchrotron radiation / Synchrotron-Strahlung f
SYNDET s. synchronization detect
synduct motor / synchronisierter Asynchronmotor, Synchron-Induktionsmotor m
synoptic n / Synoptik f
syntax check / Syntaxprüfung f || ~ **diagram** / Syntaxgraph m || ~ **governing** / syntaxbestimmend adj
synthetic circuit / synthetische Schaltung, Prüfschaltung f || ~ **fiber** / Kunstfaser f
synthetic-fabric tape / Kunstgewebeband n
synthetic resin / Kunstharz n
synthetic-resin binder / Kunstharzbindemittel n || ~ **bond** / Kunstharzbindung f
synthetic-resin-bonded paper s. s.r.b.p. / Hartpapier n (H-Papier)
synthetic-resin impregnant / Kunstharztränkmittel n
synthetic-resin-impregnated adj / kunstharzgetränkt adj
synthetic-resin varnish / Kunstharzlack m
synthetic test / synthetische Prüfung || ~ **test circuit** / synthetische Prüfschaltung
syringe, sample ~ / Probennadel f
SYSPAR (system parameter) / SYSPAR (Systemparameter)
system n / System n, Anlage f, Netz n, Anlagenbau m || **controlled** ~ IEC 50(351) / Regelstrecke f, Steuerstrecke f || ~ **acceptance test** / Anlageabnahme f || ~ **access** / Systemzugriff m || ~ **and channel selector** / Systemkanalwähler (SKW) m || ~ **architecture** / Systemarchitektur f
systematic error / systematischer Fehler, systematische Messabweichung, systematische Ergebnisabweichung (Statistik, QS) || ~ **failure** / systematischer Ausfall DIN 40042 || ~ **fault** (A fault resulting in systematic failure.) / systematischer Fehlzustand (Fehlzustand infolge eines systematischen Ausfalls) || ~ **multi-axis principle** / konsequentes Mehrachsprinzip || ~ **sample** / systematische Stichprobe || ~ **sampling** / systematische Stichprobennahme || ~ **variation** (statistics) / systematische Schwankung (Statistik)
system block / Systembaustein m || ~ **bus** (Depending on requirements,PROFIBUS or Industrial Ethernet are used as system busses) / Systembus m (PROFIBUS oder Industrial Ethernet je nach Anforderungen als Systembusse eingesetzt) || ~ **cables** / Systemverkabelung f || ~ **capacitance** / Netzkapazität f || ~ **capacity management** / Lastverteilung f (Netzpführung) || ~ **category** / Systemkategorie f || ~ **center** / Anlagenmitte f || ~ **changeover switch** / Stromartenumschalter m (Bahn), Betriebsartenumschalter m || ~ **characteristics** / Systemkennwerte m pl (FWT) || ~ **check** (QA) / Systemprüfung f || ~ **checkout** / Systemprüfung f || ~ **checkpoint** /

Systemkontrollpunkt *m* || ~ **clock** / Systemtakt *m*
system clock cycle / Systemgrundtakt *m* || ~ **collapse** / Netzzusammenbruch *m* || ~ **command** / Systemoperation *f*, Systembefehl *m* || ~ **compatibility test** / Systemverträglichkeitsprüfung *f*
system-compatible *adj* / systemgerecht *adj*
system components (installation bus) / Systemgeräte *n pl* || ~ **conditions** / Netzbedingungen *f pl* || ~ **configuration** / Netzform *f*, Netzgebilde *n*, Netzkonfiguration *f*, Anlagenkonfiguration *f*, Netzstruktur *f* || ~ **configuration software** / System-Software *f* (Konfigurierprogramme) || ~ **configuring software** / Projektiersoftware *f*, Projektierungssoftware *f* || ~ **connection duct** / Systemverbindungskanal *m* || ~ **connector** / Systemstecker *m* || ~ **constant** / Netzkonstante *f* || ~ **control active state (SCAS)** / aktiver Zustand der Systemsteuerung (PMG) DIN IEC 625 || ~ **control centre** / Netzwarte *f*, Netzkommandostelle *f*, Leitstelle *f*, Schaltleitung *f*, Netzleitstelle *f* || ~ **control equipment** EN 60146-1-1 / Regeleinrichtung *f* (SR) || ~ **control interface clear active state (SIAS)** / aktiver Rücksetzzustand der Systemsteuerung (PMG) DIN IEC 625 || ~ **control interface clear idle state (SIIS)** / Rücksetz-Ruhezustand der Systemsteuerung (PMG) DIN IEC 625 || ~ **control interface clear not active state (SINS)** / Nichtrücksetzzustand der Systemsteuerung (PMG) DIN IEC 625 || ~ **control not active state (SNAS)** / inaktiver Zustand der Systemsteuerung (PMG) DIN IEC 625 || ~ **control remote enable active state (SRAS)** / aktiver Fernsteuer-Freigabezustand der Systemsteuerung (PMG) DIN IEC 625 || ~ **control remote enable idle state (SRIS)** / Fernsteuerfreigabe-Ruhezustand der Systemsteuerung (PMG) DIN IEC 625 || ~ **control remote enable not active state (SRNS)** / Fernsteuer-Sperrzustand der Systemsteuerung (PMG) DIN IEC 625 || ~ **control state** / Zustand der Systemsteuerung (PMG) DIN IEC 625 || ~ **crash** / Systemabsturz *m* (Rechneranlage) || ~ **data (SD)** / Systemdaten *plt* (SD (PC)) || ~ **data area** / Systemdatenbereich *m* (SPS), Systembereich *m* || ~ **data block (SDB)** / Systemdatenbaustein (SDB) *m* || ~ **data memory** / Systemdatenspeicher *m* || ~ **data memory area** / Speicherbereich *m*, BS-Speicherbereich *m* || ~ **data storage** / Systemdatenspeicher *m* || ~ **data word (SD)** / Systemdatenwort (SD) *n* || ~ **decoupling** / Netztrennung *f* || ~ **definition** / Auflösungsvermögen *n* (Fernkopierer) || ~ **demand control** / Laststeuerung *f* (Netzführung) || ~ **dependability** / Systemstabilität *f* DIN 40042 || ~ **dependent** / systembedingt *adj* || ~ **design** / Systemaufbau *m* || ~ **deviation** IEC 50(351) / Regelabweichung *f*, Regeldifferenz *f* || ~ **diagnostics** / Systemdiagnose *f* || ~ **diagram** / Systemschaltplan *m*, Netzschema *n* || ~ **disk** / Systemdiskette *f* || ~ **diskette** / Systemdiskette *f* || ~ **disturbance** / Netzstörung *f* || ~ **earthed through an arc-suppression coil** / Netz mit Erdschlusskompensation, gelöschtes Netz || ~ **effectiveness** / Systemwirksamkeit *f* DIN 40042 || ~ **element** / Systemelement *n* (FWT) || ~ **engineering** / Systementwurf *m*, Systemrahmen *m* || ~ **environment** / Systemumgebung *f*

system error / Systemfehler *m*, Regeldifferenz *f* || ~ **error handling** / Systemfehlerbehandlung *f* || ~ **error level** / Systemfehlerebene *f* || ~ **execution time** / Systembearbeitungszeit *f*, Systemlaufzeit *f* || ~ **failure** / Anlagenstörung *f*, Systemstörung *f* || ~ **fault level** / Netzkurzschlussleistung *f*, Netzausschaltleistung *f* || ~ **file** / Systemdateien *pl*, Systemdatei *f* || ~ **filter module** / Netzfilterbaustein *m* || ~ **floppy** / Systemdiskette *f* || ~ **for crushing broken glass** / Scherbenmahlanlage *f* || ~ **for speed value detection** / Drehzahlmesswerterfassungssystem *n* || ~ **frequency** / Netzfrequenz *f* || ~ **function** / Systemfunktion *f*, Sequential Function Chart (SFC) (mit SFC werden Produktionsvorgänge in Form von Ablaufsequenzen projektiert) || ~ **function block (SFB)** / Systemfunktionsbaustein (SFB) *m* || ~ **fundamental power factor** / Netzgrundschwingungsleistungsfaktor *m* || ~ **gain** / Streckenverstärkung *f* || ~ **generator** / Systemgenerator *m* || ~ **ground** / Betriebserde *f* || ~ **head capacity curve** / Rohrleitungskennlinie *f*
system-head curve / Anlagenkennlinie *f* (Pumpe)
system highest voltage / höchste Betriebsspannung eines Netzes || ~ **hum** / Netzbrummen *n* || ~ **ID block** / Systemidentifikationsbaustein *m* || ~ **identification** / Systemkennung *f* || ~ **impedance ratio** / Impedanzverhältnis *n*, Netzstörung *f* (Störung, die zu totalem oder teilweisem Ausfall eines Netzes führt) || ~ **integration test (SIT)** / SIT || ~ **interconnecting transformer** / Netzkuppeltransformator *m* || ~ **interconnection** / Netzverbund *m*, Netzkupplung *f*, Netzzusammenschluss *m* || ~ **interface** / Systemschnittstelle *f* || ~ **interrupt** / Interrupt *m*, Reglerarm *m*, Systemalarm *m*
system-interrupt-driven program processing / interruptgesteuerte Programmbearbeitung
system kernel / Systemkern *m* (SW) || ~ **key** / Systemtaste *f* || ~ **load** / Systembelastung *f*
system-load-sensitive ripple control / netzlastgeführte Rundsteueranlage
system loss / Netzverlust *m*, Strömungsverlust *m* (in Rohrleitungen) || ~ **losses** / Netzverluste *m pl*, Übertragungsverlust *m pl* || ~ **maintenance** / Systempflege *f* || ~ **manual** / Systemhandbuch (SH) *n* || ~ **master data** / Anlagenstammdaten *pl* || ~ **maximum continuous operating voltage** / höchste Betriebsspannung eines Netzes || ~ **memory** / Systemspeicher *m* (SPS) || ~ **memory data** / Systemspeicherdaten *pl* || ~ **memory location** / Systemzelle *f* || ~ **menu** / Systemmenü *n* || ~ **message** / Systemmeldung *f* (SPS) || ~ **message block** / Systemmeldungs-Baustein *m* (SPS), Systemmeldeblock *m* || ~ **neutral** / Netzsternpunkt *m* || ~ **nominal voltage** / Nenn-Netzspannung *f*, Nennspannung eines Netzes || ~ **of fits** / Passungssystem *n* || ~ **of measures** / Maßsystem *n*, Einheitensystem *n* || ~ **of plates** / Plattenblock *m* (Batt.) || ~ **of quality assessment** / Gütebestätigungssystem *n* || ~ **of units** / Einheitensystem *n*, Maßsystem *n* || ~ **openness** / Systemoffenheit *f* || ~ **operation** / Systembefehl *m*, Systemoperation *n* || ~ **operational diagram** / Betriebs-Netzschema *n* || ~ **operator** / Anlagenbetreiber *m* || ~ **order specification** / Systemlastenheft (SLH) *n* || ~ **organization** /

systems

Systemorganisation *f* || ~ **overview** / Systemübersicht (SY) *f*, Systembeschreibung (SBS) *f*, Momentanwerterfassungsbaugruppe *f* || ~ **overview display** / Netzübersichtsbild *n*, Gesamtbild *n* || ~ **parameter** / Netzparameter *m* || ~ **parameter (SYSPAR)** / Systemparameter (SYSPAR) *m* || ~ **pattern** / Netz-Strukturelement *n* || ~ **perturbation** / Netzrückwirkung *f* || ~ **planning** / Anlagenplanung *f* || ~ **program** / Systemprogramm *n* || ~ **program memory** / Systemprogrammspeicher *m* || ~ **project** / Anlagenprojekt *n* || ~ **reaction** / Systemverhalten *n* || ~ **recovery** / Netzwiederkehr *f*, Spannungswiederkehr *f* || ~ **regulator** / Netzregler *m* || ~ **resistance** / Strömungswiderstand *m* (Luftkanalsystem) || ~ **resources** / Systemhilfsmittel *n* || ~ **response specification** / Systempflichtenheft (SPH) *n* || ~ **response time** / Systemreaktionszeit *f* || ~ **responsibility** / Systemverantwortung *f*
systems approach / systemanalytischer Ansatz || ~ **business** / Systemgeschäft *n*, Anlagengeschäft *n*
system scope / Systemrahmen *m* || ~ **screen** / Anlaufbild *n* || ~ **security** / Datenzugriffssicherung des Systems || ~ **selection** / Systemvorgabe *f*
systems engineering / Systemtechnik *f*, Anlagentechnik *f* || ~ **engineering development** / systemtechnische Entwicklung || ~ **management** / Systemmanagement *n* DIN ISO 7498
system software / Systemprogramm *n*, Anlagensoftware *f*, Systemsoftware *f*
system-specific *adj* / anlagenspezifisch *adj*
systems solution / Systemlösung *f*
system startup engineer / Inbetriebnehmer *m*
system start-up / Systemanlauf *m*, Inbetriebnahme *f* (Automatisierungssystem, Rechneranlage) || ~ **state** / Systemzustand *m* || ~ **state list (SSL)** / Systemzustandsliste (SZL) *f* || ~ **state variable** / Netzvariable *f* || ~ **stop (STS)** / Systemstopp (STS) *m* || ~ **structure** / Systemaufbau *m*, Anlagenstruktur *f*, Systemstruktur *f* || ~ **supervisor** / Fertigungsleiter *m* (FFS), Anlagenführer *m* || ~ **supplier** / Anlagenlieferant *m* || ~ **supply** / Netzeinspeisung (NE) *f* || ~ **test center** / Systemtestzentrum (STZ) *n* || ~ **test phase** / Systemtestphase *f* || ~ **test pressure** (design pressure) / Prüfdruck *m* DIN 43691 || ~ **throughput** / Systemdurchsatz *m* || ~ **tie** / Netzkupplung *f*
system-tie circuit-breaker / Netzkuppelschalter *m* (LS) || ~ **frequency converter** / Netzkupplungsumformer *m*
system time / Systemzeit *f*
system time constant / Streckenzeitkonstante *f* (Regelstrecke, Regelkreis), Zeitkonstante der Regelstrecke || ~ **transfer** / Netzumschaltung *f* || ~ **transfer data (ST)** / Systemtransferdaten *plt* (ST (PC)) || ~ **transfer data area** / Systemtransferdatenbereich *m* (SPS) || ~ **transfer data memory** / Systemtransferdatenspeicher *m* || ~ **transformer** / Systemwandler *m* || ~ **unit** / Grundgerät *n* (MC-System) || ~ **update** / Systempflege *f* || ~ **utilization** / Systemauslastung *f* || ~ **voltage** / Netzspannung *f*, Speisespannung *f*, Anschlussspannung *f* || ~ **voltage depression** / Spannungseinbruch im Netz, Netzeinbruch *m* || ~ **voltage dip** / Spannungseinbruch im Netz, Netzeinbruch *m* || ~ **voltage drop** /

Netzspannungsabfall *m* || ~ **voltage insulation** / Isolation gegen geerdete Teile
system-wide *adj* / durchgängig *adj*
system with arc-extinction coil / Netz mit Erdschlusskompensation, gelöschtes Netz || ~ **with effectively earthed neutral** / Netz mit wirksam geerdetem Sternpunkt || ~ **with ELCBs** / Netz mit FI-Schutzeinrichtung || ~ **with non-effectively earthed neutral** / Netz mit nicht wirksam geerdetem Sternpunkt || ~ **with second-order lag** / System zweiter Ordnung (Reg.) || ~ **with solidly earthed (o. grounded) neutral** / Netz mit starrer Sternpunkterdung

T

T (Tool) / WZ (Werkzeug)
T, full ~ / volles T (Flp.)
tab *n* / Registerkarte *f*, Register *n*, Registerseite *f*, Nase *f*, Vorsprung *m*, Schlaufe *f*, Schildchen *n*, Flachstift *m*, Öse *f*, Fahne *f*, Lappen *m*
TAB s. tape automated bonding
tab, soldering ~ / Lötöse *f*
tab-and-receptacle connection / Flachsteckverbindung *f*
TAB character s. tabulating character
tab connector / Flachstiftstecker *m*, Flachstecker *m*, Flachsteckeranschluss *m*, Flachsteckanschluss *m*
TAB function s. tabulator function
table *n* / Tisch *m* (a. WZM), Tabelle *f* || ~ **contact system** / Tischtastsystem *n* || ~ **lamp** / Tischleuchte *f* || ~ **line** / Tabellenzeile *f* || ~ **locking** / Tischklemmung *f* (WZM) || ~ **of competitors** / Konkurrenzspiegel *m* || ~ **of frequency distribution** / Wertetabelle *f* geordnet nach der Häufigkeitsverteilung DIN IEC 319 || ~ **of revision** / Änderungsverzeichnis *n* (QS), Änderungsregister *n* || ~ **of suppliers** / Lieferantentabelle *f* || ~ **range** / Tabellenbereich *m* || ~ **rotation** / Tischdrehung *f* (WZM) || ~ **standard lamp** / Tischleuchte *f*
tablet *n* / Tablett *n* (Tastenfeld)
table-top model / Tischgerät *n* || **table-top unit** / Tischgerät *n*
table-type socket-outlet / Tischsteckdose *f* || ~ **switch** / Tischschalter *m*
tab receptacle / Flachsteckhülse *f* || ~ **sheet** / Register *n*, Registerkarte *f*, Registerseite *f* || ~ **terminal** / Anschlussfahne *f*, Flachstecker *m*, Flach(anschluss)klemme *f*
tabular layout of article characteristics / Sachmerkmal-Leiste *f* DIN 4000,T.1
tabulating character (TAB character) / Tabulatorzeichen *n*
tabulator function (TAB function) / Tabulatorfunktion *f* (TAB-Funktion) || ~ **sequential format** / Tabulatorschreibweise *f* (NC)
tacho *n* / Tacho *m*, Tachogenerator *m*, Drehzahlsensor *m*, NREG, Drehzahlgeber *m* || ~ **adjustment** / Tachoanpassung *f* || ~ **compensation** / Tachokompensation *f*, Tachoabgleich *m*, Tachometerabgleich *m* || ~ **connector** / Tachoverbindungsstecker *m* || ~ **rotor** / Tacholäufer *m*

tachoductor n / Tachoduktor m
tachogenerator n / Tacho m || ~ **compensation** / Tachometerabgleich m, Tachoabgleich m, Tachokompensation f || ~ **matching** / Tachoanpassung f || ~ **matching circuit** / Tachokompensation f, Tachoabgleich m, Tachometerabgleich m
tachograph n / Fahrtenschreiber m
tachometer n / Tachometer m, Drehzahlmesser m, Tacho m, Geschwindigkeitsmesser m || ~ **generator** / Tachogenerator m, Geberdynamo m
tachometric relay / Drehzahlrelais n, Drehzahlwächter m, Fliehkraftschalter m
tacho signal / Tachosignal n || ~ **simulating circuitry** / Tachonachbildung f || ~ **stator** / Tachoständer m || **~-switch** n / Drehzahlwächter m || ~ **voltage** / Tachospannung f
tackle n / Vorrichtung f, Geschirr n, Gerät n, Zeug n, Flaschenzug m, Block m || ~ **block** / Flaschenzug m, Zughub m, Hebezeug n
TACS s. talker active state
tactile feedback / Druckpunkt m (Taste) || ~ **perception** / taktile Berührungserkennung || ~ **sensor** / Tastsensor m, taktiler Sensor, Berührungssensor m || ~ **touch** / Druckpunkt m (Taste)
tactile-touch keyboard / Druckpunkttastatur f
TADS s. talker addressed state
tag v / mit einem Anhänger versehen, kennzeichnen v, etikettieren v, markieren v (Daten), mit einem Vermerk versehen || ~ n / Lötfahne f, Ringzunge f (EZ), Marke f (Bezeichner v. Datenobjekten), Etikett m (zur maschinellen Interpretation v. Daten), Anschlussfahne f, Anhängezettel m || **soldering ~** / Lötfahne f, Lötlasche f, Lötstützpunkt m, Lötöse f || ~ **block** / Lötstreifenverbinder m, Lötleiste f
tagboard n / Lötösenbrett n
tag counting / Variablenzählung f
tag-end connector block / Lötleiste f, Lötverteiler m, Lötstreifenverbinder m
tagged, time-~ alarm / zeitmarkierte Meldung
tagging, time ~ IEC 50(371) / Absoluteerfassung f (FWT)
tag holder / Schildträger m || ~ **identification** / MSR-Stellen-Name m (Prozessführung) VDI/VDE 3695 || ~ **number** / MSR-Kennzeichnung f (MKZ) (Prozessführung)) VDI/VDE 3695, Platznummer f (Prozessmonitor) || ~ **pitch** / Abstand zwischen Anschlussfahnen || ~ **spacing** / Abstand zwischen Anschlussfahnen || ~ **termination** / Flachanschluss m
tail n / Rücken m (Welle, Stoßwelle), hintere Flanke (Welle) || **end ~** / Endstück n (Wickelverbindung) || **filament ~** / Wendelende n (Lampe) || **lead ~** / Leitungsende n, freies Leitungsende
tailback bero / Staubero
tailbay elevations / Unterwasserpegel m
tail fraction / Rückstandsfraktion f, Nachlauf m || ~ **gate** / Heckklappe f (Kfz)
tailgate, internal ~ release / Fernentriegelung der Heckklappe (Kfz)
tailing n (chromatography) / Restbelegungen f pl, Tailing n
taillight n / Schlussleuchte f (Kfz), Schlusslicht n
tail-of-wave impulse voltage / (im Rücken) abgeschnittene Stoßspannung

tailored adj / Maßzuschnitt m || ~ **graphic display** (Cf.: configured graphic display) / Grafikbild n (Vgl.: projektiertes Grafikbild und zugeschnittenes Grafikbild), Grafikanzeige f, Bilddarstellung f, zugeschnittenes Grafikbild
tailor-made n / Maßzuschnitt m
tailstock n / Reitstock m (WZM), Gegenlager n || ~ **center** / Reitstockspitze f || ~ **quill** / Reitstockpinole f || ~ **spindle sleeve** / Reitstockpinole f
tail time constant / Rückenzeitkonstante f (Stoßwelle)
tailwater n / Unterwasser n (WKW) || **on ~ side** / unterwasserseitig adv || ~ **reservoir** / Ausgleichsbecken n (WKW)
take, to ~ apart / zerlegen v, auseinandernehmen v, demontieren v || **to ~ control asynchronously (tca)** / Steuerung asynchron übernehmen (PMG) DIN IEC 625 || **to ~ control synchronously (tcs)** / Steuerung synchron übernehmen (PMG) DIN IEC 625 || **to ~ the generator off load** / den Generator entlasten || **to ~ up slack** / Durchhang aufholen (Papiermaschine) || ~ **control (TCT)** IEC 625 / Steuerung übernehmen (PMG) DIN IEC 625
take-down roller / Abzugswalze f
take effect / zum Tragen kommen || ~ **from neighbouring utility** / durchleiten, beim Nachbar-EVU || ~ **in** v / ansaugen v
take-off climb area / Abflugsektor m || ~ **climb surface** / Abflugfläche f || ~ **distance** / Startstrecke f (Flp.) || ~ **distance available (TODA)** / verfügbare Startstrecke (TODA) || ~ **run** / Startlauf m (Flugzeug) || ~ **run available (TORA)** / verfügbare Startlaufstrecke (TORA) || ~ **run distance** / Startlaufstrecke f (Flp.) || ~ **runway** / Startbahn f
take-over current IEC 157-1 / Übernahmestrom m VDE 0660,T.101
take-over-point / Ablösepunkt m
take up v / aufnehmen v, ausgleichen v, spielfrei machen
take-up, chart ~ / Papieraufwickelwerk n (Schreiber) || ~ **reel** / Aufwickelrolle f, Zugspule f || ~ **speed** / Abzugsgeschwindigkeit f
talc-powdered adj / talkumiert adj
talk address / Sprecheradresse f (PMG)
talker n / Sprecher m (Funktionselement zum Informationsaustausch) DIN IEC 625 || ~ **active state (TACS)** / aktiver Zustand des Sprechers (PMG) DIN IEC 625 || ~ **addressed state (TADS)** / adressierter Zustand des Sprechers (PMG) DIN IEC 625 || ~ **idle state (TIDS)** / Ruhezustand des Sprechers (PMG) DIN IEC 625 || ~ **primary addressed state (TPAS)** / erstadressierter Zustand des Sprechers (PMG) DIN IEC 625 || ~ **primary idle state (TPIS)** / Ruhezustand des erweiterten Sprechers (PMG) DIN IEC 625
tall column / Hochmast m
tally n (QA) / Markierung f, Fünfermarkierung f
tamped connection / Stampfkontakt m (Bürste)
tamper-proof adj / gegen unbefugte Eingriffe gesichert, gegen unbefugtes Verstellen gesichert, mißbrauchsicher adj, eingriffsicher adj
tamper protection EN 50133-1 / Sabotageschutz m (ZKS)
tan δ angle-time increment / tan δ-Anstiegswert m || ~ **initial value** / tan δ-Anfangswert m || ~ **of loss angle** / tan δ-Verlustwinkel m || ~ **tip-up value** / tan

tandem 604

δ-Anstiegswert m ‖ ~ **value per voltage increment** / tan δ-Anstiegswert m
tandem arrangement / Tandemanordnung f ‖ ~ **brush** / Tandembürste f ‖ ~ **brush holder** / Tandembürstenhalter m ‖ ~ **coiled-spring brush holder** / Tandem-Rollfeder-Bürstenhalter m ‖ ~ **connection** / Tandemschaltung f, Kaskadenschaltung f ‖ ~ **contact arrangement** / Tandemanordnung f ‖ ~ **contact block** / Schaltelement in Tandemanordnung ‖ ~ **electrostatic generator** / Tandem-Van-de-Graaff-Generator m ‖ ~ **motor** / Tandemmotor m ‖ ~ **shaft angle encoder** / Tandemimpulsgeber m ‖ ~ **technique** / Tandemtechnik f (Prüf.)
tan film / Kommutatorpatina f, Kommutatorfilm m, Oxydpatina f
tangent-entry angle box / Winkel-Abzweigdose mit Tangentialeinführung
tangent function / Tangensfunktion f
tangential acceleration / Tangentialbeschleunigung f ‖ ~ **axis** / Tangentialachse f ‖ ~ **bracing** / Tangentialversteifung f ‖ ~ **circle centre** / tangentieller Kreismittelpunkt ‖ ~ **control** / Tangentialsteuerung f ‖ ~ **couple** / Tangentialschubkraft f, Drehschub m ‖ ~ **dimension** / Tangentialmaß n ‖ ~ **force** / Tangentialkraft f, Drehschub m ‖ ~ **movement** / Tangentialbewegung f ‖ ~ **quarter circle** / tangentieller Viertelkreis ‖ ~ **section** / Tangentialschnitt m ‖ ~ **stress** / Tangentialspannung f, Schubspannung f, Ringspannung f ‖ ~ **thrust** / Tangentialschub m, Drehschub m ‖ ~ **transition** / tangentialer Übergang (NC)
tangent method / Tangentenverfahren n (Chromatographie) ‖ ~ **of complement of power factor angle** / tan δ-Verlustwinkel m ‖ ~ **of loss angle** (tan δ) / Tangens des Verlustwinkels (tan δ), Verlustfaktor ‖ ~ **support** / Tragstützpunkt in gerader Linie (Freiltg.)
tangle of cables / Kabelwirrwarr m, Kabelsalat m
tank n / Kessel m (Trafo), Tank m ‖ ~ **farm** / Tanklager n ‖ ~ **farm operator** / Tanklagebetreiber m ‖ ~ **level monitoring** / Füllstandsüberwachung f ‖ ~ **losses** / Kesselverluste m pl ‖ ~ **management** / Tankmanagement n ‖ ~ **port** / Tankanschluss m ‖ ~ **shielding** / Kesselabschirmung f ‖ ~ **wall** / Kesselwand f ‖ ~ **with radiators** / Radiatorkessel m
tannic acid / Gerbsäure f
tantalum capacitor / Tantalkondensator m ‖ ~ **electrolytic capacitor** / Tantal-Elektrolytkondensator m
tap v / anzapfen v, abgreifen v, Gewinde schneiden, klopfen v, abklopfen v, ablatchen v, leicht schlagen ‖ ≗ **(terminal access point)** / Netzzugangspunkt m ‖ ~ n / Anzapfung f, Abgriff m, Transformatorstufe f, Gewindebohrer m, leichter Schlag, Auskopplung f, Abzweigung f, Abzweig m ‖ **plural** ~ / Mehrfachstecker m ‖ **service** ~ / Hausanschlussleitung f ‖ **transformer** ~ / Transformatoranzapfung f, Transformatorstufe f (IK), Transformatorabgang m ‖ ~ **box** / Abzweigkasten m (IK), Abgangskasten m (IK) ‖ ~ **change** / Stufung f
tap-change v / Anzapfungen umstellen, umschalten v (Trafo)
tap change command / Stufungsbefehl m
tap-change-in-progress indication / Laufanzeige f (Trafo-Umsteller)
tap change mechanism / Stufenschaltwerk n
tap-change operation / Stufenschaltung f (Trafo)
tap changer / Stufenschalter m (Trafo), Umsteller m, Stufenwähler m
tap-changer compartment / Stufenschalterkammer f (Trafo, Teilkammer) ‖ ~ **driving mechanism** / Stufenschalter-Antrieb m (Trafo), Umstellerantrieb m (Trafo)
tap changer for de-energized operation (TCDO) / Umsteller m (Trafo), Stufenschalter für Betätigung im spannungsfreien Zustand (Trafo), Anzapfumsteller m
tap-changer oil conservator / Stufenschalter-Ausdehnungsgefäß n (Trafo) ‖ ~ **tank** / Stufenschalterkessel m (Trafo)
tap changing / Stufenumstellung f (Trafo), Umstellung der Anzapfungen
tap-changing gear / Stufenschaltwerk n (Trafo) ‖ ~ **transformer** / Transformator mit Stufenschalter, Stufentransformator m, Regeltransformator m
tape v / bewickeln v, mit Band umwickeln, umbandeln v ‖ ~ n / Band n, Lochstreifen m, Bandmaß n, Papierstreifen m ‖ ~ **aligning hole** / Kennloch im Papierstreifen ‖ ~ **automated bonding (TAB)** / automatisches Filmbonden ‖ ~ **cartridge** / Bandkassette f, Magnetbandkassette f ‖ ~ **cassette** / Bandkassette f, Magnetbandkassette f ‖ ~ **character** / Lochstreifenzeichen n ‖ ~ **control** (NC) / Lochstreifensteuerung f, Bandsteuerung f
tape-controlled adj / lochstreifengesteuert adj, bandgesteuert adj, streifengesteuert adj
tape copying unit / Bandumsetzplatz m
taped components / gegurtete Bauteile (gS) ‖ ~ **inner covering** (HD 21) / gewickelte gemeinsame Aderumhüllung VDE 0281
tape feed / Bandvorschub m ‖ ~ **feedrate** / Bandvorschub m ‖ ~ **format** / LS-Format n
tape input / Lochstreifeneingabe f (NC) ‖ ~ **insulation** / Bandisolierung f ‖ ~ **layer** / Bandlage f ‖ ~ **length** / Lochstreifenlänge f ‖ ~ **punch unit** / Lochstreifenstanzereinheit f
tapeless numerical control / lochstreifenlose numerische Steuerung
tape magazine / Speicherkassette f (f. Lochstreifen) ‖ ~ **mark** / Bandmarke f (NC, a. CLDATA-Wort) ‖ ~ **measure** / Rollmaß n ‖ ~ **output** / Lochstreifenausgabe f (NC) ‖ ~ **packaging** / Gurtbandverpackung f ‖ ~ **printer** / Streifendrucker m ‖ ~ **punch** / Streifenlocher m, Lochstreifenstanzer m, Lochstreifenlocher m ‖ ~ **punch attachment** / Anbaulocher m
tap equivalence table / Stufenäquivalenztabelle f
taper n / Kegel m, Konus m, Verjüngung f, Abschrägung f, Verengung f (LWL-Faser), Keil(form) $m(f)$ ‖ ~ **angle** / Schrägenwinkel m, Kegelwinkel m ‖ ~ **cutter** / Kegelfräser m
tape reader / Lochstreifenleser m ‖ ~ **reader unit** / Lochstreifenlesereinheit f ‖ ~ **reader/punch unit** / Lochstreifenleser-/-stanzereinheit f ‖ ~ **recording** / Magnetbandaufzeichnung f
tapered adj / kegelförmig adj, kegelig adj, sich verjüngend, keilförmig adj, abgeschrägt adj
tapered-body pole / Trapezpol m
tapered deep-bar cage rotor / Keilstabläufer m ‖ ~ **fibre** / Fasertaper m (LWL) IEC 50(731) ‖ ~ **mantle terminal** / Mantelkeilklemme f

tapered-overhang winding / Kegelwicklung f
tapered packing block / Keilstück n (am Nutausgang)
tapered-roller bearing / Kegelrollenlager n || ~ thrust bearing / Axialkegelrollenlager n
tapered stud terminal / Kegelklemme f, Klemmenkegel m, Konusklemme f || ~ pin / Kegelstift m, Keilstift m || ~ thread / Kegelgewinde
tape rewind / Bandrücklauf m, Lochstreifenrücklauf m, Rückspulen des Bandes
taper key / Längskeil m, Treibkeil m, Austreiber m || ~ machining / Kegelbearbeitung f || ~ multiple plunge-cut grinding / Kegelmehrfacheinstechschleifen n || ~ reciprocating grinding / Kegelpendelschleifen n || ~ shaft / Formwelle f || ~ thread / Kegelgewinde n || ~ traverse grinding / Kegelpendelschleifen n || ~ turning / Kegeldrehen n
tape separation / Bandablösung f (Wickl.) || ~ serving / Bandbewicklung f, Bandlage f, Umbandelung f || ~ transfer unit / Bandumsetzplatz m || ~ tumble box / Lochstreifen-Fallschacht m, Fallschacht m || ~ wind / Bandvorlauf m || ~ winder / Lochstreifenwickler m
tape-wound core / Bandkern m
tap hole / Kernloch n, Gewindebohrung f || ~ hole drill / Kernlochbohrer m
tap indicator / Stellungsanzeiger m (Trafo-Stufenschalter)
taping n / Umbandelung f, Bandbewicklung f, Bandisolierung f || ~ machine / Umbandelungsmaschine f, Bandisoliermaschine f
tap joint / Abzweigmuffe f (f. Kabel) || ~ line / Leitungsabzweig m, Abzweigleitung f, Ausläuferleitung f
tap-off (facility) / Zapfstelle f (IK), Abgang m (IK) || ~ unit / Abgangskasten m (IK)
tapped adj / angezapft adj, mit Anzapfungen, mit Innengewinde || ~ air-gap reactor / Luftspaltdrossel mit Anzapfungen, gestufte Luftspaltdrossel || ~ blind hole / Sackloch mit Gewinde, Gewindegrundbohrung f, Gewindesackloch n || ~ bore / Gewindebohrung f, Gewindeloch n || ~ boss / Einschraubstutzen m || ~ coil / Spule mit Anzapfungen || ~ cylindrical winding / angezapfte Zylinderwicklung, Schaltröhre f (Trafo) || ~ delay element / Verzögerungsglied mit Abgriffen || ~ hole / Gewindebohrung f, Gewindeloch n || ~ reactor / Stufendrossel f || ~ reactor protective circuit / Stufendrosselbeschaltung f || ~ substation / Abzweigstation f || ~ through-hole / durchgehendes Gewindeloch, durchgängiges Gewinde, Gewindehardurchgangsbohrung f || ~ transformer / Stufentransformator m || ~ variable inductor / Anzapfdrossel f || ~ winding / angezapfte Wicklung, Stufenwicklung f, Stellwicklung f
tapping n / Anzapfung f, Abgriff m, Gewindebohren n, Abklopfen n, Innengewindeschneiden n || ~ ISO 1056 / Gewindebohren n (a. NC-Wegbedingung) DIN 66025,T.2 || pressure ~ / Druckentnahme f (Messblende) || unauthorized power ~ / Stromdiebstahl m || ~ block IEC 23F.3 / Abzweigklemme f VDE 0613 || ~ box IEC23F.3 / Abzweigdose f VDE 0613 || ~ conductor / abzweigender Leiter VDE 0613 || ~ contactor /

Anzapfschütz n, Stufenschütz n (Trafo) || ~ current / Anzapfungsstrom m || ~ duty IEC 76-1 / Anzapfungsbetrieb m (Trafo) VDE 0532,T.1 || ~ factor IEC 76-1 / Anzapfungsfaktor m (Trafo) VDE 0532,T.1 || ~ layer / Messbelag m || ~ mechanism / Verbindungsstück n, Busanschluss-Stück n || ~ position / Stufenschalterstellung f (Trafo) || ~ power / Anzapfungsleistung f || ~ quantity / Anzapfungsgröße f (Trafo), Anzapfungswert m || ~ range IEC 76-1 / Anzapfungsbereich m (Trafo) VDE 0532,T.1 || ~ screw / Blechschrauben f pl || ~ step / Anzapfungsstufe f || ~ switch / Stufenschalter m (Trafo), Umsteller m || ~ transformer / Anzapftransformator m || ~ voltage / Anzapfungsspannung f (Trafo) || ~ voltage ratio / Anzapfungsübersetzung f (Trafo) || ~ winding / Einstellwicklung f (Trafo) || ~ with compensating chuck / Gewindebohren mit Ausgleichsfutter
tap position indication / Stellungsanzeige f (Trafo-Stufenschalter) || ~ position indicator / Stellungsanzeiger m (Trafo-Stufenschalter) || ~-proof adj / abhörsicher adj || ~ selector / Stufenwähler m (Trafo), Feinwähler m || ~ selector switch / Stufenwählerschalter m (Trafo) || ~ voltage control / Traforegelung f, Transformatorregelung f || ~ water / Leitungswasser n
tare v / tarieren v || ~ mass / Eigengewicht n (Fahrzeug) || ~ mass (of vehicle) / Fahrzeugeigengewicht n || ~ weight / Taragewicht n
target n / Ziel n, Schauzeichen n, Meldeschild n, Kennmarke f, Kennschild n, Endwert m, Ableseschieber m (Pyrometrie), Messobjekt n (Pyrometrie), Trägerplatte f (Osz.), Speicherplatte f (ESR), Betätigungsplatte f (NS), Messplatte f, Messfeld n, Auftrefffläche f, Tastgut n || ~ (QA) / Ziel n, Endwert m || ~ standard ~ / Norm-Betätigungselement n (NS), Standard-Betätigungsplatte f, Messplatte f (NS) || ~ storage ~ / Speicherelektrode f (Osz.), Speicherplatte f (ESR) || ~ block / Zielbaustein m, Zielsatz m || ~ burn (oscillograph) / Einbrennen der Trägerplatte (o. Speicherschicht) || ~ coating / Speicherschicht f (ESR) || ~ computer / Zielrechner m || ~ control / Zielsteuerung f || ~ coordinate / Zielkoordinate f (NC) || ~ data / Neuziel n || ~ development costs / Ziel-Entwicklungskosten pl || ~ diagram / Zielgraph m || ~ distance / Distanzverhältnis n (Pyrometric), Abstand zwischen Messgegenstand und Vorderkante des Pyrometers || ~ element / Speicherelement n (ESR) || ~ flow transducer / Stauscheiben-Durchflussmessumformer m || ~ flowmeter / Stauscheiben-Durchflussmesser m || ~ hardware / Zielhardware f || ~ indicator / Schauzeichen n || ~ language / Zielsprache f (Übersetzungen)
target-light, switch with ~ indicator / Kontrollschalter m (I-Schalter m. Meldeleuchte)
target limit switch / Zielendlage f || ~ market / Zielmarkt m || ~ market share / Marktanteilsziele n pl
target-oriented adj / zielorientiert adj
target position / Zielposition f (NC), Sollwert m (NC, Wegmessung) || ~ position recognition bandwidth / Zielbereichserkennungsbandbreite f || ~ preset / Zielvorgabe f || ~ product cost / Ziel-Herstellkosten pl || ~ product costs /

Produktzielkosten *pl* || ~ **range** / Zielbereich *m* || ~ **rotation time** / Soll-Token-Umlaufzeit *f*, Token-Sollumlaufzeit *f* || ~ **selection** / Zielanwahl *f* || ~ **speed** / Überfahrgeschwindigkeit *f* (NS) || ~ **state** / Zielzustand *m*
target-speed responder / Drehzahl-Grenzwertgerät *n*
target step / Zielschritt *m* || ~ **system** / Zielnetz *n* (Netzmodell zur Deckung eines langfristig vorhersehbaren Energiebedarfs), Zielsystem *n* || ~ **time** / Vorgabezeit *f* || ~ **tube** / Visierrohr *n* || ~ **turnover** / Zielumsatz *m*
tariff *n* / Tarif *m* (StT), Preisregelung *f* (StT) || ~ **for electricity** / Stromtarif *m*, Elektrizitätstarif *m* || ~ **identifier** / Tarifmarkierung *f* || ~ **monitoring function** / Tarifwächterfunktion *f* || ~ **rate** / Tarif *m* (StT), Preisregelung *f* (StT) || ~ **rate program** / Tarifprogramm *n* || ~ **relay** / Tarifumschaltrelais *n* (Elektrizitätszähler, Schaltuhr), Tarifauslöser *m*, Tarifrelais *n* || ~ **structures** / Tarifgestaltung *f*
tarnish *v* / anlaufen *v*, blind werden
tarnishing colour / Anlauffarbe *f* || ~ **film** / Anlaufschicht *f*, Fremdschicht *f* (Kontakt)
tarnish layer / Belag *m* (Kontakte)
tarring number / Verteerungszahl *f* || ~ **value** / Verteerungszahl *f*
task *n* / Aufgabe *f*, Teilaufgabe *f*, Task *m*, Aufgabenstellung *f*, Anwendung in I-DEAS || **visual** ~ / Sehaufgabe *f*, Seharbeit *f* || ~ **definition** / Autgabenstellung *f* || ~ **execution time** / Programmlaufzeit *f*
taut-band instrument / Spannbandinstrument *n* || ~ **suspension** / Spannbandlagerung *f* (MG)
taxi-channel lights / Wasserrollbahnfeuer *n*
taxi-holding position / Rollhalteort *m* (Flp.) || ~ **position marking** / Rollhaltemarke *f* (Flp.) || ~ **position sign** / Rollhaltezeichen *n* (Flp.)
taxiing guidance system (TGS) / Rollbahnorientierungssystem *n* (TGS) || ~ **light** / Rollscheinwerfer *m* (Flp.)
taxiway *n* / Rollbahn *f* (Flp.) || ~ **apron lighting (TXA)** / Rollbahnvorfeldbefeuerung *f* (TXA) || ~ **center line lighting** / Rollbahnmittellinienbefeuerung *f* || ~ **centre line (TXC)** / Rollbahnmittellinie *f* (TXC) || ~ **centre line lights** / Rollbahnmittellinienfeuer *n* || ~ **centre line marking** / Rollbahnmittellinienmarke *f* || ~ **edge** / Rollbahnrand *m* || ~ **edge light** / Rollbahnrandfeuer *n* || ~ **edge lighting (TXE)** / Rollbahnrandbefeuerung *f* (TXE) || ~ **light** / Rollbahnfeuer *n* || ~ **lighting** / Rollbahnbefeuerung *f* || ~ **marking** / Rollbahnmarke *f*
TB s. time base
T-bend test / Biegeversuch an T-Stoß
T bistable element / T-Kippglied *n*, Binärteiler *m*
TC s. transmitter clock
TC (temperature compensation) / TK (Temperaturkompensation)
TC (tool change) / WZW (Werkzeugwechsel) (Werkzeugwechsel)
TC (tool compensation) / WK (Werkzeugkorrektur), WZK (Werkzeugkorrektur)
TCCU s. traction current control unit
TCD s. thermal-conductivity detector || ≙ **amplifier** / WLD-Verstärker *m* (WLD = Wärmeleitfähigkeitsdetektor)
TCDO s. tap changer for de-energized operation
TCD operation / WLD-Betrieb *m* (Chromatograph)

TCI (telecontrol interface) / Fernwirkkopf *m*
T-circulator *n* / Verzweigungszirkulator *m*
T-connected winding / Wicklung in T-Schaltung
T coupler / T-Koppler *m* (LWL), T-Muffe *f* (Rohr)
TCP s. tool centre point
TCP (tool center point) / Werkzeug-Mittelpunkt *m*, TCP
TCP (tool change point) / WWP (Werkzeugwechselpunkt)
TCP/IP (transmission control protocol/internet protocol) / TCP/IP
TCR / thyristorgesteuerte Drossel
TCT s. take control
TCU (traction control unit) / Antriebsteuergerät *n*
t.c. value s. temperature-compensation value
TDC s. top dead centre || ≙ **sensor** / oberer Totpunktmarkensensor (OT-Sensor) || ≙ **(top dead center)** / OT (oberer Totpunkt)
TDD s. time-delay-after-deenergization relay
t-distribution *n* / t-Verteilung *f* DIN 55350, T.22
TDM s. time-division multiplex || ≙ **(tool data management)** / Werkzeugdatenverwaltung *f*
TDR s. optical time-domain reflectometer || ≙ s. time-delay relay || ≙ s. time-domain reflectometry
t.d.s. s. time-delay switch
TDZ s. touchdown zone
TE / Funktionserdung *f* VDE 0100,T.540, Betriebserdung *f*
teach *v* / lehren *v*, einlernen *v* || ~ **feed** / Teach Vorschub || ~ **feedrate** / Teach Vorschub || ~ **rapid traverse** / Teach Eilgang
teach-in *n* / Einlernen *n* (Rob.), Teach-in *n* (NC-Betriebsart, bei der ein Programm satzweise von Hand eingegeben und nach Abarbeitung Satz für Satz in den NC-Programmspeicher übernommen werden kann), Teachen *n*
team *n* / Gespann *n* || **team production** / Gruppenfertigung *f*
TEAn (testing data active) / TEAn (Testing Data Active)
tear *v* / zerreißen *v*, einreißen *v*, verschleißen *v* || ~ **down** / zerlegen *v*, demontieren *v*, auseinandernehmen *v*
tearing strength / Reißfestigkeit *f*, Einreißfestigkeit *f*, Zerreißfestigkeit *f*
tear-off edge / Abreißkante *f* (Drucker)
tear resistance / Reißfestigkeit *f*, Einreißfestigkeit *f*, Zerreißfestigkeit *f*
tear-resistant *adj* / reißfest *adj*, zerreißfest *adj*
teaser transformer / Höhentransformator *m*, Hilfstransformator *m* || ~ **winding** / Hilfswicklung *f* (Scott-Trafo)
TEBIS communicating products / kommunizierenden TEBIS-Produkte
technical advertisement / Fachanzeige *f* || ~ **book** / Fachbuch (FB) *n* || ~ **bulletins** / Technische Mitteilungen || ~ **change service** / TÄD (Technischer Änderungsdienst) || ~ **comments** / Technische Hinweise || ~ **coordination center** / Leitstelle *f*, Netzleitstelle *f* || ~ **data** / Änderungshauptbuch, Technische Daten || ~ **data subject to change.** / Technische Anderungen bleiben vorbehalten. || ~ **delay** / technische Verzugsdauer || ~ **description** / technische Beschreibung || ~ **documentation** / Technische Unterlage (TU) || ~ **drawing** / technische Zeichnung || ~ **facility in the home** /

haustechnische Funktion
technical failure rate / technische Ausfallrate || ~ **in-home equipment and systems** / haustechnische Geräte und Systeme || ~ **information sheet** / Technische Information || ~ **Instruction for Clean Air** / Technische Anleitung zur Reinhaltung der Luft || ~ **literature** / Fachliteratur *f*
technically controlled production process / technisch beherrschtes Fertigungsverfahren
technical overview / Broschüre *f*
technical process / technischer Prozess || ~ **product** / technisches Erzeugnis || ~ **products and systems for the household** / haustechnische Produkte und Systeme || ~ **regulation** / technische Vorschrift || ~ **specifications** / technische Daten || ~ **support** / Projektbetreuung *f*, Fachunterstützung *f* || ~ **system in buildings** / haustechnisches System || ~ **term** / Fachausdruck *m*
technological characteristic / Technologiemerkmal *n* || ~ **data** / Technologiedaten *pl*, technologische Information || ~ **function** / technologische Funktion, Technologie-Funktion (TF) *f*, Technologiefunktion *f* || ~ **information** / Technologiedaten *pl*, technologische Information || ~ **level** / Technologieebene *f* || ~ **value** / Technologiewert *m*
technology *n* / Technologie *f*, Technik *f* || **suggest** ~ / Technologievorschlag *m* || ~ **and system application** / Technologie- und Systemanwendung || ~ **block** / Technologiesatz *m* || ~ **board** / Technologiemodul *n*, Technologiebaugruppe *f*, intelligente Baugruppe || ~ **calculator** / Technologierechner *m* || ~ **controller** / Technologie-Regler *m* || ~ **cycle** / Technologiezyklus *m* || ~ **editing** / Technologiebearbeitung *f* || ~ **figure** / Technologiebild *n* || ~ **function (TF)** / Technologiefunktion *f*, technologische Funktion, Technologie-Funktion (TF) *f* || ~ **group** / Technikgruppe *f* || ~ **module** / intelligente Baugruppe, Technologiebaugruppe *f*, Technologiemodul *n* || ~ **of the European Installation Bus system** / Technologie des Europäischen Installationsbussystems
technology-oriented diagram / Technologieplan *m*
technology regulator / Technologie-Regler *m*
tee *n* / T-Stück *n*, T-Kasten *m* (IK) || ~ **box** / T-Dose *f* || ~ **connector** / T-Verbinder *m* || ~ **coupler** / T-Koppler *m* (LWL), T-Muffe *f* (Rohr) || ~ **coupling** / T-Verbindung *f* || ~ **fitting** / T-Stück *n* || ~ **joint** / T-Muffe *f* (Kabel)
tee-off substation / Abzweigstation *f*
tee splice / Abzweigverbindung *f* (Kabel) || ~ **unit** / T-Stück *n* (IK), T-Kasten *m* (IK)
tee-weld test / Winkelprobe *f*
t.e.f.c. machine s. totally-enclosed fan-cooled machine
teleadjusting *n* / Ferneinstellen *n*
telecamera *n* / Fernsehkamera *f*
telecommand *v* / fernsteuern *v* (FWT)
telecommunication *n* / Fernmeldeverkehr *m*, Fernmeldetechnik *f*, Nachrichtenübertragung *f* || ~ **cord** / Fernmeldeschnur *f* || ~ **facilities** / Fernmeldeeinrichtungen *f pl* || ~ **line** / Fernmeldeleitung *f*, Nachrichtenübertragungsleitung *f* || ~ **network voltage (TNV)** / Fernsprechnetzspannung *f*

telecommunications aerial cable / Fernmelde-Luftkabel *n* || ~ **cable** / Fernmeldekabel *n* || ~ **engineering** / Fernmeldetechnik *f*, Nachrichtentechnik *f* || ~ **system** / Fernmeldeanlage *f* || ~ **test set** / Nachrichtenmessgerät *n*
telecontrol *n* / Fernwirken *n*, Fernwirktechnik (FWT) *f* || ~ **centre** / Fernwirkwarte *f*, Fernwirkleitstelle *f* || ~ **compact unit** / Kompaktgerät *n*, Fernwirk-Kompaktgerät *n*, CU || ~ **configuration** / Fernwirk-Konfiguration *f*, Fernwirknetz *n* || ~ **disable** / Fernwirksperre *f* || ~ **engineering** / Fernwirktechnik *f* || ~ **frame** / Fernwirktelegramm *n* || ~ **functional unit** / Fernwirk-Funktionseinheit *f* || ~ **information** / Fernwirkinformation *f* || ~ **installation** / Fernwirkanlage *f* || ~ **interface** / Fernwirkschnittstelle *f*, Fernwirkkopf *m* || ~ **interface (TCI)** / Fernwirkkopf *m* || ~ **line** / Fernwirkstrecke *f* || ~ **link** / Fernwirkverbindung *f* || ~ **message** / Fernwirktelegramm *n* || ~ **network** / Fernwirknetz *n* || ~ **processor module** / Fernwirk-Prozessorbaugruppe (FP) *f* || ~ **protocol** / Fernwirkprotokoll *n* || ~ **receiver** / Fernwirkempfänger *m* || ~ **room** / Fernwirkraum *m*, Fernwirkwarte *f* || ~ **route** / Fernwirkstrecke *f* || ~ **sentence** / Fernwirksatz *m* || ~ **station** / Fernwirkstation *f* || ~ **system** / Fernwirksystem *n*, Fernwirkleitsystem *n* || ~ **systems** / Fernwirken (FW) *n* / Fernwirktechnik (FWT) *f* || ~ **telegram** / Fernwirktelegramm *n* || ~ **transfer time** / Fernwirk-Übermittlungszeit *f* || ~ **transmission techniques** / Fernwirk-Übertragungstechnik *f* || ~ **transmitter** / Fernwirksender *m* || ~ **unit** / Fernwirkgerät *n*, Telecontrol-Gerät *n*
telecounter *n* / Fernzählgerät *n*, Fernzähler *m*
telecounting *n* / Fernzählen *n* (Übermittlung integrierter Messwerte), Fernzählung *f* || ~ **pulse amplifier** / Fernzählverstärker *m*
telediagnostics *n pl* / Ferndiagnose *f*
telegram *n* / Telegramm *n* (eine Bitfolge, die alle Angaben für eine Übertragung von Information von einem Teilnehmer zum anderen erhält), Datenblock *m* || ~ **failure time** / Telegrammausfallzeit *f* || ~ **off time** / Telegrammauszeit *f*
telegrams *n pl* / Telegrammverkehr *m*
telegram sequence ID / Telegrammfolgekennung (TFK) *f* || ~ **timeout** / Telegramm-Ausfallzeit *f* (Ansprechen der Telegramm-Zeitüberwachung)
telegraph relay / Telegraphenrelais *n*
teleindication *n* / Fernanzeigen *n*
teleinstructing *n* / Fernanweisen *n*
teleinstruction *n* / Fernanweisung *f*
telemeasuring *n* / Fernmessen *f*, Fernmessen *n*, Fernmesstechnik *f* || ~ **equipment** IEC 50(301) / Fernmesseinrichtung *f*
telemeter *n* / Fernmessgerät *n*, Fernzähler *m*
telemetering *n* / Fernmessen *n*, Fernmesstechnik *f*
telemetry *n* / Fernmessung *f*, Fernmessen *n*, Fernmesstechnik *f* || ~ **exchange** / Telemetry Exchange (TEMEX)
telemonitoring *n* / Fernüberwachen *n*
telephone cord outlet / Telefonanschlussdose *f* || ~ **harmonic(form) factor (t.h.f.)** / Fernsprech-Formfaktor *m* VDE 0228 || ~ **influence factor (t.i.f.)** / Fernsprech-Störfaktor *m* || ~ **interference** / Fernsprechstörung *f* || ~ **interference factor** s. telephone influence factor || ~ **outlet** (box) /

telephone-type

Telefonanschlussdose f || ~ **plug** / Telefonstöpsel m
|| ~ **service** / Fernsprechdienst m, Telefonanschluss
m, Fernsprechleitung(en) f || ~**service box** /
Telefonanschlusskasten m || ~ **system** /
Fernsprechanlage f, Telefonanlage f
telephone-type arrester / Glimmsicherung f || ~ **pilot**
/ Fernmeldeader f
teleprocessing (TP) n / Fernverarbeitung f,
Datenfernverarbeitung f
teleprogramming n / Fernprogrammierung f
teleprotection n / Distanzschutzsystem mit
Signalverbindungen, Signalvergleichslogik f || ~ /
Schutzsystem mit Richtfunk || ~ **signal** /
Netzschutzsignal n, Schutzsignal n,
Schutzsignalweg m
teleregulation n / Fernregeln n
telescopic guide support / Teleskopschiene f (ET)
DIN 43350
telescoping n / Ineinanderschieben n
teleservice (TS) n / Fernwartung f, Teleservice m
(TS)
telesignalization n / Fernanzeigen n
teleswitching n (NTG 2001) / Fernschalten n
teletex n / Teletex n, Bürofernschreiben n
teletext n / Videotext m
telethermometer n / Fernthermometer n
teletraffic n / Televerkehr m
teletransmission n / Fernübertragung f,
Hochspannungsgleichstromübertragung (HGÜ) f
teletype v / fernschreiben v || ~ **(TTY)** n / Teletype n
(TTY), Fernschreiber m
teletypewriter n / Fernschreiber m (FS)
television interference voltage (TIV) / Fernseh-
Störspannung f || ~ **tube** / Fernsehbildröhre f
telewriter n / Handschriften-Übertragungsgerät n
telex connector box / Fernschreiberanschlussdose f ||
~ **system** / Fernschreiberanlage f, Telexanlage f
tell-tale lamp / Anzeigelampe f, Warnlampe f,
Ausfallwarnlampe f || ~ **spark gap** /
Kontrollfunkenstrecke f, Abbildfunkenstrecke f
telpher line / Gehängeförderer m, Hängebahn f
TEM cell / TEM-Zelle f IEC 50(161) || ≙ **mode** s.
transverse electromagnetic mode
TE mode s. transverse electric mode
tempco, gain ~ / Temperaturkoeffizient des
Verstärkungsfehlers
temperate climate / gemäßigtes Klima || ~ **region** /
gemäßigte Zone
temperature n / Temperatur f || **heat-sink** ~ /
Kühlkörpertemperatur f || ~ **adjustment** /
Temperieren n
temperature category / Temperaturklasse f
temperature-caused change / temperaturbedingte
Änderung
temperature class / Temperaturklasse f,
Wärmeklasse f || ~ **coefficient** / Temperaturbeiwert
m, Temperaturfaktor m (Hall-Spannung),
Temperaturgang m, Temperaturkoeffizient m
temperature-coloured glass / Anlaufglas n
temperature colour scale / Farbtemperaturskala f
**temperature-compensated thermal time-delay
switch** / umgebungstemperaturunabhängiger,
temperaturgesteuerter Zeitschalter
temperature compensating strip /
Temperaturausgleichsstreifen m, Raumtemperatur-
Ausgleichsstreifen m || ~ **compensation** /
Temperaturausgleich m, Temperaturkompensation

f, Wärmeausgleich m
temperature-compensation value (t.c. value) /
Temperaturkompensationswert m (TK-Wert)
temperature controller / Temperaturregler m || ~
control of steam / Dampftemperaturregelung f || ~
cycle test / Temperaturwechselprüfung f || ~
dependence / Temperaturabhängigkeit f,
Temperaturgang m || ~ **dependent control** /
temperaturabhängige Regelung || ~ **detector** /
Temperaturfühler m, Wärmefühler m, Thermogeber
m, Thermofühler m || ~ **difference between input
and output of heated flow** / Aufheizspanne f || ~
difference rating / Kühlleistung f, Kühler-
Grädigkeit f || ~ **distribution factor** IEC 439 /
Temperatur-Verteilungsfaktor m VDE 0660,T.61 ||
~ **drift** / Temperaturfehler m, Temperaturdrift f || ~
effect / Temperatureinfluss m (EZ) || ~ **factor** δF /
Temperaturfaktor δF m (Änderung der Reluktivität
infolge einer Temperaturänderung) || ~ **field** /
Temperaturfeld n || ~ **gradient** /
Temperaturgradient m || ~ **head transmitter** /
Temperatur-Kopftransmitter m || ~ **increase** /
Temperaturerhöhung f || ~ **index (TI)** /
Temperaturindex m (TI)
temperature-induced breakdown /
Wärmedurchschlag m, thermischer Durchbruch
(HL)
temperature interpulse time /
Temperaturimpulspausenzeit f
temperature jump / Temperatursprung m || ~ **limit** /
Grenztemperatur f
temperature-limited output power IEC 65 /
Dauerausgangsleistung f VDE 0860 || ~ **state** (CRT,
saturation state) / Sättigungszustand m (ESR)
temperature limiter IEC 380 /
Betriebstemperaturbegrenzer m VDE 0806,
Temperaturbegrenzer m
temperature/low-air-pressure test / Temperatur-
/Unterdruckprüfung f
temperature meter / Temperaturmeßgerät n,
Temperaturmesser m || ~ **monitoring** /
Temperaturüberwachung f || ~ **of cooling medium** /
Kühlmitteltemperatur f || ~ **pulse width** /
Temperaturimpulsbreite f || ~ **range** /
Temperaturbereich m || ~ **resistance** /
Wärmebeständigkeit f, Warmfestigkeit f
temperature-resistant adj / temperaturbeständig adj
temperature-responsive adj / temperaturempfindlich
adj
temperature rise / Temperaturanstieg m,
Übertemperatur f, Aufwärmspanne f, Aufheizung f,
Erwärmung f || ~ **rise by resistance** / Erwärmung
durch Widerstandserhöhung gemessen || ~ **rise by
thermometer** / Erwärmung durch Thermometer
gemessen
temperature-rise characteristic /
Erwärmungskennlinie f || ~ **limit** /
Erwärmungsgrenze f, Grenzerwärmung f,
Endübertemperatur f, Grenzübertemperatur f
temperature rise of oil / Ölübertemperatur f
temperature-rise test / Erwärmungsprüfung f,
Erwärmungsmessung f, Erwärmungslauf m || ~ **test
using current on all apparatus** /
Erwärmungsprüfung mit Strombelastung aller
Bauteile || ~ **test using heating resistors with an
equivalent power loss** / Erwärmungsprüfung mit
Nachbildung durch Widerstände || ~ **voltage** /

maximal zulässige Betriebsspannung (Messwiderstand, Kondensator)
temperature-sensitive *adj* / temperaturempfindlich *adj* || ~ **paint** / Temperaturmessfarbe *f* || ~ **paper** / Thermopapier *n* (Schreiber)
temperature sensitivity / Temperaturempfindlichkeit *f*, Temperaturgang *m* || ~ **sensor** / Temperaturaufnehmer *m*, Thermofühler *m*, Thermogeber *m*, Temperaturgeber *m*, Temperaturwächter *m*, Temperaturfühler *m*, Wärmefühler *m* || ~ **switch** / Thermoschalter *m* || ~ **symbol** / Temperaturzeichen *n* || ~ **test** / Erwärmungsprüfung *f*, Erwärmungslauf *m*, Erwärmungsmessung *f* || ~ **thermal sensor** / Thermofühler *m* || ~ **transmitter** / Temperaturgeber *m*, Thermogeber *m*, Temperaturmessumformer *m*, Messumformer für Temperatur || ~ **unit** / Temperatur-Einheit *f*
tempered *adj* / angelassen *adj*
tempering time / Anlassdauer *f*
template *n* / Schablone *f*, Zeichenschablone *f*, Vorlage *f*, Grafikgrundmuster *n* (CAD) || ~ **file** / Schablonendatei *f* (CAD)
temporal coherence / zeitliche Kohärenz
temporary *adj* / temporär *adj*, vorübergehend *adj*
temporary buildings / fliegende Gebäude || ~ **duty** IEC 158-1, IEC 50(446) / Kurzzeitbetrieb *m* (Schütz, Relais), zeitweiliger Betrieb, Einschaltdauer *f* || ~ **earth** / provisorische Erdung, Erdungsstange *f* || ~ **failure frequency** / temporäre Ausfallhäufigkeit DIN 40042 || ~ **fault** / vorübergehender Kurzschluss (o. Fehler), flüchtiger Fehler || ~ **operation** / vorübergehender Betrieb || ~ **overvoltage** / zeitweilige Überspannung, zeitweilige Spannungserhöhung VDE 0109 || ~ **size** / Hilfsmaß *n* DIN 7182,T.1 || ~ **storage** / Zwischenspeicher *m*, Zwischenspeicherung *f*, Zwischenspeicherplatz (ZWSP), Pufferspeicher *m* || ~ **withstand overvoltage** / zeitweilige Steh-Überspannung || ~ **worker** / Aushilfskraft *f*
tempo-stick *n* / Seger-Kegel *m*
tenacity *n* / Zähigkeit *f*, Zähfestigkeit *f*, Reißfestigkeit *f*
tender specifications / Leistungsverzeichnis (LV) *n*
tennis racquet string / Tennisschläger-Bespannung *f*
tenside *n* / Tensid *n*
tensile creep test / Zeitstandversuch mit Zugbelastung || ~ **deformation** / Zugdehnung *f* || ~ **elasticity** / Zugelastizität *f* || ~ **force** / Zugkraft *f* || ~ **load** / Zugbelastung *f* || ~ **motion** / Zugbewegung *f* || ~ **strain** / Zugbeanspruchung *f*, Zugdehnung *f* || ~ **strength** / Zugfestigkeit *f*, Dehnungsfestigkeit *f*, Streckfestigkeit *f* || ~ **strength under alternating load** / Zugschwellfestigkeit *f* || ~ **stress** / Zugspannung *f*, Zugbeanspruchung *f*, Streckspannung *f*, Dehnungsbeanspruchung *f* || ~ **stress-strain curve** / Zug-Dehnungs-Diagramm *n* || ~ **test** / Zugfestigkeitsprüfung *f*, Zerreißprüfung *f* || ~ **test machine** / Zugprüfmaschine *f*, Zerreißmaschine *f* || ~ **yield strength** / Streckgrenze *f*
tension *v* / spannen *v*, dehnen *v* || ~ *n* / Spannung *f*, Zug *m* || **side in** ~ / Zugseite *f*, Zugzone *f* || **under** ~ / spannungsführend *adj*, verspannt *adj* || ~ **angle support** / Abspannstützpunkt *m* (Freiltg.) || ~ **beam frame** / Zuggurtrahmen *m*

tension-bolt commutator / Spannbolzenkommutator *m*
tension chain / Spannkette *f* || ~ **clamp** / Abspannklemme *f* (Freiltg.)
tension-compression fatigue strength / Zug-Druck-Dauerfestigkeit *f*
tension dynamometer / Zugkraftmesser *m*
tensioning cylinder / Spannzylinder *m* || ~ **spindle** / Spanndorn *m* || ~ **surface** / Spannfläche *f*
tension insulator / Abspannisolator *m*, Nussisolator *m*, Eiisolator *m* || ~ **insulator set** / Abspannisolatorkette *f*, Abspannkette *f* || ~ **jack** / Spanner *m* || ~ **rod** / Zugstange *f*, Zugspindel *f*, Zugstab *m* || ~ **side** / Zugseite *f*, Zugzone *f* || ~ **spring** / Zugfeder *f*, Spannfeder *f* || ~ **string** / Abspannisolatorkette *f*, Abspannkette *f* || ~ **support** / Abspannstützpunkt *m* (Freiltg.) || ~ **test** / Zugfestigkeitsprüfung *f*, Zerreißprüfung *f* || ~ **tower** / Abspannmast *m*
tensor *n* / Tensor *m*, Drehstrecker *m*
tensoresistive effect / Spannungswiderstandseffekt *m*
tensor permeability / Permeabilitätstensor *m* || ~ **permeability for a magnetostatically saturated medium** / Permeabilitätstensor für ein magnetostatisch gesättigtes Medium
tentative standard / Vornorm *f*, Normentwurf *m*
tenting *n* / Schutzfilmverfahren *n* (gS)
ten-turn potentiometer / Zehnwendelpotentiometer *n*, Zehngangpotentiometer *n*
t.e.n.v. machine s. totally-enclosed non-ventilated machine
teraohmmeter *n* / Teraohmmeter *m*
terephthalic acid ester / Terephthalsäureester *m*
term *n* / Term *m*, Glied *n* (Math.), Energieterm *m*, Terminus *m*, Ausdruck *m*, Fachausdruck *m*, Begriff *m*, Energiezustand *m*
terminal *n* / Klemme *f*, Anschlussklemme *f*, Pol *m* (Batt.), Anschlussstück *n*, Endglied *n*, Anschlusspunkt *m*, Terminal *n*, Eingabestelle *f* (NC), Anschlussstelle *f*, Schaltanlage *f*, Station *f*, Gerät *n*, Grenzstelle, Anschlussteil *n* (Wickelverbindung), Anschluss *m*, Netzwerkpol *m*, Leiteranschluss *m*, Antriebsklemme *f* || ~ *n* IEC 50(715) / Endgerät (KN) *n* || **4-wire spring-loaded** ~ / 4-Leiter-Federzugklemme *f* || **n-~ network** / n-Pol-Netzwerk *n*, Mehrpol-Netzwerk *n* || **supply ~s** / Anschlussklemmen *f pl*, Übergabestelle *f* (Netzpunkt, für den die Kenndaten der an den Kunden zu übergebenden Energie festgelegt sind) || ~ **access** / Klemmenzugriff *m* || ~ **access point** / Netzzugangspunkt *m* (LAN) || ~ **assignment** / Klemmenbelegung *f*, Anschlussbelegung *f*, Anschlussbelegung *f* || ~ **bar** / Anschlussschiene *f*
terminal-based conformity / Kennlinienübereinstimmung bei Grenzpunkteinstellung DIN IEC 770 || ~ **linearity** / Linearität bei Grenzpunkteinstellung
terminal block / Klemmenleiste *f*, Klemmenblock *m*, Klemmstein *m*, Reihenklemme *f*, (Klemmen-)Verteiler *m*, Anreihverteiler *m*, Terminalblock *m*, Rangierverteiler *m*, Lüsterklemme *f*, Klemmenbrett *n*, Anschlussleiste *f*, Klemmblock *m* || ~ **block of sensors** / Klemmstein von Sensoren || ~ **block strip** / Reihenklemmenträger *m* || ~ **block with strapping options** / Rangierklemmenleiste *f* || ~ **board** / Klemmenbrett *n*, Klemmenplatte *f*, Anschlussplatte *f* || ~ **board with strapping**

terminal 610

options / Klemmenbrett mit Schaltbrücken, Rangierverteiler *m* || ~ **box** / Klemmenkasten *m*, Anschlusskasten *m*, Abschlusskasten *m* (f. Kabelanschlüsse), Enddose *f*, Klemmkasten *m*, Klemmenleiste *f* || ~ **box with back-outlet** / Enddose mit Auslass im Boden || ~ **bracket** / Stromband *n*, Anschlussträger *m* || ~ **bushing** / Klemmendurchführung *f* || ~ **capacitance** / Klemmenkapazität *f* || ~ **carrier** / Klemmenkörper *m* || ~ **clamp** / Klemmbügel *m* || ~ **clip** / ~ Klemmenbügel *m*, Anschlusslasche *f* || ~ **compartment** / Klemmenraum *m*, Anschlussraum *m* || ~ **conditions** / Anschlussbedingungen *f pl* || ~ **connection** / Klemmenanschluss *m*, Anschluss *m* || ~ **connection diagram** / Anschlussplan *m* DIN 40719, Klemmenanschlussplan *m* || ~ **connector** / Endableiter *m* (Batt.) || ~ **cover** / Klemmendeckel *m*, Klemmen-Abdeckkappe *f*, Klemmenabdeckung *f*, Anschlussabdeckung *f* || ~ **designation** / Klemmenbezeichnung *f* || ~ **device** IEC 348 / Anschlussstelle *f* VDE 0411,T.1 || ~ **diagram** IEC 113-1 / Anschlussplan *m* DIN 40719, Klemmenanschlussplan *m*, Klemmenplan *m*, Belegungsplan *m* || ~ **dome** / Klemmendom *m* || ~ **element** / Schirmanschlussklemme *f* || ~ **emulation** / Terminalemulation *f* || ~ **enclosure** / Klemmenzelle *f*, Anschlussklemmengehäuse *n* (el. Masch.) || ~ **end** / Anschlussseite *f* (Kabelschuh), Kabelschuh *m* || ~ **end holder** / Klemmen-Endhalter *m* || ~ **entry** / Eingabe *f* (am Terminal), Buchung *f* (GLAZ), Buchungsvorgang *m* (GLAZ) || ~ **equipment** / Gerätebestückung *f* || ~ **face** / Anschlussfläche *f* || ~ **fault** / Klemmenkurzschluss *m* || ~ **fitting** / Klemmenanschlussstück *n*, Klemmenanbau *m* || ~ **fixing** / Klemmenbefestigung *f* || ~ **for external conductors** / Netzanschlussklemme *f* (HG) || ~ **fused** / abgesicherte Klemme || ~ **gland** / Klemmendurchführung *f* || ~ **group** / Terminalgruppe *f* || ~ **group violation** / Terminalgruppenverletzung *f* || ~ **head** / Klemmenkopf *m*
terminal holder / Klemmenhalter *m* || ~ **housing** / Klemmenkasten *m*, Anschlussklemmengehäuse *n* (el. Masch.), Anschlusskasten *m*, Anschlussraum *m*, Anschlusskopf *m* (Widerstandsthermometer, Thermoelement) || ~ **impedance** / Anschlussimpedanz *f* (a. Diode) || ~ **input** / Klemmeneingang *m* || ~ **insert** / Klemmeneinsatz *m* || ~ **insulator** / Klemmenisolator *m*, Klemmenträger *m*, Klemmenkörper *m* || ~ **interference voltage** / Funkstörspannung an den Klemmen der Netznachbildung || ~ **layout** / Klemmenanordnung *f* || ~ **lead** / Klemmenanschlussleitung *f*, Klemmenzuleitung *f*, Wicklungsanschlussleiter *m*, Befehlsableitung *f*, Ableitung *f* || ~ **link** / Klemmenbügel *m*, Klemmenbrücke *f*, Schaltbügel *m*, Anschlusslasche *f* || ~ **lug** / Klemmschlussfahne *f*, Anschlusslasche *f* || ~ **markings** / Anschlussbezeichnungen *f pl* EN 50345, Anschlussbezeichnungen *f pl* || ~ **module** / Terminalmodul *n* || ~ **monitoring** / Klemmüberwachung *f* || ~ **mounting** / Klemmensockel *m* || ~ **nut** / Anschlussmutter *f* || ~ **pair** / Klemmenpaar *n*, Tor *n* || ~ **panel** / Klemmenfeld *n* || ~ **plate** / Anschlussklemmenplatte *f* || ~ **plug-in socket** /

Klemmen-Stecksockel *m* || ~ **point** / Endpunkt *m* (NC), Endgeräteschnittstelle *f* (KN), Schnittstelle *f* || ~ **post** / Anschlussstift *m* || ~ **post insulator** / Klemmenstützer *m* || ~ **power** / Klemmenleistung *f* || ~ **protector** / Anschlussschutz *m* (Batt.), Polschutz *m* || ~ **rail** / Klemmenschiene *f*
terminals *n pl* / Reihenklemmen *f pl*
terminal screw / Klemmenschraube *f*, Anschlussschraube *f* || ~ **sequence** / Klemmenfolge *f* || ~ **shape** / Klemmenform *f* || ~ **short circuit** / Klemmenkurzschluss *m* || ~ **short-circuit power** / Klemmenkurzschlussleistung *f* || ~ **shrouding** / Klemmenabdeckung *f*, Klemmenabdeckkappe *f* || ~ **strip** / Klemmenleiste *f*, Anschlussleiste *f*, Klemmenträger *m*, Klemmenbrett *n*, Klemmleiste *f*, Klemmblock *m* || ~ **strip converter** / Klemmleistenumsetzer (KLU) *m*, Klemmleistenumsetzer (KLU) *m* || ~ **strip cutout** / Ausschnitt Klemmleiste || ~ **strip fixing hole** / Befestigungsbohrung Klemmleiste || ~ **stud** / Klemmenbolzen *m*, Anschlussbolzen *m*, Durchführungsbolzen *m* || ~ **support** / Endstützpunkt *m* (Freiltg.), Endmast *m* || ~ **test set** / Endstellenmessplatz *m*
terminal-to-earth fault / Klemmenerdschluss *m*
terminal top / Klemmenkopf *m* || ~ **torque** / Anzugsmoment für Klemmenanschluss || ~ **tower** / Endmast *m*, Abspannmast *m* || ~ **unit** IEC 625 / Anschlusseinheit *f* DIN IEC 625, Endgerät *n* || ~ **voltage** / Klemmenspannung *f* || ~ **washer** / Anschlussscheibe *f* || ~ **with connection by clip** / Klammerverbinder *m* || ~ **with twisted joint** / Würgeklemme *f* DIN IEC 23F.6 || ~ **zone** / Anschlusszone *f* VDE 0101
terminated *adj* / beendet *adj* || ~ **appliance cord** / anschlussfertige Gerätezuleitung
terminate in a defined state / definiert abschließen || ~ **input** / Eingabe beenden
terminating device / Abschlussbeschaltung *f* || ~ **element** / Abschlusselement *n* (el.) || ~ **immittance** / Abschlussimmittanz *f* || ~ **impedance** / Abschlussimpedanz *f* || ~ **resistance** / Abschlusswiderstand *m* || ~ **resistor** / Abschlusswiderstand *m*, Leitungsabschluss *m* || ~ **resistor connector** / Abschlussstecker *m*
termination *n* / Abschluss *m*, Anschluss *m* (eines Leiters) DIN IEC 50,T.581, Endenabschluss *m* (Kabel), Endenverschluss *m* / IEC 50(411) / Anschluss *m* (el. Masch.) || ~ **control** / Löscheinsatzsteuerung *f* (LE) || ~ **cycle** / Abschlusszyklus *m* (SPS) || ~ **function** (of a subroutine) / Abschlussfunktion *f* || ~ **hole** / Anschlussbohrung *f* || ~ **network** / Abschluss-Netzwerk *n* || ~ **panel** / Übergabebaugruppe *f* (MC-System) || ~ **phase control** / Löscheinsatzsteuerung *f* (LE) || ~ **point** IEC 50(581) / Anschlusspunkt *m* || ~ **record** / Beendigungssatz *m* (NC) DIN 66215, Endsatz *m*, letzter Satz || ~ **surface** / Anschlussfläche *f*, Anschlussfläche für Anschlusswinkel
terminations per pole / Anschlüsse pro Pol
termination system / Anschlusstechnik *f* (Kabel)
terminator *n* / Abschlusswiderstand *m*, Leitungsabschluss *m*, Abschluss *m* (elST-, PC-Geräte), Terminator *m* || **electronic** ~ / elektronische Klemmenleiste

termi-point connection / Klammerverbindung *f*, Termi-Point-Verbindung *f*, Presshülsenverbindung *f*
termite-proof *adj* / termitenfest *adj*
termite-repellent *adj* / termitenabweisend *adj*
terms of reference / Aufgabenstellungen *f pl* || ~ **of supply** / Lieferbedingungen *f pl*
ternary digital signal / Ternär-Digitalsignal *n* || ~ **digit rate** / Ternär-Digitalrate *f*
terrestrial field / Erdfeld *n*
tertiary / tertiär *adj*, Tertiärwicklung *f* || ~ **creep** / tertiäres Kriechen || ~ **dimension parallel to X** (NC) ISO/ DIS 6983/1 / dritte Bewegung parallel zur X-Achse (NC-Adresse) DIN 66025,T.1 || ~ **winding** / Tertiärwicklung *f*, dritte Wicklung, Ausgleichswicklung *f*
tesla transformer / Tesla-Transformator *m*
tesselation line / Tesselationslinie *f* (CAD)
test *v* / prüfen *v*, erproben *v*, messen *v*, testen *v*, austesten *v* || ~ *n* / Prüfung *f*, Versuch *m*, Test *m*, Probe *f*, Messung *f*, Erprobung *f* || **to** ~ **hydrostatically** / abdrücken *v* (hydraul.Druckprüf.) || ~ **accessory** / Prüfzubehör *n* || ~ **adapter** / Testmodul *n* || ~ **and signalling combination** / Prüf- und Meldekombination || ~ **and startup function** / Test- und Inbetriebnahmefunktion || ~ **application** / Prüfantrag *m* || ~ **arrangement** / Prüfaufbau *m*, Prüfanordnung *f* || ~ **bar** / Probestab *m* || ~ **battery** / Messbatterie *f* || ~ **bay** / Prüfstand *m*
test-bay assembly / Prüffeldaufbau *m*, Versuchsfeldaufbau *m* || ~ **trial** / Versuchsfelderprobung *f*
test bench / Prüftisch *m*, Prüfplatz *m*, Messplatz *m* || ~ **berth** / Prüffeld *n*, Versuchsfeld *n* || ~ **block** / Prüfbaustein *m*, Testbaustein *m* (Leitt., PC) || ~ **board** / Prüfplatte *f* (gS) || ~ **box** / Prüfbox *f* || ~ **burden** / Prüfbürde *f* || ~ **bus** / Prüfschiene *f* || ~ **bus disconnector** / Prüfschienen-Trenner *m* || ~ **button** / Prüftaste *f* || ~ **buzzer** / Prüfsummer *m* || ~ **by free oscillations** / Ausschwingversuch *m* || ~ **by single-phase voltage applications to the three phases** / Messung durch gleichsinnige Speisung der Wicklungsstränge
test/calibration gas injection / Prüf- und Kalibriergasaufschaltung
test call / Testaufruf *m* || ~ **call counter** / Testaufrufzähler *m* || ~ **cap** / Prüfsockel *m* (Lampenfassung) DIN IEC 238 || ~ **cell** / Prüfkabine *f* || ~ **certificate** / Prüfbescheinigung *f*, Prüfschein *m*, Prüfzertifikat *f*, Messprotokoll *n*, Prüfprotokoll *n*, Prüfbestätigung *f*, Prüfungsurkunde *f* || ~ **chain** / Prüfkette *f* || ~ **circuit** / Prüfkreis *m*, Prüfschaltung *f*, Kontrollschaltung *f* || ~ **clock signal** / Prüftaktsignal *n* || ~ **code** / Prüfvorschrift *f*, Prüfkennung *f*, Prüfkennzeichen *n* || ~ **colour** / Testfarbe *f* || ~ **condition** / Prüfbedingung *f* || ~ **connector** / Prüfbuchse *f*, Messbuchse *f* || ~ **coupon** / Prüfmuster *n*, Materialprobe *f* (gS), Prüfabschnitt *m* || ~ **current** / Prüfstrom *m*, eingeprägter Strom || ~ **cycle time** / Testzykluszeit *f* || ~ **cylinder** / Prüfhubzylinder *m* || ~ **d.c. current** / Prüfgleichstrom *m* || ~ **data** (Observed data obtained during tests.) / Prüfdaten *pl* (während einer Prüfung festgestellte Daten) || ~ **department** / Prüfungsabteilung *f* || ~ **disconnect terminal** / Prüftrennklemme *f* || ~ **disconnector** / Prüftrennschalter *m* || ~ **distance** / Prüfabstand *m*, Messentfernung *f*, Messabstand *m* || ~ **duty** /

Prüfschaltfolge *f*, Prüfbetrieb *m*
tested for resistance to accidental arcing / störlichtbogengeprüft *adj*
test engineering / Prüftechnik *f* || ~ **entry** / Testeintrag *m* || ~ **environment** / Prüfklima *n*
tester *n* / Prüfer *m*, Prüfmaschine *f*
test fee / Prüfgebühr *f* || ~ **finger** / Prüffinger *m*, Tastfinger *m*, Versuchsfeld *n* || ~ **floor** / Prüffeld *n* || ~ **for accuracy** / Genauigkeitsprüfung *f*, Richtigkeitsprüfung *f* (a. EZ), Richtigkeitsmessung *f* || ~ **for balance** / Laufruheprüfung *f*, Rundlaufprüfung *f*, Wuchtprüfung *f*, Auswuchtprüfung *f* || ~ **for non transmission of internal ignition** / Zünddurchschlagprüfung *f* || ~ **for protection against the ingress of water** / Prüfung des Wasserschutzes || ~ **for safety** / Sicherheitsprüfung *f* || ~ **for water-tightness** / Prüfung auf Wasserdichtheit || ~ **fuse-base** / Prüfsockel *m* (Sich.) VDE 0820 || ~ **gap** / Prüfspaltweite *f* || ~ **gauge dimension 220 mm** / Prüflehrenmaß 220 mm || ~ **gun** / Messpistole *f* || ~ **hemisphere** / Messfläche *f* (Akustik) || ~ **impulse** / Prüfstoß *m* || ~ **information** / Versuchsmitteilung *f*
testing *n* / Erprobung *f* || ~ **adapter for printed circuit boards** / Prüfadapter *m* || ~ **aid** / Testhilfe *f*
testing agency / Prüfstelle *f* || ~ **capacity** / Prüfleistung *f* (Prüflinge/Zeiteinheit) || ~ **character** / Prüfzeichen *n* DIN 6763,T.1 || ~ **clock frequency** / Prüftaktfrequenz *f* || ~ **data active (TEAn)** / Testing Data Active (TEAn) || ~ **equipment** / Prüfeinrichtungen *f pl* || ~ **ground** / Versuchsgelände *n*, Messgelände *n* || ~ **laboratory** / Prüflaboratorium *n*, Prüfanstalt *m* || ~ **level** / Prüffeldstärke *f* || ~ **machine** / Prüfmaschine *f* || ~ **mode** / Prüfbetrieb *m*, Testbetrieb *m* || ~ **of assemblies** / Aggregateerprobung *f* || ~ **of cubicles and wiring** / Schaltschrank- und Verdrahtungsprüfung *f* || ~ **of materials** / Werkstoffprüfung *f*, Materialprüfung *f* || ~ **panel** / Testfeld *n* || ~ **power** / Prüfleistung *f* (el.) || ~ **rate** / Prüfgeschwindigkeit *f* || ~ **resistor** / Prüfwiderstand *m* || ~ **transformer** / Prüftransformator *m* || ~ **volume** / Prüfvolumen *n*
test instruction / Prüfanweisung *f*
test item / Prüfgegenstand *m* || ~ **jack** / Prüfbuchse *f*, Messbuchse *f* || ~ **joint** / Trennstelle *f* (Blitzschutzleiter) || ~ **label** / Prüfmarke *f* || ~ **label date** / Prüfmarkendatum *n* || ~ **laboratory** / Versuchsfeld *n* || ~ **leads** / Prüfleitungen *f pl*, Messanschlussleitungen *f pl* || ~ **level** / Prüfschärfe *f*, Prüfpegel *m*, Härte einer Prüfung || ~ **liquid** / Prüfflüssigkeit *f* || ~ **load** / Prüflast *f*, Prüfbelastung *f* || ~ **loop** / Prüfschleife *f* || ~ **lot** / Prüflos *n* || ~ **mark** / Prüfmarke *f*, Kontrollzeichen *n* || ~ **mark date** / Prüfmarkendatum *n* || ~ **method** / Prüfverfahren *n* || ~ **mode** / Prüfbetrieb *m*, Testbetrieb *m* || ~ **model** IEC 505 / Versuchsmodell *n* VDE 0302,T.1 || ~ **module** / Testbaugruppe *f* || ~ **month** / Prüfmonat *m* || ~ **of mechanical and electrical endurance** / Prüfung der Standfestigkeit (SG), Prüfung der Lebensdauer || ~ **of significance** / Signifikanztest *m* DIN 55350,T.24, statistischer Test || ~ **operation** / Probeschalten *n* || ~ **packing** / Prüfpackung *f* || ~ **pattern** / Prüfbild *n* (gS), Testbild *n* || ~ **pin for arcing contacts** / Prüflehre Lichtbogenkontakte || ~ **plan** / Prüfplan *m* || ~ **plug** / Prüfstecker *m* || ~ **point** / Prüfpunkt *m*, Prüfstelle *f* ||

~ **point array** / Testpunkttafel f || ~ **position** IEC 439-1, IEC 298 / Prüfstellung f VDE 0660,T.500,VDE 0670,T.6 || ~ **pressure** / Prüfdruck m PP DIN 2401,T.1 || ~ **probe** / Prüfsonde f, Prüfstift m, Prüfspitze f
test-probe proof / Prüfspitzensicherung f
test procedure / Prüfverfahren n || ~ **procedure standard** / Norm für Prüfmaßnahmen || ~ **prod** / Prüfspitze f || ~ **program** / Prüfprogramm n || ~ **quantity** / Prüfmenge f
test-readings ratio / Prüfungs-Ableseverhältnis n
test record / Prüfbericht m, Prüfprotokoll n, Prüfnachweis m, Messprotokoll n || ~ **reliability** / Prüfzuverlässigkeit f DIN 40042 || ~ **report** / Prüfbericht m, Prüfprotokoll n, Messprotokoll n || ~ **response spectrum (TRS)** / Prüf-Antwortspektrum n || ~ **result** / Prüfergebnis n, Messergebnis n, Versuchsergebnis n || ~ **rig** / Prüfstand m, Versuchsfeld n || ~ **rig** (test fuse base) / Prüf-Sicherungsunterteil n || ~ **rig trials** / Versuchsfelderprobung f || ~ **robotics** / Prüfrobotertechnik f || ~ **room** / Prüfraum m || ~ **rotor** / Prüfrotor m || ~ **routine** / Prüfroutine f, Testroutine f || ~ **run** / Probelauf m, Versuchslauf m, Laufprobe f || ~ **running** / Probebetrieb m || ~ **safety factor** / Prüfsicherheitsfaktor m || ~ **sample** / Prüfprobe f, Prüfstück n, Prüfling m || ~ **section** / Prüfstrecke f VDE 0278 || ~ **selector switch** / Prüfumschalter m || ~ **sequence** / Prüfreihenfolge f, Prüffolge f, Prüfablauf m || ~ **series** / Versuchsreihe f, Prüfreihe f, Prüfserie f || ~ **set-up** / Prüfanordnung f, Prüfaufbau m, Versuchsanordnung f || ~ **severity** / Prüfschärfe f, Prüfwert m (Zahlenwert der Betriebso. Umwelteinflussgrößen) || ~ **site** / Versuchsgelände n, Messgelände n || ~ **situation** IEC 439-1 / Prüfzustand m (SK) VDE 0660,T.500 || ~ **socket** / Prüfbuchse f, Messbuchse f || ~ **specification** / Prüfspezifikation f DIN 55350,T.11 || ~ **specifications** / Prüfvorschrift f || ~ **specimen** / Prüfstück n, Prüfling m, Probekörper m || ~ **stand** / Prüfstand m, Messplatz m || ~ **statistic** / Prüfgröße f DIN 55350,T.24, Testgröße f
test sticker / Prüfaufkleber m || ~ **stipulation** / Prüfvorgabe f || ~ **surface at top** / Prüffläche f || ~ **switch** / Prüfschalter m || ~ **symbol** / Prüfkennzeichen n, Prüfkennung f, Prüfzeichen n, Prüfsystem n || ~ **tapping** / Prüfanschluss m (Isolator, Durchführung) || ~ **techniques** / Prüftechnik f || ~ **terminal** / Prüfklemme f, Messklemme f || ~ **tool** / Testwerkzeug n || ~ **unit** / Prüfeinheit f, Prüfmuster n, Prüfgerät n || ~ **value** / Prüfwert m, Testwert m DIN 55350,T.24 || ~ **value generator** / Prüfwertgeber m || ~ **van** / Messwagen m (Fahrzeug) || ~ **voltage** / Prüfspannung f || ~ **volume** / Prüfvolumen n || ~ **with eccentric load** / Prüfung bei außermittiger Belastung || ~ **with lightning impulse, chopped on the tail** / Prüfung mit abgeschnittener Steh-Blitzstoßspannung || ~ **workpiece** / Probewerkstück n, Versuchsteil n, Probeteil n, Probestück n || ~ **year** / Prüfjahr n
tetrachloroethylene n / Perchlorethylen n
tetrad n / Tetrade f
tetragonal thread / Trapezgewinde n
tetrahedron n / Tetraeder m
tetrode n / Tetrode f, Vierpolröhre f || ~ **field-effect transistor** / Feldeffektransistortetrode f || ~ **thyristor** / Thyristortetrode f, beiderseitig

steuerbarer Thyristor || ~ **transistor** / Transistortetrode f
TE wave / H-Welle f, TE-Welle f
text n / Text m (a. DÜ) || ~ **block** / Textbaustein m || ~ **bundle index** / Textbündelindex m || ~ **bundle table** / Textbündeltabelle f || ~ **character** / Textzeichen n || ~ **communication terminals** / Endgeräte für Textkommunikation || ~ **composing and editing** / Textaufbereitung f || ~ **display** / Textanzeige f, Textbild n || ~ **display unit** / Textanzeigegerät n || ~ **editing** / Textbearbeitung f || ~ **file** / Textdatei f || ~ **function** / Textfunktion f || ~ **ID (text identifier)** / Textkennung f || ~ **identifier (text ID)** / Textkennung f
textile braid / Textilbeflechtung f (Kabel), Klöppelung f, Beflechtung f
textile-fibre sleeving / Gewebeschlauch m
textile filler / Textil-Zwickelfüllung f (Kabel), Textilbeilauf m (Kabel) || ~ **machine** / Textilmaschine f || ~ **tape** / Gewebeband n (f. Kabel) || ~ **wrapping** / Textilbewicklung f (Kabel)
text length / Textlänge f || ~ **orientation** / Schreibrichtung f || ~ **path** / Schreibrichtung f (GKS) || ~ **pointer** / Textzeiger m || ~ **precision** / Schriftqualität f (BSG) || ~ **primitive** / Text-Darstellungselement n || ~ **processing** / Textverarbeitung f || ~ **type** / Textart f
textual association / textuelle Zuordnung || ~ **invocation** / Aufruf in Textform || ~ **language** / Textsprache f
textural stress / Gefügespannung f
texture n / Struktur f, Textur f, Gefüge n
textured finish / Strukturoberfläche f || ~ **sheet** / Texturblech n
texturing machine / Texturiermaschine f
texture waviness / Oberflächenwelligkeit f
text variable / Textvariable f || ~ **window** / Textfenster n
TF (technology function) / Technologiefunktion f, technologische Funktion
TFILM s. transverse-flux linear induction motor
T-flipflop n / T-Flipflop n, Auslöse-Flipflop n, Trigger-Flipflop n
TFS, maximum ⚠ / maximal zulässige Nenn-Ansprechtemperatur des Systems (max. TFS)
TFT (thin film transistor) / TFT
TFTP (trivial file-transfer protocol) / TFTP
TG (tool grinding) / Werkzeugschleifen n, TG || ⚠ **area** / TG-Bereich m
TGS s. taxiing guidance system
TH / Tabellenheft (TH) n
thaw v / tauen v (a. CAD), auftauen v
THD s. total harmonic distortion
T-head pole / Hammerkopfpfol m || ⚠ **screw** / Hammerkopfschraube f || ⚠ **slot** / Hammerkopfnut f
theatre lantern / Bühnenscheinwerfer m
theme n / Motiv n
theoretical logic diagram (E Rev.) IEC 113-1 / theoretischer logischer Schaltplan
theory of alternating currents / Wechselstromlehre f || ~ **of failure** / Beanspruchungshypothese f || ~ **of graphs** / Graphentheorie f || ~ **of models** / Modelltheorie f || ~ **of probability** / Wahrscheinlichkeitstheorie f
thermal adj / thermisch adj
thermal absorptivity / Wärmeaufnahmefähigkeit f, Wärmespeichervermögen n, Wärmekapazität f || ~

ageing / thermisches Altern, Wärmealterung f || ~
agitation noise / Wärmerauschen n, thermisches Rauschen, Widerstandsrauschen n || ~ **arc** / thermischer Lichtbogen || ~ **boundary resistance** / thermischer Grenzflächenwiderstand || ~ **breakdown** / Wärmedurchschlag m, thermischer Durchbruch (HL), thermisch ausgefallen || ~ **burden rating** / thermische Grenzleistung, Bemessungsdaten für thermische Belastung || ~ **capacitance** / Wärmekapazität f (HL) DIN 41862 || ~ **capacity** / Wärmekapazität f, Wärmespeichervermögen n || ~ **characteristic** / Temperaturverhalten n || ~ **check** / Wärmeriss m || ~ **circuit** / Wärmekreislauf m || ~ **conductance** / Wärmeleitzahl f, Wärmeleitwert m || ~ **conduction** / Wärmeleitung f, Wärmefortleitung f || ~ **conductivity** / Wärmeleitfähigkeit f, Wärmeleitvermögen n
thermal-conductivity detector (TCD) / Wärmeleitfähigkeitsdetektor m (WLD) || ~ **gas analysis** / Wärmeleitfähigkeits-Gasanalyse f || ~ **gas analyzer** / Wärmeleitfähigkeits-Gasanalysegerät n || ~ **gauge** / Temperatur-Leitfähigkeitsmesser m
thermal cone / Wärmekegel m || ~ **contraction** / Wärmeschrumpfung f || ~ **converter** / Thermoumformer m || ~ **creep** / Wärmekriechen n || ~ **current limit** EN 50019 / thermischer Grenzstrom || ~ **cutout** IEC 380, IEC 335-1 / thermischer Unterbrecher VDE 0806, Schutz-Temperaturbegrenzer m VDE 0700,T.1, Temperaturbegrenzer m || ~ **cycle** / Wärmespiel n, Erwärmungsspiel n, Erwärmungszyklus m || ~ **cycling** / Temperaturwechselbeanspruchung f, thermische Wechselbeanspruchung || ~ **deformation** / Wärmeformänderung f || ~ **derating factor** / Wärmen Reduzierkoeffizient (HL) DIN 41858 || ~ **detector** / thermischer Empfänger, Temperaturfühler m, Wärmefühler m, Thermofühler m, Thermogeber m || ~ **detector of radiation** / thermischer Strahlungsempfänger || ~ **deterioration** / thermisches Altern, Wärmealterung f || ~ **deviation current** / Temperaturveränderungsstrom m || ~ **diffusivity** / thermische Diffusivität, Temperaturleitzahl f || ~ **electrical relay** / Messrelais zum Schutz gegen thermische Überlastung, thermisches Überlastrelais, thermisch verzögertes Relais || ~ **e.m.f.** / Thermospannung f || ~ **endurance** / Wärmebeständigkeit f, Temperaturbeständigkeit f (Gerät), Dauerwärmefestigkeit f, Wärmestandfestigkeit f, Langzeit-Wärmeverhalten n, Wärme-Zeitstandsverhalten n || ~ **endurance** IEC 50(212) / thermisches Langzeitverhalten || ~ **endurance graph** / thermisches Langzeitverhaltensdiagramm, Arrhenius-Diagramm n || ~ **endurance profile** IEC 216-1 / thermisches Beständigkeitsprofil VDE 0304,T.21 || ~ **endurance properties** / thermische Langzeiteigenschaften, thermische Beständigkeitseigenschaften || ~ **equilibrium** / thermischer Beharrungszustand, Temperaturgleichgewicht n || ~ **equivalent short-time current** / thermisch gleichwertiger Kurzzeitstrom || ~ **equivalent time constant** IEC 34-1 / thermische Ersatzzeitkonstante VDE 0530,T.1 || ~ **expansion** / Wärmeausdehnung f || ~ **feedback** / thermische Rückkopplung || ~ **flash** / Temperaturblitz m || ~ **flasher relay** / Thermoblinkrelais n || ~ **generating set** / thermischer Maschinensatz || ~ **glass** / temperaturwechselbeständiges Glas || ~ **gradient** / Wärmegefälle n || ~ **image** / thermisches Abbild, Wärmeabbild n || ~ **impedance** / Wärmescheinwiderstand m || ~ **impedance for one single pulse** / Impulswärmewiderstand m (HL) DIN 41862 || ~ **impedance under pulse conditions** / Pulswärmewiderstand m (HL) DIN 41862 || ~ **inertia** / Wärmeträgheit f || ~ **instability** / Wärmeunbeständigkeit f || ~ **instrument** / elektrothermisches Messgerät || ~ **insulation** / Wärmeisolierung f, Wärmedämmung f, Wärmeschutz m (Gebäude) || ~ **lag** / Wärmeträgheit f || ~ **level** / Wärmeniveau n || ~ **life** / thermisches Langzeitverhalten || ~ **limit rating** / thermische Grenzleistung, Bemessungsdaten für thermische Belastung || ~ **link (TL)** / Temperatursicherung f (TS) || ~ **load** / Wärmebelastung f, thermische Belastung || ~ **losses** / Verlustwärme f
thermally activated luminescence / thermisch stimulierte Lumineszenz, Thermolumineszenz f || ~ **conductive cover** / Wärmeleithaube f || ~ **delayed overcurrent relay** / thermisch verzögertes Überstromrelais, langverzögertes (o. stromabhängig verzögertes) Überstromrelais || ~ **delayed overcurrent release** / thermisch verzögerter Überstromauslöser (a-Auslöser), langverzögerter (o. stromabhängig verzögerter) Überstromauslöser || ~ **initiated breakdown** / Wärmedurchschlag m, thermischer Durchbruch (HL) || ~ **neutralized state** / thermisch neutralisierter Zustand, thermisch abmagnetisierter Zustand, jungfräulicher Zustand || ~ **stabilized** / wärmestabilisiert *adj*
thermal-magnetic tripping (TM) / thermisch-magnetische Auslösung (TM)
thermal matrix printer / Thermodrucker m
thermal-mechanical cycling / Temperaturspiel n
thermal noise / Wärmerauschen n, thermisches Rauschen, Widerstandsrauschen n || ~ **overcurrent relay** / thermisch verzögertes Überstromrelais, langverzögertes (o. stromabhängig verzögertes) Überstromrelais || ~ **overload** / thermische Überlastung || ~ **overload capacity** / thermische Überlastbarkeit 1 || ~ **overload relay** / thermisches Überlastrelais || ~ **overload release** IEC 157-1 / thermischer Überlastauslöser VDE 0660,T.101 || ~ **pollution** / Wärmebelastung f (durch Abwärme) || ~ **power station** / Wärmekraftwerk n, thermisches Kraftwerk || ~ **printer** / Thermodrucker m || ~ **protection** / Temperaturschutz m || ~ **protection (TP)** / Wärmeschutz m (el. Masch.), Übertemperaturschutz m || ~ **protector** / Temperaturwächter m, Thermowächter m, Temperaturschutzgerät n || ~ **radiation** / Wärmestrahlung f, Temperaturstrahlung f, Wärmeabstrahlung f || ~ **radiation detector** / thermischer Strahlungsempfänger || ~ **radiator** / Wärmestrahler m, Temperaturstrahler m || ~ **rating** / thermische Bemessungsdaten, thermische Auslegung, thermische Belastbarkeit || ~ **receptor** / thermischer Empfänger || ~ **recorder** / thermischer Schreiber, Thermoschreiber m || ~ **recording** / thermographisches Aufzeichnen || ~ **relay** /

thermionic 614

Thermorelais *n*, Wärmerelais *n*, thermisch verzögertes Relais, Bimetallrelais *n*, Wärmewächter *m*, Temperaturbegrenzer *m* || ~ **release** / thermischer Auslöser, Thermo-Auslöser *m*, thermisch verzögerter Auslöser, langverzögerter Auslöser || ~ **release** IEC 65 / Thermosicherung *f* VDE 0860 || ~ **replica** / thermisches Abbild, Wärmeabbild *n* || ~ **reserve** / thermische Reserve (KW) || ~ **residual voltage** IEC 147-0C / thermische Restspannung (Halleffekt-Bauelement) DIN 41863 || ~ **resistance** / Wärmewiderstand *m* (a. HL), thermischer Widerstand || ~ **resistance of heat sink** / Kühlkörperwärmewiderstand *m* || ~ **resistance of soil** / Erdbodenwärmewiderstand *m* || ~ **resistance, case to ambient** / äußerer Wärmewiderstand (HL) DIN 41858 || ~ **resistivity** / spezifischer Wärmewiderstand, Wärmewiderstand *m* || ~ **resistivity of soil** / spezifischer Wärmewiderstand des Erdbodens, spezifischer Erdbodenwärmewiderstand || ~ **runaway** / thermische Instabilität (Batt.), thermischer Runaway || ~ **sensor** / Thermofühler *m* || ~ **severity number (t.s.n.)** / Note im C.T.S.-Versuch, T.S.-Note *f* || ~ **shock test** IEC 168 / Temperatursturzprüfung *f* VDE 0674,1, thermische Schockprüfung, Thermoschockprüfung *f* || ~ **short time current test** / Kurzzeit-Stromprüfung *f* || ~ **short-circuit rating** / thermische Kurzschlussfestigkeit || ~ **short-time current rating** / thermischer Nenn-Kurzzeitstrom, thermischer Kurzzeitstrom, thermische Bemessungsdaten für Kurzzeitströme, thermischer Grenzstrom || ~ **stability** / Temperaturbeständigkeit *f*, Wärmebeständigkeit *f*, Wärmefestigkeit *f*, Formbeständigkeit unter Wärme || ~ **stability test** / Prüfung der thermischen Stabilität, Prüfung auf Wärmegleichgewicht || ~ **starter** / Glühdrahtzünder *m* (Lampe), Glühstarter *m* || ~ **stress** / thermische Beanspruchung, thermische Belastung, Wärmebeanspruchung *f* || ~ **stylus** / Thermostift *m* (Schreiber) || ~ **switch** / Glühdrahtzünder *m* (Lampe), Glühstarter *m* || ~ **time constant** / thermische Zeitkonstante, Temperatur-Zeitkonstante *f*, Abkühlzeitkonstante *f* || ~ **time-delay switch** / temperaturgesteuerter (o. thermischer) Zeitschalter, Bimetallschalter *m* DIN 41639 || ~ **transfer printer** / Thermotransferdrucker *m* || ~ **trip** / thermischer Auslöser, Thermo-Auslöser *m*, langverzögerter Auslöser, thermisch verzögerter Auslöser || ~ **tripping** / thermische Auslösung || ~ **unit** / Wärmeeinheit *f* || ~ **zero shift** / thermische Nullpunktverschiebung

thermionic arc / thermionischer Lichtbogen || ~ **cathode** / Glühkathode *f* || ~ **detector** / thermionischer Detektor || ~ **emission** / thermische Elektronenemission, Glühemission *f*

thermistor *n* / Thermistor *m*, temperaturabhängiger Widerstand, Widerstandstemperaturfühler *m*, Kaltleiter Motor || ~ **evaluator** / Thermistorauswertegerät *n* || ~ **motor protection** / Thermistor-Motorschutz *m*, Motor-Vollschutz *m* || ~ **motor protection tripping unit** / Thermistor-Motorschutz-Auslösegerät *n* || ~ **protection tripping relay** / Thermistormotorschutz für Abschaltung

thermo-compression bonding /

Thermokompressionskontaktierung *f* || ~ **welding** / Thermokompressionsschweißen *n*

thermocouple *n* / Thermopaar *n*, Thermoelement *n* || ~ **instrument** / Thermoumformer-Messgerät *n*, Thermoumformerinstrument *n* || ~ **method of temperature determination** / Temperaturbestimmung nach dem Thermopaarverfahren

thermocouple-type radiation receiver / Thermoelement-Strahlungsempfänger *m*

thermo-elastic *adj* / wärmeelastisch *adj*

thermoelectric *adj* / thermoelektrisch *adj*, dieselelektrisch *adj*, wärmeelektrisch *adj* || ~ **effect** / thermoelektrischer Effekt, Seebeck-Effekt *m* || ~ e.m.f. / thermoelektrische Spannung || ~ **generating set** / Wärmekraftmaschinensatz *m*, Diesel-Generator-Satz *m* || ~ **generator** / thermoelektrischer Generator

thermoelectricity *n* / Thermoelektrizität *f*, Wärmeelektrizität *f*

thermoelectric pile / thermoelektrische Säule, Thermokette *f*, Thermosäule *f* || ~ **relay** / thermoelektrisches Relais, Thermorelais *n* || ~ **series** / thermoelektrische Spannungsreihe

thermo-electromotive force / Thermospannung *f*

thermoelement *n* / Thermoelement *n* (HL)

thermoforming *v* / thermoformen *v* || ~ **machine** / Thermoformmaschine *f*

thermoform packaging machine / Thermoform-Verpackungsmaschine

thermographic imaging / thermographisches Abbildungsverfahren

thermo-junction *n* / thermoelektrische Verbindungsstelle, Verbindungsstelle *f*, Lötstelle *f* (Thermoelement)

thermolube *n* / Wärmeleitpaste *f*

thermo-lubricant *n* / Wärmeleitpaste *f*

thermoluminescence *n* / Thermolumineszenz *f*, thermisch stimulierte Lumineszenz

thermometer *n* / Thermometer *n*, Temperaturgeber *m* || ~ **bulb** / Thermometerkugel *f* || ~ **hole** / Thermometerbohrung *f* || ~ **indicator** / Zeigerthermometer *n* || ~ **method** / Thermometerverfahren *n* VDE 0530,T.1 || ~ **method of temperature determination** / Temperaturbestimmung nach dem Thermometerverfahren || ~ **pocket** / Thermometertasche *f* || ~ **well** / Thermometertasche *f*, Thermometerbohrung *f*

thermopile *n* / Thermosäule *f*, thermoelektrische Säule, Thermokette *f*, Thermobatterie *f*

thermoplastic *n* / Thermoplast *m*, Duroplast *m*

thermoplastic-insulated cable / kunststoffisoliertes Kabel, Kunststoffkabel *n*, Kunststoffaderleitung *f* || ~ **weather-resistant cable** / wetterfeste Kunststoffleitung

thermoplastic insulation / thermoplastische Isolierung, Kunststoffisolierung *f* || ~ **non sheathed cable for internal wiring** / Kunststoff-Verdrahtungsleitung *f* (H05V) || ~ **single-core non-sheathed cable** / Kunststoff-Aderleitung *f* (H07V)

thermoset *n* / Duroplast *m*, Duromer *n*

thermosetting *adj* / wärmehärtbar *adj* (Kunststoff), aushärtbar *adj*, hitzehärtbar *adj* || ~ **ability** / Warmhärtbarkeit *f* || ~ **plastic** / hitzehärtbarer Kunststoff, Duroplast *m*, Thermoplast *m*, Duromer *n*

thermostability *n* / Temperaturbeständigkeit *f*, Wärmebeständigkeit *f*, Wärmefestigkeit *f*, Formbeständigkeit unter Wärme
thermostabilized *adj* / thermostabilisiert *adj*
thermostable *adj* / thermisch stabil, hitzebeständig *adj*, formbeständig *adj*
thermostat *n* / Thermostat *m*, Temperaturregler *m* || **~ valve** / Thermostatventil *n*
thermostatic bimetal / Thermobimetall *n* || **~ overload protector** / thermostatische Überlast-Schutzeinrichtung, Temperaturwächter *m*, Wärmewächter *m* || **~ switch** / Thermoschalter *m*
t.h.f. s. telephone harmonic (form) factor
thick *adj* / dick *adj*, zähflüssig *adj*, konsistent *adj*
thicken *v* / verdicken *v*, eindicken *v*, dickflüssig machen, stocken *v*
thickener *n* / Verdickungsmittel *n*
thickening agent / Verdickungsmittel *n*
thick-film circuit / Dickschichtschaltung *f* || **~ component** / Dickfilm-Bauteil *n* || **~ integrated circuit** / integrierte Dickschichtschaltung || **~ thumbwheel switch** / Stufenschalter in Dickfilmtechnik
thickness *n* / Dicke *f*, Stärke *f*, Tiefe *f*, Höhe *f* || **~ gauge** / Dickenlehre *f*
thickness-mode transducer / Dickenschwinger *m*
thickness of insulation / Wanddicke der Isolierhülle (Kabel) || **~ of plating** / Auflageschichtstärke *f* (galvan. Überzug)
thief *n* / Probenheber *m*, Probenstecher *m*, Stechheber *m*
thimble *n* / Kausche *f*, Hülse *f*
thin *adj* / dünn *adj*, dünnflüssig *adj*, niederviskos *adj*, niedrig *adj*
thin-film circuit / Dünnschichtschaltung *f* || **~ integrated circuit** / integrierte Dünnschichtschaltung (o. Dünnfilmschaltung) || **~ lubrication** / Teilschmierung *f*, Mischschmierung *f* || **~ resistance network** / Dünnschicht-Widerstandsnetzwerk *n* || **~ transistor (TFT)** / Dünnschichttransistor (TFT) *m* || **~ waveguide** / Dünnfilm-Wellenleiter *m*
thin-layer chromatography (TLC) / Dünnschichtchromatographie *f* || **~ strain gauge** / Dünnschicht-Dehnmessstreifen *m*
thinner *n* / Verdünnungsmittel *n*
thin sheet / Feinblech *n* (bis 3 mm)
thin-wall counter tube / Dünnwandzählrohr *n*
thionyl chloride-lithium battery / Thionylchlorid-Lithium-Batterie *f*
third band / Terzband *n*
third-brush generator / Dreibürstengenerator *m*
third-octave band / Terzband *n* || **~ filter** / Terzfilter *n*
third-party certification system / Fremd-Zertifizierungssystem *n* || **~ computer** / Fremdrechner *m* || **~ device** / fremdes Gerät || **~ system** / Fremdsystem *n*, Fremdanlage *f*
third sound / dritter Schall
third-voltage motor / Drittelspannungsmotor *m*
third wire / Nulleiter *m*
Thomson bridge / Thomson-Brücke *f* || **≙ effect** / Thomson-Effekt *m* || **≙ meter** / Thomson-Zähler *m*, elektrodynamischer Zähler
Thomson's repulsion motor with divided brushes / Thomson-Repulsionsmotor mit geteilten Bürsten
thoriated-tungsten cathode / thorierte Wolframkathode
THR / Schwelle *f*, Schwellwert *m*, untere Grenze, Ansprechgrenze *f*
thread *v* / einfädeln *v*, Gewinde schneiden, mit Gewinde versehen || **~ *n*** / Gewinde *n*, Gang *m*, Faden *m*, Zwirn *m*, Gewindegang *m* || **~ (NC) ISO 3592** / Gewindeschneiden (NC, CLDATA-Wort)
threadable conduit IEC 614-1 / Gewinderohr *n* (IR) || **~ plain conduit** / glattes Gewinderohr (IR)
thread angle / Gewindeflankenwinkel *m*, Flankenwinkel *f* || **~ center point** / Gewindemittelpunkt *m* || **~ chain** / Gewindekette *f*, gewindeketten *v* || **~ chaining** / Gewindekette *f*, gewindeketten *v* || **~ chase** / Strehler *m* || **~ chasing** / Gewindestrehlen *n* || **~ commencement point** / Gewindeeinsatzpunkt *m* || **~ cutter** / Gewindeschneider *m*, Gewindefräser *m* || **~ cutting** / Gewindeschneiden *n*, Gewindedrehen *n*, Gewindebearbeitung *f* || **~ cutting block** / Gewindeschneidesatz *m* || **~ cutting cycle** / Gewindeschneidezyklus *m* || **~ cutting screw** / Gewinde-Schneidschraube *f*
thread-cutting tapping screw / gewindeschneidende Schraube
thread cutting with decreasing lead / Gewindeschneiden mit konstant abnehmender Steigung, Gewindeschneiden mit abnehmender Steigung || **~ cutting with increasing lead** / Gewindeschneiden mit zunehmender Steigung || **~ depth** / Gewindetiefe *f* || **~ diameter** / Gewindedurchmesser *m*
threaded *adj* / mit Gewinde, riefig *adj*, rillig *adj* || **~ bolt** / Gewindebolzen *m*, Bolzenschraube *f*, Schraubbolzen *m*, Stiftschraube *f* || **~ bush** / Gewindebuchse *f* || **~ bushing** / Gewindebuchse *f* || **~ conductor** / gefädelter Leiter || **~ conduit** / Gewinderohr *n* (IR) || **~ coupling** / Gewindemuffe *f* (IR), Schraubkupplung *f* || **~ end** / Gewindeanschluss *m* (Ventil) || **~ hole** / Gewindebohrung *f*, Gewindeloch *n* || **~ hole for pan head screw** / Gewindebohrung für Zylinderschraube || **~ insert** / Gewindeeinsatz *m*
threaded-in winding / Fädelwicklung *f*, Wicklung in geschlossenen Spulen
threaded joint / Gewindespalt *m* EN 50018 || **~ pin** / Gewindebolzen *m* || **~ plug** / Verschlußschraube *f*, Schraubstopfen *m*, Stopfschraube *f*, Gewindestopfen *m* || **~ ring** / Gewindering *m*, Schraubring *m* || **~ shank** / Gewindeschaft *m* || **~ stem** / Gewindezapfen *m*
threaded-stem thermometer / Einschraub-Thermometer *n*
threaded stud / Bolzenschraube *f*, Schraubenbolzen *m*, Stiftschraube *f* || **~ with rack tool** / gestrehlt *adj*
thread end position / Endpunkt des Gewindes
thread-forming tapping screw / gewindeformende Schraube
thread gauge / Gewindelehre *f* || **~ grinding** / Gewindeschleifen *n* || **~ groove** / Gewindegang *m* || **~ hole for the oil drain plug** / Ölablasschraubenbohrung *f* || **~ holes for the oil level sight glass** / Ölschauglasbohrungen *f pl*
threading *n* / Gewindeschneiden *n*, Einfädeln *n*, Rillen *f pl* (Komm.), Einfahren *n* (des Läufers), Gewindebearbeitung *f*, Einziehen *n* (z.B. Papierbahn), Riefen *f pl* (Komm.) || **~ cycle** / Gewindezyklus *m*, Gewindeabspanzyklus *m* || **~**

thread

tool / Gewindestahl *m*
thread lead / Gewindesteigung *f* (eingängiges Gewinde) || ~ **lead decrease** / Gewindesteigungsabnahme *f* || ~ **lead increase** / Gewindesteigungszunahme *f* || ~ **milling** / Gewindefräsen *n* || ~ **pitch** / Gewindesteigung *f*, Steigung *f* || ~ **plug gauge** / Gewindelehrdorn *m* || ~ **recutting** / Gewindenachschneiden *n* || ~ **removal ability** / Fadenaufnahmevermögen *n* (Staubsauger) || ~ **ridging** / gewindefurchend *adj* || ~ **ring gauge** / Gewindelehrring *m* || ~ **rod** / Gewindestange *f* || ~ **rolling** / Gewinderollen *n* || ~ **run-in** / Gewindevorlauf *m*, Gewindeeinlauf *m* || ~ **run-out** / Gewindeauslauf *m* || ~ **start** / Gewindegang *m* || ~ **start position** / Anfangspunkt des Gewindes || ~ **strength** / Gewindefestigkeit *f* || ~ **undercut** / Gewindefreistich *m*
threatening potential / Bedrohungspotential *n*
three-and-a-half core cable / Dreieinhalbleiter-Kabel *n*
three-axis continuous-path control / Dreiachsen-Bahnsteuerung *f* (NC), dreiachsige Bahnsteuerung, dreiachsige Bahnsteuerung || ~ **contouring control** / Dreiachsen- Bahnsteuerung *f* (NC)
three-bar VASIS / Drei-Balken-VASIS *n*
three-bearing machine / Dreilagermaschine *f*
three-breaker method / Dreischaltermethode *f*
three-channel recorder / Dreifachschreiber *m*
three-colour colorimeter / Dreibereichs-Farbmessgerät *n*
three-column disconnector IEC 129 / Dreisäulen-Trennschalter *m* VDE 0670,T.2
three-compartment duct block / dreizügiger Kabelzugstein
three-component alloy / Dreistofflegierung *f* || ~ **controller** / Dreikomponentenregler *m*
three-conductor bundle / Dreierbündel *n* || ~ **cable** / Dreileiterkabel *n* || ~ **oil-filled cable** / Dreileiter-Ölkabel *n*, Zwickelölkabel *n*
three-core cable / dreiadriges Kabel, Dreileiterkabel *n* || ~ **cord** / Drillingsleitung *f* || ~ **separately lead-sheathed cable** / Dreibleimantelkabel *n* || ~ **separately sheathed cable** / Dreimantelkabel *n*
three-cycle interruption / Dreiperioden-Unterbrechung *f*
three-dimensional *adj* / dreidimensional *adj* || ~ **continuous-path control** / 3D-Bahnsteuerung *f* (Bahnsteuerung, bei der die Maschinenbewegungen in drei Achsen koordiniert und gleichzeitig gesteuert werden), dreidimensionale Bahnsteuerung || ~ **contouring** / dreidimensionale Bahnsteuerung, 3D-Bahnsteuerung *f* (Bahnsteuerung, bei der die Maschinenbewegungen in drei Achsen koordiniert und gleichzeitig gesteuert werden) || **three-dimensional contouring control** / dreidimensionale Bahnsteuerung || ~ **curve** / Raumkurve *f* || ~ **ignition map** / Zündkennfeld *n* (Kfz) || ~ **interpolation** / dreidimensionale Interpolation, 3D-Interpolation *f* || ~ **linear interpolation** / Dreidimensional-Linearinterpolation *f* || ~ **load diagram** / Belastungsgebirge *n* || ~ **movement** / dreidimensionale Bewegung, Bewegung im Raum || ~ **orientation** / dreidimensionale (o. räumliche) Orientierung, räumliche Orientierung || ~ **simulation and machined part representation** / dreidimensionale Simulations- und Fertigteildarstellung
three-duct raceway (o. conduit) / dreizügiger Kanal
three-element relay / dreisystemiges Relais
three-end pilot-wire / Dreibeinleitung *f* || ~ **protection** / Dreiendenschutz *m*
three-field excitation / Dreifeld-Erregermaschine *f*
three-finger rule / Dreifinger-Regel *f*
three-leg choke (o. coil) / Dreischenkeldrossel *f* || ~ **core** / Dreischenkelkern *m*
three-level action / Dreipunktverhalten *n* || ~ **signal** / Dreipunktsignal *n*
three-limb core / Dreischenkelkern *m* || ~ **reactor** / Dreischenkeldrossel *f*
three-metal bearing / Dreistofflager *n*
three-panel switchboard / dreifeldrige Schalttafel
three-part costing / Aufteilung in leistungsabhängige, arbeitsabhängige und abnehmerabhängige Kosten (StT) || ~ **tariff** / dreigliedriger Tarif
three-phase *adj* / dreiphasig *adj*, dreisträngig *adj*, Dreiphasen-, Drehstrom... || ~ **a.c.** / Dreiphasenstrom *m*, Drehstrom *m* || ~ **a.c. exciter** / Drehstrom-Erregermaschine *f* || ~ **a.c. motor** / Drehstrommotor *m* || ~ **a.c. power controller** / Drehstromsteller *m* || ~ **a.c. traction** / Drehstrom-Zugförderung *f* || ~ **AC power** / Drehstromleistungsteil *n* || ~ **alternating current circuit with unbalanced load** / Drehstrom mit unsymmetrischer Belastung || ~ **alternator** / Drehstromgenerator *m*, Drehstrom-Synchrongenerator *m* || ~ **asynchronous motor** / Drehstrom-Asynchronmotor *m*, Drehstrom-Induktionsmotor *m* || ~ **automatic recloser** / Einrichtung für dreipolige Kurzunterbrechung (o. Wiedereinschaltung) || ~ **autoreclosing** / dreipolige (o. dreisträngige) Kurzunterbrechung, dreipolige Wiedereinschaltung || ~ **auxiliary system** / Drehstromhilfsnetz *n*, Dreiersatz *m* || ~ **bank** / Drehstrombank *f* || ~ **bolted short circuit** / satter (o. metallischer) dreiphasiger Kurzschluss, vollkommener dreipoliger Kurzschluss || ~ **bridge connection** / Drehstrom-Brückenschaltung *f* (LE) || ~ **cage motor** / Drehstrom-Käfigläufermotor *m* || ~ **circuit** / Drehstromkreis *m* || ~ **circuit-breaker** / dreipoliger Leistungsschalter, dreipoliger Leitungsschutzschalter || ~ **commutator motor** / Drehstrom-Kommutatormotor *m* || ~ **commutator motor with series characteristic** / Drehstrom-Reihenschlussmotor *m* || ~ **commutator motor with shunt characteristic** / Drehstrom-Nebenschlussmotor *m* || ~ **concentric-neutral cable** / Dreiphasenkabel mit konzentrischem Neutralleiter || ~ **connection with single set of brushes** / Dreifach-Bürstenschaltung mit einfachem Bürstensatz || ~ **current** / Dreiphasenstrom *m*, Drehstrom *m* || ~ **drive** / Drehstromantrieb *m*
three-phase-d.c. converter / Drehstrom-Gleichstrom-Umformer *m*
three-phase earthing transformer IEC 50(421) / Sternpunktbildner-Transformator *m* || ~ **electromagnetic coupler and earthing transformer** IEC 289 / Sternpunktbildner (StB) *m* VDE 0532,T.20, Nullpunktbildner *m* || ~ **fault** / dreiphasiger Fehler, dreipoliger Fehler, dreiphasiger Kurzschluss || ~ **fault without earth** /

dreiphasiger (o. dreipoliger) Kurzschluss ohne Erdberührung || ~ **feeder terminal** / Dreiphasenabgangsklemme f || ~ **filter reactor** / Drehstromsiebdrossel f || ~ **four-wire circuit** / Dreiphasen-Vierleiter-Stromkreis m || ~ **four-wire meter** / Vierleiter-Drehstromzähler m || ~ **four-wire reactive volt-ampere meter** / Vierleiter-Drehstrom-Blindverbrauchszähler m || ~ **four-wire watthour meter** / Vierleiter-Drehstrom-Wirkverbrauchszähler m || ~ **generator** / Drehstromgenerator m, Drehstrom-Synchrongenerator m || ~ **high-voltage transmission** / Drehstrom-Hochspannungsübertragung f (DHÜ) || ~ **induction motor** / Drehstrom-Induktionsmotor m, Drehstrom-Asynchronmotor m, Drehstrommotor m || ~ **interruption** / dreipolige Abschaltung || ~ **inverter** / Dreiphasen-Wechselrichter m, Drehrichter m || ~ **load** / Drehstromverbraucher m || ~ **machine** / Drehstrommaschine f || ~ **mains connection** / dreiphasiger Netzanschluss || ~ **meter** / Drehstromzähler m || ~ **motor** / Drehstrommotor m, Dreiphasenmotor m || ~ **neutral reactor** IEC 50(421) / Sternpunktbildner-Drosselspule f || ~ **reclosing equipment** / Einrichtung für dreipolige Wiedereinschaltung || ~ **rotary-table drive** / Drehstrom-Bohrantrieb m || ~ **series commutator motor with rotor transformer** / Drehstrom-Reihenschlussmotor mit Zwischentransformator || ~ **servo motor** / Drehstromservomotor m || ~ **set** / Drehstromsatz m || ~ **short circuit** / dreiphasiger Kurzschluss, dreipoliger Kurzschluss || ~ **slipring motor** / Drehstrom-Schleifringläufermotor m || ~ **squirrel-cage motor** / Drehstrom-Käfigläufermotor m || ~ **supply** / Drehstromnetz n || ~ **synchronous generator** / Drehstrom-Synchrongenerator m || ~ **synchronous motor** / Drehstrom-Synchronmotor m || ~ **system** / Drehstromsystem n, Drehstromnetz n || ~ **system diagram** / Dreiphasen-Netzschema n || ~ **three-wire circuit** / Dreiphasen-Dreileiter-Stromkreis m || ~ **transformer** / Dreiphasentransformator m, Drehstromtransformator m || ~ **transformer bank** / Transformatorgruppe f || ~ **ungrounded fault** / dreiphasiger (o. dreipoliger) Kurzschluss ohne Erdberührung || ~ **voltage source** / Dreiphasen-Spannungsquelle f || ~ **winding** / Dreiphasenwicklung f, dreisträngige Wicklung || ~ **wound-rotor motor** / Drehstrom-Schleifringläufermotor m
three-pilot differential protection / Dreiader-Differentialschutz m
three-pin cap / Dreistiftsockel m || ~ **plug** / Dreistiftstecker m || ~ **socket-outlet** / Dreistift-Steckdose f
three-plane overhang / dreifacher Wickelkopf || ~ **winding** / Dreiebenenwicklung f, Dreietagenwicklung f
three-point seatbelt / Dreipunktgurt m (Kfz)
three-pole *adj* / dreipolig *adj* || ~ **automatic recloser** / Einrichtung für dreipolige Kurzunterbrechung (o. Wiedereinschaltung) || ~ **circuit-breaker** / dreipoliger Leistungsschalter, dreipoliger Leitungsschutzschalter || ~ **loading** / dreipolige Belastung || ~ **one-way switch** (CEE 24) / dreipoliger Ausschalter (Schalter 1/3) VDE 0630 || ~ **one-way switch with switched neutral** (CEE

24) / dreipoliger Ausschalter mit abschaltbarem Mittelleiter VDE 0632 || ~ **plus switched neutral switch** / dreipoliger Schalter mit abschaltbarem Mittelleiter || ~ **reclosing equipment** / Einrichtung für dreipolige Wiedereinschaltung || ~ **reclosing equipment with synchrocheck** / dreipolige Wiedereinschaltung mit Wiedereinschaltsperre IEC 50(448) || ~ **switch** / dreipoliger Lastschalter, dreipoliger Schalter || ~ **tap changer** / dreipoliger Stufenschalter
three-position control / Dreipunktregelung f || ~ **controller** / Dreipunktregler m || ~ **disconnector** / Dreistellungs-Trennschalter m || ~ **switch** / Dreistellungsschalter m, Dreiwegeschalter m || ~ **switch-disconnector** / Dreistellungslasttrennschalter m
three-pulse star connection / Dreipuls-Mittelpunktschaltung f (LE)
three-range winding / Dreistufenwicklung f, Dreietagenwicklung f
three-rate meter / Dreitarifzähler m, Dreifachtarifzähler m || ~ **tariff** / Dreifachtarif m || ~ **time-of-day tariff** / Dreifachtarif m
three-scale indicator / Dreifachanzeiger m
three-slots-per-phase winding / Dreilochwicklung f
three-slot winding / Dreilochwicklung f
three-speed inductosyn / Dreispur-Inductosyn n || ~ **motor** / dreifach umschaltbarer Motor, Dreistufenmotor m || ~ **pole-changing motor** / dreifach polumschaltbarer Motor || ~ **pole-changing switch** / Polumschalter für drei Drehzahlen
three-stage distance relay / dreistufiges Distanzrelais
three-state driver / Tristate-Treiber m || ~ **output** / Drei-Zustands-Ausgang m, Tristate-Ausgang m
three-step action / Dreipunktverhalten n || ~ **characteristic** / Dreistufenkennlinie f (Schutz) || ~ **control** / Dreipunktregelung f || ~ **controller** / Dreipunktregler m || ~ **distance protection (system o. scheme)** / Dreistufen-Distanzschutz m || ~ **element** / Dreipunktglied n
three-stepped core / Dreistufenkern m
three-stud brush holder / Dreibolzen-Bürstenhalter m
three-switch mesh substation with by-pass / Drei-Schalter-Ringsammelschienen-Station mit Umgehung
three-system distance protection (system o. relay) / dreisystemiger Distanzschutz
three-tank circuit-breaker / Dreikesselschalter m
three-terminal contact / Doppelkontakt m
three-tier configuration / dreizeiliger Aufbau (ET, eIST) || ~ **distribution board** / dreireihige Verteilung || ~ **overhang** / dreifacher Wickelkopf || ~ **terminal** / Dreistockklemme f || ~ **winding** / Dreistufenwicklung f, Dreietagenwicklung f
three-tone door chime / Dreiklanggong m
three-way box / T-Dose f || ~ **catalytic converter** / Dreiwegekatalysator m (Kfz) || ~ **switch** / Dreiwegeschalter m || ~ **tap** / Dreiwegehahn m || ~ **valve** / Dreiwegeventil n, Dreiwegehahn m
three-winding constant-current generator / Dreifeld-Konstantstromgenerator m || ~ **transformer** / Dreiwicklungstransformator m
three-wire control circuit / Dreileiter-Steuerkreis m || ~ **kVArh meter** / Dreileiter-

thresh 618

Blindverbrauchszähler m || ~ **operation** / Dreileiter-Betrieb m || ~ **polyphase VArh meter** / Dreileiter-Drehstrom-Blindverbrauchszähler m || ~ **system** / Dreileiteranlage f || ~ **three-phase watthour meter** / Dreileiter-Drehstrom-Wirkverbrauchszähler m || ~ **three-phase current** / Dreileiter-Drehstrom m || ~ **three-phase reactive volt-ampere-hour meter** / Dreileiter-Drehstrom-Blindverbrauchszähler m || ~ **transformer** / Dreileiterwandler m
thresh n / Schwelle f
threshold n / Schwelle f, Schwellwert m, untere Grenze, Ansprechgrenze f, Ansprechschwelle f || ~ **(THR)** / Schwelle f (THR (Flp.)) ||
synchronization ~ / Synchronisier-Ansprechschwelle f (Osz.) || ~ **angle** / Grenzwinkel m (Distanzschutz) || ~ **contrast bar** / Schwellenkontrastbalken m (Flp.) || ~ **current** / Ansprechstrom m (Sich.), Wahrnehmbarkeitsschwelle f (kleinster Strom, der bei Stromfluss durch den Körper noch fühlbar ist), Schwellenstrom m (a. Laserdiode) || ~ **current I_thresh** / Stromschwellwert I_Schwell || ~ **detector** IEC 117-15 / Grenzsignalglied n DIN 40700,T.14, Schmitt-Trigger mit binärem Ausgangssignal || ~ **elevation** / Schwellenhöhe f || ~ **error** / Schwellwertfehler m || ~ **field** / Schwellenfeld n, Schwellwert des Feldes || ~ **for illuminance** / Schwellenbeleuchtungsstärke f (beim Punktsehen) || ~ **force** / Schwellenkraft f || ~ **frequency** / Grenzfrequenz f (Strahlungsenergie) || ~ **increment (TI)** / Schwellwerterhöhung f (LT) || ~ **indication** / Schwellenanzeige f (Flp.), Schwellwertmeldung f
thresholding n (binary image) / Schwellwertbildung f, Schwellwertoperation f
threshold light / Schwellenfeuer n (Flp.) || ~ **lighting** / Schwellenbefeuerung f (Flp.) || ~ **limit value at place of work** (TLV) / maximale Arbeitsplatzkonzentration (MAK-Wert) || ~ **logic** / Schwellwertlogik f || ~ **luminance** / Schwellenleuchtdichte f || ~ **luminous flux** / Schwellenwert des Lichtstroms || ~ **marking** / Schwellenmarke f (Flp.) || ~ **monitoring** / Ansprechüberwachung f, Schwellwertüberwachung f || ~ **motor temperature** / Warnschwelle Motorübertemperatur || ~ **of audibility** / Hörschwelle f || ~ **of detectability** / Empfindlichkeitsschwelle f, Hörschwelle f || ~ **of discomfort** / Unbehaglichkeitsschwelle f, Störschwelle f (Lärm) || ~ **of feeling** / Fühlschwelle f || ~ **of flicker irritability** / Flicker-Reizbarkeitsschwelle f || ~ **of flicker perceptibility** / Flicker-Bemerkbarkeitsschwelle f || ~ **of hearing** / Hörschwelle f || ~ **of indication** / Anzeigeschwelle f || ~ **of irritability** / Störschwelle f (Licht) || ~ **of non-fibrillation** / Herzkammerflimmerschwelle f, Flimmerschwelle f || ~ **of pain** / Schmerzschwelle f || ~ **of tickle** / Reizschwelle f, Fühlschwelle f || ~ **potential** / Grenzpotential n (Korrosion) || ~ **range** / Schwellwertbereich m || ~ **signal** / Schwellwertsignal n, Grenzsignal n || ~ **speed** / Einsatzdrehzahl f || ~ **speed for the field weakening** / Einsatzdrehzahl für die Feldschwächung || ~ **stress** / Grenzspannung f (mech., Korrosionsterm) || ~ **switch** / Schwellwertschalter m || ~ **torque** / Schwellenmoment m || ~ **value** / Schwellwert m,

Schwellenwert m || ~ **velocity** / Schwellgeschwindigkeit f || ~ **voltage** / Schwellenspannung f (a. Hl), Schleusenspannung f (Diode, Thyr), Einsatzspannung f
throat n / Kehle f, Hals m, Verengung f, Naht(dicke) f
throttle n / Drossel f, Drosselklappe f, abdrosseln v || ~ **control** / Drosselregelung f (Verdichter) || ~ **cross section** / Drosselquerschnitt m || ~ **screw** / Drosselschraube f || ~ **valve** / Drosselventil n, Drosselklappe f
throttling n / Drosselung f, Drosselentspannung f, Drosselvorgang m, Entspannung f || ~ **area** / Stellquerschnitt m || ~ **element** / Drosseleinsatz m || ~ **valve** / Drosselventil n
through-bolt n / Durchsteckschraube f, Spannschraube f, durchgehender Bolzen
through-boring dimension / Durchbohrmaß n || ~ **feed** / Durchbohrvorschub m || ~ **feedrate** / Durchbohrvorschub m
through-box n / Zwischendose f, Durchgangsdose f
through-chassis terminal / Durchführungsklemme f (im Chassis)
through-connection n / Durchverbindung f (gS) || ~ **card** / Durchgangsmodul n
through-current n IEC 76-3 / Durchgangsstrom m (Trafo)
through-fault n / äußerer Fehler, außenliegender Fehler, Durchgangsfehler m || ~ **current** / Durchgangsstrom m (bei äußerem Fehler) || ~ **stability** / Stabilität bei äußeren Fehlern (Differentialschutz), Nichtansprechen bei äußeren Fehlern
through-flow heater / Durchlauferhitzer m || ~ **water heater** / Durchlauferhitzer m
through-hole n / Durchgangsloch n, Durchgangsbohrung f
through lane / Durchfahrgasse f
through-metallized adj / durchmetallisiert adj
throughput n / Durchsatz m, Durchsatzrate f, Verarbeitungsgeschwindigkeit f || ~ **attenuation** / Durchgangsdämpfung f (LAN) || ~ **control** / Durchsatzsteuerung f (Fabrik) || ~ **loss** / Durchgangsdämpfung f (LAN) || ~ **rate** / Durchsatzrate f || ~ **rating** / Durchgangsleistung f || ~ **time** / Durchlaufzeit f (Produktion), Dauer f (Differenz zwischen Anfangs- und Endpunkte eines Zeitintervalls)
through-rating n / umgesetzte Leistung (Trafo)
through-rod cylinder / Gleichgangszylinder m
through-shaft n / durchgehende Welle
through-terminal / Durchgangsklemme f
through-transmission technique / Durchschallungstechnik f DIN 54119
through-ventilation n / Durchzugsbelüftung f (Schrank) || ~ **by natural convection** / Durchzugsbelüftung durch Eigenkonvektion (Schrank)
through-way box / Zwischendose f, Durchgangsdose f
through-wiring n / Durchgangsverdrahtung f
throw n / Wurf m, Hub m, Weg m, Schaltbewegung f, Wicklungssprung m, Ausschlag m, Exzentrizität f, Ausblasedruck m || **to ~ off the load** / Last abwerfen, Last abschalten, entlasten v || **to ~ on the load** / Last zuschalten || **winding ~** / Wicklungssprung m
throw-away insert / Wendeplatte f,

Wendeschneidplatte *f*
throw in *v* / einschalten *v*, einrücken *v*
throwing, fault ~ / Einschalten auf einen Kurzschluss, Kurzschluss-Draufschaltung *f*, Auslösung durch künstlichen Fehler || ~ **off the load** / Lastabwurf *m*, Lastabschaltung *f*, Entlastung *f* || ~ **on the load** / Lastzuschaltung *f*
throwout, circle of ~ / Taumelkreis *m*
throw over *v* / umschalten *v*
throw-over relay / Umschaltrelais *n*, Kipprelais *n*
thru-beam sensor / Einweg-Lichtschranke *f*
thrust *n* / Schub *m*, Schubkraft *f*, Axialschub *m*, Verschiebekraft *f* || ~ **ball** / Kugel *f* || ~ **ball bearing** / Druckkugellager *n* || ~ **bearing** / Traglager *n*, Spurlager *n*, Längslager *n*, Gegenlager *n*, Drucklager *n*
thrust-bearing pad / Traglagerschuh *m*, Traglagersegment *n* || ~ **runner** / Traglagerlaufring *m* || ~ **segment** / Traglagersegment *n*, Lagerstein *m*
thrust block / Tragkopf *m* (WKW), Widerlager *n* || ~ **bolt** / Druckbolzen *m* || ~ **capacity** / Axialbelastbarkeit *f* || ~ **collar** / Schulterring *m*, Druckring *m*, Anlaufbund *m* || ~ **couple** / Druckkomponente *f* || ~ **element** / Druckstück *n* || ~ **face** / Anlauffläche *f*, Druckfläche *f* || ~ **force** / Schubkraft *f* || ~ **journal** / Tragzapfen *m* (Welle), Stirnzapfen *m*, Spurzapfen *m*, Stützzapfen *m* || ~ **linkage** / Schubgelenk *n* || ~ **linkage mechanism** / Koppel-Schubgelenk *n*, KS-System *n* || ~ **load** / Schubbeanspruchung *f*, Axialschubbelastung *f*, Druckbelastung *f*
thrustor *n* / Drücker *m*, Motordrücker *m*, Bremslüfter *m*
thrust pad / Druckstück *n* DIN 6311, Druckplatte *f* || ~ **piece** / Druckstück *n* || ~ **plate** / Druckplatte *f* || ~ **ring** / Anlaufring *m*, Spurring *m*, Druckring *m* || ~ **screw** / Druckschraube *f*
thumbnail *n* / Miniaturansicht *f* (BSG), Kleinstbild (BSG) *n*
thumb rule / Daumenregel *f* || ~ **screw** / Daumenschraube *f*, Fingerschraube *f*, Flügelschraube *f*, Lappenschraube *f*
thumbwheel *n* / Daumenrad *n* || ~ **potentiometer** / Stufenpotentiometer *n* || ~ **setter** / Zahleneinsteller *m*, Rändelschalter *m*, Daumenrad *n* || ~ **switch** / Zahleneinsteller *m*, Rändelschalter *m*, Zahlensteller *m*, Zifferneinsteller *m*, Daumenrad *n*, Dekadenschalter *m*
Thury regulator / Thuryregler *m*, Trägregler *m*
thyratron *n* / Thyratron *n*, Stromtor *n* || ~ **commutator** / Stromtorkommutator *m* || ~ **motor** / Stromtormotor *m*
thyristor *n* / Thyristor *m* || ~ **a.c. power controller** / Thyristor-Wechselstromsteller *m* || ~ **assembly** / Thyristorsatz *m* || ~ **controlled reactor** / thyristorgesteuerte Drossel || ~ **controller** / Thyristorsteller *m* || ~ **converter** / Thyristor-Stromrichter *m*, Thyristorsteller *m*, Thyristorgerät *n*, Thyristorumrichter *m*
thyristor-fed motor / thyristorgespeister Motor, Stromrichtermotor *m*
thyristor load transfer switch / Thyristor-Lastumschalter *m* || ~ **module** / Thyristorbaustein *m*, Thyristormodul *n*, Thyristorblock *m*, SITOR-Baustein *m* || ~ **module unit (TMU)** / TMU || ~ **power controller** / Thyristorsteller *m* || ~ **power unit (TPU)** / Thyristor-Stromrichter *m*,

Thyristorumrichter *m* || ~ **pulse gate connector** / Thyristorzündimpulsstecker *m* || ~ **reversing controller** / Thyristor-Umkehrsteller *m* || ~ **stack** / Thyristorsäule *f* || ~ **starter** / Thyristorstarter *m* || ~ **switch** / Thyristorschalter *m* || ~ **switched capacitor (TSC)** / thyristorgeschalteter Kondensator || ~ **tap changer** / Thyristor-Stufenschalter *m* (Trafo) || ~ **timer** / Thyristor-Zeitstufe *f* || ~ **triggering** / Zündplatine *f*, Thyristor-Zündplatine *f* || ~ **unit** / Thyristorgerät *n* || ~ **valve** / Thyristorventil *n* || ~ **wafer** / Thyristortablette *f*
TI s. temperature index || º s. threshold increment
TIA (Totally Integrated Automation) / Vollintegrierte Automation, TIA (Totally Integrated Automation)
tick *n* / Ticken *n*, Haken *m* (Vermerkzeichen), Passermarke *f*
ticket printer / Kartendruckwerk *n* (Belegdrucker f. abgemessene Menge)
tick off *v* / abhaken *v*
tidal energy / Gezeitenenergie *f* || ~ **power station** / Gezeitenkraftwerk *n*
TIDS s. talker idle state
tie *n* / Verbindungsstück *n*, Strebe *f*, Kupplung *f* (Sammelschienen, Netz), Kopplung *f*, Kuppelleitung *f* || ~ **system** ~ / Netzkupplung *f* || ~ **bar** (transformer clamping structure) / Traverse *f*
tie-bolt *n* / Zuganker *m*, Pressbolzen *m*, Durchgangsbolzen *m*
tie breaker / Kuppelschalter *m* (LS), Übergabeleistungsschalter *m*, Sammelschienen-Kuppelschalter *m* || ~ **bus** / Kuppelschiene *f* (SS), Querkuppelschiene *f* (SS) || ~ **circuit-breaker** / Kuppelschalter *m* (LS), Übergabeleistungsschalter *m*, Sammelschienen-Kuppelschalter *m* || ~ **line** / Kuppelleitung *f* (Netz), Übergabestelle *f* || ~ **point** / Netzkupplungsstelle *f*, Verbindungspunkt *m* (Verdrahtung)
tie-point circuit-breaker / Netzkuppelschalter *m* (LS)
tier *n* / Etage *f* (Wickl.), Ebene *f*, Zeile *f* (ET, BGT), Reihe *f* || ~ **distance** / Zeilenabstand *m* || ~ **frame** / Etagenaufbau *m*
tie-rod *n* / Zuganker *m*
tier of pins / Stiftetage *f* || ~ **spacing** / Zeilenabstand *m* (BGT, Verteiler), Reihenabstand *m* (BGT, Verteiler)
tie switch / Kuppelschalter *m* (USV) || ~ **transformer** / Kuppeltransformator *m*
t.i.f. s. telephone influence factor
tight *adj* / dicht *adj*, straff *adj*, stramm *adj*, schwergängig *adj*, undurchlässig *adj* || ~ **buffered fiber** / Vollader *f*
tighten *v* / spannen *v*, straffen *v*, anziehen *v*, festigen *v* || ~ **by hand** / handfest anziehen
tightened *adj* / angezogen *adj*
tightened inspection / erschwerte Prüfung (QS), verschärfte Prüfung || ~ **test conditions** / scharfe Messbedingungen, höhere Messbedingungen
tightening torque / Anzugsdrehmoment *n*, Anziehmoment *n*, Anziehdrehmoment *n*
tight fit / enger Sitz, Presspassung *f*, enger Treibsitz, strammer Sitz
tightness / Dichtheit *f*
tight push fit / fester Schiebesitz || ~ **seal** / absolute Dichtung || ~ **sealing** / absolute Abdichtung || ~ **shut-off** / dichter Abschluss || ~ **side** / ziehendes

Trum (Treibriemen), Arbeitstrum *n*
tile *n* / Baustein *m* (einer Mosaiktafel) || **~ option** / Menüpunkt Nebeneinander
tilt *v* / kippen *v*, neigen *v*, schrägstellen *v* || **~ n** (pulse top) / Schräge *f* (Impulsdach) || **pulse ~** / Dachschräge *f* (Impuls) || **~ test** / Schrägstellprüfung *f*
tiltable *adj* / kippbar *adj*
tilted shaft / schräge Welle
tilting footplate / Kippfuß *m* || **~ moment** / Kippmoment *n* (Lg.)
tilting-pad bearing / Kippsegment-Gleitlager *n*
tilting plate / Kippblech *n* || **~ stand** / Neigekonsole *f* (BSG) || **~ table** / Schwenktisch *m*
timable dimmer / Helligkeitseinsteller (o. Dimmer) mit Zeitvorwahl *m*
time *n* / Zeit *f*, Zeitwert *m* || **acuating ~** / Stellzeit *f* || **in ~** / gleichlaufend *adj*, rechtzeitig *adj* || **out of ~** / außer Takt || **~ above 90 %** (T_d) / Scheiteldauer *f* (T_d) || **~ acceleration factor** / Zeitraffungsfaktor *m*, Raffungsfaktor *m* IEC 50(191) || **~ account** / Zeitkonto *n* || **~ account updating** / Zeitkontoführung *f* || **~ addition** / Zeitaddition *f* || **~ alarm** / Zeitalarm *m* || **~ and attendance recording** / Arbeitszeiterfassung *f* || **~ aquisition** / Zeiterfassung *f*
time-and-motion study / Zeitstudie *f*
time average / zeitlicher Mittelwert || **~ average sound-pressure level** / Mittelungspegel *m* (des Schalldrucks) || **~ axis** / Zeitachse *f* || **~ balance** / Zeitsaldo *m*, Gleitzeitsaldo *m* || **~ base (TB)** / Zeitbasis *f*, Zeitachse *f*, Zeitablenkung *f* (Osz.), Zeitablenkeinrichtung *f*, Zeitraster *m*, Zeitvorgabe *f*
time-base generator / Zeitbasisgeber *m* || **~ cam** / Zeitnocke *f* || **~ jitter** / Jitter der Zeitablenkung (Osz.) || **~ range** (ultrasonic tester) / Justierbereich *m* (Ultraschall-Prüfgerät) DIN 54119 || **~ sweep** / Zeitablenkung *f*
time-based discriminating / Zeitselektivität *f* || **~ discrimination** / Zeitselektivität *f*
time before rest / Einspielzeit *f*
time between failures / Ausfallabstand *m* || **~ between interruptions** / Unterbrechungsabstand *m* IEC 50(191) || **~ calibration** / Zeiteichung *f* || **~ check** / Zeitkontrolle *f* (NC) || **~ circuit** / Uhrenlinie *f* || **~ coefficient** / Zeitbeiwert *m*, Zeitkoeffizient *m* || **~ coherence** / zeitliche Kohärenz || **~ constant** / Zeitkonstante *f* || **~ constant of time delay** / Verzögerungszeitkonstante *f* (Reg.)
time-constant speed filter / Zeitkonstante Drehzahlfilter
time-consuming *adj* / zeitraubend *adj*
time-controlled processing / zeitgesteuerte Bearbeitung (elST) || **~ program execution** / zeitgesteuerte Bearbeitung, zeitgesteuerte Programmbearbeitung || **~ program processing** / zeitgesteuerte Programmbearbeitung, zeitgesteuerte Bearbeitung || **~ program scanning** / zeitgesteuerte Programmbearbeitung, zeitgesteuerte Bearbeitung
time coordinate / Zeitkoordinate *f* || **~ coordinator** / Zeitzuordnerstufe *f* || **~ count** / Zeitzählung *f* || **~ counter** / Zeitzähler *m* (DÜ, RSA) || **~ credit** / Zeitguthaben *n* (GLAZ), Saldoauskunft *f* (GLAZ), Zeitgutschrift *f* (GLAZ)
time-critical *adj* / zeitkritisch *adj*
time-current characteristic / Zeit-Strom-Kennlinie *f*

time/current characteristic / Zeit-Strom-Kennlinie *f* || **~ operating (o. tripping) characteristic** / Zeit-Strom-Auslösekennlinie *f*
time-current zone / Zeit-Strom-Bereich *m* (Sich.), Zeit-Strom-Kennlinienbereich *m* || **~ zone limits** / Zeit-Strom-Bereichsgrenzen *f pl* (Sich.)
time cycle control / Zeittaktsteuerung *f* || **~ debit** / Zeitschuld *f* || **~ decrease of permeability** / zeitlicher Permeabilitätsabfall, Nachwirkung der Permeabilität, Abschaltverzögerung *f* || **~ delay** / Verzögerung *f*, Zeitverzug *m*
time-delay, interval / ~ **relay** / Wischrelais *n*
time-delay-after-deenergization relay (TDD) *n* / rückfallverzögertes Zeitreiais
time delay before availability / Bereitschaftsverzögerung $t_v f$, Bereitschaftsverzug tv
time-delay capacitor / Verzögerungskondensator *m* || **~ circuit** / Verzögerungsschaltung *f* || **~ contactor relay** IEC 337-1 / verzögertes Hilfsschütz VDE 0660,T.200 || **~ device** / Verzögerungsgerät *n* || **~ devices** / Verzögerungseinrichtung *f*
time-delayed auxiliary contact block / zeitverzögerter Hilfsschalterblock || **~ auxiliary contact element** / verzögertes (o. zeitverzögertes) Hilfsschaltglied || **~ protection** (USA) / verzögerter Selektivschutz IEC 50(448)
time-delay element / Verzögerungsglied *n*, verzögertes Glied || **~ fuse** / träge Sicherung *f* || **~ fuse-link** / träger Sicherungseinsatz || **~ interrupt** / Verzögerungsalarm *m* || **~ magnetic overload relay** / verzögertes magnetisches Überlastrelais || **~ pushbutton** IEC 337-2 / Drucktaster mit verzögerter Rückstellung VDE 0660,T.201 || **~ relay** / Relais mit festgelegtem Zeitverhalten || **~ relay (TDR)** / Zeitrelais *n* || **~ residual-current device** / zeitverzögerte Fehlerstromschutzeinrichtung *f* || **~ switch (t.d.s.)** IEC 512-2 / Zeitschalter *m* || **~ undervoltage release** / verzögerter Unterspannungsauslöser
time-dependent quantity IEC 27-1 / zeitabhängige Größe || **~ sequential control** / zeitgeführte Ablaufsteuerung
time derivative (dx/dt) / Differentialquotient nach der Zeit, Änderungsgeschwindigkeit *f*
time-derived channel / Zeitmultiplexkanal *m*
time deviation / Schleppfehler *m*, Schleppabstand (SA) *m* || **~ dial** / Zeitscheibe *f* || **~ division multiplex** / Zeitmultiplex *n* (zeitlich gestaffelte serielle Übertragung unabhängiger Informationen auf einem Übertragungsmedium), Zeitvielfach *n*
time-discriminating *adj* / zeitselektiv *adj*
time-distribution, electrical ~ system IEC 50(35) / Zentraluhrenanlage *f*, Zeitdienstanlage *f*
time-division multiplex (TDM) / Zeitmultiplex *n* (ZMX), Zeitvielfach *n* || **~ multiplex system** / Zeitmultiplexsystem *n* || **~ multiplex transmission** / zeitmultiplexe Übertragung
timed *adj* / zeitgesteuert *adj*
timed-interrupt-driven *adj* / zeitalarmgesteuert *adj*, uhrzeitalarmgesteuert *adj* || **~ program execution** / zeitalarmgesteuerte Programmbearbeitung
timed machining / zeitgesteuerte Bearbeitung (NC)
time-domain, optical ~ reflectometer (optical TDR) / LWL-Reflektometer *n*, optisches Impulsreflektometer, Rückstreumessplatz *m* || **~ reflectometry (TDR)** / Zeitbereich-Reflektometrie

f
time domain reflectrometry / Laufzeit-Reflexionsmessung *f* (LWL)
time-driven *adj* / zeitgesteuert *adj* || ~ **processing** / zeitgesteuerte Bearbeitung (eIST)
time duration (The difference between the end points of a time interval.) / Dauer *f* (Differenz zwischen Anfangs- und Endpunkte eines Zeitintervalls), Durchlaufzeit *f* || ~ **dynamics** / zeitliche Dynamik || ~ **factor** / Zeitfaktor *m*, Zeitkonstante *f* || ~ **fill** / Zeitüberbrückung *f* (zwischen DÜ-Blöcken) || ~ **format** / Zeitdarstellung *f* (Impulsmessung)
time-for-rupture stress / Zeitbeanspruchung *f* || ~ **tension test** / Zeitstandversuch *m*, Standversuch *m*
time frame / Zeitraster *m* || ~ **function element** / Zeitgerät *n* VDI/VDE 2600 || ~ **generation** / Zeitbildung *f* || ~ **generator** / Zeitgeber *m*, Timer *m*
time-graded protection (system o. scheme) / Zeitstaffelschutz *m* || ~ **transmission** / Zeitstaffelbetrieb *m* (FWT)
time grading / Zeitstaffelung *f* || ~ **grading schedule** / Staffelplan *m* (Schutz) || ~ **grid** / Zeitraster *m* (ZKS) || ~ **history** / Zeitverlauf *m* (Schwingungen, Erdbeben)
time-in *n* / Zeitverzögerung *f* (eingestelltes Zeitintervall, in dem ein Signal nicht erkannt wird)
time-independent *adj* / zeitunabhängig *adj*
TIME-INST (time instruction) / Verwaltungszeit *f*, TIME-INST
time instruction (TIME-INST) / Verwaltungszeit *f*, TIME-INST
time integral / Zeitintegral *n*, Spannungs-Zeit-Fläche *f* || ~ **interrupt** / Zeitalarm *m* (SPS), Zeitinterrupt *m*, Weckalarm *m* (SPS) || ~ **interrupt block** / Zeitunterbrechungsbaustein *m* (SPS), Weckbaustein *m* || ~ **interrupt error** / Weckfehler *m* || ~ **interrupt OB** / Weckalarm-OB || ~ **interval** / Zeitintervall *n*, Zeitabstand *m*, Pause *f*, Zeitabschnitt *m*, Zeitspanne *f* || ~ **interval between strokes** / Teilblitz-Intervall *n*
time-invariant *adj* / zeitunabhängig *adj*
time jitter / zeitliches Zittern || ~ **job** / Zeitauftrag *m*
time-keeping *n* / Zeitaufzeichnung *f* (Schreiber) || ~ **accuracy class** / Genauigkeitsklasse für die Zeitaufzeichnung (Schreiber) || ~ **class index** / Klassenzeichen der Zeitaufzeichnung || ~ **instrument** / Uhr *f*
timekeeping mechanism / Zeitteiler *m*
time lag / Zeitverzögerung *f*, Verzögerungszeit *f*, Verzögerung *f*
time-lag all-or-nothing relay BS 142 / verzögertes Schaltrelais || ~ **class** / Trägheitsklasse *f*, Trägheitsgrad *m* || ~ **fuse** / träge Sicherung || ~ **relay** / verzögertes Relais || ~ **relay switch** (CEE 14) / zeitverzögerter Schalter VDE 0632, Zeitschalter *m* || ~ **undervoltage release** IEC 157-1 / verzögerter Unterspannungsauslöser
timeless *adj* / zeitlos *adj*
time limit IEC 50(16) / Grenzzeit *f* (Distanzschutz, Zeit der letzten Stufe o. Zone) || ~ **limit for return of goods** / Rücklieferfrist *f* || ~ **limiting switch** / Kurzzeitschalter *m* (f. Lampen-Zündgeräte) || ~ **literal** / Zeitliteral *n*
time-loading test / Zeitlastprüfung *f*
time-load test / Dauerlastprüfung *f* || ~ **withstand strength** / mechanische Dauerfestigkeit, mechanische Lebensdauer

time mark / Zeitmarke *f* (Osz.) || ~ **marker** / Zeitmarkengeber *m* (Osz., Schreiber) || ~ **marker generator** / Zeitmarkengenerator *m*, Zeitmarkengeber *m* || ~ **meter** / Zeitzähler *m*, Betriebsstundenzähler *m* || ~ **module** / Zeitbaustein *m*, Zeitbaugruppe *f* || ~ **monitor** / Zeitüberwachung *f* || ~ **monitoring** / Zeitüberwachung *f* || ~ **monitoring value** / Zeitüberwachungszeit *f* || ~ **motor** / Uhrenmotor *m* || ~ **of application** / Einschaltdauer *f* (eines Stromes) || ~ **of day** / Uhrzeit *f*, Tageszeit *f*
time-of-day display / Uhrzeitanzeige *f* || ~ **format** / Uhrzeitformat *n* || ~ **interrupt** / Uhrzeitalarm *m* || ~ **location** / Uhrzeitzelle *f*, Zeitzelle *f* || ~ **master** / Uhrzeitmaster *m* || ~ **stamp** / Uhrzeitstempelung *f* || ~ **synchronization** / Uhrzeitsynchronisierung *f*, Uhrzeitsynchronisation *f* || ~ **tariff** / Zeitzonentarif *m* || ~ **transmitter** / Uhrzeitsender *m*
time of occurrence of second fault / Zweitfehlereintrittszeit *f* || ~ **of persistence** / Nachleuchtdauer *f* (Bildschirm, Osz.)
time-oriented sequential control / zeitabhängige (o. zeitgeführte) Ablaufsteuerung
time origin line / Zeitsprungslinie *f* DIN IEC 469,T.1 || ~ **out** / Laufzeitfehler *m*, Zeitüberlauf *m*, Zeitüberschreitung *f*, Zykluszeitüberschreitung *f*, Time out
time-out *n* / Zeitauslösung *f* (eingestelltes Intervall, nach dem ein Signal erzeugt wird, wenn bis dahin noch keine Triggerung erfolgt ist), Laufzeitfehler *m*, Zeitüberschreitung *f* (SPS), Quittungsverzug *m*, Zeitfehler *m*, Zeitabbruch *m*, Zeitabschaltung *f*, Zeitbegrenzung *f*
timeout [s] *n* / Timeout [s] *n* || ~ **(TO)** *n* / Zeitüberlauf *m*, Zykluszeitüberschreitung *f* || ~ *adj* / abgelaufen *adj*
time-out input / Eingangs-Zeitauslösung *f*, Eingabeverzug *m*
timeout monitoring / Alterungsüberwachung *f*
time-out recovery / Wiederherstellung mit Hilfe der Zeitüberwachung DIN ISO 3309 || ~ **timer** / Zeitgeber für die Aus-Zeit (PROFIBUS)
time-overcurrent *n* / Überstromzeitschutz *m* || ~ **protection** / Überstrom-Zeitschutz *m* || ~ **relay** / Überstrom-Zeitrelais *n*
time overhead / Zeitbedarf *m* (DV) || ~ **parameters** / Zeitkenngrößen *f pl* || ~ **pattern** / Zeitmodell *n* || ~ **per point** / Punktfolgezeit *f* (Schreiber), Punkt-Zeit-Folge *f* || ~ **piece** / Zeitmesser *m*, Uhr *f* || ~ **processing** / Zeitverarbeitung *f* || ~ **program** / Zeitprogramm *n* (a. Zeitrelais) || ~ **program IEC 50(351)** / Zeitplan *m* (Reg.) || ~ **programmer** / Zeitprogrammierstufe *f* || ~ **properties** / Zeitverhalten *n* || ~ **quadrature** / zeitliche Verschiebung um 90° Time
timer *n* / Zeitglied *n*, Zeitgeber *m*, Zeitstufe *f*, Zeitlaufwerk *n*, Zeitschaltwerk *m*, Zeitimpulsgeber *m*, Kurzzeituhr *f*, Zeit *f*, Timer *m*, Zeitrelais *n*, Relais mit festgelegtem Zeitverhalten, Zeitsteller *m*, Zeitschalter *m*, Taktgeber *m*, Verzögerungseinrichtung *f* || ~ **maximum-demand** / Maximum-Laufwerk *n* || ~ **watchdog** ~ / Überwachungszeitgeber *m* || ~ **and counter operations** / Zeit- und Zähloperationen
time range / Zeitbereich *m* || ~ **range selector** / Zeitbereichsschalter *m* || ~ **rate of erasing** / Löschgeschwindigkeit *f* (Speicher), Löschzeit *f* ||

timer/counter 622

realization / Zeitrealisierung *f*
timer/counter module / Zeit-/Zählerbaugruppe *f*
time-receiver module / Zeitzeichenempfänger *m*
time recorder / Kontrolluhr *f* || ~ **recorder for watchman's rounds** / Wächter-Kontrolluhr *f* || ~ **reference** / Zeitraster *n* || ~ **referenced point** / Zeitreferenzpunkt *m* DIN IEC 469,T.1 || ~ **reference line** / Zeitreferenzlinie *f* DIN IEC 469,T.1 || ~ **register (TR)** / Zeitwertspeicher *m*, Zeitspeicher *m*, Zeitwertspeicher *m* || ~ **relay** / Zeitrelais *n*, Relais mit festgelegtem Zeitverhalten || ~ **resolution** / zeitliche Auflösung, Zeitauflösung *f* || ~ **response** / Zeitverhalten *n*, zeitliches Verhalten, Zeitgang *m* || ~ **response (TIME-RESP)** / Quittungswartezeit *f*, TIME-RESP || ~ **response when sampling** / Zeitverhalten bei abtastenden Messverfahren VDI/VDE 2600
timer for dynamical ECG / Zeitschalter für EVG Dynamik || ~ **for stairwell lighting** / Treppenlicht-Zeitschalter *m*
timer location / Zeitzelle *f* || ~ **module** / Zeitgeberbaugruppe *f*, Zeitbaustein *m*, Zeitbaugruppe *f*
time rundown / Zeitablauf *m* || **time rundown indication** / Zeitablaufanzeige *f*
timers and counters / Zeiten und Zähler
time-rupture test / Zeitstandversuch *m*, Standversuch *m*
timer word / Zeit-Wort *n* (SPS)
time-saving *adj* / zeitsparend *adj*
time scale / Zeitmaßstab *m* || ~ **scale factor** / Zeitmaßstabfaktor *m* || ~ **schedule** / Zeitplan *m*, Terminplan *m*
time-scheduled closed-loop control / Zeitplanregelung *f* || ~ **open-loop control** / Zeitplansteuerung *f*
time scheduler / Zeitplangeber *m*
time scheduling / Terminplanung *f*, Zeitzuordnung *f* || ~ **sequence chart** / Zeitablaufdiagramm *n* || ~ **sequence table** / Zeitablauftabelle *f* || ~ **setpoint** / Zeitsollwert *m* || ~ **setting** / Zeiteinstellwert *m*, Zeiteinstellung *f*, Auslösezeit *f* || ~ **setting range** / Zeitbereich *m*, Zeitrahmen *m*
time-shared control / Zeitmultiplex-Abtastregelung *f*
time-sharing operating system (TSOS) / Teilnehmerbetriebssystem *n* (TBS), Time-Sharing-Betriebssystem *n*
time signal / Zeitzeichensignal *n* || ~ **signal input module** / Zeitzeichenempfängerbaugruppe (ZE) *f*
time slice / Zeitscheibe *f* (DV) || ~ **slice distributor** / Zeittaktverteiler *m* (ZTV) || ~ **slope** / Zeitrampe *f* || ~ **slot** EN 50133-1 / Zeitfenster *n* (ZKS), Zeitscheibe *f* || ~ **slot (TS)** / Zeitschlitz (ZS) *m* || ~ **slot overflow** / Zeitscheibenüberlauf *m* || ~ **stamp** / Zeitstempelung *f*, Zeitstempel *m* || ~ **standard** / Zeitnormal *n*, Vorgabezeit *f* (Fertigung) || ~ **study** / Zeitstudie *f* || ~ **switch** / Schaltuhr *f*, Zeitschalter *m*, Zeitschaltuhr *f*, Zählerschaltuhr *f* || ~ **switch program** / Zeitschaltprogramm *n* || ~ **synchronization** / Uhrzeitsynchronisation *f*, Uhrzeitsynchronisierung *f* || ~ **system** / Zeitsystem *n* || ~ **table** / Zeitplan *m*, Programm *n*, Fahrplan *m*
time-tagged alarm / zeitmarkierte Meldung
time tagging IEC 50(371) / Absolutzeiterfassung *f* (FWT) || ~ **t_E** / Zeit t_E, t_E-Zeit *f* || ~ **to breakdown** / Durchschlagzeit *f* || ~ **to chopping** / Zeit bis zum Abschneiden (Stoßwelle), Abschneidezeit *f* || ~ **to**

contact movement / Bewegungsverzug *m*, Öffnungsverzug *m* || ~ **to crest** / Dauer bis zum Scheitel (Stoßspannung), Scheitelzeit *f* || ~ **to failure (TTF)** / Dauer bis zum Ausfall, Zeitspanne bis zum Ausfall || ~ **to first failure (TTFF)** / Dauer bis zum ersten Ausfall, Zeitspanne bis zum ersten Ausfall || ~ **to half value** / Halbwertzeit *f*, Rückenhalbwertzeit *f* (Stoßwelle) || ~ **to half-value on wave tail** / Rückenhalbwertszeit *f* (Stoßwelle) || ~ **to impulse flashover** / Stoßüberschlagsverzögerung *f* || ~ **to limit temperature** / Grenzerwärmungszeit *f* || ~ **to puncture** / Durchschlagzeit *f*
time-to-puncture test / Durchschlagprüfung *f*
time to recovery / Zeitspanne bis zur Wiederherstellung, Zeit bis zur Wiederherstellung, Zeitintervall bis zur Wiederherstellung || ~ **to restoration** / Zeitspanne bis zur Wiederherstellung, Zeit bis zur Wiederherstellung, Zeitintervall bis zur Wiederherstellung || ~ **to sparkover** / Ansprechzeit *f* (Abl.) || ~ **to stable closed condition** / Ansprechzeit *f* (Rel., für einen bestimmten Kontakt) E VDE 0435,T.110, effektive Ansprechzeit || ~ **to stable open condition** / Rückfallzeit *f* (Rel., für einen bestimmten Kontakt), effektive Rückfallzeit
time-to-track *n* / Zeit bis zur Kriechwegbildung IEC 50(212), Kriechstromzeit *f*
time to trip / Auslösezeit *f* (Maschinenschutz) || ~ **trigger** / Zeitauslöser *m*, Zeitanstoß *m* || ~ **under voltage stress** / Dauer der Spannungsbeanspruchung || ~ **value** / Zeitwert *m* || ~ **variable** / Zeitvariable *f* || ~ **vector** / Zeitzeiger *m* (Vektor) || ~ **watchdog** / Zeitüberwachung *f* || ~ **weight** / Ganggewicht *n* (Uhr) || ~ **weighting** / Zeitbewertung *f* || ~ **zone** / Zeitzone *f* (ZKS)
timing *n* / Zeiteinstellung *f*, (zeitliche) Abstimmung *f*, Zeitregelung *f*, Regelung nach der Zeit, Taktgewinnung *f*, Zeitablauf *m*, Taktgebung *f* || ~ **accuracy** / Zeitgenauigkeit *f* (Zeitrel.) || ~ **analyzer** / Zeitanalysator *m* || ~ **angle** / Zündwinkel *m* (Kfz) || ~ **check** / Zeitkontrolle *f* (NC) || ~ **circuit** / Zeitgeberschaltung *f*, Taktleitung *f* (DÜ) || ~ **diagram** / Taktdiagramm *n*, Pulsdiagramm *n*, Impulsdiagramm *n*, Zeitdiagramm *n* || ~ **element** / Zeitglied *n*, Zeitgeber *m*, binäres Zeitglied DIN 19237, Zeit *f*, Zeitschaltwerk *n* || ~ **error** / Zeiteinstellfehler *m*, Zeitfehler *m* || ~ **extraction** / Taktgewinnung *f* || ~ **frequency** / Taktfrequenz *f* || ~ **function** / Zeitfunktion *f* || ~ **gear** / Zeitlaufwerk *n*, Laufwerk *n* || ~ **generator** / Zeitgeber *m*, Taktgeber *m* (DÜ) DIN 44302, Synchronisiereinheit *f* || ~ **machine** / Zeitwaage *f* || ~ **mark** / Taktmarke *f*, Steuermarke *f*, Zeitmarke *f* || ~ **mechanism** / Zeitlaufwerk *n* || ~ **operation** / Zeitoperation *f* || ~ **output stage with pulse length modulation** / taktende Endstufe mit Pulslängenmodulation
timing-pulse control / Taktsteuerung *f*, Taktgebung *f* || ~ **reference oscillator** / Taktgeber *m*
timing range / Zeiteinstellbereich *m* || ~ **recovery** IEC 50(704) / Zeitmaßstabrückgewinnung *f* || ~ **relay** / Zeitrelais *n*
tin *v* / verzinnen *v* || ~ **bath** / Zinnbad *n*
tin-coated *adj* / verzinnt *adj*
tinned *adj* / verzinnt *adj* || ~ **conductor** / verzinnter Leiter
tinning bath / Zinnbad *n*

T input IEC 117-15 / T-Eingang *m* DIN 40700,T.14
tinsel *n* / Flitter *m*, Lahn *m* (flacher Metalldraht) || ~ **conductor** / Lahnleiter *m*
tin solder / Zinnlot *n* || ~ **stability** / Lagerbeständigkeit in Dosen, Lagerfähigkeit *f*, Haltbarkeit *f*
tinted contrast glass / Kontrastglas *n*
tip *n* / Spitze *f*, Ende *n*, Schneide *f*, Kopf *m* || ~ (EBT) / Pumpspitze *f* (ESR-Kolben) || **mode** ~ / Modmitte *f* || **tool** ~ / Werkzeugspitze *f*, Werkzeugschneide *f* || ~ **angle** / Spitzenwinkel *m* || ~ **circle** / Kopfkreis *m* (Zahnrad), größter Kreis am Kegelrand || ~ **clearance** / Kopfspiel *n* || ~ **length** / Spitzenlänge *f* || ~ **of pin spanner** / Stiftschlüsselspitze *f* || ~ **radius** / Spitzenradius *m* (WZM, Werkzeug) || ~ **speed** / Lüfter-Umfangsgeschwindigkeit *f*
t.i.r. s. tolerance of inside radius
tire assembly machine / Reifenaufbaumaschine *f*
Tirrill voltage regulator / Tirrill-Spannungsregler *m*, Vibrationsregler *m*
titanate ceramic material / Titanatkeramikmaterial *n*
titanium white / titanweiß *adj*
title *n* / Bezeichnung *f* (OSI-System), Kopfzeile *f*, Überschrift *f* || **group** ~ / Gruppenname *m* GRP VDI/VDE 3695 || ~ **bar** / Titelleiste *f* || ~ **block** / Schriftfeld *n* (Zeichnung), Schriftfuß *m*, Fuß *m*, Zeichnungskopf *m* || ~ **block data** / Schriftfelddaten *pl* || ~ **domain** / Gültigkeitsbereich einer Bezeichnung DIN ISO 7498 || ~ **domain name** / Name des Gültigkeitsbereichs einer Bezeichnung DIN ISO 7498 || ~ **insert** / Titeleinschub *m*
TIV s. television interference voltage
TL s. thermal link || ᵋ **(textual language)** / Textsprache *f*
TLC s. thin-layer chromatography || ᵋ **(tool length compensation)** / LK (Längenkorrektur)
Tlh (toolholder) / Werkzeugaufnahme *f*, Werkzeughalter *m* (Der Werkzeughalter hält die Platte und bildet mit ihr zusammen das Werkzeug.)
TLIM s. tubular linear induction motor
TLP s. turn loop lighting
TLV (threshold limit value) at place of work / MAK-Wert *m* (maximale Arbeitsplatzkonzentration) || ᵋ **(threshold limit value) in the free environment** / MIK-Wert *m*
TM s. thermal-magnetic tripping
TMA / TMA
TMBF (Tool Management Base Function) / Werkzeug-Grundfunktion *f*, WZBF (Werkzeug-Basisfunktion)
TMMG (Tool Management Magazines) / WZMG (Werkzeug-Magazinverwaltung)
TMMO (Tool Management Monitoring) / Werkzeug-Überwachungsfunktion *f*, WZMO (Werkzeug-Monitor)
T-marking *n* / Temperaturkennzeichnung *f*, T-Kennzeichnung *f*
TMOS s. triple-diffused MOS
TMU (thyristor module unit) / TMU
Tn / Nachstellzeit *f*
TNA s. transient network analyzer || ᵋ / Temex-Netzabschluss (TNA) *m*
TN-C-S system *n* / TN-C-S-Netz *n*
TN-C system / TN-C-Netz *n*
T-network *n* / Zweitor in T-Schaltung
TN network / TN-Netz *n*

TN protective scheme / TN-Netz *n*, Nullung *f*
TNR compensation / Schneidenradiuskompensation (SRK) *f*, Schneidenradiuskorrektur (SRK) *f*, Schneidenradiusbahnkorrektur *f*
TNRC (tool nose radius compensation) / Schneidenradiusbahnkorrektur *f*
TN-S system / TN-S-System *n*
TN system / TN-Netz *n*, genulltes Netz
TNV s. telecommunication network voltage || ~ **circuit** / Fernmeldestromkreis *m*
TOA (tool offset active) / Werkzeugkorrektur wirksam, TOA || ᵋ **area** / TOA-Bereich *m*
TO area / TO-Bereich *m* (vgl. TO)
t.o.c.d. s. twist-on connecting device || **non reusable** ~ / nichtwiederanschließbare Drehklemme || **reusable** ~ / wiederanschließbare Drehklemme
TOD (time of day) / TOD
TODA s. take-off distance available
TO data / TO-Daten *pl*
toe bearing / Spitzenlager *n*
toggle *v* s. flipflop / kippen *v* || ᵋ *n* / Toggle || ~ **actuator** / Kipphebelantrieb *m* || ~ **circuit** / Kippschaltung *f*, Flipflop *n*
toggled on/off *adj* / ein-/ausgeblendet *adj*
toggle fastener / Kniehebelverschluss *m* || ~ **flipflop** / Trigger-Flipflop *n*, T-Flipflop *n*, Auslöse-Flipflop *n* || ~ **frequency** / Toggelfrequenz *f* || ~ **handle extension** / Kipphebelverlängerung *f* || ~ **interlock** / Kipphebelverriegelung *f* || ~ **lever** / Kniehebel *m* || ~ **lever extension** / Kipphebelverlängerung *f* || ~ **link mechanism** / Kniegelenkgetriebe *n*, Schubgelenk *n* || ~ **mechanism** / Kipphebelantrieb *m* || ~ **press** / Kniehebelpresse *f* || ~ **switch** / Kippschalter *m*, Kipphebelschalter *m* || ~ **system** / Kniehebelsystem *n*
toggle-type fastener / Spannverschluss *m*
token *n* / Sendeberechtigungsmarke *f* (Token), Berechtigungsmarke *f*, Token *n* || ~ *n* EN 50133-1 / Erkennungsgegenstand *m* (ZKS) || ~ **bus-type LAN** / Busnetz mit Senderberechtigungsmarkierung || ~ **fee** / Schutzgebühr *f* || ~ **holding time** / Tokenhaltezeit *f* || ~ **passing** / Token Passing (Berechtigungsweitergabe in einem LAN), Token-Weitergabe *f*
token-passing bus / Busnetz mit Senderberechtigungsmarkierung || **token-passing bus-type LAN** / Busnetz mit Senderberechtigungsmarkierung
token passing procedure / Steuerungsverfahren mit Senderberechtigungsmarke (LAN) || ~ **ring** / Ringnetz mit Senderberechtigungsmarkierung (LAN), Z-Ring *m*, Token Ring || ~ **rotation** / Token-Umlauf *m* (a. PROFIBUS) || ~ **rotation time** / Tokenumlaufzeit *f*, Umlaufzeit *f*
tolerance *v* / tolerieren *v*, Freimaßtoleranz *f*, Freimaß *n* || ~ *n* / Toleranz *f*, zulässige Abweichung || **statistical** ~ **interval** / statistischer Anteilsbereich DIN 55350,T.24 || ~ **band** / Toleranzbereich *n* DIN 41745,DIN 55350, Toleranzband *n* || ~ **build-up** / Summentoleranzfehler *m*
toleranced size / toleriertes Maß
tolerance field / Toleranzschlauch *m*, Toleranzbereich *m* || ~ **grade** / Toleranzstufe *f*, Genauigkeitsgrad *m* || ~ **limits** / Toleranzgrenzen *f pl*, Grenzwerte *m pl* (QS), Streubereichsgrenzen *f pl* || ~ **of characteristic** / Kennlinientoleranz *f* || ~ **of form** / Formtoleranz *f* || ~ **of inside radius (t.i.r.)** /

tolerancing

Innenradiustoleranz f || ~ **of position** / Positionstoleranz f DIN 7184,T.1, Lagetoleranz f, zulässige Lageabweichung || ~ **of setting** / Einstellgenauigkeit f || ~ **of valves** / Ventiltoleranz f || ~ **plan** / Toleranzplan m || ~ **plug gauge** / Grenzlehrdorn m || ~ **series** / Toleranzreihe f DIN 7182,T.1 || ~ **space** / Toleranzraum m || ~ **symbol** / Toleranzkurzzeichen n || ~ **system** / Toleranzsystem n DIN 7182,T.1 || ~ **time** / Toleranzzeit f || ~ **variation** / Toleranzschwankung f || ~ **window** / Toleranzfenster n, Fehlerfenster n || ~ **window limit** / Fehlerfenstergrenze f || ~ **zone** / Toleranzfeld n DIN 7182,T.1, DIN 55350,T.11, Toleranzzone f || ~ **zone position** / Toleranzlage f DIN 7182,T.1
tolerancing n / Tolerierung f
tolerated stress / Grenzbeanspruchung f DIN 40042
tommy / Knebel m || ~ **bar** / Knebel m || ~ **nut** / Knebelmutter f
tonal range / Schwärzungsdichteumfang m || ~ **value correction** / Tonwertkorrektur f
tone burst / Tonimpulsfolge f || ~ **dialing** / Mehrfrequenzverfahren (MFV) n, Mehrfrequenz-Wahlverfahren n || ~ **generator** / Tongenerator m, Tongeber m
tongs monitoring / Zangenüberwachung f
tongue piece / Rückschlussbügel m (EZ)
toning mixers / Abtönmischer m
tool n / Werkzeug n, Tool (T), Hilfswerkzeug n || ~ **adapter** / Werkzeughalter m (Der Werkzeughalter hält die Platte und bildet mit ihr zusammen das Werkzeug.), Werkzeugaufnahme f, Werkzeugträger (WZT) m || ~ **axis** / Werkzeugachse f || ~ **axis vector** / Werkzeugachsenvektor m || ~ **base dimension** / Basismaß n, Werkzeugbasismaß n || ~ **box** / Werkzeugkasten m, Toolbox f || ~ **breakage** / Werkzeugbruch m, Bruch m || ~ **breakage monitor** / Werkzeugbruchüberwachung f || ~ **buffer** / Werkzeugzwischenspeicher m || ~ **cabinet** / Werkzeugschrank m || ~ **call** / WZ-Aufruf m || ~ **capstan** / Revolverkopf m, Werkzeugrevolver m, Werkzeugrevolverkopf m, Revolver m || ~ **carrier** / Werkzeugaufnahme f, Werkzeughalter m (Der Werkzeughalter hält die Platte und bildet mit ihr zusammen das Werkzeug.), Werkzeugträger (WZT) m || ~ **carrier reference point** / Werkzeugträgerbezugspunkt m || ~ **cartridge** / Werkzeugkassette f || ~ **catalog** / Werkzeugkatalog m || ~ **centre point (TCP)** / Werkzeugarbeitspunkt m, Arbeitspunkt m (Rob.), Werkzeug-Mittelpunkt m, Raumpunkt m || ~ **centre-point path** / Werkzeugmittelpunktbahn f || ~ **change** / Werkzeugwechsel m || ~ **change NC system** / numerisch gesteuerter Werkzeugwechsel || ~ **change point (TCP)** / Werkzeugwechselpunkt (WWP) m || ~ **change position** / Werkzeugwechselposition m || ~ **change preparation** / Werkzeugwechselvorbereitung f || ~ **changer** / Werkzeugwechsler m, Werkzeugwechseleinrichtung f || ~ **changing** / Werkzeugwechsel (WZW) m, WZW (Werkzeugwechsel) (Werkzeugwechsel) || ~ **changing time** / Werkzeugwechselzeit f || ~ **clamping** / Werkzeugeinspannung f, Werkzeugspannen m || ~ **class** / Werkzeugklasse f || ~ **clearance angle** / Freischneidwinkel m (WZM), Freiwinkel m, Freischneidewinkel m || ~ **clearance time** / Freischneidezeit f || ~ **compensation** /

Werkzeugkorrektur f (NC) || ~ **compensation block** / Werkzeugkorrekturblock m || ~ **compensation data block** / Werkzeugkorrekturblock m (NC) || ~ **compensation pair** / Werkzeugkorrekturpaar n (NC) || ~ **control point** / Werkzeugbezugspunkt m (NC) || ~ **correction switch** / Werkzeugkorrekturschalter m || ~ **cutting edge** / Werkzeugschneide f, Schneidkante f || ~ **cutting edge angle** / Werkzeugschneidenwinkel m || ~ **data** / Werkzeugdaten pl
Tool Data Information System / Werkzeugbedarfsermittlung f || ~ **data management (TDM)** / Werkzeugdatenverwaltung f || ~ **data record** / Werkzeugdatensatz m || ~ **deficiency** / Werkzeugfehlbestand m || ~ **deflection** / Werkzeugdurchbiegung f || ~ **demand** / Werkzeugbedarf m || ~ **demand analysis** / Werkzeugbedarfsermittlung f || ~ **description** / Werkzeugbeschreibung f (NC) || ~ **dialog** / Werkzeugdialog m || ~ **dialog data** / Werkzeugdialogdaten pl || ~ **diameter compensation** / Werkzeugdurchmesserkorrektur f (NC) || ~ **diameter offset** / Werkzeugdurchmesserkorrektur f (NC, Korrekturwert) || ~ **edge** / Werkzeugschneide f, Schneidkante f || ~ **edge 1/2** / Schneide 1/2 || ~ **edge radius compensation** / Schneidenradiusbahnkorrektur f || ~ **enabling** / Werkzeugfreigabe f || ~ **entry side** / Anschnittstelle f || ~ **environment** / Werkzeugumgebung f || ~ **failure** / Werkzeugbruch m || ~ **feeder** / Werkzeugzubringer m || ~ **file** / Werkzeugkartei f || ~ **flank** / Freifläche f || ~ **function** (NC) ISO 2806-1980 / Werkzeugaufruf m (NC) DIN 66257, T-Wort n || ~ **gap** / Werkzeuglücke f || ~ **gauging** / Werkzeugmessung f, Werkzeugvermessung f || ~ **gauging device** / Werkzeugmesseinrichtung f || ~ **geometry** / Werkzeuggeometrie f || ~ **geometry data** / Werkzeuggeometriedaten pl || ~ **geometry macro** / Werkzeuggeometriemakro n || ~ **grade material** / Schneidstoff m, Schneidwerkstoff m, Werkzeugmaterial n || ~ **grinding (TG)** / Werkzeugschleifen n, TG || ~ **grinding machine** / Werkzeugschleifmaschine f || ~ **gripper** / Werkzeuggreifer m || ~ **head/wheel factor** / Werkzeugkopf-Radfaktor m || ~ **holder** / Werkzeughalter m, Meißelhalter m, Werkzeugaufnahme f, Werkzeugträger (WZT) m || ~ **holding magazine** / Werkzeugmagazin n, Magazin n
tool identification system / Werkzeugidentifikationssystem f || ~ **information** / Werkzeugbedarfermittlung f, Werkzeugbedarfsermittlung f
tooling n / Werkzeugbestückung f (WZM), Werkzeugausrüstung f, Einrichten (o. Aufspannen) der Werkzeuge n, Werkzeugeingriff m
tool insert / Wendeschneidplatte f, Wendeplatte f || ~ **inspection** / Werkzeuglängenmessung f || ~ **inverse** / Überkopf m || ~ **is being changed** / Werkzeug ist im Wechsel (WZ ist im Wechsel)
toolkit n / Werkzeug n (Programmentwicklung)
tool kit / Werkzeugbesteck n, Werkzeugsatz m, Werkzeugkasten m, Werkzeugtasche f || ~ **length compensation** / Werkzeuglängenkorrektur f (NC) || ~ **length determination** / Werkzeuglängenermittlung f || ~ **length offset** /

Werkzeuglängenkorrektur f (NC, Korrekturwert), Längenkorrektur (LK) f (Werkzeugverschiebung in der Z-Achse, um Längenabweichungen zwischen dem programmierten und dem tatsächlich verwendeten Werkzeug auszugleichen) || ~ **length wear value** / Werkzeuglängen-Verschleißwert m || ~ **life** / Werkzeug-Standzeit f || ~ **life monitoring** / Standzeitüberwachung f, Standzeitkontrolle f, Standzeiterfassung f, Schnittzeitüberwachung f (siehe Standzeitüberwachung), Werkzeugstandzeitüberwachung f || ~ **list** / Werkzeugliste f || ~ **loading** / Werkzeugladen n (WZM) || ~ **location** / Werkzeugplatz m || ~ **location coding** / Werkzeugplatzkodierung f, Platzcodierung f (Kennzeichnung der Position der Werkzeugplätze im Magazin zur Werkzeugkennung. Vgl Festplatzcodierung, variable Platzcodierung), Platzkodierung f || ~ **magazine** / Werkzeugmagazin n, Werkzeugspeicher m, Magazin n || ~ **making** / Werkzeugbau m || ~ **management** / Werkzeugverwaltung f, Schwesterverwaltung f || ~ **management (TOOLMAN)** / Werkzeugverwaltung (WKZVW) f, Werkzeugverwaltung (WZV) f || ~ **Management Base Function (TMBF)** / Werkzeug-Basisfunktion (WZBF) f, Werkzeug-Grundfunktion f || ~ **Management Magazines (TMMG)** / Werkzeug-Magazinverwaltung (WZMG) f || ~ **management package** / Werkzeugverwaltungspaket n || ~ **Management Tool Monitoring (TMMO)** / Werkzeug-Monitor (WZMO) m, Werkzeug-Überwachungsfunktion f || ~ **marks** / Bearbeitungsriefen f pl || ~ **master data** / Werkzeugstammdaten pl || ~ **measuring** / Werkzeugmessung f, Werkzeugvermessung f || ~ **module** / Werkzeugflachbaugruppe (WF-Baugruppe) f, WF-Baugruppe (Werkzeugflachbaugruppe) f || ~ **monitoring** / Werkzeugüberwachung f || ~ **movement relative to the workpiece** / Relativbewegung des Werkzeugs gegenüber dem Werkstück || ~ **name** / Werkzeugname m || ~ **nose** / Schneidenecke f (WZM-Werkzeug), Schneide f || ~ **nose center** / Schneidenradiusmittelpunkt m || ~ **nose centre** / Schneidenmittelpunkt m (WZM) || ~ **nose radius** / Schneidenradius m, Spitzenradius m (WZM, Werkzeug) || ~ **nose radius center path** / Schneidenradiusmittelpunktsbahn f
tool nose radius compensation (TNRC) / Schneidenradiuskompensation f (NC), Schneidenradiusbahnkorrektur f, Schneidenradiuskorrektur (SRK) f || ~ **number** (NC, CLDATA word) ISO 3592 / Werkzeugidentnummer f (NC, CLDATA-Wort), Werkzeugnummer f || ~ **number read-out** / Werkzeugnummernanzeige f, Werkzeuganzeige f || ~ **offset** / Werkzeugverschiebung f (WZM, NC), Werkzeugkorrektur f (NC, Korrekturbetrag, Wegbedingung nach DIN 66025, T.2), Werkzeugversatz m, Werkzeugkorrekturwert m || ~ **offset active (TOA)** / Werkzeugkorrektur wirksam, TOA || ~ **offset assignment** / Werkzeugkorrekturzuordnung f || ~ **offset block** / Werkzeugkorrektursatz m || ~ **offset cancel** ISO 1056 / Aufheben der Werkzeugkorrektur (NC-Wegbedingung) DIN 66025, T.2 || ~ **offset data** /

Werkzeugkorrekturdaten pl || ~ **offset geometry** / Werkzeugkorrekturgeometrie f || ~ **offset memory (TO memory)** / Werkzeugkorrekturspeicher m, TO-Speicher (TOS) m || ~ **offset switch** / Werkzeugkorrekturschalter m || ~ **offset value** / Werkzeugkorrekturwert m || ~ **offset wear** / Werkzeugkorrekturenverschleiß m || ~ **offset, negative** ISO 1056 / Werkzeugkorrektur f, negativ adj (NC-Wegbedingung) DIN 66025,T.2 || ~ **offset, positive** ISO 1056 / Werkzeugkorrektur f, positiv adj (NC-Wegbedingung) DIN 66025,T.2 || ~ **operating data** (Die Werkmittelverwaltung beinhaltet den Werkzeugkatalog, der einerseits die Stammdaten und andererseits die Einsatzdaten enthält.) / Werkzeugeinsatzdaten pl || ~ **operation** / Werkzeugeingriff m || ~ **orientation** / Werkzeugorientierung f, Werkzeugausrichtung f
tool-oriented compensation / werkzeugbezogene Korrektur (NC)
tool path / Werkzeugweg m, Werkzeugbahn f || ~ **path compensation** / Werkzeugbahnkorrektur f (NC) || ~ **path feedrate** ISO 2806-1980 / Bahngeschwindigkeit f (NC) || ~ **path velocity** / Werkzeugbahngeschwindigkeit f, Bahngeschwindigkeit f (auf das Werkstück bezogene Geschwindigkeit des Werkzeugbezugpunktes auf der Werkzeugbahn) || ~ **planning** / Werkzeugdisposition f || ~ **pocket location** / Werkzeugplatz m || ~ **position** / Werkzeugposition f || ~ **position compensation** / Werkzeuglagenkorrektur f (NC) || ~ **position indicator** / Werkzeuglageanzeiger m || ~ **position safety** / Werkzeugsicherung f || ~ **preparation** / Werkzeugvorbereitung f || ~ **preselection** / Werkzeugvorwahl f || ~ **presetting** / Werkzeugvoreinstellung f || ~ **presetting device** / Werkzeug-Voreinstellgerät n || ~ **presetting station** / Werkzeugeinstellgerät n || ~ **probe** / Werkzeugmesstaster m, Werkzeugmessfühler m || ~ **radius** / WZ-Radius m || ~ **radius compensation** / Werkzeugradiuskorrektur f (NC) || ~ **radius offset** / Werkzeugradiuskorrektur f (NC, Korrekturwert) || ~ **recovery** / freifahren v, abheben v, herausfahren v || ~ **reference point** / Werkzeugbezugspunkt m (NC) || ~ **reference value** / Werkzeugreferenzwert m || ~ **retract** / herausfahren v, freifahren v, abheben v || ~ **retraction** / Werkzeugrückzug f || ~ **revolver** / Werkzeugteller m || ~ **selection** / Werkzeugauswahl f, Werkzeugansteuerung f, Werkzeuganwahl f || ~ **setter** / Einrichter m (WZM) || ~ **setting device** / Werkzeugeinstellgerät (WZEG) n || ~ **setting station** / Werkzeugeinstellgerät (WZEG) n, Schneideneinstellgerät (SEG) n || ~ **shift** / Werkzeugverschiebung f (WZM, NC), Werkzeugversatz m || ~ **size** / Werkzeuggröße f || ~ **sort** / Werkzeugsortierlauf m || ~ **status** / Werkzeugzustand m, Werkzeugkennung f || ~ **storage** / Werkzeugspeicher m, Werkzeugmagazin n || ~ **storage magazine** / Werkzeugmagazin n (Einrichtung, in der Werkzeuge für den automatischen Werkzeugwechsel bereitgestellt werden), Magazin (MAG) n || ~ **support** / Werkzeugaufnahme f, Werkzeugträger (WZT) m, Werkzeughalter m || ~ **swivel axis** / Schwenkachse des Werkzeugs (WZM) || ~ **system** / Werkzeugsystem (WS) n || ~ **time monitoring** / Werkzeugstandzeitüberwachung f,

Standzeitüberwachung f, Standzeitkontrolle f, Standzeiterfassung f, Schnittzeitüberwachung f (siehe Standzeitüberwachung) || ~ **tip** / Werkzeugspitze f, Werkzeugschneide f, Schneidplatte f (WZM-Werkzeug), Stahlspitze f || ~ **tip radius** / Werkzeugschneidenradius m || ~ **tip radius compensation** / Werkzeugschneidenradius-Korrektur f, Schneidenradiusbahnkorrektur f, Schneidenradiuskompensation (SRK) f || ~ **tip radius offset** / Werkzeugschneidenradius-Korrektur f (Korrekturwert) || ~ **transfer** / Werkzeugtransfer m || ~ **turret** / Werkzeugrevolverkopf m, Revolver m, Revolverkopf m, Werkzeugrevolver m || ~ **type** / Werkzeugtyp m || ~ **was in use** / WZ war im Einsatz || ~ **wear** / Werkzeugabnutzung f, Werkzeuggang m, Werkzeugverschleiß m || ~ **wear compensation** / Werkzeugverschleißkorrektur f || ~ **wear monitoring** / Werkzeugverschleißkontrolle f || ~ **wear table** / Tabelle Werkzeugverschleiß || ~ **with rotational range greater than 360°** / durchdrehendes Werkzeug || ~ **withdrawal** / Werkzeugrückzug m (NC), Zurückziehen (o. Wegfahren) des Werkzeugs || ~ **withdrawal cycle** / Werkzeug-Rückzugzyklus m || ~ **yoke** / Aushebebalken m (f. Isolatorketten)
tooth n / Zahn m, Blechzahn m (Blechp.), Zacke f || ~ **crest** / Zahnkopffläche f (Blechp.) || ~ **density** / Zahnflussdichte f || ~ **depth** / Zahnhöhe f (Zahnrad)
toothed adj / verzahnt adj || ~ **belt** / Zahnriemen m
tooth(ed) clutch / Zahnkupplung f || ~ **coupling** / Zahnkupplung f, stirnverzahnte Kupplung
toothed lock washer / Zahnscheibe f
toothed-rim rotor / Zackenrandläufer m
toothed wheel / Zahnrad n, Großrad n
tooth face / Zahnkopffläche f (Blechp.) || ~ **flank** / Zahnflanke f || ~ **flux density** / Zahnflussdichte f || ~ **gap** / Zahnlücke f || ~ **height** / Zahnhöhe f || ~ **lock washer** / Sperrzahnscheibe f || ~ **pitch** / Zahnteilung f, Nutteilung f || ~ **profile** / Zahnprofil n, Zahnform f || ~ **pulsation** / Zahnpulsation f || ~ **pulsation frequency** / Nutfrequenz f || ~ **ratio** / Zahn-Nuten-Verhältnis n || ~ **ripple** / Zahnpulsation f || ~ **root** / Zahnfuß m || ~ **sides** / Zahnseite f || ~ **support** / Druckfingerplatte f (Blechp.) || ~ **surface** / Zahnflanke f || ~ **tip** / Zahnkopf m, Zahnspitze f
tooth-top leakage / Zahnkopfstreuung f
tooth trace / Zahnflankenlinie f || ~ **width** / Zahnbreite f (Blechp.)
tooth-wound coil / Zahnspule f
top n / Oberseite f, Oberteil n, Kopf m, Spitze f, Kopfsatz m, Aufsatz m, Kopfkennung f, Kopfstück n || ~ (pulse) / Dach n || **at** ~ / oben prep || **at the** ~ / oben prep
top-and-bottom guided / doppelt gelagert || ~ **guided plug** / durchgehende Spindel || ~ **guided valve** / zweiseitig geführtes Ventil
top-assembly n / Hauptbaugruppe f
top bar / Oberstab m (Wickl.) || ~ **bearing** / Oberlager n (a. EZ), Kopflager n || ~ **bearing shell** / obere Lagerschale || ~ **bevel** / Kopfschräge f (Bürste) || ~ **bevel angle** / Winkel der Kopfschräge (Bürste) || ~ **bezel plate** / Kopfleiste f
top-bottom panel / Dach-Bodenwand f
top bracket / Deckstern m (WK) || ~ **centre line** (pulse) / Dachmittellinie f (Impuls) || ~ **centre point** (pulse) / Dachmittelpunkt m (Impuls) || ~ **coat** /

Deckanstrich m || ~ **concrete** / Aufbeton m || ~ **dead centre (TDC)** / oberer Totpunkt (OT (Kfz-Mot.)) || ~ **edge** / Oberkante f || ~ **end** / Kopffläche f (Bürste) || ~ **fixed stay** / Endholm m || ~ **groove** / Kopfmulde f (Bürste) || ~ **half-bearing** / obere Lagerhälfte || ~ **half-shell** / obere Lagerschalenhälfte, Oberschale f || ~ **hamper** / Mastkopf m (Gittermast)
top-hat rail / Hutschiene f
top-heaviness n / Kopflastigkeit f
top heavy / Kopflastigkeit f || ~ **installation** / Deckeinbau m
top land / Zahnkopffläche f (Zahnrad) || ~ **layer** / Oberschicht f, Decklage f, Deckschicht f, Überzugsschicht f || ~ **line** (pulse) / Dachlinie f (Impuls) || ~ **magnet bearing** / Magnetoberlager n (EZ) || ~ **magnitude** (pulse) / Dachgrößenwert m (Impuls) || ~ **menue** / Eröffnungsmenü n || ~ **mounted busbar sectionalizer** / Sammelschienen-Längstrennung ohne Feldverlust
top-mounted fan / Lüfteraufbau m || ~ **table** / Aufbautisch m
top of rail / Schienenoberkante f (SO)
topographical representation / lagerichtige Darstellung
top oil / oberste Ölschicht (Trafo) || ~ **oil temperature rise** / Ölübertemperatur in der obersten Schicht
topological diagram of network / topologischer Netzplan
topology n / Topologie f, Lagebeziehung f, Lage f (der Elemente in integrierten Schaltungen) || ~ **of the network** / Netztopologie f
top panel / Dachplatte f || ~ **plate** / Dachwand f, Dachblech n
topping n / oberster Teil, Stutzen n, Kappen n, Estrich m
topple v / überkippen v, umfallen v
top rail / Kopfleiste f || ~ **rebate trim** / obere Falzbekleidung || ~ **roller** / Toproller m
top-roll motor / Obermotor m (Walzwerk)
top sample / Obenprobe f || ~ **shell** / Oberschale f, obere Lagerschalenhälfte || ~ **slot** / Koptnut f (Bürste) || ~ **space expansion** / Kopfraumausbau m || ~ **space lower edge** / Unterkante Kopfraum || ~ **speed** / Höchstdrehzahl f, Volldrehzahl f || ~ **suffit** / obere Laibung || ~ **surface** / Deckfläche f
top-to-bottom shifting input / Vorwärts-Schiebeeingang m
top-to-top, bottom-to-bottom intercoil connection / Doppelspulenschaltung f (Trafo) || ~, **bottom-to-bottom interlayer connection** / Doppellagenschaltung f (Trafo)
top up v / nachfüllen v || ~ **view** / Draufsicht f
TORA s. take-off run available
torch / Brenner m, Taschenlampe f, Flammrohr n
toroidal core / Ringkern m
toroidal-core current transformer / Ringkern-Stromwandler m
toroidal lamp / Ringlampe f || ~ **permeability** / Ringkernpermeabilität f || ~ **rheostat** / Ringstellwiderstand m
torque n / Drehmoment n, Moment n || ~ **additional setpoint** / Drehmoment-Zusatzsollwert m || **there is no** ~ / Drehmoment wird aufgebracht || **upper** ~ **limit** / Oberer Drehmoment-Grenzwert || **without** ~ **play** / verdrehspielfrei adj || ~ **angle** / Lastwinkel m
torque-angle of twist / Verdrehungswinkel m

torque-balance system / Drehmomentkompensator *m*
torque-based engine control structure / drehmomentbasierte Motorsteuerung
torque balancing / Drehmomentausgleich *m* || **~ bias** / Getriebeverspannung *f* || **~ characteristic** / Drehmomentkennlinie *f*, Drehmomentverlauf *m*, Drehmomentenkurve *f* || **~ class** / Momentenklasse *f* (Käfigläufermotor), Läuferklasse *f* || **~ clutch** / Drehmomentkupplung *f*, momentengeschaltete Kupplung || **~ compensatory controller** / Momentenausgleichsregler *m* || **~ constant** / Drehmomentkonstante *f* || **~ control** / Drehmomentregelung *f*, Momentenregelung *f*, Drehmomentbegrenzung *f* || **~ converter** / Drehmomentwandler *m*, Drehmomentumformer *m* || **~ counteracting support** / Drehmomentstütze *f*
torque-current characteristic / Drehmoment-Strom-Kennlinie *f*
torque curve / Drehmomentkurve *f*, Drehmomentverlauf *m* || **~ differential** / Differenzmoment *n* (PS) || **~ dip** / Drehmomenteinbruch *m* || **~ direction** / Momentenrichtung *f* (SR-Antrieb) || **~ feedforward control** / Drehmomentvorsteuerung *f*, Momentenvorsteuerung *f* || **~ field winding** / Hauptfeldwicklung *f* || **~ force** / Drehkraft *f*, Verdrehkraft *f*
torque-free *adj* / drehmomentenfrei *adj*
torque-generating *adj* / drehmomentbildend *adj*
torque gradient / Drehmomentgefälle *n* || **~ impulse** / Drehmomentstoß *m* || **~ indicating spanner** / anzeigender Drehmomentschlüssel || **~ limit** / Momentenbegrenzung *f*, Momentengrenzwert *m*, Drehmomentgrenzwert *m*, Grenzmoment *n* || **~ limiter** / Drehmomentbegrenzer *m*, Drehmomentbegrenzer *m* || **~ limit switch** / Drehmomentendschalter *m* || **~ limit values** / Drehmomentgrenzwerte *m pl* || **~ load** / Drehmomentbelastung *f*, beanspruchendes Moment || **~ margin** / Drehmomentreserve *f* || **~ meter** / Drehmomentmesser *m*, Pendelmaschine *f*, Torsionsmomentenmesser *m* || **~ moment** / Verdrehungsmoment *n*, Drillmoment *n* || **~ monitoring** / Drehüberwachung *f* || **~ motor** / Drehmomentmotor *m*, Drehfeldmagnet *m* || **~ on sudden short circuit** / Stoßkurzschluss-Drehmoment *n* || **~ oscillations** / Drehmomentschwingungen *f pl* || **~ overload protection** / Drehmoment-Überlastschutz *m* || **~ play** / Verdrehspiel *n*
torque-producing current / momentenbildender Strom
torque pulsation / Drehmomentpendelung *f* || **~ ratio** / Drehmomentverhältnis *n* || **~ reaction** / Reaktionsmoment *n* || **~ reserve** / Drehmomentreserve *f* || **~ reversal** / Drehmomentumkehr *f*, Momentenumkehr *f* || **~ ripple** / Drehmomentwelligkeit *f* || **~ rise time** / Moment-Anregelzeit *f* || **~ setpoint** / Momentensollwert *m*, Drehmomentsollwert *m* || **~ shaft** / Verdrehwelle *f*, Drehwelle *f* || **~ speed diagram** / Drehmomentverlauf *m* || **~ speed value** / Momentensollwert *m*, Drehmomentsollwert *m* || **~ strength** / Verdrehfestigkeit *f*, Abdrehfestigkeit *f*, Torsionsfestigkeit *f* || **~ switch** / Drehmomentschalter *m*, drehmomentabhängiger Schalter
torque-synchro *n* / Drehwinkelsynchro *n*, Leistungs-Synchro *n*
torque test IEC 257 / Drehmomentprüfung *f* VDE 0820, Verdrehungsprüfung *f* || **~ threshold** / Drehmoment-Schwellenwert *m* || **~ to operate** / Antriebsdrehmoment *n* || **~ transducer** / Drehmoment-Messwandler *m*, Drehmomentumformer *m* || **~ viscometer** / Torsionsviskosimeter *n*
torque/weight ratio / bezogenes Drehmoment (EZ)
torque wrench / Drehmomentenschlüssel *m*
torsiometer *n* / Torsionsmomentenmesser *m*
torsion *n* / Torsion *f*, Verdrehung *f*, Drillung *f*, Verwinden *n*
torsional coefficient / Momentkoeffizient *m* || **~ compliance** / Drehelastizität *f*, Torsionsfederung *f*, Drehfederung *f* || **~ critical speed** / torsionskritische Drehzahl *f* || **~ fatigue strength** / Dauerdrehwechselfestigkeit *f* || **~ flexibility** / Drehelastizität *f*, Drehfederung *f*, Torsionsfederung *f* || **~ force** / Drehkraft *f*, Verdrehkraft *f* || **~ force wave** / Drehkraftwelle *f* || **~ impact** / Drehmomentstoß *m*
torsionally flexible coupling / drehelastische Kupplung, drehfedernde Kupplung, elastische Kupplung || **~ rigid** / verwindungssteif *adj*, drehsteif *adj* || **~ rigid coupling** / drehsteife Kupplung || **~ stiff** / verwindungssteif *adj*, drehsteif *adj*
torsional mechanism / Drehantrieb *m* (SG) || **~ mode** / Drehschwingungstyp *m*, Drillschwingungstyp *m* || **~ moment** / Verdrehungsmoment *n*, Drillmoment *n* || **~ resilience** / Drehfederung *f* || **~ resonance** / Drehresonanz *f* || **~ rigidity** / Verdrehungssteifigkeit *f*, Drehsteifigkeit *f*, Drillsteifigkeit *f* || **~ sound vibration** / Torsionsschallschwingung *f* || **~ stiffness** / Drehsteitheit *f* || **~ strength** / Verdrehfestigkeit *f*, Torsionsfestigkeit *f*, Abdrehfestigkeit *f* || **~ stress** / Torsionsspannung *f*, Verdrehungsspannung *f*, Drehbeanspruchung *f* || **~ vibration** / Verdrehschwingung *f*, Drehschwingung *f*, Torsionsschwingung *f*, Drillschwingung *f* || **~ vibration analysis** / Drehschwingungsberechnung *f* || **~ vibration isolator** / Torsions-Schwingungsdämpfer *m* || **~ vibration resistance** / Torsions-Schwingungsfestigkeit *f* || **~ viscometer** / Torsionsviskosimeter *n* || **~ wave** / Verdrehungswelle *f*
torsion angle / Verdrehungswinkel *m*, Drallwinkel *m* || **~ dynamometer** / Torsionsdynamometer *f*, Drehmoment-Messnabe *f* || **~ endurance test** / Torsionswechselprüfung *f*, Dauertorsionsversuch *m* || **~ meter** / Verdrehungsmesser *m*, Torsionsmesser *m* || **~ oscillation resonance** / Drehresonanz *f*
torsion-proof *adj* / torsionssteif *adj*
torsion resistance / Verdrehfestigkeit *f*, Abdrehfestigkeit *f*, Torsionsfestigkeit *f* || **~ shear test** / Torsions-Scherversuch *m* || **~ spring** / Torsionsfeder *f*, Drehfeder *f*, Schenkelfeder *f*, gewundene Biegefeder
torsion-spring tube / Torsionsfederrohr *n*
torsion test / Verdrehungsprüfung *f*, Abdrehprüfung *f*, Verdrehversuch *m*, Torsionsversuch *m* || **~ torque** / Verdrehungsmoment *n*, Drillmoment *n* || **~ viscometer** / Torsionsviskosimeter *n* || **~ wave** / Torsionswelle *f*

to shed the load / entlasten v (Last abwerfen)
total n / Summenbildung f, Summierung f, Summation f || **with ~ insulation** / schutzisoliert *adj*, totalisoliert *adj*, rundumisoliert *adj*, vollisoliert *adj* || **~ accelerating voltage** / Gesamtbeschleunigungsspannung f || **~ amount of pieces** / Gesamtstückzahl f || **~ ampere-turns** / Gesamtwindungszahl f || **~ amplitude of oscillation** / Schwingungsbreite f || **~ beam angle** / Öffnungswinkel des Strahls (fotoelektr. NS) || **~ board thickness** / Gesamtplattendicke f (gS) || **~ break time** / Gesamtausschaltzeit f, GesamtschaltzeitAus || **~ brush drop per brush pair** / Spannungsabfall für zwei Bürsten in Reihe || **~ burden** / Gesamtbürde f (Eigenbürde der Sekundärwicklung u. Bürde des äußeren Sekundärkreises) || **~ capability for load** / mögliche Gesamtbelastung (KW) || **~ capacitance** / Gesamtkapazität f (HL) || **~ clearing time** ANSI C37.100 / Gesamtausschaltzeit f || **~ closing time** / Gesamtschließzeit f || **~ cloud amount** / Gesamtbewölkungsgrad m || **~ combined effect band** / Gesamtstörabweichungsbereich m DIN41745 || **~ connected load** / Gesamtanschlusswert m || **~ contact ratio** / Gesamtüberdeckungsgrad m || **~ core height** / Kern-Gesamtbauhöhe f || **~ current** / Gesamtstrom m, Summenstrom m, Strombilanz f || **~ current density** / Gesamtstromdichte f || **~ current regulator** / Gesamtstromregler m || **~ demand** / Gesamtbedarf m || **~ direct voltage regulation** / gesamte Gleichspannungsänderung (LE)
total discontinuation / Abkündigung f || **~ discrimination** / volle Selektivität VDE 0660,T.101 || **~ drift** / Gesamtdrift f || **~ earthing resistance** / Gesamterdungswiderstand m VDE 0100,T.200 || **~ emissivity** / Gesamtemissionsvermögen n || **~ energy transmittance** / Gesamt-Energiedurchlassgrad m || **~ error** / absoluter Genauigkeitsfehler (a. ADU, DAU), Gesamtfehler m || **~ estimation error** / Gesamtschätzabweichung f DIN 55350,T.24 || **~ factor** / Gesamtfaktor m || **~ fault current** / Summenkurzschlussstrom m || **~ flux** / Gesamtfluss m, Gesamtlichtstrom m || **~ for control** / Kontrollsumme f || **~ harmonic distortion (THD)** IEC 50(101) / Klirrfaktor m, Oberschwingungsgehalt m, Klirrfaktor m || **~ hydrocarbon monitor** / Gesamtkohlenwasserstoff-Messgerät n || **~ insertion loss** / Gesamt-Einfügungsdämpfung f || **~ insulation** / Totalisolierung f, Schutzisolierung f
totalized maximum demand / Summenmaximum m
totalizer n / Summierer m, Summiergerät n, summierendes Messgerät
totalizing counter / Summenzählgerät n || **~ current transformer** / Summenstromwandler m, Mischwandler m || **~ pulse relay** / Impulssummierrelais n || **~ register** / Summenzählwerk n || **~ relay** / Summierrelais n
total load capability / Gesamtbelastbarkeit f || **~ loss** (of a machine) / Verluste IEC 50(411), Gesamtverluste m pl || **~ losses** / Gesamtverluste m pl || **~ losses in W/kg** / spezifische Eisenverluste || **~ loss mass density** / Ummagnetisierungsverlust m, spezifische Gesamtverluste || **~ loss of load** / Vollentlastung f (Netz) || **~ loss volume density** /

volumenbezogene Gesamtverlustdichte (gleichförmig magnetisiertes Material)
totally discontinued / abgekündigt *adj*
totally-enclosed air-to-water-cooled machine / völlig geschlossene Maschine mit Luft-Wasser-Kühlung || **~ dry-type transformer** / vollständig geschlossener Trockentransformator || **~ fan-cooled machine (t.e.f.c. machine)** / völlig geschlossene, oberflächengekühlte Maschine, völlig geschlossene Maschine mit Eigenlüftung || **~ fan-ventilated air-cooled machine** / völlig geschlossene Maschine mit Eigenkühlung durch Luft || **~ fan-ventilated machine** s. totally enclosed fan-cooled machine || **~ machine** / völlig geschlossene Maschine || **~ non-ventilated machine (t.e.n.v. machine)** / völlig geschlossene, selbstgekühlte Maschine || **~ pipe-ventilated machine** / völlig geschlossene Maschine mit Rohranschluss || **~ separately fan-ventilated air cooled machine** / völlig geschlossene Maschine mit Fremdkühlung durch Luft || **~ separately fan-ventilated machine** / völlig geschlossene Maschine mit Fremdlüftung
totally insulated / schutzisoliert *adj*, vollisoliert *adj*, rundumisoliert *adj*, totalisoliert *adj*
Totally Integrated Automation (TIA) / Vollintegrierte Automation, Totally Integrated Automation (TIA)
total make-break time / Gesamt-Ein-Ausschaltzeit f || **~ make-time** / Gesamtschließzeit f, Gesamtschaltzeit Ein || **~ market** / Gesamtmarkt m || **~ mass** / Gesamtgewicht n || **~ memory function** / vollständige Gedächtnisfunktion (Rel.) || **~ number** / Gesamtanzahl f || **~ number of ampere-turns** / Gesamtwindungszahl f || **~ number of faults** / Summe der gespeicherten Fehler || **~ number of warnings** / Gesamtzahl Warnungen || **~ offset** (The sum of all offsets.Definition:) / Summenverschiebung f (Summe aller Verschiebungen), Summenkorrektur f, additive Verschiebung || **~ operating time** / Gesamtbetriebszeit f, Gesamtablaufzeit (des Umschaltvorgangs eines Netzumschaltgeräts), Gesamtschaltzeit f || **~ overtravel** / Gesamtnachlaufweg m || **~ overtravel force** IEC 163 / End-Betätigungskraft f DIN 42111 || **~ pitch** / Gesamtschritt m, resultierender Schritt || **~ post length** / gesamte Wickelstiftlänge || **~ power factor** / Gesamtleistungsfaktor m || **~ power loss** / Gesamtverlustleistung f (a. HL) || **~ radiation** / Gesamtstrahlung f
total-radiation pyrometer / Gesamtstrahlungspyrometer n
total range of manipulated variable / Stellbereich m (Reg.) || **~ rate of air flow** / Gesamt-Luft-Durchsatz m || **~ reflection** / Totalreflexion f || **~ resistance** / Gesamtwiderstand m || **~ response time** / Gesamteinstellzeit f (Messgerät), Gesamtreaktionszeit f (Verstärker) || **~ result** / Gesamtergebnis n || **~ running time** / Gesamtlaufzeit f || **~ selectivity** / volle Selektivität VDE 0660,T.101 || **~ single brush drop** / Bürstenspannungsabfall m || **~ sludge** / Schlammgehalt m (Öl) || **~ starting time** / Gesamteinlaufzeit f (ESR) || **~ switching current** / Schaltsummenstrom m || **~ systematic error** / gesamter systematischer Fehler || **~ time** /

Gesamtzeit *f*, Abschaltzeit *f* (Sich.) || ~ **time constant** / Gesamtzeitkonstante *f* || ~ **torque** / Summendrehmoment *n*, Summenmoment *n* || ~ **transient recovery time** (UPS) / Gesamtausregelzeit *f* || ~ **travel** / Gesamtweg *m*, Gesamtschaltweg *m* || ~ **uniformity** / Gesamtgleichmäßigkeit *f* (BT) || ~ **voltage excursion** / Gesamtspannungshub *m* || ~ **weight** / Gesamtgewicht *n*
totem-pole output / Totem-Pole-Endstufe *f*
to the left / nach links (Bewegung) || ~ **the right** / nach rechts (Bewegung)
TO (timeout) / Time out, Laufzeitfehler *m*, Zeitüberschreitung *f*, Zeitüberlauf *m*, Zykluszeitüberschreitung *f*
TO (tool offset) / WK (Werkzeugkorrektur), WZK (Werkzeugkorrektur)
touch, tactile ~ / Druckpunkt *m* (Taste) || ~ **control** / Berührungstaste *f*, Sensor-Taste *f* || ~ **dimmer** / Berührungsdimmer *m*, Sensordimmer *m*, Tast-Dimmer *m* || ~ **down** *v* / aufsetzen *v* (Flugzeug)
touchdown zone (TDZ) / Aufsetzzone *f* (TDZ) || ~ **zone lights** / Aufsetzzonenbefeuerung *f*, Aufsetzzonenfeuer *n*, Aufsetzzonenbeleuchtung *f* || ~ **zone marking** / Aufsetzzonenmarke *f*
touch guard / Berührungsschutz *m* || ~ **input** / Tasteingabe *f* (Bildschirm) || ~ **panel** / Tastfeld *n* (BSG), Fingerspitzen-Tablett *n* || ~ **potential** / Berührungsspannung *f* || ~ **probe** / Fühler *m*, Messfühler *m*, Messtaster *m* (Gerät zum automatischen Erfassen von Messwerten an Werstücken oder Werkzeugen während des NC-Programmablaufs), schaltender Taster, schaltender Messtaster, schaltender Messfühler || ~ **screen** / Tast-Bildschirm *m*
touch-sensitive digitizer / berührungsempfindlicher Digitalisierer || ~ **screen** / Tast-Bildschirm *m* || ~ **switch** / berührungsempfindlicher Schalter, Kontaktschalter *m*
touch trigger probe / schaltender Messfühler (Drehmasch.), Fühler *m*, schaltender Taster, Messtaster *m* (Gerät zum automatischen Erfassen von Messwerten an Werstücken oder Werkzeugen während des NC-Programmablaufs), Messfühler *m*, schaltender Messtaster || ~ **up** / ausbessern *v* (Farbanstrich)
touch-up set / Ausbesserungsset *n*
touch voltage / Berührungsspannung *f* VDE 0101
toughened glass / vorgespanntes Glas
toughness *n* / Zähigkeit *f*, Widerstandsfähigkeit *f*
toughness-temperature curve / Zähigkeits-Temperaturkurve *f*
tough-pitch copper / zähgepoltes Kupfer
tough-rubber-sheathed cable (t.r.s. cable) / Gummischlauchkabel *n* || ~ **flexible cable** / Gummischlauchleitung *f*
TO units / TO-Einheit *f* (vgl. TO)
TOV / WKW
tower *n* / Turm *m*, (Stahlgitter-)Mast *m*, Kontrollturm *m*, mehrstieliger Mast || ~ **base station** / Mastfußstation *f* || ~ **body** / Mastschaft *m* (Gittermast) || ~ **foot** / Mastfuß *m* (Freileitungsmast) || ~ **footing** / Mastfundament *n* (Gittermast) || ~ **production** / Turmproduktion *f*
tower-mounted transformer / Masttransformator *m*
tower spotlight / Turmscheinwerfer *m* || ~ **spotting** / Mastausteilung *f* (Auswählen der Standorte von Freileitungsmasten) || ~ **swivel clevis** / Abspanngelenk *n* (Freileitungsmast)
tow-hook *n* / Zughaken *n*
towing eye / Zuglasche *f*
toxicity *n* / Toxizität *f*, Giftigkeit *f* || ~ **index** / Toxizitätsindex *m* || ~ **ratio** / Toxizitätsverhältnis *n*
toy transformer / Spielzeugtransformator *m*
TP s. thermal protection || ~ ≙ s. teleprocessing
TPAS s. talker primary addressed state
TPI s. turns per inch
TPIS s. talker primary idle state
T-plug *n* / T-Stecker *m*
TPM (Total Productive Maintenance) / TPM
TPU s. thyristor power unit
TQT / TQT, Ausgangsansprechzeit *f*
TQUI / Ausklingzeit *f*
TR (time register) / Zeitwertspeicher *m*
trace *v* / suchen *v*, aufsuchen *v*, verfolgen *v*, abtasten *v*, nachzeichnen *v*, anreißen *v*, durchzeichnen *v*, aufzeichnen *v*, durchpausen *v* || ~ *n* / Spur *f*, Abtastspur *f*, Registrierkurve *f*, Leuchtspur *f* (Osz.), Strahlspur *f*, Strahlabbildung *f* (Osz.), Bild *n* (Osz.), Band *n* (CAD), Trace *n*, Schreibspur *f* || **statement** ~ / Anweisungsablaufverfolgung *f* (SPS)
traceability *n* / Rückverfolgbarkeit *f* (QS) || **calibration** ~ / Nachvollziehbarkeit der Eichung (o. Kalibrierung)
traceable, easily ~ **arrangement** / übersichtliche Anordnung
trace bright-up / Strahlenaufhellung *f* (Osz.) || ~ **element analysis** / Spurenelementanalyse *f* || ~ **element sensor** / Spurensensor *m* || ~ **function** / Trace-Funktion *f* || ~ **impurities** / Spurenverunreinigungen *f pl*
tracer *n* / Fühler *m*, Kopierfühler *m* (WZM), Ablaufverfolger *m*, Taster *m*, Kennfaden *m* (Kabel), Taststift *m*, Verfolger *m* || **characteristic-curve** ~ / Kennlinien-Oszilloskop *n* || **level** ~ / Pegelbildgerät *n* || ~ **control** / Fühlersteuerung *f* (NC), Kopiersteuerung *f* (NC), Nachformsteuerung *f*, Tastersteuerung *f* || ~ **thread** / Kennfaden *m* (Kabel)
trace unblanking / Strahlaustastung *f* (Osz.), Helltastung *f* (Osz.)
tracing *n* / Pause *f*, Pausen *n*, Nachzeichnen *n*, Tuschezeichnung *f*, Verfolgen *n*, Rückverfolgung *f*, Suchen *n*, Nachweisen *n*, Aufzeichnung *f*, Durchzeichnen, Kopieren *n* || **steam** ~ / Dampfbegleitheizung *f* || ~ **program** / Kontrollprogramm *n*
track *v* / verfolgen *v*, mitverfolgen *v*, nachverfolgen *v* || ~ *n* / Gleis *n*, Fahrschiene *f*, Fahrweg *m*, Laufbahn *f*, Rollbahn *f*, Leiterbahn *f* (gS), Raupenkette *f*, Spur *f* (Datenträger), Stromschiene *f*, Fahrbahn *f* || ~ **A** / Spuren A || **groove** ~ / Rillenverlauf *m* DIN 4761 || **luminaire** ~ / Stromschiene für Leuchten, Lichtschiene *f* || **pendant** ~ / Pendelmontageschiene *f*
track-and-hold amplifier / Nachlauf-Halte-Verstärker *m*, Track-and-Hold-Verstärker *m* || ~ **converter** / Nachlauf-Halte-Umsetzer *m*, Track-and-Hold-Wandler *m*
track ball / Steuerkugel *f* (Bildschirm-Eingabegerät), Rollkugel *f* (Bildschirm-Eingabegerät) || ~ **booster** / Absetzmaschine *f*, Devolteur *m*
track-bound system / schienengebundenes (o. spurgebundenes) System
track brake / Schienenbremse *f* || ~ **brake switch**

tracked 630

(group) / Schienenbremsschalter m ‖ ~ **contact** / Hutschienenkontaktierung f ‖ ~ **density** / Spurdichte f (magn. Datenträger) ‖ ~ **displacement** / Spurversatz m
tracked commutator surface / Kommutatorlaufbahn f, Kommutatorlauffläche f ‖ ~ **system** / schienengebundenes (o. spurgebundenes) System ‖ ~ **trigger source** / mitlaufende Triggerquelle (Osz.)
track element / Spurelement n (Datenträger)
tracker ball / Rollkugel f
track gauge / Spurweite f (Bahn) ‖ ~ **ID bit** (ID = identifier) / Spurkennbit n (SPS) ‖ ~ **identifier bit** / Spurkennbit n, Spurreferenzbit n
tracking n / Kriechwegbildung f, Kriechspurbildung f, Nachführen n, Verfolgen n, Verfolgung f (a. graf. DV), Synchronisieren n (Roboter, Förderbandsynchronisation), Nachziehen n (BSG), Mitverfolgen n, Nachverfolgung f, Nachführung f ‖ ~ **ADC** / Nachlauf-ADU m, Tracking-ADU m ‖ ~ **converter** / Nachlaufumsetzer m ‖ ~ **current** / Kriechstrom m, Irrstrom m ‖ ~ **distance** / Kriechstrecke f ‖ ~ **error** / Gleichlauffehler m (o.-toleranz) ‖ ~ **filter** / Mitlauffilter n ‖ ~ **limit** / Nachführgrenze f ‖ ~ **mode** / Nachführbetrieb m ‖ ~ **path** / Kriechweg m, Kriechspur f ‖ ~ **resistance** / Kriechstrombeständigkeit f, Kriechstromfestigkeit f ‖ ~ **test** / Kriechstrombeständigkeitsprüfung f, Kriechspur-Ziehversuch m ‖ ~ **voltage range** / Spannungsbereich mit Messkennlinie
tracking/storage elements / Nachführ/Speicherglieder
track motor / Raupenfahrwerkmotor m
track-mounted luminaire / Schienenleuchte f ‖ ~ **terminal block** / Aufreih-Klemmenleiste f
track offset / Spurversatz m ‖ ~ **plate** / Spurplatte f (EZ), Fahrplatte f (Schalterwagen) ‖ ~ **platform weighing machine** / Gleisplatformwaage f ‖ ~ **position** / Spurlage f ‖ ~ **pulse** / Spurpuls n ‖ ~ **return system** / Schienenrückleitung f
tracks $n\,pl$ / Kriechspuren $f\,pl$
track scale / Gleiswaage f ‖ ~ **scan** / Spurabfrage f ‖ ~ **suspension device** IEC 570 / Stromschienenaufhängung f VDE 0711,3 ‖ ~ **switch** / Schienenschalter m ‖ ~ **width** / Spurbreite f (Staubsauger)
traction / Ziehen n, Zug m, Zugkraft f, Bahn... ‖ **electric** ~ / elektrische Zugförderung ‖ **lateral** ~ / Seitenführungskraft f (Kfz) ‖ ~ **applications** / Bahnanwendungen $f\,pl$ ‖ ~ **battery** / Antriebsbatterie f (f. Fahrzeuge) ‖ ~ **circuit** / Fahrstromkreis m (Bahn) ‖ ~ **control** / Antriebsschlupfregelung f (Kfz) ‖ ~ **control equipment** / Fahrzeug-Steuerungseinrichtung f (Bahn) ‖ ~ **control unit (TCU)** / Antriebsteuergerät n ‖ ~ **current control unit (TCCU)** / Fahrstromregler m ‖ ~ **diesel engine** / Fahrdieselmotor m ‖ ~ **dynamometer** / Zugdynamometer n ‖ ~ **equipment** / Fahrzeugausrüstung f, Bahnausrüstung f ‖ ~ **generator** / Bahngenerator m, Bordgenerator m, Fahrstromgenerator m ‖ ~ **lamp** / Zugbeleuchtungslampe f ‖ ~ **motor** / Fahrmotor m (Bahn), Bahnmotor m, Fahrzeugmotor m ‖ ~ **output** / Traktionsleistung f ‖ ~ **power** / Zugkraft f, Vortriebskraft f (Kfz) ‖ ~ **power supply** / Bahnstromversorgung f ‖ ~ **substation** / Bahnunterwerk m ‖ ~ **transformer** /

Bahnnetztransformator m, Fahrzeugtransformator m ‖ ~ **vehicle** / Triebfahrzeug n
tractive effort / Zugkraft f ‖ ~ **effort in relation to adhesion** / Reibungszugkraft f ‖ ~ **effort of armature** / Ankerzugkraft f ‖ ~ **effort on starting** / Anfahrzugkraft f ‖ ~ **force** / Zugkraft f
tractive-force meter / Zugkraftmesser m
tractor drive / Traktorantrieb m (Drucker)
trade n / Gewerbe n ‖ ~ **fair** / Messe f ‖ ~ **fair firsts** / Messeneuheiten $f\,pl$ ‖ ~ **mark** / Warenzeichen n, Handelsmarke f, Schutzmarke f, Schutzzeichen n
trademark n / Handelsmarke f, Marke f
trade-mark personality / Markenpersönlichkeit f
trade name / Handelsbezeichnung f, Firmenname m ‖ ~ **show** / Messe f ‖ ~ **size** / handelsübliche Größe
trafficability performance / Verkehrsfähigkeit f IEC 50(191)
traffic bollard / Verkehrsbake f, Verkehrssäule f ‖ ~ **cone** / Pylon m (Vekehrsmarkierung) ‖ ~ **control room** / Verkehrssteuerzentrale f ‖ ~ **control system** / Verkehrssteuerungsanlage f ‖ ~ **cop** / E/A-Zuweisungsliste f, E/A-Rangierliste f ‖ ~ **guidance system** / Verkehrs-Leitsystem n ‖ ~ **intensity** / Verkehrsdichte f ‖ ~ **light** / Verkehrslichtzeichen n, Verkehrsampel f ‖ ~ **light (TRL)** / Verkehrszeichen n (TRL (Flp.)) ‖ ~ **lighting** / Verkehrsbeleuchtung f ‖ ~ **management system** / Verkehrsleit- und Informationssystem n ‖ ~ **mode** / Verkehrsart f (FWT) ‖ ~ **mode control (o. selection)** / Verkehrsartensteuerung f (FWT) ‖ ~ **parcel** IEC 50(715) / Punkt-zu-Punkt-Verkehr m (KN) ‖ ~ **sign** / Verkehrszeichen n, Verkehrsschild n ‖ ~ **signal** / Verkehrslichtzeichen n, Verkehrsampel f ‖ ~ **volume** / Verkehrsaufkommen n ‖ ~ **ways** / Verkehrswege $m\,pl$
trafoscope n / Trafowächter m
trail v / mitschleppen v
trailer n / Nachsatz m, Nachspann m, Schlussinformation f (PROFIBUS), Endband n, Anhänger(fahrzeug) $m(n)$, Beisatz m ‖ ~ **address** / Nachsatzadresse f, Beisatzadresse f (NC) ‖ ~ **load** / Anhängelast f ‖ ~ **transformer** / Mitlauftransformator m
trailing angle / Ablaufwinkel m ‖ ~ **brush** / mitläufige Bürste, Treidelbürste f ‖ ~ **brush holder** / Treidelbürstenhalter m, Schrägbürstenhalter m ‖ ~ **cable** / Schleppleitung f, Leitungstrosse f, Trommelleitung f, Trommelkabel n, Schleppkabel n ‖ ~ **edge** / ablaufende Kante, Austrittskante f, Hinterkante f, abfallende Flanke, negative Signalflanke ‖ ~ **signal edge** / negative Signalflanke, abfallende Flanke ‖ ~ **space** / abschließendes (o. angehängtes) Leerzeichen ‖ ~ **zero** / nachfolgende Null, anhängende (o. angehängte) Null
train n / Zug m, Folge f, Reihe f, Radsatz m, kinematische Kette ‖ **absorption** ~ / Absorptionsstrecke f ‖ ~ **power** ~ / Antriebsstrang m (Kfz), Triebstrang m ‖ ~ **pulse** ~ / Impulsfolge f, Impulskette f
trainee n / Auszubildender m
train heating generator / Zugheizgenerator m
training console / Ausbildungsplatz m ‖ ~ **costs** / Schulungskosten pl, Ausbildungskosten pl ‖ ~ **expenses** / Schulungsaufwand m ‖ ~ **mode** / Ausbildungsbetriebsart f ‖ ~ **period** / Einarbeitungszeit f ‖ ~ **press** / Einarbeitungspresse f

|| ~ **simulator** / Training simulator || ~ **station** / Trainingsplatz *m*
train-kilometres *n* pl / Zugkilometer *m* pl, Fahrkilometer *m* pl
train lighting (system) / Zugbeleuchtung *f* || ~ **lighting generator** / Zuglichtmaschine *f*, Bahnlichtmaschine *f* || ~ **of contour elements** / Konturzug *m* (NC)
trajectory *n* / Bewegungsbahn *f* (Rob.), Bahn *f*
transaction-oriented processing protocol / übertragungsorientiertes Verarbeitungsprotokoll (MAP)
transadmittance *n* / Gegenscheinleitwert *m*, Steilheit *f* (ESR), Transmission *f*, Durchlässigkeitsgrad *m*, Übertragungsadmittanz *f*, Durchgangsscheinleitwert *m*
transceiver *n* / Sender-Empfänger *m*, Buskoppler *m*, Busklemme *f*, Busverbinder *m*, Transceiver *m*, Busstecker *m* || **multi-~** *n* / Schnittstellenvervielfacher *m* || ~ **cable** / Transceiverkabel *n* || ~ **plug-in module** / Buskopplereinschub *m* || ~ **probe (TR probe)** / Sende-Empfänger-Prüfkopf *m* (SE-Prüfkopf)
transcoding *v* / Umcodieren *n*
transconductance *n* / Übertragungswirkleitwert *m*, Übertragungssteilheit *f*, Steilheit *f* (reale Komponente der Übertragungsadmittanz), Gegenwirkleitwert *m* || ~ **conversion** ~ / Mischsteilheit *f*
transcribe *n* / umschreiben *v* (Daten von einem Datenträger auf einen anderen), überspielen *v*
transcrystalline corrosion / transkristalline Korrosion
transducer *n* / Wandler *m*, Messwertumformer *m*, Signalumformer *m* DIN 19237, Messwertgeber *m*, Signalgeber *m*, Schwinger *m*, Sensor *m*, Sender *m* (Teilnehmer des Systems, der Informationen sendet), Messwertaufnehmer *m*, Messumformer *m*, Messumwandler *m* || **load** ~ / Signal-Ausgangswandler *m* VDE 0860 || **signal** ~ / Signalumsetzer *m*, Signalwandler *m* || **source** ~ IEC 65 / Signal-Eingangswandler *m* VDE 0860 || ~ **gain** / Übertragungs-Leistungsverstärkung *f*, Betriebsleistungsverstärkung *f* || ~ **module** / Signalumformerbaugruppe *f* || ~ **output** / Messumformer-Ausgang *m* || ~ **type** / Gebertyp *m*
transduction *n* (pulse measurement) / Umwandlung *f*
transductor *n* / Transduktor *m*, Transduktordrossel *f*, vormagnetisierte Regeldrossel || ~ **amplifier** / Transduktor-Verstärker *m*, Magnetverstärker *m* || ~ **controller** / Transduktor-Regler *m* || ~ **element** / Transduktorelement *n* || ~ **fault limiting coupling** / Transduktor-Strombegrenzer *m* || ~ **reactor** / Reaktanztransduktor *m*, Blindlasttransduktor *m* || ~ **regulator** / Transduktor-Regler *m* || ~ **voltage regulator** / Transduktor-Spannungsregler *m*
transfer *v* / übertragen *v*, transferieren *v*, überschalten *v*, durchpausen *v*, übergeben *v*, umhängen *v*, umschalten *v* || ~ *n* / Übertragung *f*, Übermittlung *f*, Überführung *f*, Umschaltung *f*, Umspeicherung *f*, Übernahme *f*, Transfer *m*, Abziehbild *n*, Übergabe *f*, Umsetzen *n*, Umladen *n*, Umspeichern *n*, Umbuchung *f* || **current** ~ / Stromübertragung *f*, Stromübernahme *f*, Stromübergang *m* || **potential** ~ / Potentialverschleppung *f* || ~ **address** / Sprungadresse *f* || ~ **admittance** / Übertragungsadmittanz *f* || ~ **and positioning**

roller tables / Transport- und Positionierrollgänge || ~ **AS configuration** / AS Konfiguration Übertragung || ~ **AS link data** / AS Verbindungsdaten Übertragung || ~ **bars** / Hilfsschiene *f* (SS), Umgehungsschiene *f* || ~ **block** / Transferbaustein *m* || ~ **buffer** / Übergabepuffer *m* || ~ **busbar** / Umgehungssammelschiene *f*, Umgehungsschiene *f*
transfer/bypass busbar / Umgehungs-/Hilfssammelschiene *f*
transfer channel / Verschiebekanal *m* (Ladungsverschiebeschaltung) || ~ **characteristic** / Übertragungskennlinie *f*, Übergangskennlinie *f*, statische Kennlinie, Übertragungskennwert *m* (Verstärker), Übertragungseigenschaften *f* pl (MG), Steilheitskennlinie *f*, Übertragungscharakteristik *f* || ~ **characteristics** / Übertragungsverhalten *n* || ~ **circuit** / Umschaltkreis *m*, Übertragungskreis *m*, Ablöseschaltung *f* || ~ **circuit-breaker** / Lastumschalter *m* || ~ **coefficient** / Übertragungsbeiwert *m* (Messtechnik) || ~ **command** / Transferbefehl *m* || ~ **constant** / Übertragungsmaß *n* DIN IEC 651 || ~ **contact** / Umschaltkontakt *m*
transfer control / Transfersteuerung *f* || ~ **control bus** / Übergabesteuerbus *m* DIN IEC 625) || ~ **control device** / Netzumschaltsteuergerät *n* || ~ **controller** / Umschalter *m* (Bahn) || ~ **conveyor** / Transferkette *f* || ~ **correction** / Übertragungskorrektur *f*, Transferkorrektur *f* || ~ **current** / Übernahmestrom *m* (Gasentladungsröhre) || ~ **curve** (transductor) / statische Charakteristik (Transduktor) || ~ **cycle** / Übergabezyklus *m* || ~ **diagram** / Übertragungsdiagramm *n* || ~ **direction** / Richtungssinn *m* || ~ **disconnector** / Umschalttrenner *m* || ~ **electrode** / Überführungselektrode *f* || ~ **element** / Übertragungsglied *n*, Übergangsglied *n* || ~ **error** / Transferfehler *m* || ~ **extensions** / Erweiterungen übertragen || ~ **factor** (d.c. converter) / Übersetzungsfaktor *m* (Gleichstromumrichter) || ~ **firmware** / Firmware übertragen || ~ **flag** / Übergabemerker *m* || ~ **flipflop** / Umschalt-Flipflop *n*, Umschaltspeicher *m* || ~ **function** / Übertragungsfunktion *f*, Sprungfunktion *f*, Überführungsfunktion *f*, Übergangsfunktion *f* || ~ **gate electrode** / Verschiebeelektrode *f*, Verschiebe-Gate *n* || ~ **immittance** / Übertragungsimmittanz *f* || ~ **impedance** IEC 50(161) / Kurzschlusswiderstand *m* (eines abgeschirmten Kabels), Kopplungswiderstand *m*, Übertragungsimpedanz *f*, Transfer-Impedanz *f* (Schutzsystem) || ~ **instruction** / Transferfunktion *f* || ~ **interface** / Übergabeschnittstelle *f*, Übergabenahtstelle *f* || ~ **interval** / Umspeicherintervall *n* || ~ **key** / Übernahmetaste *f* || ~ **line** / Transferstraße *f*, Transferlinie *f* || ~ **line control** / Transferstraßensteuerung *f*
transfer location / Übergabeplatz *m* (vgl. Zwischenspeicher) || ~ **memory** / Übergabespeicher *m* || ~ **mode** / Transferbetrieb *m*, Übergabeart *f* || ~ **module** / Transfermodul *n* || ~ **of the error messages** / Störmeldeübertragung *f* || ~ **of the gas** / Gasförderung *f* || ~ **of variables** / Variablenübertragung *f* || ~ **operation** / Transferoperation *f*, Transferfunktion *f* (PC-Operation), Sprungoperation *f* || ~ **panel** /

Übergabefeld n || ~ **parameter** / Übergabeparameter m || ~ **point** / Übergabepunkt m || ~ **press** / Stufenpresse f || ~ **press tool** / Stufenwerkzeug n || ~ **protocol** / Übergabeprotokoll n || ~ **quality** / Übertragungsqualität f (Kontakte) || ~ **rate** / Übertragungsrate f, Übermittlungsrate f, Transfergeschwindigkeit f || ~ **ratio** IEC 50(131) / Übertragungsfaktor m (Übertragungsfunktion mit 2 dimensionsgleichen Signalen) || ~ **relais** / Übernahmerelais n || ~ **resistance** / Übergangswiderstand m, Kontaktübergangswiderstand m || ~ **resistor** / Überschaltwiderstand m, Überbrückungswiderstand m, Übergangswiderstand m || ~ **signal** / Übertragungssignal n DIN 19237, Sendeanzeige f || ~ **storage-cathode tube** / Transfer-Speicherröhre f || ~ **switch** / Umschalter m, Lastumschalter m, Netzumschaltgerät n
transfer switch-disconnector / Lasttrennumschalter m || ~ **switch group** / Umschalter m (Bahn) || ~ **switching device** / Netzumschaltgerät n E VDE 0660,T.114 || ~ **syntax** / Übertragungssyntax m || ~ **table** / Übergabetabelle f || ~ **test** (UPS) / Umschaltprüfung f || ~ **time** / Umschaltzeit f, Übernahmezeit f, Überschaltzeit f, Umschlagzeit f, Übermittlungszeit f (FWT), Laufzeit f || ~ **time factor** / Rückwirkungs-Zeitkonstante f (Transistor) || ~ **time interval** / Übertragungszeit f (DÜ) || ~ **to editor** / Übernahme in Editor || ~ **trip relay** / Mitnahmerelais n || ~ **trip scheme** / Mitnahmeschaltung f || ~ **tripping** s. interripping || ~ **with interface** / Übertragung mit Schnittstelle
transform n / Transformierte f, Transformation f || ~ **milling into turning (TRANSMIT)** / TRANSMIT
transformation n / Umwandlung f, Transformation f, Umspannung f (durch Transformator) || ~ **characteristics** / Übertragungseigenschaften f pl (Trafo) || ~ **constant** / Transformationskonstante f || ~ **deselection** / Transformationsabwahl f || ~ **error** / Übertragungsfehler m (Wandler) || ~ **grouping** / Transformationsverband m || ~ **impedance** / Transformationsimpedanz f || ~ **of coordinates** / Koordinatentransformation f || ~ **of electrical energy** / Transformierung (o. Umspannung) elektrischer Energie f || ~ **ratio** / Übersetzungsverhältnis n (Trafo), Getriebeübersetzung f, Getriebefaktor m || ~ **record** / Transformationsdatensatz m || ~ **temperature** / Umwandlungstemperatur f
transformed reactance / transformierter Blindwiderstand m || ~ **rotor resistance** / transformierter Polradwiderstand || ~ **variate** / transformierte Zufallsgröße DIN 55350,T.21
transformer n / Transformator m, Trafo m, Wandler m, Übertrager m, Spannungsregler m, Umformer m, Umspanner m, Umsetzer m || ~ **ACS** / Transformatorschrank m (BV) || ~ **amplifier** / Transformatorverstärker m || ~ **as of 4 kVA** / Trafo ab 4 kVA || ~ **bay** / Transformatorfeld n (FLA) || ~ **booster** / Transformator-Zusatzregler m, Längsregler m, Querregler m || ~ **bridge** / Transformatorbrücke f, Übertragerbrücke f || ~ **bypass** / Trafoüberbrückung f || ~ **cell** / Transformatorzelle f || ~ **circuit-breaker** / Transformatorenschalter m (LS) || ~ **combination** / Transformatorenaggregat n || ~ **compartment** /

Transformatorkammer f || ~ **core** / Transformatorkern m, Übertragerkern m || ~ **coupling** / Transformatorkopplung f, Übertragerkopplung f
transformer data / Wandlerdaten pl || ~ **differential protection** / Trafo-Differentialschutz m || ~ **e.m.f.** / Transformations-EMK n, transformatorisch induzierte Spannung, EMK der Ruhe || ~ **feedback** / Transformatorrückkopplung f, transformatorische Rückkopplung || ~ **feeder** / Trafoabgang m, Trafoabzweig m || ~ **feeder (unit)** / Transformatoreinspeisung f, Transformatorabzweig m (o. abgang) || ~ **feeder bay** / Transformatorfeld n (FLA) || ~ **feeder module panel** / Trafoabgangsmodulfeld n || ~ **feeder panel** / Transformatorfeld n (IRA) || ~ **fixing** / Wandlerbefestigung f || ~ **for cable mounting** / Trafo für Kabelumbau || ~ **for specific use** / Zubehörtransformator m (EN 60742) || ~ **for tubular discharge lamps** / Leuchtröhrentransformator m || ~ **for use with toys** / Spielzeugtransformator m || ~ **for voltage adaption** / Anpasstransformator m || ~ **for house** / Transformatorhaus n || ~ **kiosk** / Transformatorkiosk m || ~ **lead** / Wandlerleitung f || ~ **load-centre substation** / Transformator-Schwerpunktstation f, Transformator-S-Station f
transformer-loss compensation / Wandlerverlustausgleich m || ~ **compensator** / Wandlerverlustkompensator m
transformer magnetic sheet steel / Transformatorblech n || ~ **off-load breaking capacity** IEC 265 / Transformator-Ausschaltvermögen n VDE 0670,T.3 || ~ **off load breaking current** IEC 265 / Transformator-Ausschaltstrom m VDE 0670,T.3 || ~ **off-load switch** IEC 265 / Transformator-Lastschalter m (Lastschalter für unbelastete Transformatoren) VDE 0670,T.3
transformer-operated electricity meter / Elektrizitätszähler für Messwandleranschluß, Messwandlerzähler m || ~ **release** / Wandlerstromauslöser m || ~ **trip** / Wandlerstromauslöser m
transformer operating voltage / Ansprechspannung f
transformer-proof adj / wandlerfest adj
transformer platform / Transformatorenbühne f || ~ **protection** / Transformatorenschutz m || ~ **protector** / Transformatorwächter m (gasbetätigtes Relais) || ~ **ready for testing** / prüffertiger Transformator || ~ **set** / Transformatorenaggregat n || ~ **shielding winding** / Trafoschirmwicklung f || ~ **sizing documentation** / Transformatoren-Unterlagen für die Bemessung (TUB) || ~ **substation** / Umspannstation f, Umspannwerk n, Umspannwerk-Bezirk m || ~ **switched in line** / vorgeschalteter Transformator || ~ **tank** / Transformatorkessel m
transformer-tank earth-fault protection / Transformator-Erdschlussschutz m
transformer tap / Transformatoranzapfung f, Transformatorabgang m (IK), Trafostufe f, Transformatorstufe f || ~ **tap position indication** / Transformator-Stufenanzeige f
transformer-type igniter / Transformator-Zündgerät n (Leuchte) || ~ **indicator light** / Leuchtmelder mit

Transformator || ~ **voltage regulator** / induktiver Spannungsregler
transformer with in-phase regulation / Längsregler *m*, Längstransformator *m* || ~ **with regulation in quadrature** / Querregler *m*, Phasenschiebertransformator *m*, Quertransformator *m*
transformeter *n* / Elektrizitätszähler für unmittelbaren Anschluss, Zähler für direkten Anschluss
transforming station / Umspannanlage *f*
transgranular corrosion / transkristalline Korrosion
transient *n* / transienter Vorgang, vorübergehende Änderung, nichtperiodischer Vorgang, Einschwingvorgang *m*, Transiente, kurzzeitiger Übergangsvorgang, kurzzeitiger Einschwingungsvorgang, Ausgleichsvorgang *m*, Übergangsvorgang *m* || ~ *adj* / transient *adj*, instationär *adj*, dynamisch *adj*, nichtperiodisch *adj*, einschwingend *adj*, flüchtig *adj*, Übergangs..., kurzzeitig *adj*, vorübergehend *adj* || ~ **analyzer** s. transient network analyzer || ~ **burst test** / Impulspaketprüfung *f* || ~ **characteristic** / transiente Kennlinie, dynamische Kennlinie, Übergangsverhalten *m* || ~ **condition** / Übergangszustand *m*, nichtstationärer Zustand, freier Vorgang, Einschwingzustand *m* || ~ **creep** / Übergangskriechen *n* || ~ **current** / transienter Strom, Übergangsstrom *m*, Einschwingstrom *m* || ~ **current ratio in saturation** / Umschaltstromverhältnis bei Sättigung (o. bei Übersteuerung, Transistor) || ~ **decay current** / Abklingstrom *m* || ~ **delay time** IEC 478-1 / Verzögerungszeit *f* DIN 41745 || ~ **deviation** / vorübergehende Abweichung || ~ **disturbance** / kurzzeitige Störung || ~ **earth fault** / vorübergehender Erdschluss, unvollkommener Erdschluss, Erdschlusswischer *m* || ~ **earth-fault relay** / Erdschlusswischerrelais *n* || ~ **e.m.f.** / Übergangs-EMK *f* || ~ **energy** / Übergangsenergie *f*, Überspannungsenergie *f* || ~ **factor** / Transientfaktor *m* (Wandler), Verlagerungsfaktor *m* (Wandler) || ~ **fault** / vorübergehender Kurzschluss (o. Fehler), flüchtiger Fehler || ~ **fault** IEC 50(191) / intermittierender Fehlzustand || ~ **function** / Übergangsfunktion *f*, einschwingende Funktion || ~ **generator** / Spitzenspannungserzeuger *m* || ~ **ground fault** / vorübergehender Erdschluss, unvollkommener Erdschluss, Erdschlusswischer *m* || ~ **indication** / Wischermeldung *f* || ~ **inductance** / Transient-Induktivität *f* || ~ **information** / Kurzzeitmeldung *f*, Wischermeldung *f* || ~ **initiation band** / Austrittsbereich *m* (von Werten einer stabilisierten Ausgangsgröße symmetrisch zu ihrem Anfangswert) DIN 41745 || ~ **internal voltage** / transiente Hauptfeldspannung || ~ **leakage reactance** / Stoßstreuspannung *f* || ~ **load characteristic** / transiente Lastkennlinie || ~ **network analyzer (TNA)** / dynamisches Netzmodell, Schwingungsmodell *n* || ~ **oscillations** / Ausgleichsschwingungen *f pl* || ~ **overload current** / Kurzzeit-Überlaststrom *m* || ~ **overshoot** / Überschwingen *n*, Überschwingweite *f* || ~ **overvoltage** / transiente (o. kurzzeitige) Überspannung, Stoßüberspannung *f*, transiente Überspannung || ~ **performance** / Übergangsverhalten *n*, Verhalten bei Ausgleichsvorgängen, dynamisches Verhalten || ~ **period** / Einschwingzeit *f* || ~ **power** / Ausgleichsleistung *f* || ~ **power disturbances** / transiente Störungen der Stromversorgung || ~ **power limit** / dynamische Kippleistung || ~ **reactance** / Transient-Reaktanz *f*, Stoßkurzschlussreaktanz *f*, dynamische Reaktanz, Übergangsreaktanz *f* || ~ **reactance drop** / Stoßstreuspannung *f* || ~ **reaction** / Ausgleichsvorgang *m*, freier Vorgang || ~ **recorder** / Transienten-Rekorder *m* || ~ **recovery band** / Eintrittsbereich *m* DIN 41745 || ~ **recovery time** IEC 478-1 / Ausregelzeit *f*, Einschwingzeit *f* || ~ **recovery voltage (TRV)** / Einschwingspannung *f*, transiente wiederkehrende Spannung || ~ **recovery voltage rate** / Anstiegssteilheit der Einschwingspannung || ~ **response** / Übergangsverhalten *n*, dynamisches Verhalten, flüchtiges Ansprechen, Zeitverhalten *n*, Einschwingverhalten *n*
transients *n pl* / vorübergehende Abweichungen, dynamische Abweichungen
transient short circuit / vorübergehender Kurzschluss, Kurzschlusswischer *m* || ~ **short-circuit current** / Übergangs-Kurzschlusswechselstrom *m* || ~ **short-circuit time constant** / transiente Kurzschlusszeitkonstante, Übergangs-Zeitkonstante *f* || ~ **stability** / transiente Stabilität, dynamische Stabilität, Stabilität bei dynamischen Vorgängen || ~ **stability limit** / dynamische Stabilitätsgrenze || ~ **stability of power system** / transiente Netzstabilität || ~ **surge voltage generator** / Spitzenspannungserzeuger *m* || ~ **thermal impedance** / transienter Wärmewiderstand (Thyr) DIN 41786 || ~ **thermal impedance** / Impulswärmewiderstand *m* (HL) DIN 41862 || ~ **torque** / dynamisches Moment, Stoßmoment *n* || ~ **vibration** / Übergangsschwingung *f* || ~ **voltage** / transiente Spannung, Ausgleichsspannung *f*, Spannung bei Ausgleichsvorgängen, Stoßspannung *f*, freie Spannung, Abschaltspannung *f*, Spannungswischer *m*, Einschwingspannung *f* || ~ **voltage drop** / vorübergehender Spannungsabfall, Spannungssack *m* (Batt.) || ~ **wave** / Störwelle *f*, Wanderwelle *f*
transistor *n* / Transistor *m* || ~ **base drive module** / TBD-Baugruppe *f* || ~ **control gear** (luminaire) / transistorisiertes Vorschaltgerät, Transistorvorschaltgerät *n* || ~ **diagnostic parameter** / Transistordiagnose-Parameter *m* || ~ **equivalent circuit** / Transistorersatzschaltung *f*
transistorized ballast / transistorisiertes Vorschaltgerät, Transistorvorschaltgerät *n* || ~ **control** / transistorisierte Steuerung || ~ **inverter ballast** / Transistor-Wechselrichter-Vorschaltgerät *n* || ~ **luminaire** / Transistorleuchte *f*, Leuchte mit transistoriertem Vorschaltgerät || ~ **time-delay relay** / Transistor-Zeitrelais *n*
transistor PWM converter / Transistor-Pulsumrichter *m*
transistor-resistor logic (TRL) / Transistor-Widerstands-Logik *f* (TRL)
transistor switch / Transistorschalter *m* || ~ **unit** / Transistorgerät *n*
transistor-transistor logic (TTL) / Transistor-Transistor-Logik *f* (TTL)
transit *n* / Durchleitung *f* || ~ **angle** / Laufwinkel *m*

transition 634

(Ladungsträger) || ~ **charge** / Netzbenutzungsgebühr f, Durchleitungsgebühr f || ~ **delay** / Übertragungszeit f (DÜ), Durchlaufverzögerung f, Signalverzögerung f **transition** n / Übergang m (Reg., Impuls), Transition f, Übergangsschalten n, Überschalten n, Überbrückung f, Weiterschaltbedingung f, Sprung m, Umschaltvorgang m (Umschaltung von einer Motorgruppe auf eine andere ohne vollständige Unterbrechung der Motorströme) || **bridge** ~ / Brückenumschaltung f (Fahrmotoren), Brückenschaltung f || **electron** ~ / Elektronenübergang m || **flux** ~ / Flusswechsel m || **majority** ~ / Majoritätswechsel m || **shunt** ~ / Nebenschluss-Übergangsschaltung f, Nebenschlussumschaltung f
transitional pulse relay / Wischrelais n
transition between line and arc / Übergang zwischen Gerade und Kreisbogen (NC) || ~ **between logic states** / Übergang zwischen logischen Zuständen || ~ **circle** / Übergangskreis m || ~ **coil** / Stromteilerdrossel f || ~ **condition** / Übergangsbedingung f (Reg.), Weiterschaltbedingung f || ~ **contactor** / Überschaltschütz n, Übergangsschütz n || ~ **contacts** IEC 214 / Widerstandskontakte m pl (Trafo) VDE 0532,T.30 || ~ **current** (converter connection) / kritischer Strom (SR-Schaltung) || ~ **duration** / Übergangsdauer f (Impulse) || ~ **element** / Übergangsglied n, Übergangselement n (Chem.) || ~ **fit** / Übergangspassung f || ~ **frequency** / Übergangsfrequenz f, Eckfrequenz f, Transitfrequenz f (Transistor) || ~ **function** / Überführungsfunktion f, Übergangsfunktion f, Übertragungsfunktion f || ~ **impedance** IEC 76-3 / Überschaltimpedanz f (Trafo), Überbrückungsimpedanz f || ~ **impedance test** IEC 214 / Prüfung der Überschaltimpedanz (Trafo) VDE 0532,T.30 || ~ **inductor** / Überschalt-Drosselspule f (Trafo), Überbrückungs-Drosselspule f || ~ **joint** / Übergangsmuffe f (Kabel) || ~ **label** / Transitionsmarke f || ~ **level** / Übergangsfläche f (Flp.) || ~ **metal** / Übergangsmetall n, Übergangselement n || ~ **piece** / Übergangsstück n || ~ **point** / Übergangspunkt m, Stoßstelle f (Wellenwiderstand), Sprungpunkt m (SuL) || ~ **priority** / Transitionspriorität f || ~ **radius** / Übergangsradius m || ~ **reactor** IEC 214 / Überschalt-Drosselspule f (Trafo), Überbrückungs-Drosselspule f || ~ **region** / Übergangszone f (HL) || ~ **resistor** / Überschaltwiderstand m, Übergangswiderstand m, Überbrückungswiderstand m || ~ **rounding** / verschliffene Übergänge, Übergangsverschleifen n || ~ **sector** / Übergangssektor m (Flp.) || ~ **shape** / Übergangsform f (Impulse) || ~ **speed** / Übergangsdrehzahl f, Eckdrehzahl f || ~ **surface** / Übergangsfläche f (Flp.) || ~ **switchgroup** / Übergangsschalter m (Bahn) || ~ **table** / Übergangstafel f (Schaltnetz), Übergangstabelle f || ~ **temperature** / Sprungtemperatur f || ~ **time** / Übergangszeit f, Überschaltzeit f || ~ **to terminal R** / Übergang an Klemme R || ~ **type** / Übergangstyp m (Impulse) || ~ **waveform** / Übergangsabbild n (Impulsmessung) || ~ **zoom** / Transitionslupe f
transitory adj / transient adj, instationär adj, dynamisch adj, nichtperiodisch adj, einschwingend

adj, flüchtig adj, Übergangs... || ~ adj / vorübergehend adj, kurzzeitig adj
transit phase angle / Laufwinkel m || ~ **position** IEC 337-2A / Übergangsstellung f (HSS) VDE 0660,T.202 || ~ **station** / Transit-Station f (FWT) || ~ **time** / Umschaltzeit f (Wechsler), Umschlagzeit f (Umschalter, Rel.), Signalübergangszeit f, Laufzeit f (Elektron)
transit-time jitter (photomultiplier) / Signallaufzeitschwankung f || ~ **spread** / Streuung der Signallaufzeit (ESR)
transit time standard / Laufzeitnormal n (Ultraschallprüf.) || ~ **traffic** / Durchgangsverkehr m, Transitverkehr m
translate v / übersetzen v, umsetzen v, verschieben v (CAD, translieren), kompilieren v || ~ (NC, CLDATA word) ISO 3592 / Transformation f || **to** ~ **back** / rückübersetzen v
translating equipment / Umsetzeinrichtung f (Nachrichtenübertragung)
translation n / Übersetzung f, Verschieben n (CAD), Parallelverschiebung f, Umkodierung f, Translation f || ~ **and rotation** / Maßstabumschaltung f
translator n / Übersetzer m, Umsetzer m, Kanalumsetzer m, Translator m
translatory adj / translatorisch adj || **translatory movement** / translatorische Bewegung
translinear function module / nichtlineare Funktionsbaugruppe
transliterate v / transliterieren v, umcodieren v
translucent adj / lichtdurchlässig adj, durchscheinend adj, leicht trübe (Leuchtenglas) || ~ **cover** / lichtdurchlässige Abdeckung (Leuchte) || ~ **medium** / durchscheinendes Medium
transmissibility n / Übertragbarkeit f, Übertragungsmaß n
transmission n / Transmission f, Übertragung f, Übermittlung f, Sendung f, Fortleitung f, Durchlässigkeit f, Durchtritt m, Antrieb m, Getriebe n, Trieb m, Weitergabe f || **mechanical** ~ **element** / mechanisches Übertragungselement (WZM) || **unsecured transmission** / ungesicherte Übertragung || **V** ~ / V-Durchschallung f || ~ **and distribution losses** / Übertragungs- und Verteilungsverluste m pl || ~ **and distribution network** / Transport- und Verteilnetz n || ~ **angle** / Abstrahlwinkel m (IR-Gerät) || ~ **belt** / Treibriemen m || ~ **by time-division multiplexing** / zeitmultiplexe Übertragung || ~ **capacity** / Übertragungsfähigkeit f (einer Netzverbindung) || ~ **channel** / Übertragungskanal m || ~ **coefficient** / Übertragungsfaktor m (Wellenleiter) || ~ **control** / Getriebesteuerung f (Kfz) || ~ **control character** / Übertragungssteuerzeichen n || ~ **control protocol/internet protocol (TCP/IP)** / TCP/IP || ~ **cycle time** / zyklisches Senderaster || ~ **delay time (TTD)** / Telegramm-Laufzeit f (PROFIBUS) || ~ **density** / optische Dichte, Schwärzung f (LT) || ~ **dependency** / Durchschaltabhängigkeit f (binäres Schaltelement) || ~ **distance** / Übertragungsdistanz f || ~ **dynamometer** / Torsionsdynamometer n, Drehmoment-Messnabe f || ~ **efficiency** / Wirkungsgrad der Kraftübertragung || ~ **element** / Übertragungsglied n, Übertragungselement n || ~ **elements** / mechanisches Übertragungsglied || ~ **error** / Übertragungsfehler m || ~ **error alarm** / Telegrammfehlermeldung f (FWT) || ~ **exposure** /

Durchstrahlaufnahme f (RöA) || ~ **factor** / Durchlassgrad m (LT), Durchlässigkeitsfaktor m (Akust.) || ~ **frame** / Übertragungsblock m (LAN) || ~ **gate** / Transmissionsgatter n || ~ **gear** / Getriebe n, Vorgelege n || ~ **heat gain** / Transmissionswärmegewinn m
transmission integrity / Übertragungssicherheit f || ~ **length** (bus system) / Übertragungsstrecke f, Übertragungslänge f, Telegrammlänge f || ~ **level** / Sendepegel m || ~ **line** / Übertragungsleitung f (Energieübertragung), Rohrleiter m || ~ **line pole** / Leitungspol m || ~ **line protection** / Abzweigschutz m || ~ **link** / Übertragungsverbindung f, Übertragungsstrecke f || ~ **linkage** / Übertragungsgestänge n || ~ **loss** / Übertragungsdämpfung f (LWL-Verbindung) || ~ **losses** / Übertragungsverluste m pl, Netzverluste m pl, Leitungsverluste m pl || ~ **medium** / Übertragungsmittel n, Übertragungsmedium n || ~ **memory** / Übertragungsspeicher || ~ **method** / Übertragungsart f, Betriebsart f (FWT) || ~ **method with negative acknowledgement information** / Rückfragebetrieb m (FWT) || ~ **microscope** / Durchstrahlungsmikroskop n || ~ **mode** / Übertragungsart f || ~ **mode control** / Betriebsartensteuerung f (FWT) || ~ **monitoring** / Transportüberwachung f, Übertragungsüberwachung f || ~ **network** / Übertragungsnetz n, Transportnetz n || ~ **of electrical energy** / Übertragung elektrischer Energie, Fortleitung elektrischer Energie
transmission of integrated totals / Fernzählen n || ~ **of internal ignition** / Zünddurchschlag m || ~ **of motion** / Bewegungsübertragung f || ~ **of structure-borne noise** / Körperschallübertragung f || ~ **on demand** / Übertragung auf Abfrage (FWT), Aufrufbetrieb m, Abfragebetrieb m || ~ **optical density** / optische Dichte, Schwärzung f (LT) || ~ **path** / Übertragungsweg m, Übertragungsstrecke f || ~ **performance** / Übertragungsqualität f (Kommunikationsnetz) || ~ **protocol** / Übertragungsprotokoll n || ~ **range** / Transmissionsbereich m (LT), Durchlassbereich m, Tastweite f, Reichweite f || ~ **ratio** / Übersetzungsverhältnis n (Getriebe) || ~ **reliability** / Übertragungssicherheit f || ~ **route** / Übertragungsweg m (FWT), Leitungstrasse f (Energieübertragungsleitung) || ~ **securing** / Betriebssicherung f (FWT) || ~ **security** / Übertragungssicherheit f || ~ **shaft** / Geberwelle f || ~ **shafting** / Längstransmission f, Wellenstrang m || ~ **specimen holder** / Durchstrahl-Probenträger m || ~ **speed** / Übertragungsgeschwindigkeit f || ~ **step** / Getriebestufe f, Übersetzungsstufe f || ~ **step** / Übersetzungsstufe f (Kfz-Getriebe), Fahrstufe f || ~ **system** / Übertragungsnetz n, Transportnetz n || ~ **technology** / Übertragungstechnik f || ~ **time monitoring** / Sendedauerüberwachung f, Sendezeitüberwachung f || ~ **topography** / Transmissionstopographie f || ~ **transformer** / Netztransformator m || ~ **voltage** / Übertragungsspannung f || ~ **with decision feedback** / Übertragung mit Empfangsbestätigung (FWT) || ~ **with error detection and correction** / gesicherte Übertragung, gesicherter Datenverkehr || ~ **with information feed-back** (echo principle) / Echobetrieb m (FWT)

transmissivity n / Transmissivität f (LT), Reintransmissionsmodul m || **atmospheric** ~ / atmosphärischer Durchlassgrad, Sichtwert m, Transmissionsfaktor m
transmit v / übertragen v, senden v, absetzen v (Meldung, Signal) || **to** ~ **sound** / Schall senden || ~ **cable** / Sendekabel n || ~ **channel** / Vorwärtskanal m IEC 50(704) || ~ **combination** / Transmitverband m || ~ **delay** / Übertragungszeit f (DÜ) || ~ **fibre optic terminal device** / LWL-Übertragungseinrichtung f || ~ **frequency** / Sendefrequenzlage f (DÜ) DIN 66020, Sendefrequenz f || ~ **function** / Transmit-Funktion f || ~ **program** / Sendeprogramm n (FWT)
TRANSMIT (transform milling into turning) / TRANSMIT
transmit/receive tube (T/R tube) / Empfängersperröhre f
transmittable message / sendbare Nachricht || ~ **torque** / übertragbares Drehmoment
transmittance n / Transmissionsgrad m, Durchlässigkeit f, Durchlässigkeitsgrad m || ~ n IEC 50(731) / Übertragungsverhältnis n (LWL) || **spectral** ~ / spektraler Durchlassgrad || ~ **density** / Übertragungsdichte f (LWL-Verbindung) || ~ **factor** / Durchlässigkeitsgrad m (Akust.)
transmitted backward channel data / Hilfskanal-Sendedaten pl DIN 66020,T.1 || ~ **data** / Sendedaten pl DIN 66020,T.1, TxD
transmitted-light detector / Durchlichtmelder m || ~ **method** / Durchlichtverfahren n
transmitted signal element timing / Sendeschritt-Takt m || ~ **torque** / übertragenes Drehmoment || ~ **wave** / durchlaufende Welle
transmitter n / Sender m, Sendegerät n, Geber m, Einheits-Messumformer m, Messwertumformer m, Messumformer m, Strahler m (IR-Gerät), Transmitter m || ~ **clock (TC)** / Sendetakt m, Sendetaktgeber m, Sendeschrittakt m || ~ **input** / Sendereingang m || ~ **power** / Sendeleistung f
transmitter-receiver n / Sender-Empfänger m, Buskoppler m
transmitter reset time / Sender-Nachlaufzeit f (RSA) || ~ **running lamp** / Senderlauflampe f || ~ **set-up time** / Sender-Vorlaufzeit f (RSA) || ~ **signal element timing** / Sendeschrittakt m
transmitting probe / Sendeschwinger m || ~ **station** / sendende Station (FWT)
transmit window / Sendefenster n (DÜ)
transmultiplexing n / Transmultiplexen n
transparency n / Folie f
transparent drawing / Zeichnung auf Transparentpapier, pausfähige Zeichnung || ~ **encapsulated model** / Klarvergussmodell n || ~ **lighting** / Durchlichtbeleuchtung f || ~ **medium** / durchsichtiges Medium || ~ **overlay** / transparente Schicht (graf. DV, eines Bildes) || ~ **plastic foil** / Klarsicht-Kunstfolie f || ~ **plate** / Sichtscheibe f, Klarsichtabdeckung f || ~ **quartz** / Quarzglas n
transpassive corrosion / transpassive Korrosion
transponder n / Datenspeicher m
transportability n / Transportierbarkeit f, Transportfestigkeit f
transportable adj / transportierbar adj, tragbar adj, transportfest adj, fahrbar adj, ortsbeweglich adj || ~ **ACS** / transportabler BV || ~ **assembly** IEC 298 / Transporteinheit f || ~ **peripheral** / transportables

Peripheriegerät (SPS) || ~ **substation** / Aushilfswerk *n*, provisorisches Unterwerk || ~ **transformer** / ortsveränderlicher Transformator, Wandertransformator *m* || ~ **unit** / Transporteinheit *f*
transport acknowledgement / Transportquittung *f* || ~ **address** / Anwenderadresse *f* DIN ISO 7498, Teilnehmeradresse *f* || ~ **aid** / Transporthilfe *f*
transportation mass / Transportgewicht *n*
transport block / Transportsicherung *f*
transport by rail / Bahntransport *m*, Schienentransport *m* || ~ **connection** / Anwenderverbindung *f* DIN ISO 7498, Teilnehmerverbindung *f* DIN ISO 8072, Transportverbindung (TPV) *f* || ~ **control** / Transportsteuerung (TPS) *f* || ~ **costs** / Transportkosten *pl* || ~ **cover** / Transporthülle *f* || ~ **crate** / Transportkiste *f* || ~ **current** / Transportstrom *m* || ~ **damage** / Transportschaden *m* || ~ **delay** / Transportverzögerung *f* (Signal) || ~ **entity** / Transportinstanz *f* DIN ISO 8348 || ~ **eyebolt** / Tragöse *f*, Transportöse *f* || ~ **flag** / Transportmerker *m* || ~ **group** / Transportgruppe *f* || ~ **handler** / Transportabwickler *m* || ~ **layer** / Transportschicht *f* DIN ISO 7498 || ~ **layer entity** / Transportinstanz *f* DIN ISO 8348 || ~ **network** / Verkehrsnetz *n* || ~ **pallet** / Transportpalette *f* || ~ **protocol** / Transportprotokoll *n* DIN ISO 7498 || ~ **roller** / Transportrolle *f*, Vorzugswalze *f* || ~ **securing device for solenoid valve** / Transportschutz Magnetventil || ~ **service** / Transportdienst *m* DIN ISO 8072 || ~ **service access point (TSAP)** / Transportdienstzugangspunkt *m* DIN ISO 8072, Transport Service Access Point (TSAP) || ~ **service handler** / Transportverbindungsverwalter *m* || ~ **service user** / Transportdienstbenutzer *m* DIN ISO 8307 || ~ **shackle** / Transportschäkel *m* || ~ **systems** / Verkehrstechnik *f* || ~ **temperature** / Transporttemperatur *f* || ~ **unit** IEC 439 / Transporteinheit *f*, Versandeinheit *f*
transpose *v* / transponieren *v*, schränken *v* (Wicklungsleiter), verdrillen *v*, auskreuzen *v*, versetzen *v*, vertauschen *v*, umsetzen *v* (Datensätze)
transposed bar / Gitterstab *m*, Schränkstab *m*, Kunststab *m*, Kreuzstab *m*, Roebel-Stab *m*, Drillstab *m*
transposed-bar barrel winding / Fassgitterstabwicklung *f* || ~ **winding** / Gitterstabwicklung *f*, Schränkstabwicklung *f*, Roebel-Wicklung *f*
transposed conductor / Drillleiter *m*, Röbelstab *m*
transposed-conductor bundle / Drillleiterbündel *n*
transposer *n* / Umsetzer *m*, Kanalumsetzer *m*
transposition *n* / Schränkung *f*, Verschränkung *f*, Auskreuzung *f*, Leitungskreuzung *f*, Verdrillung *f* || ~ **phase** / Phasenvertauschung *f*, Verdrillung *f* (von Phasenleitern) || ~ **interval** / Verdrillungsabschnitt *m* || ~ **scheme** / Auskreuzschema *n* (Wickl.) || ~ **support** / Verdrillungsstützpunkt *m* (Freiltg.)
transshipment condition / Umschlagbedingung *f*
trans-standard motor / Transnormmotor *m*
transversal mode / Querbeeinflussung *f* (Relaisprüf.) || ~ **thread** / Plangewinde *n*
transverse *adj* / querliegend *adj*
transverse acceleration / Querbeschleunigung *f* (Kfz) || ~ **axis** / Querachse *f* (mech.), Planachse *f* || ~ **bending strength** / Durchbiegungsfestigkeit *f* || ~ **conductance** / Querleitwert *m* || ~ **conductivity** / Querleitfähigkeit *f* || ~ **contraction** / Querkontraktion *f* || ~ **coupling** / Querkupplung *f* || ~ **crack** / Querriss *m*, Querbruch *m* || ~ **cut** / Planschnitt *m* (WZM) || ~ **differential protection** / Querdifferentialschutz *m*, Quervergleichsschutz *m* || ~ **displacement** / Querverstellung *f* (WZM), Schlitten, Querverschiebung) || ~ **edge effect** / transversaler Randeffekt (MSB) || ~ **edge-effect force** / Seitenkraft durch den transversalen Randeffekt || ~ **electric mode (TE mode)** / transversale elektrische Mode || ~ **electric wave** / H-Welle *f*, TE-Welle *f* || ~ **electromagnetic mode (TEM mode)** / transversale elektromagnetische Mode || ~ **external machining** / Plan-Außenbearbeitung *f* || ~ **feed** / Quervorschub *m* (WZM), Planvorschub *m* (WZM) || ~ **fiber** / Querfaser *f* || ~ **flux** / Querfluss *m*
transverse-flux linear induction motor (TFLIM) / Querfluss-Linear-Inkuktionsmotor *m*
transverse force / Querkraft *f*, Scherkraft *f* || ~ **interference fit** / Querpresspassung *f* || ~ **interferometry** / radiale Interferometrie || ~ **internal machining** / Plan-Innen-Bearbeitung *f* || ~ **load** / transversale Last (Freiltg.), Querbelastung *f*, Querlast *f*
transversely heated / querbeheizt *adj*
transverse magnetic wave / E-Welle *f* || ~ **mode test** / Prüfung in Parallelschaltung (Rel.) || ~ **voltage** / Differenzspannung *f* (SPS) DIN EN 61131-1 || ~ **motion** / Querbewegung *f* (WZM), Planbewegung *f*, Querfahrt *f* (Trafo mit Rollen) || ~ **offset loss** / Dämpfung durch seitlichen Versatz (LWL) IEC 50(731) || ~ **partition** / Querschottung *f* || ~ **plane** / Querebene *f* || ~ **profile** / Querprofil *n* (Freiltg.) || ~ **rack** / Querträger *m* || ~ **roughing** / Planschruppen *n* || ~ **section** / Querprofil *n* || ~ **shear** / Querschub *m* || ~ **shear test** / Stirnscherversuch *m* || ~ **slope** / Querneigung *f* || ~ **strength** / Festigkeit bei Querbeanspruchung, Scherfestigkeit *f* || ~ **stress** / Querbeanspruchung *f* || ~ **stripe** / Querstreifen *m* (Flp.) || ~ **travel** / Querbewegung *f* (WZM), Querfahrt *f* (Trafo mit Rollen), Planbewegung *f*, Querhub *m* || ~ **uniformity** / Quergleichförmigkeit *f* (BT) || ~ **uniformity ratio** / Quergleichförmigkeit *f* (BT) || ~ **voltage** / Querspannung *f* (Schutz) || ~ **wave** / transversale Welle, Transversalwelle *f*, Querwelle *f* || ~ **winding** / Querwicklung *f*
trap *n* / Fangstelle *f*, Haftstelle *f*, Zeithaftstelle *f*, Fangschaltung *f* (Schaltet den Umrichter auf einen drehenden Motor zu.), Speicher *m* (Chromatograph) || ~ **processor** ~ / Prozessorfalle *f*
trapezium distortion / Trapezverzeichnung *f* (ESR)
trapezoidal *adj* / trapezförmig *adj* || ~ **coil** / Trapezspule *f* || ~ **impedance characteristic** / Trapezkennlinie *f* (Schutz) || ~ **pole** / Trapezpol *m* || ~ **pulse** / Trapezimpuls *m*
trapezoidal-section *adj* / profiliert *adj* || ~ **cable** / Profilleitung *f*
trapezoidal wave / Trapezwelle *f*
trapezoid rule / Trapezregel *f*
trapped flux / eingeschlossener Fluss
trapping *n* / Einfangen *n*, Fangen *n*, Fixieren *n* (Elektronen), Speichern *n* (Chromatograph), nichtprogrammierter Sprung (DV) || ~ **column** / Speichersäule *f* (Chromatograph) || ~ **time**

Speicherzeit f (Chromatograph)
trap window / Klappfenster n
travel v / fahren v, wandern v (Feld, Welle), fortschreiten v || ~ n / Bewegung f, Fahren n, Lauf m, Weg m, Schaltweg m, Betätigungsweg m, Fahrweg m, Verfahrweg m, Hub m (Ventil), Wegstrecke f, Arbeitsweg m, Verstellweg m, Wandern n || ~ IEC 337-1 / Weg m (SG, Betätigungselement) VDE 0660,T.200 || ~ **along contours** / Kurvenfahrt f || ~ **around** / umfahren v || ~ **block** / Fahrsatz m || ~ **command** / Fahrbefehl m, Verfahrbefehl m, Wegbefehl m || ~ **control system** / Zielführungssystem n (Kfz) || ~ **cylinder** / Verfahrzylinder m
travel-dependent adj / wegabhängig adj
travel dependent switches / wegabhängige Schalter || ~ **difference** / Schaltwegdifferenz f || ~ **direction** / Verfahrrichtung f || ~ **enabling** / Fahrfreigabe f || ~ **in** / einfahren v
travel-in v / einfahren v || ~ **movement** / Einfahrbewegung f || ~ **velocity** / Einfahrgeschwindigkeit f, Anfahrgeschwindigkeit f
travel increment / Fahrinkrement n || ~ **key** / Fahrtaste f
travel limit / Verfahrweggrenze o. -begrenzung f (WZM), Verfahrbereichsgrenze f, Endbegrenzung f || ~ **limitation** / Verfahrbereichsbegrenzung f (WZM), Hubbegrenzung f || ~ **limiting mechanism** / Endbegrenzungsgetriebe n
travelling and hoisting gear / Fahr- und Hubwerk n
travelling-field motor / Wanderfeldmotor m
travelling magnetic field / Wanderfeld n || ~ **motor** / Fahrmotor m (Kran) || ~ **speed** / Fahrgeschwindigkeit f (Kran) || ~ **surge** / Überspannungs-Wanderwelle f || ~ **wave** / Wanderwelle f, fortschreitende Welle
travelling-wave amplifier (TWA) / Wanderwellenverstärker m
travelling wave protection / Wanderwellenschutz m IEC 50(448)
travel motions in the infeed direction / Verfahrbewegungen in der Zustellrichtung || ~ **movement** / Verfahrbewegung f
travel-out v / ausfahren v || ~ **movement** / Ausfahrbewegung f || ~ **velocity** / Ausfahrgeschwindigkeit f
travel path / Verfahrstrecke f, Verfahrweg m || ~ **profile** / Verfahrprofil n || ~ **range** / Verfahrbereich m
travel-reversing switch / Endumschalter m
travel request / Fahranforderung f || ~ **surface** / Fahrbelag m || ~ **to fixed stop** / Fahren auf Festanschlag, Fahren gegen Festanschlag
traversal n / Verfahren
traverse v / durchlaufen v, umfahren v, durchfahren v, fahren v, verfahren v (WZM) || ~ n / Durchlauf m, Bewegung f (WZM), Gang m, Weg m, Zustellung f || ~ **after delay** / verzögert abfahren || ~ **axes by means of handwheels** / Achsen fahren mit den Handrädern || ~ **axis** / achsenfahren v || ~ **axis** / Planachse f || ~ **axis by pressing a key** / Achsen fahren über Tastenbestätigung
traversed distance / Verfahrweg m (WZM)
traverse length / Messstrecke f || ~ **movement** / Verfahrbewegung f || ~ **path** / Verfahrweg m
traversing n / Durchlaufen n, Verschieben n, Durchlauf m, Schwenken n (Scheinwerfer),

Verfahren n || ~ **axis** / fahrende Achse || ~ **block** / Bewegungssatz m (Satz in einem NC-Programm, der eine Fahranweisung enthält), Verfahrsatz m (Siehe Satz.) || ~ **carriage** / Querverfahrwagen m || ~ **dimension** / Verfahrmaß n || ~ **direction** / Verfahrrichtung f, Verfahrrichtungstaster m || ~ **distance** / Verfahrlänge f || ~ **drive** / Changierantrieb m || ~ **error** / Verfahrfehler m || ~ **gear** / Fahrwerk n || ~ **key** / Verfahrtaste f || ~ **limit** / Verfahrbereichsgrenze f (WZM) || ~ **logic** / Verfahr-Logik f (NC) || ~ **motion** / Verfahrbewegung f || ~ **movement** / Verfahrbewegung f (WZM) || ~ **program** / Verfahrprogramm n || ~ **range** / Verfahrbereich m (WZM) || ~ **range limits** (A function of the NC system which allows limit values to be set for all axes of motion to prevent overshoot of the machine's travel range. The limit values for each axis are stored in the machine setup data...) / Verfahrbereichsbegrenzung f (Steuerungsfunktion, die es ermöglicht, Begrenzungswerte für alle Achsen im Verfahrbereich der Maschine festzulegen, um ein Überfahren des zulässigen Bereichs zu verhindern) || ~ **rate** / Verfahrgeschwindigkeit f (WZM) || ~ **speed** / Verfahrgeschwindigkeit f (WZM) || ~ **task** / Fahrauftrag m || ~ **the machine axes** / Verfahren der Maschinenachsen || ~ **track** / Verschiebewagen m || ~ **velocity** / Verfahrgeschwindigkeit f
tray, cable ~ / Kabelwanne f, Kabelrinne f, (offener) Installationskanal m, Kabelbahn f
treated insulating liquid / behandelte Isolierflüssigkeit || ~ **mica paper** / bindemittelhaltiges Glimmerpapier
trebly re-entrant winding / dreifach wiedereintretende Wicklung, dreifach geschlossene Wicklung
T reducer / T-Reduzierverschraubung f
tree n / Baum m (Netzwerk)
tree'd system / verzweigtes Netz (Strahlennetz mit Abzweigleitungen an den Stichleitungen)
tree network / baumförmiges Netz, Busnetz n || ~ **structure** / Baumstruktur f (Datei), Baumdarstellung f || ~ **topology** / Baumstruktur f (LAN), Baumtopologie f (LAN), Busstruktur f || ~ **window** / Baumfenster n
trefoil arrangement IEC 287 / gebündelte Anordnung (Kabel, Verlegung berührend im Dreieck) VDE 0298 || ~ **formation** IEC 50(461) / Dreiecksanordnung f (Kabel)
trembler n / Kontakthammer n
tremor, earth ~ / Erdbeben n
trend n / zeitliches Verhalten, Trend m, Entwicklungsrichtung f || ~ **block** / Trendbaustein m || ~ **display** / Trendanzeige f, Kurvendarstellung f, Kurvenanzeige f || ~ **record** / Trendschrieb m || ~ **recorder** / Trendschreiber m
trepan v / kernbohren v, eine Probe ausbohren
trepanned plug / Pfropfenprobe f
trepanning / Kernbohren n, Pfropfenentnahme f
Triac / Triac m, Zweirichtungs-Thyristor m, Wechselstromtriode f, Doppelwegthyristor m
triad, colour ~ / Farbtripel n (Farbbildröhre)
trial n / Versuch m, Erprobung f || ~ v / erproben v || ~ **bore** / Versuchsbohrung f || ~ **mode** / Probebetrieb m || ~ **operation** / Probebetrieb m, Versuchslauf m, Probeschalten n || ~ **run** / Probelauf m, Versuchslauf m, Laufprobe f || ~ **run under load** /

Lastprobelauf *m*
trials specimen / Versuchsmuster *n*
triangle amplifier / Dreieckverstärker *m* || **~ linearity** / Dreiecklinearität *f* (Funktionsgenerator)
triangular *adj* / dreieckförmig *adj*, dreieckig *adj*, Dreikant *m* || **~ beam** / dreieckförmiger Ausleger (f. Leitungsmontage) || **~ configuration** / Dreieckanordnung *f* (der Leiter einer Freiltg.)
triangular-notch impact test / Dreieckkerbschlagprobe *f*
triangular reference voltage / Referenzdreieck *n*
triangular-socket key / Dreikantschlüssel *m*
triangular thread / Dreieckgewinde *n*, scharfgängiges Gewinde, Spitzgewinde *n* || **~ wave** / Dreieckwelle *f*
triangulation, laser-based ~ / Laser-Triangulation *f*
triaxial cable / Triaxialkabel *n* || **~ testing** / dreiachsige Prüfung (Erdbebenprüf.)
triboelectric e.m.f. / reibungselektrische Spannung
triboelectricity *n* / Reibungselektrizität *f*, Triboelektrizität *f*
triboluminescence *n* / Triboluminszenz *f*
tributary station / Trabantenstation *f* DIN 44302, Unterstation (UST)
trichromatic system / trichromatisches System, Farbvalenz-System *n* || **~ unit** / Farbvalenzeinheit *f*
trickle charging / dauernde Pufferung (Batt.), Erhaltungsladung *f*
trickle-charging voltage / Erhaltungsladespannung *f*
trickle impregnation / Träufelimprägnierung *f*, tropfenweise Imprägnierung || **~ resin** / Träufelharzmasse *f*
trifurcating box / Dreier-Aufteilungskasten *m* (Aufteilungsarmatur für drei Adern) || **~ joint** / Dreier-Aufteilungsmuffe *f* (Aufteilungsarmatur zur Verbindung eines Dreileiterkabels mit drei Einleiterkabeln)
trifurcator *n* / Doppelabzweigmuffe *f*
trigatron *n* / Trigatron *n*, gesteuerte Funkschaltröhre
trigger *v* / auslösen *v*, triggern *v*, zünden *v*, ansteuern *v*, anstossen *v* || **~ n** / Auslöser *m*, (elektronische) Auslöseschaltung, Trigger *m*, Triggerschaltung *f*, Triggerimpuls *m*, Auslöseimpuls *m*, Ansteuergerät *n*, Grenzwertglied *n*, Schwellwertschalter *m*, Steuereinheit *f* (SR), Ausrücker *m*, Abzug *m* || **~ ignition** ~ / Zündschaltgerät *n* (Kfz) || **~ time** ~ / Zeitauslöser *m*, Zeitanstoß *m* || **~ advance angle** EN 60146-1-1 / Steuerwinkel *m* (LE, Formelzeichen Beta), Steuerwinkel-Vorlauf *m* (Dauer, um die den Ansteuerpuls gegenüber dem Bezugszeitpunkt vorgezogen wird, ausgedrückt im Winkelmaß) || **~ again** / nachtriggern *v* || **~ box** / Zündschaltgerät *n* (Kfz) || **~ circuit** / Kippglied *n*, Kippstufe *f* || **~ circuitry** / Steuersatz *m* || **~ circuitry set software** / Steuersatzsoftware *f* || **~ condition** / Triggerbedingung *f* || **~ control** / Zündsteuerung *f* (LE) VDE 0558,T.1 || **~ delay angle** / Steuerwinkel *m* (LE)
triggered flipflop / taktabhängiges Speicherglied || **~ sweep** / getriggerte Zeitablenkung (Osz.) || **~ time base** / getriggerte (o. triggerbare) Zeitablenkeinrichtung
triggered-type chopping gap / getriggerte Abschneidfunkenstrecke
trigger electrode / Starterelektrode *f*, Zündelektrode *f*, Starter *m*, Trigger *m* || **~ enable** / Triggerfreigabe *f* || **~ equipment** IEC 146 / Ventilsteuereinrichtung *f*

VDE 0558,T.1, Steuersatz *m* || **~ event** / Auslöseereignis *n*, Triggerereignis *n* || **~ flipflop** / Trigger-Flipflop *n*, T-Flipflop *n*, Auslöse-Flipflop *n* || **~ function** / Auslösefunktion *f* (PMG) DIN IEC 625 || **~ gap** / Triggerentladungsstrecke *f* || **~ holdoff** / Triggersperre *f* (Osz.) || **~ hybrid** / Ansteuer-Hybrid *n*
triggering *n* / Auslösung *f*, Triggern *n* DIN IEC 469,T.1, Triggerung *f*, Ansteuerung *f*, Taktgabe *f*, Taktung *f*, Anstoss *m*, Zündansteuerung *f* (Steuerfunktion, die bei einem einrastenden Ventilbauelement oder einem aus solchen bestehenden Zweig das Zünden auslösen soll) || **~ series** ~ / Reihenzündung *f* (Lampen) || **~ electrode** / Triggerelektrode *f* || **~ frequency range** / Trigger-Frequenzbereich *m* (Osz.), Triggerbereich *m* || **~ instant** / Zündzeitpunkt *m* (Thyr.) || **~ point** / Triggerpunkt *m*, Schaltpunkt *m* || **~ spark gap** / Auslösefunkenstrecke *f*, Triggerfunkenstrecke *f* || **~ threshold** / Trigger-Ansprechschwelle *f* (Osz.)
trigger/initiate to a time measurement / Anstoßen einer Zeitmessung
trigger level / Triggerniveau *n* (Osz.) || **~ memory** / Anstossmerker *m* || **~ phase control** / Zündsteuerung *f* (LE) VDE 0558,T.1 || **~ point** / Kippunkt *m* (Rel.), Triggerpunkt *m*, Schaltpunkt *m* || **~ pulse** / Ansteuerimpuls *m*, Ansteuerung *f* || **~ qualifier** / Trigger-Kennzeichner *m* || **~ set** / Ventilsteuereinrichtung *f* VDE 0558,T.1, Steuersatz *m* || **~ signal** / Ansteuersignal *n* || **~ source** / Triggerquelle *f* (Osz.) || **~ tube** / Relaisröhre *f*, Glimmrelaisröhre *f* || **~ window** / Triggerfenster *n*
trigonometric function / Winkelfunktion *f*, trigonometrische Funktion
trim *v* / fein einstellen *v*, (Einstellungen) korrigieren *v* (o. abgleichen), beschneiden *v*, stutzen *v* (CAD), entgraten *v*, putzen *v*, abgleichen *v*, justieren *v* || **~ n** / Abgleich *m*, korrigierte (o. abgeglichene) Einstellung, Gleichgewichtslage *f* (Schiff), Dekorteil *m*, Verkleidung *f*, dekoratives Element || **~ valve** ~ / Ventilgarnitur *f* || **~ frame** / Blendrahmen *m* (IV) || **~ mark** / Beschneidemarke *f*
trimmed *adj* / getrimmt *adj*
trimming *n* / Abgleichen *n*, Feineinstellung *f*, Beschneiden *n*, Abgraten *n*, Dekorteil *m* || **~ capacitor** / Abgleichkondensator *m* || **~ die** / Beschneidwerkzeug *n* || **~ machine** / Abgratmaschine *f* || **~ potentiometer** / Justierpotentiometer *n*, Abgleichpotentiometer *n* || **~ resistance** / Trimmwiderstand *m* || **~ resistor** / Justierwiderstand *m*, Abgleichwiderstand *m*
trimpot *n* / Trimmpotentiometer *n*
trim rail / Blendschiene *f* || **~ size** / Beschneideformat *n*
triode *n* / Triode *f* || **~ field-effect transistor** / Feldeffekttransistortriode *f* || **~ thyristor** / Thyristortriode *f* || **~ transistor** / Transistortriode *f*
trip *v* / auslösen *v*, abschalten *v*, ausrücken *v*, ausklinken *v*, schalten *v* || **~ n** / Auslöser *m*, Auslösung *f*, Ausschaltvorrichtung *f* || **~ overspeed** ~ / Überdrehzahlauslöser *m*, Drehzahlwächter *m* || **~ circuit** / Auslösestromkreis *m* || **~ circuit supervision** / Auslösekreisüberwachung *f* || **~ class** / Auslöseklasse *f*
trip-close operation / Aus-Ein-Schaltung *f* (KU)
trip coil / Auslösespule *f*, Ausschaltspule *f* || **~ computer** / Fahrtrechner *m* (Kfz), Bordcomputer *m*

|| ~ **contact** / Auslöserkontakt m, Auslösekontakt m, Abschaltkontakt m || ~ **current** / Auslösestrom m, Abschaltstrom m, Fehlerstrom m (FI-Schalter) || ~ **device** / Auslösevorrichtung f || ~ **element** / Auslöser m (SG) || ~ **float** / Abschaltschwimmer m, Auslöseschwimmer m
trip-free n / Freiauslösung f || ~ *adj* / abschaltfrei *adj* || ~ **CBE** / GSS mit Freiauslösung || ~ **circuit-breaker** IEC 157-1 / Leistungsschalter mit Freiauslösung VDE 0660, T.101, Leitungsschutzschalter mit Freiauslösung || ~ **contactor** / Schütz mit Freiauslösung || ~ **controller** / Steuergerät mit Freiauslösung || ~ **lever** / Freilaufhebel m (SG) || ~ **mechanical switching device** / mechanisches Schaltgerät mit Freiauslösung, Schalter mit Freiauslösung || ~ **mechanism** / Freiauslösung f (Vorrichtung) || ~ **motor starter** / Motorstarter mit Freiauslösung || ~ **r.c.c.b.** / FI-Schutzschalter mit Freiauslösung || ~ **starter** / Starter mit Freiauslösung
trip function / Abschaltfunktion f || ~ **indication** / Schalterfallmeldung f
triple *adj* / 3-fach *adj*
triple-armature motor / Dreiankermotor m, Dreifachmotor m
triple bundle / Dreierbündel n
triple-busbar substation / Dreifach-Sammelschienen-Station f || ~ **system** / Dreifach-Sammelschienen-System n
triple-cage motor / Dreifach-Käfigläufermotor m, Dreinutmotor m || ~ **rotor** / Dreifach-Käfigläufer m, Dreinutläufer m
triple-compartment trunking / dreizügiger Kanal
triple conductor / Dreierbündel n
triple-diffused MOS (TMOS) / dreifach diffundierte MOS
triple diffusion process / Dreifach-Diffusionsverfahren n, 3-D-Prozess m
triple-height Eurocard / dreifachhohe Europakarte
triple lacing / Ausfachung zweifach mit gekreuzten Diagonalen (Gittermast) || ~ **lampholder** / Dreifachfassung f (Lampe) || ~ **motor** / Dreifachmotor m
triplen harmonics / Oberwellen dritter Ordnung
triplens *pl* / Oberwellen dritter Ordnung
triple-phase *adj* / dreiphasig *adj*, dreisträngig *adj*, Drehstrom...
triple pilot / Hilfsaderdreier m || ~ **PLC** / TRIO-PLC
triple-pole *adj* / dreipolig *adj* || ~ **autoreclosure** / dreipolige (o. dreisträngige) Kurzunterbrechung, dreipolige Wiedereinschaltung || ~ **circuit-breaker** / dreipoliger Leistungsschalter, dreipoliger Leitungsschutzschalter || ~ **contactor** / dreipoliges Wechselstromschütz || ~ **switch** / dreipoliger Lastschalter, dreipoliger Schalter
triple-pulse reversible converter / dreipulsiger Umkehrstromrichter
triple receptacle outlet / Dreifachsteckdose f || ~ **reduction** / Dreifachuntersetzung f
triple-reduction gear unit / dreifaches Untersetzungsgetriebe
triple-serial *adj* / dreifachseriell *adj*
triple-slope converter / Dreirampenumsetzer m (o.-wandler), Dreiflankenwandler m
triple socket-outlet / Dreifachsteckdose f || ~ **split brush** / Drillingsbürste f || ~ **split brush with separate top-piece** / Drillingsbürste mit Kopfstück

|| ~ **squirrel-cage motor** / Dreifach-Käfigläufermotor m, Dreinutmotor m
triplet n / Triplett n (NC)
triple terminal / Dreifachklemme f || ~ **warren** / Ausfachung zweifach mit gekreuzten Diagonalen (Gittermast)
triplex lap winding / Dreischleifenwicklung f || ~ **material** / Dreischichtmaterial n || ~ **winding** / Dreischleifenwicklung f, dreifach parallelgeschaltete Wicklung
triplicate-bus substation / Dreifach-Sammelschienen-Station f
triplicate bus system / Dreifach-Sammelschienen-System n
trip limit / Abschaltgrenze f (Kfz)
tripod n / Dreifuß m, Stativ n || ~ **marker** / Dreibeinmarker m
tripping IEC (448) / Ausschalten n (LS, Schutzsystem), Abschalten n, Abschaltung f, überfahren n || **final** ~ / endgültige Ausschaltung (Netz o. Betriebsmittel, nach einer Anzahl erfolgloser Wiedereinschaltungen), Definitivauslösung f || ~ **characteristic** / Auslösekennlinie f, Auslösecharakteristik f || ~ **characteristics** / Auslöseverhalten n || ~ **circuit** / Auslösestromkreis m || ~ **combination** / Auslösekombination f || ~ **command** / Auslösekommando n || ~ **current** / Auslösestrom m, Abschaltstrom m, Fehlerstrom m (FI-Schalter) || ~ **delay** (Rated permissible tripping delay: 1 second) / Ausschaltverzögerung f, Auslöseverzögerung f || ~ **dependent on line voltage** / netzspannungsabhängige Auslösung || ~ **device** / Auslösevorrichtung f || ~ **factor** / Auslösefaktor m (MG), Ausschaltfaktor m || ~ **independent of line voltage** / netzspannungsunabhängige Auslösung || ~ **latch** / Auslöseklinke f || ~ **latch overhang** / Auslöseklinkenüberdeckung f || ~ **limits** / Auslösegrenzwerte m pl (LS) || ~ **linkage** / Auslösegestänge n || ~ **mechanism** / Auslösevorrichtung f || ~ **motor** / Auslösemotor m || ~ **operation** / Auslösung f, Auslösevorgang m || ~ **pin** / Auslösestift m || ~ **range** / Auslösebereich m (Schutz) || ~ **reason** / Auslösegrund m || ~ **relay** / Auslöserelais n, Ausschaltrelais n || ~ **roller** / Auslöserolle f || ~ **rule** / Auslöseregel f || ~ **shaft** / Auslösewelle f || ~ **signal** / Auslösesignal n || ~ **speed** / Abschaltdrehzahl f, Abschaltgeschwindigkeit f, Ausklinkdrehzahl f || ~ **spring** / Ausschaltfeder f, AUS-Feder f || ~ **temperature** / Auslösetemperatur f, Abschalttemperatur f || ~ **tension spring** / Ausschaltfeder f || ~ **tension spring side** / Ausschaltfederseite f || ~ **test** / Auslöseprüfung f (Schutz) || ~ **time** / Auslösezeit f, Öffnungszeit f || ~ **time setting** / Zeiteinstellung f || ~ **torque** / Abschaltdrehmoment n, Abschaltmoment n, Ausschaltmoment n || ~ **unit** / Auslösegerät n || ~ **valve** / Ausschaltventil n || ~ **voltage** / Auslösespannung f || ~ **zone** / Auslösegebiet n (Schutz)
trip rating / Ausschaltvermögen n (LSS) || ~ **recorder** / Fahrtenschreiber m || ~ **region** / Auslösegebiet n (Schutz) || ~ **solenoid** / Auslösespule f, Auslösemagnet m, Ausschaltspule f
trip-wire switch / Seilzugschalter m

trislot rotor / Dreinutläufer *m*
tristate buffer / Drei-Zustands-Trennstufe *f* || ~ **characteristic** / Tristate-Verhalten *n* || ~ **circuit** / Drei-Status-Schaltkreis *m* || ~ **driver** / Tristate-Treiber *m* || ~ **logic (TSL)** / Tristate-Logik *f* (TSL)
tristimulus colorimeter / Dreibereichs-Farbmessgerät *n* || ~ **values** / Normfarbwerte *m pl*, Farbwerte *m pl*
trivial file-transfer protocol (TFTP) / TFTP
TRL / Verkehrslichtzeichen *n*, Verkehrsampel *f* || ≙ s. transistor-resistor logic
troffer *n* / Wanne *f* (Leuchte), Wannenleuchte *f*, eingelassenes Lichtband, Muldenreflektor *m* || ~ **luminaire** / Wannenleuchte *f*, Einbau-Wannenleuchte *f*, Einbau-Deckenleuchte *f*
trolley *n* / Katze *f* || ~ **busway** / Schienenverteiler mit Stromabnehmerwagen VDE 0660,T.502, Schienenverteiler mit fahrbarem Stromabnehmer || ~ **collector** / Stangenstromabnehmer *m*
trolley-pole assembly / Isolierstange mit Laufkatze (f. Leitungsmontage)
trolley-type tap-off facility / Stromabnehmerwagen *m* (Schienenverteiler)
trolley wheel / Stangenstromabnehmer-Kontaktrolle *f* || ~ **wire** / Fahrdraht *m*, Fahrleitung *f*, Schleifleitung *f*
tropical insulation / Tropenisolation *f*
tropicalization test / Tropenfestigkeitsprüfung *f*
tropicalized *adj* / mit Tropenisolation, tropenfest *adj*, klimabeständig *adj* || ~ **type** / Tropenausführung *f*
tropically insulated / mit Tropenisolation
tropic-proof *adj* / tropenfest *adj*, mit Tropenisolation, klimabeständig *adj*
tropic-proofing test / Tropenfestigkeitsprüfung *f*
trouble *n* / Störung *f*, Fehler *m* || ~ **call management** / Kundeninformationssystem *n*
trouble-free *adj* / störungsfrei *adj*, fehlerfrei *adj*
trouble indication / Störungsanzeige *f* (FWT) || ~ **lamp** / Handleuchte *f* || ~ **man** s. trouble shooter
troubleproof *adj* / störungssicher *adj*, fehlsicher *adj*
troubles for sealing / Dichtungsschwierigkeit *f*
trouble-shooter *n* / Störungssucher *m*
troubleshooting *n* / Fehlersuche *f*, Fehlerbehandlung *f*, Fehlerauswertung *f*, Störungsbeseitigung *f*, Störungsbehebung *f*, Fehlerbehebung *f*, Fehlerbeseitigung *f*, Störungssuche und -beseitigung || ~ **costs** / Fehlerbeseitigungskosten *pl* || ~ **time** / Fehlersuchzeit *f*
trough *n* / Wanne *f*, Trog *m*, Hülse *f*, Nuthülse *f*, Mulde *f*, Höhlung *f*, Isolierhülse *f* || **load** ~ / Lasttal *n* || ~ **fitting** / Wannenleuchte *f*, Leuchtwanne *f*
troughing *n* / Wanne *f*, Kabelwannensystem *n*, Kabelkanal *m*
trough luminaire / Wannenleuchte *f*, Leuchtwanne *f* || ~ **reflector** / Wannenreflektor *m*, trogförmiger Reflektor, Rinnenreflektor *m*, Reflektorwanne *f* || ~ **welding assembly** / Wanne Schweißbaugruppe
TR probe s. transceiver probe
TRS s. test response spectrum
t.r.s. cable s. tough-rubber-sheathed cable
T/R tube s. transmit/receive tube
truck *n* / Lastkraftwagen *m*, Wagen *m*, Fahrgestell *n*, Schalt(er)wagen *m* || ~ **compartment** / Schaltwagenraum *m* || ~ **interlock** / Schaltwagenverriegelung *f*, Fahrverriegelung *f* || ~ **tarpaulin** / LKW-Plane *f*

truck-type circuit-breaker assembly (o. cubicle o. unit) / Leistungsschalter-Wagenanlage *f* (Gerätekombination, Einzelfeld) || ~ **circuit-breaker switchgear** / Leistungsschalter-Wagenanlage *f* || ~ **switchgear** / Schaltwagenanlage *f*, Wagenanlage *f* || ~ **switchgear unit** / Schaltwageneinheit *f*
true *v* / ausrichten *v*, zentrieren *v*, abrichten *v*, abdrehen *v*, abschleifen *v*
true *adj* / wahr *adj*, echt *adj*, wirklich *adj*, tatsächlich *adj*, genau *adj*, maßgenau *adj*, richtungsgenau *adj*, schlagfrei *adj*, rundlaufend *adj*, rein *adj*, tatsächlich *adj*, Wirk..., fluchtend *adj* || ~ *adj* / WAHR *adj*
true, to ~ by grinding / durch Überschleifen instandsetzen, abschleifen *v*
true class limits / echte Klassengrenzen (Statistik, QS) || ~ **fluid friction** / reine Flüssigkeitsreibung, Vollschmierung *f* || ~ **indication** / Istanzeige *f*
trueing device / Abrichtgerät *n*, Glätter *m*
trueness *n* / Genauigkeit *f*, Maßhaltigkeit *f*, Schlagfreiheit *f*, Rundlaufgenauigkeit *f* || ~ *n* (QS) / Richtigkeit *n* (QS) DIN 55350,T.13
true neutral point / echter Sternpunkt || ~ **power** / Wirkleistung *f* || ~ **process average** / wahre durchschnittliche Herstellqualität, wahrer mittlerer Fehleranteil der Fertigung || ~ **r.m.s. measurement** / Echt-Effektivwertmessung *f* || ~ **running** *n* / Rundlauf *m*, schlagfreier Lauf || ~ **running test** / Rundlaufprüfung *f*, Laufruheprüfung *f*
true-run switch / Schieflaufschalter *m* (Förderband)
true-to-contour *adj* / kurvengetreu *adj*
true to gauge / lehrenhaltig *adj*, maßhaltig *adj* || ~ **to recipe** / rezeptgetreu *adj*, rezepthaltig *adj* || ~ **to scale** / maßstabgerecht *adj* || ~ **to size** / maßhaltig *adj*, maßgerecht *adj* || ~ **trigger** / wahre Triggerung || ~ **value** / wahrer Wert, richtiger Wert der Messgröße || ~ **zero** / echter Nullpunkt
truly aligned / genau ausgerichtet, fluchtend *adj* || ~ **vertical** / lotrecht *adj*
truncate *v* / kürzen *v* (einer Zahl), abbrechen *v*, verkürzen *v*, abstumpfen *v*, abschneiden *v* (Teile von Zeichenfolgen) || ~ **decimal places** / Abschneiden der Nachkommastellen
truncation error / Abschneidefehler *m* DIN 44300
trunk *n* / Verbindungsleitung *f* (zwischen Kraftwerken o. Kraftwerk u. Unterstation) || ~ / Hauptleitung *f*, Fernleitung *f* || ~ **amplifier** / Stammleitungsverstärker *m* || ~ **cable** / Hauptleitungskabel *n*, Hauptkabel *n* (LAN), Sammelkabel *n*, Sammelleitung *f*, Stammleitung *f*, Fernkabel *n* || ~ **feeder** / Verbindungsleitung *f* (zwischen Kraftwerken o. Kraftwerk u. Unterstation)
trunking *n* / Kanal(system) *m(n)*, Schienenkanal *m*, Schienenverteiler *m*, Gruppenbildung *f*, Blechkanal *m*, Bündelung *f*, Installationskanal *m* || ~ **luminaire** / Schienenleuchte *f* || ~ **unit** / Schienenkasten *m* (IK)
trunk line / Hauptleitung *f*, Fernleitung *f* || ~ **road** / Hauptverkehrsstraße *f* || ~ **signal attenuation** / Durchgangsdämpfung *f* || ~ **splitter** / Stammleitungsverteilung *f*
trunnion *n* / Drehzapfen *m*, Tragzapfen *m*, Drehbolzen *m* (Hängeklemme)
trunnion-mounted gear / Zapfengetriebe *n*
truss *n* / Binder *m* (Trägerkonstruktion), Fachwerkträger *m*

truth of rotation / Rundlaufgenauigkeit f || ~ **table** / Wahrheitswertetafel f, Wahrheitstabelle f, Boolesche Verknüpfungstafel
TRV (transient recovery voltage) / Einschwingspannung f
TS s. teleservice
TSAP s. transport service access point || ≙ **(transport service access point)** / TSAP (Transport Service Access Point)
TSC (thyristor switched capacitor) / thyristorgeschalteter Kondensator
TSL s. tristate logic
T-slot n / Hammerkopfnut f
t.s.n. s. thermal severity number
TSOS s. time-sharing operating system
T-square n / Reißschiene f
TSS (tool setting station) / SEG (Schneideneinstellgerät)
TTA s. type-tested l.v. switchgear and controlgear assembly || ≙ **(type-tested switchgear and controlgear assemblies)** / typgeprüfte Niederspannung-Schaltgerätekombination
TTD s. transmission delay time
TTF s. time to failure
TTFF s. time to first failure
TTL (transistor-transistor logic) / TTL (Transistor-Transistor-Logik) || ≙ **level** / TTL-Pegel m
T-tower n / T-Mast m
TT protective scheme / TT-Netz n, Schutzerdung f
TTQ s. type test quantity
TT system / TT-Netz n, Schutzerdungssystem n
TTY / fernschreiben v || ≙ **(teletype)** / TTY (Teletype) || ≙ **interface** / TTY-Schnittstelle f || ≙ **keyboard printer** / TTY-Blattschreiber m || ≙ **link** / TTY-Verbindung f (o. - Koppelstrecke)
T-type flip-flop / T-Flip-Flop m
TUB / Transformatoren-Unterlagen für die Bemessung (TUB)
tube n / Rohr n, Schutzrohr n, Schlauch m, (elektronische) Röhre f, Kontakthülse f, Buchse f, Kanüle f || ~ IEC 50(212) / Rohr n (Isolierrohr), flexibles Rohr || ~ **base** / Röhrenfuß m, Schlauchfassung f || ~ **bottom** / Rohrboden m || ~ **bundle** / Rohrbündel n || ~ **cleat** / Rohrschelle f, Schlauchschelle f || ~ **clip** / Rohrschelle f, Schlauchschelle f, Schlauchklemme f || ~ **coating** / Röhrenbeschichtung f (BSG) || ~ **conveyor system** / Rohrpostanlage f
tube-cooled motor / röhrengekühlter Motor
tube cooling / Röhrenkühlung f || ~ **efficiency** / Röhrenwirkungsgrad m || ~ **holder** / Röhrenfassung f (elektron. Röhre) || ~ **nest** / Rohrbündel n || ~ **noise** / Röhrenrauschen n || ~ **of flux** / Flussröhre f || ~ **of force** / Kraftlinienröhre f, Feldröhre f || ~ **plate** / Rohrboden m, Lochboden m
tuberculation n / Narbenkorrosion f
tube sheet / Rohrboden m, Lochboden m || ~ **starting time** / Röhreneinlaufzeit f || ~ **turbine** / Rohrturbine f
tubetrack system / Lichtrohrsystem n
tube-type motor / röhrengekühlter Motor || ~ **offload tap changer** / Rohrumsteller m (Trafo)
tube voltage / Röhrenspannung f, Brennspannung f
tubing n / Schlauchmaterial n, Schlauch m, Rohrmaterial n, Rohrleitungen f pl || ~ IEC 50(212) / Rohr n (Isolierrohr), flexibles Rohr || ~ **diagram** / Rohrleitungsplan m (schematisch), Rohrplan m

tubular bag machine / Schlauchbeutelmaschine f || ~ **brush holder** / Köcher-Bürstenhalter m || ~ **busbar** / Rohrsammelschiene f, Rohrschiene f || ~ **bus duct** / Rohrschienenkanal m, Rohrschiene f || ~ **cable socket** / Rohrkabelschuh m || ~ **column** / Rohrmast m || ~ **conductor** / Rohrleiter m || ~ **cooler** / Röhrenkühler m, Rohrkühler m, Rohrharfe f (Kühler) || ~ **discharge lamp** / röhrenförmige Entladungslampe || ~ **earth electrode** / Erdungsrohr n || ~ **filament lamp** / Soffittenlampe f || ~ **fluorescent lamp** / röhrenförmige Leuchtstofflampe, Leuchtstoffröhre f || ~ **fork-type socket (o. cable lug)** / Gabel-Rohrkabelschuh m || ~ **heater** / Rohrheizkörper m || ~ **heating element** / Rohrheizkörper m || ~ **lamp** / röhrenförmige Lampe, Röhrenlampe f, Soffittenlampe f || ~ **linear induction motor (TLIM)** / Zylinder-Linear-Induktionsmotor m || ~ **plate** / Röhrchenplatte f (Batt.), Panzerplatte f (Batt.) || ~ **pole** / Rohrmast m || ~ **radiator** / Röhrenkühler m, Rohrkühler m, Rohrharfe f (Kühler) || ~ **rivet** / Rohrniet n || ~ **screw terminal** / Außengewinde-Schlitzklemme f || ~ **shaft** / Hohlwelle f || ~ **tank** / Röhrenkessel m, Rohrharfenkessel m
tuched-up adj / tuschiert adj
Tuchel socket / Tuchelbuchse f
tucking up the turns / Umlegen der Windungen (verstürzte Wickl.)
tulip contact / Tulpenschaltstück n
tumble box / Fallschacht m (f. Lochstreifen)
tumbler n / Wippe f, Kipphebel m, Zuhaltung f (Schloss), Turas m || ~ **arrangement** / Schließung f (Schloss, Schlüsselschalter) || ~ **switch** / Kippschalter m, Kipphebelschalter m
tumbler-type lock / Schloss mit Zuhaltungen
tumbling barrel / Falltrommel f
tuned circuit / abgestimmter Kreis, Resonanzkreis m, Schwingkreis m || ~ **to one another** / aufeinander abgestimmt
tuner n / Abstimmeinrichtung f, Durchstimmvorrichtung f, Tuner m || ~ **backlash** / toter Gang der Abstimmeinrichtung || ~ **resettability** / Wiedereinstellgenauigkeit der Abstimmeinrichtung
tungstate n / Wolframat n
tungsten-arc lamp / Wolframbogenlampe f
tungsten-bromine lamp / Bromlampe f
tungsten carbide / Wolframkarbid n || ~ **filament** / Wolframwendel f, Wolframfaden m
tungsten-halogen lamp / Wolframhalogenlampe f, Halogenlampe f, Halogenglühlampe f
tungsten iodine lamp / Jodglühlampe f
tungsten-ribbon lamp / Wolframbandlampe f
tungsten tube / Wolframröhre f
tuning / Abstimmung f
tuning capacitor / Abgleichkondensator m || ~ **device** / Abstimmvorrichtung f, Abstimmittel n || ~ **diode** / Abstimmdiode f
tuning-fork contact / Gabelkontakt m
tuning range / Abstimmbereich m, Durchstimmbereich m || ~ **of resistors** / Widerstandsabgleich m
tuning-range power ratio / Leistungsverhältnis im Abstimmbereich (Oszillatorröhre) DIN IEC 235.T.1
tuning rate / Abstimmgeschwindigkeit f || ~ **sensitivity** / Abstimmempfindlichkeit f || ~ **speed** /

tunnel 642

Abstimmgeschwindigkeit f || ~ **switch** / Strukturschalter m || ~ **variable-capacitance diode** / Abstimmdiode f
tunnel n / Tunnel m (HL) || **cable** ~ / Kabelstollen m, begehbarer Kabelkanal, Kabelboden m || ~ **action** / Tunnelvorgang m (HL), Tunnelung f || ~ **bearing** / Tunnellager n || ~ **breakdown** / Tunneldurchbruch m (HL) || ~ **diode** / Tunneldiode f || ~ **effect** / Tunneleffekt m (HL)
tunneling, Giaever ~ / Giaever-Tunneleffekt m || ~ **mode** / Leckmode m (LWL) || ~ **probability** / Tunnelwahrscheinlichkeit f || ~ **slot** / Tunnelnut f (el. Masch.), geschlossene Nut
tunnel luminaire / Tunnelleuchte f || ~ **power diode** / Leistungstunneldiode f || ~ **terminal** / Buchsenklemme f || ~ **terminal with indirect screw pressure** / Buchsenklemme mit Druckstück || ~ **winding** / Fädelwicklung f, Wicklung in geschlossenen Spulen
tunnel-wound armature / gefädelter Anker
turbidimeter n / Trübungsmessgerät n
turbidity n / Trübung f, Trübheit f, Trübungsfaktor m (LT) || ~ **meter** / Trübungsmessgerät n || ~ **number** / Trübungszahl f
turbine n / Turbine f
turbine-driven converter / Turbo-Umformer m || ~ **generator** / Turbo-Generator m
turbine end / Turbinenseite f || ~ **flowmeter** / Turbinen-Durchflussmesser m || ~ **flowmeter transmitter** / Turbinen-Durchflussgeber m || ~ **flow transducer** / Turbinen-Durchflussmessumformer m
turbine-generator unit / Turbo-Generatorsatz m
turbine pit / Turbinengrube f, Turbinenschacht m || ~ **trip** / Schnellschlussauslösung f (Turbine) || ~ **trip gear** / Schnellschlusseinrichtung f (Turbine)
turbine-type machine / Turbomaschine f || ~ **rotor** / Turbo-Läufer m, Vollpolläufer m
turbo-alternator n / Turbo-Generator m || ~ **set** / Dampf-Turbo-Satz m
turbo-converter n / Turbo-Umformer m
turbo-electric drive / turbo-elektrischer Antrieb
turbulator n / Turbulator m
turbulence n / Wirbel m, Verwirbelung f
turbulent flow / turbulente Strömung, wirbelnde Strömung
turn v / drehen v, wenden v, durchdrehen v, törnen v, laufen v || ~ n / Windung f (Wickl.), Drehung f, Wendung f, Wendel f, Gang m, Umdrehung f || **flux linking a** ~ / Windungsfluss m || **to** ~ **spherically** / ballig drehen || **to** ~ **the pages** / blättern v
turnaround n / Richtungswechsel m (Modem) || **line** ~ / Leitungsumkehrung f (Informationsübertragung) || ~ **time** / Durchlaufzeit f (Zeit zwischen Auftragserteilung an eine Instanz und dem Vorliegen des Auftragsergebnisses) DIN 44300, Umschlagzeit f (Lager)
turnbuckle n / Spannschloss n
turned adj / gedreht adj || ~ **part** / Drehteil n
turning n / Dreharbeit f, Drehbearbeitung f, Drehen n
turning capacity / Drehleistung f (WZM, NC) || ~ **center** / Drehmitte f, Drehzentrum n || ~ **centre** / Drehmitte f (WZM, NC) || ~ **cycle** / Drehzyklus m || ~ **diameter** / Drehdurchmesser m (WZM, NC) || ~ **endlessly** / endlosdrehend adj || ~ **gear** / Drehvorrichtung f (f. Maschinenläufer), Törnvorrichtung f, Läuferdrehvorrichtung f,

Durchdrehvorrichtung f || ~ **machine** / Drehmaschine f, Drehbank f || ~ **macro** / Drehmakro n || ~ **operation** / Drehbearbeitung f, Dreharbeit f, Drehen n || ~ **tool** / Drehmeißel m, Drehwerkzeug n, Drehstahl m, Meißel m
turn insulation / Windungsisolierung f
turnkey system / schlüsselfertiges System
turn-lock fastener / Drehriegel m, Drehverschluss m
turn loop lighting (TLP) / Wendeschleifenbefeuerung f (TPL) || ~ **off** v / abdrehen v, ausschalten v
turn-off n / Ausschalten n, Abschalten n, Löschen n (HL) || ~ **angle** / Löschwinkel m (LE) || ~ **arm** / Löschzweig m (LE) || ~ **capacitor** / Löschkondensator m (LE) || ~ **diode** / Abschaltdiode f || ~ **dissipation** / Ausschalt-Verlustleistung f (Diode, Thyr.) || ~ **figure of merit** / Gütefaktor der Abschaltung (Verstärkerröhre) DIN IEC 235,T.1 || ~ **gain** / Abschaltverstärkung f || ~ **loss** / Ausschalt-Verlustleistung f (Diode, Thyr.) || ~ **overshoot** / Abschalt-Überschwingweite f DIN 41745 || ~ **phase control** / Löscheinsatzsteuerung f (LE) || ~ **polarity reversal** / Abschalt-Polaritätsumkehr f DIN 41745 || ~ **pulse** / Löschimpuls m (LE) || ~ **taxiway** / Abrollbahn f (Flp.) || ~ **thyristor** / Abschaltthyristor m, löschbarer Thyristor, Löschthyristor m || ~ **time** / Ausschaltzeit f (Schalttransistor, Thyr), Ausschaltverzug m, Abschaltzeit f || ~ **voltage** / Ausschaltspannung f (Steuerelektrode, Thyr)
turn on v / andrehen v, einschalten v, hochfahren v || ~ **on edge** / Kanten n
turn-on, gate-controlled ~ **time** / Zündzeit f (Thyr) DIN 41786 || ~ **dissipation** / Einschalt-Verlustleistung f (Diode, Thyr) || ~ **loss** / Einschalt-Verlustleistung f (Diode, Thyr.) || ~ **overshoot** / Einschalt-Überschwingweite f DIN 41745 || ~ **phase control** / Zündeinsatzsteuerung f (LE) || ~ **polarity reversal** / Einschalt-Polaritätsumkehr f DIN 41745 || ~ **time** / Einschaltzeit f (Schalttransistor, Thyr), Einschaltverzug m (fotoelektr. NS) || ~ **valve** / Einschaltventil n
turn-on/turn-off check IEC 700 / Kontrolle des Einschalt- und Ausschaltverhaltens (LE)
turnover n / Umsatz m, Umschlag m (Lager), Durchsatz m, Durchdrehen n (Kfz-Mot.), Umstürzen n || ~ **factor** / Umschlagfaktor m (Lager) || ~ **fluctuation** / Umsatzschwankung f || ~ **tax type** / Umsatzsteuerart (US) f || ~ **transfer** / Umsatzübertrag m
turn ratio / Windungsverhältnis n
turns compensation / Windungsabgleich m, Windungskorrektur f || ~ **correction** / Windungsabgleich m, Windungskorrektur f
turn separator / Windungszwischenlage f
turns factor / Windungsfaktor m
turn-signal light / Fahrtrichtungsanzeiger m (Kfz)
turns per inch (TPI) / Windungen pro Zoll
turnstile n / Drehkreuz n (Zugangssperre), Drehsperre f
turn switch / Drehschalter m VDE 0660,T.201, Dreh-Hilfsstromschalter m, Drehtaster m || ~ **the crank** / kurbeln v
turn-to-lock feature / Drehrastung f (HSS), Drehrastverriegelung f
turn-to-reset feature / Drehentriegelung f
turn-to-turn fault / Windungsschluss m || ~ **test** /

Windungsprüfung f || ~ **voltage** / Windungsspannung f
turn-up, volt-time ~ / Stoßfaktor m (Festigkeitsanstieg mit Stoßsteilheit)
turn-ups, formation of ~ / Schibildung f (Walzwerk)
turret n / Revolverkopf m (WZM), Durchführungsdom m, Werkzeugrevolver m, Werkzeugrevolverkopf m, Revolver m || ~ (NC, CLDATA word) ISO 3592 / Revolverkopf m (NC, CLDATA-Wort) || **pole** ~ / Polsäule f || ~ **head** / Revolverkopf m (WZM) || ~ **lathe** / Revolverdrehmaschine f || ~ **tool change** / Revolver-Werkzeugwechsel m
tutorial n / Lehrprogramm n || ~ **program** / Lernprogramm n
TV / TV || ~ / Vorhaltezeit f
T-VASIS / T-VASIS (VASIS = visual approach slope indicator system - optische Gleitwinkelanzeige)
TV standard / Fernsehnorm f
TWA s. travelling-wave amplifier
twelve-channel dotted-line recorder / Zwölfpunktschreiber m
twelve-month programming / ganzjährige Programmierung || ~ **time switch** / Jahresschaltuhr f, Jahreszeitschaltuhr f
twenty-four-hour commutation mechanism / Tagesschaltwerk n || ~ **switch** / Tagesschalter m
twilight detector / Dämmerungsschalter m
twin bars / Doppelschienen $f pl$ || ~ **brush holder** / Zweifach-Bürstenhalter m || ~ **bundle** / Zweierbündel n || ~ **cable** BS 4727, Group 08 / Zwillingskabel n
twin-compartment duct(ing) / zweizügiger Kanal
twin conductor / Zwillingsleiter m
twin-cone friction clutch / Doppelkonuskupplung f
twin contact / Zwillingskontakt m, Doppelkontakt m || ~ **cord** / Zwillingsleitung f, doppeladrige Leitung || ~ **cross-arm** / Doppeltraverse f
twin-disc brake / Doppelscheibenbremse f, Zweiflächenbremse f
twin drive / Zwillingsantrieb m, Doppelantrieb m, Twin-Antrieb m || ~ **flat-pin connector** / Zweifach-Flachstecker m || ~ **handle** / Doppelgriff m || ~ **indicator light** / Doppelleuchtmelder m
twin-lamp ballast / Zweilampen-Vorschaltgerät n || ~ **circuit** / Duoschaltung f (Lampen)
twin lampholder / Doppelfassung f (Lampe)
twin-lamp luminaire / zweilampige Leuchte
twin motor / Zwillingsmotor m, Doppelmotor m || ~ **obstruction light** / Doppelhindernisfeuer n || ~ **pinion drive** / Doppelritzelantrieb m || ~ **plane** / Zwillingsebene f (Kristall)
twin-post connection / Zwillingsstiftverbindung f
twin set / Zwillingsaggregat n
twin-spark ignition / Doppelzündung f (Kfz)
twin starter / Doppelstarter m (Lampe) || ~ **starter socket** / Doppelstarterfassung f (Lampe)
twin-T network / Parallelschaltung von T-Zweitoren
twin-tube ballast / Zweilampen-Vorschaltgerät n
twist v / verdrillen v, verdrehen v, verdrallen v || ~ n / Drillung f, Verdrillung f, Verdrehung f, Drall m, Verwindung f
twistable adj / schwenkbar adj
twist angle / Quirlwinkel m (Rob.) || ~ **button** / Drehwähler m, Drehschalter m || ~ **drill** / Spiralbohrer m
twisted adj / verdrillt adj

twisted conductor / verdrillter Leiter
twisted-conductor cable / verdrilltes Kabel
twisted pair / twisted pair (TP) (Verdrilltes Adernpaar) || ~ **pair cable** / verdrillte Doppelleitung || ~ **pair of cable** / verdrilltes Adernpaar, verdrillte Doppelleitung
twisted-pair wires / verdrilltes Leiterpaar
twisted ribbon cable / verdrilltes Flachbandkabel, Flachbandrundleitung f, Flachrundkabel n
twisted spur gear / schrägverzahntes Wälz-Stirnrad
twist-free slot / drallfreie Nut
twist grinding / Drallschleifen n || ~ **handle** / Schwenkhebel m (HSS), Knebel m (HSS)
twisting frame / Zwirnmaschine f || ~ **of conductors** / Verdrillen o. Zusammendrehen der Leiter n
twist knob / Knebel m (Schaltergriff) || ~ **lever** / Schwenkhebel m || ~ **lock** / Drehverschluss m (a. Leuchte), Drehriegel m
twist-lock lampholder / Drehrastfassung f
twist-on connecting device (t.o.c.d.) / Drehklemme f, Verbindungskappe f || ~ **connector** / Steckverbinder mit Drehkupplung, Steckverbinder mit Drehverriegelung
twist pitch / Twistlänge f
twistproof adj / verdrehsicher adj
twist spring clip / Drehfeder f (Befestigungselement) || ~ **switch** / Schwenkschalter m, Schwenktaster m, Knebelschalter m, Knebel m || ~ **switch latched** / Knebel rastend (KR) || ~ **system** / einfache Viererverdrillung || ~ **torque** / Anzugsdrehmoment n, Anziehdrehmoment n, Anziehmoment n
two-and-a-half axis control / Zweieinhalbachsensteuerung f (NC)
two-armature motor / Zweiankermotor m, Doppelankermotor m
two-arm brush holder / Doppel-Bürstenhalter m || ~ **clamp-type brush holder** / Doppel-Klemmbürstenhalter m
two-axis continuous-path control / Zweiachsen-Bahnsteuerung f (NC), zweiachsige Bahnsteuerung || ~ **contouring control** / Zweiachsen-Bahnsteuerung f (NC) || ~ **theory** / Zweiachsentheorie f (el. Masch.)
two-band pyrometer / Farbpyrometer n
two-beam oscilloscope / Zweistrahl-Oszilloskop n
two-break circuit-breaker / zweifach unterbrechender Leistungsschalter
two-breaker arrangement / Zwei-Leistungsschalter-Anordnung f
two bushing s insulated / zweipolig isoliert || ~ **bushings insulated transformer** / zweipolig isolierter Wandler
two-button station / Doppeldrucktaster m
two-channel adj / zweikanalig adj || ~ **controller** / Zweikanalregler m || ~ **relay control** / Zweikanal-Relaissteuerung f || ~ **selection block** / Zweikanal-Anwahl-Baustein m (SPS)
two-circle goniometer / Zweikreisgoniometer n
two-circuit double-interruption switch / Gruppenschalter m (Schalter 4) VDE 0632 || ~ **single-interruption switch** / Serienschalter m (I-Schalter) || ~ **switch** / Serienschalter m (I-Schalter) || ~ **winding** / zweizweigige Wicklung, Wellenwicklung f
two-coil-side-per-slot winding / Zweischichtwicklung f, zweilagige Wicklung, Zweistabwicklung f

two-colour pyrometer / Farbpyrometer *n*
two-column disconnector IEC 129 / Zweisäulen-Trennschalter *m* VDE 0670,T.2, Zweistützer-Drehtrenner *m* || ~ **machine** / Portalmaschine *f*
two-component illumination / Zwei-Komponenten-Beleuchtung *f* || ~ **lighting** / Zwei-Komponenten-Beleuchtung *f* || ~ **measuring system** / Zweikomponenten-Messeinrichtung *f*
two-conductor bundle / Zweierbündel *n* || ~ **cable** / doppeladriges Kabel || ~ **d.c. circuit** / Zweileiter-Gleichstromkreis *m*
two-core *adj* / zweiadrig *adj*, 2-leitrig *adj* || **two-core cable** / doppeladriges Kabel || ~ **transformer** / Doppelkernwandler *m*
two-cycle breaker / Zweiperiodenschalter *m* || ~ **evaluation** / Zweizyklenauswertung *f*
two-decade root / Zwei-Dekaden-Wurzel *f*
two-dimensional continuous-path control / zweidimensionale Bahnsteuerung (NC) || ~ **contour** / zweidimensionale Kontur (NC) || ~ **contouring control** / zweidimensionale Bahnsteuerung (NC) || ~ **vector** / ebener Vektor
two-direction CPS / Zwei-Richtungs-CPS EN 60947-6-2 || ~ **starter** / Zwei-Richtungsstarter *m* || ~ **thrust bearing** / zweiseitig wirkendes Lager, Wechsellager *n*
two-duct trunking / zweizügiger Kanal
two-electrode valve / Zwei-Elektroden-Ventil *n*, Diode *f*
two-element alloy / Zweistofflegierung *f* || ~ **device** / Zweikomponentengerät *n*
two-float Buchholz relay / Zweischwimmer-Buchholzrelais *n*
two-fluid model / Zwei-Flüssigkeiten-Modell *n*
two-frequency flashing light / Doppelblinklicht *n* || ~ **recording** / Wechseltaktschrift *f*
two-gang plate / Zweifach-Abdeckplatte *f* (f. I-Schalter)
two-hand control / Zweihandbetätigung *f* (o. -schaltung) || ~ **control device** / Zweihand-Befehlsgerät *n* || ~ **control unit** / Zweihand-Steuergerät *n* || ~ **operation** / Zweihandbedienung *f* || ~ **operation console** / Zweihand-Bedienpult *n* || ~ **relay** / Zweihand
two-handed engaging / Zweihandeinrückung *f*
two-key rollover / Zweitastentrennung *f*
two-layer metallization / Zweilagenverdrahtung *f* (IS)
two-layer-sheath cable / Zweimantelkabel *n*
two-layer winding / Zweischichtwicklung *f*, Zweistabwicklung *f*, zweilagige Wicklung
two-leg core / Zweischenkelkern *m*
two-level action / Zweipunktverhalten *n* || ~ **control** / Zweipunktregelung *f*
two-limb core / Zweischenkelkern *m*
two-line *adj* / zweizeilig *adj* (a. LCD-Anzeigefeld)
two-line-to-ground fault / zweiphasiger Erdschluss, zweipoliger Kurzschluss mit Erdberührung, zweipoliger Erdschluss, Doppelerdschluss *m*
two-mass vibrational system / Zweimassenschwinger (ZMS) *m*
two-motion selector / Hebdrehwähler *m*
two-motor drive / Zwillingsantrieb *m*
two opposed nozzles / Fangdüse *f*
two-parameter envelope / Zweiparameter-Hüllkurve *f* || ~ **reference line** / Zwei-Parameter-Linienzug *m*
two-part *adj* / zweiteilig *adj* || ~ **cast steel heater** /
zweischalige Verbundheizfläche aus Guss und Stahl
two-part commutator / zweiteiliger Kommutator, zweifeldriger Kommutator || ~ **connector** / zweiteiliger Steckverbinder, indirekter Steckverbinder || ~ **costing** / Aufteilung in feste und bewegliche leistungsabhängige (arbeitsabhängige) Kosten (StT) || ~ **tariff** / zweigliedriger Tarif || ~ **test** / Kompensationsverfahren *n* (LS)
two-pass compiler / Zweilaufcompiler *m*
two-phase *adj* / zweiphasig *adj*, zweisträngig *adj*, zweipolig *adj* || ~ **fault** / zweiphasiger Kurzschluss || ~ **four-wire system** / Zweiphasen-Vierleiternetz *n* || ~ **four-wire winding** / Zweiphasen-Vierleiterwicklung *f* || ~ **induction motor** / Zweiphaseninduktionsmotor *m* || ~ **kWh meter** / Zweiphasen-Wechselstrom-Wirkverbrauchszähler *m* || ~ **machine** / Zweiphasenmaschine *f*, zweipolige Maschine || ~ **three-wire system** / Zweiphasen-Dreileiternetz *n* || ~ **three-wire winding** / Zweiphasen-Dreileiterwicklung *f*
two-phase-to-earth fault / zweiphasiger (o. zweipoliger) Erdschluss, zweiphasiger Kurzschluss mit Erdberührung
two-phase voltage source / Zweiphasen-Spannungsquelle *f* || ~ **winding** / zweisträngige Wicklung
two-pin cap / Zweistiftsockel *m*
two-plane balancing / Zwei-Ebenen-Auswuchten *n*, dynamisches Auswuchten || ~ **balancing machine** / dynamische Auswuchtmaschine || ~ **overhang** / zweifacher Wickelkopf || ~ **winding** / Zweibenenwicklung *f*, Zweietagenwicklung *f*
two-point cycle / Zwei-Punkte-Zug *m* || ~ **line** / Zweipunktlinie *f*
two-pole *adj* / zweipolig *adj*
two-pole-and-earthing-pin plug / zweipoliger Stecker mit Schutzkontakt, SCHUKO-Stecker *m*
two-pole-and-earth socket-outlet / zweipolige Steckdose mit Schutzkontakt, SCHUKO-Steckdose *f*
two-pole armature / zweipoliger Anker, Doppel T-Anker *m* || ~ **automatic reclosing** / zweipolige Wiedereinschaltautomatik || ~ **circuit-breaker** / zweipoliger Leistungsschalter, zweipoliger Leitungsschutzschalter || ~ **plug with dual earthing contacts** / Schutzkontakt-Stecker für zwei Schutzkontaktsysteme || ~ **resolver** / zweipoliger Resolver || ~ **tap changer** / Zweipol-Stufenschalter *m* (Trafo)
two-pole-to-earth fault / zweipoliger Erdschluss
two-port network / Zweitor *n*
two-position controller / Zweipunktregler *m* || ~ **valve** / Auf-Zu-Ventil *n*
two-pressure breaker / Zwei-Druck-Schalter *m* (LS)
two-pulse bridge connection / Zweipuls-Brückenschaltung *f* (LE), Einphasen-Brückenschaltung *f* || ~ **voltage doubler connection** IEC 119 / Zweipuls-Verdopplerschaltung *f* VDE 0556 || ~ **voltage multiplier connection** IEC 119 / Zweipuls-Vervielfacherschaltung *f* VDE 0556
two-quadrant converter / Zwei-Quadrant-Stromrichter *m* || ~ **drive** / Zweiquadrantenantrieb *m*
two-radian camera / Doppelradius-Filmzylinder *m*
two-ramp lock / Bajonettverschluss *m* || ~ **system** /

Bajonettsystem *n* (StV)
two-range voltmeter / Doppelspannungsmesser *m* ‖ **~ winding** / Zweistufenwicklung *f*
two-rate charge / Zweischrittladung *f* (Batt.), abgesetzte Ladung ‖ **~ meter** / Zweitarifzähler *m*, Doppeltarifzähler *m*, Zweifachtarifzähler *m* ‖ **~ price-changing device** / Zweitarifeinrichtung *f* (EZ) ‖ **~ price-changing trip** / Zweitarifauslöser *m* (EZ) ‖ **~ summator** / Zweitarif-Summenzählwerk *n* (EZ) ‖ **~ time-of-day tariff** / Zweifachtarif *m* (StT), Doppeltarif *m* (StT) ‖ **~ trip** / Zweitarifauslöser *m* (EZ)
T word (An instruction which identifies a tool in an NC program, calls for its selection either manually or by tool changer, and activates the tool data table.) / T-Wort *n*, Werkzeugaufruf *m* (Anweisung, die das in einem NC-Programm zum Einsatz kommende Werkzeug bestimmt, den Werkzeugwechsel manuell oder über den Werkzeugwechsler aufruft und den Werkzeugdatenspeicher anwählt)
two-reaction theory / Zweiachsentheorie *f* (el.Masch.)
two-row connector / zweireihiger Steckverbinder
two's complement / Zweier-Komplement *n*
two's-complement representation / Zweier-Komplement-Darstellung *f*
two-signal method / Doppelsignalmethode *f* IEC 50(161)
two-slots-per-phase winding / Zweilochwicklung *f*
two-source mains infeed / Doppeleinspeisung *f* DIN 19337
two-speed motor / zweifach drehzahlumschaltbarer Motor ‖ **~ pole changing motor** / zweifach polumschaltbarer Motor ‖ **~ pole-changing switch** / Polumschalter für zwei Drehzahlen
two-stage pump / zweistufige Pumpe ‖ **~ amplification** / zweistufige Verstärkung
two-start *adj* / zweigängig *adj* ‖ **two-start thread** / zweigängiges Gewinde, doppelgängiges Gewinde
two-state controller / Zweipunktregler *m* ‖ **~ indication** / Doppelmeldung *f* (FWT) ‖ **~ operational equipment** / Betriebsmittel mit zwei Betriebszuständen ‖ **~ system** / bistabiles System, System mit zwei stabilen Zuständen
two-step action IEC 50(351) / Zweipunktverhalten *n* ‖ **~ charge** / Zweischrittladung *f* (Batt.), abgesetzte Ladung ‖ **~ control** / Zweipunktregelung *f* ‖ **~ controller** / Zweipunktregler *m* ‖ **~ earth-fault protection** / zweistufiger Erdschlussschutz ‖ **~ relay** / Zweistufenrelais *n* ‖ **~ seating** / Zweistufensitz *m* ‖ **~ starter** / Zweistufenanlasser *m*
two-terminal capacitor / Zweipolkondensator *m* ‖ **~ circuit element** / elementarer Zweipol ‖ **~ component** / Zweipolelement *n* ‖ **~ HVDC transmission system** / HGÜ-Zweipunkt-Fernübertragung *f* ‖ **~ network** / Zweipolnetzwerk *n*, Zweipol *m*
two-throw switch / Umschalter *m*, Schalter mit zwei Stellungen
two-thyristor module / Zweifachbaustein *m*
two-tier *adj* / zweizeilig *adj*, doppelzeilig *adj*, zweietagig *adj*, mit zwei Stockwerken (Trafo), zweireihig *adj* ‖ **~ arrangement** / zweizeilige (o. zweireihige) Anordnung (ET) ‖ **~ configuration** / zweizeiliger Aufbau ‖ **~ overhang** / zweifacher

Wickelkopf ‖ **~ terminal** / Doppelstockklemme *f* ‖ **~ version** / Zweizeiler-Variante *f* ‖ **~ winding** / Zweietagenwicklung *f*, Zweiebenenwicklung *f*
two-track commutator / Zweibahnkommutator *m*
two/two-way valve / 2/2-Wegeventil *n*
two-unit pushbutton station / Doppeldrucktaster *m*
two-user system / Zweiplatzsystem *n*
two-value capacitor motor / Motor mit Anlauf- und Betriebskondensator
two-voltage motor / spannungsumschaltbarer Motor
two-wattmeter circuit / Zweiwattmeterschaltung *f*, Aron-Schaltung *f*
two-way / Zweiweg..., beidseitig gerichtet (KN) ‖ **~ alternate communication** / wechselseitige Datenübermittlung DIN 44302 ‖ **~ circuit** / Wechselschaltung *f* (I) ‖ **~ communication** / Zweiwegkommunikation *f*, Zweiwegverkehr *m*, beidseitige Datenübermittlung ‖ **~ connection** / Zweiwegschaltung *f* (SR) ‖ **~ contact** / Wechsler *m* VDE 0660,T.200, Umschaltglied *n*, Umschaltkontakt *m* ‖ **~ contact with neutral position** / Wechsler mit mittlerer Ruhestellung ‖ **~ double-pole reversing switch** / Kreuzschalter *m* (Schalter 7) VDE 0632 ‖ **~ double-pole switch** / zweipoliger Wechselschalter (Schalter 2/2) VDE 0632 ‖ **~ intercom system** / Gegensprechsystem *n* ‖ **~ line** / doppeltgerichtete Leitung (DÜ) ‖ **~ mains signalling** / netzgebundene bidirektionale Übertragung (NBÜ) ‖ **~ make contact** / Zweiwegschließer *m* ‖ **~ selector** / zweibahniger Wähler (Trafo) ‖ **~ simultaneous communication** / gleichzeitige Zweiwegkommunikation, beidseitige Datenübermittlung DIN ISO 7498 ‖ **~ supply** / zweiseitige Einspeisung ‖ **~ switch** / Wechselschalter *m* (Schalter 6) VDE 0632, einpoliger Wechselschalter (Schalter 6/1) VDE 0630 ‖ **~ switch with pilot lamp** / Wechsel-Kontrollschalter *m* ‖ **~ switch with two off positions** (CEE 24) / Gruppenschalter *m* (Schalter 4) VDE 0632 ‖ **~ table** / Zweiwegtafel *f* DIN 55350,T.23 ‖ **~ transmission** / Doppelwegübertragung *f*
two-winding transformer / Zweiwicklungstransformator *m*, Zweiwickler-Trafo *m*, Volltransformator *m*
two-wire connection / Zweileiteranschluss *m*, Zweidrahtanschluss *m*, Zweileiterschaltung *f* ‖ **~ d.c. circuit** / Zweileiter-Gleichstromkreis *m* ‖ **~ design** / Zweidrahtausführung *f* ‖ **~ meter** / Zweileiterzähler *m* ‖ **~ principle** / Zweileiter-Prinzip *n* ‖ **~ proximity switch** / Zweidraht-Näherungsschalter *m* ‖ **~ signal** / Zweileiter-Signal *n* ‖ **~ system** / Zweileiternetz *n*
TXA s. taxiway apron lighting
TXC s. taxiway centre line
TxD (Transmitted Data) / Sendedaten *pl*
TXE s. taxiway edge lighting
tying *n* / Verschnürung *f*
type *n* / Typ *m*, Baumuster *n*, Ausführung *f*, Art *f*, konstruktive Ausführung, Bauform *f* ‖ **~ IEC 512-1 / Bauart *f* DIN 41640** ‖ **~ approval** / Typzulassung *f*, Typanerkennung *f*, Bauartzulassung *f* ‖ **~ approval procedure** / Typenzulassungsverfahren *n* ‖ **~ BB bending beam** / Baureihe BB Biegerbalken ‖ **~ CC can compression cell** / Baureihe CC Druckkraft ‖ **~ code** / Typenschlüssel *m* ‖ **~ density** / Schreibdichte *f*

typed entry / Tastatureingabe f
type designation / Typbezeichnung f || ~ **D fuse-carrier** / D-Sicherungshalter m || ~ **examination certificate** / Typenprüfungszertifikat n || ~ **file** / Typdatei f || ~ **H tripping characteristic** / Auslösekennlinie des Typs H || ~ **II risk** / Wahrscheinlichkeit des Fehlers zweiter Art DIN 55350,T.24 || ~ **I risk** / Wahrscheinlichkeit des Fehlers erster Art DIN 55350,T.24 || ~ **in** / eintippen v || ~ **incompatibility** / Typunverträglichkeit f || ~ **K can cell** / Baureihe K Druckkraft || ~ **K fuse link** / flinker Sicherungseinsatz || ~ **L tripping characteristic** / Auslösekennlinie des Typs L || ~ **of acknowledgement** / Quittierphilosophie f, Quittierungsart f || ~ **of action** / Wirkungsweise f (Reg.), wirkungsmäßiges Verhalten || ~ **of ADC** / ADC-Typ m || ~ **of block** / Bausteintyp m || ~ **of channel** / Kanalart f (FWT) || ~ **of co-ordination** / Zuordungsart f || ~ **of code** / Codeart f || ~ **of command** / Befehlsart f (DÜ) || ~ **of compound** / Mischungstyp m (Kabel) VDE 0281 || ~ **of connection** / Kopplungsart f, Anschlussart f || ~ **of construction** / Bauform f, Bauart f, Ausführungsart f || ~ **of control** / Steuerungstyp m, Steuerungsart f || ~ **of current** / Stromart f || ~ **of data** / Parametertyp m || ~ **of delivery** / Lieferform f || ~ **of design** / Bauform f, Bauart f || ~ **of document** / Dokumentenart f, Unterlagenart f || ~ **of enclosure** / Schutzart f || ~ **of load** / Belastungsart f || ~ **of loading** / Beladeart f || ~ **of location** / Platzart f, Platztyp m || ~ **of louver** / Klappenbauart f || ~ **of monitored binary information** / Meldungsart f || ~ **of output** / Ausgabeart f || ~ **of parameter** / Parameterart f, Art des Parameters || ~ **of process** (controlled) / Streckentyp m (Regelstrecke) || ~ **of protection** / Schutzart f, Zündschutzart f EN 50014 || ~ **of representation** / Darstellungsart f || ~ **of signal** / Signalart f || ~ **of stock removal** / Abspanart f || ~ **of synchronization** / Synchronisationsart f || ~ **of voltage wave** / Spannungstyp m, Spannungsart f || ~ **of wave** / Wellenart f, Wellentyp m || ~ **rating** / Typenleistung f, Bauleistung f || ~ **RC ring cell** / Baureihe RC Biegesteg || ~ **RH ring cell** / Baureihe RH Biegesteg || ~ **RS ring cell** / Baureihe RS Biegesteg || ~ **sample** (CSA Z 299) / Ausfallmuster n || ~ **sample inspection and test report** / Ausfallmusterprüfbericht m || ~ **SB shear beam** / Baureihe SB Scherstab || ~ **series** / Baureihe f || ~ **size** / Typengröße f, Schriftgröße f || ~ **SP single-point cell** / Baureihe SP Single-Point || ~ **style** / Schriftart f || ~ **1 superconductor** / weicher Supraleiter || ~ **2 superconductor** / harter Supraleiter || ~ **test** / Typprüfung f, Bauartprüfung f || ~ **test certificate** / Baumusterprüfbescheinigung, Typprüfbescheinigung f
type-tested / typgeprüft *adj*, baumustergeprüft *adj* || ~ **l.v. switchgear and controlgear assembly (TTA)** IEC 439-1 / typgeprüfte Niederspannungs-Schaltgerätekombination (TSK) VDE 0660,T.500, typgeprüfte Schaltgerätekombination || ~ **low-voltage switchgear and controlgear assembly (type-tested LV switchgear and controlgear assembly)** / typgeprüfte Niederspannung-Schaltgerätekombination || ~ **LV switchgear and controlgear assembly (type-tested low-voltage switchgear and controlgear assembly)** / typgeprüfte Niederspannung-Schaltgerätekombination || ~ **switchgear and controlgear assemblies (TTA)** / typgeprüfte Niederspannung-Schaltgerätekombination, typgeprüfte Schaltgerätekombination
type test quantity (TTQ) / Typprüfmenge f (TPM) || ~ **test report** / Typprüfbericht m, Typprüfungsprotokoll n || ~ **test sample** / Typprüfmuster n || ~ **T fuse** / träge Sicherung || ~ **T fuse-link** / träger Sicherungseinsatz || ~ **UC universal cell** / Baureihe UC Zug/Druck || ~ **verifications and tests** / Typprüfungen f pl
type-wheel n / Typenrad n, Schreibrad n
typewriter n / Schreibmaschine f, Blattschreiber m
type X attachment IEC 335-1 / Anbringungsart X VDE 0700,T.1, Anschlussart X
typical n / Stückliste f || ~ **application** / Anwendungsbeispiel n
typical circuit / Schaltungsbeispiel n || ~ **circuit diagram** / Schaltungsbeispiel n || ~ **connections** / Anschlussmöglichkeiten f pl || ~ **designation** / Typicalkennzeichen n || ~ **table** / Typicalübersicht f

U

U (voltage) / U (Spannung)
UA s. unnumbered acknowledgement
UART (universal asynchronous receiver/transmitter) / UART
Ubbelohde melting point / Ubbelohde-Tropfpunkt m
U-bend test / U-Biegeversuch m, Regelversuch m
U-bolt n / Bügelschraube f, U-Bügel m
UC s. upper case letter || ~? **Allstrom** m
U-clamp terminal / Bügelklemme f (U-förmig)
U command s. unnumbered command
UCS diagram s. uniform-chromaticity-scale diagram
UD s. unit data
UDB / Anwenderdatenbaustein (DB-A) m
UDE (Universal Development Environment) / UDE
UDI s. universal development interface
UDP (user datagram protocol) / UDP
UDT (user-defined data type) / UDT (anwenderdefinierte Datentypen)
UEL s. upper explosive limit
U/f operation / U/f-Betrieb m
UFR (User Frame: Zero offset) / UFR
UG (upgrade) / Hochrüstung f, Hochrüsten n
UHF s. ultra-high frequency
UHT products / H-Produkte n pl
u.h.v. s. ultra-high voltage
UI s. unnumbered information || ~? **network access unit** / UI-Netzwerkanschlusseinheit f || ~? **(user interface)** / Anwendernahtstelle f, AST/PEI, ASS (Anwenderschnittstelle)
UJT s. unijunction transistor
ULA s. uncommitted logic array
Ulbricht sphere / Ulbrichtsche Kugel
ultimate consumer / Endverbraucher m, Letztverbraucher m, Verbraucher m || ~ **creep** / Dauerdehngrenze f || ~ **design load** / Bemessungs-Grenzlast f (Freiltg.) || ~ **distribution** / Endverteilung f || ~ **layout** / Endausbau m || ~

power / Endkraft f || ~ **short-circuit breaking capacity** / Grenz-Kurzschluss-Ausschaltvermögen n || ~ **strength** / Bruchfestigkeit f, Bruchgrenze f || ~ **stress** / Bruchspannung f || ~ **temperature** / Endtemperatur f || ~ **tensile strength** / Bruchfestigkeitsgrenze f || ~ **trip current** / Auslösegrenzstrom m
ultra-fine filter / Ultrafeinfilter m
ultra-high frequency (UHF) / Ultrahochfrequenz f (UHF)
ultra-high-strength *adj* / hochfest *adj*
ultra-high vacuum / Ultrahochvakuum n || ~ **purity hydrogen** / Reinstwasserstoff m || ~ **voltage (u.h.v.)** / Höchstspannung f, Ultrahochspannung f
ultra-low frequency / Infraschallfrequenz f, unhörbar tiefe Frequenz
ultra-pure aluminium / Reinstaluminium n || ~ **copper** / Reinstkupfer n
ultra-short wave (USW) / Ultrakurzwelle f (UKW)
ultrasonic beam / Ultraschallstrahl m || ~ **bonding** (IC) / Ultraschallkontaktierung f (US-Kontaktierung (IS))
ultrasonic-cleaned *adj* / ultraschallgereinigt *adj*
ultrasonic cleaning / Ultraschallreinigung f
ultrasonic-embedded *adj* / ultraschalleingebettet *adj*
ultrasonic flowmeter / Ultraschall-Durchflussmessgerät n || ~ **frequency** / Ultraschallfrequenz f, Überhörfrequenz f || ~ **generator** / Ultraschallgenerator m, Schwinger m || ~ **inspection** / Ultraschallprüfung f || ~ **penetration** / Durchschallungstiefe f || ~ **proximity switch** / Ultraschall-Näherungsschalter m, Sonar-Näherungsschalter m || ~ **sensor** / Ultraschall-Maßstab m || ~ **test** / Ultraschallprüfung f
ultrasonic-tested *adj* / ultraschallgeprüft *adj*
ultrasonic transducer / Ultraschallwandler m || ~ **transmitter** / Ultraschallmessumformer m
ultrasonic-welded *adj* / ultraschallgeschweißt *adj*
ultrasound n / Ultraschall m (US), Überschall m, Supraschall m
ultra-sound-welding technique / Ultraschall-Schweißtechnik f
ultraviolet lamp (UV lamp) / Ultraviolett-Lampe f, Ultraviolett-Strahler m || ~ **radiation (UR)** / ultraviolette Strahlung (UV-Strahlung)
umbilical connector / Nabel-Steckverbinder m
umbra shadow / Schlagschatten m
umbrella-type generator / Schirmgenerator m || ~ **reflector** / Weichstrahler m
U-mounting rail / U-Tragschiene f
unacceptable *adj* / unannehmbar *adj*, unzulässig *adj* || ~ **reflected luminance** / Störleuchtdichte f
unactivated battery / nichtaktivierte Batterie
unaddress v / entadressieren v
unaddressed state / unadressierter Zustand (PMG)
unambiguously marked / verwechslungsfrei gekennzeichnet
unarmoured cable / unbewehrtes Kabel, Kabel ohne Bewehrung
unassigned *adj* / frei verfügbar (Anschlussklemmen-Kontakte), nicht belegt, frei *adj* (Platzzustand bei Werkzeugverwaltung; Gegensatz zu belegt) || ~ **block** (PC) / freier Baustein (SPS) || ~ **contact** / frei verfügbarer Kontakt, freier Kontakt || ~ **output** / Wahlausgang m || ~ **slot** / freier Steckplatz
unattended *adj* / unbedient *adj*, unbesetzt *adj*, bedienungsfrei *adj* || ~ **operation** / Betrieb ohne Beaufsichtigung (BoB), unbemannter Betrieb || ~ **plant** / bedienungsfreie Anlage || ~ **receiving (o. reception)** / unbedientes Empfangen || ~ **substation** / unbesetzte Station || ~ **transmission** / unbedientes Senden
unauthorized person / Unbefugter m || ~ **power tapping** / Stromdiebstahl m || ~ **use** / Missbrauch m
unavailability n / Nichtverfügbarkeit f || ~ **factor** / Zeit-Nichtverfügbarkeit f || ~ **time** / Nichtverfügbarkeitszeit f, Ausfallzeit f (KW) || ~ **time ratio** / Zeit-Nichtverfügbarkeit f
unavoidable energy / ungenutzte Energie (KW)
unbalance n / Unwucht f, Unwuchtbetrag m, Unsymmetrie f, Verstimmung f, Laufunruhe f || **amount of** ~ / Unwuchtbetrag m || **freedom from** ~ / Laufruhe f || ~ **couple** / Unwuchtkräftepaar n || ~ **current** / Unsymmetriestrom m
unbalanced *adj* / nicht ausgewuchtet, unsymmetrisch *adj*, unausgeglichen *adj*, unkompensiert *adj* || ~ **circuit** / unabgeglichener Stromkreis || ~ **current** / unsymmetrischer Strom || ~ **data link** / Übermittlungsabschnitt mit zentraler Steuerung DIN ISO 3309 || ~ **load** / Schieflast f, unsymmetrische Belastung, Lastunsymmetrie f || ~ **magnetic pull** / einseitiger magnetischer Zug || ~ **residual current** / Erdschlussreststrom m || ~ **state** / unsymmetrischer Zustand (eines mehrphasigen Netzes)
unbalance factor / Schieflastfaktor m, Unsymmetriefaktor m, Schieflastgrad m || ~ **force** / Unwuchtkraft f || ~ **mass** / Unwuchtmasse f || ~ **moment** / Moment der Unwuchtkraft || ~ **monitoring** / Asymmetrieüberwachung f || ~ **protection** / Schieflastschutz m, Unsymmetrieschutz m || ~ **ratio** IEC 411-3 / Unsymmetriegrad m (SR) || ~ **reduction ratio** / Unwucht-Reduktionsverhältnis n || ~ **relay** / Schieflastrelais n, Phasenunsymmetrierelais n || ~ **vector** / Unwuchtvektor m
unbiased *adj* / nicht vormagnetisiert, ohne Vorspannung, nicht stabilisiert (Rel.), erwartungstreu *adj* (Statistik), verzerrungsfrei *adj* (Statistik) || ~ **differential relay** / nicht stabilisiertes Differentialrelais || ~ **estimator** / erwartungstreue Schätzfunktion DIN 55350,T.24
unbifurcated winding / konzentrische Wicklung
unblanking n / Helltastung f, Hellsteuerung f || **spot** ~ / Leuchtfleckaustastung f, Helltastung f (Osz.) || ~ **pulse** / Helltastimpuls m, Aufhellimpuls m || ~ **signal** / Helltastsignal n, Hellsteuersignal n
unblocking directional comparison protection (USA) / Selektivschutz mit Überreichweite und Entsperrverfahren || ~ **overreach protection (UOP)** / Selektivschutz mit Überreichweite und Entsperrverfahren
unbound mode / ungebundene Mode
unbreakable *adj* / unzerbrechlich *adj*, bruchsicher *adj*
unburned *adj* / ungeburnt *adj*
unbused *adj* / nicht-busgekoppelt *adj*
UNC (Universal Naming Convention) / UNC || $\underline{\circ}$ **thread** (Unified National Coarse screw thread) / UNC-Grobgewinde n
uncertainty n / Unsicherheit f (Messung) || **factor of** ~ / Unsicherheitsfaktor m || **quantization** ~ / Quantisierungsfehler m || ~ **of reading** / Ableseunsicherheit f || ~ **of the result** /

Messunsicherheit des Wägeergebnisses
unchecked *adj* / ungeprüft *adj*
unclamp (NC miscellaneous function) ISO 1056 / Lösen *n* (NC, Zusatzfunktion) DIN 66025,T.2, Ausspannen *n*
unclamping time / Ausspannzeit *f* (WZM)
unclipping tool / Klammerentfernwerkzeug *n*
uncoated textile-fibre sleeving / nicht beschichteter Gewebeschlauch
uncoiler *n* / Abhaspel *n*
uncommitted logic array (ULA) / unspezifische logische Schaltung (ULA)
uncompressed height (spring) / Höhe in nicht zusammengedrücktem Zustand (Feder)
unconditional *adj* / absolut *adj*, unbedingt *adj* || ~ **block call** / Bausteinaufruf unbedingt, unbedingter Bausteinaufruf || ~ **block end (BEU)** / absolutes Bausteinende, Bausteinende absolut (BEA) || ~ **branch** / unbedingter Sprung, absoluter Sprung (siehe Sprung) || ~ **branching** / unbedingte Programmverzweigung
unconditional call / unbedingter Aufruf, absoluter Aufruf || ~ **jump** / unbedingter Sprung, absoluter Sprung (siehe Sprung) || ~ **jump step** / unbedingter Sprungschritt || ~ **program branch** / unbedingte Programmverzweigung || ~ **release** / Freigabe ohne Beanstandung || ~ **value** / Rohwert *m*
unconditioned signal / Rohsignal *n*
unconnected network / offenes Netzwerk
uncontrolled *adj* / unkontrolliert *adj*, ungesteuert *adj* || ~ **bridge rectifier** / ungesteuerter Brückengleichrichter || ~ **connection** / nichtsteuerbare Schaltung (LE), ungesteuerte Schaltung || ~ **drive** / ungeregelter Antrieb || ~ **lineside converter** / netzseitiger ungesteuerter Umrichter || ~ **line-side rectifier** / netzseitigerer ungesteuerter Stromrichter, Netzstromrichter ungesteuert (NSU) || ~ **movement** / unkontrollierte Bewegung
uncorrected *adj* / unkompensiert *adj*
uncorrected luminaire / unkompensierte Leuchte, Leuchte ohne Vorschaltgerät
uncouple *v* / entkuppeln *v*, entkoppeln *v*
uncoupled mode / ungekoppelte Schwingung, ungekoppelte Schwingungsform
undamage fault / Fehler ohne Schadenfolge
undamped commutator-motor meter / ungedämpfter Magnetmotorzähler || ~ **oscillation** / ungedämpfte Schwingung || ~ **resonant frequency** / Kennfrequenz *f*
undefine *v* / löschen *v* (CAD-Befehl)
undefined *adj* / undefiniert *adj* || ~ **error** / nicht näher beschriebener Fehler
underbase *n* / Grundgestell *n*, Untergestell *n*, Grundrahmen *m*, Fundament *n*
under-commutation *n* / Unterkommutierung *f*, verzögerte Kommutierung, Spätwendung *f*
under-compensation *n* / Unterkompensation *f*
under-compounded *adj* / untercompoundiert *adj*
undercompounded generator / Generator mit Unterverbunderregung
undercompounding *n* / Unterverbunderregung *f*, Unterkompoundierung *f*
undercurrent *n* / Unterstrom || ~ **protection** / Unterstromschutz *m*, Stromrückgangsschutz *m* || ~ **relay** / Unterstromrelais *n*, Stromrückgangsrelais *n* || ~ **release** / Unterstromauslöser *m*,

undercut *v* / ausschaben *v* (Komm.), auskratzen *v* (Komm.), unterätzen *v* (gS), hinterschneiden *v* || ~ *n* / Unterschnitt *m*, Unterschneidung *f*, Hinterschneidung *f*, Freistich *m*, Unterätzung *f*, Gewinderille *f*, Freischneidemarke *f*, Freischneidemarkierung *f* || ~ *adj* / unterschnitten *adj* || ~ **cycle** / Freistichzyklus *m* || ~ **mica** / vertiefte Glimmerisolation, ausgeschabte Glimmerisolation || ~ **swinging saw** / Kappsäge *f*
undercutting *n* / Kappen *n*
under-damped high-speed demagnetization / Schwingungsentregung *f*
under-excitation protection / Untererregungsschutz *m*
underdamping *n* / Unterdämpfung *f*, unterkritische Dämpfung
underexcitation *n* / Untererregung *f* || ~ **limiter** / Untererregungsbegrenzer *m* || ~ **protection** / Untererregungsschutz *m*
underexcited *adj* / untererregt *adj*
underfloor duct / Unterbodenkanal *m*, Unterflurkanal *m*, Unterflur-Installationskanal *m* || ~ **raceway** / Unterbodenkanal *m*, Unterflurkanal *m*, Unterflur-Installationskanal *m* || ~ **raceway system** / Unterboden-Kanalsystem *n*, Unterflursystem *n* (IK) || ~ **strip-type trunking (o. ducting)** / Unterboden-Installationsleiste *f* || ~ **substation** / Unterflurstation *f* || ~ **trunking system** / Unterboden-Kanalsystem *n*, Unterflursystem *n* (IK) || ~ **ventilation** / Unterflurbelüftung *f*
underflow *n* / Bereichsunterschreitung *f*, Unterlauf *m*, Unterschreitung *f*
underframe *n* / Grundrahmen *m*, Unterrahmen *m*, Untergestell *n*
underframe-mounted motor / Unterflurmotor *m* (am Fahrzeugrahmen befestigt)
underfrequency protection / Unterfrequenzschutz *m*, Frequenzrückgangsschutz *m* || ~ **relay** / Unterfrequenzrelais *n*, Frequenzrückgangsrelais *n*
underground cable / Erdkabel *n*, Kabel für Erdverlegung, Erdverlegungskabel *n* || ~ **garage** / Tiefgarage *f* || ~ **laying** / Verlegung in Erde, Erdverlegung *f* || ~ **line** / unterirdische Leitung, Kabelleitung *f*, im Erdreich verlegte Leitung || ~ **network** / Kabelnetz *n* || ~ **service** / Kabel-Hausanschluss *m* || ~ **substation** / Unterflurstation *f*, Tiefstation *f* || ~ **transformer** / Unterflurtransformator *m*
underhood light / Motorbeleuchtung *f* (Kfz)
underimpedance starter / Unterimpedanz-Anregeglied *n* (o. -relais) || ~ **starting** / Unterimpedanzanregung *f* || ~ **starting relay** / Unterimpedanz-Anregerelais *n*
underlap *n* / Impulsverzögerungsdauer *f*
underlayed control / unterlagerte Regelung E DIN 19266,T.4
underline *v* / unterstreichen *v* (Text) || ~ **character** / Unterstrichzeichen *n*
underload *n* / Unterlast *f*
under load / unter Last, bei Belastung
underloading *n* / Unterbelastung *f*
under-load tap changer / Stufenschalter *m* (Trafo) VDE 0532,T.30, Stufenschalter für Betätigung unter Last (Trafo), Laststufenschalter *m* (Trafo) || ~ **tap-changing transformer** / Regeltransformator für Umstellung unter Last

underpass *n* / Unterführung *f* (Straße, Weg)
underplaster wiring / Unterputzinstallation *f*, Leitungen unter Putz
underpowered *adj* / mit zu geringer Leistung, untermotorisiert *adj*
underpower protection / Leistungsbegrenzungsschutz nach unten || ~ **relay** / Unterlastrelais *n*, Nullastrelais *n*
underrange / Bereichsunterschreitung *f*, Bereichsunterlauf *m*, Bereichsuntersteuerung *f*, unterschritten *adj*
underrated *adj* / unterbemessen *adj*
underreach *n* / Unterreichweite *f* (Schutzsystem) IEC 50(448) || ~ **distance protection system** / Distanzschutzsystem ohne Übergreifen
underreaching protection (USA) / Unterreichweite *f* (Schutzsystem) IEC 50(448)
underreamed *adj* / unterschnitten *adj* || ~ **pile** / unterschnittener Pfahl (Bohrpfahl)
under...relay / Unter...relais *n*, Minimalrelais *n*, Rückgangsrelais *n*
underscore *v* / unterstreichen *v* (Text)
under-screed trunking (o. raceway) / estrichüberdeckbarer Kanal
undershoot *n* / Unterschwingen *n*, Unterschwinger *m* || ~ **amplitude** / Unterschwingweite *f*
undersize *n* / Untermaß *n*
underspeed *n* / Unterdrehzahl *f*
understandable *adj* / verständlich *adj*
undertaking, distribution ~ / Elektrizitätsversorgungsunternehmen *n* (EVU)
undertype generator / unterständiger Generator
undervoltage *n* / Unterspannung *f* (zu niedrige Spannung), Netzunterspannung *f* || ~ **failure limit** / Unterspannungsabschaltgrenze *f* || ~ **limit** / Unterspannungsgrenzwert *m* || ~ **opening release** / Unterspannungsauslöser *m*, Spannungsrückgangsauslöser *m*, Minimalspannungsauslöser *m* || ~ **protection** / Unterspannungsschutz *m*, Spannungsrückgangsschutz *m* || ~ **relay** / Unterspannungsrelais *n*, Spannungsrückgangsrelais *n*, Unterspannungsrelay *m* || ~ **relay with asymmetric recognition** / Unterspannungsrelais mit Asymmetrieerkennung || ~ **release** IEC157-1 / Unterspannungsauslöser *m*, Spannungsrückgangsauslöser *m*, Minimalspannungsauslöser *m*
undervoltage-time protection (system o. relay) / Spannungsrückgangs-Zeitschutz *m* || ~ **relay** / Spannungsrückgangs-Zeitrelais *n*
undervoltage trip / Unterspannungsauslöser *m*, Unterspannungsabschaltung *f* (Fehlerabschaltung aufgrund unzulässiger kleiner Spannung)
undervoltage tripping / Unterspannungsauslösung *f*, Spannungsrückgangsauslösung *f* || ~ **warning** / Unterspannungswarnung *f*
underwater floodlight / Unterwasserscheinwerfer *m* || ~ **floodlighting** / Unterwasserbeleuchtung *f* || ~ **lighting** / Unterwasserbeleuchtung *f* || ~ **luminaire** / Unterwasserleuchte *f*, Schwimmbadleuchte *f*
undesired signal / unerwünschtes Signal, Störsignal *n*
undetected error rate / Restfehlerrate *f* || ~ **fault time** / Dauer des unentdeckten Fehlzustands IEC 50(191), Zeitintervall eines unentdeckten Fehlzustands (Zeitintervall zwischen einem Ausfall und Erkennung des daraus resultierenden Fehlzustands) || ~ **lost message** / unerkannt verlorene Nachricht (FWT)
undissipated energy / unverbrauchte Energie
undisturbed sound field / ungestörtes Schallfeld
undo *v* / löschen *v*, widerrufen *v*, Änderung widerrufen, rückgängig machen, rückgängig *adj*
Undo Set Actual Value / Istwertsetzen rückgängig
undue temperature rise / zu hohe Erwärmung, übermäßiger Temperaturanstieg
undulating current / Mischstrom *m*, Lückstrom *m*
undulating-current motor / Mischstrommotor *m*
undulating voltage / Mischspannung *f*
unearthed *adj* / ungeerdet *adj*, erdfrei *adj* || ~ **neutral** / ungeerdeter Sternpunkt, freier Sternpunkt || ~ **star point** / ungeerdeter Sternpunkt, freier Sternpunkt || ~ **system** / ungeerdetes Netz, ungelöschtes Netz || ~ **voltage transformer** / zweipolig isolierter Spannungswandler IEC 50(321)
unenclosed *adj* / ungekapselt *adj* || ~ **switch** / ungekapselter (o. nichtgekapselter) Schalter, Schalter ohne Gehäuse
unenergized condition / unerregter Zustand (Rel.)
unequal angularity / Ungleichwinkligkeit *f* || ~ **ice load(ing)** / ungleiche Eislast
unequal-linkage leakage / doppelt verkettete Streuung
unequipped board / Leerschrank *m* || ~ **panel** / Blindfeld *n*
unequipped space / unbestückter Platz (SK)
UNETO (association of installation companies) / UNETO (Verband der Installationsunternehmen)
uneven *adj* / uneben *adj*, unregelmäßig *adj*, ungerade *adj* (Zahl), ungeradzahlig *adj*
unevenness *n* / Unebenheit *f*
uneven parity / ungerade Parität || ~ **running** / unruhiger Lauf
unexpectedly *adv* / unerwartet *adv*
unfavourable flow / ungünstiges Strömverhältnis
unfiltered current measuring point / ungeglätterter Strommesspunkt
unfinished *adj* / unbearbeitet *adj*
unfired tube / nichtgezündete Röhre
unformatted *adj* / formatfrei *adj*
unformed *adj* / ungeformt *adj*, unformiert *adj* (Batt., Gleichrichterplatte)
unframed printed-board unit / ungerahmte Steckplatte
UNF thread (Unified National Fine screw thread) / UNF-Feingewinde
unfused circuit-breaker / Leistungsschalter ohne Sicherungen
ungrounded *adj* / ungeerdet *adj*, erdfrei *adj* || ~ **fault** / Fehler ohne Erdberührung || ~ **potential transformer** / zweipolig isolierter Spannungswandler IEC 50(321)
unhide *v* / einblenden *v*, sichtbar machen
unidirectional *adj* / einseitig gerichtet, einfachgerichtet *adj* || ~ **approach** / einfahren aus einer Richtung || ~ **arm** / Ein-Richtungs-Zweig *m* (LE) || ~ **bus** / Ein-Richtungs-Bus *m*, unidirektionaler Bus DIN IEC 625 || ~ **control** / Vorwärtssteuerung *f* (LE) || ~ **drive** / Antrieb für eine Drehrichtung, Einrichtungsantrieb *m*, Geradeausantrieb *m* || ~ **fan** / drehrichtungsabhängiger Lüfter || ~ **flux** / Gleichfluss *m* || ~ **HVDC** / Ein-Richtung-HGÜ *f* || ~

HVDC system / Ein-Richtungs-HGÜ-System n || ~ **impulse** / Impuls mit einer Richtung || ~ **light** / einstrahliges Feuer || ~ **lockout (o. blocking) device** / Sperre in einer Richtung (SG)
unidirectional-movement rotary switch IEC 337-2A / Drehschalter mit einer Drehrichtung VDE 0660,T.202
unidirectional positioning / Positionieren aus einer Richtung (NC), Spielausgleich m || ~ **pulse** / Wischimpuls m || ~ **stress** / gerichtete Spannung (mech.) || ~ **traffic** / Ein-Richtungs-Verkehr m || ~ **tuner resettability** / Wiedereinstellgenauigkeit der Abstimmeinrichtung in einer Richtung || ~ **valve** / Ein-Richtungs-Ventil n
unified automation concept / homogenes Automatisierungskonzept || ~ **field theory** / einheitliche Feldtheorie, allgemeine Feldtheorie || ~ **NC language** / einheitliche NC-Sprache || ~ **screw thread** / Einheitsschraubengewinde n, Einheitsgewinde n, UN-Gewinde n, Unified-Gewinde n || ~ **system** / Einheitssystem || ~ **system of plugs and socket-outlets** / Einheitssystem von Steckern und Steckdosen || ~ **thread** / Einheitsschraubengewinde n, Einheitsgewinde n, UN-Gewinde n, Unified-Gewinde n
unifilar adj / eindrähtig adj
uniform adj / einheitlich adj, durchgängig adj, sortenrein adj
uniform bridge / einheitliche Brücke (SR)
uniform-chromaticity-scale diagram (UCS diagram) / gleichförmige Farbtafel, empfindungsgemäß gleichabständige Farbtafel
uniform colour space / gleichförmiger Farbenraum || ~ **connection** / einheitliche Schaltung (LE), vollgesteuerte Schaltung EN 60146-1-1 || ~ **diffuser** / vollkommen streuender Körper, gleichmäßig streuender Körper || ~ **diffuse reflection** / vollkommen gestreute (o. diffuse) Reflexion || ~ **diffuse transmission** / vollkommen gestreute (o. diffuse) Transmission || ~ **diffusion** / gleichmäßige Streuung || ~ **distribution** / Gleichverteilung f DIN 55350,T.22 || ~ **field** / homogenes Feld || ~ **ice load(ing)** / gleichförmige Eislast (Freiltg.) || ~ **illumination** / gleichmäßige Ausleuchtung || ~ **insulation** IEC 76-3 / gleichmäßige Isolation (Trafo)
uniformity n / Gleichförmigkeit f, Gleichmäßigkeit f (a. BT), Durchgängigkeit f || ~ **ratio** (of illuminance) / Gleichmäßigkeitsgrad m (BT)
uniform load / gleichförmige Belastung
uniformly distributed winding / gleichmäßig verteilte Wicklung || ~ **insulated winding** / gleichmäßig isolierte Wicklung
uniform major section / gleichmäßiger Hauptabschnitt (Kabelsystem) || ~ **point source** / gleichförmige punktartige Strahlungsquelle
unify v / vereinheitlichen v || ~ **height** / Höhe vereinheitlichen || ~ **width** / Breite vereinheitlichen
unijunction transistor (UJT) / Zweizonen-Transistor m, Unijunction-Transistor m, Transistor mit einem pn-Übergang
unilateral control / einseitige Steuerung || ~ **deviation** / einseitiges Abmaß || ~ **drive** / einseitiger Antrieb
unilaterally admitted / einseitig beaufschlagt
unilateral tolerance / einseitige Toleranz, einseitiges Abmaß

uniline message / Eindrahtnachricht f DIN IEC 625
uniload, rotating ~ substandard (meter) / Gleichlast-Eichzähler m || ~ **calibration method** / Gleichlast-Eichverfahren n
unimodal distribution / unimodale Verteilung, eingipflige Verteilung
uninhibited insulating oil / nichtinhibiertes Isolieröl
uninstall v / deinstallieren
uninsulated adj / unisoliert adj, blank adj (Leiter)
unintended operation / ungewolltes Schalten
unintentional adj / ungewollt adj || ~ **energizing** / unbeabsichtigtes Einschalten VDE 0100,T.46, Fremdkontakt m (unbeabsichtigte metallene Berührung)
uninterrupted adj / ununterbrochen adj, unterbrechungsfrei adj, kontinuierlich adj, ungestört adj || ~ **continuous operation** / Dauerbetrieb m (DB) || ~ **current** / Dauerstrom m || ~ **duty** / ununterbrochener Betrieb, unterbrechungsfreier Betrieb, Dauerbetrieb m
uninterruptible generating set / unterbrechungsfreies Bereitschaftsaggregat, Sofortbereitschaftsaggregat n || ~ **power supply (UPS)** / unterbrechungsfreie Stromversorgung (USV), unterbrechungslose Stromversorgung (USV) || ~ **power system (UPS)** / unterbrechungsfreie Stromversorgung (USV) VDE 0558, T.5, unterbrechungslose Stromversorgung (USV)
union n / Verbindung f, Rohrverbindung f || ~ (boolean operation) / Vereinigung f || ~ **flange** / Überwurfflansch m || ~ **nut** / Übergangsstutze f, Überwurfmutter f
uniplanar filament / flächenförmiger Leuchtkörper
unipolar adj / unipolar adj, monopolar adj, homopolar adj, einpolig adj, gleichpolig adj || ~ **ADC** / unipolarer DAU || ~ **HVDC system** / einpoliges (o. monopolares) HGÜ-System || ~ **induction** / unipolare Induktion || ~ **machine** / Unipolarmaschine f, Homopolarmaschine f || ~ **module** / unipolare Baugruppe || ~ **signal** / unipolares Signal || ~ **transistor** / Unipolartransistor m
unique adj / eindeutig adj || ~ **hue** / Urfarbe f
uniqueness n / Eindeutigkeit f
unique selling proposition / Alleinstellungsmerkmal n
unirotational operation / gleichsinnige Drehbewegungen
uniselector / Drehwähler m, Schrittschalter m || ~ **noble-metal** ~ (switch) / Edelmetall-Motor-Drehwähler m, EMD-Schalter m
unison, to operate in ~ / gemeinsam schalten, gleichzeitig schalten
unit n / Einheit f, Maßeinheit f, Maschinensatz m, Block m, Baugruppe f, Geräteblock m, Schaltelement n, Feld n, Block..., Betrachtungseinheit f (Teil, Bauelement, Gerät, Teilsystem, Funktionseinheit, Betriebsmittel oder System, das für sich allein betrachtet werden kann), Zusammenschaltung f, Stück n, Stck, Generator m, Einrichtung f, Vorrichtung f, Unit f, Aggregat n, Komponente f, Bauteil n, Bauelement n || ~ **converter**~ IEC 633 / Stromrichtergruppe f || ~ **lift-position** ~ / Hub- und Positioniereinheit f, Hub-Dreheinheit f || ~ **on the** ~ / geräteseitig adj || ~ **acceleration time** / Bezugs-Anlaufdauer f (el.

Masch.) || ~ **area** / Flächeneinheit *f*, Oberflächeneinheit *f*
unit-area acoustic impedance / spezifische Schallimpedanz || ~ **acoustic reactance** / spezifische Schallreaktanz || ~ **acoustic resistance** / spezifische Schallresistanz || ~ **capacitance** / Kapazität je Flächeneinheit
unitary hue / Urfarbe *f*
unit-assembly drawing / Teilzusammenstellungszeichnung *f*
unit auxiliaries (power station) / Block-Hilfsaggregate *n pl*, Block-Eigenbedarfsgeräte *n pl* || ~ **auxiliaries system** / Blockeigenbedarfsanlage *f* || ~ **auxiliary transformer** / Blockeigenbedarfstransformator *m* || ~ **bore** / Einheitsbohrung *f*
unit-bore system / System der Einheitsbohrung
unit breakdown / Gerätestörung *f* || ~ **bus** / Gerätebus *m* || ~ **circuit diagram** / Gerätestromlaufplan *m* || ~ **combination** / Gerätekombination *f* || ~ **compressive stress** / Druckspannung *f* || ~ **configuration** / Gerätekonfiguration *f*
unit-connected transformer / Blocktransformator *m*, Transformator in Blockschaltung
unit connection / Blockschaltung *f* (KW, Generator-Transformator) || ~ **connection PE** / Geräteanschluss PE || ~ **construction** / Einheitsbauweise *f*, Baukastenkonstruktion *f*
unit-construction motor / Einhängermotor *m*
unit control / Einzelsteuerung *f*, Antriebssteuerung *f* || ~ **control** (static converter) / Stromrichtergruppenregelung *f*, Gruppenregelung *f* || ~ **control level** / Blockleitebene *f* (Leitt., KW) || ~ **conversion** / Geräteumbau *m* || ~ **coordination level** / Blockleitebene *f* (Leitt., KW) || ~ **current** / Einheitsstrom *m* || ~ **data (UD)** / Einzeldaten *plt* || ~ **doublet** / Einheits-Wechselstoß *m* || ~ **element** / Schrittelement *n* (Telegraphie) || ~ **equation** / Einheitengleichung *f*
unit-exciter scheme / Einzel-Erregeranordnung *f*
unit ground / Geräteerde *f*
unithermal *adj* / unithermisch *adj*
unit impulse / Einheitsstoß *m*, Dirac-Funktion *f* || ~ **interface** / Gerätekopplung *f* || ~ **interval** (machine winding) / Spulenteilung *f*, Spulenseitenteilung *f* || ~ **interval at the commutator** / Lamellenteilung *f* (Komm.), Kommutatorschritt *m*, Kommutatorteilung *f*
unitized *adj* / in Einheitsbauweise, genormt *adj*, vereinheitlicht *adj*, im Block geschaltet, Baustein-.. || ~ **construction (system)** / Bausteinsystem *n*, Baukastensystem *n* || ~ **distribution board** / Bausteinverteiler *m*
unit load / spezifische Belastung || ~ **magnetic flux** / Einheitsfluss *m* || ~ **magnetic mass** / Polstärkeeinheit *f* || ~ **magnetic mass in electromagnetic system** / elektromagnetische Polstärkeeinheit *f* || ~ **malfunction** / Gerätestörung *f* || ~ **modification** / Geräteumbau *m* || ~ **mounting plate** / Gerätetragblech *n* || ~ **of demand** / Leistungseinheit *f* (StT) || ~ **of equipment** / Aggregat *n* || ~ **of mass** / Masseeinheit *f* || ~ **of measurement** / Messeinheit *f*, Maßeinheit *f* || ~ **of pressure** / Druckeinheit *f* || ~ **of process plant** / Aggregat *n* || ~ **operation** / Ausschalt-Einschaltvorgang *m* (Kurzunterbrecher), einmalige Kurzunterbrechung, endgültige Ausschaltung (KU), Stoßspannungsableitung *f* (im Ableiter) || ~ **operator panel (UOP)** / Einheitenbedienfeld (EBF) *n*
unitor connector / Einschub-Steckverbinder *m*
unit pole / Einheitspol *m* || ~ **power requirements** / Block-Eigenleistungsbedarf *m* || ~ **pressure** / Flächendruck *m*, Lagerflächenpressung *f* || ~ **price** / Grundpreis *m* || ~ **production** / Einzelfertigung *f* || ~ **protection** / Selektivschutz mit absoluter Selektivität IEC 50(448) || ~ **protection system** / Blockschutz *m*, absolut-selektives Schutzsystem || ~ **protection using telecommunication** / Schutzsystem mit absoluter Selektivität und Informationsübertragung IEC 50(448) || ~ **pulse** / Einheitsstoß *m*, Dirac-Funktion *f* || ~ **ramp** / linearer Anstiegsvorgang || ~ **rating** / Typenleistung *f* || ~ **shape** / Einheitsform *f* || ~ **step** / Einheits-Sprungfunktion *f*, Einheitssprung *m* || ~ **step function** / Sprungfunktion *f* || ~ **step response** / Einheits-Sprungantwort *f* || ~ **stress** / spezifische Spannung, bezogene Spannung || ~ **substation** / Einheits-Netzstation *f*, Netzstation *f* || ~ **surface** / Flächeneinheit *f*, Oberflächeneinheit *f* || ~ **symbol** / Dimensionszeichen *n* (f. die Größe der analogen Auflösung eines ADU) || ~ **terminal connection diagram** / Geräteverdrahtungsplan *m*, Geräteschaltplan *m* || ~ **terminal PE** / Geräteanschluss PE, Elementprüfung *f* (LS, Einschalt- o. Auschaltelement) || ~ **transformer** / Blocktransformator *m*, Transformator in Blockschaltung || ~ **tube** / Einheitsröhre *f*
unit-type cogenerating station / Blockheizkraftwerk (BHKW) *n* || ~ **district heating power station** / Blockheizkraftwerk (BHKW) *n* || ~ **power station** / Blockkraftwerk *n*
unitunnel diode / Unitunneldiode *f*, Backward-Diode *f*
unit vector / Einheitsvektor *m* || ~ **version** / Geräteausführung *f* || ~ **weight** / Einheitsgewicht *n* || ~ **wiring diagram** / Geräteverdrahtungsplan *m*, Geräteschaltung || ~ **wiring table** / Geräteverdrahtungstabelle *f*
unit-years *n pl* / Geräte-Betriebsjahre *n pl*
unity-gain amplifier / Eins-Verstärker *m*, Spannungsfolger *m*, Kopierverstärker *m*, Verstärker mit dem Verstärkungsfaktor Eins || ~ **frequency** / Eins-Frequenz *f* (Verstärker), Eins-Verstärkungsfrequenz *f*
unity p.f. / Leistungsfaktor Eins || ~ **power factor** / Leistungsfaktor Eins || ~ **power-factor test** / Prüfung mit Leistungsfaktor Eins
univariate probability distribution / univariate Wahrscheinlichkeitsverteilung DIN 55350,T.21
universal *adj* / universal *adj*, universell *adj*
universal asynchronous receiver/transmitter (UART) / Empfangs-Sendeschaltung (o. Ein-Ausgabebaustein) für asynchrone Datenübertragung *f*, UART || ~ **cell** / Zug/Druck || ~ **C-tan-δ measuring bridge** / Universal-C-tan δ-Messbrücke *f* || ~ **command** / Universalbefehl *m* (PMG) || ~ **cubicle busbar** / Universalschiene *f* || ~ **cubicle expansion** / Universal-Feldausbau *m* || ~ **Development Environment (UDE)** / UDE *f* || ~ **development interface (UDI)** / Universal-Entwicklungsschnittstelle *f* || ~ **display** / Universalanzeige *f* || ~ **fuse link** ANSI C37.100 / austauschbarer Sicherungseinsatz || ~ **gas constant**

/ universelle Gaskonstante || ~ **hand stick** / Arbeitsstange mit Universalanschlüssen || ~ **input** / Universaleingang *m* || ~ **interface** / Universalschnittstelle *f* || ~ **interface (UI)** / universelle Schnittstelle || ~ **interface converter** / Universal-Nahtstellen-Umsetzer *m* || ~ **joint** / Universalgelenk *n*, Kardangelenk *n*, Kreuzgelenk *n*, Hooke'scher-Schlüssel || ~ **lighting** / universelle Beleuchtung || ~ **milling head** / kardanischer Fräskopf || ~ **motor** / Universalmotor *m*, Allstrommotor *m* || ~ **Plug'n Play (UPnP)** / UPnP || ~ **press** / Universalpresse *f* || ~ **rack (UR)** / Universal Rack (UR) || ~ **serial bus** / Universal Serial Bus (USB), universeller serieller Bus || ~ **shunt** / Mehrfach-Nebenwiderstand *m*, kombinierter Nebenwiderstand || ~ **synchronous/asynchronous receiver/transmitter (USART)** / universeller synchroner/asynchroner Empfänger/Sender (USART), universelle synchrone asynchrone Sende-/Empfangsschaltung (USART) || ~ **tool attachment** IEC 50(604) / auswechselbarer Arbeitskopf (Handstange) || ~ **turning machine** / Universaldrehmaschine *f*
universe *n* / Population *f*, Kollektiv *n*, Menge der in Betracht gezogenen Einheiten, Grundgesamtheit *f* (Statistik), Gesamtheit *f*
unjustified matter / Flattersatz *m* (Textverarb.)
UNL s. unlisten
unlaminated *adj* / ungeblecht *adj*, massiv *adj* || ~ **yoke** / massives Joch
unlatch *v* / entklinken *v*, entrasten *v*, speichernd rücksetzen, entsperren *v*, entriegeln *v*
unlatched *adj* / unverklinkt *adj*, frei *adj* (SG, Antrieb)
unlatching *n* / Entriegelung *f*
unlatching solenoid / Entklinkungsmagnet *m*
unlatch output / Ausgang rücksetzen (SPS)
unlike poles / ungleichnamige Pole
unlinked *adj* / unverkettet *adj*
unlisted valve / Fremdventil *n*
unlisten (UNL) *v* IEC 625 / hören beenden (PMG) DIN IEC 625
unload *v* / entlasten *v*, entladen *v*, ausladen *v*, abladen *v*, auswechseln *v* || ~ **(NC, CLDATA word)** ISO 3592 / Entladen *n* (NC, CLDATA-Wort)
unloaded line / entlastete Leitung, leerlaufende Leitung || ~ **Q** / Leerlaufgüte *f* (Elektronenröhre) DIN IEC 235,T.1 || ~ **spring length** / ungespannte Federlänge
unloading *n* / Entlastung *f*, Lastabwurf *m*, Ausladung *f*, Abtransport *m*, seitliche Ausladung || ~ **display** / Entladebild *n* || ~ **list** / Entladeliste *f* || ~ **tool** / Entladewerkzeug *n*
unload location / Entladeplatz *m* || ~ **unit** / Entladeeinheit *f*
unlock *v* / entriegeln *v* (Schloß), entsperren *v*
unlocking *n* / Entriegelung *f* || ~ **device** / Entriegelungswerkzeug *n*, Entriegelungsgerät *n* || ~ **yoke** / Entriegelungsbügel *m*
unmachined *adj* / unbearbeitet *adj* || ~ **contour** / Rohkontur *f* (WZM) || ~ **part** / Ausgangsteil *n*, Rohteil *n*, Rohling *m*, Schnittteil *n*
unmanned *adj* / unbesetzt *adj*
unmanned factory / unbemannte Fabrik || ~ **operation** / unbemannter Betrieb || ~ **substation** / unbesetzte Station
unmarked pole / Südpol *m*
unmatched connector / unangepasster Steckverbinder
unmodified gear / Zahnrad ohne Profilverschiebung, Null-Rad *n*
unnecessary operation / unnötiges Arbeiten (Schutz)
unnotched *adj* / ungekerbt *adj*, glatt *adj*
unnumbered acknowledgement (UA) / Bestätigung ohne Folgenummer DIN ISO 3309 || ~ **command (U command)** / Befehl ohne Folgenummer (DÜ) DIN ISO 3309 || ~ **information (UI)** / Daten ohne Folgenummer DIN ISO 3309 || ~ **poll (UP)** / Sendeaufruf ohne Folgenummer || ~ **response (U response)** / Meldung ohne Folgenummer (DÜ) DIN ISO 3309
unoperated *adj* / nichtbetätigt *adj*
U-notch *n* / Schlitzkerbe *f*, Rundkerbe *f*
unpacked *adj* / ungepackt *adj* || ~ **size** / entpackte Größe
unpainted / ohne Anstrich
U-profile *n* / U-Eisen *n*
unpaved runway / unbefestigte Startbahn
unplanned outage time / Ausfallzeit *f* (KW)
unplug *n* / auftrennen *v* (Steckverbindung), lösen *v*
unpredictable event / Unvorhersehbares
unprepared conductor / unvorbereiteter Leiter
unpressurized test for leaks / drucklose Dichtigkeitsprüfung
unprimed insertion loss / Kaltdämpfung (o.Einfügungsdämpfung) ohne Vorionisierung *f*
unproductive time / Ausfallzeit *f*, Fehlzeit *f*, Nebenzeit *f*, Verteilzeit *f* (Refa), Brachzeit *f*
unprotected conduit / ungeschütztes Rohr (IR) || ~ **outdoor installation** / ungeschützte Anlage im Freien || ~ **pole** / ungeschützter Pol
unrecoverable error / nichtkorrigierbarer Fehler
unrelated colour / unbezogene Farbe
unrestrained differential relay / nicht stabilisiertes Differentialrelais
unrestricted earth-fault protection / hundertprozentiger Erdschlussschutz, Erdschlussschutz mit 100 % Schutzumfang
unsafe failure / unsicherer Ausfall || ~ **temperature** / gefahrbringende Temperatur
unsaponifiable *adj* / unverseifbar *adj*
unsaturated *adj* / ungesättigt *adj*
unscaled unit / Grundeinheit *f* (MG)
unscheduled maintenance / unplanmäßige Instandhaltung
unscrewed bend / Steckbogen *m* (IR), gewindeloser Bogen || ~ **conduit** / gewindeloses Rohr (IR) VDE 0605,1, Steckrohr *n* (IR) || ~ **Tee** / Steck-T-Stück *n* (IR)
unsegmented tool path / unsegmentierter Werkzeugweg
unselect *n* / Abwahl *f*
unselecting *n* / Abwahl *f*
unserviceability cone / Sperrungskegel *m* (Flp.) || ~ **light** / Sperrungsfeuer *n* (Flp.) || ~ **marker board** / Sperrungsmarkierungstafel *f* (Flp.) || ~ **markers** / Sperrungsmarker *m* (Flp.)
unserviceable *adj* / unbrauchbar *adj* || ~ **areas** / gesperrte Flächen (Flp.)
unshaped *adj* (cam) / ohne Abwicklung (Nocken)
unsharpness of lines / Unschärfe der Spektrallinien
unsheltered outdoor installation / ungeschützte Anlage im Freien
unshielded cable / ungeschirmtes Kabel
unshrouded transformer / offener Transformator,

Einbautransformator *m*
unsigned *adj* / vorzeichenlos *adj* || **~ integer** (An integer literal not containing a leading plus (+) or minus (-) sign.) / Betragszahl *f*
unsigned number / Zahl ohne Vorzeichen, Betragszahl *f*, vorzeichenlose Zahl || **~ representation** / Darstellung ohne Vorzeichen
unskewed slot / ungeschrägte Nut
unskilled worker / ungelernter Arbeiter
unsolder *v* / auslöten *v*, ablöten *v*
unsoldering tool / Auslötstempel *m*
unsolicited message / freilaufende Meldung (DÜ) || **~ output** / freilaufende Ausgabe (DÜ)
unspillable cell / kippsichere Zelle (Batt.)
unsplit *adj* / ungeteilt *adj*, einteilig *adj*
unstable region / instabiler Bereich
unstack *v* / abstapeln *v*, abpacken *v*
unsteadiness *n* / Unstetigkeit *f*, Flackern *n*
unsteady *adj* / unstetig *adj*, nicht stationär, unbeständig *adj* || **~ flow** / instationäre Strömung, nichtstationäre Strömung || **~ running** / unruhiger Lauf
unsuccessful reclosure / erfolglose Wiedereinschaltung (o. Kurzunterbrechung)
unsupported *adj* / freistehend *adj* (Schalttafel)
unsurfaced runway / unbefestigte Startbahn
unswitched socket-outlet / nichtschaltbare Steckdose, nichtabschaltbare Steckdose
unsymmetrical breaking current / unsymmetrischer Ausschaltstrom || **~ heating** / ungleichmäßige Erwärmung || **~ interchange circuit** / unsymmetrische Schnittstellenleitung (DÜ) || **~ load** / unsymmetrische Belastung, Schieflast *f*
unsymmetry factor / Unsymmetriegrad *m*, Schieflastfaktor *m*
untanking clearance / lichte Höhe *f* (zum Herausheben des aktiven Trafo-Teils), Kranhakenhöhe *f* || **~ dimensions** / Aushebemaße *n pl* (Trafo) || **~ mass** / Gewicht des heraushebbaren Teils (Trafo) || **~ part** / heraushebbarer Teil (Trafo)
untapped transformer / Transformator ohne Anzapfung, Festtransformator *m* || **~ winding** / Wicklung ohne Anzapfungen, nichteinstellbare Wicklung (Trafo)
untie *v* / aufbinden *v*, lösen *v*
untinned wire / unverzinnter Draht
untrue running / unrunder Lauf || **~ zero** / unechter Nullpunkt
unused insulating liquid / neue Isolierflüssigkeit || **~ oil** / Neuöl *n*
unutilized winding space / toter Wicklungsraum
unwanted operation / ungewollte Funktion, Überfunktion *f* || **~ operation of protection** / ungewollte Funktion des Selektivschutzes IEC 50(448) || **~ oscillations** / unerwünschte Schwingungen, Störschwingungen *pl* || **~ signal** / Störsignal *n*
unweighted *adj* / unbewertet *adj*
unwind *v* / abrollen *v* || **~ motor** / Abwicklermotor *m*, Bremsgenerator *m*
unwinder *n* / Abwickler *m*
unwinding the film / Abrollen der Folie || **~ unit** / Abwickler *m*
unwired *adj* / unbeschaltet *adj*
unwired contact / unverdrahteter Kontakt, Leerkontakt *m*
unworked penetration / Ruhepenetration *f*

unwound rotor / wicklungsloser Läufer
unwrapping tool / Abwickelwerkzeug *n*
UOP s. unblocking overreach protection || **~ (unit operator panel)** / EBF (Einheitenbedienfeld)
UP s. unnumbered poll
U packing *n* / Stulpdichtung *f*, Manschettendichtung *f*
U range / U-Reihe *f*
up- and down-counter / Auf- und Abwärtszähler *m*
up-and-down method / Auf- und Ab-Methode *f*
up closing movement / Einschalten durch Aufwärtsbewegung (des Betätigungsorgans) || **~ counter** / Vorwärtszähler *m*, Aufwärtszähler *m*
up-counting pulse / Vorwärtszählimpuls *m*
up-cut milling / Gegenlauffräsen *n*
update *v* / aktualisieren *v*, aufdaten *v*, auf den neuesten Stand bringen, Fortschreibung *f*, fortschreiben *v* || **~ / Aktualisierung *f*, Update *n*, Erneuerung *f* || **~ class** / Änderungsklasse *f* || **~ costs** / Pflegeaufwand *m* || **~ cycle** / Aktualisierungszyklus *m*
updated *adj* / nachgerüstet *adj* || **~ identification** / erneuerte Kennung (FWT)
update pack / Umbausatz *m*, Umrüstsatz *m* || **~ package** / Änderungspaket *n* || **~ service** / Änderungsdienst *m*, Pflegeservice *m* || **~ status** / Ergänzungsstand *m* || **~ time** / Aktualisierungszeit *f*
Update/upgrade / Revision *f*
update version / Korrekturversion *f*
updating *n* / Aktualisieren *n*, Fortschreiben *n*, Nachrüstung *f*, Pflege *f*, Überschreiben *n* (Textverarb.) || **manual ~ service** / Handbuch-Änderungsdienst *m* || **message ~** / Telegrammerneuerung *f* (FWT) || **~ of time account** / Aktualisierung (o. Führung) des Zeitkontos *f* || **~ time** / Aktualisierungszeit *f* (FWT)
up/down control / Höher-/Tiefersteuern *n*
up-down counter / Vorwärts-Rückwärtszähler *m* (V-R-Zähler), Zweirichtungszähler *m*, Auf-/Ab-Zähler *m*, Umkehrzähler *m* || **~ interpreter** / Vorwärts-Rückwärts-Auswerter *m*
up/down modulo-5 counter / Vorwärts-Rückwärts-Modulo-5-Zähler *m*
up duration / Verfügbarkeitsdauer *f*
upending *n* / Aufrichten *n* (bei Montage, Welle, Läufer)
up-front investments / Vorleistungen *f pl*
upgradable *adj* / hochrüstbar *adj*
upgrade *v* / umrüsten *v*, Umrüstung *f*, hochrüsten *v* || **~ (UG)** / Hochrüstung *f*, Hochrüsten *n* || **~ instructions** / Hochrüstanleitung *f* || **~ memo** / Revisionsmitteilung *f*
upgrading *n* / Ertüchtigung *f*, Verbesserung *f*, Höhereinstufung *f* || **~ kit** / Hochrüstsatz *m* || **~ of degree of protection** / Schutzgradertüchtigung *f*
upkeep *n* / Instandhaltung *f*
uplink *adj* / aufwärtsgerichtet *adj* (LAN)
upload *v* / zurückladen *v*, hochladen *v*, Rückübertragung *f* || **~ compatibility** / Aufwärtskompatibilität *f*
UPnP (Universal Plug'n Play) / UPnP
upper alarm limit / obere Gefahrengrenze (Leitt.) || **~ arm** / Oberarm *m* (Rob.)
upper-assembly *n* / Oberbaugruppe *f*
upper beam / Fernlicht *n* (Kfz) || **upper bearing** / Oberlager *n* (a. EZ), Kopflager *n* || **~ case letter (UC)** / Großbuchstabe *m* || **~ confidence limit** / obere Grenze des Vertrauensbereichs || **~ control**

upper

limit / obere Entscheidungsgrenze (QS)
upper deviation / oberes Abmaß ‖ ~ **display range limit** / Anzeigebereichsende *n* (Bildschirm) ‖ ~ **edge** / Oberkante *f* ‖ ~ **end frame** / Oberrahmen *m* (Trafo) ‖ ~ **explosive limit (UEL)** / obere Explosionsgrenze (OEG) E VDE 0165,T.102 ‖ ~ **extreme position** / obere Endstellung ‖ ~ **hemispherical luminous flux** / oberer hemisphärischer (o. halbräumlicher) Lichtstrom ‖ ~ **impulse insulation level** / oberer Stoßpegel ‖ ~ **input limit** / obere Eingabegrenze ‖ ~ **limit IEC 381** / obere Bereichsgrenze (Signal) DIN IEC 381, Obergrenze (OGR) *f*, oberer Grenzwert (OGR) ‖ ~ **limit** / obere Grenze, oberes Grenzmaß ‖ ~ **limit of d.c. current signal** / Gleichstrom-Einheitssignal *n* DIN 19230 ‖ ~ **limit of effective range** IEC 51,258 / Messbereichs-Endwert *m* DIN 43781 ,T.1 ‖ ~ **limit of frequency response** / obere Grenzfrequenz (Schreiber) ‖ ~ **limit of nominal range of use** / oberer Grenzwert des Nenn-Gebrauchsbereichs ‖ ~ **limit of overcurrent** / höchstzulässiger Kurzschlussstrom *m* ‖ ~ **limit of scale** / Skalenendwert *m* ‖ ~ **limit value** / oberer Grenzwert (OGR), obere Grenze, Obergrenze (OGR) *f* ‖ ~ **limiting amount** / Grenzbetrag *m* (QS) DIN 55350,T.12 ‖ ~ **limiting deviation** (QA) / obere Grenzabweichung (QS) DIN 55350,T.12 ‖ ~ **limiting proportion** / Höchst-Unterschreitungsanteil *m* (Statistik, QS) DIN 55350, T.12, Höchstanteil *m* ‖ ~ **limiting quantile** / Höchstquantil *n* DIN 55350,T.12 ‖ ~ **limiting value** / Höchstwert *m* (QS) DIN 55350,T.12, oberer Grenzwert, obere Toleranzgrenze (BGOG), oberer Begrenzungswert (BGOG), obere Reglerbegrenzung (BGOG) ‖ ~ **output limit** / Stellwertobergrenze *f* ‖ ~ **performance level** / oberer Leistungsbereich ‖ ~ **performance range** / oberer Leistungsbereich ‖ ~ **range limit** / größter Messbereichs-Endwert, kleinster Messbereichs-Anfangswert ‖ ~ **range value** / Endwert *m* (höchster Wert einer Messgröße, auf den ein Gerät eingestellt ist) DIN IEC 770, Messbereichs-Anfangswert *m* ‖ ~ **response threshold voltage** / Kippspannung *f* (Spannung an der oberen Ansprechschwelle) ‖ ~ **setpoint limit** / Sollwertobergrenze *f* ‖ ~ **surface of rail** / Schienenoberkante *f* (SO) ‖ ~ **tolerance limit** / obere Toleranzgrenze ‖ ~ **transition rounding** / Endverrundung *f*
UPPS / UPPS
up pulse / Vorwärtsimpuls *m*
upright *n* / Stiel *m*, Pfosten *m*, Stütze *f*, Eckprofil *n*, (senkrechter) Holm *m*, Standprofil *n*, Säule *f* ‖ ~ **back** (test bench) / Tischaufsatz *m*
uprighting *n* / Aufrichten *n* (bei Montage, Welle, Läufer)
upright unit / Standgerät *n* (elST)
UPS (A. f. uninterruptible power system) / USV (A. f. unterbrechungsfreie Stromversorgung) ‖ ~ **(uninterruptable power supply)** / USV (unterbrechungsfreie Stromversorgung) ‖ ~ **efficiency** / Wirkungsgrad der USV
upset *v* / stauchen *v*, anstauchen *v*, stören *v* ‖ ~ *adj* / gestaucht *adj*, angestaucht *adj* ‖ ~ **at failure** / Bruchstauchung *f* ‖ ~ **limit** / Stauchgrenze *f*
upset-riveted *adj* / kerbschlaggenietet *adj*
UPS functional unit / USV-Komponente *f*

up-shaft insulation / Wellenbohrungsisolation *f*
UPS interrupter / USV-Lastschalter *m*, USV-Leistungsschalter *m* ‖ ~ **switch** / USV-Schalter *m*
up state / Klarzustand *m* IEC 50(191), betriebsfähiger Zustand (Zustand, in dem die Einheit funktionsfähig ist, sofern erforderliche externe Mittel verfügbar sind)
upstream *adj* / stromaufwärts *adj*, oberwasserseitig *adj*, oben gelegen, vorgeschaltet *adj*, vorgelagert *adj* ‖ ~ **fuse** / vorgeschaltete Sicherung ‖ ~ **protective device** / übergeordnete Schutzeinrichtung ‖ ~ **temperature** / Zulauftemperatur *f*, Eintrittstemperatur *f*
UPS unit / USV-Block *m*
upsweep arm / Peitschenausleger *m*
upswing *n* / Steighöhe *f*, Anhub *m*
up time (UT) / Betriebszeit *f* (Rechner), verfügbare Betriebszeit, Klarzeit *f*, Verfügbarkeitszeit *f* (QS) ‖ ~ **time** IEC 50(191) / Klardauer *f*, Klarzeitintervall *n* ‖ ~ **to** / bis ‖ ~ **to date** / aktualisiert *adj*, aktuell *adj*
upward compatibility / Aufwärtskompatibilität *f* ‖ ~ **compatible** / aufwärtskompatibel *adj* ‖ ~ **flash** / Aufwärtsblitz *m*, Erde-Wolke-Blitz *m* ‖ ~ **flux** / oberer halbräumlicher Lichtstrom ‖ ~ **leader** / Fangstrahl *m* (Blitz), Fangentladung *f* (Blitz)
upwardly sprung / hochgefedert *adj*
upwards *adv* (movement) / nach oben, aufwärts *adj*
upwind position / hinterer Standort (Flp.) ‖ ~ **wing bar** / hintere Außenkette (Flp.)
UR s. ultraviolet radiation ‖ ~ **(universal rack)** / UR (Universal Rack)
urban area / Stadtbereich *m* ‖ ~ **freeway** / Stadtautobahn *f* ‖ ~ **major arterial** / innerstädtische Hauptverkehrsstraße
urea-formaldehyde resin / Harnstoff-Formaldehyd-Harz *m*
U response s. unnumbered response
usability *n* / Verwendbarkeit *f*, Verschweißbarkeit *f*
usable *adj* / verwendungsfähig *adj*, gebrauchsfähig *adj*, nutzbar *adj* ‖ ~ **operating distance** / Nutzschaltabstand *m* (NS) ‖ ~ **reading time** / nutzbare Lesezeit ‖ ~ **sensing distance** / Nutzschaltabstand *m* (NS) ‖ ~ **space** / Nutzfläche *f*, ~ **writing speed** / nutzbare Schreibgeschwindigkeit
usage *n* / Verwendung *f*, Gebrauch *m*, Verfahren *n*, Verbrauch *m*, Betrieb *m* ‖ ~ **bus** / Busbelegung *f* ‖ **rough** ~ / rauher Betrieb ‖ ~ **to the intended purpose** / bestimmungsgemäßer Betrieb
USART (universal synchronous/asynchronous receiver/transmitter) / USART (universelle synchrone asynchrone Sende-/Empfangsschaltung)
USB (Universal Serial Bus) / universeller serieller Bus, USB (Universal Serial Bus)
use *v* / zuordnen *v*, benutzen *v*, verwenden *v* ‖ ~ / Gebrauch *m* ‖ **use, for normal** ~ / für normale Beanspruchung ‖ ~ **as prescribed** / bestimmungsgemäßer Gebrauch
used insulating liquid / gebrauchte Isolierflüssigkeit ‖ ~ **load** / Gebrauchslast *f*
use external server / Externen Server verwenden
useful area / wirksamer Querschnitt (Zählrohr) ‖ ~ **data** / Nutzdaten *plt* ‖ ~ **depth** / Nutztiefe *f*, Einbautiefe *f* ‖ ~ **energy** / Nutzenergie *f* ‖ ~ **flux** / Nutzfluss *m*, Hauptfluss *m* ‖ ~ **inductance** / Hauptinduktivität *f* ‖ ~ **life** / Brauchbarkeitsdauer-Standzeit *f*, Brauchbarkeitszeitintervall *n*,

Brauchbarkeitszeit *f*, Brauchbarkeitsdauer *f* || **~ life** (lamp) / Nutzbrenndauer *f* || **~ motor speed** / Motornutzdrehzahl *f* || **~ motor velocity** / Motornutzgeschwindigkeit *f* || **~ output power** / Ausgangs-Nutzleistung *f*, Nutzleistung *f* || **~ power** / Nutzleistung *f*, Nettoleistung *f*, effektive Leistung || **~ service conditions** / normale Betriebsbedingungen || **~ signal level** / Nutzpegel *m* (Signale) || **~ torque** / Nutzdrehmoment *n* || **~ voltage** / Nutzspannung *f* || **~ water capacity of a reservoir** / Nutzraum eines Speichers (Pumpspeicherwerk) || **~ water reserve of a reservoir** / Speichernutzinhalt *m* (Pumpspeicherwerk) || **~ work** / Nutzarbeit *f*
use in marine engineering / Einsatz in Schiffen || **~ of a power module** / Einsatz eines Leistungsteiles || **~ of life** / Lebensdauerverbrauch *m* || **~ of tools** / Werkzeugeinsatz *m*
user *n* / Benutzer *m*, Anwender *m*, Betreiber *m*, Auftraggeber *m*, Bediener *m*, Teilnehmer *m* || **road ~** / Verkehrsteilnehmer *m* || **~ access** / Benutzerzugriff *m* || **~ access level** / Zugriffsstufe *f*, Zugriffstufe *f* || **~ address** / Teilnehmeradresse *f* || **~ agreement** / Anwenderzustimmung *f*
user-assignable *adj* / frei belegbar || **~ cycle** / freier Zyklus (FZ) || **~ function** / wählbare Funktion, Wahlfunktion *f* || **~ signal** / Wahlmeldung *f*, Wahlmeldungen *f pl*
user assignment / freie Bewertung || **~ block** / Anwenderbaustein *m* || **~ branch allocation** / Anwenderzweig-Zuordnung *f* (SPS) || **~ class of service** / Benutzerklasse *f* (a. DÜ) || **~ comment** / Benutzer-Kommentar || **~ configuration** / Anwenderkonfiguration *f* || **~ controller with a priority circuit** / Anwendungscontroller mit Prioritätenschaltung || **~ cycle** / Anwenderzyklus (AWZ) *m* || **~ data** / Anwenderdaten *pl t*, Nutzdaten *plt*, Benutzerdaten *pl* || **~ data block** / Anwenderdatenbaustein *m*, Anwenderdatenblock (ANW-DB) *m* || **~ data memory** / Anwenderdatenspeicher *m* || **~ datagram protocol (UDP)** / UDP
user-defined *adj* / vom Anwender definiert || **~ data type (UDT)** / UDT (anwenderdefinierte Datentypen) || **~ diagnostics** / anwenderdefinierte Diagnose
user defined parameter / User-Parameterliste *f* || **~ dialog** / Anwenderdialog *m* || **~ display** / Anwenderbild *n* || **~ documentation** / Anwenderdokumentation *f*
user element / Benutzerelement *n* EN 50090-2-1 || **~ environment** / Anwenderoberfläche *f*, Anwenderkonfiguration *f* || **~ facility** / Leistungsmerkmal *n* (Datennetz, Leistungen, die auf Anforderung des Benutzers bereitgestellt werden) DIN 44302 || **~ facility request** / Leistungsmerkmalanforderung *f* DIN 44302 || **~ form** / Anwendermaske *f* || **~ friendliness** / Bedienungskomfort *m*, Benutzerfreundlichkeit *f*, Bedienkomfort *m*, Bedienerfreundlichkeit *f*, Anwenderfreundlichkeit *f*
user-friendly *adj* / anwenderfreundlich *adj*, benutzerfreundlich *adj*, bedienerfreundlich *adj*, komfortabel *adj*
user function block / Anwenderfunktionsbaustein *m* || **~ guidance display** / Unterstützung *f* || **~ guide** / Benutzeranleitung (BN) *f*, Benutzerhandbuch (BN)

n || **~ identity** / Nutzeridentität *f* (ZKS) || **~ interface** / Benutzerschnittstelle *f*, Anwenderschnittstelle *f*, Benutzeroberfläche *f* || **~ interface (UI)** / Endanwenderschnittstelle (EAS) *f*, Anwendernahtstelle *f*, Bedienebene *f*, Anwenderoberfläche *f*, Mensch-Maschine-Schnittstelle *f*, Bedienoberfläche (BOF) *f*, Bedieneroberfläche (BOF) *f*, AST/PEI || **~ interrupt** / Anwenderalarm *m*, Anforderungsalarm *m* || **~ interrupt processing** / anforderungsalarmgesteuerte Bearbeitung (SPS) || **~ key** / Kundentaste *f* || **~ macro** / Anwendermakro *n* || **~ memory (UM)** / Arbeitsspeicher (AS) *m*, Anwenderspeicher (AWS) *m* || **~ memory configuration** / Anwenderspeicherausbau *m* || **~ memory submodule (UMS)** / Anwenderspeichermodul (ASM) *n* || **~ message record** / Anwender-Meldeblock *m* || **~ name** / Benutzername *m*
user-orientated systems / anwendergerechter Anlagenbau
user-oriented *adj* / anwenderspezifisch *adj*, anwendungsorientiert *adj*, betriebsspezifisch *adj* || **~ address allocation** / freie Adressvergabe
user package / Anwenderpaket *n* (Programme) || **~ parameter** / Freiparameter *m*, freier Parameter || **~ process** / Benutzerprozess *m* EN 50090-2-1 || **~ profile** / Benutzerprofil *n* || **~ program** / Anwenderprogramm *n* (vom Anwender geschrieben) || **~ program (UP)** (Synonymous with application program.) / Anforderungsprofil *n*, Lastenheft *n* || **~ program memory** (The portion of the PC memory reserved for the storage of application programs.) / Anwenderprogrammspeicher *m*
user-programmable *adj* / anwenderprogrammierbar *adj*, frei programmierbar || **~ controller** / vom Anwender programmierbare Steuerung, frei programmierbare Steuerung
user project / Anwenderprojekt *n*
user-prompted *adj* / bedienergeführt *adj*
user prompting / Benutzerführung *f* || **~ RAM** / Anwenderspeicher (AWS) *m*, Arbeitsspeicher (AS) *m* || **~ response line** / Dialogzeile *f* || **~ screenform** / Anwendermaske *f* || **~ server** / Benutzer-Server *m* || **~ service protocol** / Benutzerdienstprotokoll *n* || **~ setting** / Anwendereinstellung *f*
user's Guide / Benutzeranleitung (BN) *f*, Benutzerhandbuch (BN) *n* || **~ inspection** / Ablieferungsprüfung *f*, Eingangskontrolle *f*, Eingangsprüfung *f*
user software / Anwendersoftware *f* (vom Anwender geschriebene Programme)
user-specific *adj* / anwenderspezifisch *adj*
user station / Benutzerstation *f* || **~ step number** / Anwenderschrittnummer *f* || **~ stock removal programs** / eigene Abspanprogramme || **~ support** / Anwenderbetreuung *f* || **~ terminal** / Benutzerstation *f* || **~ text** / Anwendertext *m* || **~ text block** / Anwendertextblock *m* || **~ variable** / freie Anwendervariable || **~ VReg/LG** / Anwender-VReg/LG
user-written program / Anwenderprogramm *n* (vom Anwender geschrieben)
USI / USS (universelle serielle Schnittstelle) || **~ address** / USS Adresse || **~ baudrate** / USS Baudrate || **~ BCC error** / USS BCC-Fehler ||

character frame error / USS Framefehler || ≙ **error-free telegrams** / USS fehlerfreie Telegramme || ≙ **length error** / USS Längenfehler using *n* / Zwischenschaltung *f* || ~ **interactive screen forms** / Maskenführung *f*, maskengeführt *adj* || ~ **of a power module** / Einsatz eines Leistungsteiles **USI normalization** / USS Normierung || ≙ **overrun error** / USS Überlauffehler || ≙ **parity error** / USS Paritätsfehler || ≙ **rejected telegrams** / USS abgelehnte Telegramme || ≙ **start not identified** / USS Telegr. Start nicht erkannt || ≙ **telegram off time** / USS Telegramm Ausfallzeit
USW s. ultra-short wave
UT / Klardauer *f*
U-tensile test / Kopfzugversuch *m*
utilance *n* / Raumwirkungsgrad *m* (BT), Raumfaktor *m* (BT) || **reduced** ~ / spezifischer Raumwirkungsgrad (BT)
utilities *pl* / Versorgungsbetriebe *m pl*, Versorgungs- und Entsorgungssysteme *n pl*, Hilfsfunktionen *f pl*, EVUs, Versorgungseinrichtungen *f pl*, Versorgungsunternehmen *n*
utility *n* / Gebrauchsgegenstand *m*, Versorgungsunternehmen *n*, Versorgungsbetrieb *m*, Installation *f*, Dienstprogramm *n*, Werkzeug *n* (Programm), Dienste *pl* (CAD), Netz..., Mehrzweckfahrzeug *n*, Gebrauchs..., Dienst *m*, Energieversorgungsunternehmen *n* || **electric ~ industry** / Elektrizitätswirtschaft *f* || **public ~** / öffentliches Versorgungsunternehmen (o. Versorgungsbetrieb) || ~ **billing metering** / Verrechnungszählung *f* || ~ **building** / Zweckbau *n* || ~ **company** / Versorgungsunternehmen *n*, Elektrizitätsversorgungsunternehmen *n* (EVU) || ~ **function** / Dienstprogrammfunktion *f* || ~ **measure** / Nutzenmaßstab *m* || ~ **model** / Gebrauchsmuster *n* || ~ **program** / Dienstprogramm *n*, Hilfsprogramm *n* || ~ **routine** / Dienstprogramm *n* || ~ **supply** / Versorgung aus dem öffentlichen Netz
utilization *n* / Nutzung *f*, Ausnutzung *f*, Auslastung *f* || **capacity** ~ / Auslastung *f* || **coefficient of ~** (lighting) / Beleuchtungswirkungsgrad *m*, Wirkungsgrad *m* (BT) || ~ **category** / Gebrauchskategorie *f*, Anwendungsklasse *f*, Betriebsklasse *f* (Sich.), Betriebsklasse *f* || ~ **circuit** / Verbraucherstromkreis *m*, Gerätestromkreis *m*, Abzweigstromkreis *m* (zwischen Verteiler und Gerät) || ~ **equipment** / elektrische Verbrauchsmittel VDE 0100,T.200, Stromverbrauchsmittel *n pl* || ~ **factor** / Ausnutzungsfaktor *m* (KW), Ausnutzungsziffer *f*, relative Auslastung || ~ **factor** (lighting) / Beleuchtungswirkungsgrad *m*, Wirkungsgrad *m* (BT) || ~ **factor of the maximum capacity** (of a set) / Arbeitsausnutzung *f* (eines Generatorsatzes) || ~ **location** / Verwendungsort *m* || ~ **of electrical energy** / Verwendung (o. Nutzung o. Anwendung) elektrischer Energie *f* || ~ **period** (power supplies) / Benutzungsdauer *f* || ~ **period at maximum capacity** / Ausnutzungsdauer *f* (eines Generatorsatzes) || ~ **rate** / Nutzungsrate *f* || ~ **time** / Ausnutzungszeit *f*, Benutzungsdauer *f* (EZ), Hauptzeit *f* || ~ **time of power losses** IEC 50(603) / Verluststundenzahl *f* || ~ **voltage** / Gebrauchsspannung *f*, Verbraucherspannung *f*
utilized flux / Nutzlichtstrom *m* || ~ **to full advantage** / ausgenutzt *adj*

U-tube manometer / U-Rohr-Manometer *n* || ≙ **viscosity** / Fließvermögen nach der U-Rohr-Methode
UV-erasable *adj* / UV-löschbar *adj*, mit UV-Licht löschbar
UV eraser / UV-Löscheinrichtung *f* || **UV erasing facility** / UV-Löscheinrichtung *f* || ≙ **lamp** s. ultraviolet lamp || ≙ **light-spot recorder** / UV-Lichtschreiber *m*
UV-sensitive paper / UV-Papier *n*

V

V (voltage) / U (Spannung)
V AC / V ß
vacancy *n* / Leerstelle *f*, Lücke *f*, Gitterlücke *f* (HL), Fehlstelle *f* (Kontakt)
vacuometer *n* / Vakuum-Messgerät *n*, Unterdruckmanometer *n*
vacuum, drying under ~ / Vakuumtrocknung *f* || ~ **advance mechanism** / Unterdruckversteller *m* (Kfz) || ~ **arrester** / Vakuum-Ableiter *m*
vacuum-brazed *adj* / vakuumgelötet *adj*
vacuum-casted *adj* / vakuumgegossen *adj*
vacuum circuit-breaker / Vakuum-Leistungsschalter *m*, Vakuumschalter *m*, V-Schalter *m* || ~ **cleaner** / Staubsauger *m* || ~ **cleaner for animal grooming** / Staubsauger für Tierpflege || ~ **coil (VC)** / Einfachwendel für Vakuumlampen || ~ **contactor** / Vakuumschütz *n*
vacuum-contactor controlgear / Vakuumschütz-Schaltanlage *f*
vacuum degassing tank / Vakuum-Entgasungskessel *m* || ~ **deposition** / Vakuumaufdampfung *f*, Vakuumbedampfung *f*, Aufdampfen *n* || ~ **diffusion pump** / Vakuum-Diffusionspumpe *f* || ~ **diverter switch** / Vakuum-Lastschalter *m* (Trafo, Lastumschalter) || ~ **evaporation process** / Vakuumverdampfung *f*, Aufdampfverfahren *n* || ~ **exhauster** / Vakuumpumpe *f* || ~ **factor** / Vakuumfaktor *m* (Ionen-Gitterstrom/Elektronenstrom) || ~ **flask** / Vakuumkolben *m*, Vakuum-Mantelgefäß *n*, Wärmeschutzgefäß *n* (Lampe), Dewar-Gefäß *n* || ~ **fluorescent display** / Vakuumfluoreszenzanzeige *f* || ~ **gauge** / Vakuum-Messgerät *n*, Unterdruckmanometer *n* || ~ **goniometer** / Vakuumgoniometer *n* || ~ **impregnation** / Vakuumtränkung *f* || ~ **interrupter** / Schaltröhre *f*, Vakuum-Schaltröhre *f* || ~ **interrupter chamber** / Vakuum-Schaltkammer *f* || ~ **jacket** / Wärmeschutzgefäß *n* (Lampe), Dewar-Gefäß *n* || ~ **lamp** / Vakuumlampe *f*
vacuum-metallized *adj* / aufgedampft *adj* || ~ **metallizing** / Vakuummetallisierung *f*, Aufdampfen *n*
vacuum-operated switch / Vakuumschalter *m* (f. Vakuumüberwachung)
vacuum penetration / Vakuumdurchführung *f* || ~ **photoelectric cell** / Vakuum-Fotozelle *f*, Vakuumzelle *f* || ~ **plating** / Vakuummetallisierung *f*, Aufdampfen *n* || ~ **pressure impregnation** / Vakuum-Druck-Imprägnierung *f*

vacuum-proof *adj* / vakuumfest *adj*, vakuumdicht *adj*
vacuum-switching technique / Vakuumschalttechnik *f*
vacuum seal / Vakuumdichtung *f*, Vakuumeinschmelzung *f* || **~ starter** / Vakuumstarter *m* || **~ support** / Vakuumhalter *m* || **~ switch** / Vakuum-Lastschalter *m*, Vakuumschalter *m* || **~ test** / Vakuumprüfung *f* || **~ tester** / Vakuum-Prüfgerät *n*, Vakuum-Messgerät *n* || **~ thermocouple** / Vakuum-Thermoelement *n* || **~ thermopile** / Vakuum-Thermosäule *f*
vacuum-tight *adj* / vakuumdicht *adj*, vakuumfest *adj* || **~ seal** / vakuumdichte Einschmelzung
vacuum treatment / Vakuumbehandlung *f* || **~ tube** / Vakuumröhre *f* || **~ withstand** IEC 76-1 / Vakuumfestigkeit *f*
vagabond voltage / verschleppte Spannung ||
vagabond voltages / Spannungsverschleppung *f*
V-aim *n* / Visierkimme *f*
valance lighting / Vorhangleistenbeleuchtung *f*
valence / Wertigkeit *f* (chem.) || **~ band** / Valenzband *n* (HL) || **~ electron** / Valenzelektron *n*
valency *n* / Wertigkeit *f* (chem.)
valid *adj* / gültig *adj*, einschlägig *adj*
validation procedures / Validierungsverfahren *n*
validity *n* / Geltungsbereich *m*, Zulässigkeit *f*, Gültigkeit *f*, Bindefrist *f*
validity check / Gültigkeitsprüfung *f*, Plausibilitätskontrolle *f*, Zulässigkeitsüberprüfung *f*, Paritätsprüfung *f* || **~ check** s. ISO/DIS 6548 / Funktionstest *m* DIN 66216 || **~ identifier** / Gültigkeitskennung *f* (SPS) || **~ period** / Gültigkeitsdauer *f* || **~ time** / Geltungsdauer *f*
valley *n* / Tal *n*, Talbereich *m*, Einsattelung *f* (Impulsabbild), Vertiefung *f* || **~ point** / Talpunkt *m* (Diode) DIN 41856 || **~ point current** / Talstrom *m* (Diode) DIN 41856 || **~ point voltage** / Talspannung *f* (Diode) DIN 41856 || **~ value** / Talwert *m* (Schwingung), Kleinstwert *m* (Schwingung), kleinster Augenblickswert (Schwingung)
valuator *n* / Wertegeber *m* || **~ device** / Wertgeber *m* (Eingabegerät für reelle Zahlen)
value *n* / Zahlenwert *m*, Wert *m*, Neuwert *m* || **value, pulse ~** / Impulswertigkeit *f* || **~ acceptance** / Wertübernahme *f* || **~ added** / Wertschöpfung *f* || **~ analysis** / Wertanalyse *f* || **~ assignment** / Wertezuweisung *f* (NC) || **~ chain** / Wertschöpfungskette *f* || **~ conversion** / Wertumrechnung *f* || **~ creation** / Wertsteigerung *f* || **~ different from zero** / endlicher Wert || **~ display with sign** / vorzeichenrichtige Anzeige || **~ for Parameter 77** / Angabe für Parameter 77 || **~ of a load** / Wägewert einer Last || **~ of a quantity** / Wert einer Größe || **~ of order statistic** / Rangwert *m* (Statistik) DIN 55350,T.23 || **~ of the warm machine** / Warmwert *m* || **~ range** / Wertbereich *m* || **~ table** / Wertetabelle *f* || **~ x** / Begleitwert x || **~ x1 of ADC scaling [V / mA]** / x1-Wert ADC-Skalierung [V / mA] || **~ x1 of DAC scaling** / x1-Wert DAC-Skalierung || **~ y1 of ADC scaling** / y1-Wert ADC-Skalierung || **~ y1 of DAC scaling** / y1-Wert DAC-Skalierung

valve *n* / Ventil *n* (a. LE), Röhre *f*, Schieber *m* || **valve, three way ~** / Zweigeventil *n* || **valve, three way control ~** / Zweigeventil *n* || **~ actuator** / Ventil-Stellantrieb *m*, Ventilantrieb *m* || **~ amplifier** / Ventilverstärker *m* || **~ arm** / Ventilzweig *m* (LE) || **~ arrester** / Ventilableiter *m* (f. ein HL-Ventil) || **~ base** / Ventilbasis *f*, Ventilfuß *m*
valve-base electronics / Fußpunktelektronik *f* (LE)
valve block / Ventilblock *m*, Ventilsatz *m*, Ventil-Steuerblock *m* || **~ blocking** / Ventilsperrung *f* (LE), Zündsperrung *f* (LE), Impulssperre *f* || **~ body** / Ventilkörper *m*, Ventilgehäuse *n*, Armaturengehäuse *n* || **~ breakdown** / Ventildurchschlag *m* || **~ characteristic** / Ventilkennlinie *f* || **~ coefficient** / Ventil-Koeffizient *m* || **~ coil** / Ventilspule *f* || **~ control** / Ventilsteuerung *f*, Ventilansteuerung *f* || **~ control block** / Ventilsteuerungsbaustein *m* || **~ control edge** / Ventilsteuerkante *f*, Steuerkante *f* || **~ control module** / Ventilsteuerung *f* || **~ controls** / Klappensteuerung *f*, Ventil-Beschaltung *f* (zur Dämpfung hochfrequenter transienter Spannungen, die während des Stromrichterbetriebs auftreten) || **~ deblocking** / Entsperren des Ventils (LE), Impulsfreigabe *f* || **~ device** / Ventilbauelement *n* (LE) || **~ device assembly** / Ventilbauelement-Satz *m* (LE) || **~ device commutation** (A method of self-commutating voltage is created by turning off the conducting electronic valve device by a control signal.) / Ventilbauelement-Kommutierung *f* (Verfahren der selbstgeführten Kommutierung, bei dem die Kommutierungsspannung durch Ausschalten des stromführenden elektronischen Ventilbauelements durch ein Ansteuersignal erzeugt wird) || **~ device quenching** (A method of quenching in which the quenching is performed by the electronic valve device itself.) / Ventilbauelement-Verlöschen *n* (Verfahren des Verlöschens, bei dem dieses durch das elektronische Ventilbauelement selbst bewirkt wird) || **~ device stack** / Ventilbauelement-Baugruppe *f* (Säule) || **~ disc** / Ventilteller *m* || **~ flow coefficient** / Ventilkoeffizient *m* (kv-Wert) || **~ for flow diversion** / Verzweigungsventil *n* || **~ for mixing service** / Mischventil *n* || **~ for proportioning service** / Verzweigungsventil *n* || **~ function** / Ventilfunktion *f* || **~ head** / Ventilkopf *m* || **~ housing** / Ventilgehäuse *n* || **~ island** / Ventilinsel *f* || **~ leg** / Ventilzweig *m* (LE) || **~ lift** / Ventilhub *m* || **~ mid-position** / Ventil-Mittelstellung *f* || **~ modulation** / Ventilaussteuerung *f* || **~ output** / Ventilausgang *m* || **~ plug** / Ventilkegel *m* || **~ positioner** / Ventilstellungsregler *m* || **~ reactor** / Ventildrossel *f*, Anodendrossel *f*
valve-regulated sealed cell IEC 50(486) / gasdichte Zelle (Batt.)
valve seat port / Ventilsitz *m*
valve-side no-load voltage / ventilseitige Leerlaufspannung (LE)
valve size / Ventilgröße *f* || **~ sizing** / Stellgliedauslegung *f*
valve snubber capacitor / Ventilbeschaltungskondensator *m* (LE) || **~ solenoid** / Ventilspule *f* || **~ sphere** / Ventilkugel *f* || **~ spool** / Ventilschieber *m* || **~ spool checkback** / Ventilschieber-Rückmeldung *f* || **~ stem** / Ventilstange *f*, Ventilspindel *f* || **~ terminal** / Ventilinsel *f* || **~ timing gear** / Ventilsteuerung *f* (Kfz) || **~ trim** / Ventilgarnitur *f*, Innenteile der

Ventile
valve-type arrester / Ventilableiter *m*, Kathodenfallableiter *m*
valve voltage damper / Ventil-Beschaltung *f* (zur Dämpfung hochfrequenter transienter Spannungen, die während des Stromrichterbetriebs auftreten) || ~ **voltage divider** / Ventilspannungsteiler *m* || ~ **winding** / Ventilwicklung *f* (SR-Trafo) || ~ **with a liquid-filled sensor** / Ventil mit flüssigkeitsgefülltem Fühler
VA meter / Volt-Ampère-Messgerät *n*, Scheinleistungs-Messgerät *n*
vandal-proof luminaire / zerstörsichere Leuchte, ballwurfsichere Leuchte || ~ **telephone cabin (o. booth)** / zerstörsichere Telephonzelle
van de Graaff generator / van-de-Graaff-Generator *m*, Bandgenerator *m*
vane *n* / Flügel *m*, Drehflügel *m*, Blatt *n*, Kühlrippe *f*, Einzelsegment *n*, Klappe *f*, Belüftungsrippe *f* || ~ **support** / Leitschaufelträger *m*
vapor measurement / Dampfmessungen *f pl*
vaporizer block / Verdampfereinsatz *m* (Chromatograph)
vapour-air mixture / Dampf-Luftgemisch *n*
vapour-deposited niobium-tin tape / Niobium-Zinn-Gasphasenband *n*, Nb_3Sn-Gasphasenband *n*
vapour depositing / Aufdampfen *n*, Vakuumbedampfung *f*
vapour-phase deposition technique / Gasphasen-Abscheidetechnik *f* || ~ **drying** / Vaporphase-Trocknung *f* || ~ **epitaxy (VPE)** / Gasphasenepitaxie *f* || ~ **method (o. process)** / Vaporphase-Verfahren *n*, Kristallölverfahren *n* || ~ **soldering** / Dampfphasenlötung *f*, Kondensationslötung *f*
vapour-pressure thermometer / Dampfdruckthermometer *n*
vapour-proof machine / dampfgeschützte Maschine IEC 50(411)
vapour shield / Dampfschirm *m*
vapourtherm method (o. process) / Vaportherm-Verfahren *n*
Var / Blindleistung *f*
VAr control / Blindleistungsregelung *f*, Leistungsfaktorverbesserung *f* || ~ **controller** / Blindleistungsregler *m* || ~ **control unit** / Blindleistungs-Regeleinheit *f*, Kondensator-Regeleinheit *f*
VArh meter / Varstundenzähler *m*, Blindverbrauchszähler *m*
varhour meter / Varstundenzähler *m*, Blindleistungszähler *m*, Blindverbrauchszähler *m*
VARI (machining mode) / VARI (Bearbeitungsart (Parameter))
variability *n* / Veränderbarkeit *f*, Einstellbarkeit *f*, Veränderlichkeit *f* || ~ **(QA)** / Variabilität *f* || **magnetic** ~ / magnetische Variabilität
variable *n* / Variable *f*, Veränderliche *f*, Größe *f*, Regelgröße *f*, veränderliche Größe, variabel *adj* || ~ *adj* / veränderlich *adj*, veränderbar *adj*, stellbar *adj*, einstellbar *adj*, regelbar *adj*, verstellbar *adj*
variable-area flowmeter / Schwebekörper-Durchflussmesser *m*
variable-assistance power steering / variable (o.geschwindigkeitsabhängige) Servolenkung
variable block (VB) / Bildbaustein *m*
variable-block format / Format mit variabler Satzlänge

variable block format (NC) / variables Satzformat (NC), variable Satzschreibweise, Format mit variabler Satzlänge, Programmaufbau mit variabler Satzlänge || ~ **capacitance diode** / Kapazitätsvariationsdiode *f*, Kapazitätsdiode *f* || ~ **capacitor** / einstellbarer Kondensator, Drehkondensator *m*
variable-consumption apparatus IEC 65 / Gerät mit veränderlicher Leistungsaufnahme VDE 0860
variable cooling gas density test / Versuch mit veränderlicher Kühlgasdichte || ~ **delay element** / variables Verzögerungsglied
variable-depth FIFO register / Fallregister mit variabler Tiefe
variable-flux voltage variation (VFVV) / Einstellung bei veränderlichem Fluss (Trafo, VF-Einstellung)
variable frequency / veränderliche Frequenz, Gleitfrequenz *f*, abstimmbare Frequenz
variable-frequency drive / frequenzgestellter Antrieb || ~ **system-tie converter** / gleitender Netzkupplungsumformer
variable geometry / variable Geometrie || ~ **increment weighting** / variable Inkrementbewertung
variable-inductance transducer / Induktionsbrücke *f* (NC)
variable in fine steps / feinstufig regelbar || ~ **inquiry** / Variablenabfrage *f* || ~ **lead** / veränderliche Steigung (Gewinde)
variable-lead thread cutting / Gewindeschneiden mit veränderlicher Steigung
variable-length block / Satz veränderlicher Länge (NC)
variable location coding / variable Platzcodierung (Werkzeug kann auf jeden Platz des Magazins entsprechend der Werkzeuggröße und dem Platztyp abgelegt werden (Quelle: SINUMERIK 840 D, Funktionsbeschreibung Werkzeugverwaltung); Oberbegriff: Platzcodierung, vgl. Festplatzcodierung), variable Platzkodierung || ~ **log** / Variablenprotokoll *n*
variable-mu tube / Regelröhre *f* (raumladungsgesteuerte R. zur Änderung der Leerlaufverstärkung o. Steilheit)
variable operating sequence / variable Schaltfolge
variable-output-load transducer / Messumformer mit veränderlicher Ausgangsbürde
variable persistance / veränderbares Nachleuchten (Osz.) || ~ **pitch** / veränderliche Steigung (Gewinde)
variable-pitch screwing / Gewindeschneiden mit veränderlicher Steigung
variable-point notation / Gleitpunktschreibweise *f*, halblogarithmische Schreibweise
variable pressure operation / Gleitdruckfahrweise *f* || ~ **pulse weighting** / variable Impulsbewertung || ~ **ratio control** / geführte Verhältnisregelung
variable-ratio system-tie frequency changer / elastischer Netzkupplungsumformer || ~ **transformer** / Transformator mit veränderlichem Übersetzungsverhältnis, Stelltransformator *m*, Regeltransformator *m*
variable resistor / Stellwiderstand *m*, Einstellwiderstand *m* || ~ **resistors** / Drehwiderstand *m*
variable-ride device / Fahrwerkdämpfungsregelung *f*

(Kfz)
variable sampling system / Stichprobensystem nach einem qualitativen Merkmal || **~ service** / Variablendienst *m* (ein von der FMS-Schnittstelle, der Schnittstelle Technologische Funktionen und von S7-Kommunikation angebotener Dienst) || **~ speed** / Stellbetrieb *m*
variable-speed *adj* / drehzahlvariabel *adj* || **~ drive** / drehzahlveränderlicher Antrieb, drehzahlgeregelter Antrieb, drehzahlwechselbarer Antrieb (DVA), drehzahlveränderbarer Antrieb (DVA), Regelantrieb *m* || **~ gearing** / Regelgetriebe *n* || **~ motor** / drehzahlveränderlicher Motor, Regelmotor *m*, drehzahlgeregelter Motor || **~ set** / Regelsatz *m* || **~ slipring motor** / Regelschleifringläufer *m*
variables service (A service offered by the FMS interface, the technological functions interface and by S7 communication.) / Variablendienst *m* (ein von der FMS-Schnittstelle, der Schnittstelle Technologische Funktionen und von S7-Kommunikation angebotener Dienst)
variable status window / Variablen-Statusfenster *n*
variable-structure controller / strukturumschaltender Regler
variable table / Variablentabelle *f*
variable-tariff meter / Mehrtarifzähler *m*
variable thermal time-delay switch / einstellbarer Bimetallschalter DIN 41639
variable-threshold logic (VTL) / Logik mit variabler Schwelle
variable-torque motor / Drehmoment-Stellmotor *m*
variable transformer / Stelltransformator *m*, induktiver Steller, Drehregler *m*, Regeltransformator *m* || **~ voltage** / veränderliche Spannung, regelbare Spannung, Gleitspannung *f*
variable-voltage control / Regelung durch Änderung der Spannung, spannungsgeregelte Steuerung, Spannungssteuerung *f* (zur Änderung der Motordrehzahl) || **~ d.c. link** / Gleichstrom-Zwischenkreis mit variabler Spannung (LE) || **~ generator** / spannungsregelbarer Generator, Steuergenerator *m* || **~ link** / variabler Spannungszwischenkreis (LE) || **~ motor** / spannungsgeregelter Motor || **~ transformer** / Stelltransformator *m*, Spannungsregler *m*, Regeltransformator *m*
variable white / veränderlich weiß || **~ with frequency** / frequenzvariant *adj*, frequenzabhängig *adj* || **~ word length** / variable Wortlänge
variac *n* / Spartransformator *m*
variance *n* (statistics) / Varianz *f* (Statistik) DIN 55350,T.23 || **~ of a variate** / Varianz einer Zufallsgröße DIN 55350,T.21, Varianz einer Wahrscheinlichkeitsverteilung || **~ of distribution** / Streuung der Verteilung
variant *n* / Variante *f*, Sorte *f* || **~ IEC 603-1** / Ausführung *f* DIN 41650,1 || **~ drawing** / Sortenzeichnung *f*
variate *n* / Zufallsgröße *f* DIN 55350,T.21, Zufallsvariable *f* || **transformed ~** / transformierte Zufallsgröße DIN 55350,T.21
variation *n* / Änderung *f*, Veränderung *f*, Schwankung *f*, Steuern *n*, Regeln *n*, Abweichung *f*, Stellen *n* || **~ (of the mean error)** / Einflusseffekt *m* (auf die mittlere Abweichung, Rel.) DIN IEC 255,T.100 || **batch ~** / Chargenstreuung *f* || **range of ~** / Änderungsbereich *m*, Einstellbereich *m*,

Schwankungsbreite *f*, Regelbereich *m* || **systematic ~ (statistics)** / systematische Schwankung (Statistik) || **~ by self-heating** / Anwärm-Einflusseffekt *m* || **~ coefficient** / Variationskoeffizient *m* DIN 55350,T.21, relative Standardabweichung || **~ coefficient** IEC 478-1 / Abweichungskoeffizient *m* DIN 41745 || **~ due to frequency** / Einflusseffekt durch die Frequenz, Frequenzabhängigkeit *f*, Frequenzeinfluss *m* || **~ due to influence quantity** IEC 51,688 / Einflusseffekt *m* (MG) DIN 43745, DIN 43780, Einflussfehler *m* || **~ due to interaction** / Einflusseffekt durch gegenseitige Beeinflussung || **~ due to position** IEC 51 / Lageeinflusseffekt *m* (MG) || **~ due to signal span** / Einflusseffekt der Signalspanne || **~ from rated frequency** / Frequenzabweichung *f* (zul. Normenwert) || **~ from rated system frequency** / Netzfrequenzabweichung *f* (zul. Normenwert) || **~ from rated system voltage** / Netzspannungsabweichung *f* (zul. Normenwert) || **~ from rated voltage** / Abweichung von der Nennspannung, Spannungsabweichung *f* || **~ in indication** / Einflusseffekt *m* (MG) DIN 43745, DIN 43780, Einflussfehler *m* || **~ of the mean error** / Differenz der Abweichungs-Mittelwerte (Rel.) E VDE 0435, T.110 || **~ range** / Streubereich *m* || **~ with ambient temperature** / Einflusseffekt der Umgebungstemperatur, Umgebungstemperaturabhängigkeit *f*
variator, speed ~ / Drehzahlwandler *m*, stellbares Getriebe
variety *n* / Vielzahl *f* || **variety, part ~** / Teilevielfalt *f*
various *adj* / verschieden *adj* || **~ interface signals** / diverse Nahtstellensignale
varistor *n* / Varistor *m*, nichtlinearer (o. spannungsabhängiger) Widerstand || **~ circuit** / Varistorbeschaltung *f*
Varley loop test / Varley-Schleifenprüfung *f*, Erdfehler-Schleifenmessung nach Varley
varmeter *n* / Blindleistungsmesser *m*
varnish *n* / Lack *m*, Überzugslack *m*, Tränklack *m*
varnished *adj* / gefirnist *adj* || **~ cambric** / Lackleinen *n* || **~ cambric tape** / Lackleinenband *n*, Excelsiorband || **~ copper wire** / Kupferlackdraht *m* || **~ fabric** / Lackgewebe *n* || **~ glass fabric** / Lackglasgeweben *n* || **~ glass tape** / Lackglasband *n* || **~ paper** / Lackpapier *n* || **~ tape** / Lackgewebeband *n*, Lackband *n*
varnish-impregnated cloth / Lackgewebe *m* || **~ tape** / Lackgewebeband *n*, Lackband *n*
VAr rating / Nenn-Scheinleistung *f* || **~ transducer** / Blindleistungsmessumformer *m*
vary *v* / variieren *v*, sich ändern, abweichen *v*, wechseln *v*, verstellen *v*, stellen *v*, schwanken *v*, regeln *v*
varying duty / Betrieb mit wechselnder Belastung || **~ load** / wechselnde Last, Wechsellast *f*, veränderliche Belastung || **~ load duty** / Wechsellastbetrieb *m* (WLB(VDE 0160)) || **~ speed** / veränderliche Drehzahl, wechselnde Drehzahl
varying-speed motor / Motor mit veränderlicher Drehzahl (Reihenschlussverhalten), Reihenschlussmotor *m*
varying stress / Wechselspannung *f* (mech.), wechselnde Beanspruchung
varying-voltage winding / Weitbereichswicklung *f*

varying with time / zeitvariant *adj*, zeitabhängig *adj*
VAS s. visual approach slope indicator
VASIS (Visual Approach Slope Indicator System) / VASIS (A. f. Visual Approach Slope Indicator System - optische Gleitwinkelanzeige o. Gleitwinkelbefeuerung)
VAT (variable table) / VAT (Variablentabelle)
vault, cable ~ / Kabelschacht *m*, Muffenbunker *m* || ~ **substation** / Kellerstation *f* || ~ **transformer** / Kellerstationstransformator *m*
vault-type lock / Tresorschloss *n*, Baskülschloss *n*
VB (variable block) / Bildbaustein *m*
V-belt *n* / Keilriemen *m* || $\stackrel{\circ}{=}$ **pulley** / Keilriemenscheibe *f*
VC s. vacuum coil || $\stackrel{\circ}{=}$ s. video computer
VCCS s. voltage-controlled current source
VCL (Velocity Control Loop) / GRK (Geschwindigkeitsregelkreis)
VCM s. vehicle condition monitoring system || $\stackrel{\circ}{=}$ s. visual meteorological conditions
VCO s. voltage-controlled oscillator
V-connected winding / Wicklung in V-Schaltung
V-connection *n* / V-Schaltung *f*, offene Dreieckschaltung
V-curve characteristic / V-Kurven-Kennlinie *f*
V$_d$ / U$_d$ || **V$_d$** / Längsspannung *f*
VDC / V -
V$_{dc}$-controller output limitation / V$_{dc}$-Regler-Ausgangsbegrenzung
V$_{dc}$-max controller / V$_{dc}$-max.-Regler *m* || ~ **controller active** / Überspannungsgrenzwert *m*
V$_{dc}$-min controller / V$_{dc}$-min.-Regler *m*
V-dependency *n* / ODER-Abhängigkeit *f*, V-Abhängigkeit *f*
VDEW protocol / VDEW-Protokoll *n*
VDEW/ZWEI profile / VDEW/ZWEI-Profil *n*
VDF / UKW-Peilstelle *f* (VDF)
VDI / virtuelle Geräteschnittstelle || $\stackrel{\circ}{=}$ **interface** / VDI-Nahtstelle *f*, VDI-Schnittstelle *f*
VDI (Association of German Engineers) / VDI (Verein Deutscher Ingenieure)
V$_{dmax}$ control / U$_{dmax}$-Regelung *f*
VDT s. video display terminal
VDU / Bildschirmgerät *n*
VDU-based operator communication system / bildschirmgestütztes Bediensystem (Leitt.) || $\stackrel{\circ}{=}$ **process control** / bildschirmgesteuerte Prozessregelung, Bildschirmleittechnik *f* || $\stackrel{\circ}{=}$ **programmer** / Bildschirmprogrammiergerät *n* || ~ **workstation** / Bildschirm-Arbeitsplatz *m*
vector *n* / Vektor *m*, Zeiger *m* || ~ **addition** / Vektoraddition *f*, geometrische Addition || ~ **address** / Vektoradresse *f* || ~ **arrangement** / Schaltgruppe *f* || ~ **calculator** / Vektorrechner *m* || ~ **circulation** / Vektordrehung *f* || ~ **control** / Vektorregelung *f* || ~ **diagram** / Vektordiagramm *n*
vectored interrupt / gerichtete Unterbrechung || ~ **interrupt control** / zeigergesteuerte Unterbrechungssteuerung
vector feedrate / Werkzeugbahngeschwindigkeit, Bahngeschwindigkeit *f* (auf das Werkstück bezogene Geschwindigkeit des Werkzeugbezugpunktes auf der Werkzeugbahn) || ~ **field** / Vektorfeld *n* || ~ **graphics** / Vektorgrafik *f*, Vollgrafik *f* || ~ **group** / Schaltgruppe *f* (Trafo)
vector-group symbol / Schaltungs- und Schaltgruppenbezeichnung *f* (Trafo)

Schaltgruppenbezeichnung *f*
vectorial *adj* / vektoriell *adj* || ~ **field** / Vektorfeld *n* || ~ **value** / vektorielle Größe
vector information / Zeigerinformation *f*
vectoring, interrupt ~ / Unterbrechungszielsteuerung *f*
vector notation / Vektorschreibweise *f* || ~ **of estimation errors** / Schätzfehlervektor *m* (Reg.) || ~ **potential** / Vektorpotential *n* || ~ **product** / vektorielles Produkt, Vektorprodukt *n* || ~ **quantity** / vektorielle Größe, Vektorgröße *f* || ~ **register** / Vektorregister *n* || ~ **rotation** / Vektordrehung *f* || ~ **rotator** / Vektordreher *m*
vectorscope *n* / Vektorskop *n*
vee belt / Keilriemen *m* || ~ **connection** / V-Schaltung *f*, offene Dreieckschaltung || ~ **drive** / Treibscheibenantrieb *m*, Keilriemenantrieb *m* || ~ **filament** / Zickzackwendel *f* || ~ **nut** / Nutenstein *m*, Hammermutter *f*
vee-pulley drive / Treibscheibenantrieb *m*, Keilriemenantrieb *m*
vee-thread *n* / Dreieckgewinde *n*, scharfgängiges Gewinde, Spitzgewinde *n*
vehicle attachments / Fahrzeugaufbauten *pl*
vehicle condition monitoring system (VCM) / Fahrzeugzustandsinformationssystem *n* || ~ **electrical distribution system** / Bordnetz *n* (Kfz) || ~ **electrical system** / Bordnetz *n* (Kfz) || ~ **information system** / Fahrzeuginformationssystem *n*, Fahrzeugzustandsinformationssystem *n* || ~ **lighting** / Fahrzeugbeleuchtung *f* || ~ **loom** / Kabelbaum *m* (Kfz 1) || ~ **network** / Bordnetz *n* (Kfz) || ~ **occupant restraint system** / Insassen-Rückhaltesystem *n* (Kfz) || ~ **scale** / Fahrzeugwaage *f* || ~ **speed control** / Fahrgeschwindigkeitsregelung *f* (Kfz)
vehicular technology / Fahrzeugtechnik *f*
veiling glare / Schleierblendung *f* || ~ **luminance** / Schleierleuchtdichte *f* || ~ **reflections** / Kontrastminderung durch Reflexe
Velco fastener / Klettverschluss *m*
velocity *n* / Geschwindigkeit *f*, Schnelle *f*, Schnelligkeit *f*, V, Schwinggeschwindigkeit *f* || ~ **volume** ~ / Volumenschnelle *f*, Schallfluss *m* || ~ **algorithm** / Geschwindigkeitsalgorithmus *m* || ~ **behavior** / Geschwindigkeitsverhalten *n* || ~ **control** / Geschwindigkeitsführung *f* || ~ **controller** / Geschwindigkeitsregler *m* || ~ **energy** / Geschwindigkeitsenergie *f* || ~ **factor** / Verkürzungsfaktor *m* (Kabel) || ~ **feedback** / Geschwindigkeitsrückführung *f* (NC) || ~ **graduation** / Geschwindigkeitsabstufung *f* || ~ **head** / dynamische Druckhöhe || ~ **head coefficient** / Staudruckbeiwert *m* || ~ **limiter** (produces an input signal as long as the rate of change -velocity - does not exceed a preset limit) / Anstiegsbegrenzer *m* || ~ **modulation** / Geschwindigkeitsmodulation *f* || ~ **monitoring** / Geschwindigkeitsüberwachung *f* || ~ **of flow** / Strömungsgeschwindigkeit *f* || ~ **of light** / Lichtgeschwindigkeit *f* || ~ **override** / Geschwindigkeitsüberlagerung *f* || ~ **overshoot** / Geschwindigkeitsüberhöhung *f* || ~ **pickup** / Geschwindigkeitsaufnehmer *m* || ~ **profile** / Geschwindigkeitsprofil *n*, Verfahrprofil *n* (Schrittmotor) || ~ **shock** / Geschwindigkeitsstoß *m*
velocity-type flowmeter / Geschwindigkeitsdurchflussmesser *m*

velocity vector control / Vektorbahnsteuerung f (NC) || ~ **vector control contouring system** / Vektorbahnsteuerung f (NC), zweiphasige Bahnsteuerung || ~ **warning threshold** / Geschwindigkeitswarnschwelle f
vena contracta / Einschnürungsdurchmesser m (Messblende)
vendor n / Anbieter m, Hersteller m, Lieferant m || ~ **appraisal** / Lieferantenbeurteilung f (Qualitätsfähigkeit des Lieferanten vor Auftragserteilung) DIN 55350,T.11 || ~ **inspection** / Lieferantenbeurteilung f (durch Prüfung durch den Abnehmer im Herstellerwerk) DIN 55350,T.11 || ~ **rating** / Lieferantenbeurteilung f (laufende Bewertung der Qaulitätsfähigkeit des Lieferanten) DIN 55350,T.11
vendor-tolerant adj / herstellertolerant adj
veneered adj / furniert adj
venetial damper / Jalousieklappe f
vent v / entlüften v, lüften v, ablassen v || ~ n / Entlüfter m, Entlüftungsöffnung f, Luftabzug m, Entlüftungseinrichtung f || **explosion** ~ / Explosionsschutzvorrichtung f (Trafo), Überdrucksicherung f
vented cell / geschlossene Zelle (Batt.)
vent finger / Luftschlitz-Distanzsteg m (im Blechp.einer el. Masch.) || ~ **hole** / Entlüftungsbohrung f
ventilated adj / belüftet adj, luftgekühlt adj, atmend adj, ventiliert adj || ~ **ceiling** / Klimadecke f
ventilated-frame machine / oberflächengekühlte Maschine
ventilated lighting fitting / Klimaleuchte f || ~ **machine** / belüftete Maschine, luftgekühlte Maschine || ~ **packing** / atmende Verpackung || ~ **ribbed frame** / belüftetes Rippengehäuse || ~ **ribbed-surface machine** / Maschine mit belüftetem Rippengehäuse || ~ **totally enclosed machine** / Maschine mit Mantelkühlung
ventilating and cooling loss / Verluste im Kühlsystem || ~ **duct** / Belüftungskanal m, Luftschlitz m, Kühlkanal m, Kühlschlitz m, Belüftungsrohr n || ~ **fan** / Umwälzventilator m || ~ **passage** / Belüftungsweg m, Kühlluftweg m, Luftweg m || ~ **system** / Belüftungssystem n, Luftkühlungssystem n || ~ **vane** / Kühlfahne f
ventilation n / Belüftung f, Entlüftung f, Lüftung f, Luftzug m, Luftkühlung f || ~ **circuit** / Luftkreislauf m, Kühlkreislauf m, Luftführung f || ~ **control centre** / Lüftungszentrale f || ~ **gills** / Lüftungskiemen pl || ~ **grille** / Lüftungsgitter n || ~ **method** / Belüftungsart f || ~ **opening** / Belüftungsöffnung f || ~ **screwed gland** / Belüftungsverschraubung f || ~ **slot** / Lüftungsschlitz m || ~ **space** / Lüftungsfreiraum m, Luftspalt m || ~ **system** / Beluftüngsanlage f
ventilator power / Lüfterleistung f
venting n / Entlüften n, Lüftung f, Belüftung f || ~ **roof** / Lüftungsdach n || ~ **slot** / Lüftungsschlitz m || ~ **stub** / Entlüftungsstutzen m
vent pipe / Entlüftungsrohr n || ~ **plug** / Entlüftungsschraube f, Entgasungsstopfen m (Batt.) || ~ **port** / Entlüftungsöffnung f, Luftabzugsöffnung f
venturi nozzle / Venturidüse f || ~ **outlet** / diffusorartige Gestaltung des Austrittsstutz || ~ **tube** / Venturirohr n

vent valve / Entlüftungsventil n, Entlüftungshahn m || ~ **valve** (battery) / Zellenventil n
verifiable limit / Nachweisgrenze f || ~ **qualification** / nachzuweisende Qualifikation
verification n / Nachprüfung f, Prüfung f, Prüflesen n, Eichen n, Annahmeprüfung f (Qualitätsprüfung zur Feststellung, ob ein Produkt wie bereitgestellt oder geliefert annehmbar ist), Verifikation f, Abnahmetest m, Nachweis m, Abnahmeprüfung f (Annahmeprüfung auf Veranlassung und unter Beteiligung des Kunden bzw. des Auftraggebers oder seines Beauftragten), Abnahme f || ~ (QA) / Bestätigung f (QS), Bestätigungsprüfung f || **quality** ~ / Qualitätsfähigkeits-Bestätigung f || ~ **certificate** / Eichschein m, Eichbescheinigung f || ~ **inspection** / Nachweisprüfung f (Prüfung zur Feststellung, ob ein Merkmal oder eine Eigenschaft einer Einheit die festgelegte Forderung erfüllt oder nicht) || ~ **instruction** / Eichanweisung f || ~ **interval** / Eichwert m || ~ **mark** / Eichzeichen n || ~ **of ability to carry rated short-time withstand current** / Nachweis des Nenn-Kurzzeitstroms || ~ **of ability to withstand external electrical influences** / Nachweis der Festigkeit gegen äußere elektrische Störgrößen || ~ **of ability to withstand overload currents** / Nachweis der Überlastfestigkeit || ~ **of dielectric properties** / Nachweis der Isolationsfestigkeit (o. Spannungsfestigkeit) || ~ **of dimensions** / Prüfung der Abmessungen || ~ **of mechanical operation** / mechanische Funktionsprüfung || ~ **of overload performance** / Nachweis des Überlastschaltvermögens || ~ **of safe isolation from supply** / Feststellen der Spannungsfreiheit || ~ **of short-circuit strength** / Nachweis der Kurzschlussfestigkeit || ~ **of terminal markings** / Prüfung der Klemmenbezeichnungen (o. Anschlussbezeichnungen) || ~ **test method for balances** / Prüfverfahren beim Eichen von Waagen
verifier n / Prüfleser m, Lochprüfer m, Kartenprüfer m
verify v / nachprüfen v, überprüfen v, nachweisen v, kontrollieren v, beweisen v (Qualität), eichen v, kalibrieren v || ~ n / Eichung f
vermin-proof machine / gegen Ungeziefer geschützte Maschine
vernier adjustment / Feineinstellung nach Noniusskala || ~ **calliper** / Schiebelehre f, Messschieber m || ~ **dial** / Noniusskala f, Feineinstellskala f || ~ **scale** / Noniusskala f, Feineinstellskala f
versatile adj / vielseitig adj || ~ **lighting** / universelle Beleuchtung
version n / Version f (SW), Variante f, Ausführung f || ~ **backed-up** ~ / gesicherte Version || ~ **BOM** / Variantenstückliste f || ~ **management** / Versionsführung f || ~ **name** / Versionsname m || ~ **number** / Versionsnummer f || ~ **of connection** / Anschlussart f || ~ **release** / Versionsstand m
versions n pl / Lieferprogramm n, Geräteprogramm n
vertex / Spitze f (Kegel), Scheitelpunkt m (einesWinkels), Gipfel m, Ecke f (Polygon), Eckpunkt m, 3D-Eckpunkt m
vertical adj / senkrecht adj, vertikal adj, hochkant adj || ~ n / Senkrechte f || ~ **arrangement** / senkrechter Aufbau || ~ **axis** / vertikale Achse
vertical bend / Vertikalkrümmer m (IK), Knie n,

Kniekasten *m* || ~ **boring** / Vertikalbohren *n*, flachseitige Bohrung || ~ **boring and turning mill** / Karusselldrehmaschine *f*
vertical-break disconnector / Hebeltrenner *m*, Schlagtrenner *m*, Hebeltrennschalter *m*
vertical busbar / (senkrechte) Hilfssammelschiene *f*, Steckschiene *f*, Feldschiene *f* || ~ **configuration** / vertikale Anordnung (der Leiter einer Freiltg.) || ~ **deflation** / Vertikalablenkung *f* (Osz.) || ~ **force** / Vertikalkraft *f*, Vertikalschub *m* (LM) || ~ **format** / Hochformat *n* || ~ **frequency** / Vertikalfrequenz *f* (BSG) || ~ **illuminance** / vertikale Beleuchtungsstärke || ~ **illumination** / Vertikalbeleuchtung *f*, Auflichtbeleuchtung *f* || ~ **increment** / vertikale Teilung || ~ **inscription** / Längsbeschriftung *f* || ~ **intensity distribution** / vertikale Lichtstärkeverteilung || ~ **light distribution** / vertikale Lichtverteilung || ~ **light intensity distribution** / vertikale Lichtstärkeverteilung || ~ **link element** / vertikale Verbindung || ~ **load** / vertikale Last (Freiltg.) || ~ **machine** / senkrechte Maschine, Maschine in senkrechter Anordnung || ~ **motion** / Senkrechtbewegung *f* (WZM) || ~ **movement** / Höhenbewegung *f* || ~ **outgoing cable** / gerader Kabelabgang || ~ **parity** / Zeichenparität *f*, Querparität *f*
vertical-plane illuminance / vertikale Beleuchtungsstärke
vertical plug-on bus / Steckschiene *f* (MCC)
vertical-reach disconnector / Greifertrennschalter *m*, Greifertrenner *m*, Scherentrenner *m*
vertical redundancy check (VRC) / Querparitätsprüfung *f* || ~ **section** / Höhenschnitt *m*, Feld *n*, Feldgerüst *n* || ~ **separation** / Vertikalstaffelung *f* (Flp.) || ~ **service duct** / Versorgungsschacht *m* || ~ **shaft** / senkrechte Welle, stehende Welle
vertical-shaft machine / Maschine mit senkrechter Welle, senkrechte Maschine, stehende Maschine || ~ **type** / senkrechte Bauform (el. Masch.)
vertical softkey (VSK) / vertikaler Softkey (VSK)
vertical synchro signal (VSYNC) / vertikales Synchronsignal (VSYNC) || ~ **tabulator (VT)** / Vertikaltabulator *m* (VT) || ~ **tapping switch** / Vertikalumsteller *m* (Trafo)
vertical-throw handle mechanism / Vertikalhebelantrieb *m* (SG)
vertical travel / Senkrechtbewegung *f* (WZM)
vertical-up weld / Steignaht *f*
vertice *n* / Stützpunkt *m*
very high frequency (VHF) / Höchstfrequenz *f*, Ultrakurzwellenfrequenz *f*
very-high-speed IC (VHSIC) / Hochgeschwindigkeits-IS *f*, integrierte Schaltung mit sehr hoher Schaltgeschwindigkeit
very high voltage (v.h.v.) / Höchstspannung *f*, Ultrahochspannung *f*
very-large-scale integration (VLSI) / sehr hoher Integrationsgrad (IS)
very low frequency (v.l.f.) / Niedrigstfrequenz *f*, Längstwellenfrequenz *f*, Langwellenfrequenz *f* || ~ **quick acting fuse** IEC 127 / superflinke Sicherung VDE 0820,T.1 || ~ **simple positioning** / Einfachpositionierung *f*
vessel change-over time / Fasswechselzeit *f* || ~ **pump** / Fasspumpe *f*

vestigial sideband (VS) / Restseitenband *n* (RSB)
VF (voice frequency) / NF (Niederfrequenz)
VFC s. voltage-frequency converter
VF channel s. voice frequency channel
V/F characteristic / U-f-Kennlinie *f*
V/F converter / U-f-Wandler *m*
V/F curve / U/f-Kurve *f*
VFD (Virtual Field Bus Device) / VFD
VF level / NF-Pegel *m*
VF line / NF-leitung *f*
VF PCM test set / NF-PCM-Meßgerät *n* || ~ **power** / Tonfrequenzleistung *f* (TF-Leistung)
VFR / VF-Einstellung *f* (Einstellung bei veränderlichem Fluss)
VF signal / Tonfrequenzsignal *n* || ~ **signal level** / Tonfrequenzpegel *m*
VFT s. voice-frequency telegraphy
VFVV (variable-flux voltage variation) / VF-Einstellung *f* (Einstellung bei veränderlichem Fluss)
VGA (video graphics adapter) / VGA (Video Graphics Adapter)
V-groove pulley / Keilriemenscheibe *f*
VHF s. very high frequency || ~ **direction finding station** VDF / UKW-Peilstelle *f* (VDF) || ~ **omnidirectional radio range (VOR)** / UKW-Drehfunkfeuer *n* (VOR) || ~ **range** / UKW-Bereich *m*
Vh meter / Vh-Zähler *m*, Voltstundenzähler *m*
VHSIC s. very-high-speed IC
v.h.v. s. very high voltage
V/Hz-controlled operation / U/f-gesteuerter Betrieb, Spannung-Frequenz-gesteuerter Betrieb
via *n* / Verbindungsloch *n* (Leiterplatte) || ~ *adj* / über *adj*
vibrate *v* / schwingen *v*, vibrieren *v*, rütteln *v*, schütteln *v*
vibrating-capacitor amplifier / Schwingkondensatorverstärker *m*
vibrating-disc mill / Scheibenschwingmühle *f*
vibrating-magnet regulator / Vibrations-Spannungsregler *m*, Tirrill-Regler *m*
vibrating-reed frequency meter / Zungen-Frequenz-Messgerät *n*, Zungenfrequenzmesser *m* || ~ **measuring element** / Vibrationsmesswerk *n*, Zungenfrequenzmesswerk *n*
vibrating relay / Vibrationsrelais *n*, Relais mit Zusatz-Wechselerregung
vibrating-type voltage regulator / Vibrations-Spannungsregler *m*, Tirrill-Regler *m*
vibration *n* / Schwingung *f*, Vibration *f*, Erschütterung *f*, Bebung *f*, Rüttelschwingung *f* || ~ **absorber** / Schwingungsdämpfer *m*
vibration-absorbing *adj* / schwingungsdämpfend *adj*
vibration acceleration / Schwingbeschleunigung *f* || ~ **ageing** / Schwingungsalterung *f*
vibrational energy / Schwingungsenergie *f* || ~ **Q** / Laufgütefaktor *m*, Auswuchtgüte *f* || ~ **quality factor** / Laufgütefaktor *m*, Auswuchtgüte *f* || ~ **severity** / Schwingungsschärfe *f*, Schwingstärke *f* || ~ **severity curve** / Schwingstärke-Diagramm *n* || ~ **severity grade** / Schwingstärkestufe *f*
vibration amplitude / Schwingungsamplitude *f*, Schwingweite *f*, Schwingungsausschlag *m* || ~ **and shock test** / Schüttel- und Stoßprüfung *f* || ~ **damper** / Schwingungsdämpfer *m*
vibration-damping *adj* / schwingungsdämpfend *adj*

vibration displacement / Schwingweg *m* ‖ ~ **displacement amplitude** / Schwingwegamplitude *f* ‖ ~ **exciter** / Schwingungserreger *m* (mech.), Schwingerreger *m* ‖ ~ **failure** / Dauerschwingbruch *m*, Schwingungsbruch *m* ‖ ~ **frequency** / Schwingfrequenz *f*, Schwingungszahl *f* ‖ ~ **galvanometer** / Vibrations-Galvanometer *n* ‖ ~ **generator** / Schwingungserreger *m* (mech.), Schwingerreger *m* ‖ ~ **isolation** / Schwingungsisolierung *f*, Schwingungsentkopplung *f*, schwingungsmechanische Entkopplung ‖ ~ **isolator** / Schwingungsisolator *m* ‖ ~ **load** / Schwingungsbeanspruchung *f* ‖ ~ **measuring element** / Vibrationsmesswerk *n* ‖ ~ **meter** / Schwingungsmesser *m* ‖ ~ **pick-up** / Schwingungsaufnehmer *m*
vibration-proof mounting / erschütterungsfreie Befestigung, schwingungsfreie Befestigung, Schwingungsdämpfer *m*
vibration recorder / Schwingungsschreiber *m*, Schwingungszeichner *m* ‖ ~ **resistance** / Schwingungsfestigkeit *f*, Vibrationsfestigkeit *f*, Schüttelfestigkeit *f*, Erschütterungsfestigkeit *f*, Rüttelfestigkeit *f*
vibration-resistant *adj* / schwingungsfest *adj*, erschütterungsfest *adj*, rüttelfest *adj*, rüttelsicher *adj*
vibration resonance / Schwingresonanz *f*, Schüttelresonanz *f* ‖ ~ **response** / Schwingungsverhalten *n*
vibration-rotation energy / Rotations-Schwingungsenergie *f*
vibration sensor / Schwingungsaufnehmer *m* ‖ ~ **severity** / Schwingschärfe *f*, Schwingstärke *f* ‖ ~ **severity grade** / Schwingstärkestufe *f* ‖ ~ **strain** / Schwingungsbeanspruchung *f* ‖ ~ **strength** / Schwingungsfestigkeit *f*, Vibrationsfestigkeit *f*, Schüttelfestigkeit *f*, Erschütterungsfestigkeit *f*, Rüttelfestigkeit *f* ‖ ~ **table** / Rütteltisch *m* ‖ ~ **test** / mechanische Schwingungsprüfung IEC 50(411), Schwingungsprüfung *f*, Rütteltest *m*, Rüttelprüfung *f*, Laufgüteprüfung *f*, Auswuchtprüfung *f* ‖ ~ **transducer** / Schwingungsmessumformer *m*, Schwingungswandler *m* ‖ ~ **velocity** / Schwingungsgeschwindigkeit *f*
vibrator, Kapp ~ / Kappscher Vibrator (o. Phasenschieber) ‖ ~ **pot** / Fördertopf *m*
vibratory force / Schwingkraft *f*, Rüttelkraft *f* ‖ ~ **load** / Schwingungsbeanspruchung *f*, Schwingbeanspruchung *f*
vibrograph *n* / Schwingungsschreiber *m*, Schwingungszeichner *m*
vibroguard *n* / Schwingungswächter *m*
vibrometer *n* / Schwingungsmesser *m*
vibromotive *adj* / schwingungserregend *adj* ‖ ~ **force** / Schwingkraft *f*, Rüttelkraft *f*
vibrostability *n* / Schwingungsfestigkeit *f*, Rüttelfestigkeit *f*, Erschütterungsfestigkeit *f*, Schüttelfestigkeit *f*, Vibrationsfestigkeit *f*
vibrostable *adj* / rüttelfest *adj*
Vicat thermostability / Wärmefestigkeit nach Vicat
vicinity *n* / Nähe *f*
Vickers hardness test / Härteprüfung nach Vickers ‖ ~ **pyramid hardness** / Vickershärte *f*
video channel / Bildkanal *m* ‖ ~ **computer (VC)** / Videocomputer *m* (VC), Bildschirmcomputer *m* ‖ ~ **disk** / Bildplatte *f* ‖ ~ **display terminal (VDT)** / Datensichtstation *f*, Sichtgerät *n*, Bildschirmgerät *n* ‖ ~ **encoder** / Video-Encoder *m* ‖ ~ **graphics adapter (VGA)** / Video Graphics Adapter (VGA) ‖ ~ **look-up table (VLUT)** / Farbcodierer *m* (graf. DV) ‖ ~ **output** / Bildausgabe *f* (BSG) ‖ ~ **programmer** / Bildschirmprogrammiergerät *n* ‖ ~ **terminal** / Bildschirmgerät *n*, Sichtgerät *n*, Datensichtstation *f*
videotex, broadcast ~ / Videotext *m* ‖ **interactive** ~ / Bildschirmtext *m* (Btx)
vidicon *n* / Vidikon *n*
view *n* / Ansicht *f*, Sicht *f*, Ausschnitt *m* (CAD), Riss *m*, ansehen *v* ‖ **3-plane** ~ / 3-Ebenen-Ansicht *f* ‖ ~ **attribute** / Sichtenattribut *n* ‖ ~ **bar** / Ansichtsleiste *f* ‖ ~ **display** / Sichtenanzeige *f* ‖ ~ **file** / Bilddatei *f* (CAD)
viewing angle / Blickwinkel *m*, Beobachtungswinkel *m* ‖ ~ **direction** / Blickrichtung *f* ‖ ~ **distance** / Sehabstand *m* ‖ ~ **hood** / Einblicktubus *m* ‖ ~ **microscope** / Beobachtungsmikroskop *n* ‖ ~ **parameter** / Beobachtungsparameter *m* ‖ ~ **point** / Ansichtspunkt *m* (CAD) ‖ ~ **storage tube** / Sichtspeicherröhre *f* ‖ ~ **system** / Betrachtungssystem *n* ‖ ~ **time** / Betrachtungszeit *f* (Bildschirm) ‖ ~ **window** / Sichtscheibe *f*
view of unit / Geräteansicht *f*
viewport *n* / Sichtfenster *n* (graf. DV) ‖ ~ / Darstellungsfeld *n* (Grafikgerät), Arbeitsfläche *f* (BSG), Ansichtsfenster *n* ‖ **workstation** ~ / Gerätedarstellungsfeld *n* (Bildschirm-Arbeitsplatz)
view room / Prüfraum *m*
view-room inspection / Prüfraumprüfung *f*, Prüfung im Prüfraum
view surface / Sichtfläche *f* (Bildschirm) ‖ ~ **table** / Ausschnitttabelle *f* (CAD)
vigilance device / Wachsamkeitseinrichtung *f* (Triebfahrzeug)
VI improver s. viscosity index improver
Villari reversal / Villari-Umkehrpunkt *m*
vio *adj* / violett *adj*, vio
violate *v* / verletzen *v*
violation *n* / Verletzung *f* ‖ **code** ~ / Codeverletzung *f* ‖ **terminal group** ~ / Terminalgruppenverletzung *f*
violent colour / grelle Farbe
violet *adj* / violett *adj*, vio
virgin curve / Neukurve *f* ‖ ~ **metal** / Neumetall *n* ‖ ~ **state** / jungfräulicher Zustand, abmagnetisierter Zustand
virtual *adj* / virtuell *adj*, effektiv *adj*, tatsächlich *adj* ‖ ~ **contact width** IEC 50(581) / Kontaktbereich *m* ‖ ~ **device interface** VDI / virtuelle Geräteschnittstelle ‖ ~ **duration** / tatsächliche Dauer, virtuelle Dauer ‖ ~ **duration of peak** / Scheiteldauer *f*, Wellendauer *f* ‖ ~ **duration of peak of a rectangular impulse current** / Scheiteldauer eines Rechteckstoßstromes ‖ ~ **duration of wave front** / Stirnzeit *f* (T1) ‖ **Field Bus Device (VFD)** / VFD, virtuelles Feldgerät ‖ ~ **front duration** IEC 50(604) / vereinbarte Stirndauer (Stoßspannung) ‖ ~ **image** / virtuelles Bild, scheinbares Bild ‖ ~ **junction temperature** / Ersatz-Sperrschichttemperatur *f* (HL) DIN 41853, DIN 41862 ‖ ~ **master axis** / virtuelle Leitachse ‖ ~ **memory (VM)** / virtueller Speicher ‖ ~ **neutral point** / virtueller Sternpunkt ‖ ~ **operating time** / Ersatzausschaltzeit *f* VDE 0670, T.4, virtuelle

Ausschaltzeit (Sich.) || ~ **origin** / Nennbeginn m (Stoßwelle) || ~ **origin O_1** / Stoßbeginn O_1 m || ~ **origin O_1 of an impulse** / Beginn O_1 einer Stoßspannung || ~ **peak value** / wirklicher Scheitelwert || ~ **prearcing time** / Ersatzschmelzzeit f VDE 0670,T.4, virtuelle Schmelzzeit (Sich.) || ~ **private network (VPN)** / Virtuelles Privates Netzwerk (VPN) || ~ **short circuit** / ideeller Kurzschluss || ~ **steepness** / Steilheit f (Stoßwelle) || ~ **steepness of front** / Stirnsteilheit f || ~ **steepness of voltage during chopping** / Anstiegssteilheit einer in der Stirn abgeschnittenen Stoßspannung || ~ **storage (VS)** / virtueller Speicher || ~ **temperature** / Ersatztemperatur f (Thyr) DIN 41786, innere Ersatztemperatur || ~ **time** / virtuelle Zeit (Sich.), Ersatzschmelzzeit f, Zeitdauer f, Ersatzausschaltzeit f || ~ **time constant** / wirksame Zeitkonstante || ~ **time of voltage collapse during chopping** / Zeitdauer des Spannungszusammenbruchs einer abgeschnittenen Stoßspannung || ~ **time to chopping** / Abschneidezeit f (Stoßwelle) || ~ **time to half-value** / Halbwertzeit f, Rückenhalbwertzeit f (Stoßwelle) || ~ **time zero** / Stoßbeginn O_1 m || ~ **total duration** / Gesamtdauer f (eines Rechteckstroms) || ~ **value** / Effektivwert m || ~ **voltage** / Effektivspannung f, Nutzspannung f || ~ **zero** / Stoßbeginn O_1 m
viscoelastic deformation / viskoelastische Deformation
viscometer n / Viskosimeeer n, Zähigkeitsmesser m
viscosity n / Viskosität f, Zähigkeit f, innere Reibung, (magnetische) Nachwirkung f || ~ **by cup** / Auslaufbecher-Viskosität f
viscosity/density ratio / kinematische Viskosität
viscosity-gravity constant / Viskositäts-Dichte-Konstante f (VDK)
viscosity index / Viskositätszahl f || ~ **index improver (VI improver)** / Viskositätsindexverbesserer m (VI-Verbesserer) || ~ **number** / Viskositätszahl f || ~ **pole height** / Viskositätspolhöhe f || ~ **ratio** / Viskositätsverhältnis n, relative Viskosität
viscous adj / viskos adj, zähflüssig adj, kriechend adj || ~ **damping** / viskose Dämpfung, Flüssigkeitsdämpfung f || ~ **damping coefficient** / Koeffizient der viskosen Reibung || ~ **drag** / Bremswirkung f (Flüssigk.) || ~ **filter** / benetzter Filter, Nassfilter n || ~ **flow** / zähe Strömung, reibungsbehaftete Strömung, viskose Strömung || ~ **friction** / zähe Reibung, Flüssigkeitsreibung f || ~ **hysteresis** / viskose Hysteresis, kriechende Hysteresis, magnetische Hysteresis || ~ **loss** / viskoser Verlust, Zähigkeitsverlust m || ~ **resistance** / Zähigkeitswiderstand m
vise n / Schraubstock m
visibility n / Sichtbarkeit f, Sichtweite f, Sicht f, Erkennbarkeit f (LT), Sichtverhältnisse f pl || ~ **distance** / Sichtabstand m || ~ **factor** / Sichtbarkeitsgrad m, Grad der Sichtbarkeit, Grad der Erkennbarkeit || ~ **in fog** / Nebelsichtweite f, Sichtweite im Nebel
visible adj / sichtbar adj || ~ **break** / sichtbare Trennstrecke || ~ **column** / sichtbare Spalte || ~ **from any angle** / rundum sichtbar || ~ **isolating distance** / sichtbare Trennstrecke || ~ **radiation** / sichtbare Strahlung || ~ **red light** / sichtbares Rotlicht || ~ **spectrum** / sichtbares Spektrum || ~ **surface** / Sichtfläche f
visibly glowing heating element / sichtbar glühendes Heizelement
vision n / Sehen n, Sehvermögen n || ~ **and ranging system** / optisches Erkennungs- und Abstandmesssystem n (Rob.), Sichtsensor- und Abstandmesssystem n, visuelles Sensor- und Abstandmesssystem
vision-guided adj / sichtsensorgeführt adj (Rob.)
vision sensor / Sichtsensor m (Rob.), visueller Sensor || ~ **system** / optisches Erkennungssystem, visuelles Sensorsystem, Sichtsensorsystem n, Erkennungssystem mit Sichtsensoren
visor n / Schirmblende f, Schirmreflektor m
visual acuity / Sehschärfe f || ~ **aid chart** / Anschauungsbild n, Schautafel f || ~ **aids** / optische Hilfen || ~ **angle** / Blickwinkel m, Sehwinkel m || ~ **approach slope guidance** / Gleitwinkelführung f (Flp.) || ~ **approach slope indicator (VAS)** / Gleitwinkelfeuer n (VAS) || ~ **approach slope indicator system (VASIS)** / optische Gleitweganzeige (VASIS), Gleitwinkelbefeuerungssystem n || ~ **call system** / Lichtrufanlage f || ~ **check** / optische Prüfung || ~ **comfort** / Sehkomfort m || ~ **contrast** / Kontrastsehen n || ~ **contrast threshold** / Schwellenkontrast m || ~ **correction filter** / Anpassungsfilter n (LT) || ~ **discomfort** (flicker) / störender Eindruck (Flicker) || ~ **display device** / Visualisierungsgerät n || ~ **display unit** / Anzeigeeinheit f || ~ **display unit (VDU)** / Bildschirmgerät n, Bildsichtgerät n (o. -station), Bildschirmterminal n, Datensichtgerät n || ~ **display units** / Visualisierungseinheiten f pl || ~ **efficiency** / visueller Nutzeffekt || ~ **emphasizing** / optische Hervorhebung || ~ **examination** / Sichtkontrolle f, Sichtprüfung f, Augenscheinprüfung f || ~ **field** / Gesichtsfeld n || ~ **guidance** / visuelle Führung || ~ **illusion** / optische Täuschung || ~ **impression** / optischer Eindruck || ~ **incoming inspection** / Eingangssichtprüfung f || ~ **indication** / Sichtmeldung f, optische Meldung || ~ **indicator** / Sichtmelder m || ~ **inspection** / Sichtkontrolle f, Sichtprüfung f, Sichtabnahme f, Augenscheinprüfung f || ~ **inspection result** / äußerer Befund
visualization n / Beobachtung f, Visualisierung f || ~ **process** ~ / Prozessbeobachtung f || ~ **data** / Visualisierungsdaten pl || ~ **macro file** / Zeichen-Macro-Datei f, Zeichenmakrodatei f || ~ **parameter** / Beobachtungsparameter m || ~ **processor** / Visualisierungsprozessor m || ~ **system** / Visualisierungssystem n
visual marking / optische Markierung || ~ **meteorological conditions (VCM)** / Sichtwetterbedingungen f pl (VCM) || ~ **mode** / direkte Bildschirmeingabe || ~ **object** / Sehobjekt n || ~ **organ** / Sehorgan n || ~ **performance** / Sehleistung f || ~ **photometer** / visuelles Fotometer || ~ **photometry** / visuelle Fotometrie || ~ **power** / Sehleistung f || ~ **range** / Sichtweite f (bezogen auf ein Objekt), Tragweite f (eines Feuers) || ~ **resolution** / Sehschärfe f || ~ **sensation** / Gesichtsempfindung f || ~ **sensitivity curve** / Augenempfindlichkeitskurve f || ~ **signal** / visuelles Signal || ~ **signal device** / Sichtmelder m, optischer

Melder ‖ ~ task / Sehaufgabe f, Seharbeit f ‖ ~ threshold / Schwellenbeleuchtungsstärke f (beim Punktsehen)
visu interface / Visualisierungsschnittstelle
vital load / wichtiger Verbraucher
vitiated air / Abluft f (KT)
vitreous enamel / Email n (auf Metall) ‖ ~ enamel wirewound resistor / glasierter Drahtwiderstand ‖ ~ silica / Quarzglas n
v.l.f. s. very low frequency ‖ ~ signalling / Langwellenübertragung f (v. Steuersignalen)
VLSI s. very-large-scale integration
VLUT s. video look-up table
VM s. virtual memory ‖ ~ ᵒ sensing / UM-Erfassung f
VMD support services / allgemeine Dienste für virtuelle Geräte
VME bus / VME bus m ‖ ᵒ subbus system (VMS) / VME-Subbussystem n (VMS) ‖ ᵒ-subsystem bus (VSB) / VME-Subsystembus m (VSB)
VMS s. VME subbus system
V-network n / V-Netznachbildung f
V-notch specimen / Spitzkerbprobe f ‖ ᵒ test / Spitzkerbenprüfung f, V-Kerb-Probe f
vocabulary word / Schlüsselwort n
voice-actuated adj / sprachgesteuert adj
voice answer / Sprachantwort f (DÜ)
voice-controlled adj / sprachgesteuert adj
voice data entry VDE / Spracheingabe f ‖ ~ frequency (VF) / Tonfrequenz f, Sprechfrequenz f, Niederfrequenz f ‖ ~ frequency channel (VF channel) / Sprachfrequenzkanal m
voice-frequency telegraphy (VFT) / Wechselstrom-Telegraphie f ‖ ~ telegraphy channel (VFT channel) / Wechselstrom-Telegraphiekanal m (WT-Kanal) ‖ ~ telegraphy unit (VFT unit) / Wechselstrom-Telegraphiegerät n (WT-Gerät)
voice output / Sprachausgabe f ‖ ~ recognition / Spracherkennung f ‖ ~ transmission / Sprachübertragung f
void n / Hohlraum m, Pore f, Lunker m, Fehlstelle f, Leerraum m
volatile adj / flüchtig adj, verdunstend adj, schnelllebig adj ‖ ~ carbon-dioxide / flüchtige Kohlenwasserstoffe ‖ ~ fault / flüchtiger Fehler, intermittierender Fehlzustand IEC 50(191) ‖ ~ memory / flüchtiger Speicher, nicht permanenter Speicher
voltage n / elektrische Spannung, Spannung f ‖ actual DC-link ~ / Zwischenkreisspannung f ‖ ~ across a pole / Polspannung f (SG) ‖ ~ adjustment / Spannungsabgleich m ‖ ~ amplification / Spannungsverstärkung f ‖ ~ amplification with output short-circuited / Leerlaufspannungsverstärkung f ‖ ~ at commencement of gassing / Gasungsspannung f ‖ ~ at instant of chopping / Spannung im Abschneidezeitpunkt ‖ ~ back-up / Spannungsstützung f ‖ ~ balance / Spannungssymmetrie f ‖ ~ balance protection / Spannungsdifferentialschutz m ‖ ~ balancer / Spannungsabgleicher m ‖ ~ balance relay / Spannungsdifferentialrelais n, Spannungsvergleichsrelais n ‖ ~ balancing / Spannungsabgleich m, Spannungsausgleich m ‖ ~ band / Spannungsband n ‖ ~ behind leakage reactance / Nutzfeldspannung f (el. Masch.) ‖ ~ behind stator leakage reactance / innere EMK

(el. Masch.) ‖ ~ between bars / Stegspannung f (Komm.), Segmentspannung f, Lamellenspannung f ‖ ~ between layers / Lagenspannung f (Wickl.) ‖ ~ between segments / Stegspannung f (Komm.), Segmentspannung f, Lamellenspannung f ‖ ~ bias / Spannungsstabilisierung f (Schutzrelais)
voltage-biased bus differential protection / Sammelschienen-Spannungsdifferentialschutz m
voltage boost / Kennlinienanhebung f
voltage bridge / Spannungsbrücke f ‖ ~ build-up / Spannungsaufbau m, Auferregung f ‖ ~ build-up test / Auferregungsversuch m ‖ ~ bus / Potentialschiene f ‖ ~ change / Spannungsänderung f VDE 0838,T.1 ‖ ~ change characteristic / Spannungsänderungsverlauf m EN 61000-3-3 ‖ ~ change interval / Spannungsänderungsintervall n (EMV) VDE 0838,T.1 ‖ ~ changeover switch / Spannungsumschalter m ‖ ~ characteristic / Spannungskennlinie f ‖ ~ circuit / Spannungskreis m, Spannungspfad m, Spannungsschaltung f ‖ ~ clamp / Spannungsklemmschaltung f ‖ ~ clamping / Spannungsklemmung f, Spannungsbegrenzung f (Klemmschaltung) ‖ ~ clamping device / Spannungsbegrenzer m (Klemmschaltung) ‖ ~ coil / Spannungsspule f (EZ) ‖ ~ collapse / Spannungszusammenbruch m ‖ ~ comparator / Spannungsvergleicher m, Spannungskomparator m ‖ ~ comparator connection / Spannungsvergleicherschaltung f ‖ ~ compliance / Spannungsbereich m (DAU) ‖ ~ constant / Spannungskonstante f ‖ ~ control IEC 50(603) / Spannungsregelung f ‖ ~ control characteristic / Spannungssteuerkennlinie f
voltage-controlled bus IEC 50(603) / PV-Knoten m (Netz) ‖ ~ converter / Spannungszwischenkreis-Stromrichter m ‖ ~ current source (VCCS) / spannungsgesteuerte Stromquelle ‖ ~ oscillator (VCO) / spannungsgesteuerter Oszillator
voltage controlling transductor / spannungssteuernder Transduktor ‖ ~ controller / Spannungsbegrenzungsregler m ‖ ~ converter / Spannungsumsetzer m ‖ ~ correction / Spannungsnachführung f, Spannungsstabilisierung f ‖ ~ corrector / Spannungsstabilisator m
voltage-dependent adj / spannungsabhängig adj
voltage dependent current starting / spannungsabhängige Stromanregung, U/I-Anregung f
voltage depression / Spannungsabsenkung f, Spannungszusammenbruch m, Spannungsabfall m ‖ ~ detection hybrid / Spannungserfassungshybrid f ‖ ~ detection system / Spannungsprüfsystem n ‖ ~ detector / Spannungsprüfer m ‖ ~ deviation / Spannungsabweichung f, Spannungshub m ‖ ~ diagram / Spannungsbild n ‖ ~ differential relay / Spannungsdifferentialrelais n, Spannungsvergleichsrelais n ‖ ~ dip / Spannungseinbruch m, Netzspannungseinbruch m ‖ ~ disappearance indicator / Spannungsprüfer m ‖ ~ displacement / Spannungsverlagerung f ‖ ~ distinctive number / Spannungskennziffer f ‖ ~ distortion / Spannungsverzerrung f ‖ ~ distribution / Spannungsverteilung f ‖ ~ divider / Spannungsteiler m ‖ ~ divider probe / Spannungstastteiler m, Tastteiler m ‖ ~ doubler connection / Spannungsverdopplerschaltung f, Verdopplerschaltung f ‖ ~ drop / Spannungsabfall

m, Spannungsfall *m*, Spannungsrückgang *m* || ~ **drop across resistor** / Spannungsabfall am Widerstand || ~ **drop measurements** / Spannungsabfallmessungen *f pl* || ~ **due to net airgap flux** / Nutzfeldspannung *f* (el. Masch.) || ~ **effect** / Spannungseinfluss *m* (MG) || ~ **electromagnet** / Spannungseisen *n* (EZ) || ~ **element** / Spannungsschleife *f* || ~ **endurance** / elektrische Standfestigkeit, elektrische Lebensdauer, Spannungs-Dauerfestigkeit *f*, Spannungsfestigkeit *f* || ~ **endurance test** / Prüfung der elektrischen Standfestigkeit (o. Lebensdauer), Spannungs-Dauerstandsprüfung *f*, Spannungs-Zeitstandversuch *m* || ~ **equivalent of thermal energy** / Temperaturspannung *f* (HL) DIN 41852 || ~ **error** / Spannungsfehler *m* || ~ **escalation** / Aufschaukeln der Spannung || ~ **excursion** / Spannungshub *m* (Prüf., Abweichung) || ~ **factor** / Spannungsfaktor *m*, μ-Faktor *m* (ESR) || ~ **failure** / Spannungsausfall *m*, Spannungsverlust *m*, Netzausfall *m*, Stromausfall *m* || ~ **feedback** / Spannungsrückkopplung *f*, Spannungsrückführung *f* || ~ **fluctuation** / Spannungsschwankung *f*, Spannungsflicker *f* || ~ **fluctuation waveform** / Kurvenform der Spannungsschwankung VDE 0838,T.1
voltage-free *adj* / spannungsfrei *adj*
voltage-frequency converter (VFC) / Spannungs-Frequenz-Umsetzer *m*
voltage/frequency function IEC 411-1 / Spannungs-/Frequenzfunktion *f* (SR)
voltage gain / Spannungsverstärkung *f* || ~ **gradient** / Spannungsgradient *m*, elektrische Feldstärke || ~ **grading** / Spannungsstaffelung *f* (Schutz), Potentialsteuerung *f*, Feldsteuerung *f* || ~ **grading circuit** / Spannungsteilerkreis *m* (LE) || ~ **harmonic content** / Oberschwingungsspannung *f*, Oberwellenspannung *f* || ~ **harmonics** / Spannungsoberschwingungen *f pl* || ~ **impulse** / Spannungsimpuls *m*, Spannungsstoß *m*, Stoßspannung *f* || ~ **impulse sparkover test** / Ansprechspannungsprüfung *f* (Abl.) || ~ **indication** / Spannungsanzeige *f* || ~ **indicator** / Spannungsanzeiger *m*, Spannungsprüfer *m* || ~ **induced on circuit interruption** / induktive Abschaltspannung || ~ **induced on current interruption limited to** / induktive Abschaltspannung || ~ **influence** ANSI C39.1 / Spannungseinfluss *m* (MG) || ~ **injection** (synthetic testing) / Spannungsüberlagerung *f* (synthet. Prüfung) || ~ **interval delta-U** / Spannungsschritt delta-U || ~ **jump** / Spannungssprung *m*
voltage-less *adj* / spannungslos *adj*, potentialfrei *adj*
voltage level / Spannungsebene *f*, Spannungspegel *m* || ~ **life** / elektrische Lebensdauer, elektrische Standfestigkeit *f* || ~ **life test** / elektrische Lebensdauerprüfung, Prüfung der elektrischen Standfestigkeit, Spannungs-Dauerstandsprüfung *f* || ~ **limit** / Spannungsbegrenzung *f* || ~ **limit module** / Spannungsbegrenzungsbaugruppe *f* || ~ **limitation** / Spannungsbegrenzung *f* || ~ **limitation module** / Spannungsbegrenzungsbaugruppe *f* || ~ **limiter** / Spannungsbegrenzer *m*
voltage-link a.c. converter / Spannungszwischenkreis-Stromrichter *m*
voltage loop / Spannungsschleife *f* || ~ **map** / Spannungsplan *m* (Darstellung der Spannungen an

den Hauptknoten eines Netzes) || ~ **matching transformer** / Zwischenspannungswandler *m*, Anpass-Spannungswandler *m* || ~ **measurement** / Spannungsmessung *f* || ~ **measuring element** / Spannungsmesswerk *n* || ~ **measuring range** / Spannungsmessbereich *m* || ~ **model** / Spannungsmodell *n* || ~ **modulus** / Spannungsbetrag *m*
voltage-monitored line end / Leitungsende mit Spannungsüberwachung
voltage monitoring / Spannungsüberwachung *f* || ~ **multiplier connection** / Spannungsvervielfacherschaltung *f*, Vervielfacherschaltung *f* || ~ **on generator airgap line** / Generator-Luftspaltspannung *f*
voltage-operated earth-leakage circuit-breaker / Fehlerspannungs-Schutzschalter *m* || ~ **e.l.c.b. system** / Fehlerspannungs-Schutzschaltung *f*, FU-Schutzschaltung *f* || ~ **g.f.c.i. system** / Fehlerspannungs-Schutzschaltung *f*, FU-Schutzschaltung *f* || ~ **neutral-monitoring e.l.c.b.** / Nullleiter-Fehlerspannungsschutzschalter *m* (NFU-Schalter)
voltage overshoot / Spannungsüberschwingen *n*, Spannungs-Überschwingweite *f*, Spannungsüberhöhung *f* || ~ **overswing** / Überschwingspannung *f* || ~ **peak** / Spannungsspitze *f* || ~ **peak-to-peak (VPP)** / Spannung Spitze-Spitze (USS), U$_{ss}$ (Spannung Spitze-Spitze) || ~ **per layer** / Lagenspannung *f* (Wickl.) || ~ **per turn** / Windungsspannung *f* || ~ **phasor** / Spannungszeiger *m* || ~ **polarization** / Spannungspolung *f* || ~ **proof** / Spannungsfestigkeit *f* || ~ **proof test** / Prüfung der Spannungsfestigkeit || ~ **protection** / Spannungsschutz *m* || ~ **protection module (VPM)** / VPM || ~ **pulse** / Spannungsimpuls *m* || ~ **pulsing** / Spannungstaktung *f* || ~ **ramp** / Spannungsrampe *f* || ~ **range** / Spannungsbereich *m*, Spannungsband *n* || ~ **rate-of-change relay** / Spannungsänderungsrelais *n* || ~ **rating** / Spannungs-Bemessungsdaten *pl/t*, Nennspannung *f*, Betriebsspannung *f* || ~ **ratio** / Spannungsverhältnis *n*, Spannungsübersetzungsverhältnis *n*, Übersetzungsverhältnis *n* (kapazitiver Spannungsteiler) || ~ **ratio box** / Messspannungsteiler *m*, Gleichspannungsteiler *m* || ~ **ratio corresponding to lappings** / Übersetzung auf den Anzapfungen || ~ **recovery** / Spannungswiederkehr *f*, Netzwiederkehr *f* || ~ **recovery test** / Prüfung der Spannungswiederkehr || ~ **reducing element** / Vorschaltglied *n* || ~ **reduction** / Spannungsrückgang *m* (relativ geringes Absinken der Betriebsspannung) || ~ **reduction unit** / Tiefsetzsteller *m* (Stromrichter, der eine Ausgangsspannung liefert, die niedriger ist als die Eingangsspannung), Chopper *m* || ~ **reference cell** / Normalelement *n* (Batt.) || ~ **reference diode** / Spannungsreferenzdiode *f* || ~ **reference tube** / Vergleichsspannungsröhre *f* || ~ **regulating transformer** / Regeltransformator *m*, Stelltransformator *m* || ~ **regulation** / Spannungsregelung *f*, Spannungsänderung bei Lastwechsel || ~ **regulation characteristic** / Spannungskennlinie *f* (el. Masch.) IEC 50(411) || ~ **regulator (VR)** / Spannungsregler *m*, Spannungs-Konstanthalter *m* || ~ **regulator diode** /

Spannungsstabilisatordiode f || ~ **regulator tube** / Spannungsstabilisatorröhre f, Stabilisatorröhre f || ~ **relay** / Spannungsrelais n || ~ **response** / Spannungsverhalten n, Spannungsdynamik f, Spannungsänderungsgeschwindigkeit f
voltage-responsive *adj* / spannungsabhängig *adj*
voltage-restrained current starting / spannungsgesteuerte Stromanregung (Schutz)
voltage restraint / Spannungsstabilisierung f (Schutz) || ~ **ripple** / Spannungswelligkeit f || ~ **rise** / Spannungsanstieg m, Spannungsänderung bei Entlastung || ~ **rise** IEC 50(421) / Spannungsänderung f (Trafo, bei einer bestimmten Belastung) || ~ **saturation current** / Spannungs-Sättigungsstrom m || ~ **scale factor** / Spannungsmaßstabfaktor m || ~ **scaling** / Spannungsnormierung f || ~ **selector switch** / Spannungswahlschalter m, Spannungsumschalter m
voltage-sensitive trigger / Spannungsschwellenschalter m
voltage-sensor module / Spannungsgeber-Baugruppe f
voltage set / Spannungssystem n || ~ **setting device** / Spannungswähler m (Geräte nach VDE 0860) || ~ **shape** / Form der Spannungswelle, Spannungsverlauf m || ~ **sharing** / Spannungsaufteilung f || ~ **soft start** / Spannung Sanftanlauf || ~ **source** / Spannungsquelle f
voltage-source converter / Spannungszwischenkreis-Stromrichter m
voltage spread / Spannungsbereich m, Spannungsband n || ~ **stability** / Spannungsstabilität f, Spannungshaltung f || ~ **stabilizer** / Spannungs-Konstanthalter m, Spannungsstabilisator m, Konstanter || ~ **stabilizing tube** / Spannungsstabilisatorröhre f, Stabilisatorröhre f || ~ **standing-wave ratio (VSWR)** / Spannungs-Stehwellenverhältnis n, Stehwellenverhältnis n || ~ **step** / Spannungsstufe f, Spannungssprung m, Spannungshub m || ~ **stiff a.c./d.c. convertor** (An a.c./d.c. convertor having an essentially smooth voltage at the d.c. side.) / Wechselstrom-Gleichstrom-Umrichter mit eingeprägter Spannung (Wechselstrom-Gleichstrom-Umrichter mit nahezu reiner Gleichspannung auf der Gleichstromseite), Wechselstrom-Gleichstrom-Umrichter mit eingeprägtem Strom (Wechselstrom-Gleichstrom-Umrichter mit nahezu reinem Gleichstrom auf der Gleichstromseite) || ~ **stress** / Spannungsbeanspruchung f || ~ **stress test** / Prüfung mit Spannungsbeanspruchung || ~ **supply deviation** / Spannungsschwankung f (Veränderung o. Abfallen der Spannung im normalen Versorgungsnetz) E VDE 0660,T.114 || ~ **supply through the rail** / Speisespannungsversorgung über die Hutschiene || ~ **surge** / Spannungsstoß m, Stoßspannungswelle f, Überspannungsstoß m || ~ **symmetry** / Spannungssymmetrie f || ~ **system** / Spannungssystem n || ~ **tap** / Spannungsabgriff m || ~ **tapping** / Spannungsanzapfung f || ~ **terminal** / Spannungsklemme f, Spannungsanschluss m || ~ **test** / Spannungsprüfung f || ~ **tester** / Spannungsprüfer m
voltage-time area / Spannungs-Zeit-Fläche f || ~ **integral variation** / Spannungs-Zeitflächen-Änderung f || ~ **response** / Spannungs-Zeit-Verhalten f, Spannungsänderungsgeschwindigkeit f
voltage to earth / Spannung gegen Erde
voltage-to-frequency converter / Spannungs-Frequenz-Umsetzer m (o. -Wandler)
voltage to neutral / Spannung gegen den Sternpunkt, Phasenspannung f
voltage-to-voltage converter (VVC) / Spannungs-Spannungs-Umsetzer m
voltage transducer / Spannungsmessumformer m || ~ **transformation ratio** / Spannungsübersetzungsverhältnis n || ~ **transformer** / Spannungswandler m, Gleichumrichter m, DC- Konverter m || ~ **transformer connection** / Spannungswandlerverbindung f || ~ **triangle** / Spannungsdreieck m
voltage-tunable magnetron / Magnetron mit Spannungsdurchstimmung
voltage tuning / Spannungsdurchstimmung f || ~ **unbalance** / Spannungsunsymmetrie f
voltage/Var dispatch / Spannungsprofileinstellung f || ~ **scheduling** / Spannungs-Blindleistungsoptimierung
voltage variation / Spannungsänderung f || ~ **variation for a specified load condition** / Spannungsänderung bei Belastung (Trafo) || ~ **variation range** / Spannungsänderungsbereich m || ~ **waveform** / Form der Spannungswelle, Spannungsform f, Spannungskurvenform f || ~ **waveshape** / Form der Spannungswelle, Spannungsform f, Spannungskurvenform f || ~ **winding** / Spannungswicklung f || ~ **withstand insulation test** / Prüfung der Isolationsfestigkeit, Prüfung des Isoliervermögens || ~ **withstand test** / Stehspannungsprüfung f || ~ **zero** / Nullspannung f, Nulldurchgang der Spannung
voltaic electricity / Kontaktelektrizität f
voltameter n / Voltameter n
volt-ampere-hour meter / Volt-Ampère-Stundenzähler m, VAh-Zähler m, Scheinverbrauchszähler m
volt-ampere meter / Volt-Ampère-Messgerät n, Scheinleistungs-Messgerät n || ~ **per hour** / Voltampère pro Stunde, Scheinarbeit f
volt box / Mess-Spannungsteiler m, Gleichspannungsteiler m, Spannungsteiler m || ~ **centre** / Mittelspannung einer Gruppenspannung
volt-hour meter / Voltstundenzähler m
volt magnet / Spannungseisen n (EZ)
voltmeter n / Spannungsmesser m, Voltmeter n, Voltameter n, Spannungsanzeiger m
voltmeter-ammeter method / Spannungs- und Strommessermethode, Spannungs-Strommessverfahren, n
voltmeter-phase selector / Spannungsmesser-Umschalter m
voltmeter selector switch / Spannungsmesser-Umschalter m
volt ratio box (v.r.b.) / Spannungsteiler m, Gleichspannungsteiler m
volts per hertz limiter / U/f- Begrenzung (zur Vermeidung der Übermagnetisierung von Synchromasch. und Transformatoren)
volt-square-hour meter / Voltquadrat-Stundenzähler m
volt-time turn-up / Stoßfaktor m (Festigkeitsanstieg mit Stoßsteilheit)

volume *n* / Volumen *n*, Raum *n*, Rauminhalt *m*, Lautstärke *f*, Gerüst *n*, Datenträger *m* || **gross ~** / Bruttoinhalt *m* || **work ~** / Arbeitsraum *m* (Rob.) || **~ business** / Stückzahlgeschäft *n* || **~ change test** / Schrumpfversuch *m* || **~ charge density** / volumenbezogene Ladung || **~ concentration** / Volumenkonzentration *f* || **~ conductivity** / Volumenleitfähigkeit *f* || **~ constancy** / Raumbeständigkeit *f* || **~ d.c. resistance** / Durchgangswiderstand bei Gleichstrom || **~ d.c. resistivity** / spezifischer Durchgangswiderstand bei Gleichstrom || **~ density** / Rohdichte *f*, Schüttdichte *f* || **~ density of charge** / Raumladungsdichte *f* || **~ density of electromagnetic energy** / volumenbezogene elektromagnetische Energie || **~ density of magnetization** / Magnetisierungsdichte *f* || **~ flow** / Volumenstrom *m* || **~ flow counter** / Mengenzählwerk *n* || **~ flow rate** / Volumendurchfluss *m*, Volumenstrom *m* || **~ integral** / Volumenintegral *n*, Raumintegral *n* || **~ model** / Volumenmodell *n* (CAD) || **~ modeler** / Volumenmodeller *m* || **~ of data** / Datenmenge *f* || **~ of project data** / Mengengerüst *n* || **~ percentage** / Volumenprozent *n* || **~ radiator** / Volumenstrahler *m* || **~ rate of flow** / Volumendurchfluss *m*, Volumenstrom *m* || **~ resistance** / Raumwiderstand *m*, Innen-Isolationswiderstand *m*, Durchgangswiderstand *m* || **~ resistance per unit area** / Flächendurchgangswiderstand *m* || **~ resistivity** / spezifischer Raumwiderstand, spezifischer-Innen-Isolationswiderstand *m*, spezifischer Durchgangswiderstand || **~ stress** / dreidimensionale Spannung || **~ to be removed** / Abzugsvolumen *n*
volumetric capacity / Förderleistung *f*, Fördermenge *f* || **~ concentration** / Volumenkonzentration *f* || **~ efficiency** / volumetrischer Wirkungsgrad, Liefergrad *m* || **~ expansion** / Raumausdehnung *f*, Volumenausdehnung *f* || **~ flow** / Volumenstrom *m* || **~ flow control** / Durchflussregelung *f* || **~ flowmeter** / Volumendurchflussmesser *m* || **~ liquid meter** / Flüssigkeitsmengenmessgerät *n* || **~ meter** / Volumenzähler *m*, Mengenzähler *m* || **~ sampler** / Probenmesshahn *m* (Entnahme v. Flüssigkeitsproben u. Zählung der Entnahmemenge)
volume velocity / Volumenschnelle *f*, Schallfluss *m* || **~ voltameter** / Volumenvoltameter *n*
volumic capacity IEC 50(481) / Kapazitätsdichte *f* (Batt.) || **~ density** IEC 50(481) / Energiedichte *f* (Batt.)
volute *n* / Spirale *f*, Spiralgehäuse *n*
VOR s. VHF omnidirectional radio range || ≙ **checkpoint marking** / VOR-Kontrollpunktmarke *f* (Flp.)
vortex *n* / Wirbel *m*, Wirbelpunkt *m* || **~ counter** / Wirbelzähler *m* || **~ pinning** / Flusslinienverankerung *f* || **~ shedding flowmeter** / Wirbeldurchflussmesser *m* || **~ velocity flowmeter** / Wirbeldurchflussmesser *m*
voter system / Auswahlsystem *n*
voter-basis evaluation / Mehrheitsbewertung *f* (redundantes System)
VPE / Gasphasenepitaxie *f*
VPM (voltage protection module) / VPM
Vport / Darstellungsfeld *n* (Grafikgerät), Arbeitsfläche *f* (BSG), Ansichtsfenster *n*

V_{pos} / U_{pos}
V_{pp} / U_{ss}
VPP (voltage peak-to-peak) / USS (Spannung Spitze-Spitze)
V price / V-Preis *m*
V_q **(quadrature voltage)** / Querspannung *f*, U_q
VR s. voltage regulator
v.r.b. s. volt ratio box
VRC s. vertical redundancy check
VReg/LG / VReg/LG
VReg/LG region / VReg/LG-Bereich *m*
V-ring *n* / Spannring *m*, Druckring *m*, Kappe *f*, Manschette *f* || **~ from plastic** / Plastmanschette *f*
V-rope *n* / Schmalkeilriemen *m*
VRT (variable retraction value) / VRT (variabler Rückzugsbetrag (Parameter))
VS s. virtual storage || ≙ s. vestigial sideband
VSB s. VME-subsystem bus
V-scanning *n* / V-Abtastung *f*, Doppelabtastung *f*
V-shaped arc chute / V-Lichtbogenkammer *f*
V-support *n* / Auflagestelle im Prisma
VSE s. external viewing system
VSI s. internal viewing system
VSK (vertical softkey) / VSK (vertikaler Softkey)
V stabilizer / Konstanter *m*
VSWR s. voltage standing-wave ratio
VSYNC s. vertical synchro signal
VT s. vertical tabulator
V-tandem brush / Tandembürste in V-Stellung
V-terminal voltage / unsymmetrische Klemmenspannung (V-Netznachbildung)
V-thread *n* / Dreieckgewinde *n*, scharfgängiges Gewinde, Spitzgewinde *n*
VTL s. variable-threshold logic
V transmission / V-Durchschallung *f*
V-type contact / Messerkontakt *m*
vulcanite *n* / Vulkanit *n*, Hartgummi *m*
vulcanized fibre / Vulkanfiber *f*
vulcanized-fibre board / Vulkanfiberplatte *f*
vulcanized rubber / Vulkanisat *n*, Hartgummi *m*
vulnerability *n* / Verletzbarkeit *f*, Störanfälligkeit *f*
VVC s. voltage-to-voltage converter

W

W (letter symbol for water) / W (Buchstabensymbol für Wasser)
wafer *n* / Scheibe *f* (HL), Scheibchen *n*, Plättchen *n*, Tablette *f*, Platine *f* (Vielfachschalter), Schalterebene *f*, Halbleiterplättchen *n* || **contact ~** / Schaltplatine *f* (Vielfachschalter) || **~ butterfly valve** / Stellklappe *f*, Drosselklappe *f* || **~ dimmer** / Flachbahnsteller *m* (LT) || **~ fader** / Flachbahnsteller *m* (LT) || **~ probing** / Scheibenprüfung *f* (HL) || **~ switch** / Stufenschalter *m* (Vielfachsch., Drehsch.)
wage area / Tarifgebiet *n* || **~ earner** / Lohnempfänger *m*
waist *n* / Taille *f* (Gittermast), Einschnürung *f*
wait box / Wartebox *f* || **~ control** / Wartesteuerung *f*
waiting time / Wartezeit *f* DIN 19237, Wartedauer *f* (KN)
wait marker / Wartemarke *f*

wait signal / Warte-Signal *n* || ~ **state** / Waitstate *n*
walkie-talkie test / Funksprechgerätetest *m*
walking one / wandernde Eins
wall *n* / Wandung *f*, Wand *f*
wall anchor / Maueranker *m* || ~ **box** / Wanddose *f*, Gerätedose *f*, Schalterdose *f*, Mauereinputzkasten *m*, Wandgehäuse *n* || ~ **box with terminals** / Geräteanschlussdose *f* || ~ **bracket** / Wandarm *m*, Konsole *f*, Wandstativ *n*, Wandkonsole *f*, Wandleuchte *f* || ~ **bushing** / Mauerdurchführung *f* || ~ **charge** / Wandladung *f*, Wandaufladung *f* || ~ **clock** / Wanduhr *f* || ~ **cutout** / Wanddurchbruch *m* || ~ **diagram** IEC 50(603) / Funktionsabbild *n* || ~ **distance** / Wandabstand *m* || ~ **fitting** / Wandleuchte *f* || ~ **fixing lug** / Wandbefestigungslasche *f* || ~ **floodlight** / Wandfluter *m* || ~ **luminaire** / Wandleuchte *f*
wall-mounted controller / Wandsender *m* (IR-Fernbedienung) || ~ **transmitter** / Wandsender *m* (IR-Fernbedienung)
wall mounting / Wandhalter *m*, Wandanbau *m*
wall-mounting distribution board / Wandverteiler *m* || ~ **holder** / Wandhalterung *f* || ~ **socket-outlet** / Wandsteckdose *f*
wall of body / Gehäusewandung *f* || ~ **opening** / Wanddurchbruch *m* || ~ **panel** / Wandtafel *f*
wall penetration / Mauerdurchführung *f* || ~ **recessed box** / Mauereinputzkasten *m* || ~ **reflectance** / Wandreflexionsgrad *m* || ~ **reflection factor** / Wandreflexionsgrad *m* || ~ **socket** / Anschlussdose *f* || ~ **switch** / Wandschalter *m*
wall-standing arrangement / Wandaufstellung *f*
wall thickness of body / Gehäusewanddicke *f*
WAN (wide area network) / WAN
wand, reading ~ / Lesestift *m* (f. Strichcode)
wander *n* IEC 50(704) / Wandern *n* (digitale Nachrichtenübertragung)
warble tone / Wobbelton *m*
Ward-Leonard control system / Ward-Leonardschaltung *f*, Leonardschaltung *f* || ~ **converter** / Leonardumformer *m* || ~ **drive** / Leonardantrieb *m* || ~ **generator** / Leonard-Generator *m*, Steuergenerator *m* || ~ **generator set** / Umformersatz *m*, Leonardumformer *m*
Ward-Leonard-Ilgner set / Leonard-Schwungradumformer *m*, Ilgner-Umformer *m*
Ward-Leonard system / Leonardschaltung *f*, Leonard-Steuerung *f*
warehouse *n* / Lager *n* || ~ **management** / Lagerverwaltung *f*, Lagerhaltung *f* || ~ **management computer** / Lagerverwaltungsrechner (LVR) *m*
warm boot / neu laden (Speicher)
warmed air / Warmluft *f*, Abluft *f*
warming-up time / Anwärmzeit *f*, Anheizzeit *f*, Aufwärmzeit *f*, Warmlaufzeit *f*
warm restart / Warmstart *m*, Wiederstart *m*, Fortsetzungsstart *m* || ~ **restart routine** / Wiederanlaufprogramm *n* || ~ **start** / Warmstart *m*
warm-up *n* / Aufwärmen *n*, Anwärmen *n*, Warmlauf *m* (Kfz-Mot.) || ~ **characteristics** / Anlaufeigenschaften *f pl* (Lampe) || ~ **frequency drift** / Einlauf-Frequenzdrift *f* (Mikrowellenröhre) || ~ **lamp current** / Anlaufstrom *m* (Lampe) || ~ **lamp voltage** / Anlauflampenspannung *f* || ~ **period** / Anwärmzeit *f*, Anheizzeit *f*, Aufwärmzeit *f*, Warmlaufzeit *f* || ~ **test** / Anlaufprüfung *f* (Lampe) ||

~ **time** / Anlaufzeit *f* (Lampe), Zündzeit *f* (Lampe), Einlaufzeit *f* (Mikrowellenröhre), Stabilisierungszeit *f* (ESR), Anwärmzeit *f*, Anheizzeit *f*, Aufwärmzeit *f*, Warmlaufzeit *f* || ~ **voltage at lamp terminals** / Anlauflampenspannung *f*
warm-upset *adj* / warmgestaucht *adj*
warm white *adj* / warmweiß *adj* || ~ **white de luxe** / Lichtfarbe Warmton de Luxe || ~ **white fluorescent lamp** / Warmweiß-Leuchtstofflampe *f*
warning bleep / Warnton *m* || ~ **current limit** / Stromwarngrenzwert *m* || ~ **information** / Warnungsinformation *f*
warning label / Warnschild *n* (auf Gehäusen, Geräten) || ~ **light** / Warnlicht *n*, Absicherungsleuchte *f* || ~ **lighting** / Warnbefeuerung *f* || ~ **limit reached** / Vorwarngrenze erreicht || ~ **limits** (QA) / Warngrenzen *f pl* (QS) || ~ **notice** / Warnschild *n* || ~ **number** / Warnnummer *f* || ~ **signal** / Warnsignal *n* || ~ **symbol** / Warnzeichen *n* || ~ **threshold** / Warnschwelle *f*
warping frame / Schärmaschine *f*
warranted values / Garantiewerte *m pl*
warranty *n* / Gewährleistung (GW) *f*, Gewährleistungsregelung (GW) *f* || ~ **administration** / Gewährleistungsabwicklung *f* || ~ **case** / Gewährleistungsfall *m* || ~ **claim** / Gewährleistungsanspruch *m* || ~ **condition** / Gewährleistungsbedingung *f* || ~ **conditions** / Gewährleistung (GW) *f*, Gewährleistungsregelung (GW) *f*, Gewährleistungsregelung (GWL) *f* || ~ **data** / Gewährleistungsdaten *pl* || ~ **decision** / Gewährleistungsentscheidung *f* || ~ **period** / Gewährleistungsfrist *f*, Gewährleistungszeitraum *m*, Gewährleistungszeit *f*, Gewährfrist *f* || ~ **service** / Gewährleistungsdienst *m* || ~ **update service** / Gewährleistungsänderungsdienst *m*
warren, single ~ / Ausfachung mit Einfachdiagonalen
washable relay / waschdichtes Relais
washboard formation / Riffelbildung *f*
washed *adj* / gewaschen *adj* || ~ **emitter** / Vollemitter
washer *n* / Dichtring *m*, Dichtungsring *m*, Unterlegscheibe *f*, Beilagscheibe *f*, Scheibe *f*, Schleifscheibe *f* || ~ **console** / Waschmaschinenpult *n*
washer pump / Wascherpumpe *f* (Kfz) || ~ **with external tap** / Scheibe mit Außennase
washing machine / Waschmaschine *f*
wash-off conductive layer / abwaschbare Leitschicht
wasted batches of ingredients / Fehlchargen *f pl*
waste disposal abroad / Mülltourismus *m*
waste gate / Abgas-Bypassventil *n* (Kfz) || ~ **heat** / Abwärme *f* || ~ **hopper** / Fehlschüttelbunker *m*
waste-water purification plants / Abwasser-Reinigungsanlagen *f pl*
watchdog *n* / Überwachungsgerät *n*, Zeitüberwachungseinheit *f*, Überwachung *f* (manuell oder automatisch ausgeführte Tätigkeit zur Beobachtung des Zustands einer Einheit), Kontrolle *f*, Funktionsüberwachung *f*, Zykluszeitüberwachung *f* || ~ **cycle** ~ / Zykluskontrollgerät *n* || ~ **module** / Überwachungsbaugruppe *f* || ~ **monitor** / Überwachungsgerät *n*, Funktionsüberwachung *f* || ~

watchman

test / Watchdog-Test m ‖ **~ timer** / Überwachungszeitgeber m, Ansprechüberwachungszeit f
watchman n / Wächter m (Person)
watchman's reporting system / Wächter-Kontrollanlage f
water absorption / Wasseraufnahme f ‖ **~ absorption capacity** / Wasseraufnahmefähigkeit f
water-air-cooled machine / Maschine mit Umlaufkühlung und Wasserkühler, Maschine mit geschlossenem Luftkreislauf und Rückkühlung durch Wasser
water-blasted adj / wassergestrahlt adj
water box / Wasserkammer f (Kühler) ‖ **~ brake** / Wasserwirbelbremse f, Flüssigkeitsbremse f
water-calorimetric method / wasserkalorimetrisches Verfahren
water calorimetry / Wasserkalorimetrie f ‖ **~ circuit-breaker** / Wasserschalter m (LS) ‖ **~ column** / Wassersäule f (WS) ‖ **~ consumption and power measurement equipment** / Wasserverbrauchs- und Energiemessgerät n
water-cooled adj / wassergekühlt adj ‖ **~ heat exchanger** / Wasserrückkühler m ‖ **~ rating** / Bemessungsdaten für Wasserkühlung, Leistung bei Wasserkühlung
water detector / Wasserwächter m ‖ **~ drops** / Wassertropfen m ‖ **~ extraction** / Entwässern n (a. Waschmaschine) ‖ **~ flow** / Wasserstrom m
water-failure safety device / Wassermangelsicherung f
water-filled machine / wassergefüllte Maschine
water flow indicator / Wasserlaufanzeiger m, Wassermengenanzeiger m, Wasserströmungsmelder m ‖ **~ gauge** (w.g.) / Wassersäule f (WS) ‖ **~ injection** / Wassereinspritzung f ‖ **~ injection valve** / Einspritzventil n
water-ground mica / nassgemahlener Glimmer
water inlet / Wassereinlass m, Wassereintrittsöffnung f ‖ **~ jacket** / Wassermantel m ‖ **~ jet cutting** / Wasserstrahlschneiden m ‖ **~ jets** / Strahlwasser n ‖ **~ level** / Wasserstand m, Wasserwaage f, Richtwaage f
water-level switch / Wasserstandschalter m
water outlet / Wasseraustritt m, Wasserablass m, Wasseraustrittsöffnung f ‖ **~ penetration** / Wasserpenetration f, Wasserdurchlässigkeit f ‖ **~ phase** / wässerige Phase ‖ **~ pollution instrumentation** / Messeinrichtungen zur Wasserüberwachung ‖ **~ pollution monitoring** / Wasserüberwachung f (Umweltschutz) ‖ **~ pressure test** / Wasserdruckprüfung f, Wasserdruckversuch m
waterproof adj / wasserdicht adj
water-repellent adj / wasserabweisend adj
water-resisting adj / wasserbeständig adj, wasserfest adj
water resources / Wasserdarbietung f ‖ **~ rheostat** / Wasserwiderstand m, Flüssigkeitswiderstand m ‖ **~ separator** / Wasserabscheider m ‖ **~ service** / Wasserversorgungsanlage f, Wasserrohrnetz n ‖ **~ shortage switch** / Wassermangelsicherung f ‖ **~ spray** / Wassereinspritzung f, Einspritzen n, Einspritzung f
water-soluble adj / wasserlöslich adj
water suction cleaning appliance / Wassersauger m,

Saugschrubber m ‖ **~ supply** / Wasserversorgung f ‖ **~ system** / Gewässersystem n ‖ **~ treatment plant** / Kläranlage f, Trinkwasseraufbereitungsanlage f
watertight adj / wasserdicht adj ‖ **~ machine** / wasserdichte Maschine ‖ **~ receptacle** / wasserdichte Steckdose ‖ **~ socket-outlet** / wasserdichte Steckdose
water-to-oil heat exchanger / Wasser-Öl-Wärmetauscher m
water-to-water cooler / Wasser-Wasser-Kühler m ‖ **~ heat exchanger** / Wasser-Wasser-Wärmeaustauscher m
water tree / Wasserbäumchen n (im Kabel) ‖ **~ turbine** / Wasserturbine f ‖ **~ valve** / Wasserventil n ‖ **~ valve control** / Wasserventilansteuerung f ‖ **~ vapor** / Wasserdampf m ‖ **~ vapour** / Wasserdampf m ‖ **~ vapour permeability** / Wasserdampfdurchlässigkeit f (Isolierstoffprobe)
waterwheel n / Wasserrad n, Wasserturbine f ‖ **~ generator** / Wasserkraftgenerator m
wattage n / Leistung in Watt, Wattzahl f, Wirkleistung f ‖ **lamp ~** / Lampenleistung f ‖ **rated ~** / Bemessungsleistung f (Lampe) ‖ **~ dissipated** / aufgenommene Leistung (Lampe)
watt component / Wirkanteil m, Wirkkomponente f
wattful current / Wirkstrom m
watthour constant / Zählerkonstante f (Wh pro Umdrehung) ‖ **~ consumption** / Wattstundenverbrauch m, Wirkverbrauch m (EZ, StT)
watt-hour efficiency / Energie-Wirkungsgrad m (Batt.)
watthour meter / Wattstundenzähler m, Wirkverbrauchszähler m, Wirkleistungszähler m ‖ **~ registering mechanism** / Wattstundenzählwerk n, Wirkarbeitszählwerk n
wattless component / Blindanteil m ‖ **~ current** / Blindstrom m ‖ **~ load** / Blindlast f ‖ **~ power** / Blindleistung f ‖ **~ test** / verlustlose Prüfung
wattmeter n / Wirkleistungsmesser m, Wattmeter n, Wirkleistungsanzeiger m, Leistungsmesser m ‖ **recording ~** / Wirkleistungsschreiber m
wattmeter-and-stopwatch method / Zeit-Leistungs-Läuferverfahren n (EZ)
wattmetric adj / wattmetrisch adj
wattmetrical relay / wattmetrisches Relais
wattmetric directional earth fault relay / wattmetrische Erdschlussrichtungsbestimmung ‖ **~ earth-fault detection** / wattmetrische Erdschlusserfassung, ohmsche Erdschlusserfassung
watt output / Wirkleistung f
watts drawn / Leistungsaufnahme f ‖ **~ loss** / Verlustleistung f
wave n / Welle f ‖ **~ (pulse)** / Schwingung f ‖ **~ analyzer** / Wellenanalysator m, Frequenzanalysator m, Schwingungsmessgerät n, Oberwellenanalysator m, Oberschwingungs-Messgerät n, Oberschwingungsanalysator m ‖ **~ attenuation** / Wellendämpfung f ‖ **~ characteristic of light** / Wellennatur des Lichts ‖ **~ component** / Wellenanteil m ‖ **~ crest** / Wellenscheitel m, Wellenkamm m, Wellenberg m ‖ **~ curve** / Wellenlinie f ‖ **~ filter** / Wellenfilter m, Wellensieb n
waveform n / Wellenform f, Wellenprofil n, Schwingungsabbild n DIN IEC 469,T.1, Kurvenform f ‖ **~ analysis** / Untersuchung der Kurvenform

wave-form concentric aluminium conductor / mäanderförmiger konzentrischer Aluminiumleiter
waveform distortion / Wellenformverzerrung f || ~ **epoch** / Epoche f (Schwingungsabbild) || ~ **epoch contraction** / Epochen-Kompression f (Impulsmessung) || ~ **epoch expansion** / Epochen-Expansion f (Impulsmessung) || ~ **format** / Darstellung von Schwingungsabbildern || ~ **of a.c. supply voltage** / Kurvenform der Netz-Wechselspannung || ~ **recorder** / Wellenformschreiber m, Kurvenverlaufrecorder m || ~ **stabilization** / Kurvenformstabilisierung f DIN 41745 || ~ **test** / Bestimmung der Wellenform, Aufnahme der Kurvenform, Aufnahme der Spannungskurve
wave front / Wellenstirn f, Wellenfront f, Wellenfläche f
wave-front line / Stirngerade f (Welle) || ~ **velocity** / Wellenfrontgeschwindigkeit f
waveguide n / Wellenleiter m || ~ **dispersion** / Wellenleiterdispersion f
wave height / Wellenhöhe f
wavelength n / Wellenlänge f
wavelength-dispersive adj / wellenlängendispersiv adj
wavelength division multiplexing (WDM) / Wellenlängenmultiplexen n (WDM)
wave-mechanical adj / wellenmechanisch adj
wave mode / Wellenart f, Wellentyp m || ~ **number** / Wellenzahl f, Wellendichte f, Repetenz f || ~ **optics** / Wellenoptik f || ~ **rotation circulator** / Zirkulator mit Faraday-Rotator || ~ **rotation isolator** / Faraday-Richtungsleitung f, Richtungsisolator m
waveshape n / Wellenform f, Wellenprofil n, Kurvenform f || **pulse** ~ / Impulsabbild n, Impulsform f || ~ **distortion** / Wellenformverzerrung f || ~ **generator** / Funktionsgenerator m (f. Wellenformen)
wave splitting / Wellenabspaltung f || ~ **tail** / Wellenrücken m, Wellenschwanz m || ~ **theory** / Wellentheorie f || ~ **tilt** / Wellenfrontwinkel m || ~ **trap** / Wellensperre f || ~ **winding** / Wellenwicklung f
waviness n / Welligkeit f (Oberfläche)
wax coating / Wachsbeschichtung f
way n / Weg m, Stromkreis m, Abgangsstromkreis m, Abgang m, Zug m (IK) || **spare** ~ / Reserveabgang m (IV)
wayleave right / Durchleitungsrecht n
WCS s. writable control store
WDI s. wind direction indicator
WDM s. wavelength division multiplexing
WDSS / arbeitsplatzabhängiger Segmentspeicher (AASS (GKS))
WE s. write enable
weak current / Schwachstrom m
weak-current circuit / Schwachstromkreis m || ~ **control** / Schwachstromsteuerung f || ~ **engineering** / Schwachstromtechnik f
weakest point / schwächste Stelle, Schwachstelle f
weakest-point test / Schwachstellenprüfung f
weak field / schwaches Feld || **field range** ~ / Feldschwächebereich m, Feldschwächebetrieb m
weakly guiding fibre / schwach führende Faser (LWL)
weakness failure / schwachstellenbedingter Ausfall || ~ **fault** / schwachstellenbedingter Fehler (o. Fehlzustand), schwachstellenbedingter Fehlzustand (Fehlzustand aufgrund einer Schwachstelle der Einheit selbst bei Beanspruchungen, welche die festgelegten Leistungsfähigkeiten der Einheit einhalten)
weak point / Schwachstelle f
weak-point analysis / Schwachstellenanalyse f
weak system / schwaches Netz
wear v / verschleißen v, abnutzen v || ~ n / Verschleiß m, Abnutzung f, Verschleißerscheinung f || ~ **allowance** / Verschleißzugabe f || ~ **and tear** / Verschleiß m, (natürliche) Abnutzung f, Abschreibung für Wertminderung || ~ **compensation** / Verschleißkorrektur f (NC), Verschleißausgleich m || ~ **control** / Verschleißkontrolle f || ~ **data** / Verschleißwert m || ~ **dimension** / Verschleißmaß n
wearing bush / Schonbuchse f || ~ **depth** / Verschleißtiefe f || ~ **depth of commutator** / Kommutator-Verschleißtiefe f || ~ **part** / Verschleißteil n || ~ **sleeve** / Schonbuchse f
wear-in period / Einlaufzeit f (Kontakte)
wear of contact point / Abnutzung Anschlagstelle || ~ **of longitudinal hole** / Abnutzung Langloch
wear out v / verschleißen v, sich abnutzen
wear-out failure / Verschleißausfall m DIN 40042, Spätausfall m, alterungsbedingter Ausfall (Ausfall, dessen Auftretenswahrscheinlichkeit im Zeitverlauf aufgrund von inhärent in der Einheit ablaufenden Vorgängen zunimmt), Abnutzungsausfall m || ~ **failure period** / Verschleißausfallperiode f, Spätausfallphase f IEC 50(191)
wearout fault / alterungsbedingter Fehlzustand (Fehlzustand aufgrund eines Ausfalls, dessen Auftretenswahrscheinlichkeit im Zeitverlauf aufgrund von inhärenten in der Einheit ablaufende Vorgängen zunimmt), abnutzungsbedingter Fehlzustand
wear performance / Verschleißverhalten n || ~ **rate** / Verschleißgeschwindigkeit f, Verschleißrate f, Abnutzungsgeschwindigkeit f || ~ **resistance** / Verschleißfestigkeit f || ~ **resistance test** / Verschleißfestigkeitsprüfung f, Abriebprüfung f
wear-resistant adj / verschleißfest adj
wear values / Verschleißwert m
weather v / verwittern v, bewittern v, altern v
weatherhead n / Übergangskopf m (Leitungseinführung)
weathering n / Bewitterung f, Altern n || ~ **test** / Bewitterungsprüfung f, Freilagerversuch m
weatherproof adj / wetterbeständig adj, wetterfest adj, witterungsbeständig adj
weatherproofing coat / wetterbeständiger Anstrich
weather-protected adj / wettergeschützt adj || ~ **machine** / wettergeschützte Maschine
weather-resistant adj / wetterbeständig adj, wetterfest adj, witterungsbeständig adj
weather-resisting coating / wetterbeständiger Anstrich
weather shield / Wetterschutz m
weaving machine / Webmaschine f
web n / Steg m, Versteifung f, Materialbahn f || ~ **offset machine** / Rollenoffsetmaschine f
wedge angle / Keilwinkel m
wedge-bound commutator / verkeilter Kommutator
wedge coupling / Keilkupplung f || ~ **measurement plane** / Keilmessebene f

wedge-shaped

wedge-shaped *adj* / keilförmig *adj* || ~ **oil film** / keilförmiger Schmierfilm, Schmierkeil *m*
wedge side / Keilseite *f*
wedge-type connector / Keilverbinder *m*, Verbindungskeil *m*
wedging *n* / Keilverbindung *f*
week dial / Wochenscheibe *f*
week disc / Wochenscheibe *f*
weekly log / Wochenprotokoll *n* || ~ **maximum demand** / Wochenhöchstleistung *f* || ~ **timer switch** / Wochenschaltuhr *f*
week switching mechanism / Wochenschaltwerk *n*
WEG s. wind-energy generator
Weibull distribution, type III / Weibull-Verteilung *f*, Extremwertverteilung *f*, Typ III DIN 55350,T.22
weigh *v* / verwiegen *v*
weigh-bin *n* / Wägebehälter *m*
weighbridge / Plattformwaage *f*
weigher *n* / Wäger *m*
weigh-feeder *n* / Dosierbandwaage *f*
weighing *n* / Wägen *n*, Auswägen *n*, Abwägung *f* || ~ **and proportioning system** / Wäge- und Dosiersystem *n* || ~ **and proportioning technology** / Wäge- und Dosiertechnik *f* || ~ **cycle** / Wägezyklus *m* || ~ **duration** / Wägezeit *f*, Wägedauer *f* || ~ **length** / Wägestrecke *f* || ~ **method** / Wägeverfahren *n* || ~ **module** / Wägebaugruppe *f*, Wägemodul *n* || ~ **object** / Wägeobjekt *n* || ~ **range** / Wägebereich *m* || ~ **result** / Wägeergebnis *n* || ~ **scale** / Dosierwaage *f* || ~ **station** / Wägestation *f* || ~ **system** / Wägesystem *n*, Wägetechnik *f* || ~ **time** / Wägezeit *f*, Wägedauer *f*
weigh machine / Waage *f*
weight *n* / Gewicht *n*, Gewichtskraft *f*, Wichtung *f*, Wertigkeit *f*, Stellenwert *m*, Masse *f* || ~ **line** / Linienbreite *f* (CAD), Linienstärke *f* (CAD) || ~ **and measures regulation** / Eichordnung (EO) *f* || ~ **by volume** / Raumgewicht *n*, Volumengewicht *n* || ~ **class** / Gewichtsklasse *f* || ~ **coefficient** / Ausnutzungsziffer *f* (Gewicht/Leistung) || ~ **converter** / Umwerter *m* || ~ **counterbalance** / Gewichtsausgleich *m* || ~ **displacement** / Gewichtsverlagerung *f*
weighted *adj* / gewichtet *adj*
weighted average / gewichteter Mittelwert, gewichteter Durchschnitt || ~ **feedback element** / gewichtete Rückführung || ~ **harmonic content** / Störgewicht *n* VDE 0228, Störbewertung *f* || ~ **operating hours** / äquivalente Betriebszeit (KW) || ~ **ordinate** / Gewichtsordinate *f* || ~ **sound pressure level** / bewerteter Schalldruckpegel || ~ **summing unit** / Summierer mit bewerteten Eingängen
weight for shock compensating / Schockausgleichsgewicht *n* || ~ **force** / Gewichtskraft *f* || ~ **grading** / sortieren nach Gewicht
weighting *n* / Bewertung *f*, Bewichtung *f*, zahlenwertrichtige Anpassung, Gewichtung *f* || ~ **characteristic** / Bewertungscharakteristik *f* || ~ **circuit** / Bewertungsschaltung *f*, Bewichtungsnetzwerk *n* || ~ **criterion** / Güteindex *m* (Reg.), Gütekriterium *n* (Reg.) || ~ **curve** / Bewertungskurve *f* || ~ **factor** / Bewertungsfaktor *m*, Wichtungsfaktor *m* || ~ **function** / Bewertungsfunktion *f* (Reg.), Gewichtsfunktion *f* IEC 50(351) || ~ **network** / Bewertungsschaltung *f*, Bewichtungsnetzwerk *n* || ~ **of failure rates** / Ausfallratengewichtung *f*
weight loss / Masseverlust *m* || ~ **loss test** / Masseverlustprüfung *f* VDE 0281 || ~ **of core- and-coil assembly** / Gewicht des aktiven Teils (Trafo), Aktivgewicht *n* (Trafo)
weight-operated emergency brake / Gewichtsnotbremse *f* || ~ **mechanism** / Gewichtsantrieb *m* (SG)
weight per unit area / Flächengewicht *n*, flächenbezogene Masse || ~ **per unit of length** / Längengewicht *n*
weights and measures act / Eichgesetz *n* || ~ **and measures office** / Eichbehörden *f pl*
weight span / Gewichtsspannweite *f* (Freiltg.) || ~ **voltameter** / Massenvoltameter *n*
weir-type flowmeter / Überlauf-Durchflussmesser *m*, Überfallwehr *n*
Weiss' domain / Weißscher Bereich
Weissenberg camera / Weissenberg-Kammer *f*, Röntgengoniometer *n*
weld *v* / schweißen *v*, verschweißen *v* (Kontakte) || ~ *n* / Schweißung *f*, Schweißverbindung *f*, Schweißstelle *f*, Verschweißung *f*, Schweißnaht *f*
weldability *n* / Schweißbarkeit *f*, Verschweißbarkeit *f*
weldable thermometer / Einschweißthermometer *n*
weld crack / Schweißriss *m* || ~ **cracking** / Schweißrissigkeit *f* || ~ **cracking test** / Schweißrissigkeitsprüfung *f* || ~ **cross section** / Schweißprofil *n* || ~ **decay test** / Kornkorrosionsprüfung *f* || ~ **ductility test** / Aufschweißbiegeprobe *f*
welded *adj* / geschweißt *adj*
welded assembly drawing / Schweißgruppen-Zeichnung *f* || ~ **connection** / Schweißverbindung *f* (Leiter) || ~ **construction** / geschweißte Ausführung, Schweißkonstruktion *f* || ~ **end** / Schweißende *n* (Ventil) || ~ **hump** / Schweißbuckel *m* || ~ **joint** / Schweißstoß *m*, Schweißverbindung *f*, Verschweißung *f* || ~ **junction** / Schweißstelle *f* (Thermoelement) || ~ **seam** / Schweißnaht *f*
welded-stem thermometer / Einschweißthermometer *n*
welded version / Einschweißausführung *f*
weld efficiency / Schweißnahtwertigkeit *f* || ~ **following** / Nahtverfolgung *f* (Schweißrob.)
weld-free *adj* / schweißfrei *adj* || ~ **protection** / schweißfreie Absicherung
welding *n* / Schweißen *n*, Verschweißen *n* (Kontakte), Fressen *n* (Zahnrad) || ~ **application** / Schweissapplikation *f* || ~ **arc** / Schweißbogen *m* || ~ **cable** / Schweißleitung *f* || ~ **control** / Schweißsteuerung *f* || ~ **current** / Schweißstrom *m* || ~ **cycle** / Schweißtakt *m*, Schweißzyklus *m* || ~ **data** / Schweißdaten *pl* || ~ **electrode** / Schweißelektrode *f* || ~ **electrode cable** / Schweißleitung *f* || ~ **engineering** / Schweißtechnik *f* || ~ **fault** / Schweißfehler *m* || ~ **flux** / Schweißmittel *n*, Flussmittel *n* || ~ **force** / Schweißkraft *f* (a. Kontakte), Schweißpresskraft *f* || ~ **generator** / Schweißgenerator *m* || ~ **group** / Schweißgruppe *f* || ~ **gun** / Schweißpistole *f* || ~ **head** / Schweißkopf *m* || ~ **jig** / Schweißlehre *f* || ~ **joint** / Schweißstoß *m*, Schweißverbindung *f* || ~ **lug** / Schweißfahne *f* || ~ **operation** / Schweißvorgang *m* || ~ **pressure** / Schweißpressdruck *m* || ~ **reactor** / Schweißdrossel *f*

f || ~ **rod** / Schweißstab *m*, Schweißelektrode *f*, Schweißdraht *m* || ~ **seam** / Schweißnaht *f*, Schweißlinie *f* || ~ **spot** / Schweißpunkt *m* || ~ **spot data** / Schweißpunktdaten *pl* || ~ **spot management** / Schweißpunktverwaltung *f* || ~ **station** / Schweißstation *f* || ~ **status** / Schweißzustand *m* || ~ **timer** / Schweißtaktgeber *m* || ~ **torch** / Schweißbrenner *m* || ~ **transformer** / Schweißtransformator *m*
welding-type screw gland / Einschweiß-Schraubstutzen *m*
welding wire / Schweißdraht *m*
weld iron / Schweißeisen *n*, Schweißstahl *m* || ~ **seam** / Schweißnaht *f*
weld-metal crack / Schweißnahtriss *m*
weld-resistant *adj* / verschweißfest *adj* (Kontakte)
weld strength / Schweißnahtfestigkeit *f* || ~ **test** / Schweißprüfung *f* || ~ **tester** / Schweißprüfeinrichtung *f*
well *n* / Quelle *m*, Brunnen *m*, Bohrloch *n*, Tasche *f* (Thermometer), Schutzrohr *n*, Treppenauge *n* || **ink** ~ / Tintenbehälter *m* (Schreiber) || **lift** ~ / Aufzugschacht *m*, Fahrschacht *m* (Aufzug) || **potential** ~ / Potentialmulde *f* || **protecting** ~ / Schutzrohr *n* (Thermometer)
well-balanced lighting / ausgeglichene Beleuchtung
well-designed components / übersichtlicher Aufbau
well-glass fitting / Glaskolbenleuchte *f*
well-received *n* / Anklang *m*
well running / Gängigkeit *f*
well wagon / Tiefladewagen *m*
welted *adj* / gefalzt *adj*
Weston standard cell / Weston-Normalelement *n* (Batt.)
wet *v* / benetzen *v*, befeuchten *v*, beregnen *v*, fritten *v* || **50%** ~ **switching impulse flashover voltage** / 50%-Überschlag-Schaltstoßspannung unter Regen || **to** ~ **with oil** / mit Öl benetzen
wet-bulb thermometer / Nassthermometer *n*, benetztes Thermometer, feuchtes Thermometer
wet-dirty situation / Umgebungsbedingungen bei feuchter Verschmutzung
wet-drawing machine / Nassziehmaschine *f*
wet filter / benetztes Filter, Nassfilter *n* || ~ **flashover test** / Nassüberschlagsprüfung *f* || ~ **goods store** / Nasswarenlager *n*
wet-ground mica / nassgemahlener Glimmer
wet-ice coating / Nassschneewalze *f* (auf Freileitung)
wet lightning impulse voltage / Blitzstoßspannung unter Regen || ~ **lightning impulse voltage test** / Blitzstoßspannungsprüfung unter Regen || ~ **lightning impulse withstand voltage** / Steh-Blitzstoßspannung, nass *f* || ~ **location** / nasser Raum || ~ **power-frequency flashover voltage** / Überschlag-Wechselspannung unter Regen || ~ **power-frequency test** / Wechselspannungsprüfung unter Regen, nass *adj*, Wechselspannungsprüfung || ~ **power frequency withstand voltage** / Steh-Wechselspannung, nass *adj* (o. unter Regen) || ~ **primary battery** / Nass-Primärbatterie *f*
wet-rotor motor / Nassläufermotor *m*
wet sandblasted / nasssandgestrahlt *adj* || ~ **steam** / Nassdampf *m* || ~ **strength** / Nassfestigkeit *f* || ~ **switching impulse voltage** / Schaltstoßspannung *f*, nass *adj* (o. unter Regen) || ~ **switching impulse withstand voltage** / Steh-Schaltstoßspannung *f*, nass *adj* (o. unter Regen) || ~ **switching impulse**

withstand voltage test / Schaltstoßspannungsprüfung unter Regen
wettability *n* / Benetzbarkeit *f*
wet-taped *adj* / nass gewickelt
wetted filter / benetztes Filter, Nassfilter *n*
wet test / Regenprüfung *f*, Beregnungsprüfung *f*, Nassprüfung *f*
wetting *n* / Benetzen *n* || ~ **agent** / Benetzungsmittel *n*, Benetzungsverbesserer *m*, Entspannungsmittel *n* || ~ **power** / Benetzungsfähigkeit *f*
wet withstand test / Steh-Regenprüfung *f*
wet-wound *adj* / nass gewickelt
WF module / Werkzeugflachbaugruppe (WF-Baugruppe) *f*
WG3 / WG3 || ° **Technology** / WG3-Technologiegruppe *f*
w.g. s. water gauge
Wheatstone bridge / Wheatstone-Brücke *f*
wheel *n* / Rad *n*, Fahrrolle *f*, Transportrolle *f*, Großrad *n*, Schleifscheibe *f*, Zahnrad *n* || **trolley** ~ / Stangenstromabnehmer-Kontaktrolle *f*
wheelbase *n* / Radabstand *m*, Radstand *m*, Achsabstand *m*
wheel body / Radkörper *m*, Drehkörper *m* || ~ **centre distance** / Radmittenabstand *m* || ~ **dressing** / Abrichten der Schleifscheibe || ~ **flange** / Spurkranz *m* || ~ **hub** / Radnabe *f*
wheeling loss / Durchleitungsverluste *m pl*
wheel-rail system / schienengebundenes (o. spurgebundenes) System
wheel rim / Radkranz *m* || ~ **set** / Radsatz *m* || ~ **slide protection device** / Gleitschutzeinrichtung *f* (Bahn) || ~ **speed sensor** / Raddrehzahlensor *m* (Kfz)
whetted *adj* / gedengelt *adj*
whip *v* / schlagen *v* (Treibriemen) || **oil** ~ / Ölschwingung *f*
whiplash column / Peitschenmast *m*
whirl *n* / Wirbel *m*, Verwirbelung *f* || **backward** ~ / Gegenlauf *m* (der kinetischen Wellenbahn) || **forward** ~ / Gleichlauf *m* (der kinetischen Wellenbahn)
whirled *adj* / gewirbelt *adj*
whirl-sintered *adj* / wirbelgesintert *adj*
whirl stabilization (arc) / Wirbelstabilisierung *f* (Lichtbogen)
whisker *n* / Whisker *m*, Haarkristall *n*, Nadelkristall *n*
white boundary / Weißlinie *f* || ~ **de luxe fluorescent lamp** / Weiß-de-Luxe-Leuchtstofflampe *f*
white-metal lining / Weißmetallausguss *m*, Weißmetallauskleidung *f*, Lagermetallausguss *m*, Lagerauskleidung *f*
whiteness *n* / Weiße *f*, Weißanteil *m*
white noise / weißes Rauschen || ~ **reference standard** / Weißstandard *m* || ~ **reflectance standard** / Weißstandard *m* || ~ **room** / vollständig staubfreier Raum
white-stoved *adj* / weißemailliert *adj*
white tariff / Niedertarif *m* (NT)
white-tariff maximum (demand) / Niedertarifmaximum *n* || ~ **register** / Niedertarifzählwerk *n*
white translucent / weiß durchscheinend
Whitney key / Whitneykeil *m*, Scheibenfeder *f*
Whitworth thread / Whitworth-Gewinde *n*
Wh meter / Wattstundenzähler *m*, Wirkverbrauchszähler *m*, Wirkleistungszähler *m*
whole-coiled winding / Wicklung mit einer Spule je

whole-current 674

Pol
whole-current connection / unmittelbarer Anschluss (EZ) || **~ meter** / Elektrizitätszähler für unmittelbaren Anschluss, Zähler für direkten Anschluss
whole depth of tooth / Zahnhöhe f (Zahnrad) || **~ plant system** / Gesamtanlage f || **~ product** (lamp types) IEC 64 / gesamte Produktion (Lampentypen) VDE 0715 T.2
wholesaling n / Großhandel m
whole volume radiator / Volumenstrahler m
wick-feed oil cup / Dochtöler m
wicking n / Dochteffekt m
wick-lubricated bearing / Lager mit Dochtschmierung
wick lubrication / Dochtschmierung f || **~ lubricator** / Dochtöler m || **~ oiler** / Dochtöler m || **~ oiling** / Dochtschmierung f
wide n / Breite f || **~** adj / breit adj
wide-angle adj / Weitwinkel..., breitstrahlend adj || **X-ray ~ measurement** / Röntgen-Weitwinkelmessung f || **~ distribution** / Breitstrahlung f || **~ luminaire** / Breitstrahler m || **~ reflector** / Breitstrahlreflektor m || **~ transmitter** / Flächenstrahler m (IR-Gerät)
wide-area network (WAN) / Weitverkehrsnetz n, WAN
wide band / Breitband n
wide-band adj / breitbandig adj || **~ amplifier** / Breitbandverstärker m || **~ cable** / Breitbandkabel n || **~ filter** / Breitbandsperre f || **~ passfilter** / Breitbandfilter n
wideband transmission / Breitbandübertragung f
wide flats / Breitflachstahl m || **~ flood** / Breitstrahler großer Lichtkegelbreite || **~ floodlight** / Breitstrahler großer Lichtkegelbreite
widely used version / gebräuchlichste Anwendungsform
widened adj / aufgeweitet adj, geweitet adj
wide-range current transformer / Großbereich-Stromwandler m || **~ power supply unit** / Weitbereichsnetzteil n
width n / Baubreite f, Breite f || **stentering ~** / Spannbreite f
width across flats / Schlüsselweite f || **~ A/F (width across flats)** / Schlüsselweite (SW) f || **~ expansion 500 to 600 mm** / Verbreiterung 500 auf 600 mm || **~ factor** / Weitenfaktor m (CAD), Breitenfaktor m || **~ of air gap** / Luftspaltbreite f || **~ of cemented joint** / Länge der Verklebung (Spalt) EN 50018 || **~ of conductor** / Leiterbreite f || **~ of cut** / Schnittbreite f, Spanungsbreite f || **~ of DAC deadband** / Breite der DAC-Totzone || **~ of flameproof joint** / Länge des zünddurchschlagsicheren Spalts, Spaltlänge f, Spaltbreite f || **~ of joint** EN 50018 / Spaltlänge f EN 50018 || **~ of pole-face arc** / Polbreite am Polbogen || **~ of right of way** / Trassenbreite f || **~ of tooth tip** / Zahnkopfbreite f (Blechp.)
wildcard n / Platzhalter m, Stellvertreterzeichen n || **~ table** / Platzhalter-Tabelle f
Wimshust machine / Wimshust-Maschine f, Elektrisiermaschine f, Influenzmaschine f
Winchester disc / Winchesterplatte f, Festplatte f || **~ drive** / Festplattenlaufwerk n || **~ drive controller** / Festplattensteuerung f, Festplattenanschaltung f
wind v / wickeln v, aufwickeln v, bewickeln v, spannen v (Feder), aufziehen v (Uhr), spulen v (Lochstreifen), winden v || **to ~ one (turn) over another** / übereinander wickeln
windage n / Luftreibung f || **~ loss** / Luftreibungsverlust m, Lüftungsverlust m || **~ noise** / Luftgeräusch n, Luftrauschen n
wind direction indicator (WDI) / Windrichtungsanzeiger m (WDI)
wind-driven generator / Windkraftgenerator m
winded adj / gespult adj
wind energy / Windenergie f
wind-energy generator (WEG) / Windkraftgenerator m
winder n / Wickler m, Wickelmaschine f, Fördermaschine f || **~ motor** / Fördermotor m (Förderhaspel)
wind farm / Windkraftwerk n || **~ generator** / Windkraftanlage f || **~ indicator** / Windrichtungsanzeiger m (WDI)
winding n / Wicklung f, Wickeln n, Windung f || **~ arrangement** / Wicklungsanordnung f || **~ assembly** / Wicklungskörper m || **~ bandage** / Wicklungsbandage f || **~ base** / Wicklungsunterbau m (Trafo) || **~ brace** / Wicklungsstütze f || **~ branch** (circuit) / Wicklungszweig m || **~ breakdown** / Wicklungsdurchschlag m || **~ capacitance** / Wicklungskapazität f || **~ carrier** / Wicklungsträger m, Wicklungsabstützung f, Wicklungsunterbau m (Trafo) || **~ center** / Wickelzentrum n || **~ centre** / Wicklungsmitte f || **~ circuit** / Wicklungspfad m || **~ clamping** / Wicklungspressung f || **~ conductor** / Wicklungsleiter m || **~ connection diagram** / Wicklungsschaltbild n || **~ connections** / Wicklungsanschlüsse m pl, Wicklungsschaltung f || **~ core** / Wickelkern m || **~ cover** / Wicklungsabdeckung f, Wicklungsschild n || **~ cylinder** / Wicklungsröhre f || **~ data** / Wickelangaben f pl || **~ department** / Wickelei f || **~ details** / Wickelzettel m || **~ diagram** / Wicklungsschema n, Wicklungsplan m, Wicklungsbild n || **~ direction** / Wicklungsrichtung f, Wickelsinn m, Wickelrichtung f || **~ distribution** / Wicklungsverteilung f
winding factor / Wicklungsfaktor m || **~ form** / Wicklungsschablone f, Wickelform f, Spulenrahmen m, Spulenkörper m || **~ group** / Wicklungsgruppe f || **~ hot-spot temperature** / Wicklungs-Heißpunkttemperatur f || **~ inductivity** / Wicklungsinduktivität f || **~ insulation** / Wicklungsisolierung f || **~ losses** / Wicklungsverluste m pl, Stromwärmeverluste m pl || **~ machine** / Wickelmaschine f, Fördermaschine f || **~ mechanism** / Aufzugeinrichtung f || **~ motor** / Aufzugmotor m (Uhr) || **~ overhang** / Wickelkopf m, Stirnseite f, Wickelkopfausladung f || **~ overhang support** / Wickelkopfabstützung f || **~ overheating** / Wicklungsübertemperatur f || **~ path** / Wicklungszug m, Wicklungszweig m || **~ phase** / Wicklungsstrang m, Wicklungsphase f || **~ pitch** / Wicklungsschritt m, relativer Wicklungsschritt || **~ producing a trapezoidal field** / Trapezfeldwicklung f || **~ producing a triangular field** / Dreiecks-Feldwicklung f || **~ puncture** / Wicklungsdurchschlag m || **~ rule** / Wicklungsgesetz n || **~ section** / Wicklungsabschnitt m, Wicklungsteil n || **~ sense** / Wicklungssinn m, Wicklungsrichtung f || **~ shaft** / Aufzugwelle f (f. Feder), Spannwelle f || **~ shell**

Wicklungsschale f || ~ **shield** / Wicklungsschild m, Wicklungskappe f || ~ **shop** / Wickelei f || ~ **side** / (der Wicklung) zugewandte Seite || ~ **space** / Wickelraum m || ~ **specifications** / Wickelangaben f pl || ~ **support** / Wicklungsträger m, Wicklungsabstützung f, Wicklungsunterbau m (Trafo) || ~ **table** / Wicklungstabelle f || ~ **temperature rise** / Wicklungsübertemperatur f, Wicklungserwärmung f || ~ **termination** / Wicklungsanschluss m, Schaltende n || ~ **throw** / Wicklungssprung m
winding-to-frame short circuit / Wicklungsschluss m (Kurzschluss Wicklung-Gehäuse)
winding-to-winding test / Prüfung der Wicklungen gegeneinander
winding-type current transformer / Wickelstromwandler m, Durchsteck-Stromwandler ohne Primärleiter
winding unit / Aufwickler m || ~ **wire** / Wickeldraht m || ~ **with crossover coils** / Wicklung in Einzelspulenschaltung || ~ **without subdivision** / unaufgeschnittene Wicklung
wind load / Windlast f
window n / Fenster n, Öffnung f, Ausschnitt m (Osz. Bildrahmen m (BSG)), Schauscheibe f, Zeichnungsausschnitt m || ~ **actuator motor** / Fensterhebermotor m (Kfz) || ~ **block** / Fensterbaustein m || ~ **drive** / Fensterheber (FH) m || ~ **frame** / Fensterrahmen m || ~ **lift** / Fensterheber (FH) m || ~ **lift motor** / Fensterhebermotor m (Kfz) || ~ **machine** / Fenstermaschine f
window-oriented / Fenstertechnik f
window space factor / Fensterfüllfaktor m || ~ **timer** / Zeitgeber für Bestätigungswiederholung (Datennetz) E DIN 66324,T.3 || ~ **title** / Fensterüberschrift f
window-to-viewport transformation / Fenstertransformation f (GKS)
window-type current transformer / Querlochwandler m, Aufsteck-Stromwandler m, Kabelumbauwandler m || ~ **transformer** / Aufsteckwandler m
window view / Fensteransicht f
wind park / Windkraftwerk n, Windpark f || ~ **power station** / Windkraftwerk n || ~ **pressure** / Winddruck m
windscreen wiper motor / Scheibenwischermotor m
wind span / Windspannweite f (Freiltg.) || ~ **speed** / Windgeschwindigkeit f
windup n (relative movement due to deflection under load) / Torsionsspiel n (WZM), Lose f, Drall m (elastischer Verdrehungswinkel)
wind velocity / Windgeschwindigkeit f
wing-bar n / Flügelbarren m (Flp.), Außenkette f (Flp.) || ~ **lights** / Außenkettenfeuer n (Flp.)
wing handle / Flügelgriff m || ~ **nut** / Flügelmutter f || ~ **pin** / Flügeldorn m || ~ **reflector** / Kulissenscheinwerfer m
winking light / Blinklicht n
Winkley oiler / Kugelöler m
winter oil / Winterschmieröl n
WIP s. work-in-progress
wipe n / Reiben n, Kontakttreiben n, Schmieren n, Schmierlötung f, Anschmierung f
wiped joint / Schmierlötverbindung f || ~ **solder joint** / Lötplombe f (Verbindung Kabelmantel-Kabeleinführung)

wipe off / abwischen v
wiper n / Wischer m, Abstreifer m, Schleifer m, Kontaktarm m, Schleifkontakt m
wipe resistance / Wischfestigkeit f
wiper motor / Wischermotor m || ~ **timer** / Wisch-Zeitschalter m
wipe test / Reibversuch m
wiping n / Reiben n, Kontakttreiben n, Schmieren n, Schmierlötung f, Wischen n, Anschmierung f || ~ **gland** / Lötmuffe f || ~ **resistant** / wischfest adj || ~ **time** / Wischzeit f
wire v / verdrahten v, beschalten v, verschalten v, adrig adj, Leitungen verlegen || ~ n / Draht m, Leiter m, Leitung f, Sieb n (Papiermaschine), Ader f || **2-~** / zweiadrig, 2-leitrig adj || ~ **armour** / Drahtbewehrung f || ~ **bar** / Drahtbarren m || ~ **binding** / Drahtbund m, Aderbandage f
wire-bound adj / drahtgebunden adj
wire break / Drahtbruch m || ~ **breakage** / Drahtbruch m
wirebreak diagnostics / Drahtbruchprüfung f
wire break message / Drahtbruchmeldung f || ~ **brush** / Drahtbürste f || ~ **circuit breaker** / Leitungsschalter m || ~ **clamp** / Klemmbügel m (Anschlussklemme) || ~ **cloth** / Drahtgeflecht n || ~ **core** / Drahtkern m || ~ **cutter** / Ablängzange f (f. Kabel)
wired adj / verdrahtet adj || ~ **AND** / Phantom-UND n
wire density / Liniendichte f (CAD) || ~ **drawing** / Drahtziehen n
wired function / verdrahtete (o. festverdrahtete) Funktion, Phantomverknüpfung f || ~ **network** / Festnetz n || ~ **OR** / verdrahtetes ODER, Phantom-ODER n || ~ **program** / festverdrahtetes Programm, verdrahtetes Programm
wired-program adj / verbindungsprogrammiert adj, festverdrahtet adj || ~ **controller** / verbindungsprogrammiertes (o. verdrahtungsprogrammiertes) Steuergerät, verbindungsprogrammiertes Steuergerät (VPS), verbindungsprogrammierte Steuerung (VPS)
wire-drawing cylinder / Ziehtrommel f || ~ **machine** / Drahtziehmaschine f
wire enamel / Drahtlack m || ~ **end connector sleeve** / Aderendhülse f || ~ **end ferrule** / Aderendhülse f || ~ **erosion** / drahterodieren v || ~ **fabric** / Drahtgewebe n, Drahtgeflecht n || ~ **feed** / Drahtvorschub m || ~ **feed device** / Drahtvorschubgerät n || ~ **feeler gauge** / Drahtfühlerlehre f, Drahtspion n || ~ **filament** / Drahtwendel m
wireframe n / Drahtgeometrie f
wire-frame model / Drahtmodell n (CAD) || ~ **representation** / Drahtmodelldarstellung f, Linienmodell n, Kantenmodell n
wire gauge / Drahtlehre f || ~ **gauge converter** / Drahtlehrenumrechner m || ~ **glass** / Drahtglas n || ~ **guard** / Drahtschutzkorb m || ~ **jumper** / Drahtbrücke f
wireless link / drahtlose Verbindung, Funkverbindung f
wire locator / Leitungshaltesteg m || ~ **marking** / Adernmarkierung f || ~ **matrix printer** / Nadeldrucker m, Drucker mit Nadeldruckwerk || ~ **matrix printing mechanism** / Nadeldruckwerk n || ~ **mesh** / Maschennetz n, Drahtgeflecht n || ~ **model** / Drahtmodell n || ~ **netting** / Drahtgeflecht n

wire-pilot protection / Schutzsystem mit Hilfsadern
wire printer / Nadeldrucker m || **~ protection** / Drahtschutz m (Klemme) || **~ range** / Drahtbereich m, Leiterbereich m, anschließbare Leiterquerschnitte, Querschnittsbereich m (Anschlussklemmen) || **~ rod** / Walzdraht m || **~ rope** / Drahtseil n || **~ screen** / Drahtschirm m, Schutzwicklung f (Trafo) || **~ size** / Drahtstärke f || **~ spark-erosion** / Drahterodieren n || **~ spring** / Drahtfeder f
wire-spring relay / Federdrahtrelais n
wire stripping gun / Abisolierpistole f || **~ stripping pliers** / Abisolierzange f || **~ terminal lamp** / sockellose Lampe (m. heraushängenden Stromzuführungen) || **~ termination** / Drahtanschluss m
wire-through connection / Draht-Durchverbindung f (gS)
wire-type strain gauge / Draht-Dehnungsmessstreifen m
wire up v / verdrahten v, verschalten v
wireway n / Leitungskanal m, Verdrahtungskanal m, Installationskanal m
wire width / Siebbreite f || **~ winding** / Drahtwicklung f
wire-wound adj / drahtgewickelt adj, mit Drahtwicklung || **~ coil** / Drahtspule f || **~ coil winding** / Runddraht-Spulenwicklung f || **~ potentiometer** / Drahtpotentiometer n || **~ resistor** / Drahtwiderstand m
wire-wrap connection (o. terminal) / Drahtwickelanschluss m || **~ connections** / Wrapverdrahtung f
wire-wrapping machine / Drahtwickelmaschine f || **~ technique** / Drahtwickeltechnik f (Wire-Wrap)
wiring n / Verdrahtung f, Schaltung f, Beschaltung f, Leitungen f pl (z.B. DIN IEC 518), Schutzbeschaltung f, (Haus-)Installation f, Leitungsverlegung f || **~ external** ~ / äußere Leitungen (z.B. f. Leuchten) || **~ accessories** / Installationsmaterial n, Verdrahtungszubehör n, Material für Leitungsverlegung || **~ arrangement** / Schaltanordnung f || **~ backplane** / Rückwandplatine f, Busplatine f, Verdrahtungsfeld n, Rückwandverdrahtungsplatte f, Busleiterplatte f || **~ board** / Beschaltungsplatte f, Beschaltungsbaugruppe f || **~ cable** / Installationskabel n, Verdrahtungsleitung f || **~ clips** / Leitungshalter m || **~ colour code** / Drahtfarbencode m || **~ compartment** / Verdrahtungsraum m || **~ complexity** / Verdrahtungsaufwand m || **~ concentrator** / Ringleitungsverteiler m (zum sternförmigen Anschluss von Stationen eines Kommunikationsnetzes) || **~ conduit** / Installationsrohr n, Elektro-Installationsrohr n, Elektrorohr m || **~ diagram** IEC 113-1 / Verdrahtungsplan m DIN 40719, Anschlussbild n, Schaltplan m, Stromlaufplan m, Verdrahtungsschema n || **~ duct** / Leitungskanal m, Kabelkanal m, Verdrahtungskanal m || **~ entry** / Leitungseinführung f || **~ error** / Verdrahtungsfehler m || **~ flange plate** / Leitungsflanschplatte f || **~ grid** / Verdrahtungsraster m || **~ guideline** / Verdrahtungsrichtlinie f || **~ gutter** / Verdrahtungsrinne f || **~ harness** / Kabelbaum m,

vorgefertigter (o. vorkonfektionierter) Kabelsatz || **~ loom** / Kabelbaum m, Leitungssatz m, vorgefertigter Kabelsatz || **~ manual** / Schaltbuch n, Schaltungsbuch n || **~ method** / Anschlusstechnik f || **~ module** / Verdrahtungsbaustein m, Beschaltungsbaugruppe f || **~ on the surface** / Aufputzinstallation f, Leitung(en) auf Putz || **~ overheads** / Verdrahtungsaufwand m || **~ p.c.b.** / Beschaltungsbaugruppe f (Leiterplatte) || **~ plane** / Verdrahtungsseite f || **~ plate** / Stützpunktplatte f || **~ port** / Verdrahtungsöffnung f || **~ post** / Anschlussstift m || **~ practice** / Verdrahtungstechnik f, Installationstechnik f || **~ regulations** / Installationsvorschriften f pl, Errichtungsbestimmungen f pl (Hausinstallation) || **~ rules** / Installationsvorschriften f pl, Errichtungsbestimmungen f pl (Hausinstallation) || **~ run** / Leitungszug m || **~ safety** / Verdrahtungssicherheit f || **~ space** / Verdrahtungsraum m (Verteiler), Anschlussraum m || **~ system** / Kabel und Leitungsanlage f E VDE 0100,T.200 A1, Leitungssystem n, elektrische Installation, Installationsanlage f, Installation f || **~ table** / Verdrahtungstabelle f || **~ technique** / Verdrahtungstechnik f, Anschlusstechnik f || **~ test(ing)** / Verdrahtungsprüfung f || **~ tester** / Verdrahtungstester m || **~ under the surface** / Unterputzinstallation f, Leitungen unter Putz
WISS s. workstation-independent segment storage
withdraw v / herausziehen v, ausziehen v, abziehen v, ausfahren v, herausfahren v, ziehen v (Stecker, steckbare Baugruppe), zurückziehen v, wegnehmen v
withdrawable adj / ausziehbar adj, ausfahrbar adj, abziehbar adj || **~ circuit-breaker** / ausziehbarer (o. ausfahrbarer) Leistungsschalter m, Einschub-Leistungsschalter m, Einschubschalter m, ausfahrbarer Leistungsschalter || **~ circuit-breaker switchgear** / Leistungsschalter-Einschubanlage f || **~ compartment** / Einschubraum m || **~ connection** IEC 439-1, Amend.1 / geführte Verbindung || **~ contactor assembly** / Schütz-Einschubanlage f || **~ contactor unit** / Schützeinschub m || **~ device** / ausziehbares Gerät, Einschubgerät n || **~ knob** / Steckknebel m || **~ mini-unit** / Kleineinschub m || **~ panel** / Einschubfeld n || **~ part** IEC 439-1 / Einschub m (SK) VDE 0660,T.500, ausziehbarer Teil (SA) VDE 0670,T.6, herausnehmbares Teil (SK), Trennteil m (herausnehmbarer Teil einer Schaltanlage), Trenneinschub m || **~ position** / Abziehstellung f || **~ switch-disconnector assembly** / Lasttrenner-Einschubanlage f (Gerätekombination) || **~ switchgear** BS 4727, G.06 / Schaltanlage mit ausziehbaren Geräten, Einschub-Schaltanlage f, Schaltanlage in Einschubbauweise, Einschubanlage f || **~ switchgear assembly** / ausziehbare Schaltgerätekombination, Einschub-Schaltgerätekombination f
withdrawable-switchgear cubicle / Schaltschrank mit ausfahrbaren Schaltgeräten, Ausfahrfeld n
withdrawable type / auf Einschub, Einschubtyp m
withdrawable unit / ausziehbare Einheit, Einschubgerät n, Einschub m, Geräteeinschub m
withdrawable-unit design / Einschubtechnik f
withdrawal n / Abgang m, Entnahme f || **withdrawal, tool** ~ / Werkzeugrückzug m (NC), Zurückziehen (o. Wegfahren) des Werkzeugs n || **~ angle** /

Auszugsschräge f || ~ **force** / Abziehkraft f (StV), Ausziehkraft f, Ziehkraft f, Abzugskraft f || ~ **form** / Verbrauchsmeldung f || ~ **from service** / Außerbetriebnahme f || ~ **strip** / Ausziehband n
withdrawing force / Abziehkraft f (StV), Ausziehkraft f, Ziehkraft f, Abzugskraft f
withholding tax / Quellensteuer f
within normal arm's reach / im Handbereich
withstand n / Stehwert m, Haltewert m, Stehspannung f || **impulse** ~ / Steh-Stoßspannung f, Halte-Stoßspannung f, Impulsspannungsfestigkeit f || **switching impulse voltage sparkover** ~ / Nichtansprech-Schaltstoßspannung f || **to** ~ **pressure** / einem Druck standhalten || **vacuum** ~ IEC 76-1 / Vakuumfestigkeit f
withstandability, fault ~ / Kurzschlussfestigkeit f
withstand capability / Stehvermögen n || ~ **chopped-wave impulse voltage** / Steh-Stoßspannung bei abgeschnittener Welle || ~ **current** / Stehstrom m, Haltestrom m || ~ **current surge** / Steh-Stoßstrom m, Stehstrom m || ~ **impulse voltage** / Stehstoßspannung f, Stoßhaltespannung f || ~ **layer conductivity** / Steh-Schichtleitfähigkeit f || ~ **layer voltage** / Schicht-Stehspannung f, Fremdschicht-Stehspannung f || ~ **overvoltage** / Steh-Überspannung f || ~ **probability** / Stehwahrscheinlichkeit f || ~ **salinity** / Steh-Salzgehalt m, Stehsalzgehalt m || ~ **strength** / Stehfestigkeit f || ~ **test** / Standprüfung f || ~ **test voltage** / Steh-Prüfspannung f || ~ **value** / Stehwert m, Haltewert m || ~ **voltage** / Stehspannung f, Haltespannung f || ~ **voltage** IEC 50(212) / Spannungsfestigkeit f (Isolierstoff), Prüfspannung f
witnessed test / Prüfung im Beisein des Kundenvertreters
witness point / Nachweispunkt m (QS), Abnahmepunkt m
wizard n / Assistent (Hilfsprogramm) m
W/kg loss figure / spezifische Eisenverluste
WKH (workholder) (workholder) / Spanneinrichtung
wobble v / flattern v, schlagen v, taumeln v || ~ **generator** / Wobbelung f || ~ **meter** / Taumelscheibenzähler m
wobbler n / Wobbelgenerator m, Wobbler m, Kupplungszapfen m (Treffer), Blattzapfen m, Kleeblattzapfen m, Treffer m, Frequenzwobbler m
wobble stick / Federstab m (PS), Tasthebel m (PS), Taster mit Stangenhebel, Taumelstabschalter m
wobbling n / Flattern n, Schlagen n, Taumeln n, Wobbling n, Taumelschwingung f
Wommelsdorf machine / Wommelsdorf-Maschine f
wooden skid / Holzkufe f
woodpecker feed / Pick-Vorschub m (WZM, NC)
wood pole / Holzmast m
woodruff key / Woodruffkeil m, Scheibenpassfeder f
woodworking n / Holzbearbeitung f || ~ **center** / Holzbearbeitungszentrum n || ~ **machine** / Holzbearbeitungsmaschine f
WOP (workshop-oriented programming) / Werkstattprogrammierung f, Direktprogrammierung an der Maschine || ≃ s. workshop-oriented production support
word n / Wort n, Programmwort n || ~ **address format** / Adress-Schreibweise f (NC), Adressenschreibweise f (Programmaufbau für NC-Maschinen, bei dem jedes Wort in einem Satz mit einem Adreßzeichen beginnt, das die Bedeutung des Wortes kennzeichnet) || ~ **by word** / wortweise adv || ~ **condition code** / Wortanzeige f (SPS) || ~ **contents** / Wortinhalt m || ~ **input memory** / Worteingabespeicher m || ~ **length** / Wortlänge f || ~ **location** / Wortstelle f || ~ **mode** / Wortbetrieb m || ~ **operation** / Wortbefehl m, Wortoperation f, wortweise Verknüpfung
word-organized storage / wortorganisierter Speicher
word-oriented adj / wortweise adj, wortorientiert adj || ~ **RAM** / 16-Bit breiter RAM || ~ **organization** / wortorientierte Organisation
word processing / Wortverarbeitung f, Textverarbeitung f || ~ **processing equipment** / Textautomat m DIN 2140 || ~ **processor** / Wortprozessor m, Textprozessor m, Textautomat m, Textverarbeitungsgerät n || ~ **recognition** / Worterkennung f || ~ **recognizer** / Worterkenner m || ~ **wrap** / Wortumbruch m
work v / arbeiten v, spanlos bearbeiten, bearbeiten v, in Betrieb sein, gehen v, arbeiten v, funktionieren v, umformen v || ~ n / Arbeit f, Werk n, Leistung f, Werkstück n
workability n / Bearbeitbarkeit f, Verformbarkeit f, Umformbarkeit
workable adj / bearbeitbar adj, verformbar adj
workaround n / Behelfslösung f
work assignment / Arbeitsvorgabe f
workbench n / Werkbank f, Arbeitsplatte f
work blade / Lineal n || ~ **block** / Arbeitsbaustein m || ~ **cell** / Fertigungszelle f
workcell, robotic ~ / Roboterarbeitsplatz m
work cycle / Arbeitsspiel n, Arbeitszyklus m, Werkzyklus m || ~ **cycle time** / Arbeitsspielzeit f || ~ **day** / Arbeitstag m || ~ **DB** / Arbeitsdatenbaustein m
worked penetration / Walkpenetration f
work envelope / Arbeitsraum m (Rob.), Arbeitsbereich m || ~ **file** / Arbeitsdatei f, Workdatei f || ~ **fixture** / Werkstückaufnahmevorrichtung f (WZM), Aufnahmevorrichtung f (WZM) || ~ **flow** / Arbeitsfluss m, Arbeitsablauf m || ~ **function** (electrode material of an electron tube) / Austrittsarbeit f (Elektrodenmaterial einer Elektronenröhre)
work-hardening n / Kaltverfestigen n (Metall)
workholder n / Werkstückhalter m (WZM), Werkstückaufnahme f (WZM), Werkstückträger (WT) m, Werkstückpalette f, transportabler Werkstückspanntisch (Transportable Spannvorrichtung, die das Aufspannen von Werkstücken außerhalb der Maschine ermöglicht, um Stillstandzeiten zu reduzieren), Palette f || ~ **workholder (WKH)** / Spanneinrichtung f, Spannmittel (SPM) n
work holding device / Einspannvorrichtung f
workholding fixture / Werkstückaufnahmevorrichtung f (WZM), Aufnahmevorrichtung f (WZM) || ~ **pallet** / Werkstückpalette f, Palette f, transportabler Werkstückspanntisch (Transportable Spannvorrichtung, die das Aufspannen von Werkstücken außerhalb der Maschine ermöglicht, um Stillstandzeiten zu reduzieren), Werkstückträger (WT) m
work hours / Arbeitsstunden $f pl$, Arbeitszeit f
working n / Arbeiten n, spanloses Bearbeiten, Umformen n, Funktionieren n, Betrieb m,

working 678

Arbeits..., Nutz... || **in ~ order** / in betriebsfähigem Zustand || **~ and business premises** / Arbeitsstätten *f pl* || **~ area** / Arbeitsraum *m* (WZM), Arbeitsfläche *f*, Arbeitsbereich *m* || **~ area delimitation** / Arbeitsraumabgrenzung *f* || **~ area limitation** / Arbeitsfeldbegrenzung *f*, Arbeitsbereichsbegrenzung *f* || **~ capacitance** / Betriebskapazität *f* (Kabel) || **~ capacity** / Arbeitsvermögen *n* (Batt.), Arbeitsleistung *f*, Leistungsfähigkeit *f* || **~ clearance** IEC 50(605) / Schutzabstand *m* (Mindestabstand zwischen stromführenden Teilen und einer in der Anlage arbeitenden Person), zulässiger Abstand zu gekreuzten Objekten, Arbeitsabstand *m*, Montageabstand *m* || **~ committee** / Arbeitskreis *m* || **~ condition** / Betriebszustand *m* || **~ coordinate** / Arbeitskoordinate *f* || **~ current** / Arbeitsstrom *m*, Betriebsstrom *m* || **~ curve** / Arbeitskennlinie *f* || **~ cycle** / Arbeitsspiel *n* || **~ day** / Arbeitstag *m* || **~ directory** / Arbeitsverzeichnis *n* || **~ drawing** / Fertigungszeichnung *f*, Werkstattzeichnung *f*, Ausführungszeichnung *f*, Bauzeichnung *f* || **~ envelope** / Arbeitsraum *m*, Arbeitsbereich *m* || **~ fluid** / Hydraulikflüssigkeit *f* || **~ flux** / Nutzfluss *m*, Hauptfluss *m* || **~ gauge** / Arbeitslehre *f*
working gauge pressure / Betriebsüberdruck *m* || **~ group** / Arbeitsgruppe *f*, Arbeitsverbund *m* || **~ guideline** / Arbeitsrichtlinie *f* || **~ hours** / Arbeitsstunden *f pl*, Arbeitszeit *f*, Betriebszeitintervall *n*, Betriebszeit *f* (Zeitintervall, während dessen eine Einheit in Betrieb ist) || **~ in opposite direction** / gegenläufig *adj* || **~ inductance** / Betriebsinduktivität *f* (Kabel) || **~ interruption due to failure** / Betriebsunterbrechung *f* || **~ life** / Gebrauchsdauer *f*, Standzeit *f*, Topfzeit *f* || **~ load** / Arbeitslast *f*, Betriebslast *f*, Nutzlast *f*, Betriebsbeanspruchung *f* || **~ mask** / Arbeitsmaske *f* (IS) || **~ medium** / Arbeitsmittel *n* || **~ medium of auxiliary power** / Arbeitsmittel der Hilfsenergie || **~ memory** / Arbeitsspeicher (AS) *m*, Anwenderspeicher (AWS) *m* || **~ memory overflow** / Arbeitsspeicherüberlauf *m* || **~ method** / Arbeitsweise *f*, Wirkungsweise *f*, Bearbeitungsverfahren *n* || **~ offset list** / Arbeitskorrekturen *f pl* || **~ order** / betriebsfähiger Zustand, Betriebsfähigkeit *f* || **~ parts** / Verschleißteile *n pl* || **~ party** / Arbeitskreis *m* || **~ photometric standard** / fotometrisches Arbeitsnormal || **~ plane** / Nutzebene *f* (LT), Arbeitsebene *f* || **~ point** / Arbeitspunkt *m*, Betriebspunkt *m* || **~ pole** / Arbeitsstange *f* || **~ port** / Arbeitsanschluss *m* || **~ position** / Arbeitsstellung *f* || **~ pressure** / Arbeitsdruck *m* (PA) DIN 2401,T.1, Betriebsdruck *m*, Betriebsüberdruck *m* || **~ principle** / Arbeitsprinzip *n* || **~ procedure** / Arbeitsverfahren *n*, Bearbeitungsverfahren *n* || **~ properties** / Verarbeitbarkeit *f* || **~ range** / Arbeitsbereich *m*, Arbeitsraum *m* || **~ register** / Arbeitsregister *n* || **~ section** / Nutzzone *f* (BT), Nutzraum *m* (Prüfkammer) DIN IEC 68, Arbeitsraum *m* (Rob.), Arbeitsbereich *m* (WS) / Arbeitsspeicherbereich *m* || **~ speed** / Arbeitsgeschwindigkeit *f*, Betriebsdrehzahl *f* || **~ standard** / Gebrauchsnormal *n*, Arbeitsnormal *n* || **~ standard lamp (WS-lamp)** / Gebrauchsnormallampe *f* || **~ stick** / Arbeitsstange *f* || **~ stroke** / Arbeitshub *m* || **~ surface** /

Angriffsfläche *f* || **~ temperature range** / Betriebstemperaturbereich *m* (a. Thyr) DIN 41786 || **~ torque** / Nutzdrehmoment *n* || **~ valve** / Arbeitsventil *n* (LE), Hauptventil *n* || **~ voltage** IEC 380 / Betriebsspannung *f* VDE 0806 || **~ voltage** IEC 598 / Arbeitsspannung *f* (CEE 10,1) VDE 0711, VDE 0730
work-in-progress (WIP) *n* / Umlaufbestand *m* (Fabrik), auftragsbezogener Werkstattbestand || **~ earthing switch** / Arbeits-Erdungsschalter *m*, Arbeitserder *m*
work instruction / Arbeitsanweisung *f* || **~ light** / Arbeitsplatzleuchte *f*
workload *n* / Arbeitsbelastung *f*, Auslastung *f*
work magazine / Arbeitsmagazin *n*
workmanship *n* / handwerkliche Ausführung, Fachkönnen *n*, Ausführungsqualität *f*
work memory requirement / Arbeitsspeicherbedarf *m* || **~ of friction** / Reibungsarbeit *f* || **~ operation** / Arbeitsgang *m*, Arbeitsvorgang *m* || **~ order** / Arbeitsauftrag *m*
workpiece *n* / Werkstück *n*, Werkteil *n*, Schleifteil *n*, Teil *n* || **~ carrier (WPC)** / Werkstückpalette *f*, Werkstückträger (WT) *m*, transportabler Werkstückspanntisch (Transportable Spannvorrichtung, die das Aufspannen von Werkstücken außerhalb der Maschine ermöglicht, um Stillstandzeiten zu reduzieren), Palette *f* || **~ change** / Werkstückwechsel *m* (a. Wegbedingung nach DIN 66025,T.2), automatischer Werkstückwechsel (das automatische Be- und Entladen von Werkstücken bei NC-Maschinen mit Hilfe einer Palettenwechseleinrichtung) || **~ clamping** / Werkstückeinspannung *f* || **~ clamping surface** / Werkstückaufspannfläche *f* || **~ clamping tolerance** / Werkstückaufspanntoleranz *f* || **~ contour** / Werkstückkontur *f*, Werkstückumriss *m* || **~ contour description** / Werkstückkonturbeschreibung *f* (NC) || **~ control** / Teilekontrolle *f* || **~ coordinate system** / Werkstück-Koordinatensystem *n* || **~ count** / Stückzahlkontrolle *f*, Stückzahlüberwachung *f* || **~ counter** / Werkstückzählung *f*, Stückzahlzähler *m*, Stückzähler *m* || **~ data** / Werkstückdaten *pl* || **~ datum** / Werkstück-Bezugspunkt *m*, Werkstück-Nullpunkt *m* || **~ description** / Werkstückbeschreibung *f*, Formangaben *f pl* || **~ directory (WPD)** / Werkstückverzeichnis *n*, WPD (Werkstückverzeichnis) || **~ drawing** / Werkstückzeichnung *f* || **~ gauging device** / Werkstückmesseinrichtung *f* || **~ geometry** / Werkstückgeometrie *f* || **~ loading** / Werkstückladen *n*, Werkstückantransport *m* || **~ measurement** / Werkstückvermessung *f* || **~ measuring** / Werkstückvermessung *f* || **~ probe** / Werkstückmesstaster *m*, Werkstückmessfühler *m* (Gerät zum automatischen Erfassen von Messwerten an Werkstücken oder Werkzeugen während des NC-Programmablaufs) || **~ program** / Werkstückprogramm *n* || **~ reference point** / Werkstück-Bezugspunkt *m* (NC), Werkstück-Referenzpunkt *m*
workpiece-related actual value / werkstücknaher Istwert
workpiece setup / Werkstückaufspannung *f* || **~ shift** / Werkstückverschiebung *f* || **~ surface** / Werkstückoberfläche *f* || **~ transfer** /

Werkstückübergabe *f* || **~ unloading** / Werkstückabtransport *m* || **~ zero** / Werkstück-Nullpunkt *m* (NC)
workplace *n* / Arbeitsplatz *m*, Arbeitsstation *f*, Workstation (WS) *f* || **~ luminaire** / Arbeitsplatzleuchte *f*
work plan / Arbeitsablauf *m*, Arbeitsplan *m* || **~ plane** / Nutzebene *f* (LT) || **~ planning** / Arbeitsplanung *f*, Fertigungsplanung *f*, Arbeitsvorbereitung *f*
works *n pl* / Werk *n* (Fabrik), Betrieb *m*, Werkstatt *f*, Werkstätte *f*, Werkstattbetrieb *m* || **~ area** / Werksgelände *n* || **~ certificate** / Werks-Prüfzeugnis *n*
work schedule / Arbeitsplan *m*, Arbeitsablaufplan *m*, Arbeitsaufstellung *f*, Arbeitszeitform *f* || **~ scheduling** / Arbeitsplanung *f*, Fertigungsplanung *f*, Arbeitsvorbereitung *f*
worksheet *n* / Arbeitszettel *m*
workshop *n* / Werkstatt *f*, Werkshalle *f* || **~ drawing** / Werkstattzeichnung *f*, Ausführungszeichnung *f* || **~ equipment** / Werkstattausrüstung *f* || **~ gauge** / Arbeitslehre *f* || **~ inspection** / Selbstprüfung *f*, Eigenprüfung *f*, Selbsttest *m*
workshop-oriented production support (WOP) / werkstattorientierte Produktionsunterstützung (WOP) || **~ programming (WOP)** / werkstattorientierte Programmierung (WOP), Werkstattprogrammierung *f*, Direktprogrammierung an der Maschine
workshop test / Werkstattprüfung *f*, Werkprüfung *f*, Fabrikprüfung *f*
works interface / Werksschnittstelle *f*
worksite *n* / Baustelle *f* || **~ distribution board** / Baustromverteiler *m* || **~ electrical supply** / Baustromversorgung *f*
works number / Werknummer *f*
works order number / Werksbestellnummer *f*, Werknummer *f*
workspace *n* / Arbeitsfläche *f*
workspindle *n* / Arbeitsspindel *f*, Drehspindel *f*
works serial No. / Fabriknummer *f*, Fabrik-Nr. *f* || **~ serial number** / Fabriknummer *f*, Fabrik-Nr. *f* || **~ specification** / werksinterne Vorschrift
workstation *n* / Arbeitsplatz *m* (m. Bildschirmgerät) || **~ (WS)** *n* / Workstation (WS) *f*, Arbeitsstation *f* || **~ computer** / Arbeitsplatzrechner *m* (APR m, Arbeitsplatzcomputer (APC)) || **~ configuration** / Arbeitsplatz-Konfiguration *f*
workstation-dependent segment storage (WDSS) / arbeitsplatzabhängiger Segmentspeicher (AASS (GKS))
workstation-independent segment storage (WISS) / arbeitsplatzunabhängiger Segmentspeicher (AUSS (GKS))
workstation mandatory / Arbeitsplatz-Pflichtanforderung *f* || **~ transformation** / Gerätetransformation *f* (Bildschirm-Arbeitsplatz) || **~ viewport** / Gerätedarstellungsfeld *n* (Bildschirm-Arbeitsplatz) || **~ window** / Gerätefenster *n* (Bildschirm-Arbeitsplatz)
works test / Werkprüfung *f*, Fabrikprüfung *f* || **~ test certificate** / Werks-Prüfzeugnis *n* || **~ test report** / Werks-Prüfprotokoll *n*, Werkszeugnis *n*
work ticket / Arbeitskarte *f*, Begleitkarte *f* || **~ tools** / Arbeitsmittel *n* || **~ volume** / Arbeitsraum *m* (Rob.)
world climate summit / Weltklimagipfel *m*
world-class *n* / Weltklasse *f*

world-wide *adj* / weltweit *adj*
world-wide plug and socket-outlet system / weltweites Steckvorrichtungssystem
worm *n* / Schnecke *f*, Schneckenrad *f*, Förderschnecke *f* || **~ drive** / Schneckentrieb *m*, Schneckenantrieb *m* || **~ gear** / Schneckenrad *n*, Schneckengetriebe *n*, Schneckenantrieb *m* || **~ gearing** / Schneckenradgetriebe *n*, Schneckengetriebe *n* || **~ shaft** / Schneckenwelle *f* || **~ wheel** / Schneckenrad *n*
worn *adj* / verschlissen *adj*, abgenutzt *adj*, verbraucht *adj* || **~ out** / verschlissen *adj*, ausgelaufen *adj* (Lg.), abgenutzt *adj*
worst-case design / Auslegung für den ungünstigsten Betriebsfall
wound *adj* / bewickelt *adj*, gewickelt *adj*, mit einer Wicklung versehen || **~ coil** / gewickelte Spule, gefahrene Spule || **~ core** / gewickelter Kern, Wickelkern *m*, bewickelter Kern
wound-core transformer / Wickelkerntransformator *m*
wound edgewise / hochkant gewickelt || **~ field coil** / gewickelte Feldspule, gefahrene Polspule || **~ flat** / flach gewickelt || **~ instrument transformer** / Wickelwandler *m* || **~ on edge** / hochkant gewickelt || **~ on the flat** / flach gewickelt || **~ primary type current transformer** / Wickelwandler *m*, Wickelstromwandler *m*
wound-primary current transformer / Wickelstromwandler *m* || **~ transformer** / Wickelwandler *m*
wound rotor / gewickelter Läufer, Schleifringläufer *m*
wound-rotor induction motor / Induktionsmotor mit gewickeltem Läufer, Schleifring(läufer)motor *m* || **~ motor** / Schleifring(läufer)motor *m*, Motor mit gewickeltem Läufer || **~ open-circuit voltage** / Läufer-Stillstandsspannung *f* (SL)
wound strip core / Bandkern *m*
wound-through conductor / gefädelter Leiter
wound-type current transformer s. wound primary current transformer || **~ transformer** / Wicklerwandler *m*
woven *adj* / gewebt *adj*
woven fabric / Gewebe *n* (Isoliermaterial) || **~ glass** / Glasgewebe *n* || **~ glass tape** / Glasgewebeband *n* || **~ ROM** / Fädel-ROM *n*, Fädelspeicher *m* || **~ tape** / Gewebeband *n*
WPC (workpiece carrier) / Palette *f*, Werkstückpalette *f*, transportabler Werkstückspanntisch (Transportable Spannvorrichtung, die das Aufspannen von Werkstücken außerhalb der Maschine ermöglicht, um Stillstandzeiten zu reduzieren), WT (Werkstückträger)
WPD (workpiece directory) / Werkstückverzeichnis *n*, WPD
wrap *v* / einwickeln *v*, wickeln *v*, umwickeln *v*, umhüllen *v*, Zeilenumbruch *m* || **~ n** / Umwicklung *f*, Umhüllung *f*, Ummantelung *f* || **word ~** / Wortumbruch *m*
wraparound *n* / Bildumlauf *m*, Umlaufen *n* (Darstellung von Elementen auf einem Graphikbildschirm)
wrap-around list (in which the most recent event replaces the oldest one) / Meldefolgespeicher *m*
wrap contact / Wickelkontakt *m*, Wrap-Kontakt *m*

wrapped-around motor / Umbaumotor *m*, Ringmotor *m*
wrapped connection / Wickelverbindung *f* (wrapping), Drahtwickelverbindung *f* || ~ **terminal** / Drahtwickelanschluss *m*
wrapper *n* / Isolierhülle *f*, Hülse *f*, Folienumwicklung *f*, Wickel *m* || **meter** ~ / Zählereinbaugehäuse *n*, Zählereinbauteil *m* || **module** ~ / Leerbaustein *m* (Mosaikbaustein) || ~ **material** / Umhüllungsmaterial *n*, Breitbahn-Isoliermaterial *n*, Flächenisoliermaterial *n*
wrapping *n* / Umwicklung *f*, Bewicklung *f* (Kabel), Wickel *m* (Umhüllung), Wickelverbindung *f* || ~ **length** / Wickellänge *f* (Wickelverbindung) || ~ **machine** / Einschlagmaschine *f*, Wickelmaschine *f* || ~ **post** / Wickelstift *m* || ~ **test** / Wickelprüfung *f* (Draht) || ~ **tissue paper** / Seidenpapier *n* || ~ **tool** / Wickelwerkzeug *n* (f. Wire-wrap-Verbindungen) || ~ **wire** / Wickeldraht *m* (f. Wire-wrap-Verbindungen)
wrap post / Wickelstift *m* || ~ **termination** / Wickelanschluss *m* (Wire-wrap)
wrench *n* / Schlüssel *m*, Sechskantschlüssel *m*
wringing *n* / Wringen *n* || ~ **fit** / Würgesitz *m*, enger Schiebesitz, Haftsitz *m*
wrinkle-lacquered *adj* / schrumpflackiert *adj*
wrist *n* / Handgelenk *n* (Manipulator), Griffgelenk *n* (Roboter) || ~ **extension** / Handvorschub *m* (Manipulator)
writable control store (WCS) / beschreibbarer Steuerspeicher
write *v* / schreiben *v* (a. DV), erstellen *v*, erzeugen *v* || ~ **access** / Schreibrecht *n*, Schreibzugriff *m* || ~ **back** / zurückschreiben *v* || ~ **current** / Schreibstrom *m* || ~ **cycle** / Schreibzyklus *m* || ~ **data into mailbox** / vorbereiten *v*, versorgen *v*, einrichten *v* || ~ **enable (WE)** / Schreibfreigabe *f*, Einschreibfreigabe *f* || ~ **head** / Schreibkopf *m*
write-over mode / Überschreibmodus *m* (Textverarb.)
write pointer / Schreibzeiger *m* (im Programm)
write-protected *adj* / schreibgeschützt *adj* || ~ **files** / schreibgeschützte Dateien
write-protection *n* / Schreibschutz *m*
write pulse width / Schreibimpulsbreite *f*
write/read cycle / Schreib-/Lesezyklus *m* || ~ **device** / Schreiblese-Gerät *n*, Schreib-/Lesegerät (SLG) *n*
write recovery time / Schreiberholzeit *f*
writing *n* / Schreiben *n* (DV), Schreibarbeit *f* (in einen Speicher) || ~ **beam** / Schreibstrahl *m* || ~ **gun** / Schreibstrahlerzeuger *m* (Osz.), Schreibsystem *n* || ~ **head** / Schreibkopf *m* || ~ **speed** / Schreibgeschwindigkeit *f* (a. Osz.) || ~ **time** / Schreibzeit *f* (a. Osz.)
wrong operation / Fehlbedienung *f*, Bedienungsfehler *m*, Bedienfehler *m*
wrought alloy / Knetlegierung *f* || ~ **aluminium alloy** / Aluminiumknetlegierung *f* || ~ **copper base alloy** / Kupferknetlegierung *f* || ~ **iron** / Schweißeisen *n*, Schweißstahl *m*
WS / Nutzraum *m* (Prüfkammer) DIN IEC 68, AS (Arbeitsstation) || ≈ **(workstation)** / Arbeitsplatz *m*, Arbeitsstation *f* || ≈ **30 token pass ring** / WS 30-Ring
WS-lamp s. working standard lamp
W transmission / W-Durchschallung *f*
W x H x D / B x H x T (Breite x Höhe x Tiefe)

wye *n* / Hosenrohr *n*, Rohrverzweigung *f*
wye-connected *adj* / in Stern geschaltet
wye connection / Sternschaltung *f*
wye-delta connection / Stern-Dreieck-Schaltung *f* || ~ **starter** / Stern-Dreieck-Starter *m* VDE 0660,T.106, Stern-Dreieck-Anlasser *m*, Stern-Dreieck-Schalter *m*
WZM-HP / WZM-HP (WerkZeugMaschinen HighPerformance)
WZM-HV / WZM-HV (WerkZeugMaschinen HighVolume)

X

X core / X-Kern *m*, Kreuzkern *m*
x-deflection *n* / X-Ablenkung *f*, Ablenkung in der X-Achse
x% disruptive discharge voltage / x-%-Durchschlagspannung *f*
xenon lamp / Xenonlampe *f* || ~ **short-arc lamp** / Xenon-Kurzbogenlampe *f*
x kV insulation tester / Isolationsprüfgerät *n*
XLPE s. cross-linked polyethylene || **XLPE** / VPE
XM (exit menu) / AM (Aussprungmenü)
X/open management protocol / XMP
XOR s. exclusive OR || ≈ **element** / XOR-Glied *n* || ≈ **operation** / XOR-Verknüpfung *f*, Antivalenz *f* DIN 44300
X-ray *v* / röntgen *v*, durchstrahlen *v* || ≈ **analysis** / Röntgenanalyse *f* || ≈ **analyzer** / Röntgenanalysegerät *n* || ≈ **diffraction** / Röntgenstrahlenbrechung *f*, Röntgenbeugung *f*, Röntgendiffraktion *f* || ≈ **diffraction analysis** / Röntgenbeugungsanalyse *f* || ≈ **diffraction analyzer** / Röntgendiffraktometer *n* || ≈ **diffractometry** / Röntgendiffraktometrie *f* || ≈ **examination** / Röntgenuntersuchung *f*, Röntgendurchstrahlung *f* || ≈ **fluorescence analysis** / Röntgenfluoreszenzanalyse *f* (RFA) || ≈ **generator** / Röntgengenerator *m* || ≈ **goniometer** / Röntgengoniometer *n*, Weissenberg-Kammer *f* || ≈ **image** / Röntgenbild *n* || ≈ **inception voltage** / Einsetzspannung der Röntgenstrahlung *f* || ≈ **powder-camera** / Pulverkammer *f* (Guinier-Kammer), Pulverbeugungskammer *f*, Zylinderkammer *f* || ≈ **quantum** / Röntgenquant *m* || ≈ **radiograph** / Röntgenaufnahme *f*
x-rays *n pl* / Röntgenstrahlen *m pl*
X-ray shielding / Röntgenstrahlabschirmung *f* || ≈ **source** / Röntgenstrahler *m* || ≈ **spectrometer** / Röntgenspektrometer *n* || ≈ **spectrometry** / Röntgenspektrometrie *f* || ≈ **stereogram** / Stereo-Röntgenaufnahme *f* || ≈ **stereo topography** / Stereo-Röntgentopographie *f* || ≈ **test** / Röntgen-Durchstrahlungsprüfung *f* || ≈ **topography** / Röntgentopographie *f* || ≈ **tube** / Röntgenröhre *f*, Röntgenstrahler *m* || ≈ **wide-angle measurement** / Röntgen-Weitwinkelmessung *f*
XRF (exception report full) / XRF || ≈ **list (cross-reference list)** / Querverweisliste *f*
XRF package / QL-Paket *n*
X-R ratio / Kurzschluss-Leistungsfaktor *m*, Leistungsfaktor im Kurzschlusskreis

XTAL, liquid ~ display / Flüssigkristallanzeige f
X t recorder / X-t-Schreiber m
X-wax n / X-Wachs n
Xy (connector identifier (y is the index)) / Xy (Steckerbezeichnung (y ist Laufindex))
XY instrument / Zwei-Koordinaten-Instrument n || ~ recorder / X-Y-Schreiber m
x-y joystick / Kreuzkulissen-Meisterschalter m

Y

YAG s. yttrium aluminium garnet
yardstick n / Yardstock m, Maßstab m, Vergleichsmaßstab m
yarn n / Garn n || ~ impregnated with tallow / talggetränkte Schnur
yaw n / Gieren n (Rob., Kfz)
yawing / Gieren n (Rob., Kfz)
y axis limit / Y-Achsenbegrenzung f
Y bus matrix / Knotenadmittanzmatrix f (Netz)
Y cap / Y-Kondensator m
Y-circulator n / Verzweigungszirkulator m
Y-connected adj / in Sternschaltung
Y-connection n / Sternschaltung f
year mark / Jahreszeichen n || ~ of manufacture / Fertigungsjahr n, Baujahr n || ~ time switch / Jahresschaltuhr f
yel adj / gelb adj
yellow adj / gelb adj
yellow boundary / Gelblinie f || ~ doublet / gelbe Doppellinie (LT) || ~ filter / Gelbfilter n
yellowing n / Vergilbung f, Gelbwerden n
yellow-passivize v / gelbchromatisieren v
yellow phase / Phase S
yield n / Nachgeben n, Fließen n, plastische Verformung, Ergebnis n, Ausbringung f, Ausbeute f, Ergiebigkeit f, Rendite f || ~ v / ergeben v || ~ hardness / Fließhärte f || ~ point / Streckgrenze f, Fließgrenze f, Dehngrenze f || ~ point under bending stress / Biegegrenze f || ~ strength / Fließfestigkeit f, Formänderungsfestigkeit f || ~ strength under distortional strain energy / Formdehngrenze f
YIG device s. yttrium-iron-garnet device
Y joint / Gabelmuffe f (Kabel), Y-Muffe f
yoke n / Joch n, Kernbalken m || lifting ~ / Waagebalken m (Hebez.) || tool ~ / Aushebebalken m (f. Isolatorketten), Spulensatz m (ESR zur Erzeugung der Magnetfelder f. Fokussierung, Ausrichtung u. Ablenkung) || ~ frame / Jochgestell n, Polgestell n, Magnetgestell n || ~ lamination / Jochblech n || ~ punching / Jochblech n
yoke-type brushgear / Jochbürstenträger m
Young's modulus / Elastizitätsmodul m (E-Modul), Dehnungsmodul m
Y-pipe n / Hosenrohr n, Rohrverzweigung f
Y-shaped coupler plug / Y- Kupplungsstecker m
y spot position / Y-Punktlage f (Osz.)
yttrium aluminium garnet (YAG) / Yttrium-Aluminium-Granat m (YAG)
yttrium-iron-garnet device (YIG device) / Yttrium-Eisen-Granat-Schaltung f
Y-voltage n / Sternspannung f

Z

z amplifier / Z-Verstärker m (Osz.), Horizontalverstärker m
Z bus matrix / Knotenimpedanzmatrix f
z coordinate / Z-Koordinate f (Osz.), Zeitkoordinate f
Z-dependency n / Verbindungsabhängigkeit f, Z-Abhängigkeit f
Z depth / Z-Tiefe f (Digitalisieroperation)
Zener barrier / Zener-Barriere f, Z-Barriere f || ~ breakdown / Zener-Durchbruch m (HL), Zener-Durchschlag m || ~ diode / Zener-Diode f, Z-Diode f || ~ resistance / Zener-Widerstand m, Z-Widerstand m || ~ voltage / Zener-Spannung f
zenith n / Scheitelpunkt m, Zenith m
zero n / Null f, Nullpunkt m, Nullstellung f, Nulldurchgang m, Ursprung m, Koordinatennullpunkt m, Koordinatenursprung m || empty ~ (CTD) / Null-Ladung (Ladungsverschiebeschaltung) || fat ~ / L-Pegel-Ladung f || ~ adjuster IEC 51 / Nullpunkteinsteller m (MG), Nulleinsteller m || ~ and span / Messanfang und -spanne || ~ attenuation / Nullpunktdämpfung f || ~ axis / Nullachse f
zero-based accuracy / absolute Genauigkeit (NC) || ~ conformity / Kennlinienübereinstimmung bei Anfangspunkteinstellung DIN IEC 770 || ~ linearity / Linearität bei Nullpunkteinstellung (MG) || ~ measuring system / Absolut-Messverfahren n (NC), Absolut-Messwertverfahren n
zero beat / Schwebungsnull f || ~ calibration / Nullabgleich m || ~ capacitance / Nullkapazität f (GR) DIN 41760 || ~ cell / Nullzelle f (zur Parametrierung eines Eingangs mit Null)) || ~ check / Nullpunktprüfung f, Nullinienprüfung f || ~ component / Nullkomponente f (Mehrphasenstromkreis), Homopolarkomponente f || ~ contact / Null-Kontakt m || ~ control / Nullkontrolle f
zero-control-current residual voltage IEC 1470C / Restspannung bei Steuerstrom Null (Halleffekt-Bauelement) DIN 41863
zero-crossing n / Nulldurchgang m
zero crossing / Nulldurchgang m || ~ crossing of current wave / Strom-Nulldurchgang m || ~ crossing of voltage wave / Spannungs-Nulldurchgang m || ~ crossover / Nulldurchgang m || ~ current / Nullstrom m, Stromnulldurchgang m || ~ current and voltage switching / Nullstromschalten n
zero-current interrupter / Nullpunktlöscher m (SG) || ~ protection / Nullstromschutz m
zero-delay output / Ausgangsleistung bei Vollaussteuerung (LE)
zero displacement / Nullpunktverschiebung f (MG) || ~ displacement value / Größe der Nullpunktverschiebung (MG)
zero-divergence field / quellenfreies Feld
zero drift / Nullpunktdrift f, Nullinienwanderung f || ~ elevation / Nullpunkthebung f
zero-end-float spring-loaded bearing / spielfrei angestelltes Lager
zero error / Nullpunktfehler m (MG)
zero-field residual voltage / Nullfeld-Restspannung f, Restspannung bei Magnetfeld Null (Halleffekt-

Bauelement) DIN 41863 || ~ **resistive residual voltage** / Widerstands-Restspannung f (Halleffekt-Bauelement) DIN 41863 || ~ **thermal residual voltage** / thermische Restspannung (Halleffekt-Bauelement) DIN 41863
zero flag / Nullkennzeichnung f (Rechenoperation) || ~ **force socket** / Nullkraftsockel m
zero-frequency quantity / Gleichgröße f
zero gas / Nullgas n (zum Justieren des Nullpunkts eines Gasanalysegeräts)
zeroing n / Nullsetzen n, Einstellen auf Null
zero-insertion-force component (ZIF component) / steckkraftloses Bauelement
zero inventory / Nullbestand m (z.B. im Ersatzteillager) || ~ **inventory replenishment** / Nullbestandsauffüllung f || ~ **inventory stock-up** / Nullbestandsauffüllung f || ~ **level** / Nullpegel m || ~ **line** / Nulllinie f DIN 7182,T.1 || ~ **mark** / Nullmarke f || ~ **mark bandwidth** / Nullmarkenerkennungsbandbreite f || ~ **mark monitoring** / Nullmarkenüberwachung f || ~ **mark of measuring system** / Nullmarke des Messsystems || ~ **marker** / Nullmarke f || ~ **method** / Nullmethode f, Nullabgleichmethode f || ~ **offset** / Nullpunktverschiebung f (NC), Nullpunktkorrekturwert m (NC), Bezugspunktverschiebung f, Nullpunktabgleich m, Nullpunktverschiebung, Nullpunktversatz || ~ **offset active (ZOA)** / Nullpunktverschiebung wirksam, ZOA || ~ **offset area** / Nullkorrekturbereich m || ~ **offset external (ZOE)** / externe Nullpunktverschiebung, ZOE || ~ **overlap** / Nullschnitt m, Nullüberdeckung f || ~ **overlap in mid-position** / Nullüberdeckung in der Mittelstellung || ~ **overlap quality** / Nullschnittqualität f || ~ **passage** / Nulldurchgang m || ~ **period acceleration (ZPA)** / Nullperiodenbeschleunigung f (Erdbebenprüf.), Grundbeschleunigung f || ~ **phase angle** / Nullphasenwinkel m || ~ **phase sequence current** / Strom des Nullsystems, Nullstrom m || ~ **phase-sequence impedance** / Nullimpedanz f || ~ **phase-sequence reactance** / Nullreaktanz f || ~ **phase-sequence resistance** / Nullwiderstand m (Nullsystem) || ~ **phase sequence system** / Nullsystem n || ~ **point** / Ursprung m, Koordinatenursprung m, Koordinatennullpunkt m, Nullpunkt m
zero-point error / Nullpunktfehler m
zero point supression / Nullpunktunterdrückung f || ~ **position** / Nullstellung f, Nulllage f, neutrale Stellung || ~ **potential** / Nullpotential n, Spannungsfreiheit f, spannungsfrei adj, Nullspannung f || ~ **position** / Neutralstellung f || ~ **power factor** / Leistungsfaktor Null || ~ **power-factor characteristic** / Spannungskennlinie bei Blindlast IEC (411) || ~ **power-factor saturation curve** / Blindlast-Magnetisierungskurve f || ~**power-factor test** / Prüfung bei Leistungsfaktor Null, Übererregungsprüfung bei Leistungsfaktor Null (el. Masch.) VDE 0530,T.2 || ~ **pulse monitoring** / Zero Pulse Monitoring || ~ **residual current** / Nullstrom m (Differentialstrom) || ~ **range** / Nullbereich m || ~ **reference point** / Nullpunkt m, Nullreferenzpunkt m (NC), Bezugspunkt m, Vermaßungsnullpunkt m || ~ **scale** / Skalennull n || ~ **scale error** / Fehler bei Skalennull

|| ~ **scale mark** / Nullmarke f, Skalennullpunkt m
zero-sequence component / Nullkomponente f (Nullsystem) || ~ **c.t.** / Kabelumbauwandler m || ~ **impedance** / Nullimpedanz f || ~ **network** / Nullsystem n || ~ **protection** / Nullsystemschutz m || ~ **reactance** / Nullreaktanz f || ~ **reactor** / Mittelpunkt-Verlagerungsdrossel f || ~ **resistance** / Nullwiderstand m (Nullsystem) || ~ **voltage** / Nullspannung f (Spannung des Nullsystems) || ~ **voltage relay** / Nullspannungsrelais n
zero setting / Nulleinstellung f, Nullpunkteinstellung f, Nullsetzen n || ~ **shift** IEC 550 / Nullpunktverschiebung f (NC), Nullpunktversatz m || ~ **shift** IEC 351-1 / Nullpunktwanderung f
zero-signal current / Nullsignalstrom m, Ruhestrom m || ~ **output** (measuring circuit) / Ausgangssignal bei Messwert Null, Nullpunkt m
zero space charge / Nullraumladung f, neutrale Raumladung || ~ **speed** / Stillstand m
zero-speed monitor / Stillstandswächter m || ~ **monitoring** / Stillstandsüberwachung f || ~ **plugging switch** / Bremswächter m || ~ **range** / Stillstandsbereich m || ~ **relay** / Stillstandsrelais n, Stillstandswächter m || ~ **resonance plugging switch** / Resonanzbremswächter m || ~ **sensor** / Drehzahl=0-Erkennung f
zero spindle / Nullspindel f || ~ **suppression** / Nullpunktunterdrückung f || ~ **synchronization** / Nullpunktsynchronisierung f (NC), Nullrückstellung f (NC)
zeroth sound / nullter Schall
zero-torque interval / momentenfreie Pause, drehmomentfreie Pause
zero voltage / Nullspannung f || ~ **volts bar (0 volts bar)** / 0-V-Schiene f || ~ **word** / Nullwort n
ZF gearing / ZF Getriebe || ~ **2-step gearing** / ZF Zweigang-Schaltgetriebe
ZIF component s. zero-insertion-force component
zigzag connection / Zickzackschaltung f || ~ **filament** / Zickzackwendel f || ~ **leakage** / doppelverkettete Streuung, Zickkopfstreuung f || ~ **line** / Zickzacklinie f || ~ **pattern** / Zickzackmuster n || ~ **winding** / Zickzackwicklung f
zinc chloride battery / Zinkchlorid-Batterie f
zinc-coat v / verzinken v
zinc-coated adj / verzinkt adj
zinc coating / Zinkauflage f, Verzinkung f || ~ **die casting** / Zinkdruckguss m
zinc-oxide varistor (surge) arrester / Zinkoxid-Varistor-Ableiter m
zinc-passivated steel / verzinkt-passivierter Stahl, verzinkter, passivierter Stahl
zinc-plate v / verzinken v
zinc-plated adj / verzinkt adj, verzinkt adj
zirconium dioxide measuring cell / Zirkoniumdioxid-Messzelle f
z-modulation n / Z-Modulation f (Osz.), Helligkeitssteuerung f
ZnO disks / ZnO-Scheiben $f pl$
ZO (zero offset) / ZOF
ZOA (zero offset active) / Nullpunktverschiebung wirksam, ZOA
ZO determination / NV-Ermittlung f
ZOE (zero offset external) / externe Nullpunktverschiebung, ZOE
zonal-cavity coefficient / Zonenwirkungsgrad m (LT) || ~ **method** / Zonenlichtstromverfahren n

zonal classification / Zoneneinteilung *f* (explosionsgefährdete Bereiche) || ~ **flux** / Zonenlichtstrom *m* || ~ **lumen** / Zonenlichtstrom *m* || ~ **luminous flux** / Zonenlichtstrom *m* || ~ **method** / Zonenverfahren *n* (LT), Zonenlichtstromverfahren *n*
zone *n* / Zone *f*, Bereich *m*, Stufe *f* (Schutz) || ~ **0** / Zone 0 (dauerndes Vorhandensein einer explosionsfähigen Gasatmosphäre) IEC 50(426)
zoned distance protection / entfernungsabhängiger Schutz
zone levelling / Zonennivellieren *n* (HL) || ~ **melting** / Zonenschmelzen *n* (HL) || ~ **of back-up protection** / Schutzbereich des vorgeordneten Schutzes, Back-up-Schutzzone *f* || ~ **of commutation** / Wendezone *f*, Kommutierungszone *f* || ~ **of exposure** / Einflussbereich *m* VDE 0228 || ~ **of indecision** / Unschärfebereich *m* || ~ **of protection** / Schutzbereich *m*, Schutzzone *f* || ~ **of use** / Gebrauchszone *f* || ~ **refining** / Zonenreinigen *n* (HL), Zonenziehen *n* (HL)
zone-selective interlocking / zeitverzögerte Selektivitätssteuerung (ZSS), zeitverkürzte Selektivitätssteuerung (ZSS)
zones of non-unit protection / Stufen des Selektivschutzes mit relativer Selektivität
zone subject to explosion hazard / explosionsgefährdeter Bereich, Ex-Bereich *m* || ~ **time** / Stufenzeit *f* (Schutz)
zoom *n* / Lupe *f*, Lupenfunktion *f* || ~ *v* / vergrößern *v* || ~ **+** / Zoom + || ~ **-** / Zoom - || ~ **a finished part viewport** / Fertigteilausschnitt vergrößern || ~ **contents** / Lupeninhalte *m pl* || ~ **display** / Lupendarstellung *f*, Lupenanzeige *f*
zoomed segment / Ausschnittsvergrößerung *f*
zoom factor / Zoomfaktor *m* || ~ **in** / Lupenfunktion *f*, Lupe *f*
zoom-in *n* / Lupenanzeige *f* || ~ **(representation)** *n* / Lupendarstellung *f* (BSG) || ~ **function** / Lupe *f*, Lupenfunktion *f*
zooming *n* / dynamisches Skalieren (BSG), stetiges Vergrößern (BSG), stetiges Verkleinern, Aufnehmen mit Variooptik
zoom language / Lupensprache *f* || ~ **language parser** / Lupensprachenparser *m* || ~ **output** / Lupen-Ausgabe *f* || ~ **section** / Lupenteil *n*
ZPA s. zero period acceleration
ZRG memo / ZRG-Rundschreiben *n*
Z stator / Z-Ständer *m*
ZST module / Baugruppe Zentrale Steuerung (Baugruppe ZST)
Z-transform *n* / Z-Transformation *f*
ZVEI / Deutsche Elektroindustrie, Zentralverband Elektrotechnik- und Elektronikindustrie e.V. (ZVEI)

Join the Translation Network

Dieses Wörterbuch hat seinen Ursprung in der langjährigen und kontinuierlichen Terminologiearbeit des Siemens Sprachendienstes A&D PT 6. Als siemensinterner Dienstleister sind wir intensiv eingebunden in die Prozesse unserer Kunden in Entwicklung, Redaktion, Marketing und Vertrieb.

Wir liefern perfekte Übersetzungen von Software-Applikationen und Online-Hilfen, Entwicklungs- und Serviceunterlagen, technischen Beschreibungen, Gebrauchsanleitungen, Verträgen, Ausschreibungen, Vorträgen und Werbeschriften aller Art – in jeder gewünschten Sprache und perfekt auf die Anforderungen des Zielmarktes abgestimmt. Zum Nutzen unserer Kunden leisten wir projektbezogene und kontinuierliche Terminologiearbeit. Auch das gesprochene Wort kommt nicht zu kurz: Wir bieten Dolmetschdienste für Konferenzen und Verhandlungen in allen gewünschten Sprachen.

Unser Ziel sind kostengünstige und wiederverwendbare Übersetzungen, die nicht nur korrekt sind, sondern auch landesspezifisch und zeitgemäß, so dass ihre Botschaften im Zielmarkt exakt verstanden werden.

Wir beraten unsere Kunden, wie der Übersetzungsprozess optimal in deren Abläufe eingebunden werden kann, welche Art von Übersetzung für welchen Zweck geeignet ist und wie die richtige Wahl der Terminologie gewährleistet werden kann. Durch unsere Kompetenz und Flexibilität sowie unsere Fähigkeit Komplettlösungen zu liefern, sparen unsere Kunden eigene Ressourcen, gewinnen wertvolle Zeit und können sich auf ihre Kernkompetenzen konzentrieren.

Wir arbeiten für alle Bereiche der Siemens AG insbesondere in den Themenfeldern Automatisierung und Antriebstechnik, Verkehrstechnik, Medizintechnik, Energieübertragung und -verteilung, Logistik, Automobiltechnik, Anlagenbau und Gebäudetechnik.

Für diese anspruchsvollen Aufgaben nutzen wir ein globales, ständig wachsendes Netzwerk muttersprachlicher Fachübersetzer und Experten für Softwarelokalisierung. Intensiver Informations- und Erfahrungsaustausch gewährleistet kompetente Zusammenarbeit auf hohem Niveau.

Um die zukünftigen Herausforderungen ideal erfüllen zu können, arbeiten wir permanent an der Erweiterung und Optimierung dieses globalen Netzwerks.

Haben wir Ihr Interesse geweckt?

Diese Wege führen zu uns:

Siemens AG
A&D Translation Services
Postfach 3240
91050 Erlangen

We help you go global!

translation@erlm.siemens.de
www.siemens.de/automation/translationservices